Ekkehard Richter

Wörterbuch
Bau

Englisch – Deutsch
Deutsch – Englisch

Ekkehard Richter

Wörterbuch Bau

Englisch
Deutsch

Deutsch
Englisch

Cornelsen

An diesem Wörterbuch haben **Victor Dewsbery** (Berlin) und **Elisabeth Noske** (Dielheim) beratend mitgewirkt sowie Beiträge zur Wortsammlung geliefert.

Verlagsredaktion: Erich Schmidt-Dransfeld
Technische Umsetzung und Abbildungen: Holger Stoldt, Düsseldorf
Umschlaggestaltung: Knut Waisznor, Berlin

 http://www.cornelsen-berufskompetenz.de

1. Auflage   Druck 4 3 2 1   Jahr 08 07 06 05

© 2005 Cornelsen Verlag Scriptor GmbH & Co. KG, Berlin

Druck: CS-Druck CornelsenStürtz, Berlin

ISBN 3-589-24040-7

Bestellnummer 240407

 Gedruckt auf säurefreiem Papier, umweltschonend
hergestellt aus chlorfrei gebleichten Faserstoffen.

Vorwort

Die Baubranche zählt, unbeschadet des konjunkturellen Auf und Ab, in der Gesamtheit der ihr zuzurechnenden Zweige zu den größten Wirtschaftsbereichen. Der Anteil von Auslandsaufträgen nimmt ebenso stetig zu wie sich das Know-how und die Standardisierung zunehmend internationalisieren. Durch die Erweiterung der EU intensiviert sich der Austausch mit unseren direkten und mittelbaren Nachbarn. Ebenso wie in anderen Sparten ist Englisch im Bauwesen die hauptsächliche Sprache der Verständigung - dies nicht nur mit englischen Muttersprachlern, sondern auch zwischen Partnern, die beiderseits vermittelt über Englisch als Fremdsprache kommunizieren.

Aus diesen und weiteren Gründen sind Sprachkenntnisse in der Baubranche nachgefragt und vor allem besteht Bedarf an Nachschlagewerken zur aktuellen Fachsprache. Denn neben den Bauhauptgewerken ist in den Bereichen des kooperierenden Umfeldes eine intensive technische, aber auch planerische Weiterentwicklung zu verzeichnen, wozu insbesondere Architektur, Haus- und Umwelttechnik sowie Planungs- und Genehmigungsverfahren gehören. Dies hat Verfasser und Verlag motiviert, den Benutzern mit dem vorliegenden Werk ein übergreifendes Branchenwörterbuch an die Hand zu geben. Sie finden darin alles Wesentliche und Aktuelle aus den meisten Gewerken und Teildisziplinen. Die Vielfalt der berücksichtigten Blickwinkel soll an einem Beispiel aufgezeigt werden: Umwelttechnik ist sowohl ein durchgehender Aspekt bei nahezu jeder Bautätigkeit als auch eine baufachliche Sparte, was in diesem Wörterbuch gleichermaßen berücksichtigt wird.

Einerseits ist in diesem Werk entsprechende Breite angestrebt und mit ca. 45.000 Einträgen pro Sprachrichtung erreicht. Andererseits wendet sich der Band bevorzugt an Praktiker, für die er im täglichen Gebrauch am Arbeitsplatz, im Projekt etc. kompakt gehalten werden soll. Deshalb ist auf zu allgemeine und zu spezialisierte Einträge verzichtet worden. Neben den unmittelbar Planenden und Bauausführenden, von Architekt und Ingenieur bis Techniker und Meister, sind Bauträger, Behörden, Beratungs- und Fachanwaltsbüros eben so mit angesprochen wie Studierende und nicht zuletzt (Fach-)Übersetzer.

Bei der Konzeption folgt der Band im Wesentlichen den in der gleichen Reihe erschienenen und langjährig bewährten Titeln „Technisches Wörterbuch" und „Wörterbuch Elektrotechnik/Elektronik": Gängige und vor allem fest stehende fachliche Wortverbindungen sind berücksichtigt, in Zweifelsfällen werden Kommentare zum Verwendungszusammenhang gegeben und wo es zur Differenzierung notwendig bzw. sinnvoll ist, werden die Begriffe betreffenden Fachgruppen zugeordnet. Wer zwei oder drei der Wörterbücher dieser Reihe parallel im Zugriff haben möchte, kann sie benutzen ohne sich neu über den Aufbau orientieren zu müssen.

Bei der Erstellung der Wortsammlung und der fachlichen Vorstrukturierung bin ich von Frau Elisabeth Noske (Dielheim) und Herrn Victor Dewsbery (Berlin) unterstützt worden, die beide vor dem Hintergrund ihrer Erfahrung als Fachübersetzer an diesem Werk mitgearbeitet haben. Dafür bedanke ich mich ebenso wie für zahlreiche Ratschläge und Tipps von Kollegen und Freunden sowie von Übersetzern, die mir allgemein Einblick in ihre Arbeitsweise gegeben und mit mir ganz praktische Erfordernisse zur Detailgestaltung von Wörterbüchern diskutiert haben. Auch wenn all das ins vorliegende Buch eingeflossen ist, kann es dennoch nicht perfekt sein. Anregungen und mögliche Fehlerhinweise nehmen Verfasser und Verlag dankbar entgegen.

Dr.-Ing. Ekkehard Richter   Herne/Essen, im April 2005

Erläuterungen für den Benutzer

Jedes Stichwort ist im Deutschen grammatisch gekennzeichnet nach

f	Nomen, feminin
m	Nomen, maskulin
n	Nomen, neutrum
v	Verb

Die Übersetzungen sind in der Zielsprache nach Bedeutungen geordnet und durch Semikolon getrennt. Erläuterungen sind in runden Klammern aufgeführt. Vorwiegend im britischen Sprachgebrauch verwendete Begriffe sind mit (<B>), vorwiegend im amerikanischen Sprachgebrauch verwendete Begriffe sind mit (<A>) gekennzeichnet.

Bei der deutschen Schreibweise wird die neue deutsche Schreibweise verwendet. Sind mehrere Schreibweisen möglich, so sind diese durch ([Variante]) gekennzeichnet.

Zu den Begriffen sind Fachgruppenschlüssel in eckigen Klammern angegeben. Diese geben jeweils einen Bereich an, in dem der Gebrauch des Begriffs vorwiegend erfolgt. Andere Bereiche sind damit nicht ausgeschlossen. Allgemeine Begriffe aus Bautechnik und Bauwesen sind nicht gekennzeichnet.

Fachgruppenschlüssel

[air]	Lufttechnik, Luftreinhaltung	air treatment, air pollution control
[aku]	Lärmschutz, Akustik	noise protection acoustics
[any]	Messtechnik, Prüfverfahren, Versuchauswertung	technology of measurement, test procedures, test evaluation
[arc]	Architektur, Baukunst	architecture
[asi]	Arbeitssicherheit, Arbeitsschutz	occupational safety, accident prevention
[bio]	Biotechnologie, Mikrobiologie	biotechnology, microbiology
[bon]	Betonbau	concrete engineering
[che]	Chemie	chemistry
[com]	Städtebau, Stadtplanung	urban development, urban planning
[des]	Konstruktion, Darstellung	design, drawings, presentation
[eco]	Wirtschaft, Unternehmen	economy, business
[edv]	Rechnertechnik, Informationstechnik, Kommunikationstechnik	computer, information technology, communication technology
[elt]	Elektrotechnik	electrical engineering
[far]	Landwirtschaft	agriculture
[geo]	Boden, Geologie	soil, geology
[hum]	Medizin, Gesundheit	medicine, health
[jur]	Recht, Vorschriften, Verordnungen	laws, regulations, technical rules
[mat]	Mathematik, Statistik	mathematics, statistics
[met]	Materialien, Werkstoffe	materials
[phy]	Physik	physics
[pow]	Energietechnik, Wärmeschutz	energy engineering, thermal insulation
[prc]	Materialaufbereitung und -transport, Anlagen-/ Apparatebau, Verfahrenstechnik	processing and transportation of construction materials, chemical and process engineering
[rec]	Abfall, Recycling	waste, recycling
[roh]	Rohstoffgewinnung, Rohstoffverarbeitung	recovery and processing of raw materials
[sik]	Statik, Festigkeitsberechnung	statics, stress analysis
[tec]	Maschinenbau	mechanical engineering
[tga]	Technische Gebäudeausrüstung	building services
[tib]	Tiefbau, Erdbau, Straßenbau	civil engineering, soil engineering, road construction
[tra]	Verkehr	traffic
[was]	Wasseraufbereitung, Wasserreinigung, Abwasserreinigung	water treatment, water purification, waste water purification
[wba]	Wasserbau	hydraulic engineering
[wer]	Herstellung, Bearbeitung	production, mechanical treatment
[wet]	Wetter, Klima	weather, climate
[wzg]	Werkzeuge, Bearbeitungstechnik	tools

Teil I
Deutsch – Englisch

Part I
German – English

A

abätzen *v* corrode off [met]; revove by caustics [met]

Abbau *m* (Zerlegung) disassembly

Abbau von Steinen und Erden *m* quarrying [roh]

Abbau, abiotischer - *m* abiotic degradation [was]

Abbau, biologischer - *m* biodegradation [was]

Abbau, hydraulischer - *m* (Sand, Kies) hydraulicking [tib]

Abbau, nicht biologischer - *m* non-biological degradation [was]

Abbau, vollständiger biologischer - *m* ultimate biodegradation [bio]; ultimate degradation [was]

abbaubar degradable [bio]

abbaubar, biologisch - biodegradable [bio]

Abbaubarkeit *f* decomposability [was]

abbauen *v* (zerlegen) disintegrate [wer]; (ein Gerüst -) strike [wer]; (Schalung) strip down

Abbaufeld *n* (Steinbruch) quarry site [roh]

Abbaufläche *f* quarrying area [roh]

Abbaugenehmigung *f* mining concession [roh]

Abbauhammer *m* concrete breaker [tib]

Abbauhöhe *f* (Bagger) cutting height [tib]

Abbaukratzer *m* scraper reclaimer [roh]

Abbauleistung *f* efficiency of degradation [was]

Abbauleistung von Belebtschlamm *f* sludge activity [was]

Abbauprodukt *n* breakdown product [was]

Abbauprodukt, schädliches - *n* (von Arzneimitteln) toxic degradation product [met]

Abbauprodukt, toxisches - *n* toxic degradation product [met]

Abbaustätte *f* (Steinbruch) quarry site [roh]

Abbauvorrichtung *f* reclaimer [roh]

Abbauwand *f* working face [roh]

Abbeize *f* (Farbe) paint remover [met]

Abbeizen *n* (Schalung) acid treatment; (Anstrich) paint stripping; (Anstrich) stripping of coats

Abbeizer *m* paint stripper [met]

Abbeizmittel *n* (Farbanstrich) paint remover [met]; pickling agent [met]

Abbeizpaste *f* scouring paste [met]

Abbiegefahrbahn *f* separate turning roadway [tra]

Abbiegespur *f* filter lane [tra]

Abbiegestelle *f* (Bewehrung) bent-up point [bon]; (Bewehrung) point of bending up

Abbildung *f* (Diagramm) diagram [des]; (Darstellung) figure [des]; (Darstellung) representation [des]

Abbildung in natürlicher Größe *f* direct image [des]

Abbildung, flächentreue - *f* equal-area projection [des]

Abbildung, isometrische - *f* isometric view [des]

Abbildung, isomorphe - *f* isomorphism [des]

Abbildung, konforme - *f* conformal mapping [des]

Abbildung, vergrößerte - *f* enlarged image [des]

Abbildung, verkleinerte - *f* diminished image [des]

Abbildung, winkelgetreue - *f* orthomorphic projection [des]

Abbildungsmaßstab *m* scaling factor [des]

Abbindebeschleuniger *m* accelerator [met]; curing accelerator [met]; setting accelerator [met]

Abbindebeschleunigung *f* (mineralische Werkstoffe) acceleration of setting [met]

Abbindedauer *f* setting time [met]

Abbindefähigkeit *f* setting quality [met]

Abbindegeschwindigkeit *f* rate of cure [met]; rate of setting [met]; setting rate [met]; setting speed [met]

Abbindekraft *f* setting power [met]

Abbindemittel *n* curing agent [met]; setting agent [met]

abbinden *v* (Bindemittel) cement [met]; (Kleber) cure [met]; harden [met]; (Zement) hydrate [met]; (von Zement) set

Abbinden *n* (Beton) set [met]; setting [met]

Abbinden von Zement *n* cement setting [met]

abbindend, schnell - rapid-curing [met]

Abbindephase *f* setting stage [met]

Abbindeprozess *m* curing process [met]; process of setting [met]

Abbinderegler *m* set controller; setting-time controlling agent [met]

Abbinderegulierer *m* setting modifier [met]

Abbindeschwindung *f* setting shinkage [met]

abbindesteuernd (Beton) set-controlling [met]

Abbindetemperatur *f* (Betonnachbehandlung) curing temperature [met]; setting temperature [met]

Abbindeverhalten *n* setting behaviour [met]

Abbindevermögen *n* curing power [met]

Abbindeverzögerer *m* curing retardant [met]; retarder [met]; setting retarder [met]

Abbindewärme *f* heat of hydration [met]; (Zement) heat of setting [met]

Abbindezeit *f* conditioning time [met]; curing period [met]; setting period [met]; (Zement) setting time [met]

Abbindung *f* (von Zement) setting [bon]

Abbindungsschrumpfung *f* setting shrinkage [met]

Abbindzeit *f* (Material) pot life [met]

Abbladung *f* wind deflation [geo]

abblättern *v* (Farbe, Rost) flake [met]; (Farbe, Rost) flake off [met]; (Anstrich) peel [met]; (Tapete) peel off [met]; (abschuppen) scale [met]; scale off [met]; (Gestein) spall

Abblättern *n* chipping [met]; (Abbröckeln) flaking [met]; (von Anstrich, Putz) peeling [met];

(Mörtel, Beton, Schuppen, Plättchen) scaling [met]; scaling off [met]

Abblättern der Oberfläche *n* surface peeling [met]

Abblätterung *f* delamination [met]; (Anstrich) peeling-off [met]

Abblinden *n* blind sealing

abböschen *v* slope [tib]

Abböschen *n* bank sloping [tib]; cutting-back [tib]; sloping [tib]

abböschen, steil - *v* scarp [geo]

abbrechen *v* (abreißen) demolish; (abreißen) pull down; (Gebäude) raze; (Gebäude) wreck

abbrennen *v* cut autogenously [wer]; (Metall) scour [met]; (Stahl) temper [met]; (durch Brennschneiden) torch-cut [wer]

Abbrennen *n* (Anstriche, Glas) burning-off

abbrennstumpfgeschweißt electric flash-welded [met]

abbrennstumpfschweißen *v* electric flash weld [wer]

abbröckeln *v* (abblättern) scale; scale off [met]

Abbröckeln *n* (Straßendecke) fretting [tib]

Abbruch *m* (Abbruchmaterial) debris [rec]; (Abbruchvorgang) demolition; (Abriss) pulling-down; (Bruch) rupture [met]; (Bauarbeiten) termination; (eines Gebäudes) wrecking

Abbruchabfälle *pl* demolition waste [rec]

Abbruchantrag *m* demolition application [jur]

Abbrucharbeit *f* demolition work; wrecking

Abbrucharbeiter *m* demolisher; mattock man; wrecker [rec]

Abbruchfirma *f* demolition firm; wrecking company; wrecking firm [rec]

Abbruchgebiet *n* clearance area

Abbruchgenehmigung *f* demolition permit; wrecking permission [jur]; wrecking permit [jur]

Abbruchhammer *m* demolition pick [wzg]

Abbruchhaus *n* condemned building [bon]

Abbruchholz *n* demolition timber [rec]

Abbruchkolonne *f* breakdown gang

Abbruchlöffel *m* demolition bucket [tib]

Abbruchmaterial *n* (Aushub) demolition spoil [tib]

abbruchreif condemned; demolishable; derelict; due for demolition; fit for demolition

Abbruchschaufel *f* demolition bucket [tib]

Abbruchsquerschnitt *m* working face [roh]

Abbruchstelle *f* demolition site

Abbruchufer *n* (Mäander) eroding bank [geo]; washing bank [was]

Abbruchunternehmen *n* demolition firm [rec]; wrecking firm [rec]

Abbruchunternehmer *m* demolition contractor [rec]

Abbruchverfügung *f* demolition order

Abbruchwerkzeug *n* (Bau) demolition tool [wzg]

Abdachen *n* pointing [tib]

Abdachung *f* (Gefälle) downward slope [geo]; (von steilen Böschungen) escarpment [tib]; scarp [geo]

abdämmen *v* (abdecken) block off; (aufstauen) dam up; (Damm errichten) embank [tib]; (isolieren) insulate

Abdämmung *f* (Damm) dam [tib]; (Verfahren) damming [tib]; (Ufer) dyke [tib]

Abdämmung, lose - *f* fill-in insulation

Abdämmungsbecken *n* basin due to damming [wba]

abdämpfen *v* (Geräusch) attenuate [aku]; (Geräusch) muffle [aku]

Abdeckaufschüttung *f* covering fill [tib]

Abdeckblech *n* cover plate [tec]

abdecken *v* (herunternehmen) remove; top off; (entfernen) uncover

Abdeckfolie *f* sealing film [met]

Abdeckfuge *f* gasket joint; joint sealed by cover strip; structural gasket joint

Abdeckgitter *n* covering grid; grating

Abdeckleiste *f* cover strip

Abdeckmaterial *n* masking material [met]

Abdeckplane *f* tarpaulin

Abdeckplatte *f* coping stone; cover panel; cover plate; cover slab; covering slab

Abdeckplatte aus Beton *f* concrete coping slab [bon]

Abdeckplatte aus Naturstein *f* natural coping slab

Abdeckprofil *n* profiled coping

Abdeckrost *m* cover grate; grating; grating

Abdecksplitt *m* (auf Asphaltschicht) blotter [tib]

Abdeckstein *m* capping stone

Abdeckstreifen *m* covering strip [met]

Abdeckung *f* (auf Mauer) coping; (Betonnachbehandlung) curing overlay [roh]; face plate; (Fußboden) flooring

Abdeckung, begehbare - *f* walk-on cover plates; walk-on plate flooring

Abdeckvermögen *n* (einer Farbe) covering power [met]

Abdeckziegel *m* capping tile; cope tile

abdichten *v* (kitten) cement [wer]; (imprägnieren) proof; (mit Lehm) puddle; (wasserdicht machen) waterproof

Abdichten *n* (mit Lehm) puddling; (Deponie) sealing [tib]; stopping up; (wasserdicht) waterproofing

Abdichtmasse *f* caulking compound [met]

Abdichttopf *m* (Tiefbohren) sealing pot [geo]

Abdichtung *f* (Feuchtigkeitsisolierung) damp-proofing; packing; (Wände, Decken) proofing; (Mittel) sealant [met]; (Mittel) sealing; (Dichtungsring) washer; (Vorgang) waterproofing

Abdichtung der Tür *f* door gasketing

Abdichtung gegen Bodenfeuchtigkeit *n* waterproofing against ground moisture

Abdichtung gegen Feuchtigkeit *f* moisture seal [met]

Abdichtung gegen nicht drückendes Wasser *f* waterproofing against non-pressing water

Abdichtung gegen von außen drückendes Wasser *f* waterproofing against outside pressing water

Abdichtungsarbeiten *pl* (DIN 18336) sealing work

Abdichtungsauflage *f* sealing support [met]

Abdichtungsbahn *f* sealing sheet [met]

Abdichtungsband *n* caulking strip

Abdichtungsbinde *f* sealing jacket [met]

Abdichtungsgraben *m* cut-off trench [tib]

Abdichtungslage *f* sealing layer [tib]; sealing underlay [tib]; waterproofing course

Abdichtungsleiste *f* sealing fillet; sealing fillet

Abdichtungsmasse *f* sealing agent [met]

Abdichtungsmittel *n* (als Beimischung) water-repelling agent [met]; (als Beimischung) waterproofing agent [met]

Abdichtungsmörtel *m* plugging mortar [met]

Abdichtungspfropfen *m* sealing plug

Abdichtungsrücklage *f* sealing base [tib]

Abdichtungsschicht *f* (Deponie) liner [rec]; seal coat [met]; sealer [met]; sealing coat [met]

Abdichtungsstoff *m* sealing material [met]

Abdichtungssystem *n* sealing system

Abdichtungsuntergrund *m* sealing substrate

Abdichtungsunterlage *f* sealing underlay

abdrehen *v* (abschalten) switch off [elt]

Abdrücken *n* (Rohre, Anlagen) hydraulic test [prc]

Abdrückprüfung *f* (Abflussrohre) drain test [any]

abdunsten *v* (Lösemittel) flash off [met]

Abfälle, gewerbliche - *pl* industrial waste [rec]

Abfälle, lösungsmittelhaltige - *pl* wastes containing solvents [rec]

Abfälle, metallische - *pl* metallic wastes [rec]

Abfälle, mineralische - *pl* solid mineral wastes [rec]

Abfälle, organische - *pl* organic wastes [rec]

Abfälle, verrottbare - *pl* putrescible wastes [rec]

Abfall *m* (<B> Abfälle) refuse [rec]; (Müll) waste [rec]

Abfall, besonders überwachungsbedürftiger - *m* waste requiring special supervision [rec]

Abfall, hausmüllähnlicher - *m* waste similar to household refuse [rec]

Abfall, herumfliegender - *m* fly-tipping [rec]

Abfall, kompostierbarer - *m* compostable waste [rec]

Abfall, produktionsspezifischer - *m* process waste [rec]

Abfall, überwachungsbedürftiger - *m* waste requiring supervision [rec]; (gefährlicher Abfall) hazardous waste [rec]

Abfall, zerkleinerter - *m* crushed waste [rec]

Abfallablagerung *f* deposition of wastes [rec]; dumping [rec]; waste disposal [rec]

Abfallartenkatalog *m* waste-type catalogue [rec]

Abfallaufbereitung *f* waste recovery [rec]; waste treatment [rec]

Abfallaufbereitung, mechanisch-biologische - *f* mechanical-biological preparation of waste [rec]

Abfallaufbereitungsanlage *f* waste reprocessing plant [rec]

Abfallbehälter *m* waste container [rec]; waste receptacle [rec]

Abfallbehälterschrank *m* refuse container shed [rec]

Abfallbehandlung *f* waste treatment [rec]

Abfallberg *m* waste pile [rec]

Abfallbeseitigung *f* waste disposal [rec]

Abfallbeseitigungsanlage *f* waste disposal plant [rec]; waste disposal site [rec]

Abfallbeseitigungsplan *m* waste management plan [rec]

Abfallbrennstoff *m* waste fuel [rec]

Abfallbunker *m* receiving bunker [rec]; waste bunker [rec]

Abfallcontainer *m* waste container [rec]

Abfalldeponie *f* landfill [rec]; waste deposal [rec]

Abfalleinbauverfahren *n* (Deponie) waste emplacement method [rec]

abfallen *v* (Spannung) drop [elt]; (Gelände) sink [geo]

abfallend sloping

abfallend, seitlich - slanting

Abfallentsorger *m* waste disposal enterprise [rec]

Abfallentsorgung *f* waste management [rec]

Abfallentsorgungsplan *m* waste disposal plan [rec]; waste management plan [rec]

Abfallglas *n* glass waste [rec]

Abfallgroßbehälter *m* skip [rec]

Abfallholz *n* refuse wood [rec]; used wood [rec]; waste wood [rec]

Abfallkalk *m* waste lime [rec]

Abfallkippe *f* waste dump [rec]

Abfallklassifizierung *f* waste classification [rec]

Abfalllagerfläche *f* storage area for wastes [rec]

Abfalllagerung *f* waste storage [rec]

Abfallöl *n* waste oil [rec]

Abfallpressbehälter *m* refuse compacting container [rec]

Abfallpresse *f* refuse compaction unit [rec]; waste press [rec]

Abfallprodukt *n* secondary product [rec]; waste product [rec]

Abfallproduzent *m* waste producer [rec]

Abfallraum *m* (<A>) garbage room [rec]

Abfallrecyclinganlage *f* waste recycling facility [rec]

Abfallsammelanlage *f* refuse collection plant [rec]

Abfallschacht *m* waste chute [rec]

Abfallschlamm *m* (Kläranlage) residual sludge [rec]; waste sludge [rec]

Abfallschlüssel *m* waste disposal code [rec]
Abfallsortieranlage *f* waste sorting plant [rec]
Abfallstoff *m* waste material [rec]
Abfalltechnik *f* waste engineering [rec]; waste technology [rec]
Abfalltransport *m* waste transport [rec]
Abfallumschlag *m* refuse reloading [rec]
Abfallverbrennung *f* waste incineration [rec]
Abfallverbrennungsanlage *f* refuse incineration plant [rec]; refuse incinerator [rec]; waste incineration plant [rec]
Abfallverbringungsverordnung *f* Waste Transportation Ordinance [jur]
Abfallverdichtung *f* waste compression [rec]
Abfallverfestigung *f* waste compression [rec]; waste solidification [rec]
Abfallvermeidung *f* waste avoidance [rec]
Abfallverminderung *f* waste reduction [rec]
Abfallvernichtung *f* refuse disposal [rec]
Abfallverringerung *f* waste reduction [rec]
Abfallverursacher *m* waste producer [rec]
Abfallverwertung *f* recycling of wastes [rec]; waste recovery [rec]
Abfallverwertungsanlage *f* waste-treatment plant [rec]
Abfallwirtschaft *f* waste management [rec]
Abfallwirtschaftskonzept *n* waste management concept [rec]
Abfallzerkleinerer *m* waste crusher [rec]; waste grinder [rec]
Abfallzerkleinerung *f* (Baumaterial) waste crushing [rec]; waste grinding [rec]
Abfaltung *f* downfolding [geo]
abfangen *v* (Kräfte -) resist; (Lasten) shore up; (stauen) trap; (stützen) underprop
Abfangen durch Rechen *n* screening [wba]
Abfanggraben *m* cut-off trench [tib]; intercepting ditch [was]; (Rieselfeld) pick-up carrier [was]
Abfangleitung *f* intercepting sewer [was]
Abfangstrebe *f* bracing strut
Abfangwasser *n* intercepted water [was]
Abfasung *f* bevel
Abfegen *n* brooming [wer]
Abfertigungsgebäude *n* passenger terminal [tra]; (Flughafen) terminal; (Flughafen) terminal building [tra]
Abfindungssumme *f* compensation [eco]
abflachen *v* (planieren) even [tib]; (planieren) flatten [tib]; (Gelände) flatten out [geo]; (einebnen) level off
Abflachen *n* flattening
Abflammen *n* (Anstrich) burning-off [met]; flame treatment [met]
abfließen *v* (ausströmen) discharge [was]; (entwässert werden) drain [was]; (abströmen) drain off [was]; (wegfließen) flow off [was];

(ausfließen) outflow [was]; (Flüssigkeit) run off [was]
Abfließen *n* drainage [was]; (Wegfließen) flowing-off [was]
abfluchten *v* range out
Abflugbahn *f* runway [tra]
Abflugbereich *m* departure area [tra]
Abflughalle *f* departure hall
Abfluss *m* (Ausströmen) discharge [was]; (-element) drain [was]; (Entwässerung) drainage [was]; (Abwasser) effluent [was]; (Gully) gutter [was]; (-element) outlet [was]; (von Flüssen) river run-off [was]; run-off [was]; (Gully) sink [was]
Abfluss aus einem Stadtgebiet *m* urban run-off [was]
Abfluss einer Kläranlage *m* final effluent [was]
Abfluss, direkter - *m* direct discharge [was]
Abfluss, monatlicher mittlerer - *m* (Hydrologie) mean monthly discharge [was]
Abfluss, natürlicher - *m* (Hydrologie) natural flow [was]
Abfluss, oberirdischer - *m* surface flow [was]; surface run-off [was]
Abfluss, schießender - *m* supercritikal flow [wba]
Abflussbecken *n* outflow basin [was]; outflow sink [was]; sink [tga]
Abflussdefizit *n* (Talsperre) flow deficiency [was]
Abflusseinlauf *m* outfall [was]
Abflussganglinie *f* discharge curve [was]; (Hydrologie) discharge hydrograph [was]
Abflussgebiet *n* drainage area [was]
Abflussgeschwindigkeit *f* outlet velocity [was]
Abflussgraben *m* ditch [wba]; drain [was]; drainage [wba]; drainage ditch [wba]; effluent channel [was]; field drain [wba]
Abflusshöhe *f* depth of discharge [geo]; depth of run-off [was]; run-off depth [was]
Abflusskanal *m* discharge conduit [wba]; discharge culvert [wba]; drain [wba]; effluent channel [wba]; effluent sewer [was]; outfall line [was]; overflow channel [was]; sewer [was]
Abflusskapazität *f* (Hydrologie) drainage capacity [was]
Abflussleiste *f* (für Wasser) drain strip
Abflussleitung *f* discharge conduit [was]; discharge line [was]; discharge pipe [was]; drain pipe [was]
Abflussmenge *f* discharge quantity [was]; (- bei Hochwasser) flood water flow [wba]; rate of run-off [was]; volume of water discharge [was]; waste water volume [was]
Abflussmenge bei Hochwasser *f* high-water flow [was]
Abflussmenge bei Mittelwasser *f* mean water flow [was]

Abflussmenge, mittlere - *f* average discharge [was]
Abflussmessung *f* measurement of discharge [any]
Abflussrinne *f* discharge channel [was]; discharge trough [was]; drainage gutter [was]; drainage swale [wba]; effluent trough [was]; flume [was]; groove [was]; guttering
Abflussrohr *n* discharge pipe [was]; drain pipe [was]; drainage pipe [was]; outlet tube [was]; (Gully) sink [was]
Abflussschacht *m* gully [was]
Abflussschicht *f* soakaway [was]
Abflussspende *f* discharge rate [was]; specific discharge [was]; yield factor [was]
Abflusssumme *f* amount of discharged water [was]; total volume of water discharge [was]
Abflusswasser *n* discharge water [was]; run-off water [was]; sewage [was]; sewage water [was]; waste water [was]
Abflusswasser von Straßen *n* (in Ortschaften) urban run-off [was]
abfragen *v* (Messgerät) sample [any]
Abführen von Wärme *n* dissipation of heat [pow]
Abführung von Abwasser *f* disposal of effluent [was]
Abfüllanlage *f* filling plant [wer]
Abgabe *f* (Energie) release [pow]
Abgabe in die Umgebung *f* release to the environment
Abgaberegelung für Staubecken *f* reservoir release rules [wba]
Abgabeschurre *f* delivery chute [prc]
Abgabestelle *f* placing point [tib]
Abgangsschacht *m* (Fernwärmeleitung) branch duct [pow]
Abgangstunnel *m* exit tunnel [tra]
Abgas *n* discharge gas [air]; off-gas [air]; waste gas [air]
abgasarm low-emission [air]
Abgasfahne *f* waste gas banner [air]
Abgasfilter *m* exhaust-gas filter [air]
Abgaskanal *m* exhaust-gas duct [air]
Abgasmessung *f* exhaust-emission measurement [any]; exhaust-gas analysis [any]
Abgasreinigung *f* off-gas treatment [air]; waste gas treatment [air]
Abgasstutzen *m* exhaust stack [air]
Abgastest *m* (Kfz) emission test [any]; (Kfz) exhaust-gas test [any]
Abgasüberprüfung *f* emission test [any]; exhaust-emission check [any]
Abgasuntersuchung *f* exhaust-gas test [any]
Abgasverlust *m* exhaust-gas loss [pow]
Abgaszusammensetzung *f* emission composition [air]; waste gas composition [air]
abgebaut (Gerüst) struck
abgeben *v* (freisetzen) release [pow]

abgebrannt *v* (geschnitten mit Brenner) flame-cut [met]
abgebunden (Zement) cemented; (Zement) hydrated
abgedeckt capped off
abgedichtet (gasdicht) gas-tight [air]
abgedichtet gegen Windzug windproof
abgeflacht flattened
abgelagert (Holz) seasoned [met]
abgenutzt worn
abgerissen (Bauwerk) pulled down
abgesäuert (Fassade) etched
abgeschirmt screened [elt]; shielded [elt]
abgeschlossen capped off
abgeschrägt oblique
abgesichert (durch Sicherung) fuse-protected [elt]; fused [elt]
abgesichert, nicht - unfused [elt]
abgestimmt adapted
abgestuft stepped
abgetragen worn
abgleichen *v* (z.B. beim Wägen) equipoise [any]; (glätten) even; (einebnen) level; (einebnen) make level; skim [tib]; (Bodenoberfläche) trim [geo]
Abgleichung *f* level course; levelling; (durch Bearbeitung) milling [wer]
Abgleichungsarbeit *f* (Bodenverfestigung) shaping [tib]
abgraben *v* dig away [tib]; dig out [tib]; (Wasserlauf) drain off [wba]; excavate [tib]
Abgrabung *f* excavated material; excavation [geo]
abgraten *v* fettle [wer]; take the burr off [wer]; trim
Abgratwerkzeug *n* trimming tool [wzg]
Abgussmörtel *m* casting mortar [met]
Abhängekonstruktion *f* suspension structure
Abhängestab *m* suspended rod
Abhängigkeiten untereinander *pl* interdependence
Abhang *m* hillslope [geo]; incline [geo]; slope [geo]
Abheben *n* (z.B. eines Brückenlagers) jacking up; (z.B. eines Brückenlagers) lifting; (z.B. eines Brückenlagers) raising
abholen *v* (Abfall) pick up [rec]
Abhub *m* excavated earth [tib]; scum [geo]; skimmings [geo]
Abisolieren *v* skinning [elt]
abkalken *v* (Kalk entfernen) delime; (Kalk entfernen) unlime
abkanten *v* trim [wer]
Abkantprofil *n* (Stahldecke) cellular steel unit; (Stahldecke) steel cellular unit [met]
Abkantung *f* (Treppe) splaying
Abkehren *n* brooming [wer]
abkellen *v* trowel
abkippen *v* dump [rec]

Abkleben *n* masking [wer]; taping [wer]
abklemmen *v* disconnect [elt]
Abklingbecken *n* neutralization pond [was]
Abklingbehälter *m* decay reservoir [was]
abklingen *v* fade [aku]
Abknicken *n* buckling [met]
abkratzen *v* devil
Abkratzen *n* devilling; scraping off
Abkühlmittel *n* (Metallbehandlung) quenchant [met]
Abkühlspannung *f* cooling stress [met]
Abkühlzeit *f* setting time
Abladeanlage *f* unloading installation [wer]
Abladekran *m* unloading crane
abladen *v* discharge [rec]; dump [rec]; unload [tra]
ablängen *v* cut to length [wer]; (auf Länge) cut to size [wer]; shear to length [wer]
Ablängmaschine *f* (Bewehrung) trimming machine
ablagern *v* deposit [rec]; dispose off [rec]; (Holz) season [met]; settle [geo]; (Material) weather [met]
Ablagerung *f* deposit [geo]; deposition [geo]; (Deponie) disposal [rec]; (Deponie) dumping [rec]; (Deponie) landfill [rec]; (Holz) seasoning [rec]; (Sediment, Bodensatz) settling [geo]; (Schutt) tipping [rec]
Ablagerung, gewachsene - *f* natural deposit [geo]
Ablagerung, jahreszeitlich bedingte - *f* seasonal deposit [geo]
Ablagerungsgestein *n* bedded rock [geo]
Ablagerungszyklus *m* sedimentary cycle [geo]
Ablass *m* outflow [was]; outlet [was]
ablassen *v* (Wasser) drain off [was]; run off [was]
Ablassschieber *m* outlet valve [was]; sluice gate [wba]
Ablassstutzen *m* (Sanitär) delivery joint
Ablassverschluss *m* (Talsperre) emptying gate [wba]
Ablauf *m* (Abfluss) discharge; (Abfluss) drain [was]; (Abfluss) drainage [was]; (Abfluss) outflow; (Abfluss) outlet
Ablauf, zeitlicher - *m* chronological progress; progress in time
Ablaufanalyse *f* flow analysis
Ablaufberg *m* (Bahn) marshalling hump [tra]; (Rangieren) shunting hump [tra]
Ablaufdiagramm *n* flow diagram [des]; process chart [des]; sequence chart [des]
ablaufen *v* (Flüssigkeit) discharge [was]
Ablaufgerinne *n* tail-race [was]
Ablaufgitter *n* gully grid [was]
Ablaufkanal *m* discharge channel [was]; drainage channel [was]; effluent conduit [was]; effluent sewer [was]; outfall canal [wba]; outfall culvert

Ablaufleitung *f* discharge conduit [was]
Ablauforganisation *f* procedural organization [wer]; (z.B. Öko-Audit; QM) process organization [eco]
Ablaufplan *m* flow char; progress chart; schedule; sequence plan
Ablaufplanung *f* planning of working procedures; process planning [des]; scheduling
Ablaufprogramm *n* sequential program [des]
Ablaufrinne *f* discharge channel [was]; drain [wba]; drain channel [wba]; drainage channel [wba]; gully [was]; outlet channel [wba]
Ablaufrost *m* gully grid
Ablaufschacht *m* drain chute [was]
Ablaufschema *n* schematic flow diagram [des]
Ablaufschurre *f* discharge chute [prc]
Ablaufstutzen *m* downcomer [was]; drain connection [was]; trap outlet [tga]
Ablaufwasser *n* discharged water [was]; drainage water [was]; (in Fluss) run-off water [was]
Ablaugen *n* (- von Farbe) stripping [wer]
Ablaugmittel *n* saponifying medium [met]; stripper [che]
ableiten *v* (Oberflächenwasser) skim [was]
Ableitung *n* discharge [was]
Ableitung *f* (im Kanalnetz) diversion [was]; (Flüssigkeit) drainage
Ableitung des Oberflächenwassers *f* surface drainage [was]
Ableitungsgraben *m* discharge ditch [wba]; ditch [was]; drain [wba]
Ableitungskanal *m* sluice [wba]
Ableitungsrinne *f* drain pipe [was]
Ableitungsrohr *n* delivery tube [was]
Ableitungsstollen *m* tail-race tunnel [was]
Ablenkeinheit *f* deflection unit
Ablenkkraft *f* deviation force [sik]
Ablenkplatte *f* baffle plate [was]
Ablesefehler *m* reading error [any]
Ablesegenauigkeit *f* accuracy in reading [any]; reading accuracy [any]
ablesen *v* (Messgerät) take a reading [any]; take readings [any]
Ablesestand *m* reference level [any]
Ablösbarkeit *f* removability [met]
ablöschbar (Kalk) slakable
ablöschen *v* (Kalk) slake
Ablöschen *n* (z.B. Kalk) slaking
Ablösemittel *n* (z.B. für Farbe) paint [che]
Ablösen *n* (Farbe) stripping
Ablösen vom Beton *n* (Bewehrungsstahl) bonding failure [bon]
Ablösung, fortschreitende - *f* progressive separation [met]
Ablösungsmittel *n* (z.B. für Farbe) paint remover [che]
Ablüftzeit *f* (Trocknungsdauer) flash time

Abluft *f* discharge air [air]; exhaust air [air]; outgoing air [air]; vent air [air]; waste air [air]

abluften *v* (Anstrichmittel) flash off [met]

Abluftfilter *m* vent filter [air]; waste air filter [air]

Abluftkamin *m* exhaust air stack [air]

Abluftreinigung *f* waste air purification [air]

Abluftwäscher *m* waste air scrubber [air]

abmagern *v* emaciate [met]; lean down [met]

Abmaß *n* allowance [des]; measure dimension [des]; off-size [des]

Abmaß, oberes - *n* allowance above nominal size [des]; plus allowance [des]; upper allowance [des]; upper deviation [des]

Abmaß, unteres - *n* allowance below nominal size [des]; lower deviation [des]; (Passung) minus allowance [des]

Abmaß, zulässiges - *n* (nach Bearbeitung) permissible deviation [des]

abmeißeln *v* carve off; chisel off; remove by chipping

abmessen *v* gauge [any]; measure [any]

Abmessung, kritische - *f* critical dimension [des]

Abmessung, lichte - *f* clear dimension [des]

Abmessungen, größte - *pl* extreme dimensions [des]

Abminderungsbeiwert *m* reduction factor [sik]

Abminderungsfaktor *m* reducing coefficient [sik]

abmontieren *v* dismount; remove; take apart

Abnahme *f* (Schrumpfung) shrinkage [met]

Abnahme von Bauleistungen *f* acceptance of building work

Abnahme, vorläufige - *f* initial acceptance [eco]; provisional acceptance

Abnahmebehörde *f* inspection authority

Abnahmebericht *m* inspection report [any]; test report

Abnahmebescheinigung *f* certificate of inspection [any]

Abnahmekommission *f* acceptance committee

Abnahmeprüfung *f* compliance test [any]; final test [any]

Abnahmeprüfzeugnis *n* acceptance test certificate [any]

Abnahmetermin *m* final inspection date [eco]

Abnahmetest *m* (durch Kunden) inspection test [any]

Abnahmetoleranz *f* acceptance deviation; permissible deviation

Abnahmeverweigerung *f* (Bauprüfung) acceptance rejection; non-acceptance [eco]; refusal of acceptance; (Bauabnahme) rejection

Abnahmezeichnung *f* inspection drawing [des]

abnehmbar detachable; removable

Abnutzung *f* fretting [met]

Abnutzung, mechanische - *f* mechanical wear [met]

Abnutzung, natürliche - *f* natural wear and tear [met]; normal wear and tear [met]

Abnutzung, regelmäßige - *f* regular wear [met]

Abnutzung, stellenweise - *f* spotty wear [met]

Abnutzung, ungleichmäßige - *f* irregular wear [met]

Abnutzungsbeständigkeit *f* abrasion resistance [met]

Abnutzungsfläche *f* wearing surface [met]

Abort *m* toilet [tga]

Aborterker *m* (historische Außentoilette) garderobe

Abortgrube *f* lavatory pit [was]; privy pit [was]

Abpflasterung *f* armouring

abplatzen *v* (Material) spall [met]; spall away [met]

Abplatzen *n* flaking [met]; (von Anstrich) peeling [met]; (von Verputz) popping [met]; (Material) spalling [met]

Abplatzung *f* (in der Ausmauerung) shelling [met]

Abprodukt *n* (Nebenprodukt) secondary material [che]

Abproduktaufarbeitung *f* (Rohstoffe) waste management [rec]

abpumpen *v* drain by pumping [was]

abputzen *v* (Hauswand) plaster; (Hauswand) rough-cast

Abräumen *n* stripping

abrahmen *v* skim

Abrammen *n* ramming [tib]

Abraum *m* (Bergbau) overburden [roh]; refuse [rec]; shelf [geo]; spoil; strippings [rec]

Abraumbagger *m* stripping shovel

Abraumbeseitigung *f* removal of overburden; stripping

Abraumbohrer *m* overburden drill [roh]

Abraumgut *n* (Bergbau) overburden [roh]

Abraumhalde *f* waste pile [rec]

Abraumschicht *f* overburden [tib]

Abrechnung auf Bauleistungen *f* invoicing for work performed

Abrechnung von Nebenkosten *f* invoicing for auxiliary costs [eco]

Abrechnungsbestimmungen *pl* invoicing requirements [eco]

Abrechnungseinheit *f* accounting unit [eco]

abreiben *v* (Beton) finish off

Abreißbewehrung *f* top reinforcement [bon]

abreißen *v* demolish; wreck

Abreißen *n* (Gebäude u.a.) pulling down

Abreißkraft *f* pull-off strength [phy]

Abrieb *m* abraded particles [met]; (durch Schleifwirkung) scuff [met]; (Abnutzung) wear

Abrieb durch windbewegten Sand *f* eolation

abriebbeständig abrasion-proof [met]; wear-resistant [met]

Abriebbeständigkeit *f* abrasion resistance [met]; abrasive resistance [met]

Abriebeigenschaft *f* abrasiveness [met]

Abriebfähigkeit *f* abrasiveness [met]
abriebfest abrasion-proof [met]; abrasion-resistant [met]; abrasive-resistant [met]; resistant to abrasion [met]
Abriebfestigkeit *f* abrasion resistance [met]; (von Kohle) hardness index [met]; resistance to wear [met]
Abriebhärte *f* abrasion hardness [met]
Abriebkorrosion *f* fretting corrosion [met]
Abriebmittel *n* abrasive [met]
Abriss *m* (Bauwerk) demolition; (Gebäude u.a.) pulling down; (knappe Darstellung) sketch [des]; wrecking
Abrissanordnung *f* demolition order
Abrissbirne wrecking ball
Abrissbirne *f* demolition ball
Abrissfirma *f* demolition firm
Abrissgebiet *n* demolition area; (Stadtplanung) demolition zone
Abrissgenehmigung *f* demolition permit; wrecking permit
Abrisskosten *pl* demolition costs [eco]
Abrollbrücke *f* roller bascule bridge
Abrollkipper *m* roller tipper [tra]
Abrostung *f* (- der Bewehrung) rusting [met]
abrüsten *v* (Gerüst abbauen) unscaffold
Abrundung *f* fillet [wer]
abrutschen *v* (Boden) subside [geo]
Abrutschen *n* slipping
absacken *v* sag [geo]
Absackmaschine *f* bag packing machine [prc]
Absackung *f* (Gebäude) settlement; slump [geo]
Absackwaage *f* bagging scale [any]
absanden *v* grit; sand [wer]
Absanden *n* dusting; sanding [wer]
Absandung *f* sanding [wer]
Absatz *m* bench; (Bauelement) offset; (Bauelement) set-off; (Bauelement) shoulder; (Boden) terrace
Absatzbecken *n* (Kläranlage) slurry tank [was]
Absatzboden *m* transported soil [geo]
Absatzplatte *f* (Treppe) landing slab
absatzweise batchwise [wer]
absaugen *v* suck off
Abschälen *n* (- von Mörtel-/Betonoberflächen) surface scaling [met]
abschäumen *v* skim [prc]
Abschalbock *m* stopend trestle
Abschalelement *n* stopend panel
Abschalhülse *f* stopend sleeve
abschalten *v* interrupt [elt]
Abschalten *n* (Ausschalten) break of circuit [elt]
Abschaltstrom *m* break current [elt]
Abschaltverzögerung *f* turn-off delay [elt]
Abschattung *f* shading
Abscheidegrad *m* recovery [prc]

Abscheidegrad bei Sieben *m* screening effect [prc]
Abscheiden *n* skimming
Abscheider *m* precipitator; settler [was]; trap
Abscheideraum *m* precipitating chamber [was]
Abscheidetechnik *f* control technology
Abscheidung *f* (Abtrennung) precipitation; (Entfernung) removal; (Trennung) separation
Abscherbolzen *m* shear pin [tec]
Abscheren *n* shearing [wer]
Abscherfestigkeit *f* shear strength [met]; shearing strength [met]
Abscherpyramide *f* pyramid of rupture [met]
Abschieferung *f* exfoliation [met]
Abschirmbeton *m* (Strahlung) concrete for radiation shielding [met]; (Strahlenschutz) loaded concrete [bon]; (Strahlung) radiation shielding concrete [met]
abschirmen *v* (schützen) screen [elt]; (schützen) shield [elt]
Abschirmmauer *f* curtain wall
Abschirmung *f* (Schutz) shield [elt]
Abschirmung gegen Strahlung *f* radiation shielding
Abschirmung, feste - *f* fixed guard [asi]
Abschirmwand *f* protective screen [asi]; (Arbeitsschutz) radiological protection shield
abschlacken *v* scum [roh]
abschlämmen *v* decant [was]; elutriate [was]
abschläumbar (Wasserreinigung) sludgy [was]
Abschlag *m* (Schotter) chippings
abschlagen *v* beat off [wer]; scabble
Abschlagen *n* (Mauerwerk) regrating; (Kanten) wasting
abschleifen *v* grind down [wer]; (mit Sandpapier) sandpaper [wer]; (Boden) strip [wer]
Abschleifen *n* sanding [wer]
Abschleppen *n* (- einer Fläche) dragging [tib]
Abschluss *m* completion
Abschlussbalken *m* capping beam
Abschlussbericht *m* final report
Abschlussdeich *m* closing dyke [wba]
Abschlussfehler *m* (Vermessung) closing error [any]
Abschlussmauer *f* head wall
Abschlussorgan *n* shut-off unit
Abschlussplatte *f* cover slab
Abschlussprüfung *f* final examination
Abschlussventil *n* shut-off valve [tga]
abschmirgeln *v* sandpaper [wer]
Abschmirgeln *n* sanding [wer]
abschneiden *v* (durch Brennschneiden) torch-cut [wer]
Abschnitt *m* (Bau-) stage
abschnittsweise in stages; segmental
abschöpfen *v* (Ölschicht) skim [prc]
Abschöpfölsperre *f* skimming barrier [was]
abschotten *v* (vor Wasser, etc.) dam [wba]

Abschottung *f* (gegen Wasser) damming [wba];
  partitioning; partitioning off
abschrägen *v* (Balken) bevel; chamfer; (Hang)
  rake [geo]
Abschrägen *n* levelling of the edge [wer]
Abschräghobel *m* shooting plane [tib]
Abschrägung *f* (Gewölbe) splaying
abschraubbar detachable
Abschrecken *n* tempering [met]
Abschreckfestigkeit *f* quenching strength [met]
Abschreiten *n* (Vermessung) measuring with steps
  [any]
abschüssig inclined
abschuppen *v* (Naturstein) flush; peel off; scale;
  (Beton) scale off [met]
Abschuppen *n* chipping [met]; (Beton) scaling
  [met]
Abschuppung *f* scaling
abschwächen *v* tune down [aku]
abschweißen *v* unweld [wer]
abschwemmen *v* elutriate [was]
Abschwemmung *f* scouring [was]
abschwenkbar retractable [tec]
absenken *v* (Baugrube) sink [tib]
Absenkkopf *m* lowering head
Absenkung *f* drawdown [geo]; (Grundwasser)
  drawdown [was]; settlement [was]; sinking [was]
Absenkung des Grundwassers, künstliche - *f*
  artificial lowering of the groundwater level [geo]
Absenkung des Grundwasserspiegels *f* lowering of
  the water table [was]
Absenkung, kapillare - *f* capillary depression [met]
Absenkungstiefe *f* depth of level decline [was]
Absenkungstrichter *m* cone of depression [was];
  pressure-relief cone [was]
Absenkungsziel *n* minimum storage water elevation
  [wba]
Absenkziel *n* minimum storage water elevation
Absetzanlage *f* sedimentation installation [was];
  sedimentation plant [was]
absetzbar depositable [was]
Absetzbassin *n* settling tank [was]
Absetzbecken *n* clarifying basin [was];
  precipitation tank [was]; sedimentation basin
  [was]; sedimentation tank [was]; settlement tank
  [was]; settler [was]; settling basin; settling pond
  [was]; settling tank [was]
Absetzbehälter *m* settler [was]; settling tank
  [was]; settling vessel [was]
absetzen *v* (auf Fundament) set down; settle out
  [prc]
Absetzen *n* (farblich) contrasting; settlement [met];
  (Niederschlagen) settling
Absetzgeschwindigkeit *f* sedimentation rate [was]
Absetzgestein *n* bedded rock [geo]
Absetzgrube *f* cesspit [was]; cesspool [was]

Absetzkammer *f* sedimentation chamber [was];
  settling chamber [was]
Absetzraum *m* settling compartment [was]
Absetztank *m* settler [was]; settling tank [was]
Absetzteich *m* settling lagoon [was]; settling pond
  [was]
Absetzung *f* subsidence [geo]
Absetzverfahren *n* (Feststofftrennung)
  sedimentation [was]; (Abwasser) sedimentation
  method [was]
Absetzverhinderungsmittel *n* sedimentation
  inhibitor [met]
Absetzvorgang *m* sedimentation process [was]
Absetzzentrifuge *f* sedimentation centrifuge
absichern *v* provide security for
absickern *v* trickle down [was]
absieben *v* screen [prc]; sieve [prc]
Absieben *n* screening [prc]; sieving
Absinken des Grundwasserspiegels *n* decline of
  water table [was]; phreatic decline [was]
Absinken des Wasserspiegels *n* decline of water
  level [was]; drop of water level [was]
Absinkgeschwindigkeit *f* sedimentation rate [phy]
absondern *v* (abtrennen) segregate
Absonderung *f* (Entfernung) segregation
Absorber *m* absorber [prc]
Absorption *f* absorption [prc]
Absorptionsfilter *m* absorption filter [prc]
Absorptionssäule *f* absorption column [prc]
abspalten *v* release [che]; split off
abspalten, sich - *v* spall away [met]
Abspaltung *f* rifting [geo]
Abspannanker *m* guy anchor
Abspanndraht *m* guy [stb]
abspannen *v* (mit Seilen) guy
Abspannisolator *m* guy insulator
Abspannmast *m* anchor mast [stb]; guy mast;
  guyed tower [stb]; span pole; stay pole [stb]
Abspannöse *f* tension sleeve
Abspannpunkt *m* (Zeltsystem) anchor point
Abspannring *m* guy ring
Abspannseil *n* guy [stb]; guy rope; rope guy
Abspannung *f* guy; guying [stb]
Abspannungsseil *n* stay rope [stb]; stay wire
  [stb]
Absperrarmatur *f* isolation valve [prc]; shut-off
  device [prc]
Absperrarmaturen *pl* shut-off fittings [tga]
Absperrbauwerk *n* dam structure [wba]; (an
  Wasserbauwerken) retaining work [wba]
absperren *v* (Tür) lock
Absperrglied *n* faucet [tga]; shut-off device
Absperrhahn *m* shut-off cock [tga]; shut-off
  nozzle; stop valve [tga]
Absperrklappe *f* (Talsperre) flap [was]; throttle
  valve [prc]

Absperrmaterial *n* cordoning material
Absperrorgan *n* isolating device [prc]; shut-off device [prc]
Absperrschieber *m* shut-off gate valve [prc]; shut-off slide [was]; (Bunker) shutter valve [prc]
Absperrschraube *f* access plug [tec]
Absperrung *f* blocking [geo]; damming; (Zaun) fencing; roadblock [tra]
Absperrventil *n* gate valve [tga]; shut-off valve [tga]
Absperrvorrichtung *f* cut-off device [tga]; shut-off device [prc]; shut-off unit
Absplitten *n* (von Straßen) blinding
Absplitterung *f* splintering
Abspreizung *f* propping up
abspritzen *v* cleanse; wash off
abspülen *v* rinse
Abspülung *f* rainwash [geo]
Abstand *m* (Entfernung) distance; (Raum) space
Abstand in Längsrichtung *m* lengthwise spacing [des]
Abstand vom Boden *m* height above floor
Abstand von Bewehrungsstäben *m* spacing of reinforcement bars [bon]
Abstand, gegebener - *m* set gap [des]
Abstand, in gleichem - equidistant
Abstand, mit - spaced
Abstand, mittlerer - *m* average distance [des]
Abstand, seitlicher - *m* lateral clearance
Abstandhalter *m* spacer [tec]
Abstandsbolzen *m* spacing bolt
Abstandsfläche *f* clearance; free space between the building and the plot boundary [com]; (notwendige -) site yard requirement [com]
abstandsgleich equally spaced; equidistant
Abstandshalter *m* (Wärmedämmung) insulation spider; spacer; spacing bar [stb]; spacing piece [tec]
Abstandsmaß *n* distance measure [des]
Abstandsregelung *f* spacing regulations
Absteckskizze *f* (Vermessung) marking sketch
Absteckungsplan *m* setting-out plan
absteifen *v* brace; shore
Absteifen *n* shoring
Absteifung *f* bracing; reinforcement [bon]; shoring up [stb]; staying [stb]; strutting
Abstellfläche *f* (Küche, Bad, usw.) counter area
Abstellkammer *f* boxroom
Abstellplatz für Baumaschinen *m* plant yard
Abstellraum *m* boxroom; store
Abstellungswinkel *m* (Spundwand) deviation angle
Absterben der Vegetation *n* vegetation loss [bio]
abstimmen *v* (Arbeiten) coordinate
abstoßend repellent
abstrahlen *v* emit [phy]
Abstrahlschicht *f* reflecting layer

Abstreicher *m* (Bandförderer) band wiper [prc]; (an Transportband) scraper [prc]
Abstreifer *m* (Bandförderer) band wiper [prc]; (für Schwimmstoffe) scum collector [was]
Abstreuen *n* (Straße) road gritting [tib]
Abstützbock *m* A-frame [tib]
abstützen *v* prop; (gegen Einsturz) shore up; strut
Abstützen *n* (z.B. Grabenwand) shoring [tib]
Abstützung *f* outrigger; (z.B. Einsturzbedrohtes) propping; shoring; shoring [tib]
Abstützung mit Bodenteller, verstellbare - *f* jack screw with elephant's foot
Abstützungsrahmen *m* shoring frame
Abstützverlängerung *f* support extension
abstufen *v* terrace
Abstufung *f* grading
Absturzsicherung *f* anti-fall guard [asi]; fall arresting device [asi]; fall arrestor [asi]; safety device against fall [asi]
Abtasteinrichtung *f* scanning device [any]
abtasten *v* scan [any]
Abtasten *n* sampling [any]; scanning [any]
Abtastfrequenz *f* sampling frequency [any]
Abtastgeschwindigkeit *f* scanning rate [any]
Abtastkopf *m* scanning head [any]
Abtastrate *f* sampling rate [any]; scanning frequency [any]
Abtaststrahl *m* scanning beam [any]
abtauen *v* thaw; thaw out
Abtauen *n* defrosting [pow]
Abteilung *f* (Feld, Fach) bay
abteufen *v* (Bergbau) sink [roh]
Abteufen *n* sinking [roh]
Abteufer *m* rooter [wba]
Abteufhammer *m* sinker [roh]
Abteufkübel *m* sinking bucket [tib]
Abteufrohr *n* sinking tube [tib]
Abteufung *f* sinking [roh]
abtönen *v* shade [wer]
Abtrag *m* cut [geo]; cutting [geo]; degradation [geo]; excavated material [geo]; excavation [tib]; (von Gebäuden) wrecking
Abtrag von Rutschungsmassen *m* slide-correction excavation [tib]
abtragen *v* cut through [tib]; (Boden) degrade [geo]; (Boden) erode [geo]; (Boden) level [geo]
Abtragen *n* cutting [tib]
Abtragen der Vegetationsschicht *n* stripping [geo]
Abtragen von Mutterboden *n* topsoil stripping
Abtragung *f* demolition; (Abbrucharbeit) demolition work; (Boden) erosion [geo]; excavation [tib]; (Demontage) excavation cutting; (Einebnen) levelling [tib]; (Entfernung) removal
Abtragung durch Wind *f* wind deflation [geo]
Abtransport *m* dispatch [tra]; removal [tra]
abtrennen *v* (freisetzen) release

Abtrennen des Nietkopfes *n* rivet washing [wer]
Abtrennung *f* partition; separation
Abtrennung, durchschusshemmende - *f* bullet-resistant partition
Abtreppen *n* benching [tib]; stepping [tib]
Abtreppung *f* racking
Abtritterker *m* (historische Außentoilette) garderobe
abtrocknen *v* dry
Abwärme *f* lost heat [pow]; waste heat [pow]
Abwärme, industrielle - *f* industrial waste heat [pow]
Abwärmenutzung *f* energy recovery [pow]; use of waste heat [pow]; waste-heat recovery [pow]; waste-heat utilization [pow]
Abwässer, galvanische - *pl* electroplating waste water [was]
Abwässer, gewerbliche - *pl* commercial sewage [was]; industrial sewage [was]
Abwässer, häusliche - *pl* domestic sewage [was]; domestic sewage [was]; domestic waste water [was]; sanitary sewage [was]; sullage [was]
Abwässer, vorgereinigte - *pl* provisionally treated waste water [was]
Abwanderung *f* (Bevölkerung aus Region) relocation from an area [com]
Abwaschbecken *n* sink [tga]
abwaschen *v* cleanse; rinse
Abwasser *n* effluent [was]; liquid waste [was]; sewage [was]; waste water [was]
Abwasser aus Sanitäranlagen *n* sanitary waste water [was]
Abwasser aus Spritzkabinen *n* spray booth effluents [was]
Abwasser, angefaultes - *n* septic sewage [was]
Abwasser, aufbereitetes - *n* treated waste water [was]
Abwasser, fauliges - *n* septic sewage [was]
Abwasser, gereinigtes - *n* treated effluent [was]
Abwasser, gewerbliches - *n* industrial effluent [was]; industrial sewage [was]
Abwasser, häusliches - *n* domestic waste water [was]; municipal sewage [was]; sullage [was]
Abwasser, industrielles - *n* industrial effluent [was]; industrial waste water [was]
Abwasser, kommunales - *n* domestic sewage [was]; municipal sewage [was]; municipal waste water [was]; sanitary sewage [was]
Abwasser, radioaktives - *n* radioactive waste water [was]
Abwasser, städtisches - *n* municipal waste water [was]; urban waste water [was]
Abwasserabgabe *f* waste water levy [was]
Abwasserabsetzanlage *f* sewage sedimentation plant [was]
Abwasseranalyse *f* waste water analysis [any]

Abwasseranfall *m* quantity of waste water [was]; resultant waste water [was]; sewage flow [was]
Abwasseranlage *f* sewage disposal plant [was]; sewage plant [was]; waste water system [was]
Abwasseranlage, häusliche - *f* sanitary sewer system [was]
Abwasseraufbereitung *f* sewage treatment [was]; waste water treatment [was]
Abwasseraufkommen *n* occurence of sewage [was]
Abwasserauslauf *m* outfall [was]
Abwasserbau *m* sewage construction [wba]
Abwasserbehandlung *f* effluent water treatment [was]; sewage treatment [was]; treatment of waste water [was]; waste water treatment [was]
Abwasserbehandlung, aerobe - *f* aerobic sewage treatment [was]
Abwasserbehandlung, anaerobe - *f* anaerobic sewage treatment [was]
Abwasserbehandlung, betriebseigene - *f* on-site effluent treatment [was]
Abwasserbehandlung, biologische - *f* biological sewage treatment [was]; biological waste water treatment [was]
Abwasserbehandlung, chemische - *f* chemical treatment of waste water [was]; chemical waste water treatment [was]
Abwasserbehandlung, mechanische - *f* mechanical sewage treatment [was]; mechanical treatment of waste water [was]; mechanical waste water treatment [was]
Abwasserbehandlungsanlage *f* sewage treatment plant [was]; waste water treatment plant [was]
Abwasserbehandlungstechnik *f* sewage engineering [was]; sewage treatment technology [was]
Abwasserbelüftung *f* sewage aeration [was]; ventilation [was]
Abwasserbelüftungsanlage *f* aeration plant [was]
Abwasserbeseitigung *f* effluent disposal [was]; sewage disposal [was]; sewerage [was]; waste water disposal [was]
Abwasserbeseitigungsanlage *f* sewage disposal facility [was]; sewage disposal plant [was]
Abwasserbeseitigungspflicht *f* obligation for sewage disposal [was]
Abwasserbeseitigungsplan *m* sewage scheme [tga]; waste water disposal scheme [was]
Abwasserchlorung *f* sewage chlorination [was]
Abwasserdekontamination *f* waste water disinfection [was]
Abwassereinlauf *m* waste water outfall [was]
Abwassereinleitung *f* discharge of waste water [was]; sewage discharge [was]; waste water discharge [was]; waste water introduction [was]
Abwassereinleitung ins Meer *f* marine sewage disposal [was]

Abwassereinleitungsstelle *f* outfall [was]
Abwasserentgiftung *f* sewage decontamination [was]
Abwasserentsorgung *f* sewage disposal [was]; waste water disposal [was]
Abwasserfahne *f* (in Fluss) sewage plume [was]
Abwasserfallrohr *n* waste water down-pipe [was]
Abwasserfaulraum *m* septic tank [was]
Abwasserfilter *m* sewage filter [was]
Abwasserfiltration *f* sewage filtration [was]; waste water filtration [was]
Abwasserformstück *n* sewage fitting [was]
Abwassergebühr *f* sewage charge [was]; waste water charge [was]; waste water levy [was]
Abwassergraben *m* drainage trench [was]; open drain [was]
Abwassergrenzwert *m* limit value of hazardous waste water [was]
Abwasserhebeanlage *f* sewage lifting installation [was]; sewage lifting pump [was]; waste water pump station [was]
Abwasserinhaltsstoff *m* waste water constituent [was]
Abwasserkanal *m* conduit sewer [was]; drain trench [was]; sewer [was]; sewer tunnel [was]; waste water channel [was]
Abwasserkanalarbeiten *pl* sewer work [wba]
Abwasserkanalisation *f* sewerage [was]; waste water drainage [was]
Abwasserkanalisationsnetz *n* sewerage system [was]
Abwasserkanalreinigung *f* sewer cleaning [was]
Abwasserkanalsohle *f* sewer bottom [was]
Abwasserkläranlage *f* sewage clarification plant [was]; sewerage plant [was]
Abwasserklärung *f* sewage purification [was]
Abwasserkonzentration *f* sewage concentration [was]
Abwasserlast *f* waste water load [was]
Abwasserleitung *f* disposal line [was]; drain pipe [was]; overflow pipe [was]; sewer [was]; sewerage [was]
Abwasserleitungsgraben *m* sewer trench [was]
Abwassermenge *f* amount of sewage [was]; sewage flow [was]; volume of sewage [was]; waste water amount [was]; waste water quantity [was]; waste water volume [was]
Abwassernetz *n* sewage system [was]; sewerage [was]
Abwasserprobe *f* sewage sample [any]
Abwasserpumpe *f* sewage pump [was]; waste water pump [was]
Abwasserpumpwerk *n* sewage pumping station [was]
Abwasserreinigung *f* (Kläranlage) sewage purification [was]; (Kläranlage) waste water

purification [was]; (Kläranlage) waste water treatment [was]
Abwasserreinigung, aerobe - *f* (Kläranlage) aerobic waste water treatment [was]
Abwasserreinigung, anaerobe - *f* (Kläranlage) anaerobic waste water treatment [was]
Abwasserreinigung, bakterielle - *f* (Kläranlage) biological treatment of waste water [was]
Abwasserreinigung, biologische *f* (Kläranlage) biological purification of waste water [was]
Abwasserreinigung, biologische - *f* (Kläranlage) biological waste water purification [was]; (Kläranlage) biological waste water treatment [was]
Abwasserreinigung, chemische - *f* (Kläranlage) chemical purification of waste water [was]; (Kläranlage) chemical sewage purification [was]; (Kläranlage) chemical sewage treatment [prc]; (Kläranlage) chemical waste water treatment [was]
Abwasserreinigung, industrielle - *f* (Kläranlage) industrial waste water treatment [was]
Abwasserreinigung, mechanische - *f* (Kläranlage) mechanical cleaning of waste water [was]; (Kläranlage) mechanical waste water purification [was]; (Kläranlage) primary treatment [was]
Abwasserreinigung, naturnahe - *f* (Kläranlage) sewage purification close to nature [was]
Abwasserreinigungsanlage *f* (Kläranlage) effluent treatment works [was]; (Kläranlage) sewage treatment works [was]; (Kläranlage) waste water purification plant [was]
Abwasserreinigungsanlage, mechanische - *f* (Kläranlage) mechanical equipment for sewage purification [was]
Abwasserrohr *n* drain pipe [was]; sewage pipe [was]; sewer pipe [was]
Abwasserrohrleitung *f* sewer line [was]
Abwassersammelsystem *n* (im Gebäude) building drain system [was]; sewerage system [was]
Abwassersammler *m* intercepting sewer [was]; sanitary sewer [was]; trunk sewer [was]; waste water collector [was]
Abwasserschaum *m* scum [was]
Abwasserschlamm *m* (Kläranlage) effluent slurry [was]; sewage sludge [was]
Abwasserstatistik *f* waste water statistics [was]
Abwassersystem *n* waste water system [was]
Abwassertechnik *f* effluent treatment [was]; sewage engineering [was]; waste water technology [was]
Abwasserteich *m* oxidation pond [was]; sewage lagoon [was]; sewage pond [was]; waste water lagoon [was]
Abwasserüberwachung *f* sewage control [was]
Abwasseruntersuchung *f* waste water analysis [any]
Abwasserversickerung *f* percolation [was]

Abwasserversickerungsanlage *f* subsurface sewage disposal system [was]

Abwasserversickerungsgraben *m* absorption trench [was]

Abwasserverwertung *f* utilization of foul water [was]; utilization of sewage [was]; utilization of waste water [was]

Abwasserzufluss *m* sewage flow [was]

Abwasserzuleiter *m* incoming sewer [was]

Abwasserzusammensetzung *f* sewage composition [was]; waste water composition [was]

Abweichung *f* aberrance; deviation; nonconformity; variation [mat]

Abweichung vom Sollwert *f* deviation from ordered value

Abweichung, durchschnittliche - *f* mean deviation [any]

Abweichung, mittlere - *f* mean deviation [any]

Abweichung, zulässige - *f* (nach Bearbeitung) permissible deviation; tolerance

Abweisblech *n* (am Schornstein) saddle

Abweisstein *m* baffle brick

Abwicklung *f* (Zeichnung) developed view [des]

Abwicklungskurve *f* involute [des]

abwiegen *v* dose [any]

abwittern *v* scale off [met]

Abwitterungsprodukt *n* residual deposit [geo]

Abwurf *m* discharge [wer]; release

Abwurfband *n* discharge belt [prc]; discharge conveyor [prc]

Abwurföffnung *f* discharge opening [prc]

Abwurfschacht *m* chute [prc]; discharge chute [prc]; shaft [prc]

Abwurfschurre *f* discharge chute [prc]; swivel chute [prc]

Abwurfstelle *f* (Abfallsortierung) discharge point [rec]

Abwurfwagen *m* (Förderband) travelling tripper [tra]

Abziehbohle *f* screed board

Abziehbrett *n* patter [bon]; (Putz, Estrich) wood screed [wzg]

abziehen *v* (Beton) screed; (Beton) trowel

Abziehen *n* finishing [bon]

Abziehlack *m* transfer varnish [met]

Abziehlatte *f* smoothing board [wzg]

Abziehstein *m* bench stone [tib]

Abziehverteilgerät *n* blade maintainer [tib]

Abziehvorrichtung *f* extractor [wer]

Abzüge, ohne - without deduction [eco]

Abzug *m* (Leitung) conduit; (Abgase) exhaust [air]; (Abgase) fume hood [air]; (Ausgang) outlet; (Kanal) vent [air]

Abzugband *n* discharge belt [prc]

Abzugkanal *m* drainage culvert [wba]; drainage duct [wba]

Abzugsband *n* discharge conveyor [prc]

Abzugschieber *m* sluice valve [was]

Abzugsgraben *m* catch pit gully [was]; culvert [wba]

Abzugshebel *m* trigger

Abzugskanal *m* catchwater drain [was]; culvert [wba]; gully [wba]

Abzugsrohr *n* drain pipe [was]

Abzugsschacht *m* vent [air]

Abzugsschleuse *f* sink [was]

Abzweig, halbschräger - *m* Y-branch [tga]

Abzweigbohle *f* (Spundwand) junction pile

Abzweigdose *f* connector box [elt]; distribution box [elt]; junction box [elt]

abzweigen *v* branch [elt]

Abzweigkanal *m* branch duct [was]

Abzweigkasten *m* branch box [elt]; conduit box [elt]; junction box [elt]

Abzweigklemme *f* branch terminal [elt]

Abzweigmuffe *f* branch tee [tga]

Abzweigrohr *n* take-off pipe [was]

Acetatkleber *m* acetate adhesive [met]

Achsabstandsfehler *m* centre distance error [des]

Achse im elastischen Bereich, neutrale - *f* (z.B. Stahlbau) elastic neutral axis [des]

Achse im plastischen Bereich, neutrale - *f* plastic neutral axis [sik]

Achsendrehung *f* rotation of axis [des]

Achsenschnittpunkt *m* (Getriebe) common apex [des]

Achsmitte *f* axle centre [des]

Achsrichtung *f* axial direction [des]

Achsstand *m* axle spacing [des]

Achsstummel *m* journal [tec]

achssymmetrisch axi-symmetrical [des]

Achsversatz *m* axis displacement [des]

Achszapfen *m* journal [tec]

achteckig octagonal

Achtpass *m* (Gotik: Rosette) octafoil [arc]

Ackerbürgerhaus *n* town residence [arc]

Acryldichtstoff *m* acrylic sealant [met]

Acrylfarbe *f* acrylic paint [met]

Acrylfaser *f* acrylic fibre [met]

Acrylglas *n* acryl glass [met]; acrylic glass [met]

Acrylharz *n* acrylate resin [met]; acrylic resin [met]

Acrylharzlackfarbe *f* acrylic resin paint [met]

Acrylkleber *m* acrylic adhesive [met]

Acrylkunststoff *m* acrylic plastics [met]

Additiv *n* (feste Stoffe) admixture; (Wirkstoff) dope [met]; (Zement) functional addition

Additiv, feuerhemmendes - *n* fireproof additive [met]; flame-inhibiting additive [met]

Ader *f* (Kabel) conductor [elt]; lead [elt]; (Kabel) strand [elt]; (Kabel) wire [elt]

Adhäsionsbruch *m* adhesive failure [met]

Adhäsionswasser *n* adherent water; adhesive water [met]; intergranular water film [phy]; pellicular water [met]; water film [phy]
Adsorberharz *n* (Ionenaustausch) scavenger resin [met]
Adsorptionsanlage *f* adsorption system [was]
Adsorptionsmittel *n* adsorbing material [met]; adsorption agent [met]
Ädikula *f* (klassische Fassade) aedicule [arc]; (römische Baukunst: kleiner Tempel) aedicule [arc]
Ähnlichkeitskennwert *m* scale-up parameter [des]
Änderung der Linienführung *f* (Bahn) realignment of a line [tra]
Änderung, konstruktive - *f* change in design [des]
Änderungen vorbehalten subject to alterations
Änderungsblatt *n* (Zeichnung) revision sheet [des]
Änderungsdienst *m* (Zeichnungen) revision service [des]
Änderungsmitteilung *f* change note [des]; change notification [des]
Änderungsnummer *f* (Zeichnung) revision number [des]
Änderungsverlangen *n* demand for alteration [jur]
Änderungsvermerk *m* modification note [des]
Änderungsvorbehalt *m* reservation of the right to make changes [jur]
Änderungsvorschlag *m* suggested change
Änderungszeichnung *f* revision drawing [des]
Äquivalentdurchmesser *m* equivalent diameter [des]
Aerationszone *f* aeration zone [was]
Aerobanlage *f* aerobic plant [was]
ätzen *v* corrode [che]; etch [che]
ätzend caustic [che]; corrosive [che]
Ätzfarbe *f* discharge colour [met]
Ätzkalk *m* quicklime [che]
Ätzkalk, gebrannter - *m* (Lederbeizung) quicklime [met]
Ätzkalk, gelöschter - *m* (Lederbeizung) slaked lime [met]
Ätzmittel *n* caustic [che]; corrosive [che]
äußere Böschungsmauer *f* counterscarp wall
äußeres Doppelfenster *n* storm window
Afwasserlast *f* (Fluss) sewage pollution of a river [was]
Agglomerat *n* agglomerate; cluster
Agglomeration *f* agglomeration [prc]
Agglomerieranlage *f* agglomeration plant [prc]
Agglomerieren *n* agglomerating [prc]; nodulizing [met]
Aggregat *n* aggregate
Aggregation *f* aggregation
Aggregatkratzer *m* aggregate scraper
Aggregatschrappförderer *m* aggregate scraper
Aggregatzustand *m* physical state [phy]; state of matter [phy]

Aggressivität *f* abrasiveness [met]; aggressivity [che]
Aggressivwasser *n* (korrosive Wässer) active water [met]
Akrylglas *n* (s. Acrylglas) acrylic glass [met]
Aktivator *m* promoting agent [che]
Aktivitätszeit einer Deponie *f* longevity of a landfill site [rec]
Akustik *f* acoustics [aku]
Akustikbaustein *m* acoustic block
Akustikbauweise *f* sound-absorbing construction
Akustikdecke *f* acoustic ceiling
Akustikgips *m* acoustical plaster [met]
Akustikplatte *f* acoustic tile [met]; sound-insulating panel [met]
Akustikputz *m* sound-control plaster
Akustikstein *m* acoustic block
Akustikziegel *m* sound-absorbing brick
Alarm *m* alarm [asi]; warning [asi]
Alarm auslösen *v* give the alarm; sound an alarm; trigger an alarm
Alarm, akustischer - *m* audible alarm [asi]
Alarm- und Gefahrenabwehrplanung *f* alarm and hazard defence planning [asi]; alarm and hazard defence planning [asi]
Alarm- und Überwachungssystem *n* alarms and monitoring system [asi]
Alarmabschalteinheit *f* alarm switch-off unit [asi]
Alarmanlage *f* alarm device [asi]; alarm system [asi]; warning equipment [asi]
Alarmanzeige *f* alarm display [asi]; alarm indicator [asi]; warning display [asi]
Alarmauslösung *f* alarm actuation [elt]
Alarmbetrieb *m* alarm operation [asi]
Alarmeinrichtung *f* alarm device [asi]; alarm equipment [asi]; alarm installation [asi]
Alarmeinstellung *f* alarm setting [asi]
Alarmfernübermittlung *f* alarm remote transmission [elt]
Alarmgeber *m* (Arbeitsschutz) alarm device [elt]; alarm transmitter [asi]
Alarmgerät *n* alarm device [asi]
Alarmgerät, akustisches *n* audible alarm unit [asi]
Alarmgerät, akustisches - *n* audible alarm device [asi]; audible signal device [asi]
Alarmglocke *f* alarm bell [asi]; gong [asi]
alarmieren *v* alarm [asi]; warn [asi]
Alarmierung *f* alerting [asi]
Alarmknopf *m* emergency button [asi]; (<B>) emergency push-button [asi]
Alarmlampe *f* warning light [asi]
Alarmmeldelampe *f* alarm indication lamp [asi]
Alarmmelder *m* alarm annunciator [asi]
Alarmmeldesignal *n* blue signal [asi]
Alarmplan *m* alarm plan [asi]; warning plan [asi]
Alarmschalter *m* alarm switch [asi]

Alarmschwelle *f* alarm threshold [asi]
Alarmsignal *n* alarm signal [asi]; emergency signal [asi]
Alarmsignal, akustisches - *n* audible alarm [asi]
Alarmsirene *f* (Feuerwehr, u.a.) alarm siren [asi]
Alarmsperre *f* alarm blocking [asi]
Alarmstufe *f* alarm level [asi]; alert phase [asi]; alert stage [asi]
Alarmübermittlung *f* alarm transmission [asi]
Alarmübertragungssystem *m* alarm transmission system [asi]
Alarmzentrale *f* alarm-control unit [asi]
Alarmzustand *m* alarm condition [asi]; state of alert [asi]
Algenbildung *f* formation of algae [bio]
Algenschutz *m* algicide
Alkaliangriff *m* alkaline attack [met]
Alkalibasalt *m* alkali basalt [met]
Alkalibehandlung *f* alkaline treatment [che]
Alkalibeständigkeit *f* alkali resistance [met]
alkalifest alkali-resistant [che]
alkalifrei alkali-free [che]
Alkalilöslichkeit *f* alkaline solubility [met]
Alkalinität *f* alkalinity [che]
alkalisch alkaline [che]
alkalischer Akkumulator *m* storage battery, alkaline - [elt]
Alkydharzfarbe *f* alkyd-resin paint [che]
Alkydharzlack *m* alkyd resin varnish [che]
Alkydlack *m* alkyd paint [met]
Allee *f* tree-lined avenue [com]
allein stehendes Haus *n* detached house
Alleinlage *f* (Gebäude) stand-alone location
Allgemeine Geschäftsbedingungen *pl* (AGB) General Terms of Trade [eco]
Allgemeine Regelungen für Bauarbeiten *pl* General Provisions for Building Work
Allgemeine Regelungen für Bauarbeiten jeder Art *pl* general rules for all kinds of building works
Allgemeine Regelungen für Bauarbeiten jeder Art *f* (DIN 18299) general regulations for any type of structural work [des]
Allgemeine Technische Vertragsbedingungen für Bauleistungen *pl* (ATV) General Technical Terms of Contract for Building Work
Allgemeine Technische Vorschriften für Bauleistungen *pl* general technical regulations for construction work [jur]
Allgemeintoleranzen *pl* (DIN 7168) general tolerances [des]
Allgemeinwohl *n* common good
allotriomorph allotriomorphic [met]
Allschichtprobe *f* (Bodenprobenahme) running sample [any]
allseitig beweglich multi-directional movable
Allstrommotor *m* all-current motor [elt]

Alltagsarchitektur *f* everyday architecture
Allylharz *n* allyl resin [che]
Allzweckhalle *f* all-purpose hall
Altablagerungen *pl* old deposits [rec]
Altanlage *f* existing installation [wer]
Altbau *m* building, old -; old building; old building; old settlement
Altbaugebiet *n* old housing estate
Altbaumodernisierung *f* modernization of an old building
Altbausanierung *f* old-building restoration; refurbishing; refurbishment of an old building; rehabilitation of old housing; renovation of old buildings
Altbauwohnung *f* flat, old -; (<A>) old apartment; old flat; (<B>) old flat
Altdeponie *f* existing landfill [rec]; old waste disposal site [rec]
Alteisen *n* scrap iron [rec]
Alter des Betons *n* maturity of concrete [bon]
altern *v* (Anstrich) mature [met]; (Metall, Holz) season [met]
Altern, beschleunigtes - *n* accelerated ageing [met]
Altern, künstliches - *n* artificial ageing [met]
Altern, thermisches - *n* thermal ageing [met]
Alternativangebot *n* alternate proposal [eco]
Alternativentwurf *m* alternative design [des]
altersschwach (Bauwerk) dilapidated
Alterung *f* ageing; (Anstrich) maturing [met]; (Metall, Holz) seasoning
Alterung, beschleunigte - *f* accelerated ageing [met]; accelerated weathering [met]; acceletated ageing [met]
Alterung, künstliche - *f* artificial ageing [met]
alterungsbeständig non-ageing [met]
Alterungsempfindlichkeit *f* sensitivity to ageing [mat]
Alterungsprozess *m* ageing process [met]
Alterungsriss *m* ageing induced crack [met]; season crack [met]
Alterungsschutzmittel *n* age protector [che]; age resister [che]
Alterungsverhalten *n* ageing behaviour [met]
Alterungsvorgang *m* ageing process
Altfett *n* waste grease [rec]
Altglas *n* glass waste [rec]; waste glass [rec]
Altholz *n* old timber [rec]
Altkabel *n* scrap cable [rec]
Altkunststoff *m* plastic waste [rec]
Altlast *f* abandoned waste dump [rec]; contaminated sites [geo]; old site [geo]; residual pollution [geo]
Altlastenausschluss *m* exclusion of residual pollution [geo]
Altlastenbebauung *f* building on contaminated land; building on contaminated land

Altlastenerfassung *f* registration of contaminated land [geo]
Altlastenfläche *f* contaminated site [geo]
Altlastengrundstück *n* plot of land harbouring residual pollution [geo]
Altlastenkataster *n* contaminated land cadastre [geo]
Altlastenprojekt *n* decontamination project [geo]
Altlastenrisiken *pl* residual pollution risk [geo]
Altlastensanierung *f* decontamination of inherited pollution [geo]; former deposit restoration [geo]; hazardous sites remediation [geo]; rehabilitation of contaminated sites [geo]; soil decontamination [geo]; treatment of polluted soils of industrial areas [tib]
Altlastensanierungsplan *m* decontamination plan [geo]
Altlastenstandort *m* abandoned site [geo]; closed site [geo]
Altlastenverdacht *m* suspicion of residual pollution [geo]
Altlaststandort *m* abandoned site [geo]; closed site [geo]
altlastverdächtig with suspected inherited pollution [geo]
Altmetall *n* scrap metal [rec]
Altöl *n* used oil [rec]; waste oil [rec]
Altsand *m* used sand [rec]
Altstadt *f* historic centre; historical town centre [com]
Altstadterhaltung *f* town centre conservation
Altstadtsanierung *f* renovation of the old part of the town [com]
Altstandort *m* old site [rec]
Altstoff *m* old substance [met]; (verwertbares Altmaterial) salvage [rec]; waste material [rec]
Altstoffbehälter *m* scrap container [rec]
Altwasser *n* (Fluss) ox-bow [geo]; (Wasser) ox-bow water [was]
Altziegel *pl* second-hand brick [rec]
Aluminium *n* (chem. El.: Al [A]) aluminium [che]
Aluminium, eloxiertes - *n* anodized aluminium [met]
Aluminiumbandeinlage *f* aluminium strip insert
Aluminiumblech *n* aluminium plate [met]; aluminium sheet [met]; sheet aluminium [met]
Aluminiumblechschrott *m* aluminium sheet cuttings [met]
Aluminiumdraht *m* aluminium wire [met]
aluminiumeloxiert aluminium-anodized [met]
Aluminiumfassade *f* aluminium façade
Aluminiumlegierung *f* aluminium alloy [met]
Aluminiumprofil *n* aluminium section [met]
Aluminiumrahmen *m* aluminium frame
Aluminiumrohr *n* aluminium tube [met]
Aluminiumrundstange *f* aluminium rod [met]

Aluminiumschiene *f* aluminium bus [elt]
Aluminiumstange *f* aluminium bar [met]
Aluminiumwalzplatte *f* aluminium slab [met]
Aluminumfensterbank *f* aluminium window sill
Aluminumfensterrahmen *m* aluminium window frame
Ameisenfraß *m* ant attack
Aminoplastkunststoff *m* aminoplast [met]
Ammoniumelimination *f* ammonium elimination [was]
Amphibolit *m* amphibolite [che]
Amt für öffentliche Ordnung *n* public order authority
amtlich anerkannt officially approved
anätzen *v* cauterize [met]
Analogmelder *m* analogue detector [any]
Analyse *f* (Auswertung) analysis [any]
Analyse, gravimetrische - *f* gravimetric analysis [any]
Analyse, kalorimetrische - *f* calorimetric analysis [any]
Analyse, physikalische - *f* physical analysis [any]
Analyse, thermische - *f* thermal analysis [any]
Analysegerät *n* analyzer [any]
Analysenbericht *m* analytical report [any]
Analysengerät *n* analytical device [any]; analytical instrument [any]
Analysenmethode *f* method of analysis [any]
Analysensystem *n* analyzer system [any]
Analysenverfahren *n* analytic procedure [any]
Analysenverfahren *m* analytical method [any]
Analysenvorschrift *f* analytical instruction [any]; analytical procedure [any]
Analysenwaage *f* analysis scale [any]; analytical balance [any]
Anastylose *f* complete dismantling for reconstruction
Anbacken *n* caking
Anbau *m* addition; (Gebäude) extension; lean-to
Anbaubeschränkung *f* limitation on additions [com]
anbauen *v* add; add to a house; (Haus, etc.) build an extension; build on
Anbaumöbel *pl* unit furniture
Anbaustreuer *m* (Straßenbau) rear-mounted gritter [tib]
Anbauten *pl* additions to buildings; attachments to buildings
Anbauzeichnung *f* attachment drawing
anbieten *v* tender [eco]
Anbieter *m* supplier [eco]
Anblasprüfung *f* blow test
anböschen *v* bank against .. [tib]; batter [geo]
anbohren *v* drill into .. [wer]
Anbohrmeißel *m* starter bit [wzg]
Anbohrstahl *m* starter steel [wzg]

Anbruch *m* incipient fracture [met]
andämmen *v* bank up
Andicker *m* thickener
Andienungspflicht *f* (z.B. für Sonderabfälle an spez. Gesellschaften) obligation for offering [rec]; obligation to deliver [rec]
Andreaskreuz *n* (Fachwerk) diagonal struts
Andrehkurbel *f* starting crank [tec]
aneinander grenzend adjacent
aneinanderfügen *v* assemble
Anemometer *n* anemometer [any]; wind gauge [any]
Anfahren *n* (Anlage) start-up [prc]
Anfahrkraft *f* starting force [phy]; starting power [phy]
Anfahrmoment *n* starting torque [phy]
Anfahrstrom *m* starting current [elt]
Anfahrtsweg *m* approach road [tib]; service road
Anfahrwiderstand *m* starting resistance [elt]; starting resistor [elt]
Anfallstelle *f* place of occurrence
Anfangserhärtung *f* initial hardening [bon]
Anfangsimperfektion *f* initial imperfection
Anfangsschwindung *f* initial shrinkage [met]
Anfangsspannung *f* initial stress; (z.B. eines Stahlteils) initial tension [sik]
Anfangssparren *m* (entspr.: Endsparren) end rafter
anfeuchten *v* moisten
anflanschen *v* flange; flange on
Anforderung, funktionelle - *f* functional requirement [des]
Anforderungen *pl* demands; requirements; standards
Anforderungen, sicherheitstechnische - *pl* safety requirements [asi]
Anforderungsgruppe *f* specification group
Anforderungsparameter *m* requirement parameter
Anfrage *f* query
Anfüllungshöhe *f* height of fill [prc]
Anfuhrweg *m* (- zur Baustelle) construction road [tib]
Angabe, einschränkende - *f* restrictive indication [des]
Angabe, technische - *f* technical specification [des]
Angaben, allgemeine - *pl* generalities [des]
angeben, genau - *v* specify
Angebot *n* bid adjustment [eco]; (Warenangebot) supply [eco]; (nach Ausschreibung) tender [eco]
Angebot machen für .. *v* bid for .. [eco]
Angebotsabgabe *f* bid [eco]; submission for tender [eco]
Angebotsbearbeitung *f* appraisal and processing of the proposal [eco]
Angebotsbestätigung *f* offer confirmation [eco]
Angebotsfrist *f* deadline for bids [eco]; period for bids [eco]

Angebotspreis *m* tender price [eco]
Angebotssumme *f* bid total [eco]
Angebotsunterlagen *pl* offer documents [eco]
Angebotsverfahren *n* bid adjustment procedure [eco]; bidding procedure [eco]
Angebotszeichnung *f* contract drawing [des]
angegeben, falls nicht anders - (auf Zeichnungen) unless otherwise specified [des]
angegliedert annexed
angeklebt adhesive-bonded [met]
Angel *f* (Türangel) hinge
angelassen annealed [met]; tempered [met]
Angemessenheit der Planung *f* appropriateness of design
angeordnet, diagonal - diagonally placed
angeordnet, gegenüber - affronted
angepasst, exakt - commensurate
Angerdorf *n* (Siedlungsform) irregular village around a central green [com]
angeschlossen connected [elt]
angeschlossen sein be served
angeschlossen, fest - non-detachable
angeschlossen, mit Drehzapfen - pivot-mounted [tec]
angeschlossen, nicht - off line
angeschweißt integrally welded [met]; welded on [met]
angeschwemmt alluvial [geo]
Angestelltensiedlung *f* white-collar housing estate [com]
angestrichen (mit Farbe) coated [met]
angleichen *v* even up
angreifen *v* (Korrosion) attack [met]; (Metalle) corrode [met]
angrenzend abutting; adjacent; adjoining; bordering
angrenzendes Gebäude *n* adjoining building
Angriff, chemischer - *m* corrosion [met]
Anhängefegemaschine *f* towed road sweeper [rec]
Anhängerkran *m* trailer crane
Anhängeschürfkübel *m* towed scraper
Anhängestraßenaufreißer *m* towed road ripper [tib]
Anhängestreuer *m* towed gritter [rec]
Anhängewalze *f* towed roller [tib]; towed-type tractor roller [tib]; tractor roller [tib]
anhäufen *v* pile; (Erde, etc.) pile up [tib]
Anhaftung *f* bond [geo]
Anhaftungen *pl* (an verwertbaren Abfällen) sticky residues [met]
anheben *v* (hochheben, aufheben) lift; (hochheben, erhöhen) raise
Anheben *n* jacking up
Anheben von Bodenschichten *n* uplift [geo]
Anhebeverfahren *n* (Spannbeton) deflected-cable technique [bon]

Anhebung *f* uplift
Anhöhe *f* elevation [geo]
Anhörungsverfahren *n* (Planungsprozess) public hearing [com]
Anhydrit-Estrich *m* anhydrite floor
Anhydritbinder *m* anhydrite plaster
Anhydritestrich *m* anhydrated screed
Anionenaustausch *m* anion exchange [prc]
Anker *m* anchor
Anker, konischer - *m* taper tie
Anker-Vorlaufplatte *f* advancing plate
Ankerausbau *m* (Tunnel) roof bolting [tib]
Ankerbalken *m* (Fachwerk) tie beam
Ankerblock *m* anchor block [bon]; stay block
Ankerbohrgerät *n* anchor boring rig
Ankerbohrwagen *m* jumbo
Ankerbolzen *m* anchor bolt; grouting bolt; holding-down bolt
Ankereisen *n* anchor bar; anchor tie; armature iron [met]
Ankergraben *m* (Deponie) anchor trench
Ankerhalter *m* (Schalung) anchor clamp; tie holder
Ankerhülse *f* (Schalung) anchor sleeve
Ankerkasten *m* anchor box
Ankerklotz *m* stay block
Ankerknoten *m* (Element gusseinserner Stützen) anchor joint
Ankerkörper *m* anchor body
Ankerkonus *m* (Schalung) anchor cone
Ankerkopf *m* anchor head
Ankerkopf, kugeliger - *m* shaped anchor head
Ankerkopfverschiebung *f* dislocation of anchor head
Ankerkraft *f* anchor force [sik]; anchoring force
Ankerlänge *f* anchor length
Ankerlage *f* row of anchor
Ankerlager *n* tie bearing
Ankerloch *n* anchor hole
Ankermast *m* guy mast
Ankermischer *m* anchor agitator [prc]
Ankermörtel *m* anchor mortar [met]
Ankerneigung *f* inclination of anchor
Ankernocke *f* (Fundament) anchor lug
Ankerpfahl *m* anchor pile [tib]; (Tiefgründung) anchor pile [tib]
Ankerplatte *f* (kastenförmig) anchor box; anchor plate; foundation plate; tie plate
Ankerpunkt *m* (Festpunkt) anchoring point; (Festpunkt) point of anchorage
Ankerring *m* anchor ring; threaded anchor ring
Ankersäule *f* buckstay
Ankerschiene *f* anchor bar [stb]; anchor channel [bon]; anchor rail
Ankerschraube *f* anchor bolt; holding-down bolt [tec]; tie bolt

Ankerschuhhaube *f* protective hood of anchor head
Ankerseil *n* rope guy
Ankerstab *m* (Schalung) anchor tie rod
Ankerstange *f* (Verbindungsanker) anchor stud; tie bar [tec]
Ankerstrecke, freie - *f* boundless length of anchor
Ankertragfähigkeit *f* anchor capacity
Ankertragkraft *f* anchor capacity
Ankerwand *f* (Spundwand) anchor wall
Ankerwicklung *f* armature winding [elt]
Ankerwinde *f* anchor hoist
Ankerzugglied *n* anchoring tendon
Ankerzugkraft *f* (DIN 18 800) anchoring tensile force
ankleben *v* glue on; paste on
Ankleide *f* dressing room
Ankleideraum *m* changing-room; dressing room
Ankoppelmittel *n* (Ultraschallprüfung) couplant [met]
Ankunftshalle *f* (Flughafen) arrival hall [tra]
Anlage *f* (Gesamtanlage) complex; (Ausrüstung) equipment; (Einrichtung) installation; (Industrieanlage) plant; (Einheit) unit
Anlage im Bau *f* plant under construction
Anlage zur Altlastensanierung *f* treatment plant for polluted soils [geo]
Anlage, bauliche - *f* physical structure
Anlage, halbtechnische - *f* pilot plant
Anlage, lufttechnische - *f* ventilation system [air]
Anlage, sanitäre - *f* sanitary installation [tga]
Anlagen und Güter im Leasing *pl* leased assets
Anlagen, gebäudetechnische - *pl* technical installations [tga]
Anlagen, haustechnische - *pl* services [tga]
Anlagen, raumlufttechnische - *pl* (DIN 18379) air conditioning and ventilation systems [tga]
Anlagen, sanitäre - *pl* (Wasser, Abwasser) sanitation [tga]; toilet facilities [tga]
Anlagenbeschreibung, technische - *f* technical installation specification
Anlagenkonzeption *f* plant layout
Anlagenmonteur *m* system fitter
Anlagenplan *m* installation plan [des]
Anlagerung *f* agglomeration [geo]; build-up
Anlandung *f* accretion [geo]
anlassen *v* (Metall) temper [met]
Anlasser, elektrischer - *m* electric starter [elt]
Anlasserbatterie *f* starter battery [elt]
Anlasswiderstand *m* starter rheostat [elt]
Anlauf und Inbetriebnahme start-up and commissioning [wer]
Anlaufbelastung *f* starting load [tec]
anlaufbeständig (Keramik) non-tarnishing [met]
anlaufen *v* (Maschine) start-up; (Glas) strike [met]
Anlaufen *n* (Anstrich) blooming [met]; (Metall) tarnishing [met]

Anlaufkosten *pl* starting costs [eco]
Anlaufmoment *n* starting torque [phy]
Anlaufstrom *m* starting current [elt]
Anlegebrücke *f* landing pier [tra]
anlegen *v* (gestalten) structure
Anlegesteg *m* jetty [tra]
Anlieferhalle *f* (Abfall) unloading bay [rec]
Anlieferungsbereich *m* delivery zone
anliegend abutting
Anlieger *m* (Eigentümer des benachbarten
    Grundstückes) adjacent owner [eco]
Anliegerbelästigung *f* resident annoyance [air];
    resident molestation [air]
Anliegerin *f* (Eigentümerin des benachbarten
    Grundstückes) adjacent owner [eco]
Anliegerschutz *m* neighbourhood protection
Anliegerstraße *f* (Wohnbereich) residential road
    [com];   residential street [tra]
Anlösung, chemische - *f* incipient chemical
    dissolution [met]
anmachen *v* (z.B. Zement) mix
Anmachmittel *n* mixing medium [met]
Anmachwasser *n* gauging water [met];
    (Bauwesen: Beton) mixing water [met]
Anmerkung, erläuternde - *f* explanatory note
anmontieren *v* attach
Annahme von Schlusszahlungen *f* acceptance of
    final payments [eco]
Annahmefrist bei Anträgen *f* time limit for
    acceptance of applications
annieten *v* fasten with a rivet [wer];   rivet [wer]
Annietmutter *f* anchor nut [tec]
anordnen *v* (mit Zwischenraum) space
Anordnung *f* (Aufstellung) arrangement;   (Struktur,
    Aufbau) configuration;   (räumliche Lage) layout;
    (räumliche Lage) placement;   (Schema) scheme
Anordnung von Bauwerken *f* siting [arc]
Anordnung, räumliche - *f* spatial arrangement [des]
Anordnung, senkrechte - *f* vertical arrangement
    [des]
Anordnungsplan *m* arrangement drawing [des]
Anordnungsplanung *f* layout planning [des]
Anordnungszeichnung *f* arrangement drawing [des]
Anortbringung *f* (Arbeitsgerät) spotting [tib]
anoxisch (anaerob) anoxic
anpassen *v* bring into line with ..;   trim [wer]
anpassen an .. *v* tailor to ..
Anpassung der Umwelt *f* environmental adaptation
Anpassung, örtliche - *f* (Bauästhetik) local
    compatibility [arc]
Anpassungsgebot *n* (Baubereich) obligation to
    adjust the zoning plan to the regional planning
    policies [jur]
Anprallkraft *f* impact force [sik]
Anpressdruck *m* clamping pressure;   contact
    pressure [phy]

Anpressfeder *f* compression spring [tec]
Anpresskraft *f* contact force [phy]
Anrainer *m* abutting owner
anregen *v* excite [phy]
Anreicherungsbecken *n* (Kläranlage) infiltration
    basin [was];   (Kläranlage) recharge basin [was];
    (Kläranlage) replenishing basin [was]
Anreicherungsschicht *f* B-horizon [geo]
anreißen *v* mark off [wer]
Anreißen *n* tear initiation [met]
Anreize, weiche - *pl* (für Entscheidungen) soft
    incentives [eco]
Anriss *m* crack initiation [met];   (Beginn des
    Risses) crack initiation [met];   incipient crack
    [met];   initial cracking [met]
anrödeln *v* bind with wire
anrosten *v* begin to rust [che];   corrode [che];   start
    to rust [che]
Anrostung *f* corrosion [met];   rusting [met]
anrühren *v* paste [prc]
Anrühren *n* (Mörtel) tempering
Ansammlung *f* build-up
Ansatz *m* (- für Mischung) estimate [met];
    (Versuch) setting-up [che];   shoulder
Ansatzpunkt in für Hebezeuge *m* lifting point
Ansaugen *n* (Pumpe) priming [prc]
Ansaugfilter *n* (Klimaanlage) air intake filter
Ansaugleitung *f* suction line
Ansaugrohr *n* suction tube
Anschaltverzögerung *f* turn-on delay [elt]
anschießen *v* fasten with a nail [wer]
anschlämmen *v* smear [was];   suspend [was]
Anschlag *m* (Fenster) rabbet;   (Tür, Fenster) rabbet;
    (Fenster) rebate
Anschlagplatte *f* stop plate [tec]
Anschlagschraube *f* stop screw [tec]
Anschlagstift *m* (zum Positionieren) positioning pin
Anschlagwinkel *m* try square [wzg]
anschließen *v* (verbinden) connect;   (verbinden)
    join;   (montieren, aufziehen) mount
Anschliff *m* polished sample [any];   polished
    section [any]
Anschluss *m* (Kontakt) contact [elt];   (Klemme)
    terminal [elt]
Anschluss am Dach *m* roof joint
Anschluss, elektrischer - *m* electrical connection
Anschluss, geschweißter - *m* welded joint [wer]
Anschlussbelegung *f* (Elektrokabel) wiring list [des]
Anschlussbewehrung *f* connection reinforcement
    [bon];   connector [bon];   dowel bar [bon];   stub
    bar [bon]
Anschlussblech *n* connecting plate;   connection
    plate [stb];   gusset plate [stb]
Anschlussbuchse *f* connector socket [elt]
Anschlussdose *f* connecting box [elt];   connection
    box [elt];   connector box [elt];   junction box [elt]

Anschlusseisen *n* (Stahlbeton) projecting reinforcement; (Stahlbeton) splice bar; starter bar

anschlussfertig verdrahtet ready-wired for connection [elt]

Anschlussflansch *m* connecting flange

anschlussfreie Toilette *f* toilet not connected to the mains [tga]

Anschlussfuge *f* connection joint

Anschlusshöhe *f* connection height

Anschlusskabel *n* connecting cable [elt]; connection cable [elt]

Anschlusskasten *m* terminal box [elt]; wall box [elt]

Anschlussklemme *f* connection terminal [elt]; contact terminal [elt]; supply terminal [elt]; terminal [elt]

Anschlussknie *n* (Sanitär) connecting bend

Anschlussleiste *f* adapter strip

Anschlussleitung *f* access line [elt]; connecting cable [elt]; connecting lead [elt]; connecting pipe [was]; connection line [elt]; service pipe [was]

Anschlussmaß *n* fitting dimension [des]; mating dimension [des]; mating size [des]; tie-in dimension [des]

Anschlussmuffe *f* connecting socket

Anschlussniet *m* connecting rivet [tec]

Anschlussplan *m* connection diagram [elt]

Anschlussplatte *f* connecting plate

Anschlusspunkt *m* junction point [stb]

Anschlussrohr *n* supply pipe [was]

Anschlusssparren *m* (Dachkonstruktion) jack rafter

Anschlussstecker *m* connection plug [elt]

Anschlussstelle *f* mounting point; terminal unit [tga]

Anschlussstück *n* connecting piece; nipple; terminal [elt]

Anschlussstutzen *m* connecting socket [stb]; connection branch

Anschlusswinkel *m* connection angle [stb]; connection cleat [stb]; lug angle [stb]; lug cleat [stb]

anschrauben *v* bolt down

anschütten *v* embank [geo]; fill up; slope [tib]

Anschütten *n* backfilling; filling up

Anschüttung *f* ballasting; banked earth; fill [geo]; filling-up

Anschüttungshöhe *f* earthwork level

Anschweißanker *m* weld-on anchor

Anschweißband *n* (Tür) weld-on door hinge

Anschweißbund *m* welding collar [met]

Anschweißende *n* (Längsseite) fusion-faced edge [met]; (Stirnseite) fusion-faced end [met]; (an Metallrohren) welding end [met]

Anschwemmfilter *m* settling filter [was]

Anschwemmung *f* alluviation [geo]; deposit [wba]

Ansetzgips *m* adhesive plaster [met]

Ansetzmörtel *m* adhesive rendering; joining mortar [met]; repair mortar [met]

Ansicht *f* (Zeichnung) drawing [des]; (Zeichnung) view [des]

Ansicht in Pfeilrichtung *f* view in direction of arrow [des]; view on arrow [des]

Ansicht von der Seite *f* (Zeichnung) side view [des]

Ansicht von hinten *f* (Zeichnung) rear view [des]

Ansicht von vorn *f* (Zeichnung) front view [des]

Ansicht, perspektivische - *f* (Zeichnung) isometric view [des]; perspective view [des]

Ansicht, schematische - *f* diagrammatic view [des]

Ansicht, siehe vergrößerte - see enlarged view [des]

Ansicht, vereinfachte - *f* simplified view [des]

Ansichtsebene *f* plane of projection [des]

Ansichtzeichnung *f* profile [des]; view drawing [des]

ansiedeln *v* (Industrie in einem Gebiet) establish; settle

Ansiedlung *f* development [com]

Ansprechempfindlichkeit *f* response sensitivity [any]; responsiveness [any]

ansprechen *v* (Messgerät) respond [any]

Ansprechgenauigkeit *f* accuracy of response [any]

Ansprechgeschwindigkeit *f* speed of response [any]

Ansprechschwelle *f* response threshold [elt]

Ansprechspannung *f* operating voltage [elt]

Ansprechstrom *m* (Überstromauslöser) operating current [elt]

Ansprechverzögerung *n* response delay [any]

Ansprechverzögerung *f* (Relais) pick-up delay [elt]

Ansprechzeit *f* response time [any]

anstauchen *v* jump [wer]

anstauen *v* dam up [wba]

Ansteifen *n* loss of workability [met]

Ansteifmittel *n* (Beton) stiffening additive [met]

Ansteifverhalten *n* stiffening behaviour [sik]

Anstellwinkel des Elements *m* member incidence

Anstieg des Grundwasserspiegels *f* phreatic rise [was]

Anstieg des Meeresspiegels *m* sea level rise [was]

Anstrahlwinkel *m* impact angle [wer]

Anstreicharbeiten *pl* painting work

anstreichen *v* brush; varnish

Anstreichen *n* brushing; painting

Anstrich *m* coat of paint; (Überzug) coating [met]; (Farbe) paint [met]; (Anstreichen) painting [met]; (Anstreichen) surface coating [met]; (Anstreichen mit Tünche) whitewashing

Anstrich, bituminöser - *m* bituminous paint [met]

Anstrich, deckender - *m* opaque coat [met]

Anstrich, dickschichtiger - *m* high-build paint [met]

Anstrich, gemischtfarbiger - *m* polychromatic finish [met]

Anstrich, korrosionsbeständiger - *m* corrosion-resistant coating [met]
Anstrich, lasierter - *m* glass coat [met]
Anstrich, oberster - *m* top coating [met]
Anstrich, organischer - *m* organic coating [met]
Anstrich, pestizidhaltiger - *m* antifouling paint [met]
Anstrich, säurebeständiger - *m* acid-resisting paint [met]
Anstrich, säurefester - *m* acid-proof coating [met]
Anstrich, schaumschichtbildender - *m* intumescent paint [met]
Anstrich, schnell trocknender - *m* rapid drying paint [met]
Anstrich, staubtrockener - *m* dust-dry paint [met]
Anstrich, synthetischer - *m* synthetic coat [met]
Anstrich, wasserdichter - *m* waterproof paint [met]
Anstrich, wasserfester - *m* water-resisting paint [met]
Anstrich, wasserverdünnter - *m* water-carried paint [met]
Anstrichfarbe *f* paint [met]
Anstrichmittel *n* coating agent [met]
Anstrichstoff *m* coating material [met]
Anstrichtechnik *f* paint practice [met]
anströmen *v* flow in [was]
Antenne *f* aerial [elt]
Antennenmast *m* (<A>) radio tower
anthropomorph anthropomorphic
Anti-Graffiti-Behandlung *f* anti-graffiti treatment [met]
Antidröhnmaterial *n* antidrumming compound [aku]; sound-deadening compound [aku]; sound-deadening material [aku]
Antifäulnisfarbe *f* antifouling composition [met]
Antihaftbelag *m* non-stick coating [met]
Antioxidans *n* antioxidant [che]
Antireflexbelag *m* antireflecting layer [met]
Antireflexschicht *f* antireflection coating [met]
Antirutschbelag *m* antislip covering [met]
Antischaummittel *n* antifoam additive [met]; antifoam agent [met]; antifoamant [met]; foam depressant [met]
Antischimmelmittel *n* anti-mildew agent [che]
Antischleiermittel *n* antifogging agent [met]
Antistatikbelag *m* (Kunststoff) antistatic coating [met]
Antrag auf Abbruch *m* demolition application [jur]
Antragsformular *n* application form
Antrieb *m* (Getriebe, Gang) gear [pow]
Antrieb, drehzahlgeregelter - *m* speed-controlled drive [elt]
Antrieb, elektrischer - *m* electric drive [elt]
Antrieb, elektromotorischer - *m* electric drive [elt]; electric propulsion [elt]
Antriebsachse *f* drive axle [tec]

Antriebsart *f* kind of drive [tec]
Antriebsgehäuse *n* drive case [tec]
Antriebskopf *m* operating head [elt]
Antriebsnocken *m* actuating cam [tec]
Antriebsrad *n* driving pinion [tec]; (Kette) driving sprocket [tec]; sprocket wheel [tec]
Antriebsregelung *f* driving control [elt]
Antriebsritzel *n* driving pinion [tec]
Antriebsturas *m* bull wheel [tec]; driving sprocket [tib]
Antriebswelle *f* driving shaft [tec]
Antriebszahnrad *n* driving toothed wheel [tec]
Antrittspfosten *m* (Geländer) newel; newel post
Antrittsstufe *f* starting step
Antwortspektrum *n* response spectrum [phy]
Anweisung *f* directive [jur]
anwenden *v* apply; utilize
Anwender *m* user
Anwenderhandbuch *n* user's manual
anwenderspezifisch application-specific
Anwendung *f* use
Anwendung von Feuerschutzmitteln *f* fireproofing
Anwendungsbeispiel *n* application example
anwendungsbezogen application-oriented
Anwendungsgebiet *n* field of application
Anwendungstechnik *f* application technique
Anwendungstemperatur *f* application temperature
anwerfen *v* (Mörtel) rough-cast
Anwesen *n* estate; (herrschaftlich) mansion; premises
Anwesen, herrschaftliches - *n* mansion
Anwölber *m* (Ziegel) springer tile
Anwohnerparkausweis *m* residents' parking permit [com]
Anzapfbrunnen *m* (in artesisch gespanntem Grundwasser) bleeder well [was]
Anzeichnen *v* match-marking [wer]
Anzeige *f* read-out [any]
Anzeige der Ausführung von Stundenlohnarbeiten *f* notification of the execution of work for an hourly rate [wer]
Anzeigebereich *m* indication range [any]; (Messgerät) nominal range [any]
Anzeigefehler *m* indication error [any]; instrument error [any]
Anzeigegenauigkeit *f* indicating accuracy [any]
Anzeigeinstrument *m* indicating instrument [any]
anziehen *v* (Mörtel) bind [met]; (Tür, Seil) pull; (Mörtel) set [met]; (Schraube) snug [wer]
Anziehen *f* (Beton) initial hardening [bon]
Anziehung *f* attraction [phy]
Apartment *n* (<B>) flatlet; (<A>) studio apartment; (<B>) studio flat
Apartmenthaus *n* apartment block; block of flats
Apsis *f* (Kirche: historisch) apse [arc]
Aquädukt *n* aqueduct

Aquifer *m* aquifer [was]
Arabeske *f* (Baukunst: Dekoration) arabesque [arc]
Aramidfaser *f* aramide fibre [met]
Arbeiten mit Gefahrstoffen *n* handling of
   dangerous materials
arbeiten mit Sonnenenergie *v* run on solar energy
   [pow]
Arbeiten, bauliche - *pl* construction work
Arbeiten, raumakustische - *pl* acoustic planning
   and sound-proofing [aku]
Arbeiten, verwandte - *pl* related work
Arbeiter *m* worker [eco]
Arbeiter, ausländischer - *m* expatriate worker
   [wer]
Arbeiter, einheimischer - *m* local worker [wer]
Arbeiter, gelernter - *m* skilled worker [wer]
Arbeiterheim *n* workers' home
Arbeiterin *f* worker [eco]
Arbeitersiedlung *f* blue-collar housing estate [com]
Arbeiterviertel *n* (Städtebau) working-class district
Arbeiterwohnviertel *n* (Städtebau) working-class
   district
Arbeitsablauf *m* performance of work [wer];
   process flow; sequence of work [wer]; work-flow
Arbeitsablaufgestaltung *f* workflow layout [wer]
Arbeitsablaufplan *m* work schedule [wer]; work-
   flow chart
Arbeitsanfall *m* workload [wer]
Arbeitsanzug, einteiliger - *m* overall [asi]
Arbeitsauslastung *f* workload [eco]
Arbeitsbedingung *f* working condition [wer]
Arbeitsbelastung *f* workload [wer]
Arbeitsbeschreibung *f* job description
Arbeitsbühne *f* erection platform; work platform;
   working deck; working platform [wer]
Arbeitsdruck *m* operating pressure; working
   pressure
Arbeitsebene *f* operating level
Arbeitsentwurf *m* working draft [des]
Arbeitsergebnis *n* result of the work
Arbeitserlaubnis *f* work permit
Arbeitsfläche *f* working space [wer]; (Küchen-
   möbel) worktop
Arbeitsfortschritt *m* progress of work [wer]
Arbeitsfuge *f* construction joint; stopend joint
Arbeitsgemeinschaft *f* (ARGE) consortium [wer]
Arbeitsgeschwindigkeit *f* working speed [wer]
Arbeitsgestaltung *f* organization of work [wer]
Arbeitsgruppe *f* project group [eco]; working
   group
Arbeitshaltung, anstrengende - *f* (Arbeitsschutz)
   strenuous working posture [wer]
Arbeitshub *m* working stroke [tec]
Arbeitshygiene *f* employee health-care [asi]
Arbeitskalkulation *f* working calculation [wer]
Arbeitskleidung *f* work clothing; workwear

Arbeitskollege *m* fellow worker [wer]
Arbeitskraft *f* worker [eco]
Arbeitsküche *f* galley kitchen [arc]
Arbeitslärm *m* industrial noise [aku]
Arbeitsmedium *n* working fluid [met]
Arbeitsorgan *n* working part [tec]
Arbeitspensum *n* workload [wer]
Arbeitsplanung *f* scheduling work [wer]
Arbeitsplattform *f* working platform [wer]
Arbeitsplatz *m* (konkreter Platz) workplace [eco]
Arbeitsplatzkonzentration, höchstzulässige - *f*
   threshold limit value in the workplace [asi]
Arbeitsplatzkonzentration, maximale - *f* threshold
   limit value [asi]
Arbeitsplatzmessung *f* workplace measurement
   [any]
Arbeitsplatzsicherheit *f* workplace health [asi];
   workplace safety [asi]
Arbeitsplatztoleranz, biologische - *f* biological
   value of occupational tolerability [asi]
Arbeitsplatztoleranzwert, biologischer - *m*
   biological value of occupational tolerability [asi]
Arbeitsprogramm *n* work schedule [wer]
Arbeitsraum *m* working space
Arbeitsscheinwerfer *m* working light [elt]
Arbeitsschutz *m* accident prevention [asi];
   employment protection [asi]; industrial safety
   [asi]; labour protection [asi]; occupational safety
   [asi]; safety provisions for workers [asi]
Arbeitsschutzanordnungen *pl* labour-safety
   regulations [asi]
Arbeitsschutzauschuss *m* safety and health
   committee [asi]
Arbeitsschutzkleidung *f* protective clothing [asi];
   safety clothing [asi]
Arbeitsschutzmaßnahme *f* health and safety at
   work [asi]
Arbeitsschutzordnung *f* safety regulations [asi]
Arbeitssicherheit *f* industrial safety [asi];
   occupational safety [asi]; on-the-job safety;
   safety provisions for workers [asi]; work safety
   [asi]
Arbeitssicherheit, Aktion für - *f* safety campaign
   [asi]
Arbeitsspannung *f* operating voltage [elt]
Arbeitsstättenrichtlinien *pl* workplace regulations
   [jur]
Arbeitsstättenverordnung *f* Workplaces Ordinance
   [jur]
Arbeitsstoff *m* chemical agent [met]; working
   material [met]; (Arbeitsschutz) workplace
   chemical [met]
Arbeitsstoff, gefährlicher - *m* dangerous working
   material [met]; hazardous working material [met]
Arbeitsstoffe, Krebs erzeugende - *pl* carcinogenic
   working materials [met]

Arbeitsstrom *m* load current [elt];   operating current [elt]
Arbeitstakt *m* work cycle;   working cycle [wer]
Arbeitstakt beim Aushub *m* basement digging cycle
Arbeitsteilung *f* division of work [wer];   repartition of work [wer]
Arbeitsumfang *m* scope of work
Arbeitswalze *f* (Abfallzerkleinerung) shredder cylinder [rec]
Arbeitsweise *f* mode of operation [wer]
Arbeitszeitbedarf *m* (für Erledigung einer Aufgabe) required construction time [wer]
Arbeitszeitstaffelung *f* staggered working hours [eco]
Arbeitszylinder *m* working cylinder [tec]
Architekt *m* architect
Architekt, ausführender - *m* architect in charge
Architektenbüro *n* architect's office
Architektengebühr *f* architects' fee [eco]
Architektengesellschaft *f* architects' partnership [arc]
Architektenleistung *f* architectural service [arc]
Architektenplanung, gemäß - according to the architect's plans [arc]
Architektenvertrag *m* architect's contract [arc]
Architektenwettbewerb *m* architectural competition [arc];   design contest [arc]
Architektenzeichnung *f* architectural drawing [des]
Architektin *f* architect
architektonisch architectural
Architektur *f* architecture
Architektur der Gründerzeit *f* Wilhelminian architecture
Architektur, akademische - *f* academic style of building
Architektur, frühmoderne - *f* early modern architecture
Architektur, klassische - *f* classical architecture
Architektur, koloniale - *f* colonial architecture
Architektur, moderne - *f* modern architecture
Architektur, neoklassische - *f* neo-classical architecture
Architektur, postmoderne - *f* postmodern architecture
Architektur, zeitgenössische - *f* contemporary architecture
Architekturbeton *m* architectural concrete [bon]
Architekturbüro *n* (Gruppe vobn Architekten) architectural firm;   architectural office [arc]
Architekturqualität *f* architectural quality [arc]
Architekturstudent *m* architecture student
Architrav *m* (Tempelbau) architrave [arc]
Archivolte *f* (Bogen) archivolt [arc];   (klassische Fassade) attached arch [arc]
Arkade *f* arcade

Arkadenfenster *n* arcaded window
Arkadenhof *m* arcaded court
Arkadenrippe *f* (Gebäude) arcade rib
Armatur *f* (Zubehör) accessory;   (Zubehör, z.B. in Küche, Bad) fitting
Armatur, erdverlegte - *f* (Fernwärme) buried fitting [pow]
Armaturenkappe *f* instrument hood [any]
Armgas *n* residue gas [met]
armieren *v* reinforce
armiert reinforced
Armierung *f* armour [bon];   armouring [bon];   (Glas) bracing [met];   (Beton-) concrete reinforcement [bon];   reinforcement [bon];   reinforcing [bon];   strengthening [bon]
Armierung, schlaffe - *f* non-tensioned reinforcement [bon]
Armierungsgewebe *n* (Betonbau) reinforcement fabric [met]
Armierungsgitter *n* reinforcement lattice [bon]
Armierungskäfig *m* reinforcing cage [bon]
Armierungsmatte *f* reinforcement mat [bon];   reinforcement steel mesh [bon]
Armierungsmörtel *m* base-coat mortar [met];   (Betonbau) reinforced mortar [met]
Armierungsnetz *n* reinforcing mesh [bon]
Armierungsplan *m* placing plan [bon]
Armierungsstahl *m* concrete steel [met]
Armierungsstoß *m* joint in reinforcement [bon];   splice [bon]
Armierungszange *f* nippers [wzg];   steel fixer's nips [bon];   tower pincers [wzg]
Armschützer *m* arm protector [asi];   sleevelet [asi]
Armschutz *m* arm guard [asi];   arm protection [asi]
Arretierung *f* (Halteeinrichtung) arresting device;   (Halterung) stop
Arrondierung *f* (Erwerb zusammenhängender Grundstücke) site assembly [eco]
Arsenkies *m* arsenical pyrites [che]
Art baulicher Nutzung *f* land-use type
Art der baulichen Nutzung *f* type of built use
Asbest *n* stone flax [met]
Asbest *m* asbestos [met]
asbestartig asbestiform [che];   asbestoid [che];   asbestous [che]
Asbestaufbereitung *f* dressing of asbestos [rec]
Asbestbeton *m* asbestos cement [bon];   asbestos concrete [bon];   eternit [bon];   fibrous concrete [bon]
Asbestentsorgung *f* asbestos disposal [rec];   disposal for asbestos [rec]
Asbestfaser *f* asbestos fibre [met]
asbestfrei asbestos-free [met]
Asbestgewebe *n* asbestos cloth [met];   asbestos fabric [met];   asbestos textile [met];   woven asbestos [met]

Asbestmörtel *m* asbestos mortar [met]
Asbestpappe *f* asbestos board [met]; asbestos
millboard [met]
Asbestsanierung *f* asbestos repair [rec]
Asbestschaumbeton *m* asbestos-foamed concrete
[bon]
Asbestschiefer *m* asbestos slate [met]
Asbestschnur *f* asbestos cord [met]; asbestos rope
[met]; asbestos string [met]
Asbestverseuchung *f* asbestos contamination
Asbestversiegelung *f* asbestos encapsulation
Asbestwandplatte *f* asbestos wallboard
Asbestzement *m* asbestos cement [met]; eternit
[met]
Asbestzementplatte *f* asbestos-cement sheet [met]
Asbestzementrohr *n* asbestos-cement pipe [met]
Aschebehälter *m* ash can [rec]
Aschebeseitigung *f* ash disposal [rec]
Aschenschieferton *m* ashy shale [met]
aschereich high in ash [met]
Asphalt *m* asphalt [met]; asphaltum [met];
bitumen [met]; mineral pitch [met]
Asphaltabdeckung *f* asphalt covering [tib]
Asphaltanstrich *m* asphalt coat [met]; asphalt
lining [met]
Asphaltanstrich, säurefester - *m* acid-resistant
asphalt coating [met]
Asphaltarbeiten *pl* asphalt work
Asphaltarmierung *f* asphalt reinforcement [tib]
asphaltartig asphaltic [met]
Asphaltauskleidung *f* asphaltic lining [met]
Asphaltbelag *m* asphalt carpet; asphalt surfacing
Asphaltbeton *m* asphalt concrete [met]; asphaltic
concrete [bon]; bituminous concrete [bon]
Asphaltbewehrung *f* asphalt armouring [tib]
Asphaltbinder *m* asphaltic binder [met]
Asphaltbinderschicht *f* asphaltic binder [met]
Asphaltdecke *f* asphalt pavement; bitumen wearing
course [tib]; bituminous pavement [tib]
Asphaltdeckenerhitzer *m* asphalt surface heater
Asphalteingussdecke *f* rolled asphaltic macadam
[tib]
Asphalteinlage *f* interlayer for asphalt
Asphaltgestein *n* asphalt rock [met]; asphaltic rock
[met]; rock asphalt [met]
asphalthaltig asphalt-bearing; bitumen-based
Asphaltharz *n* asphaltic resin [met]
asphaltieren *v* asphalt [tib]; bituminate [tib];
bituminize [tib]
Asphaltieren *n* asphalt paving [tib]
asphaltiert asphalted
asphaltiert, außen - bitumen-coated [met];
bitumen-coated [met]
Asphaltierung *f* asphalt application; bituminous
surfacing [tib]
asphaltimprägniert asphalt-saturated [met]

Asphaltkalkstein *m* bituminous limestone [met]
Asphaltkitt *m* asphalt mastic [met]
Asphaltkocher *m* asphalt boiler
Asphaltlack *m* bituminous varnish [met]
Asphaltlage *f* (Straßenbelag) asphaltic course [tib]
Asphaltmastix *m* asphalt mastic [met]; bituminous
mastic [met]
Asphaltmehl *n* asphalt meal [met]
Asphaltmischanlage *f* asphalting plant
Asphaltmörtel *m* asphaltic mortar [met]
Asphaltsand *m* asphaltic sand [met]
Asphaltsandstein *m* bituminous sandstone [met]
Asphaltschicht *f* asphalt layer [tib]
Asphaltschindel *f* asphalt shingle; asphalt shingle
Asphaltsplitt *m* asphalt chippings [met]
Asphaltstraße *f* bituminous road [tib]
Asphaltstraßenbau *m* asphalt road construction
[tib]
Asphaltteer *m* asphalt tar [met]
Asphalttragschicht *f* bituminous base course
Asphaltversiegelung *f* bituminous course
Asphaltvorkommen *n* asphalt deposit [roh]
Asphaltzement *m* asphaltic cement [met]
asymmetrisch asymmetric
Asynchronmaschine *f* induction machine [elt]
Asynchronmotor *m* asynchronous motor [elt]
Atelierwohnung *f* studio flat
Atemautomat *m* (Atemschutz) respirator with
demand valve [asi]
Atemfilter *m* gas mask canister [asi]; respiration
filter [asi]; (Atemschutz) respiratory protective
filter [asi]
Atemgerät *n* (Atemschutz) breathing apparatus [asi]
Atemgerät mit externer Luftversorgung *n*
(Atemschutz) supplied air breathing apparatus [asi]
Atemgerät mit Lungenautomat *n* (Atemschutz)
respirator with demand valve [asi]
Atemgeräte *pl* (Atemschutz) respiratory equipment
[asi]
Atemluft *f* breathable air [asi]; (Atemschutz)
breathable air [asi]; breathing air [asi];
(Atemschutz) respirable air [asi]
Atemluftanlage *f* respiratory-air device [air]
Atemluftsystem *n* breathing air system [asi]
Atemluftversorgungseinrichtung *f* (Atemschutz)
supply device [asi]
Atemluftversorung *f* (Atemluftabgabe) breathable
air supply [asi]
Atemluftverteilungssystem *n* (Großanlage)
breathing air distribution system [air]
Atemmaske *f* breathing mask [asi]; oxygen mask
Atemschlauch *m* (an Atemgeräten) breathing hose
[asi]; (an Atemgeräten) breathing tube [asi]
Atemschutz *m* breathing protection [asi]; gas mask
and breathing equipment [asi]; respiratory
protection [asi]

Atemschutz gegen Staub und Gase *m* respirator
against harmful dust and gases [asi]
Atemschutzfilter *m* respiratory filter [asi];
respiratory protective filter [asi]
Atemschutzgerät *n* breathing apparatus [asi]; gas
mask [asi]; respirator [asi]; respiratory
equipment [asi]; respiratory protective device [asi]
Atemschutzgerät, außenluftunabhängiges - *n* self-
contained breathing apparatus [asi]
Atemschutzgerät, druckluftabhängiges - *n* self-
contained open-circuit compressed-air breathing
apparatus [asi]
Atemschutzmaske *f* (Rettungswesen) breathing
mask [asi]; face mask [asi]
Atmosphäre, aggressive - *f* (hinsichtlich Korrosion)
harsh environment [met]
atmungsaktiv breathing
Atmungssimulator *m* breathing simulator [asi]
Atombunker *m* nuclear blast-proof bunker
Atrium *n* atrium
Attika *f* (Dachbrüstung) parapet; roof paraplet
Auditorium Maximum *n* (Audimax) main lecture
hall
Aufarbeitung *f* reconditioning [wer]
Aufarbeitung von Abfällen *f* scrap reprocessing [rec]
Aufarbeitungsvorrichtung *f* recovery device [rec]
Aufbau *m* (Anordnung) arrangement; (Konstruk-
tion, Zusammenbau) assembly; (Struktur)
configuration; (einer Anlage) installation;
(Anordnung, Aufbauen) mounting; (Struktur)
structure [des]
Aufbau, modularer - *m* modular concept [des];
modular construction [des]
Aufbauarbeit *f* construction work
aufbauen *v* (zusammenbauen, montieren) assemble;
(bauen) build up
Aufbauten *pl* superstructure [tec]
aufbereiten *v* (Beton) prepare; (Wasser) refine
[was]; (Materialien) regenerate [che];
(Klärschlamm) season [rec]; (Wasser) treat [was]
Aufbereiten *n* preparing [prc]; (Medium)
reconditioning [prc]
Aufbereitung *f* (Materialien) processing [prc];
(Regeneration) regeneration [prc]; (Materialien)
treatment [che]; (Wasser) treatment [was]
Aufbereitungsanlage *f* reprocessing facility [rec];
treatment plant [was]
Aufbereitungsanlage für Zuschlagstoffe *f*
aggregate preparation plant
Aufbereitungsgut *n* concentrate [met]
Aufbereitungsingenieur *m* processing engineer
[roh]
Aufbereitungstechnik *f* materials preparation
technology [roh]
Aufbeton *m* structural concrete topping [bon]; top
concrete [bon]

Aufbewahrung von Geschäftsunterlagen *f*
preservation of business [eco]
Aufbewahrungspflicht *f* (- für Geschäftsunterlagen)
obligation to preserve business records [eco]
aufbiegen *v* bend up
Aufblähen *n* expansion
aufbocken *v* jack up
Aufbohrmeißel *m* borer bit [wzg]
aufbrechen *v* break up [wer]; rip out [tib]
aufbringen *v* apply [wer]
Aufbringen von Material *n* (Boden) application of
materials [geo]
Aufbringung *f* spreading [geo]
Aufbruchmasse *f* (Straßendecke) scarified material
[rec]
Aufbruchmaterial *n* (Straßendecke) scarified
material [rec]
aufdämmen *v* bank [geo]; bank up; embank [geo]
aufdecken *v* (Bett) uncover
aufdrehen *v* (öffnen, Wasser, etc.) turn on
Aufenthaltsräume *pl* living accommodation [arc]
Aufenthaltsraum *m* common room; day room;
lounge; (im Betrieb) recreation room; (Sozial-
raum) recreation room [wer]
Aufenthaltszeit *f* (Kläranlage) retention period
[was]
Auffahrt *f* access ramp [tra]; (Autobahn) access
road [tra]; (Rampe) accomodation ramp [tra];
approach [tra]; (zu Gebäuden) drive [tra];
(Grundstück) driveway; ramp lane [tra];
(Autobahn) slip road [tra]
Auffahrtrampe *f* access ramp [tra]; (zu Gebäuden)
approach ramp
Auffahrtsstraße *f* slip road [tra]
Auffahrunfall *m* running-up accident [tra]
Auffangbecken *n* catch basin [was]; catch pit
[was]; collecting tank [was]
Auffangbehälter *m* holding tank [was]
Auffangen von Regen *n* rain catchment [was]
Auffanggurt *m* chest harness [asi]
Auffangrinne *f* intercepting gutter [was]
Auffangvorrichtung *f* trap [was]
Auffangwanne *f* collecting basin; collecting
container; collector trough [was]; drip tray [was];
trough [was]
Aufforderung zur Angebotsabgabe *f* invitation to
tender [eco]
auffrieren *v* heave by frost
auffrischen *v* retouch [met]
Auffrischen *n* (Anstrich) touching up
auffüllen *v* fill up
Auffüllmaterial *n* borrow material
Auffüllung *f* backfill; backfilling; blocking-up
Auffüllwasser *n* (Wasserkreislauf) make-up water
[was]
Aufgabebecherwerk *n* feed bucket elevator [prc]

Aufgabebehälter *m* charging bin [prc]
Aufgabegut *n* feed material [prc]; (auf Sieb) screen feed [prc]
Aufgabekasten *m* feeder skip
Aufgabeleistung *f* (Sieb) throughput [prc]
Aufgabemenge *f* feed rate [prc]
Aufgabenbearbeitung, eigenverantwortliche - *f* independent task management [eco]
Aufgabenbearbeitung, sachbezogene - *f* objective task management [eco]
Aufgabenbeschreibung *f* task description
Aufgabenteilung *f* distribution of tasks
Aufgabeplattenband *n* apron-type feeder
Aufgaberinne *f* feed chute
Aufgaberost *m* grate feeder [prc]
Aufgabeschacht *m* feed chute [prc]
Aufgabeschurre *f* feed chute [prc]
Aufgabesilo *m* feed bin [prc]
Aufgabevorrichtung für Zuschlagstoffe *f* aggregate feeder
Aufgang *m* (Treppe) staircase; (Treppe) stairs; (Treppe) stairway
aufgemauert masonry-filled
aufgeschäumt expanded [met]; (Kunststoff(isolierung)) foamed [met]
aufgeschüttet made up [geo]
aufgeschweißt back-welded [met]
aufgespritzte Isolierschicht *f* sprayed insulation
aufgeständert on frames
aufgleisen *v* (Bahn) rerail [tra]
aufgraben *v* dig up [tib]
Aufgrabung *f* trial pitting [geo]
aufhacken *v* pick
Aufhacken *n* picking
Aufhängepunkt *m* suspension point
Aufhängeverlängerung *f* mounting extension
Aufhängung *f* suspension [tec]
Aufhärtbarkeit *f* potential hardness increase [met]
aufhäufen *v* pile up [tib]
aufhalden *v* heap; stack
Aufhebung der Ausschreibung *f* cancellation of tender [eco]
aufheizen *v* heat up
Aufheller *m* brightener [che]; clarifier [met]
Aufhöhung *f* aggradation [geo]
Aufhöhung des Stauspiegels *f* raising the level of impoundage [wba]
Aufkalkung *f* liming [geo]
aufkanten *v* fold up; tip up [wer]
Aufkantung *f* foundation curb; foundation kerb; upturn
aufladen *v* be charged [elt]; (elektrisch laden) charge [elt]; (nach Entladung) recharge [elt]
Aufladen *n* charging [elt]
Aufladezeit *f* recharge time [elt]
Auflage *f* (Balken, Träger) bearing edge

Auflage, gesetzliche - *f* statuory obligation [jur]
Auflage, zumutbare - *f* reasonable stipulation [com]
Auflagefläche *f* bearing surface; (für Montageteile) landing area; loading surface
Auflageholz *n* pole plate
Auflagekonsole *f* supporting bracket
Auflagenverzeichnis *n* technical specification
Auflagepunkt *m* point of support
Auflager *n* bearer; (beweglich) bearing; (bewegliches; z.B. Brückenende) roller; seating; support
Auflager, bewegliches - *n* expansion bearing [stb]; expansion support [stb]; movable bearing; (Holzbau) roller support; sliding support; swinging support
Auflager, drehbares - *n* pinned support
Auflager, eingespanntes - *n* built-in support; fixed-end restraint; restraint abutment
Auflager, festes - *n* firm support; fixed bearing; simple support
Auflager, frei drehbares - *n* hinged support
Auflager, freies - *n* free support
Auflager, steifes - *n* rigid support [stb]
Auflageraussteifung *f* bearing stiffener
Auflagerbedingung *f* condition of support; support condition [sik]
Auflagerblock *m* (Brückenpfeiler) bearing pad
Auflagerbock *m* trestle [tib]
Auflagerdruck *m* bearing pressure; reaction [sik]
Auflagerdruck, negativer - *m* uplift [sik]
Auflagergelenk *n* abutment hinge
Auflagerkonsole *f* bearing bracket; bearing bracket; bracket [stb]
Auflagerkraft *m* support reaction
Auflagerkraft *f* reaction [sik]; reaction force; supporting force [sik]
Auflagerkraft, negative - *f* uplift [sik]
Auflagerlänge *f* bearing length
Auflagerlast *f* bearing pressure
Auflagermitte *f* centre of support
Auflagerplatte *f* base plate; bearing plate; (Spundwand) fixing plate; pad bearing
Auflagerpressung *f* bearing pressure; bearing stress [sik]
Auflagerpunkt *m* point of support; point support; support point
Auflagerpunkt, vorläufiger - *m* (Brückenbau) temporary bearing point
Auflagerquader *m* (Brückenpfeiler) bearing pad
Auflagerreaktion *f* (Kraft) support reaction [sik]
Auflagerreaktion, horizontale - *f* horizontal reaction [sik]
Auflagerreaktion, vertikale - *f* vertical reaction [sik]
Auflagerring *m* bearing ring
Auflagerspannung *f* bearing stress [sik]
Auflagerstein *m* padstone

Auflagerung *f* bearing
Auflagerung, eingespannte - *f* fixed support
Auflagerverbreiterung *f* end block [bon]
Auflagerwand *f* (Pfeiler, Widerlager) bearing chair; (Widerlager) breast wall; supporting wall
Auflagerwinkel *m* seat angle
Auflandung *f* accretion through alluvium [geo]; aggradation [was]; silting [geo]
Auflandungsteich *m* settling lagoon [was]; settling pond [was]
Auflassung *f* (bei Eigentumsübergang an einem Grundstück) notarized conveyance of ownership [jur]
Auflassungsvormerkung *f* (für Eigentumsübergang an einem Grundstück) priority notice of conveyance [jur]; (für Eigentumsübergang an einem Grundstück) priority notice protecting conveyance of ownership [jur]
Auflast *f* imposed load [sik]; superimposed load [sik]; surcharge
Aufleistung *f* astragal
aufliegen auf *v* be seated on
Aufliegen, zum - kommen *v* engage
aufliegend supported
aufliegend, frei - simply supported [stb]
auflockern *v* disintegrate
auflockern, Gestein - *v* (u.a. bei Bohrungen) fracture the rock
Auflockerung *f* (Boden) breaking-up [geo]; (des Bodens) loosening [geo]; (Bebauung) thinning out
Auflockerungspolitik *f* (Stadtplanung) dispersal policy [com]
auflösbar soluble [che]
auflösen *v* (Verbindung) disintegrate; (Substanz, Parlament) dissolve [che]; (Stoff) solve [che]
Auflösung *f* (in Bestandteile) disintegration [che]
Aufmaß *n* site measuring
Aufmaß, steingerechtes - *n* detailed measurement [des]
aufmauern *v* brick up
aufmischen *v* remix
Aufnahmeband *n* receiving conveyor [prc]
Aufnahmebunker *m* receiving bunker [prc]
Aufnahmefähigkeit *f* absorbability [phy]; absorption capacity [phy]
Aufnahmefläche *f* absorbing surface
aufnehmbares Moment *n* resisting moment [sik]; ultimate moment of resistance [sik]; ultimate resistance moment [sik]
aufnehmen *f* (stützen) support
aufnehmen *v* (z.B. Kräfte) stand; (Last) sustain; (Kräfte) withstand
aufpanzern *v* (Zähne bei Brechern) re-armour
Aufpanzerung *f* hard facing [met]
aufpolieren *v* (Holz, etc.) polish up [met]
Aufpralldruck *m* impact pressure [prc]

Aufputz- surface-mounted [elt]
Aufputzinstallation *f* surface mounting [tga]
Aufputzmontage *f* surface mounting [tga]
Aufputzverlegung *f* (Kabel, Dosen, ...) surface installation [elt]; surface mounting [tga]
Aufquellen *n* swelling [met]
Aufräumung *f* clearing up
aufrauen *v* roughen [wer]
Aufrauen *n* (Stoff) napping [met]; roughening treatment [met]
Aufraugerät *n* roughening machine
Aufrauung *f* roughening treatment [met]
Aufreißbarkeit *f* (Erdaushub) rippability [tib]; (Erdaushub) rippability [tib]
aufreißen *v* (ritzen) chink; scarify
Aufreißen *n* (Straßendecke) scarification [tib]
Aufreißen bei Rückwärtsfahrt *n* back-ripping [tib]
Aufreißer *m* ripper [tib]; scarifier [tib]
Aufreißerzahn *m* ripper tooth [tib]; tyne [tib]
Aufreißerzinken *m* tyne [tib]
Aufreißvorrichtung *f* (Wegehobel) scarifier [tib]
aufrichten *v* assemble; (z.B. Drehleiter) elevate; mount; put up; (aufziehen) rear; set up
Aufriss *m* design [des]; (Zeichnung) elevation [des]; front elevation [des]; front view [des]; section view [des]; upright projection [des]
Aufrissmaß *n* (Anzeichnen) layout dimension [des]
Aufrisszeichnung *f* elevation [des]
Aufsatzkranz *m* curb; upstand
Aufsatzrohr *n* (Brunnen) drop pipe [was]
aufschäumen *v* expand [wer]; foam [wer]
Aufschäumen *n* frothing [met]
aufschichten *v* heap up; pile up; (Lagerware, Bretter etc.) stack
Aufschlämmung *f* sludge [wba]; slurry [was]
Aufschlemmbehälter *m* (Kläranlage) pulp tank [was]
Aufschlickung *f* accretion through alluvium [geo]
aufschließen *v* (Verbindung) break down [che]
Aufschließung *f* exploration [roh]
Aufschlussarbeiten *pl* exploration work [roh]; exploratory work
aufschottern *v* ballast
Aufschrift *f* inscription
aufschütten *v* bank up; heap up; (Haufen) pile up
Aufschüttung *f* aggradation [was]; aggrading [geo]; debris [geo]; deposit [tib]; earth bank; embankment [tib]; filled ground [geo]; raise [geo]; stockpiling [geo]; stoking [geo]
aufschwemmen *v* (Sediment) deposit [geo]; suspend [was]
Aufschwemmung *f* accretion through alluvium [geo]; suspension [che]
Aufschwemmung, nichtwässrige - *f* non-aqueous suspension [met]
aufschwimmen *v* float [was]

Aufschwimmklassierer *m* cyclone classifier [prc]
Aufsetzkranz *m* bearing frame; fixing frame
Aufsetzwinkel *m* bottom bracket [stb]; seat angle; seating cleat [stb]
Aufsicht *f* (Überwachung) supervision
Aufsichts- und Genehmigungsbehörde *f* supervisory and approving authority [jur]
Aufsichtspflicht *f* duty of supervision [jur]
aufspachteln *v* float; trowel [wer]
Aufspannvorrichtung *f* fixture [wer]; jig [wer]
Aufspiegelung *f* (Hydrologie) recovery [was]
Aufsplitterung *f* splintering
Aufspreizen *n* (Garne) flare [met]
aufspritzbare Isolierschicht *f* spray-on insulation
Aufsprödung *f* embrittlement [met]
aufständern *v* splice [wer]
Aufständerung *f* elevation
Aufständerungsprofil *n* supporting profile
aufstauen *v* (Wasser) back [was]; (Wasser) dam [was]; (Wasser) dam up [wba]; (Wasser) pile up [was]
Aufstauung *f* (Straßenbau) banking
Aufsteckschlüssel *m* (<A>) socket wrench [wzg]
aufstellen *v* (aufbauen) assemble; (aufbauen) erect; (aufbauen) frame; (aufbauen) install; position
Aufstellung *f* (Anordnung) arrangement; (Aufbau) erection; (Aufbau) installation [wer]; (Montage) setting [wer]
Aufstellung der Dokumentation *m* list of documentation
Aufstellungsbeschluss *m* (Bebauungsplan) decision to create a development plan [com]
Aufstellungsgerüst *n* erecting scaffold
Aufstellungsort *m* site of installation [wer]
Aufstellungsplan *m* plot plan [des]; set-up diagram [des]
Aufstellungszeichnung *f* installation drawing [des]; layout drawing [des]
Aufstelzung *f* (Voutenbrücke) concrete haunch [bon]
aufstemmen *v* force open
aufstocken *v* add a storey
Aufstocken *n* (z.B. Gebäude, Halle) heightening of building; (Gebäude) raising of height
Aufstockung *f* addition of new storeys to an existing building; raise
aufstrebend (Bauwerk) soaring
Aufstreichen *n* (Anstrich, u.a.) application by brushing
Aufstromklassierer *m* upstream classifier [prc]
Auftaumittel *n* melting agent; thawing agent [met]
Auftausalz *n* de-icing chemical [che]
Auftrag *m* (Farbe) application; embankment [geo]
Auftrag mit Pauschalpreis *m* lump-sum contract [eco]

Auftrag von Spritzbeton *m* cement gun work [bon]; placing of shotcrete [bon]
Auftrag, im - des on contract for the [eco]
Auftragdicke *f* spreading thickness
auftragen *v* (Putz, u.a.) apply to ..; (zeichnen) draw [des]; (zeichnen) plot [des]
Auftragen im Spritzverfahren *n* spraying
Auftragen von Spritzbeton *n* concrete spraying [bon]; gunning [bon]
Auftragnehmer *m* order receiving party [eco]; supplier [eco]
Auftragsbeschreibung *f* description of contract [eco]
Auftragschweißen *n* hard facing [met]; hard surface overlaying [wer]; surfacing [wer]
Auftragschweißung *f* (Beschädigungen schweißen) build-up welding [wer]; deposit welding [wer]; (Reparatur) resurfacing [wer]; steel facing [wer]
Auftragserteilung *f* award of tender [eco]
Auftragsgewicht *n* coating weight [met]
Auftragsleiter *m* project manager [eco]
Auftragsmetall *n* deposited metal [met]
Auftragspapiere *pl* order documents [eco]
Auftragssperre *f* debarment from the contract [eco]
Auftragsstärke *f* (Verputz) thickness of application
Auftragsvergabe *f* award of contract [eco]
Auftragsvergabe, öffentliche - *f* award of public contract [eco]; award of public contracts [eco]
Auftragsvolumen *n* contract volume [eco]
Auftrieb *m* (in Flüssigkeit) buoyancy [phy]; (Talsperre) foundation water pressure [wba]; (Standsicherheit) heave; upthrust [phy]
Auftriebsdruck *m* uplift pressure [geo]
Auftriebskraft *f* buoyancy force [phy]
Auftritt *m* (Trittfläche) tread
Auftrittbreite *f* (Stufe) tread width
Auftrittfläche *f* (Treppe) going; (Stufe) tread
Aufwalzflansch *m* expanded flange [prc]
aufweichen *v* soak
aufweiten *v* (Bohrung) ream [wer]
Aufwendungen für Mietnebenkosten *pl* expenditures on service charges [eco]
aufwerfen *v* (Wall) throw up
Aufwölben *n* upward deflection
Aufwölbung *f* hogging; uplift [geo]
Aufwölbungsmoment *n* hogging moment; negative moment [sik]
Aufwurfbeschickung *f* spreader feeding [prc]
aufzeichnen *v* (registrieren) record [any]
Aufzeichnung, elektronische - *f* electronic recording [edv]
Aufzeichnungspflicht *f* (Unterlagen dokumentieren) obligation to keep records [eco]
Aufzieher *m* patter [bon]
Aufzug *m* (Kran) crane; escalator; (Hebevorrichtung) hoist

Aufzug für den Warentransport *m* freight elevator; goods hoist
Aufzug mit Spindelantrieb *m* screw-driven lift
Aufzug mit Trommelantrieb *m* drum-driven lift
Aufzug, elektrisch betriebener - *m* electric elevator; (<B>) electric lift
Aufzug, getriebeloser - *m* gearless lift
Aufzug, verglaster - *m* glass lift
Aufzugkabine *f* lift cabin; lift car
Aufzugkasten *m* (Betonmischer) loading skip
Aufzugkern *m* (im Gebäude) lift core
Aufzugkübel *m* (Betonmischer) loading skip
Aufzugschacht *m* elevator well; lift cage; lift well
Aufzugseil *n* hoisting cable
Aufzugsgerüst *n* hoist tower
Aufzugskorb *m* elevator car; passenger elevator car
Aufzugslichtschranke *f* lift light barrier
Aufzugsschacht *m* elevator shaft
Aufzugsvorraum *m* lobby in front of a lift [arc]
Aufzugswinde *f* lift winch
Aufzugtür *f* lift door
Aufzugwinde *f* lift gear; lift hoist
Augen- und Gesichtsschutz *m* protection for face and eyes [asi]
Augenbrunnen *m* eye-wash fountain [asi]
Augendusche *f* eye-wash fountain [asi]
Augenscheinprüfung *f* visual examination; visual inspection [any]
Augenschutz *m* eye protection [asi]; eye-protector [asi]; personal eye protector [asi]; protection for eyes [asi]
Augenschutz-Filterglas *n* filter lens [asi]
Augenschutzgerät *n* eye protector [asi]
Augenspülflasche *f* eye-wash bottle [asi]; irrigation bottle [asi]
Augenspülmittelflasche *f* eye-rinse bottle [asi]
Augenspülung *f* eye bath [asi]
Augenstab *m* eye bar [stb]
Augenwaschflasche *f* eye wash bottle [asi]
ausarbeiten *v* (Schweißwurzel -) gouge [wer]
ausbaggern *v* dig; dredge; (in Wasser) dredge [wba]; excavate
Ausbaggern *n* digging [tib]; dredging [tib]
Ausbaggerung *f* (in Wasser) dredging [wba]; excavation [tib]
Ausbau *m* (Erweiterung) completion; (Erweiterung) extension
Ausbau, gitterartiger - *m* open timbering; skeleton timbering
Ausbauarbeiten *pl* completion work; finishing work
Ausbauasphalt *m* demounted asphalt [rec]
Ausbauchung *f* barrelling
ausbauen *v* (Dachboden) convert; develop; extend; (entfernen) remove [rec]; (erweitern) upgrade

Ausbaugewerke *pl* finishing craft
Ausbauhaus *n* bare-bone house; starter house
Ausbauplan *m* development program
Ausbaupotential *n* development potential
Ausbaurangfolge *f* construction priorities
Ausbaustellung *f* dismantling position
Ausbaustufe *f* development stage; stage of extension
Ausbauten, raumbildende - *pl* structural extensions and fittings
ausbessern *v* patch up [wer]; reinstate; (reparieren) repair; (wiederherstellen) restore; (z.B.Anstrich) touch up [wer]
Ausbesserung *f* patching; rehabilitation [wer]; (Reparatur) repair; touch up; (Anstrich) touching up
Ausbesserungen *pl* (Sichtbeton) finishing touches [bon]
Ausbesserungsarbeiten *pl* repair work; repair works [wer]
ausbetonieren *v* fill with concrete [bon]
Ausbetonieren *n* filling with concrete [bon]
Ausbeulen *n* (örtliches Werfen) local buckling [met]
Ausbeute *f* (Ertrag, Produktion) yield [eco]
Ausbildung, konstruktive - *f* structural design [des]
Ausblühen *n* blooming [met]
Ausblühsperre *f* efflorescence barrier [met]
Ausblühung *f* bloom defect [met]; blooming [met]
ausbluten *v* (Farbe) bleed off [met]
Ausbluten *n* (Farben, Beton) bleeding [met]
ausbohren *v* (bohren) bore [wer]
Ausbreitmaß *n* horizontal slump [des]
Ausbreitung von Rissen *f* propagation of cracks [met]
Ausbreitversuch *m* (auf Konsistenz) slump test [any]
Ausbruch *m* (Tunnelbau) muck [tib]; (Tunnelbau) muck pile [tib]
Ausbruchgut *n* (Tunnelbau) muck [rec]
Ausbruchquerschnitt *m* (Tunnel) full section
Ausdehngefäß *n* expansion tank
Ausdehnung *f* (Verlängerung, Anbau) prolongation
Ausdehnung der bebauten Fläche (Städte) sprawl
Ausdehnungsfähigkeit *f* strainability [met]
Ausdehnungsfuge *f* expansion joint
Ausdehnungsgefäß *n* expansion vessel; (Heizungsanlage) flexible membrane vessel [pow]
Ausdehnungskoeffizient *m* coefficient of expansion [met]
Ausdehnungsmessung *f* expansion measurement [any]
Ausdehnungsstück *n* expansion joint [prc]
Ausdehnungszahl *f* coefficient of expansion [met]
Ausdruck *m* (Fachterm, Wort) term
auseinander fallen *v* fall apart
Ausfachen *n* (Fachwerk) nogging

Ausfachung *f* (Holzbau) blocking; (Fachwerk) infill; (Fachwerkbau) infill panel; infilling; (Skelettbauweise) panel filler; web bracing [stb]

Ausfachung mit Lehmsteinen *f* earth-block infill

Ausfachung mit Leichtlehm *f* (Fachwerkbau) light clay infill

Ausfachungsbeton *m* infill concrete [bon]

Ausfachungsmaterial *n* (Fachwerkhaus) wattle and daub [met]

Ausfachungsmauerwerk *n* fill-in brickwork

Ausfachungsstab *m* stay rod; truss member [stb]; web member [stb]

Ausfachungstechnik *f* (Fachwerkbau) infilling method; (Fachwerkbau) infilling technique

ausfällen *v* settle out [che]

Ausfällungsmittel *n* precipitant [met]

Ausfahrrampe *f* exit ramp [tra]

Ausfahrtsrampe *f* off-ramp

Ausfall *m* (z.B. Strom) outage [elt]

ausfallen *v* (abscheiden) deposit [che]

Ausfallkörnung *f* discontinuous grading [prc]; gap grading; omitted-size fraction

Ausfallstraße *f* exit road [tra]; outward-bound road [tra]; radial road [tra]; road leading out of the city [tra]

Ausfalzung *f* (Tür) rebate

Ausfertigung, dreifache - *f* triplicate

Ausflicken *n* patching

ausfließen *v* (ausströmen) discharge; (lecken) leak

Ausfließen *n* discharge [was]

ausflocken *v* coagulate [was]; flocculate [was]

Ausflocken *n* flocculating [was]; settling [was]

Ausflockung *f* deflocculation [was]; flocculation [was]

Ausflockungsmittel *n* coagulant [met]; flocculant [met]; flocculant agent [met]

ausfluchten, neu - *v* realign

Ausflugsverkehr *m* recreational traffic [tra]

Ausfluss *m* (Ausströmen) discharge [was]; (Ausströmen) discharge of water [was]; (Rinne, Rohr) drain [was]; (Auslass) water outlet [was]

Ausflussgebiet *n* discharge area [was]

Ausflussleitung *f* outlet conduit [was]

Ausflussöffnung *f* discharge opening [was]

Ausformen *n* (Betonsteine) demolding [roh]

Ausführung *f* (Auslegung, eines Produkts) design; (Durchführung) execution; (Durchführung) performance; type

Ausführung für Grabenaushub *f* trenching arrangement [tib]

Ausführung von Bauleistungen *f* execution of building work; performance of building work

Ausführung, erdbebensichere - *f* aseismic design

Ausführung, genehmigte - *f* approved design [des]

Ausführung, in der - at erection stage

Ausführung, Prüfung auf zeichnungsgerechte - *f* drawing compliance [des]

Ausführung, robuste - *f* rugged design [des]

Ausführungsentwurf *m* working design [des]

Ausführungsform *f* model [des]

Ausführungsfrist *f* execution deadline

Ausführungsgarantie *f* completion guarantee [eco]; (Fristen, u.a.) performance guarantee [eco]

Ausführungsgenehmigung *f* site permit

Ausführungsmerkmal *n* design feature [des]

Ausführungsphase *f* construction stage

Ausführungsplan *m* execution plan

Ausführungsplanung *f* execution planning; ((1:50)) implementation planning [des]

Ausführungsqualität *f* (handwerkliche Leistungen) workmanship

ausführungsreif ready for execution; ready to be built

Ausführungsunterlagen *pl* execution documents [des]

Ausführungszeichnung *f* construction drawing [des]; contract drawing; shop drawing [des]; working drawing [des]; working plan [des]; workshop drawing [des]

Ausführungszeit *f* execution time; period of performance [wer]

Ausfüllstoff *m* filling [met]; packing material [met]

ausfugen *v* (Schweißwurzel -) gouge [wer]

Ausfugen *n* pointing [wer]

Ausfugmasse *f* jointing compound [met]

Ausgang *m* (z.B. Tür) exit

Ausgang, galvanisch getrennter - *m* isolated current output [elt]

Ausgang, überdachter - *m* kiosk exit

Ausgangsdose *f* outlet box [elt]

Ausgangserzeugnis *n* starting product [met]

Ausgangsgestein *n* parent material [geo]; parent rock [geo]

Ausgangsklemme *f* output terminal [elt]

Ausgangsleistung, maximale - *f* maximum available power output [elt]

Ausgangsmaterial *n* base material [met]; basic material [met]; feed material [met]; original material [met]; raw material [met]; starting material [met]

Ausgangsprodukt *n* base product [met]; basis material [met]; starting product

Ausgangsspannung *f* output voltage [elt]

Ausgangsstab *m* parent bar

Ausgangsstoff *m* basic material [met]; original material

Ausgangsstrom *m* output current [elt]

Ausgangssubstanz *f* original material; raw material [met]

Ausgangstür *f* exit door

Ausgangswerkstoff *m* raw material [met]

ausgebrannt (Tonprodukte) fire-gutted [met]; (Gebäude) ruined by fire

ausgefällt precipitated [was]

ausgefahren (Straße) rutted [tib]

ausgefugt (z.B. bearbeiteter Riss) back-gouged [met]

ausgelegt für ... (Leistung) rated at ... [des]

ausgemauert masonry-filled

ausgerichtet aligned

ausgerüstet, gut - well-equipped

Ausgestaltung *f* arrangement; shaping [wer]

Ausgiebigkeit *f* (Anstrich) spreading capacity [met]; (- von Verbrauchsmaterial) yield value [met]

ausgießen *v* (Beton) grout

Ausgießmasse *f* filler compound [met]

Ausgleichbecken *n* balancing reservoir [was]

Ausgleichbehälter *m* equalizing tank [was]

ausgleichen *v* (Unterschiede) balance

Ausgleichsbecken *n* compensating reservoir [was]; regulation tank [was]

Ausgleichsbehälter *m* balancing reservoir [was]; balancing tank [was]; expansion tank; expansion vessel; service reservoir [was]; (Wasserversorgung) surge chamber [was]

Ausgleichsbeton *m* blinding concrete [bon]; (Fundament) levelling concrete [bon]

Ausgleichsestrich *m* levelling screed

Ausgleichsholz *n* (Schalung) filler timber

Ausgleichslage *f* regulating course

Ausgleichsmasse *f* correction mass [met]; knifing filler [met]; levelling compound [met]; surfacer [met]

Ausgleichsmaßnahme *f* compensation measure

Ausgleichsmörtel *m* levelling mortar; levelling mortar [met]

Ausgleichspaneel *n* filler panel

Ausgleichsprofil *n* compensating profile [met]

Ausgleichsrahmen *m* equalizer frame

Ausgleichsriegel *m* compensation waler

Ausgleichsscheibe *f* (Unterlegscheibe) compensation washer

Ausgleichsschicht *f* blinding layer; filler course; levelling course; levelling layer; regulating course

Ausgleichsspachtel *m* levelling coat [met]

Ausgleichswirkung *f* smoothing effect

Ausgleichszahlung *f* compensation [eco]

ausglühen *v* temper [met]

ausgraben *v* dig [wer]; (Knochen etc.) excavate [tib]

Ausguss *m* (Abfluss) sewer [was]; (Becken) sink [tga]; slop basin [tga]

Ausgussbecken *n* (Sanitär) bucket sink; sink basin [tga]

Ausgussbeton *m* prepacked aggregate concrete [bon]

aushärten *v* (Kunststoff) cure [met]; (Ton) harden [met]; (Beton, Mörtel) mature [met]

Aushärtung *f* (Kunststoff) cure [met]; (Beton, Mörtel) maturing [met]; (Kunststoff) setting [met]

Aushärtungsmittel *n* curing agent [met]

Aushärtungszeit *f* (Beton) hardening time [met]

Aushärtungszusatz *m* added curing agent [met]

ausheben *v* dig [geo]

Aushöhlung *f* pothole

Aushub *m* digging [tib]; (manuell) downstand excavation; dredge spoil; (Ausheben) dug out earth [geo]; (Ausgehobenes) excavated material [geo]; excavation [tib]; (Baugruben) spoil [geo]

Aushub in gewachsenem Boden *m* primary excavation [tib]

Aushub mit Bodentrennung *m* selective digging [tib]

Aushub mit lotrechter Böschung *m* straight-wall excavation [tib]

Aushub und Wiederverfüllung cut and fill work [tib]

Aushubböschung *f* excavation slope [tib]

Aushubfläche *f* excavated area

Aushubgerät *n* digger [tib]

Aushubmaterial *n* excavated material; (Baugruben) excavated material [geo]; excavation material

auskehlen *v* groove [wer]

Auskehlen *n* filleting

Auskehlung *f* hollowing

Auskittung *f* back putty

ausklauben *v* pick out

auskleiden *v* line

Auskleidung *f* liner [met]

Auskleidung, feuerfeste - *f* refractory lining

Auskleidung, korrosionsbeständige - *f* corrosion-resistant cladding [met]; corrosion-resistant lining [met]

Auskleidung, säurefeste - *f* acid-resistant liner [met]; acid-resistant lining [met]

ausklinken *v* (Träger) notch

Ausklinken *n* recessing [stb]

Ausklinkung *f* (Holzbau) notch

Auskofferung *f* coffer work [tib]; subgrade excavation [tib]

Auskolkung *f* scouring [was]

auskragen *v* extend beyond; oversail

auskragend overhanging; projecting

Auskragung *f* cantilever; cantilevering; overhang; projection [stb]

Auskreiden *n* chalking

ausladen *v* jut out; (entladen) unload

ausladend *v* (Bauwerk) projecting

Ausladung *f* (Kranausleger) jib length; (Kranausleger) jib working radius; (Drehkran) outreach [tib]; projection; (Drehkran) radius of action; (Kran) reach; (Kran) working radius

Ausladung des Auslegers *f* boom overhang
Ausläufer *m* (von Bergen) foothills [geo]
Auslagerung *f* (Aufbereitung) reclaiming [roh]
Auslass *m* outfall [was]
Auslass ins Meer *m* marine outfall [was]
Auslassschütz *m* outlet gate [was]
Auslastung *f* (Geräte, Maschinen) work-out [wer]
Auslastungsgrad *m* degree of utilization [eco];
  (Straßenverkehr) load factor [tra]; on-stream
  efficiency
Auslastungsmöglichkeit *f* operating rate [wer]
Auslauf *m* (Abfluss) discharge [was]; (Öffnung)
  discharge opening [was]; (Drainage) drain [was];
  (Schweißnaht) run-out [met]
Auslaufbauwerk *n* outfall structure [wba]; outlet
  headworks [wba]; outlet structure [wba]; river
  outlet [was]
Auslaufblech *n* (Schweißen) run-out plate [met]
auslaufen *v* (ausfließen) leak
Auslaufkanal *m* outfall [wba]
Auslaufquelle *f* descending spring [was]
Auslaufrinne *f* spout [was]
Auslaufrohr *n* spout
auslaugen *v* leach [che]
Auslaugmittel *f* leaching agent [met]
Auslaugung *f* extraction [che]; leaching [che]
Auslaugungssee *m* sink-hole lake [geo]
auslegen *v* (Boden) cover [geo]
Ausleger *m* (Kran) boom; cantilever; (Kran) jib;
  (Kran, u.a.) outrigger [tib]; (Grabenbagger) wheel
  frame [tib]
Ausleger eines Krans *m* jib of a crane
Ausleger, geteilter - *m* two-piece boom
Ausleger, waagrechter - *m* cantilever jib
Auslegerarm *m* (Kran) boom
Auslegerbalken *m* cantilever arm
Auslegerbrücke *f* cantilever bridge
Auslegerdrehkran *m* derricking jib crane
Auslegerförderband *n* stacker belt [prc]
Auslegergerüst *n* outrigger scaffold
Auslegerkran *m* derrick
Auslegerkran mit Laufkatze *m* saddle jib crane
Auslegerkratzer *m* boom scraper [tib]
Auslegerschalung *f* cantilever forming [bon]
Auslegerstiel *m* dipper stick [tib]
Auslegerträger *m* cantilever beam; cantilever
  girder
Auslegerverriegelung *f* boom catch
Auslegerwinkel *m* boom angle
Auslegeware *f* carpeting; floor coverings
Auslegung *f* basic design [des]; design [des];
  layout [des]; (Flächennutzungspläne, ...) public
  display
Auslegung, förmliche - *f* public presentation
Auslegung, öffentliche - *f* (Pläne) display for public
  inspection; (z.B. Genehmigungsunterlagen)

display for public inspection [jur]
Auslegung, wärmetechnische - *f* thermal design
  [pow]
Auslegungsdaten *pl* design data [des]; rating data
  [des]
Auslegungserdbeben *n* (Kernkraftwerk) design
  basis earthquake [des]
Auslegungsfrist *f* (Flächennutzungspläne, ...)
  display period
Auslegungsgrundlage *f* basis of design [des];
  design basis [des]; design principle [des]
Auslegungskriterien *pl* design basis criteria [des]
Auslegungsmerkmal *n* design feature [des]
Auslegungspunkt *m* design point [des]
Auslegungsrechnung *f* design calculation [des]
Auslegungsrichtlinien *pl* guidelines for design [des]
Auslegungsverfahren *n* display of plans for public
  inspection
Auslegware *f* (Teppichboden) roll carpet
Auslenkung *f* sway [stb]
Ausleseband *n* sorting belt [rec]
ausliegen *v* (Dokumente) be available for inspection
Auslösehebel *m* release lever [tec]
auslösen *v* (z.B. Verschluss) release
Auslöseschalter *m* trigger switch [elt]; trip switch
  [asi]
Auslöseschwelle *f* action level [asi]
Auslösesignal *n* actuating signal
Auslösestrom *m* trip current [elt]
Auslösetemperatur *f* (Sprinkler) opening
  temperature; (Sprinkler) releasing temperature
Auslöseverzögerung *f* tripping delay [elt]
Auslösevorrichtung, wärmeabhängige - *f* (Brand-
  schutz) heat-actuated detector [any]; (Brand-
  schutz) heat-sensitive detector [any]
Auslösezeit *f* (Relais, Schütz) trip time [elt]
Auslösung *f* (Schalter) release; (Betätigung)
  triggering
Auslösung *v* (eines Systems) response
Auslösung, automatische - *f* automatic release [elt]
Auslösung, kurzzeitverzögerte - *f* short-time
  delayed release [elt]
Auslösung, unmittelbare - *f* direct release [elt]
Auslösung, unverzögerte - *f* instantaneous release
  [elt]
Auslösung, verzögerte - *f* time-lag tripping [elt]
Ausmahlung *f* pulverizing [prc]
ausmauern *v* brick up
Ausmauern *n* nogging
Ausmauerung *f* (Fachwerk) beam filling; (- des
  Gefaches) brick infill; brick lining; bricking;
  brickwork; (Badewanne) dwarf wall; (- des
  Gefaches) infill brickwork; lining; masonry;
  nogging
Ausmauerung, feuerfeste - *f* refractory brick lining;
  refractory lining

ausmergeln *v* (Boden) exhaust [geo]
ausmessen *v* measure up [any]
Ausmitte, ungewollte - *f* unintentional eccentricity
ausmitteln *v* signal averaging [any]
Ausnahmegenehmigung *f* (Baugenehmigung) building permit based upon exemption [jur]
Ausnutzung *f* (- des Baugrundstücks) saturation of development [des]; (Geräte, Maschinen) work-out [wer]
Ausnutzungsgrad *m* occupancy factor
Auspresshilfe *f* grouting agent [met]
Auspuffgeräusch *n* (Auto) exhaust noise [aku]
Auspuffröhren *n* (Auto) exhaust roar [aku]
auspumpen *v* dewater [tib]
Ausräumungsöffnung *f* reaming opening [wer]
ausrangieren *v* wreck [rec]
ausreiben *v* (Beton) finish off; (Bohrung) ream [wer]
Ausreißen *n* (z.B. eines Dübels) tearing off [tec]
Ausreißer *m* (Messwert) runaway [any]
Ausreißversuch *m* peel test [any]
ausrichten *v* align; (fluchtend machen) line up [wer]
Ausrichten *n* (u.a. vom Möbeln) adjusting
ausrichten, genau - *v* true up
Ausrichtung *f* adjustment; alignment [des]
ausrüsten *v* provide; strip the falsework
Ausrüstung *f* tackle
Ausrüstung, antistatische - *f* (von Sicherheitsklei-dung) antistatic finish [met]
Ausrüstung, elektronische - *f* electronic equipment [elt]
Ausrüstung, technische - *f* technical equipment
Ausrüstungsinvestition *f* investment in plant and equipment [eco]
Ausrüstungsverzeichnis *n* list of equipment
Ausrundung *f* rounding off [met]
Aussatzhalde *f* waste pile [rec]
Aussatzkippe *f* spoil area [rec]
Aussatzmaterial *n* (Erdbau) waste yardage [tib]
Ausschachtbarkeit *f* excavatability
ausschachten *v* dig; excavate; sink; trench
Ausschachten *n* digging [tib]
Ausschachtung *f* excavation [tib]; (Arbeiten) sinking of shaft
Ausschachtungsplan *m* general excavation drawing
Ausschalelement *n* easy-strike panel
ausschalen *v* release [bon]; remove forms [bon]; remove shuttering [bon]; strike [bon]; strip [bon]; strip [bon]; strip the formwork [bon]
Ausschalen *n* removal of forms [bon]; removal of shuttering [bon]; stripping [bon]; stripping of forms [bon]; stripping the forms [bon]
Ausschalen des Fundaments *n* stripping of formwork [bon]
Ausschalfestigkeit *f* stripping strength [bon]

Ausschalfrist *f* stripping time
Ausschalleiste *f* striking fillet
Ausschalöl *n* (Betonbau) release oil [met]
Ausschalter *m* circuit breaker [elt]; cut-out switch [elt]
Ausschaltstrom *m* breaking current [elt]
Ausschaltzeit *f* break time [elt]
Ausschalung *f* (Beton) form stripping [bon]; removal of forms [bon]; removal of formwork [bon]; removal of shuttering [bon]; stripping [bon]
Ausschalwagen *m* stripping cart [bon]
Ausscheidung *f* precipitate [che]; precipitation [che]
Ausschluss der Haftung *m* exclusion of liability [jur]
Ausschnittsvergrößerung *f* section enlargement [des]
Ausschnittzeichnung *f* detail drawing [des]
Ausschreibung *f* call for bids [eco]
Ausschreibung von Bauleistungen *f* invitation to tender for construction work
Ausschreibung, beschränkte - *f* limited invitation to tender [eco]; restricted tender [eco]; restricted tender [eco]
Ausschreibung, eingeschränkte - *f* selective bidding [eco]; selective tendering [eco]
Ausschreibung, öffentliche - *f* open bidding [eco]; open tender [eco]; open tendering [eco]; public tender [eco]
Ausschreibung, sich an - beteiligen *v* tender for .. [eco]
Ausschreibungsangebot einreichen *v* tender [eco]
Ausschreibungsbekanntgabe *f* tender notice [eco]
Ausschreibungsplattform *f* tendering platform [eco]
Ausschreibungsunterlagen *pl* invitation to tender documents [eco]; job specifications [eco]; tender documents [eco]
Ausschreibungsverfahren *n* tender process [eco]
Ausschreibungsvorgaben *pl* planning brief [eco]
Ausschüttwaage, automatische - *f* automatic dumping batcher scale [prc]
Ausschuss *m* (Produktion) refuse [rec]; (Produktion) rejects [rec]; (Schrott) scrap [rec]
Ausschussblech *n* (zurückgewiesen) rejected sheet [met]
Ausschussziffer *f* number of rejects [wer]
Ausschwitzen *n* (Anstrich) sweating [met]
aussedimentieren *v* deposit as sediment [was]
Außenabdichtung *f* external sealing
Außenanlage *f* outdoor plant [prc]
Außenanlagen *pl* outdoor facilities; (- von Gebäuden) outside facilities
Außenansicht *f* exterior view [des]; (- von Gebäuden) view of the outside [des]

Außenanstrich *m* exterior painting [met]; outside coating [met]

Außenanstrichfarbe *f* exterior paint [met]

Außenarbeiten *pl* exterior work; outside work

Außenarchitektur *f* external architecture; outdoor architecture

Außenbeleuchtung *f* exterior lighting [elt]; outdoor lighting [elt]

Außenbereich *m* area outside the built-up area; outside the boundaries of a built-up area; unallocated area

Außenbezirk *m* (Stadt) fringe area; outlying district [com]; suburb

Außenböschung *f* outside slope

Außendienstmitarbeiter *m* member of the field staff [eco]

Außendienstmitarbeiterin *f* member of the field staff [eco]

Außendurchmesser *m* (Gewinde) major diameter [des]

Außenecke, abgerundete - *f* bull nose

Außenentwässerung *f* external drainage

Außenfarbe *f* paint for outside use [met]

Außengebrauch *m* (Glaserei) outdoor usage

Außengrobputzschicht *f* undercoat rendering

Außenhaut *f* exterior cladding

Außenhautbeschichtung *f* incrustation [met]

Außenhautdichtung *f* facing membrane

Außenjalousie *f* external blind

Außenklima *n* ambient atmosphere [wet]

Außenkorrosion *f* external corrosion [met]

Außenlack *m* spar varnish [met]

Außenlärmschutz *m* (baulich) external noise insulation [aku]

Außenlagerung *f* outside storage

Außenlastträger, klappbarer - *m* folding pylon

Außenleibung *f* (Fenster) external frame

Außenleuchte *f* outdoor light [elt]

Außenlinie *f* contour [des]

Außenlippe *f* external rebate

Außenmantel *m* outer shell [pow]

Außenmaß *n* exterior dimension [des]; external dimension [des]; overall dimension [des]

Außenmauer *f* exterior wall

Außenmauererhaltung *f* (bei Restaurierung) façadism

Außenmauerwerk *n* exterior masonry

Außennaht, runde - *f* (Schweißnaht) outside round weld [met]

Außenöffnung *f* (Stahlbrücke) end span [stb]

Außenpflanzen *pl* exterior plants [bio]

Außenpodest *n* outside platform

Außenputz *m* exterior finish; exterior plaster; exterior rendering; (Verputz) external plaster; external rendering; external rendering; (Verputzen) external rendering

Außenraum *m* outdoor space [com]

Außenrüttler *m* external vibrator [bon]; (Betonverfüllung) formwork vibrator [bon]

Außenrüttlung *f* external vibration [bon]

Außenschale *f* (Turbine) outer wall [pow]

Außenschalung *f* external shuttering [bon]

Außenschweißung *f* external welding [wer]

Außenspülung *f* external jetting

Außentoilette *f* (Altbau) outside toilet; (- für mehrere Parteien im Haus) shared toilet

Außentreppe *f* exterior stair; exterior staircase; (umbaut) outside staircase

Außentreppenhaus *n* exterior stairway

Außentür *f* exterior door; external door; outer door

Außenverkleidung *f* exterior siding; external wall cladding

Außenverkleidung, hinterlüftete - *f* ventilated external wall cladding

Außenvibration *f* external vibration [bon]

Außenwand *f* exterior wall; external wall; outer wall; outside wall

Außenwandung *f* external wall

Außenwange *f* (Treppe) external stringer; (Treppe) face stringer

Außenwasserhahn mit Gewinde *m* (für Schlauchanschluss) hose bib

außermittig off-centre; out-of-centre

Außermittigkeit *f* centre offset [des]; set-back distance [des]

Aussichtspunkt *m* belvedere

aussickern *v* percolate [was]

Aussickern *n* seepage [was]

Aussickerung *f* seepage [was]

Aussickerungsfläche *f* seepage face [was]

aussiedeln *v* resettle

Aussiedelung *f* resettlement

aussortieren *v* pick out [rec]

ausspachteln *v* level out [wer]; smooth [wer]; trowel off [wer]

Ausspalten *n* (Pflastersteine) cleaving [tib]

Aussparung *f* aperture; block-out; (in Wand) bole; cavity; (im Mauerwerk) chase; recess

Aussparungskasten *m* (Schalung) box-out

Aussparungsplan *m* plan of holes for building

Aussparungsrohr *n* (im Fundament) anchor bolt sleeve; (Fundament) shuttering sleeve [bon]

ausspülen *v* erode [geo]; (spülen) flush [was]; rinse [was]; (waschen) wash [was]

Ausspülung *f* (Ausspülen) scouring [was]

ausstatten *v* equip; (Wohnung) furnish

ausstatten mit .. *v* equip with ..

ausstatten, mit neuen Maschinen - *v* retool [wer]

Ausstattung *f* (Versorgung) provision

Aussteifblech *n* stiffening plate [stb]

aussteifen *v* shore; stiffen [stb]

Aussteifen *n* shoring
Aussteifung *f* bracing; bracing; bridging [stb]; reinforcement [des]; stiffener [stb]; stiffening [stb]; stiffening [bon]
Aussteifung, tragende - *f* load-bearing stiffener [stb]
Aussteifungsanschluss *m* bracing connection
Aussteifungsbalken *m* stiffening member
Aussteifungslamelle *f* stiffening fin [stb]; stiffening rib [stb]
Aussteifungspfeiler *m* stiffening pier
Aussteifungsstab *m* bracing strut; strut [stb]
Aussteifungsstrebe *f* brace
Aussteifungssystem *n* stiffening system
Aussteifungsträger *m* stiffener [stb]; stiffening truss [stb]
Aussteifungswinkel *m* stiffener angle [stb]
Ausstellfenster *n* bottom-hinged vent window
Ausstellungsgebäude *n* exhibition building
Ausstellunghalle *f* exhibition hall
Ausstellungsort *m* exhibition location
Ausstellungsraum *m* exhibition room
Ausstieg aus der Atomenergie *m* abandonment of nuclear power [pow]
Ausstieg aus der Kernenergie *m* phasing-out of nuclear energy [pow]
Ausstiegspodest *n* stair tower landing
Ausstoß *m* (Produktionsmenge) throughput
ausstrahlen *v* emit [phy]; radiate [phy]
Austausch *m* (Ersatz) replacement [tec]
austauschen *v* (ersetzen) replace
Austauscherharz *n* ion-exchange resin [met]
Austauschwerkstoff *m* substitute material [met]
Austenit *m* austenite [met]
Austenitgefüge *n* austenitic structure [met]
Austenitstahl *m* austenic steel [met]; austenitic steel [met]
austiefen *v* deepen [tib]
Austiefung *f* deepening [tib]
Austiefungssee *m* lake due to erosion [geo]
Austocklasche *f* extension splice
Austragband *n* discharge belt [prc]
Austraghilfe *f* (für Schüttgut, u.a.) discharge aid [prc]; (für Schüttgut, u.a.) flow promoting device [prc]
Austragrinne *f* discharge duct [prc]
Austragschnecke *f* discharge screw [prc]
Austragschurre *f* swivel chute [prc]
Austragschwingrinne *f* vibrating discharge feeder
Austragsgurt *m* (Magnetscheider) discharging belt [prc]
Austragsspaltbreite *f* (Brecher) jaw clearance [prc]; (Brecher) jaw setting [prc]
Austrieb *m* burr [met]
Austritt *m* (Austrittstelle) outlet
austrocknen *v* (trocken legen) drain; (Gewässer)

dry up [was]; (Holz) season [met]
Austrocknen *n* (Wände usw.) drying-out
Austrocknung *f* (Trockenlegung) drainage [wba]
ausufern *v* (Städte) sprawl
Ausufern von Städten *n* urban dispersal
Auswaage *f* weight-out material
Auswählen, zufälliges - *n* random selection [any]
auswässern *v* soak
auswalzen *v* sheet out [wer]
Auswasch- outwash [was]
auswaschen *v* (ausspülen) rinse out [was]; (scheuern) scour [was]
Auswaschung *f* elutriation [wba]
Auswaschungen *pl* spotty wear [met]
Auswaschungsboden *m* residual soil [geo]
auswechselbar detachable
Auswechslung *f* replacement
Auswehung *f* wind deflation [geo]
Ausweichen, seitliches - *n* (der Druckzone) lateral torsional buckling [sik]
Auswerteeinrichtung *f* evaluation system [any]
Auswertegenauigkeit *f* evaluation accuracy [any]
auswerten *v* analyse [any]
Auswertung *f* evaluation [any]
Auswertung von Prüfergebnissen *f* evaluation of test results [any]
Auswertung, qualitative - *f* qualitative evaluation [any]
Auswertung, quantitative - *f* quantitative evaluation [any]
Auswertungswerkzeug *n* evaluation tool
Auswittern *n* (z.B. von Lehm) weathering [met]
Auswitterung *f* efflorescence [met]
Auswurf *m* discharge
Auszählung *f* counting
Ausziehfestigkeit *f* (Betonbau) pull-out strength [met]
Ausziehleiter *f* extending ladder; extension ladder
Ausziehtür *f* telescopic door
Auszug *m* (Herausnehmen von Möbeln und Gütern) move-out
Auszugsschiene *f* (Möbel) pull-out runner
Autobahn *f* (<A>) expressway [tra]; (<B>) motorway [tra]
Autobahnanschluss *m* (<A>) highway access [tra]; motorway access [tra]
Autobahnauffahrt *f* (<A>) expressway entrance [tra]; (<B>) motorway access road [tra]
Autobahnausfahrt *f* (<A>) expressway exit [tra]; (<B>) motorway exit [tra]
Autobahnbrücke *f* (<A>) freeway bridge; highway bridge
Autobahndamm *m* motorway embankment [tib]
Autobahndreieck *n* motorway junction [tra]
Autobahnkreuz *n* interchange [tra]; motorway intersection [tra]

Autobahnzubringer *m* motorway approach road
  [tra]
Autobetonpumpe *f* mobile concrete pump [bon]
Autogenschweißen *n* autogeneous welding [wer]
Autogenschweißung *f* autogeneous welding [wer]
Autokran *m* mobile crane; mobile wheel-mounted
  crane [tra]
Automatikmelder *m* automatic detector [any]
Automatiktor *n* (Garage, usw.) automatic gate
Automatiktür *f* (Gebäude, usw.) automatic door
automatische Klimaanlage *f* automatic air-
  conditioning plant [tga]
Automatisierung *f* automation
Automobilkran *m* lorry-mounted crane
Axialschnitt *m* (Zahnrad) axial section [des]
Axialschub *m* lateral shear [sik]
Axialsymmetrie *f* axial symmetry [des]
Axonometrie *f* axonometric drawing [des]
Azimuth *m* azimuth

B

Backe, feste - *f* (Schraubstock) fixed jaw [wzg]
Backe, gerade - *f* (Zange) straight jaw [wzg]
backen *v* (kleben) stick [met]
Backenbrecher *m* jaw breaker; jaw crusher [prc]
Backenkreiselbrecher *m* roll jaw crusher [prc]
Backstein *m* brick
Backsteinbau *m* brick building
Backsteinfassade *f* brick façade [arc]
Backsteingotik *f* (vorwiegend Norddeutschland)
  Gothic brick masonry architecture
Backsteinwand *f* brick wall
Bad *n* bath; (Badezimmer) bathroom;
  (Schwimmbad) swimming pool
Badablauf *m* bath drainage [was]
Badarmatur *f* bath accessory [tga]
Badausstattung *f* bathroom equipment [tga]
Bade- und Duschkabine *f* bath and shower unit
Badewanne *f* bath tub; bathtub [tga]
Badezimmer *n* bathroom
Bädereinrichtung *f* bath equipment
Bär *m* (Spundwand: Rammbär) hammer
Bagger *m* digger [tib]; dredge; dredger;
  excavating machine; excavator [tib]; power
  navvy
Bagger, hydraulischer - *m* hydraulic excavator [tib]
Bagger, schwenkbarer - *m* revolving shovel [tib]
Bagger, seilbetätigter - *m* cable-operated excavator
  [tib]
Baggeraushub *m* dredge spoil; spoil
Baggerbetrieb *m* dredging [tib]
Baggereimer *m* dredge bucket [tib]; dredger
  bucket [tib]; excavator bucket [tib]; scoop
Baggerführer *m* excavator operator
Baggergreifer *m* excavator grab; grabbing crane
  [tib]; bucket crane [tib]
Baggergut *n* dredged material; (Nassbagger)
  dredging spoil [wba]; dredgings [wba]
Baggerkette *f* bucket chain; excavator chain;
  shovel track [tib]
Baggerkorb *m* grab bucket [tib]
Baggerkran *m* crane excavator
Baggerlader *m* backhoe loader [tib]
Baggerleiter *f* (Nassbagger) digging ladder [tib];
  (Nassbagger) dredging ladder [wba]
Baggerleiterrahmen *m* ladder frame [wba]
Baggerloch *n* excavated hole
Baggerlöffel *m* dipper shovel [tib]; shovel
baggern *v* dig; (mit Schwimmbagger) dredge
  [wba]; excavate
Baggerpumpe *f* dredge pump [tib]; dredging pump
  [tib]

Baggerraupe *f* shovel track [tib]
Baggerschaufel *f* dredger bucket [tib]; excavator
  shovel
Baggerschlamm *m* dredging sludge [wba]
Baggerseil *n* shovel cable [tib]
Baggerstiel *m* excavator arm [tib]
Bahn *f* (Ziegelschicht) course; (z.B. Stoff-, Papier-)
  web [met]
Bahnanlagen *pl* railway premises [tra]
Bahnböschung *f* railway bank [tra]; slope of the
  embankment [tra]
Bahnbreite *f* (Papier, Pappe) web width [met]
Bahndamm *m* embankment [tib]; (<A>) railroad
  embankment [tib]; railway embankment
Bahndammbefestigungen *pl* reinforcement of
  embankments [tra]
Bahngleis *n* (<A>) railroad line [tra]; (<A>)
  railroad track [tra]; (<B>) railway track [tra]
Bahnhof *m* (<A>) railroad station [tra]; (<B>)
  railway station [tra]
Bahnhofshalle *f* station concourse [tra]
Bahnhofsvorhalle *f* circulation area [tra];
  concourse [tra]
Bahnhofsvorplatz *m* station square [tra]
Bahnkörper *m* (Bahn) road bed [tib]
Bahnkreuzung *f* track crossing [tra]
Bahnsteig *m* platform [tra]
Bahnübergang *m* (Bahn) road-crossing [tra]
Bahnunterführung *f* railway underpass [tra];
  underline bridge [tra]
Bajonettfassung *f* bayonet fitting [elt]; bayonet
  socket [elt]
Bajonettsockel *m* bayonet base [elt]; bayonet cap
  [elt]
Baldachin, giebelförmiger - *m* (Gotik: über
  Skulpturen) gabled canopy [arc]
Balken *m* beam; (Dachbalken) rafter; (Holz-)
  timber; truss
Balken, auskragender - *m* cantilever beam
Balken, eingespannter - *m* fixed beam; fixed-end
  beam; fixed-end beam
Balken, elastisch gebetteter - *m* elastically
  supported beam
Balken, frei aufliegender - *m* suspended beam
Balken, gekrümmter - *m* curved beam
Balken, schwach gekrümmter - *m* shallow beam
Balken, strebenloser - *m* unsupported beam
Balken, überschneidende - *pl* intersecting beams
Balkenauflage *f* beam seat; beam support
Balkenauflager *n* beam bearing
Balkenauflager in Mauerwerk *n* beam pocket in
  brickwork
Balkenbiegepresse *f* beam bending press [bon]
Balkenbrücke *f* (Notbrücke) beam bridge; flat
  beam bridge; girder bridge
Balkendecke *f* beam ceiling; ceiling with wooden

beams; joist ceiling; joist floor; structural ceiling with joists; timbered ceiling

Balkenende *n* beam end

Balkenformmaschine *f* concrete joist machine [bon]

Balkenkonstruktion *f* timber-frame construction

Balkenkopf *m* abutment; (Holzbau) beam end; beam head; (Fachwerkhaus) end of collar purlin

Balkenkopfschalung *f* end form [bon]

Balkenkopfverankerung *f* joist hanger

Balkenlage *f* framing of beams

Balkenrüttler *m* concrete joist shaker [bon]

Balkenschuh *m* (Holzbau) joist hanger

Balkenverbinder *m* beam connector

Balkenvibrator *m* concrete joist shaker [bon]

Balkon *m* balcony; (Bühne im Theater) balcony stage [arc]

Balkon, zurückgesetzter - *m* inset balcony

Balkonentwässerung *f* balcony drainage

Balkongeländer *n* balcony balustrade; balcony parapet

Balkonplatte *f* balcony slab

Balkonverglasung *f* balcony glazing

Ballast, mit - beladen ballasted [tib]

Ballastgewicht *n* (Baudrehkran) ballast weight

Ballastkasten *m* (Baudrehkran) ballast frame

Ballenblume *f* (Dekoration gotische Kirchen) ball flower [arc]

Ballenmaterial *n* baled material [met]

Ballung *f* agglomeration [com]

Ballungsgebiet *n* agglomeration; agglomeration area; congested area; conurbation; conurbation area; densely populated area

Ballungsgebiet, industrielles - *n* industrial agglomeration

Ballungsraum *m* conurbation; conurbation area; overcrowded area

Ballungszentrum *n* centre of population; conurbation; megalopolis

Balustrade *f* balustrade

Band, abgekröpftes - *n* (Tür) cranked butt hinge

Band, aushängbares - *n* (Tür) lift-off hinge

Band, gemuldetes - *n* (Förderband) trough conveyor [prc]

Bandabmessanlage *f* belt-type proportioning unit [any]

Bandabsetzer *m* spreader conveyor [prc]; stacker [prc]

Bandabwurfgerät *n* spreader conveyor [prc]; stacker [prc]

Bandabwurfstelle *f* end of a conveyor belt [prc]

Bandabzug *m* (- aus Bunker, Silo) withdrawing by belt [prc]

Bandage *f* outer wrapping; structural bracing [stb]; wrapping

Bandaufgeber *m* belt feeder [prc]

Bandauflader *m* belt elevator [prc]; belt loader [prc]; elevating belt conveyor [tra]

Bandbecherwerk *n* belt-type bucket elevator [prc]

Bandbeschicker *m* belt feeder [prc]

Bandbrücke *f* belt conveyor bridge [prc]; (Förderband) conveyor belt frame [prc]

Banddosierer *m* belt feeder [prc]

Bandeisen *n* band iron [met]; hoop iron [met]; strip iron [met]

Banderder *m* earthing strip [elt]

Bandfeder *f* flat coil spring [met]

Bandfilter *m* continuous filter [was]

Bandförderer *m* belt conveyor [prc]

Bandförderung *f* belt conveying [prc]

Bandgurt *m* belting [met]

Bandkühlsystem *n* cooling belt system [roh]

Bandmeißel *m* band chisel [wzg]

Bandornament *n* decorative band

Bandprofil *n* (Warmwalzen) strip profile [met]

Bandräumer *m* (Klärwerk) band-type sludge scraper [was]; flight scraper [was]

Bandrasterdecke *f* linear grid ceiling

Bandrechen *m* belt screen [was]

Bandseil *n* band rope

Bandsieb *m* belt screen [prc]

Bandstahl *m* steel strip [met]; strip steel [met]

Bandstraße *f* (Siedlungsform) linear town [com]

Bandwaage *f* belt weigher [any]; conveyor scale [any]; weight belt feeder [any]

Bandzuteilung *f* proportioning by conveyor belt

Bankenviertel *n* banking district [com]

Bankett *n* banquette; (an der Straße) shoulder [tib]; (Randstreifen) verge [tib]

Bankettgraben *m* bench ditch [tib]

Baptisterium *n* (Kirchenbau) baptistery [arc]

Bariummörtel *m* barium plaster [met]

Bariumsilicat *n* barium silicate [che]

Barock *m* (Barockstil) baroque [arc]

Barockbau *m* baroque building [arc]

Barockkirche *f* baroque church [arc]

Barockkunst *f* baroque art [arc]

Barockstil *m* baroque style [arc]

Barometerhöhe *f* barometric height [any]

Barometerstand *m* barometric height [any]

Barriere, bauliche - *f* (für Behinderte) architectural barrier

Bart *m* (an Werkstoffen) burr [met]

Basalt *m* basalt [geo]

Basaltgestein *n* basaltic rock [geo]

Basaltschutt *m* basaltic debris [roh]

Basalttuff *m* basaltic tuff [geo]

Basaltwolle *f* (Isolierstoff) basalt wool [met]

Base *f* base [che]

Basengehalt *n* (z.B. Feststoffgemische) alkalinity [che]

Basenkorrosion *f* alkaline corrosion [met]

Basilika *f* basilica [arc]
Basilisk *m* basilisk [arc]
Basisabdichtung *f* base sealing; bottom sealing
Basisanschluss *m* base contact [elt]; base terminal [elt]
Basisbreite *f* (einer Hochwasserganglinie) base width [wba]
Basisbruch *m* toe failure
basisch basic [che]
Basismiete *f* base rent [eco]; initial rent [eco]
Basisprofil *n* basic section
Basizität *f* alkalinity [che]; basicity [che]
Bassin *n* basin [was]; pool [was]; reservoir [was]; tank [was]
Bastei *f* bastion [arc]
Bastion *f* rampart [arc]
Batchanlage *f* (Chargenanlage) batch-type plant [prc]
Batterie *f* battery [elt]; cell [elt]
Batterie, alkalische - *f* alkaline battery [elt]
Batterie, eingebaute - *f* internal battery [elt]
Batterie, elektrochemische - *f* galvanic battery [elt]
Batterie, entladene - *f* discharged battery [elt]
Batterie, galvanische - *f* galvanic battery [elt]; voltaic battery [elt]
Batterie, gefüllte und geladene - *f* (Bleibatterie) filled and charged battery [elt]
Batterie, ungefüllte und geladene - *f* unfilled and charged battery [elt]
Batterie, vergossene - *f* sealed-in battery [elt]
Batterie, wiederaufladbare - *f* rechargeable battery [elt]
Batterieanschlussgerät *n* battery power supply unit [elt]
Batterieanschlussklemme *f* battery terminal [elt]
Batterieantrieb *m* accumulator driver [elt]
batteriebetrieben battery-operated [elt]; battery-powered [elt]
Batterieentladeanzeiger *f* battery discharge indicator [elt]
Batterieentladung *f* battery discharge [elt]
Batteriefertigung *f* battery moulding [bon]
Batterieform *f* battery formwork [bon]
Batteriegehäuse *n* battery box [elt]; battery case [elt]
batteriegespeist battery-powered [elt]
Batteriegießanlage *f* battery casting line [bon]
Batteriekapazität *f* battery capacity [elt]
Batterieklemme *f* battery grip [elt]
Batteriekontakt *m* battery terminal [elt]
Batterieladegerät *n* battery charger [elt]
Batterieladestation *f* battery charging station [elt]; battery-charging station [elt]
Batterieladezeit *f* battery charging time [elt]
Batterieladung *f* battery charge [elt]
Batteriepol *m* battery terminal [elt]

Batterieprüfanzeige *f* low-battery warning [elt]
Batterieprüfer *m* battery meter [elt]
Batterieprüfung *f* battery check [elt]
Batteriespannung *f* battery voltage [elt]
Batteriespeisung *f* battery operation [elt]
Batteriewechsel *m* battery exchange [elt]; battery replacement [elt]
Batteriezelle *f* battery cell [elt]
Bau *m* (Bauen) building; (Gebäude) building; (Bauen) construction; (Struktur) construction; (Gebäude) edifice; (Bauen) erection; (Bauen) manufacture; (Struktur) structure
Bau auf eigene Rechnung *m* speculative building [eco]
Bau eines Hauses *m* building a house
Bau und Betriebspflichten *pl* obligation in construction and operation
Bau, erdbebensicherer - *m* antiseismic construction
Bau, im - under construction
Bau, im - befindlich under construction
Bau, ökologischer - *m* ecological construction
Bauabfall *m* building waste [rec]; construction and demolition waste [rec]; construction waste [rec]
Bauablauf *m* sequence of construction; sequence of execution; sequence of trades
Bauablauferfüllungsplan *m* progress schedule
Bauablaufplan *m* construction programme; construction scheme; progress chart; work schedule
Bauablaufplanung *f* planning for needed construction time
Bauabnahme *f* acceptance of construction work; building acceptance [eco]; final acceptance inspection; final approvement
Bauabschnitt *m* building section; construction stage; phase of construction; stage; stage of building; stage of construction; construction phase
Bauakte *f* house construction file [jur]
Bauakustik *f* architectural acoustics [aku]; building acoustics [aku]
Bauamt *n* building authorities; local building department [jur]; public construction authority; public construction board
Bauanfrage *f* construction query [eco]
Bauanlaufzeit *f* starting period of construction
Bauanleitung *f* construction instruction [des]
Bauantrag *m* application for construction permit; building application [jur]
Bauantragsplanung *f* building application planning
Bauantragsteller *m* building permit applicant; person proposing to build
Bauanzeige *f* notice of building
Bauarbeiten *pl* building work; construction work
Bauarbeiten, öffentliche - *pl* public works
Bauarbeiter *m* building labourer; building worker; construction worker

Bauarbeiterschaft *f* building labour force
Bauarbeitstag *m* construction day
Bauart *f* constructional style [des]; structure; type; type of construction [des]; type of design [des]
Bauart, geschlossene - *f* enclosed type construction
Bauart, leichte - *f* light pattern construction
bauartgeprüft with qualification certificate
Bauartprüfung *f* construction type testing [any]
Bauartspezifikation *f* design specification [des]
Bauartzulassung *f* approval of design [des]; design approval; qualification approval
Bauauflage *f* qualification attached to a building permit [jur]
Bauaufseher *m* works inspector
Bauaufsicht *f* building inspection; building inspectorate; construction supervision; supervision of building works; supervision of construction work
bauaufsichtliche Zulassung, allgemeine - *f* general constructional authorization [jur]
Bauaufsichtsamt *n* building inspectorate [jur]
Bauaufsichtsbeamter *m* building inspector [jur]
Bauaufsichtsbehörde *f* building control authority; building inspection authority; building permit authorities [jur]; building supervision authority [jur]; construction supervision authority
Bauaufsichtsbehörden *pl* building supervisory authorities
Bauauftrag *m* construction contract
Bauauftragsrechnung *f* construction costing [eco]
Bauaufwand *m* construction expense
Bauaufzug *m* builder's hoist; building elevator; building lift; hoist; mechanical platform
Bauausführender *m* contractor
Bauausführung *f* execution of the building work, building; building construction; building process; carrying out of work; carrying-out of construction; construction of the works; execution of work
Bauausführung und Baukoordination *f* construction execution and coordination
Bauausführungsunterlagen *pl* construction documents [des]
Bauausführungsverfahren *n* construction method
Bauausführungszeichnung *f* building construction drawing [des]
Bauausführungszeitplan *m* construction time schedule
Bauausstellung *f* building exhibition
Baubahn *f* construction railway [tra]
Baubegehung *f* inspection of the building
Baubeginn *m* commencement of civil works; commencement of construction; commencement of construction work; start of civil works; start of construction work
Baubeginnanzeige *f* notification of the commencement of building work

Baubehörde *f* building authorities; construction administration; construction authority
Bauberufsgenossenschaft *f* professional association for the building trade
Baubeschränkung *f* building restriction
Baubeschreibung *f* building description; building specification; description of work content; design specification [des]; specification
Baubestand *m* structural state; structure as built
Baubestandsplan *m* as-built construction drawing [des]; as-constructed drawing
Baubestandszeichnung *f* as-constructed drawing; building record drawing [des]
Baubestimmung, technische - *f* technical building standard [des]
Baubestimmungen *pl* building construction regulations
Baubetreuer *m* construction management agent; construction supervisor
Baubetreuungsvertrag *m* construction management agreement [jur]
Baubetrieb *m* building firm; building process
Baubetriebsplanung *f* planning the construction phase
Baubetriebsrechnung *f* operational accounting for construction [eco]
Baubiologie *f* building biology
Baubranche *f* building industry
Baubuch *n* construction project record book
Baubude *f* building-site hut; site hut; workmen's shelter
Baubüro *n* field office; site office
Bauchemie *f* building chemistry [che]; chemistry of building [che]; construction chemistry [che]
Bauchemikalie *f* building chemical [met]
Baudämmstoff *m* building insulation material
Baudarlehen *n* building loan
Baudenkmal *n* architectural monument; building monument; building of historic importance; built monument; historic monument; historical building; historical monument; monument; scheduled building [arc]; significant building
Bauderrickkran *n* tower derrick crane
Baudichte, überhöhte - *f* overbuilding
Baudrehkran *m* builders' rotating crane; tower building crane
Baudurchführung, komplette - *f* comprehensive construction services
Baudynamik *f* structural dynamics [des]
Baueigenschaften *pl* constructional characteristics
Baueingabeplanung *f* (1:100) design planning
Baueinheit *f* building unit; construction unit; prefabricated building component; structural part
Baueisen *n* structural iron [met]
Bauelement *n* building component; construction unit; constructional unit

Bauelementprüfung f component test [any]
bauen v build; construct; erect
Bauen n building; construction; erection;
  framing
Bauen mit Fertigteilen n prefabricated construction
Bauen, herkömmliches - n traditional form of
  building
Bauen, industrielles - n building by industrialized
  methods; industrialized building; system
  building
Bauen, umweltgerechtes - n ecological building;
  environmentally sensitive building
Bauendreinigung f final site cleaning
Bauentwurf m architect's plan [des]; (grober -)
  building outline [des]; building plan [des];
  building scheme [des]; construction design [des]
Bauerde f tillable soil [geo]
Bauerwartungsland n designated development area;
  future development area; land set aside for
  building; land shortly to be made available for
  building
Bauerweiterung f expansion of building
Baufacharbeiter m skilled construction worker
baufällig defective; derelict; dilapidated; in a
  bad state of repair; ramshackle; ruinous; unsafe
baufällig werden v deteriorate
Baufälligkeit f dilapidation; disrepair; state of
  dilapidation
Baufeld n site section [com]
Baufertigstellung f practical completion
Baufeuchte f building moisture; construction
  material moisture; trapped moisture
Baufeuchtigkeit f trapped humidity
Baufirma f construction company; construction
  firm; contracting company
Baufläche f building area; building land;
  development zone
Baufläche, gemischte - f (Stadtplanung) mixed
  building area; mixed building land [com]; mixed
  development zone
Baufläche, gewerbliche - f commercial building
  land [com]; commercial development zone
Bauflucht f building line [des]
Baufluchtlinie f building line [des]
Baufolie f construction foil
Bauforderungen pl payments due for construction
  work [eco]
Bauform f building type; construction class;
  constructional style [des]; type of construction
Bauforschung f construction research
Baufortschritt m building progress; construction
  progress; progress of construction work; progress
  of work
Baufortschrittsplan m construction-progress chart;
  construction-progress schedule
Baufreigabe f release for construction

Baufreiheit f operational freedom of building;
  working area
Baufristenplan m construction schedule; work
  schedule
Bauführer m foreman
Baufuge f construction joint
Baugebiet n built use zone; development area
  [com]; urban development area [com]
Baugebot n building order; obligation to build [jur]
Baugelände n (Bauland) building land; (Baustelle)
  building site; construction site; site
Baugeld n building funds [eco]
Baugenauigkeit f accuracy of construction
Baugenehmigung f building authorization [jur]
Baugenehmigung, technische - f building
  regulations approval [jur]
Baugenehmigungsbehörde f building permission
  authority; building permit authorities [jur]
baugenehmigungsfrei exempt from building
  permission
Baugenehmigungsverfahren n building permission
  procedure; procedure in granting permission to
  construct
Baugenossenschaft f benefit building society
Baugeräte pl building tools; construction
  equipment; construction machinery
Baugeräteliste f register of construction equipment
Baugerüst n scaffold; scaffolding
Baugeschäft n building firm; contractor
Baugesetzbuch n (in Deutschland) Building Act [jur]
Baugestaltungsplan m building design plan [arc]
Baugesuch n building application; building
  application [jur]; building proposal
Baugesuch, Entscheidung über ein - n assessment
  planning application
Baugewerbe n building industry; building trade
Baugips m building plaster [met]; calcined gypsum
  [met]; gypsum plaster [met]
Baugipsplatte f gypsum building board [met]
Bauglas n architectural glass [met]; construction
  glass [met]
Bauglied n structural member
Baugrenze f building boundary; building
  restriction line [com]; set-back line
Baugrenzen pl building line [des]
Baugrube f building pit; excavation [tib];
  excavation pit; pit; trench
Baugrube mit lotrechter Böschung f straight-wall
  excavation [tib]
Baugrube, nicht verbaute - f unshored pit [tib]
Baugrube, offene - f approach trench; open cut;
  open-cut excavation [tib]
Baugrube, ungesicherte - f unshored excavation
Baugrube, unverkleidete - f open building
  excavation; open excavation
Baugrube, verbaute - f shored pit [tib]

Baugrubenaufzug *m* foundation hoist
Baugrubenaushub *m* basement excavation
Baugrubenauskleidung *f* cut lining
Baugrubenaussteifung *f* foundation shoring
Baugrubenbreite *f* excavation width
Baugrubenverbau *m* building trench lining;
  foundation timbering
Baugrubenwand *f* slope of pit; (Tiefbau) wall of
  excavation
Baugrund *m* building ground [geo]; foundation soil
  [geo]; site; subgrade basement soil [geo];
  subsoil [geo]
Baugrund, felsiger - *m* foundation rock [geo]
Baugrund, tragfähiger - *m* hard ground [geo];
  load-bearing site [geo]
Baugrundaufschluss *m* subsoil data [geo]
Baugrundeigenschaften *pl* subsoil properties [geo]
Baugrundentwässerung *f* foundation drainage [tib];
  sub-drainage [tib]
Baugrundgutachten *n* subsoil expertise [geo]
Baugrundkarte *f* soil map [des]
Baugrundmechanik *f* soil mechanics [geo]
Baugrundrisiko *n* building land risk
Baugrundsachverständige *f* soil surveyor [geo]
Baugrundsachverständiger *m* soil surveyor [geo]
Baugrundstück *n* building plot; building site;
  development site
Baugrundstücke *pl* building land
Baugrundstücksfläche *f* site area [com]
Baugrunduntersuchung *f* foundation exploration
  [geo]; investigation of foundation conditions
  [geo]; site exploration; (Baustelle) site
  investigation; soil investigation [geo]; subsurface
  investigation [geo]
Baugrundverdichtung, natürliche - *f* subsoil
  consolidation [geo]
Baugrundverfestigung *f* ground stabilization
Baugruppe *f* assembly
Baugruppensystem *n* modular system [des]
Baugruppenträger *m* module rack
Bauhandwerker *m* building craftsman; trade
  craftsman
Bauhandwerkerversicherung *f* trade craftsman
  insurance [jur]
Bauhauptgewerbe *n* construction industry
Bauherr *m* builder; builder-owner; building
  promoter; building-principal; client; principal
Bauherrenmodell *n* (Baueigentum) construction
  owner concept [eco]
Bauherrin *f* builder; builder-owner; building-
  principal; client
Bauhilfsarbeiter *m* unskilled construction worker
Bauhilfsgeräte *pl* auxiliary building equipment
Bauhilfsstoffe *pl* auxiliary building materials [met]
Bauhöhe *f* construction depth; height of
  construction; overall height [des]

Bauhohlglas *n* building glass casting [met]
Bauholz *n* builder's timber [met]; building timber
  [met]; construction timber; constructional timber
  [met]; lumber; structural timber [met]; timber
  [met]; workable timber [met]
Bauholz für den Hochbau *n* carcassing timber
  [met]
Bauholz, feuerschutzimprägniertes - *n* fire-
  retardant wood
Bauholz, luftgetrocknetes - *n* air-dried lumber;
  air-seasoned lumber
Bauhülle *f* building envelope; fabric
Bauhütte *f* site hut; stonemason's lodge;
  workmen's shelter
Bauindustrie *f* building industry; construction
  industry
Bauingenieur *m* building engineer; civil engineer
Bauingenieurwesen *n* building and civil engineering
Bauinstandsetzung *f* structural repair
Bauisoliermaterial *n* insulating construction
  material
Baujahr *n* construction year; year of building
Baukalk *m* building lime [met]; building lime
  [met]; construction lime
Baukapazität *f* construction capacity
Baukastenkonstruktion *f* unit composed system
  [des]; unit construction [des]
Baukastenprinzip *n* building-block principle
  [des]; modular concept [des]; modular
  construction [des]; unit construction principle
  [des]
Baukastensystem *n* building-block system [des];
  unit construction system [des]
Baukeramik *f* architectural ceramics
Baukeramikplatte *f* ceramic facing tile
Baukleber *m* structural adhesive [met]
Bauklotz *m* building brick [met]
Baukörper *m* body shell; building structure;
  structure
Baukonstruktion *f* structural design
Baukonstruktionslehre *f* structural design theory
Baukontrolle *f* building supervision
Baukoordinierungsrichtlinie *f* (EU-Richtlinie)
  Directive on Public Works Contracts [jur]
Baukostenabrechnung *f* contractor's account
Baukostenerhöhungsrisiko *n* risk of increased
  construction costs
Baukostenschätzung *f* estimated construction costs
  [eco]
Baukran *m* building crane; construction site crane
Baukunst *f* architecture [arc]
Baulänge *f* effective length; nominal length [des];
  overall length [des]
Baulärm *m* building noise [aku]; construction
  noise [aku]; site noise [aku]; stress caused by
  building noise [aku]

Baulärmschutz *m* building noise protection [aku]; building noise protection [aku]

Baulager *n* barracks

Bauland *n* building ground; construction ground

Bauland, aufgeschlossenes - *n* improved land

Bauland, erschlossenes - *n* developed area

Baulaufplanung *f* plan of work-flow

Bauleistung *f* building work; construction capacity

Bauleistungen *pl* construction works

Bauleiter *m* building supervisor; clerk of the works; (<A>) construction executive; construction manager; job superintendent; project supervisor; (von Auftraggeberseite) residential engineer; (von Auftraggeberseite) site agent; (von Auftraggeberseite) site engineer; site manager; (von Auftragnehmerseite) site supervisor; superintendent

Bauleiter des Bauherrn *m* resident engineer

Bauleiterin *f* building supervisor; clerk of the works

Bauleitplan *m* area development plan; land-use plan [com]; local development plan [com]; zoning plan [com]

Bauleitplanaufstellungsverfahren *f* development planning procedure

Bauleitplanung *f* building planning; comprehensive planning [com]; urban land use planning; zoning; zoning plan [com]

Bauleitplanverfahren *n* building supervision planning procedure; zoning plan process [com]

Bauleitung *f* construction management; engineers supervising the buildings; site management

baulich architectural; building; constructional [des]; structural [des]

bauliche Einzelheit *f* constructional detail

bauliche Nutzung: Maß der baulichen Nutzung *f* density of built use

baulicher Zustand *m* state of repair

Baulinie *f* building line [des]

Baulos *n* contact section; contract section; section

Baulücke *f* gap site; vacant lot

Baumangel *m* constructional defect; defect of construction work; failure of the building; structural defect

Baumaschine *f* construction equipment; piece of construction plant

Baumaschinen *pl* building machinery; construction machinery

Baumaschinen und -geräte *pl* site plant and equipment

Baumaß *n* building size; structural dimension [des]

Baumasse *n* cubic capacity

Baumasse, feuerfeste - *f* castable refractory [met]; (hydraulisch abbindende Masse) refractory castable [met]; refractory mass [met]; refractory setting material [met]

Baumasse, tatsächliche - *f* actual cubic capacity

Baumassenplanung *f* quantity surveying [sik]

Baumassenzahl *f* cubic index; cubing ratio; ratio of cubic volume to area of plot

Baumaßnahme *f* building measure; building project; construction measure

Baumaterial *n* building material [met]; construction material

Baumaterial, chemisches - *n* chemical structural material

Baumechanik *f* structural mechanics

Baumeister *m* (Architekt) architect; (auf der Baustelle) master builder

Baumerkmale *pl* constructional characteristics

Baumodul *m* dimensional framework; modular coordination

Baumörtel *m* building mortar [met]; masonry mortar

Baumschutzverordnung *f* tree protection ordinance [jur]

Baumusterprüfbescheinigung *f* model test certificate [any]

Baumusterprüfung *f* model test [any]

Baunachfrage *f* construction demand [eco]

Baunebengewerbe *n* ancillary building trade

Baunebenkosten *pl* auxiliary building costs [eco]; incidental building costs [eco]

Baunorm *f* building standard [des]; construction specification; construction standard

Baunormung *f* construction standardization

Baunutzungsverordnung *f* Ordinance on Use of Buildings [jur]

Bauordnung *f* building code; building regulations; construction regulations

Bauorganisation *f* project planning

Bauphase *f* stage of construction

Bauphasenplanung *f* plan for construction phases

Bauphysik *f* building physics; construction physics; physics relating construction

Baupläne, eingereichte - *pl* deposited drawings [des]

Bauplan *m* architect's plan [des]; building plan; construction plan [des]; working plan [des]

Bauplane *f* tarpaulin

Bauplanung *f* building design; construction planning; project planning [des]

Bauplanung, behindertengerechte - *f* disabled access design [arc]

Bauplatte *f* building board; construction panel; construction plate; panel

Bauplatz *m* building location; building site; construction site; (<A>) lot; site for building

Baupreisindex *m* building price index [eco]

Bauprodukt *n* building product

Bauproduktengesetz *n* Construction Products Act [jur]

Bauproduktenrichtlinie *f* Construction Products Directive [jur]
Bauprogramm *n* sequence of work
Bauprojekt *n* construction project; construction project
Bauprüfung *f* (Abnahme durch Kunden) final inspection [wer]; structural testing
Bauprüfung, vorgezogene - *f* stage inspection
Bauprüfungsverordnung *f* (BauPrüfVO) Civil Engineering Testing Regulations [jur]
Baupumpe *f* building pump; construction pump; site pump
Bauraster *n* structural module
Baurechtsbehörde *f* legal board of construction
Bauregelliste *f* list of specified criteria for buildings
baureif ready for building
Baureparatur *f* building repair
Baureste *pl* remains [rec]
Baurestmasse *f* engineering residual masses
Baurisiko *n* constructional risk
Bauruine *f* building abandoned only half-finished; half-finished building
Baurundholz *n* round construction timber [met]
Bausachverständiger *m* building expert
Bausaison *f* construction season
Bausand *m* building sand [met]
Bauausführung *f* execution of the building work
Bauschaden *m* structural damage
bauschadenfrei free from building defects
Bauschäden *pl* damages structures
Bauschaumisolierung *f* foam insulation
Bauschein *m* building permit; construction permit
Bauschlosser *m* fitter in the building trade
Bauschlussreinigung *f* (vor Übergabe) cleaning of site, final -
Bauschnittholz *n* construction lumber [met]; sawn timber [met]
Bauschreiner *m* carpenter
Bauschutt *m* building waste [rec]; construction waste [rec]; debris [rec]; demolition debris [rec]; demolition waste [rec]; rubble [rec]
Bauschuttaufbereitung *f* building-rubble processing [rec]; building-site rubble processing [rec]
Bausicherheit *f* (äußere Sicherheit) construction security
Bausperre *f* constructed obstacle
Bauspielplatz *m* adventure playground [com]
Bauspundwand *f* temporary sheet piling
Baustahl *m* constructional steel [met]; ingot iron [met]; mild steel [met]; structural steel [met]
Baustahl, allgemeiner - *m* steel for general structural purposes [met]
Baustahl, hochfester - *m* high-tensile structural steel [met]
Baustahl, hochwertiger - *m* high-tensile steel [met]
Baustahl, legierter - *m* structural alloy steel [met]

Baustahl, warmfester - *m* high-temperature structural steel [met]; steel for use at high temperatures [met]
Baustahlgewebe *n* fabric reinforcement [met]; mesh fabric [met]; steel fabric [met]; steel-wire fabric [met]; wire fabric [met]
Baustahlgewebematte *f* wire mesh [met]
Baustatik *f* building mechanics; building statics; statics for structural engineering [sik]; stress analysis; structural analysis [sik]; structural design
Baustatiker *m* structural analyst
Baustein *m* brick; (z.B. Ziegel) building block; (z.B. Ziegel) building brick
Bausteinsystem *n* unitized construction system [des]
Baustelle *f* building ground; (eines Bauwerks) building site; building yard; construction site; project site; (Straßenbau) road-work; site; work site
Baustelle im Hochbau *f* building site
Baustelle, auf der - in the field; on-site
Baustelle, außerhalb der - off-site
Baustelle, frei - delivery to site [tra]
Baustellenabfälle *pl* building site waste [rec]
Baustellenabfall *m* building construction waste [rec]; construction waste [rec]; demolition waste [rec]; residual construction material [rec]
Baustellenanstrich *m* field coating [met]; field painting [met]; site painting [wer]
Baustellenarbeit *f* site operation
Baustellenbeschaffenheit *f* job layout
Baustellenbeschreibung *f* job description
Baustellenbesprechung *f* site meeting
Baustellenbeton *m* field concrete [bon]; site concrete [bon]
Baustellenbetreuer *m* field supervisor
Baustellenbetrieb *m* site work
Baustellenbewachung *f* site guarding
Baustellenbüro *n* job office; site office; site office [wer]
Baustellencontainer *m* building-site container
Baustelleneinfahrt *f* site approach
Baustelleneinfriedung *f* site enclosure; site fencing
Baustelleneinrichtung *f* building yard equipment; building-site equipment; job-site mobilization; (Maschinen usw.) site equipment; site facilities; site installation; site preparation; site set-up; site set-up
Baustellenentwässerung *f* site drainage [was]
Baustellenerschließung *f* construction site development
Baustellenfreiheit, Schaffen der - *f* clearance of site
Baustellenkran *m* building-site crane; building-site crane; construction site crane
Baustellenleiter *m* site manager

Baustellenleiter, kaufmännischer - *m*
administrative site manager
Baustellenmischer *m* on-site mixer
Baustellenmörtel *m* site-made mortar [met]
Baustellenmontage *f* assembly on erection; site
assembly; (Zusammenbau) site assembly [wer];
site erection [wer]
Baustellenniet *m* field rivet [stb]; (<A>) field-
driven rivet [stb]; site rivet [stb]; site-driven rivet
Baustellenräumung *f* site clearance
Baustellenreinigung *f* site cleaning
Baustellenschweiße *f* site weld [wer]
Baustellenschweißnaht *f* field weld [met]
Baustellenschweißung *f* field welding [stb]; site
welding [stb]
Baustellensicherheit *f* construction site safety
Baustellensicherung *f* safety at road-works; site
protection; site security [wer]
Baustellensilo *m* overhead hopper; receiving bin;
site silo; storage bin
Baustellenstoß *m* field connection [stb]; field
splice [stb]; site connection [stb]; site joint [stb]
Baustellenstraße *f* builder's road; site road
Baustellentagebuch *n* site diary
Baustellentauglichkeit *f* site suitability
Baustellenüberwachung *f* site supervision
baustellenüblich typical for the site
Baustellenverdrahtung *f* field wiring [elt]
Baustellenverglasung *f* on-site glazing
Baustellenverkehr *m* construction traffic [tra]
Baustellenversorgungsinstallationen *pl* site supply
installations
Baustellenversuch *m* on-site experiment
Baustil *m* style
Baustoff *m* building material [met]; construction
material [met]; construction product [met];
structural material [met]
Baustoff, schallabsorbierender - *m* acoustical
material [met]; acoustical sprayed-on material
[met]
Baustoff, wärmeisolierender - *m* heat-insulating
material [met]
Baustoffangebot *m* building materials supply [eco]
Baustoffdeponie *f* building waste dump [rec]
Baustoffe, feuerfeste - *pl* (Kessel) refractories [met]
Baustoffhandel *m* building materials trade [eco]
Baustoffhersteller *m* building materials producer
Baustoffindustrie *f* building materials industry
Baustoffklasse *f* building material category [met];
building materials class [met]; category of
building materials; construction material class
[met]
Baustoffmarkt *m* building materials market
Baustoffprüfung *f* building materials testing [any]
Baustoffprüfung, zerstörungsfreie - *f* materiology
[any]; non-destructive material testing [any]

Baustoffrechnung *f* material invoice [eco]
Baustoffrecycling *n* recycling of building materials
[rec]
Baustofftechnik *f* construction material technology
[roh]
Baustofftechnologie *f* building materials technology
Baustollen *m* (Hilfsstollen) construction adit [tib]
Baustopp *m* building freeze; suspension of building
works
Baustromversorgung *f* job-site power supply [elt];
site power supply [elt]
Baustromverteiler *m* distributor for building
grounds [elt]
Baustufe *f* phase of construction; stage of
construction
Bausubstanz *f* structural fabric [met]
Bautätigkeit *f* building activity; construction
activity
Bautag *m* construction day
Bautagebuch *n* builder's diary; building log;
daily job record; job diary; job record
Bautechnik *f* building technology; civil
engineering; construction engineering; structural
engineering
Bautechniker *m* building surveyor
bautechnisch architectonic; constructional
Bautechnologie *f* construction technique
Bauteil *n* building unit; component [des];
constituent member; construction unit [des];
constructional element; structural component [tec];
structural element [des]; structural member [des];
structural part [des]
Bauteil eines Gebäudes *n* construction component
Bauteil, gedrückter - *m* (unter Druck stehend)
compressed member [stb]
Bauteil, gedrücktes - *n* compression member
Bauteil, gezogenes - *n* (unter Zug) member in
tension [stb]
Bauteil, tragendes - *n* load-bearing member
Bauteil, vorgefertigtes - *n* prefabricated compound
Bauteilprobe *f* sample of building element [any];
specimen of building element [any]
Bauteilprüfung *f* component test [any]
Bauten, erdbebensichere - *pl* earthquake-proof
buildings
Bauten, fliegende - *pl* moveable structures
Bautenschutz *m* building preservation;
preservation of buildings; structural preservation
Bautenschutzmittel *n* building preservation [met]
Bautischler *m* carpenter
Bautoleranz *f* allowance in construction;
construction tolerance; permissible deviation of
structural elements
Bauträger *m* builder; developer; developer [eco];
funder; organizing body [eco]; property
developer

Bauträgerin *f* builder; property developer
Bauträgervertrag *m* development contract [jur]
Bauübersichtsplan *m* general layout [des]
Bauüberwachung *f* building inspection; building supervision; construction supervision; construction surveillance; (auf der Baustelle durch Auftragnehmer) contractor field inspection; inspection of construction; site supervision; (auf der Baustelle durch Kunden) third party field inspection
Bauunterlagen *pl* building documentation [des]; building particulars and plans [des]; constructional documentation
Bauunternehmer *m* building contractor; developer
Bauunternehmerin *f* building contractor; developer
Bauunternehmung *f* construction company [eco]
Bauveränderung *f* building conversion; structural alteration
Bauverbot *n* building ban; prohibition on construction
Bauvertrag *m* construction contract [jur]
Bauverwaltung *f* building authority
Bauvolumen *n* construction volume
Bauvoranfrage *f* application for a preliminary decision on eligibility for building permission [jur]; (Baugenehmigung) preapproval process [jur]; preliminary planning application [jur]
Bauvorbereitungszeit *f* preliminary construction period [des]
Bauvorbescheid *m* preliminary planning permission
Bauvorentwurf *m* preliminary architectural plan [des]
Bauvorhaben *n* building project; construction project; construction scheme
Bauvorhaben, genehmigungsbedürftiges - *n* building development requiring building permission; building project requiring permission
Bauvorhaben, öffentliches - *n* public works project
Bauvorhaben, unterirdische - *pl* underground works
Bauvorlage *f* plans and documents for the planning application [jur]
Bauvorlagen *pl* construction documents [arc]
Bauvorlaufzeit *f* construction lead time
Bauvorschrift *f* building code; building regulation [jur]; design code; structural specification; works regulations
Bauvorschriften *pl* building regulations [jur]; construction regulations
Bauweise *f* (Baustil) architectural style; building system; (Konstruktion) construction; (Baumethode) construction method [des]; coverage type; development pattern; form of construction [des]; (Baumethode) method of building; (Baustil) style; (Baustil) style of architecture; type of construction [des]

Bauweise, bindemittellose - *f* dry construction
Bauweise, gekapselte - *f* enclosed construction
Bauweise, geschlossene - *f* buildings arranged side by side with shared separating walls; closed coverage type; closed development [com]; closed-block system [com]
Bauweise, Kosten und Flächen sparende - *f* cost-saving project with economical use of space
Bauweise, massive - *f* compact design [des]; rugged construction
Bauweise, monolithische - *f* (Fertigbauweise) monolithic construction
Bauweise, offene - *f* detached housing [com]; open-coverage type; separate buildings with free space between them
Bauweise, schallgedämmte - *f* acoustic construction
Bauweise, zementgebundene - *f* cement-bound construction
Bauwerk *n* building; construction; edifice; structure
Bauwerk der Erdbebenklasse I *n* class I seismic structure
Bauwerk, ausgeführtes - *n* actually built structure
Bauwerk, benachbartes - *n* adjacent structure
Bauwerk, oberirdisches - *n* surface structure
Bauwerk, unterirdisches - *n* underground structure
Bauwerk, zweidimensionales - *n* two-dimensional structure
Bauwerkabdichtung *f* damproofing system
Bauwerks-Kosten-Nutzen-Analyse *f* cost-benefit development pattern [eco]
Bauwerksabdichtung *f* dumpproofing system; waterproofing; waterproofing of building; waterproofing of buildings
Bauwerksarbeiten *pl* structural work
Bauwerksbeton *m* structural concrete [bon]
Bauwerksfuge *f* structural joint
Bauwerkslast *f* load of structure [sik]
Bauwerksverzeichnis *n* building inventory
Bauwerkzeug *n* construction tool
Bauwesen *n* building industry; civil engineering; civil engineering and building construction
Bauwesenversicherung *f* blanket insurance [jur]
Bauwirtschaft *f* building and contracting industry; building industry; construction and building industry; construction industry
Bauwut *f* building mania
Bauxit *m* bauxite [geo]
Bauzaun *m* hoarding; site fence
Bauzeichnung *f* architectural drawing [des]; building drawing [des]; construction drawing [des]; erection drawing [des]
Bauzeit *f* construction period; construction time; time of construction
Bauzeitenplan *m* time schedule
Bauzeitplan *m* progress chart

Bauzeitverlängerungsrisiko *n* risk of prolonging the construction period

Bauzustand *m* building construction in progress; condition of the work; state of the work; structural condition

Be- und Entlüftungsanlage *f* ventilation and air extraction system [tga]

Beamter, zuständiger - *m* proper officer [jur]

Beanspruchbarkeit *f* permissible stress [met]

Beanspruchung *f* exposure; (Belastung) load; (mechanische Belastung) strain [met]; (mechanische Belastung) stress [met]; stressing [met]

Beanspruchung auf Biegung *f* bending strain [met]

Beanspruchung auf Druck *f* compressive stress [met]

Beanspruchung auf Zug *f* tensioning [met]

Beanspruchung durch drückendes Wasser *f* (Grundwasser) load by opressive water

Beanspruchung mit Verformung *f* stress with deformation [met]

Beanspruchung ohne Verformung *f* stress without deformation [met]

Beanspruchung, dynamische - *f* dynamic effect [met]

Beanspruchung, elastische - *f* elastic strain [met]

Beanspruchung, elastoplastische - *f* elasto-plastic stress [met]

Beanspruchung, höchstzulässige - *f* maximum permissible stress [met]

Beanspruchung, mechanische - *f* mechanical loading [met]; mechanical strain [met]; mechanical stress [met]

Beanspruchung, mittelmäßige - *f* medium duty [met]

Beanspruchung, mittige - *f* axial stress [sik]

Beanspruchung, mittlere - *f* medium duty

Beanspruchung, schlagartige - *f* sudden stress [met]

Beanspruchung, schwellende - *f* pulsating load [met]

Beanspruchung, statische - *f* static strain [met]; static stress [met]; statical stress [sik]; statical stressing [sik]

Beanspruchung, thermische - *f* thermal stress [met]

Beanspruchung, überlagerte - *f* combined loading [met]

Beanspruchung, ungleichmäßige - *f* variable load [met]

Beanspruchung, zulässige - *f* admissible stress [met]; safe strain [met]; safe stress [met]

Beanspruchung, zusammengesetzte - *f* combined load [sik]; combined stress [sik]

Beanspruchung, zyklische - *f* cyclic stress [met]; cyclical stress [met]

Beanspruchungsbereich *m* stress range [met]

Beanspruchungsdauer *f* stress duration [met]

Beanspruchungshöhe *f* stress level [met]

Beanstandung *f* (Beschwerde) complaint

Beanstandungshäufigkeit *f* rejection rate

bearbeitbar workable [wer]

Bearbeitbarkeit *f* workability [wer]

bearbeitet machined [met]

bearbeitungsfähig machinable [met]

Bearbeitungszulage ist schattiert gekennzeichnet machining allowance is identified by shading [des]

beaufsichtigen *v* (überwachen) supervise

Beaufsichtigung *f* supervision

bebauen *v* (Grundstück) build on; develop

bebaut built-up

bebaut, dicht - densely built-up

Bebauung *f* building development; (mit Gebäuden) development; housing development

Bebauung, eingeschossige - *f* single-storey housing development

Bebauung, einreihige - *f* single-row housing development

Bebauung, Gebiet mit lockerer - *n* low-density area

Bebauung, geschlossene - *f* closed building structure [com]

Bebauung, heruntergekommene - *f* blighted area

Bebauung, mehrgeschossige - *f* multi-storey housing development

Bebauung, offene - *f* free development; open development

Bebauung, rückwärtige - *f* rear development

Bebauung, unzulässige - *f* inadmissible development

Bebauung, wilde - *f* sporadic building

Bebauung, zulässige - *f* admissible development

Bebauungsdichte *f* building density; density of building; density of development; density of development [com]

Bebauungsfläche *f* site

Bebauungsgebiet *n* building area; built-up area; cultivation; development area [com]

Bebauungskonzeption *f* development concept

Bebauungsplan *m* binding land-use plan [com]; cultivation plan; development scheme [com]; housing plan; local development plan; zoning map [com]; zoning plan [com]

Bebauungsplan, einfacher - *m* simplified local development plan

Bebauungsplan, Geltungsbereich eines -s *m* area designated by a binding land-use plan

Bebauungsplan, qualifizierter - *m* detailed local development plan

Bebauungsplan, vorzeitiger - *m* advanced binding land-use plan

Bebauungsplangebiet *n* area covered by a binding land-use plan
Bebauungsplanung *f* rural planning
Bebauungssperre *f* building ban
Bebauungsstruktur *f* (Städtebau) urban fabric
Bebauungstiefe *f* coverage depth; coverage depth; depth of development; rear building line
Bebauungsvorschrift *f* development code [com]
Bebauungsvorschriften *pl* zoning regulations [jur]
Becherkette *f* (Becherwerk) bucket elevator chain [prc]
Becherleiter *f* (z.B. bei Nassbaggern) bucket ladder [tib]
Becherrad *n* dewatering wheel
Becherreihe *f* (z.B. bei Nassbaggern) bucket line [tib]
Becherstrang *m* (z.B. bei Nassbaggern) bucket line [tib]
Becherwerk *n* bucket conveyor [prc]; bucket elevator [prc]
Becherwerkskopf *m* bucket elevator head [prc]
Becherwerkslader *m* bucket loader [prc]
Becken *n* (Wasch-) basin [was]; (Fisch-) pond [was]; (Schwimm-) pool [was]; (Vorrats-) reservoir [was]; (Abwasch-, Wasch-) sink [was]; (Behälter) tank [was]
Beckenbildung *f* basining [geo]
Beckenreinigungssystem *n* tank cleaning system
Beckenstein *m* pool block
bedachen *v* deck; put the roof on; roof
Bedachung *f* coverage; (Dach) roof; roofing
Bedachung, weiche - *f* soft roofing
Bedachungsplatte *f* roof slab
Bedachungsstoff *m* roofing material
Bedarfskategorie *f* category of needs
Bedarfsplanung *f* planning to anticipated requirements
Bedienungsgang *m* operating gallery
Bedienungslaufsteg *m* service gangway [stb]
Bedienungssteg *m* runway; service bridge
Bedienungstheorie *f* servicing theory [wer]
Bedingungen, härteste - *pl* severe requirements
Bedingungen, normale - *pl* moderate conditions
Bedürfnisstruktur *f* structure of needs
Beeinträchtigung *f* (Bauästhetik) detrimental impact [arc]; restriction
Beeinträchtigung der Bodenfunktion *f* harmful impact on soil functions [geo]
Beendigung *f* (Fertigstellung) completion
Beendung *f* (Fertigstellung) completion
befahrbar runnable [tra]; trafficable [tra]; traversable
Befahrbarkeit *f* (Straßen) riding quality [tra]; (von Straßen) road conditions [tra]; (einer Straße) trafficability [tra]; (z.B. von Abdeckungen) traversability

Befahrung *f* (- eines Geländes mit Fahrzeug) inspection
befestigen *v* (klammern) clamp; (festmachen, festbinden) fasten; (einfassen, montieren) mount; (eine Straße) surface; (nageln, stiften) tack; truss
befestigte Fläche *f* paved area [tib]
Befestigung *f* (Fort, u.a.) borough [arc]; fixture; (befestigtes Gebäude) fortification [arc]; mounting; (von Straßen) surfacing [tib]
Befestigung von Böschungen *f* protection of the embankment slopes
Befestigung, künstliche - *f* artificial fortification [geo]
Befestigungsbau *m* fortification
Befestigungsklemme *f* anchoring clip; fastening clamp
Befestigungsmaterial *n* attachment material
Befestigungsmittel *n* fastening device; fixing agent; means of fastening
Befestigungsmörtel *m* anchor mortar [met]; anchoring mortar [met]
Befestigungspunkt *m* mounting point
Befestigungsschiene *f* fixing rail
Befestigungsschraube *f* fastening screw [tec]; holding bolt [tec]; holding-down bolt [tec]; retaining bolt
Befestigungsstück *n* fixing piece
Befestigungssystem *n* fixing system
Befestigungsteile *pl* mounting hardware [tec]
Befestigungswinkel *m* cleat
befeuchten *v* (Material etc.) moisten; wet
Befeuchtung *f* humidification; (von Materialien) moistening; wetting
Befeuchtungsmittel *n* moistening agent [met]
Beförderungsleistung *f* handling rate [tra]
befristet temporary
begehbar passable; traversable
begehbarer Einbauschrank *m* walk-in closet
Begehbarkeit *f* accessibility for foot traffic
begehen *v* (besichtigen) inspect
beglaubigt certified
Begleitbrief *m* covering letter [eco]
Begleitbruch *m* auxiliary fracture [geo]
Begleiterschütterung *f* associated vibration
Begleitmineral *n* accessory mineral [met]
Begleitpapiere *pl* accompanying documents
Begleitplan, landespflegerischer - *m* plan of compensatory landscaping work [com]
Begleitschreiben *n* covering letter [eco]
begradigen *v* (Bach etc.) regulate [wba]; (Weg etc.) straighten
Begradigung *f* (eines Baches etc.) regulation; (eines Weges etc.) straightening
Begrenzung, äußere - *f* perimeter [des]
Begrenzungslinie *f* borderline [des]
begründen *v* (gründen) found

Begrünung *f* landscaping [com]
Begurtung *f* body harness [asi]; (Atemschutz) harness [asi]; harness-type safety belt [asi]; industrial harness [asi]; safety harness [asi]
Behälter *m* (Container) container [met]; (Vorrat) reservoir; (Tank) tank; (Kessel) vessel
Behälter für Lösemittelabfälle *m* solvent disposal container [rec]
Behälter, geschlossener - *m* box container
Behälter, rollenloser - *m* skid container
Behälter, unterirdischer - *m* underground tank
Behälterauslauf *m* hopper [prc]
Behälterbau *m* reservoir construction [wer]; tank construction [prc]
Behälterdruck *m* head of a reservoir [was]
Behälterkuppel *f* tank dome [prc]
Behälterpresse *f* receptacle with compactor [rec]
Behältersohle *f* tank bottom [prc]
Behälterzement *m* bulk cement [met]
Behaglichkeit *f* (baulich) comfort; (baulich) cosiness
Behaglichkeit, thermische *f* (Klimatisierung) thermal comfort
Behaglichkeitskriterien *n* (Raumklimatisierung) comfort criteria
Behaglichkeitszone, thermische - *f* thermal comfort zone
behandeln (Werkstück) treat [wer]
Behandlung *f* (Bearbeitung) treatment [wer]
Behandlung, antistatische - *f* (von Sicherheitskleidung) antistatic treatment [met]
Behandlung, schonende - *f* gentle handling
Behandlungsanlage *f* treatment plant
Behandlungsbecken *n* treatment basin [was]
Beharrungsvermögen *n* inertia [phy]
Beharrungszustand *m* state of inertia
behauen *v* scabble
Behauen *n* (Stein) dressing [wer]
Behausung *f* (Unterkunft) accommodation; (Wohnung) dwelling
beheben *v* (Fehler) recover; (Schaden) repair
beheizter Fußboden *m* heated floor
Beheizung *f* heating
Behelfsbau *m* provisional building; temporary structure
Behelfsbauten *pl* temporary buildings
Behelfsbrücke *f* bailey bridge; temporary bridge
Behelfsheim *n* temporary home
behelfsmäßig provisional
Behindertenaufzug *m* lift for handicapped persons
behindertengerecht handicapped accessible
Behinderung der Ausführung *f* hindrance of execution [jur]
Behörde, zuständige - *f* authority having jurisdiction
beigemengt admixed [met]

Beilageblech *n* shim [tec]
Beilagscheibe *f* flat washer [tec]
Beilegblech *n* spacing piece [tec]
Beilegscheibe *f* shim; washer
beimahlen *v* intergrind [prc]
Beimengung *f* (Zusatz) additive [met]; (Zusatz) admixture [met]
Beimengung, organische - *f* (Baustoff) organic additive [met]
beimischen *v* admix
Beimischen *n* (gezieltes -) proportioning [prc]
Beimischung *f* (Zusatz) additive [met]; admixing [met]; compounding agent [met]; contaminant [met]
Beinriemen *m* leg strap [asi]; sub-pelvic harness [asi]
Beinschutz *m* leg protection [asi]
Beipläne *pl* (Baupläne) supplementary plans [des]
Beitrag *m* (in einem Wettbewerb) entry [arc]
Beitrag, ursächlicher - *m* contributory cause [jur]
Beiwinkel *m* (DIN 18 800) angle cleat; lug cleat [stb]
Beize *f* (Farbe) caustic [met]; (Substanz) corrosive [met]; (Holz, Leder, Farbe) stain [met]; (Beizen von Holz) staining [met]
beizen *v* (Holz, Leder, Farbe) stain [met]
Beizflüssigkeit *f* caustic liquor [met]; corrosive liquid [met]; pickling fluid [met]; stain [met]
Beizlauge *f* pickling agent [met]
Beizmittel *n* caustic [met]; corrosive [met]; corrosive agent [met]; (Abbeizmittel) mordant [met]; (Abbeizmittel) remover [met]; (Holz, Leder, Farbe) stain [met]; (für Farbe) stripper [met]
bekiesen *v* gravel [tib]; surface with gravel
Bekiesung *f* gravel surfacing; (Kieselschüttung) gravelling
Bekleidung, keramische - *f* ceramic lining
Bekleidungsmauer *f* revetment wall
Belästigung *f* disturbance
Belästigungsschwelle *f* nuisance threshold [asi]
Belag *m* (Überzug) coat; (Überzug) coating [met]; (auf Fußboden) covering; (auf Fußboden) flooring; (Abdichtung, Bremsbelag) lining; (Straße) pavement [tib]; (Schicht) plating; screeding
Belag, rutschfester - *m* antiskid coating [met]; antiskid flooring; antislip coating [met]; antislip covering [met]; non-slip covering [met]; non-slip flooring
Belagsarmierung *f* road-pavement reinforcement [bon]; (Straßenbau) surface reinforcement [met]
Belagserneuerung *f* (Straße) resurfacing [tib]
Belagsgitter *n* surface grid [met]
Belagsriss *m* crack in the surface [met]
Belagsschicht *f* (Straße) surface layer [tib]; (Straßenbau) surfacing layer [met]

Belagsvlies *n* (Straßenbau) surface membrane [met]; (Straßenbau) surfacing membrane [met]
Belange, öffentliche - *pl* public concerns [jur]
Belange, städtebauliche - *pl* urban issues [com]
Belastbarkeit *f* carrying capacity [geo]; (mechanisch) loading capacity [tec]
belasten *v* (- mit Schadstoffen) smother; (mechanisch) stress
belastet, axial - axially loaded [phy]
belastete Länge *f* loaded length
Belastung *f* (Stromentnahme) charging [elt]; (Last) load [elt]; load charge
Belastung außerhalb der Ebene *f* out-of-plane loading [sik]
Belastung einer Fahrspur *f* lane load [sik]
Belastung, außermittige - *f* eccentric load [sik]
Belastung, bleibende - *f* permanent load [met]
Belastung, dingliche - *f* lien [eco]
Belastung, diskontinuierliche - *f* intermittent load
Belastung, gewogene - *f* factored load [sik]
Belastung, gleichförmige - *f* uniform loading [sik]
Belastung, gleichmäßige - *f* uniform load [met]
Belastung, harmonische - *f* harmonic load [phy]
Belastung, konstante - *f* dead load [met]; permanent load [met]
Belastung, kritische - *f* critical load [met]
Belastung, kurzfristige - *f* short-term load [sik]
Belastung, lotrechte - *f* vertical loading [sik]
Belastung, maximal zulässige - *f* maximum permissible level [asi]
Belastung, mechanische - *f* mechanical loading [met]
Belastung, mittige - *f* axial load [sik]; axial loading [sik]
Belastung, periodische - *f* cyclic loading [sik]
Belastung, plötzliche - *f* instantaneous loading
Belastung, punktförmige - *f* point load [sik]
Belastung, räumliche - *f* out-of-plane loading [sik]
Belastung, ruhende - *f* static load [sik]; static loading [sik]; steady load [sik]
Belastung, schwellende - *f* pulsating load [met]
Belastung, seismische - *f* earthquake load
Belastung, statische - *f* static load [sik]; static loading
Belastung, stetige - *f* continuous load [sik]
Belastung, thermische - *f* thermal impact [met]
Belastung, vorübergehende - *f* transient loading [sik]
Belastung, wechselnde - *f* alternating load [met]
Belastung, zulässige - *f* admissible load
Belastungsannahme *f* assumed load [sik]; design loading [sik]
Belastungseinheit *f* unit load [sik]
Belastungsfaktor *m* stress factor [met]
Belastungsfall *m* case of loading [sik]
Belastungslänge *f* loaded length

Belastungsprüfung *f* load test [any]
Belastungsspitze *f* (mechanische Spannung) stress peak [met]
Belastungstest *m* physical performance test [any]; stress test [any]
Belastungsvektor *m* load vector [sik]
Belastungsversuch *m* bearing test [any]; load test [any]; loading test [any]; static test [any]
Belastungsverteilung *f* load distribution [sik]
Belastungswert, kritischer - *m* critical level
Belebtschlamm *m* activated sludge [was]
Belebtschlammanlage *f* activated sludge plant [was]
Belebtschlammbecken *n* activated sludge tank [was]
Belebtschlammverfahren *n* activated sludge process [was]
Belebung *f* activation [was]
Belebungsanlage *f* activated sludge plant [was]; activation plant [was]; aeration plant [was]
Belebungsbecken *n* aeration basin [was]; sludge activation tank [was]
Belebungsverfahren *n* activated sludge process [was]
belegen *v* (mit Fliesen) tile
belegen, mit Fußbodenfliesen - *v* pave with tiles
belegen, mit Steinplatten - *v* flag
Belegung *f* (eines Gebäudes) occupancy
Belegungsplan *m* component layout diagram [elt]
Belegungsziffer *f* (pro Wohnung) population per household [com]
beleuchten *v* illuminate; light
beleuchtet illuminated
Beleuchtung *f* (eines Raumes) lighting
Beleuchtung von oben *f* top lighting [elt]
Beleuchtung, elektrische - *f* electric lighting; electric lighting [elt]
Beleuchtung, indirekte - *f* indirect lighting; panel lighting
Beleuchtung, schräge - *f* oblique lighting [elt]
Beleuchtungsanlage *f* lighting plant; lighting system
Beleuchtungsausrüstung *f* lighting equipment [elt]
Beleuchtungseinrichtung *f* light fitting; lighting installation
Beleuchtungskörper *m* light fixture [elt]; lighting installation [elt]; lighting ware
Beleuchtungsmessung *f* photometry [any]
Beleuchtungsstärke *f* intensity of illumination; lighting intensity [elt]
Beleuchtungssteuerung *f* lighting control [elt]
Beleuchtungssteuerung, tageslichtabhängige - *f* daylight-dependent lighting control
Beleuchtungssystem *n* lighting system
belüften *v* (Wasser oder Erde) aerate; (Räume auf natürliche Weise) air; (mit Luftstrom) vent

Belüfterplatte *f* diffuser plate [was]
Belüftung *f* air supply; (Klimatisierung) air-
  conditioning [tga]; ventilation
Belüftungsanlage *f* aeration equipment [was];
  airing system [tga]; ventilation plant; ventilation
  system [tga]
Belüftungsbecken *n* activated sludge tank [was];
  aeration basin [was]; aerator basin [was]
Belüftungseinrichtung *f* aeration device [was];
  aeration equipment [was]
Belüftungsgraben *m* aeration trench [wba]
Belüftungsklappe *f* ventilating flap
Belüftungsleitung *f* aeration conduit [was]
Belüftungsöffnung *f* air inlet; inlet vent [tga];
  vent hole
Belüftungsrohr *n* aerator pipe [was]
Belüftungssystem *n* airing system [tga]
Belüftungstank *m* aeration tank [was]
Belüftungsventil *n* aeration valve [was]; air-
  release valve [prc]
Bemaßung *f* dimensioning [des]
bemessen *v* (berechnen) calculate [des]; (dosieren)
  dose; (messen) measure; proportion [des];
  (Leistung) rate; (Größe) size
Bemessung *f* (rechnerische -) design [des];
  (Auslegung) dimensioning [des]; sizing [des]
Bemessung mit Grenzlasten *f* ultimate strength
  design [sik]
Bemessung, brandtechnische - *f* (Gebäude)
  structural fire design [des]
Bemessungsblatt *n* statement of the design
  calculations [des]
Bemessungsgrundlagen *pl* basic design criteria [des]
Bemessungshochwasser *n* design flood [wba];
  spillway design flood [wba]
Bemessungslast *f* design load [des]
Bemessungsregel *f* design rule [des]
Bemessungsrichtlinien *pl* design specifications
Bemessungsschema *n* overall dimension diagram
  [des]
Bemusterung *f* sampling [any]
benachbart adjacent; adjoining; neighbouring
Benässung *f* detorition through moisture [met]
Benennung der Zeichnung *f* name of drawing [des]
benetzbar, nicht - hydrophobic [met]; non-
  wettable [met]
benetzen *v* suffuse [geo]; wet
Benetzung *f* wetting
Benetzungsprobe *f* impregnation test [any]
Bentonit *m* bentonite [met]
Beobachtungsfehler *m* error of observation [any];
  personal error [any]
bepflastern *v* pave [tib]
beplankt coated [tib]
Beplankung *f* boarding; (Holzwerk) deck; panel;
  panelling; veneering

Beräumung *f* (Baustelle) stripping
Beräumungskosten *pl* (Baustelle) site preparation
  costs [eco]
Beratung *f* consulting
Beratung, verkehrsplanerische - *f* traffic planning
  consultation [tra]
berechnen *v* calculate [des]; (auslegen) design
  [des]
berechnete Last *f* design load
Berechnung durch schrittweise Näherung *f*
  calculation by successive approximation [mat]
Berechnung, antiseismische - *f* (Gebäude)
  earthquake calculation [des]
Berechnung, statische - *f* static calculation [sik];
  statics [sik]; structural analysis [sik]; structural
  calculation [sik]; structural calculation [sik]
Berechnung, vereinfachte - *f* simplified calculation
  [des]
Berechnung, wärmetechnische - *f* thermal
  calculation [des]
Berechnungsbeispiel *n* worked example [des]
Berechnungsformel *f* design equation [des]
Berechnungsgrundlage *f* basis of calculation [des];
  basis of design [des]; calculating basis [sik];
  design base [des]; design fundamentals [des]
Berechnungsgrundlagen *pl* fundamentals of design
  [des]
Berechnungsplan *m* calculation plan [des]
Berechnungsregen *m* (Auslegung) design storm
  [des]
Berechnungstemperatur *f* calculation temperature
  [des]
Berechnungsunterlagen *pl* calculation documents
  [des]
Berechnungsverfahren *n* method of analysis [des]
Beregnungsanlage *f* (Brandbekämpfung) sprinkler
  installation
Bereich *m* (Gebiet) district [com]
Bereich, elastischer - *m* elastic range [met]; range
  of proportionality [met]
Bereich, niedriger - *m* (Rinne) trough
Bereich, plastischer - *m* plastic range [met]
Bereichsbauleiter *m* department manager
Bereitschaftsdienst *n* stand-by service [tec]
Bereitschaftszeit *f* (Maschine) stand-by time
bereitstellen *v* provide
Bereitstellung *f* provision
Bereitstellungsgemisch *n* assembly mixture [met]
Bergasphalt *n* asphaltic rock [roh]
bergauf uphill
Bergeversatz *m* (Bergbau) stope filling [roh]
Bergfried *m* keep [arc]; (Burg) salient [arc]
Bergkiesel *m* rock flint [geo]
Bergrutsch *m* landslide [geo]; landslip [geo];
  rockfall [geo]; slumping [geo]
Bergschaden *m* mining damage [geo]

Bergschlag *m* popping rock [geo]
Bergsturz *m* rockfall [geo]
Bergungsgerät *n* salvage appliance [asi]
Bergungskran *m* accident crane; wrecking crane
Bergversatz *m* rock filling
Bergwasser *n* rock water [was]
Berichtspflicht *f* disclosure requirement [jur]; duty to report [jur]; mandatory reporting [jur]
Berichtszeitraum *m* reporting period
Berieselung mit Abwasser *f* sewage irrigation [was]
Berieselungsanlage *f* irrigation works; sprinkling system
Berieselungsrohr *n* spray bar [was]
Berme *f* (Böschungsabsatz) berm [geo]
Bermenprofiliermaschine *f* berm shaper [tib]
Berstschutz *m* protection against bursting [asi]
Berststrecke *f* (Staudamm) breaching dyke
berücksichtigen, im Preis - *v* include in the price [eco]
Berührungsdruck *m* contact pressure [phy]
Berührungsfuge *f* steel-concrete interface [stb]
berührungsgeschützt protected against accidental contact
Berührungslichtschalter *m* touch-sensitive light switch [elt]
berührungslos contactless
Berührungspunkt *m* (Planimetrie) point of tangency [des]
Berührungsschalter *m* touch switch [elt]; touch-contact switch [elt]
Berührungsschutz *m* protection against accidental contact [asi]; touch guard [asi]
Berührungsspannung *f* shock-hazard voltage [elt]
Berührungstaste *f* touching key [elt]
berührungstrocken touch-dry
Berufsbezeichnung *f* professional title [eco]
Berufskleidung *f* workwear
Beruhigungsbecken *n* stilling basin [wba]
Beruhigungskammer *f* settling chamber [was]
Beruhigungsseil *n* (Bagger) tag line [tib]
Beruhigungszeit *f* transition time [met]
besanden *v* gravel [tib]; sand; sprinkle with sand [met]
besandet sanded [met]
Besandung *f* sand-surfacing [wer]
beschädigt (Gerät) damaged
Beschädigung *f* (Schaden) damage
beschaffen *v* provide [eco]
Beschaffenheit *f* (Bausubstanz) condition [bon]
Beschaffenheit des Bodens *f* consistency of the soil [geo]
Beschaffung *f* provision [eco]; supply
Beschaffungsleitlinie *f* procurement guideline [eco]
beschallen *v* irradiate acoustically [aku]; radiate sound waves at [aku]

Beschallen *n* ultrasonic inspection [any]
Beschallung *f* sonication [aku]
beschichten *v* coat; surface
beschichtet coated [met]
beschichtet, dünn - lightly coated [met]
beschichtet, nicht - uncoated [met]
Beschichtung *f* coat [met]; surfacing
Beschichtung, aufgedampfte - *f* vapour-deposited coating [met]
Beschichtung, Wärme reflektierende - *f* heat-reflecting coating [met]
Beschichtungsmaterial *n* coating compound [met]; coating material [met]
Beschichtungsmittel *n* coating agent [met]; coating material [met]
Beschicktrog *m* feed trough [prc]
Beschickung *f* charge; feed
Beschickung, automatische - *f* auto-feed [prc]
Beschickungsanlage *f* charging equipment [prc]; feeder [prc]; feeding plant [prc]; mechanical charger [prc]
Beschickungsbecherwerk *n* feed bucket elevator [prc]
Beschickungsmaterial *n* charge
Beschickungsöffnung *f* feed opening [prc]
Beschickungsschleuse *f* rotary feeder [prc]
Beschickungsschnecke *f* feed screw [prc]
Beschickungsschurre *f* charging chute [prc]; feed chute [prc]
Beschickungtrichter *m* charging funnel [prc]; feed hopper [prc]
Beschickungsvorrichtung *f* charging device [prc]; charging feeder [prc]
Beschickwagen *m* charge wagon [prc]
beschildern *v* signpost
Beschilderung *f* (Straßenverkehr) provision of road signs [tra]; signage
Beschläge *pl* (Bauteil) fittings
Beschlag *m* (Zubehör) accessory; (Bauteil) armature; (Bauteil) fitting; (an Schränken etc.) metal fitting
Beschlagarbeiten *pl* (DIN 18357) hardware work
Beschlagen *n* (Glas-, Metalloberflächen) tarnishing [met]
Beschlagnagel *m* (Holzwerk) metal stud
beschleunigen *v* (Zement) advance
Beschleuniger *m* accelerating additive [met]; (zum Aushärten von Beton) accelerating additive for setting [met]; (Beton-) accelerator [met]; activator [met]
beschottern *v* gravel [tib]; rubble [tib]; surface
Beschottern *n* macadamization
Beschotterung *f* (Verkehr) gravelling; metalling [tib]
Beschränkungsmaßnahme *f* (Bodenschutz) securing containment measure [geo]

Beschreibung, geologische - *f* geological log [geo]
Beschriftung *f* (technische Zeichnungen) lettering [des]
Beschwerdemanagement *n* complaint management
beseitigen *v* dispose [rec]; (Müll) dispose off [rec]; (entfernen) remove
beseitigen, Mangel - *v* remedy the errors
Beseitigung *f* (Abfall zur Beseitigung) disposal [rec]; (Entfernung) removal [rec]
Beseitigung verwahrloster Wohnviertel *f* slum clearance [com]
Beseitigung von Abraum *f* overburden stripping [rec]
Beseitigungsanlage *f* (Abfallbeseitigung) disposal facility [rec]
Beseitigungsgebühr *f* (Abfallbeseitigung) disposal fee [rec]
Beseitigungsnachweis *m* proof of disposal [rec]
Beseitigungsverfahren *n* disposal procedure [rec]
Besenwurf *m* (Putz) regrating skin
Besiedelung *f* (Ansiedlung) settlement [com]
Besiedlung *f* (Ansiedlung) settlement [com]
Besiedlungsdichte *f* density of population [com]; (Städtebau) residential density
Besiedlungsplan *m* settlement plan [com]; settlement project [com]
besprengen *v* (befeuchten) moisten; (besprühen) spray; (besprühen) sprinkle
besprühen *v* spray; sprinkle
beständig (dauernd) permanent; (stabil) proof
Beständigkeit *f* (Stabilität) stability
Beständigkeit gegen aggressive Wässer *f* resistance against chemical attack by water [met]
Beständigkeit, chemische - *f* chemical durability [met]; chemical resistance [met]; resistance to chemical attack [met]
bestätigt, wird noch - to be confirmed
Bestand *m* (Vorrat) inventory; (Vorrat) stock
Bestand aufnehmen *v* take stock [eco]
Bestandsabfälle *pl* (Gartenbau) horticultural residues [far]
Bestandsaufnahme *f* (Baustelle) appraisal of the existing site; assessment of the current situation; stock-taking [eco]
Bestandskarte *f* as-built map
Bestandsobjekt *n* (Immobilie) existing building
Bestandsplan *m* as-built plan; as-is plan [des]; (Gebäude, usw.) status plan [des]
Bestandszeichnung *f* as-built drawing [des]
Bestandteil, flüchtiger - *m* volatile component [met]; volatile constituent; volatile matter [met]
Bestandteile, wesentliche - *pl* (von Gebäuden, usw.) fixtures [arc]
bestimmen *v* (analysieren) analyse [any]; (analysieren) determine [any]
bestimmt (Statik: bestimmtes System) determinate

bestimmt, statisch - statically determinate [sik]
Bestimmung *f* (Analyse) determination [any]; provision [jur]; (Vorschrift) specification
Bestimmung, analytische - *f* analytical determination [any]; analytical investigation [any]
Bestimmungen einhalten *v* observe provisions [jur]; observe regulations [jur]
Bestimmungsmethode *f* determination method [any]
Bestückungsplan *m* component mounting diagram [elt]
Besuchertoilette *f* visitors' toilet
betätigt, hydraulisch - hydraulically operated
Betätigungselement *n* control element [elt]
Beteiligter, an der Planung fachlich - *m* professional involved in the planning process [des]
Beteiligung *f* (Stadtplanung: - von Bürgern) involvement [com]; (Stadtplanung: - von Bürgern) participation [com]
Beton *m* concrete [met]
Beton angreifend aggressive to concrete [met]
Beton einbringen *v* place concrete [bon]
Beton mit dichtem Gefüge *m* dense concrete [bon]
Beton ohne Feinkorn *m* no-fines concrete [bon]
Beton ohne Oberflächenbehandlung *m* off-formwork concrete [bon]; off-shuttering concrete [bon]
Beton, abgebundener - *m* set concrete [bon]
Beton, armierter - *m* armoured concrete [bon]; ferroconcrete [bon]; reinforced concrete [bon]; steel concrete [bon]
Beton, basischer - *m* basic concrete [bon]
Beton, bewehrter - *m* reinforced concrete [bon]; statically reinforced concrete [bon]; steel concrete [bon]
Beton, dauerhafter - *m* durable concrete [bon]
Beton, faserbewehrter - *m* fibre-reinforced concrete [bon]; fibrous concrete [bon]
Beton, faserverstärkter - *m* fibre-concrete [bon]
Beton, fetter - *m* fat concrete [bon]
Beton, feuerfester - *m* refractory concrete [bon]
Beton, früh hochfester - *m* high-early-strength concrete [bon]
Beton, gestampfter - *m* rammed concrete [bon]
Beton, grüner - *m* (kurz vor dem Erstarren) pre-set concrete [bon]; (kurz vor dem Erstarren) prehardened concrete [bon]
Beton, handgemischter - *m* hand-mixed concrete [bon]
Beton, haufwerksporiger - *m* filter drain concrete [bon]; no-fines concrete [bon]
Beton, hitzebeständiger - *m* heat-resistant concrete [bon]; refractory concrete [bon]
Beton, hochfester - *m* high-strength concrete [bon]
Beton, junger - *m* (kurz nach Erstarren) concrete after initial setting [bon]
Beton, lufterhärteter - *m* cured concrete [bon]

Beton, magerer - *m* poor concrete [bon]
Beton, mit - ummantelt cased in concrete [bon]
Beton, nicht erhärteter - *m* immature concrete [bon]
Beton, rissfester - *m* crash-resistant concrete [bon]
Beton, säurebeständiger - *m* acid refractory
  concrete [met]; acid-resisting concrete [met]
Beton, selbstverdichtender - *m* self-compacting
  concrete [bon]
Beton, tragender - *m* load-bearing concrete [bon];
  load-carrying concrete [bon]
Beton, unabgebundener - *m* unset concrete [bon]
Beton, unbewehrter - *m* mass concrete [bon];
  ordinary concrete [bon]; plain concrete [bon];
  unreinforced concrete [bon]
Beton, vorgespannter - *m* prestressed concrete
  [met]
Beton, wasserundurchlässiger - *m* waterproof
  concrete [bon]
Beton- und Fertigteilindustrie *f* concrete and
  precast concrete industries [bon]
Betonabdeckmatte *f* concrete curing mat [bon]
Betonabdeckplatte *f* concrete coping slab [bon]
Betonabplatzung *f* concrete spalling [bon]
Betonabschirmung *f* (Kernkraftwerk: Sicherheits-
  hülle) concrete embedment shielding [bon];
  concrete shield [phy]
Betonabspaltung *f* concrete spalling [bon]
Betonabwasserkanal *m* concrete sewer [was]
Betonabwasserrohr *n* concrete sewer pipe [was]
Betonadditiv *n* concrete additive [met]
Betonalter *n* age of concrete [bon]
Betonankerschraube *f* concrete anchor bolt [bon];
  concrete foundation bolt [bon]
Betonarbeiten *pl* concrete work [bon]; concrete
  works [bon]; concreting [bon]
Betonarbeiter *m* concreter [bon]
Betonarbeitsfuge *f* concrete construction joint [bon]
Betonaufbereitung *f* concrete mixing [bon]
Betonaufbruchhammer *m* concrete breaker [wzg];
  concrete road breaker [tib]
Betonaufbruchmaschine *f* concrete breaking
  machine [bon]
Betonauflager *n* concrete bedding [bon]
Betonausbesserung *f* concrete reintegration [bon]
Betonauskleidung *f* concrete lining [bon]; concrete
  surfacing [bon]
Betonauskleidung, mit - concrete-lined [bon]
Betonbalken *m* (aus Betonblöcken) block beam
  [bon]; concrete beam [bon]
Betonbalkenbrücke *f* concrete girder bridge [bon]
Betonbau *m* (Gebäude) concrete building [bon];
  concrete construction [bon]; concrete engineering
  [bon]; concrete structure [bon]
Betonbauer *m* concrete worker [bon]
Betonbautechnik *f* concrete construction technology
  [bon]

Betonbauteil *n* concrete member [bon]
Betonbauwerk *n* concrete building [bon]
Betonbeanspruchung *f* stressing of concrete [bon]
Betonbelag *m* concrete pavement [tib]
Betonbelüfter *m* air-entraining agent [bon]
Betonbestandteil *m* concrete ingredient [bon]
Betonblock *m* concrete block [bon]
Betonblockstein *m* concrete block [bon]
Betonbodenplatte *f* concrete floor slab [bon]
Betonbohle *f* concrete plank [bon]
Betonbombe *f* skip [bon]
Betonbrecher *m* concrete breaker [bon]
Betonbrocken *pl* aggregate of broken concrete
  [bon]
Betonbrücke *f* concrete bridge [bon]
Betondachplatte *f* concrete roof slab [bon]
Betondachstein *m* concrete roofing tile [bon]
Betondachziegel *m* concrete roofing tile [bon]
Betondamm *m* (Staudamm) concrete dam
Betondecke *f* cement floor [bon]; (in Gebäuden)
  concrete ceiling [bon]; concrete floor [bon];
  (Gehweg) concrete pavement [tib]; (Straße)
  concrete paving [tib]; (Straße) concrete surface
  [bon]
Betondeckenfertiger *m* finishing machine for
  concrete roads [bon]; (Fahrbahn) concrete finisher
  [tib]
Betondeckenüberzug *m* concrete resurfacing [bon]
Betondeckung *f* concrete cover [bon]
Betondichtungsmittel *n* concrete sealing agent
  [met]; concrete waterproofing compound [met];
  water-repellent agent for concrete [met]
Betondosier- und Mischanlage *f* concrete batching
  and mixing plant [bon]
Betondosierwaage *f* concrete batcher scale [any]
Betondruckfestigkeit *f* concrete compressive
  strength [bon]; concrete strength [bon]
Betondruckstrebe *f* concrete strut [bon]
Betondübel *m* concrete dowel [bon]
Betondurchlassrohr *n* concrete culvert pipe [wba]
Betoneigenschaft *f* concrete property [bon]
Betoneigenschaften *pl* characteristics of concrete
  [bon]
Betoneinbau *m* concrete placement [bon]
Betoneinbringung *f* placement of concrete [bon];
  placing of concrete [bon]; placing of concrete
  [bon]; pouring of concrete [bon]; pouring of
  concrete [bon]
Betoneinpressmaschine *f* concrete grouter [bon]
Betoneinrütteln *n* concrete vibration [bon]; form
  vibration [bon]
Betoneinschalungsmittel *n* (Betonbau) formwork
  agent [met]
Betoneisen *n* reinforcing bar [bon]
Betoneisenbieger *m* reinforcement bar bender [bon];
  rod bender [bon]

Betoneisenschneider *m* (Armierung) bar cutter [bon]; (Armierung) bar cutting shears [bon]; (Armierung) reinforcement bar shear cutter [bon]
Betonelement *n* concrete element [bon]
Betonemulsion *f* concrete emulsion [met]
Betonerhärtung *f* maturing of concrete [bon]
Betonfahrbahn *f* concrete carriageway [tra]; roadway [tib]
Betonfahrbahndecke *f* concrete carriageway surfacing [tib]
Betonfahrbahnplatte *f* concrete decking [tib]; road bay [bon]
Betonfangdamm *m* concrete cofferdam [tib]
Betonfarbe *f* concrete paint [met]
Betonfassade *f* concrete façade [bon]
Betonfensterbank *f* concrete window sill [bon]
Betonfertigbauelement *n* precast concrete unit [bon]
Betonfertigteil *n* concrete component [bon]; concrete unit [bon]; precast concrete [bon]; precast concrete element [bon]; precast concrete unit [bon]; precast reinforced concrete unit [bon]; prefabricated concrete part [bon]; prefabricated concrete unit [bon]
Betonfertigteilbau *m* precast concrete construction [bon]
Betonfestigkeit *f* concrete strength [bon]; strength of concrete [met]
Betonfläche *f* concrete area [bon]
Betonfließmittel *n* concrete plasticizer [met]
Betonförderer, pneumatischer - *m* pneumatic concrete placer [bon]
Betonförderleitung *f* concrete discharge pipe [bon]
Betonförderung *f* concrete placement [bon]
Betonform *f* concrete moulding [bon]
Betonformöl *n* concrete mould oil [bon]
Betonformstahl *m* deformed bar [bon]
Betonformstein *m* purpose-made concrete tile [met]
Betonfüllung *f* concrete filling [bon]
Betonfuge *f* concrete joint [bon]
Betonfundament *n* concrete foundation [bon]; (großflächiges -) concrete raft [bon]
Betonfußboden *m* concrete floor [bon]
Betongebäude *n* concrete building [bon]
Betongefüge *n* concrete texture [bon]
betongefüllt concrete-filled [bon]
Betongießrinne *f* concrete chute [bon]
Betongießturm *m* concrete chuting tower [bon]
Betongitterstein *m* concrete lattice stone [bon]
Betonglaswand *f* concrete-glass wall [bon]
Betongrundplatte *f* concrete base mat [bon]
Betongüte *f* concrete quality [bon]; grade of concrete [bon]
Betongüteklasse *f* concrete grade [bon]
Betonhärtemittel *n* concrete hardener [met]
Betonhaftung *f* bond strength of the concrete [bon]

Betonhaltbarkeit *f* concrete durability [met]
Betonhohlblockstein *m* hollow concrete block [bon]
Betonierabschnitt *m* concreting section [bon]
Betonieranlage *f* concreting plant [bon]
Betonierarbeiten unter Wasser *pl* underwater concreting [bon]
Betonierbett *n* casting bed [bon]
Betonierbühne *f* concreting platform [bon]
betonieren *v* cast concrete [bon]; concrete [bon]; place concrete [bon]; (z.B. Straße) surface with concrete [bon]; work concrete [bon]
Betonieren *n* concreting [bon]; concreting work [bon]; placing of concrete [bon]; pouring of concrete [bon]; (Straßen) concrete paving [tib]; concrete placement [bon]; placement of concrete [bon]
Betonieren bei Frost *n* cold-weather concreting [bon]
Betonieren, fortschreitendes - *n* progressive placing of concrete [bon]
Betonierleistung *f* (für Vergießen von Beton) pour rate [bon]
Betonierplatz *m* casting yard [bon]
betoniert (am Einbauort) poured-in-place [bon]
Betonierung *f* concretion [bon]
Betonimprägnierung *f* concrete impregnation [bon]
Betoninnenrüttler *m* immersion vibrator [bon]; spud vibrator for concrete [bon]
Betoninnenvibrator *m* spud vibrator for concrete [bon]
Betoninstandsetzung *f* concrete maintenance [bon]; concrete repair [bon]
Betonkanal *m* (Leitungsführung) concrete duct [bon]
Betonkassettendecke *f* concrete coffered ceiling [bon]
Betonkasten *m* concrete box [bon]
Betonkastenprofil *n* concrete box [bon]; concrete box section [bon]
Betonkern *m* concrete core [bon]
Betonkippkübel *m* (Bauaufzug) concrete tipping skip [bon]
Betonkleber *m* bonding medium for concrete [bon]; concrete adhesive [met]
Betonkonstruktion *f* concrete structure [bon]
Betonkonus *m* concrete cone [bon]
Betonkriechen *n* creep of concrete [bon]
Betonkübel *m* (Schüttkübel am Kran) concrete bucket [bon]; concrete skip [bon]; skip [bon]; skip [bon]
Betonlöffel *m* (Tiefbohren) dump bailer [tib]
Betonmantel *m* (Kernreaktor) concrete envelope [bon]; (Tunnel) concrete lining [bon]
Betonmauer *f* concrete wall [bon]
Betonmauer, abgestufte - *f* stepped concrete wall [bon]

Betonmauerdeckung *f* concrete capping [bon]
Betonmauerwerk *n* concrete masonry [bon]
Betonmischanlage *f* concrete mixing plant [bon]
Betonmischer *m* concrete batch mixer [bon]; concrete mixer [bon]
Betonmischmaschine *f* concrete mixer [bon]
Betonmischung *f* concrete mix [bon]
Betonmischungsverhältnis *n* concrete proportion [bon]
Betonnachbehandlungsmittel *n* curing compound [met]
Betonnest *n* concrete pocket [bon]
Betonoberfläche *f* concrete finishing [bon]
Betonpalisade *f* concrete palisade [bon]
Betonpfahl *m* concrete pile [tib]
Betonpfahlgründung *f* concrete pile foundation [tib]
Betonpflaster *n* concrete paving [tib]
Betonpflasterstein *m* concrete paving block [tib]
Betonpiste *f* (Flughafen) concrete runway [tra]
Betonplastizität *f* plasticity of concrete [bon]
Betonplatte *f* (Brückenbau) concrete deck [bon]; concrete slab [bon]; slab of concrete [bon]
Betonplatte, dicke, unbewehrte - *f* mass concrete slab [bon]
Betonplattenfundament *n* raft foundation [bon]
Betonprodukt *n* concrete product [bon]
Betonprüflabor *n* concrete testing laboratory [any]
Betonprüfung, akustische - *f* ultrasonic testing of concrete [any]
Betonpumpe *f* cement grout pump [bon]; concrete pump [bon]; pumpcrete machine [bon]
Betonputz *m* concrete plaster [bon]
Betonqualität *f* concrete quality [bon]
Betonquerschnitt *m* area of concrete [bon]
Betonrandelement *n* (Gleisanlage) concrete border element [tib]
Betonraumzelle *f* concrete space cell [bon]
Betonrezeptur *f* concrete formulation [bon]
Betonringmauer *f* (Kernkraftwerk: Sicherheitshülle) concrete embedment ring wall [bon]
Betonrinnstein *m* concrete channel [tib]
Betonrippendecke *f* ribbed concrete floor [bon]
Betonrippenstahl *m* (Bewehrung) ribbed reinforcement [bon]
Betonröhrenwerk *n* concrete pipe plant [bon]
Betonrohr *n* concrete pipe [bon]
Betonrüttler *m* (Betonverdichtung) concrete vibrator [bon]
Betonsäge *f* concrete saw [wzg]
Betonsäule *f* concrete column [bon]
Betonsanierung *f* concrete repair [bon]; concrete restoration [bon]
Betonschale *f* concrete shell [bon]
Betonschalendach *n* concrete shell roof [bon]

Betonschalung *f* concrete formwork [bon]; shuttering [bon]
Betonschalung, verlorene - *f* permanent concrete shuttering [bon]
Betonschalungsbauweise *f* shell-casting foundation [bon]
Betonschicht *f* concrete layer [bon]
Betonschild *f* (Kernkraftwerk: Sicherheitshülle) concrete embedment shield [bon]
Betonschleifmaschine *f* concrete grinder [wzg]
Betonschneider *m* concrete cutter [bon]
Betonschotter *m* aggregate of broken concrete [met]
Betonschrapper *m* concrete scraper [bon]
Betonschürze *f* concrete apron [bon]
Betonschüttung *f* concrete embedment fill [bon]; concrete pour [bon]
Betonschutt *m* concrete scrap [rec]
Betonschutz *m* concrete shield [bon]
Betonschwelle *f* (Bahn) concrete sleeper [tib]; (<A> Bahn) concrete tie [bon]
Betonschwellenverlegegerät *n* concrete sleeper layer [tib]; (<A>) concrete tie layer [tib]
Betonsichtfläche *f* visible concrete surface [bon]
Betonsockel *m* concrete base [bon]; concrete base course [bon]
Betonsohle *f* concrete floor [bon]
Betonspannung *f* concrete stress [bon]
Betonspritzmaschine *f* gunite machine [bon]
Betonspritzverfahren *n* concrete spraying [bon]
Betonstahl *m* concrete steel [met]; reinforcing steel
Betonstahl-Biegeplatz *m* reinforcing steel bending yard [bon]
Betonstahlbiegemaschine *f* bar-bending machine
Betonstahlmatte *f* concrete fabric [bon]; reinforcing mat [bon]; reinforcing steel fabric [bon]; reinforcing steel mat; reinforcing steel mesh [bon]; wire fabric [bon]; wire mat [bon]
Betonstahlschere *f* (für Bewehrung) iron bar cutter
Betonstahlschneidmaschine *f* bar cropper [bon]; bar cutting machine [bon]
Betonstampfer *m* concrete tamper [bon]
Betonstaudamm *m* concrete dam [wba]
Betonstein *m* concrete block [bon]; (Wand) concrete walling unit [bon]; precast concrete block [bon]; precast concrete stone [bon]
Betonsteinpflaster *n* concrete paving [tib]
Betonsteinpresse *f* concrete block press [wer]
Betonsteinsand *m* crushed stone sand [bon]
Betonsteinwerk *n* cast concrete factory [roh]; concrete block plant [wer]; concrete brick plant [roh]
Betonstopfen *m* concrete plug [bon]
Betonstraße *f* concrete road [tib]
Betonstraßenbau *m* concrete road construction [tib]
Betonstraßenbaumaschine *f* paver [tib]
Betonstraßenplatte *f* road panel [tib]

Betonstreifen *m* (Straßenbau) concrete lane [tib]; (Straßenbau) concrete strip [tib]
Betonsturz *m* concrete lintel [bon]
Betontechnologie *f* concrete technology [bon]
Betonträger *m* concrete beam [bon]; concrete girder [bon]; concrete joist [bon]
Betonträger, unterspannter - *m* under-stressed concrete beam [bon]
Betontrageschicht *f* concrete base course [bon]
Betontransporter *m* mixer conveyor truck [bon]
Betontrennmittel *n* release agent [bon]
Betonüberdeckung *f* (der Bewehrung) concrete cover [bon]
Betonüberdeckung der Stahleinlagen *f* concrete cover for reinforcement [bon]
Betonummantelung *f* concrete casing [bon]; concrete envelope [bon]; concrete haunching [bon]
Betonunterguss *m* concrete grouting [bon]
Betonverankerung *f* concrete anchorage [bon]
Betonverbundbauteil *n* composite concrete member [bon]
Betonverbundbauweise *f* composite concrete construction [bon]
Betonverbundpflaster *n* interlocking concrete blocks [tib]; interlocking concrete paving [bon]
Betonverbundstein *m* concrete composite stone [bon]
Betonverbundsteinpflaster *n* interlocking concrete paving blocks [tib]
Betonverdichter *m* concrete compactor [bon]; water-repelling agent [met]
Betonverdichtung *f* concrete compaction [bon]
Betonverflüssiger *m* concrete liquifier [met]; (Betonzusatz) concrete plasticizer [met]; liquefier [met]; plasticizer [met]; water-reducing admixture [met]
Betonverputz *m* finishing concrete
Betonversiegelung *f* concrete sealing [bon]
Betonversiegelungsmittel *n* concrete sealant [met]
Betonverteiler *m* concrete spreader [bon]
Betonverteilungswagen *m* trough-type concrete distributor [bon]
Betonvibrator *m* concrete vibrator [bon]
Betonwand *f* concrete wall [bon]
Betonwaren *pl* concrete goods [bon]
Betonwerk *n* concrete factory [roh]; concrete works [roh]; precast concrete manufacturing yard [bon]; precasting plant [roh]
Betonwerkstein *m* cast stone [roh]; concrete building block [bon]
Betonwüste *f* concrete desert [bon]; concrete jungle [bon]
Betonzufuhrrohr *n* tremie pipe [bon]
Betonzugzone *f* tension zone of concrete [bon]
Betonzusammensetzung *f* composition of concrete [bon]

Betonzusatz *m* concrete admixture [met]
Betonzusatzmittel *n* additive for concrete [met]; concrete additive [met]; concrete admixture [bon]; concrete admixture [bon]
Betonzuschlag *m* aggregates [met]; concrete ballast [bon]; (> 15 cm) rubble aggregate [bon]
Betonzuschlagstoff *m* cement aggregate [met]; concrete aggregate [met]
Betreiber *m* user
Betreibergesellschaft *f* operating company [wer]; operating company [eco]
Betreten, widerrechtliches - *n* trespass
Betrieb *m* production unit [wer]
Betrieb, in - nehmen *v* put in service [wer]
Betrieb, stationärer - *m* steady operation [wer]
Betriebs- und Instandhaltungsdaten *pl* operation and maintenance data [wer]
Betriebs-Kosten-Nutzen-Analyse *f* operating cost-benefit analysis [eco]
Betriebsanlage *f* service facility [wer]
Betriebsanleitung *f* instruction [des]
Betriebsaufwendungen *pl* operating costs [eco]
Betriebsauslass *m* river outlet [was]
Betriebsausweis *m* works identity card
Betriebsbeanspruchung *f* working stress
Betriebsbeauftragter *m* company representative
Betriebsbeauftragter für Abfall *m* company representative for waste [rec]
Betriebsbedingung *f* process condition [wer]
betriebsbereit operable; ready for operation [wer]
Betriebsdruck *m* operating pressure; working pressure
Betriebserde *f* system earthing [elt]
Betriebserfahrung *f* production know-how [wer]
betriebsfertig ready for use
Betriebsfläche, kontaminierte - *f* contaminated operations area [geo]
Betriebsflüssigkeit *f* (z.B. in Flüssigkeitskupplung) operating fluid [met]
Betriebsführung, technische - *f* technical operations management [tga]
Betriebsgebäude, landwirtschaftliches - *n* agricultural building
Betriebsgefahr *f* operational hazard
Betriebshilfsmittel *pl* consumables
Betriebskläranlage *f* sewage treatment installations for factories [was]
Betriebskosten *pl* operating costs [eco]; operational costs [eco]
Betriebslärm *m* work noise [aku]
Betriebslast *f* imposed load; operating load
Betriebsleitung *f* production management [wer]
Betriebsmessgerät *n* operating instrument [any]
Betriebsnorm *f* operating standard [des]
Betriebsphase *f* operating cycle
Betriebsplanung *f* operational planning [wer]

Betriebsprotokoll *n* log sheet [any]
Betriebsschutz *m* industrial safety [asi]; plant security [asi]; works security [asi]
betriebssicher fool-proof [asi]; reliable in operation [asi]; safe to operate [asi]
Betriebssicherheit *f* occupational safety [asi]; (Verfügbarkeit) operating reliability [wer]; operational safety [asi]; safety in operation [asi]; working safety [asi]
Betriebsspannung *f* operating voltage [elt]; operational voltage [elt]; service voltage [elt]; working voltage [elt]
Betriebsstätte *f* operating site [wer]
Betriebssteuerung *f* operational control [wer]
Betriebsstörung *f* operational failure [wer]
Betriebsstoffe *pl* consumables [met]
Betriebsstrom *m* operating current [elt]; working current [elt]
Betriebsstunde *f* operating hour
Betriebsstundenzähler *m* elapsed-time counter [any]; running time meter [any]; working hours counter [any]
Betriebstechnik *f* plant engineering
Betriebsüberwachung *f* on-line monitoring [any]; on-line surveillance [any]
Betriebsunfall *m* industrial accident [asi]; shop accident [asi]
Betriebswasser *n* industrial water [was]; process water [was]; (in Gebäuden) sanitary water [was]
Betriebswasserstollen *m* pressure tunnel [wba]
Betriebsweise *f* mode of operation [wer]; working principle [wer]
Betriebszeit *f* running time
Betriebszustand *m* operating status [wer]
Betterhöhung *f* (Fluss) aggradation of the channel [wba]
Bettschicht *f* bedding course [geo]
Bettung *f* (Gleisoberbau) ballast [tra]; bedding; underlayer
Bettung, elastische - *f* continuous elastic support
Bettungsfuß *m* (Bahn) toe of ballast [tra]
Bettungshöhe *f* (Bahn) depth of ballast [tra]
Bettungskrone *f* (Bahn) crown of ballast [tra]
Bettungsmörtel *m* bedding mortar [met]; paving mortar [met]
Bettungsprofil *n* (Bahn) ballast profile [tra]
Bettungsquerschnitt *m* (Bahn) ballast profile [tra]
Bettungsreaktion *f* bedding reaction
Bettungsreiniger *n* (Bahn) ballast cleaner [tra]
Bettungsreinigungsmaschine *f* (Bahn) ballast cleaner [tra]
Bettungsschicht *f* bedding course [geo]; underlay [wba]
Bettungssohle *f* (Bahn) base of ballast [tra]
Bettungszahl *f* allowable soil pressure
Bettungsziffer *f* coefficient of subgrade

beulen *v* buckle [met]
Beulen *n* buckling [met]
Beulsicherheit *f* safety against local buckling [met]; stability against local buckling [met]
Beulspannung *f* local buckling stress [met]
Beurkundung *f* registration [jur]
Beurteilungspegel *m* assessed sound level [aku]
bewacht with an attendant
bewässern *v* water [was]; irrigate [was]
Bewässerung *f* irrigation [was]; water irrigation [was]
Bewässerung durch Überfluten *f* drawdown irrigation [was]
Bewässerungsanlage *f* irrigation plant [was]; watering unit [was]
Bewässerungsgraben *m* catch feeder [was]; irrigation ditch [wba]
Bewässerungskanal *m* irrigation canal [was]
Bewässerungsplan *m* irrigation scheme [was]
Bewässerungspumpe *f* irrigation pump [was]
Bewässerungsspeicher *m* irrigation reservoir [was]
Bewässerungstalsperre *f* irrigation dam [wba]
bewegliches Fenster *n* open light
bewegungsausgleichend motion equalizing
Bewegungsfuge *f* expansion joint; joint for movement; movement joint; reinforcing inserts; settlement joint
bewehren *v* armour; (mit Beton, Metall) reinforce
bewehrt armoured; reinforced
Bewehrung *f* armour [bon]; armouring [bon]; concrete reinforcement [bon]; (mit Beton etc.) reinforcement [bon]
Bewehrung freilegen *v* expose the reinforcement [bon]
Bewehrung, durchgängige - *f* continuity reinforcement [bon]
Bewehrung, konstruktive - *f* nominal reinforcement [bon]
Bewehrung, kreuzweise - *f* crosswise reinforcement [bon]
Bewehrung, obere - *f* top layer of reinforcement [bon]
Bewehrung, schlaffe - *f* non-tensioned reinforcement [bon]; untensioned steel [bon]
Bewehrung, untere - *f* bottom layer [bon]; bottom layer of reinforcement [bon]
Bewehrungsanordnung *f* reinforcement system [bon]
Bewehrungsarbeit *f* reinforcing work [bon]
Bewehrungsarbeiten *pl* reinforcement work [bon]
Bewehrungsdraht *m* wire [bon]
Bewehrungseisen *n* reinforcing bar [bon]
Bewehrungsführung *f* reinforcement layout [bon]
Bewehrungsgitter *n* reinforcement grid [bon]
Bewehrungskäfig *m* reinforcing cage [bon]
Bewehrungskorb *m* rebar cage [bon]; reinforcement cage [bon]; reinforcing cage [bon]

Bewehrungsmatte *f* mesh fabric [bon]; reinforcement mat [bon]; reinforcement steel mesh [bon]; steel fabric mat [bon]; wire fabric [bon]; wire mat [bon]; wire-mesh reinforced [met]

Bewehrungsnetz *n* reinforcing mesh [bon]

Bewehrungsplan *m* placing plan [bon]; reinforcement details [bon]; (Betonbau) reinforcement drawing [bon]; reinforcement plan [bon]

Bewehrungsrundstahl *m* round reinforcing rod [bon]

Bewehrungsstab *m* reinforcement bar [bon]; reinforcing bar [bon]

Bewehrungsstab, dünner - *m* wire [bon]

Bewehrungsstab, kalt gereckter - *m* cold-worked bar [bon]

Bewehrungsstab, profilierter - *m* deformed bar [bon]

Bewehrungsstab, querschnittsgleicher - *m* plain reinforcing bar [bon]

Bewehrungsstahl *m* armouring steel [bon]; concrete-reinforcing wire [met]; rebar [met]; reinforcement steel [bon]; reinforcing bar [bon]; reinforcing rod [bon]; reinforcing steel [bon]; steel reinforcement [bon]

Bewehrungsstoß *m* joint in reinforcement [bon]; reinforcement splice [bon]; splice [bon]

Beweis *m* proof [jur]

Bewerbung *f* application [eco]

Bewerbungsfrist *f* application period [eco]

Bewerbungsverfahren *n* (- um Auftrag) application process [eco]

bewerfen (Putz) throw on

Bewerfen *n* (Putz) daubing; (Innenputz) rendering

Bewertung *f* (Einschätzung) rating

Bewertungsmerkmal *n* rating characteristic

Bewirtschaftung der Wasservorkommen *f* water resources management [was]

Bewirtschaftungskosten *pl* (z.B. Immobilie) operating costs [eco]; (z.B. Immobilie) running costs [eco]

bewittert (Baubereich) exposed to weather [met]

bewohnbar fit to live in; habitable

bewohnbarer Raum *m* room fit to live in

Bewohnbarkeit *f* habitability

Bewohner *m* (einer Stadt, Region) inhabitant [com]; (Wohnung) occupant [com]; (Haus) resident

Bewohnerschaft *f* residents

bewohnt occupied

Bewuchs *m* natural cover [bio]

Bewurf *m* daub; plastering; render; rendering; (aus Strohlehm) spread of daub

Bezahlung *f* remuneration [eco]

bezeichnet, nicht genau - unspecified

Bezeichnung *f* (genaue -) specification; (Fachausdruck) term

Bezettelung *f* labelling [tra]

beziehbar habitable; (Gebäude) ready for occupation

Beziehen *n* (Gebäude) occupation

Bezirk *m* district

Bezugsdokument *n* reference document [des]

Bezugsebene *f* datum plane [des]; plane of reference [des]; reference plane [des]

Bezugselement *n* datum feature [des]

bezugsfertig occupiable; ready to move in

bezugsfertiges Gebäude *n* building ready for occupation

Bezugsfläche *f* datum face [des]; datum surface [des]

Bezugsgröße *f* base [any]; datum [any]; reference value [any]

Bezugshöhe *f* datum elevation [des]; datum level [des]; reference level [any]

Bezugshöhe, planierte - *f* grade level [bon]

Bezugshorizont *m* datum horizon

Bezugslinie *f* baseline [des]; datum line [des]; reference line [des]

Bezugsmaß *n* absolute dimension [des]; reference size [des]

Bezugsnormal *n* reference standard [any]

Bezugsnullpunkt *m* reference zero [any]; zero reference level [any]

Bezugspegel *m* reference level [any]

Bezugsprobe *f* reference test piece [any]

Bezugspunkt *m* datum; (Vermessung) referring object [any]

Bezugsraster *n* reference grid [des]

Bezugssubstanz *f* reference substance [any]; standard substance [any]

Bezugssystem *n* reference system [any]

Bezugstemperatur *f* reference temperature [any]

Bezugsvolumen *n* reference volume [any]

Bezugswert *m* reference value [any]; relative value [any]

Bezugszeitraum *m* reference period [any]; reference time interval

Biberschwanz *m* (Ziegel) flat tile; (Dachziegel) plane tile

Biegebeanspruchung *f* bending strain [met]; bending stress [met]; flexural stress [met]; flexure [met]

Biegebewehrung *f* bending reinforcement [bon]

Biegebruchlast *f* ultimate flexural load [met]

Biegedrillknicken *n* lateral torsional buckling [sik]; torsional-flexural buckling [met]

Biegeebene *f* (Armierung) plane of bending [bon]

Biegeeisen *n* bending iron [bon]

Biegeelastizität *f* bending elasticity [met]; flexural elasticity [met]

biegefest resistant to bending [met]

Biegefestigkeit *f* bending strength [met]; flexural resistance [met]; flexural strength [met]

Biegeknickung *f* flexural buckling

Biegelinie *f* bend-line [met]; bending line [sik]

Biegeliste *f* (Bewehrung) bar-bending schedule; (Armierung) bending schedule

Biegemaschine *f* (Bewehrung) rod bender [bon]

Biegemoment *n* flexural moment [met]

Biegemoment, positives - *n* (<A>) positive bending moment [sik]; sagging bending moment [sik]

biegen *v* bend [wer]

Biegen auf der Baustelle *n* field bending [bon]

Biegeplan *m* bar-bending list [bon]; bending schedule [bon]

Biegeplatz *m* (Armierungen) steel bending yard [bon]

Biegeprüfung *f* bending test [any]

Biegerei *f* reinforcement shop [bon]

Biegeriss *m* bending crack [met]; flexural crack [met]

Biegerolle *f* bending block [wzg]

Biegescharnier *n* plastic hinge

Biegeschlagversuch *m* bending impact test [any]

Biegeschwingung *f* bending oscillation [phy]; flexural vibration [met]

Biegespannung *f* flexural stress [met]

Biegespannung, zulässige - *f* permissible bending stress [met]

Biegestab *m* flexural member [sik]

biegesteif inflexible [met]; resistant to deflection [met]; rigid [met]

Biegesteifigkeit *f* bending stiffness [met]; bending strength [met]; flexural rigidity [met]; flexural stiffness [met]; stiffness under flexure [met]

Biegetisch *m* bending table [bon]

Biegeträger *m* bending girder [bon]

Biegeversuch *m* bending test [any]; deflection test [any]

Biegevorrichtung *f* (Bewehrung) bending device [bon]

Biegewechselfestigkeit *f* bending fatigue strength [met]; flexural fatigue strength [met]

Biegewechselversuch *m* flexural-type test [any]

Biegezugfestigkeit *f* tensile strength in bending [met]

Biegezugspannung *f* bending tensile stress [met]

Biegezugversuch *m* flexural tensile test [any]

Biegung *f* (Straßenkurve) bend [tra]; (Straßenkurve) curve [tra]

Biegung, ebene - *f* (Bewehrung) plane bending

Biegung, einachsige - *f* uniaxial bending [bon]

Biegung, reine - *f* pure bending [met]; simple bending [met]; simple flexure [met]

Biegung, schiefe - *f* bending in the planes [bon]; skew bending [sik]

Biegung, zweiachsige - *f* biaxial bending [stb]

Biegungssteife *f* flexural rigidity [met]

Bienenwabenstein *m* honeycomb tile

Bild der Stadt *n* city image [com]

Bildabtaster *m* graphic scanner [any]

Bildaufnehmer *m* image sensor [any]

Bildebene *f* drawing plane [des]

Bildfehler *m* image aberration [any]; image distortion [any]

Bildfläche *f* projection surface [des]

Bildhauergips *m* sculptor's plaster [met]

Bildungseinrichtung *f* educational institution

Bims *m* pumice [met]

Bimsbaustein *m* pumice building stone [met]

Bimsbeton *m* pumice concrete [met]

Bimsbetonplatte *f* pumice concrete slab [met]

Bimsbetonstein *n* pumice concrete block [met]

Bimsstaub *m* pumice powder [met]

Bimsstein *m* pumice-block; pumice-stone [met]

Bimssteinpulver *n* pounce [met]

Bindeblech *n* batten [stb]; batten plate; batten plate [stb]; flange plate; gusset plate [stb]; stay plate [stb]; tie plate [stb]

Bindeerde *f* binder soil [geo]

Bindefehler *m* binding defect [stb]; (beim Schweißen) incomplete fusion [met]

Bindefrist *f* (- für Angebot) period for which a bid is binding [eco]; (- für Angebot) period for which a offer is binding [eco]

Bindemittel *n* adhesive [met]; binder [met]; binder agent [met]; binding agent [met]; bonding agent [met]; cement [met]; cementing agent [met]

Bindemittelleim *m* binder grout [met]

binden *v* (Mörtel) set [met]; (Bewehrung) tie

Binder *m* cementing material [met]; (Mauerwerk) header; header binder; (Kopfziegel) header brick; jumper; (Dachkonstruktion) main truss [stb]; truss

Binderabstand *m* spacing of trusses [stb]; (Fachwerk) truss spacing

Binderdreieck *n* French truss

Binderschicht, bituminöse - *f* (Straßenbau) bituminous binder [tib]

Bindersparren *m* binding rafter; pricipal rafter

Binderstein *m* binding stone; bonder; through stone

Binderverband *m* header bond; heading bond

Binderziegel *m* bonder; bondstone

Binderziegelschicht *f* header course; heading course

Bindeschicht *f* (Straßenbau) binder coarse [tib]; (Straßenbau) binder coat [tib]; bond course

Bindezeit *f* setting time

Bindezone *f* (entlang der Schweißnaht) joint area [met]

Bindigkeit *f* cohesion [geo]

Bindung *f* (Stahlbeton) bounding

Bindung, hydraulische - *f* hydraulic bond [met]

Bindung, schlechte - *f* poor adhesion [met]

Bindungskraft *f* binding force
Binnendeich *m* inner dyke [wba]
Binnengewässer *pl* inland waters [was]
Binnengewässer *n* inland water [was]; inland
  waterway [geo]
Binnenhafen *m* inland harbour [tra]; inland port
  [tra]; river port [tra]
Binnenkanal *m* (Schifffahrtskanal) inland canal
  [wba]
Binnenland *n* inland
Binnenschifffahrtsschleuse *f* navigation lock [wba]
Binnenschifffahrtsstraße *f* inland waterway [wba]
Binnenwasserstraße *f* inland waterway [tra];
  inland waterway [wba]
Binsenmatte *f* rush mat
Biobrennstoff *m* biofuel [pow]
Biodiesel *m* (Dieselkraftstoff) biodiesel fuel [pow]
Bioenergieumwandlung *f* bioenergy conversion
  [pow]
Biogasanlage *f* biogas plant [prc]
Biogaserzeugung *f* biomethanation [prc]
Biohaus *m* biohouse
Biokraftstoff *m* biofuel [pow]
biologisch nicht abbaubar nonbiodegradable [met]
biologisch zersetzbar biodegradable [bio]
Biomasse *f* biomass [met]
Biomassekonverter *m* biomass converter [pow]
Biorohstoff *m* bioresource [met]
Biosphäre *f* biosphere [bio]
Biotonne *f* biodegradable waste bin [rec]
Biotop *n* biotope
Bischofsstadt *f* episcopal town [com]
Bitumen *n* asphalt [met]; asphaltic bitumen [met];
  bitumen [met]
Bitumen-Mineral-Gemisch *n* asphalt-aggregate
  mixture [met]
Bitumenabdichtung *f* bitumen sealing
Bitumenanstrich *m* bitumen coating [met];
  bituminous coating [met]; bituminous paint [met]
Bitumenbahn *f* bitumen sheeting [met];
  bituminized sheet; bituminous sheeting [met]
Bitumenbelag *m* (Straßenbau) bituminous surface
  [tra]
Bitumendachpappe *f* bitumen roofing felt [met]
Bitumendachpappe mit Mineralkornabstreuung *f*
  asphalt roofing surfaced with mineral granules
  [met]
Bitumendecke *f* (Straße) bitumen pavement [tib];
  (Straße) bituminous surface [tib]
Bitumendichtung *f* bitumen joint; bitumen lining
  [met]; bituminous seal [met]
Bitumendichtungshaut *f* asphalt membrane [met];
  bitumen membrane [met]
Bitumenemulsion *f* bitumen emulsion
Bitumenfarbe *f* bituminous paint [met]
Bitumenfugenfüller *m* asphalt filler [met]

bitumengetränkt asphalt-impregnated [met]
Bitumengießverfahren *n* bitumen casting process
bitumenhaltig bituminous [met]
Bitumenkitt *m* bituminous mastic [met]
Bitumenklebemasse *f* bituminous adhesive
  compound [met]
Bitumenkleber *m* bituminous adhesive [met]
Bitumenkocher *m* bitumen boiler [prc]
Bitumenlack *m* bitumen varnish [met]; bituminous
  varnish [met]
Bitumenlösung *f* bitumen solution [met]
Bitumenmakadam *m* bitumen macadam [met];
  bituminous macadam [met]
Bitumenmembran *f* bituminous membrane [met]
Bitumenpapier *n* asphalt-saturated paper
Bitumenpappe *f* bitumen felt [met]; bituminous
  felt [met]
Bitumenpumpe *f* asphaltic bitumen pump [tib]
Bitumenschlämme *f* bituminous slurry
Bitumenschutzanstrich *m* bituminous protective
  paint [met]
Bitumenschweißbahn *f* asphalt sheeting [met];
  welded bitumen sheet [met]; welded bitumen
  sheeting [met]
Bitumensplitt *m* asphalt chippings [met]
Bitumensplittdecke *f* bitumen macadam carpet [tib]
Bitumensprengpumpe *f* asphalt spray pump
Bitumenstraßenbau *m* asphalt paving [tib]
bitumenüberzogen asphalt-coated [met]
Bitumenunterpressung *f* asphalt underseal [tib]
Bitumenunterschweißbahn *f* bituminous weldable
  membrane [met]
Bitumenverträglichkeit *f* (Dichtungstechnik)
  receptivity to bitumen [met]
Bitumenvoranstrich *m* bitumen precoat
Bituminierung *f* bituminization [met]
bituminös asphaltic [met]; bituminous [met]
bituminöse Sperrschicht *f* (gegen Unkraut)
  bituminous weed barrier
Blähbeton *m* aerated concrete [mat]; cellular
  expanded concrete [bon]; expanded concrete
  [bon]; gas concrete [bon]
blähen *v* (Beton) expand [met]
Blähen *n* (Beton) expansion [met]
Blähgranulat *n* swelling granulate [met]
Blähmittel *n* (Treibmittel) gas-forming agent
  [met]
Blähschiefer *m* (Baustoff) expanded shale [met];
  (Baustoff) expanded slate [met]
Blähschlamm *m* bulking sludge [was]
Blähton *m* bloating clay [met]; expanded clay
  [met]; swelling clay [met]
blättern *v* (sich ablösen) flake off [met]
Bläue *f* (Holz) blue stain [met]
Bläueschutz-Grundanstrich *m* blue-stain inhibiting
  primer [met]

Blasenbildung *f* (Anstrich) bubbling [met]
blasenfrei free of blowholes [met]; (z.B. Stahl) non-blistered [met]
Blatt *n* (Tür) leaf; (Windenergieanlage (Praktikerjargon)) rotor blade [pow]
Blatteinstellwinkel *m* (Rotor Windenergieanlage) pitch angle [pow]
Blattfläche *f* (Rotor Windenergieanlage) blade area [pow]
Blattfries *m* (mittelalterliche Kirche) foliated frieze [arc]
Blattkapitell *n* (Säule) foliated capital [arc]
Blattprofil *n* (Windenergieanlage) aerofoil [pow]
Blattrührer *m* blade mixer [prc]; blade stirrer [prc]
Blattsäge *f* wide-bladed saw [wzg]
Blattstahl *m* sheet steel [met]
Blatttiefe *f* (Rotor Windenergieanlage) chord [pow]
Blattverstellantrieb *m* (Rotor Windenergieanlage) pitch drive [pow]
Blattwerkverzierung *f* (Gotik) foliated scrollwork [arc]
Blattwurzel *f* (Windenergieanlage) blade root [pow]
Blattzahl *f* (Rotorblätter Windenergieanlage) blade number [pow]
Blaufäule *f* (Holz) blue disease [met]; (Holz) blue stain [met]
Blech *n* (Grobblech) metal plate [met]; metal sheet [met]; (Platte) plate [met]; (Platte: Feinblech) sheet [met]; (Metall) sheet metal [met]
Blechabfälle *pl* sheet metal scrap [rec]
Blechabfall *n* sheet scrap [rec]
Blechauskleidung *f* sheet iron lining
Blechbelag *m* sheet covering [stb]
Blechbeulung *f* sheet buckling [met]
Blechbiegemaschine *f* plate-bending machine [wer]; sheet metal folding machine [wer]; sheet-bending machine [wer]
Blechbiegen *n* sheet bending [wer]
Blechbördelmaschine *f* sheet-bordering machine [wer]
Blechbogen *m* plate arch [stb]
Blechbohrer *m* sheet drill [wzg]
Blechdach *n* tin roof
Blechdicke *f* gauge of sheet [met]
Blechfassade *f* sheet metal façade
Blechhaut *f* metal liner [met]; metal skin [met]; skin plate [met]
Blechhülse *f* sheet metal tube
Blechkamin *m* steel stack [stb]
Blechkante *f* edge of sheet [stb]; sheet edge
Blechkonstruktion *f* sheet construction
Blechmantel *m* iron covering [met]; iron shell [met]; metal jacket [met]; sheet iron shell [met]; sheet metal casing [met]; sheet metal jacket [met]
Blechplatte *f* sheet metal plate [met]
Blechprofil *n* sheet metal profile [met]

Blechrichtmaschine *f* plate-straightening machine [wer]
Blechrohr *n* sheet iron pipe [met]; sheet metal tube [met]
Blechrohrleitung *f* sheet metal conduit [met]
Blechschalung *f* metal formwork [bon]; metal shuttering [bon]
Blechschere *f* sheet shearing machine [wzg]
Blechschraube *f* sheet metal screw [tec]
Blechschrott *m* sheet scrap [rec]
Blechträger *m* plate girder [stb]; plate girder [stb]
Blechträgerbrücke *f* plate girder bridge [stb]
Blechträgersteg *m* plate girder web [stb]
Blechummantelung *f* sheet casing [met]; sheet metal enclosure [tec]
Blechverkleidung *f* (Behälterauskleidung) metal shroud [met]; sheeting
Blechverpackung *f* sheet metal box
Blei-Zink-Akkumulator *m* lead-zinc accumulator [elt]; lead-zinc storage battery [elt]
Bleiakkumulator *f* lead accumulator [elt]; lead storage battery [elt]
Bleibatterie *f* lead acid battery [elt]; lead battery [elt]
Bleiboratglas *n* lead borate glass [met]
Bleichboden *m* podsol soil [geo]
bleichen *v* (ausbleichen) bleach [che]
Bleicherde *f* bleaching soil [geo]; podsol [geo]
Bleichkalk *m* bleaching lime [met]; bleaching powder [met]; chlorinated lime [met]
Bleichlauge *f* bleaching lye [met]
Bleichmittel *n* bleaching agent [met]; decolourant [met]
Bleifarbe *f* lead colour [met]; lead paint [met]; lead pigment [met]
Bleigehalt *m* lead content [met]
bleihaltig containing lead [met]
Bleihütte *f* lead foundry [roh]
Bleikabel *n* lead-covered cable [elt]
Bleileitungsrohr *n* lead pipe
Bleilot *n* lead solder [met]; plumb line [met]
Bleimennige *n* plumbous-plumbic oxide [met]; red lead [met]
Bleiplatte *f* sheet of lead [met]
Bleirohr *n* lead pipe [met]
Bleistiftzeichnung *f* (technische Zeichnungen) pencil drawing [des]
Bleiverglasung *f* lead glazing
Blendboden *m* subfloor
Blendbogen *m* shallow arch
Blendbogen, halber - *m* (Gotik) blind semi-arch [arc]
Blendbogenfries *m* (an gotischen Kirchen) parapet decorated with blind arches [arc]
Blende *f* (am Fenster) blind

Blendgiebel *m* attached gable; (aufgesetzte Fensterdekoration) blind gabled arch [arc]

Blendleiste *f* edging board; internal architrave; platband

Blendmaßwerk, rhombenförmiges - *n* (Gotik) blind rhombus tracery [arc]

Blendmauer *f* facing wall; honeycomb wall; screen wall

Blendrahmen *m* built-in frame; (Fenster) sash frame; (Fenster) window frame

Blendrahmenpfosten *m* (Fenster) window jamb

Blendschutz *m* antiglare protection [asi]

Blendschutzfilter *m* antiglare filter [asi]

Blendtür *f* (Klassizismus) blind door [arc]

Blendwand *f* (Burgmauer) curtain wall [arc]

Blendziegel *m* facing brick

Blickbeziehung *f* visual connection [arc]

Blickverbindungen *pl* lines of sight

Blindboden *m* false floor

Blindbogen *m* blind arch

Blinddraht *m* blind wire

Blindenergie *f* reactive energy [elt]

Blindfenster *n* blank window; blind window

Blindlast *f* inductive load [elt]; reactive load [elt]

Blindleistung *f* blind power [elt]; reactive power [elt]

Blindleistungskompensation *f* reactive power compensation [elt]

Blindleistungsregelung *f* reactive power control [elt]

Blindniet *m* blind rivet [met]

Blindnietbolzen *m* blind rivet stud [tec]

Blindprobe *f* blank sample [any]; blank test [any]; blind sample [any]

Blindstab *m* (Spannbeton) unstrained member

Blindstrom *m* idle current [elt]; reactive current [elt]

Blindtür *f* blank door; blind door

Blindvermauern *n* blanking up with bricks

Blindversuch *m* blank test [any]; blank trial [any]; blind test [any]

Blindwiderstand *m* reactance [elt]

Blinkgeber *m* (Relais) flasher relay [elt]

Blinkleuchte *f* blinking light [asi]; flashing light [asi]

Blinklicht *n* blinking light [asi]; (Arbeitsschutz) flashing beacon [wer]; flashing light [asi]

Blinklichtanzeige *f* flashing-light indication [elt]

Blinkzeichen *n* flashing signal [asi]

Blitzableiter *m* lightning arrester [elt]; lightning conductor [elt]; lightning rod [elt]; lightning-conductor

Blitzableiterstange *f* lightning rod [elt]

Blitzableiterstütze *f* lightning conductor support

Blitzeinschlag *m* lightning incidence [elt]

Blitzschutz *m* arrester [elt]; lightning arrester [elt]; lightning protection [elt]

Blitzschutz mittels Luftstrecke *m* air-gap protector [elt]

Blitzschutzanlage *f* lightning protection installation [elt]; lightning protection system [elt]

Blitzschutzeinrichtung *f* lightning protection equipment [elt]

Blitzschutzvorrichtung *f* lightning conductor [elt]

Block *m* (Wohnblock) block

Blockbau *m* log construction

Blockbauweise *f* (Fertigbauweise) construction with logs; unit construction

Blockbebauung *f* block development [com]; perimeter development

Blockfundament *n* block foundation; foundation pad; single footing foundation

Blockhaus *n* blockhouse; log building; log cabin

Blockheizkraftwerk *n* co-generation [pow]; combined heating and power station [pow]; district-heating power station [pow]

Blockheizung *f* zone heating [pow]

blockieren *v* (sperren) interlock; (anhalten) lock

Blockkraftwerk *n* unit-type power station [pow]

Blocklast *f* block load

Blocklehm *m* boulder clay [geo]

Blockleistung *f* unit output [pow]

Blockprepolymer *n* block prepolymer [met]

Blockrandbebauung *f* block edge development [com]

Blockschaltbild *n* block diagram [des]; mimic diagram [des]

Blockschema *n* block diagram [des]; block model [des]; block schematic diagram [des]

Blocksteinformat *n* block form

Blocksteinherstellung *f* blockmaking [wer]

Blockverband *m* English bond

Bluten *n* (Anstrich) sweating

Bock *m* (Sockel) pedestal; stand; (Stützrahmen) support frame [stb]

Bockbrücke *f* trestle bridge

Bockkran *m* gantry crane [wer]

Bockkran mit Rädern *m* travelling-gantry crane

Bockwindmühle *f* adjustable windmill [pow]

Boden *m* (Unterlage) base; (Unterlage) bed; (Grund) bottom [geo]; (Erdboden) earth [geo]; (Fußboden) floor; (Unterlage) foundation; (Erdboden) ground [geo]; (Fußboden) ground; (Erdboden) land [geo]; (Erdboden) soil [geo]

Boden, ableitfähiger - *m* grounded floor

Boden, abtragbarer - *m* workable soil [geo]

Boden, abzutragender - *m* bank material [geo]

Boden, alkalischer - *m* alkaline soil [geo]

Boden, angeschütteter - *m* backfilled soil [geo]

Boden, angeschwemmter - *m* alluvial deposit [geo]

Boden, anstehender - *m* in situ soil; in situ soil [geo]; in-place soil [geo]; native soil [geo]; site soil [geo]

Boden, aufbereiteter - *m* treated soil [geo]
Boden, aufgefüllter - *m* made-up ground [geo]
Boden, ausgehobener - *m* spoil [geo]
Boden, ausgewaschener - *m* leached soil [geo]
Boden, baggerbarer - *m* diggable soil [tib]
Boden, belasteter - *m* contaminated soil [geo]; polluted soil [geo]
Boden, bentonit-vergüteter - *m* (Deponie) bentonite-amended soil [geo]
Boden, bindiger - *m* binder soil [geo]; coherent soil [geo]; cohesive soil [geo]; compact soil [geo]
Boden, durchlässiger - *m* permeable soil [geo]; pervious soil [geo]
Boden, faserbewehrter - *m* (Deponie) fibre-reinforced soil [geo]
Boden, fester - *m* firm ground [geo]
Boden, fetter - *m* rich soil [geo]
Boden, fruchtbarer - *m* rich soil [geo]
Boden, gefrorener - *m* frozen ground [geo]
Boden, gemischter - *m* mixed soil [geo]
Boden, geschichteter - *m* layered soil [geo]
Boden, gewachsener - *m* natural ground [geo]; natural soil [geo]; original soil [geo]; undisturbed soil [geo]; unspoilt land [geo]; virgin ground [geo]
Boden, kalkhaltiger - *m* calcareous soil [geo]
Boden, kontaminierter - *m* contaminated soil [geo]
Boden, lehmiger - *m* loamy soil [geo]
Boden, lockerer - *m* loose ground [geo]
Boden, magerer - *m* poor soil [geo]
Boden, nackter - *m* bare ground [geo]
Boden, nährstoffarmer - *m* poor soil [geo]
Boden, nährstoffreicher - *m* rich soil [geo]
Boden, neutraler - *m* neutral soil [geo]
Boden, nicht bindiger - *m* cohesionless soil [geo]; frictional soil [geo]; granular soil [geo]; non-cohesive soil [geo]
Boden, nicht standfester - *m* cohesionless soil [geo]; loose ground [geo]; unstable ground [geo]
Boden, organischer - *m* organic soil [geo]
Boden, rolliger - *m* granular soil [geo]
Boden, ruhender - *m* repose soil [geo]
Boden, sandiger - *m* sandy soil [geo]
Boden, saurer - *m* acid soil [geo]
Boden, schlammiger - *m* muddy soil [geo]
Boden, schlecht gepufferter - *m* (pH-Wert) poorly buffered soil [geo]
Boden, schwerer - *m* hard soil; heavy soil [geo]
Boden, schwimmender - *m* floating floor
Boden, standfester - *m* cohesive soil [geo]
Boden, sumpfiger - *m* boggy soil [geo]
Boden, toniger - *m* clayey soil [geo]
Boden, umgelagerter - *m* transported soil [geo]
Boden, ungefrorener - *m* unfrozen soil [geo]
Boden, verarmter - *m* poor soil [geo]
Boden, verbesserter - *m* modified soil [geo]

Boden, verdichteter - *m* compressed soil [geo]
Boden, verunreinigter - *m* contaminated soil [geo]
Boden, vulkanischer - *m* volcanic soil [geo]
Boden, wasserundurchlässiger - *m* impermeable ground [geo]; impervious soil [geo]
Boden, weicher - *m* soft ground [geo]
Boden; windtransportierter - *m* acolian soil [geo]
Boden- und Wandfliesenarbeiten *pl* floor and wall tiling work
Bodenabdeckung *f* soil covering [geo]
Bodenabdichtung *f* soil waterproofing [geo]
Bodenablauf *m* floor drain; floor drainage [was]; floor gully [was]; floor outlet [was]; ground drains [was]
Bodenabtrag *m* digging-out [geo]; excavation [tib]
Bodenabtragung *f* soil erosion [geo]
Bodenacidität *f* soil acidity [geo]
Bodenanalyse *f* soil analysis [geo]
Bodenanker *m* floor anchor
Bodenanstrich *m* antifouling composition [met]; floor painting
Bodenart *f* soil type [geo]; soil type [geo]; type of soil [geo]
Bodenatmung *f* soil respiration [geo]
Bodenaufbau *m* recultivation of soil [geo]; soil structure [geo]; texture of the soil [geo]
Bodenauftrag *m* (Aufbringung auf den Boden) application to soil [geo]; filled ground [geo]; soil pile-up [geo]
Bodenausbildung *f* ground formation [geo]
Bodenausgangsmaterial *n* soil parent material [geo]
Bodenaushub *m* digging-out [tib]; excavated earth [tib]; excavated soil; excavation [tib]; (Vorgang) soil excavation
Bodenauslaugung *f* soil eluviation [geo]; soil exhaustion [geo]; soil leaching [geo]
Bodenausschachtungen *pl* earth excavation [tib]
Bodenaustausch *m* exchange of the soil [tib]; soil exchange [tib]; soil exchange [tib]; soil replacement [tib]
Bodenauswaschung *f* soil leaching [geo]
Bodenbedeckung *f* (Teppichboden) carpeting
Bodenbehandlung *f* soil treatment [geo]
Bodenbeläge *pl* floor coverings
Bodenbelag *m* bottom paving; deck; floor covering; flooring
Bodenbelag, gleitsicherer - *m* skid-proof flooring
Bodenbelag, rutschfester - *m* non-skid flooring; slip-resistant flooring
Bodenbelag, rutschsicherer - *m* antislip floor covering
Bodenbelag, textiler - *m* textile flooring
Bodenbelagsarbeiten *pl* (DIN 18365) floor covering work; flooring work
Bodenbelagsklebstoff *m* flooring adhesive [met]

Bodenbelastung f floor loading [sik]; impact of soil [geo]; soil contamination [geo]; soil loading [geo]

Bodenbelastung, höchste - f maximum loadbearing capacity

Bodenbelüftung f aeration of soil [geo]

Bodenbeschaffenheit f (Baugrund) condition of the ground [geo]; (in Hallen usw.) floor conditions; nature condition of the soil [geo]; nature of soil [geo]; soil composition [geo]; soil condition [geo]; soil property [geo]; soil quality [geo]

Bodenbeschichtung f floor coating; floor topping

Bodenbestandteile pl soil components [geo]; soil constituents [geo]

Bodenbeton m soil cement [bon]

Bodenbeurteilung f soil evaluation [geo]

Bodenbewegung f earth movement [tib]; earthwork; soil movement [geo]

Bodenbildung f soil formation [geo]; soil genesis [geo]

Bodenchemie f soil chemistry [che]

Bodendaten pl ground data [geo]

Bodendecke f soil cover [geo]

Bodendekontamination f soil decontamination [geo]

Bodendichte, tatsächliche - f actual density of soil [geo]

Bodendiele f (Holz) flooring board

Bodendränage f ([Variante]) soil drainage [was]

Bodendruck m (Belastung) bearing load; (horizontal) earth pressure [geo]; (Gründung) foundation pressure [geo]; ground pressure [geo]; soil pressure [geo]

Bodendurchbruch m floor opening

Bodendurchlüftung f soil aeration [geo]

Bodendurchmischung f soil mixing [geo]

Bodendynamik f soil dynamics [geo]

Bodeneinfassung f floor collar

Bodeneinschnitt m soil cutting [geo]

Bodeneis n ground ice [geo]

Bodenelement n floor installation element

Bodenentgiftung f soil decontamination [geo]

Bodenentleerer m (Schachtförderung) skip [tib]

Bodenentleerung f bottom discharge [prc]

Bodenentleerung, geteilte - f split-bottom dump [tra]

Bodenentleerungsventil n bottom drain valve [prc]

Bodenentnahmeverfahren n soil removal technique

Bodenentseuchung f soil decontamination [geo]

Bodenentsiegelung f ground unsealing

Bodenentwässerung f drainage of land [geo]; land drainage [tib]; soil drainage [was]; sub-drainage [tib]

Bodenentwicklung f soil development [geo]

Bodenerhaltung f soil conservation [geo]

Bodenerosion f mass wasting [geo]; soil erosion [geo]

Bodenerschöpfung f soil depletion [geo]; soil exhaustion [geo]

Bodenfestigkeit f soil strength [geo]; strength of the ground [geo]

Bodenfeuchte f ground moisture [geo]; soil humidity [geo]; soil moisture [geo]

Bodenfeuchte, vorhergehende - f antecedent soil moisture [geo]

Bodenfeuchteäquivalent n soil moisture equivalent [geo]

Bodenfeuchtedefizit n soil moisture deficiency [geo]; soil moisture deficit [geo]

Bodenfeuchtegehalt m soil moisture content [geo]

Bodenfeuchteprofil n soil moisture profile [geo]

Bodenfeuchterückhalt m soil moisture retention [geo]

Bodenfeuchtesonde f soil moisture probe [any]

Bodenfeuchtezone f belt of soil moisture [geo]

Bodenfeuchtigkeit f ground damp [geo]; ground humidity [geo]; ground moisture [geo]; moisture content of soil; soil humidity [geo]; soil moisture [geo]

Bodenfeuchtigkeit, aufsteigende - f rising soil moisture [geo]

Bodenfeuchtigkeit, seitliche - f (Erdbau) lateral soil moisture [geo]

Bodenfilter m soil filter [geo]

Bodenfiltration f soil filtration [geo]

Bodenfläche f floor area [geo]; floor space; ground area

Bodenfliese f floor tile

Bodenfließen n earthflow [geo]; soil creep [geo]; soil flow [geo]

Bodenform f configuration of the ground [geo]

Bodenfruchtbarkeit f soil fertility [geo]

Bodenfunktion f function of the soil [geo]

Bodengare f optimum soil condition [geo]; soil fertility [geo]; soil maturity [geo]

Bodengefüge n soil structure [geo]

Bodengemenge n (aus Ackerkrume und Unterboden) solum [geo]

Bodengemisch n soil mixture [geo]

Bodengeologie f soil geology [geo]

Bodengestalt f soil topographical feature [geo]

Bodengestaltung f soil topography [geo]

Bodengüte f soil quality [geo]

Bodengutachten n soil report [geo]

Bodenhaftung, geringe - f (Baufahrzeug) poor footing

Bodenhebung f land upheaval [geo]

Bodenheizung f underfloor heating [pow]

Bodenheizungssystem n underfloor heating system [pow]

Bodenhilfsstoff m soil conditioner [geo]

Bodenhorizont *m* soil horizon [geo]
Bodeninformationssystem *n* soil information system [geo]
Bodenkammer *f* attic; garret
Bodenkanal *m* floor duct; underground duct
Bodenkapillare *f* soil capillary [geo]
Bodenkarte *f* soil map [geo]
Bodenklappe *f* (Fahrzeug) bottom dump hatch [tib]; floor damper
Bodenklasse *f* soil class [geo]
Bodenklima *n* soil climate [geo]
Bodenkolloid *n* soil colloid [geo]
Bodenkomplex *m* soil complex [geo]
Bodenkontamination *f* contaminated site [geo]; contamination of land [geo]; soil contamination [geo]; soil contamination [geo]
Bodenkontamination, diffuse - *f* uniformly contaminated site [geo]
Bodenkontamination, örtliche - *f* locally contaminated site [geo]
Bodenkonzentration *f* ground-level concentration [geo]
Bodenkorrosion *f* soil corrosion [geo]; (Korrosion von Leitungen im Boden) underground corrosion [met]
Bodenkriechen *n* soil flow [geo]
Bodenkrume *f* soil cover [geo]; surface soil [geo]; topsoil [geo]
Bodenkruste *f* soil crust [geo]
Bodenkultivierung *f* soil cultivation [geo]
Bodenlandschaft *f* soil landscape [geo]
Bodenlegerarbeiten *pl* floor laying
Bodenluft *f* ground air [geo]; soil air [geo]; soil atmosphere [geo]
Bodenluftabsauganlage *f* ground air extraction unit [geo]
Bodenluftabsaugung *f* extraction of air at ground level [geo]; ground air extraction [geo]; soil exhaust ventilation [geo]
Bodenluftabsaugungsanlage *f* soil exhaust ventilation plant [geo]
Bodenluke *f* floor hatch
Bodenlysimeter *n* soil lysimeter [any]
Bodenmächtigkeit *f* soil depth [geo]
Bodenmanagement, haushälterisches - *n* prudent land management [eco]
Bodenmechanik *f* soil mechanics [geo]
Bodenmischung *f* soil aggregate [geo]; soil mixture [geo]
Bodenmörtel *m* (Deponie) soil mortar [geo]
Bodenniveau *n* ground level
Bodennutzung *f* land utilization [geo]
Bodennutzung, konkurrierende - *f* concurrent uses of soil [geo]
Bodenoberfläche *f* ground surface [geo]
Bodenphysik *f* soil physics

Bodenplatte *f* base plate; (Fundament) base plate; bed plate; bottom panel; bottom plate; floor plate; (aus Beton) floor slab; foundation; foundation slab; soffit slab; sole plate
Bodenporosität *f* soil porosity [geo]
Bodenpressung *f* base compression; bearing pressure; (Fundament) ground bearing load; ground pressure [geo]; (Behälter) pressure on the bottom; soil pressure [geo]
Bodenprobe *f* core sample [any]; soil sample [geo]; soil specimen [geo]
Bodenprobe, gestörte - *f* disturbed soil sample [any]
Bodenprobeentnahme *f* soil sampling [any]
Bodenprofil *n* soil profile [geo]
Bodenprüfung *f* ground test [any]
Bodenprüfung vor Ort *f* in situ soil testing [any]
Bodenreinigung *f* soil cleaning [geo]; soil decontamination [geo]; soil remediation [geo]
Bodenrekultivierung *f* soil reclamation [geo]
Bodenrichtwert *m* guiding private value [eco]; land valuation [jur]; standard value of site [eco]
Bodensättigung *f* saturation of the soil [geo]
Bodensanierung *f* decontamination of soil [geo]; soil cleaning [geo]; soil decontamination [geo]; soil restoration [geo]
Bodensatz *m* (Rückstand) residue [che]; soil sediment [geo]
Bodenschadstoff *m* soil contaminant [geo]; soil pollutant [geo]
Bodenschädigung *f* soil damage [geo]
Bodenschätze, unerschlossene - *pl* untapped resources [roh]
Bodenschicht *f* groundlayer [geo]; layer of the earth [geo]; soil layer [geo]; (Geologie) soil strain [geo]; (Geologie) soil stratum [geo]
Bodenschicht, Wasser führende - *f* water-bearing soil stratum [was]
Bodenschichtung *f* (Geologie) soil stratification [geo]
Bodenschlamm *m* (Abwasser) bottom deposits [was]
Bodenschlitz *m* floor duct
Bodenschutz *m* conservation of soil [geo]; protection of the soil [geo]; soil conservation [geo]; soil protection [geo]
Bodenschutzgesetz *n* Soil Conservation Act [jur]
Bodenschutzverordnung *f* Soil Conservation Ordinance [jur]
Bodenschwelle *f* ground sill [geo]; sill
Bodenschwingungen *pl* floorborne vibrations
Bodensenke *f* sink [geo]
Bodensenkung *f* ground settlement [geo]; soil subsidence [geo]; subsidence [geo]; subsidence of ground [geo]; subsidence of soil [geo]
Bodensetzung *f* settling [geo]; subsidence [geo]

Bodensonde *f* soil probe [any]
Bodenspekulation *f* land speculation [eco]
Bodenstabilisierer *m* (Maschine) soil stabilizer
Bodenstabilisierung *f* soil stabilization
Bodenstabilisierungsmaschine *f* soil stabilization machine
Bodenstein *m* bottom block
Bodenstickstoff *m* soil nitrogen [che]
Bodenstruktur *f* soil structure [geo]; soil texture [geo]; structure of the ground [geo]
Bodenstrukturanalyse *f* ground structure analysis [any]
Bodentasse *f* base cup
Bodentemperatur *f* ground temperature [geo]
Bodentextur *f* soil texture [geo]
Bodentiefe *f* soil depth [geo]
Bodentragfähigkeit *f* floor loading capacity; soil-bearing capacity
Bodentragprobe *f* soil-bearing test [geo]
Bodentragwert *m* soil-bearing value
Bodentrichter *m* funnel in the ground [geo]
Bodentürschließer *m* (Tür) floor spring
Bodentyp *m* soil type [geo]
Bodenunebenheit *f* ground irregularity [geo]
Bodenuntersuchung *f* examination of soil [geo]; soil analysis [any]; soil examination [any]; soil exploration [any]; soil investigation [geo]; subsoil exploration [any]; subsoil investigation [geo]; subsurface investigation [geo]
Bodenuntersuchungen *pl* soil testing [geo]
Bodenveränderungen *pl* changes in the soil [geo]; soil changes [geo]
Bodenveränderungen, schädliche - *pl* harmful changes in the soil [geo]
Bodenverankerung *f* floor anchorage; ground anchorage
Bodenverarmung *f* soil impoverishment [geo]
Bodenverbesserung *f* land amelioration [geo]; land improvement [geo]; land reclamation [geo]; soil improvement [geo]
Bodenverbesserungsmittel *n* means of soil improvement [geo]; soil conditioner [geo]
Bodenverdichter *m* (Maschine) soil compactor
Bodenverdichtung *f* consolidation [geo]; (künstlich) ground compaction; (natürlich) ground consolidation; (Erdbau) punning; soil compaction; (natürliche -) soil consolidation [geo]; soil sealing
Bodenverdichtung, künstliche - *f* artificial consolidation [geo]
Bodenverdichtung, natürliche - *f* consolidation [geo]; earth consolidation [geo]
Bodenverdichtungsmaschine *f* soil compaction machine
Bodenverdichtungsverfahren *n* soil solidification method [geo]

Bodenverdrängungsverfahren *n* soil displacement technique [geo]
Bodenverfestigung *f* compacting of soil; earth solidification [tib]; ground stabilisation; ground stabilisation [geo]; soil consolidation [geo]; soil stabilization [geo]
Bodenverfestigung, chemische - *f* chemical soil solidification [geo]
Bodenverfestigungswalze *f* compaction roller [tib]
Bodenvergiftung *f* soil contamination [geo]
Bodenverhältnisse *pl* structure of the ground [geo]
Bodenverhältnisse, weiche - *pl* soft underfoot conditions
Bodenverkrustung *f* soil crusting [geo]
Bodenverlagerung *f* soil movement [geo]
Bodenverlaufmasse *f* flooring compound [met]
Bodenvermörtelung *f* (durch Beigabe von Stabilisator) additive soil stabilization [tib]; soil stabilization [tib]
Bodenversalzung *f* salinization of soil [geo]; soil salinization [geo]
Bodenversauerung *f* acidification of soil [geo]; soil acidification [geo]
Bodenverschiebung *f* soil creep [geo]
Bodenverschlämmung *f* soil mud silting [geo]
Bodenverschmutzung *f* soil contamination [geo]; soil pollution [geo]
Bodenversiegelmittel *n* floor sealant [met]
Bodenversiegelung *f* (Versiegeln) floor sealing; sealing of the soil [tib]; soil sealing; surface sealing [geo]
Bodenverunreinigung *f* ground pollution [geo]; land pollution [geo]; soil contamination [geo]; soil pollution [geo]
Bodenvorbereitung *f* soil preparation [tib]
Bodenwäsche *f* soil washing [geo]
Bodenwanne *f* trough
Bodenwaschanlage *f* soil cleaning apparatus [geo]; soil cleaning plant [geo]
Bodenwasser *n* gravitational water [geo]; groundwater [was]; soil water [geo]; subsurface water [was]
Bodenwasserdruck *m* seepage pressure [geo]
Bodenwassergehalt, vorhergehender - *m* antecedent soil moisture [geo]
Bodenwasserhaushalt *m* soil moisture [geo]; soil water balance [was]; soil water content [geo]
Bodenwasservorrat *m* moisture storage [geo]
Bodenwelle *f* bump [tra]
Bodenwert *m* land value [eco]
Bodenwiderstand *m* soil resistance [geo]
Bodenzerstörung *f* soil degradation [geo]
Bodenzone, belüftete - *f* zone of aeration [geo]
Bodenzone, gesättigte - *f* (wassergesättigt) zone of saturation [geo]
Bördel *m* raised edge

Bördeleisen *n* bordering tool [wzg]
Bördelnaht *f* flanged seam [met]
Bördelverbindung *f* flare joint [met]
Börse *f* (Gebäude) stock exchange
Böschung *f* (am Fluss) berm [geo]; (Straßenein-
schnitt) cut slope; (an der Straße) embankment
[tib]; (Geländestufe) escarpment [geo]; scarp
[geo]; (Schräge, Neigung) slope [geo]
Böschung im Einschnitt *f* slope of cutting [tib]
Böschung, natürliche - *f* natural slope [geo]
Böschung, steile - *f* acclivity [geo]; escarpment
[geo]; steep slope [geo]
Böschung, Wellen brechende - *f* wave-trap floor
[wba]
Böschungsabdeckung *f* facing [tib]
Böschungsabschwemmung *f* slope wash [geo]
Böschungsabziehen *n* (mit Straßenhobel) bank
sloping [tib]
Böschungsbefestigung *f* slope stabilization [tib]
Böschungsbruch *m* (Standsicherheit) slope failure
Böschungsdichtung *f* slope sealing [tib]
Böschungserdhobel *m* angledozer
Böschungsfuß *m* slope toe
Böschungshobel *m* backsloper [tib]
Böschungskrone *f* slope top
Böschungsmauer *f* abutment wall; toe wall [wba]
Böschungsmauer, äußere - *f* counterscarp wall
Böschungsneigung *f* batter; inclination of slope
[geo]
**Böschungsneigungen, die für eine Nachnutzung
geeignet sind** *f* (Deponie) slopes to be suited to
afteruse
Böschungspflaster *n* slope sett paving [tib]
Böschungsplaniermaschine *f* slope trimmer [tib]
Böschungsprofil *n* profile of slope [tib]
Böschungsräumer *m* raking-down device [tib]
Böschungsrutsch *m* caving slope failure [geo]
Böschungsrutschung *f* lateral slide [geo]
Böschungssicherung *f* slope protection [tib];
stabilization of slope [tib]
Böschungsstein *m* sloping block
Böschungsstreifen *m* berm [geo]
Böschungswalze *f* embankment roller [tib]; slope
roller [tib]
Böschungswinkel *m* (Schüttgut) angle of repose
[prc]; (Schüttgut) angle of slope [prc]; slope
angle [tib]
Böschungswinkel, natürlicher - *m* angle of natural
slope [geo]; angle of repose
Bogen *m* (Bauwerk) arch; (Rohrbogen) bend;
curved beam; (Rohrbogen) elbow
Bogen mit Zugband *m* arch with tie rod [sik]
Bogen, abgesetzter - *m* shouldered arch
Bogen, abgestrebter - *m* buttressed arch
Bogen, eingespannter - *m* (Bauwerk) fixed arch;
fixed-end arch; hingeless arch; rigid arch

Bogen, elastischer - *m* elastic arch
Bogen, fallender - *m* inclined arch
Bogen, flacher - *m* shallow arch
Bogen, gedrückter - *m* (Klassizismus) depressed
arch [arc]
Bogen, gelenkloser - *m* (Brücke) fixed arch
Bogen, gerader - *m* straight arch
Bogen, romanischer - *m* Roman arch
Bogenachse *f* arch axis [des]
Bogenansatz *m* spring of an arch
bogenartig arched
Bogenaussteifung *f* arch stiffening
Bogenaussteifungselement *n* arch stay
Bogenbalken *m* curved beam
Bogenbinder *m* bowstring girder
Bogenbrücke *f* arch bridge; arched beam bridge;
arched bridge
Bogenbrücke mit aufgeständerter Fahrbahn *f*
spandrel-braced arch bridge [stb]; spandrel-braced
bridge
Bogenbrücke mit eingehängter Fahrbahn *f* arched
trough bridge
Bogendecke *f* vaulted ceiling
Bogenfachwerk *n* arch truss
Bogenfachwerkbrücke *f* spandrel-braced bridge
Bogenfeld *n* (in Bogenbrücke) arch panel [stb]
Bogenfenster *n* arched window
Bogenflansch *m* arched boom
bogenförmig arch-like; arched
Bogenfutter *n* arch lining
Bogengang *m* arcade
Bogengerüst *n* soffit scaffolding
Bogengewichtssperre *f* arch gravity dam [wba]
Bogengewichtsstaumauer *f* arch gravity dam [wba]
Bogengewölbe *n* arch [arc]; entire arch
Bogengurt *m* arch boom; arched boom
Bogenhöhe *f* arch rise; height of arch
Bogenkämpfer *m* (Ziegel) springer tile
Bogenkonstruktionshöhe *f* arch depth
Bogenkreuzung *f* intrados
Bogenlager *n* arch bearing
Bogenlaibung *f* intrados
Bogenlinie *f* outline of arch
Bogennische *f* arched recess
Bogenpfeil *m* rise of arch
Bogenpfeiler *m* arch pier
Bogenrippe *f* arch rib
Bogenrücken *m* back of arch
Bogensäge *f* backsaw [wzg]; jig saw [wzg]
Bogenscheibe *f* arch slab
Bogenscheitel *m* crown; vertex [arc]
Bogenschenkel *m* haunch
Bogenschnitt *m* (Vermessung) arc intersection
method [any]
Bogenschub *m* arch thrust; horizontal thrust [sik];
thrust of arch [sik]

Bogenschütz *m* segment-shaped sluice [wba]
Bogensehne *f* arch chord
Bogensehnenträger *m* polygonal bowstring girder
Bogenspannweite *f* arch span
Bogenstab *m* bar of arch [bon]
Bogenstaudamm *m* arch dam [wba]
Bogenstaumauer *f* arch dam; concrete arch dam [wba]
Bogenstaumauer mit Festwinkel *f* constant angle arch dam
Bogenstein *m* arched tile; curve stone; curve stone; (im Rundbogen) voussoir [arc]; (Renaissance) voussoir [arc]
Bogenträger *m* arch beam; arch girder; arch truss [stb]; arched girder; arched girder; bowstring girder; curved beam
Bogenträger mit Zugband *m* bowstring girder [stb]
Bogentreppe *f* arched staircase
Bogentür *f* (Renaissance) arched doorway [arc]
Bogenüberlauf *m* arch spillway [wba]
Bogenverband *m* arch bond
Bogenverschalung *f* arch casing
Bogenweite *f* span of arch
Bogenwiderlager *n* abutment of an arch
Bogenwirkung *f* arching effect
Bogenziegel *m* arch brick
Bohle *f* batten; plank; (Holz) slab [met]
Bohlenbau *m* (Holzbau) stave construction
Bohlenbelag *m* plank bottom; plank covering; plank platform; planking [tib]; timber planking
Bohlendecke *f* plank floor
Bohlenrost *m* plank grating
Bohlenwand *f* horizontal planking
Bohlenweg *m* plank roadway
Bohrabfall *m* drilling waste [rec]
Bohranlage *f* rig [roh]
Bohrarbeiten *pl* (DIN 18301) drilling work [tib]
Bohrbrunnen *m* bore well [wba]
Bohren mit Verkehrtspülung *n* counterflush drilling [tib]
Bohren ohne Voruntersuchungen *n* blind drilling [wba]
Bohrer *m* (Bohrmaschine) drill [wzg]
Bohrfeld *n* drilling field [roh]
Bohrflüssigkeit *f* drilling fluid [met]
Bohrfortschritt *m* drilling progress [tib]
Bohrfutter *n* drill chuck [wzg]; drill head [wzg]
Bohrgelände *n* drilling field [roh]
Bohrgerät *n* drilling equipment [tib]; drilling rig [geo]
Bohrgeschwindigkeit *f* drilling speed
Bohrgründungspfeiler *m* drilled-in caisson [tib]
Bohrgut *n* drill cuttings [rec]; drillings [rec]; (Gestein) rock cuttings [roh]; well cuttings [tib]
Bohrhammer *m* drill hammer [wzg]; rock drill [wzg]

Bohrinsel *f* offshore drilling platform [roh]
Bohrinsel mit ausfahrbaren Pfahlbeinen *f* self-elevating platform [roh]
Bohrinsel, selbstaufrichtende - *f* self-elevating platform [roh]
Bohrklein *n* drill cuttings [rec]
Bohrknarre *f* ratchet brace [wzg]
Bohrkopf *m* cutting head
Bohrkrone *f* bore crown [wzg]; drill bit [wzg]; drilling bit [wzg]
Bohrloch *n* augered hole; shot-hole
Bohrlochanordnung *f* drill-hole spacing [tib]
Bohrlochfutterrohr *n* borehole tubing [wba]
Bohrlochwand *f* perimeter of borehole
Bohrlochzement *m* oil-well cement [met]
Bohrmaschine *f* boring machine [wzg]
Bohrmehl *n* drill cuttings [rec]; drillings [rec]; (Gestein) rock cuttings [roh]
Bohrmeißel *m* bore bit [wzg]; drill bit [wzg]; drilling bit [wzg]
Bohrpfahl *m* bore pile; (Tiefgründung) bored pile [tib]; cylindrical foundation [tib]; foundation pile; pile [tib]
Bohrpfahlwand *f* bore pile wall; (Stützwand) bored pile wall; drill foundation piling
Bohrprobe *f* core sample [any]; drilling sample [any]
Bohrratsche *f* ratchet brace [wzg]
Bohrrohrdrehkopf *m* casing swivel [tib]
Bohrschappe *f* clay cutter [tib]; mud auger [tib]
Bohrschlamm *m* boring sludge [rec]; drilling mud [rec]
Bohrspitze *f* tip [wzg]
Bohrstahl *m* boring tool [wzg]; (Drucklufthammer) jumper [wzg]; steel drill [wzg]
Bohrstange *f* boring rod [wba]; drill rod [roh]; drilling bar [tib]; drilling rod [tib]
Bohrtrommel *f* bull wheel
Bohrturm *m* drill tower [roh]; drilling derrick [roh]; drilling rig [roh]
Bohrturmfundament *n* derrick foundation
Bohrturmkran *m* derrick crane [roh]
Bohrturmmast *m* derrick leg [roh]
Bohrturmstrebe *f* derrick brace [roh]
Bohrung *f* (Bohrloch) borehole; (Vorgang) boring
Bohrungsdurchmesser *m* diameter of bore [des]; size of bore [des]
Bohrungsmitte *f* hole centre [des]
Bohrverfahren *n* boring system; drilling method [tib]
Bohrversuch *m* drilling test [any]
Bohrvorrichtung *f* drill jig [tib]
Bohrvortrieb *m* auger boring
Bohrwinde *f* boring winch [wba]
Boiler *m* (Wassererhitzer) water-heater [elt]
Bollwerk *n* (Festung) bulwark [arc]

Bolzen *m* (Klammer, Stift, Haken) peg; (Stütze) prop; (Nagel) stud
Bolzendübel *m* steel stud; stud shear connector
Bolzengelenk *n* bolted hinge [stb]; pin joint [stb]
Bolzenkopf *m* (Holzbau) pin head
Bolzenloch *n* pinhole [stb]
Bolzenschießgerät *n* cartridge-powered tool [wzg]; explosive-cartridge fastening tool [wzg]; stud driver [wzg]; stud gun [wzg]
Bolzenschneider *m* bolt clipper [wzg]
Bolzenschweißen *n* stud welding [wer]
Bolzensetzer *m* stud driver [wzg]
Bolzenspitze *f* (Holzbau) pin point
Bolzenverbindung *f* bolted connection [stb]; pin connection [stb]
Bombe *f* (Betonkübel) concrete skip [bon]
bombensicher bomb-resistant
Boratglas *m* borate glass [met]
Bordkartenkontrolle *f* (Flughafen) boarding card control [tra]
Bordschwelle *f* (Straße) cupola
Bordschwelle, abgerundete - *f* rolled kerb
Bordschwelle, schräge - *f* (Straßenbau) cambered kerb
Bordschwelle, stark angeschrägte - *f* (Straße) lip kerb
Bordstein *n* border stone; curbstone [tib]; kerbstone
Bordstein *m* curb; kerb
Bordsteinkante *f* edge of the kerb
Bordsteinkante, abgeschrägte - *f* kerb ramp
Boxenkompostierung *f* box composting [rec]
Brache *f* brownfield site [far]; (z.B. Industrie-) derelict land; (innerörtlich) derelicted site
Brachfläche *f* brownfield site [far]
Brachland, städtisches - *n* brownfield [com]
brachliegen *v* lie idle [far]
brachliegend idle
Brackwasser *n* brackish water [was]
Branchenstruktur *f* sectoral structure [eco]
Brand *m* (Schadensfeuer) blaze; (Brennen) fire
Brandabschnitt *m* fire compartment
Brandalarm *m* fire alarm [asi]
Brandausbreitung *f* fire propagation [asi]; fire spread [asi]; fire spreading
Brandausbreitungsgefahr *f* danger of fire spread
Brandausbreitungsverhütung *f* fire spread prevention [asi]
Brandausbruch *m* outbreak of fire
Brandbekämpfung *f* fire extinguishing; firefighting
Brandbekämpfungsplan *m* fire defence plan [asi]
Brandbericht *m* (durch Feuerwehr) fire report
Branddecke *f* compartment floor
Branddetektor *m* fire detection device [asi]
Brandentdeckung *f* fire detection [asi]

Brandentstehung *f* outbreak of fire
Branderkennung *f* detection of fire [asi]
Brandermittlung *f* fire investigation [asi]
Brandfall *m* case of fire [asi]
Brandfluchttreppe *f* fire escape ladder
Brandgas-Feuermelder *m* smoke detector [any]
Brandgefahr *f* danger of fire [asi]; fire hazard [asi]; fire risk [asi]
Brandgeruch *m* smell of burning
Brandgut *n* (brennendes Material bei Brand) burning material [met]
Brandherd *m* source of fire
Brandkruste, verkohlte - *f* (auf Holzwerk) charring
Brandlast *f* fire load
Brandmauer *f* compartment wall; division wall; fire partition; fire wall; fire-division wall; fire-resisting wall; fire-resisting wall; fireproof wall; fireproof wall; party wall
Brandmeldeanlage *f* fire alarm system [asi]; fire detection system [asi]
Brandmeldeanlage, automatische - *f* automatic fire alarm [asi]
Brandmeldekabel *n* fire-alarm cable [asi]
Brandmeldeleitung *f* fire-alarm line [asi]
Brandmelder *m* fire alarm [asi]; fire detector [asi]; fire warning device [asi]
Brandmelder, automatischer - *m* automatic fire alarm [asi]; automatic fire detector [asi]
Brandmeldersäule *f* street fire alarm [asi]
Brandmeldezentrale *f* central fire-alarm system
Brandmeldung *f* fire call [asi]
Brandnest *n* fire pocket
Brandobjekt *n* burning object [asi]
Brandordnung *f* fire clearance [asi]
Brandort *m* fire location
Brandschaden *m* fire damage; fire loss
Brandschau *f* fire surveying service [asi]
Brandschott *n* balkhead; fire-division wall; fire-retarding sealing
Brandschottung *f* fireproof bulkhead
Brandschürze *f* fire curtain
Brandschutz *m* fire protection [asi]
Brandschutz, abwehrender - *m* fire defence [asi]; firefighting
Brandschutz, baulich bedingter - *m* passive fire defence
Brandschutz, baulischer - *m* passive fire protection
Brandschutz, mechanisierter - *m* active fire defence
Brandschutz, vorbeugender - *m* fire prevention; fire prevention; preventive fire protection [asi]
Brandschutzanordnung *f* fire-prevention arrangement [asi]; fire-prevention instruction [asi]
Brandschutzanstrichfarbe *f* (Arbeitsschutz) fire-resisting paint [met]; (Arbeitsschutz) fire-retarding paint [met]; (Arbeitsschutz) fireproof paint [met]

Brandschutzausrüstung *f* (Arbeitsschutz) fire-protection equipment [met]
Brandschutzbestimmungen *pl* fire regulations [asi]
Brandschutzdämmplatte *f* fireproof insulating board [met]
Brandschutzeinlage *f* fire-protection insert [met]
Brandschutzeinrichtung *f* fire-protection appliance
Brandschutzfenster *n* fire window
Brandschutzglas *n* fire-resisting glass; fireproof glass [met]
Brandschutzhinweisschild *n* fire safety sign [asi]
Brandschutzkabel *n* fire wire [asi]
Brandschutzkitt *m* fireproofing cement [met]; fireproofing putty [met]
Brandschutzklappe *f* fire protection flap [asi]; fire stop flap [asi]; (baulicher Brandschutz) fire-protection shutter
Brandschutzklasse *f* fire grading [met]; fire-protection class [asi]; fire-protection classification [asi]
Brandschutzkuppel *f* smoke ventilation dome
Brandschutzlage *f* fireproofing layer
Brandschutzmasse *f* firestop sealant [met]
Brandschutzmaßnahme *f* fire precaution measure [asi]; precaution against fire [asi]
Brandschutzmittel *n* fire-protection agent [asi]; flame inhibitor [met]
Brandschutznorm *f* fire safety standard [des]
Brandschutzschicht *f* fireproofing course
Brandschutzsystem *n* fire-protection system [asi]
brandschutztechnisch relating to fire protection
Brandschutztor *n* fire gate
Brandschutztür *f* fire door [asi]; fire-resistant door; fireproof door
Brandschutztür, selbstschließende - *f* self-closing fire door
Brandschutzverglasung *f* fire-resistant glazing; fire-resisting glazing
Brandschutzvorschrift *f* fire regulation [asi]
Brandschutzvorsorge *f* fire precaution [asi]
Brandschutzwand *f* fire-protection wall
Brandsicherheit *f* fire safety [asi]
Brandtemperatur *f* fire temperature
Brandtür *f* emergency door [asi]; fire check door [asi]
Brandung *f* breaking of waves
Brandursache *f* cause of conflagration; cause of fire; source of fire
Brandursachenermittlung *f* fire investigation
Brandverhalten *n* behaviour in fire; fire behaviour [met]; fire performance
Brandverhalten von Baustoffen *n* fire behaviour of building materials [met]
Brandverhalten von Bauteilen *n* fire behaviour of structural components [met]; fire behaviour of structural elements [met]

Brandverhütung *f* fire prevention [asi]
Brandvorbeugung *f* fire prevention [asi]
Brandwiderstandsdauer *f* fire-resistance period
Brandziegel *m* fire brick [met]
Branntkalk *m* anhydrous lime [met]; burnt lime [met]; fired caustic lime [met]; quicklime [met]
Brauchwasser *n* industrial water [was]; non-potable water [was]; plant service water [was]; process water [was]; service water [was]; utility water [was]
Brauchwasser, industrielles - *n* water for industrial use [was]
Brauchwasseraufbereitung *f* industrial water treatment [was]
Brauchwasseraufbereitungsanlage *f* service water treatment system [was]
Brauchwassereinspeisung *f* service water supply [was]
Brauchwasserversorgung *f* industrial water supply [was]
Braunfleckigkeit *f* (Mörtelfuge) brown staining
Brausekopf *m* (Dusche) hothead
Brechanlage *f* crushing plant [prc]
Brechbacken *m* (Brecher) crushing jaw [prc]
Brecheisen *n* crowbar [wzg]; pinch bar [wzg]; wrecking bar [wzg]
brechen *v* pry; (fein brechen) pulverize [prc]
Brecher *m* breaking machine [prc]
Brecheranlage *f* breaking plant [prc]
Brecheraufgabe *f* crusher feeder [prc]
Brecheraufgeber *m* rock feeder [roh]
Brechermaul *n* crusher opening [prc]
Brecherspeiser *m* rock feeder [roh]
Brechkegel *m* crushing cone [prc]
Brechkorn *n* crushed stone [met]
Brechraum *m* (in Brecher) crushing chamber [prc]
Brechring *m* crushing ring [prc]
Brechschotter *m* broken stone
Brechstange *f* claw bar [wzg]; crowbar [wzg]; pinch bar [wzg]; wrecking bar [wzg]
Brechverhalten *n* breaking behaviour [met]
Brechwalze *f* break roll [prc]; crusher roll [prc]; crushing roll [prc]
Brechwalzwerk *n* crushing mill [prc]
Brechwerk *n* (- für Baustoffe) stone crushing plant
Brechzahl *f* breaking index [met]
Brei *m* paste [met]
Breitbeil *n* adze [wzg]
Breite *f* (Ausmaß) width
Breite über alles *f* overall width [des]
Breite, lichte - *f* (z.B. einer Trogbrücke) clear width
Breite, mitwirkende - *f* effective width [bon]
Breiteisen *n* bolster [wzg]
Breiteneinheit *f* unit width [des]
Breitflachstahl *m* wide plate [met]

Breitflanschträger *m* broad-flange beam [stb]; broad-flanged girder; H-beam [stb]; universal column [stb]; wide-flange beam [stb]
Breitschlichtmeißel *m* broad-finishing tool [wzg]; wide-finishing tool [wzg]
Bremsenergie *f* breaking energy [elt]
Bremsgenerator *m* drag generator [elt]
Bremsmotor *m* self-braking motor [elt]
Brennbarkeit *f* combustibility [met]; deflagrability [met]; flammability [met]; inflammability [met]
Brennbarkeitsklasse *f* combustibility category [met]; (Baustoffe) fire-resistance grading [met]; flammability class [met]
Brennbarkeitsstufe *f* (Kunststoffe) flame class [met]
Brennbarkeitsversuch *m* combustibility test [any]
brennen, zu hoch - *v* overfire [roh]
Brenner *m* burner [pow]
Brennerflamme *f* burner flame [pow]
Brennerleistung *f* burner capability [pow]
Brenneröffnung *f* quarl [roh]
Brenngas *n* combustion gas [pow]; fuel gas [pow]
brenngeschnitten gas-cut [met]
Brenngut *n* (Ziegel) burnt product [met]; (Ziegel) fired product [met]
Brennhaut *f* (Oberfläche keramischer Materialien) skim [met]
Brennkammer *f* combustion chamber [pow]
Brennraum *m* combustion chamber [pow]
Brennschneidemaschine *f* (Brennschneiden) oxygen cutting machine [wer]
brennschneiden *v* (Schweißtechnik) torch-cut [wer]
Brennstahl *m* cemented steel [met]; converted steel [met]
Brennstoff *m* combustible [pow]; fuel [pow]
Brenntrommel *f* calcining drum [roh]
Brett *n* (Diele) floor-board [met]
Brettbinder *m* (Dachkonstruktion) built-up truss; (Dachkonstruktion) nailed roof truss; plank truss
Bretterboden *m* boarded floor; wooden floor
Bretterfußboden *m* board-floor
Bretterverkleidung *f* boarding; plank revetment
Bretterwand *f* batten wall; wooden partition
Brettschichtholz *n* laminated timber [met]
Briefkasten *m* (privater -) letter box
Briefklappe *f* (in Haustür) letter slot; (in Haustür) mail slot
Brille mit Sicherheitsglas *f* safety spectacles [asi]
Brillenflansch *m* tongued flange [stb]
Brillenkorb *m* goggle cup [asi]
Bronze *f* bronze [met]
Bronzeblech *n* bronze sheet [met]
Bronzefarbe *f* bronze colour [met]
Bruch, feinkörniger - *m* fine-grained fracture [met]
Bruch, gemeiner - *m* fractional crack [met]

Bruch, mechanischer - *m* fracture [met]
Bruchausbauchung *f* spread of fracture [met]
Bruchbeanspruchung *f* breaking stress [met]
Bruchbelastung *f* breaking load [met]; fracture load [met]; ultimate load [met]
Bruchberechnung *f* collapse design; ultimate strength design [sik]
Bruchbild *n* breaking pattern [met]; fracture pattern [met]
Bruchbildung *f* breakage [met]; rupturing [met]
Bruchdehnung *f* (Baustoffe) breaking elongation [met]; elongation after fracture [met]; elongation at fracture [met]; elongation at rupture [met]; stretch [met]
Brucheinschnürung *f* reduction in area at breaking point [met]
bruchfest break-proof [met]; break-resistant [met]; crack-proof [met]; resistant to fracture [met]
Bruchfestigkeit *f* breaking resistance [met]; crushing strength [met]; fracture strength [met]; rupture strength [met]; tenacity [met]; tensile strength [met]
Bruchgefüge *n* appearance of the fracture [met]
Bruchgestein *n* quarry rock [geo]
Bruchlast *f* breaking load [met]; breaking strain [met]; collapse load [met]; crushing load [met]; failure load [sik]; fracture load [met]; rupture load [met]; (z.B. von Dübeln) ultimate capacity [met]; ultimate load [met]
Bruchlinie *f* (mohrscher Spannungkreis) envelope of failure [met]
Bruchmechanik *f* fracture mechanics [met]
Bruchmodul *m* fracture modulus [met]; modulus of rupture [met]
Bruchmoment *n* failure moment [met]
bruchsicher unbreakable [met]
Bruchspaltenbildung *f* rifting [geo]
Bruchspannung *f* breaking stress [met]; crushing stress [met]; failure stress [met]; fracture stress [met]; rupture stress [met]; (Bodenmechanik) yielding stress [met]
Bruchstein *m* broken rock; broken stone; crushed stone [met]; crushed stone [met]; puddingstone [met]; quarry stone; undressed stone
Bruchsteinbeton *m* rubble concrete
Bruchsteinmauer *f* dry-stone wall
Bruchsteinmauerwerk *n* dry-stone masonry; rubble masonry; rubble stone masonry
Bruchsteinmauerwerk, unregelmäßiges - *n* uncoursed rubble masonry
Bruchstelle *f* breaking point [met]; fracture point [met]
Bruchzone *f* rupture zone [met]
brüchig (spröde) brittle [met]
Brüchigkeit *f* brittleness [met]; fragility [met]
Brücke *f* bridge [tra]

Brücke mit mehreren Öffnungen *f* multi-span
bridge
Brücke mit schrägem Auflager *f* skew bridge
Brücke mit zwei Verkehrsebenen *f* double-decker
bridge
Brücke, bewegliche - *f* opening bridge
Brücke, fliegende - *f* flying bridge
Brücke, freitragende - *f* cantilever bridge
Brücke, gemauerte - *f* masonry bridge
Brücke, gewölbte - *f* arched bridge
Brücke, schiefwinklige - *f* skew bridge
Brücke, seilverspannte - *f* guyed bridge
Brücke, zweigleisige - *f* double-track railway bridge
Brücke, zweistöckige - *f* double-deck bridge
Brückenabbau *m* bridge dismantling
Brückenachse *f* centre-line of bridge
Brückenauffahrt *f* bridge access [tra]
Brückenbahnhof *m* multi-level station [tra]
Brückenbalken *m* balk
Brückenbau *m* bridge construction; (Bauvorgang)
bridge construction; bridge engineering
Brückenbauwerk *n* bridge building
Brückenbelag *m* bridge flooring
Brückenbildung *f* (in Silos) arch formation [prc];
(in Silos) arching [prc]; (in Silos) bridging [prc];
(im Schüttgut) doming [prc]; (Siloauslass) hang-
up [prc]; (in Silos) overhead bridging [prc]
Brückenbock *m* trestle of a bridge [tib]
Brückenbogen *m* arch; arch of bridge; bridge arch
Brückenbreite *f* bridge width
Brückendeck *n* bridge deck
Brückeneisbrecher *m* starling
Brückenfahrbahn *f* bridge deck; bridge floor;
bridge platform [tra]
Brückenfeld *n* (Bahn) span
Brückenfläche *f* bridge deck area
Brückenfundament *n* bridge foundation
Brückengeländer *n* bridge parapet; bridge railing;
parapet
Brückenglied *n* bridge member [stb];
(Brückenbau) bridging section
Brückengradiente *f* bridge grade
Brückenkonstruktion *f* (Bauvorgang) bridge
construction
Brückenkran *m* bridge crane; overhead travelling
crane [wer]
Brückenlänge *f* bridge length; length of bridge
Brückenlager *n* bridge support
Brückenleitung *f* (z.B. Fernwärmeversorgung)
bridge pipeline
Brückenpfeiler *m* bridge pier; bridge pillar;
bridge pylon; pier of a bridge
Brückenpfeilerkopf *m* starling
Brückenplatte *f* bridge decking
Brückenrampe *f* (Zufahrtsrampe) bridge approach
[tra]

Brückensanierung *f* bridge refurbishment; bridge
renewal
Brückenschiff *n* bridge pontoon
Brückenseil *n* suspension bridge strand
Brückenständer *m* bridge strut
Brückenträger *m* bridge girder; bridge truss [stb]
Brückenüberbau *m* bridge deck; bridge platform
[tra]; bridge superstructure
Brückenunterbau *m* bridge substructure
Brückenwaage *f* platform scale [any]; (<A>) truck
scale [any]; (<A> für Lkw) truck weigh-bridge
[any]
Brückenwiderlager *n* bridge abutment
Brüstung *f* balustrade; parapet; railing
Brüstungsabdeckung *f* parapet cap
Brüstungselement *n* parapet element; spandrel
panel
Brüstungshaube *f* parapet cap
Brüstungshöhe *f* balustrade height; breast height
[des]
Brüstungskanal *m* dado trunking [tga]; wall duct
Brüstungsmauer *f* breast wall; parapet; parapet
wall
Brunnen *m* (Quelle) spring [was]; well [was]
Brunnenarbeiten *pl* (DIN 18302) well construction
work [wba]
Brunnenbau *m* well building; well construction;
well tubbing [was]
Brunnenbohrgerät *n* well drill [wba]
Brunnenbohrung *f* drilling well [was]
Brunnengräber *m* well digger [wba]
Brunnengründung *f* (Tiefgründung) well
foundation [tib]
Brunnenkopf *m* bore head [was]; wellhead [was]
Brunnenmantel *m* well lining [was]
Brunnenschacht *m* well pit [was]; well shaft [was]
Brunnenvermauerung *f* brick lining [was]
Brunnenwasser *n* well water [was]
Brustholz *n* soldier beam
Brustriegel *m* (Holzkonstruktion:
Fachwerkgebäude) middle rail
Brustschwelle *f* breast rail
Brustwehr *f* (Burg) parapet [arc]
Bruttobelastung *f* gross load
Bruttogeschossfläche *f* gross floor area; gross
floor space
Bruttoinnenfläche *f* (Gebäude) interior gross area
Bruttomieteinnahme *f* (Immobilie) gross rental
income [eco]
Bruttowohnfläche *f* gross living area
Buchführungspflicht *f* bookkeeping obligation
[eco]
Buchse *f* (Tülle) bush [elt]; (Durchführung)
bushing [elt]; (Klinke) jack [elt]; (Manschette)
sleeve [elt]; (Dose) socket [elt]
Buchsenleiste *f* socket board [elt]

Buchsenstecker *m* socket plug [elt]
Buchsenverbindung *f* socket coupler [elt]
Buckelblech *n* buckle plate [stb]; dished plate [met]
Buckelblechspundwand *f* buckled plate sheet piling [tib]
Bude *f* (Hütte) hut
Bügel *m* (in Stützen, Bewehrung) binder; (Bewehrung) stirrup [bon]
Bügelabstand *m* distance between stirrups [des]; spacing of stirrups [des]
Bügelbewehrung *f* lateral reinforcement [bon]; transverse reinforcement [bon]
Bühne *f* lift; platform; ramp; trestle
Bühnenbefestigung *f* platform connection
Bühnenriegel *m* platform beam
Bühnenstiel *m* platform post
Bühnenträger *m* (Hochofen) platform girder [roh]
Bündelarmierung *f* bundled reinforcement [bon]
Bündelbewehrung *f* bundled reinforcement [bon]
bündig concise; flush; flush-levelled; level
bündig eingebaut flush-mounted
bündig machen *v* bring flush [wer]; flush [wer]
bürgen für ... *v* vouch for .. [jur]
Bürgerbegehren *n* public petition
Bürgerbeteiligung *f* public participation [jur]
Bürgerbeteiligung, vorgezogene - *f* prioritized citizen participation [com]
Bürgerengagement *n* citizen involvement [com]
Bürgerhaus *n* town house [arc]
Bürgersteig *m* (<B>) pavement [tib]
Bürgerversammlung *f* public meeting
Bürgschaft *f* suretyship [jur]
Büroblock *m* office-block
Büroeinheit *f* office unit
Bürofläche *f* office space
Büroflügel *m* office wing; office wing
Bürogebäude *n* office building
Bürogroßraum *n* landscaped office room
Bürogrundstück *n* office site
Bürohaus *n* office building; office-block
Bürohaussanierung *f* refurbishment of an office building
Bürohochhaus *n* high-rise office building; office tower
Büroimmobilie *f* office property [eco]
Bürokomplex *m* office block
Bürolage *f* office location
Büroprojekt *n* office project
Büroraum *m* (Fläche) office space
Büroraumangebot *n* office space supply [eco]
Büroraumnachfrage *f* office space demand [eco]
Büroturm *m* office tower
Bürozelle *f* office cubicle
Bürstenbelüftung *f* (Belebtschlamm) brush aeration [was]

Bürstenleiste *f* brush strip
Buhne *f* (Uferbefestigung) bankhead [wba]; breakwater [wba]; groyne [wba]
Bulldog-Dübel *m* bulldog-spike
Bundbalken *m* ridge beam
Bundesanstalt für Materialprüfung *f* German Federal Materials Testing Institute [any]
Bundesfernstraßengesetz *n* (Deutschland) Federal Trunk Roads Act [jur]
Bundesraumordnungsprogramm *n* federal planning programme for the regions
Bundflansch *m* coupling flange
Bundkante *f* flush edge
Bundlager *n* collar end bearing
Bundseite *f* flush face
Bundstab *m* tie bar
Bungalow *m* bungalow
Bunker *m* (Behälter) bin; bunker; (Zement) bunker; (Silo, trichterförmiger Austrag) hopper [prc]
Bunker für Kipperentladung *m* (<A>) truck dump hopper
Bunkerabsperrschieber *m* bunker shutter valve [prc]; hopper shutter valve [prc]; hopper slide gate valve [prc]
Bunkerabzugsortgang *n* bin-withdrawing device [prc]
Bunkeranlage *f* bunker system
Bunkerauslass *m* hopper head [prc]
Bunkerauslauf *m* bin discharge [prc]; hopper discharge [prc]
Bunkeraustrag *m* silo discharge [prc]
Bunkerbau *m* (Bauvorgang) bunker construction
Bunkertasche *f* bin compartment
Buntglas *n* coloured glass [met]; stained glass [met]; tinted glass [met]
Buntmetall *n* non-ferrous metal [met]
Buntsandstein *m* red sandstone [geo]
Buntsteinputz *m* coloured plaster
Burg *f* castle [arc]
Burggraben *m* moat [arc]
Burgmauer *f* castle wall
Burgtor *n* castle gate [arc]
Busbahnhof *m* (<A>) bus depot [tra]; bus station [tra]; bus station [tra]; bus terminal [tra]
Busbucht *f* (an Straßen) bus bay [tra]
Busdepot *n* (<B>) bus depot [tra]
Busspur *f* bus lane [tra]; bus track [tra]; busway [tra]
Butzenscheibe *f* bull's eye glass; bullion; glass roundel

C

Cadmium-Nickel-Akkumulator *m* cadmium-nickel storage battery [elt]
Cadmium-Nickel-Knopfzelle *f* cadmium-nickel button cell [elt]
Cadmiumfarbe *f* cadmium colour [che]
Caissongründung *f* (Tiefgründung) caisson foundation [tib]
calcinierbar calcinable [che]
calcinieren *v* burn [che]; calcine [che]
Calciumaluminat-Zement *m* calcium alumina cement [met]
Calciumcarbonat *n* calcium carbonate [che]; limestone [che]
Calciumhydroxid *n* (Lebensmittelzusatz: E 526) calcium hydroxide [che]; hydrated lime [che]; slaked lime [che]
Calciumoxid *n* burnt lime [che]; calcium oxide [che]
Calciumsulfat *n* calcium sulfate [che]
calorimetrieren *v* measure with a calorimeter [any]
Carbamidkleber *m* carbamide glue [met]
Carbidkalk *m* carbide lime [met]
Cavea *f* (römische Arena: ansteigende Sitzreihe) cuneus [arc]
Celluloseacetatlack *m* cellulose acetate lacquer [met]
Celluloseanstrichfarbe *f* cellulose paint [met]
Celluloselack *m* cellulose finish [met]; cellulose lacquer [met]
Cellulosenitratlack *m* cellulose nitrate lacquer [met]
Charge *f* batch; charge; lot
Chargenbetrieb *m* batch operation
Chargenbunker *m* batch bin [roh]
Chargengröße *f* charge quantity
Chargenmischanlage *f* intermittent mixing plant
Chargenmischen *n* intermittent mixing [prc]
Chargenmischer *m* batch mixer
Chargenprozess *m* batch process [wer]
Chargenprüfung *f* batch test [any]
Chargenregistriergerät *n* batch recorder [prc]
Chargensilo *m* batch-holding hopper [prc]
chargenweise batches, in -; batchwise; in batches
Chargenzähler *m* batch counter [prc]
Chargenzwangsmischer *m* batch pugmill [roh]
Chargierbühne *f* charging floor; charging platform
Chaussee *f* high road [tra]; highway [tra]; paved road [tra]; road [tra]
Chemiefaser *f* (<A>) chemical fiber [che]; (<B>) chemical fibre [che]; man-made fibre [che]; synthetic [met]

Chemierohstoffe *pl* basic chemicals [met]
Chemiewerkstoff *m* chemical structural material [met]
Chemikalie auf Wasserbasis *f* water-based chemical [met]
Chemikalienbeständigkeit *f* chemical resistance [met]
Chemikalienzugabe *f* chemical addition [che]
Chemikalienzusatz *m* chemical addition [che]; chemical make-up [che]
chemisch gebunden chemically combined [che]; chemically fixed [che]
chemische Toilette *f* chemical closet; chemical toilet
chlorfrei chlorine-free [che]; free from chlorine [che]
Chlorgehalt *m* chlorine content [che]
chlorhaltig chlorous [che]; containing chlorine [che]
Chloridbelastung *f* chloride load [che]
chloriert (z.B. Verbindungen) chlorinated [che]; (z.B. Wasser) chloridized [che]
Chlorkalk *m* chlorinated lime [met]; hypochlorate [met]
Chlorkautschuk *m* chlorinated rubber [che]
Chlorkautschukanstrich *m* chlorinated rubber coat [che]
chlororganisch organochlorinated [che]
Chlorüberschuss *m* residual chlorine [was]
Chlorungsanlage *f* chlorination plant [was]
Chorgang *m* (Kirchraum um Apsis) deambulatory [arc]
Chorgestühl *n* choir-stalls [arc]
Chorhaupt *n* (mittelalterliche Kirche) chevet [arc]
Chorumgang *m* (Kirche) ambulatory [arc]
Chromatreduzierer *m* (Wasserchemie) chromate reducer [was]
Chromfarben *pl* chrome colours [met]
Chromfarbstoff *m* chrome dyestuff [met]
Chromitstein *m* chrome brick
Chromlegierung *f* chromium alloy [met]
Chrommörtel *m* chrome mortar
Chromnickelstahl *m* chromium nickel steel [met]; nickel chromium steel [met]
Chromstahl *m* chromium stainless steel [met]; chromium steel [met]
Chromstahlguss *m* cast chromium steel [met]
CO2-Schweißen *n* shielded metal arc welding [wer]
Containerkompostierung *f* container composting [rec]4
Cremona-Plan *m* Cremona's polygon of forces [sik]

D

Dach *n* roof
Dach mit Firstlaterne *n* monitor roof
Dach, begehbares - *n* promenade roof
Dach, begrüntes - *n* grassed roof
Dach, belüftetes - *n* ventilated roof
Dach, getrepptes - *n* stepped roof
Dach, überstehendes - *n* protruding roof
Dachabdichtung *f* roof sealing
Dachabdichtungsbahn *f* roof sealing sheet [met]
Dachablauf *m* roof drain; (Flachdach) roof outlet
Dachanschluss *m* lashing
Dachattika *f* roof parapet
Dachaufbau *m* (Aufbau auf Dach) roof superstructure
dachaufgeständert (z.B. Solarzellen) roof-mounted
Dachauflager *n* roof support
Dachaufsatz *m* ridge lantern; roof cap; skylight turret
Dachaufstrich *m* top dressing [met]
Dachausbau *m* loft conversion; roof finishing and completion
Dachbahn *f* roof sheeting; roofing sheet
Dachbalken *m* roof beam; roof girder
Dachbau *m* (Vorgang) roof construction
Dachbegrünung *f* roof vegetation
Dachbelag *m* roof covering
Dachbeschattung *f* (für Glasdach) roof shading
Dachbinder *m* roof frame; roof truss
Dachbinder-Untergurt *m* bottom chord
Dachblech *n* roofing sheet [met]
Dachboden *m* attic; garret; loft
Dachbrüstung *f* roof parapet
Dachdämmstoff *m* insulating roof material; roof insulation material [met]
Dachdämmung *m* roof insulation
Dachdecke *f* roof floor
Dachdecken *n* roofing
Dachdecker *m* roofer; (für Schieferdächer) slater; slater-and-tiler; (für Strohdächer) thatcher
Dachdeckerarbeiten *pl* roofing work
Dachdeckermörtel *m* roofing mortar [met]
Dachdeckung *f* roof covering; roofing; roofing skin
Dachdichtungsbahn *f* roof sealing sheet [met]
Dachdurchführung *f* roof penetration
Dacheindeckung *f* roof cladding; roof covering; roof sheathing; roofing
Dacheinfassung *f* roof surround; (Abdichtung) roof weathering
Dacheinlauf *m* roof inlet
Dachentlüfter *m* roof vent

Dachentlüftung *f* roof vent
Dachentlüftungsrohr *n* roof terminal
Dachentwässerung *f* rainwater drainage; roof drainage
Dachentwässerungsrinne *f* roof drain
Dachestrich *m* roof screed
Dachfenster *n* roof window; skylight
Dachfenster, liegendes - *n* clerestory
Dachfirst *m* crest; ridge; roof ridge
Dachfläche *f* roof surface; (Maße) roofage [des]
Dachflächenfenster *n* skylight window
Dachfolie *f* roofing sheet [met]
Dachform *f* roof shape
Dachgarten *m* roof garden
Dachgaube *f* dormer
Dachgebälk *n* roof timbers
Dachgerüst *m* roof truss
Dachgeschoss *n* attic; attic storey
Dachgesims *n* principal cornice; principal moulding
Dachgestühl *n* roof truss
Dachgleiche *f* (Richtfest) topping-out ceremony
Dachgrat *m* arris
Dachhammer *m* slate axe [wzg]
Dachhaus *n* penthouse
Dachhaut *f* roof cladding; roof coating; roof covering; roof membrane; roof sheathing; roof sheeting [met]; roof skin
Dachholz *n* roof timbers
Dachisolierung *f* roof insulation
Dachkammer *f* attic room
Dachkante *f* roof-edge
Dachkehle *f* (Kehle zwischen aneinander stoßenden Dächern) furrow; neck gutter; valley gutter
Dachklempnerarbeiten *pl* roof plumbing work
Dachknick *m* roof kerb
Dachkonstruktion *f* (Vorgang) roof construction; (Stahlkonstruktion) roof steelwork; (Dachaufbau) roof structure
Dachkuppel *f* light cupola
Dachlandeplatz für Hubschrauber *m* rooftop heliport
Dachlaterne *f* (Dachreiter, Dachaufsatz) lantern light; lath; ridge lantern
Dachlatte *f* batten; roof batten; roof lath; roof stick
Dachlicht *n* roof light
Dachlüfter *m* roof ventilator
Dachluke *f* roof hatch; skylight
Dachneigung *f* pitch; roof fall; roof pitch [des]; roof slope; slope of roof; slope of the roof
Dachneigungswinkel *m* angle of roof pitch
Dachoberlicht *n* roof light
Dachpappe *f* asphalt felt [met]; asphalted cardboard [met]; bituminous felt [met]; rag felt [met]; roll roofing [met]; roofing board [met];

roofing felt [met]; roofing paper [met]; sheathing felt [met]; tar roofing paper [met]
Dachpappe, besandete - *f* cap sheet [met]
Dachpappe, schwere - *f* self-finished roofing felt [met]
Dachpfanne *f* bent tile; pantile
Dachpfette *f* longitudinal roof stiffener; purlin
Dachplan *m* roof plan [des]
Dachplane *f* roof tarpaulin
Dachplatte *f* roof panel; roof slap; roofing slab
Dachrandprofil *n* edging board
Dachraum *m* attic; attic space
Dachraum, halbschräger - *m* mansard
Dachreiter *m* ridge lantern; ridge turret
Dachrinne *f* eaves gutter; eaves trough; gutter; guttering; rainwater gutter; roof gutter
Dachrinnenhalter *m* gutter hanger
Dachrinnentest *m* (EN 368) gutter test [any]
Dachsanierung *f* roof renovation
Dachschalung *f* roof boarding; roof boards
Dachschiefer *m* roofing slate
Dachschindel *f* clapboard; roof shingle
Dachschräge *f* roof pitch
Dachsparren *f* rafter
Dachspriegel *m* roof stick
Dachständer *m* roof pole
Dachstein *m* saddle stone
Dachstube *f* attic room; garret
Dachstütze *f* ashlar post
Dachstuhl *m* attic; framework of the roof; principal; roof framework; roof framing; roof structure
Dachstuhl richten *v* set the roof
Dachstuhl, liegender - *m* horizontal roof structure system
Dachstuhl, stehender - *m* vertical roof structure system
Dachtafel *f* roof panel
Dachterrasse *f* roof-terrace
Dachträger *m* roof girder
Dachtraufe *f* rain spout
Dachüberhang *m* roof projection
Dachüberstand *m* roof overhang
Dachventilator *m* attic ventilator; roof fan; roof ventilator
Dachverband *m* roof bracing [stb]; (Mauerwerk) roofing bond
Dachverglasung *f* roof glazing
Dachvorsprung *m* roof overhang; roof overhang; roof projection
Dachwehr *n* roof weir [wba]
Dachwerk *n* coverage
Dachwohnung *f* (<A>) attic apartment; attic flat
Dachziegel *m* healing stone; pantile; roof clay tile; roof tile; roofing tile; tile
Dachzwischenraum *m* roof space

Dämmarbeiten an Technischen Anlagen *pl* (DIN 18421) insulation work on technical systems
Dämmbeton *m* insulating concrete [bon]
Dämmdicke *f* insulation thickness [pow]
Dämmeigenschaft *f* insulating property [met]
Dämmeinlage *f* insulating insert [met]
dämmen *v* dam [wba]; dam up [wba]; insulate; (Kälte/Wärme) retain
Dämmgipsplatte *f* insulating plasterboard
Dämmholz *n* pegging rammer [met]
Dämmkeil *m* insulating wedge
Dämmkunststoff *m* plastic insulating material [met]
Dämmmaterial *n* insulating material [met]; isolating material [met]
Dämmmatte *f* insulating blanket [met]; insulating mat [met]
Dämmpappe *f* structural fibre insulating board [met]
Dämmplatte *f* insulating board [met]; insulating slab; insulation board [met]; sound-insulation board [met]; sound-insulation sheet [met]
Dämmplatte, mehrlagige - *f* laminated insulating board [met]
Dämmputz *m* insulating plaster
Dämmschaumstoff *m* insulating foam [met]
Dämmschicht *f* insulating course [met]; insulating layer; insulation layer
Dämmschutz *m* insulation finish [met]
Dämmstärke *f* insulation thickness [pow]
Dämmstoff *m* (Schalldämmung) absorbent material [met]; (Lärmbekämpfung) acoustical material [met]; insulant [met]; insulating material [met]; insulation material [met]; insulator [met]; isolating material [met]
Dämmstoffauskleidung *f* insulation lining
Dämmstoffdicke *f* thickness of insulation material [met]
Dämmsystem *n* insulating system [met]
Dämmtür *f* insulating door
Dämmung *f* (Wärme-) insulation [met]
Dämmunterlage *f* insulating base [met]; insulating underlay [met]
Dämmvermögen *n* insulating property [met]
Dämmwandplatte *f* insulating wallboard [met]
Dämmwerkzeug *n* insulating tool [wzg]
Dämmziegel *m* insulating brick
dämpfen *v* (Schall) absorb [aku]; (Schwingung) attenuate; (Schall) damp [aku]; (Schwingung) damp; (Schall) deaden [aku]; (Licht) dim; (Schall) muffle [aku]; (vermindern) reduce; (Schall) silence [aku]; (Schall) soften [aku]; (Schwingungen) suppress
Dämpfung *f* (Schall) absorption [aku]; (Schall) damping [aku]; (Schall) muffling [aku]; (Schall) noise abatement [aku]; (Schall) silencing [aku]

Dämpfung, akustische - *f* acoustic damping [aku]
dämpfungsarm with poor attenuation
Dämpfungslage *f* damping layer
Dalbe *f* (Seefahrt) dolphin [tib]
Dalbenkopf *m* dolphin head [wba]
Dalbenpfahl *m* dolphin pile [wba]
Damm *m* (Wasser <A>) dam; (<A> Wasser-) dike [wba]; dyke [wba]; (Erddamm, Bahndamm, Straßendamm) embankment [tib]; (<A> Schutzwall) levee [tib]
Damm aufschütten *v* raise an embankment
Damm, künstlicher - *m* artificial dyke [wba]
Damm, schmaler - *m* terrace [wba]
Dammausspülung *f* embankment erosion [wba]; embankment washout [wba]; wash-out of the embankment
Dammbalken *m* (Staumauer) stop log
Dammbalkenverschluss *m* (Staumauer) stop-log gate [wba]
Dammbalkenwehr *n* (Staumauer) stop-log weir [wba]
Dammbau *m* (Bauvorgang) dam construction; embanking [tib]
Dammböschung *f* embankment slope [geo]; embankment slope [tib]; slope of embankment [geo]
Dammbruch *m* breach in a dam [tib]; breaking of a dyke [tib]; crevasse; dam failure [wba]
Dammbrust *f* upstream toe [wba]
Dammfuß *m* foot of the embankment [wba]; heel of a dam; toe [wba]
Dammherstellung *f* formation of embankment [tib]
Dammkern *m* dam core
Dammkörper *m* dam embankment [wba]
Dammkragen *m* cantilever [wba]
Dammkrone *f* crest [tib]; dam crest [wba]; dam top; top of dam [wba]
Dammschüttung *f* dam filling; embanking [tib]; embankment fill [wba]; filling of dam
Dammsockel *m* foundation of dam [tib]
Dammtafel *f* (Talsperre) bulkhead gate
Dammüberlauf *m* dam spillway [wba]
Dammunterbau *m* dam foundation
Dammverstärkung *f* benching [tib]
Dampf *m* steam
Dampf erzeugen *v* generate steam [pow]; produce steam [pow]
Dampf- steam-powered [tec]
Dampfauslass *m* steam exhaust [pow]
Dampfaustritt *m* steam exit [pow]
Dampfbiegen *n* (von Holz) steam bending [wer]
Dampfbremse *f* vapour barrier [met]
dampfdicht vapour-proof [met]; vapour-tight
Dampferhärtung *f* (Beton) steam curing [bon]
dampfgehärtet steam-cured

Dampfhärten *n* steam curing
Dampfheizung *f* steam heater [pow]; steam-heating [pow]
Dampfheizungsanlage *f* steam-heating [pow]; steam-heating system [pow]
Dampfkammer *f* (Betonbehandlung) steam kiln; steam-curing room
Dampfkessel *m* steam boiler [pow]; steam generator [pow]
Dampfkraftwerk *n* steam power plant [pow]; steam power station [pow]; steam-generating power plant [pow]
Dampfkreislauf *m* steam circuit [pow]
Dampfmaschine *f* steam engine [pow]
Dampfmengenmesser *m* steam flowmeter [any]
Dampfnachbehandlung *f* (Betonwaren) atmospheric-pressure steam curing
Dampfnetz *n* steam mains [pow]
Dampframme *f* steam-powered pile-driving plant [tib]
Dampfsperre *f* vapour barrier; vapour lock; vapour-proof barrier
Dampfsperrschicht *f* (Abdichtung) vapour-barrier layer [met]
dampfundurchlässig vapour-proof [met]; vapour-tight
Dampfverbrauch *m* steam consumption [pow]
darstellen, zeichnerisch - *v* figure [des]; represent diagrammatically [des]
Darstellung *f* (Darbietung) presentation
Darstellung in Naturgröße *f* full-scale representation [des]
Darstellung, auseinander gezogene - *f* exploded view [des]
Darstellung, ausführliche - *f* detailed representation
Darstellung, bildhafte - *f* scenic design [des]
Darstellung, bildliche - *f* image representation [des]; pictorial representation [des]
Darstellung, ebene - *f* two-dimensional representation [des]
Darstellung, flächenhafte - *f* two-dimensional representation [des]
Darstellung, grafische - *f* chart [des]; graph [des]; graphical representation [des]; image representation [des]; pictorial representation [des]; plot [des]; plotting [des]
Darstellung, isometrische - *f* isometric projection [des]
Darstellung, maßstäbliche - *f* representation to scale [des]
Darstellung, räumliche - *f* pictorial drawing [des]
Darstellung, schematische - *f* schematic diagram [des]; schematic presentation [des]; schematic representation [des]
Darstellung, sinnbildliche - *f* symbolic representation [des]

Darstellung, spiegelbildliche - *f* mirror-image representation [des]
Darstellung, symbolische - *f* symbolization [des]
Darstellung, technische - *f* technical representation [des]
Darstellung, versetzte - *f* offset view [des]
Darstellung, zeichnerische - *f* graphical presentation [des];   graphical representation [des]
Darstellungsart *f* form of presentation [des]
Darstellungsmethode *f* presentation method [des];   representation method [des]
Darstellungsmittel *n* means of representation [des]
Daten, technische - *pl* specifications [des]
Datenblatt *n* data sheet [des];   specification sheet [des]
Datenleitung *f* data line [edv]
Datscha *f* country house
Daube *f* (am Fass) stave
Dauerabfluss *m* perennial flow [wba]
Daueranker *m* permanent anchor
Dauerbeanspruchung *f* continuous operating conditions [met];   continuous strain [met];   fatigue stressing [met];   repeated stress [met]
Dauerbelastung *f* fatigue loading [met];   (Schwingbelastung) repeated load [met]
Dauerbelastungsversuch *m* test at constant load [any]
Dauerbiegefestigkeit *f* bending endurance [met];   long-term flexural strength [met]
Dauerbiegeversuch *m* (für Werkstoffe) fatigue bend test [any];   fatigue bending test [any]
Dauerbruch *m* fatigue crack [met];   fatigue fracture [met];   fatigue rupture [met]
dauerelastisch perma-elastic [met];   permanent-flexible [met];   permanently elastic [met]
Dauerfestigkeit *f* endurance limit [met];   endurance strength [met]
Dauerfestigkeitsschaubild *n* stress-cycle diagram [met]
Dauerfeuchtigkeit *f* permanent moisture
Dauerfrostboden *m* permafrost [geo]
dauerhaft long-term [met];   (fest) permanent
Dauerhaltbarkeit *f* service life
Dauerhumus *m* long duration humus [geo];   stable humus [geo]
Dauerlagerung *f* permanent storage [rec]
Dauerlast *f* steady load [sik]
Dauermessung *f* long-term measurement [any]
Dauernutzungsrecht *n* proprietary lease [jur]
Dauerprobenahme *f* permanent sampling [any]
Dauerprüfung *f* endurance test [any];   fatigue test [any]
Dauerschaltung *f* continuous circuit [elt]
Dauerschalung *f* permanent formwork [bon]
Dauerschlagfestigkeit *f* impact fatigue strength [met]

Dauerschlagversuch *m* fatigue impact test [met]
Dauerschwingbeanspruchung *f* fatigue loading [met];   repeated stress [met];   repetitive stressing [met]
Dauerschwingbelastung *f* repeated load [met]
Dauerschwingfestigkeit *f* endurance limit [met];   fatigue endurance limit [met]
Dauerschwingprüfung *f* fatigue strength test [any]
Dauerstandfestigkeit *f* fatigue endurance [met];   fatigue strength [met]
Dauerstrom *m* constant current [elt]
Dauertest *m* durability test [any];   long-time test [any]
Dauerüberwachung *f* permanent monitoring [any]
Dauerversuch *m* endurance test [any];   long-term test [any]
Dauerwohnrecht *n* permanent dwelling right [jur]
Dauerzugversuch *m* (Materialprüfung) repeated tension test [any]
Decarbonisieren *n* decarbonizing [che]
Decarbonisierung *f* decarbonization [che]
Dechlorieren *n* dechlorinating [che]
Deck *n* (Parkdeck) level [tra];   (Parkdeck) storey [tra]
Deckanstrich *m* covering coat [met];   final coat of paint [met];   finish coat [met];   finishing coat [met];   opaque coat [met];   top coat [met]
Deckanstrich bei der Lackierung *m* (Lederverarbeitung) daub [met]
Deckasphaltschicht *f* asphalt surfacing
Deckbeschichtung *f* top coating [met]
Deckblech *n* (Brückenbau) decking sheet
Decke *f* (Raum-) ceiling;   (Boden-) floor;   (Fahr-bahn-) paving [tib];   (Fahrbahn-) surface [tib]
Decke, abgehängte - *f* false ceiling;   suspended ceiling;   (Geschossdecke) suspended floor
Decke, durchgehende - *f* continuous floor
Decke, eingehängte - *f* suspended ceiling
Decke, feuerhemmende - *f* fire-resisting floor
Decke, gekühlte - *f* chilled ceiling
Decke, gewölbte - *f* arched floor
Decke, kreuzweise bewehrte - *f* two-way slab floor [bon]
Decke, kreuzweise gerippte - *f* groined slab
Decke, schallabsorbierende - *f* acoustical ceiling
Decke, schallschluckende - *f* acoustic ceiling
Decke, vorgefertigte - *f* precast floor
Deckeldole *f* slab culvert [wba]
Deckellager *n* pedestal bearing
decken *v* (Dach -) roof
Deckenabfluss *m* floor drain
Deckenanker *m* (Tunnelbau) roof bolt [tib];   (Tunnel) suspension bolt [tib]
Deckenaussparung *f* floor aperture
Deckenbahn *f* liner board

Deckenbalken *m* ceiling beam; ceiling joist; floor beam; floor joist; joist; roof bearer; (Holzbau) tie beam

Deckenbekleidung *f* ceiling finish

Deckenbekleidung, leichte - *f* lightweight ceiling lining

Deckenbelag *m* ceiling covering

Deckenbelastung *f* floor load [sik]; floor loading [sik]

Deckenbeleuchtung *f* ceiling light; roof lighting; skylight

Deckenbeton *m* pavement concrete [tib]; paving concrete [tib]

Deckendurchbruch *m* floor breakthrough

Deckendurchführung *f* ceiling collar; ceiling duct

Deckeneinbau *m* (Straßendecke) pavement placing [tib]

Deckeneinbauleuchte *f* ceiling-mounted light fixture [elt]

Deckenfach *n* floor bay

Deckenfeld *n* ceiling panel; floor bay

Deckenfuge *f* (Straßendecke) pavement joint [tib]

Deckengewölbe *n* arched roof

deckengleicher Balken *m* flush beam strip

Deckenhöhe *f* ceiling height; floor-to-ceiling height

Deckenhohlraum *m* ceiling cavity; ceiling void

Deckenlampe *f* ceiling light

Deckenlast, bewegliche - *f* imposed floor load [sik]

Deckenlattung *f* ceiling battens

Deckenleuchte *f* ceiling fitting; ceiling light [elt]; ceiling lighting fitting [elt]

Deckenmaterial *n* (Straße) surfacing material [met]

Deckenoberkante *f* ceiling height

Deckenoberlicht *n* daylight; overhead light

Deckenöffnung *f* floor opening

Deckenpaneele *f* ceiling panel

Deckenplatte *f* ceiling board; ceiling panel; ceiling slab

Deckenplatte, ausgesteifte - *f* (Brückenbau) stiffened deck

Deckenputz *m* ceiling plaster [met]

Deckenschalung *f* ceiling boarding

Deckenschott *n* (baulicher Brandschutz) ceiling penetration seal

Deckenstärke *f* ceiling thickness [des]; floor thickness

Deckensystem mit kreuzweiser Bewehrung *n* two-way floor system [bon]

Deckenträger *m* ceiling beam; ceiling joist; floor beam; (Gebäude) floor girder; floor joist; joist; roof beam; roof girder

Deckentragfähigkeit *f* upper floor loading capacity

Deckenunterbau *m* ceiling substructure

Deckenunterkonstruktion *f* ceiling substructure

Deckenuntersicht *f* ceiling face; face of the ceiling

Deckenunterzug *m* ceiling joist; floor joist; roof joist

Deckenventilator *m* ceiling ventilator

Deckenverkabelung *f* overhead wiring [elt]

Deckenverkehrslast *f* imposed floor load [sik]

Deckenverkleidung *f* ceiling cladding; ceiling covering; ceiling lining

Deckenziegel *m* floor brick

Deckfähigkeit *f* (einer Farbe) covering power [met]

Deckfarbe *f* coating colour [met]; coating finish [met]; cover coating [met]; covering colour [met]; finishing paint [met]

Deckfarbe, wässrige - *f* water pigment finish [met]

Deckfirnis *m* varnish coating [met]

Deckfurnier *n* face veneer [met]

Deckgebirge *n* (Tunnelbau) surrounding material [tib]

Deckgestein *n* overburden [geo]

Deckkraft *f* (einer Farbe) covering power [met]

Decklack *m* covering lacquer [met]; covering varnish [met]; finishing lacquer [met]

Decklage *f* decking; (Schweißnaht) final pass [met]; (Schweißtechnik) final run [met]; (oberste Schweißschicht) top seam [met]; (Straße) wearing course [tib]

Decklage, überhöhte - *f* (Schweißen) excessive reinforeement [met]

Decklasche *f* butt strap [stb]; splice plate [stb]

Deckleiste *f* (Fenster) cover moulding; cover plate; (Fenster) protective capping

Deckplatte *f* cover plate [tec]

Deckputz *m* final rendering; final rendering

Deckschicht *f* capping; cover layer [met]; overburden [geo]; surface layer [met]; top coat; top layer [met]; top stratum [geo]; upper stratum [geo]

Deckschichtmörtel *m* coating mortar [met]

Deckstein *m* capstone; coping stone; (historische Bauwerke) endstone

Deckung *f* (Überlappung) overlap

Deckvermögen *n* (Farbe, Anstrich) covering capacity [met]

Deckweiß *n* (Farbe) lithopone [met]

Deckwerk *n* (Uferbefestigung) revetment; rubble slope [tib]

Deckziegel *m* cover tile

Deformationsmethode *f* displacement method [sik]; stiffness method [sik]

Dehn-Spannungswert *m* extension-stress ratio [met]

Dehnbarkeit *f* (Material) dilatability [met]; (Material) ductility [met]; (Material) extensibility [met]

dehnen *v* (strecken) elongate; (spannen) strain

Dehnfähigkeit *f* extension capacity [met]

Dehnfuge *f* contraction joint

Dehnfugendichtung f expansion-joint sealing
Dehnkraft f elongating force [met]
Dehnsteifigkeit f axial stiffness [sik]
Dehntest m ductility test [any]
Dehnung f (Längenänderung) elongation; (Ausdehnung) expansion; (Verlängerung) extension
Dehnung, bleibende - f permanent set [met]
Dehnung, freie - f free strain [met]
Dehnungsausgleich, natürlicher - m natural expansion compensation [met]
Dehnungselastizität f elasticity of elongation [met]
Dehnungsfestigkeit f elongation strength [met]
Dehnungsfuge f dilatation joint; expansion joint
Dehnungskanal m expansion duct
Dehnungsmesser m dilatometer [any]; strain gauge [any]
Dehnungsmessgerät n strain gauge [any]
Dehnungsmessstreifen m resistive strain gauge [any]; strain gauge [any]
Dehnungsmodul m modulus of elasticity [met]
Dehnungsstoß m expansion joint
Dehnungsverträglichkeit f strain compatibility [met]
Dehnungszahl f coefficient of expansion [met]; modulus of elongation [met]
Dehydratation f dehydration; dehydrogenation [che]
Dehydrationswasser n water of dehydration [che]
dehydratisieren v dehydrate [wer]; dehydrogenate [wer]
dehydrieren v (Wasser abspalten) dehydrate [che]
Dehydrierung f (Wasser) dehydration
Deich m (<A>) dike [wba]; dyke [wba]; (bei Flüssen) embankment [wba]; levee [wba]
Deichbau m dyke construction; dyke-building; embankment construction
Deichbruch m crevasse
Deichkrone f crest of dyke; dyke top
Deichpflege f dyke attention [wba]
Dekantat n (Schlammwasser) slurry [was]
dekantieren v decant [prc]
Dekoration f ornamentation
Dekorationsbeton m fair-faced concrete [bon]
Dekorationsprofil n moulding [arc]
Dekorfliese f decorated tile; decorative tile
Demontage f (Anlagen u.a.) pulling down; (Schalung) stripping; (Abriss eines Gebäudes) tearing down [rec]
demontierbar detachable; dismountable
demontieren v (Schalung) strip; take down [rec]
Demulgator m demulsifier [met]; emulsion breaker [met]
denitrieren v denitrate [was]; denitrify [was]
Denitrieren n denitrating [was]
Denitrifikation f (Umsatz von Nitrat in Stickstoff) denitrification [was]

Denitrifikation, nachgeschaltete - f postdenitrification [was]
Denitrifikationsanlage f denitrification plant [was]
Denkmal m memorial [arc]; monument [arc]
Denkmalschutz m (baulicher -) architectural monument protection; heritage conservation [arc]; monument conservation [arc]; protection of historical monuments; protection of monuments
Denkmalschutz, unter - stehen v be under a preservation order
Denkmalschutzbehörde, untere - f local monument conservation authority
Denkmalschutzgesetz n Historical Monuments Preservation Act [jur]
Densimeter n densimeter [any]
Deponie f disposal site [rec]; dump site [rec]; (<A>) landfill [rec]; (<B>) tip [rec]; waste waste tip [rec]
Deponieabdeckung f landfill cover [rec]
Deponieabdichtung f landfill lining [rec]; sealing of a landfill [rec]; sedimented seal [rec]
Deponieabdichtungssystem n landfill liner system [geo]
Deponiebasisabdichtung f underground sealing of landfill [rec]
Deponiebasisabdichtungssystem n landfill bottom liner [rec]; landfill bottom liner system [rec]
Deponiebau m construction of waste dumps [rec]
Deponieboden m dump soil [rec]
Deponieentgasung f landfill gas extraction [rec]
Deponiegas n digestion gas [rec]; landfill gas [rec]
Deponiegasbildung f landfill gas production [rec]
Deponiegasbrunnen m well for landfill gases [rec]
Deponiegasdränage f landfill gas drain [rec]
Deponiegasfassung f landfill gas collection [rec]
Deponiegasgewinnung f landfill gas extraction [rec]; landfill gas production [rec]
Deponiegasnutzung f dump gas utilization [rec]; utilization of landfill gas [rec]
Deponiegelände n landfill site [rec]
Deponiekapazität f landfill capacity [rec]
Deponiekörper m dumping site body [rec]; landfill body [rec]; waste body [rec]
Deponieoberflächenabdichtung f landfill cap [rec]
Deponieoberflächenabdichtungssystem n landfill cap system [rec]; landfill surface liner system [rec]
Deponieplanum n base of landfill site [rec]
deponieren v deposit [rec]; dispose off [rec]
Deponierückbau m landfill mining [rec]; landfill site reconversion [rec]; reconversion of landfill sites [rec]
Deponiesanierung f landfill reclamation [rec]
Deponiesicherung f securing of landfill [rec]
Deponiesickerwasser n landfill leachate [rec]; seepage, refuse dump - [rec]

Deponiesickerwasserbehandlung *f* leachate treatment [was]; treatment of seepage from tips [was]

Deponiesickerwasserbehandlungsanlage *f* (Deponie) leachate recovery facility [was]

Deponiesohle *f* dump base [rec]

Deponietechnik *f* disposal technology [rec]

Deponieüberwachung *f* landfill monitoring [rec]; landfill surveillance [rec]

Deponieuntergrund *m* dumping underground [rec]

Depot *n* (Lagerhaus) warehouse

Derrick mit Fachwerkmast *m* derrick with latticed mast

desinfizieren *v* disinfect

Desoxidationsmittel *n* deoxidant [che]; deoxidating agent [che]

Detailentwurf *m* detailed design [des]

Detailplan *m* (Zeichnung) detailed drawing [des]

Detailstudien *pl* detailed studies [des]

Detailvorgaben *pl* required details [des]

Detektor *m* detector [any]; scanner [any]

Detektorsignal *n* detector signal [any]

Detergens *n* detergent [che]

Detonationssicherung *f* flash arrester [asi]

Deviationsmoment *n* twisting moment [sik]

DHV-Naht *f* (Schweißnaht) double bevel seam [met]

diagonal diagonal

Diagonalanschluss *m* bracing connection

Diagonalaussteifung *f* (<A>) cross bridging

Diagonale *f* diagonal; (Fachwerk) web

Diagonalmaß *n* diagonal measure [des]

Diagonalplatte *f* diagonal slab [stb]

Diagonalrahmen *m* diagonal frame [stb]

Diagonalrippe *f* (Kreuzrippengewölbe) diagonal rib [arc]

Diagonalstab *m* diagonal bar; diagonal member [stb]; diagonal strut [stb]

Diagonalstrebe *f* counterbrace; diagonal brace; diagonal stay [stb]; diagonal strut [stb]

Diagonalverband *m* diagonal bond; diagonal bracing [stb]

Diagonalversteifung *m* diagonal bracing [stb]

Diagonalverstrebung *f* diagonal bracing [stb]

Diagramm *n* (Zeichnung) plot [des]

Diamantbohrer *m* diamond drill [wzg]

Diamentbohrkrone *f* diamond bit [roh]

Diaphragma *n* diaphragm [met]; membrane [met]

Diasporton *m* high-alumina fireclay [met]

dicht (undurchlässig) impermeable; seepage-free [was]; (undurchlässig) tight

dicht bebaut heavily built-up [com]

dicht besiedelt densely populated [com]

dicht bevölkert densely populated [com]

dicht machen *v* proof

Dichtbeton *m* damp-proof concrete [bon]

Dichte *f* density [phy]; (spez. Gewicht) specific gravity [phy]

Dichtebestimmung *f* density determination [any]; density measurement [any]

Dichtemesser *m* density meter [any]; gravitometer [any]

Dichtemessung *f* density measurement [any]

Dichteprüfung *f* (Dichtheit) tightness testing [any]

Dichteströmung *f* density current [prc]

Dichtetrennung *f* density separation [prc]

Dichtfolie *f* sealing film [met]

Dichtharz *n* sealing resin [met]

Dichtheit *f* impermeability; tightness

Dichtheitsprobe *f* (Prüfung) leak test [any]; (Prüfung) leakage test [any]; test for tightness [any]

Dichtheitsprüfung *f* leak test [any]; leakage test [any]; tightness control [any]

Dichtigkeit *f* imperviousness; tightness; waterproofing

Dichtigkeitsprüfung *f* leak detection [any]; leak-proofing inspection [any]; leaking testing [any]; leakproofness test [any]

Dichtmasse *f* sealant [met]

Dichtmörtel *m* seal mortar; water-repellent mortar [met]

Dichtnut *f* sealing groove [tec]

Dichtorgan *n* closing component [prc]

Dichtprofil *n* sealing profile

Dichtputz *m* waterproof plaster

Dichtring *m* (Rohrverbindung) ring seal [met]

Dichtschweißung *f* seal weld [met]

Dichtstoff *m* caulking material [met]; mastic [met]; sealant [met]; sealing compound [met]; sealing material [met]

Dichtstromförderung *f* (pneumatische Förderung) dense-phase conveying [prc]

Dichtung *f* packing seal [prc]; (Abdichtung) sealing

Dichtung, äußere - *f* perimeter seal

Dichtung, Wasserdruck haltende - *f* waterproofing [met]

Dichtungsanstrich *m* sealing coat [met]

Dichtungsarbeiten *pl* sealing work

Dichtungsbahn *f* damp-proof sheeting [met]; (für Deponie) liner material [met]; liner sheet [met]; seal sheet

Dichtungsband *n* sealing strip [met]; sealing tape [met]

Dichtungseinlage *f* sealing element

Dichtungsfett *n* sealing grease [met]

Dichtungsfolie *f* sealing film [met]; sealing foil [met]

Dichtungsfuge *f* gasket groove [prc]

Dichtungsgürtel *m* grouting curtain [tib]

Dichtungshaut *f* (für Beton) concrete curing membrane [bon]; damp-proof membrane; waterproof membrane [met]; waterproofing membrane

Dichtungskitt *m* (Fenster) glazing compound [met]; lute [met]; luting agent [met]
Dichtungsleiste *f* sealing ledge [prc]; (Fenster) windstop
Dichtungsmanschette *f* sealing collar [prc]
Dichtungsmasse *f* caulking compound [met]; mastic [met]; sealer [met]; sealing compound [met]; sealing material [met]
Dichtungsmaterial *n* caulking material [met]; packing material [met]; sealing compound [met]; sealing material [met]
Dichtungsmittel *n* caulking material [met]; cementing agent [met]; plugging agent [met]; sealant [met]; sealing agent [met]; sealing compound [met]; (Zusatz) water-repellent agent [met]; (- gegen Wasser) waterproofing agent [met]; (Betonzusatz) waterproofing agent [met]
Dichtungsmörtel *m* waterproofing mortar [met]
Dichtungsmuffe *f* sleeve joint [tec]
Dichtungspappe *f* fitting board [met]; gasket board [met]
Dichtungsrille *f* sealing groove [tec]
Dichtungsscheibe *f* washer
Dichtungsschirm *m* grouting curtain [tib]
Dichtungsschirmverpressung *f* curtain grouting [tib]
Dichtungsschleier *m* grout curtain [tib]; grouting curtain [tib]
Dichtungsstoff *m* sealing material [met]
Dichtungsstreifen *m* sealing strip [met]
Dichtungsstreifen, mit - abdichten *v* weather-strip
Dichtungssystem *n* sealing system
Dichtungstrog *m* tanking [was]
Dichtungswand *m* (Hydrologie) cut-off [wba]
Dichtungswand *f* (Deponie) cut-off wall; diaphragm wall
Dichtwand *f* grout curtain [tib]
Dichtwand, doppelwandige - *f* (Deponie) double-walled cut-off [rec]
Dichtwand, hängende - *f* (Deponie) hanging slurry wall
Dickbett *n* thick-bed layer
Dickenlehre *f* thickness gauge [any]
Dickenmessgerät *n* thickness gauge [any]
Dickstoff *m* slush pulp [met]; thick matter [met]; viscous slurry [met]
Dickstoffpumpe *f* sludge pump [prc]; thick-matter pump
Dickungsmittel *n* thickener [met]; thickening agent [met]
Dickwand *f* thick wall
dickwandig thick-walled
Diebstahlsicherung *f* intrusion detector
Diele *f* (Boden) floor-board [met]; (Bodenbrett) floor-board; hall; (Raum) hallway; lobby
Dielenbelag *m* batten flooring

Dielenboden *m* board-floor
Dielenbrett *n* floor-board [met]
Dielenfußboden *m* plank-board flooring
Dielung *f* batten floor; floor boarding; plank flooring
Dienst *m* (Gotik) engaged pillar [arc]; (Gotik) respond [arc]; (mittelalterliche Kirche) vaulting shaft [arc]
Dienstbarkeit *f* easement [jur]
Dienstboteneingang *m* service entrance
Dienstbündel *n* (Säulenbundel) triple vaulted shaft [arc]
Dienstgebäude *n* service building
Dienstleistungsfläche *f* service space [com]
Diesel *m* diesel [pow]
Diesel-Notstromaggregat *n* diesel emergency set [pow]
Dieselantrieb *m* diesel drive [pow]
Dieselgenerator *m* diesel-electric generator [pow]
Dieselkraftwerk *n* diesel power plant [pow]; diesel power station [pow]
Dieselmotorkraftwerk *n* diesel motor power plant [pow]
Dieselramme *f* diesel hammer
Dieselstraßenwalze *f* diesel roller
Differenzdruck *m* pressure difference [phy]
Differenzialregler *m* derivative-action controller [elt]
Differenzialsteuerung *f* derivative control [elt]
Differenzialverhalten *n* (Regelung) derivative action [elt]
Diffusionsdampfsperre *f* diffusion barrier
diffusionsdicht diffusion tight [met]
Diffusionsfeuchtigkeit *f* diffusion humidity
diffusionshemmend diffusion-inhibiting [met]
Diffusionsmembran *f* diffusion barrier
Diffusionsschicht *f* diffusion layer
Diffusionsstrom *m* diffusion current
Diffusionsvorgang *m* diffusion process
Diffusionsweg *m* diffusion path
Diffusionswiderstand *m* diffusion resistance
Digitalanzeige *f* (Messgerät, Uhr) digital indication [any]
Digitalanzeiger *m* digital indicator [any]
Digitalregelung *f* digital control [elt]
Digitalschaltung *f* digital circuit [elt]
Digitalsteuerung *f* digital control [elt]
Digitaluhr *f* digital clock [any]
Digitalvoltmeter *n* digital voltmeter [any]
Dihydrat *n* dihydrate [che]
Dilatationsverlauf *m* swelling behaviour [met]
Dilatometrie *f* expansion measurement [any]
dimensionieren *v* design [des]; dimension [des]; size [des]
Dimensionierung *f* dimensioning [des]
Dimensionsprüfung *f* dimensional control [des]

dimensionsstabil dimensionally stable
Dimetrie *f* dimetric projection [des]
Dimmer *m* dimmer [elt]
Dimmerschalter *m* dimmer switch [elt]
DIN, nach - according to DIN
Diorit *m* diorite [che]
direkt wirkend direct-acting
Direktablesung *f* local reading [any]
Direktanlasser *m* across-the-line starter [elt]
Direktanzeige *f* direct indication [any]
Direktbeschichten *n* direct coating [met]
Direktheizung *f* direct heating [pow]
Direktionsgebäude *n* board building; director's block
Direktsteuerung *f* direct control [elt]
dispergieren *v* deflocculate [was]; disperse [was]
Dispergieren *n* dispersing [prc]
dispergierend dispersing [met]
Dispergierungsmittel *n* deflocculation agent [met]
Dispersionsfarbe *f* dispersion colour [met]; dispersion paint [met]; emulsion paint [met]; water base paint [met]; water paint [met]; water-based paint [met]; water-carried paint [met]
Dispersionshärten *n* dispersion hardening [met]
Dispersionskleber *m* adhesive dispersion [met]
Dispersionsklebstoff *m* dispersion adhesive [met]
Dispersionslack *m* dispersion lacquer [met]; emulsion paint [met]; water-based varnish [met]
Dispersionsmittel *n* deflocculant [was]; deflocculation agent [met]; dispersant [met]; dispersing agent [met]
Dispersionsmörtel *m* dispersion-based mortar [met]
Dispersionssilikatfarbe *f* water-based silica paint [met]
Dispersionsvermögen *n* dispersibility [che]
Dispositionszeichnung *f* arrangement drawing [des]
Dissoziation *f* dissociation [che]
Distanzbolzen *m* spacing bolt
Distanzhalter *m* spacer [tec]
Distanzprofil *n* spacing profile
Distanzscheibe *f* disc distancer; shim [tec]; spacer [tec]
Distanzstück *n* distance piece; separator [stb]; spacer [stb]
Dockschleuse *f* entrance lock [wba]
Dockseitenwand *f* (Trockendock) dock side wall [tib]
Docksohle *f* (Trockendock) dock floor [tib]
Dockwand *f* (Trockendock) dock wall [tib]
Döpper *m* (zum Zusammendrücken von Nieten) header [wzg]; (zum Zusammendrücken von Nieten) heading set [wzg]
Dokumentation des Projektfortschritts *f* project progress documentation [wer]
Dokumentation, technische - *f* technical documentation [des]

Dokumentationsunterlagen *pl* documentation papers [des]
Dole *f* culvert [wba]; drain [wba]; sewer [wba]
Dolomit, kalzinierter - *m* single-burned dolomite [met]
dolomitischer Kalkstein *m* dolomitic limestone [che]
Dolomitkalk *m* dolomitic lime [che]
Dolomitkalkstein *m* dolomite [che]; dolomitic limestone [che]
Dolomitstein *m* dolomite [che]
Dolomitzement *m* dolomitic cement [met]
Dolomitziegel *m* dolomite brick
Dom *m* cathedral; dome
Dominante *f* dominant landmark [com]
Doppel-HY-Naht *f* (Schweißnaht) double bevel [met]
Doppel-T-Profil *m* I-beam section [met]
Doppel-T-Träger *m* box beam [met]; standard I-beam [met]; universal beam [met]
Doppelbestimmung *f* repeated test [any]
doppelbewehrt doubly reinforced; overreinforced
Doppelblatt *n* (Holz) table scarf
Doppelblindversuch *m* double-blind trial [any]
Doppelboden *m* cavity floor; false floor; raised floor; raised floor
Doppelbogenmauer *f* double-arched dam
Doppelbohle *f* (Spundwand) double pile
Doppeldecke *f* (abgehängte Decke) false ceiling
Doppeleinsatz *m* dual insert
Doppelfalz *m* double rabbet
Doppelfassade *f* double-skin façade
Doppelfenster *n* auxiliary sash; double window; double-glazed window; twofold window
Doppelfenster, äußeres - *n* storm window
Doppelhäuser *pl* semi-detached houses
Doppelhammerbrecher *m* double hammer crusher [prc]
Doppelhammermühle *f* two-shaft hammer mill [prc]
Doppelhaus *n* double house; duplex apartment
Doppelhaushälfte *f* semidetached house
Doppelkabel *n* duplex cable [elt]
Doppelkehlnaht *f* (Schweißnaht) double fillet [met]
Doppelklappbrücke *f* double-leaf bascule bridge
Doppelklappenwehr *n* roof weir [wba]
Doppelklemme *f* double insulator [elt]; double terminal [elt]
Doppelkontakt *m* twin contact [elt]
Doppelkopfniete *f* bull-head rivet [tec]
Doppelkopfschiene *f* double-headed rail [met]
Doppelkragarm, ausgewogener - *m* balanced cantilever
Doppelleiter *m* twin conductor [elt]
Doppelleitung *f* duplicate main [elt]
Doppelmast *m* coupled poles

Doppelpendellager *n* double rocker bearing [stb]
Doppelpentagon *n* (Vermessung) double pentagon [any]
Doppelpilaster *m* (Klassizismus) twin pilaster [arc]
Doppelröhrentunnel *m* (Bahn) twin-bore tunnel [tib]
Doppelschelle *f* double clamp [tga]
Doppelschiebefenster *n* double-hung sash window; twin sliding window
Doppelspindel *f* double spindle
Doppelspur *f* (Bahn) double trace [tra]
Doppelspurkranzrad *n* double-flanged wheel [tec]
Doppelsteckdose *f* double socket [elt]; duplex outlet [elt]; twin outlet [elt]; twin socket [elt]
Doppelstecker *m* biplug [elt]; double plug [elt]; twin plug [elt]; two pin plug [elt]
Doppelstegblechträger *m* double-webbed girder [stb]
doppelstegig double-webbed [tec]
doppelstöckig (Haus) two-storey
Doppeltreppe *f* double stairs
Doppeltür *f* double door
doppeltürig double-doored
Doppelturm *m* (Kirchenbau) double tower [arc]
Doppelturmtor *n* (mittelalterlich) two-towered gate [arc]
Doppelverglasung *f* double glazing; secondary glazing
Doppelwalzenbrecher *m* double roller crusher [roh]
Doppelwand *f* double wall
doppelwandig double wall; double-walled
Doppelwechselbalken *m* double header
Doppelwellen-Hammerbrecher *m* double-shaft hammer crusher [roh]
Doppelzimmer *n* double room; (mit zwei Einzelbetten) twin room
Dopplung *f* (Fehler beim Beschichten) laminar defect [met]
Dorfentwicklung *f* rural development [com]; village development [com]
Dorfentwicklungsförderung *f* rural development subsidization [com]
Dorfentwicklungsplanung *f* rural development planning [com]
Dorfsanierung *f* rural redevelopment [com]
Dorfstruktur *f* village structure [com]
Dorfumgebung *f* village environment [com]
dorisch (klassisch griechisch) doric [arc]
Dormitorium *n* (Kloster) dormitory [arc]
Dorn *m* (z.B. zum Aufweiten) drift pin [wzg]
Dose *f* (Steckdose) socket [elt]
Dosenkörper *m* (Steckdose) housing [elt]
Dosenlibelle *f* box level [any]
Dosier- metering
Dosier-Schneckenförderer *m* metering screw conveyor [prc]

Dosieranlage *f* batcher; batching plant; batching plant [prc]; dosing equipment [prc]; dosing plant [prc]
Dosierapparat *m* batch feeder [prc]; batcher; batcher [prc]
Dosierband *n* feed belt [prc]
Dosierbandwaage *f* proportioning weighfeeder [any]
Dosiereinrichtung *f* batching equipment [prc]; dispenser [prc]; proportioning gear [prc]
dosieren *v* (Beton) batch; (Baumaterial) meter
dosieren, nach Gewicht - *v* dose by weight [prc]
Dosierer *m* dosing feeder [prc]
Dosierförderer *m* (Fördergefäß Dosiereinrichtung) injector vessel [prc]
Dosiergefäß *n* metering tank [any]
Dosiergenauigkeit *f* metering accuracy [prc]
Dosiergerät *n* proportioning device [prc]
Dosiergeräte *pl* batching equipment [prc]
Dosierpumpe *f* dosing pump [prc]; metering pump [prc]
Dosierschieber *m* flow-control gate [was]
Dosierschnecke *f* dosing screw [prc]; metering screw [prc]; proportioning screw [prc]; proportioning screw conveyor [prc]; proportioning worm conveyor [prc]
Dosierschraube *f* dosage screw [prc]
Dosiersilo *m* batch bin [prc]; batching silo [prc]
Dosierstelle *f* dosing point [was]
Dosiersystem *n* metering system [prc]; proportioning system [prc]
Dosierung *f* proportioning
Dosierung, gewichtsmäßige - *f* gravimetric batching
Dosierung, volumetrische - *f* batching by volume; volumetric batching
Dosierventil *n* metering valve [prc]; proportioning valve [prc]
Dosiervorrichtung *f* batcher; dosing device [prc]; proportioning device [prc]
Dosierwaage *f* balance for batching [any]; metering balance [any]; weigh-batcher [any]; weighfeeder [any]
Dosimeter *n* (Strahlungsmessgerät) dosimeter [any]
Dotierung *f* contamination [met]
Dotierungsmaterial *n* doping agent [met]
Dotierungsmittel *n* doping agent [met]
Dränage *f* ([Variante]) drainage [was]
Dränagearbeiten *pl* ([Variante]) drainage work [tib]
Dränagedeckel *m* ([Variante]) drainage blanket [wba]
Dränagegraben *m* (Wasserführung) drain ditch [tib]
Dränageschicht *f* ([Variante]) drainage course [geo]
Dränagesystem *n* ([Variante]) drainage system

Dränagezuschlag *m* ([Variante]) drainage aggregate [was]
Dränarbeiten *pl* (DIN 18308) drainage work [tib]
Dränbrunnen *m* absorbing well [was]
Dränfilter *m* drainage filter [was]
Drängraben *m* drain trench [was]
dränieren *v* drain [was]
Dränleitung *f* drain pipe [was]
Dränmatte *f* (z.B. Baugrube) drain mat [tib]
Dränpflaster *n* drain paving
Dränrohr *n* drain pipe [was]; drain tile [was]; field drain pipe [was]; seepage pipe [was]
Dränsammelrohr *n* bleeder pipe [was]
Dränschicht *f* (im Boden) drainage layer [geo]; pervious shell
Dränung *f* subsoil drainage [was]
Dränwasser *n* drainage water [was]
Draht *m* (Faser) monofilament [met]; (dünnes Metall, Leitung) wire [met]
Drahtanker *m* wire tie
Drahtbeflechtung *f* wire braiding [met]
Drahtbewehrung *f* wire armouring [bon]; wire reinforcing [bon]
Drahtgeflecht *n* mesh fabric [met]; netting wire [met]; wire mesh [met]; wire netting [met]; wire works [met]
Drahtgeflechtabscheider *m* wire-mesh demister [met]
Drahtgeflechtglas *n* wired glass [met]
Drahtgeflechtzaun *n* wire-netting fence
Drahtgewebe *n* metal fabric [met]; netting wire [met]; wire cloth [met]; wire screen [met]
Drahtgitter *n* wire netting [met]
Drahtgitterschutz *n* screen
Drahtglas *n* armoured glass [met]; wire glass [met]; wired glass [met]; wired rolled glass [met]
Drahtglasgewebe *n* wired glass fabric [met]
Drahtkabel *n* wire rope [met]
Drahtnetz *n* wire net [met]
Drahtornamentglas *n* wired patterned glass [met]
Drahtputzdecke *f* wire plaster ceiling
Drahtseil *n* steel rope [met]; wire rope [met]
Drahtseilschlinge *f* cable sling [met]
Drahtsieb *n* wire-mesh screen [prc]
Drahtzaun *m* wire fence
Drahtziehmittel *n* wire-drawing agent [met]
Drahtzuführung, kontinuierliche - *f* (bei Schutzgasschweißen) continuous wire feed [met]
Drainage *f* ([Variante]) drainage [was]
Drainagearbeiten *pl* ([Variante]) drainage work [tib]
Drainagedeckel *m* ([Variante]) drainage blanket [wba]
Drainageschicht *f* ([Variante]) drainage course
Drainagesystem *n* ([Variante]) drainage system [was]

Drainagezuschlag *m* ([Variante]) drainage aggregate [was]
Drainrohr *n* drain pipe [was]
Drallauslass *m* spiral outlet [air]
Draufsicht *f* aerial view; plan view [des]; top view [des]; top-side view [des]; view from above [des]
Draufsicht, in - as seen from above [des]
drechseln *v* turn [wer]
Drechsler *m* (Holzbearbeitung) turner [wer]
Dreharm *m* swivel [tec]
Drehbeanspruchung *f* torsional stress [met]
Drehbehälter *m* rotating container
Drehboden *m* (Küchenmöbel) carousel shelf
Drehbohren *n* rotary drilling [wer]
Drehbohrer *m* rotary drill [wzg]
Drehbohrmeißel *m* rotary bit [tib]
Drehbrücke *f* pivot bridge [tra]; swing bridge [tib]; turn bridge [tra]; turning bridge [tra]
Dreher *n* turner [wer]
Drehfenster *n* casement window; pivoted window
Drehflügel *m* (Fenster u.a.) casement; revolving leaf
Drehflügelfenster *n* casement window; pivot window; side-hung window
Drehflügeltür *f* conventional door
Drehgelenk *n* swivel joint [tec]
Drehgriff *m* turning handle [tec]
Drehkippbeschlag *m* (Fenster) turn-and-tilt fitting
Drehkippfenster *n* centre-hung window; revolving tilt window
Drehkippflügelfenster *n* side-bottom hung sash window; tilt and turn window
Drehkopf *m* swivel head [wer]
Drehkran *m* revolving crane; rotary crane; slewing crane; swing crane; turning crane
Drehkranz *m* turntable
Drehkratzer *m* slewing scraper [roh]
Drehkreuz *n* (Knotenpunkt) hub [tra]; spider wheel; turnstile
Drehkupplung *f* swivel coupling
Drehleiter *f* (fahrbar) turnable ladder
Drehluftvorwärmer *m* rotary air preheater [pow]; rotary-type air preheater [pow]
Drehmoment *n* torsional moment [phy]
Drehmomentabscherung *f* rotational shear [met]
Drehmomentaufnehmer *m* torque sensor [any]
Drehmomentmesser *m* torquemeter [any]; torsion meter [any]
Drehofen *m* rotary kiln [roh]
Drehpfeiler *m* (Drehbrücke) pivot pier; turn pillar
Drehpunkt *m* fulcrum [phy]; moment centre [phy]
Drehrichtungsschalter *m* reversing switch [elt]
Drehriegel *m* (Fenster) casement fastener
Drehrohrofen *m* rotary kiln [prc]
Drehrolle *f* rotating roller [tec]

Drehschalter *m* revolving switch [elt]; rotary switching [elt]
Drehschütz *m* balanced gate [wba]
Drehsieb *n* rotary screen [prc]
Drehsitz *m* rotating seat
Drehspule *f* revolving coil [elt]
drehsteif torsion-proof; torsion-resistant
Drehsteifigkeit *f* rotational stiffness [sik]; torsional stiffness [sik]
Drehstrom *m* three-phase current [elt]
Drehstromanlage *f* three-phase current plant [elt]
Drehstromgenerator *m* alternator [elt]; three-phase generator [elt]
Drehstrommotor *m* three-phase motor [elt]
Drehstromnetz *n* three-phase supply network [elt]
Drehstromtransformator *m* three-phase transformer [elt]
Drehstromversorgung *f* three-phase supply [elt]
Drehstromzähler *m* three-phase current meter [elt]
Drehtelleraufgeber *m* rotary table feeder [prc]
Drehtor *n* hinged gate
Drehtrockner *m* rotary drier [prc]
Drehtür *f* swinging door; revolving door
Drehturm *m* turret
Drehvorrichtung *f* turning device
Drehwinkelverfahren *n* slope deflection theorem [sik]
Drehzahl *f* speed
Drehzahlregelung *f* closed-loop speed control [elt]
Dreibein-Fundament *n* (z.B. Windenergieanlage) tripod foundation
Dreiblattrotor *m* (Windenergieanlage) three-bladed rotor [pow]
Dreiblechstoß *m* joint between three plates [stb]
Dreideckersieb *n* triple-deck vibrating screen [prc]
dreidimensional spatial; three-dimensional
Dreieck-Sternschaltung *f* delta star connection [elt]
Dreieck-Sternumformung *f* delta-to-star conversion [elt]
Dreieckfachwerk *n* triangulated lattice
Dreiecksbinder *m* triangular truss
Dreieckschaltung *f* delta circuit [elt]; delta connection [elt]
Dreiecksdiagramm *n* triangular diagram [des]
Dreiecksgiebel *m* (römische Baukunst) triangular pediment [arc]
Dreieckslast *f* triangular load [sik]
Dreiecksleiste *f* triangular batten; triangular fillet
Dreiecksmiete *f* (Kompostierung) triangle windrow [rec]
Dreiecksrahmen *m* triangular frame
Dreiecksträger *m* triangulated girder [stb]
Dreiecksverband *m* triangulated bracing [stb]
Dreieckswehr *n* triangular-profile weir [wba]; V-notch weir [wba]
Dreieckswehr, flaches - *n* flat-V weir [wba]

Dreifachbohle *f* (Spundwand) triple pile
Dreifachfenster *n* three pane window; three-light window
Dreifachglas *n* triplex glass [met]
Dreifachstecker *m* three-pin plug [elt]
Dreifachverglasung *f* triple glazing
Dreifeldträger *m* three-span girder
Dreiflügler *m* (Windenergieanlage) three-bladed rotor [pow]
dreifüßig three-footed
Dreifußkran *m* derrick crane; shear legs
Dreigelenkbogen *m* three-hinged arch [stb]
Dreigelenkrahmen *m* three-hinged arch [stb]; three-hinged frame [stb]; (gebogen) Tudor arch [arc]
Dreikammersystem *n* three-room system [was]
Dreikantleiste *f* chamfer strip; triangular cleat
dreilagig three-coat
Dreileiterkabel *n* three-conductor cable [elt]; triplex cable [elt]
Dreileitersystem *n* three-wire system [elt]
Dreimomentengleichung *f* three-moment equation [sik]
Dreipass *m* (Gotik) three-lobe tracery [arc]; (Gotik: Dekoration) trefoil [arc]
Dreiphasenmotor *m* three-phase motor [elt]
Dreiphasenrotor *m* three-phase rotor [elt]
Dreiphasenschaltung *f* three-phase circuit [elt]
Dreiphasenstrom *m* three-phase current [elt]
Dreiphasensystem *n* three-phase system [elt]
dreipolig three-core [elt]
Dreipunkt-Aufhängung *f* three-point suspension
Dreipunktlager *n* three-point support
Dreipunktregelung *f* three-step control [elt]
Dreirohrnetz *n* (Fernwärmeversorgung) three-pipe network [pow]
Dreisäuler *m* tribar
dreischalig triple wall
dreischichtig three-layered [met]
Dreiseitenkipper *m* three-way tipper [tra]
Dreistiftsteckbuchse *f* three-pin socket [elt]
dreistöckig three-floored
Dreistofflegierung *f* ternary alloy [met]; three-component alloy [met]
Dreistoffsystem *n* triangular classification chart
Dreistufenmotor *m* three-speed motor [elt]
Dreiwalzenbrecher *m* triple-roll crusher [prc]
Dreiwegeventil *n* three-way valve [prc]
Drempel *m* jamb wall; parapet wall; sill
Drift *f* (waagerechte Durchbiegung) drift; (waagerechte Durchbiegung) sway [met]
Driftzahl *f* deflection index [met]
Drillarmierung *f* torsion reinforcement [bon]
Drillbewehrung *f* torsion reinforcement [bon]
Drillingslanzettfenster *n* (Gotik) triple lancet window [arc]

Drillingsleitung *f* triple conductor [elt]
Drillknicken *n* torsional buckling; twist buckling [met]
Drillschraubenzieher, automatischer - *m* yankee screwdriver [wzg]
Drillsteifigkeit *f* twisting stiffness [met]
Drillwiderstand *m* torsional resistance [met]
Dringlichkeitsreihung *f* priority ranking [eco]
Drosselorgan *n* restrictor; throttle [was]
Drosselregelung *f* restrictor control system [was]
Drosselventil *n* throttle valve [prc]
Druck *m* pressure
Druck, artesischer - *m* artesian pressure [was]
Druck, hydrostatischer - *m* static pressure [was]
Druck, mittiger - *m* axial pressure; axial thrust [sik]
Druck, statischer - *m* static pressure [phy]
Druckabfall *m* pressure drop [phy]
druckabhängig pressure-dependent [phy]
Druckanhäufung *f* (Baugrund) bulb pressure [tib]
Druckanstieg *m* increase in pressure [phy]
Druckanzeige *f* pressure reading [any]
Druckarmierung *f* compressive reinforcement [bon]
Druckaufnehmer *m* pressure gauge [any]; pressure recorder [any]; pressure sensor [any]; pressure transducer [any]
Druckausgleichsschicht *f* pressure equalizing layer [geo]; relieving layer [geo]
Druckbeanspruchung *f* compressive load [met]; compressive loading [met]; compressive strain [met]; compressive strength [met]; compressive stress [met]; compressive stressing [met]
Druckbehälter *m* pressure tank [prc]; pressure vessel [prc]
Druckbehälter eines Kernreaktors *m* (Kerntechnik) nuclear reactor containment [pow]
Druckbehälterstahl *m* pressure vessel steel [met]
druckbelastet pressure-retaining; under pressure
Druckbelastung *f* compressive load [met]
Druckbelastung, axiale - *f* axial thrust [sik]
Druckbereich *m* compressive region
Druckbewehrung *f* compressive reinforcement [bon]
Druckbewehrung, Querschnitt der - *f* area of compressive reinforcement [bon]
Druckbohren *n* (Erdbau) thrust boring
Druckbolzen *m* thrust bolt
Druckdiagonale *f* (Fachwerkträger) compression diagonal [stb]
Druckdichtung *f* pressure sealing [met]
Druckdifferenz *f* pressure difference [phy]
Druckentlastungsöffnung *f* explosion-relief opening [asi]; pressure-relief vent [asi]
Druckentwässerung *f* pressure discharge [was]; pressure drainage [was]

Druckerhöhungseinrichtung *f* pressurization device
Druckfeld *n* stress field [sik]
Druckfestigkeit *f* compression strength [met]; compressive resistance [met]; compressive strength [met]; crushing strength [phy]; pressure resistance [phy]
Druckfestigkeit, uneingeschränkte - *f* unconfined compressive strength [met]
Druckfestigkeitsprüfung *f* compressive strength test [any]
Druckfeuerbeständigkeit *f* refractoriness under load [met]
Druckfeuerung *f* pressurized boiler [pow]
Druckfilter *m* pressure filter [prc]
Druckfiltration *f* pressure filtration [prc]
Druckflansch *m* (Fachwerk) compression flange [stb]
Druckflüssigkeit *f* hydraulic fluid [met]; (Hydraulik) power fluid [met]; (z.B. für Hydraulik) pressure fluid [met]
Druckfühler *m* pressure sensor [any]; pressure transducer [any]
Druckgasflasche *f* gas bottle [prc]; pressure cylinder [prc]
Druckgebläse *n* pressure blower [air]
Druckgefälle *n* pressure difference [phy]
Druckgefäß *n* pressure vessel [prc]
Druckglied *n* compression member
Druckgurt *m* (Fachwerkträger) compression chord [stb]; (z.B. eines Blechträgers) compression flange [stb]
Druckhöhe *f* (Pumpe) pressure head [prc]; (Pumpe) pressure height [prc]
Druckhöhe, hydrostatische - *f* hydrostatic head [was]
Druckhöhe, statische - *f* hydrostatic pressure head [was]
Druckhülle *f* (Reaktorgebäude) containment shell
Druckinjektion *f* pressure grouting [bon]
Druckkanal *m* delivery duct [was]
Druckkessel *m* pressure boiler [pow]; pressure tank [prc]; pressure vessel [prc]
Druckknopf *m* (Gerät) push-button
Druckknopfbetätigung *f* push-button operation [tec]
Druckkraft *f* compression force [sik]; pressure force [phy]; thrust [phy]
Drucklast *f* compressive load
Druckleitung *f* hydraulic main [was]; pressure line [prc]; pressure main [was]
Drucklinie *f* pressure line [sik]
Druckluft-Betonförderer *m* pneumatic concrete placer [bon]
Druckluftanlage *f* compressed-air appliance [air]; compressed-air plant [air]

Druckluftbehälter *m* compressed-air vessel [air]
druckluftbetätigt air-actuated [tec]
Druckluftbohrer *m* compressed-air drill [wzg];
pneumatic drill [wzg]
Drucklufteinpressgerät *n* pneumatic grouter
Druckluftförderer *m* pneumatic conveyor [prc]
Drucklufthärten *n* air blast quenching [met]
Drucklufthammer *m* air hammer [wzg];
pneumatic hammer [wzg]; pneumatic pick [wzg]
Drucklufthaube *f* positive pressure dust hood [asi]
Drucklufthebebock *m* air jack
Drucklufthebezeug *n* pneumatic lifting device [wer]
Druckluftmeißel *m* pneumatic chisel [wzg]
Druckluftpflasterramme *f* pneumatic paving
rammer [tib]
Druckluftpresse *f* air jack
Druckluftpumpe *f* compressed-air pump [air]
Druckluftramme *f* pneumatic rammer [tib]
Druckluftrüttler *m* pneumatic vibrator [bon]
Druckluftschlagbohrer *m* pneumatic hammer drill
[wzg]
Druckluftstampfer *m* air rammer [wzg];
pneumatic rammer [tib]; pneumatic tamper [wzg]
Drucklufttest *m* (Dichtigkeitstest) air test [any]
Druckluftverputzgerät *n* pneumatic plaster-
throwing machine
Druckluftwinde *f* air jack
Druckmessdose *f* pressure cell [any]
Druckmittelpunkt *m* centre of pressure [phy]
Druckpfahl *m* compression pile [tib]
Druckplatte *f* (Brücke) compression plate; thrust
plate [tec]
Druckprüfung *f* collapse test; compressive test
[any]; hydraulic test [any]; pressure test [any]
Druckquerschnitt *m* compressed cross-section
[stb]; compression section [stb]
Druckraum *m* pressurized chamber [was]
Drucksammlerladeventil *n* (Druckluft)
accumulator charging valve [tec]
Druckschacht *m* (Wasserkraftwerk) pressure tunnel
[pow]
Druckschale *f* (Reaktorgebäude) containment shell
Druckschale, stählerne kugelförmige - *f*
(Reaktorgebäude) spherical steel containment shell
Druckschalter *m* trigger switch [elt]
Druckscheibe *f* thrust washer
Drucksicherheitshülle *f* (Reaktorgebäude) pressure
containment [pow]
Drucksonde *f* pressure sensor [any]
Druckspalte *f* crevice [geo]
Druckspannung *f* compressive strain [met];
compressive strength [met]; compressive stress
[met]
Druckspannung, zulässige - *f* permissible
compressive stress [met]
Druckspannungsfeld *n* stress field [sik]

Druckspindel *f* compression brace
Druckspirale *f* (Vorspannung) spiral duct [bon]
Druckspüler *m* flush valve
Druckstab *m* beam-column; (Fachwerkverband)
compression bar [stb]; compression member [stb];
(Schalung) compression strut; strut [stb]
Druckstab, mehrteiliger - *m* built-up compression
member
Druckstab, mittig belasteter - *m* axially loaded
compression member [sik]
Druckstörung *f* pressure disturbance [geo]
Druckstollen *m* pressure tunnel [wba]
Druckstoß *m* (Wasserschlag) fluid hammer [was];
(Rückschlaggeräusch) water hammer [was]
Druckstrahlbaggerung *f* hydraulicking [tib]
Druckstrahlverfestigung *f* shot peening [wer]
Druckstrebe *f* compression member [stb]; strut
[stb]
Druckströmung *f* pressure flow [prc]
Druckstütze *f* compression column
Drucküberwachung *f* pressure monitoring [any]
Druckumformer *m* pressure transducer [any]
Druckverdichtung *f* compaction rolling [tib]
Druckverteilung *f* pressure distribution [sik]; (im
Baugrund) stress distribution [geo]
Druckverteilungsschicht *f* subbase [tib]
Druckwaage *f* pressure balance [any]
Druckwächter *m* pressure control device [any];
pressure monitor [any]
Druckwasser *n* high-pressure water [was];
pressing water [geo]; pressurized water [was];
water under pressure [was]
Druckwasserleitung *f* power pipeline [was];
pressure water line [was]
Druckwasserspülung *f* high-pressure water jetting
[was]
Druckzerkleinerung *f* compression comminution
[prc]
Druckzerstäubung *f* pressure atomization [prc]
Druckzone *f* compression zone; zone of
compression [sik]
Druckzwiebel *f* pressure bulb
Dublierung *f* (flächige Verbindung gleichartiger
Stoffe) lapping
Dübel *m* (Beton-) concrete insert [bon]; dowel;
(Klammer, Stift) peg; (Holzbau) round peg
Dübel, biegeweicher - *m* flexible shear connector
Dübelabstand *m* dowel spacing
Dübelbalken *m* flitch beam
Dübelbohrer *m* dowel bit [wzg]; pin drill [wzg]
Dübelbolzen *m* steel stud
Dübellochbohrer *m* dowel-hole borer [wzg]
dübeln *v* peg [wer]
Dübelschlupf *m* dowel slip
Dübelsteifigkeit *f* dowel stiffness [met]
Dübelstein *m* dowel brick

Dübeltragfähigkeit *f* dowel capacity [sik]
Dübelverbindung *f* dowel joint; dowelled joint; key joint
Düker *m* culvert [wba]; culvert siphon; dip pipe [wba]; inverted siphon
Dünnbettkleber *m* thin-bed adhesive [met]
Dünnbettmörtel *m* thin-bed mortar [met]; thin-bed mortar [met]; thin-layer masonry mortar [met]
Dünnbettverfahren *n* (Fliesen legen) thin mortar bed technique; thin-bed fixing technique; thin-bed method; thin-bed process
Dünnbettverlegung *f* (Ziegel, Fliesen) thin-bed tiling
Dünnblech *n* tagger [met]
dünnflüssig non-viscous [met]; thin [met]; thin-bodied
Dünnputz *m* thin-layer plaster
Dünnschlämme *f* (Käranlage) dilute slurry [was]
Dünnschlamm *m* (Kläranlage) fluid slurry [was]; liquid sludge [was]
dünnstegig thin-webbed [met]
dünnwandig thin skinned [met]; thin-walled
Düsenboden *m* (Ionenaustauscher) nozzle tray [was]; tuyère bottom [was]
Düsenmeißel *m* jet bit [tib]
Dunkelstrahler *m* dark radiator [pow]
Dunstglocke *f* haze hood [wet]
Duplexwalze *f* tandem roller [tib]
durchbiegen, sich - *v* sag
Durchbiegeprüfung *f* sag test [any]
Durchbiegung *f* bending [met]; bowing; deflection; flexion [met]; sag; sagging [met]
Durchbiegung eines Balkens *m* deflection of a girder
Durchbiegung eines Bauwerks während der Bauzeit, waagerechte - *f* drift of a building on structure
Durchbiegung, bleibende - *f* permanent deflection [met]; residual deflection [met]
Durchbiegung, elastische - *f* elastic deflection
Durchbiegung, zulässige - *f* permissible deflection [sik]
Durchbiegungsmesser *m* deflection gauge [any]
Durchbildung, bauliche - *f* structural detailing [des]
durchbrechen *v* (Fussboden) fall through; (Öffnung herstellen) make an opening
Durchbruch *m* opening
durchdringen *v* (durch etw.dringen) penetrate
Durchdringung *f* penetration
Durchfärbung *f* (Leder) penetration dyeing [met]
Durchfahrt *f* passage [tra]; passageway [tra]; (Weg) thoroughfare [tra]
Durchfahrtsbreite *f* clearance width [tra]
Durchfahrtshöhe *f* clearance height [tra]; headroom; headway; vertical clearance [tra]
Durchfahrtshöhe, freie - *f* clear height [tra]

Durchfahrtstraße *f* thoroughfare [tra]; (<A>) thruway [tra]
durchfeuchten *v* moisten completely; wet
Durchfeuchtung *f* humidity penetration [met]; soaking
durchfließen *v* pass through [prc]
Durchfluss *m* (Abfluss) discharge [prc]; (Abfluss) outlet [prc]; (-menge) throughput [prc]
Durchflussanzeiger *m* flow indicator [any]
Durchflussdauer *f* detention period [was]
Durchflussgeber *m* flow transducer [any]; flow transmitter [any]
Durchflusskennlinie *f* flow characteristic [was]
Durchflussmenge *f* rate of flow [prc]
Durchflussmengenmessgerät *n* flowmeter [any]
Durchflussmesser *m* flowmeter [any]
Durchflussmessgerät *n* flowmeter [any]
Durchflussmessung *f* flow measurement [any]
Durchflussquerschnitt *m* cross-sectional area of flow [was]
Durchflussrichtung *f* flow direction [prc]
Durchflussrinne *f* flume [wba]
Durchflussweite *f* (Flussbrücke) clear span
Durchflutungsverfahren *n* (Schweißprüfung) magnetic crack detection [any]; (Schweißprüfung) magnetic particle test [any]
Durchfrieren des Bodens *n* soil congelation [geo]
Durchführbarkeit *f* workability
Durchführbarkeitsstudie *f* feasibility study
durchführen *v* (Aktion) carry out; (verwirklichen) implement; (durch Öffnung) pass through
Durchführung *f* (Aktion) execution; (isolierte -) grommet [elt]; (Verwirklichung) implementation
Durchführung der Beseitigung *f* execution of disposal [rec]
Durchführungshülse *f* grommet [tec]
Durchführungsrohr *n* wall tube
Durchgang *m* (Gasse) alley [tra]; (Leitfähigkeit) continuity [elt]; (Korridor) corridor [tra]; (Passage) passage [tra]; passageway; (Weg) passageway [tra]; throughpass
Durchgangshöhe *f* clearance height; headroom; headway
Durchgangsloch *n* through hole
Durchgangsöffnung *f* passage opening; port-slot
Durchgangsprüfer *m* continuity tester [elt]
Durchgangsprüfung *f* conduction test [elt]
Durchgangsschalter *m* continuity switch [elt]
Durchgangssieb *n* limiting screen [prc]
Durchgangsstraße *f* thoroughfare [tra]; through road [tra]; through street [tra]; (<B>) through-way [tra]
Durchgangstür *f* pass door
Durchgangswiderstand *m* volume resistance [elt]
Durchgangszimmer *n* access roorn; interconnecting room [arc]

durchgefärbt dyed throughout [met]
durchgehärtet through-hardened [met]
durchgehende Decke f continuous floor
durchglühen v (durchschmelzen) fuse [met]
durchhängen v sag; slack
durchhärten v temper thoroughly [wer]
Durchhärtung f penetration of hardening [met]
Durchhang m bowing; (Kabel) sag; sagging [sik];
  slack [des]
Durchkontaktierung f through connection [elt]
durchlässig (permeabel) permeable [met]
Durchlässigkeit f (Permeabilität) permeability;
  (Porosität) porosity; transparency [phy]
Durchlässigkeitsbeiwert m permeability coefficient
  [met]
Durchlass m (Tunnel) culvert; (Gang, Durchfahrt)
  passage
Durchlassschieber m (Straßenbaumaschine) cut-off
  gate [tib]
Durchlassstrom m let-through current [elt]; on-
  state current [elt]
Durchlauf m pass [wba]
Durchlaufanlage f open-circuit plant [prc]
Durchlaufbalken m continuous beam; continuous
  beam
Durchlaufbalken auf mehreren Stützen m
  (Brückenbau) continuous beam, multi-span -
Durchlaufbecken n stormwater tank with overflow
  for settled combined sewage [was]
Durchlaufbelebungsbecken n spiral-flow tank
  [was]
Durchlaufbetonmischer m continuous concrete
  mixer [bon]
Durchlaufdosiergerät n flow feeder [prc]
Durchlauferhitzer m continuous-flow water heater
  [elt]; flow-type water heater [elt]
Durchlauffertigung f continuous construction
  [wer]
Durchlaufmischer m closed-drum mixer;
  continuous mixer [prc]; flow mixer [prc]
Durchlaufmühle f open-circuit mill [prc]
Durchlaufpfette f continuous purlin
Durchlaufrahmen m continuous frame
Durchlaufträger m continuous beam; continuous
  girder
durchlüften v air [air]
Durchlüftung f ventilation [air]
Durchmesser m diameter [des]
Durchmesser, äußerer - m external diameter [des]
Durchmesser, innerer - m internal diameter [des]
Durchmesser, lichter - m inside dimension [des];
  internal diameter [des]
Durchmesserzeichen n diameter symbol [des]
durchmischen v mix thoroughly [prc]
Durchsatz m throughput
Durchsatzgeschwindigkeit f throughput rate [prc]

Durchsatzleistung f (Mühle, Pumpe) throughput
  capacity [prc]
Durchsatzmenge f throughput rate [prc]
durchschalten v interconnect [elt]
Durchschlag m disruptive discharge [elt]; drive pin
  punch [wzg]; (Funken) sparkover [elt]
durchschlagen v break through [elt]
Durchschlagfeldstärke f breakdown strength [elt]
Durchschlagspannung f breakdown voltage [elt];
  disruptive voltage [elt]
Durchschlagstrom m spark current [elt]
Durchschnitt, im - on average
Durchschnittsmiete f average rent [eco]
Durchschubofen m pushed-bat kiln [roh]
durchschusshemmend bullet-resistant [met]
durchschweißen v weld through [wer]; weld with
  full penetration [wer]
durchsichtig (Wasser) clear; (Glas/Plan)
  transparent
durchsickern v percolate [was]; trickle through
  [was]
Durchsickern n percolation [was]; seepage [was]
Durchsickerung f percolation [was]; seepage [was]
durchspülen v flush
Durchstanzquerkraft f punching shear [met]
Durchstanzwirkung f punching effect [bon]
durchstemmen v chisel a hole; chisel through
Durchstich m (Verbindung) cut
Durchstrahlungsprüfung f (Werkstücke)
  radiographic examination [any]; (Werkstücke)
  radiographic inspection [any]
durchtränken v soak
durchtrennen v cut [wer]
Durchtritt m penetration
durchtrittsicher (Sicherheitsschuh) penetration
  resistant [asi]
Durchwurfsieb n riddle
duroplastisch (Kunststoff) thermosetting [met]
Duschabtrennung f shower screen [tga]
Duschbad n shower bath [tga]
Duschbecken n shower pan [tga]; shower receptor
  [tga]
Dusche f shower [tga]; shower bath [tga]; spray
Duschecke f shower cubicle [tga]
Duschgarnitur f shower kit [tga]
Duschkabine f shower cabinet [tga]; shower
  cubicle [tga]
Duschnische f shower recess [tga]
Duschraum m shower bath [tga]; shower room
  [tga]
Duschtasse f shower tub [tga]
Duschwanne f shower basin [tga]
Duschzelle f shower cubicle [tga]
DV-Naht f (Schweißnaht) double-V groove weld
  [met]; (Schweißnaht) double-V seam [met]
Dynamik f dynamics; (Triebkraft) dynamism

E

Ebbe-und-Flut-Kraftwerk *n* tidal power station [pow]

Ebbetor *n* tail gate [wba]

eben (horizontal, glatt) level; (flach) plane

Ebene *f* (flaches Land) plain

ebenerdig at grade [tib]; at ground level; even with the ground; first floor; grade-level [tib]; ground-level [tib]

Ebenheit *f* levelness [geo]

ebnen *v* (glätten) flatten [tib]; (einebnen) level [tib]

Ebonit *n* hard rubber [met]

Echolotmethode, akustische - *f* sound-reflection method [any]

Echtholzfurnier *n* genuine wood veneer [met]

Eckausschnitt *m* notched corner

Eckaussteifung *f* corner truss

Eckbadewanne *f* corner bath

Eckbank *f* corner bench

Eckblech *n* corner gusset plate [stb]; gusset plate [stb]; knee bracket [stb]

Eckblockstein *m* corner return block

Eckbohle *f* (Spundwand) corner pile

Eckbühne *f* corner platform

Eckbühnenrahmen *m* corner frame

Eckdeckleiste *f* corner board

Ecke, abgerundete - *f* rounded corner

Ecke, abgeschlagene - *f* chipped corner

Ecke, biegesteife - *f* fixed corner [sik]

Eckelement *n* corner element

Ecken *n* (Vorgang des Eckens) crabbing [wer]

Eckfenster *n* corner window

Eckgebäude *n* corner building

Eckgrundstück *n* corner lot

Eckhaus *n* corner house; (Reihenhauszeile) end house

Eckkelle *f* angle trowel [wzg]; twitcher [wzg]

Eckleiste *f* cove

Eckmast *m* angle pole; angle tower

Ecknaht *f* (Schweißen) corner weld [met]; (Schweißnaht) fillet weld [met]

Eckpfeiler *m* abutment pier; corner pillar; corner stone; jamb stone

Eckpfosten *m* corner post; corner stud; (z.B. an Fachwerkbrücken) hip vertical [stb]; principal post

Eckpressung *f* corner compression [sik]; corner pressure [sik]

Eckprofil *n* (Spundwand) corner section

Eckrohrzange *f* rib joint pliers [wzg]

Ecksäule *f* corner pillar; principal post

Eckschrank *m* corner cabinet; corner cupboard

Eckschutzleiste *f* corner bead

Eckschutzschiene *f* angle bead; corner guard

Eckstein *m* angle stone; corner block; corner stone; (Dach) corner tile; head stone; pillar stone; quoin

Eckstoß *m* angle joint; corner joint

Eckstütze *f* corner column [stb]; corner post [stb]; (Fachwerkgebäude) corner post

Ecktermin *m* main appointed date

Eckturm *m* (z.B. Schloss) corner tower [arc]

Eckverbindung *f* edge joint [stb]

Eckversteifung *f* corner bracing

Eckwinkel *m* angle bracket

Eckziegel *m* (Dachziegel) corner tile

Eckzimmer *n* corner room

Edelholz *n* fine wood [met]; precious wood [met]

Edelmetall *n* precious metal [met]

Edelputz *m* chemical plaster; decorative rendering; finishing plaster [met]; patent plaster; ready-mixed coloured rendering

Edelsplitt *m* double-broken chipping [met]

Edelstahl *m* high-quality steel [met]; stainless steel [met]

Edelstahlfenster *n* stainless steel window

Edelstahlspültisch *m* stainless steel sink

EEx..I - Schlagwetterschutz (EN 50014 ... 50020) EEx..I - Firedamp protection [elt]

EEx..II - Explosionsschutz (EN 50014 ... 50020) EEx..II - Explosion protection [elt]

egalisieren *v* even [tib]; level [tib]

Eichdaten *pl* calibration data [any]

Eicheinrichtung *f* calibration equipment [any]

eichen *v* (Messgerät) adjust [any]; calibrate [any]; gauge [any]; standardize [any]

Eichen *n* calibrating [any]; gauging [any]; standardizing [any]

eichfähig adjustable [any]; capable of adjustment [any]; standardizable [any]

Eichfaktor *m* calibration factor [any]

Eichfehler *m* calibration error [any]

Eichgenauigkeit *f* accuracy of calibration [any]; calibration accuracy [any]

Eichkörper *m* calibration block [any]

Eichkurve *f* calibration curve [any]; standard curve [any]

Eichnormal *n* measurement standard [any]

Eichprobe *f* (Materialprüfung) calibrated test piece [any]

Eichsignal *n* calibration signal [any]

Eichspannung *f* calibration voltage [elt]

Eichstandard *m* calibration standard [any]

Eichsubstanz *f* standard substance for calibration [any]

Eichung *f* adjusting [any]; calibration [any]; gauging [any]; standardization [any]

Eierstabverzierung *f* (römische Baukunst) egg and

dart decoration [arc]
Eigenbedarf *m* (Wohnraum, u.a.) personal hardship [com]
Eigenbedarfsleistung *f* auxiliary power requirement [elt]; station service load [pow]
Eigenbedarfsschiene *f* auxiliary power busbar [elt]
Eigenbedarfsumschaltung *f* auxiliary power transfer [elt]
Eigenbelüftungs- self-aspirating [air]
Eigenentsorgung *f* self-disposal [rec]
Eigenfarbe *f* object colour
Eigenfestigkeit *f* intrinsic strength [met]
Eigenfeuchte *f* inherent moisture [met]
Eigenfeuchtigkeit *f* inherent moisture [met]; natural moisture [met]
Eigenfinanzierung *f* financing from own resources [eco]
Eigengeräusch *n* inherent noise [aku]
Eigengewicht *n* self-weight; specific gravity [phy]
Eigengewicht des Baukörpers *n* dead load of structure
Eigengewichtswalze *f* flat-wheeled roller [tib]
Eigenheim *n* home; owner-occupied home; owner-occupied house; privately-owned residence
Eigenheim mit Garten *n* homestead
Eigenheimbesitz *m* owning a house of one's own [eco]
Eigenheimbesitzer *m* owner-occupier [eco]
Eigenheimgrundstück *n* home stall; homestead
Eigenlast *f* dead load [sik]; dead weight; permanent load
Eigenmasse *f* dead weight; permanent weight
Eigenschaft, bautechnische - *f* structural property
Eigenschaft, mechanische - *f* mechanical property [met]
Eigenschaft, rheologische - *f* rheological property [met]
Eigenschaft, Wasser abstoßende - *f* water repellency [met]
Eigenschaft, zugesicherte - *f* warranted quality
Eigenschaftsbild *n* distinctive feature
Eigenschatten *m* shade
Eigenschwingung *f* free oscillation [phy]; fundamental oscillation [phy]; natural vibration [phy]; self-oscillation [phy]
Eigensetzung *f* consolidation [geo]; (Boden) earth consolidation [geo]
eigensicher inherently safe [elt]
Eigenspannung *f* body stress [met]; internal stress [met]; self-equilibrating stress [met]
Eigenspannungsriss *m* shrinkage crack [met]
eigenständig self-sufficient
Eigenständigkeit *f* self-sufficiency
Eigentümerschaft, absolute - *f* absolute ownership [eco]
Eigentumsform *f* form of ownership [eco]

Eigentumsgrenze *f* property line
Eigentumsrecht, beschränktes - *n* restricted ownership right [jur]
Eigentumsübergang *m* transfer of title [jur]
Eigentumsübertragung *f* transfer of title [jur]
Eigentumsverhältnisse *pl* ownership structures [eco]
Eigentumsverwaltung *f* owning administration [eco]
Eigentumswechsel *m* change of ownership [eco]
Eigentumswohnung *f* (<A>) condominium; (<A>) coop apartment; freehold dwelling; (<B> selbstgenutzt) owner-occupied flat
Eigenüberwachung *f* internal control [any]
Eigenverdichtung *f* self-compaction; self-consolidation
Eigenverfestigung *f* consolidation [geo]; (Boden) earth consolidation [geo]
Eigenverluste *pl* inherent losses [pow]
Eigenwärme *f* sensible heat [phy]
Eigenwärmeverbrauch *m* undertaking's own heat consumption [pow]
Eignung der Planung *f* appropriateness of design
Eignungsnachweis zum Schweißen *m* certification for welding [wer]
Eignungsprüfung *f* preliminary test; suitability test
Eikanal *m* egg-shaped sewer [was]
Eimer *m* bucket
Eimerbagger *m* bucket dredger [tib]
Eimerbecher *m* digging bucket [tib]; trencher bucket [tib]
Eimerbecherzahn *m* digging tooth [tib]
Eimerkette *f* (Becherwerk) bucket elevator chain [prc]
Eimerkette, rollende - *f* (Eimerkettenbagger) roller-type bucket ladder [roh]
Eimerkettenbagger *m* bucket chain dredger; bucket excavator [tib]; bucket-ladder dredge [tib]; elevator dredger [tib]; ladder dredger [tib]; (Trockenbagger) multi-bucket excavator [tib]
Eimerkettennassbagger *m* bucket dredger [tib]; bucket ladder dredger [tib]; multi-bucket dredger [tib]
Eimerleiter *f* (z.B. bei Nassbaggern) bucket ladder [tib]; (Nassbagger) digging ladder [tib]; (Naßbagger) dredging ladder [wba]
Eimerleitergrabenbagger *m* ladder-type trenching machine [tib]
Eimerleiterrahmen *m* ladder frame [wba]
Eimerseil-Schreitbagger *m* walking drag-line [tib]
Eimerstrang *m* (z.B. bei Nassbaggern) bucket line [tib]
Ein-Arbeitsgang-Verfestigung *m* (Boden) single-pass mixing [tib]
Ein-Aus-Regelung *f* on-off control [elt]
Ein-Feld-Balken *m* individual beam
Einachswalze *f* single-wheel roller [tib]

einadrig single-core [elt]; single-wire [elt]
einarbeiten *v* (einfügen) incorporate [wer]
Einarbeitungszeit *f* on-the-job training period [wer]
Einbau *m* mounting; (Beton) placement; placing
Einbau von Füllmaterial *m* spreading fill
Einbauanweisung *f* fixing instruction
Einbaubedingung *f* installation condition [wer]
Einbaubedingungen *pl* (Beton) placement conditions
Einbaudose *f* (Steckdose) housing [elt]
einbauen *v* fit
Einbaufähigkeit *f* placeability
einbaufertig ready to mount; ready-to-fit
Einbaugerät *n* installation device [elt]; installation unit [elt]
einbaugleich interchangeable [des]
Einbaugröße *f* dressed size
Einbauhinweis *m* mounting instruction [des]
Einbaukorb *m* trench cage
Einbauküche *f* built-in kitchen; fitted kitchen; in-built kitchen
Einbaulänge *f* (Thermometer, u.a.) positioned length [any]
Einbaulage *f* mounting position [des]
Einbauleuchte *f* recessed lighting [tga]; recessed luminaire [tga]
Einbaumaß *n* assembly dimension [des]; mounting dimension [des]
Einbaumöbel *n* built-in furniture; fitted furniture
Einbauplan *m* installation drawing [des]
Einbaurahmen *m* built-in frame; installation frame [tga]; mounting frame [tec]
Einbauschicht *f* (Beton) pour [bon]
Einbauschrank *m* built-in cabinet; built-in cupboard; (Kleiderschrank) built-in wardrobe; fitted cupboard
Einbauschrank, begehbarer - *m* walk-in closet
Einbauspüle *f* (Küchenmöbel) built-in sink [tga]
Einbausteckdose *f* mounting socket [elt]
Einbaustelle *f* design position [des]; mounting position; (Straßenbau) point of deposit [tib]
Einbautank *m* built-in tank
Einbauteile *pl* fittings
Einbauten *pl* built-in installation; fixtures; fixtures and fittings
Einbautoleranz *f* mounting tolerance [des]
Einbauwanne *f* built-in bathtub
Einbauwaschbecken *n* vanity basin
Einbauzeichnung *f* installation drawing [des]; location drawing [des]
Einbehaltung *f* retention [jur]
Einbehaltung von Gegenforderungen *f* retention of counterclaims [jur]
einbetonieren *v* concrete in [bon]; embed in concrete [bon]; encase in concrete [bon]; set in concrete [bon]; set into concrete [bon]

Einbetonieren *n* embedding in concrete [bon]; setting in concrete [bon]
Einbetoniersystem *n* (für radioaktive Abfälle) concrete embedment system [rec]
einbetoniert concrete-encased [bon]; embedded in concrete [bon]
Einbetten *n* embedding
Einbettung *f* embedding
Einbettzimmer *n* single room
einbeulen *v* buckle [met]
Einbindegraben *m* (Deponie) anchor trench [rec]; (Deponie) anchor trench [rec]
einbinden *v* (Träger) tail
Einbindeverfahren *n* (Vermessung) indentation method [any]
Einbohrband *n* (Türbefestigung) drill-in hinge
Einbrand *m* penetration [met]
Einbrand, teilweiser - *m* (Schweißnaht) incomplete penetration [met]; (Schweißnaht) partial penetration [met]
Einbrand, vollwertiger - *m* (Schweißnaht) full penetration [met]
Einbrandkerbe *f* (Schweißen) penetration cut [met]; (Rand der Schweißnaht) undercuta [met]
Einbrandkerbriss *m* (Riss an der Einbrandkerbe) toe crack [met]
Einbrandzone *f* (Schweißnaht) zone of penetration [met]
einbrechen *v* (Wand) break down; (einstürzen) cave in; (einstürzen) fall in
Einbrennfarbe *f* annealing colour [met]; baked finish [met]; baked varnish coat [met]; (Keramik) baking paint [met]
Einbrennharz *n* annealing resin [met]
Einbrennlack *m* stoving lacquer [met]; stoving paint [met]
einbrennlackiert anneal-lacquered [met]
Einbrennlackierung *f* baked-enamel finish [met]; ceramic varnish [met]; enamelling [met]
einbringen *v* (Beton) concrete; (Baumaterial) place; (Bewehrung) place reinforcing bars; (Beton) pour concrete
Einbringen *n* (Spundbohlen) driving [tib]
Einbringen von Stahleinlagen *n* steel fixing [bon]
Einbringung *f* (Beton) emplacement; placement [tib]; placing
Einbruch *m* (Einstürzen) collapse
Einbruchhemmung *f* burglar resistance
Einbruchmeldeanlage *f* intrusion alarm system [asi]; break-in alarm system [elt]
Einbruchmeldesystem *n* intruder alarm system
Einbruchsicherung *f* intrusion detector
Einbuchtung *f* (Straße) bend [tra]
Einbund *m* single-loaded corridor [arc]
eindämmen *v* dam [wba]; dyke [wba]; embank [wba]

Eindämmung *f* damming [wba];   dyking
eindecken *v* roof
eindecken, neu - *v* reroof
Eindeckungsmaterial *n* roofing material
eindeichen *v* dam in [wba];   dyke [wba]
Eindeichen *n* damming [wba]
Eindeichung *f* embankment;   embankment [wba]
Eindickapparat *m* thickener [prc]
Eindicker *m* thickener [prc]
Eindickmittel *n* thickener [met];   thickening agent [met]
Eindringbarkeit *f* (Spundbohlen) driveability [tib]
Eindringen *n* penetration
Eindringen von Regenwasser *n* rainfall infiltration [was]
Eindringkörper *m* indenter [any];   penetrator [any]
Eindringkraft *f* penetrating force [phy]
Eindringtiefe *f* (Werkstoffprüfung) tip penetration [any]
Eindringtiefenmesser *m* penetrometer [any]
Eindringwiderstand *m* penetration resistance
Eindruckkörper *m* indenter [any]
Eindruckkugel *f* indenting ball [any]
eindübeln *v* fix with a plug [wer]
einebnen *v* bulldoze;   level [tib];   level out;   plane [tib];   raise the levels [tib];   regrade [tib]
Einebnung *f* flattening;   levelling [tib];   planation [geo]
Einebnungspflug *m* spreader-ditcher [tib]
Einerdung *f* (Ausgleichen von Baugruben) earthing
einfach gebrannt (Keramik) once fired [met]
Einfachfenster *n* single window
Einfachrahmen *m* single-span frame [stb]
Einfachsieb *n* single strainer [prc]
Einfachstichprobenentnahme *f* single sampling [any]
Einfachverglasung *f* single glazing
Einfädelspur *f* (Straßenverkehr) merging lane [tra]
Einfädelungslänge *f* (Straße) weaving distance [tra]
Einfädelungsraum *m* (Straße) weaving space [tra]
Einfädelvorrichtung *f* (Spundwand) threader
Einfahrgleis *n* (Bahn) arrival siding [tra];   (Bahn) arrival track [tra]
Einfahrt *f* access way [tra];   (Zufahrt) entrance [tra];   (Autobahn) slip road [tra]
Einfahrtschleuse *f* (Dock) entrance lock [wba]
Einfahrtstor *n* gate [tra]
Einfahrtsweg *m* access road [tra]
Einfallslosigkeit *f* unimaginativeness [arc]
Einfallstraße *f* access road [tra]
Einfamilienhaus *n* single-family home;   single-family house
einfassen *v* (Rahmen) frame
Einfassung *f* (Rand, Kante) bordering [stb]
Einfeld- single span
Einfeldbrücke *f* single-span bridge

Einfeldplatte *f* single-span slab [stb]
einfeldrig single span
Einfeldträger *m* (Träger auf zwei Stützen) simple beam [stb];   (Träger auf zwei Stützen) simply supported member [stb];   single-span beam;   single-span beam;   single-span girder [stb]
einflechten *v* (Lehmbau) interlace;   (Lehmbau) twine
einfluchten *v* flush;   range out
Einflügeltür *f* single-leaf door
Einflügler *m* (Windenergieanlage; obs.) one-bladed rotor [pow]
Einflugschneise *f* approach lane [tra];   approach path [tra]
Einflussbereich *m* (einer Last) tributary area
Einflusslinie *f* (Belastung) influence line
einfressen, sich - *v* corrode;   (Staub) penetrate
Einfriedung *f* enclosure
Einfriedungsmauer *f* enclosure wall
einfügen *v* (einlassen) embed [wer]
Einführungskabel *n* leading-in cable [elt]
Einfüllbehälter für Frischbeton *m* skip [bon]
Einfüllloch *n* feed opening;   filling hole
Einfüllöffnung *f* fill-in opening [prc]
Einfüllschacht *m* feed chute [prc]
Einfüllstutzen *m* ill-in nozzle [prc]
Einfülltrichter *m* charging hopper [prc];   feed hopper [prc];   inlet hopper [prc]
Eingabetaste *f* input key [elt]
Eingang *m* (Tür, Tor) entrance;   input [elt]
Eingang, behindertengerechter - *m* disability access
Eingangsbereich *m* entrance area;   entry area [arc]
Eingangsfassade *f* entrance façade [arc]
Eingangsfront *f* access front
Eingangsgröße *f* (Regeltechnik) input variable [any]
Eingangshalle *f* (im Bahnhof) booking hall [tra];   entrance hall;   (Bahnhof) entrance hall [tra];   (Hotel, Theater) foyer;   porch
Eingangsraum *m* entry
Eingangsschleuse *f* entry lock
Eingangsseite *f* access front
Eingangstür *f* (im Gegensatz zu Aus-) entrance door;   (Wohnung/Haus) front door
Eingangsverwiegung *f* weighing of incoming material [any]
eingebaut integrated [wer]
eingebaut, fest - permanently fixed;   permanently installed
eingebaut, ortsfest - permanently installed
Eingefäß-Trockenbagger *m* single-bucket excavator [tib]
eingehängte Decke *f* suspended ceiling
eingekittet cemented [met]
eingelassen embedded;   flush;   flush-mounted;   (im Material) recessed

eingemauert walled
Eingemeindung f annexation
eingeschalt timbered
eingeschaltet, nicht - inactive
eingeschnitten (in Landschaft) incised [geo]
eingeschossig low-rise; one-storey; single-storey
eingespannt restrained [sik]
eingespannter Bogen m fixed-end arch; rigid arch
eingespannter Träger m constrained beam
eingespült sluiced [was]
Eingewöhnung f acclimatization [asi]
eingraben v bury; trench
eingreifen v (einrasten) engage
Eingriff in die Natur m work affecting the
  environment
Eingusstrichter m (für Schlicker) slip tap [met]
Einhängekopf m mounting head
Einhängeleiter f hook ladder
Einhängering m mounting ring
Einhängeschlaufe f (Schalung) anchor loop
Einhängeträger m suspended span [stb]
einhaken v (mit Klammer) clasp; (mit Haken)
  fasten; (mit Haken) hook
Einhandmischbatterie f (für Waschbecken) single-
  handle mixer tap [tga]
Einhebelbedienung des Triebwerks f (Flugzeug)
  single-lever power [tra]
Einheit, architektonische - f architectural unit
Einheit, gestalterische - f (Architektur) unity of
  composition [des]; (Architektur) unity of design
  [des]
Einheitsbauweise f standard type construction; unit
  construction
Einheitslast f unit load [sik]
Einheitswert m (Grundeigentum) assessed value
  [eco]; (Grundeigentum) rateable value [eco]
einkalken v treat with lime
Einkammermühle f single-compartment mill [prc]
Einkapselung, schalldichte - f acoustical enclosure
  [aku]; sound-absorbing enclosure [aku]
Einkaufscenter n shopping centre
Einkaufsgegend f shopping precinct [com]
Einkaufskomplex m shopping complex
Einkaufspassage f shopping arcade
Einkaufsstraße f shopping street
Einkaufsviertel n shopping area; shopping
  precinct [com]
Einkaufszentrum n hypermarket; (<A>) mall;
  shopping centre; shopping mall
Einkaufszentrum, multifunktionales - n mixed-use
  centre [eco]
Einkaufszentrum, vielgeschossiges - n vertical
  mall
einkerben v (mit Rillen versehen) groove [wer];
  (Kerbe herstellen) nick [wer]; (Kerbe herstellen)
  notch [wer]; (Kerbe herstellen) score [wer]

Einkerbung f (Mauerwerk) indent; indentation
  [met]; notch [met]
Einkettenbaggerkorb m single-chain digging grab
  [tib]
Einkettengreifbagger m single-chain grab
  excavator [tib]
einknicken v buckle
Einkomponentensystem n (Anstrich) one-
  component coating; one-component system; one-
  pack system; one-part coating
Einkornbeton m shingle concrete [bon]
Einlage, starre - f stiff insert
Einlagenputzmörtel m (Monoputz) one-coat mortar
einlagern v store
Einlagerung f (Einschluss) inclusion [met];
  (Einschluss) intrusion [met]; (Schüttgut)
  stockpiling
Einlageschicht f interlayer [met]
einlagig single-course [met]
Einlagigkeit f (Abdichtung mit Dichtbahn) single-
  ply laying
Einlass m (Eingang) entry
Einlass-Kantenriegel m (Türbefestigung) mortice
  flush bolt
Einlassanker m embedded anchor
Einlassdübel m lay-in connector [met]
einlassen v (einfügen) embed [wer]; (Mauerwerk)
  embed; (Zapfen) let in
Einlassgrund m sealer [met]; sealing primer [met]
Einlassgrundierung f low-viscosity primer [met];
  sealing primer [met]
Einlassschieber m inlet valve [prc]
Einlassschleuse f drainage sluice [wba]
Einlassschlossgetriebe mit Falle n (Beschlag)
  locking and latching mortice crémone bolt
Einlassventil n intake valve [was]
Einlauf m gully [was]; inlet [was]; intake [was]
Einlaufbauwerk n inlet structure [was]; intake
  construction [was]
Einlaufbecken n inlet reservoir [was]; intake basin
  [was]
Einlaufkanal m headrace [was]; influent conduit
  [was]; intake channel [was]
Einlaufrinne f headrace [was]; inlet channel [was]
Einlaufschacht m feed shaft [prc]; gully [was];
  inlet well [was]; intake shaft; sump [prc]
Einlaufschütz m intake gate [was]
Einlaufschurre f feed chute [prc]
einlegen v (Bewehrung) place
einlegen in Beton v embed in concrete [bon]
einleiten v (hineinleiten) discharge [rec];
  (hineinleiten) dump [rec]; (Wasser) lead into [was]
Einleiten n (Hineinleiten) feeding [was]
Einleitung f (Wasser) discharge [was]
Einleitung von Abwasser f discharge of waste
  water [was]

Einleitung, industrielle - *f* industrial discharge [was]

Einleitungsbrunnen *m* (Hydrologie) injection well [was]

Einleitungserlaubnis *f* discharge consent [was]

Einleitungsgrenzwert *m* effluent standard [was]

Einlieferungstermin *m* (Angebot, Antrag, ...) submission date

Einliegerwohnung *f* granny-flat; lodger flat

Einmal-Ohrstöpsel *m* disposable ear plug [asi]

einmauern *v* brick in; fix in a wall

Einmauerschrank *m* cabinet integrated in wall

Einmauerung *f* embedding; immuring

Einmauerungsmaterial *n* (feuerfestes Material) refractory setting material [met]

Einmessarbeit *f* surveying work [any]

einmessen *v* survey [any]

Einmessen *n* calibration [any]

Einmessungsskizze *f* (Vermessung) survey sketch

einmischen *v* incorporate [prc]

einmünden *v* drain [was]; (Fluss) flow into [was]

einpassen *v* (passend machen) fit; fit in; (z.B. ein Bauteil anpassen) inch [wer]; (Holzbearbeitung) trim [wer]

Einpfählung *f* stockade

Einphasenmotor *m* single-phase motor [elt]

Einphasenstrom *m* single-phase current [elt]

Einphasensystem *n* single-phase system [elt]

Einphasenwechselstrom *m* single-phase current [elt]

einphasig one-phase [elt]; uniphase [elt]

Einplanieren *n* (mit Straßenhobel) blading [tib]; planing [tib]; spreading and levelling [tib]

Einpoldern *f* polder [tib]

einpolig single-pole [elt]; unipolar [elt]

Einpressarbeiten *pl* (DIN 18309) grouting work

Einpressbeton *m* injected concrete [bon]

Einpressdruck *m* grouting pressure [tib]

Einpressdübel *m* bolted connector

einpressen *v* drive in [wer]; inject

Einpressen *n* grouting; pressure grouting

Einpressharz *n* grouting resin [met]

Einpresshilfe *f* (Hilfsmittel) grouting aid [met]; injection agent [met]; (Betonzusatz) intrusion grout aid [met]

Einpressmörtel *m* grouting mortar; intrusion mortar

Einpresspumpe *f* injection pump [prc]

Einpressschlempe *f* intrusion grout [met]

Einpresssonde *f* injection well

Einpressteil *n* insert

Einpresszement *m* cement grout [met]

Einradwalze *f* single-wheel roller [tib]

Einrahmung *f* (Fenster, Tür) casing

einrammen *v* drive down [tib]; (Pfähle) drive in [tib]; pile-drive [tib]; ram [tib]

Einrammen *n* (Spundbohlen) driving [tib]

einrasten *v* (ineinander greifen) engage

Einraumwohnung *f* bed-sitting flat; bedsitter; flatlet; one-room flat

Einreichung eines Projekts *f* (für Wettbewerb) project enrolment

Einreißhaken *m* ceiling hook

Einrichten der Baustelle *n* setting up the site

Einrichtung *f* (Gründung) foundation; plant; tackle

Einrichtung, sanitäre - *f* sanitary facilities; sanitary fixture; sanitary installations [tga]; sanitation

Einrichtungsgegenstände *pl* fixtures

Einrichtungsplan *m* fixture plan [des]

Einrichtungsverkehr *m* unidirectional traffic [tra]

einrühren *v* stir into .. [prc]

Einrüttelverdichtung *f* vibrating compaction [bon]

Einsackmaschine *f* bag packing machine [prc]

Einsackwaage *f* bagging scale [any]

einsanden *v* sand-fill

Einsanden *n* sand backfilling

Einsatz *m* (von Personal, Mitteln, ...) assignment; (Zwischenstück) insertion; (Stütze) support; (Verwendung) use

Einsatzbedingungen, tatsächliche - *pl* on-site conditions

Einsatzbereich *m* operating range [any]

einsatzbereit ready for use

Einsatzgruppe *f* task force [wer]

einsatzhärten *v* caseharden [met]

Einsatzhalter *m* (Schalung) bit holder

Einsatzkarte *f* assignment card

Einsatzleiter *m* operational manager [wer]

Einsatzprodukt *n* charge stock [met]; feedstock [met]

Einsatzprüfung *f* field trial [any]

Einsatzstahl *m* casehardened steel [met]

einschäumen *v* (Isoliermasse) foam into place [wer]

einschalen *v* (verkleiden, umhüllen) encase; (Einschalung erstellen) erect formwork; form [bon]; (Holzform erstellen) timber

Einschalen *n* formwork [bon]

einschalig one-leaf; (Wand) single-leaf; single-shell

einschalten *v* (Gerät) plug [elt]

Einschaltsperre *f* closing release [elt]

Einschaltstrom *m* make current [elt]; starting current [elt]

Einschaltung *f* power up [elt]

Einschaltverzögerung *f* (Relais) pick-up delay [elt]; turn-on delay [elt]

Einschalung *f* casing; shuttering [bon]

Einschalungsarbeiten *pl* formwork assembly work [bon]

Einscheibensicherheitsglas *n* heat-strengthened glass [met]

Einscheibensicherheitsglas *m* single-pane safety glass [met]

Einschichtbetrieb *m* single-shift operation [wer]

Einschiebrohr *m* (Rohrverbindung) push-in pipe [prc]

Einschienenkran *m* walking crane

einschiffig (z.B. Halle) one-bayed; (Kirche, Halle) single-bay

einschlämmen *v* flush

Einschlämmung *f* deposition [was]; sedimentation [was]; settlement [was]

Einschlag, großer - *m* (Wenderadius) short turning radius [tra]

einschlagen *v* (Pfahl) drive in; (Nagel) hammer in [wer]; (Nagel) knock in [wer]

Einschlüsse *pl* enclosures [geo]

Einschluss *m* entrapment [met]; (von Gasen oder Festkörpern in einem Material) inclusion [met]

Einschmelzreaktion *f* melting reaction [met]

Einschnitt *m* (im Gebirge) cleft [geo]; (Schnitt) cut; cutting [tib]; cutting [tib]; (Graben) excavation [geo]; (Kerbe) notch

Einschnitt, offener - *m* open cut [wba]

Einschnittaushub *m* excavation of cutting [tib]

Einschnittböschung *f* slope of cutting [tib]

einschnittig (z.B. Nietung) in single shear [tec]

Einschnürung *f* necking; reduction in area [des]; (Hydrologie) throat [was]

Einschränkung *f* (Begrenzung) restriction

Einschraubsicherung *f* plug fuse [elt]; socket fuse [elt]

Einschubdecke *f* inserted ceiling; sound-boarded ceiling; sound-insulating ceiling

Einschweißnippel *m* welded stub connection [stb]; welded-in stub [stb]

Einschweißverschraubung *f* welded screw coupling [stb]

Einschwemmungshorizont *m* B-horizon [geo]

Einseilbaggergreifer *m* single-line bucket [tib]

einseitig gerichtet unidirectional

Einsichtnahme, zur - for inspection

Einsickerfähigkeit *f* infiltration capacity [geo]

einsickern *v* infiltrate [was]; penetrate [was]; seep [was]; soak in [was]; trickle in [was]

Einsickern *n* infiltration

Einspannbedingung *f* end condition [sik]; fixed-end condition; restraint condition [sik]

einspannen *v* build in [stb]; (festhalten) restrain [wer]

Einspannlänge *f* length of restraint

Einspannmoment *n* end fixing moment; end moment [sik]; restraint moment [sik]

Einspannung *f* (Spundwand) embedment [bon]; end-restraint [stb]; fixing; fixity; restraint

Einspannung, elastische - *f* elastic end-restraint

Einspannung, teilweise - *f* partial restraint [sik]

Einspannung, vollständige - *f* complete fixing [stb]; rigid fixing

Einspannvorrichtung *f* fixture [wer]; jig

Einsparungspotenziale *pl* potential savings [eco]

einspeisen *v* supply

Einspeisung *f* charging; incoming feeder [elt]; supply [elt]

Einspritzdüse *f* (für Additive, u.a.) injection nozzle [prc]

Einspritzmörtel *m* injection mortar [met]

Einspritzrohr *n* injection pipe [was]

Einspritzvorgang *m* injection run

Einspülen *n* pile jetting [tib]

Einspülen von Pfählen *n* water-jetting of piles [tib]

Einspülverfahren *n* sluicing [tib]

Einspundung *f* closed sheeting [tib]

Einstau *m* impoundage [was]; ponding [wba]

Einstaubewässerung *f* subsurface irrigation [wba]

Einstauen *n* (großflächige Verteilung) spreading [wba]

Einsteckeinheit *f* plug-in unit [elt]

Einsteckmodul *m* plug-in module [elt]

Einsteckschloss *n* mortise lock

Einsteckstoß *m* sleeve joint [stb]; slip joint [stb]

Einsteigeleiter *f* access ladder

Einsteigöffnung *f* manhole; manway

einstellen *v* (justieren) set

Einstellgewicht *n* sliding weight [tec]

Einstellplatz *m* (für Auto) parking space [tra]

Einstellpunkt *m* setting point

Einstellskala *f* setting scale [any]

Einstellung der Arbeiten im Winter *f* winter work stoppage

Einstellung von Arbeitskräften *f* recruitment [eco]

Einstellventil *n* regulating valve [prc]

Einstellwert *m* setting point [any]

Einstiegklappe *f* access door [prc]

Einstiegluke *f* entrance hatch

Einstiegtür *f* inspection door

einstöckig one-storey; single-storey

Einstoffsystem *n* unary system [met]

einstopfen *v* (Lehmbau) fill in

Einstraßenanlage *f* (Siedlungsform: rippenförmig) uniaxial arrangement [com]

Einstreubelag *m* (Bodenbelag) broadcast flooring

Einstreuverfahren *n* scattered mode of application

einstürzen *v* (Wand) tumble

Einstufensieb *n* single-deck screen [prc]

Einsturz *m* caving

Einsturzbeben *n* subsidence earthquake [geo]

Einsturzbecken *n* subsidence basin [geo]

Einsturzgefährdung *f* danger of collapse

Einsturzgefahr *f* danger of collapse

Einsturzlast *f* collapse load [sik]

Einsumpfen *n* (Beton) ponding [bon]
Eintafelprojektion *f* (darstellende Geometrie) one-plane projection [mat]
Eintauchmesszelle *f* immersion measuring cell [any]
Eintauchtiefe *f* immersion depth [any]
Eintiefung *f* deepening [geo]
Eintragschnecke *f* feed screw [prc]
eintreiben *v* (Nagel) drive in [wer]
Eintrittsöffnung *f* throat
Eintrittsstutzen *m* inlet nozzle [prc]
Eintrittstutzen *m* intake flange [prc]
Einwaage *f* weighed portion
Einwalzenbrecher *m* single-roll crusher [prc]
Einwalzenmühle *f* single-roll mill [prc]
Einwalzenprallbrecher *m* single-impeller impact breaker [prc]
Einwegbehälter *m* non-returnable container
Einwegbekleidung *f* disposable clothing [asi]
Einwegschutzanzug *m* disposable coverall [asi]
Einwegschutzkleidung *f* single-use protective clothing [asi]
einweichen *v* soak
Einweichen *n* soaking
Einwellenhammerbrecher *m* single-shaft hammer crusher [prc]
**Einwirkung, veränderliche - ** *f* (Kräfte usw.) variable action
Einwirkungsdauer *f* duration of exposure [wer]
Einwirkungszeit *f* time of action [met]
Einwohnergleichwert *m* inhabitants of equal standard [was]; population equivalent [was];
Einwohnerverteilung *f* (Städtebau) distribution of residents
Einzäunung *f* boundary fence; (Zaun) enclosure; (Zaun) fence
Einzelbalken *m* single-span beam; single-span girder
Einzelbauteil *n* individual component
Einzelbohle *f* (Spundwand) single pile
Einzelbrand *m* (Keramik) once-firing [met]
Einzelbüro *n* individual office
Einzelelement *n* individual element
Einzelfenster *n* single window
Einzelfundament *n* individual footing; individual foundation; isolated footing; single footing
Einzelgarage *f* detached garage
Einzelhandelsfläche *f* retail space [eco]
Einzelhandelsstandort *m* retail location
Einzelhaus *n* detached house; individual house
Einzelheit *f* detail; item
**Einzelheit, bauliche - ** *f* constructional detail
Einzelkornzerkleinerung *f* single-particle crushing [prc]
Einzelkraft *f* concentrated force [sik]
Einzellast *f* point load [sik]

Einzelmessung *f* individual measurement [any]; separate determination [any]; single measurement [any]
Einzelpfahl *m* single pile [tib]
Einzelpreis *m* individual price [eco]
Einzelprobe *f* sole sample [any]; spot sample [any]
Einzelprobenahme *f* discrete sampling [any]
Einzelprüfung *f* routine check [any]
Einzelschicht *f* (Hydrologie) monolayer [was]
Einzelschritt *m* (im Prozess) individual stage
Einzelstufen *pl* individual steps
Einzelteil *n* component; individual part; separate part [des]
Einzelteile, aus -n bestehend sectional
Einzelteilzeichnung *f* component drawing [des]; detail drawing [des]; single-part drawing [des]
Einzelwasserversorgung *f* decentralized water supply [was]
Einzelzimmer *n* single room
einzementieren *v* cement in
einziehbar retractable [tec]
Einziehseil *n* (des Krans) luffing rope
Einzimmerwohnung *f* (<A>) one-room apartment; (<B>) one-room flat
einzügig (Kamin) single flue [air]
Einzugsbereich *m* catchment area [was]; (Niederschläge) catchment area [was]; gathering field [com]
Einzugsermächtigung *f* (<B>) direct debit [eco]
Einzugsgebiet *n* (Regenwasser u.a.) catchment [was]; (Niederschläge) catchment area [was]; (Wasserwirtschaft) drainage basin [was]; intake area [was]
Einzugsgebiet eines Flusses *n* river basin [was]
Einzugsradius *m* catchment radius [was]
Einzugstermin *m* (Gebäude) moving-in date
Einzugswalze *f* feed roll [prc]
Eiprofilrohr *n* egg-shaped sewer [was]
Eisabweiser *m* (Brücke) upstream cutwater
Eisbrecher *m* (Brückensicherung) cutwater
Eisdecke *f* ice layer [geo]
Eisdruck *m* (auf Gebäuden) ice load; ice pressure [phy]
Eisenabfall *m* iron scrap [rec]; waste iron [rec]
**Eisenauflage, justierbare - ** *f* (bei Eisenhobeln) frog [wzg]
Eisenbahnbrücke *f* (<A>) railroad bridge
Eisenbaheinschnitt *m* railway cutting
Eisenbahnknoten *m* (<A>) railroad hub [tra]; (<A>) railroad junction [tra]; (<B>) railway hub [tra]; (<B>) railway junction [tra]
Eisenbahnkran *m* railway crane [tra]
Eisenbahnnetz *n* railway system [tra]
Eisenbahnschotter *m* railway ballast [tra]
Eisenbahnschwelle *f* railway sleeper [tra]
Eisenbahnstation *f* railway station [tra]

Eisenbahntunnel *m* railway tunnel [tra]
Eisenbahnüberführung *f* (<A>) railroad footbridge
  [tra]; (<B>) railway footbridge [tra]; railway
  overbridge [tra]
Eisenbahnunterbau *m* earthworks of railways [tra]
Eisenbahnunterführung *f* (<A>) railroad underpass
  [tra]; railway underbridge [tra]; (<B>) railway
  underpass [tra]
Eisenband *n* hoop iron [met]; iron strip [met]
Eisenbandbewehrung *f* metal-strap reinforcement
  [bon]
Eisenbeize *f* (Lederherstellung) iron mordant [met]
Eisenbeton *m* armoured concrete [bon];
  ferroconcrete [bon]; reinforced concrete [bon]
Eisenbieger *m* bar bender
Eisenblech *n* iron plate [met]; iron sheet [met];
  sheet iron [met]
Eisenbrücke *f* iron bridge
Eisenflechter *m* steel fixer [bon]
eisenhaltig (Lebensmittel) containing iron [met];
  ferruginous [met]
Eisenhüttenschlacke *f* steel slag [rec]
Eisenklammer *f* iron dog
Eisenkrempe *f* iron dog
Eisenlack *m* iron lacquer [met]; iron varnish [met]
Eisenlegierung *f* iron alloy [met]
Eisenliste *f* (Bewehrung) bar-bending schedule
Eisenmennige *n* iron minium [che]; iron ocher
  [che]; red ocher [che]
Eisenoxidfarbe *f* iron oxide pigment [che]
Eisenrüstung *f* (Tunnel) steel timbering [tib]
Eisenschere *f* iron cutters [wzg]
Eisenschrott *m* ferrous scrap [rec]; ferrous waste
  [rec]; scrap iron [rec]
Eisenschutzfarbe *f* iron protecting paint [met]
Eisenstange *f* iron bar [met]
Eisenstücke *pl* (Brecker) tramp iron [met]
Eisenträger *m* steel stanchion
Eisenzement *m* iron cement [met]
Eisfläche *f* sheet of ice
Eisklüftigkeit *f* cracking by frost [met]
Eislast *f* (auf Gebäuden) ice load
Ejektorbelüftung *f* ejector aeration [was]
Elastifikator *m* elasticator [che]
elastifizieren *v* elasticize [met]
Elastifizierungsmittel *n* elasticator [che]
elastisch (Material) elastic [met]; (Oberfläche)
  resilient [met]
elastischer Bogen *m* elastic arch
Elastizität *f* (Dehnbarkeit) elasticity [met];
  (Flexibilität) flexibility [met]; (Federkraft)
  resilience [met]; resiliency [met]
Elastizitätsberechnung *f* (z.B. Stahlbau) elastic
  design [des]
Elastizitätsbereich *m* elastic range [met]
Elastizitätsgleichung *f* elasticity equation [des]

Elastizitätsgrenze *f* limit of elasticity [met]; limit
  of linearity [met]
Elastizitätsmodul *m* modulus of elasticity [met];
  Young's modulus [met]
elastomer elastomeric [met]
Elastomer *n* elastomer [met]
Elastomerbahn *f* (Dichtbahn) elastomer sheet [met]
Elastomerdichtung *f* elastomer gasket [met]
elektrifizieren *v* electrify [elt]
Elektrifizierung *f* electrification [elt]
Elektrik *f* electrics [elt]
elektrisch (Funktion) electric [elt]; electrical [elt]
Elektrische Kabel- und Leitungsanlagen in
  Gebäuden *pl* (DIN 18382) electrical cables and
  lines in buildings [des]
Elektrizitätserzeugung *f* electricity generation
  [pow]; electricity production [pow]
Elektrizitätsquelle *f* source of electricity [elt]
Elektrizitätsversorgung *f* current supply [elt];
  electric power supply [elt]; electric supply [elt];
  electricity supply [pow]
Elektrizitätsverteilung *f* electric power
  transmission [pow]; electricity distribution [elt]
Elektroanlage *f* electrical installation [elt]
Elektroanschlussdose *f* electrical socket [elt]
Elektroantrieb *m* electric drive [elt]; electric
  traction [elt]
Elektroausrüstung *f* electrical equipment [elt]
Elektroausstattung *f* electric equipment [elt]
elektrochemisch electrochemical [che]
elektrochemisch abgeschieden electrodeposited
  [che]
Elektrode, umhüllte - *f* (Schweißelektrode) covered
  electrode [met]
Elektrodenhalter *m* rod holder [wzg]
Elektrodenköcher *m* (Schweißerausrüstung)
  electrode quiver [wer]
Elektroenergie *f* electrical energy [pow];
  electroenergy [pow]
Elektrogasschweißen *n* electrogas welding [wer]
Elektrogerät *n* electric appliance [elt]; electric
  device [elt]
Elektrogeräte *pl* electrical equipment [elt]
Elektrohammer *m* electric hammer [wzg]
Elektrohandbohrmaschine *f* power hand drill
  [wzg]
Elektrohebezeug *n* electric hoist [elt]
Elektroheißwasserbereiter *m* electric water heater
  [elt]
Elektroheißwasserspeicher *m* electric storage water
  heater [elt]
Elektroheizgerät *n* electric heater [elt]; electric
  heating appliance [elt]
Elektroheizung *f* electric heating [pow]
elektrohydraulisch electrohydraulic [elt]
Elektroinstallateur *m* electrical fitter [elt]

Elektroinstallation *f* electrical installation [elt]
Elektroisolation *f* electric insulation [elt]; electrical insulation [elt]
Elektroisolierband *n* electrical insulating tape [elt]
Elektrokabel *n* electric cable [elt]
Elektrokessel *m* (Warmwasserbereiter) electric boiler [elt]
Elektroleitung *f* electric power line [elt]
elektrolysieren *v* electrolyze [elt]
Elektrolyt *f* electrolyte [che]
Elektromagnet *m* electromagnet [elt]
elektromagnetisch electromagnetic [elt]; electromagnetical [elt]
elektromagnetisch betrieben electromagnetically operated [elt]
Elektromechanik *f* electromechanics [elt]
elektromechanisch electromechanical [elt]
Elektromotor *m* electric engine [elt]; electric motor [elt]
Elektronik *f* electronics [elt]
Elektronikbauteil *n* electronic component [elt]
Elektronikgerät *n* electronic device [elt]
Elektronikschrott *m* electronic waste [rec]
elektropneumatisch electropneumatic [elt]
Elektropumpe *f* electrically-operated pump [elt]
Elektroschaltkasten *m* electric switchbox [elt]
Elektroschmelzzement *m* electric cement [met]
Elektroschrott *m* electric scrap [rec]
elektroschweißen *v* electro weld [wer]
Elektrosmog *m* electric smog [elt]; electrosmog [elt]
Elektrospeichergerät *n* electric storage device [elt]
Elektrostahl *m* electric furnace steel [met]; electric steel [met]
Elektrostapler *m* electric stacker [elt]
Elektrotechnik *f* electrical engineering [elt]
elektrotechnisch electrotechnical [elt]
Elektrothermie *f* electrothermal processes [elt]
Elektroverteiler *m* distributor of electricity [elt]; electrical distributor [elt]
Elektrowärme *f* electric heat [elt]; electrical heat [elt]
Elektrowerkzeug *n* electric tool [wzg]; power tool [wzg]
Elektrozähler *m* electricity meter [elt]
Element *n* (Batterie) battery [elt]; (Batterie) cell [elt]
Element, tragendes - *n* supporting member; weight-bearing element
Elementanalyse *f* element analysis [sik]
Elendsviertel *n* poor district [com]; slum area
Elevator *m* lift
Ellbogenverband *m* herringbone pattern
Ellipsenbogen *m* elliptical arch
eloxieren *v* anodize [che]; oxidize electrolytically [elt]

Eloxieren *n* anodizing [che]
eloxiert anodized [met]
Elternschlafzimmer *n* master bedroom [arc]
Eluat *n* eluate [was]; leachate [was]
Eluierverhalten *n* elution behaviour [met]
Elution *f* elution [was]; extract [was]
Eluvialboden *m* residual soil [geo]
Email, hitzebeständiges - *n* refractory enamel [met]
Emaillierung *f* ceramic coating [met]
emissionsarm low-emission [air]
Emissionsdaten *pl* emission data
Emissionskontrolle *f* monitoring of emissions [any]
Emissionstest *m* pollution test [any]
Emissionsüberwachung *f* emission control [any]; emission supervision [any]
Empfänger, druckempfindlicher - *m* pressure-sensitive receiver [any]
Empfangsbereich *m* (Hotel, Bürogebäude) reception area
Empfangsgebäude *n* reception building; terminal building
Empfangshalle *f* reception hall
Empfangsraum *m* reception room
Empfangssaal *m* reception hall
Empfindlichkeitsbereich *m* responding range [any]; sensitivity range [any]
Empfindlichkeitsgrenze *f* sensitivity limit [any]
Empfindlichkeitsprüfung *f* test of sensitivity [any]
Empfindlichkeitsschwelle *f* sensitivity threshold [any]
Empire *n* (Möbelstil) empire style
Empore *f* (Kirche) choir gallery [arc]; (mittelalterliche Kirche) tribune [arc]
Emscherbecken *n* Imhoff tank [was]
Emscherbrunnen *m* Emscher tank [was]; Imhoff tank [was]
Emulgierbarkeit *f* emulsibility [met]; emulsifiability [met]
Emulgieren *n* emulsification [met]; emulsifying [met]
Emulgiermittel *n* emulsifying agent [met]
Emulgierung *f* emulsification [che]
Emulsion *f* emulsion [met]
Emulsionsanstrich *m* (für Beton) concrete curing membrane [bon]
Emulsionsbildner *m* emulsifier [met]
Emulsionsbinder *m* emulsion binder [met]
Emulsionsfarbe *f* emulsion paint [met]
Emulsionskleber *m* emulsion adhesive [met]
Emulsionspolymer *n* emulsion polymer [met]
Emulsionsspaltanlage *f* demulsification plant [was]; emulsion separator plant [was]
Emulsionsspaltung *f* emulsion separation [was]
Emulsionstrennanlage *f* emulsion separator [was]
Emulsionsvermittler *m* emulsifier [met]
Endabdeckung *f* final cover [geo]

Endablauf *m* final effluent [was]

Endabnahme *f* (Prüfung) acceptance [any]; (Bau, Anlagen) final acceptance [eco]; final inspection [wer]

Endabstand *m* end distance [des]

Endaussteifung *f* end stiffener [stb]

Endbahnhof *m* (einer Bahnstrecke) rail head [tra]; railway terminus [tra]; (Bahn) terminal station [tra]

Endbearbeitung *f* finish [wer]

Endbindeblech *n* end batten [stb]; end batten plate [stb]; end stay plate [stb]; end tie plate [stb]

Endbolzen *m* end bush [stb]

Endbuchse *f* end bush [stb]

Enddiagonale *f* (Fachwerk) end post [stb]

Endfeld *n* (Stahlbrücke) end field [stb]; (Außenöffnung) end panel [stb]; (Stahlbrücke) end span [stb]

Endfläche *f* end face [des]; end plane [des]

Endklemme *f* termination fitting [elt]

Endkontrolle *f* final inspection [wer]

Endkrater *m* (Schweißnaht) crater at end of weld pass [met]; (Schweißen) end crater [met]

Endmaß *n* block gauge [des]; end measure [des]

Endmast *m* (z.B. Lichtmast auf Brücke) dead-end pole [stb]; (z.B. Lichtmast auf Brücke) terminal pole [stb]; terminal support [stb]; terminal tower [stb]

Endmontage *f* final assembly [wer]

Endplatte *f* (Stütze) end plate [stb]

Endportal *n* (Windportal) portal frame

Endposition *f* final position [des]

Endprüfung *f* final examination

Endpunkt *m* (Titration) end point [any]

Endquerträger *m* (Brücke) end cross girder [stb]; end floor beam [stb]

Endrahmen *m* (Brücke) end frame [stb]; portal bracing

Endreinigung *f* final clean-up; (vor Übergabe) final cleaning

Endreinigungsbecken *n* maturation pond [was]

Endrohr *n* tail pipe [was]

Endschalter *m* (z.B. an Kränen) overtravel limit switch [elt]

Endschwelle *f* end sill

Endsparren *m* end rafter; end rafter

Endstellung *f* extreme position [any]

Endstrebe *f* end kneebrace [stb]; end post [stb]; (z.B. Fachwerkbrücke) end raker [stb]

Endstütze *f* end column; end support [stb]

Endsumme *f* total [eco]

Endtaster *m* limit push-button [elt]

Endtermin *m* (geplanter -) target date [wer]

Endträger *m* end girder

Endumschalter *m* travel-reversing switch [elt]

endverankert end-anchored

Endverankerungsbereich *m* end block [bon]; end zone [bon]

Endverzahnung *f* spline [stb]

Endzeichnung *f* final drawing [des]

Endzusammenbau *m* final assembly [wer]

energetisch (Nutzung) energy from waste [rec]

energetisch verwerten *v* use as fuel [rec]

Energie *f* energy [pow]; power [pow]

Energie aus Abfall *f* residue-derived energy [pow]

Energie aus Biomasse *f* biomass energy [pow]

Energie freisetzen *v* release energy [pow]

Energie sparend energy-efficient [pow]; low-energy [pow]

Energie sparende Maßnahme *f* energy-saving measure [pow]

Energie sparende Technologie *f* energy-saving technology [pow]

Energie speichern *v* accumulate energy [pow]

Energie verbrauchen *v* spend energy [pow]

Energie, alternative - *f* green energy [pow]

Energie, geotherme - *f* terrestrial heat [geo]

Energie, geothermische - *f* earth heat [geo]; geothermal energy [pow]

Energie, thermische - *f* heat energy [pow]; thermal energy [che]

Energie, Wind- *f* wind energy [pow]

Energie, zurückgewonnene - *f* regenerated energy [pow]; restored energy [pow]

Energieabgabe *f* energy discharge [pow]

Energieanalyse *f* energetic analysis [pow]; energy analysis [pow]

Energieangebot *n* energy supply [pow]

Energieanschluss *m* power supply [elt]

energiearm lacking in energy resources [pow]; low-energy [pow]

Energieaufnahme *f* power consumption [pow]

energieaufwändig energy-expensive [pow]

Energieaufwand *m* energy consumption [pow]

Energiebedarf *m* energy demand [pow]; energy requirement [pow]; power demand [pow]; power requirement [pow]

energiebegrenzt energy-limited [pow]

Energieberatung *f* energy consultancy [pow]

Energiebereitstellung *f* supply of energy [pow]

Energiebesteuerung *f* energy taxation [jur]

energiebewusst energy-conscious [pow]; energy-sensitive [pow]

Energiebewusstsein *n* energy awareness [pow]

Energiebilanz *f* energy balance [pow]; power balance [pow]

Energiedach *n* energy roof

Energiedichte *f* energy density [pow]

Energieeffizienz *f* efficient use of energy [pow]

Energieeinsatz *m* energy input [pow]; use of energy [pow]

Energieeinsparung *f* conservation of energy [pow]; energy saving [pow]; power saving [pow]

Energieerhaltung *f* energy conservation [pow]
Energieersparnis *f* saving in energy [pow]
Energieerzeugung *f* energy production [pow]; power generation [pow]
Energieerzeugung, umweltgerechte - *f* ecologically compatible energy generation [pow]
Energiefassade *f* energy panel
Energiefluss *m* energy flux [pow]
Energiefreileitung *f* power overhead line [elt]
Energiegewinn *m* energy gain [pow]
Energiegewinnung *f* energy generation [pow]; energy production [pow]
Energiehaushalt *m* energy balance [pow]
energieintensiv energy-intensive [pow]
Energiekabel *n* electric power cable [elt]; power transmission cable [elt]
Energiekennzahl *f* energy coefficient [pow]
Energieknappheit *f* energy shortage [pow]
Energiekonzept *n* energy concept [pow]
Energiekosten *pl* costs of energy [pow]; energy costs [pow]; energy costs [pow]
Energiekostensenkung *f* diminishing of energy costs [pow]
Energielieferung *f* power supply [pow]
Energielieferungsvertrag *m* energy contract [eco]
energielos wattless [elt]
Energiemanagement *n* energy management [pow]
Energienetz *n* electric network [elt]
Energienutzung *f* use of energy [pow]
Energienutzung, effiziente - *f* efficient use of energy [pow]
Energiepass *m* energy performance certificate [pow]
Energieplanung *f* energy planning [pow]
Energieproduktion *f* production of energy [pow]
Energiequelle *f* energy source [pow]; power source [pow]
Energiequelle, erneuerbare - *f* renewable energy source [pow]; replenishable energy source [pow]
Energierückgewinnung *f* energy recovery [pow]; recovery of energy [pow]
Energierückgewinnung, unmittelbare - *f* direct energy recovery [pow]
Energierückgewinnungsfaktor *m* energy recovery factor [pow]
Energiesparen *n* energy saving [pow]
Energiesparer *m* energy-saver [pow]
Energiesparlampe *f* energy-saving bulb [elt]; energy-saving lamp [elt]
Energiesparmaßnahme *f* energy-conserving measure [pow]; energy-saving measure [pow]
Energiesparverordnung *f* Ordinance on Energy Saving [jur]
Energiespeicher *m* energy storage device [pow]
Energiespeicherung *f* energy storage [pow]; storage of energy [pow]

Energietechnik *f* energy engineering [pow]; power engineering [pow]
Energieträger *m* energy carrier [pow]; energy source [pow]; fuel [pow]; source of energy [pow]
Energieübertragung *f* energy transfer [pow]; energy transmission [pow]; energy transport [pow]; power transmission [elt]
Energieumwandlung *f* energy conversion [pow]
Energieverbrauch *m* consumption of energy [pow]; energy consumption [pow]
Energieverlust *m* dissipation of energy [pow]; energy loss [pow]; loss of energy [pow]
Energieverschwendung *f* energy dissipation [pow]; energy wasting [pow]; wastage of energy [pow]
Energieversorgung *f* energy supply [pow]; power supply [pow]; supply of energy [pow]
Energieversorgung, elektrische - *f* electric supply [elt]
Energieversorgungstrakt *m* utility block [elt]
Energieverteilung *f* distribution of energy [pow]; energy distribution [pow]; power distribution [pow]
Energiezufuhr *f* energy supply [pow]; supply of energy [pow]
englische Frühgotik *f* Early English
engmaschig close-meshed
engporig fine-pored [met]
Engstelle *f* pass [wba]; (Hydrologie) throat [was]
Entasis *f* (Tempel: Schwellung des Säulenschafts) entasis [arc]
entcarbonisieren *v* decarbonize [che]
entchloren *v* dechlorinate [was]
Entchlorung *f* dechlorination [was]
Entchlorungsanlage *f* dechlorination plant [was]
Entdichtung *f* (Bebauung) reduction of the building density [com]
enteisenen *v* (auch Lebensmittel) reduce iron [was]
Enteisenung *f* deferrization [was]
Enteisenungsanlage *f* deferrization plant [was]; iron extraction plant [was]
Entenschnabel *m* C-hook
entfällt not applicable
Entfärbungsmittel *n* decolourant [met]; decolourizing agent [met]; (für Leder) stripping agent [met]
Entfernen *n* (Wegnehmen) removal
Entfernung der Oberflächenschicht *f* ablation [geo]
Entfernungsmesser *m* distance finder [any]; (Vermessungswesen) geodimeter [any]; odometer [any]
Entfernungsmessgerät *n* range-finder [any]
Entfernungsmessung *f* distance measurement [any]; range finding [any]
Entfetten *n* degreasing
Entfeuchten *n* dewatering

Entfeuchtung *f* dehumidification; dehydration
Entfeuchtungsgerät *n* dehumidification unit [air]
entflammbar, schwer - fire-retardant [met];
  flame-retardant [met]
entflocken *v* deflocculate [was]; disperse [was]
Entflockung *f* deflocculation [was]
Entflockungsanlage *f* deflocculation unit [was]
Entformbarkeit *f* demouldability
entfrosten *v* thaw
entgasen *v* deaerate [was]; degas [was]
Entgasungsanlage *f* degassing device [was]
entgegenwirken *v* counteract
Entgelt für Leistungen *n* remuneration for
  performance [eco]
Entgiftungsanlage *f* decontamination plant [was];
  detoxification facility [was]
entgraten *v* (Brenngrat) remove the flash [met];
  take the burr off [wer]; trim [wer]
Entgraten *n* fettling [wer]
Enthärtung *f* softening [was]
Enthärtungsanlage *f* softening plant [was]
entharzen *v* deresinate [met]; deresinify [met]
entkalken *v* decalcify [was]
Entkalken *n* decalcification [was]; deliming [was]
entkalkt decalcified [met]
Entkalkung *f* decalcification [was]; deliming
  [was]; lime removal
Entkarbonisierung *f* carbonate removal [was]
entkeimen *v* disinfect
Entkeimungsanlage *f* sterilization plant [was]
Entkeimungsfilter *m* degermination filter [was];
  sterilizing filter [was]
Entkeimungsmittel *n* disinfection agent [was]
entkernen *v* (Stadt) reduce the density [com]
Entkernung *f* (Gebäude) dispersal of facilities;
  (Städtebau) uncluttering
Entkieselung *f* silica removal [was]
Entkrautung *f* (Wasserweg) snagging
entkupfern *v* decopper [met]
Entkupferungsanlage *f* copper stripping plant [rec]
Entladekran *m* unloading crane
entladen *v* (Batterie) run down [elt]; unload [elt]
Entladen *n* discharging [elt]
Entladespannung *f* (Batterie) discharging voltage
  [elt]
Entladestrom *m* (von Batterien) discharging current
  [elt]
Entladetiefe *f* (Batterie) discharge depth [elt]
Entladevorrichtung *f* discharge device [prc]
Entladezustand *m* (Batterie) state of discharge [elt]
Entladung *f* (elektrisch) discharge [elt]
Entladungsstrom *m* discharge current [elt]
Entlastung *f* overflow [wba]; relief [sik]
Entlastungsbauwerk *n* structure with overflow
  [wba]
Entlastungsbecken *n* discharge basin [was]

Entlastungsbogen *m* relieving arch; safety arch
Entlastungsbrunnen *m* relief well [was]
Entlastungskanal *m* bypass channel [wba];
  discharge channel [was]; overflow channel [was];
  relief channel [wba]; spillway canal [wba]
Entlastungskonsole *f* relief bracket
Entlastungspumpe *f* relief pump [wba]
Entlastungsrinne *f* relief channel [wba]
Entlastungsschacht *m* relief well [was]
Entlastungsstraße *f* bypass road [tra]
Entlastungstunnel *m* discharge tunnel [tib]; relief
  tunnel [tib]
Entlastungswehr *n* spillway [wba]
entleeren *v* discharge [was]
Entleeren *n* emptying
Entleerung *f* discharging
Entleerungskanal *m* drain channel [wba]
Entleerungsöffnung *f* discharge opening [was]
Entlüftung *f* ventilation [air]
Entlüftungsleitung *f* fixture vent [was]
Entlüftungsöffnung *f* vent hole [prc]
Entlüftungsrohr *n* breather tube [air]; ventilation
  pipe
Entlüftungsventil *n* bleeder valve [tga]; vent valve
  [prc]
Entmanganungsanlage *f* manganese extraction
  plant [was]
entmetallisieren *v* deplate [met]
entmineralisieren *v* demineralize [was]
Entmineralisierung *f* demineralization [was]
Entmineralisierungsanlage *f* demineralizing plant
  [was]
entmischen *v* disintegrate [prc]
Entmischen *n* demixing [prc]
entmischen, sich - *v* segregate
Entmischung *f* disintegration [prc]; segregation
  [prc]; (Strähnenbildung) stratification [was];
  (Schichtenbildung) stratified layering [prc]
Entmischungsbereich *m* phase separation region
  [met]
Entnahme *f* (zeitweilige/permanente Herausnahme
  von Wasser aus einem Wasservorkommen)
  abstraction [was]; (Wasser) drawing [was]
Entnahmebereich *m* capture zone [was]
Entnahmeboden *m* borrow soil [tib]
Entnahmeeinschnitt *m* borrow cut [tib]
Entnahmegebiet *n* (Wasserentnahme) area of
  catchment [was]
Entnahmegrube *f* borrow pit
Entnahmeleitung *f* intake conduit [was]; intake
  main [was]; take-off line [was]
Entnahmeöffnung *f* discharge outlet [prc]
Entnahmesenkung *f* (Rohrbrunnen) drawdown
  [was]
Entnahmesonde *f* sampling probe [any]; tapping
  probe [any]

Entnahmestelle *f* (Probenahme) sampling point [any];   take-off point [was]
Entnahmevorrichtung *f* discharge device [prc]
entnieten *v* remove rivets [wer]
Entnieten *n* cutting-out of rivets [wer]
entrosten *v* derust [wer];   remove rust [wer]
Entrosten *n* rust removal;   unrusting [met]
Entroster *m* rust-removing agent [met]
Entrostung *f* removal of rust [met];   removing of rust [met]
Entrostungsmittel *n* derusting agent [met];   rust remover [met]
entsäuern *v* (saure Lösungen) sweeten [che]
Entsäuerungsanlage *f* de-acidification plant [was]
Entsalzen *n* desalting [was]
Entsalzung *f* demineralization [was]
Entsalzungsanlage *f* demineralization plant [was]
Entsandung eines Brunnens *n* well development [was]
Entsandungsbecken *n* detritus chamber [was]
entschäumen *v* skim [prc]
entschalen *v* strip [bon]
Entschalungshilfe *f* demoulding agent [met]
Entschalungsmittel *m* debonding agent [bon];   (Betonbau) demoulding agent [met]
Entschlackungsmittel *n* deslagging agent [met]
entschlämmen *v* (Kläranlage) treat for sludge separation [was]
entschlammen *v* remove sludge [was]
Entschlammen *n* desludging [was]
Entschlammung *f* (von Gewässern) desludging [was]
Entschlammungsbecken *n* (Kläranlage) desilting basin [was]
entschuppen *v* scale [wer]
entschwefeln *v* desulfurize [che]
entseuchen *v* disinfect [hum]
entsichern *v* release [tec]
Entsiegelung *f* (- von Bodenflächen) opening of sealed soil [tib]
Entsiegelungsgebot *n* obligation to restore natural infiltration through the ground [geo]
Entsorgung *f* disposal [rec]
Entsorgungsanlage *f* disposal facility [rec];   disposal plant [rec]
Entsorgungsnachweis *m* documentation of disposal [rec];   (Buch, elektronische Dokumentation) record of proper waste management [rec]
Entsorgungsnachweispflicht *f* liability for proof of disposal [rec]
Entsorgungspflicht *f* duty for disposal [rec];   responsibility for disposal [rec]
Entsorgungssystem *n* disposal system [rec]
Entsorgungstechnik *f* waste management technology [rec]
Entsorgungsweg *m* disposal method [rec]

Entspannhebel *m* release lever
Entspannung *f* release from tension [met]
Entspannungsbrunnen *m* draining well [tib]
Entspannungsflotation *f* dissolved-air flotation [was]
Entstickungsanlage *f* (Wasseraufbereitung) denitrogenization installation [was]
entwässerbar drainable
entwässern *v* (Wasser entfernen) dewater [was];   (ableiten, abfließen) drain [was];   (Wasser entfernen) extract water from [was];   (Wasser entfernen) remove water [was]
Entwässern *n* drainage [was];   water removal [was]
Entwässern von Land *f* land drainage [wba]
Entwässerung *f* (Trocknung) dehydration [was];   (Entfernung von Wasser) dewatering [was];   (Ableitung) drain [was];   (Ableitung) drainage [was];   (Dränage) drainage piping [was];   (Entfernung von Wasser) extraction of water [was];   (Entfernung von Wasser) water extraction [was]
Entwässerung, natürliche - *f* natural drainage [was]
Entwässerungleiste *f* (Fenster) condensation drain
Entwässerungsanlage *f* drainage [was];   sewage system [was]
Entwässerungsarbeiten *pl* (DIN 18306) dewatering work [was]
Entwässerungsbeiwert *m* drainage coefficient [was]
Entwässerungsgebiet *n* drainage area [was]
Entwässerungsgraben *m* (Straße) drainage ditch [wba];   drainage trench [wba]
Entwässerungskanal *m* drain channel [wba];   drainage channel [wba];   sewage channel [was]
Entwässerungsleitung *f* discharge line [was];   drain pipe [wba];   (z.B. Baugrube) drainage pipeline [tib];   sanitary sewer [was]
Entwässerungsnetz *n* drainage network [was];   sewerage system [was]
Entwässerungsöffnung *f* weephole [was]
Entwässerungspresse *f* dewatering press [prc]
Entwässerungspumpe *f* dewatering pump [tib]
Entwässerungsrinne *f* drain gutter [was];   drainage gutter [was]
Entwässerungsrohr *n* drain [was];   drain tube [was];   drainage pipe [was]
Entwässerungssammelleitung *f* sanitary sewer [was]
Entwässerungsschacht *m* drainage well [was];   ladder well [was]
Entwässerungsschicht *f* (im Boden) drainage layer [geo]
Entwässerungsschicht für Sickerwasser *f* (Deponie) leachate drainage blanket [was]
Entwässerungsschleuse *f* discharge sluice [wba]
Entwässerungsschnecke *f* dewatering screw [roh]

Entwässerungsstollen *m* culvert [wba]; drainage gallery [wba]

Entwässerungssystem *n* building-drainage system [was]; drainage system [was]; effluent system [was]

Entwässerungssystem, flüssigkeitsdichtes - *n* watertight drainage system [was]

entwerfen *v* (konstruieren, gestalten) design [des]; (ausarbeiten) draft [des]; (umreißen) outline [des]; (planen) plan [des]; (projektieren) project [des]; (skizzieren) sketch [des]

Entwicklung des Raumes, ausgewogene - *f* balanced spatial development

Entwicklung, räumliche - *f* spatial development

Entwicklung, städtebauliche - *f* urban development

Entwicklungskonzept *n* development concept

Entwicklungspotenzial *n* ([Nebenvariante]) development potential [com]

Entwicklungspotenzial *n* ([Variante]) development potential [com]

Entwicklungsstrategie *f* development strategy [com]

Entwicklungsträger *m* (z.B. Bauträger) developer

Entwurf *m* (Konstruktion) design [des]; (Ausarbeitung) draft [des]; (Umriss) outline [des]; (Plan) plan [des]; (Skizze) sketch [des]

Entwurf, baulicher - *m* structural design [des]

Entwurf, endgültiger - *m* final design [des]

Entwurf, konstruktiver - *m* structural design

Entwurfsaufgabe *f* design task [des]

Entwurfsbearbeitung *f* design development phase [des]

Entwurfsgruppe *f* design team [des]

Entwurfskontrolle *f* design review [des]

Entwurfskopie *f* draft copy [des]

Entwurfslösung *f* planning conception

Entwurfsmaß *n* design dimension [des]; specified dimension [des]

Entwurfsmodus *m* design mode [des]

Entwurfsparameter *pl* design criteria [des]

Entwurfsplanung *f* design planning [arc]; (1:100) design planning; draft planning [des]; planning strategy [com]

Entwurfsprozess *m* design process [des]

Entwurfsraster *n* planning grid

Entwurfsrichtlinien *pl* design specifications [des]

Entwurfsstudie *f* preliminary study [des]

Entwurfsumsetzung *f* design verification [des]

Entwurfsverfasser *m* designer [des]

Entwurfsverfasserin *f* designer [des]

Entwurfszeichnung *f* constructional sketch [des]; design drawing [des]; draft [des]; preliminary drawing [des]

Entzerrung *f* (Vermessung) equalization [any]

entzündbar flammable [met]; ignitable [met]; inflammable [met]

Entzündbarkeit *f* ease of ignition [met]

entzünden *v* become inflamed [met]; (Gas) ignite [met]

Epizentrum *n* (Erdbeben) earthquake epicentre [geo]

Epoxid *n* epoxide [che]

Epoxid Polyester *n* epoxy polyester [che]

Epoxidgießharz *n* cast epoxide resin [met]

Epoxidharz *n* epoxide resin [che]; epoxy resin [met]

Epoxidharz-Formmasse *f* epoxy resins moulding compound [met]

Epoxidharzanstrich *m* epoxide-resin paint [met]; epoxy coating [met]; epoxy paint [met]

Epoxidharzmörtel *m* plastic mortar

Epoxidkitt *m* epoxy putty [met]

Epoxydharz-Bindemittel mit Mörtel *n* epoxy mortar [met]

erbauen *v* (Gebäude) build; construct; erect; raise a building

Erbauer *m* builder

Erbauerin *f* builder

erbaut built; erected

Erbbaurecht *n* building lease [jur]; heritable building right [jur]; leasehold right [jur]; registered building lease [jur]

Erbbaurechtsvertrag *m* building lease agreement [jur]

Erbbauzins *m* ground rent [eco]

Erblinden *n* (Spiegel, Metall) dimming [met]; (Spiegel, Metall) tarnishing [met]

Erbpacht *f* long-term building lease [jur]

erbringen *v* (Leistungen) provide [eco]

Erdableitungswiderstand *m* (Fußbodenbeläge) earth leakage resistance [elt]

Erdalkali *n* alkaline earth [che]

Erdalkalimetall *n* alkaline earth [che]; alkaline earth metal [che]

erdalkalisch earth alkaline [che]

Erdanker *m* deadman [tib]

Erdanschluss *m* (<B>) earth connection [elt]; (<A>) ground connection [elt]

Erdanschlussstelle *f* (<B>) earthing point [elt]

Erdanschüttung *f* (Bankett) berm [geo]; glacis [tib]

Erdarbeiten *pl* earthmoving [tib]; earthmoving [tib]; (DIN 18300) earthwork [tib]; groundwork [tib]; trench work [tib]

Erdarbeiten für Planierungs- und Pflasterungsarbeiten *pl* earthwork for grading and paving [tib]

Erdarbeiten mit Massenausgleich *pl* balanced earthwork [tib]

Erdarbeiter *m* excavator [tib]; groundworker [tib]; navvy [tib]

Erdaufschluss *m* soil profile pit [geo]

Erdaufschüttung *f* bank [tib];   earth bank [tib];
earth fill [tib]
Erdaushub *m* earth excavation [tib];   excavated
earth [tib];   excavated material [geo];   excavated
soil [tib];   soil excavation [tib]
Erdaushub, seitlicher - *m* borrow pit
Erdaushub, verunreinigter - *m* polluted soil which
has been excavated [rec]
Erdbau *m* earthmoving [tib];   earthwork [tib];   soil
engineering [tib]
Erdbaumaschine *f* earthmoving machine [tib]
Erdbaumechanik *f* soil mechanics [tib]
Erdbauplanum *n* subgrade [tib]
Erdbauwerk *n* earth structure [tib]
Erdbauwesen *n* earthwork engineering [tib]
Erdbeben *n* earthquake [geo]
Erdbebenantwort *f* seismic response [geo]
Erdbebenbeanspruchung *f* seismic stress [tib]
Erdbebenberechnung *f* seismic analysis [geo]
erdbebenbeständig earthquake-resistant
Erdbebenfaktor *m* seismic factor [geo]
erdbebenfest earthquake-proof
Erdbebenfestigkeit *f* seismic withstand capability
[tib]
Erdbebenherd *m* earthquake focus [geo];
hypocentre [geo];   seismic focus [geo];
seismographic centre [geo]
Erdbebenlast *f* seismic load [geo]
Erdbebenmesser *m* seismograph [any]
Erdbebenregion *f* seismic region [geo]
Erdbebensicherheit *f* earthquake safety
Erdbebenstärke *f* earthquake intensity [geo];
seismic intensity [geo]
Erdbebenstoß *m* earth tremor [geo]
Erdbebenvorhersage *f* earthquake prediction [geo]
Erdbebenwarte *f* seismological station [geo]
Erdbebenwelle *f* seismic shock [geo];   seismic
wave [geo]
Erdbebenzone *f* earthquake zone [geo];   seismic
region [geo];   seismic zone [geo]
Erdbeton *m* soil cement [bon]
Erdbewegung *f* (Erdarbeiten) earthmoving [tib];
(Bauarbeiten) earthwork [tib];   (Bauarbeiten)
excavation [tib];   movement of earth [tib];
shifting of earth [tib];   (geologisch) tremor [geo]
Erdbewegungsarbeiten *pl* earth displacement [tib];
earth movement [tib];   soil shifting [tib];   soil
transport [tib]
Erdbewegungsgerät *n* earthmover [tib];
earthmoving machine [tib];   excavating equipment
[tib]
Erdboden *m* earth [geo];   ground [geo];   soil [geo]
Erdbohrer *m* auger [wzg];   auger sampler [any];
drill [tib];   earth auger [tib];   soil auger [wzg];
soil auger [tib];   soil boring auger [tib]
Erdbohrloch *n* auger hole [geo]

Erdbunker *m* earth bunker;   storage pit
Erddamm *m* bund;   earth bank;   earth dam [geo];
earth embankment [tib];   earth embankment [tib];
embankment [tib]
Erddamm, lagenweise verdichteter - *m* rolled
earth dam
Erddammpfahl *m* embankment pile [tib]
Erddruck *m* (Fundament) active soil pressure;
(horizontal) earth pressure [geo];   earth thrust
[geo];   geopressure [geo];   lateral earth pressure
[geo];   lateral soil pressure [geo];   soil pressure
[geo]
Erddruck, aktiver - *m* active earth pressure [geo];
active lateral earth pressure [geo]
Erddruck, passiver - *m* passive earth pressure [geo]
Erddruckansatz *m* assessment of earth pressure
[tib]
Erddruckbeiwert *m* coefficient of earth pressure
[geo]
Erddrucklast *f* active earth load [geo]
Erddruckverteilung *f* soil pressure distribution
[geo];   (Standsicherheit) soil pressure distribution
Erde *f* (<B> Erdung) earth [elt];   (<A> Erdung)
ground [elt]
Erde, an - legen *v* connect to earth [elt]
Erde, ölverseuchte - *f* oil-contaminated soil [geo]
Erdeinsturz *m* fall of earth [tib]
erden *f* (<B>) earth [elt];   (<A>) ground [elt]
erden *v* connect to earth [elt]
Erderwärmungspotenzial *n* ([Nebenvariante])
global warming potential [wet];   ([Variante]) global
warming potential [wet]
Erdfarbe *f* earth pigment [met];   mineral pigment
[met]
Erdfaulbecken *n* anaerobic lagoon [was]
Erdfehler *m* (<B>) earth fault [elt];   (<B>) earth
leakage [elt]
Erdfehlerschutzeinrichtung *f* (<B>) earth-fault
protection [elt]
Erdfehlerstrom *m* (<B>) earth-fault current [elt];
(<B>) earth-leakage current [elt]
Erdfeuchte *f* soil moisture [geo]
Erdfließen *n* soil flow [geo]
erdfrei (<B>) non-earthed [elt]
Erdgas *n* natural gas [met]
Erdgasbrenner *m* natural gas burner [pow]
Erdgasleitung *f* gas pipeline [pow]
Erdgasmotor *m* natural gas engine [pow]
Erdgeschoss *n* first floor;   ground floor
Erdgleiche *f* ground level [geo]
Erdhaufen *m* mound of earth
Erdhobel *m* blade grader [tib];   grader [tib];   road
grader [tib];   scraper [tib]
Erdhügel *m* knoll [tib]
Erdkabel *n* underground cable [elt]
Erdkabel *m* subterranean cable [elt]

Erdkeller *m* (Archäologie) earth cellar
Erdklemme *f* (<B>) earth clamp [elt]
Erdkörper *m* earth dam embankment [geo]; soil material [geo]
Erdkrümmung *f* earth curvature [geo]
Erdkrume *f* surface soil [geo]; topsoil [geo]
Erdkruste *f* earth's crust [geo]; litosphere [geo]
Erdlader *m* scraper [tib]
Erdleiter *m* (<B>) earth conductor [elt]; (<B>) earthing conductor [elt]
Erdloch *n* hole in the ground
Erdmassen *pl* masses of earth
Erdmengenverteilung *f* soil distribution [tib]
Erdmessung *f* geodesy [any]
Erdoberfläche *f* earth surface [geo]; earth's surface [geo]; terrestrial surface [geo]
Erdpigment *n* earth pigment [met]; mineral pigment [met]
Erdplanum *n* levelled ground [geo]
Erdplanumshöhe *f* formation level [tib]
Erdreibung *f* soil friction [geo]
Erdreich *n* earth [geo]; ground [geo]; soil [geo]; subsoil [geo]
Erdrinde *f* earth's crust [geo]
Erdruhedruck *m* earth pressure at rest [geo]; earth pressure at rest [was]; earth pressure on repose [geo]; (Standsicherheit) soil pressure at rest [sik]
Erdrutsch *m* earth slip [geo]; earthslide [geo]; landslide [geo]; landslip [geo]; slumping [geo]
Erdschicht *f* layer of earth [geo]; soil layer [geo]; stratum [geo]
Erdschichten *pl* strata of the earth [geo]
Erdschluss *m* (<B>) accidental earth contact [elt]; (<B>) earth fault [elt]; (<B>) earth leakage [elt]; (<B>) earthing [elt]
Erdschlussprüfer *m* (<B>) earth leakage detector [elt]
Erdschlussrelais *n* (<B>) earthing relay [elt]
Erdschlussschalter *m* (<B>) earth-leakage circuit breaker [elt]
Erdschlussstrom *m* (<B>) earth-fault current [elt]
Erdschüttdamm *m* earth fill dam [tib]
Erdsenkung *f* settling of soil [geo]; subsidence of soil [geo]
Erdsprengung *f* explosive digging [tib]
Erdstab *m* (<B>) earth rod [elt]
Erdstoff *m* earthen material [geo]; soil [geo]
Erdstoffabdichtung *f* (Deponie) earthen liner [rec]
Erdstoffanalyse *f* soil analysis [any]
Erdstoffbewegung *f* earth movement [tib]
Erdstoffdichtung *f* (Deponie) soil liner [rec]
Erdstoffkerndichtung *f* soil core sealing [geo]
Erdstoffoberschicht *f* top cap [geo]; topsoil [geo]
Erdstoffschicht *f* (Deponieabdeckung) earthen layer [geo]; (Deponieabdichtung) earthen layer [geo]

Erdstoffstabilisierung *f* soil solidification [geo]
Erdstoffstruktur *f* soil structure [geo]
Erdstoffuntersuchung *f* soil investigation [geo]
Erdstoffverbesserung *f* soil improvement [geo]
Erdstoffverdichtung *f* earth compaction [geo]; soil densification [geo]
Erdstoffverfestiger *m* grout [tib]
Erdstrahlung *f* earth radiation [geo]
Erdstraße *f* earth road [tib]
Erdtank *m* buried tank [tib]; (Tank im Erdreich) burried tank [pow]
Erdtemperatur *f* soil temperature [geo]
Erdüberdeckung *f* height above ground [tib]
Erdung *f* (<B>) connection to earth [elt]; (<B>) earth [elt]; (<B>) earth connection [elt]; (<B>) earthing [elt]
Erdungsbolzen *m* (<A>) grounding clamp [elt]
Erdungsdraht *m* (<B>) earthing wire [elt]
Erdungskabel *n* (<B>) earth cable [elt]; (<B>) earth lead [elt]
Erdungsklemme *f* (<B>) earth terminal [elt]; (<B>) earthing terminal [elt]
Erdungsleitung *f* (<B>) earth line [elt]; (<B>) earth wire [elt]; (<B>) earthing conductor [elt]; (<B>) earthing lead [elt]; (<A>) ground conductor [elt]
Erdungsschiene *f* (<B>) earth bar [elt]; (<B>) earthing bus [elt]; fault bus [elt]
Erdungsstab *m* (<B>) earthing rod [elt]
Erdungsstange *f* (<B>) earthing bar [elt]; (<B>) earthing rod [elt]
Erdungsstift *m* earthing pin [elt]
Erdverdichtung *f* soil compaction [tib]; soil densification [tib]
Erdverkabelung *f* underground cabling [elt]
erdverlegt buried; buried; underground
Erdverlegung *f* burial [elt]
Erdverlegung, direkte - *f* (Kabel, Fernwärmeleitung) laying directly in the ground
Erdwärme *f* earth heat [geo]; geothermal energy [geo]; ground heat [pow]
Erdwärmekollektor *m* geothermal collector [pow]
Erdwärmekraftwerk *n* geothermal power plant [pow]; geothermal power station [pow]
Erdwärmesonde *f* geothermal heat probe [pow]
Erdwall *m* earth bank [tib]; earth dam [geo]; rampart [geo]; wall of earth [geo]
Erdwalze *f* roller [tib]
Erdwelle *f* (nach Erdbeben) earth wave [geo]
Erdwiderstand *m* (<B>) earthing resistance [elt]; (Standsicherheit) passive resistance [tib]; soil resistance [geo]
Erdwinde *f* windlass [tib]
Ereignisknotennetzplan *m* network of events [des]
Erfassung *f* (Registrierung) registration

ergänzend complementary
Ergänzungen vorbehalten subject to amendments [des]
Ergänzungswasser *n* (Wasserkreislauf) make-up water [was]
Ergebnis *n* (Ertrag) yield
Ergiebigkeit *f* (Anstrich) spreading capacity [met]; (Material) yield [met]
Ergometrie *f* (Arbeitsschutz) ergometry [wer]; (Arbeitsschutz) ergonomics [wer]
erhärten *v* (Bindemittel) harden [met]; (Beton) season [met]; set [met]
Erhärten *n* setting [met]
Erhärten des Betons ohne Nachbehandlung *n* (durch Feuchthalten) self-curing [bon]
Erhärtung *f* (Bindemittel) hardening [met]; set [met]
Erhärtungsbeschleuniger *m* (Beton) rapid cementing agent
Erhärtungsgeschwindigkeit *f* rate of hardening [met]
Erhärtungsschwindung *f* drying shrinkage [met]
erhalten, sind zu - must be preserved
Erhaltung der Natur *f* nature conservation
Erhaltungsgebot *n* ban on alterations [com]
Erhaltungsinteresse, öffentliches - *n* public interest in preservation [com]
Erhaltungszustand *m* (Bauwerk, Gebäude) preservation condition [tib]
Erhebung *f* (statistische Daten) collection [mat]; (Anhöhe) elevation [geo]; (Anhöhe) rise [geo]; (statistische -) survey
Erhebung, stichprobenmäßige - *f* random check [any]
Erhebungsbogen *m* data sheet [edv]
Erhitzen *n* heating [pow]
erhitzt heated [pow]
erhöhen *v* (Mauer) make higher
Erhöhungsbeiwert *m* increase factor
Erhöhungsfaktor *m* increase factor
Erholungsfläche *f* recreation area [com]
Erholungszentrum *n* leisure centre [com]
Erker *m* bay; bow window; gazebo; oriel
Erkerfenster *n* bay-window; bow window; oriel window
Erkerzimmer *n* room with a bay-window
Erkundung *f* reconnaissance; reconnaissance [any]
Erkundungsstollen *m* reconnaissance tunnel [tib]
Erläuterungszeichnung *f* explanatory drawing [des]
ermitteln *v* (Erdmassen) calculate the earthwork
Ermittlung *f* determination
Ermittlung der Planungsvorgaben *f* determining the planning requirements [des]
Ermüdung *f* (Metall) fatigue [met]; (Metall) weariness [met]

ermüdungsarm low-fatigue [met]
Ermüdungsbeanspruchung *f* fatigue loading [met]
Ermüdungsbruch *m* fatigue crack [met]; fatigue fracture [met]
Ermüdungsfestigkeit *f* endurance strength [met]; fatigue resistance [met]
ermüdungsfrei fatigue-proof [met]
Ermüdungsriss *m* endurance crack [met]; fatigue crack [met]
Ermüdungsversuch *m* endurance test [any]; fatigue test [any]
Ern *m* entrance hall
erneuerbar renewable
erneuern *v* (Fassade) reface
Erneuerung, städtische - *f* urban renewal [com]
erodierbar erodible [geo]
erodieren *v* erode [geo]
erodiert eroded [geo]
Eröffnungstermin *m* (für Angebote) opening date [eco]
Erosion *f* erosion; wash [geo]
erosionsfest unerodible
Erosionsrinne *f* (Hydrologie) gulch [wba]
Erosionsschutz *m* erosion control [geo]; protection against erosion [geo]
Erosionsvertiefung *f* degradation [wba]
Erosionswiderstand *m* erosion resistance [geo]
Erprobung, praktische - *f* field test [any]; service test [any]
erregen *v* (elektrisch) energize [elt]; (elektrisch) induce [elt]
Erreger *m* exciter [elt]
Erregermagnet *m* exciter magnet [elt]
Erregermaschine *f* (Generator) exciter [elt]
Erregerspule *f* exciting coil [elt]; field coil [elt]
Erregerstrom *m* exciting current [elt]; field current [elt]; energizing current [elt]
Erregung *f* energization [elt]
Erregung, aerodynamische - *f* aerodynamic excitation
Erregungsspannung *f* actuating voltage [elt]
Erreichbarkeit *f* accessibility
Erreichbarkeitsindikator *m* (Stadtplanung) accessibility indicator
Errichtung *f* building; construction; erection
Errichtung einer Fabrik *f* establishment of a factory
Errichtung, abschnittweise - *f* stage-by-stage erection
Errichtungsgenehmigung *f* (Kraftwerk) construction permit
Ersatz *m* replacement
Ersatzbebauung *f* replacement of buildings
Ersatzbrennstoff *m* substitute fuel [pow]
Ersatzfüllung *f* refill
Ersatzland *n* alternative land

Ersatzlast *f* equivalent load [sik]; (zusätzliche Kraft für 10-fach erhöhte Last) equivalent load [des]
Ersatzlieferung *f* replacement
Ersatzpumpe *f* stand-by pump [prc]
Ersatzschaltplan *m* equivalent diagram [elt]
Ersatzschaltung *f* equivalent circuit [elt]
Ersatzstabverfahren *n* equivalent beam method [sik]
Ersatzstoff *m* substituent [met]; substitute material [met]; surrogate [met]
Ersatzstromkreis *m* equivalent circuit [elt]
Ersatzwohngebäude *n* replacement of dwelling houses
Erscheinungsbild eines Gebäudes *n* building appearance
Erscheinungsfarbe *f* appearance of colour
erschließen *v* (zugänglich machen) develop
Erschließung *f* (Vorgang, regional) area development; (- von Bauland) building-site preparation; (Bauland) building-site preparation; developing a site; (Bauland) development [com]; development of the public infrastructure [com]; provision of public services [com]; (Vorgang, auf Grundstück) site development
Erschließung, ausreichende - *f* ample public infrastructure provision
Erschließung, innere - *f* internal circulation; movement within the complex
Erschließung, komplexe - *f* (Städtebau) comprehensive development
Erschließung, stadttechnische - *f* service installation
Erschließung, vorrangige - *f* prioritizing development
Erschließungsarbeiten *pl* land clearing
Erschließungsgebiet *n* area of pioneering development [com]; development area [com]
Erschließungskarte *f* base map
Erschließungskonzept *n* internal access concept [com]; site development concept [com]
Erschließungskosten *pl* development costs [eco]
Erschließungsplanung *f* development planning; site development planning [com]
erschließungsseitig on access side [com]
Erschließungsstraße *f* access road [tib]
Erschließungsvorhaben *n* development project
erschöpflich (Ressourcen, Energie) non-renewable
Erschütterungsausbreitung *f* vibration propagation
erschütterungsfrei vibrationless
Erschütterungsquelle *f* source of vibration
Erschütterungsschutz *m* vibration protection
Erschütterungswirkung *f* effect of vibration
erstarren *v* go off [met]
Erstarren *n* solidification [met]

Erstarren, vorübergehendes - *n* hesitation setting [met]
Erstarrung *f* solidification [met]
Erstarrungsanfang *m* initial set [bon]
Erstarrungsbeginn *m* start of setting [met]
Erstarrungsbeschleuniger *m* (für Beton) curing accelerator [met]; setting accelerator [met]
Erstarrungsende *n* final set [met]; final setting [met]
Erstarrungsgeschwindigkeit *f* rate of setting [met]
Erstarrungsgestein *n* eruptive rock [geo]; eruptive stones [geo]; primary rock [geo]
Erstarrungskraft *f* setting power [met]
Erstarrungspunkt *m* congealing point [met]; setting point [met]
Erstarrungsregler *m* setting control additive [met]; (Betonzusatz) setting-time controlling agent [met]
Erstarrungsschrumpfung *f* setting shrinkage [met]
Erstarrungstemperatur *f* setting temperature [met]
Erstarrungsverhalten *n* (Beton) setting behaviour [met]
Erstarrungsverzögerer *m* (für Beton) curing retardant [met]; retarder [met]
Erstarrungszeit *f* setting time [met]
Erstattung *f* remuneration [eco]
Erste-Hilfe-Ausrüstung *f* first-aid kit
Erste-Hilfe-Leistung *f* emergency response
Erste-Hilfe-Schrank *m* first-aid cupboard
Ersteinstau *m* (Talsperre) first filling [was]; (Talsperre) first impounding [was]
Erstellung *f* building; construction
Erteilen eines Prüfzeichens *n* granting of a test mark
Erträge aus Mietnebenkosten *pl* income from service charges [eco]
ertragsfördernd yield-enhancing
Ertüchtigung *f* (Anlage) refurbishment [wer]; (Anlage) rehabilitation [wer]; (Anlage) sanitation [wer]
Erwärmungskurve *f* (Werkstücke) heating curve [wer]
Erweichungstemperatur *f* maturing point [met]; softening temperature [met]
erweitern *v* (ausdehnen) expand; (z.B. Gebäude) extend; (z.B. Straße) widen
Erweiterung *f* extension; (z.B. Gebäude) extension; upgrade [tec]
Erweiterung einer Anlage *f* (räumlich) extension of a plant
Erweiterung, knollenförmige - *f* (beim Ortspfahl) belled base [tib]
Erweiterungsbau *m* addition; annex; extension of a building
Erweiterungsfeld *n* extension block [stb]
Erweiterungsplan *m* extension plan
Erweiterungsstück *n* (Rohr) taper pipe [tga]

Esplanade f (Festung) esplanade [arc]
Esse f (Kamin) chimney; (Herd) hearth; (Herd) smokestack
Essecke f dining recess
Essküche f dining kitchen
Essnische f dining area
Esszimmer n dining-room
Esterharz n ester gum [met]
Estrich m floor paving; floor screed; jointless flooring; plaster; screed; (Belag) topping
Estrich auf Trennschicht m screeds on separating layer
Estrich im Bauwesen m floor screeds in building construction
Estrich, aufgezogener - m floated screed
Estrich, gegossener - m cast plaster floor
Estrich, schwimmender - m concrete-screed floating floor; floating cement floor; floating floor; floating floor screed; floating screed
Estricharbeiten pl floor screed works; (DIN 18353) screed work; screeding work
Estrichbelag m screed topping
Estrichboden m screed floor
Estrichdämmplatte f screed insulating board
Estrichgips m floor plaster; flooring plaster; hydraulic gypsum; screed gypsum [met]
Estrichimprägnierung f screed impregnation
Estrichlage f traffic deck surfacing
Estrichmörtel m screed mortar
Estrichversiegelung f floor seal; screed sealing
Etage f floor; storey
Etagenanzeige f (Aufzug) storey indicator [tga]
Etagenbau m multifloor building
Etagenheizung f single-storey heating system
Etagenofen m (Keramik) multidecker passage kiln [wer]
Etagensieb n multideck screen [prc]
Etagenwohnung f apartment; flat
Ettringit m ettringite [geo]
EU-Richtlinie f EC Directive [jur]
Eulerspannung f Euler's stress
Europastraße f European long-distance road [tra]
Eutrophierung f (Überangebot von Nährstoffen) eutrophication [was]
Evakuierung und Fluchtmöglichkeit f evacuation and means of escape
Evakuierungsbefehl m (Notfall) evacuation order
Evakuierungsplan m (Notfall) evacuation plan
evaluieren v evaluate [any]
Eventualposition f contingency item
exotherm exothermic [che]
expandieren v extend
Expansionsanker m expanding anchor
Expertensystem n expert system; knowledge-based system
Expertise f expert evaluation

Explosionsdarstellung f (auseinander gezogene Darstellung) explode illustration [des]
explosionsgeschützte Tür f blast-resistant door
Explosionsklappe f (Sicherheitstechnik) explosion door [asi]; (Sicherheitstechnik) explosion flap [asi]
Explosionsöffnung f (Sicherheitstechnik) explosion vent [asi]
Explosionsschutz m explosion prevention [asi]; explosion protection [asi]
Explosionsschutz, vorbeugender - m preventive explosion measures [asi]
Explosionsschutzklappe f (Sicherheitstechnik) explosion door [asi]
Explosionsschweißen n explosion welding [wer]
Explosionsschweißverbindung f explosion-welded joint [met]
Explosionsstampfer m (Tiefbau) power rammer; (Ramme) powered rammer [tib]
Explosionsverhütung f explosion prevention [asi]
Explosionszeichnung f exploded view [des]
Expositionsgrenzwert m (Arbeitsschutz) exposure limit [wer]
Expositionsgrenzwert, zulässiger - m (Arbeitsschutz) acceptable level of exposure [asi]
Expressaufzug m (<A>) express elevator; (<B>) express lift
Exzenterpresse f eccentric press [prc]
Exzenterschleifer m random orbital sander [wer]
Exzentersieb n eccentric screen [prc]
Exzentrizitätszahl f eccentricity factor

F

Fabrik *f* factory; mill; plant; works
Fabrikabwasser *n* industrial waste water [was]
Fabrikanlage *f* factory plant
Fabrikatbezeichnung *f* type designation [des]
Fabrikationsabwasser *n* industrial sewage [was];
liquid industrial wastes [was]; process waste water
[was]
Fabrikbau *m* factory construction
Fabrikgebäude *n* factory block; factory building;
industrial building
Fabrikhalle *f* factory building
Fabrikschweißung *f* shop welding [wer]
Fach *n* bay; (Brücke, Träger) panel [stb]
Facharbeiter *m* skilled worker [wer]
Facharbeiterin *f* skilled worker [wer]
Fachausdruck *m* technical term
Fachbegriff *m* technical term
Fachberater des Bauherrn *m* client's consultant
Fachberatung *f* technical advice; technical
consultation
Fachbetrieb *m* specialist company [eco]
Fachentwurf *m* specialist design [des]
fachgerecht professional; workmanlike manner, in
a -
Fachkenntnis *f* expertise
Fachkräfte *pl* skilled personnel
Fachkunde *f* technical expertise
fachlich qualified; specialist
fachmännisch professional; skilful
Fachmarktzentrum *n* specialist market [eco]
Fachplaner *m* expert planner [des]
Fachrahmen *m* trussed frame
Fachträger *m* truss
fachübergreifend interdisciplinary
Fachwand *f* (Fachwerkwand) panel wall [stb]
Fachwerk *n* frame; framework; (Holzbau)
framing; half-timbered construction; (Stützen und
Träger) latticework [stb]; (Tragwerk) skeleton
framing; (in der Technik) truss [tec]
Fachwerk mit genieteten Knoten *n* rivet truss [stb]
Fachwerk, aussteifendes - *n* bracing truss;
stiffening truss
Fachwerk, dreieckförmiges - *n* triangular truss
Fachwerk, ebenes - *n* plane truss; single-plane
truss
Fachwerk, fischbauchförmiges - *n* fish-belly truss
Fachwerk, parabelförmiges - *n* parabolic truss
Fachwerk, parallelgurtiges - *n* truss with parallel
chords
Fachwerk, polygonförmiges - *n* polygonal truss
Fachwerk, räumliches - *n* space frame structure;
space framework; space truss
Fachwerk, rechtwinkliges - *n* rectangular truss
Fachwerk, trapezförmiges - *n* trapezoidal truss
Fachwerkausleger *m* lattice jib
Fachwerkbalken *m* timber truss
Fachwerkbau *m* half-timbered structure
Fachwerkberechnung *f* truss analysis [sik]
Fachwerkbogen *m* braced arch [stb]; latticed arch;
trussed arch [stb]
Fachwerkbogenbrücke *f* braced arch bridge
Fachwerkbrücke *f* frame bridge; lattice bridge
[stb]; lattice girder bridge; (oben offene -) pony
truss bridge [stb]; truss bridge [stb]; trussed
bridge [stb]
Fachwerkbrücke, oben offene - *f* bridge without
pony truss [stb]
Fachwerkdach *n* truss roof
Fachwerkdeckbrücke *f* (Stahlbrücke) deck truss
bridge [stb]
Fachwerkelement *n* truss element; truss member
[stb]
Fachwerkfeld *n* truss bay; truss bay
Fachwerkhängebrücke *f* lattice suspension bridge
[stb]
Fachwerkhaus *n* framework house; half-timbered
house; half-timbered house construction; timber-
frame house; timber-framed building;
timberframed building
Fachwerkknoten *m* truss joint; truss panel point
[stb]
Fachwerkkonstruktion *f* truss structure
Fachwerkpfette *f* lattice purlin [stb]
Fachwerkrahmen *m* truss frame [stb]; trussed
frame [stb]
Fachwerkrost *m* truss grid; truss grid [stb]
Fachwerkscheibe *f* shear frame [stb]
Fachwerkstab *m* lattice column [stb]; truss
member [stb]
Fachwerkstrebe *f* truss brace; (Diagonalstrebe)
truss brace
Fachwerkstütze *f* braced column; (meist
senkrecht) lattice column [stb]; lattice stanchion
Fachwerksystem *n* framed system
Fachwerkträger *m* frame girder [stb]; girder [stb];
(meist waagerecht) lattice [stb]; lattice girder
[stb]; truss [stb]; truss beam; (meist
waagerecht) truss girder [stb]; trussed girder;
(nicht bewehrter Träger) trussed girder
Fachwerkträgerbrücke *f* (z.B. aus Metall) lattice
girder bridge [stb]; truss bridge [stb]
Fachwerktrennwand *f* stud partition
Fachwerkverbundträger *m* lattice-type composite
beam
Fachwerkwand *f* stud wall; timber-framed wall
Fadenkreuz *n* (Vermessung) cross hairs [any]
Fächerbogen *m* (Architektur) multifoil arch

Fächergewölbe *n* fan vaulting; van vault
Fächerverankerung *f* fan anchorage
Fährhafen *m* ferry terminal [tra]
Fährhaus *n* ferry house [tra]
Fährlandungsbrücke *f* ferry-landing stage [tra]
Fäkalienabfuhr *f* (Sickergrube) scavenging service [was]
Fällanlage *f* refining plant [was]
Fällapparat *m* precipitation apparatus [was]
Fällflüssigkeit *f* precipitating liquid [was]
Fällmittel *n* precipitant [was]; precipitating agent [was]
Fällungsanlage *f* precipitation plant [was]
Fällungsbecken *n* (Kläranlage) coagulation basin [was]; precipitation basin [was]
Fällungsmittel *n* coagulant [was]; precipitating agent [was]; precipitation agent [met]
Fällungsschlamm *m* precipitation sludge [was]
Fällungsverfahren *n* precipitation process [was]
Fänger *m* interceptor [was]; trap [was]
Fäulnisanfälligkeit *f* putrescibility [met]
fäulnisbeständig antirot; indigestible; rot-proof
Fäulnisbeständigkeit *f* rot resistance [met]
Fäustel *m* club hammer [wzg]; mallet [wzg]
Fahrantriebsbremsung *f* traction braking [tra]
Fahrbahn *f* carriageway [tra]; (Stahlbrücke) deck [stb]; (z.B. auf Stahlbrücke) floor [stb]; (auf Brücken) flooring; lane [tra]; pavement [tib]; road [tra]; roadway [tib]; track [tra]
Fahrbahn, abgesenkte - *f* half-sunk roadway [tra]
Fahrbahn, aufgehängte - *f* (Stahlbrücke) suspended deck [stb]
Fahrbahn, aufgeständerte - *f* elevated roadway [tra]; (Bahn) elevated track [tra]
Fahrbahn, oben liegende - *f* (Stahlbrücke) top platform [stb]
Fahrbahn, unten liegende - *f* lower deck; (Stahlbrücke) suspended platform [stb]
Fahrbahn, zweispurige - *f* double-laned roadway [tra]; two-laned roadway [tra]
Fahrbahnabdeckung *f* roadway surfacing
Fahrbahnaufweitung *f* street widening [tra]
Fahrbahnbefestigung *f* covering of the roadway [tib]
Fahrbahnbegrenzung *f* edge of the road [tra]; roadway boundary line [tra]
Fahrbahnbelag *m* carriageway surfacing; road surface [tib]; roadway surfacing; surfacing [tib]
Fahrbahnblech *n* deck slab
Fahrbahnbreite *f* road width [tra]; roadway width; width of roadway [tra]
Fahrbahndecke *f* road flooring [tib]; road surface [tib]; roadway covering; roadway flooring [tib]; roadway surfacing [tib]
Fahrbahnentwässerung *f* roadway drainage
Fahrbahnkörper *m* roadway [tib]; traffic way [tib]

Fahrbahnmarkierung *f* (Straße) lane line [tra]; road marking [tib]; road painting [tra]
Fahrbahnplatte *f* (Brücke) bridge deck; (Brücke) bridge decking; carriageway slab [tib]; deck structure [tib]; (auf Brücke) road deck; roadway slab; top slab [tib]
Fahrbahnplatte, vorgespannte - *f* (Brücke) prestressing decking
Fahrbahnquerschnitt, verringerter - *m* reduced transversal section [tra]
Fahrbahnrost *m* (Brücke) roadway grating; (Brücke) floor grid
Fahrbahntafel *f* (Stahlbrücke) deck [stb]; (Brücke) decking [stb]; (auf Brücke) road deck; roadway decking [tib]
Fahrbahnträger *m* (Brücke) floor girder
Fahrbahnträgerbrücke *f* (Stahlbrücke) deck-girder bridge [stb]
Fahrbahnübergang *m* (bei Brücken) road joint
Fahrbahnverengung *f* lane closure [tra]
fahrbares Gerüst *n* portable scaffold
Fahrbeanspruchung *f* strain of driving [tra]
Fahrkran *m* portable crane; travelling crane
Fahrkupplung *f* traction clutch [tra]
Fahrlader *m* bucket loader [tib]; loader [tib]
Fahrmischer *m* (Betontransport) concrete mixer trolley [bon]
Fahroberfläche *f* (Straße) running surface [tib]
Fahrplatte *f* platform [stb]
Fahrradweg *m* bicycle lane [tra]; bikepath [tra]; cycle path [tra]; cycle-track [tra]
Fahrrinne *f* fairway [tra]; gut [wba]; midchannel [tra]; navigable channel [tra]; navigational channel [tra]; pass [wba]; ship canal [tra]; shipping channel [tra]; waterway [tra]
Fahrschiene *f* (Bahn) running rail [tra]
Fahrschrapper *m* drag scraper and loader [tib]
Fahrspur *f* lane [tra]; traffic lane [tra]; traffic-lane [tra]
Fahrspur für Lastwagen *f* (<A>) truck lane [tra]
Fahrstraße *f* carriage road [tra]; carriageway [tra]; (Bahn) pre-set route [tra]
Fahrstreifen *m* traffic lane [tra]
Fahrstuhl *m* (<A> Personen-) elevator; (Lasten-) hoist; (<B> Personen-) lift
Fahrstuhlschacht *m* (<A>) elevator shaft; hoistway; (<B>) lift shaft
Fahrtreppe *f* moving staircase; moving stairway
Fahrtreppenanlage *f* escalator system
Fahrtreppensystem *n* escalator system
Fahrtwegermittlung *f* route determination [tra]
Fahrwagen *m* carriage
Fahrwasserkanal *m* sea lane [tra]
Fahrweg, öffentlicher - *m* public roadway [tra]
Fahrweise *f* (Anlagen-) operation [prc]; (Anlagen-) processing [prc]

Fahrzeugkran *m* mobile crane
Fahrzeugpapiere *pl* registration papers [tra]
Fahrzeugwaage *f* platform scale [any]
Fall-Stampfverdichtungsmaschine *f* dropping-weight compaction machine [tib]
Fallbär *m* (Zerkleinerung) drop ball [roh]
Fallbirne *f* breaker ball; demolition ball; demolition ball
Fallbremse *f* (Arbeitsschutz) fall arresting device [tec]; (Arbeitsschutz) fall arrestor [tec]
Fallenwehr *n* vertical leaf gate [wba]
Fallgatter *n* (Burgtor) portcullis [arc]
Fallgitter *n* (Burgtor) portcullis [arc]
Fallhammer *m* (Ramme) drop hammer [tib]; pile hammer [wzg]
Fallhöhe *f* free head
Fallleitung *f* riser main [was]
Fallprobe *f* drop test [any]
Fallprüfung *f* drop test [any]
Fallrohr *n* downcomer [was]; downpipe [prc]; downpipe [was]; downspout [was]; (Regenrinne) downspout; drain pipe [was]; gravity tube [was]; rain leader [was]; rainwater pipe [was]
Fallrohrauslauf *m* downpipe shoe; downpipe shoe
Fallschacht *m* chute [prc]
Fallschütz *m* drop gate [wba]
Fallschurre *f* down-chute [prc]
Fallschutzgurt *m* fall arresting harness [asi]
Fallschutzsystem *n* antifall system [asi]
Falltür *f* hatch; trap door
Fallversuch *m* falling-weight test [any]
falsch eingestellt maladjusted
Falschluft *f* false air; infiltrated air
Faltblech *n* corrugated metal [met]; corrugated sheet [met]
Faltbrücke *f* folding bridge
Faltbühne *f* (Schalungsarbeiten) folding platform
Faltenbalg *m* expansion joint
Faltenbalgschlauch *m* flexible tubing [met]
Faltenbildung *f* buckle formation [met]; (Krümmer) creasing [met]; (Krümmer) crimping [met]
Faltfenster *n* folding window
Faltjalousie *f* accordion blind
Faltkegeldach *n* sloped turret
Faltkonsole *f* (Schalung) folding bracket
Faltschiebetür *f* sliding folding door
Falttür *f* accordion door; flexible door; folding door
Faltwand *f* accordion partition wall; accordion wall; concertina partition
Faltwerk *n* collapsible structure; folded plate; folded structure; folded-plate construction
Falz *m* (Blechnahtverbindung) lock seam [met]; (Holz) rabbet; (Tür) rebate
falzen *v* rebate; (Blech) seam

Falzfräser *m* notch cutter [wzg]
Falzhobel *m* rebate plane [wzg]
Falzpfanne *f* (Dachziegel) broken-joint tile; (Dachziegel) interlocking tile
Falzplatte *f* interlocking board [met]
Falzrohr *n* interlocking pipe [met]
Falzverbindung *f* lapped joint [met]; rabbet joint; seamed joint [met]
Falzziegel *m* grooved tile; interlocking roofing tile; (Dachziegel) extruded interlocking tile
Familienwohnung *f* family dwelling unit
Fang *m* catcher [was]
Fangbecken *n* stormwater tank [wba]
Fangblech *n* baffle plate [was]
Fangdamm *m* coffer; cofferdam [tib]
Fangdamm, einwandiger - *m* single-wall cofferdam [tib]
Fangdammwand *f* cofferdam skin [tib]
Fanghaken *m* (Bohrtechnik) extractor [tib] (Dreher)
Fangleine *f* rescue line [asi]
Fangrechen *m* trash rack [was]
Fangrinne *f* (Abscheider) catchment pocket [wba]; (Abscheider) chevron [was]
Fangvorrichtung *f* safety catch [asi]
Farbabbeizmittel *n* paint remover [met]
Farbablöser *m* paint stripper [met]
Farbabweichung *f* off-shade [met]
Farbanstrich *m* paint coat [met]
Farbauftrag *m* coloured coating [met]
Farbbeize *f* mordant [met]; pigment stain [met]; varnish stain [met]
farbbeschichtet paint-coated [met]
Farbe *f* (Farbstoff) dye [met]; (Farbkörper) pigment [met]
Farbe auf Wasserbasis *f* water-based paint [met]
Farbe in Pulverform *f* powder paint [met]
Farbe, rutschhemmende - *f* (Bodenfarbe) antislip paint [met]
farbecht (<A>) color-fast; (<B>) colour-fast; colourproof
Farbenabbeizmittel *n* paint remover [met]; paint removing agent [met]
Farbenbeize *f* paint remover; paint stripper [met]
Farbenindustrie *f* paint and dyestuffs industry [che]
Farbentfernung *f* paint removal
Farbgebung *f* colouring
Farbinteraktion *f* interaction of colour
Farbkennzeichnung *f* colour coding
Farbkonzept *n* colour concept
Farbmarkierung *f* colour coding
Farbmischsystem *n* paint mixing system
Farbmischung *f* colour mixture [met]; mixture of colours [met]
Farbmischung, additive - *f* additive colour mixture
Farbmischung, subtraktive - *f* subtractive colour mixture

Farbmittel *n* colouring agent [met]; colouring substance [met]
Farbmörtel *m* coloured mortar [met]
Farbpigment *n* colour pigment [met]; stainer [met]
Farbprüfung *f* staining test [any]
Farbrest *m* paint residue [rec]
Farbrückstand *m* paint residue [rec]
Farbspritze *f* paint-spraying gun [wzg]
Farbspritzpistole *f* paint spray gun [wzg]; paint sprayer [wzg]; paint-spraying gun [wzg]
Farbstoff *m* colouring matter [met]; dyestuff [met]; pigment [met]; stain [met]; stainer [met]
Farbsymbolik *f* symbolism of colour
Farbton *m* shade [met]
Farbüberzug *m* coloured coating [met]
Farbuntergrund *m* paint base [met]
farbveränderlich versicolour [met]
Farbwalze *f* paint roller [wzg]
Farbzement *m* coloured cement [met]; pigmented cement [met]
Farbzusatz *m* stainer [met]
Faschine *f* (Straßenbau) faggot; (Straßenbau) fascine
Fase *f* bevel; chamfer
Faser *f* (<A>) fiber [met]; (<B>) fibre [met]; (Holz) grain [met]
Faserarmierung *f* fibre reinforcement [bon]
Faserasbest *m* fibrous asbestos [met]; mineral flax [met]
Faserbeschichtung *f* fibrous coating [met]
Faserbeton *m* fibrated concrete [bon]; fibre concrete [bon]; fibrous concrete [bon]
faserbewehrt fibre-reinforced [bon]
Faserbewehrung *f* fibre reinforcement [bon]
Faserdämmplatte *f* composition board [met]; fibre insulating board [met]
Faserdämmstoff *m* fibre insulatiing material [met]; fibre insulating material [met]; fibrous insulating building material [met]; fibrous insulation material [met]
Faserfilter *m* fibrous filter [prc]
Faserfilz *m* fibre mat [met]; mat of fibres [met]
Faserfüllstoff *m* fibre filler [met]
Fasergips *m* fibrous gypsum [met]
Faserholz *n* pulpwood [met]
Faserplatte *f* (<A>) fiber slab [met]; (<B>) fibre slab [met]
Faserrichtung, in - with the grain [met]
Faserstoff *m* fibrous material [met]; fibrous matter [met]
Faserstoffisolation *f* fibrous insulation [met]
Faserstoffplatte *f* compressed fibre sheet [met]; fibreboard [met]
Faserstruktur *f* texture [met]
Faserverbundwerkstoff *m* fibre composite [met]; fibre composite material [met]

faserverstärkt fibre-reinforced [met]
Faserverstärkung *f* fibre reinforcement [met]; fibre reinforcing [met]
Faservlies *n* fibre fleece [met]
Faserwerkstoff *m* fibrous material [met]
Faserzement *m* fibre cement [met]; fibre concrete [met]; fibrocement [met]
Faserzementbedachung *f* fibre-cement roof
Faserzementdach *n* fibre-cement roof
Faserzementfassade *f* fibre-cement façade
Faserzementmantelrohr *n* fibre-cement jacket pipe [met]
Faserzementplatte *f* fibrated cement board [met]
Fassade *f* façade; front face; frontage
Fassade, elementierte - *f* panellized system
Fassade, vorgehängte - *f* curtain wall
Fassadenanstrich *m* façade paint [met]
Fassadenaufzug *m* façade lift
Fassadenbalken *m* façade beam
Fassadenbau *m* façade construction
Fassadenbaumaterial *n* façade construction material [met]
Fassadenbaustoff *m* façade construction material [met]
Fassadenbefahranlage *f* façade cleaning and maintenance lift
Fassadendämmplatte *f* exterior insulation board [met]; façade insulation board [met]
Fassadendämmung *f* façade insulation
Fassadenelement *n* façade element
Fassadenerhaltung *f* (bei Restaurierung) façadism
Fassadenerneuerung *f* façade renewal; face-lifting of a building; refacing
Fassadenfarbe *f* outside house paint
Fassadenfläche *f* façade surface
Fassadengestaltung *f* façade design
Fassadenimprägnierung *f* façade impregnation
Fassadenisoliermaterial *n* façade insulation material [met]
Fassadenisolierung *f* façade insulation
Fassadenklinker *m* façade clinker [met]
Fassadenmaterial *n* façade material [met]
Fassadenmessung *f* (Vermessung) facade measurement [any]
Fassadenmodernisierung *f* façade modernization
Fassadenpaneele *f* facade panel
Fassadenplatte *f* wall cladding sheet
Fassadenputz *m* façade plaster; façade rendering
Fassadenreiniger *m* (Reinigungsmittel) façade cleaning agent [met]
Fassadenreinigung *f* façade cleaning
Fassadenreinigungsmittel *n* façade cleaning agent [met]
Fassadenrestaurierung *f* façade restoration
Fassadensanierung *f* façade refurbishment; façade renovation

Fassadenstruktur *f* façade structure [arc]
Fassadentyp *m* type of façade
Fassadenverkleidung *f* façade lining; wall cladding
Fassaufzug *m* barrel hoist
Fasserhitzer *m* (für Bitumen, Schweröl) barrel heater [prc]
Fassrecycling *n* recycling of barrels [rec]
Fassung *f* (z.B. Glühbirne) holder [elt]; lamp holder [elt]; mounting [elt]; socket [elt]
Fassungsvermögen *n* (Behälter) content; retaining capacity [was]; (Behälter) storage capacity
Fasswaschanlage *f* barrel washing device [prc]
Faszia, flache - *f* (Dachkonstruktion) plain fascia
Faulbarkeit *f* digestibility [was]; putrescibility [was]
Faulbecken *n* digestion tank [was]
Faulbecken, durchflossenes - *n* septic tank [was]
Faulbehälter *m* digester [was]; digestion tank [was]; septic tank [was]; (Klärschlamm) sludge digester [was]; (Klärschlamm) sludge digestion tank [was]
faulen *v* (abbauen) digest [was]
Faulen der Zementverfestigung *n* rotting of soil cement [tib]
Faulgas *n* biogas [prc]; sewage gas [was]; sewer gas [was]; (Kläranlage) sludge digestion gas [was]; sludge gas [was]
Faulgasgewinnungsanlage *f* digester gas extraction plant [was]
Faulgassammler *m* digester gas collector [was]
Faulgrad *m* degree of anaerobic stabilization [was]
Faulgrube *f* fermenting pit [was]; septic tank [was]
Faulraum *m* digestion chamber [was]; (Käranlage) digestion compartment [was]; sludge digestion chamber [was]
Faulschlamm *m* digested sludge [was]; putrid ooze [was]; sapropel [was]; septic sludge [was]
Faulturm *m* digestion tower [was]; sludge digestion tower [was]
Faustformel *f* empirical formula [phy]
Feder *f* spring [tec]
Feder-Nut-Verbindung *f* groove joint
Federblech *n* spring steel [met]
Federdraht *m* spring wire [met]
Federgelenk *n* reinforced concrete hinge [bon]
Federkraft *f* elastic force [phy]; resilience [phy]; spring resistance [met]; (Elastizität) springiness [phy]
Federkraftwalzenmühle *f* spring-type roller mill [prc]
federn *v* spring
federnd resilient [met]
Federscheibe *f* spring washer [tec]
Federspannung *f* spring tension [met]; tension of spring [met]

Federstahl *m* spring steel [met]
Federstecker *m* cotter pin
Fegemaschine *f* (Straße) rotary sweeper
Fehlablesung *f* misreading [any]
Fehlanzeige *f* error in indication [any]
Fehlaustrag *m* (beim Sieben, Trennen) misplaced particles [prc]
Fehlbestand *m* shortage
Fehlcharge *f* inaccurately prepared batch [wer]
Fehler, schwer wiegender - *m* (Schaden) major defect [eco]
Fehler, zulässiger - *m* permissible error
Fehlerbericht *m* non-conformance report
Fehlergrenze *f* limit of error [any]; (technisch) tolerance
Fehlerspannungsschutzschalter *m* fault-voltage protective switch [elt]; voltage-operated circuit breaker [elt]
Fehlerstrom *m* differential current [elt]; fault current [elt]
Fehlerstrom-Schutzeinrichtung *f* residual current protective device [elt]
Fehlerstrom-Schutzmodul *m* residual current protective module [elt]
Fehlerstrom-Schutzrelais *n* residual current protective relay [elt]
Fehlerstrom-Schutzschalter *m* core-balance circuit breaker [elt]; current-operated circuit breaker [elt]; differential circuit breaker [elt]; (<B>) earth leakage circuit breaker [elt]; fault-current circuit breaker [elt]; residual current circuit breaker [elt]
Fehlerstromrelais *n* core-balance safety relay [elt]; current-measuring protective relay [elt]
Fehlerstromschutz *m* current-balance earth-leakage protection [elt]; differential protection [elt]; residual current protection [elt]
Fehlfunktion *f* circuit malfunction [elt]
Fehlgut *n* (beim Sieben, Trennen) misplaced particles [prc]
Fehlkonstruktion *f* faulty design [des]
Fehlkontakt *m* bad contact [elt]
Fehlkorn *n* misclassified particles [met]; misplaced size [met]; outsize [met]
Fehlkornanteil *m* proportion of outsize [met]
Fehlmenge *f* shortage
Fehlmessung *f* faulty measurement [any]; measuring error [any]
Fehlmischung *f* inaccurately prepared batch [wer]
Fehlplanung *f* bad planning [des]
Fehlschweißung *f* defective weld [met]
Fehlstelle *f* cavity [met]; crack [met]; defect [met]; flaw [met]; imperfection [met]; void [met]
Fehlversuch *m* invalid test [any]
fein mahlen *v* pulverize [prc]
Feinabgleich *m* fine adjustment [elt]

Feinablesung *f* fine reading [any]
Feinabsiebung *f* fine screening [prc]
Feinabstimmung *f* fine tuning [elt]; precise coordination
Feinanteil *m* (Schüttgut) fraction of fine grain [prc]
Feinausmahlung *f* fine grinding [prc]
Feinbeton *m* fine-grained concrete [bon]
Feinblech *n* sheet [met]; sheet metal [met]; sheet steel [met]; tagger [met]; thin plate [met]; thin sheet [met]
Feinblechpaket *n* sheet pack [met]
Feinblechstapel *m* sheet pile [met]
Feinbrechen *n* fine crushing [prc]; secondary crushing [prc]
Feinbrecher *m* finishing crusher [roh]; granulator [prc]; secondary crusher [roh]
Feinbruch *m* fine granulation
feinfaserig fine-grained [met]
Feinflugasche *f* fine fly ash [met]
Feingefüge *n* fine structure [met]
Feingut *n* fines [met]; (Sieben) undersized material [met]
Feinhammerbrecher *m* split hammer rotary granulator [prc]
feinjährig (Holz) fine-grained [met]
Feinkalk *m* finish lime [met]; lime powder [met]; pulverized lime [met]
Feinkalkmörtel *m* fine stuff mortar [met]
Feinkies *m* fine gravel [met]; fine-grained gravel [met]; pea gravel [met]; small gravel [met]
feinkörnig fine-grained [met]
Feinkorn *n* fine aggregate [met]; fine grain [met]
Feinmahlanlage *f* pulverizer [prc]
Feinmahlen *n* fine crushing [prc]; powdering [prc]; pulverizing [prc]
Feinmahlraum *m* secondary compartment [prc]
Feinmahlung *f* final grinding [roh]; pulverizing [prc]
feinmaschig fine-meshed
feinmaserig *n* (Holz) fine-grained [met]
Feinmaterial *n* fines [met]
Feinmühle *f* fine-grinding mill [prc]; pulverizer [prc]; secondary mill [prc]
Feinplan *m* detailed plan [des]
Feinplanieren *n* final grading [tib]; fine grading [tib]; tight blading [tib]
Feinprallmühle *f* impact mill [prc]
Feinputz *m* final coat plaster; final rendering; fining coat; finish coat; skin coat
Feinputzmörtel *m* fine stuff [met]; plaster stuff [met]
Feinputzschicht *f* final rendering [met]
Feinrechen *m* fine-screen unit [was]; strainer rack [was]
feinrippig close-meshed [met]
Feinsäge *f* panel saw [wzg]

Feinschlag *m* broken stone
Feinschotter *m* fine rubble
Feinsicherung *f* fine-wire fuse [elt]
Feinsiebmantel *m* (Kugelmühle) outer sieve [prc]
Feinsiebmaterial *n* fine screens [met]
Feinsiebung *f* fine screening [prc]
Feinsplitt *m* fine gravel [met]
Feinstahl *m* refined steel [met]
Feinstaub *m* fine dust
Feinstaubatemmaske *f* (Atemschutz) particulate-removing respirator [asi]
Feinstfaser *f* ultrafine fibre [met]
Feinstfraktion *f* microfine fraction [met]
Feinstgut *n* (körniges Material) ultrafines [met]
Feinstkorn *n* ultra-fine grains [met]
Feinstmahlung *f* pulverization [prc]
Feinstmehl *n* (mineralisches Produkt) superfine flour [met]
Feinstsand *m* inorganic silt [met]
Feinststaub *m* microfine dust [met]
Feinstzement *m* microfine cement [met]
Feinzerkleinern *n* fine crushing [prc]
Feinzerkleinerung *f* fine crushing [prc]
Feld *n* (Hochbau) bay; (Brücke) bridge span; (Brücke, Träger) panel [stb]; (Brücke, Träger) span [stb]
Feldarbeit, geodätische - *f* geodetic field work [any]
Feldfabrik *f* (Produktionsstätte für Fertigteile) casting yard [wer]; (Produktionsstätte für Fertigteile) unit-producing yard [wer]
Feldlänge *f* (Fachwerk) panel length [stb]; (Fachwerk) span
Feldmitte *f* midspan
Feldmoment *n* midspan moment; moment at midspan [sik]; moment in the span [sik]; panel moment [sik]; span moment [sik]
Feldplatte *f* single slab
Feldriss *m* (Vermessung) field drawing
Feldstein *m* cobblestone [met]
Feldteilung *f* bay division
Feldträger *m* single girder
Feldweite *f* (Fachwerk) panel length [stb]
Fels *m* rock [geo]
Fels, fester - *m* sound rock [geo]
Fels, gewachsener - *m* bedrock [geo]; solid rock [geo]
Fels, lockerer - *m* soft rock [geo]
Fels, loser - *m* soft rock [geo]
Fels, massiger - *m* hard rock [geo]
Fels, verwitterter - *m* weathered rock [geo]
Felsanker *m* rock anchor
Felsbau *m* rock engineering [tib]
Felsboden *m* bedrock [geo]; hard rock [geo]; rocky ground [geo]; rocky soil [geo]
Felsbohrer *m* (Einrichtung) rock-drilling rig [tib]

Felsbrechen *n* (Tunnelbau) removal of rocks
Felsbrecher *m* rock cutter [roh]
Felsdrehbohrer *m* rotary rock drill [tib]
Felsdruck *m* rock pressure [geo]
Felsdübel *m* rock dowel
Felseinschnitt *m* rock cut [geo]
Felsen *m* (Klippe) cliff [geo]; rock [geo]
Felsgeröll *n* rock debris [geo]
Felsgewinnung *f* (im Steinbruch) quarrying [roh]
Felsgründung *f* rock foundation
Felsinjektion *f* rock sealing [tib]
Felslöffel *m* rock dipper [tib]
Felsmassen *pl* rock masses [geo]
Felsmechanik *f* rock mechanics [geo]
Felsschaufel *f* (Bagger) rock bucket
Felsschicht *f* rock formation [geo]
Felsschüttungsdamm *m* vibrated rock-fill dam [wba]
Felssturz *m* rockfall [geo]
Felstieflöffel *m* (Bagger) rock bucket
Felstrümmer *pl* rock debris [geo]
Felstunnel *m* rock tunnel [tib]
Felsverankerung *f* rock bolting; (mit Dübeln) rock pinning
Felswand *f* rock face [geo]
Fenster *n* (Oberlicht) light
Fenster mit Mittelpfosten *n* mullioned window
Fenster mit Stabwerk *n* (Baukunst: Kirchenbau) mullioned window [arc]
Fenster, abgedichtetes - *n* airtight window; sealed window; sealed window
Fenster, bewegliches - *n* open light
Fenster, dreiflügeliges - *n* triple-casement window
Fenster, einflügeliges - *n* single-sash window
Fenster, einteiliges - *n* single-casement window
Fenster, festes - *n* fixed sash
Fenster, feuerhemmendes - *n* fire window
Fenster, halbkreisförmiges - *n* lunette
Fenster, hochsitzendes - *n* high-placed window
Fenster, kleines - *n* fenestral
Fenster, liegendes - *n* horizontal window
Fenster, mehrflügeliges - *n* multiple-casement window
Fenster, stehendes - *n* vertical window
Fenster, zweiflügeliges - *n* double-sash window; mullioned window
Fensterablauf *m* drop mould
Fensteranordnung *f* fenestration [arc]
Fensteranschlag *m* window rebate
Fensterantrieb *m* gear for windows
Fensteraussparung *f* embrasure
Fensterband *n* casement hinge; continuous window; strip windows
Fensterbank *f* cill; window seat; window sill; window-ledge

Fensterbankkabelkanal *m* window cable channel [elt]
Fensterbeschläge *pl* window fittings; window furniture; window hardware
Fensterblech, äußeres - *n* external window sill
Fensterbrett *n* sill; window board; window sill
Fensterbrüstung *f* breast; spandrel; wall below the window sill; window parapet; window parapet; window sill
Fensterbühne *f* window stage [arc]
Fensterdichtung *f* weather strip; window gasket; window seal
Fensterelement *n* prefabricated window; window unit
Fensterentsorgung *f* window waste disposal [rec]
Fensterflügel *m* casement; window casement
Fenstergeschoss *n* (Kirchen) clerestory [arc]
Fenstergitter *n* grille; window bar; window grate; window grating; window grille; window guard; window protection screen
Fensterglas *n* clear glass; flat glass; sheet glass [met]; soft glass; window glass [met]
Fensterglasflügel *m* glazed sash
Fenstergriff *m* handle of the window; window catch; window handle; window lift
Fenstergröße *f* window size
Fensterkitt *m* bedding putty [met]
Fensterklappe *f* shutter opening
Fensterklimaanlage *f* window air conditioner
Fensterknopf *m* window button
Fensterkreuz *n* mullion and transom; window cross
Fensterkurbel *f* window handle
Fensterladen *m* folding shutter; shutter; window blind; window shutter
Fensterlaibung *f* embrasure; window jamb
Fenstermodul *m* window module
Fensteroberlicht *n* window transom
Fensteröffner *m* window opener
Fensteröffnung *f* window opening
Fensterpfosten *m* monial; mullion; window mullion
Fensterprofil *n* window frame; window profile
Fensterrahmen *m* casement frame; window frame; window jamb
Fensterrahmen, wärmegedämmter - *m* thermal break frame
Fensterriegel *m* sash rail; window catch
Fensterrose *f* (Gotik) rose window [arc]
Fenstersäule *f* window post
Fenstersanierung *f* window restoration
Fensterschacht *m* window well; window well
Fensterscheibe *f* window pane; window-pane [met]
Fensterschiene *f* check rail
Fensterschließer *m* window fastener

Fenstersims *n* window sill
Fenstersprosse *f* astragal; astragal; glass bar; glazing bar; muntin; sash bar; window bar
Fensterstock *m* lintel
Fensterstrebe *f* sash bar
Fenstersturz *m* lintel; window head; window lintel
Fenstertür *f* casement door; French door; glazed door
Fensterventilator *m* window ventilator; window-mounted fan
Fensterverwertung *f* window recycling [rec]
Fensterzarge *f* sash frame; window case
Ferienhaus *n* holiday house; summer cottage; vacation house
Ferienhotel *n* holiday hotel; vacation hotel
Ferienwohnheim *n* holiday hostel
Ferienwohnung *f* vacation flat
Fernanzeige *f* remote indicator system [any]
Fernanzeigegerät *n* remote indicating instrument [any]
Fernbahn *f* main-line railway [tra]
Fernbahnhof *m* main-line station [tra]
ferndiagnostizierbar remotely controllable
Fernerfassung *f* remote detection [any]
Ferngas *n* long-distance gas [pow]; piped gas [pow]
Ferngasheizung *f* district heating [pow]; long-distance gas heating [pow]
Ferngasnetz *n* long-distance gas grid [pow]
Ferngasversorgung *f* long-distance gas supply [pow]
Fernheizdampfleitung *f* district-heating steam pipe [pow]
Fernheizkanal *m* district-heating duct [pow]
Fernheizkraftwerk *n* district-heating power station [pow]
Fernheizleitung *f* district-heating pipeline [pow]
Fernheizschacht *m* district-heating shaft [pow]
Fernheizung *f* district heating [pow]; district-heating system [pow]; long-distance heating [pow]
Fernheizwasser *n* district-heating water [pow]
Fernheizwerk *n* district-heating plant [pow]; district-heating station [pow]; district-heating system plant [pow]
Fernkabel *n* long-distance cable [elt]
Fernkraftwerk *n* long-distance supply station [pow]
Fernkühlung *f* district cooling [pow]
Fernlastzug *m* articulated lorry [tra]
Fernleitung *f* long-distance main line [pow]; long-distance pipe [pow]; (Strom) transmission line [elt]; trunk line [elt]
Fernmeldenetz *n* telecommunications network [edv]
Fernmessanlage *f* telemetering system [any]
Fernmesseinrichtung *f* remote measuring equipment [any]

Fernmessgerät *n* telemeter [any]
Fernmessung *f* remote measurement [any]; telemetering [any]
Fernregler *m* remote regulator [elt]
Fernsehüberwachungsanlage *f* closed-circuit television [tga]
Fernspeicher *m* distant reservoir [was]
fernsteuerbar remotely controllable
fernsteuern *v* remote control [elt]
Fernsteuerung *f* remote control [elt]
Fernstraße *f* arterial road [tra]; major road [tra]; trunk road [tra]
Fernüberwachung *f* remote control [edv]
Fernwärme *f* district heat [pow]; district heating [pow]
Fernwärmeabrechnung *f* district-heating accounting [pow]
Fernwärmeleitung *f* district-heating pipeline [pow]
Fernwärmeleitungsbestand *m* district-heating inventory [pow]
Fernwärmeleitungstrasse *f* district-heating pipeline route [pow]; district-heating pipeline route [pow]
Fernwärmelieferung *f* district-heating supply [pow]
Fernwärmelieferungsvertrag *m* district-heating agreement [pow]; district-heating contract [pow]
Fernwärmenetz *n* district-heating grid [pow]
Fernwärmeschacht *m* district-heating trench [pow]
Fernwärmetransportleitung *f* district-heating transport line [pow]
Fernwärmeverbund *m* district-heating grid [pow]
Fernwärmeversorgung *f* distant heating [pow]; district heat supply [pow]; long-distance heat supply [pow]
Fernwärmeversorgungsunternehmen *n* district-heating distribution undertaking [pow]; district-heating distributor [pow]; district-heating supplier [pow]
Fernwasserversorgung *f* distant water supply [was]
Fernwirktechnik *f* telemetering [any]
Ferrozement *m* ferro-cement [met]
Fertigbau *m* construction with prefabricated parts; prefabricated building; (Herstellung) prefabrication
Fertigbaukläranlage *f* prefabricated sewage treatment installation [was]
Fertigbauteil *n* precast construction unit; prefabricated element; prefabricated member
Fertigbauweise *f* precast construction; prefabricated construction method; prefabrication
Fertigbeton *m* central-mixed concrete [bon]; ready-mixed concrete [bon]
Fertigbetonbau *m* precast concrete construction [bon]
Fertigbetonplatte *f* precast concrete slab [bon]; precast slab [bon]
Fertigbetonteil *n* precast structural element [bon]

Fertigbetonträger *m* precast concrete girder [bon]
Fertigbetonwandplatte *f* concrete wall panel [bon]
Fertigdecke *f* precast floor; prefabricated concrete floor
Fertigfenster *n* prefabricated window unit
Fertighaus *n* prefab; prefab house; prefabricated house; ready-built house
Fertigkote *f* finished level [tib]
Fertigmaß *n* actual size [des]
Fertigmörtel *m* ready-mix mortar [met]; ready-mixed mortar [met]
Fertigputz *m* finishing coat; premixed plaster [met]; ready-mixed plaster [met]
Fertigstellung *f* completion
Fertigstellungsgrad *m* completion ratio
Fertigstellungstermin *m* completion date
Fertigstellungstermin einer Zeichnung *m* drawing completion date [des]
Fertigstellungszeit *f* time for completion
Fertigteil *n* building component; prefabricated element; prefabricated member; prefabricated unit
Fertigteil aus Beton *n* precast concrete member [bon]
Fertigteilbauweise *f* precast concrete construction; prefabricated construction; prefabricated-panel construction; systems building
Fertigteilbeton *m* precast concrete [bon]
Fertigteilträger *m* prefabricated girder
Fertigtreppe *f* prefabricated stair
Fertigung, industrielle - *f* production on commercial scale [wer]
Fertigungsanstrich *m* holding primer [met]
Fertigungsbeschichtung *f* (Grundierung) shop primer [met]
Fertigungseinrichtung *f* production equipment [wer]
Fertigungsfluss *m* process flow
Fertigungsgenauigkeit *f* finishing accuracy
Fertigungskosten *pl* production costs
Fertigungsstätte *f* production facility [wer]
Fertigungsunterlagen *pl* manufacturing documents [des]
Fertigungszeichnung *f* manufacturing drawing [des]; production drawing [des]; working drawing [des]; workshop drawing [des]
Fertigungszeit *f* manufacturing time [wer]
Festabfall *m* solid waste [rec]
Festanker *m* dead-end anchor
Festbacken *n* caking
Festbestandteile *pl* particulate matter [met]
Festbeton *m* hardened concrete [bon]
Festbetragsfinanzierung *f* lump-sum financing [eco]
Festbrennstoff *m* solid fuel [pow]
festes Fenster *n* fixed sash

Festhalle *f* festival hall; festival hall; grand hall
Festhaltevorrichtung *f* fixture
Festhonorar *n* fixed fee [eco]
Festigkeit *f* (Material-) strength
Festigkeit bei plastischer Bemessung *f* plastic strength [sik]
Festigkeit, innere - *f* structural strength [met]
Festigkeit, vorgegebene - *f* preset strength [met]
Festigkeitsberechnung *f* strength calculation [des]; stress analysis [des]
Festigkeitseigenschaft *f* mechanical strength [met]
Festigkeitsentwicklung *f* strength development [met]
Festigkeitsgrad *m* degree of strength [met]
Festigkeitsgrenze *f* limit of resistance [met]; strength limit [met]
Festigkeitskennwert des Werkstoffs *m* coefficient of strength of material [met]
Festigkeitsklasse *f* (Baustoffe) strength class [met]
Festigkeitslehre *f* strength theory [met]
Festigkeitsschweiße *f* strength weld [met]
Festigkeitswert *m* strength value [met]
Festigungsmittel *n* consolidation agent
Festkörpersensor *m* solid-state sensor [any]
Festlager *n* fixed bearing
Festland *n* mainland [geo]
Festlandsockel *m* continental shelf [geo]
Festlegung *f* provision [des]
Festmaß *n* solid measure [des]
Festmietzeit *f* fixed-term lease [eco]
Festpunkt *m* anchor point; (für Verrohrung mit thermischer Ausdehnung) anchorage point [des]; datum; point of anchorage
Festpunktbrücke *f* anchor point bridge
Festpunktkraft *f* anchor force
Festsetzung *f* determination
Festsetzungen, planungsrechtliche - *pl* requirements under planning law [jur]
Festspielhaus *n* festival theatre
Feststellanlage *f* (Sicherheitstechnik) automatic door control
feststellbar (arretierbar) lockable
Feststellschraube *f* locking bolt [tec]
Feststoff *m* solid [met]; solid material [met]; solid matter [met]
Feststoff-Rohrleitung *f* slurry pipeline [was]
Feststoffabfall *m* solid waste [rec]
Feststoffabscheider *m* solids separator [was]
Feststoffaustrag *m* sediment discharge [was]
Feststoffdichte *f* (Partikeldichte) particle density [prc]; (Dichte des Feststoffs in der Schüttung) solid density [prc]
Feststoffe *pl* (Emission) particulates [met]
Feststoffe, mitgeführte - *pl* transported sediment [wba]
Feststoffentwässerung *f* sludge dewatering [was]

Feststoffreaktor *m* solid matter reactor [was]
feststoßen *v* ram
Festung *f* citadel; fort; fortress [arc]
Festungsbau *m* fortified building [arc]
Festungsgraben *m* moat [arc]
Festungsmauer *f* fortification wall
Festungsstadt *f* fortress town [com]
Festungswall *m* rampart [arc]
Festverglasung *f* fixed glazing; non-puttied
  glazing; patent glazing
Festwerden *n* hardening [met]
Festwertregelung *f* fixed set-point control [elt]
Festzeitsteuerung *f* pretimed control [elt]
fett (Mischungen fett an einer Komponente) rich
  [met]
Fettabscheider *m* grease separator [was]; grease
  trap [was]; skimming tank [was]
Fettfang, belüfteter - *m* aerated skimming tank [was]
Fettfilter *m* (Küche) fat filter
Fettmörtel *m* fat mortar [met]; rich mortar [met]
Fettstoß *m* (beim Abschmieren) shot [tec]
Fettton *m* fat clay [met]
Feuchtboden *m* waterlogged deposit [geo]
Feuchte *f* humidity; moisture
Feuchte, aufsteigende - *f* (in Mauerwerk) rising
  dampness
Feuchte, gebundene - *f* bound moisture [met]
Feuchte, hygroskopische - *f* (Wände usw.)
  hygroscopic humidity [met]; hygroscopic moisture
  [met]
Feuchte, relative - *f* relative humidity [met]
feuchtebeständig damp-resistant [met]; moisture-
  resistant [met]
feuchtedicht moisture-proof [met]
Feuchtedurchlässigkeit *f* moisture permeability
  [met]
Feuchtefühler *m* humidity probe [any]; humidity
  sensor [any]
Feuchtegehalt *m* humidity content; moisture
  content
Feuchtemesser *m* moisture meter [any]
Feuchtemessgerät *n* moisture measuring instrument
  [any]; moisture meter [any]
Feuchtemessung *f* humidity measurement [any];
  hygrometry [any]
Feuchteschutz *m* moisture protection; protection
  against moisture [met]
Feuchtespeicherkapazität *f* vapour absorption
  capacity [met]
Feuchtesperre *f* humidity stop [met]; moisture
  barrier [met]; moisture stop [met]
Feuchteverteilung *f* moisture distribution
feuchthalten *v* (Beton) cure [bon]
Feuchthalten *n* (Beton) moist curing [bon]
Feuchthaltung *f* (von Beton) wet job-site curing
  [bon]

Feuchtigkeit, aufsteigende - *f* rising humidity
Feuchtigkeit, relative - *f* relative humidity [met]
Feuchtigkeitsabgabe *f* moisture yield [met]
Feuchtigkeitsanzeiger *m* moisture indicator [any]
Feuchtigkeitsaufnahme *f* humidity absorption
  [met]; (Garne, u.a.) moiture gain [met]
feuchtigkeitsbeständig damp-proof [met];
  moisture-resistant [met]; resistant to moisture
  [met]
Feuchtigkeitsbeständigkeit *f* moisture resistance
  [met]; resistance to moisture [met]; water
  resistance [met]
Feuchtigkeitsbestimmung *f* moisture determination
  [any]
Feuchtigkeitsdurchtritt *m* moisture migration
feuchtigkeitsempfindlich moisture-sensitive [met];
  sensitive to moisture [met]; susceptible to moisture
  [met]
Feuchtigkeitsgehalt *m* hygroscopic content [met];
  moisture content
feuchtigkeitsgeschützt humidity protected [met];
  moisture-proof [met]; noweathering exposure
  [met]
Feuchtigkeitsisolierung *f* humidity insulation
Feuchtigkeitsklasse *f* humidity class [elt]
Feuchtigkeitskorrosion *f* aqueous corrosion [met]
Feuchtigkeitsmesser *m* hygrometer [any]
Feuchtigkeitsmessgerät *n* hygrometer [any]
Feuchtigkeitsmessung *f* humidity measurement
  [any]; hygrometry [any]; moisture measurement
  [any]
Feuchtigkeitsschaden *m* damage due to humidity
Feuchtigkeitsschutz *m* damp-proofing [met];
  humidity protection; moisture proofing;
  protection against moisture
Feuchtigkeitssensor *m* humidity sensor [any];
  moisture sensor [any]
Feuchtigkeitssperre *f* damp course; damp-proof
  course; moisture barrier; vapour barrier
Feuchtigkeitssperrung *f* (gegen Bodenfeuchte)
  damp-proofing
Feuchtigkeitsüberschuss *m* (in Mischungen)
  moisture excess [met]
feuchtigkeitsundurchlässig impermeable to
  moisture [met]; moisture-proof [met]
feuchtigkeitsunempfindlich unaffected by moisture
  [met]
Feuchtmahlen *n* wet grinding [prc]
Feuchtraum *m* damp room; humid room
Feuchtraumabdichtung *f* damp room sealing
Feuchtraumarmatur *f* damp-proof fitting [elt];
  moisture-proof fitting [elt]
Feuchtraumleitung *f* damp-proof installation cable
  [elt]; moisture-proof cable [elt]
Feuchtraumleuchte *f* moist-room light [elt]
Feuchtraumputz *m* damp room plaster

Feuer- und Hitzeschutzkleidung *f* protective clothing against heat and fire [asi]
Feueralarm *m* fire-alarm [asi]
Feueralarmanlage *f* fire-alarm system [asi]; fire-detection system [asi]
Feueralarmhorn *n* fire-alarm horn [asi]
feuerbeständig fire-resistant [met]; fire-resistive [met]; fireproof [met]; incombustible [met]; refractory [met]
Feuerbeständigkeit *f* fire resistance [met]; fireproofness [met]; refractoriness [met]; resistance against fire [met]
Feuerbeton, isolierender - *m* insulating castable refractory [bon]
Feuerfalle *f* firetrap [asi]
feuerfest fire-resistant [met]; fireproof [met]; incombustible [met]; refractory [met]
Feuerfestbeton *m* heat-resistant concrete [bon]; refractory cement [bon]; refractory concrete [bon]
feuerfeste Kapselung *f* flame-proof casing [asi]; flame-proof enclosure [asi]
feuerfeste Masse *f* refractory mixture [met]
Feuerfesteigenschaft *f* refractory property [met]
feuerfester Isolierstein *m* insulating firebrick
feuerfester Mörtel *m* refractory mortar [met]
feuerfester Stein *m* refractory brick
feuerfester Ton *m* refractory clay [met]
Feuerfestglas *n* flameproof glass [met]
Feuerfestigkeit *f* fire resistance [met]; refractability [met]; refractoriness [met]
Feuerfestmaterial *n* refractory material [met]
Feuerfestprodukt *n* refractory product
Feuerfestüberzug *m* refractory coating [met]
Feuerfestwerkstoff *m* refractory substance [met]
Feuergefährlichkeit *f* fire hazard [met]; inflammability [met]; liability to catch fire [met]
Feuergefahr *f* fire hazard [asi]; fire risk [asi]
feuerhemmend fire-inhibiting [met]; fire-resisting [met]; fire-retardant [met]; fire-retarding [met]; fire-shielding [met]; firestopping [met]; flame-retardant [met]; flame-retarding [met]
feuerhemmende Decke *f* fire-resisting floor
feuerhemmende Wand *f* fire-retarding wall
feuerhemmendes Fenster *n* fire window
Feuerhemmstoff *m* fire retardant [met]; fire-retardant material [met]
Feuerkitt *m* refractory mastic [met]
Feuerleiter *f* (Feuerwehr) aerial ladder; (Gebäude) fire escape
Feuerlöschanlage *f* fire-extinguishing system [asi]; firefighting system [asi]; sprinkler system
Feuerlöschanlage mit Sprinkler und Wasser- sprühanlage *f* sprinkler and water spray fire-extinguishing installation [asi]
Feuerlöschanlage, feste - *f* stationary firefighting installation [asi]

Feuerlöschbrause *f* emergency shower [asi]; (Brandschutz) fire sprinkler [asi]; sprinkler [asi]
Feuerlöschdecke *f* fire blanket [asi]
Feuerlöscheimer *m* fire bucket [asi]
Feuerlöscheinrichtung *f* firefighting equipment [asi]; firefighting installation [asi]
Feuerlöscher *m* extinguisher [asi]; fire extinguisher [asi]
Feuerlöschgerät *n* firefighting equipment [asi]
Feuerlöschmittel *n* fire-extinguishing agent [asi]; fire-extinguishing substance [asi]; firefighting substance [asi]
Feuerlöschwasser *n* fire-extinguishing water [asi]; firefighting water [asi]
Feuermauer *f* fire stop; party wall
Feuermeldeanlage *f* fire detection system [asi]; fire-alarm equipment [asi]; fire-alarm system [asi]
Feuermeldeeinrichtung *f* fire detection system [asi]; fire-alarm system [asi]
Feuermelder *m* fire alarm [asi]; fire detector [asi]; fire warning device; fire-alarm box [asi]; fire-alarm system [asi]
Feuermelder, automatischer - *m* automatic fire detection system [asi]
Feuermeldersystem *n* fire detection and alarm system [asi]
Feuermeldestelle *f* fire-alarm post [asi]
Feuermörtel, hydraulischer - *m* refractory mortar [met]
Feuerrisiko *n* fire hazard [asi]; fire risk [asi]
Feuerschaden *m* damage caused by fire; fire damage
Feuerschutz *m* fire prevention [asi]; fire protection [asi]
Feuerschutzadditiv *n* fire-retardant agent [met]; fire-retardant chemical [met]
Feuerschutzanlage *f* firefighting installation [asi]
Feuerschutzanstrich *m* fire-resistant paint [met]; fire-retarding coating [met]; fireproof coat [met]
Feuerschutzanzug *m* fire-protective clothing [asi]; firefighting suit [asi]
Feuerschutzbestimmungen *pl* fire regulations [asi]
Feuerschutzdecke *f* fire ceiling
Feuerschutzfarbe *f* fire-resisting finish [met]; fire-retardant finish [met]
Feuerschutzgitter *n* fire-screen [asi]
Feuerschutzisolierglas *n* insulating glass for fire protection [met]
Feuerschutzklappe *f* fire damper [asi]
Feuerschutzklasse *f* construction class [asi]; fire grading [asi]
Feuerschutzklassifikation *f* fire rating class [asi]
Feuerschutzmittel *n* fire-protecting agent [met]; fireproofing agent; flame-proofing agent [met]
Feuerschutzschleuse *f* fire trap [asi]
Feuerschutztor *n* fire gate

Feuerschutztür *f* fire check door; fire door [asi]; fire-protection door; fireproof door

Feuerschutzüberzug *m* fire-retardant coating [met]

Feuerschutzwand *f* fire wall

Feuerschutzzone *f* fire area

Feuerseite *f* (Ofen) hot face [roh]

Feuersicherheit *f* fire safety [asi]

Feuersirene *f* fire siren [asi]

Feuerton *m* fireclay [met]; refractory clay

Feuertreppe *f* fire escape; fire staircase

Feuertür *f* fire check door

Feuerung *f* (Befeuerung) firing [pow]; furnace [pow]; (Heizung) heating [pow]

Feuerungsanlage *f* combustion plant [pow]; firing system [pow]; incineration plant [pow]

Feuerungseinrichtung *f* combustion installation [pow]; firing system [pow]

Feuerungsmaterial *n* combustibles [pow]; fuel [pow]

Feuerungssystem *n* firing system [pow]

Feuerungstechnik *f* fuel engineering [pow]

Feuerungswärmeleistung *f* furnace net heat input [pow]

Feuerverhütung *f* fire precaution [asi]; fire prevention [asi]

feuerverzinken *v* galvanize [met]

Feuerverzinken *n* hot-dip galvanizing [met]

feuerverzinkt hot-dip galvanized [met]; hot-galvanized [met]

Feuerverzinkung *f* hot-dip galvanizing [met]

Feuerwand *f* fire wall

Feuerwehr *f* (<B>) fire brigade; (<A>) fire department

Feuerwehr, Freiwillige - *f* volunteer fire brigade; volunteer fire department

Feuerwiderstand *m* fire resistance [met]

Feuerwiderstandsdauer *f* (Brandschutz) fire behaviour

Feuerwiderstandsklasse *f* fire grading; fire rating class; (F30 - F180) fire resistance category [met]; fire safety category [met]; fire-resistance class [met]; fire-resistance rating

FI-Schutzschalter *m* (<B>) earth leakage circuit breaker [elt]

Fiale *m* (an gotischen Kirchen) turret-like pinnacle [arc]

Fiale *f* (Gotik) pinnacle [arc]

Fialturm *m* (Gotik) pinnacle tower [arc]

Film *m* (Schicht) coating; (dünne Schicht) film; (Schicht) layer

Filter *m* filter; (Sieb) strainer

Filteranlage *f* filter system

Filterbecken *n* filter tank [was]; filtering basin [was]

Filterbelastung *f* filter load [prc]

Filterbeton *m* filter drain concrete [bon]

Filterbett *n* filter bed [prc]

Filterboden *m* (Ionenaustauscher) nozzle plate [was]

Filterbrunnen *m* filtering well [was]

Filterdruckregler *m* filter controller [was]; filter governor [was]

Filtereinsatz *m* filter cartridge [prc]; filter element [prc]

Filterelement *n* filter cell [prc]

Filterfläche *f* filter area [prc]; filter surface [prc]

Filterfüllung *f* porous backfill [geo]

Filtergeschwindigkeit *f* (Hydrologie) apparent velocity [was]; (im Boden) seepage velocity [was]

Filtergewebe *n* filter cloth [met]; filtering fabric [met]

Filterglas *n* absorption glass [met]; filter glass [met]

Filterhilfsmittel *n* filter agents [was]; filter aid [was]; filtering auxiliary [was]

Filterkammerpresse *f* chamber-type filter press [was]

Filterkies *m* filter gravel [was]

Filterkörper *m* filter body [was]

Filterkohle *f* filter charcoal [was]

Filterkuchen *m* filter cake [prc]; sludge cake [was]

Filterlaufzeit *f* filter run [was]

Filtermasse *f* filter material [prc]; filtering medium [prc]

Filtermaterial *n* filtering material [met]

Filtermatte *f* (z.B. Baugrube) filter mat [tib]

filtern *v* drain [prc]; filter [prc]; filtrate [prc]; strain [prc]

Filterpresse *f* sludge press [was]

Filterrahmen *m* filter carriage [prc]; filter frame [prc]

Filterrohr *n* filter pipe [was]

Filterrückspülung *f* filter backwash [was]

Filterrückspülwasser *n* filter recirculation water [was]

Filterrückstand *m* filtration residue [rec]

Filtersack *m* filter bag [prc]

Filtersand *m* filter sand [was]

Filterschicht *f* filter bed; (Dränschicht) pervious shell

Filterschlamm *m* filter mud [rec]

Filterschüttung *f* filter bed [was]

Filterstein *m* porous disc [met]

Filterstoff *m* filter cloth [met]

Filtertank *m* filtering basin [was]

Filtertuch *n* filtering cloth [prc]

Filtervlies *n* geotextile layer

Filterwasser *n* filtered water [was]

Filterzelle *f* filter unit [prc]

Filtrat *n* filtered matter [prc]; filtrate [prc]

Filtration *f* filtration [prc]; straining [prc]

Filtration durch Bodenpassage *f* seepage [was]

Filtration, mehrschichtige - *f* multilayer filtration [was]

filtrieren *v* filter; filtrate

Filtriersand *m* filter sand [was]

Filz *m* felt [met]

filzen *v* (Putz glätten) finish of plaster with felt board

Filzen *n* felting

Finanzierungsplan *m* payment schedule [eco]

Fingerfutter *n* finger lining [met]

Fingerhut *m* finger cot [asi]

Fingerschützer *m* finger guard [asi]

Firma, bauausführende - *f* civil contractor

Firmengelände *n* company premises [eco]

Firmenschild *n* business plaque [eco]; company plaque [eco]

Firmenvermögen *n* corporate equity [eco]

Firmenzentrale *f* company headquarters [eco]

Firnis *m* boiled oil [met]; oil varnish [met]; varnish [met]

First *m* apex; rider strip; ridge

Firstabdeckung *f* ridge capping

Firstbalken *m* ridge beam; ridge purlin

Firstbohle *f* (Gotik: Turmaufbau) ridge board [arc]

Firsthöhe *f* height to the ridge of the roof

Firstpfette *f* ridge purlin; ridge tree; ridge-piece

Firstpfosten *m* (Dachkonstruktion) crown post

Firstriegel *m* ridge transom

Firstsäule *f* (Dachkonstruktion) crown post; (Dachkonstruktion) king strut

Firststein *m* crown tile; ridge tile

Firststollen *m* top heading

Firststück *n* ridge-piece

Firstträger *m* ridge bar; ridge beam

Firstziegel *m* crest tile; ridge tile

Fischbauchklappe *f* fish-belly gate

Fischbauchträger *m* fish-bellied beam [stb]; fish-bellied girder; fish-bellied girder [stb]; fish-bellied truss [stb]; fish-belly girder

Fischblase *f* (Gotik: Dekorationselement) dagger [arc]

Fischereihafen *m* fishing harbour [tra]

Fischgrätendränage *f* herringbone drainage [was]

Fischgrätenparkett *n* herringbone parquet

Fischschuppenziegel *m* (Renaissance: Dachziegel) fish-scale tile [arc]

Fischtreppe *f* (an Staustufen) fish ladder; (an Staustufen) fish-passage facility; fishway [wba]

Fischzaun *m* fishway [wba]

Fitsche *f* casement hinge

Fixierflüssigkeit *f* fixing liquor [met]

Fixiermittel *n* setting agent [met]

Fixierung *f* (mechanische) mounting; setting

Fixmiete *f* fixed rent [eco]

flach (eben) even; (eben) level; (eben) plain

Flachanbau *m* (<B>) single-storey annex; (<A>) single-story annex

Flachbagger *m* surface digging machine [tib]; surface excavator

Flachbaggern *n* shallow cut digging [tib]; surface digging [tib]

Flachbaggerung *f* shallow excavation; surface digging [tib]; surface excavation [tib]

Flachbatterie *f* flat battery [elt]; flat type battery [elt]

Flachbau *m* flat block; flat building; low building; low-rise building

Flachbaugruppe *f* flat module [elt]

Flachbecken *n* shallow tank [was]

Flachbetttechnik *f* shallow-bed method [bon]

Flachbiegung *f* (Bewehrung) plane bending

Flachböschung *f* shallow embankment [geo]

Flachbogen *m* flat arch; segmental arch [arc]; shallow arch

Flachdach *n* flat roof; platform roof

Flachdach, zweischaliges - *n* roof with air circulation

Flachdachausstieg *m* flat roof door

Flachdachbahn *f* flat roof sheeting [met]

Flachdachdämmstoff *m* flat roof insulation material [met]

Flachdachdämmung *f* flat roof insulation

Flachdachentwässerung *f* flat roof drainage [was]

Flachdachfertigelementt *n* prefabricated flat roof element

Flachdachfolie *f* flat roof membrane [met]

Flachdachmembran *f* flat roof membrane [met]

Flachdachpfanne *f* flat-roof pantile

Flachdachrand *m* gravel stop

Flachdecke *f* flat ceiling; flat ceiling; (ohne Unterzug) flat slab

Flachdraht *m* flat wire [met]

Flacheisen *n* flat [met]; flat iron; flat steel [met]

Flacheisengitterwerk *n* flat lacing [stb]

Flachfundament *n* shallow foundation

Flachglas *n* flat glass [met]; plate glass [met]; sheet glass [met]

Flachgründung *f* flat footing; flat foundation; footing; shallow foundation; standard foundation

Flachgurtförderer *m* flat-belt conveyor [prc]

Flachheizelement *n* flat heating element [pow]

Flachheizkörper *m* flat radiator [pow]; panel radiator [pow]

Flachkabel *n* flat cable [elt]

Flachkollektor *m* (Sonnenkollektor) flat-plate solar collector [pow]

Flachkopfniet *m* pan head rivet [tec]

Flachkuppel *f* sancer dome [arc]; saucer dome; saucer dome

Flachland *n* lowland [geo]; plain country [geo]

Flachleitung *f* flat cable [elt]; flat conductor [elt]

Flachlöffelbagger *m* skimmer shovel [tib]

Flachmeißel *m* chipping chisel [wzg]
Flachprofil *n* flat section [met]
Flachrohr *n* flat pipe [met]; flat tube [met]
Flachrohrheizgerät *n* flat pipe heating device [pow]
Flachrundkopfniet *m* cup head rivet [tec]
Flachrundschraube *f* flat-head bolt [tec]
Flachschicht *f* flat course
Flachsenkniet *m* flat countersunk head rivet [tec]
Flachsieb *n* flat screen [prc]
Flachspundbohle *f* flat-web sheet pile [tib]
Flachstab *m* flat [met]; flat member [met]
Flachstahl *m* flat bar [met]; flat steel [met]; flats [met]
Flachstampfer *m* flat rammer
Flachstanzplatte *f* flat-extruded tile
Flachsteckeranschluss *m* flat connection [elt]
Flachverlegung *f* (von Leitungen im Erdreich) flat laying; (Leitungen im Boden) shallow laying
Flachwasser *n* flat water [was]; shallow water [was]
Flachwasserströmung *f* flat water flow [was]
Flachwulststahl *m* flat bulb steel [met]
Flachziegel *m* flat tile; plain tile; plane tile
Fladerschnitt *m* flat sawn
Fläche *f* (Querschnitt) cross-section; (Ebene) face; (Ebene) level; (Ebene) plain; (Querschnitt) section; (Flächenbedarf; Büro-/Hallenfläche) space [des]; (Oberfläche) surface
Fläche in Wasserwaage *f* level surface
Fläche, abgewinkelte - *f* squared-off area
Fläche, altlastverdächtige - *f* site suspected of being contaminated [geo]
Fläche, bebaute - *f* building area; built area; conurbation [com]
Fläche, befestigte - *f* paved area
Fläche, durchlässige - *f* permeable area
Fläche, erschlossene - *f* developed area [com]; improved land [com]
Fläche, schraffierte - *f* shaded area [des]
Fläche, überbaute - *f* covered area; floor space
Fläche, überdachte - *f* covered area; roofed area
Fläche, unbebaute - *f* free space; unbuilt area
Fläche, verfügbare - *f* amount of space
Fläche, vermietbare - *f* (Immobilie) lettable area [eco]; (Immobilien) rental area
Fläche, versiegelte - *f* built area including hardlandscaping
Fläche, zugewiesene - *f* allotment [com]
Flächen, altlastverdächtige - *pl* land with suspected inherited pollution [geo]
Flächenabtrag, gleichförmiger - *m* (Korrosion) uniform attack [met]
Flächenangabe *f* area specified [des]
Flächenaufnahme *f* (Aufnahme von vermieteten Flächen) absorption of space; (Aufnahme von vermieteten Flächen) take-up of space

Flächenaufteilung *f* (Architektur) space arrangement; space planning
Flächenbedarf *m* (Nachfrage) demand for space [eco]; (Platzbedarf) floor area required [des]; floor space required; floor space requirement; land requirement; space required; (Notwendigkeit) space requirement
Flächenbelastung *f* load per unit area [sik]; surface load
Flächenberechnung *f* calculation of areas [mat]
Flächenbewertung *f* ranking of sites
flächendeckend with blanket coverage
Flächendruck *m* surface pressure [geo]
Flächeneinheit *f* surface unit; unit area
Flächenerosion *f* land erosion [geo]; soil erosion [geo]
Flächenfundament *n* floating foundation
Flächengründung *f* (Fundament) mat foundation; (Fundament) spread foundation
Flächenheizkörper *m* panel heater [pow]; plate radiator [pow]
Flächenheizung *n* panel heating [pow]; radiation heating [pow]
Flächenhobel *m* bench plane [wzg]
Flächenkorrosion *f* uniform corrosion [met]
Flächenkraft *f* area force [phy]
Flächenlagerung *f* flat bearing [stb]
Flächenlast *f* area load [sik]; distributed area load [sik]; distributed load [sik]; specific load; surface load
Flächenmaß *n* superficial measure [des]
Flächenmessung *f* area measuring [any]; surface measurement [any]
Flächenmoment *n* area moment [phy]
Flächenmoment 1. Grades *n* first moment of area [sik]
Flächenmoment 2. Grades *n* moment of inertia [sik]; second moment of area [phy]
Flächenmoment 2. Grades, axiales - *n* axial second moment of area [phy]
Flächenmoment 2. Grades, polares - *n* polar second moment of area [phy]
Flächenmoment, polares - *n* polar moment of area [sik]
Flächennachfrage *f* (Immobilien, usw.) demand for space [eco]
Flächennutzung *f* area utilization [com]; floor space utilization; land use
Flächennutzungsplan *m* development plan [com]; land utilization plan; land-use plan [com]; land-use policy; preparatory land use plan [com]; preparatory land-use plan; zoning map; zoning plan [com]
Flächenpressung *f* ground pressure [geo]; surface pressure [phy]
Flächenprofil *n* surface profile [des]

Flächenraster *n* modular grid [des]
Flächenrecycling *n* land recycling [geo]
Flächenrüttler *m* surface vibrator
Flächensanierung *f* (für Gebäude) area
  rehabilitation; rehabilitation of regions [com];
  site rehabilitation
Flächenschallquelle *f* area source of noise [aku]
Flächenschwerpunkt *m* centre of gravity of a
  surface [phy]
Flächenträgheitsmoment *n* geometrical moment of
  inertia [phy]; moment of inertia of area [phy]
Flächentragwerk *n* area-covering structural
  element; plane load-bearing structure; two-
  dimensional structure
Flächentragwerk, gewölbtes - *n* shell structure
flächentreu area preserving [des]; of equal area
  [des]
Flächenverbrauch *m* land consumption; use of
  space [com]
Flächenverfügbarkeit *f* availability of space
Flächenvorhaltung *f* special-use corridors
Flächenwidmung *f* land-use planning [com]
Flämmverfahren *n* (Verkleben von Dichtbahnen)
  flaming process
flammbeständig flame-resistant [met];
  uninflammable [met]
Flamme *f* flame
Flammenausbreitung *f* (Brandschutz) flame
  propagation [asi]; (Brandschutz) flame spread
  [asi]; (Brand) surface flame spread
Flammenbeständigkeit *f* flame persistence [met]
Flammendurchschlag *m* passage of flame [asi]
Flammendurchschlagsicherung *f* flame arrester
  [asi]
Flammenfilter *m* flame arrestor [asi]
Flammenfront *f* flame front [asi]
flammenhemmend flame-retardant [met]
Flammenhemmstoff *m* flame retardant [met]
Flammenmelder *m* flame alarm [asi]; flame
  detector [asi]
Flammenrückschlaghemmer *m* (Brandschutz)
  flashback arrester [asi]
Flammenrückschlagsicherung *f* (Brandschutz)
  backpressure valve [asi]; (Brandschutz) flame
  guard [asi]; (Brandschutz) flame trap [asi];
  (Brandschutz) flashback arrester [asi]
Flammenrückschlagsperre *f* (Atemschutz) flame
  arrester [asi]
Flammenschutz *m* flame arrester [asi]; flame
  arresting; flame protection [asi]
Flammenschutzkleidung *f* flame-proof protective
  clothing [asi]
Flammenschutzmittel *n* flame-proofing agent [asi]
Flammensicherung *f* (Brandschutz) flame safeguard
  [asi]; (Brandschutz) flame-failure device [asi];
  (Brandschutz) flame-failure protection device [asi]

Flammensperre *f* (Brandschutz) flame arrester
  [asi]; (Brandschutz) flame trap [asi]
Flammenüberwachung *f* flame-failure detection
  [asi]
Flammenwächter *m* flame detector [asi]; flame-
  failure safeguard [asi]
flammfest fireproof [met]; flame-proof [met]
Flammfestausrüstung *f* fireproofing finish [met];
  flame-proof finish [met]; flame-resistant finish
  [met]
Flammfestigkeit *f* flame resistance [met]
Flammhemmer *m* flame retardant [met]
Flammschutzanstrich *m* fire-resisting coating
  [met]
Flammschutzmittel *n* fire-retardant paint [met];
  fireproofing agent [met]; flame retardant [met]
flammstrahlen *v* flame-clean [wer]
Flammstrahlen *n* flame cleaning [met]
Flammstrahlentrosten *n* flame cleaning [met];
  flame descaling [met]
flammwidrig flame-retardant [met]
Flanke, formbearbeitete - *f* prepared edge [stb]
Flankenneigung *f* tapered rim [arc]
Flansch *m* collar
Flansch, gebogener - *m* saddle-backed flange [stb]
Flanschblech *n* flange plate
Flanschbreite *f* flange width [stb]; width of flange
  [stb]
Flanschdicke *f* flange thickness [stb]; thickness of
  flange [des]
Flanschkonstruktion *f* flanged construction
Flanschneigung *f* flange taper [stb]
Flanschträger *m* flange beam
Flanschverbindung *f* flanged connection; flanged
  joint
Flanschwinkel *m* clip angle
Flattern *n* (ungewollte Schwingungen) oscillation
flechten *v* (Bewehrung) bind; interlace; tie
Flechtwerk *n* trellis work; (u.a. mit Lehm
  beworfen) wattle; (Lehmbau) wickerwork
Flechtwerk, lehmbeworfenes - *n* (Fachwerkhäuser)
  wattle and daub
Flechtwerkswand *f* wattle and daub
Flechtwerktrennwand *f* (historisch) wattle-and-
  daub wall
Fledermausgaube *f* (Dach) eyebrow dormer
Flexschalung *f* flexible formwork [bon]
Flickarbeit *f* patching
Flickbeton *m* repair concrete [bon]
flicken *v* (ausbessern) patch up [wer]
Flickmörtel *m* patching mortar [met]; repair mortar
  [met]
Flickstelle *f* patched spot
fliegend angeordnet overhung [des]
Fliehburg *f* refuge
Fliehkraft *f* centrifugal force [phy]

Fliehkraftabscheider *m* centrifugal dust collector [air]
Fliehkraftklassierer *m* centrifugal classifier [prc]
Fliehkraftsichter *m* centrifugal classifier [prc]
Fliehkraftwindsichter *m* centrifugal air classifier [prc]
Fliese *f* slab [met]; tile [met]
Fliese, glasierte - *f* glazed ceramic tile; glazed tile
Fliese, keramische - *f* ceramic tile
Fliese, unglasierte - *f* unglazed ceramic tile [met]
fliesen *v* tile
Fliesen- und Plattenarbeiten *pl* tile laying works
Fliesenarbeiten *pl* tile setting; (DIN 18352) tilework
Fliesenbelag *m* tile cladding; tilework
Fliesenboden *m* tiled floor; tiling
Fliesenfußboden *m* tile floor; tiled floor
Fliesenkleber *m* tile adhesive [met]
Fliesenlegen *n* tiling
Fliesenleger *m* tile layer; tiler [wer]
Fliesenoberseite *f* tile face [met]
Fliesensäge *f* tile saw [wzg]
Fließarbeit *f* (Fließband) line assembly work [wer]
Fließbedingungen *pl* flow conditions [was]
Fließbeton *m* flow concrete [bon]; flowing concrete [bon]; fluid concrete [bon]; superplasticized concrete [bon]
Fließbeton, frühhochfester - *m* flow concrete with high early strength [bon]
Fließbett *n* fluidized bed [prc]
Fließbettmischer *m* fluidized-bed mixer [prc]
Fließbild *n* flow chart [des]; flow sheet [des]; mimic diagram [des]
Fließdiagramm *n* flow chart [des]; flow pattern [des]
Fließeigenschaft *f* flow behaviour [prc]; rheological property [met]
Fließeigenschaften *pl* flow characteristics [met]
Fließestrich *m* flowing screed [met]
fließfähig flowable [met]; (Beton: Konsistenz) fluid [met]
Fließgelenk *n* plastic hinge
Fließgewässer *n* flowing waterbodies [was]; running waterbodies [was]
Fließgrenze *f* offset limit [met]; yield point [met]
Fließhilfsmittel *n* (Pulver) antiblocking agent [met]; (für Schüttgut) flow agent [met]
Fließkegel *m* (Schüttgut) flow-cone [prc]
Fließmittel *n* (Betonzusatz) plasticizer [met]; (Beton, Mörtel) superplasticizer [met]; water-reducer [met]; (für Beton) water-reducing admixture [met]
Fließprobe *f* (Konsistenz von frischem Beton) slump test [any]
Fließsand *m* swimming sand [geo]
Fließschema *n* flow sheet [des]; schematic flow diagram [des]

Fließverfahren *n* fluidized-bed process [prc]
Fließverhalten *n* flow behaviour [prc]; flow characteristic [prc]; fluidity [met]; rheological behaviour [met]
Fließvermögen *n* fluidity [prc]
Fließvorgang *m* (Stahl) yielding [met]
Fließwasser *n* flowing water [was]; running water [was]
Fließweg *m* (Hydrologie) fluid line [was]; (z.B. Flussströmung) length of run [geo]
Flintkonglomerat *n* puddingstone [met]
Flinz *m* flinz [geo]
Floatglas *n* float glass [met]
Flocke *f* floc [was]
flocken *v* flake [was]; flocculate [was]
Flocken *pl* aggregating particles [was]
Flockenbildung *f* flocculation [was]; formation of flakes [was]
Flockenfilter *m* sludge filter [was]
Flockenisolierstoff *m* loose-fill insulation [met]
Flockenschlamm *m* floc [was]; flocculated sludge [was]
Flocker *m* flocculator [was]
Flockpunkt *m* flocculation point [was]
Flocktest *m* flocculation test [any]
Flockulation *f* flocculation [was]
Flockung *f* coagulation [was]; flocculation [was]
Flockungsanlage *f* flocculation plant [was]
Flockungsbecken *n* flocculation tank [was]
Flockungsfilter *m* contact filter [was]
Flockungsfiltration *f* flocculation filtration [was]
Flockungshilfsmittel *n* coagulation aid [was]; flocculation agent [was]; flocculation aid [was]
Flockungsklärbecken *n* flocculation clarifying tank [was]
Flockungsmittel *n* coagulant [was]; flocculant [met]; flocculating agent [met]; flocculation agent [was]; sedimentation aid [was]
Flockungspunkt *m* flocculation point [was]
Flockungsreaktor *m* flocculation tank [was]
Flotation *f* flotation [was]
Flotationsabgänge *pl* flotation tailings [was]
Flotationsanlage *f* flotation plant [was]
Flotationsberge *pl* flotation tailings [was]
flotationsfähig floatable [was]
Flotationsgeschwindigkeit *f* flotation rate [was]
Flotationskammer *f* flotation chamber [was]
Flotationsmittel *n* flotation agent [was]
Flotationstrübe *f* flotation liquid [was]
Flotationsverfahren *n* flotation method [was]; flotation process [was]
Flotationszusatz *m* flotation agent [was]
Flotierbarkeit *f* floatability [was]
flotieren *v* float [was]
Flucht *f* (Häuser-) row

fluchten *v* align [des];   be in alignment [des];
  bring into alignment [des]
fluchtend aligned;   in alignment [des]
Fluchtfehler, zulässiger - *m* permissible
  misalignment [des]
Fluchtkorridor *m* escape corridor
Fluchtlinie *f* alignment [des]
Fluchtmöglichkeit *f* (Sicherheitstechnik) escape
  possibility;   means of escape
Fluchtstab *m* (Vermessung) ranging-pole [any];
  (Vermessung) ranging-rod [any];   surveying pole
  [any]
Fluchtstange *f* (Vermessung) ranging-pole [any];
  (Vermessung) survey pole [any]
Fluchttreppe *f* emergency staircase;   (Sicherheits-
  technik) escape stairs
Fluchtung *f* (Vermessung) alignment
Fluchtungsfehler *m* alignment error [des];
  malalignment [des];   misalignment [des]
Fluchtweg *m* (Sicherheitstechnik) emergency exit;
  emergency passage;   (Arbeitsschutz) emergency
  route [wer];   escape;   (Rettung) escape road [asi];
  escape route [asi];   (Rettung) escape way [asi]
Fluchtweg bei Feuer *m* (Rettung) fire rescue path
  [asi]
Fluchtwegsystem *n* (Sicherheitstechnik) exit sign
  system
Fluchtzeit *f* (Sicherheitstechnik) time for escape
Flügel *m* (Rührwerk) blade [prc];   (Tür) leaf;
  (Mischer) vane [prc];   (Gebäude) wing
Flügelanpressdruck *m* casement pressure
Flügelanschlag *m* casement stop
Flügeldach *n* butterfly roof
Flügeldichtung *f* casement seal
Flügelfenster *n* casement window;   French window
Flügelmauer *f* wing wall
Flügelmischer *m* blade mixer [prc]
Flügelmutter *f* wing nut [tec]
Flügelrad *n* paddle wheel [prc]
Flügelrad-Durchflussmesser *m* paddlewheel
  flowmeter [any]
Flügelradmesssonde *f* vane probe [any]
Flügelradwasserzähler *m* vane-type water meter
  [any]
Flügelrahmen *m* (Fenster u.a.) casement;   casement
  frame
Flügelrührer *m* blade mixer [prc]
Flügeltür *f* double door;   leaf door;   two-leaved
  door
Flügelüberschlag *m* casement overlap
Flüssigabfall *m* liquid waste [rec]
Flüssigbeton *m* fluid concrete [bon];   liquid cement
  [bon];   sloppy concrete [bon]
Flüssigbitumen *n* liquid asphaltic material [met]
Flüssigkeitsabscheider *m* fluid separator [was];
  liquid separator [was]

Flüssigkeitsanalyse *f* liquid analysis [any]
Flüssigkeitsbehälter *m* tank [was]
Flüssigkeitsbrücke *f* fluid bonding [met]
flüssigkeitsdicht liquid-tight [met]
Flüssigkeitsdichtemesser *m* liquid densitometer
  [any]
Flüssigkeitsdruck *m* hydraulic pressure [phy];
  hydrostatic pressure [phy]
Flüssigkeitsgetriebe *n* hydraulic gear [tec]
Flüssigkeitsmanometer *n* liquid manometer [any];
  liquid pressure gauge [any]
Flüssigkeitspegel *m* fluid level [prc];   liquid level
Flüssigkeitspumpe *f* liquid pump [prc]
Flüssigkeitsrückstand *m* residual liquid [rec]
Flüssigkeitssäule *f* liquid column
Flüssigkeitsspiegel *m* liquid level
Flüssigkeitsstandanzeiger *m* liquid-level indicator
  [any]
Flüssigkeitsstandwächter *m* liquid-level controller
  [any]
Flüssigkeitsverschluss *m* liquid seal [prc]
Flüssigkeitsvolumen *n* liquid volume
Flüssigkeitszähler *m* flowmeter [any]
Flüssigphase *f* fluid phase [phy]
Flüssigsauerstoffgerät *n* liquid-oxygen breathing
  apparatus [asi]
Flüsterasphalt *m* (Straßenbelag) low-noise asphalt
  [met]
Flugabfertigungsgebäude *n* passenger terminal
  building
Flugfeld *n* airfield [tra];   airfield [tib];   landing
  field [tra]
Flugfeuer *n* spreading fire
Fluggastbrücke *f* aerobridge [tra];   boarding bridge
  [tra];   jetway [tra];   passenger bridge [tra];
  passenger walkway [tra]
Flughafen *m* aerodrome [tra];   airport;   airport [tra]
Flughafenabfertigungsgebäude *n* air terminal [tra]
Flughafenarchitektur *f* airport architecture [arc]
Flughafenbahnhof *m* airport station [tra]
Flughafenbau *m* airport construction
Flughafengebäude *n* airport building [tra]
Flughafengelände *n* airport grounds [tra]
Flughafenhotel *n* airport hotel [tra]
Flughalle *f* air terminal [tra]
Flugplatz *m* airfield [tra];   airfield [tib];   airport;
  airport [tra]
Flugstaub *m* dust carry-over
Flugsteig *m* flight gate;   gate [tra]
Flugzeit *f* flying time [tra]
Flugzeughalle *f* aeroplane hangar [tra];   aircraft
  shed [tra];   hangar [tra]
Fluoreszenzfarbe *f* fluorescent paint [met];
  luminous paint [met]
Fluorgehalt *m* fluor content [che]
fluoridieren *v* fluoridate [was]

Fluoridierung *f* (Zugabe von Fluor zum Trinkwasser) fluoridation [was]

Flur *m* (Gelände) cadastral district [com]; (Grundbuch) cadastral unit [com]; entrance hall; hall

Flur, öffentlicher - *m* public corridor

Flurbeleuchtung *f* corridor lights [elt]; hall lights [elt]

Flurbereinigung *f* reparcelling [com]

Flurebene *f* ground level

Flurfenster *n* corridor window; hall window

Flurfläche *f* (in Gebäude) corridor space

Flurkarte *f* cadastral map [geo]

Flurstück *n* (Grundbuch) parcel of land [com]; plot [com]

Flurstücksnummer *f* (Grundbuch) parcel number [com]

Fluss *m* current [elt]; (Strömung) flow; (Strömung) flux

Flussablagerung *f* alluvial deposit [geo]; river deposit [geo]

flussabwärts downriver [was]; downstream [was]

flussaufwärts upriver [was]; upstream [was]

Flussausbau *m* river training [wba]

Flussbau *m* river construction [wba]; river engineering [wba]; river improvement [wba]; river work

Flussbecken *n* river pool [geo]

Flussbegradigung *f* rectification of river [wba]; watercourse regulation [wba]

Flussbett *n* bed of river [geo]; river channel [was]

Flussbett, künstliches - *n* artificial river-bed [wba]

Flussbett, natürliches - *n* natural river-bed [wba]

Flussbettabflachung *f* river-bed degradation [geo]

Flussbettänderung *f* river-bed diversion

Flussbettbeschaffenheit *f* channel characteristics [was]

Flussbettverlagerung *f* shifting of the bed [geo]

Flussbiegung *f* bend [geo]; river bend [was]

Flussbogen *m* river bend [was]

Flussbrücke *f* bridge across a river [tra]; bridge crossing a river [tra]

Flussdamm *m* dike [wba]; (künstlicher -) levee [wba]

Flussdiagramm *n* flow chart [des]; flow diagram [des]; graph of flow [des]

Flussdichte *f* (Hydrologie) drainage density [was]

Flussebene *f* fluvial plain [geo]

Flussenge *f* narrow [geo]

Flusserosion *f* river erosion [geo]

Flussgebiet *n* river basin [geo]

Flusshochwasser *n* river flood [was]

Flusskies *m* river gravel [geo]

Flusskläranlage *f* river cleaning plant [was]; stream cleaning plant [was]

Flusskraftwerk *n* river power plant [pow]; river power station [pow]

Flusslauf *m* course of a river [was]; course of the river [geo]; stream channel [geo]

Flussmittel *n* flux addition agent [che]; fluxing agent [che]

Flussmündung *f* (Gezeiten ausgesetzte) estuary [was]; mouth of a river [geo]

Flussmündungshafen *m* estuary harbour [tra]

Flussniederung *f* river plain [geo]

Flussregulierung *f* artificial river regulation [wba]; correction of a river [wba]; river control [wba]; river regulation [wba]; river training [wba]

Flusssand *m* river sand [met]

Flusssanierung *f* river clarification; water clarification [was]

Flussschlamm *m* river mud [geo]

Flussschleife *f* river bend [was]

Flussschleuse *f* river lock [wba]

Flussschutt, angespülter - *m* river wash [geo]

Flusssohle *f* river floor [geo]

Flussstahl *m* carbon steel [met]; low-carbon steel [met]; mild steel [met]

Flussstahlelektrode *f* (Schweißelektrode) mild steel electrode [met]

Flussstauwerk *n* river barrage [wba]

Flusstunnel *m* under-river tunnel [tib]

Flussübergang *m* river crossing

Flussufer *n* bank of the river [geo]; river bank [geo]

Flussunterlauf *m* lower course of the river [geo]

Flussverschmutzung *f* river contamination [was]; river pollution [was]

Flussverunreinigung *f* river pollution [was]

Flusswasserablauf *m* river run-off [was]

Flusswasserkühlung *f* river-water cooling [pow]

Flusswasserstand *m* river stage [was]; river water table [was]

Flusswehr *n* river barrage [wba]; river weir [wba]

Flutbecken *n* tidal basin [wba]

Flutbrücke *f* flood bridge [tra]; flood span [wba]; tide span

Flutdrän *m* stormwater sewer [was]

Flutkraftwerk *n* tidal power station [pow]

Flutlichtstrahler *m* floodlight lighting fittings [elt]

Flutlöschanlage *f* deluge extinguishing system [asi]

Flutmulde *f* flood channel [wba]

Flutöffnung *f* flood span [wba]

Flutrinne *f* flood channel; storm channel [wba]

Flutschleuse *f* tide gate [was]

Flutströmung *f* flowing tide [wba]

Fluttor *n* floodgate [wba]

Flutwasservolumen *n* tidal prism [was]

Flutwelle *f* flood discharge [wba]; tidal wave [was]; tsunami [was]

Förderanlage *f* conveying installation [prc]; conveying plant [prc]; conveying system [prc]; conveyor unit [prc]

Förderanlage, pneumatische - *f* pneumatic conveyor unit [prc]; pneumatic tube conveyor [prc]

Förderband *n* belt conveyor [prc]; conveying belt [prc]; conveyor belt [prc]

Förderband zur Bodenentladung *f* (Güterwagen) belt-type car unloader [tra]

Förderbandtragwerk *n* conveyor gantry [prc]

Förderbandtrockner *m* tunnel furnace [prc]

Förderbandwaage *f* belt balance [any]; conveyor belt scale [any]; conveyor belt weigher [any]; metering belt conveyor [any]

Förderbrücke *f* conveying bridge [prc]; conveyor bridge [prc]

Förderdruck *m* delivery pressure [was]; discharge pressure [was]

Fördereinrichtung *f* conveyor plant [prc]; transport equipment [prc]

Förderer *m* conveyor [prc]

Förderer, pneumatischer - *m* pneumatic conveyor [prc]

Förderfähigkeit *f* (öffentlich geförderte Projekte) eligibility for subsidies

Fördergerät *n* conveying device [prc]; transport device [prc]

Fördergurt *m* conveyor belt [prc]

Fördergutfühler *m* product sensor [any]

Förderhöhe *f* lifting height; (Aufzug) travelling height

Förderkette *f* conveyor chain [prc]

Förderkran *m* winding engine

Förderkübel *m* skip [roh]; skip loader [tib]

Förderleistung *f* hauling capacity

Förderleitung *f* delivery line [prc]; delivery pipe [prc]; delivery piping [was]

Fördermaschine *f* hoisting engine; winding engine

Fördermenge *f* discharge rate [prc]; (Pumpe) pumping delivery [prc]; (Volumen) volumetric flow [prc]

fördern *v* (pumpen) discharge [prc]; (heben) hoist; (transportieren) lift; (transportieren) transport

Förderprogramm *n* promotional program

Förderpumpe *f* delivery pump [prc]; feed pump [prc]

Förderrinne *f* conveying chute [prc]; conveying trough [prc]

Förderrohr *n* conveying pipe [prc]; tubular worm conveyor [prc]

Förderschacht *m* winding shaft

Förderschnecke *f* conveyor screw [prc]; conveyor worm [prc]; screw conveyor [prc]; spiral conveyor [prc]; worm conveyor [prc]

Förderschnecke, vertikale - *f* screw elevator [prc]

Förderschwinge *f* shaker conveyor [prc]

Förderseil *n* hoisting cable; hoisting rope

Förderung *f* conveyance [prc]; (Pumpe) discharge [prc]

Förderung, pneumatische - *f* (von Schüttgut) pneumatic conveying [prc]

Folgekosten *pl* consequential costs [eco]; subsequent costs [eco]

Folgenabschätzung *f* impact assessment

Folgeregelung *f* follow-up control [elt]; sequence control [elt]

Folgeregler *m* follow-up controller [elt]

Folgerelais *n* sequence relay [elt]

Folgeschaltung *f* follower control [elt]

Folgesteuerung *f* follow-up control [elt]; sequence control [elt]

Folie *f* (Plastik-) film [met]; (Metall) foil [met]; plastic film [met]

Folienabdeckung *f* diaphragm seal

Folienabfall *m* film scrap [rec]

folienbeschichtet foil-laminated [met]

Folienblech *n* (Verbundblech) film-laminated metal sheet [met]

Folienblister *m* sheet blister [met]

Foliendach *n* film roofing

Folienfront *f* (Möbel) foil-wrap front

Folienschrott *m* foil scrap [rec]

Folientastfeld *n* membrane switch array [elt]

Fon *n* ([Nebenvariante]) phone [aku]

Form *f* (Gestalt) contour; (Konstruktion) design; (Bauform) model; (Gestalt) shape; (Bauform) type

Form, additive - *f* (Gestaltung) additive form [arc]

Form, gleichmäßige - *f* (Gestaltung) regular form [arc]

Form, subtraktive - *f* (Gestaltung) subtractive form [arc]

Form, ungleichmäßige - *f* (Gestaltung) irregular form [arc]

Formabweichung *f* deviation of shape

Formänderung *f* deformation

Formänderung erster Ordnung *f* primary strain [met]

Formänderung, plastische - *f* (Beton) plastic recovery [met]

Formänderungsarbeit *f* deformation energy [phy]; work of deformation [phy]

formänderungsfähig ductile [met]

Formänderungsfestigkeit *f* deformation resistance [met]

Formänderungsvermögen *n* deformability [met]

Formänderungswiderstand *m* deformation resistance [met]; resistance to deforming [met]

formbar malleable [met]; mouldable [met]; plastic [met]

Formbarkeit *f* malleability [met]; mouldability [met]; shapeability [met]

formbeständig dimensionally stable [met]; resistant deformation [met]

Formbeständigkeit *f* (Abmessungen) dimensional stability [met]

Formblatt *n* form [des]; form sheet

Formblech *n* shaped sheet [met]

Formenboden *m* formwork floor [bon]

Formfliese *f* precast tile [met]

Formgebung *f* shaping [wer]

Formgenauigkeit *f* geometrical accuracy [des]

Formgestaltung *f* design [des]

Formgips *m* moulding plaster [met]

Formgleichheit *f* isomorphism [des]

Formhaltigkeit *f* form stability [des]

Formhaut *f* (Oberfläche keramischer Materialien) skim [met]

Formkörper *m* formed piece [met]; moulded article [met]

Formling *m* (Ziegel) green product [met]; unfired brick [met]

Formmasse *f* moulding composition [met]

Formplatte *f* form panel [bon]; (Schalung) shuttering panel [bon]

Formpressstoff *m* compression moulding material [met]

Formrahmen *m* (für ökologische Baustoffe) mould

formschlüssig form-fitting [des]

Formschluss *m* form closure [des]

Formschräge *f* shaped bevel

Formstabilität *f* dimensional stability [des]

Formstahl *m* section [met]; sectional steel [met]; sections [met]; shaped steel [met]; structural steel [met]

Formsteifheit *f* rigidity [des]

Formstück *n* moulded product [met]; (Rohr) pipe fitting [prc]

Formtoleranz *f* tolerance of form [des]

Formtrennmittel *n* (Baubereich) mould release oil [met]; release agent [met]

formtreu undistorted

Formung *f* shaping [wer]

Forschungsergebnis *n* research result

Forschungsgebäude *n* research building

Fortluft *f* outgoing air [air]

fortpflanzen *v* (sich verbreiten) propagate [phy]; transmit [phy]

Fotodokumentation *f* photographic documentation

fotoelektrisch ([Nebenvariante]) photoelectric [elt]; ([Nebenvariante]) photoelectrical [elt]

Fotovoltaik-Dachziegel *m* solar cell roof tile

fotovoltaisch ([Nebenvariante]) photovoltaic [elt]

Fotozelle *f* ([Nebenvariante]) photocell [elt]; ([Nebenvariante]) photoelectric cell [elt]

Fotozellenüberwachung *f* ([Nebenvariante]) electric eye control [elt]

Frachtterminal *n* cargo terminal [tra]

Fräserwalze *f* rotating leveller [tib]

Fräskette *f* (Grabenziehen) milling beam [tib]

fragmentiert fragmented

fraktionieren *v* fractionate [prc]

Fraktionssammler *m* fraction collector [any]

Fraktionssammlung *f* fractional collection [any]

frei aufliegend freely supported

frei Baustelle free site [tra]

frei hängend suspended

frei stehend (Haus) detached; self-contained; separate

frei vorgebaut cantilevered

Freianlage *f* outdoor plant [prc]

Freianlagen *pl* outdoor facilities

Freibau *m* open-air installation

Freifallbär *m* (Zerkleinerung) drop hammer [roh]; (Zerkleinerung) drop pile hammer [roh]

Freifallklassierer *m* free-fall classifier [prc]

Freifallklassierung *f* free settling [prc]

Freifallmischer *m* gravity mixer [prc]; hopper mixer [prc]

Freifallramme *f* free-drop ram

Freifallscheider *m* (Abfalltrennung) free-fall separator [rec]

Freifläche *f* open area; open area [com]; (noch unbebaut) open site; open space

Freiflächenplanung *f* open space planning

Freiflächenrelation *f* (Freifläche bezogen auf Bruttogeschossfläche) open space ratio

Freiflussventil *n* inclined-seat valve [prc]

Freigabe *f* (Prüfung) acceptance [any]; clearance [eco]; (Straße, Brücke) opening; release

Freigabesignal *n* enable signal; release signal [elt]

Freigabetaste *f* release key [elt]

freigeben *v* disengage; (zur Nutzung u.a.) release

Freigefällekanal *m* gravity sewer [wba]

freihändig (zeichnen) freehand [des]

Freihandlinie *f* freehand line [des]

Freikörperbild *n* free-body diagram [des]

Freilänge *f* (Kragträger) unsupported lenght [sik]

Freilager *n* open depot; open-air storage [wer]

Freilagerfläche *f* outdoor storage area

Freilagerplatz *m* open storage area [wer]; open storage ground

Freilagerung *f* outdoor storage; outside storage

Freilaufschütz *m* waste sluice [wba]

freilegen *v* lay bare [wer]; uncover; bare [tib]

Freilegen der Zuschlagstoffe *m* (Sichtbeton) aggregate exposure

freilegen, die Bewehrung - *v* expose the reinforcement [bon]

Freilegung von Baugelände *f* site clearing

Freileitung *f* (Fernwärme) above ground level pipe [pow]; (Fernwärme) aerial pipe [pow]; overhead line [elt]; (Fernwärme) overhead pipeline [pow]; overhead transmission line [elt]

Freileitungskabel *n* overhead cable [elt]
Freileitungsmast *m* transmission-line tower [elt]
Freiluftanlage *f* open-air plant [prc]; outdoor installation [prc]; outdoor plant [prc]
Freiluftausstellung *f* open-air exhibition
Freiluftbau *m* open-air plant; outdoor-type plant
Freiluftbauweise *f* outdoor design [des]; outdoor-type construction [des]
Freiluftkessel *m* outdoor boiler [pow]
Freiluftmast *m* overhead line mast [elt]
Freiluftschaltanlage *f* outdoor switchgear installation [elt]
Freilufttrocknung *f* open-air drying [roh]
Freiluftversuch *m* natural weathering test [any]
Freimachung der Baustelle *f* clearing and grubbing
Freimaß *n* untoleranced dimension [des]
Freiraum *m* open area [com]; open space [com]
Freiraumwerkstatt *f* open-space workshop [wer]
freisetzen *v* release
freisetzen, Energie - *v* release energy [pow]
Freisitzfläche *f* outdoor living area
Freispiegelströmung *f* free surface flow [was]
Freistrahlüberlauf *m* open spillway [was]
Freistromradpumpe *f* vortex pump [was]
Freiträger *m* cantilever beam; semibeam
freitragend cantilever; overhanging; self-spanning [sik]; self-supporting [sik]; single span; (z.B. Balken) unrestrained; unsupported
Freitreppe *f* flight; flight of stairs; flight of steps
Freiverlegung *f* trenchless laying [tib]
Freivorbau *m* cantilevered construction; cantilevering construction
Freivorbauweise *f* cantilever method
Freiwange *f* external stringer; (Treppe) face stringer; (Treppe) open stringer
Freiwerden von Wärme *n* development of heat [pow]; emission of heat [pow]
Freiwinkel *m* clearance angle [des]
Freizeitanlage *f* leisure complex [com]
Freizeitkomplex *m* recreation complex
Freizeitpark *m* recreational park
Freizeitzentrum *n* leisure centre; recreation centre; recreation complex
Fremdbelüftung *f* separately driven ventilation [elt]
Fremdbestandteil *m* contaminant [met]
Fremdbezug *m* (z.B. Wärme, Wasser, ...) supplied by other installations [pow]
Fremdeinspeisung *f* external power supply [elt]
Fremdenheim *n* boarding-house
Fremdenverkehrsgebiet *n* tourist area [com]
Fremderregung *f* foreign excitation [elt]; separate excitation [elt]
Fremdgewerk *n* outside trade [wer]
Fremdkörper *m* foreign matter [met]; foreign substance [met]

Fremdspannungsquelle *f* external voltage source [elt]
Fremdstoff *m* foreign matter [met]; foreign substance [met]
Fremdstrom *m* parasitic current [elt]
Fremdteilzeichnung *f* foreign part drawing [des]
Fremdüberwachung *f* external control [any]; external monitoring [any]
Fremdwasser *n* extraneous water [was]; sewer infiltration water [was]
Frequenzregelung *f* frequency control [elt]
Frequenzregler *m* frequency regulator [elt]
Frequenzsteuerung *f* frequency control [elt]
Frequenzumformer *m* frequency changer [elt]; frequency converter [elt]
Frequenzwandler *m* frequency changer [elt]; frequency transformer [elt]
Fries *m* (Tempel) frieze [arc]; (senkrechter Teil eines Rahmens) stile
Fries, glatter - *m* (Baukunst) plain frieze [arc]
frisch (Farbe) wet
frisch gestrichen! wet paint!
Frischbeton *m* fresh concrete [bon]; freshly mixed concrete [bon]; green concrete [bon]; unset concrete [bon]; wet concrete [bon]
Frischgut *n* (Aufbereitung) virgin feed [met]
Frischlufthaube *f* air-fed hood [asi]; air-line hood respirator [asi]
Frischluftsystem *n* fresh-air system
Frischmörtel *m* fresh mortar [met]; freshly-mixed mortar [met]; green mortar [met]
Frischmörtelzusatzmittel *n* mortar additive [met]
Frischschlamm *m* (Kläranlage) crude sludge [was]; fresh sludge [was]; primary sludge [was]; (Kläranlage) raw sludge [rec]
Frischwasser *n* fresh-water [was]
Frist *f* term
Fristenplan *m* key date plan
fristgerecht on time
Fristsetzung *f* setting a deadline
Fristverlängerung *f* extension of deadline
Front *f* front; (Vorderseite) front face; (Gebäude) frontage
Frontaldimetrie *f* frontal dimetric projection [des]
Frontalschirm *m* face shield [asi]
Fronteinbau *m* (Schalttafel) front-panel mounting [elt]
Frontizpiz *n* (klassische Fassade) frontispiece [arc]
Frontkipper *m* dumper [tib]; front tipper [tib]
Frontlader *m* front loader; front-end loader [tib]; loading shovel [tib]; shovel dozer [tib]
Frontlader mit Kufen *m* skid-shovel [tib]
Frontschaufelbagger *m* face shovel excavator
Frontschaufellader *m* front-end loader [tib]
Froschperspektive *f* worm's eye view [des]

Frost-Tau-Wechselbeständigkeit *f* (Bauwesen) resistance to freezing-and-thawing cycles [met]

Frost-Tausalzbeständigkeit *f* resistance to frost and thawing salt [met]

Frost-Tauwechsel *m* freezing-and-thawing cycle [wet]; (Werkstofftest) freeze/thaw cycle [any]

Frostabblätterung *f* frost scaling [met]

Frostaufbruch *m* frost heave [geo]

Frostaufgang *m* thaw [geo]

frostbeständig frost-proof [met]; frost-resistant [met]

Frostbeständigkeit *f* frost resistance [met]; resistance to frost [met]

Frostboden *m* frozen earth [geo]; frozen ground [geo]; frozen soil [geo]

Frostebene *f* freezing plane [geo]

Frosteindringtiefe *f* frost penetration depth [geo]

Frosteindringung *f* (Boden) frost penetration [geo]

frostempfindlich frost sensitive [met]; sensitive to frost [met]; tender [met]

Frostempfindlichkeit *f* susceptibility to frost action [geo]

frostfest frost-resistant [met]

Frostfront *f* frost front [geo]

frostgefährdet endangered by frost

Frostgefährdung *f* frost susceptibility [geo]

Frostgrenze *f* (im Boden) frost line [geo]

Frosthebung *f* (Boden) frost heave [geo]

Frostresistenz *f* frost resistance [met]

Frostschaden *m* frost damage [wet]

Frostschürze *f* frost blanket; frost skirt

Frostschutz *m* antifreeze [met]

Frostschutzmaßnahme *f* frost precaution

Frostschutzmaterial *n* (Straßenbau) frost blanket material

Frostschutzschicht *f* antifreeze layer; frost sub-base [tib]; (Straße) subbase [tib]

frostsicher freeze-proof [met]; frost-proof [met]; frost-resistant [met]; resistant to frost [met]

Frostsicherungsmaßnahme *f* frost-protection measure

Frostsprengung *f* frost shattering [geo]; frost wedging [geo]

Froststauchung *f* cryoturbation [geo]

Frosttiefe *f* depth of frost penetration [geo]; depth of frost penetration [geo]

Frostverwitterung *f* frost action [geo]; frost weathering [geo]

Frostzone *f* (teilgefrorener Bodenbereich) frozen fringe [geo]

Frotschutzmischung *f* antifreeze mixture [met]

Frühfestigkeit *f* early strength [met]

Frühstadium *n* initial stage

Fuchsschwanz *m* (Säge) crosscut saw [wzg]; (Säge) handsaw [wzg]; panel saw [wzg]

Fühler *m* detector [any]; probe [any]; sensor [any]; tracer [any]

Fühlerbruchkontrolle *f* sensor-rupture monitoring [any]

Fühlerkontrolle *f* sensor monitoring [any]

Fühlerlehre *f* feeler gauge [any]

Fühlerstift *m* feeler pin [any]; tracer pin [any]

Fühlkopf *m* tracer head [any]

Führerscheineinzug *m* (<A>) revocation of driver's license [tra]

Führung *f* (Technik) guide [tec]

Führungsgriff *m* guide handle

Führungsgröße *f* (Regelung) command variable [elt]; (Regelung) reference input [elt]; (Regelung) reference value [elt]

Führungsmauerwerk *n* lead

Führungsmeißel *m* pilot bit [wzg]

Führungsplatte *f* guide plate

Führungsregler *m* master controller [elt]

Führungsrolle *f* guide roller [tec]; idler [tec]; idler pulley [tec]

Führungsschiene *f* guide rail [tec]; (Möbel) runner

Führungsschraube *f* locating screw [stb]

Führungsstange *f* locating rod [stb]

Führungssystem *n* (Spundwand) leader system

Füllbeton *m* backfill concrete [bon]; infilling concrete [bon]; mass concrete [bon]

Füllblech *n* plate filler [met]

Füllboden *m* fill material [tib]

Fülldrahtelektrode *f* (Schweißen) cored-wire electrode [met]

Fülleinrichtung *f* feeding device [prc]

Füller *m* (Zuschlagstoff) filler [met]; (Zuschlagstoff) filling material [met]

Füllgut *n* charge; (Inhalt von Behältern) content

Füllhöhe *f* filling level

Füllhöhenanzeiger *m* silometer [prc]

Füllholz *n* (Dachkonstruktion) packing piece; (Holzkonstruktion) panel

Füllinjektion *f* (Beton) cavity grouting

Füllkörper *m* filler block; hollow block

Füllkörperdecke *f* rib and block floor

Fülllage *f* (Schweißnaht) filler bead [met]

Füllmasse *f* filler [met]; filler compound [met]; filling compound [met]

Füllmaterial *n* filler [met]; filling material [met]; filling substance [met]; infilling material [met]; (Bau) loading [met]

Füllmauerwerk *n* infill masonry

Füllmenge *f* fill-up volume

Füllmittel *n* extender [met]; filler [met]; filling material [met]

Füllmörtel *m* lean-mixed mortar [met]

Füllmuster *n* fill pattern [des]

Füllrohr *n* filling pipe

Füllschacht *m* feed shaft [prc]; feeder chute [prc]

Füllschnecke *f* feed screw [prc]
Füllskelett *n* (Fachwerkbau) infill skeleton
Füllsplitt *m* choke stone [met]
Füllstab *m* (Fachwerk) web member [stb]
Füllstand *m* filling level; (Schüttgüter) height of fill [prc]; level of filling [was]
Füllstand *f* filling height
Füllstandanzeigegerät *n* indicating level meter [any]
Füllstandanzeiger *m* filling-level indicator [any]; fluid-level gauge [any]; level gauge [any]; level indicator [any]
Füllstandgeber *m* level control sensor [any]; level sensor [any]; level transmitter [any]
Füllstandmelder *m* level indicator [any]
Füllstandmesser *m* level indicator [any]; level meter [any]
Füllstandmessgerät *n* level indicator [any]
Füllstandmessung *f* filling-level measurement [any]; level gauging [any]; level measurement [any]; level measuring [any]
Füllstandsonde *f* level probe [any]
Füllstandüberwachung *f* bin level monitoring [any]
Füllstandwächter *m* level monitor [any]
Füllstein *m* filler brick
Füllstoff *m* filler [met]; filling agent [met]; filling material [met]; filling substance [met]
füllstofffrei unfilled [met]; unloaded [met]
füllstoffhaltig filled [met]; loaded [met]
Füllstutzen *m* filler nozzle [prc]; filling socket [prc]
Fülltrichter *m* charging hopper [prc]; feeding hopper [prc]; filling hopper [prc]; hopper [prc]
Füllung *f* charge; feeding; filling; (Tür) panel
Füllungsgrad *m* fill-up level
Füllungskontrolle *f* (für Betriebsflüssigkeiten) filling check [any]
Füllvolumen *n* charging volume; filling volume
Füllzylinder *m* charging bin [prc]
Fuge *f* (Spalt) gap; (Nut) groove [tec]; (Spalt) interstice; joint
Fuge mit Schrägkante *f* (V-förmig) splayed joint; (V-förmig) V-joint
Fuge mit Schrägkanten *f* splayed joint
Fuge, ausgekratzte - *f* scraped out joint
Fuge, bündige - *f* (- im Mauerwerk) flat joint; flush joint
Fuge, genietete - *f* keyed joint [tib]
Fuge, geschlossene - *f* closed joint
Fuge, gespundete - *f* keyed joint [tib]
Fuge, mechanische - *f* mechanical joint
Fuge, nicht bearbeitete - *f* unprepared joint
Fuge, offene - *f* open joint
Fuge, verdübelte - *f* dowel bar joint
Fuge, verfüllte - *f* caulked joint
Fuge, versetzte - *f* breaking joint; staggered joint

Fuge, verzahnte - *f* castellated joint
Fugeisen *n* joint-forming metal strip; jointer [wzg]
Fugen im Hochbau *n* sealing of exterior wall joints in building
Fugenabdeckung *f* cover strip; (Abdichtung) joint masking
Fugenabdichtung *f* joint sealing [met]
Fugenabdichtungsmittel *n* seam sealant [met]
Fugenabstand *m* joint spacing [des]
Fugenausbildung *f* joint configuration
Fugenband *n* (z.B. für Deponieabdichtung) joint filler tape [met]; joint ribbon [met]; joint tape; jointing band [met]; sealing gasket; sealing strip [met]; water stop
Fugenbeton *m* joint concrete [bon]
Fugenbreite *f* joint width [des]
Fugendichtmasse *f* jointing compound [met]; jointing filler [met]
Fugendichtstoff *m* joint sealant [met]; jointing material [met]
Fugendichtsystem *n* joint sealing system
Fugendichtung *f* water stop
Fugendichtungsmasse *f* joint sealing compound [met]; jointing compound [met]; jointing filler [met]
Fugendurchlässigkeit *f* (Glaserei) joint permeability
Fugenflanke *f* joint face
Fugenfüller *m* jointing compound [met]; jointing filler [met]
Fugenfüllgerät *n* concrete sealing machine [bon]
Fugenfüllpistole *f* caulking gun [wzg]; pressure gun [wzg]
Fugenfüllung *f* jointing
Fugenfüllung, ungenügende - *f* (Schweißnahtfehler) underfill [met]
Fugengips *m* joint gypsum [met]; jointing plaster [met]
Fugenkammer *f* (Freiraum hinter Abdichtung) joint compartment
Fugenkante *f* arris; edge of joint
Fugenkante, abgerundete - *f* bull nose
Fugenkerbe *f* joint slot
Fugenkitt *m* gap-filling adhesive [met]; joint cement [met]
fugenlos jointless; seamless
Fugenmasse *f* (Hochofen) grouting compound [met]; joint compound [met]; joint sealer [met]; jointing cement [met]
Fugenmasse, dauerelastische - *f* elastic joint seal
Fugenmaterial *n* jointing material [met]
Fugenmindestmaß *n* minimum joint width [des]
Fugenmörtel *m* joint mortar [met]; jointing mortar [met]; pointing mortar [met]
Fugennaht, teilweise durchgeschweißte - *f* partial joint penetration groove [met]

Fugennaht, voll durchgeschweißte - *f* complete joint penetration groove [met]
Fugennennmaß *n* required joint width [des]
Fugenreiniger *m* joint cleaner [met]
Fugenreißer *m* joint raker
Fugenschaden *m* joint damage
Fugenschneidegerät *n* joint cutter [wzg]
Fugenschneiden *n* joint cutting
Fugenschneider *m* joint cutter [wzg]; joint cutting machine
Fugenspachtel *m* joint filling agent [met]
Fugenverfüllen *n* joint filling; jointing
Fugenvergießen *n* joint grouting
Fugenverguss *m* joint pouring
Fugenvergussmasse *f* bituminous joint filler [met]; joint pouring compound [met]; joint sealing compound [met]; paving joint sealer [met]
Fugenversiegelungsmittel *n* joint sealant [met]
Fugenwandung *f* joint face
Fugenzement *m* white joint mortar [met]
Fundament *n* (Untergrund) base; (Gründung) basement; (Untergrund) bed; (Gründung) bed plate; (Sockel) footing; footing support; (Gründung) foundations; (Sockel) pedestal; (Unterbau, Widerlager) substructure
Fundament, abgetrepptes - *n* benched foundation
Fundament, besenreines - *n* broom-finished foundation
Fundament, getrepptes - *n* stepped foundation
Fundament, im - befestigt foundation-mounted
Fundament, schwingungsdämpfendes - *n* antivibrating support
Fundamentabstufung *f* stepping of foundation
Fundamentanker *m* anchor bolt; holding-down bolt
Fundamentaushub *m* foundation excavation
Fundamentbalken *m* footing beam; ground beam
Fundamentbelastung *f* foundation loading
Fundamentbeton *m* foundation concrete [bon]
Fundamentblock *m* footing block; foundation block
Fundamentbodenplatte *f* concrete base
Fundamentbolzen *m* holding-down bolt
Fundamentdämmstoff *m* foundation insulation material [met]
Fundamente gießen *v* pour foundations
Fundamenterdung *f* (<B> Blitzschutz) foundation earth [elt]
Fundamentflachgründung *f* slab foundation
Fundamentgraben *m* footing trench [tib]; foundation trench [tib]
Fundamentgrube *f* foundation ditch
fundamentieren *v* lay the foundations
Fundamentkante *f* foundation edge
Fundamentklotz *m* foundation block
Fundamentkonstruktion *f* foundation structure [des]; substructure

Fundamentlasche *f* foundation strap
Fundamentmauer *f* foundation wall
Fundamentoberfläche, ebene - *f* level foundation surface
Fundamentpfeiler *m* (Holzbau) foundation post
Fundamentplan *m* foundation layout [des]; (Zeichnung) foundation layout drawing [des]; foundation plan [des]
Fundamentplatte *f* base plate; base slab; bed plate; bottom plate; concrete base mat; foundation base; (aus Stahl) foundation base pad; (aus Stahl) foundation base plate [des]; foundation plate; foundation slab; raft foundation
Fundamentplattengründung *f* mat footing [wba]
Fundamentrahmen *m* base frame; foundation base frame; foundation frame
Fundamentschicht *f* foundation course
Fundamentschraube *f* anchor screw; holding-down bolt; tie bolt; foundation bolt
Fundamentsockel *m* base
Fundamentsohle *f* bottom of foundation; foundation base
Fundamentträger *m* grade beam
Fundamentumrisszeichnung *f* foundation outline drawing [des]
Fundamentuntergrund *m* natural foundation
Fundamentverankerung *f* foundation anchorage
Fundamentzeichnung *f* (Bauzeichnung) foundation drawing [des]; foundation plan [des]
Funkenableiter *m* spark arrestor [asi]
Funkenzündung *f* spark ignition [asi]
funktionieren *v* run; work
funktionieren, schlecht - *v* malfunction
Funktionsablauf *m* performance of functions [wer]
Funktionsbau *m* functional building
Funktionsbaugruppe *f* function assembly [elt]; functional module [elt]
Funktionsdiagramm *n* function chart [des]; functional diagram [des]
Funktionserhalt *m* functional endurance
Funktionsfähigkeit *f* functional capacity
Funktionsfläche *f* functional floor space [arc]
Funktionsglied *n* functional element [elt]
Funktionsmischung *f* mixing of functions
Funktionsplan *m* function plan [des]
Funktionsprüfung *f* function test [any]; performance test [any]
Funktionssystem *n* functional system
Funktionstest *m* performance test [any]
funktionstüchtig, nicht - inoperative [wer]
Funktionstüchtigkeit *f* functionality
Funktionszeichnung *f* operational drawing [des]
Furche *f* (Rille) groove
Furnier *n* veneer [met]
furniert veneered [met]

Fuß *m* (Sockel) base; (Sockel) pedestal
Fuß, wasserseitiger - *m* (Wasserbau: z.B. Fuß eines Damms) heel
Fußausrundung *f* fillet [tec]
Fußausrundungsradius *m* fillet radius [des]
Fußbalken *m* end joist
Fußbekleidung, antistatische - *f* antistatic footwear [asi]
Fußblech *n* (Arbeitsbühne) kick plate; toe plate
Fußboden *m* floor; (-belag) floor covering
Fußboden, beheizter - *m* heated floor
Fußboden, erhöhter - *m* (darunter befindlicher Raurn für Leitungen usw.) access floor
Fußboden, glatter - *m* slippery floor
Fußboden, gleitsicherer - *m* skid-proof flooring
Fußbodenanstrich *m* floor finish [met]
Fußbodenarbeiten *pl* flooring work
Fußbodenausgleichsmasse *f* flooring screed [met]; jointless flooring compound [met]; levelling compound [met]
Fußbodenbelag *m* floor covering; floor decking; floor finish; (- aus Ziegeln oder Platten) floor paving; flooring
Fußbodenbelag, antistatischer - *m* antistatic floor covering [met]; antistatic flooring [met]
Fußbodenbelag, textiler - *m* floor covering
Fußbodeneinlauf *m* floor drain
Fußbodenfarbe *f* floor paint [met]
Fußbodenfliese *f* flooring tile; paving tile
Fußbodenfließestrich *m* self-levelling floor plaster [met]
Fußbodenheizung *f* floor heating; screed heating; underfloor heating [pow]
Fußbodenkitt *m* flooring cement [met]
Fußbodenlack *m* floor finish [met]; floor lacquer [met]; floor varnish [met]
Fußbodenleiste *f* skirting-board
Fußbodenmaterial *n* flooring material [met]
Fußbodennagel *m* flooring nail [met]
Fußbodenoberkante *f* floor top level
Fußbodenschallisolation *f* sound absorption of floor [aku]; sound-insulation of floor [aku]
Fußbodenschalter *m* floor contactor [elt]
Fußbodenspeicherheizung *f* thermal storage floor heating
Fußbodensteckdose *f* floor plug connector [elt]; floor receptacle [elt]; floor socket [elt]
Fußbodenversiegelung *f* floor sealing
Fußende *n* butt end
Fußflansch *m* bottom flange [stb]
Fußgängerbrücke *f* food bridge; footbridge [tra]; pedestrian bridge [tra]; skyway
Fußgängerebene *f* pedestrian deck [tra]; pedestrian level [tra]
Fußgängerentfernung, in - within walking distance [com]

fußgängergemäß suitable for pedestrians [com]
Fußgängerinsel *f* pedestrian island [tra]
Fußgängerschutzinsel *f* pedestrian island [tra]
Fußgängerstraße *f* pedestrian mall [tra]
Fußgängertunnel *m* pedestrian subway [tib]; pedestrian underpass [tib]
Fußgängerüberführung *f* footbridge [tra]
Fußgängerübergang *m* pedestrian crossing [tra]
Fußgängerüberweg *m* cross-walk [tra]; pedestrian overpath [tra]; zebra crossing [tra]
Fußgängerunterführung *f* pedestrian subway [tra]; pedestrian underpass [tra]
Fußgängerweg *m* (Wanderweg) footpath [tra]; footway [tra]; pathway [tra]; pedestrian way [tra]
Fußgängerzone *f* pedestrian mall [com]; pedestrian precinct [com]; pedestrian zone [com]; traffic-free zone [com]
Fußholz *n* (Tür) bottom rail; sole piece
Fußlager *n* footstep bearing
Fußleiste *f* base board; (Arbeitsbühne) kick plate; scrub board; skirting; skirting-board; toe plate; toeboard
Fußleistenheizung *f* skirting-board heating [pow]
Fußmauer *f* (Talsperre) toe cut-off wall [wba]
Fußmoment *n* (Säule) moment at foot [sik]
Fußpfette *f* eaves plate; (Dachkonstruktion) eaves purlin
Fußplatte *f* (von Säule) base plate; (Grundplatte) bed plate; shoe; sole plate
Fußpunkterregung *f* (Baumechanik) base motion; (Baumechanik) support motion
Fußrundungsfläche *f* (Zahnrad) fillet [des]
Fußschalter *m* floor switch [elt]
Fußschutz *m* foot protection [asi]
Fußstütze *f* foot-rest [asi]
fußwarm warm underfoot
Fußweg *m* (Bürgersteig, Gehweg) footpath [tra]; pavement [tra]; (Bürgersteig) sidewalk [tra]
Fußweg, überdachter - *m* covered walkway
Fußweggeländer *n* (<A> Brücke) sidewalk railing [stb]
Futter *n* (Auskleidung) coating
Futterblech *n* filler plate [met]; lining plate; shim [tec]
Futterholz *n* filler block [met]
Futtermauer *f* retaining wall; revetment wall
Futterring *m* (Unterlegscheibe) washer [stb]
Futterrohr *n* lining tube
Futterrohr, verlorenes - *n* permanent protective casing
Futterstein *m* lining brick
Futterziegel *m* lining brick
Fuzzy-Regelung *f* fuzzy control [elt]
Fuzzy-Regler *m* fuzzy controller [elt]

G

Gabel-Ringschlüssel *m* combination spanner [wzg]
Gabelanker *m* forked tie
Gabelhubwagen *m* (Lagertechnik) pallet truck [tra]
Gabelkopf *m* forked fixing head [stb]
Gabellagerung *f* fork bearing; yoke bearing
Gabellehre *f* caliper gauge [any]
Gabelschmiege *f* bird's mouth [tec]
Gabelstapler *m* fork-lift truck [tra]
Gabelung *f* (Straße) bifurcation [tra]; (Straße) forking [tra]; furcation
Gästehaus *n* guest-house
Galerie *f* arcade [arc]; walk
galvanisieren *v* electrodeposit [elt]; electroplate [elt]; galvanize [elt]
galvanisiert electroplated [met]; galvanized [elt]; plated [met]
Gamasche *f* gaiter [asi]; half legging [asi]; spat [asi]
Gamaschen *pl* (Schweißerschutz) leggings [asi]
Gang *m* (im Gebäude) corridor; (Durchgang) gangway; (Flur) hall; (Schraube) thread [tec]; (Tunnel) tunnel; (Schraube) turn [tec]
Gang, offener - *m* exterior corridor; outside corridor
Gang, überdachter - *m* roofed passage; roofed walk
Ganglinie *f* centre-line of stairs; pitch line
Ganzglasfassade *f* structurally glazed system
Ganzglaskonstruktion *f* all-glass construction; structural glazing
Ganzglastür *f* tempered glass door
ganzheitlich comprehensive
Ganzholzbauweise *f* all-wood construction
Ganzholztür *f* all-wood door
Ganzkörperschwingungen *pl* whole-body vibration
Ganzmetallausführung *f* all-metal design [des]
Ganzmetallbauweise *f* all-metal construction method
Ganzmetallkonstruktion *f* all-metal construction
Ganzschweiß-Konstruktion *f* all-welded construction [stb]
Ganzstahl-Bauweise *f* all-steel construction [stb]
ganzverglast fully glazed
Garage *f* garage [tra]
Garage, angebaute - *f* attached garage [tra]
Garage, öffentliche - *f* car park [tra]; public garage [tra]
Garagenanlage *f* garaging facility [tra]
Garagenauffahrt *f* garage driveway [tra]
Garageneinfahrt *f* garage drive [tra]; garage entrance [tra]

Garagengebäude *n* parking garage [tra]
Garagenhof *m* garage yard [tra]
Garagentor *n* garage door; garage gate
Garagenzufahrt *f* garage drive [tra]
garantieren *v* warrant
Garbrand *m* finishing burn [roh]; maturing [roh]
Garderobe *f* (<A>) checkroom; (<B>) cloakroom; (Einrichtung) closet; (<A>) clothes closet
Gardinenleiste *f* curtain rail; curtain track
Gardinenstange *f* curtain pole; curtain rod
gargebrannt *n* finish-burned [met]
Gartenabfall *m* garden refuse [rec]; garden waste [rec]; organic waste [rec]
Gartenarchitekt *m* landscape gardener
Gartenerhaltung *f* garden preservation [far]
Gartengestaltung *f* garden design [far]
Gartenhaus *n* summer house
Gartenkultur *f* garden culture [far]
Gartenmauer *f* garden wall
Gartensiedlung *f* garden colony; garden estate
Gartenstadt *f* garden city
Gas, Wasser und Abwasseranlagen in Gebäuden (DIN 18381) gas, water and sewer installation in buildings [des]
Gasanalysator *n* gas analyzer [any]
Gasanalyse *f* gas analysis [any]
Gasanschluss *m* gas connection [pow]; gas supply mains [pow]
Gasarmaturen *pl* gas fittings [tga]
Gasauslass *m* gas outlet [tga]
Gasbadeofen *m* gas geyser [tga]; gas heater [pow]; gas-fired water heater [pow]
gasbeheizt gas-fired [pow]
Gasbeton *m* aerated concrete [bon]; autoclaved aerated concrete [bon]; cellular concrete [bon]; foamed concrete [bon]; gas concrete [bon]; gas-aerated concrete [bon]; gaseous concrete [bon]; porous concrete [met]
Gasbetonbauplatte *f* gas concrete slab [bon]
Gasbetonblock *m* aerated concrete block [met]
Gasbetonblockstein *m* gas concrete block [bon]
Gasbetonplanstein *m* gas concrete plane stone [bon]
Gasbetonstein *m* aerated cement block [bon]
Gasbildner *m* (zur Herstellung poröser Materialien) gas-developing agent [met]
Gasbildungsrate von Deponiegas *f* rate of production of landfill gas [rec]
Gasbrenner *m* gas burner [pow]
Gasbrunnen *m* (Deponiegasabsaugung) gas well [rec]
gasdicht gas-proof; gas-tight
Gasdichtemesser *m* gas density meter [any]
Gasdruckprüfung *f* test for gas pressure [any]
Gasdruckversuch *m* gas pressure test [any]
gasdurchlässig permeable to gas
Gasdurchlässigkeit *f* gas permeability [met]

Gaseinbruch *m* seeping gas
Gaseinschluss *m* (Schweißnaht) entrapped gas
[met]; gas cavity [met]; (im Metall, z.B.Schweiß-
nahtfehler) gas inclusion [met]; gas pocket [met];
(Schweißnahtfehler) gas pore [met]
Gasentladungslampe *f* gas-discharge lamp [elt]
Gaserfassung *f* gas detection [any]
Gasfernleitung *f* gas pipeline [pow]; long-distance
gas main [pow]
Gasfeuerung *f* gas burning [pow]; gas firing
[pow]; gas heating [pow]
gasförmig gaseous
gasgefeuert gas-fired [pow]
gasgeheizt gas-heated [pow]
Gashahn *m* gas cock [tga]; gas tap [tga]
gashaltig gas-containing; gaseous
Gasheizgerät *n* gas heater [pow]
Gasheizkörper *m* gas convector [pow]; gas heater
[pow]
Gasheizung *f* gas heating system [pow]; gas-fired
heating [pow]; heating by gas [pow]
Gaskessel *m* gas-fired boiler [pow]
Gaskonvektor *m* gas convector [pow]
Gaskraftwerk *n* gas power plant [pow]; gas-based
power plant [pow]
Gaslecksuchgerät *n* gas-leakage detector [any]
Gasleitung *f* (Rohrleitung) gas conduit [tga]; (in
Gebäuden) gas line [tga]; (Versorgungsleitung)
gas main [roh]; (Rohrleitung) gas tube [tga];
(Rohrleitung) gas tubing [tga]
Gasleitungsnetz *n* gas grid [pow]
Gasmaske *f* gas mask [asi]
Gasmeldeanlage *f* gas-detection system [any]
Gasmeldeanlage, automatische - *f*
(Sicherheitstechnik) automatic gas-detection system
Gasmelder *m* gas detector [any]; gas indicator
[any]
Gasmessgerät *n* gas measuring instrument [any]
Gasmessung *f* gas measurement [any]
Gasmotor *m* gas engine [pow]; gas-powered
engine [pow]
Gasmotorenkraftwerk *n* gas motor power plant
[pow]
Gasnetz *n* gas grid [pow]
Gasofen *m* (Industrie) gas furnace [pow]; gas
heater [pow]; gas stove [pow]
Gasphase *f* gas phase [phy]; gaseous phase [phy]
Gasprobennehmer *m* gas sampler [any]
Gasrohr *n* (Hauptrohr) gas main; gas pipe
Gasrohrzange *f* gas pliers [wzg]
Gasschleuse *f* gas lock [asi]
Gasschutzanzug *m* gas protection suit [asi]
Gasse *f* alley [tra]; lane [tra]; narrow street [tra]
Gastarbeiter *m* expatriate worker [wer]
Gasturbine *f* gas turbine [pow]
Gasturbinenanlage *f* gas turbine plant [pow]

Gasturbinenkraftwerk *n* gas turbine power plant
[pow]
Gasüberwachungsgerät *n* gas-monitoring
equipment [any]
Gasuhr *f* gas-meter [any]
gasundurchlässig gas-tight
Gasverbrauch *m* gas consumption [pow]
Gasverschluss *m* trap [prc]
Gasversorgung *f* gas supply [pow]
Gasversorgungsnetz *n* gas grid [pow]
Gasverteilung *f* gas distribution [pow]
Gaswärmepumpe *f* gas driven heat pump [pow]
Gaswarnanlage *f* gas-warning device [any]
Gaswarngerät *n* gas hazard indicator [any]; gas
warning equipment [any]
Gaszentralheizung *f* gas central heating [pow]
Gaszufuhr *f* gas supply [pow]
Gaszustand *m* gaseous state [phy]
Gaube *f* (Dach-) dormer; dormer window; gable
window
Gaubenfenster *n* dormer window; external dormer
Gaupe, durchgehende - *f* shed dormer
Gazefenster *n* insect screening; insect wire
screening
Gazetür *f* screen door
Geäder *n* (Maserung) veins [met]
geädert (Holz) grained [met]; veined
geätzt etched
gealtert aged; matured
Gebälk *n* beams; (Baukunst: - über einer Säule)
entablature [arc]; (Boden-) floor joists; frame of
joists; (Dach-) rafters; (Holz-) timberwork
Gebäude *n* (Block) block; (Bauwerk) building;
(Haus) house; (Gefüge) structure
Gebäude mit passsiver Sonnenenergienutzung *n*
passive solar building
Gebäude unter Denkmalschutz *n* ancient
monument; (GB) listed building
Gebäude, angrenzendes - *n* adjacent building;
adjoining building
Gebäude, aufgestocktes - *n* raised building
Gebäude, baufälliges - *n* tumble-down building
Gebäude, belegtes - *n* occupied building
Gebäude, bewohntes - *n* occupied building
Gebäude, bezugsfertiges - *n* building ready for
occupation
Gebäude, denkmalgeschütztes - *n* listed building
Gebäude, druckwellenfestes - *n* (für Kerntechnik)
blast-proof building
Gebäude, flaches - *n* low building
Gebäude, frei stehendes - *n* detached building
Gebäude, genutztes - *n* occupied building
Gebäude, gewerblich genutztes - *n* commercial
building
Gebäude, heruntergekommenes - *n* run-down
building

Gebäude, intelligentes - *n* (mit Hightech ausgerüstet) intelligent building
Gebäude, kommunales - *n* municipal building
Gebäude, kontaminierte - *pl* contaminated buildings
Gebäude, krankes - *n* (schadstoffbelastet) sick building
Gebäude, landwirtschaftliches - *n* farm building
Gebäude, leer stehendes - *n* vacant building
Gebäude, mehrgeschossiges - *n* (<B>) multi-storey building; (<A>) multi-story building
Gebäude, mehrstöckiges - *n* (<B>) multi-storey building; (<A>) multi-story building
Gebäude, öffentliches - *n* public building
Gebäude, renoviertes - *n* renovated building
Gebäude, schlüsselfertiges - *n* turnkey building
Gebäude, städtisches - *n* municipal building
Gebäude, überholtes - *n* refurbished building
Gebäude, unbewohntes - *n* unoccupied building
Gebäudeabbruch *m* demolition of a building
Gebäudeabflussleitung *f* sanitary building drain [was]
Gebäudeabriss *m* demolition of a building
Gebäudeabwasserleitung *f* building drain [was]; building sewer [was]
Gebäudeanschlussleitung *f* (Versorgung oder Entsorgung) branch line; branching line [was]; (Versorgung oder Entsorgung) house connection
Gebäudeausbau *m* building completion
Gebäudeausrüstung, technische - *f* (Versorgung) building services [tga]
Gebäudeaußenanstrich *m* architectural coating
Gebäudeaußenwand *f* outer building wall
Gebäudeausstattung, technische - *f* building equipment; technical building installation [tga]
Gebäudeautomation *f* building automation
Gebäudeautomationssystem *n* building automation system
Gebäudebauteil *n* construction component
Gebäudebesitzer *m* building owner [eco]
Gebäudebesitzerin *f* building owner [eco]
Gebäudebestand *m* building stock; (Immobilien) existing buildings
Gebäudebetriebsanlagen *pl* services
Gebäudeblock *m* group of buildings
Gebäudebrand *m* structural fire
Gebäudedach *n* roof of a building
Gebäudedaten *pl* building data
Gebäudediagnose *f* building diagnosis
Gebäudeeigentümer *m* building owner [eco]
Gebäudeeigentümerin *f* building owner [eco]
Gebäudeeingang *m* block entrance; building entrance
Gebäudeeinsturz *m* (z.B. als Brandfolge) building collapse
Gebäudeerweiterung *f* building extension;

extension of a building
Gebäudeflügel *m* structural wing
Gebäudefundament *n* building foundation
Gebäudegröße *f* (Immobilie) property size
Gebäudeheizung *f* space heating [pow]
Gebäudehöhe *f* building height; structural height
Gebäudehülle *f* building envelope
Gebäudeinstallation *f* building services [tga]
Gebäudeinstallation, sanitäre - *f* sanitation system
Gebäudeinstandhaltung *f* maintenance; maintenance of a building; upkeep of a building
Gebäudeisolierung *f* (Wärme-) building insulation
Gebäudekategorie *f* (Immobilie) building category; (Immobilie) building class
Gebäudekern *m* building core
Gebäudeklasse *f* building class
Gebäudeklassifikation *f* (Immobilie) building classification
Gebäudekomplex *m* block of buildings; building complex; complex of buildings; complex of houses; group of buildings
Gebäudelärm *m* inner noise
Gebäudelebenszyklus *m* building life cycle
Gebäudeleitsystem *n* building services control system [tga]
Gebäudeleittechnik *f* building automation system; building management system; central building control system [tga]
Gebäudeleitung *f* building line [was]
Gebäudemanagement *n* (am und im Objekt; Mieterbelange) property management
Gebäudemanagementsystem *n* building management system
Gebäudemessung *f* (Vermessung) building measurement [any]
Gebäudemodernisierung *f* modernization of a building
gebäudenah close to the building
Gebäudenutzung *f* occupancy; use of a building
Gebäudenutzungsart *f* building utilization
Gebäudeplanung *f* building planning
Gebäuderäumung *f* evacuation of buildings
Gebäuderahmen *m* structural frame
Gebäudereinigung *f* building cleaning
Gebäuderestaurierung *f* restoration of a building
Gebäudesanierung *f* building renovation; building restoration; building restoration; refurbishment of a building; restoration of buildings
Gebäudeschaden *m* structural damage to building
Gebäudeschadensbild *n* damage pattern of a building
Gebäudeschall *m* structure-borne sound [aku]
Gebäudeschutz *m* safeguarding of buildings
Gebäudeschwingung *f* building vibration
Gebäudeservice *m* (technische/kaufmännische Organisation) facility management

Gebäudeskelett *n* building frame
Gebäudesprühung *f* (Reaktorgebäude) containment spray
Gebäudestandard *m* building standard
Gebäudesubstanz *f* structure of the building
Gebäudetechnik *f* building services [tga]
Gebäudeteil *m* part of the building
Gebäudetrakt *m* section of a building
Gebäudeüberwachung *f* building monitoring
Gebäudeumbau *m* house alteration
Gebäudeumgebung *f* building surrounding
Gebäudeunterhaltung *f* building maintenance
Gebäudeverfall *m* dilapidation of a building
Gebäudeverkleidung *f* cladding
Gebäudeversicherung *f* building insurance [jur]
Gebäudevibration *f* structure-borne vibration
Gebäudezeile *f* row of buildings
Gebäudezugangsschleuse *f* building access lock
Gebäudezustand *m* (Immobilie) condition of a property
gebaggert excavated [tib]
gebaut built
Geber *m* sensor [any]; transmitter [any]
Gebiet, bebautes - *n* built-up area [com]; developed area [com]
Gebiet, benachteiligtes - *n* (wirtschaftlich, sozial, kulturell) disadvantaged area
Gebiet, dicht bebautes - *n* closely built-up district [com]
Gebiet, dicht bevölkertes - *n* densely populated area
Gebiet, eingestautes - *n* impounded area [wba]
Gebiet, städtebauliches - *n* zoning
Gebiet, städtisches - *n* urban area [com]
Gebiet, unbebautes - *n* non built-up area [com]
Gebietsentwicklung *f* (aktive Entwicklung) area development; (aktive Entwicklung) development of an area
Gebietskörperschaft *f* local planning authority
Gebietsplan *m* land-use plan [com]; zoning [com]
Gebilde *n* (Bauwerk) construction
Gebirge, rolliges - *n* (Tunnelbau) unstable ground [tib]
Gebirge, standfestes - *n* (Tunnelbau) unsupported ground [tib]
Gebirgsanker *m* rock nail [tib]
Gebirgsbewegung *f* tectonic movement [geo]
Gebirgsdruck *m* pressure of mountain mass [geo]; rock pressure [geo]
Gebirgskette *f* mountain chain [geo]
Gebirgsmassiv *n* massif [geo]
Gebirgsmechanik *f* rock mechanics [geo]
Gebirgsschlag *m* rockfall [geo]
gebleicht bleached [met]
gebogen arched; bent; bowed; inflected
Gebote, städtebauliche - *pl* urban planning orders

Gebotszeichen *n* mandatory sign [asi]
Gebrauchsabnahmeschein *m* certificate of immediate use of building; practical completion certificate
Gebrauchsdauer *f* working life [met]
Gebrauchsfähigkeitsprüfung *f* performance test [any]
gebrauchsfertig ready for use [met]; ready to use
Gebrauchsmusterzeichnung *f* registered design drawing [des]
Gebrauchsspannung *f* service-load stress [met]; working stress [met]
Gebrauchswarmwasserbereitung *f* service water heating [pow]
Gebrauchswasser *n* service water [was]; tap water [was]; treated water [was]
Gebrauchswerteigenschaft *f* (Produkt) product feature
gebrochen (Mauerwerk) broken; (Holzbalken) sprung
gebrochenes Material *n* crushed rock
Gebührenerhebung *f* toll collection [tra]
Gebührenerhebungsanlage *f* (Autobahnen: Gesamtkomplex) toll station [tra]
Gebührenordnung *f* scale of fees [eco]
gebührenpflichtig chargeable [eco]
gedehnt elongated [met]
gedübelt doweled
geeicht calibrated [any]; gauged [any]
geerdet (<B>) connected to earth [elt]; (<A>) connected to ground [elt]; (<B>) earthed [elt]
geerdet, nicht - (<B>) unearthed [elt]; (<A>) ungrounded [elt]
Gefach *n* (Fachwerk) space between horizontal and vertical members of a timber frame construction
Gefachausfüllung *f* (Fachwerkbau) infilling
Gefachputz *m* (Fachwerkbau) plaster on an infill panel
Gefährdung exposure to hazard [asi]; exposure to risk [asi]
Gefährdung *f* danger [asi]; exposure to danger [asi]; hazard [asi]; threat [asi]
Gefährdungsabschätzung *f* (von Substanzen) estimation of the risk [asi]
Gefährdungsbereich *m* danger area [asi]; hazardous area [asi]
Gefährdungsdosis *f* (Arbeitsschutz) danger dose [hum]; (Arbeitsschutz) tolerance dose [hum]
Gefährdungshaftung *f* liability for risks [jur]
Gefährdungspotenzial *n* endangering potential [asi]; potential to cause harm [asi]
Gefährdungsschwelle *f* danger threshold [asi]
Gefährlichkeit *f* harmfulness [asi]; hazardousness [asi]
Gefährlichkeitsmerkmal *n* danger criterion [asi]; danger property [asi]

Gefällbeton *m* sloping concrete [bon]
Gefälle *n* (Gelände) descent; fall [wba]; (Straße) grade [tib]; (Neigung) incline; (Dach) pitch; (Straße) slope
Gefälle, natürliches - *n* natural fall [geo]
Gefällebeton *m* breeze concrete [bon]
Gefälledach *n* (Kirchturm) sloping roof [arc]
Gefälleestrich *m* sloping screed
Gefälleförderer *m* gravity conveyor [prc]
Gefällerichtung *f* sloping direction [geo]
Gefälleverlegung *f* (von Rohren) sloping laying
Gefäß *n* (Behälter) vessel
Gefahr *f* (Risiko) risk; (Bedrohung) threat
Gefahr einer Verletzung *f* risk of injury [asi]
Gefahr, drohende - *f* (Arbeitsschutz) imminent danger [wer]
Gefahrbereichsklassifizierung *f* hazardous zones classification [asi]
Gefahrenabschätzung *f* (vorwiegend von Stoffen) hazard assessment [asi]
Gefahrenabwehr *f* danger defence [asi]; warding off danger [asi]
Gefahrenanalyse *f* hazardous survey [asi]
Gefahrenbereich *m* (Arbeitsschutz) danger area [wer]; danger zone [asi]; dangerous area [asi]; high-risk area [asi]
Gefahrenbeurteilung *f* (vorwiegend von Stoffen) hazard assessment [asi]
Gefahrenbewältigung *f* combatting hazards [asi]
Gefahrenbewertung *f* (vorwiegend von Stoffen) hazard assessment [asi]; hazard evaluation [asi]
Gefahrenbewusstsein *n* risk awareness [asi]
Gefahrenbezeichnung *f* descriptions of hazards [asi]
Gefahrenerfassung *f* hazard identification [asi]
Gefahrenermittlung *f* (vorwiegend von Stoffen) hazard assessment [asi]; hazard identification [asi]
Gefahrengebiet *n* dangerous area [asi]
Gefahrengrad *m* degree of danger [asi]
Gefahrenhäufung *f* accumulation of risk [asi]
Gefahrenherd *m* source of danger [asi]
Gefahrenhinweis *m* (Maschinenschutz) information to dangerous situations [asi]; (Gefahrstoffverordnung) risk phrase [asi]
Gefahrenkennzeichnung *f* identification of hazards [asi]
Gefahrenklasse *f* class of risk [asi]; (Gefahrguttransporte) danger class [asi]; degree of hazard [asi]; hazard category [asi]; risk category [asi]
Gefahrenklasseneinteilung *f* (Gefahrguttransporte) danger classification [asi]
Gefahrenklassifizierung *f* (ADR/RID) hazard classification [asi]
Gefahrenmeldesystem *n* alarm system [asi]
Gefahrenmeldezentrale *f* control unit for danger detection [asi]

Gefahrenmeldung *f* annunciation [asi]; warning [asi]
Gefahrenmerkblätter *pl* information leaflets on possible hazards [asi]
Gefahrenmerkmale *pl* hazardous characteristics [asi]
Gefahrenpotenzial *n* hazard potential [asi]; high-risk potential [asi]
Gefahrenpunkt *m* danger point [asi]
Gefahrenquelle *f* hazard source [asi]; source of hazards [asi]
Gefahrenschild *n* danger notice [asi]
Gefahrenschwelle *f* danger threshold [asi]
Gefahrenschwerpunkt *m* accident black spot [asi]; hazard spot [asi]
Gefahrenstudie *f* hazard analysis [asi]
Gefahrensymbol *n* danger sign [asi]; danger symbol [asi]; hazard symbol [asi]; hazard warning symbol [asi]; (gegen Gefahrstoffe) risk symbol [asi]
Gefahrenübergang *m* transfer of risk [jur]
Gefahrenverhütung *f* hazard prevention [asi]
Gefahrenvorsorge *f* anticipation of danger [asi]; early attention to danger
Gefahrenwahrnehmung *f* awareness of the risks [asi]
Gefahrenzeichen *n* danger sign [asi]; danger sign [asi]; danger signal [asi]; emergency signal [asi]; signal of danger [asi]
Gefahrenzone *f* danger area [asi]; danger zone [asi]; dangerous area [asi]
Gefahrgüter *pl* dangerous goods [met]
Gefahrgut *n* dangerous materials [met]; dangerous substances [met]
Gefahrguttransport *m* transport of hazardous goods [tra]
Gefahrmeldeeinrichtung *f* alarm unit [asi]
Gefahrstelle *f* danger point [asi]
Gefahrstoff *m* dangerous substance [met]; hazardous material [met]; hazardous substance [met]
Gefahrstoff, Arbeiten mit -en *m* handling of dangerous materials [met]
Gefahrstoffkataster *n* register of hazardous substances [asi]
Gefahrstofflager *n* safe storage of hazardous materials [asi]
gefast beveled
Geflecht *n* (Bewehrung) matting; (Bewehrung) netting
gefliest tiled
Gefrierpunkt *m* freezing point [phy]; freezing temperature [phy]
Gefrierschutzmittel *n* antifreeze [che]
Gefriertemperatur *f* freezing temperature [phy]

gefrittet (Keramikglasur) fritted [met]

Gefüge *n* (Städtebau) fabric; (körniges -) grain [met]; matrix [met]; (Aufbau) structure [met]; (Struktur) texture [met]

Gefüge, mit porigem - open structure; open texture

Gefüge, poriges - *n* open structure; open texture

gefugt (Wand) bonded; (Spalte) grouted; (Spalte) pointed

Gegenausleger *m* counter-jib

Gegenauslegerballast *m* counter-jib ballast

Gegenbogen *m* inflected arch; inverted arch; reversed arch

Gegend *f* (Stadtviertel) district [com]; region [geo]

Gegendiagonale *f* counter diagonal [stb]; counterbrace [stb]

Gegenfahrbahn *f* counterflow lane [tra]; lane for opposing flow [tra]; (Straße) opposite carriageway [tra]

Gegengewicht *n* counterweight [tec]

Gegengewicht eines Kranes *n* crane counterweight [wer]

Gegengewichtsschütz *m* balanced gate [wba]; counterweight gate [wba]

Gegenkraft *f* counter-force [phy]; counter-stress [phy]

Gegenprobe *f* check sample [any]; countercheck [any]; countertest [any]; duplicate test [any]; (Probestück) duplicate test specimen [any]

Gegenreihe *f* (Gestaltung) opposed series [arc]

Gegensprechanlage *f* (Haussprechanlage) intercom [edv]; two-way intercom [edv]

Gegensprecheinrichtung *f* duplex intercommunication system [elt]

Gegenstab *m* (Fachwerk) counter

Gegenständer *m* back rest

Gegenstand der Vereinbarung *m* subject of the agreement [jur]

Gegenstrahlmahlen *n* opposed-jet grinding [prc]

Gegenstrebe *f* (Fachwerk) counterbrace

Gegenstrom-Schnellmischer *m* counter-current revolving-pan mixer [prc]

Gegenstromfilter *m* reverse flow filter [was]

Gegenstromklassieren *n* counter-current classification [prc]

Gegenstromklassierer *m* counter-current classifier [prc]

Gegenstromsichter *m* counterflow air separator [prc]

Gegenstromspülung *f* (Filterspülung) backwashing [was]

Gegenstück *n* counterpart

Gegenüberhöhung *f* (Bahn) counter-cant of the outer rail [tra]

Gegenversuch *m* control experiment [any]; countercheck [any]

gegenwirken *v* counteract

Gegenwirkung *f* reaction

geglättet smoothed

gegossen, in Ortbeton - cast in situ [bon]

gegründet founded

gehämmert beaten [met]

Gehänge *n* (Kranz) garland; (Girlande) swag festoon

gehärtet (Stahl) casehardened [met]; (Stahl) hardened [met]; tempered [met]

Gehalt *m* (Anteil) content [met]

Gehaltsbestimmung *f* determination of content [any]

Gehbelag *m* walked-on finish [met]

Geheimhaltungsvereinbarung *f* secrecy agreement [jur]

Geheimtür *f* secret door

Gehflügel *m* (als Durchgang genutzter Türflügel) active leaf

Gehörschützer *pl* earmuffs [asi]

Gehörschützer *m* ear protector [asi]; hearing protector [asi]

Gehörschutz *m* ear protection [asi]; hearing protection [asi]; protection of hearing [asi]

Gehörschutzhelm *m* acoustical helmet [asi]; helmet-type hearing protector [asi]

Gehörschutzmittel *n* ear protector [met]; hearing protector [met]

Gehörschutzstöpsel *pl* ear plug [asi]; insert protector [asi]

Gehrung *f* (Holzbau) mitring

Gehrungssäge *f* (<A>) miter-saw [wzg]; (<B>) mitre saw [wzg]

Gehrungsschnitt *m* angle cut [wer]

Gehrungswinkel *m* mitre bevel [des]

gehsicher (Straße) slip-resistant [met]

Gehsteig *m* (<B>) pavement [tra]; (<A>) sidewalk [tra]

Gehweg *m* banquette; (Wanderweg) footway [tra]; pathway [tra]; pavement [tra]; (<A> Bürgersteig) sidewalk [tra]

Gehweg, ausgekragter - *m* cantilevered walkway [tib]

Gehweg, befahrbarer - *m* (<A>) trafficable sidewalk [tra]

Gehwege auf zweiter Ebene *m* skyway

Gehwegplatte *f* flagstone; paving block [tra]; paving slab [tib]

Gehwegunterführung *m* pedestrian underpass [tra]

gekerbt indented; notched

geklebt cemented; glued

geklinkert clinker-built [met]

gekörnt, gleichmäßig - even-grained

gekoppelt connected; ganged

gekratzt (Putz) scraped

gekürzt zeichnen *v* draw in shortened form [des]

geladen, entgegengesetzt - oppositely charged [elt]

Gelände *n* (Gebiet) area [geo]; (Gebiet) field [geo]; (Landschaft) ground [geo]; (Land, Grundstück) land [geo]; premises; (Industrie-) premises [geo]; (Landschaft) terrain [geo]
Gelände, abfallendes - *n* sloping ground [geo]
Gelände, aufgefülltes - *n* filled ground [geo]
Gelände, aufgeschüttetes - *n* made-up ground [geo]; man-made ground [geo]
Gelände, bewegtes - *n* broken ground [geo]
Gelände, flaches - *n* flat ground
Gelände, freies - *n* open ground [geo]
Gelände, natürliches - *n* original ground [geo]
Gelände, zerklüftetes - *n* broken ground [geo]
Geländeaufschüttung *f* landfill [tib]
Geländeaustausch *m* land exchange [com]; land swap [com]
Geländebedarf *m* land requirement
Geländebruch *m* (Standsicherheit) ground failure
Geländeeinschnitt *m* land gap [geo]
Geländeerhebung *f* rising [geo]
Geländeerschließung *f* site development; territory development
Geländeform *f* configuration of the ground [geo]
Geländegefälle *n* natural fall [geo]; natural slope [geo]
Geländehobel *m* grader [tib]
Geländekarte *f* location map
Geländekategorie *f* (für Bauzwecke) terrain category [geo]
Geländeneigung *f* fall of ground [geo]
Geländeniveau *n* original ground level [geo]
Geländeoberfläche *f* ground surface [geo]; surface of terrain [geo]
Geländeoberkante *f* ground line [geo]
Geländeplan *m* (Planung) terrain layout
Geländeplanierung *f* land levelling [geo]
Geländer *n* balcony railing; (Treppen) banister; banisters; handrail; railing
Geländeraufstockung *f* handrail extension
Geländerfuß *m* railing post base socket
Geländerhalter *m* handrail holder
Geländerholm-Anschluss *m* handrail connector
Geländerpfosten *m* (Treppe) baluster; guardrail post; handrail post; handrail standard; rail post; rail stanchion; rail standard; railing post; railing upright
Geländersäule *f* railing upright
Geländerstab *m* (Treppe) baluster; railing bar
Geländerstiel *m* handrail post
Geländerstrebe *f* railing strut
Geländerverkleidung *f* railing panel
Geländeskizze *f* topographical sketch [geo]
Geländesprung *m* undulation [geo]
Geländeüberwachung *f* (Sicherheitstechnik) area surveillance
Geländeunebenheit *f* terrain roughness [geo]

Geländeverfüllung *f* landfill [tib]
gelagert, gelenkig - simply supported
gelagert, starr - rigidly supported
gelartig gel-like [met]; gelatinous [met]
gelbildend gelling [met]
Gelenk *n* hinge
Gelenk, plastisches - *n* plastic hinge
Gelenk, reibungsloses - *n* perfect hinge; perfect hinge [sik]
Gelenkbinder *m* hinged truss
Gelenkbogen *m* hinged arch
Gelenkbolzen *m* hinge bolt [tec]; joint bolt [stb]; link pin [stb]
Gelenkbolzenfachwerk *n* hinge-bolt framework [stb]; pin-connected truss [stb]; pin-joint truss [stb]; pin-jointed truss
Gelenkecke *f* articulated corner
gelenkig articulated; flexible
gelenkig angeordnet pivoted
gelenkig gelagert hinged; pin-ended [stb]
Gelenkkette *f* sprocket chain [tec]
Gelenklager *n* rocker bearing [tec]
gelenklos hingeless; non-hinged; (starr) rigid
Gelenkpfette *f* articulated purlin
Gelenkrahmen *m* hinged frame [stb]
Gelenkriegel *m* (Schalung) articulated waler
Gelenkrohr *n* articulated pipe [prc]
Gelenkschraube *f* swing bolt [tec]
Gelenkstütze *f* hinged post
Gelenkträger *m* articulated beam; articulated girder; Gerber girder; hinged beam; hinged beam; hinged girder
Gelenkträgerbrücke *f* cantilever bridge [stb]; hinged girder bridge
Gelenkverbindung *f* articulated connection; articulation; hinged connection; knuckle [tec]
Gelenkverschluss *m* hinged gate [wba]
gelöscht (Kalk) hydrated [met]; (Kalk) slaked [met]
gelten für ... *v* apply to ..
Geltungsdauer *m* period of validity
Gemäuer *n* (Ruine) ruins; walls
Gemarkung *f* bounds [com]; local subdistrict [com]
gemasert (Holz) grained; (Holz) mottled; (Holz) veined
gemauert masoned [wer]
gemauerte Brücke *f* masonry bridge
Gemeinbedarfsfläche *f* public purpose land [com]
Gemeinde mit ausgewogenem Verhältnis von Wohn- und Arbeitsstätten *f* balanced community [com]
gemeindespezifisch community-specific
Gemeindeverwaltung *f* local government
Gemeingebrauch *m* public use
gemeinnützig non-profit

Gemeinschaftsbereich *m* public area [com]
Gemeinschaftsnutzfläche *f* common area
Gemeinschaftswohnung *f* shared flat
Gemenge *n* blend [met]; (Mischgut) composition [met]; mixture [met]
Gemengelage *f* (Stadtplanung) mixed-use area [com]
gemietet leased
Gemisch *n* blend [met]; mix [met]; mixture [met]
Gemisch, tonfreies keramisches - *n* non-clay body [met]
Gemischtbauweise *f* mixed construction
Gemüsereste *pl* vegetable left-overs
Genauigkeit der Beobachtung *f* accuracy of observation [any]
Genauigkeit der Messung *f* accuracy of measurement [any]
Genauigkeitsgrad *m* degree of precision
Genauigkeitsgrenze *f* accuracy limit [any]
Genauigkeitsprüfung *f* accuracy test [any]; precision control [any]
genehmigt von ... approved by ..
genehmigt, unter Einschränkung - approved except as noted
Genehmigung *f* (Freigabe) approval
Genehmigung, bauordnungsrechtliche - *f* building regulations approval [jur]
Genehmigung, planungsrechtliche - *f* planning permission [com]
Genehmigungs- und Ausführungsplanung *f* approval and planning of the implementation phase [des]
Genehmigungsantrag *m* permit application
Genehmigungsbehörde *f* approving authority; approving authority [jur]
genehmigungsfrei exempt from permission [jur]
Genehmigungskonformität *f* conformity with the approval [jur]
Genehmigungskosten *pl* costs of obtaining planning permission
Genehmigungspflicht *f* duty to obtain permission [jur]
genehmigungspflichtig subject to permission [jur]
Genehmigungsplanung *f* approval planning [des]; approval planning [jur]; permit planning [com]; planning for permission to build; plans for submission to public authorities [jur]
Genehmigungsvermerk *m* (Stempel etc.) approval mark; mark of approval
Genehmigungszeichnung *f* (Bauzeichnung) approval drawing [des]; (Bauzeichnung) approved drawing [des]
geneigt inclined; oblique; (Gebäude) sloping; tilted
geneigt, leicht - on a slight downward slope
geneigt, nach oben - upwardly inclined

geneigt, seitlich - sidelong
General-Hauptschlüsselanlage *f* general master key system
Generalbebauungsplan *m* (Städteplanung) general development plan; master plan; general building scheme [com]
Generalplanervertrag *m* lead planning and project design contract
Generalübernehmer *m* project coordination consultant
Generalunternehmervertrag *m* general contractor contract [eco]
Generalverkehrsplan *m* traffic and transportation master plan [com]
Generator *m* generator [elt]
Generatorantrieb *m* generator drive [elt]
Generatorgas *n* generator gas [pow]; producer gas [pow]
genietet riveted [wer]
genietet, auf der Baustelle - site-riveted
Genius Loci *m* local context [com]
Gentrifikation *f* gentrification [com]
genügen, den Bedingungen - *v* satisfy conditions
genügen, den Erfordernissen - *v* satisfy the requirements
genügen, den Forderungen - *v* comply with the requirements; meet the requirements
genügen, den Forderungen nicht - *v* fail to meet requirements
genügen, Erfordernissen - *v* meet the requirements
geodätisch geodetic [any]
Geoinformation *f* geographic information [geo]
Geometrie, darstellende - *f* sciagraphy [des]
Geotextilvlies *n* geotextile layer
Geothermalkraftwerk *n* geothermal power plant [pow]; geothermal power station [pow]
geothermisch geothermal [pow]
Geradeausverkehr *m* straight-through traffic [tra]
gerader Bogen *m* straight arch
Geraderichten *v* straightening [wer]
geradlinig in a straight line; lineal; rectilinear
Gerät *n* (Einrichtung) facility; (Mess-) instrument [any]; (Fernseher, Radio) set [elt]; (Einheit) unit; (Werkzeug) utensil
Gerät, elektrisches - *n* electrical appliance [elt]
Gerät, explosionsgeschütztes elektrisches - *n* (Arbeitsschutz) explosion-proof electrical apparatus [elt]
Gerät, spritzwassergeprüftes elektrisches - *n* (Arbeitsschutz) splash-proof electrical apparatus [elt]
Gerät, sprühwassergeschütztes elektrisches - *n* (Arbeitsschutz) drip-proof electrical equipment [elt]
Gerät, vorgeschaltetes - *n* upstream device
Geräteaufstellung *f* equipment layout [des]
Gerätebatterie *f* portable battery [elt]

Geräteeinsatz *m* disposition of equipment [wer]
Geräteerdung *f* equipment earth conductor [elt]
Gerätegenauigkeit *f* instrumental accuracy [any];
  instrumental precision [any]
Gerätekanal *m* appliance duct [tga]
Geräteklemme *f* appliance terminal [elt]
Geräteliste *f* equipment list [des]
Geräteraum *m* equipment room
Geräteschalter *m* apparatus switch [elt]
Geräteschuppen *m* toolshed
Gerätesicherheitsgesetz *n* (deutsches
  Bundesgesetz) Equipment Safety Act [jur]
Gerätesteckdose *f* convenience receptacle [elt];
  coupler socket [elt]
Gerätestecker *m* apparatus inlet-plug [elt]; device
  plug [elt]
Gerätesystem *n* instrumental system [any]
Geräusch *n* acoustic noise [aku]; (unerwünschtes -
) noise [aku]; sound [aku]
Geräusch, intermittierendes - *n* intermittent noise
  [aku]
Geräuschabsorption *f* noise reduction [aku]
geräuscharm low-noise [aku]; silent [aku];
  (schallgedämpft) soundproof [aku]
Geräuschbelastung *f* noise load [aku]; stress by
  noise [aku]
geräuschdämmend noise-absorbing [aku]; noise-
  controlling [aku]
Geräuschdämmung *f* sound insulation [aku]
geräuschdämpfend noise-absorbing [aku]
Geräuschdämpfung *f* noise attenuation [aku];
  noise deadening [aku]; noise suppression [aku];
  silencing [aku]; sound attenuation [aku]; sound
  damping [aku]; sound-deadening [aku]
Geräusche, luftübertragene - *pl* airborne acoustical
  noise [aku]
Geräuschemission *f* acoustic emission [aku]; noise
  emission [aku]
geräuschgedämpft noise-reduced [aku]; silenced
  [aku]; whispherized [aku]; (Kompressor, u.a.)
  noise-reduced [aku]
Geräuschhintergrund *m* noise background [aku]
geräuschintensiv noisy [aku]
geräuschlos noiseless [aku]; silent [aku];
  soundless [aku]
Geräuschmesser *m* noise meter [any]; sonometer
  [any]
Geräuschmessung *f* noise measurement [any];
  noise measuring [any]
Geräuschpegel *m* acoustic level [aku]; noise
  intensity [aku]; noise level [aku]
Geräuschpegel, wahrnehmbarer - *m* perceived
  noise level [aku]
Geräuschpegelanzeiger *m* weighted noise level
  indicator [any]
Geräuschquelle *f* acoustic source [aku]; noise

source [aku]; sound source [aku]
Geräuschspiegel *m* noise level [aku]
Geräuschstärke *f* noise intensity [aku]
geräuschundurchlässig soundproof [aku]
Gerberpfette *f* (Dach) cantilever purlin
Gerberträger *m* cantilever beam; hinged girder
Gericht *n* (Gerichtsgebäude) court
gerichtet directional [des]
Gerichtssaal *m* courtroom
geriffelt corrugated
gerillt threaded
Gerinne *n* channel [was]; drain [was]; gutter
  [was]; gutter channel [was]; race [was]
Gerinneniederschlag *m* (Hydrologie) channel
  precipitation [was]
Gerinneströmung *f* channel flow [was]
Gerippe *n* carcass; framework; (Rahmen)
  skeleton
gerippt flanged [met]
gerissen cracked [met]; scored [met]
Gernststange *f* scaffold pole
Geröll *n* detritus [geo]; detrius [geo]; (Schotter)
  gravel [geo]; (Kiesel) pebble stone; (Schutt)
  rubble [geo]
Geröllfang *m* (an Verkehrswegen) rock trap
Geröllhalde *f* talus [geo]
Geröllkies *m* (Kiesel) pebble gravel [geo]
Geröllschutt *m* rubble [geo]
Geruchsfilter *m* (Küche) charcoal filter
Geruchsverschluss *m* drain trap [was]; siphon trap
  [was]; water seal trap [was]; (Ausguss)
  disconnecting trap
Gerüst *n* (Grundgerüst) framework; scaffold;
  scaffolding; (abbaubares -) staging; (aus Holz)
  timber scaffold
Gerüst abnehmen *v* unscaffold
Gerüst, fahrbares - *n* portable scaffold
Gerüst, hängendes - *n* flying scaffold
Gerüstanker *m* scaffolding anchor
Gerüstarbeiten *pl* (DIN 18451) scaffolding work;
  scaffolding works
Gerüstbau *m* (Bauwesen) scaffold erection;
  scaffolding; staging
Gerüstbauer *m* rigger; scaffolder
Gerüstbelag *m* scaffold deck
Gerüstbock *m* scaffold jack; trestle
Gerüstbrücke *f* scaffold bridge
Gerüstbug *m* angle brace
Gerüstdiele *f* scaffold plank
Gerüstplanke *f* scaffolding plank
Gerüstrohr *n* scaffold tube
Gerüstrohranschluss *m* scaffold tube connector;
  scaffold tube coupling
Gerüststange *f* scaffold pole; scaffolding pole
Gerüstturm *m* shore tower
Gerüstwagen *m* finger car

Gesamtabfluss *m* total run-off [was]
Gesamtabmessung *f* overall dimension [des]
Gesamtanlageplan *m* general plan [des]
Gesamtanordnung *f* (Anlage) general arrangement [des]; (Anlage) general layout [des]; overall arrangement [des]
Gesamtansicht *f* full view [des]; general view [des]; overall view [des]; total view [des]
Gesamtbelastung *f* total load [sik]
Gesamtbreite *f* overall width [des]
Gesamtchlor *n* total chlorine [was]
Gesamteindruck *m* (Bauästhetik) general impression [arc]; overall appeal
Gesamtenergie *f* total energy [pow]
Gesamtenergieaufnahme *f* total energy input [pow]
Gesamtenergieverbrauch *m* total energy consumption [pow]
Gesamtentwurf *m* overall design [des]
Gesamtfertigstellung *f* overall completion
Gesamtfläche *f* gross area; total area
Gesamtfracht *f* (Hydrologie) total load [was]
Gesamtgeschossfläche *f* total floor space
Gesamtgleichgewicht *n* overall equilibrium
Gesamtgröße *f* total size [des]
Gesamtgrundfläche *f* gross floor area
Gesamthärte *f* (Wasserhärte) total hardness [was]
Gesamthöhe *f* (Träger, u.a.) overall depth [des]; overall height; total height
Gesamtkonzept *n* general concept
Gesamtlänge *f* length overall [des]; overall length [des]; total length [des]
Gesamtlösung *f* general solution
Gesamtmaß *n* overall dimension [des]
Gesamtmietfläche *f* (Immobilie) total rentable area [eco]
Gesamtphosphor *m* total phosphorus [was]
Gesamtplan *m* master plan [des]
Gesamtprojekt *n* overall project
Gesamtquerschnitt *m* entire cross-section [des]; gross sectional area [des]
Gesamtregenwasseraufbereitung *f* total catchment management [was]
Gesamtrückstand *m* total residue [rec]; total rest [rec]
Gesamtschadenskontrolle *f* total loss control [asi]
Gesamtsumme *f* total [eco]
Gesamtwärmeleistung *f* total thermal power [pow]
Gesamtzeichnung *f* general drawing [des]
Geschäft in Einzellage *f* free-standing shop
Geschäftsgebäude *n* commercial block; office building
Geschäftsgrundstück *n* commericial premises [com]
Geschäftshaus *n* business building; business house; commercial block; commercial building; office-block

Geschäftskomplex *m* shopping precinct [com]
Geschäftsprozess *m* business process [eco]
Geschäftsräume *pl* business premises
Geschäftsraum *m* office
Geschäftsstandort *m* (Laden-) shop location
Geschäftsstraße *f* shopping street [com]
Geschäftsunterlagen *pl* business documents [eco]
Geschäftsviertel *n* (Geschäfte, Büros, Banken) business district; business quarter; (Geschäfte, Büros, Banken) commercial district
Geschäftsviertel, zentrales - *n* central business district
Geschäftszentrum *n* business centre [com]; central business district
geschäumt (Kunststoff) expanded [met]; (Kunststoff) foamed [met]
geschichtet coursed; foliated [met]; laminated [met]; layered [met]
Geschiebe *n* debris [geo]; shingles [geo]
Geschiebeboden *m* boulder soil [geo]
Geschiebefracht *f* bed load [geo]; bed-load material [geo]; (Gestein) bed-load transport [roh]; traction load [geo]
Geschiebeführung *f* (Gestein) bed-load transport [roh]
Geschiebelehm *m* boulder clay [geo]
Geschiebemergel *m* boulder marl [geo]; boulder till [geo]
Geschirr *n* body harness [asi]; harness-type safety belt [asi]; industrial harness [asi]; safety harness [asi]
Geschirrschrank *m* china cabinet; dresser
geschliffen, fein - honed [met]
geschlossen (Verschleißschicht) close-textured [met]
geschlossener Raum *m* closed space
Geschoss *n* (Stockwerk) floor; (Stockwerk) storey
Geschoss, technisches - *n* (Stockwerk) mechanical floor
Geschoss, unteres - *n* lower floor
Geschossbau *m* multi-storey building
Geschossdecke *f* floor; floor slab; intermediate floor
Geschosse unter der Erde *pl* basement floors
Geschossfläche *f* floor area [des]; floor space
Geschossfläche, nutzbare - *f* usable floor area
Geschossflächenzahl *f* floor space index; floor-area ratio; plot ratio; plot ratio
Geschosshöhe *f* ceiling height; floor headroom; floor-to-floor height; storey height
Geschossplan *m* floor plan [des]
Geschosszahl *f* number of floors
Geschwindigkeit *f* speed [phy]
Geschwindigkeitsdetektor *m* speed detector [any]
Geschwindigkeitsmessung *f* speed measurement [any]; tachometry [any]; velocimetry [any]; velocity measurement [any]

Gesichtsfeld *n* visual field [asi]

Gesichtsmaske *f* face guard [asi]; face shield [asi]

Gesichtsschutz *m* face mask [asi]; face protector [asi]

Gesichtsschutzmaske *f* (Eishockey) face mask [asi]

Gesichtsschutzschild *m* (Atemschutz) face shield [asi]; face-protection shield [asi]

gesiebt (Mineralstoffe) graded [met]; screened [met]

Gesims *n* cornice; (Tempel) cornice [arc]; ledge; (<A>) molding; (<B>) moulding; (Fenster) sill

Gesims, gewundenes - *n* (Gotik) winding cornice [arc]

Gesims, profiliertes - *n* (Gotik: Maßwerk) moulded cornice [arc]

gesintert sintered [met]

gespachtelt infilled

gespritzt spray-painted

gespundet tongued and grooved

Gestalt *f* (ganzheitlich) shape

Gestaltänderung *f* deformation

Gestaltfestigkeit *f* structural strength [sik]

Gestaltung *f* arrangement; (Struktur, Aufbau) construction [des]; design [des]; (Entwurf) design [des]; (Formung) form [des]; (Auslegung) layout [des]; (Formung) shaping [des]

Gestaltung, architektonische - *f* architectural design [arc]

Gestaltung, korrosionsschutzgerechte - *f* corrosion-proof design of steel structure [stb]

Gestaltungsfaktor *m* architectural feature

Gestaltungskonzept *n* design concept [arc]

Gestaltungsrichtlinien *pl* design guidelines [des]

Gestaltungssatzung *f* design review ordinance [com]; (Stadtplanung) design review ordinance [jur]

Gestaltungszusammenhang *m* (Bauästhetik) organic unity [com]

Gestehungskosten *pl* prime costs [eco]; production costs [eco]

Gestein *n* rock [geo]; rocky mineral [geo]

Gestein, anstehendes - *n* bedrock [geo]; fresh rock [geo]

Gestein, basisches - *n* basic rock [geo]

Gestein, brüchiges - *n* crumbly rock [geo]

Gestein, dichtes - *n* primitive rock [geo]

Gestein, durchlässiges - *n* permeable rock [geo]

Gestein, festes - *n* stable rock [geo]

Gestein, gebrochenes - *n* crushed rock [geo]

Gestein, gesundes - *n* sound rock [geo]

Gestein, hartes - *n* burstone [geo]; hard rock [geo]

Gestein, kavernöses - *n* cavernous rock [geo]

Gestein, klastisches - *n* clastic rock [geo]

Gestein, lösliches - *n* soluble rock [geo]

Gestein, poröses - *n* porous rock [geo]

Gestein, saures - *n* acidic rock [geo]

Gestein, undurchlässiges - *n* impermeable rock [geo]

Gestein, unlösliches - *n* insoluble rock [geo]

Gestein, verfestigtes - *n* consolidated rock [geo]

Gestein, vulkanisches - *n* eruptive rock [geo]; volcanic rock [geo]

Gestein, weiches - *n* soft rock [geo]

Gestein, zersetztes - *n* decomposed rock [geo]

Gesteinbrecher *m* rock cutter [roh]

Gesteinsart *f* nature of the rock [geo]; species of stone [geo]

Gesteinsaufbereitungsanlage *f* rock plant

Gesteinsaushub *m* excavated rock [rec]

Gesteinsbohrer *m* rock borer [wzg]; rock drill [wzg]; stone drill [wzg]

Gesteinsbohrerkrone *f* drill bit [wzg]

Gesteinsbohrhammer *m* stone drilling hammer [wzg]

Gesteinsbohrmaschine *f* rock driller [wzg]; rock drilling machine [wzg]; rock-boring machine [wzg]

Gesteinsdrehbohrer *m* rotary rock drill [tib]

Gesteinsdruck *m* rock pressure [geo]

Gesteinsdurchlässigkeit *f* hydraulic conductivity [geo]

Gesteinsgemenge *n* (Straßenbau) mineral aggregate [met]

Gesteinsmehl *n* mineral powder [met]; pulverized rock [met]; rock flour [met]; stone dust [met]; stone meal [met]; stone powder [met]

Gesteinsmeißel *m* rock bit [wzg]

Gesteinsschicht *f* rock bed [geo]; rock formation [geo]; rock stratum [geo]

Gesteinsschleifmaschine *f* stone grinding machine [wzg]

Gesteinsschutt *m* detritus [rec]; rock debris [rec]; rock waste [rec]

Gesteinstextur *f* rock texture [geo]

Gesteinstrennmaschine *f* stone cutting machine [wzg]

Gesteinsverankerung *f* rock bolting

Gesteinsverwerfung *f* rock throw

Gesteinsverwitterung *f* rock weathering [geo]

Gesteinszerfall *m* mechanical weathering [met]

Gesteinszerkleinerungsanlage *f* rock-crushing plant [roh]

Gesteinszuschlagstoff *m* stone aggregate [met]

Gestell *n* (Rahmen) deck; (Rahmen) rack; (Stütze) support; (Gerüst) timber scaffold

gestreckt elongated

gestrichelt (Zeichnung) dash-lined [des]; (Zeichnung) intermittent [des]

gestützt supported

Gesundheitsgefahr *f* hazard to health

gesundheitsschädlich harmful to health

geteert asphalted [met]; tarred [met]

Getrenntsammlung *f* (Abfall) separate collection [rec]

Gewährleistungsrecht *n* law regarding warranties [jur]

Gewässer *pl* aquatic environment [was]; bodies of water [was]; surface and underground water [was]; water bodies [was]

Gewässer *n* body of water [was]

Gewässer, fließendes - *n* body of running water [was]; running water [was]; stream [was]

Gewässer, frei fließendes - *n* affluent [was]

Gewässer, oberirdische - *pl* above ground water [was]

Gewässer, oberirdisches - *n* surface water [was]

Gewässer, stehendes - *n* stagnant water [was]

Gewässer, still stehendes - *n* still water [was]

Gewässer, unterirdisches - *n* subterranean water [was]

Gewässerausbau, naturnaher - *m* nature-like watercourse development [wba]

gewässerbelastend water contaminant [was]; water pollutant [was]

Gewässerbelastung *f* contamination of waterbodies [was]

Gewässerbenutzung *f* use of the water system [was]

Gewässerbeschaffenheit *f* condition of water [was]

Gewässerbett *n* water bed [was]

Gewässerbewirtschaftung *f* (Hydrologie) water management [was]

Gewässereinzugsgebiet *n* catchment area [was]; water catchment area [was]

Gewässererwärmung *f* heating of bodies of water [was]; warming-up of waters [was]

Gewässergefährdung *f* endangering of waters [was]

Gewässergüte *f* quality of waters [was]; water quality [was]

Gewässerkunde *f* hydrology [was]

Gewässernutzung *f* utilization of waters [was]

Gewässerplan *m* plan of the water system [com]

Gewässerreinhaltung *f* water control [was]

Gewässersanierung *f* restoration of waters [was]; water redevelopment [was]; water sanitation [was]

Gewässerschlamm *m* waterbody sludge [was]

Gewässerschutz *m* prevention of water pollution [was]; protection of waterbodies [was]; river and lake protection [was]; water conservation [was]; water pollution prevention [was]; water protection [was]

Gewässerschutzbeauftragte *f* water pollution control deputy [was]

Gewässerschutzbeauftragter *m* water conservation representative [was]; water pollution control deputy [was]

Gewässerschutzmaßnahme *f* water protection measure [was]

Gewässerströmung *f* stream-flow [was]

Gewässertyp *m* water type [was]

Gewässerüberwachung *f* control of waterbodies [was]; surveillance of waters [was]; water monitoring [any]

Gewässerunterhaltung *f* maintenance of waters [was]

Gewässerverschmutzung *f* water contamination [was]; water pollution [was]

Gewässerverunreinigung *f* pollution of bodies of water [was]; water pollution [was]

Gewebe *n* (Stoff) fabric [met]; (Draht) mesh [met]

Gewebeband *n* fabric tape [met]; textile tape [met]

gewebebewehrt cloth-reinforced [met]

Gewebefilter *m* woven filter [air]

Gewebelage *f* fabric layer [met]

Gewebesieb *n* cloth screen [prc]; filter screen [prc]

gewebeverstärkt cloth-reinforced [met]

Gewebeverstärkung *f* fabric reinforcement [met]

Gewerbe- und Dienstleistungsfläche *f* commercial and service space [com]

Gewerbeabfälle, haushaltsähnliche - *pl* refuse from trade and industry, similar to household refuse [rec]

Gewerbeabfälle, hausmüllähnliche - *pl* industrial wastes similar to household refuse [rec]

Gewerbeabfall *m* commercial waste [rec]; industrial waste [rec]; refuse from trade and industry [rec]

Gewerbeabwässer *pl* industrial waste water [was]

Gewerbeabwasser *n* waste water from trade [was]

Gewerbeansiedlung *f* location of companies

Gewerbeaufsichtsamt *n* factory inspection board [jur]; factory inspectorate [jur]

Gewerbeband *n* (entlang einer Straße) commercial strip

Gewerbebau *m* commercial and industrial building

Gewerbefläche *f* commercial space [com]; industrial land

Gewerbegebäude *n* commercial building

Gewerbegebiet *n* business area; commercial area; commercial zone; industrial estate [com]

Gewerbeimmobilie *f* commercial property [eco]

Gewerbeimmobilien *pl* commercial real property [eco]

Gewerbekomplex *m* industrial complex

Gewerbelärm *m* noise caused by industry [aku]

Gewerbelage *f* (Immobilie) commercial location [eco]

Gewerbemiete *f* commercial lease [eco]

Gewerbemüll *m* industrial waste [rec]

Gewerbeobjekt *n* commercial property [eco]

Gewerbepark *m* business park [eco]

Gewerbestandort *m* commercial location [eco]

Gewerbezentrum *n* commercial centre; industrial centre

Gewerk *n* item of work; work

Gewicht *n* (Last) weight [phy]
Gewicht pro laufenden Meter *n* weight per current meter; weight per linear meter
Gewicht, spezifisches - *n* specific gravity [phy]; specific weight [phy]
Gewichtsabweichung *f* deviation in weight
Gewichtsanalyse *f* gravimetric analysis [any]
gewichtsanalytisch gravimetric [any]
Gewichtsanteile *pl* percentage by weight; weight percentage
Gewichtsanzeige *f* weight indicator [any]
Gewichtsbelastung *f* weight loading [phy]
gewichtsbezogen by weight
Gewichtsdosierung *f* gravimetric feeding
Gewichtseinheit *f* unit of weight [phy]; weight unit [phy]
Gewichtseinsparung *f* saving in weight [des]
Gewichtsersparnis *f* weight saving
Gewichtskraft *f* weight [phy]
gewichtsmäßig dosieren *v* proportion by weight [prc]
gewichtsmäßige Dosierung *f* gravimetric batching
Gewichtsmauer *f* gravity spillway dam
Gewichtsmessung *f* weight measurement [any]
Gewichtsprozent *n* percent by weight; weight percentage
Gewichtsstaudamm *m* gravity dam [wba]
Gewichtsstaumauer *f* gravity dam [wba]
Gewichtsstaumauer, gerade - *f* straight gravity dam [wba]
Gewichtsstützmauer *f* gravity retaining wall
Gewichtstoleranz *f* weight tolerance [des]
Gewichtsverlust *m* loss in weight; loss of weight; shortage in weight
Gewichtsverteilung *f* distribution of load [sik]; load distribution [sik]; weight distribution [sik]
Gewichtszunahme *f* increase in weight; weight gain
Gewinde *n* thread [tec]
Gewindeanker *m* threaded anchorage
Gewindeanschluss *m* threaded connection [tec]
Gewindebolzen *m* screwed bolt [tec]; shear connector [tec]; stud bolt [tec]
Gewindekappe *f* threaded cap
Gewindekern *m* root of thread [tec]
Gewindeplatte *f* threaded anchor plate
Gewindeschaft *m* threaded rod
Gewindeschneideisen *n* screw-cutting die [wer]
Gewindeschneider *m* threader [wzg]
Gewindeschneidmaschine *f* threading machine [wer]
Gewindestab *m* threaded rod [tec]
Gewindestange *f* threaded rod [tec]
Gewindeverbindung *f* threaded connection [tec]
Gewinn *m* (Nutzen, Vorteil) benefit [eco]

Gewinnbeteiligung *f* profit participation [eco]
Gewinnung *f* (Rückgewinnung) recovery
Gewölbe *n* arch; (Kuppel) dome; vault; fan vault
Gewölbe, unterirdisches - *n* underground vault
Gewölbe, verkehrtes - *n* inverted arch
Gewölbeanker *m* tie anchor
Gewölbebogen *m* arch of a vault; arch of the vault; (Tunnel) soffit arch [tib]
Gewölbefeld *n* (Gotik) severy [arc]
Gewölbemauerwerk *n* vaulting masonry
Gewölbeschlussstein *m* bull-head; crown brick
Gewölbestein *m* arch stone; keystone; vault block; wedge-shaped stone
gezeichnet drawn [des]
gezeichnet, maßstäblich - drawn to scale [des]
gezeichnet, versetzt - drawn offset [des]; drawn out of true position [des]; offset as drawn [des]; shown in offset arrangement [des]; shown offset [des]
Gezeitenkraft *f* tidal power [was]
Gezeitenkraftwerk *n* tidal power plant [pow]; tidal power station [pow]
Gezeitenströmung *f* (- in Flussmündungen) estuarine flow [was]
Gezeitenstrom *m* tidal current [was]; tidal flow [was]
Gezeitenwasser *n* tidal water [was]
Giebel *m* bagle; gable; (Zier-) pediment
Giebelanker *m* (Dachkonstruktion) gable tie
Giebelbalken *m* (Dachkonstruktion) gable joist; (Dachkonstruktion) top beam
Giebelbogen *m* triangular arch
Giebelbrett *n* (Holzkonstruktion) barge board
Giebeldach *n* gable roofpole; gabled roof; ridge roof; table-type roof
Giebelfeld *n* (Baukunst) pediment [arc]; (Baukunst) pediment [arc]
Giebelfenster *n* gable window
Giebelhaus *n* gable-fronted house; gabled house
giebelig gabled
Giebelkante *f* verge
Giebelmauer *f* gable wall
Giebelspitze *f* gable peak
Giebelständer *m* gable stud
Giebelstütze *f* gable column; gable post [stb]; gable stanchion
Giebelwand *f* gable end; gable wall
Giebelwandverband *m* (z.B. von Haus, Halle) gable wall girder
Giebelwulstwinkel *m* gable bulb angle
Giebelzimmer *n* attic room
Gierwinkel *m* angle of yaw [des]
gießen von Beton *v* pour concrete [bon]
Gießharz *n* cast resin [met]; casting resin [met]; epoxy resin [met]
Gießharzverbund *m* set in cast resin [met]

Gießmasse *f* casting composition [met]; liquid body [met]

Gießpressschweißen *n* pressure-welding with thermochemical energy [wer]

Gießschmelzschweißen *n* fusion welding with liquid heat transfer [wer]

Gießverfahren *n* (für heiße Klebemassen) pouring process

Gips *m* calcium sulfate dihydrate [che]; gypsum [che]; plaster [met]

Gips, wasserfreier - *m* anhydrite [met]; anhydrous gypsum [met]; anhydrous gypsum plaster [met]

Gipsabbau *m* gypsum extraction [roh]

Gipsanhydrid *m* anhydrous calcium sulfate [che]

Gipsbauplatte *f* gypsum plaster slab; gypsum plasterboard; gypsum wallboard

Gipsbaustein *m* gypsum block; gypsum building tile

Gipsbeton *m* gypsum concrete [bon]; plaster concrete [bon]

Gipsbetonstein *m* plaster concrete block [bon]

Gipsbrei *m* gypsum paste

Gipsdiele *f* gypsum plank board

Gipsdielenwand *f* gypsum plank wall

gipsen *v* grout; plaster

Gipser *m* plasterer

Gipserhärtung *f* hardening of plaster [met]

Gipserspachtel *m* wall scraper [wzg]

Gipsestrich *m* gypsum floor; plaster finish; plaster floor

Gipsfaserplatte *f* gypsum fibreboard [met]

Gipsfleck *m* gypsum stain [met]

Gipsgrundverfestiger *m* gypsum-base primer [met]

Gipshalbhydrat *m* calcium sulfate hemihydrate [che]

gipshaltig containing gypsum [met]; gypseous [met]; gypsiferous [met]; gypsum-based [met]

Gipskalk *m* plaster lime [met]; plaster mortar [met]

Gipskarton *m* (Gipskartonplatte) gypsum board

Gipskartonplatte *f* gypsum plasterboard; gypsum wallboard; plasterboard [met]; sandwich-type plasterboard

Gipskartonplatten im Hochbau *pl* gypsum plasterboards for building construction

Gipsleiste *f* plaster screed

Gipsmaschinenputz *m* gypsum spray plaster

Gipsmehl *n* plaster powder [met]

Gipsmergel *m* gypsite

Gipsmodell *n* gypsum model; plaster model

Gipsmörtel *m* gypsum mortar; gypsum stuff; plaster mortar; (Wanddekor) plaster of Paris

Gipsplatte *f* gypsum board; gypsum plasterboard; plaster panel

Gipsplatte, stockwerkshohe - *f* big plaster board

Gipsputz *m* anhydrous gypsum plaster; gypsum finish; gypsum plaster [met]; plaster stucco; veneer plaster

Gipsputzdecke *f* stucco ceiling

Gipsputzmörtel *m* gypsum stuff

Gipsrohstein *m* gypsum rock [geo]

Gipsüberzug *m* plaster finish

Gipsverbundplatte *f* composite gypsum board [met]

Gipsverkleidung *f* gypsum sheathing

Gipsverputz *m* gypsum rendering

Gipswandbauplatte *f* gypsum wall slab

Gipswerk *n* gypsum plant [roh]

Gipszement *m* gypsum cement [met]

Girlande *f* (Baukunst) festoon [arc]

Gispen *pl* seeds [met]

Gitter *n* (Rost) grate; lattice [stb]; (Geländer) railing

Gitterausleger *m* (Bagger) lattice jib [tib]

Gitterbalken *m* lattice girder

Gitterbinder *m* lattice truss [stb]

Gitterblock *m* circular brick

Gitterbrücke *f* lattice girder bridge; trellis bridge

Gitterdecke *f* grid ceiling

Gittereinlage *f* grid reinforcement [met]

Gitterfenster *n* barred window; lattice window

gitterförmig latticed

Gitterglas *n* gauze glass [met]

Gittermast *m* lattice mast; lattice tower; pylon [stb]

Gittermastausleger *m* lattice boom [stb]

Gittermauer *f* screen wall

Gittermauerwerk *n* checker brickwork; checkerwork

Gitterpfette *f* lattice purlin [stb]

Gitterpfosten *m* trellis post

Gitterrost *m* (Bodenrost) grating; grillage [stb]; (Bühnenbelag) open-mesh flooring; steel grating

Gitterrostbelag *m* interlock flooring [stb]; (Bühne) open-grid floor plates

Gitterrührer *m* gate agitator [prc]; gate paddle mixer [prc]; gate stirrer [prc]

Gitterstab *m* laced member; lattice member [stb]; latticed member; screen bar [met]; web member [stb]

Gitterstabfüllung *f* (Geländer) raking

Gitterstein *m* checker brick; chequer-brick

Gitterträger *m* lattice girder [stb]; lattice truss [stb]

Gitterturm *m* lattice tower

Gittervlies *n* fabric grid [met]; grid fabric [met]

Gitterwerk *n* grating [met]; ironwork [stb]

Gitterziegel *m* perforated brick

Glacis *n* (Festung) esplanade [arc]

Glättband *n* finishing belt [wzg]; smoothing belt [wzg]

Glättbohle *f* ironing screed [wba]; smoothing beam [wzg]; (Betondecke) smoothing plank [wzg]

glätten *v* (ebnen) flatten [tib]; float; (einebnen)
level [tib]; (Gelände) planish [tib]; (Beton)
screed
Glätten *n* finishing [mat]; floating; (mit der Kelle)
trowelling
Glätter *m* smoothing tool [wzg]
Glättfilz *m* felt rubber [wzg]
Glättkelle *f* finishing trowel [wzg]; smoothing
trowel [wzg]
Glättscheibe *f* float [wzg]; (für Putz) wood float
[wzg]
Glättvorrichtung *f* smoothing equipment [wzg]
Gläubigervorrang *m* priority of creditors [eco]
Glanzklarlack *m* gloss varnish [met]
Glanzlack *m* brilliant varnish [met]; glazing
varnish [met]; gloss varnish [met]
Glanzputz *m* polished plaster
Glas *n* glass [met]
Glas, beschichtetes - *n* coated glass [met];
reflecting glass [met]
Glas, drahtbewehrtes - *n* wire reinforced glass
[met]
Glas, feuerfestes - *n* flameproof glass [met]; heat-
resisting glass [met]
Glas, gehärtetes - *n* heat-treated glass [met]
Glas, kugelsicheres - *n* bullet-proof glass [met]
Glas, poröses - *n* porous glass [met]
Glas, schalldämmendes - *n* sound-insulating glass
[met]
Glas, splitterfreies - *n* antishatter composition [met]
Glas, undurchsichtiges - *n* visionproof glass [met]
Glas, Wärme absorbierendes - *n* heat absorbing
glass [met]
Glasabfall *m* glass waste [rec]; waste glass [rec]
Glasarchitektur *f* glass architecture [arc]
glasartig glassy [met]; vitreous [met]
Glasasphalt *m* glass-reinforced asphalt [met]
Glasbau *m* (Gebäude, u.a.) glass structure
Glasbaustein *m* glass block
Glasbausteine *pl* structural glass
Glasbauten *pl* glass buildings [arc]
Glasbauunternehmen *n* glazing company
Glasbedachung *f* glass roof covering
Glasbeton *m* glass concrete [bon]; glazed concrete
[bon]; glazed reinforced concrete [bon]
Glasbruch *m* broken glass [rec]
Glasbruchmeldesystem *n* glass breakage alarm
system
Glasbrücke *f* glass bridge [arc]
Glasdach *n* glass roof; glazed roof
Glasdachkonstruktion *f* glass roof structure;
glazed roof
Glasdachpfanne *f* glass tile
Glasdachsprosse *f* glazing bar
Glasdachziegel *m* glass roofing tile; glass tile
Glasdecke *f* glass ceiling

Glasdeckleiste *f* (Verglasung) glazing bead
Glaseindeckung *f* glass roofing
Glaseinsatz *m* glass insert
Glaseisenbeton *m* glass-reinforced concrete [bon]
Glaserkitt *m* bedding putty [met]; glazier's putty
[met]; mastic [met]
Glaserwerkzeug *n* glass makers' tool [wzg]
Glaserzange *f* glazier's pliers [wzg]
Glasfaltwand *f* glass accordion wall
Glasfalz *m* glazing rebate
Glasfalzentwässerung *f* drained glazing rebate
Glasfaser *f* (<A>) glass-fiber [met]; (<B>) glass-
fibre [met]
Glasfaserbeton *m* glass-fibre concrete [bon];
glass-fibre reinforced concrete [bon]
glasfaserbewehrt glass-fibre reinforced [met]
Glasfasergewebe *n* fibreglass cloth [met]; glass
cloth [met]; glass-fibre fabric [met]
Glasfaserisoliermaterial *n* glass-fibre blanket
insulation
Glasfaserkomponente *f* glass-fibre reinforced
component [met]
Glasfasermatte *f* glass mat [met]
glasfaserverstärkt fibreglass-reinforced [met];
glass-fibre reinforced [met]; reinforced with glass
fibre [met]
Glasfaserverstärkung *f* fibreglass reinforcement
[met]; glass-fibre reinforcement [met]
Glasfaservlies *n* glass-fibre mat [met]
Glasfassade *f* glass façade
Glasfüllung *f* (Tür) glass panel
Glasfüllungstür *f* sash door
Glasgewebeband *n* glass-fibre tape
Glasgitter *n* glass grid
Glashafen, feuerfester - *n* refractory pot [roh]
Glashalteleiste *f* (Verglasung) glazing bead
Glaskeramik-Kochplatte *f* (Küche) ceramic-glass
hob
Glaskuppel *f* glass dome
Glaslamelle *f* glass louvre [met]
Glasmatte *f* glass-fibre mat [met]
Glasrecycling *n* glass recycling [rec]
Glassandpapier *n* sandpaper [met]
Glasscheibe *f* glass pane [met]; sheet of glass [met]
Glasschneidediamant *m* diamond for glass cutting
[wzg]
Glasschneider *m* glass cutter [wzg]; glazier's
diamond [wzg]; vitrean cutter [wzg]
Glassortieranlage *f* glass sorting plant [rec]
Glasstahlbeton *m* glass-reinforced concrete [bon]
Glasstruktur *f* glass structure [met]
Glastafel *f* sheet glass
Glasträger *m* (Fenster) glass beam
Glastrennwand *f* parting wall in glass
Glastreppe *f* glass stairs
Glastür *f* glass door

Glasüberdachung *f* glass roof
Glasveranda *f* glass veranda; (<A>) sun parlour
Glasvlies *n* glass-fibre mat [met]; glass-fibre quilt [met]
Glasvlies-Bitumen-Dachbahn *f* mat-bitumen roofing sheet [met]
Glaswand *f* glass wall
Glaswolledämmung *f* glass-wool insulation [pow]; glass-wool lagging [pow]
Glaswolleisolierung *f* glass-wool insulation [pow]; glass-wool lagging [pow]; spun-glass insulation [met]
Glaswollematte *f* glass-wool mat [met]
Glaszement *m* glass cement [met]
Glasziegel *m* glass block; glass brick [met]
glatt uncluttered [met]
glatt streichen *v* flatten out
Glattbeplattung *f* flush plating
glatter Fußboden *m* slippery floor
Glattputz *m* fair-faced plaster; smooth plaster
Glattstrich *m* finishing coat; topping coat
Glattstrich auf Putz *m* skimming coat
gleich verteilt uniform
Gleichbelastung *f* uniformly distributed load [sik]
gleichflächig equiareal
gleichförmig isomorphic
gleichgerichtet rectified [elt]
Gleichgewicht *n* equilibrium [che]
Gleichgewichtsbedingung *f* balance condition [sik]
Gleichgewichtslänge *f* equilibrium length
Gleichgewichtslage *f* equilibrium position; steady position [sik]
Gleichgewichtsstörung *f* disturbance of equilibrium [che]; divergence of equilibrium
Gleichlast *f* uniformly distributed load [sik]
Gleichlauf *m* synchronized operation [elt]; synchronized run [elt]
gleichmäßige Form *f* (Gestaltung) regular form [arc]
Gleichmaßdehnung *f* elongation before reduction of area [met]
gleichrichten *v* rectify [elt]
Gleichrichter *m* rectifier [elt]
Gleichstreckenlast *f* uniform load; uniformly distributed load [sik]
Gleichstrom *m* concurrent flow [prc]; continuous current [elt]; direct current [elt]
Gleichstromgenerator *m* direct-current generator [elt]
Gleichstromkabel *n* direct-current cable [elt]
Gleichstromleitung *f* continuous current line [elt]
Gleichstrommotor *m* direct-current motor [elt]
Gleichstromnetz *n* direct-current system [elt]
Gleichverteilung *f* uniform distribution [mat]
Gleichwinkelmauer *f* constant angle arch dam
Gleis *n* (Bahnsteig) platform [tra]; (Fahrspur) track [tra]

Gleisanlage *f* rail installation [tra]; (<A>) railroad lines [tra]; railway lines [tra]; railway tracks [tra]; (Bahn) track bed construction [tra]; track system [tra]; (Bahn) trackage [tra]
Gleisanschluss *m* (Bahn) track siding [tra]
Gleisarbeiten *pl* track work [tib]
Gleisarbeiter *m* track layer
Gleisbagger *m* rail-mounted excavator [roh]
Gleisbankett *n* (Bahn) track bench [tra]
Gleisbau *m* construction of the track [tra]; rail building [tra]; (Bahn) track work [tra]
Gleisbaustelle *f* (Bahn) rail work [tra]; railway construction site [tra]
Gleisbett *n* track bed course [tra]
Gleisbild *n* (Bahn) track diagram [tra]
Gleisbogen *m* (Bahn) curve in the track [tra]; (Bahn) curved track [tra]; (Bahn) track, curved - [tra]
Gleisbrücke *f* (Bahn) rail bridge [tra]
Gleisdreieck *n* (Bahn) reversing triangle [tra]; (Bahn) triangular junction [tra]
Gleisebene *f* (Bahn) running surface in plan [tra]
Gleiseinschotterung *f* (Bahn) re-ballasting of the track [tra]
Gleiskettenladeschaufel *f* crawler-loader shovel [tib]
Gleiskettenrolle *f* track roller [tib]
Gleiskörper *m* rail track [tra]; railway embankment [tra]
Gleiskreuzung *f* (Bahn) crossing of tracks [tra]
Gleiskurve *f* (Bahn) curve in the track [tra]
Gleislage *f* (Bahn) track bed [tra]; (Bahn) track level [tra]
Gleislegemaschine *f* track-laying machine [tra]
Gleismontage *f* track assembly [tra]
Gleisoberbau *m* (Bahn) permanent way [tra]; (Bahn) track bed structure [tra]
Gleissanierung *f* track rehabilitation [tra]
Gleissenkung *f* depression of track [tra]; subsidence of the track [tra]; (Bahn) track subsidence [tra]
Gleisunterbau *m* (Bahn) substructure of the track [tra]; (Bahn) track substructure [tra]
Gleisunterhalt *m* (Bahn) track maintenance [tra]
Gleisverlegung *f* (Bahn) track laying [tra]
Gleisverwerfung *f* buckling of the track [tra]; (Bahn) crookedness of the track [tra]; distortion of the track [tra]; (Bahn) lateral buckling of the track [tra]
Gleitbahn *f* sliding race
Gleitbauweise *f* slip-form construction
Gleitbeanspruchung *f* frictional stress [met]
Gleitblech *n* sliding plate [tec]
gleiten *v* (ausrutschen) slip
Gleiten *n* (Rutschen, Ausrutschen) slippage
gleitend angeschlossen slip-connected [stb]

Gleiter *m* (Gleitschalung) form traveller
gleitfest slip-resistant [met]
Gleitfläche *f* sliding surface
gleitfrei non-slipping; slip-proof
Gleitfuge *f* skidding joint; slide joint; slide joint; slip joint
Gleitgeschwindigkeit *f* sliding velocity
gleithemmend non-skid; non-slip
Gleitkufe *f* (Frontlader) skid-shoe [tib]
Gleitlager *n* (Auflager) sliding support
Gleitlinie *f* slip line
Gleitmittel *n* lubricant [met]; release agent [met]; sliding agent [met]
Gleitöl *n* sliding oil [met]
Gleitplatte *f* guide plate [was]; sliding plate [tec]
Gleitreibung *f* skidding friction [phy]; sliding friction [phy]
Gleitschalung *f* gliding shuttering [bon]; mobile form [bon]; moving formwork [bon]; sliding form [bon]; sliding formwork [bon]; sliding shuttering [bon]; slip-form [bon]; slipform shuttering [bon]; travelling formwork [bon]
Gleitschalung, beweglicher Teil der - *m* form traveller [bon]
Gleitschalung, gleitender Teil der - *m* form traveller [bon]
Gleitschalungsfertiger *m* sliding form paver [bon]; slip form paver [bon]
Gleitschicht *f* nappe [geo]
Gleitschütz *m* slide gate [wba]
Gleitschutzkante *f* (Treppe) antislip nosing
Gleitschutzstollen *m* (an Schuhen) antislip stud [asi]
gleitsicher antiskid; non-slip; skid-proof
Gleitsicherheit *f* safety against sliding [asi]; sliding resistance [asi]; slip resistance [asi]; stability against sliding [met]
Gleitstange *f* sliding pole [stb]
Gleitwiderstand *m* sliding friction [phy]
Glied *n* (Bewehrung) bar [bon]; (Bauteil) component; (Zwischenglied) member
Gliederbandförderer *m* jointed belt conveyor [prc]; jointed-band conveyor [prc]
Gliederegge *f* chain-and-spike barrow [tib]
Gliederheizkörper *m* radiator [pow]
Glimmlampe *f* glow-discharge tube [elt]; glow-lamp [elt]
Globalstrahlung *f* global radiation [phy]; (Sonneneinstrahlung) global solar radiation [wet]
Glockendach *n* bell roof
Glockendichtung *f* conical washer [tec]
Glockenstuhl *m* belfry [arc]
Glockenturm *m* bell tower
Glockenzwinge *f* bell-shaped ferrule
Glühbirne *f* bulb [elt]; electric bulb [elt]; incandescent bulb [elt]; light-bulb [elt]

Glühbirnenfassung *f* lamp holder [elt]
glühen *v* (Stahl) anneal [met]; (Minerale) calcine [met]; (Metalle) temper [met]
Glühen *n* (Minerale) calcination [met]
Glühlampe *f* electric bulb [elt]; electric light bulb [elt]; filament lamp [elt]; incandescent lamp [elt]; light bulb [elt]
Glühlampenfassung *f* lamp socket [elt]
Glyphe *f* (Tempel: Kehlrinne) glyph [arc]
Goldener Schnitt *m* sectio aurea [mat]
Gosse *f* drain [was]
Grabbecher *m* digging bucket [tib]; trencher bucket [tib]
Grabbecherzahn *m* digging tooth [tib]
Grabbewegung *f* digging motion [tib]
Grabbremse *f* (Bagger) digging brake [tib]
Grabegerät *n* digging implement [wzg]
graben *v* dig [wer]; excavate [wer]
Graben *m* (Kanal) canal [wba]; culvert [tib]; ditch [tib]; (Abzugs-) drain [wba]; drainage trench [wba]; (Burg) moat [arc]; (Geologie) rift [geo]; rift valley [geo]; trench [tib]
Graben, tektonischer - *m* fault trough [geo]; rift valley [geo]; tectonic basin [geo]
Graben, unverbauter - *m* unshored excavation [tib]
Grabenaushebemaschine *f* ditcher [tib]
Grabenaushub *m* ditching [tib]; trenching [tib]
Grabenauskleidung *f* ditch lining [wba]
Grabenaussteifung *f* trench shoring [tib]; trench timbering [tib]
Grabenbagger *m* backhoe [tib]; (mit Eimern) bucket trencher [tib]; ditch digger [tib]; pipeline excavator [tib]; (- auf Ketten) track-type trenching machine [tib]; trench digger [tib]; trench digger [tib]; trench excavator [tib]; trench hoe [tib]; trencher [tib]; trenching machine [tib]
Grabenbewässerung *f* ditch irrigation [wba]
Grabenböschung *f* bank of ditch [wba]
Grabenbruch *m* rift valley [geo]; trough fault [geo]
Grabenentwässerung *f* ditch drainage [wba]
Grabenfräse *f* trench-cutting machine [tib]
Grabenfräser *m* trench-cutting machine [tib]
Grabenfüller *m* trench filler [tib]
Grabenfüllung *f* trench backfill [tib]
Grabengreifer *m* ditching grab [tib]
Grabenherstellung *f* trenching [tib]
Grabenleitung *f* trench pipeline [wba]
Grabenräumer *m* ditch cleaner [tib]
Grabenramme *f* backfill rammer [tib]
Grabenreiniger *m* ditch cleaner [wba]
Grabenreinigung *f* ditch cleaning [wba]
Grabensenke *f* trough fault [geo]
Grabenstampfer *m* backfill tamper [tib]
Grabensteife *f* shoring strut [tib]; trench strut [tib]
Grabentiefe *f* trench depth [wba]

Grabenverbau *m* trench shoring [tib]; trench support [tib]; trench timbering [tib]; trench wall shoring [tib]

Grabenverbaugerät *n* trench digging equipment [tib]; trench-shoring device [tib]

Grabenverdichter *m* backfill compactor [tib]; trench compactor [tib]

Grabenverfüller *m* backfiller [tib]

Grabenverfüllgerät *n* backfiller [tib]; trench filler [tib]

Grabenverlauf *m* trench course [wba]

Grabenvibrationsverdichter *m* vibratory backfill compactor [tib]

Grabenwalze *f* compactor [tib]; trench roll [tib]

Grabenzieher *m* trench-ditching machine [tib]

Grabenziehlöffel *m* trenching bucket [tib]

Grabgabel *f* digging fork [tib]

Grabgenehmigung *f* excavation permit [tib]

Grabgerät *n* (Bagger) digging attachment [tib]

Grabgewölbe *n* burial vault [arc]

Grabhöhe *f* (Aushub) digging height [tib]

Grabkraft *f* digging power [tib]

Grabseil *n* digging line [tib]

Grabtrommel *f* digging drum [tib]

Grabwerkzeug *n* digging tool [tib]

Gradeinteilung *f* division [any]; graduation [any]; scale [any]

Gradmesser *m* graduator [any]; protractor [any]

Gradteiler *m* vernier [any]

Granit *m* granite [met]

granitartig granite-like [che]

Granitblock *m* granite block [met]

Granitboden *m* granite floor

Granitfassade *f* granite façade

Granitfliese *f* granite tile [met]

Granitfußboden *m* granite floor

Granitgestein *n* granite rock [met]; granitic rock [met]

Granitpflasterstein *m* pitcher

Granitplatte *f* granite slab [met]

Granitquader *m* granite ashlar [met]

Granitsäule *f* granite column

Granitstein *m* granite stone [met]

Granitverblendung *f* granite facing

Granitverkleidung *f* granite cladding

Granulat *n* granular material [met]; (Arzneimittel) granular preparation [met]; granulated material [met]

Granulatkleber *m* epoxy glue

Granulator *m* granulator [prc]

Granuliermaschine *f* granulator [prc]

Granulierteller *m* granulating disc [prc]; pan pelletizer [prc]; pelletizing pan [prc]

Granuliertrommel *f* (durch Agglomeration) nodulizing drum [prc]

Granulierung *f* pelletizing [prc]

Granulometrie *f* granulometry [met]

Grat *m* (Dach) arris; (von Bearbeitung: Bohren, Schweißen) burr [met]; hip

Gratbalken *m* arris beam

Gratlinie *f* arris

Gratsparren *m* angle rafter; angle ridge; (Holz) hip rafter

Grauguss *m* grey cast iron [met]

Graukalk *m* grey lime [met]; grey stone lime [met]

Grauzement *m* grey cement [met]

Gravimetrie *f* gravimetric analysis [any]; gravimetry [any]

gravimetrisch gravimetric [any]; gravimetrical [any]; (Dosierung) in weighed quantities

Gravitationsmodell *n* gravity model

Gravitationsströmung *f* gravity flow [prc]

Greifbagger *m* drag-line excavator [tib]; excavator [tib]; grab dredge [tib]; grab-dredger [wba]

Greifer *m* (Bagger) clamshell bucket [tib]; grab [tib]; grab bucket [tib]; gripper [tib]; gripping device [tib]

Greifer für Schienen *m* rail grip [tib]

Greiferbagger *m* bucket crane [tib]; grab excavator [tib]

Greiferinhalt *m* (Bagger) grab capacity [tib]

Greiferkorb *m* grab bucket [tib]

Greiferkran *m* grab crane [tib]; grabbing crane [tib]

Greiferkübel *m* grab bucket [tib]

Greifhaken *m* grip hook [tib]

Greifkran *m* bucket crane

Greifschwimmbagger *m* grab dredge [tib]

Greifweite *f* reach distance [tib]

Greifwerkzeug *n* gripping device [wzg]; gripping tool [wzg]

Greifwinkel *m* angle of nip [tib]

Grenzabmaß *n* limit deviation [des]

Grenzabstand *m* (zwischen Gebäude und Grundstücksgrenze) distance between a building and the plot boundary [com]

Grenzbelastung *f* limiting load [phy]; load limit [phy]; stress limit [phy]

Grenzdosis *f* limit dose [asi]

Grenze *f* (Schwelle) barrier; (Begrenzung) boundary; (Niveau) level; (Schwelle) threshold

grenzflächenaktiv surfactant [any]

Grenzflächenspannung *f* interface tension [phy]; interfacial surface tension [phy]; surface tension [phy]

Grenzkorn *n* limit screen size [met]

Grenzkorngehalt *m* (Sieben) near-mesh content [met]

Grenzkraft *f* marginal force

Grenzlast *f* failure load [sik]; maximum continuous rating [sik]; ultimate load [sik]

Grenzlastmoment *n* ultimate moment of resistance [sik]

Grenzmaß *n* boundary dimension [des]; limit of size [des]; size limit [des]

Grenzmauer *f* boundary wall

Grenzpunkt *m* (Baustruktur) boundary point [sik]

Grenzregelung *f* adjustment of plot boundaries; (Grundstücke) boundary adjustment [jur]; (Grundstücke) boundary settlement procedure [jur]

Grenzschalter *m* terminal stopping device [elt]

Grenzsieblinie *f* gradation limit [met]; particle distribution limit [met]

Grenzsignal *n* limit signal [any]

Grenzstadt *f* border town [com]; frontier town

Grenzstein *m* border stone; boundary stone

Grenzstrom *m* limit current [elt]; limiting current [elt]

Grenztemperatur *f* threshold temperature

Grenztragfähigkeit *f* ultimate bearing capacity [sik]

Grenztragkraft *f* marginal bearing capacity

Grenzwert *m* threshold value

Grenzwertanzeiger *m* limit indicator [any]

Grenzwertbestimmung *f* limit test [any]

Grenzwertgeber *m* limit monitor [any]

Grenzwertkontakt *m* limit contact [any]

Grenzwertmelder *m* limit-value controller [any]; limiting value signalling device [any]

Grenzwertsensor *m* threshold detector [any]

Grenzwiderstandsmoment *n* ultimate moment of resistance [sik]; ultimate resistance moment [sik]

Grenzzustandsberechnung *f* limit state design; limit states design [des]

Grieß *m* coarse powder [met]; coarse sand [met]; (Kies, Schotter) gravel [met]

griffig non-skid; skid-proof; (Straßenbelag) textured [met]

Griffigkeit *f* (Straße) skid resistance [tra]; traction [met]

grob (Arbeit) rough

grob brechen *v* break up into pieces [prc]; grind coarsely [prc]

grob mahlen *v* crush [prc]; crush [prc]; grind coarsely [prc]

grob verteilt coarsely dispersed

grob zerkleinern *v* coarse grind [prc]; crush [prc]

Grobabscheider *m* bulk water separator [was]

Grobabtastung *f* coarse scanning [any]

Grobanalyse *f* proximate analysis [any]

Grobbeton *m* coarse concrete [bon]

Grobblech *n* heavy plate [met]; plate metal [met]

Grobbrechen *n* coarse crushing [prc]

Grobbrecher *m* primary crusher [prc]

Grobeinstellung *f* coarse adjustment [any]; rough adjustment [any]; rough setting [any]

grobfaserig (<A>) coarse-fibered [met]; (<B>) coarse-fibred [met]

Grobfilter *m* coarse filter

Grobfraktion *f* (Siebung) oversize fraction [met]

Grobgut *n* (Siebung) large particles [met]; (beim Sieben) overflow [met]; (beim Sieben) oversize [met]

Grobklärbecken *n* roughing tank [was]

Grobklassierung *f* broad classification [prc]

grobkörnig coarse-grained [met]; large-grained [met]

Grobkörnigkeit *f* coarseness [met]

Grobkorn *n* coarse grain [prc]; (mineralisch) gravel [met]; oversize material [prc]; (Sieben) screen oversize [prc]

Grobmahlung *f* coarse grinding [prc]; crushing [prc]

grobmaschig (Sieb) open-meshed [met]

Grobmaterialschüttung *f* hard-core filling [tib]

Grobmühle *f* crushing mill [prc]

Grobmüll *m* bulk waste [rec]

Grobplan *m* overall plan [des]

Grobplanieren *n* rough grading [tib]

Grobplanum *n* rough levelling [tib]

Grobputzschicht *f* pricking-up coat

Grobrechen *m* bar screen [was]; coarse screen [was]

Grobsand *m* coarse sand [met]; gravel [met]; grit [met]

Grobschleifscheibe *f* rough-grinding wheel [wzg]

Grobschotter *m* coarse crushed stone [met]

Grobsieb *n* coarse sieve [prc]; riddle [prc]; scalping screen [prc]

Grobsieben *n* coarse screening [prc]

Grobsiebung *f* coarse screening [prc]; coarse sieving [prc]; scalping [prc]

Grobspanplatte *f* wafer board [met]

Grobsplitt *m* broken rock [met]; broken stone [met]; coarse chippings [met]; coarse stone chippings [met]

Grobstaub *m* coarse dust; grit

grobstückig blocky; lumpy [met]

Grobzerkleinerer *m* breaking machine [prc]

Grobzerkleinern *n* preliminary crushing [roh]

Grobzerkleinerung *f* coarse crushing [prc]; coarse grinding [prc]; coarse reduction [prc]

Grobzuschlagstoffe *pl* ballast [met]; coarse aggregates [met]

Größe der Geschossfläche *f* size of floor area

Größenanalyse *f* (Feststoffe) classification [any]

Größenangabe *f* reference to size [des]; size specification [des]

Größenbestimmung *f* dimensioning [des]; sizing [des]

Größenmaß *n* dimension [des]

Größtkorn *n* maximum grain size [met]

Größtmaß *n* maximum size [des]; size limit [des]

Großbaustelle *f* large-scale building site; large-scale construction site; large-scale project site

Großblocklochziegel *m* hollow block
Großfeuerungsanlage *f* large combustion plant [pow]
großflächig large-area
Großflughafen *m* (Drehkreuz) hub airport [tra]; major airport [tra]
Großgebäude *n* edifice
Großgrundbesitzer *m* big landowner [eco]
Großhandelsimmobilie *f* wholesale property [eco]
Großhandelsobjekt *n* (Immobilie) wholesale property [eco]
Großkessel *m* utility boiler [pow]
Großkornzement *m* cement with large aggregate [met]
Großkraftwerk *n* large power plant [pow]; large-scale power plant [pow]
Großlochsprengung *f* large-diameter hole blasting [roh]
Großmarkthalle *f* central market hall [eco]
Großpflasterdecke *f* large sett paving [tib]
Großpflasterstein *m* large paving sett [tib]; large sett [tib]
Großplattenbau *m* large panel building; panellized house
Großplattenbauweise *f* large panel construction; large panel system
Großprojekt *n* large-scale scheme
Großraum einer Stadt *m* conurbation
Großraumbeschicker *m* large-volume feeder [roh]
Großraumbüro *n* landscaped office room; office landscape
Großraumbüro mit Trennwänden *n* ((Umgangssprache)) cubicle farm
Großraumbüro ohne Raumgliederung *n* ((Umgangssprache)) bullpen-style office
Großraummischer *m* large-capacity mixer [prc]
Großsiedlung *f* large estate [com]
Großstadt *f* big town [com]
Großtafelbauweise *f* large panel construction [bon]; (Fertigbauweise) large panel construction
Großwohnsiedlung *f* large housing estate [com]
Groteske *f* (Dekoration) grotesque figure [arc]
Grube *f* (Ausgrabung) excavation [tib]
Grubenbau *m* excavation [roh]
grubenfeucht quarry-wet [met]
Grubenhaus *n* (historisch: Grube mit Dach) pit house
Grubenhelm *m* pit helmet [asi]
Grubenkalk *m* pit-lime [met]
Grubenkies *m* pit ballast [met]; pit gravel [met]; quarry gravel [met]
Grubenlampe *f* safety lamp [asi]
Grubensand *m* pit sand [met]; quarry sand [met]
Grubensicherheit *f* mine safety [asi]
Grün- und Freiflächen *pl* vegetation and open spaces [com]

Grünabfälle *pl* organic wastes [rec]
Grünanlage *f* park [com]
Grünanlagen *pl* green area [com]; green space [com]
Gründach *n* eco-roof; green roof; living roof
gründen *v* (errichten) erect; (errichten) found; (Fundament legen) lay foundations
Gründung *f* (Fundament) base; (Fundament) basement; (Fundament) bed; (Fundament) footing; foundation; (Fundament) foundation
Gründung, pneumatische - *f* pneumatic foundation
Gründung, schwimmende - *f* floating foundation
Gründungsarbeiten *pl* foundation work
Gründungsbohrung *f* foundation boring [tib]
Gründungspfahl *m* bearing pile [tib]; foundation pile
Gründungsplatte *f* foundation plate; foundation slab
Gründungssohle *f* formation level; foundation base; foundation base level; foundation level; grade level
Gründungsstadt *f* planned town [com]
Grünfläche *f* area of greenery [com]; green area [com]; green space [com]; planted area
Grünfläche, öffentliche - *f* public green
Grünflächenanteil *m* green space ratio [com]
Grüngürtel *m* green belt [com]; green space [com]
Grünordnungsplan *m* open space plan [com]
Grünsandstein *m* green sandstone [met]
Grünschiefer *m* green schist [met]
Grünspan *m* copper rust [che]
Grünstandfestigkeit *f* green strength [met]
Grünstreifen *m* centre strip [tra]; <B> centre strip [tra]; (Straßenrand) grass verge [tra]; green strip [tra]; landscape strip [tra]; <A> median strip [tra]; planting strip
Grünzone *f* green area [com]; green belt [com]; green space [com]
Grund *m* (Gründung) base; (Gründung) basement; (Boden) bottom [geo]; (Boden) earth [geo]; (Gelände) estate; (Gründung) foundation; (Boden) ground [geo]; (Gelände) land; (Bau-) plot; (Baustück) real estate; (Boden) soil [geo]
Grund, tragfähiger - *m* bearing soil [geo]
Grundablass *m* bottom discharge conduit [was]; bottom emptying gallery [wba]; bottom outlet [was]; dewatering conduit [was]
Grundablassschieber *m* bottom sluice gate [wba]
Grundabtretungsverfahren, bergbauliches - *n* acquisition procedure based on the Mining Code
Grundanforderung *f* prerequisite
Grundanstrich *m* primary coat [met]; primer [met]; (Schicht) primer coat [met]; priming coat [met]; undercoat [met]
Grundanstrichfarbe *f* priming paint [met]
Grundbagger *m* basic shovel [tib]

Grundbau *m* earthwork and foundations; foundation engineering; soil engineering [tib]

Grundbaustein *m* fundamental building block; fundamental structural unit

Grundbedürfnis *n* basic need

Grundbesitz *m* ownership of land [eco]; property [eco]

Grundbesitz, lastfreier - *m* (Immobilie) unencumbered property [eco]

Grundbesitz, unbelasteter - *m* (Immobilie) unencumbered property [eco]

Grundbestandteil *m* basic ingredient [met]

Grundbruch *m* shear failure [geo]; (Standsicherheit) soil failure

Grundbruch, hydraulischer - *m* seepage failure [was]

Grundbuch *n* cadastral register [com]; cadastre; land and property register; land register [com]; (<B>) land-register; (<A>) real estate register [com]; register of real estates

Grundbuch-Blatt *n* page of land register [jur]

Grundbuchamt *n* land registry [com]; registry of deeds [com]

Grundbuchauszug *m* abstract from the land register; cadastral map excerpt [jur]

Grundbucheintrag *m* entry in the land register [com]

Grundbucheintragung *f* land ownership registration; land registration [jur]

Grunddienstbarkeit *f* easement [jur]

Grundeigentum *n* ownership of land [eco]; property [eco]

Grundeinsatzzeit *f* basic period of use

Grundelement *n* basic element

Grunderwerbskosten *pl* land acquisition costs [eco]

Grunderwerbsnebenkosten *pl* ancillary costs of land acquisition [eco]

Grunderwerbsteuer *f* land transfer duty [jur]; land transfer tax [jur]; tax on land acquisition [jur]

Grundfarbe *f* bottom colour [met]; ground colour [met]; priming colour [met]

Grundfarbstoff *m* basic dye [met]

Grundfläche *f* (Gelände, Gebiet) area; base area [des]; built surface area; (Gebäude) floor area [des]; (Gebäude) floor space; (Gebäude) ground area; (Gebäude, u.a.) ground plane [des]; (Sohle) sole

Grundflächenbedarf *m* floor space requirement

Grundflächenzahl *f* land utilization ratio [com]; lot coverage [com]; site cover; site coverage [com]; site-occupancy index

Grundflächenzuwachs *m* increase in base surface [des]

Grundfließbild *n* block flow diagram [des]

Grundgebirge *n* (kristalliner struktur) basal complex [geo]

Grundgeräusch *n* ambient noise [aku]; background noise [aku]; basic noise [aku]

Grundgerüst *n* basic framework

Grundgestein *n* bedrock [geo]

Grundgewebe *n* backing fabric [met]; base fabric [met]

Grundieranstrich *m* first coat [met]; priming coat [met]

Grundieren *n* (Anstrich) priming [wer]

Grundierfarbe *f* bottoming dyestuff [met]; primer [met]; priming paint [met]

Grundierfarbstoff *m* bottoming colour [met]

Grundierfirnis *m* filler [met]; priming varnish [met]

Grundierlack *m* primer [met]

Grundiermasse *f* sizing material [met]

Grundiermittel *n* primer [met]; wash primer [met]

Grundierschicht *f* priming coat [met]

Grundierung *f* (Anstrich) base coat [met]; (zum Aufkleben von Bahnen) bonding coat; primary coat [met]; prime coat [met]; undercoat [wer]

Grundkonstruktion *f* basic structure

Grundkonzept *n* basic concept

Grundkreisradius *m* base radius [des]

Grundlack *m* base lacquer [met]; bottom lacquer [met]; prime lacquer [met]

Grundlagen für die Verarbeitung *pl* guidelines regarding workmanship [wer]

Grundlagenermittlung *f* basic ascertainment

Grundlast *f* base-load [pow]; ground rent [eco]

Grundlastbetrieb *m* base-load duty [pow]; base-load operation [pow]

Grundlastkraftwerk *n* base-load power station [pow]

Grundlastleistung *f* base-load performance [pow]

Grundleistung *f* base capacity [pow]; base power [pow]

Grundleitung *f* drainage system [was]; house drain [was]

Grundlinie *f* body line [des]

Grundloch *n* bottom hole

Grundmaß *n* basic size [des]

Grundmasse *f* filler [met]; (Keramik) main fill [met]

Grundmaterial *n* (tragendes Material) backing material [met]; (Trägermaterial) base material [met]; (Basismaterial) basic material [met]; (Basismaterial) key material [met]; (Trägermaterial) substrate [met]

Grundmauer *f* base wall; basement; basement wall; foundation wall; masonry foundation wall

Grundmauerschutz *m* base wall protection

Grundmauerwerk *n* foundation brickwork

Grundmischung *f* master batch [met]; mother stock [met]

Grundmörtel *m* grubstone mortar
Grundpacht *f* ground rent [eco]; land rent [eco]
Grundpfeiler *m* main support; starter column; supporting pier
Grundplatte *f* base slab; bed plate; floor plate; head plate
Grundprinzip *n* basic concept
Grundrauschen *n* basic noise [elt]
Grundriss *m* ground sketch [des]; horizontal section [des]; plan
Grundriss, flexibler - *m* flexible layout [arc]; flexible plan [arc]
Grundriss, offener - *m* open plan [arc]
Grundriss, unregelmäßiger - *m* free form plan
Grundriss, variabler - *m* variable plan [arc]
Grundrissdimetrie *f* ground dimetric projection [des]
Grundrissebene *f* ground projection plane [des]
Grundrissplan *m* ground plan [des]
Grundrisszeichnung *f* layout drawing [des]; plan view drawing [des]
Grundsanierung *f* (Altbau komplett sanieren) extensive refurbishment; (Altbau komplett sanieren) fundamental refurbishment
Grundschaltung *f* base circuit [elt]; basic circuit [elt]
Grundschuld *f* land charge [eco]
Grundschwelle *f* ground plate; (Holzbau) sill
Grundschwingung *f* fundamental oscillation [phy]; fundamental vibration [phy]
Grundstein *m* foundation-stone
Grundstein, den - legen lay the foundation-stone
Grundsteinlegung *f* foundation ceremony; laying of the foundation-stone
Grundsteuer *f* land tax [jur]; property tax [jur]; real estate tax [jur]
Grundstoff *m* (Ausgangsmaterial) basic material [met]; (Ausgangsmaterial) parent material [met]; (Ausgangsmaterial) primary material [met]; (Rohstoff) raw material [met]; (Ausgangsmaterial) starting material [met]
Grundstrom *m* residual current [elt]
Grundstück *n* (Bauplatz) building site; (größeres) estate; piece of land; plot; plot of land; premises; real estate; (Baugrundstück) site
Grundstück, angrenzendes - *n* adjacent land; adjacent property
Grundstück, baureifes - *n* developed property [com]
Grundstück, bebautes - *n* build-up plot; built-up property [com]; developed property [com]
Grundstück, belastetes - *n* polluted site
Grundstück, benachbartes - *n* adjacent plot
Grundstück, dienendes - *n* servient lot [com]
Grundstück, eingezäuntes - *n* enclosure
Grundstück, freies - *n* freehold property [com]

Grundstück, gewerbliches - *n* commercial property [com]; industrial property [com]
Grundstück, herrschendes - *n* dominant lot [com]
Grundstück, unbebautes - *n* undeveloped plot; undeveloped property [com]; (<A>) vacant lot; vacant site [com]
Grundstück, unerschlossenes - *n* undeveloped plot
Grundstück, Zubehör eines -s *n* appurtenances of a plot
Grundstücke, anliegende - *pl* adjoining premises
Grundstückgrenze *f* boundary of a plot
Grundstückkaufvertrag *m* land purchase contract [eco]
Grundstücksbeleuchtung *f* site lighting [elt]
Grundstücksbewässerung *f* site irrigation [was]
Grundstücksbewertung *f* property appraisal [eco]; real estate appraisal [eco]
Grundstücksbreite *f* lot width
Grundstückseigentümer *m* owner of the land [eco]
Grundstückseigentum *n* freehold [eco]; (mit Gebäuden) real estate [eco]; real property [eco]
Grundstücksentwässerung *f* building drainage [was]; drains [was]; private sewerage system [was]
Grundstücksentwässerungsanlage *f* building-drainage system [was]
Grundstücksentwicklung *f* (Erschließung, usw.) site development
Grundstückserschließung *f* land development
Grundstücksfläche *f* plot area; site area [com]
Grundstücksgrenze *f* land boundary; plot boundary; property line
Grundstücksgrenzen *pl* site boundaries [com]
Grundstücksgröße *f* plot size
Grundstückskauf *m* land purchase [eco]
Grundstückskaufvertrag *m* contract for the sale of land [jur]; land purchase contract [eco]; real property purchase agreement [jur]
Grundstückskosten *pl* site costs [eco]
Grundstücksmarkt *m* land market [eco]; market for land [eco]
Grundstückspacht *f* ground lease [eco]
Grundstücksspekulation *f* property speculation [eco]
Grundstückstiefe *f* lot depth
Grundstücksübertragungsvertrag *m* land transfer contract [eco]
Grundstücksumgebung *f* site surrounding
Grundstücksverbesserung *f* site improvement
Grundstücksverkauf *m* land sale [eco]
Grundstücksverkehrgenehmigung *f* transaction approval for real property [jur]
Grundstücksvermessung *f* property survey; real estate survey
Grundstücksverwaltung *f* property management [eco]

Grundstücksverwertung *f* property development [eco]

Grundstücksvorbereitung *f* (für Bauvorhaben) site preparation

Grundstückswert *m* plot value [eco]; site value [eco]

Grundverfestigung *f* basic work hardening

Grundvermögenssteuer *f* real estate tax [jur]

Grundwasser *n* groundwater [was]; subsoil water [was]; subsurface water [was]

Grundwasser, schwebendes - *n* vadose water [was]

Grundwasserabdichtung *f* subsoil water packing [geo]; waterproofing [tib]

Grundwasserabfluss *m* groundwater discharge [was]; subsurface flow [was]; subsurface run-off [was]

Grundwasserabsenkung *f* drawdown [was]; groundwater lowering [was]; groundwater recession [was]

Grundwasserabsenkungsanlage *f* (Baugrube) dewatering installation [tib]; groundwater lowering system [was]

Grundwasserader *f* groundwater artery [was]

Grundwasserangebot *f* groundwater resources [was]

Grundwasseranreicherung *f* artificial groundwater recharge [was]; groundwater recharge [was]

Grundwasseranreicherungsgebiet *n* recharge area [was]

Grundwasserausbruch *m* upwelling [was]

Grundwasserbarriere *f* groundwater barrier [was]

Grundwasserbecken *n* groundwater basin [was]

Grundwasserbeschaffenheit *f* groundwater characteristics [was]; groundwater composition [was]; groundwater state [was]

Grundwasserbilanz *f* groundwater balance [was]

Grundwasserdargebot *n* groundwater yield [was]

Grundwasserdeckschichten *pl* groundwater stacking [was]

Grundwasserdruck *m* groundwater pressure [was]

Grundwassereinzugsgebiet *n* groundwater basin [was]

Grundwasserentnahme *f* extractions of groundwater [was]; groundwater extraction [was]

Grundwassererhaltung *f* groundwater conservation [was]

Grundwassererkundung *f* groundwater exploration [was]

Grundwasserganglinie *f* (Hydrologie) well hydrograph [was]

Grundwassergebiet *n* groundwater catchment area [was]

Grundwassergefährdung *f* endangering of groundwater [was]; groundwater endangering [was]

Grundwassergleiche *f* (Hydrologie) isopiestic line [was]

Grundwasserhöhenlinie *f* groundwater contour line [was]; isopiestic line [was]; water table contour [was]

Grundwasserhorizont *m* groundwater horizon [was]; groundwater table [was]; water-bearing complex [was]

Grundwasserhydrologie *f* groundwater hydrology [was]

Grundwasserkörper *m* groundwater body [was]

Grundwasserleiter *m* aquifer [was]; water-bearing horizon [was]

Grundwassernutzung *f* groundwater use [was]; groundwater utilization [was]

Grundwasserqualität *f* groundwater quality [was]

Grundwasserreservoir *n* (Reservoir, das mehr als 50% des Grundwassers einer Region liefert) sole source aquifer [was]

Grundwasserschutz *m* groundwater protection [was]

Grundwasserspeicher *m* groundwater reservoir [was]

Grundwasserspende *f* groundwater discharge [was]

Grundwassersperre *f* groundwater dam [was]

Grundwassersperrschicht *f* confining bed [was]

Grundwasserspiegel *m* groundwater table [was]; subsoil water level [was]; water table [was]

Grundwasserspiegelgefälle *n* water table gradient [was]

Grundwasserspiegelschwankung *f* fluctuation of water table [was]

Grundwasserstand *m* groundwater level [was]; groundwater table [was]

Grundwasserströmung *f* groundwater flow [was]; groundwater stream [was]; underground flow [was]

Grundwasserverschmutzung *f* groundwater contamination [was]; groundwater pollution [was]

Grundwasserverseuchung *f* contamination of groundwater [was]

Grundwasserversorgung *f* groundwater supply [was]

Grundwasservorkommen *n* groundwater resources [was]

Grundwasservorrat *m* groundwater storage [was]

Grundwehr *n* drowned weir [wba]; submerged weir [wba]

Grundwerkstoff *m* base material [met]; (Ausgangsmaterial) parent material [met]; (Ausgangsmaterial) starting material [met]

Gruppenalarm *m* zone alarm [asi]

Gruppenindex *m* group index

Gruppenraum *m* group room [wer]

Gruppenstärke *f* group size [wer]

gruppiert clustered

Grus *m* (Feinkorn) fines [met]

Güteklasse *f* grade; quality class; quality grade
Gütenorm *f* performance standard; quality standard
**Güter, gefährliche - ** *pl* dangerous goods [met]
Güteraufzug *m* material hoist
Güterbahnhof *m* (<A>) freight station [tra]; (<B>) goods station [tra]; (Bahn) goods yard [tra]
Güterkraftverkehr *m* road haulage [tra]
Güterschuppen *m* freight depot [tra]; freight shed [tra]; goods depot [tra]; goods shed [tra]
Güterverkehrszentrum *n* goods transport centre [tra]
Gütestufe *f* grade
Güteüberwachung *f* quality control
Gütevorschrift *f* quality specification
Gully *m* drain [was]; gully [was]; street inlet [was]
Gummi *m* rubber [met]
Gummiband *n* elastic band [met]; elastic ribbon [met]; rubber tape [met]
Gummibeschichtung *f* rubber coating [met]
Gummibitumen *m* rubberized asphalt [met]
Gummidichtung *f* rubber gasket [met]; rubber joint [met]; rubber seal [met]
Gummieren *n* (Innenverkleidung) rubber lining [met]; (Schicht) rubber-coating [met]; rubberizing [met]
Gummierung *f* (Außen-) rubber coating [met]; (Innen-) rubber lining [met]
Gummikabel *n* rubber cable [elt]; rubber-insulated cable [elt]
Gummiwischer *m* rubber wiper [wzg]
Gurt *m* (Fördergurt) belt; (z.B. Fachwerk, Fachwerkträger) boom [stb]; (Band) chord; (Fachwerkträger) chord; (z.B. Fachwerk, Fachwerkträger) chord [stb]; flange [stb]; (Profilträger) flange
Gurtanschluss *m* belt connector
Gurtband *n* belt-band [met]; rubber belt [met]
Gurtbandförderer *m* band conveyor [prc]; belt conveyor [prc]
Gurtbecherwerk *n* belt bucket elevator [prc]; belt-and-bucket elevator [prc]; belt-type bucket elevator [prc]
Gurtblech *n* flange steel plate [stb]
Gurtbogen *m* (Gotik) transverse arch [arc]; (Tonnengewölbe) transverse rib
Gurtbreite *f* (z.B. eines Blechträgers) flange width [stb]
Gurtförderband *m* belt conveyor [prc]
**Gurtförderer, fahrbarer - ** *m* portable belt conveyor
Gurtkonsole *f* (Spundwand) supporting console
Gurtplatte *f* boom plate [stb]; cover plate [stb]; flange plate [stb]
Gurtplattenanschluss *m* flange plate connection [stb]
Gurtplattenstoß *m* flange plate joint [stb]

Gurtquerschnitt *m* (Fachwerk) chord section [stb]; (Blechträger) flange section [stb]
Gurtrohrzange *f* strap wrench [wzg]
Gurtsims *m* fascia
Gurtstab *m* chord member
Gurtstoß *m* (Gurtplattenstoß) flange joint [stb]; flange splice [stb]; (Spundwand) splice
Gurtstoßschraube *f* (Spundwand) splicing bolt
Gurttragrolle *f* supporting roller [tec]
Gurtung *f* chording; waler; (Spundwand) waling
Gurtungsstab *m* boom member
Gurtversteifung *f* boom bracing; boom stiffening; chord bracing; flange stiffening [stb]
**Gurtwerk, fallschirmartiges - ** *n* parachute-type harness [asi]
Gurtwinkel *m* clip angle; flange angle [stb]
Gurtwinkelstoß *m* flange-angle splice
Guss *m* (Gusseisen) cast iron [met]
Gussasphalt *m* floated asphalt [tib]; hot-rolled asphalt [met]; mastic asphalt; mastic flooring; melted asphalt [met]; poured asphalt
Gussasphaltestrich *m* asphaltic screed
Gussbeton *m* cast concrete [bon]; chuted concrete [bon]; moulded concrete [bon]; poured concrete [bon]
Gussbetonrohr *n* cast concrete pipe [was]
Gusslegierung *f* cast alloy [met]
Gussstahl *m* cast steel [met]
Gussstück *n* casting [met]
Gut *n* commodity
gut fließend (Schüttgut) good-flowing [prc]
**Gut, gemahlenes - ** *n* ground material [met]
**Gut, körniges - ** *n* granulate [met]
**Gut, schwer siebbares - ** *n* hard to screen material [met]
**Gut, ungesiebtes gebrochenes - ** *n* (aus Brecher) crusher run [met]
Gutachten *n* expert evaluation; expertise
Gutachten zu Baugesuchen *n* expert's report on building applications
**Gutachten, ökologisches - ** *n* expert's environmental report
Gutaustrag *m* discharge [prc]
Gutbett-Walzenmühle *f* high-pressure grinding roller [prc]

H

H-Kraft *f* (horizontaler Druck, Wind) H-force
Haargips *m* fibre gypsum [met]; haired gypsum [met]
Haarnadelkurve *f* hairpin bend [tra]; hairpin curve [tra]; hairpin turn [tra]
Haarnetz *n* hair net [asi]
Haarriss *m* capillary crack [met]; capillary fissure [met]; capillary flaw [met]; hairline crack [met]; microcrack [met]
hämmern *v* strike
Hängebauwerk *n* suspension structure
Hängebrücke *f* rope bridge; suspension bridge
Hängebrücke, in sich versteifte - *f* self-anchored suspension bridge
Hängebrückenpylon *m* suspension bridge tower
Hängebühne *f* (Arbeitsbühne) suspended platform
Hängedecke *f* drop ceiling; hung ceiling; suspended ceiling
Hängegerüst *n* cradle; flying scaffold; hanging stage; suspended scaffold; suspended scaffolding
Hängegurtung *f* suspension boom
Hängekonstruktion *f* suspended construction system; suspended structure; suspender frame
Hängekran *m* overhead travelling crane
Hängekuppel *f* spherical dome; spherical dome [arc]
Hängelager *n* suspension bearing
Hängelampe *f* pendant-light [elt]; suspended lamp [elt]
Hängeleiter *f* hook ladder; suspension ladder
hängend pendant; suspended
hängendes Gerüst *n* flying scaffold
Hänger *m* (Hängestange) suspender [stb]; (Hängebrücke) suspender rope; (Hängestange) suspension rod [stb]
Hängerkonsole *f* (Brücke) suspender connection bracket
Hängesäule *f* king post; (Hängewerk) queen post; truss post [stb]
Hängeschiene *f* suspended rail; suspension rail
Hängeseil *n* suspension rope ; (Brücke) suspender rope
Hängestabanschluss *m* hanger connection [stb]
Hängestange *f* (Brückenbau) hanger; suspended rod; (Brückenbau) suspender; (Brücke) suspension rod [stb]
Hängestange aus Vollstahl *f* (Brücke) solid steel suspension rod [stb]
Hängestrebe *f* suspension strut
Hängetür *f* overhung door

härtbar (Kunststoffe) curable [met]; (Metalle) hardenable [met]; (Stahl) temperable [met]
Härtbarkeit *f* (Kunststoffe) curability [met]; (Metalle) hardenability [met]
Härtebestimmung *f* hardness testing [any]
Härtebildner *m* hardness component [met]
Härtegrad *m* temper [met]
Härtekammer *f* (Betonfertigwaren) curing chamber [roh]; (Betonfertigwaren) curing room [roh]
Härtemessung *f* hardness measurement [any]
härten *v* (Kunststoff) cure [met]; harden [met]; (Metall, Glas) temper [met]
Härten *n* hardening [met]
Härten durch Kalthämmern *n* hammer-hardening [met]
Härten in Luft *n* air-hardening [met]
Härteprobe *f* curing schedule [any]
Härteprüfer *m* durometer [any]; hardness tester [any]
Härteprüfgerät *n* hardness tester [any]
Härteprüfung *f* hardness test [any]
Härteprüfverfahren *n* hardness test procedure [any]
Härteriss *m* hardening crack [met]
Härtetemperatur *f* (Metalle) setting temperature [met]
Härtetiefe *f* hardened depth [met]
Härtung *f* hardening [met]
Härtungsgeschwindigkeit *f* curing rate [met]; curing speed [met]
Härtungsmittel *n* (z.B. für Beton) hardener [met]
Härtungsschwund *m* (Kunststoffe) curing shrinkage [met]
Härtungszeit *f* curing time [met]
häufen *v* pile up
Häufigkeitsanalyse *f* frequency analysis [any]
Häuserblock *m* block of dwellings; block of houses
Häuserflucht *f* row of houses
Häuserfront *f* row of houses
Häusermeer *n* mass of houses
Häuserreihe *f* row of houses
Häuserzeile *f* row of houses
häusliche Sicherheit *f* home safety
Hafen *m* (<A>) harbor [tra]; (<B>) harbour [tra]; (Handels-) port [tra]
Hafenaushub *m* dredging spoil [wba]
Hafenbecken *n* harbour basin [tra]; port basin [tra]
Hafendamm *m* jetty; mole [tra]; pier [tra]
Hafengleis *n* (Bahn) dock line [tra]; (Bahn) quay line [tra]
Hafenmole *f* mole [tra]
Hafenpier *n* harbour jetty [tra]; pier [tra]
Hafenschleuse *f* harbour lock [tra]
Hafenschlick *m* harbour slime [rec]; harbour sludge [rec]

Hafensohle f harbour bottom [tib]
Haftbarkeit f liability [jur]
Haften n (Anhaftung) adhesion [phy]
haftend adherent [met]; adhesive [met]
Haftfähigkeit f adhesion [phy]; adhesive power [met]; adhesiveness [met]
Haftfestigkeit f adhesive power [met]; adhesive strength [met]; bond strength [met]; bonding strength [met]; cohesion [phy]
Haftfestigkeitsverbesserer m adhesion promoting agent [met]; wetting agent [met]
Haftfläche f adherent surface [met]
Haftgrund m (für Farben) paint base [met]; primer [met]; (für Farben) wash primer [met]
Haftgrundierung f primer coating [met]
Haftgrundmittel n (für Farben) wash primer [met]
Haftkorn n adherent particles
Haftkraft f adhesional power [phy]; adhesive force [phy]
Haftlänge f bond length
Haftmasse f adhesion agent [met]; adhesive [met]
Haftmittel n adhesion agent [met]; adhesive agent [met]; bonding agent [met]; stick agent [met]; adhesive [met]
Haftmörtel m adhesive mortar; bonding mortar
Haftpflicht f (für Schaden) defects liability [jur]
Haftpflichtbestimmungen, gesetzliche - pl statutory liability regulations [jur]
Haftpflichtversicherung f liability insurance [jur]
Haftprimer m adherence primer [met]
Haftputz m bond plaster; bonding finish; bonding plaster [met]; concrete bond
Haftputzgips m bond gypsum plaster [met]; bonding plaster [met]
Haftputzmörtel m adhesive mortar
Haftreibung f adhesive friction [phy]; cohesive friction [phy]; static friction [phy]
Haftreibungsbeiwert m static coefficient of friction [phy]
Haftreibungskoeffizient m coefficient of static friction [phy]
Haftreiniger m bonding primer [met]
Haftschlämme f bonding mortar coat [met]
Haftspannung f adhesive stress [phy]
Haftung f adhesion [phy]; (Verbindung) bond [met]; liability [jur]
Haftungsausschluss m exclusion of liability [jur]
Haftunterbrecher m (Glaserei) bond breaker [met]
Haftverbesserer m coupling agent [met]
Haftverbund m adhesive bond; adhesive bonding [met]; bonding; gripping
Haftvermittler m adhesion promoter [met]
Haftvermögen n adherence [met]; adhesion power [phy]; adhesive force [phy]; adhesiveness [met]; bond strength [met]
Haftverstärker m adhesion promotor [met]

Haftwasser n adsorbed water; contact water; interstitial water [phy]; retained water
Haftzugfestigkeit f adhesive tensile strength [met]
Hahnenbalken m ridge beam; roof beam; (Dachkonstruktion) stop beam
Haken m (Kralle, Klaue) claw; hook
Haken, drehbarer - m shivel hook
Hakenanker m hook anchor
Hakenlast f hook load
Hakenleiter f hook ladder
Hakennagel m wall hook
Hakensicherung f (am Kran) safety catch
halb fertig half-finished; semi-finished
halbautomatisch semi-automatic
Halbbinder m half-truss [stb]
Halbdach n pent roof
halbdurchscheinend semi-transparent
Halbelement n (Bauteil) semi-member
halbellipsenförmig hemiellipsoidal
Halbfeuerfestbeton m semi-refractory concrete [bon]
Halbfuge f halving joint
halbgebrannt semi-burnt
Halbgeschoss n entresol; mezzanine
Halbgesichtsmaske f half mask [asi]
Halbhydrat n semihydrate [che]
halbkontinuierlich semicontinuous
Halbkreisbogen m round arch [arc]; semicircular arch
halbkreisförmig semicircular
Halbkuppel f (Baukunst) semi-dome [arc]
Halbleiterdetektor m semiconductor detector [any]
Halbleiterrelais n solid-state relay [elt]
Halbleitersensor m semiconductor sensor [any]
Halbmaske f half mask [asi]; (Atemschutz) half mask [asi]
Halbmetall n semi-metal [met]
Halbmondöffnung f lunette
Halbnassverfahren n semi-wet process
Halbparabelträger m half-parabolic girder [stb]; half-parabolic truss [stb]; semi-parabolic girder [stb]
Halbrahmen m half frame
Halbraum m semispace
Halbrundkopfniet m button head rivet [stb]
Halbrundniet m button head rivet [stb]; half-round rivet [tec]; round-head rivet [tec]
Halbrundstahl m half-round steel [met]; half-rounds [met]
Halbsäule f (römische Baukunst) half-column [arc]; semicolumn [arc]
Halbschatten m half shadow
Halbschnitt m (Zeichnung) half view [des]; half-section [des]
Halbschnittzeichnung f half-section drawing [des]
Halbstahl m half-steel [met]; semisteel [met]

Halbstein *m* half block
halbsteinstark half-brick thick
Halbsteinwand *f* half-brick wall
halbversenkt (Niet, Schraube) half-sunk [tec]
Halbwölber *m* (Ziegel) side arch brick
Halbwölbstein *m* shallow arch brick
Halbzeug *n* semi-finished product [met]; semiproducts [met]; semis [met]
Halbziegel *m* half-bat; half-brick
Halde *f* (Deponie) dump [rec]; (Haufen) heap [rec]; slope; (Deponie) waste dump [rec]
Haldenabzugsband *n* reclaiming conveyor
Haldenlagerung *f* piling
Haldenmaterial *n* stock material
Haldenräumer *m* reclaimer [roh]
Haldenrückverladung *f* stockpile re-handling
Haldenton *m* spoil clay [met]
Halle *f* (Eingang) entrance hall; (Hotel-, Theater-) foyer; (Saal, Gebäude) hall; (Flugzeug) hangar [tra]; (Hotel-, Theater-) lobby; (Eingang) reception hall; (Fabrik-) shed
Halle, mehrschiffige - *f* multi-nave hall; multi-nave shed
Halle, zweischiffige - *f* two-nave hall
Hallenbad *n* indoor swimming pool
Hallenbasilika *f* aisled church [arc]
Hallenbauten *pl* industrial shed structures
Hallengebäude *n* hall-type building
Hallenkirche *f* hall church
Hallenkonstruktion *f* hall-type structure
Hallenmanagement *n* (Immobilien) hall management
Hallenplan *m* (z.B. für Messen) plan of the halls
Hallenstütze *f* building column
Hallenstützenfundament *n* building column foundation
Hallradius *m* reverberatory radius [aku]
Halogenlampe *f* halogen bulb [elt]; halogen lamp [elt]
Halon-Feuerlöscher *m* (Brandschutz) halogenated-hydrocarbon extinguisher [asi]; (Brandschutz) halon extinguisher [asi]; (Brandschutz) halon fire extinguisher [asi]
Halsschweißnaht *f* web-to-flange weld [met]
Haltbarkeit *f* (Lagerfähigkeit) shelf life [met]; (Stabilität) stability
Haltbarkeitsdauer *f* working life [met]
Haltbarkeitsprüfung *f* shelf life test [any]; stability test [any]
Halteblech *n* fixing sheet [stb]; stiffener plate
Haltebucht *f* (an Straßen) bus bay [tra]; (<B>) lay-by [tra]; (<A>) turnout [tra]
Haltebucht für Busse *f* bus turnout [tra]
Halteglied *m* hold circuit [elt]
Haltegurt *m* body belt [asi]
Halteklammer *f* supporting bracket

Halteklemme *f* pinch clamp
Halteleine *f* anchor rope [asi]; arresting line [asi]; securing line [asi]
Haltelinie *f* (Vorfahrt) give way line [tra]; (Straße) stop line [tra]; yield line [tra]
halten, feucht - *v* keep moist
Haltepunkt *m* (Bahn) flagstop [tra]; stopover [tra]; stopping point [tra]
Halterelais *n* holding relay [elt]
Halteriemen *m* suspender strap [asi]
Halterung *f* fixing device; (Befestigung) fixture; mount; mounting support; support
Halteschraube *f* fixing bolt
Halteseil *n* guy wire; holding rope; safety lanyard [asi]
Haltespur *f* emergency stopping lane [tra]
Haltestab *m* holding rod
Haltestelleninsel *f* (- für Busse) bus stop island [tra]; (Straßenbahn) tram-stop island [tra]
Haltestreifen *m* emergency stopping lane [tra]
Haltestrom *m* holding current [elt]; sealing current [elt]
Haltevorrichtung *f* jig; locking device; support
Hammer *m* (Ramme) ram [wzg]
Hammer mit runder Bahn *m* ball-peen hammer [wzg]
Hammerbär *m* hammer tup [wzg]; hammer-head [wzg]; striker [wzg]
Hammerbohrmaschine *f* hammer drill [wzg]
Hammerbrecher *m* hammer crusher [roh]; swing hammer crusher [roh]
Hammerfinne *f* hammer peen [wzg]
Hammerkopfkran *m* hammer-head crane
Hammermühle *f* hammer mill [prc]
Hammermühlenschläger *m* swing hammer [prc]
Hammernieten *n* hammer riveting [wer]
Hammerschlaganstrich *m* hammer finish [met]
Hammerschlaglack *m* hammer finish [met]; hammer metal finish [met]
Hammerschlaglackierung *f* hammer finish [met]
Hand, von - manually [wer]
Handaufgabe *f* hand feed [wer]
Handaufzug *m* hand hoist
Handbeschickung *f* hand feed [wer]
Handbetrieb *m* hand operation
Handbohrer *m* breast drill [wzg]
Handbrause *f* hand shower; shower handset [tga]
Handdrehbohrung *f* auger boring
Handeisenschere *f* hand steel shears
Handelsbaustahl *m* mild steel [met]
Handelseisen *n* commercial iron [met]
Handelsgüte *f* commercial grade [eco]
Handelsholz *n* commercial wood [met]
Handelsklasse *f* grade
Handelsqualität *f* grade [eco]
Handelsstabstahl *m* merchant bar [met]

Handelsstadt *f* commercial town [com]
handelsüblich standard
Handelszentrum *n* commercial centre
Handentrostung *f* manual rust removal [met]
Handfeuerlöscher *m* (Brandschutz) portable fire extinguisher [asi]
handgeführt (Geräte) hand-guided [tib]
Handhabung *f* (Gebrauch) use
Handkran *m* hand-operated crane
Handlampe *f* hand-lamp; pocket lamp [elt]; portable lamp
Handlauf *m* hand bar; handrail; (Treppe) string
Handlauf bei Gerüsten *m* guardrail upright
Handlaufhalterung *f* handrail support
Handlaufschiene *f* retaining rail
Handleiste *f* (Geländer) top rail
Handlichtbogenschweißen *n* manual shielded metal arc welding [wer]
Handlöschgerät *n* hand-held extinguisher [asi]
Handlungsbedarf *m* need for action
Handlungsraum *m* operative space [arc]
Handmanschette *f* cuff [asi]
Handmesseinrichtung *f* manual measuring equipment [any]; manual measuring unit [any]
Handmessung *f* manual measurement [any]
Handmischen *n* (Beton, u.a.) hand-mixing [wer]
Handmischung *f* (Beton, u.a.) hand-mixing [wer]
handnieten *v* hand rivet [wer]
Handnieten, pneumatisches .- *n* (mit Presslufthammer) pneumatic hand riveting [wer]
Handnietung *f* hand riveting [wer]
Handprobe *f* hand specimen [any]
Handramme *f* hand-operated driver
Handschachten *n* shovel work
Handschachtung *f* manual excavation
Handschuh, isolierender - *m* insulating glove [asi]
Handschutz *m* hand guard [asi]
Handseilwinde *f* hand winch [tec]
Handsiebung *f* hand screening [any]; hand sieving [any]
Handstrichverfahren *n* (Verputz) hand-moulding procedure; (Ziegelherstellung) slop moulding [roh]
Handstrichziegel *m* hand-formed brick; hand-made brick; hand-moulded brick; (Lehmziegel) not compressed adobe brick
Handtuchhalter *m* towel holder; towel-rail
Handtuchspender *m* towel dispenser
Handwaage *f* hand scales [any]
handwarm lukewarm
Handwaschbecken *n* washbasin [tga]
Handwerker *m* tradesman [wer]
handwerklich relating to handicraft
Handwinde *f* hand winch [tec]
Handziegel *m* hand-formed brick; hand-made brick
Handzufuhr *f* hand feed [wer]
Hang *m* hillside [geo]; (Berg) slope [geo]

Hang, ansteigender - *m* acclivity [geo]
Hangabbau *m* hillside quarrying [roh]
Hangabtrag *m* slope wash [geo]
hangabwärts downslope
Hangböschung *f* hillside slope [geo]
Hangentnahme *f* hillside borrow [tib]
Hangerosion *f* slope erosion [geo]; slope wash [geo]
Hanglage *f* hillside location [geo]; location on a slope [geo]; (Trasse) side hill line [tra]; sloping location [geo]
Hangseite *f* sloping side
Hangsicherung *f* slope stabilization [tib]
Hangsprengung *f* hillside blasting [tib]
Hangterrasse *f* lynchet [geo]
Hangwasser *n* (Grundwasser) hillside water [was]; run-off water [was]
Harmonikatrennwand *f* concertina partition
Harmonikatür *f* sliding folding door
Harnstoffharz *n* urea resin [met]
Harnstoffharzformmasse *f* aminoplast moulding compound [met]; urea moulding compound [met]
Harnstoffkleber *m* urea resin adhesive [met]
hart (starr) rigid; (rau) rough; (fest) solid
hart gebrannt hard-baked [met]; hard-burnt [met]; hard-fired [met]; well-burnt [met]
hart gelötet brazed [met]
hart lötbar brazeable [met]
hart löten *v* braze [met]
hart werden *v* harden
Hart-PVC *n* high-density PVC [met]; rigid polyvinyl chloride [met]; rigid PVC [met]
Hartasphalt *m* hard asphalt [met]
hartauftraggeschweißt hard-faced [met]
Hartauftragschweißen *n* hard facing [wer]
Hartbelag *m* hard covering
Hartbeton *m* hard concrete [bon]
Hartboden *m* solid soil [geo]; sticky soil [geo]
Hartbrandziegel *m* well-burnt brick [met]
Hartfaser *f* hard fibre [met]
Hartfasermaterial *n* hard-fibre material [met]
Hartfaserplatte *f* hard fibreboard [met]; hardboard [met]; moulded fibreboard [met]
Hartfaserplatte, gelochte - *f* perforated hardboard [met]
Hartfolie *f* rigid film [met]
Hartgestein *n* hard rock [geo]
Hartgewebe *n* laminated cloth [met]; laminated fabric [met]
Hartgips *m* gypsum cement [met]
Hartglas *n* hard glass [met]; silica glass [met]; tempered glass [met]
Hartharz *n* hardened resin [met]; solid resin [met]
Hartholz *n* hardwood [met]
Hartlöten *n* brazing [wer]; hard-soldering [wer]
Hartlot *n* brazing solder [met]; hard-solder [met]

Hartmeißel *m* cold chisel [wzg]
Hartmetall *n* carbide metal [met]
Hartmetallbohrung *f* steel drill boring [tib]
Hartpolyäthylen *n* rigid polyethylene [met]
Hartputz *m* hard plaster [met]
Hartschaum *m* rigid foam [met]
Hartschaumkleber *m* rigid-foam adhesive [met]
Hartschaumplatte *f* expanded plastic slab [met]
Hartschaumstoff *m* rigid foam [met]
Hartschicht *f* (Bodenschicht) hard pan
Hartspachtelmasse *f* hard stopping [met]
Hartstahl *m* hardened steel [met]; high-carbon steel [met]
Hartstoff *m* hard aggregate [met]; hard solid [met]
Hartstoffeinstreuung *f* embedded hard aggregate [met]
Hartstoffestrich *m* granolithic concrete screed
Hartstoffmörtel *m* hard-wearing mortar [met]
Harz *n* resin [met]; (in hartem Zust.) rosin [met]
harzartig resin-like [met]; resinous [met]; rosiny [met]
Harzbildung *f* resinification [che]
harzgebunden resin-bonded [met]
harzhaltig resinous [met]
Harzkitt *m* resin cement [met]; resinous cement [met]; resinous putty [met]
Harzkleber *m* resin adhesive [met]; resin glue [met]
Harzkörper *m* resin solid [met]
Harzlack *m* resin varnish [che]
Harzleim *m* resin glue [che]; resin size [che]
Haube *f* (Kuppel) dome
Haubenkanal *m* (Fernwärmeleitung) dome-shaped duct; (für Fernwärmeleitungen) hooded channel
hauen *v* (hacken) hew
Haufen Aushub *m* stockpile of spoil [tib]
Haufendorf *n* (Siedlungsform) cluster village [com]
haufenweise in piles
Haufwerkfilter *m* bed filter [prc]
Hauptabflussleitung *f* master drain [was]
Hauptabmessung *f* main dimension [des]; overall dimension [des]; principal dimension [des]
Hauptabsperrhahn *m* main shut-off cock [was]
Hauptabwasserkanal *m* trunk sewer [was]
Hauptabwasserleitung *f* trunk sewer [was]
Hauptabwasserrohr *n* main drain [was]; main sewer [was]
Hauptachse *f* baseline [des]; main axis [sik]; main axis line [des]
Hauptanschluss *m* main line [pow]
Hauptansicht *f* face plan [des]; principal view [des]
Hauptausgang *m* main exit
Hauptbahnhof *m* central railway station [tra]; central station [tra]; main station [tra]
Hauptbalken *m* main beam

Hauptbauteil *n* major component
Hauptbauteil *m* key component [met]
Hauptbebauungsplan *m* master plan
Hauptbestandteil *m* major constituent [met]
Hauptbewehrung *f* main reinforcement [bon]
Hauptbrenner *m* main burner [pow]
Hauptbühne *f* (Arbeitsbühne) main platform
Hauptdeckenbalken *m* binder
Hauptdehnung *f* principal elongation [met]
Hauptdrän *m* main drain [was]
Hauptdurchgangsstraße *f* main thoroughfare [tra]
Haupteinfahrt *f* front gate [tra]; main gate [tra]
Haupteingang *m* front door; main entrance
Hauptentwässerungskanal *m* main drain [was]
Hauptentwässerungsleitung *f* main sewer [was]
Hauptfallrohr *n* main downcomer [was]
Hauptfassade *f* main façade [arc]
Hauptfeld *n* main span
Hauptfront *f* main elevation [arc]
Hauptgasleitung *f* gas main [pow]
Hauptgasrohr *n* main gas pipe [pow]
Hauptgebälk *n* principal
Hauptgebäude *n* main building; principal building
Hauptgeschäftsstraße *f* main shopping street [tra]
Hauptgeschoss *n* main storey
Hauptgleis *n* main track [tra]
Haupthafen *m* central port [tra]
Haupthahn *m* main cock [tga]; main tap [was]
Hauptkabel *n* main cable [elt]
Hauptkanal *m* feeder [prc]; main drain [was]; main sewer [was]
Hauptklemmenkasten *m* main terminal box [elt]
Hauptkrümmungsrichtung *f* principal direction of curvature [sik]
Hauptkühlkreis *m* primary coolant system [pow]
Hauptlager *n* main bearing
Hauptlagerzapfen *m* main journal
Hauptlast *f* principal load [sik]
Hauptleitung *f* (Wasser, Wärme) main pipe [pow]; mains [was]; supply mains [was]; trunk main [was]
Hauptleitungserdung *f* service ground [elt]
Hauptleitungsventil *n* range valve [pow]
Hauptmieter *m* main tenant
Hauptmieterin *f* main tenant
Hauptnaht *f* (Schweißnaht) main seam [met]; (Schweißnaht) principal seam [met]
Hauptnetz *n* main supply [elt]
Hauptniederlassung *f* headquarters [eco]
Hauptnutzfläche *f* ((HNF)) effective floor space [arc]
Hauptöffnung *f* (Brücke) main span [stb]
Hauptportal *n* main entrance
Hauptrahmen *m* mainframe
Hauptraum *m* (Gebäude, Kirche) main space [arc]

Hauptsammelkanal *m* main drain [was]; main sewer [was]; trunk sewer [was]

Hauptsammelschiene *f* main bus bar [elt]

Hauptsammelstraße *f* main collecting street [tra]

Hauptsammler *m* main drain [was]; main sewer [was]; trunk sewer [was]

Hauptschaltanlage *f* main switchgear [elt]

Hauptschalter *m* line switch [elt]; main breaker [elt]; main switch [elt]

Hauptschiffjoch *n* (mittelalterliche Kirche) bay of main vessel [arc]

Hauptschiffpfeiler *m* (in gotischen Kirchen) arcade pier [arc]

Hauptschiffsäule *f* (mittelalterliche Kirche) nave column

Hauptschlüsselanlage *f* master key system [tga]

Hauptschlussmaschine *f* series-excited machine [elt]

Hauptschlussmotor *m* series motor [elt]; series-wound motor [elt]

Hauptsicherung *f* main fuse [elt]

Hauptsitz *m* (Unternehmen) headquarters [eco]

Hauptspannung *f* main voltage [elt]; pricipal stress [sik]; primary stress [met]; primary voltage [elt]; principal stress [sik]

Hauptspannungsachse *f* principal axis of stress [sik]

Hauptspannungsebene *f* principal plane of stress [sik]

Hauptspannungsrichtung *f* direction of greatest stress [sik]

Hauptsparren *m* principal rafter

Hauptstraße *f* main street [tra]; (vorfahrtsberechtigte Straße) priority road [tra]

Hauptstrecke *f* (<A> Bahn) arterial railroad [tra]

Hauptstrom *m* main current [elt]; main flow [prc]; primary current [elt]

Hauptstromkreis *m* main circuit [elt]; power circuit [elt]

Hauptstütze *f* main column; mainstay

Hauptsystem, statisch unbestimmtes - *n* statically indeterminate principal system [sik]

Hauptträger *m* main column; main girder; main truss [stb]; supporting member

Hauptträgheitsachse *f* main axis of inertia [sik]

Hauptträgheitsmoment *n* principal moment of inertia [sik]

Haupttreppe *f* main staircase; main stairs

Hauptunterzug *m* main girder

Hauptverkehrsader *f* arterial route [tra]; (<A>) thruway [tra]

Hauptverkehrsstraße *f* (<A>) arterial highway [tra]; (<B>) arterial motorway [tra]; arterial road [tra]; main road [tra]; (städtisch) main throughfare [tra]; (entspr. Verkehrsader) spine road [tra]; trunk road [tra]

Hauptverkehrsstraßennetz *n* high-capacity road network [tra]

Hauptversorgungsstraße *f* main supply route [tra]

Hauptverteiler *m* main distributor [elt]

Hauptwasserleitung *f* delivery main [was]; water main [was]

Hauptzeichnung *f* general arrangement drawing [des]; general drawing [des]

Hauptzugspannung *f* principal tensile stress [sik]

Hauptzuleitung *f* feeder main [was]; main feeder [was]; transmission main [was]

Haus *n* (Häuserblock) block of flats; (Gebäude) building; (Heim) home; house

Haus mit versetzten Geschossebenen *n* split-level house

Haus, allein stehendes - *n* detached house

Haus, eigengenutztes - *n* owner-occupied building

Haus, frei stehendes - *n* detached house

Haus, leer stehendes - *n* vacant house

Haus, schwimmendes - *n* floating house

Haus, sonnengeheiztes - *n* solar house

Haus, vorgefertigtes - *n* prefabricated house

Haus- indoor

Hausabbruch *m* house demolishing [rec]; housebreaking [rec]

Hausablauf *m* house outlet [was]

Hausabwässer *pl* home sewage [was]; house sewage [was]

Hausanlage *f* domestic installation [tga]

Hausanschluss *m* branch [was]; house connection line [elt]; (Fernwärme) house service connection [pow]; (Wasser, Abwasser, Strom) service connection; service pipe [was]

Hausanschluss, indirekter - *m* (Fernwärme) indirect house service connection [pow]

Hausanschlusserdung *f* service ground [elt]

Hausanschlusskabel *n* consumer's cable [elt]; service cable [elt]

Hausanschlusskasten *m* branch box [elt]; entrance box, service - [elt]; service entrance box [elt]; service line box [elt]; service switch cabinet [elt]

Hausanschlussleitung *f* house connection line [elt]; service line [elt]

Hausanschlussraum *m* house-connection room [tga]

Hausanschlussschacht *m* collection chamber [was]

Hausanschlusssicherung *f* service fuse [elt]

Hausbau *m* building construction; house building

Hausbesorger *m* (<B>) caretaker

Hausbestand *m* housing stock

Hausbewohner *m* (Mieter) tenant

Hausbewohnerin *f* (Mieterin) tenant

Hauseingang *m* front door

Hausentwässerung *f* building drainage [was]; domestic drainage [was]; house drainage [was]

Hausentwässerungsleitung *f* sanitary building drain [was]

Hausfeuerung *f* domestic firing system [pow]
Hausflur *m* hallway
Hausgrundstück *n* plot; property
Haushaltsabwasser *n* domestic sewage [was]
Haushaltsabwassersystem *n* household sewage
  system [was]
Haushaltsspüle *f* sink [tga]
Haushandwerker *m* in-house craftsman [wer]
Hausinstallation *f* domestic installation;
  (Elektroinstallation) home wiring [elt]; house
  wiring [elt]; indoor installation; indoor
  installation work; plumbing [tga]
Hausinstallationen *pl* service equipment
Hausinstallationskabel *n* indoor cable [elt]
Hausinstallationsschalter *m* house-wiring switch
  [elt]
Hauskläranlage *f* domestic sewage treatment plant
  [was]; domestic waste water treatment plant [was]
Hausleitsystem *n* building control system
Hausmeister *m* caretaker; (<A>) janitor
Hausmeisterin *f* caretaker; (<A>) janitor
Hausmodernisierung *f* home improvement
hausmüllähnlich domestic-type [rec]
Hausschwamm *m* dry rot [bio]
Haussignalanlage *f* home signalling equipment [elt]
Haussprechanlage *f* house telephone [elt]
Hausstation *f* (Fernwärme) heat substation [pow]
Hausstaub *m* house dust
Haustechnik *f* building services [tga]; domestic
  engineering; installations; mechanical services
  [tga]
Haustechniker *m* house technician [wer]
Haustür *f* building entrance door; front door;
  house door
Hausumbau *m* house alteration; remodelling
Hausverwaltung *f* building management
Hausverwaltungsgesellschaft *f* property
  management company [eco]
Hauswand *f* house wall
Hauswasserfilter *m* domestic water filter [tga]
Hauswasserversorgung *f* domestic water service
  [tga]; domestic water supply [tga]
Hauswasserversorgungsanlage *f* domestic water
  plant [tga]; domestic water supply [tga]
Hauszentrale *f* (Fernwärme) consumer installation
  [pow]
hautreizend skin-irritant [asi]
Hautschutzplan *m* (Arbeitsschutz) skin-protection
  plan [wer]
Hebeanlage *f* elevating plant; lifting tackle
Hebebaum *m* lever
Hebebock *m* lifting jack
Hebebock, hydraulischer - *m* hydraulic jack
Hebebühne *f* elevating platform; lifting platform;
  platform; raising platform
Hebekraft *f* lifting force [phy]

Hebekran *m* lifting crane
Hebekranführer *m* hoist operator
Hebel *m* lever
Hebelarm *m* lever arm [phy]
Hebelarm der inneren Kräfte *m* inner lever arm
Hebelgesetz *n* law of the lever [phy]
Hebelgestänge *n* leverage
Hebelkraft *f* leverage [phy]
Hebelwirkung *f* lever action
Hebemagnet *m* lifting magnet
Hebemaschine *f* hoisting machine
Hebemechanismus *m* lifting mechanism
heben *v* (anheben) elevate; (nach oben bewegen)
  lift
Heben *n* heave
Hebergefäß *n* siphon vessel [was]
Heberleitung *f* siphon pipe [was]
hebern *v* siphon
Heberpumpe *f* siphon pump [tga]
Heberrohr *n* siphon pipe [was]
Heberwirkung, rückläufige - *f* backsiphonage [was]
Hebeschiebebeschlag *m* (Fenster/Tür) lift and slide
  set
Hebeschiebeflügel *m* (Fenster/Tür) lift and slide
  casement
Hebevorrichtung *f* hoisting device; lifting
  appliance; lifting device; lifting gear
Hebewerk *n* hoist
Hebewinde *f* windlass
Hebezeug *n* (Kran) crane [wer]; hoisting
  appliance; hoisting equipment; hoisting gear
  [tec]; hoisting tackle [tec]; lifting appliance;
  lifting device
Heckaufreißer *m* rear-mounted ripper
Heckschild *n* rear blade [tib]
Heckwalze *f* rear roll [tib]
Heftlasche *f* strap
Heftnaht *f* (Schweißnaht) tack weld [met]
Heftniet *m* binding rivet [tec]; dummy rivet [tec];
  tack rivet [tec]; tacking rivet [tec]
Heftnieten *n* tack riveting [tec]
Heftnietung *f* (<A>) stitch riveting [stb]; tack
  riveting [tec]
Heftrand *m* (z.B. einer Zeichnung) filing margin
Heftschraube *f* temporary bolt [stb]
Heim *n* (z.B. Altersheim) home
Heimatstil *m* (Architektur) native style
Heißasphalt *m* hot-rolled asphalt [met]
Heißbindemittel *n* hot binder [met]
Heißbitumen *n* bitumen, hot - [met]; hot asphalt
  [met]; hot bitumen [met]; molten bitumen [met];
  penetration-grade bitumen [met]
Heißchmelzkleber *m* hot-melt adhesive [met]
Heißgaserzeuger *m* hot-gas producer [pow]
Heißkleber *m* hot-sealing adhesive [met]; hot-
  setting adhesive [met]

Heißklebung f hot sealing [wer]
Heißluftheizung f hot-air heating [pow]
Heißluftmotor m hot-air motor [pow]
Heißluftofen m hot-air oven [pow]
Heißplaniermaschine f (Straßenbau) asphalt heater-planer [tib]
Heißverklebung f (Dichtbahnen) hot bonding
Heißwasser n (Fernwärme) high-temperature water [pow]; hot water [pow]
Heißwasserbehälter m (hinter Kondensator) condenser hot well [pow]; (hinter Kondensator) hot well [pow]
Heißwasserbereiter m hot-water supplier [tga]; water-heater [pow]
Heißwasserbereitung f hot-water preparation [elt]
Heißwassererzeugung f hot-water generator [tga]
Heißwasserheizung f hot-water heating [tga]
Heißwasserkessel m hot-water boiler [pow]
Heißwasserrohr n hot-water pipe [tga]
Heißwasserspeicher m hot-water container [tga]; hot-water tank [tga]; storage heater [tga]; thermal storage water heater [tga]
Heizanlage f heating system [pow]
Heizapparat m heater [pow]; heating appliance [pow]
Heizband n heating strip [elt]; heating tape [elt]; strip heater [elt]
Heizdraht m resistance wire [elt]
Heizelement n heating element [pow]
Heizelementschweißen n thermo-compression welding [wer]
heizen v heat [pow]
Heizen n heating [pow]
Heizenergieeinsparung f heating-energy conservation [pow]
Heizfaden m heating filament [elt]
Heizgas n fuel gas [pow]; gaseous fuel [pow]
Heizgasbetrieb m fuel-gas operation [pow]
Heizgasbrenner m fuel-gas burner [pow]
Heizgaskessel m fire-tube boiler [pow]
Heizgerät n heater [pow]; heating appliance [pow]; heating device [pow]; heating unit [pow]; radiator [pow]
Heizgeräte pl heating equipment [pow]
Heizgradtag m (zur Bestimmung des Wärmebedarfs von Gebäuden) degree day [pow]; heating degree day
Heizkabel m heating cable [elt]
Heizkanal m (<B>) heating channel [pow]; heating duct [pow]; (<A>) heating passage [pow]
Heizkeilschweißen n heated-wedge pressure welding [wer]
Heizkessel m boiler [pow]; (Zentralheizung) central heating boiler [pow]; heating and hot water boiler [pow]; heating boiler [pow]

Heizkörper m convector heater [pow]; heater [pow]; heating element [pow]; radiator [pow]
Heizkörperarmatur f radiator valve [pow]
Heizkörperdämmung f radiator insulation
Heizkörperhalterung f radiator support [pow]
Heizkörperrippe f fin [pow]; gill [pow]
Heizkörperventil n radiator valve [pow]
Heizkörperverkleidung f radiator panelling
Heizkosten pl heating costs [pow]
Heizkostenabrechnungssystem n heating costs distribution system [eco]
Heizkostenrechnung f fuel bill [pow]
Heizkostenverteiler m heat costs apportioning device [pow]; heat costs distribution system [pow]
Heizkraftwerk n co-generating station [pow]; combined heat and power station [pow]; heat-and-power plant [pow]; heat-and-power station [pow]; thermal power plant [pow]; thermal power station [pow]
Heizkreis m heating circuit [pow]
Heizleistung f heating capacity [pow]; heating output [pow]; thermal energy [pow]; thermal output [pow]
Heizleiter m heating conductor [elt]
Heizleitung f heating conductor [elt]; (Fernwärme) heating pipeline [pow]
Heizluft f heating air [pow]
Heizmanschette f heating sleeve
Heizmantel m heating jacket [pow]
Heizmatte f heating mat [tga]
Heizmedium n heating medium [pow]
Heizmittel n fuel [pow]; heating material [pow]
Heizöl n fuel oil [pow]
Heizöl, leichtes - n light heating oil [pow]
Heizöl, schweres - n heavy fuel oil [pow]
Heizölbetrieb m fuel oil operation [pow]
Heizölverbrauch m fuel oil consumption [pow]
Heizpatrone f heating inset [pow]
Heizperiode f heating period [pow]
Heizradiator m heat radiator [pow]
Heizraum m combustion chamber [pow]; fire chamber [pow]
Heizrippe f fin [pow]; gill [pow]; radiator [pow]
Heizrohr n fire tube [pow]; heating pipe [pow]; heating tube [pow]; heating tube bundle [pow]
Heizschlange f heater coil [pow]; heating coil [elt]
Heizspirale f heating coil [elt]
Heizstab m heater rod [pow]
Heizstoff m fuel [pow]
Heizstrahler m radiant heater [pow]
Heizstromkreis m heating-current circuit [elt]
Heizstufe f (Gebäude) heat level [pow]
Heiztag m heating day [pow]
Heizung f (Zentralheizung) central heating [pow]; heating system [pow]
Heizung, elektrische - f electric heating [pow]

Heizung, induktive - *f* induction heating [pow]
Heizungsanlage *f* central heating plant [pow]; central heating system [pow]; domestic heating system [pow]; heating installation [pow]; heating plant [pow]
Heizungsanlagenverordnung *f* Ordinance on Heating Sytems [jur]
Heizungsarmaturen *pl* heating fittings [tga]
Heizungsisolierung *f* heating insulation [tga]
Heizungskeller *m* basement boiler room; heating cellar
Heizungssteuerung *f* (Anlage) heating control system [pow]
Heizungssystem, direktes - *n* direct heating system [pow]
Heizungssystem, indirektes - *n* indirect heating system [pow]
Heizungssystem, zentrales - *n* central heating system [pow]
Heizungstank *m* tank [pow]
Heizungstechnik *f* heating engineering [pow]
Heizvorrichtung *f* heater [pow]; heating device [pow]; heating plant [pow]
Heizwärme *f* heating energy [pow]
Heizwärmeabgabe *f* (Wärmeversorgung) thermal output [pow]
Heizwasser *n* heating water [pow]
Heizwasserrücklauftemperatur *f* heating water return temperature [pow]
Heizwassersystem *n* heating water system [pow]
Heizwasserumlauf, natürlicher - *m* natural water circulation [pow]
Heizwasserumwälzpumpe *f* heating water circulation pump [pow]
Heizwasserverteilungssystem *n* heating water distribution system [pow]
Heizwendel *f* heating spiral [pow]
Heizwerk *n* heating plant [pow]; heating station [pow]
Heizwert *m* calorific value; heating value [pow]
Heizwert, oberer - *m* gross calorific value [pow]; upper calorific value [pow]
Heizwert, unterer - *m* lower calorific value [pow]; lower heating value [pow]; net calorific value [pow]
Heizwertbestimmung *f* calorific value determination [any]
Heizwicklung *f* filament winding [pow]
Heizwiderstand *m* heating resistance [elt]; heating resistor [elt]
Heizzentrale *f* central heating plant [pow]
Hektar *m* (1 ha = 10 000 m^2) hectare
Heliumlecksucher *m* helium leak detector [any]
hellhörig badly sound-proofed [aku]; poorly noise insulated [aku]; poorly sound-proofed [aku]

Helligkeitsregler *m* dimmer [elt]; dimming control [elt]; light dimmer
Helling *f* building slipway [tib]
Helm *m* (Schutzhelm) helmet [asi]
Helmschale *f* hat shell [asi]
Helmschirm *m* visor [asi]
Hemmstoff *m* inhibiting substance [met]; retarding agent [met]
Hemmung *f* jamming [asi]
herauslösen *v* elute [che]; extract [che]; lixiviate [che]
herausragen *v* (aus einem Teil) project; protrude
herausragend overhanging
Herausspringen *n* (z.B. Brechergurt aus Brechmaul) belching [tec]
herauszeichnen *v* (Details aus Zeichnungen) draw separately [des]
Herauszeichnen von Einzelheiten *n* separate drawing of details [des]
Herdwagenofen *m* pushed car intermittent kiln [roh]
Herrenhaus *n* (historisch) hall; (historisch) manor; mansion
Herstellerdaten *pl* manufacturer's data
Herstellerempfehlungen *pl* manufacturer's recommendations
Herstellerprüfung *f* fabricator's test [any]; manufacturer's test [any]
Herstellervorschriften *pl* manufacturer's instructions
Herstellung *f* (Fertigstellung) completion [wer]
Herstellung des Grobplanums *f* reduced level excavation [tib]
Herstellungsaufwand *m* production costs [eco]
herstellungsbedingt processing-dependent
Herstellungskosten *pl* production costs [eco]
herstellungsrau (Beton) rough as cast [met]
Herstellungsverfahren *n* production method [wer]
heruntergekommen *v* (Gebäude etc.) run down [com]
herunterkippen *v* tip off
hervorbringen *v* yield
hervorstehen *v* project; protrude
hervorstehend projecting
Hilfeleistung *f* rescue; salvage
Hilfsarmierung *f* subsidiary reinforcement [bon]
Hilfsbewehrung *f* subsidiary reinforcement [bon]
Hilfseinrichtungen *pl* facilities
Hilfsfahrstraße *f* auxiliary route [tra]
Hilfsgebäude *n* ancillary building
Hilfsjoch *n* temporary frame
Hilfslinie *f* subsidiary line [des]
Hilfsmaß *n* auxiliary dimension [des]
Hilfsmittel *pl* supplies
Hilfsmittel *n* (Werkzeug) device
Hilfsmonteur *m* assistant fitter [tga]

Hilfspersonal *n* ancillary staff [wer]
Hilfsprojektion *f* (darstellende Geometrie) subsidiary projection [mat]
Hilfssicherheitsvorrichtung *f* backup safety device
Hilfsspannung *f* auxiliary voltage [elt]
Hilfsstab *m* auxiliary member
Hilfsstab, schräger - *m* auxiliary diagonal; sub-diagonal [stb]
Hilfsstab, senkrechter – *m* sub-vertical [stb]
Hilfsstoff *m* accessory agent [met]; adjuvant substance [met]; auxiliary agent [met]; auxiliary material [met]
Hilfsstromkreis *m* auxiliary circuit [elt]
Hilfsstütze *f* auxiliary support; provisional prop
Hilfsstütze, ausfahrbare - *f* outrigger
Hilfsträger *m* auxiliary girder
Himmelsstrahlung, diffuse - *f* (Wärmestrahlung) diffuse sky radiation [pow]
hineindrehen *v* (z.B. Schraube) turn inwards [wer]
Hinter- rear
Hinterausgang *m* back exit; rear exit
Hinterböschung *f* backslope [tib]
Hinterdeich *m* inner dyke [wba]
hintereinander anordnen *v* arrange in series
Hintereingang *m* back entrance; rear access; rear entrance
Hinterende des Hobels *n* heel [wzg]
Hinterfront *f* back façade; rear elevation [des]
hinterfüllen *v* fill in
Hinterfüllung *f* backfill; backfilling; backing; infill
Hintergrundgeräusch *n* ambient noise [aku]; background noise [aku]; (gegenüber Windenergieanlage) masking noise [aku]
Hintergrundwissen *n* background knowledge
Hinterhof *m* backyard; courtyard
Hinterkippentleerung *f* (Lkw) rear dumping [tra]
Hinterkippung *f* (Lkw) rear dumping [tra]
Hintermauerstein *m* backing brick
Hintermauerung *f* backing
Hinterpressdruck *m* (Tunnelbau) grouting pressure [tib]
Hinterradlenkung *f* rear steering [tib]
Hinterradwalze *f* rear roll [tib]
Hinterschnittdübel *m* undercut anchor
Hintertreppe *f* back stairs
Hintertür *f* back door; rear door
Hinterwasser *n* backswamp [wba]
Hinterzimmer *n* back room
Hinweisleuchte *f* signage lamp [asi]
Hinweisschild *n* signpost
Hinweistafel *f* information board
Hinweiszeichen *n* indication sign [asi]; information sign [asi]
hitzebeständig heat-proof [met]; heat-resistant [met]; heat-resisting [met]; refractory [met]

Hitzebeständigkeit *f* heat resistance [met]; heat-resisting quality [met]; high-temperature stability [met]; thermal stability [met]; thermostability [met]
Hitzeerträglichkeit *f* heat tolerance [asi]
hitzefest heat-proof [met]; heat-resisting [met]
Hitzeschutzanzug *m* heat-protective clothing [asi]; reflective suit [asi]
Hitzeschutzhandschuh *m* heat-resistant glove [asi]
Hitzeschutzkleidung *f* heat-proof clothing [asi]; heat-protective clothing [asi]
HOAI -Honorarordnung für Architekten und Ingenieure *f* schedule of services and fees for architects and engineers [arc]
Hobbyraum *m* hobby-room
Hobelmeißel *m* paring chisel [wzg]
hobeln *v* (Holz) surface [wer]
hoch beansprucht heavy-duty; high-duty; highly stressed
hoch belastet heavily loaded
Hoch- und Tiefbau *m* building construction and civil engineering; construction above and below ground; structural and civil engineering
Hochbahn *f* (<A>) elevated railroad [tra]; (<B>) elevated railway [tra]; (<A>) overhead railroad [tra]
Hochbau *m* building construction; (Arbeiten) building construction work; building engineering; construction engineering
Hochbau-Baustelle *f* building construction site
Hochbaubeton *m* building concrete [bon]
Hochbaufahrband *n* (Fördereinrichtung) builders' conveyor
Hochbauingenieur *m* building engineer; construction engineer
Hochbauraupenkran *m* track-type crane
Hochbehälter *m* elevated vessel [prc]; overhead cistern [was]
Hochbordstein *m* (Straße) raised kerb; upstanding kerb
Hochbordwagen *m* (Bahn) high-sided gondola [tra]
Hochbrandgips *m* overburnt plaster [met]
Hochbunker *m* elevated bin [prc]; elevated hopper [prc]
Hochdamm *m* high dam
Hochdrucklampe *f* high-pressure lamp [elt]
Hochdruckpolyäthylen *n* high-density polyethylene [met]; high-pressure polyethylene [met]
Hochdruckschmierstoff *m* high-pressure lubricant [met]
Hochdruckstrahlverfahren *n* high-pressure jetting
Hochdrucksynthese *f* high-pressure synthesis [che]
Hochebene *f* high plain [geo]
hochfest high-strength [met]; high-tenacity [met]
Hochfrequenzheizung *f* high-frequency heating [elt]

Hochfrequenzinduktionsofen *m* high-frequency induction furnace [elt]
Hochfrequenzkabel *n* high-frequency cable [elt]
Hochfrequenzstrom *f* high-frequency current [elt]
Hochgarage *f* multi-storey car park; multi-storey car park
Hochgebirge *n* high mountain region [geo]; mountains [geo]
hochgebogen upturned
Hochhaus *n* high-rise block; high-rise building; multi-storey building; skyscraper
Hochhausbau *m* (Bauvorgang) high rise construction
Hochhauskletterkran *m* climbing tower crane
hochheben *v* elevate; lift
Hochheben *n* jacking up
hochkant stellen *v* place on edge
hochkanten *v* fold up
Hochkeller *m* semi-buried cellar
Hochlauf *m* (Motor) running up to speed [elt]
Hochlaufgeschwindigkeit *f* ramp-up rate [elt]
hochlegiert high-alloy [met]; highly alloyed [met]
Hochleistungs- high-performance
Hochleistungsbagger *m* heavy excavator; power excavator
Hochleistungsbatterie *f* high-capacity battery [elt]; high-performance battery [elt]
Hochleistungskontakt *m* heavy-duty contact [elt]
Hochleistungsleuchtstofflampe *f* high-intensity discharge lamp [elt]
Hochleistungssicherung *f* quick-break fuse [elt]
Hochleistungssichter *m* high-efficiency separator [prc]
Hochleistungssiebung *f* high-capacity screening [prc]
Hochleistungstransformator *m* high-power transformer [elt]
Hochleistungsverbundwerkstoff *m* high-performance composite materials [met]
Hochleistungszement *m* high-performance cement [met]
Hochleitung *f* overhead wire [elt]
Hochlochziegel *m* honeycomb brick [met]; vertical coring brick [met]
Hochlöffel *m* crane navvy [tib]; dipper; dipper shovel [tib]; face shovel [tib]; (Bagger) swing dipper shovel [tib]
Hochlöffelbagger *m* crowd shovel; dipper shovel [tib]
hochmolekular of high molecular weight [che]
Hochofenschlacke *f* blast-furnace slag [rec]
Hochofenschlackenbeton *m* blast-furnace slag concrete [bon]
Hochofenzement *m* basic slag cement [met]; blast-furnace cement [met]; blast-furnace slag cement [met]

Hochparterre *n* raised ground-floor
hochplastisch plastic, highly - [met]
hochplastischer Ton *m* fat clay [met]
Hochpolymer *n* high polymer [che]
hochporös porous, highly - [met]
Hochregallager *n* high-bay racking [wer]
hochrein high-purity
Hochreservoir *n* elevated tank [was]; overhead cistern [was]
Hochsicherheitsverglasung *f* high-safety glazing
Hochspannung *f* high voltage [elt]
Hochspannungsanlage *f* high-voltage installation [elt]; high-voltage plant [elt]
Hochspannungsentladung *f* high-voltage discharge [elt]
Hochspannungsfreileitung *f* high-voltage overhead line [elt]
Hochspannungsgenerator *m* high-voltage generator [elt]
Hochspannungsgleichrichter *m* high-voltage rectifier [elt]
Hochspannungsisolator *m* high-tension insulator [elt]
Hochspannungskabel *n* high-voltage cable [elt]
Hochspannungsleitung *f* high-voltage transmission line [elt]; transmission line [elt]
Hochspannungsleuchtröhre *f* high-voltage luminous discharge lamp [elt]
Hochspannungsmast *m* high-tension tower [elt]; high-voltage pole [elt]; high-voltage transmission tower [elt]
Hochspannungsnetz *n* high-voltage network [elt]
Hochspannungsschaltanlage *f* high-voltage switchgear [elt]
Hochspannungsschalter *m* high-voltage circuit breaker [elt]; high-voltage switch [elt]
Hochspannungsschaltgerät *n* high-voltage switchgear [elt]
Hochspannungssicherung *f* high-voltage fuse [elt]
Hochspannungsstromversorgungsnetz *n* high-voltage grid [elt]
Hochspannungssystem *n* high-voltage system [elt]
Hochspannungsversorgung *f* high-voltage distribution [elt]; high-voltage power supply [elt]; high-voltage supply [elt]
Hochspeicherbecken *n* high-level reservoir [wba]; high-level tank [wba]
hochstegig deep-webbed [met]
Hochstraße *f* (<A>) elevated expressway [tib]; elevated motorway [tra]; elevated road [tra]; elevated roadway [tra]; (Straße) flyover [tra]; overhead roadway [tra]; overpass; road on elevated bridge structures
hochtemperaturbeständig high-temperature resistant [met]

Hochtemperaturbrennstoffzelle *f* high-temperature fuel cell [pow]

Hochtemperaturfestigkeit *f* strength at elevated temperatures [met]

Hochtemperaturklebstoff *m* high-temperature adhesive [met]

Hochtemperaturzone *f* (Brennofen) peak firing zone [roh]

Hochufer *n* high bank [wba]

Hochvakuumfett *n* high-vacuum grease [che]

hochvernetzt highly cross-linked [met]

hochviskos high-viscosity [met]; highly viscous [met]

hochwarmfest high-temperature resistant [met]; high-temperature resisting [met]

Hochwasser *n* flood water [was]; (Kraftwerk) flooding [was]; (Überschwemmung) inundation [was]

Hochwasserabfluss *m* flood run-off [wba]; high flow [wba]

Hochwasserabführung *f* flood relief [wba]

Hochwasserauffangbecken *n* flood basin [wba]; flood storage basin [wba]

Hochwasserbecken *n* flood pool [wba]; flood retention basin [wba]

Hochwasserdamm *m* levee [wba]

Hochwasserentlastung *f* flood discharge [wba]; flood relief [wba]

Hochwasserentlastungsanlage *f* flood spillway [wba]

Hochwasserentlastungskanal *m* spillway channel [wba]

Hochwasserkanal *m* flood relief channel [wba]

Hochwasserklappe *f* flooding double check valve [wba]

Hochwassermauer *f* floodwall [wba]

Hochwasserpumpe *f* flood drainage pump [wba]

Hochwasserrinne *f* bypass channel [wba]; flood channel [wba]; floodway [wba]

Hochwasserrückhaltebecken *n* (Hydrologie) detention reservoir [wba]; flood control reservoir [wba]; retarding reservoir [wba]

Hochwasserrückhalteraum *m* flood control storage area [wba]

Hochwasserrückhaltung *f* flood alleviation [wba]

Hochwasserscheitel *m* flood peak [wba]

Hochwasserschutz *m* flood alleviation [wba]; flood control [wba]; flood prevention [wba]

Hochwasserschutzbauten *pl* flood control works [wba]

Hochwasserschutzbecken *n* flood control reservoir [wba]

Hochwasserschutzdamm *m* flood bank; flood control dam [wba]; flood control dyke [wba]

Hochwasserschutzmaßnahme *f* flood control [wba]

Hochwasserschutzraum *m* flood control storage basin [wba]; flood water retention area [wba]; flood water storage volume [wba]

Hochwasserspeicher *m* flood basin [wba]; flood storage basin [wba]

Hochwasserspeicherung *f* storage of flood [wba]

Hochwasserspitze *f* (Damm) crest stage

Hochwasserstand *m* flood level [wba]

Hochwassersteuerung durch Bauwerke *f* (Hydrologie) flood mitigation, structural - [wba]; (Hydrologie) structural flood mitigation [wba]

Hochwasserüberfall *m* flood overflow [wba]

Hochwasserüberlauf *m* crest spillway [wba]; high-water overflow [was]

Hochwasserüberwachung *f* flood control [wba]

Hochwasserverschluss *m* flood gate [wba]

Hochwasservorhersage *f* flood forecast [was]

Hochwasserwand *f* floodwall [wba]

Hochwasserwarnung *f* flood warning [was]

Hochwasserwelle *f* flood wave [was]

Hochwasserwellenablauf *m* flood routing [wba]

hochwinden *v* heave; hoist; jack up

hochzugfest high-tensile [met]

Höchstbelastung *f* maximum load

höchste Bodenbelastung *f* maximum loadbearing capacity

Höchstkonzentration *f* ceiling concentration [asi]

Höchstmiete *f* maximum rent [eco]; (Spitzenmiete) prime rent [eco]

Höchststand *m* highest level

Höchstwert *m* ceiling value [asi]; limit value [asi]

Höchstwert, vorgeschriebener - *m* specified maximum permissible value

Höhe *f* (geografisch) altitude [geo]; (geografisch) elevation [geo]; (geometrisch) height [geo]

Höhe über alles *f* overall height

Höhe, absolute - *f* absolute height [des]

Höhe, freie - *f* clear height [des]; height clearance [des]

Höhe, lichte - *f* clear headroom [des]; clear height [des]; clearance [des]; clearance height; free headroom [des]; headroom; inside height [des]; overhead clearance

Höhenbestimmung *f* levelling [any]

Höhendifferenz *f* difference in elevation

Höhenfestpunkt *m* benchmark

Höhenfestpunkt, örtlicher - *m* site datum [geo]

höhengleich level

Höhenkonzept *n* height concept

Höhenkote *f* altitude [geo]; height above datum

Höhenlage *f* (über Normalnull) altitude [geo]

Höhenlinie *f* level line; topographic contour line [geo]

Höhenlinienkarte *f* contour map [geo]

Höhenmesser *m* altimeter [any]; altitude meter [any]; height finder [any]

Höhenmessung *f* altitude measurement [any]; height measurement [any]
Höhenplan *m* line profile [geo]
Höhenprofil *n* altimetric profile [geo]
Höhenpunkt *m* (Baustruktur) level point
Höhenschichtlinie *f* contour line [geo]
Höhenschnitt *m* vertical section [des]
Höhensicherung *f* height guard [asi]
Höhensicherungsgerät *n* fall arresting device [asi]; fall arrestor [asi]
Höhenstandsmesser *m* level monitoring [any]
Höhenunterschied *m* difference in level [geo]
höhenverstellbar vertically adjustable
Höhenvorgabe *f* (z.B. Gebäude-, Geschosshöhe) height requirement [des]
Höhlenwohnung *f* cave dwelling
Hörfeld *n* field of audibility [aku]
Hörfläche *f* field of audibility [aku]
Hörmelder *m* audible alarm device [asi]
Hof *m* (auf Burgen) baley [arc]; (Innen-) courtyard
Hofablauf *m* courtyard drainage [was]; courtyard outlet [was]; yard gully [was]
Hofbefestigung *f* yard pavement [tib]
Hoffläche *f* courtyard area
hofseitig on courtyard side
Hoftor *n* yard gate
Hohlblockstein *m* hollow block; hollow brick; hollow building block; hollow core block; hollow pot
Hohlblockziegel *m* hollow building block
Hohldiele *f* hollow core slab
hohlflächig concave
Hohlgestänge *n* hollow rod
Hohlglasbaustein *m* blown glass block
Hohlkasten *m* box girder; hollow box; hollow box girder
Hohlkasten, mehrzelliger - *m* multicell hollow box
Hohlkastenbauweise *f* box-type construction
Hohlkastenelement *n* box unit
Hohlkastengründung *f* caisson foundation [tib]
Hohlkastenträger *m* hollow beam; hollow girder
Hohlkehle *f* (Gotik) cavetto moulding [arc]; concave moulding; (Holzbau) cove; drip; fillet [des]
Hohlkehlengesims *n* (z.B. an Tempel) cornice decorated with cavetto moulding [arc]
Hohlkehlenverfugung *f* keyed jointing
Hohlkörper *m* hollow body
Hohlkolbenpresse *f* hollow piston jack
Hohllochziegel *m* vertically perforated brick
Hohlmaß *n* cubic measure; (Holz) dry measure
Hohlmauer *f* (Staumauer) cavity dam [wba]; cavity wall; hollow wall
Hohlniet *m* hollow rivet [wer]; tubular rivet [tec]
Hohlpfanne *f* gutter tile; (Ziegel) S-interlocking tile

Hohlplatte *f* hollow slab
Hohlprofil *n* hollow section [met]; structural tubing
Hohlprofilteil *n* box unit
Hohlquerschnitt *m* hollow section [met]; tubular section [met]
Hohlraum *m* (Loch) cavity; (Leervolumen) hollow space; (Zwischenraum) interstice; (im Schüttgut) rathole [prc]; (Leerraum) void
Hohlraumanteil *m* (poröse Materialien) void content [met]
hohlraumarm low-porosity [met]
Hohlraumbildung *f* (Silo) rathole formation [prc]; (Silo) ratholing [prc]
Hohlraumboden *m* false floor; false floor; raised floor
hohlraumfrei voidless [met]
Hohlraumverfüllung *f* filling of voids
Hohlschraube *f* hollow screw [tec]
Hohlstein *m* hollow brick
Hohlsteindecke *f* hollow floor slab
Hohlstelle *f* hollow zone [met]
Hohlstütze *f* hollow column; (rund) hollow stanchion [stb]
Hohlträger *m* box girder [stb]; hollow beam; hollow girder; hollow girder
Hohlträgerbrücke *f* box girder bridge
Hohlwand *f* cavity wall; hollow wall
Hohlwandteil *n* cavity panel
Hohlzarge *f* architrave trunking
Hohlziegel *m* cavity brick; (Dachz) hollow tile; perforated tile
Holm *n* (an Leiter) stile
Holm *m* brow post; capping beam; cross-beam; side rail
Holsystem *n* (Abfallsammlung) waste collection at source [rec]
Holz *n* (Bauholz) lumber [met]; (Bauholz) timber [met]; wood [met]
Holz, druckimprägniertes - *n* pressure-treated timber [met]
Holz, luftgetrocknetes - *n* air-seasoned timber [met]
Holz, verleimtes - *n* laminated wood [met]
Holzabfall *m* waste wood [rec]; wood waste [rec]
Holzarbeiten *pl* timberwork
Holzarbeiten, architektonische - *pl* architectural woodwork [arc]
holzartig ligneous [met]; woody [met]
Holzaufbereitung *f* impregnation of wood [met]
Holzbalken *m* timber beam; wooden beam
Holzbalkendecke *f* wooden beam ceiling; wooden beam floor
Holzbau *m* building in timber; (Gebäude) timber building; (Bautechnik) timber construction; timber engineering; wood construction; (Gebäude) wooden building

Holzbauarbeiten *pl* (DIN 18334) constructional timber work

Holzbauweise *f* timber construction; timber technology; wood construction

Holzbearbeitung *f* wood processing

Holzbeize *f* wood mordant [che]; wood stain [che]

Holzbeizen *n* wood staining [met]

Holzbelag *m* wooden planking [tra]

Holzbock *m* timber jack

Holzboden *m* (Fußboden) wooden floor

Holzbohle *f* plank of wood [met]; timber plank [met]; timber plank [met]

Holzbohrer *m* auger bit [wzg]; wood borer [wzg]; wood drill [wzg]; wood-boring tool [wzg]

Holzbrücke *f* timber bridge; wooden bridge

Holzdalbe *f* timber dolphin [wba]

Holzdecke *f* timber ceiling; wood ceiling; wooden ceiling

Holzdiele *f* plank

Holzdübel *m* peg [met]; structural timber connector; timber joint [wer]; wood plug; wooden peg

Holzeinlage *f* wooden filler

Holzfachwerk *n* timber framework; timber framing; (Brücke) wooden truss

Holzfäule *f* timber decay [met]; wood rot [met]

Holzfahrbahn *f* timber deck [tra]; (Brücke) timber decking

Holzfarbstoff *m* wood colour [met]; wood dye [met]

Holzfaser *f* wood pulp [met]

Holzfaserbeton *m* wood fibre concrete [bon]

Holzfaserplatte *f* fibre slab [met]; fibreboard [met]; wood fibreboard [met]; wooden fibreboard [met]

Holzfaserwerkstoff *m* reconstituted wood [met]

Holzfassade *f* timber façade

Holzfenster *n* timber window; wood window

Holzfertigbau *m* timber prefabricated construction

Holzfertighaus *n* prefabricated timber house

Holzfirnis *m* wood varnish [met]

Holzform *f* (Schalung) wooden form [bon]

Holzfront *f* (Möbel) wooden front

Holzfußboden *m* timber flooring

Holzgebälk *n* timberwork

Holzgebäude *n* timber building; wooden building

Holzgerüst *n* timber scaffolding

Holzgründungspfahl *m* timber pile [tib]

Holzhalle *f* balloon hangar

holzhaltig wood-containing [met]

Holzhaus *n* chalet; timber house; wooden cottage; wooden house

Holzhütte *f* wooden cabin; wooden hut

holzig wooden [met]

Holzimprägnierung *f* impregnation of wood [met]; wood impregnation [met]

Holzimprägnierungsmittel *n* wood preservative [met]

Holzkeil *m* timber wedge

Holzkitt *m* crack filler [met]; joiner's putty [met]; wood putty [che]

Holzkonservierung *f* wood preservation [met]

Holzkonservierungsmittel *n* wood preservative [met]

Holzkonstruktion *f* timber construction; timber structure; wood structure; wooden construction

Holzkonstruktion, massive - *f* heavy-timber construction

Holzkratzer *m* wooden scraper [bon]

Holzlack *m* wood finishing lacquer [met]; wood lacquer [met]

Holzlage über dem Fundament, erste - *f* sill plate

Holzlager *n* timber yard

Holzlagerplatz *m* timber yard

Holzlatte *f* timber batten [met]

Holzleim *m* wood glue [met]; wood-glue [che]

Holzleiste *f* wooden liner

Holzmaserung *f* veining of wood [met]

Holzmasse *f* wood pulp [met]

Holzmeißel *m* wood chisel [wzg]

Holznagel *m* peg [met]; treenail; wood peg

Holzofen *m* woodstove [pow]

Holzparkett *n* parquet; wood mosaic

Holzpfahl *m* timber pile [tib]; (Bohle) wood pile; wooden pile [met]

Holzpfeiler *m* cog

Holzpflaster *n* timber paving

Holzpflasterung *f* timber paving

Holzplatte *f* timber panel [met]

Holzrahmen *m* timber frame; (Tür) wooden frame; wooden framework

Holzrahmenbau *m* wood-frame construction

Holzrahmenkonstruktion *f* structural wood framing system; timber-frame construction; timber-frame house; timberframed building; timberframed construction; wood-frame construction

Holzrost *m* timber mat

Holzsäge *f* wood saw [wzg]

Holzschalenkonstruktion *f* wood-shell construction

Holzschalung *f* (Dach) roof boarding; timber formwork [bon]; timber shuttering [bon]; (Dach) wooden deck

Holzschalungsplatte *f* timber shuttering panel [bon]

Holzschalungstafel *f* timber shuttering panel [bon]; wood shuttering panel [bon]

Holzschindel *f* wood shingle; wooden shingle

Holzschuppen *m* woodshed

Holzschutz *m* timber conservation [met]; timber preservation [met]; timber protection [met]; wood protection [met]

Holzschutzanstrich *m* protective paint for wood [met]

Holzschutzfarbe *f* wood-preserving paint [met]
Holzschutzmittel *n* wood preservative [met]; wood protection agent [met]
Holzsockelleiste *f* timber skirting; timber skirting
Holzspanplatte *f* chipboard [met]; wood chipboard [met]; wooden particle board [met]
Holzspundbohle *f* (Spundwand) timber sheet pile
Holzständer *m* timber pillar
Holzständerbau *m* ((Vorgang)) post and beam construction; (Gebäude) post and beam structure
Holzständerkonstruktion *f* timber post structure
Holzstampfer *m* (Pflaster) wooden tamper [tib]
Holzstaubbrenner *m* hog fuel burner [pow]
Holzsteg *m* wood runway; wooden foot bridge
Holzstütze *f* column of timber; timber column
Holztäfelung *f* wood panelling; wooden panel [arc]
Holztafelverschalung *f* timber panel shuttering [bon]; wood panel shuttering [bon]
Holzträger *m* timber girder; wood girder; wooden beam; wooden girder
Holztragwerk *n* timber structure
Holztrocknung, künstliche - *f* artificial seasoning [roh]
Holztür *f* wooden door
Holztürzarge *m* wooden frame
Holzverarbeitung *f* wood processing [wer]; woodworking [wer]
Holzverbindung *f* timber joint
Holzverbindungsmittel *n* timber fastener
Holzverbindungsteil *n* (Bolzen, Dübel) wood fastener
Holzverbundplatte *f* composite wood panel [met]
Holzverbundwerkstoff *m* wood composite [met]
Holzverkleidung *f* timber cladding; timber lagging; timber lining; timber surfacing; timbering; wainscot
Holzverlattung *f* battening
Holzverschalung *f* planking; poling board; timber sheathing [bon]; weather boarding; wood lagging
Holzwerk *n* timbering
Holzwerkstoff *m* timber product [met]
Holzwerkstoffe *pl* wood-derived products [met]
Holzwerkstoffplatte *f* particle board [met]
Holzwirtschaft *f* forestry [far]
Holzwoll-Leichtbauplatte *f* wood-wool slab
Holzwolle *f* fine wood shavings [met]; wood shavings [met]; wood-wool [met]
Holzwollebeton *m* wood fibre concrete [bon]
Holzwolleisolierung *f* wood-wool insulation [pow]
Holzzange *f* timber grapple [wzg]
Holzzapfen *m* wood peg
Holzzaun *m* wooden fence
Holzzellstoff *m* wood cellulose [che]; wood pulp [met]
Holzzersetzung *f* timber decay [met]; timber decomposition [met]

Holzziegel *m* wood brick
Homogenisiersilo *m* homogenization silo [prc]; homogenizer silo; homogenizing silo [prc]
Homogenität *f* homogeneousness
Honorarabschlussrechnung *f* final invoice for fees [eco]
Honorarordnung für Architekten und Ingenieure *f* schedule of services and fees for architects and engineers [arc]
Honorartafel *f* scale of fees [eco]
Honorarvereinbarung *f* agreement on fees [eco]; fee agreement [eco]
Honorarzone *f* fee band [eco]
Hopperbagger *m* hopper dredge; sea-going hopper suction dredger [wba]
Hoppersauger *m* sea-going hopper suction dredger [wba]
Horde *f* (Gestell) rack [prc]
horizontal horizontal; level
Horizontalabtastung *f* horizontal scanning [any]
Horizontalachsen-Windturbine *f* horizontal axis wind turbine [pow]
Horizontalbalken *m* horizontal bar; horizontal beam
Horizontalbrunnen *m* collector well [was]
Horizontaldichtung *f* (Baugrube) horizontal sealing [tib]
Horizontale *f* horizontal
Horizontalerschließung *f* horizontal circulation
Horizontalgerinne *n* hydraulic classifier [prc]
Horizontalkraft *f* horizontal force [sik]
Horizontalkreis *m* (Vermessung) horizontal circle [any]
Horizontalmörtelfuge *f* coursing joint
Horizontalprojektion *f* horizontal projection [des]
Horizontalschnitt *m* horizontal section [des]
Horizontalschub *m* horizontal thrust [sik]; lateral thrust [met]; thrust [sik]
Horizontalschubkomponente *f* horizontal thrust component
Horizontalsieb *n* horizontal screen [prc]; level screen [prc]
Horizontalstab *m* horizontal strut
Horizontalstrebe *f* horizontal strut
Horizontalverband *m* (Mauerwerk) horizontal bond; horizontal bracing [stb]
Horizontalverschiebung *f* horizontal displacement [geo]
Horizontalvibrationssieb *n* horizontal vibrating screen [prc]
Horizontmelder *m* horizon sensor [any]
Hosenrohr *n* (Silo) breeches piece [prc]
Hotelanbau *m* annex to a hotel
Hotelaufzug *m* hotel lift
Hotelbau *m* (Bauvorgang) hotel construction
Hoteleingang *m* hotel entrance

Hoteletage *f* hotel floor
Hub *m* (Heben) lifting; (Kolben) stroke
Hubarbeitsbühne *f* hydraulic work platform; platform for lifting persons
Hubarm *m* lifting arm
Hubbegrenzer *m* lift limiter
Hubbegrenzung *f* hoist limitation
Hubbrücke *f* lift bridge; lifting bridge; vertical lift bridge
Hubbühne *f* hoisting platform; lifting platform
Hubgerüst *n* (des Laders) lifting frame; lifting gantry; (des Staplers) lifting gear
Hubgerüst, neigbares - *n* tilting mast
Hubgeschwindigkeit *f* hoisting speed; lifting speed
Hubgestell *n* lifting frame
Hubhöhe *f* hoisting height; lifting height
Hubkette *f* hoist chain [tec]; lifting chain [tib]
Hubkraft *f* (Kran) hoisting capacity; lifting force [phy]; lifting power [phy]
Hubkran *m* lifting crane
Hublader *m* loading shovel [tib]
Hubleistung *f* lifting capacity
Hubmagnet *m* lifting magnet [prc]
Hubplatte *f* lift slab
Hubplattenverfahren *n* lift-slab method
Hubschaufel *f* (Bagger, usw.) lifter blade
Hubschütz *m* vertical lift gate [wba]
Hubseil *n* hoisting rope; lifting rope
Hubspindel, hydraulische - *f* hydraulic jack
Hubstütze *f* (Brücke) jacking pier
Hubtor *n* lift door; lift gate; lifting gate [wba]; (Schleuse) vertical gate [was]
Hubunterbrechungseinrichtung *f* (Arbeitsschutz) arrestor [wer]; arrestor device [asi]; stopping device [asi]
Hubvorrichtung *f* hoisting device; lifting gear
Hubwagen *m* (<A>) elevating platform truck
Hubwehr *n* lifting gate [wba]; vertical lift gate [wba]
Hubwerk *n* hoisting gear; hoisting unit
Hubwinde *f* hoisting winch
Hubwindehebel *m* hoist lever
Hubwindenfahrgestell *n* hoisting carriage
Hubzug *m* hoisting gear [tec]
Hügel *m* (Haufen) pile
Hügellandschaft *f* hilly landscape [geo]
Hülle *f* (Abdeckung) sheath
Hüllrohr *n* sheath
Hülse *f* (Mantel, Verkleidung) sheath [tec]; (Manschette) sleeve [tec]; (Laborglasgerät) socket [met]
Hülsenanker mit Innengewinde *m* tapped sleeve anchor
Hülsenfundament *n* socket sleeve foundation
Hütte *f* cottage; hovel; (Schuppen) shed
Hüttenbims *m* foamed blast-furnace slag [met]

Hüttenkalk *m* blast-furnace lime [met]; primary lime [met]; slag lime [met]
Hüttensand *m* (Zuschlagstoff) blast-furnace sand [met]; cinder sand [met]; granulated blast-furnace slag [met]; (Zuschlagstoff) slag sand [met]
Hüttenschlacke *f* smelting slag [rec]; steel slag [rec]
Hüttensiedlung *f* shanty town
Hüttenstein *m* cinder block
Hüttenzement *m* artificial pozzolanic cement [met]; blast-furnace slag cement [met]; metallurgical cement [met]; slag cement [met]
Hufeisenbogen *m* horseshoe arch [arc]
Hufeisengewölbe *n* horseshoe arch [arc]
Humus *m* compost [geo]; humus [geo]; vegetable soil [geo]
Humusboden *m* humus soil [geo]; topsoil [geo]; vegetable soil [geo]
Humuserde *f* humus earth [geo]; humus soil [geo]; topsoil [geo]; vegetable soil [geo]
Humusschicht *f* humus layer [geo]; layer of mould [geo]
Hybridfaser *f* hybrid fibre [met]
Hybridstahlträger *m* hybrid beam [stb]
Hybridträger *m* hybrid girder
Hybridverbundwerkstoff *m* hybrid composite [met]
Hydrant *m* fire hydrant [was]
Hydrat *n* hydrate [che]
Hydratationsprodukt *n* hydration product [che]
Hydratationsverlauf *m* hydration process [che]
hydrathaltig hydrate-containing [che]; hydrated [che]
Hydrathülle *f* shell of water
hydratisieren *v* hydrate [che]
Hydratisierung *f* hydration [che]
Hydratphase *f* hydrate phase [che]
Hydratwasser *n* hydration water [che]
Hydraulikbagger *m* hydraulic excavator [tib]; hydraulic shovel
Hydraulikflüssigkeit *f* hydraulic fluid [met]
Hydraulikhammer *m* hydraulic breaker [wzg]
Hydrauliklöffel *m* hydraulic backhoe
Hydraulikmörtel *m* hydraulic mortar [met]
Hydraulikwinde *f* hydraulic hoist
hydraulisch betätigt hydraulically driven
hydraulisch betrieben hydraulically operated [tec]
hydrieren *v* hydrogenate [che]; hydrogenize [che]
hydriert hydrogenated [che]
Hydrobagger *m* hydraulic backhoe; hydraulic excavator [tib]; hydraulic shovel
hydroelektrisch hydroelectric [pow]
Hydroklassierung *f* wet classification [prc]
Hydrologie *f* hydrology [was]
hydrophob hydrophobic [met]; moisture-repellent [met]; water-repellent [met]

Hydrophobieren *n* hydrophobic treatment [che]
Hydrophobiermittel *n* water repellent [met]
hydrophobiert treated with a water-repellent agent
[met]
Hydrophobierungsmittel *n* hydrophobizing agent
[met]
hydrostatisch hydrostatic [was]
hydrothermal hydrothermal [pow]
Hydrozyklon *m* hydraulic cyclone [was]
Hygieneinspektion *f* sanitary inspection
Hygrometer *n* hygrometer [any]
Hygroskopizität *f* hygroscopicity [met]
Hypotrachelion *m* (Säulenhals) trachelion [arc]

I

I-Träger *m* H-girder
I-Träger, breiter - *m* universal column [stb]
Igelwalze *f* pyramidal feet roller [tib]
illusionistisch scenographic [arc]
Imhoff-Brunnen *m* Imhoff's tank [was]
Imhoff-Trichter *m* (Bestimmung absetzbarer Stoffe) Imhoff's cone [was]; Imhoff's funnel [was]
Immissionsmessung *f* immission measurement [any]
Immissionsprognose *f* immission prediction [wet]
Immissionsschutz *m* immission control
Immissionsüberwachung *f* environmental monitoring [any]; immission control [any]; immission monitoring [any]
Immobilie *f* property [eco]
Immobilie, eigengenutzte - *n* owner-occupied property
Immobilie, lastfreie - *f* unencumbered property [eco]
Immobilie, unbelastete - *f* unencumbered property [eco]
Immobilienaktie *f* property share [eco]
Immobilienanlage *f* real estate investment [eco]
Immobilienberater *m* real estate consultant [eco]
Immobilienbranche *f* real estate business [eco]
Immobilienbüro *n* real estate agency [eco]
Immobilieneigentum *n* ownership of real property [eco]
Immobilienfinanzierung *f* real estate financing [eco]
Immobilienfonds *m* property funds [eco]; real estate investment trust [eco]
Immobilienfonds, geschlossener - *m* closed-end real estate fund [eco]
Immobilienfonds, offener - *m* open-ended real estate fund [eco]
Immobiliengesellschaft *f* property company [eco]
Immobilieninvestition *f* real estate investment [eco]
Immobilienmakler *m* real estate agent [eco]; real estate broker [eco]
Immobilienmarkt *m* real estate market [eco]
Immobilienmarkt, gewerblicher - *m* commercial real estate market [eco]
Immobiliensektor *m* property sector [eco]
Immobilienstandort *m* location of the building [eco]
Immobilientyp *m* property type [eco]
Immobilienverkauf *m* property sale [eco]
Immobilienverwalter *m* (am Objekt: Mieterpflege usw.) property manager [eco]

Immobilienverwaltung *f* (am Objekt: Mieterpflege usw.) property management [eco]; (am Objekt: Mieterpflege usw.) real estate management [eco]
Impedanz *f* impedance [elt]
Impellermischer *m* impeller mixer [prc]
Imprägnieranstrich *m* waterproof coat [met]; waterproof sealing [met]
Imprägnierbitumen *n* penetration-grade bitumen [che]
imprägnieren *v* (wasserfest machen) waterproof
Imprägnieren *n* impregnation
Imprägnierflüssigkeit *f* impregnating fluid [che]
Imprägnierharz *n* impregnating resin [che]
Imprägnierlack *m* coating varnish [che]; impregnating varnish [met]
Imprägniermasse *f* impregnating compound [che]
Imprägniermittel *n* impregnant [che]; impregnating agent [che]
Imprägnierung *f* (Ergebnis) finish [che]; impregnation [che]; waterproofing [met]
Imprägnierung mit Bitumen *f* bituminizing [che]
Imprägnierungslösung *f* waterproofing solution [che]
Imprägnierungsmittel *n* impregnating agent [che]
Imprägnierwachs *n* impregnating wax [met]
Impuls *m* (Strom) pulse [elt]
Impulsbelastung *f* pulse loading [phy]
Impulsfolge *f* train of pulses [elt]
Impulszähler *m* impulse counter [any]; pulse meter [any]
in die Erde verlegen *v* (Leitungen) bury
Inaugenscheinnahme *f* visual inspection [any]
Inbetriebnahme *f* (Anlage) commissioning [prc]; (Inbetriebsetzung) start-up
Inbetriebnahmeprüfung *f* commissioning test [prc]
Inbetriebsetzung *f* (Inbetriebnahme) start-up
indexiert index-linked [eco]
Indexierungsklausel *f* indexation clause [eco]
Indexierungsvereinbarung *f* indexation clause [eco]
Indikator *m* (Stoff) indicating agent [any]; (Gerät) indicating instrument [any]
Indirekteinleiter *m* indirect discharger [was]
Indirekteinleiterverordnung *f* (Abwasser) indirect discharger statute [jur]
Indirekteinleitung *f* indirect discharge [was]
Individualabreden *pl* individually agreed terms of contract
Individualbereich *m* private area [com]
Individualverkehr *m* individual transportation [tra]
Induktanz *f* inductance [elt]; inductive reactance [elt]
induktionsbeheizt induction-heated [pow]
Induktionserwärmung *f* induction heating [pow]
Induktionsheizgerät *n* induction heater [pow]
Induktionsheizung *f* inductive heating [pow]

Induktionspumpe *f* induction pump [elt]
Induktionsspannung *f* induction voltage [elt]
Induktionsspule *f* induction coil [elt]; inductor [elt]
Induktionsstrom *m* induced current [elt]; induction current [elt]
Induktionswärme *f* induction heat [pow]
Induktionswiderstand *m* inductive resistance [elt]
induktiv inductive [elt]
Induktivheizung *f* induction heating [pow]
Induktivität *f* inductance [elt]; inductivity [elt]
Industrie, Stoff wandelnde - *f* process industry [roh]
Industrie- und Gewerbegrundstücke *pl* industrial and commercial land [com]
Industrieabfälle *pl* industrial refuse [rec]; industrial waste [rec]
Industrieabwässer *pl* industrial effluents [was]
Industrieabwasser *n* industrial effluent [was]; industrial sewage [was]; industrial waste water [was]; waste water from factories [was]
Industrieansiedlung *f* (Ansiedlungsvorgang) establishment of industry [eco]; (Gelände) industrial area [com]; (Gelände) industrial estate [com]
Industrieansiedlungszone *f* industrial development area
Industriearchitektur *f* industrial architecture
Industriebatterie *f* industrial battery [elt]
Industriebau *m* factory building; (Gebäude) industrial building; (Bauvorgang) industrial construction; plant construction
Industriebaustelle *f* industrial construction site; industrial erection site
Industriebauwerk *n* industrial building
Industriebezirk *m* industrial district [com]
Industrieboden *m* industrial floor; industrial floor covering
Industriebodenversiegelung *f* industrial floor sealing
Industriebrauchwasser *n* industrial water [was]; industrial water [was]
Industriedampferzeuger *m* industrial steam generator [pow]
Industrieestrich *m* industrial flooring
Industriefeuerung *f* industrial firing [pow]; industrial furnace [pow]
Industriefußboden *m* industrial floor
Industriegebäude *n* industrial building; industrial structure
Industriegebiet *n* industrial estate [com]; industrial region [com]; industrial zone
Industriegelände *n* industrial site [com]
Industriehalle *f* factory building; workshop
Industriehygiene *f* industrial hygiene [asi]
Industrieimmobilie *f* industrial property [eco]

Industriekamin *m* industrial smokestack [air]
Industriekessel *m* industrial boiler [pow]
Industriekraftwerk *n* industrial power plant [pow]; industrial power station [pow]
Industrielärm *m* industrial noise [aku]
industriell gefertigt factory-built [wer]
industrieller Verdichtungsraum *m* industrial agglomeration
Industriemüll *m* industrial refuse [rec]; industrial waste [rec]
Industrieobjekt *n* (Immobilie) industrial property [eco]
Industrieofen *m* industrial furnace [pow]; industrial kiln [pow]
Industriepark *m* industrial estate [com]
Industriereiniger *m* industrial cleaner [met]
Industrieschutzhelm *m* industrial safety helmet [asi]
Industriestandort *m* industrial location [com]
Industrietor *n* industrial gate
Industrieviertel *n* industrial district
Industriewasser *n* service water [was]
Industriewasserreinigung *f* industrial water purification [was]
Industriezentrum *n* industrial centre
ineinander fügen *v* fit into each other
ineinander geschachtelt telescoped
ineinander greifend interconnected; interlocking
Inertabfall *m* inert waste [rec]
Inertisierung *f* blanketing [asi]
Inertstoff *m* inert material [che]
Inflation, unter Berücksichtigung der - index-linked [eco]
Informationspflicht *f* obligation to provide information [jur]
Infrarotthermographie *f* infrared thermography [any]
Infrastruktur, kommunale - *f* municipal infrastructure [com]
Infrastruktur, regionale - *f* regional infrastructure [com]
Infrastrukturplanung *f* infrastructure planning [com]
Infrastrukturprojekt *n* infrastructure project
Ingangsetzen, ungewolltes - *n* accidental tripping [asi]; inadvertent activation [asi]; inadvertent operation [asi]
Ingenieurbau *m* civil engineering
Ingenieurbauwerk *n* engineering structure
ingenieurmäßig at technical level
ingenieurtechnische Landaufnahme *f* construction survey [any]
Ingenieurvertrag *m* engineering contract [eco]
Inhalt *m* (Volumen) content
Inhalt, brennbarer - *m* combustible content
Inhaltsstoff *m* ingredient [met]

Inhibitor *m* inhibiting agent [met]; inhibitor [met]; retarder [met]
Initialkraft *f* initial force [phy]
Injektionsanker *m* (Tiefgründung) grouted anchor [tib]; (Spundwand) injection anchor
Injektionsarbeiten *pl* grouting work [bon]
Injektionsbrunnen *m* injection well [was]
Injektionsdüse *f* injection nozzle [prc]
Injektionsgrund *m* injected soil [geo]
Injektionsgut *n* grouting material [met]
Injektionsharz *n* grouting resin [met]
Injektionshilfe *f* grouting support [bon]
Injektionslanze *f* grouting jet pipe [bon]
Injektionsleim *m* (Zementleim) cement paste [met]
Injektionsloch *n* (Tunnelbau) drilled grout hole [tib]; grout hole [tib]
Injektionsmörtel *m* cement grout [met]; injection mortar [met]
Injektionsöffnung *f* grouting hole [bon]
Injektionspfahl *m* (Tiefgründung) grouted pile [tib]
Injektionspumpe *f* injection pump [prc]
Injektionsschleier *m* grouting curtain [tib]
Injektionsstollen *m* injecting gallery [roh]
Injektionswand *f* (Tiefgründung) grouted wall [tib]
Injizieren, abschnittsweises - *n* (Spannbeton) packer grouting
Injiziergerät *n* injecting device [bon]
Injizierspritze *f* injection gun [bon]
Injizierungsflansch *m* grouting flange [bon]
Inkubationszeit *f* (BSB-Bestimmung) incubation period [any]
Innenabmessung *f* inside dimension [des]
Innenanlage *f* indoor installation [elt]
Innenansicht *f* interior view [des]; internal view [des]
Innenanstrich *m* indoor finish [met]; inside painting [met]; interior coating [met]; interior painting; (Behälter) internal coating [met]
Innenanstrichfarbe *f* indoor paint [met]; interior paint [met]
Innenarbeiten *pl* interior work [met]
Innenarchitekt *m* interior architect [arc]
Innenarchitektin *f* interior architect [arc]
Innenarchitektur *f* interior architecture; interior design
Innenausbau *m* completion of the interior; finishing work; interior finish; interior work; internal finishing
Innenausbauteile *pl* internal fixtures
Innenauskleidung *f* interior cladding; interior lining; lining
Innenausstattung *f* (des Sicherheitshelms) head harness [asi]; (des Sicherheitshelms) head suspension [asi]
Innenbereich, ungeplanter - *m* unzoned interior of a community [com]

Innenbeschichtung *f* interior coating [met]
Innendämmung *f* internal insulation
Innendruckprüfung *f* internal pressure test [any]
Innendruckversuch *m* hydraulic pressure test [any]
Innendurchmesser *m* inner diameter [des]; internal diameter [des]
Inneneinbauten *pl* inside fixtures
Inneneinrichtung *f* furnishings
Innenentwicklung *f* development within the urban area [com]
Innenfeld *n* interior span [sik]
Innenflanschlasche *f* side plate [stb]
Innengeräusch *n* inner noise [aku]; inside noise [aku]; internal noise [aku]
Innengestaltung *f* interior design
Innengrundierung *f* internal prime coating [met]
Innenhof *m* inner courtyard; internal courtyard
Inneninstallation *f* indoor wiring [elt]; internal installation [elt]
Innenkegel *m* female taper [des]; inside taper [des]
Innenknauf *m* inside knob [tec]
Innenkuppel *f* (Baukunst) inner dome [arc]
Innenlackierung *f* inside coating [met]; internal lacquering [met]
Innenlängsfehler *m* internal longitudinal flaw [met]
Innenlärm *m* ambient noise [aku]; indoor noise [aku]; inner noise [aku]
Innenlaibung *f* (Fenster) internal frame
Innenleuchte *f* interior light [elt]
Innenluft *f* inside air [air]
Innenmaß *n* inner dimension [des]; inside width [des]; internal dimension [des]; internal measure [des]
Innennaht, runde - *f* (Schweißnaht) inside round weld [met]
Innenputz *m* interior finish; interior plaster; interior plastering; interior surfacing finish; internal plaster; internal plastering; internal rendering
Innenraum *m* indoor; indoor space [com]
Innenraumaufteilung *f* interior layout; interior layout
Innenraumbeleuchtung *f* interior lighting; (DIN 5035 T1) interior room lighting systems [elt]
Innenraumbeleuchtung mit Tageslicht *f* daylight illumination
Innenraumklima *n* indoor climate
Innenraumklima, allergenfreies - *n* allergen-free indoor climate; indoor climate free from allergens
Innenraumplanung *f* interior design
Innenraumschutz *m* room protection
Innenriss *m* internal crack [met]; internal fissure [met]
Innenrüttler *m* immersion vibrator [bon]; internal vibrator; poker vibrator [bon]

Innenrüttler mit starrer Welle *m* stiff-shaft vibrator [bon]
Innenschale *f* (Mauerwerk) inner leaf; (Hohlwand) internal leaf; (Mauerwerk) internal leaf
Innenschalung *f* internal formwork [bon]
Innenscheibe *f* inner pane
Innenschweißen *n* internal welding [wer]
Innenspülung *f* internal scavenging
Innenstadt *f* business district [com]; central area; central district [com]; centre; centre of the town [com]; city [com]; (<A>) downtown [com]; inner city [com]; town centre [com]
Innenstadtbereich *m* inner town
Innenstadtkern *m* city centre core; (<A>) downtown core
Innenstadtrand *m* city centre fringe; city fringe [com]
Innenstadtrandlagen *pl* city fringe locations [com]
Innenstütze *f* interior column
Innentemperatur *f* indoor temperature; room temperature
Innenthermostat *m* room thermostat [tga]
Innentreppe *f* interior staircase
Innentür *f* interior door
Innenverdrahtung *f* internal wiring [elt]
Innenverkleidung *f* inner lining [met]
Innenverrohrung *f* interior piping
Innenwand *f* inner wall; inside wall; interior wall; internal wall
Innenwinkel *m* internal angle [des]
innerstädtisch downtown; urban; within the urban area
Inselbetrieb *m* autonomous system [pow]; island operation [elt]; isolated system [pow]; (Windenergieanlage) stand-alone operation [elt]
Insellage *f* (isolierte Lage in Stadt, ...) island position
Inselnetz *n* autonomous system [pow]
Inspektion *f* surveying [any]
Inspektionsöffnung *f* inspection chamber [was]
Inspektionsschacht *m* inspection shaft [was]
Inspektionsstrategie *f* inspection strategy
Inspektionszyklus *m* inspection cycle [any]
Installateur *m* (Elektro-) electrical fitter [elt]; electrician [elt]
Installation *f* (Haushalt) domestic installation [elt]; (Maschine, Anlage) installation [wer]; (Gas, Wasser) plumbing [tga]; (Gas, Wasser) plumbing system [tga]; (Elektro) wiring [elt]
Installationsboden *m* access floor [tga]; raised floor
Installationsgeräte *pl* installation equipment [tga]; utility equipment [tga]
Installationskanal *m* conduit [tga]; installation channel [elt]; installation duct [tga]; service duct [was]; (in Wand) wall conduit

Installationskosten *pl* costs of installation [eco]
Installationsmaterial *n* (Elektro) material for electrical installations [elt]; (Rohre) plumbing fitting [tga]; wiring accessories [elt]
Installationsnetz *n* house mains [elt]
Installationsraum *m* installation room [tga]
Installationsrohr *n* conduit [tga]; installation conduit [tga]; (Heizung, Wasser) installation pipe
Installationsschacht *m* plumbing stack [tga]
Installationssystem *n* (Rohrleitungen) plumbing [tga]; (Rohrleitungen) plumbing system [tga]
Installationstechnik *f* domestic engineering [tga]; installation engineering [tga]
Installationswand *f* installation wall
Installationszeichnung *f* installation drawing [tga]
Installationszelle *f* building cubicle
instand gesetzt, wieder - reconditioned [rec]
instand halten *v* keep in good repair; maintain
instand setzen *v* (renovieren) renovate [wer]; service; reinstate
Instandhaltung *f* servicing; upkeep [wer]
Instandhaltung von Straßen *f* road maintenance [tib]
Instandhaltung, planmäßige - *f* planned maintenance
Instandhaltung, vorbeugende - *f* preventive maintenance
Instandhaltungsarbeiten *pl* maintenance routine work; maintenance work; routine repair work
Instandhaltungskosten *pl* maintenance costs
Instandhaltungspflicht *f* duty of maintenance; (Gebäude) maintenance obligation [jur]
Instandhaltungsregelung *f* (- für Immobilien) maintenance agreement; (- für Immobilien) maintenance regulation
Instandhaltungsrücklage *f* reserves retained for maintenance [eco]
instandsetzbar restorable
Instandsetzung *f* (Überholung) reconditioning [wer]; reinstatement; (Renovierung) renovation [wer]; (Reparatur) repair [wer]; (Wartung) servicing [wer]
Instandsetzungsgebot *n* obligation to repair [jur]
Instrumentenfehler *m* instrument error [any]
Instrumententafel *f* instrument panel [any]
intelligentes Gebäude *n* (mit Hightech ausgerüstet) intelligent building
interdisziplinär interdisciplinary
Interesse, im öffentlichen - in the public interest
Interessenkollision *f* conflict of interests
Interessenkonflikt *m* conflict of interests
intergranular intercrystalline [met]; intergranular [met]
Invarlatte *f* (Höhenmessung) invar rod [any]
Inventarverzeichnis *n* inventory [eco]
Inventur *f* stock-taking [eco]

Investitionsentscheidung *f* investment decision [eco]

Investitionsstandort *m* investment location [eco]

Investitionsvolumen *n* investment volume [eco]

Investorenbetreuung *f* Investor relations [eco]

Iodfarbzahl *f* iodine colour value [any]

Iodometrie *f* iodometry [any]

Iodzahl *f* iodine number [was]

Ionenaustauschanlage *f* ion-exchange equipment [prc]

Ionenaustauscher *m* ion exchanger [prc]

Ionengleichgewicht *n* ionic balance [was]

ionisch (klassisch griechisch) ionic [arc]

IP 0 - Kein besonderer Schutz *m* (DIN 40050: 1. Kennziffer (Berührungs- und Fremdköperschutz)) IP 0 - No special protection [elt]; (DIN 40050: 2. Kennziffer (Wasserschutz)) IP 0 - No special protection [elt]

IP 1 - Schutz gegen Eindringen von festen Fremdkörpern mit einem Durchmesser größer als 50 mm (große Fremdkörper) *m* (DIN 40050: 1. Kennziffer (Berührungs- und Fremdköperschutz)) IP 1 - Protection against the ingress of solid foreign bodies having a diameter above 50 mm (large foreign bod [elt]

IP 1 - Schutz gegen tropfendes Wasser, das senkrecht fällt. Es darf keine schädliche Wirkung haben (Tropfwasser) *m* (DIN 40050: 2. Kennziffer (Wasserschutz)) IP 1 - Protection against dripping water falling vertically. It may not have any harmful effect (dripping wate [elt]

IP 2 - Schutz gegen Eindringen von festen Fremdkörpern mit einem Durchmesser größer als 12 mm (mittelgroßer Fremdkörper) *m* (DIN 40050: 1. Kennziffer (Berührungs- und Fremdköperschutz)) IP 2 - Protection against the ingress of solid foreign bodies having a diameter above 12 mm (medium-sized fore [elt]

IP 2 - Schutz gegen tropfendes Wasser, das senkrecht fällt *m* (DIN 40050: 2. Kennziffer (Wasserschutz)) IP 2 - Protection against dripping water falling vertically. It may not have any harmful effect on equipment ([elt]

IP 3 - Schutz gegen Eindringen von festen Fremdkörpern mit einem Durchmesser größer als 2,5 mm (kleine Fremdkörper) *m* (DIN 40050: 1. Kennziffer (Berührungs- und Fremdköperschutz)) IP 3 - Protection against the ingress of solid foreign bodies having a diameter above 2.5 mm (small foreign bo [elt]

IP 3 - Schutz gegen Wasser, das in einem beliebigen Winkel bis 60° zur Senkrechten fällt *m* (DIN 40050: 2. Kennziffer (Wasserschutz)) IP 3 - Protection against water falling at any angle up to 60° relative to the perpendicular. It may not have [elt]

IP 4 - Fernhalten von Werkzeugen, Drähten oder ähnlichem mit einer Dicke größer als 1 mm *m* (DIN 40050: 1. Kennziffer (Berührungs- und Fremdköperschutz)) IP 4 - Protection against the ingress of solid foreign bodies having a diameter above 1 mm (grain sized foreig [elt]

IP 4 - Schutz gegen Wasser, das aus allen Richtungen gegen das Betriebsmittel (Gehäuse) spritzt *m* (DIN 40050: 2. Kennziffer (Wasserschutz)) IP 4 - Protection against water spraying on the equipment (enclosure) from all directions. It may not have any [elt]

IP 5 - Schutz gegen einen Wasserstrahl aus einer Düse, der aus allen Richtungen gegen das Betriebsmittel (Gehäuse) spritzt *m* (DIN 40050: 2. Kennziffer (Wasserschutz)) IP 5 - Protection against a water jet from a nozzle which is directed on the equipment (enclosure) from all di [elt]

IP 5 - Schutz gegen schädliche Staubablagerungen *m* (DIN 40050: 1. Kennziffer (Berührungs- und Fremdköperschutz)) IP 5 - Protection against harmful dust covers. The ingress of dust is not entirely prevented, however, dust ma [elt]

IP 6 - Schutz gegen Eindringen von Staub (staubdicht). Vollständiger Berührungsschutz *m* (DIN 40050: 1. Kennziffer (Berührungs- und Fremdköperschutz)) IP 6 - Protection against the ingress of dust (dust-tight). Complete protection against contact [elt]

IP 6 - Schutz gegen schwere See oder starken Wasserstrahl *m* (DIN 40050: 2. Kennziffer (Wasserschutz)) IP 6 - Protection against heavy sea or strong water jet. No harmful quantities of water may enter the equipmen [elt]

IP 7 - Schutz gegen Wasser, wenn das Betriebsmittel (Gehäuse) unter festgelegten Druck- und Zeitbedingungen ... *m* (DIN 40050: 2. Kennziffer (Wasserschutz)) IP 7 - Protection against water if the equipment (enclosure) is immersed under determined pressure and time co [elt]

IP 8 - Das Betriebsmittel (Gehäuse) ist geeignet zum dauernden Untertauchen in Wasser *m* (DIN 40050: 2. Kennziffer (Wasserschutz)) IP 8 - The equipment (enclosure) is suitable for permanent submersion under conditions to be described by the [elt]

irreversibel irreversible

Isohypse *f* topographic contour line [geo]

Isolation *f* insulation [elt]

Isolation, feuerhemmende - *f* slow-burning insulation

Isolationsfehlstelle *f* insulation fault

Isolationsformteile *pl* moulded insulation parts [met]

Isolationsklasse *f* insulation class [met]

Isolationsmasse *f* insulating compound [met]

Isolationsmaterial *n* insulant [met]; insulating
material [met]; insulation material [elt]
Isolationsmaterial, thermisches - *n* thermal-
insulating material [met]
Isolationsschicht *f* insulating layer [met]
Isolationsschüttmaterial *n* loose-fill insulation
[met]
Isolationsstoff *m* insulating material [met]
Isolator *m* insulator [elt]
Isolatorklemme *f* insulator clamp [elt]
Isolieranstrich *m* insulating coat [elt]; sealer [met]
Isolierband *n* insulating tape [elt]
Isolierbauplatte *f* structural insulating board [met]
Isolierbaustoff *m* insulating construction material
Isolierbeschichtung *f* insulating coating
Isolierbeton *m* castable concrete [bon]; insulating
concrete [bon]
Isoliereinrichtung *f* insulation equipment
isolieren *v* (Wärme) insulate
isolieren, mit Dämmstoff - *v* lag
isolierend insulating [elt]
isolierender Feuerbeton *m* castable refractory,
insulating - [bon]
Isolierestrich *m* insulating screed; insulating
screed [met]
Isolierfarbe *f* impenetrable paint [met]; insulating
paint [met]
Isolierfaserplatte *f* insulating fibreboard
Isolierfenster *n* double-glazed window
Isolierflüssigkeit *f* liquid dielectric [elt]
Isolierfolie *f* insulating foil [met]; insulating sheet
[met]; insulation foil [met]
Isoliergewebe *n* insulating fabric [met]
Isoliergips *m* insulation plaster [met]
Isolierglas *n* (thermische Isolation) insulation glass
[met]; sound-control glass; sound-insulating
glass; sound-resistive glass
Isolierhülle *f* insulating cover [met]
Isolierkitt *m* insulating cement [met]
Isolierlack *m* insulating paint [elt]; insulating
varnish [elt]
Isoliermantel *m* insulating jacket [pow]; insulating
sheath [met]
Isoliermasse *f* insulating component [met];
insulating compound; insulating mass [met]; non-
conducting material [elt]; sealing component [met]
Isoliermasse, ortverschäumte - *f* site-foamed
insulation
Isoliermaterial *n* insulating material [elt]
Isoliermatte *f* heat-insulating jacket [pow];
insulating mat [met]
Isoliermauerwerk *n* insulating brickwork;
insulating masonry
Isoliermittel *n* insulant [elt]; insulating agent
[met]; insulating compound [met]; insulating
material [met]; non-conducting material [elt]

Isolierpapier *n* building paper [met]; insulating
paper [elt]; lining paper
Isolierpappe *f* softboard [met]; (wasserdicht)
waterproofing building paper [met]; (Bauwesen)
waterproofing paper [met]
Isolierplatte *f* (Wärme) bat insulation; insulating
board [met]; insulating slab
Isolierplatte aus Kork *f* compressed cork;
insulating corkboard
Isolierplatte, steife - *f* rigid insulation board
Isolierrohr *n* insulating sleeve [elt]
Isolierschaum *m* insulating foam [met]
Isolierschicht *f* insulating layer [met]; insulation
layer [pow]
Isolierschicht, aufgespritzte - *f* sprayed insulation
Isolierschicht, aufspritzbare - *f* spray-on insulation
Isolierschüttmasse *f* loose-fill insulating material
[met]
Isolierschutz *m* insulating protection [pow]
Isolierstampfmasse *f* insulating castable refractory
[met]
Isolierstein *m* insulating brick
Isolierstein, feuerfester - *m* insulating firebrick
Isolierstoff *m* insulant [met]; insulating material
[met]; insulator [met]
Isolierstoffklasse *f* type of insulating material [met]
isoliert insulated [elt]
Isoliertapete *f* insulating wallpaper [met]
Isolierüberzug *m* insulating film [met]
Isolierung *f* electrical insulation [elt]; insulating
[elt]; (Wärme) insulation [pow]
Isolierung, hochtemperaturbeständige - *f* high-
temperature insulation [met]
Isolierung, schlechte - *f* low insulation [pow]
Isolierunterlage *f* insulating base [met]; insulating
underlay [met]
Isolierverbundglas *n* insulating glass; laminated
glass
Isolierverglasung *f* insulating glazing; thermopane
glazing; thermopane glazing
Isolierwand *f* insulating wall
Isolierwolle *f* insulating wool
Isometrie *f* isometric drawing [des]; isometry [des]
isometrisch isometric [des]; isometrical [des]
Istabmaß *n* actual deviation [des]; deviation from
actual size [des]
Istabweichung *f* actual deviation [des]
Istwertanzeige *f* actual indication [any]; actual
value indicator [any]
Istwertgeber *m* actual value sensor [any]
Istzeiger *m* actual value pointer [any]

J

J-Naht *f* (Schweißnaht) J-weld [met]
J-Spannstab *m* J-rod [stb]
Jahresabfluss *m* annual run-off [was]
Jahresabflussbeiwert *m* annual run-off coefficient
  [was]
Jahresarbeitszahl, kritische - *f* (Wärmepumpe)
  critical annual work coefficient [pow]
Jahresdurchschnittswert *m* annual average
Jahresmittelwert *m* annual average value
Jahresnettomieteinnahmen *pl* average net rent
  income [eco]
Jahresniederschlag *m* annual rainfall [wet]
Jahresnutzungsgrad *m* (Heizung) annual fuel use
  efficiency [pow]
Jahresregenmenge *f* annual rainfall [wet]
Jalousette *f* blind shade; louvre; slatted sun
  screen
Jalousie *f* blind; jalousie; (Rollladen) shutter
  blind; slatted blind; (Fenster) venetian blind;
  window blind
Jalousie, streuende - *f* diffusing louvre
Jalousiefenster *n* louvre window; louvred window
Jalousielamelle *f* louvre slat
Jalousien *pl* shutters
Jalousienöffner *m* venetian blind opener
Jalousienschließer *m* venetian blind closer
Jalousietür *f* louvre door; (Rollflügelkonstruktion)
  roller-leaf shutter door [tec]; shutter door
Joch *n* arch; (z.B. der Jochbrücke) pile [stb];
  (Romanik) pile trestle [arc]; (Romanik) yoke bay
  [arc]
Jochbalken *m* pile cap
Jochbrücke *f* bridge on piles
Jochholm *m* capsill
Jochplatte *f* yoke plate
Jochspanner *m* yoke clamp
Jochträger *m* main beam
Jurakalk *m* Jurassic limestone [geo]

K

K-Fachwerk *n* K-shaped latticework; K-truss [stb]
Kabel *n* lead [elt]; trunk [elt]
Kabel freilegen *v* disengage a cable [elt]
Kabel für Erdverlegung *n* underground cable [elt]
Kabel verlegen *v* lay tracks
Kabel, bewehrtes - *n* sheathed cable [elt]
Kabel, doppeladriges - *n* double-core cable [elt]
Kabel, dreiadriges - *n* three-conductor cable [elt]; triple core cable [elt]
Kabel, einadriges - *n* single-conductor cable [elt]
Kabel, erdverlegtes - *n* buried cable [elt]
Kabel, flach gespanntes - *n* (Seiltragwerk) flat-tensioned cable
Kabel, gepanzertes - *n* shielded cable [elt]
Kabel, imprägniertes - *n* impregnated cable [elt]
Kabel, isoliertes - *n* insulated cable [elt]
Kabel, kunststoffumhülltes - *n* plastic-sheathed cable [elt]
Kabel, mehradriges - *n* multiconductor cable [elt]; multicore cable [elt]
Kabel, unterirdisches - *n* underground cable [elt]
Kabel, vieladriges - *n* multi-conductor cable [elt]; multicore cable [elt]
Kabel, wasserdichtes - *n* watertight cable [elt]
Kabel, zweiadriges - *n* double-core cable [elt]
Kabelabstand *m* cable spacing
Kabelabzweig *m* outgoing cable feeder [elt]
Kabelanschluss *m* cable connection [elt]; wire termination [elt]
Kabelanschlusskasten *m* cable terminal box [elt]
Kabelanschlussöffnung *f* cable entry [elt]
Kabelanschlussstutzen *m* cable sealing end [elt]
Kabelbahn *f* cable raceway [elt]; cableway [elt]
Kabelbaum *m* cable tree [elt]; wiring harness [elt]
Kabelbefestigungsmaterial *n* cable fixing material [elt]
Kabelbinder *m* cable fastener [elt]; cable tie [elt]
Kabelboden *m* cable basement [elt]; cable floor; cable gallery [elt]
Kabelbrücke *f* cable suspension bridge; stayed cable bridge [elt]
Kabelbügel *m* cable support bracket [elt]
Kabeldichtung *f* cable seal [elt]
Kabeldose *f* cable box [elt]
Kabeldraht *m* cable wire [met]
Kabeldurchführung *f* cable bushing [elt]; cable gland [elt]; cable lead-through [elt]
Kabeleinführung *f* cable entry [elt]; cable inlet [elt]
Kabelfehlernachweisgerät *n* cable fault detector [elt]

Kabelführung *f* cable duct [elt]; cable route [elt]; (im Gebäude) cable run [elt]
Kabelführungsrohr *n* cable conduit [elt]
Kabelgraben *m* cable trench [elt]
Kabelhalter *m* cable clip [elt]
Kabelhalterung *f* cable support [elt]
Kabelisolation *f* cable insulation [elt]
Kabelisolierung *f* cable covering [elt]
Kabelkanal *m* cable conduct [elt]; cable conduit [elt]; cable duct [elt]; cable trench [elt]; cable tunnel [elt]; raceway [elt]; wireway [elt]; wiring duct [elt]
Kabelkanal, Rohr- und - *m* underground utility tunnel
Kabelkanalsteckdose *f* cable conduit outlet [elt]
Kabelkasten *m* cable box [elt]
Kabelklammer *f* cable clamp [elt]
Kabelklemme *f* bulldog clamp [elt]; cable clamp [elt]; cable lug [elt]
Kabelkragdach *n* cable-suspended cantilever roof; rope-suspended cantilever roof
Kabellegung *f* laying of a cable [elt]
Kabelmantel *m* cable covering [elt]; cable jacket [elt]; cable sheath [elt]; wire coating [elt]
Kabelmesser *n* cable stripping knife [wzg]
Kabelmontage *f* cable assembly [elt]; cable laying [elt]
Kabelpritsche *f* cable gully [elt]; cable rack [elt]; cable tray [elt]
Kabelraupe *f* cable handler; cable loop device; roller-type cable handler
Kabelrinne *f* cable channel [elt]; cable tray [elt]; cable trough [elt]
Kabelrohr *n* cable conduit [elt]; cable duct [elt]; cable tube [elt]
Kabelrohrleitung *f* cable conduit [elt]
Kabelrolle *f* cable drum [elt]; cable reel [elt]
Kabelschacht *m* cable chute [elt]; cable duct [elt]; cable pit [elt]; cable runway [elt]; cable shaft [elt]
Kabelschelle *f* cable clamp [elt]; cable clip [elt]; cable shackle [elt]
Kabelschrott *m* cable scrap [rec]
Kabelschuh *m* cable clip [elt]; cable lug [elt]; cable shoe [elt]
Kabelschutz *m* cable protection [elt]; cable protective sheath [elt]
Kabelschutzrohr *m* cable conduit [elt]; electric cable protection pipe [elt]
Kabelstecker *m* cable plug [elt]
Kabelstrebe *f* (Brücke) cable stay [elt]
Kabelstrecke *f* cable route [elt]; cable run [elt]
Kabelsuchgerät *n* cable detecting device [elt]; cable detector [elt]; cable finder [elt]; cable localizer [elt]
Kabeltragwerk *n* cable network

Kabeltrasse *f* cable route [elt];   cable run [elt]
Kabeltrog *m* cable trough [elt]
Kabeltrommel *f* cable drum [elt];   cable reel [elt]
Kabeltrosse *f* cable carrier rope
Kabeltunnel *m* cable subway [elt];   cable tunnel [elt];   culvert [elt]
Kabelüberzug *m* cable jacket;   cable sheeting
Kabelummantelung *f* cable covering [elt];   cable sheathing [elt]
Kabelverbindung *f* cable connection [elt];   cable joint [elt];   cable junction
Kabelverbindungsmuffe *f* cable junction box
Kabelverlegewinde *f* cable-laying hoist [tib]
Kabelverlegung *f* cable laying;   cable placing [elt]
Kabelverschraubung *f* cable fitting [elt];   cable joint [elt]
Kabelwagen *m* mobile cable carrier
Kabelwanne *f* cable trough [elt]
Kabelwinde *f* rope winch
Kabelzuführung *f* cable entry [elt]
Kabelzugseil *n* cabling rope [met]
Kabelzuleitung *f* main [elt]
Kachel *f* ceramic tile;   glazed tile;   tile
Kachel, bunt glasierte - *f* encaustic tile
Kachelbad *n* tiled bathroom
kacheln *v* tile
Kachelverblendung *f* tile facing
Kachelverkleidung *f* tile cladding;   tile wainscot
kadmieren *v* cadmium-plate [met]
Käfigläufer *m* squirrel-cage armature [elt]
Käfigläufermotor *m* brushless induction motor [elt]
Kälteaggregat *n* refrigerator [pow]
Kälteanlage *f* cooling plant [pow];   refrigeration plant [pow]
kältebeständig cold-resisting [met];   nonfreezing [met]
Kältebruchfestigkeit *f* tensile strength at low temperature [met]
Kältebrücke *f* heat-loss connection;   thermal bridge [pow]
Kältedämmstoff *m* cold insulant [met];   insulating material [met];   low-temperature insulating material [met]
kälteempfindlich cold-sensitive [met]
Kälteisolierung *f* cold insulation;   insulation against cold;   insulation for cold;   low temperature insulation
Kälteleistung *f* refrigerating capacity [prc]
Kältemaschine *f* refrigerator [pow]
Kältemittel *n* cooling agent [met];   cryogen [met];   refrigerant [met]
Kälteprobe *f* cold test [any]
Kälteprüfung *f* low-temperature test [any]
Kälteschutzanzug *m* cold protection suit [asi]
Kältesprödigkeit *f* low-temperature brittleness [met]

Kältetechnik *f* refrigeration engineering [prc]
Kälteverhalten *n* low-temperature behaviour [met]
Kämpfer *m* abutment;   (Auflager für Bogen) impost [arc];   (Bauwerk) impost;   (Endauflager eines Bogens) skewback;   springer;   (Querriegel Fenster / Tür) transom
Kämpfergelenk *n* abutment hinge;   springing hinge
Kämpferpunkt *m* (Kirchenbau) springing point [arc]
Kämpferstein *m* springer stone
Kaffgesims *n* (Gotik) dripstone [arc]
Kai *m* jetty [tra];   pier [tra];   quay [tra]
Kaianlage *f* (im Hafen) quayside [tra]
Kailänge *f* (Hafen) quay frontage [tib]
Kaimauer *f* quay wall [wba]
Kaiserdach *n* imperial roof
Kaisson *n* caisson
Kalendertag *m* calendar day
Kalibriereinrichtung *f* calibrating device [any];   calibrating unit [any];   calibrator [any]
kalibrieren *v* adjust [any];   calibrate [any];   (<A>) gage [any];   (<B>) gauge [any];   standardize [any]
Kalibrieren *n* calibrating [any];   calibration [any]
Kalibrierfehler *m* calibration error [any]
Kalibrierkurve *f* calibrating plot [any]
Kalibrierung *f* adjustment [any];   calibration [any];   graduation scale [any]
Kalibriervorrichtung *f* calibrating device [any];   calibrating unit [any];   calibration equipment [any]
Kalk *m* anhydrous lime [met];   lime [che];   limestone [met]
Kalk ablagernd lime-depositing [met]
Kalk bildend calcific [met]
Kalk brennen *v* burn lime [roh]
Kalk löschen *v* slake lime
Kalk, freier - *m* free lime [met]
Kalk, gebrannter - *m* quicklime [met]
Kalk, gelöschter - *m* calcic hydrate [met];   calcium hydroxide [met];   hydrated lime [met];   slack lime [met];   slaked lime [met];   water-slaked lime [met]
Kalk, gerbsaurer - *m* ([obs]) tannate of lime [met]
Kalk, gesiebter - *m* riddled lime [met]
Kalk, halbhydraulischer - *m* semihydraulic lime [met]
Kalk, hochhydraulischer - *m* autoclaved lime [met];   pressure-hydrated lime [met]
Kalk, hydraulischer - *m* hydraulic lime [met];   lean lime [met];   quick-hardening lime [met];   water lime [met]
Kalk, totgebrannter - *m* overburnt chalk [met];   perished chalk [met]
Kalk, ungelöschter - *m* quicklime [met];   unslaked lime [met];   unslaked lime [met]
Kalk-Glanzputz *m* polished lime plaster;   polished lime render
Kalk-Zementputz *m* lime-cement plaster

Kalkablagerung *f* calcareous sediment [geo]; lime deposition [geo]

Kalkanreicherung *f* (Boden) lime accumulation [geo]

Kalkanstrich *m* lime whiting coat [met]; limewash [met]; limewash coat; whitening coat; whitewash coat [met]

kalkarm deficient in lime [met]; low calcium content [met]

kalkartig calcareous [met]; limy [met]

Kalkaußenputz *m* external lime plaster; external lime render

Kalkbedarf *m* lime requirement

Kalkbeize *f* lime mordant [met]

kalkbeständig lime-proof [met]

Kalkbeständigkeit *f* lime resistance [met]

Kalkbeton *m* lime concrete [bon]

Kalkboden *m* calcareous soil [geo]; lime soil [geo]

Kalkbrei *m* (Gerberei) lime paint [met]; lime paste [met]

Kalkbrennen *n* lime burning [roh]

Kalkbrühe *f* lime liquor [met]; lime water [met]; milk of lime [met]; whitewash

kalkecht fast to lime [met]

Kalkeinlagerungen *pl* calcifications [met]

Kalkeinschluss *m* lime pocket [met]

kalken *v* limewash; (verputzen) rough-cast; whiten; (tünchen) whitewash

Kalken *n* limewashing; liming; whitewashing

Kalkfarbe *f* (Bau) lime paint [met]; whitewash paint [met]

Kalkfeinputz *m* final coat of lime render

kalkfest lime-proof; lime-resistant

Kalkgestein *n* limestone rocks [met]

Kalkgipsmörtel *m* lime gypsum mortar

Kalkgipsputz *m* gauged mortar plaster; lime gypsum plaster

kalkhaltig calcareous [met]; containing lime [met]; limy [met]

Kalkhydrat *n* (gelöschter Kalk) calcium hydroxide [che]; (gelöschter Kalk) hydrate of lime [che]; (gelöschter Kalk) hydrated lime; (gelöschter Kalk) slaked lime [met]

kalkig calcareous [met]; limy [met]

Kalkkies *m* calcareous gravel [geo]

Kalkkitt *m* calcareous cement [met]; lime cement [met]

Kalkkruste *f* calcareous encrustation [geo]; lime crust [geo]

Kalklauge *f* lime lye [met]

Kalklöschbehälter *m* slaker

Kalklöschen *n* lime hydration; lime slaking; slaking of lime

Kalkmehl *n* pulverized limestone [met]

Kalkmergel *m* calcareous clay [geo]; calcareous marl [geo]

Kalkmilch *f* calcium hydroxide [met]; lime milk [met]; lime slurry [met]; limewash [met]; whitewash [met]

Kalkmörtel *m* lime mortar [met]; ordinary lime mortar

Kalkmörtel, hydraulischer - *m* hydraulic lime mortar

Kalkmörtelputz *m* lime stuff

Kalkpaste *f* lime paste [met]

Kalkputz *m* lime cast; lime plaster; ungauged lime plaster

kalkreich lime-rich [met]; rich in lime [met]

Kalksand *m* calcareous sand [geo]; lime sand [geo]

Kalksandstein *m* arenaceous limestone [met]; calcareous sandstone [geo]; lime sandstone [geo]; sand-lime block [met]; sand-lime brick

Kalksandsteinziegel *m* lime-sand brick [met]

Kalkschiefer *m* limestone shale [geo]; slabby limestone [geo]

Kalkschlacke *f* lime slag [rec]

Kalkschlamm *m* lime sludge [rec]

Kalkschutt *m* plastering refuse [rec]

Kalksilo *m* lime silo

Kalkspat *m* calcite [che]; calcium carbonate [che]; lime spar [che]

Kalksplitt *m* limestone chips [met]

Kalkstandard *m* calcareous standard [des]

Kalkstaub *m* lime dust; lime powder

Kalkstein *m* chalk [che]; limestone [met]

Kalkstein, bituminöser - *m* asphalt-impregnated limestone [met]; bituminous limestone [met]

Kalkstein, dolomitischer - *m* dolomitic limestone [che]

Kalksteinfassade *f* limestone façade

Kalksteinfüller *m* limestone filler

Kalksteingebäude *n* limestone building

Kalksteinkies *m* limestone gravel [met]

Kalksteinmauerwerk *n* limestone masonry

Kalksteinmehl *n* flour limestone [met]; limestone dust; powdered limestone [met]

Kalksteinprodukt *n* limestone product [met]

Kalksteinschotter *m* crushed limestone [met]

Kalksteinvorkommen *pl* limestone deposits [geo]

Kalktünche *f* lime whiting; limewash; whitewash

Kalkulationsgrundlage *f* basis for calculation [des]

Kalkung *f* liming

Kalkunterschicht *f* lime basecoat

kalkverfestigt lime-stabilized [met]

Kalkverputz *m* lime finish

Kalkwand *f* plaster wall

Kalkzement *m* calcareous cement [met]; lime cement [met]

Kalkzementmörtel *m* cement-lime mortar [met]; cement-lime mortar [met]; compo mortar [met]; lime cement mortar [met]; lime-and-cement mortar [met]

Kalkzuschlag *m* calcareous flux [met]; limestone flux [met]

Kalorimetrie *f* calorimetry [any]

Kalotte *f* calotte

Kalottenfuß *m* tilting base

Kalottenlager *n* spherical bearing [stb]

Kalottenstück *n* (Schalung) cap piece

kalt abbindend cold-curing [met]; cold-setting [met]

kalt gereckt cold-worked [met]

kalt verarbeitbar (Werkstoff) workable in cold state [met]

Kaltanstrich *m* cold coat [met]

Kaltbeanspruchung *f* cold straining [met]

kaltbiegen *v* cold-bend [met]

Kaltbiegen *n* cold bending [met]

Kaltbindemittel *n* cold binder [met]

Kaltbitumen *m* cold asphalt [met]; cold bitumen [met]

Kaltbruch *m* cold-shortness [met]

Kaltbrüchigkeit *f* cold-brittleness [met]; cold-shortness [met]

Kaltdach *n* cold roof; roof with air circulation; ventilated flat roof; ventilated roof

Kalteinbau *m* (Asphalt im Straßenbau) cold laying [tib]; (Asphalt im Straßenbau) cold-laid process [tib]

kaltformen *v* cold-form [met]; cold-work [met]

kaltgeformt cold-formed [met]

kaltgewalzt cold-rolled [met]

Kaltimprägnieren *n* cold impregnation [met]; cold sealing [met]

Kaltkleber *m* cold adhesive [met]; cold-bonding adhesive [met]; cold-setting adhesive [met]

Kaltlack *m* cold lacquer [met]; cold-cut varnish [met]

Kaltleim *m* cold glue [met]

Kaltlötung *f* cold joint [met]; cold solder connection [met]

Kaltmiete *f* (Wohnung, Büro, ...) cold rent [eco]

kaltnieten *v* clench [wer]; cold-rivet [wer]

Kaltpressmasse *f* cold-moulding compound [met]

Kaltriss *m* cold crack [met]

Kaltschweißung *f* stuck weld [met]

Kaltsprödigkeit *f* brittleness at low temperature [met]; cold-brittleness [met]; cold-shortness [met]

Kaltumformen *n* cold shaping [met]

kaltverfestigen *v* strain-harden [met]

kaltverfestigt cold-strained [met]; strain-hardened [met]

Kaltverfestigung *f* cold-work hardening [met]; strain hardening [met]

Kaltverlegung *f* (Fernwärmeleitungen) cold laying

Kaltvorspannung *f* (Rohrleitung) cold pull [met]; (Rohrleitung) cold springing [met]

Kaltwasserleitung *f* cold-water line [tga]; cold-water pipe [tga]

Kaltwasserleitungsanlage *f* cold-water pipework [tga]

Kaltwassersteigleitung *f* cold-water riser [was]

Kaltwasserversorgung *f* cold-water service [tga]

Kaltwetterschutz *m* cold weather protection

kalzinieren *v* calcine [che]

Kalzinierung *f* calcination [met]

Kamin *m* chimney [pow]; fireplace; smokestack [pow]; stack [pow]

Kamin, abgespannter - *m* guyed stack [pow]

Kamin, offener - *m* fireplace

Kaminabdeckung *f* rain cap

Kaminabdichtung *f* storm collar

Kaminbefeuerung *f* (Flugsicherung) chimney aircraft-warning lights; (Flugsicherung) chimney aviation obstruction lights

Kaminbildung *f* (Silo) rathole formation [prc]; (Silo) ratholing [prc]

Kamineinfassung *f* chimney flashing; chimney jamb

Kamineinsatzrohr *n* chimney flue lining [met]

Kaminfuß *m* stack base [pow]

Kaminmauerwerk *n* chimney jamb

Kaminreinigung *f* chimney sweeping

Kaminreinigungstür *f* chimney cleaning manhole

Kaminröhre *f* chimney flue [pow]; stack flue [pow]

Kaminsanierung *f* chimney repair [pow]

Kaminschuss *m* stack section [pow]

Kaminsims *m* mantel shelf

Kaminsteigleiter *f* chimney access ladder

Kaminverkleidung *f* chimney lining

Kaminverlust *m* chimney loss [pow]; stack loss [pow]

Kaminwirkung *f* (Zug durch aufgeheizten Kanal) chimmey effect; stack effect [phy]

Kaminzug *m* (<A> Auftrieb) draft [pow]; (<B> Auftrieb) draught [pow]; (<B> Auftrieb) stack draught [pow]

Kamm *m* (Gebirge, Unterwasserdüne) crest [geo]

Kammer *f* (Hohlraum) cavity; small room

Kammerbeton *m* cavity cement [bon]

Kammerfilterpresse *f* chamber-type filter press [was]

Kammerschleuse *f* chamber lock [wba]; tide-lock [wba]

Kammerwand *f* (Brücke) breast wall; side wall

Kammstrich *m* (Lehmbau) combing

Kammträger *m* comb support [stb]

Kanal *m* (Schifffahrt, künstlicher Wasserlauf) canal [wba]; channel [wba]; (natürlicher) channel [geo]; (Graben) ditch [wba]; (Abwasser) drain [was]; duct [wba]; (Abflussrinne) groove [wba]; (Abwasser) sewer [was]; waterway [wba]

Kanal mit totem Wasserspiegel *m* dead canal [wba]

Kanal, begehbarer - *m* man-accessible sewer [was]

Kanal, künstlicher - *m* canal [wba]

Kanal, versenkter - *m* buried channel [was]

Kanalabdichtung *f* sealing of a duct; sewerage sealing [wba]

Kanalanschluss *m* channel adapter [was]

Kanalauskleidung *f* canal lining [wba]

Kanalbau *m* canal construction [wba]; canalization [wba]; sewer construction [was]

Kanalböschung *f* canal bank [wba]; canal slope [wba]

Kanalböschungssicherung *f* canal slope protection [wba]

Kanalbrücke *f* canal bridge [wba]; channel bridge [wba]

Kanaldamm *m* canal bank [wba]; canal embankment [wba]; embankment [wba]

Kanaldatenbank *f* sewer database [was]

Kanaldeckel *m* duct cover [was]; duct cover [was]; manhole cover [was]

Kanaldeckelheber *m* manhole cover lifting device [was]

Kanaldielen *pl* trench lining [wba]

Kanaleinbau *m* dado trunking mounting [tga]

Kanaleinstiegsschacht *m* sewer access shaft [wba]

Kanalfernsehanlage *f* sewer television facility [was]

Kanalführung *f* (Verlauf) duct route [des]

Kanalhaltung *f* level reach [wba]

Kanalisation *f* (Flüsse) canalization [wba]; drain system [was]; drainage [was]; drainage system [was]; public sewer [was]; sewage system [was]; sewerage system [was]; sewers [was]

Kanalisation, öffentliche - *f* public sewage system [was]

Kanalisationsabwasser *n* drain water [was]; sewage water [was]

Kanalisationsanschluss *m* connection to the sewer [was]; sewer connection [was]

Kanalisationsgraben *m* sewer trench [was]

Kanalisationsnetz *n* network of sewers [was]; sewer system [was]

Kanalisationsrohr *n* drain tube [was]; sewage pipe [was]; sewer [was]

Kanalisationssystem *n* sewage system [was]; sewerage [was]

kanalisieren *v* channelize [was]; drain through sewers [was]; provide sewerage [was]; sewer [was]

kanalisiert ducted [wba]

Kanalisierung *f* canalization [wba]

Kanalnetz *n* sewage system [was]; sewer network [was]

Kanalprofil *n* canal section [wba]

Kanalpumpwerk *n* canal pumping station [wba]

Kanalquerschnitt *m* duct cross-section [des]

Kanalradpumpe *f* channel impeller pump [prc]; non-clogging pump [prc]

Kanalreinigungsgerät *n* sewer cleaning equipment [was]

Kanalrohr *n* sewage pipe [was]; sewer pipe [was]

Kanalsanierung *f* sewerage reconditioning [wba]

Kanalschacht *m* sewer manhole [was]; sewer manway [was]

Kanalschleuse *f* canal lock [wba]

Kanalschleusentor *n* canal lock gate [wba]

Kanalsohle *f* (Fernwärmeleitung) base of duct; canal bottom [wba]; channel bed [wba]; channel bottom [wba]

Kanalspülung *f* sewer flushing [was]

Kanalstauraum *m* sewer storage space [was]

Kanalstrebe *f* shoring strut [wba]; trench stay [wba]; trench strut [wba]

Kanalsystem *n* duct system [was]; sewage system [was]

Kanaltunnel *m* Channel Tunnel [tra]

Kanalüberwachung *f* sewer monitoring [any]

Kanalufer *n* canal bank [wba]

Kanalverbreiterung *f* canal widening [wba]

Kanalverlegegerät *n* sewer laying equipment [was]

Kanalverlegung *f* duct laying

Kanalwange *f* duct wall

Kanalwasser *n* sewage water [was]

Kanalwinde *f* sewer capstan [was]; sewer winch [was]

kannelieren *v* (aushöhlen) flute

Kannelierung *f* (Riffelung) flute [met]

Kannelüren *pl* (Riffelungen auf z.B. Säulen) fluting [arc]

Kannelur *f* flute [arc]

Kantblech *n* end plate [stb]

Kante *f* (Mauerwerk) arris

Kante, abgerundete - *f* ease edge

Kante, auslaufende - *f* discharged edge [des]

Kante, gerade - *f* straight edge

Kante, gewalzte - *f* (Falzverbindung) rolled edge [met]

Kante, schräge - *f* cant [des]

Kanten abgerundet *pl* arris rounded

Kanten, abgerundete - *pl* angle rounded

Kanten, sichtbare - *pl* visible lines [des]

Kanten, unsichtbare - *pl* hidden outlines [des]

Kantenbrecher *n* bull nose trowel [wzg]

Kantendetektion *f* boundary detection [any]

Kantenfestigkeit *f* edge-holding power [met]

Kantenfliese *f* facing tile

Kantenfühler *m* edge sensor [any]

Kantenkelle *f* angle trowel [wzg]; twitcher [wzg]

Kantenprofil *n* corner bead; (Stufe) nosing strip

Kantenradius *m* corner radius [des]
Kantenriss *m* edge crack [met]
Kantenschutz *m* edge cushion [met]; edge liner; edge protection [met]
Kantenschutzeisen *n* edge protection strap iron
Kantenschutzleiste *f* arris cover strip
Kantenschutzstreifen *m* border tape [met]
Kantenschutzwinkel *m* edge protection profile
Kantenstein *m* border stone; haunching stone; marginal tile [met]
Kantenzwinge *f* cross clamp [wzg]
Kantholz *n* dressed lumber [met]; dressed timber [met]; squared timber [met]; structural lumber [met]
Kantholzverbinder *m* framing clip
Kantstein *m* curbstone [tib]; kerb
Kaolinschlicker *m* (Keramik) kaolin slip [met]
Kapazität *f* (Kondensator) capacitance [elt]
Kapazitätsplan *m* capacity plan [wer]
Kapazitätsproblem *n* problem of capacity [wer]
kapillarbrechend destroying capillary action [met]
Kapillardiffusion *f* (von Wasser) capillary diffusion [phy]
Kapillardränage *f* capillary drainage
Kapillardruck *m* capillary pressure [phy]
Kapillare *f* capillary
Kapillarentwässerung *f* capillary drainage [geo]
Kapillarfeuchte *f* capillary moisture [met]
Kapillarflüssigkeit *f* capillary fluid [met]
Kapillarität *f* capillarity [phy]; capillary attraction [phy]
Kapillarkapazität *f* capillary capacity [geo]
Kapillarkondensation *f* capillary condensation [phy]
Kapillarkraft *f* capillary force [phy]
Kapillarraum *m* capillary zone [geo]
Kapillarriss *m* hairline crack [met]
Kapillarsaum *m* capillary fringe
Kapillarschicht *f* capillary layer [geo]
Kapillarsperre *f* capillary break [phy]
Kapillarstruktur *f* capillary structure [met]
Kapillarwasser *n* capillary moisture [met]; capillary water [met]
Kapillarwirkung *f* capillary action [phy]; capillary effect [phy]
Kapillarzone *f* capillary fringe
Kapitälchen *n* small capital
Kapitale *f* capital (city) [arc]
Kapitell *n* capital [arc]; (Säule) capital
Kapitell, ionisches - *n* (auf griechischen Säulen) Ionic capital [arc]
Kapitelsaal *m* chapter house [arc]
Kapokfaser *f* vegetable down [met]
kappen *v* trim
Kappenbeton *m* top concrete [bon]

Kappendecke *f* (Baukunst) barrel vault [arc]; cap ceiling
Kappengewölbe *n* (klassizistischer Tempel) coved dome [arc]
Kapplage *f* (Schweißnaht) sealing pass [met]; (Schweißnaht) sealing run [met]
Kappleiste *f* (eingelassenes Dichtprofil) cap flashing
Kappnaht *f* (Schweißnaht) sealing pass [met]; (Schweißnaht) sealing run [met]
Kappstreifen *m* cap flashing
Kapsel-Gehörschützer *pl* earmuffs [asi]; muff-type ear protectors [asi]
Kapselung *f* (el. Maschinen) casing [elt]; (Arbeitsschutz) enclosure [wer]
Karbonathärte *f* carbonate hardness [was]
Karte *f* (Landkarte) map [geo]
Kartenherstellung mittels Luftbildern *f* aerial mapping
Kartenmaßstab *m* map scale [geo]
Kartennull *n* chart datum [geo]
kartieren *v* map
Kartierung *f* map plotting [geo]; (Landkarte) mapping [geo]; scaled mapping [geo]
Kartuschenkolben *m* cartridge stem
Kasematte *f* (Festung) casemate [arc]
Kasette, abgetreppte - *f* (Baukunst) stepped side of coffer [arc]
Kassette *f* bay; caisson; cartridge; (Decke) coffer; lacunar
Kassettenbogen *m* (Baukunst) coffered arch [arc]
Kassettendecke *f* coffered ceiling; cored ceiling; pan ceiling
Kassettenkonstruktion *f* waffle-type construction [bon]
Kassettenplatte *f* waffle slab
Kassettentür *f* frame and panel door
Kassettierung *f* (Decke) coring
Kastenbalken *m* box beam; box girder
Kastenbandförderer *m* trough conveyor [prc]
Kastenbauart *f* box construction type
Kastenbrücke *f* (Stahlbrücke) box-type bridge [stb]; bridge of air-proof cases
Kastendamm *m* cofferdam [tib]
Kastendrän *m* box drain [was]
Kastenfenster *n* box-type window; winter window
Kastenform *f* boxed formwork [bon]
Kastenfundament *n* box footing
Kastenhubfenster *n* box sash window
Kastenkipper *m* box-type tip wagon [tib]
Kastenquerschnitt *m* box secion [stb]; structural tubing
Kastenrinne *f* (Regenrinne) box drain; (Regenrinne) box gutter [was]
Kastenrollladen *m* casement blind
Kastenschloss *n* outside lock [tec]
Kastenspundbohle *f* encased pile [tib]

Kastenträger *m* box beam; box frame; box girder; box-type girder [stb]; hollow box girder; hollow girder
Kastenverteiler *m* box spreader [prc]
Kataster *n* cadastre
Kataster *m* land register [com]
Katasteramt *n* land registry office [com]; land survey office [com]
Katasterkarte *f* cadastral map; cadastral plan
Katasterplanauszug *m* cadastral map excerpt
Katastervermessung *f* cadastral survey
Katastrophenhochwasser *n* catastrophic flood [wet]
Katastrophenschalter *m* emergency switch [asi]
Katastrophenschutz *m* disaster control [asi]; disaster prevention; emergency control [asi]
katastrophensicher (Reaktorgebäude) disaster-proof
Katastrophenszenario *n* worst-case scenario [asi]
Kate *f* small cottage
Kategorienschema *n* (Bibliothek) category scheme
Kathedrale *f* cathedral
Kationenaustauscher *m* cation exchanger [prc]
Katze *f* (Laufkatze) trolley [tra]
Katzenauge *n* cat's eye reflector [asi]
Katzenköpfe *pl* cobble stones [met]; (Naturstein) nigger heads [met]
Kaufkraft *f* purchasing power [eco]
kaustifizieren *v* cauterize [che]
Kautschuk-Bodenbelag *m* rubber flooring
Kautschukkitt *m* caoutchouc cement [met]; rubber cement [met]
Kautschukkleber *m* rubber adhesive [met]
Kautschukklebstoff *m* rubber adhesive [met]
Kautschuklack *m* rubber varnish [met]
Kautschukmasse *f* caoutchouc paste [met]
Kavalier-Projektion *f* cavalier projection [des]
Kavalierperspektive *f* cavalier drawing [des]; oblique projection [des]
Kaverne *f* cavity
Kavität *f* cavity [met]; hollow space [met]
Kegel *m* cone; taper
Kegelbrecher *m* cone crusher [prc]; cone-type crusher [prc]; gyratory crusher [prc]
Kegeldach *n* (auf Burgen, Schlössern) conical spire [arc]
kegelförmig cone-shaped [des]; tapered; wedge-shaped [des]
Kegelform *f* conicity [des]
Kegelgewölbe *n* cone vault [arc]; conical vault [arc]
kegelig cone-shaped [des]; conical [des]
Kegelkopfniet *m* cone head rivet [tec]
Kegelniet *m* cone head rivet [tec]
Kegelspitze *f* cone point
Kehlbalken *m* (Holzbau) collar beam; collar tie;

spar piece; wind beam
Kehlbalkendach *n* collar roof; collar-beam roof
Kehlblech *n* flashing; valley board
Kehlbrett *n* valley board
Kehle *f* fillet; valley; valley
kehlen *v* groove [wer]
Kehlleiste *f* fillet strip
Kehlnaht *f* (Schweißnaht) fillet [met]
Kehlnahtdicke *f* throat depth [met]
Kehlnahtdicke, rechnerische - *f* (Schweißnaht) effective fillet thickness [des]
Kehlprofil *n* grooved section
Kehlsparren *m* valley rafter
Kehlstoß *m* (Türfüllung) bolection moulding
Kehlung *f* arris moulding [arc]
Kehlziegel *m* valley tile
Kehrabfall *m* sweepings [rec]
Kehre *f* loop line [tra]; sharp curve [tra]
Kehrfahrzeug *n* road sweeper [rec]; road-sweeping vehicle [rec]; street-sweeping vehicle [rec]; (<A>) sweeping truck [rec]
Kehrmaschine *f* road sweeper [rec]; sweeping machine [rec]
Kehrschleife *f* (Bahn) terminal loop [tra]
Kehrtunnel *m* helical tunnel [tra]
Keil *m* (Stahlkeil) cotter; (zum Spalten) wedge
Keilanker *m* cone anchor
keilförmig tapered; wedge-shaped
Keilprobe *f* wedge test [any]
Keilscheibe *f* wedge plate
Keilschlupf *m* wedge slip
Keilstein *m* arch stone; skewback; (Gewölbe) vault block; (Gewölbe) wedge-shaped stone
Keilverankerung *f* wedge anchorage [bon]; wedge anchoring
Keilverbindung *f* wedge connection
Keilwirkung *f* wedge action
Keilziegelstein *m* bull-head
Keilzinkenverbindung *f* (Holzwerk) finger joint
keimfrei machen *v* sanitize
Kelle *f* spoon [wzg]; (Maurerkelle) trowel [wzg]
Kellenputz *m* trowel plaster
Keller *m* (Kellergeschoss) basement; cellar
Kellerablauf *m* cellar drain [tga]
Kelleraushub *m* cellar excavation; cellar pit
Kelleraußenwand *f* basement retaining wall
Kellerbaugrube *f* cellar hole; cellar pit
Kellerboden *m* basement floor; cellar flooring
Kellerdecke *f* cellar floor
Kellerentwässerung *f* basement drainage; cellar drainage
Kellerentwässerungspumpe *f* basement dewatering pump [was]; cellar drainage pump [tga]
Kellerfenster *n* basement window; cellar window
Kellergeschoss *n* basement; basement storey; lower basement

Kellergeschoss, unteres - *n* sub-basement
Kellergewölbe *n* cellar vault; underground vault
Kellergründung *f* basement foundation; cellar
  foundation
Kellerhöhe *f* basement height
kellerlos basementless; cellarless
Kellermauer *f* basement wall; cellar wall;
  foundation wall
Kellermauerwerk *n* basement masonry wall
Kellerniveau *n* basement level
Kellerraum *m* cellar room
Kellerschloss *n* cellar lock
Kellertreppe *f* basement stairs; belowstairs; cellar
  stairs; stairs (to cellar)
Kellertür *f* basement door; cellar door
Kellerwohnung *f* basement dwelling unit;
  basement flat; cellar dwelling
Kennfarbe *f* identifying colour [des]
Kennlinie, statische - *f* static characteristic
Kennnummer *f* designator [des]
Kenntnisse, berufspraktische - *pl* professional
  experience and knowledge [wer]
Kennzeichen *n* designator [des]
kennzeichnen *v* (mit Kennzeichen versehen)
  signpost
Kennzeichnung *f* labelling; signage
kennzeichnungspflichtig subject to identification
Keramikfensterbank *f* ceramic window sill
Keramikfliese *f* ceramic tile; clay tile [met];
  glazed tile
Keramikglasur *f* ceramic glaze [met]
Keramikplatte *f* flagstone
Keramikverbundstoff *m* composite ceramic [met]
Keramikwandfliese *f* ceramic wall tile
**keramische Fliesen und Platten für Bodenbeläge
  und Wandbekleidungen** *pl* ceramic tiles for walls
  and floors
Kerbbiegeprobe *f* notch-break specimen [any]
Kerbbiegeversuch *m* notch bending test [any];
  notch-bend test [any]
Kerbe *f* (Rille) groove; (Einschnitt) kerf; notch
Kerbempfindlichkeit *f* fatigue notch sensitivity
  [met]
kerben *v* cut a notch; (einpressen) indent; notch
Kerbfaktor *m* (mechanische Spannungen im
  Werkstoff) stress concentration factor [met]
Kerbfestigkeit *f* notch-impact toughness [met]
Kerbschlagbiegeversuch *m* notch-bend test [any];
  notched-bar impact bending test [any]
Kerbschlagempfindlichkeit *f* notch sensitivity
  [met]
Kerbschlagfestigkeit *f* notch impact strength [met];
  notch value [met]; notched-bar strength [met]
Kerbschlagprobe *f* notch impact test [any]
Kerbschlagversuch *m* notched-bar impact test
  [any]; notched-bar test [any]

Kerbschlagzähigkeit *f* impact value [met]; notch
  impact strength [met]; notch value [met];
  notched-bar impact strength [met]
Kerbspannung *f* notch stress [met]; stress
  concentration [met]
Kerbstab *m* (für Werkstoffprüfung) notched test bar
  [any]
Kerbstift *m* cotter pin [tec]
Kerbwirkung *f* notch effect [met]; stress
  concentration effect [met]
Kerbwirkungszahl *f* stress concentration factor
  [met]
Kernbereich *m* (Stadt) core area [com]
kernbohren *v* core [wer]
Kernbohren *n* core boring [wer]
Kernbohrmaschine *f* (für Bodenproben) corer [any]
Kernbohrung *f* core boring [tec]; core drilling [tib]
Kerndämmung *f* core insulation
Kernfels *m* solid rock [geo]
Kernfluss *m* (in konischem Trichter) core flow
  [prc]; (Silo) funnel flow [prc]
Kernflusssilo *m* (anzustreben: Massenfluss) core
  flow silo [prc]
Kerngebiet *n* business zone; central area [com];
  (Stadtplanung) centre zone; (Stadt) core area
  [com]
Kernholz *n* core wood [met]; heartwood [met]
Kernkondensat *n* (in Wänden u.a.) core condensate
  [met]
Kernmauer, massive - *f* concrete core wall [bon]
Kernprobe *f* (Bodenuntersuchung) core sample
  [any]; plug sample [any]
Kernquerschnitt *m* area of the core; area of the
  core
Kernriss *m* internal crack [met]
Kernrohr *n* core pipe
Kernschatten *m* core shadow
Kernstadt *f* centre city
Kernstück *n* core [met]
Kernwand *f* core wall
Kernweite *f* core dimension [sik]
Kernzone *f* (Stadt) core area [com]
Kessel *m* (Heizkessel) boiler [pow]; (Heizkessel)
  calorifier [pow]; (Behälter) reservoir; (Tank) tank
Kesselanlage *f* (Heizkessel) boiler [pow];
  (Heizkessel) boiler plant [pow]
Kesselausfall *m* boiler failure [pow]
Kesselausmauerung *f* boiler refractory setting
  [pow]
Kesselbau *m* boiler plant construction [pow]
Kesselbetrieb *m* boiler operation [pow]
Kesselbühne *f* boiler floor [pow]; boiler platform
  [pow]
Kesselfeuerung *f* boiler firing system [pow];
  (Feuerraum) boiler furnace [pow]
Kesselfundament *n* boiler foundation [pow]

Kesselgerüst *n* boiler steel structure [pow]; boiler structural steelwork [pow]
Kesselhauptbühne *f* boiler main floor [pow]
Kesselhauptstütze *f* boiler main column [pow]
Kesselhaus *n* boiler house [pow]; power house [pow]
Kesselhöhe *f* boiler height [pow]
Kesselleistung *f* boiler output [pow]; (Dampfleistung) boiler steam output [pow]
Kesselmauerwerk *n* boiler brickwork [pow]
Kesselmontage *f* (Baustelle) boiler erection [pow]; (Baustelle) boiler field erection [pow]
Kesselwasser *n* boiler feedwater [pow]; boiler water [pow]
Kesselzug *m* (Schornstein) boiler flue [pow]
Kette, kurzgliedrige - *f* short-link chain [tec]
Kettelladeschaufel *f* track-type tractor shovel [tib]
Ketten- funicular
Kettenantriebsrad *n* bull wheel [tec]; driving sprocket [tib]
Kettenbagger *m* track excavator
Kettenbemaßung *f* chain measurement [des]
Kettenbrücke *f* chain bridge
Kettendurchhang *m* sagging of a chain
Kettenfahrwerk *n* track chassis [tib]
Kettenfahrzeug *n* tracked machine [tib]
Kettenförderer *m* chain conveyor [prc]
Kettengreifer *m* chain grab
Kettenhängebrücke *f* chain suspension bridge
Kettenhebewerk *n* chain hoist
Kettenhublader *m* track-type tractor shovel [tib]
Kettenkratzer *m* scraper chain conveyor [prc]
Kettenlader *m* track loader
Kettenlinie *f* catenary curve
Kettenmaß *n* incremental dimension [des]
Kettenmessung *f* (Kettenmaße) chain surveying [any]
Kettenrad *n* sprocket wheel [tec]
Kettenritzel *n* sprocket [tec]
Kettensäge *f* chain saw [wzg]
Kettenspanner *m* chain adjuster [tec]; chain tensioner [tec]
Kettenspannvorrichtung *f* chain tensioner [tec]
Kettensteuerung *f* (Raupenketten) steering of crawlers [tec]
Kettenverankerung *f* chain anchoring
Kettenvorschub *m* (Hochlöffel) chain crowding [tib]
Kettenvorstoß *m* (Hochlöffel) chain crowding [tib]
Kiefernwurzelharz *n* (Luftporenbildner) vinsol resin [met]
Kieldach *n* ogee roof
Kielstapel *m* (Trockendock) keel block [tib]
Kies *m* gravel; (Kieselstein) pebble stone [geo]
Kies, gebrochener - *m* broken gravel [met]; chips [met]

Kies, grober - *m* pebble [met]; rubble [met]
Kies, natürlicher - *m* natural gravel [met]
Kies, sandiger - *m* path gravel [met]
Kies, sandloser - *m* shingles [met]
Kies, verdichteter - *m* compacted gravel
Kiesablagerung *f* deposition of gravel [geo]
Kiesauffüllung *f* gravel packing
Kiesbett *n* gravel bed [tib]
Kiesbettfilter *m* gravel filter [was]
Kiesbettung *f* (Bahn) gravel ballast [tib]; (Bahn) underlayer of gravel [tib]
Kiesboden *m* flinty ground [geo]; gravel soil [geo]
Kiesel *pl* pebbles [met]
Kiesel *m* pebble; (Kies) shingle
Kieselerde *f* silica [che]; siliceous earth [met]
Kieselfilter *m* gravel filter [was]; pebble filter [was]
Kieselgel *n* silica gel [met]
Kieselgrund *m* pebbly ground [geo]
Kieselgur *m* diatomaceous earth [met]; kieselguhr [met]
kieselhaltig gravelly; siliceous [che]
Kieselsäure *f* orthosilicic acid [che]; silicic acid [che]
kieselsäurehaltig siliceous [che]
kieselsauer silicate [che]
Kieselsole *f* siliceous brine [met]
Kieselstein *m* gravel stone; pebble stone
Kieselton *m* clay slate [met]
Kiesfang *m* gravel catchment [was]; (an Dachabläufen) gravel trap
Kiesfestiger *m* (Kiesbinder) gravel-cementing agent [met]
Kiesfilter *n* ballast filter [was]; sand filter [was]
Kiesfilter *m* gravel filter [was]; rubble filter [was]
Kiesfilterschicht *f* gravel filter layer [was]
Kiesfüllung *f* gravel fill; gravel filling
Kiesgrube *f* gravel extraction plant [roh]
Kieshalteleiste *f* (Bedachung) gravel stop
kieshaltig siliceous [met]
Kieshaube *f* strainer [was]
Kieskleber *m* (Kiesbinder) gravel adhesive [met]
Kieskörnung *f* gravel fraction [met]
Kiesnest *n* (Beton) rock pocket [met]
Kiespackung *f* gravel packing
Kiessand *m* gravel sand [met]; gravelly sand [geo]; sandy gravel [met]
Kiesschicht *f* gravel bed; gravel blanket [tib]; gravel layer [tib]
Kiesschüttung *f* gravel fill; gravel filling [tib]
Kiesschutt *m* gravel detritus [met]
Kiessieb *n* gravel screen
Kiesstützschicht *f* gravel underbed [tib]
Kiesunterbau *m* road gravelling
Kiesvorkommen *n* gravel deposit [roh]
Kiesweg *m* gravel path

Kieswüste *f* stony desert [geo]
Kieszuschlag *m* gravel aggregate [met]
Kilometerzähler *m* mileage recorder [any]
Kimmstapel *m* (Trockendock) bilge block [tib]
Kindersicherung *f* child-proof safety feature
Kinderspielfläche *f* children's play area [com]
Kinderwagenrampe *f* pram ramp
Kinnband *n* (Sicherheitshelm) chin-strap [asi]
Kippachse *f* (Vermessung) tilting axis [any]
kippbar hinged; rocking; tiltable
Kippbecherwerk *n* tipping bucket conveyor [prc]
Kippbetonkarre *f* concrete buggy [bon]
Kippbewegung *f* tipping motion [phy]
Kippbühne *f* tipping platform
Kippe *f* (Deponie) dump [rec]; (Deponie) waste
  dump [rec]; (Deponie) waste tip [rec]
Kippe, wilde - *f* uncontrolled dump [rec]
kippen *v* (neigen) tilt
Kippen *n* (- von Trägern) lateral buckling; (z.B.
  von Trägern) lateral-torsional buckling [stb];
  tilting
Kippen, seitliches - *n* lateral buckling
Kipper *m* tipper lorry [tra]; (Lastkraftwagen)
  tipping lorry [tra]
Kippfahrzeug *n* tipper [tra]
Kippfenster *n* bottom-hinged vent window;
  bottom-hung window; pivot-hung window; tilt
  window; hopper window; hospital window
Kippfensterflügel *m* pivot-hung sash
Kippflügel *m* (Fenster) balanced sash; (Fenster)
  bottom hung; (Fenster) bottom-hinged sash;
  (Fenster) top-hung sash
Kippform *f* tiltable formwork [bon]
Kippgelenk *n* (Schalung) articulated joint
Kipphalde *f* dump pile [tib]
Kipphalterung *f* lateral support
Kipphebel *m* rocker arm [tec]
Kippkante *f* (Krangewicht) balance point
Kippkübel *m* (Aufzug: für Betonkübel) tip-over
  bucket
Kippkübelaufzug *m* (Bauaufzug) bucket hoist;
  skip-type hoist
Kipplager *n* rocker bearing [stb]; tilting bearing
Kipplastkraftwagen *m* (<A>) dump truck [tra]
Kipplastwagen *m* dump lorry [tra]
Kipplöffel *m* tilting bucket [tib]
Kipplore *f* tipper [tra]
Kippmischer *m* tilt mixer [prc]; tilting mixer [prc]
Kippmoment *n* overturning moment [sik]
Kippschalter *m* flip switch [elt]; rocker switch
  [elt]; switching key [elt]; toggle switch [elt]
Kippschaufel *f* scoop
kippsicher stable
Kippsicherheit *f* safety against overturning;
  stability [tec]; stability against tilting; tilting
  safety

Kippstellung *f* (Fenster) hopper-sash position
Kipptisch *m* tilting table
Kipptor *n* tilt gate; tilting door; up and over door
Kippträger *m* strongback
Kippverschluss *m* tilting gate [wba]
Kippvorrichtung *f* tipping gear
Kippwirkung *f* overturning effect
Kippzapfen *m* rocker pin [stb]
Kirchturm *m* church steeple; church tower
Kitt *m* (zum Kleben) bonding cement [met];
  cement [met]; (zum Kleben) cementing compound
  [met]; (Füllmasse) filler [met]; (zum Dichten)
  lute [met]; mastic [met]; (zum Glasen) putty
  [met]; (zum Dichten) sealing cement [met]
Kitt, dauerplastischer - *m* plastic cement [met]
Kittband *n* (Fensterinstallation) preformed mastic
  tape
kitten *v* patch up [wer]
kittlos non-puttied [met]; puttyless [met];
  unputtied; without mastic [met]
Kittmasse *f* lute [met]
Kittmesser *n* putty knife [wzg]; stopping knife
  [wzg]
Kittspritze *f* mastic gun [wzg]
Kittverbindung *f* cemented joint [met]
Kittwirkung *f* cementitious property [met]
Kläranlage *f* (Klärbecken) clarifying basin [was];
  (Klärgrube) sewage clarification plant [was];
  (Klärwerk) sewage plant [was]; (Klärwerk)
  sewage treatment plant [was]; (Klärwerk) sewage
  treatment works [was]; (industrielle Anlage) waste
  water treatment plant [was]
Kläranlage, biologische - *f* biological clarification
  plant [was]
Kläranlage, kommunale - *f* municipal sewage
  treatment plant [was]; municipal sewage works
  [was]
Kläranlage, mechanische - *f* primary clarification
  plant [was]; (1. Stufe) primary clarification plant
  [was]
Kläranlagenablauf *m* sewage works discharge
  [was]
Kläranlagenbetrieb *m* sewage plant operation
  [was]
Klärbecken *n* clarification basin [was]; clarifier
  [was]; sedimentation basin [was]; sedimentation
  reservoir [was]; sedimentation tank [was];
  settling basin [was]; settling pond [was]; settling
  tank [was]
Klärbehälter *m* clearing tank [prc]; settler
  [was]
klären *v* (reinigen) clarify [was]; (reinigen) cleanse
  [was]; (reinigen) purify [was]; (absetzen) settle
  [was]
Klärfilter *m* sewage filter [was]
Klärgas *n* digester gas [was]; sewage gas [was]

Klärgasanlage *f* sewer gas plant [was]
Klärgefäß *n* settling tank [prc]
Klärgrube *f* cesspit [was]; cesspool [was]
Klärgrube, biologische - *f* septic tank [was]
Klärraum *m* sedimentation chamber [was]; settling compartment [was]
Klärschlamm *m* active sludge [was]; clarification sludge [was]; sewage sludge [was]; sewage sludge [was]
Klärschlamm, entwässerter - *m* dehydrated sewage sludge [was]
Klärschlammaufbereitung *f* sewage sludge processing [was]
Klärschlammbehandlung *f* sewage sludge treatment [was]
Klärschlammbeseitigung *f* sewage sludge disposal [rec]
Klärschlammentwässerung *f* sewage sludge dewatering [was]
Klärschlammkompostierung *f* sewage sludge composting [was]
Klärschlammkonditionierung *f* sewage sludge conditioning [was]
Klärschlammstabilisierung *f* sewage sludge stabilization [was]
Klärschlammtrocknung *f* sewage sludge drying [was]
Klärschlammverbrennung *f* sewage sludge incineration [rec]
Klärtechnik *f* clearing technology [was]; waste water engineering [was]
Klärteich *m* settling pond [was]
Klärüberlauf *m* overflow structure for settled combined water [was]
Klärung *f* (Reinigung) clarification [was]; (Reinigung) purification [was]; (Absetzen) settling [was]
Klärung der Abwässer *f* clarification of sewage [was]
Klärung der Aufgabenstellung *f* clarification of the task
Klärwerk *n* sewage plant [was]; sewage treatment plant [was]; sewage works [was]
Klärzentrifuge *f* centrifugal classifier [was]; clarifying centrifuge [prc]; decanting centrifuge [was]
Klafterholz *n* fathom wood [met]
Klammer *f* (Verbindung) cramp; (Bauklammer) cramp iron; (Bauklammer) dog; peg
Klappbrücke *f* balance bridge; bascule bridge; counterpoise bridge; flap bridge; (einfache -) single-leaf bascule bridge
Klappe *f* (in Rohrleitung) damper [tga]; (Schieber) gate [prc]; (Klappbrücke) leaf; trap [was]
Klappenstauwehr *n* shutter weir [wba]
Klappenventil *n* clack valve

Klappenwehr *n* lever weir [wba]; shutter dam [wba]
Klappfenster *n* hinged sash window; skylight window; top-hung window
Klappfenster über Tür *n* transom window
Klappflügel *m* (Fenster) top-hinged sash; (Fenster) top-hung casement
Klappkonsole *f* folding bearing plate
Klappladen *m* folding shutter
Klappschütz *m* tilting gate [wba]
Klapptor *n* flap gate; (Schleuse) trap gate [wba]
Klapptür *f* flap door; hinged door; overhead door; trap door
Klarheit *f* (Durchsichtigkeit) transparency
Klarlack *m* clear coat [met]
Klarscheibe *f* (Arbeitsschutz) antifogging eyepiece [wer]; (Arbeitsschutz) antifogging lens [wer]
Klarverglasung *f* vision light
Klarwasser *n* clean water [was]
Klarwassertank *m* (Wasseraufbereitung) clear well [was]
Klassierapparat *m* classifier [prc]
klassieren *v* (in Klassen) grade [prc]; (sieben) screen [prc]; (trennen) separate [prc]; (nach Größe) size [prc]
Klassieren *n* classification [prc]
Klassierer *m* classifier [prc]
Klassiermaschine *f* sizer [prc]; sizing machine [prc]
Klassierung *f* classification [prc]; screening [prc]; (Größentrennung) sizing [prc]
Klassierungssiebung *f* size separation [prc]
Klassifikationsmerkmal *n* classification characteristic
klassifizieren *v* grade [prc]
Klassizismus *m* classicism [arc]
Klaubeband *n* picking belt [rec]; (auch bei Rohstoffgewinnung) sorting belt [rec]
Klaue *f* dog
Klausel *f* (in Vertrag) provision [jur]
Klebdispersion *f* adhesive dispersion [met]
Klebebindung *f* adhesive binding [met]
Klebefestigkeit *f* adhesive strength [met]; bonding strength [met]
Klebeflansch *m* bonded flange
Klebeharz *n* adhesive resin [met]
Klebekitt *m* adhesive cement [met]; bonding cement [met]
Klebemasse *f* adhesive substance [met]; cement [met]
Klebemittel *n* adhesive [met]
Klebemörtel *m* adhesive mortar [met]; cementitious adhesive [met]; cementitious mortar [met]
kleben *v* (binden) bond; (befestigen) cement; glue; join by adhesive [wer]; (kleistern) paste; stick

Kleben *n* adhering [wer]; gluing
Kleber *m* adhesive [met]; bonding agent [met];
bonding cement [met]; cementing material [met];
glue [met]; gluten [met]
Klebestelle *f* pasting join [met]
Klebestreifen *m* adhesive strip [met]
Klebetechnik *f* bonding technique [wer]; gluing
technology [met]
Klebeverbindung *f* adhesive joint [met]; bonded
joint [met]; glued joint [met]
Klebeverbund *m* glued bond
Klebezement *m* cement [met]
Klebfuge *f* bond line
Klebharz *n* adhesive resin [met]; resin adhesive
[met]
Klebkraft *f* adhesive strength [met]; adhesiveness
[met]
Klebschicht *f* adhesive layer [met]
Klebstoff *m* adhesive agent [met]; adhesive
substance [met]; binding agent [met]; bonding
agent [met]; paste [met]
Klebstoffschicht *f* adhesive layer [met]; tack coat
[met]
Klebung *f* bonding
Kleeblattbogen *m* (Gotik) trefoil arch [arc]
Klei *m* clay containing sea silt [geo]
Kleiderkammer *f* (Kloster) closet [arc]
Kleidungsstücke, lose - *pl* loose clothing [asi]
kleines Fenster *n* fenestral
Kleinfelderwirtschaft *f* small-plot farming [far]
Kleinfeuerungsanlage *f* small furnace installations
[pow]; small-scale firing plant [pow]
Kleingarten *m* allotment garden [far]
Kleinkläranlage *f* domestic waste water treatment
plant [was]; individual sewage treatment plant
[was]; premises sewage treatment plant [was]
Kleinkompressor *m* baby compressor [prc]
Kleinkraftwerk *n* small power station [pow]
Kleinlastaufzug *m* low-capacity hoist
kleinmaschig fine-meshed
Kleinmaterial *n* consumables [met]; incidentals
Kleinpflaster *n* pebble pavement
Kleinsiedlungsgebiet *n* area with small housing
units [com]; housing estate zone; small housing
estate [com]
Kleinstmaß *n* lower limit of size [des]; minimum
size [des]
Kleintafelbauweise *f* (Fertigbauweise) small panel
construction
kleinteilig consisting of small units; in small units
Kleinverdichter *m* baby compressor [prc]
Kleinwohnung *f* flatlet; small flat
Kleister *m* paste [met]
kleistern *v* paste
Klemmanschluss *m* clamping connection
Klemmdose *m* connection box [elt]

Klemme *f* (Klammer) clamp [elt]; (für Kabel)
connecting terminal [elt]; (für Kabel) terminal
[elt]
klemmen *v* wedge
Klemmenanschlussplan *m* terminal connection
diagram [elt]; terminal diagram [elt]
Klemmenbelegung *f* terminal assignment [elt]
Klemmenbezeichnung *f* terminal identification [elt]
Klemmenbrett *n* terminal plate [elt]
Klemmendurchführung *f* terminal bushing [elt]
Klemmenkasten *m* terminal box [elt]; terminal
housing [elt]
Klemmenleiste *f* terminal strip [elt]
Klemmenplan *m* cable connection plan [elt]
Klemmhülse *f* clamping sleeve
Klemmkopf *m* prop connector
Klemmkraft *f* clamping force [phy];
(Nietverbindung) contact pressure [stb]
Klemmlänge einer Nietung *f* grip of rivet [tec]
Klemmleiste *f* terminal block [elt]
Klemmschiene *f* (Dichttechnik) connecting strip
Klemmschraube *f* lock screw [tec]; terminal screw
[elt]; thumb screw [tec]
Klemmspannung *f* terminal voltage [elt]
Klemmverbinder *m* terminal connector [elt]
Klemmverbindung *f* clipped connection [elt]
Kletterderrickkran *m* creeper derrick
Klettergerüst *n* climbing bracket; climbing-frame
Kletterkonsole *f* climbing bracket
Kletterkonus *m* climbing cone
Kletterkran *m* climbing-crane
Kletterschalung *f* climbing formwork [bon];
climbing shuttering [bon]; formwork for climbing
[bon]; gliding shuttering [bon]
Klimaanlage *f* air-condition; air-conditioner; air-
conditioning installation [tga]; air-conditioning
plant [tga]; air-conditioning system [tga]
Klimaanlage ohne Wasserrücknahme *f*
unconserved air-conditioning plant [air]
Klimaanlage, automatische - *f* automatic air-
conditioning plant [tga]
Klimaanlage, zentrale - *f* central air-conditioning
system [tga]
Klimadecke *f* air-conditioned ceiling; conditioned
ceiling; ventilated ceiling
Klimafenster *n* air-conditioned window
Klimagerät *n* air-conditioner; air-conditioning
apparatus [tga]; air-conditioning unit [tga]; air-
conditioning unit [tga]
Klimageräte *pl* air-conditioning equipment [tga];
air-conditioning equipment [tga]
klimageregelt air-conditioned [tga]
Klimakontrollgerät *n* climate control device [tga]
Klimaprüfung *f* climate investigation [any]
Klimatechnik *f* air-conditioning engineering [tga];
air-conditioning technology [tga]

klimatisieren *v* air-condition [tga]; (u.a. durch Isolation) climatize

klimatisiert air-conditioned [tga]

Klimatisierung *f* air-conditioning [tga]; (u.a. durch Isolation) climatization

Klimatisierungsanlage *f* air-conditioning plant [tga]

Klimatisierungsgerät *n* air-conditioner [tga]

Klimatrocknung *f* humidity drying

Klimatruhe *f* room air-conditioner; unit air-conditioner

Klimaüberwachungsanlage *f* climate monitoring system

Klinkenbeschläge *pl* door handle fittings

Klinkengriff *m* door handle

Klinker *m* brick

Klinkerbelag *m* clinker brick pavement

Klinkerbeton *m* clinker concrete [bon]

Klinkerhalle *f* clinker hall

Klinkerpflaster *n* clinker brick pavement

Klinkerplatte *f* clinker floor tile

Klinkersilo *m* clinker silo

Klinkerstock *m* (Zement) caked clinker [met]

Klinkerverblendung *f* clinker brick lining

Klinkerwerk *n* clinker works [roh]

Kloben *m* (Seilzug) block

Klopfbeanspruchung *f* rapping stress [met]

Klopfgeber für Straßendecken *m* deck-tapping generator [any]

Klosett *n* closet; lavatory [tga]; toilet

Klosettbecken *n* lavatory bowl [tga]; lavatory pan [tga]; toilet bowl [tga]

Klosettdeckel *m* lavatory seat lid [tga]; toilet seat lid [tga]

Klosettschüssel *f* lavatory bowl [tga]; lavatory pan [tga]; toilet bowl [tga]

Kloster *n* cloister

Klostergewölbe *n* cloister vault [arc]

Klosterkirche *f* monastery church [arc]

Klothoide *f* transition spiral curve [sik]

Kluft *f* crevice [geo]

klumpenfrei lump-free [met]

Klumpenzertrümmerer *m* clod crusher [roh]

klumpig lumpy [met]

Knagge *f* bar shear connector; block shear connector; (Fachwerkhaus) bracket

Knaggenauflagerung *f* cleat bearing [stb]; clip bearing [stb]

Knappheit *f* shortage

Knarre *f* ratchet [wzg]

Knarrenkluppe *f* ratchet pipe stock [wzg]

Knauf *m* (Renaissance) finial [arc]

Knickaussteifung *f* reinforcement to prevent buckling; stiffening against buckling

Knickbeanspruchung *f* buckling flexure [met]; buckling load [met]; buckling stress [met]

Knickbelastung *f* buckling loading

Knickbiegelinie *f* bending-buckling curve [sik]

Knickbruch *m* buckling failure [met]; failure in buckling

knicken *v* buckle

Knicken *n* buckling

Knicken, ebenes - *n* in-plane buckling [sik]

Knickfestigkeit *f* buckling resistance [met]; buckling strength [met]

Knickfigur *f* buckled shape; buckling configuration [sik]

Knickgefahr *f* buckling risk; buckling risk [met]

Knickgiebel, geschweifter - *m* (mittelalterliche Gebäude) shaped gable [arc]

Knickkraft *f* critical compressive force [met]

Knicklader *m* articulated loader

Knicklänge *f* buckling length; buckling length [met]; unsupported length [met]

Knicklast *f* buckling load [met]; collapse load [met]

Knickpunkt *m* (z.B. bei Chlorung) breaking point [was]; (z.B. bei Chlorung) breakpoint [was]; buckling point [met]; pinch point

Knickpunktchlorung *f* breakpoint chlorination [was]

Knickspannung *f* buckling strain [met]; buckling stress [met]; column stress [met]

Knickspannung, eulersche - *f* Euler's critical stress [met]

Knickung *f* buckling [met]

Knickverhalten *n* buckling behaviour [met]

Knickversuch *m* buckling test [any]

Knickzahl *f* column buckling factor [stb]

Knie *n* (Rohr) elbow [tga]

Kniefitting *n* (Rohr) level collar [tga]

Kniehebelbrecher *m* toggle breaker [prc]

Kniehebelplatte *f* (Backenbrecher) toggle plate [prc]

Knieleiste *f* (Geländer) intermediate rail; midrail; (Geländer) railing mid-rail

Kniepolster *n* knee pad [asi]

Knierohr *n* elbow pipe [prc]; knee bend [met]

Knieschoner *m* knee pad [asi]

Knieschützer *m* knee pad [asi]; knee-pad [asi]

Kniestock *m* parapet wall

Kniestück *n* elbow [met]; quarter bend

Knöchelschutz *m* ankle-guard [asi]

Knollenbildung *f* (Zement) lumpiness [met]

Knopfzelle *f* (Batterien) button battery [elt]; (Batterie) button cell [elt]

Knoten *m* hub; joint; node

Knoten, hoch beanspruchter - *m* high-stressed node [sik]

Knoten, idealisierter - *m* idealized joint [sik]

Knoten-Schnittverfahren *n* method of joints [sik]

Knotenbelastung *f* joint loading [met]

Knotenblech *n* gusset plate [stb]; joint plate [met]; junction plate; juncture plate; stay plate [stb]
Knotenblechverbindung *f* gusset connection [stb]; gusset plate joint [stb]; gusseted connection [stb]
Knotenebene *f* (Schwingungen) nodal plane [met]
Knotenfläche *f* nodal plane [met]
Knotengelenk *n* multiple joint
Knotenlast *f* joint load [sik]
Knotenpunkt *m* (Stahlbau: Fachwerk) apex; junction point [stb]; panel point [stb]; truss joint
Knotenpunktverfahren *n* method of joints [sik]
Knotenverbindung *f* (Stabtragwerk) hub
Knotenverdrehung *f* joint rotation [sik]
Knotenverschiebung *f* joint displacement [sik]
Knüppel *m* (Straßenbefestigung) corduroy
koagulieren *v* coagulate [was]
Koagulieren *n* coagulating [was]
Koagulierungsmittel *n* coagulant [was]; coagulating agent [was]
Koaxialkabel *n* concentric cable [elt]
Kochnische *f* kitchenette
Köcherfundament *n* hole footing; sleeve foundation
Königsstuhl *m* (Königsbolzenlagerung) pivot bearing of swing bridge [stb]
körnig grained [met]; grainy [met]; granular [met]
körniges Material *n* granular material
Körnung *f* grain size [prc]
Körnung des Gemenges *f* granulation of the batch [prc]
Körnungskennlinie *f* (Granulat) granulometric curve [prc]; (Siebfraktionen) screening characteristic [met]; sizing characteristic [met]
Körnungsnetz *n* particle-size distribution diagram [prc]
Körperabweiser *m* rising-screen guard [asi]
Körperkante *f* edge of the object [stb]
Körperpanzer *m* body armour [asi]
Körperschall *m* impact noise [aku]; impact sound [aku]; solid-borne sound [aku]; structure-born noise [aku]; structure-born sound [aku]; structure-borne sound [aku]
Körperschalldämmung *f* absorption of sound in solids [aku]; attenuation of sound in solids [aku]; reduction of structure-borne sound [aku]
Körperschalldämpfung *f* structure-borne sound damping [aku]
körperschallisoliert structure-born-sound insulated [aku]
Körperschallisolierung *f* impact sound insulation [aku]; structural sound insulation [aku]; structure-borne sound insulation [aku]
Körperschallmessung *f* impact noise measurement [any]
Körperschluss *m* fault to frame [elt]; short to frame [elt]

Körperschutzmittel *n* personal protective equipment [asi]
Körpervollschutzanzug *m* encapsulating suit [asi]
Koffer *m* (Straßenbau) road bed [tib]
Kofferdamm *m* sheet piling [tib]
Kohle-Zink-Element *n* carbon-zinc cell [elt]
Kohle-Zink-Zelle *f* Leclanché cell [elt]
Kohlebrenner *m* coal burner [pow]
Kohlefaserbewehrung *f* carbon-fibre reinforcement [bon]
Kohlefeuerung *f* coal firing [pow]
Kohlekraftwerk *n* coal-fired power plant [pow]; coal-fired power station [pow]
Kohlenladerampe *f* (Bahn) coaling stage [tra]
Kohlenstoff, gelöster organischer - *m* (DOC) dissolved organic carbon [was]
Kohlenstoff, gesamter anorganischer - *m* total inorganic carbon [was]
Kohlenstoff, gesamter organisch gebundener - *m* total organic carbon [was]
Kohlenstoffstahl *m* carbon steel [met]; high-carbon steel [met]
Kohlenwasserstoff *m* hydrocarbon [che]
Kohleverbrennung *f* coal combustion [pow]
Koksfeuerung *f* coke firing [pow]
Koksheizung *f* heating with coke [pow]
Koksofen *m* coke furnace [pow]
Kolbenströmungsmodell *n* plug-flow model [prc]
Kolkvertiefung *f* (Wasserloch) eroded hole [geo]
Kollektivplan *m* collective plan [com]
Kollektor *m* (Transistor) collector; header [elt]
Kollektormotor *m* collector motor [elt]
Kollektorspannung *f* commutator voltage [elt]
Kollektorwiderstand *m* pull-up resistor [elt]
Kolonialarchitektur *f* colonial architecture
Kolonialgebäude *n* colonial building
Kolonnade *f* colonnade [arc]
Kolonnenführer *m* trade foreman
Kolossalbau *m* giant-scale building [arc]
Komfortwohnung *f* (<A>) luxury apartment; luxury flat
Kommunalabgaben *pl* local rates and taxes [jur]
Kommunalabwasser *n* domestic sewage [was]
Kommunalgebäude *n* municipal building
Kommunalkanalisation *f* municipal sewerage [was]
Kommunalverwaltung *f* local government [jur]
Kommunikationsdose *f* communication socket [tga]
Kompaktbauweise *f* compact construction
Kompaktieren *n* compacting
Kompaktierung *f* (Verdichtung) compaction
Kompensationslösung *f* compensation solution
Kompensator *m* (in Rohrleitungen) expansion joint [prc]
Komplett-Dienstleister *m* complete service provider [eco]

Komponente, vertikale - *f* vertical component
Kompositpilaster *m* composite pilaster [arc]
Kompositsäule *f* composite column [arc]
Kompositzement *m* composite cement [met]
Komposterde *f* compost soil [geo]; organic soil [geo]; peat soil [geo]
Kompostieranlage *f* composting plant [far]
Kompostierungsanlage *f* composting plant [far]
Kompostierungshilfe *f* (Hilfsmittel) composting aid [bio]
Kompostwerk *n* composting plant [far]
Kompressionsbelag *m* (Straße) traffic-bound surfacing [tib]
Kompressionswasser *n* compressional water [geo]
Kondensat *n* condensation water
Kondensationstemperatur *f* condensation temperature [phy]
Kondensationswasser *n* condensed water
Kondensator *m* capacitor [elt]; condenser [elt]; (zum Flüssigkeitsniederschlag) condenser [prc]
Kondensatorkühler *m* condenser [prc]
Kondensatormotor *m* capacitive starting motor [elt]; capacitor motor [elt]
Kondenswasser *n* condensation water
Kondenswasserbildung *f* sweating
Kondenswasserdecke *f* anticondensation ceiling
Kondenswasserheizung *f* anticondensation heater [pow]
Kondominium *n* (<A>) condominium
konfektionieren *v* formulate
konfektioniert ready-made
Konferenzraum *m* conference hall
Konferenzsaal *m* conference theatre
Konferenzzentrum *n* conference centre
Konformitätskennzeichen *n* (CE-Zeichen) conformity symbol
Konformitätsnachweis *m* certificate of conformity
Kongressgebäude *n* congress building
Kongresshalle *f* convention hall
Kongresszentrum *n* convention centre
Konkavziegel *m* concave tile
Konservator *m* conservation curator
Konsistenz der Mischung *f* consistency of mix [met]
Konsolaufsatz *m* (Schalung) bracket connector [bon]
Konsolbogen *m* shouldered arch
Konsole *f* bracket; corbel; shoulder; support
Konsolen, verdeckte - *pl* concealed brackets
Konsolgerüst *n* cantilever scaffold
Konsolgesims *n* (römische Baukunst) crowning cornice [arc]
Konsolidation *f* (Verfestigung der Erdkruste) consolidation [geo]; induration [geo]
Konsolkran *m* wall crane
Konsolring *m* annular ledge

Konsolträger *m* cantilever truss; overhanging beam
Konstantspannungsquelle *f* constant-voltage source [elt]
Konstantstütze *f* constant support
konstruieren *v* (erbauen) build; (erbauen) construct; (erbauen) erect
Konstruieren *n* constructing [des]
Konstrukteur *m* design engineer [des]
Konstruktion *f* (Bau) building; (Bau) building-up; (Entwurf) construction [des]; (Entwurf) design [des]; (Entwerfen) designing [des]; (Bau) erection; (Aufbau) structure [des]
Konstruktion und Entwicklung *f* design and development [des]
Konstruktion, auskragende - *f* extended end
Konstruktion, freitragende - *f* cantilever construction
Konstruktion, robuste - *f* rugged construction
Konstruktion, schallabsorbierende - *f* acoustic construction
Konstruktion, starre - *f* rigid construction
Konstruktionsänderung *f* change in the structural design [des]
konstruktionsbedingt for design reasons [des]
Konstruktionsbeton *m* structural concrete [bon]; structural concrete [bon]
Konstruktionsblech *n* structural sheet [met]; structural sheet iron [met]
Konstruktionsbüro *n* design office [des]
Konstruktionseinzelheit *f* design detail [des]
Konstruktionselement *n* constructional detail [des]; structural detail [des]
Konstruktionsentwurf *m* design draft [des]
Konstruktionsfehler *m* construction fault [des]; constructional defect [des]; design defect [des]; design error [des]; design fault [des]; structural defect [des]
Konstruktionsgewicht *n* design weight [des]
Konstruktionshöhe *f* construction height [des]; overall height [des]; total height [des]
Konstruktionsholz *n* construction wood [met]
Konstruktionsingenieur *m* structural design engineer
Konstruktionsleichtbeton *m* structural lightweight concrete [bon]
Konstruktionsmerkmal *n* construction feature [des]; design feature [des]
Konstruktionsnorm *f* design code [des]
Konstruktionsphase *f* design stage [des]
Konstruktionsplan *m* construction plan [des]; design plan [des]; engineering drawing [des]
Konstruktionsplanung *f* design planning [des]
Konstruktionsprinzip *n* design principle [des]
Konstruktionspunkt *m* point of construction
Konstruktionsrichtlinien *pl* design guidelines [des]

Konstruktionsschicht *f* structural layer
Konstruktionsstahl *m* constructional steel [met]
Konstruktionssystem *n* structural system [des]
Konstruktionsteil *n* structural part [des]
Konstruktionstoleranz *f* design tolerance [des]
Konstruktionsunterlagen *pl* design documents [des]; design drawing [des]
Konstruktionsvariante *f* alternative design [des]
Konstruktionswasserlinie *f* load water-line [des]
Konstruktionswerkstoff *m* structural material [met]
Konstruktionszeichnung *f* design drawing [des]; workshop drawing [des]
konstruktiv structural [des]
Konsumelektronik *f* consumers electronics [elt]
Kontaktablagerung *f* contact deposit [geo]
Kontaktanordnung *f* contact configuration [elt]
Kontaktbelegung *f* contact assignment [elt]
Kontaktbuchse *f* contact socket [elt]
Kontaktelement *n* (Korrosion) contact cell [met]
Kontaktkleber *m* contact cement [met]; dry-bond adhesive [met]; pressure-sensitive adhesive [met]
Kontaktklebstoff *m* contact adhesive [met]
Kontaktkorrosion *f* contact corrosion [met]
Kontaktleiste *f* rail [elt]
Kontaktmanometer *n* contact-pressure gauge [any]
Kontaktplan *m* ladder diagram [elt]
Kontaktschalter *m* contact switch [elt]; touch switch [elt]
Kontaktschiene *f* conductor rail [elt]
Kontaktstecker *m* contact plug [elt]
Kontaktstift *m* connector pin [elt]
Kontaktthermometer *n* contact thermometer [any]; surface-contact thermometer [any]
kontaminiert (auch: radioaktiv) contaminated
kontaminierte Gebäude *pl* contaminated buildings
Kontinentalböschung *f* continental slope [geo]
Kontinentalplatte *f* litospheric plate [geo]
Kontinentalsockel *m* continental shelf [geo]
Kontinentalverschiebung *f* continental drift [geo]; continental shift [geo]
kontinuierlich continuous; steady
Kontinuumsmechanik *f* mechanics of continua [phy]
Kontraktionsfuge *f* shrinkage joint [bon]
Kontraktionszahl *f* contraction coefficient [met]
Kontrastbau *m* (Bauästhetik) antithetical building [arc]
Kontrollablesung *f* check reading [any]
Kontrollanalyse *f* check analysis [any]; control analysis [any]; supervised analysis [any]
Kontrollbohrung *f* inspection hole [tib]; telltale hole [tib]
Kontrolle *f* (Arbeitsschutz) inspection [wer]
Kontrolle, genaue - *f* strict control
Kontrolle, ingenieurtechnische - *f* inspection by an engineer

Kontrolle, strenge - *f* strict control
Kontrolle, tägliche - *f* day-to-day checking [any]
Kontrolleinrichtung *f* checking device [any]; monitoring device
kontrollieren *v* (überwachen) supervise
Kontrollkörper *m* calibration block [any]; reference block [any]
Kontrolllampe *f* pilot lamp [elt]; pilot light [elt]
Kontrollliste *f* check list [any]
Kontrollmanometer *n* master pressure gauge [any]
Kontrollmeldung *f* control report [any]
Kontrollmessung *f* confirmatory measurement [any]; control measurement [any]
Kontrollöffnung *f* inspection door; observation hole
Kontrollprobe *f* control assay [any]
Kontrollprüfung *f* check test [any]; control test [any]
Kontrollschacht *m* inspection chamber
Kontrolluntersuchung *f* check study [any]; follow-up test [any]
Kontrollversuch *m* check test [any]; control experiment [any]; countercheck [any]
Kontur *f* outline [des]
konturgetreu conformal [des]
Konusanker *m* cone anchor
konusförmig cone-shaped [des]; conical [des]
Konvektionsheizgerät *n* convector heater [pow]; heating convector [pow]
Konvektionsheizung *f* convection heating [pow]
Konvektionskühler *m* convection cooler [pow]; convective cooler [pow]
Konvektionskühlung *f* convective cooling [pow]
Konvektionstrockner *m* convection drier [prc]
Konvektionswärme *f* convection heat [pow]
Konvektor *m* (Heizkörprer) convector [tga]; convector heater [pow]; heating convector [pow]
Konventionalstrafe *f* contractual penalty [jur]
Konvexziegel *m* (Mönch) convex tile
Konzentration, höchstzulässige - *f* maximum accepted concentration [asi]; maximum permissible concentration [asi]
Konzentration, maximal zulässige - *f* maximum allowable concentration [asi]; maximum permissible concentration [asi]; maximum permitted concentration [asi]
Konzentration, tödliche - *f* lethal concentration [asi]
Konzentrationshöchstgrenze *f* ceiling concentration [asi]
Konzentrationsmessung *f* concentration measurement [any]
Konzentrationsobergrenze *f* ceiling concentration [asi]
Konzentrationswert *m* concentration value [che]
konzentrierte Last *f* concentrated load [sik]

konzentrisch coaxial [des]
Konzeptphase *f* design stage [des]
Konzerthalle *f* concert hall
konzipieren *v* outline
konzipiert, neu - redesigned [des]
Koordinatenmessung *f* coordinate measurement [any]
Koordination *f* coordination
Koordinationsbesprechung *f* coordination meeting
Koordinationszeichnung *f* coordination drawing [des]
Koordinierung *f* coordination
Kopf *m* (- der Zähne von Zahnrädern) tip [tec]
Kopf einer Zeichnung *m* caption of a drawing [des]
Kopfanker *m* (Dachkonstruktion) beam tie
Kopfbahnhof *m* dead-end station [tra]; railway terminus [tra]; terminal station [tra]; terminus station [tra]; terminus-type station [tra]
Kopfbalken *m* capsill
Kopfband *n* angle brace; (Dachkonstruktion) angle brace; (am Sicherheitshelm) head strap [asi]; (Atemschutz) head strap [asi]; (am Sicherheits-helm) headband [asi]; (Holzbau) knee brace; (Dachkonstruktion) strut; (Holzbau) up-brace
Kopfbandbalken *m* (Knieaussteifung) kneebrace
Kopfbauwerk *n* head
Kopfbolzen *m* set bolt [stb]
Kopfbolzendübel *m* stud shear connector
Kopffreiheit *f* head clearance [des]
Kopfgebirge *n* vertical beds [geo]
Kopfhaube *f* hair protector [asi]
Kopfhöhe *f* clearance height [des]; headroom; headway
Kopfmoment *n* (Säule) moment at head [sik]
Kopfplatte *f* boom plate; cap plate; closing plate; (Stütze) end plate [stb]; flange plate; top plate
Kopframpe *f* (Bahn) end-loading platform [tra]
Kopfraum *m* head clearance [des]
Kopfriegel *m* top rail; (Tür) top rail
Kopfschraube *f* cap screw [tec]
Kopfschützer *m* headguard [asi]; helmet [asi]
Kopfschutz *m* head protection [asi]; protective headgear [asi]
Kopfstein *m* (Pflasterstein) cobble
Kopfstein gepflastert cobbled [tib]
Kopfsteinpflaster *n* cobble stone pavement; cobblestone pavement; cobblestone paving [tib]
Kopfsteinschicht *f* header course
Kopfstrebe *f* angle tie; knee brace [stb]; kneebrace
Kopfstütze *f* upright member
Kopfteil *n* cap
Kopfträger *m* buffer beam
Kopftrommel *f* (Bandförderer) head pulley [prc]
Kopfverband *m* (Steine) header bond
Koppelfuge *f* coupling joint

Koppelträger *m* suspended span [stb]
Korbbogen *m* basket arch; (Archtiktur) more-centred arch; three-centred arch
Korbbogenprofil *n* (Kanal) half-round covered duct
Kore *f* caryatid [arc]
korinthisch (klassisch griechisch) corinthian [arc]
Korkboden *m* cork-based floor
Korkbodenbelag *m* cork flooring
Korkdämmung *f* cork insulation [pow]
Korkisolation *f* cork insulation
Korkleichtlehm *m* (Baumaterial) cork-rich clay mix [met]
Korkplatte *f* cork board; cork slab; cork tile
Korkschicht *f* cork layer [met]
Korkschüttung *f* cork filling [met]
Korkwandverkleidung *f* cork wall panelling
Korn *n* (Teilchen) particle
Kornanalyse *f* grading analysis [any]; (in Hinblick auf Klassierung) test for grading [any]
Kornanordnung *f* (Gefüge) texture [met]
Kornaufbau *m* grain structure; granulometry [met]
Kornband *n* range of particle sizes [prc]
Kornbereich *m* particle-size fraction [met]
Korndurchmesser *m* particle diameter [met]
Korneigenporigkeit *f* particle porosity [met]; porosity of the grains [met]; porosity of the particles [met]
Kornfeinheit *f* particle fineness [met]
Kornfolge *f* sequence particle sizes [met]
Kornform *f* graniform [met]
Kornfraktion *f* fraction of grain size [met]; screening fraction [met]; size fraction [met]
Korngemisch *n* aggregate mixture [met]
Korngestalt *f* particle shape [met]
Korngrenze *f* particle-size limit [met]
Korngröße *f* particle size [met]
Korngrößenanalysator *m* (Staubsedimentation in Luft) micrometograph [any]
Korngrößenanalyse *f* grain size analysis [any]; particle sizing [any]; particle-size analysis [any]; particle-size determination [any]; (Siebanalyse) screen analysis [any]
Korngrößenanteil *m* size fraction [met]
Korngrößenbereich *m* range of screening [prc]
Korngrößenbestimmung *f* grain size determination [any]; particle sizing [any]; particle-size analysis [any]; particle-size determination [any]; particle-size measurement [any]; size grading [any]
Korngrößenklasse *f* particle-size fraction [met]
Korngrößenmessgerät *n* grain size analyzer [any]; granulometer [any]
Korngrößenverteilung *f* granulometric composition [met]; (Granulat) granulometric distribution [prc]; particle-size distribution [prc]
Kornklasse *f* screening fraction [met]; size fraction [met]

Kornklassierung *f* screening [prc]; size grading [any]
Kornschicht *f* particle bed [met]
Kornschüttung *f* particle bulk
Korntrennung *f* grading [prc]
Kornumriss *m* shape of particle [met]
Kornzerfall *m* intergranular attack [met]
Kornzerkleinerung *f* particle-size reduction [prc]
Korrelationsmessung *f* correlation measurement [any]
Korridor *m* corridor; hallway
korrodierend corroding [met]; corrosive [met]
Korrosion, atmosphärische - *f* atmospheric corrosion [met]
Korrosion, biogene - *f* biogenic corrosion [met]
Korrosion, örtliche - *f* local action corrosion [met]; localized corrosion [met]
korrosionsanfällig corrodible [met]; sensitive to corrosion [met]; susceptible to corrosion [met]
Korrosionsangriff *m* corrosive attack [met]
korrosionsbeständig corrosion-proof [met]; corrosion-resistant [met]; corrosion-resisting [met]; non-corroding [met]; non-rusting [met]; (Stahl) stainless [met]
Korrosionsbeständigkeit *f* corrosion resistance [met]; resistance to corrosion [met]; stainless property [met]
Korrosionserscheinung *f* corrosion phenomenon [met]
korrosionsfest corrosion-proof [met]; corrosion-resistant [met]; corrosion-resisting [met]; non-corroding [met]
Korrosionsfestigkeit *f* corrosion resistance [met]; corrosion strength [met]
Korrosionsfraß *m* pitting [met]
korrosionsfrei non-corroding [met]; rustless [met]; stainless [met]
Korrosionsgefahr *f* corrosion risk [met]; risk of corrosion [met]
korrosionsgeschützt anticorrosive [met]; corrosion-protected [met]; protected against corrosion [met]
korrosionshemmend corrosion-inhibiting [met]
Korrosionsneigung *f* susceptibility to corrosion [met]
Korrosionspotenzial *n* ([Nebenvariante]) corrosion potential [met]; ([Variante]) corrosion potential [met]
Korrosionsprüfung *f* corrosion testing [any]
Korrosionsriss *m* corrosion crack [met]; corrosion fatigue crack [met]
Korrosionsschaden *m* corrosion damage [met]
Korrosionsschutz *m* corrosion prevention [met]; corrosion protection [met]; protection against corrosion [met]; rust protection [met]
Korrosionsschutzanstrich *m* anticorrosive coating [met]; anticorrosive painting [met]; corrosion protection coating [met]; corrosion-protective coat [met]; corrosion-protective coating [met]
Korrosionsschutzauskleidung *f* corrosion protection lining [met]
Korrosionsschutzbeschichtung *f* anticorrosion coating [met]
Korrosionsschutzfarbe *f* anticorrosion paint [met]; corrosion-protective paint [met]
Korrosionsschutzgrundierung *f* anticorrosive primer [met]
Korrosionsschutzlack *m* anticorrosive paint [met]
Korrosionsschutzlackierung *f* anticorrosive varnishing [met]
Korrosionsschutzmittel *n* anticorrosion agent [met]; anticorrosive [met]; anticorrosive agent [met]; corrosion inhibitor [met]; rust inhibitor [met]
Korrosionsschutzschicht *f* anticorrosion coating [met]; corrosion protection layer [met]; corrosion-protective coating [met]
Korrosionsschutzstoff *m* corrosion-protective agent [met]
Korrosionsschutzüberzug *m* anticorrosive coating [met]
Korrosionsstelle *f* corrosion spot [met]
Korrosionsverhalten *n* corrosion behaviour [met]
Korrosionsversprödung *f* caustic embrittlement [met]
Korrosionsvorgang *m* corrosion process [met]
korrosiv corroding [met]; corrosive [met]
Korund *m* emery [met]
Korundschleifmittel *n* corundum abrasive material [met]
Kosten für Vorbereitungen *pl* preliminary allowance [eco]
Kostenanschlag *m* cost estimate [eco]
Kostenberechnung *f* cost calculation [eco]
Kostendruck *m* pressure of costs [eco]
kostenintensiv cost-intensive [eco]
Kostenmiete *f* (Immobilien) economic rent [eco]
Kostenordnung *f* scale of charges [eco]
Kostenpauschale *f* lump-sum [eco]
Kostenrahmen *m* cost framework [eco]
Kostenrechnung *f* (Rechnungswesen) cost accounting [eco]; (Berechnen) cost calculation [eco]
Kostenschätzung *f* cost estimate [eco]
Kostenschätzung über den Kubikmeter umbauten Raum *f* cubing [eco]
Kostenschätzung über den Quadratmeter Nutzfläche *f* supering [eco]
Kostenschätzung über eine Einheit *f* unit valuation [eco]
Kostensicherheit *f* cost certainty [eco]
Kostenübersicht *f* costs overview [eco]; survey of costs [des]

Kotten *m* shanty
Krabbe *f* (Gotik) crocket [arc]
Kräfte, freigemachte - *pl* redundant forces
Kräfte, statisch unbestimmte - *pl* redundant forces
Kräfte, unbestimmte - *pl* indeterminate forces [sik]
Kräftedreieck *n* force triangle [phy]; triangle of
  forces [sik]
Kräfteermittlung *f* member-force analysis [sik]
Kräftegleichgewicht *n* equilibrium of forces [phy]
Kräftemaßstab *m* force scale [stb]
Kräftepaar *n* force-couple [phy]
Kräfteparallelogramm *n* force parallelogram [phy]
Kräfteplan *m* diagram of forces; force polygon;
  force system; stress diagram; stress sheet [sik]
Kräftepolygon *n* polygon of forces
Kräftezerlegung *f* decomposition of forces [phy];
  resolution of forces [sik]
Kräftezusammensetzung *f* composition of forces
  [sik]
Krähenfüße *pl* (Schweißen) crow's feet [met];
  (Schweißen) wrinkles [met]
Kraft *f* (Festigkeit) strength [phy]
Kraft, äußere - *f* agressive force [sik]
Kraft, angreifende - *f* agressive force [sik]
Kraft, innere - *f* internal force [met]
Kraft, resultierende - *f* resultant [phy]
Kraft, statische - *f* static force [sik]
Kraft, virtuelle - *f* virtual force [sik]
Kraft, zentrische - *f* axial force [des]
Kraft-Wärme-Kopplung *f* combined heat and
  power [pow]; combined heat and power generation
  [pow]; power-and-heat integration [pow]
Kraft-Wärme-Kopplung zu Heizzwecken *f*
  heating cogeneration [pow]
Kraft-Wärme-Kopplungs-Anlage *f* cogeneration
  unit [pow]
Kraftänderung *f* variation of force [phy]
Kraftangriffspunkt *m* point of application of load
  [sik]; point of application of load [sik]
Kraftantrieb *m* power drive [pow]
Kraftaufnehmer *m* force sensor [any]; force
  transducer [any]
Kraftaufwand, körperlicher - *m* physical exertion
  [wer]
Kraftbedarf *m* power demand [pow]; power
  requirement [pow]
Krafteck *n* force polygon [sik]; polygon of forces
  [sik]
Krafteinheit *f* unit of force [phy]
Krafteinleitung *f* force application [phy]
Krafteinleitungsstrecke *f* section of force transition
Krafteintragungslänge *f* section of force transition
Kraftfluss *m* load path [sik]
Kraftgas *n* power gas [pow]
Kraftgrößenverfahren *n* flexibility method [sik];
  force method [sik]

Kraftleitung *f* power line [elt]
Kraftlinie *f* force line [sik]; force trajectory [phy]
Kraftlinienverlauf *m* (Festigkeitsberechnung) force
  line course [des]; shape of force trajectories [sik]
Kraftmaschine *f* power engine [pow]; prime
  mover [pow]
Kraftmessfühler *m* force sensor [any]
Kraftniet *m* load-carrying rivet [tec]; rivet carrying
  stress [tec]
Kraftrichtung *f* direction of force [phy]
Kraftschalter *m* actuator [elt]
kraftschlüssig nonpositive [sik]; tensional
Kraftschlusswert *m* coefficient of interacting forces
  [sik]; interacting forces, coefficient of - [sik]
Kraftstromanlage *f* electrical power installation
  [elt]; power installation [elt]
Kraftstromkreis *m* power circuit [elt]
Kraftübertragung *f* force transmission [sik]; load
  transmission [sik]; power transmission [phy];
  transmission of power [phy]
Kraftumlagerung *f* force redistribution [sik]
Kraftumlenkung *f* redirection of forces [sik]
Kraftwalze *f* self-propelled roller [tib]
Kraftwerk *n* power plant [pow]; power station
  [pow]
Kraftwerk, geothermisches - *n* geothermal power
  station [pow]
Kraftwerk, hydroelektrisches - *n* hydroelectric
  power plant [pow]
Kraftwerk, konventionelles - *n* (nichtatomares)
  conventional power plant [pow]; (nichtatomares)
  conventional power station [pow]
Kraftwerk, thermisches - *n* thermal power plant
  [pow]; thermal power station [pow]
Kraftwerk, umweltfreundliches - *n* clean power
  plant [pow]; clean power station [pow]
Kraftzerlegung, endgültige - *f* univocal resolving
  of a force [sik]
Kragarm *m* cantilever; cantilever arm;
  overhanging beam
Kragarmlänge *f* length of cantilever
Kragarmrand *m* tip of cantilever
Kragbalken *m* cantilever; cantilever beam; (Holz-
  konstruktion: Fachwerkgebäude) jettied joist;
  overhang beam [sik]
Kragdach *n* cantilever roof; overhanging roof
Krageisen *n* bracket
Kragen, eingerückter - *m* recessed collar
Kraglast *f* cantilever load
Kragplatte *f* cantilever platform; cantilever slab
Kragschale *f* cantilever shell
Kragstein *m* console; (Gewölbe) corbel [arc];
  stone bracket
Kragsteingewölbe *n* false vault [arc]
Kragstütze *f* bracket support [stb]; flagpole-type
  column

Kragsystem *n* cantilevering system
Kragträger *m* cantilever; cantilever beam; cantilever girder; cantilever span; cantilevered beam; overhanging beam; overhanging girder; projecting beam
Krahnbahn *f* crane rail [wer]
Krampe *f* clasp; cramp
Kran *m* crane; (Wasserhahn) faucet [tga]; (Wasserhahn) tap [tga]
Kran mit Selbstantrieb *m* self-propelled crane
Kran, freistehender - *m* independent crane
Kranarm *m* crane arm [wer]
Kranaufhängung *f* hoisting shoe
Kranausladung *f* crane jib length; crane jib working radius
Kranausleger *m* crane jib; jib
Kranauslegerarm *m* crane jib
Kranausrüstung *f* crane equipment [wer]
Kranbagger *m* crane excavator
Kranbahn *f* crane gantry [wer]; craneway
Kranbahnschiene *f* running rail
Kranbahnstütze *f* crane column; crane runway column; crane stanchion
Kranbahnträger *m* gantry beam [tra]; gantry girder; gantry girder [tra]
Kranbein *n* crane leg
Kranbrücke *f* gantry [wer]
Kranfahrwerk *n* crane travelling gear
Kranführer *m* crane operator
Kranführerstand *m* crane operator's cabin
Krangerüstträger *m* gantry girder
Krankabine *f* crane cabin
Krankanzel *f* crane cabin
Krankatze *f* trolley [wer]
Krankenaufzug *m* patient lift
Krankenhaus *n* hospital
Krankenhausgebäude *n* hospital building
krankes Gebäude *n* (schadstoffbelastet) sick building
Krankübel *m* bucket
Kranlaufbahn *f* craneway
Kranluke *f* crane hatch
Kransäule *f* crane column; crane post
Kranschiene *f* crane rail [wer]; running rail
Krantransport *m* cranage
Kranwaage *f* crane weigher [any]
Kranwagen *m* crane carrier
Kranzgesims *n* (Renaissance) crowning cornice [arc]
Kranzleiste *f* (Renaissance: Gesims) corona [arc]
Kranzleiste, gebogene - *f* (römische Baukunst) curved cornice [arc]
Kraterblech *n* crater plate [met]
Kraterriss *m* (z.B. an Schweißnaht) crater crack [met]
Kratzband *n* scraper conveyor belt [prc]

Kratzbandförderer *m* scraper conveyor [prc]
Kratzbandklassierer *m* drag belt classifier [prc]
Kratzblech *n* drag scraper plate [tib]
Kratzeisen *n* drag [wzg]; raker; scraper [wer]; scraping iron [tib]
Kratzer *m* (Baumaschine) excavator [tib]; (Schaber) scraper [wzg]
Kratzerförderer *m* drag conveyor [prc]
Kratzerkette *f* drag chain [tib]
Kratzförderer *m* (mit Abzugstisch) scraper feeder [prc]
Kratzkettenförderer *m* drag chain conveyor [prc]
Kratzleistenförderer *m* scraper conveyor [prc]
Kratzputz *m* scraped finish rendering; scraped rendering plaster
Kreditwürdigkeit *f* credit status [eco]
Kreidefelsen *m* chalk cliff [geo]
Kreidegestein *n* chalky stone [geo]
Kreidemergel *m* chalk marl [geo]
Kreiden *n* chalking [wer]
Kreideschicht *f* chalk bed [geo]; chalk stratum [geo]
Kreisbecken *n* circular tank [was]
Kreisbewegung *f* rotary motion [phy]
Kreisbogen *m* arc of circle [des]; circular arc; (des Bauwerks) circular arch; (Straßenbau) circular curve [tib]
Kreiselbrecher *m* gyratory crusher [prc]
Kreiselrad *n* (Pumpe) impeller [prc]
Kreiselsichter *m* centrifugal classifier [prc]; (an Mühle) rotary classifier [prc]; rotor classifier [prc]
Kreisfundament *n* circular footing
Kreislauf, geothermischer - *m* geothermal circuit [pow]
Kreislaufpumpe *f* circulating pump [prc]
Kreislaufreaktor *m* backmix reactor [che]
Kreisquerschnitt *m* circular cross-section [des]
Kreisring *m* annulus circular ring
Kreisringquerschnitt *m* ring-shaped cross-section [des]
Kreisringträger *m* annular girder
Kreissäge *f* circular saw [wzg]; disc saw [wzg]
Kreissägeblatt *n* circular saw blade [wzg]; circular-saw blade [wzg]
Kreisschwingsieb *n* circle-throw vibrating screen [prc]
Kreissieb *n* cylindrical screen [prc]
Kreisstadt *f* district town [com]
Kreisströmung *f* rotary current [wba]
Kreisverkehr *m* roundabout [tra]; roundabout traffic [tra]; (<A>) traffic circle [tra]
Kreisverkehrsplatz *m* rotary circle [tra]
Kreisvibrationssieb *n* circle-throw vibrating screen [prc]
Krempe *f* (durch Stanzen) flange [met]

Krepidoma *f* (Tempel: Stufenunterbau) crepidoma [arc]
Kresolharz *n* cresol resin [che]; cresylic resin [che]
Kreuzaussteifung *f* bridging
Kreuzblume *f* (Gotik) finial [arc]; (Holz) finial [arc]
Kreuzbogen *m* cross arch
Kreuzdach *n* gable-and-valley roof
kreuzen *v* pass over [tra]
kreuzen, sich - *v* intersect
Kreuzfahrtterminal *n* cruise terminal [tra]
Kreuzgang *m* (Kloster u.a.) cloister [arc]; (Kloster) cloister walk [arc]
Kreuzgelenk *f* joint assembly [tec]
Kreuzgewölbe *n* cross vault [arc]; groined vault [arc]; intersecting vault [arc]; quardripartite vault [arc]; groin arch [arc]
Kreuzgrat *m* (Gotik) cross vault [arc]
Kreuzgratgewölbe *n* groin vault [arc]
Kreuzholz *n* quarter timber
Kreuzprobe *f* cross matching [any]
Kreuzprobestück *n* cruciform test piece [any]
Kreuzpunkt *m* crossing
Kreuzriegel *m* (Schalung) cross waler [bon]
Kreuzrippe *f* (mittelalterliche Kirche: Deckengewölbe) diagonal rib [arc]; (Gotik) groin vault [arc]
Kreuzrippendecke *f* groined ceiling
Kreuzrippengewölbe *n* cross-ribbed vault [arc]; rib vault; (historisch) ribbed vault [arc]
Kreuzstake *f* herringbone strut
Kreuzstakung *f* (<A>) cross bridging
Kreuzstein *m* cruciform brick
Kreuzsteingitterung *f* (Glas) cruciform packing
Kreuzstoß *m* (Stumpfnaht an kreuzartig verschweißten Blechen) cross butt joint [tec]; cross joint [stb]; cruciform joint; (Dichttechnik) double-tee joint
Kreuzstrebe *f* diagonal stay [stb]; diagonal strut [stb]
Kreuzung *f* cross-road [tra]; cross-roads [tra]; crossing [tra]; intersection [tra]; (Schiene/Bahn) level-crossing [tra]
Kreuzung, niveaugetrennte - *f* (Straßen) two-level crossing [tra]
Kreuzung, niveaugleiche - *f* level-crossing [tra]
Kreuzung, schiefwinklige - *f* scissors intersection [tra]; scissors intersection [tra]
Kreuzungsbahnhof *m* crossing station [tra]
Kreuzungsbauwerk *n* flyover junction [tra]; interchange [tra]
kreuzungsfrei unintersected [tra]
Kreuzungsgleis *n* (Bahn) passing track [tra]
Kreuzverband *m* crossbond; English cross bond
Kreuzverband, versetzt *m* Flemish cross bond
Kreuzverbindung *f* cross joint

Kreuzverstrebung *f* spider
kreuzweise schraffieren *v* cross-hatch [des]
kreuzweise vorgespannt (Beton) cross-prestressed
Kreuzwerk *n* grid structure; grillage
Kreuzzapfen *m* cross pin
Kriechbeanspruchung *f* creep stress [met]
Kriechbelastung *f* creep strain [met]
Kriechboden *m* raised floor
Kriechbruch *m* creep fracture [met]; creep rupture [met]
Kriechbruchfestigkeit *f* creep rupture strength [met]
Kriechdehnung *f* creep elongation [met]
Kriechen *n* crawling [met]; (Beton) creep [met]; creeping [met]; (Beton) plastic flow [met]
Kriechfestigkeit *f* creep resistance [met]; creep strength [met]
Kriechfreiheit *f* freedom of creep [met]
Kriechkeller *m* crawlspace
Kriechöl *n* (zum Lösen vom Rost) penetrating oil [met]
Kriechprüfung *f* creep test [any]
Kriechraum *m* (Versorgungsebene) crawlspace
Kriechriss *m* creep crack [met]
Kriechspur *f* climbing lane [tra]; crawler lane [tra]; crawler lane [tra]; trail [tra]; vehicle climbing lane [tra]
Kriechstrom *m* leak current [elt]; creeping current [elt]; leakage current [elt]
Kriechverlust *m* loss due to creep [bon]
Kriechverschiebung *f* dislocation by creep
Kriechzahl *f* coefficient of creep; modulus of creep [met]
Kristallwasser *n* crystalline water [che]
Kritische-Pfad-Methode *f* (Netzplan) critical path method [des]
kröpfen *v* crimp [wer]
Krötentunnel *m* (damit Kröten nicht überfahren werden) toad tunnel [tra]
Krone *f* (Talsperre) crest [tib]
Kronenbreite *f* (Damm) crest width
Kronleuchter *m* chandelier [elt]
Krümelschicht *f* crumbled layer [geo]
Krümmer *m* (Rohr-) bent pipe [tga]
Krümmung mit kleinem Radius *f* knuckle bend [des]
Krümmungszahl *f* coefficient of curvature; coefficient of gradation
Krüppelwalm *m* (Dach) half hip roof; (Dach) partial hip roof
Krypta *f* crypt [arc]
Kubus *m* cube
Kübel *m* trough
Kübelaufzug *m* (Bauaufzug) bucket hoist; skip-type hoist
Kübelfördergerät *n* bucket conveyor

Küchenaufzug *m* service lift
Küchenherd, elektrischer - *m* electric stove [elt]
Küchenherd, gasbetriebener - *m* gas cooker
Kücheninstallation *f* kitchen installation [tga]
Küchenzeile *f* kitchen unit
Kühlanlage *f* cooling equipment [pow]
Kühlapparat *m* cooler [prc]
Kühlbalken *m* cooled beam
Kühldecke *f* (Gebäudedecke) chilled ceiling;
   (Kühlraum) cooling ceiling; cooling floor
Kühlelement *n* cooler [prc]; cooling element [pow]
Kühler *m* (Kondensator) condenser [prc]; cooler
   [prc]
Kühlgerät *n* cooling unit [pow]
Kühlgradtag *m* cooling degree day [wet]
Kühlhalle *f* cold store
Kühlhaus *n* cold storage house; cold store
Kühllast *f* cooling load
Kühlleistung *f* refrigerating capacity [prc]
Kühlmittelauslass *m* coolant outlet [pow]
Kühlmittelbehälter *m* refrigerant tank [prc]
Kühlmitteleinlass *m* coolant inlet [pow]
Kühlmittelleitung *f* coolant pipe [pow]; refrigerant
   tubing [prc]
Kühlplatte *f* (Kühlraum Decke) chilled panel [pow]
Kühlschlange *f* refrigeration coil [prc]
Kühlsystem *n* cooling system [pow]
Kühlturm *m* cooling tower [pow]
Kühlturm mit natürlichem Zug *m* natural-draught
   cooling tower [pow]
Kühlturmtasse *f* cooling tower basin [pow];
   cooling tower pond [pow]; cooling tower well
   [pow]
Kühlvorrichtung *f* cooler [prc]
Kühlwasser *n* cooling water [pow]
Kühlwasser, umlaufendes - *n* recirculated cooling
   water [prc]
Kühlwasserabfluss *m* cooling water discharge
   [pow]
Kühlwasseranschluss *m* cooling water connection
   [pow]
Kühlwasseraufbereitung *f* cooling water treatment
   [pow]
Kühlwasserausgleichsbehälter *m* cooling water
   surge tank [pow]
Kühlwasserbehälter *m* cooling water tank [pow]
Kühlwasserrücklauf *m* cooling water return [pow]
Kühlwassertemperatur *f* cooling water temperature
   [pow]
Kühlwasservorlauf *m* cooling water input [pow]
Kühlwasserzufluss *m* cooling water inlet [pow]
Kühlzelle *f* cooling cell [pow]
Kümpel *n* flanged plate [stb]
Kündigung *f* (- durch Vermieter) notice to quit [jur]
Kündigung, fristlose - *f* (Mietvertrag) termination
   without notice [jur]

Kündigungsfrist, gesetzliche - *f* (Mietvertrag)
   statutory period of notice [jur]
Kündigungsrecht *f* (Mietvertrag) right to cancel
   [jur]
künstlich artificial; man-made [met]
künstlicher Damm *m* artificial dyke [wba]
künstliches Tageslicht *n* artificial daylight
Küstendorf *n* coastal village
Küstenerhaltung *f* coastal protection [geo]
Küstensand *m* beach sand [geo]
Küstenstadt *f* (Großstadt) coastal city; (Kleinstadt)
   coastal town
Kufen, auf - skid-mounted [tec]
Kufenrahmen *m* skid frame [tec]
Kugelbehälter *m* spherical reservoir [wba]
Kugeldruckhärte *f* ball impression hardness [met];
   ball indentation hardness [met]
Kugeldruckstrahlverfestigung *f* shot peening [wer]
Kugeldruckversuch *m* ball hardness test [any];
   ball indentation test [any]
Kugelfläche *f* spherical plane [des]
kugelförmig spherical
Kugelfüllung *f* (Kugelmühle) ball load [prc]
kugelgestrahlt shot-peened [met]
Kugelhahn *m* (Wasser) ball tap [was]
Kugelkuppel *f* hemispherical dome [arc]
Kugelmühlenmahlung *f* ball milling [prc]
Kugelschaufler *m* rotary-headed excavator [tib]
Kugelstrahlen *n* shot peening [wer]
Kugelzementit *n* globular cementite [met]
Kulanzzahlung *f* goodwill payment [eco]
Kulisse *f* scenery
Kulturboden *m* agricultural soil [geo]; arable land
   [geo]; cultivated land [geo]; cultivated soil [geo]
Kulturbodenschicht *f* topsoil [geo]
Kulturlandschaft *f* man-made landscape [geo]
Kulturregion *f* cultural region [com]
Kulturzentrum *n* cultural centre
Kumaronharz *n* coumarone resin [che]
Kundendienstnetz *n* service network [eco]
kundenfreundlich easy to service [des]
Kundenschutz *m* non-solicitation [eco]
Kunst *f* art
Kunstdenkmal *n* artistic monument
Kunstfaser *f* artificial fibre [met]; synthetic fibre
   [met]
Kunstfasern *f* man-made fibre [met]
Kunstharz *n* artificial resin [met]; plastic resin
   [met]; synthetic resin [met]
Kunstharz-Lacklasurfarbe *f* synthetic resin
   scumble paint [met]
Kunstharzbeschichtung *f* plastics coating [met];
   synthetic-resin coating [met]
Kunstharzfarbe *f* synthetic paint [met]
kunstharzgebunden resin-bonded [met]
kunstharzgetränkt resin-bonded [met]

Kunstharzgrundierung *f* synthetic-resin primer [met]
Kunstharzkitt *m* synthetic-resin mortar [met]
Kunstharzkleber *m* synthetic-resin adhesive [met]
Kunstharzklebstoff *m* synthetic adhesive [met]
Kunstharzlack *m* epoxy resin varnish [met]; synthetic enamel [met]; synthetic-resin paint [met]; synthetic-resin varnish [met]
Kunstharzlaminat *n* synthetic-resin laminate [met]
Kunstharzleim *m* synthetic resin-based adhesive [met]
Kunstharzmörtel *m* synthetic resin mortar [met]
Kunstharzputz *m* epoxy resin plaster [met]; polymer plaster [met]; polymer render [met]; textured finish
Kunstlicht *n* artificial light [elt]
Kunstmarmor *m* imitation marble [met]
kunstoffbeschichtet plastic-laminated [met]
Kunststein *m* (Baustein) artificial stone [met]; cement brick [met]; patent stone [met]; synthetic stone [met]
Kunststoff *m* synthetic material [met]
Kunststoff-Fensterbank *f* plastic window sill
Kunststoff-Zementmörtel *m* polymer cement mortar [met]
Kunststoffabfall *m* plastic scrap [rec]; plastic waste [rec]
Kunststoffanstrich *m* synthetic paint [met]
Kunststoffauskleidung *f* plastic liner [met]; plastic lining [met]
kunststoffbeschichtet plastic-coated [met]; plastics-laminated [met]
Kunststoffbeschichtung *f* plastic coating [met]; plastic covering [met]; plastics coating [met]
Kunststoffbeschlag *m* plastic fitting [tec]
Kunststoffdichtungsbahn *f* artificial sealing liner [met]; (Deponie) flexible membrane liner [met]
Kunststoffdispersionsfarbe *f* plastic dispersion paint [met]
Kunststoffdübel *m* plastic dowel [met]; plastic wall anchor
Kunststoffe, technische - *pl* industrial plastics [met]
Kunststofferzeugnisse *pl* plastic products [met]; semis made of plastic [met]
Kunststoffestrich *m* plastic resin screed
Kunststofffaser *f* plastic fibre [met]
Kunststofffolie *f* plastic film [met]; plastic sheet [met]; plastic sheeting [met]
Kunststoffformmasse *f* plastic moulding compound [met]
Kunststofffront *f* (Möbel) laminated front
Kunststoffgrundierung *f* plastic primer [met]
kunststoffimprägniert plastic-proofed [met]
kunststoffisoliert plastic insulated [elt]
kunststoffkaschiert plastic-coated [met]
Kunststoffkleber *m* plastic binder [met]

Kunststoffleitung *f* plastic tube [met]
Kunststoffmantelrohr *n* plastic jacket pipe [met]
Kunststoffmarkierungsstreifen *m* (auf Straßen) plastic roadline [met]
Kunststoffpressmasse *f* plastic moulding compound [met]
Kunststoffputz *m* plastic resin plaster [met]
Kunststoffrecycling *n* plastics recycling [rec]
Kunststoffrückstände *pl* polymer residues [rec]
Kunststoffüberzug *m* plastic coating [met]
kunststoffummantelt plastic-sheathed [met]
Kunststoffverwertung *f* plastics recycling [rec]
Kupfer-Zink-Akkumulator *m* copper zinc accumulator [elt]; copper zinc storage battery [elt]
Kupfer-Zink-Element *n* copper-zinc cell [elt]
Kupferabdeckung *f* copper roof covering
Kupferakkumulator *m* copper storage battery [elt]
Kupferblech *n* copper plate [met]; copper sheet [met]; sheet copper [met]
Kupferdach *n* copper roof
Kupferelektrode *f* copper electrode [elt]
Kupferfolie *f* copper foil [met]
Kupferkabel *n* copper cable [elt]
kupferkaschiert copper-clad [met]
Kupferkies *m* copper pyrites [met]
Kupferlamelle *f* copper louvre
Kupferlegierung *f* copper-base alloy [met]
Kupferplatte *f* copper plate [met]
Kupferrohr *n* copper pipe [met]; copper tube [met]
Kupferschiene *f* copper bus [elt]
Kupferschindel *f* copper shingle
Kupferverbindung *f* copper compound [met]
Kuppe *f* (Hügel) crest [geo]
Kuppel *f* (kleine -) cupola
Kuppel, einschalige - *f* single-walled dome
Kuppel, geminderte - *f* (Gewölbe) depressed cupola [arc]
Kuppel, kielbogenförmige - *f* (Kirche) ogee-curved dome [arc]
Kuppel, konische - *f* (Renaissance: z.B. auf Schlossdach) conical dome [arc]
Kuppel, zweischalige - *f* double-walled dome
Kuppelbau *m* dome structure
Kuppeldach *n* dome roof; (Kernkraftwerk: Sicherheitshülle) dome roof [pow]; dome-shaped roof; domed roof
kuppelförmig dome-shaped
Kuppelschale *f* dome shell
Kuppelverbindung *f* (Verspannung) coupled joint
Kuppelverschalung *f* dome timbering [arc]
Kupplungsflansch *m* coupling flange [stb]
Kupplungssegment *n* coupling section
Kurve, ausgezogene - *f* full curve [des]; solid curve [des]
Kurvenblatt *n* curve sheet [des]; diagram [des]

Kurvendarstellung *f* curve representation [des];
graph [des]; graphic presentation [des];
presentation [des]

Kurvenlineal *n* French curve [des]

Kurvenpunkt *m* plot-point on curves [des]

Kurvenzug *m* plotted curve [des]

Kurzausleger *m* short boom [tib]; short jib [tib]

Kurzbewitterungsversuch *m* accelerated
weathering test [any]

kurzgeschlossen short-circuited [elt]

kurzlebig short-lived

Kurzprüfung *f* short-time test [any]

Kurzrohr *n* short pipe [met]

kurzschließen *v* short-circuit [elt]

Kurzschlussankermotor *m* squirrel-cage induction
motor [elt]

Kurzschlussanzeiger *m* short-circuit indicator [elt]

Kurzschlussauslöser *m* instantaneous magnetic trip
[elt]

Kurzschlussfestigkeit *f* short-circuit strength [elt];
short-circuit withstand capacity [elt]

Kurzschlussläufer *m* squirrel-cage armature [elt];
squirrel-cage rotor [elt]

Kurzschlussleistung *f* short-circuit power [elt]

Kurzschlusssicherung *f* short-circuit protection
[elt]

Kurzschlussspannung *f* short-circuit voltage [elt]

Kurzschlussstrom *m* fault current [elt]; short-
circuit current [elt]

Kurzuntersuchung *f* check study [any]

Kurzversuch *m* short-time test [any]

Kurzzeitbeanspruchung *f* short-term stress [met]

Kurzzeitbelastung *f* short-period loading [met];
short-time loading [met]; transient load [sik]

Kurzzeitermüdungsversuch *m* rapid fatigue test
[any]

Kurzzeitgrenzwert *m* short-time exposure limit
[asi]

Kurzzeitmessung *f* short-term measurement [any];
short-time measuring [any]

Kurzzeitprüfung *f* accelerated test [any]; short-
term test [any]

Kurzzeitsetzung *f* (Kläranlage) initial consolidation
[was]

Kymation *n* (Renaissance: Gesims) cymatium [arc]

L

L-Stutzen *m* L-adaptor
Labilitätszahl *f* coefficient of instability [sik]
Laborausstattung *f* laboratory equipment [any]
Laborbedarf *m* laboratory requisites [any]
Laborgebäude *n* laboratory building
Laborgerät *n* laboratory apparatus [any]
Labormaßstab *m* bench scale [any]; lab scale [any]; laboratory scale [any]
Laborprobe *f* laboratory sample [any]
Laborspritzstand *m* laboratory shotcrete stand
Labortest *m* laboratory experiment [any]; laboratory test [any]
Labortrakt *m* laboratory wing
Laboruntersuchung *f* laboratory examination [any]
Laborversuch *m* laboratory experiment [any]; laboratory test [any]
Laborwaage *f* laboratory balance [any]
Lack *m* enamel [met]; (Autolack) paint [met]; varnish [met]
Lack auf Wasserbasis *m* water-based varnish [met]
Lack, farbloser - *m* clear lacquer [met]
Lack, säurefester - *m* acid-proof varnish [met]
Lackabbeizmittel *n* varnish remover [met]
Lackabfall *m* paint waste [rec]; varnish waste [rec]
Lackanstrich *m* lacquer coat [met]; varnish coat [met]
Lackanstrich, farbloser - *m* natural finish [met]
Lackbeize *f* varnish stain [met]
Lackemulsion *f* emulsion paint [met]; emulsion varnish [met]
Lackentferner *m* lacquer remover [met]; stripper [met]; varnish remover [met]
Lackfarbe *f* (Emaillelack) enamel paint [met]; lacquer paint [met]; varnish colour [met]; varnish paint [met]
Lackharz *m* coating resin [met]; paint resin [met]
lackiert varnished [wer]
Lackierung *f* lacquer coating [met]; lacquer finish [met]; (Auto) paint-spraying [met]; varnish coating [met]; varnishing [met]
Lackierwalze *f* (Drucktechnik) varnishing roller [wzg]
Lacklasurfarbe *f* scumble paint [met]
Lackreste *pl* coating residues [rec]; varnish residues [rec]
Lackschicht *f* lacquer coat [met]; layer of varnish [met]; paint film [met]
Lackschlamm *m* varnish rest [rec]; varnish sludge [rec]; varnish slurry [rec]
Lackverdünner *m* lacquer solvent [met]; varnish thinner [met]

Ladebaum *m* cargo boom; derrick boom
Ladebrücke *f* (Tieflader) deck bridge
Ladebucht *f* cargo bay [tra]; loading bay [tra]
Ladebühne *f* (Baustelle) handling platform; loading ramp; setting bay
Ladedauer *f* (Akkumulator) charging period [elt]
Ladedichte *f* (Akkumulator) charging density [elt]
Ladegerät *n* battery charger [elt]; (für Akkumulatoren) charging set [elt]; loader [tra]; (für Akkumulatoren) recharger [elt]
Ladegleis *n* (Bahn) loading siding [tra]; loading track [tra]
Ladegreifer *m* loading grab [tra]
Ladekai *m* loading dock [tra]
Ladekontrolle *f* charge control [elt]
Ladelöffel *m* scoop [tib]
laden *v* (aufladen) charge [elt]
Laden *m* shutter
Ladenbau *m* (Innenausstattung) shop design
Ladeneinheit *f* shop unit
Ladenfläche *f* shop area
Ladenfront *f* shop-front
Ladenfront, verglaste - *f* glass shop-front
Ladenlokal *f* (Immobilie) shop premise
Ladenmiete *f* shop lease [eco]; shop rent [eco]; (<A>) store lease [eco]
Ladenpassage *f* shopping arcade
Ladenstandort *m* shop location
Ladenstraße *f* business street; shopping mall; shopping street
Ladenzentrum *n* shopping centre
Ladeplatz *m* loading area
Laderampe *f* loading dock [tra]; loading platform [tra]
Laderaum *m* (Nassbagger) hopper compartment [wba]
Laderaupe *f* crawler loader [tib]
Laderegler *m* charging regulator [elt]
Laderutsche *f* loading chute
Ladeschalter *m* charge switch [elt]; charging switch [elt]
Ladeschaufel *f* (Bagger) face shovel [tib]; front shovel
Ladeschaufel, kippbare - *f* tilting front-end bucket [tib]
Ladeschaufelbagger *m* hydraulic front shovel
Ladeschaufler *m* bucket loader; carrying scraper; loading shovel [tib]; shovel dozer [tib]
Ladespannung *f* charging voltage [elt]
Ladestation *f* charger unit [elt]
Ladestrom *m* charging current [elt]
Ladezustand *m* (Batterie) charge state [elt]; (Batterie) charging condition [elt]
Ladezustandsanzeige *f* (Batterie) battery condition display [elt]
Ladung *f* charge [elt]; load [elt]

Länge, abgewickelte - *f* developed length [des]
Länge, auf - schneiden *v* cut to size [wer]
Länge, belastete - *f* loaded length
Länge, gerade - *f* straight length [des]
Länge, mittlere - *f* mean length [des]
Länge, tragende - *f* bearing length [sik]; load-bearing length [des]
Länge, ursprüngliche - *f* initial length [des]
Längenabmessung *f* linear dimension [des]; linear size [des]
Längenänderung *f* change in linear dimension [des]; longitudinal deformation [des]; variation in length [des]
Längenänderung, bleibende - *f* permanent linear deformation [des]
Längenänderung, vorübergehende - *f* temporary elongation [des]
Längenausgleich *m* length compensation
Längenmaß *n* length dimension [des]; linear dimension [des]
Längenmaßstab *m* length scale [des]
Längenmessung *f* length measurement [any]; linear measurement [any]; longimetry [any]
längentreu length preserving [des]
Längsabstand *m* longitudinal spacing
Längsabweichung *f* longitudinal divergence [des]
Längsachse *f* longitudinal axis [des]
Längsanker *m* axial armature
Längsansicht *f* longitudinal view [des]
Längsarmierung *f* longitudinal reinforcement [bon]
Längsausdehnung *f* linear expansion [met]; longitudinal expansion [des]
Längsaussteifung *f* longitudinal stiffening
Längsbalken *m* longitudinal beam; longitudinal truss; stringer
Längsbeanspruchung *f* longitudinal stress [met]
Längsbelastung *f* axial load [sik]
Längsbewehrung *f* longitudinal reinforcement [bon]; main reinforcement [bon]; principal reinforcement [bon]
Längsbohlenfertiger *m* bullfloat finishing machine [tib]
Längsdehnung *f* linear expansion [met]; longitudinal elongation [met]
Längsdruck *m* longitudinal compression [phy]; normal pressure; thrust load [sik]
Längseisen *n* (Bewehrung) longitudinal steel [bon]; main bar
Längsentwässerung *f* longitudinal drainage
Längsfeld *n* longitudinal bay
Längsfuge *f* longitudinal joint; (Mauerwerk) perpend
Längsgebälk *n* (Fachwerkgebäude: Deckenkonstruktion) floor joist
Längsgewölbe *n* longitudinal arch
Längskante *f* longitudinal edge [des]

Längskraft *f* axial force [phy]; (Statik) direct force [sik]; normal force [phy]
Längsnaht *f* longitudinal seam [met]; (Schweiß-naht) longitudinal weld; (Schweißnaht) straight seam [met]; (Schweißnaht) straight weld [met]
Längsneigung *f* (Straße) longitudinal gradient [tra]
Längsprofil *n* longitudinal section [met]
Längsräumer *m* (Klärbecken) longitudinal rake [was]; longitudinal scraper [was]
Längsrichtung *f* length direction [des]; longitudinal direction
Längsriegel *m* ledger tube
Längsrippe *f* longitudinal rib; (Kreuzrippengewölbe) longitudinal ridge rib [arc]
Längsriss *m* (Zeichnung) side elevation [des]; (Schweißnaht) throat crack [met]
Längsschiff *n* (Mittelschiff in Kirche) nave [arc]
Längsschnitt *m* (Zeichnung) axis section [des]; longitudinal cut [des]; longitudinal section [des]
Längsschubkraft *f* horizontal shear [sik]; longitudinal shear [sik]
Längsschweißnaht *f* longitudinal weld seam [met]
Längsspannglied *n* longitudinal tendon [bon]
Längsspannung *f* axial stress [met]; longitudinal stress [met]
Längsspiel *n* longitudinal play [des]
Längssteife *f* longitudinal stiffener [stb]
Längsteilung *f* longitudinal spacing [des]
Längsträger *m* longitudinal beam; longitudinal girder; longitudinal member; longitudinal truss; main beam; main girder; side member; stringer
Längsträgerbeiwinkel *m* angle cleat [stb]
Längsträgerbrücke *f* (Stahlbrücke) deck-girder bridge [stb]
Längstraverse *f* waler [tib]
Längsverband *m* (Brücke) longitudinal bracing
Längsverschub *m* (Brückenbau) longitudinal launching
Längsverspleißung, zentrale - *f* (Bewehrung) longitudinal centre-line splice
Längsverwerfung *f* longitudinal fault [geo]
Längsvorspannung *f* longitudinal prestressing [stb]
Längswerk *n* river embankment [wba]
Längswölbung *f* longitudinal bow
Lärm *m* (Geräusch) noise [aku]
Lärm, diskontinuierlicher *m* discontinuous noise [aku]; non-steady noise [aku]
Lärm, fortdauernder - *m* steady noise [aku]; steady-state noise [aku]
Lärm, intermittierender - *m* intermittent noise [aku]
Lärm, konstanter - *m* continuous noise [aku]; steady noise [aku]; steady-state noise [aku]
Lärm, schädigender - *m* harmful noise [aku]
Lärm, schädlicher - *m* harmful noise [aku]
Lärm, schwankender - *m* fluctuating noise [aku]

Lärmabsenkung *f* noise reduction [aku]
lärmarm low-noise [aku]; silent [aku]
Lärmbeeinträchtigung *f* noise impairment [aku]; noise pollution [aku]
Lärmbekämpfung *f* noise abatement [aku]; noise control [aku]; noise reduction [aku]
Lärmbekämpfungsmaßnahme *f* noise control measure [aku]
Lärmbelästigung *f* acoustic nuisance [aku]; noise disturbance [aku]; noise nuisance [aku]; noise pollution [aku]
Lärmbelastung *f* noise exposure [aku]; noise nuisance [aku]; noise pollution [aku]
Lärmbereich *m* noise range [aku]
Lärmbewertungszahl *f* noise-rating number [aku]; sound-rating number [aku]
Lärmdämmung *f* sound insulation [aku]
lärmdämpfend noise-abating [aku]
Lärmdosimeter *n* noise dosimeter [any]
Lärmeinstufung *f* noise rating [aku]
Lärmemission *f* acoustic emission [aku]; noise emission [aku]
lärmempfindlich sensitive to noise [aku]
lärmen *v* make a noise [aku]
lärmend noisy [aku]
Lärmexposition *f* noise exposure [aku]
Lärmgebiet *n* noise zone [aku]
lärmgemindert noise-reduced [aku]
Lärmgrenzwert *m* noise threshold value [aku]
Lärmimmission *f* noise immission [aku]
Lärmintensität *f* noise intensity; noise level [aku]
Lärmkarte *f* noise diagram [aku]
Lärmkataster *n* noise register [aku]
Lärmkontrolle *f* noise survey [any]
Lärmmessung *f* noise measurement [any]; noise measuring [aku]; noise survey [any]
lärmmindernd noise-reducing [aku]
Lärmminderung *f* noise attenuation [aku]; noise level reduction [aku]; noise mitigation [aku]; noise reduction [aku]; sound attenuation [aku]
Lärmminderung am Arbeitsplatz *f* noise reduction at the working place [aku]
Lärmminderungsmaßnahme *f* noise control measure [aku]
Lärmminderungsplan *m* noise abatement plan [aku]; noise reduction plan [aku]
Lärmpegel *m* noise level [aku]; sound level [aku]
Lärmpegelkarte, Aufnahme der - *f* noise topography [any]
Lärmpegelprüfung *f* noise level test [any]
Lärmquelle *f* acoustic source [aku]; noise source [aku]; sound source [aku]
Lärmsanierung *f* noise remediation [aku]
Lärmschädigung *f* noise lesion [hum]
Lärmschutz *m* noise abatement [aku]; noise control [aku]; noise insulation [aku]; noise

prevention [aku]; noise protection [aku]
Lärmschutz-Trennwand *f* isolating partition [asi]
Lärmschutzanlagen *pl* noise protection facilities [aku]; noise protection systems [aku]
Lärmschutzbereich *m* noise prevention area [aku]; noise protection area [asi]
Lärmschutzdeckel *m* noise protection cover [asi]
Lärmschutzeinrichtung *f* noise abatement equipment [asi]
Lärmschutzfenster *n* noise barrier window [aku]; noise prevention window [aku]
Lärmschutzhaube *f* bonnet [asi]; noise protection hood [asi]
Lärmschutzhelm *m* hearing protection helmet [asi]
Lärmschutzhülle *f* acoustic enclosure [asi]
Lärmschutzkabine *f* acoustical booth [asi]; sound-insulation cabin [asi]; soundproof cabin [asi]
Lärmschutzmaßnahme *f* noise abatement measure [aku]; noise prevention measure [aku]
Lärmschutzplan *m* noise protection plan [aku]
Lärmschutzplanung *f* noise abatement planning [aku]; noise protection planning [aku]
Lärmschutzvorrichtung *f* noise absorption device [asi]
Lärmschutzwall *m* acoustic barrier
Lärmschutzwand *f* acoustic wall; anti-noise shield; noise barrier [aku]; noise prevention barrier [aku]; noise prevention wall [aku]
Lärmschutzzaun *m* acoustic fencing [aku]
Lärmschwelle *f* noise threshold [aku]
Lärmstärke *f* noise level [aku]; noisiness [aku]
Lärmwand *f* (Schutzwand) acoustic wall
Läufer *m* (Motor) rotor [elt]; (Mauerstein) stretcher
Läuferschicht *f* (Mauerwerk) stretcher course; stretching course
Läuferstein *m* handstone
Läuferverband *m* (Ziegel) running bond; (Mauerwerk) stretcher bond; stretching bond
Lage *f* bed [geo]; (Schicht) coat; (von Ziegeln) course; (Schicht) layer; (Schweißen) pass [met]; (Ort) site; stratum [geo]
Lage der Eisen *f* (Stahlbeton) layer of reinforcement
Lage, freie - *f* exposed position
Lage, geografische - *f* ([Variante]) geographic location [geo]
Lage, obere - *f* (Bewehrung) top layer
Lageabweichung *f* positional deviation
Lagefaktor *m* (Lage von Gelände, Gebäude) site factor
Lagemessung *f* (Vermessung) plan measurement [any]
Lagenbauweise *f* layer construction; layered construction
lagenweise layer by layer

Lageplan *m* ground plan [des]; layout plan [des]; plot plan [des]; site plan [des]; (Baustelle) site plan

Lageplantableau *n* site plan panel

Lager *n* (Auflager) abutment; (Auflager) butment; (Stütze) rest; (Stütze) stay; (Stütze) support

Lager im Bauwesen *n* structural bearing

Lager, bewegliches - *n* expansion shoe

Lager, festes - *n* fixed shoe

Lager, regelbares - *n* adjustable support

Lagerbehälter *m* storage container

Lagerbeständigkeit *f* shelf life [met]; storage durability [met]

Lagerbestand *m* stock

Lagerbock *m* (Rohr-Auflager) anchor chair; bearing chair

Lagerdauer *f* storage time

Lagerdruck *m* reaction at support [sik]; thrust of bearing [sik]

Lagerfestigkeit *f* shelf stability [met]

Lagerfläche *f* storage space

Lagerfläche, überdachte - *f* covered storage area [eco]

Lagerfuge *f* (unterteilt, vergossen) bearing joint; bed joint; bed joint; course joint; coursing joint; grouting space; horizontal coursing; horizontal joint [stb]; longitudinal joint

Lagergebäude *n* (Material) warehouse

Lagerhalle *f* storage hall; warehouse

Lagerhaus *n* (Material) store; (Material) warehouse

Lagerhülse *f* bearing jacket

lagerichtig correctly oriented [des]

Lagerkapazität *f* (Material) storage capacity

Lagerkörper *m* (Auflager) bearing; pedestal body [stb]

lagern *v* (Material) store; (Auflager) support

Lagernutzfläche *f* warehouse net area [eco]

Lagernutzung *f* warehouse use [eco]

Lagerpendel *n* rocker

Lagerplatte *f* (Auflagerplatte) bearing plate; (Auflagerplatte) bed plate

Lagerraum *m* (für Material; an Geschäften) stock-room [eco]

Lagerschale *f* bearing case

Lagerschraube *f* bearing screw

Lagerschuppen *m* store shed

Lagerstätte *f* deposit [geo]

Lagerstuhl *m* bearing block; pedestal

Lagerträger *m* bearing support [stb]

Lagerung *f* (Stütze) support

Lagerung für Hochbauten *f* bearing systems for buildings

Lagerung im Freien *f* open-air storage [wer]

Lagerung, unterirdische - *f* underground deposition [rec]

Lagerungsdichte *f* bedding density [geo]

Lagerungspunkt *m* supporting point

Lagervorrat *m* stock

Lagerzeit *f* (Keramik) shelf time [met]

Lagewert, durchschnittlicher - *m* average local ground value [com]

Lagezeichnung *f* location drawing [des]

Laibung *f* (Mauerwerksöffnung) reveal; soffit, scuncheon

Laibungsdruck *m* bearing pressure

Lamelle *f* (in Heizkörper) rib [pow]

Lamellenfenster *n* finned window; louvre window

Lamellenheizkörper *m* ribbed heater [pow]

Lamellenjalousie *f* lath screen

Lamellenklärer *m* lamella separator [was]; plate settler [was]

Lamellenrohr *n* finned tube [met]; gilled pipe [met]; ribbed tube [met]

Lamellentür *f* louvre door

Lamellenverglasung *f* (Fenster) louvre glazing

Laminat *n* laminate [met]; laminated composite [met]

Laminatboden *m* laminate floor [met]

Laminatfußboden *m* laminate floor

Laminieren *n* (mehrschichtig) pulltrusion [met]

Lampenfassung *f* lamp holder [elt]; lamp socket [elt]

Lampenhalter *m* lamp bracket [elt]

Lampensockel *m* lamp base [elt]; lamp socket [elt]

Land *n* (Boden) ground [geo]; (Boden) soil [geo]

Land gewinnen *v* reclaim [tib]

Land, baureifes - *n* developed land [com]

Land, bebautes - *n* built-up land [com]

Land, erschlossenes - *n* serviced land [com]

Land, gewonnenes - *n* (durch Auffüllung gewonnen) made land

Landauffüllung *f* landraising [rec]

Landbehandlung *f* ground treatment

Landbesitz *m* ownership of land

Landebahn *f* landing strip [tra]; runway [tra]

landeinwärts inland

Landeplatz *m* airfield [tra]; airstrip [tra]; landing field [tra]; landing strip [tra]

Landesamt für Denkmalpflege *n* Monument Conservation Authority

Landesentwicklungsplan *m* regional development plan adopted by a Land [com]; state development plan [com]

Landesplanung *f* regional planning [com]

Landesplanung, Raumordnung und - *f* comprehensive regional planning at federal level [com]

Landesstraße *f* state road [tra]

Landesteg *m* jetty [tra]; landing stage [tra]

Landhaus *n* country house; villa

Landkauf *m* land acquisition [eco]

Landmesser *m* land surveyor [geo]
Landnutzungsänderung *f* changes in land use [com]
Landschaft *f* scenery
landschaftlich gestalten *v* landscape
Landschaftsarchitekt *m* landscape architect [arc]
Landschaftsarchitektur *f* landscape architecture; landscape design [arc]; landscape planning [com]
Landschaftsbegrünung *f* green landscaping
Landschaftsbewertung *f* landscape appraisal [com]
Landschaftsentwicklung *f* regional development [com]
Landschaftsentwicklungsplan *m* regional development plan [com]
Landschaftsgarten *m* landscaped park
Landschaftsgestaltung *f* landscape design [arc]; landscape design [com]; landscape development; landscape planning [com]; landscaping [com]
Landschaftspflege *f* landscape preservation; rural conservation [com]
Landschaftsplan *m* landscape plan [com]
Landschaftsplaner *m* landscape architect [com]
Landschaftsplanung *f* landscape design [arc]; landscape planning [com]; landscaping [com]
Landschaftssystem *n* landscape system [com]
Landschaftsverbrauch *m* use of countryside [com]
landseitig on the land side [geo]
Landsenke *f* depression [geo]
Landsenkung *f* subsidence [geo]
Landsitz *m* country seat
Landstraße *f* country road [tra]; district road [tra]; provincial road [tra]; secondary road [tra]
Landungsbrücke *f* landing bridge [tra]; landing stage [tra]; landing stage [tra]; (Hafen) pier [tra]
Landungsplatz *m* landing-place [tra]
Landungssteg *m* gangway [tra]; landing stage [tra]
Landverkauf *m* land sale [eco]
Landvermesser *m* cadastral surveyor [geo]
Landvermessung *f* land survey [any]; land surveying [any]
Landweg *m* dust road [tra]; (über das Festland) overland route [tra]
Landwirtschaftsgebäude *n* agricultural building
lang gestreckt extended
Langfeldleuchte *f* linear luminaire [elt]
Langhaus *n* (historisch) longhouse [arc]; (Kirche) main building [arc]; nave
Langholz *n* long timber; long-cut wood
Langloch *n* slotted hole [tec]
Langlochnaht *f* (Schweißnaht) slot weld [met]
Langlochziegel *m* horizontally perforated brick; horizontally perforated brick
Langmasche *f* (Sieb) rectangular mesh [prc]
langsam abbindend slow-setting [met]
langsam erhärtend slow-hardening [met]

Langsamfilter *m* slow filter [was]; slow sand filter [was]
Langsamfiltration *f* sand filtration, slow - [was]; slow sand filtration [was]
Langsamsandfiltration *f* slow sand filtration [was]
Langschiff *n* (Kirche) middle vessel
Langzeitbeobachtung *f* long-term study [any]
Langzeitexperiment *n* long-lasting experiment [any]
Langzeitgrenzwert *m* long-term exposure limit [asi]
Langzeitlagerung *f* prolonged storage
Langzeitmieter *m* (Immobilie) long-term tenant [eco]
Langzeitplanung *f* long-term planning
Langzeitprobe *f* continuous sampling [any]
Langzeituntersuchung *f* long-term investigation [any]
Langzeitversuch *m* long-term experiment [any]; long-term test [any]
Lanzettfenster *n* (Fachwerkhaus) lancet window
Lasche *f* (Stoß) butt strap; (Holzkonstruktion) fish-plate
Laschenbolzen *m* splice-plate bolt [stb]
Laschennietung *f* butt joint reveting [wer]; butt joint riveting [wer]; butt riveting [stb]; butt strap riveting [stb]; splice-plate riveting [stb]
Laschenstoß *m* butt strap joint; joint with butt strap; joint with cover plate [stb]; splice [stb]; splice joint [stb]
Laschenverbindung *f* butt joint with splice plate; butt strap joint [stb]; splice [stb]; splice joint
Laserkorngrößenmessgerät *n* laser granulometer [any]
Lasernivellierer *m* (Höhenmessung Gelände / Bau) laser level [any]
Laserstrahlschweißen *n* laser welding [wer]
lasiert glazed [met]
Last *f* (belastendes Gewicht) weight [phy]
Last abtragend discharging
Last je Flächeneinheit *f* unit load [sik]
Last, aufgebrachte - *f* loading [sik]
Last, aufgenommene - *f* accepted load
Last, berechnete - *f* design load
Last, bewegliche - *f* imposed load [sik]; moving load [sik]
Last, gleichmäßig verteilte - *f* uniformly distributed load [sik]
Last, konzentrierte - *f* concentrated load [sik]
Last, punktförmige - *f* punctiform load [sik]
Last, ruhende - *f* static load [sik]
Last, seitliche - *f* lateral load [sik]
Last, ständige - *f* dead load [sik]; static load [sik]
Last, ungleichmäßig verteilte - *f* non-uniformly distributed load [sik]
Last, vertikale - *f* vertical load [sik]
Last, zentrierte - *f* centrally-applied load [sik]

Last-Dehnungskurve *f* load-extension curve [met]
Lastableitung *f* load transfer [sik]
Lastabsenkung *f* decrease in load
Lastabtrag *m* load transfer [sik]
Lastabtragung *f* load transfer [sik]; load transfer [sik]
Lastabwurf *m* load disconnection [elt]; load shedding [elt]
Lastangriffspunkt *m* loading point [sik]; point of application of load [sik]; point of application of load [sik]
Lastanlauf *m* starting on load [elt]
Lastannahme *f* assumed load [sik]; design load [des]
Lastarm *m* weight arm [phy]
Lastaufbringung *f* application of load [phy]; load application [phy]
Lastaufnahmemittel *n* (von Kränen) rail clamp
Lastaufnehmer *m* load receiver
Lastbereich *m* load range [pow]; operating range [pow]
Lastdrehmoment *n* load torque [phy]
Lasteinheit *f* unit load [sik]
Lasteinleitungsbereich *m* bearing zone [sik]
Lasteintragung *f* load introduction [sik]
Lasteinwirkung *f* effect of action [phy]
Lastenaufzug *m* freight elevator; freight lift; load elevator; load lift; material hoist
lastenfrei free of charges [eco]; (unbelastet) unencumbered [eco]
Lastenhaken *m* crane hook; load leverage
Lastenplan *m* structural analysis plan [des]
Lastenzug *m* load train
Lastfall *m* loading case
Lastfallkombination *f* combination of load cases [sik]
Lastfallüberlagerung *f* superposition of load cases [sik]
Lastfreiheit *f* absence of load
Lastglied *n* load term [sik]
Lastgrenze *f* safety limit
Lasthaken *m* lifting hook [tec]
Lasthebemagnet *m* lifting magnet [tec]
Lastkennlinie *f* load characteristic [pow]
Lastkraftwagen mit Kippvorrichtung *m* tipping lorry [tra]
Lastkurve *f* output demand curve [pow]
Lastmagnet *m* lifting magnet [tec]
Lastmoment *n* load torque [phy]; torque moment [phy]
Lastrichtung *f* load direction [sik]
Lastschalter *m* circuit breaker [elt]
Lastschwankung *f* load fluctuation [pow]; load variation [pow]
Lastschwerpunkt *m* load centre [phy]
Lastseil *n* hoisting rope

Lastseite *f* load side
Lastspannung *f* load-induced stress [met]
Lastspiel *n* stress cycle
Lastspielzahl *f* number of alternations [sik]; stress cycles endured [met]
Lastspitze *f* load peak [pow]; peak load [pow]
Laststärke *f* load intensity [met]
Laststellung *f* load position [sik]; position of load [sik]
Laststufe *f* loading increment [sik]; loading step
Lasttrenner *m* disconnecting switch [elt]
Lasttrennschalter *m* load interrupter [elt]; switch disconnector [elt]
Lastübertragung *f* load transmission [sik]
Lastumschalter *m* diverter switch [elt]
Lastverteilung *f* distribution of load [sik]; load dispersion [sik]; load distribution [sik]
Lastverteilungsfundament *n* spread foundation
Lastwagen mit Ladekran *m* self-loading lorry [tra]
Lastwagenanhänger *m* trailer [tra]
Lastwechsel *m* load reversal [sik]; stress cycle
Lastwechselzahl *f* stress cycles endured [met]
Lastwinde *f* leverjack
Lastzustand *m* load state [sik]
Lasur *f* (Farbe) scumble [met]; transparent coating [met]
Lasurlack *m* transparent varnish [met]
Laterne *f* (Lichtkuppel) clerestory; lantern [arc]
Latexanstrich *m* latex coat [met]
Latexfarbe *f* latex paint [met]
Latexleim *m* latex adhesive [met]
Latte *f* (Holz-) batten [met]
Lattenbelag *m* lath flooring
Lattenholz *n* lathwood [met]
Lattenkonstruktion *f* battens
Lattenrost *m* lath grid
Lattenzaun *m* picket fence
Lattung *f* lathing
Laube *f* arbour; bower; loggia; summer-house
Laubengang *m* covered path; covered walk; external corridor
Laubholz *n* hardwood [met]
Laubsieb *n* (Abfluss) balloon grating
Laubverzierung *f* (korinthische Säule) acanthus [arc]
Laubwerk *n* (der korinthischen Säule) acanthus [arc]
Lauf *m* (Treppen-) stair flight
Laufbohle *f* walk plank
Laufbreite *f* (Treppe) flight width [des]
Laufbrücke *f* flying bridge
Laufbühne *f* platform; walkway
Laufen *n* (Farbe) running [met]
Lauffläche *f* (Gleiskette) tread [tib]; walking surface
Laufgang *m* gangway

Laufgewicht *n* sliding weight
Laufgitter *n* catwalks and rails
Laufkarte *f* assignment card
Laufkatze *f* crane carriage; crane crab; (Kran) trolley [wer]
Laufkatze mit Greifkorb *f* bucket-carrying trolley [tra]
Laufkatzengleis *n* trolley track
Laufkette *f* chain drive
Laufkettenschuh *m* track shoe [tec]
Laufkran *m* mobile crane; overhead crane; overhead travelling crane; overhead travelling crane; travelling crane
Lauflinie *f* (Treppe) walking line
Laufplatte *f* gang-board slab
Laufrad *n* (Kran) crane wheel [wer]; impeller [tec]; (Gebläse, Pumpe, ...) runner [tec]
Laufrolle *f* (Kran) crane wheel [wer]; runner [tec]; (Gleiskette) tread roller [tib]
Laufschiene *f* (Kran) crane rail [wer]; guide rail; sliding rail
Laufschiene, obere - *f* (Schiebetür) overhead track
Laufsteg *m* (Bedienungssteg) gangway; walkway
Laufsteg, ausgekragter - *m* cantilevered walkway [tib]
Laufwand *f* curtain wall
Laufzeit *f* (z.B. Mietvertrag) period of validity [jur]; term
Lauge *f* base [che]; lye [che]
Laugenbeständigkeit *f* caustic solution resistance [met]
Laugenbrüchigkeit *f* caustic embrittlement [met]
laugenfest alkali-proof [met]
Laugenkorrosion *f* alkali corrosion [met]
Laugenreinigungsanlage *f* caustic cleaning plant [prc]
Laugenschutz *m* lye protection [asi]
Laugerei *f* leaching plant [wer]
Lautstärke *f* loudness [aku]; sound level [aku]; sound volume [aku]
Lautstärkemesser *m* sound level meter [any]; loudness level meter [any]
Lautstärkemessgerät *n* sound level meter [any]
Lautstärkemessung *f* loudness measurement [any]; sound measurement [any]
Lautstärkepegel *m* level of sound [aku]; loudness level [aku]
Lavabo *n* lavabo [tga]
lavieren *v* wash off
Lawinenschutt *m* avalanche debris [tib]
Lawinenschutz *m* avalanche protection
Lawinenverbau *m* avalanche break [tib]; avalanche protection
LCD-Anzeige *f* LCD indicator [elt]
Leasingdauer, nicht kündbare - *f* lease term [eco]
Leasinggeber *m* lessor [eco]

Leasinggeberin *f* lessor [eco]
Leasingnehmer *m* lessee [eco]
Leasingnehmerin *f* lessee [eco]
Leasingobjekt *n* leased property [eco]
Leasingrate *f* leasing payment [eco]
Leasingvertrag *m* leasing agreement [eco]; leasing contract [jur]
Lebensdauer *f* (Gerät) service life
Lebensdauer, rechnerische - *f* design lifetime [des]; theoretical lifetime [des]
Lebensgrundlage, natürliche - *f* natural environmental conditions; natural environmental resources
Lebensraum *m* biosphere [bio]
lebenswert pleasant to live in
Lebenszykluskosten *pl* life cycle costs [eco]
Leck *n* leak
Lecknachweisgerät *n* leak detector [any]
Leckprüfung *f* leak detection [any]; leak test [any]; leakage detection test [any]
Leckstrom *m* (Halbleiter-Schütz im AUS-Zustand) leakage current [elt]
Lecksuche *f* leak detection [any]
Lecksucher *m* leak detector [any]; leakage detector [any]
Lecksuchgerät *n* leak detector [any]; leakage detector [any]
Lecküberwachung *f* (Leitungen, Anlagen) leak monitoring [any]
leer stehendes Haus *n* vacant house
Leerlaufleistung *f* no-load capacity [elt]; no-load power [elt]
Leerlaufschütz *m* waste sluice [wba]
Leerlaufspannung *f* (Batterie) open-circuit voltage [elt]
Leerlaufstollen *m* waste water gallery [wba]
Leerlaufstrom *m* idle current [elt]; no-load current [elt]
Leerlaufturas *m* idler [tib]
Leerlaufverlust *m* open-circuit loss [elt]
Leerrohr *n* empty conduit
Leerrohrverlegung *f* conduit laying [tga]
Leerstand *m* (Immobilie) vacancy [eco]
Leerstand, befristeter - *m* (Immobilie) temporary vacancy [eco]
Leerstand, latenter - *m* (Immobilie) latent vacancy [eco]
Leerstand, zeitweiliger - *m* (Immobilie) temporary vacancy [eco]
Leerstandskosten *pl* (Immobilie) vacancy costs [eco]
Leerstandsquote *f* (Immobilien) vacancy rate [eco]; (Immobilien) vacancy ratio [eco]
Leerstandsrate *f* (Immobilien) vacancy rate [eco]
Leerstandsrisiko *n* (Immobilie) vacancy risk [eco]
Leerstelle *f* (Materialfehler) vacancy [met]

Leerturas *m* idler [tib]
Leerversuch *m* blank experiment [any]; blank test [any]
Leerwohnung *f* unfurnished flat
leeseitig (windabgekehrt) leeward
legen *v* (Leitungen) install [elt]; (Installation) lay
legieren *v* alloy [met]; (Petrochemie, Kunststoffe) compound [met]
Lehm *m* loam [geo]
Lehm, fetter - *m* (Baumaterial) clay rich soil [met]
Lehm, sandiger - *m* sandy loam [geo]
Lehm, toniger - *m* clayey loam [geo]
Lehmart *f* (Bau) type of clayey soil [met]; (Bau) type of earth [met]; (Bau) type of loam [met]
Lehmaufbereitung *f* (zu Bauzwecken) soil preparation
Lehmbau *m* building with earth; clay building; earthen architecture; loam construction; mud building
Lehmbaustoff *m* earth building material [met]
Lehmbaute *f* earth building
Lehmbauweise *f* building with clay
Lehmbauwerk *n* clay building
Lehmblock *m* adobe block
Lehmboden *m* clay ground [geo]; loam ground [geo]; loamy soil [geo]; sandy clay soil [geo]
Lehmerde *f* (40% Ton, < 45% Sande) clay soil [geo]
Lehmfeinputz *m* fine clay render
Lehmform *f* loam mould
Lehmfüllung *f* clay filling
Lehmfußboden *m* clay floor
lehmhaltig clayey [geo]; loamy [geo]
Lehmhaus *n* adobe house
Lehmhütte *f* mud hut
lehmig argillaceous [geo]; loamy [geo]
Lehmkern *m* clay core [met]
Lehmmauer *f* clay wall
Lehmmauermörtel *m* (Baustoff) earth mortar for masonry work [met]
Lehmmergel *m* loamy marl [geo]
Lehmmörtel *m* clay mortar; (Baustoff) earth mortar [met]; loam mortar
Lehmplatte *f* (Baumaterial) clay panel [met]
Lehmpulver *n* powdered clay [met]
Lehmputz *m* earth plaster; earth render
Lehmputzmörtel *m* (Baustoff) earth mortar for plastering [met]; (Baustoff) earth mortar for rendering [met]
Lehmschicht *f* clay pan [geo]
Lehmschlämme *f* (Baustoff) earth slurry [met]
Lehmspritzmörtel *m* sprayed earth mortar
Lehmspritzverfahren *n* earth spraying method
Lehmstein *m* adobe [met]; earth block; soil block
Lehmstein, gepresster - *m* (Baustein) compressed earth block [met]

Lehmstein, gestampfter - *m* hand-compacted earth block
Lehmstein, stranggepresster - *m* extruded earth block
Lehmsteinbau *m* earth block building
Lehmsteinpresse *f* earth-block press
Lehmsteinwand *f* earthen masonry wall
Lehmstrang *m* extruded earth coil
Lehmuntergrund *m* clay foundation [geo]
Lehmverstrich *m* hand-smoothened earth render
Lehmwand *f* clay wall; cob wall; earth wall
Lehmwand aus Stampflehm *f* (ökologischer Hausbau) rammed earth wall
Lehmwickel *pl* earthen reels
Lehmwickeldecke *f* earthen reel ceiling
Lehmziegel *m* (luftgetrocknet, ungebrannt) adobe; adobe brick; clay brick; loam brick; mud brick
Lehrgerüst *n* falsework [bon]; falsework [bon]
Leibgurt *m* waist belt [asi]
Leichenhalle *f* charnel-house
Leichenhaus *n* mortuary
Leichtbau *m* light-gauge construction; light-gauge design; lightweight construction; lightweight construction
Leichtbauelement *n* lightweight building component; lightweight building unit
Leichtbauhalle *f* lightweight construction hall
Leichtbaukonstruktion *f* light construction
Leichtbaumaterial *n* lightweight building material [met]
Leichtbauplatte *f* building sheet, lightweight - [met]; lightweight building board; lightweight building sheet [met]; lightweight building slab; lightweight panel [met]; wallboard
Leichtbauträger *m* open-web joist
Leichtbauweise *f* (Holzrahmenleichtbau) light-frame construction; lightweight construction method; lightweight design
Leichtbeton *m* cinder concrete [bon]; lightweight concrete [bon]; lightweight concrete [bon]; slag concrete [bon]
Leichtbetonzuschlag *m* lightweight aggregate [met]
Leichtdach *n* lightweight roof
Leichtfraktion *f* (Abfälle: Shredder) light fraction [rec]
Leichtgips *m* aerated gypsum [met]
Leichtgipsplatte *f* aerated gypsum board [met]
Leichtholz *n* balsa wood [met]
Leichtisolierung *f* lightweight insulation [met]
Leichtlehm *m* (Baumaterial) light clay [met]; light loam [met]
Leichtlehm-Spritzmörtel *m* (Fachwerkbau) light clay sprayed render [met]; (Fachwerkbau) sprayed render, light clay - [met]
Leichtlehmmörtel *m* (Fachwerkbau) light clay mortar [met]

Leichtlehmstein *m* light clay block [met]
Leichtmetall *n* light metal [met]
Leichtmetallprofil *n* light metal section [met]
Leichtmörtel *m* leightweight mortar [met];
lightweight mortar [met]
Leichtprofil *n* light section [met]; lightweight
section [met]
Leichtputz *m* lightweight plaster
Leichtramme *f* light-duty pile driver [tib]
Leichtstoffabscheider *m* separator for light density
materials [was]
Leichtstoffbauweise *f* light density construction
Leichtunterputz *m* lightweight undercoat plaster
Leichtziegel *m* light brick
Leichtzuschlag *m* lightweight aggregate [met]
Leichtzuschlagstoff *m* lightweight aggregate [bon]
Leim *m* glutine [met]
Leimbinder *m* glue binder [met]; (Holzträger)
laminated glued girder; (Holzträger) laminated
glued truss
leimen *v* paste [wer]
Leimfarbe *f* glue-bound distemper [met]; limewash
[met]; size colour [met]
Leimholzbinder *m* laminated timber beam
Leimkitt *m* glue putty [met]
Leiste *f* ledge; skirting-board
Leistung *f* (Abgabe) output [phy]; power [phy]
Leistungen aus einer Hand *pl* services from one
single source
Leistungen, besondere - *pl* additional services [eco]
Leistungen, landschaftspflegerische - *pl* rural
conservation work [com]
Leistungen, städtebauliche - *pl* urban development
services [com]; urban development work [com]
Leistungs- und Preisverzeichnis *n* Schedule of
Services and Rates [eco]
Leistungsabgabe *f* power output [pow]
Leistungsaufnahme *f* power consumption [pow];
power input [pow]
Leistungsbedarf *m* power demand [pow]; power
requirement [pow]
Leistungsbereiche *pl* areas of performance
Leistungsbeschreibung *f* performance description
[eco]; performance specification [eco];
specification
leistungsbezogen performance-related
Leistungsbilanz *f* performance statement
Leistungsbild *n* performance profile; performance
profile [eco]
Leistungselektronik *f* power electronics [elt];
power electronics [elt]
Leistungserbringer *m* contractor [eco]
Leistungsgegenstand *m* subject of performance
[eco]
Leistungskabel *n* power cable [elt]
Leistungskatalog *m* performance catalogue [eco]

Leistungskontrolle *f* performance test [any]
Leistungsnachweis *m* performance test [any]
Leistungspflicht *f* obligation [jur]
Leistungsphase *f* performance phase; performance
phase [eco]; work stage [eco]
Leistungsplan *m* performance plan [eco]
Leistungsprogramm *n* range of services [eco]
Leistungsregelung *f* power control [elt]; power
regulation [elt]
Leistungsregler *m* output controller [elt]; power
controller [elt]
Leistungsschalter *m* circuit breaker [elt]; power
circuit breaker [elt]
Leistungsspektrum *n* range of services [eco]
Leistungssteuerung *f* power control [elt]
Leistungsstrom *m* effective current [elt]
Leistungstarif *m* load tariff [pow]
Leistungsteiler *m* power divider [elt]
Leistungstrenner *m* circuit breaker [elt]
Leistungsübertragung *f* power transfer [pow]
Leistungsüberwachung *f* performance control
[pow]
Leistungsumfang *m* scope of work; workload
Leistungsvergütung *f* remuneration [eco]
Leistungsverlust *m* loss of power [pow]
Leistungsvermögen *n* capability
Leistungsverstärker *m* power amplifier [elt]
Leistungsvertrag *m* contract for performance [eco]
Leistungsverweigerungsrecht *n* right to refuse
performance [jur]
Leistungsverzeichnis *n* list of work to be
performed; performance specification [eco];
specifications [eco]; technical specification [eco]
Leistungswert *m* labour constant [eco]
Leistungszuschlag *m* production bonus [eco]
Leitbalken *m* guardrail
Leitbilder, städtebauliche - *pl* urban design
principles [com]
Leitblech *n* deflecting plate [wba]; guide baffle
[was]; guide plate
Leitbohle *f* (Graben) waler [tib]
Leitdeich *m* jetty
Leitdetailplanung *f* planning of the main details
[des]
leiten *v* (übertragen) conduct [elt]
leitend conducting [elt]; conductive [elt]
Leiter *m* conductor [elt]; core [elt]
Leiter mit Rückenschutz *f* back-caged ladder; cat
ladder; ladder with backcage; caged ladder
Leiter, versenkbare - *f* (z.B. zum Dachboden)
foldaway ladder
Leiterbagger *m* ladder dredger [tib]
Leitergerüst *n* ladder scaffold
Leiterschutzkorb *m* safety hoops [asi]
Leitfähigkeit *f* conductance [elt]; conductivity [elt]
Leitfähigkeitsmessgerät *n* conductimeter [any]

Leithorizont *m* datum horizon
Leitlinie *f* (Straße) warning line [tra]
Leitprojekt *n* focus project
Leitregler *m* host controller [elt]; master controller [elt]
Leitrolle *f* guide roller [tec]; idler [tec]
Leitschiene *f* conductor rail [elt]; guide bar [stb]
Leitseil *n* (Bagger) tag line [tib]
Leittechnik *f* control and instrumentation [elt]
Leitung *f* (Strom) cable [elt]; (Strom) circuit [elt]; (Strom) conduction [elt]; (Wärme) conduction [pow]; (Strom) conductor [elt]; (Übertragung) transmission [elt]; (Strom) wire [elt]
Leitung, erdverlegte - *f* earth-laid pipeline [was]
Leitungsanschluss *m* line adaptor [elt]; line terminal [elt]
Leitungsbruch *m* wire break [elt]
Leitungsbündel *n* trunk group [elt]
Leitungsdraht *m* conducting wire [elt]
Leitungsdruck *m* line pressure [was]
Leitungseinführung *f* cable entry [elt]
Leitungsfilter *m* in-line filter [was]
Leitungsführung *f* cable management [des]; cable routing [elt]; (Verlauf) duct route [des]
Leitungsführungsplan *m* cable routing plan [des]
Leitungsgraben *m* utility trench [was]
Leitungskabel *n* cable [elt]
Leitungskanal *m* conduit [tga]; raceway [tga]; service duct [tga]
Leitungskanal, begehbarer - *m* accessible duct
Leitungsmast *m* electricity pylon [elt]; transmission mast [elt]; transmission tower [elt]
Leitungsmontage *f* lead assembly
Leitungsnetz *n* (z.B. Elektrizität) grid [elt]; grid-type network [pow]; mains [elt]; (Elektrizität) mains grid [elt]; mains system [elt]; supply network [elt]
Leitungsplan *m* supply line plan; wiring diagram [elt]
Leitungsquerschnitt *m* wire cross-section [elt]
Leitungsrohr *n* conduit pipe [elt]
Leitungsschlitz *m* conduit groove [elt]
Leitungsschutzschalter *m* cable protection switch [elt]; line protection breaker [elt]
Leitungsspannung *f* line voltage [elt]
Leitungsstreifen *m* (neben bzw. unter Straße) utilities ditch
Leitungssystem *n* line system [elt]
Leitungstrasse *f* line route [was]
Leitungsüberwachung *f* pipeline monitoring system [any]
Leitungsverlauf *m* (Elektroleitungen) routing of cables [elt]
Leitungsverlegung in der Straße *f* burying under the road [pow]
Leitungsverlegung, offene - *f* exposed wiring [elt]

Leitungswasser *n* municipal water [was]; service water [was]; tap water [was]
Leitungswasserschaden *m* damage of main tap water
Leitvermögen *n* conductivity [phy]
Leitvorstellungen der Raumordnung *pl* essential purposes of regional planning
lenkbar steerable [tra]
Lenkbarkeit *f* steerability [tra]
Lenkbremse *f* steering brake [tib]
Lenkkraftverstärker *m* steering booster [tra]
Lenkung von Messmitteln *f* (Qualitätsmanagement) control of measuring devices [any]
Lenkungsgruppe *f* steering group
Lenzpumpe *f* bilge pump [was]
Leseband *n* picking belt [rec]; (auch bei Rohstoffgewinnung) sorting belt [rec]
lesen *v* (klauben) sort [rec]
Lettner *m* (Gotik) roodscreen [arc]
Leuchtanzeige *f* light-signal indication [elt]; lighted display [elt]
Leuchtdiodenanzeige *f* LED display [elt]
Leuchte *f* lamp [elt]; light [elt]; light fixture [elt]
Leuchtfarbe *f* fluorescent colour [met]; luminous paint [met]
Leuchtkörper *m* illuminant [met]
Leuchtröhre *f* discharge lamp [elt]; fluorescent lamp [elt]
Leuchtröhrensystem *n* strip lighting [elt]
Leuchtstofflampenentsorgung *f* disposal of fluorescent lamps [rec]
Leuchtstoffröhre *f* fluorescent tube [elt]; luminescent tube [elt]
Leuchttaste *f* luminous key [elt]
Leuchttaster *m* (Schalter) illuminated push-button [elt]; luminous push-button [elt]
Libelle *f* (Wasserwaage) spirit level [any]
Libellenachse *f* level axis [any]
licht (Abstand) clear [des]; (in lichte Höhe) internal [des]
Licht absorbierend light-absorbing [phy]
Licht, indirektes - *n* indirect light
Lichtalterung *f* (Kunststoffe, u.a.) ageing under exposure to light [met]
Lichtanlage *f* lighting system [tga]; lights [elt]
Lichtanzeiger *m* light indicator [elt]
Lichtausbeute *f* light efficiency [phy]; light yield [phy]
Lichtband *n* (Dachlicht) continuous rooflight; continuous-row window; perimeter lighting; (in Hallen) row of windows
lichtbeständig lightproof [met]; stable to light [met]
Lichtbeständigkeit *f* light resistance [met]; resistance to light [met]

Lichtbogenhandschweißen *n* manual arc welding
with covered electrode [wer]

Lichtdecke *f* illuminated ceiling; light ceiling;
luminous ceiling

Lichtdurchgang *m* (Fenster) illumination

lichtdurchlässig diaphanous; translucent [phy]

Lichtdurchlässigkeit *f* light permeability [met];
light transmission [phy]; light transmittance [met];
transmittance of light [met]; transparency [phy]

Lichtechtheit *f* fastness to light [met]; lightfastness
[met]

Lichteinfall *m* incidence of light [phy]

Lichteinwirkung *f* action of light [phy]; effects of
light [phy]

Lichtempfindlichkeit *f* luminous sensitivity [phy];
photosensitivity [phy]

Lichtführung *f* (Beleuchtung) directed light;
distribution of light

Lichtgaden *m* (Gotik: Kirchenbau) celestory wall
[arc]

Lichtgadenfenster *n* (Baukunst) clerestory window
[arc]

Lichtgadenmauer *f* (Baukunst) clerestory wall [arc]

Lichtgitter *n* photoelectric guard

Lichtgitterrost *m* bar grating; lattice grating;
open grate decking; (Bühnenbelag) open-grid
grating; (Bühnenbelag) open-mesh flooring

Lichtgitterrostbelag *m* (Bühne) open-grid floor
plates

Lichtgitterrostbühne *f* open-grid platform

Lichthalbleiter *f* photo-semiconductor [elt]

Lichthof *m* air well [arc]; light court [arc]; light
courtyard

Lichtkuppel *f* (<A>) bubble light; (<A> meist aus
Kunststoff) bubble light; dome light; individual
rooflight; light cupola; light dome; rooflight
dome

Lichtleistung *f* light output [elt]

Lichtleitung *f* lighting feeder [elt]

Lichtmangel *m* light deficiency

Lichtmaschine *f* (Wechselstrom-) alternator [elt];
(Gleichstrom-) dynamo [elt]

Lichtmast *m* light post

Lichtplanung *f* lighting planning

Lichtraumprofil *n* (Bahn) clearance [tra];
clearance diagram [des]; clearance gauge [des];
(Bahn) loading gauge [tra]; (Bahn) structure gauge
[tra]; (Tunnel, Unterführungen) vehicle-clearance
envelope [tra]

Lichtregler *m* dimmer [elt]

Lichtrichtung *f* direction of light

Lichtschacht *m* light well; light-shaft; rooflight
well; skylight well

Lichtschalter *m* light switch [elt]

Lichtschranke *f* electric eye [elt]; light curtain [elt];
light curtain guard [elt]; photoelectric guard [asi]

Lichtsteuerung *f* lighting controller [elt]

Lichtsteuerungssystem *n* light control system

Lichtverbreitung *f* light dissemination

Lichtwellenleiter *m* light-wave conductor [phy];
optical fibre [phy]

Liefer- und Leistungsumfang *m* scope of supply
and services [eco]

Lieferanteneinfahrt *f* delivery entrance

Lieferanteneingang *m* tradesmen's entrance

Lieferbedingungen *pl* specifications [eco]

Lieferbeton *m* ready-mixed concrete [bon]; (<A>)
truck-mixed concrete [bon]

Lieferfirma *f* contractor [eco]; supplier [eco]

Lieferfrist *f* delivery period [eco]

Lieferlänge *f* length supplied [des]

liefern *v* supply [eco]

Lieferprogramm *n* product array [eco]; product
range [eco]

Lieferung *f* supply

Lieferzeit *f* delivery period [eco]

liegend, unter der Oberfläche - subsurface

Liegendes *n* under wall [geo]; underlying stratum
[geo]

Liegenschaft *f* property; real estate; real property

Liegenschaft, lastfreie - *f* unencumbered realty
[eco]

Liegenschaft, unbelastete - *f* unencumbered realty
[eco]

Liegenschaftsbegehung *f* on-site inspection

Liegenschaftskataster *n* land survey register [jur]

Liegenschaftssteuer *f* property tax [jur]

Liegenschaftswesen *n* land property

Lierne *f* (Deckengewölbe: Nebenrippe) lierne [arc]

Lift *m* (<A>) elevator; (<B>) lift

Lift, verglaster - *m* (<A>) glass elevator; (<B>)
glass lift

Liftkabine *f* (<A>) elevator cab; (<B>) lift car

Lifttür *f* (<B>) lift door

Linearitätsgrenze *f* (Elastizitätsgrenze) limit of
linearity [met]

Linearmotor *m* linear engine [elt]; linear motor
[elt]

Linie, fett gedruckte - *f* bold-face line [des]

Linie, gestrichelte - *f* intermittent line [des]

Linie, schwache - faint line [des]

Linie, strichpunktierte - *f* chain-dotted line [des];
dot-dash line [des]

Linie, verdeckte - *f* hidden line [des]

Linienart *f* (technische Zeichnungen) line type [des]

Linienbreite *f* line width [des]

Linienführung *f* course [des]; routing [tib]

Linienkipplager *n* pin bearing [stb]; roller bearing
[stb]

Linienlager *n* line bearing; linear bearing

Linienlast *f* knife-edge load [sik]; knife-edge load
[sik]; line load [sik]; linear load [sik]

Linienriss *m* lines drawing [des]; lines plan [des]
Linienstärke *f* line width [des]
Linksabbiegerspur *f* left-hand turn lane [tra]; left-hand turn-off lane [tra]; left-turn lane [tra]
Linksausführung *f* left-hand design [des]
Linkskurve *f* curve to the left [tra]
Linoleumboden *m* linoleum floor [met]
Linoleumfußbodenbelag *m* linoleum floor covering
Linsendurchmesser *m* (beim Schweißen) weld nugget diameter [met]
Linsenniete *f* mushroom-head rivet [tec]
Linsensenkniet *m* oval-head countersunk rivet [tec]; raised headed countersunk rivet [tec]
Lippendichtung *f* lip seal [tec]
Lisene *f* haunched anchor block; (römische Baukunst) lesene [arc]
Lisene, kielförmige - *f* (Baukunst) keeled lisene [arc]
Lithium-Batterie *f* lithium battery [elt]
Lithium-Ion-Batterie *f* lithium-ion battery [elt]
Lithiumchlorid-Akkumulator *m* lithium-chlorine storage battery [elt]
Lithiumzelle *f* lithium cell [elt]
Lithopon *n* (Farbe) lithopone [met]
Loch *n* (Öffnung) cavity; (Öffnung, Lücke) hole
Lochabstand *m* hole-centre spacing [des]; pitch of holes [des]
Lochabzug *m* deduction for holes [sik]; (DIN 18 800) deduction of area for holes [des]
Lochbild *n* hole pattern [des]; master gauge of holes [des]
Lochblech *n* perforated plate [met]; perforated sheet [met]; perforated steel sheet [met]; punched sheet [met]
Lochdurchmesser *m* diameter of bore [des]; hole diameter [des]
Lochfassade *f* perforated façade
Lochflies *n* perforated fleece [met]
Lochkreis *m* bolt circle [des]; hole circle [des]; pitch circle [des]
Lochkreisdurchmesser *m* bolt-circle diameter [des]; pitch circle diameter [des]
Lochlaibungsdruck *m* intrados pressure
Lochlaibungsfläche *f* (Nieten) effective bearing area [des]
Lochlaibungsverbindung *f* (Glaserei) bearing connection
Lochmitte *f* hole centre [des]
Lochpflaster *n* perforated paving
Lochplatte *f* perforated plate [met]; swage block [met]
Lochreihe *f* row of holes [des]
Lochrohr *n* perforated pipe [met]
Lochschweißung *f* plug weld [met]; slot weld [met]
Lochsieb *n* punched screen [prc]

Lochspiel *n* hole clearance [des]
Lochstein *m* perforated block
Lochteilung *f* hole pitch [des]; hole spacing [des]
Lochziegel *m* airbrick [met]; cellular brick; hollow brick; perforated brick; ventilating brick
Lockergesteinsverfestigung *f* soil consolidation [geo]
Lockerung *f* (beim Niet) loosening [tec]; (von Nieten) slackening [stb]
Löcher auffüllen *v* make up levels [tib]
Löffel *m* bucket; (eines Baggers) dipper; paddle [wba]; shovel [tib]; (eines Baggers) shovel bucket
Löffelbagger *m* bucket excavator [tib]; dipper dredger; excavator [tib]; mechanical shovel; navvy excavator [tib]; shovel excavator; spoon dredge; spoon dredger
Löffelbohrer *m* shell auger [tib]; spoon bit [wzg]
Löffelhochbagger *m* crane navvy [tib]
Löffelhohlmeißel *m* spoon-bit gouge [tib]
Löffelinhalt *m* bucket capacity
Löffelklappenauslösung *f* dipper trip [tib]
löffeln *v* bail [tib]
Löffelseil *n* bailing rope [tib]
Löffelstiel *m* dipper stick [tib]
Löffeltrommel *f* bailing drum [tib]
Löffelzahn *m* dipper tooth [tib]
lösbar (Verbindung) detachable [tec]
Löschanlage, automatische - *f* (Feuerlöschung) automatic extinguishing system
Löschanlage, stationäre - *f* fixed firefighting installation [asi]
Löschbrause *f* emergency shower [asi]; safety shower [asi]
Löschdecke *f* (Brandschutz) fire blanket [asi]; fire-extinguishing cloth [asi]
Löschdüse *f* extinguishing nozzle [asi]
Löscheffekt *m* (Brandlöschung) extinguishing effect
Löscheimer *m* fire bucket [asi]
Löscheinrichtung *f* (Brandlöschung) extinguishing device
löschen *v* (Ladung) discharge [elt]; (Kalk) hydrate; (Kalk) quench; (Kalk) slake [wer]
Löschen *n* (einer Ladung) clearance [tra]; extinction
Löscher *m* extinguisher
Löschfahrzeug *n* fire-engine; firefighting vehicle
Löschgerät *n* extinguisher; fire-extinguishing equipment
Löschgrube *f* (Kalk) slaking pit
Löschgruppe *f* (Feuerwehr) pump crew
Löschhafen *m* port of discharge [tra]
Löschhydrant *m* fire hydrant
Löschkalk *m* calcium hydroxide [met]; dry hydrate [met]; hydrous lime [met]; slaked lime [met]
Löschkasten *m* (Kalk) slaking box

Löschleitung *f* (Brandlöschung) extinguishing piping
Löschmaterial *n* firefighting material
Löschmittel *n* extinguishant; extinguishing compound [met]; extinguishing substance [met]
Löschmittelversorgung *f* (Brandlöschung) supply of extinguishing agent
Löschpfanne *f* (Kalk) slaking pan
Löschsand *m* (Feuer) sand for extinguishing fires
Löschschaum *m* (Feuer) fire-extinguishing foam
Löschschlauch *m* fire hose
Löschsilo *m* (Kalk) slaking bin [prc]
Löschstrahl *m* (Brandlöschung) water jet
Löschtrog *m* (Kalk) slaking box
Löschübung *f* (Brandlöschung) extinguishing exercise
Löschung *f* (Entladung) clearance [tra]; (von Kalk) slaking
Löschverfahren *n* (Brandlöschung) method of firefighting
Löschverhalten *n* (Kalk) slaking behaviour [met]
Löschwasser *n* tempering water [met]; (Feuerbekämpfung) water for firefighting
Löschwasserleitung *f* (Brandlöschung) extinguishing water pipe
Löschwasserrohrsystem *n* (Feuer) fire line
Löschwassertank *m* (Brandlöschung) firefighting water tank
Löschzug *m* (Feuer) set of firefighting appliances
Lösebehälter *m* dissolving tank [prc]
Lösemittel *n* solvent [met]
lösemittelarm low-solvent [met]
lösemittelbeständig solvent-resistant [met]; solvent-resisting [met]
lösemittelfrei solvent-free [met]; solventless [met]
lösemittelhaltig solvent-based [met]
Lösemittelkleber *m* solvent adhesive [met]
Lösemittelklebstoff *m* solvent adhesive [met]
Lösemittelrückgewinnung *f* solvent reclaiming [rec]
lösen *v* (losmachen) disconnect; (in Flüssigkeit) dissolve [che]; (losmachen) release; (losmachen) remove; (losmachen) separate
Löslichkeit *f* dissolubility [met]
Löslichkeit in Wasser *f* water solubility [met]
Löss *m* loess [geo]
Lössboden *m* loess soil [geo]
Lösslehm *m* loess clay [geo]
Lösung *f* (Flüssigkeit) solution [che]
Lösung, wässerige - *f* hydrous solution [che]
Lösungsbeschleuniger *m* solutizer [met]
Lösungsfestigkeit *f* (Boden) loosening strength [geo]
Lösungsmittel *n* solvent [met]
Lösungsmöglichkeit *f* possible solution
Lösungsvektor *m* solution vector [mat]

Lösungsvermittler *m* solute [che]
Lösungsvermögen *n* dissolving power [che]
Löten *n* soldering [wer]
Lötmittel *n* solder [met]; soldering agent [met]
Lötperle *f* soldered bead [met]
Lötpistole *f* soldering gun [wzg]
Lötung *f* soldering [wer]
Lötverbindung *f* solder connection [met]
Loggia *f* (Balkon auch) balcony; gazebo; loggia; recessed balcony
Logikschaltbild *n* logic diagram [des]
Logistikfläche *f* distribution space [eco]
Logistikimmobilie *f* distribution property; logistics property
Logistikunternehmen *n* logistics company [tra]
Lohnmontage *f* subcontract erection
Lohnsatz *m* rate of wages [eco]
Lokalfarbe *f* object colour
Lokalkorrosion *f* localized corrosion [met]; selective corrosion [met]
Los *n* lot; section
Losbrechkraft *f* curl force
Loseverladung *f* bulk loading [tra]
Losgröße *f* job size
losmachen *v* (ablegen, beseitigen) remove
Lospunkt *m* loose point
Losständer *m* removable sluice pillar [wba]
Losverfahren *n* batch process
Lot, optisches - *n* (Vermessung) optical plumb [any]
loten *v* plumb
Lotpfahl *m* vertical pile
lotrecht perpendicular; vertical
Lücke *f* (Leerraum) void
Lückenbebauung *f* gap filling
lüften *v* (auslüften) air
Lüftergaube *f* dormer ventilator
Lüftung *f* (ständig, systematisch) ventilation [air]
Lüftungsanlage *f* air-handling system [tga]; ventilation system [air]
Lüftungsbecken *n* aeration chamber [wba]
Lüftungsdecke *f* air-handling ceiling [tga]
Lüftungsfenster *n* ventilating window
Lüftungsflügel *m* (Fenster) projected window; (Fenster) window vent
Lüftungsgitter *n* air grating [tga]; air grill; air grille [tga]
Lüftungsquerschnitt *m* ventilation cross-section
Lüftungsschlauch *m* ventilation hose [air]
Lüftungsschlitz *m* ventilation cavity [air]
Lüftungsstein *m* airbrick
Lüftungstechnik *f* ventilation engineering [tga]
Lüftungsziegel *m* airbrick; roof vent; ventilating brick
Lünette *f* (Baukunst) lunette [arc]
Lüsterklemme *f* lamp-wire connector [elt]; porcelain insulator [elt]

Luft *f* (Gas) air [air]; (Spielraum) space [des]
Luft abführen *v* vent [air]
Luft, staubhaltige - *f* dusty air [air]
Luftabschreckungskühler *m* air-quenching cooler [prc]
Luftaufbereitung *f* air treatment [tga]
Luftaufnahme *f* aerial photograph
Luftauftrieb *m* air buoyancy [phy]
Luftaustausch *m* air change [air]
Luftbehälter *m* air vessel [tga]
Luftbeton *m* aerocrete [met]
Luftbild *n* aerial photograph; aerial picture [any]
Luftbildaufnahme *f* aerial photograph; aerophoto; (Vermessung) air survey
Luftbildfotografie *f* aerial photography
Luftbildkarte *f* (Vermessung) aerial photomap
Luftbildmesstechnik *f* photographic surveying [any]
Luftbildvermessung *f* aerial survey [any]; photogrammetry [any]
luftdicht air-proof; airtight
luftdicht verschlossen hermetically closed
luftdichter Schutzanzug *m* air suit [asi]
Luftdruck *m* atmospheric pressure [wet]
Luftdruckmeißel *m* air chipper [wzg]
Luftdruckreinigung *f* air-blast cleaning [wer]
Luftdüsenstreichmaschine *f* air jet coater [wzg]
luftdurchlässig permeable to air [met]; pervious to air [met]
Lufteinlassventil *n* air-admittance valve [prc]
Lufteinschluss *m* trapping of air [met]
Lufteinschlussmittel *n* (für mineralische Baustoffe) air-entraining agent [met]
Lufterhärtung *f* (Betonsteine) air curing [roh]
Luftfahrtindustrie *f* aircraft industry [tra]
Luftfeuchte, relative - *f* relative atmospheric humidity [air]
Luftfeuchtemesser *m* hygrometer [any]
Luftfeuchtigkeit *f* air humidity
Luftfeuchtigkeit, relative - *f* relative humidity [air]
Luftförderer *m* air conveyor [prc]
Luftförderrinne *f* air conveying passage [prc]; (für Feststoffe) airslide conveyor [prc]
Luftfrachtabfertigung *f* (Gebäude) air cargo terminal [tra]
Luftfühler *m* air probe [any]
Luftgehalt *m* content of air [met]
luftgelöscht air-slack [met]
luftgetrocknet (z.B. Holz) air-seasoned [met]; (z.B. Ziegel) sun-baked [met]
Lufthammer *m* air hammer [wzg]
Luftheizung *f* air heating [pow]; hot-air heating [pow]
Luftisolierung *f* insulating air cushion [pow]
Luftkalk *m* air-slaked lime [met]; non-hydraulic lime [met]

Luftkalkmörtel *m* non-hydraulic mortar
Luftkanal *m* air duct [air]
Luftklassierer *m* air classifier [prc]
Luftkorb *m* aerial basket [asi]
Luftmörtel *m* lime mortar [met]
Luftniethammer *m* pneumatic riveting hammer [wzg]
Luftpore *f* air void [met]
Luftporenanteil *m* (Porenbeton) air space ratio [met]
Luftporenbeton *m* air-entrained concrete [bon]; air-entraining concrete [bon]
Luftporenbildner *m* (in Beton) air-entrainer [met]; air-entraining admixture [met]; (Beton, u.a.) air-entraining agent [met]; air-entraining compound [met]
Luftporenmörtel *m* air-entrained mortar [met]
Luftporenzement *m* air-entraining cement [met]
Luftproben-Rauchmeldung *f* air-sampling smoke detection
Luftprobenahme *f* air sampler [any]
Luftraum pro Person *m* air-space per person [asi]
Luftreinhaltung *f* APC (air pollution control) [air]
Luftrückführung *f* air recycling [tga]
Luftschacht *m* air shaft [tga]
Luftschall *m* air noise [aku]; airborne noise [aku]; airborne sound [aku]
Luftschalldämmung *f* airborne-sound insulation [aku]
Luftschalldämpfer *m* exhaust silencer [aku]
Luftschalldämpfung *f* reduction of airborne sound [aku]
Luftschallemission *f* airborne noise emitted [aku]
Luftschallpegel *m* airborne-noise level [aku]; airborne-sound level [aku]
Luftschallschutz *m* protection against airborne noise [aku]
Luftschallübertragung *f* transmission of airborne noise [aku]
Luftschicht *f* (Vorsatzmauerwerk) cavity
Luftschichtdicke, diffusionsäquivalente - *f* (Wasserdampfdiffusion) air layer thickness equivalent to diffusion
Luftschleier *m* air curtain [asi]
Luftschleiertür *f* air curtain installation for open doors
Luftschleusenwärter *m* air-lock operator [asi]
Luftseite *f* (Talsperre) downstream face [wba]
Luftstromsichtung *f* airflow classification [prc]
Lufttemperatur *f* air temperature
Lufttragehalle *n* air-inflated structure; air-supported structure
lufttrocken air-dry [met]
Lufttrocknen *n* (von Beton) air setting
Luftüberwachung *f* air pollution monitoring [any]
Luftüberwachungseinrichtung *f* air monitor [any]

Luftüberwachungssystem *n* airborne surveillance
system [any]

Luftumwälzung *f* (Klimaanlage) air recirculation

luftundurchlässig airtight [met]; impermeable to
air [met]

Luftundurchlässigkeit *f* air impermeability [met];
air imperviousness [met]

Luftversorgung, mit - *f* (Atemschutz) assisted [asi];
(Atemschutz) demand type [asi]

Luftverteilungsanlage *f* (Klimaanlage) air-handling
system [tga]

Luftvolumen pro Person *n* air-space per person
[asi]

Luftvorhang *m* air curtain [asi]

Luftwechselzahl *f* air-exchange rate [asi]

Luftzufuhrregelung *f* air inlet control [tga]

Luke *f* hatchway; (Dachluke) skylight; (Keller-)
trap door

Lunker *m* (Lufteinschluss) air void [met];
blowhole [met]; bubble [met]; shrinkage hole
[met]; shrinkhole [met]

lunkerfrei without cavities [met]

Lunkerstelle *f* shrinkage cavity [met]

Luxushotel *n* luxury hotel

Luxussanierung *f* luxury rehabilitation

Luxuswohnung *f* luxury flat

M

Machbarkeitsanalyse *f* feasibility analysis
Machbarkeitsprüfung *f* feasibility check
Machbarkeitsstudie *f* feasibility study
Mächtigkeit des Oberbodens *f* topsoil thickness [geo]
Mäkler *m* (Spundwand) leader
Mäklerführung *f* (Spundwand) leader slide
Mängelbericht *m* non-conformance report
Mängelbeseitigung *f* (an Immobilie) rectification; remedy of defects
Mängelhaftung *f* liability for faults [jur]
Mängelrüge *f* complaint [eco]
Magerbeton *m* lean concrete [bon]; poor concrete [bon]; weak concrete [bon]
Magerkalk *m* lean lime [met]; lean quicklime [met]; poor lime [met]
Magerlehm *m* short clay [met]
Magermischung *f* lean mix
Magermörtel *m* lean mortar [met]
magern *v* (Ton) shorten [met]
Magerungsmittel *n* non-plastic component [met]
Magnesiabinder *m* magnesia binder [met]
Magnetabscheider *m* magnetic separator [prc]
Magnetanker *m* magnet armature [elt]
Magnetantrieb *m* solenoid-operated mechanism [elt]
magnetbetätigt solenoid-operated [elt]
Magnethalter *m* magnetic holder
Magnetmieter *m* (zieht andere Mieter einer Immobilie an) anchor tenant [eco]; (zieht andere Mieter einer Immobilie an) key tenant [eco]
Magnetpulververfahren *n* (Schweißprüfung) magnaflux testing method [any]; (Schweißprüfung) magnetic method [any]; (Schweißprüfung) magnetic particle inspection [any]; (Schweißprüfung) magnetic powder method [any]
Magnetschalter *m* magnetic switch [elt]; solenoid switch [elt]
Magnetscheider *m* magnetic separator [prc]
Magnetscheidung *f* (Stofftrennung) magnetic separation [prc]
Magnetschloss *n* magnetic lock
Magnetspule *f* magnet coil [elt]; solenoid [elt]; solenoid coil [elt]
Magnetstarter *m* full-voltage magnetic starter [elt]
Mahlanlage *f* grinding installation [prc]; grinding plant [prc]; milling plant [prc]
Mahldurchlauf, einmaliger - *m* one-pass grinding [prc]
mahlen *v* (grob) crush [prc]; grind [prc]; mill [prc]

mahlen, fein - *v* pulverize [prc]
mahlen, grob - *v* crush [prc]
Mahlen, satzweises - *n* intermittent grinding [roh]
Mahlfeinheit *f* particle fineness [met]
Mahlgut *n* (Fertiggut) ground product [met]; (Aufgabegut) material to be ground [met]; mill charge [met]
Mahlkapazität *f* grinding capacity [wer]
Mahlkörper *m* (Kugel/Walze) grinding element [prc]
Mahlkreislauf *m* grinding circuit [roh]
Mahlplatte *f* grinding table [prc]
Mahlraum *m* grinding compartment [prc]
Mahltechnik *f* grinding technology [prc]
Mahltrocknung *f* drying and pulverizing [pow]
Mahlwerk *n* grinding facility [prc]
Mahnantrag *m* debt collection application [jur]
Mahnverfahren *n* debt collection procedure [eco]
Maisonnette *f* maisonette
Majolikafliese *f* majolica tile
Makadam, bituminöser - *m* bituminous macadam [met]
Makadamausleger *m* aggregate spreader [tib]
Makler, allein beauftragter - *m* (für Immobilie) sole agent [eco]
Makler, freier - *m* (für Immobilie) outside broker [eco]
Makler, lokaler - *m* (nur am Ort tätig) local broker [eco]
Makler, regionaler - *m* regional broker [eco]
Makler, vereidigter - *m* sworn broker [eco]
Maklerbüro für Immobilien *n* real estate agency [eco]
Maklerhaus *n* broker company [eco]
Maklerunternehmen *n* broker company [eco]
Maklervertrag *m* (Immobilien) agency contract [eco]
Maler- und Tapezierarbeiten *pl* painting and decorating
Malerarbeiten *pl* (DIN 18363) paint work; painting work
Malerbürste *f* distemper brush [wzg]
malerfertig ready for painting
Malerkitt *m* painter's putty [met]
Malerpinsel *m* painter's brush [wzg]
Malerrolle *f* painting roller [wzg]
Malerwalze *f* paint roller [wzg]
Mandelform *f* (Gotik) aureole [arc]
Mangel *m* (Knappheit) deficiency
Mangel, wesentlicher - *m* major defect [eco]
Mannjahr *n* man-year
Mannloch *n* manhole
manometrisch manometric(al) [any]
Mansarddach *n* garret roof; (abgestufte Dachform) mansard roof
Mansarde *f* attic; garret; mansard

Mansardendach *n* French roof ; (auf japanischen Tempeln) gambrel roof [arc]
Mansardenfenster *n* dormer window; mansard dormer window
Mansardenwohnung *f* attic flat
Manschette *f* (Dichtung) sleeve [tec]
Manschettenbohrverfahren *n* collar drilling
Mantel *m* sheathing
Mantelblech *n* sheet-steel casing [met]
Mantelfläche *f* skin surface
Mantelnaht *f* (von Fässern) body seam [met]
Manteloberfläche *f* (Walze) shell face [tib]
Mantelreibung *f* skin friction
Mantelrohr *n* jacket pipe [met]; jacket tube [met]; sleeve pipe [met]
Markierungsfarbe *f* marking colour [met]; sighting colour [met]
Markierungsknopf *m* (Straßen) road stud [tra]
Markierungsstoff *m* tracer [any]
Markierungssubstanz *f* tracer [any]
Markise *f* awning; blind; canopy
Markisette *f* (Textil) marquisette
Markstruktur *f* market structure [eco]
Markt, überdachter - *m* covered market
Marktplatz *m* market square; market-place
Marktstadt *f* market town [com]
Marktstand *m* (Stand auf dem Markt) market stand
Marktwert, gegenwärtiger - *m* current market value [eco]
Marmorbelag *m* marble flag pavement
Marmorblock *m* block of marble [met]
Marmorboden *m* marble floor
Marmorfassade *f* marble façade
Marmorfensterbank *f* marble window sill
Marmorfliese *f* marble tile
Marmorfurnier *n* (Baukunst) marble veneer [arc]
Marmorfußboden *m* marble floor
marmoriert veined
Marmorplatte *f* marble plate [met]; marble slab [met]
Marmortreppe *f* marble stairs
Marmorverblendung *f* marble facing
Marmorverkleidung *f* marble facing
Maronage *f* (Beton) crazing [met]
Maschendraht *m* (Zaun) fencing wire [met]; (Sieb) screen wire [met]; screening wire [met]; wire netting [met]
Maschendrahtfeld *n* wire mesh panel
Maschendrahtzaun *m* chain-link fence; wire-mesh fence
Maschensieböffnung *f* mesh aperture [prc]
Maschenweite *f* aperture size [any]; (Sieb) mesh size [prc]; (Sieb) mesh width [prc]
maschinell, nicht - non-mechanical [wer]
Maschinen- und Geräteplatz *m* plant yard
Maschinenarbeit *f* mechanical operation [wer]

Maschinenausstattung *f* machinery [wer]
Maschinenfundament *n* engine seating; machine base; machine foundation
Maschinengeräusch *n* machine noise [aku]; mechanical noise [aku]
Maschinengipsputz *m* machine-applied gypsum plaster
Maschinenhalle *f* machine-shop; machinery building; machinery hall
Maschinenhaus *n* engine house; (<B> Turbinenhaus) turbine hall; (<B> Turbinenhaus) turbine house; turbine room; (<A> Turbinenhaus) turbine room
Maschinenhausflur *m* (Turbinenhaus) turbine house operating floor
Maschinenhauskran *m* engine house crane
Maschinenhausspannweite *f* (Turbinenhaus) turbine house span
Maschinenlärm *m* machine noise [aku]; mechanical noise [aku]
Maschinenlöffelbohrer *m* routing bit [tib]
Maschinenmischung *f* (maschinell erstellte Mischung) plant mixture [met]
Maschinenputz *m* machine-applied plaster
Maschinenraum *m* engine room; machine room; power room
Maschinenschutz *m* machine guarding [asi]
Maschinenschutzvorrichtung *f* machine guard [asi]
Maschinenschweißerzulassung *f* welding operator qualification [wer]
Maschinensockel *m* machine base
Maschinenverfügbarkeit *f* machine availability [wer]
Maserung, mit der - with the grain [met]
Maske mit chemischem Filter *f* chemical cartridge respirator [asi]
Maske, Gesichts- *f* face guard [asi]
Maskenundichtheit am Gesicht *f* (Atemschutz) face seal leakage [asi]
Maß *n* (Abmessung) dimension [des]; (Abmessung) measure [des]; (Einheit) measure [des]; (Maßstab) scale [des]
Maß, funktionsbedingtes - *n* functionally significant dimension [des]
Maßabweichung *f* dimensional deviation [des]; dimensional tolerance [des]; off-size [des]; size deviation [des]; size tolerance [des]
Maßabweichung, erlaubte - *f* allowance [des]; tolerance [des]
Maßabweichung, zulässige - *f* allowable dimensional deviation [des]; allowance [des]; amount of variation permitted [des]; (nach Bearbeitung) permissible dimensional variation [des]; tolerance [des]
Maßänderung *f* dimensional change [des]
maßanalytisch titrimetric [any]; volumetric [any]

Maßband *n* inch-tape [any]; measuring tape [any]; tape gauge [any]; tape measure [any]

Maßbeständigkeit *f* size stability [des]

Maßbild *n* dimension diagram [des]

Masse *f* (<B> Erdung) earth [elt]; (<A> Erdung) ground [elt]; (<B> Erdung) grounding [elt]; (Stoff) material [che]; (Stoff) matter [che]; (Stoff) substance [che]

Maße und Gewichte *pl* weights and measures [any]

Masse, aktive - *f* (in Batterien) active mass [elt]

Masse, an - legen *v* (<B>) connect to earth [elt]; (<A>) connect to ground [elt]

Masse, feuerfeste - *f* refractory mixture [met]

Masse, konzentrierte - *f* lumped mass [sik]

Masse, punktförmig verteilte - *f* lumped mass [sik]

Masseanschluss *m* (<B>) earthing [elt]

Masseanteil *m* partial mass [met]

Massebestimmung *f* determination of mass [any]

Massedurchsatz *m* material throughput [prc]

Maßeinheit *f* dimension unit [phy]; measure [any]; scale unit [any]; unit of measure [phy]; unit of measurement [any]

Maßeintragung, funktionsbezogene - *f* function-related dimensioning [des]

Maßeintragung, prüfgerechte - *f* inspection-oriented dimensioning [des]

Massen *pl* quantities [sik]

Massen ausziehen *v* take off quantities [sik]

Massen ermitteln *v* take off quantities [sik]

Massenabfall *m* bulky waste [rec]

Massenausgleich *m* (z.B. Krangewicht) balancing of masses [phy]; (Erdarbeiten) balancing quantities [tib]; earthwork balance

Massenaushub *m* bulk excavation

Massenauszug *m* (Materialaufstellung für Statik) schedule of masses [des]

Massenberechnung *f* quantity survey

Massenbeton *m* bulk concrete [bon]; concrete in mass [bon]; mass concrete [bon]

Massenbilanz *f* mass balance [phy]

Massenerhaltung *f* mass conservation [phy]

Massenerhaltungssatz *m* law of mass conservation [che]

Massenermittlung *f* bill of quantities [sik]; quantity survey; quantity surveying [sik]

Massenfertigung *f* bulk production [wer]; production in bulk [wer]

Massenfluss *m* mass flow [prc]

Massenförderer *m* continuous conveyor [prc]

Massenkonzentration *f* mass per unit volume [phy]

Massenkräfte *pl* mass forces [phy]

Massenmittelpunkt *m* centre of mass [phy]

Massenmoment 2. Grades *n* second mass moment [sik]; second mass moment of inertia [sik]

Massenplan *m* (Bauwesen) general arrangement [des]

Massenproduktion *f* bulk production [roh]; production in bulk [wer]

Massenreduzierung *f* weight reduction [des]

Massenschüttgut *n* bulk material [met]

Massenschwerpunkt *m* centre of gravity [phy]

Massenstahl *m* general-purpose steel [met]; ordinary steel [met]; steel in common use [met]

Massenstrom *m* (Mengenstrom) mass flow rate [prc]

Massenträgheit *f* inertia [phy]

Massenträgheitskraft *f* force of inertia [phy]

Massenträgheitsmoment *n* mass moment of inertia [phy]

Massentransport *m* mass transport [prc]

Massenverteilung *f* mass distribution [phy]

Massenverzeichnis *n* (Baumassen) bill of quantities [des]

Masseplan *m* layout

Massepol *m* (<B>) earth terminal [elt]

Masseschluss *m* short to frame [elt]; (<B>) short-circuit to earth [elt]

Maßfehler *m* dimensional error [des]; (Schweißnahtfehler) dimensional defect [any]

Maßgenauigkeit *f* accuracy to gauge [des]; accuracy to size [des]; dimensional accuracy [des]

maßgeschneidert customized

maßgeschneidert für ... tailored to ...

maßhaltig accurate to size [des]; true to size [des]

maßhaltig, nicht - out of tolerances

Maßhaltigkeit *f* accuracy to size [des]; dimensional accuracy [des]; dimensional consistency [des]; dimensional stability [des]

Maßhilfslinie *f* extension line [des]; projection line [des]

massiv bulky; massive; (Bauweise) rugged; (nicht hohl) solid

Massivbau *m* solid building; solid construction; solid structure

Massivbauweise *f* masonry construction; solid construction

Massivbauwerk *n* nonmetallic construction

Massivbetonstaumauer *f* massive concrete dam [wba]

Massivbrücke *f* solid bridge

Massivdecke *f* concrete floor [bon]; solid ceiling

Massivholz *n* solid wood [met]

Massivholzboden *m* wood block flooring

Massivplatte *f* solid slab

Massivwand *f* solid wall

Massivzwischenwand *f* solid partition

Maßkennzeichen *n* identification marking of dimensions [des]

Maßlinie *f* dimension line [des]

Maßnahme *f* measure

Maßnahme, Schall absorbierende - *f* sound-absorbent cladding [aku]; sound-absorbent lining

[aku]; sound-absorption treatment [aku]

Maßpfeil *m* dimension arrow head [des]; dimension-line arrow [des]

Maßprüfung *f* dimensional check [des]; gauging [any]

Maßskizze *f* dimensional sketch [des]

Maßstab *m* (Zeichnung) measure [des]; (Lineal) measuring rule [any]; (Zeichnung, Karten) scale [des]; (Messen) scale ruler [any]; (Lineal) yardstick [any]

Maßstab ... drawn to a scale of ... [des]

Maßstab 1:2 *m* half-size [des]

Maßstab, im - on a scale of .. [des]

Maßstab, menschlicher - *m* (Gestaltung) human scale [arc]

Maßstab, vergrößerter - *m* enlarged scale [des]

Maßstab, verkleinerter - *m* reduced scale [des]

Maßstab, verzerrter - *m* non-scale division [des]

Maßstabfehler *m* imperfection of the scale [des]

maßstabsgerecht in scale [des]; scale [des]; true to scale [des]

maßstabsgetreu true to scale [des]

Maßstabsvergrößerung *f* scale enlargement [des]; scale-up [des]

Maßstabsverkleinerung *f* scale-down [des]

maßstäblich according to scale [des]; scale; true to scale [des]

maßstäblich, nicht - not drawn to scale [des]; not to scale [des]; out of scale [des]

Maßsystem *n* measuring system [any]; system of units [phy]

Maßtoleranz *f* dimensional tolerance [des]; off-size [des]; size margin [des]; tolerance in size [des]

Maßtoleranzen *pl* dimension tolerances [des]

Maßungenauigkeit *f* dimensional inaccuracy [des]

Maßwerk *n* (Gotik: in Kirchenfenster) couronnement [arc]; (Gotik: Ornamente in Fenstern u.a.) tracery [arc]; (Gotik) window tracery [arc]

Maßwerkfries *m* (Gotik) traceried parapet [arc]

Maßzeichnung *f* dimensioned drawing [des]; outline drawing [des]

Maßzugabe *f* dimensional allowance [des]

Mast *m* (Stange) pole; tower [elt]

Mast, abgespannter - *m* (z.B. Windenergieanlage) guyed tower [pow]

Mastikation *f* mastication

mastizieren *v* masticate

Mastkran *m* mast crane

Mastwinde *f* (Kran) lift winch

Material, anstehendes - *n* in-place material [met]

Material, bindiges - *n* (u.a. Tone) cohesive material [geo]

Material, einkörniges - *n* single-size material [met]

Material, gebrochenes - *n* crushed rock

Material, gewachsenes - *n* bank material [geo]

Material, körniges - *n* granular material

Material, nicht verfestigtes - *n* unconsolidated material

Material, rolliges - *n* granular material [geo]

Material, schallschluckendes - *n* sound-absorbing material [aku]

Material, siebschwieriges - *n* hard to screen material [met]

Materialanalyse *f* analysis of materials [any]

Materialanfuhr *f* material delivery [tra]

Materialanhäufung *f* concentration of material [des]

Materialanlieferung *f* material delivery [tra]

Materialaufzug *m* freight elevator; (<A>) material elevator

Materialausbeute *f* amount of material obtained [met]

Materialbeanspruchung *f* materials stress [met]

Materialbevorratung *f* material storage [eco]

Materialbilanz *f* (Erhaltungssatz) mass balance [phy]

Materialeinsatz *m* use of material [met]

Materialeinsparung *f* material saving [met]; saving in material [des]; saving of material

Materialermüdung *f* material fatigue [met]

Materialersparnis *f* saving in material [des]

Materialfehler *m* defect of material [met]; fault in material [met]; flaw [met]; flaw in material [met]; material defect [met]; material flaw [met]

Materialfestigkeit *f* material strenght [met]; mechanical strength [met]; strength of materials [met]

Materialhandhabung *f* material handling [prc]

Materialien, feuerfeste - *pl* (Kessel) refractories [met]

Materialkenngröße *f* material constant [met]

Materialkontrolle *f* material testing [any]

Materiallagerung *f* material storage [eco]

Materialprobe *f* material sample [met]

Materialprüfung *f* materials inspection [met]; materials testing [any]; testing of materials [any]; tests on material [any]

Materialprüfung, zerstörende - *f* destructive materials testing [any]

Materialprüfung, zerstörungsfreie - *f* non-destructive materials testing [any]

Materialprüfungsanstalt *f* materials-testing laboratory [any]

Materialqualität *f* quality of the material [met]

Materialrückgewinnung *f* material recovery [rec]

Materialschaden *m* material damage [met]

Materialschlüssel *m* material stock number [met]

Materialumschlag *m* material handling

Materialuntersuchung *f* materials testing [any]

Materialverbrauch *m* material consumption [met]; material usage [met]
Materialverknappung *f* material shortage
Materialversorgung *f* material supplies [eco]
Materialverträglichkeit *f* compatibility of materials [met]
Materialwahl *f* choice of materials [met]
Materialzusammensetzung *f* material composition [met]
Matrixorganisation *f* (in Projekten) matrix organisation
Matrizentransformation *f* matrix transformation [mat]
matt (Anstrich) flat [met]; (Glas) frosted [met]
Mattenbewehrung *f* mesh reinforcement [bon]
Mattenisolierung *f* blanket insulation
Mattenkühler *m* swamp cooler
mattfeucht pale damp
Mattierung *f* (Glas) frosting [met]; tarnishing
Mattlack *m* flat finish [met]; flat lacquer [met]; flat varnish [met]
Mauer *f* wall
Mauer, aufsteigende - *f* above-ground masonry wall
Mauer, tragende - *f* bearing wall; supporting wall
Mauer, vollflächige - *f* blind wall
Mauerabdeckung *f* capping; coping; wall coping; wall covering
Mauerabsatz *m* offset
Maueranker *m* masonry anchor; tie iron; wall anchor; wall clamp
Maueranschlussstück *n* apron flashing
Mauerarbeit *f* bricklaying work; brickwork
Mauerband *n* string
Mauerbau *m* wall construction
Mauerbehangschindel *f* siding shingle
Mauerblock *m* body of wall
Mauerbogen *m* wall arch [arc]
Mauerbrüstung *f* wall cornice
Mauerdicke *f* wall thickness
Mauerdübel *m* wall dowel; wall plug
Mauerdurchbruch *m* wall breakthrough
Mauerdurchführung *f* wall bushing; wall duct; wall feed-through point; wall opening; wall penetration
Mauerecke *f* quoin
Mauerfraß *m* building bloom; rot of walls
Mauerfundament *n* wall footing
Mauerhaken *m* crampet; wall hook
Mauerisolierung *f* insulation of the wall
Mauerkopf *m* masonry wall head
Mauerkrone *f* crown; (historisch) projection on a wall; wall coping
Mauerkronenüberfall *m* rollway [wba]
Mauerlehre *f* bricklaying guide [any]
Mauermörtel *m* masonry mortar
mauern *v* build; lay bricks; mason

Mauern *n* bricklaying
Mauernische *f* wall recess
Mauerputz *m* plaster
Mauerrest *m* building remain
Mauerrohr *n* (Mauerdurchführung) wall pipe; wall sleeve
Mauersockel *m* plinth
Mauerstärke *f* wall thickness
Mauerstein *m* masonry brick
Mauerung *f* walling
Mauerverband *m* brick bond; masonry bond
Mauerverbinderisolationsclip *m* (Gebäudeisolation) wall-tie insulation clip
Mauerverblendung *f* wall facing
Mauerverkleidung *f* wall cladding
Mauervorsprung *m* projection on a wall
Mauerwerk *n* brickwork; masonry; masonwork; stonework; walling
Mauerwerk, ausgesteiftes - *n* stiffened masonry
Mauerwerk, bewehrtes - *n* reinforced masonry
Mauerwerk, durchbrochenes - *n* trellis work
Mauerwerk, durchgehendes - *n* blind wall; blind wall
Mauerwerk, einschaliges - *n* one-leaf wall
Mauerwerk, feuerfestes - *n* refractory setting [pow]
Mauerwerk, massives - *n* solid brickwork
Mauerwerk, nicht tragendes - *n* non-bearing masonry
Mauerwerk, tragendes - *n* load-bearing masonry
Mauerwerk, unregelmäßiges - *n* random range ashlar
Mauerwerk, verbundenes - *n* bonded masonry
Mauerwerk, zweischaliges - *n* two-leaf wall
Mauerwerksanker *m* brick tie
Mauerwerksbau *m* masonry construction; masonry construction; masonry construction
Mauerwerksbrücke *f* masonry bridge
Mauerwerksentfeuchtung *f* (Ziegelmauerwerk) brickwork dehumidification; masonry dehumidification
Mauerwerkssäge *f* masonry saw [wzg]
Mauerwerksverband *m* brickwork bond
Mauerziegel *m* building brick; masonry brick
mauken *n* temper clay to improve workability
Maulweite *f* (Brecher) receiving opening
Maurer *m* mason [wer]
Maurerarbeit *f* masonry; (DIN 18330) masonry work
Maurerkelle *f* mason's trowel [wzg]
Maurermeister *m* master builder
Maximalspannung *f* maximum stress [sik]
Mechanik, technische - *f* engineering mechanics; mechanics of materials
mechanisch bearbeitet mechanically worked
mechanische Waage *f* mechanical balance [any]
Meeresgrund *m* bottom of the sea [geo]

Meereswärme *f* ocean thermal energy [pow]
Meereswärmekraftwerk *n* ocean thermal energy conversion plant [pow]; ocean thermal power plant [pow]; sea thermal power plant [pow]
Meerwasser *n* oceanic water [was]
Meerwasserentsalzungsanlage *f* sea water desalination plant [was]
mehradrig multicore [elt]; multiwire [elt]
mehreckig polygonal
mehrfach (im Sinn des Gebrauchs (Recycling)) multi-use [rec]
Mehrfachbeschichtung *f* multilayer coating [met]; multiple coat system [met]; multiple coating [met]
Mehrfachfachwerk *n* multiple truss
Mehrfachglasscheibe *f* multiple-glazing unit
Mehrfachregelung *f* multiloop control [elt]; multiple control [elt]
Mehrfachschalter *m* gang switch [elt]
Mehrfachsteckdose *f* multi-way socket outlet [elt]; multiple box [elt]; multiple socket [elt]; multiple-socket outlet [elt]
Mehrfachstecker *m* multiple adaptor [elt]; multiple plug [elt]; multipole connector [elt]
Mehrfachverglasung *f* multiple glazing
Mehrfamilienhaus *n* apartment house; multi-family dwelling; multiple dwelling building
Mehrfeld-Balkenbrücke *f* multi-span flat beam bridge
Mehrfeldbrücke *f* multiple-span beam bridge; (Balkenbrücke) multiple-span beam bridge
Mehrfeldrahmen *m* multi-bay frame [stb]
mehrfeldrig (Rahmen) multi-bay [stb]; (z.B. Rahmen) multiple-span [stb]
Mehrfeldträger *m* multiple-span girder
Mehrgeschossbau *m* multi-floor building; multi-storey building
mehrgeschossig multi-storey
Mehrkammergrube *f* multicompartment septic tank [was]
Mehrkanalsystem *n* (Hydrologie) multi-channel system [was]
Mehrkomponenten- multicomponent [met]
Mehrkomponentenanstrich *m* multicomponent coat [met]
Mehrkomponentenkleber *m* mixed adhesive [met]
Mehrkomponentenklebstoff *m* multiple-part adhesive [met]
Mehrkomponentenmörtel *m* multicomponent mortar [met]
Mehrlagenschweißung *f* multilayer weld [met]; multiple pass weld [met]
mehrlagig laminated [met]; multi-ply; multilayer
Mehrlagigkeit *f* (von Schichten, Bahnen) multiply laying [met]
Mehrleiterkabel *n* multiconductor cable [elt]; multicore cable [elt]

Mehrphasenschaltung *f* connection of polyphase circuit [elt]
Mehrphasenstrom *m* multiphase current [elt]
mehrpolig multipolar [elt]; multipole [elt]
Mehrpolschalter *m* multiple switch [elt]
Mehrpunktregler *m* multistep controller [elt]
Mehrraumwohnung *f* multiple-room dwelling
mehrschalig multileaf; multiple-leaf
Mehrscheibenverbundglas *n* anti-bandit glass [met]
Mehrschichtenglas *n* laminated glass [met]
Mehrschichtenplatte *f* laminated board; multilayer board
Mehrschichtensicherheitsglas *n* laminated safety glass [met]
Mehrschichtfilter *m* stratified-bed filter [was]
Mehrschichtfolie *f* (Kunststoff) multilayer film [met]
mehrschichtig laminated; multilayer; sandwich
Mehrschichtvergütung *f* multilayer coating [met]
mehrschiffig (Halle) multi-bay; (Halle) multi-nave
mehrspurig multilane [tra]
Mehrstabanker *m* multi-bar anchor; multi-bar-type anchor
mehrstöckig multi-storey; multi-storeyed
Mehrstoffgemisch *n* multicomponent mixture [met]; multicomponent system [met]
Mehrtafelprojektion *f* (darstellende Geometrie) multi-plane projection [mat]
Mehrtaschensilo *m* multicompartment bin [prc]
Mehrwegbehälter *m* multi-way container [rec]; multiple use container [rec]
Mehrwegmaterial *n* returnable material [mat]
Mehrwegsystem *n* multiple system [rec]
Mehrwegverpackung *f* returnable pack [rec]; returnable packaging [rec]
Mehrzellensilo *m* multicompartment bin [prc]
Mehrzweckgebäude *n* multi-purpose building
Mehrzweckhalle *f* multi-purpose hall; multi-purpose hall
Mehrzweckleiter *f* multi-purpose ladder; multi-purpose ladder
Mehrzweckraum *m* all-purpose room; family room
Meißel *m* chisel [wzg]
Meißelblatt *n* bit blade [wzg]
Meißelbohrer *m* chisel bit [wzg]; drill bit [wzg]
Meißelhammer *m* chipping hammer [wzg]
Meißelschaft *m* bit shank [wzg]
Meißelstahl *n* chisel steel [wzg]
Meisterraum *m* foreman's room [wer]
Meldelampe *f* pilot light [elt]; signal lamp [elt]
meliert mottled
Membran *f* (in der Technik) diaphragm [met]; film [met]; (in der Biologie) membrane [met]
Membranspannungszustand *m* membrane-state of stress

Membrantragwerk *n* membrane structure
Membranwand *f* membrane wall
Membranwirkung *f* membrane effect [met]
Mengenansatz *m* calculated quantity [met];
planned quantities [met]
Mengenberechnung *f* calculation of quantities
[wer]
Mengenbestimmung *f* quantitative analysis [any];
quantitative determination [any]
Mengendurchsatz *m* throughput [prc]
Mengenermittlung *f* calculation of quantities
Mengenmesser *m* (Durchsatz) flowmeter [any];
(Durchsatz) volumeter [any]
Mengenmessgerät *n* (Menge) quantitative
measuring instrument [any]; (Menge) quantity
meter [any]
Mengenmessgerät *m* (Durchsatz) flowmeter [any]
Mengenstrommesser *m* flowmeter [any]
Mengenstrommessung *f* flow rate measurement
[any]
Mengenverhältnis *n* quantitative proportion [any]
Mengenzähler *m* volumetric count controller [any]
Mengenzählung *f* volume counting [any]
Mennige *f* minium [che]; red lead [che]
Mennigeanstrich *m* coating of red lead [met]
Mennigefarbe *f* red lead paint [met]
menschenarm sparsely populated
menschenleer deserted
Mergel *m* marl [geo]
Mergelboden *m* marl soil [geo]; marly soil [geo]
Mergelkalk *m* marly limestone [met]
Mergelsandstein *m* marly sandstone [met]
Mergelschiefer *m* marl slate [met]
Merkblatt *n* data sheet
Merkblatt, technisches - *n* technical data sheet;
technical information sheet
Mess- und Regeltechnik *f* instrumentation and
control [any]; instrumentation engineering [any]
Messabweichung *f* error of measurement [any];
measurement error [any]; measuring error [any]
Messanordnung *f* measuring arrangement [any];
measuring set-up [any]
Messanschluss *m* instrument port [any]; measuring
connection [any]
Messanzeige *f* dial indicator [any]; display [any]
Messaufnehmer *m* measuring pick-up [any];
transducer [any]
Messband *n* measuring tape [any]; surveyor's tape
[any]; tape measure [any]
messbar detectable [any]; measurable [any]
Messbereich *m* range of measurement [any]; range
of sensitivity [any]; scale range [any]
Messbereichschalter *m* range switch [any]
Messbereichserweiterung *f* extension of the
measuring range [any]
Messbereichsumschaltung *f* range switching [any]

Messbereichswahl *f* measuring range selection
[any]
Messblende *f* measuring orifice [any]; (Durchsatz)
metering orifice [any]; (Durchsatz) orifice gauge
[any]; (Durchsatz) orifice plate [any]
Messdaten *pl* measurement data; test data [any]
Messdatenerfassung *f* acquisition of measured data
[any]; data acquisition [any]; data collecting
[any]; data logging [any]
Messdatenverarbeitung *f* processing of measured
data [any]
Messdauer *f* measuring time [any]; time of
measurement [any]
Messebene *f* measuring plane [any]
Messegelände *n* exhibition centre
Messehalle *f* fair pavilion
Messeinrichtung *f* measuring device [any];
measuring equipment [any]; measuring installation
[any]; measuring set [any]
Messempfindlichkeit *f* measurement sensitivity
[any]; sensitivity of measurement [any]
messen *v* gauge [any]; measure; measure [any]
Messen *n* metering [any]
Messer *n* knife [wzg]
Messergebnis *n* experimental result [any];
measuring result [any]; test result [any]
Messeviertel *n* (in einer Stadt) fair district
Messfehler *m* measurement error [any]; measuring
error [any]
Messfühler *m* probe [any]; sensor [any]
Messgenauigkeit *f* accuracy of measurement [any];
measuring accuracy [any]
Messgrenze *f* measuring limit [any]
Messing *n* brass [met]
Messingband *n* brass strip [met]
Messingbeschläge *pl* brass hardware
Messingbeschlag *m* brass fitting [tec]
Messinstrument *n* measuring device [any];
measuring instrument [any]
Messkopf *m* test head [any]; tracer head [any]
Messlänge *f* (Oberflächenrauheit) sampling length
[any]
Messort *m* measurement location [any]; measuring
position [any]
Messprinzip *n* measuring principle [any]; principle
of measurement [any]
Messpunkt *m* experimental point [any]
Messsignal *n* measuring signal [any]
Messstab *m* (z.B. für Flüssigkeitsstand) level gauge
[any]
Messstange *f* gauge bar [any]
Messstation *f* gauging station [any]
Messstelle *f* control point [any]; measuring point
[any]; (für Zähler) metering point [pow]
Messung *f* determination [any]; (Messergebnis)
measurement [any]

Messung, berührungslose - *f* contactless
measurement [any]; non-contact measurement
[any]
Messung, elektrische - *f* electrical measurement
[any]
Messung, gravimetrische - *f* gravimetric
measurement [any]
Messverfahren *n* method of measurement [any];
test procedure [any]
Messverstärker *m* measuring amplifier [elt]
Messvorrichtung *f* measuring equipment [any];
measuring installation [any]
Messwarte *f* control room [any]
Messwert *m* data [any]; experimental value [any];
reading [any]; test value [any]
Messwertgeber *m* detector [any]; measuring
transducer [any]
Messwertübertrager *m* measuring transmitter [any]
Messwertübertragung *f* data transmission [any]
Messwertumformer *m* measuring transducer [any]
Messwertumsetzer *m* measuring converter [any]
Messzentrale *f* control room [any]
Metakaolin *n* metakaolin [met]
Metall *n* metal [met]
Metall, hoch schmelzendes - *n* refractory metal
[met]
Metall- und Schlosserarbeiten *pl* (DIN 18360)
metal and locksmith work [wer]
Metallabfall *m* metal scrap [rec]; metal waste
[rec]; waste metal [rec]
Metallarmierung *f* metal reinforcement [bon]
Metallauflage *f* metal-plating [met]
Metallaufsatzkranz *m* metal curb
Metallauftrag *m* metallic coating [met]
Metallauskleidung *f* metallic coating [met]
Metallbauarbeiten *pl* metal work [stb]
Metallbauwerk *n* metallic structure
Metallbelag *m* metal coating [met]
Metallbeschichtung *f* metal coating [met]; metallic
coating [met]
Metallblech *n* metal sheet [met]
Metallbrücke *f* metal bridge
Metalldecke *f* metal ceiling
Metalldeckenschalung *f* metal decking [bon]
Metalldraht *m* metal wire [met]
Metallfarbe *f* metallic colour; metallic paint [met]
Metallfaser *f* metallic fibre [met]
metallfaserverstärkt metal fibre reinforced [met]
Metallgerüst *n* metal scaffolding
Metallgewebe *n* metallic fabric [met]; wire mesh
[met]
Metallgewebeeinlage *f* metal-gauze insert [met]
Metallgrundierung *f* metal primer [met]
metallisch metallic [met]
metallisch blank bare-metal condition [met];
metallic bright [met]

Metallkleben *n* bonding of metals [met]
Metalllegierung *f* metal alloy [met]
Metallleichtbau *m* lightweight metal construction
[met]
Metallmanschette *f* metal collar
Metallniete *f* metallic rivet [met]
Metallrahmen *m* (Türzarge) metal frame
Metallrecycling *n* recycling of metals [rec]
Metallrohr *n* metal pipe [met]; metal tube [met]
Metallrückgewinnung *f* metal recovery [rec]
Metallsäge *f* metal saw [wzg]
Metallschiene *f* metal rail
Metallschrott *m* metal scrap [rec]; metal waste
[rec]
Metallschuh für Firstbalken *m* ridge shoe
Metallsockelleiste *f* metal skirting
Metallständerwandsystem *n* metal post-and-beam
system
Metalltor *n* metal gate
metallüberzogen plated [met]
Metallüberzug *m* metal coating [met]; metal
plating [met]
Metallummantelung *f* metal coating [met]
Metallverbindung *f* (Verbindungsstück aus Metall)
metal joint
Metallwiedergewinnung *f* metal recovery [rec]
Metallwinkel *m* (Winkelstück) framing square [stb]
Meter, laufende - *pl* running metres [des]
Methacrylatklebstoff *m* methacrylic adhesive [met]
Methanolbrennstoffzelle *f* methanol cell [pow]
Methode, analytische - *f* analytical method [any]
Methylalkohol-Luftsauerstoffelement *n* (Brenn-
stoffzelle) methanol air cell [pow]
Metropole *f* (Zentrum) capital; (größte Stadt)
metropolis
Mezzanin *n* (Zwischengeschoss) mezzanine
Mietanpassung *f* (Immobilie) rent adjustment [eco];
rent review [eco]
Mietanpassungsklausel *f* (Immobilie) rent
escalation clause [eco]
Mietanspruch *m* tenancy claim [eco]
Mietanstieg *m* (Immobilie) rental growth [eco]
Mietaufwendung *f* rental expenditure [eco]
Mietbeginn *m* lease commencement [eco]
Mietbelastung *f* rent charge [eco]
Mietdauer *f* (Immobilie) lease term [eco]; rental
period [eco]
Miete *f* leasehold [eco]
Miete, dynamische - *f* (Immobilie) step-up lease
[eco]
Miete, geforderte - *f* (Immobilie) quoted rent [eco]
Miete, marktübliche - *f* market rent [eco]
Miete, rückständige - *f* (Immobilie) rent arrears
[eco]
Miete, tatsächliche - *f* (Immobilie) effective rent
[eco]

Miete, überhöhte - *f* (Immobilie) rack rent [eco]
Mieteinheit *f* (Immobilie) leased unit [eco]
Mieteinkünfte *pl* rental income [eco]
Mieteinnahme *f* rent received [eco]
Mieteinzug *m* (Immobilie) rent collection [eco]
Mietende *n* lease expiration [eco]
Mietenkompostierung *f* stacked-heap composting [rec]; windrow composting [rec]
Mieter *m* (Unter-) lodger [eco]; tenant [eco]
Mieterausbau *m* (von Mietern vorgenommene Verbesserungen) tenant improvements
Mieterbund *m* tenant's association [eco]
Mietergebnis *n* rental profit [eco]
Mieterhöhung *f* rent increase [eco]; (Immobilie) rental escalation [eco]
Mieterhöhungsklausel *f* (Immobilie) rent escalation clause [eco]
Mieterin *f* (Unter-) lodger [eco]; tenant [eco]
Mieterlös *m* rent income [eco]
Mietermarkt *m* (Immobilien) tenant market [eco]; (Angebot > Nachfrage) tenant's market [eco]
Mietertrag *m* (Immobilie) rent return [eco]; rental income [eco]
Mietervereinigung *f* tenant's association [eco]
Mieterwartung *f* rent assumption [eco]
Mieterwechsel *m* change of tenants; tenant change [eco]
Mietfläche *f* (Immobilie) gross leasable area [eco]; (Immobilien) rental area; rental space [eco]; (Immobilien) rented floor space [eco]
Mietflächen/Stellplatz-Verhältnis *n* (Immobilie) parking ratio
Mietforderung *f* rent demand [eco]
mietfrei rent-free [eco]
Mietindex *m* (Immobilien) rent index [eco]
Mietkaution *f* (Immobilien) rent deposit [eco]; (Immobilie) rental deposit [eco]
Mietkosten *pl* lease rental charges [eco]
Mietlaufzeit *f* (Immobilie) lease term [eco]
Mietleitung *f* leased circuit [edv]
Mietminderung *f* (Immobilie) abatement of rent [eco]
Mietniveau *n* rent level [eco]
Mietpreis *m* rental rate [eco]
Mietpreisniveau *n* rent level [eco]
Mietpreisschwankung *f* rent fluctuation [eco]
Mieträume *pl* (Immobilie) rented premises [eco]
Mietrecht *n* tenancy law [jur]
Mietregelung *f* rent agreement [eco]
Mietrückstände *pl* rent arrears [eco]
Mietrückzahlung *f* rent rebate [eco]
Mietsache *f* leased object [eco]; rent matter [eco]; tenancy case [eco]; tenancy matter [eco]
Mietshaus *n* (<A>) apartment house; block of rented flats
Mietskaserne *f* tenement house

Mietspiegel *m* rent level [eco]; (Immobilien) rental index [eco]
Mietverhältnis *n* tenancy [eco]
Mietvertrag *m* lease contract [jur]; leasing contract [jur]; (Immobilie) rental contract [jur]; tenancy agreement [jur]
Mietvertrag *f* leasehold [jur]
Mietvertrag mit Vorkaufsrecht *m* lease with option to buy [eco]
Mietvertrag, auslaufender - *m* expiring lease [eco]
Mietvertrag, gewerblicher - *m* business lease [eco]
Mietvertrag, langfristiger - *m* long-term lease [eco]
Mietvertragsauslauf *m* lease expiration [eco]
Mietvertragsende *n* lease expiration [eco]
Mietvertragslaufzeit *f* lease term [eco]
Mietvertragsverlängerung *f* lease prolongation [eco]; lease prolongation [eco]; prolongation of a rental contract [eco]
Mietvorauszahlung *f* payment of rent in advance [eco]; prepayment of rent [eco]; rent advance [eco]
Mietwert *m* rent value [eco]; rental value [eco]
Mietwohnbauten *pl* rental housing
Mietwohnung *f* rented apartment; rented flat; tenement
Mietwucher *m* exorbitant rent [eco]
Mietzahlung *f* lease payment [eco]; payment of the rent [eco]; (für Immobilie) rental payment [eco]
Mietzins *m* rent payment [eco]
Mietzweck *m* purpose of lease
Mikroeindruckhärte *f* micro-indentation hardness [met]
mikrofein microfine; microscopically fine
Mikrohärte *f* micro hardness [met]
Mikroporen *pl* micropores [met]
Mikroriss *m* microcrack [met]; (Schweißnahtfehler) microfissure [met]
mikroskopieren *v* microscope [any]
mikroskopisch microscopic [any]
Mikrozonierung *f* (Einteilung des Standortes auf Schwingungsempfindlichkeit) microzonation
Milchglas *n* frosted glass [met]; opal glass [met]
Milieuschutz *m* protection of the surroundings [com]
Militärprojektion *f* ground dimetric projection [des]
Millimeter *m* (<A>) millimeter [des]; (<B>) millimetre [des]
Millimeterpapier *n* graph paper [des]; millimeter graph paper [des]; scale paper [des]
Millionenstadt *f* town with over a million inhabitants
Minarett *n* minaret [arc]
Mindergewicht *n* short weight; shortage in weight
Minderung *f* reduction [eco]

Mindestabstand *m* minimum distance [des]; minimum spacing [des]
Mindestbewehrung *f* minimum steel requirement [bon]; nominal reinforcement [bon]
Mindestdicke *f* minimum thickness [des]
Mindestgeschosshöhe *f* minimum storey height
Mindestleistung *f* minimum output [pow]
Mindestmiete *f* minimum rent [eco]
Mindestneigung *f* minimum gradient
Mindestquerschnitt *m* minimum section [des]
Mindestraumhöhe *f* minimum ceiling height
Mindestsatz *m* minimum rate [eco]
Mindestwanddicke *f* minimum wall thickness [des]
Mindestwandstärke *f* minimum wall thickness [des]
Mindestzugfestigkeit *f* minimum tensile strength [met]
Mineral *n* mineral [che]
Mineralablagerung *f* mineral deposit [che]
Mineralanalyse *f* mineral analysis [any]
Mineralbeton *m* mineral concrete [bon]; wet mix aggregate [bon]
Mineralfarbe *f* mineral colour [met]; mineral pigment [met]
Mineralfarbstoff *m* mineral dye [met]
Mineralfaser *f* mineral fibre [met]
Mineralfasereinlage *f* mineral fibre padding [met]
Mineralfasermatte *f* mineral fibre mat [met]
Mineralfaserplatte *f* mineral fibre sheet [met]; mineral fibreboard [met]
Mineralfaserwolle *f* mineral wool [met]
Mineralgemisch *n* mineral aggregate [met]
Mineralgewinnung *f* extraction of minerals [roh]
Mineralien mit hohen Si-Anteilen *pl* acidic rocks [che]
Mineralisation *f* mineralization [che]
mineralisch mineral [che]
Mineralisierung *f* mineralization [che]
Mineralmasse, bituminöse - *f* asphalt-aggregate mixture [met]
Mineralphase *f* mineral phase [met]
Mineralputz *m* mineral plaster [met]
Mineralputzmörtel *m* mineral plastering mortar [met]; mineral rendering mortar [met]
Mineralwolle *f* mineral fibre [met]; mineral wool [met]; rock wool [met]
Mineralwolledämmung *f* mineral wool insulation [met]
Mineralwollmatte *f* mineral wool mat [met]
Minimalspannung *f* minimum stress [sik]
Minuskabel *n* negative lead [elt]
Minusleiter *m* negative conductor [elt]
Minuspol *m* negative pole [elt]; (Batterie) negative terminal [elt]
Misch-Schutt *m* mixed rubble [rec]
Mischabfall *m* mixed waste [rec]

Mischanlage *f* mixing device [prc]; mixing facility [prc]; (z.B. für Beton) mixing installation; mixing plant [prc]
mischbar miscible
mischbar, nicht - immiscible
Mischbatterie *f* (Warm- und Kaltwasser) bath-mixer; (Sanitär) blending valve; (Waschbecken) combination tap assembly [tga]; mixer fitting [tga]; mixer tap [tga]; mixer valve [tga]; mixing combination faucet [tga]; mixing faucet [tga]; mixing tap [tga]; mixing unit [tga]
Mischbatterie mit Kartuschendichtung *f* cartridge tap [tga]
Mischbatterie mit Kugeldichtung *f* ball-type tap [tga]
Mischbauweise *f* mixed building structures [com]; mixed development [com]
Mischbebauung *f* mixed housing development
Mischbebauungsgebiet *n* (Städteplanung) mixed development area
Mischbecken *n* mixing tank [was]
Mischbehälter *m* mixing tank [prc]; mixing vessel [prc]
Mischbelag *m* (Straße) premixed surfacing [tib]
Mischbett *n* blending bed [roh]
Mischbettfilter *m* gravel-bed filter [was]; mixed-bed filter [was]
Mischbinder *m* hydraulic binder [met]
Mischboden *m* mixed soil [geo]
Mischbodenaushub *m* muck [tib]
Mischdecke *f* (Straße) premixed surfacing [tib]
Mischdeponie *f* multi-disposal landfill [rec]
Mischdüse *f* mixing nozzle [prc]
mischen *v* (Stoffe) blend; mix
Mischen *n* blending [prc]; mixing [prc]
Mischentwässerung *n* combined sewerage system [was]
Mischer *m* blender [prc]; mixer [prc]
Mischeraufzug *m* (Betonmischer) mixer skip hoist
Mischerbühne *f* mixer platform
Mischerschaufel *f* mixing paddle [prc]
Mischfahrzeug *n* (Betontransport) concrete mixer trolley [bon]
Mischfarbe *f* mixed colour [met]
Mischfeuerofen *m* mixed-firing shaft kiln [roh]
Mischfeuerung *f* mixed firing [pow]
Mischgebiet *n* mixed area [com]; mixed zone [com]; mixed-use area [com]; mixed-use area [com]; mixed-use zone [com]
Mischkammer *f* mixing chamber [prc]
Mischkanalisation *f* combined sewer system [was]
Mischkanalsystem *n* combined sewer [was]
Mischkollergang *m* mixing pan mill
Mischkopf *m* mixing head [tga]
Mischlack *m* mixing varnish [met]
Mischmahlen *n* grinding and mixing [roh]

Mischmakadam *m* coated macadam [met]

Mischmauerwerk *n* combined brickwork; combined masonry; mixed masonry

Mischnutzung *f* mixed use [com]

Mischnutzungsgebiet *n* mixed-use area [com]

Mischnutzungsimmobilie *f* mixed-use property [eco]

Mischnutzungskomplex *m* (Immobilie) mixed-use complex [eco]

Mischoxid *n* mixed oxide [che]

Mischpolymer *n* mixed polymer [met]

Mischpolymerisation *f* copolymerization [che]

Mischprobe *f* (Wasserprobe) composite water sample [any]; mixed sample [any]

Mischreihenfolge *f* mixing sequence [prc]

Mischrinne *f* mixing channel; mixing trough [prc]

Mischschaufel *f* (Betonmischer) helical blade [bon]

Mischschleppe *f* mixing drag [was]

Mischschnecke *f* mixing worm [prc]

Mischsilo *m* blending silo [prc]

Mischsubstrat *n* mixed substrate [geo]

Mischtank *m* blending tank [was]

Mischteller *m* (im Betonmischer) mixing pan

Mischtrommel *f* cement-mixer; mixing drum [prc]; tumbling mixer [prc]

Mischung *f* (Beton) batch; (Farben) blending [che]

Mischungslücke *f* immiscibility range [met]

Mischungsverhältnis *n* mixing ratio

Mischungszone *f* mixing zone [was]

Mischwasser *n* (Kanalisation) storm sewage [was]

Mischwasserabfluss *m* flow of combined water [was]

Mischwassersammler *m* combined sewer [was]

Mischwassersystem *n* combined sewerage system [was]

Mischwendel *f* helical blade [prc]

Mischzement *m* blended cement [met]

Mistgabel *f* pitchfork [stb]

Miteigentum *n* joined ownership [eco]

Mitnehmer *m* tappet [tec]

Mitteilung *f* (Erklärung) statement

Mittel, Wasser abstoßendes - *n* water repellent [met]

mittel- bis langfristig in the medium to long term

Mittelbau *m* (- eines Bauwerks) central block; central part

Mittelblech *n* medium plate [stb]; medium sheet [stb]

Mittelebene *f* centre plane

mittelfein medium-grade

Mittelfeld *n* centre span [stb]; (z.B. einer Stahlbrücke) middle-field [stb]

mittelfristig medium-term

Mittelfüllung *f* middle panel

Mittelfußschutz *m* metatarsal guard [asi]; metatarsal protection [asi]

Mittelgelenk *n* centre hinge

mittelgrob medium-coarse

Mittelhalle *f* middle bay

Mittelinsel *f* (Verkehrsinsel) central island [tra]

mittelkörnig middle-sized

Mittelkraft *f* resultant [sik]

Mittellängswand *f* spine wall

Mittellast *f* (v.a. im Kraftwerksbereich) medium load [pow]

Mittelleiter *m* neutral wire [elt]

Mittelöffnung *f* (Brücke) main span

mitteloffen *f* (Verschleißschicht) medium-textured [tib]

Mittelpfeiler *m* (mittelalterliche Kirche) central shaft [arc]; centre pier

Mittelpfette *f* centre purlin

Mittelpfosten *n* (Gotik: zwischen zwei Fenstern) mullion [arc]

Mittelsande *pl* medium sands [met]

Mittelschiff *n* (Tempel, Kirche) central nave [arc]; centre bay; middle bay; middle hall; (Kirche) nave [arc]

Mittelschiffjoch *n* (mittelalterliche Kirche) nave bay [arc]

mittelschwer (technische Ausstattung von Maschinen) medium duty

Mittelsmann *m* intermediary [eco]

Mittelsperson *f* intermediary [eco]

Mittelstadt *f* middle-size town

Mittelstreifen *m* (Autobahn u.a.) central reservation [tra]; (Autobahn) central reserve [tra]; central strip [tra]; (Fahrbahn) dividing strip [tra]; (mehrspurige Straßen) separating strip [tra]

Mittelstütze *f* central support

Mittelwand *f* middle wall

Mittelzuordnung *f* allocation of funds [eco]

Mittenabstand *m* centre distance [des]; (Teilung) centre-line spacing [des]; centre-to-centre distance [des]; centre-to-centre spacing [des]

Mittenkreis *m* reference circle [des]

Mittenrauwert *m* average roughness [met]

Mittenversatz *m* centre offset [des]

Mittigkeit *f* centricity [des]; concentricity [des]

mitwirkende Breite *f* effective width [bon]

Mitwirkungspflicht *f* obligation to cooperate [jur]

Mobilbagger *m* mobile excavator; wheel excavator

Mobiliar *m* furnishings; furniture

Mobiliar und Ausstattung *f* furniture and furnishings

Mobilitätssteuerung *f* mobility management [com]

Mobilitätssteuerung, stadtverträgliche - *f* mobility management in keeping with the quality of urban life [com]

Mobilkran *m* mobile crane; mobile wheel-mounted crane [tra]

Mobiltoilette *f* mobile toilet

Modell, konzeptionelles - *n* conceptual framework; conceptual model
Modell, maßstabgerechtes - *n* scale model
Modell, maßstäbliches - *n* scale model
Modellgips *m* moulding plaster [met]
Modellprojekt *n* model project
Modellrechnung *f* model calculation [des]
Modellskizze *f* artist's impression [des]
Modellversuch *m* model test [any]; model test run [any]; pilot test [any]; small-scale test [any]
Modellvorstellung *f* model assumption
Modellzeichnung *f* drawing of a mock-up [des]; pattern drawing [des]
modernisieren *v* bring up-to-date
modernisiert modernized
Modernisierung *f* refurbishment
Modernisierungsbedarf *m* need for modernization
Modernisierungsdruck *m* pressure of modernization
Modernisierungsgebot *n* modernization requirement
Modernisierungsprojekt *n* modernization project
Modernisierungsprozess *m* process of modernization [wer]
Modernisierungsvorhaben *n* modernization project
Modernismus *m* (Kunstrichtung) modernism
Modillion *m* (Renaissance: Konsole) modillion [arc]
Modulbau *m* modular construction; unit construction
Moduliteration *f* (Gestaltung) module of iteration [arc]
Modulraster *n* modular grid [des]
Modulreihe *f* (Gestaltung) module of iteration [arc]
Möbelherstellung *f* furniture production
Möbelindustrie *f* furniture industry
möblierte Wohnung *f* (<A>) furnished apartment; (<B>) furnished flat
Möglichkeiten, konstruktive - *pl* practical possibilities [des]
Mönch *m* (Dachziegel (historisch)) convex tile
Mönch-und-Nonnen-Dach *n* Spanish tile roof [arc]
Mönchziegel *m* Spanish tile [arc]
Mörtel *m* bricklaying mortar; mortar [met]
Mörtel, farbiger - *m* coloured mortar [met]
Mörtel, fetter - *m* fat mortar [met]; rich mortar [met]
Mörtel, feuerfester - *m* refractory mortar [met]
Mörtel, hydraulisch abbindender - *m* air-setting mortar [met]
Mörtel, hydraulischer - *m* hydraulic mortar [met]
Mörtel, kellengerechter - *m* trowelling mortar [met]
Mörtel, magerer - *m* lean mortar [met]
Mörtel, plastischer - *m* plastic mortar [met]
Mörtel, vordosierter - *m* prebatched mortar [met]

Mörtel, warm härtender - *m* heat-setting mortar [met]
Mörtel, werkmäßig hergestellter - *m* semi-finished factory-made mortar [met]
Mörtelbeimengung *f* mortar admixture [met]
Mörtelbeimischung *f* mortar admixture [met]
Mörtelbett *n* mortar bed; mortar layer [met]
Mörtelbett, im - embedded in cement mortar
Mörtelentferner *m* (zum Ablösen) mortar remover [met]
Mörtelfestigkeit *f* strength of mortar [met]
Mörtelfuge, horizontale - *f* tuck
Mörtelgips *m* mortar gypsum [met]
Mörtelgruppe *f* class of mortar; mortar class [met]; type of mortar [met]
Mörtelkübel *m* mortar trough
Mörtelleiste *f* mortar batten; mortar lath
Mörtellöser *m* (Entferner) mortar remover [met]
Mörtelmauer *f* masonry wall
Mörtelmischer *m* mortar mill; mortar mixer
Mörtelmodifizierung *f* mortar modification [met]
Mörtelsand *m* mortar sand [met]
Mörtelschicht *f* mortar layer
Mörtelschott *n* (baulicher Brandschutz) mortar bulkhead
Mörtelspritzversuch *m* mortar placing test [any]
Mörteltrog *m* mortar drum
Mörtelvergütungsmittel *n* mortar aggregate [met]
Mörtelzusatz *m* mortar additive [met]; mortar admixture [met]
Mörtelzusatzmittel *n* mortar admixture [met]
Mörtelzusatzstoff *m* mortar additive [met]
Molch *m* (Rohrleitungsprüfung) scraper [wba]
Mole *f* jetty
Molybdäneisen *n* ferromolybdenum [met]
Molybdänstahl *m* molybdenum steel [met]
Moment 2. Ordnung *n* second-order moment [sik]
Moment des Querschnitts, plastisches - *n* plastic section modulus [sik]
Moment einer Fläche, statisches - *n* first moment of area [phy]; static moment of a section
Moment, anteiliges - *n* distributed moment
Moment, aufnehmbares - *n* moment of resistance [sik]; resisting moment [sik]
Moment, höheres - *n* moment of higher order [phy]
Moment, resultierendes - *n* resultant moment [phy]
Moment, statisches - *n* static moment [phy]; statical moment [sik]; statical moment of a force [sik]; statical moment of an area [sik]
Moment, widerstehendes - *n* moment of residence [sik]; resisting moment [sik]
Moment, zugehöriges - *n* coexisting moment [sik]
Momentanwert *m* instantaneous value [any]; transient value [any]
Momentausgleich *m* moment distribution [sik]

Momentenausgleich *m* balancing of moments [phy]
Momentenausgleichsverfahren *n* cross method
[sik]; moment distribution method [sik]
Momentenbelastung *f* moment loading [sik]
Momentenfläche *f* area of moments [phy]; moment
diagram [sik]; moment diagram area [sik]
Momentengleichgewicht *n* moment equilibrium
[sik]
Momentenlinie *f* moment curve [sik]; moment line
[sik]
Momentennachweis *m* moment checking [sik]
Momentennulllinie *f* moment axis [sik]; moment
centre-line [sik]
Momentennullpunkt *m* centre of moments [sik];
point of contraflexure [sik]; point of zero moment
[sik]; (Statik) zero-point of moments [phy]
Momentenpunkt *m* moment pole [sik]
Momentenübertragung *f* momentum transfer [sik]
Momentenverlauf *m* diagram of moments;
moment curvature [sik]; shape of moment diagram
[sik]
Momentenverteilung *f* moment distribution [sik]
Momentüberlagerung *f* superposition of moments
[sik]
Monatsende, jeweils zum - at the end of each
month
Monatskarte *f* monthly commuter pass [tra];
monthly commuter ticket [tra]
Monatsmiete *f* (Immobilie) monthly rent [eco]
Moniereisen *n* concrete reinforcement bar [bon];
reinforcing bar [bon]
Monierzange *f* concreter's tongs [wzg]; nippers
[wzg]; steelfixer's nips [wzg]; tower pincers
[wzg]
Monoausleger *m* mono boom
Monoblock-Betonschwelle *f* (Bahn) monobloc
concrete sleeper [bon]
Monoblockbatterie *f* monoblock battery [elt]
Monocalciumaluminat *n* monocalcium aluminate
[che]
Monodeponie *f* mono-landfill [rec]; mono-purpose
dump [rec]
monofunktional monofunctional
Monokultur *f* single-crop farming [far]
Monomer *n* monomer [che]
Monozelle *f* (Batterie) single-cell battery [elt]
Montage *f* (Einbau) installation [wer]
Montage im freien Vorbau *f* (Brücke) cantilever
erection method
Montage-Derrickkran *m* erecting derrick
Montageablauf *m* (Baustelle) sequence of erection
Montagearbeit *f* mounting work [wer]
Montagebeanspruchung *f* fitting load [wer]
Montagebeginn *f* start of assembly work
Montagebewehrung *f* handling reinforcement
[bon]; mounting iron [bon]

Montagebolzen *m* erection bolt [stb]; temporary
bolt
Montagebügel *m* assembly bracket
Montagebühne *f* erection platform
Montageeisen *n* erection bar
Montagefolie *f* mounting foil [met]
Montagegabel *f* (Schalung) assembly bar
Montagegerüst *n* assembly strut [stb]; assembly
support [stb]; erecting scaffold
Montagegeschwindigkeit *f* erection speed
Montagegriffloch *n* handling slot for assembly
[wer]
Montagehalle *f* assembling hall; assembling
workshop; assembly shop; erection shop
Montagehilfsmittel *pl* erection aids; erection
auxiliary equipment
Montagejoch *n* temporary frame
Montagekennzeichnung *f* erection mark
Montagekleber *m* assembly adhesive [met];
(Baubereich) installation adhesive [met]; mounting
glue [met]
Montagekran *m* erection crane
Montagematerial *n* erection material
Montagemethode *f* assembly method [wer]
Montageniet *m* site rivet [tec]
Montageöffnung *f* (während der Bauzeit)
construction opening
Montageöffnung, befristete - *f* (während der
Bauzeit) temporary construction opening
Montagepaste *f* assembly paste [met]
Montageplan *m* assembly schedule
Montageplanung *f* assembly planning [des]
Montageplatz *m* site of installation [wer]
Montagerand *m* assembly edge; mounting edge
Montagerechnung *f* invoice for assembly [eco];
invoice for erection [eco]
Montageschaum *m* fixative foam; foaming
adhesive [met]; installation foam [met]
Montageschweiße *f* site weld [wer]
Montageschweißung *f* erection welding [stb]; site
welding [stb]
Montagestoß *m* field connection [stb]; field joint
[stb]; (Stahlbau: auf der Baustelle) field splice
[stb]; site connection
Montagestütze *f* assembly strut [stb]
Montageüberwachung *f* supervision of erection
Montageverbrauchsstoffe *pl* erection consumables
[met]
Montageverfahren *n* assembly process [wer]
Montagevertrag *m* rigging agreement [eco]
Montagevorgang *m* assembly operation
Montagewand aus Gipskartonplatten *f*
prefabricated gypsum plasterboard
Montagewerkzeug *n* fitting tool [wzg]
Montagezeichnung *f* installation drawing
[des]

Montagezement *m* quick-setting cement [met]
montieren *v* assemble
montiert assembled [wer]
Moor *n* bog [geo]; (Hoch-) moor [geo]; swamp [geo]
Moorboden *m* bog soil [geo]
Moorentwässerung *f* peatland drainage [wba]
Moorerde *f* bog earth [geo]; peaty soil [geo]
morastig swampy [geo]
morsch (Gebäude) ramshackle
Mosaikfassade *f* mosaic façade
Mosaikfußboden *m* (historisch) tesselated pavement
Mosaikparkett *n* inlaid parquet
Motiv *m* (Leit-) motif
Motor *m* (Antrieb) drive [pow]; motor [pow]
Motoranker *m* motor armature [elt]
Motoraufzug *m* powered lift
motorbetrieben motor-driven
Motorenfundament *n* engine pedestal
Motorgeräusch *n* engine noise [aku]; sound of the engine [aku]
motorgetrieben engine-driven [pow]; motor-driven [pow]; powered [pow]
Motorglätter *m* mechanical float
motorisch angetrieben engine-powered [pow]
motorisiert motor-driven [pow]
Motorsäge *f* power-driven saw [wzg]
Motorschutzschalter *m* motor circuit breaker [elt]; motor protection relay [elt]
Motorwalze *f* power roller [tib]
Mühle *f* (grob) crusher [prc]
Mühlenbeschicker *m* grinder feeding [prc]
Müll (Abfall) waste [rec]
Müll *m* (<A> Abfall) garbage [rec]; (<B> Abfall) refuse [rec]; (Abfall) trash [rec]
Müll, gewerblicher - *m* industrial waste [rec]
Müllabfuhr *f* (<A>) sanitation [rec]
Müllablagerung, wilde - *f* indiscriminate dumping [rec]
Müllheizkraftwerk *n* waste-fuelled power plant [pow]; waste-fuelled power station [pow]; waste-to-energy facility [pow]; waste-to-energy plant [pow]
Müllheizwerk *n* waste-fed heating plant [pow]
Müllkraftwerk *n* energy-to-waste facility [pow]; refuse-fuelled power station [pow]; waste-fuelled power plant [pow]; waste-fuelled power station [pow]; waste-to-energy plant [pow]
Müllpressbehälter *m* refuse compaction container [rec]
Müllsortierungsanlage *f* refuse sorting plant [rec]
Müllverbrennungsanlage *f* (mit Stromerzeugung bzw. Wärmerückgewinnung) energy-to-waste facility [pow]
Müllwolf *m* waste grinder [rec]
mündlich by word of mouth

Mündung *f* (- eines Entwässerungsgebietes) basin mouth [geo]; (Fluss) estuary [geo]
Mündungsbauwerk *n* outfall structure [wba]; outfall works [wba]
Mündungsgebiet *n* estuary [geo]
Muffe *f* (Verbindung) coupling [elt]; (Hülse) sleeve; (Fassung) socket [elt]; union [tec]
Muffenkopplung *f* movable coupling
Muffenverbindung *f* sleeve joint [tec]
Mulde *f* (Becken) basin [geo]; (Behälter) container [rec]; (Senke) hollow [geo]; syncline [geo]; tray; (Trog) trough
Mulden-Rigolen-System *n* trough-trench system [was]
Muldenbeschickkran *m* trough-charging crane [wer]
Muldenbildung *f* synclinal formation [geo]
muldenförmig hollow-shaped; trough-shaped; trough-shaped
Muldengewölbe *n* trough vault [arc]
Muldengurtförderer *m* trough belt conveyor [prc]; troughed conveyor belt [prc]
Muldenkipper *m* dump lorry [tra]; dump truck [tra]; dumper [tib]; skip lorry [tra]
Muldenkippwagen *m* dumper [rec]; skip lorry [tra]
Muldenrigole *f* trough-trench [wba]
Muldenrost *m* trough grate [roh]
Muldentrockner *m* trough conveyor drier [prc]
multifunktional multifunctional
Multifunktionsarena *f* multi-purpose arena
Multifunktionshalle *f* multifunctional hall
Multiplexplatte *f* multiplex board [met]
Mundloch *n* adit opening [roh]
Muschelkalk *m* shell limestone [met]
Muschelornament *n* (Renaissance) shell-pattern decoration [arc]
Museumsbau *m* museum building [arc]
Muster, räumliches - *n* spatial pattern
Musteranfertigung *f* sample production [any]
Musterbauordnung *f* (Harmonisierung der Bauordnungen der dt. Bundesländer) Draft Building Code [jur]; model construction schedule [jur]
Mustererkennung *f* pattern recognition [any]; texture recognition [any]
Musterhaus *n* model house; show house
Musterleistungsverzeichnis *n* model specifications [eco]
Mustersicherheitsvorschrift *f* code of practice [asi]
Mustervertrag *m* standard contract [jur]; standard form of contract [jur]
Mutterboden *m* fertile soil [geo]; native soil [geo]; topsoil [geo]
Mutterbodenabtrag *m* topsoil stripping
Mutterbodenauftragung *f* topsoiling [tib]
Muttererde *f* fertile soil [geo]; topsoil [geo]

Mutterform *f* (Schablone) master model
Muttergestein *n* bedrock [geo]; host rock [geo];
   mother rock [geo]; source rock [geo]
Mutterpause *f* (Transparentabzug des Originals)
   master tracing [des]
Muttersubstanz *f* basic substance [met]
Mutterwerkstoff *m* parent metal [met]

N

N-Fachwerk *n* N-truss [stb]
n.n. (nicht nachweisbar) n.d. (not detectable) [any]
Nacharbeit *f* patch-up work
Nacharbeit, manuelle - *f* manual patchwork [wer]
nacharbeiten *v* (überarbeiten) rework [wer]
Nachbarfeld *n* adjacent span
Nachbargrundstück *n* adjacent property; adjacent site; adjoining land; neighbouring plot of land
Nachbargrundstück, privates - *n* private plot of land
Nachbarhaus *n* adjoining house; house next door
nachbarlich (benachbart) neighbouring
Nachbaröffnung *f* (Brücke) adjacent span
Nachbarraum *m* adjacent room
Nachbarschaftslärm *m* intruding noise [aku]
Nachbarschaftszentrum *n* (Einkaufszentrum) neighbourhood centre [eco]
Nachbarwohnung *f* flat next door
Nachbau *m* (z.B. historisches Gebäude) replication
nachbearbeiten *v* rework [wer]
Nachbearbeiten *n* finishing
Nachbearbeitung *f* postprocessing [wer]
Nachbeben *n* aftershock [geo]
Nachbehandlung *f* aftertreatment; dressing [wer]; retreatment
Nachbehandlung, steuerliche - *f* tax treatment [jur]
Nachbehandlungsmittel *n* (Beton-) curing compound [met]
Nachbehandlungszeitraum *m* curing period
nachbessern *v* make improvements; remedy a defect; repair; retouch; (z.B. Anstrich) touch up [wer]
Nachbesserung ist ausgeschlossen patch-up is excluded
Nachbesserungsschweißen *n* touch-up welding [wer]
Nachbohrmaschine *f* reaming machine [wer]
Nachbrecher *m* fine crusher [prc]; reduction crusher [prc]; secondary crusher [roh]
nachbrennen *v* (als Reparatur) repair-weld [wer]
Nachbrennen *n* (Schweißbrennen) subsequent flame cutting [wer]
Nachchlorung *f* post-chlorination [was]
nachdunkeln *v* darken; get darker
Nacheinpressen *n* secondary grouting [tib]
Nacheinrütteln *n* revibration [bon]
Nachführregelung *f* compensating control [elt]; follow-up control [elt]
Nachführregler *m* compensating controller [elt]
nachfüllen *v* refill
Nachfüllpackung *f* refill; refill packaging

Nachgeben der Verankerung *n* seating of anchorage; (Beton) set of the anchorage
nachgeschaltet (Gerät) next in line
nachgespannt post-tensioned [stb]
nachgiebig resilient [met]
Nachgiebigkeit des Bodens *f* plasticity of the soil [geo]
Nachhärtung *f* rehardening [met]
Nachhall *m* acoustic reverberation [aku]
nachhallend reverberant [aku]
Nachhallpegel *m* reverberation level [aku]
nachhaltige Entwicklung *f* sustainable development
Nachhaltigkeitsindikator *m* indicator for sustainability
Nachhaltigkeitsprinzip *n* sustainability principle
Nachheizschlange *f* reheat coil [pow]
Nachisolierarbeiten *pl* secondary insulation work
nachjustieren *v* readjust [any]
Nachjustierung *f* readjustment [any]
nachkalibrieren *v* recalibrate [any]
Nachkalibrierung *f* readjustment [any]; recalibration [any]
Nachkalkulation *f* historical cost accounting [eco]
Nachklärbecken *n* final settling basin [was]; final settling tank [was]; secondary clarifier [was]; secondary sedimentation basin [was]; secondary settling tank [was]
Nachklärung *f* final clarification [was]; secondary settling [was]
Nachlauf *m* (Motor nach Ausschalten) coasting [elt]; wake [was]
Nachlaufbühne *f* finishing platform
Nachlaufkonsole *f* finishing platform
Nachlaufregelung *f* follow-up control [elt]
Nachlaufzeit *f* (Motor) run-out time [elt]
Nachmahlmühle *f* regrinding mill [prc]
Nachmahlung *f* fine grinding [prc]
nachmessen *v* check the measurement [any]; measure again [any]; remeasure [any]
Nachmittagsspitze *f* (Energieverbrauch) afternoon peak [pow]
nachplanieren *v* regrade [tib]
nachprüfbar verifiable
nachprüfen *v* (nochmals prüfen) re-examine [any]; (Versuch) retest [any]; (auf Richtigkeit) verify
Nachprüfung *f* review; verification [any]
Nachrammen *n* redriving [tib]
Nachreinigung, biologische - *f* secondary sewage treatment [was]
nachrichten *n* (z.B. Werkstück) realign [wer]
Nachrotte *f* postmaturation [rec]; (Kompost) subsequent decomposition [rec]
nachrüsten *v* upgrade [wer]
Nachrüstung *f* expansion [wer]
Nachschubbasis *f* supply base

nachschweißen *v* (passend machen) adjust by flame cutting [wer]; (als Reparatur) repair-weld [wer]; reweld [wer]

Nachschwindung *f* after-shrinkage [met]; (Formmassen) post shrinkage [met]

Nachsieben *n* rescreening [prc]

Nachsortierung *f* (Abfälle) final sorting [rec]

nachspannen *v* re-stress

Nachspannen *n* (Spannbeton) secondary tensioning [bon]

nachstellen *v* adjust [any]

Nachstellung *f* adjustment [any]

nachstemmen *v* recaulk [wer]

nachstreichen *v* repaint [wer]

Nachträge *pl* subsequent changes

nachträglich isoliert post-insulated [pow]

Nachtrieb *m* (Tunnelbau) secondary heading [tib]

Nachtschicht *f* (Arbeitsgruppe) night turn [wer]

Nachtspeicherheizung *f* off-peak electricity heating [elt]

Nachtstrom *m* night current [elt]; off-peak electricity [elt]

Nachttarif *m* night tariff [elt]; off-peak rate [elt]; off-peak tariff [elt]

Nachunternehmer *m* sub-contractor [eco]; subcontractor [eco]

Nachunternehmerin *f* sub-contractor [eco]

nachuntersuchen *v* give a follow-up examination [any]

Nachuntersuchung *f* check-up [any]; follow-up examination [any]; re-examination [any]

Nachverarbeitung *f* postprocessing [wer]

nachverdichten *v* recompact [tib]

Nachverdichtung *f* (Bebauung) retrospective increase in density [com]; revibration

Nachverflüssigung *f* secondary deflocculation [prc]

Nachvermessung *f* resurvey [any]

Nachverpressen *n* secondary grouting [tib]

Nachvibration *f* revibration [bon]

nachwachsend regenerative; (z.B. Rohstoff) renewable

Nachweis *m* (Beweis) proof

Nachweis, bauphysikalischer - *m* technical certificate

Nachweis, statischer - *m* statical integrity proof [sik]

nachweisbar detectable [any]

nachweisbar, nicht - not detectable [any]

Nachweisbuch *n* book of records [rec]

Nachweisempfindlichkeit *f* analytical sensitivity [any]; detection sensitivity [any]

Nachweisgrenze *f* detection limit [any]; limit of detection [any]

nachweislich demonstrably

Nachweismethode *f* detection method [any]

Nachweisverfahren *n* proof procedure [any]

Nachweisverfahren, fakultatives - *n* optional proof procedure [rec]

Nachweisverfahren, obligatorisches - *n* mandatory proof procedure [rec]

Nachzerkleinerung *f* secondary crushing [prc]

Nackenschutz *m* neck curtain [asi]; neck guard [asi]

Nackentragband *n* (Atemschutzgerät) neck strap [asi]

Nadelpistole *f* (zum Aufrauen von Betonober-flächen) needle gun

nadelstichig pinholed [met]

Nadelwehr *n* needle grate [wba]; needle weir [wba]; pin weir [wba]

Näherungsinitiator *m* proximity sensor [any]; proximity switch [elt]

Näherungsschalter *m* approach switch [elt]; approximating pick-up [elt]; proximity switch [elt]

Näherungsschalter, induktiver - *m* inductive proximity sensor [elt]; inductive proximity switch [elt]

Näherungsschalter, kapazitiver - *m* capacitve proximity switch [elt]

Näherungsschalter, optischer - *m* optical proximity switch [elt]

Näherungssensor *m* proximity sensor [any]

Näherungswert *m* approximate value [mat]

Nährstoffabtrennung *f* nutrient separation [was]

Nagel *m* nail; (Stift) pin

Nagelbinder *m* (Holzkonstruktion) nailed roof framing; nailed truss; plank truss

Nageleisen *n* (Schalung) crowbar

Nagelkante *f* nailing edge

Nagelleiste *f* nailing batten; nailing edge

nageln *v* tack [wer]

Nagelplatte *f* (Holzkonstruktion) metal connector with nails; toothed plate; truss plate

Nagelpressleimung *f* (Holzkonstruktion) nailed and compressed gluing

Nagelramme *f* nail driver [wzg]

Nageltreiber *m* nail punch [wzg]; (Holzbearbeitung) nail set [wzg]

Nagelung, gerade - *f* (senkrecht zur Oberfläche) face nailing

Nagelverbindung *f* nailed connection

Nagelzieher *m* nail drawer [wzg]; nail extractor [wzg]; nail puller [wzg]

Naht mit Wulst *f* (Schweißen) convex-contour seam [met]

Naht ohne Wulst *f* (Schweißen) flush-contour seam [met]; (Schweißen) flush-contour weld [met]

Naht, aufgeschälte - *f* peeled seam [met]

Naht, durchgefallene - *f* (Schweißnahtfehler) sagged weld [met]

Naht, durchlaufende - *f* continuous weld [met]

Naht, fehlende - *f* missing seam [met]

Naht, fehlerhafte - *f* unsound joint [met]
Naht, gegengeschweißte - *f* back weld [met];
backing weld [met]
Naht, nahezu durchgeschweißte - *f* deep weld
[met]
Naht, nicht aufgefüllte - *f* (Schweißnaht) underfill
[met]
Naht, tragende - *f* strength weld [met]
Naht, überwendliche - *f* (Leder) roundseam [met]
Naht, umlaufende - *f* (Schweißnaht) weld seam all
around [met]
Naht, unterbrochene - *f* intermittent weld [met]
Naht, unvollständig durchgeschweißte - *f* partial
penetration weld [met]
Naht, vollständig durchgeschweißte - *f* full-
penetration weld [met]
Nahtabsicherung *f* (Kunststoffbahnen) seam
protection
Nahtaufbau *m* (Schweißnaht) weld shape [met]
Nahtauslaufblech *n* (Schweißen) run-off tab [met]
Nahtbeschaffenheit *f* (Schweißnaht) seam state
[met]
Nahtbruch *m* (Schweißnaht) weld failure [met];
(Schweißnaht) weld fracture [met]
Nahtdicke *f* (Kehlschweißnaht) fillet depth [met];
(Schweißnaht) throat thickness [met]; (Schweiß-
naht) weld throat thickness [met]
Nahteindringung *f* (beim Schweißen) weld
penetration [met]
Nahtfläche *f* (Schweißnaht) weld area [met]
Nahtform *f* (Schweißnaht) weld shape [met]
Nahthöhe *f* (Schweißen: Kehlnaht) effective throat
thickness [met]
nahtlos jointless; seamless
Nahtnorm *f* (Schweißnaht) standard joint
configuration [des]
Nahtprüfung *f* seam testing [any]
Nahtquerschnitt *m* (Schweißnaht) cross of weld
[met]; (Schweißnaht) cross-section of weld [met]
Nahtscheitel *m* (Schweißnaht) seam crown [met]
Nahtschenkel *m* (Schweißnaht) seam leg [met]
Nahtstelle *f* junction [com]
Nahtüberdeckung *f* (Dichtungsbahnen) lap joint
Nahtüberhöhung *f* (Schweißnahtfehler) excessive
convexity [met]; (Schweißnaht-) reinforcement of
a welded seam [met]; weld convexity [met];
(Schweißnaht) weld reinforcement [met];
(Schweißnaht) weld seam reinforcement [met]
Nahtunterseite *f* back of weld [met];
(Schweißnaht) weld back [met]
Nahtunterwölbung *f* (Schweißnaht) weld concavity
[met]
Nahtwertigkeit *f* (Schweißen) valence of weld [met]
Nahwärme *f* local heating [pow]
Nahwärmenetz *n* district-heating network [pow]
Nahwärmeversorgung *f* local heat supply [pow]

Nase *f* (Gotik: in Maßwerk) cusp [arc]; (Holzkon-
struktion: Fachwerkgebäude) cusp; (Zapfen) key;
(Farbe) run [met]
nass wet
Nassanalyse *f* wet analysis [any]
Nassauftrag *m* wet application [wer]
Nassbagger *m* dredger; hydraulic dredge [wba]
Nassbagger mit Spülhilfe *m* jet-assisted dredger
[tib]
Nassbaggerarbeiten *pl* (DIN 18311) dredging work
[tib]
nassbaggern *v* dredge [wba]
Nassbaggerung *f* dredging [tib]; underwater
excavation [wba]
Nassbaggerwinde *f* dredger hoist [tib]
Nassbatterie *f* wet battery [elt]
Nassdosierung *f* solution-feed dosage [met]
Nassentstauber *m* wet-type dust collector [air]
Nassfestigkeit *f* water resistance [met]
Nassgewicht *n* (Schlamm u.a.) soaked weight [met]
Nassgut *n* wet matter [met]
Nassklassierer *m* wet classifier [prc]
Nassklassierung *f* wet classifying [prc]
Nasskorrosion *f* dew-point corrosion [met]
Nasskühlturm *m* wet cooling tower [pow]; wet-
type cooling tower [pow]
Nasslöschen *n* (Kalk) hydrating; (Kalk) slaking
Nasslöscher *m* (Brandschutz) water-type fire
extinguisher
Nasslöschverfahren *n* (Branntkalk) wet slaking
process
Nassmahlen *n* wet grinding [prc]
Nassmühle *f* mill for wet grinding [prc]; wet
grinding mill [prc]
Nassoxidation *f* wet oxidation [was]
Nasspochwerk *n* wet stamper [tib]
Nassraum *m* wet room
Nassreinigung *f* wet purification [was]
Nassschlamm *m* wet sludge [was]
Nassspritzbeton *m* wet mix shotcrete [bon]
Nassverdichten *n* (Erdbau) puddling
Nassverfahren *n* wet process
Nasszelle *f* bathroom building-block module;
(Duschraum) bathroom shell
Nasszerkleinerung *f* wet grinding [prc]
NATO-Draht *m* razor wire [met]
Natrium-Schwefel-Akkumulator *m* sodium sulfur
storage battery [elt]
Natriumdampflampe *f* sodium discharge lamp [elt]
Natronkalk *m* soda lime [che]
Natronlauge *f* sodium hydroxide solution [che]
Naturanhydrit *m* natural anhydrite [met]; natural
anhydrite [met]
Naturbaustein *m* building stone
Naturbaustoff *m* naturally occurring building
material [met]

Naturfarbe *f* natural paint [met]

Naturfarbstoff *m* natural colouring matter [met]; natural dye [met]; natural dyestuff [met]; natural stain [met]

Naturfaser *f* natural fibre [met]; natural fibrous substance [met]

naturfeucht naturally damp [met]; naturally damp [met]

Naturgestein *n* natural rock [geo]

Naturharz *n* natural resin [met]; plant resin [met]; vegetable resin [met]

Naturholzfarbe *f* oleoresinous paint [met]

Naturkies *m* bank gravel [met]

Naturschiefer *m* real slate [geo]

Naturschutz *m* nature conservation

Naturschutzgebiet *n* nature reserve [geo]

Naturstein *m* natural rock [met]; natural stone [met]

Naturstein, behauener - *m* dressed stone

Natursteinboden *m* natural stone floor [met]

Natursteinfassade *f* natural stone façade

Natursteinfurnier *n* stone veneer [met]

Natursteinfußboden *m* natural stone floor

Natursteingebäude *n* stone-built building

Natursteinkamin *m* stone fireplace

Natursteinmauer *f* natural stone wall; rough wall; rubble wall

Natursteinmauerwerk *n* natural stone masonry

Natursteinoberfläche *f* stone finish [met]; stone top [met]

Natursteinplatte *f* natural stone slab [met]

Natursteinverkleidung *f* stone cladding

Naturstoff *m* natural matter [met]; natural substance [met]

Naturstraße *f* unmade road [tra]

Naturzement *m* natural cement [met]

Naturzug *m* (Kesselanlage) natural draught [pow]

Naturzugkühlturm *m* natural-draught cooling tower [pow]; natural-draught cooling tower [pow]

Nebelgerät *n* fogger

Neben- und Betriebsmittelanlagen *pl* utilities and off-sites

Nebenangebot *n* secondary proposal [eco]

Nebenanlage *f* ancillary plant [wer]

Nebenarbeiten *pl* appurtenant works; extra works [wer]; secondary work [wer]

Nebenausgang *m* side exit

Nebenauslass *m* bypass [was]

Nebenbalken *m* secondary beam; short-tie beam

Nebenbestandteil *m* minor component [met]

Nebeneingang *m* ancillary entrance; side entrance

Nebeneinrichtung, zugehörige - *f* associated secondary installation

Nebenfahrspur *f* auxiliary lane [tra]

Nebenfenster *n* side window

Nebenfläche *f* (Grundstück) ancillary area [com]

Nebenflügel *m* (Gebäude) side wing

Nebengebäude *n* adjacent building; adjoining building; ancillary building; annex; auxiliary building; outbuilding

Nebengemach *n* alcove

Nebengestein *n* country rock [geo]

Nebengleis *n* (<A>) sidetrack [tra]; (<B>) siding [tra]; (Bahn) spur track [tra]

Nebenhaus *n* house next door

Nebenkanal *m* lateral canal [wba]; tributary channel [wba]

Nebenkosten *pl* (z.B. Mietnebenkosten) ancillary expenses [eco]; auxiliary costs [eco]; (- für Mieter) service charge [eco]

Nebenkostenabrechnung *f* settlement of additional costs [eco]

Nebenleistung *f* extra performance [eco]

Nebenleistungen *pl* additional services [eco]

Nebennutzfläche *f* support space

Nebenöffnung *f* (Brücke) side bay; (Brücke) side span

Nebenräume *pl* auxiliary rooms

Nebenraum *m* adjoining room; (nicht so wichtiger Raum) secondary room

Nebenriss *m* secondary crack [met]

Nebensammler *m* branch sewer [was]; submain sewer [was]

Nebenschlussbremse *f* shunt brake [tra]

Nebensperrmauer *f* subsidiary dam [was]

Nebenstoffströme *pl* flow of secondary materials

Nebenstraße *f* (nicht so wichtige Straße) minor road [tra]; (nicht so wichtige Straße) secondary road [tra]; side road [tra]; (Stadt) side street [tra]

Nebenstrecke *f* (Bahn) branch line [tra]; feeder line [tra]; local line [tra]

Nebenstrom *m* induction current [elt]

Nebenträger *m* secondary member

Nebentreppe *f* (Außenbereich) emergency stairs

Nebenverwerfung *f* auxiliary fault [geo]

Nebenwirkung *f* side effect

Nebenwohnung *f* flat next door; (Zweitwohnung) second flat

Nebenzentrum *n* secondary centre [com]; (Städtebau) sub-centre

Nebenzimmer *n* adjacent room; adjoining room; next room

neigen *v* (kippen) cant; (kippen) incline; (schrägstellen) slope; (kippen) tilt

neigen, sich - *v* (Gelände) dip; (Neigung haben) slant

Neigung *f* (Gelände) slope

Neigungsebene *f* inclined plane [geo]

Neigungswinkelausgleich *m* compensation of inclination

Nennabmaß *n* nominal allowance [des]; (Abweichung) nominal deviation [des]

Nennabmessung *m* nominal dimension
Nennbelastung *f* nominal load [phy]; rated load [phy]
Nennbetondeckung *f* nominal cover [bon]
Nenndicke *f* nominal thickness [des]
Nenndrehmoment *n* nominal torque [phy]
Nenndruck *m* nominal pressure [phy]; rated pressure [phy]
Nenndurchmesser *m* nominal diameter [des]
Nenngröße *f* nominal size [des]
Nennlast *f* nominal load [phy]; nominal loading [sik]
Nennleistung *f* nominal capacity [pow]; nominal output [pow]; nominal power [pow]; rated capacity [pow]; rated output [pow]; rated power [pow]
Nennmaß *n* nominal dimension [des]; nominal size [des]
Nennspannung *f* nominal voltage [elt]; rated voltage [elt]
Nennstärke *f* nominal thickness [des]
Nennstrom *m* nominal current [elt]
Nennverkehrslast *f* nominal live load [sik]
Nennvolumen *n* nominal volume [des]
Nennwärmebelastung *f* rated heat input [pow]
Nennwandstärke *f* nominal wall thickness [des]
Nennweite *f* nominal diameter [des]; nominal size [des]; nominal width [des]
Neonbeleuchtung *f* neon light [elt]; neon lighting [elt]
Neonlicht *n* neon light [elt]
Neonröhre *f* neon lamp [elt]; neon strip [elt]; neon tube [elt]
Nettobetrag *m* net rate [eco]
Nettobiegemoment *n* net bending moment [phy]
Nettogeschossfläche *f* net floor area
Nettogrundfläche *f* (Geschossfläche) net floor area
Nettojahresmiete *f* net annual rent [eco]
Nettomiete *f* net rent [eco]
Nettomieteinnahme *f* net rental income [eco]; (Immobilie) net rental income [eco]
Nettomietfläche *f* (Immobilie) net leasable area [eco]; (Immobilie) net rentable area [eco]
Nettoquerschnitt *m* net section [des]
Nettowärmeproduktion *f* (Kraft-Wärme-Kopplung) net heat production [pow]
Nettowärmeverbrauch *m* net heat rate [pow]
Netz *n* grid [elt]; (Versorgung) mains [elt]; (Verbundnetz) power network [elt]; (Stromversorgung) power system [elt]; (Versorgung) supply [elt]
Netz, elektrisches - *n* electric main [elt]; electric power supply [elt]; electric power system [elt]; transmission network [elt]
Netz, isoliertes - *n* (Stromnetz) isolated system [elt]
Netz, vermaschtes - *n* (z.B. für Fernwärme) intermeshed network [pow]

Netzanbindung *f* grid connection [elt]
Netzanschluss *m* connection to mains [elt]; connection to power supply [elt]; grid connection [elt]; line connection [elt]; mains connection [elt]; mains supply; power connection [elt]; power supply [elt]; supply connection [elt]
Netzanschlusskasten *m* power box [elt]
Netzanschlussleitung *f* power lead [elt]
Netzanschlussschalter *m* mains switch [elt]; power switch [elt]
Netzarmierung *f* reinforcing mesh [bon]
Netzausfall *m* grid failure [elt]; mains failure [elt]; network failure [elt]; power failure [elt]; supply failure [elt]
netzbetrieben mains-operated [elt]
Netzbewehrung *f* mat reinforcement [bon]; mesh reinforcement [bon]; reinforcing mesh [bon]
Netzdose *f* mains socket [elt]
Netzdruck *m* mains pressure [was]
Netzeinbruch *m* supply-voltage dip [elt]
Netzeinschub *m* power module [elt]
Netzeinspeisung *f* feeding into the grid [elt]
Netzfrequenz *f* line frequency [elt]; power frequency [elt]; supply frequency [elt]
netzgekoppelt linked to the power grid [pow]
Netzgerät *n* mains power supply unit [elt]; mains unit [elt]; power pack [elt]; power supply [elt]
Netzgewölbe *n* diamond vault [arc]; net vault [arc]
Netzhautperspektive *f* fisheye perspective [des]
Netzkabel *n* mains cable [elt]; power cable [elt]
Netzklemme *f* line terminal [elt]; mains terminal [elt]; supply terminal [elt]
Netzleitstelle *f* (z.B. Fernwärmenetz) network control station [pow]
Netzleitung *f* mains cable [elt]; power cable [elt]
Netzlinie *f* ruled line [des]; working line [sik]
Netzmittel *n* surface-active agent [met]; wetting agent [met]
Netzplan *m* critical path diagram [des]
Netzplantechnik *f* critical path analysis [des]; critical path planning [des]
Netzschalter *m* mains switch; power switch [elt]
Netzschutz *m* line protection [elt]; power system protection [elt]
Netzsicherung *f* mains fuse [elt]
Netzspannung *f* mains voltage [elt]; service voltage [elt]; supply voltage [elt]
Netzspannungsschwankung *f* line voltage fluctuation [elt]; mains voltage fluctuation [elt]
Netzsteckdose *f* power outlet [elt]; power socket [elt]; wall socket [elt]
Netzstecker *m* mains plug [elt]; power plug [elt]
Netzstörung *f* (Störung durch Netzeinflüsse) system disturbance [elt]
Netzstrom *m* mains current [elt]; power current [elt]; supply current [elt]

Netzstromversorgung *f* commercial power supply [elt]; mains supply [elt]
Netzteil *n* mains unit [elt]; power pack [elt]; power supply unit [elt]
Netztemperatur *f* network temperature [pow]
Netztransformator *m* mains transformer [elt]
netzunabhängig self-contained [elt]
Netzverband *m* (Tragwerk) lattice bracing [stb]; net bracing [stb]
Netzverluste *pl* network losses [elt]; system losses [elt]
Netzwerk, gesichertes - *n* fused circuit [elt]
Netzwerkplanung *f* critical path analysis [des]; network analysis [des]
Netzzugang *m* (Stromnetz) access to the system [elt]
Netzzusammenbruch *m* network blackout [elt]; system collaps [elt]
neu eindecken *v* reroof
Neuaufbau *m* (- eines historischen Gebäudes) reconstitution
Neubau *m* building under construction; new building; (Bauvorgang) new development; new house; new-built house; rebuilding
Neubaugebiet *n* developing area; (Stadtplanung) new growth area
Neubausiedlung *f* new housing estate
Neubauviertel *n* new district
Neubauwohnung *f* (<A>) new apartment; new flat; newly-built flat
Neubelebung *f* (- von Städten) revitalization
Neue Sachlichkeit *f* new objectivity [arc]
Neuerrichtung *f* reconstruction
Neugestaltung *f* redesigning [des]; remodelling [des]; reorganization [des]
Neugestaltung, bauliche - *f* redevelopment
Neugotik *f* (Baustil) Gothic revival
Neukonstruktion *f* redesign [des]
Neulast *f* newly polluted area [geo]
neunstöckig nine storey
Neuprofilieren *n* reshaping
Neustart nach Netzausfall *m* power fail restart [elt]
Neutralisationsanlage *f* neutralization plant [was]
Neutralisationsmittel *n* neutralizing agent [met]
Neutralleiter *m* neutral conductor [elt]; neutral line [elt]
Neutralsalz *n* neutral salt [che]
Neutralvernetzung *f* neutral cross-linkage [che]
Neutrassierung *f* realigning [tra]; realignment [tra]
Neutrassierung einer Strecke *f* realignment of a line [tra]
nicht fluchtend misaligned [des]; staggered [des]
nicht leitend insulating [elt]; non-conducting [elt]; non-conductive [elt]
nicht maßstäblich not-to-scale [des]
nicht regenerativ nonregenerative [pow]
nicht rostend non-rusting [met]

nicht spezifikationsgerecht off specification
nicht stromführend dead [elt]
nicht tragend non-bearing; non-structural [sik]
Nichteisenmetall *n* non-ferrous metal [met]
Nichteisenmetalllegierung *f* non-ferrous alloy [met]
Nichterfüllung *f* non-fulfilment [jur]
Nichtmetall *n* nonmetal [met]
Nichtmischbarkeit *f* immiscibility [met]; nonmiscibility [met]
Nichtverwendung *f* non-use
Nickel-Cadmium-Akkumulator *m* nickel-cadmium accumulator [elt]
Nickel-Cadmium-Batterie *f* nickel-cadmium battery [elt]; nickel-cadmium storage battery [elt]
Nickel-Cadmium-Kleinakkumulator *m* small-type nickel-cadmium accumulator [elt]
Nickel-Cadmium-Zelle *f* nickel-cadmium cell [elt]; nickel-cadmium cell [elt]
Nickel-Eisen-Batterie *f* nickel-iron battery [elt]
Nickel-Metallhydrid-Batterie *f* nickel metal hydride battery [elt]
Nickel-Zink-Akkumulator *m* nickel-zinc storage battery [elt]
Nickel-Zink-Batterie *f* nickel-zinc battery [elt]
Nickelbasislegierung *f* high-nickel alloy [met]
Nickeleisen *n* nickel iron [met]
Nickelhydrid-Akkumulator *m* nickel hydride accumulator [elt]
niederbringen *v* (Bohrung) sink [roh]
Niederdrucklampe *f* low-pressure lamp [elt]
Niederhubwagen *m* (Lagertechnik) pallet truck [tra]
Niederlassung *f* (Siedlung) settlement
niederohmig low-impedance [elt]; low-resistance [elt]
niederreißen *v* demolish; pull down; wreck
Niederschlagsammler *m* precipitation collector [was]
Niederschlagsmesser *m* precipitation gauge [any]; rain gauge [any]
Niederschlagssammler *m* accumulative precipitation gauge [any]
Niederschlagsüberschuss *m* precipitation excess [was]
Niederschlagsversickerung *f* precipitation drainage [was]
Niederschlagswasser *n* condensed water [was]; stormwater [was]
Niederschlagswasserabfluss *m* stormwater flow [was]
Niederschlagswasserbewirtschaftung *f* precipitation water management [was]
Niederspannung *f* low voltage [elt]
Niederspannungsanlage *f* low-tension plant [elt]; low-voltage installation [elt]
Niederspannungskabel *n* low-voltage cable [elt]
Niederspannungsleitung *f* low-voltage cable [elt]

Niedertemperaturwärme *f* low-grade heat [pow]

Niedertemperaturwärmemarkt *m* low-temperature heat market [pow]

Niederung *f* (Senke) depression [geo]; low ground [geo]; lowland [geo]

Niederungsgebiet *n* (Fluss) back-swamp area [geo]

Niedervoltbirne *f* low-voltage bulb [elt]

Niedrigenergiehaus *n* low-energy building; low-energy house

Niedrigwasserbett *n* minor bed [wba]

Niet *m* rivet [tec]

Niet, einschnittiger - *m* single-shear rivet [tec]

Nietabstand *m* back pitch [des]; rivet pitch [des]; rivet spacing [des]

Nietabstand, geradliniger - *m* straight-line pitch [des]

Nietanschluss *m* rivet connection [stb]; riveted connection [tec]; riveted joint [tec]

Nietblech *n* rivet plate [met]

Nietbolzen *m* riveted bolt [tec]

Nietdöpper *m* (Schelleisen) rivet snap [wzg]; (Schelleisen) riveting set [wzg]; snap die [wzg]

Nietdraht *m* rivet stock [met]

Nietdurchmesser *m* diameter of rivet [des]; rivet diameter [des]

Niete *f* rivet [tec]

Niete, gelockerte - *f* loose rivet [tec]

Nieteinheit *f* riveting unit [wer]

Nieteisen *n* rivet iron [tec]

nieten *v* rivet [wer]

Nieten *n* riveting [wer]

Nieten entfernen *v* remove rivets [wer]

Nieten mit Presse *n* machine riveting [wer]

Nietenbefestigung *f* rivet fastening [wzg]

Nietenkaltpresse *f* rivet cold press [wzg]

Nietentreiber *m* rivet drift [wzg]

Nietflansch *m* riveted flange [stb]

Niethammer *m* rivet hammer [wzg]; riveting hammer [wzg]; (Schuhmacherei) shoeing hammer [wzg]

Nietkonstruktion *f* riveted construction [tec]

Nietkopf *m* button head [tec]; rivet head [tec]

Nietkopf, spitzer - *m* pointed head [tec]

Nietloch *n* rivet hole [tec]

Nietlochdurchmesser *m* diameter of rivet hole [des]; rivet hole diameter [des]

Nietlochsenker *m* rivet countersink [wzg]

Nietmutter *f* rivet nut [tec]

Nietpresse *f* riveting press [wzg]

Nietquerschnitt *m* rivet cross-section [des]; rivet section [des]

Nietreihe *f* line of rivets [wer]; row of rivets [stb]

Nietrisslinie *f* rivet back-mark [tec]; rivet gauge line [met]

Nietschaft *m* rivet body [tec]; rivet shank [tec]

Nietsprenger *m* rivet remover [wzg]

Nietstahl *m* rivet steel [met]

Nietstempel *m* (zum Zusammendrücken von Nieten) header [wzg]; snap die [wzg]

Nietstift *m* rivet pin [tec]

Nietteilung *f* distance between rivets [des]; rivet pitch [des]; rivet spacing [des]

Nietteilung einer versetzten Nietung, halbe - *f* pitch of staggered rivets [stb]

Nietung *f* riveting [tec]

Nietung, versetzte - *f* staggered riveting [stb]

Nietverbindung *f* rivet joint [tec]; riveted connection [tec]; riveted joint [tec]; riveting joint [tec]

Nietverbindung, einreihige - *f* single-riveted joint [tec]

Nietvorwärmung *f* rivet heating [wer]

Nietwärmer *m* rivet heater [wer]

Nietzange *f* riveting tongs [wzg]

Nippel *m* ((mit Gewinde)) nipple [tec]

Nippeldurchgang *m* clearance of nipple

Nische *f* (Koch-) recess

Nische, halbrunde - *f* (Baukunst) concave niche [arc]

Nischenbogen *m* (Renaissance) arched niche [arc]; blind arch

Nitrieren *n* nitrogen hardening [met]

Nitrierhärten *n* nitriding [met]

Nitrifikationsanlage *f* nitrification plant [was]

Nitrifikationshemmstoff *m* (Wasseranalytik) nitrification inhibitor [any]

Nitrifikationshemmtest *m* nitrification inhibition test [any]

Nitrifizierung *f* (Ammonium zum Nitrat) nitrification [was]

Nitril-Butadien-Kautschuk *m* nitrile butadiene rubber [met]

Nitrocellulose *f* nitrocellulose [met]

Nitrocellulosekitt *m* nitrocellulose putty [met]

niveaugleich dead level; ground-level [geo]

Niveaulinie *f* contour line [des]; level line [des]

Niveaumesser *m* level meter [any]

Niveaumessung *f* level measurement [any]

Nivelliergerät *n* abney level; builder's level [any]; levelling instrument; surveyor's level [any]

Nivellierinstrument *n* levelling instrument

Nivellierkante *f* level indicator

Nivellierlatte *f* levelling staff

Nivelliermasse *f* levelling mortar

Nivelliermörtel *m* levelling mortar

Nivelliertachymetrie *f* (Vermessung) level tacheometry [any]

Nivellierungsinstrument, automatisches - *n* automatic level [tib]

Nivellierwaage *f* water level [any]

Nobelherberge *f* (umgangssprachlich) posh; (umgangssprachlich) posh hotel

Nobelsanierung *f* gentrification

Nocke *f* cam [tec]
Nocken *m* tappet [tec]
Nockenendschalter *m* cam limit switch [elt]
Nockenplatte *f* (Belag) studded tile
Nockenschalter *m* cam switch [elt]; (Schütz) camshaft contactor [elt]
Nominalleistung *f* rated capacity [pow]; rated output [pow]; rated power [pow]
Nonne *f* (Dachziegel (historisch)) concave tile
Nonnenziegel *m* concave tile
Noppenboden *m* pastille-type flooring
Noppenprofilierung *f* (z.B. auf Sicherheitshandschuhen) grip pattern [asi]
nordgerichtet facing north
Norm *f* (z.B. EN, DIN) standard
Norm, anerkannte - *f* accepted standard
Norm-Außentemperatur *f* (Wärmebedarfsrechnung) design outdoor temperature [pow]
Norm-Innentemperatur *f* (Wärmebedarfsrechnung) design indoor temperature [pow]
Normalbedingungen *pl* normal conditions [phy]; standard conditions [phy]
Normalbelastung *f* normal load [phy]; standard load [phy]
Normalbeschleunigung *f* normal acceleration [phy]
Normalbeton *m* normal concrete [bon]; normal-weight concrete [bon]
Normalbetrieb *m* normal operation [wer]
Normalbreite *f* typical width [des]
Normaldichte *f* normal density [phy]
Normaldruck *m* normal pressure [phy]; standard pressure [phy]
Normalelektrode *f* standard electrode [elt]
Normalelement *n* normal cell [elt]; normal element [elt]
Normalglas *n* ordinary glass [met]; standard glass [met]
Normalglühen *n* normalizing [met]
Normalhöhe *f* standard height [des]
Normalkraft *f* direct force [sik]; normal force [phy]
Normalkraftverlauf *m* shape of normal force distribution [sik]
Normallänge *f* standard length [des]
Normalleistung *f* standard capacity [pow]; standard output [pow]
Normalmörtel *m* normal mortar [met]; normal mortar [met]
Normalnull *n* (über -) above sea level [geo]
Normalprobe *f* standard sample [any]
Normalprofil *n* standard section [met]
Normalprojektion *f* projection [des]
Normalschnitt *m* normal section [des]
Normalspannung *f* normal voltage [elt]
Normalstau *m* (Talsperre) retention water level [was]

Normalstein *m* standard brick; straight brick
Normalzelle *f* standard cell [elt]
Normalzement *m* specification cement [met]
Normalziegel *m* standard brick; straight brick
Normblende *f* (Durchflussmessung) standard orifice [any]
Normdruck *m* normal pressure [phy]
Normdüse *f* standard nozzle [any]
Normeigenschaft *f* specification property
Normen, harmonisierte - *pl* harmonized standards [des]
Normenblatt *n* standard sheet
normengerecht, nicht - substandard
Normenprüfung *f* standard test
normgerecht according to standards; conforming to standards; in conformormance with standards [des]; standard
normieren *v* standardize
Normklima *n* normal climate [tga]
Normmörtel *m* standard mortar [met]
Normprobe *f* standard test specimen [any]
Normprofil *n* (Zahnrad) standard profile [des]
Normprüfkörper *m* standard test specimen [any]
Normsand *m* standard sand [met]
Normschrift *f* (Zeichnung) standard lettering [des]
Normzustand *m* (Standardzustand (0 Grad Cels., 1.01325 bar)) normal temperature and pressure [phy]
Notabdichtung *f* emergency sealing
Notablass *m* emergency bleed [asi]
Notabschaltknopf *m* panic button [asi]
Notabschaltung *f* emergency cut-out [asi]; emergency-stop device [asi]
Notabstieg *m* emergency descent [asi]
Notalarm *m* emergency alarm [asi]
Notaus-Schalter *m* emergency disconnector [elt]; emergency off [elt]; emergency switch [elt]; (Gebäude) emergency switch [asi]; emergency-stop push-button [elt]; emergency-stop switch [elt]; emergency-stop switch [elt]
Notausgang *m* (Gebäude) emergency exit [asi]; (Gebäude) emergency fire exit [asi]; fire escape [asi]; (Gebäude) fire exit [asi]
Notausgangssicherung *f* emergency exit protection device [asi]
Notauslass *m* emergency outlet [was]
Notauslösevorrichtung *f* emergency tripping device [elt]
Notausstiegsleiter *f* emergency exit ladder [asi]
Notbatterie *f* emergency battery [elt]
Notbeleuchtung *f* emergency lighting [asi]; emergency lights [asi]
Notbetrieb *m* emergency operation [asi]
notbetriebsredundant emergency service redundant [asi]

Notbrause *f* drench shower [asi]; safety shower [asi]

Notdecke *f* rescue blanket [asi]

Notdruckknopf *m* emergency button [asi]

Notdusche *f* drench shower [asi]; emergency shower [asi]; safety shower [asi]

Notfallplan *m* emergency plan [asi]

Notjoch *n* false frame

Notleiter *m* escape stairs

Notleuchte *f* emergency lamp [elt]

Notschalter *m* emergency switch [asi]

Notsteuerung *f* emergency control [elt]

Notstrom *m* emergency current [elt]

Notstromaggregat *n* backup power generator [elt]; emergency generating set [elt]; emergency generator set [elt]; emergency power generating set [elt]; emergency power generator [elt]; emergency power set [elt]; stand-by power unit [pow]

Notstromanlage *f* emergency power facility [elt]; stand-by generating set [elt]

Notstrombatterie *f* emergency battery [elt]; emergency power battery [elt]

Notstromdieselaggregat *n* emergency diesel generator [pow]

Notstromgenerator *m* emergency generator [elt]; emergency-electricity generator [elt]; emergency-electricity supply plant [elt]; stand-by generator [elt]

Notstromversorgung *f* backup power supply [pow]; (mit Batterien) battery backup [elt]; emergency current supply [asi]; emergency power supply [asi]; stand-by power supply [pow]

Notstromversorgungsanlage *f* stand-by power plant [pow]

Nottaste *f* (<A>) emergency push throttle trip button [asi]; (<B>) emergency push-button [asi]; (<B>) emergency trip button [asi]

Nottreppe *f* emergency staircase; escape staircase

Nottür *f* emergency door [asi]

Notüberlauf *m* (Hydrologie) emergency spillway [was]

Notversorgungsgebäude *n* emergency supply building

Nullabgleich *m* zero-point balancing [any]

Nullabgleichung *f* nullification [any]

Nullbeton *m* plain control mix

Nullenergiehaus *n* zero-energy house

Nullleiter *m* neutral wire [elt]; zero conductor [elt]; zero wire [elt]

Nulllinie *f* neutral axis [des]; zero line [des]

Nullpunkt *m* neutral point [elt]

Nullpunktabweichung *f* offset error [elt]; zero drift [elt]

Nullpunktkalibrierung *f* zero-point calibration [any]

Nullpunktverschiebung *f* zero shift [any]

Nullspannung *f* null voltage [elt]

Nullung *f* (<B>) earthing [elt]

Nurglas-Leuchten *f* all-glass luminaire [elt]

Nurglaskonstruktion *f* all-glass design

Nuss *f* socket [wzg]

Nut *f* (Holzbau) rabbet

Nut-und-Feder-Verbindung *f* tongue and groove joint [wer]

nuten *v* groove [wer]

nutzbare Geschossfläche *f* usable floor area

Nutzbarkeit *f* (Boden) fertility [geo]

Nutzbau *f* functional building

Nutzbreite *f* net width [des]

Nutzen *m* (Vorteil) benefit

Nutzfläche *f* (Immobilien) effective floor area [des]; floor space; net floor area; (in Gebäuden) usable floor space

Nutzfläche, gewerbliche - *f* commercial area

Nutzfläche, landwirtschaftliche - *f* land under cultivation [far]

Nutzhöhe *f* effective depth; effective height [des]; useful height

Nutzholz *n* commercial timber [met]; workable timber [met]

Nutzlast *f* service load; workload [tra]

Nutzlast, zulässige - *f* (<A>) permissible working load [met]; safe working load [sik]

Nutzleistung *f* effective capacity [pow]; net efficiency [pow]; useful output [pow]; useful power [pow]

Nutzquerschnitt *m* net section

Nutzraum *m* useful volume

Nutzung *f* (Ertrag) benefit [eco]; use

Nutzung, bauliche - *f* utiliziation of building

Nutzung, gegenwärtige - *f* present use

Nutzung, gewerbliche - *f* (Immobilien) commercial use; industrial use

Nutzung, industrielle - *f* (Immobilien) industrial use

Nutzung, mögliche - *f* potential use

Nutzung, öffentliche - *f* public use [jur]

Nutzung, statthafte - *f* permitted use

Nutzungsbeschränkung *f* use restriction

Nutzungsdauer *f* (technische -) service life

Nutzungsdauer, wirtschaftliche - *f* economic life

Nutzungsdichte *f* (Immobilien) density of use

Nutzungskonzept *n* concept for use; utilization concept

Nutzungsmischung *f* mixed land use [com]; mixture of uses [com]

Nutzungsrecht *n* (für Verlegen von Versorgungs-leitungen usw.) easement [jur]; right of use [jur]; right of usufruct [jur]

Nutzungsrecht des Luftraums *n* (über einem Baugrundstück) air right

Nutzungsvielfalt *f* variety of uses

Nutzwärme *f* available heat [pow]; effective heat
[pow]; useful heat [pow]
Nutzwärmebedarf *m* heat demand [pow]
Nutzwärmeleistung *f* (Kraft-Wärme-Kopplung)
useful heat output [pow]
Nutzwasser *n* industrial water [was]; process water
[was]; service water [was]

O

Obelisk *m* obelisk [arc]
Oben liegend top
Oberaufsicht *f* superintendence
Oberbau *m* (Straßenbau) pavement [tib]; (Eisenbahn) permanent bed [tib]; (Bahn) permanent way [tib]; (Straßenbau) road construction [tib]; (Gebäude) superstructure; (Eisenbahn) superstructure and road bed [tib]
Oberbauleiter *m* general superintendent; project superintendent
Oberbaumaterial *n* (Bahn) permanent-way equipment [tra]
Oberbauschicht *f* (Straßenbau) top layer
Oberbeton *m* top concrete [bon]
Oberboden *m* topsoil [geo]; upper soil [geo]
Oberbodenmiete *f* mound of excavated topsoil [tib]
obererdig above-grade
Oberfläche, aufgeraute - *f* brush finish [met]
Oberfläche, parallele - *pl* parallel lay
Oberfläche, rutschfeste - *f* antiskid surface
Oberfläche, unter der - liegend subsurface
Oberflächenabdichtung *f* cap sealing; (Deponie) capping system [rec]; (Deponie) landfill capping [rec]; (Deponie) landfill capping seal [rec]
Oberflächenabfluss *m* direct run-off [was]; overland flow [was]; surface discharge [was]; surface drainage [was]; surface run-off [was]; surface water run-off [was]
Oberflächenabfluss, direkter - *m* direct surface run-off [was]
Oberflächenabsiegelung *f* sealing coat
Oberflächenabtrag *m* surface wear [met]
Oberflächenabtragung *f* surface removal [geo]
oberflächenaktiv detergent [met]; surface-active [met]; surfactant [met]
Oberflächenanalyse *f* surface analysis [any]
Oberflächenauftrag *m* surface coat [met]
Oberflächenausführung *f* surface finish [met]
Oberflächenbearbeitung *f* surface treatment; surfacing [wer]
Oberflächenbehandlung *f* finishing [met]; (Straßenbau) surface coating [tib]; surface conditioning [met]; (Straßenbau) surface dressing [tib]; surface treatment; surfacing [wer]
Oberflächenbehandlung mit Bitumen *f* asphalt surface treatment
Oberflächenbehandlung, doppelte - *f* (Straßenbau) armour coat
Oberflächenbeschaffenheit *f* finish [mat]; surface finish [met]
Oberflächenbestimmung *f* surface-area

determination [any]
Oberflächenbewässerung *f* surface irrigation [was]
Oberflächendichtung *f* (Staudamm) facing [tib]
Oberflächendruck *m* surface pressure [phy]
Oberflächenentwässerung *f* storm sewer system [was]; surface drainage [was]
Oberflächenfarbe *f* surface colour
Oberflächenfehler *m* surface flaw [met]; surface irregularity [met]
Oberflächenfühler *m* surface probe [any]
Oberflächengewässer *pl* surface waterbodies [was]
Oberflächengewässer *n* surface water [was]
Oberflächengüte *f* finish [met]; surface finish; surface property [met]
Oberflächenhärte *f* superficial hardness [met]; surface hardness [met]
Oberflächenimprägnierung *f* surface waterproofer [met]
Oberflächenkorrosion *f* contact corrosion [met]; surface corrosion [met]
Oberflächenpore *f* (Schweißnahtfehler) surface pore [met]
Oberflächenrauheit *f* surface roughness [met]
Oberflächenrauigkeit *f* surface texture [met]
Oberflächenriss *m* skin crack [met]; superficial fissure [met]; surface crack [met]
Oberflächenrückhalt *m* (Hydrologie) surface retention [was]
Oberflächenrüttler *m* surface vibrator [tib]
Oberflächenschicht *f* surface layer [met]; surface strata [geo]
Oberflächenschicht, entfernt werdende - *f* ablation zone [geo]
Oberflächenschicht, Entfernung der - *f* ablation [geo]
Oberflächenschutz *m* surface protection [met]
Oberflächenschutzschicht *f* surface protective coating [met]
Oberflächenstruktur *f* texture [met]
Oberflächenüberflutung *f* surface flooding [was]
Oberflächenverdichter *m* surface compactor [tib]
Oberflächenverdichtung *f* superficial compaction [tib]
Oberflächenveredlung *f* refinement of surface [met]
Oberflächenverfestigen *n* surface strengthening [tib]
oberflächenvergütet surface-improved [met]; surface-refined [met]
Oberflächenversprödung *f* surface embrittlement [met]
Oberflächenverzunderung *f* surface scaling [met]
Oberflächenwasser *n* surface moisture [met]; surface water [was]
Oberflächenwasserablauf *m* stormwater drainage [was]

Oberflächenwassererosion *f* surface water erosion [was]

oberflächenwirksam surface-active [met]

Oberflächenzeichen *n* (Bearbeitungsgüte) machining symbol [des]; surface marking [des]

Oberflächenzustand *m* finish [met]; surface finish [met]

oberflächlich superficial

Oberflansch *m* top flange [stb]; upper flange [stb]

Obergaden *m* (Gotik) clerestory [arc]

Obergeschoss *n* top floor; upper floor; upper storey

Obergraben *m* headwater canal [wba]

Obergurt *m* head arch; top boom [stb]; (Fachwerkträger) top chord [stb]; (Profilträger) top flange [stb]; (Fachwerkträger) upper boom [stb]; (Fachwerkträger) upper chord; upper flange [stb]

Obergurtstab *m* (Fachwerk) upper chord member [stb]

Oberholm *m* head beam

Oberingenieur *m* senior engineer

oberirdisch above ground level; above ground level; above-grade

Oberkante Boden *f* top of floor [arc]

Oberkante Fußboden *f* level of floor

Oberlauf *m* (Fluss, Bach) headwater [wba]; upper course

Oberlicht *n* (Deckenlicht) ceiling light; (in Haus, Kirchen) clerestory; (an Tür, Fenster) fanlight; (in Wand) high window; (Deckenlicht) overhead light; (in Decke) roof light; (in Decke) skylight

Oberlicht, pultförmiges - *n* single-pitch roof light

Oberlichtband *n* skylight strip

Oberlichtkuppel *f* dome light; domed rooflight; saucer dome

Oberlichtpfette *f* glazing purlin; skylight purlin

Oberplatte *f* (Kastenträger) top flange

Oberpolier *m* carpenter superintendent; general foreman

Oberputz *m* final coat; final rendering; finish coat; finishing coat; finishing coat of plaster

Oberschicht *f* top layer; upper stratum [geo]

Oberstützmauer *f* upstream shoulder [wba]

Oberteil *n* top part

Obertor *n* (Schleusentor) head gate [wba]; (Schleuse) top gate [wba]; (an Schleuse) upstream water gate [wba]

Oberturas *m* head sprocket [tib]

Oberwagen *m* (Bagger) upper structure

Oberwasser *n* backwater [wba]; (Schleuse) forebay [wba]; headwater [wba]; (an Schleuse) upstream head [wba]; upstream water [wba]

Oberwasserdecke *f* upstream blanket [wba]

Oberwasserkanal *m* headrace [wba]; headrace tunnel [wba]; headwater canal [wba]; intake canal [wba]

oberwasserseitig upstream [wba]

Oberwasserspiegel *m* upstream level [wba]

Objekt *n* (Immobilie) property

Objektabstand *m* working distance [any]

Objektbeschreibung *f* documentation; project description

Objektbetreuung *f* (Immobilien) project management [eco]; site control; site supervision

Objektbewachung *f* site guarding

Objektgesellschaft *f* (Immobilien) property company [eco]

Objektleiter *m* site manager

Objektplanung *f* physical planning [com]

Objektsanierung *f* rehabilitation of objects [com]

Objektschutz *m* (Baustelle) site security

Objektschutztür *f* (Sicherheitstechnik) armoured door

Objektserviceleistungen *pl* site services [tga]

Objektüberwachung *f* site supervision; site surveillance

obligatorisch mandatory

Odeon *n* odeum [arc]

Odeum *n* odeum [arc]

öffentlich zugänglich accessible to the public

öffentlich-rechtlich under public law [jur]

öffentliche Toilette *f* public conveniences; public toilet

öffentlicher Flur *m* public corridor

öffentliches Gebäude *n* public building

Öffentlichkeitsbeteiligung *f* (bei öffentlichen Planungen) public participation [jur]

Öffnung *f* (- der Schweißnaht) delamination [met]; (z.B. einer Brücke) span [stb]

Öffnungswinkel *m* included angle [des]

Ökohaus *n* green building

ökologisch ecological

Ökosphäre *f* ecosphere

Ökosystem *n* ecosystem

Öl-in-Wasser-Emulsion *f* oil-in-water emulsion [was]

Öl/Wasser-Trennanlage *f* oil/water separation plant [was]

Ölabscheider *m* oil interceptor [was]; oil stripper [was]

Ölbohrzement *m* oil-well cement [met]

ölempfindlich oil-susceptible [met]

Ölfeuerung *f* oil firing [pow]; oil furnace [pow]; oil heating [pow]

Ölheizung *f* oil heating [pow]; oil-fired heating [pow]

Ölkitt *m* oil putty [met]

Ölkraftwerk *n* oil-fired power station [pow]

Ölofen *m* oil heater [pow]; oil stove [pow]

Ölschieferzement *m* oil-shale cement [met]

ölundurchlässig oil-proof [met]; oil-tight [met]

Ölwasserscheider *m* oil skimmer [was]

Ölwehranlage *f* oil-spill protection equipment [was]
Ösenhaken *m* C-hook
Ofenabgas *n* kiln exhaust gas [air]
Ofenanlage *f* kiln installation [air]
Ofenbetrieb *m* kiln operation [roh]
Ofenbruch *m* (Keramikherstellung) waster [rec]
Ofenführung *f* kiln control [roh]
ofengetrocknet kiln-dried [met]
Ofenstaub *m* kiln dust [roh]
ofentrocken kiln-dried [met]
offen liegend exposed
Offen-Stellung *f* open position
offene Tunnelbauweise *f* (Verkehr) cut-and-cover
offener Gang *m* exterior corridor; outside corridor
offenkundiger Mangel *m* patent defect
ohmsch ohmic [elt]
ohrenbetäubend ear-splitting [aku]
oktaedrisch octahedral
Oktastylos *m* (Baukunst: Säulenportikus) octastyle
  portico [arc]
oktogonal octagonal
Omnibusbahnhof *m* bus terminal [tra]
Oolitkalkstein *m* oolitic limestone [met]
Orangerie *f* orangery [arc]
Orchestergraben *m* (Opernhaus) orchestra pit
ordentlich (planmäßig) regular
Ordnung und Sauberkeit good housekeeping [asi]
Ordnungsprinzip *n* ordering principle [com]
ordnungsrechtlich regulatory [jur]
Ordnungswidrigkeit *f* regulatory offence [jur]
Organisation von Raumeinheiten *f* spatial
  organization [arc]
Orientierungsrahmen *m* guidelines
Orientierungsrahmen, raumordnungspolitischer -
  m regional planning policy guidelines [com]
Originalzeichnung *f* original drawing [des]
Ornamentfenster *n* ornamental window
Ornamentglas *n* figured glass [met]; ornamental
  glass [met]; pattern glass [met]
Ornamentglasbaustein *m* figured block [met]
Ort und Stelle, an - at site; on the spot
Ortbalken *m* (Dachkonstruktion) top beam
Ortbeton *m* cast in situ concrete [bon]; cast-in-
  place concrete [bon]; concrete cast in place [bon];
  concrete cast in situ [bon]; concrete mixed at site
  [bon]; in situ concrete [bon]; poured-in-place
  concrete [bon]; site concrete [bon]
Ortbeton, architektonischer - *m* cast-in-place
  architectural concrete [bon]
Ortbetonarbeiten *pl* in-situ concrete work [bon]
Ortbetonpfahl *m* cast-in-place pile [bon]
Ortbetonschale *f* lining of cast-in-place concrete
  [bon]
Ortgang *m* gable end; verge
Ortgangbrett *n* barge board
Ortgangrippe *f* gable transom

Orthogonalverfahren *n* (Vermessung) orthogonal
  method [any]
orthotrop orthotropic
Ortpfahl *m* cylindrical foundation [tib]
Ortsbegehung *f* site inspection; site survey
Ortsbesichtigung *f* job-site inspection; site
  inspection
Ortsbestimmung *f* determination of position [any]
Ortsbevölkerung *f* local population
Ortsbezogenheit *f* connection to the place [com]
Ortsbild *n* appearance of a place
Ortschaft *f* (Stadt) town; (Dorf) village
Ortsentwässerung *f* local drainage [was]
ortsgebunden fixed-position
Ortsgestaltungskonzeption *f* town design concept
Ortskern, gewachsener - *m* expanded settlement
Ortsmessstelle *f* local measuring point [any]
Ortsnetzstation *f* (Transformatorenstation)
  distribution substation [elt]
Ortsteil *m* quarter
Ortstein *m* hard pan
Ortstermin *m* meeting on site; site appointment
Ortung *f* position finding [any]
Ortungsgerät *n* pig locator [any]
ortverschäumte Isoliermasse *f* site-foamed
  insulation
Ossarium *n* charnel-house [arc]
Ostseite *f* eastern side
oszillierend vibrational [phy]
Ovaltürknopf *m* oval knob
Oxidans *n* oxidant [che]
Oxidationsbeständigkeit *f* oxidation stability [met]
Oxidationsmittel *n* oxidant [che]; oxidizing agent
  [che]
Oxidationsprozess *m* oxidation process [che]
Oxidationsschicht *f* oxide layer [met]
Oxidationsteich *m* aerated lagoon [was]
oxidierbar oxidizable [che]
oxidieren *v* oxidize [che]
Oxidieren *n* oxidizing [che]
oxidierend oxidizing [che]
Oxidkeramik *f* oxide ceramics [met]
Oxidschicht *f* oxide coating [che]
Oxidschutzschicht *f* oxide coat [che]
Ozonabbaupotenzial *n* ozone depletion potential
  [che]
Ozonbehandlung *f* (Wasserbehandlung) ozone
  treatment [was]
Ozonierung *f* ozonation [was]
Ozonierungsanlage *f* ozoning plant [was]
Ozonisierungsanlage *f* ozonization plant [was];
  ozonizing plant [was]
Ozonschicht *f* ozone layer [air]
Ozonschicht schädigend harmful to the ozone layer
  [air]
Ozonung *f* ozonation [was]; ozonizing [was]

P

Pacht *f* (Pachtbesitz) leasehold [eco]
Pacht, dynamische - *f* (Immobilie) reappraisal lease [eco]
Pachtgrundstück *n* leasehold [eco]
Pachtland *n* lease land [far]
Pachtverhältnis *n* land tenure [eco]
Pachtvertrag *m* lease contract [jur]; leasehold [jur]; leasehold agreement [jur]
Pachtzins *m* leasehold rent [eco]
Packlage *f* hard-core bed; pitching [wba]; (Straßenbau) subbase [tib]
Packwerk *n* enrockment
Paddelmischer *m* paddle agitator [prc]; paddle mixer [prc]
Pächter *m* leaseholder [eco]; lessee [eco]
Pächterin *f* leaseholder [eco]; lessee [eco]
Pagode *f* pagoda [arc]
Pagodendach *n* pagoda roof [arc]
Palast *m* palace [arc]; great hall [arc]
Palette *f* pallet [wer]
Palettenzuführer *m* pallet feeder [wer]
palettieren *v* palletize
Palettieren *n* palletizing [wer]
Palettisierung *f* palletizing [wer]
Paneel *n* panel; (Wandverkleidung) panel
Paneeldecke *f* panelled ceiling
Paneelkeilklammer *f* panel wedge clip
Paneelklammer *f* panel clip
Paneelschalung *f* panel formwork [bon]
Paniktürverschluss *m* panic device
Panoramaaufzug *m* panorama lift
Panoramafenster *n* picture-window
Panzerbeton *m* armoured concrete [bon]
Panzerblech *n* armour plate [met]
Panzerdraht *m* razor wire [met]
Panzerglas *n* armour-plate glass [met]; armoured glass [met]; bullet-proof glass [met]; burglar-proof glazing [met]
Panzerplatte *f* armour plate [met]
Panzertür *f* (Sicherheitstechnik) armoured door
Panzerung *f* armour-plating [met]; cladding [met]
Papierkorb *m* (Büro) waste paper basket [rec]
Parabelbogen *m* parabolic arc; parabolic arch; (Bauwerk) parabolic arch
Parabelträger *m* parabolic girder [stb]; parabolic truss [stb]
parallel parallel
parallel geschaltet placed in parallel
Paralleleinzug *m* parallel trace of lines [des]
Parallelflanschträger *m* parallel-flanged beam [stb]

Parallelprojektion *f* parallel drawing [des]
Parallelschallschluckwand *f* parallel absorbent baffle [aku]
Parallelschaltung *f* parallel circuit [elt]; parallel connection [elt]
Parallelträger *m* parallel-flanged truss
Park *m* park [com]
Park- und Freizeitanlagen *pl* park and leisure facilities [com]
Parkabfall *m* park refuse [rec]; park waste [rec]
Parkanlage *f* park [com]
Parkbucht *f* parking bay [tra]
Parkdeck *n* parking deck [tra]; parking level [tra]
Parketage *f* parking deck [tra]; parking floor [tra]
Parkett *n* (Fußboden) parquet; parquet floor; parquetry
Parkettboden *m* parquet floor; wood flooring
Parkettfußboden *m* parquet floor
Parkettverband *m* (quadratischer -) basket bond
Parkettverlegung *f* parquet flooring
Parkfläche *f* parking area [tra]; parking lot [tra]
Parkflächenausnutzung *f* utilization of utility ware [tra]
Parkhaus *n* multi-storey car park [tra]; multi-storey parking garage [tra]; parking garage [tra]; public garage [tra]
Parkhochhaus *n* high-rise parking building; multi-storey car park
Parkleitsystem *n* car-park guidance system [tra]
Parkplatz *m* car park [tra]; parking area [tra]; parking lot [tra]; (für einzelne Autos) parking space [tra]; place to park [tra]
Parkplatzbefestigung *f* (<A>) parking lot pavement [tra]
Parkraum *m* parking space [com]
Parkstreifen *m* parking apron [tra]; parking lane [tra]
Parlamentsgebäude *n* parliamentary building
parterre (<A>) on the first floor; (<B>) on the ground floor
Parterre *n* (<A>) first floor; (<B>) ground floor
Parterrewohnung *f* (<A>) first-floor apartment; (<B>) ground-floor apartment; (<B>) ground-floor flat
Partikelanalysator *m* particle analyzer [any]
Partikelschüttung *f* particle bed [prc]
Partikelströmung *f* particle flow [prc]
Partikelzählgerät *n* particle counter [any]
Parzelle *f* fractional tract of land; parcel; parcel of land; plot [com]; tract of land
parzellieren *v* divide into lots; parcel out
Passage *f* (Gebäude) arcade
Passagierbereich *m* passenger area [tra]
Passagierzahlen *pl* passenger figures [tra]
passen *v* (Größe) fit; (harmonieren) match; (genehm sein) suit

passend machen *v* fit; match
Passgenauigkeit *f* accuracy in fitting [des]; fitting accuracy [des]; precise fit [wer]
Passholz *n* (Schalung) filler timber
Passivbau *m* (Gebäude ohne spez. Heizsystem) building with a minimum of energy consumption
Passivhaus *n* (Energiesparhaus ohne gesonderte Heizung) passive house
passivieren *v* inactivate [met]; passivate [met]
Passivierungsmittel *n* passivator [met]
Passivisolierung *f* (Schall) passive insulation [aku]
Passlänge *f* adjusting length [des]
Passmaß *n* fit size [des]; size of fit [des]
Passplattenauflage *f* filler support
Passschraube *f* machined bolt [tec]
Passstraße *f* road over a pass [tib]
Passstück *n* reducing fitting [tga]
Passung *f* fit [des]; fitting [des]
Passungsrost *m* fretting corrosion [met]; fretting rust [met]
Passungssystem *n* system of fits [des]
Paste *f* paste [met]
pastös paste-like [met]; pasty [met]
Paternoster *m* paternoster lift
Patio *m* patio [arc]
Pauschalbetrag *m* lump-sum [eco]
Pauschalsumme *f* lump sum [eco]; lump-sum [eco]
Pauschalvertrag *m* all-in contract [jur]; lump-sum contract [eco]
Pausenhalle *f* break hall
Pavillon *m* pavilion
Pavillondach *n* pavilion roof [arc]
pechartig pitchy [met]
Pegel *m* water depth gauge [was]
Pegelhaus *n* (Wasserbau) gauging station [any]
Pegellatte *f* staff gauge [any]
Pegelmessgerät *n* (Schallpegel) decibel meter [any]; level gauge [any]
Pegelmessung *f* filling-level measurement [any]; level measuring [any]
Pegelstand *m* gauge height [was]; water depth [was]; water level [was]
Pegelstation *f* (Wasserbau) gauging station [any]
Peilgerät *n* direction finder [any]
Peillatte *f* sounding rod [any]
Peilstab *m* (Füllstandsmessung) dipstick [any]; (Füllstandmessung) level gauging rod [any]
Peilstange *f* sounding pole [any]
Peilung *f* direction finding [any]; (Wassertiefe) sounding [any]
Pelletierteller *m* pelletizing pan [prc]
Pendel *n* hinged member [stb]
Pendelbecherwerk *n* gravity bucket elevator [prc]; pivoted bucket elevator [prc]; swing-bucket conveyor [prc]
Pendelbelüfter *m* swing diffuser [was]

Pendelbewegung *f* pendular movement [phy]
Pendelglätter *m* reciprocating screed
Pendellager *n* pendulum bearing [stb]; rocker bearing [stb]
Pendelleuchte *f* pendant luminaire [elt]
Pendelmühle *f* suspended roller mill [prc]
Pendelnabe *f* (Windenergieanlage) teetering hub [pow]
Pendelschurre *f* traversing chute [prc]
Pendelstab *m* rocker member; socketed member
Pendelstütze *f* floating support; hinged support; knuckle joint; (bei Brücken) pendular support; pin-ended column [stb]; pinned column [stb]; rocker column; rocker post [stb]; rocking pier; socketed column; socketed stanchion
Pendeltür *f* double-acting swing door; ((technisch)) double-action door; swing door; swinging door
Pendeltür-Federband *n* double-action spring hinge
Pendeltürschließer *m* double-action floor spring
Pendelzugstab *m* pendulum [stb]
Pendentif *n* (Hängezwickel) pendentive [arc]; (Kuppel) pendentive [arc]
Penetrometer *n* (Testgerät für Fließverhalten) penetrometer [any]
Penthaus *n* penthouse
Pergola *f* arbour; pergola
Perimeterdämmung *f* perimeter insulation
Perimetralfuge *f* (Talsperre) petrimetral joint [wba]
Periode *f* cycle [elt]; phase [elt]
periodisch (zyklisch) cyclical; (periodisch auftretend) intermittent; periodical
Peripherie *f* periphery
Perkolation *f* percolation [was]
Perlit *n* pearlite [met]; pearlstone [met]; perlite [met]
permeabel permeable [phy]; pervious [phy]
Permeabilisierung *f* permeabilization [met]
Permeabilität *f* permeability [phy]
Permeationsrate *f* (z.B. für Sicherheitshandschuhe) permeation rate [met]
Persenning *f* tarpaulin
persistent nonbiodegradable [met]
Personalabbau *m* reduction in personnel [eco]
Personalraumeinrichtung *f* staff-room equipment
Personaltoilette *f* staff restroom [wer]
Personen-Wärmelast *f* (Wärmebedarfsrechnung) internal gain due to people [pow]; (Wärmebedarfsrechnung) people load [pow]
Personenäquivalent *n* (Abfall) person equivalent [rec]
Personenbahnhof *m* passenger station [tra]
Personenluftschleuse *f* air lock [asi]; man-lock caisson [asi]
Personennahverkehr, öffentlicher - *m* public transportation [tra]

Personenschleuse f man lock [asi]
Personenschutz m personal protection [asi];
personnel safety [asi]
Personensicherheitsanlage f personal safety
installation [asi]
Perspektive f (Zeichnung) perspective view [des]
Perspektive, ungebundene - f freehand perspective
[des]
Perspektive; gebundene - f perspective projection
[des]
perspektivisch in perspective [des]
Perspektivschnitt m perspective section [des]
Pfählung f (Fundament) driving of piles
Pfahl m (Stütze) pile
Pfahl, frei stehender - m free-standing pile
Pfahl, schwebender - m floating pile [tib]
Pfahlabstand m (Grundbau) pile spacing [tib];
spacing of piles
Pfahlanordnung f arrangement of spacing
Pfahlbau m (Bauweise) building on stilts
Pfahlbohrer m vertical earth auger [tib]
Pfahlbrücke f pile bridge
Pfahlbündel aus Stahl n steel pile cluster [tib]
Pfahlbuhne f pile groin [wba]
Pfahlfuß m pile footing
Pfahlgraben m (geschichtlich) palisaded ditch
[arc]
Pfahlgründung f pile foundation
Pfahlgründung, schwebende - f suspended pile
foundation [wba]
Pfahlgründungsarbeiten pl piling work [tib]
Pfahlgruppe f (Tiefgründung) pile cluster [tib]
Pfahlkonstruktion f piling
Pfahlkopf m pile cap; pile head [tib]; pile helmet
[tib]
Pfahllast f pile load; pile load
Pfahlneigung f pile rake
Pfahlprofil n (Spundwand) box pile
Pfahlrammanlage f rig
Pfahlramme f pile driver; pile-driving rig [tib];
piling hammer [tib]
Pfahlrammen n pile driving
Pfahlreihe f pile row [tib]
Pfahlrohr n (Fundament) pile casing
Pfahlrost m (Tiefgründung) pile grid [tib]
Pfahlseil n (Nassbagger) spud rope [tib]
Pfahlspitze f pile tip
Pfahlwand f piled curtain wall; sheet piling [tib]
Pfahlwerk n pilework [tib]; piling [tib]
Pfahlwinde f (Nassbagger) spud hoist [tib]
Pfahlzieher m pile drawer; pile extractor; pile
puller [tib]
Pfalz f (mittelalterliches befestigtes Gebäude)
palatine [arc]
Pfanne f (Dach-) pantile
Pfannendach n pantiled roof

Pfannenfutter n pan lining [roh]
Pfeiler m (Stütz-) buttress; column; pier; pillar;
(von Hängebrücke) pylon
Pfeilerbogen m binding arch; pier arch [tib]
Pfeilerbogenstaumauer f multiple-arch dam
Pfeilerfuß m pier base
Pfeilergründung f (<A>) pier foundation [tib]; pile
foundation
Pfeilerhaupt n (an Brücke) cutwater
Pfeilerkopf m (an Brücke) cutwater; nose [wba];
pier head
Pfeilerkopfstaumauer f round-headed buttress dam
[wba]
Pfeilerrücken m (Talsperre) downstream nose
[wba]
Pfeilerschaft m hollow shaft
Pfeilerschalung f column form [bon]
Pfeilerschutz m starling
Pfeilerstaumauer f (mit gelenkiger Aussteifung)
articulated buttress dam [wba]; buttress dam [wba]
Pfeilervorkopf m (Brücke) upstream cutwater
Pfeilervorlage f pilaster strip
Pfeilverhältnis n rise to span ratio; rise-span ratio
Pfette f (Dachkonstruktion) collar purlin; purlin;
(Dach) roof purlin; templet
Pfettenabstand m purlin spacing
Pfettenaufhängung f sag bar; (<A>) sag rod
Pfettendach n purlin roof
Pfettengelenk n purlin hinge
Pfettenlage f purlin course
Pfettenprofil n purlin profile
Pfettenstützholz n purlin post
Pfettenwinkel m purlin angle
Pflanzenfarbe f vegetable dye [met]
Pflanzenfarbstoff m plant pigment [met]; vegetable
colour [met]; vegetable colouring matter [met]
Pflanzenfaser f vegetable fibre [met]
Pflanzenkläranlage f clarification basin planted
with water plants [was]; plant-growth purification
station [was]; plant-type purification plant [was]
Pflanzenleim m mucilage [met]; vegetable glue
[met]
Pflanzgebot n requirement to plant vegetation [com]
Pflanzwanne f flower tub; green tub
Pflaster n (Kopfstein-) cobbles; pavement [tib];
paving [tib]; stone pavement
Pflaster, säurefestes - n acid-resistant paving
Pflasterdecke f block pavement [tib]; sett paving
[tib]
Pflasterhammer m (<A>) pavior's hammer [wzg];
(<B>) paviour's hammer [wzg]
Pflasterklinker m paving brick [tib]
pflastern v lay pavement; pave [tib]; pitch
Pflasterramme f paving rammer [tib]
Pflasterrinne f paved gutter [tib]
Pflasterstampfer m paving tamper [tib]

Pflasterstein *m* cobblestone; curbstone [tib];
paving block [tib]; paving stone [tib]; road stone;
sett [tib]
Pflasterstein *f* paving sett [tib]
Pflasterstraße *f* cobblestone road [tra]; paved road
[tra]
Pflasterung *f* block pavement [tib]; pavement [tib];
paving [tib]; sett paving [tib]
Pflasterziegel *m* paving brick [tib]
Pflegeanstrich *m* repainting; (Wetterschutz)
weather-coating renewal
Pflicht *f* obligation
Pflichtenheft *n* design specifications [eco];
(Auftrag, Ausschreibung) job specifications [eco];
performance specification [eco]
Pflichtfeld *n* (Formblatt) mandatory field
Pflugbagger *m* elevating grader [tib]
Pförtnerhaus *n* caretaker's house; gatehouse;
gatekeeper's office; porter's lodge
Pforte *f* door; gate; (Kloster) gatehouse [arc]
Pfosten *m* (Tür, Fenster) doorpost; (Tür, Fenster)
jamb; (Fenster) munnion; pole; (Fachwerk) post
[stb]; (meist in den Boden gesteckt) stake;
upright; vertical [stb]; vertical member
Pfosten, gekürzter - *m* (Brüstungen, u.a.) cripple
stud
Pfostenfachwerk, mehrteiliges - *n* whipple truss
[stb]
Pfostenramme *f* post driver [tib]
Pfostenzieher *m* post puller [tib]
Pfropf *m* (Stöpsel) stopper
Pfropfen *m* (Stöpsel) stopper
Pfropfenschweißung *f* plug weld [met]
Pfusch *m* botched work
pH-Einstellung *f* pH-adjustment [was]
Phasenabgleich *m* phase alignment [elt]
Phasenausfall *m* phase failure [elt]
Phasendiagramm *n* constitutional diagram [che]
phasengleich cophasal [elt]
Phasengrenze *f* phase boundary [phy]; phase
interface [phy]
Phasentrennung *f* phase separation [che]
phasenverschoben out-of-phase [elt]
Phenol-Formaldehyd *n* phenolic formaldehyde
[che]
Phenol-Formaldehyd-Harz *n* phenolic
formaldehyde resin [che]
Phenolfarbstoff *m* phenol dye [che]; phenolic dye
[met]
Phenolformaldehydharz *n* phenol formaldehyde
resin [che]
Phenolharz *n* phenolic resin [che]
Phenolharzformmasse *f* phenolic moulding
composition [met]
Phenolharzklebstoff *m* phenolic adhesive [met];
(<A>) phenolic glue [met]

Phosphatelimination *f* phosphate elimination [was]
phosphatieren *v* phosphatize [che]
Phosphatierung *f* threshold treatment [was]
Phosphorfällung *f* (Kläranlage) phosphorous
precipitation [was]
Phosphorsäure-Brennstoffzelle *f* phosphoric acid
fuel cell [pow]
Phosphortelluritglas *n* tellurite phosphate glass
[met]
photoelektrisch photoelectric [elt]; photoelectrical
[elt]
photovoltaisch photovoltaic [elt]
Pickel *f* (Spitzhacke) pick [wzg]; (Spitzhacke)
pickaxe [wzg]
Pickhammer *m* chipping hammer [wzg];
pneumatic pick [wzg]
Pieranlage *f* wharf [tra]
Pierplatte *f* (Hafen) quay slab [tib]
Pigmentanstrich *m* pigment coating [met]
Pigmentfarbe *f* pigment colour [met]
Pigmentfarbstoff *m* lake pigment [met]
Pilaster, korinthischer - *m* (Klassizismus)
Corinthian pilaster [arc]
Pilgerhaus *n* (Kloster) pilgrim's house [arc]
Pilgerschrittschweißung *f* step-back welding [wer]
Pilotanlage *f* pilot plant [prc]
Pilotversuch *m* pilot test [any]; pilot-scale
experiment [any]
Pilzdach *n* mushroom roof; mushroom roof
Pilzdecke *f* floor slab, mushroomed -; girderless
concrete ceiling [bon]; mushroom floor;
mushroomed floor slab
pilzhemmend fungistatic [bio]
Pinsel *m* brush [wzg]; paintbrush [wzg]
Pinselanstrich *m* brush painting
Pinselauftrag *m* (Anstrich, u.a.) application by
brushing; brush application
Pinselputz *m* brush plaster
pipettieren *v* measure with a pipette [any]; pipette
[any]
Pistole zum Schweißen *f* weld gun [wzg]
Pitchregelung *f* (Rotor Windenergieanlage) pitch
control [pow]
Plafond *m* (Zimmerdecke) ceiling
plan (eben) plane
Plan *m* (Zeichnung) draft [des]; (Entwurf) plan
[des]; (Zeichnung) scheme [des]; (Entwurf)
sketch [des]
Planänderungen *pl* planning alterations [des]
Plananhörung *f* planning inquiry [jur]
Planaufgabe *f* planning task
Planaufstellungsbeschluss *m* decision to draw up
an urban land use plan
Planausschnitt *m* extract of the plan [com]
Planbegründungen *pl* reasons for the plans
Plane *f* (Schutzdach) awning

Planebenheit *f* evenness
planen *v* plan; project [des]; (zeitlich) schedule
Planer *m* planner [des]
Planfassung *f* version of a plan [com]
Planfestsetzungsbeschluss *m* decision to adopt an urban land use plan
Planfeststellung *f* planning approval [com]; planning permission; project approval
Planfeststellungsbeschlüsse *pl* plan approval resolutions [jur]
Planfeststellungsbeschluss *m* official planning approval [com]
Planfeststellungsbeschluss, Auflagen des -es *m* project approval requirements
Planfeststellungsverfahren *n* public works planning procedure [com]; statutory planning approval procedure [com]
plangleich at grade
Planierarbeiten *pl* grading work [tib]
Planierbagger *m* skimmer shovel [tib]
Planiereinrichtung *f* levelling device [tib]
planieren *v* doze; flatten; grade; level; plane; smooth
Planieren *n* grading [tib]; levelling [tib]; roll flattening [tib]
Planierfahrzeug *n* bulldozer [tib]
Planiergerät *n* grader [tib]; level planer [tib]; planer [tib]
Planierhammer *m* dresser [tib]
Planiermaschine *f* grader [tib]; levelling machine [tib]
Planierpflug *m* spreader-ditcher [tib]
Planierraupe *f* bulldozer [tib]; grade-builder [tib]; track-type tractor [tib]; tracked grader [tib]; earth mover [tib]
Planierschar *f* dozer blade [tib]; pusher blade [tib]
Planierschaufel *f* grader levelling blade [tib]
Planierschild *m* (des Graders) blade [tib]
Planierschild, winkelbares - *n* A-blade [tib]
Planierschleppe *f* drag [tib]
planiert levelled
planierte Bezugshöhe *f* grade level
Planierung des Bodens *f* levelling the ground [tib]
planmäßig according to schedule; (wie geplant) as planned; (pünktlich) as scheduled; (systematisch) systematic
Planmodell *n* planning model [des]
planparallel flush and parallel [des]; plane-parallel [des]
Planquadrat *n* grid square [des]
Plansatz *m* (Unterlagen) set of plans
Plansichter *m* screening table [prc]
Plansieb *n* flat screen [prc]; flat sieve [prc]; horizontal sieve [prc]
Planspiel *n* simulation model [com]

Planstein *m* flat brick; flat stone
Planstudie *f* project study
Planum *n* subgrade [tib]
Planum, aufgeschüttetes - *n* artificial subgrade [geo]
Planumarbeiten *pl* subgrade work [tib]
Planumaufreißer *m* subgrade rooter [tib]
Planumfestiger *m* concrete bay subgrader [tib]
Planumherstellung *f* formation work [tib]; subgrading [tib]
Planumsdrän *m* subgrade drain [was]
Planumsentwässerung *f* subgrade drainage
Planumsverdichter *m* subgrade compactor [tib]
Planung *f* planning
Planung des Architekten, nach - according to the architect's plans [arc]
Planung, in der - at design stage [des]; on the drawing [des]
Planungsablauf *m* planning procedure [des]
Planungsabteilung *f* planning department
Planungsanforderungen *pl* planning requirements
Planungsansatz *m* planning approach
Planungsaufgabe *f* planning task
Planungsausschuss *m* planning commission
Planungsbegriff *m* planning term
Planungsbehörde *f* planning authority
Planungsbeteiligte *pl* parties involved in the planning [com]
Planungsbüro *n* planning office; planning office
Planungsgebiet *n* planning area; (Planungsregion) planning area
Planungsgebot *n* obligation to draw up a zoning plan and development plan [com]
Planungsgesetz *n* planning law [jur]
Planungsgespräch *n* planning discussion
Planungsgrundsätze *pl* planning principles
Planungsgruppe *f* planning team
Planungshandbuch *n* planning manual
Planungshoheit *f* planning power [com]
Planungshorizont *m* planning horizon
Planungskonzept *n* planning concept [des]
Planungsleistungen *pl* planning services [des]
Planungsmechanismen *pl* planning tools
Planungsmethode *f* planning method [des]; planning procedure [des]
Planungsphase *f* conceptual phase [des]; planning stage [des]
Planungsprozess *m* planning process [des]
Planungsrichtlinie *f* planning guideline
Planungsstadium *n* blueprint stage [des]; planning phase [des]; planning phase [des]; planning stage [des]; stage of planning [des]
Planungsstand *m* state of the planning [des]
Planungsstudie *f* feasibility study
Planungsstufe *f* planning phase [des]
Planungssystem *n* planning system [des]

Planungsverfahren *n* planning method [des]; planning procedure; planning process [des]
Planungsvorgaben *pl* planning targets [des]
Planungszeitraum *m* planning horizon [des]
Planzug *m* cross traverse
Plasma-Metall-Schutzgasschweißen *n* plasma-metal G-welding [wer]
Plastifizierer *m* water-reducing agent [met]
Plastifizierung *f* plastication [che]
Plastifizierungsmittel *n* plasticizer [che]
Plastik *n* (Kunststoff) plastics [met]
Plastikabfall *m* plastic scrap [rec]
Plastikfolie *f* plastic film [met]; plastic foil [met]
Plastikkleber *m* synthetic-resin adhesive [met]
plastisch ductile [met]; plastic [met]; (Beton: Konsistenz) plastic [met]; (dreidimensional) three-dimensional [des]
plastisch verformbar malleable [met]
plastizieren *v* plasticize
Plastizitätsberechnung *f* (Lastverformung) plasticity design [sik]
Plastizitätstheorie *f* theory of plasticity [sik]
platinieren *v* platinate [met]
Platte *f* (Kastenträger) flange; sheet; (Beton, Stein) slab
Platte machen *v* live on the street
Platte, einachsig gespannte - *f* one-way slab [sik]
Platte, kreuzweise bewehrte - *f* two-way slab
Platte, orthotrope - *f* orthotropic plate
Platte, schalldämpfende - *f* sound-deadening board [aku]
Platte, schallschluckende - *f* acoustic board [met]
Platte, zweiachsig gespannte - *f* two-way slab [sik]
Platte, zweiseitig gespannte - *f* two-way slab
Platten-Stützenverbindung *f* slab-column joint
Plattenabzugkanal *m* slab culvert [wba]
Plattenanker *m* slab tie
Plattenaustauscher *m* plate exchanger [pow]
Plattenbalken *m* (Holzbau) tee beam
Plattenbalkendecke *f* slab and beam construction [bon]
Plattenbandförderer *m* apron conveyor [prc]
Plattenbandspeiser *m* apron-type feeder
Plattenbau *m* panelled structure
Plattenbausiedlung *f* estate of concrete slab type apartment buildings [com]
Plattenbauweise *f* concrete slab-type construction [bon]; large panel construction; large panel system; slab method
Plattenbelag *m* (Gehweg) flagstone pavement; (<A> Gehweg) flagstone sidewalk; floor plating; plate flooring; slab covering; slab covering; (z.B. Gehweg) slab paving [tib]; slabbing; slabstone pavement; tile finish; tilework
Plattenbrücke *f* slab bridge
Plattendecke *f* slab floor

Plattendruckversuch *m* slab load-bearing test [any]
Plattendurchlass *m* slab culvert [wba]
Plattenfilter *m* plate filter [was]
Plattenfundament *n* slab foundation
Plattengründung *f* mat footing; mat foundation
Plattenheizkörper *m* panel radiator [pow]; panel-type radiator [pow]; plate air heater [pow]; plate radiator [pow]; steel panel radiator [pow]
Plattenheizung *f* panel heating [pow]
Plattenisolierung *f* board insulation
Plattenlegen *n* tiling
Plattenrüttler *m* plate vibrator [bon]; vibrating plate [tib]; vibration slab [tib]
Plattenschalung *f* slab formwork [bon]
Plattenstreifengründung *f* raft footing [tib]
Plattenträger *m* plate girder [stb]
Plattenvibrator *m* plate vibrator [bon]
plattieren *v* clad [met]; electroplate [met]; plate [met]
Platz *m* (Lage, Bauplatz) site; (in Städten, Markt-) square
Platzzeit *f* time at site
Plenarsaal *m* assembly room
Plexiglas *n* acrylic glass [met]
Plinthe *f* (Renaissance: Sockel) plinth [arc]
plus positive [elt]
Podest *n* (z.B. Treppe) landing; (Sockel) pedestal; rostrum
Podest, umlaufendes - *n* peripheral catwalk
Podestbalken *m* carriage; rough string
Podestgeländer *n* landing handrail
Podestplatte *f* landing slab
Podsol *n* podsol [geo]
Podsolboden *m* podsol soil [geo]
Pol *m* (der Batterie) terminal [elt]
Polarverfahren *n* (Vermessung) polar method [any]
Polder *m* polder
Polderdeich *m* polder dyke
Polier *m* foreman; job-site foreman; site foreman
polierbar polishable [met]
Polierbude *f* foreman's hut; foreman's office
Poller *m* bollard
Polstertür *f* padded door
Polvorgabe *f* pole assignment [elt]
Polyacrylamid *n* polyacrylamide [che]
Polyacrylat *n* polyacrylate [che]
Polyacrylatharz *n* polyacrylate resin [met]
Polyacrylfaser *f* acrylic fibre [che]; polyacryl fibre [met]
Polyacrylharz *n* polyacrylic resin [met]
Polyamidfaser *f* polyamide fibre [met]
Polyamidharz *n* polyamide resin [met]
Polyamidkunststoff *m* nylon plastic [met]
Polycarbonat *n* polycarbonate [che]
Polyester *m* polyester [che]
Polyesterbeton *m* polyester concrete [bon]

Polyesterharz *n* polyester resin [met]
Polyesterlack *m* polyester paint [met]
Polyesterspachtelmasse *f* polyester filler [met]
Polyether *m* polyether [che]
Polyethylen *n* polyethylene [che]
Polyethylenschaumstoff *m* polyethylene foam [che]
Polyethylenterephthalat *n* polyethylene terephthalate [che]
Polygon *n* polygon [mat]
Polygonalmauerwerk *n* cobweb masonry
Polygonierung *f* (Vermessung) polygonal method [any]
Polygonpunkt *m* (Baustruktur) traverse point [sik]
Polygonzug *m* traverse
Polygonzug, geknickter - *m* (Vermessung) chain traverse [any]
Polygonzug, offener - *m* unclosed traverse
Polyimid *n* polyimide [che]
Polyisopren *n* polyisoprene [che]
Polykieselsäure *f* polysilicic acid [che]
Polykondensat *n* condensation polymer [che]; polycondensation product [che]
Polymer *n* polymer [che]
Polymer-Elektrolyt-Membran-Brennstoffzelle *f* polymer electrolyte membrane fuel cell [pow]
Polymerbeton *m* polymer concrete [bon]
Polymerisation *f* polymerization [che]
Polymerweichmacher *m* polymer plasticizer [che]; polymeric plasticizer [che]
Polymethacrylat *n* polymethacrylate [che]
Polypropylen *n* polypropylene [che]
Polypropylenfaser *f* polypropylene fibre [met]
Polypropylenglykol *n* polypropylene glycol [che]
Polysilicat *n* polysilicate [che]
Polystyrol *n* polystyrene [che]
Polystyrolharz *n* polystyrene resin [met]
Polytetrafluorethylen *n* polytetrafluoroethylene [che]
Polyurethan *n* polyurethane [che]
Polyurethanschaum *m* polyurethane foam [met]
Polyvinylacetat *n* polyvinyl acetate [che]
Polyvinylchlorid *n* polyvinyl chloride [che]
Ponton *m* scow
Pontonbrücke *f* floating bridge [tra]; pontoon bridge
Pore *f* (Holz) grain; (Hohlraum) pore; (Hohlraum) void
Porenanteil *m* void fraction; void ratio [met]
Porenbeton *m* aerated concrete [bon]; autoclaved aerated concrete [bon]; cellular concrete [met]; cellular expanded concrete [bon]; lightweight concrete [bon]
Porenbetonfassade *f* aerated concrete façade [bon]
Porenbetonplatte *f* aerated concrete slab [bon]
Porenbetonstein *m* aerated concrete block [bon]
Porendruck *m* pore pressure [met]

porenfrei pore-free [met]; porosity-free [met]
Porenfüller *m* grain filler [met]
Porengefüge *n* aerated structure [met]; pore structure [met]
Porengehalt *m* void content [met]
Porengips *m* aerated gypsum [met]
Porenleichtbeton *m* cellular concrete [bon]
Porennest *n* cluster of pores [met]
Porenregler *m* porosity regulator [met]
Porensaugraum *m* capillary fringe
Porensaugwasser *n* capillary water [met]
Porenunterdrückung *f* suppression of pores [met]
Porenvolumen *n* void space [met]; void volume [met]
Porenwasser *n* interstitial water [phy]; pore water [met]
Porenwasserdruck *m* pore water pressure [phy]
porös permeable [met]; porous [met]
Porosimeter *n* porosimeter [any]
Porosimetrie *f* porosimetry [any]
Porosität *f* porosity [met]
Porosität, geschlossene - *f* sealed porosity [met]
Porosität, gleichmäßig verteilte - *f* uniformly scattered porosity [met]
Porositätsmessung *f* porosimetry [any]
Portal *n* bent; frame; portal
Portalbrücke *f* portal bridge
Portaldrehkran *m* portal jib crane
Portalkran *m* portal crane [wer]
Portalrahmen *m* bent [stb]; portal frame [stb]
Portalverband *m* portal bracing
Portikus *m* columned hall; (römische Baukunst) portico [arc]
Portlandzement *m* Portland cement [met]
Portlandzement, schnell härtender - *m* rapid-hardening Portland cement [met]
Portlandzementklinker *m* Portland cement clinker [met]
Porzellanfliese *f* porcelain tile
Position nicht dargestellt (in Zeichnungen) item not shown [des]
Positionsanzeige *f* position indication [any]
Positionsgeber *m* position indicator [any]; position sensor [any]
positionsgenau in correct position
Positionsschalter *m* position switch [elt]; positioning switch [elt]
positiv geladen positively charged [elt]
Postament *n* (Unterbau, Sockel) pedestal
Postmoderne *f* Postmodernism [arc]
Pottasche *f* potash [che]
Poudrette *f* sewage powder [was]
Prachtbau *m* magnificent building [arc]
Prachtstraße *f* boulevard
Präqualifikationsverfahren *n* pre-qualification process [eco]

Präsentationsmodell *n* presentation model
Präventionsmaßnahme *f* (Arbeitsschutz) prevention measure [wer]
Präzisionslatte *f* (Höhenmessung) precision rod [any]
Präzisionsmessung *n* precision measurement [any]
Präzisionsmessung *f* precision measuring [any]
Präzisionswaage *f* precision balance [any]
Prallbeanspruchung *f* impact stress [met]
Prallblech *n* baffle breaker [was]; deflecting plate [wba]; impact plate [met]
Prallbrecher *m* impact breaker [prc]; impact crusher [prc]; impeller crusher [prc]; impeller-type breaker [prc]; impeller-type crusher [prc]
prallen auf .. *v* collide with ..
Prallhang *m* (Flussbiegung) convex river bank [geo]
Prallmühle *f* impact crusher [prc]; impact mill [prc]
Prallmühle, pneumatische - *f* jet pulverizer [prc]
Prallplatte *f* baffle [prc]; baffle plate [met]; deflecting plate [wba]
Prallufer *n* (Mäander) cut-off bluff [geo]; eroding bank [wba]; undercut bank [wba]
Prallverschleiß *m* impact wear [met]
Prallwand *f* baffle board; impact wall [prc]
Prallwerk *n* impact gear [roh]
Prallzerkleinerung *f* impact comminution [prc]
praxisbezogen practice-related
praxiserprobt field-proven; field-tested
praxisgerecht meeting practical requirements; practice-related
praxisnah practical
praxisorientiert practice-oriented
Preis ab Werk *m* ex plant price [eco]
Preis pro Leistungseinheit *m* unit price [eco]
Preisabsprache *f* price agreement [eco]
Preise, ortsübliche - *pl* local prices [eco]
Preiserhöhung *f* price increase [eco]
Preisermittlung *f* pricing [eco]
Preisermittlung, einwandfreie - *f* correct price calculation [eco]
Preisgericht *n* (Wettbewerb) adjucating panel
Preisgestaltung *f* pricing [eco]
Preisnachlass *m* discount [eco]
Preisniveau *n* price level [eco]
Preisrichter *m* (Wettbewerb) award judge
Preisstand *m* price level [eco]
Prepaktbeton *m* colcrete [bon]; prepacked aggregate concrete [bon]; prepacked aggregate concrete [bon]
Prepolymer *n* prepolymer [che]
Pressdichte *f* pressing density [met]
pressen *v* (drücken) force
Pressenhub *m* (Spannpresse) stroke of a jack; (Spannpresse) travel of a jack

Pressenkraft *f* jacking force [bon]
Pressfuge *f* pressed joint
Pressglas *n* pressware [met]
Pressharz *n* moulding resin [met]
Pressholz *n* pressed wood [met]; wood dough [met]
Pressluft *f* compressed air [met]
Pressluftbohrer *m* air drill [wzg]; pneumatic drill [wzg]
Presslufthammer *m* pneumatic breaker [wzg]; pneumatic hammer [wzg]
Pressluftmeißel *m* pneumatic chisel [wzg]
Pressluftnieten *n* pneumatic riveting [wer]
Pressluftnietmaschine *f* pneumatic riveter [wer]
Pressluftwerkzeug *n* air tool [wzg]
Pressmasse *f* moulded plastic material [met]; moulding compound [met]
Pressschweißen *n* welding with pressure [wer]
Pressspan *m* chipped wood [met]
Pressspanplatte *f* chipboard [met]; pressboard [met]
Pressstein *m* pressed brick
Pressstoff *m* moulded material [met]; pressed material [met]
Pressung *f* compaction
Pressverfahren *n* (für Lehmbausteine) compacting procedure; (für Lehmbausteine) compressing procedure
Prestigebauwerk *n* prestigious building
Prestigegebäude *n* prestigious building
Primärbatterie *f* non-rechargeable battery [elt]; primary battery [elt]
Primärbaustoff *m* primary building material [met]; primary building material [met]
Primärbohrung *f* primary drilling
Primärbrennstoffzelle *f* primary fuel cell [elt]
Primärelement *n* galvanic cell [elt]; primary cell [elt]
Primärerhebungen *pl* primary consultation and site appraisal
Primärleistung *f* (am Transformator) primary power [elt]
Primärnutzung *f* (Hauptnutzung) primary use; (Hauptnutzung) principal use
Primärschlamm *m* primary sludge [was]
Primärspannung *f* input voltage [elt]; primary voltage [elt]
Primärstrom *m* inducing current [elt]; primary current [elt]
Primärumschließungssystem *n* (Reaktorgebäude) primary containment system
Primärzelle *f* (Batterie) primary cell [elt]
Primer *m* (Grundanstrich) primer [met]
Prinzip der virtuellen Arbeit *n* principle of virtual work [phy]
Prinzip der virtuellen Kräfte *n* principle of virtual forces [sik]

Prinzip der virtuellen Verrückungen *f* principle of virtual displacements [phy]
Prinzipschaltbild *n* (Elektrik) basic circuit diagram [des]; (Elektrik) elementary circuit diagram [des]; schematic diagram [des]
Prinzipschema *n* basic scheme [des]
Prinzipskizze *f* schematic drawing [des]; schematic sketch [des]
Prismenbau *m* posted construction
Prismenstab *m* prismatic member [stb]
privates Nachbargrundstück *n* private plot of land
Privatinvestor *m* private investor [eco]
Probe *f* (Probekörper) assay [any]; (Versuch) assay [any]; (Prüfung) examination [any]; (Probekörper) sample [any]; (Stichprobe) sample [any]; (Probekörper) specimen [any]; (Probekörper) test piece [any]; (Erprobung) trial [any]
Probe ziehen *v* sample [any]
Probe, ungestörte - *f* undisturbed sample [any]
Probealarm *m* practice alarm [asi]
Probebetrieb *m* test run
Probeeinsatz *m* pilot operation
Probeentnahme *f* sample collection [any]; sampling [any]
Probeentnahmefehler *m* sampling error [any]
Probeentnahmegerät *n* sampling equipment [any]
Probeentnahmestutzen *m* sampling connection [any]
Probeentnahmeventil *n* sampling valve [any]
Probegut *n* sample material [any]
Probekörper *m* test specimen [any]
Probekörper *f* specimen [any]; test piece [any]
Probelauf *m* test run [any]; trial run [any]
Proben entnehmen *v* remove samples [any]
Probenahme *f* sample collection [any]; sample taking [any]; sampling [any]
Probenahme, automatische - *f* automatic sampling [any]
Probenahme, repräsentative - *f* representative sampling [any]
Probenahmedauer *f* duration of sampling [any]; sampling time [any]
Probenahmefehler *m* sampling error [any]
Probenahmegerät *n* sampling device [any]; sampling instrument [any]
Probenahmekopf *m* sampling head [any]
Probenahmeöffnung *f* sampling opening [any]
Probenahmesonde *f* sampling probe [any]
Probenahmestation *f* sampling station [any]
Probenahmestelle *f* sampling location [any]; sampling point [any]; sampling site [any]
Probenahmestrecke *f* sampling line [any]
Probenahmestutzen *m* sample tube [any]
Probenahmevorrichtung *f* sampling device [any]
Probenaufbewahrung *f* sample storage [any]
Probenehmer *m* sampler [any]

Probenentnahmerohr *n* sampling tube [any]
Probenentnahmestelle *f* sampling point [any]
Probengröße *f* sample size [any]
Probenheber *m* sampling tube [any]
Probennahmeanschluss *m* sampling port [any]
Probenstanze *f* sampling punch [any]
Probenteiler *m* sample divider [any]; sample splitter [any]
Probenteilung *f* sample splitting [any]
Probenumfang *m* sample size [any]
Probenvorbereitung *f* sample preparation [any]
Probesonde *f* sampler [any]
Probestau *m* (Talsperre) test impoundment [was]
Probestück *n* sample [any]; specimen [any]; test piece [any]
Probevorrichtung *f* testing device [any]
probeweise tentative
Probewürfel *m* test cube [any]
Probezeit *f* testing time [any]
Problemabfall *m* problem waste [rec]
Problemboden *m* problem soil [geo]
Proctordichte *f* Proctor density [geo]
Produkt, bauchemisches - *n* building chemical [met]
Produkt, gleichkörniges - *n* (körniges Material) short-range product [met]
Produkt, hochwertiges - *n* quality product
Produktbeschreibung *f* product description [des]
Produktdaten *pl* product data
Produktentwicklung *f* product design [des]; product development [des]
Produktgestaltung *f* product design [des]
Produktgestaltung, umweltgerechte - *f* design for environment [des]
Produkthaftung *f* product liability [jur]
Produkthaftungsgesetz *n* Product Liability Act [jur]
Produktionsabfall *m* process waste [rec]; production waste [rec]
Produktionsabwasser *n* industrial waste water [was]
Produktionsanlage *f* production facility [wer]
Produktionsausfall *m* production loss [wer]
Produktionsdurchlaufzeit *f* production transit time [wer]
Produktionshalle *f* production bay [wer]; production shed; shop building [wer]
Produktionskosten *pl* production costs [eco]
Produktionskreislauf *m* production cycle [eco]
Produktionsrest *m* residue
Produktionsrückstände *pl* production residues [rec]
Produktionsstätte *f* production facility [wer]; production site [wer]
Produktivität *f* production efficiency [wer]
Produktpalette *f* product range [eco]

Produktplanung *f* product planning [des]
Produktpolitik, integrierte - *f* integrated product
  policy [eco]
Produzentenhaftung *f* product liability [jur]
Profil *n* (Umriss) contour [des]; (Umriss) outline
  [des]; section [met]; shape [des]
Profil, zusammengesetztes - *n* built-up section
  [stb]; compound section [stb]
Profilaufnahme *f* (Vermessung) profile
  measurement [any]
Profilbauglas *n* channel-shaped glass [met];
  profile construction glass [met]; profiled
  architectural glass [met]
Profilbauglas mit Drahteinlage *n* wired channel-
  shaped glass [met]
Profilblech *n* corrugated sheet [met]; profiled plate
  [met]; profiled sheet [met]
Profildicke *f* section thickness [des]
Profileisen *n* section iron [met]; sectional iron
  [met]
Profilglas *n* bent glass [met]; figured glass [met];
  profile glass [met]
Profillehre *f* template gauge [any]
Profilplatte *f* profile board [met]
Profilquerschnitt *m* shape of cross-section [des]
Profilrohr *n* profiled tube [met]; section tube [met]
Profilschere *f* section cutter [wzg]; section shears
  [wer]
Profilschneider *m* section cutter [wzg]
Profilschnitt *m* profile cross section [des]
Profilstahl *m* section [met]; sectional steel [met];
  shaped steel [met]; steel section [met]; steel
  sections [met]; structural steel [met]
Profilstahlpfahl *m* steel section pile [tib]
Profilstahlrahmen *m* structural steel frame [stb]
Profilstahlträger *m* rolled-steel girder [stb]
Profilstein *m* profiliated brick
Profilton *m* tread clay [geo]
Profilträger *m* beam [stb]; joist [stb]; rolled beam
  [stb]; rolled joist [stb]; sectional girder
Profilträgergurt *m* flange
Projekt *n* project
Projekt auf der grünen Wiese *n* grass roots scheme
Projekt aufgeben *v* abandon a project
Projekt ausführen *v* carry out a project
Projekt, laufendes - *n* ongoing project
Projekt, schlüsselfertiges - *n* package-project;
  turnkey job; turnkey project
Projekt, Zweckbestimmung des -s *n* assigned
  purpose of the project
Projektabwicklung *f* project execution; project
  management
Projektbericht *m* project design report [wer]
projektbezogen project-related
Projektdauer *f* project period
Projektdurchführung *f* project implementation

Projektentwickler *m* (Immobilie) project developer
  [eco]
Projektentwicklungsgesellschaft *f* (Immobilie)
  project development company [eco]
Projektentwicklungsphase *f* project development
  phase [eco]
Projektförderung *f* project sponsorship [eco]
Projektgruppe *f* project group [wer]
Projekthandbuch *n* project manual
Projektierung *f* planning [des]; project design
  [des]
Projektierung, bautechnische - *f* structural design
  [des]
Projektierungsverfahren *n* design procedure [des]
Projektion *f* projection [des]
Projektion, orthogonale - *f* (darstellende
  Geometrie) orthognal projection [mat]
Projektionsebene *f* projection plane [des]
Projektionsfläche *f* projected area [des]
Projektionslinie *f* projection line [des]
Projektkostenüberwachungssystem *n* project costs
  monitoring system [eco]
Projektleiter *m* project head; project manager
Projektleitung *f* project management
Projektmanagement *n* project management
Projektorganisation *f* project management; project
  organization
Projektplanung *f* project planning; project
  scheduling
Projektsteuerung *f* project control [wer]; project
  supervision [eco]
Projektstruktur *f* project structure [eco]
Projektstudie *f* project study
Projektüberwachung *f* project supervision
Projektumfang *m* scope of project
Projektunterlagen *pl* project documentation [des]
Projektverantwortlicher *m* project convenor [eco]
Projektvermessung *f* (Baubereich) preconstruction
  survey [any]
Projektvorbereitungsphase *f* preinvestment phase
  [des]
Projektzeichnung *f* project drawing [des]
Projektziel *n* project goal
Promenade *f* boardwalk
Propanbrenner *m* propane burner [pow]
Proportion, anthropomorphe - *f* (Gestaltung)
  anthropomorphic proportion [arc]
Proportion, arithmetische - *f* (Gestaltung)
  arithmetic proportion [arc]
Proportion, geometrische - *f* (Gestaltung)
  geometric proportion [arc]
Proportion, harmonische - *f* (Gestaltung) harmonic
  proportion [arc]
Proportionalglied *n* (Regelung) proportional
  element [elt]
Proportionalitätsgrenze *f* stress-strain limit [met]

Proportionalregelung *f* (Regler: P-Verhalten) proportional-action control [elt]; proportional-position action [elt]
Proportionalstab *m* proportionality bar [stb]
Propylen *n* propene [che]
provisorisch makeshift; provisional; provisory; temporary; tentative
Prozessablauf *m* course of a process
Prozessablaufdiagramm *n* process flow diagram
Prozessablaufschema *n* process flow diagram [des]; process flow scheme [des]; process flow sheet [des]
Prozessabwasser *n* process waste water [was]
Prozessanalyse *f* process analysis [any]
Prozessausbeute *f* processing yield [prc]
Prozessdampf *m* process steam [pow]
Prozessdaten *pl* process data
Prozessentwicklung *f* process engineering
Prozessleistung *f* process performance
Prozessschema *n* process flow diagram [des]; process flow sheet [des]
Prozesssimulation *f* process simulation
Prozesssteuerung *f* process control
Prozesswärme *f* process heat [pow]
Prozesswärmelieferung *f* supply of process heat [pow]
Prozesswasser *n* process water [was]
Prüfablaufplan *m* inspection and test schedule [any]; inspection schedule [any]
Prüfabschnitt *m* (zeitlicher -) test period [any]
Prüfanker *m* test anchor
Prüfanlage *f* test installation [any]; test rig [any]
Prüfanordnung *f* test facility [any]; (Aufbau) test arrangement [any]
Prüfanweisung *f* inspection instruction [any]; test instruction [any]; testing instruction [any]
Prüfapparatur *f* test rig [any]
Prüfaufgabe *f* test assignment [any]
Prüfautomat *m* testing machine [any]
Prüfbedingung *f* inspection requirement [any]; test condition [any]
Prüfbedingungen *pl* test requirements [any]
Prüfbelastung *f* test load [any]
Prüfbelege *pl* test documents [any]
Prüfbericht *m* inspection record [any]; inspection report [any]; test record [any]; test report [any]
Prüfbescheinigung *f* compliance test certificate [any]; inspection certificate [any]; test certification
Prüfblatt *n* test sheet [any]
Prüfdaten *pl* test data [any]
Prüfdauer *f* test duration [any]
Prüfeinrichtung *f* test equipment [any]; test set [any]; testing facility [any]
prüfen *v* (chem. Analyse) analyze [any]; (chem. Analyse) assay [any]; (kontrollieren) audit [any];

(kontrollieren) check [any]; (kontrollieren) control [any]; (untersuchen) examine [any]; (ausprobieren, kontrollieren, kontrollieren) test [any]; (bestätigen) verify [any]
prüfen, auf Dichtheit - *v* test for leaks [any]
Prüfergebnis *n* test findings [any]; test result [any]
Prüffehler *m* error of testing [any]
Prüffolge *f* test sequence [any]
Prüfgas *n* probe gas [any]; test gas [any]
Prüfgerät *n* test device [any]; test instrument [any]; testing instrument [any]
Prüfgewicht *n* calibrating weight [any]
Prüfingenieur *m* inspection engineer; inspection engineer; test engineer [any]
Prüfinstrument *n* test instrument [any]; testing instrument [any]
Prüfintervall *n* inspection interval [any]
Prüfkörper *m* control specimen [any]; reference block [any]; test sample [any]; test specimen [any]
Prüfkopf *m* measuring head [any]; probe [any]; scanning head [any]; sensor head [any]; transducer [any]
Prüfkopfanpasser *m* probe adapter [any]
Prüfkriterien *pl* test criteria [any]
Prüflast *f* test load [any]
Prüflehre *f* check gauge [any]; inspection gauge [any]; master gauge [any]; test gauge [any]
Prüfling *m* coupon [any]; test sample [any]
Prüfliste *f* check list [any]; check-off list [any]
Prüfmittel *n* examination medium [any]; means of testing [any]
Prüfmittelüberwachung *f* (Qualitätsmanagement) control of inspection and test equipment [any]; (Qualitätsmanagement) control of inspection, measurement and test equipment [any]
Prüfnorm *f* test standard [any]; testing standard [any]
Prüfnummer *f* check number [any]; test number [any]
Prüfplakette *f* inspection sticker [any]; test badge [any]; test mark [any]
Prüfplan *m* inspection and test schedule [any]; inspection plan [any]; inspection schedule [any]
Prüfplanung *f* inspection planning [any]
Prüfprogramm *n* inspection and test program [any]; test program [any]; test schedule [any]
Prüfprotokoll *n* inspection record [any]; inspection sheet [any]; test record [any]
Prüfschärfe *f* severity of test [any]
Prüfschein *m* test certificate [any]
Prüfschild *n* test plate [any]
Prüfsieb *n* test screen [any]; test sieve [any]
Prüfsignal *n* test signal [any]
Prüfsonde *f* sampling probe [any]; test probe [any]
Prüfstab *m* test rod [any]

Prüfstand *m* test bench [any]; test facility [any]; test rig [any]

Prüfstatik *f* official review of the structural analysis [sik]

Prüfstatiker *m* inspecting structural engineer [sik]

Prüfstelle *f* testing agency [any]; testing authority [any]

Prüfstempel *m* inspection stamp [any]

Prüfstrecke *f* test section [any]

Prüfstück *n* (beim Schweißen) joint sample [met]; test piece [any]; test specimen [any]

Prüfstutzen *m* test socket [any]

Prüfsubstanz *f* test substance [any]

Prüfumfang *m* extent of inspection [any]; (Abnahme) inspection scope [any]; scope of inspection [any]

Prüfung *f* (Kontrolle) assay [any]; (Beurteilung) assessment [any]; (Überprüfung) check [any]; (Überprüfung) check-up [any]; (Überprüfung) examination [any]; (Überprüfung) inspection [any]; (Untersuchung) investigation [any]; (Kontrolle) proof [any]; (Kontrolle) test [any]; (Überprüfung) verification [any]

Prüfung auf Schweißbarkeit *f* weldability test [any]

Prüfung mit bloßem Auge *f* naked eye examination [any]

Prüfung während des Betriebs *f* in situ inspection [any]

Prüfung, abgebrochene - *f* curtailed inspection [any]

Prüfung, amtliche - *f* official test [any]

Prüfung, automatische - *f* built-in check [any]

Prüfung, berührende - *f* contact scanning [any]

Prüfung, berührungslose - *f* non-contact scanning [any]

Prüfung, betriebsinterne - *f* internal auditing [any]

Prüfung, eingehende - *f* thorough inspection [any]

Prüfung, gesetzlich vorgeschriebene - *f* statutory audit [any]

Prüfung, laufende - *f* routine test [any]

Prüfung, nicht zerstörungsfreie - *f* destructive test [any]

Prüfung, sicherheitstechnische - *f* safety check [any]

Prüfung, visuelle - mit bloßem Auge *f* unaided eye [any]

Prüfung, vorbeugende - *f* preventive inspection [any]

Prüfung, zerstörende - *f* destructive test [any]

Prüfung, zerstörungsfreie - *f* non-destructive examination [any]; non-destructive test [any]; (Werkstoffprüfung) non-destructive testing [any]

Prüfung. zerstörende - *f* destructive testing [any]

Prüfungsbericht *m* (Qualitätsmanagement) audit report [any]; test report [any]

Prüfungsbescheinigung *f* inspection certificate [any]; test certificate [any]

Prüfungsergebnis *n* (Qualitätsmanagement) audit result [any]; test result [any]

Prüfungsfeststellung *f* findings during auditing [any]

Prüfungsprotokoll *n* (Qualitätsmanagement) auditor's report [any]; test certificate [any]

Prüfungsumfang *m* (Qualitätsmanagement) scope of the auditing [any]

Prüfungsverfahren *n* (Qualitätsmanagement) audit procedure [any]; examination procedure [any]

Prüfungsvermerk *m* accountant's certificate [any]

Prüfungsvermerk, eingeschränkter - *m* (Qualitätsmanagement) unqualified audit report [any]

Prüfungsvermerk, uneingeschränkter - *m* (Qualitätsmanagement) qualified audit report [any]

Prüfungsvorschrift *f* test specification [any]

Prüfungsvorschriften *pl* (Abnahme) acceptance specifications [any]; (Qualitätsmanagement) auditing standards [any]; testing rules [any]

Prüfungszeugnis *n* certificate of inspection [any]; test certificate [any]

Prüfunterlagen *pl* test documents [any]

Prüfverfahren *n* inspection and test procedure [any]; inspection procedure [any]; test method [any]; test procedure [any]

Prüfvorrichtung *f* testing equipment [any]; test unit [any]

Prüfvorschrift *f* inspection instruction [any]; inspection procedure [any]; test specification [any]

Prüfzeichen *n* test mark [any]

Prüfzeichnung *f* appraisal drawing [des]

Prüfzeit *f* testing time [any]

Prüfzeugnis *n* test certificate [any]

Prüfzeugnis, amtliches - *n* approved test certificate [any]

Prüfzeugnis, bauaufsichtliches - *n* test certificate issued by the building inspectorate

Prüfzyklus *m* test cycle [any]

Prunkbau *m* state building

Pteron *m* (äußerer Säulengang) pteron [arc]; (Säulengang) pteron [arc]

Pufferbatterie *f* backup battery [elt]; boosting battery [elt]; buffer battery [elt]

Pufferbecken *n* balancing tank [was]

Pufferspeicher *m* buffer tank [wba]

Puffertank *m* buffer tank [was]

Pufferung *f* (polsternde Schweißschicht) soft cushioning seam [met]

Pufferzeit *f* permissible interruption [wer]

Pulsschützer *m* cuff [asi]

Pulsschutz *m* (Handschuhe) vein protection [asi]

Pultdach *n* lean-to roof; monopitch roof; pen roof; pent roof; pitch roof; shed roof; single-pitch roof

Pultdachgiebel *m* sawtooth gable
Pultverglasung *f* (Oberlicht) clerestory
Pulverfabrik *f* gunpowder factory [wer]
pulverisieren *v* pulverize [prc]
pulverisiert pulverized [prc]
Pulverlack *m* coating powder [met]; powder
varnish [met]; powder-based paint [met]
Pulverlack-Beschichtung *f* powder mould coating
[met]
Pulverstabilisator *m* powder stabilizer [met]
Pumpbeton *m* pumpcrete [bon]; pumped concrete
[bon]; pumping concrete [bon]
pumpen *v* pump [prc]
Pumpenaggregat *n* pump unit [prc]
Pumpenbagger *m* pump dredge; pump dredger
Pumpenbewässerung *f* pump irrigation [was]
Pumpensumpf *m* sump [prc]
Pumpfähigkeit *f* pumpability [prc]
Pumpspeicher *m* (Speicherbecken) pump storage
[pow]
Pumpspeicherkraftwerk *n* pump-fed power station
[pow]; pumped-storage power station [pow];
pumped-storage station [pow]
Pumpspeicherwerk *n* pumped-storage system
[pow]
Pumpverfahren *n* pumping method [prc]
Punktbelastung *f* concentrated load [sik]
punktförmig point-based
punktgehalten point-supported
punktgeschweißt spot-welded [wer]
Punktkipplager *n* spherical bearing [stb]
Punktkipplagerung *f* ball bearing [stb]
Punktlager *n* one-point bearing [stb]; point
bearing; point support; point support
Punktlast *f* concentrated load [sik]; concentrated
mass [sik]; point load [sik]; punctiform load [sik]
Punktschweißung *f* point welding [wer]
Punktschweißverbindung *f* spot-welded joint [tec]
Putto *n* (Dekoration) putto [arc]
Putz *m* finery; finish; plaster; plastering coat
Putz ohne Zuschlagstoffe *m* neat plaster
Putz, dreilagiger - *m* three-coat plaster
Putz, einlagiger - *m* single-layer plaster
Putz, gefilzter - *m* felted plaster
Putz, geglätteter - *m* smooth finish plaster
Putz, gewaschener - *m* washed plaster
Putz, glasfaserverstärkter - *m* glass-fibre
reinforced plaster
Putz, schallabsorbierender - *m* acoustical plaster
Putz, schalldämmender - *m* acoustic plaster
Putz, zweilagiger - *m* two-layer plaster
Putz- und Mauerbinder *m* masonry cement [met];
masonry cement [met]; mortar cement [met]
Putz- und Stuckarbeiten *pl* plaster and stucco
works
Putzablösung *f* plaster detachment

Putzaufbau *m* structure of rendering
Putzauftrag, einlagiger - *m* plaster application in
one layer
Putzauftrag, mehrlagiger - *m* plaster application in
more than one layer
Putzbewehrung *f* plaster reinforcement
Putzdecke *f* plaster ceiling
Putzdicke *f* thickness of plaster
Putzdiele *f* (Wandbauplatte als Putzträger)
plasterboard
Putzdrahtgeflecht *n* wire lathing [met]
Putzeckprofil *n* corner bead
putzen *v* (verputzen) finish; (verputzen) plaster;
trowel
Putzen *n* (Verputzen) plastering; (Verputzen)
plasterwork
Putzgips *m* construction plaster [met]; plaster
gypsum [met]
Putzgips für Betonflächen *m* concrete bonding
plaster [met]
Putzgrund *m* plaster base
Putzhaftung *f* plaster adhesion
Putzhobel *m* smoothing plane [wzg]
Putzimprägnierung *f* plaster impregnation
Putzimprägnierungsmittel *n* plaster impregnating
agent [met]
Putzkalk *m* finish lime [met]; stucco [met]
Putzkelle *f* plaster trowel [wzg]; plastering trowel
[wzg]; square trowel [wzg]
Putzleiste *f* angle staff; corner strip; window bar
Putzmaschine *f* (Verputzmaschine) plastering
machine; rendering machine
Putzmittel *n* cleansing agent [met]; scouring
material [met]
Putzmörtel *m* plaster [met]; plaster mortar [met];
plastering mix [met]
Putzmörtel, mineralischer - *m* mineral plastering
mortar [met]; mineral rendering mortar [met]
Putzprofil *n* plaster profile
Putzschäden *pl* damaged plaster
Putzschicht *f* coat; floating; plaster coat
Putzsystem *n* plastering system; rendering system
Putzträger *m* plaster base; plaster lath [met]
Putzträger aus Stahl *m* metal lath [stb]
Putztreiben *n* popping
Putzuntergrund *m* plaster base
Putzvergütungsmittel *n* plaster additive [met]
Putzzusatzmittel *n* plaster additive [met]
Puzzolan *m* pozzolana [met]
PVC-Weichfolie *f* soft-PVC foil [met]
Pylon *m* pylon; (z.B. Brücken-) suspension tower
Pyramidendach *n* pavillon roof; rotunda roof [arc]

Q

Quader *m* cuboid
Quadermauerwerk *n* (historisch) ashlar masonry;
  block-in-course walling; square masonry [arc]
Quaderstein *m* ashlar rock ; ashlar [met]; ashlar
  stone; square stone block
quadratisch square
Quadratmeter pro Einwohner *m* square metres per
  inhabitant [com]
Quadratstahlrohr *n* square steel tube [met]
Qualifikationsanforderung *f* qualification
  requirement
Qualität *f* quality
Qualität eines Gebäudes, wärmewirtschaftliche - *f*
  thermal quality of a building
Qualität, handelsübliche - *f* commercial grade [eco]
Qualitätsabweichung *f* deviation from quality
Qualitätsanforderung *f* quality requirement;
  quality standard
Qualitätsberatung *f* quality consulting
Qualitätsbericht *m* quality report
Qualitätsbeurteilung *f* quality assessment [eco]
Qualitätsbewertung *f* quality assessment
Qualitätselement *n* quality element
Qualitätsklasse *f* grade [eco]
Qualitätskontrolle *f* quality assessment; quality
  control
Qualitätskontrolle beim Auftragnehmer *f*
  contractor's quality control [any]
Qualitätslenkung *f* quality steering
Qualitätsmanagement *n* quality management [eco]
Qualitätsmerkmal *n* quality characteristic; quality
  or service characteristic
Qualitätsminderung *f* impairment of quality;
  reduction in quality
Qualitätsnachweis *m* certificate of quality
Qualitätsnorm *f* quality standard; standard of
  quality
Qualitätspolitik *f* quality policy
Qualitätsprüfung *f* quality assessment
Qualitätssicherung *f* assurance of quality; quality
  assurance
Qualitätssicherungshandbuch *n* quality manual
Qualitätssicherungsplan *m* quality control plan
  [eco]
Qualitätssicherungsprüfung *f* (Qualitätsmanage-
  ment) quality assurance examination [any]
Qualitätsüberwachung *f* quality assurance; quality
  control
Qualitätswesen *n* quality management [eco]
Quarzfaser *f* quartz fibre [met]
Quarzglas *n* quartz glass [met]

Quarzlampe *f* quartz lamp [elt]
Quarzmehl *n* quartz powder [met]; silica flour
  [met]
Quarzsand *m* quartz sand [met]; silica sand [met]
Quarzschieferton *m* arenaceous shale [geo]
Quecksilberbatterie *f* mercury battery [elt]
Quellbeton *m* expanding concrete [bon];
  expansive-cement concrete [bon]; high-expansion
  concrete [bon]; self-stressed concrete [bon]
Quellboden *m* expansive soil [geo]
quellen *v* (einweichen) soak
Quellen *n* swelling process [met]
Quellenschutzgebiet *n* water-head protection area
  [was]
Quellhilfsmittel *n* swelling agent [met]; swelling
  auxiliary [met]
Quellhorizont *m* swelling horizon [geo]
Quellmörtel *m* swelling mortar [met]
Quellton *m* swelling clay [met]
Quellungsbeständigkeit *f* swelling resistance
  [met]
Quellungsfähigkeit *f* (Leder) capability of swelling
  [met]
Quellvermögen *n* swellability [met]
Quellwasser *n* spring water [was]
Quellzement *m* expansive cement [met]; high-
  expansion cement [met]
quer verlaufend transverse
Querabmessung *f* lateral dimension [des]
Querachse *f* lateral axis [des]; transversal axis
  [stb]; transverse axis [tec]
Queraussteifung *f* cross bracing
Querbalken *m* cross girder; cross member; cross
  truss [stb]; cross-bar; cross-beam; cross-beam;
  transverse beam
Querbelastung *f* transverse load [phy]
Querberippung *f* (Wärmeaustauscherrohre)
  circumferential finning [pow]
Querbewegung *f* transverse motion [phy];
  transverse travel
Querbewehrung *f* transverse reinforcement [bon]
Querbewehrungsstahl *m* distribution steel [bon]
Querbiegeversuch *m* tensile bending test [any]
Querbiegung *f* transverse bending [sik]
Querbügel *m* (Schalung) cross strap
Querdehnung *f* lateral extension [met]; lateral
  strain [met]
Querdeich *m* cross dyke [wba]
Querdruckspannung *f* transverse compression
  stress [sik]
Querdurchlass *m* cross culvert
Querelastizität *f* cross elasticity [met]
Querentwässerung *f* transverse drainage
Querfaltversuch *m* (Materialprüfung) transverse
  flat bend test [any]
Querfenster *n* lying window

Querförderung *f* (Erdbau) cross-dozing
Querfuge *f* transversal joint; transverse joint
Quergefälle *n* cross-slope [geo]; crossfall; (Fahrbahn) transverse gradient [tib]; transverse sloping
Querhaupt *n* cross girder; cross truss [stb]
Querhaus *n* (Kirche) cross aisle [arc]; (mittelalterliche Kirche) transept [arc]
Querhausapside *f* (mittelalterliche Kirche) transept chapel [arc]
Querholz *n* cross-beam; transom
Querkontraktion *f* transverse contraction [met]
Querkraft *f* shear force [phy]; transverse force [phy]; (Scherkraft) transverse shear [sik]
Querkraftbewehrung *f* shear reinforcement [bon]
Querkraftbügel *m* shear stirrup [bon]
Querkraftlinie *f* shear force diagram [sik]
Querkraftverlauf *m* shear force distribution [sik]
Querkraftverzerrung *f* shear lag [sik]
Querlatte *f* brace
Querleiste *f* ledge
Querneigung *f* (Straßenkurve) cant [tib]; (Fahrbahn) cross inclination; crossfall; (der Fahrbahn) crown; (- der Fahrbahn) superelevation; (Straßenbau) transversal gradient; (Fahrbahn) transverse gradient [tib]; (Fahrbahn) transverse slope [tra]
Querplatte *f* (bei Stützenstößen) transverse plate [stb]
Querprobe *f* transverse test specimen [any]
Querprobenahme *f* transverse sampling [any]
Querprofil *n* cross profile; transverse profile
Querrahmen *m* bent; cross frame [stb]
Querrampe *f* cross culvert
Querriegel *m* cross-bar; cross-beam; footing beam; lock rail; (Tür) lock rail; (Zerrbalken) tie beam
Querrinne *f* poledrain
Querrippe *f* (Kreuzrippengewölbe) transverse ridge rib [arc]
Querriss *m* cross crack [met]
Querriss, klaffender - *m* open transverse crack [met]
Querrohr *n* cross tube [met]
Querscheibe *f* transverse diaphragm [stb]
Querschiff *n* (Kirche) cross aisle [arc]; transept
Querschild *n* (Planierraupe) bulldozer blade [tib]
Querschnitt *m* cross-section; lateral section [des]; transverse section [des]
Querschnitt der Druckbewehrung *f* area of compressive reinforcement [bon]
Querschnitt der Zugbewehrung *m* area of tensile reinforcement [bon]
Querschnitt eines Bügels *f* area of a stirrup
Querschnitt, geschwächter - *m* weakened cross-section [sik]
Querschnitt, kreisförmiger - *m* round section [des]

Querschnitt, nutzbarer - *m* useful cross-section [sik]
Querschnitt, zusammengesetzter - *m* built-up section [stb]; compound section [stb]
Querschnittsabnahme *f* reduction in sectional area [des]
Querschnittsänderung *f* change of cross-section [des]
Querschnittsdarstellung *f* sectional drawing [des]
Querschnittserweiterung *f* channel widening [wba]; divergent cross-section [des]
Querschnittsfläche *f* cross-sectional area [des]; sectional area [des]
Querschnittsformbeiwert *m* form factor [sik]
Querschnittsminderung *f* decrease of cross-section [des]; reduction of cross-section [des]
Querschnittsprobe *f* cross-sectional sample [any]
Querschnittsschwächung *f* reduction of cross-section [met]; sectional weakening [met]
Querschnittsverengung *f* constriction of cross-section [des]; convergent cross-section [des]; (Verminderung) cross-sectional convergence [des]; necking
Querschnittsverjüngung *f* tapering of cross-section [des]
Querschnittsverminderung *f* reduction of area [met]; reduction of cross-sectional area [des]
Querschnittswert *m* section property [met]
Querschnittszeichnung *f* cross-sectional drawing [des]; sectional drawing [des]
Querschott *n* transverse diaphragm [stb]
Querschub *m* transverse shear force [phy]
Querschwingung *f* transverse oscillation [phy]; transverse vibration [phy]
Querspannglied *n* transverse tendon
Querspannung *f* transverse stress [phy]
Quersparren *m* cross rafter
Querstab *m* cross-bar [stb]
Quersteife *f* transverse stiffener [stb]; transverse stiffness [sik]
Quersteifigkeit *f* transverse rigidity [sik]
Querstellung *f* transverse position [com]
Querstraße *f* cross-road [tra]; side-street [tra]
Querstrebe *f* cross brace; cross member; cross stud; cross-beam; (Holzbau) cross-tie
Querströmung *f* cross flow [prc]; transversal current [wba]
Querstromsichter *m* cross-flow air separator [prc]
Querteilung *f* transversal spacing [des]
Querträger *m* cross arm [stb]; cross girder; cross truss; cross-beam; cross-head; secondary beam; transverse beam [stb]; transverse girder [stb]; transversing girder [stb]
Quertragseil *n* traverse cable; traverse wire
Quertraverse *f* cross-beam; cross-tie [stb]; equalizer bar

Querverankerung *f* cross stay
Querverband *m* cross bracing; sway bracing [stb];
 transversal bracing; (Brücke) transverse bracing
 [stb]
Querverbindung *f* cross rail
Querverschiebung *f* transverse travel
Querverschub *m* (Brückenbau) lateral launching;
 (Brückenbau) transverse launching
Querverstrebung *f* cross brace; cross bracing;
 sway bracing [stb]
Querverteilung *f* (von Kräften) transverse
 distribution
Querverwerfung *f* transverse fault
Quervorspannung *f* transverse prestressing
Querwand *f* bulkhead; cross-wall
Querzugfestigkeit *f* transverse tensile strength
Quetschfestigkeit *f* squash strength [met]
Quetschfuge *f* (Mörtelausfüllung) mortar joint
Quetschmühle *f* crushing mill [prc]
Quetschverschraubung *f* compression coupling
 [tga]

R

R-Satz *m* (stoffliche Risikokennzeichnung) R-phrase [che]
Rabatt *m* discount [eco]
Rabitz *n* (Putzträger) wire cloth [met]
Rachenlehre *f* caliper gauge [any]
Rad-Hublader *m* wheel tractor shovel [tib]
Radabweiser *m* fender pole
Radaufreißer *m* wheel ripper [tib]
Radbagger *m* wheeled excavator
Radialbohrer *m* radial drill [wzg]
Radialerschließung *f* radial circulation
Radialriss *m* radial cracking [met]
Radialscherung *f* radial shear [met]
Radialspannung *f* radial stress [met]
Radialstein *m* circle brick; radial brick
Radialziegel *m* radial brick
Radiator *m* radiator [pow]; thermal radiator [pow]
Radiatorheizung *f* radiator heating [pow]
Radiatorrippe *f* fin [pow]; gill [pow]
Radiatorrohr *n* externally ribbed tube [pow]
Radlader *m* front-end loader [tib]; pay loader [tib]; wheel loader [tib]; wheeled front-end loader [tib]
Radplaniergerät *n* wheeled dozer
Radschrapper *m* wheel scraper [tib]
Radschrapper, drehbarer - *m* rotary scraper [tib]
Radtraktor *m* wheel tractor [tib]
Radweg *m* bikeway [tra]; cycle-track [tra]; cycle-way [tra]
Radwegenetz *n* network of cycle-ways [tra]
Rädern, auf - wheel-mounted [tib]
Rähm *m* mount; top plate
Rähmstück *n* breast beam; breastsummer
Räumarbeiten *pl* utility-type work
Räume, benachbarte - *pl* adjacent spaces [com]
Räume, sich überschneidende - *pl* interlocking spaces [com]; overlapping spaces [com]
räumen *v* (Erdbau) bulldoze; (Baustelle -) demobilize; dredge [wba]; (Gebäude) leave
Räumer *m* cleaning equipment [was]; sludge collector [was]
Räumerbrücke *f* (Absetzbecken) travelling bridge [was]
Räumereinrichtung *f* scraper installation [was]
Räumgerät *n* (bei Halden) reclaimer [roh]
räumlich spatial; three-dimensional
räumliches Fachwerk *n* space frame structure; space framework
Räumlichkeiten *pl* (Immobilien) premises
Räumlöffel *m* raker
Räumung *f* (Baustelle) clearance; (Baustellenvorbereitung) site clearing

Räumvorrichtung *f* clearing equipment [was]
Rahmen *m* framework; (Tür, Fenster) jamb
Rahmen mit geknicktem Riegel *m* gable frame [stb]
Rahmen, biegefester - *m* rigid frame [stb]
Rahmen, biegesteifer - *m* rigid frame
Rahmen, durchlaufender - *m* continuous frame
Rahmen, ebener - *m* plane frame
Rahmen, eingespannter - *m* fixed frame
Rahmen, einstöckiger - *m* single-storey frame [stb]
Rahmen, frei tragender - *m* cantilever frame
Rahmen, mehrfeldriger - *m* multi-bay frame [stb]
Rahmen, mehrstöckiger - *m* multi-storey frame [stb]
Rahmen, schiefwinkliger - *m* skew frame
Rahmen, zweistöckiger - *m* two-storey frame [stb]
Rahmenauflage *f* bearing area
Rahmenbauwerk *n* frame structure; framed structure
Rahmenbrücke *f* portal bridge
Rahmenecke *f* frame corner [stb]; haunch [stb]; knee [stb]
Rahmenfalzbreite *f* (Glaserei) frame rabbet width
Rahmenfilterpresse *f* plate-and-frame press [was]
Rahmenfläche *f* (Fensterrahmen) frame area
Rahmenform *f* frame formwork [bon]
Rahmenholz *n* head rail
Rahmenholz des Überhangs *n* (Holzkonstruktion: Fachwerkgebäude) jetty plate
Rahmenkonstruktion *f* frame construction; frame structure; framework
Rahmenmaterial *n* (Fenster) frame material
Rahmenpresse *f* frame filter press [was]
Rahmenprofil *n* frame profile; frame section
Rahmenriegel *m* beam of frame; frame girder [stb]; horizontal frame member [stb]; horizontal member [stb]; rafter of frame
Rahmenschalung *f* frame formwork [bon]
Rahmenstab *m* battened member
Rahmenständer *m* frame column; frame leg [stb]; framed stanchion
Rahmenstiel *m* frame leg [stb]; frame stanchion [stb]; portal leg [stb]; stanchion of frame; vertical frame member [stb]; (Fachwerk) vertical member [stb]; vertical member of frame [stb]
Rahmenstütze *f* frame column [stb]; frame stanchion [stb]
Rahmenteil *n* frame member
Rahmenträger *m* frame girder [stb]
Rahmenträgerbrücke *f* rigid frame bridge
Rahmentragwerk *n* bent; frame load-bearing structure; structural frame
Rahmentragwerk, räumliches - *n* space frame [stb]
Rahmentür *f* framed door
Rahmenunterteil *n* bottom rail

Rahmenvereinbarung *f* framework agreement [jur]
Rahmenvertrag *m* framework agreement [jur]
Rahmholz *n* head runner; headpiece
Ramin *n* (Holzart) ramin [met]
Rammanlage *f* pile-driving plant [tib]
Rammarbeiten *pl* pile-driving work [tib]
Rammausrüstung *f* (Spundwand) piling equipment [tib]
Rammbär *m* beetle head; drive block [tib]; drop hammer [tib]; (für Spundwände) monkey; pile hammer [tib]; pile ram [tib]; pile-driver ram [tib]; pile-driving hammer [tib]; ram; (z.B. für Spundwände) steam hammer
Rammbock *m* battering-ram; pile driver; rammer
Rammbohrverfahren *n* driven boring method [tib]
Ramme *f* pile driver; piling plant [tib]; rammer
Ramme mit Lärmschutz *f* silenced hammer
Rammeinrichtung *f* pile-driving attachment [tib]
rammen *v* jam; ram
Rammen *n* beating [tib]; (Spundbohlen) driving [tib]; pile driving
Rammen von Pfählen *n* piling [tib]
Rammfuß *m* pile shoe [tib]
Rammgerüst *n* pile frame [tib]
Rammhammer *m* double-acting hammer; pile hammer [tib]; piling hammer [tib]; ram hammer; rapid stroke hammer [tib]
Rammhaube *f* (Einbringen von Spundbohlen) driving cap; pile helmet [tib]
Rammhaubenfutter *n* (Spundwandbau) cushion
Rammkraft *f* pile-driving force [tib]
Rammmeißel *m* trepan chisel [tib]
Rammpfahl *m* (Spundwand) bearing pile; impact-driven pile; (Tiefgründung) ram pile [tib]
Rammrohr *n* piling pipe [tib]
Rammsonde *f* driving rod [any]
Rammsondierung *f* (mit Pfählen) prepiling [tib]
Rammspitze *f* drive point [tib]; drive point [tib]; pile shoe [tib]
Rammtiefe *f* (Pfählung) depth of penetration
Rammträgerwand *f* (Tiefbau) rammed-pile wall
Rammwiderstand *m* (Einrammen von Pfählen) driving resistance [geo]
Rammwinde *f* pile-driving hoist [tib]
Rampe *f* (Brücken-) approach; platform; ramp; (Auffahrt) slope
Rampe, fahrbare - *f* travel ramp [tra]
Rampe, schräge - *f* inclined ramp
Rampenbrücke *f* approach bridge
Rampenspannweite *f* approach span
Rand *m* (Wasserbau: Dammrand) lip
Rand, eingespannter - *m* clamped edge
Rand, unbeanspruchter - *m* (Holzbau) unloaded end
Randabschlussbohle *f* surround plank
Randabschlussprofil *n* surround section

Randabstand *m* (bei Nieten) edge distance [des]
Randabstand in Kraftrichtung *m* longitudinal edge distance [sik]
Randabstand senkrecht zur Kraftrichtung *m* lateral edge distance [sik]
Randaufkantung *f* (hochgeführtes Bauteil) upstand
randausgesteift edge-stiffened [met]
Randbalken *m* edge beam; perimeter beam; spandrel beam
Randbohle *f* (Abdichtung im Randbereich) edge planking
Randfeld *n* exterior span
Randgebiet *n* outlying district [com]; (Stadt) outskirts [com]
Randkanal *m* belt canal [wba]
Randlage *f* peripheral location
Randleiste *f* ledge
Randnutzung *f* marginal use
Randpfette *f* edge purlin
Randplatte *f* edge plate
Randprofil *n* edge profile
Randschicht *f* surface layer [met]
Randsiedlung *f* outside settlement
Randspannung *f* boundary stress [met]
Randsteckverbinder *m* edge connector
Randstein *m* (Gehweg) border stone [tra]; curbstone [tib]; haunching stone; kerb [tra]; kerbstone [tra]
Randstörung *f* edge disturbance
Randstreifen *m* edging strip; hard shoulder [tra]; marginal strip [tra]; (an Straße) shoulder [tib]; side strip [tra]; (Straße, Bahn) verge [tib]
Randstreifen, befestigter - *m* shoulder strip [tra]
Randstreifen, unbefestigter - *m* (an Straße) graded shoulder [tra]; (Straße) graded shoulder [tra]
Randstreifenbefestigung *m* shouldering [tra]
Randträger *m* edge beam; edge girder [stb]; edge stiffener; (Träger, an den Deckenträger anschließen) header; spandrel beam
Randträger, umlaufender - *m* peripheral girder
Randträgerbefestigung *f* edge girder strap
Randverstärkung *f* edge thickening
randversteift edge-stiffened [met]
Randverwahrung *f* (Abdichtung im Randbereich) edge flashing
Rang *m* balcony; (Theater) circle
Rangierbahnhof *m* (<B>) marshalling yard [tra]; shunt yard [tra]; (<B>) shunting station [tra]; (Bahn) switching station [tra]
Rappputz *m* rough-casting
rasch bindend quick-setting [che]
Rasenbordstein *m* lawn kerbstone [tib]
Rasenfläche *f* turfed area [far]
Rasengitterstein *m* grass paver; turf brick stone [met]
Rasenstück *n* sod

Raspel *f* (Feile) rasp [wzg]
Raster *n* (Gitter) grid [des]; (Straßen-, u.a.) regular grid [com]
Rasterdecke *f* grid ceiling
Rasthaus *m* motel [tra]; motorway restaurant [tra]; roadside café [tra]
Rastplatz *m* parking place [tra]; picnic area [tra]; (allgemein) picnic place; (an Straßen) rest area [tra]; resting place [tra]; (Straße, Autobahn) roadside rest area [tra]; turnout [tra]
Raststätte *f* roadside restaurant; service area [tra]
Rationalisierungspotenzial *n* potential for rationalization [wer]
Ratsche *f* ratchet [wzg]
Ratschenringschlüssel *m* ratchet ring spanner [wzg]
rau (Oberfläche) coarse; (unbearbeitet) crude; (unbearbeitet) raw; (Oberfläche) unpolished
Raubelag *m* (Straße) roughening course [tib]
Rauch- und Hitzeabzug *m* smoke and heat vent
Rauch- und Wärmeabzugsanlage *f* (Sicherheits-technik) smoke and heat exhaust installation [tga]
Rauchabsauganlage *f* (Brand) smoke exhaust system
Rauchabzug *m* (aktiv) smoke extractor; (im Gebäude für Brandfall) smoke outlet; (passiv) smoke outlet
Rauchabzugsanlage *f* smoke exhaust installation; smoke extractor system
Rauchabzugsöffnung *f* smoke vent opening
Rauchabzugssystem *n* natural smoke and heat ventilation; (Gebäudesicherheit) smoke extract system; smoke extractor system
Rauchbegrenzer *m* smoke limiter [any]
Rauchbekämpfung *f* (bei Brand) smoke control
Rauchdetektor *m* smoke detector [any]
rauchdicht impervious to smoke [met]
Rauchentwicklung *f* development of smoke; smoke development; (bei Brand) smoke emission
rauchfrei smoke-controlled [met]
Rauchgasführung *f* (Rohrsystem) flue ducting [pow]
Rauchgasgips *m* (Gips aus Rauchgasentschwefelungsanlage) flue gas gypsum [met]
Rauchgaskamin *m* smokestack [air]
Rauchgaskanal *m* chimney flue [pow]
Rauchgasmelder *m* smoke detector [any]
Rauchgasverlust *m* flue gas loss [pow]
Rauchklappe *f* (Sicherheitstechnik) smoke baffle [tga]; vent
Rauchmelder *m* smoke detector [any]
Rauchmelder, optischer - *m* (Brandschutz) optical smoke detector [asi]
Rauchmeldung, Luftproben- *f* air-sampling smoke detection
Rauchminderer *m* smoke absorbing device

Rauchschaden *m* damage by fume
Rauchschutzmaske *f* smoke mask [asi]
Rauchschutztür *f* (Sicherheitstechnik) smoke-control door
Rauchverzehrer *m* smoke absorbing device
Raufaser *f* woodchip paper [met]
Raufaserfarbe *f* ingrain paint [met]
Rauheit *f* abrasiveness [met]
Rauhobel *m* jack plane [wzg]
Rauigkeit *f* (Oberfläche) rugosity [met]
Rauigkeitsbeiwert *m* coefficient of roughness [met]; coefficient of rugosity [met]
Rauigkeitsmessgerät *n* roughness measuring device [any]
Rauigkeitsmessung *f* roughness measurement [any]
Rauigkeitsprüfer *m* roughness tester [any]
Rauigkeitssensor *m* roughness sensor [any]
Raum *m* (Zimmer) room; (Rauminhalt) volume
Raum im Raum *m* space within an space [com]
Raum sparend space-saving [des]
Raum, bewohnbarer - *m* room fit to live in
Raum, enger - *m* compact space [com]
Raum, erlebter - *m* subjective space [com]
Raum, gefangener - *m* enclosed room [arc]
Raum, gemütlicher - *m* den
Raum, gerichteter - *m* directed space [com]; directed space [com]; elongated space [com]
Raum, geschlossener - *m* closed space
Raum, halböffentlicher - *m* semipublic space [com]
Raum, halbprivater - *m* semiprivate space [com]
Raum, mit Beton abgeschirmter - *m* (Kernkraftwerk) concrete embedment shield compartment [bon]
Raum, öffentlicher - *m* public area [com]; public space [com]
Raum, persönlicher - *m* personal space [arc]
Raum, privater - *m* private space [com]
Raum, städtischer - *m* urban area [com]
Raum, umbauter - *m* architectural volume; built space; covered space; enclosed space; space enclosed; (Haus oder Halle) walled-in space
Raum, umgebauter - *m* converted space
Raum, ungerichteter - *m* non-directional space [com]
Raum, weiter - *m* extensive space [com]
Raum, zweckbestimmter - *m* function room
Raumakustik *f* room acoustics [aku]
Raumanordnung *f* floor plan [arc]
Raumarchitektur *f* interior architecture [arc]
Raumart *f* type of space [com]
Raumaschine *f* rasp; tyre buffing machine
Raumaspekte *pl* characteristics of space [com]
Raumaufteilung *f* floor plan [arc]; room partitioning [arc]; (Architektur) space arrangement
Raumausnutzung *f* utilization of space

Raumbedarf *m* required overall dimensions; space required; space requirement; spatial requirement
Raumbeleuchtung *f* ambient lighting
raumbeständig constant-volume [phy]; volumetrically stable [phy]
Raumbeständigkeit *f* stability of volume [met]; volume consistency [met]
Raumdosierung *f* volume batching [met]
Raumebene *f* level of space [com]
Raumentwicklung, ausgewogene - *f* balanced spatial development [com]
Raumerhitzer *m* space heater [pow]
Raumfachwerk *n* space frame [stb]; space frame structure; space truss [stb]
Raumfolge *f* sequence of spaces [com]; spatial sequence
Raumfuge *f* running joint
Raumgefüge *n* spatial relationships [com]
Raumgeräusch *n* ambient noise [aku]
Raumgeräuschpegel *m* ambient noise level [aku]
Raumgestaltung *f* interior design
Raumgewicht *n* bulk density [phy]; specific gravity [phy]; volume weight [phy]; weight by volume [phy]
Raumgewinn *m* space gain
Raumheizgerät *n* room heater [pow]; room heating appliance [pow]; space heater [pow]
Raumheizung *f* room heating [pow]; space heating [pow]; space heating system [pow]
Raumheizungsanlage *f* room heating plant [pow]; room heating station [pow]; space heating installation [pow]
Raumhöhe *f* (vom Boden bis zur Decke) ceiling height
Raumhöhe, lichte - *f* clear ceiling height; clear room height [des]
Rauminhalt *m* cubage [des]; volume
Raumkastenrahmen *m* (Schalung) culvert frame
Raumkette *f* linear series [arc]
Raumklima *n* indoor atmosphere [tga]; indoor climate; interior climate; internal climate [air]; room climate
Raumklimagerät *n* room air-conditioner [tga]
Raumklimatisierung *f* room air conditioning; space air conditioning
Raumkontinuität *f* continuity of space [com]
Raumkühlung *f* space cooling
Raumluftfeuchte *f* indoor air humidity
Raumlufttechnik *f* ventilation engineering [tga]; ventilation technology [tga]
Raummaß *n* volumetric measure [des]
Raummuster *n* spatial pattern
Raumnot *f* (in Gebäuden) shortage of space
Raumordnung *f* global master planning; regional planning [com]; regional policy [com]

Raumordnung und Landesplanung, Ziele der - regional planning targets [com]
Raumordnung, Beirat für - *m* advisory council for regional planning
Raumordnung, Grundsätze der - regional planning principles [com]
Raumordnungsbericht *m* regional planning report [com]
Raumordnungsgesetz *n* regional development act [jur]; Regional Planning Act [jur]
Raumordnungsklausel *f* regional planning clause [jur]
Raumordnungsplan *m* development plan [com]; regional planning scheme [com]
Raumordnungspolitik *f* regional development policy
Raumordnungsprogramm *n* regional planning programme [com]
Raumordnungsrecht *n* regional planning legislation [jur]
Raumordnungsverfahren *n* environmental and landscape use procedure; regional planning method [jur]; regional planning procedure [com]
Raumorientierung *f* room orientation [arc]
Raumplanung *f* area planning; development planning; physical planning [com]; regional planning [com]
Raumprogramm *n* range of rooms [arc]
Raumschall *m* room sound [aku]; surround sound [aku]
Raumschalldämmung *f* room sound insulation [aku]
Raumschalldämpfung *f* sound absorption in rooms [aku]
Raumstruktur, ausgewogene - *f* balanced spatial structure
Raumteiler *m* room divider; room dividing screen
Raumteilung *f* partitioning
Raumtemperatur *f* room temperature
Raumthermostat *m* room thermostat [tga]
Raumtrennsegment *n* room partition element
Raumübergang *m* transitional space [com]
Raumunterteilung *f* interior partitioning
Raumverteilungsplan *m* floor plan [arc]
Raumwärme *f* space heat [pow]
Raumzelle *f* building cubicle; modular unit
Raumzellenbauweise *f* (Fertigbauweise) box construction; modular construction method
raumzentriert body-centred
Raupe *f* (Schweißen) bead [met]; (Schweißen) pass [met]; (Schweißen) run [met]; (beim Schweißen) welding bead [met]
Raupen, auf - crawler-mounted [tib]
Raupenbagger *m* caterpillar [tib]; crawler-mounted excavator [tib]
Raupenbolzen *m* track bolt [tec]

Raupenlader *m* crawler loader [tib]
Raupenladeschaufel *f* crawler-loader shovel [tib]
Raupenlaufplatte *f* grouser [tib]
Raupenschlepper *m* caterpillar tractor
Raupenschuhplatte *f* crawler shoe [tec]
Raupensteuerung *f* steering of crawlers [tec]
Rauputz *m* rough plaster; rough-cast
rautenförmig lozenge-shaped [des]
Rautenschmuck *m* (Gotik) lozenge decoration [arc]
Rautenträger *m* rhombic girder [stb]
Rautenverzierung *f* (Gotik) lozenge decoration [arc]
Rautiefenmesser *m* peak-to-valley height gauge [any]
Reaktionsbeschleuniger *m* (Zement) hardening agent [che]
Reaktionsfähigkeit *f* reactivity [che]
reaktionsfreudig high-reactivity [che]; reactive [che]
Reaktionsharz *n* reactive resin [che]
Reaktionsharzklebstoff *m* reaction resin adhesive [met]
Reaktionsharzmörtel *m* polymer mortar [met]; reaction resin mortar [met]
Reaktionskleber *m* cold-curing adhesive [met]; cold-setting adhesive [met]
Reaktionsmittel *n* reactant [che]; reaction agent [met]; reagent [che]
reaktionsträge low-reactivity [che]; unreactive [che]
Reaktivierungszeit *f* setting-up time [met]
Reaktivität *f* reactivity [che]
Reaktorbeton *m* (Strahlenschutz) loaded concrete [bon]
Realisierung *f* implementation
Realisierungskonzeption *f* implementation concept
Realisierungsphase *f* implementation phase
Realisierungswettbewerb *m* implementation competition [eco]
Rechen *m* rake [was]
Rechen, bewegter - *m* travelling rake [was]
Rechenanlage *f* rake system [was]; (Klärwerk) raking equipment [was]; trash removal system [was]
Rechenbeispiel *n* worked example [des]
Rechengut *n* rakings [was]; screenings [was]; tailings [was]
Rechengutpresse *f* dewatering press for screening [was]; rake screening press [was]
Rechengutzerkleinerer *m* rake screening crusher [was]; screening shredder [was]
Rechenklassierer *m* rake classifier [was]; rake-type classifier [was]
Rechenreiniger *m* screen cleaner [was]
Rechenwert einer Festigkeit *m* design strength

Rechnermodell *n* ((auf Rechner programmiertes Modell)) computer model [edv]
Rechnung bezahlen *v* settle an account [eco]
Rechnungsdatum, ab - from the invoice date [eco]
Rechnungslast *f* calculated load [sik]
Rechnungslegung *f* invoicing [eco]
Rechnungsstellung *f* invoicing [eco]
Recht, nach europäischem - under European law [jur]
rechteckig rectangular; square
Rechteckkanal *m* rectangular channel [wba]; rectangular duct
Rechteckpflaster *n* rectangular paving [met]
Rechteckplatte *f* rectangular slab
Rechteckprofil *n* rectangular profile; rectangular section
Rechteckquerschnitt *m* rectangular cross-section
Rechteckstahlrohr *n* steel tube, rectangular - [met]
Rechtsabbiegerspur *f* (Straße) right-hand turn-off lane [tra]; turn-right lane [tra]
Rechtskurve *f* curve to the right [tra]; right turn [tra]
Rechtsverordnung *f* legal ordinance [jur]
Rechtwinkelverfahren *n* (Vermessung) right-angle method [any]
rechtwinklig rectangular
Rechtwinkligkeit *f* perpendicularity [des]; squareness [des]
Recycling, rohstoffliches - *n* feedstock recycling [rec]; recycling of raw materials [rec]
Recycling, werkstoffliches - *n* material recycling [rec]
Recyclinganlage *f* recycling plant [rec]
Recyclingbetrieb *m* recycling plant [rec]
Recyclingeinrichtung *f* recycling facility [rec]; recycling installation [rec]
recyclingfähig recyclable [rec]
recyclinggerecht recycling-oriented [rec]; suitable for recycling [rec]
Recyclinghof *m* multi-material recycling centre [rec]; recycling centre [rec]
Recyclingprodukt *n* recycled product [rec]; recycling product [rec]
Recyclingverfahren *n* recycling process [rec]
Reduktionsstück *n* reducer [tec]
Reduzierkupplung *f* reducing coupling [prc]
Reduziermuffe *f* reducing coupling [tec]; reduction sleeve [prc]
Reduzierstück *n* diminishing piece; reducer [tec]; reducing fitting [prc]; reducing piece [prc]; reducing pipe fitting [prc]
Reduzierstutzen *m* reducing pipe sleeve [prc]
Reduzierung des Gewinns *f* profit squeeze [eco]
Reduzierventil *n* reduction valve [prc]
Reetdach *n* thatched roof
Refektorium *n* (Kloster: Speisesaal) refectory [arc]

Referenzebene *f* reference level [any]
Referenzmessverfahren *n* reference measuring procedure [any]
Referenzmuster *n* reference sample [any]
Referenzprobe *f* (Ringversuch) performance evaluation sample [any]; reference sample [any]
Referenzsubstanz *f* reference substance [any]
Reflexionsfläche *f* (Beleuchtung) reflective surface [met]
Regelabweichung *f* control deviation [elt]; control error [elt]
Regelantrieb *m* control drive [elt]
Regelbauweise *f* standard construction method
Regelbreite *f* typical width [des]
Regeldetail *n* standard detail
Regeleinheit *f* control unit [elt]
Regeleinrichtung *f* control equipment [elt]; governor [elt]
Regelgenauigkeit *f* control precision [elt]
Regelgerät *n* control device [elt]
Regelkreis *m* closed-loop control [elt]; closed-loop control circuit [elt]; control circuit [elt]
Regellast *f* standard loading
regelmäßig regular
regeln *v* (einstellen) set
Regeln der Technik *pl* state of the art; technical standards
Regeln der Technik, anerkannte - *pl* accepted engineering standards; accepted technical standards
Regelorgan *n* control device [elt]
Regelprofil *n* (Normalprofil) standard section [met]
Regelschema *n* control diagram [elt]
Regelsystem *n* closed-loop control system [elt]
Regelung *f* closed-loop control [elt]; (Vertragsbestimmung) provision [jur]
Regelung, automatische - *f* automatic control [elt]
Regelung, digitale - *f* digital control [elt]
Regelung, elektrische - *f* electric control [elt]
Regelung, elektronische - *f* electronic control [elt]; electronic control [elt]
Regelung, lineare - *f* linear control [elt]
Regelung, selbsttätige - *f* automatic closed-loop control [elt]; automatic control [elt]
Regelung, stetige - *f* continuous control [elt]
Regelung, stufenlose - *f* continuous adjustment [elt]; infinitely variable control [elt]; stepless control [elt]; variable control [elt]
Regelung, unstetige - *f* discontinuous control [elt]
Regelungen, gesetzliche - *pl* statutory instructions [jur]
Regelungssystem *n* closed-loop control system [elt]
Regelventil *n* control valve [prc]
Regelvorgang *m* control action [elt]
Regelwehr *n* level control weir [wba]

Regelwerk, untergesetzliches - *n* (z.B. zum Kreislaufwirtschaftsgesetz) supplementary regulations [jur]
Regenabfluss *m* rain discharge [was]
Regenablauffläche *f* weathering [was]
Regenauffangbecken *n* catchment [was]
Regenauswaschung *f* rainwash [met]
regenbeansprucht (Baubereich) exposed to rainwater [met]
Regenbecken *n* rainwater catchment [was]; stormwater collection tank [was]; stormwater tank [was]
Regendach *n* rain-canopy
regendicht rainproof; raintight
Regeneindringtiefe *f* rainfall penetration [geo]
Regenentlastungsbauwerk *n* stormwater overflow [was]
Regenentwässerung *f* rainwater drainage; storm sewer system [was]
Regenerationsatemgerät *n* closed-circuit breathing apparatus [asi]; closed-circuit respiratory equipment [asi]
Regenerationsmittel *n* regenerating chemical [met]
regenerativ regenerative
Regenerativkühlung *f* regenerative cooling [prc]
Regenerativprozess *m* regenerative process [prc]
Regenerator *m* (Wärme) regenerator [pow]
regenerierbar regenerable; (z.B. Energien) renewable
Regenerosion *f* rain-drop splash [geo]; rainwash [geo]
Regenfallrohr *n* downpipe; downspout; fall pipe
Regenfang *m* raintrap
regenfest rainproof; raintight
Regenkanal *m* storm drain [was]
Regenkanalisation *f* storm water sewer [was]
Regenklärbecken *n* stormwater settling tank [was]
Regenleiste *f* rainwater deflector; water guttering
Regenrinne *f* (Dach) eaves gutter; eaves trough; guttering; rain gutter; rainwater gutter; roof gutter; roof rail
Regenrohr *n* (Abfluss Regenrinne) downpipe; downspout; rain pipe
Regenrückhaltebecken *n* stormwater retention tank [was]
Regenrückhaltekanal *m* stormwater holding sewer [was]
Regenschutz *m* rain shelter
Regenschutzrinne *f* rainwater deflector
Regentonne *f* rain barrel [was]
Regenüberlauf *m* stormwater overflow [was]
Regenüberlaufbauwerk *n* stormwater overflow structure [was]
Regenüberlaufbecken *n* stormwater overflow tank [was]
Regenvorhang *m* water-spray fire barrier [asi]

Regenwaldzerstörung *f* rain forest damage
Regenwasser *n* (abfließender Regen) stormwater [was]
Regenwasserabfluss *m* rainwater flow [was]; stormwater run-off [was]; surface water drain [was]
Regenwasserabflussschacht *m* gully [was]
Regenwasserableitung *f* rainwater drainage [was]
Regenwasserauffangbecken *n* rainwater collecting basin [was]
Regenwasserausgleichs- und -klärbecken *n* stormwater balancing and sedimentation tank [was]
Regenwasserausgleichsbecken *n* stormwater balancing tank [was]
Regenwasserbehandlung *f* rainwater treatment [was]
Regenwasserbewirtschaftung *f* rainwater management [was]
Regenwasserdrän *m* surface water drain [was]
Regenwasserdränage *f* storm drainage [was]
Regenwassereinlauf *m* gutter [was]
Regenwasserkanal *m* storm sewer [was]
Regenwasserleitung *f* stormwater drain [was]; surface water drain [was]
Regenwassernutzung *f* rainwater use [was]; utilization of rainwater [was]
Regenwasserrückhaltebecken *n* rainwater retention basin [was]
Regenwassersammelbecken *n* drip sink [was]; rainwater collecting basin [was]
Regenwassersammelsystem *n* storm sewer system [was]
Regenwassersammler *m* building storm sewer [was]
Regenwasserspeicher *m* rainwater reservoir [was]
Regenwasserüberlaufbecken *n* rainwater overflow basin [was]
Regenwasserverschmutzung *f* stormwater pollution [was]
Regenwasserversickerungsanlage *f* (Rigole) rainwater infiltration system [was]
Regierungsviertel *n* government district [com]
Regionalebene *f* regional level
Regionalentwicklung *f* regional development [com]
Regionalentwicklungsstrategie *f* regional development strategy [com]
Regionalflughafen *m* regional airport [tra]
Regionalisierungsstrategie *f* regionalization strategy [com]
Regionalplan *m* regional plan [com]
Regionalplanung *f* area planning; regional planning [com]
Regionalstraße *f* regional road [tra]
Regionalverkehr *m* regional traffic [tra]; regional transport [tra]
Regionalversorgung *f* regional supply [com]

Regler *m* control device [elt]; controller [elt]
Regler, elektronischer - *m* electronic controller [elt]
Regranulat *n* regranulate [met]
Regula *f* (Tempel: kurze Leiste unterhalb der Taenia) regula [arc]
Regulierschieber *m* regulating slide valve [prc]
Regulierventil *n* regulating valve [prc]
Reibbelag *m* abrasive lining [met]; antislip lagging [met]
Reibebrett *n* patter [bon]
reibecht fast to rubbing [met]; (Leder) fast to scrubbing [met]
Reibeisen *n* rasp [wzg]
reiben *v* (feilen) rasp
Reibeputz *m* coarse plaster; float finish; textured plaster
Reibholz *n* fender beam
Reibkorrosion *f* fretting corrosion [met]; frictional corrosion [met]
Reibungsbeiwert *m* coefficient of friction [phy]; frictional coefficient
Reibungskoeffizient *m* friction coefficient [phy]
Reibungsmoment *n* frictional moment [phy]
Reibungsverankerung *f* anchoring by friction
Reibungsverbund *m* friction bond
Reibungsverlust *m* friction loss [phy]; frictional loss [phy]
Reibungswiderstand *m* frictional resistance [phy]
Reibungswinkel *m* angle of friction [phy]; friction angle [phy]
Reibverschleiß *m* fretting [met]
Reichweite *f* (Kran) reach; (am Arbeitsplatz) reach distance [asi]; (Kran, u.a.) slewing radius [wer]; (Kran) working outreach
Reifegrad *f* (Deponie) degree of maturity [rec]
Reifenabdruck *m* (Straßenbelag) tyre mark [tib]
Reihe, einfache - *f* (Gestaltung) simple series [arc]
Reihe, komplizierte - *f* (Gestaltung) complicated series [arc]
Reihe, rhythmische - *f* (Gestaltung) rhythmic series [arc]
Reihe, zusammengesetzte - *f* (Gestaltung) composed series [arc]
Reihenbau *m* row construction
Reihenbebauung *f* strip building
Reihenbohrmaschine *f* multiple drill [wer]
Reihendorf *n* (Siedlungsform) string village [com]
Reihenfolge bei der Errichtung *f* construction sequence
Reihenhaus *n* attached house; back-to-back house; (<A>) row house
Reihenklemme *f* terminal block [elt]
Reihenlager *n* line bearing
Reihenpflaster *n* coursed sett paving [tib]
Reihenprobenahme *f* sampling campaign [any]
Reihenschalter *m* line-up switch [elt]

Reihenschaltung *f* serial connection [elt]
Reihenschlussmotor *m* series motor [elt]
Reihenstichprobenentnahme *f* sequential sampling [any]
Reihenuntersuchung *f* mass screening [any]; routine testing [any]
Reihung *f* (von Gebäuden, Elementen) linear progression [com]
Reindichte *f* real specific gravity [met]
Reinheitsklasse *f* (Substanzen) grade [met]
reinigen *v* (säubern) clean; (säubern) cleanse; (säubern) purify; (raffinieren) refine; (Abwasser, Abluft) treat
Reinigungskonzept *n* cleaning concept
Reinigungskosten *pl* cleaning costs [eco]
Reinigungsöffnung *f* main clean-out [prc]
Reinigungsschacht *m* access gully; cleaning chamber [was]; inspection chamber [was]
Reinigungsstufe, biologische - *f* secondary treatment [was]
Reinigungszweck *m* cleaning purpose
Reinraumdecke *f* clean-room ceiling
Reinraumtür *f* clean-room door
Reinstaluminium *n* refined aluminium [met]
Reinstoff *m* highly purified material [met]; pure substance [met]
Reinsubstanz *f* highly purified material [met]
Reinvolumen *n* (poröse Schüttgüter: Volumen ohne Porenraum) true volume [met]
Reinwasser *n* clear water [was]; purified water [was]
Reinzeichnung *f* developed plan [des]
Reiseanstrich *m* (Schutzanstrich) transit coating [met]
Reisigrieselwerk *n* brushwood cooler [was]
Reißbrett *n* drawing-board [des]
reißen *v* (zerreißen) break; (brechen) fracture; (Holz) split
Reißfestigkeit *f* resistance to tearing [met]; rupture strength [met]; tensile strength [met]
Reißkraft *f* (Bagger, uww.) biting force [tib]
Reißlackverfahren *n* (Dehnungsanzeige) stress coat method [met]
Reißpflug *m* scarifier [tib]
Reißzahn *m* scarifier tooth
reizend (Gefahrstoffe) irritant [met]
Reklamation *f* complaint [eco]
rekonstruieren *v* modernize [des]
Rekonstruktion *f* (Modernisierung) modernization [des]; (Wiederaufbau) reconstruction; (Sanierung) redevelopment [des]; renewal
rekultivieren *v* reclaim; recultivate; regreen [far]
Rekultivierung *f* land restoration [far]; recultivation; recultivation [tib]; (Deponiegelände) restoration [geo]

Rekultivierungsplan *m* recultivation plan [com]
Rekultivierungsschicht *f* recultivation layer [geo]; (Deponie) restoration layer [rec]; vegetation layer
Rekuperativwärmeaustauscher *m* recuperative heat exchanger [pow]; recuperator [pow]
Rekuperator *m* recuperator [pow]
Relais *n* relay [elt]
Relaiskontakt *m* relay contact [elt]
Renaissancearchitektur *f* architecture of the renaissance [arc]; (Architektur) renaissance architecture
Renaissancebau *m* (Architektur) renaissance building
Renaissancegebäude *n* (Architektur) renaissance building
Renaissancepalast *m* (Architektur) renaissance palace
Renaissanceschloss *n* (Architektur) renaissance palace
Renaturierung *f* renaturalization [bio]
Renovierung *f* refurbishment [wer]; renovation
renovierungsbedürftig in need of renovation
Renovierungsmörtel *m* restoration mortar [met]
Reparatur *f* repair [wer]
Reparaturaufwand *m* repair costs [eco]
Reparaturbeton *m* repair concrete [bon]
reparaturfreundlich easy to repair [des]
Reparaturkosten *pl* repair costs [eco]
Reparaturmörtel *m* repair mortar [met]
reproduzierbar, nicht - unreproducible [any]
Reservebatterie *f* spare battery [elt]
Reservehalde *f* reserve stockpile [roh]
Reserveleitung *f* spare line [elt]
Reservepumpe *f* stand-by pump [prc]
Reservoir *n* tank
Residenz *f* residence [arc]
Residenzstadt *f* princely capital [com]
Resonanzboden *m* sound-boarded ceiling; sound-insulating ceiling
Ressourcenbilanz *f* resources balance
Ressourceneinsatz *m* use of resources
Ressourcennutzung *f* use of resources
Ressourcenschonung *f* ecological use of resources
Ressourcenverschwendung *f* waste of resources
Ressourcenverteilung *f* distribution of resources [eco]
Restabfalltonne *f* residual waste bin [rec]
Restabsenkung *f* (Grundwasser) residual drawdown [was]
Restaurierung *f* reconstruction
Restaurierungsmörtel *m* restoration mortar [met]
Restausbrand *m* residual burnout [met]
Restbuchwert *m* residual book value [eco]
Restchlorgehalt *m* residual chlorine [was]
Reste vom Holzfällen *pl* logging residues [rec]
Restfestigkeit *f* residual strength [met]

Restfeuchte *f* remaining humidity [met]; remaining moisture [met]; residual humidity [met]; residual moisture [met]

Restfeuchtegehalt *f* residual moisture content [met]

Restfeuchtigkeit *f* residual moisture [met]

Resthärte *f* permanent hardness [met]

Restkapazität *f* (von Batterien) remaining capacity [elt]; (von Batterien) residual capacity [elt]

Restladung *f* (von Batterien) remaining charge [elt]

Restmüll *m* residual waste [rec]

**Restnutzungsdauer, technische - ** *f* remaining physical life

**Restnutzungsdauer, wirtschaftliche - ** *f* remaining economic life

Restspannung *f* residual stress [met]; residual voltage [elt]

Reststoff *m* residue [rec]

Reststoffe *pl* residuals [met]

Reststrom *m* leakage current; residual current [elt]

Retarder *m* (für Kunststoffe) retarder [met]

retardieren *v* inhibit [met]

Rettungsaktion *f* rescue operation [asi]

Rettungsanzug *m* survival suit [asi]

Rettungsatemgerät *n* emergency-escape breathing apparatus [asi]; escape mask [asi]; escape-type respiratory protective equipment [asi]; mouthpiece respirator [asi]; rescue breathing apparatus [asi]; self-rescue respirator [asi]

Rettungsdienst *m* ambulance service

Rettungseinrichtung *f* escape device

Rettungsfahrzeug *n* rescue vehicle

Rettungsgerät *n* rescue device; rescue equipment

Rettungsgerät für Brandeinsätze *n* fire rescue appliance

Rettungsgeschirr *n* rescue harness [asi]

Rettungsgürtel *m* life belt [asi]; lifebelt [asi]; safety belt [asi]

Rettungskorb *m* rescue cage [asi]

Rettungsleine *f* lifeline [asi]; rescue line [asi]

Rettungsleiter *f* escape ladder [asi]

Rettungsmittel *pl* life-saving appliances [asi]

Rettungsring *m* lifesaver [asi]

Rettungswagen *m* emergency ambulance; rescue vehicle

Rettungsweg *m* escape route [asi]; escape way [asi]

Rettungsweg bei Feuer *m* fire rescue path

Rettungswegplan *m* emergency route plan [asi]

Rettungsweste *f* life jacket [asi]; life vest [asi]; (<A>) life-preserver [asi]; lifejacket [asi]

Rettungszeichen *n* emergency sign [asi]

Reversierband *n* shuttle belt conveyor [prc]

Revision der gemeinschaftsrechtlichen Spezifikation *f* change in the specifications under community law [jur]

Revisionsklappe *f* inspection flap [was]

Revisionsöffnung *f* inspection opening [was]

Revisionsschacht *m* inspection shaft [was]

Revisionstür *f* access door [wba]

Revisionszeichnung *f* acceptance drawing; as-built drawing [des]; as-completed drawing [des]

Rezeption *f* front desk

Rezeptur *f* formula [met]

rheologisch rheological [phy]

Rhombenfachwerk *n* double triangular truss [stb]; double-intersection framework

rhombisch rhomboid; rhomboidal

rhomboedrisch rhomboedral; trigonal

Richtbrettanschluss *m* timber strut coupling

richten *v* (ausrichten) align; (Blech) flatten [wer]; (ausrichten) level up; (ausrichten) put in order; (ausrichten) true

Richter-Skala *f* (Erdbeben) Richter scale [geo]

Richtfehler *m* (z.B. nicht exakt fluchtend) imperfect straightening

Richtfest *n* topping-out ceremony

Richtfest feiern *v* top out

Richtkraft *f* straightening force

Richtlinie *f* directive [jur]

**Richtlinie, technische - ** *f* technical guideline

Richtpfahl *m* guiding pile

Richtscheit *n* straight edge [des]

Richtschloss *n* alignment coupler

Richtspindel *f* adjustable brace

Richtstollen *m* heading [tib]; pilot tunnel [tib]

Richtstützenanschluss *m* (Schalung) brace connector [bon]

Richtung, aus der - abkommen *v* go astray

**Richtung, südliche - ** *f* southbound direction

Richtungstoleranz *f* tolerance of orientation [des]

richtungsunabhängig isotopic; non-directional

Richtungswechsel *m* change of orientation [com]

Richtvortrieb *m* monkey drift [tib]

Richtwert *m* approximate value [mat]; guidance value [des]

Riefe *f* groove [met]; score [met]

Riefelung *f* grooving [met]

Riefenbildung *f* fluting [met]; scoring [met]

Riegel *m* (Schloss) bar; (Schloss) bolt; cross member; cross-bar; cross-bar [stb]; (Schloss) deadbolt [tec]; (zur Befestigung der Wandverkleidung) girt; ledger beam [bon]; (Schloss) locking bar; (Fachwerk) rail; waler

Riegelanschlag *m* waler stop

Riegelbau *m* (Gebäude) half-timbered building

Riegelblech *n* staple plate [stb]

Riegelbolzen *m* waler bolt

Riegelgelenk *n* waler hinge

Riegelhalter *m* strongback connector

Riegelklemme *m* waler connector

Riegelsteg *m* web of the frame [stb]

Riemchen *n* brick slip

Riemenpumpe *f* belt-driven pump [prc]

Riemenscheibe *f* (Keilriemen) sheave [tec]
Rieselblech *n* tray [wba]
Rieselentgaser *m* cascade deaerator [was]
Rieselfeld *n* irrigation field [was]; sewage farm [was]
Rieselfläche *f* irrigated surface [was]
Riffelblech *n* chequer plate [met]; chequered plate [met]; corrugated sheet [met]
Riffelglas *n* corrugated glass [met]
Riffelung *f* (<B>) chequering [met]; corrugation [met]; fluting [met]; grooving [met]
Rigole *f* blind drain [wba]; (Wasserversickerung) gravel-filled drainage trench [was]; (Wasserversickerung) rigole [was]; drainage trench [wba]
Rille *f* furrow [met]; groove; (Einschnitt) indentation; score [met]
rillenförmig groove-like
Rillenmuffe *f* grooved fitting
Ringanker *m* circular tie; peripheral tie beam
Ringbahn *f* orbital railway [tra]
Ringbalg *m* (Dichtung) ring seal [met]
Ringbalken *m* peripheral tie beam
ringbandagiert ring-reinforced [met]
Ringbewehrung *f* hoops [bon]
Ringblendenschieber *m* ring-seal gate [wba]
Ringbühne *f* (am Kamin) circular catwalk
Ringdichtung *f* ring seal [tec]
Ringdruckspannung *f* peripheral compressive stress [met]
Ringeinsatz *m* insert socket
Ringentlüftungssystem *n* circuit vent [air]
Ringerschließung *f* circular corridor
ringförmig annular
Ringleitung *f* closed-circuit pipeline [prc]; ring line [was]; ring mains [was]; ring pipe [was]
Ringlinie *f* roundabout route [tra]
Ringmauer *f* (Schlossmauer) circular wall; (befestigtes Gebäude) parapet wall [arc]
Ringpolygon *n* (Vermessung) closed traverse [any]
Ringprobe *f* ring test [any]
Ringquerschnitt *m* annular section [des]
Ringrost *m* circular grate
Ringsammelleitung *f* ring header [was]
Ringschachtofen *m* annular-shaft kiln [roh]
Ringschlüssel *m* ring spanner [wzg]
Ringstadt *f* (Siedlungsform) circular city [com]
Ringstraße *f* circular road [tra]; circular road [com]; ring road [tra]
Ringüberlauf *m* shaft-and-tunnel spillway [was]
Ringüberlaufkrone *f* circular spillway crest [was]
Ringverschluss *m* ring gate
Ringversuch *m* cooperative test [any]; interlaboratory test [any]
Ringvorspannung *f* circumferential prestressing [bon]
Ringzwischenraum *m* ring gap [des]

Rinne *f* (Abfluss) drain [wba]; (Abfluss) drainage [was]; flute; (Dachrinne) gutter [was]; (Entwässerung) launder [was]; (Graben) trench [was]
Rinne, enge - *f* gut [wba]
Rinne, vorgehängte - *f* bracket-mounted gutter
Rinneneisen *n* (Dachrinne) gutter brace
Rinnenentwässerung *f* channel drainage [was]
Rinnenförderband *n* trough conveyor [prc]
Rinnenhalter *m* (Dachrinne) gutter bracket
Rinnenverteiler *m* (Wasserfilter) channel-type distributor [was]
Rinnleiste *f* (Baukonstruktion) weather moulding
Rinnstein *m* curb; curbstone [tib]; gutter; gutter stone; road channel
Rippe *f* crimp [stb]; (Balken) stem; (Versteigung) stiffener
Rippenbewehrung *f* reinforcement in ribs [bon]
Rippendecke *f* ribbed beam ceiling; ribbed slab
Rippengewölbe *n* (mittelalterlich) rib vault [arc]; ribbed vaulting
Rippenheizkörper *m* fin-type radiator [pow]; finned heater [pow]; gilled heater [pow]; gilled radiator [pow]
Rippenhöhe *f* rib depth [des]; wave height [bon]
Rippenkühler *m* ribbed cooler [pow]
Rippenkühlung *f* fin cooling [pow]
Rippenkuppel *f* ribbed dome [arc]
Rippenlochmetall *n* ribbed perforated metal [met]
Rippenrohr *n* finned pipe [pow]; finned tube [pow]; gilled tube [pow]; ribbed tube [pow]
Rippenrohrheizgerät *n* ribbed pipe heating device [pow]
Rippenrohrheizkörper *m* finned-tube radiator [pow]
Rippenrohrkühler *m* finned-tube cooler [pow]
Rippenrohrwärmeaustauscher *m* extended-surface heat exchanger [pow]; finned-tube heat exchanger [pow]
Rippenschlankheit *f* rib slenderness [des]
Rippenstahl *m* multi-rib reinforcing bars [bon]
Rippenstahlblechbewehrung *f* reinforcement of ribbed steel sheet [bon]
Rippenstreckmetall *n* rib mesh [met]
Rips *m* (Gewebe) rep [met]
Risalit *m* (Schloss: Fassadenelement) risalite [arc]
Risikoübergang *m* transfer of risk [jur]
Riss *m* (Werkstoff) chink [met]; (Sprung) crack [met]; (Zeichnung) draft [des]; (Zeichnung) drawing [des]; (Bruch) fracture [met]; (Zeichnung) plan [des]; (Ansicht) projection [des]; (durch Reißen) tear [met]; (Ansicht) view [des]
Rissausbreitung *f* crack propagation [met]
Rissbildung *f* cracking [met]; fissuring [met]
Rissebene *f* projection plane [des]
rissefrei uncracked [met]

Rissefreiheit *f* uncracked condition [met]
Risseindringprüfung *f* dye-penetrant test [any]; liquid penetrant inspection [any]
Rissempfindlichkeit *f* crack sensivity [met]
rissfest tear-proof [met]
Rissfortpflanzung *f* crack growth [met]; crack propagation [met]
rissfrei flawless [met]; free from cracks [met]
rissig (gerissen, gesprungen) cracked [met]; (gespaltet) fissured [met]
Rissneigung *f* crack sensivity [met]
Rissprobe unter Einspannung *f* (Materialprüfung) restrained weld test [any]
Rissprüfer *m* (auf Materialfehler) flaw detector [any]
Rissprüfung *f* crack detection [any]; crack inspection [met]; crack test [any]; flaw detection test [any]
Risstiefe *f* crack depth [met]
rissüberbrückend crack-bridging [met]
Risswahrscheinlichkeit *f* probability of cracking [met]
Risszeichnung *f* (Skizze) sketch-plan
Ritze *f* chink
ritzen *v* (eingravieren) engrave
robust rugged
robuste Ausführung *f* rugged design [des]
Rodung *f* clearance [far]
Röhrenabzugkanal *m* pipe culvert [was]
röhrenartig tubular
Röhrenbildung *f* (in Schüttgut) piping [prc]
Röhrendrainage *f* ([Variante]) pipe drainage [was]
röhrenförmig tubular
Röhrenkühler *m* shell-and-tube cooler [pow]; tubular cooler [pow]
Röhrenlibelle *f* tube level [any]
Röhrenradiator *m* tubular radiator [pow]
Röhrenwärmeaustauscher *m* shell-and-tube heat exchanger [pow]; tubular heat exchanger [pow]
Röntgen-Materialpüfung *f* X-ray material testing [any]
Röntgenanalyse *f* X-ray analysis [any]
Röntgenaufnahme *f* radiogram [any]; radiograph [any]; roentgenogram [any]
Röntgenbeugungsdiagramm *n* X-ray diffraction pattern [any]
Röntgenbild *n* X-ray image [any]; X-ray picture [any]
Röntgendiagnostik *f* roentgen diagnostics [any]
Röntgendiffraktometer *n* X-ray diffractometer [any]
Röntgenfluoreszenzspektrometer *n* x-ray fluorescence spectrometer [any]
Röntgenprüfung *f* (Werkstücke) radiographic examination [any]; X-ray inspection [any]
Röntgenspektrometer *n* X-ray spectrometer [any]

Röntgenstrukturanalyse *f* X-ray structural analysis [any]; X-ray structure analysis [any]
Röntgenuntersuchung *f* X-ray examination [any]; X-ray inspection [any]
Röstung *f* calcination [roh]
roh (Rohstoffe) crude; (Stein, Diamant) rough; (unbearbeitet) unmachined [met]; (Rohstoffe) untreated; (unbehandelt) untreated [met]
Rohabfall *m* crude waste [rec]; untreated refuse [rec]
Rohaluminium *n* crude aluminum [met]; raw aluminium [met]
Rohbau *m* bare brickwork; building shell; building shell; carcass; shell; skeleton; unfinished building
Rohbauabnahme *f* acceptance of the building shell
Rohbauarbeiten *pl* carcass work; carcassing; structural work
Rohboden *m* raw soil [geo]
Rohdecke *f* bare floor; rough ceiling
Rohdichte *f* apparent specific gravity [met]; gross density [phy]; raw density [met]
Roheisen *n* crude iron [met]; pig iron [met]
Rohentwurf *m* sketch [des]
Rohertrag *m* gross yield [eco]
Roherz *n* crude ore [met]; raw ore [met]
Roherzeugnis *n* raw product [met]
Rohfaser *f* basic fibre [met]; crude fibre [met]
Rohgips *m* raw gypsum [met]
Rohglas *n* raw glass [met]
Rohhumus *m* raw humus [geo]
Rohkote *f* unfinished level
Rohling *m* blank [met]; green body [met]; (Ziegel) moulded blank [met]
Rohmaß *n* rough dimension [des]
Rohmaterial *n* crude material [met]; raw material [met]
Rohmaterialaufbereitung *f* raw material preparation [prc]
Rohmaterialaufgabe *f* raw material charging [prc]
Rohmehl *n* (mineralisch) raw meal [met]
Rohmehlaufbereitung *f* raw meal preparation [roh]
Rohmehlhomogenisierung *f* raw meal blending [roh]
Rohmischung *f* raw mix [met]
Rohmühle *f* raw mill
Rohmüll *m* untreated refuse [rec]
Rohprodukt *n* crude product [met]
Rohputz *m* coarse plaster
Rohr *n* pipe [met]; tube [met]
Rohr aus duktilem Guss *n* ductile iron pipe [met]
Rohr, perforiertes - *n* (Gasentnahmerohr auf Deponien) perforated pipe [met]
Rohrabschneider *m* tube cutter [wer]
Rohrabstechmaschine *f* tube cutter [wer]
Rohranordnung *f* pipe arrangement [des]

Rohranschluss *m* pipe connection [prc]
Rohrauslegerkran *m* (<A>) pipe-boom crane
Rohraußendurchmesser *m* outside pipe diameter [des]; outside tube diameter [des]
Rohrbiegegerät *n* hickey [wzg]
Rohrbogen *m* elbow [met]; pipe bend [prc]; tubular arch [stb]
Rohrbruch *m* pipe burst [met]; pipe fracture [met]; tube burst [met]
Rohrbrücke *f* gantry [prc]; overhead pipelines [prc]; pipe bridge [prc]; pipeline bridge [prc]; (Rohrkonstruktion) tubular bridge
Rohrbrunnen *m* tube well [was]
Rohrbündel *n* (Kessel) bank of boiler tubes [pow]; section of tubes [pow]
Rohrdurchbruch *m* (Öffnung) pipe penetration
Rohrdurchführung *f* pipe bushing; pipe duct; pipe lead-through [tga]
Rohrdurchlass *m* pipe culvert [prc]
Rohrdurchmesser *m* pipe diameter [des]; tube diameter [des]
Rohreinrammen *n* pipe ramming
Rohrfänger *m* (pneumatische Betonförderung) discharge box [prc]
Rohrfitting *n* plumbing fitting [prc]
Rohrflansch *m* pipe flange [prc]
Rohrführung *f* pipe guide [prc]
Rohrgeländer *n* pipe and tube railing; tubular railing
Rohrgerüst *n* tubular scaffolding
Rohrgestell *n* pipe rack [prc]
Rohrgewebe *n* (Putzträger: Schilfrohr) reed lathing
Rohrgraben *m* pipe trench [tib]; pipeline trench [tib]
Rohrgrabenaushub *m* excavation of pipe trench [tib]; pipeline trenching [tib]
Rohrhalter *m* pipe bracket [prc]
Rohrhalterung *f* tube support [pow]
Rohrinnendurchmesser *m* inside pipe diameter [des]; inside tube diameter [des]
Rohrisolierung *f* pipe insulation [pow]; tubular insulation [pow]
Rohrkanal *m* (aus Blech) pipe duct; pipe trench [tib]; (begehbar) pipe tunnel
Rohrkanal, begehbarer - *m* walk-in pipe tunnel
Rohrknie *n* pipe bend [prc]
Rohrkompensator *m* pipe expansion bend [prc]
Rohrkonstruktion *f* tubular construction [stb]; tubular structure [stb]
Rohrkonstruktion, geschweißte - *f* welded tubular structure [stb]
Rohrkrümmer *m* pipe bend [prc]; pipe elbow [met]; pipe knee [prc]; tube bend [met]
Rohrkupplung *f* pipe coupling; tube coupling [prc]
Rohrlasche *f* tube bracket [tga]

Rohrlegehaken *m* (Erdverlegung) pipelaying hook [tib]
Rohrleitung *f* (Kanal) duct [was]; pipeline [prc]
Rohrleitung, erdverlegte - *f* buried pipeline [was]
Rohrleitung, fest verlegte - *f* static piping system [was]
Rohrleitung, kellerverlegte - *f* (Fernwärme) basement-laid pipeline
Rohrleitung, unterirdische - *f* underground pipe [was]
Rohrleitungsarmatur *f* pipe fitting [prc]
Rohrleitungsbau *m* pipeline construction
Rohrleitungskanal *m* pipeway [tib]
Rohrleitungsplan *m* pipework drawing [des]; piping diagram [des]; piping plan [des]; tubing plan [des]
Rohrleitungstrasse *f* pipe route
Rohrleitungstrassierung *f* pipe routing
Rohrleitungsverlegung *f* laying of pipes; pipe laying [wer]
Rohrleitungszeichnung *f* design drawing for pipelines [des]
Rohrmanschette *f* pipe sleeve [tga]
Rohrmast *m* tubular mast; tubular pole [stb]
Rohrmühle *f* tube mill [prc]
Rohrmuffe *f* pipe joint [prc]; pipe sleeve [prc]; tube coupling [prc]
Rohrnetzplan *n* plan for pipe-systems [was]
Rohrpfahl *m* (Tiefgründung) pipe pile [tib]
Rohrreibungsverlust *m* pipe friction loss [prc]
Rohrreihe *f* tube row [des]
Rohrreinigungsgerät *n* pipe cleaning equipment [was]
Rohrreißer *m* pipe burst [met]; pipe fracture [met]; pipe rupture [met]; tube crack [met]
Rohrrückzug *m* casing retraction
Rohrsäge *f* pipe saw [wzg]; pipe-cutting saw [wzg]; tube saw [wzg]
Rohrsanierung *f* pipe rehabilitation [was]
Rohrschacht *m* pipe shaft; pipe trench [tib]
Rohrschaden *m* tube damage [met]; tube failure [met]
Rohrschelle *f* pipe clip [prc]; pipe strap [prc]; tube clip [prc]
Rohrschlange *f* coiled pipe [met]; spiral tube [met]; tube coil [met]
Rohrschraubverbindung *f* screwed pipe joint [prc]
Rohrschuss *m* pipeline section [prc]
Rohrschweißen *n* tube welding [met]
Rohrschwingmühle *f* vibratory tube mill [prc]
Rohrsonde *f* sampling spoon
Rohrstoß mit Einsteckmuffe *m* sleeve joint [tga]
Rohrstrang *m* pipe run [met]
Rohrstrecke *f* pipe run [was]
Rohrstütze *f* tubular column; tubular strut [stb]

Rohrstutzen *m* nipple [tec]; pipe branch [prc]; pipe nozzle [prc]; (Endstück) pipe stub end [prc]
Rohrträger *m* tubular girder; tubular member [stb]
Rohrtrasse *f* pipeline alignment [prc]; pipeway [tib]
Rohrturm *m* (für Windenergieanlage) tube tower; (Windenergieanlage) tubular tower [pow]
Rohrverbinder *m* pipe connector [prc]; pipe coupling [prc]; tube connector [prc]
Rohrverbindung *f* pipe connection [prc]; pipe joint [prc]; pipe union [prc]
Rohrverbindungsstück *n* fitting [prc]; pipe coupling [prc]
Rohrverleger *m* pipe layer
Rohrverlegung *f* pipe laying [wer]
Rohrverlegung, unterirdische - *f* underground piping
Rohrverschraubung *f* pipe fitting [prc]; pipe union [prc]; screwed connection [prc]; screwed pipe joint [prc]; threaded pipe union [prc]; tube fitting [prc]
Rohrverstopfung *f* pipe choking [tga]
Rohrvorschiebegerät *n* pipe driver
Rohrvorschubgerät *n* pipeline driver [tib]; pipeline pusher [tib]
Rohrvortrieb *m* pipe driving; pipe pushing [tib]; (Kanalisation) shield driving [was]
Rohrwalze *f* tube beader [wer]
Rohrweite *f* inside diameter of a pipe [des]; inside diameter of a tube [des]
Rohrzange *f* pipe tongs [wzg]; pipe wrench [wzg]
Rohsand *m* crude sand [met]
Rohschlamm *m* raw slurry [rec]
Rohspanplatte *f* rough particle board [met]
Rohstahl *m* crude steel [met]
Rohstoffabbau *m* extraction of raw minerals [roh]
Rohstoffe *pl* raw materials [met]
Rohstoffgewinnung *f* (Rohstoffabbau) raw materials quarrying [roh]
Rohstofflager *n* raw material store [roh]
Rohton *m* quarry clay [met]; unburnt clay [met]
Rohwasser *n* crude water [was]; untreated water [was]
Rohzuschlagstoff *m* (Baumaterialien) all-in material [met]
Rohzuschlagstoffe *pl* all-in aggregate [met]
Rokoko *n* Rococo period
Rokokoarchitektur *f* rococo architecture
Rokokobauwerk *n* rococo building [arc]
Rokokogebäude *n* rococo building [arc]
Rokokokapelle *f* rococo chapel [arc]
Rokokokirche *f* rococo church [arc]
Rokokoschloss *n* rococo palace [arc]
Rollbahn *f* runway [tra]; (Flughafen) taxiway [tra]
Rolldämmbahn *f* rolled insulation sheet
Rolle *f* (Transportband) idler [tec]

Rollenanstrich *m* roller application
Rollenboden *m* pulley-operated fly floor
Rollenbohrmeißel *m* roller bit [wzg]
Rollenförderer *m* roller conveyor [prc]
Rollenlager *n* (Loslager) expansion roller
Rollenlaufkranz *m* roller race [tec]
Rollenmeißel *m* roller bit [wzg]
Rollenschütz *m* roller sluice gate [wba]
Rollentraglager *n* angular roller bearing
Rollenzug *m* multi-sheave block [tec]; pulling cable
Rollfeld *n* airfield [tra]; landing field [tra]; runway [tra]
Rollgerüst *n* mobile scaffold
Rollgitter *n* coil fence; roller grid; rolling grille; (Tür, Tor) rolling grille
Rollkies *m* round gravel [met]
Rollkran *m* mobile crane
Rollladen *m* roller blind; roller shutter; shutter blind; shutters
Rollladenantrieb *m* gear for shutters [tec]
Rollladenarbeiten *pl* (DIN 18358) blinds work [tga]
Rollladenblende *f* roller-shutter screen
Rollladengurt *m* roller blind tape
Rollladenkasten *m* roller-shutter casing
Rollladenschiene *f* shutter rail
Rollo *n* dark blind; roller blind
Rollrand *m* (an Sicherheitshandschuhen) beading [asi]
Rollsand *m* round sand [met]
Rollschicht *f* rowlock course
Rollschütz *m* (Wasserbau: - mit endloser Rollenkette) coaster gate
Rollsplitt *m* loose chippings [met]
rollstuhlgängig handicapped accessible
Rolltor *n* gate on rollers; roll-up door; roller gate; rolling door; rolling shutter
Rolltreppe *f* moving stair; moving staircase; moving stairway
Rolltür *f* roll-up door; sliding door
Rollwerk *n* (Renaissance: Dekoration) scroll ornament [arc]
romanisch Romanic [arc]
Rondell *n* round tower; rotary circle [tra]
Rosette *f* bonnet [arc]; ring; (Holzbau) rose [wer]; rosette
Rost *m* (Korrosion) rust [met]; (Korrosion) stain [met]
Rostangriff *m* corrosive action [met]; corrosive attack [met]
Rostansatz *m* rust deposit [met]; rust formation [met]
rostbeständig antirust [met]; corrosion-proof [met]; rust-resistant [met]; rust-resisting [met]; rustproof [met]; stainless [met]

Rostbeständigkeit *f* corrosion resistance [met]; rust resistance [met]

Rostbildung *f* corrosion [met]; rust formation [met]

Rosteinlauf *m* grate inlet [roh]

rostempfindlich corrodible [met]; liable to rust [met]

rosten *v* corrode [met]; get rusty [met]; oxidize [met]; rust [met]

Rostentferner *m* rust remover [met]

Rostentfernungsmittel *n* rust remover [met]

Rostfeuerung *f* grate stoker furnace [pow]; stoker firing [pow]

rostfleckig foxed [met]

rostfrei free from rust [met]; non-rusting [met]; rust-free [met]; rust-resisting [met]; rustless [met]; stainless [met]

rostgeschützt anticorrosive [met]; rust-resistant [met]; rustproof [met]

rostig rusty [met]

Rostkonstruktion *f* grid construction

Rostkühler *m* grate cooler [roh]; (für Klinker) grate-type cooler [roh]

Rostmittel *n* rust preventive [met]

Rostnarbe *f* corrosion pit [met]

Rostrahmen *m* (Hammerbrecher) screen grate [prc]

Rostschaden *m* rust damage [met]

Rostschalung *f* grid shuttering [bon]

Rostschicht *f* rust film [met]; rust layer [met]

rostschützend rust-preventing [met]

Rostschutz *m* antirust protection [met]; rust prevention [met]; rust protection [met]

Rostschutzanstrich *m* anti-corrosive coat [met]; anticorrosive painting [met]; antirust coating [met]; antirust paint [met]; rust-preventive coating [met]

Rostschutzfarbe *f* anticorrosive paint [met]; antirust paint [met]; rust protection paint [met]; rust-preventive paint [met]; rust-preventive paint [met]

Rostschutzgrundierung *n* anticorrosive primer [met]; rust primer [met]

Rostschutzgrundierung *f* anticorrosion priming coat [met]

Rostschutzlack *m* antirust lacquer [met]

Rostschutzmittel *n* anticorrosive agent [met]; corrosion inhibitor [met]; rust inhibitor [met]; rust preventive [met]; rust-preventing agent [met]; rust-protective agent [met]

Roststelle *f* rust point [met]

Rostumwandler *m* rust-converting agent [met]; rust-converting primer [met]

Rostvorwärmer *m* grate-type preheater [roh]

Rotarybohrmeißel *m* rotary bit [tib]

Rotationsfähigkeit *f* rotation capacity [tec]

Rotationskörper *m* figure of revolution [des]

Rotationslaser *m* (Höhenmessung Gelände / Bau) rotating laser [any]

Rotationssymmetrie *f* rotational symmetry [des]

rotationssymmetrisch axisymmetric [des]

Rotationswärmetauscher *m* rotary regenerator [pow]

Roterde *f* red earth [geo]

Rotor *m* rotor [pow]

Rotorblatt *n* (Windenergieanlage) rotor blade [pow]

Rotorblatteinstellwinkel *m* (Windenergieanlage) pitch angle [pow]

Rotorblock *m* (Windenergieanlage) rotor mast [pow]

Rotorschneeräumer *m* rotary snow-plough

Rotschlamm *m* red mud [rec]; red sludge [rec]

Rotte *f* rotting process [rec]

Rottecontainer *m* rotting container [rec]

Rottenführer *m* ganger

Rottesystem *n* composting system [rec]

Rottetrommel *f* rotting drum [rec]

Rottezelle *f* (Kompostierung) rotting cell [rec]; (Kompostierung) rotting compartment [rec]

Routinekontrolle *f* routine check [any]; routine control [any]

Routineuntersuchung *f* routine examination [any]; routine test [any]

Rückansicht *f* back view [des]; rear view [des]

Rückbau *m* deconstruction [rec]; reconversion

Rückbaugebot *n* demolition requirement

Rückdruck *m* (- beim Baggern) digging push [tib]

rückenschlächtiges Wasserrad *n* back-shot waterwheel [wba]

Rückenschutz *m* (Leiter) ladder guard [asi]; (an "umgitterten" Leitern) ladder safety cage; safety cage

Rückfluss *m* return flow [was]

Rückflussverhinderer *m* (Sanitär) backsiphonage preventer

Rückgabe von Unterlagen *f* return of documents

rückgewinnbar recoverable [rec]

rückgewinnen *v* reclaim [rec]; recover [rec]

Rückgewinnung *f* (Rückgewinnen) reclaiming [rec]; (Wiedergewinnung, Kultivierung) reclamation [rec]; (Wiedergewinnung) recovery [rec]; (Recycling) recycling [rec]

Rückgewinnung von Lösungsmitteln *f* solvent recovery [rec]

Rückgewinnungsanlage *f* (Aufbereitung) reclaimer [roh]; reclaiming plant [rec]; reclamation plant [was]; recovery plant [rec]; recuperation plant [pow]

Rückhaltebecken *n* retarding basin [was]; retention basin [was]; (Wasser) retention basin; retention reservoir [was]; storage reservoir [was]

Rückhaltekanal *m* stormwater holding sewer [was]

Rückhaltevermögen *n* storage capacity [wba]

Rückhaltezeit *f* detention period [was]

Rückhaltung *f* pondage [was]
Rückkühler *m* recooler [pow]
Rückladegerät *n* reclaiming device [roh]
Rücklauf *m* recirculation [pow]; return circuit [prc]; (Flüssigkeit) return flow [prc]
Rücklaufleitung *f* return pipe [prc]
Rücklaufpumpe *f* recirculating pump [was]; return pump [prc]
Rücklaufrohr *n* return pipe [prc]
Rücklaufschlamm *m* return sludge [was]
Rücklaufsperre *f* (Sanitär) back stop
Rücklauftemperatur *m* (Heizung) return flow temperature [pow]
Rücklauftemperatur *f* (Heizung) return temperature [pow]
Rücklauftemperatur, jahresmittlere - *f* (Fernwärme) annual average return temperature [pow]
Rücklaufventil *n* reflux valve [prc]
Rücklaufwasser *n* recirculated water [was]; (Heizung) return water [pow]
Rückluft *f* recirculating air [tga]
Rückluftgitter *n* (Feststoffaufbereitung) return register [air]
Rückluftrost *m* (Feststoffaufbereitung) return register [air]
Rückmehltrichter *m* dust-collecting funnel [roh]
Rückprallhammer *m* rebound hammer [wzg]
Rückprallminderer *m* rebound reducer
Rückraumbebauung *f* rear development
Rückraumbüro *n* (Büro für nachrangige Funktionen) back office
Rückschlagklappe *f* flap trap [prc]
Rückschlagsicherung *f* anti-blow-back device [asi]; anti-kick-back device [asi]
Rückseite *f* rear; rear side
Rücksiedlung wohlhabender Leute ins Stadtzentrum *f* gentrification
Rücksprung *m* (Straßenbild) receding element [com]; shoulder [des]
Rückspülbehälter *m* backwash tank [was]
Rückspülen *n* backwashing [prc]
Rückspülfilter *m* backflush filter [was]; backwash filter [was]
Rückspülleitung *f* scavenge line [prc]
Rückspülung *f* backflushing [was]; (Filterspülung) backwashing [was]
Rückspülwasser *n* backwash water [was]
Rückstände, unverbrannte - *pl* residual combustibles [met]
Rückstand *m* (Material) residual matter [met]; (Rest) residue [rec]
Rückstand, fester - *m* solid residue [rec]
Rückstandsanalyse *f* residue analysis [any]
Rückstandssieb *n* retaining screen [was]
Rückstau *m* backing-up [was]; backwater [was]
rückstauen *v* dam up [wba]

Rückstaugrenze *f* limit of backwater [wba]
Rückstauklappe *f* backflow flap [was]; throttle valve
Rückstaulinie *f* backwater level [wba]
Rückstauverschluss *m* (Sanitär) antiflooding valve
Rückstauwasser *n* backwater [was]
Rückstellkraft *f* reset force [phy]; retaining strength [phy]
Rückstellprobe *f* reserved sample [any]
Rückstellvermögen *n* elastic recovery [met]
Rückströmung *f* backflow [prc]; reverse flow [prc]
Rücktrittsklausel *f* escape clause [jur]
Rücktrittsrecht *n* right of revocation [jur]
Rücktrittsvorbehalt *m* reservation of the right of revocation [jur]
Rückvermischung *f* back mixing
Rückverwirbelung *f* reentrainment [was]
Rückwärtsabtastung *f* reverse scan [any]
Rückwärtsausreißvorrichtung *f* back ripper [tib]
Rückwärtsentladung *f* (Lkw) rear-dump discharge [tra]
Rückwärtserosion *f* backward erosion [geo]
Rückwand *f* back wall; backing panel; rear wall
Rückwasser *n* circulating water [was]
rückziehbar retractable
Rückziehseil *n* (am Hochlöffel) backhaul rope [tib]
Rückzugsweg *m* (Feuerwehreinsatz) escape route [asi]
Rührapparat *m* stirrer [prc]
Rührdauer *f* stirring period [prc]; stirring time [prc]
rühren *v* agitate [prc]
Rühren *n* mixing [prc]; stirring [prc]
Rührer *m* agitator [prc]; mixer [prc]; stirrer [prc]
Rührerantrieb *m* agitator drive [prc]
Rührerflügel *m* agitator blade [prc]
Rührgerät *n* stirrer [prc]
Rührkessel *m* agitator pan [prc]
Rührorgan *n* mixing element [prc]
Rührwelle *f* stirring shaft [prc]
Rührwerk *n* stirrer [prc]; stirring device [prc]
Rührwerkskugelmühle *f* stirred ball mill [prc]
Rührwerkzeug *n* impeller [prc]
rüsten *v* prepare
Rüstlast *f* service load
Rüstträger *m* service girder
Rüstzeit *f* setting period [wer]
Rüttelapparat *m* vibrator [prc]
Rüttelbalken *m* vibrobeam [bon]
Rüttelbeton *m* vibrated concrete [bon]
Rüttelbohle *f* vibrating beam [tib]; vibrating plank [tib]; vibrator beam [bon]; vibratory beam [bon]
Rütteldichte *f* (Haufwerk) bulk density [met]; packing density [prc]
Rüttelflasche *f* vibrating cylinder [bon]
Rüttelgewicht *n* apparent density [met]; bulk weight [met]

Rüttelgrobbeton *m* vibrated coarse concrete [bon]
Rüttelmaschine *f* vibrator [prc]
rütteln *v* shake
Rüttelplatte *f* vibrating plate [tib]; vibration slab [tib]
Rüttelschurre *f* shaker chute [bon]
Rüttelsieb *n* riddle [prc]; shaking sieve [prc]; vibrating sieve [prc]
Rüttelstampfer *m* vibrating tamper [tib]; vibrotamper [bon]
Rütteltisch *m* vibrating table [bon]; vibrating table [prc]
Rüttelverdichter *m* vibrating compactor [bon]; vibratory compactor [bon]
Rüttelverdichtung *f* vibrating compaction [bon]; vibro-compaction [bon]
Rüttelvorrichtung *f* vibrator [prc]
Rüttler *m* vibrator [prc]
Rufzeichen, akustisches - *n* audible signal [asi]
Ruhebelastung *f* static load [sik]
Ruhedruck *m* pressure at rest; static pressure [phy]
Ruhelage *f* neutral position; normal position; stationary position [tec]; steady position
ruhend statical
Ruhepunkt *m* interruption of flow [com]
Ruheraum *m* restroom
Ruhestellung *f* initial position; neutral position; normal position; stationary position [tec]
Ruhestörung *f* disturbance [aku]
Ruhestrom *m* bias current [elt]; closed-circuit current [elt]; idle current [elt]; static current [elt]
Ruhezone *f* rest area
Ruine, künstliche - *f* mock ruin
Ruinenfeld *n* ruins
Rumpelkammer *f* boxroom; junk-room
Rundabsetzbecken *n* circular sedimentation tank [was]
Rundarkade *f* (mittelalterliche Kirche: Rundbogen) round arcade arch [arc]
Rundbatterie *f* cylindrical battery [elt]
Rundbau *m* circular building; rotunda
Rundbauweise *f* circular design
Rundbecken *n* circular tank
Rundbehälter *m* circular container [prc]
Rundbeschicker *m* disc feeder; rotary feeder [prc]
Rundbogen *m* Roman arch; (römische Baukunst) round arch [arc]; semicircular arch
Rundbogen, gestelzter - *m* (mittelalterliche Kirche) round-stilted arch [arc]
Rundbogenfenster *n* round arch window; (mittelalterlich) round-arched window [arc]; (Klassizismus) semicircular arched window [arc]
Rundbühne *f* (Hochofen) circular platform [roh]
Rundeindicker *m* (Kläranlage) circular thickener [was]; (Kläranlage) continuous thickener [was]
Rundeisen *n* round bar [met]; round iron [met]

Rundfenster *n* (Gotik) oculus [arc]
Rundheitstoleranz *f* circularity tolerance [des]
Rundherd *m* (Sinteranlage) rotary hearth [roh]
Rundholz *n* round log [met]; round wood [met]; timber pole
Rundkammer *m* (Ringofen) rounded end [roh]
rundkantig round-cornered; round-edged
Rundkies *m* shingle [met]
Rundkopfniet *m* fillister-head rivet [tec]
Rundkopfstaumauer *f* round-headed buttress dam [wba]
Rundlaufabweichung *f* (Versatz) radial eccentricity [des]; radial run-out [des]
Rundlaufgenauigkeit *f* concentricity [des]
Rundlauftoleranz *f* concentricity tolerance [des]
Rundleiste *f* (Schornstein) roll
Rundling *m* (Siedlungsform) round village with central green [com]
Rundlochsieb *n* round hole screen [prc]; round hole sieve [prc]
Rundmischbett *n* circular blending bed [prc]
Rundnaht, äußere - *f* outside all-round weld [met]
Rundnaht, innere - *f* (Schweißnaht) inside all-round weld [met]
Rundräumer *m* circular scraper [was]; (Klärbecken) rotary rake [was]; (Abwasserbehandlung) rotating scraper [was]
Rundsäulenelement *n* circular column panel
Rundsäulenplattform *f* circular column platform
Rundsäulenpodest *n* circular column landing
Rundschalung *f* round formwork [bon]
Rundschweißnaht *f* circumferential weld seam [met]
Rundsilo *m* cylindrical bin [prc]
Rundstab *m* round member [stb]
Rundstab, glatter - *m* (Bewehrung) plain round bar [met]
Rundstahl *m* round steel [met]; round steel bar [met]; round-bar steel [met]; (Sortiment) rounds [met]; steel round [met]
Rundstahlanker, gestauchter - *m* (Spundwand) upset end tie rod
Rundturm *m* round tower
Rundzelle *f* cylindric cell [elt]; (Batterie) round cell [elt]
Runzelbildung *f* wrinkling [met]
Rustika *f* (Renaissance: Polstermauerwerk) rustication [arc]
Rutsche *f* chute [prc]; shoot [prc]; slide [prc]
rutschfest anti-gliss; antislip; non-slip; skid-proof
Rutschfestigkeit *f* antiskid property [met]; resistance to skidding [met]; skid resistance [met]; slip resistance [met]
Rutschgefahr *f* (Arbeitsschutz) risks of slipping [asi]; skid hazard; skid risk; skidding risk [tra]
rutschsicher antislip; non-slip

S

S-Bahn *f* metropolitan railway [tra]; suburban railway [tra]
S-Satz *m* (Sicherheitsratschläge) S-phrase [che]
Saal *m* hall
Sachanlagen *pl* property [eco]
sachkundig experienced; expert
Sachlichkeit, neue - *f* (Architektur) new objectivity
Sachverhalt, technischer - *m* technical background
Sachverständigengutachten *n* expertise; independent expert's report
Sachverständiger, vereidigter - *m* (Bauwesen) sworn appraiser
Sackabfüllung *f* sack filling [prc]
Sackaufschneider *m* (z.B. an Betonmischern) bag cutter
Sackbahnhof *m* terminal station [tra]; terminus [tra]
sacken *v* sack; (sich absetzen) settle [geo]; (sinken) sink
Sackförderer *m* bag conveyor [prc]; sack conveyor [prc]
Sackgasse *f* blind alley [tra]; cul-de-sac [tra]
Sackkarre *f* sack barrow
Sackkarren *m* two-wheeled barrow
Sackloch *n* blind hole [des]
Sackung *f* settling [geo]; slump [tib]; (Deponie) subsidence [rec]
Sackungsmulde *f* trough due to differential settlement [geo]
Sackzement *m* bagged cement [met]; bagged cement [met]
Säge *f* saw [wzg]
Sägeblatt *n* saw blade [wzg]
Sägedach *n* sawtooth roof
Sägemehlbeton *m* sawdust concrete [bon]
Sägemühle *f* sawmill
sägen *v* cut [wer]
Sägen *n* saw-cutting [wer]
Sägespäne *pl* wood sawings [rec]
Sägeverband *m* herringbone course
Sägezahndach *n* shed roof
Sättigung *f* saturation [met]
Sättigungszone *f* zone of saturation [geo]
säubern *v* clean; decontaminate; scavenge
Säubern *n* tidying up
säuern *v* acidify [che]
Säulchen *n* (Mittelalter) colonette [arc]
Säule *f* (im Säulendiagramm) bar [des]; column; (Pfeiler) pillar; (Stütze) support
Säule, dorische - *f* doric column [arc]
Säule, eingebundene - *f* applied column; blind column

Säule, gelöste - *f* (Klassizismus: vor der Wand) free-standing column [arc]
Säule, ionische - *f* (Architektur) Ionic column
Säule, korinthische - *f* (Architektur) Corinthian column
Säule, umschnürte - *f* spirally reinforced column
Säulenabschluss *m* capital
Säulenabstand *m* column spacing
Säulenbasalt *m* columnar basalt [geo]
Säulenbau *m* building with columns
Säulendiagramm *n* bar chart [des]; histogram [des]
Säulenelement *n* column panel
säulenförmig columnar
Säulenfundament *n* column footing [arc]
Säulenfuß *m* base of a column; base plate
Säulengang *m* (Baukunst) colonade [arc]; colonnade; (- einen Hof umlaufend) peristyle; portico
Säulengrundriegel *m* column main waler
Säulenhalle *f* columned hall [arc]
Säulenkapitell *n* column capital [arc]
Säulenkonsollager *n* post bracket
Säulenkonstruktion *m* (Aufbau) column structure
Säulenkopf *m* column cap
Säulenkran *m* post crane
Säulenlängsbewehrung *f* column bars [bon]
Säulenplatte *f* plinth [arc]
Säulenrahmen *m* column frame
Säulenraster *n* column spacing
Säulenreihe *f* row of columns
Säulenschaft *m* shaft of a column
Säulenschaft, kannelierter - *m* (Klassizismus) fluted shaft [arc]
Säulenschalung *f* column formwork [bon]
Säulenschwenkkran *m* slewing pillar crane
Säulenspannauge *n* (Schalung) column tie yoke
Säulenspannschraube *f* (Schalung) column tie bolt
Säulenstahlriegel *m* column waler
Säulentempel *m* colonnaded temple [arc]
Säulenverblendung *f* column facing
Säulenverkleidung *f* column casing; column cladding
Säureakkumulator *m* lead-acid accumulator [elt]; lead-acid battery [elt]
Säureangriff *m* acid attack [che]
Säurebelastung *f* acid stress [met]
säurebeständig acid-fast [met]; acid-fast [met]; acid-proof [met]; acid-resistant [met]; acid-resisting [met]; fast to acid [che]; resistant to acid [met]
Säurebeständigkeit *f* acid resistance [met]
Säurebestimmung *f* acid determination [any]
Säurebildner *m* acid former [che]
Säurebildung *f* acid formation [che]; acidification [che]

säureempfindlich acid-sensitive [met];   sensitive to acids [met]

säurefest acid-fast [met];   acid-resistant [met]

säurefrei acid-free [met];   free from acid [met]

säurehaltig acid-containing [met];   acidiferous [met]

Säurekitt *m* acid-proof cement [met]

Säurekorrosion *f* acid corrosion [met]

säurelöslich soluble in acids [che]

Säuremesser *m* acetometer [any];   acidimeter [any]

Säuremessung *f* acidimetry [any]

Säurenebel *m* acid fog [che]

säureresistent acid-proof [met];   acid-resistant [met];   acid-resistant [met];   (gegen Ausscheidungen) enteric-coated [met]

Säurerückstand *m* acid residue [che]

Säureschichtung *f* (in Säurebatterie) acid stratification [elt]

Säureschutzanstrich *m* acid-proof paint coating [met]

Säureschutzbau *m* acid-proof structures

Säureschutzhandschuhe *pl* acid-proof gloves [asi]

Säureschutzkleidung *f* acid-proof clothing [asi]

Säureteer *m* acid tar [che]

saisonabhängig seasonal

Sakralbau *m* religious building;   sacral building [arc];   sacred building [arc];   (Gebäude) sacred building [arc]

Sakristei *f* sacristy [arc]

Salzablagerung *f* salt deposit [che]

Salzausblühung *f* flower of salt [met];   salt efflorescence [met]

Salzbelastung *f* salinity [met]

Salzgehalt *m* salinity [che]

Salzwasserkorrosion *f* salt-water corrosion [met]

Sammelabwasserkanal *m* intercepting sewer [was]

Sammelbecken *n* catchment basin [was];   collecting pond [was];   collecting tank [was];   reservoir [was];   storage basin [was]

Sammelbehälter *m* collecting container [prc];   collecting hopper [prc];   container;   reservoir [prc];   (für Flüssigkeiten) tank

Sammelbunker *m* collecting bin [prc];   collecting hopper [prc]

Sammelcontainer *m* collecting container [rec]

Sammeldrän *m* collection drain [was]

Sammelgefäß *n* receptacle [prc]

Sammelgraben *m* collecting ditch [wba];   common trench [wba];   intercepting ditch [was]

Sammelgrube *f* catch pit [was];   cesspool [was];   collecting pool [was];   (häusliches Abwasser) function chamber;   receiving tank [was]

Sammelkammer *f* (Brunnen) well chamber [was];   (Brunnen) well house [was]

Sammelkanal *m* collecting channel [was];   collecting main [was];   main collector [was];   main sewer [was];   outfall sewer [was]

Sammelleitung *f* bus line [elt];   collecting line [was];   collecting main [was];   common main [was];   manifold [prc]

Sammelprobe *f* (aus Schüttgut) bulk sample [any];   (Feststoffe) combined sample [any];   (Querschnittsprobe) composite sample [any];   gross sample [any]

Sammelprobeentnahme *f* bulk sampling [any]

Sammelrohr *n* collecting pipe [was];   manifold [was]

Sammelschacht *m* collecting sump [was]

Sammelschiene *f* bus bar [elt];   bus rod [elt]

Sammelschienenklemme *f* bus-bar terminal [elt]

Sammelspur *f* storage lane [tra]

Sammelsteuerung *f* (Aufzug) collective control

Sammelstollen *m* (in Tunneln) channel for the collection of water;   collection gallery [was]

Sammelstraße *f* (Stadtplanung) collecting road [tra];   collecting street [tra];   collector road [tra]

Sammeltrichter *m* collection hopper [prc];   (Entleerung) tundish [prc]

Sammelversorgung *f* common supply [elt]

Sammler *m* (Batterie) accumulator [elt];   (Batterie) storage battery [elt]

Sammlerbatterie *f* accumulator battery [elt];   storage battery [elt]

Sammlung von Abfall *f* collection of waste [rec]

Sand *m* grit [met];   sand [met]

Sand, gesiebter - *m* sifted sand [met]

Sand, grober - *m* grit [met]

Sand, vererzter - *m* fused sand [met]

Sand- und Kiesgrube *f* sand and aggregate pit [roh]

Sand-Zement-Schlämme *f* sand-cement grout [met]

Sandabdeckung *f* (Betonnachbehandlung) sand curing [bon]

Sandabscheider *m* sand trap [was];   settling basin [was]

Sandabsetzbecken *n* detritus chamber [was]

Sandanteil *m* sand fraction [met]

Sandasphalt *m* bitumen sand mix [met];   sheet asphalt [tib]

Sandaufbereitung *f* sand dressing [roh];   sand processing [roh];   sand reclamation [roh]

Sandaufbruch *m* (Grundbruch bei Gefälle) boiling of sand [geo]

Sandauffüllung *f* sand filling [tib]

Sandaufspülung *f* hydraulic sand filling [tib]

Sandbank *f* sandy deposit [geo]

sandbeschichtet sand-surfaced [met];   sanded [met]

Sandbett *n* (Filter) layer of sand [was];   sand bed [was];   sand cushion;   sand filling [geo];   sand underlay [geo]

Sandbettung *f* (Bahn) sand ballast [tib]

Sandbindemittel *n* sand binder [met]

Sandboden *m* sandy ground [geo];   sandy soil [geo]

Sanddamm *m* sand embankment [wba]
Sanddrän, vertikaler - *m* vertical sand drain [was]
Sandeinspülung *f* hydraulic filling
Sandelholz *n* sandalwood [met]
Sandentwässerungsschnecke *f* sand dewatering screw [roh]
Sandfang *m* catch pit [was]; grit chamber [was]; grit removal tank [was]; sand catcher [was]; sand trap [was]
Sandfanganlage *f* grit chamber [was]
Sandfangbecken *n* sand catch basin [was]
Sandfanggut *n* grit [was]
Sandfilter *m* grit filter [was]; sand filter [was]
Sandfilterlage *f* sand filter [was]
Sandfiltration *f* sand filtration [was]
Sandfüllung *f* sand backfilling [tib]; sand fill
Sandgestein *n* arenaceous rocks [geo]
sandgestrahlt sandblasted [met]
Sandgrube *f* sand-pit [roh]
Sandklassierer *m* grit classifier [was]; grit grader [was]
Sandkorn *n* grain of sand [met]; sand grain [met]
Sandlöss *m* sand loess [geo]
Sandmergel *m* lime gravel [geo]; sandy marl [geo]
Sandnassbaggerei *f* sand dredging [tib]
Sandpapier *n* sandpaper [met]
Sandrückgewinnung *f* sand reclaiming [rec]
Sandsackdamm *m* sand bag dam [wba]
Sandschicht *f* sand cushion; sand layer; sand underlay
Sandschlämme *f* sand grout [met]
Sandschlempe *f* sand grout [met]
Sandschüttung *f* sand filling
Sandstein *m* sandrock [geo]; sandstone [met]
Sandsteinbau *m* (Gebäude) sandstone building
Sandsteinbauwerk *n* sandstone building
Sandsteinblock *m* sandstone boulder [met]
Sandsteinbruch *m* (Steinbruch) sandstone quarry [roh]
Sandsteingebäude *n* sandstone building
Sandsteinmauer *f* standstone wall
Sandsteinmauerwerk *n* sandstone masonry
Sandsteinsäule *f* (Achitektur) sandstone column
Sandsteinschicht *f* sandstone stratum [geo]
Sandsteinschiefer *m* slaty sandstone [geo]
Sandsteinverblendung *f* sandstone facing
Sandsteinverkleidung *f* sandstone cladding; sandstone masonry facing
Sandsteinwand *f* sandstone wall
Sandsteinziegel *m* sandstone brick
Sandstrahlen mit Stahlsand *n* steel-grit blasting [wer]
Sandstrahler *m* blast generator [wer]
Sandstrahlerhaube *f* (Arbeitsschutz) abrasive hood [wer]; abrasive-blasting hood [asi]

Sandstrahlerhelm *m* shot blaster helmet [asi]
Sandstrahlerkleidung *f* sandblasting clothing [asi]
Sandstrahlgebläse *n* blast generator [wer]; sandblaster
Sandstrahlgerät *n* sandblasting device [wer]
sandstrahlgereinigt blast-cleaned [met]
Sandstreifen *m* (im Beton) sand streak [met]
Sandtopf *m* sand holder
Sandunterbettung *f* sand bed [tib]; sand blanket [tib]
Sandverwehung *f* sand drift [geo]
Sandvorkommen *n* sand deposit [roh]
Sandwäsche *f* sand washing [was]
Sandwaschanlage *f* grit washer [was]
Sandwaschschlamm *m* grit washing sludge [was]
Sandwichbalken *m* flitch beam
Sandwichbauweise *f* sandwich construction [des]
Sanftanlaufgerät *n* soft starter [elt]
sanieren *v* redevelop; rehabilitate; renovate
Sanierputz *m* restoration plaster [met]
Sanierputzmörtel *m* renovation mortar [met]
Sanierung *f* (Stadt-) clearance [com]; reconstruction; redevelopment; (Gebiet, größeres Grundstück) redevelopment; (Gebäude) refurbishment; (Anlage) rehabilitation [wer]; remediation; renovation; restoration; (Anlage) sanitation [wer]; (Wohngebiete) slum clearance [com]
Sanierung, ökologische - *f* ecological rehabilitation [com]
Sanierung, städtebauliche - *f* urban renewal [com]
Sanierungs- und Entwicklungsplan, ökologischer - *m* ecological clean-up and development plan [com]
Sanierungsarbeiten *pl* rehabilitation work [com]
Sanierungsbedarf *m* redevelopment requirement [com]; rehabilitation requirement [com]
Sanierungsdichtung *f* subsealing
Sanierungsgebiet *n* action area; blighted area [com]; redevelopment area [com]; region for restoration; rehabilitation zone
Sanierungskonzept *n* redevelopment concept [com]; redevelopment programme [com]; rehabilitation concept [com]; rehabilitation plan [com]
Sanierungskosten *pl* cleaning up costs; (Gebäude) refurbishment costs [eco]; rehabilitation costs [com]
Sanierungsmaßnahme *f* measure for restoration; redevelopment measure [com]; rehabilitation measure [com]; restoration measure [com]
Sanierungspflicht *f* duty of rehabilitation [com]
Sanierungsplan *m* reconstruction schedule; redevelopment plan [com]; redevelopment scheme
Sanierungsplanung *f* remediation planning [geo]
Sanierungsprojekt *n* redevelopment scheme
Sanierungssatzung *f* redevelopment by-law [jur]; redevelopment statute [jur]

Sanierungsträger *m* body charged with carrying out redevelopment [com]; redevelopment agency [com]
Sanierungsüberwachung *f* rehabilitation monitoring [geo]
Sanierungsziel *n* aim of rehabilitation [com]
Sanitäranlage *f* installations
Sanitärbereich *m* sanitary area [tga]
Sanitärblock *m* sanitary cell [tga]
sanitäre Anlage *f* sanitary installation [tga]
sanitäre Einrichtung *f* sanitary facilities [tga]; sanitary fixture [tga]; sanitary installations [tga]; sanitation [tga]
sanitäre Gebäudeinstallation *f* sanitation system [tga]
Sanitäreinrichtung *f* sanitary appliance [tga]
Sanitärelement *n* plumbing element
Sanitärinstallation *f* plumbing work [tga]; sanitary installation [tga]; (Wasser, Abwasser) sanitary plumbing [tga]; sanitation system [tga]
Sanitärkabine *f* sanitary booth [tga]
Sanitärkeramik *f* bathroom ceramics [tga]; sanitary ceramics [tga]
Sanitärleitungen *pl* plumbing piping
Sanitärporzellan *n* sanitary porcelain [tga]
Sanitärraum *m* sanitary room [tga]
Sanitärtechnik *f* sanitary engineering [tga]; sanitary technology [tga]; sanitation [tga]
Sanitärtrennwand *f* sanitary partition wall
Sanitärzelle *f* sanitary cell [tga]; sanitary cubicle [tga]
Satellitenstadt *f* satellite community [com]
Sattdampf *m* saturated steam [pow]
Sattelauflieger *m* trailer [tra]
Sattelblech *n* ridge plate
Satteldach *n* double-pitch roof; gable roof; gabled roof; ridge roof; saddle roof; saddle-back roof; saddle-backed roof
Satteldach, eingeschnittenes - *n* hip-and-valley roof
Satteldachträger mit geneigtem Untergurt *m* (Holzbau) pitch-tapered beam
Sattellager *n* saddle support [stb]
Sattelschale *f* saddle shell
Sattelschiene *f* bearing rail
Satz *m* (Charge) batch [che]; (Charge) charge [che]; (Niederschlag) precipitate [che]; (Bodensatz) sediment [che]
Satz Angebotszeichnungen *m* set of contract drawings [des]
Satzbetrieb *m* stagewise operation [wer]
Satzung, städtische - *f* (z.B. Müllabfuhr) municipal ordinance [jur]
satzweise batchwise
Sauberkeitsschicht *f* base course [geo]; (Abdichtungsunterlage aus Magerbeton) bedding; blinding; blinding bed; blinding layer; soiling; subbase [tib]

Sauerstoffanalyse *f* oxygen analysis [any]
Sauerstoffatemgerät *n* oxygen-breathing apparatus [asi]
Sauerstoffbedarf, biologischer - *m* (BOD) biochemical oxygen demand [was]; (BOD) biological oxygen demand [was]
Sauerstoffbedarf, chemischer - *m* (CSB/COD) chemical oxygen demand [was]
Sauerstoffbedarf, gesamter organischer - *m* ultimate oxygen demand [was]
Sauerstoffbrennlanze *f* oxygen deflagrating jet pipe
Sauerstoffeintrag *m* oxygen entry [was]
sauerstoffgesättigt oxygenated [met]
sauerstoffhaltig oxygenic [met]; oxygenous [met]
Sauerstoffkonzentration *f* oxygen concentration [was]
Sauerstoffmangel *m* oxygen deficit [was]
Sauerstoffmenge *f* amount of oxygen [was]
Sauerstoffstahl *m* oxygen steel [met]
Sauerstoffverbrauch *m* oxygen depletion [was]
Sauerstoffzehrung *f* oxygen depletion [was]
Sauerstoffzufuhr *f* oxygen transfer [was]
Saugbagger *m* dredger; hydraulic dredge [wba]; hydraulic dredger [wba]; suction dredge; suction dredger [tib]; suction excavator [tib]
Saugbewetterung *f* exhaust tunnel ventilation [roh]
saugfähig absorbent [met]; absorptive [met]
Saugfähigkeit *f* absorbency [met]; absorptive capacity [met]; absorptive power [met]
Sauggreifer *m* suction grab
Saugheber *m* plunger elevator [was]
Saugkanal *m* intake channel [was]; intake duct [was]
Saugkraft *f* liquid absorption power [met]
Saugleistung *f* (Boden) suction capacity [geo]
Saugleitung *f* (Siphon) suction casing [was]; suction line [prc]
Saugluft *f* intake air [pow]
Saugluftförderanlage *f* suction pneumatic conveyor [prc]
Saugluftförderer *m* suction pneumatic conveyor [prc]
Saugpumpe *f* suction pump [prc]
Saugrohr *n* suction tube [prc]
Saugrüssel *m* suction tube [roh]
Saugschlauch *m* suction hose [prc]
Saugschneider *m* suction cutter [tib]
Saugwasser *n* (kapillar) imbibition moisture [met]
Saugzug *m* (Gebläse) blower [pow]
saures Sickerwasser *n* seepage water, acidic - [was]
Schaber *m* scraper [tib]
Schablone *f* gauge [des]; model [des]; pattern [des]; template [des]
Schachbrettmuster *n* (rechtwinkliges Straßenraster) chequered pattern; (rechtwinkliges Straßenraster) chessboard pattern

Schacht, eintürmiger - *m* single shaft [roh]
Schacht, verlorener - *m* invisible pit [roh]
Schachtabdeckung *f* shaft cover [wba]
Schachtabteufung *f* shaft-sinking [roh]
Schachtarbeiten *pl* excavation works [tib]
Schachtausbau *m* shaft construction [tib]
Schachtauskleidung *f* shaft lining
Schachtbagger *m* hopper dredger [tib]
Schachtbauweise *f* shaft construction; shafting method [tib]
Schachtbeschickungsanlage *f* shaft charging equipment [prc]
Schachtbildung *f* (im Schüttgut) piping [prc]; (im Schüttgut) ratholing [prc]
Schachtbrunnen *m* filter well [was]; sunk well [was]
Schachteinstiegshilfe *f* manhole access aid
Schachtgerüstaufzug *m* cage hoist [roh]
Schachtofen *m* shaft kiln [roh]; vertical-shaft kiln [roh]
Schachtpumpe *f* (Bergbau) sump pump [was]
Schachtring *m* shaft unit; well casing
Schachtwasser *n* mine water [was]
Schaden *m* damage
Schadenersatz *m* compensation [jur]
Schadenersatzleistung *f* compensation [jur]
Schadensanalyse *f* damage analysis
Schadensbeseitigung *f* damage remediation
Schadensbild *n* damage pattern
Schadensersatz, pauschalierter - *m* lump sum compensation payment [jur]
Schadenstelle *f* point of failure
Schadensverhütung *f* prevention of damage
schadhaft damaged; defective
Schadstelle im Asphalt *f* (Straßenbelag) asphalt spot [tib]
Schadstoff *m* harmful substance [met]; hazardous material [met]; noxious material [met]; pollutant [met]
schadstoffarm low-pollution
Schadstoffausstoß *m* emission of pollutants
Schadstoffbelastung, maximale - *f* maximum pollution burden
Schadstoffbestimmung *f* identification of pollutants [any]; pollutant determination [any]
Schadstoffbilanz *f* pollutant balance [che]
Schadstoffbildung *f* pollutant formation [che]
Schadstoffe aus Gewerbe *pl* commercial pollutants [rec]
Schadstoffeintrag *m* input of pollutants [was]
Schadstofffahne *f* (Deponiesickerwasser) contaminant plume [was]
Schadstofffracht *f* load of harmful substances [was]
Schadstoffgehalt *m* content of harmful substances [met]; pollutant content [che]

Schadstoffimmobilisierung *f* pollutant immobilization [che]
Schadstoffnachweis *m* pollutant detection [any]
Schädlingsbefall *m* parasitic infestation [bio]
Schäftung *f* (Holzbau) scarf joining; (Holzbau) scarf joint
Schälbeil *n* barking axe [wzg]
Schäleisen *n* barking iron [wzg]
Schälen *n* (Stahl) scalping [met]
Schälfurnier *n* peeled veneer [met]
Schälwerkzeug *n* skiving tool [wzg]
schäumbar expandable [met]; foamable [met]
Schäummittel *n* foaming agent [met]
Schäumvorgang *m* foaming process [met]
Schaffung der Baustellenfreiheit *f* site clearance
Schaffußwalze *f* roller with sheeps foot drum [tib]; sheepfoot roller [wzg]
Schaft *m* (Schrauben-) shank [tec]; (- einer Säule) trunk
Schaft, gerippter - *m* (Bewehrung) ribbed shank [met]
Schafthaken *m* hook with shank [stb]
Schaftlänge *f* length of shank [des]
Schaftring *m* (Holzbau) cincture; (Renaissance: Fenster: an Säule) cincture [arc]
Schaftschale *f* hollow shaft
Schalarbeit *f* formwork [bon]
Schalblech *n* shuttering plate [bon]; steel shutter [bon]
Schalblech, stählernes - *n* steel shutter [bon]
Schalbrett *n* (aus Holz) formboard [bon]; formwork board [bon]; shutter board [bon]; shuttering board [bon]; slab [bon]; soffit board [bon]
Schalbrett, raues - *n* rough shuttering board [bon]
Schale *f* (am Greifer) claw [tib]
Schale, innere - *f* (Dachkonstruktion) internal shell; (Dachkonstruktion) internal skin
Schale, parabolische - *f* parabolic shell
Schale, tragende - *f* structural hull
Schalelement *n* form panel [bon]
Schalenbaustein *m* shell construction brick
Schalenbauweise *f* shell construction; shell structure
Schalenbogen *m* shell arch
Schalendach *n* shell roof
schalenförmig cup-shaped
Schalengreifer *m* clamshell [tib]
Schalenkonstruktion *f* shell structure; (Bauweise) shell structure
Schalenstaumauer *f* shell dam [wba]
Schalentragwerk *n* shell structure [bon]
Schalfett *n* form grease [bon]
Schalgerüst *n* falsework [bon]
Schalhaut *f* formwork skin [bon]; plywood [bon]
Schalhautunterstützung *f* formwork support [bon]

Schalhilfe *f* shuttering aid [bon]
Schalholz *n* shutter boards [bon]
Schalholzreiniger *m* wooden form cleaning device [bon]
Schalholzreinigungsmaschine *f* wood shuttering cleaning machine [bon]
Schall *m* sound [aku]
Schall, im Baukörper übertragener - *m* solid-born sound [aku]; structure-borne sound [aku]
Schall-Leistung *f* acoustic energy [aku]; acoustic power [aku]
Schall-Leistungsdichte *f* acoustic power density [aku]
Schall-Leistungspegel *m* acoustic power level [aku]; sound power level [aku]
Schallabschattung *f* sound abatement [aku]
Schallabschirmung *f* sound screening [aku]; sound shielding partition [aku]
schallabsorbierend sound absorbent [aku]
schallabsorbierende Maßnahme *f* sound-absorbent cladding [aku]; sound-absorbent lining [aku]; sound-absorption treatment [aku]
Schallabsorption *f* acoustic absorption [aku]; acoustical absorption [aku]; sound absorption [aku]
Schallabsorptionsfüllung *f* acoustic backing [aku]
Schallabsorptionshinterfüllung *f* acoustic backing [aku]
Schallabstrahlung *f* acoustic emission [aku]; noise emission [aku]; sound radiation [aku]
schallarm sound-reduced [aku]
Schallausbreitung *f* noise propagation [aku]; sound propagation [aku]
Schallbelastung *f* sound exposure [aku]
Schallbelastungsmesser *m* sound exposure meter [any]
Schallbrechung *f* acoustic refraction [aku]
Schallbrücke *f* acoustical bridge [aku]; sound transmission connection [aku]
Schalldämmbauweise *f* acoustic construction
Schalldämmdecke *f* acoustical ceiling [aku]; sound-absorbent ceiling [aku]
schalldämmend sound-absorbing [aku]; sound-attenuating [aku]; sound-insulating [aku]; soundproof [aku]
schalldämmendes Glas *n* sound-insulating glass [met]
Schalldämmfliese *f* acoustic tile
Schalldämmglas *n* soundproof glass [met]
schalldämpfend noise-deadening [aku]; sound-absorbing [aku]; sound-damping [aku]; sound-proofing [aku]
Schalldämpfung *f* acoustic absorption [aku]; acoustic attenuation [aku]; noise attenuation [aku]; noise reduction [aku]; sound attenuation [aku]
Schalldämmplatte *f* acoustic board [aku]; acoustic panel [met]; acoustic tile [aku]; acoustical

building board; sound-insulating board [met]; sound-insulating panel [met]
Schalldämmputz *m* acoustic plaster
Schalldämmstoff *m* sound absorbent [aku]; sound-insulating material [met]; sound-insulation material [aku]
Schalldämmung *f* acoustic insulation [aku]; acoustical insulation [aku]; sound insulation [aku]; sound-damping [aku]; sound-proofing [aku]
Schalldämmzahl *f* sound-insulation factor [aku]
Schalldetektor *m* sonic detector [any]
schalldicht impervious to sound [aku]; soundproof [aku]
schalldichte Tür *f* acoustical door
Schalldruck *m* acoustic pressure [aku]; sound pressure [phy]
Schalldruckmesser *m* sonic pressure sensor [any]; sound level meter [any]; sound pressure metering device [any]
Schalldruckpegel *m* sound pressure level [aku]
Schalldurchlässigkeit *f* sound permeability [aku]
Schallemission *f* acoustic emission [aku]; sound emission [aku]
Schallemissionsanalyse *f* acoustic emission testing [any]; sound emission analysis [any]
Schallemissionsquelle *f* acoustic emission source [aku]
Schallempfindung *f* sound perception [aku]
Schallenergie *f* sound power [aku]
Schallerzeugung *f* sound generation [aku]; sound production [aku]
Schallfeld *n* acoustic field [aku]
Schallfeldöffnung *f* (Ultraschallprüfung) beam spread [any]
Schallfortpflanzung *f* propagation of sound [aku]; sound propagation [aku]
schallgedämmt sound-insulated [aku]
schallgedämpft noise-suppressed [aku]
schallgedämpfte Tür *f* sound-rated door
schallgeschützt soundproof [aku]
Schallgeschwindigkeit *f* acoustic velocity [aku]
Schallintensität *f* acoustic intensity [aku]; sound intensity [aku]
Schallisolation *f* sound insulation [aku]
Schallisoliermittel *n* acoustic insulator [met]
Schallisolierstoff *m* sound-insulating material [met]
schallisoliert sound-insulated [aku]
Schallisolierung *f* acoustical insulation [aku]; sound insulation [aku]; sound-proofing [aku]
Schallkörper *m* acoustic resonator [aku]
Schallkopf *m* (Messkopf Ultraschall) vibration lead probe [any]
Schallleistung *f* acoustic energy [aku]; acoustic power [aku]; sound achievement [aku]; sound power [aku]
Schallleistungsdichte *f* acoustic power density [aku]

Schallleistungspegel *m* acoustic power level [aku]; sound power level [aku]

Schallleiter *m* acoustic conductor [aku]; sound conductor [aku]

Schallmesser *m* sonometer [any]

Schallmessgerät *n* sonar device [any]; sonometer [any]

Schallmessung *f* noise measurement [any]; phonometry [any]; sound measurement [any]

Schallminderung *f* (Maßnahme) noise abatement [aku]; noise attenuation [aku]; noise reduction [aku]; sound attenuation [aku]

Schallpegel *m* noise level [aku]; sound level [aku]

Schallpegelmesser *m* sound level meter [any]

Schallpegelmessgerät *n* noise level meter [any]; sound level meter [any]

Schallpegelmessung *f* sound level measurement [any]

Schallquelle *f* noise source [aku]; sound source [aku]

Schallreflexion *f* reverberation [aku]; sound reflection [aku]

Schallschatten *m* acoustic shadow [aku]

Schallschluckauskleidung *f* acoustic lining [aku]

Schallschluckdecke *f* sound-absorbing ceiling

schallschluckend sound-absorbing [aku]; sound-absorptive [aku]

schallschluckende Decke *f* acoustic ceiling

schallschluckende Verkleidung *f* sound-absorbing enclosure [aku]; sound-attenuation enclosure [aku]; sound-proofing enclosure [aku]

schallschluckende Wand *f* sound-absorbing wall

schallschluckendes Material *n* sound-absorbing material [aku]

Schallschluckglas *n* noise-protective insulating glass [met]

Schallschluckhaube *f* noise-protective hood [aku]

Schallschluckstoff *m* (Lärmbekämpfung) acoustical material [met]; sound-absorbing material [aku]

Schallschutz *m* noise abatement [aku]; noise control [aku]; noise insulation [aku]; noise prevention [aku]; sound control [aku]; sound insulation [aku]; sound reduction [aku]

Schallschutz im Hochbau *m* sound-insulation in buildings [aku]

Schallschutz, aktiver - *m* active noise insulation [asi]; active sound insulation [asi]

Schallschutz, baulicher - *m* acoustic construction; structural sound insulation [aku]

Schallschutz, passiver - *m* passive sound insulation [asi]

Schallschutzdämmplatte *f* acoustic insulation board [met]

Schallschutzdamm *m* (Straßenbau) sonic barrier [tib]

Schallschutzdecke *f* sound-absorbing ceiling

Schallschutzeinrichtung *f* noise control equipment [aku]

Schallschutzfenster *n* acoustic window; noise-insulation window [aku]; noise-protection window; sound-insulated window [aku]; sound-insulating window [aku]; sound-proofing window

Schallschutzglas *n* noise-absorbing glass [met]; sound reduction glass [met]

Schallschutzhaube *f* acoustic hood [asi]; noise abatement hood [asi]; sound-absorbing hood [asi]

Schallschutzhelm *m* acoustical helmet [asi]; helmet-type hearing protector [asi]

Schallschutzkabine *f* acoustical booth [asi]

Schallschutzkapsel *f* sound-absorbing enclosure [asi]; sound-proofing enclosure [asi]

Schallschutzklasse *f* sound transmission class [met]

Schallschutzmaßnahme *f* anti-noise measure [aku]; sound protection measure [aku]; sound-proofing measure [aku]

Schallschutzmatte *f* (Arbeitsschutz) sound-absorbing mat [met]

Schallschutzmittel *n* (Arbeitsschutz) ear protection [met]

Schallschutzordnung *f* noise control regulation [aku]

Schallschutzplanung *f* sound-proofing planning [aku]

Schallschutzplatte *f* acoustic panel [met]

Schallschutztrennwand *f* isolating partition [aku]

Schallschutztür *f* acoustic door [aku]; sound-absorbing door

Schallschutzumbauung *f* acoustic enclosure [aku]

Schallschutzwand *f* acoustical barrier [aku]; (Arbeitsschutz) barrier wall [aku]; noise barrier [aku]; noise barrier wall [aku]; (Arbeitsschutz) noise control screen [aku]; noise protection wall [aku]; sound protection panel [aku]; sound screen [aku]; sound-absorbing wall [aku]; (Arbeitsschutz) sound-deadening partition [aku]; (Arbeitsschutz) sound-insulating barrier [aku]

Schallschwingung *f* acoustic oscillation [aku]

Schallsignal *n* acoustic signal [asi]; audible signal [asi]; sound signal [asi]

Schallspektrum *n* sound spectrum [aku]

Schallsperre *f* sound barrier [aku]

Schallübertragung *f* acoustic transmission [aku]; noise transmission [aku]; sound transmission [aku]

Schallwand *f* acoustic baffle [aku]; acoustical baffle [aku]; sound baffle [aku]

Schallwiderstand *m* acoustic impedance [aku]

Schallwirkung *f* sound effect [aku]

Schalnagel *m* shuttering nail [bon]

Schalöl *n* form oil [bon]; formwork lubricant [met]; formwork oil [bon]

Schalplan *m* formwork drawing [des]; shuttering drawing [des]

Schalrohr *n* (Fundament) shrouder pipe
Schaltafel *f* formwork panel [bon]; shutter board
[bon]; shutter panel [bon]; shuttering panel [bon]
Schaltanlage *f* switchboard system [elt];
switchgear installation [elt]; switchgear plant [elt]
Schaltbild *n* circuit diagram [elt]; (Verrohrung)
pipe diagram [des]; wiring diagram [elt]
Schaltdiagramm *n* plugging chart [elt]; plugging
diagram [elt]
Schalteinrichtung *f* switching station [elt]
Schaltelement *n* circuit element [elt]; control
element [elt]; switching element [elt]
schalten *v* (ausschalten) disconnect; (Getriebe)
shift [tec]; (Schalter betätigen) switch
Schalter, automatischer - *m* automatic switch
[elt]
Schalter, berührungsloser - *m* proximity switch
[elt]
Schalter, elektrischer - *m* electric switch [elt]
Schalter, elektronischer - *m* electronic switch [elt]
Schalter, kontaktloser - *m* electronic switch [elt]
Schalterhalle *f* (Bahnhof) booking hall [tra];
counter hall; passenger hall [tra]; (Flughafen)
service hall [tra]; (Bahnhof) ticket hall [tra]
Schalterkontakt *m* switch contact [elt]
Schaltgeräte *pl* control equipment [elt]
Schaltglied *n* contact element [elt]
Schaltkasten *m* control box [elt]; switch box
[elt]
Schaltknopf *m* control button; control knob [elt]
Schaltkontakt *m* switch contact [elt]; switching
contact [elt]
Schaltnocken *m* trip cam [elt]
Schaltorgan *n* switching element [elt]
Schaltplan *m* circuit diagram [des]; connection
diagram [elt]; control circuit diagram [elt];
master power diagram [elt]
Schaltschema *n* schematic diagram [elt];
schematic flow diagram [des]; wiring diagram
Schaltschrank *m* control box [elt]; control cabinet
[elt]; control cubicle [elt]; switch cabinet [elt];
switchgear cabinet [elt]; switchgear cubicle [elt]
Schalttafel *f* control panel [elt]; instrument board
[elt]; operating panel [elt]; switchboard [elt]
Schaltung *f* circuit [elt]; circuit arrangement [elt];
(Anordnung) circuitry [elt]; wiring [elt]
Schaltung, elektrische - *f* electric circuit [elt]
Schaltung, elektronische - *f* electronic circuit [elt]
Schaltung, gedruckte - *f* printed circuit [elt]
Schaltung, getaktete - *f* clocked circuit [elt]
Schaltungstechnik *f* circuit engineering [elt];
circuit technology [elt]
Schaltunterlagen *pl* (DIN 40719) wiring documents
[elt]
Schaltvorgang *m* switching action [elt]; switching
operation [elt]

Schaltvorrichtung *f* switch device [elt]; switchgear
[elt]; switching device [elt]
Schaltwarte *f* control room [elt]
Schaltwerk *n* switchgear [elt]
Schaltzeichen *n* (Elektrotechnik) wiring symbol
[des]
Schalung *f* form [bon]; (Schalarbeit) formwork
[bon]; (Vorgang) formwork erection [bon];
mould; shuttering [bon]
Schalung in mehreren Abschnitten *f* multiple lift
forming [bon]; multiple lift forming [bon]
Schalung kontrollierter Durchlässigkeit *f* (für
Gase, Flüssigkeiten) controlled permeability
formwork [bon]
Schalung, bewegliche - *f* moving form [bon]
Schalung, doppelhäutige - *f* two-sided formwork
[bon]
Schalung, ebene - *f* plane shuttering [bon]
Schalung, einhäutige - *f* single-sided formwork
[bon]
Schalung, glatte - *f* wrought shuttering [bon]
Schalung, raue - *f* rough formwork [bon]; rough
shuttering [bon]
Schalung, stehende - *f* vertical shuttering [bon]
Schalung, verlorene - *f* dead sheathing [bon]; lost
sheathing [bon]; permanent formwork [bon];
permanent shuttering [bon]; sacrifice shuttering
[bon]; sacrificial formwork [bon]; sacrificial
shuttering [bon]
Schalungsanker *m* form tie [bon]; formwork
anchor [bon]; formwork tie [bon]; tie rod [bon]
Schalungsarbeit *m* boxing work
Schalungsarbeiten *pl* shuttering work [bon]
Schalungsauskleidung *f* form lining [bon];
formwork lining [bon]; formwork lining [bon]
Schalungsbau *m* formwork construction [bon]
Schalungsbauindustrie *f* construction forming
industry [bon]
Schalungsblech *n* formwork plate [bon]; shuttering
plate [bon]
Schalungsschiene *f* (Betonstraßendecke) side form
[bon]
Schalungsdruck *m* pressure of the formwork [bon]
Schalungselement *n* formwork panel [bon]
schalungsfrei shutteringless [bon]
Schalungsgerüst *n* bricking rig; falsework [bon]
Schalungshaut *f* formwork skin [bon]
Schalungskasten *m* (für Stahlbetonbalken) beam
form [bon]; column box [bon]
Schalungskette *f* anchor chain [bon]
Schalungskonsole *f* formwork bracket [bon]
Schalungsmaterial *n* casing material [bon]; facing
material [bon]
Schalungsöl *n* forms lubrication [met]; formwork
oil [met]; (Betonbau) release oil [met]
Schalungspaste *f* forms lubrication [bon]

Schalungsplan *m* formwork drawing [des]; formwork plan [bon]; shuttering plan [bon]

Schalungsplatte *f* formwork panel [bon]

schalungsrau board-marked [bon]; rough-shuttered [bon]

Schalungsrüttler *m* concrete form vibrator [bon]; external vibrator [bon]; (Betonverfüllung) formwork vibrator [bon]

Schalungsrüttlung *f* concrete form vibration [bon]

Schalungsschiene *f* form rail [bon]

Schalungssprieße *f* shuttering strut [bon]

Schalungsstein *m* fill block [bon]; formwork block [bon]

Schalungsstoß *m* formwork joint [bon]

Schalungsstütze *f* sheeting support [bon]

Schalungssystem *n* formwork system [bon]

Schalungstafel *f* form panel [bon]

Schalungsträger *m* concrete form support [bon]; form girder [bon]; formwork girder [bon]; formwork tie [bon]; horizontal form support [bon]

Schalungsträger, verstellbarer - *m* adjustable service girder [bon]

Schalungsverstrebung, einhäuptige - *f* one-sided form bracing [bon]

Schalungsvibrator *m* concrete form vibrator [bon]

Schalungszeichnung *f* shuttering drawing [des]

Schalungszubehör *m* formwork accessory [bon]

Schalwachs *n* form wax [bon]; (für Schalung) formwork wax [met]

Schalwand *f* plank partition [bon]

Schalzwinge *f* wall clamp [bon]

Schamotte *f* calcined clay [met]; chamotte [met]; fireclay [met]; refractory clay [met]

Schamotteauskleidung *f* fireclay lining; refractory lining

Schamottebeton *m* fireclay concrete [bon]

Schamottegrus *m* granulated fireclay [met]

Schamottemörtel *m* fireproof mortar [met]; grog [met]; refractory cement [met]; refractory mortar [met]

Schamottestein *m* fire brick [met]; firebrick [met]; fireclay brick [met]; refractory brick [met]

Schamottesteinwand *f* refractory wall

Schamotteziegel *m* firebrick [met]; fireclay brick [met]

Schanze *f* (Festung) entrenchment [arc]; (Festung) entrenchment [arc]; (Festung) trench [arc]

Schanzkleid *n* (Festung) bulwark [arc]

Schappenbohrer *m* shell auger [tib]

Schar *f* (des Graders) blade [tib]

scharfkantig sharp-edged; square-cornered; square-edged

Scharniergelenk *n* knuckle [tec]

Schattierung *f* shade [phy]; undertone [des]

Schaubild *n* chart [des]; diagram [des]; flow chart [des]

Schaufel *f* (Bagger) bucket [tib]; digging shovel [wzg]; (Schippe) scoop [wzg]; (Schippe) shovel [wzg]

Schaufel voll shovelful

Schaufelarm *m* shovel lever [tib]

Schaufelbagger *m* bucket dredger [tib]; shovel dredger [tib]; shovel excavator [roh]

Schaufelbecherwerk *n* swing-bucket elevator

Schaufeldosierer *m* scoop feeder [prc]

Schaufelfassungsvermögen *n* bucket capacity

Schaufelinhalt *m* bucket capacity

Schaufelkufe *f* skid loader shoe [tib]

Schaufellader *m* bulldozer shovel [tib]; front-end loader [tib]; loading shovel [tib]; shovel loader [roh]

Schaufellader, hydraulischer - *m* hydraulic front-end loader [tib]

Schaufelmischer *m* paddle mixer [prc]

schaufeln *v* scoop [wer]; shovel [wer]

Schaufelradbagger *m* bucket-wheel extractor [tib]; rotary excavator [roh]; rotary-bucket excavator [roh]

Schaufelrührer *m* paddle mixer [prc]

Schaufelschrägstellung *f* bucket angle

Schaufelverteiler *m* (Beton) blade spreader [bon]

Schaufenster *n* display window; shop-window

Schauferad-Grabenbagger *m* wheel ditcher [tib]

Schaukelbrücke *f* roller bascule bridge

Schauloch *n* (Tür-) spy-hole

Schaum *m* foam; scum

Schaumbecken *n* (Fettfang) aerated skimming tank [was]; (Wasseraufbereitung) aerated skimming tank [was]

Schaumbeton *m* aerated concrete [met]; cellular concrete [bon]; concrete aerated with foam [bon]; expanded concrete [bon]; foam concrete [bon]; porous concrete [met]

Schaumbildner *m* (Kunststoffe) expanding agent [met]; foaming agent [met]

Schaumbildung *f* foam development [met]

Schaumdämpfungsmittel *n* foam inhibitor [met]

Schaumerzeuger *m* (Brandschutz) foam generator

Schaumfeuerlöscher *m* (Brandschutz) foam extinguisher

Schaumgerät *n* foaming device

Schaumglas *n* cellular glass [met]; foam glass [met]; (Dämmstoff) multicellular glass [met]

Schaumglasdämmung *f* cellular glass insulation

Schaumgummi *m* expanded rubber [met]; foam rubber [met]

schaumig frothy

Schaumisolierung *f* foamed insulation [met]

Schaumkanone *f* (Feuerlöschen) foam gun

Schaumkleber *m* foam glue [met]

Schaumkunststoff *m* cellular plastic [met]; expanded plastic [met]; foamed plastics [met]; plastic foam [met]

Schaumkunststoffe *pl* cellular plastics [met]

Schaumlöschanlage *f* (Brandschutz) foam extinguishing system

Schaumlöscher *m* (Feuerlöscher) air-foam extinguisher; (Feuerlöscher) foam extinguisher

Schaumlöschmittel *n* foam extinguishing agent [met]

Schaummittel *n* foam compound [met]; foam propellant [met]

Schaumschlackenbeton *m* foamed-slag concrete [bon]

Schaumstoff *m* expanded plastic [met]; foam plastic [met]; (steifer -) plastic foam [met]

Schaumstoff, mineralischer - *m* mineral foam [met]

Schaumstoffbeschichtung *f* foam backing [met]

Schaumstoffrecyclinganlage *f* recycling plant for foamed materials [rec]

Schaumstoffschicht *f* foam layer [met]

Schaumverstärker *m* foam booster [met]

Schautafel *f* display board

Scheibe *f* (Glas) pane [met]

Scheibe, dünnwandige - *f* thin plate

Scheibe, gasgefüllte - *f* gas filled glazing

Scheibendichtung *f* sheet gasket [tec]

Scheibenfundament *n* floating foundation; mat foundation

Scheibenhochhaus *n* slab block

Scheibenmeißel *m* disc bit [wzg]

Scheibenmühle *f* disc mill [prc]

Scheibenputz *m* (Verputz) disc-finished rendering

Scheibenrechen *m* (Abwasserbehandlung) disc screen [was]

Scheibenschwingmühle *f* vibratory disc mill [prc]

Scheibenskimmer *m* disc skimmer [was]

Scheibentheorie *f* (Spannungsberechnung) plate theory

Scheibentragwerk *n* plate structure

Scheibenwalze *f* disc roller [tib]

Scheidbogenrippe *f* (mittelalterliche Kirche: Deckengewölbe) longitudinal ridge rib [arc]

scheiden *v* (trennen) separate; (mechanisch) sort [prc]

Scheiden *n* segregation [prc]

Scheideschlamm *m* (Keramik, Mineralstoffe) slime cake [met]

Scheidetrommel *f* separatory drum [roh]

Scheidewand *f* partition wall

Scheidkante *f* curing edge

Scheinfuge *f* dummy joint; (Straßenbau) dummy joint [tib]

Scheinwerferlampe *f* headlamp bulb [elt]

Scheitel *m* apex; (eines Bogens) crown; vertex

Scheiteldruck *m* apex pressure

Scheitelgelenk *n* crown hinge [stb]

Scheitelhöhe *f* (Rohrbogen) crown height [des]

Scheitelkreis *m* azimuth

Scheitelpunkt *m* apex

Scheitelstein *m* apex stone

Scheitelwinkel *m* apex angle

Schellack *m* shellac [met]

Schellack-Kleber *m* shellac adhesive [met]

schematisch (Zeichnung) diagrammatic [des]; schematic [des]

schematisch darstellen *v* represent diagrammatically [des]

Schemazeichnung *f* schematic drawing [des]

Schenkel *m* (Winkelstahl) leg [met]

Schenkel eines Winkelstahls *m* leg of an angle [met]

Schenkel, abstehender - *m* outstanding leg

Schenkel, anliegender - *m* connected leg [stb]

Schenkellänge *f* (Winkel) leg length [des]; (Winkel) leg size [des]

Scherbeanspruchung *f* shear strain [met]; shear stressing [phy]

Scherben, glasiger - *m* vitreous body [geo]

Scherbolzen *m* shear pin [tec]

Scherbruch *n* shear failure [met]

Scherdehnung *f* shear strain [met]

Scherengitter *n* (Einbruchssicherung) folding grille

Scherenkreuzung *f* scissor junction [tra]

Scherfestigkeit *f* shear strength [met]; shearing resistance [met]; shearing strength [met]

Scherfläche *f* (z.B. Niet) shear section [met]; shearing area [met]

Scherkraft *f* shear force [phy]; shearing force [phy]; shearing stress [phy]; transverse action [sik]

Scherlast *f* shear load [met]

Scherprobe *f* shear test specimen [any]

Scherprüfung *f* shear test [any]

Scherriss *m* shear crack [met]

Scherspannung *f* shear stress [met]; shearing stress [phy]; transverse strain [met]

Scherstift *m* shear pin [tec]

Scherversuch *m* (Materialprüfung) shearing test [met]

Scherwiderstand *m* shear resistance [met]

Scheuerfestigkeit *f* abrasion strength [met]

Scheuerleiste *f* skirting; skirting-board; washboard

scheuern *v* chafe; rub; scour

Schicht *f* (Überzug) coat [met]; (Überzug) coating [met]; (Mauerwerk: Ziegel) course; (Überzug) film [met]; (Holz) lamina [met]; (Überzug) layer [met]; (Holz) ply [met]; (Überzug) sheath [met]; (Gestein) stratum [geo]; (Arbeit) turn [eco]

Schicht, absorbierende - *f* absorbing layer [met]

Schicht, aufgebrachte - *f* deposited layer [met]
Schicht, aufgekohlte - *f* carborized layer [met]
Schicht, aufgestaubte - *f* (Pulvermetallurgie) sputtered film [met]
Schicht, dünne - *f* film [met]; thin layer [met]
Schicht, einlagige - *f* monolayer [met]
Schicht, galvanische - *f* electrodeposit [met]
Schicht, gleichmäßige - aufbringen *f* apply a uniform layer of [met]
Schicht, hydrierte - *f* hydrated layer [met]
Schicht, kapillarbrechende - *f* anticapillary course [geo]; capillarity breaking layer [geo]; dry area [geo]
Schicht, kathodische - *f* cathode layer [met]
Schicht, lichtempfindliche - *f* photographic layer [met]
Schicht, monomolekulare - *f* monolayer [met]; monomolecular layer [met]
Schicht, nitrierte - *f* nitrided case [met]
Schicht, schalldämmende - *f* noise absorbing layer [met]
Schicht, teildurchlässige - *f* (Hydrologie) semi-confining bed [geo]
Schicht, undurchlässige - *f* confining bed [geo]; (Hydrologie) confining stratum [geo]
Schicht, wasserdichte - *f* damp course [geo]
Schicht, wasserdurchlässige - *f* permeable bed [geo]
Schicht, wasserführende - *f* water-bearing stratum [geo]
Schicht, wasserundurchlässige - *f* impermeable bed [geo]
Schichtaufbau *m* stratification [geo]
Schichtdicke *f* film thickness [des]; layer thickness [des]; thickness of layer [met]
schichten *v* layer; stratify [geo]
Schichtenaufbau *m* coating structure [met]
Schichtenbauweise *f* layer construction; layered construction
Schichtenmauerwerk *n* coursed masonry
Schichtenmauerwerk, unregelmäßiges - *n* broken range masonry
Schichtenwasser *n* (Grundwasser) aquifer water [was]
schichtenweise in layers; stratified
schichtenweise anordnen *v* sandwich
Schichtfestigkeit *f* interlaminar strength [met]
Schichtfilter, ruhender - *m* fixed-bed filter [was]
Schichtfolge *f* stratigraphic column [geo]
Schichtführer *m* shift foreman [wer]
Schichtgestein *n* bedded rock [geo]; sedimentary rock [geo]; stratified rock [geo]
Schichtglas *n* compound glass [met]; laminated glass [met]; ply glass [met]
Schichtholz *n* laminated wood [met]; plywood [met]

Schichtholzplatte *f* plywood board [met]
Schichtmauerwerk, regelmäßiges - *n* coursed rubble walling
Schichtplatte *f* laminated sheet [met]
Schichtpressstoff *m* laminated composite [met]; laminated plastic [met]
Schichtstoff *m* laminate [met]; laminated material [met]
Schichtstoffplatte *f* laminated board [met]; laminated panel [met]
Schichtstoffpressplatte *f* laminated pressboard [met]
Schichtung *f* lamination [met]; (Schüttung) layer [met]; overlay [des]; (Untergrund) stratification [geo]
Schichtungsebene *f* bedding plane [geo]; plane of stratification [geo]
Schichtverbund *m* layer adhesion [met]
Schichtverbundwerkstoff *m* laminated material [met]
schichtweise in layers
Schichtwerkstoff *m* (Gewebe) laminated fabric [met]; sandwich [met]
Schichtwiderstand *m* sheet resistance [met]; sheet resistivity [met]
Schiebebühne *f* travelling platform
Schiebefenster *n* sash; sash window; sliding sash; sliding window
Schiebefenster, horizontales - *n* horizontally sliding window
Schiebefenster, vertikales - *n* vertically sliding window
Schiebeflügel *m* (Fenster) sliding sash
Schieber *m* (Ventil) gate [prc]; (Rinne) slide gate [wba]
Schieberahmen *m* window sash
Schieberschacht *m* valve pit [was]
Schieberschütz *m* sluice valve [was]
Schieberzunge *f* valve tongue [prc]
Schiebetor *n* sash gate; sliding gate
Schiebetür *f* sash door; sliding door
Schiebetür, zweiflügelige - *f* double-sliding door
Schiebewand *f* sliding partition; sliding wall
Schiebung *f* displacement
schief (schräg) sloping
Schiefe *f* inclination
Schiefer *m* shale [geo]; slate [geo]
schieferartig schistous [geo]; slaty [geo]
Schieferbedachung *f* slate roof cladding
Schieferbruch *m* slate quarry [roh]
Schieferdach *n* slate roof
Schieferfassade *f* slate façade
Schiefermehl *n* shale ash [met]
Schieferplatte *f* slate slab
Schieferschindel *f* slate shingle [met]
Schieferziegel *m* slate tile [met]

Schiefstellung *f* inclination [des]; obliquity [des]; skewness
schiefwinklig skew
Schienbeinschützer *m* legging; shin guard [asi]
Schiene *f* (Sammelschiene) bus bar [elt]; (Führungs-) guide
Schienenbagger *m* rail-mounted excavator [roh]
Schienenbett *n* (Bahn) road bed [tib]
schienengeführt rail-mounted [tra]
Schienenlegen *n* (Bahn) rail laying [tra]; (Bahn) track laying [tra]
Schienennetz *n* (<A>) railroad system [tra]; (Bahn) railway network [tra]; railway system [tra]
Schienenstoßbrücke *f* (Bahn) rail joint support [tra]
Schienenstoßlagerung *f* seat of rail-joint [tra]
Schienenstrang *m* (Bahn) rail track [tra]; (Bahn) stretch of rails [tra]
Schienenunterbau *m* (Bahn) road bed [tib]
Schießkabel *n* shot firing cable [roh]
Schießscharte *f* (historisch) arrow loop; (Burg, Stadtmauer) crenel [arc]; (auf Burg, Stadtmauer) embrasure [arc]; (befestigtes Gebäude) slit [arc]; (befestigtes Gebäude) wophole [arc]
Schiff *n* (Halle) bay; nave [arc]
Schifffahrtskanal *m* ship canal [tra]
Schifffahrtsweg *m* navigable waterway [tra]; ocean route [tra]; shipping waterway [wba]
Schiffsbrücke *f* floating bridge [tra]
Schiffshebewerk *n* mechanical boat lift [tra]; ship hoist [tra]; ship lift [tra]
Schiftersparren *m* (verkürzter Dachsparren) jack rafter
Schiftsparren *m* jack rafter
Schild *n* (Hinweisschild) signpost
Schildbauweise *f* shield tunnelling [tib]
Schildbogen *m* blind arch
Schildrippe *f* (mittelalterliche Kirche: Deckengewölbe) formeret [arc]
Schildvortrieb *m* shield driving [tib]; shield tunnelling [tib]
Schildvortrieb, im - hergestellt shield-driven [tib]
Schilfdach *n* thatched roof
Schimmelbeständigkeit *f* mildew resistance [met]
Schimmelfestbehandlung *f* mildew-resistance treatment [met]
Schimmelschutzanstrich *m* mildew-resistant paint [met]
schimmeltötend fungicidal [bio]
Schimmelverhütungsmittel *n* mildew-resistance agent [met]
Schindel *f* shingle
Schindeldach *n* shingle roof
Schindelfassade *f* shingle façade
Schippe *f* digging shovel [wzg]; shovel [wzg]
schippen *v* (schaufeln) shovel [wer]

Schirm, durchschusshemmender - *m* bullet-resistant screen
Schirmgewölbe *n* umbrella vault [arc]
Schlacke *f* bed ash [pow]; scum [rec]
Schlackenbeton *m* slag concrete [bon]
Schlackenführung *f* regulation of slag [roh]
Schlackenhalde *f* slag pile [rec]; slag-heap [roh]
Schlackenmehl *n* ground slag [met]; slag flour [met]
Schlackenpflasterstein *m* slag sett [tib]
Schlackenspiegel *m* slag line [roh]
Schlackensplittverteilung *f* slagging [tib]
Schlackentragschicht *f* slag base [tib]
Schlackenzement *m* basic slag cement [met]; cinder cement [met]; slag cement [met]
Schlämmanalyse *f* (Bauwesen) hydrometer analysis [any]; wet mechanical analysis [any]
Schlämmbarkeit *f* slurry-forming capacity [met]
Schlämmbassin *n* (Kläranlage) slurry tank [was]
Schlämmbeton *m* prepacked concrete [bon]
Schlämmbüchse *f* bailer [tib]
Schlämmbüchsenprobe *f* bailer sample [any]
Schlämme *f* slurry [met]
schlämmen *v* dredge [wba]; elutriate [was]; whitewash
Schlämmen *n* whitewashing
Schlämmkaolin *n* washed china clay [met]
Schlämmkorn *n* coarse silt [geo]
Schlämmkreide *f* whiting [met]
Schlämmseil *n* bailing rope [tib]
Schlämmton *m* (für Keramik) washed clay [met]
Schlämmtrommel *f* bailing drum [tib]
schlängeln *v* meander
schlaff bewehrt (Beton) untensioned [met]
Schlaffseilschalter *m* slack-rope switch [asi]
Schlaffseilsicherung *f* slack-rope device [asi]
Schlaffstahl *m* (Bewehrung) untensioned steel
Schlafraum *m* (Kloster) dormitory [arc]
Schlafsaal *m* (Kloster) dormitory [arc]
Schlafstadt *f* bedroom community; dormitory community [com]
Schlafzimmer *n* bedroom
Schlagbeanspruchung *f* impact load [met]; impact stress [met]
Schlagbiegeversuch *m* impact bending test [any]
Schlagbohren *n* percussive drilling [wer]
Schlagbohrer *m* hammer drill [wzg]; percussion drill [wzg]
Schlagbohrhammer *m* percussion drill hammer [wzg]
Schlagbohrmaschine *f* percussion drill [wzg]; percussion drilling machine [wzg]; percussive drilling machine [wzg]
schlagen *v* (Bäume) fell; hit; strike
schlagfest impact-resistant [met]; resistant to shocks [met]; shock-resistant [met]

Schlagfestigkeit *f* impact resistance [met]; impact strength [met]
Schlaghammer *m* percussion hammer [wzg]; (Kerbschlagversuch) striker [any]
Schlagleiste *f* (Prallbrecher) impeller bar [prc]; (Fenster) rabbet ledge; (Fenster) rebate ledge
Schlagloch *n* (Straße) pothole [tib]
Schlagmahlung *f* impact grinding [prc]
Schlagmühle *f* hammer mill [prc]
Schlagniet *n* percussion rivet [tec]
Schlagnieten *n* impact riveting [wer]
Schlagpresse *f* percussion press
Schlagprüfung *f* impact test [any]
Schlagregenbeanspruchung *f* stress due to driving rain [met]
Schlagregengefährdung *f* danger of exposure to heavy rain
Schlagregensicherheit *f* (von Glas) pelting-rain resistance [met]
Schlagrost *m* crushing screen [prc]
Schlagschäden *pl* (Straße) brinelling [tra]
Schlagschatten *m* cast shadow
Schlagschrauber *m* (mit Schraubendreherkopf) hammering screwdriver [wzg]; (mit Schlüssel- kopf) hammering spanner [wzg]; impact spanner [wzg]; impact wrench [wzg]
Schlagsonde *f* driving rod [any]
Schlagstampfer *m* powered tamper [tib]
Schlagwalze *f* (Prallbrecher) impeller [prc]
Schlagwerkzeug *n* striking tool [wzg]
Schlagzähigkeit *f* impact resistance [met]
Schlagzahl *f* number of blows
Schlagzerkleinerung *f* impact reduction [prc]
Schlagzugversuch *m* tensile impact test [any]
Schlamm *m* (Schmutz) mud [rec]; (Faulschlamm, Klärschlamm) sludge [rec]; (wässrige Aufschlämmung) slurry [rec]; slush [geo]
Schlamm, biologischer - *m* biological sludge [was]
Schlamm, eingedickter - *m* thickened sludge [was]
Schlamm, getrockneter - *m* dried sludge [was]
Schlamm, im - stecken bleiben *v* be bogged down; be stuck in the mud
Schlamm, organischer - *m* organic sludge [was]
Schlamm, stabilisierter - *m* stabilized sludge [was]
Schlammablagerung *f* sludge deposit [was]; sludge deposition [was]
Schlammablass *m* sludge drain [was]; sludge outlet [was]
Schlammablassventil *n* sludge draining valve [was]
Schlammabscheider *m* desilter [was]; mud separator [was]; scum separator [was]; silt trap [was]; slurry separator [was]; slurry settler [was]
Schlammabsetzbecken *n* sludge settling pond [was]; sludge settling tank [was]
Schlammaufbereitung *f* sludge processing [was]; sludge treatment [was]

Schlammauslaugung *f* sludge elutriation [was]
Schlammausräumer *m* sludge collector [was]; sludge scraper [was]
Schlammausräumung *f* sludge removal [wba]
Schlammaustrag *m* sludge discharge [was]
Schlammbagger *m* sludge excavator [wba]
Schlammbecken *n* sludge tank [was]
Schlammbehandlung *f* sludge treatment [was]
Schlammbehandlung, anaerobe - *f* (Kläranlage) anaerobic sludge treatment [was]
Schlammbelebung *f* bio-aeration [was]; sludge activation [was]
Schlammbelebungsverfahren *f* sludge activation procedure [was]
Schlammbeseitigung *f* sludge disposal [was]; sludge removal [rec]
Schlammboden *m* muddy ground [geo]; muddy soil [geo]
Schlammbohrer *m* mud bit [wzg]
Schlammeindicker *m* sludge concentrator [was]; sludge thickener [was]
Schlammeindickung *f* sludge dewatering [was]; sludge draining [was]; sludge thickening [was]
Schlammentfernung *f* sludge removal [was]
Schlammentwässerung *f* dewatering of sludge [was]; sludge dehydration [was]; sludge dewatering [was]; sludge draining [was]
Schlammfang *m* (Abwasser) gully trap [was]; mud box [was]; mud trap [was]; silt trap [was]; sludge trap [was]; sump [was]
Schlammgrube *f* mud pit [was]
schlammhaltig muddy [was]; sludgy [was]
schlammig muddy [was]; silty [was]; sludgy [was]
Schlammkasten *m* settling tank [was]; sludge box [was]
Schlammkläranlage *f* (Zellstoffherstellung ...) sludge clarification plant [was]
Schlammkonditionierung *f* sludge bulking [was]; sludge conditioning [was]
Schlammkratzer *m* sludge collector [was]; sludge scraper [was]
Schlammkuchen *m* sludge cake [rec]
Schlammpresse *f* sludge press [was]
Schlammpumpe *f* sludge pump [was]; slurry pump [was]
Schlammräumer *m* desludger [was]; sludge rake [was]; sludge scraper [was]
Schlammraum *m* sediment chamber [was]; sludge compartment [was]
Schlammrinne *f* sludge channel [was]
Schlammrückgewinnung *f* sludge recovery [was]
Schlammrücklauf *m* activated sludge return [was]
Schlammsammelbehälter *m* silt container [was]; sludge sump [was]
Schlammstabilisierung *f* sludge stabilization [was]

Schlammtank *m* sludge tank [was]
Schlammteich *m* clearing reservoir [was]; settling lagoon [was]; sludge lagoon [wba]
Schlammtrockenbeet *n* sludge bed [prc]
Schlammtrockenpresse *f* sludge dewatering press [was]
Schlammveraschung *f* sludge incineration [prc]
Schlammverbrennung *f* sludge incineration [rec]
Schlammverbrennungsofen *m* sludge incinerator [rec]
Schlammverdickung *f* sludge dewatering [was]
Schlammverteiler *m* (Verteilerscheibe) sludge distributor [was]
Schlammverwertung *f* sludge utilization [rec]
Schlammwasser *n* (Kläranlage) supernatant liquor [was]
Schlammzersetzung *f* sludge decomposition [was]
Schlange *f* (Technik) worm
Schlankheitsgrad *m* ratio of slenderness; slenderness ratio [sik]
Schlankheitsverhältnis *n* slenderness ratio [sik]
Schlauchbrücke *f* hose bridge
Schlauchkupplung *f* hose union [prc]
Schlauchwaage *f* hose levelling instrument [any]
Schlauchwasserwaage *f* hydrostatic hose balance [any]; hydrostatic level [any]
schlecht fließend (Schüttgut) bad flowing [prc]
Schleier *m* curtain [met]; haze [met]
schleifen *v* (abschleifen) sand [wer]
Schleifenfüllung *f* (Chromatographie) loop filling [any]
Schleifhexe *f* angle grinder [wzg]; portable grinder [wzg]
Schleifkontakt *m* sliding contact [elt]
Schleiflack *m* coloured lacquer [met]; polishing varnish [met]; smoothing varnish [met]
Schleifleitung *f* bus-bar system [elt]; conductor rail [elt]; (Kran) contact conductor [elt]; (Kran) contact line [elt]
Schleifmaschine *f* (Oberflächenbearbeitung) disc grinder [wzg]; (Oberflächenbearbeitung) grinding machine [wzg]
Schleifmasse *f* grinding compound [met]; grinding paste [met]
Schleifmaterial *n* abrasive [met]
Schleifmittel *n* abrasive [met]; abrasive agent [met]; abrasive compound [met]; abrasive material [met]; polishing agent [met]
Schleifpapier *n* abrasive sheet [met]
Schleifpaste *f* abrasive compound [met]; abrasive paste [met]; grinding compound [met]; grinding paste [met]
Schleifpulver *n* abrasive powder [met]
Schleifscheibe *f* abrasive disc [wzg]; abrasive wheel [wzg]; grinding disc [wzg]; grinding wheel [wzg]

Schleifscheibenabdeckung *f* (Arbeitsschutz) guard [wer]
Schleifstellen *pl* abrasive wear [met]
Schlempe *f* laitance [met]; slurry [met]; stallage [met]
Schlempemischer *m* grouting mixer [tib]
Schleppblech *n* (über einer Dehnungsfuge) apron plate; (über einer Dehnungsfuge) cover plate [stb]; (über Dehnungsfuge) expansion joint [stb]
Schleppeimer *m* drag-line bucket [tib]
schleppen *v* drag
Schlepperdrehkran *m* tractor revolving crane [tib]
Schleppergrabenbagger *m* tractor-mounted trench excavator [tib]
Schlepperseilwinde *f* tractor winch [tib]
Schleppertieflöffel *m* tractor backhoe [tib]; tractor hoe [tib]
Schleppgaube *f* (Dach) dustpan dormer
Schleppgaupe *f* shed dormer
Schleppgrabenbagger *m* detachable ditcher [tib]
Schleppkraft *f* (Hydrologie) drag [was]; pulling power [phy]
Schleppkran *m* tractor crane
Schlepplöffel *m* drag-line bucket [tib]
Schlepplöffelbagger *m* drag-line excavator [tib]
Schlepppflug *m* drag plough [tib]
Schleppplatte *f* transitions slab
Schleppsaugbagger *m* trailing suction dredge
Schleppschaufel *f* drag-line bucket [tib]; drag-line bucket [tib]
Schleppschaufelbagger *m* walking drag-line [tib]
Schleppstreifen *m* (unverklebte Bereiche, z.B. über Plattenfugen) drag strip
Schleppwalze *f* tractor roller [tib]
Schleppwiderstand *m* drag [wba]
Schleuderband *n* jet conveyor [prc]
Schleuderbandförderer *m* thrower belt conveyor [prc]
Schleuderbeton *m* centrifugally cast concrete [bon]; spun concrete [bon]
Schleuderbetonhohlpfahl *m* hollow spun concrete pile [tib]
Schleuderbetonrohr *n* centrifugally cast pipe [bon]; spun concrete pipe [bon]
Schleuderguss *m* centrifugal casting [met]
Schleudergussrohr *n* spun pipe [met]
Schleudermühle *f* centrifugal mill [prc]
Schleudern *n* skidding [tra]; (z.B. Schleuderguss) spinning [wer]
Schleuse *f* (Desinfektion, Dekontamination) lock [wer]; (u.a. Schiff) lock [wba]; (u.a. Schiff) sluice [wba]; sluice door [wba]
Schleusenanlage *f* lockage [wba]
Schleusendock *n* (Werft) wet dock
Schleusengefälle *n* lift of a lock [wba]

Schleusenkammer *f* gate chamber [wba]; lock basin [wba]; lock chamber [wba]; sluice chamber [wba]

Schleusenklappe *f* sluice gate [wba]

Schleusentor *n* flood gate [wba]; lock gate [wba]

Schleusenwandung *f* lock wall [wba]

Schleusung *f* lockage [wba]

Schlichtband *n* finishing belt [wzg]

Schlichteisen *n* scraper [wzg]; smoothing iron [wzg]

Schlichthammer *m* planisher [wzg]

Schlichthobel *m* (Holzbearbeitung: kurze Form) jack plane [wzg]; smooth plane [wzg]

Schlick *m* mud [was]; ooze [geo]; silt [geo]

Schlickablagerung *f* alluvial deposit [was]; deposition of silt [was]

Schlicker *m* (Keramik) slip [met]

Schlierenbildung *f* streak formation [met]

Schließanlage *f* key system; master key system [tga]

Schließblech *n* strike plate

Schließbolzen *m* deadbolt

Schließkopf *m* (bei Nietung) closing head [tec]; (Nietung) snap head [tec]

Schließsystem *n* (Türen usw.) locking system

Schließziegel *m* (Mauerwerk: Englischer Verband) closer; closer brick

Schliffbild *n* micrograph [any]

Schliffbildanalyse *f* (metallographische -) micrographic determination [any]

Schliffprobe *f* polished specimen [any]

Schlingerverband *m* lateral bracing

Schlittenwinde *f* sliding jack [tec]

Schlitz *m* (für Installationsleitung) chase; cut

Schlitz, eingestemmter - *m* mortise

Schlitzmaschine *f* slotter [wer]

Schlitznaht *f* (Schweißnaht) plug weld [met]; (Schweißnaht) slot weld [met]

Schlitzniet *m* slotted rivet [tec]

Schlitzplatte *f* slotted grate plate

Schlitzsäge *f* (Holzbearbeitung) rip saw [wzg]

Schlitzschweißung *f* slot welding [met]

Schlitzwand *f* cut-off trench [tib]; slotted wall; (Deponie) slurry trench wall [tib]; (Tiefbau) subterranean curtain; subterraneous curtain

Schlitzwandverfahren *n* slurry trenching [tib]

Schloss *n* castle [arc]; (Spundwand) interlock

Schlosshof *m* courtyard [arc]

Schlossmauer *f* palace wall

Schlosspark *m* estate [arc]

Schlossruine *f* ruins of castle [arc]

Schlosssprengung *f* (Spundwandbau) de-clutching

Schlucht *f* cutting [tib]

Schluckbrunnen *m* absorbing well [was]; (Hydrologie) diffusion well [was]; (Hydrologie) disposal well [was]; (Hydrologie) injection well [was]; sink hole [was]

Schluckloch *n* sink hole [was]

Schluckstoff *m* absorbent [met]

Schluckvermögen *n* retaining capacity [was]

Schlüssel *m* (<B> Werkzeug) spanner [wzg]; (<A> Werkzeug) wrench [wzg]

schlüsselfertig on a turnkey basis; turnkey

schlüsselfertiges Projekt *n* turnkey job; turnkey project

Schlüsselindikator *m* key indicator

Schlüsselloch *n* keyhole [tec]

Schlüssellochblech *n* (Tür) keyhole escutcheon

Schlüssellochdeckel *m* escutcheon [tec]

Schlüssellochkerbe *f* keyhole notch

Schlüsselschild *n* (Schloss) escutcheon [tec]

Schlüsselweite *f* opening width [des]

Schluff *m* coarse clay [geo]; silt [geo]; watery clay [geo]

Schluffgehalt *m* silt content [was]

Schlupf *m* leakage [des]

Schlupftür *f* (in einem Tor) personnel door; (in / neben Tor) wicket

Schlussabnahme *f* (Bau, Anlagen) final acceptance [eco]

Schlussnaht *f* (Schweißnaht) final weld [met]

Schlussrechnung *f* final invoice [eco]

Schlussstein *m* boss; capstone; closer brick; keystone

Schlussstein, betonter - *m* (Renaissance: Fenster: Bogen) emphasized keystone [arc]

Schlussstein, kopfförmiger - *m* (Renaissance: Fenster) head-shaped keystone [arc]

Schlusszahlung *f* final payment [eco]

Schmalwand *f* (Deponie) thin diaphragm wall; (Deponie) thin wall [rec]

Schmelzbasalt *m* cast basalt [met]

Schmelzbeton *m* fused concrete [bon]

Schmelze *f* melt [met]; melting charge [met]; molten mass [met]; molten material [met]

schmelzen *v* fuse [met]; melt [met]; smelt [met]

Schmelzen *n* melting [met]; smelting [met]

Schmelzfarbe *f* vitrifiable colour [met]

Schmelzglas *n* enamel glass [met]

Schmelzkleber *m* hot-melt adhesive [met]; hot-melt glue [met]; thermoplastic adhesive [met]

Schmelzklebstoff *m* hot-melt adhesive [met]; thermoplastic adhesive [met]; thermosetting adhesive [met]

Schmelzlegierung *f* fusible alloy [met]; fusible metal [met]

Schmelzleiter *m* fusible conductor [elt]; fusible element [elt]

Schmelzpunkt *m* freezing point [phy]; melting point [phy]

Schmelzsicherung *f* fusible cut-out [elt]; safety cut-out [elt]; safety fuse [elt]

Schmerzschwelle *f* (Arbeitsschutz) pain sensitivity threshold [hum]; (Arbeitsschutz) pain threshold [hum]; (Arbeitsschutz) threshold of pain [hum]

Schmiege *f* bevel [wzg]; bevel protractor; foldable measurement instrument [any]; universal bevel [any]

Schmierfilm *m* (Straße) slippery film [tra]

Schmirgelmittel *n* abrasive [met]

schmirgeln *v* abrade [wer]; sand [wer]

Schmirgelpapier *n* emery paper [wzg]; sandpaper [met]

Schmirgelpaste *f* emery paste [met]

Schmirgelpulver *n* abrasive powder [met]; emery powder [met]

Schmirgelscheibe *f* abrasive disc [wzg]; abrasive wheel [wzg]

Schmutz *m* mud

Schmutz abweisend dirt-resistant [met]

Schmutzfänger *m* dirt pan [was]; strainer

Schmutzfracht *f* polluting load [was]

Schmutzwasser *n* contaminated water [was]; dirty water [was]; drain water [was]; polluted water [was]; sewage [was]; waste water [was]

Schmutzwasserabfluss *m* waste water flow [was]

Schmutzwasseranfall *m* (pro Einwohner) daily amount of sewage per inhabitant [was]

Schmutzwasserbehälter *m* dirty drains receiver [was]; waste water container [was]

Schmutzwasserkanal *m* sanitary sewer [was]; separate sanitary sewer [was]

Schmutzwasserpumpe *f* effluent pump [was]; sewage ejector [was]; sump pump [was]; waste water pump [was]

Schmutzzuschlag *f* extra pay for dirty work [eco]

Schnappscharnier *n* (Möbel) snap hinge

Schneckenantrieb *m* worm drive [tec]

Schneckenaufgabe *f* screw feed [prc]

Schneckenaufgeber *m* feed screw [prc]

Schneckenbeschickung *f* screw feed [prc]; worm feed [prc]

Schneckenbohrer *m* gimlet [wzg]; spiral auger [wzg]; worm auger [wzg]

Schneckendosierer *m* screw feeder [prc]

Schneckenförderer *m* conveyor screw [prc]; helical conveyor [prc]; screw conveyor [prc]; worm conveyor [prc]

Schneckengetriebe *n* worm gear [tec]; worm gearing [tec]

Schneckengewölbe *f* helical barrel vault [arc]

Schneckenpumpe *f* spiral pump [was]

Schneckenrad *n* worm wheel [tec]

Schneckentrieb *m* worm drive [tec]

Schneedetektor *m* snow detector [any]

Schneelast *f* snow load

Schneemessung *f* snow survey [any]

Schneeräumung *f* snow clearing

Schneeschleuder *f* rotary snow-plough

Schneeschutz *m* snow shed

Schneeschutzdach *n* snow shed

Schneezaun *m* anti-snowdrift fence; snow fence

Schneiddüse *f* cutting nozzle [wer]

schneiden *v* (trimmen) trim

Schneiden, autogenes - *n* autogeneous cutting [wer]

Schneidkopfbagger *m* cutter dredger; suction dredger [tib]

Schneidkopfwelle *f* (Nassbagger) cutter shaft [tib]

Schneidwerk *n* cutting blade [tib]

Schneidwerkzeug *n* cutting tool [wzg]

schnell bindend flash-setting [met]; quick-setting [met]; rapid-hardening [met]; fast-hardening [met]

schnell härtend fast-curing [met]; rapid-hardening [met]

schnell härtend *f* (Kunstharz) quick-curing [met]

schnell trocknend fast-drying [met]; quick-drying [met]

Schnellabbinden *n* quick setting [met]

Schnellabsenkspindel *f* quick-release spindle

Schnellabtastung *f* rapid scanning [any]

Schnellalterung *f* rapid ageing [met]

Schnellanalyse *f* proximate analysis [any]; rapid analysis [any]

Schnellanschluss *m* quick connector

Schnellaufladung *f* (Batterie) boost charge [elt]; (Batterie) quick charge [elt]

Schnellaufzug *m* express lift

Schnellbauschraube *f* drywall screw

Schnellbauweise *f* rapid-assembly method

Schnellbestimmung *f* rapid determination [any]

Schnellbindemittel *n* rapid binder [met]

Schnellbinder *m* flash binder [met]; hard-setting compound [met]; quick-setting binder [met]; quick-setting cement [met]; rapid binder [met]

Schnellbrandofen *m* (keramische Werkstoffe) rapid firing kiln [roh]

Schnellestrich *m* rapid screed [met]

Schnellfaulung *f* (Kläranlage) high-rate digestion [was]

Schnellfilter *m* fast filter [was]

Schnellfiltration *f* rapid sand filtration [was]

Schnellhärter *m* fast-reacting hardener [met]

Schnellkleber *m* fast-setting adhesive [met]

Schnellladung *f* (Batterie) boost charge [elt]; (Batterie) quick charge [elt]; (Batterie) quick charging [elt]

Schnellläufer *m* (Windenergieanlage) fast-running wind turbine [pow]; (Windenergieanlage) high-speed wind turbine [pow]

Schnellmörtel *m* flash-setting mortar [met]; quick-setting mortar [met]; rapid mortar [met]

Schnellmontagekran *m* rapid erection crane

Schnellprüfung *f* (Aushärten von Beton u.a.) accelerated curing test [any]
Schnellreparaturmörtel *m* fast-repair mortar [met]
Schnellrohrkupplung *f* quick-acting coupling [prc]
Schnellschlagbär *m* rapid stroke hammer [tib]
Schnellschlaghammer *m* rapid stroke hammer [tib]
Schnellstladung *f* (Batterie) highest-speed charging [elt]; (Batterie) highest-speed charging [elt]
Schnellstraße *f* (meist kreuzungsfrei) express road [tra]; (<A>) expressway [tra]; (USA, Californien) freeway [tra]; high-speed motorway [tra]; (USA) highway [tra]; (<B>) motorway [tra]
Schnellstraße mit Mittelstreifen *f* dual carriageway road [tra]
Schnellstraßennetz *n* highway network [tra]
Schnelltest *m* rapid test [any]
Schnelltrockenanlage *f* rapid drying plant [prc]
Schnellzement *m* fast-curing cement [met]; flash-setting cement [met]; quick-setting cement [met]
Schnellzementverzögerer *m* quick-cement retarder [met]
Schneuß *m* (Gotik: Maßwerk) mouchette [arc]
Schnitt *m* (Querschnitt / Zeichnung) cross-section [des]; (Einschnitt) incision; (Zeichnung) sectional drawing
Schnitt, axonometrischer - *m* axonometric section [des]
Schnitt, goldener - *m* (darstellende Geometrie) golden mean [mat]
Schnitt, schräger - *m* oblique section [des]
Schnittansicht *f* sectional view [des]
Schnittbild *n* (in Zeichnungen) cross-sectional drawing [des]; sectional view [des]
Schnittdarstellung *f* sectional representation [des]; sectional view [des]
Schnittebene *f* (Zeichnung) plane of section [des]; (Zeichnung) sectional plane [des]
Schnittfläche *f* (Zeichnung) plane of section [des]; sectional area [des]; (Zeichnung) sectional plane [des]
Schnittgröße *f* stress resultant [sik]
Schnittholz *n* cut timber [met]; cut wood [met]; sawn timber [met]
Schnittkräfte *pl* stress-resultant components [sik]
Schnittkraft *f* internal force [sik]; static force [sik]
Schnittkraftansatz *m* assumed stress approach [sik]
Schnittkraftlinie *f* internal force diagram [sik]
Schnittlasten *pl* internal forces and moments [sik]
Schnittlinie *f* intersection line [des]; (Zeichnung) line of cut [des]; line of intersection [des]
Schnittmaß *n* nominal size [des]
Schnittmoment *n* internal moment [sik]
Schnittpunkt *m* intersecting point [des]
Schnittstellenspezifikation *f* interface specification
Schnittwinkel *m* intersection angle [des]

Schnittzeichnung *f* section drawing [des]; sectional drawing [des]
Schnittzugabe *f* machining allowance [des]
Schnitzwerk *n* carvings [wer]
Schnurgerüst *n* alignment stage; site rail
Schnurgerüsteinrichtung *f* (Festlegung Grundriss auf Baustelle) pegging of batter boards
schnurlos cordless [elt]
Schönheitsreparatur *f* cosmetic repair; decorative repair; interior decorative repair; redecorating
Schöpfbecher *m* scoop [prc]
Schöpfbütte *f* bailing tub [tib]
schöpfen *v* bail [tib]; (Wasser) scoop [wba]
Schöpfgefäß *n* scoop [prc]
Schöpfsonde *f* bailing well [tib]
Schöpfwasserrad *n* scoop waterwheel [wba]
Schornstein *m* stack [air]
Schornstein, abgespannter - *m* guyed smokestack [pow]
Schornsteinanschluss *m* chimney junction
Schornsteinaufsatz *m* chimney pot
Schornsteinauftrieb *m* (Auftrieb der Rauchgase) stack buoyancy [pow]
Schornsteinbefeuerung *f* (Flugsicherung) chimney aircraft-warning lights; (Flugsicherung) chimney aviation obstruction lights
Schornsteinfeger *m* heating system inspector [pow]
Schornsteinfuß *m* stack base [pow]
Schornsteinröhre *f* chimney flue [pow]; stack flue [pow]
Schornsteinsteigleiter *f* chimney access ladder; stack access ladder [pow]
Schottblech *n* (Schweißkonstruktion) stiffening plate [stb]; web plate [stb]
Schottenbau *m* cellular construction
Schottenwand *f* divider
Schotter *m* ballast [met]; broken rock [met]; broken stone [met]; crushed rock; crushed stone [met]; (Straßenbau) gravel; road-metal [met]
Schotterauftragmaschine *f* macadam spreader
Schotterbeton *m* ballast concrete [tib]
Schotterbett *n* ballast bed [tib]; ballast roadbed [tib]; (Eisenbahn) ballast underlay [met]; (Bahn) ballasting [tib]; hard-core bed [tib]; (Bahn) underlayer of ballast [tib]
Schotterbett, unteres - *n* bottom ballast [tib]
Schotterbettabschluss *m* ballast retainer
Schotterbrecher *m* stone crusher [roh]
Schotterdecke *f* broken stone pavement [tib]; macadam [tib]; (Straße) macadam surfacing [tib]; gravel surface [tib]
Schotterdecke, verkehrsgebundene - *f* traffic-bound macadam [tib]
Schottererneuerung *f* (Bahn) renewal of the ballast [tib]
Schotterflanke *f* (Bahn) ballast shoulder [tib]

Schottergrube *f* (Bahn) ballast pit [tra]
Schotterkrone *f* ballast shoulder [tib]; (Bahn) crown of ballast [tib]; (Bahn) crown of ballast [tib]
Schotterlage *f* crushed stone layer [geo]
Schotterreinigung *f* (Bahn) ballast cleaning [tib]; cleaning of the ballast [tib]
Schottersand *m* blinding sand [tib]
Schotterschicht *f* gravel layer [tib]
Schotterstraße *f* ballast road [tra]; broken stone road [tra]; gravel road [tra]; road with gravel surface [tra]
Schottertragschicht *f* hard-core base [tib]; macadam base [tib]; stone base [tib]; stone course [tib]
Schotterung *f* (Bahn) ballast
Schotterunterbau *m* macadam foundation
Schotterverteiler *m* aggregate spreader [tib]; base paver [tib]
Schotterwerk *n* (für Baustoffe) stone crushing plant
Schottsystem *n* (Brandschutz) bulkhead system
Schottverschraubung *f* bulkhead stuffing box
schräg (diagonal) diagonal; (geneigt) inclined; (geneigt) oblique; (geneigt) skew; (geneigt) slanting; (Fläche) sloping; (diagonal) transverse
schräg geschnitten bias-cut
schräg gestellt inclined; skewed [des]; tilted
schräg liegend slanted [des]
schräg stellen *v* incline
Schrägaufzug *m* inclined hoist; inclined lift
Schrägbalken *m* rake
Schrägbrett *n* angle board
Schrägbruch *m* slant fracture [met]
Schrägdach *n* pitch roof; pitched roof; slanted roof; sloping roof
Schräge *f* batter; inclination [geo]; pitch; slope
schräge Rampe *f* inclined ramp
Schrägförderband *n* inclined conveyor [prc]; sloped conveyor bridge [prc]
Schrägförderer *m* inclined conveyor [prc]
Schräggeison *m* (Tempelelement) raking cornice [arc]
Schräggründungspfahl *m* batter pile [tib]
Schrägkabel *n* (Brücke) stay cable
Schrägkabel, büschelförmige - *pl* (Schrägkabelbrücke) fan-shaped stay cables
Schrägkabel, harfenförmige - *pl* (Schrägkabelbrücke) harp-shaped stay cables
Schrägkabelbrücke *f* cable-stayed bridge
Schräglage *f* inclined position [des]; slanting position [des]
Schrägperspektive *f* cavalier projection [des]
Schrägpfahl *m* incined pile [tib]; raking pile [tib]
Schrägpfeil *m* (Zeichnung) sloping arrow [des]
Schrägrammen *n* driving on the rake [tib]
Schrägrampe *f* skew ramp

Schrägschild *m* (Planierschild) angling blade [tib]
Schrägseil *n* (Seiltragwerk) inclined cable
Schrägseilbrücke *f* cable-stayed bridge; cable-stayed bridge; suspended bridge
Schrägseilsystem *n* inclined cable system
Schrägsieb *n* sloping screen [prc]
Schrägsitzventil *n* inclined-seat valve [prc]; Y-valve [prc]
Schrägspreize *f* raking shore [tib]
Schrägstab *m* diagonal member [stb]
Schrägstein *m* bevel brick
Schrägstellung *f* inclination
Schrägstiel *m* (Dachkonstruktion) inclined post
Schrägungswinkel *n* angle of skew [tib]
Schrägverband *m* diagonal bracing [stb]
Schrägwand *f* batter wall; battered wall
schrägwinklig bevel [des]; oblique [des]
Schrägzapfen *m* (Holz-) tapered tenon
Schrämmmaschine *f* cross cutter
Schränkeisen *n* saw set [wzg]
schraffieren *v* hatch [des]; shade [des]
schraffieren, kreuzweise - *v* cross-hatch [des]
schraffiert shaded [des]
Schraffierung *f* hatching [des]; shading [des]
Schraffur *f* hatching [des]; shading [des]
Schraffurmuster *n* hatching pattern [des]
Schrammbord *n* (Straße) cupola; elevated edge; kerb
Schrank *m* wardrobe
Schrank für Abfallbehälter *m* refuse container shed [rec]
Schranke *f* gate [tra]
Schrankwand *f* wall unit [tga]
Schrapper *m* scraper [tib]
Schrappergefäß *n* scraper bucket [tib]
Schrappergefäß, kastenartiges - *n* box-type scraper bucket [tib]
Schrapperhaspel *f* scraper hoist [tib]
Schrapperkübel *m* scraper bucket [tib]
Schrapperschaufel *f* drag-skip [tib]
Schrapperseil *n* scraper rope [tib]
Schrapperwinde *f* scraper hoist [tib]
Schrapplader *m* drag scraper and loader [tib]
Schraubanker *m* screw anchor
Schraubdübel *m* screw dowel
Schraube mit Belastungsanzeige *f* load indicator bolt [stb]
Schraube, schwarze - *f* unfinished bolt [tec]
Schraubenbolzen mit Ansatz *m* shoulder bolt [tec]
Schraubendreher *m* screwdriver [wzg]
Schraubenförderer *m* helical conveyor [prc]; screw conveyor [prc]
schraubenförmig helical
Schraubengang *m* thread [des]
Schraubenklassierer *m* spiral classifier [prc]
Schraubenlehre *f* screw gauge [any]

Schraubenpfahl *m* (Tiefgründung) screw pile [tib]
Schraubenschlüssel *m* (<B>) spanner [wzg]; (<A>) wrench [wzg]
Schraubenwinde *f* jack screw
Schraubenzieher *m* screwdriver [wzg]
Schraubenzwinge *f* adjustable clamp [wzg]; holdfast [wzg]
Schraubfassung *f* screw base [elt]
Schraubflansch *m* screw flange [stb]
Schraubklemme *f* screw clamp [elt]; screw terminal [elt]
Schraubnagel *m* threaded nail
Schraubsockel *m* screw base [elt]
Schraubstock *m* (<B>) vice [wzg]
Schraubstutzen *m* nipple [tec]
Schraubverbindung, hochfeste - *f* high-strength bolted joint [tec]
Schraubzwinge *f* carriage clamp [wzg]; joiner's clamp [wzg]; parallel clamp [wzg]
schreiben *v* (registrieren) record [any]; (registrieren) register [any]
Schreinerarbeiten *pl* (DIN 18355) joinery work [wer]
Schreinerei *f* carpentry [wer]
Schreitausrüstung *f* walking mechanism [tib]
Schreitbagger *m* walking excavator
Schreitbrecher *m* walking crusher [roh]
Schriftfeld *n* (in einer Zeichnung) title block [des]; title field [des]
Schriftform *f* written form
Schriftkopf *m* title field [des]
Schrittmotor *m* step motor [elt]; stepping motor [elt]
Schrittregelung *f* sequential control [elt]
Schrittregler *m* multistep controller [elt]
Schrittschalter *m* step switch [elt]
schrittweise incremental; stepwise
Schrotbohren *n* shot drill boring [tib]
Schrothammer *m* spalling hammer [wzg]
Schrotkernbohrgerät *n* shot coring machine [tib]
Schrotkernbohrmaschine *f* shot coring machine [tib]
Schrotkrone *f* (Bohrkrone) shot bit [tib]
Schrotmeißel *m* top chisel [wzg]
Schrott *m* scrap [rec]
Schrotthalde *f* scrap heap [rec]
Schrottplatz *m* scrap stockyard [rec]; scrapyard [rec]
Schrottpresse *f* scrap baling press [rec]; scrap press [rec]
Schrottrecyclinganlage *f* scrap recycling plant [rec]
Schrottsäge *f* scrap saw [wzg]
Schrottverwertung *f* scrap processing [rec]; scrap recycling [rec]
Schrottwert *m* salvage value [rec]; scrap value [rec]

Schrottzusatz *m* admits of scrap [rec]
Schrumpfbehinderung *f* restraint [met]
schrumpfen *v* shrink
Schrumpfen *n* contraction [met]; contraction [met]
schrumpffrei non-contractive [met]
Schrumpfgrenze *f* shrinkage limit [met]
Schrumpfriss *m* shrinkage crack [met]
Schrumpfspannung *f* contraction strain [met]; shrinkage stress [met]
Schrumpfung *f* contraction [met]; crumbling [met]; shrinkage [met]; shriveling [met]
Schrumpfverbindung *f* slip joint [tec]
schruppen *v* (z.B. Planken säubern) dub
Schruppen *n* scouring [wer]
Schrupphobel *m* jack plane [wzg]
Schruppzahn *m* roughing tooth [wzg]
Schub *m* shearing [sik]; thrust [phy]
Schubbeanspruchung *f* shear strain [met]; shear stress [met]; shear stressing [met]; shearing stress [phy]
Schubbereich *m* (Bewehrung) shear zone [bon]
Schubbewehrung *f* shear reinforcement [bon]; web reinforcement [bon]
Schubbewehrung, Querschnitt der - *m* area of shear reinforcement [bon]; area of transverse reinforcement [bon]
Schubdübel *m* shear connector; (Holzbau) shear key
Schubdübel in Schlaufenform *m* loop shear connector
Schubeinlagen *pl* shear reinforcement [bon]
Schubfestigkeit *f* shear resistance [met]; shear strength [met]; shearing strength [met]
Schubfluss *m* shear flow [sik]
Schubkarre *f* wheelbarrow [wer]
Schubkarrenförderung *f* wheeling [tib]
Schubkeil *m* (Holzbau) shear key
Schubkraft *f* shear action [phy]; shear force [phy]; thrust [tra]; transverse action [sik]
Schubkraftfläche *f* shear plane [sik]
Schubmittelpunkt *m* shear centre [sik]
Schubmodul *m* shear modulus [met]
Schubraupe *f* bulldozer; caterpillar; push dozer
Schubraupentraktor *m* pusher tractor [tib]
Schubrosette *f* push-on rosette [tga]
Schubspannung *f* shear stress [met]; shear tension [met]; shearing stress [phy]
Schubstange *f* (Planierraupe) pusher bar [tec]
Schubverformung *f* shear deformation [met]
Schubwagenspeiser *m* mule feeder [roh]
Schubwiderstand *m* pushing resistance [phy]; shear resistance [met]
Schürfbohrung *f* prospection drilling
Schürfbremse *f* (Tieflöffel) drag brake [tib]
Schürfen *n* prospecting [roh]; skimming [tib]
Schürfkasten *m* box-type scraper bucket [tib]
Schürfkette *f* (Schleppschaufel) drag chain [tib]

Schürfkübelbagger *m* scraping dredger [roh]
Schürfkübelraupe *f* scrape dozer [tib]; scraper-dozer
Schürfkübelwagen *m* open bowl scraper [tib]
Schürflader *m* loading shovel [tib]; tractor loader [tib]; tractor shovel [tib]
**Schürflader, gummibereifter - ** *m* rubber loading shovel [tib]
Schürfraupe *f* scrape dozer [tib]; scrape-dozer [tib]
Schürfschaufel *f* drag-line bucket [tib]
Schürfseil *n* (Tieflöffel) drag cable [tib]
Schürftrommel *f* drag drum [tib]
Schürfwagen *m* scraper [roh]
Schürfzeit *f* (Schrapper) dig-and-turn time [tib]
Schürfzug *m* tractor scraper
Schürze *f* (Radscrapper) apron; apron strip
Schürzenhub *m* (Scraper) apron lift
Schürzenöffnung *f* (Scraper) apron opening
Schürzenverpressung *f* blanket grouting [tib]
Schüttbauweise *f* no-fines concrete construction
Schüttbeton *m* cast concrete [bon]; heaped concrete [bon]
Schüttdämmstoff *m* bulk insulating material [met]; insulating material, loose-fill - [met]; loose-fill insulating material [met]
Schüttdichte *f* apparent density [met]; bulk density [met]; density of bulk material [met]
Schüttdichtemessgerät *n* bulk density meter [any]
Schüttelherd *m* vibrating shaker [prc]; vibrating table [prc]
Schüttelmechanismus *m* shaking gear
Schüttelrinne *f* shaker conveyor [prc]
Schüttelrutsche *f* rocking trough [prc]; shaker conveyor [prc]; vibrating chute [prc]; vibrating feeder chute [prc]
Schüttelsieb *n* shaker screen [prc]; shaking screen [prc]; vibrating screen [prc]; vibrating sieve [prc]
Schüttelspeiser *m* shaker feeder [prc]
Schüttelstangenrost *m* shaker bar grizzly [prc]
Schütteltisch *m* shaker table [roh]
Schüttelversuch *m* batch experiment [any]
Schüttfeuerung *f* self-feeding furnace [pow]
Schüttgewicht *n* apparent density [met]; bulk density [met]
Schüttgut *n* bulk material [met]; bulk solid [prc]
Schüttgutbehälter *m* bulk solids bin [prc]
Schüttgutbewegung *f* bulk material handling [prc]
Schüttgutbrücke *f* (Bunker) bridge of bulk material [prc]
Schüttgutdichte *f* bulk density [met]
Schüttgutförderer *m* conveyor for bulk materials [prc]
Schüttgutverladung *f* bulk loading [tra]
Schütthöhe *f* charging height; dumping height; filling height

Schüttkegel *m* conical heap [prc]
Schüttkies *m* pack gravel [met]
Schüttlage *f* hard-core bed
Schüttmaterial *n* bulk material [met]; fill material [met]
Schüttrinne *f* delivery chute [prc]
Schüttsteinverklammerung *f* clamping of underwater rock piles [wba]
Schüttstelle *f* placing point [tib]
Schüttung *f* backfill; filling
**Schüttung, abgewalzte - ** *f* rolled fill [geo]
**Schüttung, künstliche - ** *f* artificial fill [tib]
Schüttungsdichte *f* bulk density [met]
Schüttungshöhe *f* depth of packing
Schüttwinkel *m* angle of repose [prc]
Schütz *m* sluice [wba]; sluice gate [wba]
schützen *v* (abdecken) cover; (beschützen) protect; safeguard; (abschirmen) shelter; (abschirmen) shield
**schützen, patentrechtlich - ** *v* patent
**Schuhsohle, isolierende - ** *f* insulating sole [asi]
**Schusole, gleitsichere - ** *f* non-slip sole [asi]; skid-proof sole [asi]
Schuhwerk *n* footwear [asi]
**Schuhwerk, antistatisches - ** *n* antistatic footwear [asi]; conductive footwear [asi]; conductive shoes [asi]
Schulgebäude *n* school building; school building
Schulhaus *n* schoolhouse
Schulhof *m* school playground
Schultergurt *m* shoulder strap [asi]
Schulterriemen *m* shoulder strap [asi]; suspender strap [asi]
Schulung auf der Baustelle *f* on-site training
Schulzentrum school complex
Schuppen *m* shed; shelter; storehouse
Schuppenbildung *f* scaling [met]
Schurre *f* chute [prc]; shoot [prc]; slide [prc]
Schuss *m* (Montageabschnitt) assembled section; (Sprengen) blast [roh]
Schutt *m* (Abfall) debris [rec]; (Abfall) refuse [rec]; (Abfall) rubbish [rec]; (Bauschutt) rubble [rec]
Schuttern *n* (Tunnelbau) mucking [tib]
Schutterung *f* tunnel loading [tib]
Schutthalde *f* detritic cone [geo]; refuse heap [rec]; waste heap [rec]; waste pile [rec]
Schutthaufen *m* rubble pile [rec]
Schuttplatz *m* tip [rec]
Schutz *m* (Abdeckung) cover [asi]; (Vorrichtung) guard [asi]; protection [asi]; safeguard [asi]; shelter [asi]; shield [asi]
Schutz des Bodens *m* soil protection [geo]
Schutz gegen herabfallende Gegenstände *m* falling object protection structure [asi]
Schutz gewährend protective [asi]

Schutz vor herabfallenden Gegenständen *m*
overhead protection [asi]
Schutz vor Stäuben *m* protection against dusts
[asi]
Schutzabdeckung *f* (über Maschinen) protective
cover [asi]
Schutzabstand *m* guard space [asi]
Schutzanstrich *m* protecting paint [met];
protective coating [met]; protective paint [met];
seal [met]
Schutzanstrich, bituminöser - *m* bituminous
protective coating [met]
Schutzanzug *m* coverall [asi]; protection suit [asi];
protective clothing [asi]; protective suit [asi]
Schutzanzug für Rettungsdienste *m* protective
clothing for rescue service [asi]
Schutzart *f* (IP) International Protection [elt];
protection category [elt]; protection type [elt];
type of protection [elt]
Schutzatmosphäre *f* protective atmosphere [asi]
Schutzauskleidung *f* protective lining [met]
Schutzausrüstung *f* protective equipment [asi]
Schutzausrüstung, persönliche - *f* personal
protective clothing [asi]; personal protective
equipment [asi]
Schutzbekleidung *f* body armour [asi]; protection
clothing [asi]; protective clothing [asi]; safety
clothing [asi]
Schutzbekleidung, chemische - *f* chemical
protective clothing [asi]
Schutzbekleidung, undurchlässige - *f* impermeable
protection clothing [asi]
Schutzbelag *m* protective coat [met]; protective
layer [asi]
Schutzbeleuchtung *f* protective lighting [asi]
Schutzbereich *m* extent of protection [asi];
protected area [asi]; protected zone [asi];
restricted area [asi]; zone of protection [asi]
Schutzbeschichtung *f* protective coating [met];
protective finishing [met]
Schutzbeton *m* (Brückenbau) concrete blinding bed
[bon]; protection concrete [bon]
Schutzblech *n* protective plate [met]
Schutzbrille *f* (für Bearbeitungsbereich) chipping
goggles [asi]; (Atemschutz) goggles [asi];
protecting glasses [asi]; protective glasses [asi];
protective goggles [asi]; protective spectacles
[asi]; safety glasses [asi]; safety goggles [asi]
Schutzbrille mit Seitenschutz *f* goggles with side
shields [asi]
Schutzdach *n* canopy; canopy roof; overhead
guard; porch; protective roof
Schutzdamm *m* safety embankment [was]
Schutzdraht *m* guard wire [elt]
Schutzeinrichtung *f* guard [asi]; protective device
[asi]; (Maschinen) safeguard [asi]; safety device

[asi]; safety guard [asi]
Schutzeinrichtung, beweglich angeordnete - *f*
moving guard [asi]
Schutzeinrichtung, elektronische - *f* electronic
safety device [asi]
Schutzeinrichtung, feste - *f* fixed guard [asi]
Schutzeinrichtung, verriegelte - *f* interlock guard
[asi]
Schutzerde *f* (<B>) protection earthing [elt]
Schutzerdung *f* protective earthing [elt]; (<A>)
protective grounding [elt]
Schutzestrich *m* protective screed
Schutzfarbe *f* protection paint [met]; protective
colour [met]; protective paint [met]
Schutzfenster *n* protective window; shielding
window; storm window
Schutzfilm *m* protective film [met]
Schutzfolie *f* sealing film [met]
Schutzgas *n* (beim Schweißen) cover gas [met];
inert gas [met]; protective gas [met]; safety gas
[met]
Schutzgasatmosphäre *f* protective atmosphere [air]
Schutzgaslichtbogenschweißen *n* gas metal arc
welding [wer]
Schutzgasschweißen *n* shielded arc welding [wer]
Schutzgasschweißung *f* ((DIN 1910)) gas shield
welding [wer]
Schutzgehäuse *n* protective enclosure; protective
housing [asi]
Schutzgeländer *n* guard railing; (Arbeitsschutz)
guardrail; protective railing; safety railing
Schutzgerüst *n* (Arbeitsschutz) protective scaffold
Schutzgitter *n* guard screen [asi]; protective grid
[asi]; protective grille [asi]; wire-mesh guard
[asi]
Schutzgitter, bewegliches - *n* gate guard [asi]
Schutzgrad *m* level of protection [asi]
Schutzgürtel *m* protective belt [asi]; safety belt
[asi]
Schutzhandschuh *m* protection glove [asi]
Schutzhandschuhe *pl* hand protection [asi]; hand
savers [asi]; protection gloves [asi]; protective
gloves [asi]; safety gloves [asi]
Schutzhaube *f* bonnet [asi]; (Arbeitsschutz)
enclosing-type hood [wer]; (Arbeitsschutz) guard
[wer]; protecting cap [asi]; protecting hood [asi];
protective hood [asi]; (Atemschutz) protective
hood [asi]
Schutzhelm *m* hard hat [asi]; protective helmet
[asi]; safety helmet [asi]
Schutzhülle *f* protection covering; protective
coating [asi]; protective cover [asi]
schutzisoliert totally insulated [elt]
Schutzkabine *f* safety cab [asi]
Schutzkäfig *m* protection cage [asi]
Schutzkante *f* safety edge

Schutzkappe *f* protective cap [asi]
Schutzkapselung *f* protection enclosure [asi]
Schutzkittel *m* protective gown [asi]
Schutzklasse *f* (Atemschutz) protection class [asi]
Schutzkleidung *f* protective clothes [asi]; protective clothing [asi]; protective garment [asi]; safety clothes [asi]
Schutzkleidung, antistatische - *f* antistatic protective clothing [asi]
Schutzkleidung, asbestfreie - *f* asbestos-free protective clothing [asi]
Schutzkleidung, leuchtend farbige - *f* luminous and coloured protective clothing [asi]
Schutzkleidung, schwer entflammbare - *f* jclothing [asi]
Schutzkontakt *m* (<B>) earthing contact [elt]; (<A>) ground contact [elt]
Schutzkontakt-Steckdose *f* earthing-contact socket outlet [elt]
Schutzkorb *m* basket guard; (Arbeitsschutz: an Leiter) safety cage
Schutzkragen *m* protection collar [asi]
Schutzkuppel *f* (Baukunst) outer dome [arc]; (Baukunst) saucer dome [arc]
Schutzlack *m* protecting varnish [met]; protective coating [met]; protective lacquer [met]
Schutzlage *f* protective ply
Schutzleiter *m* protective conductor [elt]; (<B>) protective earth [elt]; (<A>) protective ground [elt]; protective wire [elt]; third wire [elt]
Schutzmantel *m* protective cover [asi]; protective jacket [asi]; (Gasschicht) shielding-gas atmosphere [asi]
Schutzmaske *f* face guard [asi]; face mask [asi]; (Schutzschirm) face shield [asi]; protecting mask [asi]; protective mask [asi]
Schutzmaßnahme *f* precautionary measure [asi]; preventive measure [asi]; protecting measure [asi]; protective measure [asi]; safety precautions [asi]
Schutzmaßnahmen, konstruktive - *pl* constructional protective measures [asi]
Schutzmaßnahmen, technische - *pl* engineering control measures [asi]
Schutzmauer *f* protective masonry wall
Schutzmittel *n* means of protection [asi]; preventive [asi]; protective agent [met]; repellent [asi]
Schutznetz *n* safety net [asi]
Schutzniveau, angemessenes gesundheitspolizeiliches - *n* appropriate level of sanitary protection [asi]
Schutzniveau, angemessenes pflanzenschutzrechtliches - *n* (Arbeitsschutz) appropriate level of phytosanitary protection [wer]
Schutzpflanzung *f* protective cultivation; protective planting
Schutzplane *f* safety bonnet; safety hood

Schutzpolster *n* padding [asi]
Schutzpolsterung *f* padding [asi]
Schutzprogramm *n* protection program [asi]
Schutzraum *m* (Arbeitsschutz) blast shelter; protecting cell; safety containment; shelter
Schutzrohr *n* chase; conduit [elt]; protection tube [elt]; protective pipe [met]; shield tube [elt]
Schutzschaltung *f* guard circuit [elt]
Schutzscheibe *f* protective screen [asi]
Schutzschicht *f* (gegen Unterspülung) apron [was]; protective coating [met]; protective layer [met]
Schutzschicht, keramische - *f* ceramic coating [met]
Schutzschild *m* guard plate [asi]; protective shield [asi]
Schutzschirm *m* protective screen [asi]
Schutzschlauch *m* shaft casing
Schutzschürze aus Metallgeflecht *f* metal mesh apron [asi]
Schutzschuhe *pl* safety boots [asi]
Schutzsperre, rückwärtige - *f* downstream cofferdam [wba]
Schutzsteckdose *f* protective contact socket [elt]
Schutzstopfen *m* safety plug
Schutzstreifen *m* protective strip
Schutzstufe *f* level of protection [asi]
Schutzsystem *n* protection system [asi]
Schutztrennung *f* (Arbeitsschutz) circuit separation [elt]; (Arbeitsschutz) electrical separation [elt]; (Arbeitsschutz) protective separation [elt]
Schutzüberzug *m* protective coating [met]; protective covering [met]; protective layer [met]
Schutzverglasung *f* protective glazing
Schutzverkleidung *f* protective covering [asi]; protective enclosure; safety shield [asi]
Schutzverpflichtung *f* duty to provide protection [asi]
Schutzverriegelung *f* protective interlock [asi]
Schutzvlies *n* protective geotextile layer
Schutzvorkehrung *f* safety device [asi]
Schutzvorrichtung *f* protecting device [asi]; protection device; protective device [asi]; safeguard [asi]; safety appliance [asi]; safety device [asi]
Schutzvorrichtung, umhüllende - *f* safety shroud [asi]
Schutzvorschriften *pl* safety regulations [asi]
Schutzwall *m* protective rampart
Schutzwand *f* barrier; guard netting; protective screen [asi]; protective screen; protective wall
Schutzweste *f* protective vest [asi]
Schutzzone *f* protected zone [asi]; safety zone [asi]
Schwachbrand *m* (Ziegel) underburning [met]
Schwachbrandstein *m* soft brick [met]
Schwachbrandziegel *m* callow [met]; underburnt brick [met]

Schwachlast *f* low load [pow];   part load [pow]
Schwachpunkt *m* weak point
Schwachpunktauslegung *f* design to yield point
  [des]
Schwachstelle *f* weak point
schwächen *v* (Schall) attenuate;   weaken
Schwalbenschwanzdübel *m* dovetail dowel
Schwalbenschwanzverbindung *f* dovetail
  connection [tec]
Schwallschacht *m* surge water chamber [wba]
Schwankung *f* variation
Schwankung, jahreszeitlich bedingte - *f* seasonal
  movement
Schwarten *pl* (Holz) palling boards [met]
Schwartenbrett *n* slab [bon]
Schwarzdecke *f* (Straßenbau) hydrocarbon
  pavement [tib]
Schwarzdeckenfertiger *m* (Straßenbau) bituminous
  surface finisher
Schwarzstraßenbau *m* flexible road construction
Schwebebettfilter *m* moving-bed filter [was]
Schwebebühne *f* suspended platform
Schwebekörper *pl* solids in suspension [met]
Schwebeteilchen *n* floating particle [was]
Schwebeträger *m* middle-girder [stb]
Schwebstoff *m* suspended matter [met];   suspended
  solid [met]
Schwebstoff führend sediment-bearing [was]
Schwebstoffablagerung *f* sediment deposition [was]
Schwebstoffe *pl* suspended solids [met];
  (Hydrologie) wash load [was]
Schwebstofffracht *f* silt load [was]
Schwefelkies *m* ferrous sulfide [che];   iron pyrite
  [che];   pyrite [met]
Schwefelsäurekorrosion *f* sulfuric acid corrosion
  [met]
Schwefelsäurekorrosion, biogene - *f* biogenic
  sulfuric acid corrosion [met]
Schwefelzement *m* sulfur cement [met]
Schweißarbeit *f* welding [wer]
Schweißaufsicht *f* welding supervisor [wer]
Schweißbahn *f* (Hausabdeckung) weldable bitumen
  sheet [met]
schweißbar (Metalle) mild [met]
Schweißbarkeitsprüfung *f* (Materialprüfung)
  weldability test [any]
Schweißbrenner *m* welding torch [wer]
Schweißbrille *f* welder's goggles [asi]
Schweißdraht *m* filler rod [met];   filler wire [met];
  rod [met];   welding rod [met];   welding wire [met]
Schweißdrehtisch *m* welding manipulator [wer]
Schweißelektrode *f* welding electrode [met]
Schweißen *n* welding [wer]
Schweißeranzug *m* welder's suit [asi]
Schweißerbrille *f* welder's goggles [asi]
Schweißergamaschen *pl* welder's leggings [asi]

Schweißergesichtsschirm *m* welder's face shield
  [asi];   welder's face shield [asi]
Schweißerhandschild *m* welding handshield [asi]
Schweißerhandschirm *m* welder's handshield [asi];
  welding handshield [asi]
Schweißerhandschuh *m* welder's glove [asi];
  welding glove [asi]
Schweißerschild *m* face shield [wer];   hand shield
  [wer]
Schweißerschirm *m* welder's screen [asi];
  welder's shield [asi]
Schweißerschürze *f* welder's apron [asi]
Schweißerschutzbrille *f* welder's goggles [asi];
  welder's safety glasses [asi];   welding goggles [asi]
Schweißerschutzfilter *m* welding filter [asi];
  welding lens [asi]
Schweißerschutzhelm *m* welding helmet [wer]
Schweißerschutzkleidung *f* protective clothing for
  welding [asi]
Schweißerschutzschild *m* welding shield [asi]
Schweißerschutzschirm *m* welding protection
  helmet [wer];   welding screen [asi];   welding
  shield [asi]
Schweißerspiegel *m* welder's glass shield [asi]
Schweißfase *f* weld bevel [met];   welding bevel
  [des];   welding chamfer [met]
Schweißfolgeplan *m* welding sequence plan [wer]
Schweißfuge *f* welding bevel [des];   welding groove
  [des]
Schweißgas *n* welding gas [met]
Schweißgerät *n* welding apparatus [wer]
Schweißgleichrichter *m* rectifier welding set [elt];
  welding rectifier [elt]
Schweißgrat *m* weld flash [met];   welding flash
  [met]
Schweißgut *n* (vom Schweißdraht abgetropft) built-
  up material [met];   weld deposit [met]
Schweißgut, überlaufendes - *n* overflowing weld
  spill [met]
Schweißhandschutz *m* welder's handshield [asi]
Schweißhelm *m* welding helmet [asi]
Schweißkabel *n* welding cable [elt]
Schweißkonstruktion *f* welded assembly [stb];
  welded construction [stb];   welded design;   welded
  structure;   welding design [des]
Schweißlage *f* weld layer [met];   weld pass [met];
  weld run [met]
Schweißnaht *f* line of welding [met];   weld [met];
  weld seam [met];   welded joint [wer];   welding
  seam [wer]
Schweißnaht, durchgehende - *f* continuous weld
  [met]
Schweißnaht, fehlerfreie - *f* seam free from any
  discontinuities [met]
Schweißnahtabtaster *m* (mechanischer -) weld
  sensor [any]

Schweißnahtaufbau *m* weld build-up [met]
Schweißnahtauslauf *m* run-out of seam [met]
Schweißnahtdicke *f* throat depth [met]
Schweißnahterhöhung *f* reinforcement of a welded
    seam [met]
Schweißnahtfehler *m* weld fault [met]; weld
    imperfection [met]; welding fault [met]; welding
    flaw [met]
Schweißnahtform *f* weld form [des]
Schweißnahtgröße *f* weld size [des]
Schweißnahtlehre *f* welding-seam gauge [any]
Schweißnahtprofil *n* weld profile [des]
Schweißnahtprüfanlage *f* weld testing installation
    [any]; weld-seam testing equipment [any]
Schweißnahtprüfung *f* inspection of welds [any];
    (Materialprüfung) weld inspection [any]; weld
    testing [any]
Schweißnahtunterbrechung *f* discontinuity of a
    weld seam [met]
Schweißnahtvorbereitung *f* preparation of welds
    [wer]
Schweißnippel *m* welded-in stub [stb]
Schweißparameter *pl* welding parameters [des]
Schweißplan *m* weld schedule [des]; welding
    schedule [des]
Schweißplattieren *n* overlay cladding, weld - [met];
    weld overlay cladding [met]
schweißplattiert weld-clad [met]
Schweißplattierung *f* weld-cladding [met]
Schweißposition *f* position of welding [met]
Schweißprobe *f* weld test specimen [any]; welded
    test specimen [any]
Schweißprotokoll *n* welding report [wer]
Schweißrahmen *m* welded frame [stb]
Schweißraupe *f* weld bead [met]; (einzelne -) weld
    pass [met]
Schweißriss *m* welding crack [met]
Schweißrost *m* welded grating [stb]
Schweißschablone *f* welding template [wer]
Schweißschlitz *m* welding slot [met]
Schweißschürze *f* (Arbeitsschutz) welding apron
    [wer]
Schweißschutzschild *m* (Arbeitsschutz) anti-splash
    shield [wer]; welder's shield [asi];
    (Arbeitsschutz) welding protection [wer]
Schweißschutzvorhang *m* welder's protective
    curtain [asi]
Schweißspannung *f* residual stress due to welding
    [met]; welding torsion [met]; welding voltage
    [elt]
Schweißspritzer *m* splatter [met]; welding splatter
    [met]
Schweißstab *m* filler rod [met]; welding rod [met]
Schweißstoß *m* welded joint [wer]
Schweißstrom *m* welding current [elt]
Schweißstromgenerator *m* welding generator [elt]

Schweißstromkreis *m* welding circuit [elt]
Schweißstromquelle *f* welding power source [elt]
Schweißtransformator *m* welding transformer [elt]
Schweißumformer *m* welding converter [elt]
Schweißung am Einsatzort *f* field weld [stb]
Schweißung vor Ort *f* site weld [wer]
Schweißung, gerissene - *f* cracked welding [met]
Schweißung, mangelhafte - *f* defective welding
    [met]
Schweißung, unterbrochene - *f* intermittent
    welding [met]
Schweißung, wasserdichte - *f* waterproof weld
    [met]
Schweißverbindung *f* welded connection [stb];
    welded joint [wer]
Schweißverfahrensdatenblatt *n* welding-procedure
    data sheet [wer]
Schweißverfahrensrichtlinie *f* welding-procedure
    specification [wer]
Schweißverformung *f* welding deformation [met];
    welding distortion [met]
Schweißvorgang *m* welding process [wer]
Schweißwulst *m* welding bead [met]
Schweißzeichen *n* graphical welding symbol [des]
Schweißzusatzwerkstoff *m* weld filler metal [met];
    welding additive [met]; welding filler [met]
Schwelbrand *m* smouldering fire
Schwellbalken *m* foundation beam
Schwellboden *m* expansive soil [geo]
Schwelle *f* cill; (Bahn <A>) cross-tie [tra];
    ground plate; ground sill [geo]; sill; (Eisenbahn)
    sleeper [tra]; sole plate; (Grenzwert) threshold
Schwellenbett *n* (Bahn) sleeper bed [tra]
Schwellendecke *f* (Bahn) upper surface of the
    sleeper [tra]
Schwellengradient *m* (Hydrologie) initial gradient
    [was]
Schwellenmarkierungen *pl* threshold markings
Schwellenmulde *f* (Bahn) sleeper bed [tra]
Schwellenwert *m* threshold value
Schwellfestigkeit *f* pulsating fatigue strength [met]
Schwellholz *n* (Dach) wall plate
Schwellkraft *f* swelling capacity [phy]
Schwelllast *f* swelling load [phy]
Schwellung *f* bulking [met]; swelling
Schwellvorgang *m* swelling expansion [met]
Schwemmboden *m* alluvial land [geo]
schwemmen *v* soak
Schwemmen *n* floating [prc]
Schwemmgut *n* (Kläranlage) floating debris [was]
Schwemmgutrechen *m* (Kläranlage) trash rack
    [was]
Schwemmland *n* alluvial land [geo]
Schwemmsand *m* alluvial sand [geo]
Schwenkachse *f* pivot
Schwenkantrieb *m* slewing drive [tib]

Schwenkarm *m* jib [tec]
Schwenkbagger *m* swing excavator [tib]
schwenkbar hinged [tec]
Schwenkbereich *m* (Kran) turning range
Schwenkbrücke *f* swing bridge [tib]
Schwenkbühne *f* swinging platform
Schwenkdach *n* swivelling roof
schwenken *v* (Kran, u.a.) slew [tib]; swivel
Schwenkgerüst *n* slewing frame
Schwenkhebel *m* swing arm; swing lever [tec]
Schwenkkabelkran *m* radial travelling crane
Schwenkkopf *m* swivel head [wer]
Schwenkkran *m* revolving crane; slewing crane; swing crane; swing crane; swing-jib crane
Schwenklader *m* swing loader [tib]
Schwenkrohr *n* swivel pipe [tga]
Schwenkschaufler *m* swing loader [tib]
Schwenkschild *n* A-blade [tib]
Schwenkschild *m* (Planierschild) angling blade [tib]
Schwenkschrappen *n* swing scraping [tib]
Schwenksitz *m* rotating seat [tra]
Schwenksockel *m* swivel base [wer]
Schwenktor *n* hinged door
Schwenktür *f* swing door
Schwenkverschraubung *f* swivel joint [tec]
Schwenkwerk *n* (Bagger) swing gear [tib]
Schwenkwinkel *m* (Bagger) slewing angle [tib]; swing angle [tib]
schwer entflammbar flame-proof [met]; flame-proof [met]; flame-resistant [met]
schwer flüchtig low-volatility [met]; poorly volatile [met]
schwer löslich difficult-to-solve [met]; poorly soluble [met]; sparingly soluble [met]
Schwerbeton *m* dense concrete [bon]; heavy concrete [bon]; heavy-aggregate concrete [bon]; heavyweight concrete [bon]; high-density concrete [bon]; high-density concrete [bon]
Schwereklassierung *f* gravitational classifying [prc]
Schwergewichtsmauer *f* gravity wall
Schwergewichtswand *f* gravity wall
Schwergut *n* (Feststofftrennung) heavy fraction [prc]
Schwergutladebaum *m* heavy derrick
Schwergutmastenkran *m* heavy derrick
Schwerkraft *f* gravitational force [phy]; gravity [phy]
Schwerkraftabscheider *m* gravitational separator [prc]; gravity separator [prc]
Schwerkraftabsetzen *n* settling by gravity [prc]
Schwerkraftabsetzung *f* gravity sedimentation [was]; gravity settling [was]
Schwerkraftauslese *f* balistic separation [was]
Schwerkrafteindicker *m* gravity thickener [was]
Schwerkraftentleerung *f* gravity discharge [prc]
Schwerkraftentwässerung *f* gravitational water

extraction [was]; gravity dewatering [was]; gravity drainage system [was]
Schwerkraftfilter *m* gravity filter [was]
Schwerkraftfiltration *f* gravity filtration [was]
Schwerkraftfluss *m* gravity flow [prc]
Schwerkraftförderer *m* gravity conveyor [prc]
Schwerkraftgründung *f* (Windenergieanlage) gravitation foundation
Schwerkraftklinke *f* gravity pivot plate
Schwerkraftlichtbogenschweißen *n* gravity arc welding with a covered electrode [wer]
Schwerkraftmischer *m* gravity mixer [prc]
Schwerkraftsichter *m* gravity classifier [prc]
Schwerlast *f* heavy load
Schwerlastkipper *m* heavy dumper [tra]
Schwerlastverkehr *m* heavy-load traffic [tra]
Schwermetall *n* heavy metal element [met]
Schwermetallentfernung *f* heavy metal removing [was]
Schwermetallgehalt *m* heavy metal content [che]
schwermetallhaltig containing heavy metals [met]; heavy metal-rich [met]
Schwermetalllegierung *f* heavy metal alloy [met]
Schwerpunktänderung *f* centre-of-gravity movement
Schwerspat *m* (Bariumsulfat) heavy spar [che]
Schwerstbeton *m* superheavy concrete [bon]
Schwerzuschlag *m* (zu Zement usw.) heavy aggregate [met]
Schwibbogen *m* flying buttress [arc]
Schwimmabsaugung *f* floating suction [wba]
Schwimmabscheidung *f* floating precipitation [was]
Schwimmaufbereitung *f* floating [was]
Schwimmbagger *m* dredger [wba]
Schwimmbeckenfolie *f* swimming-pool liner [met]
Schwimmbrücke *f* floating bridge [tra]
Schwimmbühne *f* floating support
Schwimmdecke *f* (Kläranlage) floating layer [was]; (Klärbecken) scum [was]
schwimmend floating
schwimmender Estrich *m* floating floor
Schwimmer *m* (Einrichtung) float [prc]; (im Spülbecken) plunger [tga]
Schwimmeranzeiger *m* float stick [any]; gauge stick [any]
Schwimmermanometer *n* float-type pressure gauge [any]
Schwimmerventil *n* ball-cock supply valve [tga]
schwimmfähig (durch Auftrieb) buoyant [phy]
Schwimmgreifer *m* grab-dredger [wba]
Schwimmkörper *m* floating body
Schwimmkran *m* (<A>) derrick boat
Schwimmramme *f* floating pile driver [wba]
Schwimmsand *m* quicksand [geo]
Schwimmschlamm *m* floating sludge [was]; scum [was]; surface scum [was]; top sludge [was]

Schwimmstoff *m* floating material [met]; floating solid [was]

Schwimmstoffe *pl* (Hydrologie) wash load [was]

Schwindarmierung *f* shrinkage reinforcement [bon]

Schwindbewehrung *f* shrinkage reinforcement [bon]

schwinden *v* (Abmessungen) fade away [des]; (schrumpfen) shrink

Schwinden *n* (Beton) shrinkage [met]; shrinking [met]

Schwindfuge *f* contraction joint; shrinkage joint [bon]

Schwindgrenze *f* shrinkage limit [met]

Schwindmaß *n* coefficient of shrinkage; degree of shrinkage [des]; shrinkage coefficient [bon]

Schwindrissbildung *f* contraction cracking [met]

Schwindung *f* shrinkage [tec]

Schwingausleger *m* (Kran) rotating boom

Schwingdosierer *m* vibrating feeder [prc]

schwingen *v* (in Schwingungen bewegen) oscillate

Schwingenbacke *f* (Brechbacke) moving jaw [prc]

schwingend rocking

Schwingenlager *n* link bearing; rocker bearing [stb]

Schwingfenster *n* centre-hung sash

Schwingflügel *m* (Fenster) centre-hung sash

Schwingflügelfenster *n* horizontal pivoting window; pivoting windo, horizontal -; projected window

Schwingförderer *m* vibrating conveyor [prc]

Schwingförderrinne *f* vibratory chute [prc]; vibratory trough [prc]

Schwingförderrohr *n* vibrating circular pipe [prc]; vibrating tube feeder [prc]

Schwinggeschwindigkeit *f* frequency of vibration [phy]

Schwingherd *m* vibrating table [prc]

Schwingrahmen *m* swing frame; (Sieb) vibrating frame [prc]

Schwingrinnendosierer *m* vibratory feeder [prc]

Schwingrohrförderer *m* vibrating circular pipe [prc]

Schwingschleifer *m* vibration sander [wzg]

Schwingsieb *n* shaker screen [prc]; shaking sieve [prc]; swinging sieve [prc]; vibrating screen [prc]

Schwingtor *n* up and over gate

Schwingtür *f* swing door

Schwingung *f* oscillation [phy]; vibration [phy]

Schwingung, böenerregte - *f* (Bauwerke) vibration caused by gusts

Schwingung, periodische - *f* periodic vibration [phy]

Schwingung, winderzeugte - *f* wind-induced vibration [met]

Schwingungsanregung *f* vibrational excitation [phy]

Schwingungsausbreitung *f* vibration propagation [phy]

Schwingungsbeanspruchung *f* vibration strain [met]; vibration stress [met]; vibrational stress [met]; vibratory stress [met]

Schwingungsbohle *f* vibrating beam [tib]

Schwingungsbremse mit Feder *f* sway brace; sway snubber [stb]

schwingungsdämpfend vibration-suppressing [met]

Schwingungsdämpfer *m* vibration damper [tec]

Schwingungsdämpfung *f* oscillation damping [phy]; vibration damping [phy]

Schwingungsdauer *f* period of vibration [phy]

Schwingungsfestigkeit *f* dynamic strength [met]; vibration resistance [met]

Schwingungsform *f* mode of vibration [phy]

schwingungsfrei non-oscillating; vibration-free

schwingungsgedämpft vibration-cushioned [phy]

schwingungsisoliert vibration-insulated

Schwingungsisolierung *f* (von Körpern) oscillation insulation [aku]; (von Körpern) vibration insulation [aku]; vibration suppression [phy]

Schwingungsmesser *m* vibration measuring apparatus [any]

Schwingungsmessgerät *n* vibration meter [any]; vibrometer [any]

Schwingungsmessung *f* vibration measurement [any]

Schwingungsplatte *f* (- für Bodenverdichtung) soil plate vibrator [tib]; vibrating plate [tib]

Schwingungsschallmessung *f* vibration noise measurement [any]

Schwingungstilger *m* vibration absorber [sik]

Schwingungsverdichter *m* vibrating compactor [bon]; vibratory compactor [bon]

Schwingungsverdichtung *f* (von Böden) compacting by vibration; vibratory compaction [bon]

Schwingungsverhalten *n* dynamic behaviour [phy]; vibration response [phy]

Schwingungszahl *f* number of alternations [phy]

Schwingungszeit *f* vibration period [phy]

Schwingverdichtung *f* vibrating compaction [bon]

Schwingversuch *m* fatigue test under cyclic stresses [any]

Schwitzen *n* (Anstrich) sweating [met]

Schwitzwasser *n* condensate [met]; condensating water [prc]; condensation water; condensed moisture [met]; condensed water

Schwitzwasserbildung *f* sweating

Schwund *m* contraction [met]

schwundfrei non-shrinking [met]

Schwundriss *m* contraction crack [met]; shrinkage crack [met]

Schwungradreibschweißen *n* inertia welding [wer]

sechseckig hexagonal; hexangular

Sechskantstab *m* hexagonal bar [met]
Sechskantstahl *m* hexagon steel [met]
Sediment *n* deposit [geo]
Sediment, aquatisches - *n* (Hydrogeologie) waterborne sediment [was]
Sedimentablagerung *f* alluvial [geo]; sedimentary deposit [geo]
Sedimentation *f* sedimentation [geo]
Sedimentationsanalyse *f* sedimentation analysis [any]
Sedimentationsanlage *f* sedimentation plant [was]
Sedimentationsbecken *n* clarifier [was]; sedimentation basin [was]; settler basin [was]; sedimentation tank [was]
Sedimentationsbehälter *m* sedimentation tank [was]; settler [was]
Sedimentationseinrichtung *f* sedimentation equipment [was]
Sedimentationskurve *f* sedimentation curve
Sedimentationsmessgerät *n* sedimentation tester [any]
Sedimentationsprobe *f* sedimentation analysis [any]
Sedimentationsschlamm *m* sedimentation sludge [was]
Sedimentationsstrecke *f* settling distance [prc]
Sedimentationswaage *f* sedimentation balance [any]
Sedimentboden *m* sedimentary soil [geo]
Sedimentfracht *f* (Hydrologie) sediment yield [was]
Sedimentgestein *n* sedimentary rock [geo]
sedimentieren *v* deposit [che]; precipitate [che]
Sedimentsammler *m* (Hydrologie) sediment sampler [any]
Sedimentvolumen *n* sediment yield [was]
Sedimentwasser *n* connate water [was]
See, künstlicher - *m* artificial lake [wba]
Seebagger *m* marine dredger [wba]; sea-going dredger [wba]
Seebau *m* coastal work [wba]; marine construction [wba]
Seebeben *n* seaquake [geo]; submarine earthquake [geo]
Seedamm *m* sea pier [wba]
Seehafen *m* deep-sea port [tra]; deep-water harbour [tra]; maritime harbour [tra]; ocean port [tra]; seaport [tra]
Seehafenbahnhof *m* harbour station [tra]
Seenablagerung *f* lake deposit [was]
Seesand *m* sea sand [geo]
Seeschutzbauten *pl* coastal protection works [wba]
seewasserbeständig salt-waterproof [met]
seewasserecht fast to sea water [met]
Segeltuch *n* canvas [met]
segmental (in Form eines Sements) segmental [des]
Segmentarmatur *f* segment fitting
Segmentbauweise *f* segmental construction
Segmentbogen *m* segmental arch

segmentförmig sector-shaped
Segmentgiebel *m* (klassische Fassade) segmental pediment [arc]; (römische Baukunst) segmental pediment [arc]
Segmentgiebel, vorgeblendeter - *m* (Klassizismus) attached segmental pediment [arc]
segmentieren *v* segment [des]
Segmentierung *f* segmentation [des]
Segmentkeil *m* wedge segment [stb]
Segmentkrümmer *m* segmental elbow [met]
Segmentrohrbogen *m* gusseted elbow [met]; segmental bend [met]
Segmentschütz *m* segment-shaped sluice [wba]
Segmentverschluss *m* radial gate [wba]
Segmentwehr *n* radial gate [wba]; segment-shaped sluice [wba]
segmentweise segmental
Segregation *f* segregation
Sehnenlänge *f* chord length [des]
Sehschlitz *m* (Burgmauer) loophole [arc]
Seigerung *f* segregation [prc]
Seil- funicular
Seilaufzug *m* cable hoist
Seilbagger *m* cable dredger [tib]; cable-controlled excavator [tib]
Seilbagger mit Schalengreifer *m* cable-operated clamshell excavator [tib]
seilbetätigt cable-operated [wer]
Seilbrücke *f* cable suspension bridge; rope bridge
Seildach *n* rope-supported roof
Seileck *n* (Kräftediagramm) funicular polygon
Seilförderanlage *f* cable haulage machine
Seilgleichung *f* funicular polygon equation [mat]; string polygon equation [mat]
Seilhängedach *n* rope-supported roof
Seilkettenbagger mit Hochlöffel *m* cable-operated face shovel excavator [tib]
Seilklemme *f* (Arbeitsschutz) bulldog clip [tec]; (Arbeitsschutz) rope clip [tec]
Seilkurve *f* funicular curve [phy]
Seillastsicherung *f* (Arbeitsschutz) rope overload guard [tec]
Seillinie *f* funicular line [mat]; string line [mat]
Seilliniengewölbe *n* catenary arch
Seilpolygon *n* funicular polygon
Seilrolle *f* sheave [tec]
Seilrollenaufzug *m* rope-pulley hoist
Seilschelle *f* (z.B. an Hängebrücke) cable clip [stb]; (z.B. an Hängebrücke) socket [stb]
Seilschlag *m* rope lay
Seilschrapper *m* cable scraper [tib]
Seilschrapperkasten *m* cable-hauled bucket [tib]
Seilstrebenhängebrücke *f* cable cantilever bridge
Seiltragwerk *n* cable-supported structure
Seiltrommel *f* rope drum [tec]
Seilverankerung *f* (Brückenbau) cable anchorage

Seilvorstoß *m* (Hochlöffel) rope crowd [tib]
Seilwinde *f* rope winch [tec]; rope winch [tec]
Seismogramm *n* earthquake record [any]; seismogram [any]
Seismograph *m* seismograph [any]
Seismographie *f* seismography [any]
seismologisch seismological [geo]
Seismometer *n* seismometer [any]
Seitenabschnitt *m* side section [tib]
Seitenabstand *m* lateral clearance [des]; lateral distance [des]; side clearance [des]
Seitenabstützung *f* lateral support
Seitenaltar *m* side altar [arc]
Seitenanböschung *f* side fill [tib]
Seitenanfüllung *f* side fill [tib]
Seitenansicht *f* lateral elevation [des]; lateral view [des]; side elevation [des]; side view [des]
Seitenansicht von links *f* left side view [des]
Seitenansicht von rechts *f* right side view [des]
Seitenaufriss *m* side elevation [des]
Seitenausleger *m* side boom
Seitenböschung *f* side slope [tib]
Seitendehnung *f* lateral strain [met]
Seiteneingang *m* postern; side entrance
Seiteneinschnitt *m* side cutting [tib]
Seitenentleerung *f* side-dump discharge [tib]
Seitenentleerungsschaufel *f* (Frontlader) side-dump bucket [tib]
Seitenfenster *n* side window
Seitenfläche *f* side face
Seitenflügel *m* (Fenster) side-hung casement; wing
Seitengraben *m* side ditch [tib]
Seitenkanal *m* lateral canal [wba]; side canal [wba]
Seitenkapelle *f* (Kirche) side chapel [arc]
Seitenkipper *m* side dump truck [tib]
Seitenkraft *f* lateral force
Seitenkratzer *m* side reclaimer
Seitenlänge *f* lateral length
Seitenoberlicht *n* high side light
Seitenöffnung *f* approach span; (Brücke) side span [stb]
Seitenportal *n* side portal
Seitenrad *n* (Windenergieanlage) fantail [pow]
Seitenrahmen *m* side frame [tec]
Seitenrampe *f* side ramp
Seitenriss *m* lateral elevation [des]; lateral view [des]; side elevation [des]; side view [des]; vertical section [des]
Seitenschalung *f* side shutter [bon]
Seitenschalung, auf der - zurückfahren *v* (Betondeckenbau) back down the forms [bon]
Seitenschiff *n* aisle [arc]; (Kirchraum um Apsis) deambulatory [arc]; side aisle [arc]; (Kirchenbau) side bay; (in Halle oder Kirche) side nave

Seitenschiff des Chors *n* (in gotischen Kirchen) choir-aisle [arc]
Seitenschiffgewölbe *n* (Kirchenbau) side-aisle vault [arc]
Seitenschub *m* lateral shear [sik]; lateral thrust [met]
Seitenschutz *m* guardrail [asi]; side protection [asi]; (an Sicherheitsbrille) side shield [asi]
Seitensicherung *f* (Arbeitsschutz) guardrail
Seitenspiel *n* side clearance [des]
seitensteif lateral force resistant
Seitensteifigkeit *f* lateral rigidity [stb]
Seitenstreifen *m* verge [tib]
Seitenträger *m* side girder
Seitentrakt *m* side wing of building
Seitentür *f* side door
Seitenverkleidung *f* side panel; side sladding
Seitenwand *f* cheek; lateral wall; side body; side wall
Seitenwandverband *m* (Haus oder Halle) longitudinal wall girder [stb]
Seitenweg *m* side path
Sektorschütz *m* radial gate [wba]
Sekundärbaustoff *m* secondary building material [met]
Sekundärbeschichtung *f* secondary coating [met]
Sekundärbetonsicherheitshülle *f* (Reaktorgebäude) concrete secondary containment [pow]
Sekundärbrecher *m* secondary crusher [roh]
Sekundärelement *n* secondary cell [elt]; storage cell [elt]
Sekundärenergie *f* derived energy [pow]; secondary energy [pow]
Sekundärenergieträger *m* secondary energy carrier [pow]
Sekundärerschließung *f* secondary development
Sekundärrohstoff *m* secondary raw material [met]
Sekundärschlamm *m* secondary sludge [was]
Sekundärspannung *f* induced voltage [elt]; secondary voltage [elt]
Sekundärstromkreis *m* secondary circuit [elt]
Sekundärzelle *f* reversible cell [elt]; storage battery cell [elt]
selbstabdichtend self-sealing
selbstansaugend (Pumpe) self-aspirating [prc]
selbstdichtend self-sealing
Selbstentladung *f* (Batterie) automatic discharge [elt]; (Batterie) self-discharge [elt]; (Batterie) spontaneous discharge [elt]
selbsterhitzungsfähig self-heating [met]
selbstklebend (Oberfläche) pressure-sensitive [met]; self-adhesive [met]
Selbstkosten *pl* prime costs [eco]
Selbstkostenerstattungsvertrag *m* cost-plus contract [eco]; prime cost agreement [eco]
selbstnivellierend self-levelling; self-planishing [met]

Selbstnivellierung *f* self-levelling
Selbstreinigungskraft *f* natural attenuation [was]
selbstsaugend self-priming [was]
selbsttragend self-bearing [sik]; self-supporting [sik]
selbstverlaufend (z.B. Beschichtungen) self-levelling [met]
Selbstverwaltung *f* self-administration
Selbstvorspannung *f* self-induced stressing
Seminarraum *m* seminar room [arc]
Seniorenheim *n* senior citizens' home
senkbar lowerable
Senkbrunnengründung *f* open caisson foundation
Senke *f* sink; trough [geo]
senken *v* sink
Senkfaschine *f* saucisse
Senkgrube *f* catch basin [was]; cesspit [was]; cesspool [was]; sink [was]
Senkkasten *m* caisson; gully [was]
Senkkastengründung *f* caisson foundation [tib]
Senkkörper *m* sinker [roh]
Senkkopfniet *m* countersunk button-head rivet [tec]; countersunk head rivet [tec]; flush-head rivet [tec]
Senkkopfvernietung *f* countersunk riveting [wer]
Senkniet *m* countersunk head rivet [tec]; countersunk rivet [tec]; flush rivet [tec]
senkrecht vertical
Senkrechtförderschnecke *f* worm elevator [prc]
Senkung *f* settlement; settling; slump [geo]; subsidence
Senkungsbecken *n* subsidence basin [geo]
Senkungsschaden *m* subsidence damage
Senkungsschutz im Bergbau *m* protection against mining subsidence [roh]
Sensor *m* probe [any]; sensor [any]
Sensorkörper *m* sensor body [any]
Sensorschalter *m* sensor switch [elt]
Sensorsignal *n* sensor signal [any]
Serienabtastung *f* serial scanning [any]
serienmäßig as standard feature
Serienprüfung *f* routine inspection [any]
Serienschalter *m* series switch [elt]
Serienschaltung *f* series connection [elt]
Serpentine *f* serpentine [tra]; winding road [tra]
Servoregler *m* servo-controller [elt]
Servosteuerung *f* servo-controller [elt]
Setzbecher *m* slump-cone [any]
Setzbolzenverfahren *n* set pin method
Setzen *n* consolidation [geo]
Setzen des Fundaments *n* settling of foundation
Setzen von Schalungsschienen *n* form setting [bon]
Setzen, elastisches - *n* elastic yield
Setzfuge *f* (zwischen Bauteilen mit Vertikalbewegung) settlement joint
Setzmaß *n* slump [geo]
Setzmaßprüfung *f* (Beton) slump test [any]

Setzpacklage *f* stone pitching [tib]
Setzpfosten *m* removable sluice pillar [wba]
Setzriss *m* settlement crack
Setzstufe *f* (Treppe) riser
Setztisch *m* (Partikeltrennung durch Luftstrom unterstützt) air table [prc]; (Partikeltrennung durch Luftstrom unterstützt) settling table [prc]
Setzung *f* settlement; slump; subsidence
Setzung der Aufschüttung *f* consolidation of the embankment
Setzung, anfängliche - *m* (Erdbau) primary consolidation
Setzungsfuge *f* settlement joint
Setzungsmulde *f* (Deponie) subsidence trough [rec]
Sheddach *n* north-light roof; sawtooth roof
Shoppingcenter *n* shopping centre; shopping mall
Shredder *m* shredder [rec]
Shredderanlage *f* shredder plant [rec]
Shredderleichtfraktion *f* (u.a. aus Altautoverwertung) shredded lightweight fraction [rec]
Shredderrückstände *pl* shredder residues [rec]
Sicherheit *f* (Gefahr) safety [asi]
Sicherheit außerhalb der Arbeit *f* off-the-job safety
Sicherheit beim Betrieb von Handgeräten *f* safety of hand-operated machines [asi]
Sicherheit der Baukonstruktion *f* structural safety
Sicherheit im öffentlichen Raum *f* public security
Sicherheit und Gesundheitsschutz bei der Arbeit *f* occupational safety and health [asi]
Sicherheit, chemische - *f* chemical safety [asi]
Sicherheit, erhöhte - *f* enhanced safety [asi]
Sicherheits- und Stabilitätsordnung, gesamteuropäische - *f* All-European security and stability order [asi]
Sicherheits- und Unfallverhütungsvorschriften *pl* safety and accident prevention regulations [asi]
Sicherheitsabschaltsystem *n* safety shut-down system [asi]
Sicherheitsabschaltung *f* emergency shut-down [asi]; safety shut-down [asi]; safety-cut-off [asi]
Sicherheitsabstand *m* safe distance [asi]; safety distance [asi]; (nach oben) safety headway [asi]; safety margin [asi]
Sicherheitsabteilung *f* safety department [asi]
Sicherheitsaktion *f* safety campaign [asi]
Sicherheitsalarm *m* safety alarm [asi]
Sicherheitsanalyse *f* safety analysis [asi]; safety study [asi]
Sicherheitsanalyse am Arbeitsplatz *f* (Arbeitsschutz) job hazard analysis [asi]
Sicherheitsanforderung *f* safety requirement [asi]; security requirement [asi]
Sicherheitsanforderung, technische - *f* technical safety requirement [asi]

Sicherheitsanforderungen *pl* (gegen Einbruch u.a.) security requirements [tga]
Sicherheitsanlage *f* security system [asi]
Sicherheitsanweisung *f* safety instruction [asi]
Sicherheitsaufschlag *m* safety margin [des]
Sicherheitsaufzeichnung *f* safety record [asi]
Sicherheitsausbildung *f* safety training [asi]; safety training course [asi]
Sicherheitsausbildung am Arbeitsplatz *f* on-the-job safety training [asi]
Sicherheitsausschuss *m* industrial safety committee [asi]; safety committee [asi]
Sicherheitsautomat *m* safety cut-out [elt]
Sicherheitsbauteil *n* safety part
Sicherheitsbauweise *f* safety design
Sicherheitsbeauftragter *m* safety delegate [asi]; safety inspector [asi]; safety representative [asi]; security administrator [asi]
Sicherheitsbeauftragter, offizieller - *m* safety officer [asi]; safety official [asi]
Sicherheitsbedürfnisse *pl* security needs [asi]
Sicherheitsbehälter *m* (Reaktorgebäude) containment vessel; safety container [asi]; safety vessel [asi]
Sicherheitsbeiwert *m* load factor [sik]; safety factor [asi]
Sicherheitsbekleidung *f* protective garment [asi]
Sicherheitsbelag *m* antiskid flooring
Sicherheitsbelehrung *f* safety instruction [asi]
Sicherheitsbeleuchtung *f* safety lighting [asi]
Sicherheitsbereich *m* safety area [asi]; safety zone [asi]
Sicherheitsbericht *m* safety report [asi]
Sicherheitsberstscheibe *f* safety disc [asi]
Sicherheitsbeschläge *pl* security fittings; security hardware [tga]
Sicherheitsbestimmung *f* safety regulation [asi]
Sicherheitsbestimmungen *pl* safety requirements [asi]
Sicherheitsbewusstsein *n* safety awareness [asi]; safety consciousness [asi]; safety-mindedness [asi]
Sicherheitsbremse *f* safety brake [asi]
Sicherheitsbrille *f* safety glasses [asi]; safety goggles [asi]; safety spectacles [asi]
Sicherheitscheck *m* (Überprüfung) safety check [asi]
Sicherheitsdatenblatt *n* safety data sheet [asi]; safety information card [asi]; safety information sheet [asi]; safety-handling data sheet [asi]
Sicherheitsdatenblatt, chemisches - *n* chemical safety data sheet [asi]
Sicherheitsdefizit *n* safety deficit
Sicherheitsdienst *m* safety service [asi]
Sicherheitsdusche *f* security shower [asi]
Sicherheitseinrichtung *f* safety device [asi]; safety equipment [asi]; safety feature [asi]

Sicherheitseinstellung *f* safety attitude [asi]
Sicherheitserde *f* (<B>) safety earth [elt]; (<A>) safety ground [elt]
Sicherheitserziehung *f* safety education [asi]
Sicherheitsetikett *n* security label [asi]
Sicherheitsfachkraft *f* safety expert [asi]; safety professional [asi]
Sicherheitsfachmann *m* safety specialist [asi]
Sicherheitsfaktor *m* assessment factor [asi]; factor of safety [asi]; margin of safety; reserve factor [asi]; safety factor [asi]
Sicherheitsfaktoren anwenden, gewogene - apply load factors [des]
Sicherheitsfarbe *f* safety colour [asi]; safety ink [asi]
Sicherheitsfenster *n* security window
Sicherheitsfilm *m* safety film [asi]
Sicherheitsfilter *m* safety filter [asi]
Sicherheitsflasche *f* safety bottle [asi]
Sicherheitsführerhaus *n* (Arbeitsschutz) safety cab [tra]
Sicherheitsfunktion safety function [asi]
Sicherheitsgebäude *n* (Reaktorgebäude) containment building [pow]; (Reaktorgebäude) containment structure [pow]
Sicherheitsgefährdung *f* safety hazard [asi]
Sicherheitsgefahr *f* safety risk [asi]
Sicherheitsgerät *n* safety apparatus [asi]; safety appliance [asi]; safety device [asi]; safety equipment [asi]
Sicherheitsgeschirr *n* body harness [asi]; chest harness [asi]; harness-type safety belt [asi]; industrial harness [asi]; safety harness [asi]
Sicherheitsgitter *n* (Arbeitsschutz) screen guard [tec]; (Arbeitsschutz) security grille [tec]
Sicherheitsglas *n* armour-plate glass [met]; compound glass [met]; laminated glass [met]; protective glass [met]; security glass [met]; shatterproof glass [met]
Sicherheitsgrad *m* degree of safety [asi]
Sicherheitsgründe *pl* safety reasons [asi]
Sicherheitsgurt *m* industrial belt [asi]; safety belt [asi]; safety harness [asi]
Sicherheitsgurt für Freileitungsmonteure *m* linesmen's belt [asi]
Sicherheitshaken *m* (am Kran) safety hook [asi]
Sicherheitshandleder *n* hand guard [asi]
Sicherheitshinweis *m* safety instruction [asi]; (Gefahrstoffverordnung) safety phrase [asi]
Sicherheitshinweise *pl* safety instruction [asi]
Sicherheitshinweisschild *n* safety sign [asi]; warning plate [asi]
Sicherheitshülle *f* (Kernreaktor) containment [pow]; (Reaktorgebäude) containment building [pow]; (Reaktorgebäude) containment structure [pow]

Sicherheitshüllenkuppel *f* (Reaktorgebäude) containment dome [pow]
Sicherheitsinformation *f* safety-handling information [asi]
Sicherheitsinfrastruktur *f* security infrastructure
Sicherheitsingenieur *m* safety engineer [asi]
Sicherheitsinspektion *f* safety inspection [asi]
Sicherheitsinstruktion *f* safety education [asi]; safety instruction [asi]
Sicherheitsisolierglas *n* safety insulation glass [met]
Sicherheitskabine *f* safety cab [asi]
Sicherheitskanne *f* safety can [asi]
Sicherheitskennzahlen *pl* safety data [asi]
Sicherheitskette *f* safety chain [asi]
Sicherheitsklappe *f* safety valve
Sicherheitsklasse *f* safety grade [asi]
Sicherheitskontrolle *f* safeguard inspection [asi]; safety check [asi]
Sicherheitskonzept *n* safety concept [asi]; security concept
Sicherheitskoordinator *m* safety coordinator [asi]
Sicherheitskräfte *pl* security forces [asi]
Sicherheitskupplung *f* overload coupling; torque limiter
Sicherheitslampe *f* flame-proof lamp [asi]; safety lamp [asi]
Sicherheitslattenkäfig *m* safety cradle [asi]
Sicherheitsleistung *f* security [eco]
Sicherheitsleiter *f* safety ladder
Sicherheitsleitsystem *n* safety guiding system [asi]
Sicherheitsleuchte *f* security lamp [asi]
Sicherheitsmaßnahme *f* precautionary measure [asi]; safeguard [asi]; safeguarding; safety measure [asi]; safety precautions [asi]
Sicherheitsmaßnahme, bauliche - *f* structural safety measure
Sicherheitsmerkblatt *n* safety data sheet [asi]
Sicherheitsmerkmal *n* safety feature [asi]
Sicherheitsmotivation *f* safety motivation [asi]
Sicherheitsnachweis *m* safety check [asi]
Sicherheitsnetz *n* safety net [asi]
Sicherheitsnorm *f* safety code [asi]; safety standard [asi]
Sicherheitsordnung *f* security order [asi]
Sicherheitsorgan *n* emergency mechanical device [asi]
Sicherheitsparameter *m* safety parameter [asi]
Sicherheitspflichten *pl* safety obligations [asi]
Sicherheitsplakat *n* safety poster [asi]
Sicherheitsprämie *f* safety bonus [asi]
Sicherheitsprogramm *n* safety programme [asi]; security program [asi]
Sicherheitsprüfung *f* safety test [asi]; test for safety [any]
Sicherheitsregel *f* safety rule [asi]
Sicherheitsregelung *f* safety code [asi]

Sicherheitsregler *m* safety regulator [asi]
sicherheitsrelevant *n* security relevant; safety-related [asi]
Sicherheitsrichtlinie *f* safety recommendation [asi]
Sicherheitsrichtlinien *pl* safety guidelines [asi]
Sicherheitsriegel *m* (an Maschinen) safety catch [asi]
Sicherheitsrisiko *n* safety hazard [asi]; safety risk [asi]; security risk
Sicherheitsrohr *n* safety tube [asi]
Sicherheitsrolle *f* (gegen Fall aus großer Höhe) safety block
Sicherheitsschachtecke *f* quick-release corner
Sicherheitsschalter *m* safety switch [elt]
Sicherheitsschaltung *f* fail-safe circuit [elt]; protective circuit [elt]; safety circuit [elt]
Sicherheitsschiene *f* safety rail
Sicherheitsschild *n* warning sign [asi]
Sicherheitsschild, phosphoreszierendes - *n* phosphorescent safety sign [asi]
Sicherheitsschleuse *f* safety lock [asi]
Sicherheitsschloss *n* safety lock
Sicherheitsschlüssel *m* safety key [asi]; security identification; patent key
Sicherheitsschrank *m* safety cabinet [asi]; safety cupboard [asi]
Sicherheitsschranke *f* safety barrier [asi]
Sicherheitsschuhe *pl* feet protection [asi]; safety boots [asi]; safety footwear [asi]; safety shoes [asi]
Sicherheitsspanne *f* margin of safety; safety allowance [des]; safety margin [des]
Sicherheitsstandard *m* standard of safety [asi]
Sicherheitsstrebe *f* safety brace
Sicherheitsstufe *f* level of security
Sicherheitssystem *n* safety system [asi]
Sicherheitstechnik *f* safety engineering [asi]; safety engineering [des]; security technology [asi]; technical safety [asi]
Sicherheitstechnik, unmittelbare - *f* built-in safety [asi]; safety by construction [asi]
Sicherheitstechniker *m* safety expert [asi]
Sicherheitstechnologie *f* safety technology [asi]
Sicherheitsteil *n* safety part; safety-related part
Sicherheitstest *m* safety test
Sicherheitstheorie *f* reliability theory
Sicherheitstoleranz *f* safety margin [des]
Sicherheitstor *n* safety door [asi]
Sicherheitstraining *n* safety education [asi]; safety training [asi]
Sicherheitstreppenhaus *n* fire escape staircase
Sicherheitstrichter *m* safety funnel
Sicherheitstür *f* safety door; security door
Sicherheitsüberprüfung *f* security clearance [asi]
Sicherheitsüberwachung *f* safety control [asi]; safety monitoring [asi]

Sicherheitsventil, hilfsgesteuertes - *n* indirect-acting safety valve

Sicherheitsverglasung *f* security glazing

Sicherheitsverriegelung *f* safety latch [asi]; safety locking [asi]

Sicherheitsverschluss *m* safety clamp; safety closure; safety lock [asi]

Sicherheitsverstoß *m* security breach

Sicherheitsvorhang *m* safety curtain [asi]

Sicherheitsvorkehrung *f* precaution [asi]

Sicherheitsvorkehrungen *pl* safety measures [asi]; safety precautions [asi]

Sicherheitsvorrichtung *f* safeguard [asi]; safety alarm switch [asi]; safety device [asi]; safety feature [asi]; security device [asi]

Sicherheitsvorschrift *f* safety code [asi]; safety instruction [asi]; safety regulation [asi]; safety rule [asi]; safety specification [asi]

Sicherheitsvorschrift, technische - *f* technical safety requirement [asi]

Sicherheitsvorschriften, grundlegende - *pl* basic safety rules [asi]

Sicherheitsvorsorge *f* preventive security [asi]

Sicherheitszaun *m* safety fence [asi]

Sicherheitszeichen *n* safety sign [asi]

Sicherheitszone *f* safety zone [asi]; security zone

Sicherheitszündschnur *f* safety fuse [asi]

Sicherheitszuschlag *m* safety allowance [des]; safety margin [des]

sichern *v* seccure

sicherstellen *v* verify

Sicherung *f* fuse [elt]; protection; safeguarding; safety fuse [elt]; security

Sicherung durch Anseilen *f* (Arbeitsschutz) anchorage [wer]; anchorage against falls from height [asi]

Sicherung durch Dübel *f* (Holzbau) edge-pegged joint

Sicherung von Bauforderungen *f* assurance of payment for building work [eco]

Sicherung, durchgebrannte - *f* blown fuse [elt]; open fuse [elt]

Sicherung, elektrische - *f* electric fuse [elt]

Sicherung, flinke - *f* fast fuse [elt]; fast-acting fuse [elt]; instantaneous fuse [elt]; quick-acting fuse [elt]; quick-blow fuse [elt]; quick-break fuse [elt]; quick-response fuse [elt]

Sicherung, gekapselte - *f* enclosed fuse [elt]

Sicherung, mittelträge - *f* medium time-lag fuse [elt]

Sicherung, superflinke - *f* high-speed fuse [elt]

Sicherung, superträge - *f* long-time fuse [elt]

Sicherung, träge - *f* slow blow fuse [elt]; slow fuse [elt]; slow-blowing fuse [elt]; time-delay fuse [elt]; time-lag fuse [elt]

Sicherungsanlage *f* protective device; safety installation

Sicherungsautomat *m* automatic circuit breaker [elt]; automatic cut-out [elt]; automatic fuse [elt]

Sicherungsblech *n* lock plate [tec]

Sicherungsbolzen *m* safety bolt

Sicherungsbügel *m* safety strap

Sicherungsdraht *m* lock wire

Sicherungseinsatz *m* fuse link [elt]

Sicherungsfassung *f* fuse holder [elt]

Sicherungshypothek *f* tied mortgage [eco]

Sicherungskasten *m* cut-out box [elt]; fuse box [elt]

Sicherungskette *f* safety chain

Sicherungsklausel *f* escape clause [jur]

Sicherungsmaßnahme *f* measure of precaution; precautionary measure; safety precautions

Sicherungsmaßnahmen, organisatorische - *pl* administrative safeguards [asi]

Sicherungspatrone *f* cartridge fuse [elt]

Sicherungsraste *f* safety catch [asi]

Sicherungsschalter *m* fuse switch [elt]

Sicherungsscheibe *f* internal tooth lock washer [tec]

Sicherungsschraube *f* lock screw [tec]

Sicherungsseil *n* lifeline [asi]

Sicherungssteckdose *f* fused receptacle [elt]

Sicherungsstecker *m* fused plug [elt]

Sicherungsstrebe *f* safety brace

Sicherungssystem *n* protective system; safety system [asi]

Sicherungstechnik *f* safety installations

Sicherungsvorrichtung *f* (ADR/RID) protective feature

Sicht *f* visibility

Sichtachse *f* visual axis [arc]

Sichtanlage *f* (Sichter) classifier [prc]; (Sichter) fine sizing plant [prc]; separating plant [prc]

Sichtbeton *m* exposed concrete [bon]; facing concrete [bon]

Sichtbetonfassade *f* exposed concrete façade [bon]

Sichtbetonoberfläche *f* fair-faced concrete surface [bon]

Sichtbeziehungen *pl* lines of sight

sichten *v* classify [prc]

Sichten *n* screening [prc]

Sichter *m* classifier [prc]; separator [prc]

Sichterluft *f* separating air [air]

Sichtfachwerk *n* exposed timber framework; uncovered timber framework

Sichtfenster *n* viewing window [any]

Sichtfuge *f* pointed joint

Sichtkontrolle *f* visual inspection [any]; visual test [any]

Sichtmauerstein *m* face brick [met]; facing brick

Sichtmauerwerk *n* brick facing; exposed brickwork; exposed masonry; visible masonry

Sichtprüfung f visual check [any]; visual inspection [any]; visual testing [any]

Sichtrohr n (Flammenwächter) scanner tube [any]

Sichtscheibe, nicht beschlagende - f antifogging lens [asi]

Sichtschutzwand f screen wall

Sichtung f classification [prc]; gravity separation [prc]

Sichtverhältnisse pl visibility [phy]

Sichtweite f visibility [phy]

Sichtweitenmessinstrument n visibility distance measuring equipment [any]

Sickeranlage f French drain; soakage system [was]; soakaway [was]; sump hole [was]

Sickerbecken n infiltration basin [was]; oozing basin [was]; spreading basin [was]; (Abwasser) underdrained settling basin [was]

Sickerbeckenmethode f basin method [was]

Sickerbetonriegel m porous concrete barrier [bon]

Sickerbett n seepage bed [was]

Sickerbrunnen m dry well [was]; infiltration well [was]; seeping well [was]; vertical sand drain [was]

Sickerdrän m blind drain [wba]; rubble drain [was]; spall drain [was]; stone drain [was]; stone-filled trench [was]

Sickerdrainage f weep drain [geo]

Sickerfilter m percolating filter [was]

Sickerfläche f seepage face [was]

Sickerfüllung f porous backfill [geo]

Sickergeschwindigkeit f (Hydrologie) seepage velocity [was]

Sickergraben m blind drain [wba]

Sickergrube f drainage pit [was]; (Entwässerung) drainage well [was]; seepage pit [was]; sewage pit [was]; (lokale Abwasserklärung) soak pit [was]; soakage pit [was]; soakaway [was]

Sickerkanal m catch-water drain [was]; rubble drain

Sickerleitung f seepage pipe [was]

Sickerlinie f path of seepage [was]; seepage line

sickern v drop [was]; leak [was]

Sickeröffnung f weephole [was]

Sickerquelle f (Hydrologie) seepage spring [was]

Sickerrohr n drain pipe [wba]

Sickerschacht m diffusing well [was]; drain well [was]; drainage shaft [was]; seepage pit [was]

Sickerschicht f seepage pit [was]

Sickerschlitz m weephole [was]

Sickerstollen m filtration gallery [was]

Sickertunnel m (Hydrologie) infiltration gallery [was]

Sickerung f seepage [was]; (Talsperre) underseepage [was]

Sickerwasser n drainage water [was]; gravitational water [was]; infiltrating water [geo]; leachate [was]; leakage water [was]; percolating water [was]; (Deponie) seepage [geo]; seepage water [was]; seeping water [was]; trickled water [was]

Sickerwasserableitung f (Deponie) leachate discharge [was]; seepage water collection [was]

Sickerwasserbehandlung f seepage water treatment [was]; (Deponie) treatment of leachate [was]

Sickerwasserbildung f (Deponie) generation of leachate [rec]

Sickerwasserdränsystem n (Deponie) leachate collection system [was]

Sickerwassereinstau m (Deponie) leachate build-up [was]

Sickerwasserentsorgung f seepage water disposal [was]

Sickerwasserentwässerung f (Deponie) drainage of leachate [rec]

Sickerwassererfassung f (Talsperre) seepage drain [was]

Sickerwasserkreislaufführung f recirculation of leachate [rec]

Sickerwassersammeleinrichtung f leakage water collection installation [was]

Sickerwassersammelleitung f (Deponie) leachate collection pipe [was]

Sickerwassertank m seepage tank [was]

Sieb n screen [prc]; sieve [prc]; (auch: Teesieb) strainer [prc]

Sieb, verstopfungsfreies - n non-blinding screen [prc]

Siebanalyse f screen analysis [any]; screening analysis [any]; sieve analysis [any]

Siebband n band screen [was]

Siebbelag m screen plate [prc]; screening surface [met]

Siebblech n perforated sheet [met]; screening plate [met]; sieve plate [met]; sieve sheet [prc]; (Lochblech) sieve sheet [prc]; slotted plate [met]

Siebboden m screening plate [prc]

Siebdeck n screen deck [prc]

Siebdurchfall m screenings [prc]; underflow [prc]

Siebdurchgang m material passing a mesh [prc]; screen passing [met]; screen underflow [met]; screen undersize [prc]; siftings [prc]; undersize [prc]

Siebdurchlauf m screenings [prc]; undersize [prc]

Siebeinrichtung f screening facilities [prc]

sieben v classify [prc]; screen [prc]; sieve [prc]; size [prc]

Siebfläche f screen tray [prc]; screening surface [prc]

Siebfolge f mesh scale [any]; screen scale [prc]

Siebfraktion f mesh fraction [prc]

Siebgewebe n screen cloth [met]; screen fabric [met]; sieve netting [prc]

Siebgrenze f particle-size limit [met]

Siebgut *n* material to be screened [prc]
Siebkies *m* screened gravel [met]
siebklassieren *v* screen [prc]; sieve [prc]
Siebkurve *f* particle-size distribution [prc]
Sieblinie *f* grain-size distribution curve [met]
Siebmaschine *f* sifting machine [prc]
Siebmaterial *n* sieving medium [prc]
Siebplatte *f* screen plate [met]; sieve plate [met]
Siebprobe *f* sieve test [any]
Siebrahmen *m* screen frame [prc]
Siebrückstand *m* overflow [prc]; oversize [rec]; residue on sieve [prc]; sieve residue [rec]
Siebsatz *m* set of sieves [any]; stack of sieves [any]
Siebscheibe *f* (in Penetrometer) sieve disc [any]
Siebschlamm *m* sieve sludge [was]
Siebschutt *m* screen waste [met]
Siebskala *f* mesh gauge [prc]; screen scale [prc]
Siebtest *m* grading test [any]
Siebtrommel *f* rotary screen [prc]
Siebübergang *m* screen oversize [prc]
Siebüberlauf *m* material retained [prc]; screen overflow [prc]; screening rejects [met]
Siebung *f* screening [prc]
Siebung, verstopfungsfreie - *f* non-blinding screening [prc]
Siebunterlauf *m* fines [prc]; screen underflow [met]; undersized material [met]
Siebversuch *m* sieve test [any]
Siebweite *f* mesh [prc]; mesh width [prc]; screen-size opening [prc]
Siede-/Überhitzerelement, kombiniertes - *n* (Kernreaktor) combined superheat/boiling fuel assembly [pow]
siedeln *v* settle
Siedler, illegaler - *m* squatter
Siedlung *f* estate; housing estate [com]; (Wohn-) housing estates; settlement
Siedlung, abgelegene - *f* backwoods settlement
Siedlung, ländliche - *f* rural community [com]
Siedlung, städtische - *f* urban settlement [com]
Siedlungsabfall *m* domestic waste [rec]; household waste [rec]; municipal waste [rec]; residential waste [rec]
Siedlungsausbreitung *f* dispersion of settlements [com]
Siedlungsbau *m* housing development
Siedlungsbereich *m* settlement area [com]
Siedlungsbrache *f* brownfield site [com]
Siedlungsentwicklung *f* development of settlements [com]; settlement development [com]
Siedlungsentwicklung, flächensparende und landschaftsschonende - *f* development of settlements with economy of space and preservation of the countryside [com]
Siedlungsform *f* communal pattern [com]

Siedlungsforschung *f* (Städtebau) settlement research
Siedlungsgebiet *n* estate area [com]; settlement area [com]
Siedlungshaus *n* estate house
Siedlungskategorisierung *f* classification of settlements
Siedlungskonzentration *f* concentration of housing [com]; concentration of settlements [com]
Siedlungsplanung *f* community planning [com]; settlement planning [com]
Siedlungsplatz *m* (historisch) settlement site
Siedlungsraum *m* settlement area [com]
Siedlungsstraße *f* estate road [tra]
Siedlungsstruktur *f* settlement structure
Siedlungsverdichtung *f* settlement concentration
Siedlungswasserbau *m* hydraulic and sanitary engineering
Siedlungswasserwirtschaft *f* municipal water management [was]
Siedlungswesen *n* regional development [com]
Siel *n* drainage sluice [wba]
Siel *m* dyke sluice [wba]; floodgate [wba]; (Abwasserkanal) sewer [wba]
Sifonrohr *n* ([Variante]) siphon pipe [tga]
Signal bestätigen *v* acknowledge a signal [elt]
Signal, akustisches - *n* acoustic signal [asi]; audible signal [asi]; sound signal [asi]
Signal, optisches - *n* visual signal [asi]
Signalanlage *f* signal installation [asi]; signalling equipment [asi]; signalling system [asi]
Signalgerät *n* warning device [asi]
Signalglocke *f* signal bell [asi]
Signalhorn *n* horn [asi]; signal hooter [asi]
Signalhupe *f* signal hooter [asi]; warning buzzer [asi]
Signalknopf *m* signal knob [asi]
Signallampe *f* indicator light [elt]; signal light [elt]
Signalpfeife *f* alarm whistle [asi]
Signalpfiff *m* signalling whistle [asi]
Silber-Cadmium-Batterie *f* silver-cadmium battery [elt]; silver-cadmium battery [elt]
Silber-Cadmium-Zelle *f* silver-cadmium cell [elt]
Silber-Zink-Akkumulator *m* silver-zinc storage cell [elt]; silver-zinc-accumulator [elt]
Silber-Zink-Batterie *f* silver-zinc battery [elt]; silver-zinc battery [elt]
Silber-Zink-Element *n* silver-zinc cell [elt]
Silberbatterie *f* silver battery [elt]
Silberoxidakkumulator *m* silver oxide storage battery [elt]
Silberoxidbatterie *f* silver oxide battery [elt]
Silberoxidelement *n* silver oxide cell [elt]
Silhouette *f* (- einer Stadt) skyline
Silicatglas *n* silicate glass [met]
Silicatputz *m* silicate plaster; silicate render

Silicatschmelzbeton *m* fused silicate concrete [bon]
Silicatzement *m* silicate cement [met]
Silicazement *m* silica cement [met]
Siliciumsolarzelle *f* silicon solar cell [pow]
Silicondichtstoff *m* silicone sealant [met]
Siliconkautschuk *m* silicone elastomer [met]; silicone rubber [met]
Siliconlöser *m* silicone solvent [met]
Silikatfarbe *f* silica paint [met]
Silikatharz *n* silicate resin [met]
Silikon (-> Silicon) [met]
Silo *m* bin [prc]; bunker [prc]; silo [prc]; storage hopper [prc]
Siloauslauf *m* bin discharge [prc]
Silobau *m* (Vorgang) silo construction
Silobefüllungsanlage *f* hopper filling system [prc]
Silobeschickung *f* bin feed
Silodosierapparat *m* bin batcher
Siloförderanlage *f* silo conveyor system [prc]
Siloschalung *f* silo formwork [bon]
Silotrichter *m* tremie
Siloverschluss *m* bin door fill valve [prc]
Silowagen *m* (Bahn) bulk truck [tra]
Silozelle *f* silo compartment [prc]
Silozement *m* bulk cement [met]
Sims *m* (Tür/Dach) cornice; (Rand) ledge; (Kamin) mantelpiece; (Fenster) sill
Simshobel *m* rebate plane [wzg]
Simultanbestimmung *f* simultaneous determination [any]
Sink-Schwimm-Verfahren *n* (Feststofftrennung) sink-float method [prc]
Sinkbrunnen *m* sink well [was]
Sinkgeschwindigkeit *f* settling velocity [was]
Sinkgut *n* deposited matter [met]; settled material [met]; settlings [met]
Sinkkasten *m* (Abwaser) gully trap [was]; slop hopper [tga]
Sinkmaterial *n* sinking agent [was]
Sinkschlamm *m* bottom sludge [rec]
Sinkstoff *m* deposit [met]; sediment [met]; settleable solid [was]; (Kläranlage) settling solid [was]; suspended matter [met]; suspended solid [was]
Sinkstoffe *pl* settlings [met]
Sinkstück *n* fascine [wba]
Sinter *m* bond [met]; scale [met]
Sinterasche *f* sintered ash [met]
Sinterdolomit *m* sintered dolomite [met]
Sintergrenze *f* sintering limit [met]
Sinterhilfsmittel *n* sintering agent [met]
Sinterkorn *n* sintered grain [met]
Sintermehl *n* sintering powder [met]
Sinterung *f* sintering [met]; vitrification [met]
Sinterwerkstoff *m* sintered material [met]
Siphonrohr *n* ([Variante]) siphon pipe [tga]

Situationsgebundenheit *f* (Bauästhetik) contextualism [arc]
Sitzbad *n* (Badewanne) hip bath
Sitzbadewanne *f* hip bath
Sitzungsraum *m* conference room
Skale *f* scale [any]
Skalenablesung *f* scale reading [any]
Skalenanfangswert *m* scale lower limit [any]
Skalenanzeige *f* scale indication [any]
Skalenanzeiger *m* scale marker [any]
Skalenausschlag *m* scale deflection [any]
Skalenbereich *m* scale range [any]
Skaleneinteilung *f* scale division [any]; scale graduation [any]
Skalenendwert *m* (Instrument) full-scale value [any]; maximum scale value [any]
Skalenintervall *n* scale interval [any]
Skalenlänge *f* scale length [any]
Skalennullpunkt *m* zero scale mark [any]
Skalenteilstrich *m* scale division [any]; scale mark [any]
Skalenteilung *f* dial graduation [any]; scale division [any]; scale graduation [any]
Skalenumschalter *m* scale switch [any]
Skalenwert *m* reading [any]; scale value [any]
skalieren *v* scale
Skalierung *f* setting the scale [any]
Skelett *n* frame; frame [stb]; structural framework [stb]
Skelettausfachung *f* (zwischen Fenstersturz und Fensterbank des oberen Geschosses) apron wall
Skelettbau *m* frame structure; skeleton construction
Skelettbauweise *f* frame construction; skeleton construction
Skelettbeton *m* prepacked concrete [bon]
Skelettkonstruktion *f* skeletal structure; skeleton structure
Skelettplatte *f* skeleton shoe
Skelettträger *m* skeleton girder
Skizze *f* (Entwurf) draft [des]; drawing [des]; (Plan) outline [des]; (Abriss) sketch [des]
Skizzenblock *m* sketch-pad [des]
skizzenhaft in broad outline [des]; sketchy [des]
Skizzenpapier *n* tracing paper
skizzieren (Plan) outline [des]; (umreißen) sketch [des]
skizzieren *v* draft [des]
Skizzierung *f* outline [des]
Skotie *f* (römische Baukunst: Hohlkehle) scotia [arc]
Sockel *m* architrave block; base; base [elt]; (Renaissance) dado [arc]; foot block; (Statue) pedestal; (Säule) plinth; skirting block; (Muffe) socket [tec]; soffit; wall base
Sockel für Aufputzmontage *m* base for surface mounting [elt]

Sockelblende *f* (Küchenmöbel) plinth panel
Sockelleiste *f* base board; skirting; skirting-board; washboard
Sockelleiste mit Hohlkehle *f* coved skirting
Sockelleistenkanal *m* base-board duct [tga]
Sockellinie, konstruktive - *f* structural plinth line
Sockelmauer *f* plinth wall
Sockelmauerwerk *n* plinth masonry
Sockelschutzbrett *n* guard board
Sockelvorsprung *m* plinth protrusion
Softstarteinrichtung *f* soft start facility [elt]
Sog *m* (Wasser) current [was]
Soglast *f* (Windsog) suction force
Sohlbank *f* (Fenster) window sill
Sohlbereich *m* bottom area [tib]
Sohldichtung *f* (Deponie) horizontal cut-off [geo]
Sohldruck *m* base pressure [geo]; bearing pressure; bottom pressure [geo]; contact pressure [geo]
Sohldruckverteilung *f* bottom pressure distribution [tib]
Sohle *f* (Boden) bed plate [geo]; (Boden) bottom [geo]; (Boden) foundation [geo]; (Baugrund) sole
Sohle, bewegliche - *f* movable bed [wba]
Sohlenbogen *m* (z.B. im Tunnelbau) floor arch
Sohlengefälle *n* bed slope [geo]; bottom slope [geo]
Sohlenwasserdruck *m* foundation water pressure [was]; pore water pressure on a foundation [was]
Sohlfläche *f* base area [tib]
Sohlmaterial *n* bed material [geo]
Sohlpflaster *n* (Staudamm) pitching
Sohlplatte *f* bed plate; foundation slab; sole plate
Sohlpressung *f* base pressure [geo]
Sohlschicht, undurchlässige - *f* impermeable confining bed [wba]
Sohlstollen *m* bottom drift [tib]; bottom heading [tib]; floor heading [tib]
Sohlträger *m* grade beam
Sohlvortrieb *m* bottom heading [tib]
solar betrieben solar-powered [pow]
Solaranlage *f* solar energy plant [pow]; solar plant [pow]; solar system [pow]
Solaranlage, mit Wärmepumpe gekoppelte - *f* solar-assisted heat pump system [pow]
Solarbatterie *f* solar battery [pow]; solar cell [pow]
Solardach *n* solar roof [pow]
Solardynamik *f* solar dynamics [pow]
Solarelektrizität *f* solar electricity [pow]
Solarelement *n* solar cell panel [pow]
Solarenergie *f* solar energy [pow]; solar power [pow]; solar-generated energy [pow]; sun power [pow]
Solarenergie, aktive Nutzung der - *f* active solar energy use [pow]

Solarenergieanwendung *f* application of solar energy [pow]
Solarenergiekonversion *f* solar energy conversion [elt]
Solarenergiekonversion, photovoltaische - *f* photovoltaic solar energy conversion [elt]
Solarenergiesystem *n* solar power system [pow]
Solarenergietechnologie *f* solar energy engineering [pow]
Solarenergieumwandlung *f* solar energy conversion [elt]
Solargenerator *m* solar battery [pow]; solar generator [pow]; solar power generator [pow]
Solargewinn, passiver - *m* passive solar energy gain [pow]
Solarheizung *f* solar heating [pow]
Solarheizungssystem *n* solar heating system [pow]
Solarkollektor *m* solar absorber [pow]; solar absorber-converter [pow]; solar collector [pow]; solar collectors [pow]; solar energy collector [pow]
Solarkonstante *f* solar constant [pow]
Solarkraftanlage *f* solar power plant [pow]
Solarkraftwerk *n* solar electric power station [pow]; solar energy plant [pow]; solar energy power station [pow]; solar power plant [pow]; solar power station [pow]
Solarmodul *m* solar module [pow]
Solarmotor *m* solar motor [pow]
Solarsiedlung *f* solar-powered housing project [pow]
Solarspiegel *m* solar mirror [pow]
Solarstrahlung *f* solar radiation [pow]
Solarstrahlungsverteilung *f* distribution of solar radiation [pow]
Solarstromanlage, fotovoltaische - *f* photovoltaic solar power plant [elt]
Solarstromerzeugung *f* solar power generation [pow]
Solarstromtechnik *f* photovoltaics [pow]
Solarstromversorgung *f* solar power supply [pow]
Solartankstelle *f* solar filling station [pow]
Solartechnik *f* solar engineering [pow]; solar technology [pow]
Solarthermie *f* solar collection [pow]
Solarthermieanlage *f* solar thermal plant [pow]; thermal solar plant [pow]
solarthermisch solar thermal [pow]
Solarwärmeeinrichtung *f* solar heating system [pow]
Solarzelle *f* solar cell [pow]
Solarzelle mit einer Energielücke *f* single-energy gap solar cell [elt]
Solarzelle, aus großflächigem unkonventionellem Silizium bestehende - *f* solar cell based on large area unconventional silicon [elt]
Solarzelle, dünne - *f* thin solar cell [elt]

Solarzelle, hochleistungsfähige - *f* high-efficiency solar cell [pow]
Solarzelle, ideale - *f* ideal solar cell [pow]
Solarzelle, konventionelle - *f* conventional solar cell [pow]
Solarzelle, lithiumdotierte - *f* lithium-doped solar cell [pow]
Solarzelle, nicht reflektierende - *f* non-reflective solar cell [pow]
Solarzelle, strahlungsresistente - *f* radiation-resistant solar cell [pow]
Solarzelle, terrestrische - *f* terrestrial solar cell [pow]
Solarzellenanordnung *f* solar cell array [pow]
solarzellenbetrieben solar-powered [pow]
solarzellengespeist solar-powered [pow]
Solarzellengruppe *f* solar array [elt]; solar cell array [pow]
Solarzellenkennlinie *f* solar cell characteristic [pow]
Solarzellenleistungsfähigkeit *f* performance of solar cells [pow]; solar cell performance [elt]
Solarzellenplatte *f* solar panel [pow]
Solarzellensystem *n* solar cell system [pow]
Solarzellenwirkungsgrad *m* solar cell efficiency [pow]
Sollbestand *m* (im Lager) standard stock [wer]
Sollbruchstelle *f* predetermined breaking point [met]; predetermined breaking-point [met]; rated breaking point [met]
Solldaten *pl* scheduled data [des]
Solldurchmesser *m* nominal diameter [des]
Sollhöhe *f* nominal height [des]
Sollleistung *f* design performance [pow]
Sollmaß *n* nominal dimension [des]; nominal size [des]; rated size [des]; specified size [des]
Solltemperatur *f* desired temperature [pow]
Sollwert *m* (Regelung) reference input [elt]; set value [elt]; set-point
Sollwertbereich *m* set-point adjusting range [elt]
Sommerhaus *n* holiday house
Sommerschwachlast *f* (Fernwärme) summer low load [pow]
Sonde *f* probe [any]; sound [any]
Sonde, berührungslose - *f* contactless probe [any]; non-contact probe [any]
Sonderabfall *m* hazardous waste [rec]; special waste [rec]; special waste [rec]; toxic waste [rec]
Sonderabfalldeponie *f* hazardous waste disposal site [rec]; hazardous waste dump [rec]
Sonderabfallentsorgung *f* disposal of special waste [rec]; hazardous waste disposal [rec]
Sonderabfallverbrennung *f* hazardous waste incineration [rec]
Sonderabfallzwischenlager *n* intermediate store for hazardous waste [rec]

Sonderausführung *f* non-standard design [des]; special design [des]
Sonderbaufläche *f* special development area; special development zone; special-purpose area [com]
Sonderbaustahl *m* special-purpose structural steel [met]
Sonderbaustoff *m* purpose-made material [met]
Sondereigentum *n* (Immobilie) individual ownership [eco]; (Immobilie) separate ownership [eco]; (Immobilie) single real property unit in a multiple unit building [eco]
Sonderfahrspur *f* exclusive lane [tra]
Sonderfahrzeug *n* special vehicle [tra]
Sonderkündigungsklausel *f* break clause [jur]
Sonderlast *f* special load [sik]
Sonderleistung *f* extra performance [eco]
Sondernaht *f* (Schweißnaht) special seam [met]
Sondernutzung *f* special use
Sonderstahl *m* special-purpose steel [met]
sondieren *v* probe [any]; sound [any]; sound out [any]
Sonnenabsorptionskoeffizient *m* solar absorption coefficient [phy]
Sonnenbatterie *f* solar battery [pow]
Sonnenbeheizung *f* solar heating [pow]
sonnenbetrieben solar [pow]
Sonnenblende *f* antidazzle visor; (durchsichtig) solar screen; sun visor; sun-blind
Sonnendach *n* solar top; sun-canopy
Sonneneinstrahlung *f* solar radiation [pow]
Sonnenenergie *f* solar energy [pow]; solar power [pow]; solar-generated energy [pow]; solar-generated power [pow]; sun power [pow]
Sonnenenergie, betrieben mit - solar-powered [pow]
Sonnenenergie-Wärmekraftwerk *n* solar thermal power plant [pow]
Sonnenenergieanlage *f* solar energy plant [pow]; solar power system [pow]
Sonnenenergienutzung *f* solar energy utilization [pow]
Sonnenenergienutzung, großtechnische - *f* large-scale solar energy utilization [pow]
Sonnenenergieumwandlung, thermoelektrische - *f* solar thermoelectric conversion [pow]
Sonnenfarm *f* solar farm [pow]
Sonnengangnachführung *f* sun tracking [pow]
sonnengeheiztes Haus *n* solar house
Sonnenheizung *f* solar heating [pow]
Sonnenkollektor *m* solar absorber [pow]; solar absorber-converter [pow]; solar collector [pow]
Sonnenkollektorplatte *f* solar panel [pow]
Sonnenkollektorraum *m* sunspace [pow]
Sonnenkraftanlage *f* solar power farm [pow]

Sonnenkraftwerk *n* solar power plant [pow]; solar power station [pow]

**Sonnenkraftwerk, elektroenergetisch genutztes - ** *n* helioelectric power plant [pow]

Sonnenofen *m* solar furnace [pow]

Sonnenpaddel *n* (Satellit) solar panel [pow]

Sonnenschutz *m* solar protection

**Sonnenschutz, außen liegender - ** *m* outdoor sunscreen

**Sonnenschutz, innen liegender - ** *m* indoor sunscreen

Sonnenschutzfarbe *f* shading paint [met]

Sonnenschutzglas *n* antisun glass [met]; solar control glass [met]; solar-control glazing [met]

Sonnenschutzverglasung *f* solar glazing

Sonnensegel *n* awning

Sonnenspiegel *m* solar mirror [pow]

Sonnenstand *m* (Erfassung der Sonneneinstrahlung) location of sun [pow]

Sonnenstrahlung *f* solar radiation [pow]

Sonnenstrahlungslast *f* (Wärmebedarfsrechnung) solar radiation load [pow]

Sonnentag *m* solar day [pow]

Sonnenwärme *f* solar heat [pow]

Sonnenwärmekonzentrator *m* solar concentrator [pow]

Sonnenzelle *f* solar battery [elt]; solar cell [pow]

Sonnenzellenemitter *m* solar cell emitter [pow]

sorgen *v* (sorgen für) provide for ..

Sorptionswaage *f* sorption balance [any]

Sorte *f* (Marke) brand [eco]; (Qualität) grade [eco]

sortenrein homogeneous [met]

Sortieranalyse *f* sorting analysis [any]

Sortieranlage *f* sorting facility [rec]; sorting plant [rec]; sorting system [rec]

Sortierband *n* (Abfallsortierung) picking belt [rec]; (Abfallsortierung) sorting belt [rec]

sortieren *v* classify [rec]; grade [rec]; size [rec]; sort

**sortieren, nach Dichte - ** *v* sort by density [rec]

Sortiergut *n* (Abfallsortierung) waste stream [rec]

Sortierkriterium *n* (Abfallsortierung) sorting criterion [rec]

Sortiermaschine *f* sorting machine

Sortierprüfung *f* screening test [any]

Sortierrest *m* (Abfallsortierung) residual waste [rec]

sortiert classified; (nach Größe) graded; sized [prc]

Sortiertechnik *f* sorting technology [rec]

Souterrain *n* basement; half-basement

Sozialgebäude *n* personnel building

Sozialmieter *m* (<B>) council tenant [eco]

Sozialplan *m* relocation program [com]

Sozialraum *m* social space [com]

sozialverantwortlich in a socially responsible manner

Sozialwohnung *f* council home [com]; housing at controlled prices [com]; socially subsidized flat [com]

Spachtel *m* (Messer) filling knife [wzg]; finishing trowel [wzg]; (Werkzeug) putty knife [wzg]; (Werkzeug) spatula [wzg]; (Kitt-) filler [met]

Spachtelbeschichtung *f* trowel-applied coating

Spachtelgips *m* filler gypsum [met]

Spachtelisolierung *f* filler sealing; stopper sealing

Spachtelklinge *f* blade trowel [wzg]

Spachtellack *m* flatting varnish [met]

Spachtelmasse *f* filler [che]; filler compound [met]; filling compound [met]; filling paste [met]; smoothing mortar [met]; surfacer [met]; trowelling compound [met]

Spachtelmesser *n* stopping knife [wzg]

Spachtelmörtel *m* filling mortar [met]

spachteln *v* infill; smoothen [wer]

Spachtelung *f* screeding [met]

Späne *pl* chippings [met]; turnings [met]

Spätbarock *m* late baroque [arc]

Spalier *n* (Haus) trellis

Spalt *m* (Riss) crevice [geo]; (Fels-) fissure [geo]; (Lücke) gap; (Schlitz) slot

**Spalt, festgesetzter - ** *m* set gap [des]

spaltbar (Holz) cleavable [met]

Spaltbreite *f* gap width [des]; slit width [des]

Spalte *f* cleavage; (z.B. Holz) crack; (Schlitz) slot

spalten *v* (Stein) knap

Spaltkeil *m* riving knife [wzg]

Spaltkopf *m* splitting head [wzg]

Spaltmaschine *f* splitter

Spaltmesser *n* riving knife [wzg]

Spaltniet *m* bifurcated rivet [tec]

Spaltplatte *f* grooved tile; (Ziegel) split tile

Spaltpolmotor *m* shaded-pole motor [elt]

Spaltriemchen *n* joint strap [met]

Spaltsieb *n* bar screen [prc]

Spaltsiebbelag *m* wedge-wire covering [prc]

Spaltweite *f* discharge opening [prc]; (Brecher) jaw clearance [prc]; (Brecher) jaw setting [prc]; slit width [prc]

Spaltzugfestigkeit *f* (Beton) tensile splitting strength [met]

Spaltzugversuch *m* splitting tensile test [any]

Spanholzdecke *f* chipboard ceiling

Spanholzplatte *f* chipboard [met]; wood-particle board [met]

Spannanker *m* anchorage fixture; prestressing anchor

Spannarm *m* tensioning arm

Spannarmierung *f* prestressing reinforcement [bon]

Spannbahn *f* (Dachkonstruktion: Dichtungslage) insulating foil under the tiles; prestressing bed [bon]; prestressing rack [bon]

Spannbalken *m* bending beam; footing beam; main beam; tie beam

Spannbank *f* prestressing bed [bon]; prestressing rack [bon]

Spannbeton *m* prestressed concrete [bon]

Spannbeton mit Verbund *m* pretensioned prestressed concrete [bon]

Spannbetonarbeiten *pl* prestressing work [bon]

Spannbetonbalken *m* prestressed beam [bon]

Spannbetonbalken, zusammengesetzter - *m* composite prestressed concrete beam [bon]

Spannbetonbauwerk *n* prestressed concrete structure [bon]

Spannbetonbrücke *f* prestressed concrete bridge [bon]

Spannbetondecke *f* prestressed concrete ceiling [bon]

Spannbetondruckrohr *n* prestressed concrete pressure pipe [bon]

Spannbetonfertigteil *n* precast prestressed concrete unit [bon]

Spannbetonplatte *f* prestressed concrete slab [bon]

Spannbetonrohr *n* prestressed concrete pipe [bon]

Spannbetonstahl *m* steel for prestressed concrete [bon]

Spannbetonstraße *f* prestressed concrete road [bon]

Spannbetonteil *n* prestressed concrete element [bon]

Spannbetonträger, zusammengesetzter - *m* composite prestressed concrete beam [bon]

Spannbett *n* prestressing bed [bon]; prestressing line [bon]; prestressing mould [bon]; prestressing rack [bon]; stressing mould [bon]

Spannbewehrung *f* prestressing reinforcement [bon]

Spannbewehrung, mehrlagige - *f* multilayer prestressed reinforcement [bon]

Spannblock *m* (Spannbeton) jacking block [bon]

Spannbohle *f* (Dachkonstruktion) tie plank

Spannbolzen *m* tensioning pin [tec]

Spannbügel *m* tension strap [bon]

Spanndraht *m* prestressing wire [bon]; stay rope [stb]; stay wire [stb]; tendon [bon]; tension wire [bon]; tie wire [bon]

Spanneinheit *f* (Schalung) adjusting unit [bon]

Spannelement *n* tensioning element [tec]

Spannen *n* (Spannbeton) jacking [bon]

Spannerwelle *f* (Schalung) anchor tie yoke [bon]; tie yoke [bon]

Spannfeder *f* tension spring [tec]

Spanngewinde *n* jacking thread

Spannglied *n* prestressing element [bon]; stressing tendon [bon]; stressing unit [bon]; tendon [bon]

Spannglied, aufgebogenes - *n* raised cable [bon]

Spannglied, nicht im Verbund liegendes - *n* debonded tendon [bon]

Spannglied, ringförmiges - *n* looped tendon [bon]

Spannglieder, gespreizte - *pl* divergent tendons [bon]

Spanngliedgruppe *f* grouped cables [bon]

Spanngliedmuffenkopplung *f* tendon sleeve coupling [bon]

Spanngliedverbund *m* prestress member bond [bon]

Spanngurt *m* tension belt

Spannhebel *m* tensioning lever [tec]

Spannkabel *n* tendon [tec]

Spannkanal *m* prestressing duct [bon]; tensioning duct

Spannkanalbildner *m* duct former [bon]

Spannkegel *m* (Spannbeton) interlocking cone [bon]

Spannkeil *m* tensioning wedge [bon]

Spannkettenrad *n* idler sprocket [tec]

Spannkopf *m* fixing device [bon]; locking device [bon]

Spannkraft *f* prestressing force [bon]; tension force [phy]; tensioning force [bon]

Spannkralle *f* tie yoke [bon]

Spannmutter *f* tensioning nut [tec]

Spannprofil *n* (Schalung) anchor wale [bon]

Spannrahmen *m* tenter [bon]

Spannrolle *f* idler pulley [tec]; (Hängebrückenbau) spinning wheel; (Förderband) take-up pulley [tec]

Spannschelle *f* circlip [stb]

Spannschloss *n* (Beton) fixing lock [bon]; turnbuckle [bon]

Spannschloss mit Keil *n* clamp lock [bon]

Spannschraube *f* tightening screw [tec]

Spannseil *n* guy [stb]; guy rope; (Seiltragwerk) prestressed cable; stay rope [stb]; stay rope [stb]; stay wire [stb]; tension cable [stb]

Spannstab *m* prestressing bar

Spannstabschlüssel *m* tie rod wrench [bon]

Spannstahl *m* prestressing steel [bon]; (Bewehrung) tensioning steel [met]; tie rod [stb]

Spannstahl, gerippter - *m* (für Stahlbeton) ribbed tensioning steel [met]

Spannstahl, hochfester - *m* high-tensile steel wire [bon]

Spannstahlbündel *n* (Bewehrung) strand of tensioning steel [bon]

Spannstahlende *n* end of tensioning steel [bon]

Spannstahlüberstand *m* projection of tensioning steel [bon]

Spannstation *f* (Fördererband) take-up [tec]; (Förderband) take-up gear [tec]

Spannstelle *f* jacking end [bon]; point of operation [bon]

Spannstufe *f* tensioning degree [bon]

Spanntisch *m* tensioning table [bon]

Spanntrommel *f* (Förderband) take-up pulley [tec]

Spannung *f* (Druck-) stress [phy]; tension [elt]; (Zug-) tension [phy]; voltage [elt]

Spannung anlegen *v* apply voltage [elt]; energize [elt]

Spannung gegen Erde *f* (<B>) voltage to earth [elt]; (<A>) voltage to ground [elt]

Spannung in der Druckbewehrung *f* stress of the compression reinforcement [bon]
Spannung in der Zugbewehrung *f* stress of the tensile reinforcement [bon]
Spannung, aufnehmbare - *f* available tension [sik]
Spannung, einachsige - *f* simple stress [sik]
Spannung, gewogene - *f* factored stress [sik]
Spannung, örtliche - *f* prevailing stress [met]
Spannung, zulässige - *f* working stress [met]
Spannungsabbau *m* drop of prestress [bon]; stress relaxation [met]
Spannungsabfall *m* voltage drop [elt]; voltage loss [elt]
Spannungsabgleich *m* voltage adjustment [elt]
Spannungsableitung *f* stress transfer [sik]
Spannungsänderung *f* voltage change [elt]; voltage variation [elt]
Spannungsanhäufung *f* (Baugrund) bulb pressure [tib]
Spannungsanstieg *m* voltage rise [elt]
Spannungsausfall *m* voltage failure [elt]
Spannungsbeanspruchung *f* stress application [met]
Spannungsberechnung *f* stress analysis [des]
Spannungsdehnung *f* stress expansion [met]
Spannungsdifferenz *f* voltage difference [elt]
Spannungseinbruch *m* voltage breakdown [elt]
Spannungseinheit *f* voltage unit [elt]
Spannungsentlastung *f* stress relief [met]
Spannungsermittlung *f* stress analysis [bon]
Spannungsfeld *n* stress field [sik]
Spannungsfläche *f* stress area [phy]
spannungsfrei de-energized [elt]; dead [elt]; stress-free [phy]; stressless [met]; (ohne mechanische Spannung) tensionless [met]; voltageless [elt]
Spannungskonstanthalter *m* voltage stabilizer [elt]; voltage stabilizing device [elt]
Spannungskorrosion *f* stress corrosion [met]
spannungslos cold [elt]; de-energized [elt]; dead [elt]; stress-free [phy]; voltageless [elt]
spannungslos machen *v* de-energize [elt]; disconnect from supply [elt]
Spannungsnachweis *m* stress analysis [sik]
Spannungsnulllinie *f* neutral axis [des]
Spannungsproblem *n* stress problem [sik]
Spannungsprüfer *m* live voltage detector [any]; no-voltage detector [elt]; voltage indicator [elt]; voltage tester [any]
Spannungsprüfung *f* voltage testing [elt]
Spannungsquelle *f* voltage generator [elt]; voltage source [elt]
Spannungsquelle, netzunabhängige - *f* mains-independent voltage source [elt]
Spannungsquelle, stromgesteuerte - *f* current-controlled voltage source [elt]

Spannungsrandbedingungen *pl* (mehrdimensionale Festigkeitsberechnungen) stress boundary conditions [met]
Spannungsregelung *f* voltage control [elt]
Spannungsregler *m* voltage controller [elt]; voltage stabilizer [elt]
Spannungsresultierende *f* stress resultant [phy]
Spannungsriss *m* stress crack [met]; tension crack [met]
Spannungsrisskorrosion *f* stress corrosion cracking [met]; stress-corrosion cracking [met]; stress-crack corrosion [met]; stress-induced corrosion [met]
spannungsrissunempfindlich stress-crack-resistant [met]
Spannungsspitze *f* (mechanische Spannung) stress peak [met]; voltage peak [elt]
Spannungssprung *m* voltage surge [elt]
Spannungssucher *m* live voltage detector [any]; voltage detector [any]
Spannungstensor *m* stress tensor [phy]
Spannungsüberlagerung *f* superposition of stress [sik]
Spannungsumlagerung *f* stress redistribution [met]
Spannungsumsetzer *m* voltage converter [elt]
Spannungsunterschied *m* voltage difference [elt]
Spannungsverhalten *n* voltage response [elt]
Spannungsverlauf *m* (mechanische Spannungen) stress curve [met]; (mechanische Spannung) stress pattern [met]
Spannungsverlust *m* loss of prestress [bon]
Spannungsversorgung *f* voltage supply [elt]
Spannungsverteilung *f* strain distribution [sik]; stress distribution [met]; voltage distribution [elt]
Spannungsverteilung, rechteckige - *f* rectangular stress block [sik]
Spannungszusammenbruch *m* voltage breakdown [elt]
Spannungszustand *m* state of stress [met]; stress condition [met]; stress state [met]
Spannungszustand, dreiachsiger - *m* triaxial stress condition [sik]
Spannungszustand, ebener - *m* plane state of stress [met]; plane stress [met]
Spannungszustand, einachsiger - *m* unaxial state of stress [met]; uniaxial state of stress [met]; uniaxial stress [met]
Spannungszustand, mehrachsiger - *m* multi-axial state of stress [met]; multi-axial stress condition [met]
Spannungszustand, räumlicher - *m* three-dimensional state of stress [sik]
Spannungszustand, zweiachsiger - *m* biaxial stress condition [met]
Spannverankerung *f* jacking anchorage [bon]

Spannverfahren *n* prestressing method [bon]; (Bewehrung) tensioning method [bon]

Spannvorrichtung *f* jig [wer]; stressing device [bon]; take-up [tec]; tensioning device [tec]; turnbuckle [tec]

Spannweg *m* elongation stretching distance [bon]; (Stahlbeton) prestress path [bon]

Spannweite *f* span [des]; (z.B. Brücke) span length [des]; (Brücke) span width

Spanplatte *f* chipboard [met]; extruded particle board [met]; extruded particle board [met]; particle board [met]

Spant *n* frame

Spantabstand *m* frame spacing

Spantenriss *m* body plan [des]

Sparbeton *m* lean concrete [bon]

Sparren *m* (Dachsparren) rafter; roof rib; spar

Sparrendach *n* rafter roof; rafters

Sparrenendabdeckung *f* fascia board

Sparrenkopf *m* rafter end

Sparrenpfettenanker *m* tie-down framing anchor [bon]

Sparschalung *f* open formwork [bon]

Spartransformator *m* low-energy transformer [elt]

Sparverblender *m* brick slip

Spatel *m* spatula [wzg]; trowel [wzg]

Spatenstich, erster - *m* (Baubeginn) ground-breaking ceremony

Spax-Schraube *f* drywall screw

Speicher *m* accumulator [elt]; (Dachboden) attic; loft; (Wasser-) reservoir [was]; (historisch) shed; silo

Speicherablass *m* reservoir outflow [wba]

Speicherbatterie *f* accumulator [elt]; storage battery [elt]

Speicherbecken *n* hold tank [was]; reservoir [was]; retention reservoir [was]; storage basin [was]

Speicherbehälter *m* collecting vessel [pow]

Speicherelement *n* (Batterie) cell [elt]

Speichergestein *n* container rock [geo]

Speicherheizgerät *n* storage heater [pow]

Speicherheizung *f* storage heating [pow]; thermal storage heating

Speicherkraftwerk *n* storage power plant [pow]; storage power station [pow]

Speichernutzraum *m* (Talsperre) active storage

Speichersilo *m* storage silo

Speicherung *f* pondage [was]

Speicherwärme *f* stored energy [pow]; stored heat [pow]; thermal storage [pow]

Speicherwasser *n* accumulated water [wba]

Speicherzelle *f* accumulator cell [elt]; silo compartment [prc]

Speisekammer *f* pantry

Speisekanal *m* feeder canal [wba]

Speisenetz *n* supply system [elt]

Speisesaal *m* dining-hall

Speiseschnecke *f* feed screw [prc]

Speisespannung *f* mains voltage [elt]; supply voltage [elt]

Speisestrom *m* supply current [elt]

Speisewalze *f* roll feeder [prc]

Spengler *m* plumber [wer]

Sperrbeton *m* water-repellent concrete [bon]; waterproofing concrete [bon]

Sperrbügel *m* safety latch [asi]

Sperre *f* (Hindernis) barrier; (Straßen-) roadblock [tra]

Sperreinrichtung *f* tripping device [asi]

Sperrenkörper *m* embankment [wba]

Sperrfolie *f* (Bauabdichtung) waterproofing foil [met]

Sperrgas *n* seal gas [met]

Sperrholz *n* plywood [met]

Sperrholzfeder *f* plywood strip

Sperrholzschalung *f* plywood slab formwork [bon]

Sperrklinke *f* pawl [tec]

Sperrmauer *f* barrage dam [wba]

Sperrmörtel *m* water-repellent mortar [met]

Sperrmüll *m* bulk waste [rec]; bulky waste [rec]

Sperrputz *m* (wasserdicht) waterproofing finish

Sperrriegel *m* pawl [tec]

Sperrscheibe *f* blanking plate [met]

Sperrschicht *f* barrier coat [met]; (Feuchtigkeitssperre) damp-proof course; damp-proof layer [tib]; waterproofing course

Sperrschicht, bituminöse - *f* (gegen Unkraut) bituminous weed barrier

Sperrschicht, waagerechte - *f* (im Fundament) horizontal waterproofing layer

Sperrschicht; lotrechte - *f* (im Fundament) vertical waterproofing layer

Sperrschichtfolie *f* barrier film [met]

Sperrschichtmaterial *n* (z.B. wasserdichtes Papier) barrier material [met]

Sperrschleuse *f* navigation lock [wba]

Sperrstatus *m* blocking status

Sperrvorrichtung *f* ratchet [tec]

Sperrwasser für Geruchsverschlüsse *n* water seal for odour traps [was]

Sperrwirkung *f* barrier effect

Spezialbeschlag *m* special fitting [tec]

Spezialmöbel *pl* (z.B. für Behinderte) adapted furniture

Spezialmörtel *m* special mortar [met]

Spezialtiefbau *m* specialized groundwork and civil engineering [tib]

Spezialtisch *m* adapted table

Spezifikation, technische - *f* technical specification [des]; technical specifications

Spezifikationsblatt *n* specification sheet [des]

Spiegel *m* (Wasser-) surface [was]
Spiegeldecke *f* (Architektur) mirror ceiling
Spiegelgewölbe *n* cavetto vault [arc]
Spiegelglas *n* polished plate glass [met]
Spiel *n* (zwischen Bauteilen) clearance [des];
(zwischen Bauteilen) play [des]; (zwischen
Bauteilen) tolerance [des]
Spielraum *m* (technisch) clearance [des]
Spindel *f* (Areometer für die Stärke der Lohbrühe)
barkometer spindle [any]; (Architekur) newel;
spindle [tec]
Spindelaufzug *m* (mit Spindelantrieb) screw-driven
lift
Spindeltreppe *f* (Architekur) newel stair; newel
staircase
Spion *m* (Guckloch in der Türe) judas hole; (Tür-)
spy-hole
Spiralarmierungsmaschine *f* spiral reinforcing
machine [bon]
Spiralbewehrung *f* binding reinforcement [bon];
helical reinforcement [bon]; helical reinforcement
[bon]; spiral reinforcement [bon]; spiral stirrup
[bon]
Spiralbewehrungsmaschine *f* spiral reinforcing
machine [bon]
Spiralbohrer *m* auger sampler [wer]; twist drill
[wzg]
Spiralförderer *m* spiral conveyor [prc]; spiral
feeder [prc]
spiralförmig helical; spiral-shaped
Spiralklassierer *m* spiral classifier [prc]
Spiralmeißel *m* spiral bit [wzg]
Spiralsichter *m* spiral classifier [prc]
spitz pointed; sharp
spitz zulaufen *v* taper
Spitzbogen *m* lancet arch; pointed arch [arc]
Spitzbogen, flacher - *m* drop arch; (Architektur)
drop arch
Spitzbogen, lanzettförmiger - *m* (Architektur)
acute arch
Spitzbogenkaliber *n* Gothic pass [arc]
Spitzbohrer *m* gimlet bit
Spitze *f* (spitzes Ende) tip; (Gebäude) top
Spitzenabfluss *m* peak run-off [was]
Spitzendruck *m* (Tiefgründung) pile point pressure
[tib]; point bearing pressure
Spitzendruckpfahl *m* end-bearing pile [tib]
Spitzendurchfluss *m* peak flow [was]
Spitzenlage *f* (Immobilie) prime location
Spitzenlast *f* maximum load [elt]; peak load [elt]
Spitzenlasttarif *m* peak-load pricing [elt]
Spitzenleistung *f* maximum output [elt]; peak
capacity [pow]; peak output [elt]; peak power
[pow]
Spitzenmiete *f* (für Immobilie) prime rent [eco];
(Immobilien) top rent [eco]

Spitzenscherspannung *f* peak shear stress [met]
Spitzenspannung *f* peak voltage [elt]
Spitzenstandort *m* (Immobilie) prime location
Spitzenstrom *m* peak current [elt]
Spitzentarif *m* peak-hour charging [pow]
Spitzentechnologie *f* ("high tech") high technology
Spitzenwärmeabgabe *f* (Fernwärme) peak heat
output [pow]
Spitzenwertanzeiger *m* (Wasserstand) crest-stage
indicator [any]
Spitzenwertbildung *f* peaking
Spitzenwinkel *m* apex angle
Spitzenzeit *f* peak-load period [pow]
Spitzgraben *m* (Archäologie) v-shaped ditch [tib]
Spitzkehre *f* back shunt [tra]; hairpin bend [tra];
hairpin turn [tra]; (Bahn) setting-back track [tra]
Spitzkelle *f* pointing trowel [wzg]
Spitzkerbe *f* (Schweißnaht) single V notch [met]
Spitzkuppel *f* gothic vault [arc]; pointed dome
[arc]; pointed vault [arc]
Spitzmeißel *m* pointed chisel [wzg]
Spitzpfeiler *m* pointed column
Spitztürmchem *n* (Gotik) spire-like pinnacle [arc]
Spitzturm *m* (Mittelalter) pinnacle [arc]
spitzwinklig acute-angled; acute-angled [des]
Spitzzange *f* long nose pliers [wzg]; pointed pliers
[wzg]
Splint *m* (für eine Schraube) cotter [tec]; cotter pin
[tec]; peg [tec]
Splintholz *n* sapwood [met]
Splintverbindung *f* cotter joint [tec]
Split, bituminierter - *m* bitumen-coated chippings
[met]
Splitt *m* aggregate [met]; crushed gravel [met];
grit [met]; stone chippings [met]
splitterfest nonshattering [met]; shatterproof [met]
splittersicher shatterproof [met]
Splittschicht *f* layer of chippings
Splittstreuer *m* stone spreader
Splittverfüllschicht *f* (Makadam) choker course
[met]
Splittzuschlag *m* crushed aggregate [met]
Sportarena *f* sports arena
Sporthalle *f* sports hall
Sprechanlage *f* (Haussprechanlage) intercom [edv]
Spreitlage *f* brushwood layer
Spreizanker *m* expansion bolt [tec]
Spreizdorn *m* split pin [wzg]
Spreizdübel *m* cavity plug; expansion anchor;
expansion bolt [tec]; expansion fastener
Spreize *f* spindle; strut [stb]
Spreizniet *m* expanding rivet; push rivet [tec]
Spreizwinkel *m* splay angle [des]; splay angle
[des]
Sprengarbeiten *pl* blasting operation [roh]
sprengen *v* blast [roh]

Sprenggiebel *m* (klassische Fassade) broken pediment [arc]; (klassische Fassade) split pediment [arc]

Sprengloch *n* blast hole [roh]

Sprengmeister *m* (Abbruch durch Sprengen) demolition expert

Sprengmittel *n* blasting agent [met]

Sprengniet *m* explosive rivet [tec]

Sprengniete *f* explosive rivet [wer]

Sprengschutt *m* muck

Sprengstelle *f* blast area [roh]

Sprengstoff *m* blasting explosive [met]

Sprengungsbericht *m* blast report [roh]

Sprengvortrieb *m* (Tunnelbau) drill and blast

Sprengwagen *m* street-sprinkler [rec]

Sprengwerk *n* (Gotik) hammer-beam roof [arc]; strutted frame; truss [stb]; truss frame [stb]; truss framework [stb]

Sprengwerk, einfaches - *n* simple truss

Sprengwerk, hölzernes - *n* wood truss

Sprengwerkbrücke *f* truss frame bridge; trussed bridge [stb]

Sprengwerkdach *n* strutted roof

Spriegel *m* (Dach-) roof arch; (Dach-) roof stick

Sprinkler *m* (Brandschutz) automatic sprinkler; (Brandschutz) automatic water spray

Sprinkleranlage *f* (Brandschutz) sprinkler plant; (Brandschutz) sprinkler system

Sprinklerdüse *f* (Brandschutz) sprinkler nozzle

Sprinklerfeuerlöschanlage *f* (Brandschutz) fire sprinkler; (Brandschutz) sprinkler system

Sprinklerzentrale *f* sprinkler equipment room

Spritzasbest *m* sprayed asbestos [met]

Spritzauftrag *m* coating by spraying [met]; (Verputz) gunned coat; (Farbe, u.a.) spray application [wer]; spray coat [met]

Spritzbeton *m* air-placed concrete [bon]; gunite [bon]; gunned concrete [bon]; shotcrete [bon]; sprayed concrete [bon]

Spritzbeton, junger - *m* fresh shotcrete [bon]

Spritzbeton, schnell erhärtender - *m* fast setting shotcrete [bon]

Spritzbetonarbeiten *pl* (DIN 18314) shotcreting work [bon]

Spritzbetonbindemittel *n* shotcrete binder [met]

Spritzbetonzement *m* shotcrete cement [met]

Spritzbewurf *m* (-mit Mörtel) mortar splatter-dash; sprayed rendering

Spritzdüse *f* jet [prc]; sprayer nozzle [wzg]

Spritzenhaus *n* fire station

Spritzflasche *f* spray-bottle

Spritzisolierung *f* sprayed insulation

Spritzkorn *n* (Sieben) flying particles [prc]; (beim Sieben) oversize particles [met]

Spritzlack *m* spray lacquer [met]; spray paint [met]; spraying paint [met]

Spritzlage *f* sprayed layer [met]

Spritzmaschine *f* (für Spritzbeton) shotcrete device [bon]

Spritzmasse *f* (Beton) gunning mix; spray-gun mix [met]

Spritzmasse, feuerfeste - *f* refractory grout [met]; refractory gunning material [met]

Spritzmörtel *m* gunite mortar [met]; shotcrete mortar [met]

Spritzpistole *f* blow gun [wzg]; coating gun [wzg]; (Farbe) painting gun [met]; spray gun [wzg]; spraying pistol [wzg]

Spritzputz *m* (mit Sack abgeriebener -) bagged plaster; gun-grade rendering; gunned plaster; gunned rendering; sprayed plaster; sprayed rendering; sprayed rendering

Spritzrohr *n* spray pipe [wer]

Spritzschutz *m* splash guard [asi]; splash shield [asi]

Spritzschutzbrille *f* splash goggles [asi]

Spritzschutzhaube *f* antisplash hood [asi]

Spritzschutzmaske *f* spray mask [asi]

Spritzteller *m* splash plate [was]

Spritzverfahren *n* spraying technique [wer]

Spritzversuch *m* (mit Spritzbeton) shotcrete trial [bon]

Spritzwasser *n* splash water [was]; splashing rainwater

Spritzzement *m* shotcrete cement [met]

Sprödbruch *m* brittle fracture [met]

Sprödbruchprüfung *f* brittle fracture test [any]

spröde (brüchig) brittle [met]; fragile [met]; friable [met]; rough [met]

Sprödigkeit *f* fragility [met]

Sprosse *f* (Fenster) glazing bar; (Fenster-) mullion; (Leiter) muntin; (Leiter-) rung

Sprossenfenster *n* Gregorian window; transom window

Sprossengeländer *n* open-work parapet; skeleton parapet

Sprühbelüftung *f* sparging [was]

Sprühdüse *f* spray nozzle [prc]

Sprühfilm *m* spray coat [met]

Sprühflasche *f* spray-bottle [wzg]

Sprühgerät *n* fogger

Sprühkegel *m* spray cone [prc]

Sprühpistole *f* spraying gun [wzg]; spraying pistol [wzg]

Sprühtest *m* (EN 468) spray test [any]

Sprühwasser *n* water spray [met]

sprühwassergeschützt drip-proof [met]

Sprühwasserlöschanlage *f* (im Brandfall) deluge sprinkler system

Sprühwasserlöschsystem *n* (im Brandfall) deluge sprinkler system

Sprungrettungsgerät *n* (Sicherheit) jumping sheet; (Sicherheit) salvage sheet

Sprungschanzenüberfall *m* flip bucket [wba]

Spülbecken *n* bowl; (Toilette) flush basin; sink [tga]

Spülbehälter *m* rinse tank [was]

Spüle *f* sink [tga]; sink unit

spülen *v* (WC) flush [tga]; (Waschmaschine) rinse; scour

Spüler *m* (Toilette) flush; hydraulic erosion dredger [tib]

Spülhebel *m* (Toilette) flush handle [was]

Spülkasten *m* flush box [tga]; flushing pan [tga]

Spülkippe *f* hydraulic embankment [tib]; hydraulic fill [tib]

Spülkopf *m* injection head

Spülrinne *f* flushing channel [was]

Spülspritzverfahren *n* sluicing [tib]

Spülstrom *m* (Toilette) flush

Spültisch *m* sink

Spültischeinsatz *m* sink deck [tga]

Spülverfahren *n* hydraulic fill method; hydraulic filling process [bon]

Spülverschluss *m* (Sandfang) scour gate [was]

Spülwasser *n* slop water [was]; sullage [was]

Spürgerät *n* detector [any]; indicator [any]; probe [any]

Spukschloss *m* haunted castle

Spule *f* (Wicklung) coil [elt]; (Magnetspule) solenoid [elt]

Spundbohle *f* pile plank [tib]; piling [tib]; runner [tib]; sheet pile [tib]; sheeting pile

Spundbohlen, miteinander verhakte - *pl* interlocking sheet piles [tib]

Spunddiele *f* timber piling

Spundhobel *m* matching plane [wzg]

Spundpfahl *m* sheeting pile

Spundschalung *f* tight sheathing [bon]

Spundverbindung *f* tongue and groove joint

Spundwand *f* bulkhead; pile structure [tib]; sheet piling [tib]; (Tiefbau) sheet wall; sheet-pile wall; sheet-pile wall

Spundwand, ausgesteifte - *f* braced sheet-pile wall [tib]

Spundwand, kombinierte - *f* combined wall

Spundwand, landseitige - *f* sheet piling on shore [tib]

Spundwand, unverankerte - *f* free sheet wall [tib]

Spundwand, verankerte - *f* anchored sheet wall; anchored sheet-pile wall

Spundwand, wasserseitige - *f* (Hafen) waterfront sheet piling [tib]

Spundwandbauwerk *n* sheet pile retaining wall [tib]

Spundwandbohle *f* sheet pile [tib]

Spundwandfangdamm *m* sheet pile retaining wall [tib]; sheet piling cofferdam [tib]

Spundwandfangdamm, einwandiger - *m* single-wall cofferdam [tib]

Spundwandgründung *f* sheet-pile foundation

Spundwandkonstruktion *f* sheet-pile wall structure

Spundwandprofil *n* piling section [tib]

Spundwandprofilstahl *m* sheet piling steel [met]

Spundwandramme *f* sheeting driver [tib]

Spundwandrammung *f* sheet-pile driving [tib]

Spundwandumschließung *f* closed sheeting [tib]

Spur *f* (Straße) lane [tra]; (Bahn) trace [tra]; (Radspur) track [tra]; (Straße) traffic lane [tra]; (Bahn) trail [tra]

Spurenanalyse *f* detection of trace amounts [any]; trace analysis [any]

Spurenverunreinigung *f* trace impurity [che]

Spurerweiterung *f* (Bahngleis) excess width of the track gauge [tra]; (Bahn) gauge widening [tra]

Spurlager *n* angular bearing

Spurrinnenbildung *f* (auf Straßen) wheel track rutting [tra]

Staatliches Hochbauamt *n* Government Building Surveyor's Office

Stab *m* (Holzwerk) axial member; member [stb]; (Stange) rod; (Fachwerkhäuser) staff

Stab mit gleichbleibendem Querschnitt *m* member of constant section [stb]

Stab mit gleichbleibender Trägheit *m* member of constant inertia [stb]

Stab mit veränderlichem Querschnitt *m* member of variable section [stb]

Stab mit veränderlicher Trägheit *m* member of variable inertia [stb]

Stab, glatter - *m* (Bewehrung) plain bar [met]

Stab, idealvollkommener - *m* (Statik) ideal bar [stb]; (Statik) ideal member [stb]

Stab, mehrteiliger - *m* built-up member

Stab, überschüssiger - *m* redundant member [stb]

Stab, überzähliger - *m* redundant member [stb]

Stabablenkung *f* (Rahmenträger) bar slope

Stababstand *m* (Bewehrung) pitch of bars

Stabanschluss *m* bar connection; bar joint [stb]

Stabarmierung *f* bar reinforcement [bon]

Stabbau *m* (Holzbau) stave construction

Stabbewehrung *f* bar reinforcement [bon]

Stabbogenverbundbrücke *f* tied-arch bridge [stb]

Stabbündel *n* (Bewehrung) bundled bars [bon]

Stabdübel *m* (Holzbau) drift pin

Stabdurchmesser *m* bar diameter

Stabendmoment *n* member-end moment [sik]

Stabgitter *n* rack screen

stabil (beständig) permanent

Stabilisierer *m* (Betonzusatz) stabilizer [met]

Stabilisiermittel *n* stabilizer [met]

Stabilisierung *f* stabilization

Stabilitätsnachweis *m* stability analysis [des]
Stabilitätsproblem *n* stability problem [sik]
Stabkraft *f* bar force [sik]; force in a member [sik]
Stablänge *f* bar length [des]; length of a bar [stb]; length of a member [stb]
Stabparkett im verlorenen Verband *n* overlay flooring
Stabplatte *f* blockboard [met]
Stabquerschnitt *m* cross-section of a bar [des]; cross-section of a member [des]
Stabschwimmer *m* velocity rod [any]
Stabsstelle *f* coordinating department
Stabstahl *m* bar stock [met]; steel bar [met]; steel rod [met]
Stabtragwerk *n* frame structure
Stabverbindung *f* bar joint [stb]
Stabwerk *n* frame; framing; (Gotik) mullions [arc]
Stacheldraht *m* barbed wire [met]
Stachelwalze *f* pyramidal feet roller [tib]
Stadt *f* (Groß-) city; municipality; town
Stadt, aufgelockerte - *f* (Städtebau) dispersed town
Stadt, gewachsene - *f* evolved town [com]; unplanned town [com]
Stadt, organische - *f* (Städtebau: organische gewachsen) organic city
Stadt, polyzentrisch angelegte - *f* polynucleated city
Stadt, strahlende - *f* (Städtebau: Erscheinung) radiant city
Stadtautobahn *f* urban expressway [tra]; urban motorway [tra]
Stadtbahn *f* city railway [tra]; (<A>) metropolitan railroad [tra]; metropolitan railway [tra]; suburban railway [tra]; urban railway [tra]
Stadtbauamt *n* municipal development authority
Stadtbaukunst *f* art of urban development [arc]
Stadtbauplanung *f* urban planning [com]
Stadtbezirk *m* urban district [com]
Stadtbild *n* (Erscheinungsbild) urban features; visual character of the city [com]
Stadtbildanalyse *f* appraisal of the urban context [com]
Stadtentwässerung *f* municipal drainage [was]; urban drainage [was]; urban sewage system [was]; urban sewerage system [was]
Stadtentwicklung *f* urban development
Stadtentwicklung, autoorientierte - *f* car-based urban development [com]
Stadtentwicklungsprojekt *n* urban development project [com]
Stadterhaltung *f* urban preservation
Stadterneuerung *f* city renewal [com]; community development [com]; urban regeneration; urban renewal [com]

Stadterneuerungsgebiet *n* redevelopment area; urban regeneration area [com]
Stadterneuerungsprogramm *n* urban renewal scheme
Stadterweiterung *f* (Städtebau) municipal extension; urban development; urban extension; urban sprawl
Stadtflucht *f* suburbanization [com]
Stadtgebiet *n* urban area [com]
Stadtgefüge *n* (Städtebau) urban fabric
Stadtgraben *m* city boundary [arc]; moat [arc]
Stadtgrenze *f* city boundary; town boundary
Stadtgrenzen *pl* city limits [com]
Stadtgrundriss *m* city layout [com]
Stadthauptstraße *f* (- zu ebener Erde) surface artery [tra]
Stadthaus *n* town house
Stadtinnere *n* city centre [com]
Stadtkern *m* central district [com]; city centre [com]
Stadtmauer *f* city wall
Stadtmorphologie *f* urban morphology
Stadtplan *m* city map [des]; street plan [des]
Stadtplaner *m* city planner [com]
Stadtplanung *f* city planning [com]; community planning [com]; local planning [com]; town planning [com]; urban planning [com]
Stadtplanungsamt *n* town planning department; urban planning department [com]
Stadtrand *m* outskirts [com]; outskirts of a city [com]; town limit [com]
Stadtrandgebiet *n* (Stadtplanung) suburban area
Stadtrandsiedlung *f* suburban housing scheme
Stadtraum *m* urban space [com]
Stadtregion *f* urban region [com]
Stadtreinigung *f* municipal sanitation; urban sanitation
Stadtrollfuhrdienst *m* town cartage [tra]
Stadtsanierung *f* urban redevelopment [com]; urban rehabilitation [com]; urban restoration [com]
Stadtsanierungsprogramm *n* urban renewal program
Stadtstraße *f* urban road [tra]; urban street [tra]
Stadtstraßennebenanlagen *pl* street furniture [tra]
Stadtstruktur *f* urban structure [com]
Stadtsymbolik *f* urban symbolism
Stadtteil *m* district [com]; part of town; urban district [com]
Stadtteilzentrum *n* suburban centre [com]
Stadttor *n* (historisch) city gate; town gate [arc]; (historisch) town gate
Stadtverfall *m* urban decay [com]
Stadtverkehr *m* town traffic [tra]
stadtverträglich keeping with the quality of urban life [com]

Stadtverwaltung *f* municipal administration
Stadtviertel *n* city district; district [com]; part of
town [com]; town district; urban district [com]
Stadtwachstum *n* urban growth
Stadtwohnung *f* (<A>) city apartment; (<B>) city
flat; (<A>) town apartment
Stadtzentrum *n* city centre; downtown area; town
centre
Stäbchenparkett *n* strip flooring
Stäbe, versetzte - *pl* (Bewehrung) curtailed bars
Städtebau *m* city planning; municipal planning;
town planning; urban building; urban design;
urban development
Städtebauer *m* town planner
Städtebauförderungsgesetz *n* Urban Renewal and
Development Act [jur]
städtebaulich of town planning; of urban building;
town planning; urban design; urban planning
[com]
städtebaulich-gestalterisch urban development and
designurban culture [com]
städtebauliches Gebiet *n* zoning
Städtebaupolitik *f* urban development policies
[com]
Städtebaurecht *n* urban development law [jur]
städtisch (Verwaltung) municipal; urban
Ständer *m* post [stb]; spandrel; (Stütze)
stanchion; (Motor) stator [elt]; (Holzbau: auf
Schwelle aufgesetzt) stud; upright; vertical [stb];
vertical member [stb]
Ständerfachwerk *n* bracing with verticals; Pratt
truss; (- mit gekreuzten Streben) quadrangular
truss
Ständerfuß *m* column base
Ständerverbindung *f* stud union
Ständerwand *f* single plank wall; stud partition
ständige Last *f* continuous load [sik]; permanent
load [sik]
Stärke *f* (<A> Dicke) gage [des]; (<B> Dicke)
gauge [des]; (Dicke) thickness [des]
Staffelgeschoss *n* staggered top storey
Staffelmiete *f* (Immobilie) graduated rent [eco];
(Immobilie) progressive rent [eco]
Stahl *m* steel [met]
Stahl mit hoher Streckgrenze *m* high-yield steel
[met]
Stahl, beruhigter - *m* dead steel [met]
Stahl, gehärteter - *m* tempered steel [met]
Stahl, halbharter - *m* medium-hard steel [met]
Stahl, verschleißfester - *m* wear-resistant steel
[met]
Stahl, warm gewalzter - *m* hot-rolled steel [met]
Stahlanker *m* steel tie rod
Stahlarmierung *f* steel fixing [bon]
Stahlauskleidung *f* (Tunnelbau) steel lagging
[tib]

Stahlbandarmierung *f* steel-tape armouring [bon]
Stahlbandpanzerung *f* (Kabel) steel-tape armouring
[elt]
Stahlbau *m* constructional steelwork; steel
construction [stb]; steel structure [stb]; steel-
girder construction; structural steel construction;
structural steel engineering [stb]; structural
steelwork [stb]
Stahlbauarbeit *f* constructional steelwork
Stahlbauarbeiten *pl* (DIN 18335) steel construction
work
Stahlbaufirma *f* steelwork company [stb]
Stahlbauprofil *n* structural steel section [met]
Stahlbauschweißung *f* structural welding [wer]
Stahlbauteil *n* fabricated steel structure [stb]; steel
member [stb]; structural steel element [met];
structural steel member [stb]
Stahlbauunternehmen *n* constructional steelwork
company [stb]; steelwork company [stb]
Stahlbauweise *f* steel construction [stb]
Stahlbauwerk *n* steel building [stb]
Stahlbauwerkstatt *f* steelwork fabricating shop
[stb]; structural steel workshop [stb]
Stahlbeton *m* armoured concrete [bon];
ferroconcrete [bon]; reinforced concrete [bon];
steel-reinforced concrete [bon]
Stahlbeton-Volldrucksicherheitshülle *f*
(Reaktorgebäude) reinforced concrete pressure
containment [pow]
Stahlbetonarbeiten *pl* reinforced concrete work
[bon]
Stahlbetonbau *m* reinforced concrete construction
[bon]
Stahlbetonbauwerk *n* reinforced concrete structure
[bon]
Stahlbetonboden *m* reinforced concrete pavement
[bon]
Stahlbetonbrücke *f* concrete girder bridge [bon];
concrete-girder bridge [bon]; reinforced concrete
bridge [bon]
Stahlbetonbrückentafel *f* reinforced concrete
decking [bon]
Stahlbetondachbinder *m* reinforced concrete roof
truss [bon]
Stahlbetondecke *f* reinforced concrete floor [bon]
Stahlbetondecke, unterzugsfreie - *f* slim floor
[bon]
Stahlbetondruckrohr *n* reinforced concrete
pressure pipe [bon]
Stahlbetonfachwerk *n* reinforced concrete trussed
girder [bon]
Stahlbetonfertigteil *n* precast reinforced concrete
unit [bon]; prefabricated reinforced concrete part
[bon]
Stahlbetonfertigträgerbrücke *f* precast reinforced
concrete beam bridge [bon]

Stahlbetonhohlplatte *f* (Brückenbau) hollow reinforced concrete deck [bon]
Stahlbetonkern *m* reinforced concrete core [bon]
Stahlbetonkonstruktion *f* construction of ferroconcrete [bon]
Stahlbetonkuppel *f* reinforced concrete dome [bon]
Stahlbetonmast *m* reinforced concrete pylon [bon]
Stahlbetonplatte *f* (Brückenbau) reinforced concrete deck [bon]; reinforced concrete platform [bon]; reinforced concrete slab [bon]; (Brückenbau) solid reinforced concrete deck [bon]
Stahlbetonplatte, durchgehende - *f* homogeneous reinforced concrete slab [bon]
Stahlbetonrammpfahl *m* driven concrete pile [bon]
Stahlbetonrippendecke *f* reinforced concrete ribbed floor [bon]; (- ohne Füllkörper) ribbed construction [bon]; ribbed reinforced concrete [bon]
Stahlbetonrohr *n* reinforced concrete pipe [bon]
Stahlbetonschale *f* reinforced concrete shell [bon]
Stahlbetonschwelle *f* (Bahn) reinforced concrete sleeper [bon]
Stahlbetonskelett *n* reinforced concrete skeleton [bon]
Stahlbetonskelettbau *m* reinforced concrete framed building [bon]
Stahlbetonsohle *f* reinforced concrete base [bon]
Stahlbetonstütze *f* reinforced concrete column [bon]
Stahlbetonträger *m* reinforced concrete girder [bon]
Stahlbetontreppe *f* reinforced concrete stair [bon]
Stahlbetonunterzug *m* reinforced concrete downstand beam [bon]
Stahlbetonwand *f* reinforced concrete wall [bon]
Stahlbieger *m* (Bewehrung) rod fixer
Stahlbinderbauweise *f* steel-framed structure
Stahlblech *n* sheet iron [met]; sheet steel [met]; steel face sheet [met]; (mittel, grob) steel plate [met]; (fein) steel sheet [met]
Stahlblechanschlussplatte *f* steel connecting plate [stb]
Stahlblechfassade *f* sheet-steel façade
Stahlblechkanal *m* sheet-steel duct [air]
Stahlbohle *f* steel-sheet pile [tib]
Stahlbrücke *f* metal bridge; steel bridge [stb]
Stahlbürste *f* steel brush [wzg]; wire brush [wzg]
Stahldalbe *f* steel dolphin [wba]
Stahldecke *f* steel ceiling [stb]
Stahldrahteinlage *f* steel-wire insert [met]
Stahldrahtkorb *m* (Betonfuge) wire cradle [bon]
Stahldrahtseil *n* steel-wire rope [met]
Stahleinlage *f* steel insert [met]; steel reinforcement [bon]
Stahlfachwerkkonstruktion *f* steel framework [stb]
Stahlfahrbahnplatte *f* metal flooring [tra]; metal platform [tra]
Stahlfaser *f* steel fibre [met]

Stahlfaserbeton *m* steel fibre concrete [bon]
Stahlfaserbetonrohr *n* steel fibre concrete pipe [bon]
Stahlfassade *f* steel façade
Stahlfenster *n* steel window
Stahlfußgängerbrücke *f* steel pedestrian bridge [stb]
Stahlgeflecht *n* steel mesh [met]
Stahlgerippe *n* steel framing [stb]
stahlgestützt steel-backed [met]
Stahlgewebe *n* steel fabric [met]
Stahlgewebeeinlage *f* inserted wire mesh [met]; reinforcing mesh [bon]
Stahlgewicht *n* steel weight [met]
Stahlgitter *n* steel grating [met]
Stahlgitterrost *m* steel grid [met]
Stahlgitterrostfahrbahn *f* steel-grid floor [tib]
Stahlgüte *f* steel quality [met]
Stahlhochbau *m* elevated steel construction [stb]; steel building construction [stb]; steel-framed structure; structural engineering in steel [stb]
Stahlhochstraße *f* elevated steel road [tra]
Stahlkabel *n* steel cable [met]
Stahlkamin *m* steel chimney [air]
Stahlkappe *f* (Sicherheitsschuh) steel toe cap [asi]
Stahlkocher *m* (Stahlwerker in der Hütte) steelmaker [roh]
Stahlkonstruktion *f* steel construction [stb]; steel structure [stb]; structural steelwork
Stahlkonstruktion, einbetonierte - *f* concrete-encased steel construction [bon]
Stahlkonstruktion, zerfetzte - *f* mangled steelwork [stb]
Stahlkonstruktionen *pl* steel design work [stb]
Stahllagerplatte *f* steel sole plate
Stahllamelle *f* steel louvre
Stahlleichtbau *m* light-gauge steel construction [stb]; lightweight steel construction
Stahlliste *f* (Bewehrung) bar schedule
Stahlmantelwalze *f* steel wheel roller [tib]; steel-faced roller [tib]
Stahlmast *m* steel pole [stb]
Stahlmontage *f* steel erection [stb]
Stahlpanzer *m* steel shell
Stahlplatte *f* steel panel [met]
Stahlplattenfahrbahn *f* steel-plate road [tib]
Stahlprofiltür *f* narrow stile door
Stahlquerschnitt *m* (in Stahlbeton) area of reinforcement
Stahlrahmen *m* steel frame [stb]; steel framework [stb]
Stahlrahmen, starrer - *m* rigid steel frame
Stahlrammarbeit *f* steel piling [tib]
Stahlrohr *n* steel pipe [met]; steel tube [met]; tubular steel [met]
Stahlrohr, nahtloses - *n* seamless steel tube [met]

Stahlrohrfachwerk *n* tubular steel truss; tubular steel truss [stb]
Stahlrohrgerüst *n* metal tube scaffolding; tubular steel scaffolding
Stahlrohrgitterturm *m* steel-tubing lattice tower [stb]
Stahlrohrkonstruktion *f* structural steelwork in tubular design [stb]
Stahlrohrmast *m* tubular steel pole; tubular steel pole [stb]
Stahlrohrpfahl *m* hollow steel pile [tib]; tubular steel pile [tib]
Stahlrohrstütze *f* steel-tube shore
Stahlrohrstuhl *m* tubular steel chair
Stahlsäule *f* steel column [stb]
Stahlschalung *f* metal formwork [bon]; steel formwork [bon]; steel shuttering [bon]; steel shuttering [bon]
Stahlscheidewand *f* steel partition [tib]
Stahlschornstein *m* steel stack [stb]
Stahlschrott *m* steel scrap [rec]
Stahlseil *n* steel cable [met]; steel rope [met]
Stahlsilo *m* steel silo
Stahlskelett *n* steel frame [stb]; steel framework [stb]; steel skeleton [stb]; steel structure [stb]
Stahlskelettbau *m* steel skeleton construction [stb]; steel skeleton structure; steel-frame building [stb]; steel-framed building [stb]; steel-framed structure
Stahlskelettbauweise *f* steel frame structure [stb]
Stahlskelettgebäude *n* steel-framed building [stb]
Stahlskelettkonstruktion *f* steel-framed construction
Stahlsohlplatte *f* steel sole plate
Stahlspannung *f* steel strain [met]
Stahlspundbohle *f* steel-sheet pile [tib]
Stahlspundpfahl *m* steel piling [tib]
Stahlspundwand *f* sheet steel piling [tib]; (Deponie, u.a.) steel-sheet piling
Stahlstab *m* steel rod
Stahlstraße *f* steel overpass [tra]
Stahlstütze *f* (leichte Stütze) mullion; steel stanchion
Stahlteile, betonummantelte - *pl* encased steelwork [bon]
Stahlträger *m* steel beam [stb]; steel girder [stb]
Stahlträgerverbundkonstruktion *f* compound steel beam structure [stb]
Stahltragwerk *n* steel structure [stb]
Stahltrapezblecheindeckung *f* trough steel roofing
Stahltrennwand *f* steel partition
Stahltreppe *f* steel stairway [stb]
Stahltürzarge *f* metal frame
Stahlüberbau *m* steel superstructure [stb]
Stahlverarbeitung *f* steelwork fabrication [wer]
Stahlverbrauch *m* steel consumption [met]
Stahlverleger *m* (Bewehrung) rod fixer

stahlverstärkt steel-backed [met]
Stahlvorspannkabel *n* steel prestressing cable [bon]
Stahlvorspannseil *n* steel prestressing cable [bon]
Stahlwasserbau *m* hydraulic steel structure [was]; steel hydraulic engineering [wba]
Stahlwolle *f* steel wool [met]
Stahlzarge *f* steel door frame
Stahlzugglied *n* steel tendon
Stahlzugspannung *f* (Stahlbeton) steel tensile stress [met]
Stahlzylinder *m* steel bottle [met]; steel cylinder [met]
Stakung *f* strutting
Stallregelung *f* (Windenergieanlage) stall control [pow]
Stammholz *n* trunk wood [met]; wood trunk [met]
Stammzeichnung *f* master drawing [des]
Stampfasphalt *m* compressed asphalt [tib]; (ohne Bitumenzusatz) powder asphalt [tib]
Stampfbagger *m* excavator-operated stamper [tib]
Stampfbalken *m* tamping beam [tib]
Stampfbeton *m* compacted concrete [bon]; compressed concrete [bon]; tamped concrete [bon]
Stampfbetonfundament *n* unreinforced concrete foundation [bon]
Stampfbohle *f* tamping beam [tib]
Stampfen *n* (Erdbau) punning
Stampfer *m* rammer; stamper; tamper
Stampffuge *f* (zwischen Abdichtung und u.a. Mauer) tamped joint
Stampfgerät *n* rammer; tamper
Stampfkopf *m* tamping head
Stampflehm *m* rammed earth [met]
Stampflehmbauweise *f* (ökologischer Hausbau) rammed earth building technique
Stampfmasse *f* ramming mass [met]; ramming mix [met]; tamping compound [met]
Stampfmasse, feuerfeste - *f* refractory ramming material [met]
Stampfverdichtung *f* tamping compaction [tib]
Stampfwalze *f* tamper roller
Stand der Technik *m* state of the art; state-of-the-art technology
Standardbedingungen *pl* normal conditions [phy]; standard conditions [phy]
Standarddurchmesser *m* standard diameter [des]
Standardprobe *f* standard sample [any]
Standardprüfmethode *f* standard test method [any]
Standardprüfsieb *n* standard testing screen [any]
Standardrichtlinie, akzeptierte - *f* accepted standard
Standardsiebreihe *f* standard sieve scale [any]
Standardwert *m* default value
Standardzustand *m* standard state [phy]
Standdrän *m* vertical drain [was]
standfest non-sagging

Standfestigkeit *f* stability [sik];   structural strength [sik]

Standfestigkeit des Bodens *f* soil stability [geo];   stability of the ground [geo]

Standgerät *n* (fest montiert) floor-mounted appliance

Standhöhe *f* level [des]

Standholz *n* (Schalung) vertical timber

Standlast *f* stationary load [sik]

Standort *m* location;   site

Standortabhängigkeit *f* site dependence

Standortanalyse *f* appraisal of the location [bon]

Standortauswahl *f* selection of plant location

Standortbedingungen *pl* conditions of the location [com]

Standortbewertung *f* site assessment

Standortentflechtung *f* location deconcentration

Standortentwicklung *f* site development

Standorterschließung *f* site development

Standortfaktor *m* locational factor [eco]

Standortfertigung *f* site fabrication

Standortgenehmigung *f* site permit [jur]

Standortgutachten *n* (für Immobilien) site appraisal [eco]

Standortnachteil *m* disadvantage of location [eco]

Standortplanung *f* location planning;   plant location planning [des];   site planning

Standortqualität *f* location quality [com]

Standortsicherung *f* safeguarding a location

Standortuntersuchung *f* (Baustelle) site investigation;   (Deponie, u.a.) site investigation [geo]

Standortverteilung *f* site distribution

Standortwahl *f* site selection;   siting

Standortwechsel *m* relocation

Standpunkt *m* (für Perspektive) station point [des]

Standrohr *n* pipe riser [was];   riser [was];   standpipe [was]

Standruhe *f* firmness;   stability

standsicher rigid;   stable;   steadfast

Standsicherheit *f* safety against failure [sik];   stability;   stability against collapse;   static stability;   structural stability

Standsicherheit in Längsrichtung *f* forward stability [asi];   longitudinal stability [asi]

Standsicherheitsgrenze *f* tipping condition

Standsicherheitsnachweis *m* proof of stability;   stability analysis [des];   stability calculation;   stability check

Standsicherung in Querrichtung *f* sideways stability [asi]

Standspur *f* hard shoulder [tra];   pull-off strip [tra];   stand-by lane [tra]

Standvermögen *n* stability under load

Stange *f* (dünne -) rod

Stangenmessung *f* (Hydrologie) wading measurement [any]

Stangenriegel *m* bar bolt

Stangenrost mit Vibrationsvorrichtung *m* (Aufgabevorrichtung) vibrating bar grizzly [prc]

Stangenrostsiebdeck *n* grizzly bar deck [prc]

Stangensieb *n* bar screen [prc]

Stangenzubringer *n* (Straßenbau) bar feeder [tib]

Stanze, mehrdornige - *f* multiple punch [wer]

Stanzloch *n* punched hole [tec]

Stanznieten *n* self-piercing riveting [wer]

Stanzplatte *f* punched tile

Stanzversuch *m* (Materialprüfung) punching test [any]

Stapel *m* pile

stapelbar stackable

stapelfähig stackable

Stapelfaser *f* staple fibre [met]

Stapelhalle *f* stacking bay [wer]

Stapelhilfe *f* stacking aid

Stapelhöhe *f* height of pile

stapeln *v* pile up;   stack;   stockpile

Stapelrahmen *m* stacking frame

Stapelstuhl *m* pile-up seat

stark belastet heavily loaded [phy]

Starkstrom *m* heavy current [elt];   high current [elt];   power current [elt]

Starkstromanlage *f* power installation [elt]

Starkstromkabel *n* heavy-duty cable [elt];   power cable [elt]

Starkstromkreis *m* power circuit [elt]

Starkstromleitung *f* power line [elt]

Starkstromnetz *n* power supply system [elt];   power transmission network [elt]

starr (unbeweglich) rigid

starr eingespannt rigidly restrained

starre Konstruktion *f* rigid construction

Starrpunkt *m* (Bitumen) shatter-point [met]

Startbahn *f* runway [tra]

Startbahnlänge *f* (Flughafen) field length [tra]

Starter *m* (Leuchtstofflampe) starter [elt]

Starterbatterie *f* starter battery [elt]

Startknopf *m* activate button [elt]

Statik *f* statical analysis [sik];   statics;   stress analysis

Statik, prüffähige - *f* (bei Bauamt oder Versicherung) statics ready for approval [sik];   (bei Bauamt oder Versicherung) statics ready for checking [sik]

Statiker *m* structural analyst;   structural designer;   structural engineer;   structural engineer [sik]

stationär static;   stationary;   steady

statisch (dauernd, permanent) static;   (entsprechend der Statik) statical [sik];   (Bau) structural

statisch bestimmt complete [sik];   isostatic [sik];   statically defined [des];   statically determined [sik]

statisch unbestimmt hyperstatic; imperfect [sik]; redundant [sik]; statically indetermined [sik]
statisch wuchten *v* balance statically [sik]
statisches Moment *n* static moment [phy]
Stau *n* backwater [was]
Stau *m* (Wasser-) build-up [wba]
Stauanlage *f* weir [wba]
Staub *m* dust; (Emission) particulates [met]
Staubabsetzkammer *f* gravity settling chamber [air]
Staubanalyse *f* dust analysis [any]
staubbedeckt dust-covered; dusty
Staubbefeuchtung *f* dust wetting [asi]
Staubbekämpfung *f* dust suppression [asi]
Staubbelastungskartei *f* dust exposure records [asi]
Staubbindung *f* alleviation of dust
Staubbrand *m* dust fire
Staubbrenner *m* pulverized-coal burner [pow]
staubdicht dustproof; (grob -) sift-proof
Staubecken *n* artificial lake [wba]; catchment basin [was]; reservoir [wba]; storage basin [wba]
Staubemission *f* particulate emission [air]
Staubentwicklung *f* dust generation; dusting
Staubereich *m* (Talsperre) backwater area [wba]
staubförmig dust-like; dusty; (pulverig) pulverized
staubfrei dust-free; dustless; lint-free [met]
staubfrei machen dustproof
staubgeschützt dustproof
Staubgut *n* finely-divided material [met]; powdery material [met]
staubhaltig dust-bearing; dust-laden
staubig dusty
Staubinhaltsstoffe *pl* constituent substances in the dust [air]
Staubluft *f* dusty air [air]
Staubmaske *f* aspirator [asi]; dust mask [asi]; dust respirator [asi]; respirator [asi]
Staubmessgerät *n* dust meter [any]
Staubogen *m* (Druckluftförderer Beton) adaptor bend [prc]
Staubprobenahme *f* dust sampling [any]
Staubprobenahmegerät *n* airborne particulate sampler [any]
Staubprobenahmegerät, elektrostatisches - *n* electrostatic dust sampler [any]; electrostatic precipitation sampler [any]
Staubprobenahmegerät, größenselektives - *n* size-selecting sampler [any]; size-selective sampler [any]
Staubprobenahmegerät, persönliches - *n* personal dust sampler [any]
Staubprobenehmer, gravimetrischer - *m* gravimetric dust sampler [any]
Staubprobensammler *m* (Luftstaub) airborne particulate sampler [any]; (Abgas) dust sampler [any]

Staubschutz *m* dust guard [asi]; dust protection [asi]; dust shield [asi]
Staubschutzdeckel *m* dust cover [asi]
Staubschutzhaube *f* dust blouse [asi]; dust cover [asi]
Staubschutzmaske *f* dust mask [asi]
Staubschutzmaßnahme *f* dust protection measure [air]
Staubschutzwand *f* dust protection wall
Staubteilchenauszählung *f* dust count [any]
staubtrocken bone-dry; dry as dust
stauchen *v* swage
Stauchtemperatur *f* (Niet) upsetting temperature [met]
Stauchung *f* compression [met]; compressive strain [met]
Stauchversuch *m* (für Rohre, u.a.) flattening test [any]; (Materialprüfung) upsetting test [any]
Staudamm *m* barrage dam [wba]; embankment dam; retaining dam [wba]; river dam; storage dam
Staudruck *m* dynamic pressure [phy]; impounded pressure
stauen *v* (Wasser) dam [wba]; (Wasser) dam up [wba]; (Wasser) retain [was]
Stauen *n* catching [was]
Stauerhöhung *f* head rise [was]
Staugebiet *n* backwater zone [was]
Stauhaltung *f* level reach [wba]
Stauhöhe *f* head of water [was]; head of water [wba]; (Talsperre) operating level [was]; top water level [wba]
Staukörper *m* (Durchflussmessung) airfoil section [any]
Staulinie *f* banking curve [wba]
Staumauer *f* barrage [wba]; concrete dam [wba]; dam [wba]; dam wall [was]; retaining wall [wba]; water-retaining wall [wba]
Staumauer, gekrümmte - *f* arch dam [wba]
Stauplatte *f* baffle plate [was]
Staurand *m* (Mühle) dam ring [prc]
Stauraum *m* queueing area [tra]; queueing space [tra]
Stauring *m* (Mühle) dam ring [prc]
Staurohr *n* (Staudruckmesser) Pitot tube [any]
Stauscheibe *f* baffle plate [was]; baffle sheet [was]
Stauschild *n* cleaning shield [was]
Stausee *m* artificial lake [wba]; reservoir [wba]; storage lake [wba]
Stauseeverdunstung *f* reservoir evaporation [wba]
Stauspiegel *m* level of storage water [wba]; storage level [wba]
Staustrecke *f* level reach [wba]
Staustufe *m* barrage weir with locks [was]
Stautafel *f* barrier plate [wba]
Stauung *f* damming [wba]

Stauwasser *n* banked-up water [wba]; catchment water [was]; dammed-up water [wba]; (bei behindertem Abfluss) impounded water; perched groundwater [was]

Stauwehr *n* weir [wba]; dam

Stauwerk *n* barrage [wba]; dam; dam body [wba]

Stauwerkskrone *f* dam crest [wba]

Stechbeitel *m* chisel [wzg]; (kräftige Form) firmer chisel [wzg]; (leichte Form) paring chisel [wzg]

stechen *v* (durchstechen) pierce; (Dorn) prick

Stechheber *m* sample scoop [any]

Steckbuchse *f* plug receptacle [elt]; socket [elt]

Steckdose *f* electric socket [elt]; plug socket [elt]; receptacle [elt]; receptacle outlet [elt]; socket [elt]; socket outlet [elt]; wall plug [elt]

Steckdosenleiste *f* multiple receptacle block [elt]; multiple-socket outlet [elt]

Steckeisen *n* splice bar

Stecker *m* connector [elt]; contact plug [elt]

Stecker herausziehen *v* unplug [elt]

Steckerleiste *f* connector strip [elt]; multiple-pin strip [elt]

Steckkorn *n* (Sieben) plug grain [prc]

Stecklasche *f* locking strip

Steckschlüssel *m* box spanner [wzg]; box wrench [wzg]; socket spanner [wzg]; socket wrench [wzg]

Steckverbindung *f* plug-and-socket connection [elt]; plug-in connection [elt]; wiring device [elt]

Steg *m* fillet; flange; web

Steg, geflochtener - *n* woven deck

Steg, schmaler - *m* catwalk

Stegansatz *m* toe of fillet

Stegbewehrung *f* web reinforcement [bon]

Stegblech *n* web plate [stb]

Stegblechfeld *n* (Fachwerk) web panel [stb]

Stegblechhöhe *f* depth of web [stb]; web depth [stb]

Stegblechsteifer *m* web stiffener [stb]

Stegblechstoß *m* web joint [stb]; web splice [stb]

Stegbreite *f* (z.B. eines Trägers) web thickness [stb]; web width

Stegdicke *f* (z.B. eines Trägers) thickness of web [des]

Stegebene *f* plane of web [stb]; (Fachwerk) web plane [stb]

Stegverlaschung, doppelte - *f* double-strap web joint [stb]

Stehachse *f* (Vermessung) vertical axis [any]

Stehbolzen *m* stud bolt [tec]

Stehbolzenniethammer *m* stud riveting hammer [wzg]

Stehflügel *m* (festgestellter Türflügel) inactive leaf

Stehlager *n* footstep bearing

steif rigid; (Beton: Konsistenz) rigid [met]; unyielding

steif, unendlich - infinitely rigid

Steife *f* stiffness

steife Isolierplatte *f* rigid insulation board

Steifemodul *m* stiffness coefficient [met]

steifen *v* stiffen

Steifigkeit *f* (- von Frischbeton) slumpiness [met]; stiffness

Steifigkeit, räumliche - *f* (Fachwerk) spatial rigidity; (Fachwerk) spatial stiffness

Steifrahmen *m* rigid frame [stb]

Steifrahmenbrücke *f* rigid bridge

Steigeisen *n* (Sprossen an Mauern) climbing rung

Steigerungsfaktorenmodell *n* model of increasing factors

Steigeschacht *m* riser shaft [was]

Steigfähigkeit *n* (Baufahrzeug) gradeability

Steighöhe *f* capillary pressure head [was]

Steighöhe, kapillare - *f* capillary elevation [geo]

Steigleiter *f* cat ladder

Steigleitung *f* ascending main [was]; raising mains [was]; riser [was]; riser main [was]; riser pipe [was]; standpipe [was]

Steigleitung Rücklauf *f* (Heizwasserkreislauf) branch return pipe [pow]

Steigleitung Vorlauf *f* (Heizwasserkreislauf) branch supply pipe [pow]

Steigrohr *n* riser [was]; standpipe [prc]; uptake pipe [was]

Steigung *f* (Neigung) inclination; (Anstieg) rise; (Gewinde) slope [tec]; slope upwards [geo]

Steigungsstrecke *f* uphill stretch [tra]

Steigungsverhältnis *n* (Treppe) rise-to-run ratio; (Treppe) riser-to-tread ratio

Steigungswinkel *m* angle of slope [des]; gradient angle [des]

Steigvermögen *n* (Baufahrzeug) gradeability

steil steep

Steilabfall *m* drop-off [geo]; escarpment [geo]

Steilböschung *f* steep slope [geo]

Steildach *n* high peaked roof; high-pitched roof; sloping roof; steep pitched roof; steep roof

Steildachdämmung *f* pitched roof insulation

Steilflanke *f* square edge

Steilflankennaht *f* (Schweißnaht) open single V [met]

Steilförderer *m* inclined conveyor [prc]; steep conveyor [prc]; steep-incline conveyor [prc]; (mit endlosem Gurtband und Bechern) vertical belt and bucket elevator [prc]

Steilhang *m* escarpment [geo]; scarp [geo]; steep slope [geo]

Steilküste *f* bold shore [geo]

Steilkurve *f* steep turn [tra]

Steilrampe *f* (<A> Bahn) steep incline [tra]; (<A> Bahn) steep incline [tra]

Steilufer *n* bold shore [geo]

Stein *m* (Beton) block; (Ziegel) brick; (Kiesel) pebble [geo]; (Fels) rock [geo]; stone bed
Stein, abgeschrägter - *m* skew block
Stein, bearbeiteter - *m* fitted tile
Stein, feuerfester - *m* refractory brick
Stein, quaderförmiger - *m* quadrel
Steinauflage *f* enrockment
Steinbau *m* stone building; stone structure
Steinbauweise *f* building in stone
Steinbettung *f* rock layer
Steinblock *m* block; block of stone
Steinboden *m* stone floor; stony soil [geo]
Steinbohrer *m* mason drill [wzg]; masonry drill [wzg]; rock drill [wzg]; stone cutter [wzg]
Steinbrecher *m* rock breaker; scalper [wzg]; stone breaker [wzg]; stone crusher [roh]
Steinbruchbagger *m* rock shovel [roh]
Steinbruchsplitter *pl* quarry spoil [met]
Steinbrücke *f* stone bridge
Steinbuhne *f* stone-built groyne [wba]
Steindamm *m* rock-fill dam [wba]; stone dam [wba]
Steindrän *m* stone drain [was]
Steindübel *m* rock dowel [wzg]
Steine aufschütten *v* pile stones [tib]
Steinfestiger *m* stone consolidant [met]
Steinfestigkeit *f* brick strength [met]; (Lehmstein) strength of an earth block [met]; (Lehmstein) strength of an earth brick [met]
Steinfliese *f* stone tile
Steinfraß *m* stone disease [met]
Steinfülldamm *m* rock-fill dam [wba]
Steingarten *m* rock garden
Steingebäude *n* stone building
Steingut *n* white body [met]
Steinhalter *m* (Verankerung) brickwork anchor; (Verankerung) masonry anchor; (Verankerung) stone anchor
Steinhalterung *f* brick support
Steinhammer *m* hydraulic hammer [wzg]; rock hammer [wzg]
steinig rocky [met]; stony [met]
Steinkeller *m* stone cellar
Steinklammer *f* block clamp
Steinlage *f* brick course
Steinmauer *f* stone wall
Steinmauerwerk *n* stone walling
Steinmehl *n* stone powder [met]
Steinmeißel *m* stone chisel [wzg]
Steinmetz *m* stonemason [wer]
Steinmetzzeichen *n* masons' mark
Steinmole *f* rock mole [wba]
Steinnest *n* (Beton) rock pocket [met]
Steinpackung *f* placed rock-fill [wba]; rock-fill
Steinpflaster *n* stone pavement; stone paving
Steinplatte *f* paving stone [tib]; stone slab

Steinramme *f* beetle
Steinrigole *f* stone drain [was]
Steinsäge *f* masonry saw [wzg]; stone saw [wzg]; stone-cutting saw [wzg]
Steinsand *m* stone sand [met]
Steinschlag *m* fall of rock [geo]; rockfall [geo]
Steinschlagschutz *m* rock guard
Steinschotter *m* macadam [geo]; rock ballast
Steinschraube *f* masonry bolt; stone bolt
Steinschüttdamm *m* rock-fill dam [wba]
Steinschüttung *f* rock-fill
Steinschüttungsfangdamm *m* rock-fill cofferdam [wba]
Steinschutt *m* detritus [rec]; rubble [rec]
Steinspalthammer *m* stone sledge [wzg]
Steinsplitter *m* spall [met]
Steinverblendung *f* ashlar facing
Steinvorlage *f* pitching [wba]
Steinwand *f* stone wall
Steinwerkzeug *n* (Archäologie) stone tool [wzg]
Steinwolle *f* rock wool [met]
Steinzement *m* cement for stone [met]
Steinzeugformstück *n* vitrified clay fitting
Steinzeugrohr *n* vitrified clay pipe
Stele *f* stela
Stellage *f* frame; rack
Stellantrieb *m* actuator drive [elt]
Stelle, hohe - *f* (in Fläche) bump
Stelle, offene - *f* vacancy [eco]
Stellfläche *f* parking space [tra]
Stellkeil *m* (Backenbrecher) push wedge [tec]
Stellplatz *m* (- für Kraftfahrzeuge) car parking space [tib]
Stellungnahme *f* statement
Stellungnahme, gutachterliche - *f* advice
Stellungsanzeige *f* position indication [any]; status display [any]
Stellungsanzeiger *m* position indicator [any]
Stellungsgeber *m* position sensor [any]; position transducer [any]
Stellventil *n* control valve [prc]
Stellwand *f* moveable wall; partition wall
Stellwinkel *m* bevel protractor
Stelzenlager *n* link bearing; rocker bearing [stb]
Stelzlager *n* stilted bearing
Stemmarbeiten *pl* chiselling work [wer]
Stemmeisen *n* crowbar [wzg]; mortise chisel [wzg]; (Holzarbeiten) wood chisel [wzg]; chisel [wzg]
Stemmloch *n* mortise
Stemmmaschine *f* mortising machine
Stemmtor *n* (Schleuse) mitre gate [was]
Stempel *m* (Stütze) prop; (Ramm-) ram; (Strebe) strut
Steppputz *m* regrating skin
Sterilraumtechnik *f* sterile room technology

Stern-Dreieck-Anlasser *m* star delta starter [elt]; (Schalter) wye-delta starter [elt]; (Schalter) Y-delta starter [elt]

Stern-Dreieck-Schalter *m* star delta switch [elt]; start-delta starter [elt]; start-delta switch [elt]

Stern-Dreieck-Schaltung *f* star delta connection [elt]; wye-delta connection [elt]; Y-delta connection [elt]

sterngeschaltet star-connected [elt]; Y-connected [elt]

Sterngewölbe *n* stellar vault [arc]

Sternpunkt *m* (<A>) common ground [elt]; neutral point [elt]

Stetigförderanlage *f* continuous handling system [prc]

Stetigförderer *m* continuous conveyor [prc]

Stetigmischer *m* continuous mixer [prc]

Steueranschluss *m* control port [elt]

Steuerbefehl *m* control command [elt]

Steuerdiagramm *n* distribution diagram [elt]

Steuereinrichtung *f* control equipment [elt]

Steuereinschub *m* control module [elt]

Steuerelement *n* control assembly [elt]

Steuergerät *n* control gear [elt]; control unit [elt]; controller [elt]

Steuerkabel *n* control cable [elt]

Steuerkreis *m* control circuit [elt]

Steuerleitung *f* control cable [elt]; control lead [elt]; control line [elt]; control wire [elt]

Steuerorgan *n* control element unit [elt]

Steuerschrank *m* control cabinet [elt]; control cubicle [elt]

Steuerstromkreis *m* (Schaltgerät) control circuit [elt]

Steuerung, berührungsfreie - *f* touchless control [elt]

Steuerung, dezentrale - *f* decentralized control [elt]; distributed control [elt]

Steuerung, direkte numerische - *f* direct numerical control [elt]; distributed numerical control [elt]

Steuerung, elektrische - *f* electric control [elt]

Steuerung, elektromagnetische - *f* electromagnetic control [elt]

Steuerung, elektronische - *f* electronic control [elt]

Steuerung, festprogrammierte - *f* hard-wired controller [elt]

Steuerung, kontaktlose - *f* solid-state control [elt]

Steuerung, logische - *f* logic control [elt]

Steuerung, speicherprogrammierbare - *f* stored-program control [elt]

Steuerung, trägheitslose - *f* instantaneous control [elt]

Steuerung, übergeordnete - *f* coordinating control [elt]

Steuerung, verteilte - *f* decentralized control [elt]

Steuerungsanlage *f* control plant [elt]

Steuerungsebene *f* control level [elt]

Steuerventil *n* control valve [prc]

Steuerwarte *f* control room

Stich *m* hog; hog; rise

Stichbalken *m* (Dachkonstruktion) dragon beam; short-tie beam; tail beam; trimmer

Stichbalkenträgerpfosten *m* (Gotik: Sprengwerk) hammer post [arc]

Stichbogen *m* segmental arch [arc]

Stichgraben *m* offset ditch [wba]

Stichkanal *m* branch duct [prc]; branch junction canal [wba]

Stichkappe *f* (Gewölbe) groin [arc]

Stichlochschweißen *n* plug-welding [wer]

Stichprobe *f* (aus Schüttgut) grab sample [any]; (Probeentnahme) random check [any]; (entnommene Probe) random check sample [any]; random sample [any]; random test [any]; sample [any]; sample taken at random [any]

Stichprobe entnehmen *v* take a sample [any]

Stichprobe nehmen *v* take a sample [any]

Stichprobe, repräsentative - *f* adequate sample [any]

Stichprobe, sicherheitstechnische - *f* safety spot check [any]

stichprobenartig on a sample basis [any]

Stichprobenentnahme *f* sampling [any]

Stichprobenplan *m* sampling plan [any]; sampling scheme [any]

Stichprobenprüfung *f* batch test [any]; sampling inspection [any]

Stichprobenumfang *m* sample size [any]; sampling fraction [any]

Stichprobenuntersuchung *f* sample inspection [any]

Stichprobenverfahren *n* sampling procedure [any]

Stichsäge *f* compass saw [wzg]; point saw [wzg]

Stichstraße *f* dead-end street [tra]; no through road [tra]

Stichtag *m* closing date; deadline; effective date; target date

Stickstoff, gesamter - *m* total nitrogen [was]

Stickstoffbestimmung *f* nitrogen analysis [any]; nitrogen determination [any]

Stickstoffentfernung *f* nitrogen removal [was]

Stiege *f* staircase

Stiegenhaus *n* stairwell

Stiel *m* (Stütze) frame post; (im Tragwerk) leg; (Fachwerk: senkrechtes Zwischenstück) mutin; post; (im Tragwerk) stay; (Fachwerk: senkrechtes Zwischenstück) stile; (Bauteil) strut; (Stütze) supporting member

Stift *m* (Nagel) peg [tec]; (Nagel) stud

Stiftbolzen *m* stud bolt [tec]

Stiftkontakt *m* plug pin [elt]

Stiftmühle *f* pin crusher [prc]
Stiftschraube *f* stud screw [tec]
Stiftschweißung *f* stud weld [met]
Stiftsockel *m* pin base [elt]
Stiftstecker *m* pin connector [elt]
Stiftverbindung *f* pin connection [tec]
Stilelement *n* architectural detail; architectural
element
Stilgeschichte *f* history of styles [arc]
stillgelegt closed
stilllegen *v* close; (Werk, Standort, ...) close down
[eco]; (Anlage) decommission; (zeitweilig) shut
down
Stilllegung einer Deponie *f* closing of landfill [rec]
stillliegen *v* be at a standstill; be closed down
Stillstand *m* stoppage
Stillstandskorrosion *f* idle corrosion [met]
Stillstandsüberwachung *f* zero-speed control [any]
stillstehen *v* be at a standstill; lie idle; stand idle
stillstehend idle
Stinkmergel *m* bituminous marl [geo]
Stirnanker *m* stopend tie
Stirnansicht *f* front elevation [des]; front view
[des]
Stirnbogen *m* (klassische Fassade) attached arch
[arc]
Stirnbrett *n* (Holzkonstruktion) barge board
Stirnfläche *f* abutting face; front face [des]
Stirnlager *n* end support
Stirnlasche *f* stopend tie
Stirnmauer *f* face wall; facing wall; head wall
Stirnpfosten *m* handrail post
Stirnplatte *f* end plate
Stirnseite *f* front end [des]; front side [des]
Stirnwand *f* back wall; front wall
Stirnwandsäule *f* end post
Stirnziegel *m* antefix tile
Stock *m* floor; storey
stocken *v* (gerinnen) congeal [met]
Stockfußwalze *f* pyramidal feet roller [tib]
Stockpunkt *m* setting point [met]
Stockschwelle *f* (Holzbau) top plate;
(Holzkonstruktion) top plate
Stockwerk *n* floor; storey
Stockwerkanzeige *f* (Aufzug) floor position
indicator
Stockwerksbau *m* multi-storey building; platform
framing
Stockwerksgrundriss *m* floor plan [arc]
stockwerkshohe Gipsplatte *f* big plaster board
Stockwerksrahmen *m* multi-storey frame [stb]
Stockwerktaste *f* (Aufzug) floor push-button
Stöpsel *m* stopper
störanfällig troublesome
Störfallbeauftragter *m* hazardous incident
representative

Störgeräusch *n* disturbing noise [aku]; static noise
[aku]; undesired noise [aku]
Störstoffabtrennung *f* (Materialaufbereitung)
impurity removal [rec]; (Materialaufbereitung)
separation of residues [rec]
störungsanfällig susceptible to trouble
störungsarm almost trouble-free
Störungsauslösung *f* fault tripping
störungsfrei trouble-free; undisturbed
störungssicher fail-safe
Stöße versetzt anordnen *v* splices are to be
staggered
Stöße von Bewehrungen *pl* splices in reinforcement
[bon]
Stößel *m* tappet [tec]
Stößelteller *m* tappet head [tec]
Stoff *m* (Substanz) mass [che]; (Substanz) matter
[che]; (Substanz) substance [che]
Stoff, ätzender - *m* caustic material [met];
(ADR/RID) corrosive substance [met]
Stoff, anionischer oberflächenaktiver - *m* anionic
surface-active agent [met]
Stoff, anorganischer - *m* inorganic [met]
Stoff, ansteckungsgefährlicher - *m* (ADR/RID)
infectious substance [met]
Stoff, asbestfreier - *m* non-asbestos material
[met]
Stoff, brennbarer - *m* combustible material [met];
combustible substance [met]
Stoff, diamagnetischer - *m* diamagnetic material
[met]
Stoff, Erbgut schädigender - *m* mutagenic
substance [met]
Stoff, erneuerbarer - *m* renewable resource [met]
Stoff, erstickender - *m* asphyxiant [met]
Stoff, explosiver - *m* explosive substance [met]
Stoff, ferromagnetischer - *m* ferromagnet
[met]
Stoff, feuergefährlicher - *m* inflammable matter
[met]
Stoff, flammenhemmender - *m* flame retardant
[met]
Stoff, freigesetzter - *m* volatile material [met]
Stoff, gefährlicher - *m* dangerous substance [met];
hazardous substance [met]
Stoff, gekennzeichneter - *m* designated substance
[met]
Stoff, gelöster - *m* dissolved substance [met];
solute [met]
Stoff, geruchsbelästigender - *m* malodorant [met]
Stoff, gesundheitsgefährdender - *m* health
hazardous substance [met]
Stoff, giftiger - *m* toxic substance [met]
Stoff, grenzflächenaktiver - *m* surface-active agent
[met]; surfactant [met]
Stoff, korrodierender - *m* corrosive substance [met]

Stoff, korrosiver - *m* corrodent [met]
Stoff, Krebs auslösender - *m* carcinogen [met];
  carcinogenic substance [met]
Stoff, Krebs fördernder - *m* cocarcinogen [met]
Stoff, leicht flüchtiger - *m* volatile substance
  [met]
Stoff, mutagener - *m* mutagen [met]; mutagenic
  substance [met]
Stoff, oberflächenaktiver - *m* surface-active agent
  [met]; surface-active material [met]; surface-
  active substance [met]; surfactant [met]
Stoff, organischer - *m* organic [met]; organic
  matter [met]
Stoff, pharmakologisch wirksamer - *m*
  pharmacologically active substance [met]
Stoff, radioaktiver - *m* (Kerntechnik) active
  material [met]; radioactive material [met];
  radioactive substance [met]
Stoff, schädlicher - *m* noxious substance [met]
Stoff, selbstentzündlicher - *m* substance liable to
  spontaneous combustion [met]
Stoff, spaltbarer - *m* fissile material [met]
Stoff, suspendierter - *m* suspended matter [met]
Stoff, technisch reiner - *m* technically pure
  substance [met]
Stoff, teratogener - *m* teratogen [met]; teratogenic
  substance [met]
Stoff, toxischer - *m* toxic agent [met]; toxic
  substance [met]
Stoff, Tränen erzeugender - *m* lacrimator [met]
Stoff, umweltgefährdender - *m* environmentally
  hazardous substance [met]; polluting agent [met]
Stoff, unbedenklicher - *m* safe material [met]
Stoff, ungiftiger - *m* nontoxic substance [met]
Stoff, wärmeempfindlicher - *m* heat-sensitive
  substance [met]
Stoff, wassergefährdender - *m* substance
  constituting a water hazard [was]; water hazardous
  substance [was]
Stoff, wassergelöster - *m* water-dissolved material
  [met]
Stoffanalyse *f* analysis of substance [any]; material
  analysis [any]; substance analysis [any]
Stoffaustauschprozess *m* mass transfer process
  [prc]
stoffbedingt substance-related
Stoffbilanz *f* mass balance [prc]
Stoffeigenschaft, mechanische - *f* mechanical
  material property [met]
Stoffgruppe *f* material group [met]
Stoffkreislauf *m* cycle of materials [rec]
stofflich material [met]; physical [met]
stofflich verwerten *v* use as raw material [rec]
Stoffmengengehalt *m* molar composition [met]
Stoffstrom *m* flow of materials; material flow;
  process stream [prc]

Stoffstrommanagement *n* management of material
  flow; management of the flow of materials
Stofftransport *m* mass transfer [prc]
Stofftrennung *f* material separation [prc]
Stollen *m* tunnel [tib]
Stollenausbetonierung *f* in situ concrete lining
  [bon]
Stollenausgang *m* exit from the tunnel [tib]
Stollenbagger *m* mucking shovel [tib]
Stollenbau *m* gallery construction [tib]
Stollenbauten *pl* tunnelling [tib]
Stollenloch *n* adit opening [roh]
Stollenschaufellader *m* mucking shovel [tib]
Stollenvortrieb *m* gallery construction [tib]; tunnel
  driving
Stollenvortriebsmaschine *f* tunnelling machine
  [tib]
Stolpergefahr *f* risks of tripping [asi]
Stopfen *m* stopper
Stopfschaufel *f* packing shovel
Stopptaste *f* break switch [elt]; stop button [elt];
  stop push-button [elt]
Stoß *m* (Verbindung) butt joint; (Verbindungsstelle
  / Träger) structural connection
Stoß, gegenläufiger - *m* (Dachbahnen: gegen
  Fließrichtung des Wassers gerichtet) counter-joint
Stoß, geschweißter - *m* (Bahn) welded joint [tra]
Stoß, rückläufiger - *m* (Bahnenabdichtung) reverse
  joint
Stoß, stumpfer - *m* (Verbindung) butt joint; plain
  butt joint [met]
Stoß, überschnittener - *m* (Dachkonstruktion)
  notched joint
Stoßart *f* type of joint [stb]
Stoßausbildung *f* joint configuration; joint
  formation [stb]
Stoßbalken *m* fender beam
Stoßbeanspruchung *f* impact load [met]; impact
  stress [met]
Stoßbeiwert *m* impact coefficient [met]
Stoßbelastung *f* impact load [met]; impulse
  loading [phy]; impulsive load [met]
Stoßbewehrung *f* splice reinforcement [bon]
Stoßblech *n* kicking plate; splice plate
Stoßbremse mit Feder *f* sway brace; sway snubber
  [stb]
Stoßchlorung *f* shock chlorination [was];
  superchlorination [was]
Stoßdeckungsteil *n* splice member [stb]
stoßempfindlich sensitive to impact [met]
Stoßempfindlichkeitsprüfung *f* impact test [any]
Stoßen *n* splice [bon]
stoßen *v* (zerstoßen) pound
stoßfest impact-resistant [met]; resistant to impact
  [met]; shock-proof; shock-resistant
Stoßfestigkeit *f* impact strength [met]

Stoßfläche *f* abutting face; joint face [tec]
Stoßfuge *f* (Mauerwerk: Englischer Verband) bed joint; butt joint; clearance; (Weite) gap clearance; side point; transversal joint; vertical joint
Stoßheber *m* hydraulic ram
Stoßkante *f* (Einfassung) bordering
Stoßkraft *f* impact force [phy]; percussive force [phy]; thrust [phy]
Stoßlasche *f* butt strap [tec]; splice plate [stb]
Stoßleiste *f* (Treppe) abrasive nosing; butt strap; (Arbeitsbühne) kick plate
Stoßlösung *f* splice separation
Stoßmaschine *f* slotter [wer]
Stoßmischer *m* batch mixer [roh]
Stoßnaht *f* butt-weld [met]
Stoßplatte *f* abutment piece [stb]; thrust plate
Stoßscherung *f* punching shear [met]
stoßsicher impact-resistant [met]; shock-proof [met]; shock-resistant [met]
Stoßspannung *f* impact stress [met]
Stoßstelle *f* bruise [met]
Stoßverdichtung *f* ramming [tib]; beating [tib]
Stoßverschleiß *m* impact wear [met]
Stoßzahl *f* impact coefficient [met]
Strähnenbildung *f* stratification [was]
Straftaten gegen die Umwelt *pl* crime against the environment [jur]
Stragpressprofil *n* extruded section [met]
Strahlablenker *m* (an Talsperre) downstream sill [wba]
Strahlbohrer *m* jet bit [wzg]
Strahldüsenbohren *n* jet piercing [roh]
strahlen *v* (Wärme) radiate [pow]
Strahlen *n* (Oberflächenreinigung) steel-grit blasting [wer]
Strahlen mit Stahlsand *n* grit blasting [wer]; shot blasting [wer]
Strahlenabschirmung *f* radiation shielding
Strahlenbelastung *f* radiation load [phy]
strahlend radiant [pow]
Strahlenschutz *m* protective screen [asi]
Strahlenschutzbeton *m* biological shielding concrete [bon]; radiation-shielding concrete [met]; shielding concrete [bon]; X-ray protective concrete
Strahlenschutzglas *n* antiradiation glass [met]; antisolar glass [met]
Strahlenschutzmaterial *n* shielding material [met]
Strahlenschutztür *f* radiation protection door
Strahlenschutzwand *f* radiological protection shield
Strahler *m* radiator [pow]
Strahlheizofen *m* radiation heater [pow]
Strahlmittel *n* abrasive [met]; blasting material [met]
Strahlmühle *f* jet impact mill [prc]; jet pulverizer [prc]

Strahlmühlenzerkleinerung *f* fluid energy grinding [prc]
Strahlreinigung *f* impact cleaning [wer]
Strahlsand *m* blasting grit [met]
Strahlschieber *m* jet flow valve [was]
Strahlstaub *m* blasting dust [rec]
Strahlung, direkte - *f* (Sonneneinstrahlung) direct solar radiation [pow]
Strahlungsbündler *m* solar concentrator [pow]
Strahlungsdurchlässigkeit *f* radiation permeability [met]
Strahlungsheizkörper *m* radiant heater [pow]
Strahlungsheizung *f* radiant heating [pow]; radiation heating [pow]
Strahlungsschutzbauten *pl* civil defence structures for radiation protection
Strahlungsundurchlässigkeit *f* radiation impermeability [met]
Strahlungsvermögen *n* radiating power [phy]
Strahlungswärme *f* heat of radiation [pow]; radiant heat [pow]
Strahlungswärmegewinn *m* radiant heat gain [pow]
Strandbuhne *f* beach groyne [wba]
Strandhotel *n* seaside hotel
Strangdachziegel *m* extruded tile
Strangpresse *f* (Ziegelherstellung) pugstream machine [wer]
Straße *f* (über Land) road [tra]; (in der Stadt) street [tra]
Straße in Tieflage *f* depressed road [tra]
Straße mit getrennten Fahrbahnen *f* dual carriageway road [tra]
Straße von lokaler Bedeutung *f* road of local interest [tra]
Straße, ausgefahrene - *f* heavy road [tra]
Straße, befestigte - *f* hard-top road [tra]
Straße, ebenerdige - *f* surface street [tra]
Straße, gebogene - *f* curved road [tra]
Straße, gekrümmte - *f* curved road [tra]
Straße, gerade - *f* straight road [tra]
Straße, kommunale - *f* local road [tra]
Straße, kopfsteingepflasterte - *f* cobbled road [tra]; cobbled street [tra]
Straße, mehrspurige - *f* multilane street [tra]
Straße, öffentliche - *f* public highway [tra]; public road [tra]
Straße, spurgeführte - *f* guided road [tra]
Straße, übergeordnete - *f* major road [tra]
Straße, unbefestigte - *f* dirt road [tra]; unpaved road [tra]; unsurfaced road
Straße, untergeordnete - *f* (einmündende Straße) minor approach [tra]; minor road [tra]; minor street [tra]
Straße, verkehrsberuhigte - *f* street with no through traffic [com]
Straße, zweispurige - *f* two-lane road [tra]

Straßen- und Eisenbahnbrücke, kombinierte - *f*
road-cum-railway bridge
Straßenabdeckung *f* road covering [tib]
Straßenabflussrinne *f* street gutter [tib]
Straßenablauf *m* road gully [was]; street gully
[was]; street outlet [was]
Straßenabschnitt *m* road section [tra]; street
section [tra]
Straßenanschluss *m* road link [tra]
Straßenarbeiten *pl* road-work [tib]
Straßenarmierungsmatte *f* road mesh [tib]
Straßenaufbruch *m* excavated road-building
material [rec]; road construction waste [rec];
road scarification [rec]
Straßenaufbruchhammer *m* pavement breaker
[tib]; paving breaker [tib]; road breaker [tib]
Straßenaufraumaschine *f* road grooving machine
[tib]
Straßenaufreißer *m* road ripper [tib]
Straßenaufreißmaschine *f* rooter [tib]
Straßenausbau *m* road improvement [tib]; road
upgrading [tib]
Straßenausbesserung *f* road repair [tib]
Straßenaushub *m* road carpets [rec]
Straßenausrüstung *f* road furniture [tra]
Straßenausstattung *f* street furniture [tra]
Straßenbahnhaltestelle *f* (<A>) streetcar stop [tra];
tram stop [tra]
Straßenbau *m* highway construction [tib]; road
building [tib]; road construction [tib]; road
engineering [tib]; road laying [tib]
Straßenbauarbeiten *pl* road-work [tib]; road-work
[tib]
Straßenbauarbeiter *m* navvy [tib]
Straßenbaubehörde *f* road construction office
Straßenbaubindemittel *n* road binder [met]
Straßenbaubitumen *n* asphaltic cement [met]
Straßenbaufirma *f* road firm [tib]
Straßenbaugestein *n* road aggregate [met]
Straßenbaumaschine *f* road building machinery
[tib]; road construction machine [tib]; road-
making machine [tib]
Straßenbaumaschinen *pl* road equipment [tib];
road machinery [tib]
Straßenbaumaßnahme *f* road construction measure
[tib]
Straßenbaumaterial *n* road-building material
[met]
Straßenbauprojekt *n* road project [tib]
Straßenbauschalung *f* side form [bon]
Straßenbauschlacke *f* road building slag [met]
Straßenbaustelle *f* road construction site [tib];
road site [tib]
Straßenbaustoff *m* paving material [met]
Straßenbautechnik *f* road engineering [tib]
Straßenbauvorhaben *n* road scheme [tib]

Straßenbefestigung *f* paving [tib]; road base [tib];
street pavement [tib]
Straßenbegleitgrün *n* municipal roadside foliages
[tra]; roadside green belt [tra]; roadside
vegetation [tra]
Straßenbegrenzungslinie *f* street boundary line [tra]
Straßenbelag *m* carpet [tra]; road cover [tib];
road surface [tib]; road surfacing [tra]; roadway
covering [tib]; rolling surface [tra]
Straßenbelagsarbeiten *pl* road surface work [tib]
Straßenbelagsgestein *n* road aggregate [met]
Straßenbeleuchtung *f* road lighting; street lighting
[tra]; street lighting [tra]
Straßenbemessung *f* road design [tib]; roadway
design [tra]
Straßenbeton *m* highway concrete [bon]
Straßenbetonfeld *n* road bay [tib]
Straßenbetonmischer *m* travelling concrete mixer
[bon]
Straßenbetonplatte *f* road bay [tib]
Straßenbetriebsdienste *pl* street technical facilities
[rec]
Straßenbett *n* subgrade [tib]
Straßenbewehrungsmatte *f* road mesh [tib]
Straßenbild *n* appearance of the street [com];
street scene
Straßenbild, Beschaffenheit des -s *n* appearance of
the street [com]
Straßenbogen *m* crescent [tra]
Straßenbreite *f* road width [tra]
Straßenbrücke *f* road bridge
Straßenbrücke, stählerne - *f* steel road bridge [stb]
Straßendamm *m* road embankment [tib]; roadway
embankment [tib]
Straßendecke *f* road surface [tib]; surface course
[tib]
Straßendecke erneuern *v* resurface [tib]
Straßendeckenbeton *m* pavement concrete [tib];
paving concrete [tib]
Straßendorf *n* (Siedlungsform) linear hamlet [com];
linear village; street village
Straßendrainage *f* ([Variante]) street drainage
[was]
Straßendreieck *n* triangular junction [tra]
Straßeneinbaute *f* physical speed restriction [tra]
Straßeneinlauf *m* gully [was]; road gully [was];
street inlet [was]
Straßeneinmündung *f* fork junction [tra]; road
junction [tra]
Straßenentwässerung *f* road drainage [was];
roadway drainage [was]
Straßenfegemaschine *f* (mit Kehrrichtaufnahme)
road-sweeper collector [tib]
Straßenfertiger *m* road finisher [tib]
Straßenfräse *f* (Oberflächenerneuerung) road
milling machine [tra]

Straßenfräsmaschine *f* road grooving machine [tib]
Straßenfront *f* street front
Straßenführung, veränderte - *f* road alignment [tra]
Straßenfuge *f* road joint [tib]
Straßengabelung *f* bifurcation [tra]; fork junction [tra]; road fork [tra]; road junction
Straßengestaltung *f* road design [tib]; (Land-schaftsgestaltung) roadside improvement [tib]
Straßengraben *m* ditch of a road [tra]; roadside ditch [tib]; roadway ditch [tib]
Straßengrenze, tatsächliche - *f* actual street boundary
Straßengrün *n* roadside vegetation [tra]
Straßengründung *f* road foundation [tib]
Straßenhobel *m* blade grader [tib]; road grader [tib]; road grader [tib]
Straßenhöhe, oberirdische - *f* road height above ground level [tib]
Straßeninstandhaltung *f* road maintenance [tib]
Straßeninstandhaltungsarbeiten *pl* road rehabilitation scheme [tib]
Straßeninstandsetzung *f* road repair [tib]
Straßeninstandsetzungsmaschine *f* road repair machine [tib]
Straßenkarte *f* street plan [des]; (Stadtplan) town plan [des]
Straßenkehricht *m* street sweepings [rec]
Straßenkehrmaschine *f* road-sweeping machine [tra]; rotary sweeper; street sweeper [rec]
Straßenkörper *m* road structure [tib]; roadway [tib]
Straßenkonstruktion *f* road construction [tib]
Straßenkreuzung *f* carrefour [tra]; cross-road [tra]; cross-roads [tra]; crossing [tra]; intersection [tra]; junction [tra]; road junction [tra]
Straßenkrümmung *f* bend in the road [tra]
Straßenkurve *f* road curve [tib]
Straßenlärm *m* street noise [aku]
Straßenlampe *f* street lamp [tra]; street light [tra]
Straßenlaterne *f* street light [tra]
Straßenmarkierung *f* road marking [tra]
Straßenmarkierungsmaschine *f* road-marking machine [tib]
Straßennagel *m* road stud [tra]
Straßenneigung *f* road camber [tib]
Straßennetz *n* road network [tra]; road pattern [tra]; road system [tra]; (städtisch) street network [tra]
Straßennetz, städtisches - *n* urban road network
Straßenniveau *n* street level
Straßennutzungsdauer *f* road life [tra]
Straßenoberfläche *f* road surface [tib]
Straßenpflaster *n* pavement [tib]
Straßenplanierer *m* motor grader [tib]; road grader [tib]

Straßenplanung *f* road design [tra]; road planning [tra]
Straßenprofil *n* camber [tra]
Straßenprojektierung *f* road design [tib]
Straßenquerschnitt *m* transverse profile [tra]
Straßenräumgut *n* street sweepings [rec]
Straßenrand *m* kerbside [tra]; (Rinne) road kerb [tib]; roadside [tra]; side of the road [tra]
Straßenrandbepflanzung *f* roadside planting [tra]
Straßenraum *m* roadside environment [tra]
Straßenreinigung *f* road cleaning [rec]; street cleaning [rec]; street cleansing [rec]; street sweeping [rec]
Straßenreinigungsabfälle *pl* street cleaning residues [rec]
Straßenrelief *n* cross-section of road [tra]
Straßenrinne *f* road channel [was]
Straßensanierungsvorhaben *n* road rehabilitation scheme [tib]
Straßenschäden *pl* road defects [tra]
Straßenschleifmaschine *f* road grinder [tib]
Straßenschotter *m* road metal [met]; road-gravel [tib]; road-metal [tib]
Straßenschwelle *f* speed bump [tra]; (Straße: zur Geschwindigkeitsabsenkung) speed hump [tra]
Straßenseite *f* roadside [tra]
Straßenseitenraum *m* roadside area [tra]
Straßensperre *f* roadblock [tra]
Straßensperrung *f* road closure [tra]; road closure [tra]
Straßensprengfahrzeug *n* street sprinkling vehicle [rec]
Straßensprengwagen *m* roadway flusher [rec]
Straßenteermaschine *f* road tarring machine [tib]
Straßentransport *m* road haulage [tra]
Straßentunnel *m* road tunnel [tib]; underpass [tib]
Straßenüberführung *f* overpass bridge [tra]; (Fußgänger) pedestrian bridge [tra]; (Fahrzeuge) road bridge
Straßenunterbau *m* road base [tib]; road foundation [tib]
Straßenunterführung *f* (Fußgänger) subway [tib]; (Fahrzeuge) underpass [tib]
Straßenuntergrund *m* road foundation [tib]
Straßenunterhalt *m* road maintenance [tib]
Straßenunterschicht *f* road foundation [tib]
Straßenverbindung *f* road communication [tra]
Straßenverhältnisse *pl* road conditions [tra]
Straßenverkehrslärm *m* road traffic noise [aku]
Straßenverlauf *m* run of the road [tra]; street alignment [com]
Straßenverlegung *f* transfer of a street [tra]
Straßenverunreinigung *f* road pollution [tra]
Straßenwalze *f* compactor [tib]; motor roller [tra]; road roller [tib]

Straßenzug *m* street lined with houses [com]; street of houses [com]

Straßenzustand *m* road conditions [tra]

Stratifikation *f* stratification [geo]

Streb *m* (Bergbau) face [roh]

Strebbau *m* straining work [tib]

Strebe *f* (Verstärkung) brace; (Pfosten) post; (Balken) raker [tib]; (Stütze) shore; (Säule) stanchion; (Pfeiler, Verstrebung) strut

Strebe, durchgehende - *f* (Gotik: Turmaufbau) passing brace [arc]

Strebe, kielbogenförmige - *f* (Fachwerkhaus) ogee curve

Strebe, konkave - *f* (Dachkonstruktion) concave brace

Strebebalken *m* brace; prop; shore

Strebebogen *m* (Gotik) arched buttress [arc]; flying arch; (Gotik) flying buttress [arc]

Strebenbogen *m* squinch arch [stb]

Strebenfachwerk *n* French truss; strut frame [stb]

Strebenfachwerkträger *m* half-lattice girder [stb]; triangular girder [stb]; Warren girder [stb]; Warren truss [stb]

Strebepfeiler *m* abutment; (Gotik) buttress [arc]; (Gotik) buttress pier [arc]; flying arch; (in gotischen Kirchen) pier buttress [arc]

Strebewerk *n* (Gotik) abutment system [arc]

Streckbalken *m* binding beam

Streckbarkeit *f* (Material) extensibility [met]

Streckenbau *m* (Bahn) track layout [tra]

Streckenführung *f* route location [tra]; routing [tra]

Streckengeometrie *f* route geometry [tra]

Streckenlast *f* knife-edge load [sik]; linear load [sik]

Streckenmessung *f* linear measurement [any]

Streckenvortrieb *m* mine tunnelling [roh]

Streckenvortriebsmaschine *f* tunnelling machine [roh]

Streckerverband *m* heading bond

Streckgrenze *f* strain limit [met]; yield limit [met]

Streckmittel *n* diluting agent [met]; filler [met]; thinner [met]; thinning agent [met]

Streckspannung *f* yield stress [met]

Streckzusatz *m* extender [met]

Streichasphalt *m* floated asphalt [tib]

Streichfähigkeit *f* (Farbe) paintability [met]

Streichfarbe *f* (Lederbearbeitung) brushing-on colour [met]; colour for brushing [met]

streichfertige Farbe *f* ready-mixed paint [met]

Streichlack *m* brushing lacquer [met]; brushing varnish [met]

Streichmaß *n* (Schablone zum Bohren von Lochreihen in Blech) line drilling gauge [any]

Streichmasse *f* coating compound [met]; coating mass [met]

Streichwehr *n* side weir [wba]

Streifenbildung *f* (Anstrich) floating [met]; (beim Beschichten) streak formation [wer]

Streifenfenster *n* strip window

Streifenfundament *n* continuous footing; strip footing; strip foundation

Streifenlast *f* strip load [sik]

Streifenmuster *n* striped pattern [des]

Strengrohr *n* spray bar [was]

Streubereich *m* scatter band [any]; scatter range [any]

Streubreite *f* scatter band [any]

Streulage *f* (Immobilien in in Alleinlage) stand-alone

Streulicht *n* stray light [phy]

Streumittel *n* (für Straßen: Splitt) grit [met]

Streusalzschaden *m* (Betondecke) salt scale [tib]

Streusand *m* parting sand

Streuscheibe *f* (Oberlicht) diffusing lens

Streusiedlung *f* (Siedlungsform) rural dispersal [com]; scattered housing estate

Streuung *f* (Messwerte) j[any]

Streuungsbereich *m* spreading range [any]

Strich *m* (kurzer Strich) dash [des]; (Teilstrich) division line [des]; (Linie) line [des]

Strichbreite *f* line width [des]

Stricheinteilung *f* mil graduation [any]

stricheln *v* dash [des]; (schraffieren) hatch [des]

Strichkodelatte *f* (Höhenmessung) line-coded rod [any]

Strichlehre *f* length gauge [any]

Strichpunktlinie *f* chain line [des]; (technische Zeichnungen) dot-dash line [des]

Strichstärke *f* line width [des]

Strichteilung *f* division [any]

Strichzeichnung *f* line drawing; outline drawing [des]

strömen *v* flow [prc]

Strömung *f* flow [prc]; fluid motion [prc]; flux [prc]

Strömungsanzeiger *m* flow indicator [any]

strömungsarm of poor flow [prc]

Strömungsförderer *m* flow conveyor [prc]

Strömungsmesser *m* flow gauge [any]; flowmeter [any]

Strömungsmessgerät *n* flowmeter [any]

Strömungsmessung *f* flow measurement [any]

Strömungsquerschnitt *m* flow cross-section [prc]

Strömungsrichtung *f* flow direction [prc]

Strömungssonde *f* flow probe [any]

Strömungsumlenkung *f* flow reversal [prc]

Strömungswächter *m* flow indicator [any]; flow monitor [any]

Strömungswiderstand *m* drag [prc]

stroharmiert (Gefachfüllung alter Fachwerkhäuser) straw-reinforced

Strohbauplatte *f* strawboard [met]
Strohbedachung *f* thatching
Strohdach *n* thatched roof
Strohdacheindeckung *f* straw thatching
Strohfaser *f* straw fibre [met]
Strohlehm *m* (Baumaterial) clay mixed with straw [met]; (Baumaterial) clay straw [met]; (für Fachwerkhäuser) straw loam [met]
Strohmatte *f* straw mat
Strohplatte *f* strawboard [met]
Strom *m* current [elt]; electric current [elt]
Strom führend alive [elt]; charged [elt]; current-carrying [elt]; live [elt]; current-conducting [elt]; energized [elt]
Strom liefern *v* supply current [pow]
Strom sparend power saving [elt]
Stromabfall *m* current drop [elt]
Stromabgabe *f* current output [elt]; current supply [pow]
Stromabnahme *f* (Entnahme) current drain [elt]; (Stromstärke) fall of current [elt]
Stromabnehmer *m* current collector [elt]
Stromaggregat *n* generating equipment [elt]; generating set [elt]; power set [elt]
Stromanschluss *m* power connection [elt]
Stromart *f* type of current [elt]
Stromaufnahme *f* current consumption [elt]; current input [elt]; power input [elt]
Stromausfall *m* (vollständig) blackout [elt]; current failure [elt]; power failure [elt]; supply failure [elt]
Strombedarf *m* electricity demand [pow]
Strombelastung *f* current load [elt]
Strombrecher *m* baffle
Stromdurchführung *f* current lead-in [elt]; current lead-through [elt]
Stromentnahme *f* power consumption [elt]
Stromersparnis *f* saving of current [elt]
Stromerzeuger *m* (Gerät, nicht Versorgungsunternehmen) current generator [elt]; power generator [elt]
Stromerzeugung *f* electricity production [pow]; power generation [pow]
Stromerzeugung mittels Windenergie *f* aero-electric generation [pow]
Stromerzeugungsanlage *f* electricity generating plant [pow]
stromgesteuert current controlled [elt]
Stromgutschrift *f* (Ertrag für Stromlieferung bei Kraft-Wärme-Kopplung) electricity credit [pow]
Stromkabel *n* electric cable [elt]
Stromklassierer *m* hydraulic classifier [prc]
Stromklassierung *f* air classification [prc]; air separation [prc]
Stromkreis *m* current circuit [elt]; electric circuit [elt]

Stromkreis schließen *v* close a circuit [elt]
Stromkreis trennen *v* break a circuit [elt]
Stromkreis unterbrechen *v* break a circuit [elt]; break a circuit [elt]
Stromlaufplan *m* circuit diagram [des]
Stromleitung *f* power cable [elt]; power line [elt]
Stromlieferung *f* electricity supply [elt]; power supply [elt]
stromlos currentless [elt]; de-energized [elt]; dead [elt]
stromlos machen *v* de-energize [elt]
Strommarkt *m* power market [pow]
Stromnetz *n* grid [elt]; mains [elt]; (<A>) powerline [elt]
Strompfeiler *m* (Brücke) river pier; (Brücke) water pier [wba]
Stromquelle *f* current source [elt]; power source [elt]
Stromregler *m* current controller [elt]
Stromrichter *m* current converter [elt]; current rectifier [elt]
Stromschiene *f* bus bar [elt]; (Bahn) conductor line [elt]; (Bahn) conductor rail [elt]
Stromsperre *f* power cut [elt]
Stromspitze *f* current peak [elt]; power peak [elt]
Stromstärke *f* amperage [elt]; current strength [elt]
Stromstoß *m* current pulse [elt]; current surge [elt]
Stromstoßschalter *m* current-impulse switch [elt]
Stromtarif *m* electricity tariff [pow]; power rate [pow]
stromunabhängig independent on current [elt]
Stromunterbrechung *f* interruption of the current [elt]
Stromverbrauch *m* electric power consumption [elt]; electricity consumption [pow]; power consumption [pow]
Stromverbraucher *m* (Gerät) current-consuming device [elt]; (Kunde) electricity consumer [elt]; (Kunde) power consumer [elt]
Stromverbrauchszähler *m* electric supply meter [elt]; energy meter [elt]
Stromversorgung *f* current supply [elt]; electric supply [elt]; power point supply [pow]; power supply [elt]
Stromversorgungsanlage *f* current supply installation [elt]; power supply system [elt]
Stromversorgungseinheit *f* power supply unit [elt]; power unit [pow]
Stromversorgungsgerät *n* power pack [elt]
Stromversorgungsnetz *n* electric power system [elt]; power grid [elt]; supply mains [elt]
Stromversorgungsunternehmen *n* electricity supply company [elt]
Stromverteiler *m* current distributor [elt]

Stromverteilung *f* current distribution [elt];
electric current distribution [pow]; power
distribution [elt]
Stromzähler *m* electric meter [elt]
Stromzuführung *f* conductor lead [elt]; current
lead [elt]; power lead [elt]; (Leitung) supply
leads [elt]
Stromzufuhr *f* current supply [elt]; power supply
[elt]
Strossen- und Kalottenvortrieb *m* bottom and top
tunnel heading [tib]
Strossenbau *m* benching [tib]
Struktur *f* (Aufbau) configuration [des];
(Konstruktion) structure [des]; (Werkstoff)
structure [met]; (Werkstoff) texture [met]
Struktur, räumliche - *f* spatial structure
Struktur, tragende - *f* support structure [tec]
Strukturanalyse *f* analysis of structural factors
Strukturbild *n* structure diagram [des]
Strukturboden *m* structured ground [geo]
Strukturexpressionismus *m* (Architektur) structural
expressionism
Strukturfehler *m* structural defect [met]
Strukturfliese *f* textured tile [met]
Strukturklebstoff *m* structural adhesive [met]
Strukturkonzept, städtebauliches - *n* structural
urban development concept [com]
Strukturmechanik *f* structural analysis [sik]
Strukturplan *m* structural plan [des]
Strukturplanung *f* (Städtebau) structure planning
process
Strukturplanung, städtebauliche - *f* structural
urban development plan [com]
Strukturplatte *f* textured board [met]
Strukturschaum *m* (Kunststoff) integral foam
[met]; (Kunststoff) structural foam [met]
Strukturuntersuchung *f* structural analysis [any];
structure analysis [any]
Strukturwerkstoff *m* structural material [met]
Stuck *m* (Wanddekor) plaster of Paris; stucco
Stuckarbeit *f* stucco work
Stuckarbeiten *pl* stucco works
Stuckdecke *f* stucco ceiling
Stuckdekordecke *f* stucco-work ceiling
Stuckgips *m* (Material für Stuck) plaster of Paris
[met]
Studentenwohnheim *n* student dormitory
Studio *n* flatlet; studio apartment; studio flat
Stückheben auf der Baustelle *n* handling on site
Stückigkeit *f* lump size [met]
Stückkalk *m* lump lime [met]
Stückliste *f* part list [des]
Stückvermessung *f* plane survey [any]
Stülpschalung *f* clapboard wall
Stümperei *f* bungled job [wer]
stündlich hourly

Stützarm *m* outrigger
Stützbalken *m* stringer; supporting bar;
supporting beam
Stützbock *m* (Schalung) brace frame; trestle
Stütze *f* column; pillar; pillar stanchion; shore;
stanchion; (Holzbau) stud; support; supporting
member
Stütze aus Beton *f* column of concrete [bon]
Stütze aus Mauerwerk *f* column of brickwork
Stütze mit einseitigem Kragarm *f* cantilevered
column
Stütze verankern *v* guy a support
Stütze, eingespannte - *f* fixed column; fixed
column [bon]; fixed-ended column
Stütze, einteilige - *f* one-piece column
Stütze, elastische - *f* elastic support [stb]
Stütze, mehrteilige - *f* built-up column; multi-
piece column
Stütze, schräge - *f* inclined leg
Stütze, ummantelte - *f* cased column; (z.B. mit
Beton) encased column
Stütze, zusammengesetzte - *f* built-up column [stb];
compound column [stb]
stützen *v* shore; support
Stützen *n* shoring
Stützenbewehrung *f* reinforcement of a column
[bon]
stützenfrei support-free; supportless
Stützenfuß *m* column base [stb]; stanchion base
[stb]
Stützenkopf *m* column cap [stb]; column head
[stb]; stanchion head [stb]
Stützenmoment *n* moment at support [sik];
moment over the supports [sik]
Stützenraster *n* column spacing; spacing of
columns
Stützenreihe *f* column line
Stützenschaft *m* column shaft [stb]; stanchion
shaft [stb]
Stützenschalung *f* column box [bon]
Stützensegment *n* prop section
Stützensenkung *f* column settlement; support
settlement [sik]
Stützenstoß *m* column splice [stb]; joint of
stanchion [stb]; stanchion joint [stb]
Stützenverankerung *f* column achorage
Stützenverdrehung *f* support rotation [sik]
Stützgewebe *n* supporting fabric [met]
Stützglied *n* support member
Stützglied, frei aufliegendes - *n* unrestrained
member
Stützkonsole *f* support bracket; supporting bracket
Stützkonstruktion *f* supporting structure
Stützkopf *m* prop head
Stützkraft *f* supporting force [phy]
Stützlänge *f* (Träger) span

Stützlager *n* back rest
Stützlinie *f* pressure line [sik]; resistance line [sik]; thrust line [sik]
Stützmauer *f* bunding [wba]; buttress wall; retaining wall; supporting wall
Stützmoment *n* (Moment an einer Stütze) support moment [sik]
Stützpfeiler *m* abutment; buttress; supporting column; supporting pier; supporting pillar; supporting post
Stützpfeilerstaudamm *m* buttress dam [wba]
Stützpratze *f* supporting bracket [prc]
Stützrahmen *m* supporting frame
Stützrolle *f* supporting roller [tec]
Stützweite *f* effective length; span [stb]; (z.B. Brücke) span length [des]
Stützweite, lichte - *f* effective span [sik]
Stützweitenbereich *m* (Brücken) span range
Stützweitengrenzwert *m* limiting span [sik]
Stützwinkel *m* support angle
Stufe *f* (Treppe) pace; (Treppe) stair; (Schwelle) step; (im Gelände) terrace; (Tritt) tread
Stufe, auskragende - *f* cantilevered step
Stufe, einseitig eingespannte - *f* cantilevered step
Stufenantrittskante *f* tread nosing
Stufenbau *m* benching [tib]
Stufenbohrmeißel *m* step bit [wzg]
Stufenbreite *f* length of step; tread
Stufendach *n* stepped roof
stufenförmig step-like
Stufenhöhe *f* (Treppe) riser depth
Stufenlänge *f* (Treppe) run
Stufenleiter *f* stepladder
Stufenportal *n* (Gotik) stepped portal [arc]
Stufenpyramide *f* ziggurat [arc]
Stufenregelung *f* step-by-step control [elt]
Stufenschalter *m* multipoint switch [elt]; sequence switch [elt]
Stufensieb *n* stepped screen [prc]
Stufung *f* staging
Stuhllehne *f* chair back
Stuhlsitz *m* seat of a chair
Stukkateur *m* plasterer
stumpf (Farbe) dead; (Farbe) dull; (Farben) lustreless; (Farben) mat; (Winkel) obtuse
Stumpfschweißnaht *f* butt-welded seam [met]
Stumpfschweißung *f* butt-weld [met]
Stumpfschweißverbindung *f* butt-welded joint [wer]
Stumpfstoß *m* flanged -edge joint [stb]; splice [stb]
stumpfwinklig oblique-angled
Stundenaufwand *m* labour constant [eco]
Stundenlohnarbeiten *pl* work charged by the hour [eco]
Stundenlohnrechnung *f* invoice for work charged by the hour [eco]

Stundenlohnvertrag *m* contract based on hourly rates [eco]
Stundenlohnzettel *m* time sheet [eco]
Stundensatz *m* hourly rate [eco]
Stundenverrechnungssatz *m* regular time work charge [eco]
stundenweise by the hour
Sturmschutzverglasung *f* antistorm glazing
sturmsicher storm-proof
Sturmsicherung *f* storm tie-down; storm-proofing
Sturz *m* (über Tür) head; (über Fenster / Tür) lintel
Sturz auf gleicher Ebene *m* fall on the level [asi]
Sturz, gemauerter - *m* brick lintel; bricked lintel
Sturz, verzierter - *m* platband
Sturzbalken *m* (Fachwerkgebäude: vorkragende Wand) jetty bressumer; lintel beam
Sturzbett *n* floor [wba]; spillway apron [wba]
Sturzrinne *f* chute [wba]
Sturzträger *m* holding girder; lintel beam
Sturzwelle *f* breaker
stutzen *v* cut back
Stutzen *m* pipe connection [prc]; pipe-end [prc]; spout [tec]
Stutzkuppel *f* segmental dome [arc]
Stylobat *m* (Tempelelement) stylobate [arc]
Styrol *n* styrene [che]; styrol [che]
Styropor *n* polystyrene [met]; styrofoam [che]
Styroporbeton *m* polystyrene foam concrete [bon]
Styroporplatte *f* expanded polystyrene board [met]
Sublimat *n* sublimate [che]
Substanz, absorbierende - *f* absorbent [met]
Substanz, absorbierte - *f* absorbate [met]
Substanz, adsorbierte - *f* adsorbate [met]
Substanz, biologisch abbaubare - *f* biodegradable substance [met]
Substanz, gefährliche - *f* dangerous material [met]; hazardous substance [met]
Substanz, gekennzeichnete - *f* designated substance [met]
Substanz, gelöste - *f* solute [met]
Substanz, giftige - *f* toxic agent [met]; toxicant [met]
Substanz, hautschädigende - *f* skin irritant [met]
Substanz, karzinogene - *f* carcinogen [met]; carcinogenic substance [met]
Substanz, kationische oberflächenaktive - *f* cationic surfactant [met]
Substanz, Krebs erregende - *f* carcinogen [met]; carcinogenic material [met]
Substanz, Krebs erzeugende - *f* carcinogenic agent [met]
Substanz, Krebs hemmende - *f* carcinostatic [met]
Substanz, mineralische - *f* mineral matter [met]
Substanz, natürlich vorkommende - *f* native species [met]

Substanz, neurotoxische - *f* neurotoxic substance [met]

Substanz, oberflächenwirksame - *f* surface-active agent [met]; surfactant [met]

Substanz, organische - *f* organic matter [met]

Substanz, pflanzliche - *f* vegetable matter [met]

Substanz, radioaktive - *f* radioactive material [met]; radioactive substance [met]

Substanz, schädliche - *f* noxious matter [met]

Substanz, synthetisch wirksame - *f* active agent [met]

Substanzerhaltung *f* structural preservation

Subunternehmer *m* subcontractor [eco]

Subunternehmerin *f* subcontractor [eco]

Suche nach Bodenschätzen *f* prospecting [roh]

Suchgerät *n* detector [any]

Suchtest *m* screening test [any]

Südwand *f* south face

Suite *f* suite

sulfathaltig sulfate-bearing [che]; sulfate-laden [che]

Sulfatresistenz *f* sulfate resistance [met]

Summenfehler *m* cumulative error [any]

Summenprüfung *f* summation check [any]

Sumpf *m* bog [geo]; marsh [geo]; sump [geo]

Sumpfboden *m* bog soil [geo]; marsh [geo]; marshy ground [geo]

Sumpfgrube *f* (lokale Abwasserklärung) soak pit [was]

sumpfig boggy [geo]; marshy [geo]; swampy [geo]

Superädifikat *n* building on third party land

Superfeinzement *m* ultra-microfine cement [met]

Suspension, wässrige - *f* water suspension [met]

Symbolnaht *f* (Schweißnaht) symbol seam [met]

symmetrisch balanced; symmetric; symmetrical

Synagoge *f* synagogue [arc]

Synchrongenerator *m* synchronous generator [elt]

Synchronlauf *m* synchronized operation [elt]; synchronized run [elt]

Synchronmaschine *f* synchronous machine [elt]

Synthesefaser *f* (<B>) chemical fibre [che]; (<B>) synthetic fibre [che]

Synthesekitt *m* synthetic putty [met]

synthetisch artificial

System mit einem Freiheitsgrad *m* (Baumechanik) single degree-of-freedom system

System, statisch unbestimmtes - *n* hyperstatic system; redundant frame [sik]

System, unelastisches - *n* inelastic system [sik]

System, zentralörtliches - *n* central places

Systemeinstellung *f* system setting

systemgebunden system-linked; system-related; system-related

Systemgrenze *f* (von Baueinheiten) envelope boundary [des]

Systemlinie *f* working line [sik]

Systemplan *m* system diagram [des]

Systemschalung *f* system formwork [bon]

systemseitig by the system

Systemsiebboden *m* modular screen deck [prc]

Systemtest *m* system test [any]

Szenariomethodik *f* scenario method

T

T-Eisen *n* T-bar [met]
T-Naht *f* (Schweißnaht) T-joint [met]
T-Profil *n* T-section [met]
T-Riegel *m* T-waler
T-Stahl *m* T-bar [met]; T-steel bar [met]; tees [met]
T-Stahl, breitfüßiger - *m* wide-flange T [met]
T-Stoß *m* (Schweißanschluss) T-joint [met]
T-Stück *n* T-piece [met]
T-Verbindung *f* T-joint
tabellarisch tabular
Tabelle *f* (Grafik) chart [des]
Tabellenform *f* tabular form [des]
Tachymeter, elektrooptisches - *n* (Vermessung) electrooptical tachometer [any]
Tachymeter, reflektorloses - *n* (Vermessung) reflectorless tachometer [any]
Tachymetertheodolit *m* (Vermessung) tachometer theodolite [any]
Tachymetrie *f* (Vermessung) tacheometry [any]
täfeln *v* (Decke) panel [wer]; (Wand) wainscot [wer]
Täfelung *f* panel; wainscot
Täfelung, eingesetzte - *f* recessed panel
Täfelung, erhöhte - *f* (Klassizismus) raised panel [arc]
Täfelung, versenkte - *f* (Klassizismus) sunken panel [arc]
Taenia *f* (Tempelelement) taenie [arc]
Tafel *f* (Blech) sheet
Tafelbauweise *f* panel construction [bon]; (Fertigbauweise) panel construction
Tafelblech *n* sheet metal [met]
Tafelblei *n* sheet lead [met]
Tafelglas *n* plate glass [met]; sheet glass [met]
Tafelmiete *f* (Kompostierung) table windrow [rec]
Tafelprojektion *f* (darstellende Geometrie) plane projection [mat]
Tafelschalung *f* panel form [bon]
Tafelumrandung *f* (Türfüllung) panel moulding
Tagebau *m* adit mining [roh]; (Anlage) open-pit mine [roh]
Tagesabfluss *m* daily discharge [was]
Tagesganglinie *f* (Verbrauch, ...) daily distribution pattern
Tageslicht *n* daylight; (Beleuchtung) natural light; (Deckenlicht) skylight
Tageslicht, künstliches - *n* artificial daylight
Tageslichtbeleuchtung *f* daylighting
Tageslichtbeleuchtungsverhältnis *n* daylight factor
Tageslichtlampe *f* daylight lamp [elt]

Tageslichtquotient *m* daylight factor
Tagespflegestation *f* day care centre [hum]
Tagungshalle *f* convention centre
Tagungsort *m* venue
Taktschiebeverfahren *n* (Brückenbau) incremental launching
Talbrücke *f* valley bridge; viaduct [tib]
Talhang *m* valley slope [geo]
Talkessel *m* enclosed valley [geo]
Talschotter *m* valley gravel [geo]
Talsohle *f* valley floor [geo]
Talspeicherung *f* (Hydrologie) valley storage [wba]
Talsperre *f* barrage [wba]; barrage dam [wba]; dam [wba]; dam barrage [wba]; (Staumauer) river dam; (Speichersee) storage reservoir [wba]
Talsperrenbaustelle *f* dam site [wba]
Talsperrenkörper *m* dam body [wba]
Talsperrenkraftwerk *n* barrage power plant [pow]; dam power station [pow]; reservoir power station [pow]
Talsperrenquerschnitt *m* dam section [wba]
Talsperrenwasser *n* reservoir water [wba]
Tamponieren *n* (Tiefbohrzement) plugging; (Tiefbohrzement) tamponing
Tandemwalze *f* (Deponie) tandem roller [tib]
Tangentialkraft *f* tangential force [sik]
Tank *m* tank [prc]; vessel [prc]
Tank, unterirdischer - *m* basement reservoir [tib]
Tankanlage *f* (in Gebäude usw.) tank unit [pow]
Tapete *f* wallpaper [met]
Tapetenbahn *f* strip of wallpaper [met]
Tapezierarbeiten *pl* (DIN 18366) wall paper work; wallpaper work
tarieren *v* tare [any]
Tarif *m* (Gehalt, Lohn) wage rate [eco]
Taster *m* (Durchmesserbestimmung) callipers [any]; (Fühlstift) measuring pin [any]; (Fühlstift) tracer [any]
Tastkontakt *m* momentary contact [elt]
Tastkopf *m* probing head [any]
Tastschalter *m* impulse switch [elt]
Tastsensor *m* tactile sensor [any]
Taststift *m* tracer pin [any]; tracing pin [any]
tatsächliche Einsatzbedingungen *pl* on-site conditions
Tau *n* (Seil) rope
Tauchbelüfter *m* submerged aerator [was]
Tauchbrücke *f* submersible bridge
Tauchfühler *m* immersion probe [any]
Tauchlack *m* dipping lacquer [met]; dipping varnish [met]
Tauchpumpe *f* submersible pump [prc]
Tauchschmierung *f* splash lubrication [tec]
Tauchverzinkung *f* hot-dip galvanizing [met]
Tauchzelle *f* immersion cell [any]
Taufkapelle *f* (Kirchenbau) baptistery [arc]

Tauglichkeit *f* capability

Taumelmischer *m* dry-blend mixer [prc]; eccentric mixer [prc]

Taupunktkorrosion *f* dew-point corrosion [met]

Taupunkttemperatur *f* dew-point temperature [phy]

Taupunktunterschreitung *f* excursion below dew-point level [phy]

Tausalzlösung *f* de-icing salt solution [che]

Tauwasserbildung *f* formation of condensate; formation of condensation water

Tauwetter *n* thaw [wet]

Technik *f* (allgemein) technology

Technikebene *f* (- eines Gebäudes) mechanical floor

Technikgeschoss *n* (- eines Gebäudes) mechanical floor

technisch technological

technisch überholt outdated

Technische Anleitung Siedlungsabfall *f* Technical Directive for Residential Waste [jur]

technische Gebäudeausrüstung *f* (Versorgung) building services [tga]

technischer Zeichner *m* draughtsman [des]; draughtsperson [des]

technisches Geschoss *n* (Stockwerk) mechanical floor

Technologie *f* technology

technologisch technological

Teeranstrich *m* tar coating [met]

Teerasphalt *m* coal-tar pitch [met]; tar asphalt [met]

Teerbeton *m* tar concrete [bon]

Teerdecke *f* (Straße) blacktop [tib]; (Straße) tar surface [tib]

Teeremulsion *f* tar emulsion [met]

Teerfarbe *f* aniline dye [met]

Teerfarbstoff *m* coal-tar dye [met]; coal-tar dyestuff [met]

Teermakadam *m* tar macadam [met]

Teerpappe *f* (Dach) bituminous roofing felt [met]; tar felt [met]; tar roofing paper [met]; tarred board [met]

Teerstraße *f* tarred road [tra]; tarred street [tra]

teflonbeschichtet teflon-coated [met]

Teich, künstlicher - *m* created pond [wba]

teigig pasty

Teil, hervorstehendes - *n* projection

Teil, tragendes - *n* structural component [sik]

Teilabnahme *f* partial acceptance

Teilansicht *f* partial plan [des]; partial view [des]

Teilausschnitt *m* partial cut [des]

Teilbaugenehmigung *f* partial building permit [jur]

Teilbereich, räumlicher - *m* (Stadtplanung) certain territorial section of the plan

Teilbereich, sachlicher - *m* (Stadtplanung) certain substantive section of the plan

Teilchen *n* particle

Teilchen, herumfliegende - *pl* flying particles [asi]

Teilchenauszählung *f* particle counting [any]

Teilchendetektor *m* particle counter [any]; particle detector [any]

Teilchendichte *f* particle fluency rate

Teilchenfeinheit *f* particle fineness [met]

Teilchengrößenanalysator *m* particle-size analyzer [any]

Teilchengrößenbestimmung *f* particle-size analysis [any]; particle-size measurement [any]

Teilchengrößenmessung *f* particle-size measurement [any]

Teilchenspektrometer *n* particle spectrometer [any]

Teilchenzähler *m* particle detector [any]

Teile, tragende - *pl* supporting components

Teileinspundung *f* partial sheeting [tib]

teilen *v* (abtrennen) separate; (spalten) split

Teilerrichtungsgenehmigung *f* partial construction license

Teilezeichnung *f* part drawing [des]

Teilfläche *f* part of the site

Teilflächenbelastung *f* partial area loading

Teilgrößenklasse *f* (Korngrößenverteilung: Schnitt) cut [prc]

Teilkegel *m* (Zahnrad) pitch cone [des]

Teilkreis *m* (Vermessung) graduated circle [any]

Teillast *f* part load [pow]

Teillastbereich *m* part-load range [pow]

Teillastbetrieb *m* part-load operation [pow]

Teillastverhalten *n* part-load behaviour [pow]; part-load performance [pow]

Teilleistung *f* part of the performance [eco]; partial performance [eco]

Teilmenge *f* (Chemie) aliquot [any]

Teilnehmer *m* (am Wettbewerb) entrant [arc]

Teilplanungsbereich *m* planning zone [com]

Teilprobe *f* (Chemie) subsample [any]

Teilprojekt *n* sub-project

Teilpyrolyse *f* partial pyrolysis [che]

Teilschaltplan *m* component circuit diagram [elt]

Teilschnitt *m* (Zeichnung) broken-out section [des]; partial section [des]

Teilschnittzeichnung *f* part sectional drawing [des]

Teilstrecke *f* partial distance [tra]

Teilstrich *m* graduation line [any]; scale line [any]

Teilstrom *m* branch flow [prc]; slip-stream [prc]

Teilstrombehandlung *f* partial flow treatment [was]

Teilumschließungssystem *n* (Reaktorgebäude) partial containment system

Teilung *f* partition; scale [des]

Teilung der Schweißnaht *f* pitch of weld [des]

Teilungserklärung *f* (Immobilie) condominium deed [jur]; (Immobilie) partition declaration [jur]

Teilungsgenehmigung *f* (Immobilie) subdivision permit [jur]

Teilverbund *m* partial bond
Teilzeichnung *f* component drawing [des]; detail drawing [des]; parts drawing [des]
Teilziel *n* partial goal
Teilzulassung *f* partial approval [jur]
Teilzusammenstellungszeichnung *f* unit assembly drawing [des]
Tektonik *f* tectonics [geo]
Telefonanschlussdose *f* telephone socket [edv]
Telefonbuchse *f* telephone socket [edv]
Telegrafenmast *m* telegraph pole
Teleskop *n* telescope
Teleskopausleger *m* telescopic boom [tec]
Teleskopbagger *m* long-reach excavator
Teleskopdrehsäule *f* (Drehkran) telescopic tower
teleskopisch telescopic
Teleskopkran *m* hydraulic crane; telescopic crane
Teleskopmontagearm *m* telescopic erector arm
Telleranker *m* plate anchor
Tellerbeschicker *m* disc feeder [prc]
Tellerbohrer *m* (für Bodenproben) disc auger [any]
Tellermischer *m* counter-current revolving-pan mixer [prc]
Tellerspeiser *m* rotary table feeder [prc]; vane feeder [prc]
Tellerzuteiler *m* disc feeder [prc]
Tempel *m* temple [arc]
Temperatur *f* temperature [phy]
Temperatur anheben *v* raise the temperature [pow]
Temperatur unter dem Gefrierpunkt *f* sub-zero temperature [wet]
Temperatur unter Null *f* below-zero temperature [wet]
temperaturabhängig temperature-dependent
Temperaturanstieg *m* rise in temperature [pow]
Temperaturanzeige *f* temperature display [any]
Temperaturanzeiger *m* temperature indicator [any]
Temperaturaufnehmer *m* temperature sensor [any]
temperaturbeansprucht under temperature load
Temperaturbegrenzer *m* thermostat [pow]
Temperaturbehandlung *f* heat treatment [met]; tempering [met]
temperaturbeständig heat-resistant; temperature-resistant
Temperaturbeständigkeit *f* heat resistance [met]; temperature resistance
Temperaturerhöhung *f* temperature increase
Temperaturerniedrigung *f* temperature drop
Temperaturfühler *m* temperature detector [any]; temperature sensor [any]; thermal sensor [any]
Temperaturgefälle *n* temperature drop
temperaturgeregelt temperature-controlled [prc]
Temperaturkompensation *f* temperature compensation [any]
Temperaturmessfühler *m* temperature sensor [any]
Temperaturmessgerät *n* temperature gauge [any]

Temperaturmessstelle *f* temperature measuring point [any]
Temperaturmessstutzen *m* thermowell [any]
Temperaturmessung *f* temperature measurement [any]; thermometry [any]
Temperaturregelung *f* temperature control; temperature regulation [elt]
Temperaturregler *m* thermostat [elt]
Temperaturschwankung *f* temperature fluctuation; temperature variation; variation of temperature
Temperatursensor *m* temperature sensor [any]
Temperaturspitze *f* (örtliche -) hot spot [pow]
Temperatursteuerung *f* temperature control
Temperaturüberwachung *f* temperature control; temperature monitoring [any]
temperaturunabhängig independent of temperature; temperature-independent
Temperaturverteilung *f* temperature distribution [pow]
Temperaturwechselbeständigkeit *f* resistance to temperature changes [met]; thermal fatigue resistance [met]
Temperaturwechselfestigkeit *f* resistance to thermal shock [met]
temperieren *v* temper
tempern *v* (metall. Werkstoff) age artificially [met]; (metall. Werkstoff) anneal [met]; (metall. Werkstoff) malleablize [met]; (Keramik) soak; (Kunststoff) temper [met]
Tenne *f* barn floor [far]
Tensid *n* detergent [met]; surface-active agent [met]; surfactant [met]
Tensimeter *n* tensimeter [any]
Tensiometer *n* tensiometer [any]
Teppichbelag *m* carpet flooring
Teppichboden *m* carpeted floor; fitted carpet; wall-to-wall carpeting
Teppichkleber *m* carpet adhesive [met]
Terminal *n* terminal
Termindruck *m* pressure of time
termingemäß on time
termingerecht on schedule
Terminplan *m* time schedule
Terminplanung *f* time scheduling
Terminüberschreitung *f* exceeding the deadline
Terpentin *n* turpentine [che]
Terpentinbeize *f* mordant based on turpentine [met]
Terpentinharz *n* turpentine resin [met]
Terpentinlack *m* turpentine varnish [met]
Terrain *n* building ground
Terrainhöhe *f* grade level
Terrasse *f* patio; terrace
Terrassendach *n* patio roof; terrace roof
terrassenförmig terraced
Terrassenhaus *n* split-level house; stepped hillside house; terrace house; terrace housing

Terrassenplatte f terrace slab [met]
Terrassentür f patio door
Terrassenüberdachung f patio roof; terrace roof
Terrassieren n benching [tib]; stepping [tib]
Tertiärisierung f shift to service sector [eco]
Test m examination [any]; experiment [any]; trial [any]
Test durchführen v run a test [any]
Testbericht m test record [any]
Testbohrung f test hole [any]
Testeinrichtung f test equipment [any]
Testergebnis m result of a test [any]; test result [any]
Testgelände n proving ground [any]; test ground [any]; testing area [any]
Testkörper m reference block [any]; test body [any]
Testkoffer m test kit [any]
Testlauf m test run [any]; trial run [any]
Testleck n test leak [any]
Testmaterial n test material [any]
Testmuster m test pattern [any]
Testsignal n test signal [any]
Teststrecke f test section [any]
Testverfahren m test method [any]
teufen v sink [roh]
Textilbahn f garment strip [met]
Textilbewehrung f (Beton) fabric reinforcement [bon]
Textilbodenbelag m textile floor covering [met]
textiler Fußbodenbelag m floor covering
Textilfaser f textile fibre [met]
Textilputz m textile plaster
Textiltapete f textile wallpaper
Textur f texture
Theater n theatre [arc]
Theaterraum m auditorium [arc]
Theatersaal m auditorium [arc]; theatre hall [arc]
Theodolit m theodolite [any]
thermisch thermal
thermisch vorgespannt thermally prestressed [met]
thermisches Wohlbefinden n thermal comfort
Thermoanalyse f thermal analysis [any]
Thermobatterie f thermobattery [elt]
thermoelastisch thermoelastic [met]
Thermoelastizität f thermoelasticity [met]
Thermoelement n thermocouple [any]
Thermofühler m thermosensor [any]
Thermokleber m thermoplastic adhesive [met]
Thermometrie f thermometry [any]
Thermopaar n thermocouple [any]
Thermoplast m (Kunststoff) thermoplastic [met]
Thermoplastfolie f thermoplastic sheet [met]
Thermoschalter m thermostatic switch [elt]
Thermospannung f thermoelectric power [elt]; thermoelectric voltage [elt]
Thermostat m thermostat [pow]

Thermostatisierung f thermostatting [pow]
Thermostatregelung f thermostatic control [pow]
Thermostatventil n thermostat valve [tga]; thermostatic valve [pow]
Thermowaage f thermobalance [any]
Thomasstahl m basic converter steel [met]; basic steel [met]; mild steel [met]
Tiefaufreißer m (Straße) rooter [tib]
Tiefbagger m backhoe; drag shovel
Tiefbaggerung f deep-cut digging [tib]
Tiefbau m below-grade construction [tib]; civil engineering [tib]; civil works [tib]; foundation work [tib]; foundation working [tib]; underground construction [tib]; underground construction work [tib]; underground engineering [tib]
Tiefbauarbeit f civil engineering work [tib]; underground work [tib]
Tiefbauarbeiten pl below-ground construction [tib]; civil engineering works [tib]
Tiefbauprodukt n geotechnical product [tib]
Tiefbaustelle f below-grade construction site [tib]
Tiefbauunternehmen n civil engineering contracting firm [tib]
Tiefbauunternehmer n civil engineering contractor
Tiefbauwerk n underground structure [tib]
Tiefbehälter m low-level water tank [was]
Tiefbohrzement m oil-well cement [met]
Tiefbordstein m (Straße) flush kerb; (Straßenrand) inverted kerb
Tiefbrunnen m deep well
Tiefbunker m pit bin; underground hopper
Tiefebene f lowland [geo]
Tiefenerosion f low erosion [geo]; vertical erosion [geo]
Tiefenfilter m deep bed filter [was]; deep filter [was]
Tiefenfiltration f deep bed filtration [was]
Tiefengestein n intrusive rock [geo]; plutonic rock [geo]
Tiefenmesser m depth gauge [any]; depth indicator [any]; (Seefahrt) sea gauge [any]
Tiefenmessung f depth measurement [any]
Tiefenprüfung f depth scanning [any]
Tiefenrüttler m deep vibrator [tib]; immersion vibrator
Tiefenrüttlung f deep vibration [bon]
Tiefensondierung f deep sounding [any]
Tiefenstabilisierung f subsoil cementation [tib]; subsoil solidification [tib]
Tiefentladung f (Batterie) deep discharge [elt]
Tiefentladungsgrenze f (Batterie) low discharge level [elt]
Tiefenverdichtung f deep compaction [tib]
Tiefenversickerung f deep percolation [was]; deep seepage [was]; (Hydrol.) influent seepage [was]
Tiefenverstellung f depth-adjustment mechanism

Tiefenwasser *n* bottom water [was]; hypolimnion [was]

Tiefgarage *f* (im Kellergeschoss) basement car park; deep-level garage [tra]; underground car park [tra]; underground garage [tra]; underground parking garage [tra]

Tiefgeschoss *n* basement

tiefgründig deep [geo]

Tiefgründung *f* deep foundation

Tiefladeanhänger *m* flat-bed trailer [tra]

Tieflader *m* flat-bottomed vehicle [tra]; low-bed trailer [tra]; low-loader [tra]; (Lastkraftwagen) low-loader [tra]; low-platform trailer [tra]

Tiefladewagen *m* (Tieflader) low loader [tra]

Tiefland *n* lowland [geo]

Tieflochbohrer *m* deep hole drill [wzg]

Tieflöffel *m* back digger [tib]; backacter [tib]; (<A>) backhoe dipper [tib]; (Bagger) bucket; trench hoe [tib]; trench-forming shovel [tib]

Tieflöffelbagger *m* back digger [tib]; ditcher

Tieflöffellader *m* backhoe loader [tib]

Tiefpunkt *m* trough

Tiefpunktüberwachung *f* (Standmessung) low mark control [any]

Tiefschürfbohrung *f* deep sampling [tib]

Tiefseegraben *m* abyss [geo]; ocean trench [geo]; oceanic trench [geo]

tiefsiedend low-boiling [met]

Tiefspülbecken *n* wash-down bowl

Tiefspülklosett *n* flush-down toilet [tga]; wash-down water closet

Tiefstraße *f* depressed street [tra]; subsurface road [tra]

tieftemperaturbeständig low-temperature resistant [met]

Tieftemperaturbeständigkeit *f* resistance to low temperatures [met]

Tieftemperaturklebstoff *m* low-temperature adhesive [met]

Tieftemperaturkorrosion *f* low-temperature corrosion [met]

Tiefwasser *n* deep water [was]

Tiefziehen *n* deep drawing [met]

Tierkörperverwertungsanstalt *f* (Abdeckerei) knacker's yard [rec]

Tischaufgeber *m* table feeder [prc]

Tischkreissäge *f* table saw [wzg]

Tischlerarbeiten *pl* carpentry [wer]; joiner's work [wer]; (DIN 18355) joinery work [wer]

Tischverbinder *m* table connector

Tischzarge *f* (Möbel) table frame

Titanweiß *n* titanium white [che]

titrieren *v* titrate [any]

tödlich fatal [asi]

tönen *v* (Farbe) shade; (Farbe) tone

Toilette *f* closet; (WC) lavatory [tga]; restroom

Toilette im Treppenhaus *f* toilet on the landing [tga]

Toilette, anschlussfreie - *f* toilet not connected to the mains

Toilette, behindertengerechte - *f* handicapped accessible restroom

Toilette, chemische - *f* chemical closet; chemical toilet

Toilette, öffentliche - *f* public conveniences; public toilet

Toiletten *pl* sanitary accommodation [tga]

Toilettenabwasser *n* toilet waste water [was]

Toilettenanlage *f* toilet facilities [tga]

Toilettenbecken *n* toilet bowl [tga]; toilet pan [tga]

Toilettenbrille *f* toilet seat [tga]

Toilettencontainer *m* toilet container

Toilettenkabine *f* toilet cubicle [tga]

Toilettenpapierhalter *m* toilet roll holder [tga]

Toilettenspülung *f* closet flushing [tga]; toilet flush [tga]

Toilettenzelle *f* toilet cubicle

Toleranz *f* (Abweichung) allowance [des]

Toleranzangabe *f* tolerance indication [des]

toleranzausgleichend equalizing

Toleranzbereich *m* range of tolerance [des]

Toleranzfaktor *m* allowance factor [des]

Toleranzlage *f* tolerance zone position [des]

Toleranzmaß *n* dimensional tolerance [des]

Toleranzreihe *f* group of tolerances [des]; (Passungen) tolerance group [des]

Toleranzsystem *n* tolerance system [des]

Toluol *n* toluene [che]

Ton *m* (Laut) sound [aku]

Ton im Liegenden *m* underclay [geo]

Ton, feuerfester - *m* refractory clay [met]

Ton, hochplastischer - *m* fat clay [met]

Ton, plastischer - *m* plastic clay [geo]

Ton, tonerdereicher - *m* high-alumina fireclay

tonartig argilloid [met]; clayey [met]

Tonbagger *m* clay excavator [tib]

Tonboden *m* argillaceous soil [geo]; clayey soil [geo]

Tonbrecher *m* clay crusher

Tondachziegell *m* clay roofing tile [met]

Tondichtung *f* (Deponie) clay liner [rec]

Tonerde *f* alumina [met]; aluminium oxide [met]

Tonerde-Kieselsäure-Stein, feuerfester - *m* alumina-silica refractory [met]

Tonerdemörtel *m* alumina mortar [met]

Tonerdenzement *m* aluminia cement [met]

Tonerdeschamottestein *m* alumina firebrick [met]

Tonerdeschmelzbeton *m* high-alumina fused concrete [bon]

Tonerdeschmelzzement *m* aluminous cement [met]; calcium alumina cement [met]; calcium aluminate cement [met]

Tonerdezement *m* alumina cement [met]; calcium alumina cement [met]; high-alumina cement [met]
Tonfräse *f* clay shredder [roh]
Tongestein *n* argillaceous rock [geo]; clay rock [geo]
tonhaltig argillaceous [geo]; clayey [geo]
Tonmehl *n* fine-grained clay [met]
Tonmergel *m* argillaceous marl [met]; clay marl [met]
Tonnenblech *n* curved plate [met]
Tonnendach *n* barrel roof; barrel-vaulted roof
Tonnengewölbe *n* (Baukunst) barrel vault [arc]; tunnel vault
Tonnenschale *f* barrel shell
Tonsandstein *m* argillaceous sandstone [geo]
Tonschicht *f* clay layer [geo]; clay pan [geo]
Tonschiefer *m* argillaceous slate [geo]; clay slate [geo]; clayey shale [geo]
Tonschlämme *f* clay slurry [met]
Tonschlempe *f* clay slurry [met]
Tonschürze *f* (Dichtungsschürze) clay blanket [tib]
Tonsplitt *m* crushed clay brick [met]
Tonstechen *n* clay digging [roh]
Tonstein *m* mudstone [geo]
Tonsubstanz *f* argillaceous cement [geo]
Tonunterlage *f* clay base [geo]
Tonziegel *m* clay brick; clay tile [met]
Topflager *n* pot bearing [stb]
Topfzeit *f* (Material) pot life [met]
Toplage *f* (Immobilie) prime location [eco]
topografisch topographic [geo]
Tor *n* door; gate; (Einfahrt) gateway
Torabdichtung *f* gate seal
Torantrieb *m* gate drive
Torbeschlag *m* gate fitting
Torbogen *m* arch; archway
Tordurchfahrt *f* doorway; gateway
Toreinfahrt *f* doorway; gateway
Torfernsteuerung *f* gate remote control
Torfgrube *f* peatery [roh]
Torflügel *m* leaf of a gate; wing of a gate
Torfton *m* peat clay [met]
Torheit des Baus von Wohnsilos *f* high-rise folly
Torkretbeton *m* air-placed concrete; gunite [bon]
torkretieren *v* treat with gunite
Torkretieren *n* placing of shotcrete [bon]
Torkretkanone *f* gunite machine
Torkretverfahren *n* cement gun work
Torpfeiler *m* door pillar
Torriegel *m* head rail
Torschleieranlage *f* gate curtain system
Torsionsbeanspruchung *f* torsion loading [met]; torsional load [met]; torsional stress [met]; torsional stressing [met]
Torsionsbemessung *f* design for torsion [sik]
Torsionsbruch *m* torsion failure [met]

Torsionsfederung *f* torsion-bar suspension
Torsionsknicken *n* torsional buckling
Torsionslängsbewehrung *f* longitudinal reinforcement for torsion [bon]
Torsionsmoment *n* torsional moment [phy]; twisting moment [phy]
Torsionsprüfung *f* torque test [any]; torsion test [any]
Torsionsrahmen *m* torsion frame [stb]
Torsionsschubspannung *f* torsional shear stress [met]
Torsionsschwingung *f* torsional vibration [phy]
Torsionsspannung *f* torsional shear stress [met]; torsional stress [met]
torsionssteif torsion-proof; torsion-resistant
Torsionssteifigkeit *f* torsional rigidity [met]; torsional stiffness [met]; twisting stiffness [met]
Torsionsträgheitsmoment *n* torsional moment of inertia [sik]
Torsionswaage *f* torsion balance [any]
Torsionswiderstandsmoment *n* torsional section modulus [sik]
Torsionswinkel *m* angle of torque [phy]; angle of torsion [des]; angle of twist [phy]
Torstiel *m* (Rahmen des Tores) gatepost
Tortendiagramm *n* pie chart [des]
Tosbecken *n* stilling basin [wba]
Toskammer *f* (Hafenpier) wave chamber [tib]
Totalansicht *f* general view [des]
Totale *f* long shot [des]
Totalsanierung *f* complete renovation; total refurbishment
Totalunternehmer *m* all-round contractor [eco]
Totmannschalter *m* deadman control [asi]
Totwasser *n* dead water [was]; slack water [was]; still water [was]
Totzone *f* (Lüftung) dead zone
Toxizitätsäquivalent *n* (z.B. Dioxine) toxicity equivalent [hum]
Toxizitätsprüfung *f* (von Arzneimitteln) toxicity testing [any]
Toxizitätstest *m* (Bodenanalytik) toxicity test [any]
Trabantenstadt *f* overspill town; satellite community [com]; satellite town
Tracer *m* tracer [any]
Träger *m* (Balken) beam; (Abstützung) bracket; (Substanz) carrier [met]; (Balken) carrier beam; (Balken) girder; (Bauteil) member; (Substanz) substrate [met]; (Stütze) support; (Stütze) supporting base; (Stütze) supporting beam; (im Fachwerk) truss
Träger auf zwei Stützen *m* simply supported beam [stb]
Träger der Maßnahme *m* (Baumaßnahme) agency responsible for the measure
Träger öffentlicher Belange *m* public authority

Träger, anzuschließender - *m* (Holzbau) supported member
Träger, ausgeklinkter - *m* coped beam [stb]; tail joist
Träger, auskragender - *m* (Holzbau) lookout
Träger, beiderseitig eingespannter - *m* beam fixed at both ends [stb]
Träger, bewehrter - *m* trussed beam; trussed girder
Träger, biegesteifer - *m* rigid girder [sik]
Träger, durch Gurtplatten verstärkter - *m* compound beam [stb]
Träger, durchgehender - *m* through girder
Träger, durchlaufender - *m* continuous beam; continuous girder
Träger, einfach unterspannter - *m* simple-trussed girder [sik]
Träger, eingespannter - *m* constrained beam; fixed beam; fixed girder; girder with anchored ends
Träger, einseitig eingespannter - *m* propped cantilever beam
Träger, einwandiger - *m* single-web girder
Träger, freitragender - *m* cantilever beam
Träger, gebogener - *m* bow girder
Träger, gegliederter - *m* articulated girder
Träger, geknickter - *m* girder with a bend
Träger, gekrümmter - *m* curved girder
Träger, nicht unterstempelter - *m* unpropped beam [stb]; unshored beam [stb]
Träger, oben liegender - *m* upstand beam
Träger, überhöhter - *m* saddle-backed girder
Träger, ummantelter - *m* (z.B. Betonummantelung) cased beam; (z.B. mit Beton) encased beam
Träger, unten liegender - *m* downstand beam
Träger, unterstempelter - *m* propped beam; shored beam
Träger, verkleideter - *m* cladded girder; jacketed girder
Träger, wandartiger - *m* deep beam; wall beam
Träger, zusammengesetzter - *m* built-up beam; built-up girder; compound girder [stb]
Träger, zweifach unterspannter - *m* double-trussed girder
Trägeranschluss *m* beam connection [stb]; girder connection [stb]
Trägeranschlussblech *n* beam connecting plate [stb]
Trägerband *n* suspender [met]
Trägerbiegepresse *f* beam bending press [bon]
Trägerbohlwand *f* (Stützwand) girder and plank wall
Trägerbrücke *f* girder bridge
Trägerelement *n* support member
Trägerflüssigkeit *f* liquid carrier [any]
Trägergas *n* carrier gas [any]

Trägergewebe *n* backing fibre [met]; (Verstärkung) base fabric [met]
Trägerhöhe *f* depth of a beam [des]; depth of a girder [des]; depth of a truss [des]; depth of girder
Trägerkonstruktion *f* carrying structure
Trägerkopfstück *n* girder headpiece
Trägerlagerung *f* girder bearing [stb]
Trägerlösung *f* carrier solution [any]
Trägermaterial *n* carrier material; substrate [any]
Trägerpratze *f* girder claw
Trägerrost *m* beam grillage; girder grid; girder grid; girder grillage [stb]; grid framework [stb]; grillage [stb]
Trägerrostdeck *n* (Brückenbau) girder grille deck [stb]
Trägerschalung *f* girder formwork [bon]
Trägerschicht *f* substrate [geo]
Trägerspannweite *f* beam span width
Trägerstoß *m* beam splice; girder joint [stb]; girder splice [stb]
Trägerstrang *m* line of trusses [stb]
Trägerummantelung *f* girder casing
Trägerverankerung *f* girder anchoring [stb]
Trägerverstärkung *f* girder reinforcing [stb]
Trägheit *f* (Physik) inertia [phy]
Trägheitshalbmesser *m* gyration radius [phy]
Trägheitskraft *f* force of inertia [phy]; inertial force [phy]
trägheitslos lag-free [elt]
Trägheitsmoment *n* inertial moment [phy]; inertial torque [phy]; moment of inertia [phy]
Träne *f* (auf Anstrich) tear [met]
tränken *v* (einweichen) soak
Tränkharz *n* impregnating resin [met]; resin varnish [met]
Tränklack *m* impregnating varnish [met]
Tränkmasse *f* impregnating agent [met]; impregnation compound [met]
Tränkung *f* (Einweichen) soaking
Tränkungsmittel *n* impregnating agent [met]
Tragachse *f* bearing axle
Tragarm *m* cantilever; supporting arm; suspension arm
Tragbalken *m* carrying bar; stringer
tragbar portable
Tragbeton *m* base concrete [bon]
Tragblock *m* carrying block
Tragbohle *f* (Spundwand) primary pile
Tragdecke *f* (Böden) base material
Tragebalken *m* sole bar
Trageisen *n* (für Wandeinbau einer Rohrleitung) built-in pipe clamp
tragend load-bearing; structural [sik]; supporting
tragend verschweißt strength welded [met]
tragende Wände *pl* main walls

tragende Wand *f* load-bearing wall
Trageplatte *f* bearing plate
tragfähig able to carry a load; able to support a load; able to take a load
Tragfähigkeit *f* bearing capacity; load capacity [met]; load-carrying capacity [sik]; loading capacity [sik]; supporting strength
Tragfähigkeit des Untergrunds *f* carrying capacity of the ground [geo]
Tragfähigkeitsnachweis *m* load-bearing capacity analysis [des]; load-carrying capacity analysis [des]
Tragfläche *f* bearing area; supporting area
Traggerüst *n* supporting structure
Traggewölbe *n* arch support
Tragglied *n* structural component [sik]
Tragkabel *pl* (an Brücken) braces; (an Brücken) stays
Tragkabel *n* (Hängebrücke) carrying cable; (Hängebrücke) carrying rope; (Brücke) suspender cable
Tragkettenförderer *m* drag bar feeder [prc]; suspension chain conveyor [prc]
Tragkonstruktion *f* load-bearing structure; statical structure; support structure [tec]; supporting structure
Tragkraft *f* bearing capacity; (Kran) lifting capacity; (Kran) lifting power
Tragkraft, zulässige - *f* working load [sik]
Traglager *n* journal bearing; supporting bearing
Traglast *f* buckling load
Traglastverfahren *n* limit design [sik]; load-factor method [des]; (Lastverformung) plasticity design [sik]
Tragleiste *f* support bracket
Tragluftdach *n* floating roof
Traglufthalle *f* air house; air-supported building; inflatable structure
Tragluftkonstruktion *f* (doppelwandig) air-inflated structure; (einwandig) air-supported structure
Tragmast *m* (<A>) suspension pole [stb]; suspension support [stb]; tangent pole [stb]
Tragmauer *f* load-bearing wall
Tragpfahl *m* bearing pile [tib]
Tragpfeiler *m* load-bearing pillar; supporting tower
Tragplatte *f* base plate; carrier plate
Tragpratze *f* support bracket [tec]
Tragring *m* bearing ring
Tragrolle *f* supporting roller [tec]
Tragschicht *f* base course; base layer [geo]; bearing bed [geo]; bearing layer; bearing soil [geo]; bearing stratum; sub-base [geo]
Tragschicht beim Straßenbau *f* road base [tib]
Tragschicht für Steingabionen *f* foundation pad for stone columns
Tragschicht, bituminöse - *f* (Straßenbau) bituminous base course [tib]

Tragschicht, obere - *f* base course
Tragschicht, untere - *f* subbase [tib]
Tragseil *n* suspension cable; suspension rope
Tragskelett *n* load-bearing framework
Tragstiel, geneigter - *m* (Pfahljoch) batter post [tib]
Tragverhalten *n* bearing behaviour [geo]; structural behaviour [sik]
Tragwand *f* load-bearing wall
Tragwerk *n* engineering structure; frame [stb]; (Bauwerk) load-bearing member; load-bearing structure; skeleton [stb]; supporting girder; supporting structure
Tragwerk, seilverspanntes - *n* cable-supported structure
Tragwerksentwurf *m* structural design
Tragwerksplanung *f* structural engineering; structural planning [sik]
Tragwinkel *m* support angle [des]
Trakt *m* section; tract; (Gebäude) wing
Traktorkran *m* tractor crane
Traktorschrapper *m* crawler-scrape rig [tib]
Transformator *m* transformer [elt]
Transistor *m* transistor [elt]
Transistorgerät *n* transistor apparatus [elt]
Transistorschaltung *f* transistor circuit [elt]
Translationsbewegung *f* translational motion [phy]
Translationsfläche *f* surface of translation
Translationsträgheit *f* inertia of translation [phy]
Transmissionswärmebedarf *m* (Wärmebedarfsrechnung) transmission heat loss [pow]
Transmissionswärmelast *f* (Wärmebedarfsrechnung) transmission load [pow]
transparent diaphanous
Transparentlack *m* clear varnish [met]
Transparentpause *f* reproducible copy [des]; transparent copy [des]
Transport von Feststoffen *m* solid transport [prc]
Transportaufkommen *n* volume of transport [tra]
Transportband *n* conveyor belt [prc]
Transportbeton *m* ready-mixed concrete [bon]
Transportbetonwerk *n* ready-mixed concrete facility [roh]; ready-mixed concrete plant [roh]
Transportkübel für Frischbeton *m* hand concrete cart [bon]
Transportmischerbeton *m* transit-mix concrete [bon]
Transportmörtel *m* ready-mixed mortar [met]
Transportrad *n* dolly wheel
Transportschnecke *f* spiral conveyor [prc]; worm conveyor [prc]
Transversalbogen *m* arch band; (Kreuzgewölbe) transverse arch [arc]
Transversalkraft *f* transverse force [phy]
Transversalschwingung *f* transverse oscillation [phy]

Trapezblech *n* profiled sheeting [met]; trapezoidal sheet [met]; trapezoidal sheeting [tra]

Trapezlast *f* trapezoidal load [sik]

Trapezleiste *f* four-edge strip; trapezoid-shaped batten; trapezoidal strip

Trapezmiete *f* (Kompostierung) hipped windrow [rec]; (Kompostierung) table windrow [rec]

Trapezträger *m* trapezoidal girder [stb]

Trasse *f* (Fernleitung) alignment [pow]; distribution route [elt]; marked-out route [tra]; pathway [tra]; (Bahn) railway line [tra]; road embankment [tib]; route [tra]; routing [tib]; (Bahn) trail [tra]; (Fernleitung) transmission route [elt]

Trasse, offene - *f* aerial structure

Trassenband *n* route tape [tib]

Trassenführung *f* alignment profile [pow]; routing [tib]

Trassenquerschnitt *m* pathway diameter [tra]

Trassenverbesserung *f* relocation of route [tib]

trassieren *v* lay out [tra]; locate; route [tra]

Trassierung *f* location [tra]; route planning; route selection [tib]; selection of route [tib]

Trassierungsplan *m* location scheme [tib]

Trasszement *m* Portland trass cement [met]; trass cement [met]

Traufblech *n* eaves flashing; fascia board

Traufbohle *f* eaves board; (japanische Baukunst) eaves board [arc]

Traufbrett *n* soffit board

Traufe *f* downspout; (Dachkonstruktion) eave; eaves; (Abfluss) valley gutter

Traufhöhe *f* eaves level

Trauflatte *f* eave fillet; eaves fillet

Traufpfette *f* eaves purlin; eaves strut

Traufriegel *m* eaves transom

Traufstein *m* watershoot

Traufträger *m* eaves strut

Traufziegel *m* eaves tile [met]

Traverse *f* beam yoke waler; cross arm [stb]; cross brace; cross member; cross-bar; cross-beam; (Querbalken) cross-beam; cross-head; spreader [stb]; top beam; top rail; (Quergang) traverse; yoke

Travertinarkaden *pl* (römische Baukunst) travertine shell [arc]

treffen, Vorkehrungen - *v* take precautions

treiben *v* (Pfahl) ram

Treibgas *n* foaming gas [met]

Treibhauseffekt *m* greenhouse effect

Treibhausgasemissionen *pl* greenhouse gas emissions

Treibkraft *f* moving force [phy]; propulsive force [phy]

Treibmineral *n* (in Baustoffen) expansive mineral [met]

Treibmittel *n* (für Sprays) aerosol propellant [met]; (Kunststoff, Zement) expanding agent [met]; (Kunststoff) foaming agent [met]

Treibreaktion *f* (in Werkstoffen) expansion reaction [met]

Trennbruch *m* brittle fracture [met]

trennen *v* (klassieren) grade [prc]; (abscheiden) segregate

Trenner *m* disconnecting switch [elt]; disconnector [elt]; (Schalter) isolating switch [elt]

Trennfläche *f* parting plane [des]

Trennfolie *f* separating foil [met]

Trennfuge *f* cold joint

Trennkanalisation *f* separate sewage system [was]; separate sewer system [was]

Trennkorngröße *f* separating size [met]

Trennkurve *f* separation curve [prc]

Trennlage *f* interlayer; separating ply

Trennleistung *f* separation efficiency [prc]

Trennlinie *f* dividing line [des]; separating line [des]

Trennmauer *f* cut-off wall; (zwischen Gebäuden, Wohnungen, Läden, ...) party wall; withe

Trennmittel *n* anti-stick agent [met]; (für Beton) bond-breaking agent [met]; debonding agent [bon]; (Form / Füllung) mould-release agent [met]; release agent [met]; separating agent [met]; (Betonbau) demoulding agent [met]

Trennschärfe *f* selectivity [prc]; separation efficiency [prc]

Trennschalter *m* circuit breaker [elt]; disconnecting switch [elt]; disconnector [elt]; isolating switch [elt]

Trennschicht *f* separation layer [met]

Trennschleifer, fahrbarer - *m* wheeled abrasive cutter

Trennschnitt *m* (Zeichnung) line of cut [des]; (Sieb) particle-size cut [prc]; (Sieb) screen cut [prc]; separating cut [wer]

Trennsicherung *f* switch fuse [elt]

Trennsteg *m* separating web

Trennung *f* (Abscheidung) segregation; (Absetzen) segregation [che]; (Abtrennung) separation

Trennung, ethnische - *f* (ethnische Gruppen in getrennten Stadtvierteln) ethnic segregation

Trennung, soziale - *f* (- in getrennten Stadtvierteln) social segregation

Trennung, thermische - *f* thermal break

Trennungsvorgang *m* separation process [prc]

Trennventil *n* shut-off valve [prc]

Trennverfahren *n* separation process [prc]

Trennwand *f* bridge wall; (Schottwand) bulkhead; dividing wall; middle wall; partition; partition wall; separating wall

Trennwiderstand *m* nil-ductility strength

Treppe *f* flight of stairs; staircase; stairs; (<A>) stairway

Treppe, aufgesattelte - *f* open stringer
Treppe, dreiläufige - *f* triple-flight staircase; U-shaped staircase
Treppe, einläufige - *f* single-flight staircase
Treppe, gerade - *f* straight-flight staircase
Treppe, gewinkelte - *f* angle staircase; angle-type staircase
Treppe, mehrläufige - *f* multi-flight staircase
Treppe, stützenfreie - *f* flying staircase
Treppe, zweiläufige - *f* double-flight staircase; two-flight stair
Treppenabsatz *m* floor landing; landing; staircase landing
Treppenabsatzwechselbalken *m* landing header
Treppenaufgang *m* stairway
Treppenauftritt *m* going
Treppenbau *m* stairwell construction
Treppenbelag *m* stair covering
Treppendach *n* stepped roof
Treppenflur *f* stairwell
Treppengeländer *m* banisters
Treppenhandlauf *m* handrail
Treppenhaus *n* staircase; stairwell
Treppenhauskern *m* staircase core
Treppenlauf *m* flight
Treppenpfosten *m* newel
Treppenpodest *n* landing; landing slab; staircase landing; stairway landing
Treppenschrägaufzug *m* inclined stairlift
Treppenschutzleiste *f* (Kantenschutz) stair nosing
Treppenspindel *f* stair newel
Treppenstufe *f* stair; step
Treppenturm *m* (z.B. Schloss) staircase tower [arc]
Treppenturmhalter *m* stair tower slab; stair tower stabilizer
Treppenwange *f* carriage; stair check; stair horse; stairway stringer; string board; stringboard; stringer
Tresorraum *m* strongroom; (Bank) strongroom
Tribünenträger *m* riser bent
Trichter *m* (Erd-) crater [geo]; (Beschickung) hopper [prc]
Trichterabsperrschieber *m* hopper shutter valve [prc]; hopper slide gate valve [prc]
Trichterbecken *n* hopper-bottomed tank [was]
Trichterbeton *m* tremie concrete [bon]
trichterförmig funnel-shaped; infundibular
Trichterklassierer *m* (Nassklassierung) funnel classifier [prc]
Trichtermörtelmischer *m* conical mortar mixer
Triebkraft *f* propulsion force [phy]
Triebwasserkanal *m* headrace [wba]
Triebwasserstollen *m* (Wasserkraftwerk) power tunnel [was]
Triforium *n* (Gotik) triforium [arc]

Trinitätskapelle *f* (in gotischen Kirchen) trinity chapel [arc]
trinkbar potable [was]
trinkbar, nicht - non-potable [was]
Trinkhalle *f* (Heilbad) pump-room
Trinkwasser *n* domestic water [was]; drinking water [was]; potable water [was]
Trinkwasseraufbereitung *f* drinking water treatment [was]
Trinkwasseraufbereitungsanlage *f* drinking water treatment plant [was]
Trinkwasserdesinfektion *f* drinking water sterilization [was]
Trinkwasserenthärtung *f* drinking water softening [was]
Trinkwassergewinnung *f* drinking water production [was]
Trinkwasserinfektion *f* drinking water infection [was]
Trinkwassernetz *n* potable water network [was]
Trinkwasserqualität *f* drinking water quality [was]
Trinkwasserreservoir *n* drinking water reservoir [was]
Trinkwasserschutzgebiet *n* drinking water protection area [was]; municipal watershed [was]
Trinkwassersystem *n* potable water system [was]
Trinkwasseruntersuchung *f* analysis of water supplies [any]
Trinkwasserversorgung *f* drinking water supply [was]
Trinkwasserversorgung, zentrale - *f* central drinking water supply [was]
Trinkwasserverteilung *f* drinking water distribution [was]
Triplieren *n* (Verbinden von drei Lagen) tripling
Tritt- und Setzstufen *f* treads and risers
trittfest hard-wearing [met]; non-skid [met]; non-slip [met]
Trittfestigkeit *f* resistance to foot traffic
Trittfläche *f* (Treppe) going
Trittleiste *f* kick plate
Trittschall *m* impact noise [aku]; impact sound [aku]
Trittschalldämmplatte *f* impact sound insulation board
Trittschalldämmstoff *m* acoustic insulation material [met]
Trittschalldämmung *f* impact sound insulation [aku]
Trittschallpegel *m* level of impact noise [aku]
Trittschallschutz *m* structural sound insulation [aku]
Trittsicherheit *f* tread safety [asi]
Trittstufe *f* tread
Triumphbogen *m* triumphal arch
trocken legen *v* drain [wba]

Trockenbagger *m* excavator [tib]
Trockenbatterie *f* dry battery [elt]; dry cell [elt]; dry cell battery [elt]
Trockenbau *m* indoor construction
Trockenbauarbeiten *pl* dry construction works
Trockenbaukonstruktion *f* dry construction
Trockenbauwand *f* dry construction wall; dry lining wall
Trockenbauweise *f* dry construction
Trockenbestandteil *m* dry matter [met]
Trockenbeton *m* dry-mix concrete [bon]
Trockenboden *m* aridisol soil [geo]; dry soil [geo]
Trockenbohrverfahren *n* dry drilling method
Trockenelement *n* dry cell [elt]; dry cell battery [elt]
Trockenestrich *m* dry screed
Trockenfäule *f* dry rot [bio]
Trockenfarbe *f* dry colour [met]
Trockenfertigmörtel *m* dry premixed mortar [met]
Trockengebiet *n* arid land [geo]
Trockengehalt *m* dry solids content [met]
Trockenkleber *m* dry adhesive [met]
Trockenlegung *f* dewatering [tib]; drainage [wba]; draining [was]
Trockenlöscher *m* (Brandschutz) dry extinguisher; (Brandschutz) dry-powder extinguisher; (Brandschutz) powder-type fire extinguisher
Trockenlöschmittel *n* (Brandschutz) solid extinguishing agent [met]
Trockenmahlung *f* dry grinding [prc]
Trockenmasse *f* dry mass [met]
Trockenmauer *f* dry masonry; dry masonry wall; dry wall; dry-walling wall
Trockenmauerwerk *n* dry masonry; dry masonry wall
Trockenmischung *f* dry blend [met]; dry-mix compound [met]
Trockenmörtel *m* dry mortar [met]; dry mortar [met]; dry-mix mortar [met]
Trockenprozess *m* (für Holz) seasoning process [prc]
Trockenputz *m* (Verputz) dry lining; dry plaster
Trockenschrumpfung *f* drying shrinkage [met]
Trockenschwund *m* drying shrinkage [met]
Trockenseite *f* downstream toe [wba]
Trockensiebung *f* dry screening [prc]
Trockenspritzbeton *m* dry mix shotcrete [bon]
Trockenspritzen *n* dry-spraying application
Trockensubstanz *f* dry solids [met]; solid matter [met]
Trockentunnel *m* drying tunnel [prc]
Trockenturm *m* tower dryer [prc]
Trockenverfahren *n* dry process
Trockenverglasung *f* dry glazing
Trockenzustand *m* dry state [met]
trocknen *v* dry [prc]; (Holz) season [prc]

Trocknen *n* drying [prc]
Trocknung *f* (Belüftung) dehumidification [prc]; dehydration [prc]; drying [prc]
Trocknungsmittel *n* desiccant [met]; drying agent [met]
Trog *m* tray; trough
Trogbandförderer *m* trough belt conveyor [prc]; trough conveyor [prc]
Trogblech *n* trough sheet [prc]; trough sheet [stb]
Trogbrücke *f* open bridge; (Brücke mit unten liegender Fahrbahn) trough bridge
Trogförderer *m* trough conveyor [prc]
Trogförderkette *f* trough chain conveyor chain [prc]
trogförmig trough-shaped
Trogkettenförderer *m* drag link conveyor [prc]; drag-bar conveyor [prc]; trough chain conveyor [prc]; trough flight conveyor [prc]
Trogmischer *m* trough mixer [prc]
Trogmörtelmischer *m* trough-type mortar mixer
Trogschleuse *f* (Schiffshebewerk) trough lift [wba]
Trogschnecke *f* trough screw [prc]
Trommel *f* (Tempel; Säulenelement) drum [arc]
Trommelaufzug *m* (mit Trommelantrieb) drum-driven lift
Trommelfilter *n* drum filter [prc]; rotary filter [prc]
Trommelkupplung *f* drop clutch [tra]
Trommelmischer *m* barrel mixer [prc]; drum mixer [prc]; rotary mixer [prc]
Trommelmühle *f* tumbling mill [prc]
Trommelseilwinde *f* rope winch [tec]
Trommelsieb *n* drum screen [prc]; rotary screen [prc]
Trommeltrockner *m* revolving drier [prc]; rotary drier [prc]
Trommelwehr *n* drum weir [wba]
Trommelwinde *f* drum winch
Trompe *f* (Kuppel) squinch [arc]
Tropendach *n* tropical roof
tropenfest tropic-proof; tropicalized
Tropenholz *n* tropical hardwood [met]; tropical timber [met]
tropentauglich tropicalized
Tropfblech *n* drip tray [was]
tropfenförmig drop-shaped
Tropfkante *f* drop shield
Tropfkörper *m* percolating filter [was]; sprinkling filter [was]; trickle body [was]
Tropfnase *f* drip nose; watershedding groove; (Baukonstruktion) weather groove
Tropfwasser *n* drip water [was]; dripping moisture [was]; dripping water [was]
tropfwassergeschützt drip-proof [met]
trüb (Wasser) troubled [was]

Trübe *f* (Schlammwasser) slurry [was]
Trübeführung *f* (Kläranlage) pulp circulation [was]
Trübglas *n* visionproof glass [met]
Trübstoffe *pl* colloidal matter [was]
Trübung *f* (Glas) cloudiness [met];   (- durch Rauch) loss of visibility;   (Flüssigkeiten) turbidity [was]
Trübungsanalyse *f* nephelometry [any]; turbidimetric analysis [any]
Trübungsmesser *m* nephelometer [any]; turbidimeter [any]
Trübungsmessmethode *f* turbidimetric method [any]
Trübungsmessung *f* nephelometric measurement [any]; nephelometry [any]; turbidimetric analysis [any]; turbidimetry [any]
Trübwasser *n* sludge water [was];   turbid water [was]
Trümmer *pl* (Überreste) remnants [rec];   (Schutt) rubble;   (Gebäude-) ruins [rec]
Trümmerhaufen *m* rubble pile [rec]
Trümmerschutt *m* debris [geo]
**Trum, unteres - ** *n* (Gleiskette) bottom section [tib]
Tryglyphe *f* (Tempelelement) tryglyph [arc]
Tsunami *f* (hohe Seewellen) tsunami [was]
Tudorbogen *m* Tudor arch [arc]
Tudorbogenfenster *n* (Fachwerkhaus) Tudor-arched window
Tülle *f* (Kabel) sleeve [elt]
Tünchanstrich *m* whitening coat
Tünche *f* whitewash [met]
tünchen *v* whitewash [wer]
Tünchen *n* limewashing
Tür *f* door;   gate
Tür mit eingebautem Alarmmelder *f* alarmed door [asi]
Tür mit Schnappschloss *f* self-locking door
**Tür, Einbruch hemmende - ** *f* burglar-resistant door
**Tür, einflügelige - ** *f* single door;   single-leaf door
**Tür, explosionsgeschützte - ** *f* blast-resistant door
**Tür, gepolsterte - ** *f* padded door
**Tür, Schall gedämpfte - ** *f* sound-rated door
**Tür, schalldichte - ** *f* acoustical door
**Tür, zweiflügelige - ** *f* double door
Türabdichtung *f* door gasketing;   door seal
Türangel *f* door hinge
Türanschlag *m* door hinge;   door stop;   hinge side of door
Türausschnitt *m* door opening
Türband *n* door hinge;   hinge plate
Türbeschläge *pl* door furniture;   door hardware
Türbeschlag *m* door fitting
Türblatt *n* door leaf;   leaf
Türbreite *f* door width
Türchen *n* wicket
Türdrücker *m* door handle;   door opener

Türfalle *f* door catch
Türfeld *n* door bay
Türfenster *n* door window
Türfeststeller *m* door holder
Türfitsche *f* door butt hinge
Türflügel *m* door leaf;   door wing;   wing of a door
Türfüllung *f* door panel
Türfutter *n* door frame lining;   jamb lining
Türgriff *m* door handle;   door knob
Türhöhe *f* door height
**Türholz, senkrechtes - ** *n* (Tür) muntin
**Türholz, unteres senkrechtes - ** *n* bottom muntin
Türklinke *f* door handle;   door latch
Türknauf *m* door knob
Türknopf *m* door knob
Türlaibung *f* door jamb
Türlaufschiene *f* rail for sliding doors
Türluftschleier *m* door air curtain [air]
Türmchen *n* turret [arc]
Türoberlicht *n* transom light
Türöffner *m* door opener
**Türöffner, elektrischer - ** *m* electric strike
Türöffnung *f* door bay;   door opening;   doorway
Türöffnungsanlage *f* door operator
**Türöffnungsanlage, automatische - ** *f* automatic door-opening system
Türpfosten *m* door cheek;   door jamb;   doorpost
Türprofil *n* door profile
Türpuffer *m* door stop
Türrahmen *m* door casing;   door frame
Türriegel *m* door bolt
**Türriegel, oberer - ** *m* top rail
Türrolle *f* door roller
Türsäule *f* door pillar
Türscharnier *n* door hanger;   door hinge
Türschild *n* door plate;   escutcheon
Türschließanlage *f* door closing device
Türschließer *m* door check;   door closer;   door latch;   door spring;   door locker
Türschloss *n* door lock
Türschwelle *f* doorsill;   sill;   threshold
Türspion *m* door viewer;   Judas hole
Türsprechanlage *f* door interphone [elt];   door telephone [elt]
Türstange *f* door bar
Türstiel *m* (im Bau) doorpost
Türstock *m* architrave;   door frame;   goal post
Türstopper *m* door stop
Türsturz *m* door lintel
Türsummer *m* door-buzzer [elt]
Türüberwurf *m* bar fastening for gate
Türumrahmung *f* door frame
Türverglasung *f* door glazing
Türverkleidung *f* door cladding;   door panel
Türverriegelung *f* door latch
Türwange *f* door cheek;   door jamb

Türzarge *f* buck; casing; door case; door casing; door frame
Tunnel *m* tunnel [tib]
Tunnel in offener Bauweise *m* cut-and-cover tunnel
Tunnel, doppelröhriger - *m* twin-bore tunnel [tib]
Tunnelauskleidung *f* tunnel lining [tib]
Tunnelbau *m* (Vorgang) tunnel construction; tunnel driving; tunnelling [tib]
Tunnelbauweise *f* tunnelling [tib]
Tunnelbauweise, offene - *f* (Verkehr) cut-and-cover; (Tiefbau) immersed tunnelling
Tunnelbildung *f* (in Silos) funnelling [prc]; (in Silos) ratholing [prc]
Tunnelboden *m* (Kolonne) tunnel-cap tray [prc]
Tunnelbohrmaschine *f* tunnel-boring machine
Tunneleingang *m* tunnel mouth [tib]
Tunnelherstellung in offener Bauweise *f* open-cut tunnelling [tib]
Tunnelkompostierung *f* tunnel composting [rec]
Tunnelkrinne *f* tube trench [tib]
Tunnelmund *m* mouth of a tunnel [tra]; tunnel mouth
Tunnelnische *f* (Fluchtnische) refuge-hole [tra]
Tunnelofen *m* tunnel furnace [roh]; tunnel kiln [roh]
Tunnelportal *n* mouth of a tunnel [tra]; tunnel mouth [tib]; tunnel portal [tib]; tympanum [tib]
Tunnelreinigungsfahrzeug *n* tunnel-cleaning vehicle [rec]
Tunnelschild *n* tunnel shield [tib]
Tunneltrockner *m* tunnel drier [prc]
Tunneltrocknung *f* tunnel drying [prc]
Tunnelverbindung *f* tunnel link [tib]
Tunnelvortrieb *m* tunnel advance; tunnel work; tunnelling [tib]
Tunnelvortriebsmaschine *f* tunnel driving machine; tunnelling machine [tib]
Turas *m* sprocket [tec]; sprocket [tec]
Turaswelle *f* sprocket shaft [tec]
Turbidimeter *n* turbidimeter [any]
Turbidimetrie *f* opacimetry [any]; turbidimetry [any]
Turbinenfundament *n* turbine foundation; turbine seating
Turbomischer *m* turbomixer [prc]
Turm *m* (Kirch-) steeple; tower
Turm, freitragender - *m* (Windenergieanlage) cantilevered tower [pow]
Turmbühne *f* (auf Bohrturm) derrick platform [roh]
Turmdach *n* turret roof
Turmdrehkran *m* mobile tower crane; revolving tower crane; revolving tower crane [tib]; rotary tower crane; slewing crane; tower crane; tower slewing crane
Turmfenster *n* tower window
Turmgerüst *n* elevation tower

Turmgerüstaufzug *m* cage hoist [roh]
Turmgewölbe *n* tower vault [arc]
Turmhelm *m* (Gotik) spire [arc]
Turmhochhaus *n* tower block
Turmhöhe *f* (Windenergieanlage) tower height [des]
Turmknopf *m* (auch auf Kuppeln) orb [arc]
Turmkopf *m* (Windenergieanlage) nacelle [pow]
Turmkran *m* tower crane
Turmpfeiler *m* tower pier
Turmschatten *m* (Windenergieanlage) tower shadow [pow]
Turmspitze *f* (mittelalterlich) finial [arc]; (Kirchturm) spire
Turmstrebe *f* tower shore
Turmstütze *f* tower stanchion [stb]
Turnhalle *f* gymnasium
Tuschezeichnung *f* ink drawing [des]
Typ *m* type
Typbescheinigung *f* production certificate [des]
Typenbezeichnung *f* type designation [des]
Typenblatt *n* data sheet [des]
Typengenehmigung *f* type permit [jur]
Typenmuster *n* representative sample [des]
Typenzwang *m* (der Bauleitplanung) compulsory typology

U

U-Bahn *f* (<A>) subway [tra]; (<B>) underground [tra]
U-Bahnausgang *m* underground exit [tra]
U-Bahneingang *m* underground entrance [tra]
U-Bahnstation *f* (London) tube station [tra]; underground station [tra]
U-Bahnsteig *m* underground platform [tra]
U-Eisen *n* channel bar [met]; rolled-steel channel [met]; U-iron [met]
U-Kerbe *f* (Schweißnaht) single U notch [met]
U-Naht *f* (Schweißnaht) single U [met]; (Schweißnaht) U-weld [met]
U-Profil *n* channel section [met]
U-Schiene *f* U-shaped rail [met]
U-Stab *m* U-bar [met]
U-Stahl *m* channel steel [met]
U-Treppe *f* U-shaped staircase
U-Zarge *f* U-frame
UCP (Umweltverträglichkeitsprüfung) *f* environmental impact assessment
Überalterung von Material *f* physical deterioration [met]
überarbeiten *v* rework [wer]
Überarbeitung *f* (Aufsatz etc.) revision
Überbandmagnet *m* over-the-belt magnet [prc]
Überbau *m* (Brücke etc.) superstructure
Überbau mit Hohlräumen *m* voided superstructure
Überbau, orthotropischer - *m* (Brückenbau) orthotropic deck
überbauen *v* build over
Überbausegment *n* (Brücke) half-width span
Überbautiefe *f* (Brücke) deck depth
Überbauung *f* coverage
Überbauunterkante *f* bottom edge of superstructure
Überbauweite *f* (Brücke) deck width
überbeanspruchen *v* overload; overstrain; overstress
überbelasten *v* overload
Überbelegung *f* (Wohnungen) overcrowding; (Wohnungen) overoccupation
Überbestimmung, maßliche - *f* redundant dimensioning [des]
Überblattung *f* (Holzbau) scarf joint
Überblick *m* general view [des]; (Abriss) survey [des]
Überbrandbereich *m* (Brennofen) overfiring range [roh]
überbrennen *v* (zu hoch -) overfire [roh]
überbrücken *v* bypass [elt]; shunt [elt]; (überspannen) span
Überbrückung *f* (Überführung) bridge

Überdach *n* roof
überdachen *v* cover; roof over
überdacht roofed
überdachter Gang *m* roofed passage; roofed walk
Überdachung *f* canopy; roof; roofing
überdecken *v* (überlappen) overlap
Überdeckung *f* overlap
Überdeckungsfaktor *m* (Zahnräder im Eingriff) contact ratio factor [des]
Überdeckungsstoß *m* lap joint [bon]; lap splice [bon]; splice [bon]
Überdeckungswinkel *m* (Getriebe) overlap angle [des]
überdimensional oversize [des]
überdimensionieren *v* overdesign [des]; oversize [des]
überdimensioniert overdimensioned [des]; (Leistung) overrated [des]; oversized [des]
Überdimensionierung *f* overdimensioning [des]; oversizing [des]
überdosieren *v* overdose
Überdruck *m* excess pressure [phy]; overpressure [phy]
Überdruckklappe *f* pressure-relief valve [asi]
Überdrucksicherung *f* excess-pressure safety device [asi]; pressure cut-out [was]; pressure-relief device [asi]
Übereckhalter *m* corner bracket
Übereckperspektive *f* two-point perspective [des]
übereinander angeordnet stacked
übereinander anordnen *v* superpose
Übereinstimmungsnachweis *m* certificate of conformity
übererdig above ground
Überfahrung *f* (- mit Walze) pass [tib]
Überfall *m* (Wehr) nappe [was]; overfall [wba]; overflow [wba]; spillway [wba]; (Wehr) weir [wba]
Überfall, freier - *m* uncontrolled spillway [wba]
Überfall, unvollkommener - *m* submerged overfall [wba]
Überfall, vollkommener - *m* free overfall [wba]
Überfallbogenstaumauer *f* overflow arch dam [wba]
Überfalldamm *m* overflow dam [wba]
Überfallhöhe *f* (Talsperre) spillway crest level [was]
Überfallkrone *f* overflow crest [wba]; (Talsperre) spillway crest [was]
Überfallrohr *n* overflow duct [was]
Überfallrücken *m* shaped face [wba]
Überfallschwelle *f* (Talsperre) spillway crest [was]
Überfallstollen *m* tunnel-type discharge carrier [wba]

Überfallstrecke *f* overflow section [wba]
Überfallwehr *n* overfall dam [wba]; overflow sill [wba]; overflow weir [wba]; spillway [wba]; waste weir [was]; weir [wba]
Überflurmotor *m* motor above ground [tib]
überflutet drowned
Überflutung *f* inundation [was]; overflow [was]; overtopping [wba]
Überflutungssystem *n* flooding system [asi]
Überführung *f* (Brücke) bridge; overbridge; (Hochstraße) overpass; (Brücke) viaduct [tib]
Übergabe *f* (Anlage, Bauwerk, ...) commissioning; (zur Inbetriebsetzung) handlig over
Übergabeeinrichtung *f* hopper
Übergabepodest *n* (Hochofen) delivery platform [roh]
Übergabetermin *m* (Gebäude, Anlage, ...) handing-over date; (zur Inbetriebsetzung) handlig-over date
Übergang *m* change-over [tra]; (zweier Bleche beim Schweißen) connecting surface [met]; crossing point [tra]; (Fußgängerbrücke) footbridge [tra]; (Bahn-) level-crossing [tra]
Übergang, niveaugleicher - *m* level-crossing [tra]
Übergang, planfreier - *m* grade-separated crossing [tra]
Übergangsbauteil *n* reduction unit
Übergangsbrücke *f* (Bahn) intercommunicating gangway [tra]
Übergangsfrist *f* period of transition
Übergangskanal *m* crossover duct [was]
Übergangskonstruktion *f* temporary construction
Übergangsleiste *f* transition rail
Übergangsmuffe *f* reducing coupling [tec]
Übergangsperiode *f* period of transition; phase of transition
Übergangsrohr *n* adapter pipe [prc]; transition pipe
Übergangsschurre *f* transfer chute [prc]
Übergangsstück *n* (Rohr) reducer [tec]; (Verbindungsstück) transition connection
Übergangszeit *f* phase of transition
Übergangszone *f* (zwischen miteinander verschweißten Blechen) weld junction [met]
Übergipsung *f* overplastering
Übergreifungslänge *f* length of lapped joint
Übergreifungsstoß *m* overlap joint
Übergröße *f* overdimension [des]
Überhang *m* (Baustruktur) overhang; (Fels-) overhang [geo]
Überhangblech *n* (Dach) counter-flashing
Überhangstreifen *m* (Abdeckung durch Kappleiste, Metallprofil) counter-flashing
Überhangwand *f* overhanging wall
überhitzen *v* (Dampf) overheat [pow]

Überhitzungsschutz *m* overheating protection [pow]
Überhöhung *f* banking [geo]; (Holzbau) camber; (Stütze / Träger) camber; (Straßenkurve) cant [tib]; superelevation
Überhöhungsrampe *f* (Bahn) superelevation ramp [tra]
überholen *v* (renovieren) renovate [wer]
Überholspur *f* (Straße) fast lane [tra]; (Straße) overtaking lane [tra]; (Straße) pass lane [tra]; passing lane [tra]
überholt rebuilt
überholt, technisch - outdated
Überholung *f* (Reparatur) repair
überholungsbedürftig in need of overhauling
überkleiden *v* (täfeln) wainscot [wer]
Überkopflader *m* overhead loader [tib]
Überkopfschweißung *f* overhand weld [wer]; overhead weld [met]
Überkopfverglasung *f* overhead glazing
Überkorn *n* oversize particle [prc]; screen oversize [prc]; (beim Sieben) screen residue [met]
Überkornanteil *m* (Siebung) oversize proportion [met]
Überlänge *f* excess length [des]
überlagert superimposed; (abgesackter Zement) warehouse set [met]
Überlagerung *f* (- von abgesacktem Zement) air set [met]
Überlandfreileitung *f* overhead transmission line [elt]
Überlandleitung *f* overhead powerline [elt]; transmission line [elt]
Überlandstraße *f* cross-country road [tra]
überlappen *v* overlap
Überlappnietung *f* lap riveting [wer]
Überlappstoß *m* lap joint [tec]
überlappt interleaved; overlapping
Überlappung *f* lap
Überlappungslänge *f* lap length [bon]
Überlappungsnietung *f* lap joint riveting [stb]; lap rivet joint [wer]
Überlappungsstoß *m* lap joint [tec]; overlap joint; splice
Überlaschung *f* splicing [stb]
Überlast *f* overcharge [elt]; surcharge [elt]
überlasten *v* overload; overstress; surcharge [elt]
Überlastschalter *m* peak-load controller [elt]
Überlastschutz *m* overload protection [elt]; overload trip [elt]
überlastsicher safe against overloading [elt]
Überlastspannung *f* overload voltage [elt]
Überlaststrom *m* overcurrent [elt]
Überlastungsprüfung *f* overload test [any]
Überlastungsschutz *m* overload prevention device [elt]

Überlauf *m* (aus Brecher) crusher screenings [met]; overfall [was]; overflow [wba]; (Überlaufen) overflow; (Rinne) spillway [was]; (Wehr) weir [wba]

Überlauf über Überfallkrone *m* overflow spillway [wba]

Überlauf, absperrbarer - *m* gated spillway [wba]

Überlauf, gesteuerter - *m* controlled spillway [wba]

Überlauf, verschlossener - *m* gated spillway [wba]

Überlaufanzeige *f* overflow indicator [any]

Überlaufbauwerk *n* overflow construction [wba]

Überlaufbehälter *m* expansion reservoir [was]; overflow tank [was]

Überlaufdamm *m* overfall dyke [wba]; overflow dam [wba]

Überlaufkanal *m* spillway canal [wba]; spillway channel [wba]

Überlaufkrone *f* overflow crest [wba]

Überlaufleitung *f* outflow duct [was]; overflow pipe [was]

Überlaufmesskolben *m* (Wasseranalytik) overflow measuring flask [any]

Überlauföffnung *f* overflow hole [wba]

Überlaufpegel *m* spill-over level [wba]

Überlaufrinne *f* overbank flow channel [was]; overflow channel [wba]; spillway [was]

Überlaufsicherung *f* antiflooding device [wba]

Überlaufstollen *m* tunnel-type discharge carrier [wba]

Überlaufstrecke *f* overflow section [wba]

Überlaufverschluss *m* (bei Hochwasser) spillway gate [wba]

Überlaufwasser *n* overflow water [wba]; overflow water [wba]

Überlaufwehr *n* leaping weir [wba]; overflow weir [wba]; waste weir [was]

Überlaufwehr, scharfkantiges - *n* sharp-crested weir [wba]

Überleitungssperre *f* (Talsperre) diversion dam [wba]

Übermaß *n* overdimension [des]; overmeasure [des]

Übermaßzeichnung *f* drawing dealing with oversize parts [des]

Übermurung *f* covering of the river banks with slime, mud or stones [geo]

Übernahmeanspruch *m* right to take ownership [com]

überprüfbar verifiable

überprüfen *v* check [any]; (Maschine) inspect [any]; revise [any]; test [any]

Überprüfung *f* check [any]; examination [any]; inspection [any]; review [any]; revision [any]; test [any]

Überprüfung, stichprobenartige - *f* spot check [any]; spot checking [any]

Überrest *m* (Rückstand) residue

Überrlaufwehr *n* overfall weir [wba]

Überrollschutz *m* (Baufahrzeuge) roll-over protective structure

übersättigen *v* (Lösungen) surcharge [met]

übersättigt supersaturated [met]

Übersäuerung des Wassers *f* aquatic acidification [was]

Überschiebung *f* thrust [geo]

überschießen *v* (Flüssigkeit) overflow [was]

Überschlagsrechnung *f* rough calculation [des]

überschreiten *v* (Maß) exceed [des]

Überschreitung der Frist *f* failure to meet a deadline [wer]

Überschusschlorung *f* excess chlorination [was]; superchlorination [was]

Überschussschlamm *m* surplus activated sludge [was]; (Kläranlage) surplus sludge [was]

Überschusswasser *n* supernatant liquor [met]; waste water [was]

überschwemmen *v* overflow [was]

Überschwemmung *f* cataclysm [was]; (Wasser) flood [was]; (Wasser) flooding [was]; (Über-häufung) inundation [was]; overflow [was]

Überschwemmung durch Erdbeben *f* earthquake flood [was]

Überschwemmungsgebiet *n* flood plain [was]

Überschwemmungsschutz *m* flood proofing [wba]

Übersicht *f* (Darstellung, Zusammenfassung) survey

Übersicht, tabellarische - *f* synopsis [des]; table [des]

Übersichtsdarstellung *f* global map [des]

Übersichtskarte *f* outline map [des]

Übersichtsplan *m* block plan; general plan [des]; layout plan [des]

Übersichtszeichnung *f* drawing of the general plan [des]; (allgemein) general arrangement [des]; general arrangement drawing [des]; general layout drawing [des]; layout drawing [des]

überspannen *v* overstress

Überspannung *f* excess voltage [elt]; overvoltage [elt]

Überspannungsschutz *m* excess voltage protection [elt]; overvoltage protection [elt]; surge protection [elt]; surge suppressor [elt]

Überstand *m* excess length; nosing; (Flanschträger) outstand; overhang; projection; projecture [des]

Überstau *m* excess head [wba]

überströmen *v* overflow

Überströmkanal *m* transfer port [was]

Überströmrohr *n* bypass pipe [was]; overflow pipe [was]

überströmt (Talsperre) submerged [was]

Überströmung *f* overtopping [wba]

Überstrom *m* excess current [elt]; overcurrent [elt]

überwachen *v* control; monitor; (kontrollieren) supervise
überwacht controlled
Überwachung *f* control [prc]; supervision
Überwachung, betreibereigene - *f* supervision on the operator's part [any]
Überwachung, individuelle - *f* individual monitoring [any]; personal monitoring [any]
Überwachung, sicherheitstechnische - *f* safety check [any]
Überwachungsanlage *f* control system [any]; monitoring system [any]
Überwachungsaufgaben *pl* supervisory tasks
überwachungsbedürftig, besonders - which requires special supervision [rec]
Überwachungsbereich *m* (Sicherheitstechnik) area to be monitored [asi]
Überwachungseinrichtung *f* monitoring system [any]
Überwachungsfläche *f* (Sicherheitstechnik) area to be monitored [asi]
Überwachungskamera *f* monitoring camera [edv]
Überwachungsnachweis *m* proof of supervision
Überwachungspflicht *f* duty of supervision [jur]
Überwachungstest *m* supervisory test [any]
Überwölben *n* arching
Überwurfmutter *f* screw cap [tec]; union nut [tec]
Überzug *n* (Deckenbalken) inverted beam; (Deckenbalken) upstand beam
Überzug *m* (Anstrich) coat [met]; (Schicht, Anstrich) coating [met]; (Schutz, Hülle) cover [met]; overlay [met]; suspender beam; topping [met]
Überzug, metallischer - *m* metallic coating [met]
Übungsgerät *n* training device [asi]
Übungsstrecke *f* training gallery [asi]
Ufer *n* (Fluss-) bank [geo]; (Meer-) seashore [geo]; (See-) shore [geo]
Ufer, einbuchtendes - *n* concave bank [geo]
Uferabbruch *m* erosion of a bank [geo]
Uferangriff *m* erosion of a bank [geo]
Uferausbesserung *f* (Fluss) bank reinstatement [wba]
Uferbefestigung *f* bank defence [geo]; embankment [wba]; marginal bund [wba]
Uferbereich *m* littoral zone [geo]
Uferböschung *f* bank slope [geo]; embankment [geo]
Uferdamm *m* embankment [wba]; embankment dam [tib]; (künstlicher -) levee [wba]
Ufereinfassung *f* (am Meer) sea front construction [tib]
Ufereinsickerung *f* bank infiltration [was]
Ufererosion *f* bank erosion [geo]
Uferfiltrat *n* bank filtrate [was]; bank-filtered water [was]
Uferfiltration *f* bank filtration [was]

Uferhöhe *f* height of bank [geo]
uferlos boundless [geo]
Ufermauer *f* bank revetment; quay wall [wba]
Uferschutz *m* revetment of slopes [wba]
Ufersicherung *f* bank revetment
Uferstraße *f* coast road [tra]; lakeside road [tra]; riverside road [tra]
Uferverbau *m* bank fixation [wba]
Uferweg *m* waterfront path [com]
Uferzone *f* littoral zone [was]
Ultrafiltration *f* ultrafiltration [was]
Ultraschall-Dickenmesser *m* ultrasonic thickness tester [any]
Ultraschall-Dickenmessgerät *n* ultrasonic thickness gauge [any]
Ultraschall-Durchflussmesser *m* ultrasonic flowmeter [any]
Ultraschall-Füllstandsmessung *f* ultrasonic level gauge [any]
Ultraschall-Materialprüfung *f* ultrasonic materials testing [any]; ultrasonic testing [any]
Ultraschall-Werkstoffprüfung *f* ultrasonic testing [any]
Ultraschallabbildung *f* ultrasonic imaging [any]
Ultraschalldiagnostik *f* ultrasonic diagnosis [any]
Ultraschallmikroskop *n* ultrasonic microscope [any]
Ultraschallprüfgerät *n* ultrasonic equipment [any]; ultrasonic flaw detector [any]; ultrasonic test equipment [any]
Ultraschallprüfkopf *m* ultrasonic probe [any]
Ultraschallprüfung *f* ultrasonic examination [any]; ultrasonic test [any]
Ultraschallsonde *f* supersonic probe [any]; ultrasonic probe [any]
Ultraschalltest *m* supersonic test [any]
Ultraschallwarmschweißen *n* ultrasonic hot welding [wer]
Umarbeitung *f* revision
Umbau *m* conversion; rebuilding; (Plan) reconstruction [des]; renovation; structural alteration [des]
Umbauarbeiten *pl* alterations
umbauen *v* (verändern) convert [wer]; (renovieren) rebuild; renovate
Umbaumaßnahme *f* revamp; structural alteration
Umbaustrecke *f* section under repair [tra]
umbaut walled-in
Umbauten *pl* alterations; modifications
Umbauten, genehmigte - *pl* authorized field modifications
umbauter Raum *m* architectural volume; enclosed space
Umdrehung *f* (allgemein) turn [tec]
Umdrehungen pro Minute *pl* revolutions per minute [phy]

Umfang *m* (Kreis, Quadrat, usw.) perimeter
Umfang der Leistungen *m* scope of performance
[eco]
Umfangsfuge *f* (Talsperre) petrimetral joint [wba]
Umfangslast *f* rotating load [sik]
Umfangsnaht *f* (von Behältern) circumferential
seam [met]
Umfangsverbindung *f* peripheral joint
umfassend comprehensive
Umfassungsbalken *m* perimeter beam
Umfassungsmauer *f* enclosing wall;   perimeter
wall
Umfassungswand *f* containment wall;   perimeter
wall
Umfeld *n* milieu
Umfriedigung *f* (Zaun) fence
Umfriedung *f* (Zaun) enclosing fence
Umfriedungsmauer *f* enclosing wall
umführen *v* bypass
Umgang *m* (römische Arena) ambulatory corridor
[arc]
umgeben *v* surround
umgebend ambient;   surrounding
Umgebung *f* (Umwelt) environment;   neighbour-
hood;   (örtlich) proximity;   (Nachbarschaft)
vicinity
Umgebung, in der - von .. in the environs of ..;   on
the outskirts
Umgebungsbebauung *f* surrounding development
[com]
Umgebungsklima *n* ambient atmosphere [wet]
Umgebungslärm *m* ambient noise [aku];
background noise [aku];   neighbourhood noise
[aku]
Umgebungsluft *f* ambient air;   surrounding
atmosphere [air]
Umgebungsschutz *m* district design requirements
[com]
Umgebungsstrahlung *f* natural radiation
Umgebungstemperatur *f* ambient temperature
Umgegend *f* surroundings
Umgehungskanal *m* diversion canal [wba]
Umgehungsleitung *f* bypass duct [prc];   bypass line
[prc]
Umgehungsstraße *f* bypass road [tra];   diversion
road [tra]
umgestalten *v* (umbauen) reconstruct;   (umbauen)
redevelop;   (umbauen) remodel;   (umbauen)
reshape
Umgestaltung *f* alteration;   rearrangement;
redesign [des]
Umgrenzung *f* restriction
umhüllt (geschützt) shielded [met]
Umhüllung *f* outer wrapping
Umhüllung, isolierende - *f* insulating covering
[met]

Umhüllungsbewehrung *f* wrapping [bon]
Umkehrdach *n* (Wärmedämmschicht auf
Dachabdichtung) reverse roof
Umkehrschalter *m* reversing switch [elt]
Umkleideraum *m* changing cubicle;   changing-
room;   (- mit Spinden) locker room [wer]
Umkleidung *f* (Verkleidung) clothing [met];
(Beschichtung) coating [met];   (Schutz) shield
umkonstruieren *v* rebuild [des];   reconstruct [des];
redesign [des];   redevelop [des]
Umkonstruktion *f* redesign [des]
Umkreis *m* (Umgebung) periphery;   surrounding
area
Umlage *f* apportionment [eco]
Umlagern *n* (Tiefbau) rehandling
Umlagerung *f* redistribution
Umland *n* surrounding area;   surrounding
countryside;   surrounding region [com]
Umlaufanlage *f* circulating equipment [prc]
Umlaufbecherwerk *n* circulating elevator [prc]
Umlaufbecken *n* activated sludge tank with
circulating flow [was]
Umlaufbehälter *m* circulation tank [was]
Umlaufblech *n* running board
umlaufend circumferential
Umlaufgut *n* (Aufbereitung) recirculated material
[met]
Umlaufheizung *f* circulation heating [pow]
Umlaufkanal *m* culvert [wba]
Umlaufnetz *n* grid-iron system [was]
Umlaufpumpe *f* circulating pump [prc]
Umlaufwasser *n* circulation water [was]
Umlegung *f* (von Grundstücken) reallocation of land
umleiten *v* (Fluss) divert [wba]
Umleitkanal *m* bye-wash [wba]
Umleitungsbauten *pl* (Flussumleitung) diversion
works [wba]
Umleitungskanal *m* bypass channel [was]
Umleitungssperre *f* (für Bewässerung) diversion
dam [wba]
Umleitungsstollen *m* water diversion tunnel [was]
Umlenkblech *n* splash plate [was]
Umlenkrolle *f* guide roller [tec];   idler [tec]
Umlenkturas *m* idler [tib];   idler sprocket [tib]
Umlenkwinkel, ungewollter - *m* (Spannbeton)
wobbling effect
umliegend surrounding
Umluftheizung *f* heating by circulating air [prc];
recirculating heating [prc]
Umluftkanal *m* recirculation duct [air]
ummantelt coated [met];   covered;   encased;
jacketed;   sheathed
ummantelt mit Beton encased in concrete [bon]
Ummantelung *f* haunching;   (Rohre o.ä) wrapping
Umnutzung *f* change of use
Umnutzungsgebiet *n* (Städtebau) conversion area

umordnen *v* rearrange
umpolen *v* change poles [elt]; reverse polarity [elt]
umquartieren *v* rehouse
Umrechnungstafel *f* conversion table [des]
Umriss *m* contour [des]; outline [des]; (Skizze) sketch [des]
Umrisslinie *f* contour [des]; outline [des]
umrühren *v* agitate [prc]
umrüsten *v* convert [wer]; retrofit
Umsatzmiete *f* (Gewerbeimmobilie) turnover rent [eco]
Umsatzsteuerbefreiung *f* exemption from turnover tax [jur]
Umschalter *m* change-over switch [elt]; commutator [elt]; (Wahlschalter) selector switch [elt]
Umschaltung *f* change-over [elt]; commutation [elt]; switching [elt]
Umschaltvorrichtung *f* reversing device
Umschlagablauf *m* handling cycle [tra]
Umschlagbahnhof *m* transfer station [tra]; transshipment station [tra]; transshipment terminal [tra]
Umschlagbühne *f* (Baustelle) handling platform
Umschlagen von Kräften *n* reversal of forces [sik]
Umschließungssystem *n* (Reaktorgebäude) containment system
Umschließungssystem, doppeltes - *n* (Reaktorgebäude) double containment system
Umschlingungsfestigkeit *f* state of all-around tension [sik]
Umschmelzmetall *n* remelt metal [met]
umschweißt boxed [met]
umsetzen *v* re-site; (räumlich) relocate
Umsetzen, nochmaliges - *n* (Tiefbau) rehandling
Umsetzgabel *f* transportation fork
Umsetzrad *n* transportation wheel
Umsetzung *f* (Verwirklichung) implementation
Umspannstation *f* transformer station [elt]
Umspannwerk *n* distribution station [elt]; transformer station [elt]; transformer substation [elt]
Umströmungslärm *m* streampass noise [aku]
umstrukturieren *v* restructure
Umstrukturierung *f* restructuring
Umwälzpumpe *f* (im Kreislauf) circulating pump [prc]
umwandeln *v* (Stoff) convert [che]
Umwandler *m* transformer [elt]
Umwandlungsprodukt *n* transformation product [met]
Umwandlungspunkt *m* (Metallurgie) critical point [met]
Umwelt gefährdend hazardous to the environment
Umwelt vernichtend ecocidal
Umwelt-Management-System *n* (UMS nach EU-Verordnung) environment management system

Umweltauswirkung *f* environmental impact
umweltbelastend environmentally harmful
Umweltbelastung *f* environmental pollution
Umweltbericht *m* environmental report
umweltbewusst conscious of environment; ecologically aware; environment-oriented; environmentally sensitive
Umweltbewusstsein *n* ecological awareness; environmental awareness
Umweltbilanz *f* environmental balance
Umweltchemikalien *pl* environmental chemicals
Umweltdaten *pl* environmental data
Umwelteigenschaften *pl* environmental properties
Umwelteinfluss *m* environmental impact
Umwelteinwirkung *f* environmental impact
Umwelterheblichkeit *f* environmental impact
umweltfeindlich ecologically harmful; environmentally harmful
Umweltfolgenabschätzung *f* environmental forecasting; environmental impact assessment; impact assessment
umweltfreundlich ecologically desirable; ecologically sound; environmentally benign; environmentally friendly; environmentally sound
Umweltgefährdung *f* danger to the environment
umweltgefährlich hazardous to the environment
Umweltgefahr *f* environmental danger; environmental hazard
Umweltgutachten *n* environmental report; expert opinion on environmental matters
Umwelthaftpflicht *f* environmental liability
Umwelthaftungsgesetz *n* Environmental Liability Act [jur]
Umweltkosten *pl* environmental costs
Umweltmananagementsystem *n* environmental management system
umweltorientiert ecological
umweltrelevant relevant to the environment
Umweltschaden *m* contamination
umweltschädlich ecologically harmful; ecologically injurious; harmful to the environment
umweltschonend ecofriendly; environmentally benign; environmentally compatible; environmentally favourable
Umweltschutz *m* environmental protection; (Maßnahme) pollution control
Umweltschutz, vorsorgender - *m* proactive protection of the environment
Umwelttechnik *f* environmental technology
Umweltüberwachung *f* environmental monitoring
umweltverschmutzend polluting
Umweltverschmutzung *f* environmental pollution
umweltverträglich compatible with the environment; consistent with the environment; ecologically acceptable

Umweltverträglichkeit *f* ecological compatibility; environmental compatibility; environmental soundness

Umweltverträglichkeitsprüfung *f* environmental impact assessment

Umweltverträglichkeitsuntersuchung *f* environmental acceptability assessment

Umweltvorsorge *f* environmental precaution

umwohnend living in the neighbourhood [com]; neighbouring [com]

Umzäunung *f* boundary fence

umzeichnen *v* redraw [des]

unabgestimmt uncoordinated

unarmiert unreinforced [bon]

unbearbeitet raw; untreated

unbebaut undeveloped; (Grundstück) vacant

Unbedenklichkeitsbescheinigung *f* clearance certificate [jur]

Unbedenklichkeitsschwelle *f* limit of absolute safety [asi]

unbefahrbar untrafficable [tra]

unbefestigt (Straße) unpaved [tra]

Unbehagen, thermisches - *n* (Klimatisierung) thermal discomfort [tga]

unbehandelt non treated; rough; unprocessed; untreated

unbeheizt unfired [pow]; unheated

unbelastet non-contaminated; non-polluted

unbemaßt undimensioned [des]

unbenutzt unused

unbeschichtet uncoated [met]

unbeschottert unmetalled [tib]

unbestimmt, statisch - statically indeterminate [sik]

Unbestimmtheit, statische - *f* statical indeterminacy [sik]

unbewacht without an attendant

unbewässert unirrigated

unbeweglich (starr) rigid

unbewehrt unreinforced [bon]

unbewohnt uninhabited; unoccupied; vacant

unbiegsam inflexible; rigid

undicht leaking; (Dichtung usw.) non-closing; (durchlässig) penetrable; (durchlässig) permeable; (durchlässig) pervious; unretentive; untight

undicht sein *v* leak

Undichtigkeit *f* leak; leakage; permeability

undurchführbar impracticable; infeasible

undurchlässig impermeable; impervious; (wasserdicht) waterproof; (wasserdicht) watertight

Undurchlässigkeit *f* impermeability; leakproofness; tightness

uneben (rauh) rough; (Gelände) rugged; (Fläche) uneven

Unebenheit *f* difference in level; (Gelände) ruggedness; unevenness

unentflammbar flame-proof [met]; non-inflammable [met]

unerschlossen undeveloped [com]; unexploited [com]; untapped [com]

Unfall durch elektrischen Strom *m* electrical accident [elt]

Unfall innerhalb der Arbeit *m* industrial accident [asi]

Unfall mit Arbeitsunfähigkeit *m* lost-time accident [asi]

Unfall mit Ausfallzeit *m* lost-time accident [asi]

Unfall mit Körperschaden *m* personal injury accident

Unfall mit Todesfolge *m* fatal accident

Unfall ohne Arbeitsausfall *m* non-disabling injury

Unfall, angezeigter - *m* notified accident [asi]; reported accident [asi]

Unfall, durch - verursacht accidental

Unfall, gemeldeter - *m* notified accident [asi]; reported accident [asi]

Unfall, meldepflichtiger - *m* reportable accident [asi]

Unfall, nicht angezeigter - *m* unreported accident [asi]

Unfall, nicht gemeldeter - *m* unreported accident [asi]

Unfall, schwerer - *m* serious accident [asi]; severe accident

Unfall, tödlicher - *m* fatal accident; fatality

Unfall, vermeidbarer - *m* avoidable accident [asi]

Unfallablauf *m* accident profile [asi]; accident progression [asi]; accident sequence [asi]

Unfallanalyse *f* accident analysis [asi]; accident investigation [asi]

Unfallanfälligkeit *f* accident proneness [asi]; predispostion to accidents [asi]; susceptibility to accidents [asi]

Unfallanzeige *f* notification of an accident [asi]

Unfallauswertung *f* accident evaluation [asi]

Unfallbenachrichtigung *f* accident notification [asi]

Unfallbericht *m* accident report [asi]

Unfallbeteiligte *f* person involved in an accident [asi]

Unfallbeteiligter *m* person involved in an accident [asi]

Unfalldaten *pl* accident data [asi]

Unfalldisposition *f* accident proneness [asi]; predispostion to accidents [asi]; susceptibility to accidents [asi]

Unfallentschädigung *f* accident indemnity [asi]

Unfallfolgen *pl* consequence of the accident [asi]; effects of accident [asi]

Unfallforschung *f* accident research [asi]

Unfallgefährdung *f* accident hazard [asi]

Unfallgefahr *f* accident hazard [asi]; accident risk [asi]; danger of accident [asi]; risk of accidents [asi]

Unfallgeschädigter, wiederholt - *m* accident repeater [asi]

Unfallgeschehen *n* accident details [asi]

Unfallhäufigkeit *f* accident frequency [asi]; accident rate [asi]

Unfallhäufigkeit, relative - *f* incidence rate [asi]

Unfallhäufigkeitsrate *f* accident frequency rate [asi]

Unfallkarte *f* accident card [asi]

Unfallkonzentration, maximale - *f* emergency exposure level [asi]

Unfallkran *m* accident crane

Unfallkrankenhaus *n* accident hospital [hum]; casualty hospital [hum]

Unfallmeldeanlage *f* accident-signalling system [asi]

Unfallmeldesystem *n* accident reporting system [asi]

Unfallmeldung *f* accident declaration [asi]; accident report [asi]; accident statement [asi]

Unfallmerkblatt *n* accident information sheet [asi]

Unfallneigung *f* accident proneness; predispostion to accidents; susceptibility to accidents

Unfallnotruf *m* emergency call [asi]

Unfallopfer *n* casualty; victim of an accident

Unfallort *m* accident location [asi]; accident site [asi]; place of accident [asi]; scene of the accident [asi]

Unfallquote *f* accident rate [asi]; incidence rate [asi]

Unfallregister *m* accident records [asi]

Unfallrekonstruktion *f* accident reconstruction [asi]

Unfallrente *f* accident annuity [eco]

Unfallreparatur *f* accident repair [asi]

Unfallrisiko *n* accident hazard [asi]; accident risk [asi]

Unfallschaden *m* accident damage [asi]

Unfallschutz *m* accident prevention [asi]; accident protection [asi]; personal injury protection [asi]; prevention of accidents [asi]

Unfallschutz am Arbeitsplatz *m* on-the-job safety [wer]

Unfallschutzvorrichtung *f* accident shield [asi]

Unfallschwere *f* accident severity [asi]

Unfallschwerpunkt *m* accident black spot [asi]

Unfallsschaden *m* accidental damage [asi]

Unfallstation *f* (in Krankenhaus) accident department [hum]; (in Krankenhaus) accident unit [hum]; ambulance station [hum]; first-aid dispensary [hum]

Unfallstatistik *f* accident statistics [asi]; statistics on accidents [asi]

Unfallstelle *f* accident scene [asi]; scene of the accident [asi]; site of the accident [asi]

Unfalltod *m* accidental death [hum]

Unfalluntersuchung *f* accident analysis [asi]; accident investigation [asi]; accident study [asi]

Unfallursache *f* accident causation [asi]; accident cause [asi]; accident source [asi]; cause of accident [asi]; cause of an accident [asi]

Unfallursachenanalyse *f* accident analysis [asi]

Unfallursachenforschung *f* accident causation research [asi]

Unfallursachenuntersuchung *f* accident analysis [asi]

Unfallverhütung *f* accident control [asi]; accident prevention [asi]; prevention of accidents [asi]

Unfallverhütungseinrichtungen *pl* accident-preventing features [asi]

Unfallverhütungskurs *m* safety training course [asi]

Unfallverhütungsmaßnahme *f* accident-prevention measure [asi]

Unfallverhütungsprogramm *n* accident prevention programme [asi]

Unfallverhütungsvorschrift *f* accident prevention regulation [jur]; accident prevention rule [asi]; regulation for the prevention of accidents [asi]; safety regulation [asi]

Unfallverhütungsvorschriften *pl* accident prevention regulations [asi]; safety regulations [asi]

Unfallverhütungswettbewerb *m* safety competition [asi]; safety contest [asi]

Unfallverlauf *m* accident profile [asi]; accident progression [asi]

Unfallvermeidung *f* accident avoidance [asi]; accident prevention [asi]

Unfallversicherung, gesetzliche - *f* workers' compensation [asi]; workmen's compensation [asi]

Unfallversicherungsanstalt *f* accident insurance fund [asi]

Unfallverursacher *m* person who caused the accident [asi]

Unfallwagen *m* (Rettungswagen) incident vehicle [hum]

Unfallwarnsignal *n* incident warning sign [asi]

Unfallwarnzeichen *n* accident advisory sign [asi]

Unfallziffer *f* accident frequency rate [asi]; number of accidents [asi]

ungeeignet improper; unsuitable

ungeerdet (<B>) unearthed [elt]; (<A>) ungrounded [elt]

ungeheizt unheated [pow]

ungeladen neutral [elt]; not charged [elt]; uncharged [elt]

ungenau imprecise; (nicht fehlerlos) inaccurate

ungenehmigt unauthorized

ungeschichtet (Mauerwerk) uncoursed

ungeschottert unmetalled [tib]

ungesiebt unscreened [prc]

ungestrichen uncoated [met]

Universalschlüssel *m* adjustable spanner [wzg]; monkey wrench [wzg]
Universitätsgebäude *n* university building
Universitätsstadt *f* university town [com]
unkartiert unmapped [des]
unlegiert plain [met]; unalloyed [met]
unlösbar (nicht löslich) insoluble [che]
unmessbar immeasurable [any]
unproportioniert disproportionate [des]; unproportionate [des]
unqualifiziert unqualified; unskilled
unregelmäßiges Mauerwerk *n* random range ashlar
unrein contaminated [che]
Unreinheit *f* contamination [che]; impurity [che]
Unstetigkeitsstelle *f* point of discontinuity [sik]
unstrukturiert unstructured
unsymmetrisch asymmetrical; unsymmetrical
Unteranstrich *m* undercoat [met]
Unterarmschützer *m* protective sleeve [asi]
Unterauftrag *m* subcontract [eco]
Unterauftragnehmer *m* subcontractor [eco]
Unterbau *m* base; base course; bed; foundation; foundation course; (Straße) subbase [tib]; (Eisenbahn) subgrade [tib]; (Gebäude) substruction; bottoming [tib]
Unterbaugruppe *f* subassembly [elt]
Unterbauung *f* underpinning
Unterbeton *m* concrete blinding [bon]; concrete underbed [bon]; rough concrete [bon]; subconcrete [bon]
Unterbetonlage *f* mattress [bon]
Unterbetonschicht *f* blinding bed [bon]
Unterbettungssand *m* bedding sand [met]
Unterbettungsschicht *f* base course [geo]
Unterboden *m* lower soil [geo]; rough floor; subfloor; subsoil [geo]; underfloor
Unterbogen *m* lower segment
Unterbrecher *m* circuit breaker [elt]
Unterbrecherkontakt *m* breaker contact [elt]; contact breaker [elt]
Unterbrechung *f* (Ausschalten) cut-off [elt]; (Abschaltung) outage [elt]; stoppage
Unterbrechung der Ausführung von Bauleistungen *f* interruption of the building work
unterbreiten *v* submit
Unterbringung *f* accommodation; housing
Unterbringung, anderweitige - *f* alternative premises
unterbrochen, nicht - uncluttered [met]
Unterdach *n* roof substructure
Unterdeck *n* (Sieb) bottom deck [prc]
Unterdecke *f* counter-ceiling
unterdimensionieren *v* underdesign [des]
unterdimensioniert underrated [des]; undersized [des]

Unterdruck *m* partial vacuum [phy]; underpressure [phy]; vacuum [phy]
unterfangen *v* found; underpin
Unterfangen *n* dead shoring; underpinning; vertical shoring
Unterfangung *f* dead shoring; underpinning; (Grundbau) underpinning work; vertical shoring
Unterflansch *m* bottom flange; lower flange [stb]
Unterflügel *m* (Fenster) bottom sash; (Fenster) lower sash
Unterflurbetankungssystem *n* underground fuelling system [tra]
Unterflurheizung *f* underfloor heating [pow]
Unterführung *f* (Straße) fly-under [tra]; (Fußgänger) subway [tib]; underbridge [tra]; (Fußgänger) underpass [tib]
Unterfütterung *f* (Grundbau) underpinning work
Untergeschoss *n* basement
Untergestell *n* bogie; bottom of crucible; underframe
untergetaucht submerged
Untergewicht *n* short weight
untergliedert partitioned; subdivided
Untergrund *m* (Erde) basement soil [geo]; (Erde) bedrock [geo]; (Baugrund) foundation; (Erde) ground [geo]; (im Boden) subgrade [geo]; subsoil [geo]; (unter einer Bodenschicht) subsoil [geo]; (Abstrich) substrate [met]; underfooting [geo]; (-verhältnisse) underfooting [geo]
Untergrund, tragfähiger - *m* natural foundation
Untergrund, verdichteter - *m* compacted subgrade
Untergrundabdichtung *f* bottom sealing; subsoil waterproofing; underground sealing
Untergrundanstrich *m* (Schicht) primer coat [met]
Untergrundbahn *f* (<A>) subway [tra]; (<B>) underground railway [tra]
Untergrundbauwerk *n* subsurface structure
Untergrundbearbeitung *f* subsoiling
Untergrundbewässerung *f* subsoil irrigation [was]
Untergrundbewegung *f* underground movement
Untergrunddichtung *f* subsoil cementation [tib]; subsoil solidification [tib]; subsoil stabilization [tib]
Untergrundentwässerung *f* sub-drainage [tib]
Untergrundgeräusch *n* background noise [aku]; random noise [aku]
Untergrundhärter *m* base primer [met]
Untergrundpflug *m* mole plough [tib]
Untergrundrauschen *n* background noise [aku]
Untergrundverhältnisse *pl* subsurface conditions [geo]
Untergrundwasser *n* subterranean water [was]; underground water [was]
Untergurt *m* (Unterzug) bottom boom; bottom chord; bottom flange [stb]; lower boom; lower chord [stb]; lower flange [stb]

Untergurtanschluss *m* lower chord connection [stb]

Untergurtanschlusslasche *f* lower chord connecting plate [stb]

Untergurtstab *m* bottom chord member [stb]

Untergurtwinkel *m* bottom chord angle [stb]

Unterguss *m* (Maschinenfundamente) grouting

Untergusshöhe *f* grouting clearance

Untergussstärke *f* (Fundament) grouting thickness

unterhalten *v* (unterstützen) support

Unterhaltung *f* (Wartung Geräte) upkeep [wer]

unterirdisch subsurface [geo]; subterranean; underground

unterirdisch verlegen *v* (Leitung) lay underground [wer]

unterirdische Rohrverlegung *f* underground piping

Unterkante *f* bottom level; bottom line; lower face; underside

unterkellern *v* build a cellar under

unterkellert with cellar

unterkellert, nicht - basementless

Unterkleidung *f* underwear

Unterkonstruktion *f* base structure; substructure

Unterkorn *n* (Sieben) screen undersize [prc]; (Sieben) subsieve material [prc]; (Siebdurchgang) undersize [prc]

Unterkunftscontainer *m* (auf Baustellen) accommodation container

Unterlage *f* (beim Schweißen) backing [met]; (Beleg, Referenzmaterial) basic document [des]; (Beleg, Referenzmaterial) basic reference [des]; (Fundament) basis; (Unterbau) bed; (Fundament) foundation

Unterlager *n* lower bed

Unterlagsplatte *f* (Brücke) holding-down chair

Unterlauf *m* lower course [wba]; tail-water [wba]

Unterlauf eines Stauwehres *m* spillway apron of a barrage [wba]

Unterlegblech *n* shim [tec]

Unterlegholz *n* wooden support

Unterlegkeil *m* wedge [tec]

Unterlegklotz *m* spacer block

Unterlegplatte *f* spacer [tec]

Unterlegscheibe *f* grommet; grummet; washer [tec]

Unterlegscheibe, konische - *f* tapered washer [tec]

Unterlieferant *m* subcontractor [eco]

Unterliegerwerk *n* (Wasserkraftwerk) downstream power plant [pow]

untermalen *v* prime [wer]

untermauern *v* found

Untermauerung *f* foundation; underpinning

Untermiete *f* sublease [eco]

Untermieter *m* (in Wohnung) lodger [eco]; sublessee [eco]

Untermieterin *f* (in Wohnung) lodger [eco]; sublessee [eco]

Untermietvertrag *m* sublease [jur]

Unternahtriss *m* (Riss der Schweißnaht) toe crack [met]

Unternehmenszentrale *f* company headquarters [eco]

Unternehmerpflichten *pl* business owner's duties [eco]

Unterpflasterstraßenbahn *f* underground tramway [tra]

Unterpflastertunnel *m* sub-pavement tunnel [tib]

Unterpressen *n* (Straße) undersealing [tib]

Unterputz *m* backing coat; base coat of render; mortar undercoat; scratch coat; undercoat of render; undercoat plaster

Unterputzarmatur *f* recessed fitting [tga]

Unterputzdose *f* concealed box [elt]

Unterputzeinbau *m* flush mounting [tga]

Unterputzinstallation *f* concealed wiring [elt]; hidden installation [elt]

Unterputzkabel *n* concealed cable [elt]; secret cable [elt]

Unterputzleiste *f* undercoat lath

Unterputzleitungen *pl* concealed wiring [elt]

Unterputzmörtel *m* undercoat mortar [met]

Unterputzmontage *f* flush mounting [elt]

Unterputzrohr *n* concealed pipe

Unterputzschalter *m* flush switch [elt]; flush-mounting switch [elt]

Unterputzspülkasten *m* (Toilettenspülung) concealed cistern [tga]

Unterrostung *f* corrosion creep [met]; (Anstrich) rusting of substrate [met]

Untersatz *m* base; pedestal; support

unterschächtig (Wasserrad) undershot [was]

Unterschätzung der Gefahr *f* underestimation of danger [asi]

Unterschicht *f* base layer [met]; bottom course [tib]; priming coat [met]; substratum [geo]

Unterschrank *m* cupboard base unit

Unterschreitung des Mengenansatzes *f* falling short of the estimated quantity [met]

Unterschrumpf *m* (Beton) undershrink

unterseeisch undersea

Unterseite *f* underside

Unterseite, offene - *f* open bottom

Untersetzungsgetriebe *n* reduction gear [tec]

Untersicht *f* bottom view [des]; soffit [des]; underside view [des]

Unterspannbahn *f* (Folie) underlay foil [met]; (Bauabdichtung) waterproofing foil [met]

Unterspannungsauslösung *f* undervoltage release [elt]

Unterspannungsschutz *m* undervoltage protection [elt]

unterspülen *v* scour [was]

Unterspülung *f* scouring [was]; underwashing [geo]

Unterstadt *f* lower part of a town

unterstreichen *v* underscore [des]

unterströmt undershot [was]

Unterströmung *f* (Talsperre) underseepage [was]

Unterstützmauer *f* downstream shoulder [wba]

Unterstützung *f* propping; strutting

untersuchen *v* analyse [any]; check [any]; examine [any]; explore [any]; investigate [any]; test [any]

Untersuchung *f* (Chemie) analysis [any]

Untersuchung, analytische - *f* analytical investigation [any]

Untersuchung, empirische - *f* empirical analysis [any]; empirical examination [any]

Untersuchung, seismische - *f* seismic investigation [any]

Untersuchung, zerstörungsfreie - *f* non-destructive determination [any]

Untersuchungsbefund *m* analysis report [any]

Untersuchungsbericht *m* examination report; inspection report [any]

Untersuchungsbohrung *f* prospect boring [roh]

Untersuchungsgebiet *n* area covered in the survey; area of the survey

Untersuchungsmaßnahme *f* measure of investigation [any]

Untersuchungsmaterial *n* experimental material [any]; test material [any]

Untersuchungsmethode *f* examination method [any]; method of examination [any]; test method [any]

Untersuchungsprogramm *n* analysis program [any]

Untersuchungsreihe *f* series of tests [any]

Untertagebauarbeiten *pl* (DIN 18312) underground working [tib]

Untertagedeponie *f* underground tip [rec]

Unterteil *n* base part

unterteilt spaced

Unterton *m* seat earth [geo]; underclay [geo]

Untertor *n* (Schleuse) bottom gate [wba]; (Schleuse) lower gate [wba]; tail gate [wba]; tail sluice [wba]

Unterträger *m* subcarrier

untertunneln *v* tunnel through; tunnel under

Untertunnelung *f* tunnelling [tib]

Unterverdichtung *f* undercompaction [geo]

untervergeben *v* let out [eco]; sublet [eco]

untervermieten *v* sublease [eco]; sublet [eco]

Untervermietung *f* sublease [eco]; (Immobilie) subletting [eco]

Unterverpachtung *f* sublease [eco]

Unterversorgung *f* shortage

Unterverteiler *m* sub-distributor [elt]

Unterverteilung *f* sub-distribution board [elt]; sub-distribution point [elt]; sub-distribution unit [elt]

Untervertrag *m* subcontract [jur]

Untervertrag abschließen *v* subcontract [eco]

Unterwasertunnel *m* underwater tunnel [tib]

Unterwasser *n* afterbay [wba]; backwater [wba]; tail-water [wba]

Unterwasser-Rammhammer *m* underwater pile hammer [tib]

Unterwasseranstieg *m* (Talsperre) tail-water rise [wba]

Unterwasseranstrich *m* underwater coating [che]

Unterwasserbeton *m* submerged concrete [bon]; underwater concrete [bon]

Unterwasserfarbe *f* underwater paint [che]

Unterwassergraben *m* tail-race [wba]

Unterwassergründung *f* subaqueous foundation

Unterwasserkabel *n* underwater cable [elt]

Unterwasserkraftwerk *n* tail-water power plant [pow]

Unterwassermauer *f* downstream face [wba]

Unterwasserpumpe *f* submersible pump [prc]

Unterwasserrutschung *f* underwater solifluction [wba]

Unterwasserstraßentunnel *m* subaqueous road tunnel [tib]

Unterwassertunnel *m* undersea tunnel [tib]

Unterwassertunnelbau *m* subaqueous tunnelling [tib]

Unterweisung erhalten *v* (Sicherheitsunterweisung) receive training [asi]

Unterzug *m* (unterster Träger) bearer [stb]; (Holzbau) binder; (Binder im Fachwerkverband) binding beam [stb]; (Binder im) binding girder [stb]; downstand beam; (Bauteil) floor beam; joist; main beam [stb]; supporting beam; (unterster Träger) underbeam [stb]

Unterzugbalken *m* bridging piece

Unterzugdecke *f* beam floor

Unterzugschaleinheit *f* riser beam form [bon]

untrinkbar non-potable [was]

unumkehrbar irreversible

unverarbeitet crude; raw; unprocessed

unverbaubar unblockable

unverbaut non-built-up

unverbauter Graben *m* unshored excavation [tib]

unverbindlich non-committal

unverdünnt undiluted

unverfestigt unconsolidated

unverformt undistorted

unverkleidet exposed

unvermischt pure; unblended; unmixed

unverpackt bulk; open; unpacked

Unvorbereitetsein *n* unpreparedness [asi]

unvorschriftsmäßig contrary to regulations; irregular

Unvorsichtigkeit *f* carelessness [asi]
Unwucht *f* out-of-balance [des];   unbalance [des]
Unwuchtvibrationssieb *n* unbalanced-weight
  vibrating screen [prc]
unzerbrechlich unbreakable [met]
unzerstörbar indelible
unzerstört undestroyed
unzubereitet crude
unzugerichtet rough
Urbanität *f* urbanity
Urethanschaumstoff *m* urethane foam [met]
Urgestein *n* primitive rock [geo]
Urinal *n* urinal [tga]
Urinalbecken *n* (Sanitär) bowl urinal
Urlaubsdomizil *n* holiday home
Urlaubshotel *n* holiday hotel;   resort hotel
Urstromtal *n* primeval glacial valley [geo]

V

V-Ankerhalter *m* V-tie holder
V-Fuge *f* splayed joint; V-joint
V-Naht *f* (Schweißnaht) single V [met]; (Schweiß-
naht) V-weld [met]
V-Riegel *m* V-strongback
Vakuum *n* vacuum [phy]
Vakuum-Vibrationsverdichtung *f* (Beton) vacuum
vibration
Vakuumbeschichten *n* vacuum coating [met]
Vakuumbeton *m* vacuum concrete [bon]
Variantenzeichnung *f* variant drawing [des]
Varianzanalyse *f* analysis of variance [any]
Ventilantrieb *m* valve actuator [prc]
Ventilator *m* ventilator
Ventilbetätigung *f* valve actuation [prc]
Ventileinsatz *m* valve core [prc]; valve insert [prc]
Ventilgehäuse *n* valve body [prc]; (<B>) valve
chest [prc]; valve housing [prc]
Ventilkegel *m* valve cone [prc]; (Kegelhahn) valve
plug [prc]
Ventilkörper *m* valve body [prc]
Ventilöffnung *f* valve opening [prc]; valve outlet
[prc]
Ventilsitz *m* valve seat [prc]
Ventilstellantrieb *m* valve actuator [prc]
Ventilsteuerung *f* valve regulation [prc]
Venturidüse *f* venturi nozzle [any]
Venturikanal *m* (Wasserdurchflussmessung) critical
depth flume [any]
Ver- und Entsorgungssystem *n* supply and disposal
system
Veränderungssperre *f* ban on development [com];
development freeze [com]
Verästelung *f* ramification
Veräußerung *f* alienation [eco]
veraltet out-of-date; outdated; outmoded
Veranda *f* porch; veranda
verankern *v* anchor; anchor; (befestigen) fix;
(befestigen) tie
Verankerung *f* (Befestigung) anchorage;
anchorage bond [bon]; anchoring; (Befestigung)
fixing; staying [stb]
Verankerung mit Seilen *f* guying [stb]
Verankerung, unterirdische - *f* buried anchorage
Verankerungsbalken *m* tie beam
Verankerungseisen *n* anchor bar
Verankerungsgewinde *n* anchor thread [bon]
Verankerungskegel *m* anchoring cone
Verankerungsklammer *f* anchoring clip
Verankerungslänge *f* anchorage length; anchoring
length

Verankerungsmast *m* anchor mast [stb]; anchor
tower [stb]
Verankerungspfeiler *m* (Brücke) anchorage pier
Verankerungsplatte *f* anchor plate; tie plate
Verankerungspunkt *m* anchor point; anchoring
point
Verankerungsring *m* anchor loop
Verankerungsschlaufe *f* (Schalung) brace frame
double anchor
Verankerungsschlupf *m* (Spannbeton) anchor slip
Verankerungsseil *n* guy rope
Verankerungsstrebe *f* brace strut
Verankerungssystem *n* (Spannbeton) anchorage
system
Veranlassungsprinzip *n* principle of inducement
Veranstaltungsort *m* venue
Verantwortungsbewusstsein *n* sense of
responsibility
verarbeitbar workable [wer]
Verarbeitbarkeit *f* workability [wer]
Verarbeitbarkeitszeit *f* duration of processability
[met]; period of workability [met]
verarbeiten *v* use
Verarbeitung, fachgerechte - *f* workmanlike
handling [met]
Verarbeitungrichtlinien der Hersteller *pl*
manufacturers' instructions [met]
Verarbeitungsbedingungen *pl* processing
conditions [met]
Verarbeitungsbereich *m* working range [met]
Verarbeitungshilfe *f* (Hilfsstoff) workability aid
[met]
Verarbeitungshilfsstoff *m* processing aid [met]
Verarbeitungsrichtlinie *f* processing instruction
[met]
Verarbeitungstemperatur *f* processing temperature
[met]; working temperature [met]
Verarmungstyp *m* depletion mode [met]
Verarmungszone *f* (Klärbecken) diminution zone
[was]
verbacken *v* cake
Verbände *pl* bonds
Verband *m* (Mauerwerk) bond; (Fachwerk) brace;
(Fachwerk) bracing [stb]; (des Mauerwerks) wall
bond
Verband, gotischer - *m* Flemish bond
Verband, holländischer - *m* (Mauerwerk) Dutch
bond; (Mauerwerk) Flemish bond
Verbandblech *n* connection plate [stb]
Verbandträger *m* bracing beam; bracing girder;
(Fachwerk) bracing truss [stb]
Verbau *m* (Graben) bracing; lining; sheeting;
shoring; (Baugrube) shoring [tib]; (Hilfskon-
struktion zum Schutz von Baugruben) trench lining
Verbau mit senkrechter Verschalung *m* vertical
shoring [bon]

Verbau, Berliner - *m* Berlin type pit lining
Verbau, Hamburger - *m* Hamburg trench lining
system
Verbau, waagrechter - *m* horizontal shoring
Verbauanker *m* pit lining anchor
Verbauarbeiten *pl* (DIN 18303) lining work
Verbaubohle *f* shoring timber
verbauen *v* (Graben) brace; shore; (bauen) use
Verbauung *f* blocking
verbinden *v* connect; couple
Verbinden *n* jointing [wer]
Verbinder *m* (Schalung) connector
Verbindlichkeit *f* obligation [eco]
Verbindung *f* (Anschluss) connection [elt]; (Knoten) joint; (Anschluss) junction [elt]
Verbindung ohne Reibflächenvorbehandlung *f* bearing-type connection
Verbindung von Bauteilen *f* structural connection
Verbindung, einschnittige - *f* single lap joint [stb]
Verbindung, mechanische - *f* mechanical connection
Verbindung, mehrschnittige - *f* multi-shear connection [stb]
Verbindung, stumpfe - *f* butt joint
Verbindungsart *f* type of connection [stb]
Verbindungsblech *n* connecting plate [met]; connection plate [tec]
Verbindungsdiagramm *n* (Elektrik, Datenverarbeitung) cabling diagram [des]
Verbindungseisen *n* lap bar
Verbindungsgang *m* connecting corridor; linkway
Verbindungsglied *n* connection element [stb]; coupfing link [stb]
Verbindungsgraben *m* connecting trench [tib]
Verbindungskabel *n* connecting cable [elt]; connector cable [elt]; junction cable [elt]
Verbindungskanal *m* connecting duct [elt]
Verbindungsklemme *f* connecting terminal [elt]; connector [elt]
Verbindungslandstraße *f* linking highway [tra]
Verbindungslasche *f* butt strap [tec]; cleat [stb]; (Spundwand) fish-plate; (Spundwand) splice plate
Verbindungslasche für Stegverbindungen *f* web splice plate [stb]
Verbindungsleitung *f* connecting line [elt]; interconnector [elt]
Verbindungslinie *f* connecting line [des]; tie line [des]
Verbindungsmaterial *n* bonding material [met]
Verbindungsmuffe *f* connection sleeve [tga]; union [tec]
Verbindungsnachgiebigkeit *f* joint slip
Verbindungsplatte *f* joint plate; tie plate
Verbindungsraum *m* linking space [com]
Verbindungsriegel *m* (Querbalken) transom [stb]

Verbindungsrohrleitungen *pl* connecting pipework [prc]; interconnecting piping [prc]
Verbindungssammler *m* (Abwasser) branch sewer [was]
Verbindungsschlauch *m* connecting hose [prc]
Verbindungsstelle *f* splice [tec]
Verbindungsstraße *f* link road [tra]
Verbindungsstück *n* union [tec]
Verbindungsstutzen *m* union [tec]
Verbindungstür *f* connecting door
Verbindungstunnel *m* connecting tunnel [tra]
Verbindungswand *f* connecting wall
Verbindungsweg *m* route [tra]
Verblattung *f* (Holzbau) lap joint; (Holzverbindung) lap joint; (Holzverbindung) rebating
Verblattung, gerade - *f* (Holzbau) edge-halfed scarf joint
verblenden *v* blind; face
Verblender *m* facing brick; veneer brick
verblendet, beidseitig - (Mauerwerk) faced on both sides
Verblendklinker *m* facing clinker
Verblendmauerwerk *n* brick veneer; faced brickwork; facing masonry; veneer masonry
Verblendstein *m* ashlar; facing block
Verblendung *f* (Bauwerk) blinding; facing
Verblendungsstein *m* (Ziegel) face brick [met]; (Ziegel) facing brick
Verblendziegel *m* face brick [met]; facing brick
Verbördelung *f* seam connection [tec]
verbogen bent; deformed
Verbohlung *f* timbering
Verbot *n* prohibition; proscription
Verbotsschild *n* prohibition sign; prohibitive sign; warning sign
Verbotstafel *f* prohibition sign
Verbotszeichen *n* prohibition sign [asi]; prohibitive sign [asi]
verbrauchen *v* (Ressourcen, Energie) spend [pow]
Verbrauchermarkt *m* (<A>) convenience store [eco]
Verbraucherverhalten *n* consumer patterns [eco]
Verbrauchsartikel *pl* consumables [eco]
Verbrauchsfaktor *m* (Fernwärme) consumption factor [pow]
Verbrauchskostenabrechnung *f* consumption account [eco]
Verbrauchsmaterial *n* consumables [met]
Verbrauchsspitze *f* consumption peak [pow]; load peak [pow]
Verbreiterung *f* (Straße) broadening [tra]
Verbreitungsrate *f* prevalence rate [asi]
verbrennen *v* combust [pow]; fire [pow]; incinerate [pow]
Verbrennung *f* combustion [pow]; firing [pow]; (vorwiegend: Abfall) incineration [rec]

Verbrennungsheizgerät *n* combustion heater [pow]
Verbrennungsleistung *f* firing capacity [pow];
firing rate [pow]
Verbund *m* compound [met]
Verbund, elastischer - *m* elastic bond
Verbund, nachgiebiger - *m* yielding bond
Verbund, ohne - unbonded [bon]
Verbund, sofortiger - *m* initial bond [bon]
Verbund, starrer - *m* rigid bond
Verbund, unterbrochener - *m* intermittent bond
Verbund, unvollständiger - *m* incomplete bond
Verbundabdichtungssystem *n* (Deponie) composite
liner system [rec]
Verbundanker *m* bond anchor; composite anchor;
shear connector [tec]
Verbundbalken *m* composite beam; compound
beam
Verbundbau *m* composite building; (Betonstahl)
composite steel-concrete construction
Verbundbaubrücke *f* composite bridge
Verbundbauweise *f* composite construction [stb];
composite structure [des]; compound construction;
sandwich construction
Verbundbetonschwelle *f* (Bahn) concrete-block and
steel tie-bar sleeper [bon]
Verbundbrücke aus Stahl und Beton *f* steel-
concrete bridge [bon]
Verbunddecke *f* composite ceiling; composite
floor; sandwich ceiling
Verbunddübel *m* shear connector [tec]
verbunden (zusammengebaut) aggregated;
connected
Verbundestrich *m* composite screed; composition
floor; composition flooring
Verbundfachwerkträger *m* composite lattice beam
Verbundfenster *n* composite window; coupled
window; double-glazed casement; double-glazed
window
Verbundfensterglas *n* insulating glass
Verbundfestigkeit *f* (Stahlbeton) bond strength [met]
Verbundfolie *f* composite film [met]; multilayer
film [met]
Verbundfuge *f* adhesion joint
Verbundfundament *n* combined footing
Verbundglas *n* compound glass [met]; laminated
glass; multilayer glass [met]; safety glass [met]
Verbundkörper *m* composite member
Verbundkonstruktion *f* composite construction;
composite construction [des]; composite design;
composite design [des]; composite structure [des]
Verbundlänge *f* (Bewehrung) bond length [bon]
Verbundlegierung *f* (Pulverwerkstoff) composite
alloy [met]
Verbundmaterial *n* composite material [met];
compound material [met]; laminated material
[met]

Verbundmetall *n* clad metal [met]; composite
metal [met]
Verbundnetz *n* integrated network [elt];
interconnected system [elt]
Verbundpflaster *n* composite pavement [tib];
interlocking paving
Verbundpflasterstein *m* interlocking paving stone
Verbundplatte *f* composite deck [stb]; composite
panel [met]; composite slab [met]
Verbundplattenbauweise *f* sandwich structure
[met]
Verbundquerschnitt *m* composite section
Verbundschaumstoff *m* composite foam [met];
foam sandwich [met]
Verbundsicherheitsglas *n* composite safety glass
[met]; laminated safety glass [met]
Verbundspannung *f* bond stress
Verbundstahl *m* compound steel [met]; laminated
steel [met]
Verbundstahlbetonkonstruktion, vorgespannte - *f*
compound prestressed concrete structure [bon]
Verbundstütze *f* composite column; composite
column [stb]
Verbundsystem *n* composite system
Verbundträger *m* bonded girder; composite beam;
composite girder; compound girder; (- mit
angebolzten Holzbohlen) flitch beam
Verbundträgerdecke *f* composite floor
Verbundverankerung *f* bond anchorage
Verbundwerkstoff *m* composite material [met]
Verbundwinkel *m* connection angle [stb]
Verbundwirkung *f* composite action [met]
Verbundwirtschaft *f* conjunctive use [was]
verchromen *v* chrome-plate; chromium-plate [met]
Verdachtsfläche *f* area of potential pollution [geo];
area of potential pollution [geo]; (Altlast, ...)
suspect area [geo]
Verdachtsflächenbewertung *f* assessment of areas
of potential pollution [geo]
Verdampfer *m* vaporizer [prc]
Verdampfungsrückstand *m* total dissolved solids
[was]
Verdichtbarkeit *f* (Feststoffe) compactibility [met];
compressibility [geo]
verdichten *v* (allgemein) compress;
(zusammendrücken) compress; (Untergrund)
consolidate; jar; (absiegeln) seal
Verdichten *n* (Abfall) compacting [rec]; packing
verdichtend agglomerative
Verdichter *m* compactor [tib]; vibrator
verdichtet (Bebauung) compact [com]; compacted;
consolidated
Verdichtung *f* compaction; (Untergrund)
compaction; (Untergrund) compression;
(Stadtplanung) concentration; (Straßen, Boden)
consolidation

Verdichtung, maschinelle - *f* (Boden) machine
  sealing
Verdichtungsarbeit *m* compaction work
Verdichtungsbohle *f* compacting beam; vibrating
  beam [tib]
Verdichtungsdruck *m* compaction pressure
Verdichtungsgerät *n* compacting equipment
Verdichtungsgrad *m* rate of compression [phy]
Verdichtungshohlraum *m* compaction void [met]
Verdichtungshorizont *m* compacted horizon [geo];
  hard layer [geo]
Verdichtungsleistung *f* compactive effort
Verdichtungslinie *f* compression curve [phy]
Verdichtungsmaschine *f* compaction machine
Verdichtungsmaß *n* compactibility; rate of
  compaction [tib]
Verdichtungspfahl *m* compacting pile [tib]
Verdichtungsprofil *n* packing profile
Verdichtungsräume *pl* nodes of high density
Verdichtungsraum *m* conurbation; conurbation
  area; populated area; urban agglomeration
Verdichtungsraum, industrieller - *m* industrial
  agglomeration
Verdichtungswalze *f* compaction roller [tib]
Verdickung *f* chunking [tib]
Verdickungsmittel *n* thickener [met]
Verdingungsordnung für Bauleistungen *f* (VOB)
  Act for Building and Construction Work [jur];
  standard building contract terms [jur]
Verdingungsunterlagen *pl* contracting documents;
  documents for invitation to bid [jur]
Verdingungsverordnung *f* public procurement
  regulation [jur]
**Verdingungsverordnung für die Vergabe von
  Bauleistungen** *f* (VOB) contracting terms for
  award of construction performance contracts,
  official - [jur]
**Verdingungsverordnung für die Vergabe von
  Leistungen** *f* (VOL) contracting terms for award of
  service performance contracts, official - [jur]
verdrängen *v* displace; replace
Verdrängungsbohrer *m* (Bodenuntersuchung)
  displacement auger [any]
Verdrängungsentwässerung *f* displacement
  dewatering [was]
Verdrängungspfahl *m* compacting pile [tib]
Verdrängungsrohre *pl* cavity tubes
Verdrängungszähler *m* positive-displacement meter
  [any]; volumetric displacement flowmeter [any]
verdrahten *v* wire [elt]
verdrahtet wired [elt]
Verdrahtung *f* wiring [elt]; wiring and cabling
  [elt]
Verdrahtungsfarbe *f* wiring colour [elt]
Verdrahtungsplan *m* connection diagram [elt];
  wiring diagram [des]

Verdrehspannung *f* twisting stress [met]
verdrehungssteif torsion-proof; torsionproof [met]
Verdrehungssteifigkeit *f* stiffness in torsion [met]
Verdübeln *n* plugging
verdübelt keyed
Verdübelung *f* keying system; pegging [wer]
verdünnen *v* (Lösung) dilute; (schwächen) weaken
Verdünner *m* (Farbe) diluent [met]; (Farbe)
  thinner [met]; thinning agent [met]
verdünnt dilute; diluted
Verdünnungs-BOD *m* (biologischer Sauerstoff-
  bedarf) dilution BOD [any]
Verdünnungs-BSB *m* (Wasseranalytik) dilution
  BOD [any]
Verdünnungsanalyse *f* dilution analysis [any]
Verdünnungsmittel *n* diluent [met]; diluting agent
  [met]; extender [met]; reducer [met]
Verdünnungsreihe *f* dilution series [any]
Verdunkelungsrollo *n* shading blind
Verdunstung *f* evaporation [prc]; vaporization
  [prc]; volatilization [prc]
Verdunstung, potenzielle - *f* ([Variante]
  Hydrologie) evaporative capacity [was]; potential
  evaporation [was]
Verdunstung, relative - *f* (Hydrologie) evaporation
  opportunity [was]
Verdunstung, tatsächliche - *f* (Hydrologie)
  effective evaporation [was]
Verdunstungskühlung *f* evaporative cooling [prc]
Verdunstungsmesser *m* atmometer [any]
vereinbar compatible
Vereinheitlichung *f* harmonization
verengen *v* constrict; (zusammenziehen) contract;
  narrow
Verengung *f* contraction
Verfärbung *f* discoloration
Verfahren *n* (Verschieben) traversing
Verfahren, nichtlineares - *n* nonlinear method
  [mat]
Verfahren, nichtoffenes - *n* (Ausschreibung) closed
  procedure [eco]
Verfahren, offenes - *n* (Ausschreibung) open tender
  [eco]
Verfahren, photogrammetrisches - *n*
  (Vermessung) photogrammetric technique [any]
Verfahren, schiedsrichterliches - *n* arbitration
  procedure [jur]
Verfahrensanweisung *f* system procedures [des]
Verfahrensdiagramm *n* flow diagram [des]
Verfahrensfließbild *n* process flow scheme [des];
  process flow sheet [des]
Verfahrensmanagement *n* process management
  [eco]
Verfall *m* (Zerfall) decay; (Gebäude) dereliction;
  (Gebäude) deterioration; (Gebäude) dilapidation;
  (Baufälligkeit) disrepair; (Holz) rottenness

Verfall, planungsinduzierter - *m* planning blight
verfallen dilapidated
verfallen *v* be forfeited; (Gebäude) become dilapidated; (Gebäude) decay; deteriorate; ruin
verfassungsgemäß constitutional [jur]
verfestigen *v* (verdichten) compact [tib];
(verstärken) reinforce; (fest werden) solidify
[met]; (verstärken) strengthen
verfestigt compacted; solidified
Verfestigung *f* (Verdichtung) compaction [geo];
consolidation [geo]; grouting; (Abbinden)
hardening [met]; (Verstärkung) reinforcement;
(Verdichtung) solidification [geo]; (Stabilisierung)
stabilization [geo]; strengthening [geo];
(Verstärkung) strengthening
Verfestigungsbereich *m* region of strain hardening
[met]; strain-hardening range [met]
Verfestigungsgrad *m* (Baugrund) degree of
consolidation
Verfestigungsinjektion *f* (Beton) consolidation
grouting
Verfestigungsmittel *n* solidifier [met]; solidifying
agent [met]
Verfestigungsprodukt *n* solidified material [met];
solidified product [met]
Verfilzen *n* felting
verflachen *v* level off
verflanscht flange-connected; flanged
Verflüchtigung *f* evaporation
verformbar workable [met]
Verformbarkeit *f* deformability [met]; ductility
[met]; workability [met]
Verformung *f* deformation [wer]
Verformung, aufgezwungene - *f* imposed
deformation [met]
Verformung, biaxiale - *f* biaxial deformation [met]
Verformung, bleibende - *f* compression set [met];
permanent deformation [met]; permanent set
[met]; residual strain [met]
Verformung, elastische - *f* elastic deformation
[met]
Verformung, örtliche - *f* local strain [met]
Verformung, plastische - *f* plastic deformation
[met]; plastic strain [met]; plastic yielding [met]
Verformung, rissefreie - *f* crackless deformation
[met]
Verformung, verzögert-elastische - *f* delayed
elasticity [met]
Verformung, zulässige - *f* allowable deformation
[met]
Verformung, zweiachsige - *f* plane strain [met]
Verformungsarbeit *f* deformation work [met]
Verformungsbereich, elastischer - *m* elastic range
of deformation [met]
Verformungsbereich, plastischer - *m* plastic
deformation zone [met]

Verformungsbruch *m* ductile failure [met]; ductile
fracture [met]; plastic fracture [met]
verformungsfrei non-deformable [met]
Verformungsgrad *m* amount of forming [met]
Verformungszustand *m* state of deformation [met]
verfügbar, kurzfristig - with short-term availability
Verfüllbeton *m* infill concrete [bon]
verfüllen *v* backfill; chink; fill; fill in
Verfüllen *n* backfilling
Verfüllgerät *n* backfiller
Verfüllmaterial *n* backfill material [met]
Verfüllschnecke *f* trench filling worm [tib]
Verfüllung *f* backfill; backfilling
verfugen *v* spackle
Verfugen *n* grouting of joints; jointing; pointing
Verfugungsmaterial *n* jointing material [met]
Vergabe *f* award of contract [eco]
Vergabe, einheitliche - *f* coherent award of
contracts [eco]
Vergabe, freie - *f* (statt Ausschreibung) negotiated
tender [eco]
Vergabe, freihändige - *f* free award of contracts
[eco]; negotiated contract [eco]; (statt Ausschrei-
bung) negotiated tender [eco]
Vergaberecht *n* public procurement law [jur]
Vergabeunterlagen *pl* contract award documents
[eco]
Vergabeverfahren *n* (Bauwesen) building contract
award procedure [eco]; contract award procedure
[eco]
Vergabeverhandlung *f* contract award negotiation
[eco]
Vergabeverordnung *f* contract award regulations
vergießen *v* (Fundament) grout
Vergießen *n* (mit Mörtel) grouting
Vergießen, kraftschlüssiges - *n* tight grouting
Vergießmasse *f* casting compound [met]
Vergilbung *f* yellowing [met]
vergipsen *v* spackle
vergittert barred
Vergitterung *f* grating; (Stütze) lacing [stb];
latticing
Vergitterungsstab *m* (Stütze) lacing bar [stb];
(Stütze) lattice bar [stb]
verglasen *v* (Fenster) glaze
Verglasung *f* (Fenster) glazing
Verglasung, angriffhemmende - *f* attack-resistant
glazing
Verglasung, durchschusshemmende - *f* bullet-
resistant glazing
Verglasung, explosionssichere - *f* explosion-proof
glazing
Verglasung, kittlose - *f* patent glazing
Verglasungsarbeiten *pl* (DIN 18361) glazing work
Verglasungsfläche *f* (Gebäude) glazing area
Verglasungsmaterial *n* (Gebäude) glazing type

Vergleichmäßigen *n* homogenizing [prc]
Vergleichsablesung *f* comparative reading [any]
Vergleichsanalyse *f* reference analysis [any]
Vergleichsbedingungen *pl* reproducibility
  conditions [any]
Vergleichskörper *m* reference block [any];
  reference body [any]; reference standard [any]
Vergleichslast *f* equivalent load
Vergleichslösung *f* standard solution [any]
Vergleichsmaßstab *m* standard of reference [any]
Vergleichsmessung *f* comparative measurement
  [any]; comparison measurement [any]; reference
  measurement [any]
Vergleichsmiete *f* comparable rent [eco]
Vergleichsmieteprinzip *n* comparative rent
  principle [eco]
Vergleichsmuster *n* check sample [any]; reference
  sample [any]
Vergleichsnormal *n* reference standard [any]
Vergleichsoberfläche *f* reference surface [any]
Vergleichsobjekte *pl* (Grundstücke, Immobilien)
  comparables [eco]
Vergleichsprobe *f* control sample [any]; reference
  sample [any]; reference specimen [any]; standard
  sample [any]
Vergleichspunkt *m* reference point [any]
Vergleichsrechnung *f* comparison calculation [des]
Vergleichsstandard *m* reference standard [any]
Vergleichsstück *n* reference piece [any]
Vergleichssubstanz *f* reference substance [any]
Vergleichstest *m* benchmark test [any];
  comparative test [any]
Vergleichsversuch *m* comparative experiment
  [any]; comparative test [any]; parallel test [any]
Vergleichswert *m* reference value; relative value
vergraben *v* bury
vergrößern *v* enlarge [des]; magnify [des];
  (maßstabgetreu) scale up [des]
Vergrößerung, maßstäbliche - *f* scaled enlargement
  [des]
Vergrößerungsfaktor *m* enlargement ratio [des];
  scale-up factor [des]
Vergrößerungsmaßstab *m* enlargement scale [des];
  enlargement scale [des]; magnification scale [des]
vergüten *v* anneal [met]; harden [met]; temper
  [met]
vergütet coated [met]; hardened [met]
Vergütung *f* annealing [met]; hardening [met];
  heat treatment [met]; remuneration [eco];
  tempering [met]
Vergütungsschicht *f* antireflection coating [met]
Vergütungsstahl *m* heat-treated steel [met]
Verguss *m* (Fundament) foundation grouting
Vergussbeton *m* grouting concrete [bon]
Vergussfuge, einfache - *f* poured concrete joint
  [bon]

Vergussharz *n* casting resin [met]
Vergussmasse *f* casting compound [met]; filler
  [met]; grouting compound [met]; grouting
  material [met]; sealing compound [met]
Vergussmörtel *m* casting mortar [met]; grouting
  compound [met]; grouting material [met];
  pouring mortar [met]; sealing mortar [met]
Vergussspalt *m* sealing groove
Verhaldung von Abraum *f* overburden tipping
  [rec]
Verhalten eines Tragwerks, plastisches - *n* plastic
  behaviour of a structure [sik]; longitudial
  plastification [sik]
Verhalten, sicherheitsgerechtes - *n* safety attitude
  [asi]
Verhalten, sicherheitswidriges - *n* unsafe
  behaviour [asi]
Verhalten, unverantwortliches - *n* irresponsibility
  [asi]; lack of responsibility [asi]
Verhalten, wettbewerbswidriges - *n*
  anticompetitive behaviour [eco]
Verhaltensraum *m* behavioural space [arc]
verharzen *v* gum up [met]; resinify [met]
Verharzung *f* resinification [met]
Verhinderung *f* prevention
verjüngen *v* (spitz zulaufen) chamfer [des]; (spitz
  zulaufen) taper [des]
verjüngt tapered [des]
Verjüngung *f* reduction [des]; tapering [des]
Verjüngung, kegelige - *f* tapering [des]
verkabeln *v* wire [elt]
Verkabelung *f* cable laying [elt]; cablework [elt];
  cabling [elt]; wiring [elt]
verkalken *v* calcify [met]; calcine [met]
verkalkt calcified [met]; lime-encrusted [met]
Verkalkung *f* calcification; hardening
verkanten *v* bend out of line; edge
Verkarstung *f* karst development [geo]; karst
  formation [geo]
Verkaufsbereitschaft *f* willingness to sell [eco]
Verkehrsablauf *m* traffic flow [tra]
Verkehrsader *f* arterial road [tra]; arterial street
  [tra]; main road [tra]; traffic artery [tra]; trunk
  road [tra]
Verkehrsanbindung *f* transport connections
  [tra]
Verkehrsanlagen *pl* transport facilities; transport
  infrastructure
Verkehrsausbau *m* traffic development [tra]
Verkehrsballungsraum *m* area of traffic concen-
  tration [tra]
Verkehrsbau *m* construction of traffic facilities;
  transport engineering [tra]
Verkehrsbauten *pl* traffic structures [tra]
Verkehrsbelastung *f* traffic load [tra]
verkehrsberuhigt traffic-calmed [tra]

Verkehrsberuhigung *f* traffic abatement [tra]; traffic restraint [tra]; traffic restriction [tra]; traffic-calming [tra]

Verkehrsdichte *f* traffic concentration [tra]

Verkehrsentwicklung *f* traffic development [com]

Verkehrsentwicklungsplan *m* traffic development plan [com]; transport development plan [com]

Verkehrsentzerrung *f* measures to improve traffic flow [com]; traffic segregation [com]

Verkehrserschließung *f* traffic access [com]; traffic access [com]; traffic development [com]

Verkehrserschütterung *f* traffic impact [tra]

Verkehrsfläche *f* (in Immobilie) circulation area; circulation floor space [arc]; traffic space [com]; (in Städten) transport and communication zone

Verkehrsflughafen *m* civil airport [tra]; commercial airport [tra]

Verkehrsfluss *m* traffic flow [tra]

verkehrsfrei traffic-free [tra]

Verkehrsführung *f* traffic guidance [tra]

Verkehrsführung während der Bauzeit *f* traffic routing during construction [tra]

Verkehrsgebiet *n* traffic area [com]

verkehrsgerecht according to traffic requirements [tra]; compatible with transportation needs [tra]

Verkehrsinfrastruktur *f* transport infrastructure [tra]

Verkehrsinsel *f* street refuge [tra]; traffic island [tib]; traffic refuge [tra]

Verkehrsknoten *m* junction [tra]; (überregional) traffic hub [tra]; traffic junction [tra]

Verkehrsknotenpunkt *m* traffic junction [tra]

Verkehrskonzept *n* transportation concept [tra]

Verkehrskreisel *m* roundabout [tra]

Verkehrslärm *m* road traffic noise [aku]; traffic noise [aku]

Verkehrslärmminderung *f* traffic noise reduction [aku]

Verkehrslärmschutz *m* prevention of traffic noise [aku]; traffic noise control [aku]

Verkehrslast *f* dynamic load; live load; moving load [sik]; superimposed load [sik]; traffic load [tib]

Verkehrslasten, ausgelegt für - traffic-rated [sik]

Verkehrsleitsystem *n* traffic guidance system [tra]

Verkehrslinienplan *m* public transportation map [tra]

Verkehrsplan *m* traffic map [tra]

Verkehrsraum *m* traffic space [com]

verkehrsreich crowded [tra]; with heavy traffic [tra]

verkehrssicher roadworthy [tra]

Verkehrssitte, gewerbliche - *f* customary trade practices [eco]

Verkehrsstraftat *f* severe traffic offence [jur]

Verkehrsstrom *m* traffic flow [tra]

verkehrstüchtig roadworthy [tra]

Verkehrswasserbau *m* waterway construction [wba]

Verkehrsweg *m* traffic route [tra]; traffic way [tra]; transport route [tra]

Verkehrswege *pl* transport communications [tra]

Verkehrswegebau *m* traffic route construction [tra]

Verkehrswegeplan *m* traffic route plan [tra]; transport network plan [tra]; transport plan [com]

Verkehrswegeplanung *f* public road planning [tra]

Verkehrswert *m* (Immobilie) current market value [eco]

verkeilen *v* wedge

Verkeilkraft *f* wedging force

Verkeilpresse *f* wedging jack

verkeilt keyed

Verketten *n* (von Solarzellen) stringing [pow]

verkippen *v* tip [rec]

Verkittung *f* sealing [wer]

verklammern *v* brace [wer]

Verklammerung *f* clamping

verkleben *v* (verbinden) bond [wer]

Verkleben *n* cementing [met]

verklebt cemented [met]

Verklebung *f* bonded joint

Verklebung, tragende - *f* (von Glasscheiben) structural sealant

Verkleidung *f* cladding; (Arbeitsschutz) enclosure [wer]; facing; (Wärmeschutz) lagging; lining [met]; revetment; sheathing

Verkleidung, Schall schluckende - *f* sound-absorbing enclosure [aku]; sound-attenuation enclosure [aku]; sound-proofing enclosure [aku]; acoustical enclosure [aku]

Verkleidung, schallisolierte - *f* noise-reducing casing [aku]

Verkleidungsglas *n* cladding glass

Verkleidungsmaterial *n* sheeting [met]

Verkleidungsmauer *f* revetment wall

verkleinern *v* (maßstabgetreu) scale down [des]

verkleinern, maßstäblich - *v* scale down [des]

verkleinert reduced [des]

Verkleinerung, maßstäbliche - *f* scaled reduction [des]

Verkleinerungsfaktor *m* reduction factor [des]

Verkleinerungsmaßstab *m* reduction scale [des]

Verkleinerungsverhältnis *n* reduction ratio [des]

Verkofferung *f* coffer work [tib]

verkommen *v* become dilapidated

Verkröpfung *f* crimp [wer]

Verkrustung *f* scaling [met]

Verkupplung *f* (z.B. von Trägern) coupling [stb]; (z.B, von Trägern) twinning [stb]

Verkupplung von Trägern *f* twinning of beams; twinning of girders

Verladebrücke *f* gantry [tra]; loading platform
[tra]
Verladerampe *f* loading platform [tra]; loading
ramp [tra]
Verladerutsche *f* loading chute [tra]
verlängern *v* (strecken) elongate; (länger machen)
extend
Verlängerung *f* extension [sik]
Verlängerungskabel *n* extension cable [elt];
extension lead [elt]
Verlängerungsoption *f* (Mietvertrag u.a.) option of
renewal [jur]; (Mietvertrag) renewal option [jur]
Verlängerungsrohr *n* extension pipe [was]
Verlagerung von Verkehrsquellen *f* redirection of
traffic sources [tra]
Verlandebecken *n* silt basin [was]
Verlandung *f* (Folge von Austrocknung) drying up
[geo]; silting up [geo]
Verlappung *f* (Blechnahtverbindung) lock seam
[met]
verlaschen *v* splice [wer]
Verlattung *f* lathing
Verlauf *m* (Lack) levelling [met]
Verlaufen *n* (von Farben) feathering [met]
Verlegeart *f* (Rohre, Leitungen ins Erdreich) laying
procedure
Verlegegerät *n* (für Rohre usw.) laying equipment
Verlegemasse *f* (Bau) bedding compound [met]
Verlegemörtel *m* bed mortar [met]
verlegen *v* (Rohrleitungen) assemble; (Leitungen)
install; (Kabel) lay out [tib]; (Pflaster) pave [tib];
(verschieben) postpone; (Kabel) run a cable [elt]
Verlegen *n* laying; (Leitungen) laying [wer]
Verlegen von Elektroleitungen *n* electric wiring
[elt]
verlegen, auf Putz - *v* (Leitung) wire on the surface
[elt]
verlegen, in die Erde - *v* (Leitungen) bury
verlegen, unter Putz - *v* (Leitung) wire concealed
[elt]
verlegen, unterirdisch - *v* (Leitung) lay
underground [tib]
Verlegeverfahren *n* (Rohre, Leitungen ins Erdreich)
laying system
verlegt, auf Putz - exposed installation [elt]
verlegt, frei - exposed [elt]
verlegt, im Gefälle - laid to falls
verlegt, ohne Mörtel - laid-dry
verlegt, unter Putz - concealed installation [elt];
flush-mounted [tga]
Verlegung *f* (Leitungen) installation [tga];
(Leitungen) laying [wer]; mounting [elt]
Verlegung im Sammelkanal *f* (Leitungen)
collective duct laying [pow]
Verlegung, kanalfreie - *f* (Kabel, Fernwärmeleitung) laying directly in the ground

Verlegung, lose - *f* (Dichtbahnen) loose laying
Verlegungsmaterial *n* wiring material [elt]
Verlegungstiefe *f* (Leitungsverlegung) placing depth
verlesen *v* sort [wer]
Verlies *n* dungeon [arc]
verlorene Schalung *f* dead sheathing [bon]
Verlust an Lebensraum *m* habitat loss [com];
habitat reduction [com]
verlustfrei free of loss; loss-free
Verlusthöhe *f* (Pumpe) loss of head [prc]
Verlustleistung *f* dissipation power [pow]; power
loss [pow]
verlustlos without loss; without waste
Verlustwärme *f* dissipation heat [pow]; heat loss
[pow]
Verlustzeit *f* stopped time [wer]
Verlustzeit, unvermeidliche - *f* (Maschinennut-
zung) unavoidable delay factor [wer]
vermahlen *v* grind [prc]; (fein -) pulverize [prc]
Vermarktungschancen *pl* marketing prospects
[eco]
Vermaßung *f* (Zeichnung) dimensioning [des];
(Zeichnung) marking up [des]; (Zeichnung) sizing
[des]
vermauern *v* brick up; lay blocks; wall up
Vermauerung *f* bricking up
Vermeidung *f* prevention
Vermeidung von Lärmbelästigung *f* prevention of
noise pollution [aku]
Vermeidung von Müll *f* avoidance of waste [rec]
Vermeidung von Rückständen *f* avoidance of
residues [rec]
Vermeidungsgebot *n* (z.B. Abfallvermeidung)
avoidance rule [rec]
Vermeidungskonzept *n* avoidance concept [rec]
vermengen *v* blend
vermengt blended; mixed
vermessen *v* measure [any]; survey [any]
Vermesser *m* (Landvermesser) surveyor
Vermessung *f* measurement [any]; measuring
[any]; survey [any]; surveying [any]; topo-
graphical survey [any]
Vermessung, provisorische - *f* (Bauwesen) pilot
survey [any]
Vermessungsamt *n* land surveying office [com]
Vermessungsarbeit *f* survey work [any]
Vermessungsarbeiten *pl* surveying work [any]
Vermessungskarte *f* survey map [geo]
Vermessungsleistungen *pl* surveying work [any]
Vermessungsplan *m* survey plan
Vermieter *m* lessor
Vermieterin *f* lessor
Vermietungsaufwand *m* leasing expenses [eco]
Vermietungsausgaben *pl* leasing expenses
[eco]
Vermietungskosten *pl* leasing expenses [eco]

Vermietungszeitraum *m* (für Vermietung benötigte Zeit) lease-up period [eco]
vermischen *v* blend [prc]
Vermischung *f* blend [met]; mixture [met]
Vermittlungstätigkeit *f* brokerage [eco]
Vermögen *n* (Eigentum) property [eco]
vermörteln *v* grout; solidify
Vermörtelung *f* cement stabilization [met]
Vermurung *f* covering of the river banks with slime, mud or stones [geo]
vernetzbar network compatible
Vernetzung *f* connectivity; cross-linkage; cross-linkage [met]
Vernetzungsgeschwindigkeit *f* rate of cure [met]
Vernetzungsmittel *n* (Kunststoff) curing agent [met]; reticulant [met]
vernickelt (galvanisch) nickel-plated [met]
vernieten *v* join with rivets [wer]; rivet [wer]; rivet up [wer]
Vernietung *f* riveting [wer]
verordnen *v* prescribe [hum]
Verordnung *f* prescription [hum]
Verordnung brennbare Flüssigkeiten *f* Ordinance on Flammable Liquids [jur]
Verpachtung *f* leasing [eco]
Verpackung, gebrauchte - *f* used packaging [rec]
Verpackungsabfall *m* packaging waste [rec]
Verpackungsmaterial *n* packaging material [rec]; packing material [rec]
Verpackungsmüll *m* packaging waste [rec]; packing waste [rec]
Verpackungsrücknahmeverpflichtung *f* obligation for taking-back packaging [rec]
Verpackungsvermeidung *f* avoidance of packaging [rec]
Verpackungswertstoff *m* reusable packaging material [rec]
Verpächter *m* lessor [eco]
Verpächterin *f* lessor [eco]
Verpflichtungserklärung *f* declaration of obligation [jur]
Verpressanker *m* (Spundwand) ground anchor; ground anchorage; grouting anchor [tib]; pressure-grouted anchor
Verpressarbeiten *pl* grouting work
Verpressbarkeit *f* (von Materialien) compactibility [met]
Verpressdruck *m* grouting pressure
verpressen *v* grout; inject; inject [tib]
Verpressen *n* grouting
Verpresskörper *m* grout body; grouting body [geo]
Verpressloch *n* grout hole [tib]
Verpresspumpe *f* grouting pump [geo]
Verpressstrecke *f* grouting section
Verpressung *f* deep injection [rec]; pressure grouting

Verpressvorgang *m* grouting procedure
Verputz *m* coating; plaster; plaster coat; plastering; plasterwork; render; rendering
Verputzarbeiten *pl* plastering
verputzen *v* dress; fettle [met]; plaster; polish off; render
Verputzen *n* plastering
Verputzmaschine *f* plastering machine
verrichten *v* (tun) carry out; (tun) perform
verriegelbar latchable; lockable
verriegeln *v* clamp; interlock; lock
Verriegelung *f* interlock [elt]
Verriegelung aufheben *v* defeat an interlock [elt]
Verriegelung überbrücken *v* bypass an interlock [elt]
Verriegelungseinrichtung *f* (Arbeitsschutz) interlocking device [tec]
Verriegelungsklotz *m* locking bolt guide [stb]
Verriegelungskreis *m* (Arbeitsschutz) interlocking circuit [elt]
Verriegelungsnocken *m* interlocking cam [asi]
Verriegelungsschalter *m* (Arbeitsschutz) interlock switch [elt]; (Arbeitsschutz) interlocking switch [elt]; (Arbeitsschutz) tagging switch [elt]
Verriegelungssignal *n* (Arbeitsschutz) inhibiting signal [elt]
Verriegelungssystem *n* interlocking mechanism [asi]
Verriegelungsvorrichtung *f* interlocking device [asi]; interlocking system [asi]
verrieseln *v* irrigate
verrohrt piped [prc]
Verrohrung *f* pipework [prc]; piping [prc]; piping and conduit [prc]; tubing [prc]
verrosten *v* corrode [met]; get rusty [met]; rust [met]
verrostet corroded [met]; rusted [met]; rusty [met]
Verrostung *f* rusting [met]
verrutschen *v* slip
Versagen durch Einbeulen *n* collapse through buckling [sik]
Versand *m* dispatch [tra]
versanden *v* fill with sand; shallow; silt
Versanden *n* silting up [geo]
Versandung *f* (z.B. Hafenbecken) sandfall [geo]; sanding-up [geo]
Versatz *m* backfill; misalignment [des]; mismatch [des]; offset [des]; (Holzbau) shoulder
Versatz einer Fuge *m* break of joint
Versatzmaschine, pneumatische - *f* pneumatic stower
Versatzmaterial *n* stowing material
Versatznietung *f* zig-zag riveting [wer]
Versatzriegel *m* projection waler
versauern *v* acidify [che]

versauert acidic [was]
Versauerung des Boden *f* acidification of soil [geo]
Versauerung von Gewässern *f* acidification of
waterbodies [was]
verschachtelt interlaced; nested
Verschärfung *f* (von Bestimmungen) tightening
[jur]
verschalen *v* board; face; line; shutter [bon];
(Holzform erstellen) timber
Verschalung *n* framing
Verschalung *f* boarding; casing [tec]; (- durch
Bohlen) covering board; (Schalarbeit) formwork
[bon]; framework; housing [tec]; panelling;
(durch Bohlen) planking; shoring [tib]; shuttering
[bon]; timbering
verschiebbar displaceable; movable
Verschieben *n* traversing
Verschiebetrommel *f* (Hochlöffel) shipper drum
[tib]
Verschiebewelle *f* (Hochlöffel) shipper shaft [tib]
verschieblich verbunden slip-connected [stb]
Verschiebung *f* dislocation [geo]; translation [sik]
Verschiebung, bleibende - *f* permanent dislocation
Verschiebung, räumliche - *f* offset
Verschiebung, tektonische - *f* tectonic disturbance
[geo]
Verschiebungsgrößenverfahren *n* displacement
method
Verschiedenheit, regionale - *f* regional disparity
Verschlackung *f* slagging [met]
verschlämmen *v* dredge [wba]
Verschlag *m* partition; partitioned room
verschlammen *v* get muddy [was]; silt up [was]
Verschlammung *f* aggradation [was]; mud silting
[was]; silting [was]; silting up [geo]; sludge
accumulation [was]; upsilting [geo]
Verschlechterung *f* (- der Lage) deterioration
Verschleiß durch Korrosion *f* corrosive wear [met]
verschleißarm low-wear
Verschleißblech *n* metal wearing plate [met]; wear
plate [tec]
Verschleißdecke *f* (Straße) top layer [tib]; (Straße)
wearing course [tib]
verschleißfest wear-resistant
Verschleißfestigkeit *f* abrasion resistance [met];
resistance to wear [met]; wear resistance [met]
verschleißhemmend antiwear [met]
Verschleißkorrosion *f* abrasive corrosion [met]
verschleißmindernd abrasion-reducing [met]
Verschleißschicht *f* (- aus mechanisch verfestigtem
Material) soil surfacing [geo]; (Straße) surface
course [tib]; (Straße) top layer [tib]; veneer
[met]; wearing course [met]
Verschleißschicht, bituminöse - *f* (Straßenbau)
bituminous surface course [tib]; (Fahrbahnbelag)
bituminous wearing surface [tib]

Verschleißschutzring *m* wear ring [stb]
Verschleißschutzsohle *f* wear shoe [stb]; wear sole
[stb]
Verschleißteil *n* wearing component
Verschleißteilzeichnung *f* drawing dealing with
wearing parts [des]
Verschleißwiderstand *m* abrasion resistance [met];
resistance to abrasion [met]; wear resistance [met]
Verschlickung *f* silting [was]
verschließbar lockable
verschlissen (abgenutzt) worn
Verschluss *m* (Riegel) shutter [tec]
Verschlussbalken *m* dam board [wba]
Verschlusseinrichtung *f* closure device [was]
Verschlusselement *n* stopper [tec]
Verschlussmechanismus *m* shut-off mechanism
[tec]
Verschlussstopfen *m* (in Blechen) blanking plug
[tec]
Verschlussventil *n* shut-off valve [prc]
Verschlusszapfen *m* sealing stud
verschmelzen *v* fuse [met]
verschmutzt contaminated
Verschmutzung *f* contamination; fouling [was];
soiling
Verschmutzung der Luft *f* air pollution
Verschmutzung der Umwelt *f* environmental
pollution
Verschmutzung des Wassers *f* water pollution
Verschmutzungsgrad *m* degree of contamination
verschmutzungsunempfindlich dirt-insensitive
Verschneidung *f* (Gratbildung bei Gewölben) arch
cutting [arc]
Verschnittmittel *n* filler [met]
Verschränkung *f* (Holz) tabled joint
Verschraubung *f* (Gewinde) thread [tec]; (für
Rohre) tube fitting [prc]; (für Rohre) union piece
[prc]
verschrotten *v* reduce to scrap [rec]; scrap [rec]
Verschrottung *f* scrapping [rec]
verschütten *v* spill
Verschütten *n* spillage
verschüttet *f* (bei Unfällen) trapped
Verschuldungsgrenze *f* borrowing limit [eco]
Verschwächung *f* weakening
Verschwächungswert *m* strength reduction factor
[met]
Verschweißen *n* welding [wer]
Verschwenken *n* (Bagger) slewing [tib]
Verschwenkung *f* angular turn [com]
Verschwertung *f* diagonal bracing [stb]
Verschwertungsklammer *f* (Schalung) brace clamp
versehen, mit Pfählen - *v* stake
versenken *v* (Schraube) countersink; dip; dump
Versenknagel *m* brad [met]
Versenkstift *m* brad [met]

versetzbar mobile; movable; portable
versetzen *v* re-site
Versetzen *n* placing
Versetzen der Bewehrung *n* curtailment of reinforcement [bon]
Versetzhaken *m* lifting hook
versetzt displaced; misaligned [des]; staggered; stepped
versetzt angeordnet staggered
versetzt anordnen *v* stagger
versetzt, zueinander - offset relative to each other [des]
Versetzwand *f* sliding partition
versickern *v* drain away [was]; infiltrate [was]; percolate [was]; seep [was]
Versickern *n* percolation [was]; seepage [was]; soaking [was]
Versickerung *f* infiltration [was]; (Hydrologie) influent seepage [was]; percolation [was]; (von Niederschlagswasser) recharge [was]; seepage loss [was]; seeping [was]
Versickerungsbecken *n* infiltration basin [was]; (Hydrologie) infiltration gallery [was]; recharge basin [was]
Versickerungsfläche *f* (Hydrologie) intake area [was]; percolation area [was]
Versickerungsgebiet *n* recharge area [was]
Versickerungsklärgrube *f* leaching cesspool [was]
Versickerungsrate *f* recharge rate [was]
Versickerungsverlust *m* seepage loss [was]
versiegeln *v* finish; put under seal; seal
Versiegeln *n* sealing
versiegelt sealed
Versiegelung *f* pavement [tib]; sealing
Versiegelungsmittel *n* sealant [met]
versiegen *v* run dry
versorgen *v* provide
Versorgung *f* provision
Versorgungsanlage *f* (in Gebäuden) service system
Versorgungsanschluss *m* services connections [tga]; supply connection [tga]
Versorgungsdruck *m* service pressure [was]
Versorgungseinrichtung *f* service facility
Versorgungshauptleitung *f* supply mains [elt]
Versorgungskanal *m* service duct [tga]
Versorgungskanal, begehbarer - *m* accessible service duct
Versorgungsleitung *f* feed line [was]; power supply line [elt]; service conduit [elt]; service line [elt]; service main [was]; service pipe [tga]; supply line [elt]; supply pipe [tga]; utility line [elt]
Versorgungsmonopol *n* supply monopoly [pow]
Versorgungsnetz *n* mains [elt]; supply grid [elt]; supply network [elt]; supply system [elt]

Versorgungssicherheit *f* reliable supply [pow]; (Stromversorgung) security of supply [elt]; supply guarantee [pow]
Versorgungsstraße *f* service road [tra]
Versorgungsstruktur *f* (Gas, Wasser, Straßen, ...) supply structure
Versorgungssystem *n* supply system [pow]
Versorgungstechnik *f* services engineering [tga]
Versorgungszentrum *n* supply centre [com]
verspachteln *v* spackle
Verspannung *f* bracing [stb]; guying [stb]; guying [stb]; staying; (mechanisch) tensing
Verspleißung *f* wire-rope splice [met]
Versprödung *f* embrittlement [met]
Versprödungsbruch *m* brittle fracture [met]
verstädtern *v* become urbanized [com]
verstärken *v* (Konstruktion) fortify [des]; (Festigkeit) strengthen [des]
Verstärken *n* boosting
Verstärkerfüllstoff *m* active filler [met]; reinforcing filler [met]
Verstärkung *f* reinforcement [met]; (Material) reinforcing [met]; stiffening [stb]; (Versteifung) stiffening [des]; (Festigkeit) strengthening [met]
Verstärkung, mittragende - *f* effective reinforcement [met]
Verstärkungsblech *n* (zusätzliches Blech) awarm [stb]; reinforcing plate [tec]; reinforcing plate [tec]; stiffening plate [stb]
Verstärkungseinlage *f* filling layer [met]
Verstärkungsfaser *f* reinforcement fibre [met]; reinforcing fibre [met]
Verstärkungsgewebe *n* reinforcing fabric [met]
Verstärkungslage *f* (faserverstärkte Kunststoffe) strengthening layer [met]
Verstärkungsmaterial *n* reinforcing material [met]
Verstärkungsmittel *n* reinforcing agent [met]
Verstärkungspappe *f* reinforcement board [met]
Verstärkungspfosten *m* backup post
Verstärkungsplatte *f* plate stiffener; reinforcing plate
Verstärkungsrippe *f* reinforcing rib
Verstärkungswerkstoff *m* backing material [met]
versteifen *v* (verstreben) brace; (stützen) prop; (stützen) shore; (stützen) stay; (versteifen) stiffen [wer]; (verstreben) strut
Versteifung *f* (Verstrebung) bracing; bridging; (Verstärkung) reinforcement [met]; (Verstärkung) reinforcing [met]; stiffener [met]; stiffening [stb]; (Verstärkung) strengthening; (Verstrebung) strutting
Versteifung durch Knotenblech *f* gusset stay
Versteifungsblech *n* (Reaktor-Liner) backing strip [met]; bracing plate; plate stiffener [met]; reinforcing plate [tec]; stiffening plate [stb]
Versteifungseinlage *f* stiffening [met]
Versteifungselement *n* stiffener [tec]

Versteifungsprofil *n* stiffener [met]
Versteifungsrahmen *m* box frame
Versteifungsrippe *f* stiffening rib [stb]
Versteifungsstab *m* truss bar [stb]
Versteifungsträger *m* stiffening girder [stb];
   stiffening truss [stb]
Versteinerung *f* petrifaction [geo]
verstellbarer Schraubenschlüssel *m* adjustable
   wrench [wzg]; monkey wrench [wzg]
Verstellgelenk *n* (Schalung) adjustable joint
Verstellnut *f* adjustable channel
Verstemmeisen *n* (für Muffen) caulking iron
Versteppung *f* desertification [geo]; transformation
   into steppe [geo]
Verstopfen *n* (Sieb) blinding [prc]; plugging
verstopft (z.B. Sieb) blocked up [prc]; choked up
Verstopfung der Innenstädte *f* congestion in towns
   and cities [tra]
verstopfungsarm non-clogging
verstopfungsfrei non-clogging
verstreben *v* brace; stay; strut
Verstrebung *f* brace; brace rod; (z.B. Fachwerkverband) bracing [stb]; framework; strut [stb];
   supporting
Verstrebungsbalken *m* straining beam; straining
   piece
Verstrebungsprofil *n* strut member
Verstreckung *f* stretch [met]
verstreichen *v* float
verstromen *v* convert into electricity [pow]
Verstromung *f* conversion into electricity [pow];
   electricity formation [pow]
Versuch *m* (Prüfung) assay [any]; experiment
   [any]; test [any]; trial [any]
Versuch durchführen *v* carry out a test [any];
   carry out an experiment [any]; conduct an
   experiment [any]
Versuch fahren *v* carry out a test [any]; conduct a
   test [any]
Versuch im Maßstab 1:1 *m* full-size test [any]
Versuch, großtechnischer - *m* large-scale technical
   experiment [any]
Versuchsablauf *m* test procedure [any]
Versuchsanlage *f* experimental facility [any];
   experimental plant [any]; pilot plant [any]; test
   rig [any]
Versuchsanordnung *f* experimental arrangement
   [any]; experimental set-up [any]; (Aufbau) test
   arrangement [any]; (Aufbau) test assembly [any]
Versuchsaufbau *m* experimental set-up [any]; test
   set-up [any]
Versuchsauswertung *f* test evaluation [any]
Versuchsbecken *n* experimental basin [any]
Versuchsbedingung *f* experimental condition [any];
   test condition [any]
Versuchsbericht *m* test report [any]

Versuchsbetrieb *m* pilot operation; trial run [any]
Versuchsbohrung *f* test drilling [roh]
Versuchsdaten *pl* test data [any]
Versuchsdauer *f* test duration [any]; test period
   [any]
Versuchsdurchführung *f* experimental procedure
   [any]; performance of the experiment [any];
   performance of the test [any]
Versuchseinrichtung *f* test equipment [any]
Versuchsende *n* end of the test [any]
Versuchsergebnis *n* experimental result [any]; test
   findings [any]; test result [any]
Versuchsergebnisse auswerten *v* evaluate test
   results [any]
Versuchsfehler *m* experimental error [any]
Versuchsfeld *n* (Gelände) test site [any]
Versuchsgelände *n* experimental area [any]; test
   ground [any]
Versuchsinstrument *n* test instrument [any]
Versuchskörper *m* test piece [any]; test specimen
   [any]
Versuchslast *f* test load [any]
Versuchslauf *m* test run [any]; trial run [any]
Versuchsmaterial *n* test substance [any]; testing
   material [any]
Versuchsmethode *f* experimental method [any];
   test method [any]
Versuchsmuster *n* prototype [any]
Versuchsparameter *m* test parameter [any]
Versuchsphase *f* experimental phase [any];
   experimental stage [any]
Versuchsplanung *f* design of experiments [any];
   experimental design [any]; experimental planning
   [any]
Versuchsprodukt *n* testing product [any]
Versuchsprogramm *n* experimental program [any];
   test program [any]
Versuchsprotokoll *n* test record [any]
Versuchsreihe *f* series of experiments [any]; series
   of tests [any]; test series [any]
Versuchsstadium *n* experimental stage [any]
Versuchsstand *m* test bay [any]; test bench [any];
   test facility [any]; test set-up [any]
Versuchsstück *n* specimen [any]
Versuchssubstanz *f* experimental substance [any];
   test substance [any]
Versuchstechnik *f* experimental method [any]
Versuchstemperatur *f* test temperature [any]
Versuchsverfahren *n* test method [any]
versuchsweise on trial basis [any]; tentative [any]
Versuchszentrum *n* test centre [any]
Versumpfung *f* (Talsperre) swamp formation [was]
Vertäfelung *f* panelling
Verteiler *m* distributor [elt]; (Zündverteiler)
   distributor [elt]; (Rohre) manifold; terminal
   block [elt]

Verteilerdose *f* conduit box [elt]; junction box [elt]
Verteilereisen *n* (Bewehrung) spacer bar; spreader bar
Verteilergurtförderer *m* distributing belt conveyor [prc]
Verteilerkabel *n* distribution cable [elt]
Verteilerkasten *m* conduit box [elt]; distribution box [elt]; distributor box [elt]; joint box [elt]; junction box [elt]
Verteilerleiste *f* manifold [elt]
Verteilermast *m* (Autobetonpumpe) placing boom
Verteilernetz *n* distribution chain [elt]; distribution grid [elt]; distribution system [was]
Verteilerplatte *f* diffuser plate [air]
Verteilerriegel *m* distribution waler
Verteilerrinne *f* distribution trough [was]
Verteilerrohr *n* distribution pipe [was]; distributor pipe [was]; manifold [prc]
Verteilersammelschiene *f* distributing busbar [elt]
Verteilerscheibe *f* disc feeder [prc]
Verteilerschiene *f* distributing bus bar [elt]; distribution bus [elt]
Verteilerschnecke *f* distributing screw [prc]; spreading screw [tib]
Verteilerschrank *m* cable distribution cabinet [elt]; distribution cubicle [elt]
Verteilerschurre *f* distributing chute [prc]
Verteilungskasten *m* distributing box [elt]
Verteilungsleitung *f* distribution line [elt]; distribution main [elt]
Verteilungsnetz *n* distribution network [elt]
vertiefen *v* deepen
vertieft anbringen *v* recess [wer]
Vertiefung *f* (Mulde) cavity; deepening; (Mulde) depression; impression; (Aussparung) sinking
vertikal vertical
Vertikalausführung *f* vertical design [des]
Vertikalbauweise *f* vertical construction [des]
Vertikalbecherwerk *n* vertical elevator [prc]
Vertikaldichtung *f* (Baugrube) vertical sealing [tib]
Vertikale *f* (Stab, Stiel) vertical member
Vertikalerschließung *f* vertical circulation
Vertikalförderschnecke *f* worm elevator [prc]
Vertikaljalousie *f* vertical blind
Vertikalklassierer *m* vertical classifier [prc]
Vertikalkraft *f* vertical force [sik]
Vertikalkreis *m* (Vermessung) vertical circle [any]
Vertikalschnitt *m* vertical section [des]
Vertikalstab *m* (Fachwerk) vertical [stb]; (Fachwerk) vertical member [stb]; (Fachwerk) vertical rod [stb]
Vertikalsteifer *m* vertical stiffener [stb]
Vertikalverband *m* vertical bracing [stb]
verträglich compatible
Verträglichkeit *f* compatibility
Vertrag aufsetzen *v* draw up a contract [jur]

Vertrag schließende Partei *f* contracting party [jur]
Vertrag, einen - abschließen *v* take out a contract [jur]
vertraglich contractual [jur]
vertraglich vereinbart, wie - as contracted [jur]
Vertrags- contractual [jur]
Vertragsablauf *m* termination of contract [jur]
Vertragsabtretung *f* assigment of contract [jur]
Vertragsabwicklung *f* implementation of contract work [jur]
Vertragsauflösung *f* termination of contract [jur]
Vertragsbedingungen *pl* conditions of contract [jur]
Vertragsbedingungen, technische - *pl* technical conditions of contract [jur]
Vertragsbeginn *m* commencement of contract [jur]
Vertragserfüllung *f* performance of contract [jur]
Vertragspartner *m* contracting party [jur]
Vertragspartnerin *f* contracting party [jur]
Vertragsrecht *n* contract law [jur]
Vertragsstrafe *f* contractual penalty [jur]
Vertragsurkunde *f* contract document [jur]
Vertragsverhandlung *f* contract negotiation [eco]
Vertraulichkeit *f* confidentiality
Vertretungsmacht *f* representative authority [jur]
vertrimmt out-of-trim
verunreinigen *v* (verschmutzen) dirty; (Materialien) impurify; (Wasser, Luft) pollute; (verschmutzen) soil
verunreinigt contaminated
Verunreinigung *f* (Stoff) contaminant [met]; contamination [met]; impurity [met]; (Stoff) pollutant
Verunreinigung des Grundwassers *f* groundwater pollution [was]
Verunstaltung *f* (Bauästhetik) disfigurement [arc]
Vervollständigung *f* completion
verwässern *v* water down [was]
Verwahrlosung *f* (von Häusern) dilapidation
Verwahrung *f* (Anschluss von Bahnen an Baukörper) flashing
Verwaltungsbauten *pl* administrative buildings
Verwaltungsbüro *f* administration office [eco]
Verwaltungsdienstleistung *f* administrative service [jur]
Verwaltungsgebäude *n* administration block; administration building; administrative building; administrative building
Verwaltungsstadt *f* administrative town [com]; adminstrative town [com]
Verwaltungsvorschrift *f* administrative order [jur]
Verweigerung der Abnahme *f* refusal of acceptance [eco]
Verwendbarkeit *f* applicability
Verwendung *f* application; (von Geräten) implementation; use; utilization

Verwendungsdauer *f* working life [met]
verwendungsfertig ready for use [met]
Verwerfen *n* (- von Bodenplatten) stepping-off [tib]; (Abmessungen) warping [des]
verwerfen, sich - *v* buckle [met]
Verwerfung *f* shifting; (geologischer Schichten) throw [geo]; (Verziehen) warping
Verwerfungsfläche *f* fault-plane [geo]
verwertbar recyclable [rec]
verwerten *v* recycle [rec]
verwerten, energetisch - *v* use as fuel [rec]
verwerten, stofflich - *v* use as raw material [rec]
verwertet recycled
Verwertung *f* recovery [rec]; (KrW-/AbfG) recycling [rec]; reprocessing; reutilization [rec]
Verwertung von Altstoffen *f* recycling of used materials [rec]
Verwertung, durchgeführte - *f* recycling carried out [rec]
Verwertung, energetische - *f* energetic recycling [rec]; (Abfallverwertung) energy-from-waste utilization [rec]
Verwertung, hochwertige - *f* high-quality recycling [rec]
Verwertung, rohstoffliche - *f* feedstock recycling [rec]
Verwertung, stoffliche - *f* material processing [rec]; material recycling [rec]; substance recycling [rec]
Verwertung, thermische - *f* thermal reprocessing [rec]; thermal utilization [rec]
Verwertung, werkstoffliche - *f* mechanical recycling [rec]
Verwertungsanlage *f* recycling plant [rec]
Verwertungsmaßnahme *f* recycling measure [rec]
Verwertungsmethode *f* recycling method [rec]
Verwertungsmöglichkeit *f* recycling possibility [rec]
Verwertungsnachweis *m* proof of recycling [rec]
Verwertungssystem *n* recycling system [rec]
Verwertungsverfahren *n* recycling method [rec]; recycling process [rec]
verwiegen *v* weigh [any]
Verwiegesilo, fahrbarer - *m* portable batcher
Verwiegung *f* weighing [any]
verwinden *v* distort; twist; (durch Wärme) warp
Verwindung *f* twist [met]
verwindungsfrei distortion-free [met]; torsion-free [des]; torsion-proof; torsion-resistant
verwindungssteif rigid [des]; torsion-resistant; torsion-stiff [des]; torsionally stiff [met]
verwittern *v* decay [met]; decompose [met]; disintegrate [met]; weather [met]
verwittert corroded [met]; disintegrated [met]; weathered [met]

Verwitterung *f* degradation [met]; surface disintegration [met]; surface weathering [met]; weathering [met]
Verwitterung, physikalische - *f* mechanical weathering [met]
Verwitterungsboden *m* residual soil [geo]
Verwitterungsgrad *m* degree of erosion [geo]; (Baustoffe) degree of weathering [met]; extent of weathering [met]
Verwitterungsprodukt *n* (Geologie) residual product [geo]; weathering product
Verwitterungston *m* residual clay [geo]
Verwitterungszone *f* belt of weathering [geo]
Verwölbung *f* crippling
verwüsten *v* desertify; devastate
verwunden twisted [des]
Verzahnen *n* toothing [wer]
Verzahnung *f* (Holzbau) interlocking; toothing [tec]
Verzapfung *f* (Holzbau) bird's mouth joint; (Holz) tendon jointing [wer]
verzeichnen *v* (fehlerhaft zeichnen) draw incorrectly [des]
verzerren *v* distort [des]
Verzerrung *f* (Verzug) warpage [des]
Verzicht auf Gewährleistung *m* waiver of warranty [eco]
Verzicht auf Sicherheitsleistung *m* waiver of security [eco]
verziehen *v* (Abmessungen) deform [des]; (Abmessungen) distort [des]
Verziehen *n* (Abmessungen) buckling [des]
verziehen, sich - *v* (Abmessungen) be distorted [des]; become distorted [des]; (Abmessungen) buckle [des]; (Abmessungen) warp [des]
Verziehung *f* (Verzerrung) deformation [met]; (Verzug) warpage [des]; (Verzug) warping [des]
Verzierung *f* ornamentation
Verzimmerung *f* timbering [wer]
verzinken *v* zinc [met]
Verzinken, galvanisches - *n* zinc plating [met]
Verzögerer *m* inhibitor [met]; retarder [met]; retarding additive [met]; (Betonzusatz) retarding agent [met]
verzögern *v* (verlangsamen) decelerate; (verlangsamen) retard
verzögert retarded
Verzögerung *f* delay
Verzögerung der Ausführung *f* delay in performance [wer]
Verzögerungsbecken *n* retaining basin [was]; retarding reservoir [wba]
Verzögerungsmittel *n* retarder
Verzug *m* (zeitlicher -) delay; (mechanischer -) distortion [des]
verzugsfrei free from distortion [des]

verzundern *v* scale [met]
Verzweigungspunkt *m* bifurcation point [sik]
Vestibül *n* vestibule [arc]
Viadukt *n* viaduct
vibrationsbeständig vibration-proof
Vibrationsdämpfer *m* vibration damper [tec]
Vibrationsdosierer *m* vibratory feeder [prc]
vibrationsfest vibration-resistant
Vibrationsförderer *m* vibrating conveyor [prc];
vibratory conveyor [prc]
vibrationsfrei vibration-free
Vibrationsgrobbeton *m* vibrated coarse concrete
[bon]
Vibrationspendelglätter *m* (für Betondecken)
vibrating shuttle smoother [bon]
Vibrationsprüfung *f* (ADR/RID) vibration test
[any]
Vibrationsrinne *f* vibratory conveyor [prc]
Vibrationssieb *n* vibrating screen [prc]
Vibrationsstampfer *m* vibrating rammer; vibrating
tamper [bon]; (Deponie) vibratory tamper
Vibrationsverdichter *m* concrete vibrating machine
[bon]; vibrating compactor [bon]
Vibrationsverdichtung *f* vibrational compaction
vibrieren *v* oscillate; vibrate
Vibriermesser *n* vibrating knife [wzg]
Vibritationsbohle *f* vibrating plank [tib]
Vicat-Nadelgerät *n* Vicat needle [any]; Vicat
needle apparatus [any]; Vicat setting time needle
apparatus [any]
Vieleckmauerwerk *n* cobweb masonry
Vielfachschalter *m* multi-contact switch [elt]
Vielfachstecker *m* multi-pin plug [elt]; multiple
plug [elt]
Vielkomponentengemisch *n* multicomponent
mixture [met]
Vielschichtlaminat *n* multilaminate [met]
vielstegig (z.B. Brücke) multi-webbed
Vielstoffgemisch *n* multicomponent mixture [met];
multicomponent system [met]
Vielstofflegierung *f* complex alloy [met]
viereckig rectangular
Vierendeelträger *m* (Profilträger) Vierendeel girder
[stb]; (Profilträger) Vierendeel truss [stb]
Vierfachvergaser *m* 4 barrel carburettor [tra]
Vierkantdübel *m* (Holzbau) square peg
Vierkantkopf *m* square head
Vierkantmaterial *n* square bars [met]
Vierkantrohr *n* square tube [met]
Vierkantstab *m* square bar [met]; square member
[stb]; square-section rod [met]
Vierkantstahl *m* square bar steel [met]; square
section [met]; squares [met]
Vierkantstange *f* square bar [met]; square rod
[met]
Vierkantstopfen *m* square head plug [tec]

Vierpass *m* (Gotik: Dekoration) quartefoil [arc]
Vierpunktlager *n* four-point support
vierstöckig four-storeyed
Viertel, vornehmes - *n* (Stadtviertel) silk-stocking
district
Viertelfuge *f* quarter joint
Viertelkreisbogen *m* (mittelalterliche Kirche)
quadrant arch [arc]
Viertelstab *m* quarter round [met]; (Renaissance:
Gesims) torus moulding [arc]
Viertelstein *m* quarter brick
Vierung *f* (Kirche) crossing [arc]
Vierungspfeiler *m* (in gotischen Kirchen) crossing
pier [arc]
Vierungsturm *m* (Kirchenbau) crossing tower [arc]
Villa *f* villa [arc]
villenartig villa-like [arc]
Villengegend *f* exclusive residential area
Villenviertel *n* (Stadtviertel) exclusive residential
area
Vinsolharz *n* (Luftporenbildner) vinsol resin [met]
Vinylesterharz *n* vinyl ester resin [che]
Vinylharz *n* vinyl resin [che]
Vinylschaumstoff *m* vinyl foam [met]
Vitrine *f* (Möbelstück) display cabinet
Vivrationsglätter *m* vibrating float
Vollanalyse *f* (Wasseranalyse) complete water
analysis [any]
Vollausschlag *m* full-scale deflection [any]; full-
scale reading [any]
Vollbalken *m* solid beam
Vollendung *f* completion
vollflächig holohedral
Vollfüllung *f* full-bore
Vollfuge *f* flush joint
vollfugig flush-joint
Vollgeschoss *n* full storey
Vollgesichtsmaske *f* full-view mask [asi]
Vollgipsplatte *f* solid gypsum board [met]
Vollglastür *f* all-glass door
Vollholz *n* solid wood [met]
vollkantig squared
Vollkreis *m* full circle [des]
Vollkugel *f* solid sphere [des]
Volllast *f* full load [pow]; full power [pow]
Volllastbetrieb *m* full-load operation [pow]
Volllastleistung *f* full-load output [pow]; output at
full load [pow]
Volllinie *f* (technische Zeichnungen) solid line [des]
Vollmasken-Atemschutzgerät *n* full-facepiece
respirator [asi]
Vollmaß *n* full size [des]
Vollmauermerk *n* solid masonry
Vollniet *n* full rivet [tec]
Vollprofil *n* solid profile [met]; solid section [met]
Vollschaftanker *m* (Spundwand) plain tie rod

Vollschutz *m* complete protection [asi]; total protection [asi]
Vollschutzanzug *m* full protection suit [asi]
Vollschutzanzug für Notfalleinsatz *m* emergency response suit [asi]
Vollschutzanzug für Notfalleinsatz, innenbelüfteter - *m* ventilated emergency response suit [asi]
Vollstoß *m* butt joint
Volltonfarbe *f* saturated paint [met]
Vollverglasung *f* floor-to-ceiling-glazing
Vollwandbogen *m* solid-web arch [stb]
Vollwandbrücke *f* plate girder bridge
vollwandig solid-webbed [des]
Vollwandkonstruktion *f* full-web construction [des]; full-web structure [des]; solid-plate construction [des]
Vollwandträger *m* plate girder [stb]; single-web girder [stb]; solid-web beam
Vollwandträger, geschweißter - *m* welded solid-web girder [stb]
Vollziegel *m* solid brick; solid clay brick
Vollzylinder *m* solid cylinder [des]
Voltmeter *n* voltmeter [any]
Volumen *n* volume
Volumen-Durchflussmessgerät *n* volumetric flowmeter [any]
Volumenabnahme *f* shrinkage [met]
Volumenanteil *m* partial volume [met]; volumetric proportion
Volumenausdehnung *f* cubical expansion [met]; volume expansion [met]
Volumenausdehnungskoeffizient *m* coefficient of cubical expansion [met]; volume expansion coefficient [met]
Volumenbeständigkeit *f* constancy of volume [met]
Volumendosierapparat *m* volumetric batcher [prc]
Volumendosierer *m* volumetric batcher [prc]
Volumendosierung *f* volume batching [met]
Volumendurchfluss *m* volume flow [prc]; volumetric flow [prc]
Volumendurchsatz *m* volume flow rate [prc]
Volumenermittlung *f* cubage [any]
Volumengeschwindigkeit *f* (Kehrwert der Verweilzeit in chem. Reaktoren unter Eintrittsbedingungen) space velocity [prc]
Volumengewicht *n* weight by volume [phy]
Volumeninhalt *m* cubage [des]
Volumenkontraktion *f* volume contraction [met]
Volumenkraft *f* volume force [phy]
Volumenmessgerät *n* (Volumen) stereometer [any]; (Volumen) volumeter [any]; (für Durchsatz) volumetric flowmeter [any]
Volumenprozent *n* percent by volume
Volumenstrom *m* volume rate of flow [prc]
Volumenstromregler *m* volume flow control [elt]

Volumenzähler *m* volumeter [any]
Volumenzugabe *f* (zur Mischung) volume batching [met]
volumetrisch dosieren *v* dose by volume [prc]; dose volumetrically [prc]
volumetrische Dosierung *f* batching by volume; volumetric batching
Volute *f* volute
Vor- und Nachspannen von Bewehrungsstäben *n* pre- and post-tensioning of reinforced bars [bon]
Vorabgenehmigung *f* preliminary approval [jur]
Vorabscheider *m* presampler [any]
Vorabsiebung *f* scalping [roh]
Vorabstreifer *m* (Einbau Schwarzbelag) tamper shield [tib]
Voranstrich *m* first coat [met]; precoat [met]; prime coat [met]; primer [met]; undercoat [met]
Vorarbeit *f* preliminary work [wer]; preparatory work [wer]
vorausberechnen *v* precalculate; predetermine
Vorausplanung *f* preliminary planning [des]
Voraussetzung *f* prerequisite
Vorauszahlung *f* advance payment [eco]
Vorbau *m* forebuilding; forepart; porch
Vorbau, freier - *m* (Brückenbau) incremental launching
Vorbauramme *f* cantilever-type pile driver [tib]
Vorbauschnabel *m* (Brückenbau) launching nose; steel nose
Vorbecken *n* (Schleuse) forebay [was]; preliminary clarification tank [was]; preliminary sedimentation tank [was]
Vorbehalt *m* reservation [eco]
Vorbehaltsrecht *n* reservation [eco]
Vorbehandlungsfilter *m* roughing filter [was]
Vorbeize *f* preliminary mordant [met]
Vorbelastung *f* pre-existing condition [geo]
vorbelüften *v* preaerate [was]
Vorbelüftung *f* preaeration [was]
Vorbereitung der Vergabe *f* preparation for award of contract [eco]
Vorbereitungsphase *f* preparatory phase
Vorbescheid *m* preliminary approval [jur]; (Baugenehmigung) preliminary determination of compliance with building law [jur]; preliminary permit [jur]
Vorbescheid, planungsrechtlicher - *m* outline planning permission [com]
Vorbeugung gegen Verluste *f* loss prevention [eco]
Vorbeugungsmaßnahme *f* preventive measure
vorbituminiert pre-bituminized [met]
Vorbohrmeißel *m* pilot bit
Vorbohrung *f* primary drilling [wer]
Vorbrechanlage *f* primary crushing plant [prc]
Vorbrecher *m* sledger [roh]; sledging breaker [roh]
Vorbunker *m* primary bin [roh]

Vorchlorung f prechlorination [was]
Vordach n canopy; canopy; canopy roof; cantilever roof; porch roof; projecting roof
Vordamm m secondary dam [wba]
Vorderabtastung f front scanning [any]
Vorderansicht f front elevation [des]; front view [des]
Vorderfläche f front face [des]
Vorderfront f boarding facade; façade; frontage; frontispiece [arc]
Vordergebäude n front building
Vorderkipper m front tipper [tib]
Vorderseite f front side [des]
Vorderteil n front part [des]
Vorderwalze f front roll [tib]
Vorderwand f front wall
Vorderzimmer n front room
Vorentwurf m preliminary design [des]; preliminary draft [des]; preliminary drawing [des]; preliminary study [des]; (Architektur) presentation drawing
Vorentwurfsplanung f preliminary design planning [arc]
Vorfahrtsrecht n right of way [tra]
Vorfahrtsstraße f major road [tra]
Vorfeld n (Festung) esplanade [arc]
Vorfenster n auxiliary sash; double window; outside window; storm window
Vorfertigung f factory casting
Vorfilter m prefilter [prc]
Vorflotation f (Kohleaufbereitung) first-stage flotation [was]
Vorflutdrän m main drain [was]
Vorfluter m drainage ditch [was]; effluent stream [was]; main outfall [was]; outfall ditch [was]; receiving body of water [was]; receiving stream [was]; receiving water [was]; receiving watercourse [was]; recipient [was]; reciping waters [was]
Vorflutleistung f outfall capacity [was]
Vorgabewert m set-point
Vorgängerknoten m (Netzplan) predecessor [des]
Vorgang, unfallartiger - m dangerous incident [asi]
vorgefertigte Decke f precast floor
vorgefertigtes Haus n prefabricated house
vorgegeben defined
Vorgenehmigungsverfahren n (Baugenehmigung) preapproval process [jur]
vorgeschaltet (Aggregat, Prozess) upstream
vorgeschrieben compulsory; mandatory; specified
vorgespannt pretensioned [met]
vorgespannt ohne Verbund prestressed with unbound cables [bon]
vorgespannt, mit nachträglichem Verbund - post-prestressed [bon]

vorgespannt, teilweise - partly prestressed [bon]
vorgetränkt pre-soaked [met]
Vorhaben n project
Vorhaben, durch das - betroffen affected by the project
Vorhaben- und Erschließungsplan m project and development plan [des]
Vorhängeschloss n padlock
Vorhalle f antehall; entrance hall; (Kirche) narthex [arc]; porch [arc]; (Tempel) portico
Vorhaltedauer f provision period
Vorhaltefläche f special-use corridor
Vorhaltemaß n amount of lead
Vorhalter m holder-on [wzg]
Vorhaltung f commissioning; provision
Vorhangleiste f (Laufschiene) curtain rail; (Blende) pelmet
Vorhangöffner m curtain opener
Vorhangschiene f curtain rail
Vorhangschließer m curtain closer
Vorhangstange f (zum Aufhängen) curtain pole; (Zugstange) curtain rod
Vorhof m forecourt; front court; outer courtyard; (- einer Kirche) parvis
vorimprägniert pre-impregnated [met]
vorjustiert pre-adjusted [any]; pre-aligned [any]
Vorkalkulation f preliminary calculation [eco]
Vorkammer f receiving chamber [was]
Vorkaufspreis m pre-emption price [eco]
Vorkaufsrecht n option of pruchase [jur]; (Immobilie) option to buy [jur]; pre-emptive right [jur]; right of pre-emption [jur]
Vorkaufsrecht, dingliches - n pre-emptive right in rem [jur]
Vorkaufsrecht, gemeindliches - n community's right of pre-emption [jur]
Vorkirche f vestibule [arc]
Vorkläranlage f primary clarifier [was]
Vorklärbecken n preliminary sedimentation tank [was]; preliminary settling basin [was]; presettling tank [was]; primary sedimentation basin [was]
vorklären v presettle [was]
Vorklärschlamm m sludge from primary sedimentation tank [was]
Vorklärung f precleaning [was]; prepurification [was]; presedimentation [was]; primary classification [was]; primary treatment [was]
Vorklassierung f preclassification [prc]; presizing [prc]
Vorkommnis, gefährliches - n dangerous occurrence [asi]
Vorlack m pore filler [met]
Vorlackieren n undercoating [wer]
Vorlage f (Vorlegen) presentation

Vorlage, oberwasserseitige - *f* upstream apron
[wba]
Vorlage, unterwasserseitige - *f* downstream apron
[wba]
Vorlagezeichnung *f* (Formgestaltung) presentation
drawing [des]
Vorlandbrücke *f* approach bridge
Vorlast *f* preloading
Vorlaufdruck *m* (Fernwärmeversorgung) supply-
pipe pressure [pow]
Vorlaufleitung *f* (Heizung) flow pipe [pow];
(Fernwärme) outgoing pipeline [pow];
(Fernwärmeversorgung) supply pipe [pow]
Vorlaufplatte *f* advancing plate
Vorlaufscheibe *f* (Schalung) advancing stud
Vorlauftemperatur *f* flow temperature [pow]; inlet
temperature [pow]; (Fernwärme) outflow tem-
perature [pow]; (Fernwärme) outgoing tempera-
ture [pow]; starting temperature [tga]; supply
temperature [pow]; (Fernwärmeversorgung)
supply-pipe temperature [pow]
vorlegen *v* submit
Vorleistung *f* advance [eco]
Vormahlung *f* raw grinding [prc]
Vormaterial *n* input material [met]
Vormaterialien *pl* unfinished materials [met]
Vormauerklinker *m* facing clinker
Vormauerung *f* beam filling
Vormauerziegel *m* facing brick; well-burnt brick
Vormerkung *f* (im Grundbuch) priority notice [jur]
vormischen *v* premix [prc]
Vormischen *n* premixing [prc]
Vormischsilo *m* prebatching bin
Vormontage *f* previous erection; (Probemontage)
testing assembly [wer]
vormontiert shop-assembled; subassembled
Vormühle *f* preliminary mill [prc]
Vorplanung *f* conceptual design [des]; preliminary
planning [des]; preparatory planning [des]
Vorplanungsunterlagen *pl* preliminary planning
documents [des]
Vorplatz *m* areaway [arc]; forecourt
Vorprüfung *f* preliminary test [any]; previous
examination [any]; prior examination [any]
Vorräte, abbauwürdige - *pl* recoverable reserves
[roh]
vorrätig haben *v* stock up [eco]
Vorrat *m* store
Vorratskammer *f* pantry
Vorratsraum *m* store; store-room
Vorratssilo *m* silo; storage bin [prc]; storage
hopper [prc]; storage silo
Vorratswasserheizer *m* storage water heater
[pow]
Vorraum *m* anteroom
Vorreiber *m* (Fensterdrehriegel) sash fastener

Vorreinigung *f* precleaning; prepurification [was]
Vorrichtung zur Vermeidung des Schallaustritts *f*
noise trap [aku]; sound trap [aku]
Vorsatzbeton *m* concrete revetment [bon]; face
concrete [bon]
Vorsatzmörtel *m* adhesive rendering; facing
mortar [met]
Vorsatzschale *f* exterior shell; veneer
Vorsatzschalung *f* facing plywood
Vorsatzschicht *f* facing layer
Vorsatzteil *n* shoe [tec]
Vorsatzwand *f* spandrel wall
Vorschaltgerät *n* (Leuchtstoffröhre) ballast [elt];
(Leuchtstoffröhre) bulkhead unit [elt]
vorschieben *v* advance
Vorschieben *n* launching
vorschreiben *v* specify
Vorschrift *f* (Anweisung) instruction;
(Anforderung) requirement; (Spezifikation)
specification
Vorschrift, technische - *f* technical regulation
Vorschriften am Arbeitsplatz *pl* site rules [asi]
Vorschriften verschärfen *v* tighten up the rules
[jur]
Vorschriften, bauordnungsrechtliche - *pl* building
regulations [jur]
Vorschriften, technische - *pl* specifications [des];
technical regulations
vorschriftsmäßig according to regulations; correct
vorschriftswidrig against orders; irregular
Vorschub *m* (Bagger) crowd [tec]; (Bagger)
crowding [tec]
Vorschubbremse *f* (Bagger) crowd brake [tec]
Vorschubgerüst *n* cantilevered falsework
Vorschubgeschwindigkeit *f* (Gleitschalung)
erection speed
Vorschubhebel *m* (Bagger) crowd lever [tec]
Vorschubkraft *f* crowd force [tec]
Vorschubkupplung *f* (Bagger) crowd clutch [tec]
Vorschubnase *f* (Brückenbau) launching nose
Vorschubrüstung *f* (Brückenbau) formwork
carriage [bon]
Vorschubseil *n* (Bagger) crowd rope [tec]
Vorschubverfahren *n* (Brückenbau) launching
process
Vorsichtsmaßnahme *f* safety measure [asi]
Vorsieben *n* scalping [prc]
Vorsorge *f* provision
vorsorgen *v* provide
Vorsorgewert *m* precautionary value
Vorspannbündel *n* bundle prestressing tendons
[bon]
vorspannen *v* preload; prestress; pretension
Vorspanngerät *n* pretension jack
Vorspannglied *n* prestressing cable [bon]; tendon
[tec]

Vorspannkraft *f* initial tightening force [sik]; prestressing force [sik]; pretension [sik]

Vorspannprozess im Spannbett *m* long-line process [bon]

Vorspannseil *n* prestressing cable [bon]

Vorspannung *f* initial stress [sik]; initial tension [sik]; prestress [met]; prestressing [bon]; (vor dem Erhärten des Betons) pretensioning

Vorspannung ohne Verbund *f* no-bond tensioning [bon]

Vorspannung von Durchlaufträgern *f* continuous prestressing [bon]

Vorspannung, beschränkte - *f* partial prestressing

Vorspannung, teilweise - *f* partial prestress [bon]

Vorspannung, zweiaxiale - *f* two-way prestressing [sik]

Vorspannverfahren *n* prestressing method [bon]

Vorspannverlust *m* loss of prestress

Vorsperre *f* upstream cofferdam [wba]

vorspringen *v* (herausragen) project

vorspringend projecting; protruding

Vorsprung *m* ledge; (Straßenbild) projecting element [com]; projecting part; (architektonisch) projection; (herausstehendes Element) projecture [des]

Vorstandsetage *f* executive suite

Vorstatik *f* preliminary statics [sik]

vorstehen *v* (herausstehen) project

Vorstoff *m* raw material [met]

Vorstoß *m* (Bagger) crowd [tec]; (Bagger) crowding [tec]

Vorstoß, hydraulischer - *m* (Hydraulikzylinder) hydraulic crowd [tec]

Vorstoßhebel *m* (Bagger) crowd lever [tec]

Vorstoßkraft *f* (Bagger) crowd force [tec]

Vorstoßseil *n* (Bagger) crowd rope [tec]

Vorstoßturas *m* (Bagger) crowd sprocket [tec]

vorstreichen *v* undercoat [wer]

Vorstreichfarbe *f* priming paint [met]

Vortragssaal *m* auditorium

Vortreiben eines Tunnels *n* construction of a tunnel; piercing of a tunnel

Vortrieb *m* (Bergbau) driving [roh]; (Vorgang des -s) heading [tib]

Vortriebsrohr *n* driven pipe

Vortriebsschild *n* tunnel shield [tib]

Vortriebsstrecke *f* (Bergbau) heading [roh]

Vortriebstelle *f* (Straßenbau) spreading site [tib]; working face [tib]

vorübergehend temporary

vorverdichten *v* (mechanisch) preconsolidate

Vorverdichter *m* precompactor [tib]

Vorverdichtung *f* initial compaction [tib]; (mechanisch) preconsolidation

Vorverdrahtung *f* prewiring [elt]

Vorverfestigung *f* preconsolidation

Vorvermietung *f* (Immobilien) prelease [eco]; (Immobilien) preleasing [eco]

Vorversuch *m* preliminary experiment [any]; preliminary test [any]

Vorwärmer *m* preheater [pow]

Vorwärtsschnitt *m* (Vermessung) forward section method [any]

Vorwerk *n* (Burg) barbican; (Burg) outwork

vorzeichnen *v* sketch [des]; trace [des]

Vorzeigeimmobilie *f* (<A>) trophy building; (<A>) trophy property

Vorzerkleinern *n* (Abfälle) pre-shredding [rec]; precrushing [prc]; preliminary crushing [roh]

vorzerkleinert roughly shredded [met]

Vorzerkleinerung *f* coarse reduction [prc]; precrushing [prc]; primary crushing [prc]

Vorzimmer *n* antechamber; anteroom; (- eines Büros) outer office

Votivkirche *f* votive church [arc]

Voute *f* flank; haunch

Voutenbalken *m* haunched beam

Voutenbrücke *f* arched bridge

Voutenschräge *f* tapered haunch [arc]

Voutenträger *m* haunched girder

Vulkangestein *n* volcanic ejecta [geo]

Vulkanisation *f* vulcanization [met]

vulkanisieren *v* cure [wer]; vulcanize [met]

Vulkanschlacke *f* volcanic cinder [geo]

W

Waage *f* balance [any];   scales [any]
Waagebalken *m* balance arm [any];   balance beam [any]
waagerecht horizontal
waagerechter Verbau *m* horizontal shoring
Waagrechtförderer *m* horizontal conveyor [prc]
Waagschale *f* scale pan [any]
Wabenbauweise *f* honeycomb construction [des]; honeycomb structure [des]
Wabensilo *m* compartment bin [prc]; compartmented bin [prc]
Wabenstruktur *f* honeycombed texture [met]
Wabenträger *m* castellated beam;   castellated girder;   castelled girder;   honeycomb element [stb];   open-web girder
Wachsamkeit *f* vigilance [asi]
Wachschutz *m* security surveillance [wer]
Wachturm *m* watch-tower
Wackelkontakt *m* loose connection [elt];   loose contact [elt];   slack joint [elt]
Wächter *m* automatic controller [elt];   controller [elt];   detecting device [elt]
Wägeanlage *f* weighing plant [any]
Wägeapparat *m* weighing machine [any]
Wägeeinrichtung *f* weighing equipment [any];   (an Geräten) weighing-machine [any]
Wägefehler *m* weighing error [any]
Wägegenauigkeit *f* weighing accuracy [any]
Wägemethode *f* weighing method [any]
Wägeverfahren *n* weighing method [any]
Wägevorrichtung *f* weighing appliance [any]; weighing device [any]
Wägung *f* weighing [any]
Wälzmühle *f* roller grinding mill [prc]
Wände, tragende - *pl* main walls
Wärme abführen *v* carry away heat [pow]
Wärme abgeben *v* dissipate heat [pow]
Wärme erzeugend heat-generating
Wärme übertragend thermally conductive [met]
Wärme- und Schalldämmung *f* thermal and sound insulation
Wärmeabfluss *m* heat loss [pow]
Wärmeabfuhr *f* dissipation of heat [pow];   heat discharge [pow];   heat dissipation [pow];   (Verlust) heat emission [pow]
Wärmeabgabe *f* emission of heat [pow];   heat discharge [pow];   heat dissipation [pow];   (Verlust) heat emission [pow];   heat loss [pow];   heat output [pow];   heat supply [pow];   thermal emission [pow]
Wärmeableitung *f* heat abduction;   heat discharge [pow];   heat dissipation [pow];   heat removal [pow]
Wärmeabsorption *f* heat absorption [pow]
Wärmeabstrahlung *f* radiation of heat [pow]
Wärmeangebot *n* heat availability [pow];   heat supply [pow]
Wärmeaufbereitung *f* pyroprocessing [roh]
Wärmeaufnahme *f* heat absorption [pow];   thermal absorption [pow]
Wärmeausbeute *f* heat yield [pow];   thermal efficiency [pow]
Wärmeausbindung *f* heat extraction [pow]
Wärmeausdehnung *f* heat expansion [phy]; thermal expansion [phy]
Wärmeausdehnungszahl *f* thermal expansion coefficient [met]
Wärmeausgleich *m* heat equalization [pow];   heat interchange [pow]
Wärmeauskopplung *f* heat displacement [pow]; heat extraction [pow];   heat rejection [pow]
Wärmeauslöser *m* thermal switch [elt]
Wärmeaustausch *m* heat exchange [pow]
Wärmeaustauscher *m* heat exchanger [pow]
Wärmeaustauscherrohr *n* heat exchanger tube [pow]
Wärmeaustauschfläche *f* heat exchanging surface [pow]
Wärmebatterie *f* thermobattery [pow]
Wärmebeanspruchung *f* temperature stress [met]; thermal stress [met]
Wärmebedarf *m* heat demand [pow];   heat required [pow];   heat requirements [pow];   thermal requirements [pow]
Wärmebedarfsrechnung *f* heat requirement calculation [pow]
wärmebehandelt heat-treated [met]
Wärmebehandlung *f* heat treatment [met];   thermal treatment [met]
Wärmebelastung *f* heat load [pow];   heat stress [met];   thermal load [pow];   thermal stress [met]
Wärmebereitstellungskosten *pl* heat supply costs [pow]
wärmebeständig heat-proof [met];   heat-resistant [met];   thermostable [met]
Wärmebeständigkeit *f* resistance to heat [met]; thermostability [met]
Wärmebewegung *f* thermal movement [des]
Wärmebilanz *f* heat balance [prc]
Wärmebild *n* heat image [any];   thermograph [any]
Wärmebildumsetzung *f* thermal image reproducing [pow]
Wärmebrücke *f* heat bridge [prc];   thermal bridge [pow]
Wärmedämm-Verbundsystem *n* composite system for thermal insulation [pow]
Wärmedämmblech *n* thermal shield [met]

wärmedämmend heat-insulating [pow]; insulated [pow]

Wärmedämmfassade *f* heat-insulating facade

Wärmedämmkleber *m* thermal insulation adhesive [met]

Wärmedämmmasse *f* heat insulation compound [met]

Wärmedämmmörtel *m* thermal insulation mortar [met]

Wärmedämmplatte *f* heat-insulating board [met]; thermal insulation board [met]

Wärmedämmputz *m* heat insulation plaster

Wärmedämmputzsystem *n* heat insulation plaster system; plaster-based thermal insulation system

Wärmedämmschicht *f* heat-insulating course [met]; heat-insulating layer [met]; thermal barrier coating [met]; thermal-insulating layer

Wärmedämmstoff *m* heat insulant [met]; heat insulator [met]; heat-insulating material [met]; thermal insulation material [met]; thermal-insulating material [met]

Wärmedämmtapete *f* heat-insulating wallpaper [met]

Wärmedämmung *f* heat insulation [pow]; thermal insulation [pow]; thermal protection [pow]

Wärmedämmung, transparente - *f* transparent thermal insulation

Wärmedämmungsmaßnahme *f* thermal insulation work

Wärmedämmverbundsystem *n* external thermal insulation composite system; multilayer insulation system

Wärmedämmverglasung *f* heat insulation glazing [met]

Wärmedämmverglasung, transparente - *f* transparent heat insulation glazing [met]

Wärmedämmwert *m* thermal resistance [met]

Wärmedehnung *f* heat expansion [phy]

Wärmediffusion *f* thermal diffusion [phy]

Wärmedurchgang *m* heat flow [pow]; heat transfer [pow]; heat transmission [pow]

Wärmedurchgangskoeffizient *m* heat transfer coefficient [prc]; (k-Wert) heat transition coefficient; overall coefficient of heat transfer [pow]

Wärmedurchgangswert *m* (k-Wert) heat transition coefficient

Wärmedurchgangswiderstand *m* overall heat-transfer resistance [prc]; thermal resistance [pow]; total thermal resistance [pow]

Wärmedurchgangszahl *f* air-to-air heat-transmission coefficient; overall coefficient of heat transfer [pow]; overall heat-transfer coefficient [prc]; thermal transmittance [pow]

wärmedurchlässig transmittent to heat [met]

Wärmedurchschlag *m* thermal breakdown [pow]

Wärmeeinspeisung *f* heat input [pow]

Wärmeeinstrahlung *f* heat irradiation [prc]

wärmeempfindlich heat-sensitive [met]; sensitive to heat [met]; thermosensitive [met]

Wärmeenergie *f* heat energy [pow]; thermal energy [pow]

Wärmeengpassleistung *f* maximum continuous capacity [pow]; maximum heat output capacity [pow]

Wärmeentnahme *f* heat extraction [pow]

Wärmeentwicklung *f* heat generation [pow]; heat production [pow]

Wärmeentzug *m* elimination of heat [pow]; heat abduction; heat extraction [pow]

Wärmeermüdung *f* thermal fatigue [met]

Wärmeerzeuger *m* heat generator [pow]

Wärmeerzeugung *f* formation of heat [pow]; heat generation [pow]; heat production [pow]; heat release [pow]

Wärmefalle *f* heat trap [pow]

wärmefest heat-proof [met]; heat-resisting [met]; thermoduric [met]; thermostable [met]

Wärmefluss *m* heat flow [pow]; thermal flow [pow]

Wärmeflussbild *n* heat flow diagram [pow]

Wärmeflussmessgerät *n* heat flowmeter [any]

Wärmeflussmessung *f* heat flow measurement [any]

Wärmefreisetzung *f* heat release [pow]

Wärmefühler *m* heat detector [any]; heat sensor [any]; heat-sensitive detector [any]; temperature bulb [any]; temperature detector [any]; thermostat [any]

wärmeführend heat-conveying [pow]

wärmegedämmt heat-insulated [met]; insulated against heat [pow]; thermally insulated [met]

Wärmegefühl *n* sensation of warmth

Wärmegewinn *m* heat gain [pow]

Wärmegewinnung *f* heat reclamation [pow]

Wärmehaushalt *m* heat balance [pow]; heat budget [pow]; thermal balance [pow]

Wärmeisolation *f* heat insulation [pow]; thermal insulation [pow]

Wärmeisolator *m* heat insulator [met]

wärmeisolierend heat-insulating [pow]

Wärmeisolierplatte *f* thermal insulating board [met]

Wärmeisolierstoff *m* thermal-insulating material [met]

wärmeisoliert heat-insulated [pow]; thermally insulated [pow]

Wärmeisolierung *f* heat insulation [pow]; (z.B. für Leitungen) heat lagging [prc]; thermal insulation [pow]

Wärmeisolierung von Montagehohlräumen *f* fill-in insulation

Wärmekapazität *f* heat capacity [phy]; thermal capacity [phy]

Wärmekapazität, spezifische - *f* heat capacity per unit mass [phy]; specific thermal capacity [phy]

Wärmekennzahl *f* (Heizkraftwerk) heat coefficient [pow]; (Heizkraftwerk) heat factor [pow]

Wärmekomfort *m* thermal comfort

Wärmekonvektion *f* heat convection [prc]; thermal convection [prc]

Wärmekraftanlage *f* thermal power station [pow]

Wärmekraftwerk *n* heat-generating station [pow]; thermal power station [pow]

Wärmekreislauf *m* heat cycle [pow]; thermal cycle [pow]

Wärmelastdichte *f* heat load densitiy [pow]

Wärmelastplan *m* thermal load scheme [pow]

Wärmeleistung *f* heat output [pow]; thermal capability [pow]; thermal output [pow]; thermal power [pow]

wärmeleitend heat-conducting [met]; heat-conductive [met]

Wärmeleiter *m* heat conductor [met]

Wärmeleitfähigkeit *f* heat conductivity [met]; thermal conductivity [met]

Wärmeleitfähigkeitsmessgerät *n* (für Gasanalyse) thermal conductivity gas analyzer [any]

Wärmeleitfähigkeitszelle *f* thermal-conductivity cell [any]

Wärmeleitung *f* heat conduction [pow]; thermal conduction [pow]

Wärmeleitvermögen *n* heat conductivity [phy]; thermal conductivity [phy]

Wärmeleitwiderstand *m* thermal resistance [phy]

Wärmeleitzahl *f* coefficient of thermal conductivity [phy]; thermal conductivity coefficient [phy]; thermal-conduction coefficient [phy]

Wärmeleitzement *m* heat-conducting cement [met]

Wärmeliefervertrag *m* heat supply contract [pow]

Wärmemelder *m* (Brandschutz) heat detector [any]; (Brandschutz) heat-sensitive detector [any]

Wärmemenge *f* amount of heat [pow]; (durch Strömung transportiert) heat flow volume [pow]; quantity of heat [pow]

Wärmemenge, abgegebene - *f* (Fernwärme) heat supplied [pow]; quantity of heat supplied [pow]

Wärmemenge, abzuführende - *f* amount of heat to be dissipated [pow]

Wärmemenge, abzugebende - *f* heat flow to be delivered [pow]; heat flow to be supplied [pow]

Wärmemenge, eingebrachte - *f* heat absorbed [pow]

Wärmemenge, erzeugte - *f* quantity of heat produced [pow]

Wärmemenge, gespeicherte - *f* stored heat [pow]

Wärmemengenmesseinrichtung *f* heat measuring device [any]

Wärmemengenmessgerät *n* thermal quantity meter [any]

Wärmemengenzähler *m* calorimeter [any]; heat meter [any]

Wärmemesser *m* calorimeter [any]

Wärmemessung *f* calorimetry [any]; (Mengenmessung) heat measurement [any]; measurement of heat [any]

wärmen *v* heat [pow]

Wärmenennleistung *f* rated heat output capacity [pow]

Wärmeniedrigstlast *f* heat load, minimum - [pow]

Wärmepass *m* (Energiebedarf von Gebäuden) energy certificate

Wärmepumpe *f* heat pump [pow]

Wärmepumpe, elektrische - *f* electric heat pump [pow]

Wärmepumpe, erdgekoppelte - *f* earth-linked heat pump [pow]

Wärmeputz *m* heat-insulating plaster [met]

Wärmequelle *f* heat source [pow]; thermal source [pow]

Wärmeregler *m* temperature controller [pow]; thermostat [pow]

Wärmeriss *m* heat crack [met]

Wärmerückgewinnung *f* heat recovery [pow]; heat regeneration [pow]

Wärmerückgewinnungssystem *n* heat recovery system [pow]

Wärmeschaltbild *n* thermal flow diagram [pow]

Wärmeschutz *m* heat insulation [pow]; heat protection [pow]; thermal insulation [pow]; thermal protection [pow]; thermal shielding [pow]

Wärmeschutzanforderungen *pl* thermal-protection standards [pow]

Wärmeschutzanzug *m* heat-protection suit [asi]

Wärmeschutzglas *n* heat-absorbing glass [met]; heat-protection glass [met]; low-e glass [met]

Wärmeschutzklasse *f* heat-protection class

Wärmeschutzkleidung *f* heat-protective clothing [asi]; heat-resistant clothing [asi]; heatproof clothing [asi]

Wärmeschutzmantel *m* heat-resistant jacket [asi]

Wärmeschutznachweis *m* proof of sufficient thermal insulation; thermal-protection certification [pow]; verification of sufficient thermal insulation

Wärmeschutzplatte *f* heat insulation board [pow]; heat insulation plate [pow]; thermal-insulating plate [pow]

Wärmeschutzschicht *f* thermal barrier coating [met]

Wärmeschutzverglasung *f* heat insulation glazing

Wärmeschutzverkleidung *f* heat-insulating covering [pow]; heat-insulating lagging [pow]

Wärmeschutzverordnung *f* Heat Insulation Ordinance [jur]; Ordinance on Energy Efficiency [jur]; Ordinance on Heat Protection [jur]

Wärmeschutzvorrichtung *f* thermal shield [pow]

Wärmesenke *f* heat sink [pow]

Wärmespannung *f* temperature stress [met]; thermal stress [met]

Wärmespareinrichtung *f* heat economizer [pow]

Wärmespeicher *m* heat accumulator [pow]; heat reservoir [pow]

Wärmespeichermasse *f* heat-storing mass [pow]

Wärmespeicherung *f* heat accumulation [pow]; heat storage [pow]; thermal energy storage [pow]

Wärmespeicherwert *m* (in Wänden usw.) heat storage magnitude

Wärmestau *m* heat accumulation; hot spot [pow]

Wärmestauung *f* heat accumutation

Wärmestrahler *m* heat radiator [pow]

Wärmestrahlung *f* heat radiation [pow]; heat rays [phy]; radiant heat [pow]; radiation of heat [pow]; thermal radiation [pow]

Wärmestrom *m* flow of heat [pow]; heat flow [pow]; heat rate [pow]; thermal flow [pow]

Wärmestube *f* (historisch: Sozialraum) heated room [arc]

Wärmetarif *m* (Fernwärme) heat tariff [pow]

Wärmetauscher *m* (-> Wärmeaustauscher) heat exchanger [pow]

Wärmetechnik *f* heat engineering [pow]; heat technology [pow]; thermal process technology [pow]; thermal processing [pow]

Wärmetoleranz *f* heat tolerance [des]

Wärmeträger *m* heat carrier [pow]; heat-exchanging medium [pow]; heating medium [pow]

Wärmeträgheit *f* thermal inertia [pow]

Wärmetransport *m* heat transport [pow]; transmission of heat [pow]

Wärmeübergang *m* heat transfer [pow]

Wärmeübergang durch Konvektion *m* convective heat transfer [pow]; heat transfer by convection [pow]

Wärmeübergang durch Leitung *m* conductive heat transfer [prc]; heat transfer by conduction [pow]

Wärmeübergang durch Strahlung *m* heat transfer by radiation [pow]; radiative heat transfer [pow]

Wärmeübergang, konvektiver - *m* convective heat transfer [pow]

Wärmeübergangskoeffizient *m* heat transfer coefficient [pow]

Wärmeübergangsleistung *f* heat transfer rate [pow]

Wärmeübergangswiderstand *m* heat transfer resistance [pow]; resistance of heat transfer [pow]

Wärmeübergangszahl *f* heat transfer coefficient [pow]

Wärmeüberschuss *m* excess heat [pow]; surplus heat [pow]

Wärmeübertragung *f* heat exchange [pow]; heat transfer [pow]; heat transmission [pow]

Wärmeübertragungsfläche *f* heat transfer area [pow]

Wärmeumlauf *m* heat circulation [pow]

wärmeundurchlässig adiathermic [pow]; athermous [met]; heat-impermeable [met]; heat-insulating [met]

Wärmeverbrauchszähler *m* heat consumption meter [any]

Wärmeverlust *m* heat loss [pow]; loss of heat [pow]

Wärmeverlustkoeffizient *m* heat loss coefficient [pow]

Wärmeversprödung *f* thermal embrittlement [met]

Wärmeverteilung *f* (z.B. Fernwärme) heat distribution [pow]

Wärmewiderstand *m* air-to-air resistance; thermal resistance [phy]

Wärmewirkung *m* heat effect [pow]; thermal effect [pow]

Wärmewirkungsgrad *m* (Kraft-Wärme-Kopplung) heat efficiency [pow]

Wärmezufuhr *f* heat input [pow]; heat supply [pow]; supply of heat [pow]

wässern *v* (hydratisieren) hydrate; (eintauchen) soak; water

Wässern *n* soaking [wer]

wässrig aqueous; hydrous

Wagenbühne *f* platform

Waggonentleerer *m* car shaker [tra]

Wahl, in die engere - nehmen short list

Wahlschalter *m* range selector [elt]; selector [elt]; selector switch [elt]

Wahrscheinlichkeit des Versagens *f* probability of failure

Wahrscheinlichkeitsbegriff der Sicherheit *m* probabilistic concept of safety [wer]

Wahrscheinlichkeitsberechnung *f* probability calculation

Wall *m* barrier [tib]; earthwork [tib]; (Erdaufschüttung) embankment [tib]

Wallabtrag *m* bank digging [tib]

Wallfahrtskirche *f* pilgrimage church

Wallmauer *f* (mittelalterliche Befestigung) jacket wall [arc]

Walm *n* hip

Walmdach *n* hip roof; hipped roof

Walmdachbinder *m* hip truss

Walmfläche *f* (Dach) hip area; (Dach) hipped area

Walmgewölbe *n* cloister vault [arc]

Walzasphalt *m* rolled asphalt [met]

Walzbarkeit *f* rollability [met]

Walzbeton *m* rollcrete [bon]; rolled concrete [bon]

Walzblech *n* rolled plate [met]

Walzblei *n* rolled lead [met]; sheet lead [met]

Walzdraht *m* rolled wire [met]; wire rod [met]

Walze *f* (Verdichter) compaction roller; (Untergrundverdichtung) compactor [tib]; roll [met]; roller

Walzeisen *n* rolled iron [met]
Walzen *n* rolling
Walzenabstreifer *m* roll scraper [tib]
Walzenauftrag *m* roller application [met]
Walzenbelüfter *m* cylinder aerator [wba]
Walzenbeschichtung *f* roll coating
Walzenbeschicker *m* roll feeder [prc]
Walzenbrecher *m* gyratory crusher [prc]; roll crusher [prc]
Walzenmühle *f* roll crushing mill [prc]; roller mill [prc]
Walzenschüsselmühle *f* roller grinding mill [prc]
Walzenschütz *m* cylinder sluice gate [wba]
Walzenwehr *n* cylinder gate [wba]; roller dam [wba]; roller weir [wba]
Walzkompression *f* compaction rolling [tib]
Walzmühle *f* tumbling mill [prc]
walzplattiert roll-bonded [met]
Walzprofil *n* rolled section [met]
Walzrad *n* roller wheel [tib]
Walzspannung *f* residual stress due to rolling [met]
Walzträger *m* rolled beam [stb]; (Brückenbau) rolled-steel beam [stb]; rolled-steel joist; (Brückenbau) rolled-steel joist [stb]
Walzverdichtung *f* compaction rolling [tib]
Walzwerkerzeugnisse *pl* rolling mill products [met]
Walzzustand *m* mill state [met]
Walzzylinder *m* roller wheel [tib]
Wand *f* (Hochbaggerung) face [tib]
Wand mit halbhohem Fliesensockel *f* half-tiled wall
Wand zur Aussteifung *f* stiffening wall
Wand, ausgefachte - *f* infill wall
Wand, aussteifende - *f* shear wall
Wand, doppelschalige - *f* (Isolierwand) cavity wall
Wand, feuerhemmende - *f* fire-retarding wall
Wand, gedrungene - *f* short wall
Wand, geschweißte - *f* welded wall [stb]
Wand, nicht tragende - *f* non-bearing wall
Wand, ortsgebundene - *f* fixed wall
Wand, ortsungebundene - *f* variable partition wall
Wand, Raum umschließende - *f* space-enclosing wall
Wand, reaktive - *f* (Altlastensanierung) reactive wall [geo]
Wand, Schall schluckende - *f* sound-absorbing wall
Wand, Schubkraft übertragende - *f* shear wall
Wand, tragende - *f* bearing wall; load-bearing wall
Wand, unbelastete - *f* non-bearing wall
Wand, verputzte - *f* plastered wall
Wand, zweischalige - *f* (Isolierwand) cavity wall
Wand- und Bodenbeläge *pl* wall and floor coverings
Wandabschluss *m* wall surround
Wandabstand *m* wall clearance [des]
Wandanbau *m* wall-mounting

Wandanker *m* wall tie
Wandanschluss *m* wall connection; wall socket [elt]; (Bewehrungsstab) wall starter bar
Wandanstrich *m* wall coat
Wandauskleidung *f* wall lining
Wandbalken *m* wall beam
Wandbauplatte *f* wallboard
Wandbaustoff *m* wall construction material [met]; wall-building material [met]
Wandbelag *m* wall covering; wall lining
Wandblechverkleidung *f* wall cladding sheet
Wandbogen *m* wall arch [arc]
Wanddicke *f* wall thickness
Wanddickenausgleich *m* wall thickness compensator
Wanddickenminderung *f* wall thinning [des]
Wanddickenunterschreitung *f* wall thickness undertolerance [des]
Wanddickenverschwächung *f* wall thinning [des]
Wanddickenzuschlag *m* additional material thickness [des]
Wanddurchbruch *m* wall breakthrough; wall opening
Wanddurchführung *f* wall bushing; wall duct; wall feed-through point; wall opening; wall penetration; (für Rohr) wall sleeve
Wandelement *n* wall element; (Platte) wall panel
Wandelgang *m* colonnade
Wandelhalle *f* foyer
Wanderbett *n* (Apparat) moving bed [prc]
Wanderbrecher *m* mobile crusher [roh]
Wanderlast *f* dynamic load; moving load [sik]
Wandern von Schweißnähten *n* migration of weld [met]; weld displacement [met]
Wanderrost *m* travelling grate [prc]
Wanderschalung *f* moving shuttering [bon]; travelling form [bon]; travelling formwork [bon]
Wanderstangenaufgeber *m* travelling grizzly feeder [prc]
Wandfarbe *f* wall paint [met]
Wandfliese *f* wall slab; wall tile
Wandflucht *f* wall line [arc]
Wandfundament *n* wall footing
Wandgerüstschuh *m* wall scaffold hinge
wandhaftend wall-adhering
Wandhaftung *f* wall adhesion
Wandhalter *m* wall-mounting bracket
Wandhalterung *f* wall bracket
Wandhandlauf *m* grab rail
Wandheizkörper *m* wall-mounted radiator [pow]
Wandheizsystem *n* wall-heating system [pow]
Wandheizung *f* wall heater [pow]; wall heating [pow]
Wandhohlraum *m* cavity wall
Wandisolierung *f* wall insulation
Wandkasten *m* wall box [elt]

Wandkonsole *f* wall bracket
Wandlehm *m* daub
Wandler *m* converter [elt]
Wandlüfter *m* wall fan; wall vent
Wandmontage *f* wall-mounting [wer]
Wandmontageplatte *f* wall-fastening accessory
wandmontiert wall-mounted
Wandnische *f* wall recess
Wandöffnung *f* wall opening
Wandpfeiler *m* (Halbpfeiler) pilaster
Wandpfeiler, kannelierter - *m* (Baukunst) attached
    fluted pilaster [arc]
Wandpfosten *m* wall stud
Wandplatte *f* wall panel; wall slab [met]; wall
    tile
Wandprofilstärke *f* wall section thickness [met]
Wandputz *m* wall plaster
Wandquerschnitt *m* section through the wall
Wandreibung *f* skin friction [phy]; wall friction
    [phy]
Wandreibungswinkel *m* angle of skin friction
Wandriegel *m* bay rail; girt [stb]; horizontal
    beam; wall beam
Wandsäulchen *n* (mittelalterlich) engaged colonette
    [arc]
Wandsäule *f* applied column [arc]; (Baukunst)
    attached column [arc]
Wandschale *f* wall shell; (Hohlwand) withe
Wandschalung *f* wall formwork [bon]
Wandscheibe *f* shear wall [stb]; slab-type wall
Wandschelle *f* conduit fitter
Wandschlitz *m* (für Leitungen) wall chase; wall
    conduit; wall slot
Wandschott *n* (baulicher Brandschutz) wall
    penetration seal
Wandschrank *m* built-in cupboard; wall cupboard
    [tga]
Wandstab *m* wall member [stb]; (Fachwerk) web
    member [stb]
Wandstärkenmessung *f* wall thickness gauging
    [any]
Wandsteckdose *f* wall outlet [elt]; wall socket [elt]
Wandstecker *m* wall plug [elt]
Wandstiel *m* stem [stb]; stud; (Dachkonstruktion)
    wall post
Wandtafel *f* wall panel
Wandträger *m* girt
Wandung *f* (Tunnel) side [tib]; wall partition;
    wall skin
Wandverkleidung *f* (außen) facing; wall cladding;
    (innen) wall covering; wall facing; wall finish
    [met]
Wandwange *f* closed stringer
Wange *f* cheek; side wall; (Treppe) stringboard;
    (Treppe) stringer
Wanne *f* (Vertiefung im Gelände) depression [geo];

(im Gelände) sag [geo]; (Auffangwanne für
    wassergefährdende Flüssigkeiten) sump [prc];
    tray; (Fundament) trough; (Trog) trough
Wannenisolierung *f* basement water tanking
Wannenleuchte *f* trough-shaped lamp [elt]
Warenprüfung *f* product testing [any]; quality
    control [any]
Warentest *m* product test [any]
warm genietet hot riveted [met]
warm nieten *v* hot-rivet [wer]
Warmbrüchigkeit *f* hot shortness [met]
Warmdach *n* non-ventilated flat roof; non-
    ventilated roof; warm roof
Warmeinbau *m* (Straßenbelag) warm laying [tib]
warmfest heat-proof [met]; heat-resistent [met]
Warmfestigkeit *f* high-temperature strength [met]
Warmkleben *n* heat-solvent tape hot-setting
    adhesive [met]
Warmklebstoff *m* hot-setting adhesive [met]
Warmluftvorhang *m* hot-air curtain
Warmmiete *f* (Immobilien) warm rent [eco]
Warmriss *m* thermal crack [met]
Warmrissbildung *f* hot cracking [met]
Warmsprödigkeit *f* hot brittleness [met]
Warmwalzen *n* hot rolling [roh]
Warmwasserbehälter *m* (hinter Kondensator) hot
    well [pow]; hot-water tank [pow]
Warmwasserbereiter *m* boiler [pow]; electric
    water heater [elt]
Warmwasserbereitung *f* hot-water generation
    [pow]
Warmwasserbereitungsanlage *f* hot-water
    producing plant [pow]
Warmwassererzeuger *m* water-heater [pow]
Warmwasserheizgerät *n* hot-water heater [pow]
Warmwasserheizung *f* hot-water central heating
    [tga]; hot-water heating [pow]; hot-water heating
    system [pow]
Warmwasserkessel *m* hot-water boiler [pow]
Warmwasserleitung *f* hot-water line [tga]; hot-
    water pipe [tga]; hot-water pipeline [prc]; hot-
    water supply pipe [prc]
Warmwassernetz *n* hot-water network [pow]
Warmwasserpumpe *f* hot-water pump [prc];
    warm-water pump [prc]
Warmwasserrücklauf *m* hot-water return [pow]
Warmwasserspeicher *m* boiler [pow]; hot-water
    accumulator [pow]; hot-water container [tga];
    hot-water storage tank [pow]; hot-water tank
    [pow]
Warmwasserspeicherung *f* hot-water storage [pow]
Warmwassersteigleitung *f* hot-water riser [tga]
Warmwasserversorgung *f* hot-water supply [pow]
Warmwasservorlauf *m* hot-water flow [pow]
Warmwasserzentralheizung *f* hot-water central
    heating system [pow]

Warnanlage *f* alarm device [asi]; alarm system [asi]; warning device [asi]

Warnanlage, akustische - *f* audio alarm system [asi]

Warnanzug *m* warning suit [asi]

Warnband *n* warning tape [asi]

Warnblinkanlage *f* (- zur Kennzeichnung von Gefahrenstellen) flashing amber light signals [tra]; (- zur Kennzeichnung von Gefahrenstellen) light signals, flashing amber - [tra]

Warneinrichtung *f* alarm device [asi]; warning device [asi]

Warneinrichtung, akustische - *f* audible warning device [asi]

Warngerät *n* warning device [asi]; warning indicator [asi]

Warnglocke *f* warning bell [asi]

Warnhinweis *m* cautionary note [asi]; warning information [asi]

Warnhupe *f* alarm horn [asi]

Warnkleidung *f* high-visibility clothing [asi]; light reflecting clothing [asi]; reflective clothing [asi]; warning clothing [asi]; warning suits [asi]

Warnklingel *f* warning bell [asi]

Warnkontakt *m* alarm contact [asi]

Warnlampe *f* warning light

Warnleuchte *f* alarm-signal light [asi]; hazard lamp [asi]; warning beacon [asi]

Warnlicht *n* alarm lamp [asi]; warning light

Warnmeldung *f* alarm signal [asi]; warning [asi]; warning message [asi]

Warnmeldung quittieren *v* silent an alarm [asi]

Warnmeldung, akustische - *f* audio alarm [asi]

Warnmeldung, optische - *f* visual alarm [asi]

Warnruf *m* safety alarm [asi]

Warnschild *n* caution label [asi]; danger sign [asi]; hazard warning panel [asi]; warning notice [asi]; warning sign [asi]

Warnsignal *n* alert [asi]; caution signal [asi]; danger signal [asi]; warning signal [asi]

Warnsignalleitung *f* connecting tube for warning signal device [asi]

Warntafel *f* warning panel [asi]

Warnung *f* alarm [asi]; alert [asi]; warning [asi]

Warnung an jemanden richten *v* address a warning to .. [asi]

Warnvorrichtung *f* alarm apparatus [asi]; warning device [asi]; warning system [asi]

Warnzeichen *n* cautionary sign [asi]; danger sign [asi]; hazard symbol [asi]; warning notice [asi]; warning sign [asi]; (auditiv) warning signal [asi]; warning symbol [asi]

Wartefläche *f* queueing area [tra]; queueing space [tra]

Wartehalle *f* waiting hall [tra]

Wartepiste *f* (Plughafen) taxying strip [tra]

Wartezeit *f* stand-by time

Wartung *f* servicing [wer]; upkeep [wer]

Wartung, regelmäßige - *f* routine servicing [wer]

Wartung, routinemäßige - *f* routine service [wer]

Wartungsaufwand *m* (Kosten) maintenance expenses [eco]

Wartungsaufwendungen *pl* maintenance expenses [eco]

Wartungsausgaben *pl* maintenance expenses [eco]

Wartungsbericht *m* servicing record [wer]

Wartungsbrücke *f* service bridge

Wartungsbühne *f* catwalk

wartungsfrei free from maintenance [des]; maintenance-free [wer]

Wartungshalle *f* maintenance shop [wer]

Wartungskosten *pl* maintenance expenses [eco]

Wartungsvertrag *m* maintenance agreement [wer]

Warzenblech *n* checker plate [met]; pinned plate [met]; studded plate [met]

Warzenschweißung *f* projection weld [met]

Waschbecken *n* (groß, in Waschräumen) ablution fitting [tga]; handbasin; washbasin [tga]; washbowl

Waschbeton *m* exposed-aggregate concrete [bon]; scrubbed concrete [bon]; washed concrete [bon]

Waschbetonfassade *f* washed-concrete façade [bon]

Waschbetonoberfläche *f* washed-concrete surface [bon]

Waschbetonsichtmauerstein *m* exposed-aggregate concrete block [bon]

Waschküche *f* utility room

Waschputz *m* scrubbed plaster

Waschraum *m* wash-room; washing room

Waschrinne *f* washing trough [tga]

Waschsieb *n* rinsing screen [roh]; washing screen [prc]

Wasser *n* water

Wasser anziehend moisture-attracting

Wasser sparend water-saving [was]

Wasser, ablaufendes - *n* (Gezeit) falling tide [was]; receding tide [was]

Wasser, aggressives - *n* aggressive water [was]

Wasser, alkalisches - *n* alkaline water [was]

Wasser, belastetes - *n* polluted water [was]

Wasser, chloriertes - *n* chlorinated water [was]

Wasser, drückendes - *n* (Grundwasser) oppressive water; (auf Dichtung drückend) pressurized water [was]

Wasser, eindringendes - *n* infiltrating water [geo]

Wasser, eingedämmtes - *n* ponded water [was]

Wasser, enthärtetes - *n* softened water [was]

Wasser, entspanntes - *n* low-surface-tension water [was]

Wasser, fließendes - *n* flowing water [was]

Wasser, freies - *n* free water [was]

Wasser, geklärtes - *n* (Vorreinigung) pretreated water [was]

Wasser, hartes - *n* calcareous water [was]; hard water [was]

Wasser, ionisiertes - *n* activated water [was]; ionized water [was]

Wasser, kalkarmes - *n* soft water [was]

Wasser, kalkhaltiges - *n* calcareous water [was]; carbonate water [was]; hard water [was]

Wasser, kohlensäurehaltiges - *n* carbonated water [was]

Wasser, kommunales - *n* town water [was]

Wasser, natürliches - *n* natural water [was]

Wasser, nicht drückendes - *n* (Grundwasser) unopressive water [was]

Wasser, öliges - *n* black water [was]

Wasser, säurehaltiges - *n* acidic water [was]

Wasser, stagnierendes - *n* dead water [was]

Wasser, stehendes - *n* dead water [was]; stagnant water [was]

Wasser, steigendes - *n* flood water [was]

Wasser, stilles - *n* quiet water [was]

Wasser, unaufbereitetes - *n* raw water [was]

Wasser, unbehandeltes - *n* raw water [was]

Wasser, ungereinigtes - *n* raw water [was]; untreated water [was]

Wasser, unter - stehend drowned

Wasser, unterkühltes - *n* supercooled water [was]

Wasser, verseuchtes - *n* contaminated water [was]; polluted water [was]

Wasser, weiches - *n* soft water [was]

Wasser-Bindemittel-Wert *m* water-binder ratio [met]

Wasser-Zement-Wert *m* water-cement value; water-cement-ratio

Wasserabdichtung *f* surface water proofer; waterproofing [was]; watersealing [was]

Wasserabfluss *m* discharge of water [was]; drainage [was]; water culvert [was]; water drain [was]; water outlet [was]; water run-off [was]

Wasserabflussrohr *n* drain pipe [was]

wasserabhängig water-dependent [met]

Wasserablass *m* water outlet [was]

Wasserablasshahn *m* delivery cock [was]; drain cock [was]; tap cock [tga]

Wasserablassventil *n* water drain valve [was]

Wasserablauf *m* gully [was]

Wasserableitung *f* drainage of water [was]

Wasserableitungsstollen *m* (in Tunneln) channel for the evacuation of water

Wasserabspaltung *f* dehydration [che]

Wasserabstoßung *f* water repellency [met]

Wasserabweisung *f* water repellency [met]

Wasseranalyse *f* water analysis [any]

Wasserandrang *m* ingress of water [was]; intrusion of water [wba]

Wasseranschluss *m* tap; water connection [was]

Wasseranschlussleitung *f* water-service pipe [tga]

Wasseranspruch *m* water absorption [was]; water requirement [was]

Wasseranteil *m* water fraction [met]

Wasserarmaturen *pl* water fittings [met]

Wasseraufbereitung *f* water preparation [was]; water purification [was]; water treatment [was]

Wasseraufbereitungsanlage *f* water treatment facility [was]; water treatment plant [was]; water-conditioning plant [was]

Wasseraufnahme *f* water intake [met]

Wasseraufnahmefähigkeit *f* absorptive capacity of water [geo]; water absorbency [geo]; water absorption capacity [met]

Wasseraufnahmekoeffizient *m* water absorption coefficient [met]

Wasserausgleichbecken *n* equalizing reservoir [was]

Wasserauslass *m* water outlet [was]

Wasserausscheidungsschnecke *f* sand dewatering screw [roh]

Wasseraustritt *m* (unerwünschter -) water leakage [was]

Wasserbau *m* hydraulic construction [wba]; hydraulic engineering [wba]; water construction [wba]; water engineering [wba]

Wasserbaubeton *m* marine concrete [bon]

Wasserbauten *pl* hydraulic structures

Wasserbauwerk *n* hydraulic structure

Wasserbecken *n* water basin [was]; water pool [was]; water reservoir [was]

Wasserbedarf *m* water demand [was]; water requirement [was]

Wasserbehälter *m* cistern [was]; water container [was]; water reservoir [was]; water tank [was]

Wasserbehandlung *f* water treatment [was]

Wasserbelastung *f* water contamination [was]; water pollution [was]

wasserbenetzt water-wetted

Wasserberieselung *f* irrigation [was]; water irrigation [was]

Wasserberuhigungszylinder *m* water stabilizing cylinder

Wasserbeschaffenheit *f* water quality [was]

wasserbeständig resistant to water [met]; water-resistant [met]; waterproof [met]

Wasserbeständigkeit *f* water resistance [met]

Wasserbewirtschaftung *f* integral water management [was]; (zum Erhalt) water conservation [was]; water management [was]

Wasserbilanz *f* water balance [was]; water budget [was]

Wasserbrunnen *m* water well [was]

Wasserbuch *n* register of water rights and restrictions [was]

Wasserburg *f* castle with moat [arc]; moated castle [arc]

Wasserchemie *f* water chemistry [che]
Wasserdampf *m* steam [met]; water vapour [met]
Wasserdampfaufnahme *f* absorption of vapour [met]; vapour absorption [met]
wasserdampfdicht impermeable to water vapour [met]
Wasserdampfdichtigkeit *f* impermeability to water vapour [met]
Wasserdampfdiffusion *f* water-vapour diffusion
wasserdampfdurchlässig permeable to water vapour
Wasserdampfdurchlässigkeit *f* (Durchlassgeschwindigkeit) moisture vapour transmission rate [met]; (Durchlassgeschwindigkeit) vapour transmission rate, moisture - [met]; water-vapour permeability [met]; water-vapour transmission [met]
Wasserdampfgehalt *m* moisture content [met]
wasserdampfgesättigt saturated with water vapour [met]
Wasserdampfkorrosion *f* steam corrosion [met]
Wasserdampfsperre *f* vapour seal [met]; water-vapour barrier [met]
wasserdampfundurchlässig impervious to water vapour [met]; moisture-proof [met]; water-vapour-proof [met]
Wasserdampfundurchlässigkeit *f* moisture proofness [met]; moisture resistance [met]; water-vapour resistance [met]
Wasserdeckfarbe *f* water pigment colour [met]
wasserdicht impermeable to water; impervious to water; rainproof; waterproof; watertight
wasserdicht machen *v* coffer; seal; waterproof
Wasserdichtheit *f* waterproofness; watertightness
Wasserdichtigkeit *f* waterproofness; watertightness
Wasserdruck *m* (im Boden) hydraulic pressure; hydrostatic pressure [was]; water pressure [was]
Wasserdruckkraft *f* hydrostatic force [was]
Wasserdrucklast *f* water pressure load
Wasserdruckprobe *f* hydraulic test [any]; hydrostatic test [any]
Wasserdruckprüfung *f* hydrostatic test [any]; hydrotest [any]
wasserdurchlässig permeable to water; pervious to water
Wasserdurchlässigkeit *f* permeability for water [met]; permeability to water [met]; water permeability [met]
Wasserdurchlass *m* culvert [was]
Wasserdurchleitungsrecht *n* water piping right
Wasserdurchsatz *m* water flow rate [was]
wasserdurchsetzt *m* (Boden) waterlogged [geo]
Wassereinbruch *m* inrush [wba]
Wassereinlass *m* water inlet [was]

Wassereinlauf *m* water inlet [was]
Wassereinsparung *f* water reduction [was]; water saving [was]
Wassereinzugsgebiet *n* catchment area [was]; drainage area [was]; drainage catchment [was]; water collecting area [was]; watershed [geo]
wasserempfindlich sensitive to water [met]; water-sensitive [met]
Wasseremulsion *f* water emulsion [met]
Wasserenthärtung *f* water softening [was]
Wasserenthärtungsanlage *f* water softening plant [was]
Wasserentlüftung *f* deaeration of water [was]
Wasserentmanganung *f* demanganizing of water [was]
Wasserentnahme *f* abstraction of water [was]; water intake [was]
Wasserentnahmestelle *f* water draw-off [was]
Wasserentsalzung *f* demineralization of water [was]; desalination of water [was]; water desalination [was]
Wasserentsalzungsanlage *f* water desalination plant [was]
Wasserentzug *m* anhydration [che]; dehydration [was]; depletion [wba]
Wassererosion *f* erosion by water action [geo]
Wassererschließung *f* water prospecting [was]; water reclamation [was]
Wassererwärmer *m* water-heater [pow]
Wassererwärmungsanlage *f* hot-water generation plant [pow]; hot-water producing plant [pow]
Wasserfallrohr *n* water conductor [was]
Wasserfarbe *f* distemper [met]; water colour [met]; water paint [met]
Wasserfassungsvermögen *m* pondage [wba]
wasserfest resistant to water; waterproof; watertight
Wasserfestigkeit *f* water resistance [met]; waterproofness
Wasserfilter *m* water filter [was]
Wasserfiltration *f* water filtration [was]
Wasserfläche *f* (in Park usw.) sheet of water [was]
Wasserfleck *m* water spot; water stain
Wasserförderung *f* water discharge [was]
wasserfrei anhydrous [met]; dehydrated [met]; desiccated [met]; (Kohleanalyse) moisture-free [met]
wasserführend aquiferous [geo]; water-bearing [was]; water-carrying [was]
wasserführende Schicht *f* water-bearing stratum [geo]
Wasserführung *f* water duct; water passage
wassergebundene Schotterdecke *f* mud-bound macadam [tib]
wassergefährdend hazardous to waters [was]; water-endangering

wassergefährdend, nicht - not hazardous to waters [was]; not hazardous to waters [was]

wassergefährdend, schwach - low hazardous to waters [was]

wassergefährdend, stark - severely hazardous to waters [was]

wassergefährdender Stoff *m* substance constituting a water hazard [was]; water hazardous substance [was]

Wassergefährdung *f* water endangerment [was]; water hazard [was]

Wassergefährdungsklasse *f* water endangerment category [was]; water hazard category [was]; water hazard class [was]

wassergekühlt water-cooled [prc]

wassergesättigt saturated with water [met]; water-saturated [met]; waterlogged [met]

Wassergewinnung *f* water catchment [was]; water extraction [was]; water preparation [was]

Wassergewinnungsgebiet *n* water catchment area [was]

Wassergraben *m* (Bewässerung) catch [wba]; feeder [wba]; (Burg) moat [arc]; water ditch [wba]; (Springreiten) water jump [wba]

Wassergüte *f* water quality [was]

Wasserhärte *f* hardness of water [met]

Wasserhärtung *f* water hardening [met]

Wasserhahn *m* bib tap; bibcock; faucet [tga]; spigot [tga]; tap [was]; water cock [tga]; water plug [tga]; water tap

Wasserhaltevermögen *n* water-retention value [met]

Wasserhaltewert *m* water-retention value [met]

wasserhaltig containing water [met]; hydrous; water-containing

Wasserhaltung *f* (im Tagebau) dewatering [roh]; (Baugrube) dewatering operation [tib]; (Baugrube) groundwater lowering [tib]; pondage [was]

Wasserhaltung, offene - *f* (Baugrube) sump drainage [tib]

Wasserhauptleitung *f* water main [tga]; water main line [tga]

Wasserhaushalt *m* water regime [was]; water resources [was]

Wasserhaushaltsgesetz *n* Water Resources Act [jur]

Wasserhochbehälter *m* high-level water tank [was]; water tower [wba]

Wasserinhaltsstoff *m* component of water [was]

Wasserkanal *m* water conduit [was]

Wasserkasten *m* flush box; flushing tank; radiator tank

Wasserklosett *n* flush toilet; water-closet [tga]

Wasserknappheit *f* water shortage [was]

Wasserkorrosion *f* water corrosion [met]

Wasserkraft *f* hydraulic power [pow]; hydroelectric power [pow]; hydropower [pow]; waterpower [pow]

Wasserkraftanlage *f* waterpower plant [pow]; waterpower station [pow]

Wasserkraftgenerator *m* hydraulic generating unit [pow]; hydroelectric generator [pow]

Wasserkraftmaschine *f* hydraulic engine [pow]; waterpower engine [pow]

Wasserkraftwerk *n* hydroelectric generating station [pow]; hydroelectric power plant [pow]; hydroelectric power station [pow]; hydropower plant [pow]; waterpower station [pow]

Wasserkühlung *f* water cooling [pow]

Wasserlack *m* water varnish [met]

Wasserleitung *f* water main [tga]; water pipe [tga]; water-line [tga]; water-supply line [tga]

Wasserleitungsbrücke *f* aqueduct [wba]

Wasserleitungsnetz *n* water system [was]

Wasserleitungsrohr *n* water pipe [tga]

wasserlöslich soluble in water [met]; water-soluble [met]

Wasserlöslichkeit *f* solubility in water [met]; water solubility [met]

Wassermangel *m* water scarcity [was]; water shortage [was]

Wassermangelsicherung *f* water failure safety device [was]; water-failure safety device [prc]

Wassermenge *f* volume of water [was]; water volume [was]

Wassermengenmesser *m* water meter [any]

Wassermengenmessung *f* water volume measurement [any]

Wassermesser *m* water meter [any]

Wassermühle *f* watermill [pow]

Wassernachfrage *f* water demand [was]

Wassernase *f* drip cap; drip nose; throating; (Fensterbank außen) water drip; watershedding groove; (Baukonstruktion) weather groove

Wassernebel *m* water mist [was]

Wasseroberfläche *f* (Wasserniveau) water level [was]; water surface [was]

Wasserpegel *m* (Gewässer) water gauge [was]; water level [was]

Wasserpore *f* (Beton) water void [met]

Wasserprobe *f* water sample [any]

Wasserpumpe *f* water pump [was]

Wasserpumpenzange *f* pipe wrench [wzg]; water pump pliers [wzg]

Wasserqualität *f* water quality [was]

Wasserrad *n* waterwheel [pow]

Wasserrad, oberläufiges - *n* overshot wheel [pow]

Wasserrad, rückenschlächtiges - *n* back-shot waterwheel [wba]

Wasserrad, unterläufiges - *n* undershot wheel [pow]

wasserreaktiv water-reactive [met]

Wasserrecht *n* law on water [jur]
Wasserreinhaltung *f* water pollution control [was]
Wasserreinigung *f* water purification [was]
Wasserreservoir *n* water storage basin [was];
water storage tank [was]
Wasserrohr *n* (Hauptrohr) main [tga]; water
conduit [tga]; water pipe [tga]; water tube [tga]
Wasserrückgewinnung *f* water reclamation [was]
Wasserrückhaltebecken *n* water storage pond
[was]; water-retention basin [was]
Wasserrückhaltevermögen *n* (Beton) water
retentivity [met]
Wasserrückhaltung *f* (Hydrologie) ponding [was]
Wassersack *m* (Laschung) water pocket
Wasserschaden *m* damage caused by water [was];
(nach Löschen von Brand) water damage
Wasserschadensanierung *f* repair of damage
caused by water [was]
Wasserschadstoff *m* water contaminant [was];
water pollutant [was]
Wasserscheide *f* watershed [geo]
Wasserschieber *m* water valve [was]
Wasserschlag *m* (Rückschlaggeräusch) water
hammer [was]
Wasserschlauch *m* water hose [prc]
Wasserschloss *n* castle surrounded by water
Wasserschräge *f* (an Säulen) weathering [arc]
Wasserschutzgebiet *n* water conservation area
[was]
Wasserseite *f* upstream face [wba]
wasserseitig upstream [was]
Wasserspeicher *m* cistern [was]; water
accumulator [met]; water reservoir [was]; water
storage basin [was]; water storage tank [was]
Wasserspeicherung *f* water storage [was]
Wasserspeier *m* (an gotischen Kirchen) gargoyle
[arc]; water-spout [was]
Wassersperre *f* water stop [was]
Wasserspiegel *m* sheet of water [was]; water level
[was]; water surface [was]
Wasserspiegel, abgesenkter - *m* depression head
[geo]
Wasserspiegelschwankung *f* variation in water
level [was]
Wasserspülung *f* lavatory flush [tga]; water-closet
Wasserstadt *f* water city [com]; waterside
settlement [com]
Wasserstand, hoher - *m* high water [was]
Wasserstand, mittlerer - *m* mean water [was]
Wasserstand, niedrigster - *m* low water [was];
lowest level [was]
Wasserstand, steigender - *m* (Hydrologie) rising
stage [was]
Wasserstandsalarm *m* high-low water-level alarm
Wasserstandsanzeiger *m* water gauge [any]; water
gauge indicator [any]; water-level gauge [any];

water-level gauge [was]; water-level indicator
[any]
Wasserstandsmarke *f* stream gauge [was]; water
mark [was]
Wasserstandsmesser *m* water-level gauge [any]
Wasserstandsmessgerät *n* water-level measuring
device [any]
Wasserstandsmessung *f* water-level measurement
[any]
Wasserstandspegel *m* water level [was]
Wasserstandswächter *m* water-level monitor [was]
Wasserstaubecken *n* reservoir [wba]
Wasserstauen *n* ponding [wba]
Wasserstoff, freier - *m* available hydrogen [che]
Wasserstrahlpumpe *f* water-jet pump [prc]
Wasserstrahlverfahren *n* sluicing [tib]
Wasserstraße *f* navigable route [tra]; waterway
[tra]
Wasserstraßennetz *n* network of waterways [tra]
Wasserstraßenverkehr *m* waterway traffic [tra]
Wasserströmung *f* flow of water [was]; water flow
[was]
Wasserstrom *m* stream of water [was]
Wassertank *m* cistern [was]; water reservoir
[was]; water tank [was]
Wasserturbine *f* hydraulic turbine [pow];
hydroturbine [pow]; water turbine [pow]
Wasserturm *m* elevated storage tank [was]; water
tower [was]
Wasserüberschuss *m* water surplus [was]
Wasserüberwachung *f* water monitoring [any]
Wasseruhr *f* water gauge [any]; water meter [any]
Wasserumlenkung *f* river diversion [wba]
wasserundurchlässig impermeable to water;
impervious to water; water-impermeable [met];
waterproof; watertight
Wasserundurchlässigkeit *f* imperviousness to water
[met]; watertightness
Wasserundurchlässigkeitsmittel *n* waterproofing
agent [met]
wasserunlöslich insoluble in water; water-
insoluble
Wasserunterläufigkeit *f* underwashing [geo]
Wasseruntersuchung *f* water analysis [any]
Wasserventil *n* water valve [was]
Wasserverbrauch *m* consumption of water [was];
water consumption [was]
Wasserverdrängung *f* water displacement [was]
wasserverdünnbar water-dilutable [met]
Wasserverdunstung *f* water evaporation [was]
Wasserverlust *m* water loss [was]
Wasserverschluss *m* water seal [was]
Wasserverschmutzung *f* water pollution [was]
Wasserverseuchung *f* water pollution [was]
Wasserversorger *m* (öffentliches System) supplier
of water [was]

Wasserversorgung *f* water service [was]; water supply [was]

Wasserversorgungsanlage *f* water-supply system [was]

Wasserversorgungsleitung *f* water-supply line [was]

Wasserversorgungsnetz *n* water mains system [was]; water-supply network [was]

Wasserverteilung *f* water distribution [was]

wasserverunreinigend pollutant to the aquatic environment [was]

Wasserverunreinigung *f* water contamination [was]; water pollution [was]

Wasservorbehandlung *f* water pre-treatment [was]

Wasservorrat *m* water reserve [was]

Wasserwaage *f* air level [wzg]; carpenter's level [any]; spirit level [any]

Wasserwanne *f* water trough

Wasserweg *m* channel [tra]; water passage [wba]; waterway [tra]

Wasserwerk *n* water treatment works [was]; waterworks [was]

Wasserwerkspumpe *f* water service pump [was]

Wasserwirtschaft *f* water engineering [was]; water management [was]; water resources engineering [was]

wasserwirtschaftlich water management [was]

Wasserwirtschaftsplan *m* water control chart [was]

Wasserzähler *m* water flowmeter [any]; water meter [any]

Wasserzufluss *m* feeder stream [was]; water inflow [was]; water inlet [was]

Wasserzufuhr *f* water feed [was]; water supply [was]

Wasserzulauf *m* water feed [was]; water inlet [was]; water intake [was]

Wechsel *m* (Dachkonstruktion) trimmer joist

Wechselbeanspruchung *f* cyclic load [met]; fluctuating stress [met]; stress reversal [met]

Wechselbelastung *f* alternating load [met]

Wechselbelastungsfähigkeit *f* resistance to alternating stress [met]

Wechselbelastungsfestigkeit *f* resistance to alternating stress [met]

Wechsellast *f* alternating load [phy]

Wechselschaltung *f* two-way wiring [elt]

Wechselschlagversuch *m* alternating impact test [any]

Wechselspannung *f* alternating voltage [elt]

Wechselsprechanlage *f* intercom system [elt]; intercommunication installation [elt]; intercommunication system [elt]

Wechselsprecheinrichtung *f* two-way intercom [elt]; two-way intercommunication system [elt]

Wechselstab *m* counter diagonal [stb]; counterbrace [stb]; (Fachwerk) counterbrace

Wechselstrom *m* alternating current [elt]

Wechselstromnetz *n* alternating current circuit [elt]

Wechselstromtransformator *m* alternating current transformer [elt]

Wechselwirkungskräfte *pl* interaction forces [phy]

Wechslerschalter *m* two-way switch [elt]

Weg *m* (Fußweg) path [tra]; track [tra]

Weg, bevorzugter - *m* preferential path [wba]

Wegaufnehmer *m* path sensor [any]; position encoder [any]; position transducer [any]

Wegebau *m* road construction [tib]; roadmaking [tib]

Wegebefestigung *f* pavement [tib]

Wegehobel *m* blade grader [tib]

Wegenetz *n* road network [tra]; road system [tra]

Wegeplan *m* transport infrastructure plan [com]

Wegerecht *n* (Zugangsrecht) access right [jur]; (Benutzungsrecht) right of way [jur]; way leave [jur]

Wegerfassungsgerät *n* position decoder [any]

Wegezeit *f* travelling time [tra]

Wegkreuzung *f* cross-roads [tra]

wegräumen *v* (entfernen) remove

Wehr *n* baffle [wba]; barrage [wba]; overfall [wba]; weir [wba]

Wehr mit freiem Überfall *n* clear overflow weir [wba]; free weir [wba]

Wehr mit lotrechtem Absturz *n* straight drop spillway [wba]

Wehr mit scharfkantiger Krone *n* sharp-crested weir [wba]; thin-crested weir [wba]

Wehr mit verschiedenen Wehrfeldern *n* compound weir [wba]

Wehr, bewegliches - *n* bar weir [wba]; movable weir [was]

Wehr, breitkantiges - *n* broad-crested weir [wba]

Wehr, breitkroniges - *n* broad-crested weir [wba]

Wehr, kombiniertes - *n* compound weir [wba]

Wehrabschöpfer *m* (Skimmer) weir skimmer [wba]

Wehrabschöpfgerät *n* (Skimmer) weir skimmer [wba]

Wehranlage *f* weir plant [wba]

Wehrbau *m* (Erstellung) weir construction [was]

Wehrgang *m* (befestigtes Gebäude) protected walk [arc]; (befestigtes Gebäude) walk along the battlements [arc]; (Stadtmauer) wall-walk [arc]

Wehrkirche *f* (historisch) fortified church [arc]

Wehrkörper *m* body of weir [wba]; massiver structure of weir [wba]

Wehrkrone *f* crest of a weir [wba]; weir crest [wba]

Wehrmauer *f* (historisch) defence wall [arc]

Wehröffnung *f* bay [wba]

Wehrschütz *n* sluice gate [wba]; sluice weir [wba]

Wehrschwelle *f* weir sill [wba]

Wehrsperre *f* (Skimmer) weir boom [wba]

Wehrturm *m* fortified tower [arc]; (historisch) fortified tower [arc]; (Burg) salient [arc]
Wehrverschluss *m* barrage gate [wba]; flood gate [wba]
weich (Beton: Konsistenz) high-slump [met]
Weichdichtung *f* soft packing [tec]
weichen *v* soak
Weichfaserplatte *f* (aus Holz) softboard [met]
weichgeglüht dead-soft annealed [met]; soft-annealed [met]
Weichholz *n* soft-textured wood [met]
Weichkupfer *n* soft copper [met]
Weichlot *n* soft solder [met]
Weichmacher *m* (Kunststoff) plasticizer [met]; (Kunststoff) plasticizing agent [met]; softener [met]; (Betonzusatz) softener [met]; softening agent [met]
weichmacherfrei nonplasticized [met]; unplasticized [met]
Weichmetall *n* soft metal [met]
Weichpolyethylen *n* low-density polyethylene [met]
Weichstoffdichtung *f* soft packing [tec]
Weichverpressung *f* soft extrusion [wer]
Weiler *m* hamlet [com]
Weißbeton *m* white concrete [bon]
Weißblech *n* tinned sheet iron [met]
weißen *v* (bleichen) bleach [met]; (tünchen) whitewash [wer]
Weißglas *n* flint glass [met]
Weißkalk *m* fat lime [met]; pure lime [met]; white lime [met]
Weißleim *m* white glue [met]; (Holzleim) white glue [met]
Weißmetall *n* antifriction metal [met]; babbitt [met]; babbitt metal [met]
Weißware *f* (Keramik) white goods [met]
Weißzement *m* white cement [met]
Weite *f* (Öffnung) breadth; (Ausdehnung) extent; width
Weite, lichte - *f* clear [des]; clear opening [des]; clear span [des]; clear width [des]; clearance [des]; inner width [des]; inside dimension [des]; inside width [des]; internal diameter [des]
Weiterentwicklung *f* advanced development [des]; further development
weitervermieten *v* sublet [eco]
Weiträumigkeit *f* spaciousness
Wellblech *n* corrugated iron [met]; corrugated plate [met]; corrugated sheet [met]; corrugated steel [met]
Wellblechdach *n* corrugated-iron roof; tin roof
Welle, anlaufende - *f* incident wave [wba]
Welle, antreibende - *f* driving shaft [tec]
Wellenangriff, schräger - *m* (an Wasserbauwerk) oblique wave attack [wba]
Wellenauflauf *m* wave run-up [wba]

Wellenausbreitung *f* wave propagation [phy]
Wellenberg *m* (Wellblech) top of corrugation [met]
Wellenbildung *f* (auf Oberflächen) corduroy effect [met]; surge [met]
Wellenbrecher *m* breakwater [wba]; jetty [wba]; mole [wba]; wave breaker [wba]
Wellenhöhe *f* wave height [was]
Wellenkammer *f* (Hafenpier) wave chamber [tib]
Wellenkantgurtförderer *m* wave-edged belt conveyor [prc]
Wellenlänge *f* wave length [phy]
Wellenmauer *f* wave wall
Wellental *n* trough of the wave [was]
Welleternitdach *n* corrugated asbestos-cement roof
wellig corrugated
Welligkeit *f* undulation; wobbling effect [met]
Welligkeitsfaktor *m* (Spannbeton) wobble coefficient [met]
Welligkeitskoeffizient *m* wobble coefficient [met]
Wellkanten-Steilgurtförderer *m* inclined walled belt conveyor [prc]
Wellkunststoff *m* corrugated plastic [met]
Wellmantelrohr *n* corrugated conduit [met]
Wellrohr *n* corrugated tube [met]
Wellrohrbogen *m* corrugated pipe bend [met]
Wellung *f* corrugation
Wellziegel *m* (Dachziegel) corrugated clay tile
Weltkulturerbe *n* world cultural heritage
Weltstadt *f* cosmopolitan city; metropolis
Wendeflügel *m* (Fenster) vertically pivoted sash
Wendeflügelfenster *n* vertical pivoting window
Wendelatte *f* (Höhenmessung) line-coded rod [any]
Wendelbewehrung *f* helical reinforcement [bon]
Wendelbohrer *m* twist drill [wzg]
Wendelförderer *m* spiral elevator [prc]
wendelförmig helical; helicoid
Wendelgurtförderer *m* spiral belt conveyor [prc]
Wendelrutsche *f* helical chute [prc]; spiral chute [prc]
Wendelströmung *f* spiral flow [prc]
Wendeltreppe *f* helical staircase [arc]; spindle stairs; spiral staircase; spiral stairs
Wendeltreppenturm *m* (Renaissance) spiral-staircase tower [arc]
wenden, auf der Stelle - *v* (Baufahrzeug) spot turn
Wendeplatte *f* turnover board
Wendeplatz *m* turning place [tra]
Wendepunkt *m* (z.B. der Biegelinie) point of contraflexure [sik]
Wendepunkt der Biegelinie *m* point of contraflexure [sik]
werfen *v* (sich verziehen) buckle [met]
werfen, sich - *v* warp
Werk, ab - ex works; ex works
Werkfrischmörtel *m* ready-mixed mortar [met]
Werkhalle *f* factory hall; production shop

Werklieferung *f* contractor's labour and materials [eco]
Werklieferungsvertrag *m* contract for work, labour and materials [eco]
Werkmörtel *m* factory mortar [met]; factory-made mortar [met]; ready-mix mortar [met]
Werkplanung *f* execution planning [des]
Werksabnahme *f* factory approval [any]
Werksbescheinigung *f* factory test certificate [any]
werkseitig ex works
Werksgrenze *f* works boundary [wer]
Werksjustierung *f* factory-set adjustment [wer]
Werksmahlung *f* factory grinding [met]
Werksnorm *f* company standard [des]; (fabrikeigene Norm) factory code [des]; factory standard [des]
Werksprüfzeugnis *n* factory test certificate [any]
Werkstätte *f* workshop [wer]
Werkstatt *f* workshop [wer]
Werkstatt, mechanische - *f* mechanical workshop [wer]
Werkstattanstrich *m* shop coat [met]
Werkstatteinrichtung *f* workshop facilities [wer]
werkstattgeschweißt shop-welded [met]
Werkstattnaht *f* (Schweißnaht) shop weld [met]
Werkstattniet *m* shop rivet [wer]; shop-driven rivet [stb]
Werkstattschweißung *f* shop welding [wer]
Werkstattstoß *m* shop connection [stb]; shop splice [stb]
Werkstattzeichnung *f* shop drawing [des]; workshop drawing [des]
Werkstattzusammenbau *m* workshop assembly [wer]
Werksteinmauerwerk *n* coursed ashlar
Werkstoff, feuerfester - *m* refractory material [met]; refractory substance [met]
Werkstoff, technischer - *m* industrial material [met]
Werkstoffanalyse *f* material analysis [any]
Werkstoffauswahl *f* material selection [des]
Werkstoffbeanspruchung *f* material stress [met]
Werkstoffblätter *pl* material standards [des]
Werkstoffermüdung *f* material fatigue [met]
Werkstofffehler *m* material defect [met]
Werkstofffestigkeit *f* strength of materials [met]
Werkstoffgesetz *n* constitutive equation
Werkstoffkonstante *f* material constant [met]
Werkstoffprüfung *f* material test [any]; (zerstörende Prüfung) mechanical testing [any]
Werkstoffprüfung, zerstörende - *f* destructive testing of materials [any]
Werkstoffprüfung, zerstörungsfreie - *f* non-destructive testing of materials [any]
Werkstoffverhalten *n* materials performance [met]

Werkstoffverschleiß *m* material wear [met]
Werkstoffwahl *f* material selection [des]
Werkstoffzugabe *f* materials allowance [des]
Werkstück *n* billet
Werkstückform *f* workpiece geometry [des]
Werkstückgeometrie *f* workpiece geometry [des]
Werkswohnung *f* company flat
Werkszeichnung *f* shop drawing [des]
Werktrockenmörtel *m* dry factory-mixed mortar [met]
Werkvertrag *m* contract for work [eco]
Werkvertragsrecht *n* law on contracts for work and services [jur]
Werkzeichnung *f* working drawing [des]
Werkzeug *n* tool [wzg]
Werkzeug, gekapseltes - *n* (Arbeitsschutz) closed tool [wzg]; (Arbeitsschutz) enclosed tool [wzg]
Werkzeug, geschlossenes - *n* (Arbeitsschutz) closed tool [wzg]; (Arbeitsschutz) enclosed tool [wzg]
Werkzeugausrüstung *f* toolkit [wzg]
Werkzeughalter *m* tool holder [wzg]
Werkzeugkasten *m* tool box [wzg]; toolkit [wzg]
Werkzeugkoffer *m* tool case [wzg]
Werkzeugsatz *m* tool set [wzg]
Werkzeugstandzeit *f* tool life [wzg]
Wert, Ermittlung von - *m* assessment of value [eco]
Wert, vorgegebener - *m* default value
Werterhaltung, bauliche - *f* structural preservation
Wertermittlung *f* assessment of value [eco]
Wertermittlung des Grundstücks *f* assessment of the value of the land
Wertminderung *f* diminution in value [eco]
Wertstoff *m* recoverable waste [rec]
Wertstoffhof *m* reusable material centre [rec]
Wertstoffrückgewinnung *f* recycling of recoverable waste [rec]
Wertstoffrückgewinnungsanlage *f* material recovery plant [rec]
Wertstoffsammlung *f* collection of valuable substances [rec]
Wertung der Angebote *f* appraisal of bids [eco]
Westansicht *f* west elevation [des]
Westturm *m* (Kirchenbau) western tower [arc]
Westwerk *n* (Kirchenbau) westwork [arc]
Wettbewerb, beschränkter - *m* restricted competition [eco]
Wettbewerb, freier - *m* open competition [eco]
Wettbewerb, öffentlicher - *m* public competition [eco]
Wettbewerbsbeschränkung restraint of trade [eco]
Wettbewerbsdruck *m* pressure of competition [eco]
Wettbewerbsverfahren, öffentliches - *n* public competition [eco]
Wettbewerbsverfahren, offenes - *n* open competition [eco]

wetterbeständig resistant to weathering [met];
weather-resistant [met];   weatherable [met]
Wetterbeständigkeit *f* fastness to weather [met];
resistance to the action of weather [met];
resistance to weathering [met];   weather resistance
[met];   weatherability [met]
Wetterbrett *n* (Holzkonstruktion) barge board
Wetterdach *n* canopy roof
wetterdicht weatherproof [met]
wetterfest weather-resistant [met];   weather-
resisting [met];   weatherproof [met]
Wetterfestigkeit *f* weathering resistance [met];
weatherproofness [met]
wettergeschützt weather-protected
Wetterschenkel *m* weatherboard
Wetterschutz *m* weather protection
Wetterschutzanstrich *m* weather-protective coating
[met]
Wetterschutzhaut *f* weather facing [met]
Wetterschutzkleidung *f* weather protection clothing
[asi];   weather-protective clothing [asi];
weatherproof clothing [asi]
Wetterschutzleiste *f* (Fensterbank außen)
waterproofing strip
Wickelmaschine *f* (Bau) binding machine
Wickelraum *m* nappy-changing room
Wickelstaken *pl* earthen reels
Wicklung *f* winding [elt]
Widder, hydraulischer - *m* ram
Widerlager *n* abutment;   (Tonnengewölbe)
horizontal abutment;   skewback;   thrust bracket
Widerlager, abgetrepptes - *n* stepped abutment
Widerlager, aufgelöstes - *n* cellular abutment
[bon];   hollow abutment
Widerlager, verlorenes - *n* dead abutment
Widerlager, vorspringendes - *n* projecting
abutment
Widerlagerkissen *n* abutment pad
Widerlagermauer *f* supporting wall
Widerlagerpfeiler *m* abutment pier
Widerlagerstein *m* abutment stone;   bevel brick
Widerlagerwand *f* abutment wall
Widerstand *m* (Blindwiderstand) reactance [elt];
resistance [elt];   (Bauteil) resistor [elt]
Widerstand, ohmscher - *m* direct-current resistance
[elt]; ohmic resistance [elt]
Widerstand, spezifischer - *m* resistivity [elt];
specific resistance [elt]
Widerstandsbremsung *f* dynamic braking [elt]
Widerstandsdraht *m* resistance wire [elt]
Widerstandserhitzen *n* ohmic heating [elt]
Widerstandserhitzung *f* ohmic dissipation
[elt]
Widerstandsfähigkeit *f* resistance;   resistivity
[met];   stability
Widerstandsheizung *f* resistance heating [elt]

Widerstandskoeffizient *m* (Windlast) drag
coefficient
Widerstandskraft *f* resisting force
Widerstandsmoment *n* moment of resistance [sik];
resistance moment [sik];   resisting moment [sik];
section modulus [sik]
Widerstandsmoment, axiales - *n* axial section
modulus [sik]
Widerstandsmoment, polares - *n* polar section
modulus [sik]
wieder auffüllen *v* refill
wieder begrünen *v* regreen [far]
wieder besiedeln *v* repopulate [com]
wieder einbauen *v* reinstall [wer]
wieder verarbeiten *v* reprocess [prc]
wieder verfestigen *v* resolidify
wieder verwerten *v* recycle [rec];   reprocess [rec]
wiederanfeuchten *v* damp back
Wiederanlaufsperre *f* restart inhibit [elt]
Wiederanmachen von Beton *n* retempering of
concrete [bon]
Wiederaufarbeitung *f* reconditioning [wer];
reprocessing [rec]
Wiederaufbau *m* rebuilding;   reconstruction;
reconstruction;   redevelopment;   regeneration
Wiederaufbau *f* (-arbeiten) reconstruction work
wiederaufbauen *v* redevelop
Wiederaufbereitung *f* regeneration [rec];
reprocessing [rec]
Wiederaufbereitung von Beton *f* retempering of
concrete [bon]
Wiederaufbereitungsanlage *f* recovery plant [rec];
recycling plant [rec]
wiederaufgearbeitet reconditioned
Wiederaufladung *f* (von Batterien) recharging [elt]
Wiederbelastung *f* reloading
Wiederbelebung *f* (von Städten) revitalization
[com]
Wiederbeschickungswasser *n* (Kläranlage)
recharge water [was]
Wiederbesiedlung *f* resettlement [com]
Wiedereinbau *m* reassembly [wer]
wiedergewinnen *v* reclaim [rec];   recover [rec]
Wiedergewinnung *f* recovery;   salvage [rec]
wiederherstellen *v* (erneuern) restore
Wiederherstellung *f* (Erneuerung) reconstruction;
(Rückgewinnung) recovery;   (Sanierung)
rehabilitation;   (Erneuerung) restoration
Wiederherstellung von Land *f* land restoration
[geo]
Wiederherstellungsarbeiten *pl* remedial work
Wiederholbarkeit *f* repeatability [any];
(auch:Wiederholgenauigkeit) reproducibility [any]
Wiederholmessung *f* repeat measurement [any]
Wiederholungsmessung *f* repetitive measurement
[any];   retest [any]

Wiederholungsprüfung *f* repetitive test [any]
Wiederholversuch *m* replicate [any]; retest [any]
Wiedervermietung *f* (Immobilien) re-letting [eco]
wiederverwendbar reusable [rec]
Wiederverwendung *f* recovery [rec]
Wiederverwertung *f* recovery [rec]; recycling [rec]; reprocessing [rec]; reutilization [rec]
Wiederzusammenbau *m* reassembly [wer]
Wiege zur Bahre cradle to grave
Wiegebescheinigung *f* attestation of weight [any]; certificate of [any]; weight card [any]
Wiegeeinrichtung *f* weighing apparatus [any]; weighing equipment [any]
Wiegegenauigkeit *f* sensibility of a balance [any]
Wiegekarte *f* weighing ticket [any]
Wiegeschein *m* weighing certificate
Wiegevorrichtung *f* balance [any]; scales [any]
Wiegezapfen *m* rocker pin [stb]
Wildübergangsbrücke *f* wild animal bridge
Wimperg *m* (Gotik) open-work gablet [arc]
Wind- oder Schneelast *f* (z.B. auf einem Dach) climatic load
Windabsatzboden *m* acolian soil [geo]
Windabtrag *m* deflation
Windabweiser *m* airstream deflector
Windangriffsfläche *f* exposed area; surface exposed to the wind; wind-exposed surface
Windanzeiger *m* anemoscope [any]
Windbelastung *f* wind loading [wet]
Windblatt *n* (Rotorblatt) vane [pow]
winddicht windproof; windtight
Winddruck *m* wind load
Winde *f* hoist; winch; windlass
**Winde, handbetriebene - ** *f* hand winch [tec]
Windenaufzug *m* winch hoist
Windenergie *f* wind energy [pow]; wind power [pow]
Windenergie, mit - angetrieben wind-driven [pow]; wind-powered [pow]
Windenergieanlage *f* wind turbine [pow]
Windenergiekonversion *f* wind energy conversion [pow]
Windenergiekonverter *m* wind energy converter [pow]
Windenergieumwandlung *f* wind energy conversion [pow]
Windengestell *n* winch stand
Windengetriebe *n* rope hoist gear
Windenschild *n* (Bagger) winch frame [tib]
Winderosion *f* wind erosion [geo]
Windfang *m* draught preventer; small hallway to prevent draughts; vestibule
Windfläche *f* wind-exposed surface
windgeschützt protected against wind
windgetrieben wind-driven [pow]

Windkraft *f* wind energy [pow]; wind power [pow]
Windkraftanlage *f* wind-driven plant [pow]; wind-driven power station [pow]; wind energy converter [pow] wind-power plant [pow]; wind-power station [pow]
Windkraftanlagengruppe *f* wind farm [pow]; wind park [pow]
Windkraftgenerator *m* wind turbine-generator [pow]; wind-driven electric generator [pow]; wind-driven generator [pow]; wind-energy generator [pow]
Windkraftmaschine *f* wind-power generation [pow]; wind-power machine [pow]; wind-powered machine [pow]
Windkraftturbine *f* wind-power turbine [pow]
Windkraftwerk *n* wind-driven power station [pow]; wind-electric power station [pow]; wind-power plant [pow]; wind-power station [pow]; windmill power plant [pow]
Windlast *f* wind load
Windleistung *f* wind power [pow]
Windmesser *m* anemometer [any]; wind gauge [any]
Windmessmast *m* anemometer pylon [any]
Windmotor *m* wind motor [pow]
Windmühle *f* windmill [pow]
Windnachführung *f* (Windenergieanlage) yaw [pow]; (Windenergieanlage) yaw control [pow]
Windpark *m* wind farm [pow]; (Windkraftanlagen) wind park [pow]; wind-power array [pow]
Windrotor *m* wind rotor [pow]
Windschaden *m* damage caused by wind
Windschatten *m* (Windenergieanlage) wake [pow]; (Strömungsschatten für Windrad) wind shade [pow]
Windschatten eines Hindernisses *m* (Windenergie) shelter effect [pow]
Windscheibe *f* shear wall
windschief skew; warped
Windschutz *m* wind protection
Windschutzwand *f* wind protection wall
windseitig windward
Windsichten *n* air classification [prc]
Windsichter *m* air classifier [prc]; air separator [prc]
Windsichtung *f* air separation [prc]
Windsog *m* wind suction [wet]
Windstau *m* (Talsperre) heaping up of waters [was]
Windstrebe *f* sway rod; wind brace
Windstrebengurtung *f* wind-braced boom [stb]
Windturbine *f* wind turbine [pow]
Windung *f* (Spule) turn [elt]
Windverband *m* lateral bracing; lateral truss; transverse bracing; wind bracing

Windverbandstab *m* lateral member [stb]; wind bracing bar [stb]
Windverspannung *f* cross bracing [stb]
Windversteifung *f* wind bracing; wind bracing
Windverwitterung *f* wind weathering [met]
Windwerk *n* lifting gear
Winkel für Treppenturm *m* angle for stair tower
Winkel, einspringender - *m* re-entering angle; re-entrant angle
Winkelabweichung *f* angular deflection [des]; angular deviation [des]
Winkeleisen *n* steel angle [met]
Winkelfehler *m* angle error [des]; (Vermessung) angular error [any]
Winkelgenauigkeit *f* angle precision [des]
winkelgetreu conformal [des]
Winkelhalterung *f* clip angle
Winkelhaltigkeit *f* angularity [des]; squareness [des]
Winkelhebel *m* angle lever
Winkeligkeit *f* angularity
Winkelkorrelation *f* angular correlation [des]
Winkellage *f* angular position [des]
Winkellasche *f* splice angle [stb]
Winkelmaß *n* angle gauge [any]; angular dimension [des]; measure of an angle [des]
Winkelmesser *m* bevel protractor [any]; protractor [any]
Winkelmessgerät *n* goniometer [any]
Winkelmesssystem *n* angular position measuring system [any]; measuring system, angular position - [any]
Winkelmessung *f* angle measurement [any]; angular measurement [any]; goniometry [any]; measurement of angles [any]
Winkelprisma *n* (Vermessung) mirror square [any]
Winkelprofíl *n* angle section [met]; angle steel [met]; L-section [met]
Winkelprofilträger *m* angle beam
Winkelprüfkopf *m* angle probe [any]
Winkelrohr *n* bent tube [prc]
Winkelschleifer *m* angular grinder [wzg]; angular grinding machine [wzg]
Winkelschnitt *m* angle cut [des]; cut at an angle [met]
Winkelsekunde *m* (Winkelmaß) angle-second [des]; (Winkelmaß) angular second [des]
Winkelspachtel *m* angle float [wzg]
Winkelstahl *m* angular steel [met]; L-steel [met]; steel angle [met]
Winkelstahl, gleichschenkliger - *m* equal angle [met]; equal-leg angle [met]
Winkelstahl, ungleichschenkliger - *m* unequal angle [met]
Winkelstellung *f* angular position [des]

Winkelstück *n* connecting tube [prc]; elbow [prc]; knee [prc]
Winkelstützmauer *f* angular retaining wall; cantilevered wall
Winkelträger *m* raker beam
winkeltreu equiangular [des]; isogonal [des]
Winkelverlaschung *f* angle butt strap
Winkelverschraubung *f* elbow screw joint [prc]
Winkelverzerrung *f* distortion of angle [des]
winklig angled; angular
Winterbau *m* winter construction
Winterbaubeheizung *f* winter construction heating [pow]
Winterdienst *m* (Straßendienst) winter maintenance [tra]
winterfest winterproof
Wintergarten *m* conservatory; winter garden
Wintertür *f* storm door
Wippbrücke *f* bascule bridge
Wippen *n* (Kran) luffing
Wippkran *m* level luffing crane; luffing crane; luffing-jib crane
Wippschalter *m* rocker switch [elt]
Wirbelabscheider *m* cyclone separator [prc]
Wirbelbecken *n* whirlpool [was]; (Kläranlage) whirlpool basin [was]
Wirbelblech *n* (Strömung) vortex arrester plate [wba]
Wirbelbrecher *m* (Strömung) vortex arrester plate [wba]
Wirbelradpumpe *f* vortex pump [prc]
Wirbelschichtfeuerung *f* fluidized-bed combustion [pow]
Wirbelstrom *m* eddy current [elt]
Wirbelwind *m* eddy wind [wet]
Wirbelzähler *m* (Strömungsmesser) vortex flowmeter [any]
Wirkdruck *m* active pressure [phy]; actual pressure [phy]
Wirkdruck-Durchflussmesser *m* differential pressure flowmeter [any]; head flowmeter [any]
Wirkkraft *f* working force [phy]
Wirkleistung *f* effective power [elt]; true power [elt]
Wirkstoff *m* active agent [met]; active component [met]; active ingredient [met]
Wirkung, Wasser einsparende - *f* water-reducing action [was]
Wirkungslinie *f* line of action [sik]
Wirkungsweise *f* mechanism
Wirtschaftlichkeit *f* economic efficiency [eco]
Wirtschaftlichkeitsberechnung *f* calculation of economic feasibility [eco]
Wirtschaftsförderung, Standort sichernde - *f* business promotion which safeguards the location [eco]

Wirtschaftskraft *f* economic power [eco]
Wirtschaftsstandort *m* industrial location [com]
wischbeständig wipe-resistant [met]
Wissen, nach bestem - to the best of our knowledge
witterungsbedingt because of the weather
Witterungsbedingungen *pl* weather conditions [wet]
witterungsbeständig weather-resisting [met]; weatherable [met]; weatherproof [met]
Witterungsbeständigkeit *f* outdoor durability [met]; resistance to atmospheric corrosion [met]; resistance to weathering [met]; weather resistance [met]; weathering resistance [met]; weatherproofness [met]
Witterungseinflüsse *pl* atmospheric effects [wer]; weather factors [wet]
Witterungseinfluss *m* atmospheric effect [met]; effect of weather [met]; meteorological effect [met]; meteorological influence [met]; weather impact [wet]; weathering influence [met]
Witterungserscheinung *f* weathering condition [wet]
Witterungsschaden *m* damage caused by weather; weather damage
Witterungsschutz *m* weather protection
Witterungsverhältnisse *pl* weather conditions [wet]
Witterungsversuch *m* exposure test [any]
Wochenendhaus *n* second home
Wochenstillstand *m* week-end shut-down [pow]
Wöhler-Kurve *f* stress-number curve [met]
Wöhler-Schaubild *n* stress-cycle diagram [met]
wölben *v* arch; bend; camber; vault
Wölbkrafttorsion *f* hindered torsion [sik]; warping torsion
Wölbmoment *n* warping moment [sik]
Wölbstein *m* vault block; wedge-shaped stone
Wölbung *f* arch; vaulting; warpage [des]
Wohlbefinden, akustisches - *n* acoustic comfort
Wohlbefinden, thermisches - *n* thermal comfort
Wohn-Schlafraum *m* bedsitter
Wohn-Schlafzimmer *n* bed-sitting room
Wohnanlage *f* housing estate [com]; residential complex; residential estate [com]
Wohnbaufläche *f* residential building land [com]; residential development zone
Wohnbauland *n* residential building land [com]
Wohnbedürfnisse *pl* domestic needs [arc]; housing needs
Wohnberechtigungsschein *m* (sozialer Wohnungsbau) subsidized housing entitlement certificate [jur]
Wohnbereich *m* living area; living zone; space of living
Wohnbevölkerung *f* residential population
Wohnbezirk *m* residential area [com]; (Städtebau) residential district
Wohnblock *m* apartment block; block of flats

Wohndichte *f* housing density
Wohnebene *f* (Gebäude) living level
Wohneigentum, selbstgenutztes - *n* owner-occupied home [eco]
Wohneinheit *f* accommodation unit; (Wohnung) accomodation unit; (Wohnung) dwelling unit; (Gebäude mit Einzeleinheiten) housing unit; living unit
wohnen *v* dwell; live; lodge; reside
Wohnen, nichtfamiliäres - *n* alternatives to family living
Wohnen, provisorisches - *n* provisional dwelling
Wohnen, unhygienisches - *n* insanitary housing
Wohnfläche *f* living floor space; living space; living-space
Wohnfolgeeinrichtungen *pl* local amenities
Wohnform *f* dwelling pattern [arc]; form of housing [arc]
Wohnfunktionen *pl* domestic functions [arc]
Wohngebäude *n* apartment building; residential building
Wohngebiet *n* housing area [com]; living area [com]; residential area [com]
Wohngebiet für gehobene Ansprüche *n* luxury residential estate [com]
Wohngebiet, abgeschottetes - *n* gated community
Wohngebiet, allgemeines - *n* (Planungsrecht) general residential area; general residential zone [com]
Wohngebiet, besonderes - *n* (Planungsrecht) special residential area; special residential zone [com]
Wohngebiet, bewachtes - *n* (in Ländern mit großen sozialen Spannungen) guarded community
Wohngebiet, reines - *n* pure residential zone [com]; (Planungsrecht) residential-only area
Wohngebietszentrum *n* community centre [com]
Wohngegend *f* residential area [com]
Wohngelegenheit *f* accommodation
Wohngemeinschaft *f* people sharing a flat; residential group; roommate community
Wohnhaus *n* apartment building; dwelling house; residential building
Wohnhausbaustelle *f* housing site
Wohnheim *n* residential centre [com]
Wohnhochhaus *n* high-rise flats; residence tower; tower block
Wohnimmobilie *f* residential property [eco]
Wohnklima *n* living climate
Wohnkomplex *m* housing estate [com]; residential complex
Wohnküche *f* eat-in kitchen [arc]; family kitchen [arc]
Wohnkultur *f* housing tradition
Wohnlärm *m* residential noise [aku]
Wohnnutzung *f* residential use

Wohnplatz *m* living quarter
Wohnqualität *f* residential quality
Wohnräume *pl* residential accommodation
Wohnraum *m* (Wohnungen) living space; (Zimmer) living-room; (Wohnungen) residential space
Wohnraumbeheizung *f* domestic space heating [pow]
Wohnraumbelegung *f* occupancy rate
Wohnraumheizung *f* home heating [pow]
Wohnrecht *n* dwelling right [jur]
Wohnsiedlung *f* housing estate [com]; housing estate scheme [com]; residential estate
Wohnsilo *m* tower block
Wohnsitz *m* domicile; legal residence; residence
Wohnstadt *f* residential town
Wohnstätte *f* dwelling
Wohnstandort *m* residential location [com]
Wohnstraße *f* residential road [com]
Wohnturm *m* (an befestigtem Gebäude) keep [arc]
Wohnumfeld *n* residential environment [com]
Wohnumgebung *f* residential environment [com]
Wohnung *f* apartment; dwelling; (<B>) flat; home; lodging
Wohnung, behindertengerechte - *f* disability housing
Wohnung, möblierte - *f* (<A>) furnished apartment; (<B>) furnished flat
Wohnungsbau *m* house building; (Bauvorgang) housing construction; residential construction
Wohnungsbau und Städtewesen *m* housing and urban development
Wohnungsbau, sozialer - *m* council houses; council housing; low-rent housing; social housing; social housing projects
Wohnungsbau, steuerbegünstigter - *m* tax-privileged housing
Wohnungsbauförderung *f* promotion of housing
Wohnungsbaugesellschaft *f* housing society [eco]
Wohnungsbaugesellschaft, gemeinnützige - *f* mutual benefit building society; non-profit housing company [eco]
Wohnungsbauprogramm *n* house-building program; housing construction program; housing program
Wohnungsbauprojekt *n* housing scheme
Wohnungsbauunternehmen *n* housing company
Wohnungsbedarf *m* housing demand; housing requirement
Wohnungsbelegung *f* occupancy of dwellings
Wohnungsbrand *m* housing fire
Wohnungseigentum *n* (<A>) condominium [eco]; (<A>) condominium ownership [eco]; housing-property [eco]; (<B>) ownership of residential apartments [eco]; property in a freehold flat [eco]
Wohnungseinheit *f* residential unit
Wohnungseinrichtung *f* domestic furniture

Wohnungseinrichtungen *pl* furniture and furnishings for the home
Wohnungsgenossenschaft *f* housing association [eco]
Wohnungsgesetzgebung *f* housing legislation [jur]
Wohnungsheizung *f* home heating [pow]
Wohnungsmangel *m* housing shortage
Wohnungsmarkt *m* housing market
Wohnungsnachfrage *f* demand for housing [eco]; housing demand
Wohnungsneubau *m* new housing construction; new residential building
Wohnungsnot *f* severe housing shortage [eco]
Wohnungssektor *m* housing sector; residential sector
Wohnungsstruktur *f* housing structure [com]
Wohnungstür *f* door
Wohnungsunternehmen *n* housing association [eco]
Wohnungsversorgung *f* provision of housing [com]
wohnungswirtschaftlich housing management [eco]
Wohnverhalten *n* domestic behaviour [arc]
Wohnviertel *n* residential area [com]; residential district [com]
Wohnviertel im Grünen *n* greenfield site [com]
Wohnzimmer *n* living-room
Wohnzimmerschrank *m* living-room wardrobe
Wolframlampe *f* tungsten halogen lamp [elt]; tungsten lamp [elt]
Wolkenkratzer *m* skyscraper
Wolkenkratzer, gestufter - *m* setback skyscraper
Wuchermiete *f* exorbitant rent [eco]
wuchernde Ausbreitung des Stadtgebietes *f* urban sprawl
Wuchtförderer *m* spring-supported shaker conveyor [prc]
würfelförmig cubic; cubical; cuboidal; dice-shaped
Würfelkapitell *n* (Baukunst) tetrahedal capital [arc]
Würfelmusterparkett *n* basket weave pattern
Würgenippel *m* self-sealing grommet [tec]
Wüstung *f* (Archäologie) deserted medieval town; (Archäologie: verlassene Siedlung) deserted settlement
Wulst *m* astragal; flange; (Verdickung) swelling; torus
Wulstplatte *f* ribbed liner plate
Wurf *m* (Sieb) throw [prc]
Wurfbecherwerk *n* rotating bucket elevator [prc]
Wurfbeschicker *m* charging machine [prc]
Wurfbeschickung *f* spreader feeding [prc]
Wurfförderer *m* directional-throw conveyor [prc]
Wurfförderrinne *f* reciprocating trough conveyor [prc]
Wurfradschaufel *f* (Schneeschleuder) rotary blade

Wurfschaufel *f* overhead bucket [prc]

Wurfschaufellader *m* overhead loader [tib];
transport rocker shovel [tib]

Wurfsieb *n* shaking screen [prc]; vibrating screen
[prc]

wurmstichig (Holz) pricked by worms [met];
(Holz) worm-eaten [met]

Wurzel *f* (- der Schweißnaht) root [met]

Wurzel, nicht durchgeschweißte - *f* (Schweißnaht)
incomplete joint penetration [met]

Wurzelausbildung *f* (Schweißnaht) root formation
[met]

Wurzelbiegung *f* (Schweißnaht) root bend [met]

Wurzelbürste *f* scrubbing brush [wzg]

Wurzeldurchfall *m* (Schweißen) excessive root
penetration [met]

Wurzeleinbrand *m* (Schweißnaht) penetration into
the root [met]

Wurzelfehler *m* (- der Schweißnaht) root defect
[met]; (Schweißnaht) root imperfection [met]

Wurzelholz *n* root timber [met]

Wurzelkerbe *f* incomplete joint penetration [met]

Wurzellage *f* (Schweißen) base run [met];
(Schweißnaht) root pass [met]; (Schweißnaht) root
run [met]

Wurzelmaß *n* back pitch [des]

Wurzelnaht *f* (Schweißnaht) root pass [met];
(Schweißnaht) root run [met]

Wurzelriss *m* (Schweißnaht) root crack [met]

Wurzelschutzbahn *f* (wurzelsperrende Schutzlage)
root-proofing layer

wurzelsperrend root-repellent

Wurzelüberhöhung *f* (Schweißnahtfehler) excess
penetration bead [met]

Wurzelzieher *m* (für Baumwurzeln) stump puller
[tib]

X, Y, Z

Z-Profil *n* Z-bar [met]; Z-section [met]
Z-Profilträger *m* Z-beam [met]
Z-Stahl *m* Z-bar [met]
zackig indented; notched; serrated
zäh (Werkstoff) ductile [met]; (faserig) stringy [met]; (Fluid) viscous [met]
zähelastisch viscoplastic [met]
Zähigkeit *f* (Werkstoff) ductility [met]; (Werkstoff) tenacity [met]
Zählermiete *f* meter charge [pow]; (Wasser-, Stromzähler) meter rent [eco]
Zählerstand *m* dial count [any]
Zählertarif *m* meter tariff [pow]
Zählgerät *n* counter [any]; counting device [any]
Zählwaage *f* counting scale [any]
Zäpfchen *n* (Pharma) suppository [hum]
Zahlen, in - in figures
Zahlentafel *f* (Tabelle) table of values
Zahlung *f* settlement [eco]
Zahlungsplan *m* payment schedule [eco]
Zahlungsweise *f* method of payment [eco]
Zahn *m* (Kettenrad) sprocket [tec]
Zahnflanke *f* (Zahnrad) tooth surface [des]
Zahnform *f* (Zahnrad) tooth outline [des]; tooth profile [des]
Zahnhalter *m* (Aufreißer) adapter shank [tib]
Zahnhöhe *f* (Zahnrad) tooth depth [des]; (Zahnrad) tooth height [des]
Zahnkette *f* sprocket chain [tec]
Zahnkettenrad *n* sprocket [tec]
Zahnkranz *m* sprocket [tec]
Zahnlückengrund *m* (Zahnrad) tooth root surface
Zahnprofil *n* (Zahnrad) tooth profile [des]
Zahnschnitt *m* (Holzbau) denticulation; (Dekor) dentil [arc]; (Holzbau) dentil course
Zahnschnittornament *n* (Renaissance: Gesims) dentil ornament [arc]; (Römische Baukunst) dentil ornament [arc]
Zahnspachtel *m* serrated spatula [wzg]
Zahnstange *f* rack-and-pinion [tec]
Zahnstangenantrieb *m* rack-and-pinion drive [tec]
Zahnstangenheber *m* rack-and-pinion jack [tec]
Zahnstangenwinde *f* rack-and-pinion jack [tec]
Zahnteilung *f* circular pitch [des]
Zahnung *f* serration
Zahnweite *f* (Zahnrad) tooth distance [des]
Zange *f* (Kneifzange) pincers [wzg]; (Werkzeug) pliers [wzg]; (Holzkonstruktion) tie piece
Zapfen *m* (Zimmerhandwerk) tenon
Zapfenband *n* (Türbefestigung) pin hinge
Zapfengelenk *n* pivot hinge [stb]

Zapfenloch *n* mortise
Zapfenschraube *f* trunnion screw [tec]
Zapfenverbindung *f* (Zimmerarbeiten) mortise-and-tenon joint; tenon joint
Zapfhahn *m* discharge nozzle [tga]; draw-off cock [tga]; (<A>) faucet [tga]; tap [was]
Zarge *f* (Tür-) architrave; frame; frame connector; surround
Zargenmaulweite *f* door frame aperture
Zaunanlage *f* fence installation
Zehenschutzkappe *f* toe-cap [asi]
Zeichenbrett *n* drawing-board [des]
Zeichenbüro *n* drawing office [des]
Zeichendreieck *n* set square [des]
Zeichenebene *f* projection plane [des]
Zeichenerklärung *f* key to symbols [des]
Zeichenfläche *f* drawing area [des]
Zeichengerät *n* drawing utensil [des]
Zeichenkopf, verstellbarer - *m* adjustable drawing head [des]
Zeichenmaschine *f* drawing machine [des]
Zeichenmittel *n* drawing instrument [des]
Zeichenplatte *f* plotting board [des]
Zeichenstift *m* drawing pen [des]
Zeichentisch *m* drawing table [des]; plotting board [des]
zeichnen *v* (entwerfen) draft [des]; (abbilden) draw [des]; plot [des]; (skizzieren) sketch [des]
Zeichnen *n* drawing [des]; plotting [des]
zeichnen, in natürlicher Größe - *v* draw to full size [des]
zeichnen, maßstäblich - *v* draw to scale [des]
zeichnen, vergrößert - *v* draw to a larger scale [des]
zeichnen, versetzt - *v* draw staggered [des]
Zeichner *m* draughtsman [des]
zeichnerisch graphic; graphical
zeichnerisch darstellen *v* figure [des]; represent diagrammatically [des]
Zeichnung *f* (Diagramm) diagram [des]; (Entwurf) draft [des]; drawing [des]; (Abbildung) figure [des]; (Diagramm) graph [des]; (Grundrisszeichnung) plan [des]
Zeichnung erstellen *v* elaborate a drawing [des]
Zeichnung mit vorgedruckten Darstellungen *f* drawing containing preprinted representations [des]
Zeichnung, freihändige - *f* freehand drawing [des]
Zeichnung, isometrische - *f* isometric drawing [des]
Zeichnung, maßstabsgerechte - *f* scale drawing [des]; scaled drawing [des]
Zeichnung, pausfähige - *f* reproducible drawing [des]; transparent drawing [des]
Zeichnung, schematische - *f* chart [des]; diagram [des]
Zeichnung, technische - *f* technical drawing [des]
Zeichnungsänderung *f* amendment of drawing [des]; drawing revision [des]

Zeichnungsänderungsfeld *n* revision block [des]
Zeichnungsangaben *pl* drawing datails [des]
Zeichnungsblatt *n* drawing sheet [des]
Zeichnungsfehler *m* drafting error [des]
Zeichnungsfeld *n* drawing area [des]; (Raum für Zeichnungen) drawing panel [des]
Zeichnungsformat *n* (technische Zeichnungen) drawing format [des]
zeichnungsgeprüft drawing-checked [des]
Zeichnungshinweise *pl* drawing notes [des]
Zeichnungskopf *m* drawing title block [des]
Zeichnungskopie *f* drawing print [des]
Zeichnungsmaßstab *m* scale of the drawing [des]
Zeichnungsnorm *f* drawing practice standard [des]
Zeichnungsnummer *f* drawing number [des]
Zeichnungssatz *m* set of drawings [des]
Zeichnungsschriftfeld *f* (in einer Zeichnung) title block [des]
Zeichnungsverfilmung *f* filming of drawings [des]
Zeigerdiagramm *n* vector diagram [des]
Zeigerinstrument *n* indicating instrument [any]; pointer instrument [any]
Zeilenbau *m* linear building
Zeilenbebauung *f* linear development [com]
Zeit, geplante - *f* scheduled time
Zeitablaufdiagramm *n* time sequence chart
Zeitaufnahme *f* time measurement [any]
zeitaufwändig time-consuming
Zeitaufwand *m* expenditure of time; time requirement
Zeitbedarf *m* time requirement
Zeitbestimmung *f* dating [any]
Zeitbruchdehnung *f* creep rupture elongation [met]
Zeitdruck *m* pressure of time
Zeiterfassungssystem *n* time-recording system [any]
Zeitfenster *n* time window
Zeitfestigkeit *f* endurance limit [met]; fatigue endurance [met]
zeitgesteuert timer-controlled [elt]
Zeithonorar *n* time-based fee [eco]
zeitlich und sachlich unbeschränkt without any restriction of time and content
Zeitmaßstab *m* time base [any]
Zeitmessgerät *n* timing instrument [any]
Zeitmessung *f* chronometry [any]; time measurement [any]; timing [any]
Zeitnahme *f* time keeping [any]
Zeitplan *m* time schedule; timetable [des]
Zeitplanung *f* scheduling; time disposition [wer]
Zeitpunkt der Fertigstellung *m* completion date [wer]
Zeitraum *m* period; time span
Zeitschaltwerk *n* timing element [elt]
Zeitstandbruch *m* creep fracture [met]

Zeitstandfestigkeit *f* creep rupture strength [met]; rupture strength [met]; stress rupture strength [met]
Zeitstandkriechgrenze *f* creep fatigue limit [met]
Zeitverhalten *n* dynamic behaviour [elt]
Zeitverzögerung *f* time delay
Zelle *f* (Batteriezelle) battery [elt]; (Batteriezelle) element [elt]
Zelle, aufladbare - *f* rechargeable cell [elt]
Zelle, photoelektrische - *f* ([Variante]) photocell [elt]
Zelle, prismatische - *f* (Batterie) prismatic cell [elt]
Zelle, sekundäre - *f* (Batterie) secondary cell [elt]
Zelle, spiralgewickelte - *f* (Batterie) spiral-wound cell [elt]
Zelle, verhungerte - *f* (Batterie) starved cell [elt]
Zellenfangdamm *m* cellular dam [wba]
Zellengehäuse *n* (Batterie) cell case [elt]
Zellenladung *f* cell charge [elt]
Zellenrad *n* bucket wheel [prc]; star feeder [prc]
Zellenradschleuse *f* rotary lock [prc]; rotary-vane feeder [prc]
Zellenradzuteiler *m* rotary feeder [prc]
Zellensilo *m* compartment bin [prc]; compartmented bin [prc]
Zellenumpolung *f* (Batterie) cell reversal [elt]
Zellspannung *f* closed-circuit voltage [elt]
Zelluloseanstrich *m* cellulose coat [met]
Zellulosedämmung *f* cellulose insulation
Zeltbau *m* fabric building
Zeltdach *n* pyramid roof; tented roof
Zeltkonstruktion *f* fabric building structure
Zeltstoff *m* canvas [met]
Zement *m* cement [met]
Zement mit höherer Anfangsfestigkeit *m* rapid-hardening cement [met]
Zement mit Zumahlstoffen *m* blended cement [met]
Zement, abgelagerter - *m* stock house set cement [rec]
Zement, faserverstärkter - *m* fibre-reinforced cement [bon]
Zement, feuerfester - *m* refractory cement [met]
Zement, frühhochfester - *m* rapid-hardening cement [met]
Zement, glasfaserarmierter - *m* glass-reinforced cement [met]
Zement, glasfaserverstärkter - *m* glass-reinforced cement [met]
Zement, hochfester - *m* high-strength cement [met]
Zement, hydraulischer - *m* hydraulic cement [met]
Zement, hydrophobierter - *m* water-repellent cement [met]
Zement, schnell härtender - *m* fast-curing cement [met]
Zement, selbsthärtender - *m* self-set cement [met]

Zement, sofort abbindender - *m* flash-setting cement [met]
Zement, sulfatbeständiger - *m* sulfate-resisting cement [met]
Zement, Wasser abweisender - *m* water-repellent cement [met]
Zementabdichtung *f* cement seal
Zementabsatz *m* (Mengenabsatz) cement sales volume [eco]
Zementanstrich *m* cement wash
zementartig cement-like [met]; cementitious [met]
Zementasbestrohr *n* asbestos-cement pipe [met]
Zementation *f* carburization [met]; cementation [met]
Zementaufschlämmung *f* cement suspension [bon]
Zementbeton *m* cement concrete [bon]
Zementboden *m* cement floor
Zementbrennofen *m* cement kiln [roh]
Zementbrennprozess *m* cement burning process [roh]
Zementbrühe *f* cement slurry [met]
Zementdermatitis *f* cement dermatitis [hum]
Zementdosieranlage *f* cement batching plant [bon]
Zementdosiereinheit *f* cement batcher
Zementdosierschnecke *f* (Einzementieren von Abfall) cement proportioning screw
Zementdosierung *f* cement batching
Zementdrehofen *m* rotary cement kiln [roh]
Zementeinpressung *f* cement injection
Zementekzem *n* cement eczema [hum]
Zementestrich *m* cement screed; concrete screed [bon]
Zementfabrik *f* cement plant [roh]; cement works [roh]
Zementfarbe *f* cement colour [met]; cement paint [met]; cement pigment [met]
Zementfeinputz *m* cement rendering plaster
zementgebunden cement-bound [met]; cementitious [met]
Zementgehalt *m* cement content [met]
Zementhaftung *f* cement bond [met]
Zementhaut *f* cement film [met]
Zementhersteller *m* cement manufacturer [roh]
Zementherstellung *f* manufacture of cement [roh]
zementieren *v* (Metall) caseharden [met]; cover with cement; spread with cement
Zementieren *n* carburizing; cementation; cementing
Zementierofen *m* carburizing furnace [roh]; cementing furnace [roh]
Zementierung *f* cementation; cementing; (Verfugen) grouting
Zementinjektionsschleier *m* grout curtain [tib]
Zementkalk *m* lime cement [met]
Zementkelle *f* cement trowel [wzg]
Zementklinker *m* cement clinker [met]

Zementleim *m* cement paste [met]
Zementmahlung *f* cement grinding [roh]
Zementmilch *f* grout [met]; laitance [met]
Zementmörtel *m* cement grout [met]; cement mortar [met]
Zementmörtel, schnell härtender - *m* fast-curing cement mortar [met]
Zementmörtelinjektion *f* injection of cement grout [bon]
Zementmörtelüberzug *m* (dünner -) cement floating
Zementmühle *f* cement mill [roh]
Zementmühlenentstaubung *f* cement mill dedusting [air]
Zementofen *m* cement furnace [roh]; cement kiln [roh]
Zementofenstaub *m* cement kiln dust [roh]
Zementpflaster *n* cement paving
Zementputz *m* cement plaster; rendering
Zementröhre *f* cement pipe
Zementrohmehl *n* cement raw material [met]
Zementrohr *n* cement duct [met]; concrete pipe [met]
Zementsack *m* bag of cement [met]
Zementschlämpe *f* cement slurry [met]
Zementschnecke *f* (Dosierorgan) cement screw [prc]
Zementsilo *m* cement silo
Zementsorte *f* cement type [met]
Zementspritzpistole *f* cement gun
Zementstahl *m* blister steel [met]; casehardened steel [met]
Zementstaub *m* cement dust [met]; cement powder [met]
Zementstein *m* cement stone [met]
Zementteilchen *n* cement grain [met]
Zementumschlaganlage *f* cement handling facility
Zementverbrauch *m* consumption of cement [bon]
Zementverdämmung *f* cement plug; cementing plug
Zementverfestigung *f* cement stabilization [met]
Zementverguss *m* cement grouting
Zementverpressung *f* cement injection
zementverputzt cement-rendered
Zementversand *m* cement shipment [tra]
Zementverteiler *m* (Bodenverfestigung) cement spreading machine [tib]
Zementwerk *n* cement mill [roh]; cement plant [roh]
Zentralanlage *f* (Siedlungsform) town with concentric plan [com]
Zentralbahnhof *m* central railway station [tra]
zentralbeheizt centrally-heated
Zentrale *f* (Firmenzentrale) headquarters [eco]
zentrale Klimaanlage *f* central air-conditioning system [tga]
Zentralerschließung *f* central corridor

zentralgeheizt centrally-heated
Zentralheizung *f* central heating [pow]; hot-water heating
Zentralheizungsanlage *f* central heating plant
Zentralheizungskessel *m* central heating boiler [pow]
Zentrallinie *f* central line [des]
Zentralmoment *n* central moment [phy]
Zentralperspektive *f* central perspective [des]; front perspective [des]
Zentralprojektion *f* central projection [des]
Zentralsymmetrie *f* central symmetry [des]
zentralsymmetrisch centrosymmetric [des]
zentrieren *v* true
Zentrierspitze *f* (Bohrer) lead screw [wzg]
zentriert (<A>) centered [des]; (<B>) centred [des]
Zentrifugalklassierer *m* centrifugal classifier [prc]
Zentrifugalkraft *f* centrifugal force [phy]
Zentrifugalmoment *n* (Mechanik) centrifugal moment [phy]; moment of deviation [phy]
Zentrifugalsichter *m* centrifugal classifier [prc]
Zentrifuge *f* centrifuge [prc]
Zentrifugieren *n* centrifugation [prc]; centrifuging [prc]
Zeolith *m* zeolite [met]
zerbrechen *v* (brechen) break; (auseinander brechen) crash; (zerdrücken) crush; (brechen) fracture
zerbrechlich fragile
Zerbrechlichkeit *f* brittleness [met]; fragility [met]
Zerfall *m* (chemisch) decomposition [che]; (Gebäude) ruin
zerfallen *v* (zusammenbrechen) break down; (zersetzen) decay; (auseinander bröckeln) disintegrate; fall down in ruins; (Gebäude) fall into ruin
Zerfallsprozess *m* decay process
zerfressen eroded [met]; sacrificed [met]
Zerkleinerer *m* (grob) crusher [prc]; grinder [prc]; (vorwiegend Abfälle) shredder [prc]
zerkleinern *v* comminute [prc]; (zerdrücken) crush [prc]; (schneiden) cut; (zerfallen) disintegrate; (zermahlen) grind [prc]; (zermahlen) mill [prc]
Zerkleinern *n* crushing [prc]
Zerkleinerung *f* crushing [prc]; (Mahlung) milling [prc]
Zerkleinerungsanlage *f* comminution plant [prc]; crushing plant [prc]; disintegration plant [prc]
Zerkleinerungsgerät *n* grinder [prc]; size reduction equipment [prc]
Zerkleinerungsgrad *m* crushing ratio [prc]
Zerkleinerungsmaschine *f* shredder [prc]
Zerkleinerungsmühle *f* crushing mill [prc]
Zerkleinerungsverfahren *n* crushing system [prc]
Zerkleinerungswalze *f* crushing roll [prc]

zerklüftet jagged [geo]; (Gelände) rugged [geo]
Zerlegung *f* (Zersetzung) decomposition [che]; (Trennung) separation [prc]
zermahlen *v* grind [prc]; mill [prc]; pulverize [prc]
zerpulvern *v* powder [prc]
zerquetschen *v* crush [prc]
Zerrbalken *m* tie beam
zerreißfest tear-resistant [met]
Zerreißfestigkeit *f* tear resistance [met]; tear strength [met]; tensile breaking strength [met]; tensile strength [met]
Zerreißprobe *f* tensile test piece [any]
Zerreißprüfung *f* tensile-strength test [any]
Zerreißversuch *m* rupture test [any]; tension test [any]
zerschmettern *v* shatter [prc]
zersetzbar, biologisch - biodegradable [bio]
zersetzen *v* decompose [che]
zersetzt decomposed [che]
Zersetzung *f* decomposition [che]; degradation [che]
Zersetzungsprodukt *n* decomposition product [che]
zersiedeln *v* create fragmented settlements [com]; overdevelop; spoil by overdevelopment
zersiedelt overdeveloped; spoiled by overdevelopment
Zersiedelung *f* dispersal; overdevelopment; settlement spreading [com]; sprawl; urban dispersal; (Städtebau) urban sprawl
zerspanen *v* cut [wer]
zerstäuben *v* atomize [prc]
Zerstäuber *m* atomizer [prc]; diffuser [prc]
Zerstäubung *f* atomizing [prc]; dispersion [prc]; pulverization [prc]; spraying [prc]
zerstören *v* (Gebäude) demolish
Zerstörung *f* demolition
Zerstörung der Ozonschicht *f* ozone layer depletion [air]
Zerstörung, planungsinduzierte - *m* planning blight
Zertifizierstelle *f* (Qualitätsmanagenent) certificate authority
zertifiziert certified
Zertifizierung *f* (z.B. nach Audits) certification
zertifizierungsfähig eligible for certification
Zertrümmerungskugel *f* breaking ball
Zickzacknietung *f* zig-zag riveting [wer]
Ziegel *m* brick; building brick [met]; (Dach-) tile
Ziegel, aufgerauhter - *m* rusticated brick [met]
Ziegel, feuerfester - *m* fireproof brick [met]
Ziegel, glasierter - *m* enamel brick
Ziegel, ungebrannter - *m* unfired brick [met]
Ziegelabdeckung *f* brick coping
Ziegelbalkendecke *f* brick beam ceiling
Ziegelbogen *m* brick arch

Ziegelbrecher *m* brick crusher [prc]
Ziegelbruch *m* aggregate of broken bricks [met]
Ziegeldach *n* riled roof; tile roof; tiled roof
Ziegeldecke *f* tile ceiling
Ziegeldrahtgewebe *f* (für Mauerwerk) wire mesh for rendering
Ziegelei *f* brickworks
Ziegelerde *f* brick clay [met]
Ziegelfabrik *f* tile factory
Ziegelfassade *f* brick façade
Ziegelherstellung *f* brick making [wer]
Ziegelklammer *f* tile cramp
Ziegellochstein *m* perforated brick
Ziegelmauer *f* brick wall
Ziegelmauerstein *m* masonry brick
Ziegelmauerwerk *n* brick masonry
Ziegelmauerwerk, bewehrtes - *n* reinforced brick masonry
Ziegelmehl *n* brick dust [met]
Ziegelpflaster *n* brick pavement; brick paving [tib]; (<A>) brick sidewalk
Ziegelpflasterung *f* brick paving
Ziegelplatte *f* (Dach-) square brick; (Dach-) square tile
Ziegelschicht *f* brick course
Ziegelschotter *m* aggregate of broken bricks [met]
Ziegelsplitt *m* crushed clay brick [met]
Ziegelstapler *m* brick stacker [wer]
Ziegelstein *m* brick
Ziegelstein, gebrannter - *m* burnt brick [met]
Ziegelverblendung *f* brick facing
Ziegelverkleidung *f* (Dach) tile cladding
Ziegelwand *f* brick wall; clay brick wall
Ziegenfell *n* goat skin [met]
ziehen *v* (schleppen) drag; (Probe -) sample [any]
Ziehen der Spundbohlen *n* extraction of sheet piles
Ziehgriff *m* (Tür, Fenster) door pull handle
Ziehharmonikawand *f* sliding folding partition
Ziehklingenhobel *m* (Holzbearbeitung) scraper plane [wzg]
Zielachse *f* (Vermessung) target axis [any]
Ziele, städtebauliche - *pl* aims of urban planning
Ziellinie *f* (Vermessung) line of sight [any]
Zielverkehr *m* terminating traffic [tra]
Zielwert *m* target value
Zierbeton *m* decorative concrete [bon]; ornamental concrete [bon]
Zierelement *n* decorative element [arc]
Zierfliese *f* decorated tile; decorative tile
Ziergiebel *m* attached gable
Ziergitter *n* decorative railing
Zierkonsole *f* modillion
Ziermauer *f* decorative wall
Zierschicht *f* ornamental layer
Zierwand *f* decorative wall
Zimmer *n* chamber; room

Zimmer nebenan *n* adjacent room
Zimmer, benachbartes - *n* adjoining room
Zimmer, freies - *n* vacancy
Zimmer, gefangenes - *n* dead-end room [arc]
Zimmer- und Holzarbeiten *pl* carpentry and timber construction works
Zimmer- und Holzbauarbeiten *pl* (DIN 18334) carpentry and constructional timber work; carpentry and timber engineering
Zimmerbrand *m* room fire
Zimmerdecke *f* ceiling
Zimmerei *f* carpenter's shop [wer]
Zimmerflucht *f* suite of rooms
Zimmerlautstärke *f* domestic listening level [aku]; household noise level [aku]; reduced sound volume [aku]
Zimmermannshammer *m* carpenter's hammer [wzg]; claw hammer [wzg]
Zimmertemperatur *f* room temperature
Zimmertür *f* interior door; room door
Zimmerung, ausgesteifte - *f* braced timbering
Zink-Kohle-Zelle *f* (Batterie) zinc-carbon cell [elt]
Zink-Kohlen-Batterie *f* zinc carbon battery [elt]
Zink-Luft-Zelle *f* (Batterie) zinc-air cell [elt]
Zinkakkumulator *m* zinc accumulator [elt]
Zinkauflage *f* zinc coating [met]
Zinkbatterie *f* zinc battery [elt]
Zinkblech *n* galvanized iron [met]; sheet zinc [met]; zinc plate [met]
Zinkdach *n* zinc roof
Zinkfassade *f* zinc façade
Zinklegierung *f* zinc alloy [met]
Zinkstaub *m* (Anstrich) zinc dust [met]
Zinkstaubbeschichtung *f* zinc-dust coating [met]
Zinkung, einfach verdeckte - *f* half blind dovetails
Zinnblech *n* sheet tin [met]
Zinne *f* (Burg, Stadtmauer) merlon [arc]; (Mittelalter) pinnacle [arc]
Zinnen *pl* (Burg) battlements
Zinnen, mit - versehen (Burg, Stadtmauer) battlemented [arc]
Zinnenfries *m* (Gotik) battlemented cornice [arc]
Zirkoniumoxidzelle *f* zirconium oxide cell [elt]
Zisterne *f* cistern [was]; rainwater tank [was]; well [was]
Zitadelle *f* borough; citadel
Zivilverfahren *n* civil law proceedings [jur]
Zollgesetz *n* customs law [jur]
Zollstock *m* carpenter's gauge [any]; folding rule [any]; yardstick [any]; zig-zag rule [any]
Zone, tote - *f* non-flowing region [wba]
Zonendamm *m* zoned dam [wba]
Zonenfahrpreis *m* zonal fare [tra]
Zubehör *n* ancillaries; fixtures
zubereiten *v* dress; make up; prepare
Zubereitung *f* dressing [met]; preparation [che]

zubetonieren *v* concrete over [bon]; concrete totally [bon]; cover in concrete [bon]

Zubringer *m* (Straße) access road [tra]; (Straße) approach [tra]; (Straße) collector road [tra]; (Straße) feeder road [tra]

Zubringerleitung *f* (Fernwärmeversorgung) supply pipeline [pow]

Zubringerstraße *f* access road [tra]; approach [tra]; collector road [tra]; feeder road [tra]

Zubringerwalze *f* roll feeder [prc]

Zuckerbäckerstil *m* (Architektur) wedding-cake style

Zudosierung *f* proportioning [prc]

Zügelgurtbrücke *f* bridle chord bridge

Zündbatterie *f* ignition battery [elt]

Zündeinrichtung *f* ignition equipment [elt]

zünden *v* fire [pow]; ignite [pow]

zündfähig flammable [met]; ignitable [met]

Zufahrt *f* access [tra]; (für Fahrzeuge) approach [tra]; drive [tra]; driveway

Zufahrtsbeschränkung *f* control of access; limitation of access

Zufahrtsbrücke *f* approach bridge [tra]

Zufahrtsrampe *f* approach ramp

Zufahrtsstraße *f* access road; approach road [tra]; entry road [tra]

Zufahrtsweg *m* access path [tra]; access road [tra]; access route [tra]

Zufallsbeobachtung *f* chance observation [any]

Zufallsdaten *pl* random data [any]

Zufallsexperiment *n* random experiment [any]

Zufallsfehler *m* accidental error [any]; random error [any]

Zufallsfolge *f* random series [any]

Zufallsprobenahme *f* random sampling [any]

Zufallsstichprobe *f* random sample [any]

Zufallsstichprobenverfahren *n* accidental sampling [any]

Zufluss *m* infeed [was]

Zuflussausgleich *m* flow balancing [was]

Zuflussgebiet *n* inflow region [was]

Zuführeinrichtung *f* feeding device [prc]

Zuführung *f* (Leitung) feed line; lead-in [elt]

Zuführungskabel *n* feeder cable [elt]; lead [elt]

Zuführungsleitung *f* lead wire [elt]; supply line [elt]; supply main [elt]

zufüllen *v* refill

Zufuhr *f* (Versorgung) supply

Zufuhr, manuelle - *f* hand feed [wer]

Zufuhrkanal *m* feeder [prc]

Zufuhrmenge *f* feed rate [prc]

Zufuhrtrichter *m* feed hopper [prc]

Zugabe *f* allowance [des]

Zugabewasser *n* (Beton) mixing water [met]

zugänglich accessible

zugänglich, schwer - hard to reach

Zugänglichkeit *f* accessibility; ease of access

Zugang zum Meer, ohne - landlocked [geo]

Zugang, ebenerdiger - *m* grade-level access

Zugangsabdeckung *f* access cover [tga]

Zugangsbeschränkung *f* admission restriction

Zugangsdurchführung *f* access penetration

Zugangshürde *f* (für Behinderte) architectural barrier

Zugangskontrolle *f* access control [any]

Zugangskontrolle, zentrale - *f* central access control

Zugangskontrollsystem *n* access control system [edv]

Zugangsöffnung *f* access hole

Zugangsschacht *m* access shaft [wba]

Zugangsschleuse *f* access gate [wba]

Zugangstür *f* access door

Zugangstunnel *m* approach tunnel [tra]

Zuganker *m* tension anchor; tension anchor bolt; tension member [stb]; tensioning bolt; tie bar; tie beam; tie rod [stb]

Zugarmierung *f* negative reinforcement [bon]

Zugband *n* horizontal tie; tie bar; tie cable; tie member; tied beam

zugbeansprucht subjected to tension [met]; tensioned [met]

Zugbeanspruchung *f* tensile load [met]; tensile stress [met]

zugbelastet tensile stress, under - [met]

Zugbelastung *f* tensile strain [met]

Zugbewehrung *f* negative reinforcement [bon]; tensile reinforcement [bon]

Zugbewehrung, Querschnitt der - *m* area of tensile reinforcement [bon]

Zugbolzen *m* tie bolt [tec]

Zugbrücke *f* drawbridge [tra]; (Burg) drawbridge [arc]

Zugbrückenwinde *f* (mittelalterlich) drawbridge windlass [arc]

Zugdehnung *f* tensile strain [met]

Zugdiagonale *f* (Hängewerk; konstruktiver Aufbau) straight brace

Zugelement *n* tension member [stb]

Zugentlastung *f* traction relief [sik]

zugeschnitten auf ... tailored to ...

Zugfeder *f* tension spring [tec]

Zugfestigkeit *f* tensile strength [phy]; tensile yield strength [met]; tension strength [met]

Zugfestigkeitsprüfung *f* tensile strength testing

Zugfläche *f* tension face [sik]

Zugflansch *m* flange in tension

Zugglied *n* tension member [stb]

Zuggurt *m* (Brücke) bulb portion; tension boom; (Fachwerkträger) tension chord [stb]; (eines Blechträgers) tension flange [stb]

Zughaken *m* drawhook; towing hook

Zugkettenschlepper *m* towing caterpillar tractor [tib]

Zugkraft *f* tensile force [phy]; tractive effort [tra]; tractive force [phy]; tractive power [phy]

Zugkübel *m* drag-line bucket [tib]

Zugkübelbagger *m* drag-line bucket excavator

Zuglasche *f* tie strap

Zuglast *f* tensile load [phy]

Zugleistung *f* tractive effort [tra]

Zugpfahl *m* tension pile [tib]

Zugprobe *f* tensile specimen [any]; tensile test piece [any]

Zugprüfung *f* tensile test [any]

Zugquerschnitt *m* cross-section under tension [met]

Zugramme *f* drop pile hammer

Zugriss *m* (Senkung Bauwerk) vertical crack [met]

Zugscherversuch *m* tensile shear test [any]

Zugseil *n* hauling rope; traction cable [stb]

Zugspannung *f* tensile stress [phy]

Zugspannung, schräge - *f* diagonal tension [sik]

Zugstab *m* member in tension [stb]; (Material-prüfung) tensile test piece [any]; tension member [stb]; tension rod; (Materialprüfung) tension test bar [any]; tensional member [stb]; tie member

Zugstange *f* (z.B. an Brücke) drawbar [stb]; tension rod [stb]; tie bar [tec]; tie rod [stb]; traction rod

Zugstoß *m* tensile splice

Zugstrebe *f* (<A>) sag rod; (Fachwerkhaus) tension brace; tension tie [stb]; tie

Zugversteifung *f* tension stiffening

Zugversuch *m* tensile test [any]

Zugzone *f* (Zugkräfte) tension zone; zone of tension [sik]

Zugzone, vorgedrückte - *f* precompressed tension zone

Zukitten *n* stopping up

Zulassung *f* (Freigabe) approval

Zulassung, allgemeine bauaufsichtliche - *f* general constructional authorization [jur]

Zulassung, bauaufsichtliche - *f* registered supervision

Zulassungsbescheid *m* note of authorization

Zulassungsnummer *f* registration number

Zulassungsprüfung *f* approval test [any]; approval testing procedure [any]

Zulaufbehälter *m* water box [was]

Zulaufkanal *m* feeder [was]; inflow canal [was]

Zulaufleitung *f* feed line [prc]

zuleiten *v* channel; conduct to; deliver; feed; supply

Zuleitung *f* admission; feed line; power feed [elt]; power input [elt]; supply; supply line [elt]

Zuleitungsdraht *m* lead-in wire [elt]

Zuleitungskanal *m* intake channel [was]

Zuluft *f* incoming air [air]; supply air [air]

Zuluftanlage *f* induction system [tga]

Zuluftkanal *m* (für Fundamentmauerwerk, Holzbauteile, ...) air drain [air]; supply duct [air]

Zuluftklappe *f* air inlet flap [tga]

Zuluftrost *m* (Raumbelüftung) air grating [air]

Zulufttemperatur *f* intake air temperature [air]

Zuluftventilator *m* air intake fan [tga]

Zumahlbestandteile *pl* interground addition [met]

zumahlen *v* intergrind [prc]

zumauern *v* brick up; wall up

zumessen *v* dose; meter [any]; proportion [any]

zunderbeständig nonscaling [met]

Zuordnung *f* coordination [wer]

zurechtschneiden *v* cut to size [wer]

zurichten *v* trim [wer]

Zurichten *n* dressing

Zurückbehaltungsrecht *n* right of retention [eco]

zurückdämmen *v* dam back [wba]

zurückgesetzt recessed [des]

Zurückgewinnung *f* recovery [wer]

zurücksetzen *v* recess [des]

zurückspringen *v* recede [des]

Zurückstellung von Baugesuchen *f* postponement of building applications

Zusammenarbeit *f* cooperation; cooperation [wer]

Zusammenbacken *n* caking

zusammenballen, sich - *v* go lumpy [met]

Zusammenballung *f* agglomeration [com]

Zusammenbauzeichnung *f* assembly drawing [des]

zusammenbiegen, in der Mitte - *v* (Bewehrung) double over [bon]

zusammenfließen *v* coalesce; run together

Zusammenfließen *n* (Flüsse, u.a.) confluence

Zusammenfluss *m* (Flüsse, u.a.) confluence

zusammengebaut assembled [wer]

zusammengekittet cemented [met]

Zusammenhalt *m* coherence

zusammenlaufend convergent; converging

zusammenpassen *v* fit; match; mate

zusammenrechnen *v* total

zusammenschiebbar telescopic

zusammenschrumpfen *v* shrink

zusammenschütten *v* pour together

Zusammensetzung *f* composition [met]; (Aufbau) structure [des]

Zusammenstellungsliste *f* assembly list [des]

Zusammenstellungszeichnung *f* assembly drawing [des]; general arrangement drawing [des]; general drawing [des]

zusammenstürzen *v* break down; collapse

Zusammenwirken *n* cooperation

Zusammenziehung *f* contraction

Zusatz *m* admixture [met]; compounding agent [met]

Zusatzanker *m* additional anchor

Zusatzausrüstung *f* auxiliary equipment; optional feature

Zusatzbatterie *f* booster battery [elt]

Zusatzdampf *m* supplemental steam [pow]

Zusatzdraht *m* (Schweißen) filler rod [met]; (Schweißen) filler wire [met]

Zusatzeinrichtung *f* auxiliary facility

Zusatzeinrichtungen *pl* additional equipment

Zusatzheizung *f* auxiliary heating [pow]

Zusatzkraft *f* complementary energy [sik]

Zusatzlast *f* secondary load

Zusatzmetall *n* (Schweißen) filler metal [met]

Zusatzmittel *n* additive [met]; admixture [met]; (Verschnitt) blending agent [met]; filler [met]; supplementary agent [met]

Zusatzmoment *n* secondary moment [sik]

Zusatzstoff *m* additive [met]; admixture [met]; conditioner [met]

Zusatzwasser *n* make-up water [met]

Zusatzwerkstoff *m* filler material [met]; (Schweißen) filler metal [met]; (Band) filler strip [met]

Zuschauerraum *m* auditorium

Zuschlag *m* admixture [met]; (Baustoff) aggregate [met]; allowance [des]; (nach Ausschreibung) award of the contract [eco]; overmeasure [des]

Zuschlagsfrist *f* period for award of contracts [eco]

Zuschlagstoff *m* additive [met]; (Baustoffe) aggregate [met]; (Baustoffe) construction aggregate [met]

Zuschlagstoffgemenge *n* combined aggregate [met]

zuschneiden *v* (Material) cut to size [wer]; trim [wer]

Zuschnitt *m* (- von Räumen, Wohnungen) shape [arc]

zuständig authorized; competent; responsible

Zustand *m* state

Zustand, baulicher - *m* state of repair

Zustandsklassifizierung *f* condition classification

zuteilen, nach Gewicht - *v* apportion by weight

Zuteiler *m* hopper [prc]

Zuteilgefäß *n* batcher hopper [prc]

Zuteilschnecke *f* proportioning screw conveyor [prc]

Zuteilvorrichtung *f* proportioning device

Zuteilwaage *f* weigh feeder [prc]

Zutrittsberechtigung *f* access authorization; (z.B. für Sicherheitsbereich) access rights [wer]

Zutrittskontrolle *f* (im Werk) access control [wer]

Zuverlässigkeit *f* reliability

Zuverlässigkeitsprüfung *f* reliability test [any]

Zuverlässigkeitstechnik *f* reliability engineering

Zuverlässigkeitsuntersuchung *f* reliability evaluation [any]

Zuwanderung *f* (Bevölkerung in Region) relocation to an area [com]

Zwängung *f* restraint

zwangsbeansprucht restrained [met]

Zwangshaltung *f* constrained posture [asi]

Zwangsmischen *n* pressure mixing [prc]

Zwangsmischer *m* pug mill mixer [prc]; turbomixer

Zwangsräumung *f* (Immobilie) compulsory evacuation [jur]

Zweckarchitektur *f* utility architecture

Zweckbau *m* functional building; functional structure

Zweckbestimmung *f* application; intended use

Zweckentfremdung *f* (Wohnraum, u.a.) inappropriate use [com]

zweckfrei non-functional

Zweckgebäude *n* utilitarian building

Zweckverband *m* special-purpose association

Zweiachsgestell *n* (Bagger) two-axle carrier [tib]

zweiadrig two-core [elt]

Zweibund *m* double-loaded corridor [arc]

Zweifachsteckdose *f* twin socket [elt]

Zweifamilienhaus *n* duplex; two-family house; two-household building

Zweifeldrahmen *m* two-panel frame [stb]

Zweifeldträger *m* double-span girder [stb]

Zweigelenkbogen *m* two-hinged arch [stb]

Zweigelenkbogenrahmen *m* two-hinged arch frame [stb]

Zweigelenkrahmen *m* two-hinged frame [stb]; two-hinged frame [stb]

Zweigelenkstab *m* two-hinged member; two-pinned member [stb]

Zweigelenkträger *m* double-hinged beam

zweigeschossig two-storey

Zweigruppenalarm *m* cross zone alarm [asi]

Zweihebelbetätigung *f* two-lever control [wer]

Zweikammerbehälter *m* two-compartment tank [prc]

Zweikammersilo *m* two-chamber silo

Zweikomponentenbeschichtung *f* two-component coating [met]

Zweikomponentenharz *n* reaction resin [met]

Zweikomponentenkleber *m* mixed adhesive [met]

Zweikomponentenklebstoff *m* mixed adhesive [met]

Zweikomponentenpumpe *f* two-component pump [prc]

Zweikomponententreibstoff *m* bipropellant [met]

zweiläufig *f* (Treppe) dual flight

Zweilagendach *n* two-shell roof

zweilagig two-ply [met]

Zweipunktregler *n* two-point controller [elt]

Zweiradschlepper *m* two-wheel tractor [tra]

zweischalig double-leaf

Zweischichtauskleidung *f* double-layer lining [met]

zweischichtig two-ply [met]

zweischnittig (z.B. Nietung) in double shear [tec]

Zweiseitenkippanhänger *m* two-way dump trailer [tra]

Zweispitzniet *m* bifurcated rivet [tec]

zweistegig (Träger) twin-webbed; (Träger) two-webbed

zweistöckig two-storey

Zweistoffgemisch *n* binary mixture [met]

Zweistoffmischung *f* binary blend [met]

Zweistraßenanlage *f* (Siedlungsform: leiterförmig) plan based on two parallel streets [com]

Zweitafelprojektion *f* (darstellende Geometrie) two-plane projection [mat]

Zweitaschenbunker *m* two-compartment bin [prc]

Zweitaschensilo *m* two-compartment bin [prc]

Zweitrommelantrieb *m* two-pulley drive [tec]

Zweitwohnung *f* second flat; second home

Zweiwagenzug *m* 2-car trainset [tra]

Zweiwalzenbrecher *m* double-roll crusher [prc]

Zweiwalzenmühle *f* two-roller mill [prc]

Zweizimmerwohnung *f* two-room flat

Zwerchhaus *n* (Dachausbau) transverse house

Zwickel *m* spandrel

Zwiebelkuppel *f* bulbous cupola [arc]; imperial roof [arc]; (Kirche) onion dome [arc]; onion-shaped dome [arc]

Zwiebelturm *m* onion tower [arc]

Zwillingsträger *m* twin girder [stb]

Zwillingstürme *pl* twin towers

Zwinge *f* clamp; cramp [wzg]; tip [tec]; vice [wzg]

zwingend mandatory [jur]

Zwinger *m* (Kerker) dungeon [arc]; (befestigtes Gebäude) outer ward [arc]

Zwischen- intermediate

Zwischenanstrich *m* buffer coat [met]; intermediate coat [met]

Zwischenband *n* intermediate conveyor [prc]

Zwischenbandförderer *m* intermediate conveyor car [prc]

Zwischenbericht *m* interim report

Zwischenboden *m* intermediate bottom; intermediate floor

Zwischenbogen *m* (Spundwand) closure arch [tib]

Zwischenbohle *f* (Spundwand) intermediate sheet pile

Zwischenbühne *f* (Gerüst) intermediate platform

Zwischenbunker *m* catch bin [prc]; overhead hopper

Zwischendecke *f* false ceiling; inserted ceiling; intermediate ceiling; suspended ceiling

Zwischenebene *f* intermediate level

Zwischenfarbe *f* intermediate pit [met]

Zwischenfraktion *f* intermediate cut [prc]; intermediate fraction [prc]

Zwischengang *m* aisle

Zwischengebälk *n* (Holzkonstruktion) intermediate floor joist

Zwischengeschoss *n* intermediate storey; interstitial floor; mezzanine

Zwischengesims *n* (Klassizismus) intermediate cornice [arc]

Zwischenkornvolumen *n* (Schüttung, Säulenmaterial) interstitial volume [prc]

Zwischenladebunker *m* receiving bin

Zwischenlängsträger *m* longitudinal steel stringer [stb]

Zwischenlage *f* (Schicht) interlayer [met]; intermediate layer [met]; lining [met]

Zwischenlager *n* intermediate stockyard

Zwischenlagerung *f* intermediary storage

Zwischenmieter *m* (Immobilie) interim tenant [eco]

Zwischenpfette *f* intermediate floor beam [stb]; intermediate purlin; middle purlin

Zwischenpodest *n* (Treppe) half pace; (Treppe) intermediate landing

Zwischenquerträger *m* intemiediate cross girder [stb]; intermediate floor beam [stb]

Zwischenraum *m* clearance [des]; (Spalt) interstice

Zwischenraumfeuchte *f* interstitial moisture [met]

Zwischensäule *f* intermediate post

Zwischenschicht *f* barrier sheet [met]; intermediate course; intermediate layer [met]

Zwischensparren *m* (Dachkonstruktion) common rafter

Zwischenstab *m* intermediate bar [stb]

Zwischenstecker *m* adapter [elt]; adapter plug [elt]; attachment plug [elt]; plug adapter [elt]

Zwischensteife *f* intermediate stiffener [stb]

Zwischenstellung *f* (Schalter, Hebel) intermediate position

Zwischenstück *n* intermediate member; spacer

Zwischenstütze *f* intermediate stanchion [stb]; intermediate support

Zwischenträger *m* intermediate beam [stb]; secondary beam; transmission girder

Zwischentür *f* middle-door

Zwischenwand *f* baffle wall [wba]; bridge wall; division wall; (nicht tragend) internal partition; partition; partition wall

Zwischenwand, freistehende - *f* self-supporting partition

zyklisch cyclical

Zyklon *m* cyclone [prc]

Zyklonabscheider *m* cyclone separator [prc]

Zyklonklassierung *f* cyclone classification [prc]

Zyklonvorwärmer *m* cyclone preheater [pow]

Zyklopenmauer *f* cyclopean rustication wall; cyclopean wall

Zyklopenmauerwerk *n* (historisch) cyclopean masonry; cyclopean rustication

Zylinder, endlagengedämpfter - *m* (Bagger) end-
   of-stroke cylinder damper
zylinderförmig cylindrical
Zylinderprojektion *f* cylindrical projection [des]
Zylinderschale *f* cylindrical shell [tec]
zylindrisch cylindrical

Teil II
Englisch – Deutsch

Part II
English – German

A

A-blade Schwenkschild *n* [tib]; winkelbares
  Planierschild *n* [tib]
A-frame Abstützbock *m* [tib]
abandon a project Projekt aufgeben *v*
abandoned industrial site industrieller Altstandort
  m [geo]
abandoned site Altlastenstandort *m* [geo]
abandoned waste dump Altlast *f* [rec]
abandonment of nuclear power Ausstieg aus der
  Atomenergie *m* [pow]
abatement of rent Mietminderung *f* (Immobilie)
  [eco]
ABC - automatic brightness control automatische
  Helligkeitsregelung *f* [elt]
aberrance Abweichung *f*
ablation Entfernung der Oberflächenschicht *f* [geo]
able to carry a load tragfähig
able to support a load tragfähig
able to take a load tragfähig
ablution fitting Waschbecken *n* (groß, in Waschräumen) [tga]
abney level Nivelliergerät *n*
abnormal risk erhöhtes Risiko *n* [asi]
above ground übererdig
above ground level pipe Freileitung *f* (Fernwärme)
  [pow]
above ground water oberirdische Gewässer *pl* [was]
above-grade obererdig; oberirdisch
above-ground masonry wall aufgehende Mauer *f*;
  aufsteigende Mauer *f*; Mauer, aufgehende - *f*
abrade schmirgeln *v* [wer]
abraded particles Abrieb *m* [met]
abrasion hardness Abriebhärte *f* [met]
abrasion resistance Verschleißwiderstand *m* [met];
  Abnutzungsbeständigkeit *f* [met]; Abriebbeständigkeit *f* [met]; Abriebfestigkeit *f* [met]; Verschleißfestigkeit *f* [met]
abrasion strength Scheuerfestigkeit *f* [met]
abrasion-proof abriebbeständig [met]; abriebfest
  [met]
abrasion-reducing verschleißmindernd [met]
abrasion-resistant abriebfest [met]
abrasive Abriebmittel *n* [met]; Schleifmaterial *n*
  [met]; Schleifmittel *n* [met]; Schmirgelmittel *n*
  [met]; Strahlmittel *n* [met]
abrasive agent Schleifmittel *n* [met]
abrasive compound Schleifmittel *n* [met];
  Schleifpaste *f* [met]
abrasive corrosion Verschleißkorrosion *f* [met]
abrasive cutter, wheeled - fahrbarer Trennschleifer *m*

abrasive disc Schleifscheibe *f* [wzg];
  Schmirgelscheibe *f* [wzg]
abrasive hood Sandstrahlerhaube *f* (Arbeitsschutz)
  [wer]
abrasive lining Reibbelag *m* [met]
abrasive material Schleifmittel *n* [met]
abrasive nosing Stoßleiste *f* (Treppe)
abrasive paste Schleifpaste *f* [met]
abrasive powder Schleifpulver *n* [met];
  Schmirgelpulver *n* [met]
abrasive resistance Abriebbeständigkeit *f* [met]
abrasive sheet Schleifpapier *n* [met]
abrasive wear Schleifstellen *pl* [met]
abrasive wheel Schleifscheibe *f* [wzg];
  Schmirgelscheibe *f* [wzg]
abrasive-blasting hood Sandstrahlerhaube *f* [asi]
abrasive-resistant abriebfest [met]
abrasiveness Abriebeigenschaft *f* [met];
  Abriebfähigkeit *f* [met]; Aggressivität *f* [met];
  Rauheit *f* [met]
absence of load Lastfreiheit *f*
absolute dimension Bezugsmaß *n* [des]
absolute humidity absolute Feuchte *f*; absolute
  Feuchtigkeit *f*
absolute ownership absolute Eigentümerschaft *f*
  [eco]
absorb dämpfen *v* (Schall) [aku]
absorbability Aufnahmefähigkeit *f* [phy]
absorbency Saugfähigkeit *f* [met]
absorbent saugfähig [met]
absorbent aufsaugendes Mittel *n* [met]; Schluckstoff *m* [met]; absorbierende Substanz *f* [met]
absorbent material Dämmstoff *m* (Schalldämmung)
  [met]
absorber Absorber *m* [prc]
absorbing glass absorbierendes Glas *n* [met]
absorbing layer absorbierende Schicht *f* [met]
absorbing surface Aufnahmefläche *f*
absorbing well Dränbrunnen *m* [was];
  Schluckbrunnen *m* [was]
absorption Absorption *f* [prc]; Dämpfung *f* (Schall)
  [aku]
absorption capacity Aufnahmefähigkeit *f* [phy]
absorption column Absorptionssäule *f* [prc]
absorption filter Absorptionsfilter *m* [prc]
absorption glass Filterglas *n* [met]
absorption of sound in solids
  Körperschalldämmung *f* [aku]
absorption of space Flächenaufnahme *f* (Aufnahme
  von vermieteten Flächen)
absorption of vapour Wasserdampfaufnahme *f*
  [met]
absorption trench Abwasserversickerungsgraben *m*
  [was]
absorptive saugfähig [met]
absorptive capacity Saugfähigkeit *f* [met]

absorptive capacity of water Wasseraufnahmefähigkeit *f* [geo]
absorptive power Saugfähigkeit *f* [met]
abstract from the land register Grundbuchauszug *m*
abstraction Entnahme *f* (zeitweilige/permanente
Herausnahme von Wasser aus einem Wasservorkommen) [was]
abstraction of water Wasserentnahme *f* [was]
abutment Lager *n* (Auflager); Widerlager *n*;
Balkenkopf *m*; Kämpfer *m*; Strebepfeiler *m*;
Stützpfeiler *m*
abutment hinge Auflagergelenk *n*; Kämpfergelenk *n*
abutment of an arch Bogenwiderlager *n*
abutment pad Widerlagerkissen *n*
abutment piece Stoßplatte *f* [stb]
abutment pier Eckpfeiler *m*; Widerlagerpfeiler *m*
abutment stone Widerlagerstein *m*
abutment system Strebewerk *n* (Gotik) [arc]
abutment wall Böschungsmauer *f*; Widerlagerwand *f*
abutting angrenzend; anliegend
abutting face Stirnfläche *f*; Stoßfläche *f*
abutting owner Anrainer *m*
abyss Tiefseegraben *m* [geo]
acanthus Laubwerk *n* (der korinthischen Säule)
[arc]; Laubverzierung *f* (korinthische Säule) [arc]
accelerated curing test Schnellprüfung *f* (Aushärten
von Beton u.a.) [any]
accelerated flow beschleunigter Abfluss *m* [was]
accelerated motion beschleunigte Bewegung *f*
[phy]
accelerated test Kurzzeitprüfung *f* [any]
accelerated weathering test
Kurzbewitterungsversuch *m* [any]
accelerating additive Beschleuniger *m* [met]
accelerating additive for setting Beschleuniger *m*
(zum Aushärten von Beton) [met]
acceleration of setting Abbindebeschleunigung *f*
(mineralische Werkstoffe) [met]
accelerator Abbindebeschleuniger *m* [met];
Beschleuniger *m* (Beton-) [met]
acceptance Endabnahme *f* (Prüfung) [any];
Freigabe *f* (Prüfung) [any]
acceptance committee Abnahmekommission *f*
acceptance deviation Abnahmetoleranz *f*
acceptance drawing Revisionszeichnung *f*
acceptance of construction work Bauabnahme *f*
acceptance of final payments Annahme von
Schlusszahlungen *f* [eco]
acceptance of the building shell Rohbauabnahme *f*
acceptance rejection Abnahmeverweigerung *f*
(Bauprüfung)
acceptance specifications Prüfungsvorschriften *pl*
(Abnahme) [any]

acceptance test certificate Abnahmeprüfzeugnis *n*
[any]
acceptance, initial - vorläufige Abnahme *f* [eco]
accepted engineering standards anerkannte Regeln
der Technik *pl*
accepted load aufgenommene Last *f*
accepted standard akzeptierte Standardrichtlinie *f*;
anerkannte Norm *f*
accepted technical standards anerkannte Regeln
der Technik *pl*
access Zufahrt *f* [tra]
access authorization Zutrittsberechtigung *f*
access control Zugangskontrolle *f* [any];
Zutrittskontrolle *f* (im Werk) [wer]
access control system Zugangskontrollsystem *n* [edv]
access control, central - zentrale Zugangskontrolle *f*
access cover Zugangsabdeckung *f* [tga]
access door Einstiegklappe *f* [prc]; Revisionstür *f*
[wba]; Zugangstür *f*
access floor erhöhter Fußboden *m* (darunter befindlicher Raurn für Leitungen usw.); Installationsboden *m* [tga]
access front Eingangsfront *f*; Eingangsseite *f*
access gate Zugangsschleuse *f* [wba]
access gully Reinigungsschacht *m*
access hole Zugangsöffnung *f*
access ladder Einsteigeleiter *f*
access line Anschlussleitung *f* [elt]
access path Zufahrtsweg *m* [tra]
access penetration Zugangsdurchführung *f*
access plug Absperrschraube *f* [tec]
access ramp Auffahrt *f* [tra]; Auffahrtrampe *f*
[tra]
access right Wegerecht *n* (Zugangsrecht) [jur]
access rights Zutrittsberechtigung *f* (z.B. für
Sicherheitsbereich) [wer]
access road Einfahrtsweg *m* [tra]; Zubringer *m*
(Straße) [tra]; Zufahrtsweg *m* [tra]; Auffahrt *f*
(Autobahn) [tra]; Einfallstraße *f* [tra]; Erschließungsstraße *f* [tib]; Zubringerstraße *f* [tra];
Zufahrtsstraße *f* [tra]
access roorn Durchgangszimmer *n*
access route Zufahrtsweg *m* [tra]
access shaft Zugangsschacht *m* [wba]
access side, on - erschließungsseitig [com]
access to the system Netzzugang *m* (Strom) [elt]
access way Einfahrt *f* [tra]
accessibility Erreichbarkeit *f*; Zugänglichkeit *f*
accessibility for foot traffic Begehbarkeit *f*
accessibility indicator Erreichbarkeitsindikator *m*
(Stadtplanung)
accessible zugänglich
accessible duct begehbarer Leitungskanal *m*
accessible from the road zugänglich von der Straße
[tra]
accessible to the public öffentlich zugänglich

accessible, easily - leicht zugänglich
accessory Beschlag *m* (Zubehör); Armatur *f*
(Zubehör)
accessory agent Hilfsstoff *m* [met]
accessory mineral Begleitmineral *n* [met]
accident advisory sign Unfallwarnzeichen *n* [asi]
accident analysis Unfallanalyse *f* [asi]; Unfalluntersuchung *f* [asi]; Unfallursachenanalyse *f* [asi];
Unfallursachenuntersuchung *f* [asi]
accident annuity Unfallrente *f* [eco]
accident avoidance Unfallvermeidung *f* [asi]
accident black spot Gefahrenschwerpunkt *m* [asi];
Unfallschwerpunkt *m* [asi]
accident card Unfallkarte *f* [asi]
accident causation Unfallursache *f* [asi]
accident causation research
Unfallursachenforschung *f* [asi]
accident cause Unfallursache *f* [asi]
accident control Unfallverhütung *f* [asi]
accident crane Bergungskran *m*; Unfallkran *m*
accident damage Unfallschaden *m* [asi]
accident data Unfalldaten *pl* [asi]
accident declaration Unfallmeldung *f* [asi]
accident department Unfallstation *f* (in
Krankenhaus) [hum]
accident details Unfallgeschehen *n* [asi]
accident evaluation Unfallauswertung *f* [asi]
accident frequency Unfallhäufigkeit *f* [asi]
accident frequency rate Unfallziffer *f* [asi]
accident hazard Unfallrisiko *n* [asi]; Unfallgefährdung *f* [asi]; Unfallgefahr *f* [asi]
accident hospital Unfallkrankenhaus *n* [hum]
accident indemnity Unfallentschädigung *f* [asi]
accident information sheet Unfallmerkblatt *n* [asi]
accident insurance fund Unfallversicherungsanstalt
f [asi]
accident investigation Unfallanalyse *f* [asi];
Unfalluntersuchung *f* [asi]
accident location Unfallort *m* [asi]
accident notification Unfallbenachrichtigung *f*
[asi]
accident prevention Arbeitsschutz *m* [asi]; Unfallschutz *m* [asi]; Unfallverhütung *f* [asi]; Unfallvermeidung *f* [asi]
accident prevention programme
Unfallverhütungsprogramm *n* [asi]
accident prevention regulation
Unfallverhütungsvorschrift *f* [jur]
accident prevention regulations
Unfallverhütungsvorschriften *pl* [asi]
accident prevention rule
Unfallverhütungsvorschrift *f* [asi]
accident profile Unfallablauf *m* [asi]; Unfallverlauf
m [asi]
accident progression Unfallablauf *m* [asi];
Unfallverlauf *m* [asi]

accident proneness Unfallanfälligkeit *f* [asi];
Unfalldisposition *f* [asi]; Unfallneigung *f*
accident protection Unfallschutz *m* [asi]
accident rate Unfallhäufigkeit *f* [asi]; Unfallquote *f*
[asi]
accident reconstruction Unfallrekonstruktion *f* [asi]
accident records Unfallregister *m* [asi]
accident repair Unfallreparatur *f* [asi]
accident report Unfallbericht *m* [asi];
Unfallmeldung *f* [asi]
accident reporting system Unfallmeldesystem *n*
[asi]
accident research Unfallforschung *f* [asi]
accident risk Unfallrisiko *n* [asi]; Unfallgefahr *f*
[asi]
accident scene Unfallstelle *f* [asi]
accident sequence Unfallablauf *m* [asi]
accident severity Unfallschwere *f* [asi]
accident shield Unfallschutzvorrichtung *f* [asi]
accident site Unfallort *m* [asi]
accident source Unfallursache *f* [asi]
accident statement Unfallmeldung *f* [asi]
accident statistics Unfallstatistik *f* [asi]
accident study Unfalluntersuchung *f* [asi]
accident unit Unfallstation *f* (im Krankenhaus)
[hum]
accident-preventing features Unfallverhütungseinrichtungen *pl* [asi]
accident-prevention measure Unfallverhütungsmaßnahme *f* [asi]
accident-signalling system Unfallmeldeanlage *f*
[asi]
accidental damage Unfallschaden *m* [asi]
accidental death Unfalltod *m* [hum]
accidental earth contact Erdschluss *m* (<B>) [elt]
accidental error Zufallsfehler *m* [any]
accidental sampling Zufallsstichprobenverfahren *n*
[any]
accidental tripping ungewolltes Ingangsetzen *n* [asi]
acclimatization Eingewöhnung *f* [asi]
acclivity ansteigender Hang *m* [geo]; steile
Böschung *f* [geo]
accommodation Behausung *f* (Unterkunft); Unterbringung *f*; Wohngelegenheit *f*
accommodation container Unterkunftscontainer *m*
(auf Baustellen)
accommodation unit Wohneinheit *f*
accomodation ramp Auffahrt *f* (Rampe) [tra]
accomodation unit Wohneinheit *f* (Wohnung)
accompanying documents Begleitpapiere *pl*
according to site measuring nach Aufmaß [des]
according to standards normgerecht
according to traffic requirements verkehrsgerecht
[tra]
accordion blind Faltjalousie *f*
accordion door Falttür *f*

accordion partition wall Faltwand *f*
accordion wall Faltwand *f*
accountant's certificate Prüfungsvermerk *m* [any]
accounting for construction, operational - Baubetriebsrechnung *f* [eco]
accounting unit Abrechnungseinheit *f* [eco]
accretion Anlandung *f* [geo]
accretion through alluvium Auflandung *f* [geo]; Aufschlickung *f* [geo]; Aufschwemmung *f* [geo]
accumulate energy Energie speichern *v* [pow]
accumulated water Speicherwasser *n* [wba]
accumulation of risk Gefahrenhäufung *f* [asi]
accumulative precipitation gauge Niederschlagssammler *m* [any]
accumulator Sammler *m* (Batterie) [elt]; Speicher *m* [elt]; Speicherbatterie *f* [elt]
accumulator battery Sammlerbatterie *f* [elt]
accumulator cell Speicherzelle *f* [elt]
accumulator charging valve Drucksammlerladeventil *n* (Druckluft) [tec]
accumulator driver Batterieantrieb *m* [elt]
accuracy in fitting Passgenauigkeit *f* [des]
accuracy in reading Ablesegenauigkeit *f* [any]
accuracy limit Genauigkeitsgrenze *f* [any]
accuracy of calibration Eichgenauigkeit *f* [any]
accuracy of construction Baugenauigkeit *f*
accuracy of measurement Genauigkeit der Messung *f* [any]; Messgenauigkeit *f* [any]
accuracy of observation Genauigkeit der Beobachtung *f* [any]
accuracy of response Ansprechgenauigkeit *f* [any]
accuracy test Genauigkeitsprüfung *f* [any]
accuracy to gauge Maßgenauigkeit *f* [des]
accuracy to size Maßgenauigkeit *f* [des]; Maßhaltigkeit *f* [des]
accurate determination genaue Bestimmung *f* [any]
accurate sizing kornscharfe Trennung *f* (Siebung) [prc]
accurate to size maßhaltig [des]
acetate adhesive Acetatkleber *m* [met]
acetometer Säuremesser *m* [any]
acid attack Säureangriff *m* [che]
acid corrosion Säurekorrosion *f* [met]
acid deposit saure Ablagerung *f* [che]
acid determination Säurebestimmung *f* [any]
acid fog Säurenebel *m* [che]
acid formation Säurebildung *f* [che]
acid former Säurebildner *m* [che]
acid refractory concrete säurebeständiger Beton *m* [met]
acid residue Säurerückstand *m* [che]
acid resistance Säurebeständigkeit *f* [met]
acid stratification Säureschichtung *f* (in Säurebatterie) [elt]
acid stress Säurebelastung *f* [met]
acid tar Säureteer *m* [che]

acid treatment Abbeizen *n* (Schalung)
acid waste aggressiver Abfall *m* [rec]; korrodierender Abfall *m* [rec]
acid-containing säurehaltig [met]
acid-fast säurebeständig [met]; säurebeständig [met]; säurefest [met]
acid-free säurefrei [met]
acid-proof säurebeständig [met]; säureresistent [met]
acid-proof cement Säurekitt *m* [met]
acid-proof clothing Säureschutzkleidung *f* [asi]
acid-proof coating säurefester Anstrich *m* [met]
acid-proof floor tile säurefeste Fliese *f*
acid-proof gloves Säureschutzhandschuhe *pl* [asi]
acid-proof lining säurefeste Auskleidung *f* [met]
acid-proof paint coating Säureschutzanstrich *m* [met]
acid-proof protective gloves säurebeständige Schutzhandschuhe *pl* [asi]
acid-proof structures Säureschutzbau *m*
acid-proof varnish säurefester Lack *m* [met]
acid-resistant säurebeständig [met]; säurefest [met]; säureresistent [met]; säureresistent [met]
acid-resistant asphalt coating säurefester Asphaltanstrich *m* [met]
acid-resistant liner säurefeste Auskleidung *f* [met]
acid-resistant lining säurefeste Auskleidung *f* [met]
acid-resistant paving säurefestes Pflaster *n*
acid-resisting säurebeständig [met]
acid-resisting concrete säurebeständiger Beton *m* [met]
acid-resisting paint säurebeständiger Anstrich *m* [met]
acid-sensitive säureempfindlich [met]
acidic versauert [was]
acidic rocks Mineralien mit hohen Si-Anteilen *pl* [che]
acidic seepage water saures Sickerwasser *n* [was]
acidiferous säurehaltig [met]
acidification Säurebildung *f* [che]
acidification of soil Bodenversauerung *f* [geo]; Versauerung des Boden *f* [geo]
acidification of waterbodies Versauerung von Gewässern *f* [was]
acidify säuern *v* [che]; versauern *v* [che]
acidimeter Säuremesser *m* [any]
acidimetry Säuremessung *f* [any]
acknowledge a signal Signal bestätigen *v* [elt]
aeolian soil Windabsatzboden *m* [geo]; windtransportierter Boden *m* [geo]
acoustic akustisch [aku]
acoustic absorption Schallabsorption *f* [aku]; Schalldämpfung *f* [aku]
acoustic attenuation Schalldämpfung *f* [aku]
acoustic backing Schallabsorptionsfüllung *f* [aku]; Schallabsorptionshinterfüllung *f*

acoustic baffle Schallwand *f* [aku]
acoustic barrier Lärmschutzwall *m*
acoustic block Akustikbaustein *m*; Akustikstein *m*
acoustic board Schalldämmplatte *f* [aku]; Schall
  schluckende Platte *f* [met]
acoustic booth Schall schluckende Zelle *f* [aku]
acoustic ceiling Akustikdecke *f*; Decke,
  schallschluckende - *f*; Schall schluckende Decke *f*
acoustic comfort akustisches Wohlbefinden *n*
acoustic conductor Schallleiter *m* [aku]
acoustic construction baulicher Schallschutz *m*;
  Schall absorbierende Konstruktion *f*
acoustic damping akustische Dämpfung *f* [aku]
acoustic door Schallschutztür *f* [aku]
acoustic emission Geräuschemission *f* [aku];
  Lärmemission *f* [aku]; Schallabstrahlung *f* [aku];
  Schallemission *f* [aku]
acoustic emission source Schallemissionsquelle *f*
  [aku]
acoustic emission testing Schallemissionsanalyse *f*
  [any]
acoustic enclosure Lärmschutzhülle *f* [asi]; Schallschutzumbauung *f* [aku]
acoustic energy Schallleistung *f* [aku]
acoustic fencing Lärmschutzzaun *m* [aku]
acoustic field Schallfeld *n* [aku]
acoustic hood Schallschutzhaube *f* [asi]
acoustic impedance Schallwiderstand *m* [aku]
acoustic insulation Schalldämmung *f* [aku]
acoustic insulation board Schallschutzdämmplatte *f*
  [met]
acoustic insulator Schallisoliermittel *n* [met]
acoustic intensity Schallintensität *f* [aku]
acoustic level Geräuschpegel *m* [aku]
acoustic lining Schallschluckauskleidung *f* [aku]
acoustic noise Geräusch *n* [aku]
acoustic nuisance Lärmbelästigung *f* [aku]
acoustic oscillation Schallschwingung *f* [aku]
acoustic panel Schalldämmplatte *f* [met];
  Schallschutzplatte *f* [met]
acoustic planning and sound-proofing
  raumakustische Arbeiten *pl* [aku]
acoustic power Schallleistung *f* [aku]
acoustic power density Schallleistungsdichte *f*
  [aku]
acoustic power level Schallleistungspegel *m* [aku]
acoustic pressure Schalldruck *m* [aku]
acoustic refraction Schallbrechung *f* [aku]
acoustic resonator Schallkörper *m* [aku]
acoustic reverberation Nachhall *m* [aku]
acoustic shadow Schallschatten *m* [aku]
acoustic shielding akustische Abschirmung *f* [aku]
acoustic signal akustisches Signal *n* [asi]; Schallsignal *n* [asi]
acoustic source Geräuschquelle *f* [aku]; Lärmquelle
  f [aku]

acoustic tile Akustikplatte *f* [met]; Schalldämmplatte *f* [aku]
acoustic transmission Schallübertragung *f* [aku]
acoustic velocity Schallgeschwindigkeit *f* [aku]
acoustic wall Lärmschutzwand *f*; Lärmwand *f*
  (Schutzwand)
acoustic warning akustischer Melder *m* [asi]
acoustic window Schallschutzfenster *n*
acoustical akustisch [aku]
acoustical absorption Schallabsorption *f* [aku]
acoustical baffle Schallwand *f* [aku]
acoustical barrier Schallschutzwand *f* [aku]
acoustical booth Lärmschutzkabine *f* [asi];
  Schallschutzkabine *f* [asi]
acoustical bridge Schallbrücke *f* [aku]
acoustical ceiling Schall absorbierende Decke *f*;
  Schalldämmdecke *f* [aku]
acoustical door schalldichte Tür *f*
acoustical enclosure schalldichte Einkapselung *f*
  [aku]; Schall schluckende Verkleidung *f* [aku]
acoustical helmet Gehörschutzhelm *m* [asi];
  Schallschutzhelm *m* [asi]
acoustical insulation Schalldämmung *f* [aku];
  Schallisolierung *f* [aku]
acoustical material Dämmstoff *m* (Lärmbekämpfung) [met]; Schall absorbierender Baustoff *m*;
  Schallschluckstoff *m* (Lärmbekämpfung) [met]
acoustical plaster Akustikgips *m* [met]; Schall
  absorbierender Putz *m*
acoustical sprayed-on material Schall absorbierender Baustoff *m* [met]
acoustics Akustik *f* [aku]
acquisition of measured data Messdatenerfassung *f*
  [any]
acquisition procedure based on the Mining Code
  bergbauliches Grundabtretungsverfahren *n*
across-the-line starter Direktanlasser *m* [elt]
acryl glass Acrylglas *n* [met]
acrylate resin Acrylharz *n* [met]
acrylic adhesive Acrylkleber *m* [met]
acrylic fibre Acrylfaser *f* [met]; Polyacrylfaser *f*
  [che]
acrylic glass Acrylglas *n* [met]; Akrylglas *n* (s.
  Acrylglas) [met]; Plexiglas *n* [met]
acrylic paint Acrylfarbe *f* [met]
acrylic plastics Acrylkunststoff *m* [met]
acrylic resin Acrylharz *n* [met]
acrylic resin paint Acrylharzlackfarbe *f* [met]
acrylic sealant Acryldichtstoff *m* [met]
action area Sanierungsgebiet *n*
action level Auslöseschwelle *f* [asi]
action of light Lichteinwirkung *f* [phy]
activate button Startknopf *m* [elt]
activated sludge aktiver Schlamm *m* (Belebtschlamm) [rec]; belebter Schlamm *m* [rec];
  Belebtschlamm *m* [was]

activated sludge plant Belebtschlammanlage *f*
[was]; Belebungsanlage *f* [was]
activated sludge process Belebtschlammverfahren *n*
[was]; Belebungsverfahren *n* [was]
activated sludge return Schlammrücklauf *m* [was]
activated sludge tank Belebtschlammbecken *n*
[was]; Belüftungsbecken *n* [was]
activated sludge tank with circulating flow
Umlaufbecken *n* [was]
activated water aktiviertes Wasser *n* (Kerntechnik)
[met]; ionisiertes Wasser *n* [was]
activation Belebung *f* [was]
activation plant Belebungsanlage *f* [was]
activator Beschleuniger *m* [met]
active agent Wirkstoff *m* [met]
active component Wirkstoff *m* [met]
active earth load Erddrucklast *f* [geo]
active earth pressure aktiver Erddruck *m* [geo]
active filler Verstärkerfüllstoff *m* [met]
active ingredient Wirkstoff *m* [met]
active leaf Gehflügel *m* (als Durchgang genutzter
Türflügel)
active mass aktive Masse *f* (in Batterien) [elt]
active noise control aktiver Lärmschutz *m* [aku]
active pressure Wirkdruck *m* [phy]
active sludge Klärschlamm *m* [was]
active soil pressure Erddruck *m* (Fundament)
active stall aktive Stallregelung *f* (Windenergieanlage) [pow]; aktive Windnachführung *f* (Windenergieanlage) [pow]
active stall power control aktive Stallregelung *f*
(Windenergieanlage) [pow]
active state aktiver Zustand *m* [elt]
active storage Speichernutzraum *m* (Talsperre)
actual deviation Istabmaß *n* [des]; Istabweichung *f*
[des]
actual indication Istwertanzeige *f* [any]
actual pressure Wirkdruck *m* [phy]
actual size Fertigmaß *n* [des]; natürliche Größe *f*
[des]; tatsächliche Größe *f* [des]
actual value indicator Istwertanzeige *f* [any]
actual value pointer Istzeiger *m* [any]
actual value sensor Istwertgeber *m* [any]
actuating cam Antriebsnocken *m* [tec]
actuating signal Auslösesignal *n*
actuating voltage Erregungsspannung *f* [elt]
actuator Kraftschalter *m* [elt]
actuator drive Stellantrieb *m* [elt]
acute angle spitzer Winkel *m* [des]
acute arch lanzettförmiger Spitzbogen *m* [arc]
acute-angled spitzwinklig; spitzwinklig [des]
adapted abgestimmt
adapted furniture Spezialmöbel *pl* (z.B. für
Behinderte)
adapted table Spezialtisch *m*
adapter Zwischenstecker *m* [elt]

adapter pipe Übergangsrohr *n* [prc]
adapter plug Zwischenstecker *m* [elt]
adapter shank Zahnhalter *m* (Aufreißer) [tib]
adapter strip Anschlussleiste *f*
adaptive controller adaptiver Regler *m* [elt]
adaptor bend Staubogen *m* (Druckluftförderer
Beton) [prc]
add anbauen *v*
add a storey aufstocken *v*
add to a house anbauen *v*
addition Anbau *m*; Erweiterungsbau *m*
addition of new storeys to an existing building
Aufstockung *f*
additional anchor Zusatzanker *m*
additional equipment Zusatzeinrichtungen *pl*
additional requirements zusätzliche Auflagen *pl*
additional services besondere Leistungen *pl* [eco];
Nebenleistungen *pl* [eco]
additional space zusätzliche Fläche *f*
additional use zusätzliche Benutzung *f*
additions to buildings Anbauten *pl*
additive Zusatzmittel *n* [met]; Zusatzstoff *m* [met];
Zuschlagstoff *m* [met]; Beimengung *f* (Zusatz)
[met]; Beimischung *f* (Zusatz) [met]
additive for concrete Betonzusatzmittel *n* [met]
additive soil stabilization Bodenvermörtelung *f*
(durch Beigabe von Stabilisator) [tib]
additive stress zusätzliche Spannung *f* [met]
address a warning to ... Warnung an jemanden
richten *v* [asi]
adequate sample repräsentative Stichprobe *f* [any]
adherence Haftvermögen *n* [met]
adherence primer Haftprimer *m* [met]
adherent haftend [met]
adherent particles Haftkorn *n*
adherent surface Haftfläche *f* [met]
adherent water Adhäsionswasser *n*
adhering Kleben *n* [wer]
adhesion Haften *n* (Anhaftung) [phy]; Haftfähigkeit
f [phy]; Haftung *f* [phy]
adhesion agent Haftmittel *n*; Haftmasse *f* [met]
adhesion joint Verbundfuge *f*
adhesion power Haftvermögen *n* [phy]
adhesion promoter Haftvermittler *m* [met]
adhesion promoting agent Haftfestigkeitsverbesserer *m* [met]
adhesion promotor Haftverstärker *m* [met]
adhesional power Haftkraft *f* [phy]
adhesive haftend [met]
adhesive Bindemittel *n* [met]; Klebemittel *n* [met];
Haftmittel *n* [met]; Kleber *m* [met]; Haftmasse *f*
[met]
adhesive agent Haftmittel *n* [met]; Klebstoff *m* [met]
adhesive binding Klebebindung *f* [met]
adhesive bonding Haftverbund *m* [met]
adhesive cement Klebekitt *m* [met]

adhesive compound, bituminous - Bitumenklebemasse *f* [met]
adhesive dispersion Dispersionskleber *m* [met]; Klebdispersion *f* [met]
adhesive failure Adhäsionsbruch *m* [met]
adhesive force Haftvermögen *n* [phy]; Haftkraft *f* [phy]
adhesive friction Haftreibung *f* [phy]
adhesive joint Klebeverbindung *f* [met]
adhesive layer Klebschicht *f* [met]; Klebstoffschicht *f* [met]
adhesive mortar Haftmörtel *m*; Haftputzmörtel *m*; Klebemörtel *m* [met]
adhesive plaster Ansetzgips *m* [met]
adhesive power Haftfähigkeit *f* [met]; Haftfestigkeit *f* [met]
adhesive rendering Ansetzmörtel *m*; Vorsatzmörtel *m*
adhesive resin Klebeharz *n* [met]; Klebharz *n* [met]
adhesive strength Haftfestigkeit *f* [met]; Klebefestigkeit *f* [met]; Klebkraft *f* [met]
adhesive stress Haftspannung *f* [phy]
adhesive strip Klebestreifen *m* [met]
adhesive substance Klebstoff *m* [met]; Klebemasse *f* [met]
adhesive water Adhäsionswasser *n* [met]; adhäsives Wasser *n* [met]
adhesive-bonded angeklebt [met]
adhesiveness Haftvermögen *n* [met]; Haftfähigkeit *f* [met]; Klebkraft *f* [met]
adiabatic heat drop adiabatisches Wärmegefälle *n* [prc]
adiathermic wärmeundurchlässig [pow]
adit mining Tagebau *m* [roh]
adit opening Mundloch *n* [roh]; Stollenloch *n* [roh]
adjacent aneinander grenzend; angrenzend; benachbart
adjacent building angrenzendes Gebäude *n*; Nebengebäude *n*
adjacent land angrenzendes Grundstück *n*
adjacent owner Anlieger *m* (Eigentümer des benachbarten Grundstückes) [eco]; Anliegerin *f* (Eigentümerin des benachbarten Grundstückes) [eco]
adjacent plot benachbartes Grundstück *n*
adjacent property angrenzendes Grundstück *n*; Nachbargrundstück *n*
adjacent room Nebenzimmer *n*; Zimmer nebenan *n*; Nachbarraum *m*
adjacent site Nachbargrundstück *n*
adjacent spaces benachbarte Räume *pl* [com]
adjacent span Nachbarfeld *n*; Nachbaröffnung *f* (Brücke)
adjacent structure benachbartes Bauwerk *n*
adjoining angrenzend; benachbart
adjoining building angrenzendes Gebäude *n*; Nebengebäude *n*

adjoining house Nachbarhaus *n*
adjoining land Nachbargrundstück *n*
adjoining premises anliegende Grundstücke *pl*
adjoining room benachbartes Zimmer *n*; Nebenzimmer *n*; Nebenraum *m*
adjucating panel Preisgericht *n* (Wettbewerb)
adjust eichen *v* (Messgerät) [any]; kalibrieren *v* [any]; nachstellen *v* [any]
adjust by flame cutting nachschweißen *v* (passend machen) [wer]
adjustable eichfähig [any]
adjustable brace Richtspindel *f*
adjustable channel Verstellnut *f*
adjustable clamp Schraubenzwinge *f* [wzg]
adjustable joint Verstellgelenk *n* (Schalung)
adjustable spanner Universalschlüssel *m* [wzg]
adjustable submersion weir regulierbares Grundwehr *n* [wba]
adjustable support regelbares Lager *n*
adjustable windmill Bockwindmühle *f* [pow]
adjustable wrench verstellbarer Schraubenschlüssel *m* [wzg]
adjusting Ausrichten *n* (u.a. von Möbeln); Eichung *f* [any]
adjusting length Passlänge *f* [des]
adjusting range, set-point - Sollwertbereich *m* [elt]
adjusting unit Spanneinheit *f* (Schalung) [bon]
adjustment Ausrichtung *f*; Kalibrierung *f* [any]; Nachstellung *f* [any]
adjustment of plot boundaries Grenzregelung *f*
adjuvant substance Hilfsstoff *m* [met]
administration block Verwaltungsgebäude *n*
administration building Verwaltungsgebäude *n*
administration office Verwaltungsbüro *f* [eco]
administrative building Verwaltungsgebäude *n*
administrative buildings Verwaltungsbauten *pl*
administrative order Verwaltungsvorschrift *f* [jur]
administrative service Verwaltungsdienstleistung *f* [jur]
administrative site manager kaufmännischer Baustellenleiter *m*
administrative town Verwaltungsstadt *f* [com]
adminstrative town Verwaltungsstadt *f* [com]
admissible development zulässige Bebauung *f*
admissible load zulässige Belastung *f*
admissible stress zulässige Beanspruchung *f* [met]
admission Zuleitung *f*
admission restriction Zugangsbeschränkung *f*
admits of scrap Schrottzusatz *m* [rec]
admix beimischen *v*
admixed beigemengt [met]
admixing Beimischung *f* [met]
admixture Additiv *n* (feste Stoffe); Zusatzmittel *n* [met]; Zusatz *m* [met]; Zusatzstoff *m* [met]; Zuschlag *m* [met]; Beimengung *f* (Zusatz) [met]
admixture, chemical - chemisches Additiv *n* [che]

adobe Lehmstein *m* [met]; Lehmziegel *m* (luftgetrocknet, ungebrannt)
adobe block Lehmblock *m*
adobe brick Lehmziegel *m*
adobe brick, not compressed - Handstrichziegel *m*
(Lehmziegel)
adobe house Lehmhaus *n*
adsorbate adsorbierte Substanz *f* [met]
adsorbed water Haftwasser *n*
adsorbing material Adsorptionsmittel *n* [met]
adsorption agent Adsorptionsmittel *n* [met]
adsorption system Adsorptionsanlage *f* [was]
advance Vorleistung *f* [eco]
advance beschleunigen *v* (Zement); vorschieben *v*
advance payment Vorauszahlung *f* [eco]
advanced design verbesserte Ausführung *f* (eines
Gerätes) [des]
advanced development Weiterentwicklung *f* [des]
advancing plate Anker-Vorlaufplatte *f*;
Vorlaufplatte *f*
advancing stud Vorlaufscheibe *f* (Schalung)
adventure playground Bauspielplatz *m* [com]
adverse effects unvermeidbare Beeinträchtigungen
pl
advice gutachterliche Stellungnahme *f*
adze Breitbeil *n* [wzg]
aedicule Ädikula *f* (klassische Fassade) [arc];
Ädikula *f* (römische Baukunst: kleiner Tempel)
[arc]
aerate belüften *v* (Wasser oder Erde)
aerated cement block Gasbetonstein *m* [bon]
aerated concrete Blähbeton *m* [mat]; Gasbeton *m*
[bon]; Porenbeton *m* [bon]; Schaumbeton *m*
[met]
aerated concrete block Gasbetonblock *m* [met];
Porenbetonstein *m* [bon]
aerated concrete façade Porenbetonfassade *f* [bon]
aerated concrete slab Porenbetonplatte *f* [bon]
aerated concrete, autoclaved - Gasbeton *m* [bon];
Porenbeton *m* [bon]
aerated gypsum Leichtgips *m* [met]; Porengips *m*
[met]
aerated gypsum board Leichtgipsplatte *f* [met]
aerated lagoon Oxidationsteich *m* [was]
aerated skimming tank Schaumbecken *n* (Fettfang)
[was]; Schaumbecken *n* (Wasseraufbereitung)
[was]; belüfteter Fettfang *m* [was]
aerated structure Porengefüge *n* [met]
aeration basin Belebungsbecken *n* [was];
Belüftungsbecken *n* [was]
aeration chamber Lüftungsbecken *n* [wba]
aeration conduit Belüftungsleitung *f* [was]
aeration device Belüftungseinrichtung *f* [was]
aeration equipment Belüftungsanlage *f* [was];
Belüftungseinrichtung *f* [was]
aeration of soil Bodenbelüftung *f* [geo]

aeration plant Abwasserbelüftungsanlage *f* [was];
Belebungsanlage *f* [was]
aeration tank Belüftungstank *m* [was]
aeration trench Belüftungsgraben *m* [wba]
aeration valve Belüftungsventil *n* [was]
aeration zone Aerationszone *f* [was]
aerator basin Belüftungsbecken *n* [was]
aerator pipe Belüftungsrohr *n* [was]
aerial Antenne *f* [elt]
aerial basket Luftkorb *m* [asi]
aerial ladder fahrbare Leiter *f*; Feuerleiter *f*
(Feuerwehr)
aerial mapping Kartenherstellung mittels
Luftbildern *f*
aerial photograph Luftbild *n*; Luftaufnahme *f*;
Luftbildaufnahme *f*
aerial photography Luftbildfotografie *f*
aerial photomap Luftbildkarte *f* (Vermessung)
aerial picture Luftbild *n* [any]
aerial pipe Freileitung *f* (Fernwärme) [pow]
aerial platform fahrbare Plattform *f*
aerial structure offene Trasse *f*
aerial survey Luftbildvermessung *f* [any]
aerial view Draufsicht *f*
aero-electric generation Stromerzeugung mittels
Windenergie *f* [pow]
aerobic plant Aerobanlage *f* [was]
aerobic sewage treatment aerobe
Abwasserbehandlung *f* [was]
aerobic sludge digestion aerobe Schlammfaulung *f*
[was]
aerobic waste water treatment aerobe
Abwasserreinigung *f* [was]
aerobridge Fluggastbrücke *f* [tra]
aerocrete Luftbeton *m* [met]
aerodrome Flughafen *m* [tra]
aerodynamic excitation aerodynamische Erregung *f*
aerofoil Blattprofil *n* (Windenergieanlage) [pow]
aerophoto Luftbildaufnahme *f*
aeroplane hangar Flugzeughalle *f* [tra]
aerosol propellant Treibmittel *n* (für Sprays) [met]
affected by the project durch das Vorhaben
betroffen
affluent frei fließendes Gewässer *n* [was]
after-shrinkage Nachschwindung *f* [met]
afterbay Unterwasser *n* [wba]
afternoon peak Nachmittagsspitze *f* (Energieverbrauch) [pow]
aftershock Nachbeben *n* [geo]
aftertreatment Nachbehandlung *f*
age artificially tempern *v* (metall. Werkstoff) [met]
age of concrete Betonalter *n* [bon]
age protector Alterungsschutzmittel *n* [che]
age resister Alterungsschutzmittel *n* [che]
aged gealtert
ageing Alterung *f*

ageing behaviour Alterungsverhalten n [met]
ageing induced crack Alterungsriss m [met]
ageing process Alterungsprozess m [met];
Alterungsvorgang m
ageing test, accelerated - beschleunigte Alterungs-
prüfung f [any]
ageing under exposure to light Lichtalterung f
(Kunststoffe, u.a.) [met]
agency contract Maklervertrag m (Immobilien)
[eco]
agency responsible for the measure Träger der
Maßnahme m (Baumaßnahme)
agent, surface-active - oberflächenaktiver Stoff m
[met]
agglomerate Agglomerat n
agglomerating Agglomerieren n [prc]
agglomeration Ballungsgebiet n; Agglomeration f
[prc]; Anlagerung f [geo]; Ballung f [com];
Zusammenballung f [com]
agglomeration area Ballungsgebiet n
agglomeration plant Agglomerieranlage f [prc]
agglomerative verdichtend
aggradation Aufhöhung f [geo]; Auflandung f
[was]; Aufschüttung f [was]; Verschlammung f
[was]
aggradation of the channel Betterhöhung f (Fluss)
[wba]
aggrading Aufschüttung f [geo]
aggregate Aggregat n; Splitt m [met]; Zuschlag m
(Baustoff) [met]; Zuschlagstoff m (Baustoffe) [met]
aggregate exposure Freilegen der Zuschlagstoffe m
(Sichtbeton)
aggregate feeder Aufgabevorrichtung für
Zuschlagstoffe f
aggregate mixture Korngemisch n [met]
aggregate of broken bricks Ziegelbruch m [met];
Ziegelschotter m [met]
aggregate of broken concrete Betonbrocken pl
[bon]; Betonschotter m [met]
aggregate preparation plant Aufbereitungsanlage
für Zuschlagstoffe f
aggregate scraper Aggregatkratzer m;
Aggregatschrappförderer m
aggregate spreader Makadamausleger m [tib];
Schotterverteiler m [tib]
aggregated verbunden (zusammengebaut)
aggregates Betonzuschlag m [met]
aggregating particles Flocken pl [was]
aggregation Aggregation f
aggressive to concrete Beton angreifend [met]
aggressive water aggressives Wasser n [was]
aggressivity Aggressivität f [che]
agitate rühren v [prc]; umrühren v [prc]
agitator Rührer m [prc]
agitator blade Rührerflügel m [prc]
agitator drive Rührerantrieb m [prc]

agitator pan Rührkessel m [prc]
agreed date vereinbarter Termin m
agreement on fees Honorarvereinbarung f [eco]
agressive force äußere Kraft f [sik]; angreifende
Kraft f [sik]
agricultural building landwirtschaftliches Betriebsgebäude n [far]; Landwirtschaftsgebäude n
agricultural soil Kulturboden m [geo]
aim of rehabilitation Sanierungsziel n [com]
aims of urban planning städtebauliche Ziele pl
air Luft f (Gas) [air]
air belüften v (Räume auf natürliche Weise);
durchlüften v [air]; lüften v (auslüften)
air blast quenching Drucklufthärten n [met]
air buoyancy Luftauftrieb m [phy]
air cargo terminal Luftfrachtabfertigung f
(Gebäude) [tra]
air change Luftaustausch m [air]
air chipper Luftdruckmeißel m [wzg]
air classification Windsichten n [prc];
Stromklassierung f [prc]
air classifier Luftklassierer m [prc]; Windsichter m
[prc]
air conditioning and ventilation systems
raumlufttechnische Anlagen pl (DIN 18379) [tga]
air conveying passage Luftförderrinne f [prc]
air conveyor Luftförderer m [prc]; pneumatischer
Förderer m [prc]
air curing Lufterhärtung f (Betonsteine) [roh]
air curtain Luftschleier m [asi]; Luftvorhang m
[asi]
air curtain installation for open doors
Luftschleiertür f
air drain Zuluftkanal m (für Fundamentmauerwerk,
Holzbauteile, ...) [air]
air drill Pressluftbohrer m [wzg]
air duct Luftkanal m [air]
air gauge pneumatische Messvorrichtung f [any]
air grating Lüftungsgitter n [tga]; Zuluftrost m
(Raumbelüftung) [air]
air grill Lüftungsgitter n
air grille Lüftungsgitter n [tga]
air hammer Drucklufthammer m [wzg];
Lufthammer m [wzg]
air heating Luftheizung f [pow]
air house Traglufthalle f
air humidity Luftfeuchtigkeit f
air impermeability Luftundurchlässigkeit f [met]
air imperviousness Luftundurchlässigkeit f [met]
air inlet Belüftungsöffnung f
air inlet control Luftzufuhrregelung f [tga]
air inlet flap Zuluftklappe f [tga]
air intake fan Zuluftventilator m [tga]
air intake filter Ansaugfilter n (Klimaanlage)
air jack Drucklufthebebock m; Druckluftpresse f;
Druckluftwinde f

air jet coater Luftdüsenstreichmaschine *f* [wzg]
air layer thickness equivalent to diffusion diffusionsäquivalente Luftschichtdicke *f* (Wasserdampfdiffusion)
air layer thickness, diffusion-equivalent - diffusionsäquivalente Luftschichtdicke *f* (Wärmebedarfsrechnung Haus) [pow]
air level Wasserwaage *f* [wzg]
air lock Personenluftschleuse *f* [asi]
air monitor Luftüberwachungseinrichtung *f* [any]
air noise Luftschall *m* [aku]
air pollution Verschmutzung der Luft *f*
air pollution monitoring Luftüberwachung *f* [any]
air probe Luftfühler *m* [any]
air rammer Druckluftstampfer *m* [wzg]
air recirculation Luftumwälzung *f* (Klimaanlage)
air recycling Luftrückführung *f* [tga]
air right Nutzungsrecht des Luftraums *n* (über einem Baugrundstück)
air sampler Luftprobenahme *f* [any]
air separation Stromklassierung *f* [prc]; Windsichtung *f* [prc]
air separator Windsichter *m* [prc]
air separator, counterflow - Gegenstromsichter *m* [prc]
air separator, cross-flow - Querstromsichter *m* [prc]
air set Überlagerung *f* (- von abgesacktem Zement) [met]
air setting Lufttrocknen *n* (von Beton)
air shaft Luftschacht *m* [tga]
air space ratio Luftporenanteil *m* (Porenbeton) [met]
air suit luftdichter Schutzanzug *m* [asi]
air supply Belüftung *f*
air survey Luftbildaufnahme *f* (Vermessung)
air table Setztisch *m* (Partikeltrennung durch Luftstrom unterstützt) [prc]
air temperature Lufttemperatur *f*
air terminal Flughafenabfertigungsgebäude *n* [tra]; Flughalle *f* [tra]
air test Drucklufttest *m* (Dichtigkeitstest) [any]
air tool Pressluftwerkzeug *n* [wzg]
air treatment Luftaufbereitung *f* [tga]
air vessel Luftbehälter *m* [tga]
air void Lunker *m* (Lufteinschluss) [met]; Luftpore *f* [met]
air well Lichthof *m* [arc]
air-actuated druckluftbetätigt [tec]
air-admittance valve Lufteinlassventil *n* [prc]
air-blast cleaning Luftdruckreinigung *f* [wer]
air-condition Klimaanlage *f*
air-condition klimatisieren *v* [tga]
air-conditioned klimageregelt [tga]; klimatisiert [tga]
air-conditioned ceiling Klimadecke *f*

air-conditioned window Klimafenster *n*
air-conditioner Klimagerät *n*; Klimatisierungsgerät *n* [tga]; Klimaanlage *f*
air-conditioning Belüftung *f* (Klimatisierung) [tga]; Klimatisierung *f* [tga]
air-conditioning apparatus Klimagerät *n* [tga]
air-conditioning engineering Klimatechnik *f* [tga]
air-conditioning equipment Klimageräte *pl* [tga]
air-conditioning installation Klimaanlage *f* [tga]
air-conditioning plant Klimaanlage *f* [tga]; Klimatisierungsanlage *f* [tga]
air-conditioning plant, unconserved - Klimaanlage ohne Wasserrücknahme *f* [air]
air-conditioning system Klimaanlage *f* [tga]
air-conditioning technology Klimatechnik *f* [tga]
air-conditioning unit Klimagerät *n* [tga]
air-dried lumber luftgetrocknetes Bauholz *n*
air-dry lufttrocken [met]
air-entrained concrete Luftporenbeton *m* [bon]
air-entrained mortar Luftporenmörtel *m* [met]
air-entrainer Luftporenbildner *m* (in Beton) [met]
air-entraining admixture Luftporenbildner *m* [met]
air-entraining agent Lufteinschlussmittel *n* (für mineralische Baustoffe) [met]; Betonbelüfter *m* [bon]; Luftporenbildner *m* (Beton, u.a.) [met]
air-entraining cement Luftporenzement *m* [met]
air-entraining compound Luftporenbildner *m* [met]
air-entraining concrete Luftporenbeton *m* [bon]
air-exchange rate Luftwechselzahl *f* [asi]
air-fed hood Frischlufthaube *f* [asi]
air-foam extinguisher Schaumlöscher *m* (Feuerlöscher)
air-gap protector Blitzschutz mittels Luftstrecke *m*
air-handling ceiling Lüftungsdecke *f* [tga]
air-handling system Lüftungsanlage *f* [tga]; Luftverteilungsanlage *f* (Klimaanlage) [tga]
air-hardening Härten in Luft *n* [met]
air-inflated structure Lufttragehalle *n*; Tragluftkonstruktion *f* (doppelwandig)
air-line hood respirator Frischlufthaube *f* [asi]
air-lock operator Luftschleusenwärter *m* [asi]
air-placed concrete Spritzbeton *m* [bon]; Torkretbeton *m* [bon]
air-proof luftdicht
air-proof joint luftdichter Abschluss *m*
air-quenching cooler Luftabschreckungskühler *m* [prc]
air-release valve Belüftungsventil *n* [prc]
air-sampling smoke detection Luftproben-Rauchmeldung *f*
air-seasoned luftgetrocknet (z.B. Holz) [met]
air-seasoned lumber luftgetrocknetes Bauholz *n*
air-seasoned timber luftgetrocknetes Holz *n* [met]
air-slack luftgelöscht [met]
air-slaked lime Luftkalk *m* [met]

air-space per person Luftvolumen pro Person *n* [asi]; Luftraum pro Person *m* [asi]
air-supported building Traglufthalle *f*
air-supported structure Lufttragehalle *n*; Tragluftkonstruktion *f* (einwandig)
air-to-air heat-transmission coefficient Wärmedurchgangszahl *f*
air-to-air resistance Wärmewiderstand *m*
airborne acoustical noise luftübertragene Geräusche *pl* [aku]
airborne noise Luftschall *m* [aku]
airborne noise emitted Luftschallemission *f* [aku]
airborne particulate sampler Staubprobenahmegerät *n*; Staubprobensammler *m* (Luftstaub) [any]
airborne sound Luftschall *m* [aku]
airborne surveillance system Luftüberwachungssystem *n* [any]
airborne-noise level Luftschallpegel *m* [aku]
airborne-sound insulation Luftschalldämmung *f* [aku]
airborne-sound level Luftschallpegel *m* [aku]
airbrick Lochziegel *m* [met]; Lüftungsstein *m*; Lüftungsziegel *m*
aircraft industry Luftfahrtindustrie *f* [tra]
aircraft shed Flugzeughalle *f* [tra]
airfield Flugfeld *n* [tra]; Flugfeld *n* [tib]; Rollfeld *n* [tra]; Flugplatz *m* [tra]; Flugplatz *m* [tib]; Landeplatz *m* [tra]
airflow classification Luftstromsichtung *f* [prc]
airfoil section Staukörper *m* (Durchflussmessung) [any]
airing system Belüftungssystem *n* [tga]; Belüftungsanlage *f* [tga]
airport Flughafen *m* [tra]
airport architecture Flughafenarchitektur *f* [arc]
airport building Flughafengebäude *n* [tra]
airport construction Flughafenbau *m*
airport grounds Flughafengelände *n* [tra]
airport hotel Flughafenhotel *n* [tra]
airport station Flughafenbahnhof *m* [tra]
airslide conveyor Luftförderrinne *f* (für Feststoffe) [prc]
airstream deflector Windabweiser *m*
airstrip Landeplatz *m* [tra]
airtight luftdicht; luftundurchlässig [met]
airtight seal luftdichter Abschluss *m*
airtight window abgedichtetes Fenster *n*
aisle Seitenschiff *n* [arc]; Zwischengang *m*
aisled church Hallenbasilika *f* [arc]
alarm Alarm *m* [asi]; Warnung *f* [asi]
alarm alarmieren *v* [asi]
alarm actuation Alarmauslösung *f* [elt]
alarm and hazard defence planning Alarm- und Gefahrenabwehrplanung *f* [asi]
alarm annunciator Alarmmelder *m* [asi]
alarm apparatus Warnvorrichtung *f* [asi]

alarm bell Alarmglocke *f* [asi]
alarm blocking Alarmsperre *f* [asi]
alarm condition Alarmzustand *m* [asi]
alarm contact Warnkontakt *m* [asi]
alarm device Alarmgerät *n* [asi]; Alarmgeber *m* (Arbeitsschutz) [elt]; Alarmanlage *f* [asi]; Alarmeinrichtung *f* [asi]; Warnanlage *f* [asi]; Warneinrichtung *f* [asi]
alarm display Alarmanzeige *f* [asi]
alarm equipment Alarmeinrichtung *f* [asi]
alarm horn Warnhupe *f* [asi]
alarm indication lamp Alarmmeldelampe *f* [asi]
alarm indicator Alarmanzeige *f* [asi]
alarm installation Alarmeinrichtung *f* [asi]
alarm lamp Warnlicht *n* [asi]
alarm level Alarmstufe *f* [asi]
alarm operation Alarmbetrieb *m* [asi]
alarm plan Alarmplan *m* [asi]
alarm setting Alarmeinstellung *f* [asi]
alarm signal Alarmsignal *n* [asi]; Warnmeldung *f* [asi]
alarm siren Alarmsirene *f* (Feuerwehr, u.a.) [asi]
alarm switch Alarmschalter *m* [asi]
alarm system Gefahrenmeldesystem *n* [asi]; Alarmanlage *f* [asi]; Warnanlage *f* [asi]
alarm threshold Alarmschwelle *f* [asi]
alarm transmission Alarmübermittlung *f* [asi]
alarm transmission system Alarmübertragungssystem *m* [asi]
alarm transmitter Alarmgeber *m* [asi]
alarm unit Gefahrmeldeeinrichtung *f* [asi]
alarm whistle Signalpfeife *f* [asi]
alarm-control unit Alarmzentrale *f* [asi]
alarm-signal light Warnleuchte *f* [asi]
alarmed door Tür mit eingebautem Alarmmelder *f* [asi]
alarms and monitoring system Alarm- und Überwachungssystem *n* [asi]
alcove Nebengemach *n*
alert Warnsignal *n* [asi]; Warnung *f* [asi]
alert in Alarmbereitschaft setzen *v* [asi]
alert phase Alarmstufe *f* [asi]
alert stage Alarmstufe *f* [asi]
alerting Alarmierung *f* [asi]
algicide Algenschutz *m*
alienation Veräußerung *f* [eco]
align ausrichten *v*; fluchten *v* [des]; richten *v* (ausrichten)
aligned ausgerichtet; fluchtend
aligned, properly - einwandfrei fluchtend [des]
alignment Ausrichtung *f* [des]; Fluchtlinie *f* [des]; Fluchtung *f* (Vermessung); Trasse *f* (Fernleitung) [pow]
alignment coupler Richtschloss *n*
alignment error Fluchtungsfehler *m* [des]
alignment profile Trassenführung *f* [pow]

alignment stage Schnurgerüst *n*
alignment, be in - fluchten [des]
alignment, in - fluchtend [des]
aliquot aliquoter Teil *m* (Teilmenge einer Probe)
  [any]; Teilmenge *f* (Chemie) [any]
alive Strom führend [elt]
alkali basalt Alkalibasalt *m* [met]
alkali corrosion Laugenkorrosion *f* [met]
alkali fuel cell alkalische Brennstoffzelle *f* [pow]
alkali resistance Alkalibeständigkeit *f* [met]
alkali-free alkalifrei [che]
alkali-proof laugenfest [met]
alkali-resistant alkalifest [che]
alkaline alkalisch [che]
alkaline attack Alkaliangriff *m* [met]
alkaline corrosion Basenkorrosion *f* [met]
alkaline earth Erdalkali *n* [che]; Erdalkalimetall *n*
  [che]
alkaline earth metal Erdalkalimetall *n* [che]
alkaline soil alkalischer Boden *m* [geo]
alkaline solubility Alkalilöslichkeit *f* [met]
alkaline storage battery alkalischer Akkumulator *m*
  [elt]
alkaline treatment Alkalibehandlung *f* [che]
alkalinity Basengehalt *n* (z.B. Feststoffgemische)
  [che]; Alkalinität *f* [che]; Basizität *f* [che]
alkyd paint Alkydlack *m* [met]
alkyd resin varnish Alkydharzlack *m* [che]
alkyd-resin paint Alkydharzfarbe *f* [che]
all-around tension, state of - Umschlingungsfestigkeit *f* [sik]
all-current motor Allstrommotor *m* [elt]
all-glass construction Ganzglaskonstruktion *f*
all-glass design Nurglaskonstruktion *f*
all-glass door Vollglastür *f*
all-glass luminaire Nurglas-Leuchten *f* [elt]
all-in aggregate Rohzuschlagstoffe *pl* [met]
all-in contract Pauschalvertrag *m* [jur]
all-in material Rohzuschlagstoff *m*
  (Baumaterialien) [met]
all-metal construction Ganzmetallkonstruktion *f*
all-metal construction method
  Ganzmetallbauweise *f*
all-metal design Ganzmetallausführung *f* [des]
all-purpose hall Allzweckhalle *f*
all-purpose room Mehrzweckraum *m*
all-round contractor Totalunternehmer *m* [eco]
all-round weld, inside - innere Rundnaht *f*
  (Schweißnaht) [met]
all-round weld, outside - äußere Rundnaht *f*
  (Schweißnaht) [met]
all-steel construction Ganzstahl-Bauweise *f* [stb]
all-weld metal reines Schweißgut *n* [met]
all-welded construction Ganzschweiß-Konstruktion
  f [stb]
all-wood construction Ganzholzbauweise *f*

all-wood door Ganzholztür *f*
allergen-free indoor climate allergenfreies
  Innenraumklima *n*
alleviation of dust Staubbindung *f*
alley Durchgang *m* (Gasse) [tra]; Gasse *f* [tra]
alleyway Gässchen *n*
allocation of funds Mittelzuordnung *f* [eco]
allotment zugewiesene Fläche *f*
allotment garden Kleingarten *m* [far]
allotriomorphic allotriomorph [met]
allowable deviation zulässige Abweichung *f*
allowable load maximal erlaubte Belastung *f* [sik];
  zulässige Belastung *f* [sik]; zulässige Last *f* [sik]
allowable soil pressure Bettungszahl *f*
allowance Abmaß *n* [des]; Zuschlag *m* [des];
  erlaubte Maßabweichung *f* [des]; Toleranz *f*
  (Abweichung) [des]; Zugabe *f* [des]; zulässige
  Abweichung *f*; zulässige Maßabweichung *f* [des]
allowance above nominal size oberes Abmaß *n*
  [des]
allowance below nominal size unteres Abmaß *n*
  [des]
allowance factor Toleranzfaktor *m* [des]
allowance in construction Bautoleranz *f*
alloy legieren *v* [met]
alloyed steel legierter Stahl *m* [met]
alluvial angeschwemmt [geo]
alluvial Sedimentablagerung *f* [geo]
alluvial deposit angeschwemmter Boden *m* [geo];
  alluviale Ablagerung *f* [geo]; Flussablagerung *f*
  [geo]; Schlickablagerung *f* [was]
alluvial land Schwemmland *n* [geo]; Schwemmboden *m* [geo]
alluvial sand Schwemmsand *m* [geo]
alluviation Anschwemmung *f* [geo]
allyl resin Allylharz *n* [che]
alteration Umgestaltung *f*
alterations Umbauarbeiten *pl*; Umbauten *pl*
alternate proposal Alternativangebot *n* [eco]
alternating current Wechselstrom *m* [elt]
alternating current circuit Wechselstromnetz *n*
  [elt]
alternating current transformer
  Wechselstromtransformator *m* [elt]
alternating current, rectified - gleichgerichteter
  Wechselstrom *m* [elt]
alternating impact test Wechselschlagversuch *m*
  [any]
alternating load Wechselbelastung *f* [met];
  Wechsellast *f* [phy]; wechselnde Belastung *f* [met]
alternating voltage Wechselspannung *f* [elt]
alternative design Alternativentwurf *m* [des];
  Konstruktionsvariante *f* [des]
alternative energy alternative Energie *f* [pow]
alternative land Ersatzland *n*
alternative premises anderweitige Unterbringung *f*

anchor

alternator Drehstromgenerator *m* [elt]; Lichtmaschine *f* (Wechselstrom-) [elt]
altimeter Höhenmesser *m* [any]
altimetric profile Höhenprofil *n* [geo]
altitude Höhe *f* (geografisch) [geo]; Höhenkote *f* [geo]; Höhenlage *f* (über Normalnull) [geo]
altitude measurement Höhenmessung *f* [any]
altitude meter Höhenmesser *m* [any]
altitude, apparent - scheinbare Höhe *f*
altocumulus cloud Altokumuluswolke *f* (Schäfchenwolke) [wet]
alumina Tonerde *f* [met]
alumina cement Tonerdezement *m* [met]
alumina firebrick Tonerdeschamottestein *m* [met]
alumina mortar Tonerdemörtel *m* [met]
alumina-silica refractory feuerfester Tonerde-Kieselsäure-Stein *m* [met]
aluminia cement Tonerdenzement *m* [met]
aluminium Aluminium *n* (chem. El.: Al [A]) [che]
aluminium alloy Aluminiumlegierung *f* [met]
aluminium bar Aluminiumstange *f* [met]
aluminium bus Aluminiumschiene *f* [elt]
aluminium façade Aluminiumfassade *f*
aluminium frame Aluminiumrahmen *m*
aluminium oxide Tonerde *f* [met]
aluminium plate Aluminiumblech *n* [met]
aluminium rod Aluminiumrundstange *f* [met]
aluminium section Aluminiumprofil *n* [met]
aluminium sheet Aluminiumblech *n* [met]
aluminium sheet cuttings Aluminiumblechschrott *m* [met]
aluminium slab Aluminiumwalzplatte *f* [met]
aluminium strip insert Aluminiumbandeinlage *f*
aluminium tube Aluminiumrohr *n* [met]
aluminium window frame Aluminumfensterrahmen *m*
aluminium window sill Aluminumfensterbank *f*
aluminium wire Aluminiumdraht *m* [met]
aluminium-anodized aluminiumeloxiert [met]
aluminous cement Tonerdeschmelzzement *m* [met]
ambient umgebend
ambient air Umgebungsluft *f*
ambient atmosphere Außenklima *n* [wet]; Umgebungsklima *n* [wet]
ambient lighting Raumbeleuchtung *f*
ambient noise Grundgeräusch *n* [aku]; Hintergrundgeräusch *n* [aku]; Raumgeräusch *n* [aku]; Innenlärm *m* [aku]; Umgebungslärm *m* [aku]
ambient noise level Raumgeräuschpegel *m* [aku]
ambient temperature Umgebungstemperatur *f*
ambulance service Rettungsdienst *m*
ambulance station Unfallstation *f* [hum]
ambulatory Chorumgang *m* (Kirche) [arc]
ambulatory corridor Umgang *m* (römische Arena) [arc]

amendment of drawing Zeichnungsänderung *f* [des]
amenity area, high - Landschaftsschutzgebiet *n*
aminoplast Aminoplastkunststoff *m* [met]
aminoplast moulding compound Harnstoffharzformmasse *f* [met]
ammonium elimination Ammoniumelimination *f* [was]
amount of discharged water Abflusssumme *f* [was]
amount of forming Verformungsgrad *m* [met]
amount of heat Wärmemenge *f* [pow]
amount of heat to be dissipated abzuführende Wärmemenge *f* [pow]
amount of lead Vorhaltemaß *n*
amount of material obtained Materialausbeute *f* [met]
amount of oxygen Sauerstoffmenge *f* [was]
amount of sewage Abwassermenge *f* [was]
amount of space verfügbare Fläche *f*
amount of variation permitted zulässige Maßabweichung *f* [des]
amperage Stromstärke *f* [elt]
amphibolite Amphibolit *m* [che]
anaerobic lagoon Erdfaulbecken *n* [was]
anaerobic process anaerobes Verfahren *n* [was]
anaerobic treatment anaerobe Behandlung *f* [was]
anaerobic waste water treatment anaerobe Abwasserreinigung *f* [was]
analogue detector Analogmelder *m* [any]
analyse auswerten *v* [any]; bestimmen *v* (analysieren) [any]; untersuchen *v* [any]
analysis Analyse *f* (Auswertung) [any]; Untersuchung *f* (Chemie) [any]
analysis of materials Materialanalyse *f* [any]
analysis of structural factors Strukturanalyse *f*
analysis of substance Stoffanalyse *f* [any]
analysis of variance Varianzanalyse *f* [any]
analysis of water supplies Trinkwasseruntersuchung *f* [any]
analysis program Untersuchungsprogramm *n* [any]
analysis report Untersuchungsbefund *m* [any]
analysis scale Analysenwaage *f* [any]
analytic procedure Analysenverfahren *n* [any]
analytical balance Analysenwaage *f* [any]
analytical device Analysengerät *n* [any]
analytical instruction Analysenvorschrift *f* [any]
analytical instrument Analysengerät *n* [any]
analytical method Analysenverfahren *m* [any]
analytical procedure Analysenvorschrift *f* [any]
analytical report Analysenbericht *m* [any]
analytical sensitivity Nachweisempfindlichkeit *f* [any]
analyze prüfen *v* (chem. Analyse) [any]
analyzer Analysegerät *n* [any]
analyzer system Analysensystem *n* [any]
anchor Anker *m*
anchor verankern *v*; verankern *v*

anchor agitator Ankermischer *m* [prc]
anchor bar Ankereisen *n*; Verankerungseisen *n*;
Ankerschiene *f* [stb]
anchor block Ankerblock *m* [bon]
anchor body Ankerkörper *m*
anchor bolt Ankerbolzen *m*; Fundamentanker *m*;
Ankerschraube *f*
anchor bolt sleeve Aussparungsrohr *n* (im
Fundament)
anchor boring rig Ankerbohrgerät *n*
anchor box Ankerkasten *m*; Ankerplatte *f*
(kastenförmig)
anchor capacity Ankertragfähigkeit *f*;
Ankertragkraft *f*
anchor chain Schalungskette *f* [bon]
anchor chair Lagerbock *m* (Rohr-Auflager)
anchor channel Ankerschiene *f* [bon]
anchor clamp Ankerhalter *m* (Schalung)
anchor cone Ankerkonus *m* (Schalung)
anchor force Ankerkraft *f* [sik]; Festpunktkraft *f*
anchor head Ankerkopf *m*
anchor head, shaped - kugeliger Ankerkopf *m*
anchor hoist Ankerwinde *f*
anchor hole Ankerloch *n*
anchor joint Ankerknoten *m* (Element gusseiserner
Stützen)
anchor length Ankerlänge *f*
anchor loop Verankerungsring *m*; Einhängeschlaufe
f (Schalung)
anchor lug Ankernocke *f* (Fundament)
anchor mast Abspannmast *m* [stb];
Verankerungsmast *m* [stb]
anchor mortar Ankermörtel *m* [met]; Befestigungsmörtel *m* [met]
anchor nut Annietmutter *f* [tec]
anchor pile Ankerpfahl *m* [tib]; Ankerpfahl *m*
(Tiefgründung) [tib]
anchor plate Ankerplatte *f*; Verankerungsplatte *f*
anchor plate, threaded - Gewindeplatte *f*
anchor point Abspannpunkt *m* (Zeltsystem);
Festpunkt *m*; Verankerungspunkt *m*
anchor point bridge Festpunktbrücke *f*
anchor rail Ankerschiene *f*
anchor ring Ankerring *m*
anchor rope Halteleine *f* [asi]
anchor screw Fundamentschraube *f*
anchor sleeve Ankerhülse *f* (Schalung)
anchor slip Verankerungsschlupf *m* (Spannbeton)
anchor stud Ankerstange *f* (Verbindungsanker)
anchor tenant Magnetmieter *m* (zieht andere Mieter
einer Immobilie an) [eco]
anchor thread Verankerungsgewinde *n* [bon]
anchor tie Ankereisen *n*
anchor tie rod Ankerstab *m* (Schalung)
anchor tie yoke Spannerwelle *f* (Schalung) [bon]
anchor tower Verankerungsmast *m* [stb]

anchor trench Ankergraben *m* (Deponie); Einbindegraben *m* (Deponie) [rec]
anchor wale Spannprofil *n* (Schalung) [bon]
anchor wall Ankerwand *f* (Spundwand)
anchorage Sicherung durch Anseilen *f* (Arbeitsschutz) [wer]; Verankerung *f* (Befestigung)
anchorage against falls from height Sicherung
durch Anseilen *f* [asi]
anchorage bond Verankerung *f* [bon]
anchorage fixture Spannanker *m*
anchorage length Verankerungslänge *f*
anchorage pier Verankerungspfeiler *m* (Brücke)
anchorage point Festpunkt *m* (für Verrohrung mit
thermischer Ausdehnung) [des]
anchorage system Verankerungssystem *n*
(Spannbeton)
anchored sheet-pile wall verankerte Spundwand *f*
anchoring Verankerung *f*
anchoring by friction Reibungsverankerung *f*
anchoring clip Befestigungsklemme *f*;
Verankerungsklammer *f*
anchoring cone Verankerungskegel *m*
anchoring force Ankerkraft *f*
anchoring length Verankerungslänge *f*
anchoring mortar Befestigungsmörtel *m* [met]
anchoring point Ankerpunkt *m* (Festpunkt);
Verankerungspunkt *m*
anchoring tendon Ankerzugglied *n*
anchoring tensile force Ankerzugkraft *f*
(DIN 18 800)
ancient monument Gebäude unter Denkmalschutz *n*
ancillaries Zubehör *n*
ancillary area Nebenfläche *f* (Grundstück) [com]
ancillary building Hilfsgebäude *n*; Nebengebäude *n*
ancillary building trade Baunebengewerbe *n*
ancillary entrance Nebeneingang *m*
ancillary expenses Nebenkosten *pl* (z.B.
Mietnebenkosten) [eco]
ancillary plant Nebenanlage *f* [wer]
ancillary staff Hilfspersonal *n* [wer]
anemometer Anemometer *n* [any]; Windmesser *m*
[any]
anemometer pylon Windmessmast *m* [any]
anemoscope Windanzeiger *m* [any]
angle bead Eckschutzschiene *f*
angle beam Winkelprofilträger *m*
angle board Schrägbrett *n*
angle brace Kopfband *n*; Kopfband *n*
(Dachkonstruktion); Gerüstbug *m*
angle bracket Eckwinkel *m*
angle butt strap Winkelverlaschung *f*
angle cleat Beiwinkel *m* (DIN 18 800); Längsträgerbeiwinkel *m* [stb]
angle cut Gehrungsschnitt *m* [wer]; Winkelschnitt
m [des]

angle error Winkelfehler *m* [des]
angle float Winkelspachtel *m* [wzg]
angle for stair tower Winkel für Treppenturm *m*
angle gauge Winkelmaß *n* [any]
angle grinder Schleifhexe *f* [wzg]
angle joint Eckstoß *m*
angle lever Winkelhebel *m*
angle measurement Winkelmessung *f* [any]
angle of friction Reibungswinkel *m* [phy]
angle of nip Greifwinkel *m* [tib]
angle of repose Böschungswinkel *m* (Schüttgut) [prc]; natürlicher Böschungswinkel *m*; Schüttwinkel *m* [prc]
angle of roof pitch Dachneigungswinkel *m*
angle of skew Schrägungswinkel *n* [tib]
angle of skin friction Wandreibungswinkel *m*
angle of slope Böschungswinkel *m* (Schüttgut) [prc]; Steigungswinkel *m* [des]
angle of torque Torsionswinkel *m* [phy]
angle of torsion Torsionswinkel *m* [des]
angle of twist Torsionswinkel *m* [phy]
angle of yaw Gierwinkel *m* [des]
angle pole Eckmast *m*
angle precision Winkelgenauigkeit *f* [des]
angle probe Winkelprüfkopf *m* [any]
angle rafter Gratsparren *m*
angle ridge Gratsparren *m*
angle rounded abgerundete Kanten *pl*
angle section Winkelprofíl *n* [met]
angle staff Putzleiste *f*
angle staircase gewinkelte Treppe *f*
angle steel Winkelprofíl *n* [met]
angle stone Eckstein *m*
angle tie Kopfstrebe *f*
angle tower Eckmast *m*
angle trowel Eckkelle *f* [wzg]; Kantenkelle *f* [wzg]
angle, equal leg - gleichschenkliger L-Stahl *m* [met]
angle-second Winkelsekunde *m* (Winkelmaß) [des]
angle-type staircase gewinkelte Treppe *f*
angled winklig
angledozer Böschungserdhobel *m*
angling blade Schrägschild *m* (Planierschild) [tib]; Schwenkschild *m* (Planierschild) [tib]
angular winklig
angular bearing Spurlager *n*
angular correlation Winkelkorrelation *f* [des]
angular deflection Winkelabweichung *f* [des]
angular deviation Winkelabweichung *f* [des]
angular dimension Winkelmaß *n* [des]
angular error Winkelfehler *m* (Vermessung) [any]
angular grinder Winkelschleifer *m* [wzg]
angular grinding machine Winkelschleifer *m* [wzg]
angular measurement Winkelmessung *f* [any]
angular position Winkellage *f* [des]; Winkelstellung *f* [des]

angular position measuring system Winkelmesssystem *n* [any]
angular roller bearing Rollentraglager *n*
angular second Winkelsekunde *m* (Winkelmaß) [des]
angular steel Winkelstahl *m* [met]
angular turn Verschwenkung *f* [com]
angularity Winkelhaltigkeit *f* [des]; Winkeligkeit *f*
anhydrated screed Anhydritestrich *m*
anhydration Wasserentzug *m* [che]
anhydrite wasserfreier Gips *m* [met]
anhydrite floor Anhydrit-Estrich *m*
anhydrite plaster Anhydritbinder *m*
anhydrous wasserfrei [met]
anhydrous calcium sulfate Gipsanhydrid *m* [che]
anhydrous gypsum wasserfreier Gips *m* [met]
anhydrous gypsum plaster Gipsputz *m*; wasserfreier Gips *m* [met]
anhydrous lime Branntkalk *m* [met]; Kalk *m* [met]
aniline dye Teerfarbe *f* [met]
anion exchange Anionenaustausch *m* [prc]
ankle-guard Knöchelschutz *m* [asi]
anneal glühen *v* (Stahl) [met]; tempern *v* (metall. Werkstoff) [met]; vergüten *v* [met]
anneal-lacquered einbrennlackiert [met]
annealed angelassen [met]
annealing Vergütung *f* [met]
annealing colour Einbrennfarbe *f* [met]
annealing resin Einbrennharz *n* [met]
annex Nebengebäude *n*; Erweiterungsbau *m*
annex to a hotel Hotelanbau *m*
annexation Eingemeindung *f*
annexed angegliedert
annual average Jahresdurchschnittswert *m*
annual average value Jahresmittelwert *m*
annual rainfall Jahresniederschlag *m* [wet]; Jahresregenmenge *f* [wet]
annual rent, net - Nettojahresmiete *f* [eco]
annual run-off Jahresabfluss *m* [was]
annual run-off coefficient Jahresabflussbeiwert *m* [was]
annular ringförmig
annular girder Kreisringträger *m*
annular ledge Konsolring *m*
annular section Ringquerschnitt *m* [des]
annular-shaft kiln Ringschachtofen *m* [roh]
annulus circular ring Kreisring *m*
annunciation Gefahrenmeldung *f* [asi]
anodize eloxieren *v* [che]
anodized eloxiert [met]
anodized aluminium eloxiertes Aluminium *n* [met]
anodizing Eloxieren *n* [che]
anoxic anoxisch (anaerob)
ant attack Ameisenfraß *m*
antechamber Vorzimmer *n*
antefix tile Stirnziegel *m*
antehall Vorhalle *f*

anteroom Vorzimmer *n*; Vorraum *m*
anthropomorphic anthropomorph
anti-bandit glass Mehrscheibenverbundglas *n* [met]
anti-blow-back device Rückschlagsicherung *f* [asi]
anti-corrosive coat Rostschutzanstrich *m* [met]
anti-fall guard Absturzsicherung *f* [asi]
anti-gliss rutschfest
anti-graffiti treatment Anti-Graffiti-Behandlung *f*
anti-kick-back device Rückschlagsicherung *f* [asi]
anti-mildew agent Antischimmelmittel *n* [che]
anti-noise measure Schallschutzmaßnahme *f* [aku]
anti-noise shield Lärmschutzwand *f*
anti-snowdrift fence Schneezaun *m*
anti-splash shield Schweißschutzschild *m* (Arbeitsschutz) [wer]
anti-stick agent Trennmittel *n* [met]
antiblocking agent Fließhilfsmittel *n* (Pulver) [met]
anticapillary course kapillarbrechende Schicht *f* [geo]
anticipation of danger Gefahrenvorsorge *f* [asi]
anticompetitive behaviour wettbewerbswidriges Verhalten *n* [eco]
anticondensation ceiling Kondenswasserdecke *f*
anticondensation heater Kondenswasserheizung *f* [pow]
anticorrosion agent Korrosionsschutzmittel *n* [met]
anticorrosion coating Korrosionsschutzbeschichtung *f* [met]; Korrosionsschutzschicht *f* [met]
anticorrosion paint Korrosionsschutzfarbe *f* [met]
anticorrosive korrosionsgeschützt [met]; rostgeschützt [met]
anticorrosive Korrosionsschutzmittel *n* [met]
anticorrosive agent Korrosionsschutzmittel *n* [met]; Rostschutzmittel *n* [met]
anticorrosive coating Korrosionsschutzanstrich *m* [met]; Korrosionsschutzüberzug *m* [met]
anticorrosive paint Korrosionsschutzlack *m* [met]; Rostschutzfarbe *f* [met]
anticorrosive painting Korrosionsschutzanstrich *m* [met]; Rostschutzanstrich *m* [met]
anticorrosive primer Rostschutzgrundierung *n* [met]; Korrosionsschutzgrundierung *f* [met]
anticorrosive varnishing Korrosionsschutzlackierung *f* [met]
antidazzle visor Sonnenblende *f*
antidrumming compound Antidröhnmaterial *n* [aku]
antifall system Fallschutzsystem *n* [asi]
antiflooding device Überlaufsicherung *f* [wba]
antiflooding valve Rückstauverschluss *m* (Sanitär)
antifoam additive Antischaummittel *n* [met]
antifoam agent Antischaummittel *n* [met]
antifoamant Antischaummittel *n* [met]
antifogging agent Antischleiermittel *n* [met]
antifogging eyepiece Klarscheibe *f* (Arbeitsschutz) [wer]; nicht beschlagende Sichtscheibe *f* [asi]

antifogging lens Klarscheibe *f* (Arbeitsschutz) [wer]
antifouling composition Bodenanstrich *m* [met]; Antifäulnisfarbe *f* [met]
antifouling paint pestizidhaltiger Anstrich *m* [met]; bewuchsverhindernde Farbe *f* [met]
antifreeze Gefrierschutzmittel *n* [che]; Frostschutz *m* [met]
antifreeze layer Frostschutzschicht *f*
antifreeze mixture Frotschutzmischung *f* [met]
antifriction metal Weißmetall *n* [met]
antifungal paint pestizidhaltige Farbe *f* [met]
antiglare filter Blendschutzfilter *m* [asi]
antiglare protection Blendschutz *m* [asi]
antioxidant Antioxidans *n* [che]
antiradiation glass Strahlenschutzglas *n* [met]
antireflecting layer Antireflexbelag *m* [met]
antireflection coating Antireflexschicht *f* [met]; Vergütungsschicht *f* [met]
antirot fäulnisbeständig
antirust rostbeständig [met]
antirust coating Rostschutzanstrich *m* [met]
antirust lacquer Rostschutzlack *m* [met]
antirust paint Rostschutzanstrich *m* [met]; Rostschutzfarbe *f* [met]
antirust protection Rostschutz *m* [met]
antiseismic construction erdbebensicherer Bau *m*
antiseptic keimtötendes Mittel *n* [che]
antishatter composition splitterfreies Glas *n* [met]
antiskid gleitsicher
antiskid coating rutschfester Belag *m* [met]
antiskid flooring rutschfester Belag *m*; Sicherheitsbelag *m*
antiskid property Rutschfestigkeit *f* [met]
antislip rutschfest; rutschsicher
antislip coating rutschfester Belag *m* [met]
antislip covering Antirutschbelag *m*; rutschfester Belag *m* [met]
antislip floor covering rutschsicherer Bodenbelag *m*
antislip lagging Reibbelag *m* [met]
antislip nosing Gleitschutzkante *f* (Treppe)
antislip paint rutschhemmende Farbe *f* (Bodenfarbe) [met]
antislip stud Gleitschutzstollen *m* (an Schuhen) [asi]
antisolar glass Strahlenschutzglas *n* [met]
antisplash hood Spritzschutzhaube *f* [asi]
antistatic coating Antistatikbelag *m* (Kunststoff) [met]
antistatic finish antistatische Ausrüstung *f* (von Sicherheitskleidung) [met]
antistatic finishing antistatische Ausrüstung *f* [met]
antistatic floor covering antistatischer Fußbodenbelag *m* [met]
antistatic flooring antistatischer Fußbodenbelag *m* [met]
antistatic footwear antistatisches Schuhwerk *n* [asi]

antistatic treatment antistatische Behandlung *f* (von
Sicherheitskleidung) [met]
antistorm glazing Sturmschutzverglasung *f*
antisun glass Sonnenschutzglas *n* [met]
antithetical building Kontrastbau *m* (Bauästhetik)
[arc]
antivibrating support schwingungsdämpfendes
Fundament *n*
antiwear verschleißhemmend [met]
apartment Etagenwohnung *f*; Wohnung *f*
apartment block Apartmenthaus *n*; Wohnblock *m*
apartment building Wohngebäude *n*; Wohnhaus *n*
apartment house Mehrfamilienhaus *n*; Mietshaus *n*
(<A>)
APC (air pollution control) Luftreinhaltung *f* [air]
aperture Aussparung *f*
aperture size Maschenweite *f* [any]
apex First *m*; Knotenpunkt *m* (Stahlbau: Fachwerk);
Scheitel *m*; Scheitelpunkt *m*
apex angle Scheitelwinkel *m*; Spitzenwinkel *m*
apex pressure Scheiteldruck *m*
apex stone Scheitelstein *m*
apparatus inlet-plug Gerätestecker *m* [elt]
apparatus switch Geräteschalter *m* [elt]
apparent damage offensichtlicher Schaden *m*
apparent density Rüttelgewicht *n* [met];
Schüttgewicht *n* [met]; Schüttdichte *f* [met]
apparent velocity Filtergeschwindigkeit *f*
(Hydrologie) [was]
appearance of a place Ortsbild *n*
appearance of colour Erscheinungsfarbe *f*
appearance of the fracture Bruchgefüge *n* [met]
appearance of the street Straßenbild *n* [com]
appliance duct Gerätekanal *m* [tga]
appliance terminal Geräteklemme *f* [elt]
applicability Verwendbarkeit *f*
application Auftrag *m* (Farbe); Bewerbung *f* [eco];
Verwendung *f*; Zweckbestimmung *f*
application by brushing Aufstreichen *n* (Anstrich,
u.a.); Pinselauftrag *m* (Anstrich, u.a.)
application example Anwendungsbeispiel *n*
application for construction permit Bauantrag *m*
application form Antragsformular *n*
application of load Lastaufbringung *f* [phy]
application of materials Aufbringen von Material *n*
(Boden) [geo]
application of solar energy Solarenergieanwendung
f [pow]
application period Bewerbungsfrist *f* [eco]
application process Bewerbungsverfahren *n* (- um
Auftrag) [eco]
application technique Anwendungstechnik *f*
application temperature Anwendungstemperatur *f*
application to soil Bodenauftrag *m* (Aufbringung
auf den Boden) [geo]
application-oriented anwendungsbezogen

application-specific anwenderspezifisch
applied acoustics technische Akustik *f* [aku]
applied column eingebundene Säule *f*; Wandsäule *f*
[arc]
applied current eingespeister Strom *m* [elt]
applied power zugeführte Leistung *f* [pow]
applied voltage angelegte Spannung *f* [elt]
apply anwenden *v*; aufbringen *v* [wer]
apply load factors gewogene Sicherheitsfaktoren
anwenden [des]
apply to ... auftragen *v* (Putz, u.a.); gelten für ... *v*
apply voltage Spannung anlegen *v* [elt]
appointed date, main - Ecktermin *m*
apportion by weight nach Gewicht zuteilen *v*
apportioning device, heat costs -
Heizkostenverteiler *m* [pow]
apportionment Umlage *f* [eco]
appraisal and processing of the proposal
Angebotsbearbeitung *f* [eco]
appraisal drawing Prüfzeichnung *f* [des]
appraisal of bids Wertung der Angebote *f* [eco]
appraisal of the existing site Bestandsaufnahme *f*
(Baustelle)
appraisal of the location Standortanalyse *f* [bon]
appraisal of the urban context Stadtbildanalyse *f*
approach Zubringer *m* (Straße) [tra]; Auffahrt *f*
[tra]; Rampe *f* (Brücken-); Zubringerstraße *f* [tra];
Zufahrt *f* (für Fahrzeuge) [tra]
approach bridge Rampenbrücke *f*; Vorlandbrücke
f; Zufahrtsbrücke *f* [tra]
approach lane Einflugschneise *f* [tra]
approach path Einflugschneise *f* [tra]
approach ramp Auffahrtrampe *f* (zu Gebäuden);
Zufahrtsrampe *f*
approach road Anfahrtsweg *m* [tib]; Zufahrtsstraße
f [tra]
approach span Rampenspannweite *f*; Seitenöffnung *f*
approach switch Näherungsschalter *m* [elt]
approach trench offene Baugrube *f*
approach tunnel Zugangstunnel *m* [tra]
appropriateness of design Angemessenheit der
Planung *f*; Eignung der Planung *f*
approval Genehmigung *f* (Freigabe); Zulassung *f*
(Freigabe)
**approval and planning of the implementation
phase** Genehmigungs- und Ausführungsplanung *f*
[des]
approval drawing Genehmigungszeichnung *f*
(Bauzeichnung) [des]
approval mark Genehmigungsvermerk *m* (Stempel
etc.)
approval of design Bauartzulassung *f* [des]
approval planning Genehmigungsplanung *f* [des];
Genehmigungsplanung *f* [jur]
approval test Zulassungsprüfung *f* [any]

approval testing procedure Zulassungsprüfung *f* [any]

approved by ... genehmigt von ...

approved drawing Genehmigungszeichnung *f* (Bauzeichnung) [des]

approving authority Genehmigungsbehörde *f* [jur]

approximate determination näherungsweise Bestimmung *f*

approximate value Näherungswert *m* [mat]; Richtwert *m* [mat]

approximating pick-up Näherungsschalter *m* [elt]

appurtenances of a plot Zubehör eines Grundstücks *n*

appurtenant works Nebenarbeiten *pl*

apron Schürze *f* (Radscrapper); Schutzschicht *f* (gegen Unterspülung) [was]

apron conveyor Plattenbandförderer *m* [prc]

apron flashing Maueranschlussstück *n*

apron lift Schürzenhub *m* (Scraper)

apron opening Schürzenöffnung *f* (Scraper)

apron plate Schleppblech *n* (über einer Dehnungsfuge)

apron strip Schürze *f*

apron wall Skelettausfachung *f* (zwischen Fenstersturz und Fensterbank des oberen Geschosses)

apron-type feeder Aufgabeplattenband *n*; Plattenbandspeiser *m*

apse Apsis *f* (Kirche: historisch) [arc]

aquatic acidification Übersäuerung des Wassers *f* [was]

aquatic environment Gewässer *pl* [was]

aqueduct Aquädukt *n*; Wasserleitungsbrücke *f* [wba]

aqueous wässrig

aqueous corrosion Feuchtigkeitskorrosion *f* [met]

aqueous medium wässriges Medium *n*

aqueous solution wässrige Lösung *f* [che]

aquifer Aquifer *m* [was]; Grundwasserleiter *m* [was]; wasserführende Schicht *f* [was]

aquifer water Schichtenwasser *n* (Grundwasser) [was]

aquiferous wasserführend [geo]

arabesque Arabeske *f* (Baukunst: Dekoration) [arc]

arable land Kulturboden *m* [geo]

aramide fibre Aramidfaser *f* [met]

arbitration procedure schiedsrichterliches Verfahren *n* [jur]

arbour Laube *f*; Pergola *f*

arc intersection method Bogenschnitt *m* (Vermessung) [any]

arc of circle Kreisbogen *m* [des]

arc welding with covered electrode, manual - Lichtbogenhandschweißen *n* [wer]

arc welding, shielded - Schutzgasschweißen *n* [wer]

arc welding, shielded metal - CO_2-Schweißen *n* [wer]

arcade Bogengang *m*; Arkade *f*; Galerie *f* [arc]; Passage *f* (Gebäude)

arcade arch, round - Rundarkade *f* (mittelalterliche Kirche: Rundbogen) [arc]

arcade pier Hauptschiffpfeiler *m* (in gotischen Kirchen) [arc]

arcade rib Arkadenrippe *f* (Gebäude)

arcaded court Arkadenhof *m*

arcaded window Arkadenfenster *n*

arch Bogengewölbe *n* [arc]; Gewölbe *n*; Joch *n*; Bogen *m* (Bauwerk); Brückenbogen *m*; Torbogen *m*; Wölbung *f*

arch wölben *v*

arch axis Bogenachse *f* [des]

arch band Transversalbogen *m*

arch beam Bogenträger *m*

arch bearing Bogenlager *n*

arch bond Bogenverband *m*

arch boom Bogengurt *m*

arch brick Bogenziegel *m*

arch bridge Bogenbrücke *f*

arch bridge, braced - Fachwerkbogenbrücke *f*

arch casing Bogenverschalung *f*

arch chord Bogensehne *f*

arch cutting Verschneidung *f* (Gratbildung bei Gewölben) [arc]

arch dam Bogenstaudamm *m* [wba]; Bogenstaumauer *f*; gekrümmte Staumauer *f* [was]

arch dam, constant angle - Bogenstaumauer mit Festwinkel *f*; Gleichwinkelmauer *f*

arch depth Bogenkonstruktionshöhe *f*

arch formation Brückenbildung *f* (in Silos) [prc]

arch girder Bogenträger *m*

arch gravity dam Bogengewichtssperre *f* [wba]; Bogengewichtsstaumauer *f* [wba]

arch lining Bogenfutter *n*

arch of a vault Gewölbebogen *m*

arch of bridge Brückenbogen *m*

arch of the vault Gewölbebogen *m*

arch panel Bogenfeld *n* (in Bogenbrücke) [stb]

arch pier Bogenpfeiler *m*

arch rib Bogenrippe *f*

arch rise Bogenhöhe *f*

arch slab Bogenscheibe *f*

arch span Bogenspannweite *f*

arch spillway Bogenüberlauf *m* [wba]

arch stay Bogenaussteifungselement *n*

arch stiffening Bogenaussteifung *f*

arch stone Gewölbestein *m*; Keilstein *m*

arch support Traggewölbe *n*

arch thrust Bogenschub *m*

arch truss Bogenfachwerk *n*; Bogenträger *m* [stb]

arch with tie rod Bogen mit Zugband *m* [sik]

arch, fixed - eingespannter Bogen *m* (Bauwerk)

arch, semi-circular - Rundbogen *m*
arch, solid-web - Vollwandbogen *m* [stb]
arch-like bogenförmig
arched bogenartig; bogenförmig; gebogen
arched beam bridge Bogenbrücke *f*
arched boom Bogenflansch *m*; Bogengurt *m*
arched bridge Bogenbrücke *f*; gewölbte Brücke *f*;
   Voutenbrücke *f*
arched buttress Strebebogen *m* (Gotik) [arc]
arched doorway Bogentür *f* (Renaissance) [arc]
arched floor gewölbte Decke *f*
arched girder Bogenträger *m*; Bogenträger *m*
arched niche Nischenbogen *m* (Renaissance) [arc]
arched recess Bogennische *f*
arched roof Deckengewölbe *n*
arched staircase Bogentreppe *f*
arched tile Bogenstein *m*
arched trough bridge Bogenbrücke mit eingehängter Fahrbahn *f*
arched window Bogenfenster *n*
arching Überwölben *n*; Brückenbildung *f* (in Silos)
   [prc]
arching effect Bogenwirkung *f*
architect Architekt *m*; Baumeister *m* (Architekt);
   Architektin *f*
architect in charge ausführender Architekt *m*
architect's contract Architektenvertrag *m* [arc]
architect's office Architektenbüro *n*
architect's plan Bauentwurf *m* [des]; Bauplan *m*
   [des]
architect's plans, according to the .. gemäß
   Architektenplanung [arc]; nach Planung des
   Architekten [arc]
architectonic bautechnisch
architects' fee Architektengebühr *f* [eco]
architects' partnership Architektengesellschaft *f*
architectural architektonisch; baulich
architectural acoustics Bauakustik *f* [aku]
architectural barrier bauliche Barriere *f* (für
   Behinderte); Zugangshürde *f* (für Behinderte)
architectural ceramics Baukeramik *f*
architectural coating Gebäudeaußenanstrich *m*
architectural competition Architektenwettbewerb
   m [arc]
architectural concrete Architekturbeton *m* [bon]
architectural concrete, cast-in-place -
   architektonischer Ortbeton *m* [bon]
architectural design architektonische Gestaltung *f*
   [arc]
architectural detail Stilelement *n*
architectural drawing Architektenzeichnung *f*
   [des]; Bauzeichnung *f* [des]
architectural element Stilelement *n*
architectural feature Gestaltungsfaktor *m*
architectural firm Architekturbüro *n* (Gruppe von
   Architekten)

architectural glass Bauglas *n* [met]
architectural monument Baudenkmal *n*
architectural monument protection
   Denkmalschutz *m* (baulicher -)
architectural office Architekturbüro *n* [arc]
architectural quality Architekturqualität *f* [arc]
architectural service Architektenleistung *f* [arc]
architectural style Bauweise *f* (Baustil)
architectural unit architektonische Einheit *f*
architectural volume umbauter Raum *m*
architectural woodwork architektonische Holzarbeiten *pl* [arc]
architecture Architektur *f*; Baukunst *f* [arc]
architecture of the renaissance Renaissancearchitektur *f* [arc]
architecture student Architekturstudent *m*
architecture, classical - klassische Architektur *f*
architecture, colonial - koloniale Architektur *f*
architecture, contemporary - zeitgenössische
   Architektur *f*
architecture, early modern - frühmoderne
   Architektur *f*
architecture, modern - moderne Architektur *f*
architecture, neo-classical - neoklassische
   Architektur *f*
architecture, postmodern - postmoderne
   Architektur *f*
architrave Architrav *m* (Tempelbau) [arc];
   Türstock *m*; Zarge *f* (Tür-)
architrave block Sockel *m*
architrave trunking Hohlzarge *f*
archivolt Archivolte *f* (Bogen) [arc]
archway Torbogen *m*
area Gelände *n* (Gebiet) [geo]; Grundfläche *f*
   (Gelände, Gebiet)
area contaminated by dust staubbelasteter
   Bereich *m*
area covered by a binding land-use plan
   Bebauungsplangebiet *n*
area covered in the survey Untersuchungsgebiet *n*
area designated by a binding land-use plan
   Geltungsbereich eines Bebauungsplans *m*
area development Erschließung *f* (Vorgang,
   regional); Gebietsentwicklung *f* (aktive
   Entwicklung)
area development plan Bauleitplan *m*
area force Flächenkraft *f* [phy]
area load Flächenlast *f* [sik]
area load, distributed - Flächenlast *f* [sik]
area measuring Flächenmessung *f* [any]
area moment Flächenmoment *n* [phy]
area of a stirrup Querschnitt eines Bügels *f*
area of catchment Entnahmegebiet *n* (Wasserentnahme) [was]
area of compressive reinforcement Querschnitt der
   Druckbewehrung *f* [bon]

area of concrete Betonquerschnitt *m* [bon]
area of greenery Grünfläche *f* [com]
area of moments Momentenfläche *f* [phy]
area of potential pollution Verdachtsfläche *f* [geo]
area of reinforcement Stahlquerschnitt *m* (in Stahlbeton)
area of tensile reinforcement Querschnitt der Zugbewehrung *m* [bon]
area of the core Kernquerschnitt *m*; Kernquerschnitt *m*
area of the survey Untersuchungsgebiet *n*
area of traffic concentration Verkehrsballungsraum *m* [tra]
area planning Raumplanung *f*; Regionalplanung *f*
area preserving flächentreu [des]
area rehabilitation Flächensanierung *f* (für Gebäude)
area source of noise Flächenschallquelle *f* [aku]
area specified Flächenangabe *f* [des]
area surveillance Geländeüberwachung *f* (Sicherheitstechnik)
area to be monitored Überwachungsbereich *m* (Sicherheitstechnik) [asi]; Überwachungsfläche *f* (Sicherheitstechnik) [asi]
area utilization Flächennutzung *f* [com]
area with small housing units Kleinsiedlungsgebiet *n* [com]
areas of performance Leistungsbereiche *pl*
areaway Vorplatz *m* [arc]
arenaceous sandig [met]
arenaceous limestone Kalksandstein *m* [met]
arenaceous rocks Sandgestein *n* [geo]
arenaceous shale Quarzschieferton *m* [geo]
argillaceous lehmig [geo]; tonhaltig [geo]
argillaceous cement Tonsubstanz *f* [geo]
argillaceous marl Tonmergel *m* [met]
argillaceous rock Tongestein *n* [geo]
argillaceous sandstone Tonsandstein *m* [geo]
argillaceous slate Tonschiefer *m* [geo]
argillaceous soil Tonboden *m* [geo]
argilloid tonartig [met]
arid land Trockengebiet *n* [geo]
aridisol soil Trockenboden *m* [geo]
arm guard Armschutz *m* [asi]
arm protection Armschutz *m* [asi]
arm protector Armschützer *m* [asi]
armature Beschlag *m* (Bauteil)
armature iron Ankereisen *n* [met]
armature winding Ankerwicklung *f* [elt]
armour Armierung *f* [bon]; Bewehrung *f* [bon]
armour bewehren *v*
armour coat doppelte Oberflächenbehandlung *f* (Straßenbau)
armour plate Panzerblech *n*; Panzerplatte *f* [met]
armour-plate glass Panzerglas *n* [met]; Sicherheitsglas *n* [met]

armour-plating Panzerung *f* [met]
armoured bewehrt
armoured concrete armierter Beton *m* [bon]; Eisenbeton *m* [bon]; Panzerbeton *m* [bon]; Stahlbeton *m* [bon]
armoured door Objektschutztür *f* (Sicherheitstechnik); Panzertür *f* (Sicherheitstechnik)
armoured glass Drahtglas *n* [met]; Panzerglas *n* [met]
armouring Abpflasterung *f*; Armierung *f* [bon]; Bewehrung *f* [bon]
armouring steel Bewehrungsstahl *m* [bon]
arrange in series hintereinander anordnen *v*
arrangement Aufbau *m* (Anordnung); Anordnung *f* (Aufstellung); Aufstellung *f* (Anordnung); Ausgestaltung *f*; Gestaltung *f*
arrangement drawing Anordnungsplan *m* [des]; Anordnungszeichnung *f* [des]; Dispositionszeichnung *f* [des]
arrangement of spacing Pfahlanordnung *f*
arrester Blitzschutz *m* [elt]
arresting device Arretierung *f* (Halteeinrichtung)
arresting line Halteleine *f* [asi]
arrestor Hubunterbrechungseinrichtung *f* (Arbeitsschutz) [wer]
arrestor device Hubunterbrechungseinrichtung *f* [asi]
arris Dachgrat *m*; Grat *m* (Dach); Fugenkante *f*; Gratlinie *f*; Kante *f* (Mauerwerk)
arris beam Gratbalken *m*
arris cover strip Kantenschutzleiste *f*
arris moulding Kehlung *f* [arc]
arris rounded Kanten abgerundet *pl*
arrival hall Ankunftshalle *f* (Flughafen) [tra]
arrival siding Einfahrgleis *n* (Bahn) [tra]
arrival track Einfahrgleis *n* (Bahn) [tra]
arrow loop Schießscharte *f* (historisch)
arsenical pyrites Arsenkies *m* [che]
art Kunst *f*
art of urban development Stadtbaukunst *f* [arc]
arterial highway Hauptverkehrsstraße *f* (<A>) [tra]
arterial motorway Hauptverkehrsstraße *f* (<B>) [tra]
arterial railroad Hauptstrecke *f* (<A> Bahn) [tra]
arterial road Fernstraße *f* [tra]; Hauptverkehrsstraße *f* [tra]; Verkehrsader *f* [tra]
arterial route Hauptverkehrsader *f* [tra]
arterial street Verkehrsader *f* [tra]
articulated gelenkig
articulated beam Gelenkträger *m*
articulated buttress dam Pfeilerstaumauer *f* (mit gelenkiger Aussteifung) [wba]
articulated connection Gelenkverbindung *f*
articulated corner Gelenkecke *f*
articulated girder gegliederter Träger *m*; Gelenkträger *m*

articulated joint Kippgelenk *n* (Schalung)
articulated loader Knicklader *m*
articulated lorry Fernlastzug *m* [tra]
articulated pipe Gelenkrohr *n* [prc]
articulated purlin Gelenkpfette *f*
articulated waler Gelenkriegel *m* (Schalung)
articulation Gelenkverbindung *f*
artificial künstlich; synthetisch
artificial ageing künstliches Altern *n* [met]
artificial barrier künstliche Barriere *f* (Deponie)
[rec]
artificial consolidation künstliche Bodenverdichtung *f* [geo]
artificial daylight künstliches Tageslicht *n*
artificial dyke künstlicher Damm *m* [wba]
artificial fibre Kunstfaser *f* [met]
artificial fortification künstliche Befestigung *f*
artificial lake Staubecken *n* [wba]; künstlicher See
m [wba]; Stausee *m* [wba]
artificial light Kunstlicht *n* [elt]
artificial lighting künstliche Beleuchtung *f*
artificial resin Kunstharz *n* [met]
artificial river regulation Flussregulierung *f* [wba]
artificial seasoning künstliche Holztrocknung *f*
[roh]
artificial stone Kunststein *m* (Baustein) [met]
artificial weathering künstliche Bewitterung *f*
artist's impression Modellskizze *f* [des]
artistic monument Kunstdenkmal *n*
as-built drawing Bestandszeichnung *f* [des];
Revisionszeichnung *f* [des]
as-built map Bestandskarte *f*
as-built plan Bestandsplan *m*
as-completed drawing Revisionszeichnung *f* [des]
as-constructed drawing Baubestandsplan *m*;
Baubestandszeichnung *f*
as-is plan Bestandsplan *m* [des]
asbestiform asbestartig [che]
asbestoid asbestartig [che]
asbestos Asbest *m* [met]
asbestos board Asbestpappe *f* [met]
asbestos cement Asbestbeton *m* [bon]; Asbestzement *m* [met]
asbestos cloth Asbestgewebe *n* [met]
asbestos concrete Asbestbeton *m* [bon]
asbestos contamination Asbestverseuchung *f*
asbestos cord Asbestschnur *f* [met]
asbestos disposal Asbestentsorgung *f* [rec]
asbestos encapsulation Asbestversiegelung *f*
asbestos fabric Asbestgewebe *n* [met]
asbestos fibre Asbestfaser *f* [met]
asbestos millboard Asbestpappe *f* [met]
asbestos mortar Asbestmörtel *m* [met]
asbestos repair Asbestsanierung *f* [rec]
asbestos rope Asbestschnur *f* [met]
asbestos slate Asbestschiefer *m* [met]

asbestos string Asbestschnur *f* [met]
asbestos textile Asbestgewebe *n* [met]
asbestos wallboard Asbestwandplatte *f*
asbestos-cement pipe Asbestzementrohr *n* [met];
Zementasbestrohr *n* [met]
asbestos-cement sheet Asbestzementplatte *f* [met]
asbestos-foamed concrete Asbestschaumbeton *m*
[bon]
asbestos-free asbestfrei [met]
asbestous asbestartig [che]
ascending main Steigleitung *f* [was]
aseismic design erdbebensichere Ausführung *f*
ash can Aschebehälter *m* [rec]
ash disposal Aschebeseitigung *f* [rec]
ashlar Quaderstein *m* [met]; Verblendstein *m*
ashlar facing Steinverblendung *f*
ashlar masonry Quadermauerwerk *n* (historisch)
ashlar post Dachstütze *f*
ashlar rock Quaderstein *m*
ashlar stone Quaderstein *m*
ashy shale Aschenschieferton *m* [met]
asphalt Bitumen *n* [met]; Asphalt *m* [met]
asphalt asphaltieren *v* [tib]
asphalt application Asphaltierung *f*
asphalt armouring Asphaltbewehrung *f* [tib]
asphalt boiler Asphaltkocher *m*
asphalt carpet Asphaltbelag *m*
asphalt chippings Asphaltsplitt *m* [met]; Bitumensplitt *m* [met]
asphalt coat Asphaltanstrich *m* [met]
asphalt coating, acid-resistant - säurefester
Asphaltanstrich *m* [met]
asphalt concrete Asphaltbeton *m* [met]
asphalt covering Asphaltabdeckung *f* [tib]
asphalt deposit Asphaltvorkommen *n* [roh]
asphalt felt Dachpappe *f* [met]
asphalt filler Bitumen-Fugenfüller *m* [met]
asphalt heater-planer Heißplaniermaschine *f*
(Straßenbau) [tib]
asphalt layer Asphaltschicht *f* [tib]
asphalt lining Asphaltanstrich *m* [met]
asphalt mastic Asphaltkitt *m* [met]; Asphaltmastix
m [met]
asphalt meal Asphaltmehl *n* [met]
asphalt membrane Bitumen-Dichtungshaut *f*
asphalt pavement Asphaltdecke *f*
asphalt paving Asphaltieren *n* [tib]; Bitumenstraßenbau *m* [tib]
asphalt reinforcement Asphaltarmierung *f* [tib]
asphalt road construction Asphaltstraßenbau *m*
[tib]
asphalt rock Asphaltgestein *n* [met]
asphalt roofing surfaced with mineral granules
Bitumendachpappe mit Mineralkornabstreuung *f*
[met]
asphalt sheeting Bitumenschweißbahn *f* [met]

asphalt shingle Asphaltschindel *f*
asphalt spot Schadstelle im Asphalt *f* (Straßenbelag) [tib]
asphalt spray pump Bitumensprengpumpe *f*
asphalt surface heater Asphaltdeckenerhitzer *m*
asphalt surface treatment Oberflächenbehandlung mit Bitumen *f*
asphalt surfacing Asphaltbelag *m*; Deckasphaltschicht *f*
asphalt tar Asphaltteer *m* [met]
asphalt underseal Bitumenunterpressung *f* [tib]
asphalt work Asphaltarbeiten *pl*
asphalt-aggregate mixture Bitumen-Mineral-Gemisch *n* [met]; bituminöse Mineralmasse *f* [met]
asphalt-bearing asphalthaltig
asphalt-coated bitumenüberzogen [met]
asphalt-impregnated bitumengetränkt [met]
asphalt-impregnated limestone bituminöser Kalkstein *m* [met]
asphalt-saturated asphaltimprägniert [met]
asphalt-saturated paper Bitumenpapier *n*
asphalted asphaltiert; geteert [met]
asphalted cardboard Dachpappe *f* [met]
asphaltic asphaltartig [met]; bituminös [met]
asphaltic binder Asphaltbinder *m* [met]; Asphaltbinderschicht *f* [met]
asphaltic bitumen Bitumen *n* [met]
asphaltic bitumen membrane Bitumendichtungshaut *f* [met]
asphaltic bitumen pump Bitumenpumpe *f* [tib]
asphaltic cement Straßenbaubitumen *n* [met]; Asphaltzement *m* [met]
asphaltic concrete Asphaltbeton *m* [bon]
asphaltic course Asphaltlage *f* (Straßenbelag) [tib]
asphaltic lining Asphaltauskleidung *f* [met]
asphaltic mortar Asphaltmörtel *m* [met]
asphaltic resin Asphaltharz *n* [met]
asphaltic rock Asphaltgestein *n* [met]; Bergasphalt *n* [roh]
asphaltic sand Asphaltsand *m* [met]
asphaltic screed Gussasphaltestrich *m*
asphalting plant Asphaltmischanlage *f*
asphaltum Asphalt *m* [met]
aspirator Staubmaske *f* [asi]
assay Versuch *m* (Prüfung) [any]; Probe *f* (Probekörper) [any]; Probe *f* (Versuch) [any]; Prüfung *f* (Kontrolle) [any]
assay prüfen *v* (chem. Analyse) [any]
assemble aneinanderfügen *v*; aufbauen *v* (zusammenbauen, montieren); aufrichten *v*; aufstellen *v* (aufbauen); montieren *v*; verlegen *v* (Rohrleitungen)
assembled montiert [wer]; zusammengebaut [wer]
assembled section Schuss *m* (Montageabschnitt)
assembling hall Montagehalle *f*
assembling workshop Montagehalle *f*

assembly Aufbau *m* (Konstruktion, Zusammenbau); Baugruppe *f*
assembly adhesive Montagekleber *m* [met]
assembly bar Montagegabel *f* (Schalung)
assembly bracket Montagebügel *m*
assembly dimension Einbaumaß *n* [des]
assembly drawing Zusammenbauzeichnung *f* [des]; Zusammenstellungszeichnung *f* [des]
assembly edge Montagerand *m*
assembly list Zusammenstellungsliste *f* [des]
assembly method Montagemethode *f* [wer]
assembly mixture Bereitstellungsgemisch *n* [met]
assembly on erection Baustellenmontage *f*
assembly operation Montagevorgang *m*
assembly paste Montagepaste *f* [met]
assembly planning Montageplanung *f* [des]
assembly process Montageverfahren *n* [wer]
assembly room Plenarsaal *m*
assembly schedule Montageplan *m*
assembly shop Montagehalle *f*
assembly strut Montagegerüst *n* [stb]; Montagestütze *f* [stb]
assembly support Montagegerüst *n* [stb]
assessed value Einheitswert *m* (Grundeigentum) [eco]
assessment Prüfung *f* (Beurteilung) [any]
assessment factor Sicherheitsfaktor *m* [asi]
assessment of areas of potential pollution Verdachtsflächenbewertung *f* [geo]
assessment of earth pressure Erddruckansatz *m* [tib]
assessment of the current situation Bestandsaufnahme *f*
assessment of the value of the land Wertermittlung des Grundstücks *f*
assessment of value Ermittlung von Wert *f* [eco]; Wertermittlung *f* [eco]
assessment planning application Entscheidung über ein Baugesuch *f*
assigment of contract Vertragsabtretung *f* [jur]
assignment Einsatz *m* (von Personal, Mitteln, ...)
assignment card Einsatzkarte *f*; Laufkarte *f*
assistant fitter Hilfsmonteur *m* [tga]
associated vibration Begleiterschütterung *f*
assumed load Belastungsannahme *f* [sik]; Lastannahme *f* [sik]
assumed stress approach Schnittkraftansatz *m* [sik]
assurance of payment for building work Sicherung von Bauforderungen *f* [eco]
assurance of quality Qualitätssicherung *f*
astragal Wulst *m*; Aufleistung *f*; Fenstersprosse *f*; Fenstersprosse *f*
asymmetric asymmetrisch
asymmetrical unsymmetrisch
asynchronous motor Asynchronmotor *m* [elt]
at site an Ort und Stelle

athermous wärmeundurchlässig [met]
atmometer Verdunstungsmesser *m* [any]
atmospheric corrosion atmosphärische Korrosion *f* [met]
atmospheric effect Witterungseinfluss *m* [met]
atmospheric effects Witterungseinflüsse *pl* [wer]
atmospheric humidity, relative - relative Luftfeuchte *f* [air]
atmospheric monitoring atmosphärische Überwachung *f* [any]
atmospheric pressure Luftdruck *m* [wet]
atmospheric-pressure steam curing Dampfnachbehandlung *f* (Betonwaren)
atomize zerstäuben *v* [prc]
atomizer Zerstäuber *m* [prc]
atomizing Zerstäubung *f* [prc]
atrium Atrium *n*
attach anmontieren *v*
attached arch Stirnbogen *m* (klassische Fassade) [arc]; Archivolte *f* (klassische Fassade) [arc]
attached column Wandsäule *f* (Baukunst) [arc]
attached gable Blendgiebel *m*; Ziergiebel *m*
attached garage angebaute Garage *f* [tra]
attached house Reihenhaus *n*
attachment drawing Anbauzeichnung *f*
attachment material Befestigungsmaterial *n*
attachment plug Zwischenstecker *m* [elt]
attachments to buildings Anbauten *pl*
attack angreifen *v* (Korrosion) [met]
attack, chemical - chemischer Angriff *m* [che]
attack-resistant glazing angriffshemmende Verglasung *f*
attendant, with an - bewacht
attendant, without an - unbewacht
attention to danger, early - Gefahrenvorsorge
attenuate abdämpfen *v* (Geräusch) [aku]; dämpfen *v* (Schwingung); schwächen *v* (Schall)
attenuated oscillation gedämpfte Schwingung *f* [phy]
attenuation of sound in solids Körperschalldämmung *f* [aku]
attenuation, with poor - dämpfungsarm
attestation of weight Wiegebescheinigung *f* [any]
attic Dachgeschoss *n*; Dachboden *m*; Dachraum *m*; Dachstuhl *m*; Speicher *m* (Dachboden); Bodenkammer *f*; Mansarde *f*
attic apartment Dachwohnung *f* (<A>)
attic flat Dachwohnung *f*; Mansardenwohnung *f*
attic room Giebelzimmer *n*; Dachkammer *f*; Dachstube *f*
attic space Dachraum *m*
attic storey Dachgeschoss *n*
attic ventilator Dachventilator *m*
attraction Anziehung *f* [phy]
audible akustisch [aku]
audible alarm akustisches Alarmsignal *n* [asi]; akustischer Alarm *m* [asi]

audible alarm device akustisches Alarmgerät *n* [asi]; Hörmelder *m* [asi]
audible alarm unit akustisches Alarmgerät *n* [asi]
audible signal akustisches Rufzeichen *n* [asi]; akustisches Signal *n* [asi]; Schallsignal *n* [asi]
audible signal device akustisches Alarmgerät *n* [asi]
audible warning device akustische Warneinrichtung *f* [asi]
audio alarm akustische Störmeldung *f* [asi]; akustische Warnmeldung *f* [asi]
audit prüfen *v* (kontrollieren) [any]
audit procedure Prüfungsverfahren *n* (Qualitätsmanagement) [any]
audit report Prüfungsbericht *m* (Qualitätsmanagement) [any]
audit result Prüfungsergebnis *n* (Qualitätsmanagement) [any]
auditing standards Prüfungsvorschriften *pl* (Qualitätsmanagement) [any]
auditor's report Prüfungsprotokoll *n* (Qualitätsmanagement) [any]
auditorium Theaterraum *m* [arc]; Theatersaal *m* [arc]; Vortragssaal *m*; Zuschauerraum *m*
auger Erdbohrer *m* [wzg]
auger bit Holzbohrer *m* [wzg]
auger boring Bohrvortrieb *m*; Handdrehbohrung *f*
auger hole Erdbohrloch *n* [geo]
auger sampler Erdbohrer *m* [any]; Spiralbohrer *m* [wer]
augered hole Bohrloch *n*
aureole Mandelform *f* (Gotik) [arc]
austenic steel Austenitstahl *m* [met]
austenite Austenit *m* [met]
austenitic steel Austenitstahl *m* [met]
austenitic structure Austenitgefüge *n* [met]
authority having jurisdiction zuständige Behörde *f*
authorized zuständig
auto-feed automatische Beschickung *f* [prc]
autoclaved lime hochhydraulischer Kalk *m* [met]
autogeneous cutting autogenes Schneiden *n* [wer]
autogeneous welding Autogenschweißen *n* [wer]; Autogenschweißung *f* [wer]
automatic air-conditioning plant automatische Klimaanlage *f* [tga]
automatic brightness control automatische Helligkeitsregelung *f* (ABC) [elt]
automatic circuit breaker Sicherungsautomat *m* [elt]
automatic closed-loop control selbsttätige Regelung *f* [elt]
automatic control automatische Regelung *f* [elt]
automatic controller Wächter *m* [elt]
automatic cut-out Sicherungsautomat *m* [elt]
automatic detection automatischer Nachweis *m* [any]
automatic detector Automatikmelder *m* [any]

automatic discharge Selbstentladung *f* (Batterie) [elt]
automatic door Automatiktür *f* (Gebäude, usw.)
automatic feed automatische Zuführung *f*
automatic fire detection system automatischer Feuermelder *m*
automatic fuse Sicherungsautomat *m* [elt]
automatic gate Automatiktor *n* (Garage, usw.)
automatic phase control automatische Phasenregelung *f* [elt]
automatic sampler automatischer Prober *m* [any]
automatic scanning automatische Abtastung *f* [any]
automatic sprinkler Sprinkler *m* (Brandschutz)
automatic test equipment automatische Prüfeinrichtung *f* (ATE) [any]
automatic water spray Sprinkler *m* (Brandschutz)
automation Automatisierung *f*
automotive electronics Fahrzeugelektronik *f* [elt]
autonomous system Inselnetz *n* [pow]; Inselbetrieb *m* [pow]
auxiliary agent Hilfsstoff *m* [met]
auxiliary building Nebengebäude *n*
auxiliary building costs Baunebenkosten *pl* [eco]
auxiliary circuit Hilfsstromkreis *m* [elt]
auxiliary costs Nebenkosten *pl* [eco]
auxiliary diagonal schräger Hilfsstab *m*
auxiliary dimension Hilfsmaß *n* [des]
auxiliary equipment Zusatzausrüstung *f*
auxiliary facility Zusatzeinrichtung *f*
auxiliary girder Hilfsträger *m*
auxiliary heating Zusatzheizung *f* [pow]
auxiliary lane Nebenfahrspur *f* [tra]
auxiliary material Hilfsstoff *m* [met]
auxiliary member Hilfsstab *m*
auxiliary power busbar Eigenbedarfsschiene *f* [elt]
auxiliary power requirement Eigenbedarfsleistung *f* [elt]
auxiliary power transfer Eigenbedarfsumschaltung *f* [elt]
auxiliary rooms Nebenräume *pl*
auxiliary route Hilfsfahrstraße *f* [tra]
auxiliary sash Doppelfenster *n*; Vorfenster *n*
auxiliary support Hilfsstütze *f*
auxiliary voltage Hilfsspannung *f* [elt]
availability of space Flächenverfügbarkeit *f*
available chlorine bei Umsatz verfügbares Chlor *n* [was]; verfügbares Chlor *n* (bei Umsatz) [was]
available for inspection, be - ausliegen *v* (Dokumente)
available heat Nutzwärme *f* [pow]
available hydrogen freier Wasserstoff *m* [che]
available residual chlorine, combined - gebundenes Chlor *n* (in chem. Verbindung) [was]
available tension aufnehmbare Spannung *f* [sik]

avalanche break Lawinenverbau *m* [tib]
avalanche debris Lawinenschutt *m* [tib]
avalanche protection Lawinenschutz *m*; Lawinenverbau *m*
average discharge mittlere Abflussmenge *f* [was]
average distance mittlerer Abstand *m* [des]
average net rent income Jahresnettomieteinnahmen *pl* [eco]
average rent Durchschnittsmiete *f* [eco]
average roughness Mittenrauwert *m* [met]
average, on - im Durchschnitt
averted vision gezieltes Danebenschauen *n* (zum Erkennen sehr lichtschwacher Objekte) [any]
avoidance concept Vermeidungskonzept *n* [rec]
avoidance of packaging Verpackungsvermeidung *f* [rec]
avoidance of residues Vermeidung von Rückständen *f* [rec]
avoidance of waste Vermeidung von Müll *f* [rec]
avoidance rule Vermeidungsgebot *n* (z.B. Abfallvermeidung) [rec]
award judge Preisrichter *m* (Wettbewerb)
award of contract Auftragsvergabe *f* [eco]; Vergabe *f* [eco]
award of contracts, coherent - einheitliche Vergabe *f* [eco]
award of contracts, free - freihändige Vergabe *f* [eco]
award of public contract öffentliche Auftragsvergabe *f* [eco]
award of public contracts öffentliche Auftragsvergabe *f* [eco]
award of tender Auftragserteilung *f* [eco]
award of the contract Zuschlag *m* (nach Ausschreibung) [eco]
awareness of the risks Gefahrenwahrnehmung *f* [asi]
awarm Verstärkungsblech *n* (zusätzliches Blech) [stb]
awash überspült [was]
awning Sonnensegel *n*; Markise *f*; Plane *f* (Schutzdach)
axi-symmetrical achssymmetrisch [des]
axial armature Längsanker *m*
axial direction Achsrichtung *f* [des]
axial force Längskraft *f* [phy]; zentrische Kraft *f* [des]
axial load Längsbelastung *f* [sik]; mittige Belastung *f* [sik]
axial loading mittige Belastung *f* [sik]
axial member Stab *m* (Holzwerk)
axial pressure mittiger Druck *m*
axial section Axialschnitt *m* (Zahnrad) [des]
axial stiffness Dehnsteifigkeit *f* [sik]
axial stress Längsspannung *f* [met]; mittige Beanspruchung *f* [sik]

axial symmetry Axialsymmetrie *f* [des]
axial thrust mittiger Druck *m* [sik]; axiale
  Druckbelastung *f* [sik]
axis displacement Achsversatz *m* [des]
axis section Längsschnitt *m* (Zeichnung) [des]
axisymmetric rotationssymmetrisch [des]
axle centre Achsmitte *f* [des]
axle spacing Achsstand *m* [des]
axonometric drawing Axonometrie *f* [des]
axonometric section axonometrischer Schnitt *m*
  [des]
azimuth Azimuth *m*; Scheitelkreis *m*

B

B-horizon Einschwemmungshorizont *m* [geo];
  Anreicherungsschicht *f* [geo]
babbitt Weißmetall *n* [met]
babbitt metal Weißmetall *n* [met]
baby compressor Kleinkompressor *m* [prc];
  Kleinverdichter *m* [prc]
back aufstauen *v* (Wasser) [was]
back digger Tieflöffel *m*; Tieflöffelbagger *m* [tib]
back door Hintertür *f*
back down the forms auf der Seitenschalung
  zurückfahren *v* (Betondeckenbau) [bon]
back entrance Hintereingang *m*
back exit Hinterausgang *m*
back façade Hinterfront *f*
back mixing Rückvermischung *f*
back of arch Bogenrücken *m*
back of weld Nahtunterseite *f* [met]
back office Rückraumbüro *n* (Büro für nachrangige
  Funktionen)
back pitch Wurzelmaß *n* [des]; Nietabstand *m* [des]
back putty Auskittung *f*
back rest Stützlager *n*; Gegenständer *m*
back ripper Rückwärtsausreißvorrichtung *f* [tib]
back room Hinterzimmer *n*
back shunt Spitzkehre *f* [tra]
back stairs Hintertreppe *f*
back stop Rücklaufsperre *f* (Sanitär)
back view Rückansicht *f* [des]
back wall Rückwand *f*; Stirnwand *f*
back weld gegengeschweißte Naht *f* [met]
back-caged ladder Leiter mit Rückenschutz *f*
back-gouged ausgefugt (z.B. bearbeiteter Riss)
  [met]
back-ripping Aufreißen bei Rückwärtsfahrt *n* [tib]
back-swamp area Niederungsgebiet *n* (Fluss) [geo]
back-to-back house Reihenhaus *n*
back-welded aufgeschweißt [met]
backacter Tieflöffel *m* [tib]
backfill Versatz *m*; Auffüllung *f*; Hinterfüllung *f*;
  Schüttung *f*; Verfüllung *f*
backfill verfüllen *v*
backfill compactor Grabenverdichter *m* [tib]
backfill compactor, vibratory -
  Grabenvibrationsverdichter *m* [tib]
backfill concrete Füllbeton *m* [bon]
backfill material Verfüllmaterial *n* [met]
backfill rammer Grabenramme *f* [tib]
backfill tamper Grabenstampfer *m* [tib]
backfilled soil angeschütteter Boden *m* [geo]
backfiller Grabenverfüllgerät *n* [tib]; Verfüllgerät
  n; Grabenverfüller *m* [tib]

backfilling Anschütten *n*; Verfüllen *n*; Auffüllung
  f; Hinterfüllung *f*; Verfüllung *f*
backflow Rückströmung *f* [prc]
backflow flap Rückstauklappe *f* [was]
backflush filter Rückspülfilter *m* [was]
backflushing Rückspülung *f* [was]
background knowledge Hintergrundwissen *n*
background noise Grundgeräusch *n* [aku]; Hintergrundgeräusch *n* [aku]; Untergrundgeräusch *n*
  [aku]; Untergrundrauschen *n* [aku]; Umgebungslärm *m* [aku]
backhaul rope Rückziehseil *n* (am Hochlöffel) [tib]
backhoe Grabenbagger *m* [tib]; Tiefbagger *m*
backhoe dipper Tieflöffel *m* (<A>) [tib]
backhoe loader Baggerlader *m* [tib]; Tieflöffellader
  m [tib]
backing Hinterfüllung *f*; Hintermauerung *f*;
  Unterlage *f* (beim Schweißen) [met]
backing brick Hintermauerstein *m*
backing coat Unterputz *m*
backing fabric Grundgewebe *n* [met]
backing fibre Trägergewebe *n* [met]
backing material Grundmaterial *n* (tragendes
  Material) [met]; Verstärkungswerkstoff *m* [met]
backing panel Rückwand *f*
backing strip Versteifungsblech *n* (Reaktor-Liner)
  [met]
backing weld gegengeschweißte Naht *f* [met]
backing-up Rückstau *m* [was]
backmix reactor Kreislaufreaktor *m* [che]
backpressure valve Flammenrückschlagsicherung *f*
  (Brandschutz) [asi]
backsaw Bogensäge *f* [wzg]
backsiphonage rückläufige Heberwirkung *f* [was]
backsiphonage preventer Rückflussverhinderer *m*
  (Sanitär)
backslope Hinterböschung *f* [tib]
backsloper Böschungshobel *m* [tib]
backswamp Hinterwasser *n* [wba]
backup battery Pufferbatterie *f* [elt]
backup post Verstärkungspfosten *m*
backup power supply Notstromversorgung *f* [pow]
backward erosion Rückwärtserosion *f* [geo]
backwash filter Rückspülfilter *m* [was]
backwash tank Rückspülbehälter *m* [was]
backwash water Rückspülwasser *n* [was]
backwashing Rückspülen *n* [prc]; Gegenstromspülung *f* (Filterspülung) [was]; Rückspülung *f*
  (Filterspülung) [was]
backwater Oberwasser *n* [wba]; Rückstauwasser *n*
  [was]; Stau *n* [was]; Unterwasser *n* [wba];
  Rückstau *m* [was]
backwater area Staubereich *m* (Talsperre) [wba]
backwater level Rückstaulinie *f* [wba]
backwater zone Staugebiet *n* [was]
backwoods settlement abgelegene Siedlung *f*

backyard Hinterhof *m*
bacteriological water purification bakteriologische
  Wasserreinigung *f* [was]
bad contact Fehlkontakt *m* [elt]
bad flowing schlecht fließend (Schüttgut) [prc]
bad planning Fehlplanung *f* [des]
badly sound-proofed hellhörig [aku]
badness schlechte Beschaffenheit *f*
baffle Wehr *n* [wba]; Strombrecher *m*; Prallplatte *f*
  [prc]
baffle board Prallwand *f*
baffle breaker Prallblech *n* [was]
baffle brick Abweisstein *m*
baffle plate Fangblech *n* [was]; Ablenkplatte *f*
  [was]; Prallplatte *f* [met]; Stauplatte *f* [was];
  Stauscheibe *f* [was]
baffle sheet Stauscheibe *f* [was]
baffle wall Zwischenwand *f* [wba]
bag conveyor Sackförderer *m* [prc]
bag cutter Sackaufschneider *m* (z.B. an
  Betonmischern)
bag of cement Zementsack *m* [met]
bag packing machine Absackmaschine *f* [prc];
  Einsackmaschine *f* [prc]
bagged cement Sackzement *m* [met]; Sackzement
  m [met]
bagged plaster Spritzputz *m* (mit Sack
  abgeriebener -)
bagging scale Absackwaage *f* [any]; Einsackwaage
  f [any]
bagle Giebel *m*
bail löffeln *v* [tib]; schöpfen *v* [tib]
bailer Schlämmbüchse *f* [tib]
bailer sample Schlämmbüchsenprobe *f* [any]
bailey bridge Behelfsbrücke *f*
bailing drum Löffeltrommel *f* [tib]; Schlämmtrommel *f* [tib]
bailing rope Löffelseil *n* [tib]; Schlämmseil *n* [tib]
bailing tub Schöpfbütte *f* [tib]
bailing well Schöpfsonde *f* [tib]
bake thermisch behandeln *v* [met]
baked finish Einbrennfarbe *f* [met]
baked varnish coat Einbrennfarbe *f* [met]
baked-enamel finish Einbrennlackierung *f* [met]
baking paint Einbrennfarbe *f* (Keramik) [met]
balance Waage *f* [any]; Wiegevorrichtung *f* [any]
balance ausgleichen *v* (Unterschiede)
balance arm Waagebalken *m* [any]
balance beam Waagebalken *m* [any]
balance bridge Klappbrücke *f*
balance condition Gleichgewichtsbedingung *f* [sik]
balance for batching Dosierwaage *f* [any]
balance point Kippkante *f* (Krangewicht)
balance statically statisch wuchten *v* [sik]
balance, static - statisches Gleichgewicht *n* [phy]
balanced symmetrisch

balanced cantilever ausgewogener Doppelkragarm *m*
balanced community Gemeinde mit ausgewogenem
  Verhältnis von Wohn- und Arbeitsstätten *f* [com]
balanced earthwork Erdarbeiten mit Massenausgleich *pl* [tib]
balanced gate Drehschütz *m* [wba]; Gegengewichtsschütz *m* [wba]
balanced sash Kippflügel *m* (Fenster)
balanced spatial development Raumentwicklung,
  ausgewogene - *f* [com]
balancing of masses Massenausgleich *m* (z.B.
  Krangewicht) [phy]
balancing of moments Momentenausgleich *m* [phy]
balancing quantities Massenausgleich *m*
  (Erdarbeiten) [tib]
balancing reservoir Ausgleichbecken *n* [was];
  Ausgleichsbehälter *m* [was]
balancing tank Pufferbecken *n* [was];
  Ausgleichsbehälter *m* [was]
balcony Balkon *m*; Rang *m*; Loggia *f* (Balkon
  auch)
balcony balustrade Balkongeländer *n*
balcony drainage Balkonentwässerung *f*
balcony glazing Balkonverglasung *f*
balcony parapet Balkongeländer *n*
balcony railing Geländer *n*
balcony slab Balkonplatte *f*
balcony stage Balkon *m* (Bühne im Theater) [arc]
baled material Ballenmaterial *n* [met]
baley Hof *m* (auf Burgen) [arc]
balistic separation Schwerkraftauslese *f* [was]
balk Brückenbalken *m*
balkhead Brandschott *n*
ball bearing Punktkipplagerung *f* [stb]
ball flower Ballenblume *f* (Dekoration gotische
  Kirchen) [arc]
ball hardness test Kugeldruckversuch *m* [any]
ball impression hardness Kugeldruckhärte *f* [met]
ball indentation hardness Kugeldruckhärte *f* [met]
ball indentation test Kugeldruckversuch *m* [any]
ball load Kugelfüllung *f* (Kugelmühle) [prc]
ball mill, stirred - Rührwerkskugelmühle *f* [prc]
ball milling Kugelmühlenmahlung *f* [prc]
ball tap Kugelhahn *m* (Wasser) [was]
ball-cock supply valve Schwimmerventil *n* [tga]
ball-peen hammer Hammer mit runder Bahn *m*
  [wzg]
ball-type tap Mischbatterie mit Kugeldichtung *f*
  [tga]
ballast Grobzuschlagstoffe *pl* [met]; Vorschaltgerät
  n (Leuchtstoffröhre) [elt]; Schotter *m* [met];
  Bettung *f* (Gleisoberbau) [tra]; Schotterung *f*
  (Bahn)
ballast aufschottern *v*
ballast bed Schotterbett *n* [tib]

ballast cleaner Bettungsreiniger *n* (Bahn) [tra];
Bettungsreinigungsmaschine *f* (Bahn) [tra]
ballast cleaning Schotterreinigung *f* (Bahn) [tib]
ballast concrete Schotterbeton *m* [tib]
ballast filter Kiesfilter *n* [was]
ballast frame Ballastkasten *m* (Baudrehkran)
ballast pit Schottergrube *f* (Bahn) [tra]
ballast profile Bettungsprofil *n* (Bahn) [tra];
Bettungsquerschnitt *m* (Bahn) [tra]
ballast retainer Schotterbettabschluss *m*
ballast road Schotterstraße *f* [tra]
ballast roadbed Schotterbett *n* [tib]
ballast shoulder Schotterflanke *f* (Bahn) [tib];
Schotterkrone *f* [tib]
ballast underlay Schotterbett *n* (Eisenbahn) [met]
ballast weight Ballastgewicht *n* (Baudrehkran)
ballasted mit Ballast beladen [tib]
ballasting Schotterbett *n* (Bahn) [tib]; Anschüttung *f*
balloon grating Laubsieb *n* (Abfluss)
balloon hangar Holzhalle *f*
balsa wood Leichtholz *n* [met]
baluster Geländerpfosten *m* (Treppe); Geländerstab
m (Treppe)
balustrade Balustrade *f*; Brüstung *f*
balustrade height Brüstungshöhe *f*
ban on alterations Erhaltungsgebot *n* [com]
ban on development Veränderungssperre *f* [com]
band chisel Bandmeißel *m* [wzg]
band conveyor Gurtbandförderer *m* [prc]
band iron Bandeisen *n* [met]
band rope Bandseil *n*
band screen Siebband *n* [was]
band wiper Abstreicher *m* (Bandförderer) [prc];
Abstreifer *m* (Bandförderer) [prc]
band-type sludge scraper Bandräumer *m* (Klärwerk) [was]
banister Geländer *n* (Treppen)
banisters Geländer *n*; Treppengeländer *m*
bank Ufer *n* (Fluss-) [geo]; Erdaufschüttung *f* [tib]
bank aufdämmen *v* [geo]
bank against ... anböschen *v* [tib]
bank defence Uferbefestigung *f* [geo]
bank digging Wallabtrag *m* [tib]
bank erosion Ufererosion *f* [geo]
bank filtrate Uferfiltrat *n* [was]
bank filtration Uferfiltration *f* [was]
bank fixation Uferverbau *m* [wba]
bank gravel Naturkies *m* [met]
bank infiltration Ufereinsickerung *f* [was]
bank material gewachsenes Material *n* [geo];
abzutragender Boden *m* [geo]
bank of boiler tubes Rohrbündel *n* (Kessel) [pow]
bank of ditch Grabenböschung *f* [wba]
bank of the river Flussufer *n* [geo]
bank reinstatement Uferausbesserung *f* (Fluss)
[wba]

bank revetment Ufermauer *f*; Ufersicherung *f*
bank slope Uferböschung *f* [geo]
bank sloping Abböschen *n* [tib]; Böschungsabziehen *n* (mit Straßenhobel) [tib]
bank up andämmen *v*; aufdämmen *v*; aufschütten *v*
bank-filtered water Uferfiltrat *n* [was]
banked earth Anschüttung *f*
banked-up water Stauwasser *n* [wba]
bankhead Buhne *f* (Uferbefestigung) [wba]
banking Aufstauung *f* (Straßenbau); Überhöhung *f*
[geo]
banking curve Staulinie *f* [wba]
banking district Bankenviertel *n* [com]
banking house Bankgebäude *n*
bankside storage ufernahe Speicherung *f* [was]
banquette Bankett *n*; Gehweg *m*
baptistery Baptisterium *n* (Kirchenbau) [arc];
Taufkapelle *f* (Kirchenbau) [arc]
bar Glied *n* (Bewehrung) [bon]; Riegel *m* (Schloss);
Säule *f* (im Säulendiagramm) [des]
bar bender Eisenbieger *m*
bar bolt Stangenriegel *m*
bar chart Säulendiagramm *n* [des]
bar connection Stabanschluss *m*
bar cropper Betonstahlschneidmaschine *f* [bon]
bar cutter Betoneisenschneider *m* (Armierung)
[bon]
bar cutting machine Betonstahlschneidmaschine *f*
[bon]
bar cutting shears Betoneisenschneider *m*
(Armierung) [bon]
bar diameter Stabdurchmesser *m*
bar fastening for gate Türüberwurf *m*
bar feeder Stangenzubringer *n* (Straßenbau) [tib]
bar force Stabkraft *f* [sik]
bar grating Lichtgitterrost *m*
bar joint Stabanschluss *m* [stb]; Stabverbindung *f*
[stb]
bar length Stablänge *f* [des]
bar of arch Bogenstab *m* [bon]
bar reinforcement Stabarmierung *f* [bon]; Stabbewehrung *f* [bon]
bar schedule Stahlliste *f* (Bewehrung)
bar screen Spaltsieb *n* [prc]; Stangensieb *n* [prc];
Grobrechen *m* [was]
bar shear connector Knagge *f*
bar slope Stabablenkung *f* (Rahmenträger)
bar stock Stabstahl *m* [met]
bar weir bewegliches Wehr *n* [wba]
bar-bending list Biegeplan *m* [bon]
bar-bending machine Betonstahlbiegemaschine *f*
[bon]
bar-bending schedule Biegeliste *f* (Bewehrung);
Eisenliste *f* (Bewehrung) [bon]
barbed wire Stacheldraht *m* [met]
barbican Vorwerk *n* (Burg)

bare freilegen *v* [tib]
bare brickwork Rohbau *m*
bare floor Rohdecke *f*
bare ground nackter Boden *m* [geo]
bare-bone house Ausbauhaus *n*
bare-metal condition metallisch blank [met]
barge board Giebelbrett *n* (Holzkonstruktion);
　Ortgangbrett *n*; Stirnbrett *n* (Holzkonstruktion);
　Wetterbrett *n* (Holzkonstruktion)
barium plaster Bariummörtel *m* [met]
barium silicate Bariumsilicat *n* [che]
barking axe Schälbeil *n* [wzg]
barking iron Schäleisen *n* [wzg]
barkometer spindle Spindel *f* (Areometer für die
　Stärke der Lohbrühe) [any]
barn floor Tenne *f* [far]
barometric height Barometerstand *m* [any];
　Barometerhöhe *f* [any]
baroque Barock *m* (Barockstil) [arc]
baroque art Barockkunst *f* [arc]
baroque building Barockbau *m* [arc]
baroque church Barockkirche *f* [arc]
baroque style Barockstil *m* [arc]
barracks Baulager *n*
barrage Stauwerk *n* [wba]; Wehr *n* [wba];
　Staumauer *f* [wba]; Talsperre *f* [wba]
barrage dam Staudamm *m* [wba]; Sperrmauer *f*
　[wba]; Talsperre *f* [wba]
barrage gate Wehrverschluss *m* [wba]
barrage power plant Talsperrenkraftwerk *n*
　[pow]
barrage weir with locks Staustufe *m* [was]
barred vergittert
barred window Gitterfenster *n*
barrel heater Fasserhitzer *m* (für Bitumen,
　Schweröl) [prc]
barrel hoist Fassaufzug *m*
barrel mixer Trommelmischer *m* [prc]
barrel roof Tonnendach *n*
barrel shell Tonnenschale *f*
barrel vault Tonnengewölbe *n* (Baukunst) [arc];
　Kappendecke *f* (Baukunst) [arc]
barrel washing device Fasswaschanlage *f* [prc]
barrel-vaulted roof Tonnendach *n*
barrelling Ausbauchung *f*
barrier Wall *m* [tib]; Grenze *f* (Schwelle);
　Schutzwand *f*; Sperre *f* (Hindernis)
barrier coat Sperrschicht *f* [met]
barrier effect Sperrwirkung *f*
barrier film Sperrschichtfolie *f* [met]
barrier material Sperrschichtmaterial *n* (z.B.
　wasserdichtes Papier) [met]
barrier plate Stautafel *f* [wba]
barrier sheet Zwischenschicht *f* [met]
barrier wall Schallschutzwand *f* (Arbeitsschutz)
　[aku]

basal complex Grundgebirge *n* (kristalliner
　Struktur) [geo]
basalt Basalt *m* [geo]
basalt wool Basaltwolle *f* (Isolierstoff) [met]
basaltic debris Basaltschutt *m* [roh]
basaltic rock Basaltgestein *n* [geo]
basaltic tuff Basalttuff *m* [geo]
bascule bridge Klappbrücke *f*; Wippbrücke *f*
bascule bridge, double-leaf - Doppelklappbrücke *f*
bascule bridge, single-leaf - Klappbrücke *f*
　(einfache -)
base Fundament *n* (Untergrund); Boden *m* (Unter-
　lage); Fundamentsockel *m*; Fuß *m* (Sockel);
　Grund *m* (Gründung); Sockel *m*; Sockel *m* [elt];
　Unterbau *m*; Untersatz *m*; Base *f* [che]; Bezugs-
　größe *f* [any]; Gründung *f* (Fundament); Lauge *f*
　[che]
base area Grundfläche *f* [des]; Sohlfläche *f* [tib]
base board Fußleiste *f*; Sockelleiste *f*
base capacity Grundleistung *f* [pow]
base circuit Grundschaltung *f* [elt]
base coat Grundierung *f* (Anstrich) [met]
base coat of render Unterputz *m*
base compression Bodenpressung *f*
base concrete Tragbeton *m* [bon]
base contact Basisanschluss *m* [elt]
base course Unterbau *m*; obere Tragschicht *f*;
　Sauberkeitsschicht *f* [geo]; Tragschicht *f*;
　Unterbettungsschicht *f* [geo]
base course, bituminous - Asphalttragschicht *f*;
　bituminöse Tragschicht *f* (Straßenbau) [tib]
base course, concrete - Betonsockel *m* [bon]
base cup Bodentasse *f*
base fabric Grundgewebe *n* [met]; Trägergewebe *n*
　(Verstärkung) [met]
base for surface mounting Sockel für
　Aufputzmontage *m* [elt]
base frame Fundamentrahmen *m*
base lacquer Grundlack *m* [met]
base layer Tragschicht *f* [geo]; Unterschicht *f* [met]
base map Erschließungskarte *f*
base material Ausgangsmaterial *n* [met]; Grund-
　material *n* (Trägermaterial) [met]; Grundwerkstoff
　m [met]; Tragdecke *f* (Böden)
base motion Fußpunkterregung *f* (Baumechanik)
base of a column Säulenfuß *m*
base of ballast Bettungssohle *f* (Bahn) [tra]
base of duct Kanalsohle *f* (Fernwärmeleitung)
base of landfill site Deponieplanum *n* [rec]
base part Unterteil *n*
base paver Schotterverteiler *m* [tib]
base plate Säulenfuß *m*; Auflagerplatte *f*;
　Bodenplatte *f*; Bodenplatte *f* (Fundament);
　Fundamentplatte *f*; Fußplatte *f* (von Säule);
　Tragplatte *f*
base power Grundleistung *f* [pow]

base pressure Sohldruck *m* [gco]; Sohlpressung *f* [geo]

base primer Untergrundhärter *m* [met]

base product Ausgangsprodukt *n* [met]

base radius Grundkreisradius *m* [des]

base rent Basismiete *f* [eco]

base run Wurzellage *f* (Schweißen) [met]

base sealing Basisabdichtung *f*

base slab Fundamentplatte *f*; Grundplatte *f*

base structure Unterkonstruktion *f*

base surface, increase in - Grundflächenzuwachs *m* [des]

base terminal Basisanschluss *m* [elt]

base wall Grundmauer *f*

base wall protection Grundmauerschutz *m*

base width Basisbreite *f* (einer Hochwasser-ganglinie) [wba]

base-board duct Sockelleistenkanal *m* [tga]

base-coat mortar Armierungsmörtel *m* [met]

base-load Grundlast *f* [pow]

base-load duty Grundlastbetrieb *m* [pow]

base-load operation Grundlastbetrieb *m* [pow]

base-load performance Grundlastleistung *f* [pow]

base-load power station Grundlastkraftwerk *n* [pow]

baseline Bezugslinie *f* [des]; Hauptachse *f* [des]

basement Fundament *n* (Gründung); Kellergeschoss *n*; Souterrain *n*; Tiefgeschoss *n*; Untergeschoss *n*; Grund *m* (Gründung); Keller *m* (Kellergeschoss); Gründung *f* (Fundament); Grundmauer *f*

basement boiler room Heizungskeller *m*

basement car park Tiefgarage *f* (im Keller-geschoss)

basement dewatering pump Kellerentwässerungs-pumpe *f* [was]

basement door Kellertür *f*

basement drainage Kellerentwässerung *f*

basement dwelling unit Kellerwohnung *f*

basement excavation Baugrubenaushub *m*

basement flat Kellerwohnung *f*

basement floor Kellerboden *m*

basement floors Geschosse unter der Erde *pl*

basement foundation Kellergründung *f*

basement height Kellerhöhe *f*

basement level Kellerniveau *n*

basement masonry wall Kellermauerwerk *n*

basement reservoir unterirdischer Tank *m* [tib]

basement retaining wall Kelleraußenwand *f*

basement soil Untergrund *m* (Erde) [geo]

basement stairs Kellertreppe *f*

basement storey Kellergeschoss *n*

basement wall Grundmauer *f*; Kellermauer *f*

basement water tanking Wannenisolierung *f*

basement window Kellerfenster *n*

basement-laid pipeline kellerverlegte Rohrleitung *f* (Fernwärme)

basementless kellerlos; nicht unterkellert

basic basisch [che]

basic ascertainment Grundlagenermittlung *f*

basic chemicals Chemierohstoffe *pl* [met]

basic circuit Grundschaltung *f* [elt]

basic circuit diagram Prinzipschaltbild *n* (Elektrik) [des]

basic concept Grundkonzept *n*; Grundprinzip *n*

basic concrete basischer Beton *m* [bon]

basic converter steel Thomasstahl *m* [met]

basic design Auslegung *f* [des]

basic dimension theoretisches Maß *n* [des]

basic document Unterlage *f* (Beleg, Referenzmate-rial) [des]

basic dye Grundfarbstoff *m* [met]

basic element Grundelement *n*

basic fibre Rohfaser *f* [met]

basic framework Grundgerüst *n*

basic ingredient Grundbestandteil *m* [met]

basic material Ausgangsmaterial *n* [met]; Grund-material *n* (Basismaterial) [met]; Ausgangsstoff *m* [met]; Grundstoff *m* (Ausgangsmaterial) [met]

basic need Grundbedürfnis *n*

basic noise Grundgeräusch *n* [aku]; Grundrauschen *n* [elt]

basic reference Unterlage *f* (Beleg, Referenzmate-rial) [des]

basic rock basisches Gestein *n* [geo]

basic scheme Prinzipschema *n* [des]

basic section Basisprofil *n*

basic shovel Grundbagger *m* [tib]

basic size Grundmaß *n* [des]; theoretisches Maß *n* [des]

basic slag cement Hochofenzement *m* [met]; Schlackenzement *m* [met]

basic steel Thomasstahl *m* [met]

basic structure Grundkonstruktion *f*

basic substance Muttersubstanz *f* [met]

basic weld filler metal kalkbasischer Zusatzwerk-stoff *m* (Schweißen) [met]

basic work hardening Grundverfestigung *f*

basicity Basizität *f* [che]

basilica Basilika *f* [arc]

basilisk Basilisk *m* [arc]

basin Bassin *n* [was]; Becken *n* (Wasch-) [was]; Mulde *f* (Becken) [geo]

basin due to damming Abdämmungsbecken *n* [wba]

basin method Sickerbeckenmethode *f* [was]

basin mouth Mündung *f* (- eines Entwässerungs-gebiets) [geo]

basining Beckenbildung *f* [geo]

basis Unterlage *f* (Fundament)

basis for calculation Kalkulationsgrundlage *f* [des]

basis material Ausgangsprodukt *n* [met]

basis of calculation Berechnungsgrundlage *f* [des]

basis of design Auslegungsgrundlage *f* [des]; Berechnungsgrundlage *f* [des]
basket arch Korbbogen *m*
basket bond Parkettverband *m* (quadratischer -)
basket guard Schutzkorb *m*
basket weave pattern Würfelmusterparkett *n*
bastion Bastei *f* [arc]
bat insulation Isolierplatte *f* (Wärme)
batch Satz *m* (Charge) [che]; Charge *f*; Mischung *f* (Beton)
batch dosieren *v* (Beton)
batch bin Chargenbunker *m* [roh]; Dosiersilo *m* [prc]
batch counter Chargenzähler *m* [prc]
batch experiment absatzweiser Versuch *m* [any]; Schüttelversuch *m* [any]
batch feeder Dosierapparat *m* [prc]
batch mixer Chargenmischer *m*; Stoßmischer *m* [roh]
batch operation Chargenbetrieb *m*; diskontinuierlicher Prozess *m* [che]
batch process Losverfahren *n*; Chargenprozess *m* [wer]
batch pugmill Chargenzwangsmischer *m* [roh]
batch reactor diskontinuierlicher Rührkessel *m* [prc]
batch recorder Chargenregistriergerät *n* [prc]
batch test Chargenprüfung *f* [any]; Stichprobenprüfung *f* [any]
batch, inaccurately prepared - Fehlcharge *f* [wer]; Fehlmischung *f* [wer]
batch-charging satzweise Beschickung *f*
batch-holding hopper Chargensilo *m* [prc]
batch-type plant Batchanlage *f* (Chargenanlage) [prc]
batcher Dosierapparat *m*; Dosierapparat *m* [prc]; Dosieranlage *f*; Dosiervorrichtung *f*
batcher hopper Zuteilgefäß *n* [prc]
batches, in - chargenweise
batching by volume volumetrische Dosierung *f*
batching equipment Dosiergeräte *pl* [prc]; Dosiereinrichtung *f* [prc]
batching plant Dosieranlage *f*; Dosieranlage *f* [prc]
batching silo Dosiersilo *m* [prc]
batchwise absatzweise [wer]; chargenweise; satzweise
bath Bad *n*
bath accessory Badarmatur *f* [tga]
bath and shower unit Bade- und Duschkabine *f*
bath drainage Badablauf *m* [was]
bath equipment Bädereinrichtung *f*
bath tub Badewanne *f*
bath-mixer Mischbatterie *f* (Warm- und Kaltwasser)
bathroom Bad *n* (Badezimmer); Badezimmer *n*
bathroom building-block module Nasszelle *f*
bathroom ceramics Sanitärkeramik *f* [tga]

bathroom equipment Badausstattung *f* [tga]
bathroom shell Nasszelle *f* (Duschraum)
bathtub Badewanne *f* [tga]
bathtub insert Badewanneneinsatz *m* (Krankenpflege)
batten Bindeblech *n* [stb]; Bohle *f*; Dachlatte *f*; Latte *f* (Holz-) [met]
batten floor Dielung *f*
batten flooring Dielenbelag *m*
batten plate Bindeblech *n* [stb]
batten wall Bretterwand *f*
battened member Rahmenstab *m*
battening Holzverlattung *f*
battens Lattenkonstruktion *f*
batter Böschungsneigung *f*; Schräge *f*
batter anböschen *v* [geo]
batter pile Schräggründungspfahl *m* [tib]
batter post geneigter Tragstiel *m* (Pfahljoch) [tib]
batter wall Schrägwand *f*
battered wall Schrägwand *f*
battering-ram Rammbock *m*
battery Element *n* (Batterie) [elt]; Batterie *f* [elt]; Zelle *f* (Batteriezelle) [elt]
battery backup Notstromversorgung *f* (mit Batterien) [elt]
battery box Batteriegehäuse *n* [elt]
battery capacity Batteriekapazität *f* [elt]
battery case Batteriegehäuse *n* [elt]
battery casting line Batteriegießanlage *f* [bon]
battery cell Batteriezelle *f* [elt]
battery charge Batterieladung *f* [elt]
battery charger Batterieladegerät *n* [elt]; Ladegerät *n* [elt]
battery charging station Batterieladestation *f* [elt]
battery charging time Batterieladezeit *f* [elt]
battery check Batterieprüfung *f* [elt]
battery condition display Ladezustandsanzeige *f* (Batterie) [elt]
battery discharge Batterieentladung *f* [elt]
battery discharge indicator Batterieentladeanzeiger *f* [elt]
battery exchange Batteriewechsel *m* [elt]
battery formwork Batterieform *f* [bon]
battery grip Batterieklemme *f* [elt]
battery meter Batterieprüfer *m* [elt]
battery moulding Batteriefertigung *f* [bon]
battery operation Batteriespeisung *f* [elt]
battery power supply unit Batterieanschlussgerät *n* [elt]
battery replacement Batteriewechsel *m* [elt]
battery terminal Batteriekontakt *m* [elt]; Batteriepol *m* [elt]; Batterieanschlussklemme *f* [elt]
battery voltage Batteriespannung *f* [elt]
battery, alkaline - alkalische Batterie *f* [elt]
battery, filled and charged - gefüllte und geladene Batterie *f* (Bleibatterie) [elt]

battery, portable - Gerätebatterie *f* [elt]
battery, unfilled and charged - ungefüllte und geladene Batterie *f* [elt]
battery-charging station Batterieladestation *f* [elt]
battery-operated batteriebetrieben [elt]
battery-powered batteriebetrieben [elt]; batteriegespeist [elt]
battlemented mit Zinnen versehen (Burg, Stadtmauer) [arc]
battlemented cornice Zinnenfries *m* (Gotik) [arc]
battlements Zinnen *pl* (Burg)
bauxite Bauxit *m* [geo]
bay Fach *n*; Feld *n* (Hochbau); Schiff *n* (Halle); Erker *m*; Abteilung *f* (Feld, Fach); Kassette *f*; Wehröffnung *f* [wba]
bay division Feldteilung *f*
bay of main vessel Hauptschiffjoch *n* (mittelalterliche Kirche) [arc]
bay rail Wandriegel *m*
bay-window Erkerfenster *n*
bayonet base Bajonettsockel *m* [elt]
bayonet cap Bajonettsockel *m* [elt]
bayonet fitting Bajonettfassung *f* [elt]
bayonet socket Bajonettfassung *f* [elt]
beach groyne Strandbuhne *f* [wba]
beach sand Küstensand *m* [geo]
bead Raupe *f* (Schweißen) [met]
beading Rollrand *m* (an Sicherheitshandschuhen) [asi]
beam Balken *m*; Profilträger *m* [stb]; Träger *m* (Balken)
beam bearing Balkenauflager *n*
beam bending press Balkenbiegepresse *f* [bon]; Trägerbiegepresse *f* [bon]
beam bridge Balkenbrücke *f* (Notbrücke)
beam bridge, precast reinforced concrete - Stahlbetonfertigträgerbrücke *f* [bon]
beam ceiling Balkendecke *f*
beam connecting plate Trägeranschlussblech *n* [stb]
beam connection Trägeranschluss *m* [stb]
beam connector Balkenverbinder *m*
beam end Balkenende *n*; Balkenkopf *m* (Holzbau)
beam filling Ausmauerung *f* (Fachwerk); Vormauerung *f*
beam fixed at both ends beidseitig eingespannter Träger *m* [stb]
beam floor Unterzugdecke *f*
beam form Schalungskasten *m* (für Stahlbetonbalken) [bon]
beam grillage Trägerrost *m*
beam head Balkenkopf *m*
beam of frame Rahmenriegel *m*
beam pocket in brickwork Balkenauflager in Mauerwerk *n*
beam seat Balkenauflage *f*

beam span width Trägerspannweite *f*
beam splice Trägerstoß *m*
beam spread Schallfeldöffnung *f* (Ultraschallprüfung) [any]
beam support Balkenauflage *f*
beam tie Kopfanker *m* (Dachkonstruktion)
beam yoke waler Traverse *f*
beam, simply supported - Träger auf zwei Stützen *m* [stb]
beam, universal - Doppel-T-Träger *m* [met]
beam-column Druckstab *m*
beams Gebälk *n*
bearer Auflager *n*; Unterzug *m* (unterster Träger) [stb]
bearing Auflager *n* (beweglich); Lagerkörper *m* (Auflager); Auflagerung *f*
bearing area Rahmenauflage *f*; Tragfläche *f*
bearing axle Tragachse *f*
bearing bed tragende Schicht *f*; Tragschicht *f* [geo]
bearing behaviour Tragverhalten *n* [geo]
bearing block Lagerstuhl *m*
bearing bracket Auflagerkonsole *f*; Auflagerkonsole *f*
bearing capacity Tragfähigkeit *f*; Tragkraft *f*
bearing capacity, ultimate - Grenztragfähigkeit *f* [sik]
bearing case Lagerschale *f*
bearing chair Lagerbock *m*; Auflagerwand *f* (Pfeiler, Widerlager)
bearing connection Lochlaibungsverbindung *f* (Glaserei)
bearing distance lichtes Breitenmaß *n* [des]
bearing edge Auflage *f* (Balken, Träger)
bearing frame Aufsetzkranz *m*
bearing jacket Lagerhülse *f*
bearing joint Lagerfuge *f* (unterteilt, vergossen)
bearing layer Tragschicht *f*
bearing length Auflagerlänge *f*; tragende Länge *f* [sik]
bearing load Bodendruck *m* (Belastung)
bearing pad Auflagerblock *m* (Brückenpfeiler); Auflagerquader *m* (Brückenpfeiler)
bearing pile Gründungspfahl *m* [tib]; Rammpfahl *m* (Spundwand); Tragpfahl *m* [tib]
bearing plate Auflagerplatte *f*; Lagerplatte *f* (Auflagerplatte); Trageplatte *f*
bearing point, temporary - vorläufiger Auflagerpunkt *m*
bearing pressure Auflagerdruck *m*; Laibungsdruck *m*; Sohldruck *m*; Auflagerlast *f*; Auflagerpressung *f*; Bodenpressung *f*
bearing rail Sattelschiene *f*
bearing ring Auflagerring *m*; Tragring *m*
bearing screw Lagerschraube *f*
bearing soil tragfähiger Grund *m* [geo]; Tragschicht *f* [geo]

bearing stiffener Auflageraussteifung *f*
bearing stratum Tragschicht *f*
bearing stress Auflagerpressung *f* [sik];
Auflagerspannung *f* [sik]
bearing support Lagerträger *m* [stb]
bearing surface Auflagefläche *f*; tragende Fläche *f*
[sik]
bearing systems for buildings Lagerung für
Hochbauten *f*
bearing test Belastungsversuch *m* [any]
bearing wall tragende Mauer *f*; tragende Wand *f*
bearing zone Lasteinleitungsbereich *m* [sik]
bearing, fixed - festes Auflager *n*
bearing-type connection Verbindung ohne
Reibflächenvorbehandlung *f*
beat off abschlagen *v* [wer]
beaten gehämmert [met]
beating Rammen *n* [tib]; Stoßverdichtung *f*
[tib]
become inflamed entzünden *v* [met]
become urbanized verstädtern *v* [com]
bed Fundament *n* (Untergrund); Boden *m* (Unterlage); Unterbau *m*; Gründung *f* (Fundament);
Lage *f* [geo]; Unterlage *f* (Unterbau)
bed ash Schlacke *f* [pow]
bed filter Haufwerkfilter *m* [prc]
bed joint Lagerfuge *f*; Lagerfuge *f*; Stoßfuge *f*
(Mauerwerk: Englischer Verband)
bed load Geschiebefracht *f* [geo]
bed material Sohlmaterial *n* [geo]
bed mortar Verlegemörtel *m* [met]
bed of river Flussbett *n* [geo]
bed plate Fundament *n* (Gründung); Bodenplatte *f*;
Fundamentplatte *f*; Fußplatte *f* (Grundplatte);
Grundplatte *f*; Lagerplatte *f* (Auflagerplatte); Sohle
f (Boden) [geo]; Sohlplatte *f*
bed slope Sohlengefälle *n* [geo]
bed-load material Geschiebefracht *f* [geo]
bed-load transport Geschiebefracht *f* (Gestein)
[roh]; Geschiebeführung *f* (Gestein) [roh]
bed-sitting flat Einraumwohnung *f*
bed-sitting room Wohn-Schlafzimmer *n*
bedded rock Ablagerungsgestein *n* [geo];
Absetzgestein *n* [geo]; Schichtgestein *n* [geo]
bedding Bettung *f*; Sauberkeitsschicht *f* (Abdichtungsunterlage aus Magerbeton)
bedding compound Verlegemasse *f* (Bau) [met]
bedding course Bettschicht *f* [geo]; Bettungsschicht
f [geo]
bedding density Lagerungsdichte *f* [geo]
bedding mortar Bettungsmörtel *m* [met]
bedding plane Schichtungsebene *f* [geo]
bedding putty Fensterkitt *m* [met]; Glaserkitt *m*
[met]
bedding reaction Bettungsreaktion *f*
bedding sand Unterbettungssand *m* [met]

bedrock anstehendes Gestein *n* [geo]; Grundgestein
n [geo]; Muttergestein *n* [geo]; Felsboden *m* [geo];
gewachsener Fels *m* [geo]; Untergrund *m* (Erde)
[geo]
bedroom Schlafzimmer *n*
bedroom community Schlafstadt *f*
bedsitter Wohn-Schlafraum *m*; Einraumwohnung *f*
beehive arrangement wabenartige Anordnung *f*
[des]
beetle Steinramme *f*
beetle head Rammbär *m*
begin to rust anrosten *v* [che]
behaviour in fire Brandverhalten *n*
behaviour of a structure, plastic - plastisches
Verhalten eines Tragwerks *n* [sik]
belching Herausspringen *n* (z.B. Brechergurt aus
Brechmaul) [tec]
belfry Glockenstuhl *m* [arc]
bell roof Glockendach *n*
bell tower Glockenturm *m*
bell-shaped ferrule Glockenzwinge *f*
belled base knollenförmige Erweiterung *f* (beim
Ortspfahl) [tib]
below grade unter Planungshöhe
below-grade construction Tiefbau *m* [tib]
below-grade construction site Tiefbaustelle *f* [tib]
below-ground construction Tiefbauarbeiten *pl*
below-zero temperature Temperatur unter Null *f*
[wet]
belowstairs Kellertreppe *f*
belt Gurt *m* (Fördergurt)
belt and bucket elevator, vertical - Steilförderer *m*
(mit endlosem Gurtband und Bechern) [prc]
belt balance Förderbandwaage *f* [any]
belt bucket elevator Gurtbecherwerk *n* [prc]
belt canal Randkanal *m* [wba]
belt connector Gurtanschluss *m*
belt conveying Bandförderung *f* [prc]
belt conveyor Förderband *n* [prc]; Bandförderer *m*
[prc]; Gurtbandförderer *m* [prc]; Gurtförderband
m [prc]
belt conveyor bridge Bandbrücke *f* [prc]
belt conveyor, charged - beladener Gurtförderer *m*
[prc]
belt conveyor, elevating - Bandauflader *m* [tra]
belt conveyor, portable - fahrbarer Gurtförderer *m*
belt conveyor, reversible - reversierbarer
Gurtförderer *m* [prc]
belt conveyor, shuttle - Reversierband *n* [prc];
reversierbarer Gurtförderer *m* [prc]
belt elevator Bandauflader *m* [prc]
belt feeder Bandaufgeber *m* [prc]; Bandbeschicker
m [prc]; Banddosierer *m* [prc]
belt loader Bandauflader *m* [prc]
belt of soil moisture Bodenfeuchtezone *f* [geo]
belt of weathering Verwitterungszone *f* [geo]

belt screen Bandrechen *m* [was]; Bandsieb *m* [prc]
belt weigher Bandwaage *f* [any]
belt-and-bucket elevator Gurtbecherwerk *n* [prc]
belt-band Gurtband *n* [met]
belt-driven pump Riemenpumpe *f* [prc]
belt-type bucket elevator Bandbecherwerk *n* [prc];
  Gurtbecherwerk *n* [prc]
belt-type car unloader Förderband zur Bodenentladung *f* (Güterwagen) [tra]
belt-type proportioning unit Bandabmessanlage *f*
  [any]
belting Bandgurt *m* [met]
belvedere Aussichtspunkt *m*
bench Absatz *m*
bench ditch Bankettgraben *m* [tib]
bench plane Flächenhobel *m* [wzg]
bench scale Labormaßstab *m* [any]
bench stone Abziehstein *m* [tib]
benched foundation abgetrepptes Fundament *n* [tib]
benching Abtreppen *n* [tib]; Terrassieren *n* [tib];
  Strossenbau *m* [tib]; Stufenbau *m* [tib]; Dammverstärkung *f* [tib]
benchmark Höhenfestpunkt *m*
benchmark test Vergleichstest *m* [any]
bend Bogen *m* (Rohrbogen); Biegung *f* (Straßenkurve) [tra]; Einbuchtung *f* (Straße) [tra]; Flussbiegung *f* [geo]
bend biegen *v* [wer]; wölben *v*
bend in the road Straßenkrümmung *f* [tra]
bend out of line verkanten *v*
bend up aufbiegen *v*
bend-line Biegelinie *f* [met]
bending Durchbiegung *f* [met]
bending beam Spannbalken *m*
bending block Biegerolle *f* [wzg]
bending crack Biegeriss *m* [met]
bending device Biegevorrichtung *f* (Bewehrung)
  [bon]
bending elasticity Biegeelastizität *f* [met]
bending endurance Dauerbiegefestigkeit *f* [met]
bending fatigue strength Biegewechselfestigkeit *f*
  [met]
bending girder Biegeträger *m* [bon]
bending impact test Biegeschlagversuch *m* [any]
bending in the planes schiefe Biegung *f*
bending iron Biegeeisen *n* [bon]
bending line Biegelinie *f* [sik]
bending moment, positive - positives Biegemoment
  n (<A>) [sik]
bending moment, sagging - positives Biegemoment
  n [sik]
bending oscillation Biegeschwingung *f* [phy]
bending reinforcement Biegebewehrung *f* [bon]
bending schedule Biegeplan *m* [bon]; Biegeliste *f*
  (Armierung)
bending stiffness Biegesteifigkeit *f* [met]

bending strain Beanspruchung auf Biegung *f* [met];
  Biegebeanspruchung *f* [met]
bending strength Biegefestigkeit *f* [met]; Biegesteifigkeit *f* [met]
bending stress Biegebeanspruchung *f* [met]
bending stress, permissible - zulässige Biegespannung *f* [met]
bending table Biegetisch *m* [bon]
bending tensile stress Biegezugspannung *f* [met]
bending test Biegeversuch *m* [any]; Biegeprüfung *f*
  [any]
bending, pure - reine Biegung *f* [met]
bending, simple - reine Biegung *f* [met]
bending-buckling curve Knickbiegelinie *f* [sik]
benefit Gewinn *m* (Nutzen, Vorteil) [eco]; Nutzen
  m (Vorteil); Nutzung *f* (Ertrag) [eco]
benefit building society Baugenossenschaft *f*
bent gebogen; verbogen
bent Portal *n*; Rahmentragwerk *n*; Portalrahmen *m*
  [stb]; Querrahmen *m*
bent glass Profilglas *n* [met]
bent pipe Krümmer *m* (Rohr-) [tga]
bent plate gefalztes Blech *n* [met]
bent tile Dachpfanne *f*
bent tube Winkelrohr *n* [prc]
bent-up point Abbiegestelle *f* (Bewehrung) [bon]
bentonite Bentonit *m* [met]
Berlin type pit lining Berliner Verbau *m*
berm Böschungsstreifen *m* [geo]; Berme *f* (Böschungsabsatz) [geo]; Böschung *f* (am Fluss) [geo];
  Erdanschüttung *f* (Bankett) [geo]
berm shaper Bermenprofiliermaschine *f* [tib]
best of our knowledge, to the - nach bestem Wissen
bevel schrägwinklig [des]
bevel Abfasung *f*; Fase *f*; Schmiege *f* [wzg]
bevel abschrägen *v* (Balken)
bevel brick Schrägstein *m*; Widerlagerstein *m*
bevel protractor Stellwinkel *m*; Winkelmesser *m*
  [any]; Schmiege *f*
beveled gefast
bevelled edge abgefaste Kante *f*; angeschrägte
  Kante *f*
bias current Ruhestrom *m* [elt]
bias-cut schräg geschnitten
biaxial bending zweiachsige Biegung *f* [stb]
biaxial extension zweiachsige Dehnung *f* [met]
biaxial stress condition zweiachsiger Spannungszustand *m* [met]
biaxial tension zweiachsige Zugspannung *f* [met]
bib tap Wasserhahn *m*
bibcock Wasserhahn *m*
bicycle lane Fahrradweg *m* [tra]
bid Angebotsabgabe *f* [eco]
bid adjustment Angebot *n* [eco]
bid adjustment procedure Angebotsverfahren *n*
  [eco]

bid for ... Angebot machen für ... *v* [eco]
bid total Angebotssumme *f* [eco]
bidding procedure Angebotsverfahren *n* [eco]
bidding, open - öffentliche Ausschreibung *f* [eco]
bidet Bidet *n* [tga]
bifurcated rivet Spaltniet *m* [tec]; Zweispitzniet *m* [tec]
bifurcation Gabelung *f* (Straße) [tra]; Straßengabelung *f* [tra]
bifurcation point Verzweigungspunkt *m* [sik]
big plaster board stockwerkshohe Gipsplatte *f*
big town Großstadt *f* [com]
bight Bucht *f* (eines Seils) [tec]
bikepath Fahrradweg *m* [tra]
bikeway Radweg *m* [tra]
bilge block Kimmstapel *m* (Trockendock) [tib]
bilge pump Lenzpumpe *f* [was]
bill of quantities Massenverzeichnis *n* (Baumassen) [des]; Massenermittlung *f* (für Statik) [sik]
billet Werkstück *n*
bin Bunker *m* (Behälter); Silo *m* [prc]
bin batcher Silodosierapparat *m*
bin compartment Bunkertasche *f*
bin discharge Bunkerauslauf *m* [prc]; Siloauslauf *m* [prc]
bin door fill valve Siloverschluss *m* [prc]
bin feed Silobeschickung *f*
bin level monitoring Füllstandüberwachung *f* [any]
bin-withdrawing device Bunkerabzugsortgang *n* [prc]
binary blend Zweistoffmischung *f* [met]
binary mixture Zweistoffgemisch *n* [met]
bind anziehen *v* (Mörtel) [met]; flechten *v* (Bewehrung)
bind with wire anrödeln *v*
binder Bindemittel *n* [met]; Bügel *m* (in Stützen, Bewehrung); Hauptdeckenbalken *m*; Unterzug *m* (Holzbau)
binder agent Bindemittel *n* [met]
binder coarse Bindeschicht *f* (Straßenbau) [tib]
binder coat Bindeschicht *f* (Straßenbau) [tib]
binder grout Bindemittelleim *m* [met]
binder soil bindiger Boden *m* [geo]; Bindeerde *f* [geo]
binding agent Bindemittel *n* [met]; Klebstoff *m* [met]
binding arch Pfeilerbogen *m*
binding beam Streckbalken *m*; Unterzug *m* (Binder im Fachwerkverband) [stb]
binding defect Bindefehler *m* [stb]
binding force Bindungskraft *f*
binding girder Unterzug *m* (Binder im) [stb]
binding land-use plan Bebauungsplan *m* [com]
binding machine Wickelmaschine *f* (Bau)
binding rafter Bindersparren *m*
binding reinforcement Spiralbewehrung *f* [bon]

binding rivet Heftniet *m* [tec]
binding stone Binderstein *m*
bio-aeration Schlammbelebung *f* [was]
biochemical oxygen demand biologischer Sauerstoffbedarf *m* (BOD) [was]
biochrome natürlicher Farbstoff *m* [met]
biodegradable biologisch abbaubar [bio]; biologisch zersetzbar [bio]
biodegradable pollutant biologisch abbaubarer Schadstoff *m* [met]
biodegradable substance biologisch abbaubare Substanz *f* [met]
biodegradable waste bin Biotonne *f* [rec]
biodegradation biologischer Abbau *m* [was]
biodiesel fuel Biodiesel *m* (Dieselkraftstoff) [pow]
bioenergy conversion Bioenergieumwandlung *f* [pow]; biologische Energieumwandlung *f* [pow]
biofilter biologischer Filter *m* [was]
biofuel Biobrennstoff *m* [pow]; Biokraftstoff *m* [pow]
biogas Faulgas *n* [prc]
biogas plant Biogasanlage *f* [prc]
biogenic corrosion biogene Korrosion *f* [met]
biohouse Biohaus *m*
biological clarification plant biologische Kläranlage *f* [was]
biological oxygen biologischer Sauerstoff *m* [was]
biological oxygen demand biologischer Sauerstoffbedarf *m* (BOD) [was]
biological purification of waste water biologische Abwasserreinigung *f* [was]
biological sewage treatment biologische Abwasserbehandlung *f* [was]
biological shielding concrete Strahlenschutzbeton *m* [bon]
biological treatment of waste water bakterielle Abwasserreinigung *f* [was]
biological value of occupational tolerability biologischer Arbeitsplatztoleranzwert *m* [asi]; biologische Arbeitsplatztoleranz *f* [asi]
biological waste Bioabfall *m* [rec]
biological waste water purification biologische Abwasserreinigung *f* [was]
biological waste water treatment biologische Abwasserbehandlung *f* [was]; biologische Abwasserreinigung *f* [was]
biologically degradable polymer biologisch abbaubares Polymer *n* [met]
biomass Biomasse *f* [met]
biomass converter Biomassekonverter *m* [pow]
biomass energy Energie aus Biomasse *f* [pow]
biomethanation Biogaserzeugung *f* [prc]
bioreactive waste biologisch abbaubare Abfälle *pl* [rec]; biologisch abbaubarer Abfall *m* [rec]
bioresource Biorohstoff *m* [met]
biosphere Lebensraum *m* [bio]; Biosphäre *f* [bio]

biotope Biotop *n*
biplug Doppelstecker *m* [elt]
bipropellant Zweikomponententreibstoff *m* [met]
bird's mouth Gabelschmiege *f* [tec]
bird's mouth joint Verzapfung *f* (Holzbau)
bit blade Meißelblatt *n* [wzg]
bit holder Einsatzhalter *m* (Schalung)
bit shank Meißelschaft *m* [wzg]
biting force Reißkraft *f* (Bagger, uww.) [tib]
bitumen Bitumen *n* [met]; Asphalt *m* [met]
bitumen boiler Bitumenkocher *m* [prc]
bitumen coating Bitumenanstrich *m* [met]
bitumen emulsion Bitumenemulsion *f*
bitumen felt Bitumenpappe *f* [met]
bitumen joint Bitumendichtung *f*
bitumen lining Bitumendichtung *f* [met]
bitumen macadam Bitumenmakadam *m* [met]
bitumen macadam carpet Bitumensplittdecke *f* [tib]
bitumen pavement Bitumendecke *f* (Straße) [tib]
bitumen precoat Bitumenvoranstrich *m*
bitumen roofing felt Bitumendachpappe *f* [met]
bitumen sand mix Sandasphalt *m* [met]
bitumen sealing Bitumenabdichtung *f*
bitumen sheeting Bitumenbahn *f* [met]
bitumen solution Bitumenlösung *f* [met]
bitumen varnish Bitumenlack *m* [met]
bitumen wearing course Asphaltdecke *f* [tib]
bitumen, hot - Heißbitumen *n* [met]
bitumen-based asphalthaltig
bitumen-coated außen asphaltiert [met]; außen bituminiert [met]
bitumen-coated chippings bituminierter Split *m* [met]
bituminate asphaltieren *v* [tib]
bituminization Bituminierung *f* [met]
bituminize asphaltieren *v* [tib]
bituminized sheet Bitumenbahn *f*
bituminizing Imprägnierung mit Bitumen *f* [che]
bituminous bitumenhaltig [met]; bituminös [met]
bituminous adhesive Bitumenkleber *m* [met]
bituminous binder bituminöse Binderschicht *f* (Straßenbau) [tib]
bituminous coating Bitumenanstrich *m* [met]
bituminous concrete Asphaltbeton *m* [bon]
bituminous course Asphaltversiegelung *f*
bituminous felt Bitumenpappe *f* [met]; Dachpappe *f* [met]
bituminous joint filler Fugenvergussmasse *f* [met]
bituminous limestone Asphaltkalkstein *m* [met]; bituminöser Kalkstein *m* [met]
bituminous macadam Bitumenmakadam *m* [met]; bituminöser Makadam *m* [met]
bituminous marl Stinkmergel *m* [geo]
bituminous mastic Asphaltmastix *m* [met]; Bitumenkitt *m* [met]

bituminous membrane Bitumenmembran *f* [met]
bituminous paint Bitumenanstrich *m* [met]; Bitumenfarbe *f* [met]
bituminous pavement Asphaltdecke *f* [tib]
bituminous road Asphaltstraße *f* [tib]
bituminous roofing felt Teerpappe *f* (Dach) [met]
bituminous sandstone Asphaltsandstein *m* [met]
bituminous seal Bitumendichtung *f* [met]
bituminous sheeting Bitumenbahn *f* [met]
bituminous slurry Bitumenschlämme *f*
bituminous surface Bitumenbelag *m* (Straßenbau) [tra]; Bitumendecke *f* (Straße) [tib]
bituminous surface finisher Schwarzdeckenfertiger *m* (Straßenbau)
bituminous surfacing Asphaltierung *f* [tib]
bituminous varnish Asphaltlack *m* [met]; Bitumenlack *m* [met]
bituminous weed barrier bituminöse Sperrschicht *f* (gegen Unkraut); Sperrschicht, bituminöse - *f* (gegen Unkraut)
bituminous weldable membrane Bitumenunterschweißbahn *f* [met]
blackout Stromausfall *m* (vollständig) [elt]
blacktop Teerdecke *f* (Straße) [tib]
blade Flügel *m* (Rührwerk) [prc]; Planierschild *m* (des Graders) [tib]; Schar *f* (des Graders) [tib]
blade area Blattfläche *f* (Rotor Windenergieanlage) [pow]
blade grader Erdhobel *m* [tib]; Straßenhobel *m* [tib]; Wegehobel *m* [tib]
blade maintainer Abziehverteilgerät *n* [tib]
blade mixer Blattrührer *m* [prc]; Flügelmischer *m* [prc]; Flügelrührer *m* [prc]
blade number Blattzahl *f* (Rotorblätter Windenergieanlage) [pow]
blade root Blattwurzel *f* (Windenergieanlage) [pow]
blade spreader Schaufelverteiler *m* (Beton) [bon]
blade stirrer Blattrührer *m* [prc]
blade trowel Spachtelklinge *f* [wzg]
blading Einplanieren *n* (mit Straßenhobel) [tib]
blank Rohling *m* [met]
blank door Blindtür *f*
blank experiment Leerversuch *m* [any]
blank sample Blindprobe *f* [any]
blank test Blindversuch *m* [any]; Leerversuch *m* [any]; Blindprobe *f* [any]
blank trial Blindversuch *m* [any]
blank window Blindfenster *n*
blanket coverage, with - flächendeckend
blanket grouting Schürzenverpressung *f* [tib]
blanket insulation Mattenisolierung *f*
blanket insurance Bauwesenversicherung *f* [jur]
blanketing Inertisierung *f* [asi]
blanking plate Sperrscheibe *f* [met]
blanking plug Verschlussstopfen *m* (in Blechen) [tec]

blanking up with bricks Blindvermauern *n*
blast Schuss *m* (Sprengen) [roh]
blast sprengen *v* [roh]
blast area Sprengstelle *f* [roh]
blast generator Sandstrahlgebläse *n* [wer]; Sandstrahler *m* [wer]
blast hole Sprengloch *n* [roh]
blast report Sprengungsbericht *m* [roh]
blast shelter Schutzraum *m* (Arbeitsschutz)
blast-cleaned sandstrahlgereinigt [met]
blast-furnace cement Hochofenzement *m* [met]
blast-furnace lime Hüttenkalk *m* [met]
blast-furnace sand Hüttensand *m* (Zuschlagstoff) [met]
blast-furnace slag Hochofenschlacke *f* [rec]
blast-furnace slag cement Hochofenzement *m* [met]; Hüttenzement *m* [met]
blast-furnace slag concrete Hochofenschlackenbeton *m* [bon]
blast-furnace slag, foamed - Hüttenbims *m* [met]
blast-furnace slag, granulated - Hüttensand *m* [met]
blast-proof building druckwellenfestes Gebäude *n* (für Kerntechnik)
blast-resistant door explosionsgeschützte Tür *f*
blasting agent Sprengmittel *n* [met]
blasting dust Strahlstaub *m* [rec]
blasting explosive Sprengstoff *m* [met]
blasting grit Strahlsand *m* [met]
blasting material Strahlmittel *n* [met]
blasting operation Sprengarbeiten *pl* [roh]
blaze Brand *m* (Schadensfeuer)
bleach bleichen *v* (ausbleichen) [che]; weißen *v* (bleichen) [met]
bleached gebleicht [met]
bleaching agent Bleichmittel *n* [met]
bleaching lime Bleichkalk *m* [met]
bleaching lye Bleichlauge *f* [met]
bleaching powder Bleichkalk *m* [met]
bleaching soil Bleicherde *f* [geo]
bleed off ausbluten *v* (Farbe) [met]
bleeder pipe Dränsammelrohr *n* [was]
bleeder valve Entlüftungsventil *n* [tga]
bleeder well Anzapfbrunnen *m* (in artesisch gespanntem Grundwasser) [was]
bleeding Ausbluten *n* (Farben, Beton) [met]
blend Gemenge *n* [met]; Gemisch *n* [met]; Vermischung *f* [met]
blend mischen *v* (Stoffe); vermengen *v*; vermischen *v* [prc]
blended vermengt
blended cement Mischzement *m* [met]; Zement mit Zumahlstoffen *m* [met]
blender Mischer *m* [prc]
blending Mischen *n* [prc]; Mischung *f* (Farben) [che]

blending agent Zusatzmittel *n* (Verschnitt) [met]
blending bed Mischbett *n* [roh]
blending bed, circular - Rundmischbett *n* [prc]
blending silo Mischsilo *m* [prc]
blending tank Mischtank *m* [was]
blending valve Mischbatterie *f* (Sanitär)
blighted area Sanierungsgebiet *n* [com]; heruntergekommene Bebauung *f*
blind Blende *f* (am Fenster); Jalousie *f*; Markise *f*
blind verblenden *v*
blind alley Sackgasse *f* [tra]
blind arch Blindbogen *m*; Nischenbogen *m*; Schildbogen *m*
blind column eingebundene Säule *f*
blind door Blendtür *f* (Klassizismus) [arc]; Blindtür *f*
blind drain Sickerdrän *m* [wba]; Sickergraben *m* [wba]; Rigole *f* [wba]
blind drilling Bohren ohne Voruntersuchungen *n* [wba]
blind gabled arch Blendgiebel *m* (aufgesetzte Fensterdekoration) [arc]
blind hole Sackloch *n* [des]
blind power Blindleistung *f* [elt]
blind rhombus tracery rhombenförmiges Blendmaßwerk *n* (Gotik) [arc]
blind rivet Blindniet *m* [met]
blind rivet stud Blindnietbolzen *m* [tec]
blind sample Blindprobe *f* [any]
blind sealing Abblinden *n*
blind shade Jalousette *f*
blind test Blindversuch *m* [any]
blind wall durchgehendes Mauerwerk *n*; durchgehendes Mauerwerk *n*; vollflächige Mauer *f*
blind window Blindfenster *n*
blind wire Blinddraht *m*
blinding Absplitten *n* (von Straßen); Verstopfen *n* (Sieb) [prc]; Sauberkeitsschicht *f*; Verblendung *f* (Bauwerk)
blinding bed Sauberkeitsschicht *f*; Unterbetonschicht *f* [bon]
blinding concrete Ausgleichsbeton *m* [bon]
blinding layer Ausgleichsschicht *f*; Sauberkeitsschicht *f*
blinding sand Schottersand *m* [tib]
blinds work Rollladenarbeiten *pl* (DIN 18358) [tga]
blinking light Blinklicht *n* [asi]; Blinkleuchte *f* [asi]
blister steel Zementstahl *m* [met]
bloating clay Blähton *m* [met]
block Gebäude *n* (Block); Block *m* (Wohnblock); Kloben *m* (Seilzug); Stein *m* (Beton); Steinblock *m*
block beam Betonbalken *m* (aus Betonblöcken)
block clamp Steinklammer *f*
block development Blockbebauung *f* [com]
block diagram Blockschaltbild *n* [des]; Blockschema *n* [des]

block edge development Blockrandbebauung *f*
[com]
block entrance Gebäudeeingang *m*
block flow diagram Grundfließbild *n* [des]
block form Blocksteinformat *n*
block foundation Blockfundament *n*
block gauge Endmaß *n* [des]
block load Blocklast *f*
block model Blockschema *n* [des]
block of buildings Gebäudekomplex *m*
block of dwellings Häuserblock *m*
block of flats Apartmenthaus *n*; Haus *n* (Häuserblock); Wohnblock *m*
block of houses Häuserblock *m*
block of marble Marmorblock *m* [met]
block of rented flats Mietshaus *n*
block of stone Steinblock *m*
block off abdämmen *v* (abdecken)
block pavement Pflasterdecke *f* [tib]; Pflasterung *f*
[tib]
block plan Übersichtsplan *m*
block prepolymer Blockprepolymer *n* [met]
block schematic diagram Blockschema *n* [des]
block shear connector Knagge *f*
block, multiple receptacle - Steckdosenleiste *f* [elt]
block-in-course walling Quadermauerwerk *n*
block-out Aussparung *f*
blockboard Stabplatte *f* [met]
blocked pipe verstopftes Rohr *n*
blocked up verstopft (z.B. Sieb) [prc]
blockhouse Blockhaus *n*
blocking Absperrung *f* [geo]; Ausfachung *f*
(Holzbau); Verbauung *f*
blocking status Sperrstatus *m*
blocking-up Auffüllung *f*
blockmaking Blocksteinherstellung *f* [wer]
blocky grobstückig
bloom defect Ausblühung *f* [met]
blooming Anlaufen *n* (Anstrich) [met]; Ausblühen
n [met]; Ausblühung *f* [met]
blotter Abdecksplitt *m* (auf Asphaltschicht) [tib]
blow gun Spritzpistole *f* [wzg]
blow test Anblasprüfung *f*
blower Saugzug *m* (Gebläse) [pow]
blowhole Lunker *m* [met]
blown fuse durchgebrannte Sicherung *f* [elt]
blown glass geblasenes Glas *n* [met]
blown glass block Hohlglasbaustein *m*
blue disease Blaufäule *f* (Holz) [met]
blue signal Alarmmeldesignal *n* [asi]
blue stain Bläue *f* (Holz) [met]; Blaufäule *f* (Holz)
[met]
blue-collar housing estate Arbeitersiedlung *f* [com]
blue-stain inhibiting primer Bläueschutz-
Grundanstrich *m* [met]
blueprint stage Planungsstadium *n* [des]

board verschalen *v*
board building Direktionsgebäude *n*
board insulation Plattenisolierung *f*
board-floor Bretterfußboden *m*; Dielenboden *m*
board-marked schalungsrau [bon]
boarded floor Bretterboden *m*
boarding Beplankung *f*; Bretterverkleidung *f*;
Verschalung *f*
boarding bridge Fluggastbrücke *f* [tra]
boarding card control Bordkartenkontrolle *f* (Flughafen) [tra]
boarding facade Vorderfront *f*
boarding-house Fremdenheim *n*
boardwalk hölzerne Strandpromenade *f*;
Promenade *f*
BOD (biochemical oxygen demand) biologischer
Sauerstoffbedarf *m* [was]; biologischer Sauerstoffbedarf *m* [was]
bodies of water Gewässer *pl* [was]
body armour Körperpanzer *m* [asi];
Schutzbekleidung *f* [asi]
body belt Haltegurt *m* [asi]
body harness Geschirr *n* [asi]; Sicherheitsgeschirr
n [asi]; Begurtung *f* [asi]
body line Grundlinie *f* [des]
body of running water fließendes Gewässer *n*
[was]
body of wall Mauerblock *m*
body of water Gewässer *n* [was]
body of weir Wehrkörper *m* [wba]
body plan Spantenriss *m* [des]
body seam Mantelnaht *f* (von Fässern) [met]
body shell Baukörper *m*
body stress Eigenspannung *f* [met]
body-centred raumzentriert
bog Moor *n* [geo]; Sumpf *m* [geo]
bog earth Moorerde *f* [geo]
bog soil Moorboden *m* [geo]; Sumpfboden *m* [geo]
bogged down, be - im Schlamm stecken bleiben *v*
boggy sumpfig [geo]
boggy soil sumpfiger Boden *m* [geo]
bogie Untergestell *n*
boiled oil Firnis *m* [met]
boiler Heizkessel *m* [pow]; Kessel *m* (Heizkessel)
[pow]; Warmwasserbereiter *m* [pow]; Warmwasserspeicher *m* [pow]; Kesselanlage *f* (Heizkessel)
[pow]
boiler brickwork Kesselmauerwerk *n* [pow]
boiler erection Kesselmontage *f* (Baustelle) [pow]
boiler failure Kesselausfall *m* [pow]
boiler feedwater Kesselwasser *n* [pow]
boiler field erection Kesselmontage *f* (Baustelle)
[pow]
boiler firing system Kesselfeuerung *f* [pow]
boiler floor Kesselbühne *f* [pow]
boiler flue Kesselzug *m* (Schornstein) [pow]

boiler foundation Kesselfundament *n* [pow]
boiler furnace Kesselfeuerung *f* (Feuerraum) [pow]
boiler height Kesselhöhe *f* [pow]
boiler house Kesselhaus *n* [pow]
boiler main column Kesselhauptstütze *f* [pow]
boiler main floor Kesselhauptbühne *f* [pow]
boiler operation Kesselbetrieb *m* [pow]
boiler output Kesselleistung *f* [pow]
boiler plant Kesselanlage *f* (Heizkessel) [pow]
boiler plant construction Kesselbau *m* [pow]
boiler platform Kesselbühne *f* [pow]
boiler refractory setting Kesselausmauerung *f*
  [pow]
boiler steam output Kesselleistung *f* (Dampfleistung) [pow]
boiler steel structure Kesselgerüst *n* [pow]
boiler structural steelwork Kesselgerüst *n* [pow]
boiler water Kesselwasser *n* [pow]
boiling of sand Sandaufbruch *m* (Grundbruch bei
  Gefälle) [geo]
bold shore Steilufer *n* [geo]; Steilküste *f* [geo]
bole Aussparung *f* (in Wand)
bolection moulding Kehlstoß *m* (Türfüllung)
bollard Poller *m*
bolster Breiteisen *n* [wzg]
bolt Riegel *m* (Schloss)
bolt circle Lochkreis *m* [des]
bolt clipper Bolzenschneider *m* [wzg]
bolt down anschrauben *v*
bolt-circle diameter Lochkreisdurchmesser *m* [des]
bolted connection Bolzenverbindung *f* [stb]
bolted connector Einpressdübel *m*
bolted hinge Bolzengelenk *n* [stb]
bolted joint, high-strength - hochfeste Schraubverbindung *f* [tec]
bomb-resistant bombensicher
bond Sinter *m* [met]; Verband *m* (Mauerwerk);
  Anhaftung *f* [geo]; Haftung *f* (Verbindung) [met]
bond kleben *v* (binden); verkleben *v* (verbinden)
  [wer]
bond anchor Verbundanker *m*
bond anchorage Verbundverankerung *f*
bond breaker Haftunterbrecher *m* (Glaserei) [met]
bond course Bindeschicht *f*
bond gypsum plaster Haftputzgips *m* [met]
bond length Haftlänge *f*; Verbundlänge *f*
  (Bewehrung) [bon]
bond line Klebfuge *f*
bond plaster Haftputz *m*
bond strength Haftvermögen *n* [met]; Haftfestigkeit *f* [met]; Verbundfestigkeit *f* (Stahlbeton) [met]
bond strength of the concrete Betonhaftung *f* [bon]
bond stress Verbundspannung *f*
bond, adhesive - Haftverbund *m*
bond, elastic - elastischer Verbund *m*
bond, friction - Reibungsverbund *m*

bond, glued - Klebeverbund *m*
bond, hydraulic - hydraulische Bindung *f* [met]
bond, incomplete - unvollständiger Verbund *m*
bond, intermittent - unterbrochener Verbund *m*
bond, partial - Teilverbund *m*
bond, rigid - starrer Verbund *m*
bond, yielding - nachgiebiger Verbund *m*
bond-breaking agent Trennmittel *n* (für Beton)
  [met]
bonded gefugt (Wand)
bonded flange Klebeflansch *m*
bonded girder Verbundträger *m*
bonded joint Klebeverbindung *f* [met];
  Verklebung *f*
bonded masonry verbundenes Mauerwerk *n*
bonder Binderstein *m*; Binderziegel *m*
bonding Haftverbund *m*; Klebung *f*
bonding agent Bindemittel *n* [met]; Haftmittel *n*
  [met]; Kleber *m* [met]; Klebstoff *m* [met]
bonding cement Kitt *m* (zum Kleben) [met];
  Klebekitt *m* [met]; Kleber *m* [met]
bonding coat Grundierung *f* (zum Aufkleben von
  Bahnen)
bonding failure Ablösen vom Beton *n* (Bewehrungsstahl) [bon]
bonding finish Haftputz *m*
bonding material Verbindungsmaterial *n* [met]
bonding medium for concrete Betonkleber *m* [bon]
bonding mortar Haftmörtel *m*
bonding mortar coat Haftschlämme *f* [met]
bonding of metals Metallkleben *n* [met]
bonding plaster Haftputz *m* [met]; Haftputzgips *m*
  [met]
bonding primer Haftreiniger *m* [met]
bonding strength Haftfestigkeit *f* [met];
  Klebefestigkeit *f* [met]
bonding technique Klebetechnik *f* [wer]
bonding, hot - Heißverklebung *f* (Dichtbahnen)
bonds Verbände *pl*
bondstone Binderziegel *m*
bone-dry staubtrocken
bonnet Lärmschutzhaube *f* [asi]; Rosette *f* [arc];
  Schutzhaube *f* [asi]
book of records Nachweisbuch *n* [rec]
booking hall Eingangshalle *f* (im Bahnhof) [tra];
  Schalterhalle *f* (Bahnhof) [tra]
bookkeeping obligation Buchführungspflicht *f*
  [eco]
boom Ausleger *m* (Kran); Auslegerarm *m* (Kran);
  Gurt *m* (z.B. Fachwerk, Fachwerkträger) [stb]
boom angle Auslegerwinkel *m*
boom bracing Gurtversteifung *f*
boom catch Auslegerverriegelung *f*
boom member Gurtungsstab *m*
boom overhang Ausladung des Auslegers *f*
boom plate Gurtplatte *f* [stb]; Kopfplatte *f*

boom scraper Auslegerkratzer *m* [tib]
boom stiffening Gurtversteifung *f*
boom, upper - Obergurt *m* (Fachwerkträger) [stb]
boost charge Schnellaufladung *f* (Batterie) [elt];
  Schnellladung *f* (Batterie) [elt]
booster battery Zusatzbatterie *f* [elt]
boosting Verstärken *n*
boosting battery Pufferbatterie *f* [elt]
borate glass Boratglas *m* [met]
border stone Bordstein *n*; Grenzstein *m*;
  Kantenstein *m*; Randstein *m* (Gehweg) [tra]
border tape Kantenschutzstreifen *m* [met]
border town Grenzstadt *f* [com]
bordering angrenzend
bordering Einfassung *f* (Rand, Kante) [stb];
  Stoßkante *f* (Einfassung)
bordering tool Bördeleisen *n* [wzg]
borderline Begrenzungslinie *f* [des]
bore ausbohren *v* (bohren) [wer]
bore bit Bohrmeißel *m* [wzg]
bore crown Bohrkrone *f* [wzg]
bore head Brunnenkopf *m* [was]
bore pile Bohrpfahl *m*
bore pile wall Bohrpfahlwand *f*
bore well Bohrbrunnen *m* [wba]
bored pile Bohrpfahl *m* (Tiefgründung) [tib]
borehole Bohrung *f* (Bohrloch)
borehole tubing Bohrlochfutterrohr *n* [wba]
borer bit Aufbohrmeißel *m* [wzg]
boring Bohrung *f* (Vorgang)
boring machine Bohrmaschine *f* [wzg]
boring rod Bohrstange *f* [wba]
boring sludge Bohrschlamm *m* [rec]
boring system Bohrverfahren *n*
boring tool Bohrstahl *m* [wzg]
boring winch Bohrwinde *f* [wba]
borough Befestigung *f* (Fort, u.a.) [arc]; Zitadelle *f*
borrow cut Entnahmeeinschnitt *m* [tib]
borrow material Auffüllmaterial *n*
borrow pit seitlicher Erdaushub *m*; Entnahmegrube *f*
borrow soil Entnahmeboden *m* [tib]
borrowing limit Verschuldungsgrenze *f* [eco]
boss Schlussstein *m*
botched work Pfusch *m*
bottom Boden *m* (Grund) [geo]; Grund *m* (Boden)
  [geo]; Sohle *f* (Boden) [geo]
bottom and top tunnel heading Strossen- und
  Kalottenvortrieb *m* [tib]
bottom area Sohlbereich *m* [tib]
bottom block Bodenstein *m*
bottom boom Untergurt *m* (Unterzug)
bottom bracket Aufsetzwinkel *m* [stb]
bottom chord Dachbinder-Untergurt *m*;
  Untergurt *m*
bottom chord angle Untergurtwinkel *m* [stb]

bottom chord member Untergurtstab *m* [stb]
bottom colour Grundfarbe *f* [met]
bottom course Unterschicht *f* [tib]
bottom deck Unterdeck *n* (Sieb) [prc]
bottom deposits Bodenschlamm *m* (Abwasser)
  [was]
bottom discharge Bodenentleerung *f* [prc]
bottom discharge conduit Grundablass *m* [was]
bottom drain valve Bodenentleerungsventil *n* [prc]
bottom drift Sohlstollen *m* [tib]
bottom dump hatch Bodenklappe *f* (Fahrzeug) [tib]
bottom edge of superstructure Überbauunterkante *f*
bottom emptying gallery Grundablass *m* [wba]
bottom flange Fußflansch *m* [stb]; Unterflansch *m*;
  Untergurt *m* [stb]
bottom gate Untertor *n* (Schleuse) [wba]
bottom heading Sohlstollen *m* [tib]; Sohlvortrieb *m*
  [tib]
bottom hole Grundloch *n*
bottom hung Kippflügel *m* (Fenster)
bottom lacquer Grundlack *m* [met]
bottom layer untere Bewehrung *f* [bon]
bottom level Unterkante *f*
bottom line Unterkante *f*
bottom muntin unteres senkrechtes Türholz *n*
bottom of crucible Untergestell *n*
bottom of foundation Fundamentsohle *f*
bottom of the sea Meeresgrund *m* [geo]
bottom outlet Grundablass *m* [was]
bottom panel Bodenplatte *f*
bottom paving Bodenbelag *m*
bottom plate Bodenplatte *f*; Fundamentplatte *f*
bottom pressure Sohldruck *m* [geo]
bottom pressure distribution Sohldruckverteilung *f*
  [tib]
bottom rail Fußholz *n* (Tür); Rahmenunterteil *n*
bottom sash Unterflügel *m* (Fenster)
bottom sealing Basisabdichtung *f*;
  Untergrundabdichtung *f*
bottom section unteres Trum *n* (Gleiskette) [tib]
bottom slope Sohlengefälle *n* [geo]
bottom sludge Sinkschlamm *m* [rec]
bottom sluice gate Grundablassschieber *m* [wba]
bottom view Untersicht *f* [des]
bottom water Tiefenwasser *n* [was]
bottom-hinged sash Kippflügel *m* (Fenster)
bottom-hinged vent window Ausstellfenster *n*;
  Kippfenster *n*
bottom-hung window Kippfenster *n*
bottoming Unterbau *m* [tib]
bottoming colour Grundierfarbstoff *m* [met]
bottoming dyestuff Grundierfarbe *f* [met]
boulder clay Blocklehm *m* [geo]; Geschiebelehm *m*
  [geo]
boulder marl Geschiebemergel *m* [geo]
boulder soil Geschiebeboden *m* [geo]

boulder till Geschiebemergel *m* [geo]
boulevard Prachtstraße *f*
boundary Grenze *f* (Begrenzung)
boundary adjustment Grenzregelung *f*
(Grundstücke) [jur]
boundary detection Kantendetektion *f* [any]
boundary dimension Grenzmaß *n* [des]
boundary fence Einzäunung *f*; Umzäunung *f*
boundary of a plot Grundstücksgrenze *f*
boundary point Grenzpunkt *m* (Baustruktur) [sik]
boundary settlement procedure Grenzregelung *f*
(Grundstücke) [jur]
boundary stone Grenzstein *m*
boundary stress Randspannung *f* [met]
boundary wall Grenzmauer *f*
bounding Bindung *f* (Stahlbeton)
boundless uferlos [geo]
boundless length of anchor freie Ankerstrecke *f*
bounds Gemarkung *f* [com]
bow girder gebogener Träger *m*
bow window Erkerfenster *n*; Erker *m*
bowed gebogen
bower Laube *f*
bowing Durchhang *m*; Durchbiegung *f*
bowl Spülbecken *n*
bowl urinal Urinalbecken *n* (Sanitär)
bowstring girder Bogenbinder *m*; Bogenträger *m*;
Bogenträger mit Zugband *m* [stb]
bowstring girder, polygonal - Bogensehnenträger *m*
box beam Doppel-T-Träger *m* [met]; Kastenbalken
m; Kastenträger *m*
box composting Boxenkompostierung *f* [rec]
box construction Raumzellenbauweise *f*
(Fertigbauweise)
box construction type Kastenbauart *f*
box container geschlossener Behälter *m*
box drain Kastendrän *m* [was]; Kastenrinne *f*
(Regenrinne)
box footing Kastenfundament *n*
box frame Kastenträger *m*; Versteifungsrahmen *m*
box girder Hohlkasten *m*; Hohlträger *m* [stb];
Kastenbalken *m*; Kastenträger *m*
box girder bridge Hohlträgerbrücke *f*
box gutter Kastenrinne *f* (Regenrinne) [was]
box level Dosenlibelle *f* [any]
box pile Pfahlprofil *n* (Spundwand)
box sash window Kastenhubfenster *n*
box secion Kastenquerschnitt *m* [stb]
box spanner Steckschlüssel *m* [wzg]
box spreader Kastenverteiler *m* [prc]
box unit Hohlkastenelement *n*; Hohlprofilteil *n*
box wrench Steckschlüssel *m* [wzg]
box-out Aussparungskasten *m* (Schalung)
box-type bridge Kastenbrücke *f* (Stahlbrücke) [stb]
box-type construction Hohlkastenbauweise *f*

box-type girder Kastenträger *m* [stb]
box-type window Kastenfenster *n*
boxed umschweißt [met]
boxed formwork Kastenform *f* [bon]
boxing work Schalungsarbeit *m*
boxroom Abstellraum *m*; Abstellkammer *f*;
Rumpelkammer *f*
brace Strebebalken *m*; Verband *m* (Fachwerk);
Aussteifungsstrebe *f*; Querlatte *f*; Strebe *f* (Verstärkung); Verstrebung *f*
brace absteifen *v*; verbauen *v* (Graben);
verklammern *v* [wer]; versteifen *v* (verstreben);
verstreben *v*
brace clamp Verschwertungsklammer *f* (Schalung)
brace connector Richtstützenanschluss *m*
(Schalung)
brace frame Stützbock *m* (Schalung)
brace frame double anchor Verankerungsschlaufe *f*
(Schalung)
brace rod Verstrebung *f*
brace strut Verankerungsstrebe *f*
braced arch Fachwerkbogen *m* [stb]
braced column Fachwerkstütze *f*
braced timbering ausgesteifte Zimmerung *f*
braces Tragkabel *pl* (an Brücken)
bracing Verband *m* (Fachwerk) [stb]; Verbau *m*
(Graben); Absteifung *f*; Armierung *f* (Glas) [met];
Aussteifung *f*; Aussteifung *f*; Verspannung *f* [stb];
Versteifung *f* (Verstrebung); Verstrebung *f* (z.B.
Fachwerkverband) [stb]
bracing beam Verbandträger *m*
bracing connection Aussteifungsanschluss *m*;
Diagonalanschluss *m*
bracing girder Verbandträger *m*
bracing plate Versteifungsblech *n*
bracing strut Aussteifungsstab *m*; Abfangstrebe *f*
bracing truss aussteifendes Fachwerk *n*;
Verbandträger *m* (Fachwerk) [stb]
bracing with verticals Ständerfachwerk *n*
bracket Krageisen *n*; Träger *m* (Abstützung);
Auflagerkonsole *f* [stb]; Knagge *f* (Fachwerkhaus);
Konsole *f*
bracket connector Konsolaufsatz *m* (Schalung)
[bon]
bracket support Kragstütze *f* [stb]
bracket-mounted gutter vorgehängte Rinne *f*
brackish water Brackwasser *n* [was]
brad Versenknagel *m* [met]; Versenkstift *m* [met]
braided hose umflochtener Schlauch *m*
branch Hausanschluss *m* [was]
branch abzweigen *v* [elt]
branch box Abzweigkasten *m* [elt]; Hausanschlusskasten *m* [elt]
branch duct Abgangsschacht *m* (Fernwärmeleitung)
[pow]; Abzweigkanal *m* [was]; Stichkanal *m* [prc]
branch flow Teilstrom *m* [prc]

branch junction canal Stichkanal *m* [wba]
branch line Gebäudeanschlussleitung *f* (Versorgung oder Entsorgung); Nebenstrecke *f* (Bahn) [tra]
branch return pipe Steigleitung Rücklauf *f* (Heizwasserkreislauf) [pow]
branch sewer Nebensammler *m* [was]; Verbindungssammler *m* (Abwasser) [was]
branch supply pipe Steigleitung Vorlauf *f* (Heizwasserkreislauf) [pow]
branch tee Abzweigmuffe *f* [tga]
branch terminal Abzweigklemme *f* [elt]
branching line Gebäudeanschlussleitung *f* [was]
brand Sorte *f* (Marke) [eco]
brass Messing *n* [met]
brass fitting Messingbeschlag *m* [tec]
brass hardware Messingbeschläge *pl*
brass strip Messingband *n* [met]
braze hart löten *v* [met]
brazeable hart lötbar [met]
brazed hart gelötet [met]
brazing Hartlöten *n* [wer]
brazing solder Hartlot *n* [met]
breach in a dam Dammbruch *m* [tib]
breaching dyke Berststrecke *f* (Staudamm)
breadth Weite *f* (Öffnung)
break reißen *v* (zerreißen); zerbrechen *v* (brechen)
break a circuit Stromkreis trennen *v* [elt]; Stromkreis unterbrechen *v* [elt]; Stromkreis unterbrechen *v* [elt]
break clause Sonderkündigungsklausel *f* [jur]
break current Abschaltstrom *m* [elt]
break down aufschließen *v* (Verbindung) [che]; einbrechen *v* (Wand); zerfallen *v* (zusammenbrechen); zusammenstürzen *v*
break hall Pausenhalle *f*
break of circuit Abschalten *n* (Ausschalten) [elt]
break of joint Versatz einer Fuge *m*
break roll Brechwalze *f* [prc]
break switch Stopptaste *f* [elt]
break through durchschlagen *v* [elt]
break time Ausschaltzeit *f* [elt]
break up aufbrechen *v* [wer]
break up into pieces grob brechen *v* [prc]
break-in alarm system Einbruchmeldeanlage *f*
break-proof bruchfest [met]
break-resistant bruchfest [met]
breakage mechanischer Bruch *m* [met]; Bruchbildung *f* [met]
breakdown gang Abbruchkolonne *f*
breakdown product Abbauprodukt *n* [was]
breakdown strength Durchschlagfeldstärke *f* [elt]
breakdown voltage Durchschlagspannung *f* [elt]
breaker Sturzwelle *f*
breaker ball Fallbirne *f*
breaker contact Unterbrecherkontakt *m* [elt]
breaking ball Zertrümmerungskugel *f*

breaking behaviour Brechverhalten *n* [met]
breaking current Ausschaltstrom *m* [elt]
breaking elongation Bruchdehnung *f* (Baustoffe) [met]
breaking energy Bremsenergie *f* [elt]
breaking index Brechzahl *f* [met]
breaking joint versetzte Fuge *f*
breaking load Bruchbelastung *f* [met]; Bruchlast *f* [met]
breaking machine Brecher *m* [prc]; Grobzerkleinerer *m* [prc]
breaking of a dyke Dammbruch *m* [tib]
breaking of waves Brandung *f*
breaking pattern Bruchbild *n* [met]
breaking plant Brecheranlage *f* [prc]
breaking point Knickpunkt *m* (z.B. bei Chlorung) [was]; Bruchstelle *f* [met]
breaking point, predetermined - Sollbruchstelle *f* [met]
breaking resistance Bruchfestigkeit *f* [met]
breaking strain Bruchlast *f* [met]
breaking strength, tensile - Zerreißfestigkeit *f* [met]
breaking stress Bruchbeanspruchung *f* [met]; Bruchspannung *f* [met]
breaking-up Auflockerung *f* (Boden) [geo]
breakpoint Knickpunkt *m* (z.B. bei Chlorung) [was]
breakpoint chlorination Knickpunktchlorung *f* [was]
breakwater Wellenbrecher *m* [wba]; Buhne *f* [wba]
breast Fensterbrüstung *f*
breast beam Rähmstück *n*
breast drill Handbohrer *m* [wzg]
breast height Brüstungshöhe *f* [des]
breast rail Brustschwelle *f*
breast wall Auflagerwand *f* (Widerlager); Brüstungsmauer *f*; Kammerwand *f* (Brücke)
breastsummer Rähmstück *n*
breathable air Atemluft *f* [asi]; Atemluft *f* (Atemschutz) [asi]
breathable air supply Atemluftversorung *f* (Atemluftabgabe) [asi]
breather tube Entlüftungsrohr *n* [air]
breathing atmungsaktiv
breathing air Atemluft *f* [asi]
breathing air distribution system Atemluftverteilungssystem *n* (Großanlage) [air]
breathing air system Atemluftsystem *n* [asi]
breathing apparatus Atemgerät *n* (Atemschutz) [asi]; Atemschutzgerät *n* [asi]; unabhängiges Atemschutzgerät *n* [asi]
breathing hose Atemschlauch *m* (an Atemgeräten) [asi]
breathing mask Atemmaske *f* [asi]; Atemschutzmaske *f* (Rettungswesen) [asi]
breathing protection Atemschutz *m* [asi]

breathing simulator Atmungssimulator *m* [asi]
breathing tube Atemschlauch *m* (an Atemgeräten) [asi]
breeches piece Hosenrohr *n* (Silo) [prc]
breeze concrete Gefällebeton *m* [bon]
brick Backstein *m*; Baustein *m*; Klinker *m*; Stein *m* (Ziegel); Ziegel *m*; Ziegelstein *m*
brick arch Ziegelbogen *m*
brick beam ceiling Ziegelbalkendecke *f*
brick bond Mauerverband *m*
brick building Backsteinbau *m*
brick clay Ziegelerde *f* [met]
brick coping Ziegelabdeckung *f*
brick course Steinlage *f*; Ziegelschicht *f*
brick crusher Ziegelbrecher *m* [prc]
brick dust Ziegelmehl *n* [met]
brick façade Backsteinfassade *f* [arc]; Ziegel-fassade *f*
brick facing Sichtmauerwerk *n*; Ziegel-verblendung *f*
brick in einmauern *v*
brick infill Ausmauerung *f* (- des Gefaches)
brick lining Ausmauerung *f*; Brunnenvermauerung *f* [was]
brick lining, refractory - feuerfeste Ausmauerung *f*
brick lintel gemauerter Sturz *m*
brick making Ziegelherstellung *f* [wer]
brick masonry Ziegelmauerwerk *n*
brick masonry, reinforced - bewehrtes Ziegel-mauerwerk *n*
brick pavement Ziegelpflaster *n*
brick paving Ziegelpflaster *n* [tib]; Ziegel-pflasterung *f*
brick sidewalk Ziegelpflaster *n* (<A>)
brick slip Riemchen *n*; Sparverblender *m*
brick stacker Ziegelstapler *m* [wer]
brick strength Steinfestigkeit *f* [met]
brick support Steinhalterung *f*
brick tie Mauerwerksanker *m*
brick up aufmauern *v*; ausmauern *v*; vermauern *v*; zumauern *v*
brick veneer Verblendmauerwerk *n*
brick wall Backsteinwand *f*; Ziegelmauer *f*; Ziegelwand *f*
brick, light - Leichtziegel *m*
bricked lintel gemauerter Sturz *m*
bricking Ausmauerung *f*
bricking rig Schalungsgerüst *n*
bricking up Vermauerung *f*
bricklaying Mauern *n*
bricklaying guide Mauerlehre *f* [any]
bricklaying mortar Mörtel *m*
bricklaying work Mauerarbeit *f*
brickwork Mauerwerk *n*; Ausmauerung *f*; Mauerarbeit *f*
brickwork anchor Steinhalter *m* (Verankerung)

brickwork bond Mauerwerksverband *m*
brickwork dehumidification Mauerwerksentfeuchtung *f* (Ziegelmauerwerk)
brickworks Ziegelei *f*
bridge Brücke *f* [tra]; Überbrückung *f* (Überführung); Überführung *f* (Brücke)
bridge abutment Brückenwiderlager *n*
bridge access Brückenauffahrt *f* [tra]
bridge across a river Flussbrücke *f* [tra]
bridge approach Brückenrampe *f* (Zufahrtsrampe) [tra]
bridge arch Brückenbogen *m*
bridge building Brückenbauwerk *n*
bridge construction Brückenbau *m*; Brückenbau *m* (Bauvorgang); Brückenkonstruktion *f* (Bauvorgang)
bridge crane Brückenkran *m*
bridge crossing a river Flussbrücke *f* [tra]
bridge deck Brückendeck *n*; Brückenüberbau *m*; Brückenfahrbahn *f*; Fahrbahnplatte *f* (Brücke)
bridge deck area Brückenfläche *f*
bridge decking Brückenplatte *f*; Fahrbahnplatte *f* (Brücke)
bridge dismantling Brückenabbau *m*
bridge engineering Brückenbau *m*
bridge floor Brückenfahrbahn *f*
bridge flooring Brückenbelag *m*
bridge foundation Brückenfundament *n*
bridge girder Brückenträger *m*
bridge grade Brückengradiente *f*
bridge length Brückenlänge *f*
bridge member Brückenglied *n* [stb]
bridge of air-proof cases Kastenbrücke *f*
bridge of bulk material Schüttgutbrücke *f* (Bunker) [prc]
bridge on piles Jochbrücke *f*
bridge parapet Brückengeländer *n*
bridge pier Brückenpfeiler *m*
bridge pillar Brückenpfeiler *m*
bridge pipeline Brückenleitung *f* (z.B. Fernwärme-versorgung)
bridge platform Brückenüberbau *m* [tra]; Brücken-fahrbahn *f* [tra]
bridge pontoon Brückenschiff *n*
bridge pylon Brückenpfeiler *m*
bridge railing Brückengeländer *n*
bridge refurbishment Brückensanierung *f*
bridge renewal Brückensanierung *f*
bridge span Feld *n* (Brücke)
bridge strut Brückenständer *m*
bridge substructure Brückenunterbau *m*
bridge superstructure Brückenüberbau *m*
bridge support Brückenlager *n*
bridge truss Brückenträger *m* [stb]
bridge wall Trennwand *f*; Zwischenwand *f*
bridge width Brückenbreite *f*

bridge without pony truss oben offene Fachwerkbrücke *f* [stb]
bridging Aussteifung *f* [stb]; Brückenbildung *f* (in
Silos) [prc]; Kreuzaussteifung *f*; Versteifung *f*
bridging piece Unterzugbalken *m*
bridging section Brückenglied *n* (Brückenbau)
bridle chord bridge Zügelgurtbrücke *f*
brightener Aufheller *m* [che]
brilliant varnish Glanzlack *m* [met]
brinelling Schlagschäden *pl* (Straße) [tra]
bring flush bündig machen *v* [wer]
bring into alignment fluchten *v* [des]
bring into line with ... anpassen *v*
bring up-to-date modernisieren *v*
brittle brüchig (spröde); spröde (brüchig) [met]
brittle fracture Sprödbruch *m* [met]; Trennbruch *m*
[met]; Versprödungsbruch *m* [met]
brittle fracture test Sprödbruchprüfung *f* [any]
brittleness Brüchigkeit *f* [met]; Zerbrechlichkeit *f*
[met]
brittleness at low temperature Kaltsprödigkeit *f*
[met]
broad classification Grobklassierung *f* [prc]
broad-crested weir breitkantiges Wehr *n* [wba];
breitkroniges Wehr *n* [wba]
broad-finishing tool Breitschlichtmeißel *m* [wzg]
broad-flange beam Breitflanschträger *m* [stb]
broad-flanged girder Breitflanschträger *m*
broadcast flooring Einstreubelag *m* (Bodenbelag)
broadening Verbreiterung *f* (Straße) [tra]
broken gebrochen (Mauerwerk)
broken glass Glasbruch *m* [rec]
broken gravel gebrochener Kies *m* [met]
broken ground zerklüftetes Gelände *n* [geo]
broken pediment Sprenggiebel *m* (klassische
Fassade) [arc]
broken range masonry unregelmäßiges Schichtenmauerwerk *n*
broken rock Bruchstein *m*; Grobsplitt *m* [met];
Schotter *m* [met]
broken stone Brechschotter *m*; Bruchstein *m*;
Feinschlag *m*; Grobsplitt *m*; Schotter *m* [met]
broken stone pavement Schotterdecke *f* [tib]
broken stone road Schotterstraße *f* [tra]
broken-joint tile Falzpfanne *f* (Dachziegel)
broken-out section Teilschnitt *m* (Zeichnung) [des]
broker company Maklerhaus *n* [eco]; Maklerunternehmen *n* [eco]
brokerage Vermittlungstätigkeit *f* [eco]
bronze Bronze *f* [met]
bronze colour Bronzefarbe *f* [met]
bronze sheet Bronzeblech *n* [met]
broom-finished foundation besenreines
Fundament *n*
brooming Abfegen *n* [wer]; Abkehren *n* [wer]
brow post Holm *m*

brown staining Braunfleckigkeit *f* (Mörtelfuge)
brownfield städtisches Brachland *n* [com]
brownfield site Brache *f* [far]; Brachfläche *f* [far];
Siedlungsbrache *f* [com]
bruise Stoßstelle *f* [met]
brush Pinsel *m* [wzg]
brush anstreichen *v*
brush aeration Bürstenbelüftung *f* (Belebtschlamm)
[was]
brush application Pinselauftrag *m*
brush finish aufgeraute Oberfläche *f* [met]
brush painting Pinselanstrich *m*
brush plaster Pinselputz *m*
brush strip Bürstenleiste *f*
brushing Anstreichen *n*
brushing lacquer Streichlack *m* [met]
brushing varnish Streichlack *m* [met]
brushless induction motor Käfigläufermotor *m*
[elt]
brushwood cooler Reisigrieselwerk *n* [was]
brushwood layer Spreitlage *f*
bubble Lunker *m* [met]
bubble light Lichtkuppel *f* (<A>); Lichtkuppel *f*
(<A> meist aus Kunststoff)
bubbling Blasenbildung *f* (Anstrich) [met]
buck Türzarge *f*
bucket Eimer *m*; Krankübel *m*; Löffel *m*;
Tieflöffel *m* (Bagger); Schaufel *f* (Bagger) [tib]
bucket angle Schaufelschrägstellung *f*
bucket capacity Schaufelfassungsvermögen *n*;
Löffelinhalt *m*; Schaufelinhalt *m*
bucket chain Baggerkette *f*
bucket chain dredger Eimerkettenbagger *m*
bucket conveyor Becherwerk *n* [prc]; Kübelfördergerät *n* [prc]
bucket crane baggergreifer *m* [tib]; Greiferbagger
m [tib]; Greiferkran *m*
bucket dredger Eimerbagger *m* [tib]; Eimerkettennassbagger *m* [tib]; Schaufelbagger *m* [tib]
bucket elevator Becherwerk *n* [prc]
bucket elevator chain Becherkette *f* (Becherwerk)
[prc]; Eimerkette *f* (Becherwerk) [prc]
bucket elevator head Becherwerkskopf *m* [prc]
bucket excavator Eimerkettenbagger *m* [tib];
Löffelbagger *m* [tib]
bucket hoist Kippkübelaufzug *m* (Bauaufzug);
Kübelaufzug *m* (Bauaufzug)
bucket ladder Becherleiter *f* (z.B. bei Nassbaggern)
[tib]; Eimerleiter *f* (z.B. bei Nassbaggern) [tib]
bucket ladder dredger Eimerkettennassbagger *m*
[tib]
bucket ladder, roller-type - rollende Eimerkette *f*
(Eimerkettenbagger) [roh]
bucket line Becherstrang *m* (z.B. bei Nassbaggern)
[tib]; Eimerstrang *m* (z.B. bei Nassbaggern) [tib];
Becherreihe *f* (z.B. bei Nassbaggern) [tib]

bucket loader Becherwerkslader *m* [prc]; Fahrlader *m* [tib]; Ladeschaufler *m*
bucket sink Ausgussbecken *n* (Sanitär)
bucket trencher Grabenbagger *m* (mit Eimern) [tib]
bucket wheel Zellenrad *n* [prc]
bucket-carrying trolley Laufkatze mit Greifkorb *f* [tra]
bucket-ladder dredge Eimerkettenbagger *m* [tib]
bucket-wheel extractor Schaufelradbagger *m* [tib]
buckle beulen *v* [met]; einbeulen *v* [met]; einknicken *v*; knicken *v*; sich verwerfen *v* [met]; werfen *v* (sich verziehen) [met]
buckle formation Faltenbildung *f* [met]
buckle plate Buckelblech *n* [stb]
buckled shape Knickfigur *f*
buckling Abknicken *n* [met]; Beulen *n* [met]; Knicken *n*; Verziehen *n* (Abmessungen) [des]; Knickung *f* [met]
buckling behaviour Knickverhalten *n* [met]
buckling configuration Knickfigur *f* [sik]
buckling failure Knickbruch *m* [met]
buckling flexure Knickbeanspruchung *f* [met]
buckling length Knicklänge *f*; Knicklänge *f* [met]
buckling load Knickbeanspruchung *f* [met]; Knicklast *f* [met]; Traglast *f*
buckling loading Knickbelastung *f*
buckling of the track Gleisverwerfung *f* [tra]
buckling point Knickpunkt *m* [met]
buckling resistance Knickfestigkeit *f* [met]
buckling risk Knickgefahr *f*; Knickgefahr *f* [met]
buckling strain Knickspannung *f* [met]
buckling strength Knickfestigkeit *f* [met]
buckling stress Knickbeanspruchung *f* [met]; Knickspannung *f* [met]
buckling stress, local - Beulspannung *f* [met]
buckling test Knickversuch *m* [any]
buckstay Ankersäule *f*
buffer battery Pufferbatterie *f* [elt]
buffer beam Kopfträger *m*
buffer coat Zwischenanstrich *m* [met]
buffer tank Pufferspeicher *m* [wba]; Puffertank *m* [was]
buffered soil, poorly - schlecht gepufferter Boden *m* (pH-Wert) [geo]
build bauen *v*; erbauen *v* (Gebäude); konstruieren *v* (erbauen); mauern *v*
build a cellar under unterkellern *v*
build an extension anbauen *v* (Haus, etc.)
build in einspannen *v* [stb]
build on anbauen *v*; bebauen *v* (Grundstück)
build over überbauen *v*
build up aufbauen *v* (bauen)
build-up Stau *m* (Wasser-) [wba]; Anlagerung *f*; Ansammlung *f*
build-up plot bebautes Grundstück *n*

build-up welding Auftragschweißung *f* (Beschädigungen schweißen) [wer]
builder Bauherr *m*; Bauträger *m*; Erbauer *m*; Bauherrin *f*; Bauträgerin *f*; Erbauerin *f*
builder's diary Bautagebuch *n*
builder's hoist Bauaufzug *m*
builder's level Nivelliergerät *n* [any]
builder's road Baustellenstraße *f*
builder's timber Bauholz *n* [met]
builder-owner Bauherr *m*; Bauherrin *f*
builders' conveyor Hochbaufahrband *n* (Fördereinrichtung)
builders' rotating crane Baudrehkran *m*
building baulich
building Bauen *n*; Bauwerk *n*; Gebäude *n* (Bauwerk); Haus *n* (Gebäude); Bau *m* (Bauen); Bau *m* (Gebäude); Bauausführung *f*; Errichtung *f*; Erstellung *f*; Konstruktion *f* (Bau)
building a house Bau eines Hauses *m*
building abandoned only half-finished Bauruine *f*
building acceptance Bauabnahme *f* [eco]
building access lock Gebäudezugangsschleuse *f*
building acoustics Bauakustik *f* [aku]
Building Act Baugesetzbuch *n* (in Deutschland) [jur]
building activity Bautätigkeit *f*
building and civil engineering Bauingenieurwesen *n*
building and contracting industry Bauwirtschaft *f*
building appearance Erscheinungsbild eines Gebäudes *n*
building application Baugesuch *n*; Baugesuch *n* [jur]; Bauantrag *m* [jur]
building application planning Bauantragsplanung *f*
building area Bebauungsgebiet *n*; Baufläche *f*; bebaute Fläche *f*
building authorities Bauamt *n*; Baubehörde *f*
building authority Bauverwaltung *f*
building authorization Baugenehmigung *f* [jur]
building automation Gebäudeautomation *f*
building automation system Gebäudeautomationssystem *n*; Gebäudeleittechnik *f*
building ban Bauverbot *n*; Bebauungssperre *f*
building biology Baubiologie *f*
building block Baustein *m* (z.B. Ziegel)
building block, hollow - Hohlblockstein *m*; Hohlblockziegel *m*
building bloom Mauerfraß *m*
building board Bauplatte *f*
building board, acoustical - Schalldämmplatte *f*
building boundary Baugrenze *f*
building brick Bauklotz *m* [met]; Baustein *m* (z.B. Ziegel); Mauerziegel *m*; Ziegel *m* [met]
building by industrialized methods industrielles Bauen *n*
building category Gebäudekategorie *f* (Immobilie)
building ceramics keramischer Baustoff *m* [met]

building chemical bauchemisches Produkt *n* [met]; Bauchemikalie *f* [met]
building chemistry Bauchemie *f* [che]
building class Gebäudekategorie *f* (Immobilie); Gebäudeklasse *f*
building classification Gebäudeklassifikation *f* (Immobilie)
building cleaning Gebäudereinigung *f*
building code Bauordnung *f*; Bauvorschrift *f*
building collapse Gebäudeeinsturz *m* (z.B. als Brandfolge)
building column Hallenstütze *f*
building column foundation Hallenstützenfundament *n*
building completion Gebäudeausbau *m*
building complex Gebäudekomplex *m*
building component Bauelement *n*; Fertigteil *n*
building concrete Hochbaubeton *m* [bon]
building construction Hausbau *m*; Hochbau *m*; Bauausführung *f*
building construction and civil engineering Hoch- und Tiefbau *m*
building construction drawing Bauausführungszeichnung *f* [des]
building construction in progress Bauzustand *m*
building construction regulations Baubestimmungen *pl*
building construction site Hochbau-Baustelle *f*
building construction waste Baustellenabfall *m* [rec]
building construction work Hochbau *m* (Arbeiten)
building contract award procedure Vergabeverfahren *n* (Bauwesen) [eco]
building contractor Bauunternehmer *m*; Bauunternehmerin *f*
building control authority Bauaufsichtsbehörde *f*
building control system Hausleitsystem *n*
building control system, central - Gebäudeleittechnik *f* [tga]
building conversion Bauveränderung *f*
building core Gebäudekern *m*
building craftsman Bauhandwerker *m*
building crane Baukran *m*
building cubicle Installationszelle *f*; Raumzelle *f*
building data Gebäudedaten *pl*
building density Bebauungsdichte *f*
building department, local - Bauamt *n* [jur]
building description Baubeschreibung *f*
building design Bauplanung *f*
building design plan Baugestaltungsplan *m* [arc]
building development Bebauung *f*
building development requiring building permission genehmigungsbedürftiges Bauvorhaben *n*
building diagnosis Gebäudediagnose *f*
building documentation Bauunterlagen *pl* [des]

building drain Gebäudeabwasserleitung *f* [was]
building drain system Abwassersammelsystem *n* (im Gebäude) [was]
building drainage Grundstücksentwässerung *f* [was]; Hausentwässerung *f* [was]
building drawing Bauzeichnung *f* [des]
building elevator Bauaufzug *m*
building engineer Bauingenieur *m*; Hochbauingenieur *m*
building engineering Hochbau *m*
building entrance Gebäudeeingang *m*
building entrance door Haustür *f*
building envelope Bauhülle *f*; Gebäudehülle *f*
building equipment technische Gebäudeausstattung *f*
building equipment, auxiliary - Bauhilfsgeräte *pl*
building excavation, open - unverkleidete Baugrube *f*
building exhibition Bauausstellung *f*
building expert Bausachverständiger *m*
building extension Gebäudeerweiterung *f*
building firm Baugeschäft *n*; Baubetrieb *m*
building foundation Gebäudefundament *n*
building frame Gebäudeskelett *n*
building freeze Baustopp *m*
building funds Baugeld *n* [eco]
building glass casting Bauhohlglas *n* [met]
building ground Bauland *n*; Terrain *n*; Baugrund *m* [geo]; Baustelle *f*
building height Gebäudehöhe *f*
building in stone Steinbauweise *f*
building in timber Holzbau *m*
building industry Baugewerbe *n*; Bauwesen *n*; Baubranche *f*; Bauindustrie *f*; Bauwirtschaft *f*
building inspection Bauaufsicht *f*; Bauüberwachung *f*
building inspection authority Bauaufsichtsbehörde *f*
building inspector Bauaufsichtsbeamter *m* [jur]
building inspectorate Bauaufsichtsamt *n* [jur]; Bauaufsicht *f*
building installation, technical - technische Gebäudeausstattung *f* [tga]
building insulation Gebäudeisolierung *f* (Wärme-)
building insulation material Baudämmstoff *m*
building insurance Gebäudeversicherung *f* [jur]
building inventory Bauwerksverzeichnis *n*
building labour force Bauarbeiterschaft *f*
building labourer Bauarbeiter *m*
building land Baugrundstücke *pl*; Baugelände *n* (Bauland); Baufläche *f*
building land risk Baugrundrisiko *n*
building land, commercial - gewerbliche Baufläche *f* [com]
building land, mixed - gemischte Baufläche *f* [com]
building lease Erbbaurecht *n* [jur]
building lease agreement Erbbaurechtsvertrag *m* [jur]

building lease, long-term - Erbpacht *f* [jur]
building lease, registered - Erbbaurecht *n* [jur]
building life cycle Gebäudelebenszyklus *m*
building lift Bauaufzug *m*
building lime Baukalk *m* [met]; Baukalk *m* [met]
building line Baugrenzen *pl* [des]; Bauflucht *f*
[des]; Baufluchtlinie *f* [des]; Baulinie *f* [des];
Gebäudeleitung *f* [was]
building line, rear - Bebauungstiefe *f*
building loan Baudarlehen *n*
building location Bauplatz *m*
building log Bautagebuch *n*
building machinery Baumaschinen *pl*
building maintenance Gebäudeunterhaltung *f*
building management Hausverwaltung *f*
building management system Gebäudemanagementsystem *n*; Gebäudeleittechnik *f*
building mania Bauwut *f*
building material Baumaterial *n* [met]; Baustoff *m*
[met]
building material category Baustoffklasse *f* [met]
building material, naturally occurring - Naturbaustoff *m*
building material, primary - Primärbaustoff *m*
[met]; Primärbaustoff *m* [met]
building materials class Baustoffklasse *f* [met]
building materials industry Baustoffindustrie *f*
building materials market Baustoffmarkt *m*
building materials producer Baustoffhersteller *m*
building materials supply Baustoffangebot *m* [eco]
building materials technology Baustofftechnologie *f*
building materials testing Baustoffprüfung *f* [any]
building materials trade Baustoffhandel *m* [eco]
building materials, auxiliary - Bauhilfsstoffe *pl*
[met]
building measure Baumaßnahme *f*
building measurement Gebäudemessung *f* (Vermessung) [any]
building mechanics Baustatik *f*
building moisture Baufeuchte *f*
building monitoring Gebäudeüberwachung *f*
building monument Baudenkmal *n*
building mortar Baumörtel *m* [met]
building noise Baulärm *m* [aku]
building noise protection Baulärmschutz *m* [aku];
Baulärmschutz *m* [aku]
building of historic importance Baudenkmal *n*
building on contaminated land Altlastenbebauung
f; Altlastenbebauung *f*
building on stilts Pfahlbau *m* (Bauweise)
building on third party land Superädifikat *n*
building order Baugebot *n*
building outline Bauentwurf *m* (grober -) [des]
building owner Gebäudebesitzer *m* [eco]; Gebäudeeigentümer *m* [eco]; Gebäudebesitzerin *f* [eco];
Gebäudeeigentümerin *f* [eco]

building paper Isolierpapier *n* [met]
building particulars and plans Bauunterlagen *pl*
[des]
building permission authority Baugenehmigungsbehörde *f*
building permission procedure Baugenehmigungsverfahren *n*
building permit Bauschein *m*
building permit applicant Bauantragsteller *m*
building permit authorities Bauaufsichtsbehörde *f*
[jur]; Baugenehmigungsbehörde *f* [jur]
building permit based upon exemption Ausnahmegenehmigung *f* (Baugenehmigung) [jur]
building permit, partial - Teilbaugenehmigung *f*
[jur]
building physics Bauphysik *f*
building pit Baugrube *f*
building plan Bauentwurf *m* [des]; Bauplan *m*
building planning Bauleitplanung *f*; Gebäudeplanung *f*
building plaster Baugips *m* [met]
building plot Baugrundstück *n*
building preservation Bautenschutzmittel *n* [met];
Bautenschutz *m*
building price index Baupreisindex *m* [eco]
building process Baubetrieb *m*; Bauausführung *f*
building product Bauprodukt *n*
building progress Baufortschritt *m*
building project Bauvorhaben *n*; Baumaßnahme *f*
building project requiring permission genehmigungsbedürftiges Bauvorhaben *n*
building promoter Bauherr *m*
building proposal Baugesuch *n*
building pump Baupumpe *f*
building ready for occupation bezugsfertiges
Gebäude *n*
building record drawing Baubestandzeichnung *f*
[des]
building regulation Bauvorschrift *f* [jur]
building regulations bauordnungsrechtliche
Vorschriften *pl* [jur]; Bauordnung *f*
building regulations approval
bauordnungsrechtliche Genehmigung *f* [jur];
technische Baugenehmigung *f* [jur]
building remain Mauerrest *m*
building renovation Gebäudesanierung *f*
building repair Baureparatur *f*
building restoration Gebäudesanierung *f*;
Gebäudesanierung *f*
building restriction Baubeschränkung *f*
building restriction line Baugrenze *f* [com]
building right, heritable - Erbbaurecht *n*
[jur]
building sand Bausand *m* [met]
building scheme Bauentwurf *m* [des]
building section Bauabschnitt *m*

building services Gebäudeinstallation *f* [tga];
Gebäudetechnik *f* [tga]; Haustechnik *f* [tga];
technische Gebäudeausrüstung *f* (Versorgung) [tga]
building services control system
Gebäudeleitsystem *n* [tga]
building sewer Gebäudeabwasserleitung *f* [was]
building sheet, lightweight - Leichtbauplatte *f* [met]
building shell Rohbau *m*; Rohbau *m*
building site Baugelände *n* (Baustelle); Baugrundstück *n*; Grundstück *n* (Bauplatz); Bauplatz *m*;
Baustelle *f* (eines Bauwerks); Baustelle im
Hochbau *f*
building site waste Baustellenabfälle *pl* [rec]
building size Baumaß *n*
building slipway Helling *f* [tib]
building society, mutual benefit - gemeinnützige
Wohnungsbaugesellschaft *f*
building specification Baubeschreibung *f*
building standard Gebäudestandard *m*; Baunorm *f*
[des]
building standard, technical - technische Baubestimmung *f* [des]
building statics Baustatik *f*
building stock Gebäudebestand *m*
building stone Naturbaustein *m*
building storm sewer Regenwassersammler *m*
[was]
building structure Baukörper *m*
building structure, closed - geschlossene Bebauung
f [com]
building structure, outer - Gebäudehülle *f*
building supervision Baukontrolle *f*; Bauüberwachung *f*
building supervision authority Bauaufsichtsbehörde *f* [jur]
building supervision planning procedure Bauleitplanverfahren *n*
building supervisor Bauleiter *m*; Bauleiterin *f*
building supervisory authorities Bauaufsichtsbehörden *pl*
building surrounding Gebäudeumgebung *f*
building surveyor Bautechniker *m*
building system Bauweise *f*
building technology Bautechnik *f*
building timber Bauholz *n* [met]
building tools Baugeräte *pl*
building trade Baugewerbe *n*
building trench lining Baugrubenverbau *m*
building type Bauform *f*
building under construction Neubau *m*
building unit Bauteil *n*; Baueinheit *f*
building utilization Gebäudenutzungsart *f*
building vibration Gebäudeschwingung *f*
building wall, outer - Gebäudeaußenwand *f*
building waste Bauabfall *m* [rec]; Bauschutt *m*
[rec]

building waste dump Baustoffdeponie *f* [rec]
building with a minimum of energy consumption
Passivbau *m* (Gebäude ohne spez. Heizsystem)
building with clay Lehmbauweise *f*
building with columns Säulenbau *m*
building with earth Lehmbau *m*
building work Bauarbeiten *pl*; Bauleistung *f*
building worker Bauarbeiter *m*
building yard Baustelle *f*
building yard equipment Baustelleneinrichtung *f*
building, close to the - gebäudenah
building, old - Altbau *m*
building-block principle Baukastenprinzip *n* [des]
building-block system Baukastensystem *n* [des]
building-drainage system Entwässerungssystem *n*
[was]; Grundstücksentwässerungsanlage *f* [was]
building-principal Bauherr *m*; Bauherrin *f*
building-rubble processing Bauschuttaufbereitung *f*
[rec]
building-site container Baustellencontainer *m*
building-site crane Baustellenkran *m*
building-site equipment Baustelleneinrichtung *f*
building-site hut Baubude *f*
building-site preparation Erschließung *f* (Bauland)
building-site rubble processing Bauschuttaufbereitung *f* [rec]
building-up Konstruktion *f* (Bau)
**buildings arranged side by side with shared
separating walls** geschlossene Bauweise *f*
built erbaut; gebaut
built area bebaute Fläche *f*
built area including hardlandscaping versiegelte
Fläche *f*
built monument Baudenkmal *n*
built space umbauter Raum *m*
built structure, actually - ausgeführtes Bauwerk *n*
built surface area Grundfläche *f*
built use zone Baugebiet *n*
built-in bathtub Einbauwanne *f*
built-in cabinet Einbauschrank *m*
built-in cupboard Einbauschrank *m*;
Wandschrank *m*
built-in frame Blendrahmen *m*; Einbaurahmen *m*
built-in furniture Einbaumöbel *n*
built-in installation Einbauten *pl*
built-in kitchen Einbauküche *f*
built-in pipe clamp Trageisen *n* (für Wandeinbau
einer Rohrleitung)
built-in safety unmittelbare Sicherheitstechnik *f*
[asi]
built-in sink Einbauspüle *f* (Küchenmöbel) [tga]
built-in support eingespanntes Auflager *n*
built-in tank Einbautank *m*
built-in wardrobe Einbauschrank *m* (Kleiderschrank)
built-up bebaut

built-up area bebautes Gebiet *n* [com]; Bebauungsgebiet *n*; bebaute Fläche *f* [geo]
built-up beam zusammengesetzter Träger *m*
built-up column mehrteilige Stütze *f*; zusammengesetzte Stütze *f* [stb]
built-up girder Verbundträger *m*; zusammengesetzter Träger *m*
built-up land bebautes Land *n* [com]
built-up material Schweißgut *n* (vom Schweißdraht abgetropft) [met]
built-up member mehrteiliger Stab *m*
built-up property bebautes Grundstück *n* [com]
built-up section zusammengesetztes Profil *n* [stb]; zusammengesetzter Querschnitt *m* [stb]
built-up truss Brettbinder *m* (Dachkonstruktion)
bulb Glühbirne *f* [elt]
bulb portion Zuggurt *m* (Brücke)
bulb pressure Druckanhäufung *f* (Baugrund) [tib]; Spannungsanhäufung *f* (Baugrund) [tib]
bulbous cupola Zwiebelkuppel *f* [arc]
bulk unverpackt
bulk cement Behälterzement *m* [met]; Silozement *m* [met]
bulk concrete Massenbeton *m* [bon]
bulk density Raumgewicht *n* [phy]; Schüttgewicht *n* [met]; Rütteldichte *f* (Haufwerk) [met]; Schüttdichte *f* [met]; Schüttgutdichte *f* [met]; Schüttungsdichte *f* [met]
bulk density meter Schüttdichtemessgerät *n* [any]
bulk excavation Massenaushub *m*
bulk insulating material Schüttdämmstoff *m* [met]
bulk loading Loseverladung *f* [tra]; Schüttgutverladung *f* [tra]
bulk material Massenschüttgut *n* [met]; Schüttgut *n* [met]; Schüttmaterial *n* [met]
bulk material handling Schüttgutbewegung *f* [prc]
bulk production Massenfertigung *f* [wer]; Massenproduktion *f* [roh]
bulk sample Sammelprobe *f* (aus Schüttgut) [any]
bulk sampling Sammelprobeentnahme *f* [any]
bulk solid Schüttgut *n* [prc]
bulk solids bin Schüttgutbehälter *m* [prc]
bulk truck Silowagen *m* (Bahn) [tra]
bulk waste Grobmüll *m* [rec]; Sperrmüll *m* [rec]
bulk water separator Grobabscheider *m* [was]
bulk weight Rüttelgewicht *n* [met]
bulkhead Querwand *f*; Spundwand *f*; Trennwand *f* (Schottwand)
bulkhead gate Dammtafel *f* (Talsperre)
bulkhead stuffing box Schottverschraubung *f*
bulkhead system Schottsystem *n* (Brandschutz)
bulkhead unit Vorschaltgerät *n* (Leuchtstoffröhre) [elt]
bulking Schwellung *f* [met]
bulking sludge Blähschlamm *m* [was]
bulky massiv

bulky waste Massenabfall *m* [rec]; Sperrmüll *m* [rec]
bull nose abgerundete Außenecke *f*; abgerundete Fugenkante *f*
bull nose trowel Kantenbrecher *n* [wzg]
bull wheel Kettenantriebsrad *n* [tec]; Antriebsturas *m* [tec]; Bohrtrommel *f*
bull's eye glass Butzenscheibe *f*
bull-head Gewölbeschlussstein *m*; Keilziegelstein *m*
bull-head rivet Doppelkopfniete *f* [tec]
bulldog clamp Kabelklemme *f* [elt]
bulldog clip Seilklemme *f* (Arbeitsschutz) [tec]
bulldog-spike Bulldog-Dübel *m*
bulldoze einebnen *v*; räumen *v* (Erdbau)
bulldozer Planierfahrzeug *n* [tib]; Planierraupe *f* [tib]; Schubraupe *f*
bulldozer blade Querschild *n* (Planierraupe) [tib]
bulldozer shovel Schaufellader *m* [tib]
bullet-proof glass Panzerglas *n* [met]
bullet-resistant durchschusshemmend [met]
bullet-resistant glazing durchschusshemmende Verglasung *f*
bullet-resistant partition durchschusshemmende Abtrennung *f*
bullet-resistant screen durchschusshemmender Schirm *m*
bullfloat finishing machine Längsbohlenfertiger *m* [tib]
bullion Butzenscheibe *f*
bullpen-style office Großraumbüro ohne Raumgliederung *n* ((Umgangssprache))
bulwark Bollwerk *n* (Festung) [arc]; Schanzkleid *n* (Festung) [arc]
bump Bodenwelle *f* [tra]; hohe Stelle *f* (in Fläche)
bund Erddamm *m*
bunding Stützmauer *f* [wba]
bundle prestressing tendons Vorspannbündel *n* [bon]
bundled bars Stabbündel *n* (Bewehrung) [bon]
bundled reinforcement Bündelarmierung *f* [bon]; Bündelbewehrung *f* [bon]
bungalow Bungalow *m*
bungled job Stümperei *f* [wer]
bunker Bunker *m*; Bunker *m* (Zement); Silo *m* [prc]
bunker construction Bunkerbau *m* (Bauvorgang)
bunker shutter valve Bunkerabsperrschieber *m* [prc]
bunker system Bunkeranlage *f*
buoyancy Auftrieb *m* (in Flüssigkeit) [phy]
buoyancy force Auftriebskraft *f* [phy]
buoyant schwimmfähig (durch Auftrieb) [phy]
burglar resistance Einbruchhemmung *f*
burglar-proof glazing Panzerglas *n* [met]
burglar-resistant door Einbruch hemmende Tür *f*

burial Erdverlegung f [elt]
burial vault Grabgewölbe n [arc]
buried erdverlegt; erdverlegt
buried anchorage unterirdische Verankerung f
buried cable erdverlegtes Kabel n [elt]
buried channel Kanal, versenkter - m [was]
buried line erdverlegte Leitung f [elt]
buried pipeline erdverlegte Rohrleitung f [was]
buried tank Erdtank m [tib]
burn calcinieren v [che]
burn lime Kalk brennen v [roh]
burner Brenner m [pow]
burner capability Brennerleistung f [pow]
burner flame Brennerflamme f [pow]
burning material Brandgut n (brennendes Material
   bei Brand) [met]
burning object Brandobjekt n [asi]
burning-off Abbrennen n (Anstriche, Glas);
   Abflammen n (Anstrich) [met]
burnt brick gebrannter Ziegelstein m [met];
   Ziegelstein, gebrannter - m [met]
burnt clay gebrannter Ton m [met]
burnt contact durchgebrannter Kontakt m [elt]
burnt lime Calciumoxid n [che]; Branntkalk m
   [met]; gebrannter Kalk m [che]
burnt product Brenngut n (Ziegel) [met]
burr Austrieb m [met]; Bart m (an Werkstoffen)
   [met]; Grat m (von Bearbeitung: Bohren,
   Schweißen) [met]
burried tank Erdtank m (Tank im Erdreich) [pow]
burstone hartes Gestein n [geo]
bury eingraben v; in die Erde verlegen v (Leitungen); vergraben v
burying under the road Leitungsverlegung in der
   Straße f [pow]
bus bar Sammelschiene f [elt]; Schiene f (Sammelschiene) [elt]; Stromschiene f [elt]
bus bay Busbucht f (an Straßen) [tra]; Haltebucht f
   (an Straßen) [tra]
bus depot Busdepot n (<B>) [tra]; Busbahnhof m
   (<A>) [tra]
bus lane Busspur f [tra]
bus lane equipped with guiding device Busspur
   mit Leitsystem f [tra]
bus line Sammelleitung f [elt]
bus rod Sammelschiene f [elt]
bus station Busbahnhof m [tra]; Busbahnhof m
   [tra]
bus stop island Haltestelleninsel f (- für Busse) [tra]
bus terminal Busbahnhof m [tra]; Omnibusbahnhof
   m [tra]
bus terminal, central - zentraler Busbahnhof m
   [tra]
bus track Busspur f [tra]
bus turnout Haltebucht für Busse f [tra]
bus-bar system Schleifleitung f [elt]

bus-bar terminal Sammelschienenklemme f [elt]
bush Buchse f (Tülle) [elt]
bushing Buchse f (Durchführung) [elt]
business area Gewerbegebiet n
business building Geschäftshaus n
business centre Geschäftszentrum n [com]
business district Geschäftsviertel n (Geschäfte,
   Büros, Banken); Innenstadt f [com]
business district, central - zentrales Geschäftsviertel n
business documents Geschäftsunterlagen pl [eco]
business house Geschäftshaus n
business lease gewerblicher Mietvertrag m [eco]
business owner's duties Unternehmerpflichten pl
   [eco]
business park Gewerbepark m [eco]
business plaque Firmenschild n [eco]
business premises Geschäftsräume pl
business process Geschäftsprozess m [eco]
business promotion which safeguards the location
   Standort sichernde Wirtschaftsförderung f [eco]
business quarter Geschäftsviertel n
business street Ladenstraße f
business zone Kerngebiet n
busway Busspur f [tra]
butadiene rubber Butadienkautschuk m [met]
butment Lager n (Auflager)
butt end Fußende n
butt hinge, cranked - abgekröpftes Band n (Tür)
butt joint Stoß m (Verbindung); stumpfer Stoß m
   (Verbindung); Vollstoß m; Stoßfuge f; stumpfe
   Verbindung f
butt joint riveting Laschennietung f [wer]
butt joint with splice plate Laschenverbindung f
butt joint, plain - stumpfer Stoß m [met]
butt riveting Laschennietung f [stb]
butt strap Decklasche f [stb]; Lasche f (Stoß);
   Stoßlasche f [tec]; Stoßleiste f; Verbindungslasche
   f [tec]
butt strap joint Laschenstoß m; Laschenverbindung
   f [stb]
butt strap riveting Laschennietung f [stb]
butt-weld Stoßnaht f [met]; Stumpfschweißung f
   [met]
butt-welded joint Stumpfschweißverbindung f [wer]
butt-welded seam Stumpfschweißnaht f [met]
butterfly roof Flügeldach n
button battery Knopfzelle f (Batterien) [elt]
button cell Knopfzelle f (Batterie) [elt]
button head Nietkopf m [tec]
button head rivet Halbrundkopfniet m [stb];
   Halbrundniet m [stb]
buttress Pfeiler m (Stütz-); Strebepfeiler m (Gotik)
   [arc]; Stützpfeiler m
buttress dam Stützpfeilerstaudamm m [wba];
   Pfeilerstaumauer f [wba]

buttress dam, round-headed -
  Pfeilerkopfstaumauer *f* [wba]; Rundkopfstaumauer
  f [wba]
buttress pier Strebepfeiler *m* (Gotik) [arc]
buttress wall Stützmauer *f*
buttressed arch abgestrebter Bogen *m*
bye-wash Umleitkanal *m* [wba]
bypass Nebenauslass *m* [was]
bypass überbrücken *v* [elt]; umführen *v*
bypass an interlock Verriegelung überbrücken *v*
  [elt]
bypass channel Entlastungskanal *m* [wba];
  Umleitungskanal *m* [was]; Hochwasserrinne *f*
  [wba]
bypass duct Umgehungsleitung *f* [prc]
bypass line Umgehungsleitung *f* [prc]
bypass pipe Überströmrohr *n* [was]
bypass road Entlastungsstraße *f* [tra];
  Umgehungsstraße *f* [tra]

C

C-hook Entenschnabel *m*; Ösenhaken *m*
C/A cement Tonerdeschmelzzement *m* [met]
cabinet integrated in wall Einmauerschrank *m*
cable Leitungskabel *n* [elt]; Leitung *f* (Strom) [elt]
cable verkabeln *v* [elt]
cable anchorage Seilverankerung *f* (Brückenbau)
cable assembly Kabelmontage *f* [elt]
cable basement Kabelboden *m* [elt]
cable box Kabelkasten *m* [elt]; Kabeldose *f* [elt]
cable bushing Kabeldurchführung *f* [elt]
cable cantilever bridge Seilstrebenhängebrücke *f*
cable carrier rope Kabeltrosse *f*
cable channel Kabelrinne *f* [elt]
cable chute Kabelschacht *m* [elt]
cable clamp Kabelklammer *f* [elt]; Kabelklemme *f*
[elt]; Kabelschelle *f* [elt]
cable clip Kabelhalter *m* [elt]; Kabelschuh *m* [elt];
Kabelschelle *f* [elt]; Seilschelle *f* (z.B. an Hängebrücke) [stb]
cable conduct Kabelkanal *m* [elt]
cable conduit Kabelführungsrohr *n* [elt]; Kabelrohr
n [elt]; Kabelkanal *m* [elt]; Kabelschutzrohr *m*
[elt]; Kabelrohrleitung *f* [elt]
cable conduit outlet Kabelkanalsteckdose *f* [elt]
cable conduit, embedded - eingegossenes Kabelführungsrohr *n* [elt]
cable connection Kabelanschluss *m* [elt]; Kabelverbindung *f* [elt]
cable connection plan Klemmenplan *m* [elt]
cable covering Kabelmantel *m* [elt];
Kabelisolierung *f* [elt]; Kabelummantelung *f* [elt]
cable detecting device Kabelsuchgerät *n* [elt]
cable detector Kabelsuchgerät *n* [elt]
cable distribution cabinet Verteilerschrank *m* [elt]
cable dredger Seilbagger *m* [tib]
cable drum Kabelrolle *f* [elt]; Kabeltrommel *f* [elt]
cable duct Kabelrohr *n* [elt]; Kabelkanal *m* [elt];
Kabelschacht *m* [elt]; Kabelführung *f* [elt]
cable entry Kabelanschlussöffnung *f* [elt]; Kabeleinführung *f* [elt]; Kabelzuführung *f* [elt];
Leitungseinführung *f* [elt]
cable fastener Kabelbinder *m* [elt]
cable fault detector Kabelfehlernachweisgerät *n*
[elt]
cable feeder, outgoing - Kabelabzweig *m* [elt]
cable finder Kabelsuchgerät *n* [elt]
cable fitting Kabelverschraubung *f* [elt]
cable fixing material Kabelbefestigungsmaterial *n*
[elt]
cable floor Kabelboden *m*
cable gallery Kabelboden *m* [elt]

cable gland Kabeldurchführung *f* [elt]
cable gully Kabelpritsche *f* [elt]
cable handler Kabelraupe *f*
cable haulage machine Seilförderanlage *f*
cable hoist Seilaufzug *m*
cable inlet Kabeleinführung *f* [elt]
cable insulation Kabelisolation *f* [elt]
cable jacket Kabelmantel *m* [elt]; Kabelüberzug *m*
cable joint Kabelverbindung *f* [elt];
Kabelverschraubung *f* [elt]
cable junction Kabelverbindung *f*
cable junction box Kabelverbindungsmuffe *f*
cable laying Kabelmontage *f* [elt]; Kabelverlegung *f*
[elt]; Verkabelung *f* [elt]
cable lead-through Kabeldurchführung *f* [elt]
cable localizer Kabelsuchgerät *n* [elt]
cable loop device Kabelraupe *f*
cable lug Kabelschuh *m* [elt]; Kabelklemme *f* [elt]
cable management Leitungsführung *f* [des]
cable network Kabeltragwerk *n*
cable pit Kabelschacht *m* [elt]
cable placing Kabelverlegung *f* [elt]
cable plug Kabelstecker *m* [elt]
cable protection Kabelschutz *m* [elt]
cable protection switch Leitungsschutzschalter *m*
[elt]
cable protective sheath Kabelschutz *m* [elt]
cable raceway Kabelbahn *f* [elt]
cable rack Kabelpritsche *f* [elt]
cable reel Kabelrolle *f* [elt]; Kabeltrommel *f* [elt]
cable route Kabelführung *f* [elt]; Kabelstrecke *f*
[elt]; Kabeltrasse *f* [elt]
cable routing Leitungsführung *f* [elt]
cable routing plan Leitungsführungsplan *m* [des]
cable run Kabelführung *f* (im Gebäude) [elt];
Kabelstrecke *f* [elt]; Kabeltrasse *f* [elt]
cable runway Kabelschacht *m* [elt]
cable scrap Kabelschrott *m* [rec]
cable scraper Seilschrapper *m* [tib]
cable seal Kabeldichtung *f* [elt]
cable sealing end Kabelanschlussstutzen *m* [elt]
cable shackle Kabelschelle *f* [elt]
cable shaft Kabelschacht *m* [elt]
cable sheath Kabelmantel *m* [elt]
cable sheathing Kabelummantelung *f* [elt]
cable sheeting Kabelüberzug *m*
cable shoe Kabelschuh *m* [elt]
cable sling Drahtseilschlinge *f* [met]
cable spacing Kabelabstand *m*
cable stay Kabelstrebe *f* (Brücke)
cable stripping knife Kabelmesser *n* [wzg]
cable subway Kabeltunnel *m* [elt]
cable support Kabelhalterung *f* [elt]
cable support bracket Kabelbügel *m* [elt]
cable suspension bridge Kabelbrücke *f*;
Seilbrücke *f*

cable system, inclined - Schrägseilsystem *n*
cable terminal box Kabelanschlusskasten *m* [elt]
cable tie Kabelbinder *m* [elt]
cable tray Kabelpritsche *f* [elt]; Kabelrinne *f* [elt]
cable tree Kabelbaum *m* [elt]
cable trench Kabelgraben *m* [elt]; Kabelkanal *m* [elt]
cable trough Kabeltrog *m* [elt]; Kabelrinne *f* [elt]; Kabelwanne *f* [elt]
cable tube Kabelrohr *n* [elt]
cable tunnel Kabelkanal *m* [elt]; Kabeltunnel *m* [elt]
cable tunnel, walk-in - begehbarer Kabelkanal *m* [elt]
cable wire Kabeldraht *m* [met]
cable-controlled excavator Seilbagger *m* [tib]
cable-hauled bucket Seilschrapperkasten *m* [tib]
cable-laying hoist Kabelverlegewinde *f* [tib]
cable-operated seilbetätigt [wer]
cable-operated clamshell excavator Seilbagger mit Schalengreifer *m* [tib]
cable-operated excavator seilbetätigter Bagger *m* [tib]
cable-operated face shovel excavator Seilkettenbagger mit Hochlöffel *m* [tib]
cable-stayed bridge Schrägkabelbrücke *f*; Schrägseilbrücke *f*; Schrägseilbrücke *f*
cable-supported structure Seiltragwerk *n*; seilverspanntes Tragwerk *n*
cable-suspended cantilever roof Kabelkragdach *n*
cableway Kabelbahn *f* [elt]
cablework Verkabelung *f* [elt]
cabling Verkabelung *f* [elt]
cabling diagram Verbindungsdiagramm *n* (Elektrik, Datenverarbeitung) [des]
cabling rope Kabelzugseil *n* [met]
cadastral district Flur *m* (Gelände) [com]
cadastral map Flurkarte *f* [geo]; Katasterkarte *f*
cadastral map excerpt Grundbuchauszug *m* [jur]; Katasterplanauszug *m*
cadastral plan Katasterkarte *f*
cadastral register Grundbuch *n* [com]
cadastral survey Katastervermessung *f*
cadastral surveyor Landvermesser *m* [geo]
cadastral unit Flur *m* (Grundbuch) [com]
cadastre Grundbuch *n*; Kataster *n*
cadmium colour Cadmiumfarbe *f* [che]
cadmium-nickel button cell Cadmium-Nickel-Knopfzelle *f* [elt]
cadmium-nickel storage battery Cadmium-Nickel-Akkumulator *m* [elt]
cadmium-plate kadmieren *v* [met]
cage hoist Schachtgerüstaufzug *m* [roh]; Turmgerüstaufzug *m* [roh]
caged ladder Leiter mit Rückenschutz *f*
caisson Kaisson *n*; Senkkasten *m*; Kassette *f*

caisson foundation Caissongründung *f* (Tiefgründung) [tib]; Hohlkastengründung *f* [tib]; Senkkastengründung *f* [tib]
caisson foundation, open - Senkbrunnengründung *f*
cake verbacken *v*
caked clinker Klinkerstock *m* (Zement) [met]
caking Anbacken *n*; Festbacken *n*; Zusammenbacken *n*
calcareous kalkartig [met]; kalkhaltig [met]; kalkig [met]
calcareous cement Kalkkitt *m* [met]; Kalkzement *m* [met]
calcareous clay Kalkmergel *m* [geo]
calcareous deposit kalkhaltige Ablagerung *f* [geo]
calcareous encrustation Kalkkruste *f* [geo]
calcareous flux Kalkzuschlag *m* [met]
calcareous gravel Kalkkies *m* [geo]
calcareous marl Kalkmergel *m* [geo]
calcareous sand Kalksand *m* [geo]
calcareous sandstone Kalksandstein *m* [geo]
calcareous sediment Kalkablagerung *f* [geo]
calcareous soil Kalkboden *m* [geo]; kalkhaltiger Boden *m* [geo]
calcareous standard Kalkstandard *m* [des]
calcareous water hartes Wasser *n* [was]; kalkhaltiges Wasser *n* [was]
calcific Kalk bildend [met]
calcification Verkalkung *f*
calcifications Kalkeinlagerungen *pl* [met]
calcified verkalkt [met]
calcify verkalken *v* [met]
calcinable calcinierbar [che]
calcination Glühen *n* (Minerale) [met]; Kalzinierung *f* [met]; Röstung *f* [roh]
calcine calcinieren *v* [che]; glühen *v* (Minerale) [met]; kalzinieren *v* [che]; verkalken *v* [met]
calcined alum gebrannter Alaun *m* [che]
calcined clay Schamotte *f* [met]
calcined gypsum Baugips *m* [met]
calcining drum Brenntrommel *f* [roh]
calcite Kalkspat *m* [che]
calcium alumina cement Calciumaluminat-Zement *m* [met]; Tonerdeschmelzzement *m* [met]; Tonerdezement *m* [met]
calcium aluminate cement Tonerdeschmelzzement *m* [met]
calcium carbonate Calciumcarbonat *n* [che]; Kalkspat *m* [che]
calcium content, low - kalkarm [met]
calcium hydroxide Calciumhydroxid *n* (Lebensmittelzusatz: E 526) [che]; Kalkhydrat *n* (gelöschter Kalk) [che]; gelöschter Kalk *m* [met]; Löschkalk *m* [met]; Kalkmilch *f* [met]
calcium oxide Calciumoxid *n* [che]
calcium sulfate Calciumsulfat *n* [che]
calcium sulfate dihydrate Gips *m* [che]

calcium sulfate hemihydrate Gipshalbhydrat *m* [che]

calculate bemessen *v* (berechnen) [des]; berechnen *v* [des]

calculate the earthwork ermitteln *v* (Erdmassen)

calculated load Rechnungslast *f* [sik]

calculated quantity Mengenansatz *m* [met]

calculating basis Berechnungsgrundlage *f* [sik]

calculation by successive approximation Berechnung durch schrittweise Näherung *f* [mat]

calculation documents Berechnungsunterlagen *pl* [des]

calculation of areas Flächenberechnung *f* [mat]

calculation of economic feasibility Wirtschaftlichkeitsberechnung *f* [eco]

calculation of quantities Mengenberechnung *f* [wer]; Mengenermittlung *f*

calculation plan Berechnungsplan *m* [des]

calculation temperature Berechnungstemperatur *f* [des]

calculation, simplified - vereinfachte Berechnung *f* [des]

calendar day Kalendertag *m*

calibrate eichen *v* [any]; kalibrieren *v* [any]

calibrated geeicht [any]

calibrated test piece Eichprobe *f* (Materialprüfung) [any]

calibrating Eichen *n* [any]; Kalibrieren *n* [any]

calibrating device Kalibriereinrichtung *f* [any]; Kalibriervorrichtung *f* [any]

calibrating plot Kalibrierkurve *f* [any]

calibrating unit Kalibriereinrichtung *f* [any]; Kalibriervorrichtung *f* [any]

calibrating weight Prüfgewicht *n* [any]

calibration Einmessen *n* [any]; Kalibrieren *n* [any]; Eichung *f* [any]; Kalibrierung *f* [any]

calibration accuracy Eichgenauigkeit *f* [any]

calibration block Eichkörper *m* [any]; Kontrollkörper *m* [any]

calibration curve Eichkurve *f* [any]

calibration data Eichdaten *pl* [any]

calibration equipment Eicheinrichtung *f* [any]; Kalibriervorrichtung *f* [any]

calibration error Eichfehler *m* [any]; Kalibrierfehler *m* [any]

calibration factor Eichfaktor *m* [any]

calibration signal Eichsignal *n* [any]

calibration standard Eichstandard *m* [any]

calibration voltage Eichspannung *f* [elt]

calibrator Kalibriereinrichtung *f* [any]

caliper gauge Gabellehre *f* [any]; Rachenlehre *f* [any]

call for bids Ausschreibung *f* [eco]

callipers Taster *m* (Durchmesserbestimmung) [any]

callow Schwachbrandziegel *m* [met]

calorific value Heizwert *m* [pow]

calorific value determination Heizwertbestimmung *f* [any]

calorific value, net - unterer Heizwert *m* [pow]

calorifier Kessel *m* (Heizkessel) [pow]

calorimeter Wärmemengenzähler *m* [any]; Wärmemesser *m* [any]

calorimetric analysis kalorimetrische Analyse *f* [any]

calorimetric determination kalorimetrische Bestimmung *f* [any]

calorimetry Kalorimetrie *f* [any]; Wärmemessung *f* [any]

calotte Kalotte *f*

cam Nocke *f* [tec]

cam limit switch Nockenendschalter *m* [elt]

cam switch Nockenschalter *m* [elt]

camber Straßenprofil *n* [tra]; Überhöhung *f* (Holzbau); Überhöhung *f* (Stütze / Träger)

camber wölben *v*

cambered kerb schräge Bordschwelle *f* (Straßenbau)

camshaft contactor Nockenschalter *m* (Schütz) [elt]

canal Graben *m* (Kanal) [wba]; Kanal *m* (Schiffahrt, künstlicher Wasserlauf) [wba]

canal bank Kanalufer *n* [wba]; Kanaldamm *m* [wba]; Kanalböschung *f* [wba]

canal bottom Kanalsohle *f* [wba]

canal bridge Kanalbrücke *f* [wba]

canal construction Kanalbau *m* [wba]

canal embankment Kanaldamm *m* [wba]

canal lining Kanalauskleidung *f* [wba]

canal lock Kanalschleuse *f* [wba]

canal lock gate Kanalschleusentor *n* [wba]

canal pumping station Kanalpumpwerk *n* [wba]

canal section Kanalprofil *n* [wba]

canal slope Kanalböschung *f* [wba]

canal slope protection Kanalböschungssicherung *f* [wba]

canal widening Kanalverbreiterung *f* [wba]

canalization Kanalbau *m* [wba]; Kanalisation *f* (Flüsse) [wba]; Kanalisierung *f* [wba]

cancellation of tender Aufhebung der Ausschreibung *f* [eco]

canopy Schutzdach *n*; Vordach *n*; Markise *f*; Überdachung *f*

canopy roof Schutzdach *n*; Vordach *n*; Wetterdach *n*

canopy, gabled - giebelförmiger Baldachin *m* (Gotik: über Skulpturen) [arc]

cant Querneigung *f* (Straßenkurve) [tib]; Überhöhung *f* (Straßenkurve) [tib]

cant neigen *v* (kippen)

cantilever freitragend

cantilever Ausleger *m*; Dammkragen *m* [wba]; Kragarm *m*; Kragbalken *m*; Kragträger *m*; Tragarm *m*; Auskragung *f*

cantilever arm Auslegerbalken *m*; Kragarm *m*

cantilever beam auskragender Balken *m*; Auslegerträger *m*; Freiträger *m*; freitragender Träger *m*;
Gerberträger *m*; Kragbalken *m*; Kragträger *m*
cantilever beam, propped - einseitig eingespannter
Träger *m*
cantilever bridge Auslegerbrücke *f*; freitragende
Brücke *f*; Gelenkträgerbrücke *f* [stb]
cantilever construction freitragende Konstruktion *f*
cantilever erection method Montage im freien
Vorbau *f* (Brücke)
cantilever forming Auslegerschalung *f* [bon]
cantilever frame freitragender Rahmen *m*
cantilever girder Auslegerträger *m*; Kragträger *m*
cantilever jib waagerechter Ausleger *m*
cantilever load Kraglast *f*
cantilever method Freivorbauweise *f*
cantilever platform Kragplatte *f*
cantilever purlin Gerberpfette *f* (Dach)
cantilever roof Kragdach *n*; Vordach *n*
cantilever scaffold Konsolgerüst *n*
cantilever shell Kragschale *f*
cantilever slab Kragplatte *f*
cantilever span Kragträger *m*
cantilever truss Konsolträger *m*
cantilevered frei vorgebaut
cantilevered beam Kragträger *m*
cantilevered column Stütze mit einseitigem
Kragarm *f*
cantilevered construction Freivorbau *m*
cantilevered falsework Vorschubgerüst *n*
cantilevered step auskragende Stufe *f*; einseitig
eingespannte Stufe *f*
cantilevered tower freitragender Turm *m*
(Windenergieanlage) [pow]
cantilevered walkway ausgekragter Gehweg *m*
[tib]; ausgekragter Laufsteg *m* [tib]
cantilevered wall Winkelstützmauer *f*
cantilevering Auskragung *f*
cantilevering construction Freivorbau *m*
cantilevering system Kragsystem *n*
canvas Segeltuch *n* [met]; Zeltstoff *m* [met]
caoutchouc cement Kautschukkitt *m* [met]
caoutchouc paste Kautschukmasse *f* [met]
cap Kopfteil *n*
cap ceiling Kappendecke *f*
cap flashing Kappstreifen *m*; Kappleiste *f*
(eingelassenes Dichtprofil)
cap piece Kalottenstück *n* (Schalung)
cap plate Kopfplatte *f*
cap screw Kopfschraube *f* [tec]
cap sealing Oberflächenabdichtung *f*
cap sheet Dachpappe, besandete - *f* [met]
capability Leistungsvermögen *n*; Tauglichkeit *f*
capability of swelling Quellungsfähigkeit *f* (Leder)
[met]
capable of adjustment eichfähig [any]

capacitance Kapazität *f* (Kondensator) [elt]
capacitive starting motor Kondensatormotor *m*
[elt]
capacitor Kondensator *m* [elt]
capacitor motor Kondensatormotor *m* [elt]
capacity of a screen, basic - spezifischer Sieb-
durchsatz *m* [prc]
capacity plan Kapazitätsplan *m* [wer]
capacity, of too low - unterdimensioniert [des]
capillarity Kapillarität *f* [phy]
capillarity breaking layer kapillarbrechende
Schicht *f* [geo]
capillary Kapillare *f*
capillary action kapillarer Aufstieg *m* (vor allem
von Wasser) [phy]; Kapillarwirkung *f* [phy]
capillary action, destroying - kapillarbrechend
[met]
capillary attraction kapillare Steigkraft *f* [phy];
Kapillarität *f* [phy]
capillary break Kapillarsperre *f* [phy]
capillary capacity Kapillarkapazität *f* [geo]
capillary condensation Kapillarkondensation *f*
[phy]
capillary crack Haarriss *m* [met]
capillary depression kapillare Absenkung *f* [met]
capillary diffusion Kapillardiffusion *f* (von Wasser)
[phy]
capillary drainage Kapillardränage *f*; Kapillarentwässerung *f* [geo]
capillary effect Kapillarwirkung *f* [phy]
capillary elevation kapillarer Aufstieg *m* [phy];
kapillare Steighöhe *f* [geo]
capillary fissure Haarriss *m* [met]
capillary flaw Haarriss *m* [met]
capillary fluid Kapillarflüssigkeit *f* [met]
capillary force Kapillarkraft *f* [phy]
capillary fringe Kapillarsaum *m*; Porensaugraum
m; Kapillarzone *f*
capillary layer Kapillarschicht *f* [geo]
capillary moisture Kapillarwasser *n* [met]; Kapillarfeuchte *f* [met]
capillary pressure Kapillardruck *m* [phy]; kapillarer Druck *m* [phy]
capillary pressure head Steighöhe *f* [was]
capillary rise kapillarer Aufstieg *m* [phy]; kapillare
Saughöhe *f* [phy]; kapillare Steighöhe *f* [phy]
capillary structure Kapillarstruktur *f* [met]
capillary suction kapillare Saugkraft *f* [phy];
kapillare Saugwirkung *f* [phy]
capillary water Kapillarwasser *n* [met]; Porensaugwasser *n* [met]
capillary zone Kapillarraum *m* [geo]
capital Kapitell *n* [arc]; Kapitell *n* (Säule);
Säulenabschluss *m*; Metropole *f* (Zentrum)
capital (city) Kapitale *f* [arc]
capped off abgedeckt; abgeschlossen

capping Deckschicht *f*; Mauerabdeckung *f*
capping beam Abschlussbalken *m*; Holm *m*
capping stone Abdeckstein *m*
capping system Oberflächenabdichtung *f* (Deponie) [rec]
capping tile Abdeckziegel *m*
capsill Jochholm *m*; Kopfbalken *m*
capstone Deckstein *m*; Schlussstein *m*
caption of a drawing Kopf einer Zeichnung *m* [des]
capture zone Entnahmebereich *m* [was]
car park Parkplatz *m* [tra]
car parking space Stellplatz *m* (- für Kraftfahrzeuge) [tib]
car shaker Waggonentleerer *m* [tra]
car-based urban development autoorientierte Stadtentwicklung *f* [com]
car-park guidance system Parkleitsystem *n* [tra]
carbamide glue Carbamidkleber *m* [met]
carbide lime Carbidkalk *m* [met]
carbide metal Hartmetall *n* [met]
carbon steel Flussstahl *m* [met]; Kohlenstoffstahl *m* [met]
carbon, total inorganic - gesamter anorganischer Kohlenstoff *m* [was]
carbon, total organic - gesamter organisch gebundener Kohlenstoff *m* [was]
carbon-fibre reinforcement Kohlefaserbewehrung *f* [bon]
carbon-zinc cell Kohle-Zink-Element *n* [elt]
carbonate hardness Karbonathärte *f* [was]
carbonate removal Entkarbonisierung *f* [was]
carbonate water kalkhaltiges Wasser *n* [was]
carbonated water kohlensäurehaltiges Wasser *n* [was]
carburization Zementation *f* [met]
carburizing Zementieren *n*
carburizing furnace Zementierofen *m* [roh]
carcass Gerippe *n*; Rohbau *m*
carcass work Rohbauarbeiten *pl*
carcassing Rohbauarbeiten *pl*
carcassing timber Bauholz für den Hochbau *n* [met]
carcinogen karzinogene Substanz *f* [met]
carcinogenic substance karzinogene Substanz *f* [met]
carcinostatic krebshemmende Substanz *f* [met]
carelessness Unvorsichtigkeit *f* [asi]
caretaker Hausbesorger *m*; Hausmeister *m*; Hausmeisterin *f*
caretaker's house Pförtnerhaus *n*
cargo bay Ladebucht *f* [tra]
cargo boom Ladebaum *m*
cargo terminal Frachtterminal *n* [tra]
cargo-associated waste ladungsbedingter Abfall *m* (bei Schiffen) [rec]
carousel shelf Drehboden *m* (Küchenmöbel)

carpenter Bauschreiner *m*; Bautischler *m*
carpenter superintendent Oberpolier *m*
carpenter's gauge Zollstock *m* [any]
carpenter's hammer Zimmermannshammer *m* [wzg]
carpenter's level Wasserwaage *f* [any]
carpenter's shop Zimmerei *f* [wer]
carpentry Tischlerarbeiten *pl* [wer]; Schreinerei *f* [wer]
carpentry and constructional timber work Zimmer- und Holzbauarbeiten *pl* (DIN 18334)
carpentry and timber construction works Zimmer- und Holzarbeiten *pl*
carpentry and timber engineering Zimmer- und Holzbauarbeiten *pl*
carpet Straßenbelag *m* [tra]
carpet adhesive Teppichkleber *m* [met]
carpet flooring Teppichbelag *m*
carpeted floor Teppichboden *m*
carpeting Auslegeware *f*; Bodenbedeckung *f* (Teppichboden)
carrefour Straßenkreuzung *f* [tra]
carriage Fahrwagen *m*; Podestbalken *m*; Treppenwange *f*
carriage clamp Schraubzwinge *f* [wzg]
carriage road Fahrstraße *f* [tra]
carriageway Fahrbahn *f* [tra]; Fahrstraße *f* [tra]
carriageway slab Fahrbahnplatte *f* [tib]
carriageway surfacing Fahrbahnbelag *m* [tib]
carrier Träger *m* (Substanz) [met]
carrier beam Träger *m* (Balken)
carrier gas Trägergas *n* [any]
carrier material Trägermaterial *n* [any]
carrier plate Tragplatte *f*
carrier solution Trägerlösung *f* [any]
carrier, acoustic - akustischer Träger *m* [aku]
carry away heat Wärme abführen *v* [pow]
carry out durchführen *v* (Aktion); verrichten *v* (tun)
carry out a project Projekt ausführen *v*
carry out a test Versuch durchführen *v* [any]; Versuch fahren *v* [any]
carry out an experiment Versuch durchführen *v* [any]
carrying bar Tragbalken *m*
carrying block Tragblock *m*
carrying cable Tragkabel *n* (Hängebrücke)
carrying capacity Belastbarkeit *f* [geo]
carrying capacity of the ground Tragfähigkeit des Untergrunds *f* [geo]
carrying out of work Bauausführung *f*
carrying rope Tragkabel *n* (Hängebrücke)
carrying scraper Ladeschaufler *m*
carrying structure Trägerkonstruktion *f*
carrying-out of construction Bauausführung *f*
cartridge Kassette *f*
cartridge fuse Sicherungspatrone *f* [elt]

cartridge stem Kartuschenkolben *m*
cartridge tap Mischbatterie mit Kartuschendichtung *f* [tga]
cartridge-powered tool Bolzenschießgerät *n* [wzg]
carve off abmeißeln *v*
carvings Schnitzwerk *n* [wer]
caryatid Kore *f* [arc]
cascade deaerator Rieselentgaser *m* [was]
case of fire Brandfall *m* [asi]
case of loading Belastungsfall *m* [sik]
cased beam ummantelter Träger *m* (z.B. Beton-ummantelung)
cased column ummantelte Stütze *f*
cased in concrete mit Beton ummantelt [met]
caseharden einsatzhärten *v* [met]; zementieren *v* (Metall) [met]
casehardened gehärtet (Stahl) [met]
casehardened steel Einsatzstahl *m* [met]; Zement-stahl *m* [met]
casemate Kasematte *f* (Festung) [arc]
casement Drehflügel *m* (Fenster u.a.); Fensterflügel *m*; Flügelrahmen *m* (Fenster u.a.)
casement blind Kastenrollladen *m*
casement door Fenstertür *f*
casement fastener Drehriegel *m* (Fenster)
casement frame Fensterrahmen *m*; Flügelrahmen *m*
casement hinge Fensterband *n*; Fitsche *f*
casement overlap Flügelüberschlag *m*
casement pressure Flügelanpressdruck *m*
casement seal Flügeldichtung *f*
casement stop Flügelanschlag *m*
casement window Drehfenster *n*; Drehflügelfenster *n*; Flügelfenster *n*
casing Einrahmung *f* (Fenster, Tür); Einschalung *f*; Kapselung *f* (el. Maschinen) [elt]; Türzarge *f*; Verschalung *f* [tec]
casing material Schalungsmaterial *n* [bon]
casing retraction Rohrrückzug *m*
casing swivel Bohrrohrdrehkopf *m* [tib]
cast alloy Gusslegierung *f* [met]
cast basalt Schmelzbasalt *m* [met]
cast chromium steel Chromstahlguss *m* [met]
cast concrete Gussbeton *m* [bon]; Schüttbeton *m* [bon]
cast concrete betonieren *v* [bon]
cast concrete factory Betonsteinwerk *n* [roh]
cast concrete pipe Gussbetonrohr *n* [was]
cast epoxide resin Epoxidgießharz *n* [met]
cast glass gegossenes Glas *n* [met]
cast in situ in Ortbeton gegossen [bon]
cast in situ concrete Ortbeton *m* [bon]
cast iron Guss *m* (Gusseisen) [met]
cast resin Gießharz *n* [met]
cast shadow Schlagschatten *m*
cast steel Gussstahl *m* [met]
cast stone Betonwerkstein *m* [roh]

cast-in-place concrete Ortbeton *m* [bon]
cast-in-place pile Ortbetonpfahl *m* [bon]
castable concrete Isolierbeton *m* [bon]
castable refractory Baumasse, feuerfeste - *f* [met]; feuerfeste Gießmasse *f* [met]
castable refractory, insulating - isolierender Feuerbeton *m* [bon]; Isolierstampfmasse *f* [met]
castellated beam Wabenträger *m*
castellated girder Wabenträger *m*
castellated joint verzahnte Fuge *f*
castelled girder Wabenträger *m*
casting Gussstück *n* [met]
casting bed Betonierbett *n* [bon]
casting composition Gießmasse *f* [met]
casting compound Vergießmasse *f* [met]; Verguss-masse *f* [met]
casting mortar Abgussmörtel *m* [met]; Verguss-mörtel *m* [met]
casting process, bitumen - Bitumengießverfahren *n*
casting resin Gießharz *n* [met]; Vergussharz *n* [met]
casting yard Betonierplatz *m* [bon]; Feldfabrik *f* (Produktionsstätte für Fertigteile) [wer]
castle Schloss *n* [arc]; Burg *f* [arc]
castle gate Burgtor *n* [arc]
castle surrounded by water Wasserschloss *n*
castle wall Burgmauer *f*
castle with moat Wasserburg *f* [arc]
casualty Unfallopfer *n*
casualty hospital Unfallkrankenhaus *n* [hum]
cat ladder Leiter mit Rückenschutz *f*; Steigleiter *f*
cat's eye reflector Katzenauge *n* [asi]
cataclysm Überschwemmung *f* [was]
catastrophic flood Katastrophenhochwasser *n* [wet]
catch Wassergraben *m* (Bewässerung) [wba]
catch basin Auffangbecken *n* [was]; Senkgrube *f* [was]
catch bin Zwischenbunker *m* [prc]
catch feeder Bewässerungsgraben *m* [was]
catch pit Auffangbecken *n* [was]; Sandfang *m* [was]; Sammelgrube *f* [was]
catch pit gully Abzugsgraben *m* [was]
catch-water drain Sickerkanal *m* [was]
catcher Fang *m* [was]
catching Stauen *n* [was]
catchment Einzugsgebiet *n* (Regenwasser u.a.) [was]; Regenauffangbecken *n* [was]
catchment area Einzugsgebiet *n* (Niederschläge) [was]; Gewässereinzugsgebiet *n* [was]; Wasser-einzugsgebiet *n* [was]; Einzugsbereich *m* [was]; Einzugsbereich *m* (Niederschläge) [was]
catchment basin Sammelbecken *n* [was]; Staubecken *n* [was]
catchment pocket Fangrinne *f* (Abscheider) [wba]
catchment radius Einzugsradius *m* [was]
catchment water Stauwasser *n* [was]

catchwater drain Abzugskanal *m* [was]
category of building materials Baustoffklasse *f*
category of needs Bedarfskategorie *f*
category scheme Kategorienschema *n* (Bibliothek)
catenary arch Seilliniengewölbe *n*
catenary curve Kettenlinie *f*
caterpillar Raupenbagger *m* [tib]; Schubraupe *f*
caterpillar tractor Raupenschlepper *m*
caterpillar tractor, towing - Zugkettenschlepper *m* [tib]
cathedral Dom *m*; Kathedrale *f*
cation exchanger Kationenaustauscher *m* [prc]
cationic surfactant kationische oberflächenaktive Substanz *f* [met]
catwalk schmaler Steg *m*; Wartungsbühne *f*
catwalk, circular - Ringbühne *f* (am Kamin)
catwalk, peripheral - umlaufendes Podest *n*
catwalks and rails Laufgitter *n*
caulked joint verfüllte Fuge *f*
caulking compound Abdichtmasse *f* [met]; Dichtungsmasse *f* [met]
caulking gun Fugenfüllpistole *f* [wzg]
caulking iron Verstemmeisen *n* (für Muffen)
caulking material Dichtungsmaterial *n* [met]; Dichtungsmittel *n* [met]; Dichtstoff *m* [met]
caulking strip Abdichtungsband *n*
cause of accident Unfallursache *f* [asi]
cause of an accident Unfallursache *f* [asi]
cause of conflagration Brandursache *f*
cause of fire Brandursache *f*
caustic ätzend [che]
caustic Ätzmittel *n* [che]; Beizmittel *n* [met]; Beize *f* (Farbe) [met]
caustic cleaning plant Laugenreinigungsanlage *f* [prc]
caustic embrittlement Korrosionsversprödung *f* [met]; Laugenbrüchigkeit *f* [met]
caustic liquor Beizflüssigkeit *f* [met]
caustic material ätzender Stoff *m* [met]
caustic solution resistance Laugenbeständigkeit *f* [met]
cauterize anätzen *v* [met]; kaustifizieren *v* [che]
caution label Warnschild *n* [asi]
caution signal Warnsignal *n* [asi]
cautionary note Warnhinweis *m* [asi]
cautionary sign Warnzeichen *n* [asi]
cavalier drawing Kavalierperspektive *f* [des]
cavalier projection Kavalier-Projektion *f* [des]; Schrägperspektive *f* [des]
cave dwelling Höhlenwohnung *f*
cave in einbrechen *v* (einstürzen)
cavernous rock kavernöses Gestein *n* [geo]
cavetto moulding Hohlkehle *f* (Gotik) [arc]
cavetto vault Spiegelgewölbe *n* [arc]
caving Einsturz *m*
caving slope failure Böschungsrutsch *m* [geo]

cavities, without - lunkerfrei [met]
cavity Loch *n* (Öffnung); Hohlraum *m* (Loch); Aussparung *f*; Fehlstelle *f* [met]; Kammer *f* (Hohlraum); Kaverne *f*; Kavität *f* [met]; Luftschicht *f* (Vorsatzmauerwerk); Vertiefung *f* (Mulde)
cavity brick Hohlziegel *m*
cavity cement Kammerbeton *m* [bon]
cavity dam Hohlmauer *f* (Staumauer) [wba]
cavity floor Doppelboden *m*
cavity grouting Füllinjektion *f* (Beton)
cavity panel Hohlwandteil *n*
cavity plug Spreizdübel *m*
cavity tubes Verdrängungsrohre *pl*
cavity wall Wandhohlraum *m*; doppelschalige Wand *f* (Isolierwand); Hohlmauer *f*; Hohlwand *f*; zweischalige Wand *f* (Isolierwand)
CE characterization CE-Kennzeichnung *f* [elt]
CE-marking CE-Kennzeichnung *f* [elt]
ceiling Plafond *m* (Zimmerdecke); Decke *f* (Raum-); Zimmerdecke *f*
ceiling battens Deckenlattung *f*
ceiling beam Deckenbalken *m*; Deckenträger *m*
ceiling board Deckenplatte *f*
ceiling boarding Deckenschalung *f*
ceiling cavity Deckenhohlraum *m*
ceiling cladding Deckenverkleidung *f*
ceiling collar Deckendurchführung *f*
ceiling concentration Höchstkonzentration *f* [asi]; Konzentrationshöchstgrenze *f* [asi]; Konzentrationsobergrenze *f* [asi]
ceiling covering Deckenbelag *m*; Deckenverkleidung *f*
ceiling duct Deckendurchführung *f*
ceiling face Deckenuntersicht *f*
ceiling finish Deckenbekleidung *f*
ceiling fitting Deckenleuchte *f*
ceiling height Deckenhöhe *f*; Deckenoberkante *f*; Geschosshöhe *f*; Raumhöhe *f* (vom Boden bis zur Decke)
ceiling height, clear - lichte Raumhöhe *f*
ceiling height, minimum - Mindestraumhöhe *f*
ceiling hook Einreißhaken *m*
ceiling joist Deckenbalken *m*; Deckenträger *m*; Deckenunterzug *m*
ceiling light Oberlicht *n* (Deckenlicht); Deckenbeleuchtung *f*; Deckenlampe *f*; Deckenleuchte *f* [elt]
ceiling lighting fitting Deckenleuchte *f* [elt]
ceiling lining Deckenverkleidung *f*
ceiling lining, lightweight - leichte Deckenbekleidung *f*
ceiling panel Deckenfeld *n*; Deckenpaneele *f*; Deckenplatte *f*
ceiling penetration seal Deckenschott *n* (baulicher Brandschutz)

ceiling plaster Deckenputz *m* [met]
ceiling slab Deckenplatte *f*
ceiling substructure Deckenunterbau *m*; Deckenunterkonstruktion *f*
ceiling thickness Deckenstärke *f* [des]
ceiling value Höchstwert *m* [asi]
ceiling ventilator Deckenventilator *m*
ceiling void Deckenhohlraum *m*
ceiling with wooden beams Balkendecke *f*
celestory wall Lichtgaden *m* (Gotik: Kirchenbau)
[arc]
cell Element *n* (Batterie) [elt]; Speicherelement *n*
(Batterie) [elt]; Batterie *f* [elt]
cell case Zellengehäuse *n* (Batterie) [elt]
cell charge Zellenladung *f* [elt]
cell reversal Zellenumpolung *f* (Batterie) [elt]
cell, round - Rundzelle *f* (Batterie) [elt]; Rundzelle
f (Batterie) [elt]
cell, secondary - sekundäre Zelle *f* (Batterie) [elt]
cellar Keller *m*
cellar door Kellertür *f*
cellar drain Kellerablauf *m* [tga]
cellar drainage Kellerentwässerung *f*
cellar drainage pump Kellerentwässerungspumpe *f*
[tga]
cellar dwelling Kellerwohnung *f*
cellar excavation Kelleraushub *m*
cellar floor Kellerdecke *f*
cellar flooring Kellerboden *m*
cellar foundation Kellergründung *f*
cellar hole Kellerbaugrube *f*
cellar lock Kellerschloss *n*
cellar pit Kelleraushub *m*; Kellerbaugrube *f*
cellar room Kellerraum *m*
cellar stairs Kellertreppe *f*
cellar vault Kellergewölbe *n*
cellar wall Kellermauer *f*
cellar window Kellerfenster *n*
cellarless kellerlos
cellular abutment aufgelöstes Widerlager *n* [bon]
cellular brick Lochziegel *m*
cellular concrete Gasbeton *m* [bon]; Porenbeton *m*
[met]; Porenleichtbeton *m* [bon]; Schaumbeton *m*
[bon]
cellular construction Schottenbau *m*
cellular dam Zellenfangdamm *m* [wba]
cellular expanded concrete Blähbeton *m* [bon]
cellular glass Schaumglas *n* [met]
cellular glass insulation Schaumglasdämmung *f*
cellular plastic Schaumkunststoff *m* [met]
cellular plastics Schaumkunststoffe *pl* [met]
cellular steel unit Abkantprofil *n* (Stahldecke)
cellulose acetate lacquer Celluloseacetatlack *m*
[met]
cellulose coat Zelluloseanstrich *m* [met]
cellulose finish Celluloselack *m* [met]

cellulose insulation Zellulosedämmung *f*
cellulose lacquer Celluloselack *m* [met]
cellulose nitrate lacquer Cellulosenitratlack *m* [met]
cellulose paint Celluloseanstrichfarbe *f* [met]
cement Bindemittel *n* [met]; Kitt *m* [met]; Klebezement *m* [met]; Zement *m* [met]; Klebemasse *f*
[met]
cement abbinden *v* (Bindemittel) [met]; abdichten *v*
(kitten) [wer]; kleben *v* (befestigen)
cement aggregate Betonzuschlagstoff *m* [met]
cement batcher Zementdosiereinheit *f*
cement batching Zementdosierung *f*
cement batching plant Zementdosieranlage *f* [bon]
cement board, fibrated - Faserzementplatte *f* [met]
cement bond Zementhaftung *f* [met]
cement brick Kunststein *m* [met]
cement burning process Zementbrennprozess *m*
[roh]
cement clinker Zementklinker *m* [met]
cement colour Zementfarbe *f* [met]
cement concrete Zementbeton *m* [bon]
cement content Zementgehalt *m* [met]
cement dermatitis Zementdermatitis *f* [hum]
cement duct Zementrohr *n* [met]
cement dust Zementstaub *m* [met]
cement eczema Zementekzem *n* [hum]
cement film Zementhaut *f* [met]
cement floating Zementmörtelüberzug *m* (dünner -)
cement floor Zementboden *m*; Betondecke *f* [bon]
cement for stone Steinzement *m* [met]
cement furnace Zementofen *m* [roh]
cement grain Zementteilchen *n* [met]
cement grinding Zementmahlung *f* [roh]
cement grout Einpresszement *m* [met]; Injektionsmörtel *m* [met]; Zementmörtel *m* [met]
cement grout pump Betonpumpe *f* [bon]
cement grouting Zementverguss *m*
cement gun Zementspritzpistole *f*
cement gun work Torkretverfahren *n*; Auftrag von
Spritzbeton *m* [bon]
cement handling facility Zementumschlaganlage *f*
cement in einzementieren *v*
cement injection Zementeinpressung *f*;
Zementverpressung *f*
cement kiln Zementbrennofen *m* [roh]; Zementofen
m [roh]
cement kiln dust Zementofenstaub *m* [roh]
cement manufacturer Zementhersteller *m* [roh]
cement mill Zementwerk *n* [roh]; Zementmühle *f*
[roh]
cement mill dedusting Zementmühlenentstaubung *f*
[air]
cement mortar Zementmörtel *m* [met]
cement paint Zementfarbe *f* [met]
cement paste Injektionsleim *m* (Zementleim) [met];
Zementleim *m* [met]

cement paving Zementpflaster *n*
cement pigment Zementfarbe *f* [met]
cement pipe Zementröhre *f*
cement plant Zementwerk *n* [roh]; Zementfabrik *f* [roh]
cement plaster Zementputz *m*
cement plug Zementverdämmung *f*
cement powder Zementstaub *m* [met]
cement proportioning screw Zementdosierschnecke *f* [prc]
cement raw material Zementrohmehl *n* [met]
cement rendering plaster Zementfeinputz *m*
cement sales volume Zementabsatz *m* (Mengenabsatz) [eco]
cement screed Zementestrich *m*
cement screw Zementschnecke *f* (Dosierorgan) [prc]
cement seal Zementabdichtung *f*
cement setting Abbinden von Zement *n* [met]
cement shipment Zementversand *m* [tra]
cement silo Zementsilo *m*
cement slurry Zementbrühe *f* [met]; Zementschlämpe *f* [met]
cement spreading machine Zementverteiler *m* (Bodenverfestigung) [tib]
cement stabilization Vermörtelung *f* [met]; Zementverfestigung *f* [met]
cement stone Zementstein *m* [met]
cement suspension Zementaufschlämmung *f* [bon]
cement trowel Zementkelle *f* [wzg]
cement type Zementsorte *f* [met]
cement wash Zementanstrich *m*
cement with large aggregate Großkornzement *m* [met]
cement works Zementfabrik *f* [roh]
cement, white - Weißzement *m* [met]
cement-based adhesive zementgebundener Klebmörtel *m* [met]
cement-bound zementgebunden [met]
cement-bound construction zementgebundene Bauweise *f*
cement-like zementartig [met]
cement-lime mortar Kalkzementmörtel *m* [met]; Kalkzementmörtel *m* [met]
cement-mixer Mischtrommel *f*
cement-rendered zementverputzt
cementation Zementieren *n*; Zementation *f* [met]; Zementierung *f*
cemented abgebunden (Zement); eingekittet [met]; geklebt; verklebt [met]; zusammengekittet [met]
cemented joint geklebte Verbindung *f* [met]; Kittverbindung *f* [met]
cemented steel Brennstahl *m* [met]
cementing Verkleben *n* [met]; Zementieren *n*; Zementierung *f*
cementing agent Bindemittel *n* [met]; Dichtungsmittel *n* [met]

cementing compound Kitt *m* (zum Kleben) [met]
cementing furnace Zementierofen *m* [roh]
cementing material Binder *m* [met]; Kleber *m* [met]
cementing plug Zementverdämmung *f*
cementitious zementartig [met]; zementgebunden [met]
cementitious adhesive Klebemörtel *m* [met]
cementitious material, hydraulic - hydraulisches Bindemittel *n* [met]
cementitious mortar Klebemörtel *m* [met]
cementitious property Kittwirkung *f* [met]
centered zentriert (<A>) [des]
central air-conditioning system zentrale Klimaanlage *f* [tga]
central area Kerngebiet *n* [com]; Innenstadt *f*
central block Mittelbau *m* (- eines Bauwerks)
central business district Geschäftszentrum *n*
central district Stadtkern *m* [com]; Innenstadt *f* [com]
central heating Heizung *f* (Zentralheizung) [pow]; Zentralheizung *f* [pow]
central heating boiler Heizkessel *m* (Zentralheizung) [pow]; Zentralheizungskessel *m* [pow]
central heating plant Heizungsanlage *f* [pow]; Heizzentrale *f* [pow]; Zentralheizungsanlage *f*
central heating system Heizungsanlage *f* [pow]
central island Mittelinsel *f* (Verkehrsinsel) [tra]
central line Zentrallinie *f* [des]
central moment Zentralmoment *n* [phy]
central nave Mittelschiff *n* (Tempel, Kirche) [arc]
central part Mittelbau *m*
central perspective Zentralperspektive *f* [des]
central places zentralörtliches System *n*
central port Haupthafen *m* [tra]
central projection Zentralprojektion *f* [des]
central railway station Hauptbahnhof *m* [tra]; Zentralbahnhof *m* [tra]
central reservation Mittelstreifen *m* (Autobahn u.a.) [tra]
central reserve Mittelstreifen *m* (Autobahn) [tra]
central shaft Mittelpfeiler *m* (mittelalterliche Kirche) [arc]
central station Hauptbahnhof *m* [tra]
central strip Mittelstreifen *m* [tra]
central support Mittelstütze *f*
central symmetry Zentralsymmetrie *f* [des]
central-mixed concrete Fertigbeton *m* [bon]
centrally-applied load zentrierte Last *f* [sik]
centrally-heated zentralbeheizt; zentralgeheizt
centre Innenstadt *f*
centre bay Mittelschiff *n*
centre city Kernstadt *f*
centre distance Mittenabstand *m* [des]
centre distance error Achsabstandsfehler *m* [des]
centre hinge Mittelgelenk *n*

centre of gravity Massenschwerpunkt *m* [phy]
centre of gravity of a surface Flächenschwerpunkt *m* [phy]
centre of mass Massenmittelpunkt *m* [phy]
centre of moments Momentennullpunkt *m* [sik]
centre of population Ballungszentrum *n*
centre of pressure Druckmittelpunkt *m* [phy]
centre of support Auflagermitte *f*
centre of the town Innenstadt *f* [com]
centre offset Mittenversatz *m* [des]; Außermittigkeit *f* [des]
centre pier Mittelpfeiler *m*
centre plane Mittelebene *f*
centre purlin Mittelpfette *f*
centre span Mittelfeld *n* [stb]
centre strip Grünstreifen *m* [tra]; Grünstreifen *m* (<B>) [tra]
centre zone Kerngebiet *n* (Stadtplanung)
centre-hung sash Schwingfenster *n*; Schwingflügel *m* (Fenster)
centre-hung window Drehkippfenster *n*
centre-line of bridge Brückenachse *f*
centre-line of stairs Ganglinie *f*
centre-line spacing Mittenabstand *m* (Teilung) [des]
centre-line splice, longitudinal - zentrale Längsverspleißung *f* (Bewehrung)
centre-of-gravity movement Schwerpunktänderung *f*
centre-to-centre distance Mittenabstand *m* [des]
centre-to-centre spacing Mittenabstand *m* [des]
centred zentriert (<B>) [des]
centricity Mittigkeit *f* [des]
centrifugal air classifier Fliehkraftwindsichter *m* [prc]
centrifugal casting Schleuderguss *m* [met]
centrifugal classifier Fliehkraftklassierer *m* [prc]; Fliehkraftsichter *m* [prc]; Kreiselsichter *m* [prc]; Zentrifugalklassierer *m* [prc]; Zentrifugalsichter *m* [prc]; Klärzentrifuge *f* [was]
centrifugal force Fliehkraft *f* [phy]; Zentrifugalkraft *f* [phy]
centrifugal mill Schleudermühle *f* [prc]
centrifugal moment Zentrifugalmoment *n* (Mechanik) [phy]
centrifugally cast concrete Schleuderbeton *m* [bon]
centrifugally cast pipe Schleuderbetonrohr *n* [bon]
centrifugation Zentrifugieren *n* [prc]
centrifuge Zentrifuge *f* [prc]
centrifuging Zentrifugieren *n* [prc]
centrosymmetric zentralsymmetrisch [des]
ceramic aggregate keramischer Zuschlagstoff *m* [met]
ceramic binder keramisches Bindemittel *n* [met]
ceramic bond keramische Bindung *f* [che]
ceramic coating Emaillierung *f* [met]; keramische Schutzschicht *f* [met]

ceramic facing tile Baukeramikplatte *f*
ceramic glaze Keramikglasur *f* [met]
ceramic lining keramische Bekleidung *f*
ceramic material keramischer Werkstoff *m* [met]
ceramic tile Kachel *f*; Keramikfliese *f*; keramische Fliese *f*
ceramic tile, glazed - glasierte Fliese *f*
ceramic tile, unglazed - unglasierte Fliese *f* [met]
ceramic tiles for walls and floors keramische Fliesen und Platten für Bodenbeläge und Wandbekleidungen *pl*
ceramic varnish Einbrennlackierung *f* [met]
ceramic wall tile Keramikwandfliese *f*
ceramic window sill Keramikfensterbank *f*
ceramic-glass hob Glaskeramik-Kochplatte *f* (Küche)
certificate amtliche Bescheinigung *f*
certificate authority Zertifizierstelle *f* (Qualitätsmanagenent)
certificate of Wiegebescheinigung *f* [any]
certificate of conformity Konformitätsnachweis *m*; Übereinstimmungsnachweis *m*
certificate of immediate use of building Gebrauchsabnahmeschein *m*
certificate of inspection Prüfungszeugnis *n* [any]; Abnahmebescheinigung *f* [any]
certificate of quality Qualitätsnachweis *m*
certification Zertifizierung *f* (z.B. nach Audits)
certification for welding Eignungsnachweis zum Schweißen *m* [wer]
certified beglaubigt; zertifiziert
certified drawing verbindliche Zeichnung *f* [des]
cesspit Absetzgrube *f* [was]; Klärgrube *f* [was]; Senkgrube *f* [was]
cesspool Absetzgrube *f* [was]; Klärgrube *f* [was]; Sammelgrube *f* [was]; Senkgrube *f* [was]
chafe scheuern *v*
chain adjuster Kettenspanner *m* [tec]
chain anchoring Kettenverankerung *f*
chain bridge Kettenbrücke *f*
chain conveyor Kettenförderer *m* [prc]
chain crowding Kettenvorschub *m* (Hochlöffel) [tib]; Kettenvorstoß *m* (Hochlöffel) [tib]
chain drive Laufkette *f*
chain grab Kettengreifer *m*
chain hoist Kettenhebewerk *n*
chain line Strichpunktlinie *f* [des]
chain measurement Kettenbemaßung *f* [des]
chain saw Kettensäge *f* [wzg]
chain surveying Kettenmessung *f* (Kettenmaße) [any]
chain suspension bridge Kettenhängebrücke *f*
chain tensioner Kettenspanner *m* [tec]; Kettenspannvorrichtung *f* [tec]
chain traverse geknickter Polygonzug *m* (Vermessung) [any]

chain-and-spike barrow Gliederegge *f* [tib]
chain-dotted line strichpunktierte Linie *f* [des]
chain-link fence Maschendrahtzaun *m*
chair back Stuhllehne *f*
chalet Holzhaus *n*
chalk Kalkstein *m* [che]
chalk bed Kreideschicht *f* [geo]
chalk cliff Kreidefelsen *m* [geo]
chalk marl Kreidemergel *m* [geo]
chalk stratum Kreideschicht *f* [geo]
chalking Auskreiden *n*; Kreiden *n* [wer]
chalky stone Kreidegestein *n* [geo]
chamber Zimmer *n*
chamber lock Kammerschleuse *f* [wba]
chamber-type filter press Filterkammerpresse *f* [was]; Kammerfilterpresse *f* [was]
chamfer abgeschrägte Kante *f*; Fase *f*
chamfer abschrägen *v*; verjüngen *v* (spitz zulaufen) [des]
chamfer strip Dreikantleiste *f*
chamfered edge gebrochene Kante *f*; schräge Kante *f*
chamotte Schamotte *f* [met]
chance observation Zufallsbeobachtung *f* [any]
chandelier Kronleuchter *m* [elt]
change in design konstruktive Änderung *f* [des]
change in linear dimension Längenänderung *f* [des]
change in the specifications under community law Revision der gemeinschaftsrechtlichen Spezifikation *f* [jur]
change in the structural design Konstruktionsänderung *f* [des]
change note Änderungsmitteilung *f* [des]
change notification Änderungsmitteilung *f* [des]
change of cross-section Querschnittsänderung *f* [des]
change of orientation Richtungswechsel *m* [com]
change of ownership Eigentumswechsel *m* [eco]
change of tenants Mieterwechsel *m*
change of use Umnutzung *f*
change poles umpolen *v* [elt]
change-over Übergang *m* [tra]; Umschaltung *f* [elt]
change-over switch Umschalter *m* [elt]
changes in land use Landnutzungsänderung *f* [com]
changes in the soil Bodenveränderungen *pl* [geo]
changes in the soil, harmful - schädliche Bodenveränderungen *pl* [geo]
changing cubicle Umkleideraum *m*
changing load wechselnde Belastung *f* [sik]
changing-room Ankleideraum *m*; Umkleideraum *m*
channel Gerinne *n* [was]; Kanal *m* [wba]; Kanal *m* (natürlicher) [geo]; Wasserweg *m* [tra]
channel zuleiten *v*
channel adapter Kanalanschluss *m* [was]
channel bar U-Eisen *n* [met]
channel bed Kanalsohle *f* [wba]

channel bottom Kanalsohle *f* [wba]
channel bridge Kanalbrücke *f* [wba]
channel characteristics Flussbettbeschaffenheit *f* [was]
channel drainage Rinnenentwässerung *f* [was]
channel flow Gerinneströmung *f* [was]
channel for the collection of water Sammelstollen *m* (in Tunneln)
channel for the evacuation of water Wasserableitungsstollen *m* (in Tunneln)
channel impeller pump Kanalradpumpe *f* [prc]
channel precipitation Gerinneniederschlag *m* (Hydrologie) [was]
channel section U-Profil *n* [met]
channel steel U-Stahl *m* [met]
Channel Tunnel Kanaltunnel *m* [tra]
channel widening Querschnittserweiterung *f* [wba]
channel-shaped glass Profilbauglas *n* [met]
channel-type distributor Rinnenverteiler *m* (Wasserfilter) [was]
channelize kanalisieren *v* [was]
chapter house Kapitelsaal *m* [arc]
character of the city, visual - Stadtbild *n* [com]
characteristic, static statische Kennlinie *f*
characteristics of concrete Betoneigenschaften *pl* [bon]
characteristics of space Raumaspekte *pl* [com]
charcoal filter Geruchsfilter *m* (Küche)
charge Beschickungsmaterial *n*; Füllgut *n*; Satz *m* (Charge) [che]; Beschickung *f*; Charge *f*; Füllung *f*; Ladung *f* [elt]
charge aufladen *v* (elektrisch laden) [elt]; laden *v* (aufladen) [elt]
charge control Ladekontrolle *f* [elt]
charge quantity Chargengröße *f*
charge state Ladezustand *m* (Batterie) [elt]
charge stock Einsatzprodukt *n* [met]
charge switch Ladeschalter *m* [elt]
charge wagon Beschickwagen *m* [prc]
chargeable gebührenpflichtig [eco]
charged Strom führend [elt]
charged, be - aufladen *v* [elt]
charger unit Ladestation *f* [elt]
charging Aufladen *n* [elt]; Belastung *f* (Stromentnahme) [elt]; Einspeisung *f*
charging bin Aufgabebehälter *m* [prc]; Füllzylinder *m* [prc]
charging chute Beschickungsschurre *f* [prc]
charging condition Ladezustand *m* (Batterie) [elt]
charging current Ladestrom *m* [elt]
charging density Ladedichte *f* (Akkumulator) [elt]
charging device Beschickungsvorrichtung *f* [prc]
charging equipment Beschickungsanlage *f* [prc]
charging feeder Beschickungsvorrichtung *f* [prc]
charging floor Chargierbühne *f*
charging funnel Beschickungtrichter *m* [prc]

charging height Schütthöhe *f*
charging hopper Einfülltrichter *m* [prc]; Fülltrichter *m* [prc]
charging machine Wurfbeschicker *m* [prc]
charging period Ladedauer *f* (Akkumulator) [elt]
charging platform Chargierbühne *f*
charging regulator Laderegler *m* [elt]
charging set Ladegerät *n* (für Akkumulatoren) [elt]
charging switch Ladeschalter *m* [elt]
charging voltage Ladespannung *f* [elt]
charging volume Füllvolumen *n*
charging, quick - Schnellladung *f* (Batterie) [elt]
charnel-house Ossarium *n* [arc]; Leichenhalle *f*
charring verkohlte Brandkruste *f* (auf Holzwerk)
chart Schaubild *n* [des]; Tabelle *f* (Grafik) [des]
chart datum Kartennull *n* [geo]
chase Schutzrohr *n*; Schlitz *m* (für Installationsleitung); Aussparung *f* (im Mauerwerk)
check Prüfung *f* (Überprüfung) [any]; Überprüfung
f [any]
check prüfen *v* (kontrollieren) [any]; überprüfen *v*
[any]; untersuchen *v* [any]
check analysis Kontrollanalyse *f* [any]
check gauge Prüflehre *f* [any]
check list Kontrollliste *f* [any]; Prüfliste *f* [any]
check number Prüfnummer *f* [any]
check rail Fensterschiene *f*
check reading Kontrollablesung *f* [any]
check sample Vergleichsmuster *n* [any]; Gegenprobe *f* [any]
check study Kontrolluntersuchung *f* [any]; Kurzuntersuchung *f* [any]
check test Kontrollversuch *m* [any]; Kontrollprüfung *f* [any]
check the measurement nachmessen *v* [any]
check-off list Prüfliste *f* [any]
check-up Nachuntersuchung *f* [any]; Prüfung *f*
(Überprüfung) [any]
checker brick Gitterstein *m*
checker brickwork Gittermauerwerk *n*
checker plate Warzenblech *n* [met]
checkerwork Gittermauerwerk *n*
checking device Kontrolleinrichtung *f* [any]
checkroom Garderobe *f* (<A>)
cheek Seitenwand *f*; Wange *f*
chemical addition Chemikalienzusatz *m* [che];
Chemikalienzugabe *f* [che]
chemical agent Arbeitsstoff *m* [met]
chemical cartridge respirator Maske mit chemischem Filter *f* [asi]
chemical closet chemische Toilette *f*
chemical dissolution, incipient - chemische
Anlösung *f* [met]
chemical entity chemischer Bestandteil *m* [che]
chemical exposure chemische Exposition *f*
(Arbeitsschutz) [wer]

chemical fiber Chemiefaser *f* (<A>) [che];
synthetische Faser *f* (<A>) [met]
chemical fibre Chemiefaser *f* (<B>) [che]; Synthesefaser *f* (<B>) [che]; synthetische Faser *f*
(<B>) [met]
chemical make-up Chemikalienzusatz *m* [che]
chemical oxygen demand chemischer Sauerstoffbedarf *m* (CSB/COD) [was]
chemical plaster Edelputz *m*
chemical purification of waste water chemische
Abwasserreinigung *f* [was]
chemical resistance Chemikalienbeständigkeit *f*
[met]
chemical safety chemische Sicherheit *f* [asi]
chemical safety data sheet chemisches Sicherheitsdatenblatt *n* [asi]
chemical sewage purification chemische Abwasserreinigung *f* [was]
chemical structural material chemisches Baumaterial *n*; Chemiewerkstoff *m* [met]; künstlicher
Baustoff *m* [met]
chemical toilet chemische Toilette *f*
chemical treatment of waste water chemische
Abwasserbehandlung *f* [was]
chemical waste water treatment chemische
Abwasserbehandlung *f* [was]; chemische Abwasserreinigung *f* [was]
chemical water purification chemische Wasserreinigung *f* [was]
chemical water treatment chemische Wasseraufbereitung *f* [was]
chemical weathering chemische Verwitterung *f*
[met]
chemically combined chemisch gebunden [che]
chemically fixed chemisch gebunden [che]
chemically resistant chemisch beständig [met]
chemically strengthened glass chemisch vorgespanntes Glas *n* [met]
chemically toughened glass chemisch vorgespanntes Glas *n* [met]
chemistry of building Bauchemie *f* [che]
chequer plate Riffelblech *n* [met]
chequer-brick Gitterstein *m*
chequered pattern Schachbrettmuster *n* (rechtwinkliges Straßenraster)
chequered plate Riffelblech *n* [met]
chequering Riffelung *f* (<B>) [met]
chessboard pattern Schachbrettmuster *n* (rechtwinkliges Straßenraster)
chest harness Sicherheitsgeschirr *n* [asi]; Auffanggurt *m* [asi]
chevet Chorhaupt *n* (mittelalterliche Kirche)
[arc]
chevron Fangrinne *f* (Abscheider) [was]
child-proof safety feature Kindersicherung *f*
children's play area Kinderspielfläche *f* [com]

chilled ceiling gekühlte Decke *f*; Kühldecke *f* (Gebäudedecke)

chilled panel Kühlplatte *f* (Kühlraum Decke) [pow]

chimmey effect Kaminwirkung *f* (Zug durch aufgeheizten Kanal)

chimney Kamin *m* [pow]; Esse *f* (Kamin)

chimney access ladder Kaminsteigleiter *f*; Schornsteinsteigleiter *f*

chimney aircraft-warning lights Kaminbefeuerung *f* (Flugsicherung); Schornsteinbefeuerung *f* (Flugsicherung)

chimney aviation obstruction lights Kaminbefeuerung *f* (Flugsicherung); Schornsteinbefeuerung *f* (Flugsicherung)

chimney cleaning manhole Kaminreinigungstür *f*

chimney flashing Kamineinfassung *f*

chimney flue Rauchgaskanal *m* [pow]; Kaminröhre *f* [pow]; Schornsteinröhre *f* [pow]

chimney flue lining Kamineinsatzrohr *n* [met]

chimney jamb Kaminmauerwerk *n*; Kamineinfassung *f*

chimney junction Schornsteinanschluss *m*

chimney lining Kaminverkleidung *f*

chimney loss Kaminverlust *m* [pow]

chimney pot Schornsteinaufsatz *m*

chimney repair Kaminsanierung *f* [pow]

chimney sweeping Kaminreinigung *f*

chin-strap Kinnband *n* (Sicherheitshelm) [asi]

china cabinet Geschirrschrank *m*

chink Riss *m* (Werkstoff) [met]; Ritze *f*

chink aufreißen *v* (ritzen); verfüllen *v*

chipboard Holzspanplatte *f* [met]; Pressspanplatte *f* [met]; Spanholzplatte *f* [met]; Spanplatte *f* [met]

chipboard ceiling Spanholzdecke *f*

chipped corner abgeschlagene Ecke *f*

chipped wood Pressspan *m* [met]

chipping Abblättern *n* [met]; Abschuppen *n* [met]

chipping chisel Flachmeißel *m* [wzg]

chipping goggles Schutzbrille *f* (für Bearbeitungsbereich) [asi]

chipping hammer Meißelhammer *m* [wzg]; Pickhammer *m* [wzg]

chippings Späne *pl* [met]; Abschlag *m* (Schotter)

chips gebrochener Kies *m* [met]

chisel Meißel *m* [wzg]; Stechbeitel *m* [wzg]; Stemmeisen *n* [wzg]

chisel a hole durchstemmen *v*

chisel bit Meißelbohrer *m* [wzg]

chisel off abmeißeln *v*

chisel steel Meißelstahl *n* [wzg]

chisel through durchstemmen *v*

chiselling work Stemmarbeiten *pl* [wer]

chloride load Chloridbelastung *f* [che]

chloridized chloriert *v* (z.B. Wasser) [che]

chlorinated chloriert (z.B. Verbindungen) [che]

chlorinated lime Bleichkalk *m* [met]; Chlorkalk *m* [met]

chlorinated rubber Chlorkautschuk *m* [che]

chlorinated rubber coat Chlorkautschukanstrich *m* [che]

chlorination plant Chlorungsanlage *f* [was]

chlorine content Chlorgehalt *m* [che]

chlorine, combined available residual - gebundenes Chlor *n* (in chem. Verbindung) [was]

chlorine-free chlorfrei [che]

chlorous chlorhaltig [che]

choice of materials Materialwahl *f* [met]

choir gallery Empore *f* (Kirche) [arc]

choir-aisle Seitenschiff des Chors *n* (in gotischen Kirchen) [arc]

choir-stalls Chorgestühl *n* [arc]

choke stone Füllsplitt *m* [met]

choked up verstopft

choker course Splittverfüllschicht *f* (Makadam) [met]

chord Gurt *m* (Band); Gurt *m* (Fachwerkträger); Gurt *m* (z.B. Fachwerk, Fachwerkträger) [stb]; Blatttiefe *f* (Rotor Windenergieanlage) [pow]

chord bracing Gurtversteifung *f*

chord length Sehnenlänge *f* [des]

chord member Gurtstab *m*

chord member, upper - Obergurtstab *m* (Fachwerk) [stb]

chord section Gurtquerschnitt *m* (Fachwerk) [stb]

chord, upper - Obergurt *m* (Fachwerkträger) [stb]

chording Gurtung *f*

chromate chromatieren *v* [met]

chromate reducer Chromatreduzierer *m* (Wasserchemie) [was]

chromatize chromatieren *v* [met]

chrome brick Chromitstein *m*

chrome colours Chromfarben *pl* [met]

chrome dyestuff Chromfarbstoff *m* [met]

chrome mortar Chrommörtel *m*

chrome-plate verchromen *v* [met]

chromium alloy Chromlegierung *f* [met]

chromium nickel steel Chromnickelstahl *m* [met]

chromium stainless steel Chromstahl *m* [met]

chromium steel Chromstahl *m* [met]

chromium-plate verchromen *v* [met]

chronological progress zeitlicher Ablauf *m*

chronometry Zeitmessung *f* [any]

chunking Verdickung *f* [tib]

church steeple Kirchturm *m*

church tower Kirchturm *m*

chute Abwurfschacht *m* [prc]; Fallschacht *m* [prc]; Rutsche *f* [prc]; Schurre *f* [prc]; Sturzrinne *f* [wba]

chuted concrete Gussbeton *m* [bon]

cill Fensterbank *f*; Schwelle *f*

cincture Schaftring *m* (Holzbau); Schaftring *m* (Renaissance: Fenster: an Säule) [arc]

cinder block Hüttenstein *m*
cinder cement Schlackenzement *m* [met]
cinder concrete Leichtbeton *m* [bon]
cinder sand Hüttensand *m* [met]
circle Rang *m* (Theater)
circle brick Radialstein *m*
circle-throw vibrating screen Kreisschwingsieb *n*
  [prc]; Kreisvibrationssieb *n* [prc]
circlip Spannschelle *f* [stb]
circuit Leitung *f* (Strom) [elt]; Schaltung *f* [elt]
circuit arrangement Schaltung *f* [elt]
circuit breaker Ausschalter *m* [elt]; Lastschalter *m*
  [elt]; Leistungsschalter *m* [elt]; Leistungstrenner *m*
  [elt]; Trennschalter *m* [elt]; Unterbrecher *m* [elt]
circuit breaker, power - Leistungsschalter *m* [elt]
circuit breaker, residual current - Fehlerstrom-
  Schutzschalter *m* [elt]
circuit diagram Schaltbild *n* [elt]; Schaltplan *m*
  [des]; Stromlaufplan *m* [des]
circuit diagram, component - Teilschaltplan *m* [elt]
circuit element Schaltelement *n* [elt]
circuit engineering Schaltungstechnik *f* [elt]
circuit malfunction Fehlfunktion *f* [elt]
circuit separation Schutztrennung *f* (Arbeitsschutz)
  [elt]
circuit technology Schaltungstechnik *f* [elt]
circuit vent Ringentlüftungssystem *n* [air]
circuitry Schaltung *f* (Anordnung) [elt]
circular arc Kreisbogen *m*
circular arch Kreisbogen *m* (des Bauwerks)
circular brick Gitterblock *m*
circular building Rundbau *m*
circular city Ringstadt *f* (Siedlungsform) [com]
circular column platform Rundsäulenplattform *f*
circular container Rundbehälter *m* [prc]
circular cross-section Kreisquerschnitt *m* [des]
circular curve Kreisbogen *m* (Straßenbau) [tib]
circular design Rundbauweise *f*
circular footing Kreisfundament *n*
circular grate Ringrost *m*
circular pipe, vibrating - Schwingförderrohr *n*
  [prc]; Schwingrohrförderer *m* [prc]
circular pitch Zahnteilung *f* [des]
circular platform Rundbühne *f* (Hochofen) [roh]
circular road Ringstraße *f* [tra]; Ringstraße *f* [com]
circular saw Kreissäge *f* [wzg]
circular saw blade Kreissägeblatt *n* [wzg]
circular scraper Rundräumer *m* [was]
circular sedimentation tank Rundabsetzbecken *n*
  [was]
circular tank Kreisbecken *n* [was]; Rundbecken *n*
circular thickener Rundeindicker *m* (Kläranlage)
  [was]
circular tie Ringanker *m*
circular wall Ringmauer *f* (Schlossmauer)
circular-saw blade Kreissägeblatt *n* [wzg]

circularity tolerance Rundheitstoleranz *f* [des]
circulating elevator Umlaufbecherwerk *n* [prc]
circulating equipment Umlaufanlage *f* [prc]
circulating pump Kreislaufpumpe *f* [prc]; Umlaufpumpe *f* [prc]; Umwälzpumpe *f* (im Kreislauf) [prc]
circulating water Rückwasser *n* [was]
circulation area Bahnhofsvorhalle *f* [tra];
  Verkehrsfläche *f* (in Immobilie)
circulation floor space Verkehrsfläche *f* [arc]
circulation heating Umlaufheizung *f* [pow]
circulation pump, heating water -
  Heizwasserumwälzpumpe *f* [pow]
circulation tank Umlaufbehälter *m* [was]
circulation water Umlaufwasser *n* [was]
circulation, horizontal - Horizontalerschließung *f*
circulation, internal - innere Erschließung *f*
circulation, radial - Radialerschließung *f*
circulation, vertical - Vertikalerschließung *f*
circumferential umlaufend
circumferential edge umlaufende Kante *f*
circumferential finning Querberippung *f* (Wärmeaustauscherrohre) [pow]
circumferential prestressing Ringvorspannung *f*
  [bon]
circumferential seam Umfangsnaht *f* (von Behältern) [met]
circumferential weld seam Rundschweißnaht *f*
  [met]
cistern Wasserbehälter *m* [was]; Wasserspeicher *m*
  [was]; Wassertank *m* [was]; Zisterne *f* [was]
citadel Festung *f*; Zitadelle *f*
citizen involvement Bürgerengagement *n* [com]
citizen participation, prioritized - vorgezogene
  Bürgerbeteiligung *f* [com]
city Innenstadt *f* [com]; Stadt *f* (Groß-)
city apartment Stadtwohnung *f* (<A>)
city boundary Stadtgraben *m* [arc]; Stadtgrenze *f*
city centre Stadtinnere *n* [com]; Stadtzentrum *n*;
  Stadtkern *m* [com]
city centre core Innenstadtkern *m*
city centre fringe Innenstadtrand *m*
city district Stadtviertel *n*
city flat Stadtwohnung *f* (<B>)
city fringe Innenstadtrand *m* [com]
city fringe locations Innenstadtrandlagen *pl* [com]
city gate Stadttor *n* (historisch)
city image Bild der Stadt *n* [com]
city layout Stadtgrundriss *m* [com]
city limits Stadtgrenzen *pl* [com]
city map Stadtplan *m* [des]
city planner Stadtplaner *m* [com]
city planning Städtebau *m*; Stadtplanung *f* [com]
city railway Stadtbahn *f* [tra]
city renewal Stadterneuerung *f* [com]
city transportation städtische Verkehrsmittel *pl*
  [tra]

city wall Stadtmauer *f*
civil airport Verkehrsflughafen *m* [tra]
civil contractor bauausführende Firma *f*
civil defence structures for radiation protection
Strahlungsschutzbauten *pl*
civil engineer Bauingenieur *m*
civil engineering Bauwesen *n*; Ingenieurbau *m*;
Tiefbau *m*; Bautechnik *f*
civil engineering and building construction Bauwesen *n*
civil engineering contracting firm Tiefbauunternehmen *n*
civil engineering contractor Tiefbauunternehmer *n*
Civil Engineering Testing Regulations Bauprüfungsverordnung *f* (BauPrüfVO) [jur]
civil engineering work Tiefbauarbeit *f*
civil engineering works Tiefbauarbeiten *pl*
civil law proceedings Zivilverfahren *n* [jur]
civil works Tiefbau *m*
clack valve Klappenventil *n*
clad plattieren *v* [met]
clad glass plattiertes Glas *n* [met]
clad metal Verbundmetall *n* [met]
clad plate plattiertes Blech *n* [met]
clad tube plattiertes Rohr *n* [met]
cladded girder verkleideter Träger *m*
cladding Gebäudeverkleidung *f*; Panzerung *f* [met];
Verkleidung *f*
cladding glass Verkleidungsglas *n*
clamp Klemme *f* (Klammer) [elt]; Zwinge *f*
clamp befestigen *v* (klammern); verriegeln *v*
clamp lock Spannschloss mit Keil *n* [bon]
clamped edge eingespannter Rand *m*
clamping Verklammerung *f*
clamping connection Klemmanschluss *m*
clamping force Klemmkraft *f* [phy]
clamping of under-water rock piles Schüttsteinverklammerung *f* [wba]
clamping pressure Anpressdruck *m*
clamping sleeve Klemmhülse *f*
clamshell Schalengreifer *m* [tib]
clamshell bucket Greifer *m* (Bagger) [tib]
clapboard Dachschindel *f*
clapboard wall Stülpschalung *f*
clarification Klärung *f* (Reinigung) [was]
clarification basin Klärbecken *n* [was]
clarification basin planted with water plants
Pflanzenkläranlage *f* [was]
clarification of sewage Klärung der Abwässer *f*
[was]
clarification of the task Klärung der Aufgabenstellung *f*
clarification plant, primary - mechanische
Kläranlage *f* (1. Stufe) [was]
clarification sludge Klärschlamm *m* [was]
clarified water geklärtes Abwasser *n* [was]

clarifier Klärbecken *n* [was]; Sedimentationsbecken *n* [was]; Aufheller *m* [met]
clarify klären *v* (reinigen) [was]
clarifying basin Absetzbecken *n* [was]; Kläranlage
f (Klärbecken) [was]
clarifying centrifuge Klärzentrifuge *f* [prc]
clasp Krampe *f*
clasp einhaken *v* (mit Klammer)
class I seismic structure Bauwerk der
Erdbebenklasse I *n*
class of mortar Mörtelgruppe *f*
class of risk Gefahrenklasse *f* [asi]
classicism Klassizismus *m* [arc]
classification Klassieren *n* [prc]; Größenanalyse *f*
(Feststoffe) [any]; Klassierung *f* [prc]; Sichtung *f*
[prc]
classification characteristic Klassifikationsmerkmal *n*
classification of settlements Siedlungskategorisierung *f*
classified sortiert
classified waste sortenreiner Abfall *m* [rec]
classifier Klassierapparat *m* [prc]; Klassierer *m*
[prc]; Sichter *m* [prc]; Sichtanlage *f* (Sichter) [prc]
classify sichten *v* [prc]; sieben *v* [prc]; sortieren *v*
[rec]
clastic rock klastisches Gestein *n* [geo]
claw Haken *m* (Kralle, Klaue); Schale *f* (am
Greifer) [tib]
claw bar Brechstange *f* [wzg]
claw hammer Zimmermannshammer *m* [wzg]
clay base Tonunterlage *f* [geo]
clay blanket Tonschürze *f* (Dichtungsschürze) [tib]
clay brick Lehmziegel *m*; Tonziegel *m*
clay brick wall Ziegelwand *f*
clay brick, crushed - Tonsplitt *m* [met]; Ziegelsplitt *m* [met]
clay brick, solid - Vollziegel *m*
clay building Lehmbauwerk *n*; Lehmbau *m*
clay containing sea silt Klei *m* [geo]
clay core Lehmkern *m* [met]
clay crusher Tonbrecher *m*
clay cutter Bohrschappe *f* [tib]
clay digging Tonstechen *n* [roh]
clay excavator Tonbagger *m* [tib]
clay filling Lehmfüllung *f*
clay floor Lehmfußboden *m*
clay foundation Lehmuntergrund *m* [geo]
clay ground Lehmboden *m* [geo]
clay layer Tonschicht *f* [geo]
clay liner Tondichtung *f* (Deponie) [rec]
clay liner, compacted - verdichtete Tondichtung *f*
(Deponie) [geo]
clay marl Tonmergel *m* [met]
clay mixed with straw Strohlehm *m* (Baumaterial)
[met]

clay mortar Lehmmörtel *m*
clay pan Lehmschicht *f* [geo]; Tonschicht *f* [geo]
clay panel Lehmplatte *f* (Baumaterial) [met]
clay render, fine - Lehmfeinputz *m*
clay rich soil fetter Lehm *m* (Baumaterial) [met]
clay rock Tongestein *n* [geo]
clay roofing tile Tondachziegell *m* [met]
clay shredder Tonfräse *f* [roh]
clay slate Kieselton *m* [met]; Tonschiefer *m* [geo]
clay slurry Tonschlämme *f* [met]; Tonschlempe *f* [met]
clay soil Lehmerde *f* (40% Ton, < 45% Sande) [geo]
clay straw Strohlehm *m* (Baumaterial) [met]
clay tile Tonziegel *m* [met]; Keramikfliese *f* [met]
clay wall Lehmmauer *f*; Lehmwand *f*
clay, fine-grained - Tonmehl *n* [met]
clay, rich - fetter Ton *m* [met]
clayey lehmhaltig [geo]; tonartig [met]; tonhaltig [geo]
clayey loam toniger Lehm *m* [geo]
clayey sand toniger Sand *m* [geo]
clayey shale Tonschiefer *m* [geo]
clayey soil Tonboden *m* [geo]; toniger Boden *m* [geo]
clean reinigen *v* (säubern); säubern *v*
clean power plant umweltfreundliches Kraftwerk *n* [pow]
clean power station umweltfreundliches Kraftwerk *n* [pow]
clean process umweltfreundliches Verfahren *n*
clean water Klarwasser *n* [was]
clean-room ceiling Reinraumdecke *f*
clean-room door Reinraumtür *f*
clean-up and development plan, ecological - ökologischer Sanierungs- und Entwicklungsplan *m*
clean-up, final - Endreinigung *f*
cleaning chamber Reinigungsschacht *m* [was]
cleaning concept Reinigungskonzept *n*
cleaning costs Reinigungskosten *pl* [eco]
cleaning equipment Räumer *m* [was]
cleaning of the ballast Schotterreinigung *f* [tib]
cleaning purpose Reinigungszweck *m*
cleaning shield Stauschild *n* [was]
cleaning up costs Sanierungskosten *pl*
cleanse abspritzen *v*; abwaschen *v*; klären *v* (reinigen) [was]; reinigen *v* (säubern)
cleansing agent Putzmittel *n* [met]
clear durchsichtig (Wasser); licht (Abstand) [des]
clear lichte Weite *f* [des]
clear coat Klarlack *m* [met]
clear cross-section lichter Querschnitt *m* [des]
clear dimension lichte Abmessung *f* [des]
clear glass Fensterglas *n*
clear headroom lichte Höhe *f* [des]
clear height freie Durchfahrtshöhe *f* (<A>) [tra]; freie Höhe *f* [des]; lichte Höhe *f* [des]

clear opening lichte Weite *f* [des]
clear overflow weir Wehr mit freiem Überfall *n* [wba]
clear room height lichte Raumhöhe *f* [des]
clear span Durchflussweite *f* (Flussbrücke); lichte Weite *f* [des]
clear varnish Transparentlack *m* [met]
clear water Reinwasser *n* [was]
clear well Klarwassertank *m* (Wasseraufbereitung) [was]
clear width lichte Breite *f* (z.B. einer Trogbrücke); lichte Weite *f* [des]
clearance Lichtraumprofil *n* (Bahn) [tra]; Löschen *n* (einer Ladung) [tra]; Spiel *n* (zwischen Bauteilen) [des]; Spielraum *m* (technisch) [des]; Zwischenraum *m* [des]; Abstandsfläche *f*; Freigabe *f* [eco]; lichte Höhe *f* [des]; lichte Weite *f* [des]; Löschung *f* (Entladung) [tra]; Räumung *f* (Baustelle); Rodung *f* [far]; Sanierung *f* (Stadt-) [com]; Stoßfuge *f*
clearance angle Freiwinkel *m* [des]
clearance area Abbruchgebiet *n*
clearance certificate Unbedenklichkeitsbescheinigung *f* [jur]
clearance diagram Lichtraumprofil *n* [des]
clearance gauge Lichtraumprofil *n* [des]
clearance height Durchfahrtshöhe *f* [tra]; Durchgangshöhe *f*; Kopfhöhe *f* [des]; lichte Höhe *f*
clearance of nipple Nippeldurchgang *m*
clearance of site Schaffen der Baustellenfreiheit *n*
clearance opening lichter Querschnitt *m* [des]
clearance width Durchfahrtsbreite *f* [tra]
clearing and grubbing Freimachung der Baustelle *f*
clearing equipment Räumvorrichtung *f* [was]
clearing reservoir Schlammteich *m* [was]
clearing tank Klärbehälter *m* [prc]
clearing technology Klärtechnik *f* [was]
clearing up Aufräumung *f*
cleat Befestigungswinkel *m*; Verbindungslasche *f* [stb]
cleat bearing Knaggenauflagerung *f* [stb]
cleavable spaltbar (Holz) [met]
cleavage Spalte *f*
cleaving Ausspalten *n* (Pflastersteine) [tib]
cleft Einschnitt *m* (im Gebirge) [geo]
clerestory Fenstergeschoss *n* (Kirchen) [arc]; liegendes Dachfenster *n*; Oberlicht *n* (in Haus, Kirchen); Obergaden *m* (Gotik) [arc]; Laterne *f* (Lichtkuppel); Pultverglasung *f* (Oberlicht)
clerestory wall Lichtgadenmauer *f* (Baukunst) [arc]
clerestory window Lichtgadenfenster *n* (Baukunst) [arc]
clerical staff Büroangestellte *pl* [eco]
clerk of the works Bauleiter *m*; Bauleiterin *f*
client Bauherr *m*; Bauherrin *f*
client's consultant Fachberater des Bauherrn *m*

cliff Felsen *m* (Klippe) [geo]
climate control device Klimakontrollgerät *n* [tga]
climate investigation Klimaprüfung *f* [any]
climate monitoring system Klimaüberwachungsanlage *f*
climatic load Wind- oder Schneelast *f* (z.B. auf
einem Dach)
climatization Klimatisierung *f* (u.a. durch Isolation)
climatize klimatisieren *v* (u.a. durch Isolation)
climbing bracket Klettergerüst *n*; Kletterkonsole *f*
climbing cone Kletterkonus *m*
climbing formwork Kletterschalung *f* [bon]
climbing lane Kriechspur *f* [tra]
climbing rung Steigeisen *n* (Sprossen an Mauern)
climbing shuttering Kletterschalung *f* [bon]
climbing-crane Kletterkran *m*
climbing-frame Klettergerüst *n*
clinker brick lining Klinkerverblendung *f*
clinker brick pavement Klinkerpflaster *n*; Klinkerbelag *m*
clinker concrete Klinkerbeton *m* [bon]
clinker floor tile Klinkerplatte *f*
clinker hall Klinkerhalle *f*
clinker silo Klinkersilo *m*
clinker works Klinkerwerk *n* [roh]
clinker-built geklinkert [met]
clip angle Flanschwinkel *m*; Gurtwinkel *m*;
Winkelhalterung *f*
clip bearing Knaggenauflagerung *f* [stb]
clipped connection Klemmverbindung *f* [elt]
cloakroom Garderobe *f* (<B>)
clod crusher Klumpenzertrümmerer *m* [roh]
cloister Kloster *n*; Kreuzgang *m* (Kloster u.a.) [arc]
cloister vault Klostergewölbe *n* [arc]; Walmgewölbe *n* [arc]
cloister walk Kreuzgang *m* (Kloster) [arc]
close stilllegen *v*
close a circuit Stromkreis schließen *v* [elt]
close down stilllegen *v* (Werk, Standort, ...) [eco]
close-meshed engmaschig; feinrippig [met]
close-textured geschlossen (Verschleißschicht) [met]
closed stillgelegt
closed coverage type geschlossene Bauweise *f*
closed development geschlossene Bauweise *f* [com]
closed down, be - stillliegen *v*
closed joint geschlossene Fuge *f*
closed procedure nichtoffenes Verfahren *n*
(Ausschreibung) [eco]
closed sheeting Einspundung *f* [tib]; Spundwandumschließung *f* [tib]
closed site Altlastenstandort *m* [geo];
Altlaststandort *m* [geo]
closed space geschlossener Raum *m*
closed tool gekapseltes Werkzeug *n* (Arbeitsschutz)
[wzg]; geschlossenes Werkzeug *n* (Arbeitsschutz)
[wzg]

closed traverse Ringpolygon *n* (Vermessung) [any]
closed-block system geschlossene Bauweise *f* [com]
closed-circuit geschlossener Stromkreis *m* [elt]
closed-circuit breathing apparatus
Regenerationsatemgerät *n* [asi]
closed-circuit current Ruhestrom *m* [elt]
closed-circuit pipeline Ringleitung *f* [prc]
closed-circuit respiratory equipment
Regenerationsatemgerät *n* [asi]
closed-circuit television
Fernsehüberwachungsanlage *f* [tga]
closed-circuit voltage Zellspannung *f* [elt]
closed-drum mixer Durchlaufmischer *m*
closed-loop control Regelkreis *m* [elt]; Regelung *f*
[elt]
closed-loop control circuit Regelkreis *m* [elt]
closed-loop control system Regelsystem *n* [elt];
Regelungssystem *n* [elt]
closer Schließziegel *m* (Mauerwerk: Englischer
Verband)
closer brick Schließziegel *m*; Schluss-Stein *m*;
Schlussstein *m*
closet Klosett *n*; Garderobe *f* (Einrichtung);
Kleiderkammer *f* (Kloster) [arc]; Toilette *f*
closet flushing Toilettenspülung *f* [tga]
closing component Dichtorgan *n* [prc]
closing date Stichtag *m*
closing dyke Abschlussdeich *m* [wba]
closing error Abschlussfehler *m* (Vermessung)
[any]
closing head Schließkopf *m* (bei Nietung) [tec]
closing of landfill Stilllegung einer Deponie *f* [rec]
closing plate Kopfplatte *f*
closing release Einschaltsperre *f* [elt]
closure arch Zwischenbogen *m* (Spundwand) [tib]
closure device Verschlusseinrichtung *f* [was]
cloth screen Gewebesieb *n* [prc]
cloth-reinforced gewebebewehrt [met];
gewebeverstärkt [met]
clothes closet Garderobe *f* (<A>)
clothing Umkleidung *f* (Verkleidung) [met]
cloudiness Trübung *f* (Glas) [met]
club hammer Fäustel *m* [wzg]
cluster Agglomerat *n*
cluster of pores Porennest *n* [met]
cluster village Haufendorf *n* (Siedlungsform) [com]
cluster zoning Bebauungsmuster für Bereich *n*
[com]
clustered gruppiert
clustered column Bündelpfeiler *m* (mittelalterliche
Kirche) [arc]
co-generating station Heizkraftwerk *n* [pow]
co-generation Blockheizkraftwerk *n* [pow]
coagulant Ausflockungsmittel *n* [met]; Fällungsmittel *n* [was]; Flockungsmittel *n* [was];
Koagulierungsmittel *n* [was]

coagulate ausflocken *v* [was]; koagulieren *v* [was]
coagulating Koagulieren *n* [was]
coagulating agent Koagulierungsmittel *n* [was]
coagulation Flockung *f* [was]
coagulation aid Flockungshilfsmittel *n* [was]
coagulation basin Fällungsbecken *n* (Kläranlage) [was]
coal burner Kohlebrenner *m* [pow]
coal combustion Kohleverbrennung *f* [pow]
coal firing Kohlefeuerung *f* [pow]
coal-fired power plant Kohlekraftwerk *n* [pow]
coal-fired power station Kohlekraftwerk *n* [pow]
coal-tar dye Teerfarbstoff *m* [met]
coal-tar dyestuff Teerfarbstoff *m* [met]
coal-tar pitch Teerasphalt *m* [met]
coalesce zusammenfließen *v*
coaling stage Kohlenladerampe *f* (Bahn) [tra]
coarse rau (Oberfläche)
coarse adjustment Grobeinstellung *f* [any]
coarse aggregates grobe Zuschlagstoffe *pl* [met]; Grobzuschlagstoffe *pl* [met]
coarse chippings Grobsplitt *m* [met]
coarse clay Schluff *m* [geo]
coarse concrete Grobbeton *m* [bon]
coarse crushed stone Grobschotter *m* [met]
coarse crushing Grobbrechen *n* [prc]; Grobzerkleinerung *f* [prc]
coarse dust Grobstaub *m*
coarse filter Grobfilter *m*
coarse grain Grobkorn *n* [prc]
coarse grind grob zerkleinern *v* [prc]
coarse grinding Grobmahlung *f* [prc]; Grobzerkleinerung *f* [prc]
coarse plaster Reibeputz *m*; Rohputz *m*
coarse powder Grieß *m* [met]
coarse reduction Grobzerkleinerung *f* [prc]; Vorzerkleinerung *f* [prc]
coarse sand Grieß *m* [met]; Grobsand *m* [met]
coarse scanning Grobabtastung *f* [any]
coarse screen Grobrechen *m* [was]
coarse screening Grobsieben *n* [prc]; Grobsiebung *f* [prc]
coarse sieve Grobsieb *n* [prc]
coarse sieving Grobsiebung *f* [prc]
coarse silt Schlämmkorn *n* [geo]
coarse stone chippings Grobsplitt *m* [met]
coarse-fibered grobfaserig (<A>) [met]
coarse-fibred grobfaserig (<B>) [met]
coarse-grained grobkörnig [met]
coarsely dispersed grob verteilt
coarseness Grobkörnigkeit *f* [met]
coast road Uferstraße *f* [tra]
coastal city Küstenstadt *f* (Großstadt)
coastal protection Küstenerhaltung *f* [geo]
coastal protection works Seeschutzbauten *pl* [wba]
coastal town Küstenstadt *f* (Kleinstadt)

coastal village Küstendorf *n*
coastal work Seebau *m* [wba]
coaster gate Rollschütz *m* (Wasserbau: - mit endloser Rollenkette)
coasting Nachlauf *m* (Motor nach Ausschalten) [elt]
coat Belag *m* (Überzug); Überzug *m* (Anstrich) [met]; Beschichtung *f* [met]; Lage *f* (Schicht); Putzschicht *f*; Schicht *f* (Überzug) [met]
coat beschichten *v*
coat of lime render, final - Kalkfeinputz *m*
coat of paint Anstrich *m*
coated angestrichen (mit Farbe) [met]; beplankt [tib]; beschichtet [met]; ummantelt [met]; vergütet [met]
coated glass beschichtetes Glas *n* [met]
coated macadam Mischmakadam *m* [met]
coating Futter *n* (Auskleidung); Anstrich *m* (Überzug) [met]; Belag *m* (Überzug) [met]; Film *m* (Schicht); Überzug *m* (Schicht, Anstrich) [met]; Verputz *m*; Schicht *f* (Überzug) [met]; Umkleidung *f* (Beschichtung) [met]
coating agent Anstrichmittel *n* [met]; Beschichtungsmittel *n* [met]
coating by spraying Spritzauftrag *m* [met]
coating colour Deckfarbe *f* [met]
coating compound Beschichtungsmaterial *n* [met]; Streichmasse *f* [met]
coating finish Deckfarbe *f* [met]
coating gun Spritzpistole *f* [wzg]
coating mass Streichmasse *f* [met]
coating material Beschichtungsmaterial *n* [met]; Beschichtungsmittel *n* [met]; Anstrichstoff *m* [met]
coating mortar Deckschichtmörtel *m* [met]
coating of red lead Mennigeanstrich *m* [met]
coating powder Pulverlack *m* [met]
coating residues Lackreste *pl* [rec]
coating resin Lackharz *m* [met]
coating structure Schichtenaufbau *m* [met]
coating varnish Imprägnierlack *m* [che]
coating weight Auftragsgewicht *n* [met]
coaxial konzentrisch [des]
cob wall Lehmwand *f*
cobble Kopfstein *m* (Pflasterstein)
cobble stone pavement Kopfsteinpflaster *n*
cobble stones Katzenköpfe *pl* [met]
cobbled Kopfstein gepflastert [tib]
cobbled road kopfsteingepflasterte Straße *f* [tra]
cobbled street kopfsteingepflasterte Straße *f* [tra]
cobbles Pflaster *n* (Kopfstein-)
cobblestone Feldstein *m* [met]; Pflasterstein *m*
cobblestone pavement Kopfsteinpflaster *n*
cobblestone paving Kopfsteinpflaster *n* [tib]
cobblestone road Pflasterstraße *f* [tra]
cobweb masonry Polygonalmauerwerk *n*; Vieleckmauerwerk *n*
code of practice Mustersicherheitsvorschrift *f* [asi]

coefficient of creep Kriechzahl *f*
coefficient of cubical expansion Volumenausdehnungskoeffizient *m* [met]
coefficient of curvature Krümmungszahl *f*
coefficient of earth pressure Erddruckbeiwert *m* [geo]
coefficient of expansion Ausdehnungskoeffizient *m* [met]; Ausdehnungszahl *f* [met]; Dehnungszahl *f* [met]
coefficient of friction Reibungsbeiwert *m* [phy]
coefficient of friction, static - Haftreibungsbeiwert *m* [phy]
coefficient of gradation Krümmungszahl *f*
coefficient of instability Labilitätszahl *f* [sik]
coefficient of interacting forces Kraftschlusswert *m* [sik]
coefficient of roughness Rauigkeitsbeiwert *m* [met]
coefficient of rugosity Rauigkeitsbeiwert *m* [met]
coefficient of shrinkage Schwindmaß *n*
coefficient of static friction Haftreibungskoeffizient *m* [phy]
coefficient of strength of material Festigkeitskennwert des Werkstoffs *m* [met]
coefficient of subgrade Bettungsziffer *f*
coefficient of thermal conductivity Wärmeleitzahl *f* [phy]
coexisting moment zugehöriges Moment *n* [sik]
coffer Fangdamm *m*; Kassette *f* (Decke)
coffer wasserdicht machen *v*
coffer work Auskofferung *f* [tib]; Verkofferung *f* [tib]
cofferdam Fangdamm *m* [tib]; Kastendamm *m* [tib]
cofferdam skin Fangdammwand *f* [tib]
coffered arch Kassettenbogen *m* (Baukunst) [arc]
coffered ceiling Kassettendecke *f*
cog Holzpfeiler *m*
cogeneration unit Kraft-Wärme-Kopplungs-Anlage *f* [pow]
coherence Zusammenhalt *m*
coherent soil bindiger Boden *m* [geo]
cohesion Bindigkeit *f* [geo]; Haftfestigkeit *f* [phy]
cohesionless soil nicht bindiger Boden *m* [geo]; nicht standfester Boden *m* [geo]
cohesive friction Haftreibung *f* [phy]
cohesive material bindiges Material *n* (u.a. Tone) [geo]
cohesive soil bindiger Boden *m* [geo]; standfester Boden *m* [geo]
coil Spule *f* (Wicklung) [elt]
coil fence Rollgitter *n*
coiled pipe Rohrschlange *f* [met]
coiled tube gewickeltes Rohr *n* (Flachspirale) [met]
coke firing Koksfeuerung *f* [pow]
coke furnace Koksofen *m* [pow]
colcrete Prepaktbeton *m* [bon]
cold spannungslos [elt]

cold adhesive Kaltkleber *m* [met]
cold asphalt Kaltbitumen *m* [met]
cold bending Kaltbiegen *n* [met]
cold binder Kaltbindemittel *n* [met]
cold bitumen Kaltbitumen *m* [met]
cold chisel Hartmeißel *m* [wzg]
cold coat Kaltanstrich *m* [met]
cold crack Kaltriss *m* [met]
cold glue Kaltleim *m* [met]
cold impregnation Kaltimprägnieren *n* [met]
cold insulant Kältedämmstoff *m* [met]
cold insulation Kälteisolierung *f*
cold joint Kaltlötung *f* [met]; Trennfuge *f*
cold lacquer Kaltlack *m* [met]
cold laying Kalteinbau *m* (Asphalt im Straßenbau) [tib]; Kaltverlegung *f* (Fernwärmeleitungen)
cold protection suit Kälteschutzanzug *m* [asi]
cold pull Kaltvorspannung *f* (Rohrleitung) [met]
cold rent Kaltmiete *f* (Wohnung, Büro, ...) [eco]
cold roof Kaltdach *n*
cold sealing Kaltimprägnieren *n* [met]
cold shaping Kaltumformen *n* [met]
cold solder connection Kaltlötung *f* [met]
cold springing Kaltvorspannung *f* (Rohrleitung) [met]
cold storage house Kühlhaus *n*
cold store Kühlhaus *n*; Kühlhalle *f*
cold straining Kaltbeanspruchung *f* [met]
cold test Kälteprobe *f* [any]
cold weather protection Kaltwetterschutz *m*
cold-bend kaltbiegen *v* [met]
cold-bonding adhesive Kaltkleber *m* [met]
cold-brittleness Kaltbrüchigkeit *f* [met]; Kaltsprödigkeit *f* [met]
cold-curing kalt abbindend [met]
cold-curing adhesive Reaktionskleber *m* [met]
cold-cut varnish Kaltlack *m* [met]
cold-form kaltformen *v* [met]
cold-formed kaltgeformt [met]
cold-laid process Kalteinbau *m* (Asphalt im Straßenbau) [tib]
cold-moulding compound Kaltpressmasse *f* [met]
cold-resisting kältebeständig [met]
cold-rivet kaltnieten *v* [wer]
cold-rolled kaltgewalzt [met]
cold-sensitive kälteempfindlich [met]
cold-setting kalt abbindend [met]
cold-setting adhesive Kaltkleber *m* [met]; Reaktionskleber *m* [met]
cold-shortness Kaltbruch *m* [met]; Kaltbrüchigkeit *f* [met]; Kaltsprödigkeit *f* [met]
cold-strained kaltverfestigt [met]
cold-water line Kaltwasserleitung *f* [tga]
cold-water pipe Kaltwasserleitung *f* [tga]
cold-water pipework Kaltwasserleitungsanlage *f* [tga]

cold-water riser Kaltwassersteigleitung *f* [was]
cold-water service Kaltwasserversorgung *f* [tga]
cold-weather concreting Betonieren bei Frost *n*
  [bon]
cold-work kaltformen *v* [met]
cold-work hardening Kaltverfestigung *f* [met]
cold-worked kalt gereckt [met]
cold-worked bar kalt gereckter Bewehrungsstab *m*
  [bon]
collapse Einbruch *m* (Einstürzen)
collapse zusammenstürzen *v*
collapse design Bruchberechnung *f*
collapse load Bruchlast *f* [met]; Einsturzlast *f* [sik];
  Knicklast *f* [met]
collapse test Druckprüfung *f*
collapse through buckling Versagen durch Einbeulen *n* [sik]
collapsible structure Faltwerk *n*
collar Flansch *m*
collar beam Kehlbalken *m* (Holzbau)
collar drilling Manschettenbohrverfahren *n*
collar end bearing Bundlager *n*
collar purlin Pfette *f* (Dachkonstruktion)
collar roof Kehlbalkendach *n*
collar tie Kehlbalken *m*
collar-beam roof Kehlbalkendach *n*
collecting basin Auffangwanne *f*
collecting bin Sammelbunker *m* [prc]
collecting channel Sammelkanal *m* [was]
collecting container Sammelbehälter *m* [prc];
  Sammelcontainer *m* [rec]; Auffangwanne *f*
collecting ditch Sammelgraben *m* [wba]
collecting hopper Sammelbehälter *m* [prc];
  Sammelbunker *m* [prc]
collecting line Sammelleitung *f* [was]
collecting main Sammelkanal *m* [was]; Sammelleitung *f* [was]
collecting pipe Sammelrohr *n* [was]
collecting pond Sammelbecken *n* [was]
collecting pool Sammelgrube *f* [was]
collecting road Sammelstraße *f* (Stadtplanung) [tra]
collecting street Sammelstraße *f* [tra]
collecting sump Sammelschacht *m* [was]
collecting tank Auffangbecken *n* [was]; Sammelbecken *n* [was]
collecting vessel Speicherbehälter *m* [pow]
collection Erhebung *f* (statistische Daten) [mat]
collection chamber Hausanschlussschacht *m* [was]
collection drain Sammeldrän *m* [was]
collection gallery Sammelstollen *m* [was]
collection hopper Sammeltrichter *m* [prc]
collection of valuable substances Wertstoffsammlung *f* [rec]
collection of waste Sammlung von Abfall *f* [rec]
collective control Sammelsteuerung *f* (Aufzug)
collective plan Kollektivplan *m* [com]

collective waste water treatment plant gemein-
  same Abwasserbehandlungsanlage *f* (EU-
  Verordnung 2000/67/EG) [was]
collector Kollektor *m* (Transistor) [elt]
collector motor Kollektormotor *m* [elt]
collector road Zubringer *m* (Straße) [tra]; Sammelstraße *f* [tra]; Zubringerstraße *f* [tra]
collector trough Auffangwanne *f* [was]
collector well Horizontalbrunnen *m* [was]
collide with .. prallen auf .. *v*
colloidal impurity kolloidale Verunreinigung *f* (-von
  Wasser) [was]
colloidal matter Trübstoffe *pl* [was]
colonade Säulengang *m* (Baukunst) [arc]
colonette Säulchen *n* (Mittelalter) [arc]
colonial architecture Kolonialarchitektur *f*
colonial building Kolonialgebäude *n*
colonnade Säulengang *m*; Wandelgang *m*;
  Kolonnade *f* [arc]
colonnaded temple Säulentempel *m* [arc]
color-fast farbecht (<A>)
colour coding Farbkennzeichnung *f*; Farbmarkierung *f*
colour concept Farbkonzept *n*
colour for brushing Streichfarbe *f* [met]
colour mixture Farbmischung *f* [met]
colour mixture, additive - additive Farbmischung *f*
colour mixture, subtractive - subtraktive Farbmischung *f*
colour pigment Farbpigment *n* [met]
colour-fast farbecht (<B>)
coloured cement Farbzement *m* [met]
coloured coating Farbauftrag *m* [met]; Farbüberzug
  m [met]
coloured glass Buntglas *n* [met]
coloured lacquer Schleiflack *m* [met]
coloured mortar farbiger Mörtel *m* [met]; Farbmörtel *m* [met]
coloured plaster Buntsteinputz *m*
coloured surfacing farbiger Belag *m* [met]
colouring Farbgebung *f*
colouring agent Farbmittel *n* [met]
colouring matter Farbstoff *m* [met]
colouring substance Farbmittel *n* [met]
colourproof farbecht
column Pfeiler *m*; Säule *f*; Stütze *f*
column achorage Stützenverankerung *f*
column bars Säulenlängsbewehrung *f* [bon]
column base Ständerfuß *m*; Stützenfuß *m* [stb]
column box Schalungskasten *m* [bon]; Stützenschalung *f* [bon]
column buckling factor Knickzahl *f* [stb]
column cap Säulenkopf *m*; Stützenkopf *m* [stb]
column capital Säulenkapitell *n* [arc]
column casing Säulenverkleidung *f*
column cladding Säulenverkleidung *f*

column facing Säulenverblendung *f*
column footing Säulenfundament *n* [arc]
column form Pfeilerschalung *f* [bon]
column formwork Säulenschalung *f* [bon]
column frame Säulenrahmen *m*
column head Stützenkopf *m* [stb]
column line Stützenreihe *f*
column main waler Säulengrundriegel *m*
column of brickwork Stütze aus Mauerwerk *f*
column of concrete Stütze aus Beton *f* [bon]
column of timber Holzstütze *f*
column panel Säulenelement *n*
column settlement Stützensenkung *f*
column shaft Stützenschaft *m* [stb]
column spacing Säulenraster *n*; Stützenraster *n*;
Säulenabstand *m*
column splice Stützenstoß *m* [stb]
column stress Knickspannung *f* [met]
column structure Säulenkonstruktion *m* (Aufbau)
column tie bolt Säulenspannschraube *f* (Schalung)
column tie yoke Säulenspannauge *n* (Schalung)
column waler Säulenstahlriegel *m*
columnar säulenförmig
columnar basalt Säulenbasalt *m* [geo]
columned hall Portikus *m*; Säulenhalle *f* [arc]
comb support Kammträger *m* [stb]
combatting hazards Gefahrenbewältigung *f* [asi]
combination of load cases Lastfallkombination *f*
[sik]
combination spanner Gabel-Ringschlüssel *m* [wzg]
combination tap assembly Mischbatterie *f* (Waschbecken) [tga]
combined aggregate Zuschlagstoffgemenge *n* [met]
combined brickwork Mischmauerwerk *n*
combined footing Verbundfundament *n*
combined heat and power Kraft-Wärme-Kopplung
f [pow]
combined heat and power generation Kraft-
Wärme-Kopplung *f* [pow]
combined heat and power station Heizkraftwerk *n*
[pow]
combined heating and power station
Blockheizkraftwerk *n* [pow]
combined load zusammengesetzte Beanspruchung *f*
[sik]
combined loading überlagerte Beanspruchung *f*
[met]
combined masonry Mischmauerwerk *n*
combined sample Sammelprobe *f* (Feststoffe) [any]
combined sewer Mischkanalsystem *n* [was];
Mischwassersammler *m* [was]
combined sewer system Mischkanalisation *f* [was]
combined sewerage system Mischentwässerung *n*
[was]; Mischwassersystem *n* [was]
combined stress zusammengesetzte Beanspruchung
f [sik]

combined wall kombinierte Spundwand *f*
combined water chemisch gebundenes Wasser *n*
[che]
combing Kammstrich *m* (Lehmbau)
combust verbrennen *v* [pow]
combustibility Brennbarkeit *f* [met]
combustibility category Brennbarkeitsklasse *f* [met]
combustibility test Brennbarkeitsversuch *m* [any]
combustible Brennstoff *m* [pow]
combustible content brennbarer Inhalt *m*
combustible fluid brennbare Flüssigkeit *f* [che]
combustible material brennbarer Stoff *m* [met]
combustible substance brennbarer Stoff *m* [met]
combustible waste brennbarer Abfall *m* [rec]
combustible waste, semi-solid - halbfester brennbarer Abfall *m* [rec]
combustibles Feuerungsmaterial *n* [pow]
combustion Verbrennung *f* [pow]
combustion chamber Brennraum *m* [pow]; Heizraum *m* [pow]; Brennkammer *f* [pow]
combustion gas Brenngas *n* [pow]
combustion heater Verbrennungsheizgerät *n* [pow]
combustion installation Feuerungseinrichtung *f*
[pow]
combustion plant Feuerungsanlage *f* [pow]
comfort Behaglichkeit *f* (baulich)
comfort criteria Behaglichkeitskriterien *n* (Raumklimatisierung)
command variable Führungsgröße *f* (Regelung)
[elt]
commencement of civil works Baubeginn *m*
commencement of construction Baubeginn *m*
commencement of construction work Baubeginn *m*
commencement of contract Vertragsbeginn *m* [jur]
commercial airport Verkehrsflughafen *m* [tra]
commercial and industrial building Gewerbebau *m*
commercial and service space Gewerbe- und
Dienstleistungsfläche *f* [com]
commercial area Gewerbegebiet *n*; gewerbliche
Nutzfläche *f*
commercial block Geschäftsgebäude *n*;
Geschäftshaus *n*
commercial building Geschäftshaus *n*; Gewerbegebäude *n*; gewerblich genutztes Gebäude *n*
commercial centre Gewerbezentrum *n*; Handelszentrum *n*
commercial district Geschäftsviertel *n* (Geschäfte,
Büros, Banken)
commercial grade Handelsgüte *f* [eco]; handelsübliche Qualität *f* [eco]
commercial iron Handelseisen *n* [met]
commercial lease Gewerbemiete *f* [eco]
commercial location Gewerbestandort *m* [eco];
Gewerbelage *f* (Immobilie) [eco]
commercial pollutants Schadstoffe aus Gewerbe *pl*
[rec]

commercial power supply Netzstromversorgung *f* [elt]

commercial property Gewerbeobjekt *n* [eco]; gewerbliches Grundstück *n* [com]; Gewerbeimmobilie *f* [eco]

commercial real property Gewerbeimmobilien *pl* [eco]

commercial sewage gewerbliche Abwässer *pl* [was]

commercial space Gewerbefläche *f* [com]

commercial strip Gewerbeband *n* (entlang einer Straße)

commercial timber Nutzholz *n* [met]

commercial town Handelsstadt *f* [com]

commercial use gewerbliche Nutzung *f* (Immobilien)

commercial waste Gewerbeabfall *m* [rec]; gewerblicher Abfall *m* [rec]

commercial wood Handelsholz *n* [met]

commercial zone Gewerbegebiet *n*

commericial premises Geschäftsgrundstück *n* [com]

comminute zerkleinern *v* [prc]

comminution plant Zerkleinerungsanlage *f* [prc]

commissioning Inbetriebnahme *f* (Anlage) [prc]; Übergabe *f* (Anlage, Bauwerk, ...); Vorhaltung *f*

commissioning test Inbetriebnahmeprüfung *f* [prc]

commodity Gut *n*

common apex Achsenschnittpunkt *m* (Getriebe) [des]

common area Gemeinschaftsnutzfläche *f*

common good Allgemeinwohl *n*

common ground Sternpunkt *m* (<A>) [elt]

common main Sammelleitung *f* [was]

common rafter Zwischensparren *m* (Dachkonstruktion)

common room Aufenthaltsraum *m*

common supply Sammelversorgung *f* [elt]

common trench Sammelgraben *m* [wba]

communal pattern Siedlungsform *f* [com]

communication socket Kommunikationsdose *f* [tga]

community centre Wohngebietszentrum *n* [com]

community development Stadterneuerung *f* [com]

community planning Siedlungsplanung *f* [com]; Stadtplanung *f* [com]

community's right of pre-emption gemeindliches Vorkaufsrecht *n* [jur]

community-specific gemeindespezifisch

commutation Umschaltung *f* [elt]

commutator Umschalter *m* [elt]

commutator voltage Kollektorspannung *f* [elt]

commuter pass, monthly - Monatskarte *f* [tra]

commuter ticket, monthly - Monatskarte *f* [tra]

compact verdichtet (Bebauung) [com]

compact verfestigen *v* (verdichten) [tib]

compact construction Kompaktbauweise *f*

compact design massive Bauweise *f* [des]

compact sludge stichfester Schlamm *m* [rec]

compact soil bindiger Boden *m* [geo]

compact space enger Raum *m* [com]

compacted verdichtet; verfestigt

compacted clay verdichteter Ton *m* [geo]

compacted concrete Stampfbeton *m* [bon]

compacted gravel verdichteter Kies *m*

compacted horizon Verdichtungshorizont *m* [geo]

compacted subgrade verdichteter Untergrund *m*

compactibility Verdichtungsmaß *n*; Verdichtbarkeit *f* (Feststoffe) [met]; Verpressbarkeit *f* (von Materialien) [met]

compacting Kompaktieren *n*; Verdichten *n* (Abfall) [rec]

compacting beam Verdichtungsbohle *f*

compacting by vibration Schwingungsverdichtung *f* (von Böden)

compacting equipment Verdichtungsgerät *n*

compacting of soil Bodenverfestigung *f*

compacting pile Verdichtungspfahl *m* [tib]; Verdrängungspfahl *m* [tib]

compacting procedure Pressverfahren *n* (für Lehmbausteine)

compaction Kompaktierung *f* (Verdichtung); Pressung *f*; Verdichtung *f*; Verdichtung *f* (Untergrund); Verfestigung *f* (Verdichtung) [geo]

compaction machine Verdichtungsmaschine *f*

compaction pressure Verdichtungsdruck *m*

compaction roller Bodenverfestigungswalze *f* [tib]; Verdichtungswalze *f* [tib]; Walze *f* (Verdichter)

compaction rolling Druckverdichtung *f* [tib]; Walzkompression *f* [tib]; Walzverdichtung *f* [tib]

compaction void Verdichtungshohlraum *m* [met]

compaction work Verdichtungsarbeit *m*

compactive effort Verdichtungsleistung *f*

compactor Verdichter *m* [tib]; Grabenwalze *f* [tib]; Straßenwalze *f* [tib]; Walze *f* (Untergrundverdichtung) [tib]

company flat Werkswohnung *f*

company headquarters Firmenzentrale *f* [eco]; Unternehmenszentrale *f* [eco]

company plaque Firmenschild *n* [eco]

company premises Firmengelände *n* [eco]

company representative Betriebsbeauftragter *m*

company representative for waste Betriebsbeauftragter für Abfall *m* [rec]

company standard Werksnorm *f* [des]

comparable rent Vergleichsmiete *f* [eco]

comparables Vergleichsobjekte *pl* (Grundstücke, Immobilien) [eco]

comparative experiment Vergleichsversuch *m* [any]

comparative measurement Vergleichsmessung *f* [any]

comparative reading Vergleichsablesung *f* [any]

comparative rent principle Vergleichsmieteprinzip *n* [eco]

comparative test Vergleichstest *m* [any]; Vergleichsversuch *m* [any]

comparison calculation Vergleichsrechnung *f* [des]

comparison measurement Vergleichsmessung *f* [any]

compartment bin Wabensilo *m* [prc]; Zellensilo *m* [prc]

compartment floor Branddecke *f*

compartment wall Brandmauer *f*

compartmented bin Wabensilo *m* [prc]; Zellensilo *m* [prc]

compass saw Stichsäge *f* [wzg]

compatibility Verträglichkeit *f*

compatibility of materials Materialverträglichkeit *f* [met]

compatibility, local - örtliche Anpassung *f* (Bauästhetik) [arc]

compatible vereinbar; verträglich

compatible with the environment umweltverträglich

compatible with transportation needs verkehrsgerecht [tra]

compensating control Nachführregelung *f* [elt]

compensating controller Nachführregler *m* [elt]

compensating profile Ausgleichsprofil *n* [met]

compensating reservoir Ausgleichsbecken *n* [was]

compensation Schadenersatz *m* [jur]; Abfindungssumme *f* [eco]; Ausgleichszahlung *f* [eco]; Schadenersatzleistung *f* [jur]

compensation measure Ausgleichsmaßnahme *f*

compensation of inclination Neigungswinkelausgleich *m*

compensation solution Kompensationslösung *f*

compensation waler Ausgleichsriegel *m*

compensation washer Ausgleichsscheibe *f* (Unterlegscheibe)

competent zuständig

competent authority zuständige Behörde *f*

complaint Beanstandung *f* (Beschwerde); Mängelrüge *f* [eco]; Reklamation *f* [eco]

complaint management Beschwerdemanagement *n* [eco]

complementary ergänzend

complementary energy Zusatzkraft *f* [sik]

complete statisch bestimmt [sik]

complete fixing vollständige Einspannung *f* [stb]

complete protection Vollschutz *m* [asi]

complete service provider Komplett-Dienstleister *m* [eco]

complete water analysis Vollanalyse *f* (Wasseranalyse) [any]

completed draft fertiger Entwurf *m* [des]

completion Abschluss *m*; Ausbau *m* (Erweiterung); Beendigung *f* (Fertigstellung); Beendung *f* (Fertigstellung); Fertigstellung *f*; Herstellung *f* (Fertigstellung) [wer]; Vervollständigung *f*; Vollendung *f*

completion date Fertigstellungstermin *m*; Zeitpunkt der Fertigstellung *m* [wer]

completion date, drawing - Fertigstellungstermin einer Zeichnung *m* [des]

completion guarantee Ausführungsgarantie *f* [eco]

completion of the interior Innenausbau *m*

completion ratio Fertigstellungsgrad *m*

completion work Ausbauarbeiten *pl*

complex Anlage *f* (Gesamtanlage)

complex alloy Vielstofflegierung *f* [met]

complex of buildings Gebäudekomplex *m*

complex of houses Gebäudekomplex *m*

compliance test Abnahmeprüfung *f* [any]

compliance test certificate Prüfbescheinigung *f* [any]

compo mortar Kalkzementmörtel *m* [met]

component Bauteil *n* [des]; Einzelteil *n*; Glied *n* (Bauteil)

component drawing Einzelteilzeichnung *f* [des]; Teilzeichnung *f* [des]

component of water Wasserinhaltsstoff *m* [was]

component test Bauelementprüfung *f* [any]; Bauteilprüfung *f* [any]

composite action Verbundwirkung *f* [met]

composite alloy Verbundlegierung *f* (Pulverwerkstoff) [met]

composite anchor Verbundanker *m*

composite beam Verbundbalken *m*; Verbundträger *m*

composite bridge Verbundbaubrücke *f*

composite building Verbundbau *m*

composite ceiling Verbunddecke *f*

composite cement Kompositzement *m* [met]

composite ceramic Keramikverbundstoff *m* [met]

composite column Kompositsäule *f* [arc]; Verbundstütze *f*; Verbundstütze *f* [stb]

composite concrete construction Betonverbundbauweise *f* [bon]

composite concrete member Betonverbundbauteil *n* [bon]

composite construction Verbundbauweise *f* [stb]; Verbundkonstruktion *f*; Verbundkonstruktion *f* [des]

composite deck Verbundplatte *f* [stb]

composite design Verbundkonstruktion *f*; Verbundkonstruktion *f* [des]

composite film Verbundfolie *f* [met]

composite floor Verbunddecke *f*; Verbundträgerdecke *f*

composite foam Verbundschaumstoff *m* [met]

composite girder Verbundträger *m*

composite gypsum board Gipsverbundplatte *f* [met]

composite liner system Verbundabdichtungssystem *n* (Deponie) [rec]

composite material Verbundmaterial *n* [met]; Verbundwerkstoff *m* [met]

composite member Verbundkörper *m*

composite metal Verbundmetall *n* [met]
composite panel Verbundplatte *f* [met]
composite pavement Verbundpflaster *n* [tib]
composite pilaster Kompositpilaster *m* [arc]
composite sample Sammelprobe *f*
  (Querschnittsprobe) [any]
composite screed Verbundestrich *m*
composite section Verbundquerschnitt *m*
composite slab Verbundplatte *f* [met]
composite steel-concrete construction Verbundbau
  m (Betonstahl)
composite structure Verbundbauweise *f* [des];
  Verbundkonstruktion *f* [des]
composite system Verbundsystem *n*
composite system for thermal insulation
  Wärmedämm-Verbundsystem *n* [pow]
composite window Verbundfenster *n*
composite wood panel Holzverbundplatte *f* [met]
composition Gemenge *n* (Mischgut) [met];
  Zusammensetzung *f* [met]
composition board Faserdämmplatte *f* [met]
composition floor Verbundestrich *m*
composition flooring Verbundestrich *m*
composition of concrete Betonzusammensetzung *f*
  [bon]
composition of forces Kräftezusammensetzung *f*
  [sik]
compost Humus *m* [geo]
compost soil Komposterde *f* [geo]
compostable waste kompostierbarer Abfall *m* [rec]
composted waste kompostierter Abfall *m* [rec]
composting aid Kompostierungshilfe *f* (Hilfsmittel)
  [bio]
composting plant Kompostwerk *n* [far];
  Kompostieranlage *f* [far]; Kompostierungsanlage *f*
  [far]
composting system Rottesystem *n* [rec]
compound Verbund *m* [met]
compound legieren *v* (Petrochemie, Kunststoffe)
  [met]
compound beam durch Gurtplatten verstärkter
  Träger *m* [stb]; Verbundbalken *m*
compound column zusammengesetzte Stütze *f* [stb]
compound construction Verbundbauweise *f*
compound girder Verbundträger *m*; zusammengesetzter Träger *m* [stb]
compound glass Schichtglas *n* [met];
  Sicherheitsglas *n* [met]; Verbundglas *n* [met]
compound material Verbundmaterial *n* [met]
compound section zusammengesetztes Profil *n*
  [stb]; zusammengesetzter Querschnitt *m* [stb]
compound steel Verbundstahl *m* [met]
compound weir kombiniertes Wehr *n* [wba]; Wehr
  mit verschiedenen Wehrfeldern *n* [wba]
compounding agent Zusatz *m* [met]; Beimischung *f*
  [met]

comprehensive ganzheitlich; umfassend
comprehensive construction services komplette
  Baudurchführung *f*
comprehensive development komplexe
  Erschließung *f* (Städtebau)
comprehensive planning Bauleitplanung *f* [com]
comprehensive regional planning at federal level
  Raumordnung und Landesplanung *f*
compress verdichten *v* (allgemein); verdichten *v*
  (zusammendrücken)
compressed air Pressluft *f* [met]
compressed asphalt Stampfasphalt *m* [tib]
compressed concrete Stampfbeton *m* [bon]
compressed cork Isolierplatte aus Kork *f*
compressed cross-section Druckquerschnitt *m* [stb]
compressed fibre sheet Faserstoffplatte *f* [met]
compressed member gedrückter Bauteil *m* (unter
  Druck stehend) [stb]
compressed soil verdichteter Boden *m* [geo]
compressed-air appliance Druckluftanlage *f* [air]
compressed-air drill Druckluftbohrer *m* [wzg]
compressed-air plant Druckluftanlage *f* [air]
compressed-air pump Druckluftpumpe *f* [air]
compressed-air vessel Druckluftbehälter *m* [air]
compressibility Verdichtbarkeit *f* [geo]
compressing procedure Pressverfahren *n* (für
  Lehmbausteine)
compression Stauchung *f* [met]; Verdichtung *f*
  (Untergrund)
compression bar Druckstab *m* (Fachwerkverband)
  [stb]
compression brace Druckspindel *f*
compression chord Druckgurt *m* (Fachwerkträger)
  [stb]
compression column Druckstütze *f*
compression comminution Druckzerkleinerung *f*
  [prc]
compression coupling Quetschverschraubung *f* [tga]
compression curve Verdichtungslinie *f* [phy]
compression diagonal Druckdiagonale *f*
  (Fachwerkträger) [stb]
compression flange Druckflansch *m* (Fachwerk)
  [stb]; Druckgurt *m* (z.B. eines Blechträgers) [stb]
compression force Druckkraft *f* [stb]
compression member Druckglied *n*; gedrücktes
  Bauteil *n*; Druckstab *m* [stb]; Druckstrebe *f* [stb]
compression member, axially loaded - mittig
  belasteter Druckstab *m* [sik]
compression member, built-up - mehrteiliger
  Druckstab *m*
compression moulding material Formpressstoff *m*
  [met]
compression pile Druckpfahl *m* [tib]
compression plate Druckplatte *f* (Brücke)
compression section Druckquerschnitt *m* [stb]
compression spring Anpressfeder *f* [tec]

compression strength Druckfestigkeit *f* [met]
compression strut Druckstab *m* (Schalung)
compression zone Druckzone *f*
compressional water Kompressionswasser *n* [geo]
compressive load Druckbeanspruchung *f* [met];
Druckbelastung *f* [met]; Drucklast *f*
compressive loading Druckbeanspruchung *f* [met]
compressive region Druckbereich *m*
compressive reinforcement Druckarmierung *f*
[bon]; Druckbewehrung *f* [bon]
compressive reinforcement, area of - Querschnitt
der Druckbewehrung *f* [bon]
compressive resistance Druckfestigkeit *f* [met]
compressive strain Druckbeanspruchung *f* [met];
Druckspannung *f* [met]; Stauchung *f* [met]
compressive strength Druckbeanspruchung *f* [met];
Druckfestigkeit *f* [met]; Druckspannung *f* [met]
compressive strength test Druckfestigkeitsprüfung
f [any]
compressive strength, unconfined -
uneingeschränkte Druckfestigkeit *f* [met]
compressive stress Beanspruchung auf Druck *f*
[met]; Druckbeanspruchung *f* [met]; Druckspannung *f* [met]
compressive stress, peripheral -
Ringdruckspannung *f* [met]
compressive stress, permissible - zulässige Druckspannung *f* [met]
compressive stressing Druckbeanspruchung *f* [met]
compressive test Druckprüfung *f* [any]
compulsory vorgeschrieben
compulsory evacuation Zwangsräumung *f* (Immobilie) [jur]
compulsory typology Typenzwang *m* (der Bauleitplanung)
computer model Rechnermodell *n* (auf Rechner
programmiertes Modell) [edv]
computer-aided measuring rechnerunterstütztes
Messen *n* [any]
computer-aided testing rechnergestütztes Prüfen *n*
[any]; rechnerunterstützte Prüfung *f* [any]
concave hohlflächig
concave bank einbuchtendes Ufer *n* [geo]
concave brace konkave Strebe *f* (Dachkonstruktion)
concave moulding Hohlkehle *f*
concave niche halbrunde Nische *f* (Baukunst) [arc]
concave tile Konkavziegel *m*; Nonnenziegel *m*;
Nonne *f* (Dachziegel (historisch))
concealed arrangement verdeckte Anordnung *f*
[des]
concealed box Unterputzdose *f* [elt]
concealed brackets verdeckte Konsolen *pl*
concealed cable Unterputzkabel *n* [elt]
concealed cistern Unterputzspülkasten *m*
(Toilettenspülung) [tga]
concealed installation unter Putz verlegt [elt]

concealed pipe Unterputzrohr *n*
concealed wiring Unterputzleitungen *pl* [elt];
Unterputzinstallation *f* [elt]
concentrate Aufbereitungsgut *n* [met]
concentrated force Einzelkraft *f* [sik]
concentrated load konzentrierte Last *f* [sik];
Punktbelastung *f* [sik]; punktförmige Belastung *f*
[sik]; Punktlast *f* [sik]
concentrated mass Punktlast *f* [sik]
concentration Verdichtung *f* (Stadtplanung)
concentration measurement Konzentrationsmessung *f* [any]
concentration of housing Siedlungskonzentration *f*
[com]
concentration of material Materialanhäufung *f*
[des]
concentration of settlements Siedlungskonzentration *f* [com]
concentration value Konzentrationswert *m* [che]
concentric cable Koaxialkabel *n* [elt]
concentricity Mittigkeit *f* [des]; Rundlaufgenauigkeit *f* [des]
concentricity tolerance Rundlauftoleranz *f* [des]
concept for use Nutzungskonzept *n*
concept of safety, probabilistic - Wahrscheinlichkeitsbegriff der Sicherheit *m* [wer]
conceptual design Vorplanung *f* [des]
conceptual framework konzeptionelles Modell *n*
conceptual model konzeptionelles Modell *n*
conceptual phase Planungsphase *f* [des]
concert hall Konzerthalle *f*
concertina partition Faltwand *f*; Harmonikatrennwand *f*
concise bündig
concourse Bahnhofsvorhalle *f* [tra]
concrete Beton *m* [met]
concrete betonieren *v* [bon]; einbringen *v* (Beton)
concrete additive Betonadditiv *n* [met];
Betonzusatzmittel *n* [met]
concrete adhesive Betonkleber *m* [met]
concrete admixture Betonzusatzmittel *n* [bon];
Betonzusatzmittel *n* [bon]; Betonzusatz *m* [met]
concrete aerated with foam Schaumbeton *m*
[bon]
concrete after initial setting junger Beton *m* (kurz
nach Erstarren) [bon]
concrete aggregate Betonzuschlagstoff *m* [met]
concrete anchor bolt Betonankerschraube *f* [bon]
concrete anchorage Betonverankerung *f* [bon]
concrete and precast concrete industries Beton-
und Fertigteilindustrie *f* [bon]
concrete apron Betonschürze *f* [bon]
concrete arch dam Bogenstaumauer *f* [wba]
concrete area Betonfläche *f* [bon]
concrete at site Ortbeton *m* [bon]
concrete ballast Betonzuschlag *m* [bon]

concrete base Betonsockel *m* [bon];
Fundamentbodenplatte *f*
concrete base course Betontrageschicht *f* [bon]
concrete base mat Betongrundplatte *f* [bon];
Fundamentplatte *f*
concrete batch mixer Betonmischer *m* [bon]
concrete batcher scale Betondosierwaage *f* [any]
concrete batching and mixing plant Betondosier-
und Mischanlage *f* [bon]
concrete bay subgrader Planumfestiger *m* [tib]
concrete beam Betonbalken *m* [bon]; Betonträger
m [bon]
concrete beam, composite prestressed - zusammengesetzter Spannbetonbalken *m* [bon]; zusammengesetzter Spannbetonträger *m* [bon]
concrete beam, under-stressed - unterspannter
Betonträger *m* [bon]
concrete bedding Betonauflager *n* [bon]
concrete blinding Unterbeton *m* [bon]
concrete blinding bed Schutzbeton *m* (Brückenbau)
[bon]
concrete block Betonblock *m* [bon]; Betonblockstein *m* [bon]; Betonstein *m* [bon]
concrete block plant Betonsteinwerk *n* [wer]
concrete block press Betonsteinpresse *f* [wer]
concrete block, hollow - Betonhohlblockstein *m*
[bon]
concrete block, precast - Betonstein *m* [bon]
concrete bond Haftputz *m*
concrete bonding plaster Putzgips für Betonflächen
m [met]
concrete border element Betonrandelement *n*
(Gleisanlage) [tib]
concrete box Betonkastenprofil *n* [bon];
Betonkasten *m* [bon]
concrete box section Betonkastenprofil *n* [bon]
concrete breaker Abbauhammer *m* [tib]; Betonaufbruchhammer *m* [wzg]; Betonbrecher *m* [bon]
concrete breaking machine
Betonaufbruchmaschine *f* [bon]
concrete brick plant Betonsteinwerk *n* [roh]
concrete bridge Betonbrücke *f* [bon]
concrete bridge, prestressed - Spannbetonbrücke *f*
[bon]
concrete bucket Betonkübel *m* (Schüttkübel am
Kran) [bon]
concrete buggy Kippbetonkarre *f* [bon]
concrete building Betonbauwerk *n* [bon];
Betongebäude *n* [bon]; Betonbau *m* (Gebäude)
[bon]
concrete building block Betonwerkstein *m* [bon]
concrete capping Betonmauerdeckung *f* [bon]
concrete carriageway Betonfahrbahn *f* [tra]
concrete carriageway surfacing
Betonfahrbahndecke *f* [tib]
concrete casing Betonummantelung *f* [bon]

concrete cast in place Ortbeton *m* [bon]
concrete cast in situ Ortbeton *m* [bon]
concrete ceiling Betondecke *f* (in Gebäuden) [bon]
concrete ceiling, girderless - Pilzdecke *f* [bon]
concrete ceiling, prestressed - Spannbetondecke *f*
[bon]
concrete channel Betonrinnstein *m* [tib]
concrete chute Betongießrinne *f* [bon]
concrete chuting tower Betongießturm *m* [bon]
concrete cofferdam Betonfangdamm *m* [tib]
concrete coffered ceiling Betonkassettendecke *f*
[bon]
concrete column Betonsäule *f* [bon]
concrete compaction Betonverdichtung *f* [bon]
concrete compactor Betonverdichter *m* [bon]
concrete component Betonfertigteil *n* [bon]
concrete composite stone Betonverbundstein *m*
[bon]
concrete compressive strength Betondruckfestigkeit *f* [bon]
concrete cone Betonkonus *m* [bon]
concrete construction Betonbau *m* [bon]
concrete construction joint Betonarbeitsfuge *f*
[bon]
concrete construction technology Betonbautechnik
f [bon]
concrete construction, reinforced - Stahlbetonbau
m [bon]
concrete coping slab Abdeckplatte aus Beton *f*
[bon]; Betonabdeckplatte *f* [bon]
concrete core Betonkern *m* [bon]
concrete core wall massive Kernmauer *f* [bon]
concrete cover Betondeckung *f* [bon]; Betonüberdeckung *f* (der Bewehrung) [bon]
concrete cover for reinforcement Betonüberdeckung der Stahleinlagen *f* [bon]
concrete culvert pipe Betondurchlassrohr *n* [wba]
concrete curing mat Betonabdeckmatte *f* [bon]
concrete curing membrane Emulsionsanstrich *m*
(für Beton) [bon]; Dichtungshaut *f* (für Beton)
[bon]
concrete cutter Betonschneider *m* [bon]
concrete dam Betondamm *m* (Staudamm);
Betonstaudamm *m* [wba]; Betonstaudamm *m* [wba]
concrete deck Betonplatte *f* (Brückenbau) [bon]
concrete decking Betonfahrbahnplatte *f* [tib]
concrete desert Betonwüste *f* [bon]
concrete discharge pipe Betonförderleitung *f* [bon]
concrete dowel Betondübel *m* [bon]
concrete duct Betonkanal *m* (Leitungsführung)
[bon]
concrete durability Betonhaltbarkeit *f* [met]
concrete element Betonelement *n* [bon]
concrete element, precast - Betonfertigteil *n* [bon]
concrete element, prestressed - Spannbetonteil *n*
[bon]

concrete embedment fill Betonschüttung *f* [bon]
concrete embedment ring wall Betonringmauer *f* (Kernkraftwerk: Sicherheitshülle) [bon]
concrete embedment shield Betonschild *f* (Kernkraftwerk: Sicherheitshülle) [bon]
concrete embedment shield compartment mit Beton abgeschirmter Raum *m* (Kernkraftwerk) [bon]
concrete embedment shielding Betonabschirmung *f* (Kernkraftwerk: Sicherheitshülle) [bon]
concrete embedment system Einbetoniersystem *n* (für radioaktive Abfälle) [rec]
concrete emulsion Betonemulsion *f* [met]
concrete engineering Betonbau *m* [bon]
concrete envelope Betonmantel *m* (Kernreaktor) [bon]; Betonummantelung *f* [bon]
concrete fabric Betonstahlmatte *f* [bon]
concrete façade Betonfassade *f* [bon]
concrete factory Betonwerk *n* [roh]
concrete filling Betonfüllung *f* [bon]
concrete finisher Betondeckenfertiger *m* (Fahrbahn) [tib]
concrete finishing Betonoberfläche *f* [bon]
concrete floor Betonfußboden *m* [bon]; Betondecke *f* [bon]; Betonsohle *f* [bon]; Massivdecke *f* [bon]
concrete floor slab Betonbodenplatte *f* [bon]
concrete floor, ribbed - Betonrippendecke *f* [bon]
concrete for radiation shielding Abschirmbeton *m* (Strahlung) [met]
concrete form support Schalungsträger *m* [bon]
concrete form vibration Schalungsrüttlung *f* [bon]
concrete form vibrator Schalungsrüttler *m* [bon]; Schalungsvibrator *m* [bon]
concrete formulation Betonrezeptur *f* [bon]
concrete formwork Betonschalung *f* [bon]
concrete foundation Betonfundament *n* [bon]
concrete foundation bolt Betonankerschraube *f* [bon]
concrete foundation, unreinforced - Stampfbeton-fundament *n* [bon]
concrete girder Betonträger *m* [bon]
concrete girder bridge Betonbalkenbrücke *f* [bon]; Stahlbetonbrücke *f* [bon]
concrete girder, precast - Fertigbetonträger *m* [bon]
concrete goods Betonwaren *pl* [bon]
concrete grade Betongüteklasse *f* [bon]
concrete grinder Betonschleifmaschine *f* [wzg]
concrete grouter Betoneinpressmaschine *f* [bon]
concrete grouting Betonunterguss *m* [bon]
concrete hardener Betonhärtemittel *n* [met]
concrete haunch Aufstelzung *f* (Voutenbrücke) [bon]
concrete haunching Betonummantelung *f* [bon]
concrete impregnation Betonimprägnierung *f* [bon]
concrete in einbetonieren *v* [bon]

concrete in mass Massenbeton *m* [bon]
concrete ingredient Betonbestandteil *m* [bon]
concrete insert Dübel *m* (Beton-) [bon]
concrete joint Betonfuge *f* [bon]
concrete joint, poured - einfache Vergussfuge *f* [bon]
concrete joist Betonträger *m* [bon]
concrete joist machine Balkenformmaschine *f* [bon]
concrete joist shaker Balkenrüttler *m* [bon]; Balkenvibrator *m* [bon]
concrete jungle Betonwüste *f* [bon]
concrete lane Betonstreifen *m* (Straßenbau) [tib]
concrete layer Betonschicht *f* [bon]
concrete lining Betonmantel *m* (Tunnel) [bon]; Betonauskleidung *f* [bon]
concrete lintel Betonsturz *m* [bon]
concrete liquifier Betonverflüssiger *m* [met]
concrete maintenance Betoninstandsetzung *f* [bon]
concrete manufacturing yard, precast - Beton-werk *n* [roh]
concrete masonry Betonmauerwerk *n* [bon]
concrete member Betonbauteil *n* [bon]
concrete member, precast - Fertigteil aus Beton *n* [bon]
concrete mix Betonmischung *f* [bon]
concrete mixed at site Ortbeton *m* [bon]
concrete mixer Betonmischer *m* [bon]; Beton-mischmaschine *f* [bon]
concrete mixer trolley Mischfahrzeug *n* (Beton-transport) [bon]; Fahrmischer *m* (Betontransport) [bon]
concrete mixer, travelling - Straßenbetonmischer *m* [bon]
concrete mixing Betonaufbereitung *f* [bon]
concrete mixing plant Betonmischanlage *f* [bon]
concrete mould oil Betonformöl *n* [bon]
concrete moulding Betonform *f* [bon]
concrete over zubetonieren *v* [bon]
concrete paint Betonfarbe *f* [met]
concrete palisade Betonpalisade *f* [bon]
concrete pavement Betonbelag *m* [tib]; Betondecke *f* (Gehweg) [tib]
concrete paving Betonpflaster *n* [tib]; Betonsteinpflaster *n* [tib]; Betondecke *f* (Straße) [tib]; Betonieren *f* (Straßen) [tib]
concrete paving block Betonpflasterstein *m* [tib]
concrete paving, interlocking - Betonverbund-pflaster *n* [bon]
concrete pile Betonpfahl *m* [tib]
concrete pile foundation Betonpfahlgründung *f* [tib]
concrete pile, driven - Stahlbetonrammpfahl *m* [bon]
concrete pipe Betonrohr *n* [bon]; Zementrohr *n* [met]
concrete pipe plant Betonröhrenwerk *n* [bon]

concrete placement Betoneinbau *m* [bon];
Betonförderung *f* [bon]; Betonieren *f* [bon]
concrete placer, pneumatic - Druckluft-
Betonförderer *m* [bon]; pneumatischer
Betonförderer *m* [bon]
concrete plank Betonbohle *f* [bon]
concrete plaster Betonputz *m* [bon]
concrete plasticizer Betonfließmittel *n* [met];
Betonverflüssiger *m* (Betonzusatz) [met]
concrete plug Betonstopfen *m* [bon]
concrete pocket Betonnest *n* [bon]
concrete pour Betonschüttung *f* [bon]
concrete product Betonprodukt *n* [bon]
concrete property Betoneigenschaft *f* [bon]
concrete proportion Betonmischungsverhältnis *n*
[bon]
concrete pump Betonpumpe *f* [bon]
concrete quality Betongüte *f* [bon]; Betonqualität *f*
[bon]
concrete raft Betonfundament *n* (großflächiges -)
[bon]
concrete reinforcement Armierung *f* (Beton-)
[bon]; Bewehrung *f* [bon]
concrete reinforcement bar Moniereisen *n* [bon]
concrete reintegration Betonausbesserung *f* [bon]
concrete repair Betoninstandsetzung *f* [bon];
Betonsanierung *f* [bon]
concrete restoration Betonsanierung *f* [bon]
concrete resurfacing Betondeckenüberzug *m* [bon]
concrete revetment Vorsatzbeton *m* [bon]
concrete road Betonstraße *f* [tib]
concrete road breaker Betonaufbruchhammer *m*
[tib]
concrete road construction Betonstraßenbau *m*
[tib]
concrete road, prestressed - Spannbetonstraße *f*
[bon]
concrete roof slab Betondachplatte *f* [bon]
concrete roofing tile Betondachstein *m* [bon];
Betondachziegel *m* [bon]
concrete runway Betonpiste *f* (Flughafen) [tra]
concrete saw Betonsäge *f* [wzg]
concrete scrap Betonschutt *m* [rec]
concrete scraper Betonschrapper *m* [bon]
concrete screed Zementestrich *m* [bon]
concrete sealant Betonversiegelungsmittel *n* [met]
concrete sealing Betonversiegelung *f* [bon]
concrete sealing agent Betondichtungsmittel *n*
[met]
concrete sealing machine Fugenfüllgerät *n* [bon]
concrete secondary containment
Sekundärbetonsicherheitshülle *f* (Reaktorgebäude)
[pow]
concrete sewer Betonabwasserkanal *m* [was]
concrete sewer pipe Betonabwasserrohr *n* [was]
concrete shell Betonschale *f* [bon]

concrete shell roof Betonschalendach *n* [bon]
concrete shield Betonschutz *m* [bon]; Betonabschirmung *f* [phy]
concrete skip Betonkübel *m* [bon]; Bombe *f*
(Betonkübel) [bon]
concrete slab Betonplatte *f* [bon]
concrete slab, precast - Fertigbetonplatte *f* [bon]
concrete slab, prestressed - Spannbetonplatte *f*
[bon]
concrete slab-type construction Plattenbauweise *f*
[bon]
concrete sleeper Betonschwelle *f* (Bahn) [tib]
concrete sleeper layer Betonschwellenverlegegerät
n [tib]
concrete space cell Betonraumzelle *f* [bon]
concrete spalling Betonabplatzung *f* [bon]; Betonabspaltung *f* [bon]
concrete spraying Auftragen von Spritzbeton *n*
[bon]; Betonspritzverfahren *n* [bon]
concrete spreader Betonverteiler *m* [bon]
concrete steel Armierungsstahl *m* [met]; Betonstahl
m [met]
concrete stone, precast - Betonstein *m* [bon]
concrete strength Betondruckfestigkeit *f* [bon];
Betonfestigkeit *f* [bon]
concrete stress Betonspannung *f* [bon]
concrete strip Betonstreifen *m* (Straßenbau) [tib]
concrete structure Betonbau *m* [bon]; Betonkonstruktion *f* [bon]
concrete structure, compound prestressed -
vorgespannte Verbundstahlbetonkonstruktion *f*
[bon]
concrete structure, prestressed -
Spannbetonbauwerk *n* [bon]
concrete strut Betondruckstrebe *f* [bon]
concrete surface Betondecke *f* (Straße) [bon]
concrete surface, visible - Betonsichtfläche *f* [bon]
concrete surfacing Betonauskleidung *f* [bon]
concrete tamper Betonstampfer *m* [bon]
concrete technology Betontechnologie *f* [bon]
concrete testing laboratory Betonprüflabor *n* [any]
concrete texture Betongefüge *n* [bon]
concrete tie Betonschwelle *f* (<A> Bahn) [bon]
concrete tie layer Betonschwellenverlegegerät *n*
(<A>) [tib]
concrete tipping skip Betonkippkübel *m*
(Bauaufzug) [bon]
concrete totally zubetonieren *v* [bon]
concrete underbed Unterbeton *m* [bon]
concrete unit Betonfertigteil *n* [bon]
concrete unit, precast prestressed - Spannbetonfertigteil *n* [bon]
concrete unit, precast reinforced - Stahlbetonfertigteil *n* [bon]
concrete unit, prefabricated - Betonfertigteil *n*
[bon]

concrete vibrating machine Vibrationsverdichter *m* [bon]

concrete vibration Betoneinrütteln *n* [bon]

concrete vibrator Betonrüttler *m* (Betonverdichtung) [bon]; Betonvibrator *m* [bon]

concrete wall Betonmauer *f* [bon]; Betonwand *f* [bon]

concrete wall panel Fertigbetonwandplatte *f* [bon]

concrete wall, stepped - abgestufte Betonmauer *f* [bon]

concrete walling unit Betonstein *m* (Wand) [bon]

concrete waterproofing compound Betondichtungsmittel *n* [met]

concrete window sill Betonfensterbank *f* [bon]

concrete work Betonarbeiten *pl* [bon]

concrete worker Betonbauer *m* [bon]

concrete works Betonarbeiten *pl* [bon]; Betonwerk *n* [roh]

concrete, freshly mixed - Frischbeton *m* [bon]

concrete-block and steel tie-bar sleeper Verbundbetonschwelle *f* (Bahn) [bon]

concrete-encased einbetoniert [bon]

concrete-filled betongefüllt [bon]

concrete-girder bridge Stahlbetonbrücke *f* [bon]

concrete-glass wall Betonglaswand *f* [bon]

concrete-lined mit Betonauskleidung [bon]

concrete-reinforcing wire Bewehrungsstahl *m* [met]

concreter Betonarbeiter *m* [bon]

concreter's tongs Monierzange *f* [wzg]

concreting Betonarbeiten *pl* [bon]; Betonieren *n* [bon]

concreting plant Betonieranlage *f* [bon]

concreting platform Betonierbühne *f* [bon]

concreting section Betonierabschnitt *m* [bon]

concreting work Betonieren *n* [bon]

concretion Betonierung *f* [bon]

concurrent flow Gleichstrom *m* [prc]

condemned abbruchreif

condemned building Abbruchhaus *n* [bon]

condensate Schwitzwasser *n* [met]

condensating water Schwitzwasser *n* [prc]

condensation drain Entwässerungleiste *f* (Fenster)

condensation polymer Polykondensat *n* [che]

condensation temperature Kondensationstemperatur *f* [phy]

condensation water Kondensat *n*; Kondenswasser *n*; Schwitzwasser *n*

condensed moisture Schwitzwasser *n* [met]

condensed water Kondensationswasser *n*; Niederschlagswasser *n* [was]; Schwitzwasser *n*

condenser Kondensator *m* [elt]; Kondensator *m* (zum Flüssigkeitsniederschlag) [prc]; Kondensatorkühler *m* [prc]; Kühler *m* (Kondensator) [prc]

condenser hot well Heißwasserbehälter *m* (hinter Kondensator) [pow]

condition Beschaffenheit *f* (Bausubstanz) [bon]

condition classification Zustandsklassifizierung *f*

condition of a property Gebäudezustand *m* (Immobilie)

condition of support Auflagerbedingung *f*

condition of the ground Bodenbeschaffenheit *f* (Baugrund) [geo]

condition of the work Bauzustand *m*

condition of water Gewässerbeschaffenheit *f* [was]

condition, aerobic - aerober Zustand *m* [was]

condition, anaerobic - anaerober Zustand *m* [was]

conditioned ceiling Klimadecke *f*

conditioner Zusatzstoff *m* [met]

conditioning time Abbindezeit *f* [met]

conditions of contract Vertragsbedingungen *pl* [jur]

conditions of contract, technical - technische Vertragsbedingungen *pl* [jur]

conditions of the location Standortbedingungen *pl* [com]

condominium Kondominium *n* (<A>); Wohnungseigentum *n* (<A>) [eco]; Eigentumswohnung *f* (<A>)

condominium deed Teilungserklärung *f* (Immobilie) [jur]

condominium ownership Wohnungseigentum *n* (<A>) [eco]

conduct leiten *v* (übertragen) [elt]

conduct a test Versuch fahren *v* [any]

conduct an experiment Versuch durchführen *v* [any]

conduct to zuleiten *v*

conductance Leitfähigkeit *f* [elt]

conductimeter Leitfähigkeitsmessgerät *n* [any]

conducting leitend [elt]

conducting wire Leitungsdraht *m* [elt]

conduction Leitung *f* (Strom) [elt]; Leitung *f* (Wärme) [pow]

conduction test Durchgangsprüfung *f* [elt]

conductive leitend [elt]

conductive footwear antistatisches Schuhwerk *n* [asi]

conductive heat transfer Wärmeübergang durch Leitung *m* [prc]

conductive shoes antistatisches Schuhwerk *n* [asi]

conductivity Leitvermögen *n* [phy]; Leitfähigkeit *f* [elt]

conductor Leiter *m* [elt]; Ader *f* (Kabel) [elt]; Leitung *f* (Strom) [elt]

conductor lead Stromzuführung *f* [elt]

conductor line Stromschiene *f* (Bahn) [elt]

conductor rail Kontaktschiene *f* [elt]; Leitschiene *f* [elt]; Schleifleitung *f* [elt]; Stromschiene *f* (Bahn) [elt]

conductor, negative - Minusleiter *m* [elt]

conduit Installationsrohr *n* [tga]; Schutzrohr *n* [elt]; Abzug *m* (Leitung); Installationskanal *m* [tga]; Leitungskanal *m* [tga]

conduit box Abzweigkasten m [elt]; Verteilerkasten m [elt]; Verteilerdose f [elt]
conduit fitter Wandschelle f
conduit groove Leitungsschlitz m
conduit laying Leerrohrverlegung f [tga]
conduit pipe Leitungsrohr n [elt]
conduit sewer Abwasserkanal m [was]
cone Kegel m
cone anchor Keilanker m; Konusanker m
cone crusher Kegelbrecher m [prc]
cone head rivet Kegelkopfniet m [tec]; Kegelniet m [tec]
cone of depression Absenkungstrichter m [was]
cone point Kegelspitze f
cone vault Kegelgewölbe n [arc]
cone-shaped kegelförmig [des]; kegelig [des]; konusförmig [des]
cone-type crusher Kegelbrecher m [prc]
conference centre Konferenzzentrum n
conference hall Konferenzraum m
conference room Sitzungsraum m
conference theatre Konferenzsaal m
confidentiality Vertraulichkeit f
configuration Aufbau m (Struktur); Anordnung f (Struktur, Aufbau); Struktur f (Aufbau) [des]
configuration of the ground Bodenform f [geo]; Geländeform f [geo]
confined space umschlossener Raum m
confining bed Grundwasser spannende Schicht f (Hydrologie) [geo]; Grundwassersperrschicht f [was]; undurchlässige Schicht f [geo]
confining bed, impermeable - undurchlässige Sohlschicht f [wba]
confining stratum Grundwasser spannende Schicht f (Hydrologie) [geo]; undurchlässige Schicht f (Hydrologie) [geo]
confirmatory measurement Kontrollmessung f [any]
confirmed drawing verbindliche Zeichnung f [des]
confirmed, to be - wird noch bestätigt
conflict of interests Interessenkonflikt m; Interessenkollision f
confluence Zusammenfließen n (Flüsse, u.a.); Zusammenfluss m (Flüsse, u.a.)
conformal konturgetreu [des]; winkelgetreu [des]
conformal mapping konforme Abbildung f [des]
conforming to standards normgerecht
conformity symbol Konformitätskennzeichen n (CE-Zeichen)
conformity with the approval Genehmigungskonformität f [jur]
conformormance with standards, in - normgerecht [des]
congeal stocken v (gerinnen) [met]

congealing point Erstarrungspunkt m [met]
congested area Ballungsgebiet n; verkehrsüberlastetes Gebiet n [tra]
congestion in towns and cities Verstopfung der Innenstädte f [tra]
congress building Kongressgebäude n
conical kegelig [des]; konusförmig [des]
conical dome konische Kuppel f (Renaissance: z.B. auf Schlossdach) [arc]
conical heap Schüttkegel m [prc]
conical spire Kegeldach n (auf Burgen, Schlössern) [arc]
conical vault Kegelgewölbe n [arc]
conical washer Glockendichtung f [tec]
conical widening konische Erweiterung f [des]
conicity Kegelform f [des]
conjunctive use kombinierte Wassernutzung f [was]; Verbundwirtschaft f [was]
connate water Sedimentwasser n [was]
connect anschließen v (verbinden); verbinden v
connect to earth an Erde legen v [elt]; an Masse legen v [elt]; erden v [elt]
connect to supply an Spannung legen v [elt]
connect up verkabeln v [elt]
connected angeschlossen [elt]; gekoppelt; verbunden
connected leg anliegender Schenkel m [stb]
connected to earth geerdet (<B>) [elt]
connected to ground geerdet (<A>) [elt]
connecting Berbindungs- [tra]
connecting bend Anschlussknie n (Sanitär)
connecting box Anschlussdose f [elt]
connecting cable Anschlusskabel n [elt]; Verbindungskabel n [elt]; Anschlussleitung f [elt]
connecting corridor Verbindungsgang m
connecting door Verbindungstür f
connecting duct Verbindungskanal m [elt]
connecting flange Anschlussflansch m
connecting hose Verbindungsschlauch m [prc]
connecting lead Anschlussleitung f [elt]
connecting line Verbindungsleitung f [elt]; Verbindungslinie f [des]
connecting piece Anschlussstück n
connecting pipe Anschlussleitung f [was]
connecting pipework Verbindungsrohrleitungen pl [prc]
connecting plate Anschlussblech n; Verbindungsblech n [met]; Anschlussplatte f
connecting plate, lower chord - Untergurtanschlusslasche f [stb]
connecting rivet Anschlussniet m [tec]
connecting socket Anschlussstutzen m [stb]; Anschlussmuffe f
connecting strip Klemmschiene f (Dichttechnik)
connecting surface Übergang m (zweier Bleche beim Schweißen) [met]

connecting terminal Klemme *f* (für Kabel) [elt]; Verbindungsklemme *f* [elt]
connecting trench Verbindungsgraben *m* [tib]
connecting tube Winkelstück *n* [prc]
connecting tube for warning signal device Warnsignalleitung *f* [asi]
connecting tunnel Verbindungstunnel *m* [tra]
connecting wall Verbindungswand *f*
connection Verbindung *f* (Anschluss) [elt]
connection and disconnection, unsafe - gefährdendes An- und Abkoppeln *n* (Arbeitsschutz) [wer]
connection angle Anschlusswinkel *m* [stb]; Verbundwinkel *m* [stb]
connection box Klemmdose *m* [elt]; Anschlussdose *f* [elt]
connection branch Anschlussstutzen *m*
connection cable Anschlusskabel *n* [elt]
connection cleat Anschlusswinkel *m* [stb]
connection diagram Anschlussplan *m* [elt]; Schaltplan *m* [elt]; Verdrahtungsplan *m* [elt]
connection element Verbindungsglied *n* [stb]
connection height Anschlusshöhe *f*
connection joint Anschlussfuge *f*
connection line Anschlussleitung *f* [elt]
connection of polyphase circuit Mehrphasenschaltung *f* [elt]
connection plate Anschlussblech *n* [stb]; Verbandblech *n* [stb]; Verbindungsblech *n* [tec]
connection plug Anschlussstecker *m* [elt]
connection reinforcement Anschlussbewehrung *f* [bon]
connection sleeve Verbindungsmuffe *f* [tga]
connection terminal Anschlussklemme *f* [elt]
connection to earth Erdung *f* (<B>) [elt]
connection to mains Netzanschluss *m* [elt]
connection to power supply Netzanschluss *m* [elt]
connection to the place Ortsbezogenheit *f* [com]
connection to the sewer Kanalisationsanschluss *m* [was]
connection, lower chord - Untergurtanschluss *m* [stb]
connectivity Vernetzung *f*
connector Stecker *m* [elt]; Verbinder *m* (Schalung); Anschlussbewehrung *f* [bon]; Verbindungsklemme *f* [elt]
connector box Abzweigdose *f* [elt]; Anschlussdose *f* [elt]
connector cable Verbindungskabel *n* [elt]
connector pin Kontaktstift *m* [elt]
connector socket Anschlussbuchse *f* [elt]
connector strip Steckerleiste *f* [elt]
conscious of environment umweltbewusst
consequence of the accident Unfallfolgen *pl* [asi]
consequential costs Folgekosten *pl* [eco]
conservation area städtisches Schutzgebiet *n* [com]
conservation curator Konservator *m*

conservation of energy Energieeinsparung *f* [pow]
conservation of soil Bodenschutz *m* [geo]
conservatory Wintergarten *m*
consistency of mix Konsistenz der Mischung *f* [met]
consistency of the soil Beschaffenheit des Bodens *f* [geo]
consistent with the environment umweltverträglich
consisting of small units kleinteilig
console Kragstein *m*
consolidate verdichten *v* (Untergrund)
consolidated verdichtet
consolidated rock verfestigtes Gestein *n* [geo]
consolidation Setzen *n* [geo]; Bodenverdichtung *f* [geo]; Eigensetzung *f* [geo]; Eigenverfestigung *f* [geo]; Konsolidation *f* (Verfestigung der Erdkruste) [geo]; natürliche Bodenverdichtung *f* [geo]; Verdichtung *f* (Straßen, Boden); Verfestigung *f* [geo]
consolidation agent Festigungsmittel *n*
consolidation grouting Verfestigungsinjektion *f* (Beton)
consolidation of the embankment Setzung der Aufschüttung *f*
consortium Arbeitsgemeinschaft *f* (ARGE) [wer]
constancy of volume Volumenbeständigkeit *f* [met]
constant current Dauerstrom *m* [elt]
constant support Konstantstütze *f*
constant-voltage source Konstantspannungsquelle *f* [elt]
constant-volume raumbeständig [phy]
constituent member Bauteil *n*
constituent substances in the dust Staubinhaltsstoffe *pl* [air]
constitutional verfassungsgemäß [jur]
constitutional diagram Phasendiagramm *n* [che]
constitutive equation Werkstoffgesetz *n*
constrained beam eingespannter Träger *m*
constrained posture Zwangshaltung *f* [asi]
constrict verengen *v*
constriction of cross-section Querschnittsverengung *f* [des]
construct bauen *v*; erbauen *v*; konstruieren *v* (erbauen)
constructed obstacle Bausperre *f*
constructing Konstruieren *n* [des]
construction Bauen *n*; Bauwerk *n*; Gebilde *n* (Bauwerk); Bau *m* (Bauen); Bau *m* (Struktur); Bauweise *f* (Konstruktion); Errichtung *f*; Erstellung *f*; Gestaltung *f* (Struktur, Aufbau) [des]; Konstruktion *f* (Entwurf) [des]
construction above and below ground Hoch- und Tiefbau *m*
construction activity Bautätigkeit *f*
construction adit Baustollen *m* (Hilfsstollen) [tib]
construction administration Baubehörde *f*
construction aggregate Zuschlagstoff *m* (Baustoffe) [met]

construction and building industry Bauwirtschaft *f*
construction and demolition waste Bauabfall *m*
[rec]
construction authority Baubehörde *f*
construction capacity Baukapazität *f*; Bauleistung *f*
construction chemistry Bauchemie *f* [che]
construction class Bauform *f*; Feuerschutzklasse *f*
[asi]
construction company Baufirma *f*; Bauunternehmung *f* [eco]
construction component Bauteil eines Gebäudes *n*;
Gebäudebauteil *n*
construction contract Bauauftrag *m*; Bauvertrag *m*
[jur]
construction costing Bauauftragsrechnung *f* [eco]
construction costs, estimated - Baukostenschätzung
f [eco]
construction day Bauarbeitstag *m*; Bautag *m*
construction demand Baunachfrage *f* [eco]
construction depth Bauhöhe *f*
construction design Bauentwurf *m* [des]
construction detail konstruktive Einzelheit *f* [des]
construction documents Bauausführungsunterlagen
pl [des]; Bauvorlagen *pl* [arc]
construction drawing Ausführungszeichnung *f*
[des]; Bauzeichnung *f* [des]
construction drawing, as-built - Baubestandsplan
m [des]
construction engineer Hochbauingenieur *m*
construction engineering Hochbau *m*; Bautechnik *f*
construction equipment Baugeräte *pl*;
Baumaschine *f*
construction execution and coordination Bauausführung und Baukoordination *f*
construction executive Bauleiter *m* (<A>)
construction expense Bauaufwand *m*
construction fault Konstruktionsfehler *m* [des]
construction feature Konstruktionsmerkmal *n* [des]
construction firm Baufirma *f*
construction foil Baufolie *f*
construction forming industry Schalungsbauindustrie *f* [bon]
construction glass Bauglas *n* [met]
construction ground Bauland *n*
construction height Konstruktionshöhe *f* [des]
construction industry Bauhauptgewerbe *n*;
Bauindustrie *f*; Bauwirtschaft *f*
construction instruction Bauanleitung *f* [des]
construction joint Arbeitsfuge *f*; Baufuge *f*
construction lead time Bauvorlaufzeit *f*
construction lime Baukalk *m*
construction lumber Bauschnittholz *n* [met]
construction machinery Baugeräte *pl*; Baumaschinen *pl*
construction management Bauleitung *f*
construction management agent Baubetreuer *m*

construction management agreement Baubetreuungsvertrag *m* [jur]
construction manager Bauleiter *m*
construction material Baumaterial *n*; Baustoff *m*
[met]
construction material class Baustoffklasse *f* [met]
construction material moisture Baufeuchte *f* [met]
construction material technology Baustofftechnik *f*
[roh]
construction measure Baumaßnahme *f*
construction method Bauausführungsverfahren *n*;
Bauweise *f* (Baumethode) [des]
construction method, modular - Raumzellenbauweise *f*
construction method, prefabricated - Fertigbauweise *f*
construction noise Baulärm *m* [aku]
construction of a tunnel Vortreiben eines Tunnels *n*
construction of ferroconcrete Stahlbetonkonstruktion *f* [bon]
construction of the track Gleisbau *m* [tra]
construction of the works Bauausführung *f*
construction of traffic facilities Verkehrsbau *m*
construction of waste dumps Deponiebau *m* [rec]
construction opening Montageöffnung *f* (während
der Bauzeit)
construction opening, temporary - befristete
Montageöffnung *f* (während der Bauzeit)
construction owner concept Bauherrenmodell *n*
(Baueigentum) [eco]
construction panel Bauplatte *f*
construction period Bauzeit *f*
construction period, preliminary - Bauvorbereitungszeit *f* [des]
construction permit Bauschein *m*;
Errichtungsgenehmigung *f* (Kraftwerk)
construction phase Bauabschnitt *f*
construction physics Bauphysik *f*
construction plan Bauplan *m* [des]; Konstruktionsplan *m* [des]
construction planning Bauplanung *f*
construction plaster Putzgips *m* [met]
construction plate Bauplatte *f*
construction priorities Ausbaurangfolge *f*
construction product Baustoff *m* [met]
Construction Products Act Bauproduktengesetz *n*
[jur]
Construction Products Directive Bauproduktenrichtlinie *f* [jur]
construction programme Bauablaufplan *m*
construction progress Baufortschritt *m*
construction project Bauprojekt *n*; Bauprojekt *n*;
Bauvorhaben *n*
construction project record book Baubuch *n*
construction pump Baupumpe *f*
construction query Bauanfrage *f* [eco]

construction railway Baubahn f [tra]
construction regulations Bauvorschriften pl;
Bauordnung f
construction research Bauforschung f
construction road Anfuhrweg m (- zur Baustelle)
[tib]
construction schedule Baufristenplan m
construction scheme Bauvorhaben n; Bauablaufplan m
construction season Bausaison f
construction security Bausicherheit f (äußere
Sicherheit)
construction sequence Reihenfolge bei der
Errichtung f
construction site Baugelände n; Bauplatz m;
Baustelle f
construction site crane Baukran m; Baustellenkran m
construction site development Baustellenerschließung f
construction site safety Baustellensicherheit f
construction site, large-scale - Großbaustelle f
construction specification Baunorm f
construction stage Bauabschnitt m; Ausführungsphase f
construction standard Baunorm f
construction standardization Baunormung f
construction supervision Bauaufsicht f; Bauüberwachung f
construction supervision authority Bauaufsichtsbehörde f
construction supervisor Baubetreuer m
construction surveillance Bauüberwachung f
construction survey ingenieurtechnische Landaufnahme f [any]
construction system, unitized - Bausteinsystem n
[des]
construction technique Bautechnologie f
construction timber Bauholz n
construction timber, round - Baurundholz n [met]
construction time Bauzeit f
construction time schedule Bauausführungszeitplan m
construction time, required - Arbeitszeitbedarf m
(für Erledigung einer Aufgabe) [wer]
construction tolerance Bautoleranz f
construction tool Bauwerkzeug n
construction traffic Baustellenverkehr m [tra]
construction type testing Bauartprüfung f [any]
construction unit Bauelement n; Bauteil n [des];
Baueinheit f
construction volume Bauvolumen n
construction waste Bauabfall m [rec]; Bauschutt m
[rec]; Baustellenabfall m [rec]
construction with logs Blockbauweise f
(Fertigbauweise)

construction with prefabricated parts Fertigbau m
construction wood Konstruktionsholz n [met]
construction work Bauarbeiten pl; bauliche Arbeiten pl; Aufbauarbeit f
construction worker Bauarbeiter m
construction worker, skilled - Baufacharbeiter m
construction worker, unskilled - Bauhilfsarbeiter m
construction works Bauleistungen pl
construction year Baujahr n
construction, acoustic - Schalldämmbauweise f;
schallgedämmte Bauweise f
construction, rigid - steife Konstruktion f [des]
construction, under - im Bau; im Bau befindlich
construction-progress chart Baufortschrittsplan m
construction-progress schedule Baufortschrittsplan m
constructional baulich [des]; bautechnisch
constructional authorization, general - allgemeine
bauaufsichtliche Zulassung f [jur]
constructional characteristics Baueigenschaften pl;
Baumerkmale pl
constructional defect Baumangel m;
Konstruktionsfehler m [des]
constructional detail Konstruktionselement n [des];
bauliche Einzelheit f
constructional documentation Bauunterlagen pl
constructional element Bauteil n
constructional element, electronic - elektronisches
Bauelement n [elt]
constructional form konstruktiver Aufbau m [des]
constructional protective measures konstruktive
Schutzmaßnahmen pl
constructional risk Baurisiko n
constructional sketch Entwurfszeichnung f [des]
constructional steel Baustahl m [met]; Konstruktionsstahl m [met]
constructional steelwork Stahlbau m; Stahlbauarbeit f
constructional steelwork company Stahlbauunternehmen n [stb]
constructional style Bauart f [des]; Bauform f [des]
constructional timber Bauholz n [met]
constructional timber work Holzbauarbeiten pl
(DIN 18334)
constructional unit Bauelement n
consulting Beratung f
consumables Betriebshilfsmittel pl; Betriebsstoffe
pl [met]; Verbrauchsartikel pl [eco]; Kleinmaterial
n [met]; Verbrauchsmaterial n [met]
consumed current aufgenommener Strom m [elt]
consumer installation Hauszentrale f (Fernwärme)
[pow]
consumer patterns Verbraucherverhalten n [eco]
consumer's cable Hausanschlusskabel n [elt]
consumers electronics Konsumelektronik f [elt]

consumption account Verbrauchskostenabrechnung
f [eco]
consumption factor Verbrauchsfaktor m (Fernwärme) [pow]
consumption of cement Zementverbrauch m [bon]
consumption of energy Energieverbrauch m [pow]
consumption of water Wasserverbrauch m [was]
consumption peak Verbrauchsspitze f [pow]
contact Anschluss m (Kontakt) [elt]
contact adhesive Kontaktklebstoff m [met]
contact assignment Kontaktbelegung f [elt]
contact breaker Unterbrecherkontakt m [elt]
contact cell Kontaktelement n (Korrosion) [met]
contact cement Kontaktkleber m [met]
contact conductor Schleifleitung f (Kran) [elt]
contact configuration Kontaktanordnung f [elt]
contact corrosion Kontaktkorrosion f [met]; Oberflächenkorrosion f [met]
contact deposit Kontaktablagerung f [geo]
contact element Schaltglied n [elt]
contact filter Flockungsfilter m [was]
contact force Anpresskraft f [phy]
contact line Schleifleitung f (Kran) [elt]
contact plug Kontaktstecker m [elt]; Stecker m [elt]
contact pressure Anpressdruck m [phy]; Berührungsdruck m [phy]; Sohldruck m [geo]; Klemmkraft f (Nietverbindung) [stb]
contact ratio factor Überdeckungsfaktor m
(Zahnräder im Eingriff) [des]
contact section Baulos n
contact socket Kontaktbuchse f [elt]
contact switch Kontaktschalter m [elt]
contact terminal Anschlussklemme f [elt]
contact thermometer Kontaktthermometer n [any]
contact water Haftwasser n
contact-pressure gauge Kontaktmanometer n [any]
contactless berührungslos
contactless measurement berührungslose Messung
f [any]
contactless probe berührungslose Sonde f [any]
contactless surface thermometer berührungsloses
Oberflächenthermometer n [any]
container Behälter m (Container) [met]; Sammelbehälter m; Mulde f (Behälter) [rec]
container composting Containerkompostierung f
[rec]
container rock Speichergestein n [geo]
containing chlorine chlorhaltig [che]
containing gypsum gipshaltig [met]
containing heavy metals schwermetallhaltig
[met]
containing iron eisenhaltig (Lebensmittel) [met]
containing lead bleihaltig [met]
containing lime kalkhaltig [met]
containing water wasserhaltig [met]
containment Sicherheitshülle f (Kernreaktor) [pow]

containment building Sicherheitsgebäude n
(Reaktorgebäude) [pow]; Sicherheitshülle f
(Reaktorgebäude) [pow]
containment dome Sicherheitshüllenkuppel f
(Reaktorgebäude) [pow]
containment shell Druckhülle f (Reaktorgebäude);
Druckschale f (Reaktorgebäude)
containment shell, spherical steel - stählerne
kugelförmige Druckschale f (Reaktorgebäude)
containment spray Gebäudesprühung f (Reaktorgebäude)
containment structure Sicherheitsgebäude n
(Reaktorgebäude) [pow]; Sicherheitshülle f
(Reaktorgebäude) [pow]
containment system Umschließungssystem n
(Reaktorgebäude)
containment system, double - doppeltes Umschließungssystem n (Reaktorgebäude)
containment system, partial - Teilumschließungssystem n (Reaktorgebäude)
containment system, primary -
Primärumschließungssystem n (Reaktorgebäude)
containment vessel Sicherheitsbehälter m (Reaktorgebäude)
containment wall Umfassungswand f
contaminant Fremdbestandteil m [met]; Beimischung f [met]; Verunreinigung f (Stoff) [met]
contaminant plume Schadstofffahne f (Deponiesickerwasser) [was]
contaminated kontaminiert (auch: radioaktiv);
unrein [che]; verschmutzt; verunreinigt
contaminated area verseuchtes Gebiet n [geo]
contaminated buildings kontaminierte Gebäude pl
contaminated ground verseuchtes Gebiet n [geo]
contaminated groundwater kontaminiertes Grundwasser n [was]
contaminated land cadastre Altlastenkataster n
[geo]
contaminated operations area kontaminierte
Betriebsfläche f [geo]
contaminated site belasteter Standort m [geo];
kontaminierter Standort m [geo]; Altlastenfläche f
[geo]; Bodenkontamination f [geo]
contaminated site, uniformly - diffuse Bodenkontamination f [geo]
contaminated sites Altlast f [geo]
contaminated soil belasteter Boden m [geo];
kontaminierter Boden m [geo]; verunreinigter
Boden m [geo]
contaminated water Schmutzwasser n [was];
verseuchtes Wasser n [was]
contaminated water, radioactive - radioaktiv
kontaminiertes Wasser n [was]
contamination Umweltschaden m; Dotierung f
[met]; Unreinheit f [che]; Verschmutzung f;
Verunreinigung f [met]

contamination of groundwater Grundwasserverseuchung f [was]
contamination of land Bodenkontamination f [geo]
contamination of waterbodies Gewässerbelastung f
[was]
content Fassungsvermögen n (Behälter); Füllgut n
(Inhalt von Behältern); Gehalt m (Anteil) [met];
Inhalt m (Volumen)
content of air Luftgehalt m [met]
content of harmful substances Schadstoffgehalt m
[met]
contextualism Situationsgebundenheit f (Bauästhetik) [arc]
continental drift Kontinentalverschiebung f [geo]
continental shelf Festlandsockel m [geo]; Kontinentalsockel m [geo]
continental shift Kontinentalverschiebung f [geo]
continental slope Kontinentalböschung f [geo]
contingency item Eventualposition f
continuity Durchgang m (Leitfähigkeit) [elt]
continuity of space Raumkontinuität f [com]
continuity reinforcement durchgängige Bewehrung
f [bon]
continuity switch Durchgangsschalter m [elt]
continuity tester Durchgangsprüfer m [elt]
continuous kontinuierlich
continuous adjustment stufenlose Regelung f [elt]
continuous beam Durchlaufbalken m; durchlaufender Träger m; Durchlaufträger m
continuous capacity, maximum - Wärmeengpassleistung f [pow]
continuous circuit Dauerschaltung f [elt]
continuous concrete mixer Durchlaufbetonmischer
m [bon]
continuous construction Durchlauffertigung f [wer]
continuous control stetige Regelung f [elt]
continuous conveyor Massenförderer m [prc];
Stetigförderer m [prc]
continuous current Gleichstrom m [elt]
continuous current line Gleichstromleitung f [elt]
continuous dimension line durchgezogene Maßlinie
f [des]
continuous filter Bandfilter m [was]
continuous floor durchgehende Decke f
continuous footing Streifenfundament n
continuous frame durchlaufender Rahmen m;
Durchlaufrahmen m
continuous girder durchlaufender Träger m;
Durchlaufträger m
continuous handling system Stetigförderanlage f
[prc]
continuous load ständige Last f [sik]; stetige
Belastung f [sik]
continuous mixer Durchlaufmischer m [prc];
Stetigmischer m [prc]
continuous mode kontinuierlicher Betrieb m [elt]

continuous prestressing Vorspannung von Durchlaufträgern f [bon]
continuous process kontinuierliches Verfahren n
[prc]
continuous purlin Durchlaufpfette f
continuous rooflight Lichtband n (Dachlicht)
continuous sampling kontinuierliche Beprobung f
[any]; Langzeitprobe f [any]
continuous strain Dauerbeanspruchung f [met]
continuous thickener Rundeindicker m (Kläranlage) [was]
continuous weld durchgehende Schweißnaht f [met]
continuous window Fensterband n
continuous-flow water heater Durchlauferhitzer m
[elt]
continuous-row window Lichtband n
contour Profil n (Umriss) [des]; Umriss m [des];
Außenlinie f [des]; Form f (Gestalt); Umrisslinie f
[des]
contour line Höhenschichtlinie f [geo]; Niveaulinie
f [des]
contour line, topographic - Höhenlinie f [geo];
Isohypse f [geo]
contour map Höhenlinienkarte f [geo]
contract verengen v (zusammenziehen)
contract award documents Vergabeunterlagen pl
[eco]
contract award negotiation Vergabeverhandlung f
[eco]
contract award procedure Vergabeverfahren n
[eco]
contract award regulations Vergabeverordnung f
contract based on hourly rates Stundenlohnvertrag
m [eco]
contract document Vertragsurkunde f [jur]
contract drawing Angebotszeichnung f [des]; Ausführungszeichnung f
contract for performance Leistungsvertrag m
[eco]
contract for the sale of land Grundstückskaufvertrag m [jur]
contract for work Werkvertrag m [eco]
contract for work, labour and materials Werklieferungsvertrag m [eco]
contract law Vertragsrecht n [jur]
contract negotiation Vertragsverhandlung f [eco]
contract section Baulos n
contract volume Auftragsvolumen n [eco]
contract, on - for the im Auftrag des [eco]
contracted capacity vertragliche Wärmeleistung f
(Fernwärmeversorgung) [pow]
contracted heat load vertragliche Wärmeleistung f
(Fernwärmeversorgung) [pow]
contracted, as - wie vertraglich vereinbart [jur]
contracting company Baufirma f
contracting documents Verdingungsunterlagen pl

contracting party Vertragspartner *m* [jur]; Vertrag schließende Partei *f* [jur]; Vertragspartnerin *f* [jur]
contracting terms for award of construction performance contracts, official - Verdingungsverordnung für die Vergabe von Bauleistungen *f* (VOB) [jur]
contracting terms for award of service performance contracts, official - Verdingungsverordnung für die Vergabe von Leistungen *f* (VOL) [jur]
contraction Schrumpfen *n* [met]; Schrumpfen *n* [met]; Schwund *m* [met]; Schrumpfung *f* [met]; Verengung *f*; Zusammenziehung *f*
contraction coefficient Kontraktionszahl *f* [met]
contraction crack Schwundriss *m* [met]
contraction cracking Schwindrissbildung *f* [met]
contraction joint Dehnfuge *f*; Schwindfuge *f*
contraction strain Schrumpfspannung *f* [met]
contractor Baugeschäft *n*; Bauausführender *m*; Leistungserbringer *m* [eco]; Lieferfirma *f* [eco]
contractor field inspection Bauüberwachung *f* (auf der Baustelle durch Auftragnehmer)
contractor's account Baukostenabrechnung *f*
contractor's labour and materials Werklieferung *f* [eco]
contractor's quality control Qualitätskontrolle beim Auftragnehmer *f* [any]
contractual vertraglich [jur]; Vertrags- [jur]
contractual penalty Konventionalstrafe *f* [jur]; Vertragsstrafe *f* [jur]
contrary to regulations unvorschriftsmäßig
contrasting Absetzen *n* (farblich)
contributory cause ursächlicher Beitrag *m* [jur]
control Überwachung *f* [prc]
control prüfen *v* (kontrollieren) [any]; überwachen *v*
control action Regelvorgang *m* [elt]
control analysis Kontrollanalyse *f* [any]
control and instrumentation Leittechnik *f* [elt]
control assay Kontrollprobe *f* [any]
control assembly Steuerelement *n* [elt]
control box Schaltkasten *m* [elt]; Schaltschrank *m* [elt]
control button Schaltknopf *m* [elt]
control cabinet Schaltschrank *m* [elt]; Steuerschrank *m* [elt]
control cable Steuerkabel *n* [elt]; Steuerleitung *f* [elt]
control circuit Regelkreis *m* [elt]; Steuerkreis *m* [elt]; Steuerstromkreis *m* (Schaltgerät) [elt]
control circuit diagram Schaltplan *m* [elt]
control command Steuerbefehl *m* [elt]
control cubicle Schaltschrank *m* [elt]; Steuerschrank *m* [elt]
control deviation Regelabweichung *f* [elt]
control device Regelgerät *n* [elt]; Regelorgan *n* [elt]; Regler *m* [elt]

control diagram Regelschema *n* [elt]
control drive Regelantrieb *m* [elt]
control element Betätigungselement *n* [elt]; Schaltelement *n* [elt]
control element unit Steuerorgan *n* [elt]
control equipment Schaltgeräte *pl* [elt]; Regeleinrichtung *f* [elt]; Steuereinrichtung *f* [elt]
control error Regelabweichung *f* [elt]
control experiment Gegenversuch *m* [any]; Kontrollversuch *m* [any]
control gear Steuergerät *n* [elt]
control knob Schaltknopf *m* [elt]
control layer, hydraulic - hydraulische Kontrollschicht *f* (Deponie) [rec]
control lead Steuerleitung *f* [elt]
control level Steuerungsebene *f* [elt]
control limit, lower - untere Regelgrenze *f* [elt]
control line Steuerleitung *f* [elt]
control measurement Kontrollmessung *f* [any]
control module Steuereinschub *m* [elt]
control of access Zufahrtsbeschränkung *f*
control of inspection and test equipment Prüfmittelüberwachung *f* (Qualitätsmanagement) [any]
control of inspection, measurement and test equipment Prüfmittelüberwachung *f* (Qualitatsmanagement) [any]
control of measuring devices Lenkung von Messmitteln *f* (Qualitätsmanagement) [any]
control of waterbodies Gewässerüberwachung *f* [was]
control panel Schalttafel *f* [elt]
control plant Steuerungsanlage *f* [elt]
control point Messstelle *f* [any]
control port Steueranschluss *m* [elt]
control precision Regelgenauigkeit *f* [elt]
control report Kontrollmeldung *f* [any]
control room Messwarte *f* [any]; Messzentrale *f* [any]; Schaltwarte *f* [elt]; Steuerwarte *f*
control sample Vergleichsprobe *f* [any]
control specimen Prüfkörper *m* [any]
control station, network - Netzleitstelle *f* (z.B. Fernwärmenetz) [pow]
control system Überwachungsanlage *f* [any]
control system, distributed - dezentrales Regelsystem *n* [elt]
control technology Abscheidetechnik *f*
control test Kontrollprüfung *f* [any]
control unit Steuergerät *n* [elt]; Regeleinheit *f* [elt]
control unit for danger detection Gefahrenmeldezentrale *f* [asi]
control valve Regelventil *n* [prc]; Stellventil *n* [prc]; Steuerventil *n* [prc]
control wire Steuerleitung *f* [elt]
control, linear - lineare Regelung *f* [elt]
control, variable - stufenlose Regelung *f* [elt]
controlled überwacht

controlled permeability formwork Schalung
kontrollierter Durchlässigkeit *f* (für Gase,
Flüssigkeiten) [bon]
controlled spillway gesteuerter Überlauf *m* [wba]
controlled tip geordnete Deponie *f* (<B>) [rec]
controller Steuergerät *n* [elt]; Regler *m* [elt];
Wächter *m* [elt]
conurbation Ballungsgebiet *n*; Ballungszentrum *n*;
Ballungsraum *m*; Großraum einer Stadt *m*;
Verdichtungsraum *m*; bebaute Fläche *f* [com]
conurbation area Ballungsgebiet *n*; Ballungsraum
m; Verdichtungsraum *m*
convection cooler Konvektionskühler *m* [pow]
convection drier Konvektionstrockner *m* [prc]
convection heat Konvektionswärme *f* [pow]
convection heating Konvektionsheizung *f* [pow]
convective cooler Konvektionskühler *m* [pow]
convective cooling Konvektionskühlung *f* [pow]
convective heat transfer konvektiver Wärmeübergang *m* [pow]; Wärmeübergang durch Konvektion
m [pow]
convector Konvektor *m* (Heizkörprer) [tga]
convector heater Konvektionsheizgerät *n* [pow];
Heizkörper *m* [pow]; Konvektor *m* [pow]
convenience receptacle Gerätesteckdose *f* [elt]
convenience store Verbrauchermarkt *m* (<A>) [eco]
convention centre Kongresszentrum *n*; Tagungshalle *f*
convention hall Kongresshalle *f*
conventional construction übliche Bauart *f* [des]
conventional door Drehflügeltür *f*
conventional power plant konventionelles
Kraftwerk *n* (nichtatomares) [pow]
conventional power station konventionelles Kraftwerk *n* (nichtatomares) [pow]
convergent zusammenlaufend
convergent cross-section Querschnittsverengung *f*
[des]
converging zusammenlaufend
conversion Umbau *m*
conversion area Umnutzungsgebiet *n* (Städtebau)
conversion into electricity Verstromung *f* [pow]
conversion table Umrechnungstafel *f* [des]
conversion, photovoltaic - photovoltaische
Konversion *f* ([Hauptvariante]) [pow]
convert ausbauen *v* (Dachboden); umbauen *v*
(verändern) [wer]; umrüsten *v* [wer]; umwandeln *v*
(Stoff) [che]
convert into electricity verstromen *v* [pow]
converted space umgebauter Raum *m*
converted steel Brennstahl *m* [met]
converter Wandler *m* [elt]
convex river bank Prallhang *m* (Flussbiegung)
[geo]
convex tile Konvexziegel *m* (Mönch); Mönch *m*
(Dachziegel (historisch))

convex-contour seam Naht mit Wulst *f* (Schweißen)
[met]
conveyance Förderung *f* [prc]
conveyed current eingespeister Strom *m* [elt]
conveying belt Förderband *n* [prc]
conveying bridge Förderbrücke *f* [prc]
conveying chute Förderrinne *f* [prc]
conveying device Fördergerät *n* [prc]
conveying installation Förderanlage *f* [prc]
conveying pipe Förderrohr *n* [prc]
conveying plant Förderanlage *f* [prc]
conveying plant, hydraulic - hydraulische Förderanlage *f* [prc]
conveying system Förderanlage *f* [prc]
conveying trough Förderrinne *f* [prc]
conveyor Förderer *m* [prc]
conveyor belt Förderband *n* [prc]; Transportband *n*
[prc]; Fördergurt *m* [prc]
conveyor belt frame Bandbrücke *f* (Förderband)
[prc]
conveyor belt scale Förderbandwaage *f* [any]
conveyor belt weigher Förderbandwaage *f* [any]
conveyor bridge Förderbrücke *f* [prc]
conveyor bridge, sloped - Schrägförderband *n* [prc]
conveyor chain Förderkette *f* [prc]
conveyor for bulk materials Schüttgutförderer *m*
[prc]
conveyor gantry Förderbandtragwerk *n* [prc]
conveyor plant Fördereinrichtung *f* [prc]
conveyor scale Bandwaage *f* [any]
conveyor screw Schneckenförderer *m* [prc];
Förderschnecke *f* [prc]
conveyor unit Förderanlage *f* [prc]
conveyor worm Förderschnecke *f* [prc]
coolant inlet Kühlmitteleinlass *m* [pow]
coolant outlet Kühlmittelauslass *m* [pow]
coolant pipe Kühlmittelleitung *f* [pow]
cooled beam Kühlbalken *m*
cooler Kühlelement *n* [prc]; Kühlapparat *m* [prc];
Kühler *m* [prc]; Kühlvorrichtung *f* [prc]
cooling agent Kältemittel *n* [met]
cooling belt system Bandkühlsystem *n* [roh]
cooling ceiling Kühldecke *f* (Kühlraum)
cooling cell Kühlzelle *f* [pow]
cooling degree day Kühlgradtag *m* [wet]
cooling element Kühlelement *n* [pow]
cooling equipment Kühlanlage *f* [pow]
cooling floor Kühldecke *f*
cooling load Kühllast *f*
cooling plant Kälteanlage *f* [pow]
cooling stress Abkühlspannung *f* [met]
cooling system Kühlsystem *n* [pow]
cooling tower Kühlturm *m* [pow]
cooling tower basin Kühlturmtasse *f* [pow]
cooling tower pond Kühlturmtasse *f* [pow]
cooling tower well Kühlturmtasse *f* [pow]

cooling tower, wet - Nasskühlturm *m* [pow]
cooling tower, wet-type - Nasskühlturm *m* [pow]
cooling unit Kühlgerät *n* [pow]
cooling water Kühlwasser *n* [pow]
cooling water connection Kühlwasseranschluss *m* [pow]
cooling water discharge Kühlwasserabfluss *m* [pow]
cooling water inlet Kühlwasserzufluss *m* [pow]
cooling water input Kühlwasservorlauf *m* [pow]
cooling water return Kühlwasserrücklauf *m* [pow]
cooling water surge tank Kühlwasserausgleichsbehälter *m* [pow]
cooling water tank Kühlwasserbehälter *m* [pow]
cooling water temperature Kühlwassertemperatur *f* [pow]
cooling water treatment Kühlwasseraufbereitung *f* [pow]
cooling water, recirculated - umlaufendes Kühlwasser *n* [prc]
coop apartment Eigentumswohnung *f* (<A>)
cooperation Zusammenwirken *n*; Zusammenarbeit *f*; Zusammenarbeit *f* [wer]
cooperative test Ringversuch *m* [any]
coordinate abstimmen *v* (Arbeiten)
coordinate measurement Koordinatenmessung *f* [any]
coordinating department Stabsstelle *f*
coordination Koordination *f*; Koordinierung *f*; Zuordnung *f* [wer]
coordination drawing Koordinationszeichnung *f* [des]
coordination meeting Koordinationsbesprechung *f*
cope tile Abdeckziegel *m*
coped beam ausgeklinkter Träger *m* [stb]
cophasal phasengleich [elt]
coping Abdeckung *f* (auf Mauer); Mauerabdeckung *f*
coping stone Deckstein *m*; Abdeckplatte *f*
copolymerization Mischpolymerisation *f* [che]
copper bus Kupferschiene *f* [elt]
copper cable Kupferkabel *n* [elt]
copper compound Kupferverbindung *f* [met]
copper electrode Kupferelektrode *f* [elt]
copper foil Kupferfolie *f* [met]
copper louvre Kupferlamelle *f*
copper pipe Kupferrohr *n* [met]
copper plate Kupferblech *n*; Kupferplatte *f* [met]
copper pyrites Kupferkies *m* [met]
copper roof Kupferdach *n*
copper roof covering Kupferabdeckung *f*
copper rust Grünspan *m* [che]
copper sheet Kupferblech *n* [met]
copper shingle Kupferschindel *f*
copper storage battery Kupferakkumulator *m* [elt]
copper stripping plant Entkupferungsanlage *f* [rec]

copper tube Kupferrohr *n* [met]
copper zinc accumulator Kupfer-Zink-Akkumulator *m* [elt]
copper zinc storage battery Kupfer-Zink-Akkumulator *m* [elt]
copper-base alloy Kupferlegierung *f* [met]
copper-clad kupferkaschiert [met]
copper-zinc cell Kupfer-Zink-Element *n* [elt]
copyable drawing kopierfähige Zeichnung *f* [des]
corbel Kragstein *m* (Gewölbe) [arc]; Konsole *f*
cordless schnurlos [elt]
cordoning material Absperrmaterial *n*
corduroy Knüppel *m* (Straßenbefestigung)
corduroy effect Wellenbildung *f* (auf Oberflächen) [met]
core Kernstück *n* [met]; Leiter *m* [elt]
core kernbohren *v* [wer]
core area Kerngebiet *n* (Stadt) [com]; Kernbereich *m* (Stadt) [com]; Kernzone *f* (Stadt) [com]
core boring Kernbohren *n* [wer]; Kernbohrung *f* [tec]
core condensate Kernkondensat *n* (in Wänden u.a.) [met]
core dimension Kernweite *f* [sik]
core drilling Kernbohrung *f* [tib]
core flow Kernfluss *m* (in konischem Trichter) [prc]
core flow silo Kernflusssilo *m* (anzustreben: Massenfluss) [prc]
core insulation Kerndämmung *f*
core pipe Kernrohr *n*
core sample Bodenprobe *f* [any]; Bohrprobe *f* [any]; Kernprobe *f* (Bodenuntersuchung) [any]
core shadow Kernschatten *m*
core wall Kernwand *f*
core wood Kernholz *n* [met]
core-balance circuit breaker Fehlerstrom-Schutzschalter *m* [elt]
core-balance safety relay Fehlerstromrelais *n* [elt]
cored ceiling Kassettendecke *f*
cored-wire electrode Fülldrahtelektrode *f* (Schweißen) [met]
corer Kernbohrmaschine *f* (für Bodenproben) [any]
coring Kassettierung *f* (Decke)
corinthian korinthisch (klassisch griechisch) [arc]
Corinthian column korinthische Säule *f* [arc]
Corinthian pilaster korinthischer Pilaster *m* (Klassizismus) [arc]
cork board Korkplatte *f*
cork filling Korkschüttung *f* [met]
cork flooring Korkbodenbelag *m*
cork insulation Korkdämmung *f* [pow]; Korkisolation *f*
cork layer Korkschicht *f* [met]
cork slab Korkplatte *f*
cork tile Korkplatte *f*
cork wall panelling Korkwandverkleidung *f*

cork-based floor Korkboden *m*
cork-rich clay mix Korkleichtlehm *m* (Baumaterial)
[met]
corner bath Eckbadewanne *f*
corner bead Kantenprofil *n*; Putzeckprofil *n*;
Eckschutzleiste *f*
corner bench Eckbank *f*
corner block Eckstein *m*
corner board Eckdeckleiste *f*
corner bracing Eckversteifung *f*
corner bracket Übereckhalter *m*
corner building Eckgebäude *n*
corner cabinet Eckschrank *m*
corner column Eckstütze *f* [stb]
corner compression Eckpressung *f* [sik]
corner cupboard Eckschrank *m*
corner element Eckelement *n*
corner frame Eckbühnenrahmen *m*
corner guard Eckschutzschiene *f*
corner gusset plate Eckblech *n* [stb]
corner house Eckhaus *n*
corner joint Eckstoß *m*
corner lot Eckgrundstück *n*
corner pile Eckbohle *f* (Spundwand)
corner pillar Eckpfeiler *m*; Ecksäule *f*
corner platform Eckbühne *f*
corner post Eckpfosten *m*; Eckstütze *f* [stb];
Eckstütze *f* (Fachwerkgebäude)
corner pressure Eckpressung *f* [sik]
corner radius Kantenradius *m* [des]
corner return block Eckblockstein *m*
corner room Eckzimmer *n*
corner section Eckprofil *n* (Spundwand)
corner stone Eckpfeiler *m*; Eckstein *m*
corner strip Putzleiste *f*
corner stud Eckpfosten *m*
corner tile Eckstein *m* (Dach); Eckziegel *m*
(Dachziegel)
corner tower Eckturm *m* (z.B. Schloss) [arc]
corner truss Eckaussteifung *f*
corner weld Ecknaht *f* (Schweißen) [met]
corner window Eckfenster *n*
corner, fixed - biegesteife Ecke *f* [sik]
cornice Gesims *n*; Gesims *n* (Tempel) [arc]; Sims
m (Tür/Dach)
cornice decorated with cavetto moulding
Hohlkehlengesims *n* (z.B. an Tempel) [arc]
corona Kranzleiste *f* (Renaissance: Gesims) [arc]
corporate equity Firmenvermögen *n* [eco]
correct vorschriftsmäßig
correct position, in - positionsgenau
correction mass Ausgleichsmasse *f* [met]
correction of a river Flussregulierung *f* [wba]
correctly oriented lagerichtig [des]
correlation measurement Korrelationsmessung *f*
[any]

corridor Durchgang *m* (Korridor) [tra]; Gang *m* (im
Gebäude); Korridor *m*
corridor lights Flurbeleuchtung *f* [elt]
corridor space Flurfläche *f* (in Gebäude)
corridor window Flurfenster *n*
corridor, central - Zentralerschließung *f*
corridor, circular - Ringerschließung *f*
corrode ätzen *v* [che]; angreifen *v* (Metalle) [met];
anrosten *v* [che]; rosten *v* [met]; verrosten *v* [met]
corrode off abätzen *v* [met]
corroded verrostet [met]; verwittert [met]
corrodent korrosiver Stoff *m* [met]
corrodible korrosionsanfällig [met]; rostempfindlich [met]
corroding korrodierend [met]; korrosiv [met]
corrosion Anrostung *f* [met]; Rostbildung *f* [met]
corrosion behaviour Korrosionsverhalten *n* [met]
corrosion crack Korrosionsriss *m* [met]
corrosion creep Unterrostung *f* [met]
corrosion damage Korrosionsschaden *m* [met]
corrosion fatigue crack Korrosionsriss *m* [met]
corrosion inhibitor Korrosionsschutzmittel *n* [met];
Rostschutzmittel *n* [met]
corrosion phenomenon Korrosionserscheinung
corrosion pit Rostnarbe *f* [met]
corrosion potential Korrosionspotenzial *n* ([Vari-
ante]) [met]; Korrosionspotenzial *n*
([Nebenvariante]) [met]
corrosion prevention Korrosionsschutz *m* [met]
corrosion process Korrosionsvorgang *m* [met]
corrosion protection Korrosionsschutz *m* [met]
corrosion protection coating Korrosionsschutzanstrich *m* [met]
corrosion protection layer Korrosionsschutzschicht
f [met]
corrosion protection lining Korrosionsschutzauskleidung *f* [met]
corrosion resistance Korrosionsbeständigkeit *f*
[met]; Korrosionsfestigkeit *f* [met]; Rostbeständigkeit *f* [met]
corrosion risk Korrosionsgefahr *f* [met]
corrosion spot Korrosionsstelle *f* [met]
corrosion strength Korrosionsfestigkeit *f* [met]
corrosion testing Korrosionsprüfung *f* [any]
corrosion-inhibiting korrosionshemmend [met]
corrosion-proof korrosionsbeständig [met];
korrosionsfest [met]; rostbeständig [met]
corrosion-protected korrosionsgeschützt [met]
corrosion-protective agent Korrosionsschutzstoff *m*
[met]
corrosion-protective coat Korrosionsschutzanstrich
m [met]
corrosion-protective coating Korrosionsschutzanstrich *m* [met]; Korrosionsschutzschicht *f* [met]
corrosion-protective paint Korrosionsschutzfarbe *f*
[met]

corrosion-resistant korrosionsbeständig [met];
korrosionsfest [met]
corrosion-resistant cladding korrosionsbeständige
Auskleidung *f* [met]
corrosion-resistant coating korrosionsbeständiger
Anstrich *m* [met]
corrosion-resistant lining korrosionsbeständige
Auskleidung *f* [met]
corrosion-resistant steel rostfreier Stahl *m* [met]
corrosion-resisting korrosionsbeständig [met];
korrosionsfest [met]
corrosive ätzend [che]; korrodierend [met];
korrosiv [met]
corrosive Ätzmittel *n* [che]; Beizmittel *n* [met];
Beize *f* (Substanz) [met]
corrosive action Rostangriff *m* [met]
corrosive agent Beizmittel *n* [met]
corrosive attack Korrosionsangriff *m* [met];
Rostangriff *m* [met]
corrosive liquid Beizflüssigkeit *f* [met]
corrosive substance ätzender Stoff *m* (ADR/RID)
[met]; korrodierender Stoff *m* [met]
corrosive waste aggressiver Abfall *m* (ätzend, u.a.)
[rec]
corrosive wear Verschleiß durch Korrosion *f* [met]
corrugated geriffelt; wellig
corrugated asbestos-cement roof Welleternitdach *n*
corrugated clay tile Wellziegel *m* (Dachziegel)
corrugated conduit Wellmantelrohr *n* [met]
corrugated glass Riffelglas *n* [met]
corrugated iron Wellblech *n* [met]
corrugated metal Faltblech *n* [met]
corrugated plastic Wellkunststoff *m* [met]
corrugated plate Wellblech *n* [met]
corrugated sheet Faltblech *n* [met]; Profilblech *n*
[met]; Riffelblech *n* [met]; Wellblech *n* [met]
corrugated steel Wellblech *n* [met]
corrugated tube Wellrohr *n* [met]
corrugated-iron roof Wellblechdach *n*
corrugation Riffelung *f* [met]; Wellung *f*
corundum abrasive material Korundschleifmittel *n*
[met]
cosiness Behaglichkeit *f* (baulich)
cosmetic repair Schönheitsreparatur *f*
cosmopolitan city Weltstadt *f*
cost accounting Kostenrechnung *f*
(Rechnungswesen) [eco]
cost accounting, historical - Nachkalkulation *f* [eco]
cost calculation Kostenberechnung *f* [eco];
Kostenrechnung *f* (Berechnen) [eco]
cost certainty Kostensicherheit *f* [eco]
cost estimate Kostenanschlag *m* [eco];
Kostenschätzung *f* [eco]
cost framework Kostenrahmen *m* [eco]
cost-benefit development pattern Bauwerks-
Kosten-Nutzen-Analyse *f* [eco]

cost-intensive kostenintensiv [eco]
cost-plus contract Selbstkostenerstattungsvertrag *m*
[eco]
costs of energy Energiekosten *pl* [pow]
costs of installation Installationskosten *pl* [eco]
costs of land acquisition, ancillary -
Grunderwerbsnebenkosten *pl* [eco]
costs of obtaining planning permission
Genehmigungskosten *pl*
costs overview Kostenübersicht *f* [eco]
cottage Hütte *f*
cotter Keil *m* (Stahlkeil); Splint *m* (für eine
Schraube) [tec]
cotter joint Splintverbindung *f* [tec]
cotter pin Federstecker *m*; Kerbstift *m* [tec]; Splint
m [tec]
coumarone resin Kumaronharz *n* [che]
council home Sozialwohnung *f* [com]
council houses sozialer Wohnungsbau *m*
council housing sozialer Wohnungsbau *m*
council tenant Sozialmieter *m* (<B>) [eco]
counter Zählgerät *n* [any]; Gegenstab *m* (Fachwerk)
counter area Abstellfläche *f* (Küche, Bad, usw.)
counter diagonal Wechselstab *m* [stb]; Gegendiagonale *f* [stb]
counter hall Schalterhalle *f*
counter-cant of the outer rail Gegenüberhöhung *f*
(Bahn) [tra]
counter-ceiling Unterdecke *f*
counter-current classification Gegenstromklassieren *n* [prc]
counter-current classifier Gegenstromklassierer *m*
[prc]
counter-flashing Überhangblech *n* (Dach); Überhangstreifen *m* (Abdeckung durch Kappleiste,
Metallprofil)
counter-force Gegenkraft *f* [phy]
counter-jib Gegenausleger *m*
counter-jib ballast Gegenauslegerballast *m*
counter-joint gegenläufiger Stoß *m* (Dachbahnen:
gegen Fließrichtung des Wassers gerichtet)
counter-stress Gegenkraft *f* [phy]
counteract entgegenwirken *v*; gegenwirken *v*
counterbrace Wechselstab *m* [stb]; Wechselstab *m*
(Fachwerk); Diagonalstrebe *f*; Gegendiagonale *f*
[stb]; Gegenstrebe *f* (Fachwerk)
countercheck Gegenversuch *m* [any];
Kontrollversuch *m* [any]; Gegenprobe *f* [any]
counterflow lane Gegenfahrbahn *f* [tra]
counterflush drilling Bohren mit Verkehrtspülung *n*
[tib]
counterpart Gegenstück *n*
counterpoise bridge Klappbrücke *f*
counterscarp wall äußere Böschungsmauer *f*
countersink versenken *v* (Schraube)
countersunk button-head rivet Senkkopfniet *m* [tec]

countersunk head rivet Senkkopfniet *m* [tec]; Senkniet *m* [tec]
countersunk rivet Senkniet *m* [tec]
countersunk rivet, raised headed - Linsensenkniet *m* [tec]
countersunk riveting Senkkopfvernietung *f* [wer]
countertest Gegenprobe *f* [any]
counterweight Gegengewicht *n* [tec]
counterweight gate Gegengewichtsschütz *m* [wba]
counting Auszählung *f*
counting device Zählgerät *n* [any]
counting scale Zählwaage *f* [any]
country house Landhaus *n*; Datscha *f*
country road Landstraße *f* [tra]
country rock Nebengestein *n* [geo]
country seat Landsitz *m*
coupfing link Verbindungsglied *n* [stb]
couplant Ankoppelmittel *n* (Ultraschallprüfung) [met]
couple verbinden *v*
coupled joint Kuppelverbindung *f* (Verspannung)
coupled poles Doppelmast *m*
coupled window Verbundfenster *n*
coupler socket Gerätesteckdose *f* [elt]
coupling Muffe *f* (Verbindung) [elt]; Verkupplung *f* (z.B. von Trägern) [stb]
coupling agent Haftverbesserer *m* [met]
coupling flange Bundflansch *m*; Kupplungsflansch *m* [stb]
coupling joint Koppelfuge *f*
coupling section Kupplungssegment *n*
coupon Prüfling *m* [any]
couronnement Maßwerk *n* (Gotik: in Kirchenfenster) [arc]
course Bahn *f* (Ziegelschicht); Lage *f* (von Ziegeln); Linienführung *f* [des]; Schicht *f* (Mauerwerk: Ziegel)
course joint Lagerfuge *f*
course of a process Prozessablauf *m*
course of a river Flusslauf *m* [was]
course of the river Flusslauf *m* [geo]
course of the river, lower - Flussunterlauf *m* [geo]
course, lower - Unterlauf *m* [wba]
coursed geschichtet
coursed ashlar Werksteinmauerwerk *n*
coursed masonry Schichtenmauerwerk *n*
coursing joint Horizontalmörtelfuge *f*; Lagerfuge *f*
court Gericht *n* (Gerichtsgebäude)
courtroom Gerichtssaal *m*
courtyard Hinterhof *m*; Hof *m* (Innen-); Schlosshof *m* [arc]
courtyard area Hoffläche *f*
courtyard drainage Hofablauf *m* [was]
courtyard outlet Hofablauf *m* [was]
courtyard side, on - hofseitig
cove Eckleiste *f*; Hohlkehle *f* (Holzbau)

coved dome Kappengewölbe *n* (klassizistischer Tempel) [arc]
coved skirting Sockelleiste mit Hohlkehle *f*
cover Schutz *m* (Abdeckung) [asi]; Überzug *m* (Schutz, Hülle) [met]
cover auslegen *v* (Boden) [geo]; schützen *v* (abdecken); überdachen *v*
cover coating Deckfarbe *f* [met]
cover gas Schutzgas *n* (beim Schweißen) [met]
cover grate Abdeckrost *m*
cover in concrete zubetonieren *v* [bon]
cover layer Deckschicht *f* [met]
cover moulding Deckleiste *f* (Fenster)
cover panel Abdeckplatte *f*
cover plate Abdeckblech *n* [tec]; Schleppblech *n* (über einer Dehnungsfuge) [stb]; Abdeckplatte *f*; Deckleiste *f*; Deckplatte *f* [tec]; Gurtplatte *f* [stb]
cover plates, walk-on - begehbare Abdeckung *f*
cover slab Abdeckplatte *f*; Abschlussplatte *f*
cover strip Abdeckleiste *f*; Fugenabdeckung *f*
cover tile Deckziegel *m*
cover with cement zementieren *v*
coverage Dachwerk *n*; Bedachung *f*; Überbauung *f*
coverage depth Bebauungstiefe *f*; Bebauungstiefe *f*
coverage type Bauweise *f*
coverall Schutzanzug *m* [asi]
covered ummantelt
covered area überbaute Fläche; überdachte Fläche *f*
covered electrode umhüllte Elektrode *f* (Schweißelektrode) [met]
covered market überdachter Markt *m*
covered path Laubengang *m*
covered platform überdachter Bahnsteig *m* (Bahn) [tra]
covered space umbauter Raum *m*
covered walk Laubengang *m*
covered walkway überdachter Fußweg *m*
covering Belag *m* (auf Fußboden)
covering board Verschalung *f* (- durch Bohlen)
covering capacity Deckvermögen *n* (Farbe, Anstrich) [met]
covering coat Deckanstrich *m* [met]
covering colour Deckfarbe *f* [met]
covering fill Abdeckaufschüttung *f* [tib]
covering grid Abdeckgitter *n*
covering lacquer Decklack *m* [met]
covering letter Begleitschreiben *n* [eco]; Begleitbrief *m* [eco]
covering of the roadway Fahrbahnbefestigung *f* [tib]
covering power Abdeckvermögen *n* (einer Farbe) [met]; Deckfähigkeit *f* (einer Farbe) [met]; Deckkraft *f* (einer Farbe) [met]
covering slab Abdeckplatte *f*
covering strip Abdeckstreifen *m* [met]
covering varnish Decklack *m* [met]
crabbing Ecken *n* (Vorgang des Eckens) [wer]

crack Riss *m* (Sprung) [met]; Fehlstelle *f* [met]; Spalte *f* (z.B. Holz)
crack depth Risstiefe *f* [met]
crack detection Rissprüfung *f* [any]
crack filler Holzkitt *m* [met]
crack growth Rissfortpflanzung *f* [met]
crack in the surface Belagsriss *m* [met]
crack initiation Anriss *m* [met]; Anriss *m* (Beginn des Risses) [met]
crack inspection Rissprüfung *f* [met]
crack propagation Rissausbreitung *f* [met]; Rissfortpflanzung *f* [met]
crack sensivity Rissempfindlichkeit *f* [met]; Rissneigung *f* [met]
crack test Rissprüfung *f* [any]
crack-bridging rissüberbrückend [met]
crack-proof bruchfest [met]
cracked gerissen [met]; rissig (gerissen, gesprungen) [met]
cracked welding gerissene Schweißung *f* [met]
cracking Rissbildung *f* [met]
cracking by frost Eisklüftigkeit *f* [met]
cradle Hängegerüst *n*
cradle to grave Wiege zur Bahre
cramp Klammer *f* (Verbindung); Krampe *f*; Zwinge *f* [wzg]
cramp iron Klammer *f* (Bauklammer)
crampet Mauerhaken *m*
cranage Krantransport *m*
crane Hebezeug *n* (Kran) [wer]; Aufzug *m* (Kran); Kran *m*
crane arm Kranarm *m* [wer]
crane cabin Krankabine *f*; Krankanzel *f*
crane carriage Laufkatze *f*
crane carrier Kranwagen *m*
crane column Kranbahnstütze *f*; Kransäule *f*
crane counterweight Gegengewicht eines Kranes *n* [wer]
crane crab Laufkatze *f*
crane equipment Kranausrüstung *f* [wer]
crane excavator Baggerkran *m*; Kranbagger *m*
crane gantry Kranbahn *f* [wer]
crane hatch Kranluke *f*
crane hook Lastenhaken *m*
crane jib Kranauslegerarm *m*; Kranausleger *m*
crane jib length Kranausladung *f*
crane jib working radius Kranausladung *f*
crane leg Kranbein *n*
crane navvy Hochlöffel *m* [tib]; Löffelhochbagger *m* [tib]
crane operator Kranführer *m*
crane operator's cabin Kranführerstand *m*
crane post Kransäule *f*
crane rail Krahnbahn *f* [wer]; Kranschiene *f* [wer]; Laufschiene *f* (Kran) [wer]
crane runway column Kranbahnstütze *f*

crane stanchion Kranbahnstütze *f*
crane travelling gear Kranfahrwerk *n*
crane weigher Kranwaage *f* [any]
crane wheel Laufrad *n* (Kran) [wer]; Laufrolle *f* (Kran) [wer]
crane, hydraulic - Teleskopkran *m*
craneway Kranbahn *f*; Kranlaufbahn *f*
crash zerbrechen *v* (auseinander brechen)
crash-resistant concrete rissfester Beton *m* [bon]
crater Trichter *m* (Erd-) [geo]
crater at end of weld pass Endkrater *m* (Schweißnaht) [met]
crater crack Kraterriss *m* (z.B. an Schweißnaht) [met]
crater plate Kraterblech *n* [met]
crawler lane Kriechspur *f* [tra]; Kriechspur *f* [tra]
crawler loader Raupenlader *m* [tib]; Laderaupe *f* [tib]
crawler shoe Raupenschuhplatte *f* [tec]
crawler-loader shovel Gleiskettenladeschaufel *f* [tib]; Raupenladeschaufel *f* [tib]
crawler-mounted auf Raupen [tib]
crawler-mounted excavator Raupenbagger *m* [tib]
crawler-scrape rig Traktorschrapper *m* [tib]
crawling Kriechen *n* [met]
crawlspace Kriechkeller *m*; Kriechraum *m* (Versorgungsebene)
crazing Maronage *f* (Beton) [met]
creasing Faltenbildung *f* (Krümmer) [met]
create fragmented settlements zersiedeln *v* [com]
created pond künstlicher Teich *m* [wba]
credit status Kreditwürdigkeit *f* [eco]
creep Kriechen *n* (Beton) [met]
creep crack Kriechriss *m* [met]
creep elongation Kriechdehnung *f* [met]
creep fatigue limit Zeitstandkriechgrenze *f* [met]
creep fracture Kriechbruch *m* [met]; Zeitstandbruch *m* [met]
creep of concrete Betonkriechen *n* [bon]
creep resistance Kriechfestigkeit *f* [met]
creep rupture Kriechbruch *m* [met]
creep rupture elongation Zeitbruchdehnung *f* [met]
creep rupture strength Kriechbruchfestigkeit *f* [met]; Zeitstandfestigkeit *f* [met]
creep strain Kriechbelastung *f* [met]
creep strength Kriechfestigkeit *f* [met]
creep stress Kriechbeanspruchung *f* [met]
creep test Kriechprüfung *f* [any]
creeper derrick Kletterderrickkran *m*
creeping Kriechen *n* [met]
creeping current Kriechstrom *m* [elt]
Cremona's polygon of forces Cremona-Plan *m* [sik]
crenel Schießscharte *f* (Burg, Stadtmauer) [arc]
crepidoma Krepidoma *f* (Tempel: Stufenunterbau) [arc]

crescent Straßenbogen *m* [tra]
cresol resin Kresolharz *n* [che]
crest Dachfirst *m*; Kamm *m* (Gebirge, Unterwasserdüne) [geo]; Dammkrone *f* [tib]; Krone *f* (Talsperre) [tib]; Kuppe *f* (Hügel) [geo]
crest of a weir Wehrkrone *f* [wba]
crest of dyke Deichkrone *f*
crest spillway Hochwasserüberlauf *m* [wba]
crest stage Hochwasserspitze *f* (Damm)
crest tile Firstziegel *m*
crest width Kronenbreite *f* (Damm)
crest-stage indicator Spitzenwertanzeiger *m*
(Wasserstand) [any]
cresylic resin Kresolharz *n* [che]
crevasse Dammbruch *m*; Deichbruch *m*
crevice Spalt *m* (Riss) [geo]; Druckspalte *f* [geo];
Kluft *f* [geo]
crime against the environment Straftaten gegen die
Umwelt *pl* [jur]
crimp kröpfen *v* [wer]
crimp Rippe *f* [stb]; Verkröpfung *f*
crimping Faltenbildung *f* (Krümmer) [met]
cripple stud gekürzter Pfosten *m* (Brüstungen, u.a.)
crippling Verwölbung *f*
critical compressive force Knickkraft *f* [met]
critical depth flume Venturikanal *m* (Wasserdurchflussmessung) [any]
critical dimension kritische Abmessung *f* [des]
critical load kritische Belastung *f*
critical path analysis Netzplantechnik *f* [des];
Netzwerkplanung *f* [des]
critical path diagram Netzplan *m* [des]
critical path method Kritische-Pfad-Methode *f*
(Netzplan) [des]
critical path planning Netzplantechnik *f* [des]
critical point Umwandlungspunkt *m* (Metallurgie)
[met]
critical water level kritischer Wasserstand *m* [was]
crocket Krabbe *f* (Gotik) [arc]
crookedness of the track Gleisverwerfung *f* (Bahn)
[tra]
cross aisle Querhaus *n* (Kirche) [arc]; Querschiff *n*
(Kirche) [arc]
cross arch Kreuzbogen *m*
cross arm Querträger *m* [stb]; Traverse *f* [stb]
cross brace Querstrebe *f*; Querverstrebung *f*;
Traverse *f*
cross bracing Querverband *m*; Queraussteifung *f*;
Querverstrebung *f*; Windverspannung *f* [stb]
cross bridging Diagonalaussteifung *f* (<A>);
Kreuzstakung *f* (<A>)
cross butt joint Kreuzstoß *m* (Stumpfnaht an
kreuzartig verschweißten Blechen) [tec]
cross clamp Kantenzwinge *f* [wzg]
cross crack Querriss *m* [met]
cross culvert Querdurchlass *m*; Querrampe *f*

cross cutter Schrämmmaschine *f*
cross dyke Querdeich *m* [wba]
cross elasticity Querelastizität *f* [met]
cross flow Querströmung *f* [prc]
cross frame Querrahmen *m* [stb]
cross girder Querhaupt *n*; Querbalken *m*; Querträger *m*
cross girder, intemiediate - Zwischenquerträger *m*
[stb]
cross hairs Fadenkreuz *n* (Vermessung) [any]
cross inclination Querneigung *f* (Fahrbahn)
cross joint Kreuzstoß *m* [stb]; Kreuzverbindung *f*
cross matching Kreuzprobe *f* [any]
cross member Querbalken *m*; Riegel *m*; Querstrebe *f*; Traverse *f*
cross method Momentenausgleichsverfahren *n* [sik]
cross of weld Nahtquerschnitt *m* (Schweißnaht)
[met]
cross pin Kreuzzapfen *m*
cross profile Querprofil *n*
cross rafter Quersparren *m*
cross rail Querverbindung *f*
cross stay Querverankerung *f*
cross strap Querbügel *m* (Schalung)
cross stud Querstrebe *f*
cross traverse Planzug *m*
cross truss Querhaupt *n* [stb]; Querbalken *m* [stb];
Querträger *m*
cross tube Querrohr *n* [met]
cross vault Kreuzgewölbe *n* [arc]; Kreuzgrat *m*
(Gotik) [arc]
cross waler Kreuzriegel *m* (Schalung) [bon]
cross zone alarm Zweigruppenalarm *m* [asi]
cross-bar Querbalken *m*; Querriegel *m*; Querstab *m*
[stb]; Riegel *m*; Riegel *m* [stb]; Traverse *f*
cross-beam Querholz *n*; Holm *m*; Querbalken *m*;
Querbalken *m*; Querriegel *m*; Querträger *m*;
Querstrebe *f*; Quertraverse *f*; Traverse *f*; Traverse
f (Querbalken)
cross-country road Überlandstraße *f* [tra]
cross-dozing Querförderung *f* (Erdbau)
cross-hatch kreuzweise schraffieren *v* [des]
cross-head Querträger *m*; Traverse *f*
cross-linkage Vernetzung *f*; Vernetzung *f* [met]
cross-linkage, neutral - Neutralvernetzung *f*
[che]
cross-prestressed kreuzweise vorgespannt (Beton)
cross-ribbed vault Kreuzrippengewölbe *n* [arc]
cross-road Kreuzung *f* [tra]; Querstraße *f* [tra];
Straßenkreuzung *f* [tra]
cross-roads Kreuzung *f* [tra]; Straßenkreuzung *f*
[tra]; Wegkreuzung *f* [tra]
cross-section Querschnitt *m*; Schnitt *m* (Querschnitt
/ Zeichnung) [des]; Fläche *f* (Querschnitt)
cross-section of a bar Stabquerschnitt *m* [des]
cross-section of a member Stabquerschnitt *m* [des]

cross-section of road Straßenrelief *n* [tra]
cross-section of weld Nahtquerschnitt *m* (Schweißnaht) [met]
cross-section under tension Zugquerschnitt *m*
[met]
cross-section, useful - nutzbarer Querschnitt *m* [sik]
cross-sectional area Querschnittsfläche *f* [des]
cross-sectional area of flow Durchflussquerschnitt
m [was]
cross-sectional convergence Querschnittsverengung
f (Verminderung) [des]
cross-sectional drawing Schnittbild *n* (in Zeichnungen) [des]; Querschnittszeichnung *f* [des]
cross-sectional sample Querschnittsprobe *f* [any]
cross-slope Quergefälle *n* [geo]
cross-tie Querstrebe *f* (Holzbau); Quertraverse *f*
[stb]; Schwelle *f* (Bahn <A>) [tra]
cross-walk Fußgängerüberweg *m* [tra]
cross-wall Querwand *f*
crossbond Kreuzverband *m*
crosscut saw Fuchsschwanz *m* (Säge) [wzg]
crossfall Quergefälle *n*; Querneigung *f*
crossing Kreuzpunkt *m*; Kreuzung *f* [tra]; Straßenkreuzung *f* [tra]; Vierung *f* (Kirche) [arc]
crossing of tracks Gleiskreuzung *f* (Bahn) [tra]
crossing pier Vierungspfeiler *m* (in gotischen
Kirchen) [arc]
crossing point Übergang *m* [tra]
crossing station Kreuzungsbahnhof *m* [tra]
crossing tower Vierungsturm *m* (Kirchenbau) [arc]
crossover duct Übergangskanal *m* [was]
crosswise reinforcement kreuzweise Bewehrung *f*
[bon]
crow's feet Krähenfüße *pl* (Schweißen) [met]
crowbar Brecheisen *n* [wzg]; Nageleisen *n*
(Schalung); Stemmeisen *n* [wzg]; Brechstange *f*
[wzg]
crowd Vorschub *m* (Bagger) [tec]; Vorstoß *m*
(Bagger) [tec]
crowd brake Vorschubbremse *f* (Bagger) [tec]
crowd clutch Vorschubkupplung *f* (Bagger) [tec]
crowd force Vorschubkraft *f* [tec]; Vorstoßkraft *f*
(Bagger) [tec]
crowd lever Vorschubhebel *m* (Bagger) [tec];
Vorstoßhebel *m* (Bagger) [tec]
crowd rope Vorschubseil *n* (Bagger) [tec];
Vorstoßseil *n* (Bagger) [tec]
crowd shovel Hochlöffelbagger *m*
crowd sprocket Vorstoßturas *m* (Bagger) [tec]
crowded verkehrsreich [tra]
crowding Vorschub *m* (Bagger) [tec]; Vorstoß *m*
(Bagger) [tec]
crown Bogenscheitel *m*; Scheitel *m* (eines Bogens);
Mauerkrone *f*; Querneigung *f* (der Fahrbahn)
crown brick Gewölbeschlussstein *m*
crown height Scheitelhöhe *f* (Rohrbogen) [des]

crown hinge Scheitelgelenk *n* [stb]
crown of ballast Bettungskrone *f* (Bahn) [tra];
Schotterkrone *f* (Bahn) [tib]; Schotterkrone *f*
(Bahn) [tib]
crown post Firstpfosten *m* (Dachkonstruktion);
Firstsäule *f* (Dachkonstruktion)
crown tile Firststein *m*
crowning cornice Konsolgesims *n* (römische
Baukunst) [arc]; Kranzgesims *n* (Renaissance)
[arc]
cruciform brick Kreuzstein *m*
cruciform joint Kreuzstoß *m*
cruciform packing Kreuzsteingitterung *f* (Glas)
cruciform test piece Kreuzprobestück *n* [any]
crude rau (unbearbeitet); roh (Rohstoffe); unverarbeitet; unzubereitet
crude aluminum Rohaluminium *n* [met]
crude fibre Rohfaser *f* [met]
crude iron Roheisen *n* [met]
crude material Rohmaterial *n* [met]
crude ore Roherz *n* [met]
crude product Rohprodukt *n* [met]
crude sand Rohsand *m* [met]
crude sewage rohes Abwasser *n* [was]; unbehandeltes Abwasser *n* [was]
crude sludge Frischschlamm *m* (Kläranlage) [was]
crude steel Rohstahl *m* [met]
crude waste Rohabfall *m* [rec]
crude waste water unbehandeltes Abwasser *n*
[was]
crude water Rohwasser *n* [was]
cruise terminal Kreuzfahrtterminal *n* [tra]
crumbled layer Krümelschicht *f* [geo]
crumbling Schrumpfung *f* [met]
crumbly rock brüchiges Gestein *n* [geo]
crush grob mahlen *v* [prc]; grob mahlen *v* [prc];
grob zerkleinern *v* [prc]; mahlen *v* (grob) [prc];
zerbrechen *v* (zerdrücken); zerkleinern *v*
(zerdrücken) [prc]; zerquetschen *v* [prc]
crushed aggregate Splittzuschlag *m* [met]
crushed gravel Splitt *m* [met]
crushed limestone Kalksteinschotter *m* [met]
crushed rock gebrochenes Gestein *n* [geo];
gebrochenes Material *n*; Schotter *m*
crushed stone Brechkorn *n* [met]; Bruchstein *m*
[met]; Bruchstein *n* [met]; Schotter *m* [met]
crushed stone sand Betonsteinsand *m* [bon]
crushed waste zerkleinerter Abfall *m* [rec]
crusher Zerkleinerer *m* (grob) [prc]; Mühle *f* (grob)
[prc]
crusher feeder Brecheraufgabe *f* [prc]
crusher opening Brechermaul *n* [prc]
crusher roll Brechwalze *f* [prc]
crusher run ungesiebtes gebrochenes Gut *n* (aus
Brecher) [met]
crusher screenings Überlauf *m* (aus Brecher) [met]

crushing Zerkleinern *n* [prc]; Grobmahlung *f* [prc]; Zerkleinerung *f* [prc]

crushing chamber Brechraum *m* (in Brecher) [prc]

crushing cone Brechkegel *m* [prc]

crushing jaw Brechbacken *m* (Brecher) [prc]

crushing load Bruchlast *f* [met]

crushing mill Brechwalzwerk *n* [prc]; Grobmühle *f* [prc]; Quetschmühle *f* [prc]; Zerkleinerungsmühle *f* [prc]

crushing plant Brechanlage *f* [prc]; Zerkleinerungsanlage *f* [prc]

crushing ratio Zerkleinerungsgrad *m* [prc]

crushing ring Brechring *m* [prc]

crushing roll Brechwalze *f* [prc]; Zerkleinerungswalze *f* [prc]

crushing screen Schlagrost *m* [prc]

crushing strength Bruchfestigkeit *f* [met]; Druckfestigkeit *f* [phy]

crushing strength, radial - radiale Bruchfestigkeit *f* [met]

crushing stress Bruchspannung *f* [met]

crushing system Zerkleinerungsverfahren *n* [prc]

cryogen Kältemittel *n* [met]

cryoturbation Froststauchung *f* [geo]

crypt Krypta *f* [arc]

crystalline fracture körniger Bruch *m* [met]

crystalline water Kristallwasser *n* [che]

cubage Rauminhalt *m* [des]; Volumeninhalt *m* [des]; Volumenermittlung *f* [any]

cube Kubus *m*

cubic würfelförmig

cubic capacity Baumasse *n*

cubic capacity, actual - tatsächliche Baumasse *f*

cubic index Baumassenzahl *f*

cubic measure Hohlmaß *n*

cubical würfelförmig

cubical expansion Volumenausdehnung *f* [met]

cubicle farm Großraumbüro mit Trennwänden *n* (Umgangssprache)

cubing Kostenschätzung über den Kubikmeter umbauten Raum *f* [eco]

cubing ratio Baumassenzahl *f*

cuboid Quader *m*

cuboidal würfelförmig

cuff Pulsschützer *m* [asi]; Handmanschette *f* [asi]

cul-de-sac Sackgasse *f* [tra]

cultivated land Kulturboden *m* [geo]

cultivated soil Kulturboden *m* [geo]

cultivation Bebauungsgebiet *n*

cultivation plan Bebauungsplan *m*

cultural centre Kulturzentrum *n*

cultural region Kulturregion *f* [com]

culvert Abzugsgraben *m* [wba]; Abzugskanal *m* [wba]; Düker *m* [wba]; Durchlass *m* (Tunnel); Entwässerungsstollen *m* [wba]; Graben *m* [tib]; Kabeltunnel *m* [elt]; Umlaufkanal *m* [wba]; Wasserdurchlass *m* [was]; Dole *f* [wba]

culvert frame Raumkastenrahmen *m* (Schalung)

culvert siphon Düker *m*

cumulative error kumulativer Fehler *m* [any]; Summenfehler *m* [any]

cuneus Cavea *f* (römische Arena: ansteigende Sitzreihe) [arc]

cup head rivet Flachrundkopfniet *m* [tec]

cup-shaped schalenförmig

cupboard base unit Unterschrank *m*

cupola Schrammbord *n* (Straße); Bordschwelle *f* (Straße); Kuppel *f* (kleine -)

cupola, depressed - geminderte Kuppel *f* (Gewölbe) [arc]

curability Härtbarkeit *f* (Kunststoffe) [met]

curable härtbar (Kunststoffe) [met]

curb Aufsatzkranz *m*; Bordstein *m*; Rinnstein *m*

curbstone Bordstein *n* [tib]; Kantstein *m* [tib]; Pflasterstein *m* [tib]; Randstein *m* [tib]; Rinnstein *m* [tib]

cure Aushärtung *f* (Kunststoff) [met]

cure abbinden *v* (Kleber) [met]; aushärten *v* (Kunststoff) [met]; feuchthalten *v* (Beton) [bon]; härten *v* (Kunststoff) [met]; vulkanisieren *v* [wer]

cured concrete lufterhärteter Beton *m* [bon]

curing accelerator Abbindebeschleuniger *m* [met]; Erstarrungsbeschleuniger *m* (für Beton) [met]

curing agent Abbindemittel *n* [met]; Aushärtungsmittel *n* [met]; Vernetzungsmittel *n* (Kunststoff) [met]

curing agent, added - Aushärtungszusatz *m* [met]

curing chamber Härtekammer *f* (Betonfertigwaren) [roh]

curing compound Betonnachbehandlungsmittel *n* [met]; Nachbehandlungsmittel *n* (Beton-) [met]

curing edge Scheidkante *f*

curing overlay Abdeckung *f* (Betonnachbehandlung) [roh]

curing period Nachbehandlungszeitraum *m*; Abbindezeit *f* [met]

curing power Abbindevermögen *n* [met]

curing process Abbindeprozess *m* [met]

curing rate Härtungsgeschwindigkeit *f* [met]

curing retardant Abbindeverzögerer *m* [met]; Erstarrungsverzögerer *m* (für Beton) [met]

curing room Härtekammer *f* (Betonfertigwaren) [roh]

curing schedule Härteprobe *f* [any]

curing shrinkage Härtungsschwund *m* (Kunststoffe) [met]

curing speed Härtungsgeschwindigkeit *f* [met]

curing temperature Abbindetemperatur *f* (Betonnachbehandlung) [met]

curing time Härtungszeit *f* [met]

curl force Losbrechkraft *f*

current Fluss *m* [elt]; Sog *m* (Wasser) [was]; Strom *m* [elt]
current circuit Stromkreis *m* [elt]
current collector Stromabnehmer *m* [elt]
current consumption Stromaufnahme *f* [elt]
current controlled stromgesteuert [elt]
current controller Stromregler *m* [elt]
current converter Stromrichter *m* [elt]
current distribution Stromverteilung *f* [elt]
current distributor Stromverteiler *m* [elt]
current drain Stromabnahme *f* (Entnahme) [elt]
current drop Stromabfall *m* [elt]
current failure Stromausfall *m* [elt]
current generator Stromerzeuger *m* (Gerät, nicht Versorgungsunternehmen) [elt]
current input Stromaufnahme *f* [elt]
current lead Stromzuführung *f* [elt]
current lead-in Stromdurchführung *f* [elt]
current lead-through Stromdurchführung *f* [elt]
current load Strombelastung *f* [elt]
current market value gegenwärtiger Marktwert *m* [eco]; Verkehrswert *m* (Immobilie) [eco]
current output Stromabgabe *f* [elt]
current peak Stromspitze *f* [elt]
current pulse Stromstoß *m* [elt]
current rectifier Stromrichter *m* [elt]
current source Stromquelle *f* [elt]
current strength Stromstärke *f* [elt]
current supply Elektrizitätsversorgung *f* [elt]; Stromabgabe *f* [pow]; Stromversorgung *f* [elt]; Stromzufuhr *f* [elt]
current supply installation Stromversorgungsanlage *f* [elt]
current surge Stromstoß *m* [elt]
current-balance earth-leakage protection Fehlerstromschutz *m* [elt]
current-carrying Strom führend [elt]
current-conducting Strom führend [elt]
current-consuming device Stromverbraucher *m* (Gerät) [elt]
current-impulse switch Stromstoßschalter *m* [elt]
current-measuring protective relay Fehlerstromrelais *n* [elt]
current-operated circuit breaker Fehlerstrom-Schutzschalter *m* [elt]
currentless stromlos [elt]
curtailed bars versetzte Stäbe *pl* (Bewehrung)
curtailment of reinforcement Versetzen der Bewehrung *n* [bon]
curtain Schleier *m* [met]
curtain closer Vorhangschließer *m*
curtain grouting Dichtungsschirmverpressung *f* [tib]
curtain opener Vorhangöffner *m*
curtain pole Gardinenstange *f*; Vorhangstange *f* (zum Aufhängen)

curtain rail Gardinenleiste *f*; Vorhangleiste *f* (Laufschiene); Vorhangschiene *f*
curtain rod Gardinenstange *f*; Vorhangstange *f* (Zugstange)
curtain track Gardinenleiste *f*
curtain wall Abschirmmauer *f*; Blendwand *f* (Burgmauer) [arc]; Laufwand *f*; vorgehängte Fassade *f*
curve Biegung *f* (Straßenkurve) [tra]
curve in the track Gleisbogen *m* (Bahn) [tra]; Gleiskurve *f* (Bahn) [tra]
curve representation Kurvendarstellung *f* [des]
curve sheet Kurvenblatt *n* [des]
curve stone Bogenstein *m*; Bogenstein *m*
curve to the left Linkskurve *f* [tra]
curve to the right Rechtskurve *f* [tra]
curved beam Bogen *m*; Bogenbalken *m*; Bogenträger *m*; gekrümmter Balken *m*
curved cornice gebogene Kranzleiste *f* (römische Baukunst) [arc]
curved plate Tonnenblech *n* [met]
curved road gebogene Straße *f* [tra]; gekrümmte Straße *f* [tra]
curved track gebogenes Gleis *n* (Bahn) [tra]; Gleisbogen *m* (Bahn) [tra]
cushion Rammhaubenfutter *n* (Spundwandbau)
cushioning insert dämpfende Einlage *f*
cusp Nase *f* (Gotik: in Maßwerk) [arc]; Nase *f* (Holzkonstruktion: Fachwerkgebäude)
customized maßgeschneidert
customs law Zollgesetz *n* [jur]
cut Abtrag *m* [geo]; Durchstich *m* (Verbindung); Einschnitt *m* (Schnitt); Schlitz *m*; Teilgrößenklasse *f* (Korngrößenverteilung: Schnitt) [prc]
cut durchtrennen *v* [wer]; sägen *v* [wer]; zerkleinern *v* (schneiden); zerspanen *v* [wer]
cut a notch kerben *v*
cut and fill work Aushub und Wiederverfüllung [tib]
cut at an angle Winkelschnitt *m* [met]
cut autogenously abbrennen *v* [wer]
cut back stutzen *v*
cut lining Baugrubenauskleidung *f*
cut slope Böschung *f* (Straßeneinschnitt)
cut through abtragen *v* [tib]
cut timber Schnittholz *n* [met]
cut to length ablängen *v* [wer]
cut to size ablängen *v* (auf Länge) [wer]; auf Länge schneiden *v* [wer]; zurechtschneiden *v* [wer]; zuschneiden *v* (Material) [wer]
cut wood Schnittholz *n* [met]
cut-and-cover offene Tunnelbauweise *f* (Verkehr)
cut-and-cover tunnel Tunnel in offener Bauweise *m*
cut-off Dichtungswand *m* (Hydrologie) [wba]; Unterbrechung *f* (Ausschalten) [elt]
cut-off bluff Prallufer *n* (Mäander) [geo]

cut-off device Absperrvorrichtung *f* [tga]
cut-off gate Durchlassschieber *m*
  (Straßenbaumaschine) [tib]
cut-off trench Abdichtungsgraben *m* [tib];
  Abfanggraben *m* [tib]; Schlitzwand *f* [tib]
cut-off wall Dichtungswand *f* (Deponie);
  Trennmauer *f*
cut-off, double-walled - doppelwandige Dichtwand
  f (Deponie) [rec]
cut-out box Sicherungskasten *m* [elt]
cut-out switch Ausschalter *m* [elt]
cutaway view perspektivischer Schnitt *m* [des]
cutter dredger Schneidkopfbagger *m*
cutter shaft Schneidkopfwelle *f* (Nassbagger) [tib]
cutting Abtragen *n* [tib]; Abtrag *m* [geo]; Einschnitt *m* [tib]; Einschnitt *m* [tib]; Schlucht *f* [tib]
cutting blade Schneidwerk *n* [tib]
cutting head Bohrkopf *m*
cutting height Abbauhöhe *f* (Bagger) [tib]
cutting nozzle Schneiddüse *f* [wer]
cutting tool Schneidwerkzeug *n* [wzg]
cutting-back Abböschen *n* [tib]
cutting-out of rivets Entnieten *n* [wer]
cutwater Pfeilerhaupt *n* (an Brücke); Eisbrecher *m*
  (Brückensicherung); Pfeilerkopf *m* (an Brücke)
cycle Periode *f* [elt]
cycle of materials Stoffkreislauf *m* [rec]
cycle path Fahrradweg *m* [tra]
cycle-track Fahrradweg *m* [tra]; Radweg *m* [tra]
cycle-way Radweg *m* [tra]
cyclic load Wechselbeanspruchung *f* [met]
cyclic loading periodische Belastung *f* [sik]
cyclical periodisch (zyklisch); zyklisch
cyclone Zyklon *m* [prc]
cyclone classification Zyklonklassierung *f* [prc]
cyclone classifier Aufschwimmklassierer *m*
  [prc]
cyclone preheater Zyklonvorwärmer *m* [pow]
cyclone separator Wirbelabscheider *m* [prc];
  Zyklonabscheider *m* [prc]
cyclopean masonry Zyklopenmauerwerk *n*
  (historisch)
cyclopean rustication Zyklopenmauerwerk *n*
cyclopean rustication wall Zyklopenmauer *f*
cyclopean wall Zyklopenmauer *f*
cylinder aerator Walzenbelüfter *m* [wba]
cylinder damper, end-of-stroke -
  endlagengedämpfter Zylinder *m* (Bagger)
cylinder gate Walzenwehr *n* [wba]
cylinder sluice gate Walzenschütz *m* [wba]
cylindrical zylinderförmig; zylindrisch
cylindrical battery Rundbatterie *f* [elt]
cylindrical bin Rundsilo *m* [prc]
cylindrical foundation Bohrpfahl *m* [tib]; Ortpfahl
  m [tib]
cylindrical projection Zylinderprojektion *f* [des]

cylindrical sample zylindrische Probe *f*
  (Bodenprobe) [any]
cylindrical screen Kreissieb *n* [prc]
cylindrical shell Zylinderschale *f* [tec]
cymatium Kymation *n* (Renaissance: Gesims) [arc]

D

dado Sockel *m* (Renaissance) [arc]
dado trunking Brüstungskanal *m* [tga]
dado trunking mounting Kanaleinbau *m* [tga]
dagger Fischblase *f* (Gotik: Dekorationselement)
  [arc]
daily amount of sewage per inhabitant
  Schmutzwasseranfall *m* (pro Einwohner) [was]
daily discharge Tagesabfluss *m* [was]
daily job record Bautagebuch *n*
dam Stauwerk *n*; Damm *m* (Wasser <A>); Abdämmung *f* (Damm) [tib]; Staumauer *f* [wba]; Stauwehr *m*; Talsperre *f* [wba]
dam abschotten *v* (vor Wasser, etc.) [wba];
  aufstauen *v* (Wasser) [was]; dämmen *v* [wba];
  eindämmen *v* [wba]; stauen *v* (Wasser) [wba]
dam back zurückdämmen *v* [wba]
dam barrage Talsperre *f* [wba]
dam board Verschlussbalken *m* [wba]
dam body Stauwerk *n* [wba]; Talsperrenkörper *m*
  [wba]
dam construction Dammbau *m* (Bauvorgang)
dam core Dammkern *m*
dam crest Dammkrone *f* [wba]; Stauwerkskrone *f*
  [wba]
dam embankment Dammkörper *m* [wba]
dam failure Dammbruch *m* [wba]
dam filling Dammschüttung *f*
dam foundation Dammunterbau *m*
dam in eindeichen *v* [wba]
dam power station Talsperrenkraftwerk *n* [pow]
dam ring Staurand *m* (Mühle) [prc]; Stauring *m*
  (Mühle) [prc]
dam section Talsperrenquerschnitt *m* [wba]
dam site Talsperrenbaustelle *f* [wba]
dam spillway Dammüberlauf *m* [wba]
dam structure Absperrbauwerk *n* [wba]
dam top Dammkrone *f*
dam up abdämmen *v* (aufstauen); anstauen *v* [wba];
  aufstauen *v* (Wasser) [wba]; dämmen *v* [wba];
  rückstauen *v* [wba]; stauen *v* (Wasser) [wba]
dam wall Staumauer *f* [was]
damage Schaden *m*; Beschädigung *f* (Schaden)
damage analysis Schadensanalyse *f*
damage by fume Rauchschaden *m*
damage caused by fire Feuerschaden *m*
damage caused by water Wasserschaden *m* [was]
damage caused by weather Witterungsschaden *m*
damage caused by wind Windschaden *m*
damage due to humidity Feuchtigkeitsschaden *m*
damage of main tap water Leitungswasserschaden *m*

damage pattern Schadensbild *n*
damage pattern of a building Gebäudeschadensbild *n*
damage remediation Schadensbeseitigung *f*
damaged beschädigt (Gerät); schadhaft
damaged environment geschädigte Umwelt *f*
damaged plaster Putzschäden *pl*
damages structures Bauschäden *pl*
dammed-up water Stauwasser *n* [wba]
damming Eindeichen *n* [wba]; Abdämmung *f*
  (Verfahren) [tib]; Abschottung *f* (gegen Wasser)
  [wba]; Absperrung *f*; Eindämmung *f* [wba];
  Stauung *f* [wba]
damp dämpfen *v* (Schall) [aku]; dämpfen *v*
  (Schwingung)
damp back wiederanfeuchten *v*
damp course Feuchtigkeitssperre *f*; wasserdichte
  Schicht *f* [geo]
damp room Feuchtraum *m*
damp room plaster Feuchtraumputz *m*
damp room sealing Feuchtraumabdichtung *f*
damp-proof feuchtigkeitsbeständig [met]
damp-proof concrete Dichtbeton *m* [bon]
damp-proof course Feuchtigkeitssperre *f*; Sperrschicht *f* (Feuchtigkeitssperre)
damp-proof fitting Feuchtraumarmatur *f* [elt]
damp-proof installation cable Feuchtraumleitung *f*
  [elt]
damp-proof layer Sperrschicht *f* [tib]
damp-proof membrane Dichtungshaut *f*
damp-proof sheeting Dichtungsbahn *f* [met]
damp-proofing Feuchtigkeitsschutz *m* [met];
  Abdichtung *f* (Feuchtigkeitsisolierung); Feuchtigkeitssperrung *f* (gegen Bodenfeuchte)
damp-resistant feuchtebeständig [met]
damped oscillation gedämpfte Schwingung *f* [phy]
damper Drossel *f* (Regulierung); Klappe *f* (in Rohrleitung) [tga]
damping Dämpfung *f* (Schall) [aku]
damping layer Dämpfungslage *f*
danger Gefährdung *f* [asi]
danger area Gefährdungsbereich *m* [asi]; Gefahrenbereich *m* (Arbeitsschutz) [wer]; Gefahrenzone
  f [asi]
danger class Gefahrenklasse *f* (Gefahrguttransporte)
  [asi]
danger classification Gefahrenklasseneinteilung *f*
  (Gefahrguttransporte) [asi]
danger criterion Gefährlichkeitsmerkmal *n* [asi]
danger defence Gefahrenabwehr *f* [asi]
danger dose Gefährdungsdosis *f* (Arbeitsschutz)
  [hum]
danger notice Gefahrenschild *n* [asi]
danger of accident Unfallgefahr *f* [asi]
danger of collapse Einsturzgefährdung *f*; Einsturzgefahr *f*

danger of exposure to heavy rain Schlagregengefährdung *f*
danger of fire Brandgefahr *f* [asi]
danger of fire spread Brandausbreitungsgefahr *f*
[asi]
danger point Gefahrenpunkt *m* [asi]; Gefahrstelle *f*
[asi]
danger property Gefährlichkeitsmerkmal *n* [asi]
danger sign Gefahrensymbol *n* [asi]; Gefahrenzeichen *n* [asi]; Gefahrenzeichen *n* [asi]; Warnschild *n* [asi]; Warnzeichen *n* [asi]
danger signal Gefahrenzeichen *n* [asi]; Warnsignal
n [asi]
danger symbol Gefahrensymbol *n* [asi]
danger threshold Gefährdungsschwelle *f* [asi];
Gefahrenschwelle *f* [asi]
danger to the environment Umweltgefährdung *f*
danger zone Gefahrenbereich *m* [asi]; Gefahrenzone *f* [asi]
dangerous area Gefahrengebiet *n* [asi]; Gefahrenbereich *m* [asi]; Gefahrenzone *f* [asi]
dangerous contents gefährliche Inhaltsstoffe *pl*
[che]
dangerous for the environment umweltgefährlich
(Gefahrstoffe)
dangerous goods Gefahrgüter *pl* [met]
dangerous incident unfallartiger Vorgang *m* [asi]
dangerous liquid chemical gefährliche Flüssigkeit *f*
[met]
dangerous material gefährliche Substanz *f* [met]
dangerous materials gefährliche Stoffe *pl* [met];
Gefahrgut *n* [met]
dangerous occurrence gefährliches Vorkommnis *n*
[asi]
dangerous substance gefährlicher Stoff *m* [met];
Gefahrstoff *m* [met]
dangerous substances Gefahrgut *n* [met]
dangerous working material gefährlicher Arbeitsstoff *m* [met]
dark blind Rollo *n*
dark radiator Dunkelstrahler *m* [pow]
darken nachdunkeln *v*
dash Strich *m* (kurzer Strich) [des]
dash stricheln *v* [des]
dash-lined gestrichelt (Zeichnung) [des]
data Messwert *m* [any]
data acquisition Messdatenerfassung *f* [any]
data acquisition system, distributed - dezentrales
Messdatenerfassungssystem *n* [any]
data collecting Messdatenerfassung *f* [any]
data line Datenleitung *f* [edv]
data logging Messdatenerfassung *f* [any]
data sheet Datenblatt *n* [des]; Merkblatt *n*;
Typenblatt *n* [des]; Erhebungsbogen *m* [edv]
data sheet, technical - technisches Merkblatt *n*
data transmission Messwertübertragung *f* [any]

dating Zeitbestimmung *f* [any]
datum Bezugspunkt *m*; Festpunkt *m*; Bezugsgröße
f [any]
datum elevation Bezugshöhe *f* [des]
datum face Bezugsfläche *f* [des]
datum feature Bezugselement *n* [des]
datum horizon Bezugshorizont *m*; Leithorizont *m*
datum level Bezugshöhe *f* [des]
datum line Bezugslinie *f* [des]
datum plane Bezugsebene *f* [des]
datum surface Bezugsfläche *f* [des]
daub Bewurf *m*; Deckanstrich bei der Lackierung *m*
(Lederverarbeitung) [met]; erster Lackauftrag *m*
(Lederverarbeitung) [met]; Wandlehm *m*
daubing Bewerfen *n* (Putz)
day care centre Tagespflegestation *f* [hum]
day room Aufenthaltsraum *m*
day-to-day checking tägliche Kontrolle *f* [any]
daylight Deckenoberlicht *n*; Tageslicht *n*
daylight factor Tageslichtbeleuchtungsverhältnis *n*;
Tageslichtquotient *m*
daylight illumination Innenraumbeleuchtung mit
Tageslicht *f*
daylight lamp Tageslichtlampe *f* [elt]
daylight-dependent lighting control tageslichtabhängige Beleuchtungssteuerung *f*
daylighting Tageslichtbeleuchtung *f*
de-acidification plant Entsäuerungsanlage *f* [was]
de-acidifying plant Entsäurungsanlage *f* [was]
de-clutching Schlosssprengung *f* (Spundwandbau)
de-energize spannungslos machen *v* [elt]; stromlos
machen *v* [elt]
de-energized spannungsfrei [elt]; spannungslos
[elt]; stromlos [elt]
de-icing chemical Auftausalz *n* [che]
de-icing glazing vereisungsfreie Verglasung *f*
[met]
de-icing salt solution Tausalzlösung *f* [che]
dead nicht stromführend [elt]; spannungsfrei [elt];
spannungslos [elt]; stromlos [elt]; stumpf (Farbe)
dead abutment verlorenes Widerlager *n*
dead canal Kanal mit totem Wasserspiegel *m* [wba]
dead conductor spannungsloser Leiter *m* [elt]
dead level niveaugleich
dead load Eigenlast *f* [sik]; konstante Belastung *f*
[met]; ständige Last *f* [sik]
dead load of structure Eigengewicht des
Baukörpers *n*
dead sheathing verlorene Schalung *f* [bon]
dead shoring Unterfangen *n*; Unterfangung *f*
dead space toter Raum *m*
dead steel beruhigter Stahl *m* [met]
dead water stagnierendes Wasser *n* [was]; stehendes Wasser *n* [was]; Totwasser *n* [was]
dead weight Eigenlast *f*; Eigenmasse *f*
dead zone Totzone *f* (Lüftung)

dead-end anchor Festanker *m*
dead-end pole Endmast *m* (z.B. Lichtmast auf Brücke) [stb]
dead-end room gefangenes Zimmer *n* [arc]
dead-end station Kopfbahnhof *m* [tra]
dead-end street Stichstraße *f* [tra]
dead-soft annealed weichgeglüht [met]
deadbolt Riegel *m* (Schloss) [tec]; Schließbolzen *m*
deaden dämpfen *v* (Schall) [aku]
deadline Stichtag *m*
deadline for bids Angebotsfrist *f* [eco]
deadman Erdanker *m* [tib]
deadman control Totmannschalter *m* [asi]
deaerate entgasen *v* [was]
deaeration of water Wasserentlüftung *f* [was]
deambulatory Seitenschiff *n* (Kirchraum um Apsis) [arc]; Chorgang *m* (Kirchraum um Apsis)
debarment from the contract Auftragssperre *f* [eco]
debonded tendon nicht im Verbund liegendes Spannglied *n* [bon]
debonding agent Trennmittel *n* [bon]; Entschalungsmittel *m* [bon]
debris Geschiebe *n* [geo]; Abbruch *m* (Abbruchmaterial) [rec]; Bauschutt *m* [rec]; Schutt *m* (Abfall) [rec]; Trümmerschutt *m* [geo]; Aufschüttung *f* [geo]
debt collection application Mahnantrag *m* [jur]
debt collection procedure Mahnverfahren *n* [eco]
decalcification Entkalken *n* [was]; Entkalkung *f* [was]
decalcified entkalkt [met]
decalcify entkalken *v* [was]
decant abschlämmen *v* [was]; dekantieren *v* [prc]
decanting centrifuge Klärzentrifuge *f* [was]
decarbonization Decarbonisierung *f* [che]
decarbonize entcarbonisieren *v* [che]
decarbonizing Decarbonisieren *n* [che]
decay Verfall *m* (Zerfall)
decay verfallen *v* (Gebäude); verwittern *v* [met]; zerfallen *v* (zersetzen)
decay process Zerfallsprozess *m*
decay reservoir Abklingbehälter *m* [was]
decayed wood faules Holz *n*; morsches Holz *n* [met]
decelerate verzögern *v* (verlangsamen)
decentralized control dezentrale Steuerung *f* [elt]
decentralized energy supply dezentrale Energieversorgung *f* [pow]
decentralized water supply Einzelwasserversorgung *f* [was]
dechlorinate entchloren *v* [was]
dechlorinating Dechlorieren *n* [che]
dechlorination Entchlorung *f* [was]
dechlorination plant Entchlorungsanlage *f* [was]
decibel meter Pegelmessgerät *n* (Schallpegel) [any]

decision to adopt an urban land use plan Planfestsetzungsbeschluss *m*
decision to create a development plan Aufstellungsbeschluss *m* (Bebauungsplan) [com]
decision to draw up an urban land use plan Planaufstellungsbeschluss *m*
deck Gestell *n* (Rahmen); Bodenbelag *m*; Beplankung *f* (Holzwerk); Fahrbahn *f* (Stahlbrücke) [stb]; Fahrbahntafel *f* (Stahlbrücke) [stb]
deck bedachen *v*
deck bridge Ladebrücke *f* (Tieflader)
deck depth Überbautiefe *f* (Brücke)
deck slab Fahrbahnblech *n*
deck structure Fahrbahnplatte *f* [tib]
deck truss bridge Fachwerkdeckbrücke *f* (Stahlbrücke) [stb]
deck width Überbauweite *f* (Brücke)
deck, lower - unten liegende Fahrbahn *f*
deck-girder bridge Fahrbahnträgerbrücke *f* (Stahlbrücke) [stb]; Längsträgerbrücke *f* (Stahlbrücke) [stb]
deck-tapping generator Klopfgeber für Straßendecken *m* [any]
decking Decklage *f*; Fahrbahntafel *f* (Brücke) [stb]
decking sheet Deckblech *n* (Brückenbau)
declaration of obligation Verpflichtungserklärung *f* [jur]
declaration of suretyship Bürgschaftserklärung *f* [jur]
decline of water level Absinken des Wasserspiegels *n* [was]
decline of water table Absinken des Grundwasserspiegels *n* [was]
decolourant Bleichmittel *n* [met]; Entfärbungsmittel *n* [met]
decolourizing agent Entfärbungsmittel *n* [met]
decommission stilllegen *v* (Anlage)
decomposability Abbaubarkeit *f* [was]
decompose verwittern *v* [met]; zersetzen *v* [che]
decomposed zersetzt [che]
decomposed rock zersetztes Gestein *n* [geo]
decomposition chemischer Abbau *m* [che]; Zerfall *m* (chemisch) [che]; Zerlegung *f* (Zersetzung) [che]; Zersetzung *f* [che]
decomposition of forces Kräftezerlegung *f* [phy]
decomposition product Zersetzungsprodukt *n* [che]
deconstruction Rückbau *m* [rec]
decontaminate säubern *v*
decontamination of inherited pollution Altlastensanierung *f* [geo]
decontamination of soil Bodensanierung *f* [geo]
decontamination plan Altlastensanierungsplan *m* [geo]
decontamination plant Entgiftungsanlage *f* [was]
decontamination project Altlastenprojekt *n* [geo]
decopper entkupfern *v* [met]

decorated tile Dekorfliese *f*; Zierfliese *f*
decorative band Bandornament *n*
decorative concrete Zierbeton *m* [bon]
decorative element Zierelement *n* [arc]
decorative railing Ziergitter *n*
decorative rendering Edelputz *m*
decorative repair Schönheitsreparatur *f*
decorative tile Dekorfliese *f*; Zierfliese *f*
decorative wall Ziermauer *f*; Zierwand *f*
decrease in load Lastabsenkung *f*
decrease of cross-section Querschnittsminderung *f*
  [des]
deduction for holes Lochabzug *m* [sik]
deduction of area for holes Lochabzug *m* (DIN
  18800) [des]
deduction, without - ohne Abzüge [eco]
deep tiefgründig [geo]
deep beam wandartiger Träger *m*
deep bed filter Tiefenfilter *m* [was]
deep bed filtration Tiefenfiltration *f* [was]
deep compaction Tiefenverdichtung *f* [tib]
deep discharge Tiefentladung *f* (Batterie) [elt]
deep drawing Tiefziehen *n* [met]
deep filter Tiefenfilter *m* [was]
deep foundation Tiefgründung *f*
deep hole drill Tieflochbohrer *m* [wzg]
deep injection Verpressung *f* [rec]
deep percolation Tiefenversickerung *f* [was]
deep sampling Tiefschürfbohrung *f* [tib]
deep seepage Tiefenversickerung *f* [was]
deep sounding Tiefensondierung *f* [any]
deep vibration Tiefenrüttlung *f* [bon]
deep vibrator Tiefenrüttler *m* [tib]
deep water Tiefwasser *n* [was]
deep well Tiefbrunnen *m*
deep-cut digging Tiefbaggerung *f* [tib]
deep-level garage Tiefgarage *f* [tra]
deep-sea port Seehafen *m* [tra]
deep-water harbour Seehafen *m* [tra]
deep-webbed hochstegig [met]
deepen austiefen *v* [tib]; vertiefen *v*
deepening Austiefung *f* [tib]; Eintiefung *f* [geo];
  Vertiefung *f*
default value Standardwert *m*; vorgegebener
  Wert *m*
defeat an interlock Verriegelung aufheben *v* [elt]
defect Fehlstelle *f* [met]; schadhafte Stelle *f* [met]
defect of construction work Baumangel *m*
defect of material Materialfehler *m* [met]
defective baufällig; schadhaft
defective weld Fehlschweißung *f* [met]
defective welding mangelhafte Schweißung *f* [met]
defective wood schadhaftes Holz *n*
defects liability Haftpflicht *f* (für Schaden) [jur]
defence wall Wehrmauer *f* (historisch) [arc]
deferrization Enteisenung *f* [was]

deferrization plant Enteisenungsanlage *f* [was]
deficiency Mangel *m* (Knappheit)
deficient in lime kalkarm [met]
defined vorgegeben
deflagrability Brennbarkeit *f* [met]
deflation Windabtrag *m*
deflected-cable technique Anhebeverfahren *n*
  (Spannbeton)
deflecting plate Leitblech *n* [wba]; Prallblech *n*
  [wba]; Prallplatte *f* [wba]
deflection Durchbiegung *f*
deflection gauge Durchbiegungsmesser *m* [any]
deflection index Driftzahl *f* [met]
deflection of a girder Durchbiegung eines
  Balkens *m*
deflection test Biegeversuch *m* [any]
deflection unit Ablenkeinheit *f*
deflection, permanent - bleibende Durchbiegung *f*
  [met]
deflection, permissible - zulässige Durchbiegung *f*
  [sik]
deflection, residual - bleibende Durchbiegung *f*
  [met]
deflocculant Dispersionsmittel *n* [was]
deflocculate dispergieren *v* [was]; entflocken *v*
  [was]
deflocculation Ausflockung *f* [was]; Entflockung *f*
  [was]
deflocculation agent Dispergierungsmittel *n* [met];
  Dispersionsmittel *n* [met]
deflocculation unit Entflockungsanlage *f* [was]
deform verziehen *v* (Abmessungen) [des]
deformability Formänderungsvermögen *n* [met];
  Verformbarkeit *f* [met]
deformation Formänderung *f*; Gestaltänderung *f*;
  Verformung *f* [wer]; Verziehung *f* (Verzerrung)
  [met]
deformation energy Formänderungsarbeit *f* [phy]
deformation resistance Formänderungswiderstand
  m [met]; Formänderungsfestigkeit *f* [met]
deformation work Verformungsarbeit *f* [met]
deformation zone, plastic - plastischer
  Verformungsbereich *m* [met]
deformed verbogen
deformed bar Betonformstahl *m* [bon]; Profilstab
  m [bon]
defrosting Abtauen *n* [pow]
degas entgasen *v* [was]
degassing device Entgasungsanlage *f* [was]
degermination filter Entkeimungsfilter *m* [was]
degradable abbaubar [bio]
degradation Abtrag *m* [geo]; Erosionsvertiefung *f*
  [wba]; Verwitterung *f* [met]; Zersetzung *f* [che]
degradation product, toxic - schädliches Abbauprodukt *n* (von Arzneimitteln) [met]; toxisches
  Abbauprodukt *n* [met]

degrade abtragen *v* (Boden) [geo]
degreasing Entfetten *n*
degree day Heizgradtag *m* (zur Bestimmung des Wärmebedarfs von Gebäuden) [pow]
degree of anaerobic stabilization Faulgrad *m* [was]
degree of consolidation Verfestigungsgrad *m* (Baugrund)
degree of contamination Verschmutzungsgrad *m*
degree of danger Gefahrengrad *m* [asi]
degree of erosion Verwitterungsgrad *m* [geo]
degree of hazard Gefahrenklasse *f* [asi]
degree of maturity Reifegrad *f* (Deponie) [rec]
degree of precision Genauigkeitsgrad *m*
degree of safety Sicherheitsgrad *m* [asi]
degree of strength Festigkeitsgrad *m* [met]
degree of utilization Auslastungsgrad *m* [eco]
degree of weathering Verwitterungsgrad *m* (Baustoffe) [met]
dehumidification Entfeuchtung *f*; Trocknung *f* (Belüftung) [prc]
dehumidification unit Entfeuchtungsgerät *n* [air]
dehydrate dehydratisieren *v* [wer]; dehydrieren *v* (Wasser abspalten) [che]
dehydrated wasserfrei [met]
dehydrated sewage sludge entwässerter Klärschlamm *m* [was]
dehydration Wasserentzug *m* [was]; Dehydratation *f*; Dehydrierung *f* (Wasser); Entfeuchtung *f*; Entwässerung *f* (Trocknung) [was]; Trocknung *f* [prc]; Wasserabspaltung *f* [che]
dehydrogenate dehydratisieren *v* [wer]
dehydrogenation Dehydratation *f* [che]
delamination Abblätterung *f* [met]; Öffnung *f* (- der Schweißnaht) [met]
delay Verzug *m* (zeitlicher -); Verzögerung *f*
delay factor, unavoidable - unvermeidliche Verlustzeit *f* (Maschinennutzung) [wer]
delay in performance Verzögerung der Ausführung *f* [wer]
delayed elasticity verzögert-elastische Verformung *f*
delime abkalken *v* (Kalk entfernen)
deliming Entkalken *n* [was]; Entkalkung *f* [was]
deliver zuleiten *v*
delivery chute Abgabeschurre *f*; Schüttrinne *f* [prc]
delivery cock Wasserablasshahn *m* [was]
delivery duct Druckkanal *m* [was]
delivery entrance Lieferanteneinfahrt *f*
delivery head, geodetic - geodätische Förderhöhe *f* [geo]
delivery head, manometric - manometrische Förderhöhe *f* [prc]
delivery joint Ablassstutzen *m* (Sanitär)
delivery line Förderleitung *f* [prc]
delivery main Hauptwasserleitung *f* [was]
delivery period Lieferfrist *f* [eco]; Lieferzeit *f* [eco]
delivery pipe Förderleitung *f* [prc]

delivery piping Förderleitung *f* [was]
delivery platform Übergabepodest *n* (Hochofen) [roh]
delivery pressure Förderdruck *m* [was]
delivery pump Förderpumpe *f* [prc]
delivery to site frei Baustelle [tra]
delivery tube Ableitungsrohr *n* [was]
delivery zone Anlieferungsbereich *m*
delta circuit Dreieckschaltung *f* [elt]
delta connection Dreieckschaltung *f* [elt]
delta star connection Dreieck-Sternschaltung *f* [elt]
delta-to-star conversion Dreieck-Sternumformung *f* [elt]
deluge extinguishing system Flutlöschanlage *f* [asi]
deluge sprinkler system Sprühwasserlöschsystem *n* (im Brandfall); Sprühwasserlöschanlage *f* (im Brandfall)
demand for alteration Änderungsverlangen *n* [jur]
demand for housing Wohnungsnachfrage *f* [eco]
demand for space Flächenbedarf *m* (Nachfrage) [eco]; Flächennachfrage *f* (Immobilien, usw.) [eco]
demands Anforderungen *pl*
demanganizing of water Wasserentmanganung *f* [was]
demineralization Entmineralisierung *f* [was]; Entsalzung *f* [was]
demineralization of water Wasserentsalzung *f* [was]
demineralization plant Entsalzungsanlage *f* [was]
demineralize entmineralisieren *v* [was]
demineralizing plant Entmineralisierungsanlage *f* [was]
demixing Entmischen *n* [prc]
demobilize räumen *v* (Baustelle -)
demolding Ausformen *n* (Betonsteine) [roh]
demolish abbrechen *v* (abreißen); abreißen *v*; niederreißen *v*; zerstören *v* (Gebäude)
demolishable abbruchreif
demolisher Abbrucharbeiter *m*
demolition Abbruch *m* (Abbruchvorgang); Abriss *m* (Bauwerk); Abtragung *f*; Zerstörung *f*
demolition application Abbruchantrag *m* [jur]; Antrag auf Abbruch *m* [jur]
demolition area Abrissgebiet *n*
demolition ball Abrissbirne *f*; Fallbirne *f*
demolition bucket Abbruchlöffel *m* [tib]; Abbruchschaufel *f* [tib]
demolition contractor Abbruchunternehmer *m* [rec]
demolition costs Abrisskosten *pl* [eco]
demolition debris Bauschutt *m* [rec]
demolition expert Sprengmeister *m* (Abbruch durch Sprengen)
demolition firm Abbruchunternehmen *n* [rec]; Abbruchfirma *f*; Abrissfirma *f*
demolition of a building Gebäudeabbruch *m*; Gebäudeabriss *m*

demolition order Abbruchverfügung *f*; Abrissanordnung *f*
demolition permit Abbruchgenehmigung *f*; Abrissgenehmigung *f*
demolition pick Abbruchhammer *m* [wzg]
demolition requirement Rückbaugebot *n*
demolition site Abbruchstelle *f*
demolition spoil Abbruchmaterial *n* (Aushub) [tib]
demolition timber Abbruchholz *n* [rec]
demolition tool Abbruchwerkzeug *n* (Bau) [wzg]
demolition waste Abbruchabfälle *pl* [rec]; Bauschutt *m* [rec]; Baustellenabfall *m* [rec]
demolition work Abbrucharbeit *f*; Abtragung *f*
(Abbrucharbeit)
demolition zone Abrissgebiet *n* (Stadtplanung)
demonstrably nachweislich
demouldability Entformbarkeit *f*
demoulding agent Entschalungsmittel *m* (Betonbau)
[met]; Trennmittel *n* (Betonbau) [met]; Entschalungshilfe *f* [met]
demounted asphalt Ausbauasphalt *m* [rec]
demulsification plant Emulsionsspaltanlage *f* [was]
demulsifier Demulgator *m* [met]
den gemütlicher Raum *m*
denitrate denitrieren *v* [was]
denitrating Denitrieren *n* [was]
denitrification Denitrifikation *f* (Umsatz von Nitrat
in Stickstoff) [was]
denitrification plant Denitrifikationsanlage *f* [was]
denitrify denitrieren *v* [was]
denitrogenization installation Entstickungsanlage *f*
(Wasseraufbereitung) [was]
dense concrete Beton mit dichtem Gefüge *m* [bon];
Schwerbeton *m* [bon]
dense-phase conveying Dichtstromförderung *f*
(pneumatische Förderung) [prc]
densely built-up dicht bebaut
densely populated dicht besiedelt [com]; dicht
bevölkert [com]
densely populated area Ballungsgebiet *n*; dicht
bevölkertes Gebiet *n*
densimeter Densimeter *n* [any]
density Dichte *f* [phy]
density current Dichteströmung *f* [prc]
density determination Dichtebestimmung *f* [any]
density measurement Dichtebestimmung *f* [any];
Dichtemessung *f* [any]
density meter Dichtemesser *m* [any]
density of building Bebauungsdichte *f*
density of built use Maß der baulichen Nutzung *f*
density of bulk material Schüttdichte *f* [met]
density of development Bebauungsdichte *f* [com]
density of population Besiedlungsdichte *f* [com]
density of soil, actual - tatsächliche Bodendichte *f*
[geo]
density of use Nutzungsdichte *f* (Immobilien)

density separation Dichtetrennung *f* [prc]
denticulation Zahnschnitt *m* (Holzbau)
dentil Zahnschnitt *m* (Dekor) [arc]
dentil course Zahnschnitt *m* (Holzbau)
dentil ornament Zahnschnittornament *n* (Renaissance: Gesims) [arc]; Zahnschnittornament *n*
(Römische Baukunst) [arc]
deoxidant Desoxidationsmittel *n* [che]
deoxidating agent Desoxidationsmittel *n* [che]
department manager Bereichsbauleiter *m*
departure area Abflugbereich *m* [tra]
departure hall Abflughalle *f*
deplate entmetallisieren *v* [met]
depletion Wasserentzug *m* [wba]
depletion mode Verarmungstyp *m* [met]
deposit Sediment *n* [geo]; Sinkstoff *m* [met];
Ablagerung *f* [geo]; Anschwemmung *f* [wba];
Aufschüttung *f* [tib]; Lagerstätte *f* [geo]
deposit ablagern *v* [rec]; aufschwemmen *v*
(Sediment) [geo]; ausfallen *v* (abscheiden) [che];
deponieren *v* [rec]; sedimentieren *v* [che]
deposit as sediment aussedimentieren *v* [was]
deposit welding Auftragschweißung *f* [wer]
depositable absetzbar [was]
depositable materials absetzbare Stoffe *pl* [was]
deposited drawings eingereichte Baupläne *pl* [des]
deposited layer aufgebrachte Schicht *f* [met]
deposited matter Sinkgut *n* [met]
deposited metal Auftragsmetall *n* [met]
deposition Ablagerung *f* [geo]; Einschlämmung *f*
[was]
deposition of gravel Kiesablagerung *f* [geo]
deposition of silt Schlickablagerung *f* [was]
deposition of wastes Abfallablagerung *f* [rec]
depressed arch gedrückter Bogen *m* (Klassizismus)
[arc]
depressed road Straße in Tieflage *f* [tra]
depressed street Tiefstraße *f* [tra]
depression Landsenke *f* [geo]; Niederung *f* (Senke)
[geo]; Vertiefung *f* (Mulde); Wanne *f* (Vertiefung
im Gelände) [geo]
depression of track Gleissenkung *f* [tra]
depression, closed - geschlossenes Becken *n* [geo]
depth gauge Tiefenmesser *m* [any]
depth indicator Tiefenmesser *m* [any]
depth measurement Tiefenmessung *f* [any]
depth of a beam Trägerhöhe *f* [des]
depth of a girder Trägerhöhe *f* [des]
depth of a truss Trägerhöhe *f* [des]
depth of ballast Bettungshöhe *f* (Bahn) [tra]
depth of development Bebauungstiefe *f*
depth of discharge Abflusshöhe *f* [geo]
depth of frost penetration Frosttiefe *f* [geo];
Frosttiefe *f* [geo]
depth of girder Trägerhöhe *f*
depth of level decline Absenkungstiefe *f* [was]

depth of packing Schüttungshöhe *f*
depth of penetration Rammtiefe *f* (Pfählung)
depth of run-off Abflusshöhe *f* [was]
depth of web Stegblechhöhe *f* [stb]
depth scanning Tiefenprüfung *f* [any]
depth, effective - Nutzhöhe *f*
depth-adjustment mechanism Tiefenverstellung *f*
derelict abbruchreif; baufällig
derelict land Brache *f* (z.B. Industrie-)
derelicted site Brache *f* (innerörtlich)
dereliction Verfall *m* (Gebäude)
deresinate entharzen *v* [met]
deresinify entharzen *v* [met]
derivative action Differenzialverhalten *n*
  (Regelung) [elt]; differenzierendes Verhalten *n*
  (Regelung) [elt]
derivative control Differenzialsteuerung *f* [elt];
  differenzierende Regelung *f* [elt]
derivative element differenzierendes Glied *n* [elt]
derivative-action controller Differenzialregler *m*
  [elt]
derived circuit abgeleitete Schaltung *f* [elt]
derived energy Sekundärenergie *f* [pow]
derrick Auslegerkran *m*
derrick boat Schwimmkran *m* (<A>)
derrick boom Ladebaum *m*
derrick brace Bohrturmstrebe *f* [roh]
derrick crane Bohrturmkran *m* [roh]; Dreifußkran *m*
derrick foundation Bohrturmfundament *n*
derrick leg Bohrturmmast *m* [roh]
derrick platform Turmbühne *f* (auf Bohrturm) [roh]
derrick with latticed mast Derrick mit Fachwerkmast *m*
derricking jib crane Auslegerdrehkran *m*
derust entrosten *v* [wer]
derusting agent Entrostungsmittel *n* [met]
desalination of water Wasserentsalzung *f* [was]
desalting Entsalzen *n* [was]
descending spring Auslaufquelle *f* [was]
descent Gefälle *n* (Gelände)
description of contract Auftragsbeschreibung *f*
  [eco]
description of work content Baubeschreibung *f*
descriptions of hazards Gefahrenbezeichnung *f*
deserted menschenleer
deserted medieval town Wüstung *f* (Archäologie)
deserted settlement Wüstung *f* (Archäologie:
  verlassene Siedlung)
desertification Versteppung *f* [geo]
desertify verwüsten *v*
desiccant Trocknungsmittel *n* [met]
desiccated wasserfrei [met]
design Aufriss *m* [des]; Entwurf *m* (Konstruktion)
  [des]; Ausführung *f* (Auslegung, eines Produkts);
  Auslegung *f* [des]; Bemessung *f* (rechnerische -)

[des]; Form *f* (Konstruktion); Formgestaltung *f*
  [des]; Gestaltung *f* [des]; Gestaltung *f* (Entwurf)
  [des]; Konstruktion *f* (Entwurf) [des]
design berechnen *v* (auslegen) [des]; dimensionieren
  v [des]; entwerfen *v* (konstruieren, gestalten) [des]
design and development Konstruktion und
  Entwicklung *f* [des]
design approval Bauartzulassung *f*
design base Berechnungsgrundlage *f* [des]
design basis Auslegungsgrundlage *f* [des]
design basis criteria Auslegungskriterien *pl* [des]
design basis earthquake Auslegungserdbeben *n*
  (Kernkraftwerk) [des]
design calculation Auslegungsrechnung *f* [des]
design code Bauvorschrift *f*; Konstruktionsnorm *f*
  [des]
design concept Gestaltungskonzept *n* [arc]
design contest Architektenwettbewerb *m* [arc]
design criteria Entwurfsparameter *pl* [des]
design criteria, basic - Bemessungsgrundlagen *pl*
  [des]
design data Auslegungsdaten *pl* [des]
design defect Konstruktionsfehler *m* [des]
design detail Konstruktionseinzelheit *f* [des]
design development phase Entwurfsbearbeitung *f*
  [des]
design dimension Entwurfsmaß *n* [des]
design documents Konstruktionsunterlagen *pl*
  [des]
design draft Konstruktionsentwurf *m* [des]
design drawing Konstruktionsunterlagen *pl* [des];
  Entwurfszeichnung *f* [des]; Konstruktionszeichnung *f* [des]
design drawing for pipelines Rohrleitungszeichnung *f* [des]
design engineer Konstrukteur *m* [des]
design equation Berechnungsformel *f* [des]
design error Konstruktionsfehler *m* [des]
design fault Konstruktionsfehler *m* [des]
design feature Ausführungsmerkmal *n* [des];
  Auslegungsmerkmal *n* [des]; Konstruktionsmerkmal *n* [des]
design flood Bemessungshochwasser *n* [wba]
design for environment umweltgerechte
  Produktgestaltung *f* [des]
design for torsion Torsionsbemessung *f* [sik]
design fundamentals Berechnungsgrundlage *f* [des]
design guidelines Gestaltungsrichtlinien *pl* [des];
  Konstruktionsrichtlinien *pl* [des]
design load Bemessungslast *f* [des]; berechnete Last
  f; Lastannahme *f* [des]
design loading Belastungsannahme *f* [sik]
design mode Entwurfsmodus *m* [des]
design of experiments Versuchsplanung *f* [any]
design of steel structure, corrosion-proof -
  korrosionsschutzgerechte Gestaltung *f* [stb]

design office Konstruktionsbüro *n* [des]
design performance Sollleistung *f* [pow]
design plan Konstruktionsplan *m* [des]
design planning Baueingabeplanung *f* (1:100);
Entwurfsplanung *f* [arc]; Entwurfsplanung *f*
(1:100); Konstruktionsplanung *f* [des]
design planning, preliminary -
Vorentwurfsplanung *f* [arc]
design point Auslegungspunkt *m* [des]
design position Einbaustelle *f* [des]
design principle Konstruktionsprinzip *n* [des];
Auslegungsgrundlage *f* [des]
design procedure Projektierungsverfahren *n* [des]
design process Entwurfsprozess *m* [des]
design reasons, for - konstruktionsbedingt [des]
design review Entwurfskontrolle *f* [des]
design review ordinance Gestaltungssatzung *f*
[com]; Gestaltungssatzung *f* (Stadtplanung) [jur]
design rule Bemessungsregel *f* [des]
design specification Bauartspezifikation *f* [des];
Baubeschreibung *f* [des]
design specifications Bemessungsrichtlinien *pl*;
Entwurfsrichtlinien *pl* [des]; Pflichtenheft *n* [eco]
design stage Konstruktionsphase *f* [des]; Konzeptphase *f* [des]
design stage, at - in der Planung [des]
design storm Berechnungsregen *m* (Auslegung)
[des]
design strength Rechenwert einer Festigkeit *m*
design task Entwurfsaufgabe *f* [des]
design team Entwurfsgruppe *f* [des]
design to yield point Schwachpunktauslegung *f*
[des]
design tolerance Konstruktionstoleranz *f* [des]
design verification Entwurfsumsetzung *f* [des]
design weight Konstruktionsgewicht *n* [des]
design, final - endgültiger Entwurf *m* [des]
design, under - in Konstruktion befindlich [des]
designated development area Bauerwartungsland *n*
designated substance gekennzeichneter Stoff *m*
[met]
designator Kennzeichen *n* [des]; Kennnummer *f*
[des]
designer Entwurfsverfasser *m* [des]; Entwurfsverfasserin *f* [des]
designing Konstruktion *f* (Entwerfen) [des]
desilter Schlammabscheider *m* [was]
desilting basin Entschlammungsbecken *n* (Kläranlage) [was]
desired temperature Solltemperatur *f* [pow]
deslagging agent Entschlackungsmittel *n* [met]
desludger Schlammräumer *m* [was]
desludging Entschlammen *n* [was]; Entschlammung
f (von Gewässern) [was]
destructive materials testing zerstörende
Materialprüfung *f* [any]

destructive test nicht zerstörungsfreie Prüfung *f*
[any]; zerstörende Prüfung *f* [any]
destructive testing zerstörende Prüfung *f* [any]
destructive testing of materials zerstörende Werkstoffprüfung *f* [any]
desulfurize entschwefeln *v* [che]
detachable abnehmbar; abschraubbar; auswechselbar; demontierbar; lösbar (Verbindung) [tec]
detachable ditcher Schleppgrabenbagger *m* [tib]
detached frei stehend (Haus)
detached building frei stehendes Gebäude *n*
detached garage Einzelgarage *f*
detached house allein stehendes Haus *n*; Einzelhaus
n; frei stehendes Haus *n*
detached housing offene Bauweise *f* [com]
detail Einzelheit *f*
detail drawing Ausschnittzeichnung *f* [des];
Einzelteilzeichnung *f* [des]; Teilzeichnung *f* [des]
detailed design Detailentwurf *m* [des]
detailed drawing Detailplan *m* (Zeichnung) [des]
detailed plan Feinplan *m* [des]
detailed representation ausführliche Darstellung *f*
[des]
detailed studies Detailstudien *pl* [des]
detailing bauliche Durchbildung *f* [des]
detectable messbar [any]; nachweisbar [any]
detectable, not - nicht nachweisbar [any]
detecting device Wächter *m* [elt]
detection limit Nachweisgrenze *f* [any]
detection method Nachweismethode *f* [any]
detection of fire Branderkennung *f* [asi]
detection of trace amounts Spurenanalyse *f* [any]
detection sensitivity Nachweisempfindlichkeit *f*
[any]
detector Spürgerät *n* [any]; Suchgerät *n* [any];
Detektor *m* [any]; Fühler *m* [any]; Messwertgeber
m [any]
detector signal Detektorsignal *n* [any]
detention period Durchflussdauer *f* [was];
Rückhaltezeit *f* [was]
detention reservoir Hochwasserrückhaltebecken *n*
(Hydrologie) [wba]
detergent oberflächenaktiv [met]
detergent Detergens *n* [che]; Tensid *n* [met]
deteriorate baufällig werden *v*; verfallen *v*
deterioration Verfall *m* (Gebäude); Verschlechterung *f* (- der Lage)
determinate bestimmt (Statik: bestimmtes System)
determination Bestimmung *f* (Analyse) [any];
Ermittlung *f*; Festsetzung *f*; Messung *f* [any]
determination method Bestimmungsmethode *f*
[any]
determination of content Gehaltsbestimmung *f*
[any]
determination of mass Massebestimmung *f* [any]
determination of position Ortsbestimmung *f* [any]

determination, analytical - analytische Bestimmung *f* [any]
determine bestimmen *v* (analysieren) [any]
determining the planning requirements Ermittlung der Planungsvorgaben *f* [des]
detoriation through moisture Benässung *f* [met]
detoxification facility Entgiftungsanlage *f* [was]
detrimental impact Beeinträchtigung *f* (Bauästhetik) [arc]
detritic cone Schutthalde *f* [geo]
detritus Geröll *n* [geo]; Gesteinsschutt *m* [rec]; Steinschutt *m* [rec]
detritus chamber Entsandungsbecken *n* [was]; Sandabsetzbecken *n* [was]
detrius Geröll *n* [geo]
devastate verwüsten *v*
develop ausbauen *v*; bebauen *v*; erschließen *v* (zugänglich machen)
developed area bebautes Gebiet *n* [com]; erschlossenes Bauland *n*; erschlossene Fläche *f* [com]
developed land baureifes Land *n* [com]
developed plan Reinzeichnung *f* [des]
developed property baureifes Grundstück *n* [com]; bebautes Grundstück *n* [com]
developed view Abwicklung *f* (Zeichnung) [des]
developer Bauträger *m* [eco]; Bauunternehmer *m*; Entwicklungsträger *m* (z.B. Bauträger); Bauunternehmerin *f*
developing a site Erschließung *f*
developing area Neubaugebiet *n*
development Ansiedlung *f* [com]; Bebauung *f* (mit Gebäuden); Erschließung *f* (Bauland) [com]
development area Baugebiet *n* [com]; Bebauungsgebiet *n* [com]; Erschließungsgebiet *n* [com]
development area, future - Bauerwartungsland *n*
development area, industrial - Industrieansiedlungszone *f*
development area, mixed - Mischbebauungsgebiet *n* (Städteplanung)
development code Bebauungsvorschrift *f* [com]
development concept Entwicklungskonzept *n*; Bebauungskonzeption *f*
development contract Bauträgervertrag *m* [jur]
development costs Erschließungskosten *pl* [eco]
development freeze Veränderungssperre *f* [com]
development of an area Gebietsentwicklung *f*
development of heat Freiwerden von Wärme *n* [pow]
development of settlements Siedlungsentwicklung *f* [com]
development of settlements with economy of space and preservation of the countryside flächensparende und landschaftsschonende Siedlungsentwicklung *f* [com]
development of smoke Rauchentwicklung *f*
development of the public infrastructure Erschließung *f* [com]

development pattern Bauweise *f*
development plan Flächennutzungsplan *m* [com]; Raumordnungsplan *m* [com]
development planning Erschließungsplanung *f*; Raumplanung *f*
development planning procedure Bauleitplanaufstellungsverfahren *f*
development potential Ausbaupotential *n*; Entwicklungspotenzial *n* ([Variante]) [com]; Entwicklungspotenzial *n* ([Variante]) [com]
development program Ausbauplan *m*
development project Erschließungsvorhaben *n*
development project, urban - Stadtentwicklungsprojekt *n* [com]
development scheme Bebauungsplan *m* [com]
development site Baugrundstück *n*
development stage Ausbaustufe *f*
development strategy Entwicklungsstrategie *f* [com]
development strategy, regional - Regionalentwicklungsstrategie *f* [com]
development within the urban area Innenentwicklung *f* [com]
development zone Baufläche *f*
development zone, commercial - gewerbliche Baufläche *f*
development, free - offene Bebauung *f*
deviation Abweichung *f*
deviation angle Abstellungswinkel *m* (Spundwand)
deviation force Ablenkkraft *f* [sik]
deviation from actual size Istabmaß *n* [des]
deviation from ordered value Abweichung vom Sollwert *f*
deviation from quality Qualitätsabweichung *f*
deviation from the desired value, steady-state - bleibende Regeldifferenz *f* [elt]
deviation in weight Gewichtsabweichung *f*
deviation of shape Formabweichung *f*
deviation, lower - unteres Abmaß *n* [des]
deviation, mean - durchschnittliche Abweichung *f* [any]; mittlere Abweichung *f* [any]
device Hilfsmittel *n* (Werkzeug)
device plug Gerätestecker *m* [elt]
devil abkratzen *v*
devilling Abkratzen *n*
dew-point corrosion Nasskorrosion *f* [met]; Taupunktkorrosion *f* [met]
dew-point level, excursion below - Taupunktunterschreitung *f* [phy]
dew-point temperature Taupunkttemperatur *f* [phy]
dewater auspumpen *v* [tib]; entwässern *v* (Wasser entfernen) [was]
dewatering Entfeuchten *n*; Entwässerung *f* (Entfernung von Wasser) [was]; Trockenlegung *f* [tib]; Wasserhaltung *f* (im Tagebau) [roh]
dewatering conduit Grundablass *m* [was]

dewatering installation
Grundwasserabsenkungsanlage *f* (Baugrube) [tib]
dewatering of sludge Schlammentwässerung *f* [was]
dewatering operation Wasserhaltung *f* (Baugrube)
[tib]
dewatering press Entwässerungspresse *f* [prc]
dewatering press for screening Rechengutpresse *f*
[was]
dewatering pump Entwässerungspumpe *f* [tib]
dewatering screw Entwässerungsschnecke *f* [roh]
dewatering wheel Becherrad *n*
dewatering work Entwässerungsarbeiten *pl* (DIN
18306) [was]
diagonal diagonal; schräg (diagonal)
diagonal Diagonale *f*
diagonal bar Diagonalstab *m*
diagonal bond Diagonalverband *m*
diagonal brace Diagonalstrebe *f*
diagonal bracing Diagonalverband *m* [stb]; Diagonalversteifung *m* [stb]; Schrägverband *m* [stb];
Diagonalverstrebung *f* [stb]; Verschwertung *f* [stb]
diagonal frame Diagonalrahmen *m* [stb]
diagonal measure Diagonalmaß *n* [des]
diagonal member Diagonalstab *m* [stb]; Schrägstab
m [stb]
diagonal rib Diagonalrippe *f* (Kreuzrippengewölbe)
[arc]; Kreuzrippe *f* (mittelalterliche Kirche:
Deckengewölbe) [arc]
diagonal slab Diagonalplatte *f* [stb]
diagonal stay Diagonalstrebe *f* [stb]; Kreuzstrebe *f*
[stb]
diagonal strut Diagonalstab *m* [stb];
Diagonalstrebe *f* [stb]; Kreuzstrebe *f* [stb]
diagonal struts Andreaskreuz *n* (Fachwerk)
diagonal tension schräge Zugspannung *f* [sik]
diagram Kurvenblatt *n* [des]; Schaubild *n* [des];
Abbildung *f* (Diagramm) [des]; schematische
Zeichnung *f* [des]; Zeichnung *f* (Diagramm) [des]
diagram of forces Kräfteplan *m*
diagram of moments Momentenverlauf *m*
diagrammatic schematisch (Zeichnung) [des]
diagrammatic view schematische Ansicht *f* [des]
dial count Zählerstand *m* [any]
dial graduation Skalenteilung *f* [any]
dial indicator Messanzeige *f* [any]
diameter Durchmesser *m* [des]
diameter of bore Bohrungsdurchmesser *m* [des];
Lochdurchmesser *m* [des]
diameter of rivet Nietdurchmesser *m* [des]
diameter of rivet hole Nietlochdurchmesser *m*
[des]
diameter symbol Durchmesserzeichen *n* [des]
diamond bit Diamentbohrkrone *f* [roh]
diamond crossing on straight tracks gerade
Kreuzung *f* (Bahn) [tra]
diamond drill Diamantbohrer *m* [wzg]

diamond for glass cutting Glasschneidediamant *m*
[wzg]
diamond vault Netzgewölbe *n* [arc]
diaphanous lichtdurchlässig; transparent
diaphragm Diaphragma *n* [met]; Membran *f* (in der
Technik) [met]
diaphragm seal Folienabdeckung *f*
diaphragm wall Dichtungswand *f*
diatomaceous earth Kieselgur *m* [met]
dice-shaped würfelförmig
diesel Diesel *m* [pow]
diesel drive Dieselantrieb *m* [pow]
diesel emergency set Diesel-Notstromaggregat *n*
[pow]
diesel hammer Dieselramme *f*
diesel motor power plant Dieselmotorkraftwerk *n*
[pow]
diesel power plant Dieselkraftwerk *n* [pow]
diesel power station Dieselkraftwerk *n* [pow]
diesel roller Dieselstraßenwalze *f*
diesel-electric generator Dieselgenerator *m* [pow]
difference in elevation Höhendifferenz *f*
difference in level Höhenunterschied *m* [geo];
Unebenheit *f*
differential circuit breaker Fehlerstrom-
Schutzschalter *m* [elt]
differential current Fehlerstrom *m* [elt]
differential pressure flowmeter Wirkdruck-
Durchflussmesser *m* [any]
differential protection Fehlerstromschutz *m* [elt]
difficult-to-solve schwer löslich [met]
diffuser Zerstäuber *m* [prc]
diffuser plate Belüfterplatte *f* [was]; Verteilerplatte
f [air]
diffusing lens Streuscheibe *f* (Oberlicht)
diffusing louvre streuende Jalousie *f*
diffusing well Sickerschacht *m* [was]
diffusion barrier Diffusionsdampfsperre *f*;
Diffusionsmembran *f*
diffusion current Diffusionsstrom *m*
diffusion humidity Diffusionsfeuchtigkeit *f*
diffusion layer Diffusionsschicht *f*
diffusion path Diffusionsweg *m*
diffusion process Diffusionsvorgang *m*
diffusion resistance Diffusionswiderstand *m*
diffusion tight diffusionsdicht [met]
diffusion well Schluckbrunnen *m* (Hydrologie)
[was]
diffusion-inhibiting diffusionshemmend [met]
dig ausbaggern *v*; ausgraben *v* [wer]; ausheben *v*
[geo]; ausschachten *v*; baggern *v*; graben *v* [wer]
dig away abgraben *v* [tib]
dig out abgraben *v* [tib]
dig up aufgraben *v* [tib]
dig-and-turn time Schürfzeit *f* (Schrapper) [tib]
digest faulen *v* (abbauen) [was]

digested sludge Faulschlamm *m* [was]
digester Faulbehälter *m* [was]
digester gas Klärgas *n* [was]
digester gas collector Faulgassammler *m* [was]
digester gas extraction plant
Faulgasgewinnungsanlage *f* [was]
digestibility Faulbarkeit *f* [was]
digestible organic matter biologisch abbaubare
Stoffe *pl* [was]
digestion chamber Faulraum *m* [was]
digestion compartment Faulraum *m* (Käranlage)
[was]
digestion gas Deponiegas *n* [rec]
digestion tank Faulbecken *n* [was]; Faulbehälter *m*
[was]
digestion tower Faulturm *m* [was]
diggable soil baggerbarer Boden *m* [tib]
digger Aushubgerät *n* [tib]; Bagger *m* [tib]
digging Ausbaggern *n* [tib]; Ausschachten *n* [tib];
Aushub *m* [tib]
digging attachment Grabgerät *n* (Bagger) [tib]
digging brake Grabbremse *f* (Bagger) [tib]
digging bucket Eimerbecher *m* [tib]; Grabbecher *m*
[tib]
digging cycle, basement - Arbeitstakt beim Aushub
m
digging drum Grabtrommel *f* [tib]
digging fork Grabgabel *f* [tib]
digging grab, single-chain - Einkettenbaggerkorb *m*
[tib]
digging height Grabhöhe *f* (Aushub) [tib]
digging implement Grabegerät *n* [wzg]
digging ladder Baggerleiter *f* (Nassbagger) [tib];
Eimerleiter *f* (Nassbagger) [tib]
digging line Grabseil *n* [tib]
digging motion Grabbewegung *f* [tib]
digging power Grabkraft *f* [tib]
digging push Rückdruck *m* (- beim Baggern)
[tib]
digging shovel Schaufel *f* [wzg]; Schippe *f* [wzg]
digging tool Grabwerkzeug *n* [tib]
digging tooth Eimerbecherzahn *m* [tib]; Grabbecherzahn *m* [tib]
digging-out Bodenabtrag *m* [geo]; Bodenaushub *m*
[tib]
digital circuit Digitalschaltung *f* [elt]
digital clock Digitaluhr *f* [any]
digital control Digitalregelung *f* [elt]; Digitalsteuerung *f* [elt]
digital indication Digitalanzeige *f* (Messgerät, Uhr)
[any]
digital indicator Digitalanzeiger *m* [any]
digital voltmeter Digitalvoltmeter *n* [any]
dihydrate Dihydrat *n* [che]
dike Damm *m* (<A>) [wba]; Deich *m* (<A>) [wba];
Flussdamm *m* [wba]

dilapidated altersschwach (Bauwerk); baufällig;
verfallen
dilapidated building baufälliges Gebäude *n*
dilapidated, become - verfallen *v* (Gebäude);
verkommen *v*
dilapidation Verfall *m* (Gebäude); Baufälligkeit *f*;
Verwahrlosung *f* (von Häusern)
dilapidation of a building Gebäudeverfall *m*
dilatability Dehnbarkeit *f* (Material) [met]
dilatation joint Dehnungsfuge *f*
dilatometer Dehnungsmesser *m* [any]
diluent Verdünnungsmittel *n* [met]; Verdünner *m*
(Farbe) [met]
dilute verdünnt
dilute verdünnen *v* (Lösung)
dilute slurry Dünnschlämme *f* (Käranlage) [was]
diluted verdünnt
diluting agent Streckmittel *n* [met]; Verdünnungsmittel *n* [met]
dilution analysis Verdünnungsanalyse *f* [any]
dilution BOD Verdünnungs-BOD *m* (biologischer
Sauerstoffbedarf) [any]; Verdünnungs-BSB *m*
(Wasseranalytik) [any]
dilution series Verdünnungsreihe *f* [any]
dim dämpfen *v* (Licht)
dimension Größenmaß *n* [des]; Maß *n* (Abmessung) [des]
dimension dimensionieren *v* [des]
dimension arrow head Maßpfeil *m* [des]
dimension diagram Maßbild *n* [des]
dimension diagram, overall - Bemessungsschema *n*
[des]
dimension drawing, certified - verbindliches
Maßbild *n* [des]
dimension line Maßlinie *f* [des]
dimension tolerances Maßtoleranzen *pl* [des]
dimension unit Maßeinheit *f* [phy]
dimension, functionally significant - funktionsbedingtes Maß *n* [des]
dimension-line arrow Maßpfeil *m* [des]
dimensional accuracy Maßgenauigkeit *f* [des];
Maßhaltigkeit *f* [des]
dimensional allowance Maßzugabe *f* [des]
dimensional change Maßänderung *f* [des]
dimensional check Maßprüfung *f* [des]
dimensional consistency Maßhaltigkeit *f* [des]
dimensional control Dimensionsprüfung *f* [des]
dimensional defect Maßfehler *m* (Schweißnahtfehler) [any]
dimensional deviation Maßabweichung *f* [des]
dimensional deviation, allowable - zulässige
Maßabweichung *f* [des]
dimensional error Maßfehler *m* [des]
dimensional framework Baumodul *m*
dimensional inaccuracy Maßungenauigkeit *f* [des]
dimensional sketch Maßskizze *f* [des]

dimensional stability Formbeständigkeit *f* (Abmessungen) [met]; Formstabilität *f* [des]; Maßhaltigkeit *f* [des]
dimensional tolerance Toleranzmaß *n* [des]; Maßabweichung *f* [des]; Maßtoleranz *f* [des]
dimensional variation, permissible - zulässige Maßabweichung *f* (nach Bearbeitung) [des]
dimensionally stable dimensionsstabil; formbeständig [met]
dimensioned drawing Maßzeichnung *f* [des]
dimensioning Bemaßung *f* [des]; Bemessung *f* (Auslegung) [des]; Dimensionierung *f* [des]; Größenbestimmung *f* [des]; Vermaßung *f* (Zeichnung) [des]
dimensions, without - unbemaßt [des]
dimetric projection Dimetrie *f* [des]
dimetric projection, frontal - Frontaldimetrie *f* [des]
dimetric projection, ground - Grundrissdimetrie *f* [des]; Militärprojektion *f* [des]
diminished image verkleinerte Abbildung *f* [des]
diminishing of energy costs Energiekostensenkung *f* [pow]
diminishing piece Reduzierstück *n*
diminution in value Wertminderung *f* [eco]
diminution zone Verarmungszone *f* (Klärbecken) [was]
dimmer Dimmer *m* [elt]; Helligkeitsregler *m* [elt]; Lichtregler *m* [elt]
dimmer switch Dimmerschalter *m* [elt]
dimming Erblinden *n* (Spiegel, Metall) [met]
dimming control Helligkeitsregler *m* [elt]
DIN, according to - nach DIN
dining area Essnische *f*
dining kitchen Essküche *f*
dining recess Essecke *f*
dining-hall Speisesaal *m*
dining-room Esszimmer *n*
diorite Diorit *m* [che]
dip versenken *v*
dip pipe Düker *m* [wba]
dipper Hochlöffel *m*; Löffel *m* (eines Baggers)
dipper dredger Löffelbagger *m*
dipper shovel Baggerlöffel *m* [tib]; Hochlöffel *m* [tib]; Hochlöffelbagger *m* [tib]
dipper stick Auslegerstiel *m* [tib]; Löffelstiel *m* [tib]
dipper tooth Löffelzahn *m* [tib]
dipper trip Löffelklappenauslösung *f* [tib]
dipping bed einfallende Schicht *f* [geo]
dipping lacquer Tauchlack *m* [met]
dipping varnish Tauchlack *m* [met]
dipstick Peilstab *m* (Füllstandsmessung) [any]
direct coating Direktbeschichten *n* [met]
direct colour substantiver Farbstoff *m* [met]
direct control Direktsteuerung *f* [elt]

direct cooling system direktes Kühlsystem *n* [pow]
direct current Gleichstrom *m* [elt]
direct debit Einzugsermächtigung *f* (<B>) [eco]
direct flow direkter Oberflächenabfluss *m* (Hydrologie) [was]
direct force Längskraft *f* (Statik) [sik]; Normalkraft *f* [sik]
direct heating Direktheizung *f* [pow]
direct heating system direktes Heizungssystem *n* [pow]
direct image Abbildung in natürlicher Größe *f* [des]
direct indication Direktanzeige *f* [any]
direct landfill direkte Deponierung *f* [rec]
direct light direktes Licht *n*
direct numerical control direkte numerische Steuerung *f* [elt]
direct run-off Oberflächenabfluss *m* [was]
direct surface run-off direkter Oberflächenabfluss *m* [was]
direct-acting direkt wirkend
direct-acting regulator direkt wirkender Regler *m* [elt]
direct-current cable Gleichstromkabel *n* [elt]
direct-current generator Gleichstromgenerator *m* [elt]
direct-current motor Gleichstrommotor *m* [elt]
direct-current system Gleichstromnetz *n* [elt]
directed light Lichtführung *f* (Beleuchtung)
directed space gerichteter Raum *m* [com]
direction finder Peilgerät *n* [any]
direction finding Peilung *f* [any]
direction of arrow, view in - Ansicht in Pfeilrichtung *f* [des]
direction of curvature, principal - Hauptkrümmungsrichtung *f* [sik]
direction of force Kraftrichtung *f* [phy]
direction of greatest stress Hauptspannungsrichtung *f* [sik]
direction of light Lichtrichtung *f*
directional gerichtet [des]
directional-throw conveyor Wurfförderer *m* [prc]
directive Anweisung *f* [jur]; Richtlinie *f* [jur]
Directive on Public Works Contracts Baukoordinierungsrichtlinie *f* (EU-Richtlinie) [jur]
director's block Direktionsgebäude *n*
dirt pan Schmutzfänger *m* [was]
dirt road unbefestigte Straße *f* [tra]
dirt-insensitive verschmutzungsunempfindlich
dirt-resistant Schmutz abweisend [met]
dirty verunreinigen *v* (verschmutzen)
dirty drains receiver Schmutzwasserbehälter *m* [was]
dirty water Schmutzwasser *n* [was]
dirty-water pump, self-priming - selbstansaugende Schmutzwasserpumpe *f* [was]
disability access behindertengerechter Eingang *m*

disability housing behindertengerechte Wohnung *f*
disabled access design behindertengerechte
    Bauplanung *f* [arc]
disadvantage of location Standortnachteil *m* [eco]
disadvantaged area benachteiligtes Gebiet *n* (wirt-
    schaftlich, sozial, kulturell)
disassembly Abbau *m* (Zerlegung)
disaster control Katastrophenschutz *m* [asi]
disaster prevention Katastrophenschutz *m*
disaster-proof katastrophensicher (Reaktorgebäude)
disc auger Tellerbohrer *m* (für Bodenproben) [any]
disc bit Scheibenmeißel *m* [wzg]
disc distancer Distanzscheibe *f*
disc feeder Rundbeschicker *m* [prc]; Tellerbeschi-
    cker *m* [prc]; Tellerzuteiler *m* [prc]; Verteiler-
    scheibe *f* [prc]
disc grinder Schleifmaschine *f* (Oberflächenbearbei-
    tung) [wzg]
disc mill Scheibenmühle *f* [prc]
disc mill, vibratory - Scheibenschwingmühle *f* [prc]
disc roller Scheibenwalze *f* [tib]
disc saw Kreissäge *f* [wzg]
disc screen Scheibenrechen *m* (Abwasserbehand-
    lung) [was]
disc skimmer Scheibenskimmer *m* [was]
disc-finished rendering Scheibenputz *m* (Verputz)
discharge Ableitung *n* [was]; Ausfließen *n* [was];
    Abfluss *m* (Ausströmen) [was]; Ablauf *m* (Ab-
    fluss); Abwurf *m* [wer]; Ausfluss *m* (Ausströmen)
    [was]; Auslauf *m* (Abfluss) [was]; Auswurf *m*;
    Durchfluss *m* (Abfluss) [prc]; Gutaustrag *m* [prc];
    Einleitung *f* (Wasser) [was]; Entladung *f*
    (elektrisch) [elt]; Förderung *f* (Pumpe) [prc]
discharge abfließen *v* (ausströmen) [was]; abladen
    v [rec]; ablaufen *v* (Flüssigkeit) [was]; ausfließen
    v (ausströmen); einleiten *v* (hineinleiten) [rec];
    entleeren *v* [was]; fördern *v* (pumpen) [prc];
    löschen *v* (Ladung) [elt]
discharge aid Austraghilfe *f* (für Schüttgut, u.a.)
    [prc]
discharge air Abluft *f* [air]
discharge area Ausflussgebiet *n* [was]
discharge basin Entlastungsbecken *n* [was]
discharge belt Abwurfband *n* [prc]; Abzugband *n*
    [prc]; Austragband *n* [prc]
discharge box Rohrfänger *m* (pneumatische
    Betonförderung) [prc]
discharge channel Ablaufkanal *m* [was]; Entlas-
    tungskanal *m* [was]; Abflussrinne *f* [was];
    Ablaufrinne *f* [was]
discharge chute Abwurfschacht *m* [prc];
    Ablaufschurre *f* [prc]; Abwurfschurre *f* [prc]
discharge colour Ätzfarbe *f* [met]
discharge conduit Abflusskanal *m* [wba];
    Abflussleitung *f* [was]; Ablaufleitung *f* [was]
discharge consent Einleitungserlaubnis *f* [was]

discharge conveyor Abwurfband *n* [prc]; Abzugs-
    band *n* [prc]
discharge culvert Abflusskanal *m* [wba]
discharge current Entladungsstrom *m* [elt]
discharge curve Abflussganglinie *f* [was]
discharge depth Entladetiefe *f* (Batterie) [elt]
discharge device Entladevorrichtung *f* [prc];
    Entnahmevorrichtung *f* [prc]
discharge ditch Ableitungsgraben *m* [wba]
discharge duct Austragrinne *f* [prc]
discharge gas Abgas *n* [air]
discharge head, static - statische Förderhöhe *f*
    [prc]
discharge hydrograph Abflussganglinie *f* (Hydro-
    logie) [was]
discharge lamp Leuchtröhre *f* [elt]
discharge level, low - Tiefentladungsgrenze *f* (Bat-
    terie) [elt]
discharge line Abflussleitung *f* [was]; Entwässe-
    rungsleitung *f* [was]
discharge nozzle Zapfhahn *m* [tga]
discharge of waste water Abwassereinleitung *f*
    [was]; Einleitung von Abwasser *f* [was]
discharge of water Ausfluss *m* (Ausströmen) [was];
    Wasserabfluss *m* [was]
discharge opening Auslauf *m* (Öffnung) [was];
    Abwurföffnung *f* [prc]; Ausflussöffnung *f* [was];
    Entleerungsöffnung *f* [was]; Spaltweite *f* [prc]
discharge outlet Entnahmeöffnung *f* [prc]
discharge pipe Abflussrohr *n* [was]; Abflussleitung
    f [was]
discharge point Abwurfstelle *f* (Abfallsortierung)
    [rec]
discharge pressure Förderdruck *m* [was]
discharge quantity Abflussmenge *f* [was]
discharge rate Abflussspende *f* [was];
    Fördermenge *f* [prc]
discharge screw Austragschnecke *f* [prc]
discharge sluice Entwässerungsschleuse *f* [wba]
discharge trough Abflussrinne *f* [was]
discharge tunnel Entlastungstunnel *m* [tib]
discharge water Abflusswasser *n* [was]
discharge, accidental - störfallbedingter Ausfluss *m*
    [was]
discharged battery entladene Batterie *f* [elt]
discharged water Ablaufwasser *n* [was]
discharging Last abtragend
discharging Entladen *n* [elt]; Entleerung *f*
discharging belt Austragsgurt *m* (Magnetscheider)
    [prc]
discharging current Entladestrom *m* (von Batterien)
    [elt]
discharging voltage Entladespannung *f* (Batterie)
    [elt]
disclosure requirement Berichtspflicht *f* [jur]
discoloration Verfärbung *f*

disconnect abklemmen *v* [elt]; lösen *v* (losmachen); schalten *v* (ausschalten)

disconnect from supply spannungslos machen *v* [elt]

disconnecting switch Lasttrenner *m* [elt]; Trenner *m* [elt]; Trennschalter *m* [elt]

disconnecting trap Geruchsverschluss *m* (Ausguss)

disconnector Trenner *m* [elt]; Trennschalter *m* [elt]

discontinuity of a weld seam Schweißnahtunterbrechung *f* [met]

discontinuous control unstetige Regelung *f* [elt]

discontinuous controller unstetiger Regler *m* [elt]

discontinuous grading Ausfallkörnung *f* [prc]; unstetige Kornabstufung *f* (Körnung) [prc]

discontinuous process diskontinuierliches Verfahren *n*

discount Preisnachlass *m* [eco]; Rabatt *m* [eco]

discrete sampling Einzelprobenahme *f* [any]

disengage freigeben *v*

disengage a cable Kabel freilegen *v* [elt]

disfigurement Verunstaltung *f* (Bauästhetik) [arc]

dished plate Buckelblech *n* [met]

disinfect desinfizieren *v*; entkeimen *v*; entseuchen *v* [hum]

disinfectant keimtötendes Mittel *n* [met]

disinfection agent Entkeimungsmittel *n* [was]

disintegrate abbauen *v* (zerlegen) [wer]; auflockern *v*; auflösen *v* (Verbindung); entmischen *v* [prc]; verwittern *v* [met]; zerfallen *v* (auseinander bröckeln); zerkleinern *v* (zerfallen)

disintegrated verwittert [met]

disintegration chemischer Abbau *m* [che]; Auflösung *f* (in Bestandteile) [che]; Entmischung *f* [prc]

disintegration plant Zerkleinerungsanlage *f* [prc]

dislocation Verschiebung *f* [geo]

dislocation by creep Kriechverschiebung *f*

dislocation of anchor head Ankerkopfverschiebung *f*

dismantled track rückgebaute Strecke *f* (Bahn) [tra]

dismantling position Ausbaustellung *f*

dismount abmontieren *v*

dismountable demontierbar

dispatch Abtransport *m* [tra]; Versand *m* [tra]

dispenser Dosiereinrichtung *f* [prc]

dispersal Zersiedelung *f*

dispersal of facilities Entkernung *f* (Gebäude)

dispersal policy Auflockerungspolitik *f* (Stadtplanung) [com]

dispersant Dispersionsmittel *n* [met]

disperse dispergieren *v* [was]; entflocken *v* [was]

dispersed town aufgelockerte Stadt *f* (Städtebau)

dispersibility Dispersionsvermögen *n* [che]

dispersing dispergierend [met]

dispersing Dispergieren *n* [prc]

dispersing agent Dispersionsmittel *n* [met]

dispersion Zerstäubung *f* [prc]

dispersion adhesive Dispersionsklebstoff *m* [met]

dispersion colour Dispersionsfarbe *f* [met]

dispersion hardening Dispersionshärten *n* [met]

dispersion lacquer Dispersionslack *m* [met]

dispersion of settlements Siedlungsausbreitung *f* [com]

dispersion paint Dispersionsfarbe *f* [met]

dispersion-based mortar Dispersionsmörtel *m* [met]

displace verdrängen *v*

displaceable verschiebbar

displaced versetzt

displacement Schiebung *f*

displacement auger Verdrängungsbohrer *m* (Bodenuntersuchung) [any]

displacement dewatering Verdrängungsentwässerung *f* [was]

displacement method Verschiebungsgrößenverfahren *n*; Deformationsmethode *f* [sik]

displacement volume verdrängtes Volumen *n*

display Messanzeige *f* [any]

display board Schautafel *f*

display cabinet Vitrine *f* (Möbelstück)

display for public inspection öffentliche Auslegung *f* (Pläne); öffentliche Auslegung *f* (z.B. Genehmigungsunterlagen) [jur]

display period Auslegungsfrist *f* (Flächennutzungspläne, ...)

display window Schaufenster *n*

disposable clothing Einwegbekleidung *f* [asi]

disposable coverall Einwegschutzanzug *m* [asi]

disposable ear plug Einmal-Ohrstöpsel *m* [asi]

disposal Ablagerung *f* (Deponie) [rec]; Beseitigung *f* (Abfall zur Beseitigung) [rec]; Entsorgung *f* [rec]

disposal facility Beseitigungsanlage *f* (Abfallbeseitigung) [rec]; Entsorgungsanlage *f* [rec]

disposal fee Beseitigungsgebühr *f* (Abfallbeseitigung) [rec]

disposal for asbestos Asbestentsorgung *f* [rec]

disposal line Abwasserleitung *f* [was]

disposal method Entsorgungsweg *m* [rec]

disposal of effluent Abführung von Abwasser *f* [was]

disposal of fluorescent lamps Leuchtstofflampenentsorgung *f* [rec]

disposal of special waste Sonderabfallentsorgung *f* [rec]

disposal plant Entsorgungsanlage *f* [rec]

disposal procedure Beseitigungsverfahren *n* [rec]

disposal site Deponie *f* [rec]

disposal system Entsorgungssystem *n* [rec]

disposal technology Deponietechnik *f* [rec]

disposal well Schluckbrunnen *m* (Hydrologie) [was]

disposal, safe - geordnete Beseitigung *f* [rec]

disposal, sound - geordnete Ablagerung *f* [rec]

dispose beseitigen *v* [rec]

dispose off ablagern *v* [rec]; beseitigen *v* (Müll) [rec]; deponieren *v* [rec]
disposition of equipment Geräteeinsatz *m* [wer]
disproportionate unproportioniert [des]
disrepair Verfall *m* (Baufälligkeit); Baufälligkeit *f*
disruptive discharge Durchschlag *m* [elt]
disruptive voltage Durchschlagspannung *f* [elt]
dissipate heat Wärme abgeben *v* [pow]
dissipated energy abgegebene Energie *f* [pow]
dissipated power Verlustleistung *m* [pow]
dissipation heat Verlustwärme *f* [pow]
dissipation of energy Energieverlust *m* [pow]
dissipation of heat Abführen von Wärme *n* [pow]; Wärmeabfuhr *f* [pow]
dissipation power Verlustleistung *f* [pow]
dissociation Dissoziation *f* [che]
dissolubility Löslichkeit *f* [met]
dissolve auflösen *v* (Substanz, Parlament) [che]; lösen *v* (in Flüssigkeit) [che]
dissolved matter gelöste Stoffe *pl* [met]
dissolved organic carbon gelöster organischer Kohlenstoff *m* (DOC) [was]
dissolved oxygen gelöster Sauerstoff *m* [was]
dissolved solid gelöster Feststoff *m* [was]
dissolved substance gelöster Stoff *m* [met]
dissolved-air flotation Entspannungsflotation *f* [was]
dissolving power Lösungsvermögen *n* [che]
dissolving tank Lösebehälter *m* [prc]
distance Abstand *m* (Entfernung)
distance between rivets Nietteilung *f* [des]
distance between stirrups Bügelabstand *m* [des]
distance finder Entfernungsmesser *m* [any]
distance measure Abstandsmaß *n* [des]
distance measurement Entfernungsmessung *f* [any]
distance piece Distanzstück *n*
distant heating Fernwärmeversorgung *f* [pow]
distant reservoir Fernspeicher *m* [was]
distant water supply Fernwasserversorgung *f* [was]
distemper Wasserfarbe *f* [met]
distemper brush Malerbürste *f* [wzg]
distinctive feature Eigenschaftsbild *n*
distort sich verwerfen *v*; verwinden *v*; verzerren *v* [des]; verziehen *v* (Abmessungen) [des]
distortion Verzug *m* (mechanischer -) [des]
distortion of angle Winkelverzerrung *f* [des]
distortion of the track Gleisverwerfung *f* [tra]
distortion-free verwindungsfrei [met]
distributed control dezentrale Steuerung *f* [elt]
distributed load Flächenlast *f* [sik]
distributed load, uniformly - Gleichbelastung *f* [sik]; Gleichlast *f* [sik]; gleichmäßig verteilte Last *f* [sik]; Gleichstreckenlast *f* [sik]
distributed moment anteiliges Moment *n*
distributed numerical control direkte numerische Steuerung *f* [elt]

distributing belt conveyor Verteilergurtförderer *m* [prc]
distributing box Verteilungskasten *m* [elt]
distributing bus bar Verteilerschiene *f* [elt]
distributing busbar Verteilersammelschiene *f* [elt]
distributing chute Verteilerschurre *f* [prc]
distributing screw Verteilerschnecke *f* [prc]
distribution box Verteilerkasten *m* [elt]; Abzweigdose *f* [elt]
distribution bus Verteilerschiene *f* [elt]
distribution cable Verteilerkabel *n* [elt]
distribution chain Verteilernetz *n* [elt]
distribution cubicle Verteilerschrank *m* [elt]
distribution diagram Steuerdiagramm *n* [elt]
distribution grid Verteilernetz *n* [elt]
distribution line Verteilungsleitung *f* [elt]
distribution main Verteilungsleitung *f* [elt]
distribution network Verteilungsnetz *n* [elt]
distribution of energy Energieverteilung *f* [pow]
distribution of light Lichtführung *f*
distribution of load Gewichtsverteilung *f* [sik]; Lastverteilung *f* [sik]
distribution of residents Einwohnerverteilung *f*
distribution of resources Ressourcenverteilung *f* [eco]
distribution of solar radiation Solarstrahlungsverteilung *f* [pow]
distribution of tasks Aufgabenteilung *f*
distribution pattern, daily - Tagesganglinie *f* (Verbrauch, ...)
distribution pipe Verteilerrohr *n* [was]
distribution property Logistikimmobilie *f*
distribution route Trasse *f* [elt]
distribution space Logistikfläche *f* [eco]
distribution station Umspannwerk *n* [elt]
distribution steel Querbewehrungsstahl *m* [bon]
distribution substation Ortsnetzstation *f* (Transformatorenstation) [elt]
distribution system Verteilernetz *n* [was]
distribution system, heating water - Heizwasserverteilungssystem *n* [pow]
distribution trough Verteilerrinne *f* [was]
distribution waler Verteilerriegel *m*
distributor Verteiler *m* [elt]; Verteiler *m* (Zündverteiler) [elt]
distributor box Verteilerkasten *m* [elt]
distributor for building grounds Baustromverteiler *m* [elt]
distributor of electricity Elektroverteiler *m* [elt]
distributor pipe Verteilerrohr *n* [was]
district Stadtviertel *n* [com]; Bereich *m* (Gebiet) [com]; Bezirk *m*; Stadtteil *m* [com]; Gegend *f* (Stadtviertel) [com]
district cooling Fernkühlung *f* [pow]
district design requirements Umgebungsschutz *m* [com]

district heat Fernwärme *f* [pow]
district heat supply Fernwärmeversorgung *f* [pow]
district heat, cold - kalte Fernwärme *f* [pow]
district heating Ferngasheizung *f* [pow]; Fernheizung *f* [pow]; Fernwärme *f* [pow]
district road Landstraße *f* [tra]
district town Kreisstadt *f* [com]
district, closely built-up - dicht bebautes Gebiet *n* [com]
district-heating accounting Fernwärmeabrechnung *f* [pow]
district-heating agreement Fernwärmelieferungsvertrag *m* [pow]
district-heating contract Fernwärmelieferungsvertrag *m* [pow]
district-heating distribution undertaking Fernwärmeversorgungsunternehmen *n* [pow]
district-heating distributor Fernwärmeversorgungsunternehmen *n* [pow]
district-heating duct Fernheizkanal *m* [pow]
district-heating grid Fernwärmenetz *n* [pow]; Fernwärmeverbund *m* [pow]
district-heating inventory Fernwärmeleitungsbestand *m* [pow]
district-heating network Nahwärmenetz *n* [pow]
district-heating pipeline Fernheizleitung *f* [pow]; Fernwärmeleitung *f* [pow]
district-heating pipeline route Fernwärmeleitungstrasse *f* [pow]
district-heating pipeline, prefabricated - vorgefertigte Fernheizleitung *f* [pow]
district-heating plant Fernheizwerk *n* [pow]
district-heating power station Blockheizkraftwerk *n* [pow]; Fernheizkraftwerk *n* [pow]
district-heating shaft Fernheizschacht *m* [pow]
district-heating station Fernheizwerk *n* [pow]
district-heating supplier Fernwärmeversorgungsunternehmen *n* [pow]
district-heating supply Fernwärmelieferung *f* [pow]
district-heating system Fernheizung *f* [pow]
district-heating system plant Fernheizwerk *n* [pow]
district-heating system, by - fernbeheizt [pow]
district-heating transport line Fernwärmetransportleitung *f* [pow]
district-heating trench Fernwärmeschacht *m* [pow]
district-heating water Fernheizwasser *n* [pow]
disturbance Belästigung *f*; Ruhestörung *f* [aku]
disturbance of equilibrium Gleichgewichtsstörung *f* [che]
disturbed sample gestörte Probe *f* [any]
disturbed soil sample gestörte Bodenprobe *f* [any]
disturbing noise Störgeräusch *n* [aku]
ditch Abflussgraben *m* [wba]; Ableitungsgraben *m* [was]; Graben *m* [tib]; Kanal *m* (Graben) [wba]
ditch cleaner Grabenräumer *m* [tib]; Grabenreiniger *m* [wba]

ditch cleaning Grabenreinigung *f* [wba]
ditch digger Grabenbagger *m* [tib]
ditch drainage Grabenentwässerung *f* [wba]
ditch irrigation Grabenbewässerung *f* [wba]
ditch lining Grabenauskleidung *f* [wba]
ditch of a road Straßengraben *m* [tra]
ditcher Tieflöffelbagger *m*; Grabenaushebemaschine *f* [tib]
ditching Grabenaushub *m* [tib]
ditching grab Grabengreifer *m* [tib]
divergence of equilibrium Gleichgewichtsstörung *f*
divergent cross-section Querschnittserweiterung *f* [des]
divergent tendons gespreizte Spannglieder *pl*
diversion Ableitung *f* (im Kanalnetz) [was]
diversion canal Umgehungskanal *m* [wba]
diversion dam Überleitungssperre *f* (Talsperre) [wba]; Umleitungssperre *f* (für Bewässerung) [wba]
diversion road Umgehungsstraße *f* [tra]
diversion works Umleitungsbauten *pl* (Flussumleitung) [wba]
divert umleiten *v* (Fluss) [wba]
diverter switch Lastumschalter *m* [elt]
divide into lots parzellieren *v*
divider Schottenwand *f*
dividing line Trennlinie *f* [des]
dividing strip Mittelstreifen *m* (Fahrbahn) [tra]
dividing wall Trennwand *f*
division Gradeinteilung *f* [any]; Strichteilung *f* [any]
division line Strich *m* (Teilstrich) [des]
division of work Arbeitsteilung *f* [wer]
division wall Brandmauer *f*; Zwischenwand *f*
dock floor Docksohle *f* (Trockendock) [tib]
dock line Hafengleis *n* (Bahn) [tra]
dock side wall Dockseitenwand *f* (Trockendock) [tib]
dock wall Dockwand *f* (Trockendock) [tib]
documentation Objektbeschreibung *f*
documentation of disposal Entsorgungsnachweis *m* [rec]
documentation papers Dokumentationsunterlagen *pl* [des]
documents for invitation to bid Verdingungsunterlagen *pl* [jur]
dog Klammer *f* (Bauklammer); Klaue *f*
dolly wheel Transportrad *n*
dolomite Dolomitkalkstein *m* [che]; Dolomitstein *m* [che]
dolomite brick Dolomitziegel *m*
dolomitic cement Dolomitzement *m* [met]
dolomitic lime Dolomitkalk *m* [che]
dolomitic limestone dolomitischer Kalkstein *m* [che]; Dolomitkalkstein *m* [che]; Kalkstein, dolomitischer - *m* [che]
dolphin Dalbe *f* (Seefahrt) [tib]

dolphin head Dalbenkopf *m* [wba]
dolphin pile Dalbenpfahl *m* [wba]
dome Gewölbe *n* (Kuppel); Dom *m*; Haube *f* (Kuppel)
dome light Lichtkuppel *f*; Oberlichtkuppel *f*
dome roof Kuppeldach *n*; Kuppeldach *n* (Kernkraftwerk: Sicherheitshülle) [pow]
dome shell Kuppelschale *f*
dome structure Kuppelbau *m*
dome timbering Kuppelverschalung *f* [arc]
dome, inner - Innenkuppel *f* (Baukunst) [arc]
dome, outer - Schutzkuppel *f* (Baukunst) [arc]
dome-shaped kuppelförmig
dome-shaped duct Haubenkanal *m* (Fernwärmeleitung)
dome-shaped roof Kuppeldach *n*
domed roof Kuppeldach *n*
domed rooflight Oberlichtkuppel *f*
domestic area häuslicher Bereich *m*
domestic behaviour Wohnverhalten *n* [arc]
domestic drainage Hausentwässerung *f* [was]
domestic engineering Haustechnik *f*; Installationstechnik *f* [tga]
domestic environment private Umgebung *f*
domestic functions Wohnfunktionen *pl* [arc]
domestic furniture Wohnungseinrichtung *f*
domestic heating system Heizungsanlage *f* [pow]
domestic installation Hausanlage *f* [tga]; Hausinstallation *f*; Installation *f* (Haushalt) [elt]
domestic listening level Zimmerlautstärke *f* [aku]
domestic needs Wohnbedürfnisse *pl* [arc]
domestic sewage häusliche Abwässer *pl* [was]; Haushaltsabwasser *n* [was]; Kommunalabwasser *n* [was]; kommunales Abwasser *n* [was]
domestic sewage treatment plant Hauskläranlage *f* [was]
domestic space heating Wohnraumbeheizung *f* [pow]
domestic waste Siedlungsabfall *m* [rec]
domestic waste water häusliches Abwasser *n* [was]
domestic water Trinkwasser *n* [was]
domestic water filter Hauswasserfilter *m* [tga]
domestic water plant Hauswasserversorgungsanlage *f* [tga]
domestic water service Hauswasserversorgung *f* [tga]
domestic water supply Hauswasserversorgung *f* [tga]; Hauswasserversorgungsanlage *f* [tga]
domestic-type hausmüllähnlich [rec]
domicile Wohnsitz *m*
dominant landmark Dominante *f* [com]
dominant lot herrschendes Grundstück *n* [com]
doming Brückenbildung *f* (im Schüttgut) [prc]
door Tor *n*; Pforte *f*; Tür *f*; Wohnungstür *f*
door air curtain Türluftschleier *m* [air]
door bar Türstange *f*

door bay Türfeld *n*; Türöffnung *f*
door bolt Türriegel *m*
door butt hinge Türfitsche *f*
door case Türzarge *f*
door casing Türrahmen *m*; Türzarge *f*
door catch Türfalle *f*
door check Türschließer *m*
door cheek Türpfosten *m*; Türwange *f*
door cladding Türverkleidung *f*
door closer Türschließer *m*
door closing device Türschließanlage *f*
door control, automatic - Feststellanlage *f* (Sicherheitstechnik)
door fitting Türbeschlag *m*
door frame Türrahmen *m*; Türstock *m*; Türumrahmung *f*; Türzarge *f*
door frame aperture Zargenmaulweite *f*
door frame lining Türfutter *n*
door furniture Türbeschläge *pl*
door gasketing Abdichtung der Tür *f*; Türabdichtung *f*
door glazing Türverglasung *f*
door handle Klinkengriff *m*; Türdrücker *m*; Türgriff *m*; Türklinke *f*
door handle fittings Klinkenbeschläge *pl*
door hanger Türscharnier *n*
door hardware Türbeschläge *pl*
door height Türhöhe *f*
door hinge Türband *n*; Türscharnier *n*; Türanschlag *m*; Türangel *f*
door hinge, weld-on - Anschweißband *n* (Tür)
door holder Türfeststeller *m*
door interphone Türsprechanlage *f* [elt]
door jamb Türpfosten *m*; Türlaibung *f*; Türwange *f*
door knob Türgriff *m*; Türknauf *m*; Türknopf *m*
door latch Türschließer *m*; Türklinke *f*; Türverriegelung *f*
door leaf Türblatt *n*; Türflügel *m*
door lintel Türsturz *m*
door lock Türschloss *n*
door locker Türschließer *m*
door opener Türdrücker *m*; Türöffner *m*
door opening Türausschnitt *m*; Türöffnung *f*
door operator Türöffnungsanlage *f*
door panel Türfüllung *f*; Türverkleidung *f*
door pillar Torpfeiler *m*; Türsäule *f*
door plate Türschild *n*
door profile Türprofil *n*
door pull handle Ziehgriff *m* (Tür, Fenster)
door roller Türrolle *f*
door seal Türabdichtung *f*
door spring Türschließer *m*
door stop Türanschlag *m*; Türpuffer *m*; Türstopper *m*
door telephone Türsprechanlage *f* [elt]
door viewer Türspion *m*

door width Türbreite *f*
door window Türfenster *n*
door wing Türflügel *m*
door-buzzer Türsummer *m* [elt]
door-opening system, automatic - automatische Türöffnungsanlage *f*
doorpost Pfosten *m* (Tür, Fenster); Türpfosten *m*; Türstiel *m* (im Bau)
doorsill Türschwelle *f*
doorway Tordurchfahrt *f*; Toreinfahrt *f*; Türöffnung *f*
dope Additiv *n* (Wirkstoff) [met]
doping agent Dotierungsmaterial *n* [met]; Dotierungsmittel *n* [met]
doric dorisch (klassisch griechisch) [arc]
doric column dorische Säule *f* [arc]
dormer Dachgaube *f*; Gaube *f* (Dach-)
dormer ventilator Lüftergaube *f*
dormer window Gaubenfenster *n*; Mansardenfenster *n*; Gaube *f*
dormitory Dormitorium *n* (Kloster) [arc]; Schlafsaal *m* (Kloster) [arc]
dormitory community Schlafstadt *f* [com]
dosage screw Dosierschraube *f* [prc]
dose abwiegen *v* [any]; bemessen *v* (dosieren); zumessen *v* [any]
dose by volume volumetrisch dosieren *v* [prc]
dose by weight nach Gewicht dosieren *v* [prc]
dose volumetrically volumetrisch dosieren *v* [prc]
dosimeter Dosimeter *n* (Strahlungsmessgerät) [any]
dosing device Dosiervorrichtung *f* [prc]
dosing equipment Dosieranlage *f* [prc]
dosing feeder Dosierer *m* [prc]
dosing plant Dosieranlage *f* [prc]
dosing point Dosierstelle *f* [was]
dosing pump Dosierpumpe *f* [prc]
dosing screw Dosierschnecke *f* [prc]
dot-dash line strichpunktierte Linie *f* [des]; Strichpunktlinie *f* (technische Zeichnungen) [des]
double bevel Doppel-HY-Naht *f* (Schweißnaht) [met]
double bevel seam DHV-Naht *f* (Schweißnaht) [met]
double clamp Doppelschelle *f* [tga]
double door Doppeltür *f*; Flügeltür *f*; zweiflügelige Tür *f*
double fillet Doppelkehlnaht *f* (Schweißnaht) [met]
double glazing Doppelverglasung *f*
double header Doppelwechselbalken *m*
double house Doppelhaus *n*
double insulator Doppelklemme *f* [elt]
double over in der Mitte zusammenbiegen *v* (Bewehrung) [bon]
double pentagon Doppelpentagon *n* (Vermessung) [any]
double pile Doppelbohle *f* (Spundwand)

double plug Doppelstecker *m* [elt]
double rabbet Doppelfalz *m*
double roller crusher Doppelwalzenbrecher *m* [roh]
double room Doppelzimmer *n*
double shear, in - zweischnittig (z.B. Nietung) [tec]
double socket Doppelsteckdose *f* [elt]
double spindle Doppelspindel *f*
double stairs Doppeltreppe *f*
double terminal Doppelklemme *f* [elt]
double tower Doppelturm *m* (Kirchenbau) [arc]
double trace Doppelspur *f* (Bahn) [tra]
double triangular truss Rhombenfachwerk *n* [stb]
double wall doppelwandig
double wall Doppelwand *f*
double window Doppelfenster *n*; Vorfenster *n*
double-acting hammer Rammhammer *m*
double-acting swing door Pendeltür *f*
double-action door Pendeltür *f* (technisch)
double-arched dam Doppelbogenmauer *f*
double-blind trial Doppelblindversuch *m* [any]
double-broken chipping Edelsplitt *m* [met]
double-core cable doppeladriges Kabel *n* [elt]; zweiadriges Kabel *n* [elt]
double-deck bridge zweistöckige Brücke *f*
double-decker bridge Brücke mit zwei Verkehrsebenen *f*
double-doored doppeltürig
double-flanged wheel Doppelspurkranzrad *n* [tec]
double-flight staircase zweiläufige Treppe *f*
double-glazed casement Verbundfenster *n*
double-glazed window Doppelfenster *n*; Isolierfenster *n*; Verbundfenster *n*
double-headed rail Doppelkopfschiene *f* [met]
double-hinged beam Zweigelenkträger *m*
double-hung sash window Doppelschiebefenster *n*
double-intersection framework Rhombenfachwerk *n*
double-laned roadway zweispurige Fahrbahn *f* [tra]
double-layer lining Zweischichtauskleidung *f* [met]
double-leaf zweischalig
double-loaded corridor Zweibund *m* [arc]
double-pitch roof Satteldach *n*
double-roll crusher Zweiwalzenbrecher *m* [prc]
double-sash window zweiflügeliges Fenster *n*
double-shaft hammer crusher Doppelwellen-Hammerbrecher *m* [roh]
double-skin façade Doppelfassade *f*
double-sliding door zweiflügelige Schiebetür *f*
double-span girder Zweifeldträger *m* [stb]
double-tee joint Kreuzstoß *m* (Dichttechnik)
double-trussed girder zweifach unterspannter Träger *m*
double-V groove weld DV-Naht *f* (Schweißnaht) [met]
double-V seam DV-Naht *f* (Schweißnaht) [met]
double-walled doppelwandig

double-walled dome zweischalige Kuppel *f*
double-webbed doppelstegig [tec]
double-webbed girder Doppelstegblechträger *m* [stb]
doubly reinforced doppelbewehrt
dovetail connection Schwalbenschwanzverbindung *f* [tec]
dovetail dowel Schwalbenschwanzdübel *m*
dovetails, half blind - einfach verdeckte Zinkung *f*
dowel Dübel *m*
dowel bar Anschlussbewehrung *f* [bon]
dowel bar joint verdübelte Fuge *f*
dowel bit Dübelbohrer *m* [wzg]
dowel brick Dübelstein *m*
dowel capacity Dübeltragfähigkeit *f* [sik]
dowel joint Dübelverbindung *f*
dowel slip Dübelschlupf *m*
dowel spacing Dübelabstand *m*
dowel stiffness Dübelsteifigkeit *f* [met]
dowel-hole borer Dübellochbohrer *m* [wzg]
doweled gedübelt
dowelled joint Dübelverbindung *f*
down-chute Fallschurre *f* [prc]
downcomer Fallrohr *n* [was]; Ablaufstutzen *m* [was]
downfolding Abfaltung *f* [geo]
downpipe Fallrohr *n* [prc]; Fallrohr *n* [was]; Regenfallrohr *n*; Regenrohr *n* (Abfluss Regenrinne)
downpipe shoe Fallrohrauslauf *m*; Fallrohrauslauf *m*
downriver flussabwärts [was]
downslope hangabwärts
downspout Fallrohr *n* [was]; Fallrohr *n* (Regenrinne); Regenfallrohr *n*; Regenrohr *n*; Traufe *f*
downstand beam unten liegender Träger *m*; Unterzug *m*
downstand excavation Aushub *m* (manuell)
downstream flussabwärts [was]
downstream apron unterwasserseitige Vorlage *f* [wba]
downstream cofferdam rückwärtige Schutzsperre *f* [wba]
downstream face Luftseite *f* (Talsperre) [wba]; Unterwassermauer *f* [wba]
downstream nose Pfeilerrücken *m* (Talsperre) [wba]
downstream power plant Unterliegerwerk *n* (Wasserkraftwerk) [pow]
downstream shoulder Unterstützmauer *f* [wba]
downstream sill Strahlablenker *m* (an Talsperre) [wba]
downstream toe Trockenseite *f* [wba]
downtown innerstädtisch
downtown Innenstadt *f* (<A>) [com]
downtown area Stadtzentrum *n*
downtown core Innenstadtkern *m* (<A>)

downward slope Abdachung *f* (Gefälle) [geo]
doze planieren *v*
dozer blade Planierschar *f* [tib]
draft Entwurf *m* (Ausarbeitung) [des]; Kaminzug *m* (<A> Auftrieb) [pow]; Plan *m* (Zeichnung) [des]; Riss *m* (Zeichnung) [des]; Entwurfszeichnung *f* [des]; Skizze *f* (Entwurf) [des]; Zeichnung *f* (Entwurf) [des]
draft entwerfen *v* (ausarbeiten) [des]; skizzieren *v* [des]; zeichnen *v* (entwerfen) [des]
Draft Building Code Musterbauordnung *f* (Harmonisierung der Bauordnungen der dt. Bundesländer) [jur]
draft copy Entwurfskopie *f* [des]
draft planning Entwurfsplanung *f* [des]
drafting error Zeichnungsfehler *m* [des]
drag Kratzeisen *n* [wzg]; Schleppwiderstand *m* [wba]; Strömungswiderstand *m* [prc]; Planierschleppe *f* [tib]; Schleppkraft *f* (Hydrologie) [was]
drag schleppen *v*; ziehen *v* (schleppen)
drag bar feeder Tragkettenförderer *m* [prc]
drag belt classifier Kratzbandklassierer *m* [prc]
drag brake Schürfbremse *f* (Tieflöffel) [tib]
drag cable Schürfseil *n* (Tieflöffel) [tib]
drag chain Kratzerkette *f* [tib]; Schürfkette *f* (Schleppschaufel) [tib]
drag chain conveyor Kratzkettenförderer *m* [prc]
drag coefficient Widerstandskoeffizient *m* (Windlast)
drag conveyor Kratzerförderer *m* [prc]
drag drum Schürftrommel *f* [tib]
drag generator Bremsgenerator *m* [elt]
drag link conveyor Trogkettenförderer *m* [prc]
drag plough Schlepppflug *m* [tib]
drag scraper and loader Fahrschrapper *m* [tib]; Schrapplader *m* [tib]
drag scraper plate Kratzblech *n* [tib]
drag shovel Tiefbagger *m*
drag strip Schleppstreifen *m* (unverklebte Bereiche, z.B. über Plattenfugen)
drag-bar conveyor Trogkettenförderer *m* [prc]
drag-line bucket Schleppeimer *m* [tib]; Schleppllöffel *m* [tib]; Zugkübel *m* [tib]; Schleppschaufel *f* [tib]; Schleppschaufel *f* [tib]; Schürfschaufel *f* [tib]
drag-line bucket excavator Zugkübelbagger *m*
drag-line excavator Greifbagger *m* [tib]; Schlepplöffelbagger *m* [tib]
drag-skip Schrapperschaufel *f* [tib]
dragging Abschleppen *n* (- einer Fläche) [tib]
dragon beam Stichbalken *m* (Dachkonstruktion)
drain Entwässerungsrohr *n* [was]; Gerinne *n* [was]; Abfluss *m* (-element) [was]; Abflussgraben *m* [was]; Abflusskanal *m* [wba]; Ablauf *m* (Abfluss) [was]; Ableitungsgraben *m* [wba]; Ausfluss *m* (Rinne, Rohr) [was]; Auslauf *m* (Drainage) [was];

Graben *m* (Abzugs-) [wba]; Gully *m* [was]; Kanal *m* (Abwasser) [was]; Ablaufrinne *f* [wba]; Dole *f* [wba]; Entwässerung *f* (Ableitung) [was]; Gosse *f* [was]; Rinne *f* (Abfluss) [wba]

drain abfließen *v* (entwässert werden) [was]; austrocknen *v* (trocken legen); dränieren *v* [was]; einmünden *v* [was]; entwässern *v* (ableiten, abfließen) [was]; filtern *v* [prc]; trocken legen *v* [wba]

drain away versickern *v* [was]

drain by pumping abpumpen *v* [was]

drain channel Entleerungskanal *m* [wba]; Entwässerungskanal *m* [wba]; Ablaufrinne *f* [wba]

drain chute Ablaufschacht *m* [was]

drain cock Wasserablasshahn *m* [was]

drain connection Ablaufstutzen *m* [was]

drain ditch Dränagegraben *m* (Wasserführung) [tib]

drain gutter Entwässerungsrinne *f* [was]

drain mat Dränmatte *f* (z.B. Baugrube) [tib]

drain off abfließen *v* (abströmen) [was]; abgraben *v* (Wasserlauf) [wba]; ablassen *v* (Wasser) [was]

drain paving Dränpflaster *n*

drain pipe Abflussrohr *n* [was]; Abwasserrohr *n* [was]; Abzugsrohr *n* [was]; Dränrohr *n* [was]; Fallrohr *n* [was]; Sickerrohr *n* [wba]; Wasserabflussrohr *n* [was]; Abflussleitung *f* [was]; Ableitungsrinne *f* [was]; Abwasserleitung *f* [was]; Dränleitung *f* [was]; Entwässerungsleitung *f* [wba]

drain strip Abflussleiste *f* (für Wasser)

drain system Kanalisation *f* [was]

drain test Abdrückprüfung *f* (Abflussrohre) [any]

drain through sewers kanalisieren *v* [was]

drain tile Dränrohr *n* [was]

drain trap Geruchsverschluss *m* [was]

drain trench Abwasserkanal *m* [was]; Drängraben *m* [was]

drain tube Entwässerungsrohr *n* [was]; Kanalisationsrohr *n* [was]

drain water Kanalisationsabwasser *n* [was]; Schmutzwasser *n* [was]

drain well Sickerschacht *m* [was]

drainable entwässerbar

drainage Abfließen *n* [was]; Entwässern *n* [was]; Abfluss *m* (Entwässerung) [was]; Abflussgraben *m* [wba]; Ablauf *m* (Abfluss) [was]; Wasserabfluss *m* [was]; Ableitung *f* (Flüssigkeit); Austrocknung *f* (Trockenlegung) [wba]; Drainage *f* ([Variante]) [was]; Entwässerung *f* (Ableitung) [was]; Entwässerungsanlage *f* [was]; Kanalisation *f* [was]; Rinne *f* (Abfluss) [was]; Trockenlegung *f* [wba]

drainage aggregate Drainagezuschlag *m* ([Variante]) [was]

drainage area Abflussgebiet *n* [was]; Entwässerungsgebiet *n* [was]; Wassereinzugsgebiet *n* [was]

drainage area, blind - abflussloses Einzugsgebiet *n* [was]

drainage basin Einzugsgebiet *n* (Wasserwirtschaft) [was]

drainage blanket Drainagedeckel *m* ([Variante]) [wba]

drainage capacity Abflusskapazität *f* (Hydrologie) [was]

drainage catchment Wassereinzugsgebiet *n* [was]

drainage channel Ablaufkanal *m* [was]; Entwässerungskanal *m* [wba]; Ablaufrinne *f* [wba]

drainage coefficient Entwässerungsbeiwert *m* [was]

drainage course Drainageschicht *f* ([Variante]) [geo]

drainage culvert Abzugkanal *m* [wba]

drainage density Flussdichte *f* (Hydrologie) [was]

drainage ditch Abflussgraben *m* [wba]; Entwässerungsgraben *m* (Straße) [wba]; Vorfluter *m* [was]

drainage duct Abzugkanal *m* [wba]

drainage filter Dränfilter *m* [was]

drainage gallery Entwässerungsstollen *m* [wba]

drainage gutter Abflussrinne *f* [was]; Entwässerungsrinne *f* [was]

drainage layer Dränschicht *f* (im Boden) [geo]; Entwässerungsschicht *f* (im Boden) [geo]

drainage network Entwässerungsnetz *n* [was]

drainage of land Bodenentwässerung *f* [geo]

drainage of leachate Sickerwasserentwässerung *f* (Deponie) [rec]

drainage of water Wasserableitung *f* [was]

drainage pipe Abflussrohr *n* [was]; Entwässerungsrohr *n* [was]

drainage pipeline Entwässerungsleitung *f* (z.B. Baugrube) [tib]

drainage piping Entwässerung *f* (Dränage) [was]

drainage pit Sickergrube *f* [was]

drainage shaft Sickerschacht *m* [was]

drainage sluice Siel *n* [wba]; Einlassschleuse *f* [wba]

drainage swale Abflussrinne *f* [wba]

drainage system Drainagesystem *n* ([Variante]) [was]; Entwässerungssystem *n* [was]; Grundleitung *f* [was]; Kanalisation *f* [was]

drainage trench Abwassergraben *m* [was]; Entwässerungsgraben *m* [wba]; Graben *m* [wba]; Rigole *f* [wba]

drainage trench, gravel-filled - Rigole *f* (Wasserversickerung) [was]

drainage water Ablaufwasser *n* [was]; Dränwasser *n* [was]; Sickerwasser *n* [was]

drainage well Entwässerungsschacht *m* [was]; Sickergrube *f* (Entwässerung) [was]

drainage work Dränagearbeiten *pl* ([Variante]) [tib]; Dränarbeiten *pl* (DIN 18308) [tib]; Drainagearbeiten *pl* ([Variante]) [tib]

drainage, internal - interner Abfluss *m* [was]

drained glazing rebate Glasfalzentwässerung *f*

draining Trockenlegung *f* [was]

draining well Entspannungsbrunnen *m* [tib]
drains Grundstücksentwässerung *f* [was]
draught Kaminzug *m* (<B> Auftrieb) [pow]
draught preventer Windfang *m*
draughtsman technischer Zeichner *m* [des];
Zeichner *m* [des]
draughtsperson technischer Zeichner *m* [des]
draw auftragen *v*; zeichnen *v* (abbilden) [des]
draw in shortened form gekürzt zeichnen *v* [des]
draw incorrectly verzeichnen *v* (fehlerhaft zeichnen) [des]
draw separately herauszeichnen *v* (Details aus Zeichnungen) [des]
draw staggered versetzt zeichnen *v* [des]
draw to scale maßstäblich zeichnen *v* [des]
draw up a contract Vertrag aufsetzen *v* [jur]
draw-off cock Zapfhahn *m* [tga]
drawbar Zugstange *f* (z.B. an Brücke) [stb]
drawbridge Zugbrücke *f* [tra]; Zugbrücke *f* (Burg) [arc]
drawbridge windlass Zugbrückenwinde *f* (mittelalterlich) [arc]
drawdown Absenkung *f* [geo]; Absenkung *f* (Grundwasser) [was]; Entnahmesenkung *f* (Rohrbrunnen) [was]; Grundwasserabsenkung *f* [was]
drawdown irrigation Bewässerung durch Überfluten *f* [was]
drawhook Zughaken *m*
drawing Zeichnen *n* [des]; Riss *m* (Zeichnung) [des]; Ansicht *f* (Zeichnung) [des]; Entnahme *f* (Wasser) [was]; Skizze *f* [des]; Zeichnung *f* [des]
drawing area Zeichnungsfeld *n* [des]; Zeichenfläche *f* [des]
drawing compliance Prüfung auf zeichnungsgerechte Ausführung *f* [des]
drawing containing preprinted representations Zeichnung mit vorgedruckten Darstellungen *f* [des]
drawing datails Zeichnungsangaben *pl* [des]
drawing dealing with oversize parts Übermaßzeichnung *f* [des]
drawing dealing with wearing parts Verschleißteilzeichnung *f* [des]
drawing format Zeichnungsformat *n* (technische Zeichnungen) [des]
drawing head, adjustable - verstellbarer Zeichenkopf *m* [des]
drawing instrument Zeichenmittel *n* [des]
drawing machine Zeichenmaschine *f* [des]
drawing notes Zeichnungshinweise *pl* [des]
drawing number Zeichnungsnummer *f* [des]
drawing of a mock-up Modellzeichnung *f* [des]
drawing of details, separate - Herauszeichnen von Einzelheiten *n* [des]
drawing of the general plan Übersichtszeichnung *f* [des]
drawing office Zeichenbüro *n* [des]

drawing panel Zeichnungsfeld *n* (Raum für Zeichnungen) [des]
drawing pen Zeichenstift *m* [des]
drawing plane Bildebene *f* [des]
drawing practice standard Zeichnungsnorm *f* [des]
drawing print Zeichnungskopie *f* [des]
drawing revision Zeichnungsänderung *f* [des]
drawing sheet Zeichnungsblatt *n* [des]
drawing table Zeichentisch *m* [des]
drawing title block Zeichnungskopf *m* [des]
drawing utensil Zeichengerät *n* [des]
drawing, freehand - freihändige Zeichnung *f* [des]
drawing, on the - in der Planung [des]
drawing, outline arrangement - allgemeine Übersichtszeichnung *f* [des]
drawing, registered design - Gebrauchsmusterzeichnung *f* [des]
drawing-board Reißbrett *n* [des]; Zeichenbrett *n* [des]
drawing-checked zeichnungsgeprüft [des]
drawn gezeichnet [des]
drawn to a scale of ... Maßstab ... [des]
drawn to scale, not - nicht maßstäblich [des]
dredge Bagger *m*
dredge ausbaggern *v*; ausschaggern *v* (in Wasser) [wba]; baggern *v* (mit Schwimmbagger) [wba]; nassbaggern *v* [wba]; räumen *v* [wba]; schlämmen *v* [wba]; verschlämmen *v* [wba]
dredge bucket Baggereimer *m* [tib]
dredge pump Baggerpumpe *f* [tib]
dredge spoil Aushub *m*; Baggeraushub *m*
dredged material Baggergut *n*
dredger Bagger *m*; Nassbagger *m*; Saugbagger *m*; Schwimmbagger *m* [wba]
dredger bucket Baggereimer *m* [tib]; Baggerschaufel *f* [tib]
dredger hoist Nassbaggerwinde *f* [tib]
dredging Ausbaggern *n* [tib]; Baggerbetrieb *m* [tib]; Ausbaggerung *f* (in Wasser) [wba]; Nassbaggerung *f* [tib]
dredging ladder Baggerleiter *f* (Naßbagger) [wba]; Eimerleiter *f* (Naßbagger) [wba]
dredging pump Baggerpumpe *f* [tib]
dredging sludge Baggerschlamm *m* [wba]
dredging spoil Baggergut *n* (Naßbagger) [wba]; Hafenaushub *m* [wba]
dredging work Nassbaggerarbeiten *pl* (DIN 18311) [tib]
dredgings Baggergut *n* [wba]
drench shower Notbrause *f* [asi]; Notdusche *f* [asi]
dress verputzen *v*; zubereiten *v*
dressed lumber Kantholz *n* [met]
dressed size Einbaugröße *f*
dressed stone behauener Naturstein *m*
dressed timber Kantholz *n* [met]

dresser Geschirrschrank *m*; Planierhammer *m* [tib]
dressing Behauen *n* (Stein) [wer]; Zurichten *n*; Nachbehandlung *f* [wer]; Zubereitung *f* [met]
dressing of asbestos Asbestaufbereitung *f* [rec]
dressing room Ankleideraum *m*; Ankleide *f*
dried wood getrocknetes Holz *n* [met]
drift Drift *f* (waagerechte Durchbiegung)
drift of a building on structure waagerechte Durchbiegung eines Bauwerks während der Bauzeit *f*
drift pin Dorn *m* (z.B. zum Aufweiten) [wzg]; Stabdübel *m* (Holzbau)
drill Bohrer *m* (Bohrmaschine) [wzg]; Erdbohrer *m* [tib]
drill and blast Sprengvortrieb *m* (Tunnelbau)
drill bit Bohrmeißel *m* [wzg]; Meißelbohrer *m* [wzg]; Bohrkrone *f* [wzg]; Gesteinsbohrerkrone *f* [wzg]
drill chuck Bohrfutter *n* [wzg]
drill cuttings Bohrgut *n* [rec]; Bohrklein *n* [rec]; Bohrmehl *n* [rec]
drill foundation piling Bohrpfahlwand *f*
drill hammer Bohrhammer *m* [wzg]
drill hammer, percussion - Schlagbohrhammer *m* [wzg]
drill head Bohrfutter *n* [wzg]
drill into ... anbohren *v* [wer]
drill jig Bohrvorrichtung *f* [tib]
drill rod Bohrstange *f* [roh]
drill tower Bohrturm *m* [roh]
drill-hole spacing Bohrlochanordnung *f* [tib]
drill-in hinge Einbohrband *n* (Türbefestigung)
drilled grout hole Injektionsloch *n* (Tunnelbau) [tib]
drilled-in caisson Bohrgründungspfeiler *m* [tib]
drilling bar Bohrstange *f* [tib]
drilling bit Bohrmeißel *m* [wzg]; Bohrkrone *f* [wzg]
drilling derrick Bohrturm *m* [roh]
drilling equipment Bohrgerät *n* [tib]
drilling field Bohrfeld *n* [roh]; Bohrgelände *n* [roh]
drilling fluid Bohrflüssigkeit *f* [met]
drilling method Bohrverfahren *n* [tib]
drilling method, dry - Trockenbohrverfahren *n*
drilling mud Bohrschlamm *m* [rec]
drilling platform, offshore - Bohrinsel *f* [roh]
drilling progress Bohrfortschritt *m* [tib]
drilling rig Bohrgerät *n* [geo]; Bohrturm *m* [roh]
drilling rod Bohrstange *f* [tib]
drilling sample Bohrprobe *f* [any]
drilling speed Bohrgeschwindigkeit *f*
drilling test Bohrversuch *m* [any]
drilling waste Bohrabfall *m* [rec]
drilling well Brunnenbohrung *f* [was]
drilling work Bohrarbeiten *pl* (DIN 18301) [tib]
drillings Bohrgut *n* [rec]; Bohrmehl *n* [rec]
drinking water Trinkwasser *n* [was]

drinking water distribution Trinkwasserverteilung *f* [was]
drinking water infection Trinkwasserinfektion *f* [was]
drinking water production Trinkwassergewinnung *f* [was]
drinking water protection area Trinkwasserschutzgebiet *n* [was]
drinking water quality Trinkwasserqualität *f* [was]
drinking water reservoir Trinkwasserreservoir *n* [was]
drinking water softening Trinkwasserenthärtung *f* [was]
drinking water sterilization Trinkwasserdesinfektion *f* [was]
drinking water supply Trinkwasserversorgung *f* [was]
drinking water supply, central - zentrale Trinkwasserversorgung *f* [was]
drinking water treatment Trinkwasseraufbereitung *f* [was]
drinking water treatment plant Trinkwasseraufbereitungsanlage *f* [was]
drip Hohlkehle *f*
drip cap Wassernase *f*
drip nose Tropfnase *f*; Wassernase *f*
drip sink Regenwassersammelbecken *n* [was]
drip tray Tropfblech *n* [was]; Auffangwanne *f* [was]
drip water Tropfwasser *n* [was]
drip-proof sprühwassergeschützt [met]; tropfwassergeschützt [met]
drip-proof electrical equipment sprühwassergeschütztes elektrisches Gerät *n* [elt]
dripping moisture Tropfwasser *n* [was]
dripping water Tropfwasser *n* [was]
dripstone Kaffgesims *n* (Gotik) [arc]
drive Motor *m* (Antrieb) [pow]; Auffahrt *f* (zu Gebäuden) [tra]; Zufahrt *f* [tra]
drive axle Antriebsachse *f* [tec]
drive block Rammbär *m* [tib]
drive case Antriebsgehäuse *n* [tec]
drive down einrammen *v* [tib]
drive in einpressen *v* [wer]; einrammen *v* (Pfähle) [tib]; einschlagen *v* (Pfahl); eintreiben *v* (Nagel) [wer]
drive pin punch Durchschlag *m* [wzg]
drive point Rammspitze *f* [tib]; Rammspitze *f* [tib]
drive, pneumatic - pneumatischer Antrieb *m* [prc]
driveability Eindringbarkeit *f* (Spundbohlen) [tib]
driven boring method Rammbohrverfahren *n* [tib]
driverless industrial truck fahrerloses Flurförderzeug *n* [tra]
driveway Auffahrt *f* (Grundstück); Zufahrt *f*
driving Einbringen *n* (Spundbohlen) [tib]; Einrammen *n* (Spundbohlen) [tib]; Rammen *n* (Spundbohlen) [tib]; Vortrieb *m* (Bergbau) [roh]

driving cap Rammhaube *f* (Einbringen von Spundbohlen)
driving control Antriebsregelung *f* [elt]
driving of piles Pfählung *f* (Fundament)
driving on the rake Schrägrammen *n* [tib]
driving pinion Antriebsrad *n* [tec]; Antriebsritzel *n*
[tec]
driving resistance Rammwiderstand *m* (Einrammen
von Pfählen) [geo]
driving rod Rammsonde *f* [any]; Schlagsonde *f*
[any]
driving shaft antreibende Welle *f* [tec]; Antriebswelle *f* [tec]
driving sprocket Antriebsrad *n* (Kette) [tec];
Kettenantriebsrad *n* [tib]; Antriebsturas *m* [tib]
driving toothed wheel Antriebszahnrad *n* [tec]
drop abfallen *v* (Spannung) [elt]; sickern *v* [was]
drop arch flacher Spitzbogen *m*; flacher Spitzbogen
m [arc]
drop ball Fallbär *m* (Zerkleinerung) [roh]
drop ceiling Hängedecke *f*
drop clutch Trommelkupplung *f* [tra]
drop gate Fallschütz *m* [wba]
drop hammer Fallhammer *m* (Ramme) [tib]; Freifallbär *m* (Zerkleinerung) [roh]; Rammbär *m* [tib]
drop mould Fensterablauf *m*
drop of prestress Spannungsabbau *m* [bon]
drop of water level Absinken des Wasserspiegels *n*
[was]
drop pile hammer Freifallbär *m* (Zerkleinerung)
[roh]; Zugramme *f*
drop pipe Aufsatzrohr *n* (Brunnen) [was]
drop shield Tropfkante *f*
drop test Fallprobe *f* [any]; Fallprüfung *f* [any]
drop-off Steilabfall *m* [geo]
drop-shaped tropfenförmig
dropping-weight compaction machine Fall-
Stampfverdichtungsmaschine *f* [tib]
drowned überflutet; unter Wasser stehend
drowned weir Grundwehr *n* [wba]
drum Trommel *f* (Tempel; Säulenelement) [arc]
drum filter Trommelfilter *n* [prc]
drum mixer Trommelmischer *m* [prc]
drum screen Trommelsieb *n* [prc]
drum weir Trommelwehr *n* [wba]
drum winch Trommelwinde *f*
drum-driven lift Aufzug mit Trommelantrieb *m*;
Trommelaufzug *m* (mit Trommelantrieb)
dry abtrocknen *v*; trocknen *v* [prc]
dry adhesive Trockenkleber *m* [met]
dry area kapillarbrechende Schicht *f* [geo]
dry as dust staubtrocken
dry battery Trockenbatterie *f* [elt]
dry blend Trockenmischung *f* [met]
dry cell Trockenelement *n* [elt]; Trockenbatterie *f*
[elt]

dry cell battery Trockenelement *n* [elt]; Trockenbatterie *f* [elt]
dry colour Trockenfarbe *f* [met]
dry construction bindemittellose Bauweise *f*;
Trockenbaukonstruktion *f*; Trockenbauweise *f*
dry construction wall Trockenbauwand *f*
dry construction works Trockenbauarbeiten *pl*
dry deposition trockene Ablagerung *f* [geo]
dry extinguisher Trockenlöscher *m* (Brandschutz)
dry glazing Trockenverglasung *f*
dry grinding Trockenmahlung *f* [prc]
dry hydrate Löschkalk *m* [met]
dry lining Trockenputz *m* (Verputz)
dry lining wall Trockenbauwand *f*
dry masonry Trockenmauerwerk *n*; Trockenmauer *f*
dry masonry wall Trockenmauer *f*
dry mass Trockenmasse *f* [met]
dry matter Trockenbestandteil *m* [met]
dry measure Hohlmaß *n* (Holz)
dry mix shotcrete Trockenspritzbeton *m* [bon]
dry mortar Trockenmörtel *m* [met]
dry plaster Trockenputz *m*
dry rot Hausschwamm *m*; Trockenfäule *f* [bio]
dry screed Trockenestrich *m*
dry screening Trockensiebung *f* [prc]
dry soil Trockenboden *m* [geo]
dry solids Trockensubstanz *f* [met]
dry solids content Trockengehalt *m* [met]
dry state Trockenzustand *m* [met]
dry up austrocknen *v* (Gewässer) [was]
dry wall Trockenmauer *f*
dry well Sickerbrunnen *m* [was]
dry wood getrocknetes Holz *n* [met]
dry-blend mixer Taumelmischer *m* [prc]
dry-bond adhesive Kontaktkleber *m* [met]
dry-mix compound Trockenmischung *f* [met]
dry-mix concrete Trockenbeton *m* [bon]
dry-mix mortar Trockenmörtel *m* [met]
dry-powder extinguisher Trockenlöscher *m*
dry-spraying application Trockenspritzen *n*
dry-stone masonry Bruchsteinmauerwerk *n*
dry-stone wall Bruchsteinmauer *f*
dry-walling wall Trockenmauer *f*
drying Trocknen *n* [prc]; Trocknung *f* [prc]
drying agent Trocknungsmittel *n* [met]
drying and pulverizing Mahltrocknung *f* [pow]
drying shrinkage Trockenschwund *m* [met];
Erhärtungsschwindung *f* [met]; Trockenschrumpfung *f* [met]
drying tunnel Trockentunnel *m* [prc]
drying up Verlandung *f* (Folge von Austrocknung)
[geo]
drying-out Austrocknen *n* (Wände usw.)
drywall screw Schnellbauschraube *f*; Spax-
Schraube *f*

dual carriageway road Schnellstraße mit Mittelstreifen *f* [tra]; Straße mit getrennten Fahrbahnen *f*
[tra]
dual flight zweiläufig *f* (Treppe)
dual insert Doppeleinsatz *m*
dub schruppen *v* (z.B. Planken säubern)
duct Kanal *m* [wba]; Rohrleitung *f* (Kanal) [was]
duct cover Kanaldeckel *m* [was]; Kanaldeckel *m*
[was]
duct cross-section Kanalquerschnitt *m* [des]
duct former Spannkanalbildner *m* [bon]
duct laying Kanalverlegung *f*
duct route Kanalführung *f* (Verlauf) [des]; Leitungsführung *f* (Verlauf) [des]
duct system Kanalsystem *n* [was]
duct wall Kanalwange *f*
ducted kanalisiert [wba]
ductile dehnbar [met]; formänderungsfähig [met];
plastisch [met]; zäh (Werkstoff) [met]
ductile failure Verformungsbruch *m* [met]
ductile fracture Verformungsbruch *m* [met]
ductile iron pipe Rohr aus duktilem Guss *n* [met]
ductility Dehnbarkeit *f* (Material) [met]; Verformbarkeit *f* [met]; Zähigkeit *f* (Werkstoff) [met]
ductility test Dehntest *m* [any]
due for demolition abbruchreif
dug out earth Aushub *m* (Ausheben) [geo]
dull stumpf (Farbe)
dummy joint Scheinfuge *f*; Scheinfuge *f* (Straßenbau) [tib]
dummy rivet Heftniet *m* [tec]
dump Halde *f* (Deponie) [rec]; Kippe *f* (Deponie)
[rec]
dump abkippen *v* [rec]; abladen *v* [rec]; einleiten *v*
(hineinleiten) [rec]; versenken *v*
dump bailer Betonlöffel *m* (Tiefbohren) [tib]
dump base Deponiesohle *f* [rec]
dump gas utilization Deponiegasnutzung *f* [rec]
dump lorry Kipplastwagen *m* [tra]; Muldenkipper
m [tra]
dump pile Kipphalde *f* [tib]
dump site Deponie *f* [rec]
dump soil Deponieboden *m* [rec]
dump truck Kipplastkraftwagen *m* (<A>) [tra];
Muldenkipper *m* [tra]
dumper Frontkipper *m* [tib]; Muldenkipper *m* [tib];
Muldenkippwagen *m* [rec]
dumping Abfallablagerung *f* [rec]; Ablagerung *f*
(Deponie) [rec]
dumping batcher scale, automatic - automatische
Ausschüttwaage *f* [prc]
dumping height Schütthöhe *f*
dumping site body Deponiekörper *m* [rec]
dumping underground Deponieuntergrund *m* [rec]
dumpproofing system Bauwerksabdichtung *f*
dungeon Verlies *n* [arc]; Zwinger *m* (Kerker) [arc]

duplex Zweifamilienhaus *n*
duplex apartment Doppelhaus *n*
duplex cable Doppelkabel *n* [elt]
duplex intercommunication system Gegensprecheinrichtung *f* [elt]
duplex outlet Doppelsteckdose *f* [elt]
duplicate main Doppelleitung *f* [elt]
duplicate plant zeichnungsgleiche Anlage *f* [des]
duplicate test Gegenprobe *f* [any]
duplicate test specimen Gegenprobe *f* (Probestück)
[any]
durability test Dauertest *m* [any]
durability, chemical - chemische Beständigkeit *f*
[met]
durable concrete dauerhafter Beton *m* [bon]
duration of exposure Einwirkungsdauer *f* [wer]
duration of processability Verarbeitbarkeitszeit *f*
[met]
duration of sampling Probenahmedauer *f* [any]
durometer Härteprüfer *m* [any]
dust Staub *m*
dust analysis Staubanalyse *f* [any]
dust blouse Staubschutzhaube *f* [asi]
dust carry-over Flugstaub *m*
dust collector, centrifugal - Fliehkraftabscheider *m*
[air]
dust containing asbestos asbesthaltiger Staub *m*
dust count Staubteilchenauszählung *f* [any]
dust cover Staubschutzdeckel *m* [asi];
Staubschutzhaube *f* [asi]
dust exposure records Staubbelastungskartei *f* [asi]
dust fire Staubbrand *m*
dust generation Staubentwicklung *f*
dust guard Staubschutz *m* [asi]
dust mask Staubmaske *f* [asi]; Staubschutzmaske *f*
[asi]
dust meter Staubmessgerät *n* [any]
dust protection Staubschutz *m* [asi]
dust protection measure Staubschutzmaßnahme *f*
[air]
dust protection wall Staubschutzwand *f*
dust respirator Staubmaske *f* [asi]
dust road Landweg *m* [tra]
dust sampler Staubprobensammler *m* (Abgas) [any]
dust sampling Staubprobenahme *f* [any]
dust seal staubdichte Verkleidung *f*
dust shield Staubschutz *m* [asi]
dust suppression Staubbekämpfung *f* [asi]
dust wetting Staubbefeuchtung *f* [asi]
dust-bearing staubhaltig
dust-collecting funnel Rückmehltrichter *m* [roh]
dust-covered staubbedeckt
dust-dry paint staubtrockener Anstrich *m* [met]
dust-free staubfrei
dust-laden staubhaltig
dust-like staubförmig

dusting Absanden *n*; Staubentwicklung *f*
dustless staubfrei
dustpan dormer Schleppgaube *f* (Dach)
dustproof staubdicht; staubfrei machen;
staubgeschützt
dusty staubbedeckt; staubförmig; staubig
dusty air staubhaltige Luft *f* [air]; Staubluft *f* [air]
Dutch bond holländischer Verband *m* (Mauerwerk)
duty for disposal Entsorgungspflicht *f* [rec]
duty of maintenance Instandhaltungspflicht *f*
duty of rehabilitation Sanierungspflicht *f* [com]
duty of supervision Aufsichtspflicht *f* [jur];
Überwachungspflicht *f* [jur]
duty to obtain permission Genehmigungspflicht *f*
[jur]
duty to provide protection Schutzverpflichtung *f*
[asi]
duty to report Berichtspflicht *f* [jur]
duty, light - geringe Beanspruchung *f*
dwarf wall Ausmauerung *f* (Badewanne)
dwell wohnen *v*
dwelling Behausung *f* (Wohnung); Wohnstätte *f*;
Wohnung *f*
dwelling house Wohnhaus *n*
dwelling pattern Wohnform *f* [arc]
dwelling right Wohnrecht *n* [jur]
dwelling right, permanent - Dauerwohnrecht *n*
[jur]
dwelling unit Wohneinheit *f* (Wohnung)
dye Farbe *f* (Farbstoff) [met]
dye-penetrant test Risseindringprüfung *f* [any]
dyed throughout durchgefärbt [met]
dyestuff Farbstoff *m* [met]
dyestuff, direct - substantiver Farbstoff *m*
(Lederfärbung, u.a.) [met]
dyke Damm *m* [wba]; Deich *m* [wba]; Abdämmung
f (Ufer) [tib]
dyke eindämmen *v* [wba]; eindeichen *v* [wba]
dyke attention Deichpflege *f* [wba]
dyke construction Deichbau *m*
dyke sluice Siel *m* [wba]
dyke top Deichkrone *f*
dyke-building Deichbau *m*
dyking Eindämmung *f*
dynamic behaviour Schwingungsverhalten *n* [phy];
Zeitverhalten *n* [elt]
dynamic braking Widerstandsbremsung *f* [elt]
dynamic compression testing dynamische Druckprüfung *f* (von Kunststoffen) [any]
dynamic force dynamische Kraft *f* [phy]
dynamic load Verkehrslast *f*; Wanderlast *f*
dynamic pressure Staudruck *m* [phy]
dynamic strength Schwingungsfestigkeit *f* [met]
dynamics Dynamik *f*
dynamism Dynamik *f* (Triebkraft)
dynamo Lichtmaschine *f* (Gleichstrom-) [elt]

E

ear plug Gehörschutzstöpsel *pl* [asi]
ear protection Schallschutzmittel *n* (Arbeitsschutz) [met]; Gehörschutz *m* [asi]
ear protector Gehörschutzmittel *n* [met]; Gehörschützer *m* [asi]
ear-splitting ohrenbetäubend [aku]
Early English englische Frühgotik *f*
earmuffs Gehörschützer *pl* [asi]; Kapsel-Gehörschützer *pl* [asi]
earth Erdreich *n* [geo]; Boden *m* (Erdboden) [geo]; Erdboden *m* [geo]; Grund *m* (Boden) [geo]; Erde *f* (<B> Erdung) [elt]; erden *f* (<B>) [elt]; Erdung *f* (<B>) [elt]; Masse *f* (<B> Erdung) [elt]
earth alkaline erdalkalisch [che]
earth auger Erdbohrer *m* [tib]
earth auger, vertical - Pfahlbohrer *m* [tib]
earth bank Erddamm *m*; Erdwall *m* [tib]; Aufschüttung *f*; Erdaufschüttung *f* [tib]
earth bar Erdungsschiene *f* (<B>) [elt]
earth block Lehmstein *m*
earth block building Lehmsteinbau *m*
earth block, extruded - stranggepresster Lehmstein *m*
earth block, hand-compacted - gestampfter Lehmstein *m*
earth building Lehmbaute *f*
earth building material Lehmbaustoff *m* [met]
earth bunker Erdbunker *m*
earth cable Erdungskabel *n* (<B>) [elt]; Massekabel *n* (<B>) [elt]
earth cellar Erdkeller *m* (Archäologie)
earth clamp Erdklemme *f* (<B>) [elt]
earth coil, extruded - Lehmstrang *m*
earth compaction Erdstoffverdichtung *f* [geo]
earth conductor Erdleiter *m* (<B>) [elt]
earth connection Erdanschluss *m* (<B>) [elt]; Erdung *f* (<B>) [elt]
earth consolidation Eigensetzung *f* (Boden) [geo]; Eigenverfestigung *f* (Boden) [geo]; natürliche Bodenverdichtung *f* [geo]
earth curvature Erdkrümmung *f* [geo]
earth dam Erddamm *m* [geo]; Erdwall *m* [geo]
earth dam embankment Erdkörper *m* [geo]
earth dam, rolled - lagenweise verdichteter Erddamm *m*
earth displacement Erdbewegungsarbeiten *pl* [tib]
earth embankment Erddamm *m* [tib]
earth excavation Bodenausschachtungen *pl* [tib]; Erdaushub *m* [tib]
earth fault Erdfehler *m* (<B>) [elt]; Erdschluss *m* (<B>) [elt]

earth fill Erdaufschüttung *f* [tib]
earth fill dam Erdschüttdamm *m* [tib]
earth heat Erdwärme *f* [geo]; geothermische Energie *f* [geo]
earth lead Erdungskabel *n* (<B>) [elt]
earth leakage Erdfehler *m* (<B>) [elt]; Erdschluss *m* (<B>) [elt]
earth leakage circuit breaker Fehlerstrom-Schutzschalter *m* (<B>) [elt]; FI-Schutzschalter *m* (<B>) [elt]
earth leakage detector Erdschlussprüfer *m* (<B>) [elt]
earth leakage resistance Erdableitungswiderstand *m* (Fußbodenbeläge) [elt]
earth line Erdungsleitung *f* (<B>) [elt]
earth mortar Lehmmörtel *m* (Baustoff) [met]
earth mortar for masonry work Lehmmauermörtel *m* (Baustoff) [met]
earth mortar for plastering Lehmputzmörtel *m* (Baustoff) [met]
earth mortar for rendering Lehmputzmörtel *m* (Baustoff) [met]
earth mortar, sprayed - Lehmspritzmörtel *m*
earth movement Erdbewegungsarbeiten *pl* [tib]; Bodenbewegung *f* [tib]; Erdstoffbewegung *f* [tib]
earth mover Planierrraupe *f* [tib]
earth pigment Erdpigment *n* [met]; Erdfarbe *f* [met]
earth plaster Lehmputz *m*
earth pressure Bodendruck *m* (horizontal) [geo]; Erddruck *m* (horizontal) [geo]
earth pressure at rest Erdruhedruck *m* [geo]; Erdruhedruck *m* [was]
earth pressure on repose Erdruhedruck *m* [geo]
earth pressure, active lateral - aktiver Erddruck *m* [geo]
earth pressure, lateral - Erddruck *m* [geo]
earth pressure, passive - passiver Erddruck *m* [geo]
earth radiation Erdstrahlung *f* [geo]
earth render Lehmputz *m*
earth road Erdstraße *f* [tib]
earth rod Erdstab *m* (<B>) [elt]
earth slip Erdrutsch *m* [geo]
earth slurry Lehmschlämme *f* (Baustoff) [met]
earth solidification Bodenverfestigung *f* [tib]
earth spraying method Lehmspritzverfahren *n*
earth structure Erdbauwerk *n* [tib]
earth surface Erdoberfläche *f* [geo]
earth terminal Massepol *m* (<B>) [elt]; Erdungsklemme *f* (<B>) [elt]
earth thrust Erddruck *m* [geo]
earth tremor Erdbebenstoß *m* [geo]
earth wall Lehmwand *f*
earth wave Erdwelle *f* (nach Erdbeben) [geo]
earth wire Erdungsleitung *f* (<B>) [elt]
earth's crust Erdkruste *f* [geo]; Erdrinde *f* [geo]

earth's surface Erdoberfläche *f* [geo]
earth-block infill Ausfachung mit Lehmsteinen *f*
earth-block press Lehmsteinpresse *f*
earth-fault current Erdfehlerstrom *m* (<B>) [elt];
Erdschlussstrom *m* (<B>) [elt]
earth-fault protection Erdfehlerschutzeinrichtung *f*
(<B>) [elt]
earth-laid pipeline erdverlegte Leitung *f* [was]
earth-leakage circuit breaker Erdschlussschalter *m*
(<B>) [elt]
earth-leakage current Erdfehlerstrom *m* (<B>) [elt]
earth-linked heat pump erdgekoppelte
Wärmepumpe *f* [pow]
earthed geerdet (<B>) [elt]
earthed circuit geerdeter Stromkreis *m* (<B>) [elt]
earthed neutral geerdeter Nullleiter *m* (<B>) [elt]
earthed neutral wire geerdeter Nullleiter *m* (<B>)
[elt]
earthen architecture Lehmbau *m*
earthen layer Erdstoffschicht *f* (Deponieabdeckung)
[geo]; Erdstoffschicht *f* (Deponieabdichtung) [geo]
earthen liner Erdstoffabdichtung *f* (Deponie) [rec]
earthen masonry wall Lehmsteinwand *f*
earthen material Erdstoff *m* [geo]
earthen reel ceiling Lehmwickeldecke *f*
earthen reels Lehmwickel *pl*; Wickelstaken *pl*
earthflow Bodenfließen *n* [geo]
earthing Erdschluss *m* (<B>) [elt]; Masseanschluss
m (<B>) [elt]; Einerdung *f* (Ausgleichen von Baugruben); Erdung *f* (<B>) [elt]; Nullung *f* (<B>) [elt]
earthing bar Erdungsstange *f* (<B>) [elt]
earthing bus Erdungsschiene *f* (<B>) [elt]
earthing conductor Erdleiter *m* (<B>) [elt];
Erdungsleitung *f* (<B>) [elt]
earthing contact Schutzkontakt *m* (<B>) [elt]
earthing lead Erdungsleitung *f* (<B>) [elt]
earthing pin Erdungsstift *m* [elt]
earthing point Erdanschlussstelle *f* (<B>) [elt]
earthing relay Erdschlussrelais *n* (<B>) [elt]
earthing resistance Erdwiderstand *m* (<B>) [elt]
earthing rod Erdungsstab *m* (<B>) [elt]; Erdungsstange *f* (<B>) [elt]
earthing strip Banderder *m* [elt]
earthing terminal Erdungsklemme *f* (<B>) [elt]
earthing wire Erdungsdraht *m* (<B>) [elt]
earthing-contact socket outlet Schutzkontakt-
Steckdose *f* [elt]
earthmover Erdbewegungsgerät *n* [tib]
earthmoving Erdarbeiten *pl* [tib]; Erdarbeiten *pl*
[tib]; Erdbau *m* [tib]; Erdbewegung *f* (Erdarbeiten)
[tib]
earthmoving machine Erdbewegungsgerät *n* [tib];
Erdbaumaschine *f* [tib]
earthquake Erdbeben *n* [geo]
earthquake calculation antiseismische Berechnung
f (Gebäude) [des]

earthquake epicentre Epizentrum *n* (Erdbeben)
[geo]
earthquake flood Überschwemmung durch
Erdbeben *f* [was]
earthquake focus Erdbebenherd *m* [geo]
earthquake intensity Erdbebenstärke *f* [geo]
earthquake load seismische Belastung *f*
earthquake prediction Erdbebenvorhersage *f* [geo]
earthquake record Seismogramm *n* [any]
earthquake safety Erdbebensicherheit *f*
earthquake zone Erdbebenzone *f* [geo]
earthquake-proof erdbebenfest
earthquake-proof buildings erdbebensichere
Bauten *pl*
earthquake-resistant erdbebenbeständig
earthslide Erdrutsch *m* [geo]
earthwork Erdarbeiten *pl* (DIN 18300) [tib]; Erdbau *m* [tib]; Wall *m* [tib]; Bodenbewegung *f*;
Erdbewegung *f* (Bauarbeiten) [tib]
earthwork and foundations Grundbau *m*
earthwork balance Massenausgleich *m*
earthwork engineering Erdbauwesen *n* [tib]
earthwork for grading and paving Erdarbeiten für
Planierungs- und Pflasterungsarbeiten *pl* [tib]
earthwork level Anschüttungshöhe *f*
earthworks of railways Eisenbahnunterbau *m* [tra]
ease edge abgerundete Kante *f*
ease of access Zugänglichkeit *f*
ease of accessibility leichte Zugänglichkeit *f*
ease of ignition Entzündbarkeit *f* [met]
easement Nutzungsrecht *n* (für Verlegen von
Versorgungsleitungen usw.) [jur]; Dienstbarkeit *f*
[jur]; Grunddienstbarkeit *f* [jur]
easily inflammable waste leicht entzündlicher
Abfall *m* [rec]
eastern side Ostseite *f*
easy to repair reparaturfreundlich [des]
easy to service kundenfreundlich [des]
easy-strike panel Ausschalelement *n*
eat-in kitchen Wohnküche *f* [arc]
eave Traufe *f* (Dachkonstruktion)
eave fillet Trauflatte *f*
eaves Traufe *f*
eaves board Traufbohle *f*; Traufbohle *f* (japanische
Baukunst) [arc]
eaves fillet Trauflatte *f*
eaves flashing Traufblech *n*
eaves gutter Dachrinne *f*; Regenrinne *f* (Dach)
eaves level Traufhöhe *f*
eaves plate Fußpfette *f*
eaves purlin Fußpfette *f* (Dachkonstruktion); Traufpfette *f*
eaves strut Traufträger *m*; Traufpfette *f*
eaves tile Traufziegel *m* [met]
eaves transom Traufriegel *m*
eaves trough Dachrinne *f*; Regenrinne *f*

EC Directive EU-Richtlinie *f* [jur]
eccentric load außermittige Belastung *f* [sik]
eccentric mixer Taumelmischer *m* [prc]
eccentric press Exzenterpresse *f* [prc]
eccentric screen Exzentersieb *n* [prc]
eccentricity factor Exzentrizitätszahl *f*
eco-roof Gründach *n*
ecocidal Umwelt vernichtend
ecodevelopment ökologisch fundierte Entwicklung *f*
ecofriendly umweltschonend
ecological ökologisch; umweltorientiert
ecological awareness Umweltbewusstsein *n*
ecological building umweltgerechtes Bauen *n*
ecological compatibility Umweltverträglichkeit *f*
ecological construction ökologischer Bau *m*
ecological fuel ökologischer Treibstoff *m* [tra]
ecologically acceptable umweltverträglich
ecologically aware umweltbewusst
ecologically compatible energy generation umweltgerechte Energieerzeugung *f* [pow]
ecologically compatible technology umweltfreundliche Technik *f*
ecologically desirable umweltfreundlich
ecologically harmful umweltfeindlich; umweltschädlich
ecologically injurious umweltschädlich
ecologically sound umweltfreundlich
economic efficiency Wirtschaftlichkeit *f* [eco]
economic life wirtschaftliche Nutzungsdauer *f*
economic life, remaining - wirtschaftliche Restnutzungsdauer *f*
economic power Wirtschaftskraft *f* [eco]
economic rent Kostenmiete *f* (Immobilien) [eco]
ecosphere Ökosphäre *f*
ecosystem Ökosystem *n*
ecotourism ökologischer Tourismus *m* [tra]; umweltfreundlicher Tourismus *m* [tra]
eddy current Wirbelstrom *m* [elt]
eddy wind Wirbelwind *m* [wet]
edge verkanten *v*
edge beam Randbalken *m*; Randträger *m*
edge connector Randsteckverbinder *m*
edge crack Kantenriss *m* [met]
edge cushion Kantenschutz *m* [met]
edge distance Randabstand *m* (bei Nieten) [des]
edge distance, longitudinal - Randabstand in Kraftrichtung *m* [sik]
edge disturbance Randstörung *f*
edge flashing Randverwahrung *f* (Abdichtung im Randbereich)
edge girder Randträger *m* [stb]
edge girder strap Randträgerbefestigung *f*
edge joint Eckverbindung *f* [stb]
edge liner Kantenschutz *m*
edge of joint Fugenkante *f*
edge of sheet Blechkante *f* [stb]

edge of the kerb Bordsteinkante *f*
edge of the object Körperkante *f* [stb]
edge of the road Fahrbahnbegrenzung *f* [tra]
edge planking Randbohle *f* (Abdichtung im Randbereich)
edge plate Randplatte *f*
edge profile Randprofil *n*
edge protection Kantenschutz *m* [met]
edge protection profile Kantenschutzwinkel *m*
edge protection strap iron Kantenschutzeisen *n*
edge purlin Randpfette *f*
edge sensor Kantenfühler *m* [any]
edge stiffener Randträger *m*
edge thickening Randverstärkung *f*
edge, rounded - abgerundete Kante *f* [met]
edge-holding power Kantenfestigkeit *f* [met]
edge-pegged joint Sicherung durch Dübel *f* (Holzbau)
edge-stiffened randausgesteift [met]; randversteift [met]
edging board Dachrandprofil *n*; Blendleiste *f*
edging strip Randstreifen *m*
edifice Bauwerk *n*; Großgebäude *n*; Bau *m* (Gebäude)
educational institution Bildungseinrichtung *f*
EEx..I - Firedamp protection EEx..I - Schlagwetterschutz (EN 50014 ... 50020) [elt]
EEx..II - Explosion protection EEx..II - Explosionsschutz (EN 50014 ... 50020) [elt]
effect of action Lasteinwirkung *f* [phy]
effect of vibration Erschütterungswirkung *f*
effect of weather Witterungseinfluss *m* [met]
effective area wirksame Fläche *f*
effective bearing area Lochlaibungsfläche *f* (Nieten) [des]
effective capacity Nutzleistung *f* [pow]
effective current Leistungsstrom *m* [elt]
effective date Stichtag *m*
effective evaporation tatsächliche Verdunstung *f* (Hydrologie) [was]
effective heat Nutzwärme *f* [pow]
effective length Baulänge *f*; Stützweite *f*
effective output abgegebene Leistung *f* [phy]
effective power Wirkleistung *f* [elt]
effective rent tatsächliche Miete *f* (Immobilie) [eco]
effective span lichte Stützweite *f* [sik]
effective width mitwirkende Breite *f* [bon]
effects of accident Unfallfolgen *pl* [asi]
effects of light Lichteinwirkung *f* [phy]
effects which cannot be avoided unvermeidbare Beeinträchtigungen *pl*
efficiency of degradation Abbauleistung *f* [was]
efflorescence Auswitterung *f* [met]
efflorescence barrier Ausblühsperre *f* [met]
effluent Abwasser *n* [was]; Abfluss *m* (Abwasser) [was]

effluent channel Abflussgraben *m* [was]; Abflusskanal *m* [wba]
effluent conduit Ablaufkanal *m* [was]
effluent disposal Abwasserbeseitigung *f* [was]
effluent pump Schmutzwasserpumpe *f* [was]
effluent sewer Abflusskanal *m* [was]; Ablaufkanal
m [was]
effluent slurry Abwasserschlamm *m* (Kläranlage)
[was]
effluent standard Einleitungsgrenzwert *m* [was]
effluent stream Vorfluter *m* [was]
effluent system Entwässerungssystem *n* [was]
effluent treatment Abwassertechnik *f* [was]
effluent treatment works Abwasserreinigungsanlage *f* (Kläranlage) [was]
effluent trough Abflussrinne *f* [was]
effluent water treatment Abwasserbehandlung *f*
[was]
egg and dart decoration Eierstabverzierung *f*
(römische Baukunst) [arc]
egg-shaped sewer Eiprofilrohr *n* [was]; Eikanal *m*
[was]
ejector aeration Ejektorbelüftung *f* [was]
elaborate a drawing Zeichnung erstellen *v* [des]
elapsed-time counter Betriebsstundenzähler *m*
[any]
elastic elastisch (Material) [met]
elastic arch elastischer Bogen *m*
elastic band Gummiband *n* [met]
elastic bond elastischer Verbund *m*
elastic deflection elastische Durchbiegung *f*
elastic deformation elastische Durchbiegung *f* [met]
elastic design Elastizitätsberechnung *f* (z.B.
Stahlbau) [des]
elastic force Federkraft *f* [phy]
elastic joint seal dauerelastische Fugenmasse *f*
elastic range elastischer Bereich *m* [met]; Elastizitätsbereich *m* [met]
elastic recovery Rückstellvermögen *n* [met]
elastic ribbon Gummiband *n* [met]
elastic strain elastische Beanspruchung *f* [met]
elastic support elastische Stütze *f* [stb]
elastic support, continuous - elastische Bettung *f*
elastic yield elastisches Setzen *n*
elastically supported beam elastisch gebetteter
Balken *m*
elasticator Elastifizierungsmittel *n* [che];
Elastifikator *m* [che]
elasticity Elastizität *f* (Dehnbarkeit) [met]
elasticity equation Elastizitätsgleichung *f* [des]
elasticity of elongation Dehnungselastizität *f* [met]
elasticize elastifizieren *v* [met]
elasto-plastic strain elastoplastische Dehnung *f*
[met]
elasto-plastic stress elastoplastische Beanspruchung
f [met]

elastomer Elastomer *n* [met]
elastomer gasket Elastomerdichtung *f* [met]
elastomer sheet Elastomerbahn *f* (Dichtbahn) [met]
elastomeric elastomer [met]
elbow Knie *n* (Rohr) [tga]; Kniestück *n* [met];
Winkelstück *n* [prc]; Bogen *m* (Rohrbogen);
Rohrbogen *m* [met]
elbow pipe Knierohr *n* [prc]
elbow screw joint Winkelverschraubung *f* [prc]
electric elektrisch (Funktion) [elt]
electric actuator elektrisches Stellglied *n* [elt]
electric appliance Elektrogerät *n* [elt]
electric boiler Elektrokessel *m* (Warmwasserbereiter) [elt]
electric bulb Glühbirne *f* [elt]; Glühlampe *f* [elt]
electric cable Elektrokabel *n* [elt]; Stromkabel *n*
[elt]
electric cable protection pipe Kabelschutzrohr *m*
[elt]
electric cement Elektroschmelzzement *m* [met]
electric charge elektrische Ladung *f* [elt]
electric circuit Stromkreis *m* [elt]; elektrische
Schaltung *f* [elt]
electric component elektrisches Bauelement *n* [elt];
elektrisches Bauteil *n* [elt]
electric conductor elektrischer Leiter *m* [elt]
electric control elektrische Regelung *f* [elt]; elektrische Steuerung *f* [elt]
electric controller elektrisches Steuergerät *n* [elt]
electric current elektrischer Strom *m*; Strom *m* [elt]
electric current distribution Stromverteilung *f*
[pow]
electric current intensity elektrische Stromstärke *f*
[elt]
electric device Elektrogerät *n* [elt]
electric discharge elektrische Entladung *f* [elt]
electric drive elektrischer Antrieb *m* [elt]; Elektroantrieb *m* [elt]; elektromotorischer Antrieb *m* [elt]
electric drive, battery - batterieelektrischer Antrieb
m [elt]
electric elevator elektrisch betriebener Aufzug *m*
electric energy elektrische Energie *f* [elt]
electric energy store elektrischer Energiespeicher *m*
[elt]
electric engine elektrischer Motor *m* [elt];
Elektromotor *m* [elt]
electric equipment Elektroausstattung *f* [elt]
electric eye Lichtschranke *f* [elt]
electric eye control Fotozellenüberwachung *f*
([Variante]) [elt]
electric flash weld abbrennstumpfschweißen *v* [wer]
electric flash-welded abbrennstumpfgeschweißt
[met]
electric furnace steel Elektrostahl *m* [met]
electric fuse elektrische Sicherung *f* [elt]
electric hammer Elektrohammer *m* [wzg]

electric heat Elektrowärme *f* [elt]
electric heat pump elektrische Wärmepumpe *f* [pow]
electric heater Elektroheizgerät *n* [elt]
electric heating elektrische Heizung *f* [pow]; Elektroheizung *f* [pow]
electric heating appliance Elektroheizgerät *n* [elt]
electric hoist Elektrohebezeug *n* [elt]
electric insulation Elektroisolation *f* [elt]
electric lift elektrisch betriebener Aufzug *m* (<B>)
electric light bulb Glühlampe *f* [elt]
electric lighting elektrische Beleuchtung *f*
electric line elektrische Leitung *f* [elt]
electric main elektrisches Netz *n* [elt]
electric meter Stromzähler *m* [elt]
electric motor Elektromotor *m* [elt]
electric network elektrisches Netzwerk *n* [elt]; Energienetz *n* [elt]
electric output elektrische Leistung *f* [elt]
electric power elektrische Leistung *f* [elt]
electric power cable Energiekabel *n* [elt]
electric power consumption Stromverbrauch *m* [elt]
electric power supply Elektrizitätsversorgung *f* [elt]
electric power system elektrisches Netz *n* [elt]; Stromversorgungsnetz *n* [elt]
electric power transmission Elektrizitätsverteilung *f* [pow]
electric propulsion elektromotorischer Antrieb *m* [elt]
electric scrap Elektroschrott *m* [rec]
electric shielding elektrische Abschirmung *f* [elt]
electric smog Elektrosmog *m* [elt]
electric socket Steckdose *f* [elt]
electric stacker Elektrostapler *m* [elt]
electric steel Elektrostahl *m* [met]
electric storage device Elektrospeichergerät *n* [elt]
electric storage water heater Elektroheißwasserspeicher *m* [elt]
electric stove elektrischer Küchenherd *m* [elt]
electric strike elektrischer Türöffner *m*
electric supply elektrische Energieversorgung *f* [elt]; Elektrizitätsversorgung *f* [elt]; Stromversorgung *f* [elt]
electric supply line elektrische Anschlussleitung *f* [elt]
electric supply meter Stromverbrauchszähler *m* [elt]
electric switch elektrischer Schalter *m* [elt]
electric switchbox Elektroschaltkasten *m* [elt]
electric tool Elektrowerkzeug *n* [wzg]
electric traction Elektroantrieb *m* [elt]
electric water heater Elektroheißwasserbereiter *m* [elt]; Warmwasserbereiter *m* [elt]
electric wiring Verlegen von Elektroleitungen *n* [elt]

electrical elektrisch [elt]
electrical accident Unfall durch elektrischen Strom *m* [elt]
electrical cables and lines in buildings Elektrische Kabel- und Leitungsanlagen in Gebäuden *pl* (DIN 18382) [des]
electrical connection elektrischer Anschluss *m* [elt]
electrical distributor Elektroverteiler *m* [elt]
electrical efficiency elektrischer Wirkungsgrad *m* (Kraft-Wärme-Kopplung) [pow]
electrical energy Elektroenergie *f* [pow]
electrical engineering Elektrotechnik *f* [elt]
electrical equipment Elektrogeräte *pl* [elt]; elektrische Anlage *f* [elt]; Elektroausrüstung *f* [elt]
electrical fitter Elektroinstallateur *m* [elt]; Installateur *m* (Elektro-) [elt]
electrical hardware elektrische Anlagen *pl* [elt]
electrical heat Elektrowärme *f* [elt]
electrical installation elektrische Anlage *f* [elt]; Elektroanlage *f* [elt]; Elektroinstallation *f* [elt]
electrical insulating tape Elektroisolierband *n* [elt]
electrical insulation Elektroisolation *f* [elt]; Isolierung *f* [elt]
electrical output elektrische Leistung *f* [elt]
electrical power installation Kraftstromanlage *f* [elt]
electrical security elektrische Sicherheit *f* [elt]
electrical separation Schutztrennung *f* (Arbeitsschutz) [elt]
electrical socket Elektroanschlussdose *f* [elt]
electrically-operated pump Elektropumpe *f* [elt]
electrician Installateur *m* [elt]
electricity consumer Stromverbraucher *m* (Kunde) [elt]
electricity consumption Stromverbrauch *m* [pow]
electricity credit Stromgutschrift *f* (Ertrag für Stromlieferung bei Kraft-Wärme-Kopplung) [pow]
electricity demand Strombedarf *m* [pow]
electricity distribution Elektrizitätsverteilung *f* [elt]
electricity formation Verstromung *f* [pow]
electricity generating plant Stromerzeugungsanlage *f* [pow]
electricity generation Elektrizitätserzeugung *f* [pow]
electricity line elektrische Leitung *f* [elt]
electricity meter Elektrozähler *m* [elt]
electricity production Elektrizitätserzeugung *f* [pow]; Stromerzeugung *f* [pow]
electricity pylon Leitungsmast *m* [elt]
electricity supply Elektrizitätsversorgung *f* [pow]; Stromlieferung *f* [elt]
electricity supply company Stromversorgungsunternehmen *n* [elt]
electricity tariff Stromtarif *m* [pow]
electrics Elektrik *f* [elt]
electrification Elektrifizierung *f* [elt]

electrify elektrifizieren *v* [elt]
electro weld elektroschweißen *v* [wer]
electrochemical elektrochemisch [che]
electrochemical cell elektrochemische Zelle *f* (Brennstoffzelle) [pow]
electrochemical corrosion elektrochemische Korrosion *f* [met]
electrode quiver Elektrodenköcher *m* (Schweißerausrüstung) [wer]
electrodeposit galvanisieren *v* [elt]
electrodeposited elektrochemisch abgeschieden [che]
electroenergy Elektroenergie *f* [pow]
electrogas welding Elektrogasschweißen *n* [wer]
electrohydraulic elektrohydraulisch [elt]
electrolyte Elektrolyt *f* [che]
electrolytic copper galvanisch gefälltes Kupfer *n* [met]
electrolytic corrosion elektrochemische Korrosion *f* [met]
electrolyze elektrolysieren *v* [elt]
electromagnet Elektromagnet *m* [elt]
electromagnetic elektromagnetisch [elt]
electromagnetic control elektromagnetische Steuerung *f* [elt]
electromagnetic energy elektromagnetische Energie *f* [elt]
electromagnetical elektromagnetisch [elt]
electromagnetically operated elektromagnetisch betrieben [elt]
electromechanical elektromechanisch [elt]
electromechanics Elektromechanik *f* [elt]
electronic clock elektronische Uhr *f* [elt]
electronic component Elektronikbauteil *n* [elt]; elektronisches Bauelement *n* [elt]
electronic control elektronische Regelung *f* [elt]; elektronische Steuerung *f* [elt]
electronic controller elektronischer Regler *m* [elt]
electronic device Elektronikgerät *n* [elt]
electronic equipment elektronische Ausrüstung *f* [elt]
electronic glass elektrochemisches Glas *n* [met]
electronic recording elektronische Aufzeichnung *f* [edv]
electronic safety device elektronische Schutzeinrichtung *f* [asi]
electronic surveillance elektronische Überwachung *f* [elt]
electronic waste Elektronikschrott *m* [rec]
electronics Elektronik *f* [elt]
electroplate galvanisieren *v* [elt]; plattieren *v* [met]
electroplated galvanisiert [met]
electropneumatic elektropneumatisch [elt]
electrosmog Elektrosmog *m* [elt]
electrostatic precipitation elektrostatische Abscheidung *f* [prc]

electrotechnical elektrotechnisch [elt]
electrothermal processes Elektrothermie *f* [elt]
element Zelle *f* (Batteriezelle) [elt]
element analysis Elementanalyse *f* [sik]
elementary circuit diagram Prinzipschaltbild *n* (Elektrik) [des]
elevate aufrichten *v* (z.B. Drehleiter); heben *v* (anheben); hochheben *v*
elevated arrangement erhöhte Anordnung *f* [des]
elevated bin Hochbunker *m* [prc]
elevated edge Schrammbord *n*
elevated expressway Hochstraße *f* (<A>) [tib]
elevated hopper Hochbunker *m* [prc]
elevated motorway Hochstraße *f* [tra]
elevated railroad Hochbahn *f* (<A>) [tra]
elevated railway Hochbahn *f* (<B>) [tra]
elevated road Hochstraße *f* [tra]
elevated roadway aufgeständerte Fahrbahn *f* [tra]; Hochstraße *f* [tra]
elevated steel construction Stahlhochbau *m* [stb]
elevated steel road Stahlhochstraße *f* [tra]
elevated storage tank Wasserturm *m* [was]
elevated tank Hochreservoir *n* [was]
elevated vessel Hochbehälter *m* [prc]
elevating grader Pflugbagger *m* [tib]
elevating plant Hebeanlage *f*
elevating platform Hebebühne *f*
elevating platform truck Hubwagen *m* (<A>)
elevation Aufriss *m* (Zeichnung) [des]; Anhöhe *f* [geo]; Aufrisszeichnung *f* [des]; Aufständerung *f*; Erhebung *f* (Anhöhe) [geo]; Höhe *f* (geografisch) [geo]
elevation tower Turmgerüst *n*
elevator Fahrstuhl *m* (<A> Personen-); Lift *m* (<A>)
elevator cab Liftkabine *f* (<A>)
elevator car Aufzugskorb *m*
elevator dredger Eimerkettenbagger *m* [tib]
elevator shaft Aufzugsschacht *m*; Fahrstuhlschacht *m* (<A>)
elevator well Aufzugsschacht *m*
eligibility for subsidies Förderfähigkeit *f* (öffentlich geförderte Projekte)
eligible for certification zertifizierungsfähig
elimination of heat Wärmeentzug *m* [pow]
elliptical arch Ellipsenbogen *m*
elongate dehnen *v* (strecken); verlängern *v* (strecken)
elongated gedehnt [met]; gestreckt
elongated space gerichteter Raum *m* [com]
elongating force Dehnkraft *f* [met]
elongation Dehnung *f* (Längenänderung)
elongation after fracture Bruchdehnung *f* [met]
elongation at fracture Bruchdehnung *f* [met]
elongation at rupture Bruchdehnung *f* [met]

elongation before reduction of area Gleichmaßdehnung *f* [met]
elongation strength Dehnungsfestigkeit *f* [met]
elongation stretching distance Spannweg *m* [bon]
eluate Eluat *n* [was]
elute herauslösen *v* [che]
elution Elution *f* [was]
elution behaviour Eluierverhalten *n* [met]
elutriate abschlämmen *v* [was]; abschwemmen *v*
[was]; schlämmen *v* [was]
elutriation Auswaschung *f* [wba]
emaciate abmagern *v* [met]
embank abdämmen *v* (Damm errichten) [tib];
anschütten *v* [geo]; aufdämmen *v* [geo];
eindämmen *v* [wba]
embanking Dammbau *m* [tib]; Dammschüttung *f*
[tib]
embankment Auftrag *m* [geo]; Bahndamm *m* [tib];
Damm *m* (Erddamm, Bahndamm, Straßendamm)
[tib]; Deich *m* (bei Flüssen) [wba]; Erddamm *m*
[tib]; Kanaldamm *m* [wba]; Sperrenkörper *m*
[wba]; Uferdamm *m* [wba]; Wall *m* (Erdaufschüttung) [tib]; Aufschüttung *f* [tib]; Böschung *f* (an
der Straße) [tib]; Eindeichung *f* [wba];
Uferbefestigung *f* [wba]; Uferböschung *f* [geo]
embankment construction Deichbau *m*
embankment dam Staudamm *m*; Uferdamm *m* [tib]
embankment erosion Dammausspülung *f* [wba]
embankment fill Dammschüttung *f* [wba]
embankment pile Erddammpfahl *m* [tib]
embankment roller Böschungswalze *f* [tib]
embankment slope Dammböschung *f* [geo];
Dammböschung *f* [tib]
embankment washout Dammausspülung *f* [wba]
embankment, raise an - Damm aufschütten *v*
embed einfügen *v* (einlassen) [wer]; einlassen *v*
(einfügen) [wer]; einlassen *v* (Mauerwerk) [bon]
embed in concrete einbetonieren *v* [bon]; einlegen
in Beton *v* [bon]
embedded eingelassen
embedded anchor Einlassanker *m*
embedded hard aggregate Hartstoffeinstreuung *f*
[met]
embedded in cement mortar im Mörtelbett
embedded in concrete einbetoniert [bon]
embedding Einbetten *n*; Einbettung *f*; Einmauerung *f*
embedding in concrete Einbetonieren *n* [bon]
embedment Einspannung *f* (Spundwand) [bon]
embrasure Fensteraussparung *f*; Fensterlaibung *f*;
Schießscharte *f* (auf Burg, Stadtmauer) [arc]
embrittlement Aufsprödung *f* [met]; Versprödung *f*
[met]
emergency alarm Notalarm *m* [asi]
emergency ambulance Rettungswagen *m*
emergency battery Notbatterie *f* [elt]; Notstrombatterie *f* [elt]

emergency bleed Notablass *m* [asi]
emergency button Alarmknopf *m* [asi]; Notdruckknopf *m* [asi]
emergency call Unfallnotruf *m* [asi]
emergency control Katastrophenschutz *m* [asi];
Notsteuerung *f* [elt]
emergency current Notstrom *m* [elt]
emergency current supply Notstromversorgung *f*
[asi]
emergency cut-out Notabschaltung *f* [asi]
emergency descent Notabstieg *m* [asi]
emergency diesel generator Notstromdieselaggregat *n* [pow]
emergency disconnector Notaus-Schalter *m* [elt]
emergency door Brandtür *f* [asi]; Nottür *f* [asi]
emergency exit Fluchtweg *m* (Sicherheitstechnik);
Notausgang *m* (Gebäude) [asi]
emergency exit ladder Notausstiegsleiter *f* [asi]
emergency exit protection device Notausgangssicherung *f* [asi]
emergency exposure level maximale Unfallkonzentration *f* [asi]
emergency fire exit Notausgang *m* (Gebäude) [asi]
emergency generating set Notstromaggregat *n* [elt]
emergency generator Notstromgenerator *m* [elt]
emergency generator set Notstromaggregat *n* [elt]
emergency lamp Notleuchte *f* [elt]
emergency lighting Notbeleuchtung *f* [asi]
emergency lights Notbeleuchtung *f* [asi]
emergency mechanical device Sicherheitsorgan *n*
[asi]
emergency off Notaus-Schalter *m* [elt]
emergency operation Notbetrieb *m* [asi]
emergency outlet Notauslass *m* [was]
emergency passage Fluchtweg *m*
emergency plan Notfallplan *m* [asi]
emergency power battery Notstrombatterie *f* [elt]
emergency power facility Notstromanlage *f* [elt]
emergency power generating set Notstromaggregat
n [elt]
emergency power generator Notstromaggregat *n*
[elt]
emergency power set Notstromaggregat *n* [elt]
emergency power supply Notstromversorgung *f*
[asi]
emergency push throttle trip button Nottaste *f*
(<A>) [asi]
emergency push-button Alarmknopf *m* (<B>) [asi];
Nottaste *f* (<B>) [asi]
emergency response Erste-Hilfe-Leistung *f*
emergency response suit Vollschutzanzug für
Notfalleinsatz *m* [asi]
emergency route Fluchtweg *m* (Arbeitsschutz)
[wer]
emergency route plan Rettungswegplan *m* [asi]
emergency sealing Notabdichtung *f*

emergency service redundant notbetriebsredundant [asi]

emergency shower Feuerlöschbrause *f* [asi]; Löschbrause *f* [asi]; Notdusche *f* [asi]

emergency shut-down Sicherheitsabschaltung *f* [asi]

emergency sign Rettungszeichen *n* [asi]

emergency signal Alarmsignal *n* [asi]; Gefahren-zeichen *n* [asi]

emergency spillway Notüberlauf *m* (Hydrologie) [was]

emergency staircase Fluchttreppe *f*; Nottreppe *f*

emergency stairs Nebentreppe *f* (Außenbereich)

emergency stopping lane Haltestreifen *m* [tra]; Haltespur *f* [tra]

emergency supply building Notversorgungs-gebäude *n*

emergency switch Katastrophenschalter *m* [asi]; Notaus-Schalter *m* [elt]; Notaus-Schalter *m* (Gebäude) [asi]; Notschalter *m* [asi]

emergency trip button Nottaste *f* (<B>) [asi]

emergency tripping device Notauslösevorrichtung *f* [elt]

emergency-electricity generator Notstromgene-rator *m* [elt]

emergency-electricity supply plant Notstromgene-rator *m* [elt]

emergency-escape breathing apparatus Rettungs-atemgerät *n* [asi]

emergency-stop device Notabschaltung *f* [asi]

emergency-stop push-button Notaus-Schalter *m* [elt]

emergency-stop switch Notaus-Schalter *m* [elt]

emery Korund *m* [met]

emery paper Schmirgelpapier *n* [wzg]

emery paste Schmirgelpaste *f* [met]

emery powder Schmirgelpulver *n* [met]

emission composition Abgaszusammensetzung *f* [air]

emission control Emissionsüberwachung *f* [any]

emission data Emissionsdaten *pl*

emission of heat Freiwerden von Wärme *n* [pow]; Wärmeabgabe *f* [pow]

emission of pollutants Schadstoffausstoß *m*

emission supervision Emissionsüberwachung *f* [any]

emission test Abgastest *m* (Kfz) [any]; Abgasüberprüfung *f* [any]

emit abstrahlen *v* [phy]; ausstrahlen *v* [phy]

emphasized keystone betonter Schlussstein *m* (Renaissance: Fenster: Bogen) [arc]

empire style Empire *n* (Möbelstil)

empirical analysis empirische Untersuchung *f* [any]

empirical examination empirische Untersuchung *f* [any]

empirical formula Faustformel *f* [phy]

empirical study empirische Untersuchung *f* [any]

emplaced waste eingelagerter Abfall *m* [rec]

emplacement Einbringung *f* (Beton)

employee health-care Arbeitshygiene *f* [asi]

employment protection Arbeitsschutz *m* [asi]

empty conduit Leerrohr *n*

emptying Entleeren *n*

emptying gate Ablassverschluss *m* (Talsperre) [wba]

Emscher tank Emscherbrunnen *m* [was]

emulsibility Emulgierbarkeit *f* [met]

emulsifiability Emulgierbarkeit *f* [met]

emulsification Emulgieren *n* [met]; Emulgierung *f* [che]

emulsifier Emulsionsbildner *m* [met]; Emulsions-vermittler *m* [met]

emulsifying Emulgieren *n* [met]

emulsifying agent Emulgiermittel *n* [met]

emulsion Emulsion *f* [met]

emulsion adhesive Emulsionskleber *m* [met]

emulsion binder Emulsionsbinder *m* [met]

emulsion breaker Demulgator *m* [met]

emulsion paint Dispersionslack *m* [met]; Disper-sionsfarbe *f* [met]; Emulsionsfarbe *f* [met]; Lack-emulsion *f* [met]

emulsion polymer Emulsionspolymer *n* [met]

emulsion separation Emulsionsspaltung *f* [was]

emulsion separator Emulsionstrennanlage *f* [was]

emulsion separator plant Emulsionsspaltanlage *f* [was]

emulsion varnish Lackemulsion *f* [met]

enable signal Freigabesignal *n* [elt]

enamel Lack *m* [met]

enamel brick glasierter Ziegel *m*

enamel glass Schmelzglas *n* [met]

enamel paint Lackfarbe *f* (Emaillelack) [met]

enamelling Einbrennlackierung *f* [met]

encapsulating suit Körpervollschutzanzug *m* [asi]

encase einschalen *v* (verkleiden, umhüllen)

encase in concrete einbetonieren *v* [bon]

encased ummantelt

encased beam ummantelter Träger *m* (z.B. mit Beton)

encased column ummantelte Stütze *f* (z.B. mit Beton)

encased in concrete ummantelt mit Beton [bon]

encased pile Kastenspundbohle *f* [tib]

encased steelwork betonummantelte Stahlteile *pl* [bon]

encaustic tile bunt glasierte Kachel *f*

enclosed construction gekapselte Bauweise *f*

enclosed room gefangener Raum *m* [arc]

enclosed space umbauter Raum *m*

enclosed tool gekapseltes Werkzeug *n* (Arbeits-schutz) [wzg]; geschlossenes Werkzeug *n* (Arbeits-schutz) [wzg]

enclosed type construction geschlossene Bauart *f*
enclosed valley Talkessel *m* [geo]
enclosing fence Umfriedung *f* (Zaun)
enclosing wall Umfassungsmauer *f*; Umfriedungs-mauer *f*
enclosing-type hood Schutzhaube *f* (Arbeitsschutz) [wer]
enclosure eingezäuntes Grundstück *n*; Einfriedung *f*; Einzäunung *f* (Zaun); Kapselung *f* (Arbeits-schutz) [wer]; Verkleidung *f* (Arbeitsschutz) [wer]
enclosure wall Einfriedungsmauer *f*
enclosures Einschlüsse *pl* [geo]
end batten Endbindeblech *n* [stb]
end batten plate Endbindeblech *n* [stb]
end block Endverankerungsbereich *m* [bon]; Auflagerverbreiterung *f* [bon]
end bush Endbolzen *m* [stb]; Endbuchse *f* [stb]
end column Endstütze *f*
end condition Einspannbedingung *f* [sik]
end crater Endkrater *m* (Schweißen) [met]
end cross girder Endquerträger *m* (Brücke) [stb]
end distance Endabstand *m* [des]
end face Endfläche *f* [des]
end field Endfeld *n* (Stahlbrücke) [stb]
end fixing moment Einspannmoment *n*
end floor beam Endquerträger *m* [stb]
end form Balkenkopfschalung *f* [bon]
end frame Endrahmen *m* (Brücke) [stb]
end girder Endträger *m*
end house Eckhaus *n* (Reihenhauszeile)
end joist Fußbalken *m*
end kneebrace Endstrebe *f* [stb]
end measure Endmaß *n* [des]
end moment Einspannmoment *n* [sik]
end of a conveyor belt Bandabwurfstelle *f* [prc]
end of collar purlin Balkenkopf *m* (Fachwerkhaus)
end of each month, at the - jeweils zum Monatsende
end of tensioning steel Spannstahlende *n* [bon]
end of the test Versuchsende *n* [any]
end panel Endfeld *n* (Außenöffnung) [stb]
end plane Endfläche *f* [des]
end plate Kantblech *n* [stb]; Endplatte *f* (Stütze) [stb]; Kopfplatte *f* (Stütze) [stb]; Stirnplatte *f*
end point Endpunkt *m* (Titration) [any]
end post Enddiagonale *f* (Fachwerk) [stb]; End-strebe *f* [stb]; Stirnwandsäule *f*
end rafter Anfangssparren *m* (entspricht: Endsparren); Endsparren *m*; Endsparren *m*
end raker Endstrebe *f* (z.B. Fachwerkbrücke) [stb]
end sill Endschwelle *f*
end span Endfeld *n* (Stahlbrücke) [stb]; Außen-öffnung *f* (Stahlbrücke) [stb]
end stay plate Endbindeblech *n* [stb]
end stiffener Endaussteifung *f* [stb]
end support Stirnlager *n*; Endstütze *f* [stb]

end tie plate Endbindeblech *n* [stb]
end zone Endverankerungsbereich *m* [bon]
end-anchored endverankert
end-bearing pile Spitzendruckpfahl *m* [tib]
end-loading platform Kopframpe *f* (Bahn) [tra]
end-restraint Einspannung *f* [stb]
end-restraint, elastic - elastische Einspannung *f*
endangered by frost frostgefährdet
endangering of groundwater Grundwassergefähr-dung *f* [was]
endangering of waters Gewässergefährdung *f* [was]
endangering potential Gefährdungspotenzial *n* [asi]
endstone Deckstein *m* (historische Bauwerke)
endurance crack Ermüdungsriss *m* [met]
endurance limit Dauerfestigkeit *f* [met]; Dauer-schwingfestigkeit *f* [met]; Zeitfestigkeit *f* [met]
endurance strength Dauerfestigkeit *f* [met]; Ermü-dungsfestigkeit *f* [met]
endurance test Dauerversuch *m* [any]; Ermüdungs-versuch *m* [any]; Dauerprüfung *f* [any]
energetic analysis Energieanalyse *f* [pow]
energetic recycling energetische Verwertung *f* [rec]
energization Erregung *f* [elt]
energize an Spannung legen *v* [elt]; erregen *v* (elek-trisch) [elt]; Spannung anlegen *v* [elt]
energized Strom führend [elt]; unter Spannung [elt]
energizing current Erregerstrom *m* [elt]
energy Energie *f* [pow]
energy awareness Energiebewusstsein *n* [pow]
energy balance Energiehaushalt *m* [pow]; Energie-bilanz *f* [pow]
energy balance, draw an - Energiebilanz aufstellen *v* [pow]
energy carrier Energieträger *m* [pow]
energy certificate Wärmepass *m* (Energiebedarf von Gebäuden)
energy coefficient Energiekennzahl *f* [pow]
energy concept Energiekonzept *n* [pow]
energy conservation Energieerhaltung *f* [pow]
energy consultancy Energieberatung *f* [pow]
energy consumption Energieaufwand *m* [pow]; Energieverbrauch *m* [pow]
energy consumption, cumulated - kumulierter Energieverbrauch *m* [pow]
energy consumption, total - Gesamtenergie-verbrauch *m* [pow]
energy contract Energielieferungsvertrag *m* [eco]
energy conversion Energieumwandlung *f* [pow]
energy costs Energiekosten *pl* [pow]; Energiekosten *pl* [pow]
energy crop schnell wachsende Pflanzen *pl* (zur Energieerzeugung) [pow]
energy demand Energiebedarf *m* [pow]
energy density Energiedichte *f* [pow]
energy discharge Energieabgabe *f* [pow]

energy dissipation Energieverschwendung f [pow]
energy distribution Energieverteilung f [pow]
energy engineering Energietechnik f [pow]
energy flux Energiefluss m [pow]
energy from waste energetisch (Nutzung) [rec]
energy gain Energiegewinn m [pow]
energy generation Energiegewinnung f [pow]
energy input Energieeinsatz m [pow]; zugeführte Energie f [pow]
energy installation energietechnische Anlage f [pow]
energy loss Energieverlust m [pow]
energy management Energiemanagement n [pow]
energy meter Stromverbrauchszähler m [elt]
energy panel Energiefassade f
energy performance certificate Energiepass m [pow]
energy planning Energieplanung f [pow]
energy production Energieerzeugung f [pow]; Energiegewinnung f [pow]
energy recovery Abwärmenutzung f [pow]; Energierückgewinnung f [pow]
energy recovery factor Energierückgewinnungsfaktor m [pow]
energy requirement Energiebedarf m [pow]
energy roof Energiedach n [pow]
energy saving Energiesparen n [pow]; Energieeinsparung f [pow]
energy shortage Energieknappheit f [pow]
energy source Energieträger m [pow]; Energiequelle f [pow]
energy storage Energiespeicherung f [pow]
energy storage device Energiespeicher m [pow]
energy supply Energieangebot n [pow]; Energieversorgung f [pow]; Energiezufuhr f [pow]
energy taxation Energiebesteuerung f [jur]
energy transducer, electric - elektrischer Energiewandler m [elt]
energy transfer Energieübertragung f [pow]
energy transmission Energieübertragung f [pow]
energy transport Energieübertragung f [pow]
energy wasting Energieverschwendung f [pow]
energy-conscious energiebewusst [pow]
energy-conserving measure Energiesparmaßnahme f [pow]
energy-efficient energiesparend [pow]
energy-expensive energieaufwändig [pow]
energy-from-waste utilization energetische Verwertung f (Abfallverwertung) [rec]
energy-intensive energieintensiv [pow]
energy-limited energiebegrenzt [pow]
energy-saver Energiesparer m [pow]
energy-saving bulb Energiesparlampe f [elt]
energy-saving lamp Energiesparlampe f [elt]
energy-saving measure energiesparende Maßnahme f [pow]; Energiesparmaßnahme f [pow]

energy-saving technology energiesparende Technologie f [pow]
energy-sensitive energiebewusst [pow]
energy-to-waste facility Müllkraftwerk n [pow]; Müllverbrennungsanlage f (mit Stromerzeugung bzw. Wärmerückgewinnung) [pow]
engage eingreifen v (einrasten); einrasten v (ineinander greifen); zum Aufliegen kommen v
engaged colonette Wandsäulchen n (mittelalterlich) [arc]
engaged pillar Dienst m (Gotik) [arc]
engine house Maschinenhaus n
engine house crane Maschinenhauskran m
engine noise Motorgeräusch n [aku]
engine pedestal Motorenfundament n
engine room Maschinenraum m
engine seating Maschinenfundament n
engine, linear - Linearmotor m [elt]
engine-driven motorgetrieben [pow]
engine-powered motorisch angetrieben [pow]
engineering contract Ingenieurvertrag m [eco]
engineering control measures technische Schutzmaßnahmen pl [asi]
engineering department technische Abteilung f [des]
engineering drawing technisches Zeichnen n [des]; Konstruktionsplan m [des]; technische Zeichnung f [des]
engineering mechanics technische Mechanik f
engineering model technisches Modell n [des]
engineering noise control technische Lärmbekämpfung f [aku]
engineering plastics technischer Kunststoff m [met]
engineering residual masses Baurestmasse f
engineering structure Ingenieurbauwerk n; Tragwerk n
engineering test technische Erprobung f
engineers supervising the buildings Bauleitung f
English bond Blockverband m
English cross bond Kreuzverband m
engrave ritzen v (eingravieren)
enhanced safety erhöhte Sicherheit f [asi]
enlarge vergrößern v [des]
enlarged detail vergrößerte Einzelheit f [des]
enlarged image vergrößerte Abbildung f [des]
enlarged scale vergrößerter Maßstab m [des]
enlargement ratio Vergrößerungsfaktor m [des]
enlargement scale Vergrößerungsmaßstab m [des]; Vergrößerungsmaßstab m [des]
enlargement, scaled - maßstäbliche Vergrößerung f [des]
enrockment Packwerk n; Steinauflage f
entablature Gebälk n (Baukunst: - über einer Säule) [arc]
entasis Entasis f (Tempel: Schwellung des Säulenschafts) [arc]

enteric-coated säureresistent (gegen Ausscheidungen) [met]
enterprise zone Gewerbeansiedlungsgebiet *n* (Gewerbepark) [com]
entire arch Bogengewölbe *n*
entire cross-section Gesamtquerschnitt *m* [des]
entrance Eingang *m* (Tür, Tor); Einfahrt *f* (Zufahrt) [tra]
entrance area Eingangsbereich *m*
entrance box, service - Hausanschlusskasten *m* [elt]
entrance door Eingangstür *f* (im Gegensatz zu Aus-)
entrance façade Eingangsfassade *f* [arc]
entrance hall Ern *m*; Flur *m*; Eingangshalle *f*; Eingangshalle *f* (Bahnhof) [tra]; Halle *f* (Eingang); Vorhalle *f*
entrance hatch Einstiegluke *f*
entrance lock Dockschleuse *f* [wba]; Einfahrtschleuse *f* (Dock) [wba]
entrant Teilnehmer *m* (am Wettbewerb) [arc]
entrapment Einschluss *m* [met]
entrapped gas Gaseinschluss *m* (Schweißnaht) [met]
entrenchment Schanze *f* (Festung) [arc]
entresol Halbgeschoss *n*
entry Beitrag *m* (in einem Wettbewerb) [arc]; Eingangsraum *m*; Einlass *m* (Eingang)
entry area Eingangsbereich *m* [arc]
entry in the land register Grundbucheintrag *m* [com]
entry lock Eingangsschleuse *f*
entry road Zufahrtsstraße *f* [tra]
envelope boundary Systemgrenze *f* (von Baueinheiten) [des]
envelope of failure Bruchlinie *f* (mohrscher Spannungkreis) [met]
environment Umgebung *f* (Umwelt)
environment management system Umwelt-Management-System *n* (UMS nach EU-Verordnung)
environment-oriented umweltbewusst
environmental acceptability assessment Umweltverträglichkeitsuntersuchung *f*
environmental adaptation Anpassung der Umwelt *f*
environmental amenities umweltfreundliche Bedingungen *pl*
environmental and landscape use procedure Raumordnungsverfahren *n*
environmental awareness Umweltbewusstsein *n*
environmental balance Umweltbilanz *f*
environmental chemicals Umweltchemikalien *pl*
environmental compatibility Umweltverträglichkeit *f*
environmental conditions, natural - natürliche Lebensgrundlage *f*
environmental costs Umweltkosten *pl*
environmental danger Umweltgefahr *f*

environmental data Umweltdaten *pl*
environmental forecasting Umweltfolgenabschätzung *f*
environmental hazard Umweltgefahr *f*
environmental impact Umwelteinfluss *m*; Umweltauswirkung *f*; Umwelteinwirkung *f*; Umwelterheblichkeit *f*
environmental impact assessment Umweltfolgenabschätzung *f*; Umweltverträglichkeitsprüfung *f*
environmental impact, adverse - ungünstige Auswirkung auf die Umwelt *f*
environmental liability Umwelthaftpflicht *f*
Environmental Liability Act Umwelthaftungsgesetz *n* [jur]
environmental management system Umweltmananagementsystem *n*
environmental monitoring Immissionsüberwachung *f* [any]; Umweltüberwachung *f* [any]
environmental pollution Umweltbelastung *f*; Umweltverschmutzung *f*; Verschmutzung der Umwelt *f*
environmental precaution Umweltvorsorge *f*
environmental production policy umweltorientierte Produktionspolitik *f*
environmental properties Umwelteigenschaften *pl*
environmental protection Umweltschutz *m*
environmental protection technology, integrated - integrierte Umweltschutztechnik *f*
environmental report Umweltgutachten *n*; Umweltbericht *m*
environmental resources, natural - natürliche Lebensgrundlage *f*
environmental soundness Umweltverträglichkeit *f*
environmental technology Umwelttechnik *f*
environmentally aware behaviour umweltbewusstes Verhalten *n*
environmentally benign umweltfreundlich; umweltschonend
environmentally clean technology umweltfreundliche Technik *f*
environmentally compatible umweltschonend
environmentally favourable umweltschonend
environmentally friendly umweltfreundlich
environmentally friendly product umweltfreundliches Produkt *n*
environmentally harmful umweltbelastend; umweltfeindlich
environmentally hazardous umweltgefährdend; umweltgefährlich
environmentally hazardous substance umweltgefährdender Stoff *m* [met]
environmentally neutral umweltneutral
environmentally sensitive umweltbewusst
environmentally sensitive building umweltgerechtes Bauen *n*
environmentally sound umweltfreundlich

environs, in the - of ... in der Umgebung von ...
eolation Abrieb durch windbewegten Sand *f*
episcopal town Bischofsstadt *f* [com]
epoxide Epoxid *n* [che]
epoxide resin Epoxidharz *n* [che]
epoxide-resin paint Epoxidharzanstrich *m* [met]
epoxy coating Epoxidharzanstrich *m* [met]
epoxy glue Granulatkleber *m*
epoxy mortar Epoxydharz-Bindemittel mit Mörtel *n* [met]
epoxy paint Epoxidharzanstrich *m* [met]
epoxy polyester Epoxid Polyester *n* [che]
epoxy putty Epoxidkitt *m* [met]
epoxy resin Epoxidharz *n* [met]; Gießharz *n* [met]
epoxy resin plaster Kunstharzputz *m* [met]
epoxy resin varnish Kunstharzlack *m* [met]
epoxy resins moulding compound Epoxidharz-Formmasse *f* [met]
equal angle gleichschenkliger Winkelstahl *m* [met]
equal area, of - flächentreu [des]
equal-area projection flächentreue Abbildung *f* [des]
equal-leg angle gleichschenkliger Winkelstahl *m* [met]
equalization Entzerrung *f* (Vermessung) [any]
equalizer bar Quertraverse *f*
equalizer frame Ausgleichsrahmen *m*
equalizing toleranzausgleichend
equalizing reservoir Wasserausgleichbecken *n* [was]
equalizing tank Ausgleichbehälter *m* [was]
equally spaced abstandsgleich
equiangular winkeltreu [des]
equiareal gleichflächig
equidistant abstandsgleich
equilibrium Gleichgewicht *n* [che]
equilibrium length Gleichgewichtslänge *f*
equilibrium of forces Kräftegleichgewicht *n* [phy]
equilibrium position Gleichgewichtslage *f*
equilibrium reaction Gleichgewichtsreaktion *f* [che]
equilibrium, chemical - chemisches Gleichgewicht *n* [che]
equip ausstatten *v*
equip with ... ausstatten mit ... *v*
equipment Anlage *f* (Ausrüstung)
equipment earth conductor Geräteerdung *f* [elt]
equipment layout Geräteaufstellung *f* [des]
equipment list Geräteliste *f* [des]
equipment room Geräteraum *m*
Equipment Safety Act Gerätesicherheitsgesetz *n* (deutsches Bundesgesetz) [jur]
equipoise abgleichen *v* (z.B. beim Wägen) [any]
equivalent beam method Ersatzstabverfahren *n* [sik]
equivalent circuit Ersatzstromkreis *m* [elt]; Ersatzschaltung *f* [elt]

equivalent diagram Ersatzschaltplan *m* [elt]
equivalent diameter Äquivalentdurchmesser *m* [des]
equivalent load Ersatzlast *f* [sik]; Ersatzlast *f* (zusätzliche Kraft für 10-fach erhöhte Last) [des]; Vergleichslast *f*
equivalent noise vergleichbarer Lärmpegel *m* [aku]
erect aufstellen *v* (aufbauen); bauen *v*; erbauen *v*; gründen *v* (errichten); konstruieren *v* (erbauen)
erect formwork einschalen *v* (Einschalung erstellen)
erected erbaut
erecting derrick Montage-Derrickkran *m*
erecting scaffold Aufstellungsgerüst *n*; Montage-gerüst *n*
erection Bauen *n*; Bau *m* (Bauen); Aufstellung *f* (Aufbau); Errichtung *f*; Konstruktion *f* (Bau)
erection aids Montagehilfsmittel *pl*
erection auxiliary equipment Montagehilfsmittel *pl*
erection bar Montageeisen *n*
erection bolt Montagebolzen *m* [stb]
erection consumables Montageverbrauchsstoffe *pl* [met]
erection crane Montagekran *m*
erection drawing Bauzeichnung *f* [des]
erection mark Montagekennzeichnung *f*
erection material Montagematerial *n*
erection platform Arbeitsbühne *f*; Montagebühne *f*
erection shop Montagehalle *f*
erection speed Montagegeschwindigkeit *f*; Vorschubgeschwindigkeit *f* (Gleitschalung)
erection stage, at - in der Ausführung
erection welding Montageschweißung *f* [stb]
ergometry Ergometrie *f* (Arbeitsschutz) [wer]
ergonomics Ergometrie *f* (Arbeitsschutz) [wer]
erode abtragen *v* (Boden) [geo]; ausspülen *v* [geo]; erodieren *v* [geo]
eroded erodiert [geo]; zerfressen [met]
eroded hole Kolkvertiefung *f* (Wasserloch) [geo]
erodible erodierbar [geo]
eroding bank Abbruchufer *n* (Mäander) [geo]; Prallufer *n* [wba]
erosion Abtragung *f* (Boden) [geo]; Erosion *f* [geo]
erosion by water action Wassererosion *f* [geo]
erosion control Erosionsschutz *m* [geo]
erosion of a bank Uferabbruch *m* [geo]; Uferangriff *m* [geo]
erosion resistance Erosionswiderstand *m* [geo]
error in indication Fehlanzeige *f* [any]
error of measurement Messabweichung *f* [any]
error of observation Beobachtungsfehler *m* [any]
error of testing Prüffehler *m* [any]
error, accumulated - additiver Fehler *m* [any]; akkumulierter Fehler *m* [any]; aufgelaufener Fehler *m* [any]
eruptive rock Erstarrungsgestein *n* [geo]; vulkanisches Gestein *n* [geo]

eruptive stones Erstarrungsgestein *n* [geo]
escalator Aufzug *m*
escalator system Fahrtreppensystem *n*; Fahrtreppenanlage *f*
escape Fluchtweg *m*
escape clause Rücktrittsklausel *f* [jur]; Sicherungsklausel *f* [jur]
escape corridor Fluchtkorridor *m*
escape device Rettungseinrichtung *f*
escape ladder Rettungsleiter *f* [asi]
escape mask Rettungsatemgerät *n* [asi]
escape possibility Fluchtmöglichkeit *f* (Sicherheitstechnik)
escape road Fluchtweg *m* (Rettung) [asi]
escape route Fluchtweg *m* [asi]; Rettungsweg *m*
[asi]; Rückzugsweg *m* (Feuerwehreinsatz) [asi]
escape staircase Nottreppe *f*
escape stairs Notleiter *m*; Fluchttreppe *f* (Sicherheitstechnik)
escape way Fluchtweg *m* (Rettung) [asi]; Rettungsweg *m*
escape-type respiratory protective equipment
Rettungsatemgerät *n* [asi]
escarpment Steilabfall *m* [geo]; Steilhang *m* [geo];
Abdachung *f* (von steilen Böschungen) [tib]; Böschung *f* (Geländestufe) [geo]; steile Böschung *f*
[geo]
escutcheon Schlüsselschild *n* (Schloss) [tec];
Türschild *n*; Schlüssellochdeckel *m* [tec]
esplanade Glacis *n* (Festung) [arc]; Vorfeld *n*
(Festung) [arc]; offener Platz *m* [arc]; Esplanade *f*
(Festung) [arc]
essential component wesentlicher Bestandteil *m*
essential feature wesentliches Merkmal *n*
essential purposes of regional planning
Leitvorstellungen der Raumordnung *pl*
essential requirement grundlegende Anforderung *f*
establish ansiedeln *v* (Industrie in einem Gebiet)
establishment of a factory Errichtung einer Fabrik *f*
establishment of industry Industrieansiedlung *f*
(Ansiedlungsvorgang) [eco]
estate Anwesen *n*; Grundstück *n* (größeres); Grund
m (Gelände); Schlosspark *m* [arc]; Siedlung *f*
estate area Siedlungsgebiet *n* [com]
estate house Siedlungshaus *n*
estate road Siedlungsstraße *f* [tra]
ester gum Esterharz *n* [met]
estimate Ansatz *m* (- für Mischung) [met]
estimate, rough - grober Überschlag *m*
estimation of the risk Gefährdungsabschätzung *f*
(von Substanzen) [asi]
estuarine flow Gezeitenströmung *f* (- in Flussmündungen) [was]
estuary Mündungsgebiet *n* [geo]; Flussmündung *f*
(Gezeiten ausgesetzte) [was]; Mündung *f* (Fluss)
[geo]

estuary harbour Flussmündungshafen *m* [tra]
etch ätzen *v* [che]
etched abgesäuert (Fassade); geätzt
eternit Asbestbeton *m* [bon]; Asbestzement *m* [met]
ethnic segregation ethnische Trennung *f*
ettringite Ettringit *m* [geo]
Euler's critical stress eulersche Knickspannung *f*
[met]
Euler's stress Eulerspannung *f*
European law, under - nach europäischem Recht
[jur]
European long-distance road Europastraße *f* [tra]
eutrophication Eutrophierung *f* (Überangebot von
Nährstoffen) [was]
evacuation and means of escape Evakuierung und
Fluchtmöglichkeit *f*
evacuation of buildings Gebäuderäumung *f*
evacuation order Evakuierungsbefehl *m* (Notfall)
evacuation plan Evakuierungsplan *m* (Notfall)
evaluate evaluieren *v* [any]
evaluate test results Versuchsergebnisse auswerten
v [any]
evaluation Auswertung *f* [any]
evaluation accuracy Auswertegenauigkeit *f* [any]
evaluation of test results Auswertung von Prüfergebnissen *f* [any]
evaluation system Auswerteeinrichtung *f* [any]
evaluation tool Auswertungswerkzeug *n*
evaporation Verdunstung *f* [prc]; Verflüchtigung *f*
evaporation opportunity relative Verdunstung *f*
(Hydrologie) [was]
evaporative capacity potenzielle Verdunstung *f*
([Nebenvariante] Hydrologie) [was]; potenzielle
Verdunstung *f* ([Hauptvariante] Hydrologie) [was]
evaporative cooling Verdunstungskühlung *f* [prc]
even flach (eben)
even abflachen *v* (planieren) [tib]; abgleichen *v*
(glätten); egalisieren *v* [tib]
even up angleichen *v*
even with the ground ebenerdig
even-grained gleichmäßig gekörnt [met]
evenness Planebenheit *f*
everyday architecture Alltagsarchitektur *f*
evolved town gewachsene Stadt *f* [com]
ex plant price Preis ab Werk *m* [eco]
ex works ab Werk; ab Werk; werkseitig
examination Probe *f* (Prüfung) [any]; Prüfung *f*
(Überprüfung) [any]; Überprüfung *f* [any]
examination medium Prüfmittel *n* [any]
examination method Untersuchungsmethode *f* [any]
examination of soil Bodenuntersuchung *f* [geo]
examination procedure Prüfungsverfahren *n* [any]
examination report Untersuchungsbericht *m*
examine prüfen *v* (untersuchen); untersuchen *v*
[any]
excavatability Ausschachtbarkeit *f*

excavate abgraben *v* [tib]; ausbaggern *v*; ausgraben *v* (Knochen etc.) [tib]; ausschachten *v*; baggern *v*; graben *v* [wer]
excavated gebaggert [tib]
excavated area Aushubfläche *f*
excavated earth Abhub *m* [tib]; Bodenaushub *m* [tib]; Erdaushub *m* [tib]
excavated hole Baggerloch *n*
excavated material Aushubmaterial *n* (Baugruben) [geo]; Abtrag *m* [geo]; Aushub *m* (Ausgehobenes) [geo]; Erdaushub *m* [geo]; Abgrabung *f*
excavated road-building material Straßenaufbruch *m* [rec]
excavated rock Gesteinsaushub *m* [rec]
excavated soil Bodenaushub *m*; Erdaushub *m* [tib]
excavating equipment Erdbewegungsgerät *n* [tib]
excavating machine Bagger *m*
excavation Abtrag *m* [tib]; Aushub *m* [tib]; Bodenabtrag *m* [tib]; Bodenaushub *m* [tib]; Einschnitt *m* (Graben) [geo]; Grubenbau *m* [roh]; Abgrabung *f* [geo]; Abtragung *f* [tib]; Ausbaggerung *f* [tib]; Ausschachtung *f* [tib]; Baugrube *f* [tib]; Erdbewegung *f* (Bauarbeiten) [tib]; Grube *f* (Ausgrabung) [tib]
excavation cutting Abtragung *f* (Demontage)
excavation material Aushubmaterial *n*
excavation of cutting Einschnittaushub *m* [tib]
excavation of pipe trench Rohrgrabenaushub *m* [tib]
excavation permit Grabgenehmigung *f* [tib]
excavation pit Baugrube *f*
excavation slope Aushubböschung *f* [tib]
excavation width Baugrubenbreite *f*
excavation works Schachtarbeiten *pl* [tib]
excavation, manual - Handschachtung *f*
excavation, open - unverkleidete Baugrube *f*
excavator Bagger *m* [tib]; Erdarbeiter *m* [tib]; Greifbagger *m* [tib]; Kratzer *m* (Baumaschine) [tib]; Löffelbagger *m* [tib]; Trockenbagger *m* [tib]
excavator arm Baggerstiel *m* [tib]
excavator bucket Baggereimer *m* [tib]
excavator chain Baggerkette *f*
excavator grab Baggergreifer *m*
excavator operator Baggerführer *m*
excavator shovel Baggerschaufel *f*
excavator-operated stamper Stampfbagger *m* [tib]
exceed überschreiten *v* (Maß) [des]
exceeding the deadline Terminüberschreitung *f*
excess chlorination Überschusschlorung *f* [was]
excess current Überstrom *m* [elt]
excess head Überstau *m* [wba]
excess heat Wärmeüberschuss *m* [pow]
excess length Überstand *m*; Überlänge *f* [des]
excess pressure Überdruck *m* [phy]
excess voltage Überspannung *f* [elt]

excess voltage protection Überspannungsschutz *m* [elt]
excess width of the track gauge Spurerweiterung *f* (Bahngleis) [tra]
excess-pressure safety device Überdrucksicherung *f* [asi]
excessive convexity Nahtüberhöhung *f* (Schweißnahtfehler) [met]
excessive reinforeement überhöhte Decklage *f* (Schweißen) [met]
exchange of the soil Bodenaustausch *m* [tib]
excite anregen *v* [phy]
exciter Erreger *m* [elt]; Erregermaschine *f* (Generator) [elt]
exciter magnet Erregermagnet *m* [elt]
exciting coil Erregerspule *f* [elt]
exciting current Erregerstrom *m* [elt]
exclusion of liability Ausschluss der Haftung *m* [jur]; Haftungsausschluss *m* [jur]
exclusion of residual pollution Altlastenausschluss *m* [geo]
exclusive lane Sonderfahrspur *f* [tra]
execution Ausführung *f* (Durchführung); Durchführung *f* (Aktion)
execution deadline Ausführungsfrist *f*
execution documents Ausführungsunterlagen *pl* [des]
execution of disposal Durchführung der Beseitigung *f* [rec]
execution of the building work Bauausführung *f*
execution of work Bauausführung *f*
execution plan Ausführungsplan *m*
execution planning Ausführungsplanung *f*; Werkplanung *f* [des]
execution time Ausführungszeit *f*
executive suite Vorstandsetage *f*
exempt from building permission baugenehmigungsfrei
exempt from permission genehmigungsfrei [jur]
exemption from turnover tax Umsatzsteuerbefreiung *f* [jur]
exfoliation Abschieferung *f* [met]
exhaust Abzug *m* (Abgase) [air]
exhaust ausmergeln *v* (Boden) [geo]
exhaust air Abluft *f* [air]
exhaust air stack Abluftkamin *m* [air]
exhaust noise Auspuffgeräusch *n* (Auto) [aku]
exhaust roar Auspuffröhren *n* (Auto) [aku]
exhaust silencer Luftschalldämpfer *m* [aku]
exhaust stack Abgasstutzen *m* [air]
exhaust tunnel ventilation Saugbewetterung *f* [roh]
exhaust-emission check Abgasüberprüfung *f* [any]
exhaust-emission measurement Abgasmessung *f* [any]
exhaust-gas analysis Abgasmessung *f* [any]
exhaust-gas duct Abgaskanal *m* [air]

exhaust-gas filter Abgasfilter *m* [air]
exhaust-gas loss Abgasverlust *m* [pow]
exhaust-gas test Abgastest *m* (Kfz) [any]; Abgasuntersuchung *f* [any]
exhibition building Ausstellungsgebäude *n*
exhibition centre Messegelände *n*
exhibition hall Ausstellungshalle *f*
exhibition location Ausstellungsort *m*
exhibition room Ausstellungsraum *m*
existing building Bestandsobjekt *n* (Immobilie)
existing buildings Gebäudebestand *m* (Immobilien)
existing installation Altanlage *f* [wer]
existing landfill Altdeponie *f* [rec]
exit Ausgang *m* (z.B. Tür)
exit door Ausgangstür *f*
exit from the tunnel Stollenausgang *m* [tib]
exit ramp Ausfahrrampe *f* [tra]
exit road Ausfallstraße *f* [tra]
exit sign system Fluchtwegsystem *n* (Sicherheitstechnik)
exit tunnel Abgangstunnel *m* [tra]
exorbitant rent Mietwucher *m* [eco]; Wuchermiete
f [eco]
exothermic exotherm [che]
expand aufschäumen *v* [wer]; blähen *v* (Beton)
[met]; erweitern *v* (ausdehnen)
expandable schäumbar [met]
expandable polyethylene schäumbares Polyethylen
n [che]
expandable polystyrene schäumbar Polystyrol *n*
[che]
expanded aufgeschäumt [met]; geschäumt (Kunststoff) [met]
expanded clay Blähton *m* [met]
expanded concrete Blähbeton *m* [bon]; Schaumbeton *m* [bon]
expanded concrete, cellular - Porenbeton *m* [bon]
expanded flange Aufwalzflansch *m* [prc]
expanded plastic Schaumkunststoff *m* [met];
Schaumstoff *m* [met]
expanded plastic slab Hartschaumplatte *f* [met]
expanded polystyrene board Styroporplatte *f* [met]
expanded rubber Schaumgummi *m* [met]
expanded settlement gewachsener Ortskern *m*
[com]
expanded shale Blähschiefer *m* (Baustoff) [met]
expanded slate Blähschiefer *m* (Baustoff) [met]
expanding agent Treibmittel *n* (Kunststoff, Zement)
[met]; Schaumbildner *m* (Kunststoffe) [met]
expanding anchor Expansionsanker *m*
expanding concrete Quellbeton *m* [bon]
expanding rivet Spreizniet *m*
expansion Aufblähen *n*; Blähen *n* (Beton) [met];
Dehnung *f* (Ausdehnung); Nachrüstung *f* [wer]
expansion anchor Spreizdübel *m*
expansion bearing bewegliches Auflager *n* [stb]

expansion bolt Spreizanker *m* [tec]; Spreizdübel *m*
[tec]
expansion compensation, natural - natürlicher
Dehnungsausgleich *m* [met]
expansion duct Dehnungskanal *m*
expansion fastener Spreizdübel *m*
expansion flow Fließverhalten bei
Querschnittserweiterung *n* [wba]
expansion joint Ausdehnungsstück *n* [prc];
Schleppblech *n* (über Dehnungsfuge) [stb];
Dehnungsstoß *m*; Faltenbalg *m*; Kompensator *m*
(in Rohrleitungen) [prc]; Ausdehnungsfuge *f*;
Bewegungsfuge *f*; Dehnungsfuge *f*
expansion measurement Ausdehnungsmessung *f*
[any]; Dilatometrie *f* [any]
expansion of building Bauerweiterung *f*
expansion reaction Treibreaktion *f* (in Werkstoffen)
[met]
expansion reservoir Überlaufbehälter *m* [was]
expansion roller Rollenlager *n* (Loslager)
expansion shoe bewegliches Lager *n*; bewegliches
Lager *n*
expansion support bewegliches Auflager *n* [stb]
expansion tank Ausdehngefäß *n*; Ausgleichsbehälter *m*
expansion vessel Ausdehnungsgefäß *n*; Ausgleichsbehälter *m*
expansion-joint sealing Dehnfugendichtung *f*
expansive cement Quellzement *m* [met]
expansive mineral Treibmineral *n* (in Baustoffen)
[met]
expansive soil Quellboden *m* [geo]; Schwellboden
m [geo]
expansive-cement concrete Quellbeton *m* [bon]
expatriate worker ausländischer Arbeiter *m* [wer];
Gastarbeiter *m* [wer]
expenditure of time Zeitaufwand *m*
expenditures on service charges Aufwendungen
für Mietnebenkosten *pl* [eco]
experienced sachkundig
experiment Versuch *m* [any]
experiment, as an - versuchsweise [any]
experimental area Versuchsgelände *n* [any]
experimental arrangement Versuchsanordnung *f*
[any]
experimental basin Versuchsbecken *n* [any]
experimental condition Versuchsbedingung *f* [any]
experimental design Versuchsplanung *f* [any]
experimental error Versuchsfehler *m* [any]
experimental facility Versuchsanlage *f* [any]
experimental material Untersuchungsmaterial *n*
[any]
experimental method Versuchsmethode *f* [any];
Versuchstechnik *f* [any]
experimental phase Versuchsphase *f* [any]
experimental planning Versuchsplanung *f* [any]

experimental plant Versuchsanlage *f* [any]
experimental point Messpunkt *m* [any]
experimental procedure Versuchsdurchführung *f* [any]
experimental program Versuchsprogramm *n* [any]
experimental result Messergebnis *n* [any]; Versuchsergebnis *n* [any]
experimental set-up Versuchsaufbau *m* [any]; Versuchsanordnung *f* [any]
experimental stage Versuchsstadium *n* [any]; Versuchsphase *f* [any]
experimental substance Versuchssubstanz *f* [any]
experimental value Messwert *m* [any]
expert sachkundig
expert evaluation Gutachten *n*; Expertise *f*
expert opinion on environmental matters Umweltgutachten *n*
expert planner Fachplaner *m* [des]
expert system Expertensystem *n*
expert's environmental report ökologisches Gutachten *n*
expert's report on building applications Gutachten zu Baugesuchen *n*
expertise Gutachten *n*; Sachverständigengutachten *n*; Fachkenntnis *f*
expiring lease auslaufender Mietvertrag *m* [eco]
explanatory drawing Erläuterungszeichnung *f* [des]
explanatory note Anmerkung, erläuternde - *f*; erläuternde Anmerkung *f*
explode illustration Explosionsdarstellung *f* (auseinander gezogene Darstellung) [des]
exploded view auseinander gezogene Darstellung *f* [des]; Explosionszeichnung *f* [des]
exploration Aufschließung *f* [roh]
exploration work Aufschlussarbeiten *pl* [roh]
exploratory work Aufschlussarbeiten *pl*
explore untersuchen *v* [any]
explosion door Explosionsklappe *f* (Sicherheitstechnik) [asi]; Explosionsschutzklappe *f* (Sicherheitstechnik) [asi]
explosion flap Explosionsklappe *f* (Sicherheitstechnik) [asi]
explosion prevention Explosionsschutz *m* [asi]; Explosionsverhütung *f* [asi]
explosion protection Explosionsschutz *m* [asi]
explosion vent Explosionsöffnung *f* (Sicherheitstechnik) [asi]
explosion welding Explosionsschweißen *n* [wer]
explosion-proof enclosure explosionssichere Kapselung *f* [asi]
explosion-proof glazing explosionssichere Verglasung *f*
explosion-relief opening Druckentlastungsöffnung *f* [asi]
explosion-welded joint Explosionsschweißverbindung *f* [met]

explosive digging Erdsprengung *f* [tib]
explosive rivet Sprengniet *m* [tec]; Sprengniete *f* [wer]
explosive-cartridge fastening tool Bolzenschießgerät *n* [wzg]
expose the reinforcement Bewehrung freilegen *v* [bon]
exposed offen liegend; unverkleidet
exposed area Windangriffsfläche *f*
exposed arrangement sichtbare Anordnung *f* [des]
exposed brickwork Sichtmauerwerk *n*
exposed concrete Sichtbeton *m* [bon]
exposed concrete façade Sichtbetonfassade *f* [bon]
exposed installation auf Putz verlegt [elt]
exposed masonry Sichtmauerwerk *n*
exposed position freie Lage *f* [com]
exposed timber framework Sichtfachwerk *n*
exposed to rainwater regenbeansprucht (Baubereich) [met]
exposed to weather bewittert (Baubereich) [met]
exposed wiring offene Leitungsverlegung *f* [elt]
exposed-aggregate concrete Waschbeton *m* [bon]
exposed-aggregate concrete block Waschbetonsichtmauerstein *m* [bon]
exposure Beanspruchung *f*
exposure limit Expositionsgrenzwert *m* (Arbeitsschutz) [wer]
exposure limit, maximum - maximale Arbeitsplatzkonzentration *f* (<B>) [asi]
exposure test Witterungsversuch *m* [any]
exposure to danger Gefährdung *f* [asi]
exposure to hazard Gefährdung *f* [asi]
exposure to risk Gefährdung *f* [asi]
express elevator Expressaufzug *m* (<A>)
express lift Expressaufzug *m* (<B>); Schnellaufzug *m*
express road Schnellstraße *f* (meist kreuzungsfrei) [tra]
expressway Autobahn *f* (<A>) [tra]; Schnellstraße *f* (<A>) [tra]
expressway entrance Autobahnauffahrt *f* (<A>) [tra]
expressway exit Autobahnausfahrt *f* (<A>) [tra]
extend ausbauen *v*; erweitern *v* (z.B. Gebäude); expandieren *v*; verlängern *v* (länger machen)
extend beyond auskragen *v*
extended lang gestreckt
extended end auskragende Konstruktion *f*
extended-surface heat exchanger Rippenrohrwärmeaustauscher *m* [pow]
extender Füllmittel *n* [met]; Verdünnungsmittel *n* [met]; Streckzusatz *m* [met]
extending ladder Ausziehleiter *f*
extensibility Dehnbarkeit *f* (Material) [met]; Streckbarkeit *f* (Material) [met]
extensible dehnbar (Material) [met]

extension Anbau *m* (Gebäude); Ausbau *m* (Erweiterung); Dehnung *f* (Verlängerung); Erweiterung *f*; Erweiterung *f* (z.B. Gebäude); Verlängerung *f* [sik]
extension block Erweiterungsfeld *n* [stb]
extension cable Verlängerungskabel *n* [elt]
extension capacity Dehnfähigkeit *f* [met]
extension ladder Ausziehleiter *f*
extension lead Verlängerungskabel *n* [elt]
extension line Maßhilfslinie *f* [des]
extension of a building Erweiterungsbau *m*; Gebäudeerweiterung *f*
extension of a plant Erweiterung einer Anlage *f* (räumlich)
extension of deadline Fristverlängerung *f*
extension of the measuring range Messbereichserweiterung *f* [any]
extension pipe Verlängerungsrohr *n* [was]
extension plan Erweiterungsplan *m*
extension splice Austocklasche *f*
extension, uniaxial - einachsige Dehnung *f* [met]
extension-stress ratio Dehn-Spannungswert *m* [met]
extensive refurbishment Grundsanierung *f* (Altbau komplett sanieren)
extensive space weiter Raum *m* [com]
extent Weite *f* (Ausdehnung)
extent of inspection Prüfumfang *m* [any]
extent of protection Schutzbereich *m* [asi]
extent of weathering Verwitterungsgrad *m* [met]
exterior cladding Außenhaut *f*
exterior corridor offener Gang *m*
exterior dimension Außenmaß *n* [des]
exterior door Außentür *f*
exterior finish Außenputz *m*
exterior lighting Außenbeleuchtung *f* [elt]
exterior masonry Außenmauerwerk *n*
exterior paint Außenanstrichfarbe *f* [met]
exterior painting Außenanstrich *m* [met]
exterior plants Außenpflanzen *pl* [bio]
exterior plaster Außenputz *m*
exterior rendering Außenputz *m*
exterior shell Vorsatzschale *f*
exterior siding Außenverkleidung *f*
exterior span Randfeld *n*
exterior stair Außentreppe *f*
exterior stairway Außentreppenhaus *n*
exterior view Außenansicht *f* [des]
exterior wall Außenmauer *f*; Außenwand *f*
exterior work Außenarbeiten *pl*
external architecture Außenarchitektur *f*
external blind Außenjalousie *f*
external control Fremdüberwachung *f* [any]
external corridor Laubengang *m*
external corrosion Außenkorrosion *f* [met]
external diameter äußerer Durchmesser *m* [des]
external dimension Außenmaß *n* [des]

external door Außentür *f*
external dormer Gaubenfenster *n*
external drainage Außenentwässerung *f*
external force äußere Kraft *f* [phy]
external frame Außenlaibung *f* (Fenster)
external jetting Außenspülung *f*
external monitoring Fremdüberwachung *f* [any]
external plaster Außenputz *m* (Verputz)
external power supply Fremdeinspeisung *f* [elt]
external rebate Außenlippe *f*
external rendering Außenputz *m* (Verputzen)
external sealing Außenabdichtung *f*
external shuttering Außenschalung *f* [bon]
external thermal insulation composite system Wärmedämmverbundsystem *n*
external vibration Außenrüttlung *f* [bon]; Außenvibration *f* [bon]
external vibrator Außenrüttler *m* [bon]; Schalungsrüttler *m* [bon]
external voltage source Fremdspannungsquelle *f* [elt]
external wall Außenwand *f*; Außenwandung *f*
external welding Außenschweißung *f* [wer]
externally ribbed tube Radiatorrohr *n* [pow]
extinction Löschen *n*
extinguishant Löschmittel *n*
extinguisher Löschgerät *n*; Feuerlöscher *m* [asi]; Löscher *m*
extinguishing compound Löschmittel *n* [met]
extinguishing device Löscheinrichtung *f* (Brandlöschung)
extinguishing effect Löscheffekt *m* (Brandlöschung)
extinguishing exercise Löschübung *f* (Brandlöschung)
extinguishing nozzle Löschdüse *f* [asi]
extinguishing piping Löschleitung *f* (Brandlöschung)
extinguishing substance Löschmittel *n* [met]
extinguishing system, automatic - automatische Löschanlage *f* (Feuerlöschung)
extra pay for dirty work Schmutzzuschlag *f* [eco]
extra performance Nebenleistung *f* [eco]; Sonderleistung *f* [eco]
extra works Nebenarbeiten *pl* [wer]
extract Elution *f* [was]
extract herauslösen *v* [che]
extract of the plan Planausschnitt *m* [com]
extract water from entwässern *v* (Wasser entfernen) [was]
extraction Auslaugung *f* [che]
extraction of air at ground level Bodenluftabsaugung *f* [geo]
extraction of minerals Mineralgewinnung *f* [roh]
extraction of raw minerals Rohstoffabbau *m* [roh]
extraction of sheet piles Ziehen der Spundbohlen *n*

extraction of water Entwässerung *f* (Entfernung von
Wasser) [was]
extractions of groundwater Grundwasserentnahme
f [was]
extractor Fanghaken *m* (Bohrtechnik) [tib];
Abziehvorrichtung *f* [wer]
extraneous water Fremdwasser *n* [was]
extreme dimensions größte Abmessungen *pl* [des]
extreme position Endstellung *f* [any]
extruded interlocking tile Falzziegel *m*
(Dachziegel)
extruded section Strangpressprofil *n* [met]
extruded tile Strangdachziegel *m*
eye bar Augenstab *m* [stb]
eye bath Augenspülung *f* [asi]
eye protection Augenschutz *m* [asi]
eye protector Augenschutzgerät *n* [asi]
eye wash bottle Augenwaschflasche *f* [asi]
eye-protector Augenschutz *m* [asi]
eye-rinse bottle Augenspülmittelflasche *f* [asi]
eye-wash bottle Augenspülflasche *f* [asi]
eye-wash fountain Augenbrunnen *m* [asi];
Augendusche *f* [asi]
eyebrow dormer Fledermausgaube *f* (Dach)

F

fabric Gefüge *n* (Städtebau); Gewebe *n* (Stoff) [met]; Bauhülle *f*
fabric building Zeltbau *m*
fabric building structure Zeltkonstruktion *f*
fabric grid Gittervlies *n* [met]
fabric layer Gewebelage *f* [met]
fabric reinforcement Baustahlgewebe *n* [met]; Gewebeverstärkung *f* [met]; Textilbewehrung *f* (Beton) [bon]
fabric tape Gewebeband *n* [met]
fabricated steel structure Stahlbauteil *n* [stb]
fabricator's test Herstellerprüfung *f* [any]
façade Fassade *f*; Vorderfront *f*
façade beam Fassadenbalken *m*
façade cleaning Fassadenreinigung *f*
façade cleaning agent Fassadenreinigungsmittel *n* [met]; Fassadenreiniger *m* (Reinigungsmittel) [met]
façade cleaning and maintenance lift Fassaden-befahranlage *f*
façade clinker Fassadenklinker *m* [met]
façade construction Fassadenbau *m*
façade construction material Fassadenbaumaterial *n* [met]; Fassadenbaustoff *m* [met]
façade design Fassadengestaltung *f*
façade element Fassadenelement *n*
façade impregnation Fassadenimprägnierung *f*
façade insulation Fassadendämmung *f*; Fassaden-isolierung *f*
façade insulation board Fassadendämmplatte *f* [met]
façade insulation material Fassadenisoliermaterial *n* [met]
façade lift Fassadenaufzug *m*
façade lining Fassadenverkleidung *f*
façade material Fassadenmaterial *n* [met]
facade measurement Fassadenmessung *f* (Vermessung) [any]
façade modernization Fassadenmodernisierung *f*
façade paint Fassadenanstrich *m* [met]
facade panel Fassadenpaneele *f*
façade plaster Fassadenputz *m*
façade refurbishment Fassadensanierung *f*
façade rendering Fassadenputz *m*
façade renewal Fassadenerneuerung *f*
façade renovation Fassadensanierung *f*
façade restoration Fassadenrestaurierung *f*
façade structure Fassadenstruktur *f* [arc]
façade surface Fassadenfläche *f*
façadism Außenmauernerhaltung *f* (bei Restaurierung); Fassadenerhaltung *f* (bei Restaurierung)

face Streb *m* (Bergbau) [roh]; Fläche *f* (Ebene); Wand *f* (Hochbaggerung) [tib]
face verblenden *v*; verschalen *v*
face brick Sichtmauerstein *m* [met]; Verblendungs-stein *m* (Ziegel) [met]; Verblendziegel *m* [met]
face concrete Vorsatzbeton *m* [bon]
face guard Gesichtsmaske *f* [asi]; Schutzmaske *f* [asi]
face mask Gesichtsschutz *m* [asi]; Atemschutz-maske *f* [asi]; Gesichtsschutzmaske *f* (Eishockey) [asi]; Schutzmaske *f* [asi]
face nailing gerade Nagelung *f* (senkrecht zur Oberfläche)
face of the ceiling Deckenuntersicht *f*
face plan Hauptansicht *f* [des]
face plate Abdeckung *f*
face protector Gesichtsschutz *m* [asi]
face seal leakage Maskenundichtheit am Gesicht *f* (Atemschutz) [asi]
face shield Frontalschirm *m* [asi]; Gesichtsschutz-schild *m* (Atemschutz) [asi]; Schweißerschild *m* [wer]; Gesichtsmaske *f* [asi]; Schutzmaske *f* (Schutzschirm) [asi]
face shovel Hochlöffel *m* [tib]; Ladeschaufel *f* (Bagger) [tib]
face stringer Außenwange *f* (Treppe); Freiwange *f* (Treppe)
face veneer Deckfurnier *n* [met]
face wall Stirnmauer *f*
face-lifting of a building Fassadenerneuerung *f*
face-protection shield Gesichtsschutzschild *m* [asi]
faced brickwork Verblendmauerwerk *n*
faced on both sides beidseitig verblendet (Mauer-werk)
facilities Hilfseinrichtungen *pl*
facility Gerät *n* (Einrichtung)
facility management Gebäudeservice *m* (technische/kaufmännische Organisation)
facing Böschungsabdeckung *f* [tib]; Oberflächen-dichtung *f* (Staudamm) [tib]; Verblendung *f*; Ver-kleidung *f*; Wandverkleidung *f* (außen)
facing block Verblendstein *m*
facing brick Blendziegel *m*; Sichtmauerstein *m*; Verblender *m*; Verblendungsstein *m* (Ziegel); Verblendziegel *m*; Vormauerziegel *m*
facing clinker Verblendklinker *m*; Vormauer-klinker *m*
facing concrete Sichtbeton *m* [bon]
facing layer Vorsatzschicht *f*
facing masonry Verblendmauerwerk *n*
facing material Schalungsmaterial *n* [bon]
facing membrane Außenhautdichtung *f*
facing mortar Vorsatzmörtel *m* [met]
facing north nordgerichtet
facing plywood Vorsatzschalung *f*
facing tile Kantenfliese *f*

facing wall Blendmauer *f*; Stirnmauer *f*
factor of safety Sicherheitsfaktor *m* [asi]
factored load gewogene Belastung *f* [sik]
factored stress gewogene Spannung *f* [sik]
factory Fabrik *f*
factory approval Werksabnahme *f* [any]
factory block Fabrikgebäude *n*
factory building Fabrikgebäude *n*; Industriebau *m*;
  Fabrikhalle *f*; Industriehalle *f*
factory casting Vorfertigung *f*
factory code Werksnorm *f* (fabrikeigene Norm)
  [des]
factory construction Fabrikbau *m*
factory grinding Werksmahlung *f* [met]
factory hall Werkhalle *f*
factory inspection board Gewerbeaufsichtsamt *n*
  [jur]
factory inspectorate Gewerbeaufsichtsamt *n* [jur]
factory mortar Werkmörtel *m* [met]
factory plant Fabrikanlage *f*
factory standard Werksnorm *f* [des]
factory test certificate Werksprüfzeugnis *n* [any];
  Werksbescheinigung *f* [any]
factory-built industriell gefertigt [wer]
factory-made mortar Werkmörtel *m* [met]
factory-made mortar, semi-finished - werkmäßig
  hergestellter Mörtel *m* [met]
factory-mixed mortar, dry - Werktrockenmörtel *m*
  [met]
factory-set adjustment Werksjustierung *f* [wer]
fade abklingen *v* [aku]
fade away schwinden *v* (Abmessungen) [des]
fading colour unechte Farbe *f*
faggot Faschine *f* (Straßenbau)
fail-safe störungssicher
fail-safe circuit Sicherheitsschaltung *f* [elt]
failure in buckling Knickbruch *m*
failure load Bruchlast *f* [sik]; Grenzlast *f* [sik]
failure moment Bruchmoment *n* [met]
failure of the building Baumangel *m*
failure stress Bruchspannung *f* [met]
failure to meet a deadline Überschreitung der Frist
  f [wer]
faint line schwache Linie [des]
fair district Messeviertel *n* (in einer Stadt)
fair pavilion Messehalle *f*
fair-faced concrete Dekorationsbeton *m* [bon]
fair-faced concrete surface Sichtbetonoberfläche *f*
  [bon]
fair-faced plaster Glattputz *m*
fairway Fahrrinne *f* [tra]
fall Gefälle *n* [wba]
fall apart auseinander fallen *v*
fall arresting device Höhensicherungsgerät *n* [asi];
  Absturzsicherung *f* [asi]; Fallbremse *f* [asi]
fall arresting harness Fallschutzgurt *m* [asi]

fall arrestor Höhensicherungsgerät *n* [asi];
  Absturzsicherung *f* [asi]; Fallbremse *f* [asi]
fall down in ruins zerfallen *v*
fall in einbrechen *v* (einstürzen)
fall into ruin zerfallen *v* (Gebäude)
fall of current Stromabnahme *f* (Stromstärke) [elt]
fall of earth Erdeinsturz *m* [tib]
fall of ground Geländeneigung *f* [geo]
fall of rock Steinschlag *m* [geo]
fall on the level Sturz auf gleicher Ebene *m* [asi]
fall pipe Regenfallrohr *n*
fall through durchbrechen *v* (Fussboden)
falling object protection structure Schutz gegen
  herabfallende Gegenstände *m* [asi]
falling short of the estimated quantity Unterschreitung des Mengenansatzes *f* [met]
falling tide ablaufendes Wasser *n* (Gezeit) [was]
falling-weight test Fallversuch *m* [any]
false air Falschluft *f*
false ceiling abgehängte Decke *f*; Doppeldecke *f*
  (abgehängte Decke); Zwischendecke *f*
false floor Blindboden *m*; Doppelboden *m*; Hohlraumboden *m*
false frame Notjoch *n*
false vault Kragsteingewölbe *n* [arc]
falsework Lehrgerüst *n* [bon]; Schalgerüst *n* [bon];
  Schalungsgerüst *n* [bon]
falsework, strip the - ausrüsten *v*
family dwelling unit Familienwohnung *f*
family kitchen Wohnküche *f* [arc]
family living, alternatives to - nichtfamiliäres
  Wohnen *n*
family room Mehrzweckraum *m*
fan anchorage Fächerverankerung *f*
fan vault Gewölbe *n*
fan vaulting Fächergewölbe *n*
fanlight Oberlicht *n* (an Tür, Fenster)
fantail Seitenrad *n* (Windenergieanlage) [pow]
farm building landwirtschaftliches Gebäude *n*
fascia Gurtsims *m*
fascia board Traufblech *n*; Sparrenendabdeckung *f*
fascia, plain - flache Faszia *f* (Dachkonstruktion)
fascine Sinkstück *n* [wba]; Faschine *f* (Straßenbau)
fast filter Schnellfilter *m* [was]
fast lane Überholspur *f* (Straße) [tra]
fast paint beständige Farbe *f* [met]; echte Farbe *f*
  [met]
fast response schnelles Ansprechen *n* [elt]
fast setting shotcrete schnell erhärtender Spritzbeton *m* [met]
fast to acid säurebeständig [che]
fast to light lichtecht [met]
fast to lime kalkecht [met]
fast to rubbing reibecht [met]
fast to scrubbing reibecht (Leder) [met]
fast to sea water seewasserecht [met]

fast-acting fuse flinke Sicherung *f* [elt]
fast-curing schnell härtend [met]
fast-curing cement schnell härtender Zement *m* [met]; Schnellzement *m* [met]
fast-curing cement mortar schnell härtender Zementmörtel *m* [met]
fast-drying schnell trocknend [met]
fast-hardening schnellbindend [met]
fast-reacting hardener Schnellhärter *m* [met]
fast-repair mortar Schnellreparaturmörtel *m* [met]
fast-running wind turbine Schnellläufer *m* (Windenergieanlage) [pow]
fast-setting adhesive Schnellkleber *m* [met]
fasten befestigen *v* (festmachen, festbinden); einhaken *v* (mit Haken)
fasten with a nail anschießen *v* [wer]
fasten with a rivet annieten *v* [wer]
fastening clamp Befestigungsklemme *f*
fastening device Befestigungsmittel *n*
fastening screw Befestigungsschraube *f* [tec]
fastness to light Lichtechtheit *f* [met]
fastness to weather Wetterbeständigkeit *f* [met]
fat clay Fettton *m* [met]; hochplastischer Ton *m* [met]; Ton, hochplastischer - *m* [met]
fat concrete fetter Beton *m* [bon]
fat filter Fettfilter *m* (Küche)
fat lime Weißkalk *m* [met]
fat mortar fetter Mörtel *m* [met]; Fettmörtel *m* [met]
fatal tödlich [asi]
fatal accident Unfall mit Todesfolge *m*
fathom wood Klafterholz *n* [met]
fatigue Ermüdung *f* (Metall) [met]
fatigue bend test Dauerbiegeversuch *m* (für Werkstoffe) [any]
fatigue bending test Dauerbiegeversuch *m* [any]
fatigue crack Dauerbruch *m* [met]; Ermüdungsbruch *m* [met]; Ermüdungsriss *m* [met]
fatigue endurance Dauerstandfestigkeit *f* [met]; Zeitfestigkeit *f* [met]
fatigue endurance limit Dauerschwingfestigkeit *f* [met]
fatigue fracture Dauerbruch *m* [met]; Ermüdungsbruch *m* [met]
fatigue impact test Dauerschlagversuch *m* [met]
fatigue loading Dauerbelastung *f* [met]; Dauerschwingbeanspruchung *f* [met]; Ermüdungsbeanspruchung *f* [met]
fatigue notch sensitivity Kerbempfindlichkeit *f* [met]
fatigue resistance Ermüdungsfestigkeit *f* [met]
fatigue rupture Dauerbruch *m* [met]
fatigue strength Dauerstandfestigkeit *f* [met]
fatigue strength test Dauerschwingprüfung *f* [any]
fatigue stressing Dauerbeanspruchung *f* [met]
fatigue test Ermüdungsversuch *m* [any]; Dauerprüfung *f* [any]

fatigue test under cyclic stresses Schwingversuch *m* [any]
fatigue, static - statische Ermüdung *f* [met]
fatigue-proof ermüdungsfrei [met]
faucet Absperrglied *n* [tga]; Kran *m* (Wasserhahn) [tga]; Wasserhahn *m* [tga]; Zapfhahn *m* (<A>) [tga]
fault bus Erdungsschiene *f* [elt]
fault current Fehlerstrom *m* [elt]; Kurzschlussstrom *m* [elt]
fault down sich verwerfen *v* (Erdschichten)
fault in material Materialfehler *m* [met]
fault to frame Körperschluss *m* [elt]
fault tripping Störungsauslösung *f*
fault trough tektonischer Graben *m* [geo]
fault, auxiliary - Nebenverwerfung *f* [geo]
fault-current circuit breaker Fehlerstrom-Schutzschalter *m* [elt]
fault-plane Verwerfungsfläche *f* [geo]
fault-voltage protective switch Fehlerspannungsschutzschalter *m* [elt]
faulty design Fehlkonstruktion *f* [des]
faulty measurement Fehlmessung *f* [any]
feasibility analysis Machbarkeitsanalyse *f*
feasibility check Machbarkeitsprüfung *f*
feasibility study Durchführbarkeitsstudie *f*; Machbarkeitsstudie *f*; Planungsstudie *f*
feather edge scharfe Kante *f*
feathering Verlaufen *n* (von Farben) [met]
federal planning programme for the regions Bundesraumordnungsprogramm *n*
Federal Trunk Roads Act Bundesfernstraßengesetz *n* (Deutschland) [jur]
fee agreement Honorarvereinbarung *f* [eco]
fee band Honorarzone *f* [eco]
feed Beschickung *f*
feed zuleiten *v*
feed belt Dosierband *n* [prc]
feed bin Aufgabesilo *m* [prc]
feed bucket elevator Aufgabebecherwerk *n* [prc]; Beschickungsbecherwerk *n* [prc]
feed chute Aufgabeschacht *m* [prc]; Einfüllschacht *m* [prc]; Aufgaberinne *f*; Aufgabeschurre *f* [prc]; Beschickungsschurre *f* [prc]; Einlaufschurre *f* [prc]
feed hopper Beschickungstrichter *m* [prc]; Einfülltrichter *m* [prc]; Zufuhrtrichter *m* [prc]
feed line Versorgungsleitung *f* [was]; Zuführung *f* (Leitung); Zulaufleitung *f* [prc]; Zuleitung *f*
feed material Aufgabegut *n* [prc]; Ausgangsmaterial *n* [met]
feed opening Einfüllloch *n*; Beschickungsöffnung *f* [prc]
feed pump Förderpumpe *f* [prc]
feed rate Aufgabemenge *f* [prc]; Zufuhrmenge *f* [prc]
feed roll Einzugswalze *f* [prc]

feed screw Schneckenaufgeber *m* [prc]; Beschickungsschnecke *f* [prc]; Eintragschnecke *f* [prc]; Füllschnecke *f* [prc]; Speiseschnecke *f* [prc]
feed shaft Einlaufschacht *m* [prc]; Füllschacht *m* [prc]
feed trough Beschicktrog *m* [prc]
feedback control circuit geschlossener Regelkreis *m* [elt]
feeder Hauptkanal *m* [prc]; Wassergraben *m* [wba]; Zufuhrkanal *m* [prc]; Zulaufkanal *m* [was]; Beschickungsanlage *f* [prc]
feeder cable Zuführungskabel *n* [elt]
feeder canal Speisekanal *m* [wba]
feeder chute Füllschacht *m* [prc]
feeder line Nebenstrecke *f* [tra]
feeder main Hauptzuleitung *f* [was]
feeder road Zubringer *m* (Straße) [tra]; Zubringerstraße *f* [tra]
feeder skip Aufgabekasten *m*
feeder stream Wasserzufluss *m* [was]
feeding Einleiten *n* (Hineinleiten) [was]; Füllung *f*
feeding device Fülleinrichtung *f* [prc]; Zuführeinrichtung *f* [prc]
feeding hopper Fülltrichter *m* [prc]
feeding into the grid Netzeinspeisung *f* [elt]
feeding plant Beschickungsanlage *f* [prc]
feeding system, pneumatic - pneumatischer Dosierförderer *m* [prc]
feedstock Einsatzprodukt *n* [met]
feedstock recycling rohstoffliches Recycling *n* [rec]; rohstoffliche Verwertung *f* [rec]
feeler gauge Fühlerlehre *f* [any]
feeler pin Fühlerstift *m* [any]
feet protection Sicherheitsschuhe *pl* [asi]
fell schlagen *v* (Bäume)
fellow worker Arbeitskollege *m* [wer]
felt Filz *m* [met]
felt rubber Glättfilz *m* [wzg]
felted plaster gefilzter Putz *m*
felting Filzen *n*; Verfilzen *n*
female taper Innenkegel *m* [des]
fence Einzäunung *f* (Zaun); Umfriedigung *f* (Zaun)
fence installation Zaunanlage *f*
fencing Absperrung *f* (Zaun)
fencing wire Maschendraht *m* (Zaun) [met]
fender beam Reibholz *n*; Stoßbalken *m*
fender pole Radabweiser *m*
fenestral kleines Fenster *n*
fenestration Fensteranordnung *f* [arc]
fermenting pit Faulgrube *f* [was]
ferro-cement Ferrozement *m* [met]
ferroconcrete armierter Beton *m* [bon]; Eisenbeton *m* [bon]; Stahlbeton *m* [bon]
ferromolybdenum Molybdäneisen *n* [met]
ferrous scrap Eisenschrott *m* [rec]
ferrous sulfide Schwefelkies *m* [che]

ferrous waste Eisenschrott *m* [rec]
ferruginous eisenhaltig [met]
ferruginous scrap eisenhaltiger Schrott *m* [rec]
ferry house Fährhaus *n* [tra]
ferry terminal Fährhafen *m* [tra]
ferry-landing stage Fährlandungsbrücke *f* [tra]
fertile soil Mutterboden *m* [geo]; Muttererde *f* [geo]
fertility Nutzbarkeit *f* (Boden) [geo]
festival hall Festhalle *f*
festival theatre Festspielhaus *n*
festoon Girlande *f* (Baukunst) [arc]
fettle abgraten *v* [wer]; verputzen *v* [met]
fettling Entgraten *n* [wer]
fiber Faser *f* (<A>) [met]
fiber slab Faserplatte *f* (<A>) [met]
fibrated concrete Faserbeton *m* [bon]
fibre Faser *f* (<B>) [met]
fibre cement Faserzement *m* [met]
fibre composite Faserverbundwerkstoff *m* [met]
fibre composite material Faserverbundwerkstoff *m* [met]
fibre concrete Faserbeton *m* [bon]; Faserzement *m* [met]
fibre filler Faserfüllstoff *m* [met]
fibre fleece Faservlies *n* [met]
fibre gypsum Haargips *m* [met]
fibre insulatiing material Faserdämmstoff *m* [met]
fibre insulating board Faserdämmplatte *f* [met]
fibre insulating material Faserdämmstoff *m* [met]
fibre mat Faserfilz *m* [met]
fibre neutral - neutrale Faser *f* [met]
fibre reinforcement Faserarmierung *f* [bon]; Faserbewehrung *f* [bon]; Faserverstärkung *f* [met]
fibre reinforcing Faserverstärkung *f* [met]
fibre slab Faserplatte *f* (<B>) [met]; Holzfaserplatte *f* [met]
fibre-cement façade Faserzementfassade *f*
fibre-cement jacket pipe Faserzementmantelrohr *n* [met]
fibre-cement roof Faserzementdach *n*; Faserzementbedachung *f*
fibre-concrete faserverstärkter Beton *m* [bon]
fibre-reinforced faserbewehrt [bon]; faserverstärkt [met]
fibre-reinforced cement faserverstärkter Zement *m* [bon]
fibre-reinforced concrete faserbewehrter Beton *m* [bon]
fibre-reinforced plastics faserverstärkter Kunststoff *m* [met]; faserverstärkter Kunststoff *m* [met]
fibre-reinforced soil faserbewehrter Boden *m* (Deponie) [geo]
fibreboard Faserstoffplatte *f* [met]; Holzfaserplatte *f* [met]
fibreglass cloth Glasfasergewebe *n* [met]

fibreglass reinforcement Glasfaserverstärkung *f* [met]

fibreglass-reinforced glasfaserverstärkt [met]

fibreglass-reinforced plastic glasfaserverstärkter Kunststoff *m* [met]

fibrocement Faserzement *m* [met]

fibrous alumina faserförmiges Aluminiumoxid *n* [met]

fibrous asbestos Faserasbest *m* [met]

fibrous coating Faserbeschichtung *f* [met]

fibrous concrete Asbestbeton *m* [bon]; Faserbeton *m* [bon]; faserbewehrter Beton *m* [bon]

fibrous filter Faserfilter *m* [prc]

fibrous gypsum Fasergips *m* [met]

fibrous insulating building material Faserdämmstoff *m* [met]

fibrous insulation Faserstoffisolation *f* [met]

fibrous insulation material Faserdämmstoff *m* [met]

fibrous material Faserstoff *m* [met]; Faserwerkstoff *m* [met]

fibrous matter Faserstoff *m* [met]

field Gelände *n* (Gebiet) [geo]

field bending Biegen auf der Baustelle *n* [bon]

field coating Baustellenanstrich *m* [met]

field coil Erregerspule *f* [elt]

field concrete Baustellenbeton *m* [bon]

field connection Baustellenstoß *m* [stb]; Montagestoß *m* [stb]

field current Erregerstrom *m* [elt]

field drain Abflussgraben *m* [wba]

field drain pipe Dränrohr *n* [was]

field drawing Feldriss *m* (Vermessung)

field joint Montagestoß *m* [stb]

field length Startbahnlänge *f* (Flughafen) [tra]

field modifications, authorized - genehmigte Umbauten *pl*

field of application Anwendungsgebiet *n*

field of audibility Hörfeld *n* [aku]; Hörfläche *f* [aku]

field office Baubüro *n*

field painting Baustellenanstrich *m* [met]

field rivet Baustellenniet *m* [stb]

field splice Baustellenstoß *m* [stb]; Montagestoß *m* (Stahlbau: auf der Baustelle) [stb]

field supervisor Baustellenbetreuer *m*

field test praktische Erprobung *f* [any]

field trial Einsatzprüfung *f* [any]

field weld Baustellenschweißnaht *f* [met]; Schweißung am Einsatzort *f* [stb]

field welding Baustellenschweißung *f* [stb]

field wiring Baustellenverdrahtung *f* [elt]

field, in the - auf der Baustelle

field-driven rivet Baustellenniet *m* (<A>) [stb]

field-proven praxiserprobt

field-tested praxiserprobt

figure Abbildung *f* (Darstellung) [des]; Zeichnung *f* (Abbildung) [des]

figure zeichnerisch darstellen *v* [des]

figure of revolution Rotationskörper *m* [des]

figured block Ornamentglasbaustein *m* [met]

figured glass Ornamentglas *n* [met]; Profilglas *n* [met]

figures, in - in Zahlen

filament lamp Glühlampe *f* [elt]

filament winding Heizwicklung *f* [pow]

filing margin Heftrand *m* (z.B. einer Zeichnung) [des]

fill Anschüttung *f* [geo]

fill verfüllen *v*

fill block Schalungsstein *m* [bon]

fill in einstopfen *v* (Lehmbau); hinterfüllen *v*; verfüllen *v*

fill material Schüttmaterial *n* [met]; Füllboden *m* [tib]

fill pattern Füllmuster *n* [des]

fill up anschütten *v*; auffüllen *v*

fill with concrete ausbetonieren *v* [bon]

fill with sand versanden *v*

fill, artificial - künstliche Schüttung *f* [tib]

fill-in brickwork Ausfachungsmauerwerk *n*

fill-in insulation lose Abdämmung *f*; Wärmeisolierung von Montagehohlräumen *f*

fill-in opening Einfüllöffnung *f* [prc]

fill-up level Füllungsgrad *m*

fill-up volume Füllmenge *f*

filled füllstoffhaltig [met]

filled ground aufgefülltes Gelände *n* [geo]; Bodenauftrag *m* [geo]; Aufschüttung *f* [geo]

filled up area gefüllte Fläche *f*

filler Füllmaterial *n* [met]; Füllmittel *n* [met]; Streckmittel *n* [met]; Verschnittmittel *n* [met]; Zusatzmittel *n* [met]; Füller *m* (Zuschlagstoff) [met]; Füllstoff *m* [met]; Grundierfirnis *m* [met]; Kitt *m* (Füllmasse) [met]; Füllmasse *f* [met]; Grundmasse *f* [met]; Spachtel *m* (Kitt-) [met]; Spachtelmasse *f* [che]; Vergussmasse *f* [met]

filler bead Fülllage *f* (Schweißnaht) [met]

filler block Futterholz *n* [met]; Füllkörper *m*

filler brick Füllstein *m*

filler compound Ausgießmasse *f* [met]; Füllmasse *f* [met]; Spachtelmasse *f* [met]

filler course Ausgleichsschicht *f*

filler gypsum Spachtelgips *m* [met]

filler material Zusatzwerkstoff *m* [met]

filler metal Zusatzmetall *n* (Schweißen) [met]; Zusatzwerkstoff *m* (Schweißen) [met]

filler nozzle Füllstutzen *m* [prc]

filler panel Ausgleichspaneel *n*

filler plate Futterblech *n* [met]

filler rod Schweißdraht *m* [met]; Schweißstab *m* [met]; Zusatzdraht *m* (Schweißen) [met]

filler sealing Spachtelisolierung *f*
filler strip Zusatzwerkstoff *m* (Band) [met]
filler support Passplattenauflage *f*
filler tape, joint - Fugenband *n* (z.B. für Deponieabdichtung) [met]
filler timber Ausgleichsholz *n* (Schalung); Passholz
n (Schalung)
filler wire Schweißdraht *m* [met]; Zusatzdraht *m*
(Schweißen) [met]
fillet Steg *m*; Abrundung *f* [wer]; Fußausrundung *f*
[tec]; Fußrundungsfläche *f* (Zahnrad) [des]; Hohlkehle *f* [des]; Kehle *f*; Kehlnaht *f* (Schweißnaht)
[met]
fillet depth Nahtdicke *f* (Kehlschweißnaht) [met]
fillet radius Fußausrundungsradius *m* [des]
fillet strip Kehlleiste *f*
fillet thickness, effective - rechnerische
Kehlnahtdicke *f* (Schweißnaht) [des]
fillet weld Ecknaht *f* (Schweißnaht) [met]
filleting Auskehlen *n*
filling Ausfüllstoff *m* [met]; Füllung *f*; Schüttung *f*
filling agent Füllstoff *m* [met]
filling check Füllungskontrolle *f* (für Betriebsflüssigkeiten) [any]
filling compound Füllmasse *f* [met]; Spachtelmasse
f [met]
filling height Füllstand *f*; Schütthöhe *f*
filling hole Einfüllloch *n*
filling hopper Fülltrichter *m* [prc]
filling knife Spachtel *m* (Messer) [wzg]
filling layer Verstärkungseinlage *f* [met]
filling level Füllstand *m*; Füllhöhe *f*
filling material Füllmaterial *n* [met]; Füllmittel *n*
[met]; Füller *m* (Zuschlagstoff) [met]; Füllstoff *m*
[met]
filling mortar Spachtelmörtel *m* [met]
filling of dam Dammschüttung *f*
filling of voids Hohlraumverfüllung *f*
filling paste Spachtelmasse *f* [met]
filling pipe Füllrohr *n*
filling plant Abfüllanlage *f* [wer]
filling socket Füllstutzen *m* [prc]
filling substance Füllmaterial *n* [met]; Füllstoff *m*
[met]
filling up Anschütten *n*
filling volume Füllvolumen *n*
filling with concrete Ausbetonieren *n* [bon]
filling-level indicator Füllstandanzeiger *m* [any]
filling-level measurement Füllstandmessung *f*
[any]; Pegelmessung *f* [any]
filling-up Anschüttung *f*
fillister-head rivet Rundkopfniet *m* [tec]
film Film *m* (dünne Schicht); Folie *f* (Plastik-)
[met]; Membran *f* [met]; Schicht *f* (Überzug) [met]
film roofing Foliendach *n*
film scrap Folienabfall *m* [rec]

film thickness Schichtdicke *f* [des]
film-laminated metal sheet Folienblech *n* (Verbundblech) [met]
filming of drawings Zeichnungsverfilmung *f* [des]
filter Filter *m*
filter filtern *v* [prc]; filtrieren *v*
filter agents Filterhilfsmittel *n* [was]
filter aid Filterhilfsmittel *n* [was]
filter area Filterfläche *f* [prc]
filter backwash Filterrückspülung *f* [was]
filter bag Filtersack *m* [prc]
filter bed Filterbett *n* [prc]; Filterschicht *f*; Filterschüttung *f* [was]
filter body Filterkörper *m* [was]
filter cake Filterkuchen *m* [prc]
filter carriage Filterrahmen *m* [prc]
filter cartridge Filtereinsatz *m* [prc]
filter cell Filterelement *n* [prc]
filter charcoal Filterkohle *f* [was]
filter cloth Filtergewebe *n* [met]; Filterstoff *m*
[met]
filter controller Filterdruckregler *m* [was]
filter drain concrete Filterbeton *m* [bon]; haufwerksporiger Beton *m* [bon]
filter element Filtereinsatz *m* [prc]
filter frame Filterrahmen *m* [prc]
filter glass Filterglas *n* [met]
filter governor Filterdruckregler *m* [was]
filter gravel Filterkies *m* [was]
filter lane Abbiegespur *f* [tra]
filter lens Augenschutz-Filterglas *n* [asi]
filter load Filterbelastung *f* [prc]
filter mat Filtermatte *f* (z.B. Baugrube) [tib]
filter material Filtermasse *f* [prc]
filter mud Filterschlamm *m* [rec]
filter pipe Filterrohr *n* [was]
filter recirculation water Filterrückspülwasser *n*
[was]
filter run Filterlaufzeit *f* [was]
filter sand Filtersand *m* [was]; Filtriersand *m* [was]
filter screen Gewebesieb *n* [prc]
filter surface Filterfläche *f* [prc]
filter system Filteranlage *f*
filter tank Filterbecken *n* [was]
filter unit Filterzelle *f* [prc]
filter well Schachtbrunnen *m* [was]
filtered matter Filtrat *n* [prc]
filtered water Filterwasser *n* [was]
filtering auxiliary Filterhilfsmittel *n* [was]
filtering basin Filterbecken *n* [was]; Filtertank *m*
[was]
filtering cloth Filtertuch *n* [prc]
filtering fabric Filtergewebe *n* [met]
filtering material Filtermaterial *n* [met]
filtering medium Filtermasse *f* [prc]
filtering well Filterbrunnen *m* [was]

filtrate Filtrat *n* [prc]
filtrate filtern *v* [prc]; filtrieren *v*
filtration Filtration *f* [prc]
filtration gallery Sickerstollen *m* [was]
filtration residue Filterrückstand *m* [rec]
fin Heizkörperrippe *f* [pow]; Heizrippe *f* [pow]; Radiatorrippe *f* [pow]
fin cooling Rippenkühlung *f* [pow]
fin-type radiator Rippenheizkörper *m* [pow]
final acceptance Endabnahme *f* (Bau, Anlagen) [eco]; Schlussabnahme *f* (Bau, Anlagen) [eco]
final acceptance inspection Bauabnahme *f*
final approvement Bauabnahme *f*
final assembly Endzusammenbau *m* [wer]; Endmontage *f* [wer]
final clarification Nachklärung *f* [was]
final cleaning Endreinigung *f* (vor Übergabe)
final cleaning of site Bauschlussreinigung *f* (vor Übergabe)
final coat Oberputz *m*
final coat of paint Deckanstrich *m* [met]
final coat plaster Feinputz *m*
final cover Endabdeckung *f* [geo]
final design endgültiger Entwurf *m* [des]
final drawing Endzeichnung *f* [des]
final effluent Abfluss einer Kläranlage *m* [was]; Endablauf *m* [was]
final examination Abschlussprüfung *f*; Endprüfung *f*
final grading Feinplanieren *n* [tib]
final inspection Bauprüfung *f* (Abnahme durch Kunden) [wer]; Endabnahme *f* [wer]; Endkontrolle *f* [wer]
final invoice Schlussrechnung *f* [eco]
final invoice for fees Honorarabschlussrechnung *f* [eco]
final pass Decklage *f* (Schweißnaht) [met]
final payment Schlusszahlung *f* [eco]
final position Endposition *f* [des]
final rendering Deckputz *m*; Feinputz *m*; Oberputz *m*; Feinputzschicht *f* [met]
final report Abschlussbericht *m*
final run Decklage *f* (Schweißtechnik) [met]
final set Erstarrungsende *n* [met]
final setting Erstarrungsende *n* [met]
final settling basin Nachklärbecken *n* [was]
final settling tank Nachklärbecken *n* [was]
final sorting Nachsortierung *f* (Abfälle) [rec]
final test Abnahmeprüfung *f* [any]
final weld Schlussnaht *f* (Schweißnaht) [met]
financing from own resources Eigenfinanzierung *f* [eco]
findings during auditing Prüfungsfeststellung *f* [any]
fine adjustment Feinabgleich *m* [elt]
fine aggregate Feinkorn *n* [met]

fine crusher Nachbrecher *m* [prc]
fine crushing Feinbrechen *n* [prc]; Feinmahlen *n* [prc]; Feinzerkleinern *n* [prc]; Feinzerkleinerung *f* [prc]
fine dust Feinstaub *m*
fine grading Feinplanieren *n* [tib]
fine grain Feinkorn *n* [met]
fine granulation Feinbruch *m*
fine gravel Feinkies *m* [met]; Feinsplitt *m* [met]
fine grinding Feinausmahlung *f* [prc]; Nachmahlung *f* [prc]
fine reading Feinablesung *f* [any]
fine rubble Feinschotter *m*
fine screening Feinabsiebung *f* [prc]; Feinsiebung *f* [prc]
fine sizing plant Sichtanlage *f* (Sichter) [prc]
fine structure Feingefüge *n* [met]
fine stuff Feinputzmörtel *m* [met]
fine stuff mortar Feinkalkmörtel *m* [met]
fine tuning Feinabstimmung *f* [elt]
fine wood Edelholz *n* [met]
fine wood shavings Holzwolle *f* [met]
fine-grained feinfaserig [met]; feinjährig (Holz) [met]; feinkörnig [met]
fine-grained feinmaserig *n* (Holz) [met]
fine-grained concrete Feinbeton *m* [bon]
fine-grained fracture feinkörniger Bruch *m* [met]
fine-grained gravel Feinkies *m* [met]
fine-grinding mill Feinmühle *f* [prc]
fine-meshed feinmaschig; kleinmaschig
fine-pored engporig [met]
fine-screen unit Feinrechen *m* [was]
fine-wire fuse Feinsicherung *f* [elt]
finery Putz *m*
fines Feingut *n* [met]; Feinmaterial *n* [met]; Grus *m* (Feinkorn) [met]; Siebunterlauf *m* [prc]
finger car Gerüstwagen *m*
finger cot Fingerhut *m* [asi]
finger guard Fingerschützer *m* [asi]
finger joint Keilzinkenverbindung *f* (Holzwerk)
finger lining Fingerfutter *n* [met]
fingerless glove fingerloser Handschuh *m* [asi]
finial Knauf *m* (Renaissance) [arc]; Kreuzblume *f* (Gotik) [arc]; Kreuzblume *f* (Holz) [arc]; Turmspitze *f* (mittelalterlich) [arc]
fining coat Feinputz *m*
finish Oberflächenzustand *m* [met]; Putz *m*; Endbearbeitung *f* [wer]; Imprägnierung *f* (Ergebnis) [che]; Oberflächenbeschaffenheit *f* [mat]; Oberflächengüte *f* [met]
finish putzen *v* (verputzen); versiegeln *v*
finish coat Deckanstrich *m* [met]; Feinputz *m*; Oberputz *m*
finish lime Feinkalk *m* [met]; Putzkalk *m* [met]
finish of plaster with felt board filzen *v* (Putz glätten)

finish off abreiben *v* (Beton); ausreiben *v* (Beton)
finish rendering, scraped - Kratzputz *m*
finish, antimicrobial - antimikrobielle Ausrüstung *f* [met]
finish-burned gargebrannt *n* [met]
finished level Fertigkote *f* [tib]
finishing Abziehen *n* [bon]; Glätten *n* [mat]; Nachbearbeiten *n*; Oberflächenbehandlung *f* [met]
finishing accuracy Fertigungsgenauigkeit *f*
finishing belt Glättband *n* [wzg]; Schlichtband *n* [wzg]
finishing burn Garbrand *m* [roh]
finishing coat Deckanstrich *m* [met]; Fertigputz *m*; Glattstrich *m*; Oberputz *m*
finishing coat of plaster Oberputz *m*
finishing concrete Betonverputz *m*
finishing craft Ausbaugewerke *pl*
finishing crusher Feinbrecher *m* [roh]
finishing lacquer Decklack *m* [met]
finishing machine for concrete roads Betondeckenfertiger *m* [bon]
finishing paint Deckfarbe *f* [met]
finishing plaster Edelputz *m* [met]
finishing platform Nachlaufbühne *f*; Nachlaufkonsole *f*
finishing touches Ausbesserungen *pl* (Sichtbeton) [bon]
finishing trowel Spachtel *m* [wzg]; Glättkelle *f* [wzg]
finishing work Ausbauarbeiten *pl*; Innenausbau *m*
finned heater Rippenheizkörper *m* [pow]
finned pipe Rippenrohr *n* [pow]
finned tube Lamellenrohr *n* [met]; Rippenrohr *n* [pow]
finned window Lamellenfenster *n*
finned-tube cooler Rippenrohrkühler *m* [pow]
finned-tube heat exchanger Rippenrohrwärmeaustauscher *m* [pow]
finned-tube radiator Rippenrohrheizkörper *m* [pow]
fire Brand *m* (Brennen)
fire verbrennen *v* [pow]; zünden *v* [pow]
fire alarm Brandalarm *m* [asi]; Brandmelder *m* [asi]; Feuermelder *m* [asi]
fire alarm system Brandmeldeanlage *f* [asi]
fire alarm, automatic - automatischer Brandmelder *m*; automatische Brandmeldeanlage *f*
fire area Feuerschutzzone *f*
fire behaviour Brandverhalten *n* [met]; Feuerwiderstandsdauer *f* (Brandschutz)
fire behaviour of building materials Brandverhalten von Baustoffen *n* [met]
fire behaviour of structural components Brandverhalten von Bauteilen *n* [met]
fire behaviour of structural elements Brandverhalten von Bauteilen *n* [met]

fire blanket Feuerlöschdecke *f* [asi]; Löschdecke *f* (Brandschutz) [asi]
fire brick Brandziegel *m* [met]; Schamottestein *m* [met]
fire brigade Feuerwehr *f* (<B>)
fire bucket Feuerlöscheimer *m* [asi]; Löscheimer *m* [asi]
fire call Brandmeldung *f* [asi]
fire ceiling Feuerschutzdecke *f*
fire chamber Heizraum *m* [pow]
fire check door Brandtür *f* [asi]; Feuerschutztür *f*; Feuertür *f*
fire clearance Brandordnung *f* [asi]
fire compartment Brandabschnitt *m*
fire curtain Brandschürze *f*
fire damage Brandschaden *m*; Feuerschaden *m*
fire damper Feuerschutzklappe *f* [asi]
fire defence Brandschutz, abwehrender - *m* [asi]
fire defence plan Brandbekämpfungsplan *m* [asi]
fire defence, active - mechanisierter Brandschutz *m*
fire defence, passive - baulich bedingter Brandschutz *m*
fire department Feuerwehr *f* (<A>)
fire detection Brandentdeckung *f* [asi]
fire detection and alarm system Feuermeldersystem *n* [asi]
fire detection device Branddetektor *m* [asi]
fire detection system Brandmeldeanlage *f* [asi]; Feuermeldeanlage *f* [asi]; Feuermeldeeinrichtung *f* [asi]
fire detector Brandmelder *m* [asi]; Feuermelder *m* [asi]
fire detector, automatic - automatischer Brandmelder *m*
fire door Brandschutztür *f* [asi]; Feuerschutztür *f* [asi]
fire escape Notausgang *m* [asi]; Feuerleiter *f* (Gebäude); Feuertreppe *f*
fire escape ladder Brandfluchttreppe *f*
fire escape staircase Sicherheitstreppenhaus *n*
fire exit Notausgang *m* (Gebäude) [asi]
fire extinguisher Feuerlöscher *m* [asi]
fire extinguishing Brandbekämpfung *f*
fire gate Brandschutztor *n*; Feuerschutztor *n*
fire grading Brandschutzklasse *f* [met]; Feuerschutzklasse *f* [asi]; Feuerwiderstandsklasse *f*
fire hazard Feuerrisiko *n* [asi]; Brandgefahr *f* [asi]; Feuergefährlichkeit *f* [met]; Feuergefahr *f* [asi]
fire hose Löschschlauch *m*
fire hydrant Hydrant *m* [was]; Löschhydrant *m*
fire investigation Brandermittlung *f* [asi]; Brandursachenermittlung *f*
fire line Löschwasserrohrsystem *n* (Feuer)
fire load Brandlast *f*
fire location Brandort *m*
fire loss Brandschaden *m*

fire partition Brandmauer *f*
fire performance Brandverhalten *n*
fire pocket Brandnest *n*
fire precaution Brandschutzvorsorge *f* [asi]; Feuerverhütung *f* [asi]
fire precaution measure Brandschutzmaßnahme *f*
[asi]
fire prevention vorbeugender Brandschutz *m* [asi];
Feuerschutz *m* [asi]; Brandverhütung *f* [asi];
Brandvorbeugung *f* [asi]; Feuerverhütung *f* [asi]
fire propagation Brandausbreitung *f* [asi]
fire protection Brandschutz *m* [asi]; Feuerschutz *m*
[asi]
fire protection flap Brandschutzklappe *f* [asi]
fire protection, passive - baulicher Brandschutz *m*
fire rating class Feuerschutzklassifikation *f* [asi];
Feuerwiderstandsklasse *f*
fire regulation Brandschutzvorschrift *f* [asi]
fire regulations Brandschutzbestimmungen *pl* [asi];
Feuerschutzbestimmungen *pl* [asi]
fire report Brandbericht *m* (durch Feuerwehr)
fire rescue appliance Rettungsgerät für Brandeinsätze *n*
fire rescue path Fluchtweg bei Feuer *m* (Rettung)
[asi]; Rettungsweg bei Feuer *m*
fire resistance Feuerwiderstand *m* [met]; Feuerbeständigkeit *f* [met]; Feuerfestigkeit *f* [met]
fire resistance category Feuerwiderstandsklasse *f*
(F30 - F180) [met]
fire retardant Feuerhemmstoff *m* [met]
fire risk Feuerrisiko *n* [asi]; Brandgefahr *f* [asi];
Feuergefahr *f* [asi]
fire safety Brandsicherheit *f* [asi]; Feuersicherheit *f*
[asi]
fire safety category Feuerwiderstandsklasse *f* [met]
fire safety sign Brandschutzhinweisschild *n* [asi]
fire safety standard Brandschutznorm *f* [des]
fire siren Feuersirene *f* [asi]
fire spread Brandausbreitung *f* [asi]
fire spread prevention Brandausbreitungsverhütung
f [asi]
fire spreading Brandausbreitung *f*
fire sprinkler Feuerlöschbrause *f* (Brandschutz)
[asi]; Sprinklerfeuerlöschanlage *f* (Brandschutz)
fire staircase Feuertreppe *f*
fire station Spritzenhaus *n*
fire stop Feuermauer *f*
fire stop flap Brandschutzklappe *f* [asi]
fire surveying service Brandschau *f* [asi]
fire temperature Brandtemperatur *f*
fire trap Feuerschutzschleuse *f* [asi]
fire tube Heizrohr *n* [pow]
fire wall Brandmauer *f*; Feuerschutzwand *f*;
Feuerwand *f*
fire warning device Brandmelder *m* [asi]; Feuermelder *m*

fire window Brandschutzfenster *n*; feuerhemmendes Fenster *n*
fire wire Brandschutzkabel *n* [asi]
fire-alarm Feueralarm *m* [asi]
fire-alarm box Feuermelder *m* [asi]
fire-alarm cable Brandmeldekabel *n* [asi]
fire-alarm equipment Feuermeldeanlage *f* [asi]
fire-alarm horn Feueralarmhorn *n* [asi]
fire-alarm line Brandmeldeleitung *f* [asi]
fire-alarm post Feuermeldestelle *f* [asi]
fire-alarm system Feuermelder *m* [asi]; Feueralarmanlage *f* [asi]; Feuermeldeanlage *f* [asi];
Feuermeldeeinrichtung *f* [asi]
fire-alarm system, central - Brandmeldezentrale *f*
fire-detection system Feueralarmanlage *f* [asi]
fire-division wall Brandschott *n*; Brandmauer *f*
fire-engine Löschfahrzeug *n*
fire-extinguishing agent Feuerlöschmittel *n* [asi]
fire-extinguishing cloth Löschdecke *f* [asi]
fire-extinguishing equipment Löschgerät *n*
fire-extinguishing foam Löschschaum *m* (Feuer)
fire-extinguishing substance Feuerlöschmittel *n*
[asi]
fire-extinguishing system Feuerlöschanlage *f* [asi]
fire-extinguishing water Feuerlöschwasser *n* [asi]
fire-gutted ausgebrannt (Tonprodukte) [met]
fire-hazard area feuergefährdeter Bereich *m*
fire-inhibiting feuerhemmend [met]
fire-prevention arrangement
Brandschutzanordnung *f* [asi]
fire-prevention instruction Brandschutzanordnung
f [asi]
fire-protecting agent Feuerschutzmittel *n* [met]
fire-protection agent Brandschutzmittel *n* [asi]
fire-protection appliance Brandschutzeinrichtung *f*
fire-protection class Brandschutzklasse *f* [asi]
fire-protection classification Brandschutzklasse *f*
[asi]
fire-protection door Feuerschutztür *f*
fire-protection equipment Brandschutzausrüstung *f*
(Arbeitsschutz) [met]
fire-protection insert Brandschutzeinlage *f* [met]
fire-protection shutter Brandschutzklappe *f* (baulicher Brandschutz)
fire-protection system Brandschutzsystem *n* [asi]
fire-protection wall Brandschutzwand *f*
fire-protective clothing Feuerschutzanzug *m* [asi]
fire-resistance class Feuerwiderstandsklasse *f* [met]
fire-resistance grading Brennbarkeitsklasse *f*
(Baustoffe) [met]
fire-resistance period Brandwiderstandsdauer *f*
fire-resistance rating Feuerwiderstandsklasse *f*
fire-resistant feuerbeständig [met]; feuerfest [met]
fire-resistant door Brandschutztür *f*
fire-resistant glazing Brandschutzverglasung *f*
fire-resistant paint Feuerschutzanstrich *m* [met]

fire-resisting feuerhemmend [met]
fire-resisting coating Flammschutzanstrich *m* [met]
fire-resisting finish Feuerschutzfarbe *f* [met]
fire-resisting floor feuerhemmende Decke *f*
fire-resisting glass Brandschutzglas *n*
fire-resisting glazing Brandschutzverglasung *f*
fire-resisting paint Brandschutzanstrichfarbe *f*
  (Arbeitsschutz) [met]
fire-resisting wall Brandmauer *f*; Brandmauer *f*
fire-resistive feuerbeständig [met]
fire-retardancy agent flammhemmendes Mittel *n*
  [met]
fire-retardancy finish flammhemmende Ausrüstung
  f [met]
fire-retardant feuerhemmend [met]; schwer
  entflammbar [met]
fire-retardant agent Feuerschutzadditiv *n* [met]
fire-retardant chemical Feuerschutzadditiv *n* [met]
fire-retardant coating Feuerschutzüberzug *m* [met]
fire-retardant finish Feuerschutzfarbe *f* [met]
fire-retardant material Feuerhemmstoff *m* [met]
fire-retardant paint Flammschutzmittel *n* [met]
fire-retardant wood feuerschutzimprägniertes Bauholz *n*
fire-retarding feuerhemmend [met]
fire-retarding agent flammenhemmender Zusatz *m*
  [met]
fire-retarding coating Feuerschutzanstrich *m* [met]
fire-retarding paint Brandschutzanstrichfarbe *f*
  (Arbeitsschutz) [met]
fire-retarding sealing Brandschott *n*
fire-retarding wall feuerhemmende Wand *f*
fire-screen Feuerschutzgitter *n* [asi]
fire-shielding feuerhemmend [met]
fire-tube boiler Heizgaskessel *m* [pow]
firebrick Schamottestein *m* [met]; Schamotteziegel
  m [met]
fireclay feuerfester Ton *m* [met]; Feuerton *m* [met];
  Schamotte *f* [met]
fireclay brick Schamottestein *m* [met];
  Schamotteziegel *m* [met]
fireclay concrete Schamottebeton *m* [bon]
fireclay lining Schamotteauskleidung *f*
fired caustic lime Branntkalk *m* [met]
fired product Brenngut *n* (Ziegel) [met]
firefighting Brandschutz, abwehrender - *m* [asi];
  Brandbekämpfung *f*
firefighting equipment Feuerlöschgerät *n* [asi];
  Feuerlöscheinrichtung *f* [asi]
firefighting installation Feuerlöscheinrichtung *f*
  [asi]; Feuerschutzanlage *f* [asi]
firefighting installation, fixed - stationäre
  Löschanlage *f* [asi]
firefighting material Löschmaterial *n*
firefighting substance Feuerlöschmittel *n* [asi]
firefighting suit Feuerschutzanzug *m* [asi]

firefighting system Feuerlöschanlage *f* [asi]
firefighting vehicle Löschfahrzeug *n*
firefighting water Feuerlöschwasser *n* [asi]
fireplace Kamin *m*; offener Kamin *m*
fireproof feuerbeständig [met]; feuerfest [met];
  flammfest [met]
fireproof additive feuerhemmendes Additiv *n*
  [met]
fireproof brick feuerfester Ziegel *m* [met]
fireproof bulkhead Brandschottung *f*
fireproof coat Feuerschutzanstrich *m* [met]
fireproof door Brandschutztür *f*; Feuerschutztür *f*
fireproof glass Brandschutzglas *n* [met]
fireproof insulating board Brandschutzdämmplatte
  f [met]
fireproof material feuerfester Werkstoff *m* [met]
fireproof mortar Schamottemörtel *m* [met]
fireproof paint Brandschutzanstrichfarbe *f*
  (Arbeitsschutz) [met]; feuerfeste Farbe *f* [met]
fireproof wall Brandmauer *f*; Brandmauer *f*
fireproofing Anwendung von Feuerschutzmitteln *f*
fireproofing agent Feuerschutzmittel *n* [met];
  Flammschutzmittel *n* [met]
fireproofing cement Brandschutzkitt *m* [met]
fireproofing course Brandschutzschicht *f*
fireproofing finish Flammfestausrüstung *f* [met]
fireproofing layer Brandschutzlage *f*
fireproofing putty Brandschutzkitt *m* [met]
fireproofness Feuerbeständigkeit *f* [met]
firestop sealant Brandschutzmasse *f* [met]
firestopping feuerhemmend [met]
firetrap Feuerfalle *f* [asi]
firing Feuerung *f* (Befeuerung) [pow]; Verbrennung
  f [pow]
firing capacity Verbrennungsleistung *f* [pow]
firing rate Verbrennungsleistung *f* [pow]
firing system Feuerungssystem *n* [pow]; Feuerungsanlage *f* [pow]; Feuerungseinrichtung *f* [pow]
firing system, domestic - Hausfeuerung *f* [pow]
firm ground fester Boden *m* [geo]; fester Grund *m*
  [geo]
firmer chisel Stechbeitel *m* (kräftige Form) [wzg]
firmness Standruhe *f*
first coat Grundieranstrich *m* [met]; Voranstrich *m*
  [met]
first filling Ersteinstau *m* (Talsperre) [was]
first floor Erdgeschoss *n*; Parterre *n* (<A>)
first floor, on the - parterre (<A>)
first impounding Ersteinstau *m* (Talsperre) [was]
first-aid cupboard Erste-Hilfe-Schrank *m*
first-aid dispensary Unfallstation *f* [hum]
first-aid kit Erste-Hilfe-Ausrüstung *f*
first-floor apartment Parterrewohnung *f* (<A>)
fish ladder Fischtreppe *f* (an Staustufen)
fish-bellied beam Fischbauchträger *m* [stb]
fish-bellied girder Fischbauchträger *m* [stb]

fish-bellied truss Fischbauchträger *m* [stb]
fish-belly gate Fischbauchklappe *f*
fish-belly girder Fischbauchträger *m*
fish-belly truss fischbauchförmiges Fachwerk *n*
fish-passage facility Fischtreppe *f* (an Staustufen)
fish-plate Lasche *f* (Holzkonstruktion); Verbindungslasche *f* (Spundwand)
fish-scale tile Fischschuppenziegel *m* (Renaissance: Dachziegel) [arc]
fisheye perspective Netzhautperspektive *f* [des]
fishing harbour Fischereihafen *m* [tra]
fishway Fischzaun *m* [wba]; Fischtreppe *f* [wba]
fissure Spalt *m* (Fels-) [geo]
fissured rissig (gespaltet) [met]
fissuring Rissbildung *f* [met]
fit Passung *f* [des]
fit einbauen *v*; einpassen *v* (passend machen); passen *v* (Größe); passend machen *v*; zusammenpassen *v*
fit for demolition abbruchreif
fit in einpassen *v*
fit into each other ineinander fügen *v*
fit size Passmaß *n* [des]
fit to live in bewohnbar
fitted carpet Teppichboden *m*
fitted cupboard Einbauschrank *m*
fitted furniture Einbaumöbel *n*
fitted kitchen Einbauküche *f*
fitted tile bearbeiteter Stein *m*
fitter in the building trade Bauschlosser *m*
fitting Rohrverbindungsstück *n* [prc]; Beschlag *m* (Bauteil); Armatur *f* (Zubehör, z.B. in Küche, Bad); Passung *f* [des]
fitting accuracy Passgenauigkeit *f* [des]
fitting board Dichtungspappe *f* [met]
fitting dimension Anschlussmaß *n* [des]
fitting load Montagebeanspruchung *f* [wer]
fitting tool Montagewerkzeug *n* [wzg]
fittings Beschläge *pl* (Bauteil); Einbauteile *pl*
fix verankern *v* (befestigen)
fix in a wall einmauern *v*
fix with a plug eindübeln *v* [wer]
fixative foam Montageschaum *m*
fixed arch gelenkloser Bogen *m* (Brücke)
fixed beam eingespannter Balken *m*; eingespannter Träger *m*
fixed bearing festes Auflager *n*; Festlager *n*
fixed carbon gebundener Kohlenstoff *m* [che]
fixed column eingespannte Stütze *f*; eingespannte Stütze *f* [bon]
fixed fee Festhonorar *n* [eco]
fixed frame eingespannter Rahmen *m*
fixed glazing Festverglasung *f*
fixed guard feste Abschirmung *f* [asi]; feste Schutzeinrichtung *f* [asi]
fixed rent Fixmiete *f* [eco]

fixed sash festes Fenster *n*
fixed set-point control Festwertregelung *f* [elt]
fixed support eingespannte Auflagerung *f*
fixed wall ortsgebundene Wand *f*
fixed-end arch eingespannter Bogen *m*
fixed-end beam eingespannter Balken *m*; eingespannter Balken *m*
fixed-end condition Einspannbedingung *f*
fixed-end restraint eingespanntes Auflager *n*
fixed-ended column eingespannte Stütze *f*
fixed-position ortsgebunden
fixed-term lease Festmietzeit *f* [eco]
fixing Einspannung *f*; Verankerung *f* (Befestigung)
fixing agent Befestigungsmittel *n*
fixing bolt Halteschraube *f*
fixing device Spannkopf *m* [bon]; Halterung *f*
fixing frame Aufsetzkranz *m*
fixing instruction Einbauanweisung *f*
fixing liquor Fixierflüssigkeit *f* [met]
fixing lock Spannschloss *n* (Beton) [bon]
fixing piece Befestigungsstück *n*
fixing plate Auflagerplatte *f* (Spundwand)
fixing rail Befestigungsschiene *f*
fixing sheet Halteblech *n* [stb]
fixing system Befestigungssystem *n*
fixity Einspannung *f*
fixture Aufspannvorrichtung *f* [wer]; Befestigung *f*; Einspannvorrichtung *f* [wer]; Festhaltevorrichtung *f*; Halterung *f* (Befestigung)
fixture plan Einrichtungsplan *m* [des]
fixture vent Entlüftungsleitung *f* [was]
fixtures Einbauten *pl*; Einrichtungsgegenstände *pl*; wesentliche Bestandteile *pl* (von Gebäuden, usw.) [arc]; Zubehör *n*
fixtures and fittings Einbauten *pl*
flag mit Steinplatten belegen *v*
flagpole-type column Kragstütze *f*
flagstone Gehwegplatte *f*; Keramikplatte *f*
flagstone pavement Plattenbelag *m* (Gehweg)
flagstone sidewalk Plattenbelag *m* (<A> Gehweg)
flagstop Haltepunkt *m* (Bahn) [tra]
flake abblättern *v* (Farbe, Rost) [met]; flocken *v* [was]
flake off abblättern *v* (Farbe, Rost) [met]; blättern *v* (sich ablösen) [met]
flaking Abblättern *n* (Abbröckeln) [met]; Abplatzen *n* [met]
flame Flamme *f*
flame alarm Flammenmelder *m* [asi]
flame arrester Flammenschutz *m* [asi]; Flammendurchschlagsicherung *f* [asi]; Flammenrückschlagsperre *f* (Atemschutz) [asi]; Flammensperre *f* (Brandschutz) [asi]
flame arresting Flammenschutz *m*
flame arrestor Flammenfilter *m* [asi]
flame class Brennbarkeitsstufe *f* (Kunststoffe) [met]

flame cleaning Flammstrahlen *n* [met]; Flammstrahlentrosten *n* [met]
flame descaling Flammstrahlentrosten *n* [met]
flame detector Flammenmelder *m* [asi];
Flammenwächter *m* [asi]
flame front Flammenfront *f* [asi]
flame guard Flammenrückschlagsicherung *f*
(Brandschutz) [asi]
flame inhibitor Brandschutzmittel *n* [met]; feuerhemmendes Mittel *n* [met]
flame persistence Flammenbeständigkeit *f* [met]
flame propagation Flammenausbreitung *f* (Brandschutz) [asi]
flame protection Flammenschutz *m* [asi]
flame resistance Flammfestigkeit *f* [met]
flame retardant Flammschutzmittel *n* [met]; flammenhemmender Stoff *m* [met]; Flammenhemmstoff
m [met]; Flammhemmer *m* [met]
flame safeguard Flammensicherung *f* (Brandschutz)
[asi]
flame spread Flammenausbreitung *f* (Brandschutz)
[asi]
flame trap Flammenrückschlagsicherung *f* (Brandschutz) [asi]; Flammensperre *f* (Brandschutz) [asi]
flame treatment Abflammen *n* [met]
flame-clean flammstrahlen *v* [wer]
flame-cut abgebrannt *v* (geschnitten mit Brenner)
[met]
flame-failure detection Flammenüberwachung *f*
[asi]
flame-failure device Flammensicherung *f* (Brandschutz) [asi]
flame-failure protection device Flammensicherung
f (Brandschutz) [asi]
flame-failure safeguard Flammenwächter *m* [asi]
flame-inhibiting additive feuerhemmendes Additiv
n [met]
flame-proof flammfest [met]; schwer entflammbar
[met]; unentflammbar [met]
flame-proof casing feuerfeste Kapselung *f* [asi]
flame-proof enclosure feuerfeste Kapselung *f* [asi]
flame-proof finish Flammfestausrüstung *f* [met];
flammfeste Ausrüstung *f* [met]
flame-proof lamp Sicherheitslampe *f* [asi]
flame-proof protective clothing
Flammenschutzkleidung *f* [asi]
flame-proofing flammenwidrige Behandlung *f*
[asi]
flame-proofing agent Feuerschutzmittel *n* [met];
Flammenschutzmittel *n* [asi]
flame-resistant flammbeständig [met]; schwer
entflammbar [met]
flame-resistant finish Flammfestausrüstung *f* [met]
flame-retardant feuerhemmend [met]; flammenhemmend [met]; flammwidrig [met]; schwer
entflammbar [met]

flame-retardant protective clothing schwer
entflammbare Schutzkleidung *f* [asi]
flame-retardant treatment flammenwidrige
Behandlung *f* [asi]
flame-retarding feuerhemmend [met]
flameproof glass feuerfestes Glas *n* [met]; Feuerfestglas *n* [met]
flaming process Flämmverfahren *n* (Verkleben von
Dichtbahnen)
flammability Brennbarkeit *f* [met]
flammability class Brennbarkeitsklasse *f* [met]
flammable entzündbar [met]; zündfähig [met]
flange Gurt *m* [stb]; Gurt *m* (Profilträger); Profilträgergurt *m*; Steg *m*; Wulst *m*; Krempe *f* (durch
Stanzen) [met]; Platte *f* (Kastenträger)
flange anflanschen *v*
flange angle Gurtwinkel *m* [stb]
flange beam Flanschträger *m*
flange in tension Zugflansch *m*
flange joint Gurtstoß *m* (Gurtplattenstoß) [stb]
flange on anflanschen *v*
flange plate Bindeblech *n*; Flanschblech *n*;
Gurtplatte *f* [stb]; Kopfplatte *f*
flange plate connection Gurtplattenanschluss *m*
[stb]
flange plate joint Gurtplattenstoß *m* [stb]
flange section Gurtquerschnitt *m* (Blechträger) [stb]
flange splice Gurtstoß *m* [stb]
flange steel plate Gurtblech *n* [stb]
flange stiffening Gurtversteifung *f* [stb]
flange taper Flanschneigung *f* [stb]
flange thickness Flanschdicke *f* [stb]
flange width Flanschbreite *f* [stb]; Gurtbreite *f* (z.B.
eines Blechträgers) [stb]
flange-angle splice Gurtwinkelstoß *m*
flange-connected verflanscht
flanged gerippt [met]; verflanscht
flanged -edge joint Stumpfstoß *m* [stb]
flanged connection Flanschverbindung *f*
flanged construction Flanschkonstruktion *f*
flanged joint Flanschverbindung *f*
flanged plate Kümpel *n* [stb]
flanged seam Bördelnaht *f* [met]
flank Voute *f*
flap Absperrklappe *f* (Talsperre) [was]
flap bridge Klappbrücke *f*
flap door Klapptür *f*
flap gate Klapptor *n*
flap trap Rückschlagklappe *f* [prc]
flare Aufspreizen *n* (Garne) [met]
flare joint Bördelverbindung *f* [met]
flash auflodern *v*
flash arrester Detonationssicherung *f* [asi]
flash binder Schnellbinder *m* [met]
flash off abdunsten *v* (Lösemittel) [met]; abluften *v*
(Anstrichmittel) [met]

flash time Ablüftzeit *f* (Trocknungsdauer)
flash-setting schnell bindend [met]
flash-setting cement Schnellzement *m* [met]; sofort abbindender Zement *m* [met]
flash-setting mortar Schnellmörtel *m* [met]
flashback arrester Flammenrückschlaghemmer *m* (Brandschutz) [asi]; Flammenrückschlagsicherung *f* (Brandschutz) [asi]
flasher relay Blinkgeber *m* (Relais) [elt]
flashing Kehlblech *n*; Verwahrung *f* (Anschluss von Bahnen an Baukörper)
flashing amber light signals Warnblinkanlage *f* (- zur Kennzeichnung von Gefahrenstellen) [tra]
flashing beacon Blinklicht *n* (Arbeitsschutz) [wer]
flashing light Blinklicht *n* [asi]; Blinkleuchte *f* [asi]
flashing signal Blinkzeichen *n* [asi]
flashing-light indication Blinklichtanzeige *f* [elt]
flat matt (Anstrich) [met]
flat Flacheisen *n* [met]; Flachstab *m* [met]; Etagenwohnung *f*; Wohnung *f* (<B>)
flat arch Flachbogen *m*
flat bar Flachstahl *m* [met]
flat battery Flachbatterie *f* [elt]
flat beam bridge Balkenbrücke *f*
flat bearing Flächenlagerung *f* [stb]
flat block Flachbau *m*
flat brick Planstein *m*
flat building Flachbau *m*
flat bulb steel Flachwulststahl *m* [met]
flat cable Flachkabel *n* [elt]; Flachleitung *f* [elt]
flat ceiling Flachdecke *f*
flat coil spring Bandfeder *f* [met]
flat conductor Flachleitung *f* [elt]
flat connection Flachsteckeranschluss *m* [elt]
flat countersunk head rivet Flachsenkniet *m* [tec]
flat course Flachschicht *f*
flat finish Mattlack *m* [met]
flat footing Flachgründung *f*
flat foundation Flachgründung *f*
flat glass Fensterglas *n*; Flachglas *n* [met]
flat ground flaches Gelände *n*
flat heating element Flachheizelement *n* [pow]
flat iron Flacheisen *n* [met]
flat joint bündige Fuge *f* (- im Mauerwerk)
flat lacing Flacheisengitterwerk *n* [stb]
flat lacquer Mattlack *m* [met]
flat laying Flachverlegung *f* (von Leitungen im Erdreich)
flat member Flachstab *m* [met]
flat module Flachbaugruppe *f* [elt]
flat next door Nachbarwohnung *f*; Nebenwohnung *f*
flat pipe Flachrohr *n* [met]
flat pipe heating device Flachrohrheizgerät *n* [pow]
flat radiator Flachheizkörper *m* [pow]
flat rammer Flachstampfer *m*
flat roof Flachdach *n*

flat roof door Flachdachausstieg *m*
flat roof drainage Flachdachentwässerung *f* [was]
flat roof element, prefabricated - Flachdachfertigelementt *n*
flat roof insulation Flachdachdämmung *f*
flat roof insulation material Flachdachdämmstoff *m* [met]
flat roof membrane Flachdachfolie *f* [met]; Flachdachmembran *f* [met]
flat roof sheeting Flachdachbahn *f* [met]
flat sawn Fladerschnitt *m*
flat screen Flachsieb *n* [prc]; Plansieb *n* [prc]
flat section Flachprofil *n* [met]
flat sieve Plansieb *n* [prc]
flat slab Flachdecke *f* (ohne Unterzug)
flat steel Flacheisen *n* [met]; Flachstahl *m* [met]
flat stone Planstein *m*
flat tile Biberschwanz *m* (Ziegel); Flachziegel *m*
flat tube Flachrohr *n* [met]
flat type battery Flachbatterie *f* [elt]
flat varnish Mattlack *m* [met]
flat washer Beilagscheibe *f* [tec]
flat water Flachwasser *n* [was]
flat water flow Flachwasserströmung *f* [was]
flat wire Flachdraht *m* [met]
flat, old - Altbauwohnung *f*
flat-bed trailer Tiefladeanhänger *m* [tra]
flat-belt conveyor Flachgurtförderer *m* [prc]
flat-bottomed vehicle Tieflader *m* [tra]
flat-extruded tile Flachstanzplatte *f*
flat-head bolt Flachrundschraube *f* [tec]
flat-plate solar collector Flachkollektor *m* (Sonnenkollektor) [pow]
flat-roof pantile Flachdachpfanne *f*
flat-tensioned cable flach gespanntes Kabel *n* (Seiltragwerk)
flat-V weir flaches Dreieckswehr *n* [wba]
flat-wheeled roller Eigengewichtswalze *f* [tib]
flatlet Apartment *n* (<B>); Studio *n*; Einraumwohnung *f*; Kleinwohnung *f*
flats Flachstahl *m* [met]
flatten abflachen *v* (planieren) [tib]; ebnen *v* (glätten) [tib]; glätten *v* (ebnen) [tib]; planieren *v*; richten *v* (Blech) [wer]
flatten out abflachen *v* (Gelände) [geo]; glatt streichen *v*
flattened abgeflacht
flattening Abflachen *n*; Einebnung *f*
flattening test Stauchversuch *m* (für Rohre, u.a.) [any]
flatting varnish Spachtellack *m* [met]
flaw Materialfehler *m* [met]; Fehlstelle *f* [met]
flaw detection test Rissprüfung *f* [any]
flaw detector Rissprüfer *m* (auf Materialfehler) [any]
flaw in material Materialfehler *m* [met]

flawless rissfrei [met]
Flemish bond gotischer Verband *m*; holländischer Verband *m* (Mauerwerk)
Flemish cross bond versetzter Kreuzverband *m*
flexibility Elastizität *f* (Flexibilität) [met]
flexibility method Kraftgrößenverfahren *n* [sik]
flexible gelenkig
flexible door Falttür *f*
flexible formwork Flexschalung *f* [bon]
flexible layout flexibler Grundriss *m* [arc]
flexible membrane liner Kunststoffdichtungsbahn *f* (Deponie) [met]
flexible membrane vessel Ausdehnungsgefäß *n* (Heizungsanlage) [pow]
flexible road construction Schwarzstraßenbau *m*
flexible tubing Faltenbalgschlauch *m* [met]
flexion Durchbiegung *f* [met]
flexural buckling Biegeknickung *f*
flexural crack Biegeriss *m* [met]
flexural elasticity Biegeelastizität *f* [met]
flexural fatigue strength Biegewechselfestigkeit *f* [met]
flexural load, ultimate - Biegebruchlast *f* [met]
flexural member Biegestab *m* [sik]
flexural moment Biegemoment *n* [met]
flexural resistance Biegefestigkeit *f* [met]
flexural rigidity Biegesteifigkeit *f* [met]; Biegungssteife *f* [met]
flexural stiffness Biegesteifigkeit *f* [met]
flexural strength Biegefestigkeit *f* [met]
flexural stress Biegebeanspruchung *f* [met]; Biegespannung *f* [met]
flexural tensile test Biegezugversuch *m* [any]
flexural vibration Biegeschwingung *f* [met]
flexural-type test Biegewechselversuch *m* [any]
flexure Biegebeanspruchung *f* [met]
flight Treppenlauf *m*; Freitreppe *f*
flight gate Flugsteig *m*
flight of stairs Freitreppe *f*; Treppe *f*
flight of steps Freitreppe *f*
flight scraper Bandräumer *m* [was]
flight width Laufbreite *f* (Treppe) [des]
flint glass Weißglas *n* [met]
flinty ground Kiesboden *m* [geo]
flinz Flinz *m* [geo]
flip bucket Sprungschanzenüberfall *m* [wba]
flip switch Kippschalter *m* [elt]
flitch beam Dübelbalken *m*; Sandwichbalken *m*; Verbundträger *m* (- mit angebolzten Holzbohlen)
float Schwimmer *m* (Einrichtung) [prc]; Glättscheibe *f* [wzg]
float aufschwimmen *v* [was]; aufspachteln *v*; flotieren *v* [was]; glätten *v*; verstreichen *v*
float finish Reibeputz *m*
float glass Floatglas *n* [met]
float stick Schwimmeranzeiger *m* [any]

float-type pressure gauge Schwimmermanometer *n* [any]
floatability Flotierbarkeit *f* [was]
floatable flotationsfähig [was]
floated asphalt Gussasphalt *m* [tib]; Streichasphalt *m* [tib]
floated screed aufgezogener Estrich *m*
floating schwimmend
floating Glätten *n*; Schwemmen *n* [prc]; Putzschicht *f*; Schwimmaufbereitung *f* [was]; Streifenbildung *f* (Anstrich) [met]
floating body Schwimmkörper *m*
floating bridge Pontonbrücke *f* [tra]; Schiffsbrücke *f* [tra]; Schwimmbrücke *f* [tra]
floating cement floor schwimmender Estrich *m*
floating debris Schwemmgut *n* (Kläranlage) [was]
floating floor schwimmender Boden *m*; schwimmender Estrich *m*
floating floor, concrete-screed - schwimmender Estrich *m*
floating foundation Flächenfundament *n*; Scheibenfundament *n*; schwimmende Gründung *f*
floating house schwimmendes Haus *n*
floating layer Schwimmdecke *f* (Kläranlage) [was]
floating material Schwimmstoff *m* [met]
floating output erdfreier Ausgang *m* [elt]; potenzialfreier Ausgang *m* [elt]
floating particle Schwebeteilchen *n* [was]
floating pile schwebender Pfahl *m* [tib]
floating precipitation Schwimmabscheidung *f* [was]
floating roof Tragluftdach *n*
floating screed schwimmender Estrich *m*
floating sludge Schwimmschlamm *m* [was]
floating solid Schwimmstoff *m* [was]
floating suction Schwimmabsaugung *f* [wba]
floating support Pendelstütze *f*; Schwimmbühne *f*
floc Flockenschlamm *m* [was]; Flocke *f* [was]
flocculant Ausflockungsmittel *n* [met]; Flockungsmittel *n* [met]
flocculant agent Ausflockungsmittel *n* [met]
flocculate ausflocken *v* [was]; flocken *v* [was]
flocculated sludge Flockenschlamm *m* [was]
flocculating Ausflocken *n* [was]
flocculating agent Flockungsmittel *n* [met]
flocculation Ausflockung *f* [was]; Flockenbildung *f* [was]; Flockulation *f* [was]; Flockung *f* [was]
flocculation test Flocktest *m* [any]
flocculation agent Flockungshilfsmittel *n* [was]; Flockungsmittel *n* [was]
flocculation aid Flockungshilfsmittel *n* [was]
flocculation clarifying tank Flockungsklärbecken *n* [was]
flocculation filtration Flockungsfiltration *f* [was]
flocculation plant Flockungsanlage *f* [was]
flocculation point Flockpunkt *m* [was]; Flockungspunkt *m* [was]

flocculation tank Flockungsbecken *n* [was];
Flockungsreaktor *m* [was]
flocculator Flocker *m* [was]
flood Überschwemmung *f* (Wasser) [was]
flood alleviation Hochwasserschutz *m* [wba];
Hochwasserrückhaltung *f* [wba]
flood bank Hochwasserschutzdamm *m*
flood basin Hochwasserauffangbecken *n* [wba];
Hochwasserspeicher *m* [wba]
flood bridge Flutbrücke *f* [tra]
flood channel Flutmulde *f* [wba]; Flutrinne *f* [wba];
Hochwasserrinne *f* [wba]
flood control Hochwasserschutz *m* [wba];
Hochwasserschutzmaßnahme *f* [wba];
Hochwasserüberwachung *f* [wba]
flood control dam Hochwasserschutzdamm *m* [wba]
flood control dyke Hochwasserschutzdamm *m*
[wba]
flood control reservoir Hochwasserrückhaltebecken
n [wba]; Hochwasserschutzbecken *n* [wba]
flood control storage area Hochwasserrückhalteraum *m* [wba]
flood control storage basin Hochwasserschutzraum
m [wba]
flood control works Hochwasserschutzbauten *pl*
[wba]
flood discharge Flutwelle *f* [wba]; Hochwasserentlastung *f* [wba]
flood drainage pump Hochwasserpumpe *f* [wba]
flood forecast Hochwasservorhersage *f* [was]
flood gate Schleusentor *n* [wba]; Hochwasserverschluss *m* [wba]; Wehrverschluss *m* [wba]
flood level Hochwasserstand *m* [wba]
flood mitigation, structural - Hochwassersteuerung
durch Bauwerke *f* (Hydrologie) [wba]
flood overflow Hochwasserüberfall *m* [wba]
flood peak Hochwasserscheitel *m* [wba]
flood plain Überschwemmungsgebiet *n* [was]
flood pool Hochwasserbecken *n* [wba]
flood prevention Hochwasserschutz *m* [wba]
flood proofing Überschwemmungsschutz *m* [wba]
flood relief Hochwasserabführung *f* [wba]; Hochwasserentlastung *f* [wba]
flood relief channel Hochwasserkanal *m* [wba]
flood retention basin Hochwasserbecken *n* [wba]
flood routing Hochwasserwellenablauf *m* [wba]
flood run-off Hochwasserabfluss *m* [wba]
flood span Flutbrücke *f* [wba]; Flutöffnung *f* [wba]
flood spillway Hochwasserentlastungsanlage *f* [wba]
flood storage basin Hochwasserauffangbecken *n*
[wba]; Hochwasserspeicher *m* [wba]
flood warning Hochwasserwarnung *f* [was]
flood water Hochwasser *n* [was]; steigendes
Wasser *n* [was]
flood water flow Abflussmenge *f* (- bei Hochwasser) [wba]

flood water retention area Hochwasserschutzraum
m [wba]
flood water storage volume Hochwasserschutzraum *m* [wba]
flood wave Hochwasserwelle *f* [was]
flooded area überschwemmtes Gebiet *n* [was]
floodgate Fluttor *n* [wba]; Siel *m* [wba]
flooding Hochwasser *n* (Kraftwerk) [was]; Überschwemmung *f* (Wasser) [was]
flooding double check valve Hochwasserklappe *f*
[wba]
flooding system Überflutungssystem *n* [asi]
floodlight lighting fittings Flutlichtstrahler *m*
[elt]
floodwall Hochwassermauer *f* [wba]; Hochwasserwand *f* [wba]
floodway Hochwasserrinne *f* [wba]
floor Geschoss *n* (Stockwerk); Stockwerk *n*; Sturzbett *n* [wba]; Boden *m* (Fußboden); Fußboden *m*;
Stock *m*; Decke *f* (Boden-); Etage *f*; Fahrbahn *f*
(z.B. auf Stahlbrücke) [stb]; Geschossdecke *f*
floor anchor Bodenanker *m*
floor anchorage Bodenverankerung *f*
floor and wall tiling work Boden- und Wandfliesenarbeiten *pl*
floor aperture Deckenaussparung *f*
floor arch Sohlenbogen *m* (z.B. im Tunnelbau)
floor area Bodenfläche *f* [geo]; Geschossfläche *f*
[des]; Grundfläche *f* (Gebäude) [des]
floor area required Flächenbedarf *m* (Platzbedarf)
[des]
floor area, effective - Nutzfläche *f* (Immobilien)
[des]
floor area, net - Nettogeschossfläche *f*; Nettogrundfläche *f* (Geschossfläche); Nutzfläche *f*
floor bay Deckenfach *n*; Deckenfeld *n*
floor beam Deckenbalken *m*; Deckenträger *m*;
Unterzug *m* (Bauteil)
floor beam, intermediate - Zwischenquerträger *m*
[stb]; Zwischenpfette *f* [stb]
floor boarding Dielung *f*
floor breakthrough Deckendurchbruch *m*
floor brick Deckenziegel *m*
floor coating Bodenbeschichtung *f*
floor collar Bodeneinfassung *f*
floor conditions Bodenbeschaffenheit *f* (in Hallen
usw.)
floor contactor Fußbodenschalter *m* [elt]
floor covering Bodenbelag *m*; Fußboden *m* (-be-
lag); Fußbodenbelag *m*; textiler Fußbodenbelag *m*
floor covering work Bodenbelagsarbeiten *pl* (DIN
18365)
floor covering, textile - Textilbodenbelag *m* [met]
floor coverings Bodenbeläge *pl*; Auslegeware *f*
floor damper Bodenklappe *f*
floor decking Fußbodenbelag *m*

floor drain Bodenablauf *m*; Deckenabfluss *m*; Fußbodeneinlauf *m*
floor drainage Bodenablauf *m* [was]
floor duct Bodenkanal *m*; Bodenschlitz *m*
floor finish Fußbodenanstrich *m* [met]; Fußbodenbelag *m*; Fußbodenlack *m* [met]
floor girder Deckenträger *m* (Gebäude); Fahrbahnträger *m* (Brücke)
floor grid Fahrbahnrost *m* (Brücke)
floor gully Bodenablauf *m* [was]
floor hatch Bodenluke *f*
floor heading Sohlstollen *m* [tib]
floor headroom Geschosshöhe *f*
floor heating Fußbodenheizung *f*
floor installation element Bodenelement *n*
floor joist Längsgebälk *n* (Fachwerkgebäude: Deckenkonstruktion); Deckenbalken *m*; Deckenträger *m*; Deckenunterzug *m*
floor joist, intermediate - Zwischengebälk *n* (Holzkonstruktion)
floor joists Gebälk *n* (Boden-)
floor lacquer Fußbodenlack *m* [met]
floor landing Treppenabsatz *m*
floor laying Bodenlegerarbeiten *pl*
floor load Deckenbelastung *f* [sik]
floor loading Bodenbelastung *f* [sik]; Deckenbelastung *f* [sik]
floor loading capacity Bodentragfähigkeit *f*
floor opening Bodendurchbruch *m*; Deckenöffnung *f*
floor outlet Bodenablauf *m* [was]
floor paint Fußbodenfarbe *f* [met]
floor painting Bodenanstrich *m*
floor paving Estrich *m*; Fußbodenbelag *m* (- aus Ziegeln oder Platten)
floor plan Geschossplan *m* [des]; Raumverteilungsplan *m* [arc]; Stockwerksgrundriss *m* [arc]; Raumanordnung *f* [arc]; Raumaufteilung *f* [arc]
floor plaster Estrichgips *m*
floor plaster, self-levelling - Fußbodenfließestrich *m* [met]
floor plate Bodenplatte *f*; Grundplatte *f*
floor plating Plattenbelag *m*
floor plug connector Fußbodensteckdose *f* [elt]
floor position indicator Stockwerkanzeige *f* (Aufzug)
floor push-button Stockwerktaste *f* (Aufzug)
floor receptacle Fußbodensteckdose *f* [elt]
floor screed Estrich *m*
floor screed works Estricharbeiten *pl*
floor screed, floating - schwimmender Estrich *m*
floor screeds in building construction Estrich im Bauwesen *m*
floor seal Estrichversiegelung *f*
floor sealant Bodenversiegelmittel *n* [met]
floor sealing Bodenversiegelung *f* (Versiegeln); Fußbodenversiegelung *f*

floor slab Bodenplatte *f* (aus Beton); Geschossdecke *f*
floor slab, hollow - Hohlsteindecke *f*
floor slab, mushroomed - Pilzdecke *f*
floor socket Fußbodensteckdose *f* [elt]
floor space Bodenfläche *f*; Geschossfläche *f*; Grundfläche *f* (Gebäude); Nutzfläche *f*; überbaute Fläche *f*
floor space index Geschossflächenzahl *f*
floor space required Flächenbedarf *m*
floor space requirement Flächenbedarf *m*; Grundflächenbedarf *m*
floor space utilization Flächennutzung *f*
floor space, effective - Hauptnutzfläche *f* (HNF) [arc]
floor space, functional - Funktionsfläche *f* [arc]
floor space, rented - Mietfläche *f* (Immobilien) [eco]
floor space, usable - Nutzfläche *f* (in Gebäuden)
floor spring Bodentürschließer *m* (Tür)
floor spring, double-action - Pendeltürschließer *m*
floor switch Fußschalter *m* [elt]
floor thickness Deckenstärke *f*
floor tile Bodenfliese *f*
floor top level Fußbodenoberkante *f*
floor topping Bodenbeschichtung *f*
floor varnish Fußbodenlack *m* [met]
floor, lower - unteres Geschoss *n*
floor-area ratio Geschossflächenzahl *f*
floor-board Brett *n* (Diele) [met]; Dielenbrett *n* [met]; Diele *f* (Boden) [met]; Diele *f* (Bodenbrett)
floor-mounted appliance Standgerät *n* (fest montiert)
floor-to-ceiling height Deckenhöhe *f*
floor-to-ceiling-glazing Vollverglasung *f*
floor-to-floor height Geschosshöhe *f*
floorborne vibrations Bodenschwingungen *pl*
flooring Belag *m* (auf Fußboden); Bodenbelag *m*; Fußbodenbelag *m*; Abdeckung *f* (Fußboden); Fahrbahn *f* (auf Brücken)
flooring adhesive Bodenbelagsklebstoff *m* [met]
flooring board Bodendiele *f* (Holz)
flooring cement Fußbodenkitt *m* [met]
flooring compound Bodenverlaufmasse *f* [met]
flooring material Fußbodenmaterial *n* [met]
flooring nail Fußbodennagel *m* [met]
flooring plaster Estrichgips *m*
flooring screed Fußbodenausgleichsmasse *f* [met]
flooring tile Fußbodenfliese *f*
flooring work Bodenbelagsarbeiten *pl*; Fußbodenarbeiten *pl*
flotation Flotation *f* [was]
flotation agent Flotationsmittel *n* [was]; Flotationszusatz *m* [was]
flotation chamber Flotationskammer *f* [was]
flotation liquid Flotationstrübe *f* [was]

flotation method Flotationsverfahren *n* [was]
flotation plant Flotationsanlage *f* [was]
flotation process Flotationsverfahren *n* [was]
flotation rate Flotationsgeschwindigkeit *f* [was]
flotation tailings Flotationsabgänge *pl* [was];
Flotationsberge *pl* [was]
flour limestone Kalksteinmehl *n* [met]
flow Fluss *m* (Strömung); Strömung *f* [prc]
flow strömen *v* [prc]
flow agent Fließhilfsmittel *n* (für Schüttgut) [met]
flow analysis Ablaufanalyse *f*
flow balancing Zuflussausgleich *m* [was]
flow behaviour Fließverhalten *n* [prc];
Fließeigenschaft *f* [prc]
flow channel, overbank - Überlaufrinne *f* [was]
flow char Ablaufplan *m*
flow characteristic Fließverhalten *n* [prc]; Durchflusskennlinie *f* [was]
flow characteristics Fließeigenschaften *pl* [met]
flow chart Fließbild *n* [des]; Fließdiagramm *n*
[des]; Flussdiagramm *n* [des]; Schaubild *n* [des]
flow concrete Fließbeton *m* [bon]
flow concrete with high early strength frühhochfester Fließbeton *m* [bon]
flow conditions Fließbedingungen *pl* [was]
flow conveyor Strömungsförderer *m* [prc]
flow cross-section Strömungsquerschnitt *m* [prc]
flow deficiency Abflussdefizit *n* (Talsperre) [was]
flow diagram Ablaufdiagramm *n* [des]; Flussdiagramm *n* [des]; Verfahrensdiagramm *n* [des]
flow diagram, thermal - Wärmeschaltbild *n* [pow]
flow direction Durchflussrichtung *f* [prc]; Strömungsrichtung *f* [prc]
flow feeder Durchlaufdosiergerät *n* [prc]
flow gauge Strömungsmesser *m* [any]
flow in anströmen *v* [was]
flow indicator Durchflussanzeiger *m* [any];
Strömungsanzeiger *m* [any]; Strömungswächter *m*
[any]
flow into einmünden *v* (Fluss) [was]
flow measurement Durchflussmessung *f* [any];
Strömungsmessung *f* [any]
flow mixer Durchlaufmischer *m* [prc]
flow monitor Strömungswächter *m* [any]
flow of combined water Mischwasserabfluss *m*
[was]
flow of heat Wärmestrom *m* [pow]
flow of materials Stoffstrom *m*
flow of secondary materials Nebenstoffströme *pl*
flow of water Wasserströmung *f* [was]
flow off abfließen *v* (wegfließen) [was]
flow pattern Fließdiagramm *n* [des]
flow pipe Vorlaufleitung *f* (Heizung) [pow]
flow probe Strömungssonde *f* [any]
flow promoting device Austraghilfe *f* (für Schüttgut, u.a.) [prc]

flow rate measurement Mengenstrommessung *f*
[any]
flow reserval Strömungsumlenkung *f* [prc]
flow sheet Fließbild *n* [des]; Fließschema *n* [des]
flow temperature Vorlauftemperatur *f* [pow]
flow transducer Durchflussgeber *m* [any]
flow transmitter Durchflussgeber *m* [any]
flow, free - freier Ausfluss *m* [was]
flow, submerged - rückgestauter Abfluss *m* [was]
flow-cone Fließkegel *m* (Schüttgut) [prc]
flow-control gate Dosierschieber *m* [was]
flow-type water heater Durchlauferhitzer *m* [elt]
flowable fließfähig [met]
flower of salt Salzausblühung *f* [met]
flower tub Pflanzwanne *f*
flowing concrete Fließbeton *m* [bon]
flowing screed Fließestrich *m* [met]
flowing tide Flutströmung *f* [wba]
flowing water fließendes Wasser *n* [was]; Fließwasser *n* [was]
flowing waterbodies Fließgewässer *n* [was]
flowing-off Abfließen *n* (Wegfließen) [was]
flowmeter Durchflussmengenmessgerät *n* [any];
Durchflussmessgerät *n* [any]; Strömungsmessgerät
n [any]; Durchflussmesser *m* [any]; Flüssigkeitszähler *m* [any]; Mengenmesser *m* (Durchsatz)
[any]; Mengenmessgerät *m* (Durchsatz) [any];
Mengenstrommesser *m* [any]; Strömungsmesser *m*
[any]
fluctuating noise schwankendes Geräusch *n* [aku];
schwankender Lärm *m* [aku]
fluctuating stress Wechselbeanspruchung *f* [met]
fluctuation of water table Grundwasserspiegelschwankung *f* [was]
flue ducting Rauchgasführung *f* (Rohrsystem) [pow]
flue gas gypsum Rauchgasgips *m* (Gips aus Rauchgasentschwefelungsanlage) [met]
flue gas loss Rauchgasverlust *m* [pow]
fluid fließfähig (Beton: Konsistenz) [met]
fluid bonding Flüssigkeitsbrücke *f* [met]
fluid concrete Fließbeton *m* [bon]; Flüssigbeton *m*
[bon]
fluid energy grinding Strahlmühlenzerkleinerung *f*
[prc]
fluid hammer Druckstoß *m* (Wasserschlag) [was]
fluid level Flüssigkeitspegel *m* [prc]
fluid line Fließweg *m* (Hydrologie) [was]
fluid motion Strömung *f* [prc]
fluid phase Flüssigphase *f* [phy]
fluid separator Flüssigkeitsabscheider *m* [was]
fluid slurry Dünnschlamm *m* (Kläranlage) [was]
fluid-level gauge Füllstandanzeiger *m* [any]
fluidity Fließverhalten *n* [met]; Fließvermögen *n*
[prc]
fluidized im Fließzustand [prc]
fluidized bed Fließbett *n* [prc]

fluidized-bed combustion Wirbelschichtfeuerung *f* [pow]
fluidized-bed mixer Fließbettmischer *m* [prc]
fluidized-bed process Fließverfahren *n* [prc]
fluidizing conveyor pneumatische Förderrinne *f* [prc]
flume Abflussrinne *f* [was]; Durchflussrinne *f* [wba]
fluor content Fluorgehalt *m* [che]
fluorescent colour Leuchtfarbe *f* [met]
fluorescent lamp Leuchtröhre *f* [elt]
fluorescent paint Fluoreszenzfarbe *f* [met]
fluorescent tube Leuchtstoffröhre *f* [elt]
fluoridate fluoridieren *v* [was]
fluoridation Fluoridierung *f* (Zugabe von Fluor zum Trinkwasser) [was]
fluorine glass fluorhaltiges Glas *n* [met]
flush bündig; eingelassen
flush Spüler *m* (Toilette); Spülstrom *m* (Toilette)
flush abschuppen *v* (Naturstein); ausspülen *v* (spülen) [was]; bündig machen *v* [wer]; durchspülen *v*; einfluchten *v*; einschlämmen *v*; spülen *v* (WC) [tga]
flush and parallel planparallel [des]
flush basin Spülbecken *n* (Toilette)
flush beam strip Balken, deckengleicher - *m*
flush box Spülkasten *m* [tga]; Wasserkasten *m*
flush edge Bundkante *f*
flush face Bundseite *f*
flush handle Spülhebel *m* (Toilette) [was]
flush joint bündige Fuge *f*; Vollfuge *f*
flush kerb Tiefbordstein *m* (Straße)
flush mounting Unterputzeinbau *m* [tga]; Unterputzmontage *f* [elt]
flush plating Glattbeplattung *f*
flush rivet Senkniet *m* [tec]
flush switch eingelassener Schalter *m* [elt]; Unterputzschalter *m* [elt]
flush toilet Wasserklosett *n* [was]
flush valve Druckspüler *m*
flush-contour seam Naht ohne Wulst *f* (Schweißen) [met]
flush-contour weld Naht ohne Wulst *f* (Schweißen) [met]
flush-down toilet Tiefspülklosett *n* [tga]
flush-head rivet Senkkopfniet *m* [tec]
flush-joint vollfugig
flush-levelled bündig
flush-mounted bündig eingebaut; eingelassen; unter Putz verlegt [tga]
flush-mounting switch Unterputzschalter *m* [elt]
flushing channel Spülrinne *f* [was]
flushing pan Spülkasten *m* [tga]
flushing tank Wasserkasten *m*
flute Kannelierung *f* (Riffelung) [met]; Kannelur *f* [arc]; Rinne *f*
flute kannelieren *v* (aushöhlen)

fluted shaft kannelierter Säulenschaft *m* (Klassizismus) [arc]
fluting Kannelüren *pl* (Riffelungen auf z.B. Säulen) [arc]; Riefenbildung *f* [met]; Riffelung *f* [met]
fluvial plain Flussebene *f* [geo]
flux Fluss *m* (Strömung); Strömung *f* [prc]
flux addition agent Flussmittel *n* [che]
fluxing agent Flussmittel *n* [che]
fly ash, fine - Feinflugasche *f* [met]
fly-tipping herumfliegender Abfall *m* [rec]
fly-under Unterführung *f* (Straße) [tra]
flying arch Strebebogen *m*; Strebepfeiler *m*
flying bridge fliegende Brücke *f*; Laufbrücke *f*
flying buttress Schwibbogen *m* [arc]; Strebebogen *m* (Gotik) [arc]
flying particles herumfliegende Teilchen *pl* [asi]; Spritzkorn *n* (Sieben) [prc]
flying scaffold Hängegerüst *n*; hängendes Gerüst *n*
flying staircase stützenfreie Treppe *f*
flying time Flugzeit *f* [tra]
flyover Hochstraße *f* (Straße) [tra]
flyover junction Kreuzungsbauwerk *n* [tra]
foam Schaum *m*
foam aufschäumen *v* [wer]
foam backing Schaumstoffbeschichtung *f* [met]
foam booster Schaumverstärker *m* [met]
foam compound Schaummittel *n* [met]
foam concrete Schaumbeton *m* [bon]
foam depressant Antischaummittel *n* [met]
foam development Schaumbildung *f* [met]
foam extinguisher Schaumfeuerlöscher *m* (Brandschutz); Schaumlöscher *m* (Feuerlöscher)
foam extinguishing agent Schaumlöschmittel *n* [met]
foam extinguishing system Schaumlöschanlage *f* (Brandschutz)
foam generator Schaumerzeuger *m* (Brandschutz)
foam glass Schaumglas *n* [met]
foam glue Schaumkleber *m* [met]
foam gun Schaumkanone *f* (Feuerlöschen)
foam inhibitor Schaumdämpfungsmittel *n* [met]
foam insulation Bauschaumisolierung *f*
foam into place einschäumen *v* (Isoliermasse) [wer]
foam layer Schaumstoffschicht *f* [met]
foam plastic Schaumstoff *m* [met]
foam propellant Schaummittel *n* [met]
foam rubber Schaumgummi *m* [met]
foam sandwich Verbundschaumstoff *m* [met]
foamable schäumbar [met]
foamed aufgeschäumt (Kunststoff(isolierung)) [met]; geschäumt (Kunststoff) [met]
foamed concrete Gasbeton *m* [bon]
foamed insulation Schaumisolierung *f* [met]
foamed plastics Schaumkunststoff *m* [met]
foamed-slag concrete Schaumschlackenbeton *m* [bon]

foaming adhesive Montageschaum *m* [met]
foaming agent Schäummittel *n* [met]; Treibmittel *n* (Kunststoff) [met]; Schaumbildner *m* [met]
foaming device Schaumgerät *n*
foaming gas Treibgas *n* [met]
foaming process Schäumvorgang *m* [met]
focus project Leitprojekt *n*
fogger Nebelgerät *n*; Sprühgerät *n*
foil Folie *f* (Metall) [met]
foil scrap Folienschrott *m* [rec]
foil-laminated folienbeschichtet [met]
foil-wrap front Folienfront *f* (Möbel)
fold up aufkanten *v*; hochkanten *v*
foldable measurement instrument Schmiege *f* [any]
foldaway ladder versenkbare Leiter *f* (z.B. zum Dachboden)
folded plate Faltwerk *n*
folded structure Faltwerk *n*
folded-plate construction Faltwerk *n*
folding bearing plate Klappkonsole *f*
folding bracket Faltkonsole *f* (Schalung)
folding bridge Faltbrücke *f*
folding door Falttür *f*
folding grille Scherengitter *n* (Einbruchssicherung)
folding platform Faltbühne *f* (Schalungsarbeiten)
folding pylon klappbarer Außenlastträger *m*
folding rule Zollstock *m* [any]
folding shutter Fensterladen *m*; Klappladen *m*
folding window Faltfenster *n*
foliated geschichtet [met]
foliated capital Blattkapitell *n* (Säule) [arc]
foliated frieze Blattfries *m* (mittelalterliche Kirche) [arc]
foliated scrollwork Blattwerkverzierung *f* (Gotik) [arc]
follow-up control Folgeregelung *f* [elt]; Folgesteuerung *f* [elt]; Nachführregelung *f* [elt]; Nachlaufregelung *f* [elt]
follow-up controller Folgeregler *m* [elt]
follow-up examination Nachuntersuchung *f* [any]
follow-up test Kontrolluntersuchung *f* [any]
follower control Folgeschaltung *f* [elt]
food bridge Fußgängerbrücke *f*
fool-proof betriebssicher [asi]
foot block Sockel *m*
foot of the embankment Dammfuß *m* [wba]
foot protection Fußschutz *m* [asi]
foot wiper Fußabstreifer *m* (an Haustür)
foot-rest Fußstütze *f* [asi]
footbridge Übergang *m* (Fußgängerbrücke) [tra]; Fußgängerbrücke *f* [tra]; Fußgängerüberführung *f* [tra]
foothills Ausläufer *m* (von Bergen) [geo]
footing Fundament *n* (Sockel); Flachgründung *f*; Gründung *f* (Fundament)

footing beam Fundamentbalken *m*; Querriegel *m*; Spannbalken *m*
footing block Fundamentblock *m*
footing support Fundament *n*
footing trench Fundamentgraben *m* [tib]
footing, single - Einzelfundament *n*
footpath Fußgängerweg *m* (Wanderweg) [tra]; Fußweg *m* (Bürgersteig, Gehweg) [tra]
footstep bearing Fußlager *n*; Stehlager *n*
footway Fußgängerweg *m* [tra]; Gehweg *m* (Wanderweg) [tra]
footwear Schuhwerk *n* [asi]
force pressen *v* (drücken)
force application Krafteinleitung *f* [phy]
force in a member Stabkraft *f* [sik]
force line Kraftlinie *f* [sik]
force line course Kraftlinienverlauf *m* (Festigkeitsberechnung) [des]
force method Kraftgrößenverfahren *n* [sik]
force of inertia Massenträgheitskraft *f* [phy]; Trägheitskraft *f* [phy]
force open aufstemmen *v*
force parallelogram Kräfteparallelogramm *n* [phy]
force polygon Krafteck *n* [sik]; Kräfteplan *m* [sik]
force redistribution Kraftumlagerung *f* [sik]
force scale Kräftemaßstab *m* [stb]
force sensor Kraftaufnehmer *m* [any]; Kraftmessfühler *m* [any]
force system Kräfteplan *m*
force trajectory Kraftlinie *f* [phy]
force transducer Kraftaufnehmer *m* [any]
force transmission Kraftübertragung *f* [sik]
force triangle Kräftedreieck *n* [phy]
force, horizontal - Horizontalkraft *f* [sik]
force, vertical - Vertikalkraft *f* [sik]
force-couple Kräftepaar *n* [phy]
forced oscillation erzwungene Schwingung *f* [phy]
forced vibration erzwungene Schwingung *f* [phy]
forebay Oberwasser *n* (Schleuse) [wba]; Vorbecken *n* (Schleuse) [was]
forebuilding Vorbau *m*
forecourt Vorhof *m*; Vorplatz *m*
foreign excitation Fremderregung *f* [elt]
foreign matter Fremdkörper *m* [met]; Fremdstoff *m* [met]
foreign part drawing Fremdteilzeichnung *f* [des]
foreign substance Fremdkörper *m* [met]; Fremdstoff *m* [met]
foreman Bauführer *m*; Polier *m*
foreman's hut Polierbude *f*
foreman's office Polierbude *f*
foreman's room Meisterraum *m* [wer]
forepart Vorbau *m*
forestry Holzwirtschaft *f* [far]
forfeited, be - verfallen *v*
fork bearing Gabellagerung *f*

fork junction Straßeneinmündung *f* [tra];
Straßengabelung *f* [tra]
fork-lift truck Gabelstapler *m* [tra]
forked fixing head Gabelkopf *m* [stb]
forked tie Gabelanker *m*
forking Gabelung *f* (Straße) [tra]
form Formblatt *n* [des]; Vordruck *m*; Gestaltung *f*
(Formung) [des]; Schalung *f* [bon]
form einschalen *v* [bon]
form bracing, one-sided - einhäuptige Schalungsverstrebung *f* [bon]
form closure Formschluss *m* [des]
form factor Querschnittsformbeiwert *m* [sik]
form fit formschlüssige Verbindung *f* [des]
form girder Schalungsträger *m* [bon]
form grease Schalfett *n* [bon]
form lining Schalungsauskleidung *f* [bon]
form of construction Bauweise *f* [des]
form of construction, unit - Baukastensystem *n*
[des]
form of housing Wohnform *f* [arc]
form of ownership Eigentumsform *f* [eco]
form of presentation Darstellungsart *f* [des]
form oil Schalöl *n* [bon]
form panel Schalelement *n* [bon]; Formplatte *f*
[bon]; Schalungstafel *f* [bon]
form rail Schalungsschiene *f* [bon]
form setting Setzen von Schalungsschienen *n* [bon]
form sheet Formblatt *n*
form stability Formhaltigkeit *f* [des]
form stripping Ausschalung *f* (Beton) [bon]
form tie Schalungsanker *m* [bon]
form traveller beweglicher Teil der Gleitschalung *m*
[bon]; gleitender Teil der Gleitschalung *m* [bon];
Gleiter *m* (Gleitschalung)
form vibration Betoneinrütteln *n* [bon]
form wax Schalwachs *n* [bon]
form, additive - additive Form *f* (Gestaltung) [arc]
form, irregular - ungleichmäßige Form *f*
(Gestaltung) [arc]
form, regular - gleichmäßige Form *f* (Gestaltung)
[arc]
form, subtractive - subtraktive Form *f* (Gestaltung)
[arc]
form-fitting formschlüssig [des]
formaldehyde resin, phenolic - Phenol-
Formaldehyd-Harz *n* [che]
formation level Erdplanumshöhe *f* [tib];
Gründungssohle *f*
formation of algae Algenbildung *f* [bio]
formation of condensate Tauwasserbildung *f*
formation of condensation water
Tauwasserbildung *f*
formation of embankment Dammherstellung *f* [tib]
formation of flakes Flockenbildung *f* [was]
formation of heat Wärmeerzeugung *f* [pow]

formation work Planumherstellung *f* [tib]
formboard Schalbrett *n* (aus Holz) [bon]
formed piece Formkörper *m* [met]
former deposit restoration Altlastensanierung *f*
[geo]
formeret Schildrippe *f* (mittelalterliche Kirche: Deckengewölbe) [arc]
forms lubrication Schalungsöl *n* [met]; Schalungspaste *f* [bon]
formula Rezeptur *f* [met]
formulate konfektionieren *v*
formwork Einschalen *n* [bon]; Schalarbeit *f* [bon];
Schalung *f* (Schalarbeit) [bon]; Verschalung *f*
(Schalarbeit) [bon]
formwork accessory Schalungszubehör *m* [bon]
formwork agent Betoneinschalungsmittel *n* (Betonbau) [met]
formwork anchor Schalungsanker *m* [bon]
formwork assembly work Einschalungsarbeiten *pl*
[bon]
formwork block Schalungsstein *m* [bon]
formwork board Schalbrett *n* [bon]
formwork bracket Schalungskonsole *f* [bon]
formwork carriage Vorschubrüstung *f* (Brückenbau) [bon]
formwork construction Schalungsbau *m* [bon]
formwork drawing Schalplan *m* [des]; Schalungsplan *m* [des]
formwork erection Schalung *f* (Vorgang) [bon]
formwork floor Formenboden *m* [bon]
formwork for climbing Kletterschalung *f* [bon]
formwork girder Schalungsträger *m* [bon]
formwork joint Schalungsstoß *m* [bon]
formwork lining Schalungsauskleidung *f* [bon];
Schalungsauskleidung *f* [bon]
formwork lubricant Schalöl *n* [met]
formwork oil Schalöl *n* [bon]; Schalungsöl *n* [met]
formwork panel Schalungselement *n* [bon]; Schaltafel *f* [bon]; Schalungsplatte *f* [bon]
formwork plan Schalungsplan *m* [bon]
formwork plate Schalungsblech *n* [bon]
formwork skin Schalhaut *f* [bon]; Schalungshaut *f*
[bon]
formwork support Schalhautunterstützung *f* [bon]
formwork system Schalungssystem *n* [bon]
formwork tie Schalungsanker *m* [bon];
Schalungsträger *m* [bon]
formwork vibrator Außenrüttler *m* (Betonverfüllung) [bon]; Schalungsrüttler *m* (Betonverfüllung) [bon]
formwork wax Schalwachs *n* (für Schalung) [met]
formwork, open - Sparschalung *f* [bon]
formwork, strip the - ausschalen *v* [bon]
fort Festung *f*
fortification Befestigungsbau *m*; Befestigung *f*
(befestigtes Gebäude) [arc]

fortification wall Festungsmauer *f*
fortified building Festungsbau *m* [arc]
fortified church Wehrkirche *f* (historisch) [arc]
fortified tower Wehrturm *m* [arc]; Wehrturm *m* (historisch) [arc]
fortify verstärken *v* (Konstruktion) [des]
fortress Festung *f* [arc]
fortress town Festungsstadt *f* [com]
forward section method Vorwärtsschnitt *m* (Vermessung) [any]
forward stability Standsicherheit in Längsrichtung *f* [asi]
fossil water fossiles Wasser *n* [was]
fouling Verschmutzung *f* [was]
found begründen *v* (gründen); gründen *v* (errichten); unterfangen *v*; untermauern *v*
foundation Boden *m* (Unterlage); Grund *m* (Gründung); Unterbau *m*; Untergrund *m* (Baugrund); Bodenplatte *f*; Einrichtung *f* (Gründung); Gründung *f*; Gründung *f* (Fundament); Sohle *f* (Boden) [geo]; Unterlage *f* (Fundament); Untermauerung *f*
foundation anchorage Fundamentverankerung *f*
foundation base Fundamentplatte *f*; Fundamentsohle *f*; Gründungssohle *f*
foundation base frame Fundamentrahmen *m*
foundation base level Gründungssohle *f*
foundation base pad Fundamentplatte *f* (aus Stahl)
foundation base plate Fundamentplatte *f* (aus Stahl) [des]
foundation beam Schwellbalken *m*
foundation block Fundamentblock *m*; Fundamentklotz *m*
foundation bolt Fundamentschraube *f*
foundation boring Gründungsbohrung *f* [tib]
foundation brickwork Grundmauerwerk *n*
foundation ceremony Grundsteinlegung *f*
foundation concrete Fundamentbeton *m* [bon]
foundation course Unterbau *m*; Fundamentschicht *f*
foundation curb Aufkantung *f*
foundation ditch Fundamentgrube *f*
foundation drainage Baugrundentwässerung *f* [tib]
foundation drawing Fundamentzeichnung *f* (Bauzeichnung) [des]
foundation earth Fundamenterdung *f* (<B> Blitzschutz) [elt]
foundation edge Fundamentkante *f*
foundation engineering Grundbau *m*
foundation excavation Fundamentaushub *m*
foundation exploration Baugrunduntersuchung *f* [geo]
foundation frame Fundamentrahmen *m*
foundation grouting Verguss *m* (Fundament)
foundation hoist Baugrubenaufzug *m*
foundation kerb Aufkantung *f*
foundation layout Fundamentplan *m* [des]

foundation layout drawing Fundamentplan *m* (Zeichnung) [des]
foundation level Gründungssohle *f*
foundation loading Fundamentbelastung *f*
foundation of dam Dammsockel *m* [tib]
foundation outline drawing Fundamentumrisszeichnung *f* [des]
foundation pad Blockfundament *n*
foundation pad for stone columns Tragschicht für Steingabionen *f*
foundation pile Bohrpfahl *m*; Gründungspfahl *m*
foundation plan Fundamentplan *m* [des]; Fundamentzeichnung *f* [des]
foundation plate Ankerplatte *f*; Fundamentplatte *f*; Gründungsplatte *f*
foundation post Fundamentpfeiler *m* (Holzbau)
foundation pressure Bodendruck *m* (Gründung) [geo]
foundation rock felsiger Baugrund *m* [geo]
foundation shoring Baugrubenaussteifung *f*
foundation slab Bodenplatte *f*; Fundamentplatte *f*; Gründungsplatte *f*; Sohlplatte *f*
foundation soil Baugrund *m* [geo]
foundation strap Fundamentlasche *f*
foundation structure Fundamentkonstruktion *f* [des]
foundation surface, level - ebene Fundamentoberfläche *f*
foundation timbering Baugrubenverbau *m*
foundation trench Fundamentgraben *m* [tib]
foundation wall Fundamentmauer *f*; Grundmauer *f*; Kellermauer *f*
foundation water pressure Auftrieb *m* (Talsperre) [wba]; Sohlenwasserdruck *m* [was]
foundation work Gründungsarbeiten *pl*; Tiefbau *m*
foundation working Tiefbau *m*
foundation-mounted im Fundament befestigt
foundation-stone Grundstein *m*
foundations Fundament *n* (Gründung)
founded gegründet
four-edge strip Trapezleiste *f*
four-point support Vierpunktlager *n*
four-storeyed vierstöckig
foxed rostfleckig [met]
foyer Eingangshalle *f* (Hotel, Theater); Halle *f* (Hotel-, Theater-); Wandelhalle *f*
fraction collector Fraktionssammler *m* [any]
fraction of fine grain Feinanteil *m* (Schüttgut) [prc]
fraction of grain size Kornfraktion *f* [met]
fractional collection Fraktionssammlung *f* [any]
fractional crack gemeiner Bruch *m* [met]
fractional tract of land Parzelle *f*
fractionate fraktionieren *v* [prc]
fractionation fraktionierte Trennung *f* [prc]
fracture mechanischer Bruch *m* [met]; Riss *m* (Bruch) [met]

fracture reißen *v* (brechen); zerbrechen *v* (brechen)
fracture load Bruchbelastung *f* [met]; Bruchlast *f* [met]
fracture mechanics Bruchmechanik *f* [met]
fracture modulus Bruchmodul *m* [met]
fracture pattern Bruchbild *n* [met]
fracture point Bruchstelle *f* [met]
fracture strength Bruchfestigkeit *f* [met]
fracture stress Bruchspannung *f* [met]
fracture the rock Gestein auflockern *v* (u.a. bei Bohrungen)
fracture, auxiliary - Begleitbruch *m* [geo]
fragile spröde [met]; zerbrechlich
fragility Brüchigkeit *f* [met]; Sprödigkeit *f* [met]; Zerbrechlichkeit *f* [met]
fragmented fragmentiert
frame Fachwerk *n*; Portal *n*; Skelett *n* [stb]; Spant *n*; Stabwerk *n*; Tragwerk *n* [stb]; Stellage *f*; Zarge *f*
frame aufstellen *v* (aufbauen); einfassen *v* (Rahmen)
frame and panel door Kassettentür *f*
frame area Rahmenfläche *f* (Fensterrahmen)
frame bridge Fachwerkbrücke *f*
frame bridge, rigid - Rahmenträgerbrücke *f*
frame column Rahmenständer *m*; Rahmenstütze *f* [stb]
frame connector Zarge *f*
frame construction Rahmenkonstruktion *f*; Skelettbauweise *f*
frame corner Rahmenecke *f* [stb]
frame filter press Rahmenpresse *f* [was]
frame formwork Rahmenform *f* [bon]; Rahmenschalung *f* [bon]
frame girder Fachwerkträger *m* [stb]; Rahmenriegel *m* [stb]; Rahmenträger *m* [stb]
frame leg Rahmenständer *m* [stb]; Rahmenstiel *m* [stb]
frame load-bearing structure Rahmentragwerk *n*
frame material Rahmenmaterial *n* (Fenster)
frame member Rahmenteil *n*
frame member, horizontal - Rahmenriegel *m* [stb]
frame member, vertical - Rahmenstiel *m* [stb]
frame of joists Gebälk *n*
frame post Stiel *m* (Stütze)
frame profile Rahmenprofil *n*
frame rabbet width Rahmenfalzbreite *f* (Glaserei)
frame section Rahmenprofil *n*
frame spacing Spantabstand *m*
frame stanchion Rahmenstiel *m* [stb]; Rahmenstütze *f* [stb]
frame structure Rahmenbauwerk *n*; Stabtragwerk *n*; Skelettbau *m*; Rahmenkonstruktion *f*
framed door Rahmentür *f*
framed stanchion Rahmenständer *m*
framed structure Rahmenbauwerk *n*

framed system Fachwerksystem *n*
frames, on - aufgeständert
framework Fachwerk *n*; Gerippe *n*; Gerüst *n* (Grundgerüst); Rahmen *m*; Rahmenkonstruktion *f*; Verschalung *f*; Verstrebung *f*
framework agreement Rahmenvertrag *m* [jur]; Rahmenvereinbarung *f* [jur]
framework house Fachwerkhaus *n*
framework of the roof Dachstuhl *m*
framing Bauen *n*; Fachwerk *n* (Holzbau); Stabwerk *n*; Verschalung *n*
framing anchor, tie-down - Sparrenpfettenanker *m*
framing clip Kantholzverbinder *m*
framing of beams Balkenlage *f*
framing square Metallwinkel *m* (Winkelstück) [stb]
free flow freier Ausfluss *m* [was]
free form plan unregelmäßiger Grundriss *m*
free from acid säurefrei [met]
free from building defects bauschadenfrei
free from chlorine chlorfrei [che]
free from cracks rissfrei [met]
free from distortion verzugsfrei [des]
free from maintenance wartungsfrei [des]
free from rust rostfrei [met]
free head Fallhöhe *f*
free of blowholes blasenfrei [met]
free of charges lastenfrei [eco]
free of loss verlustfrei
free oscillation Eigenschwingung *f* [phy]; freie Schwingung *f* [phy]
free settling Freifallklassierung *f* [prc]
free site frei Baustelle [tra]
free vibration freie Schwingung *f* [phy]
free water freies Wasser *n* [was]
free weir Wehr mit freiem Überfall *n* [wba]
free-body diagram Freikörperbild *n* [des]
free-drop ram Freifallramme *f*
free-fall classifier Freifallklassierer *m* [prc]
free-fall separator Freifallscheider *m* (Abfalltrennung) [rec]
free-standing column gelöste Säule *f* (Klassizismus: vor der Wand) [arc]
free-standing pile frei stehender Pfahl *m*
free-standing shop Geschäft in Einzellage *f*
freedom of building, operational - Baufreiheit *f*
freedom of creep Kriechfreiheit *f* [met]
freehand freihändig (zeichnen) [des]
freehand line Freihandlinie *f* [des]
freehand perspective ungebundene Perspektive *f* [des]
freehold Grundstückseigentum *n* [eco]
freehold dwelling Eigentumswohnung *f*
freely supported frei aufliegend
freeway Schnellstraße *f* (USA, Californien) [tra]
freeway bridge Autobahnbrücke *f* (<A>)
freeze-proof frostsicher [met]

freeze/thaw cycle Frost/Tau-Wechsel *m* (Werkstofftest) [any]
freezing plane Frostebene *f* [geo]
freezing point Gefrierpunkt *m* [phy]; Schmelzpunkt *m* [phy]
freezing temperature Gefrierpunkt *m* [phy]; Gefriertemperatur *f* [phy]
freezing-and-thawing cycle Frost-Tauwechsel *m* [wet]
freight depot Güterschuppen *m* [tra]
freight elevator Aufzug für den Warentransport *m*; Lastenaufzug *m*; Materialaufzug *m*
freight lift Lastenaufzug *m*
freight shed Güterschuppen *m* [tra]
freight station Güterbahnhof *m* (<A>) [tra]
French curve Kurvenlineal *n* [des]
French door Fenstertür *f*
French drain Sickeranlage *f*
French roof Mansardendach *n*
French truss Binderdreieck *n*; Strebenfachwerk *n*
French window Flügelfenster *n*
frequency analysis Häufigkeitsanalyse *f* [any]
frequency changer Frequenzumformer *m* [elt]; Frequenzwandler *m* [elt]
frequency control Frequenzregelung *f* [elt]; Frequenzsteuerung *f* [elt]
frequency converter Frequenzumformer *m* [elt]
frequency of vibration Schwinggeschwindigkeit *f* [phy]
frequency rate, accident - Unfallhäufigkeitsrate *f* [asi]
frequency regulator Frequenzregler *m* [elt]
frequency transformer Frequenzwandler *m* [elt]
fresh concrete Frischbeton *m* [bon]
fresh mortar Frischmörtel *m* [met]
fresh rock anstehendes Gestein *n* [geo]
fresh sludge Frischschlamm *m* [was]
fresh-air system Frischluftsystem *n*
fresh-water Frischwasser *n* [was]
freshly-mixed mortar Frischmörtel *m* [met]
fretting Abbröckeln *n* (Straßendecke) [tib]; Reibverschleiß *m* [met]; Abnutzung *f* [met]
fretting corrosion Passungsrost *m* [met]; Abriebkorrosion *f* [met]; Reibkorrosion *f* [met]
fretting rust Passungsrost *m* [met]
friable spröde [met]
friction angle Reibungswinkel *m* [phy]
friction coefficient Reibungskoeffizient *m* [phy]
friction loss Reibungsverlust *m* [phy]
frictional coefficient Reibungsbeiwert *m*
frictional corrosion Reibkorrosion *f* [met]
frictional loss Reibungsverlust *m* [phy]
frictional moment Reibungsmoment *n* [phy]
frictional resistance Reibungswiderstand *m* [phy]
frictional soil nichtbindiger Boden *m* [geo]
frictional stress Gleitbeanspruchung *f* [met]

frieze Fries *m* (Tempel) [arc]
frieze, plain - glatter Fries *m* (Baukunst) [arc]
fringe area Außenbezirk *m* (Stadt)
fritted gefrittet (Keramikglasur) [met]
frog justierbare Eisenauflage *f* (bei Eisenhobeln) [wzg]
front Front *f*
front building Vordergebäude *n*
front court Vorhof *m*
front desk Rezeption *f*
front door Haupteingang *m*; Hauseingang *m*; Eingangstür *f* (Wohnung/Haus); Haustür *f*
front elevation Aufriss *m* [des]; Stirnansicht *f* [des]; Vorderansicht *f* [des]
front end Stirnseite *f* [des]
front face Fassade *f*; Front *f* (Vorderseite); Stirnfläche *f* [des]; Vorderfläche *f* [des]
front gate Haupteinfahrt *f* [tra]
front loader Frontlader *m*
front part Vorderteil *n* [des]
front perspective Zentralperspektive *f* [des]
front roll Vorderwalze *f* [tib]
front room Vorderzimmer *n*
front scanning Vorderabtastung *f* [any]
front shovel Ladeschaufel *f*
front shovel, hydraulic - Ladeschaufelbagger *m*
front side Stirnseite *f* [des]; Vorderseite *f* [des]
front tipper Frontkipper *m* [tib]; Vorderkipper *m* [tib]
front view Aufriss *m* [des]; Ansicht von vorn *f* (Zeichnung) [des]; Stirnansicht *f* [des]; Vorderansicht *f* [des]
front wall Stirnwand *f*; Vorderwand *f*
front-end bucket, tilting - kippbare Ladeschaufel *f* [tib]
front-end loader Frontlader *m* [tib]; Frontschaufellader *m* [tib]; Radlader *m* [tib]; Schaufellader *m* [tib]
front-end loader, hydraulic - hydraulischer Schaufellader *m* [tib]
front-panel mounting Fronteinbau *m* (Schalttafel) [elt]
frontage Fassade *f*; Front *f* (Gebäude); Vorderfront *f*
frontier town Grenzstadt *f*
frontispiece Frontizpiz *n* (klassische Fassade) [arc]; Vorderfront *f* [arc]
frost action Frostverwitterung *f* [geo]
frost blanket Frostschürze *f*
frost blanket material Frostschutzmaterial *n* (Straßenbau)
frost damage Frostschaden *m* [wet]
frost front Frostfront *f* [geo]
frost heave Frostaufbruch *m* [geo]; Frosthebung *f* (Boden) [geo]
frost line Frostgrenze *f* (im Boden) [geo]
frost penetration Frosteindringung *f* (Boden) [geo]

frost penetration depth Frosteindringtiefe f [geo]
frost precaution Frostschutzmaßnahme f
frost resistance Frostbeständigkeit f [met];
Frostresistenz f [met]
frost scaling Frostabblätterung f [met]
frost sensitive frostempfindlich [met]
frost shattering Frostsprengung f [geo]
frost skirt Frostschürze f
frost sub-base Frostschutzschicht f [tib]
frost susceptibility Frostgefährdung f [geo]
frost weathering Frostverwitterung f [geo]
frost wedging Frostsprengung f [geo]
frost-proof frostbeständig [met]; frostsicher [met]
frost-protection measure Frostsicherungsmaßnahme f
frost-resistant frostbeständig [met]; frostfest [met];
frostsicher [met]
frosted matt (Glas) [met]
frosted glass Milchglas n [met]
frosting Mattierung f (Glas) [met]
frothing Aufschäumen n [met]
frothy schaumig
frozen earth Frostboden m [geo]
frozen fringe Frostzone f (teilgefrorener Bodenbereich) [geo]
frozen ground Frostboden m [geo]; gefrorener
Boden m [geo]
frozen soil Frostboden m [geo]
fuel Feuerungsmaterial n [pow]; Heizmittel n
[pow]; Brennstoff m [pow]; Energieträger m
[pow]; Heizstoff m [pow]
fuel bill Heizkostenrechnung f [pow]
fuel cell, alkaline - alkalische Brennstoffzelle f
[pow]
fuel consumption, specific - spezifischer Brenn-
stoffverbrauch m [pow]
fuel engineering Feuerungstechnik f [pow]
fuel gas Brenngas n [pow]; Heizgas n [pow]
fuel oil Heizöl n [pow]
fuel oil consumption Heizölverbrauch m [pow]
fuel oil operation Heizölbetrieb m [pow]
fuel use efficiency, annual - Jahresnutzungsgrad m
(Heizung) [pow]
fuel-gas burner Heizgasbrenner m [pow]
fuel-gas operation Heizgasbetrieb m [pow]
fugitive colour lichtunbeständige Farbe f [met]
fulcrum Drehpunkt m [phy]
full circle Vollkreis m [des]
full load Volllast f [pow]
full power Volllast f [pow]
full protection suit Vollschutzanzug m [asi]
full rivet Vollniet n [tec]
full scale natürlicher Maßstab m [des]
full section Ausbruchquerschnitt m (Tunnel)
full size Vollmaß n [des]
full storey Vollgeschoss n

full view Gesamtansicht f [des]
full-bore Vollfüllung f
full-facepiece respirator Vollmasken-Atemschutzgerät n [asi]
full-load operation Volllastbetrieb m [pow]
full-load output Volllastleistung f [pow]
full-penetration weld vollständig durchgeschweißte
Naht f [met]
full-scale deflection Vollausschlag m [any]
full-scale reading Vollausschlag m [any]
full-scale representation Darstellung in Naturgröße
f [des]
full-scale value Skalenendwert m (Instrument) [any]
full-size test Versuch im Maßstab 1:1 m [any]
full-view mask Vollgesichtsmaske f [asi]
full-voltage magnetic starter Magnetstarter m [elt]
full-web construction Vollwandkonstruktion f [des]
full-web structure Vollwandkonstruktion f [des]
fume hood Abzug m (Abgase) [air]
function assembly Funktionsbaugruppe f [elt]
function chamber Sammelgrube f (häusliches
Abwasser)
function chart Funktionsdiagramm n [des]
function of the soil Bodenfunktion f [geo]
function plan Funktionsplan m [des]
function room zweckbestimmter Raum m
function test Funktionsprüfung f [any]
function-related dimensioning funktionsbezogene
Maßeintragung f [des]
functional addition Additiv n (Zement)
functional building Funktionsbau m; Zweckbau m;
Nutzbau f
functional capacity Funktionsfähigkeit f
functional colour dynamische Farbe f (Keramik)
[met]
functional diagram Funktionsdiagramm n [des]
functional element Funktionsglied n [elt]
functional endurance Funktionserhalt m
functional module Funktionsbaugruppe f [elt]
functional structure Zweckbau m
functional system Funktionssystem n
functionality Funktionstüchtigkeit f
fundamental building block Grundbaustein m
fundamental oscillation Eigenschwingung f [phy];
Grundschwingung f [phy]
fundamental refurbishment Grundsanierung f
(Altbau komplett sanieren)
fundamental structural unit Grundbaustein m
fundamental vibration Grundschwingung f [phy]
fundamentals of design Berechnungsgrundlagen pl
[des]
funder Bauträger m
fungicidal schimmeltötend [bio]
fungistatic pilzhemmend [bio]
funicular Ketten-; Seil-
funicular curve Seilkurve f [phy]

funicular line Seillinie *f* [mat]
funicular polygon Seileck *n* (Kräftediagramm);
 Seilpolygon *n*
funicular polygon equation Seilgleichung *f* [mat]
funnel classifier Trichterklassierer *m* (Nassklassierung) [prc]
funnel flow Kernfluss *m* (Silo) [prc]
funnel in the ground Bodentrichter *m* [geo]
funnel-shaped trichterförmig
funnelling Tunnelbildung *f* (in Silos) [prc]
furcation Gabelung *f*
furnace Feuerung *f* [pow]
furnace net heat input Feuerungswärmeleistung *f*
 [pow]
furnish ausstatten *v* (Wohnung)
furnished apartment möblierte Wohnung *f* (<A>)
furnished flat möblierte Wohnung *f* (<B>)
furnishings Mobiliar *n*; Inneneinrichtung *f*
furniture Mobiliar *n*
furniture and furnishings Mobiliar und
 Ausstattung *f*
furniture and furnishings for the home
 Wohnungseinrichtungen *pl*
furniture industry Möbelindustrie *f*
furniture production Möbelherstellung *f*
furrow Dachkehle *f* (Kehle zwischen aneinander
 stoßenden Dächern); Rille *f* [met]
further development Weiterentwicklung *f*
fuse Sicherung *f* [elt]
fuse durchglühen *v* (durchschmelzen) [met];
 schmelzen *v* [met]; verschmelzen *v* [met]
fuse box Sicherungskasten *m* [elt]
fuse holder Sicherungsfassung *f* [elt]
fuse link Sicherungseinsatz *m* [elt]
fuse switch Sicherungsschalter *m* [elt]
fuse, fast - flinke Sicherung *f* [elt]
fuse-protected abgesichert (durch Sicherung) [elt]
fused abgesichert [elt]
fused circuit gesichertes Netzwerk *n* [elt]
fused concrete Schmelzbeton *m* [bon]
fused plug Sicherungsstecker *m* [elt]
fused receptacle Sicherungssteckdose *f* [elt]
fused silicate concrete Silicatschmelzbeton *m* [bon]
fusible alloy Schmelzlegierung *f* [met]
fusible conductor Schmelzleiter *m* [elt]
fusible cut-out Schmelzsicherung *f* [elt]
fusible element Schmelzleiter *m* [elt]
fusible metal Schmelzlegierung *f* [met]
fusion welding with liquid heat transfer Gießschmelzschweißen *n* [wer]
fusion-faced edge Anschweißende *n* (Längsseite)
 [met]
fusion-faced end Anschweißende *n* (Stirnseite)
 [met]
fuzzy control Fuzzy-Regelung *f* [elt]
fuzzy controller Fuzzy-Regler *m* [elt]

G

gable Giebel *m*
gable bulb angle Giebelwulstwinkel *m*
gable column Giebelstütze *f*
gable end Ortgang *m*; Giebelwand *f*
gable frame Rahmen mit geknicktem Riegel *m* [stb]
gable joist Giebelbalken *m* (Dachkonstruktion)
gable peak Giebelspitze *f*
gable post Giebelstütze *f* [stb]
gable roof Satteldach *n*
gable roofpole Giebeldach *n*
gable stanchion Giebelstütze *f*
gable stud Giebelständer *m*
gable tie Giebelanker *m* (Dachkonstruktion)
gable transom Ortgangrippe *f*
gable wall Giebelmauer *f*; Giebelwand *f*
gable wall girder Giebelwandverband *m* (z.B. von Haus, Halle)
gable window Giebelfenster *n*; Gaube *f*
gable-and-valley roof Kreuzdach *n*
gable-fronted house Giebelhaus *n*
gabled giebelig
gabled house Giebelhaus *n*
gabled roof Giebeldach *n*; Satteldach *n*
gage Stärke *f* (<A> Dicke) [des]
gage kalibrieren *v* (<A>) [any]
gaining stream aufnehmender Wasserlauf *m* (Hydrologie) [was]
gaiter Gamasche *f* [asi]
gallery construction Stollenbau *m* [tib]; Stollenvortrieb *m* [tib]
galley kitchen Arbeitsküche *f* [arc]
galvanic battery elektrochemische Batterie *f* [elt]; galvanische Batterie *f* [elt]
galvanic cell galvanisches Element *n* [elt]; Primärelement *n* [elt]; galvanische Zelle *f* [elt]
galvanic element galvanisches Element *n* [elt]
galvanic isolation galvanische Isolierung *f* [elt]
galvanic primary battery galvanisches Primärelement *n* [elt]
galvanic primary cell galvanisches Primärelement *n* [elt]
galvanize feuerverzinken *v* [met]; galvanisieren *v* [elt]
galvanized galvanisiert [elt]
galvanized iron Zinkblech *n* [met]
galvanized sheet verzinktes Blech *n* [met]
galvanized steel verzinkter Stahl *m* [met]
gambrel roof Mansardendach *n* (auf japanischen Tempeln) [arc]
gang switch Mehrfachschalter *m* [elt]
gang-board slab Laufplatte *f*

ganged gekoppelt
ganger Rottenführer *m*
gangway Gang *m* (Durchgang); Landungssteg *m* [tra]; Laufgang *m*; Laufsteg *m* (Bedienungssteg)
gantry Kranbrücke *f* [wer]; Rohrbrücke *f* [prc]; Verladebrücke *f* [tra]
gantry beam Kranbahnträger *m* [tra]
gantry crane Bockkran *m* [wer]
gantry girder Kranbahnträger *m* [tra]; Krangerüstträger *m*
gap Spalt *m* (Lücke); Fuge *f* (Spalt)
gap clearance Stoßfuge *f* (Weite)
gap filling Lückenbebauung *f*
gap grading Ausfallkörnung *f*
gap site Baulücke *f*
gap width Spaltbreite *f* [des]
gap-filling adhesive Fugenkitt *m* [met]
garage Garage *f* [tra]
garage door Garagentor *n*
garage drive Garageneinfahrt *f* [tra]; Garagenzufahrt *f* [tra]
garage driveway Garagenauffahrt *f* [tra]
garage entrance Garageneinfahrt *f* [tra]
garage gate Garagentor *n*
garage yard Garagenhof *m* [tra]
garaging facility Garagenanlage *f* [tra]
garbage Müll *m* (<A> Abfall) [rec]
garbage room Abfallraum *m* (<A>) [rec]
garden city Gartenstadt *f*
garden colony Gartensiedlung *f*
garden culture Gartenkultur *f* [far]
garden design Gartengestaltung *f* [far]
garden estate Gartensiedlung *f*
garden preservation Gartenerhaltung *f* [far]
garden refuse Gartenabfall *m* [rec]
garden wall Gartenmauer *f*
garden waste Gartenabfall *m* [rec]
garderobe Aborterker *m* (historische Außentoilette); Abtritterker *m* (historische Außentoilette)
gargoyle Wasserspeier *m* (an gotischen Kirchen) [arc]
garland Gehänge *n* (Kranz)
garment strip Textilbahn *f* [met]
garret Dachboden *m*; Bodenkammer *f*; Dachstube *f*; Mansarde *f*
garret roof Mansarddach *n*
gas analysis Gasanalyse *f* [any]
gas analyzer Gasanalysator *n* [any]
gas bottle Druckgasflasche *f* [prc]
gas burner Gasbrenner *m* [pow]
gas burning Gasfeuerung *f* [pow]
gas cavity Gaseinschluss *m* [met]
gas central heating Gaszentralheizung *f* [pow]
gas cock Gashahn *m* [tga]
gas concrete Blähbeton *m* [bon]; Gasbeton *m* [bon]
gas concrete block Gasbetonblockstein *m* [bon]

gas concrete plane stone Gasbetonplanstein *m* [bon]

gas concrete slab Gasbetonbauplatte *f* [bon]

gas conduit Gasleitung *f* (Rohrleitung) [tga]

gas connection Gasanschluss *m* [pow]

gas consumption Gasverbrauch *m* [pow]

gas convector Gasheizkörper *m* [pow]; Gaskonvektor *m* [pow]

gas cooker gasbetriebener Küchenherd *m*

gas density meter Gasdichtemesser *m* [any]

gas detection Gaserfassung *f* [any]

gas detector Gasmelder *m* [any]

gas distribution Gasverteilung *f* [pow]

gas driven heat pump Gaswärmepumpe *f* [pow]

gas engine Gasmotor *m* [pow]

gas filled glazing gasgefüllte Scheibe *f*

gas firing Gasfeuerung *f* [pow]

gas fittings Gasarmaturen *pl* [tga]

gas furnace Gasofen *m* (Industrie) [pow]

gas geyser Gasbadeofen *m* [tga]

gas grid Gasleitungsnetz *n* [pow]; Gasnetz *n* [pow]; Gasversorgungsnetz *n* [pow]

gas hazard indicator Gaswarngerät *n* [any]

gas heater Gasheizgerät *n* [pow]; Gasbadeofen *m* [pow]; Gasheizkörper *m* [pow]; Gasofen *m* [pow]

gas heating Gasfeuerung *f* [pow]

gas heating system Gasheizung *f* [pow]

gas inclusion Gaseinschluss *m* (im Metall, z.B. Schweißnahtfehler) [met]

gas indicator Gasmelder *m* [any]

gas line Gasleitung *f* (in Gebäuden) [tga]

gas lock Gasschleuse *f* [asi]

gas main Gasrohr *n* (Hauptrohr); Gasleitung *f* (Versorgungsleitung) [roh]; Hauptgasleitung *f* [pow]

gas mask Atemschutzgerät *n* [asi]; Gasmaske *f* [asi]

gas mask and breathing equipment Atemschutz *m* [asi]

gas mask canister Atemfilter *m* [asi]

gas measurement Gasmessung *f* [any]

gas measuring instrument Gasmessgerät *n* [any]

gas metal arc welding Schutzgaslichtbogenschweißen *n* [wer]

gas motor power plant Gasmotorenkraftwerk *n* [pow]

gas outlet Gasauslass *m* [tga]

gas permeability Gasdurchlässigkeit *f* [met]

gas phase Gasphase *f* [phy]

gas pipe Gasrohr *n*

gas pipeline Erdgasleitung *f* [pow]; Gasfernleitung *f* [pow]

gas pliers Gasrohrzange *f* [wzg]

gas pocket Gaseinschluss *m* [met]

gas pore Gaseinschluss *m* (Schweißnahtfehler) [met]

gas power plant Gaskraftwerk *n* [pow]

gas pressure test Gasdruckversuch *m* [any]

gas protection suit Gasschutzanzug *m* [asi]

gas sampler Gasprobennehmer *m* [any]

gas shield welding Schutzgasschweißung *f* (DIN 1910) [wer]

gas stove Gasofen *m* [pow]

gas supply Gasversorgung *f* [pow]; Gaszufuhr *f* [pow]

gas supply mains Gasanschluss *m* [pow]

gas tap Gashahn *m* [tga]

gas tube Gasleitung *f* (Rohrleitung) [tga]

gas tubing Gasleitung *f* (Rohrleitung) [tga]

gas turbine Gasturbine *f* [pow]

gas turbine plant Gasturbinenanlage *f* [pow]

gas turbine power plant Gasturbinenkraftwerk *n* [pow]

gas warning equipment Gaswarngerät *n* [any]

gas well Gasbrunnen *m* (Deponiegasabsaugung) [rec]

gas, water and sewer installation in buildings Gas, Wasser und Abwasseranlagen in Gebäuden (DIN 18381) [des]

gas-aerated concrete Gasbeton *m* [bon]

gas-based power plant Gaskraftwerk *n* [pow]

gas-containing gashaltig

gas-cut brenngeschnitten [met]

gas-detection system Gasmeldeanlage *f* [any]

gas-detection system, automatic - automatische Gasmeldeanlage *f* (Sicherheitstechnik)

gas-developing agent Gasbildner *m* (zur Herstellung poröser Materialien) [met]

gas-discharge lamp Gasentladungslampe *f* [elt]

gas-fired gasbeheizt [pow]; gasgefeuert [pow]

gas-fired boiler Gaskessel *m* [pow]

gas-fired heating Gasheizung *f* [pow]

gas-fired water heater Gasbadeofen *m* [pow]

gas-forming agent Blähmittel *n* (Treibmittel) [met]

gas-heated gasgeheizt [pow]

gas-leakage detector Gaslecksuchgerät *n* [any]

gas-meter Gasuhr *f* [any]

gas-monitoring equipment Gasüberwachungsgerät *n* [any]

gas-powered engine Gasmotor *m* [pow]

gas-proof gasdicht

gas-tight abgedichtet (gasdicht) [air]; gasdicht ; gasundurchlässig

gas-tight goggles gasdichte Schutzbrille *f* [asi]

gas-warning device Gaswarnanlage *f* [any]

gaseous gasförmig; gashaltig

gaseous concrete Gasbeton *m* [bon]

gaseous fuel Heizgas *n* [pow]

gaseous phase Gasphase *f* [phy]

gaseous state gasförmiger Zustand *m* [phy]; Gaszustand *m* [phy]

gasket board Dichtungspappe *f* [met]

gasket groove Dichtungsfuge *f* [prc]

gasket joint Abdeckfuge *f*

gate Einfahrtstor *n* [tra]; Tor *n*; Flugsteig *m* [tra];
  Schieber *m* (Ventil) [prc]; Klappe *f* (Schieber)
  [prc]; Pforte *f*; Schranke *f* [tra]; Tür *f*
gate agitator Gitterrührer *m* [prc]
gate chamber Schleusenkammer *f* [was]
gate curtain system Torschleieranlage *f*
gate drive Torantrieb *m*
gate fitting Torbeschlag *m*
gate guard bewegliches Schutzgitter *n* [asi]
gate on rollers Rolltor *n*
gate paddle mixer Gitterrührer *m* [prc]
gate remote control Torfernsteuerung *f*
gate seal Torabdichtung *f*
gate stirrer Gitterrührer *m* [prc]
gate valve Absperrventil *n* [tga]
gated community abgeschottetes Wohngebiet *n*
gated spillway absperrbarer Überlauf *m* [wba];
  verschlossener Überlauf *m* [wba]
gatehouse Pförtnerhaus *n*; Pforte *f* (Kloster) [arc]
gatekeeper's office Pförtnerhaus *n*
gatepost Torstiel *m* (Rahmen des Tores)
gateway Tor *n* (Einfahrt); Tordurchfahrt *f*;
  Toreinfahrt *f*
gathering field Einzugsbereich *m* [com]
gauge Schablone *f* [des]; Stärke *f* (<B> Dicke)
  [des]
gauge abmessen *v* [any]; eichen *v* [any]; kalibrieren
  v (<B>) [any]; messen *v* [any]
gauge bar Messstange *f* [any]
gauge height Pegelstand *m* [was]
gauge of sheet Blechdicke *f* [met]
gauge stick Schwimmanzeiger *m* [any]
gauge widening Spurerweiterung *f* (Bahn) [tra]
gauged geeicht [any]
gauged mortar plaster Kalkgipsputz *m*
gauging Eichen *n* [any]; Eichung *f* [any];
  Maßprüfung *f* [any]
gauging station Pegelhaus *n* (Wasserbau) [any];
  Messstation *f* [any]; Pegelstation *f* (Wasserbau)
  [any]
gauging water Anmachwasser *n* [met]
gauze glass Gitterglas *n* [met]
gazebo Erker *m*; Loggia *f*
gear Antrieb *m* (Getriebe, Gang) [pow]
gear for shutters Rollladenantrieb *m* [tec]
gear for windows Fensterantrieb *m*
gearless lift getriebeloser Aufzug *m*
gel-like gelartig [met]
gelatinous gelartig [met]
gelling gelbildend [met]
general arrangement Massenplan *m* (Bauwesen)
  [des]; Gesamtanordnung *f* (Anlage) [des]; Übersichtszeichnung *f* (allgemein) [des]
general arrangement drawing Hauptzeichnung *f*
  [des]; Übersichtszeichnung *f* [des]; Zusammenstellungszeichnung *f* [des]

general building scheme Generalbebauungsplan *f*
  [com]
general concept Gesamtkonzept *n*
general contractor contract Generalunternehmervertrag *m* [eco]
General Development Order Verordnung über
  genehmigungsfreie Bauvorhaben *f* (GB) [jur]
general development plan Generalbebauungsplan
  m (Städteplanung)
general drawing Gesamtzeichnung *f* [des]; Hauptzeichnung *f* [des]; Zusammenstellungszeichnung *f*
  [des]
general excavation drawing Ausschachtungsplan *m*
general foreman Oberpolier *m*
general impression Gesamteindruck *m* (Bauästhetik) [arc]
general layout Bauübersichtsplan *m* [des]; Gesamtanordnung *f* (Anlage) [des]
general layout drawing Übersichtszeichnung *f*
  [des]
general master key system General-Hauptschlüsselanlage *f*
General Permitted Development Order Verordnung über genehmigungsfreie Bauvorhaben *f* (in
  Schottland) [jur]
general plan Gesamtanlageplan *m* [des];
  Übersichtsplan *m* [des]
**general regulations for any type of structural
  work** Allgemeine Regelungen für Bauarbeiten
  jeder Art *f* (DIN 18299) [des]
general rules for all kinds of building works Allgemeine Regelungen für Bauarbeiten jeder Art *pl*
general solution Gesamtlösung *f*
general superintendent Oberbauleiter *m*
**general technical regulations for construction
  work** Allgemeine Technische Vorschriften für
  Bauleistungen *pl* [jur]
General Terms of Trade Allgemeine
  Geschäftsbedingungen *pl* (AGB) [eco]
general tolerances Allgemeintoleranzen *pl* (DIN
  7168) [des]
general view Überblick *m* [des]; Gesamtansicht *f*
  [des]; Totalansicht *f* [des]
general-purpose steel Massenstahl *m* [met]
generalities allgemeine Angaben *pl* [des]
generate steam Dampf erzeugen *v* [pow]
generating equipment Stromaggregat *n* [elt]
generating set Stromaggregat *n* [elt]
generation of leachate Sickerwasserbildung *f*
  (Deponie) [rec]
generator Generator *m* [elt]
generator drive Generatorantrieb *m* [elt]
generator gas Generatorgas *n* [pow]
gentrification Gentrifikation *f* [com]; Nobelsanierung *f*; Rücksiedlung wohlhabender Leute ins
  Stadtzentrum *f*

geodesy Erdmessung *f* [any]
geodetic geodätisch [any]
geodetic field work geodätische Feldarbeit *f* [any]
geodetic level geodätische Höhe *f*
geodimeter Entfernungsmesser *m* (Vermessungswesen) [any]
geographic information Geoinformation *f* [geo]
geographic location geografische Lage *f* [geo]
geometrical accuracy Formgenauigkeit *f* [des]
geometrical moment of inertia Flächenträgheitsmoment *n* [phy]
geopressure Erddruck *m* [geo]
geotechnical product Tiefbauprodukt *n* [tib]
geotextile layer Filtervlies *n*; Geotextilvlies *n*
geotextile layer, protective - Schutzvlies *n*
geothermal geothermisch [pow]
geothermal circuit geothermischer Kreislauf *m*
[pow]
geothermal collector Erdwärmekollektor *m* [pow]
geothermal drilling geothermische Bohrung *f* [pow]
geothermal energy Erdwärme *f* [geo]; geothermische Energie *f* [pow]
geothermal field geothermisches Feld *n* [geo]
geothermal heat probe Erdwärmesonde *f* [pow]
geothermal power plant Erdwärmekraftwerk *n*
[pow]; Geothermalkraftwerk *n* [pow]
geothermal power station Erdwärmekraftwerk *n*
[pow]; Geothermalkraftwerk *n* [pow]; geothermisches Kraftwerk *n* [pow]
geothermal resources geothermische Quellen *pl*
[pow]
Gerber girder Gelenkträger *m*
German Federal Materials Testing Institute Bundesanstalt für Materialprüfung *f* [any]
germicide keimtötendes Mittel *n* [che]
get darker nachdunkeln *v*
get muddy verschlammen *v* [was]
get rusty rosten *v* [met]; verrosten *v* [met]
giant-scale building Kolossalbau *m* [arc]
gill Heizkörperrippe *f* [pow]; Heizrippe *f* [pow];
Radiatorrippe *f* [pow]
gilled heater Rippenheizkörper *m* [pow]
gilled pipe Lamellenrohr *n* [met]
gilled radiator Rippenheizkörper *m* [pow]
gilled tube Rippenrohr *n* [pow]
gimlet Schneckenbohrer *m* [wzg]
gimlet bit Spitzbohrer *m*
girder Fachwerkträger *m* [stb]; Träger *m* (Balken)
girder anchoring Trägerverankerung *f* [stb]
girder and plank wall Trägerbohlwand *f* (Stützwand)
girder bearing Trägerlagerung *f* [stb]
girder bridge Balkenbrücke *f*; Trägerbrücke *f*
girder casing Trägerummantelung *f*
girder claw Trägerpratze *f*
girder connection Trägeranschluss *m* [stb]

girder formwork Trägerschalung *f* [bon]
girder grid Trägerrost *m*
girder grillage Trägerrost *m* [stb]
girder grille deck Trägerrostdeck *n* (Brückenbau)
[stb]
girder headpiece Trägerkopfstück *n*
girder joint Trägerstoß *m* [stb]
girder reinforcing Trägerverstärkung *f* [stb]
girder splice Trägerstoß *m* [stb]
girder with a bend geknickter Träger *m*
girder with anchored ends eingespannter Träger *m*
girder, curved - gekrümmter Träger *m*
girder, fixed - eingespannter Träger *m*
girt Riegel *m* (zur Befestigung der Wandverkleidung); Wandriegel *m* [stb]; Wandträger *m*
give a follow-up examination nachuntersuchen *v*
[any]
give the alarm Alarm auslösen *v*
give way line Haltelinie *f* (Vorfahrt) [tra]
glacis Erdanschüttung *f* [tib]
glass Glas *n* [met]
glass accordion wall Glasfaltwand *f*
glass architecture Glasarchitektur *f* [arc]
glass bar Fenstersprosse *f*
glass beam Glasträger *m* (Fenster)
glass block Glasbaustein *m*; Glasziegel *m*
glass breakage alarm system Glasbruchmeldesystem *n*
glass brick Glasziegel *m* [met]
glass bridge Glasbrücke *f* [arc]
glass buildings Glasbauten *pl* [arc]
glass ceiling Glasdecke *f*
glass cement Glaszement *m* [met]
glass cloth Glasfasergewebe *n* [met]
glass coat lasierter Anstrich *m* [met]
glass concrete Glasbeton *m* [bon]
glass cutter Glasschneider *m* [wzg]
glass dome Glaskuppel *f*
glass door Glastür *f*
glass elevator verglaster Lift *m* (<A>)
glass façade Glasfassade *f*
glass grid Glasgitter *n*
glass insert Glaseinsatz *m*
glass lift verglaster Aufzug *m*; verglaster Lift *m*
glass louvre Glaslamelle *f* [met]
glass makers' tool Glaserwerkzeug *n* [wzg]
glass mat Glasfasermatte *f* [met]
glass pane Glasscheibe *f* [met]
glass panel Glasfüllung *f* (Tür)
glass recycling Glasrecycling *n* [rec]
glass roof Glasdach *n*; Glasüberdachung *f*
glass roof covering Glasbedachung *f*
glass roof structure Glasdachkonstruktion *f*
glass roofing Glaseindeckung *f*
glass roofing tile Glasdachziegel *m*
glass roundel Butzenscheibe *f*

glass shop-front verglaste Ladenfront *f*
glass sorting plant Glassortieranlage *f* [rec]
glass stairs Glastreppe *f*
glass structure Glasbau *m* (Gebäude, u.a.); Glasstruktur *f* [met]
glass tile Glasdachziegel *m*; Glasdachpfanne *f*
glass veranda Glasveranda *f*
glass wall Glaswand *f*
glass waste Abfallglas *n* [rec]; Altglas *n* [rec]; Glasabfall *m* [rec]
glass, chemically strengthened - chemisch vorgespanntes Glas *n* [met]
glass-fiber Glasfaser *f* (<A>) [met]
glass-fibre Glasfaser *f* (<B>) [met]
glass-fibre blanket insulation Glasfaserisoliermaterial *n*
glass-fibre concrete Glasfaserbeton *m* [bon]
glass-fibre fabric Glasfasergewebe *n* [met]
glass-fibre mat Glasfaservlies *n* [met]; Glasvlies *n* [met]; Glasmatte *f* [met]
glass-fibre quilt Glasvlies *n* [met]
glass-fibre reinforced glasfaserbewehrt [met]; glasfaserverstärkt [met]
glass-fibre reinforced component Glasfaserkomponente *f* [met]
glass-fibre reinforced concrete Glasfaserbeton *m* [bon]
glass-fibre reinforced pipe glasfaserverstärktes Rohr *n* [met]
glass-fibre reinforced plaster glasfaserverstärkter Putz *m*
glass-fibre reinforced plastic glasfaserverstärkter Kunststoff *m* [met]
glass-fibre reinforcement Glasfaserverstärkung *f* [met]
glass-fibre tape Glasgewebeband *n*
glass-reinforced asphalt Glasasphalt *m* [met]
glass-reinforced cement glasfaserarmierter Zement *m* [met]; glasfaserverstärkter Zement *m* [met]
glass-reinforced concrete Glaseisenbeton *m* [bon]; Glasstahlbeton *m* [bon]
glass-reinforced laminate glasfaserverstärkter Kunststoff *m* [met]
glass-reinforced plastics glasfaserverstärkter Kunststoff *m* [met]
glass-wool insulation Glaswolledämmung *f* [pow]; Glaswolleisolierung *f* [pow]
glass-wool lagging Glaswolledämmung *f* [pow]; Glaswolleisolierung *f* [pow]
glass-wool mat Glaswollematte *f* [met]
glassy glasartig [met]
glaze verglasen *v* (Fenster)
glazed lasiert [met]
glazed concrete Glasbeton *m* [bon]
glazed door Fenstertür *f*
glazed roof Glasdach *n*; Glasdachkonstruktion *f*

glazed sash Fensterglasflügel *m*
glazed tile glasierte Fliese *f*; Kachel *f*; Keramikfliese *f*
glazed, fully - ganzverglast
glazier's diamond Glasschneider *m* [wzg]
glazier's pliers Glaserzange *f* [wzg]
glazier's putty Glaserkitt *m* [met]
glazing Verglasung *f* (Fenster)
glazing area Verglasungsfläche *f* (Gebäude)
glazing bar Fenstersprosse *f*; Glasdachsprosse *f*; Sprosse *f* (Fenster)
glazing bead Glasdeckleiste *f* (Verglasung); Glashalteleiste *f* (Verglasung)
glazing company Glasbauunternehmen *n*
glazing compound Dichtungskitt *m* (Fenster) [met]
glazing purlin Oberlichtpfette *f*
glazing rebate Glasfalz *m*
glazing type Verglasungsmaterial *n* (Gebäude)
glazing varnish Glanzlack *m* [met]
glazing work Verglasungsarbeiten *pl* (DIN 18361)
gliding shuttering Gleitschalung *f* [bon]; Kletterschalung *f* [bon]
global map Übersichtsdarstellung *f* [des]
global master planning Raumordnung *f*
global radiation Globalstrahlung *f* [phy]
global warming potential Erderwärmungspotenzial *n* ([Nebenvariante]) [wet]; Erderwärmungspotenzial *n* ([Variante]) [wet]
globular cementite Kugelzementit *n* [met]
gloss varnish Glanzklarlack *m* [met]; Glanzlack *m* [met]
glow-discharge tube Glimmlampe *f* [elt]
glow-lamp Glimmlampe *f* [elt]
glue Kleber *m* [met]
glue kleben *v*
glue binder Leimbinder *m* [met]
glue on ankleben *v*
glue putty Leimkitt *m* [met]
glue, white - Weißleim *m* [met]
glue-bound distemper Leimfarbe *f* [met]
glued geklebt
glued girder, laminated - Leimbinder *m* (Holzträger)
glued joint Klebeverbindung *f* [met]
glued truss, laminated - Leimbinder *m* (Holzträger)
gluing Kleben *n*
gluing technology Klebetechnik *f* [met]
gluten Kleber *m* [met]
glutine Leim *m* [met]
glyph Glyphe *f* (Tempel: Kehlrinne) [arc]
go astray aus der Richtung abkommen *v*
go off erstarren *v* [met]
goal post Türstock *m*
goggle cup Brillenkorb *m* [asi]
goggles Schutzbrille *f* (Atemschutz) [asi]
goggles with side shields Schutzbrille mit Seitenschutz *f* [asi]

going Treppenauftritt *m*; Auftrittfläche *f* (Treppe); Trittfläche *f* (Treppe)

golden mean goldener Schnitt *m* (darstellende Geometrie) [mat]

gong Alarmglocke *f* [asi]

goniometer Winkelmessgerät *n* [any]

goniometry Winkelmessung *f* [any]

good housekeeping Ordnung und Sauberkeit [asi]

good-flowing gut fließend (Schüttgut) [prc]

goods depot Güterschuppen *m* [tra]

goods hoist Aufzug für den Warentransport *m*

goods shed Güterschuppen *m* [tra]

goods station Güterbahnhof *m* (<B>) [tra]

goods transport centre Güterverkehrszentrum *n* [tra]

goods yard Güterbahnhof *m* (Bahn) [tra]

goodwill payment Kulanzzahlung *f* [eco]

Gothic brick masonry architecture Backsteingotik *f* (vorwiegend Norddeutschland)

Gothic pass Spitzbogenkaliber *n* [arc]

Gothic revival Neugothik *f* (Baustil)

Gothic vault Spitzkuppel *f* [arc]

gouge ausarbeiten *v* (Schweißwurzel -) [wer]; ausfugen *v* (Schweißwurzel -) [wer]

Government Building Surveyor's Office Staatliches Hochbauamt *n*

government district Regierungsviertel *n* [com]

governor Regeleinrichtung *f* [elt]

grab Greifer *m* [tib]

grab bucket Baggerkorb *m* [tib]; Greifer *m* [tib]; Greiferkorb *m* [tib]; Greiferkübel *m* [tib]

grab capacity Greiferinhalt *m* (Bagger) [tib]

grab crane Greiferkran *m* [tib]

grab dredge Greifbagger *m* [tib]; Greifschwimmbagger *m* [tib]

grab excavator Greiferbagger *m* [tib]

grab excavator, single-chain - Einkettengreifbagger *m* [tib]

grab rail Wandhandlauf *m*

grab sample Stichprobe *f* (aus Schüttgut) [any]

grab-dredger Greifbagger *m* [wba]; Schwimmgreifer *m* [wba]

grabbing crane Baggergreifer *m* [tib]; Greiferkran *m* [tib]

gradation limit Grenzsieblinie *f* [met]

grade Gefälle *n* (Straße) [tib]; Güteklasse *f*; Gütestufe *f*; Handelsklasse *f*; Handelsqualität *f* [eco]; Qualitätsklasse *f* [eco]; Reinheitsklasse *f* (Substanzen) [met]; Sorte *f* (Qualität) [eco]

grade klassieren *v* (in Klassen) [prc]; klassifizieren *v* [prc]; planieren *v*; sortieren *v* [rec]; trennen *v* (klassieren) [prc]

grade beam Fundamentträger *m*; Sohlträger *m*

grade crossing schienengleicher Straßenübergang *m* (<A>) [tra]

grade level Gründungssohle *f*; planierte Bezugshöhe *f*; Terrainhöhe *f*

grade of concrete Betongüte *f* [bon]

grade, at - ebenerdig [tib]; plangleich

grade-builder Planierraupe *f* [tib]

grade-level access ebenerdiger Zugang *m*

gradeability Steigfähigkeit *n* (Baufahrzeug); Steigvermögen *n* (Baufahrzeug)

graded gesiebt (Mineralstoffe) [met]; sortiert (nach Größe)

graded shoulder unbefestigter Randstreifen *m* (an Straße) [tra]; unbefestigter Randstreifen *m* (Straße) [tra]

grader Planiergerät *n* [tib]; Erdhobel *m* [tib]; Geländehobel *m* [tib]; Planiermaschine *f* [tib]

grader levelling blade Planierschaufel *f* [tib]

gradient angle Steigungswinkel *m* [des]

grading Planieren *n* [tib]; Abstufung *f*; Korntrennung *f* [prc]

grading analysis Kornanalyse *f* [any]

grading test Siebtest *m* [any]

grading work Planierarbeiten *pl* [tib]

graduated circle Teilkreis *m* (Vermessung) [any]

graduated rent Staffelmiete *f* (Immobilie) [eco]

graduation Gradeinteilung *f* [any]

graduation line Teilstrich *m* [any]

graduation scale Kalibrierung *f* [any]

graduator Gradmesser *m* [any]

grain Gefüge *n* (körniges -) [met]; Faser *f* (Holz) [met]; Pore *f* (Holz)

grain filler Porenfüller *m* [met]

grain of sand Sandkorn *n* [met]

grain size Körnung *f* [prc]

grain size analysis Korngrößenanalyse *f* [any]

grain size analyzer Korngrößenmessgerät *n* [any]

grain size determination Korngrößenbestimmung *f* [any]

grain size, maximum - Größtkorn *n* [met]

grain structure Kornaufbau *m* [met]

grain, with the - in Faserrichtung [met]; mit der Maserung [met]

grain-size distribution curve Sieblinie *f* [met]

grained geädert (Holz) [met]; gemasert (Holz); körnig [met]

grainy körnig [met]

grand hall Festhalle *f*

graniform Kornform *f* [met]

granite Granit *m* [met]

granite ashlar Granitquader *m* [met]

granite block Granitblock *m* [met]

granite cladding Granitverkleidung *f*

granite column Granitsäule *f*

granite façade Granitfassade *f*

granite facing Granitverblendung *f*

granite floor Granitboden *m*; Granitfußboden *m*

granite rock Granitgestein *n* [met]

granite slab Granitplatte *f* [met]
granite stone Granitstein *m* [met]
granite tile Granitfliese *f* [met]
granite-like granitartig [che]
granitic rock Granitgestein *n* [met]
granny-flat Einliegerwohnung *f*
granolithic concrete screed Hartstoffestrich *m*
granting of a test mark Erteilen eines Prüfzeichens *n*
granular körnig [met]
granular fracture körniger Bruch *m* [met]
granular insulating material körniger Dämmstoff
m [met]
granular material Granulat *n* [met]; körniges
Material *n*; rolliges Material *n* [geo]
granular soil nicht bindiger Boden *m* [geo]; rolliger
Boden *m* [geo]
granulate körniges Gut *n* [met]
granulated fireclay Schamottegrus *m* [met]
granulated material Granulat *n* [met]
granulating disc Granulierteller *m* [prc]
granulation of the batch Körnung des Gemenges *f*
granulator Feinbrecher *m* [prc]; Granulator *m*
[prc]; Granuliermaschine *f* [prc]
granulometer Korngrößenmessgerät *n* [any]
granulometric composition Korngrößenverteilung *f*
[met]
granulometric curve Körnungskennlinie *f* (Granulat) [prc]
granulometric distribution Korngrößenverteilung *f*
(Granulat) [prc]
granulometry Kornaufbau *m* [met]; Granulometrie
f [met]
graph Kurvendarstellung *f* [des]; Zeichnung *f* (Diagramm) [des]
graph of flow Flussdiagramm *n* [des]
graph paper Millimeterpapier *n* [des]
graphic zeichnerisch
graphic presentation Kurvendarstellung *f* [des]
graphic scanner Bildabtaster *m* [any]
graphical zeichnerisch
graphical presentation zeichnerische Darstellung *f*
graphical representation zeichnerische Darstellung
f [des]
graphical welding symbol Schweißzeichen *n* [des]
grass paver Rasengitterstein *m*
grass roots scheme Projekt auf der grünen Wiese *n*
grass verge Grünstreifen *m* (Straßenrand) [tra]
grassed roof begrüntes Dach *n*
grate Gitter *n* (Rost)
grate cooler Rostkühler *m* [roh]
grate feeder Aufgaberost *m* [prc]
grate inlet Rosteinlauf *m* [roh]
grate stoker furnace Rostfeuerung *f* [pow]
grate-type cooler Rostkühler *m* (für Klinker) [roh]
grate-type preheater Rostvorwärmer *m* [roh]

grating Abdeckgitter *n*; Gitterwerk *n* [met];
Abdeckrost *m*; Abdeckrost *m*; Gitterrost *m*
(Bodenrost); Vergitterung *f*
gravel Geröll *n* (Schotter) [geo]; Grobkorn *n*
(mineralisch) [met]; Grieß *m* (Kies, Schotter)
[met]; Grobsand *m* [met]; Kies *m*; Schotter *m*
(Straßenbau)
gravel bekiesen *v* [tib]; besanden *v* [tib]; beschottern *v* (Verkehr) [tib]
gravel adhesive Kieskleber *m* (Kiesbinder) [met]
gravel aggregate Kieszuschlag *m* [met]
gravel ballast Kiesbettung *f* (Bahn) [tib]
gravel bed Kiesbett *n* [tib]; Kiesschicht *f*
gravel blanket Kiesschicht *f* [tib]
gravel catchment Kiesfang *m* [was]
gravel deposit Kiesvorkommen *n* [roh]
gravel detritus Kiesschutt *m* [met]
gravel extraction plant Kiesgrube *f* [roh]
gravel fill Kiesfüllung *f*; Kiesschüttung *f*
gravel filling Kiesfüllung *f*; Kiesschüttung *f* [tib]
gravel filter Kiesbettfilter *m* [was]; Kieselfilter *m*
[was]; Kiesfilter *m* [was]
gravel filter layer Kiesfilterschicht *f* [was]
gravel fraction Kieskörnung *f* [met]
gravel layer Kiesschicht *f* [tib]; Schotterschicht *f*
[tib]
gravel packing Kiesauffüllung *f*; Kiespackung *f*
gravel path Kiesweg *m*
gravel road Schotterstraße *f* [tra]
gravel sand Kiessand *m* [met]
gravel screen Kiessieb *n*
gravel soil Kiesboden *m* [geo]
gravel stone Kieselstein *m*
gravel stop Flachdachrand *m*; Kieshalteleiste *f*
(Bedachung)
gravel surface Schotterdecke *f* [tib]
gravel surfacing Bekiesung *f*
gravel trap Kiesfang *m* (an Dachabläufen)
gravel underbed Kiesstützschicht *f* [tib]
gravel-bed filter Mischbettfilter *m* [was]
gravel-cementing agent Kiesfestiger *m* (Kiesbinder) [met]
gravelling Bekiesung *f* (Kieselschüttung); Beschotterung *f* (Verkehr)
gravelly kieselhaltig
gravelly sand Kiessand *m* [geo]
gravimetric gewichtsanalytisch [any];
gravimetrisch [any]
gravimetric analysis Gewichtsanalyse *f* [any];
Gravimetrie *f* [any]; gravimetrische Analyse *f* [any]
gravimetric batching gewichtsmäßige Dosierung *f*
gravimetric dust sampler gravimetrischer
Staubprobenehmer *m* [any]
gravimetric feeding Gewichtsdosierung *f*
gravimetric measurement gravimetrische Messung
f [any]

gravimetrical gravimetrisch [any]
gravimetry Gravimetrie f [any]
gravitation foundation Schwerkraftgründung f (Windenergieanlage)
gravitational classifying Schwereklassierung f [prc]
gravitational force Schwerkraft f [phy]
gravitational separator Schwerkraftabscheider m [prc]
gravitational water Bodenwasser n [geo]; Sickerwasser n [was]
gravitational water extraction Schwerkraftentwässerung f [was]
gravitometer Dichtemesser m [any]
gravity Schwerkraft f [phy]
gravity arc welding with a covered electrode Schwerkraftlichtbogenschweißen n [wer]
gravity bucket elevator Pendelbecherwerk n [prc]
gravity classifier Schwerkraftsichter m [prc]
gravity conveyor Gefälleförderer m [prc]; Schwerkraftförderer m [prc]
gravity dam Gewichtsstaudamm m [wba]; Gewichtsstaumauer f [wba]
gravity dam, straight - gerade Gewichtsstaumauer f [wba]
gravity dewatering Schwerkraftentwässerung f [was]
gravity discharge Schwerkraftentleerung f [prc]
gravity drainage system Schwerkraftentwässerung f [was]
gravity filter Schwerkraftfilter m [was]
gravity filtration Schwerkraftfiltration f [was]
gravity flow Schwerkraftfluss m [prc]; Gravitationsströmung f [prc]
gravity mixer Freifallmischer m [prc]; Schwerkraftmischer m [prc]
gravity model Gravitationsmodell n
gravity pivot plate Schwerkraftklinke f
gravity retaining wall Gewichtsstützmauer f
gravity sand filter druckloser Sandfilter m [was]
gravity sedimentation Schwerkraftabsetzung f [was]
gravity separation Sichtung f [prc]
gravity separator Schwerkraftabscheider m [prc]
gravity settling Schwerkraftabsetzung f [was]
gravity settling chamber Staubabsetzkammer f [air]
gravity sewer Freigefällekanal m [wba]
gravity spillway dam Gewichtsmauer f
gravity thickener Schwerkrafteindicker m [was]
gravity tube Fallrohr n [was]
gravity wall Schwergewichtsmauer f; Schwergewichtswand f
grease separator Fettabscheider m [was]
grease trap Fettabscheider m [was]
great hall Palast m [arc]
green area Grünanlagen pl [com]; Grünfläche f [com]; Grünzone f [com]

green belt Grüngürtel m [com]; Grünzone f [com]
green body Rohling m [met]
green building Ökohaus n
green company umweltorientierte Firma f
green concrete Frischbeton m [bon]
green energy alternative Energie f [pow]
green mortar Frischmörtel m [met]
green product Formling m (Ziegel) [met]
green sandstone Grünsandstein m [met]
green schist Grünschiefer m [met]
green space Grünanlagen pl [com]; Grünfläche f [com]; Grüngürtel f [com]; Grünzone f [com]
green space ratio Grünflächenanteil m [com]
green strength Grünstandfestigkeit f [met]
green strip Grünstreifen m [tra]
green tub Pflanzwanne f
green wood frisches Holz n
greenfield site Wohnviertel im Grünen n [com]
greenhouse effect Treibhauseffekt m
greenhouse gas emissions Treibhausgasemissionen pl
Gregorian window Sprossenfenster n
grey cast iron Grauguss m [met]
grey cement Grauzement m [met]
grey lime Graukalk m [met]
grey stone lime Graukalk m [met]
grid Leitungsnetz n (z.B. Elektrizität) [elt]; Netz n [elt]; Raster n (Gitter) [des]; Stromnetz n [elt]
grid ceiling Gitterdecke f; Rasterdecke f
grid ceiling, linear - Bandrasterdecke f
grid connection Netzanschluss m [elt]; Netzanbindung f [elt]
grid connection, direct - direkte Netzanbindung f (Windenergieanlage) [elt]
grid construction Rostkonstruktion f
grid fabric Gittervlies n [met]
grid failure Netzausfall m [elt]
grid framework Trägerrost m [stb]
grid reinforcement Gittereinlage f [met]
grid shuttering Rostschalung f [bon]
grid square Planquadrat n [des]
grid structure Kreuzwerk n
grid-iron system Umlaufnetz n [was]
grid-type network Leitungsnetz n [pow]
grillage Kreuzwerk n; Gitterrost m [stb]; Trägerrost m [stb]
grille Fenstergitter n
grind mahlen v [prc]; vermahlen v [prc]; zerkleinern v (zermahlen) [prc]; zermahlen v [prc]
grind coarsely grob brechen v [prc]; grob mahlen v [prc]
grind down abschleifen v [wer]
grinder Zerkleinerungsgerät n [prc]; Zerkleinerer m [prc]
grinder feeding Mühlenbeschicker m [prc]

grinding and mixing Mischmahlen *n* [roh]
grinding capacity Mahlkapazität *f* [wer]
grinding circuit Mahlkreislauf *m* [roh]
grinding compartment Mahlraum *m* [prc]
grinding compound Schleifmasse *f* [met];
  Schleifpaste *f* [met]
grinding disc Schleifscheibe *f* [wzg]
grinding element Mahlkörper *m* (Kugel/Walze)
  [prc]
grinding facility Mahlwerk *n* [prc]
grinding installation Mahlanlage *f* [prc]
grinding machine Schleifmaschine *f*
  (Oberflächenbearbeitung) [wzg]
grinding mill, wet - Nassmühle *f* [prc]
grinding paste Schleifmasse *f* [met]; Schleifpaste *f*
  [met]
grinding plant Mahlanlage *f* [prc]
grinding table Mahlplatte *f* [prc]
grinding technology Mahltechnik *f* [prc]
grinding wheel Schleifscheibe *f* [wzg]
grinding, final - Feinmahlung *f* [roh]
grip hook Greifhaken *m* [tib]
grip of rivet Klemmlänge einer Nietung *f* [tec]
grip pattern Noppenprofilierung *f* (z.B. auf Sicherheitshandschuhen) [asi]
gripper Greifer *m* [tib]
gripping Haftverbund *m*
gripping device Greifwerkzeug *n* [wzg]; Greifer *m*
  [tib]
gripping tool Greifwerkzeug *n* [wzg]
grit Sandfanggut *n* [was]; Streumittel *n* (für Straßen: Splitt) [met]; grober Sand *m* [met]; Grobsand
  m [met]; Grobstaub *m*; Sand *m* [met]; Splitt *m*
  [met]
grit absanden *v*
grit blasting Strahlen mit Stahlsand *n* [wer]
grit chamber Sandfang *m* [was]; Sandfanganlage *f*
  [was]
grit classifier Sandklassierer *m* [was]
grit filter Sandfilter *m* [was]
grit grader Sandklassierer *m* [was]
grit removal tank Sandfang *m* [was]
grit washer Sandwaschanlage *f* [was]
grit washing sludge Sandwaschschlamm *m* [was]
gritty sandhaltig [met]; sandig [met]
grizzly bar deck Stangenrostsiebdeck *n* [prc]
grizzly feeder, travelling - Wanderstangenaufgeber
  m [prc]
grog Schamottemörtel *m* [met]
groin Stichkappe *f* (Gewölbe) [arc]
groin arch Kreuzgewölbe *n* [arc]
groin vault Kreuzgratgewölbe *n* [arc]; Kreuzrippe *f*
  (Gotik) [arc]
groined ceiling Kreuzrippendecke *f*
groined slab kreuzweise gerippte Decke *f*
groined vault Kreuzgewölbe *n* [arc]

grommet Durchführung *f* (isolierte -) [elt];
  Durchführungshülse *f* [tec]; Unterlegscheibe *f*
groove Kanal *m* (Abflussrinne) [wba]; Abflussrinne
  f [was]; Fuge *f* (Nut) [tec]; Furche *f* (Rille); Kerbe
  f (Rille); Riefe *f* [met]; Rille *f*
groove auskehlen *v* [wer]; einkerben *v* (mit Rillen
  versehen) [wer]; kehlen *v* [wer]; nuten *v* [wer]
groove joint Feder-Nut-Verbindung *f*
groove-like rillenförmig
grooved fitting Rillenmuffe *f*
grooved section Kehlprofil *n*
grooved tile Falzziegel *m*; Spaltplatte *f*
grooving Riefelung *f* [met]; Riffelung *f* [met]
gross area Gesamtfläche *f*
gross calorific value oberer Heizwert *m* [pow]
gross density Rohdichte *f* [phy]
gross floor area Bruttogeschossfläche *f*; Gesamtgrundfläche *f*
gross floor space Bruttogeschossfläche *f*
gross leasable area Mietfläche *f* (Immobilie) [eco]
gross load Bruttobelastung *f*
gross sample Sammelprobe *f* [any]
gross sectional area Gesamtquerschnitt *m* [des]
gross yield Rohertrag *m* [eco]
grotesque figure Groteske *f* (Dekoration) [arc]
ground erden *n* (<A>) [elt]
ground Erdreich *n* [geo]; Gelände *n* (Landschaft)
  [geo]; Land *n* (Boden) [geo]; Boden *m* (Erdboden)
  [geo]; Boden *m* (Fußboden); Erdboden *m* [geo];
  Grund *m* (Boden) [geo]; Untergrund *m* (Erde)
  [geo]; Erde *f* (<A> Erdung) [elt]; Masse *f* (<A>
  Erdung) [elt]
ground air Bodenluft *f* [geo]
ground air extraction Bodenluftabsaugung *f* [geo]
ground air extraction unit Bodenluftabsauganlage *f*
  [geo]
ground anchor Verpressanker *m* (Spundwand)
ground anchorage Verpressanker *m*; Bodenverankerung *f*
ground area Bodenfläche *f*; Grundfläche *f* (Gebäude)
ground beam Fundamentbalken *m*
ground bearing load Bodenpressung *f* (Fundament)
ground colour Grundfarbe *f* [met]
ground compaction Bodenverdichtung *f* (künstlich)
ground conductor Erdungsleitung *f* (<A>) [elt]
ground connection Erdanschluss *m* (<A>) [elt]
ground consolidation Bodenverdichtung *f* (natürlich)
ground contact Schutzkontakt *m* (<A>) [elt]
ground damp Bodenfeuchtigkeit *f* [geo]
ground data Bodendaten *pl* [geo]
ground drains Bodenablauf *m* [was]
ground failure Geländebruch *m* (Standsicherheit)
ground floor Erdgeschoss *n*; Parterre *n* (<B>)
ground floor, on the - parterre (<B>)

ground formation Bodenausbildung *f* [geo]
ground heat Erdwärme *f* [pow]
ground humidity Bodenfeuchtigkeit *f* [geo]
ground ice Bodeneis *n* [geo]
ground irregularity Bodenunebenheit *f* [geo]
ground lease Grundstückspacht *f* [eco]
ground level Bodenniveau *n*; Erdgleiche *f* [geo];
Flurebene *f*
ground level, above - oberirdisch
ground level, at - ebenerdig
ground line Geländeoberkante *f* [geo]
ground material gemahlenes Gut *n* [met]
ground moisture Bodenfeuchte *f* [geo]; Bodenfeuchtigkeit *f* [geo]
ground plan Grundrissplan *m* [des]; Lageplan *m*
[des]
ground plane Grundfläche *f* (Gebäude, u.a.) [des]
ground plate Grundschwelle *f*; Schwelle *f*
ground pollution Bodenverunreinigung *f* [geo]
ground pressure Bodendruck *m* [geo]; Bodenpressung *f* [geo]; Flächenpressung *f* [geo]
ground product Mahlgut *n* (Fertiggut) [met]
ground projection plane Grundrissebene *f* [des]
ground rent Erbbauzins *m* [eco]; Grundlast *f* [eco];
Grundpacht *f* [eco]
ground settlement Bodensenkung *f* [geo]
ground sill Bodenschwelle *f* [geo]; Schwelle *f* [geo]
ground sketch Grundriss *m* [des]
ground slag Schlackenmehl *n* [met]
ground stabilisation Bodenverfestigung *f*; Bodenverfestigung *f* [geo]
ground stabilization Baugrundverfestigung *f*
ground structure analysis Bodenstrukturanalyse *f*
[any]
ground surface Bodenoberfläche *f* [geo]; Geländeoberfläche *f* [geo]
ground temperature Bodentemperatur *f* [geo]
ground test Bodenprüfung *f* [any]
ground treatment Landbehandlung *f*
ground unsealing Bodenentsiegelung *f*
ground-breaking ceremony erster Spatenstich *m*
(Baubeginn)
ground-floor apartment Parterrewohnung *f* (<B>)
ground-floor flat Parterrewohnung *f* (<B>)
ground-level ebenerdig [tib]; niveaugleich [geo]
ground-level concentration Bodenkonzentration *f*
[geo]
ground-level landfill oberirdische Deponie *f* [rec]
grounded floor ableitfähiger Boden *m*
grounding Masse *f* (<B> Erdung) [elt]
grounding clamp Erdungsbolzen *m* (<A>) [elt]
groundlayer Bodenschicht *f* [geo]
groundwater Bodenwasser *n* [was]; Grundwasser *n*
[was]
groundwater artery Grundwasserader *f* [was]
groundwater balance Grundwasserbilanz *f* [was]

groundwater barrier Grundwasserbarriere *f* [was]
groundwater basin Grundwasserbecken *n* [was];
Grundwassereinzugsgebiet *n* [was]
groundwater body Grundwasserkörper *m* [was]
groundwater catchment area Grundwassergebiet *n*
[was]
groundwater characteristics Grundwasserbeschaffenheit *f* [was]
groundwater composition Grundwasserbeschaffenheit *f* [was]
groundwater conservation Grundwassererhaltung *f*
[was]
groundwater contamination Grundwasserverschmutzung *f* [was]
groundwater contour line Grundwasserhöhenlinie *f*
[was]
groundwater dam Grundwassersperre *f* [was]
groundwater discharge Grundwasserabfluss *m*
[was]; Grundwasserspende *f* [was]
groundwater endangering Grundwassergefährdung
f [was]
groundwater exploration Grundwassererkundung *f*
[was]
groundwater extraction Grundwasserentnahme *f*
[was]
groundwater flow Grundwasserströmung *f* [was]
groundwater horizon Grundwasserhorizont *m*
[was]
groundwater hydrology Grundwasserhydrologie *f*
[was]
groundwater level Grundwasserstand *m* [was]
groundwater lowering Grundwasserabsenkung *f*
[was]; Wasserhaltung *f* (Baugrube) [tib]
groundwater lowering system Grundwasserabsenkungsanlage *f* [was]
groundwater pollution Grundwasserverschmutzung
f [was]; Verunreinigung des Grundwassers *f* [was]
groundwater pressure Grundwasserdruck *m* [was]
groundwater protection Grundwasserschutz *m*
[was]
groundwater quality Grundwasserqualität *f* [was]
groundwater recession Grundwasserabsenkung *f*
[was]
groundwater recharge Grundwasseranreicherung *f*
[was]
groundwater recharge, artificial - Grundwasseranreicherung *f* [was]
groundwater reservoir Grundwasserspeicher *m*
[was]
groundwater resources Grundwasservorkommen *n*
[was]; Grundwasserangebot *f* [was]
groundwater stacking Grundwasserdeckschichten
pl [was]
groundwater state Grundwasserbeschaffenheit *f*
[was]
groundwater storage Grundwasservorrat *m* [was]

groundwater stream Grundwasserströmung *f* [was]
groundwater supply Grundwasserversorgung *f*
[was]
groundwater table Grundwasserhorizont *m* [was];
Grundwasserspiegel *m* [was]; Grundwasserstand *m*
[was]
groundwater use Grundwassernutzung *f* [was]
groundwater utilization Grundwassernutzung *f*
[was]
groundwater yield Grundwasserdargebot *n* [was]
groundwater, free - freies Grundwasser *n* [was]
groundwork Erdarbeiten *pl* [tib]
groundwork and civil engineering, specialized -
Spezialtiefbau *m* [tib]
groundworker Erdarbeiter *m* [tib]
group index Gruppenindex *m*
group of buildings Gebäudeblock *m*; Gebäudekomplex *m*
group of tolerances Toleranzreihe *f* [des]
group room Gruppenraum *m* [wer]
group size Gruppenstärke *f* [wer]
grouped cables Spanngliedgruppe *f* [bon]
grouser Raupenlaufplatte *f* [tib]
grout Erdstoffverfestiger *m* [tib]; Zementmilch *f*
[met]
grout ausgießen *v* (Beton); gipsen *v*; vergießen *v*
(Fundament); vermörteln *v*; verpressen *v*
grout body Verpresskörper *m*
grout curtain Dichtungsschleier *m* [tib]; Zementinjektionsschleier *m* [tib]; Dichtwand *f* [tib]
grout hole Injektionsloch *n* [tib]; Verpressloch *n*
[tib]
grouted gefugt (Spalte)
grouted anchor Injektionsanker *m* (Tiefgründung)
[tib]
grouted pile Injektionspfahl *m* (Tiefgründung) [tib]
grouted wall Injektionswand *f* (Tiefgründung) [tib]
grouting Einpressen *n*; Vergießen *n* (mit Mörtel);
Verpressen *n*; Unterguss *m* (Maschinenfundamente); Verfestigung *f*; Zementierung *f* (Verfugen)
grouting agent Auspresshilfe *f* [met]
grouting aid Einpresshilfe *f* (Hilfsmittel) [met]
grouting anchor Verpressanker *m* [tib]
grouting body Verpresskörper *m* [geo]
grouting bolt Ankerbolzen *m*
grouting clearance Untergusshöhe *f*
grouting compound Vergussmörtel *m* [met];
Fugenmasse *f* (Hochofen) [met]; Vergussmasse *f*
[met]
grouting concrete Vergussbeton *m* [bon]
grouting curtain Dichtungsgürtel *m* [tib];
Dichtungsschirm *m* [tib]; Dichtungsschleier *m*
[tib]; Injektionsschleier *m* [tib]
grouting flange Injizierungsflansch *m* [bon]
grouting hole Injektionsöffnung *f* [bon]
grouting jet pipe Injektionslanze *f* [bon]

grouting material Injektionsgut *n* [met]; Vergussmörtel *m* [met]; Vergussmasse *f* [met]
grouting mixer Schlempemischer *m* [tib]
grouting mortar Einpressmörtel *m*
grouting of joints Verfugen *n*
grouting pressure Einpressdruck *m* [tib]; Hinterpressdruck *m* (Tunnelbau) [tib]; Verpressdruck *m*
grouting procedure Verpressvorgang *m*
grouting pump Verpresspumpe *f* [geo]
grouting resin Einpressharz *n* [met]; Injektionsharz
n [met]
grouting section Verpressstrecke *f*
grouting space Lagerfuge *f*
grouting support Injektionshilfe *f* [bon]
grouting thickness Untergussstärke *f* (Fundament)
grouting work Einpressarbeiten *pl* (DIN 18309);
Injektionsarbeiten *pl* [bon]; Verpressarbeiten *pl*
grouting, tight - kraftschlüssiges Vergießen *n*
growth area, new - Neubaugebiet *n* (Stadtplanung)
groyne Buhne *f* [wba]
grubstone mortar Grundmörtel *m*
grummet Unterlegscheibe *f*
guard Schutz *m* (Vorrichtung) [asi]; Schleifscheibenabdeckung *f* (Arbeitsschutz) [wer]; Schutzeinrichtung *f* [asi]; Schutzhaube *f* (Arbeitsschutz)
[wer]
guard board Sockelschutzbrett *n*
guard circuit Schutzschaltung *f* [elt]
guard netting Schutzwand *f*
guard plate Schutzschild *m* [asi]
guard railing Schutzgeländer *n*
guard screen Schutzgitter *n* [asi]
guard space Schutzabstand *m* [asi]
guard wire Schutzdraht *m* [elt]
guarded community bewachtes Wohngebiet *n* (in
Ländern mit großen sozialen Spannungen)
guardrail Schutzgeländer *n* [asi]; Leitbalken *m*
[asi]; Seitenschutz *m* [asi]; Seitensicherung *f* [asi]
guardrail post Geländerpfosten *m*
guardrail upright Handlauf bei Gerüsten *m*
guidance value Richtwert *m* [des]
guide Führung *f* (Technik) [tec]; Schiene *f*
(Führungs-)
guide baffle Leitblech *n* [was]
guide bar Leitschiene *f* [stb]
guide handle Führungsgriff *m*
guide plate Leitblech *n*; Führungsplatte *f*; Gleitplatte *f* [was]
guide rail Führungsschiene *f* [tec]; Laufschiene *f*
guide roller Führungsrolle *f* [tec]; Leitrolle *f* [tec];
Umlenkrolle *f* [tec]
guideline, technical - technische Richtlinie *f*
guidelines Orientierungsrahmen *m*
guidelines for design Auslegungsrichtlinien *pl* [des]
guidelines regarding workmanship Grundlagen für
die Verarbeitung *pl* [wer]

guiding pile Richtpfahl *m*
guiding private value Bodenrichtwert *m* [eco]
gulch Erosionsrinne *f* (Hydrologie) [wba]
gully Abflussschacht *m* [was]; Abzugskanal *m* [wba]; Einlauf *m* [was]; Einlaufschacht *m* [was]; Gully *m* [was]; Regenwasserabflussschacht *m* [was]; Senkkasten *m* [was]; Straßeneinlauf *m* [was]; Wasserablauf *m* [was]; Ablaufrinne *f* [was]
gully grid Ablaufgitter *n* [was]; Ablaufrost *m*
gully trap Schlammfang *m* (Abwasser) [was]; Sinkkasten *m* (Abwasser) [was]
gum up verharzen *v* [met]
gun-grade rendering Spritzputz *m*
gunite Spritzbeton *m* [bon]; Torkretbeton *m* [bon]
gunite machine Betonspritzmaschine *f* [bon]; Torkretkanone *f*
gunite mortar Spritzmörtel *m* [met]
gunned coat Spritzauftrag *m* (Verputz)
gunned concrete Spritzbeton *m* [bon]
gunned plaster Spritzputz *m*
gunned rendering Spritzputz *m*
gunning Auftragen von Spritzbeton *n* [bon]
gunning mix Spritzmasse *f* (Beton)
gunpowder factory Pulverfabrik *f* [wer]
gusset connection Knotenblechverbindung *f* [stb]
gusset plate Anschlussblech *n* [stb]; Bindeblech *n* [stb]; Eckblech *n* [stb]; Knotenblech *n* [stb]
gusset plate joint Knotenblechverbindung *f* [stb]
gusset stay Versteifung durch Knotenblech *f*
gusseted connection Knotenblechverbindung *f* [stb]
gusseted elbow Segmentrohrbogen *m* [met]
gut enge Rinne *f* [wba]; Fahrrinne *f* [wba]
gutter Gerinne *n* [was]; Abfluss *m* (Gully) [was]; Regenwassereinlauf *m* [was]; Rinnstein *m*; Dachrinne *f*; Rinne *f* (Dachrinne) [was]
gutter brace Rinneneisen *n* (Dachrinne)
gutter bracket Rinnenhalter *m* (Dachrinne)
gutter channel Gerinne *n* [was]
gutter hanger Dachrinnenhalter *m*
gutter stone Rinnstein *m*
gutter test Dachrinnentest *m* (EN 368) [any]
gutter tile Hohlpfanne *f*
guttering Abflussrinne *f*; Dachrinne *f*; Regenrinne *f*
guy Abspannseil *n* [stb]; Spannseil *n* [stb]; Abspanndraht *m* [stb]; Abspannung *f*
guy abspannen *v* (mit Seilen)
guy a support Stütze verankern *v*
guy anchor Abspannanker *m*
guy insulator Abspannisolator *m*
guy mast Abspannmast *m*; Ankermast *m*
guy ring Abspannring *m*
guy rope Abspannseil *n*; Spannseil *n*; Verankerungsseil *n*
guy wire Halteseil *n*
guyed bridge seilverspannte Brücke *f*

guyed smokestack abgespannter Schornstein *m* [pow]
guyed stack abgespannter Kamin *m* [pow]
guyed tower abgespannter Mast *m* (z.B. Windenergieanlage) [pow]; Abspannmast *m* [stb]
guying Abspannung *f* [stb]; Verankerung mit Seilen *f* [stb]; Verspannung *f* [stb]; Verspannung *f* [stb]
gymnasium Turnhalle *f*
gypseous gipshaltig [met]
gypsiferous gipshaltig [met]
gypsite Gipsmergel *m*
gypsum Gips *m* [che]
gypsum block Gipsbaustein *m*
gypsum board Gipskarton *m* (Gipskartonplatte); Gipsplatte *f*
gypsum building board Baugipsplatte *f* [met]
gypsum building tile Gipsbaustein *m*
gypsum cement Gipszement *m* [met]; Hartgips *m* [met]
gypsum concrete Gipsbeton *m* [bon]
gypsum extraction Gipsabbau *m* [roh]
gypsum fibreboard Gipsfaserplatte *f* [met]
gypsum finish Gipsputz *m*
gypsum floor Gipsestrich *m*
gypsum model Gipsmodell *n*
gypsum mortar Gipsmörtel *m*
gypsum paste Gipsbrei *m*
gypsum plank board Gipsdiele *f*
gypsum plank wall Gipsdielenwand *f*
gypsum plant Gipswerk *n* [roh]
gypsum plaster Baugips *m* [met]; Gipsputz *m* [met]
gypsum plaster slab Gipsbauplatte *f*
gypsum plasterboard Gipsbauplatte *f*; Gipskartonplatte *f*; Gipsplatte *f*
gypsum plasterboard, prefabricated - Montagewand aus Gipskartonplatten *f*
gypsum plasterboards for building construction Gipskartonplatten im Hochbau *pl*
gypsum rendering Gipsverputz *m*
gypsum rock Gipsrohstein *m* [geo]
gypsum sheathing Gipsverkleidung *f*
gypsum spray plaster Gipsmaschinenputz *m*
gypsum stain Gipsfleck *m* [met]
gypsum stuff Gipsmörtel *m*; Gipsputzmörtel *m*
gypsum wall slab Gipswandbauplatte *f*
gypsum wallboard Gipsbauplatte *f*; Gipskartonplatte *f*
gypsum-base primer Gipsgrundverfestiger *m* [met]
gypsum-based gipshaltig [met]
gyration radius Trägheitshalbmesser *m* [phy]
gyratory crusher Kegelbrecher *m* [prc]; Kreiselbrecher *m* [prc]; Walzenbrecher *m* [prc]

H

H-beam Breitflanschträger *m* [stb]
H-force H-Kraft *f* (horizontaler Druck, Wind)
H-girder I-Träger *m*
habitability Bewohnbarkeit *f*
habitable bewohnbar; beziehbar
habitat loss Verlust an Lebensraum *m* [com]
habitat reduction Verlust an Lebensraum *m* [com]
hair protector Kopfhaube *f* [asi]
haired gypsum Haargips *m* [met]
hairline crack Haarriss *m* [met]; Kapillarriss *m*
  [met]
hairpin bend Haarnadelkurve *f* [tra]; Spitzkehre *f*
  [tra]
hairpin curve Haarnadelkurve *f* [tra]
hairpin turn Haarnadelkurve *f* [tra]; Spitzkehre *f*
  [tra]
half block Halbstein *m*
half frame Halbrahmen *m*
half glove fingerloser Handschuh *m* [asi]
half hip roof Krüppelwalm *m* (Dach)
half legging Gamasche *f* [asi]
half mask Halbgesichtsmaske *f* [asi]; Halbmaske *f*
  [asi]; Halbmaske *f* (Atemschutz) [asi]
half pace Zwischenpodest *n* (Treppe)
half shadow Halbschatten *m*
half view Halbschnitt *m* (Zeichnung) [des]
half-basement Souterrain *n*
half-bat Halbziegel *m*
half-brick Halbziegel *m*
half-brick thick halbsteinstark
half-brick wall Halbsteinwand *f*
half-column Halbsäule *f* (römische Baukunst) [arc]
half-finished halb fertig
half-finished building Bauruine *f*
half-lattice girder Strebenfachwerkträger *m* [stb]
half-parabolic girder Halbparabelträger *m* [stb]
half-parabolic truss Halbparabelträger *m* [stb]
half-round covered duct Korbbogenprofil *n*
  (Kanal)
half-round rivet Halbrundniet *m* [tec]
half-round steel Halbrundstahl *m* [met]
half-rounds Halbrundstahl *m* [met]
half-section Halbschnitt *m* [des]
half-section drawing Halbschnittzeichnung *f* [des]
half-size Maßstab 1:2 *m* [des]
half-steel Halbstahl *m* [met]
half-sunk halbversenkt (Niet, Schraube) [tec]
half-tiled wall Wand mit halbhohem Fliesensockel *f*
half-timbered building Riegelbau *m* (Gebäude)
half-timbered construction Fachwerk *n*
half-timbered house Fachwerkhaus *n*

half-timbered house construction Fachwerkhaus *n*
half-timbered structure Fachwerkbau *m*
half-truss Halbbinder *m* [stb]
half-width span Überbausegment *n* (Brücke)
hall Herrenhaus *n* (historisch); Flur *m*; Gang *m*
  (Flur); Saal *m*; Diele *f*; Halle *f* (Saal, Gebäude)
hall church Hallenkirche *f*
hall lights Flurbeleuchtung *f* [elt]
hall management Hallenmanagement *n* (Immobilien)
hall window Flurfenster *n*
hall-type building Hallengebäude *n*
hall-type structure Hallenkonstruktion *f*
hallway Hausflur *m*; Korridor *m*; Diele *f* (Raum)
halogen bulb Halogenlampe *f* [elt]
halogen lamp Halogenlampe *f* [elt]
halogenated-hydrocarbon extinguisher Halon-
  Feuerlöscher *m* (Brandschutz) [asi]
halon extinguisher Halon-Feuerlöscher *m* (Brandschutz) [asi]
halon fire extinguisher Halon-Feuerlöscher *m*
  (Brandschutz) [asi]
halving joint Halbfuge *f*
hamlet Weiler *m* [com]
hamlet, linear - Straßendorf *n* (Siedlungsform)
  [com]
hammer Bär *m* (Spundwand: Rammbär)
hammer crusher Hammerbrecher *m* [roh]
hammer crusher, double - Doppelhammerbrecher
  m [prc]
hammer crusher, single-shaft - Einwellenhammerbrecher *m* [prc]
hammer drill Schlagbohrer *m* [wzg]; Hammerbohrmaschine *f* [wzg]
hammer finish Hammerschlaganstrich *m* [met];
  Hammerschlaglack *m* [met]; Hammerschlaglackierung *f* [met]
hammer in einschlagen *v* (Nagel) [wer]
hammer metal finish Hammerschlaglack *m* [met]
hammer mill Hammermühle *f* [prc]; Schlagmühle *f*
  [prc]
hammer peen Hammerfinne *f* [wzg]
hammer post Stichbalkenträgerpfosten *m* (Gotik:
  Sprengwerk) [arc]
hammer riveting Hammernieten *n* [wer]
hammer tup Hammerbär *m* [wzg]
hammer-beam roof Sprengwerk *n* (Gotik) [arc]
hammer-hardening Härten durch Kalthämmern *n*
  [met]
hammer-head Hammerbär *m* [wzg]
hammer-head crane Hammerkopfkran *m*
hammering screwdriver Schlagschrauber *m* (mit
  Schraubendreherkopf) [wzg]
hammering spanner Schlagschrauber *m* (mit
  Schlüsselkopf) [wzg]
hand bar Handlauf *m*

hand concrete cart Transportkübel für Frischbeton *m* [bon]

hand drill, power - Elektrohandbohrmaschine *f* [wzg]

hand feed Handaufgabe *f* [wer]; Handbeschickung *f* [wer]; Handzufuhr *f* [wer]; manuelle Zufuhr *f* [wer]

hand guard Sicherheitshandleder *n* [asi]; Handschutz *m* [asi]

hand hoist Handaufzug *m*

hand operation Handbetrieb *m*

hand protection Schutzhandschuhe *pl* [asi]

hand rivet handnieten *v* [wer]

hand riveting Handnietung *f* [wer]

hand riveting, pneumatic - pneumatisches Handnieten *n* (mit Presslufthammer) [wer]

hand savers Schutzhandschuhe *pl* [asi]

hand scales Handwaage *f* [any]

hand screening Handsiebung *f* [any]

hand shield Schweißerschild *m* [wer]

hand shower Handbrause *f*

hand sieving Handsiebung *f* [any]

hand specimen Handprobe *f* [any]

hand steel shears Handeisenschere *f*

hand winch handbetriebene Winde *f* [tec]; Handseilwinde *f* [tec]; Handwinde *f* [tec]

hand-formed brick Handstrichziegel *m*; Handziegel *m*

hand-guided handgeführt (Geräte) [tib]

hand-held extinguisher Handlöschgerät *n* [asi]

hand-lamp Handlampe *f*

hand-made brick Handstrichziegel *m*; Handziegel *m*

hand-mixed concrete handgemischter Beton *m* [bon]

hand-mixing Handmischen *n* (Beton, u.a.) [wer]; Handmischung *f* (Beton, u.a.) [wer]

hand-moulded brick Handstrichziegel *m*

hand-moulding procedure Handstrichverfahren *n* (Verputz)

hand-operated crane Handkran *m*

hand-operated driver Handramme *f*

hand-smoothened earth render Lehmverstrich *m*

handbasin Waschbecken *n*

handicapped accessible behindertengerecht; rollstuhlgängig

handing-over date Übergabetermin *m* (Gebäude, Anlage, ...)

handle of the window Fenstergriff *m*

handlig over Übergabe *f* (zur Inbetriebsetzung)

handlig-over date Übergabetermin *m* (zur Inbetriebsetzung)

handling cycle Umschlagablauf *m* [tra]

handling of dangerous materials Arbeiten mit Gefahrstoffen *n*

handling on site Stückheben auf der Baustelle *n*

handling platform Ladebühne *f* (Baustelle); Umschlagbühne *f* (Baustelle)

handling rate Beförderungsleistung *f* [tra]

handling reinforcement Montagebewehrung *f* [bon]

handling slot for assembly Montagegriffloch *n* [wer]

handling, gentle - schonende Behandlung *f*

handrail Geländer *n*; Handlauf *m*; Treppenhandlauf *m*

handrail connector Geländerholm-Anschluss *m*

handrail extension Geländeraufstockung *f*

handrail holder Geländerhalter *m*

handrail post Geländerpfosten *m*; Geländerstiel *m*; Stirnpfosten *m*

handrail standard Geländerpfosten *m*

handrail support Handlaufhalterung *f*

handsaw Fuchsschwanz *m* (Säge) [wzg]

handstone Läuferstein *m*

hang-up Brückenbildung *f* (Siloauslass) [prc]

hangar Flugzeughalle *f* [tra]; Halle *f* (Flugzeug) [tra]

hanger Hängestange *f* (Brückenbau)

hanger connection Hängestabanschluss *m* [stb]

hanging slurry wall hängende Dichtwand *f* (Deponie)

hanging stage Hängegerüst *n*

harbor Hafen *m* (<A>) [tra]

harbour Hafen *m* (<B>) [tra]

harbour basin Hafenbecken *n* [tra]

harbour bottom Hafensohle *f* [tib]

harbour jetty Hafenpier *n* [tra]

harbour lock Hafenschleuse *f* [tra]

harbour slime Hafenschlick *m* [rec]

harbour sludge Hafenschlick *m* [rec]

harbour station Seehafenbahnhof *m* [tra]

hard aggregate Hartstoff *m* [met]

hard asphalt Hartasphalt *m* [met]

hard concrete Hartbeton *m* [bon]

hard covering Hartbelag *m*

hard facing Auftragschweißen *n* [met]; Hartauftragschweißen *n* [wer]; Aufpanzerung *f* [met]

hard fibre Hartfaser *f* [met]

hard fibreboard Hartfaserplatte *f* [met]

hard glass Hartglas *n* [met]

hard ground tragfähiger Baugrund *m* [geo]

hard hat Schutzhelm *m* [asi]

hard layer Verdichtungshorizont *m* [geo]

hard pan Ortstein *m*; Hartschicht *f* (Bodenschicht)

hard plaster Hartputz *m* [met]

hard rock hartes Gestein *n* [geo]; Hartgestein *n* [geo]; Felsboden *m* [geo]; massiger Fels *m* [geo]

hard rubber Ebonit *n* [met]

hard shoulder Randstreifen *m* [tra]; Standspur *f* [tra]

hard soil schwerer Boden *m* [geo]

hard solid Hartstoff *m* [met]

hard stopping Hartspachtelmasse *f* [met]

hard surface overlaying Auftragschweißen *n* [wer]
hard to reach schwer zugänglich
hard to screen material schwer siebbares Gut *n* [met]; siebschwieriges Material *n* [met]
hard water hartes Wasser *n* [was]; kalkhaltiges Wasser *n* [was]
hard-baked hart gebrannt [met]
hard-burnt hart gebrannt [met]
hard-core base Schottertragschicht *f* [tib]
hard-core bed Schotterbett *n* [tib]; Packlage *f*; Schüttlage *f*
hard-core filling Grobmaterialschüttung *f* [tib]
hard-faced hartauftraggeschweißt [met]
hard-fibre material Hartfasermaterial *n* [met]
hard-fired hart gebrannt [met]
hard-setting compound Schnellbinder *m* [met]
hard-solder Hartlot *n* [met]
hard-soldering Hartlöten *n* [wer]
hard-to-screen schwierig abzusieben [prc]
hard-wearing trittfest [met]
hard-wearing mortar Hartstoffmörtel *m* [met]
hard-wired festverdrahtet [elt]
hardboard Hartfaserplatte *f* [met]
harden abbinden *v* [met]; aushärten *v* (Ton) [met]; erhärten *v* (Bindemittel) [met]; härten *v* [met]; hart werden *v*; vergüten *v* [met]
hardenability Härtbarkeit *f* (Metalle) [met]
hardenable härtbar (Metalle) [met]
hardened gehärtet (Stahl) [met]; vergütet [met]
hardened concrete Festbeton *m* [bon]
hardened depth Härtetiefe *f* [met]
hardened paint ausgehärtete Farbe *f* [met]
hardened resin Hartharz *n* [met]
hardened steel Hartstahl *m* [met]
hardened varnish ausgehärteter Lack *m* [met]
hardener Härtungsmittel *n* (z.B. für Beton) [met]
hardening Festwerden *n* [met]; Härten *n* [met]; Erhärtung *f* (Bindemittel) [met]; Härtung *f* [met]; Verfestigung *f* (Abbinden) [met]; Vergütung *f* [met]; Verkalkung *f*
hardening agent Reaktionsbeschleuniger *m* (Zement) [che]
hardening crack Härteriss *m* [met]
hardening of plaster Gipserhärtung *f* [met]
hardening time Aushärtungszeit *f* (Beton) [met]
hardening, initial - Anfangserhärtung *f* [bon]
hardness component Härtebildner *m* [met]
hardness increase, potential - Aufhärtbarkeit *f* [met]
hardness index Abriebfestigkeit *f* (von Kohle) [met]
hardness measurement Härtemessung *f* [any]
hardness of water Wasserhärte *f* [met]
hardness of water, permanent - bleibende Wasserhärte *f* [was]
hardness of water, temporary - vorübergehende Wasserhärte *f* [was]

hardness test Härteprüfung *f* [any]
hardness test procedure Härteprüfverfahren *n* [any]
hardness tester Härteprüfgerät *n* [any]; Härteprüfer *m* [any]
hardness testing Härtebestimmung *f* [any]
hardware work Beschlagarbeiten *pl* (DIN 18357)
hardwood Hartholz *n* [met]; Laubholz *n* [met]
harmful impact on soil functions Beeinträchtigung der Bodenfunktion *f* [geo]
harmful noise schädigender Lärm *m* [aku]; schädlicher Lärm *m* [aku]
harmful substance Schadstoff *m* [met]
harmful to health gesundheitsschädlich
harmful to the environment umweltschädlich
harmful to the ozone layer Ozonschicht schädigend [air]
harmful vibrations schädliche Schwingungen *pl* [asi]
harmfulness Gefährlichkeit *f* [asi]
harmonic load harmonische Belastung *f* [phy]
harmonization Vereinheitlichung *f*
harmonized standards harmonisierte Normen *pl* [des]
harness Begurtung *f* (Atemschutz) [asi]
harness-type safety belt Geschirr *n* [asi]; Sicherheitsgeschirr *n* [asi]; Begurtung *f* [asi]
hat shell Helmschale *f* [asi]
hatch Falltür *f*
hatch schraffieren *v* [des]; stricheln *v* (schraffieren) [des]
hatched area schraffierter Bereich *m* [des]
hatching Schraffierung *f* [des]; Schraffur *f* [des]
hatching pattern Schraffurmuster *n* [des]
hatchway Luke *f*
hauling capacity Förderleistung *f*
hauling rope Zugseil *n*
haunch Bogenschenkel *m*; Rahmenecke *f* [stb]; Voute *f*
haunched anchor block Lisene *f*
haunched beam Voutenbalken *m*
haunched girder Voutenträger *m*
haunching Ummantelung *f*
haunching stone Kantenstein *m*; Randstein *m*
haunted castle Spukschloss *m*
hazard Gefährdung *f* [asi]
hazard analysis Gefahrenstudie *f* [asi]
hazard assessment Gefahrenabschätzung *f* (vorwiegend von Stoffen) [asi]; Gefahrenbeurteilung *f* (vorwiegend von Stoffen) [asi]; Gefahrenbewertung *f* (vorwiegend von Stoffen) [asi]; Gefahrenermittlung *f* (vorwiegend von Stoffen) [asi]
hazard category Gefahrenklasse *f* [asi]
hazard classification Gefahrenklassifizierung *f* (ADR/RID) [asi]
hazard evaluation Gefahrenbewertung *f* [asi]

hazard identification Gefahrenerfassung *f* [asi]; Gefahrenermittlung *f* [asi]
hazard lamp Warnleuchte *f* [asi]
hazard potential Gefahrenpotenzial *n* ([Variante]) [asi]
hazard prevention Gefahrenverhütung *f* [asi]
hazard source Gefahrenquelle *f* [asi]
hazard spot Gefahrenschwerpunkt *m* [asi]
hazard symbol Gefahrensymbol *n* [asi]; Warnzeichen *n* [asi]
hazard to health Gesundheitsgefahr *f*
hazard warning panel Warnschild *n* [asi]
hazard warning symbol Gefahrensymbol *n* [asi]
hazardous area Gefährdungsbereich *m* [asi]
hazardous characteristics Gefahrenmerkmale *pl* [asi]
hazardous condition gefährlicher Zustand *m* [asi]; sicherheitswidriger Zustand *m* [asi]
hazardous incident representative Störfallbeauftragter *m*
hazardous installation gefährliche Anlage *f* [asi]
hazardous material Gefahrstoff *m* [met]; Schadstoff *m* [met]
hazardous materials gefährliche Stoffe *pl* [met]
hazardous sites remediation Altlastensanierung *f* [geo]
hazardous substance gefährlicher Stoff *m* [met]; Gefahrstoff *m* [met]; gefährliche Substanz *f* [met]
hazardous survey Gefahrenanalyse *f* [asi]
hazardous to the environment Umwelt gefährdend; umweltgefährlich
hazardous to waters wassergefährdend [was]
hazardous to waters, low - schwach wassergefährdend [was]
hazardous to waters, not - nicht wassergefährdend [was]
hazardous to waters, severely - stark wassergefährdend [was]
hazardous waste gefährlicher Abfall *m* [rec]; Sonderabfall *m* [rec]
hazardous waste disposal Sonderabfallentsorgung *f* [rec]
hazardous waste disposal site Sonderabfalldeponie *f* [rec]
hazardous waste dump Sonderabfalldeponie *f* [rec]
hazardous waste incineration Sonderabfallverbrennung *f* [rec]
hazardous working material gefährlicher Arbeitsstoff *m* [met]
hazardous zones classification Gefahrbereichsklassifizierung *f* [asi]
hazardousness Gefährlichkeit *f* [asi]
haze Schleier *m* [met]
haze hood Dunstglocke *f* [wet]
head Kopfbauwerk *n*; Sturz *m* (über Tür)
head arch Obergurt *m*

head beam Oberholm *m*
head clearance Kopfraum *m* [des]; Kopffreiheit *f* [des]
head flowmeter Wirkdruck-Durchflussmesser *m* [any]
head gate Obertor *n* (Schleusentor) [wba]
head harness Innenausstattung *f* (des Sicherheitshelms) [asi]
head of a reservoir Behälterdruck *m* [was]
head of water Stauhöhe *f* [was]; Stauhöhe *f* [wba]
head plate Grundplatte *f*
head protection Kopfschutz *m* [asi]
head pulley Kopftrommel *f* (Bandförderer) [prc]
head rail Rahmenholz *n*; Torriegel *m*
head rise Stauerhöhung *f* [was]
head runner Rahmholz *n*
head sprocket Oberturas *m* [tib]
head stone Eckstein *m*
head strap Kopfband *n* (am Sicherheitshelm) [asi]; Kopfband *n* (Atemschutz) [asi]
head suspension Innenausstattung *f* (des Sicherheitshelms) [asi]
head wall Abschlussmauer *f*; Stirnmauer *f*
head-shaped keystone kopfförmiger Schlussstein *m* (Renaissance: Fenster) [arc]
headband Kopfband *n* (am Sicherheitshelm) [asi]
header Binder *m* (Mauerwerk); Döpper *m* (zum Zusammendrücken von Nieten) [wzg]; Kollektor *m* [elt]; Nietstempel *m* (zum Zusammendrücken von Nieten) [wzg]; Randträger *m* (Träger, an den Deckenträger anschließen)
header binder Binder *m*
header bond Binderverband *m*; Kopfverband *m* (Steine)
header brick Binder *m* (Kopfziegel)
header course Binderziegelschicht *f*; Kopfsteinschicht *f*
headguard Kopfschützer *m* [asi]
heading Richtstollen *m* [tib]; Vortrieb *m* (Vorgang des -s) [tib]; Vortriebsstrecke *f* (Bergbau) [roh]
heading bond Binderverband *m*; Streckerverband *m*
heading course Binderziegelschicht *f*
heading set Döpper *m* (zum Zusammendrücken von Nieten) [wzg]
headlamp bulb Scheinwerferlampe *f* [elt]
headpiece Rahmholz *n*
headquarters Hauptsitz *m* (Unternehmen) [eco]; Hauptniederlassung *f* [eco]; Zentrale *f* (Firmenzentrale) [eco]
headrace Einlaufkanal *m* [was]; Oberwasserkanal *m* [wba]; Triebwasserkanal *m* [wba]; Einlaufrinne *f* [was]
headrace tunnel Oberwasserkanal *m* [wba]
headroom Durchfahrtshöhe *f*; Durchgangshöhe *f*; Kopfhöhe *f*; lichte Höhe *f*
headroom, free - lichte Höhe *f* [des]

headwater Oberwasser *n* [wba]; Oberlauf *m* (Fluss, Bach) [wba]
headwater canal Obergraben *m* [wba]; Oberwasserkanal *m* [wba]
headway Durchfahrtshöhe *f*; Durchgangshöhe *f*; Kopfhöhe *f*
healing stone Dachziegel *m*
health and safety at work Arbeitsschutzmaßnahme *f* [asi]
health hazardous substance gesundheitsgefährdender Stoff *m* [met]
heap Halde *f* (Haufen) [rec]
heap aufhalden *v*
heap up aufschichten *v*; aufschütten *v*
heaped concrete Schüttbeton *m* [bon]
heaping up of waters Windstau *m* (Talsperre) [was]
hearing protection Gehörschutz *m* [asi]
hearing protection helmet Lärmschutzhelm *m* [asi]
hearing protector Gehörschutzmittel *n* [met]; Gehörschützer *m* [asi]
hearth Esse *f* (Herd)
heartwood Kernholz *n* [met]
heat heizen *v* [pow]; wärmen *v* [pow]
heat abduction Wärmeentzug *m*; Wärmeableitung *f*
heat absorbed eingebrachte Wärmemenge *f* [pow]
heat absorption Wärmeabsorption *f* [pow]; Wärmeaufnahme *f* [pow]
heat accumulation Wärmestau *m* [pow]; Wärmespeicherung *f* [pow]
heat accumulator Wärmespeicher *m* [pow]
heat accumutation Wärmestauung *f*
heat ageing thermische Alterung *f*
heat availability Wärmeangebot *n* [pow]
heat balance Wärmehaushalt *m* [pow]; Wärmebilanz *f* [prc]
heat bridge Wärmebrücke *f* [prc]
heat budget Wärmehaushalt *m* [pow]
heat capacity Wärmekapazität *f* [phy]
heat capacity, available - verfügbare Wärmeleistung *f* [pow]
heat capacity, stand-by - bereitgestellte Wärmeleistung *f* (Wärmeversorgung) [pow]
heat carrier Wärmeträger *m* [pow]
heat circulation Wärmeumlauf *m* [pow]
heat coefficient Wärmekennzahl *f* (Heizkraftwerk) [pow]
heat conduction Wärmeleitung *f* [pow]
heat conductivity Wärmeleitvermögen *n* [phy]; Wärmeleitfähigkeit *f* [met]
heat conductor Wärmeleiter *m* [met]
heat consumption meter Wärmeverbrauchszähler *m* [any]
heat consumption, specific - spezifischer Wärmeverbrauch *m* [pow]
heat consumption, undertaking's own - Eigenwärmeverbrauch *m* [pow]

heat convection Wärmekonvektion *f* [prc]
heat costs distribution system Heizkostenverteiler *m* [pow]
heat crack Wärmeriss *m* [met]
heat cycle Wärmekreislauf *m* [pow]
heat demand Nutzwärmebedarf *m* [pow]; Wärmebedarf *m* [pow]
heat detector Wärmefühler *m* [any]; Wärmemelder *m* (Brandschutz) [any]
heat discharge Wärmeabfuhr *f* [pow]; Wärmeabgabe *f* [pow]; Wärmeableitung *f* [pow]
heat displacement Wärmeauskopplung *f* [pow]
heat dissipation Wärmeabfuhr *f* [pow]; Wärmeabgabe *f* [pow]; Wärmeableitung *f* [pow]
heat distribution Wärmeverteilung *f* (z.B. Fernwärme) [pow]
heat economizer Wärmespareinrichtung *f* [pow]
heat effect Wärmewirkung *m* [pow]
heat efficiency Wärmewirkungsgrad *m* (Kraft-Wärme-Kopplung) [pow]
heat emission Wärmeabfuhr *f* (Verlust) [pow]; Wärmeabgabe *f* (Verlust) [pow]
heat energy thermische Energie *f* [pow]; Wärmeenergie *f* [pow]
heat engineering Wärmetechnik *f* [pow]
heat equalization Wärmeausgleich *m* [pow]
heat exchange Wärmeaustausch *m* [pow]; Wärmeübertragung *f* [pow]
heat exchanger Wärmeaustauscher *m* [pow]; Wärmetauscher *m* (-> Wärmeaustauscher) [pow]
heat exchanger tube Wärmeaustauscherrohr *n* [pow]
heat exchanging surface Wärmeaustauschfläche *f* [pow]
heat expansion Wärmeausdehnung *f* [phy]; Wärmedehnung *f* [phy]
heat extraction Wärmeentzug *m* [pow]; Wärmeausbindung *f* [pow]; Wärmeauskopplung *f* [pow]; Wärmeentnahme *f* [pow]
heat factor Wärmekennzahl *f* (Heizkraftwerk) [pow]
heat flow Wärmedurchgang *m* [pow]; Wärmefluss *m* [pow]; Wärmestrom *m* [pow]
heat flow diagram Wärmeflussbild *n* [pow]
heat flow measurement Wärmeflussmessung *f* [any]
heat flow to be delivered abzugebende Wärmemenge *f* [pow]
heat flow to be supplied abzugebende Wärmemenge *f* [pow]
heat flow volume Wärmemenge *f* (durch Strömung transportiert) [pow]
heat flowmeter Wärmeflussmessgerät *n* [any]
heat gain Wärmegewinn *m* [pow]
heat generation Wärmeentwicklung *f* [pow]; Wärmeerzeugung *f* [pow]

heat generator Wärmeerzeuger *m* [pow]
heat image Wärmebild *n* [any]
heat input eingebrachte Wärme *f* [pow];
Wärmeeinspeisung *f* [pow]; Wärmezufuhr *f*
[pow]
heat input, rated - Nennwärmebelastung *f* [pow]
heat insulant Wärmedämmstoff *m* [met]
heat insulation Wärmeschutz *m* [pow]; Wärmedämmung *f* [pow]; Wärmeisolation *f* [pow];
Wärmeisolierung *f* [pow]
heat insulation board Wärmeschutzplatte *f* [pow]
heat insulation compound Wärmedämmmasse *f*
[met]
heat insulation glazing Wärmedämmverglasung *f*
[met]; Wärmeschutzverglasung *f*
Heat Insulation Ordinance Wärmeschutzverordnung *f* [jur]
heat insulation plaster Wärmedämmputz *m*
heat insulation plaster system Wärmedämmputzsystem *n*
heat insulation plate Wärmeschutzplatte *f* [pow]
heat insulator Wärmedämmstoff *m* [met]; Wärmeisolator *m* [met]
heat intake of a network, specific - Wärmenetzein-
speisung *f* [pow]
heat interchange Wärmeausgleich *m* [pow]
heat irradiation Wärmeeinstrahlung *f* [prc]
heat lagging Wärmeisolierung *f* (z.B. für Leitungen)
[prc]
heat level Heizstufe *f* (Gebäude) [pow]
heat load Wärmebelastung *f* [pow]
heat load densitiy Wärmelastdichte *f* [pow]
heat loss Wärmeabfluss *m* [pow]; Wärmeverlust *m*
[pow]; Verlustwärme *f* [pow]; Wärmeabgabe *f*
[pow]
heat loss coefficient Wärmeverlustkoeffizient *m*
[pow]
heat loss, transmission - Transmissionswärmebedarf *m* (Wärmebedarfsrechnung) [pow]
heat measurement Wärmemessung *f* (Mengenmessung) [any]
heat measuring device Wärmemengenmesseinrichtung *f* [any]
heat meter Wärmemengenzähler *m* [any]
heat of hydration Abbindewärme *f* [met]
heat of radiation Strahlungswärme *f* [pow]
heat of setting Abbindewärme *f* (Zement) [met]
heat output Wärmeabgabe *f* [pow]; Wärmeleistung
f [pow]
heat output capacity to be made available
bereitzustellende Wärmeleistung *f* (Fernheiznetz)
[pow]
heat output capacity, maximum - Wärmeengpassleistung *f* [pow]
heat output capacity, mean - mittlere Wärmeleistung *f* (Fernwärme) [pow]

heat output capacity, rated - Wärmenennleistung *f*
[pow]
heat output, peak - Spitzenwärmeabgabe *f*
(Fernwärme) [pow]
heat production Wärmeentwicklung *f* [pow];
Wärmeerzeugung *f* [pow]
heat protection Wärmeschutz *m* [pow]
heat pump Wärmepumpe *f* [pow]
heat radiation thermische Strahlung *f* [phy];
Wärmestrahlung *f* [pow]
heat radiator Heizradiator *m* [pow]; Wärmestrahler
m [pow]
heat rate Wärmestrom *m* [pow]
heat rays Wärmestrahlung *f* [phy]
heat reclamation Wärmegewinnung *f* [pow]
heat recovery Wärmerückgewinnung *f* [pow]
heat recovery system Wärmerückgewinnungssystem *n* [pow]
heat regeneration Wärmerückgewinnung *f* [pow]
heat rejection Wärmeauskopplung *f* [pow]
heat release Wärmeerzeugung *f* [pow]; Wärmefreisetzung *f* [pow]
heat released freigesetzte Wärme *f* [pow]
heat removal Wärmeableitung *f* [pow]
heat removed abgeführte Wärme *f* [pow]
heat required Wärmebedarf *m* [pow]
heat requirement calculation Wärmebedarfsrechnung *f* [pow]
heat requirements Wärmebedarf *m* [pow]
heat reservoir Wärmespeicher *m* [pow]
heat resistance Hitzebeständigkeit *f* [met];
Temperaturbeständigkeit *f* [met]
heat sensor Wärmefühler *m* [any]
heat sink Wärmesenke *f* [pow]
heat source Wärmequelle *f* [pow]
heat storage Wärmespeicherung *f* [pow]
heat storage magnitude Wärmespeicherwert *m* (in
Wänden usw.)
heat stress thermische Spannung *f* [met]; Wärmebelastung *f* [met]
heat substation Hausstation *f* (Fernwärme) [pow]
heat supplied abgegebene Wärmemenge *f* (Fernwärme) [pow]
heat supply Wärmeangebot *n* [pow]; Wärmeabgabe
f [pow]; Wärmezufuhr *f* [pow]
heat supply contract Wärmeliefervertrag *m* [pow]
heat supply costs Wärmebereitstellungskosten *pl*
[pow]
heat supply, local - Nahwärmeversorgung *f* [pow]
heat tariff Wärmetarif *m* (Fernwärme) [pow]
heat technology Wärmetechnik *f* [pow]
heat tension thermische Spannung *f* [met]
heat to be dissipated abzuführende Wärmeleistung *f*
[pow]
heat tolerance Hitzeerträglichkeit *f* [asi]; Wärmetoleranz *f* [des]

heat transfer Wärmedurchgang *m* [pow];
Wärmeübergang *m* [pow]; Wärmeübertragung *f*
[pow]
heat transfer area Wärmeübertragungsfläche *f*
[pow]
heat transfer by conduction Wärmeübergang durch
Leitung *m* [pow]
heat transfer by convection Wärmeübergang durch
Konvektion *m* [pow]
heat transfer by radiation Wärmeübergang durch
Strahlung *m* [pow]
heat transfer coefficient Wärmedurchgangskoeffizient *m* [prc]; Wärmeübergangskoeffizient *m*
[pow]; Wärmeübergangszahl *f* [pow]
heat transfer rate Wärmeübergangsleistung *f* [pow]
heat transfer resistance Wärmeübergangswiderstand *m* [pow]
heat transfer resistance, indoor surface - innerer
Wärmeübergangswiderstand *m* (Wärmebedarfsrechnung) [pow]
heat transfer, radiative - Wärmeübergang durch
Strahlung *m* [pow]
heat transition coefficient Wärmedurchgangskoeffizient *m* (k-Wert); Wärmedurchgangswert *m* (k-
Wert)
heat transmission Wärmedurchgang *m* [pow];
Wärmeübertragung *f* [pow]
heat transport Wärmetransport *m* [pow]
heat trap Wärmefalle *f* [pow]
heat treatment Temperaturbehandlung *f* [met];
Vergütung *f* [met]; Wärmebehandlung *f* [met]
heat up aufheizen *v*
heat yield Wärmeausbeute *f* [pow]
heat-absorbing glass Wärmeschutzglas *n* [met]
heat-actuated detector wärmeabhängige Auslösevorrichtung *f* (Brandschutz) [any]
heat-and-power plant Heizkraftwerk *n* [pow]
heat-and-power station Heizkraftwerk *n* [pow]
heat-conducting wärmeleitend [met]
heat-conducting cement Wärmeleitzement *m* [met]
heat-conductive wärmeleitend [met]
heat-conveying wärmeführend [pow]
heat-exchanging medium Wärmeträger *m* [pow]
heat-generating Wärme erzeugend
heat-generating station Wärmekraftwerk *n* [pow]
heat-impermeable wärmeundurchlässig [met]
heat-insulated wärmegedämmt [met]; wärmeisoliert [pow]
heat-insulating wärmedämmend [pow]; wärmeisolierend [pow]; wärmeundurchlässig [met]
heat-insulating board Wärmedämmplatte *f* [met]
heat-insulating course Wärmedämmschicht *f* [met]
heat-insulating covering Wärmeschutzverkleidung *f*
[pow]
heat-insulating facade Wärmedämmfassade *f*
heat-insulating jacket Isoliermatte *f* [pow]

heat-insulating lagging Wärmeschutzverkleidung *f*
[pow]
heat-insulating layer Wärmedämmschicht *f* [met]
heat-insulating material Wärmedämmstoff *m*
[met]; wärmeisolierender Baustoff *m* [met]
heat-insulating plaster Wärmeputz *m* [met]
heat-insulating wallpaper Wärmedämmtapete *f*
[met]
heat-loss connection Kältebrücke *f*
heat-proof hitzebeständig [met]; hitzefest [met];
wärmebeständig [met]; wärmefest [met]; warmfest
[met]
heat-proof clothing Hitzeschutzkleidung *f* [asi]
heat-protection class Wärmeschutzklasse *f*
heat-protection glass Wärmeschutzglas *n* [met]
heat-protection suit Wärmeschutzanzug *m* [asi]
heat-protective clothing Hitzeschutzanzug *m* [asi];
Hitzeschutzkleidung *f* [asi]; Wärmeschutzkleidung
f [asi]
heat-resistant hitzebeständig [met]; temperaturbeständig; thermisch beständig [met]; wärmebeständig [met]
heat-resistant clothing Wärmeschutzkleidung *f* [asi]
heat-resistant concrete Feuerfestbeton *m* [bon];
hitzebeständiger Beton *m* [bon]
heat-resistant glass hitzebeständiges Glas *n* [met]
heat-resistant glove Hitzeschutzhandschuh *m* [asi]
heat-resistant jacket Wärmeschutzmantel *m* [asi]
heat-resistant paint wärmebeständige Farbe *f* [met]
heat-resistent warmfest [met]
heat-resisting hitzebeständig [met]; hitzefest [met];
thermisch beständig [met]; wärmefest [met]
heat-resisting glass feuerfestes Glas *n* [met]
heat-resisting quality Hitzebeständigkeit *f* [met]
heat-sensitive wärmeempfindlich [met]
heat-sensitive detector Wärmefühler *m* [any]; Wärmemelder *m* (Brandschutz) [any]; wärmeabhängige
Auslösevorrichtung *f* (Brandschutz) [any]
heat-sensitive material wärmeempfindliches Material *n* [met]
heat-sensitive substance wärmeempfindlicher Stoff
m [met]
heat-setting mortar warm härtender Mörtel *m* [met]
heat-solvent tape hot-setting adhesive Warmkleben *n* [met]
heat-storing mass wärmespeichernde Heizflächen
pl [pow]; Wärmespeichermasse *f* [pow]
heat-strengthened glass Einscheibensicherheitsglas
n [met]
heat-treated wärmebehandelt [met]
heat-treated glass gehärtetes Glas *n* [met]
heat-treated steel Vergütungsstahl *m* [met]
heated erhitzt [pow]
heated floor beheizter Fußboden *m*
heated room Wärmestube *f* (historisch: Sozialraum)
[arc]

heater Heizgerät *n* [pow]; Heizapparat *m* [pow]; Heizkörper *m* [pow]; Heizvorrichtung *f* [pow]
heater coil Heizschlange *f* [pow]
heater rod Heizstab *m* [pow]
heating Erhitzen *n* [pow]; Heizen *n* [pow]; Beheizung *f*; Feuerung *f* (Heizung) [pow]
heating air Heizluft *f* [pow]
heating and hot water boiler Heizkessel *m* [pow]
heating appliance Heizgerät *n* [pow]; Heizapparat *m* [pow]
heating boiler Heizkessel *m* [pow]
heating by circulating air Umluftheizung *f* [prc]
heating by gas Gasheizung *f* [pow]
heating cable Heizkabel *m* [elt]
heating capacity Heizleistung *f* [pow]
heating cellar Heizungskeller *m*
heating channel Heizkanal *m* (<B>) [pow]
heating circuit Heizkreis *m* [pow]
heating cogeneration Kraft-Wärme-Kopplung zu Heizzwecken *f* [pow]
heating coil Heizschlange *f* [elt]; Heizspirale *f* [elt]
heating conductor Heizleiter *m* [elt]; Heizleitung *f* [elt]
heating control system Heizungssteuerung *f* (Anlage) [pow]
heating convector Konvektionsheizgerät *n* [pow]; Konvektor *m* [pow]
heating costs Heizkosten *pl* [pow]
heating costs distribution system Heizkostenabrechnungssystem *n* [eco]
heating curve Erwärmungskurve *f* (Werkstücke) [wer]
heating day Heiztag *m* [pow]
heating degree day Heizgradtag *m*
heating device Heizgerät *n* [pow]; Heizvorrichtung *f* [pow]
heating duct Heizkanal *m* [pow]
heating element Heizelement *n* [pow]; Heizkörper *m* [pow]
heating energy Heizwärme *f* [pow]
heating engineering Heizungstechnik *f* [pow]
heating equipment Heizgeräte *pl* [pow]
heating filament Heizfaden *m* [elt]
heating fittings Heizungsarmaturen *pl* [tga]
heating inset Heizpatrone *f* [pow]
heating installation Heizungsanlage *f* [pow]
heating insulation Heizungsisolierung *f* [tga]
heating jacket Heizmantel *m* [pow]
heating mat Heizmatte *f* [tga]
heating material Heizmittel *n* [pow]
heating medium Heizmedium *n* [pow]; Wärmeträger *m* [pow]
heating of bodies of water Gewässererwärmung *f* [was]
heating output Heizleistung *f* [pow]
heating passage Heizkanal *m* (<A>) [pow]

heating period Heizperiode *f* [pow]
heating pipe Heizrohr *n* [pow]
heating pipeline Heizleitung *f* (Fernwärme) [pow]
heating plant Heizwerk *n* [pow]; Heizungsanlage *f* [pow]; Heizvorrichtung *f* [pow]
heating resistance Heizwiderstand *m* [elt]
heating resistor Heizwiderstand *m* [elt]
heating sleeve Heizmanschette *f*
heating spiral Heizwendel *f* [pow]
heating station Heizwerk *n* [pow]
heating strip Heizband *n* [elt]
heating system Heizanlage *f* [pow]; Heizung *f* [pow]
heating system inspector Schornsteinfeger *m* [pow]
heating tape Heizband *n* [elt]
heating tube Heizrohr *n* [pow]
heating tube bundle Heizrohr *n* [pow]
heating unit Heizgerät *n* [pow]
heating value Heizwert *m* [pow]
heating value, lower - unterer Heizwert *m* [pow]
heating water Heizwasser *n* [pow]
heating water system Heizwassersystem *n* [pow]
heating with coke Koksheizung *f* [pow]
heating-current circuit Heizstromkreis *m* [elt]
heating-energy conservation Heizenergieeinsparung *f* [pow]
heatproof clothing Wärmeschutzkleidung *f* [asi]
heave Heben *n*; Auftrieb *m* (Standsicherheit)
heave hochwinden *v*
heave by frost auffrieren *v*
heavily built-up dicht bebaut [com]
heavily loaded hoch belastet; stark belastet [phy]
heavy aggregate Schwerzuschlag *m* (zu Zement usw.) [met]
heavy concrete Schwerbeton *m* [bon]
heavy current Starkstrom *m* [elt]
heavy derrick Schwergutladebaum *m*; Schwergutmastenkran *m*
heavy dumper Schwerlastkipper *m* [tra]
heavy excavator Hochleistungsbagger *m*
heavy fraction Schwergut *n* (Feststofftrennung) [prc]
heavy load Schwerlast *f*
heavy metal alloy Schwermetalllegierung *f* [met]
heavy metal content Schwermetallgehalt *m* [che]
heavy metal element Schwermetall *n* [met]
heavy metal removing Schwermetallentfernung *f* [was]
heavy metal-rich schwermetallhaltig [met]
heavy plate Grobblech *n* [met]
heavy road ausgefahrene Straße *f* [tra]
heavy soil schwerer Boden *m* [geo]
heavy spar Schwerspat *m* (Bariumsulfat) [che]
heavy traffic, with - verkehrsreich [tra]
heavy-aggregate concrete Schwerbeton *m* [bon]
heavy-duty hoch beansprucht

heavy-duty cable Starkstromkabel *n* [elt]
heavy-duty contact Hochleistungskontakt *m* [elt]
heavy-load traffic Schwerlastverkehr *m* [tra]
heavy-timber construction massive Holzkonstruktion *f*
heavyweight concrete Schwerbeton *m* [bon]
hectare Hektar *m* (1 ha = 10 000 m²)
heel Hinterende des Hobels *n* [wzg]; wasserseitiger Fuß *m* (Wasserbau: z.B. Fuß eines Damms)
heel of a dam Dammfuß *m*
height Höhe *f* (geometrisch) [geo]
height above datum Höhenkote *f*
height above floor Abstand vom Boden *m*
height above ground Erdüberdeckung *f* [tib]
height clearance freie Höhe *f* [des]
height concept Höhenkonzept *n*
height finder Höhenmesser *m* [any]
height guard Höhensicherung *f* [asi]
height measurement Höhenmessung *f* [any]
height of arch Bogenhöhe *f*
height of bank Uferhöhe *f* [geo]
height of construction Bauhöhe *f*
height of fill Füllstand *m* (Schüttgüter) [prc]; Anfüllungshöhe *f* [prc]
height of pile Stapelhöhe *f*
height requirement Höhenvorgabe *f* (z.B. Gebäude-, Geschosshöhe) [des]
height to the ridge of the roof Firsthöhe *f*
height, effective - Nutzhöhe *f* [des]
heightening of building Aufstocken *n* (z.B. Gebäude, Halle)
helical schraubenförmig; spiralförmig; wendelförmig
helical barrel vault Schneckengewölbe *f* [arc]
helical blade Mischschaufel *f* (Betonmischer) [bon]; Mischwendel *f* [prc]
helical chute Wendelrutsche *f* [prc]
helical conveyor Schneckenförderer *m* [prc]; Schraubenförderer *m* [prc]
helical reinforcement Spiralbewehrung *f* [bon]; Spiralbewehrung *f* [bon]; Wendelbewehrung *f* [bon]
helical staircase Wendeltreppe *f* [arc]
helical tunnel Kehrtunnel *m* [tra]
helicoid wendelförmig
helium leak detector Heliumlecksucher *m* [any]
helmet Helm *m* (Schutzhelm) [asi]; Kopfschützer *m* [asi]
helmet-type hearing protector Gehörschutzhelm *m* [asi]; Schallschutzhelm *m* [asi]
hemiellipsoidal halbellipsenförmig
hemispherical dome Kugelkuppel *f* [arc]
heritage conservation Denkmalschutz *m* [arc]
hermetically closed luftdicht verschlossen
herringbone course Sägeverband *m*
herringbone drainage Fischgrätendränage *f* [was]

herringbone parquet Fischgrätenparkett *n*
herringbone pattern Ellbogenverband *m*
herringbone strut Kreuzstake *f*
hesitation setting vorübergehendes Erstarren *n* [met]
hew hauen *v* (hacken)
hexagon steel Sechskantstahl *m* [met]
hexagonal sechseckig
hexagonal bar Sechskantstab *m* [met]
hexangular sechseckig
hickey Rohrbiegegerät *n* [wzg]
hidden defect verborgener Mangel *m*; versteckter Mangel *m*
hidden installation Unterputzinstallation *f* [elt]
hidden line verdeckte Linie *f* [des]
high bank Hochufer *n* [wba]
high current Starkstrom *m* [elt]
high dam Hochdamm *m*
high flow Hochwasserabfluss *m* [wba]
high in ash aschereich [met]
high molecular weight, of - hochmolekular [che]
high mountain region Hochgebirge *n* [geo]
high peaked roof Steildach *n*
high plain Hochebene *f* [geo]
high polymer Hochpolymer *n* [che]
high-pressure polyethylene Hochdruckpolyäthylen *n* [met]
high rise construction Hochhausbau *m* (Bauvorgang)
high road Chaussee *f* [tra]
high side light Seitenoberlicht *n*
high solid lösungsmittelfreies Anstrichmittel *n* [met]
high technology Spitzentechnologie *f* ("high tech")
high voltage Hochspannung *f* [elt]
high window Oberlicht *n* (in Wand)
high-alloy hochlegiert [met]
high-alumina cement Tonerdezement *m* [met]
high-alumina fireclay Diasporton *m* [met]; tonerdereicher Ton *m* [met]
high-alumina fused concrete Tonerdeschmelzbeton *m* [bon]
high-bay racking Hochregallager *n* [wer]
high-build paint dickschichtiger Anstrich *m* [met]
high-capacity battery Hochleistungsbatterie *f* [elt]
high-capacity road network Hauptverkehrsstraßennetz *n* [tra]
high-capacity screening Hochleistungssiebung *f* [prc]
high-carbon steel Hartstahl *m* [met]; Kohlenstoffstahl *m* [met]
high-density concrete Schwerbeton *m* [bon]; Schwerbeton *m* [bon]
high-density polyethylene Hochdruckpolyäthylen *n* [met]
high-density PVC Hart-PVC *n* [met]
high-duty hoch beansprucht

high-early-strength concrete früh hochfester Beton *m* [bon]

high-efficiency cogeneration hocheffiziente Kraft-Wärme-Kopplung *f* [pow]

high-efficiency separator Hochleistungssichter *m* [prc]

high-expansion cement Quellzement *m* [met]

high-expansion concrete Quellbeton *m* [bon]

high-frequency cable Hochfrequenzkabel *n* [elt]

high-frequency current Hochfrequenzstrom *f* [elt]

high-frequency heating Hochfrequenzheizung *f* [elt]

high-frequency induction furnace Hochfrequenzinduktionsofen *m* [elt]

high-intensity discharge lamp Hochleistungsleuchtstofflampe *f* [elt]

high-level reservoir Hochspeicherbecken *n* [wba]

high-level tank Hochspeicherbecken *n* [wba]

high-level water tank Wasserhochbehälter *m* [was]

high-low water-level alarm Wasserstandsalarm *m* [was]

high-nickel alloy Nickelbasislegierung *f* [met]

high-performance Hochleistungs-

high-performance battery Hochleistungsbatterie *f* [elt]

high-performance cement Hochleistungszement *m* [met]

high-performance composite materials Hochleistungsverbundwerkstoff *m* [met]

high-pitched roof Steildach *n*

high-placed window hochsitzendes Fenster *n*

high-power transformer Hochleistungstransformator *m* [elt]

high-pressure grinding roller Gutbett-Walzenmühle *f* [prc]

high-pressure jetting Hochdruckstrahlverfahren *n*

high-pressure lamp Hochdrucklampe *f* [elt]

high-pressure lubricant Hochdruckschmierstoff *m* [met]

high-pressure polyethylene Hochdruckpolyethylen *n* [met]

high-pressure synthesis Hochdrucksynthese *f* [che]

high-pressure water Druckwasser *n* [was]

high-pressure water jetting Druckwasserspülung *f* [was]

high-purity hochrein

high-quality recycling hochwertige Verwertung *f* [rec]

high-quality steel Edelstahl *m* [met]

high-rate digestion Schnellfaulung *f* (Kläranlage)

high-reactivity reaktionsfreudig [che]

high-rise block Hochhaus *n*

high-rise building Hochhaus *n*

high-rise flats Wohnhochhaus *n*

high-rise folly Torheit des Baus von Wohnsilos *f*

high-rise office building Bürohochhaus *n*

high-rise parking building Parkhochhaus *n*

high-risk area Gefahrenbereich *m* [asi]

high-risk potential Gefahrenpotenzial *n* [asi]

high-safety glazing Hochsicherheitsverglasung *f*

high-sided gondola Hochbordwagen *m* (Bahn) [tra]

high-slump weich (Beton: Konsistenz) [met]

high-speed fuse superflinke Sicherung *f* [elt]

high-speed motorway Schnellstraße *f* [tra]

high-speed response schnelles Ansprechen *n* [elt]

high-speed wind turbine Schnellläufer *m* (Windenergieanlage) [pow]

high-strength hochfest [met]

high-strength cement hochfester Zement *m* [met]

high-strength concrete hochfester Beton *m* [bon]

high-stressed node hoch beanspruchter Knoten *m* [sik]

high-temperature adhesive Hochtemperaturklebstoff *m* [met]

high-temperature fuel cell Hochtemperaturbrennstoffzelle *f* [pow]

high-temperature insulation hochtemperaturbeständige Isolierung *f* [met]

high-temperature resistant hochtemperaturbeständig [met]; hochwarmfest [met]

high-temperature resisting hochwarmfest [met]

high-temperature stability Hitzebeständigkeit *f* [met]

high-temperature strength Warmfestigkeit *f* [met]

high-temperature structural steel warmfester Baustahl *m* [met]

high-temperature water Heißwasser *n* (Fernwärme) [pow]

high-tenacity hochfest [met]

high-tensile hochzugfest [met]

high-tensile steel wire hochfester Spannstahl *m* [bon]

high-tensile structural steel hochfester Baustahl *m* [met]

high-tension insulator Hochspannungsisolator *m* [elt]

high-tension tower Hochspannungsmast *m* [elt]

high-vacuum grease Hochvakuumfett *n* [che]

high-viscosity hochviskos [met]

high-visibility clothing Warnkleidung *f* [asi]

high-voltage cable Hochspannungskabel *n* [elt]

high-voltage circuit breaker Hochspannungsschalter *m* [elt]

high-voltage discharge Hochspannungsentladung *f* [elt]

high-voltage distribution Hochspannungsversorgung *f* [elt]

high-voltage fuse Hochspannungssicherung *f* [elt]

high-voltage generator Hochspannungsgenerator *m* [elt]

high-voltage grid Hochspannungsstromversorgungsnetz *n* [elt]

high-voltage installation Hochspannungsanlage *f* [elt]
high-voltage luminous discharge lamp Hochspannungsleuchtröhre *f* [elt]
high-voltage network Hochspannungsnetz *n* [elt]
high-voltage overhead line Hochspannungsfreileitung *f* [elt]
high-voltage plant Hochspannungsanlage *f* [elt]
high-voltage pole Hochspannungsmast *m* [elt]
high-voltage power supply Hochspannungsversorgung *f* [elt]
high-voltage rectifier Hochspannungsgleichrichter *m* [elt]
high-voltage supply Hochspannungsversorgung *f* [elt]
high-voltage switch Hochspannungsschalter *m* [elt]
high-voltage switchgear Hochspannungsschaltgerät *n* [elt]; Hochspannungsschaltanlage *f* [elt]
high-voltage system Hochspannungssystem *n* [elt]
high-voltage transmission line Hochspannungsleitung *f* [elt]
high-voltage transmission tower Hochspannungsmast *m* [elt]
high-water flow Abflussmenge bei Hochwasser *f* [was]
high-water overflow Hochwasserüberlauf *m* [was]
high-yield steel Stahl mit hoher Streckgrenze *m* [met]
highest level Höchststand *m*
highest-speed charging Schnellstladung *f* (Batterie) [elt]
highly alloyed hochlegiert [met]
highly cross-linked hochvernetzt [met]
highly purified material Reinstoff *m* [met]; Reinsubstanz *f* [met]
highly stressed hoch beansprucht
highly viscous hochviskos [met]
highway Chaussee *f* [tra]; Schnellstraße *f* (USA) [tra]
highway access Autobahnanschluss *m* (<A>) [tra]
highway bridge Autobahnbrücke *f*
highway concrete Straßenbeton *m* [bon]
highway construction Straßenbau *m* [tib]
highway network Schnellstraßennetz *n* [tra]
hillside Hang *m* [geo]
hillside blasting Hangsprengung *f* [tib]
hillside borrow Hangentnahme *f* [tib]
hillside location Hanglage *f* [geo]
hillside quarrying Hangabbau *m* [roh]
hillside slope Hangböschung *f* [geo]
hillside water Hangwasser *n* (Grundwasser) [was]
hillslope Abhang *m* [geo]
hilly landscape Hügellandschaft *f* [geo]
hindered torsion Wölbkrafttorsion *f* [sik]
hindrance of execution Behinderung der Ausführung *f* [jur]

hinge Gelenk *n*; Angel *f* (Türangel)
hinge bolt Gelenkbolzen *m* [tec]
hinge plate Türband *n*
hinge side of door Türanschlag *m*
hinge, perfect - reibungsloses Gelenk *n* [sik]
hinge, plastic - plastisches Gelenk *n*
hinge-bolt framework Gelenkbolzenfachwerk *n* [stb]
hinged gelenkig gelagert; kippbar; schwenkbar [tec]
hinged arch Gelenkbogen *m*
hinged beam Gelenkträger *m*
hinged connection Gelenkverbindung *f*
hinged door Schwenktor *n*; Klapptür *f*
hinged frame Gelenkrahmen *m* [stb]
hinged gate Drehtor *n*; Gelenkverschluss *m* [wba]
hinged girder Gelenkträger *m*; Gerberträger *m*
hinged girder bridge Gelenkträgerbrücke *f*
hinged member Pendel *n* [stb]
hinged post Gelenkstütze *f*
hinged sash window Klappfenster *n*
hinged support frei drehbares Auflager *n*; Pendelstütze *f*
hinged truss Gelenkbinder *m*
hingeless gelenklos
hingeless arch eingespannter Bogen *m*
hip Walm *m*; Grat *m*
hip area Walmfläche *f* (Dach)
hip bath Sitzbad *n* (Badewanne); Sitzbadewanne *f*
hip rafter Gratsparren *m* (Holz)
hip roof Walmdach *n*
hip truss Walmdachbinder *m*
hip vertical Eckpfosten *m* (z.B. an Fachwerkbrücken) [stb]
hip-and-valley roof eingeschnittenes Satteldach *n*
hipped area Walmfläche *f* (Dach)
hipped roof Walmdach *n*
hipped windrow Trapezmiete *f* (Kompost) [rec]
histogram Säulendiagramm *n* [des]
historic centre Altstadt *f*
historic monument Baudenkmal *n*
historical building Baudenkmal *n*
historical monument Baudenkmal *n*
Historical Monuments Preservation Act Denkmalschutzgesetz *n* [jur]
history of styles Stilgeschichte *f* [arc]
hit schlagen *v*
hoarding Bauzaun *m*
hobby-room Hobbyraum *m*
hog Stich *m*
hog fuel burner Holzstaubbrenner *m* [pow]
hogging Aufwölbung *f*
hogging moment Aufwölbungsmoment *n*
hoist Hebewerk *n*; Aufzug *m* (Hebevorrichtung); Bauaufzug *m*; Fahrstuhl *m* (Lasten-); Winde *f*
hoist fördern *v* (heben); hochwinden *v*

hoist chain Hubkette *f* [tec]
hoist lever Hubwindehebel *m*
hoist limitation Hubbegrenzung *f*
hoist operator Hebekranführer *m*
hoist tower Aufzugsgerüst *n*
hoisting appliance Hebezeug *n*
hoisting cable Aufzugseil *n*; Förderseil *n*
hoisting capacity Hubkraft *f* (Kran)
hoisting carriage Hubwindenfahrgestell *n*
hoisting device Hebevorrichtung *f*; Hubvorrichtung *f*
hoisting engine Fördermaschine *f*
hoisting equipment Hebezeug *n*
hoisting gear Hebezeug *n* [tec]; Hubwerk *n*; Hubzug *m* [tec]
hoisting height Hubhöhe *f*
hoisting machine Hebemaschine *f*
hoisting platform Hubbühne *f*
hoisting rope Förderseil *n*; Hubseil *n*; Lastseil *n*
hoisting shoe Kranaufhängung *f*
hoisting speed Hubgeschwindigkeit *f*
hoisting tackle Hebezeug *n* [tec]
hoisting unit Hubwerk *n*
hoisting winch Hubwinde *f*
hoistway Fahrstuhlschacht *m*
hold circuit Halteglied *m* [elt]
hold tank Speicherbecken *n* [was]
holder Fassung *f* (z.B. Glühbirne) [elt]
holder-on Vorhalter *m* [wzg]
holdfast Schraubenzwinge *f* [wzg]
holding bolt Befestigungsschraube *f* [tec]
holding current Haltestrom *m* [elt]
holding girder Sturzträger *m*
holding primer Fertigungsanstrich *m* [met]
holding relay Halterelais *n* [elt]
holding rod Haltestab *m*
holding rope Halteseil *n*
holding tank Auffangbehälter *m* [was]
holding-down bolt Ankerbolzen *m*; Fundamentanker *m*; Fundamentbolzen *m*; Ankerschraube *f* [tec]; Befestigungsschraube *f* [tec]; Fundamentschraube *f*
holding-down chair Unterlagsplatte *f* (Brücke)
hole Loch *n* (Öffnung, Lücke)
hole centre Bohrungsmitte *f* [des]; Lochmitte *f* [des]
hole circle Lochkreis *m* [des]
hole clearance Lochspiel *n* [des]
hole diameter Lochdurchmesser *m* [des]
hole footing Köcherfundament *n*
hole in the ground Erdloch *n*
hole pattern Lochbild *n* [des]
hole pitch Lochteilung *f* [des]
hole spacing Lochteilung *f* [des]
hole-centre spacing Lochabstand *m* [des]
holiday home Urlaubsdomizil *n*

holiday hostel Ferienwohnheim *n*
holiday hotel Ferienhotel *n*; Urlaubshotel *n*
holiday house Ferienhaus *n*; Sommerhaus *n*
hollow Mulde *f* (Senke) [geo]
hollow abutment aufgelöstes Widerlager *n*
hollow beam Hohlkastenträger *m*; Hohlträger *m*
hollow block Füllkörper *m*; Großblocklochziegel *m*; Hohlblockstein *m*
hollow body Hohlkörper *m*
hollow box Hohlkasten *m*
hollow box girder Hohlkasten *m*; Kastenträger *m*
hollow box, multicell - mehrzelliger Hohlkasten *m*
hollow brick Hohlblockstein *m*; Hohlstein *m*; Lochziegel *m*
hollow column Hohlstütze *f*
hollow core block Hohlblockstein *m*
hollow core slab Hohldiele *f*
hollow girder Hohlkastenträger *m*; Hohlträger *m*; Kastenträger *m*
hollow piston jack Hohlkolbenpresse *f*
hollow pot Hohlblockstein *m*
hollow reinforced concrete deck Stahlbetonhohlplatte *f* (Brückenbau) [bon]
hollow rivet Hohlniet *m* [wer]
hollow rod Hohlgestänge *n*
hollow screw Hohlschraube *f* [tec]
hollow section Hohlprofil *n* [met]; Hohlquerschnitt *m* [met]
hollow shaft Pfeilerschaft *m*; Schaftschale *f*
hollow slab Hohlplatte *f*
hollow space Hohlraum *m* (Leervolumen); Kavität *f* [met]
hollow spun concrete pile Schleuderbetonhohlpfahl *m* [tib]
hollow stanchion Hohlstütze *f* (rund) [stb]
hollow steel pile Stahlrohrpfahl *m* [tib]
hollow tile Hohlziegel *m* (Dachz)
hollow wall Hohlmauer *f*; Hohlwand *f*
hollow zone Hohlstelle *f* [met]
hollow-shaped muldenförmig
hollowing Auskehlung *f*
holohedral vollflächig
home Eigenheim *n*; Haus *n* (Heim); Heim *n* (z.B. Altersheim); Wohnung *f*
home heating Wohnraumheizung *f* [pow]; Wohnungsheizung *f* [pow]
home improvement Hausmodernisierung *f*
home sewage Hausabwässer *pl* [was]
home signalling equipment Haussignalanlage *f* [elt]
home stall Eigenheimgrundstück *n*
home wiring Hausinstallation *f* (Elektroinstallation) [elt]
homeless shelter Obdachlosenheim *n*
homestead Eigenheim mit Garten *n*; Eigenheimgrundstück *n*
homogeneous sortenrein [met]

homogeneousness Homogenität *f*
homogenization silo Homogenisiersilo *m* [prc]
homogenizer silo Homogenisiersilo *m*
homogenizing Vergleichmäßigen *n* [prc]
homogenizing silo Homogenisiersilo *m* [prc]
honed fein geschliffen [met]
honeycomb brick Hochlochziegel *m* [met]
honeycomb construction Wabenbauweise *f* [des]
honeycomb element Wabenträger *m* [stb]
honeycomb structure Wabenbauweise *f* [des]
honeycomb tile Bienenwabenstein *m*
honeycomb wall Blendmauer *f*
honeycombed texture Wabenstruktur *f* [met]
hooded channel Haubenkanal *m* (für Fernwärmeleitungen)
hook Haken *m*
hook einhaken *v* (mit Haken)
hook anchor Hakenanker *m*
hook ladder Einhängeleiter *f*; Hängeleiter *f*;
Hakenleiter *f*
hook load Hakenlast *f*
hook with shank Schafthaken *m* [stb]
hoop iron Bandeisen *n* [met]; Eisenband *n* [met]
hoops Ringbewehrung *f* [bon]
hopper Behälterauslauf *m* [prc]; Bunker *m* (Silo,
trichterförmiger Austrag) [prc]; Fülltrichter *m*
[prc]; Trichter *m* (Beschickung) [prc]; Zuteiler *m*
[prc]; Übergabeeinrichtung *f*
hopper compartment Laderaum *m* (Nassbagger)
[wba]
hopper discharge Bunkerauslauf *m* [prc]
hopper dredge Hopperbagger *m*
hopper dredger Schachtbagger *m* [tib]
hopper filling system Silobefüllungsanlage *f* [prc]
hopper head Bunkerauslass *m* [prc]
hopper mixer Freifallmischer *m* [prc]
hopper shutter valve Bunkerabsperrschieber *m*
[prc]; Trichterabsperrschieber *m* [prc]
hopper slide gate valve Bunkerabsperrschieber *m*
[prc]; Trichterabsperrschieber *m* [prc]
hopper suction dredger, sea-going - Hopperbagger
m [wba]; Hoppersauger *m* [wba]
hopper window Kippfenster *m*
hopper-bottomed tank Trichterbecken *n* [was]
hopper-sash position Kippstellung *f* (Fenster)
horizon sensor Horizontmelder *m* [any]
horizontal horizontal; waagerecht
horizontal Horizontale *f*
horizontal abutment Widerlager *n* (Tonnengewölbe)
horizontal axis wind turbine Horizontalachsen-
Windturbine *f* [pow]
horizontal bar Horizontalbalken *m*
horizontal beam Horizontalbalken *m*; Wandriegel *m*
horizontal bond Horizontalverband *m* (Mauerwerk)
horizontal bracing Horizontalverband *m* [stb]

horizontal circle Horizontalkreis *m* (Vermessung)
[any]
horizontal conveyor Waagrechtförderer *m* [prc]
horizontal coursing Lagerfuge *f*
horizontal cut-off Sohldichtung *f* (Deponie) [geo]
horizontal displacement Horizontalverschiebung *f*
[geo]
horizontal form support Schalungsträger *m* [bon]
horizontal joint Lagerfuge *f* [stb]
horizontal load horizontale Belastung *f*
horizontal member Rahmenriegel *m* [stb]
horizontal planking Bohlenwand *f*
horizontal projection Horizontalprojektion *f* [des]
horizontal scanning Horizontalabtastung *f* [any]
horizontal screen Horizontalsieb *n* [prc]
horizontal section Grundriss *m* [des]; Horizontalschnitt *m* [des]
horizontal shear Längsschubkraft *f* [sik]
horizontal shoring waagerechter Verbau *m*
horizontal sieve Plansieb *n* [prc]
horizontal strut Horizontalstab *m*; Horizontalstrebe *f*
horizontal thrust Bogenschub *m* [sik]; Horizontalschub *m* [sik]
horizontal thrust component Horizontalschubkomponente *f*
horizontal tie Zugband *n*
horizontal vibrating screen
Horizontalvibrationssieb *n* [prc]
horizontal waterproofing layer waagerechte
Sperrschicht *f* (im Fundament)
horizontally perforated brick Langlochziegel *m*
horn Signalhorn *n* [asi]
horseshoe arch Hufeisengewölbe *n* [arc]; Hufeisenbogen *m* [arc]
horticultural residues Bestandsabfälle *pl* (Gartenbau) [far]
hose bib Außenwasserhahn mit Gewinde *m* (für
Schlauchanschluss)
hose bridge Schlauchbrücke *f*
hose levelling instrument Schlauchwaage *f* [any]
hose union Schlauchkupplung *f* [prc]
hospital Krankenhaus *n*
hospital building Krankenhausgebäude *n*
hospital window Kippfenster *m*
host controller Leitregler *m* [elt]
host rock Muttergestein *n* [geo]
hot asphalt Heißbitumen *n* [met]
hot binder Heißbindemittel *n* [met]
hot bitumen Heißbitumen *n* [met]
hot brittleness Warmsprödigkeit *f* [met]
hot cracking Warmrissbildung *f* [met]
hot face Feuerseite *f* (Ofen) [roh]
hot riveted warm genietet [met]
hot rolling Warmwalzen *n* [roh]
hot sealing Heißklebung *f* [wer]
hot shortness Warmbrüchigkeit *f* [met]

hot spot Wärmestau *m* [pow]; Temperaturspitze *f* (örtliche -) [pow]

hot water Heißwasser *n* [pow]

hot well Heißwasserbehälter *m* (hinter Kondensator) [pow]; Warmwasserbehälter *m* (hinter Kondensator) [pow]

hot-air curtain Warmluftvorhang *m*

hot-air heating Heißluftheizung *f* [pow]; Luftheizung *f* [pow]

hot-air motor Heißluftmotor *m* [pow]

hot-air oven Heißluftofen *m* [pow]

hot-dip galvanized feuerverzinkt [met]

hot-dip galvanizing Feuerverzinken *n* [met]; Feuerverzinkung *f* [met]; Tauchverzinkung *f* [met]

hot-galvanized feuerverzinkt [met]

hot-gas producer Heißgaserzeuger *m* [pow]

hot-melt adhesive Heißschmelzkleber *m* [met]; Schmelzkleber *m* [met]; Schmelzklebstoff *m* [met]

hot-melt glue Schmelzkleber *m* [met]

hot-rivet warm nieten *v* [wer]

hot-rolled asphalt Gussasphalt *m* [met]; Heißasphalt *m* [met]

hot-rolled steel warm gewalzter Stahl *m* [met]

hot-sealing adhesive Heißkleber *m* [met]

hot-setting adhesive Heißkleber *m* [met]; Warmklebstoff *m* [met]

hot-water accumulator Warmwasserspeicher *m* [pow]

hot-water boiler Heißwasserkessel *m* [pow]; Warmwasserkessel *m* [pow]

hot-water central heating Warmwasserheizung *f* [tga]

hot-water central heating system Warmwasserzentralheizung *f* [pow]

hot-water container Heißwasserspeicher *m* [tga]; Warmwasserspeicher *m* [tga]

hot-water flow Warmwasservorlauf *m* [pow]

hot-water generation Warmwasserbereitung *f* [pow]

hot-water generation plant Wassererwärmungsanlage *f* [pow]

hot-water generator Heißwassererzeugung *f* [tga]

hot-water heater Warmwasserheizgerät *n* [pow]

hot-water heating Heißwasserheizung *f* [tga]; Warmwasserheizung *f* [pow]; Zentralheizung *f*

hot-water heating system Warmwasserheizung *f* [pow]

hot-water line Warmwasserleitung *f* [tga]

hot-water network Warmwassernetz *n* [pow]

hot-water pipe Heißwasserrohr *n* [tga]; Warmwasserleitung *f* [tga]

hot-water pipeline Warmwasserleitung *f* [prc]

hot-water preparation Heißwasserbereitung *f* [elt]

hot-water producing plant Warmwasserbereitungsanlage *f* [pow]; Wassererwärmungsanlage *f* [pow]

hot-water pump Warmwasserpumpe *f* [prc]

hot-water return Warmwasserrücklauf *m* [pow]

hot-water riser Warmwassersteigleitung *f* [tga]

hot-water storage Warmwasserspeicherung *f* [pow]

hot-water storage tank Warmwasserspeicher *m* [pow]

hot-water supplier Heißwasserbereiter *m* [tga]

hot-water supply Warmwasserversorgung *f* [pow]

hot-water supply pipe Warmwasserleitung *f* [prc]

hot-water tank Heißwasserspeicher *m* [tga]; Warmwasserbehälter *m* [pow]; Warmwasserspeicher *m* [pow]

hotel construction Hotelbau *m* (Bauvorgang)

hotel entrance Hoteleingang *m*

hotel floor Hoteletage *f*

hotel lift Hotelaufzug *m*

hothead Brausekopf *m* (Dusche)

hourly stündlich

hourly rate Stundensatz *m* [eco]

house Gebäude *n* (Haus); Haus *n*

house alteration Gebäudeumbau *m*; Hausumbau *m*

house building Hausbau *m*; Wohnungsbau *m*

house connection Gebäudeanschlussleitung *f* (Versorgung oder Entsorgung)

house connection line Hausanschluss *m* [elt]; Hausanschlussleitung *f* [elt]

house construction file Bauakte *f* [jur]

house demolishing Hausabbruch *m* [rec]

house door Haustür *f*

house drain Grundleitung *f* [was]

house drainage Hausentwässerung *f* [was]

house dust Hausstaub *m*

house mains Installationsnetz *n* [elt]

house next door Nachbarhaus *n*; Nebenhaus *n*

house outlet Hausablauf *m* [was]

house service connection Hausanschluss *m* (Fernwärme) [pow]

house service connection, indirect - indirekter Hausanschluss *m* (Fernwärme) [pow]

house sewage Hausabwässer *pl* [was]

house technician Haustechniker *m* [wer]

house telephone Haussprechanlage *f* [elt]

house wall Hauswand *f*

house wiring Hausinstallation *f* [elt]

house, owner-occupied - Eigenheim *n*

house-building program Wohnungsbauprogramm *n*

house-connection room Hausanschlussraum *m* [tga]

house-wiring switch Hausinstallationsschalter *m* [elt]

housebreaking Hausabbruch *m* [rec]

household noise level Zimmerlautstärke *f* [aku]

household waste Siedlungsabfall *m* [rec]

housing Dosenkörper *m* (Steckdose) [elt]; Einbaudose *f* (Steckdose) [elt]; Unterbringung *f*; Verschalung *f* [tec]

housing and urban development Wohnungsbau und Städtewesen *m*

housing area Wohngebiet *n* [com]
housing association Wohnungsunternehmen *n* [eco]; Wohnungsgenossenschaft *f* [eco]
housing company Wohnungsbauunternehmen *n*
housing construction Wohnungsbau *m* (Bauvorgang)
housing construction program Wohnungsbauprogramm *n*
housing construction, new - Wohnungsneubau *m*
housing demand Wohnungsbedarf *m*; Wohnungsnachfrage *f*
housing density Wohndichte *f*
housing development Siedlungsbau *m*; Bebauung *f*
housing development, mixed - Mischbebauung *f*
housing development, multi-storey - mehrgeschossige Bebauung *f*
housing estate Wohnkomplex *m* [com]; Siedlung *f* [com]; Wohnanlage *f* [com]; Wohnsiedlung *f* [com]
housing estate scheme Wohnsiedlung *f* [com]
housing estate zone Kleinsiedlungsgebiet *n*
housing estate, new - Neubausiedlung *f*
housing estate, old - Altbaugebiet *n*
housing estates Siedlung *f* (Wohn-)
housing fire Wohnungsbrand *m*
housing legislation Wohnungsgesetzgebung *f* [jur]
housing management wohnungswirtschaftlich [eco]
housing market Wohnungsmarkt *m*
housing needs Wohnbedürfnisse *pl*
housing plan Bebauungsplan *m*
housing program Wohnungsbauprogramm *n*
housing projects, social - sozialer Wohnungsbau *m*
housing requirement Wohnungsbedarf *m*
housing scheme Wohnungsbauprojekt *n*
housing sector Wohnungssektor *m*
housing shortage Wohnungsmangel *m*
housing shortage, severe - Wohnungsnot *f* [eco]
housing site Wohnhausbaustelle *f*
housing society Wohnungsbaugesellschaft *f* [eco]
housing stock Hausbestand *m*
housing structure Wohnungsstruktur *f* [com]
housing tradition Wohnkultur *f*
housing unit Wohneinheit *f* (Gebäude mit Einzeleinheiten)
housing-property Wohnungseigentum *n* [eco]
hovel Hütte *f*
hub Drehkreuz *n* (Knotenpunkt) [tra]; Knoten *m*; Knotenverbindung *f* (Stabtragwerk)
hub airport Großflughafen *m* (Drehkreuz) [tra]
human scale menschlicher Maßstab *m* (Gestaltung) [arc]
humid room Feuchtraum *m*
humidification Befeuchtung *f*
humidity Feuchte *f*
humidity class Feuchtigkeitsklasse *f* [elt]
humidity content Feuchtegehalt *m*

humidity drying Klimatrocknung *f*
humidity insulation Feuchtigkeitsisolierung *f*
humidity measurement Feuchtemessung *f* [any]; Feuchtigkeitsmessung *f* [any]
humidity penetration Durchfeuchtung *f* [met]
humidity probe Feuchtefühler *m* [any]
humidity protected feuchtigkeitsgeschützt [met]
humidity protection Feuchtigkeitsschutz *m*
humidity sensor Feuchtefühler *m* [any]; Feuchtigkeitssensor *m* [any]
humidity stop Feuchtesperre *f* [met]
humus Humus *m* [geo]
humus earth Humuserde *f* [geo]
humus layer Humusschicht *f* [geo]
humus soil Humusboden *m* [geo]; Humuserde *f* [geo]
hung ceiling Hängedecke *f*
hut Bude *f* (Hütte)
hybrid beam Hybridstahlträger *m* [stb]
hybrid composite Hybridverbundwerkstoff *m* [met]
hybrid fibre Hybridfaser *f* [met]
hybrid girder Hybridträger *m*
hydrate Hydrat *n* [che]
hydrate abbinden *v* (Zement) [met]; hydratisieren *v* [che]; löschen *v* (Kalk); wässern *v* (hydratisieren)
hydrate of lime Kalkhydrat *n* (gelöschter Kalk) [che]
hydrate phase Hydratphase *f* [che]
hydrate-containing hydrathaltig [che]
hydrated abgebunden (Zement); gelöscht (Kalk) [met]; hydrathaltig [che]
hydrated lime Calciumhydroxid *n* [che]; Kalkhydrat *n* (gelöschter Kalk); gelöschter Kalk *m* [met]
hydrating Nasslöschen *n* (Kalk)
hydration Hydratisierung *f* [che]
hydration process Hydratationsverlauf *m* [che]
hydration product Hydratationsprodukt *n* [che]
hydration water Hydratwasser *n* [che]
hydraulic and sanitary engineering Siedlungswasserbau *m*
hydraulic backhoe Hydrauliklöffel *m*; Hydrobagger *m*
hydraulic binder hydraulisches Bindemittel *n* [met]; Mischbinder *m* [met]
hydraulic breaker Hydraulikhammer *m* [wzg]
hydraulic cement hydraulischer Zement *m* [met]
hydraulic cementitious material hydraulisches Bindemittel *n* [met]
hydraulic classifier Horizontalgerinne *n* [prc]; Stromklassierer *m* [prc]
hydraulic conductivity Gesteinsdurchlässigkeit *f* [geo]
hydraulic construction Wasserbau *m* [wba]
hydraulic crowd hydraulischer Vorstoß *m* (Hydraulikzylinder) [tec]
hydraulic cyclone Hydrozyklon *m* [was]

hydraulic dredge Nassbagger *m* [wba]; Saugbagger *m* [wba]

hydraulic dredger Saugbagger *m* [wba]

hydraulic embankment Spülkippe *f* [tib]

hydraulic engine Wasserkraftmaschine *f* [pow]

hydraulic engineering Wasserbau *m* [wba]

hydraulic engineering, steel - Stahlwasserbau *m* [wba]

hydraulic erosion dredger Spüler *m* [tib]

hydraulic excavator Hydraulikbagger *m* [tib]; hydraulischer Bagger *m* [tib]; Hydrobagger *m* [tib]

hydraulic fill Spülkippe *f* [tib]

hydraulic fill method Spülverfahren *n*

hydraulic filling Sandeinspülung *f*

hydraulic filling process Spülverfahren *n* [bon]

hydraulic fluid Druckflüssigkeit *f* [met]; Hydraulikflüssigkeit *f* [met]

hydraulic gear Flüssigkeitsgetriebe *n* [tec]

hydraulic generating unit Wasserkraftgenerator *m* [pow]

hydraulic gypsum Estrichgips *m*

hydraulic hammer Steinhammer *m* [wzg]

hydraulic hoist Hydraulikwinde *f*

hydraulic jack hydraulischer Hebebock *m*; hydraulische Hubspindel *f*

hydraulic lift hydraulisch betriebener Aufzug *m*; hydraulische Hebebühne *f*

hydraulic lime hydraulischer Kalk *m* [met]

hydraulic main Druckleitung *f* [was]

hydraulic mortar Hydraulikmörtel *m* [met]; hydraulischer Mörtel *m* [met]

hydraulic power Wasserkraft *f* [pow]

hydraulic pressure Flüssigkeitsdruck *m* [phy]; Wasserdruck *m* (im Boden) [was]

hydraulic ram Stoßheber *m*

hydraulic shovel Hydraulikbagger *m*; Hydrobagger *m*

hydraulic structure Wasserbauwerk *n*

hydraulic structures Wasserbauten *pl*

hydraulic test Abdrücken *n* (Rohre, Anlagen) [prc]; Druckprüfung *f* [any]; Wasserdruckprobe *f* [any]

hydraulic transport hydraulische Förderung *f* [prc]

hydraulic turbine Wasserturbine *f* [pow]

hydraulic work platform Hubarbeitsbühne *f*

hydraulically driven hydraulisch betätigt

hydraulically operated hydraulisch betrieben [tec]

hydraulicking hydraulischer Abbau *m* (Sand, Kies); Druckstrahlbaggerung *f* [tib]

hydrocarbon Kohlenwasserstoff *m* [che]

hydrocarbon pavement Schwarzdecke *f* (Straßenbau) [tib]

hydroelectric hydroelektrisch [pow]

hydroelectric generating station Wasserkraftwerk *n* [pow]

hydroelectric generator hydroelektrischer Generator *m* [pow]; Wasserkraftgenerator *m* [pow]

hydroelectric power Wasserkraft *f* [pow]

hydroelectric power plant hydroelektrisches Kraftwerk *n* [pow]; Wasserkraftwerk *n* [pow]

hydroelectric power station Wasserkraftwerk *n* [pow]

hydrogenate hydrieren *v* [che]

hydrogenated hydriert [che]

hydrogenize hydrieren *v* [che]

hydrology Gewässerkunde *f* [was]; Hydrologie *f* [was]

hydrometer analysis Schlämmanalyse *f* (Bauwesen) [any]

hydrophobic hydrophob [met]; nicht benetzbar [met]

hydrophobic property hydrophobe Eigenschaft *f* [met]

hydrophobic treatment Hydrophobieren *n* [che]

hydrophobizing agent Hydrophobierungsmittel *n* [met]

hydropower Wasserkraft *f* [pow]

hydropower plant Wasserkraftwerk *n* [pow]

hydrostatic hydrostatisch [was]

hydrostatic force Wasserdruckkraft *f* [was]

hydrostatic hose balance Schlauchwasserwaage *f* [any]

hydrostatic level Schlauchwasserwaage *f* [any]

hydrostatic pressure Flüssigkeitsdruck *m* [phy]; Wasserdruck *m* [was]

hydrostatic pressure head statische Druckhöhe *f* [was]

hydrostatic test Wasserdruckprobe *f* [any]; Wasserdruckprüfung *f* [any]

hydrotest Wasserdruckprüfung *f* [any]

hydrothermal hydrothermal [pow]

hydroturbine Wasserturbine *f* [pow]

hydrous wässrig; wasserhaltig

hydrous lime Löschkalk *m* [met]

hydrous solution wässrige Lösung *f* [che]

hygrometer Feuchtigkeitsmessgerät *n* [any]; Hygrometer *n* [any]; Feuchtigkeitsmesser *m* [any]; Luftfeuchtemesser *m* [any]

hygrometry Feuchtemessung *f* [any]; Feuchtigkeitsmessung *f* [any]

hygroscopic content Feuchtigkeitsgehalt *m* [met]

hygroscopic humidity hygroskopische Feuchte *f* (Wände usw.) [met]

hygroscopicity Hygroskopizität *f* [met]

hypermarket Einkaufszentrum *n*

hyperstatic statisch unbestimmt

hyperstatic system statisch unbestimmtes System *n*

hypocentre Erdbebenherd *m* [geo]

hypochlorate Chlorkalk *m* [met]

hypolimnion Tiefenwasser *n* [was]

I

I-beam section Doppel-T-Profil *m* [met]
ice layer Eisdecke *f* [geo]
ice load Eisdruck *m* (auf Gebäuden); Eislast *f* (auf Gebäuden)
ice pressure Eisdruck *m* [phy]
icy road vereiste Straße *f* [tra]
ideal bar idealvollkommener Stab *m* (Statik) [stb]
ideal member idealvollkommener Stab *m* (Statik) [stb]
identification marking of dimensions Maßkennzeichen *n* [des]
identification of hazards Gefahrenkennzeichnung *f* [asi]
identification of pollutants Schadstoffbestimmung *f* [any]
identifying colour Kennfarbe *f* [des]
idle brachliegend; stillstehend
idle corrosion Stillstandskorrosion *f* [met]
idle current Blindstrom *m* [elt]; Leerlaufstrom *m* [elt]; Ruhestrom *m* [elt]
idler Leerlaufturas *m* [tib]; Leerturas *m* [tib]; Umlenkturas *m* [tib]; Führungsrolle *f* [tec]; Leitrolle *f* [tec]; Rolle *f* (Transportband) [tec]; Umlenkrolle *f* [tec]
idler pulley Führungsrolle *f* [tec]; Spannrolle *f* [tec]
idler sprocket Spannkettenrad *n* [tec]; Umlenkturas *m* [tib]
ignitable entzündbar [met]; zündfähig [met]
ignitable waste brennbarer Abfall *m* [rec]
ignite entzünden *v* (Gas) [met]; zünden *v* [pow]
ignition battery Zündbatterie *f* [elt]
ignition equipment Zündeinrichtung *f* [elt]
ignition source Zündquelle *f* [pow]
ill-in nozzle Einfüllstutzen *m* [prc]
illegal dump wilde Deponie *f* [rec]
illuminant Leuchtkörper *m* [met]
illuminate beleuchten *v*
illuminated beleuchtet
illuminated ceiling Lichtdecke *f*
illuminated push-button Leuchttaster *m* (Schalter) [elt]
illumination Lichtdurchgang *m* (Fenster)
image aberration Bildfehler *m* [any]
image distortion Bildfehler *m* [any]
image representation bildliche Darstellung *f* [des]
image sensor Bildaufnehmer *m* [any]
imbibition moisture Saugwasser *n* (kapillar) [met]
Imhoff tank Emscherbecken *n* [was]; Emscherbrunnen *m* [was]

Imhoff's cone Imhoff-Trichter *m* (Bestimmung absetzbarer Stoffe) [was]
Imhoff's funnel Imhoff-Trichter *m* [was]
Imhoff's tank Imhoff-Brunnen *m* [was]
imitation marble Kunstmarmor *m* [met]
immature concrete nicht erhärteter Beton *m* [bon]
immeasurable unmessbar [any]
immersed tunnelling offene Tunnelbauweise *f* (Tiefbau)
immersion cell Tauchzelle *f* [any]
immersion depth Eintauchtiefe *f* [any]
immersion measuring cell Eintauchmesszelle *f* [any]
immersion probe Tauchfühler *m* [any]
immersion vibrator Betoninnenrüttler *m* [bon]; Innenrüttler *m* [bon]; Tiefenrüttler *m*
imminent danger drohende Gefahr *f* [asi]; unmittelbar drohende Gefahr *f* (Maschinenschutz) [asi]
immiscibility Nichtmischbarkeit *f* [met]
immiscibility range Mischungslücke *f* [met]
immission control Immissionsschutz *m*; Immissionsüberwachung *f* [any]
immission measurement Immissionsmessung *f* [any]
immission monitoring Immissionsüberwachung *f* [any]
immission prediction Immissionsprognose *f* [wet]
immuring Einmauerung *f*
impact angle Anstrahlwinkel *m* [wer]
impact assessment Folgenabschätzung *f*; Umweltfolgenabschätzung *f*
impact bending test Schlagbiegeversuch *m* [any]
impact breaker Prallbrecher *m* [prc]
impact breaker, single-impeller - Einwalzenprallbrecher *m* [prc]
impact cleaning Strahlreinigung *f* [wer]
impact coefficient Stoßbeiwert *m* [met]; Stoßzahl *f* [met]
impact comminution Prallzerkleinerung *f* [prc]
impact crusher Prallbrecher *m* [prc]; Prallmühle *f* [prc]
impact fatigue strength Dauerschlagfestigkeit *f* [met]
impact force Anprallkraft *f* [sik]; Stoßkraft *f* [phy]
impact gear Prallwerk *n* [roh]
impact grinding Schlagmahlung *f* [prc]
impact load Schlagbeanspruchung *f* [met]; Stoßbeanspruchung *f* [met]; Stoßbelastung *f* [met]
impact mill Feinprallmühle *f* [prc]; Prallmühle *f* [prc]
impact noise Körperschall *m* [aku]; Trittschall *m* [aku]
impact noise measurement Körperschallmessung *f* [any]
impact of soil Bodenbelastung *f* [geo]

impact plate Prallblech *n* [met]
impact pressure Aufpralldruck *m* [prc]
impact reduction Schlagzerkleinerung *f* [prc]
impact resistance Schlagfestigkeit *f* [met];
Schlagzähigkeit *f* [met]
impact riveting Schlagnieten *n* [wer]
impact sound Körperschall *m* [aku]; Trittschall *m*
[aku]
impact sound insulation Körperschallisolierung *f*
[aku]; Trittschalldämmung *f* [aku]
impact sound insulation board Trittschalldämmplatte *f*
impact spanner Schlagschrauber *m* [wzg]
impact strength Schlagfestigkeit *f* [met];
Stoßfestigkeit *f* [met]
impact stress Prallbeanspruchung *f* [met]; Schlagbeanspruchung *f* [met]; Stoßbeanspruchung *f*
[met]; Stoßspannung *f* [met]
impact test Schlagprüfung *f* [any]; Stoßempfindlichkeitsprüfung *f* [any]
impact value Kerbschlagzähigkeit *f* [met]
impact wall Prallwand *f* [prc]
impact wear Prallverschleiß *m* [met]; Stoßverschleiß *m* [met]
impact wrench Schlagschrauber *m* [wzg]
impact, chemical - chemischer Angriff *m* [che]
impact-driven pile Rammpfahl *m*
impact-resistant schlagfest [met]; stoßfest [met];
stoßsicher [met]
impairment of quality Qualitätsminderung *f*
impedance Impedanz *f* [elt]
impeller Kreiselrad *n* (Pumpe) [prc]; Laufrad *n*
[tec]; Rührwerkzeug *n* [prc]; Schlagwalze *f*
(Prallbrecher) [prc]
impeller bar Schlagleiste *f* (Prallbrecher) [prc]
impeller crusher Prallbrecher *m* [prc]
impeller mixer Impellermischer *m* [prc]
impeller-type breaker Prallbrecher *m* [prc]
impeller-type crusher Prallbrecher *m* [prc]
impenetrable paint Isolierfarbe *f* [met]
imperfect statisch unbestimmt [sik]
imperfect straightening Richtfehler *m* (z.B. nicht
exakt fluchtend)
imperfection Fehlstelle *f* [met]
imperfection of the scale Maßstabfehler *m* [des]
imperial roof Kaiserdach *n*; Zwiebelkuppel *f*
[arc]
impermeability Dichtheit *f*; Undurchlässigkeit *f*
impermeability to water vapour Wasserdampfdichtigkeit *f* [met]
impermeable dicht (undurchlässig);
undurchlässig
impermeable rock undurchlässiges Gestein *n* [geo]
impermeable to air luftundurchlässig [met]
impermeable to moisture
feuchtigkeitsundurchlässig [met]

impermeable to water wasserdicht; wasserundurchlässig
impermeable to water vapour wasserdampfdicht
[met]
impervious undurchlässig
impervious lining undurchlässiger Belag *m* [met]
impervious to smoke rauchdicht [met]
impervious to sound schalldicht [aku]
impervious to water wasserdicht; wasserundurchlässig
impervious to water vapour wasserdampfundurchlässig [met]
imperviousness Dichtigkeit *f*
imperviousness to water Wasserundurchlässigkeit
f [met]
implement durchführen *v* (verwirklichen)
implementation Durchführung *f* (Verwirklichung);
Realisierung *f*; Umsetzung *f* (Verwirklichung);
Verwendung *f* (von Geräten)
implementation competition Realisierungswettbewerb *m* [eco]
implementation concept Realisierungskonzeption
f
implementation of contract work
Vertragsabwicklung *f* [jur]
implementation phase Realisierungsphase *f*
implementation planning Ausführungsplanung *f*
(1:50) [des]
implementation provision, technical - technische
Anwendungsvorschrift *f*
imposed deformation aufgezwungene Verformung
f [met]
imposed floor load bewegliche Deckenlast *f* [sik];
Deckenverkehrslast *f* [sik]
imposed load Auflast *f* [sik]; Betriebslast *f*;
bewegliche Last *f* [sik]
impost Kämpfer *m* (Auflager für Bogen) [arc];
Kämpfer *m* (Bauwerk)
impoundage Einstau *m* [was]
impounded area eingestautes Gebiet *n* [wba]
impounded pressure Staudruck *m*
impounded water Stauwasser *n* (bei behindertem
Abfluss)
impracticable undurchführbar
imprecise ungenau
impregnant Imprägniermittel *n* [che]
impregnating agent Imprägniermittel *n* [che];
Imprägnierungsmittel *n* [che]; Tränkungsmittel *n*
[met]; Tränkmasse *f* [met]
impregnating agent, plaster -
Putzimprägnierungsmittel *n* [met]
impregnating compound Imprägniermasse *f*
[che]
impregnating fluid Imprägnierflüssigkeit *f* [che]
impregnating resin Imprägnierharz *n* [che];
Tränkharz *n* [met]

impregnating varnish Imprägnierlack *m* [met];
Tränklack *m* [met]
impregnating wax Imprägnierwachs *n* [met]
impregnation Imprägnieren *n*; Imprägnierung *f*
[che]
impregnation compound Tränkmasse *f* [met]
impregnation of wood Holzaufbereitung *f* [met];
Holzimprägnierung *f* [met]
impregnation test Benetzungsprobe *f* [any]
impressed voltage angelegte Spannung *f* [elt]
impression Vertiefung *f*
improper ungeeignet
improper handling unsachgemäße Behandlung *f*
improper use unsachgemäße Verwendung *f*
improved land aufgeschlossenes Bauland *n*;
erschlossene Fläche *f* [com]
improvements, make - nachbessern *v*
impulse counter Impulszähler *m* [any]
impulse loading Stoßbelastung *f* [phy]
impulse switch Tastschalter *m* [elt]
impulsive load Stoßbelastung *f* [met]
impurify verunreinigen *v* (Materialien)
impurity Unreinheit *f* [che]; Verunreinigung *f* [met]
impurity removal Störstoffabtrennung *f* (Materialaufbereitung) [rec]
in a bad state of repair baufällig
in a workmanlike manner fachgerecht
in batches chargenweise
in scale maßstabsgerecht [des]
in situ concrete Ortbeton *m* [bon]
in situ concrete lining Stollenausbetonierung *f*
[bon]
in situ inspection Prüfung während des Betriebs *f*
[any]
in situ soil anstehender Boden *m* [geo]
in stages abschnittsweise
in-built kitchen Einbauküche *f*
in-depth analysis eingehende Untersuchung *f*
[any]
in-house craftsman Haushandwerker *m* [wer]
in-line filter Leitungsfilter *m* [was]
in-place material anstehendes Material *n* [met]
in-place soil anstehender Boden *m* [geo]
in-plane buckling ebenes Knicken *n* [sik]
in-situ concrete work Ortbetonarbeiten *pl* [bon]
inaccurate ungenau (nicht fehlerlos)
inactivate passivieren *v* [met]
inactive nicht eingeschaltet
inactive leaf Stehflügel *m* (festgestellter Türflügel)
inadmissible development unzulässige Bebauung *f*
inadvertent activation ungewolltes Ingangsetzen
n [asi]
inadvertent operation ungewolltes Ingangsetzen *n*
[asi]
inappropriate use Zweckentfremdung *f*
(Wohnraum, u.a.) [com]

incandescent bulb Glühbirne *f* [elt]
incandescent lamp Glühlampe *f* [elt]
incentives, soft - weiche Anreize *pl* (für Entscheidungen) [eco]
inch einpassen *v* (z.B. ein Bauteil anpassen) [wer]
inch-tape Maßband *n* [any]
incidence of light Lichteinfall *m* [phy]
incidence rate Unfallquote *f* [asi]
incident vehicle Unfallwagen *m* (Rettungswagen)
[hum]
incident warning sign Unfallwarnsignal *n* [asi]
incident wave anlaufende Welle *f* [wba]
incidental building costs Baunebenkosten *pl* [eco]
incidentals Kleinmaterial *n*
incined pile Schrägpfahl *m* [tib]
incinerate verbrennen *v* [pow]
incineration Verbrennung *f* (vorwiegend: Abfall)
[rec]
incineration plant Feuerungsanlage *f* [pow]
incipient crack Anriss *m* [met]
incipient fracture Anbruch *m* [met]
incised eingeschnitten (in Landschaft) [geo]
incision Schnitt *m* (Einschnitt)
inclination Schiefe *f*; Schiefstellung *f* [des];
Schräge *f* [geo]; Schrägstellung *f*; Steigung *f*
(Neigung)
inclination of anchor Ankerneigung *f*
inclination of slope Böschungsneigung *f* [geo]
incline Gefälle *n* (Neigung); Abhang *m* [geo];
geneigte Fläche *f*; schiefe Ebene *f*
incline neigen *v* (kippen); schräg stellen *v*
inclined abschüssig; geneigt; schräg (geneigt);
schräg gestellt
inclined arch fallender Bogen *m*
inclined cable Schrägseil *n* (Seiltragwerk)
inclined conveyor Schrägförderband *n* [prc];
Schrägförderer *m* [prc]; Steilförderer *m* [prc]
inclined hoist Schrägaufzug *m*
inclined leg schräge Stütze *f*
inclined lift Schrägaufzug *m*
inclined plane Neigungsebene *f* [geo]; schiefe
Ebene *f*
inclined position Schräglage *f* [des]
inclined post Schrägstiel *m* (Dachkonstruktion)
inclined ramp schräge Rampe *f*
inclined stairlift Treppenschrägaufzug *m*
inclined surface geneigte Fläche *f*; schräge
Fläche *f*
inclined-seat valve Freiflussventil *n* [prc];
Schrägsitzventil *n* [prc]
include in the price im Preis berücksichtigen *v*
[eco]
included angle Öffnungswinkel *m* [des]
inclusion Einschluss *m* (von Gasen oder
Festkörpern in einem Material) [met];
Einlagerung *f* (Einschluss) [met]

incombustible feuerbeständig [met]; feuerfest [met]

income from service charges Erträge aus Mietnebenkosten *pl* [eco]

incoming air Zuluft *f* [air]

incoming feeder Einspeisung *f* [elt]

incoming sewer Abwasserzuleiter *m* [was]

incomplete bond unvollständiger Verbund *m*

incomplete fusion Bindefehler *m* (beim Schweißen) [met]

incomplete joint penetration nicht durchgeschweißte Wurzel *f* (Schweißnaht) [met]

incomplete penetration teilweiser Einbrand *m* (Schweißnaht) [met]

incorporate einarbeiten *v* (einfügen) [wer]; einbauen *v* (vereinigen); einmischen *v* [prc]

incorporate in bitumen einbituminieren *v* [met]

increase factor Erhöhungsbeiwert *m*; Erhöhungsfaktor *m*

increase in base surface Grundflächenzuwachs *m* [des]

increase in pressure Druckanstieg *m* [phy]

increase in weight Gewichtszunahme *f*

incremental schrittweise

incremental dimension Kettenmaß *n* [des]

incremental launching Taktschiebeverfahren *n* (Brückenbau); freier Vorbau *m* (Brückenbau)

incrustation Außenhautbeschichtung *f* [met]

incubation period Inkubationszeit *f* (BSB-Bestimmung) [any]

indelible unzerstörbar

indent Einkerbung *f* (Mauerwerk)

indent kerben *v* (einpressen)

indentation Einkerbung *f* [met]; Rille *f* (Einschnitt)

indentation method Einbindeverfahren *n* (Vermessung) [any]

indented gekerbt; zackig

indenter Eindringkörper *m* [any]; Eindruckkörper *m* [any]

indenting ball Eindruckkugel *f* [any]

independent breathing apparatus unabhängiges Atemschutzgerät *n* [asi]

independent crane freistehender Kran *m*

independent drawing eigenständige Zeichnung *f* [des]

independent expert's report Sachverständigengutachten *n*

independent of temperature temperaturunabhängig

independent on current stromunabhängig [elt]

indeterminate forces unbestimmte Kräfte *pl* [sik]

index-linked indexiert [eco]; unter Berücksichtigung der Inflation [eco]

indexation clause Indexierungsklausel *f* [eco]; Indexierungsvereinbarung *f* [eco]

indicating accuracy Anzeigegenauigkeit *f* [any]

indicating agent Indikator *m* (Stoff) [any]

indicating instrument Zeigerinstrument *n* [any]; Anzeigeinstrument *m* [any]; Indikator *m* (Gerät) [any]

indicating level meter Füllstandanzeigegerät *n* [any]

indication error Anzeigefehler *m* [any]

indication range Anzeigebereich *m* [any]

indication sign Hinweiszeichen *n* [asi]

indicator Spürgerät *n* [any]

indicator for sustainability Nachhaltigkeitsindikator *m*

indicator light Signallampe *f* [elt]

indigestible fäulnisbeständig

indirect control indirekte Regelung *f* [elt]

indirect discharge Indirekteinleitung *f* [was]

indirect discharger Indirekteinleiter *m* [was]

indirect discharger statute Indirekteinleiterverordnung *f* (Abwasser) [jur]

indirect heating indirektes Erwärmen *n* [pow]; indirektes Heizen *n* [pow]

indirect heating system indirektes Heizungssystem *n* [pow]

indirect illumination indirekte Beleuchtung *f*

indirect lighting indirekte Beleuchtung *f*

indirect waste pipe offene Abflussleitung *f* [was]

indiscriminate dumping wilde Müllablagerung *f* [rec]

individual beam Ein-Feld-Balken *m*

individual component Einzelbauteil *n*

individual element Einzelelement *n*

individual footing Einzelfundament *n*

individual foundation Einzelfundament *n*

individual house Einzelhaus *n*

individual measurement Einzelmessung *f* [any]

individual office Einzelbüro *n*

individual ownership Sondereigentum *n* (Immobilie) [eco]

individual part Einzelteil *n*

individual price Einzelpreis *m* [eco]

individual road traffic individueller Straßenverkehr *m* [tra]

individual rooflight Lichtkuppel *f*

individual stage Einzelschritt *m* (im Prozess)

individual steps Einzelstufen *pl*

individual transportation Individualverkehr *m* [tra]

indoor Haus-

indoor Innenraum *m*

indoor air humidity Raumluftfeuchte *f*

indoor atmosphere Raumklima *n* [tga]

indoor cable Hausinstallationskabel *n* [elt]

indoor climate Innenraumklima *n*; Raumklima *n*

indoor climate free from allergens allergenfreies Innenraumklima *n*

indoor construction Trockenbau *m*
indoor environment häusliche Umgebung *f*
indoor finish Innenanstrich *m* [met]
indoor installation Hausinstallation *f*;
 Innenanlage *f*
indoor installation work Hausinstallation *f*
indoor noise Innenlärm *m* [aku]
indoor paint Innenanstrichfarbe *f* [met]
indoor space Innenraum *m* [com]
indoor sunscreen innen liegender Sonnenschutz *m*
indoor swimming pool Hallenbad *n*
indoor temperature Innentemperatur *f*
indoor temperature, design - Norm-Innentemperatur *f* (Wärmebedarfsrechnung) [pow]
indoor wiring Inneninstallation *f* [elt]
induce erregen *v* (elektrisch) [elt]
induced current Induktionsstrom *m* [elt];
 induzierter Strom *m* [elt]
induced voltage Sekundärspannung *f* [elt]
inducing current Primärstrom *m* [elt]
inductance Drossel *f* [elt]; Induktanz *f* [elt];
 Induktivität *f* [elt]
induction coil Induktionsspule *f* [elt]
induction current Induktionsstrom *m* [elt];
 Nebenstrom *m* [elt]
induction heat Induktionswärme *f* [pow]
induction heater Induktionsheizgerät *n* [pow]
induction heating Induktionserwärmung *f* [pow];
 induktive Erwärmung *f* [pow]; induktive Heizung
 f [pow]; Induktivheizung *f* [pow]
induction machine Asynchronmaschine *f* [elt]
induction pump Induktionspumpe *f* [elt]
induction system Zuluftanlage *f* [tga]
induction voltage Induktionsspannung *f* [elt]
induction-heated induktionsbeheizt [pow]
inductive induktiv [elt]
inductive heating Induktionsheizung *f* [pow]
inductive load Blindlast *f* [elt]
inductive reactance Induktanz *f* [elt]
inductive resistance Induktionswiderstand *m*
 [elt]
inductivity Induktivität *f* [elt]
inductor Induktionsspule *f* [elt]
induration Konsolidation *f* [geo]
industrial accident Betriebsunfall *m* [asi]; Unfall
 innerhalb der Arbeit *m* [asi]
industrial agglomeration industrielles Ballungsgebiet *n*; industrieller Verdichtungsraum *m*
industrial and commercial land Industrie- und
 Gewerbegrundstücke *pl* [com]
industrial architecture Industriearchitektur *f*
industrial area Industrieansiedlung *f* (Gelände)
 [com]
industrial battery Industriebatterie *f* [elt]
industrial belt Sicherheitsgurt *m* [asi]
industrial boiler Industriekessel *m* [pow]

industrial building Fabrikgebäude *n*; Industriebauwerk *n*; Industriegebäude *n*; Industriebau *m*
 (Gebäude)
industrial centre Gewerbezentrum *n*; Industriezentrum *n*
industrial cleaner Industriereiniger *m* [met]
industrial complex Gewerbekomplex *m*
industrial construction Industriebau *m* (Bauvorgang)
industrial construction site Industriebaustelle *f*
industrial discharge industrielle Einleitung *f*
 [was]
industrial disposal industrielle Entsorgung *f*
 [rec]
industrial district Industrieviertel *n*; Industriebezirk *m* [com]
industrial effluent Industrieabwasser *n* [was];
 industrielles Abwasser *n* [was]
industrial effluents Industrieabwässer *pl* [was]
industrial environmental protection betrieblicher
 Umweltschutz *m*
industrial erection site Industriebaustelle *f*
industrial estate Gewerbegebiet *n* [com];
 Industriegebiet *n* [com]; Industriepark *m* [com];
 Industrieansiedlung *f* (Gelände) [com]
industrial fibre technische Faser *f* [met]
industrial firing Industriefeuerung *f* [pow]
industrial floor Industrieboden *m*; Industriefußboden *m*
industrial floor covering Industrieboden *m*
industrial floor sealing
 Industriebodenversiegelung *f*
industrial flooring Industrieestrich *m*
industrial furnace Industrieofen *m* [pow]; Industriefeuerung *f* [pow]
industrial gate Industrietor *n*
industrial harness Geschirr *n* [asi]; Sicherheitsgeschirr *n* [asi]; Begurtung *f* [asi]
industrial hygiene Industriehygiene *f* [asi]
industrial kiln Industrieofen *m* [pow]
industrial land Gewerbefläche *f*
industrial location Industriestandort *m* [com];
 Wirtschaftsstandort *m* [com]
industrial material technischer Werkstoff *m* [met]
industrial noise Arbeitslärm *m* [aku];
 Industrielärm *m* [aku]
industrial plastics technische Kunststoffe *pl* [met]
industrial power plant Industriekraftwerk *n*
 [pow]
industrial power station Industriekraftwerk *n*
 [pow]
industrial premises bebautes Industriegrundstück
 n [com]
industrial property gewerbliches Grundstück *n*
 [com]; Industrieobjekt *n* (Immobilie) [eco];
 Industrieimmobilie *f* [eco]

industrial refuse Industrieabfälle *pl* [rec]; Industriemüll *m* [rec]
industrial region Industriegebiet *n* [com]
industrial resin technisches Kunstharz *n* [met]
industrial safety Arbeitsschutz *m* [asi]; Betriebsschutz *m* [asi]; Arbeitssicherheit *f* [asi]
industrial safety committee Sicherheitsausschuss *m* [asi]
industrial safety helmet Industrieschutzhelm *m* [asi]
industrial sewage gewerbliche Abwässer *pl* [was]; Fabrikationsabwasser *n* [was]; Industrieabwasser *n* [was]
industrial shed structures Hallenbauten *pl*
industrial site Industriegelände *n* [com]
industrial site, abandoned - industrieller Altstandort *m* [geo]
industrial smokestack Industriekamin *m* [air]
industrial structure Industriegebäude *n*
industrial use gewerbliche Nutzung *f*; industrielle Nutzung *f* (Immobilien)
industrial waste Industrieabfälle *pl* [rec]; Gewerbeabfall *m* [rec]; Gewerbemüll *m* [rec]; industrieller Abfall *m* [rec]; Industriemüll *m* [rec]
industrial waste heat industrielle Abwärme *f* [pow]
industrial waste water Gewerbeabwässer *pl* [was]; Fabrikabwasser *n* [was]; Industrieabwasser *n* [was]; industrielles Abwasser *n* [was]; Produktionsabwasser *n* [was]
industrial waste water treatment industrielle Abwasserreinigung *f* [was]
industrial wastes betriebliche Abfälle *pl* [rec]
industrial water Betriebswasser *n* [was]; Brauchwasser *n* [was]; Industriebrauchwasser *n* [was]; Industriebrauchwasser *n* [was]; Nutzwasser *n* [was]
industrial water purification Industriewasserreinigung *f* [was]
industrial water supply Brauchwasserversorgung *f* [was]
industrial water treatment Brauchwasseraufbereitung *f* [was]
industrial zone Industriegebiet *n*
industrialized building industrielles Bauen *n*
inelastic system unelastisches System *n* [sik]
inert gas Schutzgas *n* [met]
inert material Inertstoff *m* [che]
inert waste Inertabfall *m* [rec]
inertia Beharrungsvermögen *n* [phy]; Massenträgheit *f* [phy]; Trägheit *f* (Physik) [phy]
inertia of translation Translationsträgheit *f* [phy]
inertia welding Schwungradreibschweißen *n* [wer]
inertial force Trägheitskraft *f* [phy]
inertial moment Trägheitsmoment *n* [phy]

inertial torque Trägheitsmoment *n* [phy]
infeasible undurchführbar
infectious substance ansteckungsgefährlicher Stoff *m* (ADR/RID) [met]
infectious substances ansteckungsfähige Stoffe *pl* [met]
infeed Zufluss *m* [was]
infill Ausfachung *f* (Fachwerk); Hinterfüllung *f*
infill spachteln *v*
infill brickwork Ausmauerung *f* (- des Gefaches)
infill concrete Auffachungsbeton *m* [bon]; Verfüllbeton *m* [bon]
infill masonry Füllmauerwerk *n*
infill panel Ausfachung *f* (Fachwerkbau)
infill skeleton Füllskelett *n* (Fachwerkbau)
infill wall ausgefachte Wand *f*
infilled gespachtelt
infilling Ausfachung *f*; Gefachausfüllung *f* (Fachwerkbau)
infilling concrete Füllbeton *m* [bon]
infilling material Füllmaterial *n* [met]
infilling method Ausfachungstechnik *f* (Fachwerkbau)
infilling technique Ausfachungstechnik *f* (Fachwerkbau)
infiltrate einsickern *v* [was]; versickern *v* [was]
infiltrated air Falschluft *f*
infiltrating water eindringendes Wasser *n* [geo]; Sickerwasser *n* [geo]
infiltration Einsickern *n*; Versickerung *f* [was]
infiltration basin Anreicherungsbecken *n* (Kläranlage) [was]; Sickerbecken *n* [was]; Versickerungsbecken *n* [was]
infiltration capacity Einsickerfähigkeit *f* [geo]
infiltration gallery Versickerungsbecken *n* (Hydrologie) [was]; Sickertunnel *m* (Hydrologie) [was]
infiltration well Sickerbrunnen *m* [was]
infinitely rigid unendlich steif
infinitely variable control stufenlose Regelung *f* [elt]
inflammability Brennbarkeit *f* [met]; Feuergefährlichkeit *f* [met]
inflammable entzündbar [met]
inflammable goods feuergefährliche Stoffe *pl* [met]
inflammable matter feuergefährlicher Stoff *m* [met]
inflatable structure Traglufthalle *f*
inflected gebogen
inflected arch Gegenbogen *m*
inflexible biegesteif [met]; unbiegsam
inflow canal Zulaufkanal *m* [was]
inflow region Zuflussgebiet *n* [was]
influence line Einflusslinie *f* (Belastung)
influent conduit Einlaufkanal *m* [was]

influent seepage Tiefenversickerung *f* (Hydrologie)
[was]; Versickerung *f* (Hydrologie) [was]
information board Hinweistafel *f*
information leaflets on possible hazards
    Gefahrenmerkblätter *pl* [asi]
information sheet, technical - technisches
    Merkblatt *n*
information sign Hinweiszeichen *n* [asi]
information to dangerous situations Gefahren-
    hinweis *m* (Maschinenschutz) [asi]
infrared thermography Infrarotthermographie *f*
    [any]
infrastructure planning Infrastrukturplanung *f*
    [com]
infrastructure project Infrastrukturprojekt *n*
infundibular trichterförmig
ingot iron Baustahl *m* [met]
ingrain paint Raufaserfarbe *f* [met]
ingredient Inhaltsstoff *m* [met]
ingress of water Wasserandrang *m* [was]
inhabitant Bewohner *m* (einer Stadt, Region) [com]
inhabitants of equal standard Einwohnergleich-
    wert *m* [was]
inherent acceleration natürliche Beschleunigung *f*
    [phy]
inherent losses Eigenverluste *pl* [pow]
inherent moisture Eigenfeuchte *f* [met];
    Eigenfeuchtigkeit *f* [met]
inherent noise Eigengeräusch *n* [aku]
inherently safe eigensicher [elt]
inhibit retardieren *v* [met]
inhibiting agent Inhibitor *m* [met]
inhibiting signal Verriegelungssignal *n* (Arbeits-
    schutz) [elt]
inhibiting substance Hemmstoff *m* [met]
inhibitor Inhibitor *m* [met]; Verzögerer *m* [met]
initial bond sofortiger Verbund *m* [bon]
initial compaction Vorverdichtung *f* [tib]
initial consolidation Kurzzeitsetzung *f*
    (Kläranlage) [was]
initial cracking Anriss *m* [met]
initial force Initialkraft *f* [phy]
initial gradient Schwellengradient *m* (Hydrologie)
    [was]
initial hardening Anziehen *f* (Beton) [bon]
initial imperfection Anfangsimperfektion *f*
initial length ursprüngliche Länge *f* [des]
initial position Ruhestellung *f*
initial rent Basismiete *f* [eco]
initial set Erstarrungsanfang *m* [bon]
initial shrinkage Anfangsschwindung *f* [met]
initial stage Frühstadium *n*
initial stress Anfangsspannung *f*; Vorspannung *f*
    [sik]
initial tension Anfangsspannung *f* (z.B. eines
    Stahlteils) [sik]; Vorspannung *f* [sik]

initiative relating to infrastructure, integrated -
    integrierte Infrastrukturinitiative *f* [com]
inject einpressen *v*; verpressen *v* [tib]
injected concrete Einpressbeton *m* [bon]
injected soil Injektionsgrund *m* [geo]
injecting device Injiziergerät *n* [bon]
injecting gallery Injektionsstollen *m* [roh]
injection agent Einpresshilfe *f* [met]
injection anchor Injektionsanker *m* (Spundwand)
injection gun Injizierspritze *f* [bon]
injection head Spülkopf *m*
injection mortar Einspritzmörtel *m* [met]; Injek-
    tionsmörtel *m* [met]
injection nozzle Einspritzdüse *f* (für Additive,
    u.a.) [prc]; Injektionsdüse *f* [prc]
injection of cement grout Zementmörtelinjektion
    f [bon]
injection pipe Einspritzrohr *n* [was]
injection pump Einpresspumpe *f* [prc];
    Injektionspumpe *f* [prc]
injection run Einspritzvorgang *m*
injection well Einleitungsbrunnen *m* (Hydrologie)
    [was]; Injektionsbrunnen *m* [was]; Schluck-
    brunnen *m* (Hydrologie) [was]; Einpresssonde *f*
injector vessel Dosierförderer *m* (Fördergefäß
    Dosiereinrichtung) [prc]
ink drawing Tuschezeichnung *f* [des]
inlaid parquet Mosaikparkett *n*
inland landeinwärts
inland Binnenland *n*
inland canal Binnenkanal *m* (Schifffahrtskanal)
    [wba]
inland harbour Binnenhafen *m* [tra]
inland port Binnenhafen *m* [tra]
inland water Binnengewässer *n* [was]
inland waters Binnengewässer *pl* [was]
inland waterway Binnengewässer *n* [geo]; Binnen-
    schifffahrtsstraße *f* [wba]; Binnenwasserstraße *f*
    [tra]; Binnenwasserstraße *f* [wba]
inlet Einlauf *m* [was]
inlet channel Einlaufrinne *f* [was]
inlet hopper Einfülltrichter *m* [prc]
inlet nozzle Eintrittsstutzen *m* [prc]
inlet reservoir Einlaufbecken *n* [was]
inlet structure Einlaufbauwerk *n* [was]
inlet temperature Vorlauftemperatur *f* [pow]
inlet valve Einlassschieber *m* [prc]
inlet vent Belüftungsöffnung *f* [tga]
inlet well Einlaufschacht *m*
inner city Innenstadt *f* [com]
inner courtyard Innenhof *m*
inner diameter Innendurchmesser *m* [des]
inner dimension Innenmaß *n* [des]
inner dyke Binnendeich *m* [wba]; Hinterdeich *m*
    [wba]
inner leaf Innenschale *f* (Mauerwerk)

inner lever arm Hebelarm der inneren Kräfte *m*
inner lining Innenverkleidung *f* [met]
inner noise Innengeräusch *n* [aku]; Gebäudelärm *m*;
  Innenlärm *m* [aku]
inner pane Innenscheibe *f*
inner town Innenstadtbereich *m*
inner wall Innenwand *f*
inner width lichte Weite *f* [des]
inner-city traffic innerstädtischer Verkehr *m* [tra]
inoperative nicht funktionstüchtig [wer]
inorganic anorganischer Stoff *m* [met]
inorganic binder anorganisches Bindemittel *n* [che]
inorganic material anorganischer Werkstoff *m*
  [che]
inorganic silt Feinstsand *m* [met]
input Eingang *m* [elt]
input key Eingabetaste *f* [elt]
input material Vormaterial *n* [met]
input of pollutants Schadstoffeintrag *m* [was]
input variable Eingangsgröße *f* (Regeltechnik) [any]
input voltage Primärspannung *f* [elt]
inrush Wassereinbruch *m* [wba]
insanitary housing unhygienisches Wohnen *n*
inscription Aufschrift *f*
insect screening Gazefenster *n*
insect wire screening Gazefenster *n*
insert Einpressteil *n*
insert protector Gehörschutzstöpsel *pl* [asi]
insert socket Ringeinsatz *m*
inserted ceiling Einschubdecke *f*; Zwischendecke *f*
inserted wire mesh Stahlgewebeeinlage *f* [met]
insertion Einsatz *m* (Zwischenstück)
inset balcony zurückgesetzter Balkon *m*
inside air Innenluft *f* [air]
inside all-round weld innere Rundnaht *f* (Schweißnaht) [met]
inside coating Innenlackierung *f* [met]
inside diameter of a pipe Rohrweite *f* [des]
inside diameter of a tube Rohrweite *f* [des]
inside dimension lichter Durchmesser *m* [des];
  Innenabmessung *f* [des]; lichte Weite *f* [des]
inside fixtures Inneneinbauten *pl*
inside height lichte Höhe *f* [des]
inside knob Innenknauf *m* [tec]
inside noise Innengeräusch *n* [aku]
inside painting Innenanstrich *m* [met]
inside pipe diameter Rohrinnendurchmesser *m*
  [des]
inside taper Innenkegel *m* [des]
inside tube diameter Rohrinnendurchmesser *m*
  [des]
inside wall Innenwand *f*
inside width Innenmaß *n* [des]; lichte Weite *f* [des]
insoluble unlösbar (nicht löslich) [che]
insoluble in water wasserunlöslich
insoluble rock unlösliches Gestein *n* [geo]

inspect begehen *v* (besichtigen); überprüfen *v* (Maschine) [any]
inspecting structural engineer Prüfstatiker *m* [sik]
inspection Befahrung *f* (- eines Geländes mit Fahrzeug); Kontrolle *f* (Arbeitsschutz) [wer]; Prüfung *f*
  (Überprüfung) [any]; Überprüfung *f* [any]
inspection and test procedure Prüfverfahren *n*
  [any]
inspection and test program Prüfprogramm *n*
  [any]
inspection and test schedule Prüfablaufplan *m*
  [any]; Prüfplan *m* [any]
inspection authority Abnahmebehörde *f*
inspection by an engineer ingenieurtechnische
  Kontrolle *f*
inspection certificate Prüfbescheinigung *f* [any];
  Prüfungsbescheinigung *f* [any]
inspection chamber Kontrollschacht *m*; Reinigungsschacht *m* [was]; Inspektionsöffnung *f* [was]
inspection cycle Inspektionszyklus *m* [any]
inspection date, final - Abnahmetermin *m* [eco]
inspection door Einstiegtür *f*; Kontrollöffnung *f*
inspection drawing Abnahmezeichnung *f* [des]
inspection engineer Prüfingenieur *m*
inspection flap Revisionsklappe *f* [was]
inspection gauge Prüflehre *f* [any]
inspection hole Kontrollbohrung *f* [tib]
inspection instruction Prüfanweisung *f* [any]; Prüfvorschrift *f* [any]
inspection interval Prüfintervall *n* [any]
inspection of construction Bauüberwachung *f*
inspection of the building Baubegehung *f*
inspection of welds Schweißnahtprüfung *f* [any]
inspection opening Revisionsöffnung *f* [was]
inspection plan Prüfplan *m* [any]
inspection planning Prüfplanung *f* [any]
inspection procedure Prüfverfahren *n* [any]; Prüfvorschrift *f* [any]
inspection record Prüfprotokoll *n* [any]; Prüfbericht *m* [any]
inspection report Abnahmebericht *m* [any]; Prüfbericht *m* [any]; Untersuchungsbericht *m* [any]
inspection requirement Prüfbedingung *f* [any]
inspection schedule Prüfablaufplan *m* [any]; Prüfplan *m* [any]
inspection scope Prüfumfang *m* (Abnahme) [any]
inspection shaft Inspektionsschacht *m* [was]; Revisionsschacht *m* [was]
inspection sheet Prüfprotokoll *n* [any]
inspection stamp Prüfstempel *m* [any]
inspection sticker Prüfplakette *f* [any]
inspection strategy Inspektionsstrategie *f*
inspection test Abnahmetest *m* (durch Kunden)
  [any]
inspection, for - zur Einsichtnahme
inspection, official - amtliche Prüfung *f*

inspection-oriented dimensioning prüfgerechte Maßeintragung *f* [des]
install aufstellen *v* (aufbauen); legen *v* (Leitungen) [elt]; verlegen *v* (Leitungen)
installation Aufbau *m* (einer Anlage); Anlage *f* (Einrichtung); Aufstellung *f* (Aufbau) [wer]; Installation *f* (Maschine, Anlage) [wer]; Montage *f* (Einbau) [wer]; Verlegung *f* (Leitungen) [tga]
installation adhesive Montagekleber *m* (Baubereich) [met]
installation channel Installationskanal *m* [elt]
installation condition Einbaubedingung *f* [wer]
installation conduit Installationsrohr *n* [tga]
installation device Einbaugerät *n* [elt]
installation drawing Einbauplan *m* [des]; Aufstellungszeichnung *f* [des]; Einbauzeichnung *f* [des]; Installationszeichnung *f* [tga]; Montagezeichnung *f* [des]
installation duct Installationskanal *m* [tga]
installation engineering Installationstechnik *f* [tga]
installation equipment Installationsgeräte *pl* [tga]
installation foam Montageschaum *m* [met]
installation frame Einbaurahmen *m* [tga]
installation pipe Installationsrohr *n* (Heizung, Wasser)
installation plan Anlagenplan *m* [des]
installation room Installationsraum *m* [tga]
installation specification, technical - technische Anlagenbeschreibung *f*
installation unit Einbaugerät *n* [elt]
installation wall Installationswand *f*
installation, supplied by other -s Fremdbezug *m* (z.B. Wärme, Wasser, ...) [pow]
installations Haustechnik *f*; Sanitäranlage *f*
installations, technical - gebäudetechnische Anlagen *pl* [tga]
installed capacity installierte Leistung *f* [elt]
installed load installierte Leistung *f* [elt]
instantaneous control trägheitslose Steuerung *f* [elt]
instantaneous fuse flinke Sicherung *f* [elt]
instantaneous loading plötzliche Belastung *f*
instantaneous magnetic trip Kurzschlussauslöser *m* [elt]
instantaneous value Momentanwert *m* [any]
instruction Betriebsanleitung *f* [des]; Vorschrift *f* (Anweisung)
instrument Gerät *n* (Mess-) [any]
instrument board Schalttafel *f* [elt]
instrument error Anzeigefehler *m* [any]; Instrumentenfehler *m* [any]
instrument hood Armaturenkappe *f* [any]
instrument panel Instrumententafel *f* [any]
instrument port Messanschluss *m* [any]
instrumental accuracy Gerätegenauigkeit *f* [any]
instrumental precision Gerätegenauigkeit *f* [any]

instrumental system Gerätesystem *n* [any]
instrumentation and control Mess- und Regeltechnik *f* [any]
instrumentation engineering Mess- und Regeltechnik *f* [any]
insulant Isolationsmaterial *n* [met]; Isoliermittel *n* [elt]; Dämmstoff *m* [met]; Isolierstoff *m* [met]
insulate abdämmen *v* (isolieren); dämmen *v*; isolieren *v* (Wärme)
insulated isoliert [elt]; wärmedämmend [pow]
insulated against heat wärmegedämmt [pow]
insulated cable isoliertes Kabel *n* [elt]
insulated conductor isolierter Leiter *m* [elt]
insulated wire isolierter Draht *m* [elt]
insulated, totally - schutzisoliert [elt]
insulating isolierend [elt]; nicht leitend [elt]
insulating Isolierung *f* [elt]
insulating agent Isoliermittel *n* [met]
insulating air cushion Luftisolierung *f* [pow]
insulating base Dämmunterlage *f* [met]; Isolierunterlage *f* [met]
insulating blanket Dämmmatte *f* [met]
insulating board Dämmplatte *f* [met]; Isolierplatte *f* [met]
insulating board, laminated - mehrlagige Dämmplatte *f* [met]
insulating brick Dämmziegel *m*; Isolierstein *m*
insulating brickwork Isoliermauerwerk *n*
insulating cement Isolierkitt *m* [met]
insulating coat Isolieranstrich *m* [elt]
insulating coating Isolierbeschichtung *f*
insulating component Isoliermasse *f* [met]
insulating compound Isoliermittel *n* [met]; Isolationsmasse *f* [met]; Isoliermasse *f* [met]
insulating concrete Dämmbeton *m* [bon]; Isolierbeton *m* [bon]
insulating construction material Bauisoliermaterial *n*; Isolierbaustoff *m*
insulating corkboard Isolierplatte aus Kork *f*
insulating course Dämmschicht *f* [met]
insulating cover Isolierhülle *f* [met]
insulating door Dämmtür *f*
insulating fabric Isoliergewebe *n* [met]
insulating fibreboard Isolierfaserplatte *f*
insulating film Isolierüberzug *m* [met]
insulating firebrick feuerfester Isolierstein *m*
insulating foam Dämmschaumstoff *m* [met]; Isolierschaum *m* [met]
insulating foil Isolierfolie *f* [met]
insulating foil under the tiles Spannbahn *f* (Dachkonstruktion: Dichtungslage)
insulating glass Isolierverbundglas *n*; Verbundfensterglas *n*
insulating glass for fire protection Feuerschutzisolierglas *n* [met]
insulating glazing Isolierverglasung *f*

insulating glove isolierender Handschuh *m*
(Arbeitsschutz) [asi]
insulating insert Dämmeinlage *f* [met]
insulating jacket Isoliermantel *m* [pow]
insulating layer Dämmschicht *f*; Isolationsschicht *f*
[met]; Isolierschicht *f* [met]
insulating masonry Isoliermauerwerk *n*
insulating mass Isoliermasse *f* [met]
insulating mat Dämmmatte *f* [met]; Isoliermatte *f*
[met]
insulating material Dämmmaterial *n* [met]; Isolationsmaterial *n* [met]; Isoliermaterial *n* [elt];
Isoliermittel *n* [met]; Dämmstoff *m* [met];
Isolationsstoff *m* [met]; Isolierstoff *m* [met];
Kältedämmstoff *m* [met]
insulating material, loose-fill - Schüttdämmstoff *m*
[met]; Isolierschüttmasse *f* [met]
insulating paint Isolierlack *m* [elt]; Isolierfarbe *f*
[met]
insulating paper Isolierpapier *n* [elt]
insulating plaster Dämmputz *m*
insulating plasterboard Dämmgipsplatte *f*
insulating plate, asbestos-free - asbestfreie
Isolierplatte *f* [met]
insulating property Dämmvermögen *n* [met];
Dämmeigenschaft *f* [met]
insulating protection Isolierschutz *m* [pow]
insulating roof material Dachdämmstoff *m*
insulating screed Isolierestrich *m* [met]
insulating sheath Isoliermantel *m* [met]
insulating sheet Isolierfolie *f* [met]
insulating slab Dämmplatte *f*; Isolierplatte *f*
insulating sleeve Isolierrohr *n* [elt]
insulating sole isolierende Schuhsohle *f* [asi]
insulating system Dämmsystem *n* [met]
insulating tape Isolierband *n* [elt]
insulating tool Dämmwerkzeug *n* [wzg]
insulating underlay Dämmunterlage *f* [met];
Isolierunterlage *f* [met]
insulating varnish Isolierlack *m* [elt]
insulating wall Isolierwand *f*
insulating wallboard Dämmwandplatte *f* [met]
insulating wallpaper Isoliertapete *f* [met]
insulating wedge Dämmkeil *m*
insulating wool Isolierwolle *f*
insulation Dämmung *f* (Wärme-) [met]; Isolation *f*
[elt]; Isolierung *f* (Wärme) [pow]
insulation against cold Kälteisolierung *f*
insulation board Dämmplatte *f* [met]
insulation board, exterior - Fassadendämmplatte *f*
[met]
insulation class Isolationsklasse *f* [met]
insulation equipment Isoliereinrichtung *f*
insulation fault Isolationsfehlstelle *f*
insulation finish Dämmschutz *m* [met]
insulation foil Isolierfolie *f* [met]

insulation for cold Kälteisolierung *f*
insulation glass Isolierglas *n* (thermische Isolation)
[met]
insulation layer Dämmschicht *f*; Isolierschicht *f*
[pow]
insulation lining Dämmstoffauskleidung *f*
insulation mat, quilted - gesteppte Isoliermatte *f*
[met]
insulation material Isolationsmaterial *n* [elt];
Dämmstoff *m* [met]
insulation material, acoustic - Trittschalldämmstoff *m* [met]
insulation material, foundation - Fundamentdämmstoff *m* [met]
insulation of the wall Mauerisolierung *f*
insulation plaster Isoliergips *m* [met]
insulation sheet, rolled - Rolldämmbahn *f*
insulation spider Abstandshalter *m* (Wärmedämmung)
insulation thickness Dämmdicke *f* [pow]; Dämmstärke *f* [pow]
insulation work on technical systems Dämmarbeiten an Technischen Anlagen *pl* (DIN 18421)
insulation work, secondary - Nachisolierarbeiten *pl*
insulation, passive - Passivisolierung *f* (Schall)
[aku]
insulator Dämmstoff *m* [met]; Isolator *m* [elt];
Isolierstoff *m* [met]
insulator clamp Isolatorklemme *f* [elt]
intake Einlauf *m* [was]
intake air Saugluft *f* [pow]
intake air temperature Zulufttemperatur *f* [air]
intake area Einzugsgebiet *f* [was]; Versickerungsfläche *f* (Hydrologie) [was]
intake basin Einlaufbecken *n* [was]
intake canal Oberwasserkanal *m* [wba]
intake channel Einlaufkanal *m* [was]; Saugkanal *m*
[was]; Zuleitungskanal *m* [was]
intake conduit Entnahmeleitung *f* [was]
intake construction Einlaufbauwerk *n* [was]
intake duct Saugkanal *m* [was]
intake flange Eintrittstutzen *m* [prc]
intake gate Einlaufschütz *m* [was]
intake main Entnahmeleitung *f* [was]
intake shaft Einlaufschacht *m*
intake valve Einlassventil *n* [was]
integral foam Strukturschaum *m* (Kunststoff) [met]
integral water management Wasserbewirtschaftung *f* [was]
integrated eingebaut [wer]
integrated circuit integrierter Schaltkreis *m* [elt];
integrierte Schaltung *f* [elt]
integrated component integrierte Baueinheit *f* [des]
integrated network Verbundnetz *n* [elt]
integrated waste recycling integrierte Abfallverwertung *f* [rec]

integrity proof, statical - statischer Nachweis *m* [des]

intelligent building intelligentes Gebäude *n* (mit Hightech ausgerüstet)

intended use Zweckbestimmung *f*

intensity of illumination Beleuchtungsstärke *f*

interacting forces, coefficient of - Kraftschlusswert *m* [sik]

interaction forces Wechselwirkungskräfte *pl* [phy]

interaction of colour Farbinteraktion *f*

intercepted water Abfangwasser *n* [was]

intercepting ditch Abfanggraben *m* [was]; Sammelgraben *m* [was]

intercepting gutter Auffangrinne *f* [was]

intercepting sewer Abwassersammler *m* [was]; Sammelabwasserkanal *m* [was]; Abfangleitung *f* [was]

interceptor Fänger *m* [was]

interchange Autobahnkreuz *n* [tra]; Kreuzungsbauwerk *n* [tra]

interchangeable einbaugleich [des]

intercom Gegensprechanlage *f* (Haussprechanlage) [edv]; Sprechanlage *f* (Haussprechanlage) [edv]

intercom system Wechselsprechanlage *f* [elt]

intercommunicating gangway Übergangsbrücke *f* (Bahn) [tra]

intercommunication installation Wechselsprechanlage *f* [elt]

intercommunication system Wechselsprechanlage *f* [elt]

interconnect durchschalten *v* [elt]

interconnected ineinander greifend

interconnected system Verbundnetz *n* [elt]

interconnecting piping Verbindungsrohrleitungen *pl* [prc]

interconnecting room Durchgangszimmer *m* [arc]

interconnector Verbindungsleitung *f* [elt]

intercrystalline intergranular [met]

intercrystalline cracking interkristalline Rissbildung *f* [met]

interdependence Abhängigkeiten untereinander *pl*

interdisciplinary fachübergreifend; interdisziplinär

interest in preservation, public - öffentliches Erhaltungsinteresse *n* [com]

interested parties interessierte Kreise *pl*

interested party interessierte Partei *m* (z.B. bei Umweltmanagement)

interface specification Schnittstellenspezifikation *f*

interface tension Grenzflächenspannung *f* [phy]

interfacial surface tension Grenzflächenspannung *f* [phy]

intergranular intergranular [met]

intergranular attack Kornzerfall *m* [met]

intergranular water film Adhäsionswasser *n* [phy]

intergrind beimahlen *v* [prc]; zumahlen *v* [prc]

interground addition Zumahlbestandteile *pl* [met]

interim report Zwischenbericht *m*

interim tenant Zwischenmieter *m* (Immobilie) [eco]

interior architect Innenarchitekt *m* [arc]; Innenarchitektin *f* [arc]

interior architecture Innenarchitektur *f*; Raumarchitektur *f* [arc]

interior cladding Innenauskleidung *f*

interior climate Raumklima *n*

interior coating Innenanstrich *m* [met]; Innenbeschichtung *f* [met]

interior column Innenstütze *f*

interior decorative repair Schönheitsreparatur *f*

interior design Innenarchitektur *f*; Innengestaltung *f*; Innenraumplanung *f*; Raumgestaltung *f*

interior door Innentür *f*; Zimmertür *f*

interior finish Innenausbau *m*; Innenputz *m*

interior gross area Bruttoinnenfläche *f* (Gebäude)

interior layout Innenraumaufteilung *f*; Innenraumaufteilung *f*

interior light Innenleuchte *f* [elt]

interior lighting Innenraumbeleuchtung *f*

interior lining Innenauskleidung *f*

interior of a community, unzoned - ungeplanter Innenbereich *m* [com]

interior paint Innenanstrichfarbe *f* [met]

interior painting Innenanstrich *m*

interior partitioning Raumunterteilung *f*

interior piping Innenverrohrung *f*

interior plaster Innenputz *m*

interior plastering Innenputz *m*

interior room lighting systems Innenraumbeleuchtung *f* (DIN 5035 T1) [elt]

interior span Innenfeld *n* [sik]

interior surfacing finish Innenputz *m*

interior view Innenansicht *f* [des]

interior wall Innenwand *f*

interior work Innenarbeiten *pl* [met]; Innenausbau *m*

interlaboratory test Ringversuch *m* [any]

interlace einflechten *v* (Lehmbau); flechten *v*

interlaced verschachtelt

interlaminar strength Schichtfestigkeit *f* [met]

interlayer Einlageschicht *f* [met]; Trennlage *f*; Zwischenlage *f* (Schicht) [met]

interlayer for asphalt Asphalteinlage *f*

interleaved überlappt

interlock Schloss *n* (Spundwand); Verriegelung *f* [elt]

interlock blockieren *v* (sperren); verriegeln *v*

interlock flooring Gitterrostbelag *m* [stb]

interlock guard verriegelte Schutzeinrichtung *f* [asi]

interlock swing Schlossabstellung *f* (Spundwand)

interlock switch Verriegelungsschalter *m* (Arbeitsschutz) [elt]

interlocking ineinander greifend

interlocking Verzahnung *f* (Holzbau)

interlocking board Falzplatte *f* [met]

interlocking cam Verriegelungsnocken *m* [asi]
interlocking circuit Verriegelungskreis *m* (Arbeitsschutz) [elt]
interlocking concrete blocks Betonverbundpflaster *n* [tib]
interlocking concrete paving blocks Betonverbundsteinpflaster *n* [tib]
interlocking cone Spannkegel *m* (Spannbeton) [bon]
interlocking device Verriegelungseinrichtung *f* (Arbeitsschutz) [tec]; Verriegelungsvorrichtung *f* [asi]
interlocking mechanism Verriegelungssystem *n* [asi]
interlocking paving Verbundpflaster *n*
interlocking pipe Falzrohr *n* [met]
interlocking roofing tile Falzziegel *m*
interlocking screw ineinander arbeitende Schneckenwelle *f* [prc]
interlocking sheet piles miteinander verhakte Spundbohlen *pl* [tib]
interlocking switch Verriegelungsschalter *m* (Arbeitsschutz) [elt]
interlocking system Verriegelungsvorrichtung *f*
interlocking tile Falzpfanne *f* (Dachziegel)
interlocking tile, extruded - Falzziegel *f* (Dachziegel)
intermediary Mittelsmann *m* [eco]; Mittelsperson *f* [eco]
intermediary storage Zwischenlagerung *f*
intermediate Zwischen-
intermediate bar Zwischenstab *m* [stb]
intermediate beam Zwischenträger *m* [stb]
intermediate bottom Zwischenboden *m*
intermediate ceiling Zwischendecke *f*
intermediate coat Zwischenanstrich *m* [met]
intermediate conveyor Zwischenband *n* [prc]
intermediate conveyor car Zwischenbandförderer *m* [prc]
intermediate cornice Zwischengesims *n* (Klassizismus) [arc]
intermediate course Zwischenschicht *f*
intermediate cut Zwischenfraktion *f* [prc]
intermediate floor Zwischenboden *m*; Geschossdecke *f*
intermediate fraction Zwischenfraktion *f* [prc]
intermediate landing Zwischenpodest *n* (Treppe)
intermediate layer Zwischenlage *f* [met]; Zwischenschicht *f* [met]
intermediate level Zwischenebene *f*
intermediate member Zwischenstück *n*
intermediate pit Zwischenfarbe *f* [met]
intermediate platform Zwischenbühne *f* (Gerüst)
intermediate position Zwischenstellung *f* (Schalter, Hebel)
intermediate post Zwischensäule *f*
intermediate purlin Zwischenpfette *f*
intermediate rail Knieleiste *f* (Geländer)

intermediate stanchion Zwischenstütze *f* [stb]
intermediate stiffener Zwischensteife *f* [stb]
intermediate stockyard Zwischenlager *n*
intermediate store for hazardous waste Sonderabfallzwischenlager *n* [rec]
intermediate storey Zwischengeschoss *n*
intermediate support Zwischenstütze *f*
intermittent gestrichelt (Zeichnung) [des]; periodisch (periodisch auftretend)
intermittent bond unterbrochener Verbund *m*
intermittent grinding satzweises Mahlen *n* [roh]
intermittent line gestrichelte Linie *f* [des]
intermittent load diskontinuierliche Belastung *f*
intermittent mixer diskontinuierlicher Mischer *m* [prc]
intermittent mixing Chargenmischen *n* [prc]
intermittent mixing plant Chargenmischanlage *f*
intermittent noise intermittierendes Geräusch *n* [aku]; intermittierender Lärm *m* [aku]
intermittent run diskontinuierlicher Betrieb *m* [prc]
intermittent welding unterbrochene Schweißung *f* [met]
internal licht (in lichte Höhe) [des]
internal access concept Erschließungskonzept *n* [com]
internal angle Innenwinkel *m* [des]
internal architrave Blendleiste *f*
internal auditing betriebsinterne Prüfung *f* [any]
internal battery eingebaute Batterie *f* [elt]
internal circuit innerer Stromkreis *m* [elt]
internal climate Raumklima *n* [air]
internal coating Innenanstrich *m* (Behälter) [met]
internal control Eigenüberwachung *f* [any]
internal courtyard Innenhof *m*
internal crack Innenriss *m* [met]; Kernriss *m* [met]
internal diameter Innendurchmesser *m* [des]; innerer Durchmesser *m* [des]; lichter Durchmesser *m* [des]; lichte Weite *f* [des]
internal dimension Innenmaß *n* [des]
internal finishing Innenausbau *m*
internal fissure Innenriss *m* [met]
internal fixtures Innenausbauteile *pl*
internal force innere Kraft *f* [met]; Schnittkraft *f* [sik]
internal force diagram Schnittkraftlinie *f* [sik]
internal forces and moments Schnittlasten *pl* [sik]
internal formwork Innenschalung *f* [bon]
internal frame Innenlaibung *f* (Fenster)
internal gain due to people Personen-Wärmelast *f* (Wärmebedarfsrechnung) [pow]
internal installation Inneninstallation *f* [elt]
internal insulation Innendämmung *f*
internal lacquering Innenlackierung *f* [met]
internal leaf Innenschale *f* (Hohlwand); Innenschale *f* (Mauerwerk)

internal measure Innenmaß n [des]
internal moment Schnittmoment n [sik]
internal noise Innengeräusch n [aku]
internal partition Zwischenwand f (nicht tragend)
internal plaster Innenputz m
internal plastering Innenputz m
internal pressure test Innendruckprüfung f [any]
internal scavenging Innenspülung f
internal stress Eigenspannung f [met]
internal vibrator Innenrüttler m
internal view Innenansicht f [des]
internal wall Innenwand f
internal welding Innenschweißen n [wer]
internal wiring Innenverdrahtung f [elt]; innere
  Verdrahtung f [elt]
International Protection Schutzart f (IP) [elt]
interrupt abschalten v [elt]
interruption of flow Ruhepunkt m [com]
interruption of the building work Unterbrechung
  der Ausführung von Bauleistungen f
interruption of the current Stromunterbrechung f
  [elt]
intersect sich kreuzen v
intersecting beams überschneidende Balken pl
intersecting point Schnittpunkt m [des]
intersecting vault Kreuzgewölbe n [arc]
intersection Kreuzung f [tra]; Straßenkreuzung f
  [tra]
intersection angle Schnittwinkel m [des]
intersection line Schnittlinie f [des]
interstice Hohlraum m (Zwischenraum); Zwischenraum m (Spalt); Fuge f (Spalt)
interstitial floor Zwischengeschoss n
interstitial moisture Zwischenraumfeuchte f [met]
interstitial volume Zwischenkornvolumen n (Schüttung, Säulenmaterial) [prc]
interstitial water Haftwasser n [phy]; Porenwasser
  n [phy]
intrados Bogenkreuzung f; Bogenlaibung f
intrados pressure Lochlaibungsdruck m
intrinsic strength Eigenfestigkeit f [met]
intruder alarm system Einbruchmeldesystem n
intruding noise Nachbarschaftslärm m [aku]
intrusion Einlagerung f (Einschluss) [met]
intrusion alarm system Einbruchmeldeanlage f
  [asi]
intrusion detector Diebstahlsicherung f;
  Einbruchsicherung f
intrusion grout Einpressschlempe f [met]
intrusion grout aid Einpresshilfe f (Betonzusatz)
  [met]
intrusion mortar Einpressmörtel m
intrusion of water Wasserandrang m [wba]
intrusive rock Tiefengestein n [geo]
intumescent paint schaumschichtbildender Anstrich
  m [met]

inundation Hochwasser n (Überschwemmung)
  [was]; Überflutung f [was]; Überschwemmung f
  (Überhäufung) [was]
invalid test Fehlversuch m [any]
invar rod Invarlatte f (Höhenmessung) [any]
inventory Inventarverzeichnis n [eco]; Bestand m
  (Vorrat)
inverted arch verkehrtes Gewölbe n; Gegenbogen m
inverted beam Überzug n (Deckenbalken)
inverted kerb Tiefbordstein m (Straßenrand)
inverted siphon Düker m
investigate untersuchen v [any]
investigation Prüfung f (Untersuchung) [any]
investigation of foundation conditions Baugrunduntersuchung f [geo]
investigation, analytical - analytische Bestimmung f
  [any]; analytische Untersuchung f [any]
investment decision Investitionsentscheidung f [eco]
investment in plant and equipment Ausrüstungsinvestition f [eco]
investment location Investitionsstandort m [eco]
investment volume Investitionsvolumen n [eco]
Investor relations Investorenbetreuung f [eco]
invisible pit verlorener Schacht m [roh]
invitation to tender Aufforderung zur Angebotsabgabe f [eco]
invitation to tender documents Ausschreibungsunterlagen pl [eco]
invitation to tender for construction work Ausschreibung von Bauleistungen f
invoice date, from the - ab Rechnungsdatum [eco]
invoice for assembly Montagerechnung f [eco]
invoice for erection Montagerechnung f [eco]
invoice for work charged by the hour Stundenlohnrechnung f [eco]
invoicing Rechnungslegung f [eco]; Rechnungsstellung f [eco]
invoicing for auxiliary costs Abrechnung von
  Nebenkosten f [eco]
invoicing requirements Abrechnungsbestimmungen
  pl [eco]
involute Abwicklungskurve f [des]
involvement Beteiligung f (Stadtplanung: - von
  Bürgern) [com]
iodine colour value Iodfarbzahl f [any]
iodine number Iodzahl f [was]
iodometry Iodometrie f [any]
ion exchanger Ionenaustauscher m [prc]
ion-exchange equipment Ionenaustauschanlage f
  [prc]
ion-exchange resin Austauscherharz n [met]
ionic ionisch (klassisch griechisch) [arc]
ionic balance Ionengleichgewicht n [was]
Ionic capital ionisches Kapitell n (auf griechischen
  Säulen) [arc]

Ionic column ionische Säule *f* [arc]
ionized water ionisiertes Wasser *n* [was]
IP 0 - No special protection IP 0 - Kein besonderer
Schutz *m* (DIN 40050: 1. Kennziffer (Berührungs-
und Fremdköperschutz)) [elt]; IP 0 - Kein
besonderer Schutz *m* (DIN 40050: 2. Kennziffer
(Wasserschutz)) [elt]
**IP 1 - Protection against dripping water falling
vertically. It may not have any harmful effect
(dripping wate** IP 1 - Schutz gegen tropfendes
Wasser, das senkrecht fällt. Es darf keine
schädliche Wirkung haben (Tropfwasse *m* (DIN
40050: 2. Kennziffer (Wasserschutz)) [elt]
**IP 1 - Protection against the ingress of solid
foreign bodies having a diameter above 50 mm
(large foreign bod** IP 1 - Schutz gegen Eindringen
von festen Fremdkörpern mit einem Durchmesser
größer als 50 mm. *m* (DIN 40050: 1. Kennziffer
(Berührungs- und Fremdköperschutz)) [elt]
**IP 2 - Protection against dripping water falling
vertically. It may not have any harmful effect on
equipment (** IP 2 - Schutz gegen tropfendes
Wasser, das senkrecht fällt. *m* (DIN 40050: 2.
Kennziffer (Wasserschutz)) [elt]
**IP 2 - Protection against the ingress of solid
foreign bodies having a diameter above 12 mm
(medium-sized fore** IP 2 - Schutz gegen
Eindringen von festen Fremdkörpern mit einem
Durchmesser größer als 12 mm. *m* (DIN 40050: 1.
Kennziffer (Berührungs- und Fremdköperschutz))
[elt]
**IP 3 - Protection against the ingress of solid
foreign bodies having a diameter above 2.5 mm
(small foreign bo** IP 3 - Schutz gegen Eindringen
von festen Fremdkörpern mit einem Durchmesser
größer als 2,5 mm. *m* (DIN 40050: 1. Kennziffer
(Berührungs- und Fremdköperschutz)) [elt]
**IP 3 - Protection against water falling at any angle
up to 60° relative to the perpendicular. It may
not have** IP 3 - Schutz gegen Wasser, das in einem
beliebigen Winkel bis 60° zur Senkrechten fällt. *m*
(DIN 40050: 2. Kennziffer (Wasserschutz)) [elt]
**IP 4 - Protection against the ingress of solid
foreign bodies having a diameter above 1 mm
(grain sized foreig** IP 4 - Fernhalten von
Werkzeugen, Drähten oder ähnlichem mit einer
Dicke größer als 1 mm *m* (DIN 40050: 1.
Kennziffer (Berührungs- und Fremdköperschutz))
[elt]
**IP 4 - Protection against water spraying on the
equipment (enclosure) from all directions. It
may not have any** IP 4 - Schutz gegen Wasser, das
aus allen Richtungen gegen das Betriebsmittel
Gehäuse spritzt. *m* (DIN 40050: 2. Kennziffer
(Wasserschutz)) [elt]
IP 5 - Protection against a water jet from a nozzle

**which is directed on the equipment (enclosure)
from all di** IP 5 - Schutz gegen einen Wasserstrahl
aus einer Düse, der aus allen Richtungen gegen das
Betriebsmittel. *m* (DIN 40050: 2. Kennziffer
(Wasserschutz)) [elt]
**IP 5 - Protection against harmful dust covers. The
ingress of dust is not entirely prevented,
however, dust ma** IP 5 - Schutz gegen schädliche
Staubablagerungen. Das Eindringen von Staub ist
nicht vollkommen verhindert. *m* (DIN 40050: 1.
Kennziffer (Berührungs- und Fremdköperschutz))
[elt]
**IP 6 - Protection against heavy sea or strong
water jet. No harmful quantities of water may
enter the equipmen** IP 6 - Schutz gegen schwere
See oder starken Wasserstrahl. *m* (DIN 40050: 2.
Kennziffer (Wasserschutz)) [elt]
**IP 6 - Protection against the ingress of dust (dust-
tight). Complete protection against contact** IP 6
- Schutz gegen Eindringen von Staub (staubdicht).
Vollständiger Berührungsschutz *m* (DIN 40050: 1.
Kennziffer (Berührungs- und Fremdköperschutz))
[elt]
**IP 7 - Protection against water if the equipment
(enclosure) is immersed under determined
pressure and time co** IP 7 - Schutz gegen Wasser,
wenn das Betriebsmittel (Gehäuse) unter
festgelegten Druck- und Zeitbedingungen. *m* (DIN
40050: 2. Kennziffer (Wasserschutz)) [elt]
**IP 8 - The equipment (enclosure) is suitable for
permanent submersion under conditions to be
described by the** IP 8 - Das Betriebsmittel
(Gehäuse) ist geeignet zum dauernden Untertauchen
in Wasser bei Bedingungen. *m* (DIN 40050: 2.
Kennziffer (Wasserschutz)) [elt]
iron alloy Eisenlegierung *f* [met]
iron bar Eisenstange *f* [met]
iron bar cutter Betonstahlschere *f* (für Bewehrung)
[wzg]
iron bridge Eisenbrücke *f*
iron cement Eisenzement *m* [met]
iron covering Blechmantel *m* [met]
iron cutters Eisenschere *f* [wzg]
iron dog Eisenklammer *f*; Eisenkrempe *f*
iron extraction plant Enteisenungsanlage *f* [was]
iron lacquer Eisenlack *m* [met]
iron minium Eisenmennige *n* [che]
iron mordant Eisenbeize *f* (Lederherstellung) [met]
iron ocher Eisenmennige *n* [che]
iron oxide pigment Eisenoxidfarbe *f* [che]
iron plate Eisenblech *n* [met]
iron protecting paint Eisenschutzfarbe *f* [met]
iron pyrite Schwefelkies *m* [che]
iron scrap Eisenabfall *m* [rec]
iron sheet Eisenblech *n* [met]
iron shell Blechmantel *m* [met]

iron strip Eisenband *n* [met]
iron varnish Eisenlack *m* [met]
ironing screed Glättbohle *f* [wba]
ironwork Gitterwerk *n* [stb]
irradiate acoustically beschallen *v* [aku]
irregular unvorschriftsmäßig; vorschriftswidrig
irreversible irreversibel; unumkehrbar
irreversible deformation bleibende Formänderung *f*
irrigate bewässern [was]
irrigate verrieseln *v*
irrigated surface Rieselfläche *f* [was]
irrigation Bewässerung *f* [was]; Wasserberieselung
    f [was]
irrigation bottle Augenspülflasche *f* [asi]
irrigation canal Bewässerungskanal *m* [was]
irrigation dam Bewässerungstalsperre *f* [wba]
irrigation ditch Bewässerungsgraben *m* [wba]
irrigation field Rieselfeld *n* [was]
irrigation plant Bewässerungsanlage *f* [was]
irrigation pump Bewässerungspumpe *f* [was]
irrigation reservoir Bewässerungsspeicher *m* [was]
irrigation scheme Bewässerungsplan *m* [was]
irrigation works Berieselungsanlage *f*
irritant reizend (Gefahrstoffe) [met]
island operation Inselbetrieb *m* [elt]
island position Insellage *f* (isolierte Lage in Stadt,
    ...)
isogonal winkeltreu [des]
isolated footing Einzelfundament *n*
isolated output potenzialfreier Ausgang *m* [elt]
isolated system Inselbetrieb *m* [pow]
isolating device Absperrorgan *n* [prc]
isolating material Dämmmaterial *n* [met]; Dämm-
    stoff *m* [met]
isolating partition Lärmschutz-Trennwand *f* [asi];
    Schallschutztrennwand *f* [aku]
isolating switch Trenner *m* (Schalter) [elt]; Trenn-
    schalter *m* [elt]
isolation valve Absperrarmatur *f* [prc]
isometric isometrisch [des]
isometric drawing Isometrie *f* [des]; isometrische
    Zeichnung *f* [des]
isometric projection isometrische Darstellung *f*
    [des]
isometric view isometrische Abbildung *f* [des];
    perspektivische Ansicht *f* (Zeichnung) [des]
isometrical isometrisch [des]
isometry Isometrie *f* [des]
isomorphic gleichförmig
isomorphism Formgleichheit *f* [des]; isomorphe
    Abbildung *f* [des]
isopiestic line Grundwassergleiche *f* (Hydrologie)
    [was]; Grundwasserhöhenlinie *f* [was]
isostatic statisch bestimmt [sik]
isotopic richtungsunabhängig
item Einzelheit *f*

item not shown Position nicht dargestellt (in
    Zeichnungen) [des]
item of work Gewerk *n*
itemized list detaillierte Liste *f*
iteration process iteratives Berechnungsverfahren *n*
    [des]

J

J-rod J-Spannstab *m* [stb]
J-weld J-Naht *f* (Schweißnaht) [met]
jack Buchse *f* (Klinke) [elt]
jack plane Rauhobel *m* [wzg]; Schlichthobel *m* (Holzbearbeitung: kurze Form) [wzg]; Schrupphobel *m* [wzg]
jack rafter Anschlusssparren *m* (Dachkonstruktion); Schiftersparren *m* (verkürzter Dachsparren); Schiftsparren *m*
jack screw Schraubenwinde *f*
jack screw with elephant's foot verstellbare Abstützung mit Bodenteller *f*
jack up aufbocken *v*; hochwinden *v*
jacket pipe Mantelrohr *n* [met]
jacket tube Mantelrohr *n* [met]
jacket wall Wallmauer *f* (mittelalterliche Befestigung) [arc]
jacketed ummantelt
jacketed girder verkleideter Träger *m*
jacking Spannen *n* (Spannbeton) [bon]
jacking anchorage Spannverankerung *f* [bon]
jacking block Spannblock *m* (Spannbeton) [bon]
jacking end Spannstelle *f* [bon]
jacking force Pressenkraft *f* [bon]
jacking pier Hubstütze *f* (Brücke)
jacking thread Spanngewinde *n*
jacking up Abheben *n* (z.B. eines Brückenlagers); Anheben *n*; Hochheben *n*
jagged zerklüftet [geo]
jalousie Jalousie *f*
jam rammen *v*
jamb Pfosten *m* (Tür, Fenster); Rahmen *m* (Tür, Fenster)
jamb lining Türfutter *n*
jamb stone Eckpfeiler *m*
jamb wall Drempel *m*
jamming Hemmung *f* [asi]
janitor Hausmeister *m*; Hausmeisterin *f* (<A>)
jar verdichten *v*
jaw breaker Backenbrecher *m*
jaw clearance Austragsspaltbreite *f* (Brecher) [prc]; Spaltweite *f* (Brecher) [prc]
jaw crusher Backenbrecher *m* [prc]
jaw setting Austragsspaltbreite *f* (Brecher) [prc]; Spaltweite *f* (Brecher) [prc]
jaw, fixed - feste Backe *f* (Schraubstock) [wzg]
jet Spritzdüse *f* [prc]
jet bit Düsenmeißel *m* [tib]; Strahlbohrer *m* [wzg]
jet conveyor Schleuderband *n* [prc]
jet flow valve Strahlschieber *m* [was]
jet impact mill Strahlmühle *f* [prc]

jet piercing Strahldüsenbohren *n* [roh]
jet pulverizer pneumatische Prallmühle *f* [prc]; Strahlmühle *f* [prc]
jet-assisted dredger Nassbagger mit Spülhilfe *m* [tib]
jettied joist Kragbalken *m* (Holzkonstruktion: Fachwerkgebäude)
jetty Anlegesteg *m* [tra]; Hafendamm *m*; Kai *m* [tra]; Landesteg *m* [tra]; Leitdeich *m*; Wellenbrecher *m* [wba]; Mole *f*
jetty bressumer Sturzbalken *m* (Fachwerkgebäude: vorkragende Wand)
jetty plate Rahmenholz des Überhangs *n* (Holzkonstruktion: Fachwerkgebäude)
jetway Fluggastbrücke *f* [tra]
jib Ausleger *m* (Kran); Kranausleger *m*; Schwenkarm *m* [tec]
jib length Ausladung *f* (Kranausleger)
jib of a crane Ausleger eines Krans *m*
jib working radius Ausladung *f* (Kranausleger)
jig Aufspannvorrichtung *f* [wer]; Einspannvorrichtung *f*; Haltevorrichtung *f*; Spannvorrichtung *f* [wer]
jig saw Bogensäge *f* [wzg]
job description Arbeitsbeschreibung *f*; Baustellenbeschreibung *f*
job diary Bautagebuch *n*
job hazard analysis Sicherheitsanalyse am Arbeitsplatz *f* (Arbeitsschutz) [asi]
job layout Baustellenbeschaffenheit *f*
job office Baustellenbüro *n*
job record Bautagebuch *n*
job size Losgröße *f*
job specifications Ausschreibungsunterlagen *pl* [eco]; Pflichtenheft *n* (Auftrag, Ausschreibung) [eco]
job superintendent Bauleiter *m*
job-site curing, wet - Feuchthaltung *f* (von Beton) [bon]
job-site foreman Polier *m*
job-site inspection Ortsbesichtigung *f*
job-site mobilization Baustelleneinrichtung *f*
job-site power supply Baustromversorgung *f* [elt]
join anschließen *v* (verbinden)
join by adhesive kleben *v* [wer]
join with rivets vernieten *v* [wer]
joined ownership Miteigentum *n* [eco]
joiner's clamp Schraubzwinge *f* [wzg]
joiner's putty Holzkitt *m* [met]
joiner's work Tischlerarbeiten *pl* [wer]
joinery work Schreinerarbeiten *pl* (DIN 18355) [wer]; Tischlerarbeiten *pl* (DIN 18355) [wer]
joining mortar Ansetzmörtel *m* [met]
joint Fuge *f*; Verbindung *f* (Knoten)
joint area Bindezone *f* (entlang der Schweißnaht) [met]

joint assembly Kreuzgelenk *f* [tec]
joint between three plates Dreiblechstoß *m* [stb]
joint bolt Gelenkbolzen *m* [stb]
joint box Verteilerkasten *m* [elt]
joint cement Fugenkitt *m* [met]
joint cleaner Fugenreiniger *m* [met]
joint compartment Fugenkammer *f* (Freiraum hinter Abdichtung)
joint compound Fugenmasse *f* [met]
joint concrete Fugenbeton *m* [bon]
joint configuration Fugenausbildung *f*; Stoßausbildung *f*
joint cutter Fugenschneidegerät *n* [wzg]; Fugenschneider *m* [wzg]
joint cutting Fugenschneiden *n*
joint cutting machine Fugenschneider *m*
joint damage Fugenschaden *m*
joint displacement Knotenverschiebung *f* [sik]
joint face Fugenflanke *f*; Fugenwandung *f*; Stoßfläche *f* [tec]
joint filling Fugenverfüllen *n*
joint filling agent Fugenspachtel *m* [met]
joint for movement Bewegungsfuge *f*
joint formation Stoßausbildung *f* [stb]
joint grouting Fugenvergießen *n*
joint gypsum Fugengips *m* [met]
joint in reinforcement Armierungsstoß *m* [bon]; Bewehrungsstoß *m* [bon]
joint load Knotenlast *f* [sik]
joint loading Knotenbelastung *f* [met]
joint masking Fugenabdeckung *f* (Abdichtung)
joint mortar Fugenmörtel *m* [met]
joint of stanchion Stützenstoß *m* [stb]
joint penetration groove, complete - voll durchgeschweißte Fugennaht *f* [met]
joint penetration groove, partial - teilweise durchgeschweißte Fugennaht *f* [met]
joint penetration, incomplete - nicht durchgeschweißte Wurzel *f* (Schweißnaht) [met]; Wurzelkerbe *f* [met]
joint permeability Fugendurchlässigkeit *f* (Glaserei)
joint plate Knotenblech *n* [met]; Verbindungsplatte *f*
joint pouring Fugenverguss *m*
joint pouring compound Fugenvergussmasse *f* [met]
joint raker Fugenreißer *m*
joint ribbon Fugenband *n* [met]
joint rotation Knotenverdrehung *f* [sik]
joint sample Prüfstück *n* (beim Schweißen) [met]
joint sealant Fugenversiegelungsmittel *n* [met]; Fugendichtstoff *m* [met]
joint sealed by cover strip Abdeckfuge *f*
joint sealer Fugenmasse *f* [met]
joint sealing Fugenabdichtung *f* [met]

joint sealing compound Fugendichtungsmasse *f* [met]; Fugenvergussmasse *f* [met]
joint sealing system Fugendichtsystem *n*
joint slip Verbindungsnachgiebigkeit *f*
joint slot Fugenkerbe *f*
joint spacing Fugenabstand *m* [des]
joint strap Spaltriemchen *n* [met]
joint tape Fugenband *n*
joint width Fugenbreite *f* [des]
joint width, minimum - Fugenmindestmaß *n* [des]
joint width, required - Fugennennmaß *n* [des]
joint with butt strap Laschenstoß *m*
joint with cover plate Laschenstoß *m* [stb]
joint, idealized - idealisierter Knoten *m* [sik]
joint-forming metal strip Fugeisen *n* [wzg]
jointed belt conveyor Gliederbandförderer *m* [prc]
jointed-band conveyor Gliederbandförderer *m* [prc]
jointer Fugeisen *n* [wzg]
jointing Fugenverfüllen *n*; Verbinden *n* [wer]; Verfugen *n*; Fugenfüllung *f*
jointing band Fugenband *n* [met]
jointing cement Fugenmasse *f* [met]
jointing compound Fugenfüller *m* [met]; Ausfugmasse *f* [met]; Fugendichtmasse *f* [met]; Fugendichtungsmasse *f* [met]
jointing filler Fugenfüller *m* [met]; Fugendichtmasse *f* [met]; Fugendichtungsmasse *f* [met]
jointing material Fugenmaterial *n* [met]; Verfugungsmaterial *n* [met]; Fugendichtstoff *m* [met]
jointing mortar Fugenmörtel *m* [met]
jointing plaster Fugengips *m* [met]
jointless fugenlos; nahtlos
jointless flooring Estrich *m*
jointless flooring compound Fußbodenausgleichsmasse *f* [met]
joist Deckenbalken *m*; Deckenträger *m*; Profilträger *m* [stb]; Unterzug *m*
joist ceiling Balkendecke *f*
joist floor Balkendecke *f*
joist hanger Balkenschuh *m* (Holzbau); Balkenkopfverankerung *f*
journal Achsstummel *m* [tec]; Achszapfen *m* [tec]
journal bearing Traglager *n*
judas hole Spion *m* (Guckloch in der Türe)
Judas hole Türspion *m*
jumbo Ankerbohrwagen *m*
jump anstauchen *v* [wer]
jumper Binder *m*; Bohrstahl *m* (Drucklufthammer) [wzg]
jumping sheet Sprungrettungsgerät *n* (Sicherheit)
junction Verkehrsknoten *m* [tra]; Nahtstelle *f* [com]; Straßenkreuzung *f* [tra]; Verbindung *f* (Anschluss) [elt]
junction box Abzweigkasten *m* [elt]; Verteilerkasten *m* [elt]; Abzweigdose *f* [elt]; Anschlussdose *f* [elt]; Verteilerdose *f* [elt]

junction cable Verbindungskabel *n* [elt]
junction pile Abzweigbohle *f* (Spundwand)
junction plate Knotenblech *n*
junction point Anschlusspunkt *m* [stb]; Knotenpunkt *m* [stb]
juncture plate Knotenblech *n*
junk-room Rumpelkammer *f*
Jurassic limestone Jurakalk *m* [geo]
jut out ausladen *v*

K

K-truss K-Fachwerk *n* [stb]
kaolin slip Kaolinschlicker *m* (Keramik) [met]
karst development Verkarstung *f* [geo]
karst formation Verkarstung *f* [geo]
keel block Kielstapel *m* (Trockendock) [tib]
keeled lisene kielförmige Lisene *f* (Baukunst) [arc]
keep Bergfried *m* [arc]; Wohnturm *m* (an befestigtem Gebäude) [arc]
keep in good repair instand halten *v*
keeping with the quality of urban life stadtverträglich [com]
kerb Schrammbord *n*; Bordstein *m*; Kantstein *m*; Randstein *m* [tra]
kerb ramp abgeschrägte Bordsteinkante *f*
kerbside Straßenrand *m* [tra]
kerbstone Bordstein *n*; Randstein *m* [tra]
kerf Kerbe *f* (Einschnitt)
key Nase *f* (Zapfen)
key component Hauptbauteil *m* [met]
key date plan Fristenplan *m*
key indicator Schlüsselindikator *m*
key joint Dübelverbindung *f*
key material Grundmaterial *n* (Basismaterial) [met]
key system Schließanlage *f*
key tenant Magnetmieter *m* (zieht andere Mieter einer Immobilie an) [eco]
key to symbols Zeichenerklärung *f* [des]
keyed verdübelt; verkeilt
keyed joint genietete Fuge *f* [tib]; gespundete Fuge *f* [tib]
keyed jointing Hohlkehlenverfugung *f*
keyhole Schlüsselloch *n* [tec]
keyhole escutcheon Schlüssellochblech *n* (Tür)
keyhole notch Schlüssellochkerbe *f*
keying system Verdübelung *f*
keystone Gewölbestein *m*; Schlussstein *m*
kick plate Fußblech *n* (Arbeitsbühne); Fußleiste *f* (Arbeitsbühne); Stoßleiste *f* (Arbeitsbühne); Trittleiste *f*
kicking plate Stoßblech *n*
kieselguhr Kieselgur *m* [met]
kiln control Ofenführung *f* [roh]
kiln dust Ofenstaub *m* [roh]
kiln exhaust gas Ofenabgas *n* [air]
kiln installation Ofenanlage *f* [air]
kiln operation Ofenbetrieb *m* [roh]
kiln-dried ofengetrocknet [met]; ofentrocken [met]
kind of drive Antriebsart *f* [tec]
king post Hängesäule *f*
king strut Firstsäule *f* (Dachkonstruktion)
kiosk exit überdachter Ausgang *m*

kitchen installation Kücheninstallation *f* [tga]
kitchen unit Küchenzeile *f*
kitchenette Kochnische *f*
knacker's yard Tierkörperverwertungsanstalt *f* (Abdeckerei) [rec]
knap spalten *v* (Stein)
knee Winkelstück *n* [prc]; Rahmenecke *f* [stb]
knee bend Knierohr *n* [met]
knee brace Kopfband *n* (Holzbau); Kopfstrebe *f* [stb]
knee bracket Eckblech *n* [stb]
knee pad Kniepolster *n* [asi]; Knieschoner *m* [asi]; Knieschützer *m* [asi]
knee-pad Knieschützer *m* [asi]
kneebrace Kopfbandbalken *m* (Knieaussteifung); Kopfstrebe *f*
knife Messer *m* [wzg]
knife-edge load Linienlast *f* [sik]; Streckenlast *f* [sik]
knifing filler Ausgleichsmasse *f* [met]
knock in einschlagen *v* (Nagel) [wer]
knoll Erdhügel *m* [tib]
knowledge-based system Expertensystem *n*
knuckle Scharniergelenk *n* [tec]; Gelenkverbindung *f* [tec]
knuckle bend Krümmung mit kleinem Radius *f* [des]
knuckle joint Pendelstütze *f*

L

L-adaptor L-Stutzen *m*
L-section Winkelprofil *n* [met]
L-steel Winkelstahl *m* [met]
lab scale Labormaßstab *m* [any]
labelling Bezettelung *f* [tra]; Kennzeichnung *f*
laboratory apparatus Laborgerät *n* [any]
laboratory balance Laborwaage *f* [any]
laboratory building Laborgebäude *n*
laboratory equipment Laborausstattung *f* [any]
laboratory examination Laboruntersuchung *f* [any]
laboratory experiment Labortest *m* [any]; Laborversuch *m* [any]
laboratory practice, good - gute Laborpraxis *f* (Qualitätssicherung) [any]
laboratory principles, good - gute Laborpraxis *f* (Qualitätssicherung) [any]
laboratory requisites Laborbedarf *m* [any]
laboratory sample Laborprobe *f* [any]
laboratory scale Labormaßstab *m* [any]
laboratory shotcrete stand Laborspritzstand *m*
laboratory test Labortest *m* [any]; Laborversuch *m* [any]
laboratory wing Labortrakt *m*
labour constant Leistungswert *m* [eco]; Stundenaufwand *m* [eco]
labour protection Arbeitsschutz *m* [asi]
labour-safety regulations Arbeitsschutzanordnungen *pl* [asi]
laced member Gitterstab *m*
lacing Vergitterung *f* (Stütze) [stb]
lacing bar Vergitterungsstab *m* (Stütze) [stb]
lack of responsibility unverantwortliches Verhalten *n* [asi]
lacking in energy resources energiearm [pow]
lacquer coat Lackanstrich *m* [met]; Lackschicht *f* [met]
lacquer coating Lackierung *f* [met]
lacquer finish Lackierung *f* [met]
lacquer paint Lackfarbe *f* [met]
lacquer remover Lackentferner *m* [met]
lacquer solvent Lackverdünner *m* [met]
lacunar Kassette *f*
ladder diagram Kontaktplan *m* [elt]
ladder dredger Eimerkettenbagger *m* [tib]; Leiterbagger *m* [tib]
ladder frame Baggerleiterrahmen *m* [wba]; Eimerleiterrahmen *m* [wba]
ladder guard Rückenschutz *m* (Leiter) [asi]
ladder safety cage Rückenschutz *m* (an "umgitterten" Leitern)
ladder scaffold Leitergerüst *n*

ladder well Entwässerungsschacht *m* [was]
ladder with backcage Leiter mit Rückenschutz *f*
ladder-type trenching machine Eimerleitergrabenbagger *m* [tib]
lag mit Dämmstoff isolieren *v*
lag-free trägheitslos [elt]
lagging Verkleidung *f* (Wärmeschutz)
laid to falls im Gefälle verlegt
laid-dry ohne Mörtel verlegt
laitance Schlempe *f* [met]; Zementmilch *f* [met]
lake deposit Seenablagerung *f* [was]
lake due to erosion Austiefungssee *m* [geo]
lake pigment Pigmentfarbstoff *m* [met]
lakeside road Uferstraße *f* [tra]
lamella separator Lamellenklärer *m* [was]
lamina Schicht *f* (Holz) [met]
laminar defect Dopplung *f* (Fehler beim Beschichten) [met]
laminate Laminat *n* [met]; Schichtstoff *m* [met]
laminate floor Laminatboden *m* [met]; Laminatfußboden *m*
laminated geschichtet [met]; mehrlagig [met]; mehrschichtig
laminated board Mehrschichtenplatte *f*; Schichtstoffplatte *f* [met]
laminated cloth Hartgewebe *n* [met]
laminated composite Laminat *n* [met]; Schichtpressstoff *m* [met]
laminated fabric Hartgewebe *n* [met]; Schichtwerkstoff *m* (Gewebe) [met]
laminated front Kunststofffront *f* (Möbel)
laminated glass Isolierverbundglas *n*; Mehrschichtenglas *n* [met]; Schichtglas *n* [met]; Sicherheitsglas *n* [met]; Verbundglas *n* [met]
laminated insulating board mehrlagige Dämmplatte *f* [met]
laminated material Verbundmaterial *n* [met]; Schichtstoff *m* [met]; Schichtverbundwerkstoff *m* [met]
laminated panel Schichtstoffplatte *f* [met]
laminated plastic Schichtpressstoff *m* [met]
laminated pressboard Schichtstoffpressplatte *f* [met]
laminated safety glass Mehrschichtensicherheitsglas *n* [met]; Verbundsicherheitsglas *n* [met]
laminated sheet Schichtplatte *f* [met]
laminated steel Verbundstahl *m* [met]
laminated timber Brettschichtholz *n* [met]
laminated wood Schichtholz *n* [met]; verleimtes Holz *n* [met]
lamination Schichtung *f* [met]
lamp Leuchte *f* [elt]
lamp base Lampensockel *m* [elt]
lamp bracket Lampenhalter *m* [elt]
lamp holder Fassung *f* [elt]; Glühbirnenfassung *f* [elt]; Lampenfassung *f* [elt]

lamp socket Lampensockel *m* [elt]; Glühlampenfassung *f* [elt]; Lampenfassung *f* [elt]
lamp-wire connector Lüsterklemme *f* [elt]
lancet arch Spitzbogen *m*
lancet window Lanzettfenster *n* (Fachwerkhaus)
lancet window, triple - Drillingslanzettfenster *n*
(Gotik) [arc]
land Gelände *n* (Land, Grundstück) [geo]; Boden *m*
(Erdboden) [geo]; Grund *m* (Gelände)
land acquisition Landkauf *m* [eco]
land acquisition costs Grunderwerbskosten *pl* [eco]
land amelioration Bodenverbesserung *f* [geo]
land and property register Grundbuch *n*
land boundary Grundstücksgrenze *f*
land charge Grundschuld *f* [eco]
land clearing Erschließungsarbeiten *pl*
land consumption Flächenverbrauch *m*
land development Grundstückserschließung *f*
land drainage Bodenentwässerung *f* [tib]; Entwässern von Land *f* [wba]
land erosion Flächenerosion *f* [geo]
land exchange Geländeaustausch *m* [com]
land gap Geländeeinschnitt *m* [geo]
land improvement Bodenverbesserung *f* [geo]
land levelling Geländeplanierung *f* [geo]
land management, prudent - haushälterisches
Bodenmanagement *n* [eco]
land market Grundstücksmarkt *m* [eco]
land ownership registration Grundbucheintragung *f*
land pollution Bodenverunreinigung *f* [geo]
land property Liegenschaftswesen *n*
land purchase Grundstückskauf *m* [eco]
land purchase contract Grundstückskaufvertrag *m*
[eco]
land reclamation Bodenverbesserung *f* [geo]
land recycling Flächenrecycling *n* [geo]
land register Grundbuch *n* [com]; Kataster *m*
[com]
land registration Grundbucheintragung *f* [jur]
land registry Grundbuchamt *n* [com]
land registry office Katasteramt *n* [com]
land rent Grundpacht *f* [eco]
land requirement Flächenbedarf *m*; Geländebedarf *m*
land restoration Rekultivierung *f* [far]; Wiederherstellung von Land *f* [geo]
land sale Grundstücksverkauf *m* [eco]; Landverkauf
m [eco]
land set aside for building Bauerwartungsland *n*
land shortly to be made available for building
Bauerwartungsland *n*
land side, on the - landseitig [geo]
land speculation Bodenspekulation *f* [eco]
land survey Landvermessung *f* [any]
land survey office Katasteramt *n* [com]

land survey register Liegenschaftskataster *n* [jur]
land surveying Landvermessung *f* [any]
land surveying office Vermessungsamt *n* [com]
land surveyor Landmesser *m* [geo]
land swap Geländeaustausch *m* [com]
land tax Grundsteuer *f* [jur]
land tenure Pachtverhältnis *n* [eco]
land transfer contract
Grundstücksübertragungsvertrag *m* [eco]
land transfer duty Grunderwerbssteuer *f* [jur]
land transfer tax Grunderwerbssteuer *f* [jur]
land under cultivation landwirtschaftliche
Nutzfläche *f* [far]
land upheaval Bodenhebung *f* [geo]
land use Flächennutzung *f*
land use, mixed - Nutzungsmischung *f* [com]
land utilization Bodennutzung *f* [geo]
land utilization plan Flächennutzungsplan *m*
land utilization ratio Grundflächenzahl *f* [com]
land valuation Bodenrichtwert *m* [jur]
land value Bodenwert *m* [eco]
land with suspected inherited pollution altlastverdächtige Flächen *pl* [geo]
land-register Grundbuch *n* (<B>)
land-use plan Bauleitplan *m* [com]; Flächennutzungsplan *m* [com]; Gebietsplan *m* [com]
land-use plan, advanced binding - vorzeitiger
Bebauungsplan *m*
land-use plan, preparatory - Flächennutzungsplan *m*
land-use planning Flächenwidmung *f* [com]
land-use policy Flächennutzungsplan *m*
land-use type Art baulicher Nutzung *f*
landfill Abfalldeponie *f* [rec]; Ablagerung *f*
(Deponie) [rec]; Deponie *f* (<A>) [rec]; Geländeaufschüttung *f* [tib]; Geländeverfüllung *f* [tib]
landfill body Deponiekörper *m* [rec]
landfill bottom liner Deponiebasisabdichtung *f*
[rec]
landfill bottom liner system Deponiebasisabdichtungssystem *n* [rec]
landfill cap Deponieoberflächenabdichtung *f* [rec]
landfill cap system Deponieoberflächenabdichtungssystem *n* [rec]
landfill capacity Deponiekapazität *f* [rec]
landfill capping Oberflächenabdichtung *f* (Deponie)
landfill capping seal Oberflächenabdichtung *f*
(Deponie) [rec]
landfill cover Deponieabdeckung *f* [rec]
landfill gas Deponiegas *n* [rec]
landfill gas collection Deponiegasfassung *f* [rec]
landfill gas drain Deponiegasdränage *f* [rec]
landfill gas extraction Deponieentgasung *f* [rec];
Deponiegasgewinnung *f* [rec]
landfill gas production Deponiegasbildung *f* [rec];
Deponiegasgewinnung *f* [rec]

landfill leachate Deponiesickerwasser *n* [rec]
landfill liner system Deponieabdichtungssystem *n* [geo]
landfill liner system, double - doppeltes Deponieabdichtungssystem *n* [rec]
landfill lining Deponieabdichtung *f* [rec]
landfill mining Deponierückbau *m* [rec]
landfill monitoring Deponieüberwachung *f* [rec]
landfill practice, current - heutige Deponiepraxis *f* [rec]
landfill reclamation Deponiesanierung *f* [rec]
landfill site Deponiegelände *n* [rec]
landfill site reconversion Deponierückbau *m* [rec]
landfill surface liner system Deponieoberflächen-abdichtungssystem *n* [rec]
landfill surveillance Deponieüberwachung *f* [rec]
landing Podest *n* (z.B. Treppe); Treppenpodest *n*; Treppenabsatz *m*
landing area Auflagefläche *f* (für Montageteile)
landing bridge Landungsbrücke *f* [tra]
landing field Flugfeld *n* [tra]; Rollfeld *n* [tra]; Landeplatz *m* [tra]
landing handrail Podestgeländer *n*
landing header Treppenabsatzwechselbalken *m*
landing pier Anlegebrücke *f* [tra]
landing slab Treppenpodest *n*; Absatzplatte *f* (Treppe); Podestplatte *f*
landing stage Landesteg *m* [tra]; Landungssteg *m* [tra]; Landungsbrücke *f* [tra]; Landungsbrücke *f* [tra]
landing strip Landeplatz *m* [tra]; Landebahn *f* [tra]
landing, circular column - Rundsäulenpodest *n*
landing-place Landungsplatz *m* [tra]
landlocked ohne Zugang zum Meer [geo]
landowner, big - Großgrundbesitzer *m* [eco]
landraising Landauffüllung *f* [rec]
landscape landschaftlich gestalten *v*
landscape appraisal Landschaftsbewertung *f* [com]
landscape architect Landschaftsarchitekt *m* [arc]; Landschaftsplaner *m* [com]
landscape architecture Landschaftsarchitektur *f*
landscape design Landschaftsarchitektur *f* [arc]; Landschaftsgestaltung *f* [arc]; Landschaftsgestaltung *f* [com]; Landschaftsplanung *f* [arc]
landscape development Landschaftsgestaltung *f*
landscape gardener Gartenarchitekt *m*
landscape plan Landschaftsplan *m* [com]
landscape planning Landschaftsarchitektur *f* [com]; Landschaftsgestaltung *f* [com]; Landschaftsplanung *f* [com]
landscape preservation Landschaftspflege *f*
landscape strip Grünstreifen *m* [tra]
landscape system Landschaftssystem *n* [com]
landscaped office room Bürogroßraum *n*; Großraumbüro *n*
landscaped park Landschaftsgarten *m*

landscaping Begrünung *f* [com]; Landschafts-gestaltung *f* [com]; Landschaftsplanung *f* [com]
landscaping, green - Landschaftsbegrünung *f*
landslide Bergrutsch *m* [geo]; Erdrutsch *m* [geo]
landslip Bergrutsch *m* [geo]; Erdrutsch *m* [geo]
lane Fahrbahn *f* [tra]; Fahrspur *f* [tra]; Gasse *f* [tra]; Spur *f* (Straße) [tra]
lane closure Fahrbahnverengung *f* [tra]
lane for opposing flow Gegenfahrbahn *f* [tra]
lane line Fahrbahnmarkierung *f* (Straße) [tra]
lane load Belastung einer Fahrspur *f* [sik]
lane, narrow - Gässchen *n*
lantern Lanterne *f* [arc]
lantern light Dachlaterne *f* (Dachreiter, Dach-aufsatz)
lap Überlappung *f*
lap bar Verbindungseisen *n*
lap joint Überdeckungsstoß *m* [bon]; Überlappstoß *m* [tec]; Überlappungsstoß *m* [tec]; Nahtüber-deckung *f* (Dichtungsbahnen); Verblattung *f* (Holzbau); Verblattung *f* (Holzverbindung)
lap joint riveting Überlappungsnietung *f* [stb]
lap joint, single - einschnittige Verbindung *f* [stb]
lap length Überlappungslänge *f* [bon]
lap rivet joint Überlappungsnietung *f* [wer]
lap riveting Überlappnietung *f* [wer]
lap splice Überdeckungsstoß *m* [bon]
lapped joint Falzverbindung *f* [met]
lapping Dublierung *f* (flächige Verbindung gleichartiger Stoffe)
large combustion plant Großfeuerungsanlage *f* [pow]
large estate Großsiedlung *f* [com]
large housing estate Großwohnsiedlung *f* [com]
large panel building Großplattenbau *m*
large panel system Großplattenbauweise *f*; Plattenbauweise *f*
large particles Grobgut *n* (Siebung) [met]
large paving sett Großpflasterstein *m* [tib]
large power plant Großkraftwerk *n* [pow]
large sett Großpflasterstein *m* [tib]
large sett paving Großpflasterdecke *f* [tib]
large-area großflächig
large-capacity mixer Großraummischer *m* [prc]
large-diameter hole blasting Großlochsprengung *f* [roh]
large-grained grobkörnig [met]
large-scale building site Großbaustelle *f*
large-scale power plant Großkraftwerk *n* [pow]
large-scale project site Großbaustelle *f*
large-scale scheme Großprojekt *n*
large-scale technical experiment großtechnischer Versuch *m* [any]
large-volume feeder Großraumbeschicker *m* [roh]
laser granulometer Laserkorngrößenmessgerät *n* [any]

laser level Lasernivellierer *m* (Höhenmessung Gelände / Bau) [any]
laser welding Laserstrahlschweißen *n* [wer]
lashing Dachanschluss *m*
latchable verriegelbar
late baroque Spätbarock *m* [arc]
latent defect verborgener Mangel *m*; versteckter Mangel *m*
latent vacancy latenter Leerstand *m* (Immobilie) [eco]
lateral axis Querachse *f* [des]
lateral bracing Schlingerverband *m*; Windverband *m*
lateral buckling Kippen *n* (- von Trägern); seitliches Kippen *n*
lateral buckling of the track Gleisverwerfung *f* (Bahn) [tra]
lateral canal Nebenkanal *m* [wba]; Seitenkanal *m* [wba]
lateral clearance Seitenabstand *m* [des]; seitlicher Abstand *m*
lateral deformation seitliche Verformung *f*
lateral dimension Querabmessung *f* [des]
lateral distance Seitenabstand *m* [des]
lateral edge distance Randabstand senkrecht zur Kraftrichtung *m* [sik]
lateral elevation Seitenriss *m*; Seitenansicht *f* [des]
lateral extension Querdehnung *f* [met]
lateral force Seitenkraft *f*
lateral force resistant seitensteif
lateral launching Querverschub *m* (Brückenbau)
lateral length Seitenlänge *f*
lateral load seitliche Last *f* [sik]
lateral member Windverbandstab *m* [stb]
lateral reinforcement Bügelbewehrung *f* [bon]
lateral rigidity Seitensteifigkeit *f* [stb]
lateral section Querschnitt *m* [des]
lateral shear Axialschub *m* [sik]; Seitenschub *m* [sik]
lateral slide Böschungsrutschung *f* [geo]
lateral strain Querdehnung *f* [met]; Seitendehnung *f* [met]
lateral support Kipphalterung *f*; Seitenabstützung *f*
lateral thrust Horizontalschub *m* [met]; Seitenschub *m* [met]
lateral truss Windverband *m*
lateral view Seitenriss *m* [des]; Seitenansicht *f* [des]
lateral wall Seitenwand *f*
lateral yielding seitliches Nachgeben *n*
lateral-torsional buckling Kippen *n* (z.B. von Trägern) [stb]
latex adhesive Latexleim *m* [met]
latex coat Latexanstrich *m* [met]
latex paint Latexfarbe *f* [met]; latexgebundene Farbe *f* [met]
lath Dachlaterne *f*

lath flooring Lattenbelag *m*
lath grid Lattenrost *m*
lath screen Lamellenjalousie *f*
lathing Lattung *f*; Verlattung *f*
lathwood Lattenholz *n* [met]
lattice Gitter *n* [stb]; Fachwerkträger *m* (meist waagerecht) [stb]
lattice bar Vergitterungsstab *m* (Stütze) [stb]
lattice beam, composite - Verbundfachwerkträger *m*
lattice boom Gittermastausleger *m* [stb]
lattice bracing Netzverband *m* (Tragwerk) [stb]
lattice bridge Fachwerkbrücke *f* [stb]
lattice column Fachwerkstab *m* [stb]; Fachwerkstütze *f* (meist senkrecht) [stb]
lattice girder Fachwerkträger *m* [stb]; Gitterbalken *m*; Gitterträger *m* [stb]
lattice girder bridge Fachwerkbrücke *f*; Fachwerkträgerbrücke *f* (z.B. aus Metall) [stb]; Gitterbrücke *f*
lattice grating Lichtgitterrost *m*
lattice jib Fachwerkausleger *m*; Gitterausleger *m* (Bagger) [tib]
lattice mast Gittermast *m*
lattice member Gitterstab *m* [stb]
lattice purlin Fachwerkpfette *f* [stb]; Gitterpfette *f* [stb]
lattice stanchion Fachwerkstütze *f*
lattice stone, concrete - Betongitterstein *m* [bon]
lattice suspension bridge Fachwerkhängebrücke *f* [stb]
lattice tower Gittermast *m*; Gitterturm *m*
lattice truss Gitterbinder *m* [stb]; Gitterträger *m* [stb]
lattice window Gitterfenster *n*
lattice-type composite beam Fachwerkverbundträger *m*
latticed gitterförmig
latticed arch Fachwerkbogen *m*
latticed member Gitterstab *m*
latticework Fachwerk *n* (Stützen und Träger) [stb]
latticework, K-shaped - K-Fachwerk *n* [stb]
latticing Vergitterung *f*
launching Vorschieben *n*
launching nose Vorbauschnabel *m* (Brückenbau); Vorschubnase *f* (Brückenbau)
launching process Vorschubverfahren *n* (Brückenbau)
launder Rinne *f* (Entwässerung) [was]
lavabo Lavabo *n* [tga]
lavatory Klosett *n* [tga]; Toilette *f* (WC) [tga]
lavatory bowl Klosettbecken *n* [tga]; Klosettschüssel *f* [tga]
lavatory flush Wasserspülung *f* [tga]
lavatory pan Klosettbecken *n* [tga]; Klosettschüssel *f* [tga]
lavatory pit Abortgrube *f* [was]

lavatory seat lid Klosettdeckel *m* [tga]
law of mass conservation Massenerhaltungssatz *m* [che]
law of the lever Hebelgesetz *n* [phy]
law on contracts for work and services Werkvertragsrecht *n* [jur]
law on water Wasserrecht *n* [jur]
law regarding warranties Gewährleistungsrecht *n* [jur]
lawn kerbstone Rasenbordstein *m* [tib]
lay legen *v* (Installation)
lay bare freilegen *v* [wer]
lay blocks vermauern *v*
lay bricks mauern *v*
lay foundations gründen *v* (Fundament legen)
lay out trassieren *v* [tra]; verlegen *v* (Kabel) [tib]
lay pavement pflastern *v*
lay the foundation-stone den Grundstein legen *v*
lay the foundations fundamentieren *v*
lay tracks Kabel verlegen *v*
lay underground unterirdisch verlegen *v* (Leitung) [wer]
lay, parallel - parallele Oberflächen *pl*
lay-by Haltebucht *f* (<B>) [tra]
lay-in connector Einlassdübel *m* [met]
layer Film *m* (Schicht); Lage *f* (Schicht); Schicht *f* (Überzug) [met]; Schichtung *f* (Schüttung) [met]
layer schichten *v*
layer adhesion Schichtverbund *m* [met]
layer by layer lagenweise
layer construction Lagenbauweise *f*; Schichtenbauweise *f*
layer of chippings Splittschicht *f*
layer of earth Erdschicht *f* [geo]
layer of mould Humusschicht *f* [geo]
layer of reinforcement Lage der Eisen *f* (Stahlbeton)
layer of reinforcement, bottom - untere Bewehrung *f* [bon]
layer of sand Sandbett *n* (Filter) [was]
layer of the earth Bodenschicht *f* [geo]
layer of varnish Lackschicht *f* [met]
layer thickness Schichtdicke *f* [des]
layer, noise absorbing - Schall dämmende Schicht *f* [met]
layered geschichtet [met]
layered construction Lagenbauweise *f*; Schichtenbauweise *f*
layered soil geschichteter Boden *m* [geo]
layers, in - schichtenweise
layers, in - schichtweise
laying Verlegen *n*; Verlegen *n* (Leitungen) [wer]; Verlegung *f* (Leitungen) [wer]
laying directly in the ground direkte Erdverlegung *f* (Kabel, Fernwärmeleitung); kanalfreie Verlegung *f* (Kabel, Fernwärmeleitung)

laying equipment Verlegegerät *n* (für Rohre usw.)
laying of a cable Kabellegung *f* [elt]
laying of pipes Rohrleitungsverlegung *f*
laying of the foundation-stone Grundsteinlegung *f*
laying procedure Verlegeart *f* (Rohre, Leitungen ins Erdreich)
laying system Verlegeverfahren *n* (Rohre, Leitungen ins Erdreich)
laying, collective duct - Verlegung im Sammelkanal *f* (Leitungen) [pow]
layout Masseplan *m*; Anordnung *f* (räumliche Lage); Auslegung *f* [des]; Gestaltung *f* (Auslegung) [des]
layout diagram, component - Belegungsplan *m* [elt]
layout dimension Aufrissmaß *n* (Anzeichnen) [des]
layout drawing Aufstellungszeichnung *f* [des]; Grundrisszeichnung *f* [des]; Übersichtszeichnung *f* [des]
layout plan Lageplan *m* [des]; Übersichtsplan *m* [des]
layout planning Anordnungsplanung *f* [des]
LCD indicator LCD-Anzeige *f* [elt]
leach auslaugen *v* [che]
leachate Eluat *n* [was]; Sickerwasser *n* [was]
leachate build-up Sickerwassereinstau *m* (Deponie) [was]
leachate collection pipe Sickerwassersammelleitung *f* (Deponie) [was]
leachate collection system Sickerwasserdränsystem *n* (Deponie) [was]
leachate discharge Sickerwasserableitung *f* (Deponie) [was]
leachate drainage blanket Entwässerungsschicht für Sickerwasser *f* (Deponie) [was]
leachate recovery facility Deponiesickerwasserbehandlungsanlage *f* (Deponie) [was]
leachate treatment Deponiesickerwasserbehandlung *f* [was]
leached soil ausgewaschener Boden *m* [geo]
leaching Auslaugung *f* [che]
leaching agent Auslaugmittel *f* [met]
leaching cesspool Versickerungsklärgrube *f* [was]
leaching plant Laugerei *f* [wer]
lead Führungsmauerwerk *n*; Kabel *n* [elt]; Zuführungskabel *n* [elt]; Ader *f* [elt]
lead accumulator Bleiakkumulator *f* [elt]
lead acid battery Bleibatterie *f* [elt]
lead assembly Leitungsmontage *f*
lead battery Bleibatterie *f* [elt]
lead borate glass Bleiboratglas *n* [met]
lead colour Bleifarbe *f* [met]
lead content Bleigehalt *m* [met]
lead foundry Bleihütte *f* [roh]
lead glazing Bleiverglasung *f*

lead into einleiten *v* (Wasser) [was]
lead paint Bleifarbe *f* [met]
lead pigment Bleifarbe *f* [met]
lead pipe Bleileitungsrohr *n*; Bleirohr *n* [met]
lead planning and project design contract Generalplanervertrag *m*
lead screw Zentrierspitze *f* (Bohrer) [wzg]
lead solder Bleilot *n* [met]
lead storage battery Bleiakkumulator *f* [elt]
lead wire Zuführungsleitung *f* [elt]
lead, negative - Minuskabel *n* [elt]
lead-acid accumulator Säureakkumulator *m* [elt]
lead-acid battery Säureakkumulator *m* [elt]
lead-covered cable Bleikabel *n* [elt]
lead-in Zuführung *f* [elt]
lead-in wire Zuleitungsdraht *m* [elt]
lead-zinc accumulator Blei-Zink-Akkumulator *m* [elt]
lead-zinc storage battery Blei-Zink-Akkumulator *m* [elt]
leader Mäkler *m* (Spundwand)
leader slide Mäklerführung *f* (Spundwand)
leader system Führungssystem *n* (Spundwand)
leading-in cable Einführungskabel *n* [elt]
leaf Blatt *n* (Tür); Türblatt *n*; Flügel *m* (Tür); Klappe *f* (Klappbrücke)
leaf door Flügeltür *f*
leaf of a gate Torflügel *m*
leak Leck *n*; Undichtigkeit *f*
leak ausfließen *v* (lecken); auslaufen *v* (ausfließen); sickern *v* [was]; undicht sein *v*
leak current Kriechstrom *m* [elt]
leak detection Dichtigkeitsprüfung *f* [any]; Leckprüfung *f* [any]; Lecksuche *f* [any]
leak detector Lecknachweisgerät *n* [any]; Lecksuchgerät *n* [any]; Lecksucher *m* [any]
leak monitoring Lecküberwachung *f* (Leitungen, Anlagen) [any]
leak test Dichtheitsprobe *f* (Prüfung) [any]; Dichtheitsprüfung *f* [any]; Leckprüfung *f* [any]
leak-proofing inspection Dichtigkeitsprüfung *f* [any]
leakage Schlupf *m* [des]; undichte Stelle *f*; Undichtheit *f*; Undichtigkeit *f*
leakage current Leckstrom *m* (Halbleiter-Schütz im AUS-Zustand) [elt]; Reststrom *m* [elt]; Kriechstrom *m* [elt]
leakage detection test Leckprüfung *f* [any]
leakage detector Lecksuchgerät *n* [any]; Lecksucher *m* [any]
leakage test Dichtheitsprobe *f* (Prüfung) [any]; Dichtheitsprüfung *f* [any]
leakage water Sickerwasser *n* [was]
leakage water collection installation Sickerwassersammeleinrichtung *f* [was]
leaking undicht

leaking testing Dichtigkeitsprüfung *f* [any]
leakproofness Undurchlässigkeit *f*
leakproofness test Dichtigkeitsprüfung *f* [any]
lean concrete Magerbeton *m* [bon]; Sparbeton *m* [bon]
lean down abmagern *v* [met]
lean lime hydraulischer Kalk *m* [met]; Magerkalk *m* [met]
lean mix Magermischung *f*
lean mixture magere Mischung *f* [met]
lean mortar Magermörtel *m* [met]
lean quicklime Magerkalk *m* [met]
lean-mixed mortar Füllmörtel *m* [met]
lean-to Anbau *m*
lean-to roof Pultdach *n*
leaping weir Überlaufwehr *n* [wba]
leasable area, net - Nettomietfläche *f* (Immobilie) [eco]
lease commencement Mietbeginn *m* [eco]
lease contract Mietvertrag *m* [jur]; Pachtvertrag *m* [jur]
lease expiration Mietende *n* [eco]; Mietvertragsende *n* [eco]; Mietvertragsauslauf *m* [eco]
lease land Pachtland *n* [far]
lease payment Mietzahlung *f* [eco]
lease prolongation Mietvertragsverlängerung *f* [eco]
lease rental charges Mietkosten *pl* [eco]
lease term Mietdauer *f* (Immobilie) [eco]; Mietlaufzeit *f* (Immobilie) [eco]; Mietvertragslaufzeit *f* [eco]; nicht kündbare Leasingdauer *f* [eco]
lease with option to buy Mietvertrag mit Vorkaufsrecht *m* [eco]
lease-up period Vermietungszeitraum *m* (für Vermietung benötigte Zeit) [eco]
leased gemietet
leased assets Anlagen und Güter im Leasing *pl* [eco]
leased circuit Mietleitung *f* [edv]
leased object Mietsache *f* [eco]
leased property Leasingobjekt *n* [eco]
leased unit Mieteinheit *f* (Immobilie) [eco]
leasehold Pachtgrundstück *n* [eco]; Pachtvertrag *m* [jur]; Miete *f* [eco]; Mietvertrag *f* [jur]; Pacht *f* (Pachtbesitz) [eco]
leasehold agreement Pachtvertrag *m* [jur]
leasehold rent Pachtzins *m* [eco]
leasehold right Erbbaurecht *n* [jur]
leaseholder Pächter *m* [eco]; Pächterin *f* [eco]
leasing Verpachtung *f* [eco]
leasing agreement Leasingvertrag *m* [eco]
leasing contract Leasingvertrag *m* [jur]; Mietvertrag *m* [jur]
leasing expenses Vermietungsausgaben *pl* [eco]; Vermietungskosten *pl* [eco]; Vermietungsaufwand *m* [eco]
leasing payment Leasingrate *f* [eco]
leave räumen *v* (Gebäude)

Leclanché cell Kohle-Zink-Zelle *f* [elt]
lecture hall, main - Auditorium Maximum *n* (Audimax)
LED display Leuchtdiodenanzeige *f* [elt]
ledge Gesims *n*; Sims *m* (Rand); Vorsprung *m*; Leiste *f*; Querleiste *f*; Randleiste *f*
ledger beam Riegel *m* [bon]
ledger tube Längsriegel *m*
leeward leeseitig (windabgekehrt)
left side view Seitenansicht von links *f* [des]
left-hand design Linksausführung *f* [des]
left-hand turn lane Linksabbiegerspur *f* [tra]
left-hand turn-off lane Linksabbiegerspur *f* [tra]
left-turn lane Linksabbiegerspur *f* [tra]
leg Schenkel *m* (Winkelstahl) [met]; Stiel *m* (im Tragwerk)
leg length Schenkellänge *f* (Winkel) [des]
leg of an angle Schenkel eines Winkelstahls *m* [met]
leg protection Beinschutz *m* [asi]
leg size Schenkellänge *f* (Winkel) [des]
leg strap Beinriemen *m* [asi]
legal board of construction Baurechtsbehörde *f*
legal calibration amtliches Eichen *n* [any]
legal ordinance Rechtsverordnung *f* [jur]
legal residence Wohnsitz *m*
legging Schienbeinschützer *m* [asi]
leggings Gamaschen *pl* (Schweißerschutz) [asi]
leightweight mortar Leichtmörtel *m* [met]
leisure centre Erholungszentrum *n* [com]; Freizeitzentrum *n*
leisure complex Freizeitanlage *f* [com]
length compensation Längenausgleich *m*
length dimension Längenmaß *n* [des]
length direction Längsrichtung *f* [des]
length gauge Strichlehre *f* [any]
length measurement Längenmessung *f* [any]
length of a bar Stablänge *f* [stb]
length of a member Stablänge *f* [stb]
length of anchor, boundless - freie Ankerstrecke *f*
length of bridge Brückenlänge *f*
length of cantilever Kragarmlänge *f*
length of lapped joint Übergreifungslänge *f*
length of restraint Einspannlänge *f*
length of run Fließweg *m* (z.B. Flussströmung) [geo]
length of shank Schaftlänge *f* [des]
length of step Stufenbreite *f*
length overall Gesamtlänge *f* [des]
length preserving längentreu [des]
length scale Längenmaßstab *m* [des]
length supplied Lieferlänge *f* [des]
lengthwise spacing Abstand in Längsrichtung *m* [des]
lesene Lisene *f* (römische Baukunst) [arc]
lessee Leasingnehmer *m* [eco]; Pächter *m* [eco]; Leasingnehmerin *f* [eco]; Pächterin *f* [eco]

lessor Leasinggeber *m* [eco]; Vermieter *m*; Verpächter *m* [eco]; Leasinggeberin *f* [eco]; Vermieterin *f*; Verpächterin *f* [eco]
let in einlassen *v* (Zapfen)
let out untervergeben *v* [eco]
let-through current Durchlassstrom *m* [elt]
lettable area vermietbare Fläche *f* (Immobilie) [eco]
letter box Briefkasten *m* (privater -)
letter slot Briefklappe *f* (in Haustür)
lettering Beschriftung *f* (technische Zeichnungen) [des]
levee Damm *m* (<A> Schutzwall) [tib]; Deich *m* [wba]; Flussdamm *m* (künstlicher -) [wba]; Hochwasserdamm *m* [wba]; Uferdamm *m* (künstlicher -) [wba]
level bündig; eben (horizontal, glatt); flach (eben); höhengleich; horizontal
level Deck *n* (Parkdeck) [tra]; Fläche *f* (Ebene); Grenze *f* (Niveau); Standhöhe *f* [des]
level abgleichen *v* (einebnen); abtragen *v* (Boden) [geo]; ebnen *v* (einebnen) [tib]; egalisieren *v* [tib]; einebnen *v* [tib]; glätten *v* (einebnen) [tib]; planieren *v*
level axis Libellenachse *f* [any]
level collar Kniefitting *n* (Rohr) [tga]
level control sensor Füllstandgeber *m* [any]
level control weir Regelwehr *n* [wba]
level course Abgleichung *f*
level gauge Pegelmessgerät *n* [any]; Füllstandanzeiger *m* [any]; Messstab *m* (z.B. für Flüssigkeitsstand) [any]
level gauging Füllstandmessung *f* [any]
level gauging rod Peilstab *m* (Füllstandmessung) [any]
level indicator Füllstandmessgerät *n* [any]; Füllstandanzeiger *m* [any]; Füllstandmelder *m* [any]; Füllstandmesser *m* [any]; Nivellierkante *f*
level line Höhenlinie *f*; Niveaulinie *f* [des]
level luffing crane Wippkran *m*
level measurement Füllstandmessung *f* [any]; Niveaumessung *f* [any]
level measuring Füllstandmessung *f* [any]; Pegelmessung *f* [any]
level meter Füllstandmesser *m* [any]; Niveaumesser *m* [any]
level monitor Füllstandwächter *m* [any]
level monitoring Höhenstandsmesser *m* [any]
level of exposure, acceptable - zulässiger Expositionsgrenzwert *m* [asi]
level of filling Füllstand *m* [was]
level of floor Oberkante Fußboden *f*
level of impact noise Trittschallpegel *m* [aku]
level of protection Schutzgrad *m* [asi]; Schutzstufe *f* [asi]
level of security Sicherheitsstufe *f*
level of sound Lautstärkepegel *m* [aku]

level of space Raumebene *f* [com]
level of storage water Stauspiegel *m* [wba]
level off abflachen *v* (einebnen); verflachen *v*
level out ausspachteln *v* [wer]; einebnen *v*
level planer Planiergerät *n* [tib]
level point Höhenpunkt *m* (Baustruktur)
level probe Füllstandsonde *f* [any]
level reach Kanalhaltung *f* [wba]; Stauhaltung *f*
[wba]; Staustrecke *f* [wba]
level screen Horizontalsieb *n* [prc]
level sensor Füllstandgeber *m* [any]
level surface Fläche in Wasserwaage *f*
level tacheometry Nivelliertachymetrie *f* (Vermessung) [any]
level transmitter Füllstandgeber *m* [any]
level up richten *v* (ausrichten)
level, automatic - automatisches Nivellierungsinstrument *n* [tib]
level-crossing niveaugleicher Übergang *m* (Bahn)
[tra]; schienengleicher Straßenübergang *m* [tra];
Übergang *m* (Bahn-) [tra]; Kreuzung *f* (Schiene/-
Bahn) [tra]; niveaugleiche Kreuzung *f* (Straßen)
[tra]
levelled planiert
levelled ground Erdplanum *n* [geo]
levelling Planieren *n* [tib]; Verlauf *m* (Lack) [met];
Abgleichung *f*; Abtragung *f* (Einebnen) [tib];
Einebnung *f* [tib]; Höhenbestimmung *f* [any]
levelling coat Ausgleichsspachtel *m* [met]
levelling compound Ausgleichsmasse *f* [met];
Fußbodenausgleichsmasse *f* [met]
levelling concrete Ausgleichsbeton *m* (Fundament)
[bon]
levelling course Ausgleichsschicht *f*
levelling device Planiereinrichtung *f* [tib]
levelling instrument Nivelliergerät *n*;
Nivellierinstrument *n*
levelling layer Ausgleichsschicht *f*
levelling machine Planiermaschine *f* [tib]
levelling mortar Ausgleichsmörtel *m* [met];
Nivelliermörtel *m*; Nivelliermasse *f*
levelling of the edge Abschrägen *n* [wer]
levelling screed Ausgleichsestrich *m*
levelling staff Nivellierlatte *f*
levelling the ground Planierung des Bodens *f* [tib]
levelness Ebenheit *f* [geo]
lever Hebebaum *m*; Hebel *m*
lever action Hebelwirkung *f*
lever arm Hebelarm *m* [phy]
lever weir Klappenwehr *n* [wba]
leverage Hebelgestänge *n*; Hebelkraft *f* [phy]
leverjack Lastwinde *f*
liability Haftbarkeit *f* [jur]; Haftung *f* [jur]
liability for faults Mängelhaftung *f* [jur]
liability for proof of disposal Entsorgungsnachweispflicht *f* [rec]

liability for risks Gefährdungshaftung *f* [jur]
liability insurance Haftpflichtversicherung *f* [jur]
liability regulations, statutory - gesetzliche Haftpflichtbestimmungen *pl* [jur]
liability to catch fire Feuergefährlichkeit *f* [met]
liable to rust rostempfindlich [met]
lie idle brachliegen *v* [far]; stillstehen *v*
lien dingliche Belastung *f* [eco]
lierne Lierne *f* (Deckengewölbe: Nebenrippe) [arc]
life belt Rettungsgürtel *m* [asi]
life cycle costs Lebenszykluskosten *pl* [eco]
life jacket Rettungsweste *f* [asi]
life vest Rettungsweste *f* [asi]
life-preserver Rettungsweste *f* (<A>) [asi]
life-saving appliances Rettungsmittel *pl* [asi]
lifebelt Rettungsgürtel *m* [asi]
lifejacket Rettungsweste *f* [asi]
lifeline Sicherungsseil *n* [asi]; Rettungsleine *f* [asi]
lifesaver Rettungsring *m* [asi]
lift Elevator *m*; Fahrstuhl *m* (<B> Personen-); Lift
m (<B>); Bühne *f*
lift anheben *v* (hochheben, aufheben); fördern *v*
(transportieren); heben *v* (nach oben bewegen);
hochheben *v*
lift and slide casement Hebeschiebeflügel *m*
(Fenster/Tür)
lift and slide set Hebeschiebebeschlag *m*
(Fenster/Tür)
lift bridge Hubbrücke *f*
lift bridge, vertical - Hubbrücke *f*
lift cabin Aufzugkabine *f*
lift cage Aufzugschacht *m*
lift car Aufzugkabine *f*; Liftkabine *f* (<B>)
lift core Aufzugkern *m* (im Gebäude)
lift door Hubtor *n*; Aufzugtür *f*; Lifttür *f* (<B>)
lift for handicapped persons Behindertenaufzug *m*
lift gate Hubtor *n*
lift gear Aufzugwinde *f*
lift hoist Aufzugwinde *f*
lift light barrier Aufzugslichtschranke *f*
lift limiter Hubbegrenzer *m*
lift of a lock Schleusengefälle *n* [wba]
lift shaft Fahrstuhlschacht *m* (<B>)
lift slab Hubplatte *f*
lift well Aufzugschacht *m*
lift winch Aufzugswinde *f*; Mastwinde *f* (Kran)
lift, static - statischer Auftrieb *m* [phy]
lift-off hinge aushängbares Band *n* (Tür)
lift-slab method Hubplattenverfahren *n*
lifter blade Hubschaufel *f* (Bagger, usw.)
lifting Abheben *n* (z.B. eines Brückenlagers); Hub
m (Heben)
lifting appliance Hebezeug *n*; Hebevorrichtung *f*
lifting arm Hubarm *m*
lifting bridge Hubbrücke *f*
lifting capacity Hubleistung *f*; Tragkraft *f* (Kran)

lifting chain Hubkette *f* [tib]
lifting crane Hebekran *m*; Hubkran *m*
lifting device Hebezeug *n*; Hebevorrichtung *f*
lifting force Hebekraft *f* [phy]; Hubkraft *f* [phy]
lifting frame Hubgerüst *n* (des Laders); Hubgestell *n*
lifting gantry Hubgerüst *n*
lifting gate Hubtor *n* [wba]; Hubwehr *n* [wba]
lifting gear Hubgerüst *n* (des Staplers); Windwerk *n*; Hebevorrichtung *f*; Hubvorrichtung *f*
lifting height Förderhöhe *f*; Hubhöhe *f*
lifting hook Lasthaken *m* [tec]; Versetzhaken *m*
lifting jack Hebebock *m*
lifting magnet Hebemagnet *m*; Hubmagnet *m* [prc]; Lasthebemagnet *m* [tec]; Lastmagnet *m* [tec]
lifting mechanism Hebemechanismus *m*
lifting platform Hebebühne *f*; Hubbühne *f*
lifting point Ansatzpunkt in für Hebezeuge *m*
lifting power Hubkraft *f* [phy]; Tragkraft *f* (Kran)
lifting rope Hubseil *n*
lifting speed Hubgeschwindigkeit *f*
lifting tackle Hebeanlage *f*
light Fenster *n* (Oberlicht); Leuchte *f* [elt]
light beleuchten *v*
light bulb Glühlampe *f* [elt]
light ceiling Lichtdecke *f*
light clay Leichtlehm *m* (Baumaterial) [met]
light clay block Leichtlehmstein *m* [met]
light clay infill Ausfachung mit Leichtlehm *f* (Fachwerkbau)
light clay mortar Leichtlehmmörtel *m* (Fachwerkbau) [met]
light clay sprayed render Leichtlehm-Spritzmörtel *m* (Fachwerkbau) [met]
light construction Leichtbaukonstruktion *f*
light control system Lichtsteuerungssystem *n*
light court Lichthof *m* [arc]
light courtyard Lichthof *m*
light cupola Dachkuppel *f*; Lichtkuppel *f*
light curtain Lichtschranke *f* [elt]
light curtain guard Lichtschranke *f* [elt]
light deficiency Lichtmangel *m*
light density construction Leichtstoffbauweise *f*
light dimmer Helligkeitsregler *m*
light dissemination Lichtverbreitung *f*
light dome Lichtkuppel *f*
light efficiency Lichtausbeute *f* [phy]
light fitting Beleuchtungseinrichtung *f*
light fixture Beleuchtungskörper *m* [elt]; Leuchte *f* [elt]
light fixture, ceiling-mounted - Deckeneinbauleuchte *f* [elt]
light fraction Leichtfraktion *f* (Abfälle: Shredder) [rec]
light heating oil leichtes Heizöl *n* [pow]
light indicator Lichtanzeiger *m* [elt]
light loam Leichtlehm *m* [met]

light metal Leichtmetall *n* [met]
light metal section Leichtmetallprofil *n* [met]
light output Lichtleistung *f* [elt]
light pattern construction leichte Bauart *f*
light permeability Lichtdurchlässigkeit *f* [met]
light post Lichtmast *m*
light reflecting clothing Warnkleidung *f* [asi]
light resistance Lichtbeständigkeit *f* [met]
light section Leichtprofil *n* [met]
light signals, flashing amber - Warnblinkanlage *f* (- zur Kennzeichnung von Gefahrenstellen) [tra]
light source, point - punktförmige Lichtquelle *f* [sik]
light switch Lichtschalter *m* [elt]
light traffic, with - verkehrsarm [tra]
light transmission Lichtdurchlässigkeit *f* [phy]
light transmittance Lichtdurchlässigkeit *f* [met]
light well Lichtschacht *m*
light yield Lichtausbeute *f* [phy]
light, indirect - indirektes Licht *n*
light-absorbing Licht absorbierend [phy]
light-bulb Glühbirne *f* [elt]
light-duty pile driver Leichtramme *f* [tib]
light-duty series leichte Baureihe *f* [des]
light-frame construction Leichtbauweise *f* (Holzrahmenleichtbau)
light-gauge construction Leichtbau *m*
light-gauge design Leichtbau *m*
light-shaft Lichtschacht *m*
light-signal indication Leuchtanzeige *f* [elt]
light-wave conductor Lichtwellenleiter *m* [phy]
lighted display Leuchtanzeige *f* [elt]
lightfastness Lichtechtheit *f* [met]
lighting Beleuchtung *f* (eines Raumes)
lighting control Beleuchtungssteuerung *f* [elt]
lighting controller Lichtsteuerung *f* [elt]
lighting equipment Beleuchtungsausrüstung *f* [elt]
lighting feeder Lichtleitung *f* [elt]
lighting installation Beleuchtungskörper *m* [elt]; Beleuchtungseinrichtung *f*
lighting intensity Beleuchtungsstärke *f* [elt]
lighting planning Lichtplanung *f*
lighting plant Beleuchtungsanlage *f*
lighting system Beleuchtungssystem *n*; Beleuchtungsanlage *f*; Lichtanlage *f* [tga]
lighting ware Beleuchtungskörper *m*
lighting, electric - elektrische Beleuchtung *f* [elt]
lightning arrester Blitzableiter *m* [elt]; Blitzschutz *m* [elt]
lightning conductor Blitzableiter *m* [elt]; Blitzschutzvorrichtung *f* [elt]
lightning conductor support Blitzableiterstütze *f*
lightning incidence Blitzeinschlag *m* [elt]
lightning protection Blitzschutz *m* [elt]
lightning protection equipment Blitzschutzeinrichtung *f* [elt]

lightning protection installation Blitzschutzanlage
f [elt]
lightning protection system Blitzschutzanlage *f*
[elt]
lightning rod Blitzableiter *m* [elt]; Blitzableiterstange *f* [elt]
lightning-conductor Blitzableiter *m*
lightproof lichtbeständig [met]
lights Lichtanlage *f* [elt]
lightweight aggregate Leichtbetonzuschlag *m*
[met]; Leichtzuschlag *m* [met]; Leichtzuschlagstoff *m* [bon]
lightweight building board Leichtbauplatte *f*
lightweight building component Leichtbauelement *n*
lightweight building material Leichtbaumaterial *n*
[met]
lightweight building slab Leichtbauplatte *f*
lightweight building unit Leichtbauelement *n*
lightweight ceiling lining leichte Deckenbekleidung *f*
lightweight concrete Leichtbeton *m* [bon];
Porenbeton *m* [bon]
lightweight construction Leichtbau *m*
lightweight construction hall Leichtbauhalle *f*
lightweight construction method Leichtbauweise *f*
lightweight design Leichtbauweise *f*
lightweight fraction, shredded - Shredderleichtfraktion *f* (u.a. aus Altautoverwertung) [rec]
lightweight insulation Leichtisolierung *f* [met]
lightweight metal construction Metallleichtbau *m*
[met]
lightweight mortar Leichtmörtel *m* [met]
lightweight panel Leichtbauplatte *f* [met]
lightweight plaster Leichtputz *m*
lightweight roof Leichtdach *n*
lightweight section Leichtprofil *n* [met]
lightweight steel construction Stahlleichtbau *m*
lightweight undercoat plaster Leichtunterputz *m*
ligneous holzartig [met]
lime Kalk *m* [che]
lime accumulation Kalkanreicherung *f* (Boden)
[geo]
lime basecoat Kalkunterschicht *f*
lime burning Kalkbrennen *n* [roh]
lime cast Kalkputz *m*
lime cement Kalkkitt *m* [met]; Kalkzement *m*
[met]; Zementkalk *m* [met]
lime cement mortar Kalkzementmörtel *m* [met]
lime concrete Kalkbeton *m* [bon]
lime crust Kalkkruste *f* [geo]
lime deposition Kalkablagerung *f* [geo]
lime dust Kalkstaub *m*
lime finish Kalkverputz *m*
lime gravel Sandmergel *m* [geo]
lime gypsum mortar Kalkgips-Mörtel *m* (Bau)
[met]

lime gypsum plaster Kalkgipsputz *m*
lime hydration Kalklöschen *n*
lime liquor Kalkbrühe *f* [met]
lime lye Kalklauge *f* [met]
lime milk Kalkmilch *f* [met]
lime mordant Kalkbeize *f* [met]
lime mortar Kalkmörtel *m* [met]; Luftmörtel *m*
[met]
lime mortar, hydraulic - hydraulischer Kalkmörtel *m*
lime paint Kalkbrei *m* (Gerberei) [met]; Kalkfarbe *f*
(Bau) [met]
lime paste Kalkbrei *m* [met]; Kalkpaste *f* [met]
lime plaster Kalkputz *m*
lime plaster, external - Kalkaußenputz *m*
lime pocket Kalkeinschluss *m* [met]
lime powder Feinkalk *m* [met]; Kalkstaub *m*
lime removal Entkalkung *f*
lime render, external - Kalkaußenputz *m*
lime requirement Kalkbedarf *m*
lime resistance Kalkbeständigkeit *f* [met]
lime sand Kalksand *m* [geo]
lime sandstone Kalksandstein *m* [geo]
lime silo Kalksilo *m*
lime slag Kalkschlacke *f* [rec]
lime slaking Kalklöschen *n*
lime sludge Kalkschlamm *m* [rec]
lime slurry Kalkmilch *f* [met]
lime soil Kalkboden *m* [geo]
lime spar Kalkspat *m* [che]
lime stuff Kalkmörtelputz *m*
lime water Kalkbrühe *f* [met]
lime whiting Kalktünche *f*
lime whiting coat Kalkanstrich *m* [met]
lime-and-cement mortar Kalkzementmörtel *m*
[met]
lime-cement plaster Kalk-Zementputz *m*
lime-depositing Kalk ablagernd [met]
lime-encrusted verkalkt [met]
lime-proof kalkbeständig [met]; kalkfest
lime-resistant kalkfest
lime-rich kalkreich [met]
lime-sand brick Kalksandsteinziegel *m* [met]
lime-stabilized kalkverfestigt [met]
limestone Calciumcarbonat *n* [che]; Kalk *m* [met];
Kalkstein *m* [met]
limestone building Kalksteingebäude *n*
limestone chips Kalksplitt *m* [met]
limestone deposits Kalksteinvorkommen *pl* [geo]
limestone dust Kalksteinmehl *n*
limestone façade Kalksteinfassade *f*
limestone filler Kalksteinfüller *m*
limestone flux Kalkzuschlag *m* [met]
limestone gravel Kalksteinkies *m* [met]
limestone masonry Kalksteinmauerwerk *n*
limestone product Kalksteinprodukt *n* [met]

limestone rocks Kalkgestein *n* [met]
limestone shale Kalkschiefer *m* [geo]
limewash Kalkanstrich *m* [met]; Kalkmilch *f* [met]; Kalktünche *f*; Leimfarbe *f* [met]
limewash kalken *v*
limewash coat Kalkanstrich *m*
limewashing Kalken *n*; Tünchen *n*
liming Kalken *n*; Aufkalkung *f* [geo]; Kalkung *f*
limit contact Grenzwertkontakt *m* [any]
limit current Grenzstrom *m* [elt]
limit design Traglastverfahren *n* [sik]
limit deviation Grenzabmaß *n* [des]
limit dose Grenzdosis *f* [asi]
limit indicator Grenzwertanzeiger *m* [any]
limit monitor Grenzwertgeber *m* [any]
limit of absolute safety Unbedenklichkeitsschwelle *f* [asi]
limit of backwater Rückstaugrenze *f* [wba]
limit of detection Nachweisgrenze *f* [any]
limit of elasticity Elastizitätsgrenze *f* [met]
limit of error Fehlergrenze *f* [any]
limit of linearity Elastizitätsgrenze *f* [met]; Linearitätsgrenze *f* (Elastizitätsgrenze) [met]
limit of resistance Festigkeitsgrenze *f* [met]
limit of size Grenzmaß *n* [des]
limit of size, lower - Kleinstmaß *n* [des]
limit push-button Endtaster *m* [elt]
limit screen size Grenzkorn *n* [met]
limit signal Grenzsignal *n* [any]
limit state design Grenzzustandsberechnung *f*
limit states design Grenzzustandsberechnung *f* [des]
limit test Grenzwertbestimmung *f* [any]
limit value Höchstwert *m* [asi]
limit value of hazardous waste water Abwassergrenzwert *m* [was]
limit-value controller Grenzwertmelder *m* [any]
limitation of access Zufahrtsbeschränkung *f*
limitation on additions Anbaubeschränkung *f* [com]
limited invitation to tender beschränkte Ausschreibung *f* [eco]
limiting current Grenzstrom *m* [elt]
limiting load Grenzbelastung *f* [phy]
limiting screen Durchgangssieb *n* [prc]
limiting span Stützweitengrenzwert *m* [sik]
limiting value signalling device Grenzwertmelder *m* [any]
limy kalkartig [met]; kalkhaltig [met]; kalkig [met]
line Strich *m* (Linie) [des]; Trasse *f* [tra]
line auskleiden *v*; verschalen *v*
line adaptor Leitungsanschluss *m* [elt]
line assembly work Fließarbeit *f* (Fließband) [wer]
line bearing Linienlager *n*; Reihenlager *n*
line connection Netzanschluss *m* [elt]
line drawing Strichzeichnung *f*
line drilling gauge Streichmaß *n* (Schablone zum Bohren von Lochreihen in Blech) [any]

line frequency Netzfrequenz *f* [elt]
line load Linienlast *f* [sik]
line of action Wirkungslinie *f* [sik]
line of cut Trennschnitt *m* (Zeichnung) [des]; Schnittlinie *f* (Zeichnung) [des]
line of intersection Schnittlinie *f* [des]
line of rivets Nietreihe *f* [wer]
line of sight Ziellinie *f* (Vermessung) [any]
line of trusses Trägerstrang *m* [stb]
line of welding Schweißnaht *f* [met]
line out of use stillgelegte Strecke *f* (Bahn) [tra]
line pipe nahtloses Stahlrohr *n* [met]
line pressure Leitungsdruck *m* [was]
line profile Höhenplan *m* [geo]
line protection Netzschutz *m* [elt]
line protection breaker Leitungsschutzschalter *m* [elt]
line route Leitungstrasse *f* [was]
line switch Hauptschalter *m* [elt]
line system Leitungssystem *n* [elt]
line terminal Leitungsanschluss *m* [elt]; Netzklemme *f* [elt]
line type Linienart *f* (technische Zeichnungen) [des]
line up ausrichten *v* (fluchtend machen) [wer]
line voltage Leitungsspannung *f* [elt]
line voltage fluctuation Netzspannungsschwankung *f* [elt]
line width Linienbreite *f* [des]; Linienstärke *f* [des]; Strichbreite *f* [des]; Strichstärke *f* [des]
line-coded rod Strichkodelatte *f* (Höhenmessung) [any]; Wendelatte *f* (Höhenmessung) [any]
line-up switch Reihenschalter *m* [elt]
lineal geradlinig
linear bearing Linienlager *n*
linear building Zeilenbau *n*
linear development Zeilenbebauung *f* [com]
linear dimension Längenmaß *n* [des]; Längenabmessung *f* [des]
linear expansion Längsausdehnung *f* [met]; Längsdehnung *f* [met]
linear load Linienlast *f* [sik]; Streckenlast *f* [sik]
linear measurement Längenmessung *f* [any]; Streckenmessung *f* [any]
linear progression Reihung *f* (von Gebäuden, Elementen) [com]
linear series Raumkette *f* [arc]
linear size Längenabmessung *f* [des]
linear village Straßendorf *n*
lined landfill abgedichtete Deponie *f* [rec]
liner Abdichtungsschicht *f* (Deponie) [rec]; Auskleidung *f* [met]
liner material Dichtungsbahn *f* (für Deponie) [met]
liner sheet Dichtungsbahn *f* [met]
lines drawing Linienriss *m* [des]
lines of sight Blickverbindungen *pl*; Sichtbeziehungen *pl*

lines plan Linienriss *m* [des]
linesmen's belt Sicherheitsgurt für Freileitungsmonteure *m* [asi]
lining Belag *m* (Abdichtung, Bremsbelag); Verbau
m; Ausmauerung *f*; Innenauskleidung *f*;
Verkleidung *f* [met]; Zwischenlage *f* [met]
lining brick Futterstein *m*; Futterziegel *m*
lining of cast-in-place concrete Ortbetonschale *f*
[bon]
lining paper Isolierpapier *n*
lining plate Futterblech *n*
lining tube Futterrohr *n*
lining work Verbauarbeiten *pl* (DIN 18303)
link bearing Schwingenlager *n*; Stelzenlager *n*
link pin Gelenkbolzen *m* [stb]
link road Verbindungsstraße *f* [tra]
linked to the power grid netzgekoppelt [pow]
linking highway Verbindungslandstraße *f* [tra]
linking space Verbindungsraum *m* [com]
linkway Verbindungsgang *m*
linoleum floor Linoleumboden *m* [met]
linoleum floor covering Linoleumfußbodenbelag *m*
lint-free staubfrei [met]
lintel Fensterstock *m*; Fenstersturz *m*; Sturz *m* (über
Fenster / Tür)
lintel beam Sturzbalken *m*; Sturzträger *m*
lip Rand *m* (Wasserbau: Dammrand)
lip kerb stark angeschrägte Bordschwelle *f* (Straße)
lip seal Lippendichtung *f* [tec]
liquefier Betonverflüssiger *m* [met]
liquid absorption power Saugkraft *f* [met]
liquid analysis Flüssigkeitsanalyse *f* [any]
liquid asphaltic material Flüssigbitumen *n* [met]
liquid body Gießmasse *f* [met]
liquid carrier Trägerflüssigkeit *f* [any]
liquid cement Flüssigbeton *m* [bon]
liquid column Flüssigkeitssäule *f*
liquid densitometer Flüssigkeitsdichtemesser *m*
[any]
liquid dielectric Isolierflüssigkeit *f* [elt]
liquid discard flüssiger Abfall *m* [rec]
liquid effluent flüssiger Abfall *m* [rec]
liquid industrial wastes Fabrikationsabwasser *n*
[was]
liquid level Flüssigkeitspegel *m*; Flüssigkeitsspiegel *m*
liquid manometer Flüssigkeitsmanometer *n* [any]
liquid penetrant inspection Risseindringprüfung *f*
[any]
liquid pressure gauge Flüssigkeitsmanometer *n*
[any]
liquid pump Flüssigkeitspumpe *f* [prc]
liquid seal Flüssigkeitsverschluss *m* [prc]
liquid separator Flüssigkeitsabscheider *m* [was]
liquid sludge Dünnschlamm *m* [was]
liquid state flüssiger Zustand *m* [phy]

liquid volume Flüssigkeitsvolumen *n*
liquid waste Abwasser *n* [was]; Flüssigabfall *m*
[rec]; flüssiger Abfall *m* [rec]
liquid-level controller Flüssigkeitsstandwächter *m*
[any]
liquid-level indicator Flüssigkeitsstandanzeiger *m*
[any]
liquid-oxygen breathing apparatus Flüssigsauerstoffgerät *n* [asi]
liquid-tight flüssigkeitsdicht [met]
list of documentation Aufstellung der Dokumentation *m*
list of equipment Ausrüstungsverzeichnis *n*
list of work to be performed Leistungsverzeichnis *n*
listed building denkmalgeschütztes Gebäude *n*;
Gebäude unter Denkmalschutz *n* (GB)
lithium battery Lithium-Batterie *f* [elt]
lithium cell Lithiumzelle *f* [elt]
lithium-chlorine storage battery Lithiumchlorid-
Akkumulator *m* [elt]
lithium-ion battery Lithium-Ion-Batterie *f* [elt]
lithopone Deckweiß *n* (Farbe) [met]; Lithopon *n*
(Farbe) [met]
litosphere Erdkruste *f* [geo]
litospheric plate Kontinentalplatte *f* [geo]
litter wastes herumliegende Abfälle *pl* [rec]
littoral zone Uferbereich *m* [geo]; Uferzone *f* [was]
live Strom führend [elt]
live wohnen *v*
live load Verkehrslast *f*
live load, nominal - Nennverkehrslast *f* [sik]
live on the street Platte machen *v*
live voltage detector Spannungsprüfer *m* [any];
Spannungssucher *m* [any]
live wood frisches Holz *n*
living accommodation Aufenthaltsräume *pl* [arc]
living area Wohngebiet *n* [com]; Wohnbereich *m*
living area, gross - Bruttowohnfläche *f*
living climate Wohnklima *n*
living floor space Wohnfläche *f*
living in the neighbourhood umwohnend [com]
living level Wohnebene *f* (Gebäude)
living quarter Wohnplatz *m*
living roof Gründach *n*
living space Wohnraum *m* (Wohnungen);
Wohnfläche *f*
living unit Wohneinheit *f*
living zone Wohnbereich *m*
living-room Wohnzimmer *n*; Wohnraum *m*
(Zimmer)
living-room wardrobe Wohnzimmerschrank *m*
living-space Wohnfläche *f*
lixiviate herauslösen *v* [che]
load Beanspruchung *f* (Belastung); Belastung *f*
(Last) [elt]; Ladung *f* [elt]
load application Lastaufbringung *f* [phy]

load by opressive water Beanspruchung durch drückendes Wasser f (Grundwasser)
load capacity Tragfähigkeit f [met]
load centre Lastschwerpunkt m [phy]
load characteristic Lastkennlinie f [pow]
load charge Belastung f
load current Arbeitsstrom m [elt]
load direction Lastrichtung f [sik]
load disconnection Lastabwurf m [elt]
load dispersion Lastverteilung f [sik]
load distribution Belastungsverteilung f [sik]; Gewichtsverteilung f [sik]; Lastverteilung f [sik]
load elevator Lastenaufzug m
load factor Auslastungsgrad m (Straßenverkehr) [tra]; Sicherheitsbeiwert m [sik]
load fluctuation Lastschwankung f [pow]
load indicator bolt Schraube mit Belastungsanzeige f [stb]
load intensity Laststärke f [met]
load interrupter Lasttrennschalter m [elt]
load introduction Lasteintragung f [sik]
load leverage Lastenhaken m
load lift Lastenaufzug m
load limit Grenzbelastung f [phy]
load of harmful substances Schadstofffracht f [was]
load of structure Bauwerkslast f [sik]
load path Kraftfluss m [sik]
load peak Lastspitze f [pow]; Verbrauchsspitze f [pow]
load per unit area Flächenbelastung f [sik]
load position Laststellung f [sik]
load range Lastbereich m [pow]
load receiver Lastaufnehmer m
load reversal Lastwechsel m [sik]
load shedding Lastabwurf m [elt]
load side Lastseite f
load state Lastzustand m [sik]
load tariff Leistungstarif m [pow]
load term Lastglied n [sik]
load test Belastungsversuch m [any]; Belastungsprüfung f [any]
load torque Lastdrehmoment n [phy]; Lastmoment n [phy]
load train Lastenzug m
load transfer Lastabtrag m [sik]; Lastableitung f [sik]; Lastabtragung f [sik]
load transmission Kraftübertragung f [sik]; Lastübertragung f [sik]
load variation Lastschwankung f [pow]
load vector Belastungsvektor m [sik]
load water-line Konstruktionswasserlinie f [des]
load, static - statische Belastung f [phy]
load, variable - ungleichmäßige Beanspruchung f [met]
load-bearing tragend

load-bearing capacity analysis Tragfähigkeitsnachweis m [des]
load-bearing concrete tragender Beton m [bon]
load-bearing framework Tragskelett n
load-bearing length tragende Länge f [des]
load-bearing masonry tragendes Mauerwerk n
load-bearing member tragendes Bauteil n; Tragwerk n (Bauwerk)
load-bearing pillar Tragpfeiler m
load-bearing site tragfähiger Baugrund m [geo]
load-bearing stiffener tragende Aussteifung f [stb]
load-bearing structure Tragwerk n; Tragkonstruktion f
load-bearing structure, plane - Flächentragwerk n
load-bearing wall tragende Wand f; Tragmauer f; Tragwand f
load-carrying capacity Tragfähigkeit f [sik]
load-carrying capacity analysis Tragfähigkeitsnachweis m [des]
load-carrying concrete tragender Beton m [bon]
load-carrying rivet Kraftniet m [tec]
load-extension curve Last-Dehnungskurve f [met]
load-factor method Traglastverfahren n [des]
load-induced stress Lastspannung f [met]
loaded füllstoffhaltig [met]
loaded concrete Abschirmbeton m (Strahlenschutz) [bon]; Reaktorbeton m (Strahlenschutz) [bon]
loaded length belastete Länge f; Belastungslänge f
loader Ladegerät n [tra]; Fahrlader m [tib]
loading Füllmaterial n (Bau) [met]; aufgebrachte Last f [sik]
loading area Ladeplatz m
loading bay Ladebucht f [tra]
loading capacity Belastbarkeit f (mechanisch) [tec]; Tragfähigkeit f [sik]
loading capacity, upper floor - Deckentragfähigkeit f
loading case Lastfall m
loading chute Laderutsche f; Verladerutsche f [tra]
loading dock Ladekai m [tra]; Laderampe f [tra]
loading gauge Lichtraumprofil n (Bahn) [tra]
loading grab Ladegreifer m [tra]
loading increment Laststufe f [sik]
loading platform Laderampe f [tra]; Verladebrücke f [tra]; Verladerampe f [tra]
loading point Lastangriffspunkt m [sik]
loading ramp Ladebühne f; Verladerampe f [tra]
loading shovel Frontlader m [tib]; Hublader m [tib]; Ladeschaufler m [tib]; Schaufellader m [tib]; Schürflader m [tib]
loading siding Ladegleis n (Bahn) [tra]
loading skip Aufzugkasten m (Betonmischer); Aufzugkübel m (Betonmischer)
loading step Laststufe f
loading surface Auflagefläche f
loading test Belastungsversuch m [any]

loading track Ladegleis *n* [tra]
loam Lehm *m* [geo]
loam brick Lehmziegel *m*
loam construction Lehmbau *m*
loam ground Lehmboden *m* [geo]
loam mortar Lehmmörtel *m*
loam mould Lehmform *f*
loamy lehmhaltig [geo]; lehmig [geo]
loamy marl Lehmmergel *m* [geo]
loamy soil Lehmboden *m* [geo]; lehmiger Boden *m* [geo]
lobby Diele *f*; Halle *f* (Hotel-, Theater-)
lobby in front of a lift Aufzugsvorraum *m* [arc]
local alignment örtliche Ausrichtung *f* [des]
local amenities Wohnfolgeeinrichtungen *pl*
local broker lokaler Makler *m* (nur am Ort tätig) [eco]
local buckling Ausbeulen *n* (örtliches Werfen) [met]
local conditions örtliche Bedingungen *pl*; örtliche Verhältnisse *pl*
local context Genius Loci *m* [com]
local development plan Bauleitplan *m* [com]; Bebauungsplan *m*
local development plan, detailed - qualifizierter Bebauungsplan *m*
local development plan, simplified - einfacher Bebauungsplan *m*
local drainage Ortsentwässerung *f* [was]
local government Gemeindeverwaltung *f*; Kommunalverwaltung *f* [jur]
local ground value, average - durchschnittlicher Lagewert *m*
local heating Nahwärme *f* [pow]
local inflow örtlicher Zufluss *m* (Hydrologie) [was]
local line Nebenstrecke *f* [tra]
Local Plan Gebiets-Rahmenplan für Landnutzung, Entwicklung & Infrastruktur *m* (GB)
local planning Stadtplanung *f* [com]
local population Ortsbevölkerung *f*
local prices ortsübliche Preise *pl* [eco]
local rates and taxes Kommunalabgaben *pl* [jur]
local reading Direktablesung *f* [any]
local subdistrict Gemarkung *f* [com]
local worker einheimischer Arbeiter *m* [wer]
local-authority gardens öffentliches Grün *n* [com]
localized corrosion Lokalkorrosion *f* [met]
locate trassieren *v*
locating rod Führungsstange *f* [stb]
locating screw Führungsschraube *f* [stb]
location Standort *m*; Trassierung *f* [tra]
location deconcentration Standortentflechtung *f*
location drawing Einbauzeichnung *f* [des]; Lagezeichnung *f* [des]
location map Geländekarte *f*
location of companies Gewerbeansiedlung *f*

location of sun Sonnenstand *m* (Erfassung der Sonneneinstrahlung) [pow]
location of the building Immobilienstandort *m* [eco]
location on a slope Hanglage *f* [geo]
location planning Standortplanung *f*
location quality Standortqualität *f* [com]
location scheme Trassierungsplan *m* [tib]
locational factor Standortfaktor *m* [eco]
lock Schleuse *f* (Desinfektion, Dekontamination) [wer]; Schleuse *f* (u.a. Schiff) [wba]
lock absperren *v* (Tür); blockieren *v* (anhalten); verriegeln *v*
lock basin Schleusenkammer *f* [was]
lock chamber Schleusenkammer *f* [was]
lock gate Schleusentor *n* [wba]
lock plate Sicherungsblech *n* [tec]
lock rail Querriegel *m* (Tür)
lock screw Klemmschraube *f* [tec]; Sicherungsschraube *f* [tec]
lock seam Falz *m* (Blechnahtverbindung) [met]; Verlappung *f* (Blechnahtverbindung) [met]
lock wall Schleusenwandung *f* [wba]
lock wire Sicherungsdraht *m*
lockable feststellbar (arretierbar); verriegelbar; verschließbar
lockage Schleusenanlage *f* [wba]; Schleusung *f* [wba]
locker room Umkleideraum *m* (- mit Spinden) [wer]
locking and latching mortice crémone bolt Einlassschlossgetriebe mit Falle *n* (Beschlag)
locking bar Riegel *m* (Schloss)
locking bolt Feststellschraube *f* [tec]
locking bolt guide Verriegelungsklotz *m* [stb]
locking device Spannkopf *m* [bon]; Haltevorrichtung *f*
locking strip Stecklasche *f*
locking system Schließsystem *n* (Türen usw.)
lodge wohnen *v*
lodger Mieter *m* (Unter-) [eco]; Untermieter *m* (in Wohnung) [eco]; Mieterin *f* (Unter-) [eco]; Untermieterin *f* (in Wohnung) [eco]
lodger flat Einliegerwohnung *f*
lodging Wohnung *f*
loess Löss *m* [geo]
loess clay Lösslehm *m* [geo]
loess soil Lössboden *m* [geo]
loft Dachboden *m*; Speicher *m*
loft conversion Dachausbau *m*
log building Blockhaus *n*
log cabin Blockhaus *n*
log construction Blockbau *m*
log sheet Betriebsprotokoll *n* [any]
loggia Laube *f*; Loggia *f*
logging residues Reste vom Holzfällen *pl* [rec]
logic diagram Logikschaltbild *n* [des]
logistics company Logistikunternehmen *n* [tra]

logistics property Logistikimmobilie *f*
long duration humus Dauerhumus *m* [geo]
long nose pliers Spitzzange *f* [wzg]
long shot Totale *f* [des]
long timber Langholz *n*
long-cut wood Langholz *n*
long-distance cable Fernkabel *n* [elt]
long-distance gas Ferngas *n* [pow]
long-distance gas grid Ferngasnetz *n* [pow]
long-distance gas heating Ferngasheizung *f* [pow]
long-distance gas main Gasfernleitung *f* [pow]
long-distance gas supply Ferngasversorgung *f*
[pow]
long-distance heat supply Fernwärmeversorgung *f*
[pow]
long-distance heating Fernheizung *f* [pow]
long-distance main line Fernleitung *f* [pow]
long-distance pipe Fernleitung *f* [pow]
long-distance supply station Fernkraftwerk *n* [pow]
long-lasting experiment Langzeitexperiment *n*
[any]
long-line process Vorspannprozess im Spannbett *m*
[bon]
long-reach excavator Teleskopbagger *m*
long-term dauerhaft [met]
long-term experiment Langzeitversuch *m* [any]
long-term exposure limit Langzeitgrenzwert *m*
[asi]
long-term flexural strength Dauerbiegefestigkeit *f*
[met]
long-term investigation Langzeituntersuchung *f*
[any]
long-term lease langfristiger Mietvertrag *m* [eco]
long-term measurement Dauermessung *f* [any]
long-term planning Langzeitplanung *f*
long-term study Langzeitbeobachtung *f* [any]
long-term tenant Langzeitmieter *m* (Immobilie)
[eco]
long-term test Dauerversuch *m* [any]; Langzeitversuch *m* [any]
long-time fuse superträge Sicherung *f* [elt]
long-time test Dauertest *m* [any]
longevity of a landfill site Aktivitätszeit einer
Deponie *f* [rec]
longhouse Langhaus *n* (historisch) [arc]
longimetry Längenmessung *f* [any]
longitudial plastification plastisches Verhalten
eines Tragwerkes *n* [sik]
longitudinal arch Längsgewölbe *n*
longitudinal axis Längsachse *f* [des]
longitudinal bay Längsfeld *n*
longitudinal beam Längsbalken *m*; Längsträger *m*
longitudinal bow Längswölbung *f*
longitudinal bracing Längsverband *m* (Brücke)
longitudinal centre-line splice zentrale
Längsverspleißung *f* (Bewehrung)

longitudinal compression Längsdruck *m* [phy]
longitudinal cut Längsschnitt *m* [des]
longitudinal deformation Längenänderung *f* [des]
longitudinal direction Längsrichtung *f*
longitudinal divergence Längsabweichung *f* [des]
longitudinal drainage Längsentwässerung *f*
longitudinal edge Längskante *f* [des]
longitudinal elongation Längsdehnung *f* [met]
longitudinal expansion Längsausdehnung *f* [des]
longitudinal fault Längsverwerfung *f* [geo]
longitudinal flaw, internal - Innenlängsfehler *m*
[met]
longitudinal girder Längsträger *m*
longitudinal gradient Längsneigung *f* (Straße) [tra]
longitudinal joint Längsfuge *f*; Lagerfuge *f*
longitudinal launching Längsverschub *m*
(Brückenbau)
longitudinal member Längsträger *m*
longitudinal play Längsspiel *n* [des]
longitudinal prestressing Längsvorspannung *f* [stb]
longitudinal rake Längsräumer *m* (Klärbecken)
[was]
longitudinal reinforcement Längsarmierung *f*
[bon]; Längsbewehrung *f* [bon]
longitudinal rib Längsrippe *f*
longitudinal ridge rib Längsrippe *f* (Kreuzrippengewölbe) [arc]; Scheidbogenrippe *f* (mittelalterliche Kirche: Deckengewölbe) [arc]
longitudinal scraper Längsräumer *m* [was]
longitudinal seam Längsnaht *f* [met]
longitudinal section Längsprofil *n* [met]; Längsschnitt *m* [des]
longitudinal shear Längsschubkraft *f* [sik]
longitudinal spacing Längsabstand *m*; Längsteilung
f [des]
longitudinal stability Standsicherheit in Längsrichtung *f* [asi]
longitudinal steel Längseisen *n* (Bewehrung) [bon]
longitudinal stiffener Längssteife *f* [stb]
longitudinal stiffening Längsaussteifung *f*
longitudinal stress Längsbeanspruchung *f* [met];
Längsspannung *f* [met]
longitudinal tendon Längsspannglied *n* [bon]
longitudinal truss Längsbalken *m*; Längsträger *m*
longitudinal view Längsansicht *f* [des]
longitudinal wall girder Seitenwandverband *m*
(Haus oder Halle) [stb]
longitudinal weld Längsnaht *f* (Schweißnaht) [met]
longitudinal weld seam Längsschweißnaht *f* [met]
lookout auskragender Träger *m* (Holzbau)
loop line Kehre *f* [tra]
loop shear connector Schubdübel in Schlaufenform *m*
looped tendon ringförmiges Spannglied *n* [bon]
loophole Sehschlitz *m* (Burgmauer) [arc]
loose chippings Rollsplitt *m* [met]

loose clothing lose Kleidungsstücke *pl* [asi]
loose connection Wackelkontakt *m* [elt]
loose contact Wackelkontakt *m* [elt]
loose ground lockerer Boden *m* [geo]; nicht
standfester Boden *m* [geo]
loose laying lose Verlegung *f* (Dichtbahnen)
loose point Lospunkt *m*
loose rivet gelockerte Niete *f* [tec]
loose-fill insulating material Schüttdämmstoff *m*
[met]
loose-fill insulation Isolationsschüttmaterial *n*
[met]; Flockenisolierstoff *m* [met]
loosening Auflockerung *f* (des Bodens) [geo];
Lockerung *f* (beim Niet) [tec]
loosening strength Lösungsfestigkeit *f* (Boden)
[geo]
lorry-mounted crane Automobilkran *m*
loss due to creep Kriechverlust *m* [bon]
loss in weight Gewichtsverlust *m*
loss of energy Energieverlust *m* [pow]
loss of head Verlusthöhe *f* (Pumpe) [prc]
loss of heat Wärmeverlust *m* [pow]
loss of power Leistungsverlust *m* [pow]
loss of prestress Spannungsverlust *m* [bon];
Vorspannverlust *m*
loss of visibility Trübung *f* (- durch Rauch)
loss of weight Gewichtsverlust *m*
loss of workability Ansteifen *n* [met]
loss prevention Vorbeugung gegen Verluste *f* [eco]
loss, without - verlustlos
loss-free verlustfrei
lost heat Abwärme *f* [pow]
lost-time accident Unfall mit Arbeitsunfähigkeit *m*
[asi]; Unfall mit Ausfallzeit *m* [asi]
lot Los *n*; Bauplatz *m* (<A>); Charge *f*
lot coverage Grundflächenzahl *f* [com]
lot depth Grundstückstiefe *f*
lot width Grundstücksbreite *f*
loudness Lautstärke *f* [aku]
loudness level Lautstärkepegel *m* [aku]
loudness level meter Lautstärkemesser *n* [any]
loudness measurement Lautstärkemessung *f* [any]
lounge Aufenthaltsraum *m*
louvre Jalousette *f*
louvre door Jalousietür *f*; Lamellentür *f*
louvre glazing Lamellenverglasung *f* (Fenster)
louvre slat Jalousielamelle *f*
louvre window Jalousiefenster *n*; Lamellenfenster *n*
louvred window Jalousiefenster *n*
low building flaches Gebäude *n*; Flachbau *m*
low calcium content kalkarm [met]
low erosion Tiefenerosion *f* [geo]
low ground Niederung *f* [geo]
low insulation schlechte Isolierung *f*
low load Schwachlast *f* [pow]
low loader Tiefladewagen *m* (Tieflader) [tra]

low mark control Tiefpunktüberwachung *f*
(Standmessung) [any]
low temperature insulation Kälteisolierung *f*
low voltage Niederspannung *f* [elt]
low water niedrigster Wasserstand *m* [was]
low-battery warning Batterieprüfanzeige *f* [elt]
low-bed trailer Tieflader *m* [tra]
low-boiling tiefsiedend [met]
low-capacity hoist Kleinlastaufzug *m*
low-carbon steel Flussstahl *m* [met]
low-density area Gebiet mit lockerer Bebauung *n*
low-density polyethylene Weichpolyethylen *n* [met]
low-e glass Wärmeschutzglas *n* [met]
low-emission abgasarm [air]; emissionsarm [air]
low-energy Energie sparend [pow]; energiearm
[pow]
low-energy building Niedrigenergiehaus *n*
low-energy house Niedrigenergiehaus *n*
low-energy transformer Spartransformator *m* [elt]
low-fatigue ermüdungsarm [met]
low-grade heat Niedertemperaturwärme *f* [pow]
low-impedance niederohmig [elt]
low-loader Tieflader *m* [tra]; Tieflader *m*
(Lastkraftwagen) [tra]
low-noise geräuscharm [aku]; lärmarm [aku]
low-noise asphalt Flüsterasphalt *m* (Straßenbelag)
[met]
low-platform trailer Tieflader *m* [tra]
low-pollution schadstoffarm
low-porosity hohlraumarm [met]
low-pressure lamp Niederdrucklampe *f* [elt]
low-reactivity reaktionsträge [che]
low-rent housing sozialer Wohnungsbau *m*
low-resistance niederohmig [elt]
low-rise eingeschossig
low-rise building Flachbau *m*
low-solvent lösemittelarm [met]
low-structure area strukturschwaches Gebiet *n*
low-surface-tension water entspanntes Wasser *n*
[was]
low-temperature adhesive Tieftemperaturklebstoff
m [met]
low-temperature behaviour Kälteverhalten *n* [met]
low-temperature brittleness Kältesprödigkeit *f*
[met]
low-temperature corrosion Tieftemperaturkorrosion *f* [met]
low-temperature heat market Niedertemperaturwärmemarkt *m* [pow]
low-temperature insulating material Kältedämmstoff *m* [met]
low-temperature resistant tieftemperaturbeständig
[met]
low-temperature test Kälteprüfung *f* [any]
low-tension plant Niederspannungsanlage *f* [elt]
low-viscosity primer Einlassgrundierung *f* [met]

low-volatility schwer flüchtig [met]
low-voltage bulb Niedervoltbirne *f* [elt]
low-voltage cable Niederspannungskabel *n* [elt]; Niederspannungsleitung *f* [elt]
low-voltage installation Niederspannungsanlage *f* [elt]
low-wear verschleißarm
lower basement Kellergeschoss *n*
lower bed Unterlager *n*
lower boom Untergurt *m*
lower chord Untergurt *m* [stb]
lower face Unterkante *f*
lower flange Unterflansch *m* [stb]; Untergurt *m* [stb]
lower gate Untertor *n* (Schleuse) [wba]
lower part of a town Unterstadt *f*
lower segment Unterbogen *m*
lower soil Unterboden *m* [geo]
lowerable senkbar
lowering head Absenkkopf *m*
lowering of the water table Absenkung des Grundwasserspiegels *f* [was]
lowest level niedrigster Wasserstand *m* [was]
lowland Flachland *n* [geo]; Tiefland *n* [geo]; Niederung *f* [geo]; Tiefebene *f* [geo]
lozenge decoration Rautenschmuck *m* (Gotik) [arc]; Rautenverzierung *f* (Gotik) [arc]
lozenge-shaped rautenförmig [des]
lubricant Gleitmittel *n* [met]
luffing Wippen *n* (Kran)
luffing crane Wippkran *m*
luffing rope Einziehseil *n* (des Krans)
luffing-jib crane Wippkran *m*
lug angle Anschlusswinkel *m* [stb]
lug cleat Anschlusswinkel *m* [stb]; Beiwinkel *m* [stb]
lukewarm handwarm
lumber Bauholz *n*; Holz *n* (Bauholz) [met]
luminaire, linear - Langfeldleuchte *f* [elt]
luminescent tube Leuchtstoffröhre *f* [elt]
luminous ceiling Lichtdecke *f*
luminous key Leuchttaste *f* [elt]
luminous paint Fluoreszenzfarbe *f* [met]; Leuchtfarbe *f* [met]
luminous push-button Leuchttaster *m* [elt]
luminous sensitivity Lichtempfindlichkeit *f* [phy]
lump lime Stückkalk *m* [met]
lump size Stückigkeit *f* [met]
lump sum Pauschalsumme *f* [eco]
lump sum compensation payment pauschalierter Schadensersatz *m* [jur]
lump-free klumpenfrei [met]
lump-sum Pauschalbetrag *m* [eco]; Kostenpauschale *f* [eco]; Pauschalsumme *f* [eco]
lump-sum contract Auftrag mit Pauschalpreis *m* [eco]; Pauschalvertrag *m* [eco]

lump-sum financing Festbetragsfinanzierung *f* [eco]
lumped mass konzentrierte Masse *f* [sik]; punktförmig verteilte Masse *f* [sik]
lumpiness Knollenbildung *f* (Zement) [met]
lumpy grobstückig [met]; klumpig [met]
lumpy, go - sich zusammenballen *v* [met]
lunette halbkreisförmiges Fenster *n*; Halbmondöffnung *f*; Lünette *f* (Baukunst) [arc]
lustreless stumpf (Farben)
lute Dichtungskitt *m* [met]; Kitt *m* (zum Dichten) [met]; Kittmasse *f* [met]
luting agent Dichtungskitt *m* [met]
luxury apartment Komfortwohnung *f* (<A>)
luxury flat Komfortwohnung *f*; Luxuswohnung *f*
luxury hotel Luxushotel *n*
luxury rehabilitation Luxussanierung *f*
luxury residential estate Wohngebiet für gehobene Ansprüche *n* [com]
lye Lauge *f* [che]
lye protection Laugenschutz *m* [asi]
lying fallow area brachliegende Fläche *f* [com]
lying window Querfenster *n*
lynchet Hangterrasse *f* [geo]

M

macadam Steinschotter *m* [geo]; Schotterdecke *f* [tib]
macadam base Schottertragschicht *f* [tib]
macadam foundation Schotterunterbau *m*
macadam spreader Schotterauftragmaschine *f*
macadam surfacing Schotterdecke *f* (Straße) [tib]
macadamization Beschottern *n*
machinable bearbeitungsfähig [met]
machine availability Maschinenverfügbarkeit *f* [wer]
machine base Maschinenfundament *n*; Maschinensockel *m*
machine foundation Maschinenfundament *n*
machine guard Maschinenschutzvorrichtung *f* [asi]
machine guarding Maschinenschutz *m* [asi]
machine noise Maschinengeräusch *n* [aku]; Maschinenlärm *m* [aku]
machine riveting Nieten mit Presse *n* [wer]
machine room Maschinenraum *m*
machine sealing maschinelle Verdichtung *f* (Boden)
machine-applied gypsum plaster Maschinengipsputz *m*
machine-applied plaster Maschinenputz *m*
machine-shop Maschinenhalle *f*
machined bearbeitet [met]
machined bolt Passschraube *f* [tec]
machinery Maschinenausstattung *f* [wer]
machinery building Maschinenhalle *f*
machinery hall Maschinenhalle *f*
machining allowance Schnittzugabe *f* [des]
machining allowance is identified by shading Bearbeitungszulage ist schattiert gekennzeichnet [des]
machining symbol Oberflächenzeichen *n* (Bearbeitungsgüte) [des]
made land gewonnenes Land *n* (durch Auffüllung gewonnen)
made up aufgeschüttet [geo]
made-up ground aufgeschüttetes Gelände *n* [geo]; aufgefüllter Boden *m* [geo]
magnaflux testing method Magnetpulververfahren *n* (Schweißprüfung) [any]
magnesia binder Magnesiabinder *m* [met]
magnet armature Magnetanker *m* [elt]
magnet coil Magnetspule *f* [elt]
magnetic crack detection Durchflutungsverfahren *n* (Schweißprüfung) [any]
magnetic holder Magnethalter *m*
magnetic lock Magnetschloss *n*
magnetic method Magnetpulververfahren *n* (Schweißprüfung) [any]

magnetic particle inspection Magnetpulververfahren *n* (Schweißprüfung) [any]
magnetic particle test Durchflutungsverfahren *n* (Schweißprüfung) [any]
magnetic powder method Magnetpulververfahren *n* (Schweißprüfung) [any]
magnetic separation Magnetscheidung *f* (Stofftrennung) [prc]
magnetic separator Magnetabscheider *m* [prc]; Magnetscheider *m* [prc]
magnetic switch Magnetschalter *m* [elt]
magnification scale Vergrößerungsmaßstab *m* [des]
magnificent building Prachtbau *m* [arc]
magnify vergrößern *v* [des]
mail slot Briefklappe *f* (in Haustür)
main Wasserrohr *n* (Hauptrohr) [tga]; Kabelzuleitung *f* [elt]
main axis Hauptachse *f* [sik]
main axis line Hauptachse *f* [des]
main axis of inertia Hauptträgheitsachse *f* [sik]
main bar Längseisen *n*
main beam Hauptbalken *m*; Jochträger *m*; Längsträger *m*; Spannbalken *m*; Unterzug *m* [stb]
main bearing Hauptlager *n*
main breaker Hauptschalter *m* [elt]
main building Hauptgebäude *n*; Langhaus *n* (Kirche) [arc]
main burner Hauptbrenner *m* [pow]
main bus bar Hauptsammelschiene *f* [elt]
main cable Hauptkabel *n* [elt]
main circuit Hauptstromkreis *m* [elt]
main clean-out Reinigungsöffnung *f* [prc]
main cock Haupthahn *m* [tga]
main collecting street Hauptsammelstraße *f* [tra]
main collector Sammelkanal *m* [was]
main column Hauptträger *m*; Hauptstütze *f*
main current Hauptstrom *m* [elt]
main dimension Hauptabmessung *f* [des]
main distributor Hauptverteiler *m* [elt]
main downcomer Hauptfallrohr *n* [was]
main drain Hauptabwasserrohr *n* [was]; Hauptdrän *m* [was]; Hauptentwässerungskanal *m* [was]; Hauptkanal *m* [was]; Hauptsammelkanal *m* [was]; Hauptsammler *m* [was]; Vorflutdrän *m* [was]
main elevation Hauptfront *f* [arc]
main entrance Hauptportal *n*; Haupteingang *m*
main exit Hauptausgang *m*
main façade Hauptfassade *f* [arc]
main feeder Hauptzuleitung *f* [was]
main fill Grundmasse *f* (Keramik) [met]
main flow Hauptstrom *m* [prc]
main fuse Hauptsicherung *f* [elt]
main gas pipe Hauptgasrohr *n* [pow]
main gate Haupteinfahrt *f* [tra]
main girder Hauptträger *m*; Hauptunterzug *m*; Längsträger *m*

main journal Hauptlagerzapfen *m*
main line Hauptanschluss *m* [pow]
main outfall Vorfluter *m* [was]
main pipe Hauptleitung *f* (Wasser, Wärme) [pow]
main platform Hauptbühne *f* (Arbeitsbühne)
main reinforcement Hauptbewehrung *f* [bon]; Längsbewehrung *f* [bon]
main road Hauptverkehrsstraße *f* [tra]; Verkehrsader *f* [tra]
main seam Hauptnaht *f* (Schweißnaht) [met]
main sewer Hauptabwasserrohr *n* [was]; Hauptkanal *m* [was]; Hauptsammelkanal *m* [was]; Hauptsammler *m* [was]; Sammelkanal *m* [was]; Hauptentwässerungsleitung *f* [was]
main shopping street Hauptgeschäftsstraße *f* [tra]
main shut-off cock Hauptabsperrhahn *m* [was]
main space Hauptraum *m* (Gebäude, Kirche) [arc]
main span Hauptfeld *n*; Hauptöffnung *f* (Brücke) [stb]; Mittelöffnung *f* (Brücke)
main staircase Haupttreppe *f*
main stairs Haupttreppe *f*
main station Hauptbahnhof *m* [tra]
main storey Hauptgeschoss *n*
main street Hauptstraße *f* [tra]
main supply Hauptnetz *n* [elt]
main supply route Hauptversorgungsstraße *f* [tra]
main support Grundpfeiler *m*
main switch Hauptschalter *m* [elt]
main switchgear Hauptschaltanlage *f* [elt]
main tap Haupthahn *m* [was]
main tenant Hauptmieter *m*; Hauptmieterin *f*
main terminal box Hauptklemmenkasten *m* [elt]
main thoroughfare Hauptdurchgangsstraße *f* [tra]
main throughfare Hauptverkehrsstraße *f* (städtisch) [tra]
main track Hauptgleis *n* [tra]
main truss Binder *m* (Dachkonstruktion) [stb]; Hauptträger *m* [stb]
main voltage Hauptspannung *f* [elt]
main walls tragende Wände *pl*; Wände, tragende - *pl*
main-line railway Fernbahn *f* [tra]
main-line station Fernbahnhof *m* [tra]
mainframe Hauptrahmen *m*
mainland Festland *n* [geo]
mains Leitungsnetz *n* [elt]; Netz *n* (Versorgung) [elt]; Stromnetz *n* [elt]; Versorgungsnetz *n* [elt]; Hauptleitung *f* [was]
mains cable Netzkabel *n* [elt]; Netzleitung *f* [elt]
mains connection Netzanschluss *m* [elt]
mains current Netzstrom *m* [elt]
mains failure Netzausfall *m* [elt]
mains fuse Netzsicherung *f* [elt]
mains grid Leitungsnetz *n* (Elektrizität) [elt]
mains plug Netzstecker *m* [elt]

mains power supply unit Netzgerät *n* [elt]
mains pressure Netzdruck *m* [was]
mains socket Netzdose *f* [elt]
mains supply Netzanschluss *m*; Netzstromversorgung *f* [elt]
mains switch Netzanschlussschalter *m* [elt]; Netzschalter *m* [elt]
mains system Leitungsnetz *n* [elt]
mains terminal Netzklemme *f* [elt]
mains transformer Netztransformator *m* [elt]
mains unit Netzgerät *n* [elt]; Netzteil *n* [elt]
mains voltage Netzspannung *f* [elt]; Speisespannung *f* [elt]
mains voltage fluctuation Netzspannungsschwankung *f* [elt]
mains-operated netzbetrieben [elt]
mainstay Hauptstütze *f*
maintain instand halten *v*
maintenance Gebäudeinstandhaltung *f*
maintenance agreement Wartungsvertrag *m* [wer]; Instandhaltungsregelung *f* (- für Immobilien)
maintenance costs Instandhaltungskosten *pl*
maintenance expenses Wartungsaufwendungen *pl* [eco]; Wartungsausgaben *pl* [eco]; Wartungskosten *pl* [eco]; Wartungsaufwand *m* (Kosten) [eco]
maintenance obligation Instandhaltungspflicht *f* (Gebäude) [jur]
maintenance of a building Gebäudeinstandhaltung *f*
maintenance of waters Gewässerunterhaltung *f* [was]
maintenance regulation Instandhaltungsregelung *f* (- für Immobilien)
maintenance routine work Instandhaltungsarbeiten *pl*
maintenance shop Wartungshalle *f* [wer]
maintenance work Instandhaltungsarbeiten *pl*
maintenance-free wartungsfrei [wer]
maisonette Maisonnette *f*
majolica tile Majolikafliese *f*
major airport Großflughafen *m* [tra]
major component Hauptbauteil *n*
major constituent Hauptbestandteil *m* [met]
major defect schwer wiegender Fehler *m* (Schaden) [eco]; wesentlicher Mangel *m* [eco]
major diameter Außendurchmesser *m* (Gewinde) [des]
major road Fernstraße *f* [tra]; übergeordnete Straße *f* [tra]; Vorfahrtsstraße *f* [tra]
make a noise lärmen *v* [aku]
make an opening durchbrechen *v* (Öffnung herstellen)
make current Einschaltstrom *m* [elt]
make higher erhöhen *v* (Mauer)
make level abgleichen *v* (einebnen)
make up zubereiten *v*
make up levels Löcher auffüllen *v* [tib]

make-up water Auffüllwasser *n* (Wasserkreislauf) [was]; Ergänzungswasser *n* (Wasserkreislauf) [was]; Zusatzwasser *n* [met]
makeshift provisorisch
maladjusted falsch eingestellt
malalignment Fluchtungsfehler *m* [des]
mall Einkaufszentrum *n* (<A>)
malleability Formbarkeit *f* [met]
malleable formbar [met]; plastisch verformbar [met]
malleablize tempern *v* (metall. Werkstoff) [met]
mallet Fäustel *m* [wzg]
malodorant geruchsbelästigender Stoff *m* [met]
man lock Personenschleuse *f* [asi]
man-accessible sewer begehbarer Kanal *m* [was]; Kanal, begehbarer - *m* [was]
man-lock caisson Personenluftschleuse *f* [asi]
man-made künstlich [met]
man-made fibre Chemiefaser *f* [che]; Kunstfasern *f* [met]; synthetische Faser *f* [met]
man-made ground aufgeschüttetes Gelände *n* [geo]
man-made landscape Kulturlandschaft *f* [geo]
man-year Mannjahr *n*
management of material flow Stoffstrommanagement *n*
management of the flow of materials Stoffstrommanagement *n*
mandatory obligatorisch; vorgeschrieben; zwingend [jur]
mandatory field Pflichtfeld *n* (Formblatt)
mandatory proof procedure obligatorisches Nachweisverfahren *n* [rec]
mandatory reporting Berichtspflicht *f* [jur]
mandatory sign Gebotszeichen *n* [asi]
manganese extraction plant Entmanganungsanlage *f* [was]
mangled steelwork zerfetzte Stahlkonstruktion *f* [stb]
manhole Mannloch *n*; Einsteigöffnung *f*
manhole access aid Schachteinstiegshilfe *f*
manhole cover Kanaldeckel *m* [was]
manhole cover lifting device Kanaldeckelheber *m* [was]
manifold Sammelrohr *n* [was]; Verteilerrohr *n* [prc]; Verteiler *m* (Rohre); Sammelleitung *f* [prc]; Verteilerleiste *f* [elt]
manometric head hydrostatische Förderhöhe *f* (Pumpe) [prc]
manometric(al) manometrisch [any]
manor Herrenhaus *n* (historisch)
mansard halbschräger Dachraum *m*; Mansarde *f*
mansard dormer window Mansardenfenster *n*
mansard roof Mansarddach *n* (abgestufte Dachform)
mansion Anwesen *n* (herrschaftlich); Herrenhaus *n*; herrschaftliches Anwesen *n*

mantel shelf Kaminsims *m*
mantelpiece Sims *m* (Kamin)
manual measurement Handmessung *f* [any]
manual measuring equipment Handmesseinrichtung *f* [any]
manual measuring unit Handmesseinrichtung *f* [any]
manual patchwork manuelle Nacharbeit *f* [wer]
manually von Hand [wer]
manufacture Bau *m* (Bauen)
manufacture of cement Zementherstellung *f* [roh]
manufacturer's data Herstellerdaten *pl*
manufacturer's instructions Herstellervorschriften *pl*
manufacturer's recommendations Herstellerempfehlungen *pl*
manufacturer's test Herstellerprüfung *f* [any]
manufacturers' instructions Verarbeitungrichtlinien der Hersteller *pl* [met]
manufacturing documents Fertigungsunterlagen *pl* [des]
manufacturing drawing Fertigungszeichnung *f* [des]
manufacturing time Fertigungszeit *f* [wer]
manway Einsteigöffnung *f*
map Karte *f* (Landkarte) [geo]
map kartieren *v*
map plotting Kartierung *f* [geo]
map scale Kartenmaßstab *m* [geo]
mapping Kartierung *f* (Landkarte) [geo]
marble façade Marmorfassade *f*
marble facing Marmorverblendung *f*; Marmorverkleidung *f*
marble flag pavement Marmorbelag *m*
marble floor Marmorboden *m*; Marmorfußboden *m*
marble plate Marmorplatte *f* [met]
marble slab Marmorplatte *f* [met]
marble stairs Marmortreppe *f*
marble tile Marmorfliese *f*
marble veneer Marmorfurnier *n* (Baukunst) [arc]
marble window sill Marmorfensterbank *f*
margin of safety Sicherheitsfaktor *m*; Sicherheitsspanne *f*
marginal bearing capacity Grenztragkraft *f*
marginal bund Uferbefestigung *f* [wba]
marginal force Grenzkraft *f*
marginal strip Randstreifen *m* [tra]
marginal tile Kantenstein *m* [met]
marginal use Randnutzung *f*
marine concrete Wasserbaubeton *m* [bon]
marine construction Seebau *m* [wba]
marine dredger Seebagger *m* [wba]
marine outfall Auslass ins Meer *m* [was]
marine paint wasserresistente Farbe *f* [met]
marine sewage disposal Abwassereinleitung ins Meer *f* [was]

maritime harbour Seehafen *m* [tra]
mark of approval Genehmigungsvermerk *m*
mark off anreißen *v* [wer]
marked-out route Trasse *f* [tra]
market for land Grundstücksmarkt *m* [eco]
market hall, central - Großmarkthalle *f* [eco]
market rent marktübliche Miete *f* [eco]
market square Marktplatz *m*
market stand Marktstand *m* (Stand auf dem Markt)
market structure Markstruktur *f* [eco]
market town Marktstadt *f* [com]
market-place Marktplatz *m*
marketing prospects Vermarktungschancen *pl* [eco]
marking colour Markierungsfarbe *f* [met]
marking sketch Absteckskizze *f* (Vermessung)
marking up Vermaßung *f* (Zeichnung) [des]
marl Mergel *m* [geo]
marl slate Mergelschiefer *m* [met]
marl soil Mergelboden *m* [geo]
marly limestone Mergelkalk *m* [met]
marly sandstone Mergelsandstein *m* [met]
marly soil Mergelboden *m* [geo]
marquisette Markisette *f* (Textil)
marsh Sumpf *m* [geo]; Sumpfboden *m* [geo]
marshalling hump Ablaufberg *m* (Bahn) [tra]
marshalling yard Rangierbahnhof *m* (<B>) [tra]
marshy sumpfig [geo]
marshy ground Sumpfboden *m* [geo]
masking Abkleben *n* [wer]
masking material Abdeckmaterial *n* [met]
masking noise Hintergrundgeräusch *n* (gegenüber Windenergieanlage) [aku]
mason Maurer *m* [wer]
mason mauern *v*
mason drill Steinbohrer *m* [wzg]
mason's trowel Maurerkelle *f* [wzg]
masoned gemauert [wer]
masonry Mauerwerk *n*; Ausmauerung *f*; Maurerarbeit *f*
masonry anchor Maueranker *m*; Steinhalter *m* (Verankerung)
masonry bolt Steinschraube *f*
masonry bond Mauerverband *m*
masonry brick Mauerstein *m*; Mauerziegel *m*; Ziegelmauerstein *m*
masonry bridge gemauerte Brücke *f*; Mauerwerksbrücke *f*
masonry cement Putz- und Mauerbinder *m* [met]; Putz- und Mauerbinder *m* [met]
masonry construction Mauerwerksbau *m*; Massivbauweise *f*
masonry dehumidification Mauerwerksentfeuchtung *f*
masonry drill Steinbohrer *m* [wzg]
masonry foundation wall Grundmauer *f*

masonry mortar Baumörtel *m*; Mauermörtel *m*
masonry saw Mauerwerkssäge *f* [wzg]; Steinsäge *f* [wzg]
masonry wall Mörtelmauer *f*
masonry wall head Mauerkopf *m*
masonry wall, dry - Trockenmauerwerk *n*
masonry work Maurerarbeit *f* (DIN 18330)
masonry-filled aufgemauert; ausgemauert
masons' mark Steinmetzzeichen *n*
masonwork Mauerwerk *n*
mass Stoff *m* (Substanz) [che]
mass balance Massenbilanz *f* [phy]; Materialbilanz *f* (Erhaltungssatz) [phy]; Stoffbilanz *f* [prc]
mass concrete Füllbeton *m* [bon]; Massenbeton *m* [bon]; unbewehrter Beton *m* [bon]
mass concrete slab dicke, unbewehrte Betonplatte *f* [bon]
mass conservation Massenerhaltung *f* [phy]
mass distribution Massenverteilung *f* [phy]
mass flow Massenfluss *m* [prc]
mass flow rate Massenstrom *m* (Mengenstrom) [prc]
mass forces Massenkräfte *pl* [phy]
mass moment of inertia Massenträgheitsmoment *n* [phy]
mass moment of inertia, second - Massenmoment 2. Grades *n* [sik]
mass moment, second - Massenmoment 2. Grades *n* [sik]
mass of houses Häusermeer *n*
mass per unit volume Massenkonzentration *f* [phy]
mass screening Reihenuntersuchung *f* [any]
mass transfer Stofftransport *m* [prc]
mass transfer process Stoffaustauschprozess *m* [prc]
mass transport Massentransport *m* [prc]
mass wasting Bodenerosion *f* [geo]
masses of earth Erdmassen *pl*
massif Gebirgsmassiv *n* [geo]
massive massiv
massive concrete dam Massivbetonstaumauer *f* [wba]
massiver structure of weir Wehrkörper *m* [wba]
mast crane Mastkran *m*
master batch Grundmischung *f* [met]
master bedroom Elternschlafzimmer *n* [arc]
master builder Baumeister *m* (auf der Baustelle); Maurermeister *m*
master controller Führungsregler *m* [elt]; Leitregler *m* [elt]
master drain Hauptabflussleitung *f* [was]
master drawing Stammzeichnung *f* [des]
master gauge Prüflehre *f* [any]
master gauge of holes Lochbild *n* [des]
master key system Hauptschlüsselanlage *f* [tga]; Schließanlage *f* [tga]

master model Mutterform *f* (Schablone)
master plan Generalbebauungsplan *m*; Gesamtplan *m* [des]; Hauptbebauungsplan *m*
master plan, traffic and transportation - Generalverkehrsplan *m* [com]
master power diagram Schaltplan *m* [elt]
master pressure gauge Kontrollmanometer *n* [any]
master tracing Mutterpause *f* (Transparentabzug des Originals) [des]
mastic Dichtstoff *m* [met]; Glaserkitt *m* [met]; Kitt *m* [met]; Dichtungsmasse *f* [met]
mastic asphalt Gussasphalt *m*
mastic flooring Gussasphalt *m*
mastic gun Kittspritze *f* [wzg]
mastic, without - kittlos [met]
masticate mastizieren *v*
mastication Mastikation *f*
mat stumpf (Farben)
mat footing Fundamentplattengründung *f* [wba]; Plattengründung *f*
mat foundation Scheibenfundament *n*; Flächengründung *f* (Fundament); Plattengründung *f*
mat of fibres Faserfilz *m* [met]
mat reinforcement Netzbewehrung *f* [bon]
match passen *v* (harmonieren); passend machen *v*; zusammenpassen *v*
match-marking Anzeichnen *v* [wer]
matching plane Spundhobel *m* [wzg]
mate zusammenpassen *v*
material stofflich [met]
material Masse *f* (Stoff) [che]
material analysis Stoffanalyse *f* [any]; Werkstoffanalyse *f* [any]
material composition Materialzusammensetzung *f* [met]
material constant Materialkenngröße *f* [met]; Werkstoffkonstante *f* [met]
material consumption Materialverbrauch *m* [met]
material damage Materialschaden *m* [met]
material defect Materialfehler *m* [met]; Werkstofffehler *m* [met]
material delivery Materialanfuhr *f* [tra]; Materialanlieferung *f* [tra]
material elevator Materialaufzug *m* (<A>)
material fatigue Materialermüdung *f* [met]; Werkstoffermüdung *f* [met]
material flaw Materialfehler *m* [met]
material flow Stoffstrom *m*
material for electrical installations Installationsmaterial *n* (Elektro) [elt]
material group Stoffgruppe *f* [met]
material handling Materialumschlag *m*; Materialhandhabung *f* [prc]
material hoist Güteraufzug *m*; Lastenaufzug *m*
material invoice Baustoffrechnung *f* [eco]
material passing a mesh Siebdurchgang *m* [prc]

material processing stoffliche Verwertung *f* [rec]
material recovery Materialrückgewinnung *f* [rec]
material recovery plant Wertstoffrückgewinnungsanlage *f* [rec]
material recycling werkstoffliches Recycling *n* [rec]; stoffliche Verwertung *f* [rec]
material retained Siebüberlauf *m* [prc]
material sample Materialprobe *f* [met]
material saving Materialeinsparung *f* [met]
material selection Werkstoffauswahl *f* [des]; Werkstoffwahl *f* [des]
material separation Stofftrennung *f* [prc]
material shortage Materialverknappung *f*
material standards Werkstoffblätter *pl* [des]
material stock number Materialschlüssel *m* [met]
material storage Materialbevorratung *f* [eco]; Materiallagerung *f* [eco]
material strenght Materialfestigkeit *f* [met]
material stress Werkstoffbeanspruchung *f* [met]
material supplies Materialversorgung *f* [eco]
material test Werkstoffprüfung *f* [any]
material testing Materialkontrolle *f* [any]
material thickness, additional - Wanddickenzuschlag *m* [des]
material throughput Massedurchsatz *m* [prc]
material to be ground Mahlgut *n* (Aufgabegut) [met]
material to be screened Siebgut *n* [prc]
material usage Materialverbrauch *m* [met]
material wear Werkstoffverschleiß *m* [met]
material, finely-divided - Staubgut *n* [met]
materials allowance Werkstoffzugabe *f* [des]
materials inspection Materialprüfung *f* [met]
materials performance Werkstoffverhalten *n* [met]
materials preparation technology Aufbereitungstechnik *f* [roh]
materials stress Materialbeanspruchung *f* [met]
materials testing Materialprüfung *f* [any]; Materialuntersuchung *f* [any]
materials-testing laboratory Materialprüfungsanstalt *f* [any]
materiology zerstörungsfreie Baustoffprüfung *f* [any]
mating dimension Anschlussmaß *n* [des]
mating size Anschlussmaß *n* [des]
matrix Gefüge *n* [met]
matrix organisation Matrixorganisation *f* (in Projekten)
matrix transformation Matrizentransformation *f* [mat]
matter Stoff *m* (Substanz); Masse *f* (Stoff) [che]
matting Geflecht *n* (Bewehrung)
mattock man Abbrucharbeiter *m*
mattress Unterbetonlage *f* [bon]
maturation pond Endreinigungsbecken *n* [was]

mature altern *v* (Anstrich) [met]; aushärten *v*
(Beton, Mörtel) [met]
matured gealtert
maturing Garbrand *m* [roh]; Alterung *f* (Anstrich)
[met]; Aushärtung *f* (Beton, Mörtel) [met]
maturing of concrete Betonerhärtung *f* [bon]
maturing point Erweichungstemperatur *f* [met]
maturity of concrete Alter des Betons *n* [bon]
maximum accepted concentration höchstzulässige
Konzentration *f* [asi]
maximum allowable concentration maximal
zulässige Konzentration *f* [asi]
maximum continuous rating Grenzlast *f* [sik]
maximum demand, authorized - bereitgestellte
Leistung *f* (Wärmeversorgung) [pow]
maximum limit of size oberes Grenzmaß *n*
(Passung) [des]
maximum load Höchstbelastung *f*; Spitzenlast *f*
[elt]
maximum loadbearing capacity höchste Bodenbelastung *f*
maximum output Spitzenleistung *f* [elt]
maximum permissible concentration höchstzulässige Konzentration *f* [asi]
maximum permissible value, specified - vorgeschriebener Höchstwert *m*
maximum permitted concentration maximal
zulässige Konzentration *f* [asi]
maximum rent Höchstmiete *f* [eco]
maximum scale value Skalenendwert *m* [any]
maximum size Größtmaß *n* [des]
maximum stress Maximalspannung *f* [sik]
meander schlängeln *v*
means of escape Fluchtmöglichkeit *f*
means of fastening Befestigungsmittel *n*
means of protection Schutzmittel *n* [asi]
means of representation Darstellungsmittel *n* [des]
means of soil improvement Bodenverbesserungsmittel *n* [geo]
means of testing Prüfmittel *n* [any]
measurable messbar [any]
measurable limit messbarer Bereich *m* [any]
measurable quantity messbare Größe *f* [any]
measure Maß *n* (Abmessung) [des]; Maß *n*
(Einheit) [des]; Maßstab *m* (Zeichnung) [des];
Maßeinheit *f* [any]; Maßnahme *f*
measure abmessen *v* [any]; bemessen *v* (messen);
messen *v* [any]; vermessen *v* [any]
measure again nachmessen *v* [any]
measure dimension Abmaß *n* [des]
measure for restoration Sanierungsmaßnahme *f*
measure of an angle Winkelmaß *n* [des]
measure of investigation Untersuchungsmaßnahme
f [any]
measure of precaution Sicherungsmaßnahme *f*
measure up ausmessen *v* [any]

measure with a calorimeter calorimetrieren *v* [any]
measure with a pipette pipettieren *v* [any]
measurement Messung *f* (Messergebnis) [any];
Vermessung *f* [any]
measurement data Messdaten *pl* [any]
measurement error Messfehler *m* [any]; Messabweichung *f* [any]
measurement location Messort *m* [any]
measurement of angles Winkelmessung *f* [any]
measurement of discharge Abflussmessung *f* [any]
measurement of heat Wärmemessung *f* [any]
measurement sensitivity Messempfindlichkeit *f*
[any]
measurement standard Eichnormal *n* [any]
measurement, detailed - steingerechtes Aufmaß *n*
[des]
measures to improve traffic flow
Verkehrsentzerrung *f* [com]
measuring Vermessung *f* [any]
measuring accuracy Messgenauigkeit *f* [any]
measuring amplifier Messverstärker *m* [elt]
measuring arrangement Messanordnung *f* [any]
measuring connection Messanschluss *m* [any]
measuring converter Messwertumsetzer *m* [any]
measuring device Messinstrument *n* [any]; Messeinrichtung *f* [any]
measuring equipment Messeinrichtung *f* [any];
Messvorrichtung *f* [any]
measuring error Messfehler *m* [any]; Fehlmessung
f [any]; Messabweichung *f* [any]
measuring head Prüfkopf *m* [any]
measuring installation Messeinrichtung *f* [any];
Messvorrichtung *f* [any]
measuring instrument Messinstrument *n* [any]
measuring limit Messgrenze *f* [any]
measuring orifice Messblende *f* [any]
measuring pick-up Messaufnehmer *m* [any]
measuring pin Taster *m* (Fühlstift) [any]
measuring plane Messebene *f* [any]
measuring point Messstelle *f* [any]
measuring point, local - örtliche Messstelle *f* [any];
Ortsmessstelle *f* [any]
measuring position Messort *m* [any]
measuring principle Messprinzip *n* [any]
measuring range selection Messbereichswahl *f*
[any]
measuring result Messergebnis *n* [any]
measuring rule Maßstab *m* (Lineal) [any]
measuring set Messeinrichtung *f* [any]
measuring set-up Messanordnung *f* [any]
measuring signal Messsignal *n* [any]
measuring system Maßsystem *n* [any]
measuring system, angular position - Winkelmesssystem *n* [any]
measuring tape Maßband *n*; Messband *n* [any]
measuring time Messdauer *f* [any]

measuring transducer Messwertgeber *m* [any];
Messwertumformer *m* [any]
measuring transmitter Messwertübertrager *m* [any]
measuring with steps Abschreiten *n* (Vermessung)
[any]
mechanical abrasion mechanische Abtragung *f*
[geo]
mechanical analysis, wet - Schlämmanalyse *f* [any]
mechanical balance mechanische Waage *f* [any]
mechanical boat lift Schiffshebewerk *n* [tra]
mechanical charger Beschickungsanlage *f* [prc]
mechanical cleaning of waste water mechanische
Abwasserreinigung *f* [was]
mechanical composting geschlossene Kompostierung *f* [rec]
mechanical connection mechanische Verbindung *f*
mechanical design calculation festigkeitstechnische
Berechnung *f* [des]
mechanical endurance mechanische Widerstandsfähigkeit *f* [met]
mechanical equipment for sewage purification
mechanische Abwasserreinigungsanlage *f* [was]
mechanical float Motorglätter *m*
mechanical floor Technikgeschoss *n* (- eines
Gebäudes); technisches Geschoss *n* (Stockwerk);
Technikebene *f* (- eines Gebäudes)
mechanical joint mechanische Fuge *f*
mechanical loading mechanische Beanspruchung *f*
[met]
mechanical noise Maschinengeräusch *n* [aku];
Maschinenlärm *m* [aku]
mechanical operation Maschinenarbeit *f* [wer]
mechanical platform Bauaufzug *m*
mechanical precipitator mechanischer Filter *m*
[prc]
mechanical property mechanische Eigenschaft *f*
[met]
mechanical recycling werkstoffliche Verwertung *f*
[rec]
mechanical reduction mechanische Zerkleinerung *f*
[prc]
mechanical resistance mechanische Festigkeit *f*
[met]
mechanical sensing mechanisches Abtasten *n* [any]
mechanical separation mechanische Trennung *f*
[rec]
mechanical services Haustechnik *f* [tga]
mechanical sewage clarification mechanische
Abwasserklärung *f* [was]
mechanical shock mechanischer Stoß *m*
mechanical shovel Löffelbagger *m*
mechanical stirrer mechanischer Rührer *m* [prc]
mechanical strain mechanische Beanspruchung *f*
[met]
mechanical strength Festigkeitseigenschaft *f* [met];
Materialfestigkeit *f* [met]

mechanical testing Werkstoffprüfung *f* (zerstörende
Prüfung) [any]
mechanical treatment mechanische Aufbereitung *f*
[prc]
mechanical treatment of waste water mechanische
Abwasserbehandlung *f* [was]
mechanical waste water purification mechanische
Abwasserreinigung *f* [was]
mechanical waste water treatment mechanische
Abwasserbehandlung *f* [was]
mechanical water purification mechanische
Wasserreinigung *f* [was]
mechanical weathering Gesteinszerfall *m* [met];
physikalische Verwitterung *f* [met]
mechanical workshop mechanische Werkstatt *f*
[wer]
mechanical-biological process mechanisch-
biologisches Verfahren *n* (Abfallbehandlung, um
Rest-C unter Grenzwert zu bringen) [rec]
mechanically worked mechanisch bearbeitet
mechanics of continua Kontinuumsmechanik *f*
[phy]
mechanics of materials technische Mechanik *f*
mechanism Wirkungsweise *f*
median strip Grünstreifen *m* (<A>) [tra]
medium duty mittelschwer (technische Ausstattung
von Maschinen)
medium duty mittelmäßige Beanspruchung *f* [met];
mittlere Beanspruchung *f*
medium load Mittellast *f* (v.a. im Kraftwerksbereich) [pow]
medium plate Mittelblech *n* [stb]
medium sands Mittelsande *pl* [met]
medium sheet Mittelblech *n* [stb]
medium time-lag fuse mittelträge Sicherung *f* [elt]
medium to long term, in the - mittel- bis langfristig
medium-coarse mittelgrob
medium-grade mittelfein
medium-hard steel halbharter Stahl *m* [met]
medium-term mittelfristig
medium-textured mitteloffen *f* (Verschleißschicht)
[tib]
meeting on site Ortstermin *m*
megalopolis Ballungszentrum *n*
melt Schmelze *f* [met]
melt schmelzen *v* [met]
melted asphalt Gussasphalt *m* [met]
melting Schmelzen *n* [met]
melting agent Auftaumittel *n* [met]
melting charge Schmelze *f* [met]
melting point Schmelzpunkt *m* [phy]
melting reaction Einschmelzreaktion *f* [met]
member Glied *n* (Zwischenglied); Stab *m* [stb];
Träger *m* (Bauteil)
member in tension gezogenes Bauteil *n* (unter Zug)
[stb]; Zugstab *m* [stb]

member incidence Anstellwinkel des Elements *m*
member of constant inertia Stab mit gleich
bleibender Trägheit *m* [stb]
member of constant section Stab mit gleich
bleibendem Querschnitt *m* [stb]
member of frame, vertical - Rahmenstiel *m* [stb]
member of the field staff Außendienstmitarbeiter *m*
[eco]; Außendienstmitarbeiterin *f* [eco]
member of variable inertia Stab mit veränderlicher
Trägheit *m* [stb]
member of variable section Stab mit veränderlichem Querschnitt *m* [stb]
member-end moment Stabendmoment *n* [sik]
member-force analysis Kräfteermittlung *f* [sik]
membrane Diaphragma *n* [met]; Membran *f* (in der
Biologie) [met]
membrane effect Membranwirkung *f* [met]
membrane structure Membrantragwerk *n*
membrane wall Membranwand *f*
membrane-state of stress Membranspannungszustand *m*
memorial Denkmal *m* [arc]
merchant bar Handelsstabstahl *m* [met]
mercury battery Quecksilberbatterie *f* [elt]
merging lane Einfädelspur *f* (Straßenverkehr) [tra]
merlon Zinne *f* (Burg, Stadtmauer) [arc]
mesh Gewebe *n* (Draht) [met]; Siebweite *f* [prc]
mesh aperture Maschensieböffnung *f* [prc]
mesh fabric Baustahlgewebe *n* [met]; Drahtgeflecht
n [met]; Bewehrungsmatte *f* [bon]
mesh fraction Siebfraktion *f* [prc]
mesh gauge Siebskala *f* [prc]
mesh reinforcement Mattenbewehrung *f* [bon];
Netzbewehrung *f* [bon]
mesh scale Siebfolge *f* [any]
mesh size Maschenweite *f* (Sieb) [prc]
mesh width Maschenweite *f* (Sieb) [prc]; Siebweite
f [prc]
metakaolin Metakaolin *n* [met]
metal Metall *n* [met]
metal alloy Metalllegierung *f* [met]
metal and locksmith work Metall- und Schlosserarbeiten *pl* (DIN 18360) [wer]
metal arc welding, manual shielded - Handlichtbogenschweißen *n* [wer]
metal bridge Metallbrücke *f*; Stahlbrücke *f*
metal ceiling Metalldecke *f*
metal coating Metallbelag *m* [met]; Metallüberzug
m [met]; Metallbeschichtung *f* [met]; Metallummantelung *f* [met]
metal collar Metallmanschette *f*
metal connector with nails Nagelplatte *f*
(Holzkonstruktion)
metal curb Metallaufsatzkranz *m*
metal decking Metalldeckenschalung *f* [bon]
metal fabric Drahtgewebe *n* [met]

metal fibre reinforced metallfaserverstärkt [met]
metal fitting Beschlag *m* (an Schränken etc.)
metal flooring Stahlfahrbahnplatte *f* [tra]
metal formwork Blechschalung *f* [bon];
Stahlschalung *f* [bon]
metal frame Metallrahmen *m* (Türzarge); Stahltürzarge *f*
metal gate Metalltor *n*
metal jacket Blechmantel *m* [met]
metal joint Metallverbindung *f* (Verbindungsstück
aus Metall)
metal lath Putzträger aus Stahl *m* [stb]
metal liner Blechhaut *f* [met]
metal mesh apron Schutzschürze aus Metallgeflecht *f* [asi]
metal pipe Metallrohr *n* [met]
metal plate Blech *n* (Grobblech) [met]
metal platform Stahlfahrbahnplatte *f* [tra]
metal plating Metallüberzug *m* [met]
metal post-and-beam system Metallständerwandsystem *n*
metal primer Metallgrundierung *f* [met]
metal rail Metallschiene *f*
metal recovery Metallrückgewinnung *f* [rec];
Metallwiedergewinnung *f* [rec]
metal reinforcement Metallarmierung *f* [bon]
metal saw Metallsäge *f* [wzg]
metal scaffolding Metallgerüst *n*
metal scrap Metallabfall *m* [rec]; Metallschrott *m*
[rec]
metal sheet Blech *n* [met]; Metallblech *n* [met]
metal shroud Blechverkleidung *f* (Behälterauskleidung) [met]
metal shuttering Blechschalung *f* [bon]
metal skin Blechhaut *f* [met]
metal skirting Metallsockelleiste *f*
metal stud Beschlagnagel *m* (Holzwerk)
metal tube Metallrohr *n* [met]
metal tube scaffolding Stahlrohrgerüst *n*
metal waste Metallabfall *m* [rec]; Metallschrott *m*
[rec]
metal wearing plate Verschleißblech *n* [met]
metal wire Metalldraht *m* [met]
metal work Metallbauarbeiten *pl* [stb]
metal-gauze insert Metallgewebeeinlage *f* [met]
metal-plating Metallauflage *f* [met]
metal-strap reinforcement Eisenbandbewehrung *f*
[bon]
metallic metallisch [met]
metallic bright metallisch blank [met]
metallic coating Metallauftrag *m* [met]; metallischer Überzug *m* [met]; Metallauskleidung *f* [met];
Metallbeschichtung *f* [met]
metallic colour Metallfarbe *f* [met]
metallic fabric Metallgewebe *n* [met]
metallic fibre Metallfaser *f* [met]

metallic material metallischer Werkstoff *m* [met]
metallic paint Metallfarbe *f* [met]
metallic rivet Metallniete *f* [met]
metallic scrap metallischer Schrott *m* [rec]
metallic structure Metallbauwerk *n*
metallic wastes metallische Abfälle *pl* [rec]
metalling Beschotterung *f* [tib]
metallurgical cement Hüttenzement *m* [met]
metatarsal guard Mittelfußschutz *m* [asi]
metatarsal protection Mittelfußschutz *m* [asi]
meteorological effect Witterungseinfluss *m* [met]
meteorological influence Witterungseinfluss *m* [met]
meter dosieren *v* (Baumaterial); zumessen *v* [any]
meter charge Zählermiete *f* [pow]
meter rent Zählermiete *f* (Wasser-, Stromzähler) [eco]
meter tariff Zählertarif *m* [pow]
metering Dosier-
metering Messen *n* [any]
metering accuracy Dosiergenauigkeit *f* [prc]
metering balance Dosierwaage *f* [any]
metering belt conveyor Förderbandwaage *f* [any]
metering orifice Messblende *f* (Durchsatz) [any]
metering point Messstelle *f* (für Zähler) [pow]
metering pump Dosierpumpe *f* [prc]
metering screw Dosierschnecke *f* [prc]
metering screw conveyor Dosier-Schneckenförderer *m* [prc]
metering system Dosiersystem *n* [prc]
metering tank Dosiergefäß *n* [any]
metering valve Dosierventil *n* [prc]
methacrylic adhesive Methacrylatklebstoff *m* [met]
methanol air cell Methylalkohol-Luftsauerstoff-Element *n* (Brennstoffzelle) [pow]
methanol cell Methanolbrennstoffzelle *f* [pow]
method of analysis Berechnungsverfahren *n* [des]; Analysenmethode *f* [any]
method of building Bauweise *f* (Baumethode)
method of examination Untersuchungsmethode *f* [any]
method of firefighting Löschverfahren *n* (Brandlöschung)
method of joints Knoten-Schnittverfahren *n* [sik]; Knotenpunktverfahren *n* [sik]
method of measurement Messverfahren *n* [any]
method of payment Zahlungsweise *f* [eco]
method, nonlinear - nichtlineares Verfahren *n* [mat]
metropolis Metropole *f* (größte Stadt); Weltstadt *f*
metropolitan railroad Stadtbahn *f* (<A>) [tra]
metropolitan railway S-Bahn *f* [tra]; Stadtbahn *f* [tra]
mezzanine Halbgeschoss *n*; Mezzanin *n* Zwischengeschoss *n*
micro hardness Mikrohärte *f* [met]

micro-indentation hardness Mikroeindruckhärte *f* [met]
microcrack Haarriss *m* [met]; Mikroriss *m* [met]
microfine mikrofein
microfine cement Feinstzement *m* [met]
microfine dust Feinststaub *m* [met]
microfine fraction Feinstfraktion *f* [met]
microfissure Mikroriss *m* (Schweißnahtfehler) [met]
microflaw Haarriss *m* [met]
micrograph Schliffbild *n* [any]
micrographic determination Schliffbildanalyse *f* (metallographische -) [any]
micrographic examination mikrographische Kontrolle *f* [any]
micromerograph Korngrößenanalysator *m* (Staub-sedimentation in Luft) [any]
micropores Mikroporen *pl* [met]
microscope mikroskopieren *v* [any]
microscopic mikroskopisch [any]
microscopically fine mikrofein
microzonation Mikrozonierung *f* (Einteilung des Standortes auf Schwingungsempfindlichkeit)
midchannel Fahrrinne *f* [tra]
middle bay Mittelschiff *n*; Mittelhalle *f*
middle hall Mittelschiff *n*
middle panel Mittelfüllung *f*
middle purlin Zwischenpfette *f*
middle rail Brustriegel *m* (Holzkonstruktion: Fach-werkgebäude)
middle vessel Langschiff *n* (Kirche)
middle wall Mittelwand *f*; Trennwand *f*
middle-door Zwischentür *f*
middle-field Mittelfeld *n* (z.B. einer Stahlbrücke) [stb]
middle-girder Schwebeträger *m* [stb]
middle-size town Mittelstadt *f*
middle-sized mittelkörnig
midrail Knieleiste *f*
midspan Feldmitte *f*
midspan moment Feldmoment *n*
migration of weld Wandern von Schweißnähten *n* [met]
mil graduation Stricheinteilung *f* [any]
mild schweißbar (Metalle) [met]
mild steel Baustahl *m* [met]; Flussstahl *m* [met]; Handelsbaustahl *m* [met]; Thomasstahl *m* [met]
mild steel electrode Flussstahlelektrode *f* (Schweißelektrode) [met]
mildew resistance Schimmelbeständigkeit *f* [met]
mildew-resistance agent Schimmelverhütungsmittel *n* [met]
mildew-resistance treatment Schimmelfestbehand-lung *f* [met]
mildew-resistant paint Schimmelschutzanstrich *m* [met]
mileage recorder Kilometerzähler *m* [any]

milieu Umfeld *n*
milk of lime Kalkbrühe *f* [met]
mill Fabrik *f*
mill mahlen *v* [prc]; zerkleinern *v* (zermahlen)
[prc]; zermahlen *v* [prc]
mill charge Mahlgut *n* [met]
mill for wet grinding Nassmühle *f* [prc]
mill state Walzzustand *m* [met]
millimeter Millimeter *m* (<A>) [des]
millimeter graph paper Millimeterpapier *n* [des]
millimetre Millimeter *m* (<B>) [des]
milling Abgleichung *f* (durch Bearbeitung) [wer];
Zerkleinerung *f* (Mahlung) [prc]
milling beam Fräskette *f* (Grabenziehen) [tib]
milling plant Mahlanlage *f* [prc]
mimic diagram Blockschaltbild *n* [des]; Fließbild *n*
[des]
minaret Minarett *n* [arc]
mine safety Grubensicherheit *f* [asi]
mine tunnelling Streckenvortrieb *m* [roh]
mine water Schachtwasser *n* [was]
mineral mineralisch [che]
mineral Mineral *n* [che]
mineral acid mineralische Säure *f* [che]
mineral aggregate Gesteinsgemenge *n* (Straßenbau)
[met]; Mineralgemisch *n* [met]; mineralischer
Zuschlagstoff *m* [met]
mineral analysis Mineralanalyse *f* [any]
mineral colour Mineralfarbe *f* [met]
mineral concrete Mineralbeton *m* [bon]
mineral deposit Mineralablagerung *f* [che]
mineral dye Mineralfarbstoff *m* [met]
mineral fibre Mineralfaser *f* [met]; Mineralwolle *f*
[met]
mineral fibre mat Mineralfasermatte *f* [met]
mineral fibre padding Mineralfasereinlage *f* [met]
mineral fibre sheet Mineralfaserplatte *f* [met]
mineral fibreboard Mineralfaserplatte *f* [met]
mineral flax Faserasbest *m* [met]
mineral foam mineralischer Schaumstoff *m* [met]
mineral matter mineralische Substanz *f* [met]
mineral phase Mineralphase *f* [met]
mineral pigment Erdpigment *n* [met]; Erdfarbe *f*
[met]; Mineralfarbe *f* [met]
mineral pitch Asphalt *m* [met]
mineral plaster Mineralputz *m* [met]
mineral powder Gesteinsmehl *n* [met]
mineral wool Mineralfaserwolle *f* [met]; Mineralwolle *f* [met]
mineral wool insulation Mineralwolledämmung *f*
[met]
mineral wool mat Mineralwollmatte *f* [met]
mineralization Mineralisation *f* [che]; Mineralisierung *f* [che]
minimum distance Mindestabstand *m* [des]
minimum gradient Mindestneigung *f*

minimum output Mindestleistung *f* [pow]
minimum rate Mindestsatz *m* [eco]
minimum rent Mindestmiete *f* [eco]
minimum section Mindestquerschnitt *m* [des]
minimum size Kleinstmaß *n* [des]
minimum spacing Mindestabstand *m* [des]
minimum stress Minimalspannung *f* [sik]
minimum thickness Mindestdicke *f* [des]
mining concession Abbaugenehmigung *f* [roh]
mining damage Bergschaden *m* [geo]
minium Mennige *f* [che]
minor approach untergeordnete Straße *f* (einmündende Straße) [tra]
minor bed Niedrigwasserbett *n* [wba]
minor component Nebenbestandteil *m* [met]
minor deviation geringe Abweichung *f*
minor road Nebenstraße *f* (nicht so wichtige Straße)
[tra]; untergeordnete Straße *f* [tra]
minor street untergeordnete Straße *f* [tra]
minus allowance unteres Abmaß *n* (Passung) [des]
mirror ceiling Spiegeldecke *f* (Architektur)
mirror square Winkelprisma *n* (Vermessung) [any]
misaligned nicht fluchtend [des]; versetzt [des]
misalignment Fluchtungsfehler *m* [des]; Versatz *m*
[des]
miscible mischbar
misclassified particles Fehlkorn *n* [met]
mismatch Versatz *m* [des]
misplaced particles Fehlgut *n* (beim Sieben, Trennen) [prc]; Fehlaustrag *m* (beim Sieben, Trennen)
[prc]
misplaced size Fehlkorn *n* [met]
misreading Fehlablesung *f* [any]
missing seam fehlende Naht *f* [met]
miter-saw Gehrungssäge *f* (<A>) [wzg]
mitre bevel Gehrungswinkel *m* [des]
mitre gate Stemmtor *n* (Schleuse) [was]
mitre saw Gehrungssäge *f* (<B>) [wzg]
mitring Gehrung *f* (Holzbau)
mix Gemisch *n* [met]
mix anmachen *v* (z.B. Zement); mischen *v*
mix thoroughly durchmischen *v* [prc]
mixed vermengt
mixed adhesive Mehrkomponentenkleber *m* [met];
Zweikomponentenkleber *m* [met]; Zweikomponentenklebstoff *m* [met]
mixed area Mischgebiet *n* [com]
mixed building area gemischte Baufläche *f* [com]
mixed building structures Mischbauweise *f* [com]
mixed colour Mischfarbe *f* [met]
mixed construction Gemischtbauweise *f*
mixed development Mischbauweise *f* [com]
mixed development zone gemischte Baufläche *f*
mixed firing Mischfeuerung *f* [pow]
mixed masonry Mischmauerwerk *n*
mixed oxide Mischoxid *n* [che]

mixed plastics vermischte Kunststoffe *pl* [rec]
mixed polymer Mischpolymer *n* [met]
mixed rubble Misch-Schutt *m* [rec]
mixed sample Mischprobe *f* [any]
mixed soil gemischter Boden *m* [geo]; Mischboden *m* [geo]
mixed substrate Mischsubstrat *n* [geo]
mixed use Mischnutzung *f* [com]
mixed waste Mischabfall *m* [rec]
mixed zone Mischgebiet *n* [com]
mixed-bed filter Mischbettfilter *m* [was]
mixed-firing shaft kiln Mischfeuerofen *m* [roh]
mixed-use area Mischgebiet *n* [com]; Mischgebiet *n* [com]; Mischnutzungsgebiet *n* [com]; Gemengelage *f* (Stadtplanung) [com]
mixed-use centre multifunktionales Einkaufszentrum *n* [eco]
mixed-use complex Mischnutzungskomplex *m* (Immobilie) [eco]
mixed-use property Mischnutzungsimmobilie *f* [eco]
mixed-use zone Mischgebiet *n* [com]
mixer Mischer *m* [prc]; Rührer *m* [prc]
mixer conveyor truck Betontransporter *m* [bon]
mixer fitting Mischbatterie *f* [tga]
mixer platform Mischerbühne *f*
mixer skip hoist Mischeraufzug *m* (Betonmischer)
mixer tap Mischbatterie *f* [tga]
mixer valve Mischbatterie *f* [tga]
mixing Mischen *n* [prc]; Rühren *n* [prc]
mixing chamber Mischkammer *f* [prc]
mixing channel Mischrinne *f*
mixing combination faucet Mischbatterie *f* [tga]
mixing device Mischanlage *f* [prc]
mixing drag Mischschleppe *f* [was]
mixing drum Mischtrommel *f* [prc]
mixing element Rührorgan *n* [prc]
mixing facility Mischanlage *f* [prc]
mixing faucet Mischbatterie *f* [tga]
mixing head Mischkopf *m* [tga]
mixing installation Mischanlage *f* (z.B. für Beton)
mixing medium Anmachmittel *n* [met]
mixing nozzle Mischdüse *f* [prc]
mixing of functions Funktionsmischung *f*
mixing paddle Mischerschaufel *f* [prc]
mixing pan Mischteller *m* (im Betonmischer)
mixing pan mill Mischkollergang *m*
mixing plant Mischanlage *f* [prc]
mixing ratio Mischungsverhältnis *n*
mixing sequence Mischreihenfolge *f* [prc]
mixing tank Mischbecken *n* [was]; Mischbehälter *m* [prc]
mixing tap Mischbatterie *f* [tga]
mixing trough Mischrinne *f* [prc]
mixing unit Mischbatterie *f* [tga]
mixing varnish Mischlack *m* [met]

mixing vessel Mischbehälter *m* [prc]
mixing water Anmachwasser *n* (Bauwesen: Beton) [met]; Zugabewasser *n* (Bauwesen: Beton) [met]
mixing worm Mischschnecke *f* [prc]
mixing zone Mischungszone *f* [was]
mixture Gemenge *n* [met]; Gemisch *n* [met]; Vermischung *f* [met]
mixture of colours Farbmischung *f* [met]
mixture of uses Nutzungsmischung *f* [com]
moat Burggraben *m* [arc]; Festungsgraben *m* [arc]; Graben *m* (Burg) [arc]; Stadtgraben *m* [arc]; Wassergraben *m* (Burg) [arc]
moated castle Wasserburg *f* [arc]
mobile versetzbar
mobile cable carrier Kabelwagen *m*
mobile concrete pump Autobetonpumpe *f* [bon]
mobile crane Autokran *m*; Fahrzeugkran *m*; Laufkran *m*; Mobilkran *m*; Rollkran *m*
mobile crusher Wanderbrecher *m* [roh]
mobile excavator Mobilbagger *m*
mobile form Gleitschalung *f* [bon]
mobile scaffold Rollgerüst *n*
mobile toilet Mobiltoilette *f*
mobile tower crane Turmdrehkran *m*
mobile wheel-mounted crane Autokran *m* [tra]; Mobilkran *m* [tra]
mobility management Mobilitätssteuerung *f* [com]
mobility management in keeping with the quality of urban life stadtverträgliche Mobilitätssteuerung *f* [com]
mock ruin künstliche Ruine *f*
mode of application, scattered - Einstreuverfahren *n*
mode of operation Arbeitsweise *f* [wer]; Betriebsweise *f* [wer]
mode of vibration Schwingungsform *f* [phy]
model Ausführungsform *f* [des]; Form *f* (Bauform); Schablone *f* [des]
model assumption Modellvorstellung *f*
model calculation Modellrechnung *f* [des]
model construction schedule Musterbauordnung *f* [jur]
model house Musterhaus *n*
model of increasing factors Steigerungsfaktorenmodell *n*
model project Modellprojekt *n*
model specifications Musterleistungsverzeichnis *n* [eco]
model test Modellversuch *m* [any]; Baumusterprüfung *f* [any]
model test certificate Baumusterprüfbescheinigung *f* [any]
moderate conditions normale Bedingungen *pl*
modernism Modernismus *m* (Kunstrichtung)
modernization Rekonstruktion *f* (Modernisierung)
modernization of a building Gebäudemodernisierung *f*

modernization of an old building Altbaumodernisierung *f*
modernization project Modernisierungsprojekt *n*;
Modernisierungsvorhaben *n*
modernization requirement Modernisierungsgebot *n*
modernize rekonstruieren *v* [des]
modernized modernisiert
modification note Änderungsvermerk *m* [des]
modifications Umbauten *pl*
modified soil verbesserter Boden *m* [geo]
modillion Modillion *n* (Renaissance: Konsole) [arc];
Zierkonsole *f*
modular concept Baukastenprinzip *n* [des]; modularer Aufbau *m* [des]
modular construction Baukastenprinzip *n* [des];
modularer Aufbau *m* [des]; Modulbau *m*
modular coordination Baumodul *m*
modular design modularer Entwurf *m* [des]
modular grid Flächenraster *n* [des]; Modulraster *n*
[des]
modular system Baugruppensystem *n* [des]
modular unit Raumzelle *f*
module of iteration Moduliteration *f* (Gestaltung)
[arc]; Modulreihe *f* (Gestaltung) [arc]
module rack Baugruppenträger *m*
modulus of creep Kriechzahl *f* [met]
modulus of elasticity Dehnungsmodul *m* [met];
Elastizitätsmodul *m* [met]
modulus of elongation Dehnungszahl *f* [met]
modulus of rupture Bruchmodul *m* [met]
moist curing Feuchthalten *n* (Beton) [bon]
moist-room light Feuchtraumleuchte *f* [elt]
moisten anfeuchten *v*; befeuchten *v* (Material etc.);
besprengen *v* (befeuchten)
moisten completely durchfeuchten *v*
moistened durchfeuchtet
moistening Befeuchtung *f* (von Materialien)
moistening agent Befeuchtungsmittel *n* [met]
moisture Feuchte *f*
moisture barrier Feuchtesperre *f* [met]; Feuchtigkeitssperre *f*
moisture content Feuchtegehalt *m*; Feuchtigkeitsgehalt *m*; Wasserdampfgehalt *m* [met]
moisture content of soil Bodenfeuchtigkeit *f*
moisture determination Feuchtigkeitsbestimmung *f*
[any]
moisture distribution Feuchteverteilung *f*
moisture excess Feuchtigkeitsüberschuss *m* (in
Mischungen) [met]
moisture indicator Feuchtigkeitsanzeiger *m*
[any]
moisture measurement Feuchtigkeitsmessung *f*
[any]
moisture measuring instrument Feuchtemessgerät
n [any]

moisture meter Feuchtemessgerät *n* [any];
Feuchtemesser *m* [any]
moisture migration Feuchtigkeitsdurchtritt *m*
moisture proofing Feuchtigkeitsschutz *m*
moisture proofness Wasserdampfundurchlässigkeit
f [met]
moisture protection Feuchteschutz *m*
moisture resistance Wasserdampfundurchlässigkeit
f [met]
moisture seal Abdichtung gegen Feuchtigkeit *f*
[met]
moisture sensor Feuchtigkeitssensor *m* [any]
moisture stop Feuchtesperre *f* [met]
moisture storage Bodenwasservorrat *m* [geo]
moisture vapour transmission rate Wasserdampfdurchlässigkeit *f* (Durchlassgeschwindigkeit) [met]
moisture yield Feuchtigkeitsabgabe *f* [met]
moisture-attracting Wasser anziehend
moisture-free wasserfrei (Kohleanalyse) [met]
moisture-proof feuchtedicht [met]; feuchtigkeitsgeschützt [met]; feuchtigkeitsundurchlässig [met];
wasserdampfundurchlässig [met]
moisture-proof cable Feuchtraumleitung *f* [elt]
moisture-proof fitting Feuchtraumarmatur *f* [elt]
moisture-repellent hydrophob [met]
moisture-resistant feuchtebeständig [met];
feuchtigkeitsbeständig [met]
moisture-sensitive feuchtigkeitsempfindlich [met]
molar composition Stoffmengengehalt *m* [met]
molding Gesims *n* (<A>)
mole Hafendamm *m* [tra]; Wellenbrecher *m* [wba];
Hafenmole *f* [tra]
mole plough Untergrundpflug *m* [tib]
molten bitumen Heißbitumen *n* [met]
molten mass Schmelze *f* [met]
molten material Schmelze *f* [met]
molten state geschmolzener Zustand *m* [met]
molybdenum steel Molybdänstahl *m* [met]
moment at foot Fußmoment *n* (Säule) [sik]
moment at head Kopfmoment *n* (Säule) [sik]
moment at midspan Feldmoment *n* [sik]
moment at support Stützenmoment *n* [sik]
moment axis Momentennulllinie *f* [sik]
moment centre Drehpunkt *m* [phy]
moment centre-line Momentennulllinie *f* [sik]
moment checking Momentennachweis *m* [sik]
moment curvature Momentenverlauf *m* [sik]
moment curve Momentenlinie *f* [sik]
moment diagram Momentenfläche *f* [sik]
moment diagram area Momentenfläche *f* [sik]
moment distribution Momentausgleich *m* [sik];
Momentenverteilung *f* [sik]
moment distribution method Momentenausgleichsverfahren *n* [sik]
moment equilibrium Momentengleichgewicht *n*
[sik]

moment in the span Feldmoment *n* [sik]
moment line Momentenlinie *f* [sik]
moment loading Momentenbelastung *f* [sik]
moment of an area, statical - statisches Moment *n* [phy]
moment of area, first - Flächenmoment 1. Grades *n* [sik]; statisches Moment einer Fläche *n* [phy]
moment of area, polar - polares Flächenmoment *n* [sik]
moment of deviation Zentrifugalmoment *n* [phy]
moment of higher order höheres Moment *n* [phy]
moment of inertia Flächenmoment 2. Grades *n* [sik]; Trägheitsmoment *n* [phy]
moment of inertia of area Flächenträgheitsmoment *n* [phy]
moment of inertia, load - äußeres Trägheitsmoment *n* [phy]
moment of inertia, polar - polares Trägheitsmoment *n* [phy]
moment of inertia, torsional - Torsionsträgheitsmoment *n* [sik]
moment of residence widerstehendes Moment *n* [sik]
moment of resistance aufnehmbares Moment *n* [sik]; Widerstandsmoment *n* [sik]
moment of resistance, ultimate - Grenzlastmoment *n* [sik]; Grenzwiderstandsmoment *n* [sik]; Moment, aufnehmbares - *n* [sik]
moment over the supports Stützenmoment *n* [sik]
moment pole Momentenpunkt *m* [sik]
moment, acting - angreifendes Moment *n* [phy]
moment, applied - angreifendes Moment *n* [phy]
moment, negative - Aufwölbungsmoment *n* [sik]
momentary contact Tastkontakt *m* [elt]
momentum transfer Momentenübertragung *f* [sik]
monastery church Klosterkirche *f* [arc]
monial Fensterpfosten *m*
monitor überwachen *v*
monitor roof Dach mit Firstlaterne *n*
monitoring camera Überwachungskamera *f* [edv]
monitoring device Kontrolleinrichtung *f*
monitoring of emissions Emissionskontrolle *f* [any]
monitoring system Überwachungsanlage *f* [any]
monitoring system Überwachungseinrichtung *f* [any]
monkey Rammbär *m* (für Spundwände)
monkey drift Richtvortrieb *m* [tib]
monkey wrench Universalschlüssel *m* [wzg]; verstellbarer Schraubenschlüssel *m* [wzg]
mono boom Monoausleger *m*
mono-landfill Monodeponie *f* [rec]
mono-purpose dump Monodeponie *f* [rec]
monobloc concrete sleeper Monoblock-Beton-schwelle *f* (Bahn) [bon]
monoblock battery Monoblockbatterie *f* [elt]

monocalcium aluminate Monocalciumaluminat]
monofilament Draht *m* (Faser) [met]
monofunctional monofunktional
monolayer einlagige Schicht *f* [met]; Einzelschicht *f* (Hydrologie) [was]
monolithic construction monolithische Bauweise *f* (Fertigbauweise)
monomer Monomer *n* [che]
monopitch roof Pultdach *n*
monthly rent Monatsmiete *f* (Immobilie) [eco]
monument Baudenkmal *n*; Denkmal *m* [arc]
monument conservation Denkmalschutz *m* [arc]
Monument Conservation Authority Landesamt für Denkmalpflege *n*
monument conservation authority, local - untere Denkmalschutzbehörde *f*
moor Moor *n* (Hoch-) [geo]
mordant Beizmittel *n* (Abbeizmittel) [met]; Farb-beize *f* [met]
mordant based on turpentine Terpentinbeize *f* [met]
more-centred arch Korbbogen *m* (Archtiktur)
mortar Mörtel *m* [met]
mortar additive Frischmörtelzusatzmittel *n* [met]; Mörtelzusatz *m* [met]; Mörtelzusatzstoff *m* [met]
mortar admixture Mörtelzusatzmittel *n* [met]; Mörtelzusatz *m* [met]; Mörtelbeimengung *f* [met]; Mörtelbeimischung *f* [met]
mortar aggregate Mörtelvergütungsmittel *n* [met]
mortar batten Mörtelleiste *f*
mortar bed Mörtelbett *n*
mortar bed technique, thin - Dünnbettverfahren *n* (Fliesen Legen)
mortar bulkhead Mörtelschott *n* (baulicher Brand-schutz)
mortar cement Putz- und Mauerbinder *m* [met]
mortar class Mörtelgruppe *f* [met]
mortar drum Mörteltrog *m*
mortar gypsum Mörtelgips *m* [met]
mortar joint Quetschfuge *f* (Mörtelausfüllung)
mortar lath Mörtelleiste *f*
mortar layer Mörtelbett *n* [met]; Mörtelschicht *f*
mortar mill Mörtelmischer *m*
mortar mixer Mörtelmischer *m*
mortar mixer, conical - Trichtermörtelmischer *m*
mortar modification Mörtelmodifizierung *f* [met]
mortar placing test Mörtelspritzversuch *m* [any]
mortar remover Mörtelentferner *m* (zum Ablösen) [met]; Mörtellöser *m* (Entferner) [met]
mortar sand Mörtelsand *m* [met]
mortar splatter-dash Spritzbewurf *m* (-mit Mörtel)
mortar trough Mörtelkübel *m*
mortar undercoat Unterputz *m*
mortar, dry - Trockenmörtel *m* [met]
mortar, hydraulic - hydraulischer Mörtel *m* [met]
mortar, rich - fetter Mörtel *m* [met]

mortice flush bolt Einlass-Kantenriegel *m* (Türbefestigung)
mortise Stemmloch *n*; Zapfenloch *n*; eingestemmter Schlitz *m*
mortise chisel Stemmeisen *n* [wzg]
mortise lock Einsteckschloss *n*
mortise-and-tenon joint Zapfenverbindung *f* (Zimmerarbeiten)
mortising machine Stemmmaschine *f*
mortuary Leichenhaus *n*
mosaic façade Mosaikfassade *f*
most advantageous arrangement günstigste Anordnung *f* [des]
motel Rasthaus *m* [tra]
mother rock Muttergestein *n* [geo]
mother stock Grundmischung *f* [met]
motif Motiv *n* (Leit-)
motion equalizing bewegungsausgleichend
motor Motor *m* [pow]
motor above ground Überflurmotor *m* [tib]
motor armature Motoranker *m* [elt]
motor circuit breaker Motorschutzschalter *m* [elt]
motor grader Straßenplanierer *m* [tib]
motor protection relay Motorschutzschalter *m* [elt]
motor roller Straßenwalze *f* [tra]
motor, linear - Linearmotor *m* [elt]
motor-driven motorbetrieben; motorgetrieben [pow]; motorisiert [pow]
motorway Autobahn *f* (<B>) [tra]; Schnellstraße *f* (<B>) [tra]
motorway access Autobahnanschluss *m* [tra]
motorway access road Autobahnauffahrt *f* (<B>) [tra]
motorway approach road Autobahnzubringer *m* [tra]
motorway embankment Autobahndamm *m* [tib]
motorway exit Autobahnausfahrt *f* (<B>) [tra]
motorway intersection Autobahnkreuz *n* [tra]
motorway junction Autobahndreieck *n* [tra]
motorway restaurant Rasthaus *m* [tra]
mottled gemasert (Holz); meliert
mouchette Schneuß *m* (Gotik: Maßwerk) [arc]
mould Formrahmen *m* (für ökologische Baustoffe); Schalung *f*
mould release oil Formtrennmittel *n* (Baubereich) [met]
mould-release agent Trennmittel *n* (Form / Füllung) [met]
mouldability Formbarkeit *f* [met]
mouldable formbar [met]
mouldable refractory material plastische Feuerfestbaumasse *f* [met]
moulded article Formkörper *m* [met]
moulded blank Rohling *m* (Ziegel) [met]

moulded concrete Gussbeton *m* [bon]
moulded cornice profiliertes Gesims *n* (Gotik: Maßwerk) [arc]
moulded fibreboard Hartfaserplatte *f* [met]
moulded insulation parts Isolationsformteile *pl* [met]
moulded material Pressstoff *m* [met]
moulded plastic material Pressmasse *f* [met]
moulded plywood formgepresstes Sperrholz *n* [met]
moulded product Formstück *n* [met]
moulding Dekorationsprofil *n* [arc]; Gesims *n* (<B>)
moulding composition Formmasse *f* [met]
moulding compound Pressmasse *f* [met]
moulding plaster Formgips *m* [met]; Modellgips *m* [met]
moulding resin Pressharz *n* [met]
mound of earth Erdhaufen *m*
mound of excavated topsoil Oberbodenmiete *f* [tib]
mount Rähm *m*; Halterung *f*
mount anschließen *v* (montieren, aufziehen); aufrichten *v*; befestigen *v* (einfassen, montieren)
mountain chain Gebirgskette *f* [geo]
mountains Hochgebirge *n* [geo]
mounting Aufbau *m* (Anordnung, Aufbauen); Einbau *m*; Befestigung *f*; Fassung *f* [elt]; Fixierung *f* (mechanische); Verlegung *f* [elt]
mounting diagram, component - Bestückungsplan *m* [elt]
mounting dimension Einbaumaß *n* [des]
mounting edge Montagerand *m*
mounting extension Aufhängeverlängerung *f*
mounting foil Montagefolie *f* [met]
mounting frame Einbaurahmen *m* [tec]
mounting glue Montagekleber *m* [met]
mounting hardware Befestigungsteile *pl* [tec]
mounting head Einhängekopf *m*
mounting instruction Einbauhinweis *m* [des]
mounting iron Montagebewehrung *f* [bon]
mounting point Befestigungspunkt *m*; Anschlussstelle *f*
mounting position Einbaulage *f* [des]; Einbaustelle *f*
mounting ring Einhängering *m*
mounting socket Einbausteckdose *f* [elt]
mounting support Halterung *f*
mounting tolerance Einbautoleranz *f* [des]
mounting work Montagearbeit *f* [wer]
mouth of a river Flussmündung *f* [geo]
mouth of a tunnel Tunnelportal *n* [tra]; Tunnelmund *m* [tra]
mouthpiece respirator Rettungsatemgerät *n* [asi]
movable verschiebbar; versetzbar
movable bearing bewegliches Auflager *n*
movable bed bewegliche Sohle *f* [wba]
movable coupling Muffenkopplung *f*

movable weir bewegliches Wehr n [was]
move-out Auszug m (Herausnehmen von Möbeln und Gütern)
moveable structures fliegende Bauten pl
moveable wall Stellwand f
movement joint Bewegungsfuge f
movement of earth Erdbewegung f [tib]
movement within the complex innere Erschließung f
moving bed Wanderbett n (Apparat) [prc]
moving force Treibkraft f [phy]
moving form bewegliche Schalung f [bon]
moving formwork Gleitschalung f [bon]
moving guard beweglich angeordnete Schutzeinrichtung f [asi]
moving jaw Schwingenbacke f (Brechbacke) [prc]
moving load bewegliche Last f [tec]; Verkehrslast f [sik]; Wanderlast f [sik]
moving shuttering Wanderschalung f [bon]
moving stair Rolltreppe f
moving staircase Fahrtreppe f; Rolltreppe f
moving stairway Fahrtreppe f; Rolltreppe f
moving-bed filter Schwebebettfilter m [was]
moving-in date Einzugstermin m (Gebäude)
mucilage Pflanzenleim m [met]
muck Ausbruchgut n (Tunnelbau) [rec]; Ausbruch m (Tunnelbau) [tib]; Mischbodenaushub m [tib]; Sprengschutt m
muck pile Ausbruch m (Tunnelbau) [tib]
mucking Schuttern n (Tunnelbau) [tib]
mucking shovel Stollenbagger m [tib]; Stollenschaufellader m [tib]
mud Schlamm m (Schmutz) [rec]; Schlick m [was]; Schmutz m
mud auger Bohrschappe f [tib]
mud bit Schlammbohrer m [wzg]
mud box Schlammfang m [was]
mud brick Lehmziegel m
mud building Lehmbau m
mud hut Lehmhütte f
mud pit Schlammgrube f [was]
mud separator Schlammabscheider m [was]
mud silting Verschlammung f [was]
mud trap Schlammfang m [was]
mud-bound macadam wassergebundene Schotterdecke f [tib]
muddy schlammhaltig [was]; schlammig [was]
muddy ground Schlammboden m [geo]; verschlammter Grund m [geo]
muddy soil Schlammboden m [geo]; schlammiger Boden m [geo]
mudstone Tonstein m [geo]
muff-type ear protectors Kapsel-Gehörschützer pl [asi]
muffle abdämpfen v (Geräusch) [aku]; dämpfen v (Schall) [aku]
muffling Dämpfung f (Schall) [aku]

mule feeder Schubwagenspeiser m [roh]
mullion Mittelpfosten n (Gotik: zwischen zwei Fenstern) [arc]; Fensterpfosten m; Sprosse f (Fenster-); Stahlstütze f (leichte Stütze)
mullion and transom Fensterkreuz n
mullioned window Fenster mit Mittelpfosten n; Fenster mit Stabwerk n (Baukunst: Kirchenbau) [arc]; zweiflügeliges Fenster n
mullions Stabwerk n (Gotik) [arc]
multi-axial state of stress mehrachsiger Spannungszustand m [met]
multi-axial stress mehrachsige Spannung f [met]
multi-axial stress condition mehrachsiger Spannungszustand m [met]
multi-bar anchor Mehrstabanker m
multi-bar-type anchor Mehrstabanker m
multi-bay mehrfeldrig (Rahmen) [stb]; mehrschiffig (Halle)
multi-bay frame Mehrfeldrahmen m [stb]; mehrfeldriger Rahmen m [stb]
multi-bucket dredger Eimerkettennassbagger m [tib]
multi-bucket excavator Eimerkettenbagger m (Trockenbagger) [tib]
multi-channel system Mehrkanalsystem n (Hydrologie) [was]
multi-conductor cable vieladriges Kabel n [elt]
multi-contact socket vielpolige Steckdose f [elt]
multi-contact switch Vielfachschalter m [elt]
multi-directional movable allseitig beweglich
multi-disposal landfill Mischdeponie f [rec]
multi-family dwelling Mehrfamilienhaus n
multi-flight staircase mehrläufige Treppe f
multi-floor building Mehrgeschossbau m
multi-level station Brückenbahnhof m [tra]
multi-material recycling centre Recyclinghof m [rec]
multi-nave mehrschiffig (Halle)
multi-nave hall mehrschiffige Halle f
multi-nave shed mehrschiffige Halle f
multi-piece column mehrteilige Stütze f
multi-pin plug Vielfachstecker m [elt]
multi-plane projection Mehrtafelprojektion f (darstellende Geometrie) [mat]
multi-ply mehrlagig
multi-purpose arena Multifunktionsarena f
multi-purpose building Mehrzweckgebäude n
multi-purpose hall Mehrzweckhalle f
multi-purpose ladder Mehrzweckleiter f
multi-rib reinforcing bars Rippenstahl m [bon]
multi-shear connection mehrschnittige Verbindung f [stb]
multi-sheave block Rollenzug m [tec]
multi-span bridge Brücke mit mehreren Öffnungen f
multi-span continuous beam Durchlaufbalken auf mehreren Stützen m (Brückenbau)

multi-span flat beam bridge Mehrfeld-Balken-brücke *f*
multi-storey mehrgeschossig; mehrstöckig
multi-storey building Hochhaus *n*; mehrgeschossiges Gebäude *n* (<B>); mehrstöckiges Gebäude *n* (<B>); Geschossbau *m*; Mehrgeschossbau *m*; Stockwerksbau *m*
multi-storey car park Parkhaus *n* [tra]; Parkhochhaus *n*; Hochgarage *f*
multi-storey frame mehrstöckiger Rahmen *m* [stb]; Stockwerksrahmen *m* [stb]
multi-storey housing development mehrgeschossige Bebauung *f*
multi-storey parking garage Parkhaus *n* [tra]
multi-storeyed mehrstöckig
multi-story building mehrgeschossiges Gebäude *n* (<A>); mehrstöckiges Gebäude *n* (<A>)
multi-use mehrfach (im Sinn des Gebrauchs (Recycling)) [rec]
multi-way container Mehrwegbehälter *m* [rec]
multi-way socket outlet Mehrfachsteckdose *f* [elt]
multi-webbed vielstegig (z.B. Brücke)
multicellular glass Schaumglas *n* (Dämmstoff) [met]
multicompartment bin Mehrtaschensilo *m* [prc]; Mehrzellensilo *m* [prc]
multicompartment septic tank Mehrkammergrube *f* [was]
multicomponent Mehrkomponenten- [met]
multicomponent coat Mehrkomponentenanstrich *m* [met]
multicomponent mixture Mehrstoffgemisch *n* [met]; Vielkomponentengemisch *n* [met]; Vielstoffgemisch *n* [met]
multicomponent mortar Mehrkomponentenmörtel *m* [met]
multicomponent system Mehrstoffgemisch *n* [met]; Vielstoffgemisch *n* [met]
multiconductor cable Mehrleiterkabel *n* [elt]
multicore mehradrig [elt]
multicore cable Mehrleiterkabel *n* [elt]; vieladriges Kabel *n* [elt]; mehradrige Leitung *f* [elt]
multideck screen Etagensieb *n* [prc]
multidecker passage kiln Etagenofen *m* (Keramik) [wer]
multifloor building Etagenbau *m*
multifoil arch Fächerbogen *m* (Architektur)
multifunctional multifunktional
multifunctional hall Multifunktionshalle *f*
multilaminate Vielschichtlaminat *n* [met]
multilane mehrspurig [tra]
multilane street mehrspurige Straße *f* [tra]
multilayer mehrlagig; mehrschichtig
multilayer board Mehrschichtenplatte *f*
multilayer coating Mehrfachbeschichtung *f* [met]; Mehrschichtvergütung *f* [met]

multilayer film Mehrschichtfolie *f* (Kunststoff) [met]; Verbundfolie *f* [met]
multilayer filtration mehrschichtige Filtration *f* [was]
multilayer glass Verbundglas *n* [met]
multilayer insulation system Wärmedämmverbundsystem *n*
multilayer weld Mehrlagenschweißung *f* [met]
multileaf mehrschalig
multiloop control Mehrfachregelung *f* [elt]
multiphase current Mehrphasenstrom *m* [elt]
multiple adaptor Mehrfachstecker *m* [elt]
multiple box Mehrfachsteckdose *f* [elt]
multiple coat system Mehrfachbeschichtung *f* [met]
multiple coating Mehrfachbeschichtung *f* [met]
multiple control Mehrfachregelung *f* [elt]
multiple drill Reihenbohrmaschine *f* [wer]
multiple dwelling building Mehrfamilienhaus *n*
multiple glazing Mehrfachverglasung *f*
multiple joint Knotengelenk *n*
multiple lift forming Schalung in mehreren Abschnitten *f* [bon]
multiple pass weld Mehrlagenschweißung *f* [met]
multiple plug Mehrfachstecker *m* [elt]; Vielfachstecker *m* [elt]
multiple punch mehrdornige Stanze *f* [wer]
multiple socket Mehrfachsteckdose *f* [elt]
multiple switch Mehrpolschalter *m* [elt]
multiple system Mehrwegsystem *n* [rec]
multiple truss Mehrfachfachwerk *n*
multiple use container Mehrwegbehälter *m* [rec]
multiple-arch dam Pfeilerbogenstaumauer *f*
multiple-casement window mehrflügeliges Fenster *n*
multiple-glazing unit Mehrfachglasscheibe *f*
multiple-leaf mehrschalig
multiple-part adhesive Mehrkomponentenklebstoff *m* [met]
multiple-pin strip Steckerleiste *f* [elt]
multiple-room dwelling Mehrraumwohnung *f*
multiple-socket outlet Mehrfachsteckdose *f* [elt]; Steckdosenleiste *f* [elt]
multiple-span mehrfeldrig (z.B. Rahmen) [stb]
multiple-span beam bridge Mehrfeldbrücke *f* (Balkenbrücke)
multiple-span girder Mehrfeldträger *m*
multiple-track line mehrgleisige Strecke *f* (Bahn) [tra]
multiplex board Multiplexplatte *f* [met]
multiply laying Mehrlagigkeit *f* (von Schichten, Bahnen) [met]
multipoint switch Stufenschalter *m* [elt]
multipolar mehrpolig [elt]
multipole mehrpolig [elt]
multipole connector Mehrfachstecker *m* [elt]
multistage biological waste water treatment mehrstufige, biologische Abwasserreinigung *f* [was]

multistep controller Mehrpunktregler *m* [elt];
  Schrittregler *m* [elt]
multiwire mehradrig [elt]
municipal städtisch (Verwaltung)
municipal administration Stadtverwaltung *f*
municipal building kommunales Gebäude *n*;
  Kommunalgebäude *n*; städtisches Gebäude *n*
municipal council Gemeinderat *m*
municipal development authority Stadtbauamt *n*
municipal drainage Stadtentwässerung *f* [was]
municipal extension Stadterweiterung *f* (Städtebau)
municipal infrastructure Infrastruktur, kommunale
  - *f* [com]
municipal ordinance städtische Satzung *f* (z.B.
  Müllabfuhr) [jur]
municipal planning Städtebau *m*
municipal sanitation Stadtreinigung *f*
municipal sewage häusliches Abwasser *n* [was]
municipal sewerage Kommunalkanalisation *f* [was]
municipal waste Siedlungsabfall *m* [rec]
municipal waste water kommunales Abwasser *n*
  [was]; städtisches Abwasser *n* [was]
municipal water Leitungswasser *n* [was]
municipal water management Siedlungswasserwirtschaft *f* [was]
municipal watershed Trinkwasserschutzgebiet *n*
  [was]
municipality Stadt *f*
munnion Pfosten *m* (Fenster)
muntin senkrechtes Türholz *n* (Tür); Fenstersprosse
  f; Sprosse *f* (Leiter)
museum building Museumsbau *m* [arc]
mushroom floor Pilzdecke *f*
mushroom roof Pilzdach *n*; Pilzdach *n*
mushroom-head rivet Linsenniete *f* [tec]
mushroomed floor slab Pilzdecke *f*
mutin Stiel *m* (Fachwerk: senkrechtes
  Zwischenstück)

N

N-truss N-Fachwerk *n* [stb]
n.d. (not detectable) n.n. (nicht nachweisbar) [any]; nicht nachweisbar [any]
nacelle Turmkopf *m* (Windenergieanlage) [pow]
nail Nagel *m*
nail drawer Nagelzieher *m* [wzg]
nail driver Nagelramme *f* [wzg]
nail extractor Nagelzieher *m* [wzg]
nail puller Nagelzieher *m* [wzg]
nail punch Nageltreiber *m* [wzg]
nail set Nageltreiber *m* (Holzbearbeitung) [wzg]
nailed and compressed gluing Nagelpressleimung *f* (Holzkonstruktion)
nailed connection Nagelverbindung *f*
nailed roof truss Brettbinder *m* (Dachkonstruktion)
nailed truss Nagelbinder *m*
nailing batten Nagelleiste *f*
nailing edge Nagelkante *f*; Nagelleiste *f*
naked eye examination Prüfung mit bloßem Auge *f* [any]
name of drawing Benennung der Zeichnung *f* [des]
nappe Überfall *m* (Wehr) [was]; Gleitschicht *f* [geo]
nappe, free - freier Überfallstrahl *m* [was]
napping Aufrauen *n* (Stoff) [met]
nappy-changing room Wickelraum *m*
narrow Flussenge *f* [geo]
narrow verengen *v*
narrow stile door Stahlprofiltür *f*
narrow street Gasse *f* [tra]
narthex Vorhalle *f* (Kirche) [arc]
native asphalt natürlicher Asphalt *m* [met]
native soil anstehender Boden *m* [geo]; Mutterboden *m* [geo]
native style Heimatstil *m* (Architektur)
natural anhydrite Naturanhydrit *m* [met]
natural attenuation Selbstreinigungskraft *f* [was]
natural cement Naturzement *m* [met]
natural colouring matter Naturfarbstoff *m* [met]
natural coping slab Abdeckplatte aus Naturstein *f*
natural cover Bewuchs *m* [bio]
natural deposit gewachsene Ablagerung *f* [geo]
natural draught Naturzug *m* (Kesselanlage) [pow]
natural dye Naturfarbstoff *m* [met]
natural dyestuff natürlicher Farbstoff *m* [met]; Naturfarbstoff *m* [met]
natural fall Geländegefälle *n* [geo]; natürliches Gefälle *n* [geo]
natural fibre natürliche Faser *f*; Naturfaser *f* [met]
natural fibrous substance Naturfaser *f* [met]
natural flow natürlicher Abfluss *m* (Hydrologie) [was]

natural foundation Fundamentuntergrund *m*; tragfähiger Untergrund *m*
natural gas Erdgas *n* [met]
natural gas burner Erdgasbrenner *m* [pow]
natural gas engine Erdgasmotor *m* [pow]
natural glass mineralisches Glas *n* [met]
natural gravel natürlicher Kies *m* [met]
natural ground gewachsener Boden *m* [geo]
natural light Tageslicht *n* (Beleuchtung)
natural matter Naturstoff *m* [met]
natural moisture Eigenfeuchtigkeit *f* [met]
natural paint Naturfarbe *f* [met]
natural radiation Umgebungsstrahlung *f*
natural resin Naturharz *n* [met]
natural rock Naturgestein *n* [geo]; Naturstein *m* [met]
natural slope Geländegefälle *n* [geo]
natural smoke and heat ventilation Rauchabzugssystem *n*
natural soil gewachsener Boden *m* [geo]
natural stain Naturfarbstoff *m* [met]
natural stone Naturstein *m* [met]
natural stone façade Natursteinfassade *f*
natural stone floor Natursteinboden *m* [met]; Natursteinfußboden *m*
natural stone masonry Natursteinmauerwerk *n*
natural stone slab Natursteinplatte *f* [met]
natural stone wall Natursteinmauer *f*
natural substance Naturstoff *m* [met]
natural vibration Eigenschwingung *f* [phy]
natural water natürliches Wasser *n* [was]
natural weathering test Freiluftversuch *m* [any]
natural wood unbearbeitetes Holz *n*
natural-draught cooling tower Kühlturm mit natürlichem Zug *m* [pow]; Naturzugkühlturm *m* [pow]
naturally damp naturfeucht [met]
naturally occurring waters natürliche Wässer *pl* [was]
nature condition of the soil Bodenbeschaffenheit *f* [geo]
nature conservation Naturschutz *m*; Erhaltung der Natur *f*
nature of soil Bodenbeschaffenheit *f* [geo]
nature of the rock Gesteinsart *f* [geo]
nature reserve Naturschutzgebiet *n* [geo]
nave Längsschiff *n* (Mittelschiff in Kirche) [arc]; Langhaus *n*; Mittelschiff *n* (Kirche) [arc]; Schiff *n* [arc]
nave bay Mittelschiffjoch *n* (mittelalterliche Kirche) [arc]
nave column Hauptschiffsäule *f* (mittelalterliche Kirche)
navigable channel Fahrrinne *f* [tra]
navigable route Wasserstraße *f* [tra]
navigable waterway Schifffahrtsweg *m* [tra]

navigation lock Binnenschifffahrtsschleuse *f* [wba];
  Sperrschleuse *f* [wba]
navigational channel Fahrrinne *f* [tra]
navvy Erdarbeiter *m* [tib]; Straßenbauarbeiter *m*
  [tib]
navvy excavator Löffelbagger *m* [tib]
near-mesh content Grenzkomgehalt *m* (Sieben)
  [met]
neat plaster Putz ohne Zuschlagstoffe *m*
neck curtain Nackenschutz *m* [asi]
neck guard Nackenschutz *m* [asi]
neck gutter Dachkehle *f*
neck strap Nackentragband *n* (Atemschutzgerät)
  [asi]
necking Einschnürung *f*; Querschnittsverengung *f*
need for action Handlungsbedarf *m*
need for modernization Modernisierungsbedarf *m*
need of renovation, in - renovierungsbedürftig
needle grate Nadelwehr *n* [wba]
needle gun Nadelpistole *f* (zum Aufrauen von
  Betonoberflächen)
needle weir Nadelwehr *n* [wba]
negative reinforcement Zugarmierung *f* [bon];
  Zugbewehrung *f* [bon]
negotiated contract freihändige Vergabe *f* [eco]
negotiated tender freie Vergabe *f* (statt Ausschreibung) [eco]; freihändige Vergabe *f* (statt Ausschreibung) [eco]
neighbourhood Umgebung *f*
neighbourhood centre Nachbarschaftszentrum *n*
  (Einkaufszentrum) [eco]
neighbourhood noise Umgebungslärm *m* [aku]
neighbourhood protection Anliegerschutz *m*
neighbouring benachbart; nachbarlich (benachbart); umwohnend [com]
neighbouring plot of land Nachbargrundstück *n*
neon lamp Neonröhre *f* [elt]
neon light Neonlicht *n* [elt]; Neonbeleuchtung *f*
  [elt]
neon lighting Neonbeleuchtung *f* [elt]
neon strip Neonröhre *f* [elt]
neon tube Neonröhre *f* [elt]
nephelometer Trübungsmesser *m* [any]
nephelometric measurement Trübungsmessung *f*
  [any]
nephelometry Trübungsanalyse *f* [any];
  Trübungsmessung *f* [any]
nested verschachtelt
nested configuration geschachtelter Aufbau *m*
  [des]
net area, warehouse - Lagernutzfläche *f* [eco]
net bending moment Nettobiegemoment *n* [phy]
net bracing Netzverband *m* [stb]
net efficiency Nutzleistung *f* [pow]
net heat production Nettowärmeproduktion *f*
  (Kraft-Wärme-Kopplung) [pow]

net heat rate Nettowärmeverbrauch *m* [pow]
net rate Nettobetrag *m* [eco]
net rent Nettomiete *f* [eco]
net section Nettoquerschnitt *m* [des]; Nutzquerschnitt *m*
net vault Netzgewölbe *n* [arc]
net width Nutzbreite *f* [des]
netting Geflecht *n* (Bewehrung)
netting wire Drahtgeflecht *n* [met]; Drahtgewebe *n*
  [met]
network analysis Netzwerkplanung *f* [des]
network blackout Netzzusammenbruch *m* [elt]
network compatible vernetzbar
network failure Netzausfall *m* [elt]
network losses Netzverluste *pl* [elt]
network of cycle-ways Radwegenetz *n* [tra]
network of events Ereignisknotennetzplan *m* [des]
network of sewers Kanalisationsnetz *n* [was]
network of waterways Wasserstraßennetz *n* [tra]
network temperature Netztemperatur *f* [pow]
neutral ungeladen [elt]
neutral axis Nulllinie *f* [des]; Spannungsnulllinie *f*
  [des]
neutral axis, elastic - neutrale Achse im elastischen
  Bereich *f* (z.B. Stahlbau) [des]
neutral axis, plastic - neutrale Achse im plastischen
  Bereich *f* [sik]
neutral conductor Neutralleiter *m* [elt]
neutral line Neutralleiter *m* [elt]
neutral point Nullpunkt *m* [elt]; Sternpunkt *m* [elt]
neutral position Ruhelage *f*; Ruhestellung *f*
neutral salt Neutralsalz *n* [che]
neutral soil neutraler Boden *m* [geo]
neutral wire Mittelleiter *m* [elt]; Nullleiter *m* [elt]
neutralization plant Neutralisationsanlage *f* [was]
neutralization pond Abklingbecken *n* [was]
neutralizing agent Neutralisationsmittel *n* [met]
new apartment Neubauwohnung *f* (<A>)
new building Neubau *m*
new development Neubau *m* (Bauvorgang)
new district Neubauviertel *n*
new flat Neubauwohnung *f*
new house Neubau *m*
new objectivity neue Sachlichkeit *f* [arc]
new wood unbearbeitetes Holz *n*
new-built house Neubau *m*
newel Antrittspfosten *m* (Geländer); Treppenpfosten
  m; Spindel *f* (Architektur)
newel post Antrittspfosten *m*
newel stair Spindeltreppe *f* (Architektur)
newel staircase Spindeltreppe *f*
newly-built flat Neubauwohnung *f*
next in line nachgeschaltet (Gerät)
next room Nebenzimmer *n*
nick einkerben *v* (Kerbe herstellen) [wer]
nickel chromium steel Chromnickelstahl *m* [met]

nickel hydride accumulator Nickelhydrid-Akkumulator *m* [elt]
nickel iron Nickeleisen *n* [met]
nickel metal hydride battery Nickel-Metallhydrid-Batterie *f* [elt]
nickel-cadmium accumulator Nickel-Cadmium-Akkumulator *m* [elt]
nickel-cadmium battery Nickel-Cadmium-Batterie *f* [elt]
nickel-cadmium cell Nickel-Cadmium-Zelle *f* [elt]
nickel-cadmium storage battery Nickel-Cadmium-Batterie *f* [elt]
nickel-iron battery Nickel-Eisen-Batterie *f* [elt]
nickel-plated vernickelt (galvanisch) [met]
nickel-zinc battery Nickel-Zink-Batterie *f* [elt]
nickel-zinc storage battery Nickel-Zink-Akkumulator *m* [elt]
nigger heads Katzenköpfe *pl* (Naturstein) [met]
night current Nachtstrom *m* [elt]
night tariff Nachttarif *m* [elt]
night turn Nachtschicht *f* (Arbeitsgruppe) [wer]
nil-ductility strength Trennwiderstand *m*
nine storey neunstöckig
nippers Armierungszange *f* [wzg]; Monierzange *f* [wzg]
nipple Anschlussstück *n*; Nippel *m* ((mit Gewinde)) [tec]; Rohrstutzen *m* [tec]; Schraubstutzen *m* [tec]
nitriding Nitrierhärten *n* [met]
nitrification Nitrifizierung *f* (Ammonium zum Nitrat) [was]
nitrification inhibition test Nitrifikationshemmtest *m* [any]
nitrification inhibitor Nitrifikationshemmstoff *m* (Wasseranalytik) [any]
nitrification plant Nitrifikationsanlage *f* [was]
nitrile butadiene rubber Nitril-Butadien-Kautschuk *m* [met]
nitrocellulose Nitrocellulose *f* [met]
nitrocellulose putty Nitrocellulosekitt *m* [met]
nitrogen analysis Stickstoffbestimmung *f* [any]
nitrogen determination Stickstoffbestimmung *f* [any]
nitrogen hardening Nitrieren *n* [met]
nitrogen removal Stickstoffentfernung *f* [was]
no-bond tensioning Vorspannung ohne Verbund *f* [bon]
no-fines concrete Beton ohne Feinkorn *m* [bon]; haufwerksporiger Beton *m* [bon]
no-fines concrete construction Schüttbauweise *f*
no-load capacity Leerlaufleistung *f* [elt]
no-load current Leerlaufstrom *m* [elt]
no-load power Leerlaufleistung *f* [elt]
no-voltage detector Spannungsprüfer *m* [elt]
nodal plane Knotenebene *f* (Schwingungen) [met]; Knotenfläche *f* [met]
nodes of high density Verdichtungsräume *pl*

nodulizing Agglomerieren *n* [met]
nodulizing drum Granuliertrommel *f* (durch Agglomeration) [prc]
nogging Ausfachen *n* (Fachwerk); Ausmauern *n*; Ausmauerung *f*
noise Geräusch *n* (unerwünschtes -) [aku]; Lärm *m* (Geräusch) [aku]
noise abatement Lärmschutz *m* [aku]; Schallschutz *m* [aku]; Dämpfung *f* (Schall) [aku]; Lärmbekämpfung *f* [aku]; Schallminderung *f* (Maßnahme) [aku]
noise abatement equipment Lärmschutzeinrichtung *f* [asi]
noise abatement hood Schallschutzhaube *f* [asi]
noise abatement measure Lärmschutzmaßnahme *f* [aku]
noise abatement plan Lärmminderungsplan *m* [aku]
noise abatement planning Lärmschutzplanung *f* [aku]
noise absorption device Lärmschutzvorrichtung *f* [asi]
noise attenuation Geräuschdämpfung *f* [aku]; Lärmminderung *f* [aku]; Schalldämpfung *f* [aku]; Schallminderung *f* [aku]
noise background Geräuschhintergrund *m* [aku]
noise barrier Lärmschutzwand *f* [aku]; Schallschutzwand *f* [aku]
noise barrier wall Schallschutzwand *f* [aku]
noise barrier window Lärmschutzfenster *n* [aku]
noise caused by industry Gewerbelärm *m* [aku]
noise control Lärmschutz *m* [aku]; Schallschutz *m* [aku]; Lärmbekämpfung *f* [aku]
noise control equipment Schallschutzeinrichtung *f* [aku]
noise control measure Lärmbekämpfungsmaßnahme *f* [aku]; Lärmminderungsmaßnahme *f* [aku]
noise control regulation Schallschutzordnung *f* [aku]
noise control screen Schallschutzwand *f* (Arbeitsschutz) [aku]
noise control, active - aktiver Lärmschutz *m* [aku]
noise control, passive - passiver Lärmschutz *m* [aku]
noise deadening Geräuschdämpfung *f* [aku]
noise diagram Lärmkarte *f* [aku]
noise disturbance Lärmbelästigung *f* [aku]
noise dosimeter Lärmdosimeter *n* [any]
noise emission Geräuschemission *f* [aku]; Lärmemission *f* [aku]; Schallabstrahlung *f* [aku]
noise exposure Lärmbelastung *f* [aku]; Lärmexposition *f* [aku]
noise immission Lärmimmission *f* [aku]
noise impairment Lärmbeeinträchtigung *f* [aku]
noise insulation Lärmschutz *m* [aku]; Schallschutz *m* [aku]
noise insulation, external - Außenlärmschutz *m* (baulich) [aku]

noise intensity Geräuschpegel *m* [aku]; Geräuschstärke *f* [aku]; Lärmintensität *f* [aku]
noise lesion Lärmschädigung *f* [hum]
noise level Geräuschpegel *m* [aku]; Geräuschspiegel
m [aku]; Lärmpegel *m* [aku]; Schallpegel *m* [aku];
Lärmintensität *f* [aku]; Lärmstärke *f* [aku]
noise level meter Schallpegelmessgerät *n* [any]
noise level reduction Lärmminderung *f* [aku]
noise level test Lärmpegelprüfung *f* [any]
noise level, hazardous - schädlicher Lärmpegel *m*
[aku]
noise load Geräuschbelastung *f* [aku]
noise measurement Geräuschmessung *f* [any];
Lärmmessung *f* [any]; Schallmessung *f* [any]
noise measuring Geräuschmessung *f* [any]; Lärmmessung *f* [aku]
noise meter Geräuschmesser *m* [any]
noise mitigation Lärmminderung *f* [aku]
noise nuisance Lärmbelästigung *f* [aku]; Lärmbelastung *f* [aku]
noise pollution Lärmbeeinträchtigung *f* [aku];
Lärmbelästigung *f* [aku]; Lärmbelastung *f* [aku]
noise prevention Lärmschutz *m* [aku]; Schallschutz
m [aku]
noise prevention area Lärmschutzbereich *m* [aku]
noise prevention barrier Lärmschutzwand *f* [aku]
noise prevention measure Lärmschutzmaßnahme *f*
[aku]
noise prevention wall Lärmschutzwand *f* [aku]
noise prevention window Lärmschutzfenster *n*
[aku]
noise propagation Schallausbreitung *f* [aku]
noise protection Lärmschutz *m* [aku]
noise protection area Lärmschutzbereich *m* [asi]
noise protection booth schalldichte Kammer *f* [aku]
noise protection cover Lärmschutzdeckel *m* [asi]
noise protection facilities Lärmschutzanlagen *pl*
[aku]
noise protection hood Lärmschutzhaube *f* [asi]
noise protection plan Lärmschutzplan *m* [aku]
noise protection planning Lärmschutzplanung *f*
[aku]
noise protection systems Lärmschutzanlagen *pl*
[aku]
noise protection wall Schallschutzwand *f* [aku]
noise range Lärmbereich *m* [aku]
noise rating Lärmeinstufung *f* [aku]
noise reduction Geräuschabsorption *f* [aku];
Lärmabsenkung *f* [aku]; Lärmbekämpfung *f* [aku];
Lärmminderung *f* [aku]; Schalldämpfung *f* [aku];
Schallminderung *f* [aku]
noise reduction at the working place
Lärmminderung am Arbeitsplatz *f* [aku]
noise reduction plan Lärmminderungsplan *m* [aku]
noise reduction, positive - aktive Lärmminderung *f*
[aku]

noise register Lärmkataster *n* [aku]
noise remediation Lärmsanierung *f* [aku]
noise source Geräuschquelle *f* [aku]; Lärmquelle *f*
[aku]; Schallquelle *f* [aku]
noise suppression Geräuschdämpfung *f* [aku]
noise survey Lärmkontrolle *f* [any]; Lärmmessung *f*
[any]
noise threshold Lärmschwelle *f* [aku]
noise threshold value Lärmgrenzwert *m* [aku]
noise transmission Schallübertragung *f* [aku]
noise trap Vorrichtung zur Vermeidung des Schallaustritts *f* [aku]
noise zone Lärmgebiet *n* [aku]
noise-abating lärmdämpfend [aku]
noise-absorbing geräuschdämmend [aku];
geräuschdämpfend [aku]
noise-absorbing glass Schallschutzglas *n* [met]
noise-controlling geräuschdämmend [aku]
noise-deadening schalldämpfend [aku]
noise-insulation window Schallschutzfenster *n*
[aku]
noise-protection window Schallschutzfenster *n*
noise-protective hood Schallschluckhaube *f* [aku]
noise-protective insulating glass Schallschluckglas
n [met]
noise-rating number Lärmbewertungszahl *f* [aku]
noise-reduced geräuschgedämpft [aku]; lärmgemindert [aku]; geräuschgedämpft (Kompressor,
u.a.) [aku]
noise-reducing lärmmindernd [aku]
noise-reducing casing schallisolierte Verkleidung *f*
[aku]
noise-suppressed schallgedämpft [aku]
noiseless geräuschlos [aku]
noisiness Lärmstärke *f* [aku]
noisy geräuschintensiv [aku]; lärmend [aku]
nominal allowance Nennabmaß *n* [des]
nominal capacity Nennleistung *f* [pow]
nominal cover Nennbetondeckung *f* [bon]
nominal current Nennstrom *m* [elt]
nominal deviation Nennabmaß *n* (Abweichung)
[des]
nominal diameter Nenndurchmesser *m* [des];
Solldurchmesser *m* [des]; Nennweite *f* [des]
nominal dimension Nennmaß *n* [des]; Sollmaß *n*
[des]; Nennabmessung *m*
nominal height Sollhöhe *f* [des]
nominal length Baulänge *f* [des]
nominal live load Nennverkehrslast *f* [sik]
nominal load Nennbelastung *f* [phy]; Nennlast *f*
[phy]
nominal loading Nennlast *f* [sik]
nominal output Nennleistung *f* [pow]
nominal power Nennleistung *f* [pow]
nominal pressure Nenndruck *m* [phy]
nominal range Anzeigebereich *m* (Messgerät) [any]

nominal size Nennmaß *n* [des]; Schnittmaß *n* [des]; Sollmaß *n* [des]; Nenngröße *f* [des]; Nennweite *f* [des]
nominal thickness Nenndicke *f* [des]; Nennstärke *f* [des]
nominal torque Nenndrehmoment *n* [phy]
nominal voltage Nennspannung *f* [elt]
nominal volume Nennvolumen *n* [des]
nominal width Nennweite *f* [des]
non built-up area unbebautes Gebiet *n* [com]
non-acceptance Abnahmeverweigerung *f* [eco]
non-ageing alterungsbeständig [met]
non-agglomerating nicht backend [met]
non-aqueous suspension nichtwässrige Aufschwemmung *f* [met]
non-asbestos material asbestfreier Stoff *m* [met]
non-bearing nicht tragend
non-bearing masonry nicht tragendes Mauerwerk *n*
non-bearing wall nicht tragende Wand *f*; unbelastete Wand *f*
non-biological degradation nicht biologischer Abbau *m* [was]
non-blinding screen verstopfungsfreies Sieb *n* [prc]
non-blinding screening verstopfungsfreie Siebung *f* [prc]
non-blistered blasenfrei *m* (z.B. Stahl) [met]
non-built-up unverbaut
non-carbonate hardness bleibende Härte *f* [was]
non-clay body tonfreies keramisches Gemisch *n* [met]
non-clogging verstopfungsarm; verstopfungsfrei
non-clogging pump Kanalradpumpe *f* [prc]
non-closing undicht (Dichtung usw.)
non-cohesive soil nichtbindiger Boden *m* [geo]
non-committal unverbindlich
non-community water system nichtöffentliche Versorgung *f* [was]
non-conducting nicht leitend [elt]
non-conducting material Isoliermittel *n* [elt]; Isoliermasse *f* [elt]
non-conductive nicht leitend [elt]
non-conformance report Fehlerbericht *m*; Mängelbericht *m*
non-contact measurement berührungslose Messung *f* [any]
non-contact probe berührungslose Sonde *f* [any]
non-contact scanning berührungslose Prüfung *f* [any]
non-contaminated unbelastet
non-contractive schrumpffrei [met]
non-corroding korrosionsbeständig [met]; korrosionsfest [met]; korrosionsfrei [met]
non-dazzling lighting blendungsfreie Beleuchtung *f*
non-deformable verformungsfrei [met]
non-destructive determination zerstörungsfreie Untersuchung *f* [any]

non-destructive examination zerstörungsfreie Prüfung *f* [any]
non-destructive material testing zerstörungsfreie Baustoffprüfung *f* [any]
non-destructive materials testing zerstörungsfreie Materialprüfung *f* [any]
non-destructive test zerstörungsfreie Prüfung *f* [any]
non-destructive testing zerstörungsfreie Prüfung *f* (Werkstoffprüfung) [any]
non-destructive testing of materials zerstörungsfreie Werkstoffprüfung *f* [any]
non-development area Fläche, nicht bebaubare - *f* (Städtebau); nicht bebaubare Fläche *f* (Städtebau)
non-directional richtungsunabhängig
non-directional space ungerichteter Raum *m* [com]
non-disabling injury Unfall ohne Arbeitsausfall *m*
non-earthed erdfrei (<B>) [elt]
non-ferrous alloy Nichteisenmetalllegierung *f* [met]
non-ferrous metal Buntmetall *n* [met]; Nichteisenmetall *n* [met]
non-flowing region tote Zone *f* [wba]
non-fulfilment Nichterfüllung *f* [jur]
non-functional zweckfrei
non-galvanized unverzinkt [met]
non-hardened nicht gehärtet [met]
non-hinged gelenklos
non-hydraulic lime Luftkalk *m* [met]
non-hydraulic mortar Luftkalkmörtel *m*
non-inflammable unentflammbar [met]
non-mechanical nicht maschinell [wer]
non-oscillating schwingungsfrei
non-plastic component Magerungsmittel *n* [met]
non-polluted unbelastet
non-potable untrinkbar [was]
non-potable water Brauchwasser *n* [was]
non-profit gemeinnützig
non-profit housing company gemeinnützige Wohnungsbaugesellschaft *f* [eco]
non-puttied kittlos [met]
non-puttied glazing Festverglasung *f*
non-rechargeable battery Primärbatterie *f* [elt]
non-reflecting glass reflexfreies Glas *n* [met]
non-reflective solar cell nicht reflektierende Solarzelle *f* [pow]
non-renewable erschöpflich (Ressourcen, Energie)
non-residential building Nichtwohngebäude *n*
non-returnable container Einwegbehälter *m*
non-rusting korrosionsbeständig [met]; nicht rostend [met]; rostfrei [met]
non-sagging standfest
non-scale division verzerrter Maßstab *m* [des]
non-shrinking schwundfrei [met]
non-skid gleithemmend; griffig; trittfest [met]
non-skid flooring rutschfester Bodenbelag *m*

non-slip gleithemmend; gleitsicher; rutschfest; rutschsicher; trittfest [met]
non-slip covering rutschfester Belag *m* [met]
non-slip flooring rutschfester Belag *m*
non-slip sole gleitsichere Schuhsole *f* [asi]
non-slipping gleitfrei
non-solicitation Kundenschutz *m* [eco]
non-splintering splittersicher [met]
non-standard design Sonderausführung *f* [des]
non-stick coating Antihaftbelag *m* [met]
non-structural nicht tragend [sik]
non-tarnishing anlaufbeständig (Keramik) [met]
non-tensioned reinforcement schlaffe Armierung *f* [bon]; schlaffe Bewehrung *f* [bon]
non-uniformly distributed load ungleichmäßig verteilte Last *f* [sik]
non-use Nichtverwendung *f*
non-ventilated flat roof Warmdach *n*
non-ventilated roof Warmdach *n*
non-viscous dünnflüssig [met]
non-wettable nicht benetzbar [met]
nonbiodegradable biologisch nicht abbaubar [met]; persistent [met]
nonconformity Abweichung *f*
nondetectable nicht nachweisbar [any]
nonevaporable water chemisch gebundenes Wasser *n* [che]
nonfreezing kältebeständig [met]
nonmetal Nichtmetall *n* [met]
nonmetallic construction Massivbauwerk *n*
nonmiscibility Nichtmischbarkeit *f* [met]
nonplasticized weichmacherfrei [met]
nonpositive kraftschlüssig [sik]
nonreactive chemisch beständig [met]
nonregenerative nicht regenerativ [pow]
nonresidential construction Nicht-Wohnungsbau *m*
nonscaling zunderbeständig [met]
nonshattering splitterfest [met]
nontoxic substance ungiftiger Stoff *m* [met]
normal acceleration Normalbeschleunigung *f* [phy]
normal cell Normalelement *n* [elt]
normal climate Normklima *n* [tga]
normal concrete Normalbeton *m* [bon]
normal conditions Normalbedingungen *pl* [phy]; Standardbedingungen *pl* [phy]
normal density Normaldichte *f* [phy]
normal element Normalelement *n* [elt]
normal force Längskraft *f* [phy]; Normalkraft *f* [phy]
normal load Normalbelastung *f* [phy]
normal mortar Normalmörtel *m* [met]
normal operation Normalbetrieb *m* [wer]
normal position Ruhelage *f*; Ruhestellung *f*
normal pressure Längsdruck *m*; Normaldruck *m* [phy]; Normdruck *m* [phy]
normal section Normalschnitt *m* [des]

normal temperature and pressure Normzustand *m* (Standardzustand (0 °C, 1,01325 bar)) [phy]
normal voltage Normalspannung *f* [elt]
normal-weight concrete Normalbeton *m* [bon]
normalizing Normalglühen *n* [met]
north-light roof Sheddach *n*
nose Pfeilerkopf *m* [wba]
nosing Überstand *m*
nosing strip Kantenprofil *n* (Stufe)
not applicable entfällt
not-to-scale nicht maßstäblich [des]
notarized conveyance of ownership Auflassung *f* (bei Eigentumsübergang an einem Grundstück) [jur]
notch Einschnitt *m* (Kerbe); Ausklinkung *f* (Holzbau); Einkerbung *f* [met]; Kerbe *f*
notch ausklinken *v* (Träger); einkerben *v* (Kerbe herstellen) [wer]; kerben *v*
notch bending test Kerbbiegeversuch *m* [any]
notch cutter Falzfräser *m* [wzg]
notch effect Kerbwirkung *f* [met]
notch impact strength Kerbschlagfestigkeit *f* [met]; Kerbschlagzähigkeit *f* [met]
notch impact test Kerbschlagprobe *f* [any]
notch sensitivity Kerbschlagempfindlichkeit *f* [met]
notch stress Kerbspannung *f* [met]
notch value Kerbschlagfestigkeit *f* [met]; Kerbschlagzähigkeit *f* [met]
notch-bend test Kerbbiegeversuch *m* [any]; Kerbschlagbiegeversuch *m* [any]
notch-break specimen Kerbbiegeprobe *f* [any]
notch-impact toughness Kerbfestigkeit *f* [met]
notched gekerbt; zackig
notched corner Eckausschnitt *m*
notched joint überschnittener Stoß *m* (Dachkonstruktion)
notched test bar Kerbstab *m* (für Werkstoffprüfung) [any]
notched-bar impact bending test Kerbschlagbiegeversuch *m* [any]
notched-bar impact strength Kerbschlagzähigkeit *f* [met]
notched-bar impact test Kerbschlagversuch *m* [any]
notched-bar strength Kerbschlagfestigkeit *f* [met]
notched-bar test Kerbschlagversuch *m* [any]
note of authorization Zulassungsbescheid *m*
notice of building Bauanzeige *f*
notice to quit Kündigung *f* (- durch Vermieter) [jur]
notification of an accident Unfallanzeige *f* [asi]
notification of the commencement of building work Baubeginnanzeige *f*
noweathering exposure feuchtigkeitsgeschützt [met]
noxious material Schadstoff *m* [met]
noxious matter schädliche Substanz *f* [met]
noxious substance schädlicher Stoff *m* [met]

nozzle plate Filterboden *m* (Ionenaustauscher) [was]
nozzle tray Düsenboden *m* (Ionenaustauscher) [was]
nuclear blast-proof bunker Atombunker *m*
nuclear reactor containment Druckbehälter eines
  Kernreaktors *m* (Kerntechnik) [pow]
nuisance threshold Belästigungsschwelle *f* [asi]
null voltage Nullspannung *f* [elt]
nullification Nullabgleichung *f* [any]
number of accidents Unfallziffer *f* [asi]
number of alternations Lastspielzahl *f* [sik];
  Schwingungszahl *f* [phy]
number of bacteria Colizahl *f* [was]
number of blows Schlagzahl *f*
number of floors Geschosszahl *f*
number of rejects Ausschussziffer *f* [wer]
nutrient separation Nährstoffabtrennung *f* [was]
nylon plastic Polyamidkunststoff *m* [met]

O

obelisk Obelisk *m* [arc]
object colour Eigenfarbe *f*; Lokalfarbe *f*
objectivity, new - Neue Sachlichkeit *f* [arc]
obligation Leistungspflicht *f* [jur]; Pflicht *f*;
    Verbindlichkeit *f* [eco]
obligation for offering Andienungspflicht *f* (z.B.
    für Sonderabfälle an spez. Gesellschaften) [rec]
obligation for sewage disposal Abwasserbeseiti-
    gungspflicht *f* [was]
obligation for taking-back packaging Verpa-
    ckungsrücknahmeverpflichtung *f* [rec]
obligation in construction and operation Bau und
    Betriebspflichten *pl*
obligation to build Baugebot *n* [jur]
obligation to cooperate Mitwirkungspflicht *f* [jur]
obligation to deliver Andienungspflicht *f* (z.B. für
    Sonderabfälle an spez. Gesellschaften) [rec]
obligation to keep records Aufzeichnungspflicht *f*
    (Unterlagen dokumentieren) [eco]
obligation to provide information
    Informationspflicht *f* [jur]
obligation to repair Instandsetzungsgebot *n* [jur]
**obligation to restore natural infiltration through
    the ground** Entsiegelungsgebot *n* [geo]
oblique abgeschrägt; geneigt; schräg (geneigt);
    schrägwinklig [des]
oblique projection Kavalierperspektive *f* [des]
oblique section schräger Schnitt *m* [des]
oblique-angled stumpfwinklig
obliquity Schiefstellung *f* [des]
observation hole Kontrollöffnung *f*
observe provisions Bestimmungen einhalten *v* [jur]
observe regulations Bestimmungen einhalten *v* [jur]
obtuse stumpf (Winkel)
obvious defect offensichtlicher Mangel *m*
occupancy Belegung *f* (eines Gebäudes); Gebäude-
    nutzung *f*
occupancy factor Ausnutzungsgrad *m*
occupancy of dwellings Wohnungsbelegung *f*
occupancy rate Wohnraumbelegung *f*
occupant Bewohner *m* (Wohnung) [com]
occupation Beziehen *n* (Gebäude)
occupation, ready for - beziehbar
occupational safety Arbeitsschutz *m* [asi]; Arbeits-
    sicherheit *f* [asi]; Betriebssicherheit *f* [asi]
occupational safety and health Sicherheit und
    Gesundheitsschutz bei der Arbeit *f* [asi]
occupiable bezugsfertig
occupied bewohnt
occupied building belegtes Gebäude *n*; bewohntes
    Gebäude *n*; genutztes Gebäude *n*

occurence of sewage Abwasseraufkommen *n* [was]
ocean port Seehafen *m* [tra]
ocean route Schifffahrtsweg *m* [tra]
ocean thermal energy conversion plant Meeres-
    wärmekraftwerk *n* [pow]
ocean thermal power plant Meereswärmekraftwerk
    n [pow]
ocean trench Tiefseegraben *m* [geo]
oceanic trench Tiefseegraben *m* [geo]
oceanic water Meerwasser *n* [was]
octafoil Achtpass *m* (Gotik: Rosette) [arc]
octagonal achteckig; oktogonal
octahedral oktaedrisch
octastyle portico Oktastylos *m* (Baukunst: Säulen-
    portikus) [arc]
oculus Rundfenster *n* (Gotik) [arc]
odeum Odeon *n* [arc]; Odeum *n* [arc]
odometer Entfernungsmesser *m* [any]
of town planning städtebaulich
of urban building städtebaulich
off specification nicht spezifikationsgerecht
off-centre außermittig
off-centre arrangement außermittige Anordnung *f*
    [des]
off-formwork concrete Beton ohne Oberflächen-
    behandlung *m* [bon]
off-gas Abgas *n* [air]
off-gas treatment Abgasreinigung *f* [air]
off-peak electricity Nachtstrom *m* [elt]
off-peak electricity heating Nachtspeicherheizung *f*
    [elt]
off-peak rate Nachttarif *m* [elt]
off-peak tariff Nachttarif *m* [elt]
off-ramp Ausfahrtsrampe *f*
off-shade Farbabweichung *f* [met]
off-shuttering concrete Beton ohne Oberflächen-
    behandlung *m* [bon]
off-site außerhalb der Baustelle
off-size Abmaß *n* [des]; Maßabweichung *f* [des];
    Maßtoleranz *f* [des]
off-the-job safety Sicherheit außerhalb der Arbeit *f*
offer confirmation Angebotsbestätigung *f* [eco]
offer documents Angebotsunterlagen *pl* [eco]
office Geschäftsraum *m*
office block Bürokomplex *m*
office building Bürogebäude *n*; Bürohaus *n*;
    Geschäftsgebäude *n*
office cubicle Bürozelle *f*
office district Bürobezirk *m*
office landscape Großraumbüro *n*
office letting Bürovermietung *f* [eco]
office location Bürolage *f*
office project Büroprojekt *n*
office property Büroimmobilie *f* [eco]
office site Bürogrundstück *n*
office space Büroraum *m* (Fläche); Bürofläche *f*

office space demand Büroraumnachfrage *f* [eco]
office space supply Büroraumangebot *n* [eco]
office tower Bürohochhaus *n*; Büroturm *m*
office unit Büroeinheit *f*
office wing Büroflügel *m*; Büroflügel *m*
office-block Bürohaus *n*; Geschäftshaus *n*; Büroblock *m*
official calibration amtliches Kalibrieren *n* [any]
official document amtliche Urkunde *f*
official inspection amtliche Prüfung *f*
official review of the structural analysis Prüfstatik *f* [sik]
official test amtliche Prüfung *f* [any]
officially approved amtlich anerkannt
offset Absatz *m* (Bauelement); Mauerabsatz *m*; Versatz *m* [des]; räumliche Verschiebung *f*
offset arrangement, shown in - versetzt gezeichnet [des]
offset as drawn versetzt gezeichnet [des]
offset ditch Stichgraben *m* [wba]
offset error Nullpunktabweichung *f* [elt]
offset limit Fließgrenze *f* [met]
offset relative to each other zueinander versetzt [des]
offset view versetzte Darstellung *f* [des]
offset, drawn - versetzt gezeichnet [des]
offshore drilling platform Bohrinsel *f* [roh]
ogee curve kielbogenförmige Strebe *f* (Fachwerkhaus)
ogee roof Kieldach *n*
ogee-curved dome kielbogenförmige Kuppel *f* (Kirche) [arc]
ohmic ohmsch [elt]
ohmic dissipation Widerstandserhitzung *f* [elt]
ohmic heating Widerstandserhitzen *n* [elt]
oil firing Ölfeuerung *f* [pow]
oil furnace Ölfeuerung *f* [pow]
oil heater Ölofen *m* [pow]
oil heating Ölfeuerung *f* [pow]; Ölheizung *f* [pow]
oil interceptor Ölabscheider *m* [was]
oil putty Ölkitt *m* [met]
oil skimmer Ölwasserscheider *m* [was]
oil stove Ölofen *m* [pow]
oil stripper Ölabscheider *m* [was]
oil varnish Firnis *m* [met]
oil-contaminated soil ölverseuchte Erde *f* [geo]
oil-fired boiler ölbeheizter Kessel *m* [pow]; ölgefeuerter Kessel *m* [pow]
oil-fired heating Ölheizung *f* [pow]
oil-fired power station Ölkraftwerk *n* [pow]
oil-in-water emulsion Öl-in-Wasser-Emulsion *f* [was]
oil-polluted waste water ölverschmutztes Abwasser *n* [was]
oil-proof ölundurchlässig [met]
oil-shale cement Ölschieferzement *m* [met]

oil-spill protection equipment Ölwehranlage *f* [was]
oil-susceptible ölempfindlich [met]
oil-tight ölundurchlässig [met]
oil-well cement Bohrlochzement *m* [met]; Ölbohrzement *m* [met]; Tiefbohrzement *m* [met]
oil/water separation plant Öl/Wasser-Trennanlage *f* [was]
old apartment Altbauwohnung *f* (<A>)
old building Altbau *m*
old deposits Altablagerungen *pl* [rec]
old flat Altbauwohnung *f* (<B>)
old settlement Altbau *m*
old site Altstandort *m* [rec]; Altlast *f* [geo]
old substance Altstoff *m* [met]
old timber Altholz *n* [rec]
old waste disposal site Altdeponie *f* [rec]
old-building restoration Altbausanierung *f*
oleoresinous paint Naturholzfarbe *f* [met]
omitted-size fraction Ausfallkörnung *f*
on the spot an Ort und Stelle
on trial basis versuchsweise [any]
on-line monitoring Betriebsüberwachung *f* [any]
on-line surveillance Betriebsüberwachung *f* [any]
on-off control Ein-Aus-Regelung *f* [elt]
on-site auf der Baustelle
on-site conditions tatsächliche Einsatzbedingungen *pl*
on-site effluent treatment betriebseigene Abwasserbehandlung *f* [was]
on-site experiment Baustellenversuch *m*
on-site glazing Baustellenverglasung *f*
on-site inspection Liegenschaftsbegehung *f*
on-site mixer Baustellenmischer *m*
on-site training Schulung auf der Baustelle *f*
on-state current Durchlassstrom *m* [elt]
on-stream efficiency Auslastungsgrad *m*
on-the-job safety Unfallschutz am Arbeitsplatz *m* [wer]; Arbeitssicherheit *f*
on-the-job safety training Sicherheitsausbildung am Arbeitsplatz *f* [asi]
once fired einfach gebrannt (Keramik) [met]
once-firing Einzelbrand *m* (Keramik) [met]
one-bayed einschiffig (z.B. Halle)
one-bladed rotor Einflügler *m* (Windenergieanlage; obs.) [pow]
one-coat mortar Einlagenputzmörtel *m* (Monoputz)
one-component coating Einkomponentensystem *n* (Anstrich)
one-component system Einkomponentensystem *n*
one-leaf einschalig
one-leaf wall einschaliges Mauerwerk *n*
one-pack system Einkomponentensystem *n*
one-part coating Einkomponentensystem *n*
one-pass grinding einmaliger Mahldurchlauf *m* [prc]

one-phase einphasig [elt]
one-piece column einteilige Stütze *f*
one-piece connector angegossener Steckverbinder *m* [elt]
one-plane projection Eintafelprojektion *f* (darstellende Geometrie) [mat]
one-point bearing Punktlager *n* [stb]
one-room apartment Einzimmerwohnung *f* (<A>)
one-room flat Einraumwohnung *f*; Einzimmerwohnung *f* (<B>)
one-storey eingeschossig; einstöckig
one-way slab einachsig gespannte Platte *f* [sik]
ongoing project laufendes Projekt *n*
onion dome Zwiebelkuppel *f* (Kirche) [arc]
onion tower Zwiebelturm *m* [arc]
onion-shaped dome Zwiebelkuppel *f* [arc]
oolitic limestone Oolitkalkstein *m* [met]
ooze Schlick *m* [geo]
oozing basin Sickerbecken *n* [was]
opacimetry Turbidimetrie *f* [any]
opal glass Milchglas *n* [met]
opaque coat Deckanstrich *m* [met]; deckender Anstrich *m* [met]
open unverpackt
open access freier Zugang *m*
open area Freiraum *m* [com]; Freifläche *f* [com]
open bottom offene Unterseite *f*
open bowl scraper Schürfkübelwagen *m* [tib]
open bridge Trogbrücke *f*
open channel offenes Gerinne *n* [was]; offener Wasserlauf *m* [was]
open competition offenes Wettbewerbsverfahren *n* [eco]
open cut Einschnitt, offener - *m* [wba]; offene Baugrube *f*
open depot Freilager *n*
open development offene Bebauung *f*
open drain Abwassergraben *m* [was]
open fuse durchgebrannte Sicherung *f* [elt]
open grate decking Lichtgitterrost *m*
open joint offene Fuge *f*
open light bewegliches Fenster *n*
open position Offen-Stellung *f*
open single V Steilflankennaht *f* (Schweißnaht) [met]
open site Freifläche *f* (noch unbebaut)
open space Freiraum *m* [com]; Freifläche *f*
open space plan Grünordnungsplan *m* [com]
open space planning Freiflächenplanung *f*
open space ratio Freiflächenrelation *f* (Freifläche bezogen auf Bruttogeschossfläche)
open storage ground Freilagerplatz *m*
open stringer aufgesattelte Treppe *f*
open structure poriges Gefüge *n*
open tender offenes Verfahren *n* (Ausschreibung) [eco]; öffentliche Ausschreibung *f* [eco]

open texture poriges Gefüge *n*
open timbering gitterartiger Ausbau *m*
open to vapour diffusion diffusionsoffen (Baustoff) [met]
open-air drying Freilufttrocknung *f* [roh]
open-air exhibition Freiluftausstellung *f*
open-air installation Freibau *m*
open-air plant Freiluftbau *m*; Freiluftanlage *f* [prc]
open-air storage Freilager *n* [wer]; Lagerung im Freien *f* [wer]
open-circuit loss Leerlaufverlust *m* [elt]
open-circuit mill Durchlaufmühle *f* [prc]
open-circuit plant Durchlaufanlage *f* [prc]
open-circuit respiratory equipment außenluftabhängiges Frischluftatemgerät *n* (Atemschutz) [asi]
open-circuit voltage Leerlaufspannung *f* (Batterie) [elt]
open-coverage type offene Bauweise *f*
open-cut excavation offene Baugrube *f* [tib]
open-cut tunnelling Tunnelherstellung in offener Bauweise *f* [tib]
open-grid floor plates Gitterrostbelag *m* (Bühne); Lichtgitterrostbelag *m* (Bühne)
open-grid grating Lichtgitterrost *m* (Bühnenbelag)
open-grid platform Lichtgitterrostbühne *f*
open-mesh flooring Gitterrost *m* (Bühnenbelag); Lichtgitterrost *m* (Bühnenbelag)
open-meshed grobmaschig (Sieb) [met]
open-pit mine Tagebau *m* (Anlage) [roh]
open-space workshop Freiraumwerkstatt *f* [wer]
open-web girder Wabenträger *m*
open-web joist Leichtbauträger *m*
open-work gablet Wimperg *m* (Gotik) [arc]
open-work parapet Sprossengeländer *n*
opening Durchbruch *m*; Freigabe *f* (Straße, Brücke)
opening bridge bewegliche Brücke *f*
opening date Eröffnungstermin *m* (für Angebote) [eco]
opening of sealed soil Entsiegelung *f* (- von Bodenflächen) [tib]
opening temperature Auslösetemperatur *f* (Sprinkler)
opening width Schlüsselweite *f* [des]
operable betriebsbereit
operated, hydraulically - hydraulisch betätigt
operating company Betreibergesellschaft *f* [wer]; Betreibergesellschaft *f* [eco]
operating conditions, continuous - Dauerbeanspruchung *f* [met]
operating cost-benefit analysis Betriebs-Kosten-Nutzen-Analyse *f* [eco]
operating costs Betriebsaufwendungen *pl* [eco]; Betriebskosten *pl* [eco]; Bewirtschaftungskosten *pl* (z.B. Immobilie) [eco]

operating current Ansprechstrom *m* (Überstromauslöser) [elt]; Arbeitsstrom *m* [elt]; Betriebsstrom *m* [elt]

operating cycle Betriebsphase *f*

operating fluid Betriebsflüssigkeit *f* (z.B. in Flüssigkeitskupplung) [met]

operating gallery Bedienungsgang *m*

operating head Antriebskopf *m* [elt]

operating hour Betriebsstunde *f*

operating instrument Betriebsmessgerät *n* [any]

operating level Arbeitsebene *f*; Stauhöhe *f* (Talsperre) [was]

operating load Betriebslast *f*

operating panel Schalttafel *f* [elt]

operating pressure Arbeitsdruck *m*; Betriebsdruck *m*

operating range Einsatzbereich *m* [any]; Lastbereich *m* [pow]

operating rate Auslastungsmöglichkeit *f* [wer]

operating reliability Betriebssicherheit *f* (Verfügbarkeit) [wer]

operating site Betriebsstätte *f* [wer]

operating standard Betriebsnorm *f* [des]

operating status Betriebszustand *m* [wer]

operating voltage Ansprechspannung *f* [elt]; Arbeitsspannung *f* [elt]; Betriebsspannung *f* [elt]

operation Fahrweise *f* (Anlagen-) [prc]

operation and maintenance data Betriebs- und Instandhaltungsdaten *pl* [wer]

operational control Betriebssteuerung *f* [wer]

operational costs Betriebskosten *pl* [eco]

operational drawing Funktionszeichnung *f* [des]

operational failure Betriebsstörung *f* [wer]

operational hazard Betriebsgefahr *f*

operational manager Einsatzleiter *m* [wer]

operational planning Betriebsplanung *f* [wer]

operational safety Betriebssicherheit *f* [asi]

operational voltage Betriebsspannung *f* [elt]

operations management, technical - technische Betriebsführung *f* [tga]

opposed-jet grinding Gegenstrahlmahlen *n* [prc]

opposite carriageway Gegenfahrbahn *f* (Straße) [tra]

opressive water drückendes Wasser *n* (Grundwasser)

optical fibre Lichtwellenleiter *m* [phy]

optical fibre sensor faseroptischer Sensor *m* [any]

optical glass optisches Glas *n* [met]

optical signal optisches Signal *n*

optical smoke detector optischer Rauchmelder *m* (Brandschutz)

optimum soil condition Bodengare *f* [geo]

option of pruchase Vorkaufsrecht *n* [jur]

option of renewal Verlängerungsoption *f* (Mietvertrag u.a.) [jur]

option to buy Vorkaufsrecht *n* (Immobilie) [jur]

optional feature Zusatzausrüstung *f*

orangery Orangerie *f* [arc]

orb Turmknopf *m* (auch auf Kuppeln) [arc]

orbital railway Ringbahn *f* [tra]

orchestra pit Orchestergraben *m* (Opernhaus)

order documents Auftragspapiere *pl* [eco]

order receiving party Auftragnehmer *m* [eco]

ordering principle Ordnungsprinzip *n* [com]

orders, against - vorschriftswidrig

Ordinance on Energy Efficiency Wärmeschutzverordnung *f* [jur]

Ordinance on Energy Saving Energiesparverordnung *f* [jur]

Ordinance on Flammable Liquids Verordnung brennbare Flüssigkeiten *f* [jur]

Ordinance on Heat Protection Wärmeschutzverordnung *f* [jur]

Ordinance on Heating Sytems Heizungsanlagenverordnung *f* [jur]

Ordinance on Use of Buildings Baunutzungsverordnung *f* [jur]

ordinary concrete unbewehrter Beton *m* [bon]

ordinary glass Normalglas *n* [met]

ordinary lime mortar Kalkmörtel *m*

ordinary steel Massenstahl *m* [met]

organic additive organische Beimengung *f* (Baustoff) [met]

organic aggregate organischer Zuschlag *m* (ökologische Bautechnik) [met]

organic city organische Stadt *f* (Städtebau: organische gewachsen)

organic coating organischer Anstrich *m* [met]; organischer Überzug *m* [met]; organische Beschichtung *f* [met]

organic colour organische Farbe *f* [met]

organic fibre organische Faser *f* [met]

organic fouling organische Verschmutzung *f* [was]

organic materials organische Stoffe *pl* [met]

organic matter organischer Stoff *m* [met]

organic sludge organischer Schlamm *m* [was]

organic soil organischer Boden *m* [geo]; Komposterde *f* [geo]

organic substances organische Stoffe *pl* [met]

organic unity Gestaltungszusammenhang *m* (Bauästhetik) [com]

organic waste Gartenabfall *m* [rec]

organic wastes Grünabfälle *pl* [rec]; organische Abfälle *pl* [rec]

organics organische Abwasserinhaltsstoffe *pl* [was]

organization of work Arbeitsgestaltung *f* [wer]

organizing body Bauträger *m* [eco]

organo-tin paint zinnorganische Farbe *f* [met]

organochlorinated chlororganisch [che]

oriel Erker *m*

oriel window Erkerfenster *n*

orifice gauge Messblende *f* (Durchsatz) [any]
orifice plate Messblende *f* (Durchsatz) [any]
original drawing Originalzeichnung *f* [des]
original ground level Geländeniveau *n* [geo]
original material Ausgangsmaterial *n* [met];
Ausgangsstoff *m*; Ausgangssubstanz *f*
original soil gewachsener Boden *m* [geo]
ornamental concrete Zierbeton *m* [bon]
ornamental glass Ornamentglas *n* [met]
ornamental layer Zierschicht *f*
ornamental window Ornamentfenster *n*
ornamentation Dekoration *f*; Verzierung *f*
orthognal projection orthogonale Projektion *f*
(darstellende Geometrie) [mat]
orthogonal method Orthogonalverfahren *n* (Vermessung) [any]
orthomorphic projection winkelgetreue Abbildung
f [des]
orthosilicic acid Kieselsäure *f* [che]
orthotropic orthotrop
orthotropic deck orthotropischer Überbau *m*
(Brückenbau)
orthotropic plate orthotrope Platte *f*
oscillate schwingen *v* (in Schwingungen bewegen);
vibrieren *v*
oscillation Flattern *n* (ungewollte Schwingungen);
Schwingung *f* [phy]
oscillation damping Schwingungsdämpfung *f* [phy]
oscillation insulation Schwingungsisolierung *f* (von
Körpern) [aku]
oscillatory system schwingungsfähiges System *n*
[phy]
out-of-balance Unwucht *f* [des]
out-of-centre außermittig
out-of-date veraltet
out-of-phase phasenverschoben [elt]
out-of-plane loading Belastung außerhalb der Ebene
f [sik]; räumliche Belastung *f* [sik]
out-of-trim vertrimmt
outage Ausfall *m* (z.B. Strom) [elt]; Unterbrechung
f (Abschaltung) [elt]
outbreak of fire Brandausbruch *m*; Brandentstehung *f*
outbuilding Nebengebäude *n*
outdated technisch überholt; veraltet
outdoor architecture Außenarchitektur *f*
outdoor boiler Freiluftkessel *m* [pow]
outdoor design Freiluftbauweise *f* [des]
outdoor durability Witterungsbeständigkeit *f* [met]
outdoor facilities Außenanlagen *pl*; Freianlagen *pl*
outdoor installation Freiluftanlage *f* [prc]
outdoor light Außenleuchte *f* [elt]
outdoor lighting Außenbeleuchtung *f* [elt]
outdoor living area Freisitzfläche *f*
outdoor plant Außenanlage *f* [prc]; Freianlage *f*
[prc]; Freiluftanlage *f* [prc]

outdoor space Außenraum *m* [com]
outdoor storage Freilagerung *f*
outdoor storage area Freilagerfläche *f*
outdoor sunscreen außen liegender Sonnenschutz *m*
outdoor switchgear installation Freiluftschaltanlage *f* [elt]
outdoor temperature, design - Norm-Außentemperatur *f* (Wärmebedarfsrechnung) [pow]
outdoor usage Außengebrauch *m* (Glaserei)
outdoor-type construction Freiluftbauweise *f*
[des]
outdoor-type plant Freiluftbau *m*
outer courtyard Vorhof *m*
outer door Außentür *f*
outer office Vorzimmer *n* (- eines Büros)
outer shell Außenmantel *m* [pow]
outer sieve Feinsiebmantel *m* (Kugelmühle) [prc]
outer suburbs äußere Stadtteile *pl* [com]
outer wall Außenschale *f* (Turbine) [pow];
Außenwand *f*
outfall Abflusseinlauf *m* [was]; Abwasserauslauf *m*
[was]; Auslass *m* [was]; Auslaufkanal *m* [wba];
Abwassereinleitungsstelle *f* [was]
outfall canal Ablaufkanal *m* [wba]
outfall capacity Vorflutleistung *f* [was]
outfall culvert Ablaufkanal *m* [wba]
outfall ditch Vorfluter *m* [was]
outfall line Abflusskanal *m* [was]
outfall sewer Sammelkanal *m* [was]
outfall structure Auslaufbauwerk *n* [wba];
Mündungsbauwerk *n* [wba]
outfall works Mündungsbauwerk *n* [wba]
outflow Ablass *m* [was]; Ablauf *m* (Abfluss)
outflow abfließen *v* (ausfließen) [was]
outflow basin Abflussbecken *n* [was]
outflow duct Überlaufleitung *f* [was]
outflow sink Abflussbecken *n* [was]
outflow temperature Vorlauftemperatur *f* (Fernwärme) [pow]
outgoing air Abluft *f* [air]; Fortluft *f* [air]
outgoing pipeline Vorlaufleitung *f* (Fernwärme)
[pow]
outgoing temperature Vorlauftemperatur *f* (Fernwärme) [pow]
outlet Abfluss *m* (-element) [was]; Ablass *m* [was];
Ablauf *m* (Abfluss); Abzug *m* (Ausgang); Austritt
m (Austrittstelle); Durchfluss *m* (Abfluss) [prc]
outlet box Ausgangsdose *f* [elt]
outlet channel Ablaufrinne *f* [wba]
outlet conduit Ausflussleitung *f* [was]
outlet gate Auslassschütz *m* [was]
outlet headworks Auslaufbauwerk *n* [wba]
outlet structure Auslaufbauwerk *n* [wba]
outlet tube Abflussrohr *n* [was]
outlet valve Ablassschieber *m* [was]
outlet velocity Abflussgeschwindigkeit *f* [was]

outline skizzieren (Plan) [des]
outline Profil *n* (Umriss) [des]; Entwurf *m* (Umriss)
[des]; Umriss *m* [des]; Kontur *f* [des]; Skizze *f*
(Plan) [des]; Skizzierung *f* [des]; Umrisslinie *f*
[des]
outline entwerfen *v* (umreißen) [des]; konzipieren *v*
outline drawing Maßzeichnung *f* [des]; Strichzeichnung *f* [des]
outline map Übersichtskarte *f* [des]
outline of arch Bogenlinie *f*
outline planning permission planungsrechtlicher
Vorbescheid *m* [com]
outline, in broad - skizzenhaft [des]
outlying district Randgebiet *n* [com]; Außenbezirk
m [com]
outmoded veraltet
output Leistung *f* (Abgabe) [phy]
output at full load Volllastleistung *f* [pow]
output controller Leistungsregler *m* [elt]
output current Ausgangsstrom *m* [elt]
output demand curve Lastkurve *f* [pow]
output terminal Ausgangsklemme *f* [elt]
output voltage Ausgangsspannung *f* [elt]
outreach Ausladung *f* (Drehkran) [tib]
outrigger Ausleger *m* (Kran, u.a.) [tib]; Stützarm
m; Abstützung *f*; ausfahrbare Hilfsstütze *f*
outrigger scaffold Auslegergerüst *n*
outside broker freier Makler *m* (für Immobilie)
[eco]
outside coating Außenanstrich *m* [met]
outside corridor offener Gang *m*
outside facilities Außenanlagen *pl* (- von Gebäuden)
outside house paint Fassadenfarbe *f*
outside lock Kastenschloss *n* [tec]
outside pipe diameter Rohraußendurchmesser *m*
[des]
outside platform Außenpodest *n*
outside settlement Randsiedlung *f*
outside slope Außenböschung *f*
outside staircase Außentreppe *f* (umbaut)
outside storage Außenlagerung *f*; Freilagerung *f*
outside the boundaries of a built-up area Außenbereich *m*
outside toilet Außentoilette *f* (Altbau)
outside trade Fremdgewerk *n* [wer]
outside tube diameter Rohraußendurchmesser *m*
[des]
outside wall Außenwand *f*
outside window Vorfenster *n*
outside work Außenarbeiten *pl*
outsize Fehlkorn *n* [met]
outskirts Randgebiet *n* (Stadt) [com]; Stadtrand *m*
[com]
outskirts of a city Stadtrand *m* [com]
outskirts, on the - in der Umgebung von ...
outstand Überstand *m* (Flanschträger)

outstanding leg abstehender Schenkel *m*
outward-bound road Ausfallstraße *f* [tra]
outwash Auswasch- [was]
outwork Vorwerk *n* (Burg)
oval knob Ovaltürknopf *m*
oval-head countersunk rivet Linsensenkniet *m*
[tec]
over-the-belt magnet Überbandmagnet *m* [prc]
overall einteiliger Arbeitsanzug *m* [asi]
overall appeal Gesamteindruck *m*
overall arrangement Gesamtanordnung *f* [des]
overall coefficient of heat transfer Wärmedurchgangskoeffizient *m* [pow]; Wärmedurchgangszahl *f*
[pow]
overall completion Gesamtfertigstellung *f*
overall depth Gesamthöhe *f* (Träger, u.a.) [des]
overall design Gesamtentwurf *m* [des]
overall dimension Außenmaß *n* [des]; Gesamtmaß
n [des]; Gesamtabmessung *f* [des]; Hauptabmessung *f* [des]
overall equilibrium Gesamtgleichgewicht *n*
overall heat-transfer coefficient Wärmedurchgangszahl *f* [prc]
overall heat-transfer resistance Wärmedurchgangswiderstand *m* [prc]
overall height Bauhöhe *f* [des]; Gesamthöhe *f*;
Höhe über alles *f*; Konstruktionshöhe *f* [des]
overall length Baulänge *f* [des]; Gesamtlänge *f*
[des]
overall plan Grobplan *m* [des]
overall project Gesamtprojekt *n*
overall view Gesamtansicht *f* [des]
overall width Breite über alles *f* [des]; Gesamtbreite *f* [des]
overbridge Überführung *f*
overbuilding überhöhte Baudichte *f*
overburden Abraumgut *n* (Bergbau) [roh]; Deckgestein *n* [geo]; Abraum *m* (Bergbau) [roh];
Abraumschicht *f* [tib]; Deckschicht *f* [geo]
overburden drill Abraumbohrer *m* [roh]
overburden stripping Beseitigung von Abraum *f*
[rec]
overburden tipping Verhaldung von Abraum *f* [rec]
overburnt chalk totgebrannter Kalk *m* [met]
overburnt plaster Hochbrandgips *m* [met]
overcharge Überlast *f* [elt]
overcrowded area Ballungsraum *m*
overcrowding Überbelegung *f* (Wohnungen)
overcurrent Überlaststrom *m* [elt]; Überstrom *m*
[elt]
overdesign überdimensionieren *v* [des]
overdevelop zersiedeln *v*
overdeveloped zersiedelt
overdevelopment Zersiedelung *f*; Zersiedlung *f*
overdimension Übermaß *n* [des]; Übergröße *f* [des]
overdimensioned überdimensioniert [des]

overdimensioning Überdimensionierung *f* [des]
overdose überdosieren *v*
overfall Wehr *n* [wba]; Überfall *m* [wba]; Überlauf *m* [was]
overfall dam Überfallwehr *n* [wba]
overfall dyke Überlaufdamm *m* [wba]
overfall weir Überrlaufwehr *n* [wba]
overfall, free - vollkommener Überfall *m* [wba]
overfire überbrennen *v* (zu hoch -) [roh]; zu hoch brennen *v* [roh]
overfiring range Überbrandbereich *m* (Brennofen) [roh]
overflow Grobgut *n* (beim Sieben) [met]; Siebrückstand *m* [prc]; Überfall *m* [wba]; Überlauf *m* [wba]; Überlauf *m* (Überlaufen); Entlastung *f* [wba]; Überflutung *f*; Überschwemmung *f* [was]
overflow überschießen *v* (Flüssigkeit) [was]; überschwemmen *v* [was]; überströmen *v*
overflow arch dam Überfallbogenstaumauer *f* [wba]
overflow channel Abflusskanal *m* [was]; Entlastungskanal *m* [was]; Überlaufrinne *f* [wba]
overflow construction Überlaufbauwerk *n* [wba]
overflow crest Überfallkrone *f* [wba]
overflow dam Überfalldamm *m* [wba]; Überlaufdamm *m* [wba]
overflow duct Überfallrohr *n* [was]
overflow hole Überlauföffnung *f* [wba]
overflow indicator Überlaufanzeige *f* [any]
overflow measuring flask Überlaufmesskolben *m* (Wasseranalytik) [any]
overflow pipe Überströmrohr *n* [was]; Abwasserleitung *f* [was]; Überlaufleitung *f* [was]
overflow section Überfallstrecke *f* [wba]; Überlaufstrecke *f* [wba]
overflow sill Überfallwehr *n* [wba]
overflow spillway Überlauf über Überfallkrone *m* [wba]
overflow structure for settled combined water Klärüberlauf *m* [was]
overflow tank Überlaufbehälter *m* [was]
overflow water Überlaufwasser *n* [wba]; Überlaufwasser *n* [wba]
overflow weir Überfallwehr *n* [wba]; Überlaufwehr *n* [wba]
overhand weld Überkopfschweißung *f* [wer]
overhang Überhang *m* (Baustruktur); Überhang *m* (Fels-) [geo]; Überstand *m*; Auskragung *f*
overhang beam Kragbalken *m* [sik]
overhanging auskragend; freitragend; herausragend
overhanging beam Konsolträger *m*; Kragarm *m*; Kragträger *m*
overhanging girder Kragträger *m*
overhanging roof Kragdach *n*
overhanging wall Überhangwand *f*

overhauling, in need of - überholungsbedürftig
overhead bridging Brückenbildung *f* (in Silos) [prc]
overhead bucket Wurfschaufel *f* [prc]
overhead cable Freileitungskabel *n* [elt]
overhead cistern Hochreservoir *n* [was]; Hochbehälter *m* [was]
overhead clearance lichte Höhe *f*
overhead crane Laufkran *m*
overhead door Klapptür *f*
overhead glazing Überkopfverglasung *f*
overhead guard Schutzdach *n*
overhead hopper Baustellensilo *m*; Zwischenbunker *m*
overhead light Deckenoberlicht *n*; Oberlicht *n* (Deckenlicht)
overhead line Freileitung *f* [elt]; oberirdische Leitung *f* [elt]
overhead line mast Freiluftmast *m* [elt]
overhead loader Überkopflader *m* [tib]; Wurfschaufellader *m* [tib]
overhead pipeline Freileitung *f* (Fernwärme) [pow]
overhead pipelines Rohrbrücke *f* [prc]
overhead powerline Überlandleitung *f* [elt]
overhead protection Schutz vor herabfallenden Gegenständen *m* [asi]
overhead railroad Hochbahn *f* (<A>) [tra]
overhead roadway Hochstraße *f* [tra]
overhead track obere Laufschiene *f* (Schiebetür)
overhead transmission line Freileitung *f* [elt]; Überlandfreileitung *f* [elt]
overhead travelling crane Brückenkran *m* [wer]; Hängekran *m*; Laufkran *m*
overhead weld Überkopfschweißung *f* [met]
overhead wire Hochleitung *f* [elt]
overhead wiring Deckenverkabelung *f* [elt]
overheat überhitzen *v* (Dampf) [pow]
overheating protection Überhitzungsschutz *m* [pow]
overhung fliegend angeordnet [des]
overhung door Hängetür *f*
overland flow Oberflächenabfluss *m* [was]
overland route Landweg *m* (über das Festland) [tra]
overlap Deckung *f* (Überlappung); Überdeckung *f*
overlap überdecken *v* (überlappen); überlappen *v*
overlap angle Überdeckungswinkel *m* (Getriebe) [des]
overlap joint Übergreifungsstoß *m*; Überlappungsstoß *m*
overlapping überlappt
overlapping spaces sich überschneidende Räume *pl* [com]
overlay Überzug *m* [met]; Schichtung *f* [des]
overlay flooring Stabparkett im verlorenen Verband *n*
overload überbeanspruchen *v*; überbelasten *v*; überlasten *v*

overload coupling Sicherheitskupplung *f*
overload prevention device Überlastungsschutz *m* [elt]
overload protection Überlastschutz *m* [elt]
overload release, thermal - thermischer Überlastauslöser *m* [elt]
overload test Überlastungsprüfung *f* [any]
overload trip Überlastschutz *m* [elt]
overload voltage Überlastspannung *f* [elt]
overmeasure Übermaß *n* [des]; Zuschlag *m* [des]
overoccupation Überbelegung *f* (Wohnungen)
overpass Hochstraße *f*; Überführung *f* (Hochstraße)
overpass bridge Straßenüberführung *f* [tra]
overplastering Übergipsung *f*
overpressure Überdruck *m* [phy]
overrated überdimensioniert (Leistung) [des]
overreinforced doppelbewehrt
oversail auskragen *v*
overshot wheel oberläufiges Wasserrad *n* [pow]
oversize überdimensional [des]
oversize Grobgut *n* (beim Sieben) [met]; Siebrückstand *m* [rec]
oversize überdimensionieren *v* [des]
oversize fraction Grobfraktion *f* (Siebung) [met]
oversize material Grobkorn *n* [prc]
oversize particle Überkorn *n* [prc]
oversize particles Spritzkorn *n* (beim Sieben) [met]
oversize proportion Überkornanteil *m* (Siebung) [met]
oversized überdimensioniert [des]
oversizing Überdimensionierung *f* [des]
overspill town Trabantenstadt *f*
oversplash überspritzendes Wasser *n* [was]
overstrain überbeanspruchen *v*
overstress überbeanspruchen *v*; überlasten *v*; überspannen *v*
overtaking lane Überholspur *f* (Straße) [tra]
overtopping Überflutung *f* [wba]; Überströmung *f* [wba]
overtravel limit switch Endschalter *m* (z.B. an Kränen) [elt]
overturning effect Kippwirkung *f*
overturning moment Kippmoment *n* [sik]
overvoltage Überspannung *f* [elt]
overvoltage protection Überspannungsschutz *m* [elt]
owner of the land Grundstückseigentümer *m* [eco]
owner-occupied building eigengenutztes Haus *n*
owner-occupied flat Eigentumswohnung *f* (<B> selbstgenutzt)
owner-occupied home Eigenheim *n*; selbstgenutztes Wohneigentum *n* [eco]
owner-occupied property eigengenutzte Immobilie *n*
owner-occupier Eigenheimbesitzer *m* [eco]

ownership of land Grundeigentum *n* [eco]; Grundbesitz *m* [eco]; Landbesitz *m*
ownership of real property Immobilieneigentum *n* [eco]
ownership of residential apartments Wohnungseigentum *n* (<B>) [eco]
ownership right, restricted - beschränktes Eigentumsrecht *n* [jur]
ownership structures Eigentumsverhältnisse *pl* [eco]
owning a house of one's own Eigenheimbesitz *m* [eco]
owning administration Eigentumsverwaltung *f* [eco]
ox-bow Altwasser *n* (Fluss) [geo]
ox-bow water Altwasser *n* (Wasser) [was]
oxidant Oxidans *n* [che]; Oxidationsmittel *n* [che]
oxidation pond Abwasserteich *m* [was]
oxidation process Oxidationsprozess *m* [che]
oxidation stability Oxidationsbeständigkeit *f* [met]
oxidative decomposition oxidativer Abbau *m* [che]
oxidative degradation oxidativer Abbau *m* [che]
oxide ceramics Oxidkeramik *f* [met]
oxide coat Oxidschutzschicht *f* [che]
oxide coating Oxidschicht *f* [che]
oxide layer Oxidationsschicht *f* [met]
oxidizable oxidierbar [che]
oxidize oxidieren *v* [che]; rosten *v* [met]
oxidize electrolytically eloxieren *v* [elt]
oxidized nitrogen, total - gesamter oxidierter Stickstoff *m* (im Wasser) [che]
oxidizing oxidierend [che]
oxidizing Oxidieren *n* [che]
oxidizing agent Oxidationsmittel *n* [che]
oxidizing atmosphere oxidierende Atmosphäre *f* [che]
oxygen analysis Sauerstoffanalyse *f* [any]
oxygen concentration Sauerstoffkonzentration *f* [was]
oxygen cutting machine Brennschneidemaschine *f* (Brennschneiden) [wer]
oxygen deficit Sauerstoffmangel *m* [was]
oxygen deflagrating jet pipe Sauerstoffbrennlanze *f*
oxygen demand, ultimate - gesamter organischer Sauerstoffbedarf *m* [was]
oxygen depletion Sauerstoffverbrauch *m* [was]; Sauerstoffzehrung *f* [was]
oxygen entry Sauerstoffeintrag *m* [was]
oxygen mask Atemmaske *f* [asi]
oxygen steel Sauerstoffstahl *m* [met]
oxygen transfer Sauerstoffzufuhr *f* [was]
oxygen-breathing apparatus Sauerstoffatemgerät *n* [asi]
oxygenated sauerstoffgesättigt [met]
oxygenic sauerstoffhaltig [met]
oxygenous sauerstoffhaltig [met]

ozonation Ozonierung *f* [was]; Ozonung *f* [was]
ozone depletion potential Ozonabbaupotenzial *n*
   ([Variante]) [che]
ozone layer Ozonschicht *f* [air]
ozone layer depletion Zerstörung der Ozonschicht *f*
   [air]
ozone treatment Ozonbehandlung *f* (Wasserbehandlung) [was]
ozoning plant Ozonierungsanlage *f* [was]
ozonization plant Ozonisierungsanlage *f* [was]
ozonizing Ozonung *f* [was]
ozonizing plant Ozonisierungsanlage *f* [was]

P

pace Stufe *f* (Treppe)
pack gravel Schüttkies *m* [met]
package-project schlüsselfertiges Projekt *n*
packaging material Verpackungsmaterial *n* [rec]
packaging waste Verpackungsabfall *m* [rec];
Verpackungsmüll *m* [rec]
packer grouting abschnittsweises Injizieren *n*
(Spannbeton)
packing Verdichten *n*; Abdichtung *f*
packing density Rütteldichte *f* [prc]
packing material Dichtungsmaterial *n* [met];
Verpackungsmaterial *n* [rec]; Ausfüllstoff *m*
[met]
packing piece Füllholz *n* (Dachkonstruktion)
packing profile Verdichtungsprofil *n*
packing seal Dichtung *f* [prc]
packing shovel Stopfschaufel *f*
packing waste Verpackungsmüll *m* [rec]
pad bearing Auflagerplatte *f*
padded door gepolsterte Tür *f*; Polstertür *f*
padding Schutzpolster *n* [asi]; Schutzpolsterung *f*
[asi]
paddle Löffel *m* [wba]
paddle agitator Paddelmischer *m* [prc]
paddle mixer Paddelmischer *m* [prc]; Schaufelmischer *m* [prc]; Schaufelrührer *m* [prc]
paddle wheel Flügelrad *n* [prc]
paddle-wheel flowmeter Flügelrad-Durchflussmesser *m* [any]
padlock Vorhängeschloss *n*
padstone Auflagerstein *m*
page of land register Grundbuch-Blatt *n* [jur]
pagoda Pagode *f* [arc]
pagoda roof Pagodendach *n* [arc]
pain sensitivity threshold Schmerzschwelle *f*
(Arbeitsschutz) [hum]
pain threshold Schmerzschwelle *f* (Arbeitsschutz)
[hum]
paint Ablösemittel *n* (z.B. für Farbe) [che];
Anstrich *m* (Farbe) [met]; Lack *m* (Autolack)
[met]; Anstrichfarbe *f* [met]
paint and dyestuffs industry Farbenindustrie *f*
[che]
paint base Farbuntergrund *m* [met]; Haftgrund *m*
(für Farben) [met]
paint coat Farbanstrich *m* [met]
paint film Lackschicht *f* [met]
paint for outside use Außenfarbe *f* [met]
paint mixing system Farbmischsystem *n*
paint practice Anstrichtechnik *f* [met]
paint removal Farbentfernung *f*

paint remover Abbeizmittel *n* (Farbanstrich) [met];
Ablösungsmittel *n* (z.B. für Farbe) [che];
Farbabbeizmittel *n* [met]; Farbenabbeizmittel *n*
[met]; Abbeize *f* (Farbe) [met]; Farbenbeize *f*
[met]
paint removing agent Farbenabbeizmittel *n* [met]
paint residue Farbrest *m* [rec]; Farbrückstand *m*
[rec]
paint resin Lackharz *m* [met]
paint roller Farbwalze *f* [wzg]; Malerwalze *f* [wzg]
paint spray gun Farbspritzpistole *f* [wzg]
paint sprayer Farbspritzpistole *f* [wzg]
paint stripper Abbeizer *m* [met]; Farbablöser *m*
[met]; Farbenbeize *f* [met]
paint stripping Abbeizen *n* (Anstrich)
paint waste Lackabfall *m* [rec]
paint work Malerarbeiten *pl* (DIN 18363)
paint-coated farbbeschichtet [met]
paint-spraying Lackierung *f* (Auto) [met]
paint-spraying gun Farbspritze *f* [wzg]; Farbspritzpistole *f* [wzg]
paintability Streichfähigkeit *f* (Farbe) [met]
paintbrush Pinsel *m* [wzg]
painter's brush Malerpinsel *m* [wzg]
painter's putty Malerkitt *m* [met]
painting Anstreichen *n*; Anstrich *m* (Anstreichen)
[met]
painting and decorating Maler- und Tapezierarbeiten *pl*
painting gun Spritzpistole *f* (Farbe) [met]
painting roller Malerrolle *f* [wzg]
painting work Anstreicharbeiten *pl*; Malerarbeiten *pl*
palace Palast *m* [arc]
palace wall Schlossmauer *f*
palatine Pfalz *f* (mittelarterliches, befestigtes
Gebäude) [arc]
pale damp mattfeucht
palisaded ditch Pfahlgraben *m* (geschichtlich) [arc]
pallet Palette *f* [wer]
pallet feeder Palettenzuführer *m* [wer]
pallet truck Gabelhubwagen *m* (Lagertechnik) [tra];
Niederhubwagen *m* (Lagertechnik) [tra]
palletize palettieren *v*
palletizing Palettieren *n* [wer]; Palettisierung *f*
[wer]
palling boards Schwarten *pl* (Holz) [met]
pan ceiling Kassettendecke *f*
pan head rivet Flachkopfniet *m* [tec]
pan lining Pfannenfutter *n* [roh]
pan pelletizer Granulierteller *m* [prc]
pane Scheibe *f* (Glas) [met]
panel Fach *n* (Brücke, Träger) [stb]; Feld *n*
(Brücke, Träger) [stb]; Füllholz *n* (Holzkonstruktion); Paneel *n* (Wandverkleidung);
Bauplatte *f*; Beplankung *f*; Füllung *f* (Tür);
Täfelung *f*

panel täfeln *v* (Decke) [wer]
panel clip Paneelklammer *f*
panel construction Tafelbauweise *f* [bon]; Tafelbauweise *f* (Fertigbauweise)
panel construction, large - Großplattenbauweise *f*;
  Großtafelbauweise *f* [bon]; Großtafelbauweise *f*
  (Fertigbauweise); Plattenbauweise *f*
panel construction, small - Kleintafelbauweise *f*
  (Fertigbauweise)
panel filler Ausfachung *f* (Skelettbauweise)
panel form Tafelschalung *f* [bon]
panel formwork Paneelschalung *f* [bon]
panel heater Flächenheizkörper *m* [pow]
panel heating Flächenheizung *n* [pow]; Plattenheizung *f* [pow]
panel length Feldlänge *f* (Fachwerk) [stb];
  Feldweite *f* (Fachwerk) [stb]
panel lighting indirekte Beleuchtung *f*
panel moment Feldmoment *n* [sik]
panel moulding Tafelumrandung *f* (Türfüllung)
panel point Knotenpunkt *m* [stb]
panel radiator Flachheizkörper *m* [pow]; Plattenheizkörper *m* [pow]
panel saw Fuchsschwanz *m* [wzg]; Feinsäge *f* [wzg]
panel wall Fachwand *f* (Fachwerkwand) [stb]
panel wedge clip Paneelkeilklammer *f*
panel, circular column - Rundsäulenelement *n*
panel-type radiator Plattenheizkörper *m* [pow]
panelled ceiling Paneeldecke *f*
panelled structure Plattenbau *m*
panelling Beplankung *f*; Verschalung *f*; Vertäfelung *f*
panellized house Großplattenbau *m*
panellized system elementierte Fassade *f*
panic button Notabschaltknopf *m* [asi]
panic device Paniktürverschluss *m*
panorama lift Panoramaaufzug *m*
pantile Dachziegel *m*; Dachpfanne *f*; Pfanne *f*
  (Dach-)
pantiled roof Pfannendach *n*
pantry Speisekammer *f*; Vorratskammer *f*
parabolic arc Parabelbogen *m*
parabolic arch Parabelbogen *m* (Bauwerk)
parabolic girder Parabelträger *m* [stb]
parabolic shell parabolische Schale *f*
parabolic truss parabelförmiges Fachwerk *n*;
  Parabelträger *m* [stb]
parachute-type harness fallschirmartiges Gurtwerk
  n [asi]
parallel parallel
parallel absorbent baffle Parallelschallschluckwand *f* [aku]
parallel circuit Parallelschaltung *f* [elt]
parallel clamp Schraubzwinge *f* [wzg]
parallel connection Parallelschaltung *f* [elt]
parallel drawing Parallelprojektion *f* [des]

parallel test Vergleichsversuch *m* [any]
parallel-flanged beam Parallelflanschträger *m* [stb]
parallel-flanged truss Parallelträger *m*
parapet Brückengeländer *n*; Attika *f* (Dachbrüstung); Brüstung *f*; Brüstungsmauer *f*; Brustwehr *f*
  (Burg) [arc]
parapet cap Brüstungsabdeckung *f*; Brüstungshaube *f*
parapet decorated with blind arches Blendbogenfries *m* (an gotischen Kirchen) [arc]
parapet element Brüstungselement *n*
parapet wall Drempel *m*; Kniestock *m*; Brüstungsmauer *f*; Ringmauer *f* (befestigtes Gebäude) [arc]
parasitic current Fremdstrom *m* [elt]
parasitic infestation Schädlingsbefall *m* [bio]
parcel Parzelle *f*
parcel number Flurstücksnummer *f* (Grundbuch)
  [com]
parcel of land Flurstück *n* (Grundbuch) [com];
  Parzelle *f*
parcel out parzellieren *v*
parent bar Ausgangsstab *m*
parent material Ausgangsgestein *n* [geo]; Grundstoff *m* (Ausgangsmaterial) [met]
parent metal Mutterwerkstoff *m* [met]
parent rock Ausgangsgestein *n* [geo]
paring chisel Hobelmeißel *m* [wzg]; Stechbeitel *m*
  (leichte Form) [wzg]
park Park *m* [com]; Grünanlage *f* [com];
  Parkanlage *f* [com]
park and leisure facilities Park- und
  Freizeitanlagen *pl* [com]
park refuse Parkabfall *m* [rec]
park waste Parkabfall *m* [rec]
parked vehicles ruhender Verkehr *m* [tra]
parking apron Parkstreifen *m* [tra]
parking area Parkplatz *m* [tra]; Parkfläche *f* [tra]
parking bay Parkbucht *f* [tra]
parking deck Parkdeck *n* [tra]; Parketage *f* [tra]
parking floor Parketage *f* [tra]
parking garage Garagengebäude *n* [tra]; Parkhaus
  n [tra]
parking lane Parkstreifen *m* [tra]
parking level Parkdeck *n* [tra]
parking lot Parkplatz *m* [tra]; Parkfläche *f* [tra]
parking lot pavement Parkplatzbefestigung *f* (<A>)
  [tra]
parking place Rastplatz *m* [tra]
parking ratio Mietflächen/Stellplatz-Verhältnis *n*
  (Immobilie)
parking space Einstellplatz *m* (für Auto) [tra];
  Parkplatz *m* (für einzelne Autos) [tra]; Parkraum *m*
  [com]; Stellfläche *f* [tra]
parking system, automated - mechanisches Park-
  system *n* [tra]
parliamentary building Parlamentsgebäude *n*

parquet Holzparkett *n*; Parkett *n* (Fußboden)
parquet floor Parkett *n*; Parkettboden *m*
parquet flooring Parkettverlegung *f*
parquetry Parkett *n*
part drawing Teilezeichnung *f* [des]
part list Stückliste *f* [des]
part load Schwachlast *f* [pow]; Teillast *f* [pow]
part of the building Gebäudeteil *m*
part of the performance Teilleistung *f* [eco]
part of the site Teilfläche *f*
part of town Stadtviertel *n* [com]; Stadtteil *m*
part-load behaviour Teillastverhalten *n* [pow]
part-load operation Teillastbetrieb *m* [pow]
part-load performance Teillastverhalten *n* [pow]
part-load range Teillastbereich *m* [pow]
partial acceptance Teilabnahme *f*
partial approval Teilzulassung *f* [jur]
partial area loading Teilflächenbelastung *f*
partial construction license Teilerrichtungsgenehmigung *f*
partial cut Teilausschnitt *m* [des]
partial digestion teilbiologische Aufbereitung *f*
  (Schlamm) [was]
partial distance Teilstrecke *f* [tra]
partial flow treatment Teilstrombehandlung *f* [was]
partial goal Teilziel *n*
partial hip roof Krüppelwalm *m* (Dach)
partial mass Masseanteil *m* [met]
partial performance Teilleistung *f* [eco]
partial plan Teilansicht *f* [des]
partial prestress teilweise Vorspannung *f* [bon]
partial prestressing beschränkte Vorspannung *f*
partial pyrolysis Teilpyrolyse *f* [che]
partial restraint teilweise Einspannung *f* [sik]
partial section Teilschnitt *m* [des]
partial sheeting Teileinspundung *f* [tib]
partial vacuum Unterdruck *m* [phy]
partial view Teilansicht *f* [des]
partial volume Volumenanteil *m* [met]
participation Beteiligung *f* (Stadtplanung: - von
  Bürgern) [com]
particle Korn *n* (Teilchen); Teilchen *n*
particle analyzer Partikelanalysator *m* [any]
particle bed Kornschicht *f* [met]; Partikelschüttung
  f [prc]
particle board Holzwerkstoffplatte *f* [met]; Spanplatte *f* [met]
particle board, extruded - Spanplatte *f* [met]
particle board, rough - Rohspanplatte *f* [met]
particle bulk Kornschüttung *f*
particle counter Partikelzählgerät *n* [any];
  Teilchendetektor *m* [any]
particle counting Teilchenauszählung *f* [any]
particle density Feststoffdichte *f* (Partikeldichte)
particle detector Teilchendetektor *m* [any];
  Teilchenzähler *m* [any]

particle diameter Korndurchmesser *m* [met]
particle diameter, mean - mittlerer Teilchendurch-
  messer *m* [met]
particle distribution limit Grenzsieblinie *f* [met]
particle fineness Kornfeinheit *f* [met]; Mahlfeinheit
  f [met]; Teilchenfeinheit *f* [met]
particle flow Partikelströmung *f* [prc]
particle fluency rate Teilchendichte *f*
particle porosity Korneigenporigkeit *f* [met]
particle shape Korngestalt *f* [met]
particle size Korngröße *f* [met]
particle sizing Korngrößenanalyse *f* [any]; Korngrößenbestimmung *f* [any]
particle spectrometer Teilchenspektrometer *n* [any]
particle-size analysis Korngrößenanalyse *f* [any];
  Korngrößenbestimmung *f* [any]; Teilchengrößenbestimmung *f* [any]
particle-size analyzer Teilchengrößenanalysator *m*
  [any]
particle-size cut Trennschnitt *m* (Sieb) [prc]
particle-size determination Korngrößenanalyse *f*
  [any]; Korngrößenbestimmung *f* [any]
particle-size distribution Korngrößenverteilung *f*
  [prc]; Siebkurve *f* [prc]
particle-size distribution diagram Körnungsnetz *n*
  [prc]
particle-size fraction Kornbereich *m* [met]; Korngrößenklasse *f* [met]
particle-size limit Korngrenze *f* [met]; Siebgrenze *f*
  [met]
particle-size measurement Korngrößenbestimmung
  f [any]; Teilchengrößenbestimmung *f* [any];
  Teilchengrößenmessung *f* [any]
particle-size reduction Kornzerkleinerung *f* [prc]
particulate emission Staubemission *f* [air]
particulate matter Festbestandteile *pl* [met]
particulate-removing respirator
  Feinstaubatemmaske *f* (Atemschutz) [asi]
particulates Feststoffe *pl* (Emission) [met]; Staub
  m (Emission) [met]
particulates, respirable fibre-shaped -
  lungengängige faserförmige Partikel *pl* [met]
parties involved in the planning Planungsbeteiligte
  pl [com]
parting plane Trennfläche *f* [des]
parting sand Streusand *m*
parting wall in glass Glastrennwand *f*
partition Verschlag *m*; Abtrennung *f*; Teilung *f*;
  Trennwand *f*; Zwischenwand *f*
partition declaration Teilungserklärung *f* (Immobilie) [jur]
partition wall Scheidewand *f*; Stellwand *f*; Trennwand *f*; Zwischenwand *f*
partition wall, sanitary - Sanitärtrennwand *f*
partition wall, variable - ortsungebundene Wand *f*
partitioned untergliedert

partitioned room Verschlag *m*
partitioning Abschottung *f*; Raumteilung *f*
partitioning off Abschottung *f*
parts drawing Teilzeichnung *f* [des]
party wall Brandmauer *f*; Feuermauer *f*; Trennmauer *f* (zwischen Gebäuden, Wohnungen, Läden, ...)
parvis Vorhof *m* (- einer Kirche)
pass Durchlauf *m* [wba]; Engstelle *f* [wba]; Fahrrinne *f* [wba]; Lage *f* (Schweißen) [met]; Raupe *f* (Schweißen) [met]; Überfahrung *f* (- mit Walze) [tib]
pass door Durchgangstür *f*
pass lane Überholspur *f* (Straße) [tra]
pass over kreuzen *v* [tra]
pass through durchfließen *v* [prc]; durchführen *v* (durch Öffnung)
passable begehbar
passable condition befahrbarer Zustand *m* (Straße) [tra]
passage Durchgang *m* (Passage) [tra]; Durchlass *m* (Gang, Durchfahrt); Durchfahrt *f* [tra]
passage of flame Flammendurchschlag *m* [asi]
passage opening Durchgangsöffnung *f*
passageway Durchgang *m*; Durchgang *m* (Weg) [tra]; Durchfahrt *f* [tra]
passenger area Passagierbereich *m* [tra]
passenger bridge Fluggastbrücke *f* [tra]
passenger elevator car Aufzugskorb *m*
passenger figures Passagierzahlen *pl* [tra]
passenger hall Schalterhalle *f* [tra]
passenger station Personenbahnhof *m* [tra]
passenger terminal Abfertigungsgebäude *n* [tra]
passenger terminal building Flugabfertigungsgebäude *n*
passenger walkway Fluggastbrücke *f* [tra]
passing brace durchgehende Strebe *f* (Gotik: Turmaufbau) [arc]
passing track Kreuzungsgleis *n* (Bahn) [tra]
passivate passivieren *v* [met]
passivator Passivierungsmittel *n* [met]
passive fire protection baulicher Brandschutz *m*
passive house Passivhaus *n* (Energiesparhaus ohne gesonderte Heizung)
passive noise control passiver Lärmschutz *m* [aku]
passive resistance Erdwiderstand *m* (Standsicherheit) [tib]
passive solar building Gebäude mit passsiver Sonnenenergienutzung *n*
passive sound insulation passiver Schallschutz *m* [aku]
passive yaw passive Windnachführung *f* (Windenergieanlage) [pow]
paste Brei *m* [met]; Klebstoff *m* [met]; Kleister *m* [met]; Paste *f* [met]
paste anrühren *v* [prc]; kleben *v* (kleistern); kleistern *v*; leimen *v* [wer]

paste on ankleben *v*
paste-like pastös [met]
pastille-type flooring Noppenboden *m*
pasting join Klebestelle *f* [met]
pasty pastös [met]; teigig
patch up ausbessern *v* [wer]; flicken *v* (ausbessern) [wer]; kitten *v* [wer]
patch-up is excluded Nachbesserung ist ausgeschlossen
patch-up work Nacharbeit *f*
patched spot Flickstelle *f*
patching Ausflicken *n*; Ausbesserung *f*; Flickarbeit *f*
patching mortar Flickmörtel *m* [met]
patent defect offenkundiger Mangel *m*
patent glazing Festverglasung *f*; kittlose Verglasung *f*
patent key Sicherheitsschlüssel *m*
patent plaster Edelputz *m*
patent stone Kunststein *m* [met]
paternoster lift Paternoster *m*
path Weg *m* (Fußweg) [tra]
path gravel sandiger Kies *m* [met]
path of seepage Sickerlinie *f* [was]
path sensor Wegaufnehmer *m* [any]
pathway Fußgängerweg *m* [tra]; Gehweg *m* [tra]; Trasse *f* [tra]
pathway diameter Trassenquerschnitt *m* [tra]
patient lift Krankenaufzug *m*
patio Patio *m* [arc]; Terrasse *f*
patio door Terrassentür *f*
patio roof Terrassendach *n*; Terrassenüberdachung *f*
patter Abziehbrett *n* [bon]; Reibebrett *n* [bon]; Aufzieher *m* [bon]
pattern Schablone *f* [des]
pattern drawing Modellzeichnung *f* [des]
pattern glass Ornamentglas *n* [met]
pattern recognition Mustererkennung *f* [any]
pave bepflastern *v* [tib]; pflastern *v* [tib]; verlegen *v* (Pflaster) [tib]
pave with tiles mit Fußbodenfliesen belegen *v*
paved area befestigte Fläche *f* [tib]
paved gutter Pflasterrinne *f* [tib]
paved road Chaussee *f* [tra]; Pflasterstraße *f* [tra]
pavement Pflaster *n* [tib]; Straßenpflaster *n* [tib]; Belag *m* (Straße) [tib]; Bürgersteig *m* (<B>) [tib]; Fußweg *m* [tra]; Gehsteig *m* (<B>) [tra]; Gehweg *m* [tra]; Oberbau *m* (Straßenbau) [tib]; Fahrbahn *f* [tib]; Pflasterung *f* [tib]; Versiegelung *f* [tib]; Wegebefestigung *f* [tib]
pavement breaker Straßenaufbruchhammer *m* [tib]
pavement concrete Deckenbeton *m* [tib]; Straßendeckenbeton *m* [tib]
pavement joint Deckenfuge *f* (Straßendecke) [tib]
pavement placing Deckeneinbau *m* (Straßendecke) [tib]
paver Betonstraßenbaumaschine *f* [tib]

pavilion Pavillon *m*
pavilion roof Pavillondach *n* [arc]
pavillon roof Pyramidendach *n*
paving Pflaster *n* [tib]; Decke *f* (Fahrbahn-) [tib];
Pflasterung *f* [tib]; Straßenbefestigung *f* [tib]
paving block Pflasterstein *m* [tib]; Gehwegplatte *f*
[tra]
paving breaker Straßenaufbruchhammer *m* [tib]
paving brick Pflasterklinker *m* [tib]; Pflasterziegel
m [tib]
paving concrete Deckenbeton *m* [tib]; Straßendeckenbeton *m* [tib]
paving joint sealer Fugenvergussmasse *f* [met]
paving material Straßenbaustoff *m* [met]
paving mortar Bettungsmörtel *m* [met]
paving rammer Pflasterramme *f* [tib]
paving sett Pflasterstein *f* [tib]
paving slab Gehwegplatte *f* [tib]
paving stone Pflasterstein *m* [tib]; Steinplatte *f* [tib]
paving stone, interlocking - Verbundpflasterstein *m*
paving tamper Pflasterstampfer *m* [tib]
paving tile Fußbodenfliese *f*
pavior's hammer Pflasterhammer *m* (<A>) [wzg]
paviour's hammer Pflasterhammer *m* (<B>) [wzg]
pawl Sperrriegel *m* [tec]; Sperrklinke *f* [tec]
pay loader Radlader *m* [tib]
payment of rent in advance Mietvorauszahlung *f*
[eco]
payment of the rent Mietzahlung *f* [eco]
payment schedule Finanzierungsplan *m* [eco];
Zahlungsplan *m* [eco]
payments due for construction work Bauforderungen *pl* [eco]
pea gravel Feinkies *m* [met]
peak capacity Spitzenleistung *f* [pow]
peak current Spitzenstrom *m* [elt]
peak firing zone Hochtemperaturzone *f* (Brennofen)
[roh]
peak flow Spitzendurchfluss *m* [was]
peak load Lastspitze *f* [pow]; Spitzenlast *f* [elt]
peak output Spitzenleistung *f* [elt]
peak power Spitzenleistung *f* [pow]
peak run-off Spitzenabfluss *m* [was]
peak voltage Spitzenspannung *f* [elt]
peak-hour charging Spitzentarif *m* [pow]
peak-load controller Überlastschalter *m* [elt]
peak-load period Spitzenzeit *f* [pow]
peak-load pricing Spitzenlasttarif *m* [elt]
peak-to-valley height gauge Rautiefenmesser *m*
[any]
peaking Spitzenwertbildung *f*
pearlite Perlit *n* [met]
pearlstone Perlit *n* [met]
peat clay Torfton *m* [met]
peat soil Komposterde *f* [geo]
peatery Torfgrube *f* [roh]

peatland drainage Moorentwässerung *f* [wba]
peaty soil Moorerde *f* [geo]
pebble grober Kies *m* [met]; Kiesel *m*; Stein *m*
(Kiesel) [geo]
pebble filter Kieselfilter *m* [was]
pebble gravel Geröllkies *m* (Kiesel) [geo]
pebble pavement Kleinpflaster *n*
pebble stone Geröll *n* (Kiesel); Kies *m* (Kieselstein)
[geo]; Kieselstein *m*
pebbles Kiesel *pl* [met]
pebbly ground Kieselgrund *m* [geo]
pedestal Fundament *n* (Sockel); Podest *n* (Sockel);
Postament *n* (Unterbau, Sockel); Bock *m* (Sockel);
Fuß *m* (Sockel); Lagerstuhl *m*; Sockel *m* (Statue);
Untersatz *m*
pedestal bearing Deckellager *n*
pedestal body Lagerkörper *m* [stb]
pedestrian bridge Fußgängerbrücke *f* [tra]; Straßenüberführung *f* (Fußgänger) [tra]
pedestrian bridge, steel - Stahlfußgängerbrücke *f*
[stb]
pedestrian crossing Fußgängerübergang *m* [tra]
pedestrian deck Fußgängerebene *f* [tra]
pedestrian island Fußgängerinsel *f* [tra]; Fußgängerschutzinsel *f* [tra]
pedestrian level Fußgängerebene *f* [tra]
pedestrian mall Fußgängerstraße *f* [tra]; Fußgängerzone *f* [com]
pedestrian overpath Fußgängerüberweg *m* [tra]
pedestrian precinct Fußgängerzone *f* [com]
pedestrian subway Fußgängertunnel *m* [tib]; Fußgängerunterführung *f* [tra]
pedestrian underpass Fußgängertunnel *m* [tib];
Gehwegunterführung *m* [tra]; Fußgängerunterführung *f* [tra]
pedestrian way Fußgängerweg *m* [tra]
pedestrian zone Fußgängerzone *f* [com]
pediment Giebelfeld *n* (Baukunst) [arc]; Giebel *m*
(Zier-)
peel abblättern *v* (Anstrich) [met]
peel off abblättern *v* (Tapete) [met]; abschuppen *v*
peel test Ausreißversuch *m* [any]
peeled veneer Schälfurnier *n* [met]
peeling Abblättern *n* (von Anstrich, Putz) [met];
Abplatzen *n* (von Anstrich) [met]
peeling-off Abblätterung *f* (Anstrich) [met]
peg Bolzen *m* (Klammer, Stift, Haken); Dübel *m*
(Klammer, Stift); Holzdübel *m* [met]; Holznagel *m*
[met]; Splint *m* [tec]; Stift *m* (Nagel) [tec];
Klammer *f*
peg dübeln *v* [wer]
pegging Verdübelung *f* [wer]
pegging of batter boards Schnurgerüsteinrichtung *f*
(Festlegung Grundriss auf Baustelle)
pegging rammer Dämmholz *n* [met]
pelletizing Granulierung *f* [prc]

pelletizing pan Granulierteller *m* [prc]; Pelletierteller *m* [prc]
pellicular water Adhäsionswasser *n* [met]
pelmet Vorhangleiste *f* (Blende)
pelting-rain resistance Schlagregensicherheit *f* (von
Glas) [met]
pen roof Pultdach *n*
pencil drawing Bleistiftzeichnung *f* (technische
Zeichnungen) [des]
pendant hängend
pendant luminaire Pendelleuchte *f* [elt]
pendant-light Hängelampe *f* [elt]
pendentive Pendentif *n* (Hängezwickel) [arc];
Pendentif *n* (Kuppel) [arc]
pendular movement Pendelbewegung *f* [phy]
pendular support Pendelstütze *f* (bei Brücken)
pendulum Pendelzugstab *m* [stb]
pendulum bearing Pendellager *n* [stb]
penetrable undicht (durchlässig)
penetrate durchdringen *v* (durch etwas dringen);
einsickern *v* [was]
penetrating force Eindringkraft *f* [phy]
penetrating oil Kriechöl *n* (zum Lösen vom Rost)
[met]
penetration Eindringen *n*; Durchtritt *m*; Einbrand
m [met]; Durchdringung *f*
penetration bead, excess - Wurzelüberhöhung *f*
(Schweißnaht) [met]
penetration cut Einbrandkerbe *f* (Schweißen)
[met]
penetration dyeing Durchfärbung *f* (Leder) [met]
penetration into the root Wurzeleinbrand *m*
(Schweißnaht) [met]
penetration of hardening Durchhärtung *f* [met]
penetration resistance Eindringwiderstand *m*
penetration resistant durchtrittsicher (Sicherheitsschuh) [asi]
penetration, full vollwertiger Einbrand *m* (Schweißnaht) [met]
penetration, incomplete - ungenügende Durch-
schweißung *f* [met]
penetration, partial - teilweiser Einbrand *m*
(Schweißnaht) [met]
penetration-grade bitumen Heißbitumen *n* [met];
Imprägnierbitumen *n* [che]
penetrator Eindringkörper *m* [any]
penetrometer Penetrometer *n* (Testgerät für Fließverhalten) [any]; Eindringtiefenmesser *m* [any]
pent roof Halbdach *n*; Pultdach *n*
penthouse Dachhaus *n*; Penthaus *n*
people load Personen-Wärmelast *f* (Wärmebedarfsrechnung) [pow]
people sharing a flat Wohngemeinschaft *f*
percent by volume Volumenprozent *n*
percent by weight Gewichtsprozent *n*
percentage by weight Gewichtsanteile *pl*

perception, acoustic - akustische Wahrnehmung *f*
[aku]
perched groundwater gespanntes Grundwasser *n*
[was]; Stauwasser *n* [was]
percolate aussickern *v* [was]; durchsickern *v* [was];
versickern *v* [was]
percolating filter Sickerfilter *m* [was]; Tropfkörper
m [was]
percolating water Sickerwasser *n* [was]
percolation Durchsickern *n* [was]; Versickern *n*
[was]; Abwasserversickerung *f* [was]; Durchsickerung *f* [was]; Perkolation *f* [was]; Versickerung *f* [was]
percolation area Versickerungsfläche *f* [was]
percolator Rieseler *m* [was]
percussion drill Schlagbohrer *m* [wzg]; Schlagbohrmaschine *f* [wzg]
percussion drilling machine Schlagbohrmaschine *f*
[wzg]
percussion hammer Schlaghammer *m* [wzg]
percussion press Schlagpresse *f*
percussion rivet Schlagniet *n* [tec]
percussive drilling Schlagbohren *n* [wer]
percussive drilling machine Schlagbohrmaschine *f*
[wzg]
percussive force Stoßkraft *f* [phy]
perennial flow Dauerabfluss *m* [wba]
perforated block Lochstein *m*
perforated brick Gitterziegel *m*; Lochziegel *m*;
Ziegellochstein *m*
perforated brick, horizontally - Langlochziegel *m*
perforated façade Lochfassade *f*
perforated fleece Lochflies *n* [met]
perforated hardboard gelochte Hartfaserplatte *f*
[met]
perforated metal, ribbed - Rippenlochmetall *n*
(Putzträger) [met]
perforated paving Lochpflaster *n*
perforated pipe Lochrohr *n* [met]; perforiertes
Rohr *n* (Gasentnahmerohr auf Deponien) [met]
perforated plate Lochblech *n* [met]; Lochplatte *f*
[met]
perforated sheet Lochblech *n* [met]; Siebblech *n*
[met]
perforated tile Hohlziegel *m*
perform verrichten *v* (tun)
performance Ausführung *f* (Durchführung)
performance catalogue Leistungskatalog *m* [eco]
performance control Leistungsüberwachung *f*
[pow]
performance description Leistungsbeschreibung *f*
performance evaluation sample Referenzprobe *f*
(Ringversuch) [any]
performance guarantee Ausführungsgarantie *f*
(Fristen, u.a.) [eco]
performance of contract Vertragserfüllung *f* [jur]

performance of functions Funktionsablauf *m* [wer]
performance of solar cells Solarzellenleistungsfähigkeit *f* [pow]
performance of the experiment Versuchsdurchführung *f* [any]
performance of the test Versuchsdurchführung *f*
[any]
performance of work Arbeitsablauf *m* [wer]
performance phase Leistungsphase *f* [eco]
performance plan Leistungsplan *m* [eco]
performance profile Leistungsbild *n* [eco]
performance specification Leistungsverzeichnis *n*
[eco]; Pflichtenheft *n* [eco]; Leistungsbeschreibung *f* [eco]
performance standard Gütenorm *f*
performance statement Leistungsbilanz *f*
performance test Funktionstest *m* [any]; Leistungsnachweis *m* [any]; Funktionsprüfung *f* [any];
Gebrauchsfähigkeitsprüfung *f* [any]; Leistungskontrolle *f* [any]
performance-related leistungsbezogen
pergola Pergola *f*
perimeter Umfang *m* (Kreis, Quadrat, usw.); äußere
Begrenzung *f* [des]
perimeter beam Randbalken *m*; Umfassungsbalken *m*
perimeter development Blockbebauung *f*
perimeter insulation Perimeterdämmung *f*
perimeter lighting Lichtband *n*
perimeter of borehole Bohrlochwand *f*
perimeter seal äußere Dichtung *f*
perimeter wall Umfassungsmauer *f*; Umfassungswand *f*
period Zeitraum *m*
period for award of contracts Zuschlagsfrist *f*
[eco]
period for bids Angebotsfrist *f* [eco]
period for which a bid is binding Bindefrist *f* (- für
Angebot) [eco]
period for which a offer is binding Bindefrist *f* (-
für Angebot) [eco]
period of notice, statutory - gesetzliche Kündigungsfrist *f* (Mietvertrag) [jur]
period of performance Ausführungszeit *f* [wer]
period of transition Übergangsfrist *f*; Übergangsperiode *f*
period of use, basic - Grundeinsatzzeit *f*
period of validity Geltungsdauer *m*; Laufzeit *f* (z.B.
Mietvertrag) [jur]
period of vibration Schwingungsdauer *f* [phy]
period of workability Verarbeitbarkeitszeit *f* [met]
periodic duty periodischer Betrieb *m* [pow]
periodic review regelmäßige Überprüfung *f*
periodic vibration periodische Schwingung *f* [phy]
periodical periodisch
periodically renewed periodisch erneuert

peripheral girder umlaufender Randträger *m*
peripheral joint Umfangsverbindung *f*
peripheral location Randlage *f*
periphery Umkreis *m* (Umgebung); Peripherie *f*
perished chalk totgebrannter Kalk *m* [met]
peristyle Säulengang *m* (- einen Hof umlaufend)
perlite Perlit *n* [met]
perma-elastic dauerelastisch [met]
permafrost Dauerfrostboden *m* [geo]
permanent beständig (dauernd); dauerhaft (fest);
stabil (beständig)
permanent anchor Daueranker *m*
permanent bed Oberbau *m* (Eisenbahn) [tib]
permanent colour echte Farbe *f* [met]
permanent concrete shuttering verlorene Betonschalung *f* [bon]
permanent deformation bleibende Formänderung *f*;
bleibende Verformung *f* [met]
permanent dislocation bleibende Verschiebung *f*
permanent distortion bleibende Formänderung *f*
permanent elongation bleibende Dehnung *f* [met]
permanent formwork Dauerschalung *f* [bon];
verlorene Schalung *f* [bon]
permanent hardness bleibende Härte *f* [was];
Resthärte *f* [met]
permanent load Eigenlast *f*; konstante Belastung *f*
[met]; ständige Last *f* [sik]
permanent moisture Dauerfeuchtigkeit *f*
permanent monitoring Dauerüberwachung *f* [any]
permanent offset bleibende Regelabweichung *f* [elt]
permanent sampling Dauerprobenahme *f* [any]
permanent set bleibende Formänderung *f*
permanent shuttering verlorene Schalung *f* [bon]
permanent storage Dauerlagerung *f* [rec]
permanent way Gleisoberbau *m* (Bahn) [tra];
Oberbau *m* (Bahn) [tib]
permanent weight Eigenmasse *f*
permanent-flexible dauerelastisch [met]
permanent-way equipment Oberbaumaterial *n*
(Bahn) [tra]
permanently elastic dauerelastisch [met]
permanently flexible dauerelastisch [met]; dauer-
plastisch [met]
permeability Durchlässigkeit *f* (Permeabilität);
Permeabilität *f* [phy]; Undichtigkeit *f*
permeability coefficient Durchlässigkeitsbeiwert *m*
[met]
permeability for water Wasserdurchlässigkeit *f*
[met]
permeability to water Wasserdurchlässigkeit *f* [met]
permeabilization Permeabilisierung *f* [met]
permeable durchlässig (permeabel) [met];
permeabel [phy]; porös [met]; undicht
(durchlässig)
permeable area Fläche, durchlässige - *f*
permeable bed wasserdurchlässige Schicht *f* [geo]

permeable layer durchlässige Schicht *f* [met]
permeable to air luftdurchlässig [met]
permeable to gas gasdurchlässig
permeable to water wasserdurchlässig
permeable to water vapour wasserdampfdurchlässig
permeation rate Permeationsrate *f* (z.B. für
Sicherheitshandschuhe) [met]
permissible deviation zulässiges Abmaß *n* (nach
Bearbeitung) [des]; Abnahmetoleranz *f*; zulässige
Abweichung *f* (nach Bearbeitung)
permissible deviation of structural elements Bautoleranz *f*
permissible error zulässiger Fehler *m*
permissible interruption Pufferzeit *f* [wer]
permissible load zulässige Belastung *f* [sik];
zulässige Last *f* [sik]
permissible stress Beanspruchbarkeit *f* [met]
permit application Genehmigungsantrag *m*
permit planning Genehmigungsplanung *f* [com]
permitted use statthafte Nutzung *f*
perpend Längsfuge *f* (Mauerwerk)
perpendicular lotrecht
perpendicularity Rechtwinkligkeit *f* [des]
person equivalent Personenäquivalent *n* (Abfall)
[rec]
person involved in an accident Unfallbeteiligter *m*
[asi]; Unfallbeteiligte *f* [asi]
person proposing to build Bauantragsteller *m*
person who caused the accident Unfallverursacher
m [asi]
personal error Beobachtungsfehler *m* [any]
personal eye protector Augenschutz *m* [asi]
personal hardship Eigenbedarf *m* (Wohnraum, u.a.)
[com]
personal injury accident Unfall mit Körperschaden *m*
personal injury protection Unfallschutz *m* [asi]
personal protection Personenschutz *m* [asi]
personal protective clothing persönliche Schutzausrüstung *f* [asi]; Schutzausrüstung, persönliche -
f [asi]
personal protective equipment Körperschutzmittel
n [asi]; persönliche Schutzausrüstung *f* [asi];
Schutzausrüstung, persönliche - *f* [asi]
personal safety installation Personensicherheitsanlage *f* [asi]
personnel building Sozialgebäude *n*
personnel door Schlupftür *f* (in einem Tor)
personnel safety Personenschutz *m* [asi]
perspective projection gebundene Perspektive *f*
[des]
perspective section Perspektivschnitt *m* [des]
perspective view Perspektive *f* (Zeichnung) [des];
perspektivische Ansicht *f* [des]
perspective, in - perspektivisch [des]

pertinent zugehörige Zeichnung *f* [des]
pervious permeabel [phy]; undicht (durchlässig)
pervious shell Dränschicht *f*; Filterschicht *f*
(Dränschicht)
pervious to air luftdurchlässig [met]
pervious to water wasserdurchlässig
petrifaction Versteinerung *f* [geo]
petrify versteinern *v* [met]
petrimetral joint Perimetralfuge *f* (Talsperre)
[wba]; Umfangsfuge *f* (Talsperre) [wba]
pH-adjustment pH-Einstellung *f* [was]
phase Periode *f* [elt]
phase alignment Phasenabgleich *m* [elt]
phase boundary Phasengrenze *f* [phy]
phase failure Phasenausfall *m* [elt]
phase interface Phasengrenze *f* [phy]
phase of construction Bauabschnitt *m*; Baustufe *f*
phase of transition Übergangsperiode *f*; Übergangszeit *f*
phase separation Phasentrennung *f* [che]
phase separation region Entmischungsbereich *m*
[met]
phasing-out of nuclear energy Ausstieg aus der
Kernenergie *m* [pow]
phenol dye Phenolfarbstoff *m* [che]
phenol formaldehyde resin Phenolformaldehydharz
n [che]
phenolic adhesive Phenolharzklebstoff *m* [met]
phenolic dye Phenolfarbstoff *m* [met]
phenolic formaldehyde Phenol-Formaldehyd *n*
[che]
phenolic glue Phenolharzklebstoff *m* (<A>) [met]
phenolic moulding composition Phenolharzformmasse *f* [met]
phenolic resin Phenolharz *n* [che]
phone Fon *n* ([Nebenvariante]) [aku]
phonometry Schallmessung *f* [any]
phosphate elimination Phosphatelimination *f* [was]
phosphatize phosphatieren *v* [che]
phosphoric acid fuel cell Phosphorsäure-Brennstoffzelle *f* [pow]
phosphorous precipitation Phosphorfällung *f*
(Kläranlage) [was]
photo-semiconductor Lichthalbleiter *f* [elt]
photocell Fotozelle *f* ([Variante]) [elt]; photoelektrische Zelle *f* ([Variante]) [elt]
photoelectric fotoelektrisch ([Variante]) [elt]
photoelectric cell Fotozelle *f* ([Variante]) [elt]
photoelectric converter photoelektrischer
Aufnehmer *m* ([Hauptvariante]) [elt]
photoelectric device fotoelektrisches Bauelement *n*
([Variante]) [elt]
photoelectric guard Lichtgitter *n*; Lichtschranke *f*
[asi]
photoelectric switch fotoelektrischer Schalter *m*
([Variante]) [elt]

photoelectrical fotoelektrisch ([Variante]) [elt]
photogrammetry Luftbildvermessung f [any]
photographic documentation Fotodokumentation f
photographic surveying Luftbildmesstechnik f
[any]
photometry Beleuchtungsmessung f [any]
photosensitivity Lichtempfindlichkeit f [phy]
photosensitizing agent fotosensitives Material n
(Variante]) [met];
photovoltaic fotovoltaisch ([Variante]) [elt]
photovoltaic cell fotovoltaische Zelle f ([Variante])
[elt]
photovoltaic effect fotovoltaischer Effekt m
([Variante]) [elt]
photovoltaic plant photovoltaische Anlage f
([Variante]) [elt]
photovoltaic power generator fotovoltaischer
Leistungsgenerator m ([Variante]) [elt]
   photovoltaic solar energy conversion fotovoltaische Solarenergiekonversion f ([Variante])
[elt]
photovoltaic solar power plant fotovoltaische
Solarstromanlage f
photovoltaics Solarstromtechnik f [pow]
phreatic decline Absinken des Grundwasserspiegels
n [was]
phreatic rise Anstieg des Grundwasserspiegels f
[was]
physical stofflich [met]
physical analysis physikalische Analyse f [any];
physikalische Untersuchung f [any]
physical degasification physikalische Entgasung f
(Wasseraufbereitung) [was]
physical deterioration Überalterung von Material f
[met]
physical exertion körperlicher Kraftaufwand m
physical life, remaining - technische Restnutzungsdauer f
physical location räumliche Lage f
physical performance test Belastungstest m [any]
physical planning Objektplanung f [com]; Raumplanung f [com]
physical separation räumliche Trennung f
physical state Aggregatzustand m [phy]
physical structure bauliche Anlage f
physics relating construction Bauphysik f
pick Pickel f (Spitzhacke) [wzg]
pick aufhacken v
pick out ausklauben v; aussortieren v [rec]
pick up abholen v (Abfall) [rec]
pick-up carrier Abfanggraben m (Rieselfeld) [was]
pick-up delay Ansprechverzögerung f (Relais) [elt];
Einschaltverzögerung f (Relais) [elt]
pickaxe Pickel f (Spitzhacke) [wzg]
picket fence Lattenzaun m
picking Aufhacken n

picking belt Klaubeband n [rec]; Leseband n [rec];
Sortierband n (Abfallsortierung) [rec]
pickling agent Abbeizmittel n [met]; Beizlauge f
[met]
pickling fluid Beizflüssigkeit f [met]
picnic area Rastplatz m [tra]
picnic place Rastplatz m (allgemein)
pictorial drawing räumliche Darstellung f [des]
pictorial representation bildliche Darstellung f
[des]
picture-window Panoramafenster n
pie chart Tortendiagramm n [des]
piece of construction plant Baumaschine f
piece of land Grundstück n
pier Hafenpier n [tra]; Hafendamm m [tra]; Kai m
[tra]; Pfeiler m; Landungsbrücke f (Hafen) [tra]
pier arch Pfeilerbogen m [tib]
pier base Pfeilerfuß m
pier buttress Strebepfeiler m (in gotischen Kirchen)
[arc]
pier foundation Pfeilergründung f (<A>) [tib]
pier head Pfeilerkopf m
pier of a bridge Brückenpfeiler m
pierce stechen v (durchstechen)
piercing of a tunnel Vortreiben eines Tunnels n
pig iron Roheisen n [met]
pig locator Ortungsgerät n [any]
pigment Farbstoff m [met]; Farbe f (Farbkörper)
[met]
pigment coating Pigmentanstrich m [met]
pigment colour Pigmentfarbe f [met]
pigment stain Farbbeize f [met]
pigmented cement Farbzement m [met]
pilaster Wandpfeiler m (Halbpfeiler)
pilaster strip Pfeilervorlage f
pilaster, attached fluted - kannelierter Wandpfeiler
m (Baukunst) [arc]
pile Joch n (z.B. der Jochbrücke) [stb]; Bohrpfahl m
[tib]; Hügel m (Haufen); Pfahl m (Stütze); Stapel m
pile anhäufen v
pile bridge Pfahlbrücke f
pile cap Jochbalken m; Pfahlkopf m
pile casing Pfahlrohr n (Fundament)
pile cluster Pfahlgruppe f (Tiefgründung) [tib]
pile drawer Pfahlzieher m
pile driver Rammbock m; Pfahlramme f; Ramme f
pile driver, cantilever-type - Vorbauramme f [tib]
pile driver, floating - Schwimmramme f [wba]
pile driving Pfahlrammen n; Rammen n
pile extractor Pfahlzieher m
pile footing Pfahlfuß m
pile foundation Pfahlgründung f; Pfeilergründung f
pile foundation, suspended - schwebende Pfahlgründung f [wba]
pile frame Rammgerüst n [tib]
pile grid Pfahlrost m (Tiefgründung) [tib]

pile groin Pfahlbuhne *f* [wba]
pile hammer Fallhammer *m* [wzg]; Rammbär *m* [tib]; Rammhammer *m* [tib]
pile head Pfahlkopf *m* [tib]
pile helmet Pfahlkopf *m* [tib]; Rammhaube *f* [tib]
pile jetting Einspülen *n* [tib]
pile load Pfahllast *f*
pile plank Spundbohle *f* [tib]
pile point pressure Spitzendruck *m* (Tiefgründung) [tib]
pile puller Pfahlzieher *m* [tib]
pile ram Rammbär *m* [tib]
pile row Pfahlreihe *f* [tib]
pile shoe Rammfuß *m* [tib]; Rammspitze *f* [tib]
pile spacing Pfahlabstand *m* (Grundbau) [tib]
pile stones Steine aufschütten *v* [tib]
pile structure Spundwand *f* [tib]
pile tip Pfahlspitze *f*
pile trestle Joch *n* (Romanik) [arc]
pile up anhäufen *v* (Erde, etc.) [tib]; aufhäufen *v* [tib]; aufschichten *v*; aufschütten *v* (Haufen); aufstauen *v* (Wasser) [was]; häufen *v*; stapeln *v*
pile wall, bored - Bohrpfahlwand *f* (Stützwand)
pile-drive einrammen *v* [tib]
pile-driver ram Rammbär *m* [tib]
pile-driving attachment Rammeinrichtung *f* [tib]
pile-driving force Rammkraft *f* [tib]
pile-driving hammer Rammbär *m* [tib]
pile-driving hoist Rammwinde *f* [tib]
pile-driving plant Rammanlage *f* [tib]
pile-driving rig Pfahlramme *f* [tib]
pile-driving work Rammarbeiten *pl* [tib]
pile-up seat Stapelstuhl *m*
piled curtain wall Pfahlwand *f*
piles, in - haufenweise
pilework Pfahlwerk *n* [tib]
pilgrim's house Pilgerhaus *n* (Kloster) [arc]
pilgrimage church Wallfahrtskirche *f*
piling Pfahlwerk *n* [tib]; Rammen von Pfählen *n* [tib]; Haldenlagerung *f*; Pfahlkonstruktion *f*; Spundbohle *f* [tib]
piling equipment Rammausrüstung *f* (Spundwand) [tib]
piling hammer Rammhammer *m* [tib]; Pfahlramme *f* [tib]
piling pipe Rammrohr *n* [tib]
piling plant Ramme *f* [tib]
piling section Spundwandprofil *n* [tib]
piling work Pfahlgründungsarbeiten *pl* [tib]
pillar Pfeiler *m*; Säule *f* (Pfeiler); Stütze *f*
pillar crane, slewing - Säulenschwenkkran *m*
pillar stanchion Stütze *f*
pillar stone Eckstein *m*
pilot bit Führungsmeißel *m* [wzg]; Vorbohrmeißel *m*
pilot lamp Kontrolllampe *f* [elt]

pilot light Kontrolllampe *f* [elt]; Meldelampe *f* [elt]
pilot operation Probeeinsatz *m*; Versuchsbetrieb *m* [any]
pilot plant halbtechnische Anlage *f*; Pilotanlage *f* [prc]; Versuchsanlage *f* [any]
pilot survey provisorische Vermessung *f* (Bauwesen) [any]
pilot test Modellversuch *m* [any]; Pilotversuch *m* [any]
pilot tunnel Richtstollen *m* [tib]
pilot-scale experiment halbtechnischer Versuch *m* [any]; Pilotversuch *m* [any]
pin Nagel *m* (Stift)
pin base Stiftsockel *m* [elt]
pin bearing Linienkipplager *n* [stb]
pin connection Bolzenverbindung *f* [stb]; Stiftverbindung *f* [tec]
pin connector Stiftstecker *m* [elt]
pin crusher Stiftmühle *f* [prc]
pin drill Dübelbohrer *m* [wzg]
pin head Bolzenkopf *m* (Holzbau)
pin hinge Zapfenband *n* (Türbefestigung)
pin joint Bolzengelenk *n* [stb]
pin point Bolzenspitze *f* (Holzbau)
pin weir Nadelwehr *n* [wba]
pin-connected truss Gelenkbolzenfachwerk *n* [stb]
pin-ended gelenkig gelagert [stb]
pin-ended column Pendelstütze *f* [stb]
pin-joint truss Gelenkbolzenfachwerk *n* [stb]
pin-jointed truss Gelenkbolzenfachwerk *n*
pincers Zange *f* (Kneifzange) [wzg]
pinch bar Brecheisen *n* [wzg]; Brechstange *f* [wzg]
pinch clamp Halteklemme *f*
pinch point Knickpunkt *m*
pinhole Bolzenloch *n* [stb]
pinholed nadelstichig [met]
pinnacle Spitzturm *m* (Mittelalter) [arc]; Fiale *f* (Gotik) [arc]; Zinne *f* (Mittelalter) [arc]
pinnacle tower Fialturm *m* (Gotik) [arc]
pinned column Pendelstütze *f* [stb]
pinned plate Warzenblech *n* [met]
pinned support drehbares Auflager *n*
pioneering development, area of - Erschließungsgebiet *n*
pipe Rohr *n* [met]
pipe and tube railing Rohrgeländer *n*
pipe arrangement Rohranordnung *f* [des]
pipe bend Rohrknie *n* [prc]; Rohrbogen *m* [prc]; Rohrkrümmer *m* [prc]
pipe bend, corrugated - Wellrohrbogen *m* [met]
pipe bracket Rohrhalter *m* [prc]
pipe branch Rohrstutzen *m* [prc]
pipe bridge Rohrbrücke *f* [prc]
pipe burst Rohrbruch *m* [met]; Rohrreißer *m* [met]
pipe bushing Rohrdurchführung *f*
pipe choking Rohrverstopfung *f* [tga]

pipe cleaning equipment Rohrreinigungsgerät *n* [was]

pipe clip Rohrschelle *f* [prc]

pipe connection Rohranschluss *m* [prc]; Stutzen *m* [prc]; Rohrverbindung *f* [prc]

pipe connector Rohrverbinder *m* [prc]

pipe coupling Rohrverbindungsstück *n* [prc]; Rohrverbinder *m* [prc]; Rohrkupplung *f* [prc]

pipe culvert Röhrenabzugkanal *m* [was]; Rohrdurchlass *m* [prc]

pipe diagram Schaltbild *n* (Verrohrung) [des]

pipe diameter Rohrdurchmesser *m* [des]

pipe drainage Röhrendränage *f* ([Variante]) [was]; Röhrendrainage *f* ([Variante]) [was]

pipe driver Rohrvorschiebegerät *n*

pipe driving Rohrvortrieb *m*

pipe duct Rohrkanal *m* (aus Blech); Rohrdurchführung *f*

pipe elbow Rohrkrümmer *m* [met]

pipe expansion bend Rohrkompensator *m* [prc]

pipe fitting Formstück *n* (Rohr) [prc]; Rohrleitungsarmatur *f* [prc]; Rohrverschraubung *f* [prc]

pipe flange Rohrflansch *m* [prc]

pipe fracture Rohrbruch *m* [met]; Rohrreißer *m* [met]

pipe friction loss Rohrreibungsverlust *m* [prc]

pipe guide Rohrführung *f* [prc]

pipe insulation Rohrisolierung *f* [pow]

pipe joint Rohrmuffe *f* [prc]; Rohrverbindung *f* [prc]

pipe knee Rohrkrümmer *m* [prc]

pipe layer Rohrverleger *m*

pipe laying Rohrleitungsverlegung *f* [wer]; Rohrverlegung *f* [wer]

pipe lead-through Rohrdurchführung *f* [tga]

pipe nozzle Rohrstutzen *m* [prc]

pipe penetration Rohrdurchbruch *m* (Öffnung)

pipe pile Rohrpfahl *m* (Tiefgründung) [tib]

pipe pushing Rohrvortrieb *m* [tib]

pipe rack Rohrgestell *n* [prc]

pipe ramming Rohreinrammen *n*

pipe rehabilitation Rohrsanierung *f* [was]

pipe riser Standrohr *n* [was]

pipe route Rohrleitungstrasse *f*

pipe routing Rohrleitungstrassierung *f*

pipe run Rohrstrang *m* [met]; Rohrstrecke *f* [was]

pipe rupture Rohrreißer *m* [met]

pipe saw Rohrsäge *f* [wzg]

pipe shaft Rohrschacht *m*

pipe sleeve Rohrmanschette *f* [tga]; Rohrmuffe *f* [prc]

pipe strap Rohrschelle *f* [prc]

pipe stub end Rohrstutzen *m* (Endstück) [prc]

pipe tongs Rohrzange *f* [wzg]

pipe trench Rohrgraben *m* [tib]; Rohrkanal *m* [tib]; Rohrschacht *m* [tib]

pipe tunnel Rohrkanal *m* (begehbar)

pipe tunnel, walk-in - begehbarer Rohrkanal *m*

pipe union Rohrverbindung *f* [prc]; Rohrverschraubung *f* [prc]

pipe wrench Rohrzange *f* [wzg]; Wasserpumpenzange *f* [wzg]

pipe, driven - Vortriebsrohr *n*

pipe-boom crane Rohrauslegerkran *m* (<A>)

pipe-cutting saw Rohrsäge *f* [wzg]

pipe-end Stutzen *m* [prc]

piped verrohrt [prc]

piped gas Ferngas *n* [pow]

pipelaying hook Rohrlegehaken *m* (Erdverlegung) [tib]

pipeline Rohrleitung *f* [prc]

pipeline alignment Rohrtrasse *f* [prc]

pipeline bridge Rohrbrücke *f* [prc]

pipeline construction Rohrleitungsbau *m*

pipeline driver Rohrvorschubgerät *n* [tib]

pipeline excavator Grabenbagger *m* [tib]

pipeline monitoring system Leitungsüberwachung *f* [any]

pipeline pusher Rohrvorschubgerät *n* [tib]

pipeline route, district-heating - Fernwärmeleitungstrasse *f* [pow]

pipeline section Rohrschuss *m* [prc]

pipeline trench Rohrgraben *m* [tib]

pipeline trenching Rohrgrabenaushub *m* [tib]

pipette pipettieren *v* [any]

pipeway Rohrleitungskanal *m* [tib]; Rohrtrasse *f* [tib]

pipework Verrohrung *f* [prc]

pipework drawing Rohrleitungsplan *m* [des]

piping Röhrenbildung *f* (in Schüttgut) [prc]; Schachtbildung *f* (im Schüttgut) [prc]; Verrohrung *f* [prc]

piping and conduit Verrohrung *f* [prc]

piping diagram Rohrleitungsplan *m* [des]

piping plan Rohrleitungsplan *m* [des]

piping system, static - fest verlegte Rohrleitung *f* [was]

pit Baugrube *f*

pit ballast Grubenkies *m* [met]

pit bin Tiefbunker *m*

pit gravel Grubenkies *m* [met]

pit helmet Grubenhelm *m* [asi]

pit house Grubenhaus *n* (historisch: Grube mit Dach)

pit lining anchor Verbauanker *m*

pit sand Grubensand *m* [met]

pit-lime Grubenkalk *m* [met]

pitch Gefälle *n* (Dach); Dachneigung *f*; Schräge *f*

pitch pflastern *v*

pitch angle Blatteinstellwinkel *m* (Rotor Windenergieanlage) [pow]; Rotorblatteinstellwinkel *m* (Windenergieanlage) [pow]

pitch circle Lochkreis *m* [des]
pitch circle diameter Lochkreisdurchmesser *m* [des]
pitch cone Teilkegel *m* (Zahnrad) [des]
pitch control Pitchregelung *f* (Rotor Windenergieanlage) [pow]
pitch drive Blattverstellantrieb *m* (Rotor Windenergieanlage) [pow]
pitch line Ganglinie *f*
pitch of bars Stababstand *m* (Bewehrung)
pitch of holes Lochabstand *m* [des]
pitch of staggered rivets halbe Nietteilung einer versetzten Nietung *f* [stb]
pitch of weld Teilung der Schweißnaht *f* [des]
pitch roof Pultdach *n*; Schrägdach *n*
pitch-tapered beam Satteldachträger mit geneigtem Untergurt *m* (Holzbau)
pitched roof Schrägdach *n*
pitched roof insulation Steildachdämmung *f*
pitched roof, steep - Steildach *n*
pitcher Granitpflasterstein *m*
pitchfork Mistgabel *f*
pitching Sohlpflaster *n* (Staudamm); Packlage *f* [wba]; Steinvorlage *f* [wba]
pitchy pechartig [met]
Pitot tube Staurohr *n* (Staudruckmesser) [any]
pitting Korrosionsfraß *m* [met]
pivot Schwenkachse *f*
pivot bearing of swing bridge Königsstuhl *m* (Königsbolzenlagerung) [stb]
pivot bridge Drehbrücke *f* [tra]
pivot hinge Zapfengelenk *n* [stb]
pivot pier Drehpfeiler *m* (Drehbrücke)
pivot window Drehflügelfenster *n*
pivot-hung sash Kippfensterflügel *m*
pivot-hung window Kippfenster *n*
pivot-mounted mit Drehzapfen angeschlossen [tec]
pivoted gelenkig angeordnet
pivoted bucket elevator Pendelbecherwerk *n* [prc]
pivoted window Drehfenster *n*
pivoting window, horizontal - Schwingflügelfenster *n*
place einbringen *v* (Baumaterial); einlegen *v* (Bewehrung)
place concrete Beton einbringen *v* [bon]; betonieren *v* [bon]
place of accident Unfallort *m* [asi]
place of occurrence Anfallstelle *f*
place on edge hochkant stellen *v*
place reinforcing bars einbringen *v* (Bewehrung)
place to park Parkplatz *m* [tra]
placeability Einbaufähigkeit *f*
placed in parallel parallel geschaltet
placed rock-fill Steinpackung *f* [wba]
placement Einbau *m* (Beton); Anordnung *f* (räumliche Lage); Einbringung *f* [tib]

placement conditions Einbaubedingungen *pl* (Beton)
placement of concrete Betoneinbringung *f* [bon]; Betonieren *f* [bon]
placing Versetzen *n*; Einbau *m*; Einbringung *f*
placing boom Verteilermast *m* (Autobetonpumpe)
placing depth Verlegungstiefe *f* (Leitungsverlegung)
placing of concrete Betonieren *n* [bon]; Betoneinbringung *f* [bon]
placing of concrete, progressive - fortschreitendes Betonieren *n* [bon]
placing of shotcrete Torkretieren *n* [bon]; Auftrag von Spritzbeton *m* [bon]
placing plan Armierungsplan *m* [bon]; Bewehrungsplan *m* [bon]
placing point Abgabestelle *f* [tib]; Schüttstelle *f* [tib]
plain flach (eben); unlegiert [met]
plain Ebene *f* (flaches Land); Fläche *f* (Ebene)
plain bar glatter Stab *m* (Bewehrung) [met]
plain concrete unbewehrter Beton *m* [bon]
plain control mix Nullbeton *m*
plain country Flachland *n* [geo]
plain reinforcing bar querschnittsgleicher Bewehrungsstab *m* [bon]
plain tie rod Vollschaftanker *m* (Spundwand)
plain tile Flachziegel *m*
plan Entwurf *m* (Plan) [des]; Grundriss *m*; Plan *m* (Entwurf) [des]; Riss *m* (Zeichnung) [des]; Zeichnung *f* (Grundrisszeichnung) [des]
plan entwerfen *v* (planen) [des]; planen *v*
plan approval resolutions Planfeststellungsbeschlüsse *pl* [jur]
plan based on two parallel streets Zweistraßenanlage *f* (Siedlungsform: leiterförmig) [com]
plan for construction phases Bauphasenplanung *f*
plan for pipe-systems Rohrnetzplan *n* [was]
plan measurement Lagemessung *f* (Vermessung) [any]
plan of compensatory landscaping work landespflegerischer Begleitplan *m* [com]
plan of holes for building Aussparungsplan *m*
plan of the halls Hallenplan *m* (z.B. für Messen)
plan of the water system Gewässerplan *m* [com]
plan of work-flow Baulaufplanung *f*
plan view Draufsicht *f* [des]
plan view drawing Grundrisszeichnung *f* [des]
plan, flexible - flexibler Grundriss *m* [arc]
plan, open - offener Grundriss *m* [arc]
plan, variable - variabler Grundriss *m* [arc]
planar motion ebene Bewegung *f* [phy]
planation Einebnung *f* [geo]
plane eben (flach); plan (eben)
plane einebnen *v* [tib]; planieren *v*
plane bending ebene Biegung *f* (Bewehrung) [bon]; Flachbiegung *f* (Bewehrung)

plane frame ebener Rahmen *m*
plane motion ebene Bewegung *f* [phy]
plane of bending Biegeebene *f* (Armierung) [bon]
plane of projection Ansichtsebene *f* [des]
plane of reference Bezugsebene *f* [des]
plane of section Schnittebene *f* (Zeichnung) [des];
Schnittfläche *f* (Zeichnung) [des]
plane of stratification Schichtungsebene *f* [geo]
plane of web Stegebene *f* [stb]
plane projection Tafelprojektion *f* (darstellende
Geometrie) [mat]
plane shuttering ebene Schalung *f* [bon]
plane state of stress ebener Spannungszustand *m*
[met]
plane strain zweiachsige Verformung *f* [met]
plane stress ebener Spannungszustand *m*
[met]
plane surface ebene Oberfläche *f*
plane survey Stückvermessung *f* [any]
plane tile Biberschwanz *m* (Dachziegel); Flachziegel *m*
plane truss ebenes Fachwerk *n*
plane-parallel planparallel [des]
planer Planiergerät *n* [tib]
planing Einplanieren *n* [tib]
planish glätten *v* (Gelände) [tib]
planisher Schlichthammer *m* [wzg]
plank Bohle *f*; Holzdiele *f*
plank bottom Bohlenbelag *m*
plank covering Bohlenbelag *m*
plank floor Bohlendecke *f*
plank flooring Dielung *f*
plank grating Bohlenrost *m*
plank of wood Holzbohle *f* [met]
plank partition Schalwand *f* [bon]
plank platform Bohlenbelag *m*
plank revetment Bretterverkleidung *f*
plank roadway Bohlenweg *m*
plank truss Brettbinder *m*; Nagelbinder *m*
plank-board flooring Dielenfußboden *m*
planking Bohlenbelag *m* [tib]; Holzverschalung *f*;
Verschalung *f* (durch Bohlen)
planned built-up area beplanter Innenbereich *m*
[com]
planned maintenance planmäßige Instandhaltung *f*
planned quantities Mengenansatz *m* [met]
planned town Gründungsstadt *f* [com]
planned, as - planmäßig
planner Planer *m* [des]
planning Planung *f*; Projektierung *f* [des]
planning alterations Planänderungen *pl* [des]
Planning Appeals Commission Beschwerdeaus-
schuss für Planungsangelegenheiten *m* (Nordirland)
[jur]
planning approach Planungsansatz *m*
planning approval Planfeststellung *f* [com]

planning approval, official - Planfeststellungsbeschluss *m* [com]
planning area Planungsgebiet *n*; Planungsgebiet *n*
(Planungsregion)
planning authority Planungsbehörde *f*
planning blight planungsinduzierter Verfall *m*;
planungsinduzierte Zerstörung *f*
planning brief Ausschreibungsvorgaben *pl* [eco]
planning commission Planungsausschuss *m*
planning concept Planungskonzept *n* [des]
planning conception Entwurfslösung *f*
planning department Planungsabteilung *f*
planning discussion Planungsgespräch *n*
planning documents, preliminary -
Vorplanungsunterlagen *pl* [des]
planning for needed construction time Bauablaufplanung *f*
planning for permission to build Genehmigungsplanung *f*
planning grid Entwurfsraster *n*
planning guideline Planungsrichtlinie *f*
planning horizon Planungshorizont *m*; Planungszeitraum *m* [des]
planning inquiry Plananhörung *f* [jur]
Planning Inspectorate nationale Planungsbehörde *f*
(GB)
planning law Planungsgesetz *n* [jur]
planning manual Planungshandbuch *n*
planning method Planungsverfahren *n* [des];
Planungsmethode *f* [des]
planning model Planmodell *n* [des]
planning of the main details Leitdetailplanung *f*
[des]
planning of working procedures Ablaufplanung *f*
planning office Planungsbüro *n*
planning permission Planfeststellung *f*; planungsrechtliche Genehmigung *f* [com]
planning phase Planungsstadium *n* [des];
Planungsstadium *n* [des]; Planungsstufe *f* [des]
planning power Planungshoheit *f* [com]
planning principles Planungsgrundsätze *pl*
planning procedure Planungsverfahren *n*;
Planungsablauf *m* [des]; Planungsmethode *f* [des]
planning process Planungsverfahren *n* [des];
Planungsprozess *m* [des]
planning requirements Planungsanforderungen *pl*
planning scheme Rahmenplan *m* [com]
planning scheme, overall - übergeordnete Planung *f*
planning services Planungsleistungen *pl* [des]
planning stage Planungsstadium *n* [des]; Planungsphase *f* [des]
planning strategy Entwurfsplanung *f* [com]
planning system Planungssystem *n* [des]
planning targets Planungsvorgaben *pl* [des]
planning task Planaufgabe *f*; Planungsaufgabe *f*
planning team Planungsgruppe *f*

planning term Planungsbegriff *m*
planning the construction phase Baubetriebs-planung *f*
planning to anticipated requirements Bedarfs-planung *f*
planning tools Planungsmechanismen *pl*
planning zone Teilplanungsbereich *m* [com]
plant Anlage *f* (Industrieanlage); Einrichtung *f*; Fabrik *f*
plant construction Industriebau *m*
plant engineering Betriebstechnik *f*
plant layout Anlagenkonzeption *f*
plant location planning Standortplanung *f* [des]
plant mixture Maschinenmischung *f* (maschinell erstellte Mischung) [met]
plant pigment Pflanzenfarbstoff *m* [met]; pflanzlicher Farbstoff *m* [met]
plant resin Naturharz *n* [met]
plant security Betriebsschutz *m* [asi]
plant service water Brauchwasser *n* [was]
plant that needs approval genehmigungsbedürftige Anlage *f*
plant that needs license genehmigungsbedürftige Anlage *f*
plant under construction Anlage im Bau *f*
plant yard Abstellplatz für Baumaschinen *m*; Maschinen- und Geräteplatz *m*
plant-growth purification station Pflanzenklär-anlage *f* [was]
plant-type purification plant Pflanzenkläranlage *f* [was]
planted area Grünfläche *f*
planting strip Grünstreifen *m*
plasma-metal G-welding Plasma-Metall-Schutzgas-schweißen *n* [wer]
plaster Estrich *m*; Gips *m* [met]; Mauerputz *m*; Putz *m*; Putzmörtel *m* [met]; Verputz *m*
plaster abputzen *v* (Hauswand); gipsen *v*; putzen *v* (verputzen); verputzen *v*
plaster additive Putzvergütungsmittel *n* [met]; Putzzusatzmittel *n* [met]
plaster adhesion Putzhaftung *f*
plaster and stucco works Putz- und Stuckarbeiten *pl*
plaster application in more than one layer mehr-lagiger Putzauftrag *m*
plaster application in one layer einlagiger Putz-auftrag *m*
plaster base Putzgrund *m*; Putzträger *m*; Putz-untergrund *m*
plaster board, big - stockwerkshohe Gipsplatte *f*
plaster ceiling Putzdecke *f*
plaster coat Verputz *m*; Putzschicht *f*
plaster concrete Gipsbeton *m* [bon]
plaster concrete block Gipsbetonstein *m* [bon]
plaster detachment Putzablösung *f*

plaster finish Gipsestrich *m*; Gipsüberzug *m*
plaster floor Gipsestrich *m*
plaster floor, cast - gegossener Estrich *m*
plaster gypsum Putzgips *m* [met]
plaster impregnation Putzimprägnierung *f*
plaster lath Putzträger *m* [met]
plaster lime Gipskalk *m* [met]
plaster model Gipsmodell *n*
plaster mortar Gipskalk *m* [met]; Gipsmörtel *m*; Putzmörtel *m* [met]
plaster of Paris Gipsmörtel *m* (Wanddekor); Stuck *m* (Wanddekor); Stuckgips *m* (Material für Stuck) [met]
plaster on an infill panel Gefachputz *m* (Fachwerk-bau)
plaster panel Gipsplatte *f*
plaster powder Gipsmehl *n* [met]
plaster profile Putzprofil *n*
plaster reinforcement Putzbewehrung *f*
plaster screed Gipsleiste *f*
plaster stucco Gipsputz *m*
plaster stuff Feinputzmörtel *m* [met]
plaster trowel Putzkelle *f* [wzg]
plaster wall Kalkwand *f*
plaster, acoustic - schalldämmender Putz *m*; Schalldämmputz *m*
plaster, washed - gewaschener Putz *m*
plaster-based thermal insulation system Wärme-dämmputzsystem *n*
plasterboard Gipskartonplatte *f* [met]; Putzdiele *f* (Wandbauplatte als Putzträger)
plastered wall verputzte Wand *f*
plasterer Gipser *m*; Stukkateur *m*
plastering Verputzarbeiten *pl*; Putzen *n* (Verputzen); Verputzen *n*; Bewurf *m*; Verputz *m*
plastering coat Putz *m*
plastering machine Putzmaschine *f* (Verputzmaschine); Verputzmaschine *f*
plastering mix Putzmörtel *m* [met]
plastering mortar, mineral - mineralischer Putzmörtel *m* [met]; Mineralputzmörtel *m* [met]
plastering refuse Kalkschutt *m* [rec]
plastering system Putzsystem *n*
plastering trowel Putzkelle *f* [wzg]
plasterwork Putzen *n* (Verputzen); Verputz *m*
plastic formbar [met]; plastisch [met]; plastisch (Beton: Konsistenz) [met]
plastic binder Kunststoffkleber *m* [met]
plastic clay plastischer Ton *m* [geo]
plastic coating Kunststoffüberzug *m* [met]; Kunst-stoffbeschichtung *f* [met]
plastic condition plastischer Zustand *m* [met]
plastic covering Kunststoffbeschichtung *f* [met]
plastic deformation plastische Verformung *f* [met]
plastic dispersion paint Kunststoffdispersionsfarbe *f* [met]

plastic dowel Kunststoffdübel *m* [met]
plastic fibre Kunststofffaser *f* [met]
plastic film Folie *f* [met]; Kunststofffolie *f* [met];
Plastikfolie *f* [met]
plastic fitting Kunststoffbeschlag *m* [tec]
plastic flow Kriechen *n* (Beton) [met]
plastic foam Schaumkunststoff *m* [met]; Schaumstoff *m* (steifer -) [met]
plastic foil Plastikfolie *f* [met]
plastic fracture Verformungsbruch *m* [met]
plastic hinge Biegescharnier *n*; Fließgelenk *n*;
plastisches Gelenk *n*
plastic insulated kunststoffisoliert [elt]
plastic insulating material Dämmkunststoff *m*
[met]
plastic jacket pipe Kunststoffmantelrohr *n* [met]
plastic liner Kunststoffauskleidung *f* [met]
plastic lining Kunststoffauskleidung *f* [met]
plastic mortar Epoxidharzmörtel *m*
plastic moulding compound Kunststoffformmasse *f*
[met]; Kunststoffpressmasse *f* [met]
plastic primer Kunststoffgrundierung *f* [met]
plastic products Kunststofferzeugnisse *pl* [met]
plastic recovery plastische Formänderung *f* (Beton)
[met]
plastic resin Kunstharz *n* [met]
plastic resin plaster Kunststoffputz *m* [met]
plastic resin screed Kunststoffestrich *m*
plastic roadline Kunststoffmarkierungsstreifen *m*
(auf Straßen) [met]
plastic scrap Kunststoffabfall *m* [rec]; Plastikabfall
m [rec]
plastic section modulus plastisches Moment des
Querschnitts *n* [sik]
plastic sheet Kunststofffolie *f* [met]
plastic sheeting Kunststofffolie *f* [met]
plastic strain plastische Verformung *f* [met]
plastic strain, total - bleibende Gesamtverformung *f*
[met]
plastic strength Festigkeit bei plastischer Bemessung *f* [sik]
plastic tube Kunststoffleitung *f* [met]
plastic waste Altkunststoff *m* [rec]; Kunststoffabfall *m* [rec]
plastic window sill Kunststoff-Fensterbank *f*
plastic, highly - hochplastisch [met]
plastic-coated kunststoffbeschichtet [met]; kunststoffkaschiert [met]
plastic-laminated kunstoffbeschichtet [met]
plastic-proofed kunststoffimprägniert [met]
plastic-sheathed kunststoffummantelt [met]
plastication Plastifizierung *f* [che]
plasticity design Traglastverfahren *n* (Lastverformung) [sik]; Plastizitätsberechnung *f*
(Lastverformung) [sik]
plasticity of concrete Betonplastizität *f* [bon]

plasticity of the soil Nachgiebigkeit des Bodens *f*
[geo]
plasticize plastizieren *v*
plasticizer Fließmittel *n* (Betonzusatz) [met];
Plastifizierungsmittel *n* [che]; Betonverflüssiger *m*
[met]; Weichmacher *m* (Kunststoff) [met]
plasticizing agent Weichmacher *m* (Kunststoff)
[met]
plastics Plastik *n* (Kunststoff) [met]
plastics coating Kunstharzbeschichtung *f* [met];
Kunststoffbeschichtung *f* [met]
plastics recycling Kunststoffrecycling *n* [rec];
Kunststoffverwertung *f* [rec]
plastics-laminated kunststoffbeschichtet [met]
platband verzierter Sturz *m*; Blendleiste *f*
plate Blech *n* (Platte) [met]
plate plattieren *v* [met]
plate air heater Plattenheizkörper *m* [pow]
plate anchor Telleranker *m*
plate arch Blechbogen *m* [stb]
plate exchanger Plattenaustauscher *m* [pow]
plate filler Füllblech *n* [met]
plate filter Plattenfilter *m* [was]
plate flooring Plattenbelag *m*
plate flooring, walk-on - begehbare Abdeckung *f*
plate girder Blechträger *m* [stb]; Plattenträger *m*
[stb]; Vollwandträger *m* [stb]
plate girder bridge Blechträgerbrücke *f* [stb];
Vollwandbrücke *f*
plate girder web Blechträgersteg *m* [stb]
plate glass Flachglas *n* [met]; Tafelglas *n* [met]
plate glass, polished - Spiegelglas *n* [met]
plate metal Grobblech *n* [met]
plate radiator Flächenheizkörper *m* [pow];
Plattenheizkörper *m* [pow]
plate settler Lamellenklärer *m* [was]
plate stiffener Versteifungsblech *n* [met];
Verstärkungsplatte *f*
plate structure Scheibentragwerk *n*
plate theory Scheibentheorie *f* (Spannungsberechnung) [sik]
plate vibrator Plattenrüttler *m* [bon]; Plattenvibrator *m* [bon]
plate-and-frame press Rahmenfilterpresse *f* [was]
plate-bending machine Blechbiegemaschine *f* [wer]
plate-straightening machine Blechrichtmaschine *f*
[wer]
plated galvanisiert [met]; metallüberzogen [met]
platform Gleis *n* (Bahnsteig) [tra]; Bahnsteig *m*
[tra]; Bühne *f*; Fahrplatte *f* [stb]; Hebebühne *f*;
Laufbühne *f*; Rampe *f*; Wagenbühne *f*
platform beam Bühnenriegel *m*
platform connection Bühnenbefestigung *f*
platform for lifting persons Hubarbeitsbühne *f*
platform framing Stockwerksbau *m*
platform girder Bühnenträger *m* (Hochofen) [roh]

platform post Bühnenstiel *m*
platform roof Flachdach *n*
platform scale Brückenwaage *f* [any]; Fahrzeugwaage *f* [any]
platinate platinieren *v* [met]
plating Belag *m* (Schicht)
play Spiel *n* (zwischen Bauteilen) [des]
pleasant to live in lebenswert
pliers Zange *f* (Werkzeug) [wzg]
plinth Mauersockel *m*; Sockel *m* (Säule); Plinthe *f*
(Renaissance: Sockel) [arc]; Säulenplatte *f* [arc]
plinth line, structural - konstruktive Sockellinie *f*
plinth masonry Sockelmauerwerk *n*
plinth panel Sockelblende *f* (Küchenmöbel)
plinth protrusion Sockelvorsprung *m*
plinth wall Sockelmauer *f*
plot Diagramm *n* (Zeichnung) [des]; Flurstück *n*
[com]; Grundstück *n*; Hausgrundstück *n*; Grund
m (Bau-); Parzelle *f* [com]
plot auftragen *v* (zeichnen) [des]; zeichnen *v* [des]
plot area Grundstücksfläche *f*
plot boundary Grundstücksgrenze *f*
plot of land Grundstück *n*
plot of land harbouring residual pollution Altlastengrundstück *n* [geo]
plot plan Aufstellungsplan *m* [des]; Lageplan *m* [des]
plot ratio Geschossflächenzahl *f*
plot size Grundstücksgröße *f*
plot value Grundstückswert *m* [eco]
plot-point on curves Kurvenpunkt *m* [des]
plotted curve Kurvenzug *m* [des]
plotting Zeichnen *n* [des]
plotting board Zeichentisch *m* [des]; Zeichenplatte
f [des]
plug einschalten *v* (Gerät) [elt]
plug adapter Zwischenstecker *m* [elt]
plug fuse Einschraubsicherung *f* [elt]
plug grain Steckkorn *n* (Sieben) [prc]
plug in anschließen *v* (Steckdose) [elt]
plug pin Stiftkontakt *m* [elt]
plug receptacle Steckbuchse *f* [elt]
plug sample Kernprobe *f* [any]
plug socket Steckdose *f* [elt]
plug weld Lochschweißung *f* [met]; Pfropfenschweißung *f* [met]; Schlitznaht *f* (Schweißnaht)
[met]
plug-and-socket connection Steckverbindung *f* [elt]
plug-flow model Kolbenströmungsmodell *n* [prc]
plug-in component steckbares Bauelement *n* [elt]
plug-in connection Steckverbindung *f* [elt]
plug-in module Einsteckmodul *m* [elt]; steckbarer
Baustein *m* [elt]
plug-in unit Einsteckeinheit *f* [elt]
plug-welding Stichlochschweißen *n* [wer]
plugging Tamponieren *n* (Tiefbohrzement); Verdübeln *n*; Verstopfen *n*

plugging agent Dichtungsmittel *n* [met]
plugging chart Schaltdiagramm *n* [elt]
plugging diagram Schaltdiagramm *n* [elt]
plugging mortar Abdichtungsmörtel *m* [met]
plumb loten *v*
plumb line Bleilot *n* [met]
plumb, optical - optisches Lot *n* (Vermessung)
[any]
plumber Spengler *m* [wer]
plumbing Installationssystem *n* (Rohrleitungen)
[tga]; Hausinstallation *f* [tga]; Installation *f* (Gas,
Wasser) [tga]
plumbing element Sanitärelement *n*
plumbing fitting Installationsmaterial *n* (Rohre)
[tga]; Rohrfitting *n* [prc]
plumbing piping Sanitärleitungen *pl*
plumbing stack Installationsschacht *m* [tga]
plumbing system Installationssystem *n* (Rohrleitungen) [tga]; Installation *f* (Gas, Wasser) [tga]
plumbing work Sanitärinstallation *f* [tga]
plumbous-plumbic oxide Bleimennige *n* [met]
plunger Schwimmer *m* (im Spülbecken) [tga]
plunger elevator Saugheber *m* [was]
plus allowance oberes Abmaß *n* [des]
plutonic rock Tiefengestein *n* [geo]
ply Schicht *f* (Holz) [met]
ply glass Schichtglas *n* [met]
plywood Schichtholz *n* [met]; Sperrholz *n* [met];
Schalhaut *f* [bon]
plywood board Schichtholzplatte *f* [met]
plywood slab formwork Sperrholzschalung *f* [bon]
plywood strip Sperrholzfeder *f*
pneumatic breaker Presslufthammer *m* [wzg]
pneumatic chisel Druckluftmeißel *m* [wzg];
Pressluftmeißel *m* [wzg]
pneumatic classification pneumatisches Sortieren *n*
[prc]
pneumatic conveying pneumatische Förderung *f*
(von Schüttgut) [prc]
pneumatic conveying equipment pneumatische
Förderanlage *f* [prc]
pneumatic conveyor Druckluftförderer *m* [prc];
pneumatischer Förderer *m* [prc]
pneumatic conveyor unit pneumatische Förderanlage *f* [prc]
pneumatic conveyor, suction - Saugluftförderer *m*
[prc]; Saugluftförderanlage *f* [prc]
pneumatic drill Druckluftbohrer *m* [wzg];
Pressluftbohrer *m* [wzg]
pneumatic foundation pneumatische Gründung *f*
pneumatic grouter Drucklufteinpressgerät *n*
pneumatic hammer Drucklufthammer *m* [wzg];
Presslufthammer *m* [wzg]
pneumatic hammer drill Druckluftschlagbohrer *m*
[wzg]
pneumatic lifting device Drucklufthebezeug *n* [wer]

pneumatic measuring equipment pneumatische Messeinrichtung *f* [any]

pneumatic measuring transmitter pneumatischer Messumformer *m* [any]

pneumatic paving rammer Druckluftpflasterramme *f* [tib]

pneumatic pick Drucklufthammer *m* [wzg]; Pickhammer *m* [wzg]

pneumatic plaster-throwing machine Druckluftverputzgerät *n*

pneumatic rammer Druckluftstampfer *m* [tib]; Druckluftramme *f* [tib]

pneumatic riveter Pressluftnietmaschine *f* [wer]

pneumatic riveting Pressluftnieten *n* [wer]

pneumatic riveting hammer Luftniethammer *m* [wzg]

pneumatic stower pneumatische Versatzmaschine *f*

pneumatic tamper Druckluftstampfer *m* [wzg]

pneumatic transport pneumatische Förderung *f* [prc]

pneumatic tube conveyor pneumatische Förderanlage *f* [prc]

pneumatic vibrator Druckluftrüttler *m* [bon]

pocket lamp Handlampe *f* [elt]

podsol Podsol *n* [geo]; Bleicherde *f* [geo]

podsol soil Bleichboden *m* [geo]; Podsolboden *m* [geo]

point bearing Punktlager *n*

point bearing pressure Spitzendruck *m*

point load Einzellast *f* [sik]; punktförmige Belastung *f* [sik]; Punktlast *f* [sik]

point of anchorage Ankerpunkt *m* (Festpunkt); Festpunkt *m*

point of application of load Kraftangriffspunkt *m* [sik]; Lastangriffspunkt *m* [sik]

point of bending up Abbiegestelle *f* (Bewehrung)

point of construction Konstruktionspunkt *m*

point of contraflexure Momentennullpunkt *m* [sik]; Wendepunkt *m* (z.B. der Biegelinie) [sik]; Wendepunkt der Biegelinie *m* [sik]

point of deposit Einbaustelle *f* (Straßenbau) [tib]

point of discontinuity Unstetigkeitsstelle *f* [sik]

point of failure Schadenstelle *f*

point of operation Spannstelle *f* [bon]

point of support Auflagepunkt *m*; Auflagerpunkt *m*

point of tangency Berührungspunkt *m* (Planimetrie) [des]

point of zero moment Momentennullpunkt *m* [sik]

point saw Stichsäge *f* [wzg]

point source punktförmige Quelle *f*

point support Punktlager *n*; Auflagerpunkt *m*

point welding Punktschweißung *f* [met]

point-based punktförmig

point-source pollution punktuelle Einleitung *f* [was]

point-supported punktgehalten

pointed gefugt (Spalte); spitz

pointed arch Spitzbogen *m* [arc]

pointed chisel Spitzmeißel *m* [wzg]

pointed column Spitzpfeiler *m*

pointed dome Spitzkuppel *f* [arc]

pointed head spitzer Nietkopf *m* [tec]

pointed joint Sichtfuge *f*

pointed pliers Spitzzange *f* [wzg]

pointed vault Spitzkuppel *f* [arc]

pointer instrument Zeigerinstrument *n* [any]

pointing Abdachen *n* [tib]; Ausfugen *n* [wer]; Verfugen *n*

pointing mortar Fugenmörtel *m* [met]

pointing trowel Spitzkelle *f* [wzg]

poker vibrator Innenrüttler *m* [bon]

polar method Polarverfahren *n* (Vermessung) [any]

polder Polder *m*; Einpoldern *f* [tib]

polder dyke Polderdeich *m*

pole Mast *m* (Stange); Pfosten *m*

pole assignment Polvorgabe *f* [elt]

pole plate Auflageholz *n*

pole, negative - Minuspol *m* [elt]

poledrain Querrinne *f*

poling board Holzverschalung *f*

polish off verputzen *v*

polish up aufpolieren *v* (Holz, etc.) [met]

polishable polierbar [met]

polished lime plaster Kalk-Glanzputz *m*

polished lime render Kalk-Glanzputz *m*

polished plaster Glanzputz *m*

polished sample Anschliff *m* [any]

polished section Anschliff *m* [any]

polished specimen Schliffprobe *f* [any]

polishing agent Schleifmittel *n* [met]

polishing varnish Schleiflack *m* [met]

pollutant Schadstoff *m* [met]; Verunreinigung *f* (Stoff)

pollutant balance Schadstoffbilanz *f* [che]

pollutant content Schadstoffgehalt *m* [che]

pollutant detection Schadstoffnachweis *m* [any]

pollutant determination Schadstoffbestimmung *f* [any]

pollutant formation Schadstoffbildung *f* [che]

pollutant immobilization Schadstoffimmobilisierung *f* [che]

pollutant to the aquatic environment wasserverunreinigend [was]

pollute verunreinigen *v* (Wasser, Luft)

polluted area, newly - Neulast *f* [geo]

polluted site belastetes Grundstück *n*

polluted soil belasteter Boden *m* [geo]

polluted water belastetes Wasser *n* [was]; Schmutzwasser *n* [was]; verseuchtes Wasser *n* [was]

polluting umweltverschmutzend

polluting agent umweltgefährdender Stoff *m* [met]

polluting load Schmutzfracht *f* [was]

pollution burden, maximum - maximale Schadstoffbelastung *f*
pollution control Umweltschutz *m* (Maßnahme)
pollution of bodies of water Gewässerverunreinigung *f* [was]
pollution test Emissionstest *m* [any]
polyacryl fibre Polyacrylfaser *f* [met]
polyacrylamide Polyacrylamid *n* [che]
polyacrylate Polyacrylat *n* [che]
polyacrylate resin Polyacrylatharz *n* [met]
polyacrylic resin Polyacrylharz *n* [met]
polyamide fibre Polyamidfaser *f* [met]
polyamide resin Polyamidharz *n* [met]
polycarbonate Polycarbonat *n* [che]
polycondensation product Polykondensat *n* [che]
polyester Polyester *m* [che]
polyester concrete Polyesterbeton *m* [bon]
polyester filler Polyesterspachtelmasse *f* [met]
polyester paint Polyesterlack *m* [met]
polyester resin Polyesterharz *n* [met]
polyether Polyether *m* [che]
polyethylene Polyethylen *n* [che]
polyethylene foam Polyethylenschaumstoff *m* [che]
polyethylene terephthalate Polyethylenterephthalat
n [che]
polygon Polygon *n* [mat]
polygon of forces Kräftepolygon *n*; Krafteck *n* [sik]
polygonal mehreckig
polygonal method Polygonierung *f* (Vermessung)
[any]
polygonal truss polygonförmiges Fachwerk *n*
polyimide Polyimid *n* [che]
polyisoprene Polyisopren *n* [che]
polymer Polymer *n* [che]
polymer cement mortar Kunststoff-Zementmörtel
m [met]
polymer concrete Polymerbeton *m* [bon]
polymer electrolyte membrane fuel cell Polymer-
Elektrolyt-Membran-Brennstoffzelle *f* [pow]
polymer mortar Reaktionsharzmörtel *m* [met]
polymer plaster Kunstharzputz *m* [met]
polymer plasticizer Polymerweichmacher *m* [che]
polymer render Kunstharzputz *m* [met]
polymer residues Kunststoffrückstände *pl* [rec]
polymeric plasticizer Polymerweichmacher *m* [che]
polymerization Polymerisation *f* [che]
polymethacrylate Polymethacrylat *n* [che]
polynucleated city polyzentrisch angelegte Stadt *f*
[com]
polypropylene Polypropylen *n* [che]
polypropylene fibre Polypropylenfaser *f* [met]
polypropylene glycol Polypropylenglykol *n* [che]
polysilicate Polysilicat *n* [che]
polysilicic acid Polykieselsäure *f* [che]
polystyrene Polystyrol *n* [che]; Styropor *n* [met]
polystyrene foam concrete Styroporbeton *m* [bon]

polystyrene resin Polystyrolharz *n* [met]
polytetrafluoroethylene Polytetrafluorethylen *n*
[che]
polyurethane Polyurethan *n* [che]
polyurethane foam Polyurethanschaum *m* [met]
polyvinyl acetate Polyvinylacetat *n* [che]
polyvinyl chloride Polyvinylchlorid *n* [che]
pond Becken *n* (Fisch-) [was]
pondage Wasserfassungsvermögen *m* [wba];
Rückhaltung *f* [was]; Speicherung *f* [was];
Wasserhaltung *f* [was]
ponded water eingedämmtes Wasser *n* [was]
ponding Einsumpfen *n* (Beton) [bon]; Wasserstauen
n [wba]; Einstau *m* [wba]; Wasserrückhaltung *f*
(Hydrologie) [was]
pontoon bridge Pontonbrücke *f*
pony truss bridge Fachwerkbrücke *f* (oben offene -)
[stb]
pool Bassin *n* [was]; Becken *n* (Schwimm-) [was]
pool block Beckenstein *m*
poor adhesion schlechte Bindung *f* [met]
poor concrete Magerbeton *m* [bon]; magerer Beton
m [bon]
poor district Elendsviertel *n* [com]
poor flow, of - strömungsarm [prc]
poor footing geringe Bodenhaftung *f* (Baufahrzeug)
poor lime Magerkalk *m* [met]
poor soil magerer Boden *m* [geo]; nährstoffarmer
Boden *m* [geo]; verarmter Boden *m* [geo]
poorly noise insulated hellhörig [aku]
poorly soluble schwer löslich [met]
poorly sound-proofed hellhörig [aku]
poorly volatile schwer flüchtig [met]
popping Abplatzen *n* (von Verputz) [met];
Putztreiben *n*
popping rock Bergschlag *m* [geo]
populated area Verdichtungsraum *m*
population equivalent Einwohnergleichwert *m*
[was]
population per household Belegungsziffer *f* (pro
Wohnung) [com]
porcelain bond keramische Bindung *f* [che]
porcelain insulator Lüsterklemme *f* [elt]
porcelain tile Porzellanfliese *f*
porch Schutzdach *n*; Vorbau *m*; Eingangshalle *f*;
Veranda *f*; Vorhalle *f* [arc]
porch roof Vordach *n*
pore Pore *f* (Hohlraum)
pore filler Vorlack *m* [met]
pore pressure Porendruck *m* [met]
pore structure Porengefüge *n* [met]
pore water Porenwasser *n* [met]
pore water pressure Porenwasserdruck *m* [phy]
pore water pressure on a foundation Sohlenwasserdruck *m* [was]
pore-free porenfrei [met]

porosimeter Porosimeter n [any]
porosimetry Porosimetrie f [any]; Porositätsmessung f [any]
porosity Durchlässigkeit f (Porosität); Porosität f
[met]
porosity of the grains Korneigenporigkeit f [met]
porosity of the particles Korneigenporigkeit f [met]
porosity regulator Porenregler m [met]
porosity, isolated - vereinzelte Porosität f [met]
porosity, sparse - verstreute Porosität f [met]
porosity, uniformly distributed - gleichförmig
verteilte Porosität f [met]
porosity-free porenfrei [met]
porous porös [met]
porous backfill Filterfüllung f [geo]; Sickerfüllung
f [geo]
porous concrete Gasbeton m [met]; Schaumbeton
m [met]
porous concrete barrier Sickerbetonriegel m [bon]
porous disc Filterstein m [met]
porous material poröser Werkstoff m [met]
porous rock poröses Gestein n [geo]
porous, highly - hochporös [met]
port Hafen m (Handels-) [tra]
port basin Hafenbecken n [tra]
port of discharge Löschhafen m [tra]
port-slot Durchgangsöffnung f
portable tragbar; versetzbar
portable batcher fahrbarer Verwiegesilo m
portable crane Fahrkran m
portable fire extinguisher Handfeuerlöscher m
(Brandschutz) [asi]
portable grinder Schleifhexe f [wzg]
portable instrument tragbares Gerät n [any]
portable lamp Handlampe f
portable scaffold fahrbares Gerüst n
portal Portal n
portal bracing Endrahmen m; Portalverband m
portal bridge Portalbrücke f; Rahmenbrücke f
portal crane Portalkran m [wer]
portal frame Endportal n (Windportal); Portalrahmen m [stb]
portal jib crane Portaldrehkran m
portal leg Rahmenstiel m [stb]
portcullis Fallgatter n (Burgtor) [arc]; Fallgitter n
(Burgtor) [arc]
porter's lodge Pförtnerhaus n
portico Portikus m (römische Baukunst) [arc];
Säulengang m; Vorhalle f (Tempel)
Portland cement Portlandzement m [met]
Portland cement clinker Portlandzementklinker m
[met]
Portland cement, rapid-hardening - schnell
härtender Portlandzement m [met]
Portland trass cement Trasszement m [met]
posh Nobelherberge f (umgangssprachlich)

posh hotel Nobelherberge f (umgangssprachlich)
position aufstellen v
position decoder Wegerfassungsgerät n [any]
position encoder Wegaufnehmer m [any]
position finding Ortung f [any]
position indication Positionsanzeige f [any];
Stellungsanzeige f [any]
position indicator Positionsgeber m [any];
Stellungsanzeiger m [any]
position of load Laststellung f [sik]
position of welding Schweißposition f [met]
position sensor Positionsgeber m [any]; Stellungsgeber m [any]
position switch Positionsschalter m [elt]
position transducer Stellungsgeber m [any]; Wegaufnehmer m [any]
positional deviation Lageabweichung f
positioned length Einbaulänge f (Thermometer, u.a.)
[any]
positioning pin Anschlagstift m (zum Positionieren)
positioning switch Positionsschalter m [elt]
positive plus [elt]
positive noise reduction aktive Lärmminderung f
[aku]
positive pressure dust hood Drucklufthaube f [asi]
positive-displacement meter Verdrängungszähler m
[any]
positively charged positiv geladen [elt]
possible solution Lösungsmöglichkeit f
post Pfosten m (Fachwerk) [stb]; Ständer m [stb];
Stiel m; Strebe f (Pfosten)
post and beam construction Holzständerbau m
((Vorgang))
post and beam structure Holzständerbau m
(Gebäude)
post bracket Säulenkonsollager n
post crane Säulenkran m
post driver Pfostenramme f [tib]
post puller Pfostenzieher m [tib]
post shrinkage Nachschwindung f (Formmassen)
[met]
post-chlorination Nachchlorung f [was]
post-insulated nachträglich isoliert [pow]
post-prestressed mit nachträglichem Verbund
vorgespannt [bon]
post-tensioned nachgespannt [stb]
postchlorinate nachchloren v [was]
posted construction Prismenbau m
postern Seiteneingang m
postmaturation Nachrotte f [rec]
Postmodernism Postmoderne f [arc]
postpone verlegen v (verschieben)
postponement of building applications Zurückstellung von Baugesuchen f
postprocessing Nachbearbeitung f [wer]; Nachverarbeitung f [wer]

pot bearing Topflager *n* [stb]
pot life Abbindzeit *f* (Material) [met]; Topfzeit *f* (Material) [met]
potable trinkbar [was]
potable water Trinkwasser *n* [was]
potable water network Trinkwassernetz *n* [was]
potable water system Trinkwassersystem *n* [was]
potash Pottasche *f* [che]
potential evaporation potenzielle Verdunstung *f* [was]
potential for rationalization Rationalisierungspotenzial *n* [wer]
potential pollution, area of - Verdachtsfläche *f* [geo]
potential savings Einsparungspotenziale *pl* [eco]
potential to cause harm Gefährdungspotenzial *n* ([Variante]) [asi]
potential use mögliche Nutzung *f*
pothole Schlagloch *n* (Straße) [tib]; Aushöhlung *f*
pounce Bimssteinpulver *n* [met]
pound stoßen *v* (zerstoßen)
pour Einbauschicht *f* (Beton) [bon]
pour concrete einbringen *v* (Beton); gießen von Beton *v* [bon]
pour foundations Fundamente gießen *v*
pour rate Betonierleistung *f* (für Vergießen von Beton) [bon]
pour together zusammenschütten *v*
poured asphalt Gussasphalt *m*
poured concrete Gussbeton *m* [bon]
poured-in-place betoniert (am Einbauort) [bon]
poured-in-place concrete Ortbeton *m* [bon]
pouring mortar Vergussmörtel *m* [met]
pouring of concrete Betonieren *n* [bon]; Betoneinbringung *f* [bon]
pouring process Gießverfahren *n* (für heiße Klebemassen)
powder pulverisieren *v* [prc]; zerpulvern *v* [prc]
powder asphalt Stampfasphalt *m* (ohne Bitumenzusatz) [tib]
powder mould coating Pulverlack-Beschichtung *f* [met]
powder paint Farbe in Pulverform *f* [met]
powder stabilizer Pulverstabilisator *m* [met]
powder varnish Pulverlack *m* [pow]
powder-based paint Pulverlack *m* [met]
powder-coated pulverbeschichtet [met]
powder-type fire extinguisher Trockenlöscher *m* (Brandschutz)
powdered clay Lehmpulver *n* [met]
powdered limestone Kalksteinmehl *n* [met]
powdering Feinmahlen *n* [prc]
powdery material Staubgut *n* [met]
power Energie *f* [pow]; Leistung *f* [phy]
power amplifier Leistungsverstärker *m* [elt]
power balance Energiebilanz *f* [pow]

power box Netzanschlusskasten *m* [elt]
power cable Leistungskabel *n* [elt]; Netzkabel *n* [elt]; Starkstromkabel *n* [elt]; Netzleitung *f* [elt]; Stromleitung *f* [elt]
power circuit Hauptstromkreis *m* [elt]; Kraftstromkreis *m* [elt]; Starkstromkreis *m* [elt]
power collection system elektrisches Kraftwerksnetz *n* (Aufnahme von Strom aus Windenergieanlage) [elt]
power connection Netzanschluss *m* [elt]; Stromanschluss *m* [elt]
power consumed abgenommene Leistung *f* [pow]
power consumer Stromverbraucher *m* (Kunde) [elt]
power consumption Stromverbrauch *m* [pow]; Energieaufnahme *f* [pow]; Leistungsaufnahme *f* [pow]; Stromentnahme *f* [elt]
power control Leistungsregelung *f* [elt]; Leistungssteuerung *f* [elt]
power control, reactive - Blindleistungsregelung *f* [elt]
power controller Leistungsregler *m* [elt]
power correction, reactive - Blindleistungskompensation *f* [elt]
power current Netzstrom *m* [elt]; Starkstrom *m* [elt]
power cut Stromsperre *f* [elt]
power demand Energiebedarf *m* [pow]; Kraftbedarf *m* [pow]; Leistungsbedarf *m* [pow]
power distribution Energieverteilung *f* [pow]; Stromverteilung *f* [elt]
power divider Leistungsteiler *m* [elt]
power drive Kraftantrieb *m* [pow]
power electronics Leistungselektronik *f* [elt]
power engine Kraftmaschine *f* [pow]
power engineering Energietechnik *f* [pow]
power excavator Hochleistungsbagger *m*
power fail restart Neustart nach Netzausfall *m* [elt]
power failure Netzausfall *m* [elt]; Stromausfall *m* [elt]
power feed Zuleitung *f* [elt]
power fluid Druckflüssigkeit *f* (Hydraulik) [met]
power frequency Netzfrequenz *f* [elt]
power gas Kraftgas *n* [pow]
power generation Energieerzeugung *f* [pow]; Stromerzeugung *f* [pow]
power generator Stromerzeuger *m* [elt]
power generator, backup - Notstromaggregat *n* [elt]
power generator, photovoltaic - fotovoltaischer Leistungsgenerator *m* ([Hauptvariante]) [pow]
power grid Stromversorgungsnetz *n* [elt]
power house Kesselhaus *n* [pow]
power input Leistungsaufnahme *f* [pow]; Stromaufnahme *f* [elt]; Zuleitung *f* [elt]
power installation Kraftstromanlage *f* [elt]; Starkstromanlage *f* [elt]

power lead Netzanschlussleitung *f* [elt]; Stromzuführung *f* [elt]

power line Kraftleitung *f* [elt]; Starkstromleitung *f* [elt]; Stromleitung *f* [elt]

power line, electric - Elektroleitung *f* [elt]

power loss Verlustleistung *f* [pow]

power market Strommarkt *m* [pow]

power module Netzeinschub *m* [elt]

power navvy Bagger *m*

power network Netz *n* (Verbundnetz) [elt]

power outlet Netzsteckdose *f* [elt]

power output abgegebene Leistung *f* [pow]; Leistungsabgabe *f* [pow]

power output, maximum available - maximale Ausgangsleistung *f* [elt]

power overhead line Energiefreileitung *f* [elt]

power pack Netzgerät *n* [elt]; Netzteil *n* [elt]; Stromversorgungsgerät *n* [elt]

power peak Stromspitze *f* [elt]

power pipeline Druckwasserleitung *f* [was]

power plant Kraftwerk *n* [pow]

power plant, helioelectric - elektroenergetisch genutztes Sonnenkraftwerk *n* [pow]

power plant, hydraulic - Wasserkraftwerk *n* [pow]

power plug Netzstecker *m* [elt]

power point supply Stromversorgung *f* [pow]

power produced verfügte Leistung *f* [pow]

power rammer Explosionsstampfer *m* (Tiefbau)

power rate Stromtarif *m* [pow]

power regulation Leistungsregelung *f* [elt]

power requirement Energiebedarf *m* [pow]; Kraftbedarf *m* [pow]; Leistungsbedarf *m* [pow]

power roller Motorwalze *f* [tib]

power room Maschinenraum *m*

power saving Strom sparend [elt]

power saving Energieeinsparung *f* [pow]

power set Stromaggregat *n* [elt]

power socket Netzsteckdose *f* [elt]

power source Energiequelle *f* [pow]; Stromquelle *f* [elt]

power station Kraftwerk *n* [pow]

power station, refuse-fuelled - Müllkraftwerk *n* [pow]

power station, small - Kleinkraftwerk *n* [pow]

power supply Netzgerät *n* [elt]; Energieanschluss *m* [elt]; Netzanschluss *m* [elt]; Energielieferung *f* [pow]; Energieversorgung *f* [pow]; Stromlieferung *f* [elt]; Stromversorgung *f* [elt]; Stromzufuhr *f* [elt]

power supply line Versorgungsleitung *f* [elt]

power supply system Starkstromnetz *n* [elt]; Stromversorgungsanlage *f* [elt]

power supply unit Netzteil *n* [elt]; Stromversorgungseinheit *f* [elt]

power supply, no-break - gesichertes Netz *n* [elt]; unterbrechungsfreie Stromversorgung *n* [elt]

power supply, uninterruptible - unterbrechungsfreie Stromversorgung *f* [elt]

power switch Netzanschlussschalter *m* [elt]; Netzschalter *m* [elt]

power system Netz *n* (Stromversorgung) [elt]

power system protection Netzschutz *m* [elt]

power tool Elektrowerkzeug *n* [wzg]

power transfer Leistungsübertragung *f* [pow]

power transmission Energieübertragung *f* [elt]; Kraftübertragung *f* [phy]

power transmission cable Energiekabel *n* [elt]

power transmission network Starkstromnetz *n* [elt]

power tunnel Triebwasserstollen *m* (Wasserkraftwerk) [was]

power unit Stromversorgungseinheit *f* [pow]

power up Einschaltung *f* [elt]

power-and-heat integration Kraft-Wärme-Kopplung *f* [pow]

power-driven saw Motorsäge *f* [wzg]

powered motorgetrieben [pow]

powered lift Motoraufzug *m*

powered rammer Explosionsstampfer *m* (Ramme) [tib]

powered tamper Schlagstampfer *m* [tib]

powerline Stromnetz *n* (<A>) [elt]

pozzolana Puzzolan *m* [met]

pozzolanic cement, artificial - Hüttenzement *m* [met]

practical praxisnah

practical completion Baufertigstellung *f*

practical completion certificate Gebrauchsabnahmeschein *m*

practical possibilities konstruktive Möglichkeiten *pl* [des]

practical requirements, meeting - praxisgerecht

practical use praktische Anwendung *f*

practice alarm Probealarm *m* [asi]

practice-oriented praxisorientiert

practice-related praxisbezogen; praxisgerecht

pram ramp Kinderwagenrampe *f*

Pratt truss Ständerfachwerk *n*

pre- and post-tensioning of reinforced bars Vor- und Nachspannen von Bewehrungsstäben *n* [bon]

pre-adjusted vorjustiert [any]

pre-aligned vorjustiert [any]

pre-bituminized vorbituminiert [met]

pre-emption price Vorkaufspreis *m* [eco]

pre-emptive right Vorkaufsrecht *n* [jur]

pre-existing condition Vorbelastung *f* [geo]

pre-impregnated vorimprägniert [met]

pre-qualification process Präqualifikationsverfahren *n* [eco]

pre-set concrete grüner Beton *m* (kurz vor dem Erstarren) [bon]

pre-set route Fahrstraße *f* (Bahn) [tra]

pre-shredding Vorzerkleinern *n* (Abfälle) [rec]

pre-soaked vorgetränkt [met]
preaerate vorbelüften v [was]
preaeration Vorbelüftung f [was]
preapproval process Vorgenehmigungsverfahren n
(Baugenehmigung) [jur]; Bauvoranfrage f (Baugenehmigung) [jur]
prebatched mortar vordosierter Mörtel m [met]
prebatching bin Vormischsilo m
precalculate vorausberechnen v
precast concrete Betonfertigteil n [bon]; Fertigteilbeton m [bon]
precast concrete construction Betonfertigteilbau m
[bon]; Fertigbetonbau m [bon]; Fertigteilbauweise f
precast concrete unit Betonfertigbauelement n
[bon]; Betonfertigteil n [bon]
precast construction Fertigbauweise f
precast construction unit Fertigbauteil n
precast floor Fertigdecke f; vorgefertigte Decke f
precast reinforced concrete unit Betonfertigteil n
[bon]
precast slab Fertigbetonplatte f [bon]
precast tile Formfliese f [met]
precasting plant Betonwerk n [roh]
precaution Sicherheitsvorkehrung f [asi]
precaution against fire Brandschutzmaßnahme f
[asi]
precautionary measure Schutzmaßnahme f [asi];
Sicherheitsmaßnahme f [asi]; Sicherungsmaßnahme f
precautionary value Vorsorgewert m
prechlorination Vorchlorung f [was]
precious metal Edelmetall n [met]
precious wood Edelholz n [met]
precipitant Ausfällungsmittel n [met]; Fällmittel n
[was]
precipitate Satz m (Niederschlag) [che]; Ausscheidung f [che]
precipitate sedimentieren v [che]
precipitated ausgefällt [was]
precipitating agent Fällmittel n [was]; Fällungsmittel n [was]
precipitating chamber Abscheideraum m [was]
precipitating liquid Fällflüssigkeit f [was]
precipitation Abscheidung f (Abtrennung);
Ausscheidung f [che]
precipitation agent Fällungsmittel n [met]
precipitation apparatus Fällapparat m [was]
precipitation basin Fällungsbecken n [was]
precipitation collector Niederschlagsammler m
[was]
precipitation drainage Niederschlagsversickerung f
[was]
precipitation excess Niederschlagsüberschuss m
[was]
precipitation gauge Niederschlagsmesser m [any]
precipitation plant Fällungsanlage f [was]
precipitation process Fällungsverfahren n [was]

precipitation sludge Fällungsschlamm m [was]
precipitation tank Absetzbecken n [was]
precipitation water management Niederschlagswasserbewirtschaftung f [was]
precipitator Abscheider m
precise coordination Feinabstimmung f
precise fit Passgenauigkeit f [wer]
precision balance Präzisionswaage f [any]
precision control Genauigkeitsprüfung f [any]
precision measurement Präzisionsmessung n [any]
precision measuring Präzisionsmessung f [any]
precision rod Präzisionslatte f (Höhenmessung)
[any]
preclassification Vorklassierung f [prc]
precleaning Vorklärung f [was]; Vorreinigung f
precoat Voranstrich m [met]
precompactor Vorverdichter m [tib]
preconsolidate vorverdichten v (mechanisch)
preconsolidation Vorverdichtung f (mechanisch);
Vorverfestigung f
preconstruction survey Projektvermessung f
(Baubereich) [any]
precrushing Vorzerkleinern n [prc];
Vorzerkleinerung f [prc]
predecessor Vorgängerknoten m (Netzplan) [des]
predetermine vorausberechnen v
predetermined breaking-point Sollbruchstelle f
[met]
predicted maintenance vorausplanende Instandhaltung f
predispostion to accidents Unfallanfälligkeit f [asi];
Unfalldisposition f [asi]; Unfallneigung f
prefab Fertighaus n
prefab house Fertighaus n
prefabricated building Fertigbau m
prefabricated building component Baueinheit f
prefabricated compound vorgefertigtes Bauteil n
prefabricated concrete floor Fertigdecke f
prefabricated concrete part Betonfertigteil n
[bon]
prefabricated construction Bauen mit Fertigteilen
n; Fertigteilbauweise f
prefabricated district-heating pipeline vorgefertigte Fernheizleitung f [pow]
prefabricated element Fertigbauteil n; Fertigteil n
prefabricated girder Fertigteilträger m
prefabricated house Fertighaus n; vorgefertigtes
Haus n
prefabricated member Fertigbauteil n; Fertigteil n
prefabricated reinforced concrete part Stahlbetonfertigteil n [bon]
prefabricated sewage treatment installation
Fertigbaukläranlage f [was]
prefabricated stair Fertigtreppe f
prefabricated timber house Holzfertighaus n
prefabricated unit Fertigteil n

prefabricated window Fensterelement *n*
prefabricated window unit Fertigfenster *n*
prefabricated-panel construction Fertigteilbauweise *f*
prefabrication Fertigbau *m* (Herstellung);
Fertigbauweise *f*
preferential path bevorzugter Weg *m* [wba]
prefilter Vorfilter *m* [prc]
preformed mastic tape Kittband *n* (Fensterinstallation)
prehardened concrete grüner Beton *m* (kurz vor
dem Erstarren) [bon]
preheater Vorwärmer *m* [pow]
preinvestment phase Projektvorbereitungsphase *f*
[des]
prelease Vorvermietung *f* (Immobilien) [eco]
preleasing Vorvermietung *f* (Immobilien) [eco]
preliminary allowance Kosten für Vorbereitungen
pl [eco]
preliminary approval Vorbescheid *m* [jur];
Vorabgenehmigung *f* [jur]
preliminary architectural plan Bauvorentwurf *m*
[des]
preliminary calculation Vorkalkulation *f* [eco]
preliminary clarification tank Vorbecken *n* [was]
preliminary crushing Grobzerkleinern *n* [roh];
Vorzerkleinern *n* [roh]
preliminary design Vorentwurf *m* [des]
**preliminary determination of compliance with
building law** Vorbescheid *m* (Baugenehmigung)
[jur]
preliminary draft Vorentwurf *m* [des]
preliminary drawing Vorentwurf *m* [des];
Entwurfszeichnung *f* [des]
preliminary examination vorläufige Prüfung *f*
preliminary experiment Vorversuch *m* [any]
preliminary mill Vormühle *f* [prc]
preliminary mordant Vorbeize *f* [met]
preliminary operation vorläufiger Betrieb *m*
preliminary permit Vorbescheid *m* [jur]
preliminary planning Vorausplanung *f* [des];
Vorplanung *f* [des]
preliminary sedimentation tank Vorbecken *n*
[was]; Vorklärbecken *n* [was]
preliminary settling basin Vorklärbecken *n* [was]
preliminary statics Vorstatik *f* [sik]
preliminary study Vorentwurf *m* [des];
Entwurfsstudie *f* [des]
preliminary test Vorversuch *m* [any]; Eignungsprüfung *f*; Vorprüfung *f* [any]
preliminary work Vorarbeit *f* [wer]
preload vorspannen *v*
preloading Vorlast *f*
premises Räumlichkeiten *pl* (Immobilien);
Anwesen *n*; Gelände *n*; Gelände *n* (Industrie-)
[geo]; Grundstück *n*

premises sewage treatment plant Kleinkläranlage *f*
[was]
premix vormischen *v* [prc]
premixed mortar, dry - Trockenfertigmörtel *m*
[met]
premixed plaster Fertigputz *m* [met]
premixed surfacing Mischbelag *m* (Straße) [tib];
Mischdecke *f* (Straße) [tib]
premixing Vormischen *n* [prc]
prepacked aggregate concrete Ausgussbeton *m*
[bon]; Prepaktbeton *m* [bon]
prepacked concrete Schlämmbeton *m* [bon];
Skelettbeton *m* [bon]
preparation Zubereitung *f* [che]
preparation for award of contract Vorbereitung
der Vergabe *f* [eco]
preparation of welds Schweißnahtvorbereitung *f*
[wer]
preparatory land use plan Flächennutzungsplan *m*
[com]
preparatory phase Vorbereitungsphase *f*
preparatory planning Vorplanung *f* [des]
preparatory work Vorarbeit *f* [wer]
prepare aufbereiten *v* (Beton); rüsten *v*; zubereiten *v*
prepared edge formbearbeitete Flanke *f* [stb]
preparing Aufbereiten *n* [prc]
prepayment of rent Mietvorauszahlung *f* [eco]
prepiling Rammsondierung *f* (mit Pfählen) [tib]
prepolymer Prepolymer *n* [che]
prepurification Vorklärung *f* [was]; Vorreinigung *f*
[was]
prerequisite Grundanforderung *f*; Voraussetzung *f*
presampler Vorabscheider *m* [any]
prescribe verordnen *v* [hum]
prescription Verordnung *f* [hum]
presedimentation Vorklärung *f* [was]
present use gegenwärtige Nutzung *f*
presentation Darstellung *f* (Darbietung); Kurvendarstellung *f* [des]; Vorlage *f* (Vorlegen)
presentation drawing Vorentwurf *m* (Architektur);
Vorlagezeichnung *f* (Formgestaltung) [des]
presentation method Darstellungsmethode *f* [des]
presentation model Präsentationsmodell *n*
preservation condition Erhaltungszustand *m*
(Bauwerk, Gebäude) [tib]
preservation of buildings Bautenschutz *m*
preserved, must be - sind zu erhalten
preset strength vorgegebene Festigkeit *f* [met]
presettle vorklären *v* [was]
presettling tank Vorklärbecken *n* [was]
presizing Vorklassierung *f* [prc]
pressboard Pressspanplatte *f* [met]
pressed brick Pressstein *m*
pressed joint Pressfuge *f*
pressed material Pressstoff *m* [met]
pressed wood Pressholz *n* [met]

pressing density Pressdichte *f* [met]
pressing water Druckwasser *n* [geo]
pressure Druck *m*
pressure at rest Ruhedruck *m*
pressure atomization Druckzerstäubung *f* [prc]
pressure balance Druckwaage *f* [any]
pressure blower Druckgebläse *n* [air]
pressure boiler Druckkessel *m* [pow]
pressure bulb Druckzwiebel *f*
pressure cell Druckmessdose *f* [any]
pressure containment Drucksicherheitshülle *f*
  (Reaktorgebäude) [pow]
pressure containment, double - doppelwandige
  Sicherheitshülle *f* (Reaktorgebäude) [pow]
pressure containment, reinforced concrete -
  Stahlbeton-Volldrucksicherheitshülle *f* (Reaktorgebäude) [pow]
pressure control device Druckwächter *m* [any]
pressure cut-out Überdrucksicherung *f* [was]
pressure cylinder Druckgasflasche *f* [prc]
pressure difference Druckgefälle *n* [phy];
  Differenzdruck *m* [phy]; Druckdifferenz *f* [phy]
pressure discharge Druckentwässerung *f* [was]
pressure distribution Druckverteilung *f* [sik]
pressure disturbance Druckstörung *f* [geo]
pressure drainage Druckentwässerung *f* [was]
pressure drop Druckabfall *m* [phy]
pressure equalizing layer Druckausgleichsschicht *f*
  [geo]
pressure filter Druckfilter *m* [prc]
pressure filtration Druckfiltration *f* [prc]
pressure flow Druckströmung *f* [prc]
pressure fluid Druckflüssigkeit *f* (z.B. für
  Hydraulik) [met]
pressure force Druckkraft *f* [phy]
pressure gauge Druckaufnehmer *m* [any]
pressure grouting Einpressen *n*; Druckinjektion *f*
  [bon]; Verpressung *f*
pressure gun Fugenfüllpistole *f* [wzg]
pressure head Druckhöhe *f* (Pumpe) [prc]
pressure height Druckhöhe *f* (Pumpe) [prc]
pressure indicator Druckanzeiger *m* (Atemschutz)
  [any]
pressure line Druckleitung *f* [prc]; Drucklinie *f*
  [sik]; Stützlinie *f* [sik]
pressure main Druckleitung *f* [was]
pressure mixing Zwangsmischen *n* [prc]
pressure monitor Druckwächter *m* [any]
pressure monitoring Drucküberwachung *f* [any]
pressure of competition Wettbewerbsdruck *m* [eco]
pressure of costs Kostendruck *m* [eco]
pressure of modernization Modernisierungsdruck *m*
pressure of mountain mass Gebirgsdruck *m* [geo]
pressure of the formwork Schalungsdruck *m* [bon]
pressure of time Termindruck *m*; Zeitdruck *m*
pressure on the bottom Bodenpressung *f* (Behälter)

pressure reading Druckanzeige *f* [any]
pressure recorder Druckaufnehmer *m* [any]
pressure resistance Druckfestigkeit *f* [phy]
pressure sealing Druckdichtung *f* [met]
pressure sensor Druckaufnehmer *m* [any];
  Druckfühler *m* [any]; Drucksonde *f* [any]
pressure tank Druckbehälter *m* [prc]; Druckkessel
  m [prc]
pressure test Druckprüfung *f* [any]
pressure test, hydraulic - Innendruckversuch *m*
  [any]
pressure transducer Druckaufnehmer *m* [any];
  Druckfühler *m* [any]; Druckumformer *m* [any]
pressure tunnel Betriebswasserstollen *m* [wba];
  Druckschacht *m* (Wasserkraftwerk) [pow];
  Druckstollen *m* [wba]
pressure vessel Druckgefäß *n* [prc]; Druckbehälter
  m [prc]; Druckkessel *m* [prc]
pressure vessel steel Druckbehälterstahl *m* [met]
pressure water line Druckwasserleitung *f* [was]
pressure welding, heated-wedge - Heizkeilschweißen *n* [wer]
pressure-dependent druckabhängig [phy]
pressure-grouted anchor Verpressanker *m*
pressure-hydrated lime hochhydraulischer Kalk *m*
  [met]
pressure-relief cone Absenkungstrichter *m* [was]
pressure-relief device Überdrucksicherung *f* [asi]
pressure-relief valve Überdruckklappe *f* [asi]
pressure-relief vent Druckentlastungsöffnung *f* [asi]
pressure-retaining druckbelastet
pressure-sensitive selbstklebend (Oberfläche) [met]
pressure-sensitive adhesive Kontaktkleber *m* [met]
pressure-sensitive receiver druckempfindlicher
  Empfänger *m* [any]
pressure-treated timber druckimprägniertes Holz *n*
  [met]
pressure-welding with thermochemical energy
  Gießpressschweißen *n* [wer]
pressurization device Druckerhöhungseinrichtung *f*
pressurized boiler Druckfeuerung *f* [pow]
pressurized chamber Druckraum *m* [was]
pressurized water Druckwasser *n* [was]; drückendes Wasser *n* (auf Dichtung drückend)
pressware Pressglas *n* [met]
prestigious building Prestigebauwerk *n*; Prestigegebäude *n*
prestress Vorspannung *f* [met]
prestress vorspannen *v*
prestress member bond Spanngliedverbund *m*
  [bon]
prestress path Spannweg *m* (Stahlbeton) [bon]
prestressed beam Spannbetonbalken *m* [bon]
prestressed cable Spannseil *n* (Seiltragwerk)
prestressed concrete Spannbeton *m* [bon]; vorgespannter Beton *m* [met]

prestressed concrete pipe Spannbetonrohr *n* [bon]
prestressed concrete pressure pipe Spannbetondruckrohr *n* [bon]
prestressed glass vorgespanntes Glas *n* [met]
prestressed reinforcement, multilayer - mehrlagige Spannbewehrung *f* [bon]
prestressed with unbound cables vorgespannt ohne Verbund [bon]
prestressed, partly - teilweise vorgespannt [bon]
prestressing Vorspannung *f* [bon]
prestressing anchor Spannanker *m*
prestressing bar Spannstab *m*
prestressing bed Spannbett *n* [bon]; Spannbahn *f* [bon]; Spannbank *f* [bon]
prestressing cable Vorspannglied *n* [bon]; Vorspannseil *n* [bon]
prestressing decking vorgespannte Fahrbahnplatte *f* (Brücke)
prestressing duct Spannkanal *m* [bon]
prestressing element Spannglied *n* [bon]
prestressing force Spannkraft *f* [bon]; Vorspannkraft *f* [sik]
prestressing line Spannbett *n* [bon]
prestressing method Spannverfahren *n* [bon]; Vorspannverfahren *n* [bon]
prestressing mould Spannbett *n* [bon]
prestressing rack Spannbett *n* [bon]; Spannbahn *f* [bon]; Spannbank *f* [bon]
prestressing reinforcement Spannarmierung *f* [bon]; Spannbewehrung *f* [bon]
prestressing steel Spannstahl *m* [bon]
prestressing wire Spanndraht *m* [bon]
prestressing work Spannbetonarbeiten *pl* [bon]
pretension Vorspannkraft *f* [sik]
pretension vorspannen *v*
pretension jack Vorspanngerät *n*
pretensioned vorgespannt [met]
pretensioned prestressed concrete Spannbeton mit Verbund *m* [bon]
pretensioning Vorspannung *f* (vor dem Erhärten des Betons)
pretimed control Festzeitsteuerung *f* [elt]
pretreated water geklärtes Wasser *n* (Vorreinigung) [was]
prevailing stress örtliche Spannung *f* [met]
prevalence rate Verbreitungsrate *f* [asi]
prevention Verhinderung *f*; Vermeidung *f*
prevention measure Präventionsmaßnahme *f* (Arbeitsschutz) [wer]
prevention of accidents Unfallschutz *m* [asi]; Unfallverhütung *f* [asi]
prevention of damage Schadensverhütung *f*
prevention of noise pollution Vermeidung von Lärmbelästigung *f* [aku]
prevention of traffic noise Verkehrslärmschutz *m* [aku]

prevention of water pollution Gewässerschutz *m* [was]
preventive Schutzmittel *n* [asi]
preventive environmental protection vorbeugender Umweltschutz *m*
preventive fire protection vorbeugender Brandschutz *m* [asi]
preventive inspection vorbeugende Prüfung *f* [any]
preventive maintenance vorbeugende Instandhaltung *f*
preventive measure Schutzmaßnahme *f* [asi]; Vorbeugungsmaßnahme *f*
preventive security Sicherheitsvorsorge *f* [asi]
previous erection Vormontage *f*
previous examination Vorprüfung *f* [any]
prewiring Vorverdrahtung *f* [elt]
price agreement Preisabsprache *f* [eco]
price calculation, correct - einwandfreie Preisermittlung *f* [eco]
price increase Preiserhöhung *f* [eco]
price level Preisniveau *n* [eco]; Preisstand *m* [eco]
price, ex plant - Preis ab Werk *m* [eco]
pricing Preisermittlung *f*; Preisgestaltung *f* [eco]
pricipal rafter Bindersparren *m*
pricipal stress Hauptspannung *f* [sik]
prick stechen *v* (Dorn)
pricked by worms wurmstichig (Holz) [met]
pricking-up coat Grobputzschicht *f*
primary battery Primärbatterie *f* [elt]
primary bin Vorbunker *m* [roh]
primary cell Primärelement *n* [elt]; Primärzelle *f* (Batterie) [elt]
primary clarification plant mechanische Kläranlage *f* [was]
primary clarifier Vorkläranlage *f* [was]
primary classification Vorklärung *f* [was]
primary coat Grundanstrich *m* [met]; Grundierung *f* [met]
primary consolidation anfängliche Setzung *m* (Erdbau)
primary consultation and site appraisal Primärerhebungen *pl*
primary coolant system Hauptkühlkreis *m* [pow]
primary crusher Grobbrecher *m* [prc]
primary crushing Vorzerkleinerung *f* [prc]
primary crushing plant Vorbrechanlage *f* [prc]
primary current Hauptstrom *m* [elt]; Primärstrom *m* [elt]
primary drilling Primärbohrung *f*; Vorbohrung *f* [wer]
primary energy primäre Energie *f* [pow]
primary excavation Aushub in gewachsenem Boden *m* [tib]
primary fuel cell Primärbrennstoffzelle *f* [elt]
primary lime Hüttenkalk *m* [met]

primary material Grundstoff *m* (Ausgangsmaterial)
[met]
primary pile Tragbohle *f* (Spundwand)
primary power Primärleistung *f* (am Transformator)
[elt]
primary rock Erstarrungsgestein *n* [geo]
primary sludge Frischschlamm *m* [was]; Primärschlamm *m* [was]
primary strain Formänderung erster Ordnung *f*
[met]
primary stress Hauptspannung *f* [met]
primary treatment mechanische Abwasserreinigung *f* [was]; Vorklärung *f* [was]
primary use Primärnutzung *f* (Hauptnutzung)
primary voltage Hauptspannung *f* [elt]; Primärspannung *f* [elt]
prime untermalen *v* [wer]
prime coat Voranstrich *m* [met]; Grundierung *f*
[met]
prime coating, internal - Innengrundierung *f* [met]
prime cost agreement Selbstkostenerstattungsvertrag *m* [eco]
prime costs Gestehungskosten *pl* [eco]; Selbstkosten *pl* [eco]
prime lacquer Grundlack *m* [met]
prime location Spitzenstandort *m* (Immobilie);
Spitzenlage *f* (Immobilie); Toplage *f* (Immobilie)
[eco]
prime mover Kraftmaschine *f* [pow]
prime rent Höchstmiete *f* (Spitzenmiete) [eco];
Spitzenmiete *f* (für Immobilie) [eco]
primer Grundiermittel *n* [met]; Grundanstrich *m*
[met]; Grundierlack *m* [met]; Haftgrund *m* [met];
Primer *m* (Grundanstrich) [met]; Voranstrich *m*
[met]; Grundierfarbe *f* [met]
primer coat Grundanstrich *m* (Schicht) [met];
Untergrundanstrich *m* (Schicht) [met]
primer coating Haftgrundierung *f* [met]
primeval glacial valley Urstromtal *n* [geo]
priming Ansaugen *n* (Pumpe) [prc]; Grundieren *n*
(Anstrich) [wer]
priming coat Grundanstrich *m* [met]; Grundieranstrich *m* [met]; Grundierschicht *f* [met]; Unterschicht *f* [met]
priming coat, anticorrosion - Rostschutzgrundierung *f* [met]
priming colour Grundfarbe *f* [met]
priming paint Grundanstrichfarbe *f* [met];
Grundierfarbe *f* [met]; Vorstreichfarbe *f* [met]
priming varnish Grundierfirnis *m* [met]
primitive rock dichtes Gestein *n* [geo]; Urgestein *n*
[geo]
primitive water fossiles Wasser *n* [was]
princely capital Residenzstadt *f* [com]
principal Hauptgebälk *n*; Bauherr *m*; Dachstuhl *m*
principal axis of stress Hauptspannungsachse *f* [sik]

principal building Hauptgebäude *n*
principal cornice Dachgesims *n*
principal dimension Hauptabmessung *f* [des]
principal elongation Hauptdehnung *f* [met]
principal load Hauptlast *f* [sik]
principal moment of inertia Hauptträgheitsmoment
n [sik]
principal moulding Dachgesims *n*
principal plane of stress Hauptspannungsebene *f*
[sik]
principal post Eckpfosten *m*; Ecksäule *f*
principal rafter Hauptsparren *m*
principal reinforcement Längsbewehrung *f* [bon]
principal seam Hauptnaht *f* (Schweißnaht) [met]
principal stress Hauptspannung *f* [sik]
principal system, statically indeterminate - statisch unbestimmtes Hauptsystem *n* [sik]
principal tensile stress Hauptzugspannung *f* [sik]
principal use Primärnutzung *f* (Hauptnutzung)
principal view Hauptansicht *f* [des]
principle of inducement Veranlassungsprinzip *n*
principle of measurement Messprinzip *n* [any]
principle of virtual displacements Prinzip der
virtuellen Verrückungen *f* [phy]
principle of virtual forces Prinzip der virtuellen
Kräfte *n* [sik]
principle of virtual work Prinzip der virtuellen
Arbeit *n* [phy]
printed circuit gedruckte Schaltung *f* [elt]
printed circuit board gedruckte Leiterplatte *f* [elt]
prior examination Vorprüfung *f* [any]
prioritizing development vorrangige Erschließung *f*
priority junction vorfahrtgeregelte Kreuzung *f* [tra]
priority notice Vormerkung *f* (im Grundbuch) [jur]
priority notice of conveyance Auflassungsvormerkung *f* (für Eigentumsübergang an einem
Grundstück) [jur]
**priority notice protecting conveyance of
ownership** Auflassungsvormerkung *f* (für
Eigentumsübergang an einem Grundstück) [jur]
priority of creditors Gläubigervorrang *m* [eco]
priority ranking Dringlichkeitsreihung *f* [eco]
priority road Hauptstraße *f* (vorfahrtsberechtigte
Straße) [tra]
prismatic member Prismenstab *m* [stb]
private area Individualbereich *m* [com]
private investor Privatinvestor *m* [eco]
private plot of land privates Nachbargrundstück *n*
private sewerage system Grundstücksentwässerung
f [was]
private space privater Raum *m* [com]
privy pit Abortgrube *f* [was]
probability calculation
Wahrscheinlichkeitsberechnung *f*
probability of cracking Risswahrscheinlichkeit *f*
[met]

probability of failure Wahrscheinlichkeit des Versagens *f*
probe Spürgerät *n* [any]; Fühler *m* [any]; Messfühler *m* [any]; Prüfkopf *m* [any]; Sensor *m* [any]; Sonde *f* [any]
probe sondieren *v* [any]
probe adapter Prüfkopfanpasser *m* [any]
probe gas Prüfgas *n* [any]
probing head Tastkopf *m* [any]
problem of capacity Kapazitätsproblem *n* [wer]
problem soil Problemboden *m* [geo]
problem waste Problemabfall *m* [rec]
procedural organization Ablauforganisation *f* [wer]
procedure in granting permission to construct Baugenehmigungsverfahren *n*
process analysis Prozessanalyse *f* [any]
process chart Ablaufdiagramm *n* [des]
process condition Betriebsbedingung *f* [wer]
process control Prozesssteuerung *f*
process data Prozessdaten *pl*
process engineering Prozessentwicklung *f*
process flow Arbeitsablauf *m*; Fertigungsfluss *m*
process flow diagram Prozessablaufdiagramm *n*; Prozessablaufschema *n* [des]; Prozessschema *n* [des]
process flow scheme Prozessablaufschema *n* [des]; Verfahrensfließbild *n* [des]
process flow sheet Prozessablaufschema *n* [des]; Prozessschema *n* [des]; Verfahrensfließbild *n* [des]
process heat Prozesswärme *f* [pow]
process industry Stoff wandelnde Industrie *f* [roh]
process management Verfahrensmanagement *n* [eco]
process of modernization Modernisierungsprozess *m* [wer]
process of setting Abbindeprozess *m* [met]
process organization Ablauforganisation *f* (z.B. Öko-Audit; QM) [eco]
process performance Prozessleistung *f*
process planning Ablaufplanung *f* [des]
process simulation Prozesssimulation *f*
process steam Prozessdampf *m* [pow]
process stream Stoffstrom *m* [prc]
process waste Produktionsabfall *m* [rec]
process waste water Fabrikationsabwasser *n* [was]; Prozessabwasser *n* [was]
process water Betriebswasser *n* [was]; Brauchwasser *n* [was]; Nutzwasser *n* [was]; Prozesswasser *n* [was]
process, dry - Trockenverfahren *n*
processing Aufbereitung *f* (Materialien) [prc]; Fahrweise *f* (Anlagen-) [prc]
processing aid Verarbeitungshilfsstoff *m* [met]
processing conditions Verarbeitungsbedingungen *pl* [met]
processing engineer Aufbereitungsingenieur *m* [roh]

processing instruction Verarbeitungsrichtlinie *f* [met]
processing of measured data Messdatenverarbeitung *f* [any]
processing temperature Verarbeitungstemperatur *f* [met]
processing yield Prozessausbeute *f* [prc]
processing-dependent herstellungsbedingt
Proctor density Proctordichte *f* [geo]
procurement guideline Beschaffungsleitlinie *f* [eco]
produce steam Dampf erzeugen *v* [pow]
producer gas Generatorgas *n* [pow]
product array Lieferprogramm *n* [eco]
product data Produktdaten *pl*
product description Produktbeschreibung *f* [des]
product design Produktentwicklung *f* [des]; Produktgestaltung *f* [des]
product development Produktentwicklung *f* [des]
product feature Gebrauchswerteigenschaft *f* (Produkt)
product liability Produkthaftung *f* [jur]; Produzentenhaftung *f* [jur]
Product Liability Act Produkthaftungsgesetz *n* [jur]
product planning Produktplanung *f* [des]
product policy, integrated - integrierte Produktpolitik *f* [eco]
product range Lieferprogramm *n* [eco]; Produktpalette *f* [eco]
product sensor Fördergutfühler *m* [any]
product test Warentest *m* [any]
product testing Warenprüfung *f* [any]
production bay Produktionshalle *f* [wer]
production bonus Leistungszuschlag *m* [eco]
production certificate Typbescheinigung *f* [des]
production costs Fertigungskosten *pl*; Gestehungskosten *pl* [eco]; Herstellungskosten *pl* [eco]; Produktionskosten *pl* [eco]; Herstellungsaufwand *m* [eco]
production cycle Produktionskreislauf *m* [eco]
production drawing Fertigungszeichnung *f* [des]
production efficiency Produktivität *f* [wer]
production equipment Fertigungseinrichtung *f* [wer]
production facility Fertigungsstätte *f* [wer]; Produktionsanlage *f* [wer]; Produktionsstätte *f* [wer]
production in bulk Massenfertigung *f* [wer]; Massenproduktion *f* [wer]
production know-how Betriebserfahrung *f* [wer]
production loss Produktionsausfall *m* [wer]
production management Betriebsleitung *f* [wer]
production method Herstellungsverfahren *n* [wer]
production of energy Energieproduktion *f* [pow]
production on commercial scale industrielle Fertigung *f* [wer]
production residues Produktionsrückstände *pl* [rec]

production shed Produktionshalle *f*
production shop Werkhalle *f*
production site Produktionsstätte *f* [wer]
production transit time Produktionsdurchlaufzeit *f* [wer]
production unit Betrieb *m* [wer]
production waste Produktionsabfall *m* [rec]
professional fachgerecht; fachmännisch
professional association for the building trade Bauberufsgenossenschaft *f*
professional experience and knowledge berufspraktische Kenntnisse *pl* [wer]
professional involved in the planning process an der Planung fachlich Beteiligter *m* [des]
professional title Berufsbezeichnung *f* [eco]
profile Ansichtzeichnung *f* [des]
profile board Profilplatte *f* [met]
profile construction glass Profilbauglas *n* [met]
profile cross section Profilschnitt *m* [des]
profile glass Profilglas *n* [met]
profile measurement Profilaufnahme *f* (Vermessung) [any]
profile of slope Böschungsprofil *n* [tib]
profiled architectural glass Profilbauglas *n* [met]
profiled coping Abdeckprofil *n*
profiled plate Profilblech *n* [met]
profiled sheet Profilblech *n* [met]
profiled sheeting Trapezblech *n* [met]
profiled tube Profilrohr *n* [met]
profiliated brick Profilstein *m*
profit participation Gewinnbeteiligung *f* [eco]
profit squeeze Reduzierung des Gewinns *f* [eco]
progress chart Ablaufplan *m*; Bauablaufplan *m*; Bauzeitplan *m*
progress in time zeitlicher Ablauf *m*
progress of construction work Baufortschritt *m*
progress of work Arbeitsfortschritt *m* [wer]; Baufortschritt *m*
progress schedule Bauablauferfüllungsplan *m*
progressive rent Staffelmiete *f* (Immobilie) [eco]
progressive separation fortschreitende Ablösung *f* [met]
prohibition Verbot *n*
prohibition on construction Bauverbot *n*
prohibition sign Verbotsschild *n*; Verbotszeichen *n* [asi]; Verbotstafel *f*
prohibitive sign Verbotsschild *n*; Verbotszeichen *n* [asi]
project Projekt *n*; Vorhaben *n*
project entwerfen *v* (projektieren) [des]; herausragen *v* (aus einem Teil); hervorstehen *v*; planen *v* [des]; vorspringen *v* (herausragen); vorstehen *v* (herausstehen)
project and development plan Vorhaben- und Erschließungsplan *m* [des]

project approval Planfeststellung *f*
project approval requirements Auflagen des Planfeststellungsbeschlusses *pl*
project control Projektsteuerung *f* [wer]
project convenor Projektverantwortlicher *m* [eco]
project coordination consultant Generalübernehmer *m*
project costs monitoring system Projektkostenüberwachungssystem *n* [eco]
project description Objektbeschreibung *f*
project design Projektierung *f* [des]
project design report Projektbericht *m* [wer]
project developer Projektentwickler *m* (Immobilie) [eco]
project development company Projektentwicklungsgesellschaft *f* (Immobilie) [eco]
project development phase Projektentwicklungsphase *f* [eco]
project documentation Projektunterlagen *pl* [des]
project drawing Projektzeichnung *f* [des]
project enrolment Einreichung eines Projekts *f* (für Wettbewerb)
project execution Projektabwicklung *f*
project goal Projektziel *n*
project group Arbeitsgruppe *f* [eco]; Projektgruppe *f* [wer]
project head Projektleiter *m*
project implementation Projektdurchführung *f*
project management Projektmanagement *n*; Objektbetreuung *f* (Immobilien) [eco]; Projektabwicklung *f*; Projektleitung *f*; Projektorganisation *f*
project manager Auftragsleiter *m* [eco]; Projektleiter *m*
project manual Projekthandbuch *n*
project organization Projektorganisation *f*
project period Projektdauer *f*
project planning Bauorganisation *f*; Bauplanung *f* [des]; Projektplanung *f*
project progress documentation Dokumentation des Projektfortschritts *f* [wer]
project scheduling Projektplanung *f*
project site Baustelle *f*
project sponsorship Projektförderung *f* [eco]
project structure Projektstruktur *f* [eco]
project study Planstudie *f*; Projektstudie *f*
project superintendent Oberbauleiter *m*
project supervision Projektsteuerung *f* [eco]; Projektüberwachung *f*
project supervisor Bauleiter *m*
project with economical use of space, cost-saving - kosten- und flächensparender Bauweise *f*
project, affected by the - durch das Vorhaben betroffen
project-related projektbezogen
projected area Projektionsfläche *f* [des]

projected window Schwingflügelfenster *n*;
Lüftungsflügel *m* (Fenster)
projecting auskragend; hervorstehend;
vorspringend
projecting ausladend *v* (Bauwerk)
projecting abutment vorspringendes Widerlager *n*
projecting beam Kragträger *m*
projecting corner vorspringende Ecke *f*
projecting element Vorsprung *m* (Straßenbild)
[com]
projecting part Vorsprung *m*
projecting reinforcement Anschlusseisen *n*
(Stahlbeton)
projecting roof Vordach *n*
projection hervorstehendes Teil *n*; Riss *m* (Ansicht)
[des]; Überstand *m*; Vorsprung *m* (architektonisch); Auskragung *f* [stb]; Ausladung *f*; Normalprojektion *f* [des]; Projektion *f* [des]
projection line Maßhilfslinie *f* [des]; Projektionslinie *f* [des]
projection of tensioning steel Spannstahlüberstand
m [bon]
projection on a wall Mauervorsprung *m*; Mauerkrone *f* (historisch)
projection plane Projektionsebene *f* [des];
Rissebene *f* [des]; Zeichenebene *f* [des]
projection surface Bildfläche *f* [des]
projection waler Versatzriegel *m*
projection weld Warzenschweißung *f* [met]
projecture Überstand *m* [des]; Vorsprung *m*
(herausstehendes Element) [des]
prolongation Ausdehnung *f* (Verlängerung, Anbau)
prolongation of a rental contract
Mietvertragsverlängerung *f* [eco]
prolonged storage Langzeitlagerung *f*
promenade roof begehbares Dach *n*
promoting agent Aktivator *m* [che]
promotion of housing Wohnungsbauförderung *f*
promotional program Förderprogramm *n*
proof beständig (stabil)
proof Beweis *m* [jur]; Nachweis *m* (Beweis);
Prüfung *f* (Kontrolle) [any]
proof abdichten *v* (imprägnieren); dicht machen *v*
proof of disposal Beseitigungsnachweis *m* [rec]
proof of recycling Verwertungsnachweis *m*
[rec]
proof of stability Standsicherheitsnachweis *m*
proof of sufficient thermal insulation
Wärmeschutznachweis *m*
proof of supervision Überwachungsnachweis *m*
proof procedure Nachweisverfahren *n* [any]
proofing Abdichtung *f* (Wände, Decken)
prop Bolzen *m* (Stütze); Stempel *m* (Stütze);
Strebebalken *m*
prop abstützen *v*; versteifen *v* (stützen)
prop connector Klemmkopf *m*

prop head Stützkopf *m*
prop section Stützensegment *n*
propagate fortpflanzen *v* (sich verbreiten) [phy]
propagation of cracks Ausbreitung von Rissen *f*
[met]
propagation of sound Schallfortpflanzung *f* [aku]
propane burner Propanbrenner *m* [pow]
propene Propylen *n* [che]
proper officer zuständiger Beamter *m* [jur]
property Sachanlagen *pl* [eco]; Grundeigentum *n*
[eco]; Hausgrundstück *n*; Objekt *n* (Immobilie);
Vermögen *n* (Eigentum) [eco]; Grundbesitz *m*
[eco]; Immobilie *f* [eco]; Liegenschaft *f*
property appraisal Grundstücksbewertung *f* [eco]
property company Immobiliengesellschaft *f* [eco];
Objektgesellschaft *f* (Immobilien) [eco]
property developer Bauträger *m*; Bauträgerin *f*
property development Grundstücksverwertung *f*
[eco]
property funds Immobilienfonds *m* [eco]
property in a freehold flat Wohnungseigentum *n*
[eco]
property line Eigentumsgrenze *f*;
Grundstücksgrenze *f*
property management Gebäudemanagement *n* (am
und im Objekt; Mieterbelange); Grundstücksverwaltung *f* [eco]; Immobilienverwaltung *f* (am
Objekt: Mieterpflege usw.) [eco]
property management company Hausverwaltungsgesellschaft *f* [eco]
property manager Immobilienverwalter *m* (am
Objekt: Mieterpflege usw.) [eco]
property sale Immobilienverkauf *m* [eco]
property sector Immobiliensektor *m* [eco]
property share Immobilienaktie *f* [eco]
property size Gebäudegröße *f* (Immobilie)
property speculation Grundstücksspekulation *f*
[eco]
property survey Grundstücksvermessung *f*
property tax Grundsteuer *f* [jur]; Liegenschaftssteuer *f* [jur]
property type Immobilientyp *m* [eco]
proportion bemessen *v* [des]; zumessen *v* [any]
proportion by weight gewichtsmäßig dosieren *v*
[prc]
proportion of outsize Fehlkornanteil *m* [met]
proportion, anthropomorphic - anthropomorphe
Proportion *f* (Gestaltung) [arc]
proportion, arithmetic - arithmetische Proportion *f*
(Gestaltung) [arc]
proportion, geometric - geometrische Proportion *f*
(Gestaltung) [arc]
proportion, harmonic - harmonische Proportion *f*
(Gestaltung) [arc]
proportional element Proportionalglied *n* (Regelung) [elt]

proportional-action control Proportionalregelung *f* (Regler: P-Verhalten) [elt]
proportional-position action Proportionalregelung *f* [elt]
proportionality bar Proportionalstab *m* [stb]
proportioning Beimischen *n* (gezieltes -) [prc]; Dosierung *f*; Zudosierung *f* [prc]
proportioning by conveyor belt Bandzuteilung *f*
proportioning device Dosiergerät *n* [prc]; Dosiervorrichtung *f* [prc]; Zuteilvorrichtung *f*
proportioning gear Dosiereinrichtung *f* [prc]
proportioning screw Dosierschnecke *f* [prc]
proportioning screw conveyor Dosierschnecke *f* [prc]; Zuteilschnecke *f* [prc]
proportioning system Dosiersystem *n* [prc]
proportioning valve Dosierventil *n* [prc]
proportioning weighfeeder Dosierbandwaage *f* [any]
proportioning worm conveyor Dosierschnecke *f* [prc]
propped beam unterstempelter Träger *m*
propping Abstützung *f* (z.B. Einsturzbedrohtes); Unterstützung *f*
propping up Abspreizung *f*
proprietary lease Dauernutzungsrecht *n* [jur]
propulsion force Triebkraft *f* [phy]
propulsive force Triebkraft *f* [phy]
proscription Verbot *n*
prospect boring Untersuchungsbohrung *f* [roh]
prospecting Schürfen *n* [roh]; Suche nach Bodenschätzen *f* [roh]
prospection drilling Schürfbohrung *f*
protect schützen *v* (beschützen)
protected against accidental contact berührungsgeschützt
protected against corrosion korrosionsgeschützt [met]
protected against wind windgeschützt
protected area Schutzbereich *m* [asi]
protected environment geschützte Umwelt *f*
protected walk Wehrgang *m* (befestigtes Gebäude) [arc]
protected zone Schutzbereich *m* [asi]; Schutzzone *f* [asi]
protecting cap Schutzhaube *f* [asi]
protecting cell Schutzraum *m*
protecting device Schutzvorrichtung *f* [asi]
protecting glasses Schutzbrille *f* [asi]
protecting hood Schutzhaube *f* [asi]
protecting mask Schutzmaske *f* [asi]
protecting measure Schutzmaßnahme *f* [asi]
protecting paint Schutzanstrich *m* [met]
protecting varnish Schutzlack *m* [met]
protection Schutz *m* [asi]; Sicherung *f*
protection against accidental contact Berührungsschutz *m* [asi]

protection against airborne noise Luftschallschutz *m* [aku]
protection against bursting Berstschutz *m* [asi]
protection against corrosion Korrosionsschutz *m* [met]
protection against dusts Schutz vor Stäuben *m* [asi]
protection against erosion Erosionsschutz *m* [geo]
protection against mining subsidence Senkungsschutz im Bergbau *m* [roh]
protection against moisture Feuchteschutz *m* [met]; Feuchtigkeitsschutz *m*
protection cage Schutzkäfig *m* [asi]
protection category Schutzart *f* [elt]
protection class Schutzklasse *f* (Atemschutz) [asi]
protection clothing Schutzbekleidung *f* [asi]
protection collar Schutzkragen *m* [asi]
protection concrete Schutzbeton *m* [bon]
protection covering Schutzhülle *f*
protection device Schutzvorrichtung *f*
protection earthing Schutzerde *f* (<B>) [elt]
protection enclosure Schutzkapselung *f* [asi]
protection for eyes Augenschutz *m* [asi]
protection for face and eyes Augen- und Gesichtsschutz *m* [asi]
protection glove Schutzhandschuh *m* [asi]
protection gloves Schutzhandschuhe *pl* [asi]
protection of hearing Gehörschutz *m* [asi]
protection of historical monuments Denkmalschutz *m*
protection of monuments Denkmalschutz *m*
protection of the embankment slopes Befestigung von Böschungen *f*
protection of the environment, proactive - vorsorgender Umweltschutz *m*
protection of the soil Bodenschutz *m* [geo]
protection of the surroundings Milieuschutz *m* [com]
protection of waterbodies Gewässerschutz *m* [was]
protection paint Schutzfarbe *f* [met]
protection program Schutzprogramm *n* [asi]
protection suit Schutzanzug *m* [asi]
protection system Schutzsystem *n* [asi]
protection tube Schutzrohr *n* [elt]
protection type Schutzart *f* [elt]
protective Schutz gewährend [asi]
protective agent Schutzmittel *n* [met]
protective atmosphere Schutzatmosphäre *f* [asi]; Schutzgasatmosphäre *f* [air]
protective belt Schutzgürtel *m* [asi]
protective cap Schutzkappe *f* [asi]
protective capping Deckleiste *f* (Fenster)
protective casing, permanent - verlorenes Futterrohr *n*
protective circuit Sicherheitsschaltung *f* [elt]
protective clothes Schutzkleidung *f* [asi]

protective clothing Schutanzug *m* [asi]; Arbeitsschutzkleidung *f* [asi]; Schutzbekleidung *f* [asi]; Schutzkleidung *f* [asi]
protective clothing against heat and fire Feuer- und Hitzeschutzkleidung *f* [asi]
protective clothing for rescue service Schutzanzug für Rettungsdienste *m* [asi]
protective clothing for welding Schweißerschutzkleidung *f* [asi]
protective clothing, antistatic - antistatische Schutzkleidung *f* [asi]
protective clothing, asbestos-free - asbestfreie Schutzkleidung *f* [asi]
protective coat Schutzbelag *m* [met]
protective coating Schutzanstrich *m* [met]; Schutzlack *m* [met]; Schutzüberzug *m* [met]; Schutzbeschichtung *f* [met]; Schutzhülle *f* [asi]; Schutzschicht *f* [met]
protective coating, bituminous - bituminöser Schutzanstrich *m* [met]
protective colour Schutzfarbe *f* [met]
protective conductor Schutzleiter *m* [elt]
protective contact socket Schutzsteckdose *f* [elt]
protective cover Schutzmantel *m* [asi]; Schutzabdeckung *f* (über Maschinen) [asi]; Schutzhülle *f* [asi]
protective covering Schutzüberzug *m* [met]; Schutzverkleidung *f* [asi]
protective cultivation Schutzpflanzung *f*
protective device Schutzeinrichtung *f* [asi]; Schutzvorrichtung *f* [asi]; Sicherungsanlage *f*
protective device, residual current - Fehlerstrom-Schutzeinrichtung *f* [elt]
protective earth Schutzleiter *m* (<B>) [elt]
protective earthing Schutzerdung *f* [elt]
protective enclosure Schutzgehäuse *n*; Schutzverkleidung *f*
protective equipment Schutzausrüstung *f* [asi]
protective equipment, electric - elektrische Schutzeinrichtung *f* [elt]
protective feature Sicherungsvorrichtung *f* (ADR/RID)
protective film Schutzfilm *m* [met]
protective finishing Schutzbeschichtung *f* [met]
protective garment Schutzkleidung *f* [asi]; Sicherheitsbekleidung *f* [asi]
protective gas Schutzgas *n* [met]
protective glass Sicherheitsglas *n* [met]
protective glasses Schutzbrille *f* [asi]
protective glazing Schutzverglasung *f*
protective gloves Schutzhandschuhe *pl* [asi]
protective goggles Schutzbrille *f* [asi]
protective gown Schutzkittel *m* [asi]
protective grid Schutzgitter *n* [asi]
protective grille Schutzgitter *n* [asi]
protective ground Schutzleiter *m* (<A>) [elt]
protective grounding Schutzerdung *f* (<A>) [elt]

protective headgear Kopfschutz *m* [asi]
protective helmet Schutzhelm *m* [asi]
protective hood Schutzhaube *f* (Atemschutz) [asi]
protective hood of anchor head Ankerschuhhaube *f*
protective housing Schutzgehäuse *n* [asi]
protective interlock Schutzverriegelung *f* [asi]
protective jacket Schutzmantel *m* [asi]
protective lacquer Schutzlack *m* [met]
protective layer Schutzbelag *m* [asi]; Schutzüberzug *m* [met]; Schutzschicht *f* [met]
protective lighting Schutzbeleuchtung *f* [asi]
protective lining Schutzauskleidung *f* [met]
protective mask Schutzmaske *f* [asi]
protective masonry wall Schutzmauer *f*
protective measure Schutzmaßnahme *f* [asi]
protective measure, electrical - elektrische Schutzmaßnahme *f* [elt]
protective module, residual current - Fehlerstrom-Schutzmodul *m* [elt]
protective paint Schutzanstrich *m* [met]; Schutzfarbe *f* [met]
protective paint for wood Holzschutzanstrich *m* [met]
protective paint, bituminous - Bitumenschutzanstrich *m* [met]
protective pipe Schutzrohr *n* [met]
protective planting Schutzpflanzung *f*
protective plate Schutzblech *n* [met]
protective ply Schutzlage *f*
protective railing Schutzgeländer *n*
protective rampart Schutzwall *m*
protective relay, residual current - Fehlerstrom-Schutzrelais *n* [elt]
protective roof Schutzdach *n*
protective scaffold Schutzgerüst *n* (Arbeitsschutz)
protective screed Schutzestrich *m*
protective screen Schutzschirm *m* [asi]; Strahlenschutz *m* [asi]; Abschirmwand *f* [asi]; Schutzscheibe *f* [asi]; Schutzwand *f* [asi]
protective separation Schutztrennung *f* (Arbeitsschutz) [elt]
protective shield Schutzschild *m* [asi]
protective sleeve Unterarmschützer *m* [asi]
protective spectacles Schutzbrille *f* [asi]
protective strip Schutzstreifen *m*
protective suit Schutzanzug *m* [asi]
protective system Sicherungssystem *n*
protective vest Schutzweste *f* [asi]
protective wall Schutzwand *f*
protective window Schutzfenster *n*
protective wire Schutzleiter *m* [elt]
prototype Versuchsmuster *n* [any]
protractor Gradmesser *m* [any]; Winkelmesser *m* [any]
protrude herausragen *v*; hervorstehen *v*
protruding vorspringend

protruding roof überstehendes Dach *n*
provide ausrüsten *v*; bereitstellen *v*; beschaffen *v* [eco]; erbringen *v* (Leistungen) [eco]; versorgen *v*; vorsorgen *v*
provide for ... sorgen *v* (sorgen für)
provide security for absichern *v*
provide sewerage kanalisieren *v* [was]
provincial road Landstraße *f* [tra]
provision Ausstattung *f* (Versorgung); Bereitstellung *f*; Beschaffung *f* [eco]; Bestimmung *f* [jur]; Festlegung *f* [des]; Klausel *f* (in Vertrag) [jur]; Regelung *f* (Vertragsbestimmung) [jur]; Versorgung *f*; Vorhaltung *f*; Vorsorge *f*
provision of housing Wohnungsversorgung *f* [com]
provision of public services Erschließung *f* [com]
provision of road signs Beschilderung *f* (Straßenverkehr) [tra]
provision period Vorhaltedauer *f*
provisional behelfsmäßig; provisorisch
provisional acceptance vorläufige Abnahme *f* [tra]
provisional building Behelfsbau *m*
provisional dwelling provisorisches Wohnen *n*
provisional prop Hilfsstütze *f*
provisionally treated waste water vorgereinigte Abwässer *pl* [was]
provisory provisorisch
proximate analysis Grobanalyse *f* [any]; Schnellanalyse *f* [any]
proximity Umgebung *f* (örtlich)
proximity sensor Näherungsinitiator *m* [any]; Näherungssensor *m* [any]
proximity sensor, inductive - induktiver Näherungsschalter *m* [elt]
proximity switch berührungsloser Schalter *m* [elt]; Näherungsinitiator *m* [elt]; Näherungsschalter *m* [elt]
proximity switch, capacitve - kapazitiver Näherungsschalter *m* [elt]
proximity switch, inductive - induktiver Näherungsschalter *m* [elt]
pry brechen *v*
pteron Pteron *m* (äußerer Säulengang) [arc]; Pteron *m* (Säulengang) [arc]
public area Gemeinschaftsbereich *m* [com]; öffentlicher Raum *m* [com]
public authority Träger öffentlicher Belange *m*
public building öffentliches Gebäude *n*
public competition öffentliches Wettbewerbsverfahren *n* [eco]; öffentlicher Wettbewerb *m* [eco]
public concerns öffentliche Belange *pl* [jur]
public construction authority Bauamt *n*
public construction board Bauamt *n*
public conveniences öffentliche Toilette *f*
public corridor öffentlicher Flur *m*
public display Auslegung *f* (Flächennutzungspläne, ...)

public garage Parkhaus *n* [tra]
public green öffentliche Grünfläche *f*
public hearing Anhörungsverfahren *n* (Planungsprozess) [com]
public highway öffentliche Straße *f* [tra]
public infrastructure provision, ample - ausreichende Erschließung *f*
public interest, in the - im öffentlichen Interesse
public meeting Bürgerversammlung *f*
public order authority Amt für öffentliche Ordnung *n*
public participation Bürgerbeteiligung *f* [jur]; Öffentlichkeitsbeteiligung *f* (bei öffentlichen Planungen) [jur]
public petition Bürgerbegehren *n*
public presentation förmliche Auslegung *f*
public procurement law Vergaberecht *n* [jur]
public procurement regulation Verdingungsverordnung *f* [jur]
public purpose land Gemeinbedarfsfläche *f* [com]
public road öffentliche Straße *f* [tra]
public road planning Verkehrswegeplanung *f* [tra]
public roadway öffentlicher Fahrweg *m* [tra]
public security Sicherheit im öffentlichen Raum *f*
public sewage system Kanalisation, öffentliche - *f* [was]; öffentliche Kanalisation *f* [was]
public sewer städtischer Sammler *m* [was]; Kanalisation *f* [was]
public space öffentlicher Raum *m* [com]
public supply network öffentliches Stromversorgungsnetz *n* [elt]
public tender öffentliche Ausschreibung *f* [eco]
public toilet öffentliche Toilette *f*
public transport öffentlicher Verkehr *m* [tra]
public transportation öffentlicher Personennahverkehr *m* [tra]
public transportation map Verkehrslinienplan *m* [tra]
public use Gemeingebrauch *m*; Nutzung, öffentliche - *f* [jur]
public utility öffentliche Versorgung *f* (Gas, Wasser, Strom) [pow]
public water supply öffentliche Wasserversorgung *f* [was]
public way öffentlicher Weg *m* [tra]
public works öffentliche Bauarbeiten *pl*
public works planning procedure Planfeststellungsverfahren *n* [com]
public works project öffentliches Bauvorhaben *n*
puddingstone Flintkonglomerat *n* [met]; Bruchstein *m* [met]
puddle abdichten *v* (mit Lehm)
puddling Abdichten *n* (mit Lehm); Nassverdichten *n* (Erdbau)
pug mill mixer Zwangsmischer *m* [prc]

pugstream machine Strangpresse *f* (Ziegelherstellung) [wer]
pull anziehen *v* (Tür, Seil)
pull down abbrechen *v* (abreißen); niederreißen *v*
pull-off strength Abreißkraft *f* [phy]
pull-off strip Standspur *f* [tra]
pull-out runner Auszugsschiene *f* (Möbel)
pull-out strength Ausziehfestigkeit *f* (Betonbau) [met]
pull-up resistor Kollektorwiderstand *m* [elt]
pulled down abgerissen (Bauwerk)
pulley-operated fly floor Rollenboden *m*
pulling cable Rollenzug *m*
pulling down Abreißen *n* (Gebäude u.a.); Abriss *m* (Gebäude u.a.); Demontage *f* (Anlagen u.a.)
pulling power Schleppkraft *f* [phy]
pulling-down Abbruch *m* (Abriss)
pulltrusion Laminieren *n* (mehrschichtig) [met]
pulp circulation Trübeführung *f* (Kläranlage) [was]
pulp tank Aufschlemmbehälter *m* (Kläranlage) [was]
pulpwood Faserholz *n* [met]
pulsating fatigue strength Schwellfestigkeit *f* [met]
pulsating load schwellende Beanspruchung *f* [met]; schwellende Belastung *f* [met]
pulse Impuls *m* (Strom) [elt]
pulse loading Impulsbelastung *f* [phy]
pulse meter Impulszähler *m* [any]
pulverization Feinstmahlung *f* [prc]; Zerstäubung *f* [prc]
pulverize brechen *v* (fein brechen) [prc]; fein mahlen *v* [prc]; pulverisieren *v* [prc]; vermahlen *v* (fein -) [prc]; zermahlen *v* [prc]
pulverized pulverisiert [prc]; staubförmig (pulverig)
pulverized lime Feinkalk *m* [met]
pulverized limestone Kalkmehl *n* [met]
pulverized rock Gesteinsmehl *n* [met]
pulverized-coal burner Staubbrenner *m* [pow]
pulverizer Feinmahlanlage *f* [prc]; Feinmühle *f* [prc]
pulverizing Feinmahlen *n* [prc]; Ausmahlung *f* [prc]; Feinmahlung *f* [prc]
pulverizing plant, non-inert - luftbetriebene Mahlanlage *f* [prc]
pumice Bims *m* [met]
pumice building stone Bimsbaustein *m* [met]
pumice concrete Bimsbeton *m* [met]
pumice concrete block Bimsbetonstein *n* [met]
pumice concrete slab Bimsbetonplatte *f* [met]
pumice powder Bimsstaub *m* [met]
pumice-block Bimsstein *m*
pumice-stone Bimsstein *m* [met]
pump pumpen *v* [prc]
pump crew Löschgruppe *f* (Feuerwehr)
pump dredge Pumpenbagger *m*

pump dredger Pumpenbagger *m*
pump irrigation Pumpenbewässerung *f* [was]
pump storage Pumpspeicher *m* (Speicherbecken) [pow]
pump unit Pumpenaggregat *n* [prc]
pump-fed power station Pumpspeicherkraftwerk *n* [pow]
pump-room Trinkhalle *f* (Heilbad)
pumpability Pumpfähigkeit *f* [prc]
pumpable pumpfähig [met]
pumpcrete Pumpbeton *m* [bon]
pumpcrete machine Betonpumpe *f* [bon]
pumped concrete Pumpbeton *m* [bon]
pumped-storage power station Pumpspeicherkraftwerk *n* [pow]
pumped-storage station Pumpspeicherkraftwerk *n* [pow]
pumped-storage system Pumpspeicherwerk *n* [pow]
pumping concrete Pumpbeton *m* [bon]
pumping delivery Fördermenge *f* (Pumpe) [prc]
pumping method Pumpverfahren *n* [prc]
punched hole Stanzloch *n* [tec]
punched screen Lochsieb *n* [prc]
punched sheet Lochblech *n* [met]
punched tile Stanzplatte *f*
punching effect Durchstanzwirkung *f* [bon]
punching shear Durchstanzquerkraft *f* [met]; Stoßscherung *f* [met]
punching test Stanzversuch *m* (Materialprüfung) [any]
punctiform load punktförmige Last *f*; Punktlast *f* [sik]
punning Stampfen *n* (Erdbau); Bodenverdichtung *f* (Erdbau)
purchasing power Kaufkraft *f* [eco]
pure unvermischt
pure lime Weißkalk *m* [met]
pure substance Reinstoff *m* [met]
purification Klärung *f* (Reinigung) [was]
purified water Reinwasser *n* [was]
purify klären *v* (reinigen) [was]; reinigen *v* (säubern)
purlin Dachpfette *f*; Pfette *f*
purlin angle Pfettenwinkel *m*
purlin course Pfettenlage *f*
purlin hinge Pfettengelenk *n*
purlin post Pfettenstützholz *n*
purlin profile Pfettenprofil *n*
purlin roof Pfettendach *n*
purlin spacing Pfettenabstand *m*
purpose of lease Mietzweck *m*
purpose of the project, assigned - Zweckbestimmung des Projekts *f*
purpose-made concrete tile Betonformstein *m* [met]

purpose-made material Sonderbaustoff *m* [met]
push dozer Schubraupe *f*
push rivet Spreizniet *m* [tec]
push wedge Stellkeil *m* (Backenbrecher) [tec]
push-button Druckknopf *m* (Gerät)
push-button operation Druckknopfbetätigung *f*
  [tec]
push-in pipe Einschiebrohr *m* (Rohrverbindung)
  [prc]
push-on rosette Schubrosette *f* [tga]
pushed car intermittent kiln Herdwagenofen *m*
  [roh]
pushed-bat kiln Durchschubofen *m* [roh]
pusher bar Schubstange *f* (Planierrraupe) [tec]
pusher blade Planierschar *f* [tib]
pusher tractor Schubraupentraktor *m* [tib]
pushing resistance Schubwiderstand *m* [phy]
put in order richten *v* (ausrichten)
put in service in Betrieb nehmen *v* [wer]
put the roof on bedachen *v*
put under seal versiegeln *v*
put up aufrichten *v*
putrescibility Fäulnisanfälligkeit *f* [met]; Faulbarkeit *f* [was]
putrescible sludge faulfähiger Schlamm *m* [was]
putrescible wastes verrottbare Abfälle *pl* [rec]
putrid ooze Faulschlamm *m* [was]
putto Putto *n* (Dekoration) [arc]
putty Kitt *m* (zum Glasen) [met]
putty knife Kittmesser *n* [wzg]; Spachtel *m*
  (Werkzeug) [wzg]
puttyless kittlos [met]
pylon Gittermast *m* [stb]; Pfeiler *m* (von
  Hängebrücke); Pylon *m*
pyramid of rupture Abscherpyramide *f* [met]
pyramid roof Zeltdach *n*
pyramidal feet roller Igelwalze *f* [tib]; Stachelwalze *f* [tib]; Stockfußwalze *f* [tib]
pyrite Schwefelkies *m* [met]
pyroprocessing Wärmeaufbereitung *f* [roh]

Q

quadrangular truss Ständerfachwerk *n* (- mit gekreuzten Streben)
quadrant arch Viertelkreisbogen *m* (mittelalterliche Kirche) [arc]
quadrel quaderförmiger Stein *m*
qualification approval Bauartzulassung *f*
qualification attached to a building permit Bauauflage *f* [jur]
qualification requirement Qualifikationsanforderung *f*
qualified fachlich
qualitative analysis qualitative Analyse *f* [any]
qualitative evaluation qualitative Auswertung *f* [any]
quality Qualität *f*
quality assessment Qualitätsbeurteilung *f* [eco]; Qualitätsbewertung *f*; Qualitätskontrolle *f*; Qualitätsprüfung *f*
quality assurance Qualitätssicherung *f*; Qualitätsüberwachung *f*
quality assurance examination Qualitätssicherungsprüfung *f* (Qualitätsmanagement) [any]
quality assurance, analytical - analytische Qualitätssicherung *f* [any]
quality characteristic Qualitätsmerkmal *n*
quality class Güteklasse *f*
quality consulting Qualitätsberatung *f*
quality control Güteüberwachung *f*; Qualitätskontrolle *f*; Qualitätsüberwachung *f*; Warenprüfung *f* [any]
quality control plan Qualitätssicherungsplan *m* [eco]
quality element Qualitätselement *n*
quality grade Güteklasse *f*
quality management Qualitätsmanagement *n* [eco]; Qualitätswesen *n* [eco]
quality manual Qualitätssicherungshandbuch *n*
quality of a building, thermal - wärmewirtschaftliche Qualität eines Gebäudes *f*
quality of the material Materialqualität *f* [met]
quality of waters Gewässergüte *f* [was]
quality or service characteristic Qualitätsmerkmal *n*
quality policy Qualitätspolitik *f*
quality product hochwertiges Produkt *n*
quality report Qualitätsbericht *m*
quality requirement Qualitätsanforderung *f*
quality specification Gütevorschrift *f*
quality standard Gütenorm *f*; Qualitätsanforderung *f*; Qualitätsnorm *f*
quality steering Qualitätslenkung *f*

quantitative analysis Mengenbestimmung *f* [any]; quantitative Analyse *f* [any]
quantitative determination Mengenbestimmung *f* [any]
quantitative evaluation quantitative Auswertung *f* [any]
quantitative measuring instrument Mengenmessgerät *n* (Menge) [any]
quantitative proportion Mengenverhältnis *n* [any]
quantities Massen *pl* [sik]
quantity meter Mengenmessgerät *n* (Menge) [any]
quantity of heat Wärmemenge *f* [pow]
quantity of heat supplied abgegebene Wärmemenge *f* [pow]
quantity of waste water Abwasseranfall *m* [was]
quantity survey Massenberechnung *f*; Massenermittlung *f*
quantity surveying Baumassenplanung *f* [sik]; Massenermittlung *f* [sik]
quantity surveyor Ingenieur, der Bauten finanziell abwickelt *m* [eco]
quardripartite vault Kreuzgewölbe *n* [arc]
quarl Brenneröffnung *f* [roh]
quarry clay Rohton *m* [met]
quarry gravel Grubenkies *m* [met]
quarry rock Bruchgestein *n* [geo]
quarry sand Grubensand *m* [met]
quarry site Abbaufeld *n* (Steinbruch) [roh]; Abbaustätte *f* (Steinbruch) [roh]
quarry spoil Steinbruchsplitter *pl* [met]
quarry stone Bruchstein *m*
quarry-wet grubenfeucht [met]
quarrying Abbau von Steinen und Erden *m* [roh]; Felsgewinnung *f* (im Steinbruch) [roh]
quarrying area Abbaufläche *f* [roh]
quartefoil Vierpass *m* (Gotik: Dekoration) [arc]
quarter Ortsteil *m*
quarter bend Kniestück *n*
quarter brick Viertelstein *m*
quarter joint Viertelfuge *f*
quarter round Viertelstab *m* [met]
quarter timber Kreuzholz *n*
quartz fibre Quarzfaser *f* [met]
quartz glass Quarzglas *n* [met]
quartz lamp Quarzlampe *f* [elt]
quartz powder Quarzmehl *n* [met]
quartz sand Quarzsand *m* [met]
quay Kai *m* [tra]
quay frontage Kailänge *f* (Hafen) [tib]
quay line Hafengleis *n* (Bahn) [tra]
quay slab Pierplatte *f* (Hafen) [tib]
quay wall Kaimauer *f* [wba]; Ufermauer *f* [wba]
quayside Kaianlage *f* (im Hafen) [tra]
queen post Hängesäule *f* (Hängewerk)
quench löschen *v* (Kalk)

quenchant Abkühlmittel *n* (Metallbehandlung)
  [met]
quenching strength Abschreckfestigkeit *f* [met]
query Anfrage *f*
queueing area Stauraum *m* [tra]; Wartefläche *f* [tra]
queueing space Stauraum *m* [tra]; Wartefläche *f*
  [tra]
quick charge Schnellaufladung *f* (Batterie) [elt];
  Schnellladung *f* (Batterie) [elt]
quick connector Schnellanschluss *m*
quick response schnelles Ansprechen *n* [elt]
quick setting Schnellabbinden *n* [met]
quick-acting coupling Schnellrohrkupplung *f* [prc]
quick-acting fuse flinke Sicherung *f* [elt]
quick-blow fuse flinke Sicherung *f* [elt]
quick-break fuse flinke Sicherung *f* [elt];
  Hochleistungssicherung *f* [elt]
quick-cement retarder Schnellzementverzögerer *m*
  [met]
quick-curing schnell härtend *f* (Kunstharz) [met]
quick-drying schnell trocknend [met]
quick-hardening lime hydraulischer Kalk *m* [met]
quick-release corner Sicherheitsschachtecke *f*
quick-release spindle Schnellabsenkspindel *f*
quick-response fuse flinke Sicherung *f* [elt]
quick-setting rasch bindend [che]; schnell bindend
  [met]
quick-setting binder Schnellbinder *m* [met]
quick-setting cement Montagezement *m* [met];
  Schnellbinder *m* [met]; Schnellzement *m* [met]
quick-setting mortar Schnellmörtel *m* [met]
quicklime Ätzkalk *m* [che]; Branntkalk *m* [met];
  gebrannter Ätzkalk *m* (Lederbeizung) [met];
  ungelöschter Kalk *m* [met]
quicksand Schwimmsand *m* [geo]
quiet water stilles Wasser *n* [was]
quilted insulation mat gesteppte Isoliermatte *f*
  [met]
quoin Eckstein *m*; Mauerecke *f*
quoted rent geforderte Miete *f* (Immobilie) [eco]

R

R-phrase R-Satz *m* (stoffliche
Risikokennzeichnung) [che]
rabbet Anschlag *m* (Fenster); Anschlag *m* (Tür,
Fenster); Falz *m* (Holz); Nut *f* (Holzbau)
rabbet joint Falzverbindung *f*
rabbet ledge Schlagleiste *f* (Fenster)
race Gerinne *n* [was]
raceway Kabelkanal *m* [elt]; Leitungskanal *m* [tga]
rack Gestell *n* (Rahmen); Horde *f* (Gestell) [prc];
Stellage *f*
rack rent überhöhte Miete *f* (Immobilie) [eco]
rack screen Stabgitter *n*
rack-and-pinion Zahnstange *f* [tec]
rack-and-pinion drive Zahnstangenantrieb *m* [tec]
rack-and-pinion jack Zahnstangenheber *m* [tec];
Zahnstangenwinde *f* [tec]
racking Abtreppung *f*
radial brick Radialstein *m*; Radialziegel *m*
radial cracking Radialriss *m* [met]
radial drill Radialbohrer *m* [wzg]
radial eccentricity Rundlaufabweichung *f* (Versatz)
[des]
radial gate Segmentwehr *n* [wba]; Segmentverschluss *m* [wba]; Sektorschütz *m* [wba]
radial road Ausfallstraße *f* [tra]
radial run-out Rundlaufabweichung *f* [des]
radial shear Radialscherung *f* [met]
radial stress Radialspannung *f* [met]
radiant strahlend [pow]
radiant city strahlende Stadt *f* (Städtebau: Erscheinung)
radiant heat Strahlungswärme *f* [pow]; Wärmestrahlung *f* [pow]
radiant heat gain Strahlungswärmegewinn *m* [pow]
radiant heater Heizstrahler *m* [pow]; Strahlungsheizkörper *m* [pow]
radiant heating Strahlungsheizung *f* [pow]
radiate ausstrahlen *v* [phy]; strahlen *v* (Wärme)
[pow]
radiate sound waves at beschallen *v* [aku]
radiated energy abgestrahlte Leistung *f* [pow]
radiated power abgestrahlte Leistung *f* [pow]
radiating crack sternförmiger Riss *m* (Schweißnahtfehler) [met]
radiating power Strahlungsvermögen *n* [phy]
radiation heater Strahlheizofen *m* [pow]
radiation heating Flächenheizung *n* [pow]; Strahlungsheizung *f* [pow]
radiation impermeability Strahlungsundurchlässigkeit *f* [met]
radiation load Strahlenbelastung *f* [phy]

radiation of heat Wärmeabstrahlung *f* [pow];
Wärmestrahlung *f* [pow]
radiation permeability Strahlungsdurchlässigkeit *f*
[met]
radiation protection door Strahlenschutztür *f*
radiation shielding Abschirmung gegen Strahlung *f*;
Strahlenabschirmung *f*
radiation shielding concrete Abschirmbeton *m*
(Strahlung) [met]
radiation-resistant solar cell strahlungsresistente
Solarzelle *f* [pow]
radiation-shielding concrete Strahlenschutzbeton *m*
[met]
radiator Heizgerät *n* [pow]; Gliederheizkörper *m*
[pow]; Heizkörper *m* [pow]; Radiator *m* [pow];
Strahler *m* [pow]; Heizrippe *f* [pow]
radiator heating Radiatorheizung *f* [pow]
radiator insulation Heizkörperdämmung *f*
radiator panelling Heizkörperverkleidung *f*
radiator support Heizkörperhalterung *f* [pow]
radiator tank Wasserkasten *m*
radiator valve Heizkörperventil *n* [pow]; Heizkörperarmatur *f* [pow]
radio tower Antennenmast *m* (<A>)
radioactive effluents radioaktives Abwasser *n* [was]
radioactive waste water radioaktives Abwasser *n*
[was]
radiogram Röntgenaufnahme *f* [any]
radiograph Röntgenaufnahme *f* [any]
radiographic examination Durchstrahlungsprüfung
f (Werkstücke) [any]; Röntgenprüfung *f* (Werkstücke) [any]
radiographic inspection Durchstrahlungsprüfung *f*
(Werkstücke) [any]
radiological protection shield Abschirmwand *f*
(Arbeitsschutz); Strahlenschutzwand *f*
radius of action Ausladung *f* (Drehkran)
raft footing Plattenstreifengründung *f* [tib]
raft foundation Betonplattenfundament *n* [bon];
Fundamentplatte *f*
rafter Balken *m* (Dachbalken); Sparren *m* (Dachsparren); Dachsparren *f*
rafter end Sparrenkopf *m*
rafter of frame Rahmenriegel *m*
rafter roof Sparrendach *n*
rafters Gebälk *n* (Dach-); Sparrendach *n*
rag felt Dachpappe *f* [met]
rail Riegel *m* (Fachwerk); Kontaktleiste *f* [elt]
rail bridge Gleisbrücke *f* (Bahn) [tra]
rail building Gleisbau *m* [tra]
rail clamp Lastaufnahmemittel *n* (von Kränen)
rail for sliding doors Türlaufschiene *f*
rail grip Greifer für Schienen *m* [tib]
rail head Endbahnhof *m* (einer Bahnstrecke) [tra]
rail installation Gleisanlage *f* [tra]
rail joint support Schienenstoßbrücke *f* (Bahn) [tra]

rail laying Schienenlegen *n* (Bahn) [tra]
rail post Geländerpfosten *m*
rail stanchion Geländerpfosten *m*
rail standard Geländerpfosten *m*
rail track Gleiskörper *m* [tra]; Schienenstrang *m* (Bahn) [tra]
rail work Gleisbaustelle *f* (Bahn) [tra]
rail-mounted schienengeführt [tra]
rail-mounted excavator Gleisbagger *m* [roh]; Schienenbagger *m* [roh]
railing Geländer *n*; Gitter *n* (Geländer); Brüstung *f*
railing bar Geländerstab *m*
railing mid-rail Knieleiste *f* (Geländer)
railing panel Geländerverkleidung *f*
railing post Geländerpfosten *m*
railing post base socket Geländerfuß *m*
railing strut Geländerstrebe *f*
railing upright Geländerpfosten *m*; Geländersäule *f*
railroad bridge Eisenbahnbrücke *f* (<A>)
railroad embankment Bahndamm *m* (<A>) [tib]
railroad footbridge Eisenbahnüberführung *f* (<A>) [tra]
railroad hub Eisenbahnknoten *m* (<A>) [tra]
railroad junction Eisenbahnknoten *m* (<A>) [tra]
railroad line Bahngleis *n* (<A>) [tra]
railroad lines Gleisanlage *f* (<A>) [tra]
railroad station Bahnhof *m* (<A>) [tra]
railroad system Schienennetz *n* (<A>) [tra]
railroad track Bahngleis *n* (<A>) [tra]
railroad underpass Eisenbahnunterführung *f* (<A>) [tra]
railway ballast Eisenbahnschotter *m* [tra]
railway bank Bahnböschung *f* [tra]
railway bridge, double-track - zweigleisige Brücke *f*
railway construction site Gleisbaustelle *f* [tra]
railway crane Eisenbahnkran *m* [tra]
railway cutting Eisenbahneinschnitt *m*
railway embankment Bahndamm *m*; Gleiskörper *m* [tra]
railway footbridge Eisenbahnüberführung *f* (<B>) [tra]
railway hub Eisenbahnknoten *m* (<B>) [tra]
railway junction Eisenbahnknoten *m* (<B>) [tra]
railway line Trasse *f* (Bahn) [tra]
railway lines Gleisanlage *f* [tra]
railway network Schienennetz *n* (Bahn) [tra]
railway overbridge Eisenbahnüberführung *f* [tra]
railway premises Bahnanlagen *pl* [tra]
railway sleeper Eisenbahnschwelle *f* [tra]
railway station Bahnhof *m* (<B>) [tra]; Eisenbahn-station *f* [tra]
railway system Eisenbahnnetz *n* [tra]; Schienennetz *n* [tra]
railway terminus Endbahnhof *m* [tra]; Kopfbahnhof *m* [tra]

railway track Bahngleis *n* (<B>) [tra]
railway tracks Gleisanlage *f* [tra]
railway tunnel Eisenbahntunnel *m* [tra]
railway underbridge Eisenbahnunterführung *f* [tra]
railway underpass Bahnunterführung *f* [tra]; Eisen-bahnunterführung *f* (<B>) [tra]
rain barrel Regentonne *f* [was]
rain cap Kaminabdeckung *f*
rain catchment Auffangen von Regen *n* [was]
rain discharge Regenabfluss *m* [was]
rain forest damage Regenwaldzerstörung *f*
rain gauge Niederschlagsmesser *m* [any]
rain gutter Regenrinne *f*
rain leader Fallrohr *n* [was]
rain pipe Regenrohr *n*
rain shelter Regenschutz *m*
rain spout Dachtraufe *f*
rain-canopy Regendach *n*
rain-drop splash Regenerosion *f* [geo]
rainfall infiltration Eindringen von Regenwasser *n* [was]
rainfall penetration Regeneindringtiefe *f* [geo]
rainproof regendicht; regenfest; wasserdicht
raintight regendicht; regenfest
raintrap Regenfang *m*
rainwash Abspülung *f* [geo]; Regenauswaschung *f* [met]; Regenerosion *f* [geo]
rainwater catchment Regenbecken *n* [was]
rainwater collecting basin Regenwasserauffang-becken *n* [was]; Regenwassersammelbecken *n* [was]
rainwater deflector Regenleiste *f*; Regenschutz-rinne *f*
rainwater drainage Dachentwässerung *f*; Regenentwässerung *f*; Regenwasserableitung *f* [was]
rainwater flow Regenwasserabfluss *m* [was]
rainwater gutter Dachrinne *f*; Regenrinne *f*
rainwater infiltration system Regenwasser-versickerungsanlage *f* (Rigole) [was]
rainwater management Regenwasserbewirt-schaftung *f* [was]
rainwater overflow basin Regenwasserüberlauf-becken *n* [was]
rainwater pipe Fallrohr *n* [was]
rainwater reservoir Regenwasserspeicher *m* [was]
rainwater retention basin Regenwasserrückhalte-becken *n* [was]
rainwater tank Zisterne *f* [was]
rainwater treatment Regenwasserbehandlung *f* [was]
rainwater use Regenwassernutzung *f* [was]
raise Aufschüttung *f* [geo]; Aufstockung *f*
raise anheben *v* (hochheben, erhöhen)
raise a building erbauen *v*
raise the levels einebnen *v* [tib]

raise the temperature Temperatur anheben *v* [pow]
raised building aufgestocktes Gebäude *n*
raised cable aufgebogenes Spannglied *n* [bon]
raised edge Bördel *m*
raised floor Doppelboden *m*; Hohlraumboden *m*;
Installationsboden *m*; Kriechboden *m*
raised ground-floor Hochparterre *n*
raised island eingebaute Verkehrsinsel *f* [tra]
raised kerb Hochbordstein *m* (Straße)
raised panel erhöhte Täfelung *f* (Klassizismus) [arc]
raising Abheben *n* (z.B. eines Brückenlagers)
raising mains Steigleitung *f* [was]
raising of height Aufstocken *n* (Gebäude)
raising platform Hebebühne *f*
raising the level of impoundage Aufhöhung des
Stauspiegels *f* [wba]
rake Rechen *m* [was]; Schrägbalken *m*
rake abschrägen *v* (Hang) [geo]
rake classifier Rechenklassierer *m* [was]
rake screening crusher Rechengutzerkleinerer *m*
[was]
rake screening press Rechengutpresse *f* [was]
rake system Rechenanlage *f* [was]
rake-type classifier Rechenklassierer *m* [was]
raker Kratzeisen *n*; Räumlöffel *m*; Strebe *f*
(Balken) [tib]
raker beam Winkelträger *m*
raking Gitterstabfüllung *f* (Geländer)
raking cornice Schräggeison *m* (Tempelelement)
[arc]
raking equipment Rechenanlage *f* (Klärwerk) [was]
raking pile Schrägpfahl *m* [tib]
raking shore Schrägspreize *f* [tib]
raking-down device Böschungsräumer *m* [tib]
rakings Rechengut *n* [was]
ram Hammer *m* (Ramme) [wzg]; hydraulischer
Widder *m*; Rammbär *m*; Stempel *m* (Ramm-)
ram einrammen *v* [tib]; feststoßen *v*; rammen *v*;
treiben *v* (Pfahl)
ram hammer Rammhammer *m*
ram pile Rammpfahl *m* (Tiefgründung) [tib]
ramification Verästelung *f*
ramin Ramin *n* (Holzart) [met]
rammed concrete gestampfter Beton *m* [bon]
rammed earth Stampflehm *m* [met]
rammed earth building technique Stampflehmbauweise *f* (ökologischer Hausbau)
rammed earth wall Lehmwand aus Stampflehm *f*
(ökologischer Hausbau)
rammed-pile wall Rammträgerwand *f* (Tiefbau)
rammer Stampfgerät *n*; Rammbock *m*; Stampfer
m; Ramme *f*
ramming Abrammen *n* [tib]; Stoßverdichtung *f* [tib]
ramming mass Stampfmasse *f* [met]
ramming mix Stampfmasse *f* [met]
ramp Bühne *f*; Rampe *f*

ramp lane Auffahrt *f* [tra]
ramp-up rate Hochlaufgeschwindigkeit *f* [elt]
rampart Erdwall *m* [geo]; Festungswall *m* [arc];
Bastion *f* [arc]
ramshackle baufällig; morsch (Gebäude)
random check Stichprobe *f* (Probeentnahme) [any];
stichprobenmäßige Erhebung *f* [any]
random check sample Stichprobe *f* (entnommene
Probe) [any]
random data Zufallsdaten *pl* [any]
random error Zufallsfehler *m* [any]
random experiment Zufallsexperiment *n* [any]
random noise Untergrundgeräusch *n* [aku]
random orbital sander Exzenterschleifer *m* [wer]
random packing regellose Füllung *f*
random range ashlar unregelmäßiges Mauerwerk *n*
random sample Stichprobe *f* [any]; Zufallsstichprobe *f* [any]
random sampling Zufallsprobenahme *f* [any]
random series Zufallsfolge *f* [any]
random test Stichprobe *f* [any]
range finding Entfernungsmessung *f* [any]
range of deformation, elastic - elastischer Verformungsbereich *m* [met]
range of measurement Messbereich *m* [any]
range of particle sizes Kornband *n* [prc]
range of proportionality elastischer Bereich *m*
[met]
range of rooms Raumprogramm *n* [arc]
range of screening Korngrößenbereich *m* [prc]
range of sensitivity Messbereich *m* [any]
range of services Leistungsprogramm *n* [eco];
Leistungsspektrum *n* [eco]
range of tolerance Toleranzbereich *m* [des]
range out abfluchten *v*; einfluchten *v*
range selector Wahlschalter *m* [elt]
range switch Messbereichschalter *m* [any]
range switching Messbereichsumschaltung *f* [any]
range valve Hauptleitungsventil *n* [pow]
range, plastic - plastischer Bereich *m* [met]
range-finder Entfernungsmessgerät *n* [any]
ranging-pole Fluchtstab *m* (Vermessung) [any];
Fluchtstange *f* (Vermessung) [any]
ranging-rod Fluchtstab *m* (Vermessung) [any]
ranking of sites Flächenbewertung *f*
rapid ageing Schnellalterung *f* [met]
rapid analysis Schnellanalyse *f* [any]
rapid binder Schnellbindemittel *n* [met]; Schnellbinder *m* [met]
rapid cementing agent Erhärtungsbeschleuniger *m*
(Beton)
rapid determination Schnellbestimmung *f* [any]
rapid drying paint schnell trocknender Anstrich *m*
[met]; schnell trocknende Farbe *f* [met]
rapid drying plant Schnelltrockenanlage *f* [prc]
rapid erection crane Schnellmontagekran *m*

rapid fatigue test Kurzzeitermüdungsversuch *m* [any]

rapid firing kiln Schnellbrandofen *m* (keramische Werkstoffe) [roh]

rapid mortar Schnellmörtel *m* [met]

rapid sand filtration Schnellfiltration *f* [was]

rapid scanning Schnellabtastung *f* [any]

rapid screed Schnellestrich *m* [met]

rapid stroke hammer Rammhammer *m* [tib]; Schnellschlagbär *m* [tib]; Schnellschlaghammer *m* [tib]

rapid test Schnelltest *m* [any]

rapid-assembly method Schnellbauweise *f*

rapid-curing schnell abbindend [met]

rapid-hardening schnell bindend [met]; schnell härtend [met]

rapid-hardening cement frühhochfester Zement *m* [met]; Zement mit höherer Anfangsfestigkeit *m* [met]

rapid-hardening Portland cement schnell härtender Portlandzement *m* [met]

rapping stress Klopfbeanspruchung *f* [met]

rasp Reibeisen *n* [wzg]; Raspel *f* (Feile) [wzg]; Raumaschine *f*

rasp reiben *v* (feilen)

ratchet Knarre *f* [wzg]; Ratsche *f* [wzg]; Sperrvorrichtung *f* [tec]

ratchet brace Bohrknarre *f* [wzg]; Bohrratsche *f* [wzg]

ratchet pipe stock Knarrenkluppe *f* [wzg]

ratchet ring spanner Ratschenringschlüssel *m* [wzg]

rate bemessen *v* (Leistung)

rate of compaction Verdichtungsmaß *n* [tib]

rate of compression Verdichtungsgrad *m* [phy]

rate of cure Abbindegeschwindigkeit *f* [met]; Vernetzungsgeschwindigkeit *f* [met]

rate of flow Durchflussmenge *f* [prc]

rate of hardening Erhärtungsgeschwindigkeit *f* [met]

rate of production of landfill gas Gasbildungsrate von Deponiegas *f* [rec]

rate of run-off Abflussmenge *f* [was]

rate of setting Abbindegeschwindigkeit *f* [met]; Erstarrungsgeschwindigkeit *f* [met]

rate of wages Lohnsatz *m* [eco]

rate variation, mean - mittlere Gangabweichung *f* (Uhr) [any]

rate, mean - mittlerer täglicher Gang *m* (Uhr) [any]

rateable value Einheitswert *m* (Grundeigentum) [eco]

rated at ... ausgelegt für ... (Leistung) [des]

rated breaking point Sollbruchstelle *f* [met]

rated capacity Nennleistung *f* [pow]; Nominalleistung *f* [pow]

rated load Nennbelastung *f* [phy]; zulässige Belastung *f* (Aufzug)

rated output Nennleistung *f* [pow]; Nominalleistung *f* [pow]

rated power Nennleistung *f* [pow]; Nominalleistung *f* [pow]

rated pressure Nenndruck *m* [phy]

rated size Sollmaß *n* [des]

rated voltage Nennspannung *f* [elt]

rathole Hohlraum *m* (im Schüttgut) [prc]

rathole formation Hohlraumbildung *f* (Silo) [prc]; Kaminbildung *f* (Silo) [prc]

ratholing Hohlraumbildung *f* (Silo) [prc]; Kaminbildung *f* (Silo) [prc]; Schachtbildung *f* (im Schüttgut) [prc]; Tunnelbildung *f* (in Silos) [prc]

rating Bewertung *f* (Einschätzung)

rating characteristic Bewertungsmerkmal *n*

rating data Auslegungsdaten *pl* [des]

ratio of slenderness Schlankheitsgrad *m*

raw rau (unbearbeitet); unbearbeitet; unverarbeitet

raw aluminium Rohaluminium *n* [met]

raw density Rohdichte *f* [met]

raw glass Rohglas *n* [met]

raw grinding Vormahlung *f* [prc]

raw gypsum Rohgips *m* [met]

raw humus Rohhumus *m* [geo]

raw material Ausgangsmaterial *n* [met]; Rohmaterial *n* [met]; Ausgangswerkstoff *m* [met]; Grundstoff *m* (Rohstoff) [met]; Vorstoff *m* [met]; Ausgangssubstanz *f* [met]

raw material charging Rohmaterialaufgabe *f* [prc]

raw material preparation Rohmaterialaufbereitung *f* [prc]

raw material store Rohstofflager *n* [roh]

raw materials Rohstoffe *pl* [met]

raw materials quarrying Rohstoffgewinnung *f* (Rohstoffabbau) [roh]

raw meal Rohmehl *n* (mineralisch) [met]

raw meal blending Rohmehlhomogenisierung *f* [roh]

raw meal preparation Rohmehlaufbereitung *f* [roh]

raw mill Rohmühle *f*

raw mix Rohmischung *f* [met]

raw ore Roherz *n* [met]

raw product Roherzeugnis *n* [met]

raw sewage unbehandeltes Abwasser *n* [was]

raw sludge Frischschlamm *m* (Kläranlage) [rec]

raw slurry Rohschlamm *m* [rec]

raw soil Rohboden *m* [geo]

raw water unaufbereitetes Wasser *n* [was]; unbehandeltes Wasser *n* [was]; ungereinigtes Wasser *n* [was]

raze abbrechen *v* (Gebäude)

razor wire NATO-Draht *m* [met]; Panzerdraht *m* [met]

re-armour aufpanzern *v* (Zähne bei Brechern)

re-ballasting of the track Gleiseinschotterung *f* (Bahn) [tra]

re-entering angle einspringender Winkel *m*
re-entrant angle einspringender Winkel *m*
re-examination Nachuntersuchung *f* [any]
re-examine nachprüfen *v* (nochmals prüfen) [any]
re-letting Wiedervermietung *f* (Immobilien) [eco]
re-site umsetzen *v*; versetzen *v*
re-stress nachspannen *v*
reach Ausladung *f* (Kran); Reichweite *f* (Kran)
reach distance Greifweite *f* [tib]; Reichweite *f* (am Arbeitsplatz) [asi]
reactance Blindwiderstand *m* [elt]; Widerstand *m* (Blindwiderstand) [elt]
reactant Reaktionsmittel *n* [che]
reaction Auflagerdruck *m* [sik]; Auflagerkraft *f* [sik]; Gegenwirkung *f*
reaction agent Reaktionsmittel *n* [met]
reaction at support Lagerdruck *m* [sik]
reaction force Auflagerkraft *f*
reaction resin Zweikomponentenharz *n* [met]
reaction resin adhesive Reaktionsharzklebstoff *m* [met]
reaction resin mortar Reaktionsharzmörtel *m* [met]
reaction, horizontal - horizontale Auflagerreaktion *f* [sik]
reaction, vertical - vertikale Auflagerreaktion *f* [sik]
reactive reaktionsfreudig [che]
reactive barrier reaktive Wand *f* (Sickerwasserbehandlung) [rec]
reactive current Blindstrom *m* [elt]
reactive energy Blindenergie *f* [elt]
reactive load Blindlast *f* [elt]
reactive power Blindleistung *f* [elt]
reactive resin Reaktionsharz *n* [che]
reactive wall reaktive Wand *f* (Altlastensanierung) [geo]
reactivity Reaktionsfähigkeit *f* [che]; Reaktivität *f* [che]
read-out Anzeige *f* [any]
reading abgelesener Wert *m* [any]; Messwert *m* [any]; Skalenwert *m* [any]
reading accuracy Ablesegenauigkeit *f* [any]
reading error Ablesefehler *m* [any]
readjust nachjustieren *v* [any]
readjustment Nachjustierung *f* [any]; Nachkalibrierung *f* [any]
ready for building baureif
ready for execution ausführungsreif
ready for operation betriebsbereit [wer]
ready for painting malerfertig
ready for use betriebsfertig; einsatzbereit; gebrauchsfertig [met]; verwendungsfertig [met]
ready to be built ausführungsreif
ready to mount einbaufertig
ready to move in bezugsfertig
ready to use gebrauchsfertig
ready-built house Fertighaus *n*

ready-made konfektioniert
ready-mix mortar Fertigmörtel *m* [met]; Werkmörtel *m* [met]
ready-mixed coloured rendering Edelputz *m*
ready-mixed concrete Fertigbeton *m* [bon]; Lieferbeton *m* [bon]; Transportbeton *m* [bon]
ready-mixed concrete facility Transportbetonwerk *n* [roh]
ready-mixed concrete plant Transportbetonwerk *n* [roh]
ready-mixed mortar Fertigmörtel *m* [met]; Transportmörtel *m* [met]; Werkfrischmörtel *m* [met]
ready-mixed plaster Fertigputz *m* [met]
ready-to-fit einbaufertig
ready-wired for connection anschlussfertig verdrahtet [elt]
reagent Reaktionsmittel *n* [che]
real estate Grundstück *n*; Grundstückseigentum *n* (mit Gebäuden) [eco]; Grund *m* (Baustück); Liegenschaft *f*
real estate agency Immobilienbüro *n* [eco]; Maklerbüro für Immobilien *n* [eco]
real estate agent Immobilienmakler *m* [eco]
real estate appraisal Grundstücksbewertung *f* [eco]
real estate broker Immobilienmakler *m* [eco]
real estate business Immobilienbranche *f* [eco]
real estate consultant Immobilienberater *m* [eco]
real estate financing Immobilienfinanzierung *f* [eco]
real estate fund, closed-end - geschlossener Immobilienfonds *m* [eco]
real estate fund, open-ended - offener Immobilienfonds *m* [eco]
real estate investment Immobilienanlage *f* [eco]; Immobilieninvestition *f* [eco]
real estate investment trust Immobilienfonds *m* [eco]
real estate management Immobilienverwaltung *f* (am Objekt: Mieterpflege usw.) [eco]
real estate market Immobilienmarkt *m* [eco]
real estate market, commercial - gewerblicher Immobilienmarkt *m* [eco]
real estate register Grundbuch *n* (<A>) [com]
real estate survey Grundstücksvermessung *f*
real estate tax Grundsteuer *f* [jur]; Grundvermögenssteuer *f* [jur]
real property Grundstückseigentum *n* [eco]; Liegenschaft *f*
real property purchase agreement Grundstückskaufvertrag *m* [jur]
real slate Naturschiefer *m* [geo]
realign nachrichten *n* (z.B. Werkstück) [wer]
realign neu ausfluchten *v*
realigning Neutrassierung *f* [tra]; veränderte Straßenführung *f* [tra]

realignment Neutrassierung *f* [tra]
realignment of a line Änderung der Linienführung *f*
(Bahn) [tra]; Neutrassierung einer Strecke *f* [tra]
reallocation of land Umlegung *f* (von Grundstücken)
ream aufweiten *v* (Bohrung) [wer]; ausreiben *v*
(Bohrung) [wer]
reaming machine Nachbohrmaschine *f* [wer]
reaming opening Ausräumungsöffnung *f* [wer]
reappraisal lease dynamische Pacht *f* (Immobilie)
[eco]
rear Hinter-
rear Rückseite *f*
rear aufrichten *v* (aufziehen)
rear access Hintereingang *m*
rear blade Heckschild *n* [tib]
rear development Rückraumbebauung *f*; rückwärtige Bebauung *f*
rear door Hintertür *f*
rear dumping Hinterkippentleerung *f* (Lkw) [tra];
Hinterkippung *f* (Lkw) [tra]
rear elevation Hinterfront *f* [des]
rear entrance Hintereingang *m*
rear exit Hinterausgang *m*
rear roll Heckwalze *f* [tib]; Hinterradwalze *f* [tib]
rear side Rückseite *f*
rear steering Hinterradlenkung *f* [tib]
rear view Ansicht von hinten *f* (Zeichnung) [des];
Rückansicht *f* [des]
rear wall Rückwand *f*
rear-dump discharge Rückwärtsentladung *f* (Lkw)
[tra]
rear-mounted gritter Anbaustreuer *m* (Straßenbau)
[tib]
rear-mounted ripper Heckaufreißer *m*
rearrange umordnen *v*
rearrangement Umgestaltung *f*
reasonable stipulation zumutbare Auflage *f* [com]
reasons for the plans Planbegründungen *pl*
reassembly Wiedereinbau *m* [wer]; Wiederzusammenbau *m* [wer]
rebar Bewehrungsstahl *m* [met]
rebar cage Bewehrungskorb *m* [bon]
rebate Anschlag *m* (Fenster); Falz *m* (Tür); Ausfalzung *f* (Tür)
rebate falzen *v*
rebate ledge Schlagleiste *f* (Fenster)
rebate plane Falzhobel *m* [wzg]; Simshobel *m*
[wzg]
rebating Verblattung *f* (Holzverbindung)
rebound hammer Rückprallhammer *m* [wzg]
rebound reducer Rückprallminderer *m*
rebuild umbauen *v* (renovieren); umkonstruieren *v*
[des]
rebuilding Neubau *m*; Umbau *m*; Wiederaufbau *m*
rebuilt überholt

recalibrate nachkalibrieren *v* [any]
recalibration Nachkalibrierung *f* [any]
recaulk nachstemmen *v* [wer]
recede zurückspringen *v* [des]
receding element Rücksprung *m* (Straßenbild) [com]
receive training Unterweisung erhalten *v* (Sicherheitsunterweisung) [asi]
receiving bin Baustellensilo *m*; Zwischenladebunker *m*
receiving body Vorfluter *f* [was]
receiving body of water Vorfluter *m* [was]
receiving bunker Abfallbunker *m* [rec]; Aufnahmebunker *m* [prc]
receiving chamber Vorkammer *f* [was]
receiving conveyor Aufnahmeband *n* [prc]
receiving opening Maulweite *f* (Brecher)
receiving stream Vorfluter *m* [was]
receiving tank Sammelgrube *f* [was]
receiving water Vorfluter *m* [was]
receiving watercourse Vorfluter *m* [was]
receptacle Sammelgefäß *n* [prc]; Steckdose *f* [elt]
receptacle outlet Steckdose *f* [elt]
receptacle with compactor Behälterpresse *f* [rec]
reception area Empfangsbereich *m* (Hotel, Bürogebäude)
reception building Empfangsgebäude *n*
reception hall Empfangssaal *m*; Empfangshalle *f*;
Halle *f* (Eingang)
reception room Empfangsraum *m*
receptivity to bitumen Bitumenverträglichkeit *f*
(Dichtungstechnik) [met]
recess Aussparung *f*; Butze *f* (Bauernhaus); Nische
f (Koch-)
recess vertieft anbringen *v* [wer]; zurücksetzen *v*
[des]
recessed eingelassen (im Material); zurückgesetzt
[des]
recessed balcony Loggia *f*
recessed collar eingerückter Kragen *m*
recessed fitting Unterputzarmatur *f* [tga]
recessed lighting Einbauleuchte *f* [tga]
recessed luminaire Einbauleuchte *f* [tga]
recessed panel eingesetzte Täfelung *f*
recessing Ausklinken *n* [stb]
recharge Versickerung *f* (von Niederschlagswasser)
[was]
recharge aufladen *v* (nach Entladung) [elt]; wieder
aufladen *v* (Batterie) [elt]
recharge area Grundwasseranreicherungsgebiet *n*
[was]; Versickerungsgebiet *n* [was]
recharge basin Anreicherungsbecken *n* (Kläranlage)
[was]; Versickerungsbecken *n* [was]
recharge rate Versickerungsrate *f* [was]
recharge time Aufladezeit *f* [elt]
recharge water Wiederbeschickungswasser *n*
(Kläranlage) [was]

rechargeable wieder aufladbar (Batterie) [elt]
rechargeable battery wiederaufladbare Batterie *f* [elt]
rechargeable cell aufladbare Zelle *f* [elt]
recharger Ladegerät *n* (für Akkumulatoren) [elt]
recharging Wiederaufladung *f* (von Batterien) [elt]
recipient Vorfluter *m* [was]
reciping waters Vorfluter *m* [was]
reciprocating screed Pendelglätter *m*
recirculated material Umlaufgut *n* (Aufbereitung) [met]
recirculated water Rücklaufwasser *n* [was]
recirculating air Rückluft *f* [tga]
recirculating heating Umluftheizung *f* [prc]
recirculating pump Rücklaufpumpe *f* [was]
recirculation Rücklauf *m* [pow]
recirculation duct Umluftkanal *m* [air]
recirculation of leachate
Sickerwasserkreislaufführung *f* [rec]
reclaim Land gewinnen *v* [tib]; rekultivieren *v*;
rückgewinnen *v* [rec]; wiedergewinnen *v* [rec]
reclaimer Räumgerät *n* (bei Halden) [roh]; Haldenräumer *m* [roh]; Abbauvorrichtung *f* [roh];
Rückgewinnungsanlage *f* (Aufbereitung) [roh]
reclaiming Auslagerung *f* (Aufbereitung) [roh];
Rückgewinnung *f* (Rückgewinnen) [rec]
reclaiming conveyor Haldenabzugsband *n*
reclaiming device Rückladegerät *n* [roh]
reclaiming plant Rückgewinnungsanlage *f* [rec]
reclamation Rückgewinnung *f* (Wiedergewinnung,
Kultivierung) [rec]
reclamation plant Rückgewinnungsanlage *f* [was]
recompact nachverdichten *v* [tib]
reconditioned wieder instand gesetzt [rec]; wiederaufgearbeitet
reconditioning Aufbereiten *n* (Medium) [prc];
Aufarbeitung *f* [wer]; Instandsetzung *f* (Überholung) [wer]; Wiederaufarbeitung *f* [wer]
reconnaissance Erkundung *f* [any]
reconnaissance tunnel Erkundungsstollen *m*
[tib]
reconstituted wood Holzfaserwerkstoff *m* [met]
reconstitution Neuaufbau *m* (- eines historischen
Gebäudes)
reconstruct umgestalten *v* (umbauen); umkonstruieren *v* [des]
reconstruction Umbau *m* (Plan) [des]; Wiederaufbau *m*; Neuerrichtung *f*; Rekonstruktion *f*
(Wiederaufbau); Restaurierung *f*; Sanierung *f*;
Wiederherstellung *f* (Erneuerung)
reconstruction schedule Sanierungsplan *m*
reconstruction work Wiederaufbau *f* (-arbeiten)
reconversion Rückbau *m*
reconversion of landfill sites Deponierückbau *m*
[rec]
recooler Rückkühler *m* [pow]

record aufzeichnen *v* (registrieren) [any]; schreiben
v (registrieren) [any]
record of proper waste management Entsorgungsnachweis *m* (Buch, elektronische Dokumentation)
[rec]
record, detailed - detaillierte Aufstellung *f*
recording measuring instrument registrierendes
Messgerät *n* [any]
recover beheben *v* (Fehler); rückgewinnen *v* [rec];
wiedergewinnen *v* [rec]
recoverable rückgewinnbar [rec]
recoverable error behebbarer Fehler *m*
recoverable reserves abbauwürdige Vorräte *pl* [roh]
recoverable waste Wertstoff *m* [rec]
recovered heat rückgewonnene Wärme *f* [pow]
recovery Abscheidegrad *m* [prc]; Aufspiegelung *f*
(Hydrologie) [was]; Gewinnung *f* (Rückgewinnung); Rückgewinnung *f* (Wiedergewinnung) [rec];
Verwertung *f* [rec]; Wiedergewinnung *f*; Wiederherstellung *f* (Rückgewinnung); Wiederverwendung *f* [rec]; Wiederverwertung *f* [rec]; Zurückgewinnung *f* [wer]
recovery device Aufarbeitungsvorrichtung *f* [rec]
recovery of energy Energierückgewinnung *f* [pow]
recovery plant Rückgewinnungsanlage *f* [rec];
Wiederaufbereitungsanlage *f* [rec]
recreation area Erholungsfläche *f* [com]
recreation centre Freizeitzentrum *n*
recreation complex Freizeitzentrum *n*; Freizeitkomplex *m*
recreation room Aufenthaltsraum *m* (im Betrieb);
Aufenthaltsraum *m* (Sozialraum) [wer]
recreational park Freizeitpark *m*
recreational traffic Ausflugsverkehr *m* [tra]
recruitment Einstellung von Arbeitskräften *f* [eco]
rectangular rechteckig; rechtwinklig; viereckig
rectangular channel Rechteckkanal *m* [wba]
rectangular cross-section Rechteckquerschnitt *m*
rectangular duct Rechteckkanal *m*
rectangular mesh Langmasche *f* (Sieb) [prc]
rectangular paving Rechteckpflaster *n* [met]
rectangular profile Rechteckprofil *n*
rectangular section Rechteckprofil *n*
rectangular slab Rechteckplatte *f*
rectangular steel tube Rechteckstahlrohr *n* [met]
rectangular stress block rechteckige Spannungsverteilung *f* [sik]
rectangular truss rechtwinkliges Fachwerk *n*
rectification Mängelbeseitigung *f* (an Immobilie)
rectification of river Flussbegradigung *f* [wba]
rectified gleichgerichtet [elt]
rectified current gleichgerichteter Strom *m* [elt]
rectifier Gleichrichter *m* [elt]
rectifier welding set Schweißgleichrichter *m* [elt]
rectify gleichrichten *v* [elt]
rectilinear geradlinig

recultivate rekultivieren *v*
recultivation Rekultivierung *f* [tib]
recultivation layer Rekultivierungsschicht *f* [geo]
recultivation of soil Bodenaufbau *m* [geo]
recultivation plan Rekultivierungsplan *m* [com]
recuperation plant Rückgewinnungsanlage *f* [pow]
recuperative heat exchanger
  Rekuperativwärmeaustauscher *m* [pow]
recuperator Rekuperativwärmeaustauscher *m*
  [pow]; Rekuperator *m* [pow]
recyclable recyclingfähig [rec]; verwertbar [rec]
recycle verwerten *v* [rec]; wieder verwerten *v* [rec]
recycled verwertet
recycled product Recyclingprodukt *n* [rec]
recycling Rückgewinnung *f* (Recycling) [rec];
  Verwertung *f* (KrW-/AbfG) [rec];
  Wiederverwertung *f* [rec]
recycling centre Recyclinghof *m* [rec]
recycling facility Recyclingeinrichtung *f* [rec]
recycling installation Recyclingeinrichtung *f* [rec]
recycling measure Verwertungsmaßnahme *f* [rec]
recycling method Verwertungsverfahren *n* [rec];
  Verwertungsmethode *f* [rec]
recycling of barrels Fassrecycling *n* [rec]
recycling of building materials Baustoffrecycling *n*
  [rec]
recycling of metals Metallrecycling *n* [rec]
recycling of raw materials rohstoffliches Recycling
  n [rec]
recycling of recoverable waste
  Wertstoffrückgewinnung *f* [rec]
recycling of used materials Verwertung von
  Altstoffen *f* [rec]
recycling of wastes Abfallverwertung *f* [rec]
recycling plant Recyclingbetrieb *m* [rec];
  Recyclinganlage *f* [rec]; Verwertungsanlage *f* [rec];
  Wiederaufbereitungsanlage *f* [rec]
recycling plant for foamed materials
  Schaumstoffrecyclinganlage *f* [rec]
recycling possibility Verwertungsmöglichkeit *f*
  [rec]
recycling process Recyclingverfahren *n* [rec];
  Verwertungsverfahren *n* [rec]
recycling product Recyclingprodukt *n* [rec]
recycling system Verwertungssystem *n* [rec]
recycling-oriented recyclinggerecht [rec]
red earth Roterde *f* [geo]
red lead Bleimennige *n* [met]; Mennige *f* [che]
red lead paint Mennigefarbe *f* [met]
red mud Rotschlamm *m* [rec]
red ocher Eisenmennige *n* [che]
red sandstone Buntsandstein *m* [geo]
red sludge Rotschlamm *m* [rec]
redecorating Schönheitsreparatur *f*
redesign Neukonstruktion *f* [des]; Umgestaltung *f*
  [des]; Umkonstruktion *f* [des]

redesign umkonstruieren *v* [des]
redesigned neu konzipiert [des]
redesigning Neugestaltung *f* [des]
redevelop sanieren *v*; umgestalten *v* (umbauen);
  umkonstruieren *v* [des]; wiederaufbauen *v*
redevelopment Wiederaufbau *m*; bauliche
  Neugestaltung *f*; Rekonstruktion *f* (Sanierung)
  [des]; Sanierung *f*; Sanierung *f* (Gebiet, größeres
  Grundstück)
redevelopment agency Sanierungsträger *m* [com]
redevelopment area Sanierungsgebiet *n* [com];
  Stadterneuerungsgebiet *n*
redevelopment by-law Sanierungssatzung *f* [jur]
redevelopment concept Sanierungskonzept *n* [com]
redevelopment measure Sanierungsmaßnahme *f*
  [com]
redevelopment plan Sanierungsplan *m* [com]
redevelopment programme Sanierungskonzept *n*
  [com]
redevelopment requirement Sanierungsbedarf *m*
  [com]
redevelopment scheme Sanierungsprojekt *n*;
  Sanierungsplan *m*
redevelopment statute Sanierungssatzung *f* [jur]
redevelopment, body charged with carrying out -
  Sanierungsträger *m* [com]
redirection of forces Kraftumlenkung *f* [sik]
redirection of traffic sources Verlagerung von
  Verkehrsquellen *f* [tra]
redistribution Umlagerung *f*
redraw umzeichnen *v* [des]
redriving Nachrammen *n* [tib]
reduce dämpfen *v* (vermindern)
reduce iron enteisenen *v* (auch Lebensmittel) [was]
reduce the density entkernen *v* (Stadt) [com]
reduce to scrap verschrotten *v* [rec]
reduced verkleinert [des]
reduced level excavation Herstellung des
  Grobplanums *f* [tib]
reduced model verkleinertes Modell *n* [des]
reduced scale verkleinerter Maßstab *m* [des]
reduced transversal section verringerter
  Fahrbahnquerschnitt *m* [tra]; verringerter
  Straßenquerschnitt *m* [tra]
reducer Reduktionsstück *n* [tec]; Reduzierstück *n*
  [tec]; Übergangsstück *n* (Rohr) [tec];
  Verdünnungsmittel *n* [met]
reducing atmosphere reduzierende Atmosphäre *f*
  [che]
reducing coefficient Abminderungsfaktor *m* [sik]
reducing coupling Reduzierkupplung *f* [prc];
  Reduziermuffe *f* [tec]; Übergangsmuffe *f* [tec]
reducing fitting Passstück *n* [tga]; Reduzierstück *n*
  [prc]
reducing piece Reduzierstück *n* [prc]
reducing pipe fitting Reduzierstück *n* [prc]

reducing pipe sleeve Reduzierstutzen *m* [prc]
reduction Minderung *f* [eco]; Verjüngung *f* [des]
reduction crusher Nachbrecher *m* [prc]
reduction factor Abminderungsbeiwert *m* [sik];
Verkleinerungsfaktor *m* [des]
reduction gear Untersetzungsgetriebe *n* [tec]
reduction in area Einschnürung *f* [des]
reduction in area at breaking point Brucheinschnürung *f* [met]
reduction in personnel Personalabbau *m* [eco]
reduction in quality Qualitätsminderung *f*
reduction in sectional area Querschnittsabnahme *f*
[des]
reduction of airborne sound Luftschalldämpfung *f*
[aku]
reduction of area Querschnittsverminderung *f* [met]
reduction of cross-section Querschnittsminderung *f*
[des]; Querschnittsschwächung *f* [met]
reduction of cross-sectional area
Querschnittsverminderung *f* [des]
reduction of structure-borne sound Körperschalldämmung *f* [aku]
reduction of the building density Entdichtung *f*
(Bebauung) [com]
reduction ratio Verkleinerungsverhältnis *n* [des]
reduction scale Verkleinerungsmaßstab *m* [des]
reduction sleeve Reduziermuffe *f* [prc]
reduction unit Übergangsbauteil *n*
reduction valve Reduzierventil *n* [prc]
reduction, scaled - maßstäbliche Verkleinerung *f*
[des]
redundant statisch unbestimmt [sik]
redundant forces freigemachte Kräfte *pl*; statisch
unbestimmte Kräfte *pl*
redundant frame statisch unbestimmtes System *n*
[sik]
redundant member überschüssiger Stab *m* [stb];
überzähliger Stab *m* [stb]
reed lathing Rohrgewebe *n* (Putzträger: Schilfrohr)
reentrainment Rückverwirbelung *f* [was]
reface erneuern *v* (Fassade)
refacing Fassadenerneuerung *f*
refectory Refektorium *n* (Kloster: Speisesaal) [arc]
reference analysis Vergleichsanalyse *f* [any]
reference block Kontrollkörper *m* [any];
Prüfkörper *m* [any]; Vergleichskörper *m* [any]
reference body Vergleichskörper *m* [any]
reference circle Mittenkreis *m* [des]
reference document Bezugsdokument *n* [des]
reference grid Bezugsraster *n* [des]
reference input Sollwert *m* (Regelung) [elt];
Führungsgröße *f* (Regelung) [elt]
reference level Ablesestand *m* [any]; Bezugspegel
m [any]; Bezugshöhe *f* [any]; Referenzebene *f*
[any]
reference line Bezugslinie *f* [des]

reference measurement Vergleichsmessung *f* [any]
reference measuring procedure Referenzmessverfahren *n* [any]
reference period Bezugszeitraum *m* [any]
reference piece Vergleichsstück *n* [any]
reference plane Bezugsebene *f* [any]
reference point Vergleichspunkt *m* [any]
reference sample Referenzmuster *n* [any]; Vergleichsmuster *n* [any]; Referenzprobe *f* [any];
Vergleichsprobe *f* [any]
reference size Bezugsmaß *n* [des]
reference specimen Vergleichsprobe *f* [any]
reference standard Bezugsnormal *n* [any];
Vergleichsnormal *n* [any]; Vergleichskörper *m*
[any]; Vergleichsstandard *m* [any]
reference substance Bezugssubstanz *f* [any];
Referenzsubstanz *f* [any]; Vergleichssubstanz *f*
[any]
reference surface Vergleichsoberfläche *f* [any]
reference system Bezugssystem *n* [any]
reference temperature Bezugstemperatur *f* [any]
reference test piece Bezugsprobe *f* [any]
reference time interval Bezugszeitraum *m*
reference to size Größenangabe *f* [des]
reference value Bezugswert *m* [any]; Führungsgröße *f* (Regelung) [elt]; Vergleichswert *m*; Bezugsgröße *f* [any]
reference volume Bezugsvolumen *n* [any]
reference zero Bezugsnullpunkt *m* [any]
referring object Bezugspunkt *m* (Vermessung)
[any]
refill Ersatzfüllung *f*; Nachfüllpackung *f*
refill nachfüllen *v*; wieder auffüllen *v*; zufüllen *v*
refill packaging Nachfüllpackung *f*
refine aufbereiten *v* (Wasser) [was]; reinigen *v*
(raffinieren)
refined aluminium Reinstaluminium *n* [met]
refined steel Feinstahl *m* [met]
refinement of surface Oberflächenveredlung *f* [met]
refining plant Fällanlage *f* [was]
reflecting glass beschichtetes Glas *n* [met]
reflecting layer Abstrahlschicht *f*
reflective clothing reflektierende Kleidung *f* [asi];
Warnkleidung *f* [asi]
reflective suit Hitzeschutzanzug *m* [asi]
reflective surface Reflexionsfläche *f* (Beleuchtung)
reflux valve Rücklaufventil *n* [prc]
refractability Feuerfestigkeit *f* [met]
refractoriness Feuerbeständigkeit *f* [met]; Feuerfestigkeit *f* [met]
refractoriness under load Druckfeuerbeständigkeit
f [met]
refractory feuerbeständig [met]; feuerfest [met];
hitzebeständig [met]
refractory brick feuerfester Stein *m*; Schamottestein *m* [met]

refractory brick lining feuerfeste Ausmauerung *f*
refractory brick, silica - Quarz-Schamottestein *m* [met]; Silikastein *m* [met]
refractory castable feuerfeste Baumasse *f* (hydraulisch abbindende Masse) [met]
refractory cement Feuerfestbeton *m* [bon]; feuerfester Zement *m* [met]; Schamottemörtel *m* [met]
refractory clay feuerfester Ton *m* [met]; Feuerton *m*; Schamotte *f* [met]
refractory coating Feuerfestüberzug *m* [met]
refractory concrete Feuerfestbeton *m* [bon]; feuerfester Beton *m* [bon]; hitzebeständiger Beton *m* [bon]
refractory enamel hitzebeständiges Email *n* [met]
refractory grout feuerfeste Spritzmasse *f* [met]
refractory gunning material feuerfeste Spritzmasse *f* [met]
refractory lining feuerfeste Auskleidung *f*; feuerfeste Ausmauerung *f*; Schamotteauskleidung *f*
refractory mass feuerfeste Baumasse *f* [met]
refractory mastic Feuerkitt *m* [met]
refractory material Feuerfestmaterial *n* [met]; feuerfester Werkstoff *m* [met]
refractory metal hoch schmelzendes Metall *n* [met]
refractory mixture feuerfeste Masse *f* [met]
refractory mortar feuerfester Mörtel *m* [met]; hydraulischer Feuermörtel *m* [met]; Schamottemörtel *m* [met]
refractory pot feuerfester Glashafen *m* [roh]
refractory product Feuerfestprodukt *n*
refractory property Feuerfesteigenschaft *f* [met]
refractory ramming material feuerfeste Stampfmasse *f* [met]
refractory setting feuerfestes Mauerwerk *n* [pow]
refractory substance feuerfester Werkstoff *m* [met]; Feuerfestwerkstoff *m* [met]
refractory wall Schamottesteinwand *f*
refrigerant Kältemittel *n* [met]
refrigerant tank Kühlmittelbehälter *m* [prc]
refrigerant tubing Kühlmittelleitung *f* [prc]
refrigerating capacity Kälteleistung *f* [prc]; Kühlleistung *f* [prc]
refrigeration coil Kühlschlange *f* [prc]
refrigeration engineering Kältetechnik *f* [prc]
refrigeration plant Kälteanlage *f* [pow]
refrigerator Kälteaggregat *n* [pow]; Kältemaschine *f* [pow]
refuge Fliehburg *f*
refuge-hole Tunnelnische *f* (Fluchtnische) [tra]
refurbished building überholtes Gebäude *n*
refurbishing Altbausanierung *f*
refurbishment Ertüchtigung *f* (Anlage) [wer]; Modernisierung *f*; Renovierung *f* [wer]; Sanierung *f* (Gebäude)
refurbishment costs Sanierungskosten *pl* (Gebäude) [eco]

refurbishment of a building Gebäudesanierung *f*
refurbishment of an office building Bürohaussanierung *f*
refurbishment of an old building Altbausanierung *f*
refusal of acceptance Abnahmeverweigerung *f*; Verweigerung der Abnahme *f* [eco]
refuse Abfall *m* (<B> Abfälle) [rec]; Abraum *m* [rec]; Ausschuss *m* (Produktion) [rec]; Müll *m* (<B> Abfall) [rec]; Schutt *m* (Abfall) [rec]
refuse collection plant Abfallsammelanlage *f* [rec]
refuse compacting container Abfallpressbehälter *m* [rec]
refuse compaction container Müllpressbehälter *m* [rec]
refuse compaction unit Abfallpresse *f* [rec]
refuse container shed Abfallbehälterschrank *m* [rec]; Schrank für Abfallbehälter *m* [rec]
refuse disposal Abfallvernichtung *f* [rec]
refuse from trade and industry Gewerbeabfall *m* [rec]
refuse heap Schutthalde *f* [rec]
refuse incineration plant Abfallverbrennungsanlage *f* [rec]
refuse incinerator Abfallverbrennungsanlage *f* [rec]
refuse reloading Abfallumschlag *m* [rec]
refuse sorting plant Müllsortierungsanlage *f* [rec]
refuse wood Abfallholz *n* [rec]
regenerable regenerierbar
regenerate aufbereiten *v* (Materialien) [che]
regenerating chemical Regenerationsmittel *n* [met]
regeneration Wiederaufbau *m*; Aufbereitung *f* (Regeneration) [prc]; Wiederaufbereitung *f* [rec]
regenerative nachwachsend; regenerativ
regenerative cooling Regenerativkühlung *f* [prc]
regenerative process Regenerativprozess *m* [prc]
regenerator Regenerator *m* (Wärme) [pow]
region Gegend *f* [geo]
region for restoration Sanierungsgebiet *n*
region of strain hardening Verfestigungsbereich *m* [met]
regional airport Regionalflughafen *m* [tra]
regional analysis räumliche Analyse *f* [any]
regional broker regionaler Makler *m* [eco]
regional development Siedlungswesen *n* [com]; Landschaftsentwicklung *f* [com]; Regionalentwicklung *f* [com]
regional development act Raumordnungsgesetz *n* [jur]
regional development plan Landschaftsentwicklungsplan *m* [com]
regional development plan adopted by a Land Landesentwicklungsplan *m* [com]
regional development policy Raumordnungspolitik *f*
regional disparity regionale Verschiedenheit *f*
regional infrastructure regionale Infrastruktur *f* [com]

regional level Regionalebene *f*
regional plan Regionalplan *m* [com]
regional planning Landesplanung *f* [com]; Raumordnung *f* [com]; Raumplanung *f* [com]; Regionalplanung *f* [com]
Regional Planning Act Raumordnungsgesetz *n* [jur]
regional planning clause Raumordnungsklausel *f* [jur]
regional planning legislation Raumordnungsrecht *n* [jur]
regional planning method Raumordnungsverfahren *n* [jur]
regional planning policy guidelines raumordnungspolitischer Orientierungsrahmen *m* [com]
regional planning principles Grundsätze der Raumordnung *pl* [com]
regional planning procedure Raumordnungsverfahren *n* [com]
regional planning programme Raumordnungsprogramm *n* [com]
regional planning report Raumordnungsbericht *m* [com]
regional planning scheme Raumordnungsplan *m* [com]
regional planning targets Ziele der Raumordnung und Landesplanung *pl* [com]
regional planning, advisory council for - Beirat für Raumordnung *m*
regional policy Raumordnung *f* [com]
regional road Regionalstraße *f* [tra]
regional supply Regionalversorgung *f* [com]
regional traffic Regionalverkehr *m* [tra]
regional transport Regionalverkehr *m* [tra]
regionalization strategy Regionalisierungsstrategie *f* [com]
register schreiben *v* (registrieren) [any]
register of construction equipment Baugeräteliste *f*
register of hazardous substances Gefahrstoffkataster *n* [asi]
register of real estates Grundbuch *n*
register of water rights and restrictions Wasserbuch *n* [was]
registered supervision bauaufsichtliche Zulassung *f*
registration Beurkundung *f* [jur]; Erfassung *f* (Registrierung)
registration number Zulassungsnummer *f*
registration of contaminated land Altlastenerfassung *f* [geo]
registration papers Fahrzeugpapiere *pl* [tra]
registry of deeds Grundbuchamt *n* [com]
regrade einebnen *v* [tib]; nachplanieren *v* [tib]
regranulate Regranulat *n* [met]
regrating Abschlagen *n* (Mauerwerk)
regrating skin Besenwurf *m* (Putz); Steppputz *m*
regreen rekultivieren *v* [far]; wieder begrünen *v* [far]

regrinding mill Nachmahlmühle *f* [prc]
regula Regula *f* (Tempel: kurze Leiste unterhalb der Taenia) [arc]
regular ordentlich (planmäßig); regelmäßig
regular form gleichmäßige Form *f* (Gestaltung) [arc]
regular grid Raster *n* (Straßen-, u.a.) [com]
regular shape gleichmäßige Form *f*
regular time work charge Stundenverrechnungssatz *m* [eco]
regulate begradigen *v* (Bach etc.) [wba]
regulated flow gesteuerter Durchfluss *m* [was]
regulating course Ausgleichslage *f*; Ausgleichsschicht *f*
regulating slide valve Regulierschieber *m* [prc]
regulating valve Einstellventil *n* [prc]; Regulierventil *n* [prc]
regulation Begradigung *f* (eines Baches etc.)
regulation for the prevention of accidents Unfallverhütungsvorschrift *f* [asi]
regulation of slag Schlackenführung *f* [roh]
regulation tank Ausgleichsbecken *n* [was]
regulation, technical - technische Vorschrift *f*
regulations, technical - technische Vorschriften *pl*
regulatory ordnungsrechtlich [jur]
regulatory offence Ordnungswidrigkeit *f* [jur]
rehabilitate sanieren *v*
rehabilitation Ausbesserung *f* [wer]; Ertüchtigung *f* (Anlage) [wer]; Sanierung *f* (Anlage) [wer]; Wiederherstellung *f* (Sanierung)
rehabilitation concept Sanierungskonzept *n* [com]
rehabilitation costs Sanierungskosten *pl* [com]
rehabilitation measure Sanierungsmaßnahme *f* [com]
rehabilitation monitoring Sanierungsüberwachung *f* [geo]
rehabilitation of contaminated sites Altlastensanierung *f* [geo]
rehabilitation of objects Objektsanierung *f* [com]
rehabilitation of old housing Altbausanierung *f*
rehabilitation of regions Flächensanierung *f* [com]
rehabilitation plan Sanierungskonzept *n* [com]
rehabilitation requirement Sanierungsbedarf *m* [com]
rehabilitation work Sanierungsarbeiten *pl* [com]
rehabilitation zone Sanierungsgebiet *n*
rehandling nochmaliges Umsetzen *n* (Tiefbau); Umlagern *n* (Tiefbau)
rehardening Nachhärtung *f* [met]
reheat coil Nachheizschlange *f* [pow]
rehouse umquartieren *v*
reinforce armieren *v*; bewehren *v* (mit Beton, Metall); verfestigen *v* (verstärken)
reinforced armiert; bewehrt
reinforced brick masonry bewehrtes Ziegelmauerwerk *n*

reinforced column, spirally - umschnürte Säule *f*
reinforced concrete armierter Beton *m* [bon];
bewehrter Beton *m* [bon]; Eisenbeton *m* [bon];
Stahlbeton *m* [bon]
reinforced concrete base Stahlbetonsohle *f* [bon]
reinforced concrete bridge Stahlbetonbrücke *f*
[bon]
reinforced concrete column Stahlbetonstütze *f*
[bon]
reinforced concrete core Stahlbetonkern *m* [bon]
reinforced concrete deck Stahlbetonplatte *f* (Brückenbau) [bon]
reinforced concrete decking Stahlbetonbrückentafel *f* [bon]
reinforced concrete dome Stahlbetonkuppel *f* [bon]
reinforced concrete downstand beam Stahlbetonunterzug *m* [bon]
reinforced concrete floor Stahlbetondecke *f* [bon]
reinforced concrete framed building Stahlbetonskelettbau *m* [bon]
reinforced concrete girder Stahlbetonträger *m*
[bon]
reinforced concrete hinge Federgelenk *n* [bon]
reinforced concrete pavement Stahlbetonboden *m*
[bon]
reinforced concrete pipe Stahlbetonrohr *n* [bon]
reinforced concrete platform Stahlbetonplatte *f*
[bon]
reinforced concrete pressure pipe Stahlbetondruckrohr *n* [bon]
reinforced concrete pylon Stahlbetonmast *m* [bon]
reinforced concrete ribbed floor Stahlbetonrippendecke *f* [bon]
reinforced concrete shell Stahlbetonschale *f* [bon]
reinforced concrete skeleton Stahlbetonskelett *n*
[bon]
reinforced concrete slab Stahlbetonplatte *f* [bon]
reinforced concrete slab, homogeneous - durchgehende Stahlbetonplatte *f* [bon]
reinforced concrete sleeper Stahlbetonschwelle *f*
(Bahn) [bon]
reinforced concrete stair Stahlbetontreppe *f* [bon]
reinforced concrete structure Stahlbetonbauwerk *n*
[bon]
reinforced concrete trussed girder Stahlbetonfachwerk *n* [bon]
reinforced concrete wall Stahlbetonwand *f* [bon]
reinforced concrete work Stahlbetonarbeiten *pl*
[bon]
reinforced concrete, glazed - Glasbeton *m* [bon]
reinforced concrete, statically - bewehrter Beton *m*
[bon]
reinforced insulation verstärkte Isolierung *f* [met]
reinforced masonry bewehrtes Mauerwerk *n*
reinforced mortar Armierungsmörtel *m* (Betonbau)
[met]

reinforced plastic armierter Kunststoff *m* [met]
reinforced with glass fibre glasfaserverstärkt [met]
reinforcement Absteifung *f* [bon]; Armierung *f*
[bon]; Aussteifung *f* [des]; Bewehrung *f* (mit
Beton etc.) [bon]; Verfestigung *f* (Verstärkung);
Verstärkung *f* [met]; Versteifung *f* (Verstärkung)
[met]
reinforcement bar Bewehrungsstab *m* [bon]
reinforcement bar bender Betoneisenbieger *m*
[bon]
reinforcement bar shear cutter Betoneisenschneider *m* (Armierung) [bon]
reinforcement board Verstärkungspappe *f* [met]
reinforcement cage Bewehrungskorb *m* [bon]
reinforcement details Bewehrungsplan *m* [bon]
reinforcement drawing Bewehrungsplan *m* [bon]
reinforcement fabric Armierungsgewebe *n* (Betonbau) [met]
reinforcement fibre Verstärkungsfaser *f* [met]
reinforcement for torsion, longitudinal -
Torsionslängsbewehrung *f* [bon]
reinforcement grid Bewehrungsgitter *n* [bon]
reinforcement in ribs Rippenbewehrung *f* [bon]
reinforcement lattice Armierungsgitter *n* [bon]
reinforcement layout Bewehrungsführung *f* [bon]
reinforcement mat Armierungsmatte *f* [bon];
Bewehrungsmatte *f* [bon]
reinforcement of a column Stützenbewehrung *f*
[bon]
reinforcement of a welded seam Nahtüberhöhung *f*
(Schweißnaht-) [met]; Schweißnahterhöhung *f* [met]
reinforcement of embankments Bahndammbefestigungen *pl* [tra]
reinforcement of ribbed steel sheet Rippenstahlblechbewehrung *f* [bon]
reinforcement plan Bewehrungsplan *m* [bon]
reinforcement shop Biegerei *f* [bon]
reinforcement splice Bewehrungsstoß *m* [bon]
reinforcement steel Bewehrungsstahl *m* [bon]
reinforcement steel mesh Armierungsmatte *f* [bon];
Bewehrungsmatte *f* [bon]
reinforcement system Bewehrungsanordnung *f*
[bon]
reinforcement to prevent buckling Knickaussteifung *f*
reinforcement work Bewehrungsarbeiten *pl* [bon]
reinforcement, nominal - Mindestbewehrung *f*
[bon]
reinforcing Armierung *f* [bon]; Verstärkung *f* (Material) [met]; Versteifung *f* (Verstärkung) [met]
reinforcing agent Verstärkungsmittel *n* [met]
reinforcing bar Betoneisen *n* [bon]; Bewehrungseisen *n* [bon]; Moniereisen *n* [bon]; Bewehrungsstab *m* [bon]; Bewehrungsstahl *m* [bon]
reinforcing bar, plain - querschnittgleicher
Bewehrungsstab *m* [bon]

reinforcing cage Armierungskäfig *m* [bon]; Bewehrungskäfig *m* [bon]; Bewehrungskorb *m* [bon]
reinforcing fabric Verstärkungsgewebe *n* [met]
reinforcing fibre Verstärkungsfaser *f* [met]
reinforcing filler Verstärkerfüllstoff *m* [met]
reinforcing inserts Bewegungsfuge *f*
reinforcing mat Betonstahlmatte *f* [bon]
reinforcing material Verstärkungsmaterial *n* [met]
reinforcing mesh Armierungsnetz *n* [bon]; Bewehrungsnetz *n* [bon]; Netzarmierung *f* [bon]; Netzbewehrung *f* [bon]; Stahlgewebeeinlage *f* [bon]
reinforcing plate Verstärkungsblech *n* [tec]; Versteifungsblech *n* [tec]; Verstärkungsplatte *f*
reinforcing rib Verstärkungsrippe *f*
reinforcing rod Bewehrungsstahl *m* [bon]
reinforcing steel Betonstahl *m*; Bewehrungsstahl *m* [bon]
reinforcing steel bending yard Betonstahl-Biegeplatz *m* [bon]
reinforcing steel fabric Betonstahlmatte *f* [bon]
reinforcing steel mat Betonstahlmatte *f*
reinforcing steel mesh Betonstahlmatte *f* [bon]
reinforcing work Bewehrungsarbeit *f* [bon]
reinstall wieder einbauen *v* [wer]
reinstate ausbessern *v*; instand setzen *v*
reinstatement Instandsetzung *f*
rejected sheet Ausschussblech *n* (zurückgewiesen) [met]
rejection Abnahmeverweigerung *f* (Bauabnahme)
rejection rate Beanstandungshäufigkeit *f*
rejects Ausschuss *m* (Produktion) [rec]
related work verwandte Arbeiten *pl*
relating to fire protection brandschutztechnisch
relating to handicraft handwerklich
relative humidity relative Feuchte *f* [met]; relative Feuchtigkeit *f* [met]; relative Luftfeuchtigkeit *f* [air]
relative value Bezugswert *m* [any]; Vergleichswert *m*
relay Relais *n* [elt]
relay contact Relaiskontakt *m* [elt]
release Abwurf *m*; Abgabe *f* (Energie) [pow]; Auslösung *f* (Schalter); Freigabe *f*
release abgeben *v* (freisetzen) [pow]; abspalten *v* [che]; abtrennen *v* (freisetzen); auslösen *v* (z.B. Verschluss); ausschalen *v* [bon]; entsichern *v* [tec]; freigeben *v* (zur Nutzung u.a.); freisetzen *v*; lösen *v* (losmachen)
release agent Betontrennmittel *n* [bon]; Formtrennmittel *n* [met]; Gleitmittel *n* [met]; Trennmittel *n* [met]
release energy Energie freisetzen *v* [pow]
release for construction Baufreigabe *f*
release from tension Entspannung *f* [met]
release key Freigabetaste *f* [elt]
release lever Auslösehebel *m* [tec]; Entspannhebel *m*

release oil Ausschalöl *n* (Betonbau) [met]; Schalungsöl *n* (Betonbau) [met]
release signal Freigabesignal *n* [elt]
release to the environment Abgabe in die Umgebung *f*
release, automatic - selbsttätiger Auslöser *m* [elt]
release, direct - unmittelbare Auslösung *f* [elt]
release, instantaneous - unverzögerte Auslösung *f* [elt]
released energy freigesetzte Energie *f* [pow]
released heat freigesetzte Wärme *f* [pow]
releasing temperature Auslösetemperatur *f* (Sprinkler)
relevant to the environment umweltrelevant
reliability Zuverlässigkeit *f*
reliability engineering Zuverlässigkeitstechnik *f*
reliability evaluation Zuverlässigkeitsuntersuchung *f* [any]
reliability test Zuverlässigkeitsprüfung *f* [any]
reliability theory Sicherheitstheorie *f*
reliable in operation betriebssicher [asi]
reliable supply Versorgungssicherheit *f* [pow]
relief Entlastung *f* [sik]
relief bracket Entlastungskonsole *f*
relief channel Entlastungskanal *m* [wba]; Entlastungsrinne *f* [wba]
relief pump Entlastungspumpe *f* [wba]
relief tunnel Entlastungstunnel *m* [tib]
relief well Entlastungsbrunnen *m* [was]; Entlastungsschacht *m* [was]
relieving arch Entlastungsbogen *m*
relieving layer Druckausgleichsschicht *f* [geo]
religious building Sakralbau *m*
reloadable wiederladbar [elt]
reloading Wiederbelastung *f*
relocate umsetzen *v* (räumlich)
relocation Standortwechsel *m*
relocation from an area Abwanderung *f* (Bevölkerung aus Region) [com]
relocation of route Trassenverbesserung *f* [tib]
relocation program Sozialplan *m* [com]
relocation to an area Zuwanderung *f* (Bevölkerung in Region) [com]
remaining capacity Restkapazität *f* (von Batterien) [elt]
remaining charge Restladung *f* (von Batterien) [elt]
remaining humidity Restfeuchte *f* [met]
remaining moisture Restfeuchte *f* [met]
remains Baureste *pl* [rec]
remeasure nachmessen *v* [any]
remediable defect behebbarer Mangel *m*
remedial work Wiederherstellungsarbeiten *pl*
remediation Sanierung *f*
remediation planning Sanierungsplanung *f* [geo]
remedy a defect nachbessern *v*
remedy of defects Mängelbeseitigung *f*

remelt metal Umschmelzmetall *n* [met]
remix aufmischen *v*
remnants Trümmer *pl* (Überreste) [rec]
remodel umgestalten *v* (umbauen)
remodelling Hausumbau *m*; Neugestaltung *f* [des]
remote control Fernsteuerung *f* [elt]; Fernüberwachung *f* [edv]
remote control fernsteuern *v* [elt]
remote detection Fernerfassung *f* [any]
remote indicating instrument Fernanzeigegerät *n* [any]
remote indicator system Fernanzeige *f* [any]
remote measurement Fernmessung *f* [any]
remote measuring equipment Fernmesseinrichtung *f* [any]
remote regulator Fernregler *m* [elt]
remote transmission, alarm - Alarmfernübermittlung *f* [elt]
remotely controllable ferndiagnostizierbar; fernsteuerbar
removability Ablösbarkeit *f* [met]
removable abnehmbar
removable adhesive ablösbarer Klebstoff *m* [met]
removable sluice pillar Losständer *m* [wba]; Setzpfosten *m* [wba]
removal Entfernen *n* (Wegnehmen); Abtransport *m* [tra]; Abscheidung *f* (Entfernung); Abtragung *f* (Entfernung); Beseitigung *f* (Entfernung) [rec]
removal of forms Ausschalen *n* [bon]; Ausschalung *f* [bon]
removal of formwork Ausschalung *f* [bon]
removal of overburden Abraumbeseitigung *f*
removal of rocks Felsbrechen *n* (Tunnelbau)
removal of rust Entrostung *f* [met]
removal of shuttering Ausschalen *n* [bon]; Ausschalung *f* [bon]
remove abdecken *v* (herunternehmen); abmontieren *v*; ausbauen *v* (entfernen) [rec]; beseitigen *v* (entfernen); lösen *v* (losmachen); losmachen *v* (ablegen, beseitigen); wegräumen *v* (entfernen)
remove by caustics abätzen *v* [met]
remove by chipping abmeißeln *v*
remove forms ausschalen *v* [bon]
remove rivets entnieten *v* [wer]; Nieten entfernen *v* [wer]
remove rust entrosten *v* [wer]
remove samples Proben entnehmen *v* [any]
remove shuttering ausschalen *v* [bon]
remove sludge entschlammen *v* [was]
remove the flash entgraten *v* (Brenngrat) [met]
remove water entwässern *v* (Wasser entfernen) [was]
remover Beizmittel *n* (Abbeizmittel) [met]
removing of rust Entrostung *f* [met]
remuneration Bezahlung *f* [eco]; Erstattung *f* [eco]; Leistungsvergütung *f* [eco]; Vergütung *f* [eco]

remuneration for performance Entgelt für Leistungen *n* [eco]
renaissance architecture Renaissancearchitektur *f* [arc]
renaissance building Renaissancegebäude *n* [arc]; Renaissancebau *m* [arc]
renaissance palace Renaissanceschloss *n* [arc]; Renaissancepalast *m* [arc]
renaturalization Renaturierung *f* [bio]
render Bewurf *m*; Verputz *m*
render verputzen *v*
rendering Bewerfen *n* (Innenputz); Bewurf *m*; Verputz *m*; Zementputz *m*
rendering machine Putzmaschine *f*
rendering mortar, mineral - mineralischer Putzmörtel *m* [met]; Mineralputzmörtel *m* [met]
rendering system Putzsystem *n*
rendering, external - Außenputz *m*
rendering, final - Deckputz *m*
rendering, internal - Innenputz *m*
rendering, sprayed - Spritzbewurf *m*
renewable erneuerbar; nachwachsend (z.B. Rohstoff); regenerierbar (z.B. Energien)
renewable energy erneuerbare Energie *f* [pow]
renewable energy source erneuerbare Energiequelle *f* [pow]
renewable resource erneuerbarer Stoff *m* [met]
renewable resources nachwachsende Rohstoffe *pl* [met]
renewal Rekonstruktion *f*
renewal of the ballast Schottererneuerung *f* (Bahn) [tib]
renewal option Verlängerungsoption *f* (Mietvertrag) [jur]
renovate instand setzen *v* (renovieren) [wer]; sanieren *v*; überholen *v* (renovieren) [wer]; umbauen *v*
renovated building renoviertes Gebäude *n*
renovation Umbau *m*; Instandsetzung *f* (Renovierung) [wer]; Renovierung *f*; Sanierung *f*
renovation mortar Sanierputzmörtel *m* [met]
renovation of old buildings Altbausanierung *f*
renovation of the old part of the town Altstadtsanierung *f* [com]
renovation, complete - Totalsanierung *f*
rent adjustment Mietanpassung *f* (Immobilie) [eco]
rent advance Mietvorauszahlung *f* [eco]
rent agreement Mietregelung *f* [eco]
rent arrears Mietrückstände *pl* [eco]; rückständige Miete *f* (Immobilie) [eco]
rent assumption Mieterwartung *f* [eco]
rent charge Mietbelastung *f* [eco]
rent collection Mieteinzug *m* (Immobilie) [eco]
rent demand Mietforderung *f* [eco]
rent deposit Mietkaution *f* (Immobilien) [eco]

rent escalation clause Mietanpassungsklausel *f* (Immobilie) [eco]; Mieterhöhungsklausel *f* (Immobilie) [eco]
rent fluctuation Mietpreisschwankung *f* [eco]
rent income Mieterlös *m* [eco]
rent increase Mieterhöhung *f* [eco]
rent index Mietindex *m* (Immobilien) [eco]
rent level Mietniveau *n* [eco]; Mietpreisniveau *n* [eco]; Mietspiegel *m* [eco]
rent matter Mietsache *f* [eco]
rent payment Mietzins *m* [eco]
rent rebate Mietrückzahlung *f* [eco]
rent received Mieteinnahme *f* [eco]
rent return Mietertrag *m* (Immobilie) [eco]
rent review Mietanpassung *f* [eco]
rent value Mietwert *m* [eco]
rent-free mietfrei [eco]
rentable area, net - Nettomietfläche *f* (Immobilie) [eco]
rental area Mietfläche *f* (Immobilien); vermietbare Fläche *f* (Immobilien)
rental contract Mietvertrag *m* (Immobilie) [jur]
rental deposit Mietkaution *f* (Immobilie) [eco]
rental escalation Mieterhöhung *f* (Immobilie) [eco]
rental expenditure Mietaufwendung *f* [eco]
rental growth Mietanstieg *m* (Immobilie) [eco]
rental housing Mietwohnbauten *pl*
rental income Mieteinkünfte *pl* [eco]; Mietertrag *m* [eco]
rental income, gross - Bruttomieteinnahme *f* (Immobilie) [eco]
rental income, net - Nettomieteinnahme *f* [eco]; Nettomieteinnahme *f* (Immobilie) [eco]
rental index Mietspiegel *m* (Immobilien) [eco]
rental payment Mietzahlung *f* (für Immobilie) [eco]
rental period Mietdauer *f* [eco]
rental profit Mietergebnis *n* [eco]
rental rate Mietpreis *m* [eco]
rental space Mietfläche *f* [eco]
rental value Mietwert *m* [eco]
rented apartment Mietwohnung *f*
rented flat Mietwohnung *f*
rented premises Mieträume *pl* (Immobilie) [eco]
reorganization Neugestaltung *f* [des]
rep Rips *m* (Gewebe) [met]
repaint nachstreichen *v* [wer]
repainting Pflegeanstrich *m*
repair Ausbesserung *f* (Reparatur); Instandsetzung *f* (Reparatur) [wer]; Reparatur *f* [wer]; Überholung *f* (Reparatur)
repair ausbessern *v* (reparieren); beheben *v* (Schaden); nachbessern *v*
repair concrete Flickbeton *m* [bon]; Reparaturbeton *m* [bon]
repair costs Reparaturkosten *pl* [eco]; Reparaturaufwand *m* [eco]

repair mortar Ansetzmörtel *m* [met]; Flickmörtel *m* [met]; Reparaturmörtel *m* [met]
repair of damage caused by water Wasserschadensanierung *f* [was]
repair work Ausbesserungsarbeit *f*
repair works Ausbesserungsarbeiten *pl* [wer]
repair, in bad - in baufälligem Zustand
repair-weld nachbrennen *v* (als Reparatur) [wer]; nachschweißen *v* (als Reparatur) [wer]
reparcelling Flurbereinigung *f* [com]
repartition of work Arbeitsteilung *f* [wer]
repeat measurement Wiederholmessung *f* [any]
repeatability Wiederholbarkeit *f* [any]
repeated load Dauerbelastung *f* (Schwingbelastung) [met]; Dauerschwingbelastung *f* [met]
repeated load, occasionally - gelegentlich auftretende Belastung *f*
repeated stress Dauerbeanspruchung *f* [met]; Dauerschwingbeanspruchung *f* [met]
repeated test Doppelbestimmung *f* [any]
repellent abstoßend
repellent Schutzmittel *n* [asi]
repetitive measurement Wiederholungsmessung *f* [any]
repetitive movement repetitive Bewegung *f* (Arbeitsschutz) [wer]
repetitive stressing Dauerschwingbeanspruchung *f* [met]
repetitive test Wiederholungsprüfung *f* [any]
replace austauschen *v* (ersetzen); verdrängen *v*
replacement Austausch *m* (Ersatz) [tec]; Ersatz *m*; Auswechslung *f*; Ersatzlieferung *f*
replacement of buildings Ersatzbebauung *f*
replacement of dwelling houses Ersatzwohngebäude *n*
replenishable energy source erneuerbare Energiequelle *f* [pow]
replenishing basin Anreicherungsbecken *n* (Kläranlage) [was]
replenishment, artificial - künstliche Grundwasseranreicherung *f* [was]
replicate Wiederholversuch *m* [any]
replication Nachbau *m* (z.B. historisches Gebäude)
repopulate wieder besiedeln *v* [com]
reporting period Berichtszeitraum *m*
repose soil ruhender Boden *m* [geo]
represent diagrammatically schematisch darstellen *v* [des]; zeichnerisch darstellen *v* [des]
representation Abbildung *f* (Darstellung) [des]
representation method Darstellungsmethode *f* [des]
representation to scale maßstäbliche Darstellung *f* [des]
representative authority Vertretungsmacht *f* [jur]
representative cross-section repräsentativer Querschnitt *m* (Versuche, Befragung) [any]

representative sample Typenmuster *n* [des];
repräsentative Probe *f* [any]
representative sampling repräsentative Probenahme *f* [any]
reprocess wieder verarbeiten *v* [prc]; wieder
verwerten *v* [rec]
reprocessing Verwertung *f* [rec]; Wiederaufarbeitung *f* [rec]; Wiederaufbereitung *f* [rec]; Wiederverwertung *f* [rec]
reprocessing facility Aufbereitungsanlage *f* [rec]
reproducibility Wiederholbarkeit *f* (auch: Wiederholgenauigkeit) [any]
reproducibility conditions Vergleichsbedingungen
pl [any]
reproducible copy Transparentpause *f* [des]
reproducible drawing kopierbare Zeichnung *f*
[des]; pausfähige Zeichnung *f* [des]
reproducible print pausfähiges Exemplar *n* [des]
required details Detailvorgaben *pl* [des]
required overall dimensions Raumbedarf *m*
requirement Vorschrift *f* (Anforderung)
requirement parameter Anforderungsparameter *m*
requirement to plant vegetation Pflanzgebot *n*
[com]
requirements Anforderungen *pl*
requirements under planning law planungsrechtliche Festsetzungen *pl* [jur]
rerail aufgleisen *v* (Bahn) [tra]
reroof neu eindecken *v*
rescreening Nachsieben *n* [prc]
rescue Hilfeleistung *f*
rescue blanket Notdecke *f* [asi]
rescue breathing apparatus Rettungsatemgerät *n*
rescue cage Rettungskorb *m* [asi]
rescue device Rettungsgerät *n*
rescue equipment Rettungsgerät *n*
rescue harness Rettungsgeschirr *n* [asi]
rescue line Fangleine *f* [asi]; Rettungsleine *f* [asi]
rescue operation Rettungsaktion *f* [asi]
rescue vehicle Rettungsfahrzeug *n*; Rettungswagen *m*
research building Forschungsgebäude *n*
research result Forschungsergebnis *n*
reservation Vorbehaltsrecht *n* [eco]; Vorbehalt *m*
[eco]
reservation of the right of revocation
Rücktrittsvorbehalt *m* [jur]
reserve factor Sicherheitsfaktor *m* [asi]
reserve stockpile Reservehalde *f* [roh]
reserved matters Details eines Bauvorhabens *pl*
(zur Nachreichung nach einem Vorbescheid) [com]
reserved sample Rückstellprobe *f* [any]
reserves retained for maintenance Instandhaltungsrücklage *f* [eco]
reservoir Bassin *n* [was]; Becken *n* (Vorrats-)
[was]; Sammelbecken *n* [was]; Speicherbecken *n*
[was]; Staubecken *n* [wba]; Wasserstaubecken *n*

[wba]; Behälter *m* (Vorrat); Kessel *m* (Behälter);
Sammelbehälter *m* [prc]; Speicher *m* (Wasser-)
[was]; Stausee *m* [wba]
reservoir construction Behälterbau *m* [wer]
reservoir evaporation Stauseeverdunstung *f* [wba]
reservoir outflow Speicherablass *m* [wba]
reservoir power station Talsperrenkraftwerk *n*
[pow]
reservoir release rules Abgaberegelung für Staubecken *f* [wba]
reservoir water Talsperrenwasser *n* [wba]
reset force Rückstellkraft *f* [phy]
resettle aussiedeln *v*
resettlement Aussiedelung *f*; Wiederbesiedlung *f*
[com]
reshape umgestalten *v* (umbauen)
reshaping Neuprofilieren *n*
reside wohnen *v*
residence Wohnsitz *m*; Residenz *f* [arc]
residence tower Wohnhochhaus *n*
residence, privately owned - Eigenheim *n*
resident Bewohner *m* (Haus)
resident annoyance Anliegerbelästigung *f* [air]
resident engineer Bauleiter des Bauherrn *m*
resident molestation Anliegerbelästigung *f* [air]
residential accommodation Wohnräume *pl*
residential area Wohngebiet *n* [com]; Wohnviertel
n [com]; Wohnbezirk *m* [com]; Wohngegend *f*
[com]
residential area, exclusive - Villenviertel *n* (Stadtviertel); Villengegend *f*
residential area, general - allgemeines Wohngebiet
n (Planungsrecht)
residential area, special - besonderes Wohngebiet *n*
(Planungsrecht)
residential building Wohngebäude *n*; Wohnhaus *n*
residential building land Wohnbauland *n* [com];
Wohnbaufläche *f* [com]
residential building, new - Wohnungsneubau *m*
residential centre Wohnheim *n* [com]
residential complex Wohnkomplex *m*; Wohnanlage *f*
residential construction Wohnungsbau *m*
residential density Besiedlungsdichte *f* (Städtebau)
residential development zone Wohnbaufläche *f*
residential district Wohnviertel *n* [com]; Wohnbezirk *m* (Städtebau)
residential engineer Bauleiter *m* (von Auftraggeberseite)
residential environment Wohnumfeld *n* [com];
Wohnumgebung *f* [com]
residential estate Wohnanlage *f* [com]; Wohnsiedlung *f*
residential group Wohngemeinschaft *f*
residential location Wohnstandort *m* [com]
residential noise Wohnlärm *m* [aku]

residential population Wohnbevölkerung *f*
residential property Wohnimmobilie *f* [eco]
residential quality Wohnqualität *f*
residential road Anliegerstraße *f* (Wohnbereich)
[com]; Wohnstraße *f* [com]
residential sector Wohnungssektor *m*
residential space Wohnraum *m* (Wohnungen)
residential street Anliegerstraße *f* [tra]
residential town Wohnstadt *f*
residential unit Wohnungseinheit *f*
residential use Wohnnutzung *f*
residential waste Siedlungsabfall *m* [rec]
residential zone, general - allgemeines Wohngebiet
n [com]
residential zone, pure - reines Wohngebiet *n* [com]
residential zone, special - besonderes Wohngebiet *n*
[com]
residential-only area reines Wohngebiet *n* (Planungsrecht)
residents Bewohnerschaft *f*
residents' parking permit Anwohnerparkausweis
m [com]
residual book value Restbuchwert *m* [eco]
residual burnout Restausbrand *m* [met]
residual capacity Restkapazität *f* (von Batterien) [elt]
residual chlorine Chlorüberschuss *m* [was]; Restchlorgehalt *m* [was]
residual clay Verwitterungston *m* [geo]
residual combustibles unverbrannte Rückstände *pl*
[met]
residual construction material Baustellenabfall *m*
[rec]
residual current Grundstrom *m* [elt]; Reststrom *m*
[elt]
residual current protection Fehlerstromschutz *m*
[elt]
residual deposit Abwitterungsprodukt *n* [geo]
residual drawdown Restabsenkung *f* (Grundwasser)
[was]
residual humidity Restfeuchte *f* [met]
residual liquid Flüssigkeitsrückstand *m* [rec]
residual matter Rückstand *m* (Material) [met]
residual moisture Restfeuchte *f* [met]; Restfeuchtigkeit *f* [met]
residual moisture content Restfeuchtegehalt *f* [met]
residual pollution Altlast *f* [geo]
residual pollution risk Altlastenrisiken *pl* [geo]
residual product Verwitterungsprodukt *n*
(Geologie) [geo]
residual sludge Abfallschlamm *m* (Kläranlage) [rec]
residual soil Auswaschungsboden *m* [geo];
Eluvialboden *m* [geo]; Verwitterungsboden *m* [geo]
residual strength Restfestigkeit *f* [met]
residual stress Restspannung *f* [met]
residual stress due to welding Schweißspannung *f*
[met]

residual voltage Restspannung *f* [elt]
residual waste Restmüll *m* [rec]; Sortierrest *m*
(Abfallsortierung) [rec]
residual waste bin Restabfalltonne *f* [rec]
residuals Reststoffe *pl* [met]
residue Rückstand [rec]
residue Bodensatz *m* (Rückstand) [che]; Produktionsrest *m*; Reststoff *m* [rec]; Rückstand *m* (Rest)
[rec]; Überrest *m* (Rückstand)
residue analysis Rückstandsanalyse *f* [any]
residue gas Armgas *n* [met]
residue on sieve Siebrückstand *m* [prc]
residue, solid - fester Rückstand *m* [rec]
residue-derived energy Energie aus Abfall *f* [pow]
resilience Elastizität *f* (Federkraft) [met]; Federkraft
f [phy]
resiliency Elastizität *f* [met]
resilient elastisch (Oberfläche) [met]; federnd
[met]; nachgiebig [met]
resin Harz *n* [met]
resin adhesive Klebharz *n* [met]; Harzkleber *m*
[met]
resin cement Harzkitt *m* [met]
resin glue Harzkleber *m* [met]; Harzleim *m* [che]
resin size Harzleim *m* [che]
resin solid Harzkörper *m* [met]
resin varnish Tränkharz *n* [met]; Harzlack *m* [che]
resin-based adhesive, synthetic - Kunstharzleim *m*
[met]
resin-bonded harzgebunden [met];
kunstharzgebunden [met]; kunstharzgetränkt [met]
resin-like harzartig [met]
resinification Harzbildung *f*; Verharzung *f* [met]
resinify verharzen *v* [met]
resinous harzartig [met]; harzhaltig [met]
resinous cement Harzkitt *m* [met]
resinous putty Harzkitt *m* [met]
resist abfangen *v* (Kräfte -)
resistance Widerstand *m* [elt]; Widerstandsfähigkeit *f*
resistance against chemical attack by water Beständigkeit gegen aggressive Wässer *f* [met]
resistance against fire Feuerbeständigkeit *f* [met]
resistance heating Widerstandsheizung *f* [elt]
resistance line Stützlinie *f* [sik]
resistance moment Widerstandsmoment *n* [sik]
resistance moment, ultimate - Grenzwiderstandsmoment *n* [sik]; Moment, aufnehmbares - *n* [sik]
resistance of heat transfer Wärmeübergangswiderstand *m* [pow]
resistance to abrasion Verschleißwiderstand *m* [met]
resistance to alternating stress Wechselbelastungsfähigkeit *f* [met]; Wechselbelastungsfestigkeit *f*
[met]
resistance to atmospheric corrosion Witterungsbeständigkeit *f* [met]

resistance to corrosion Korrosionsbeständigkeit *f* [met]

resistance to deforming Formänderungswiderstand *m* [met]

resistance to foot traffic Trittfestigkeit *f*

resistance to freezing-and-thawing cycles Frost-Tau-Wechselbeständigkeit *f* (Bauwesen) [met]

resistance to frost Frostbeständigkeit *f* [met]

resistance to frost and thawing salt Frost-Tausalz-beständigkeit *f* [met]

resistance to heat Wärmebeständigkeit *f* [met]

resistance to light Lichtbeständigkeit *f* [met]

resistance to low temperatures Tieftemperatur-beständigkeit *f* [met]

resistance to skidding Rutschfestigkeit *f* [met]

resistance to tearing Reißfestigkeit *f* [met]

resistance to temperature changes Temperatur-wechselbeständigkeit *f* [met]

resistance to the action of weather Wetterbestän-digkeit *f* [met]

resistance to thermal shock Temperaturwechsel-festigkeit *f* [met]

resistance to wear Abriebfestigkeit *f* [met]; Verschleißfestigkeit *f* [met]

resistance to weathering Wetterbeständigkeit *f* [met]

resistance wire Heizdraht *m* [elt]; Widerstands-draht *m* [elt]

resistant deformation formbeständig [met]

resistant to abrasion abriebfest [met]

resistant to acid säurebeständig [met]

resistant to bending biegefest [met]

resistant to deflection biegesteif [met]

resistant to fracture bruchfest [met]

resistant to frost frostsicher [met]

resistant to impact stoßfest [met]

resistant to moisture feuchtigkeitsbeständig [met]

resistant to shocks schlagfest [met]

resistant to water wasserbeständig [met]; wasserfest

resistant to weathering wetterbeständig [met]

resisting force Widerstandskraft *f*

resisting moment aufnehmbares Moment *n* [sik]; Widerstandsmoment *n* [sik]; widerstehendes Moment *n* [sik]

resistive strain gauge Dehnungsmessstreifen *m* [any]

resistivity Widerstandsfähigkeit *f* [met]

resistor Widerstand *m* (Bauteil) [elt]

resolidify wieder verfestigen *v*

resolution of forces Kräftezerlegung *f* [sik]

resolving of a force, univocal - endgültige Kraft-zerlegung *f* [sik]

resort hotel Urlaubshotel *n*

resources balance Ressourcenbilanz *f*

respirable air Atemluft *f* (Atemschutz) [asi]

respiration filter Atemfilter *m* [asi]

respirator Atemschutzgerät *n* [asi]; Staubmaske *f* [asi]

respirator against harmful dust and gases Atem-schutz gegen Staub und Gase *m* (Atemschutz) [asi]

respirator with demand valve Atemgerät mit Lungenautomat *n* (Atemschutz) [asi]; Atemautomat *m* (Atemschutz) [asi]

respiratory equipment Atemgeräte *pl* (Atemschutz) [asi]; Atemschutzgerät *n* [asi]

respiratory filter Atemschutzfilter *m* [asi]

respiratory protection Atemschutz *m* [asi]

respiratory protective device Atemschutzgerät *n* [asi]

respiratory protective filter Atemfilter *m* (Atem-schutz) [asi]; Atemschutzfilter *m* [asi]

respiratory-air device Atemluftanlage *f* [air]

respond Dienst *m* (Gotik) [arc]

respond ansprechen *v* (Messgerät) [any]

responding range Empfindlichkeitsbereich *m* [any]

response Auslösung *v* (eines Systems)

response delay Ansprechverzögerung *n* [any]

response sensitivity Ansprechempfindlichkeit *f* [any]

response spectrum Antwortspektrum *n* [phy]

response threshold Ansprechschwelle *f* [elt]

response time Ansprechzeit *f* [any]

responsibility for disposal Entsorgungspflicht *f* [rec]

responsible zuständig

responsible authority zuständige Behörde *f*

responsible body zuständige Behörde *f*

responsiveness Ansprechempfindlichkeit *f* [any]

rest Lager *n* (Stütze)

rest area Rastplatz *m* (an Straßen) [tra]; Ruhezone *f*

restart inhibit Wiederanlaufsperre *f* [elt]

resting place Rastplatz *m* [tra]

restorable instandsetzbar

restoration Rekultivierung *f* (Deponiegelände) [geo]; Sanierung *f*; Wiederherstellung *f* (Erneue-rung)

restoration layer Rekultivierungsschicht *f* (Depo-nie) [rec]

restoration measure Sanierungsmaßnahme *f* [com]

restoration mortar Renovierungsmörtel *m* [met]; Restaurierungsmörtel *m* [met]

restoration of a building Gebäuderestaurierung *f*

restoration of buildings Gebäudesanierung *f*

restoration of waters Gewässersanierung *f* [was]

restoration plaster Sanierputz *m* [met]

restore ausbessern *v* (wiederherstellen); wieder-herstellen *v* (erneuern)

restoring moment rückdrehendes Moment *n* [phy]

restrain einspannen *v* (festhalten) [wer]

restrained eingespannt [sik]; zwangsbeansprucht [met]

restraint Einspannung *f*; Schrumpfbehinderung *f* [met]; Zwängung *f*
restraint abutment eingespanntes Auflager *n*
restraint condition Einspannbedingung *f* [sik]
restraint moment Einspannmoment *n* [sik]
restraint of trade Wettbewerbsbeschränkung [eco]
restricted area Schutzbereich *m* [asi]
restricted competition beschränkter Wettbewerb *m* [eco]
restricted space beengter Raum *m*
restricted tender beschränkte Ausschreibung *f* [eco]; beschränkte Ausschreibung *f* [eco]
restriction Beeinträchtigung *f*; Einschränkung *f* (Begrenzung); Umgrenzung *f*
restriction of time and content, without any - zeitlich und sachlich unbeschränkt
restrictor Drosselorgan *n*
restrictor control system Drosselregelung *f* [was]
restroom Ruheraum *m*; Toilette *f*
restroom, handicapped accessible - behindertengerechte Toilette *f*
restructure umstrukturieren *v*
restructuring Umstrukturierung *f*
result of the work Arbeitsergebnis *n*
resultant Mittelkraft *f* [sik]; resultierende Kraft *f* [phy]
resultant force resultierende Kraft *f* [phy]
resultant moment resultierendes Moment *n* [phy]
resultant waste water Abwasseranfall *m* [was]
resurface Straßendecke erneuern *v* [tib]
resurfacing Auftragschweißung *f* (Reparatur) [wer]; Belagserneuerung *f* (Straße) [tib]
resurvey Nachvermessung *f* [any]
retail location Einzelhandelsstandort *m*
retail space Einzelhandelsfläche *f* [eco]
retain dämmen *v* (Kälte/Wärme); stauen *v* (Wasser) [was]
retained water Haftwasser *n*
retaining basin Verzögerungsbecken *n* [was]
retaining bolt Befestigungsschraube *f*
retaining capacity Fassungsvermögen *n* [was]; Schluckvermögen *n* [was]
retaining dam Staudamm *m* [wba]
retaining rail Handlaufschiene *f*
retaining screen Rückstandssieb *n* [was]
retaining strength Rückstellkraft *f* [phy]
retaining wall Futtermauer *f*; Staumauer *f* [wba]; Stützmauer *f*
retaining wall, angular - Winkelstützmauer *f*
retaining work Absperrbauwerk *n* (an Wasserbauwerken) [wba]
retard verzögern *v* (verlangsamen)
retardant retardierendes Mittel *n* [met]
retarded verzögert
retarded flow verzögerter Abfluss *m* [was]

retarder Verzögerungsmittel *n*; Abbindeverzögerer *m* [met]; Erstarrungsverzögerer *m* [met]; Inhibitor *m* [met]; Retarder *m* (für Kunststoffe) [met]; Verzögerer *m* [met]
retarding additive Verzögerer *m* [met]
retarding agent Hemmstoff *m* [met]; Verzögerer *m* (Betonzusatz) [met]
retarding basin Rückhaltebecken *n* [was]
retarding reservoir Hochwasserrückhaltebecken *n* [wba]; Verzögerungsbecken *n* [wba]
retempering of concrete Wiederanmachen von Beton *n* [bon]; Wiederaufbereitung von Beton *f* [bon]
retention Einbehaltung *f* [jur]
retention basin Rückhaltebecken *n* [was]; Rückhaltebecken *n* (Wasser)
retention of counterclaims Einbehaltung von Gegenforderungen *f* [jur]
retention period Aufenthaltszeit *f* (Kläranlage) [was]
retention reservoir Rückhaltebecken *n* [was]; Speicherbecken *n* [was]
retention water level Normalstau *m* (Talsperre) [was]
retest Wiederholversuch *m* [any]; Wiederholungsmessung *f* [any]
retest nachprüfen *v* (Versuch) [any]
reticulant Vernetzungsmittel *n* [met]
retool mit neuen Maschinen ausstatten *v* [wer]
retouch auffrischen *v* [met]; nachbessern *v*
retractable abschwenkbar [tec]; einziehbar [tec]; rückziehbar
retreatment Nachbehandlung *f*
retrofit umrüsten *v*
retrospective increase in density Nachverdichtung *f* (Bebauung) [com]
return circuit Rücklauf *m* [prc]
return flow Rückfluss *m* [was]; Rücklauf *m* (Flüssigkeit) [prc]
return flow temperature Rücklauftemperatur *m* (Heizung) [pow]
return of documents Rückgabe von Unterlagen *f*
return pipe Rücklaufrohr *n* [prc]; Rücklaufleitung *f* [prc]
return pump Rücklaufpumpe *f* [prc]
return register Rückluftgitter *n* (Feststoffaufbereitung); Rücklufterost *m* (Feststoffaufbereitung) [air]
return sludge Rücklaufschlamm *m* [was]
return temperature Rücklauftemperatur *f* (Heizung) [pow]
return temperature, annual average - jahresmittlere Rücklauftemperatur *f* (Fernwärme) [pow]
return temperature, heating water - Heizwasserrücklauftemperatur *f* [pow]
return water Rücklaufwasser *n* (Heizung) [pow]
returnable material Mehrwegmaterial *n* [mat]

returnable pack Mehrwegverpackung *f* [rec]
returnable packaging Mehrwegverpackung *f* [rec]
reusable wiederverwendbar [rec]
reusable material centre Wertstoffhof *m* [rec]
reusable packaging material Verpackungswertstoff *m* [rec]
reusable wastes wieder verwertbare Abfälle *pl* [rec]
reutilization Verwertung *f* [rec]; Wiederverwertung *f* [rec]
revamp Umbaumaßnahme *f*
reveal Laibung *f* (Mauerwerksöffnung)
reverberant nachhallend [aku]
reverberation Schallreflexion *f* [aku]
reverberation level Nachhallpegel *m* [aku]
reverberatory radius Hallradius *m* [aku]
reversal of forces Umschlagen von Kräften *n* [sik]
reverse flow Rückströmung *f* [prc]
reverse flow filter Gegenstromfilter *m* [was]
reverse joint rückläufiger Stoß *m* (Bahnen-abdichtung)
reverse polarity umpolen *v* [elt]
reverse roof Umkehrdach *n* (Wärmedämmschicht auf Dachabdichtung)
reverse scan Rückwärtsabtastung *f* [any]
reversed arch Gegenbogen *m*
reversible cell Sekundärzelle *f* [elt]
reversible elongation elastische Dehnung *f* [met]
reversing device Umschaltvorrichtung *f*
reversing switch Drehrichtungsschalter *m* [elt]; Umkehrschalter *m* [elt]
reversing triangle Gleisdreieck *n* (Bahn) [tra]
revetment Deckwerk *n* (Uferbefestigung); Verklei-dung *f*
revetment of slopes Uferschutz *m* [wba]
revetment wall Bekleidungsmauer *f*; Futtermauer *f*; Verkleidungsmauer *f*
revibration Nacheinrütteln *n* [bon]; Nachver-dichtung *f*; Nachvibration *f* [bon]
review Nachprüfung *f*; Überprüfung *f* [any]
revise überprüfen *v* [any]
revision Überarbeitung *f* (Aufsatz etc.); Überprü-fung *f* [any]; Umarbeitung *f*
revision block Zeichnungsänderungsfeld *n* [des]
revision drawing Änderungszeichnung *f* [des]
revision number Änderungsnummer *f* (Zeichnung) [des]
revision service Änderungsdienst *m* (Zeichnungen) [des]
revision sheet Änderungsblatt *n* (Zeichnung) [des]
revitalization Neubelebung *f* (- von Städten); Wiederbelebung *f* (von Städten) [com]
revocation of driver's license Führerscheineinzug *m* (<A>) [tra]
revolutions per minute Umdrehungen pro Minute *pl* [phy]
revolving coil Drehspule *f* [elt]

revolving crane Drehkran *m*; Schwenkkran *m*
revolving door Drehtür *m*
revolving drier Trommeltrockner *m* [prc]
revolving leaf Drehflügel *m*
revolving shovel schwenkbarer Bagger *m* [tib]
revolving switch Drehschalter *m* [elt]
revolving tower crane Turmdrehkran *m*
revolving-pan mixer, counter-current - Gegen-strom-Schnellmischer *m* [prc]; Tellermischer *m* [prc]
reweld nachschweißen *v* [wer]
rework nacharbeiten *v* (überarbeiten) [wer]; nachbearbeiten *v* [wer]; überarbeiten *v* [wer]
rheological rheologisch [phy]
rheological behaviour Fließverhalten *n* [met]
rheological property Fließeigenschaft *f* [met]; rheologische Eigenschaft *f* [met]
rhombic girder Rautenträger *m* [stb]
rhomboedral rhomboedrisch
rhomboid rhombisch
rhomboidal rhombisch
rib Lamelle *f* (in Heizkörper) [pow]
rib and block floor Füllkörperdecke *f*
rib depth Rippenhöhe *f* [des]
rib joint pliers Eckrohrzange *f* [wzg]
rib mesh Rippenstreckmetall *n* [met]
rib slenderness Rippenschlankheit *f* [des]
rib vault Kreuzrippengewölbe *n*; Rippengewölbe *n* (mittelalterlich) [arc]
ribbed beam ceiling Rippendecke *f*
ribbed concrete floor Betonrippendecke *f* [bon]
ribbed construction Stahlbetonrippendecke *f* (- ohne Füllkörper) [bon]
ribbed cooler Rippenkühler *m* [pow]
ribbed dome Rippenkuppel *f* [arc]
ribbed heater Lamellenheizkörper *m* [pow]
ribbed liner plate Wulstplatte *f*
ribbed pipe heating device Rippenrohrheizgerät *n*
ribbed reinforced concrete Stahlbetonrippendecke *f* [bon]
ribbed reinforcement Betonrippenstahl *m* (Bewehrung) [bon]
ribbed shank gerippter Schaft *m* (Bewehrung) met]
ribbed slab Rippendecke *f*
ribbed tensioning steel gerippter Spannstahl *m* (für Stahlbeton) [met]
ribbed tube Lamellenrohr *n* [met]; Rippenrohr *n* [pow]
ribbed vault Kreuzrippengewölbe *n* (historisch) [arc]
ribbed vaulting Rippengewölbe *n*
rich fett (Mischungen fett an einer Komponente) [met]
rich in lime kalkreich [met]
rich mortar Fettmörtel *m* [met]

rich soil fetter Boden *m* [geo]; fruchtbarer Boden *m* [geo]; nährstoffreicher Boden *m* [geo]
Richter scale Richter-Skala *f* (Erdbeben) [geo]
riddle Durchwurfsieb *n*; Grobsieb *n* [prc]; Rüttelsieb *n* [prc]
riddled lime gesiebter Kalk *m* [met]
rider strip First *m*
ridge Dachfirst *m*; First *m*
ridge bar Firstträger *m*
ridge beam Bundbalken *m*; Firstbalken *m*; Firstträger *m*; Hahnenbalken *m*
ridge board Firstbohle *f* (Gotik: Turmaufbau) [arc]
ridge capping Firstabdeckung *f*
ridge lantern Dachaufsatz *m*; Dachreiter *m*; Dachlaterne *f*
ridge plate Sattelblech *n*
ridge purlin Firstbalken *m*; Firstpfette *f*
ridge roof Giebeldach *n*; Satteldach *n*
ridge shoe Metallschuh für Firstbalken *m*
ridge tile Firststein *m*; Firstziegel *m*
ridge transom Firstriegel *m*
ridge tree Firstpfette *f*
ridge turret Dachreiter *m*
ridge-piece Firststück *n*; Firstpfette *f*
ridging Errichtung niedriger Dämme *f* [wba]
riding quality Befahrbarkeit *f* (Straßen) [tra]
rift Graben *m* (Geologie) [geo]
rift valley Graben *m* [geo]; Grabenbruch *m* [geo]; tektonischer Graben *m* [geo]
rifting Abspaltung *f* [geo]; Bruchspaltenbildung *f* [geo]
rig Bohranlage *f* [roh]; Pfahlrammanlage *f*
rigger Gerüstbauer *m*
rigging agreement Montagevertrag *m* [eco]
right in rem, pre-emptive - dingliches Vorkaufsrecht *n* [jur]
right of pre-emption Vorkaufsrecht *n* [jur]
right of retention Zurückbehaltungsrecht *n* [eco]
right of revocation Rücktrittsrecht *n* [jur]
right of use Nutzungsrecht *n* [jur]
right of usufruct Nutzungsrecht *n* [jur]
right of way Vorfahrtsrecht *n* [tra]; Wegerecht *n* (Benutzungsrecht) [jur]
right side view Seitenansicht von rechts *f* [des]
right to cancel Kündigungsrecht *f* (Mietvertrag) [jur]
right to light Recht auf Tageslicht *n*
right to refuse performance Leistungsverweigerungsrecht *n* [jur]
right to take ownership Übernahmeanspruch *m* [com]
right turn Rechtskurve *f* [tra]
right-angle method Rechtwinkelverfahren *n* (Vermessung) [any]
right-hand turn-off lane Rechtsabbiegerspur *f* (Straße) [tra]

rigid biegesteif [met]; gelenklos (starr); hart (starr); standsicher; starr (unbeweglich); steif; steif (Beton: Konsistenz) [met]; unbeweglich (starr); unbiegsam; verwindungssteif [des]
rigid arch eingespannter Bogen *m*
rigid body starrer Körper *m* [sik]
rigid bond starrer Verbund *m*
rigid bridge Steifrahmenbrücke *f*
rigid construction starre Konstruktion *f*
rigid film Hartfolie *f* [met]
rigid fixing vollständige Einspannung *f*
rigid foam Hartschaum *m* [met]; Hartschaumstoff *m* [met]
rigid frame biegefester Rahmen *m* [stb]; biegesteifer Rahmen *m*; Steifrahmen *m* [stb]
rigid girder biegesteifer Träger *m* [sik]
rigid insulation board steife Isolierplatte *f*
rigid pipe biegesteifes Rohr *n* [met]
rigid polyethylene Hartpolyäthylen *n* [met]
rigid polyvinyl chloride Hart-PVC *n* [met]
rigid PVC Hart-PVC *n* [met]
rigid support steifes Auflager *n* [stb]
rigid-foam adhesive Hartschaumkleber *m* [met]
rigidity Formsteifheit *f* [des]
rigidly restrained starr eingespannt
rigole Rigole *f* (Wasserversickerung) [was]
riled roof Ziegeldach *n*
ring Rosette *f*
ring gap Ringzwischenraum *m* [des]
ring gate Ringverschluss *m*
ring header Ringsammelleitung *f* [was]
ring line Ringleitung *f* [was]
ring mains Ringleitung *f* [was]
ring pipe Ringleitung *f* [was]
ring road Ringstraße *f* [tra]
ring seal Dichtring *m* (Rohrverbindung) [met]; Ringbalg *m* (Dichtung) [met]; Ringdichtung *f* [tec]
ring spanner Ringschlüssel *m* [wzg]
ring test Ringprobe *f* [any]
ring-reinforced ringbandagiert [met]
ring-seal gate Ringblendenschieber *m* [wba]
ring-shaped cross-section Kreisringquerschnitt *m* [des]
rinse abspülen *v*; abwaschen *v*; ausspülen *v* [was]; spülen *v* (Waschmaschine)
rinse out auswaschen *v* (ausspülen) [was]
rinse tank Spülbehälter *m* [was]
rinsing screen Waschsieb *n* [roh]
rip out aufbrechen *v* [tib]
rip saw Schlitzsäge *f* (Holzbearbeitung) [wzg]
rippability Aufreißbarkeit *f* (Erdaushub) [tib]; Aufreißbarkeit *f* (Erdaushub) [tib]
ripper Aufreißer *m* [tib]
ripper tooth Aufreißerzahn *m* [tib]
ripple finish wellengeriffelte Oberfläche *f* (Papier) [met]

rippled surface wellige Oberfläche *f* (Walzgut) [met]

risalite Risalit *m* (Schloss: Fassadenelement) [arc]

rise Stich *m*; Erhebung *f* (Anhöhe) [geo]; Steigung *f* (Anstieg)

rise in temperature Temperaturanstieg *m* [pow]

rise of arch Bogenpfeil *m*

rise to span ratio Pfeilverhältnis *n*

rise-span ratio Pfeilverhältnis *n*

rise-to-run ratio Steigungsverhältnis *n* (Treppe)

riser Standrohr *n* [was]; Steigrohr *n* [was]; Setzstufe *f* (Treppe); Steigleitung *f* [was]

riser beam form Unterzugschaleinheit *f* [bon]

riser bent Tribünenträger *m*

riser depth Stufenhöhe *f* (Treppe)

riser main Fallleitung *f* [was]; Steigleitung *f* [was]

riser pipe Steigleitung *f* [was]

riser shaft Steigeschacht *m* [was]

riser-to-tread ratio Steigungsverhältnis *n* (Treppe)

rising Geländeerhebung *f* [geo]

rising dampness aufsteigende Feuchte *f* (in Mauerwerk)

rising humidity aufsteigende Feuchtigkeit *f*

rising soil moisture aufsteigende Bodenfeuchtigkeit *f* [geo]

rising-screen guard Körperabweiser *m* [asi]

risk Gefahr *f* (Risiko)

risk awareness Gefahrenbewusstsein *n* [asi]

risk category Gefahrenklasse *f* [asi]

risk of accidents Unfallgefahr *f* [asi]

risk of corrosion Korrosionsgefahr *f* [met]

risk of increased construction costs Baukostenerhöhungsrisiko *n*

risk of injury Gefahr einer Verletzung *f* [asi]

risk of prolonging the construction period Bauzeitverlängerungsrisiko *n*

risk phrase Gefahrenhinweis *m* (Gefahrstoffverordnung) [asi]

risk symbol Gefahrensymbol *n* (gegen Gefahrstoffe) [asi]

risks of slipping Rutschgefahr *f* (Arbeitsschutz) [asi]

risks of tripping Stolpergefahr *f* [asi]

river and lake protection Gewässerschutz *m* [was]

river bank Flussufer *n* [geo]

river barrage Flussstauwerk *n* [wba]; Flusswehr *n* [wba]

river basin Einzugsgebiet eines Flusses *n* [was]; Flussgebiet *n* [geo]

river bend Flussbogen *m* [was]; Flussbiegung *f* [was]; Flussschleife *f* [was]

river channel Flussbett *n* [was]

river clarification Flusssanierung *f*

river cleaning plant Flusskläranlage *f* [was]

river construction Flussbau *m* [wba]

river contamination Flussverschmutzung *f* [was]

river control Flussregulierung *f* [wba]

river crossing Flussübergang *m*

river dam Staudamm *m*; Talsperre *f* (Staumauer)

river deposit Flussablagerung *f* [geo]

river diversion Wasserumlenkung *f* [wba]

river embankment Längswerk *n* [wba]

river engineering Flussbau *m* [wba]

river erosion Flusserosion *f* [geo]

river flood Flusshochwasser *n* [was]

river floor Flusssohle *f* [geo]

river gravel Flusskies *m* [geo]

river improvement Flussbau *m* [wba]

river lock Flussschleuse *f* [wba]

river mud Flussschlamm *m* [geo]

river outlet Auslaufbauwerk *n* [was]; Betriebsauslass *m* [was]

river pier Strompfeiler *m* (Brücke)

river plain Flussniederung *f* [geo]

river pollution Flussverschmutzung *f* [was]; Flussverunreinigung *f* [was]

river pool Flussbecken *n* [geo]

river port Binnenhafen *m* [tra]

river power plant Flusskraftwerk *n* [pow]

river power station Flusskraftwerk *n* [pow]

river regulation Flussregulierung *f* [wba]

river run-off Abfluss *m* (von Flüssen) [was]; Flusswasserablauf *m* [was]

river sand Flusssand *m* [met]

river stage Flusswasserstand *m* [was]

river training Flussausbau *m* [wba]; Flussregulierung *f* [wba]

river wash angespülter Flussschutt *m* [geo]

river water table Flusswasserstand *m* [was]

river weir Flusswehr *n* [wba]

river work Flussbau *m*

river-bed degradation Flussbettabflachung *f* [geo]

river-bed diversion Flussbettänderung *f*

river-water cooling Flusswasserkühlung *f* [pow]

riverside road Uferstraße *f* [tra]

rivet Niet *m* [tec]; Niete *f* [tec]

rivet annieten *v* [wer]; nieten *v* [wer]; vernieten *v* [wer]

rivet back-mark Nietrisslinie *f* [tec]

rivet body Nietschaft *m* [tec]

rivet carrying stress Kraftniet *m* [tec]

rivet cold press Nietenkaltpresse *f* [wzg]

rivet connection Nietanschluss *m* [stb]

rivet countersink Nietlochsenker *m* [wzg]

rivet cross-section Nietquerschnitt *m* [des]

rivet diameter Nietdurchmesser *m* [des]

rivet drift Nietentreiber *m* [wzg]

rivet fastening Nietenbefestigung *f* [wzg]

rivet gauge line Nietrisslinie *f* [met]

rivet hammer Niethammer *m* [wzg]

rivet head Nietkopf *m* [tec]

rivet heater Nietwärmer *m* [wer]
rivet heating Nietvorwärmung *f* [wer]
rivet hole Nietloch *n* [tec]
rivet hole diameter Nietlochdurchmesser *m* [des]
rivet iron Nieteisen *n* [tec]
rivet joint Nietverbindung *f* [tec]
rivet nut Nietmutter *f* [tec]
rivet pin Nietstift *m* [tec]
rivet pitch Nietabstand *m* [des]; Nietteilung *f* [des]
rivet plate Nietblech *n* [met]
rivet remover Nietsprenger *m* [wzg]
rivet section Nietquerschnitt *m* [des]
rivet shank Nietschaft *m* [tec]
rivet snap Nietdöpper *m* (Schelleisen) [wzg]
rivet spacing Nietabstand *m* [des]; Nietteilung *f* [des]
rivet steel Nietstahl *m* [met]
rivet stock Nietdraht *m* [met]
rivet truss Fachwerk mit genieteten Knoten *n* [stb]
rivet up vernieten *v* [wer]
rivet washing Abtrennen des Nietkopfes *n* [wer]
riveted genietet [wer]
riveted bolt Nietbolzen *m* [tec]
riveted connection Nietanschluss *m* [tec]; Nietverbindung *f* [tec]
riveted construction Nietkonstruktion *f* [tec]
riveted flange Nietflansch *m* [stb]
riveted joint Nietanschluss *m* [tec]; Nietverbindung *f* [tec]
riveting Nieten *n* [wer]; Nietung *f* [tec]; Vernietung *f* [wer]
riveting hammer Niethammer *m* [wzg]
riveting joint Nietverbindung *f* [tec]
riveting press Nietpresse *f* [wzg]
riveting set Nietdöpper *m* (Schelleisen) [wzg]
riveting tongs Nietzange *f* [wzg]
riveting unit Nieteinheit *f* [wer]
riving knife Spaltmesser *n* [wzg]; Spaltkeil *m* [wzg]
road Chaussee *f* [tra]; Fahrbahn *f* [tra]; Straße *f* (über Land) [tra]
road aggregate Straßenbaugestein *n* [met]; Straßenbelagsgestein *n* [met]
road alignment veränderte Straßenführung *f* [tra]
road base Straßenunterbau *m* [tib]; Straßenbefestigung *f* [tib]; Tragschicht beim Straßenbau *f* [tib]
road bay Straßenbetonfeld *n* [tib]; Betonfahrbahnplatte *f* [bon]; Straßenbetonplatte *f* [tib]
road bed Schienenbett *n* (Bahn) [tib]; Bahnkörper *m* (Bahn) [tib]; Koffer *m* (Straßenbau) [tib]; Schienenunterbau *m* (Bahn) [tib]
road binder Straßenbaubindemittel *n* [met]
road breaker Straßenaufbruchhammer *m* [tib]
road bridge Straßenbrücke *f*; Straßenüberführung *f* (Fahrzeuge)
road bridge, steel - stählerne Straßenbrücke *f* [stb]

road building Straßenbau *m* [tib]
road building machinery Straßenbaumaschine *f* [tib]
road building slag Straßenbauschlacke *f* [met]
road camber Straßenneigung *f* [tib]
road carpets Straßenaushub *m* [rec]
road channel Rinnstein *m*; Straßenrinne *f* [was]
road cleaning Straßenreinigung *f* [rec]
road closure Straßensperrung *f* [tra]; Straßensperrung *f* [tra]
road communication Straßenverbindung *f* [tra]
road conditions Straßenverhältnisse *pl* [tra]; Straßenzustand *m* [tra]; Befahrbarkeit *f* (von Straßen) [tra]
road construction Oberbau *m* (Straßenbau) [tib]; Straßenbau *m* [tib]; Wegebau *m* [tib]; Straßenkonstruktion *f* [tib]
road construction machine Straßenbaumaschine *f*
road construction measure Straßenbaumaßnahme *f* [tib]
road construction office Straßenbaubehörde *f*
road construction site Straßenbaustelle *f* [tib]
road construction waste Straßenaufbruch *m* [rec]
road cover Straßenbelag *m* [tib]
road covering Straßenabdeckung *f* [tib]
road curve Straßenkurve *f* [tib]
road deck Fahrbahnplatte *f* (auf Brücke); Fahrbahntafel *f* (auf Brücke)
road defects Straßenschäden *pl* [tra]
road design Straßenbemessung *f* [tib]; Straßengestaltung *f* [tib]; Straßenplanung *f* [tra]; Straßenprojektierung *f* [tib]
road drainage Straßenentwässerung *f* [was]
road embankment Straßendamm *m*; Trasse *f* [tib]
road engineering Straßenbau *m* [tib]; Straßenbautechnik *f* [tib]
road equipment Straßenbaumaschinen *pl* [tib]
road finisher Straßenfertiger *m* [tib]
road firm Straßenbaufirma *f* [tib]
road flooring Fahrbahndecke *f* [tib]
road fork Straßengabelung *f* [tra]
road foundation Straßenunterbau *m* [tib]; Straßenuntergrund *m* [tib]; Straßengründung *f* [tib]; Straßenunterschicht *f* [tib]
road furniture Straßenausrüstung *f* [tra]
road grader Erdhobel *m* [tib]; Straßenhobel *m* [tib]; Straßenplanierer *m* [tib]
road gravelling Kiesunterbau *m*
road grinder Straßenschleifmaschine *f* [tib]
road gritting Abstreuen *n* (Straße) [tib]
road grooving machine Straßenaufraummaschine *f* [tib]; Straßenfräsmaschine *f* [tib]
road gully Straßenablauf *m* [was]; Straßeneinlauf *m* [was]
road haulage Güterkraftverkehr *m* [tra]; Straßentransport *m* [tra]

road height above ground level oberirdische Straßenhöhe *f* [tib]
road improvement Straßenausbau *m* [tib]
road joint Fahrbahnübergang *m* (bei Brücken); Straßenfuge *f* [tib]
road junction Straßeneinmündung *f* [tra]; Straßengabelung *f*; Straßenkreuzung *f* [tra]
road kerb Straßenrand *m* (Rinne) [tib]
road laying Straßenbau *m* [tib]
road leading out of the city Ausfallstraße *f* [tra]
road life Straßennutzungsdauer *f* [tra]
road lighting Straßenbeleuchtung *f*
road link Straßenanschluss *m* [tra]
road machinery Straßenbaumaschinen *pl* [tib]
road maintenance Straßenunterhalt *m* [tib]; Instandhaltung von Straßen *f* [tib]; Straßeninstandhaltung *f* [tib]
road marking Fahrbahnmarkierung *f* [tib]; Straßenmarkierung *f* [tra]
road mesh Straßenarmierungsmatte *f* [tib]; Straßenbewehrungsmatte *f* [tib]
road metal Straßenschotter *m* [met]
road milling machine Straßenfräse *f* (Oberflächenerneuerung) [tra]
road network Straßennetz *n* [tra]; Wegenetz *n* [tra]
road of local interest Straße von lokaler Bedeutung *f* [tra]
road on elevated bridge structures Hochstraße *f*
road over a pass Passstraße *f* [tib]
road painting Fahrbahnmarkierung *f* [tra]
road panel Betonstraßenplatte *f* [tib]
road pattern Straßennetz *n* [tra]
road planning Straßenplanung *f* [tra]
road pollution Straßenverunreinigung *f* [tra]
road project Straßenbauprojekt *n* [tib]
road rehabilitation scheme Straßeninstandhaltungsarbeiten *pl* [tib]; Straßensanierungsvorhaben *n* [tib]
road repair Straßenausbesserung *f* [tib]; Straßeninstandsetzung *f* [tib]
road repair machine Straßeninstandsetzungsmaschine *f* [tib]
road ripper Straßenaufreißer *m* [tib]
road ripper, towed - Anhängestraßenaufreißer *m* [tib]
road roller Straßenwalze *f* [tib]
road scarification Straßenaufbruch *m* [rec]
road scheme Straßenbauvorhaben *n* [tib]
road section Straßenabschnitt *m* [tra]
road site Straßenbaustelle *f* [tib]
road stone Pflasterstein *m*
road structure Straßenkörper *m* [tib]
road stud Markierungsknopf *m* (Straßen) [tra]; Straßennagel *m* [tra]

road surface Fahrbahnbelag *m* [tib]; Straßenbelag *m* [tib]; Fahrbahndecke *f* [tib]; Straßendecke *f* [tib]; Straßenoberfläche *f* [tib]
road surface work Straßenbelagsarbeiten *pl* [tib]
road surfacing Straßenbelag *m* [tra]
road sweeper Kehrfahrzeug *n* [rec]; Kehrmaschine *f* [rec]
road sweeper, towed - Anhängefegemaschine *f* [rec]
road system Straßennetz *n* [tra]; Wegenetz *n* [tra]
road tarring machine Straßenteermaschine *f* [tib]
road traffic noise Straßenverkehrslärm *m* [aku]; Verkehrslärm *m* [aku]
road tunnel Straßentunnel *m* [tib]
road upgrading Straßenausbau *m* [tib]
road width Fahrbahnbreite *f* [tra]; Straßenbreite *f* [tra]
road with gravel surface Schotterstraße *f* [tra]
road, curved - gebogene Straße *f* [tra]; gekrümmte Straße *f* [tra]
road, secondary - Landstraße *f* [tra]
road, straight - gerade Straße *f* [tra]
road-building material Straßenbaumaterial *n* [met]
road-crossing Bahnübergang *m* (Bahn) [tra]
road-cum-railway bridge kombinierte Straßen- und Eisenbahnbrücke *f*
road-gravel Straßenschotter *m* [tib]
road-making machine Straßenbaumaschine *f* [tib]
road-marking machine Straßenmarkierungsmaschine *f* [tib]
road-metal Schotter *m* [met]; Straßenschotter *m* [tib]
road-pavement reinforcement Belagsarmierung *f* [bon]
road-sweeper collector Straßenfegemaschine *f* (mit Kehrrichtaufnahme) [tib]
road-sweeping machine Straßenkehrmaschine *f* [tra]
road-sweeping vehicle Kehrfahrzeug *n* [rec]
road-work Straßenarbeiten *pl* [tib]; Straßenbauarbeiten *pl* [tib]; Baustelle *f* (Straßenbau)
roadblock Absperrung *f* [tra]; Sperre *f* (Straßen-) [tra]; Straßensperre *f* [tra]
roadmaking Wegebau *m* [tib]
roadside Straßenrand *m* [tra]; Straßenseite *f* [tra]
roadside area Straßenseitenraum *m* [tra]
roadside café Rasthaus *m* [tra]
roadside ditch Straßengraben *m* [tib]
roadside environment Straßenraum *m* [tra]
roadside foliages, municipal - Straßenbegleitgrün *n* [tra]
roadside green belt Straßenbegleitgrün *n* [tra]
roadside improvement Straßengestaltung *f* (Landschaftsgestaltung) [tib]
roadside planting Straßenrandbepflanzung *f* [tra]
roadside rest area Rastplatz *m* (Straße, Autobahn) [tra]

roadside restaurant Raststätte *f* [tra]
roadside vegetation Straßenbegleitgrün *n* [tra]; Straßengrün *n* [tra]
roadway Fahrbahnkörper *m* [tib]; Straßenkörper *m* [tib]; Betonfahrbahn *f* [tib]; Fahrbahn *f* [tib]
roadway boundary line Fahrbahnbegrenzung *f* [tra]
roadway covering Straßenbelag *m* [tib]; Fahrbahndecke *f*
roadway decking Fahrbahntafel *f* [tib]
roadway design Straßenbemessung *f* [tra]
roadway ditch Straßengraben *m* [tib]
roadway drainage Fahrbahnentwässerung *f*; Straßenentwässerung *f* [was]
roadway embankment Straßendamm *m* [tib]
roadway flooring Fahrbahndecke *f* [tib]
roadway flusher Straßensprengwagen *m* [rec]
roadway grating Fahrbahnrost *m* (Brücke)
roadway slab Fahrbahnplatte *f*
roadway surfacing Fahrbahnbelag *m*; Fahrbahnabdeckung *f*; Fahrbahndecke *f* [tib]
roadway width Fahrbahnbreite *f*
roadworthy verkehrssicher [tra]; verkehrstüchtig [tra]
roar dröhnen *v* (Maschine) [aku]
rock Gestein *n* [geo]; Fels *m* [geo]; Felsen *m* [geo]; Stein *m* (Fels) [geo]
rock anchor Felsanker *m*
rock asphalt Asphaltgestein *n* [met]
rock ballast Steinschotter *m*
rock bed Gesteinsschicht *f* [geo]
rock bit Gesteinsmeißel *m* [wzg]
rock bolting Felsverankerung *f*; Gesteinsverankerung *f*
rock borer Gesteinsbohrer *m* [wzg]
rock breaker Steinbrecher *m*
rock bucket Felstieflöffel *m* (Bagger); Felsschaufel *f* (Bagger)
rock chalk felsartiger Kalkboden *m* [geo]
rock cut Felseinschnitt *m* [geo]
rock cutter Felsbrecher *m* [roh]; Gesteinbrecher *m* [roh]
rock cuttings Bohrgut *n* (Gestein) [roh]; Bohrmehl *n* (Gestein) [roh]
rock debris Felstrümmer *pl* [geo]; Felsgeröll *n* [geo]; Gesteinsschutt *m* [rec]
rock dipper Felslöffel *m* [tib]
rock dowel Felsdübel *m*; Steindübel *m* [wzg]
rock drill Bohrhammer *m* [wzg]; Gesteinsbohrer *m* [wzg]; Steinbohrer *m* [wzg]
rock drill, rotary - Felsdrehbohrer *m* [tib]; Gesteinsdrehbohrer *m* [tib]
rock driller Gesteinsbohrmaschine *f* [wzg]
rock drilling machine Gesteinsbohrmaschine *f* [wzg]
rock engineering Felsbau *m* [tib]
rock face Felswand *f* [geo]

rock feeder Brecheraufgeber *m* [roh]; Brecherspeiser *m* [roh]
rock filling Bergversatz *m*
rock flint Bergkiesel *m* [geo]
rock flour Gesteinsmehl *n* [met]
rock formation Felsschicht *f* [geo]; Gesteinsschicht *f* [geo]
rock foundation Felsgründung *f*
rock garden Steingarten *m*
rock guard Steinschlagschutz *m*
rock hammer Steinhammer *m* [wzg]
rock layer Steinbettung *f*
rock masses Felsmassen *pl* [geo]
rock mechanics Felsmechanik *f* [geo]; Gebirgsmechanik *f* [geo]
rock mole Steinmole *f* [wba]
rock nail Gebirgsanker *m* [tib]
rock pinning Felsverankerung *f* (mit Dübeln)
rock plant Gesteinsaufbereitungsanlage *f*
rock pocket Kiesnest *n* (Beton) [met]; Steinnest *n* (Beton) [met]
rock pressure Felsdruck *m* [geo]; Gebirgsdruck *m* [geo]; Gesteinsdruck *m* [geo]
rock sealing Felsinjektion *f* [tib]
rock shovel Steinbruchbagger *m* [roh]
rock stratum Gesteinsschicht *f* [geo]
rock texture Gesteinstextur *f* [geo]
rock throw Gesteinsverwerfung *f*
rock trap Geröllfang *m* (an Verkehrswegen)
rock tunnel Felstunnel *m* [tib]
rock waste Gesteinsschutt *m* [rec]
rock water Bergwasser *n* [was]
rock weathering Gesteinsverwitterung *f* [geo]
rock wool Mineralwolle *f* [met]; Steinwolle *f* [met]
rock-boring machine Gesteinsbohrmaschine *f* [wzg]
rock-crushing plant Gesteinszerkleinerungsanlage *f* [roh]
rock-drilling rig Felsbohrer *m* (Einrichtung) [tib]
rock-fill Steinpackung *f*; Steinschüttung *f*
rock-fill cofferdam Steinschüttungsfangdamm *m* [wba]
rock-fill dam Steindamm *m* [wba]; Steinfülldamm *m* [wba]; Steinschüttdamm *m* [wba]
rock-fill dam, vibrated - Felsschüttungsdamm *m* [wba]
rocker Lagerpendel *n*
rocker arm Kipphebel *m* [tec]
rocker bearing Gelenklager *n* [tec]; Kipplager *n* [stb]; Pendellager *n* [stb]; Schwingenlager *n* [stb]; Stelzenlager *n* [stb]
rocker bearing, double - Doppelpendellager *n* [stb]
rocker column Pendelstütze *f*
rocker member Pendelstab *m*
rocker pin Kippzapfen *m* [stb]; Wiegezapfen *m* [stb]

rocker post Pendelstütze *f* [stb]
rocker switch Kippschalter *m* [elt]; Wippschalter *m* [elt]
rockfall Bergrutsch *m* [geo]; Bergsturz *m* [geo]; Felssturz *m* [geo]; Gebirgsschlag *m* [geo]; Steinschlag *m* [geo]
rocking kippbar; schwingend
rocking pier Pendelstütze *f*
rocking trough Schüttelrutsche *f* [prc]
rocky steinig [met]
rocky bottom felsiger Untergrund *m* [geo]
rocky ground Felsboden *m* [geo]
rocky mineral Gestein *n* [geo]
rocky soil Felsboden *m* [geo]
rococo architecture Rokokoarchitektur *f*
rococo building Rokokobauwerk *n* [arc]; Rokoko-gebäude *n* [arc]
rococo chapel Rokokokapelle *f* [arc]
rococo church Rokokokirche *f* [arc]
rococo palace Rokokoschloss *n* [arc]
rod Schweißdraht *m* [met]; Stab *m* (Stange); Stange *f* (dünne -)
rod bender Betoneisenbieger *m* [bon]; Biegemaschine *f* (Bewehrung) [bon]
rod fixer Stahlbieger *m* (Bewehrung); Stahlverleger *m* (Bewehrung) [bon]
rod holder Elektrodenhalter *m* [wzg]
roentgen diagnostics Röntgendiagnostik *f* [any]
roentgenogram Röntgenaufnahme *f* [any]
roll Rundleiste *f* (Schornstein); Walze *f* [met]
roll carpet Auslegware *f* (Teppichboden)
roll coating Walzenbeschichtung *f*
roll crusher Walzenbrecher *m* [prc]
roll crushing mill Walzenmühle *f* [prc]
roll feeder Walzenbeschicker *m* [prc]; Speisewalze *f* [prc]; Zubringerwalze *f* [prc]
roll flattening Planieren *n* [tib]
roll jaw crusher Backenkreiselbrecher *m*
roll roofing Dachpappe *f* [met]
roll scraper Walzenabstreifer *m* [tib]
roll-bonded walzplattiert [met]
roll-over protective structure Überrollschutz *m* (Baufahrzeuge)
roll-up door Rolltor *n*; Rolltür *f*
rollability Walzbarkeit *f* [met]
rollcrete Walzbeton *m* [bon]
rolled asphalt Walzasphalt *m* [met]
rolled asphaltic macadam Asphalteingussdecke *f* [tib]
rolled beam Profilträger *m* [stb]; Walzträger *m* [stb]
rolled concrete Walzbeton *m* [bon]
rolled edge gewalzte Kante *f* (Falzverbindung) [met]
rolled fill abgewalzte Schüttung *f* [geo]
rolled iron Walzeisen *n* [met]
rolled joist Profilträger *m* [stb]

rolled kerb abgerundete Bordschwelle *f*
rolled lead Walzblei *n* [met]
rolled plate Walzblech *n* [met]
rolled section Walzprofil *n* [met]
rolled wire Walzdraht *m* [met]
rolled-steel beam Walzträger *m* (Brückenbau) [stb]
rolled-steel channel U-Eisen *n* [met]
rolled-steel girder Profilstahlträger *m* [stb]
rolled-steel joist Walzträger *m*; Walzträger *m* (Brückenbau) [stb]
roller Auflager *n* (bewegliches; z.B. Brückenende); Erdwalze *f* [tib]; Walze *f*
roller application Rollenanstrich *m*; Walzenauftrag *m* [met]
roller bascule bridge Abrollbrücke *f*; Schaukel-brücke *f*
roller bearing Linienkipplager *n* [stb]
roller bit Rollenbohrmeißel *m* [wzg]; Rollenmeißel *m* [wzg]
roller blind Rollo *n*; Rollladen *m*
roller blind tape Rollladengurt *m*
roller conveyor Rollenförderer *m* [prc]
roller dam Walzenwehr *n* [wba]
roller gate Rolltor *n*
roller grid Rollgitter *n*
roller grinding mill Wälzmühle *f* [prc]; Walzen-schüsselmühle *f* [prc]
roller mill Walzenmühle *f* [prc]
roller mill, suspended - Pendelmühle *f* [prc]
roller race Rollenlaufkranz *m* [tec]
roller shutter Rollladen *m*
roller sluice gate Rollenschütz *m* [wba]
roller support bewegliches Auflager *n* (Holzbau)
roller tipper Abrollkipper *m* [tra]
roller weir Walzenwehr *n* [wba]
roller wheel Walzrad *n* [tib]; Walzzylinder *m* [tib]
roller with sheeps foot drum Schaffußwalze *f* [tib]
roller-leaf shutter door Jalousietür *f* (Rollflügel-konstruktion) [tec]
roller-shutter casing Rollladenkasten *m*
roller-shutter screen Rollladenblende *f*
roller-type cable handler Kabelraupe *f*
rolling Walzen *n*
rolling door Rolltor *n*
rolling grille Rollgitter *n* (Tür, Tor)
rolling mill products Walzwerkerzeugnisse *pl* [met]
rolling shutter Rolltor *n*
rolling surface Straßenbelag *m* [tra]
rolling terrain hügeliges Gelände *n* [geo]
rollway Mauerkronenüberfall *m* [wba]
Roman arch romanischer Bogen *m*; Rundbogen *m*
Romanic romanisch [arc]
roodscreen Lettner *m* (Gotik) [arc]
roof Dach *n*; Überdach *n*; Bedachung *f* (Dach); Überdachung *f*
roof bedachen *v*; decken *v* (Dach -); eindecken *v*

roof arch Spriegel *m* (Dach-)
roof batten Dachlatte *f*
roof beam Dachbalken *m*; Deckenträger *m*;
  Hahnenbalken *m*
roof bearer Deckenbalken *m*
roof boarding Dachschalung *f*; Holzschalung *f*
  (Dach)
roof boards Dachschalung *f*
roof bolt Deckenanker *m* (Tunnelbau) [tib]
roof bolting Ankerausbau *m* (Tunnel) [tib]
roof bracing Dachverband *m* [stb]
roof cap Dachaufsatz *m*
roof cladding Dacheindeckung *f*; Dachhaut *f*
roof clay tile Dachziegel *m*
roof coating Dachhaut *f*
roof construction Dachbau *m* (Vorgang);
  Dachkonstruktion *f* (Vorgang)
roof covering Dachbelag *m*; Dachdeckung *f*; Dacheindeckung *f*; Dachhaut *f*
roof drain Dachablauf *m*; Dachentwässerungsrinne *f*
roof drainage Dachentwässerung *f*
roof fall Dachneigung *f*
roof fan Dachventilator *m*
roof finishing and completion Dachausbau *m*
roof floor Dachdecke *f*
roof frame Dachbinder *m*
roof framework Dachstuhl *m*
roof framing Dachstuhl *m*
roof framing, nailed - Nagelbinder *m* (Holzkonstruktion)
roof garden Dachgarten *m*
roof girder Dachbalken *m*; Dachträger *m*; Deckenträger *m*
roof glazing Dachverglasung *f*
roof gutter Dachrinne *f*; Regenrinne *f*
roof hatch Dachluke *f*
roof inlet Dacheinlauf *m*
roof insulation Dachdämmung *m*; Dachisolierung *f*
roof insulation material Dachdämmstoff *m* [met]
roof joint Anschluss am Dach *m*
roof joist Deckenunterzug *m*
roof kerb Dachknick *m*
roof lath Dachlatte *f*
roof light Dachlicht *n*; Dachoberlicht *n*; Oberlicht
  n (in Decke)
roof lighting Deckenbeleuchtung *f*
roof membrane Dachhaut *f*
roof of a building Gebäudedach *n*
roof outlet Dachablauf *m* (Flachdach)
roof over überdachen *v*
roof overhang Dachüberstand *m*; Dachvorsprung *m*
roof panel Dachplatte *f*; Dachtafel *f*
roof parapet Dachattika *f*; Dachbrüstung *f*
roof paraplet Attika *f*
roof penetration Dachdurchführung *f*
roof pitch Dachneigung *f* [des]; Dachschräge *f*

roof plan Dachplan *m* [des]
roof plumbing work Dachklempnerarbeiten *pl*
roof pole Dachständer *m*
roof projection Dachüberhang *m*; Dachvorsprung *m*
roof purlin Pfette *f* (Dach)
roof rail Regenrinne *f*
roof renovation Dachsanierung *f*
roof rib Sparren *m*
roof ridge Dachfirst *m*
roof screed Dachestrich *m*
roof sealing Dachabdichtung *f*
roof sealing sheet Dachabdichtungsbahn *f* [met]
roof shading Dachbeschattung *f* (für Glasdach)
roof shape Dachform *f*
roof sheathing Dacheindeckung *f*; Dachhaut *f*
roof sheeting Dachbahn *f*; Dachhaut *f* [met]
roof shingle Dachschindel *f*
roof skin Dachhaut *f*
roof slab Bedachungsplatte *f*
roof slap Dachplatte *f*
roof slope Dachneigung *f*
roof space Dachzwischenraum *m*
roof steelwork Dachkonstruktion *f* (Stahlkonstruktion)
roof stick Dachspriegel *m*; Spriegel *m* (Dach-);
  Dachlatte *f*
roof stiffener, longitudinal - Dachpfette *f*
roof structure Dachstuhl *m*; Dachkonstruktion *f*
  (Dachaufbau)
roof structure system, horizontal - liegender Dachstuhl *m*
roof structure system, vertical - stehender Dachstuhl *m*
roof substructure Unterdach *n*
roof superstructure Dachaufbau *m* (Aufbau auf
  Dach)
roof support Dachauflager *n*
roof surface Dachfläche *f*
roof surround Dacheinfassung *f*
roof tarpaulin Dachplane *f*
roof terminal Dachentlüftungsrohr *n*
roof tile Dachziegel *m*
roof timbers Dachgebälk *n*; Dachholz *n*
roof truss Dachgestühl *n*; Dachbinder *m*; Dachgerüst *m*
roof truss, reinforced concrete - Stahlbetondachbinder *m* [bon]
roof vegetation Dachbegrünung *f*
roof vent Dachentlüfter *m*; Lüftungsziegel *m*;
  Dachentlüftung *f*
roof ventilator Dachlüfter *m*; Dachventilator *m*
roof weathering Dacheinfassung *f* (Abdichtung)
roof weir Dachwehr *n* [wba]; Doppelklappenwehr *n*
  [wba]
roof window Dachfenster *n*

roof with air circulation Kaltdach *n*; zweischaliges
Flachdach *n*
roof, green - Gründach *n*
roof-edge Dachkante *f*
roof-mounted dachaufgeständert (z.B. Solarzellen)
roof-terrace Dachterrasse *f*
roofage Dachfläche *f* (Maße) [des]
roofed überdacht
roofed area überdachte Fläche *f*
roofed passage überdachter Gang *m*
roofed walk überdachter Gang *m*
roofed-over area überdachte Fläche *f*
roofer Dachdecker *m*
roofing Dachdecken *n*; Bedachung *f*; Dachdeckung
f; Dacheindeckung *f*; Überdachung *f*
roofing board Dachpappe *f* [met]
roofing bond Dachverband *m* (Mauerwerk)
roofing felt Dachpappe *f* [met]
roofing material Eindeckungsmaterial *n*;
Bedachungsstoff *m*
roofing mortar Dachdeckermörtel *m* [met]
roofing paper Dachpappe *f* [met]
roofing sheet Dachblech *n* [met]; Dachbahn *f*;
Dachfolie *f* [met]
roofing sheet, mat-bitumen - Glasvlies-Bitumen-
Dachbahn *f* [met]
roofing skin Dachdeckung *f*
roofing slab Dachplatte *f*
roofing slate Dachschiefer *m*
roofing tile Dachziegel *m*
roofing work Dachdeckerarbeiten *pl*
rooflight dome Lichtkuppel *f*
rooflight well Lichtschacht *m*
rooftop heliport Dachlandeplatz für Hubschrauber *m*
room Zimmer *n*; Raum *m* (Zimmer)
room acoustics Raumakustik *f* [aku]
room air conditioning Raumklimatisierung *f*
room air-conditioner Raumklimagerät *n* [tga];
Klimatruhe *f*
room climate Raumklima *n*
room divider Raumteiler *m*
room dividing screen Raumteiler *m*
room door Zimmertür *f*
room fire Zimmerbrand *m*
room fit to live in bewohnbarer Raum *m*
room heater Raumheizgerät *n* [pow]
room heating Raumheizung *f* [pow]
room heating appliance Raumheizgerät *n* [pow]
room heating plant Raumheizungsanlage *f* [pow]
room heating station Raumheizungsanlage *f* [pow]
room height, clear - lichte Raumhöhe *f* [des]
room lighting systems, interior - Innenraumbeleuchtung *f* (DIN 5035 T1) [elt]
room orientation Raumorientierung *f* [arc]
room partition element Raumtrennsegment *n*
room partitioning Raumaufteilung *f* [arc]

room protection Innenraumschutz *m*
room rate Zimmerpreis *m* (Übernachtung Hotel)
[eco]
room sound Raumschall *m* [aku]
room sound insulation Raumschalldämmung *f*
[aku]
room temperature Innentemperatur *f*; Raumtemperatur *f*; Zimmertemperatur *f*
room thermostat Innenthermostat *m* [tga]; Raumthermostat *m* [tga]
room with a bay-window Erkerzimmer *n*
room, clean - staubfreier Raum *m*
roommate community Wohngemeinschaft *f*
root Wurzel *f* (- der Schweißnaht) [met]
root bend Wurzelbiegung *f* (Schweißnaht) [met]
root crack Wurzelriss *m* (Schweißnaht) [met]
root defect Wurzelfehler *m* (- der Schweißnaht)
[met]
root formation Wurzelausbildung *f* (Schweißnaht)
[met]
root imperfection Wurzelfehler *m* (Schweißnaht)
[met]
root of thread Gewindekern *m* [tec]
root pass Wurzellage *f* (Schweißnaht) [met];
Wurzelnaht *f* (Schweißnaht) [met]
root penetration, complete - vollständiger
Wurzeleinbrand *m* (Schweißnaht) [met]
root penetration, excessive - Wurzeldurchfall *m*
(Schweißen) [met]
root penetration, incomplete - unvollständiger
Wurzeleinbrand *m* (Schweißnaht) [met]
root run Wurzellage *f* (Schweißnaht) [met];
Wurzelnaht *f* (Schweißnaht) [met]
root timber Wurzelholz *n* [met]
root-proofing layer Wurzelschutzbahn *f* (wurzelsperrende Schutzlage)
root-repellent wurzelsperrend
rooter Abteufer *m* [wba]; Tiefaufreißer *m* (Straße)
[tib]; Straßenaufreißmaschine *f* [tib]
rope Tau *n* (Seil)
rope bridge Hängebrücke *f*; Seilbrücke *f*
rope clip Seilklemme *f* (Arbeitsschutz) [tec]
rope crowd Seilvorstoß *m* (Hochlöffel) [tib]
rope drum Seiltrommel *f* [tec]
rope guy Abspannseil *n*; Ankerseil *n*
rope hoist gear Windengetriebe *n*
rope lay Seilschlag *m*
rope overload guard Seillastsicherung *f* (Arbeitsschutz) [tec]
rope winch Kabelwinde *f*; Seilwinde *f* [tec];
Seilwinde *f* [tec]; Trommelseilwinde *f* [tec]
rope-pulley hoist Seilrollenaufzug *m*
rope-supported roof Seildach *n*; Seilhängedach *n*
rope-suspended cantilever roof Kabelkragdach *n*
rose Rosette *f* (Holzbau) [wer]
rose window Fensterrose *f* (Gotik) [arc]

rosette Rosette *f*
rosin Harz *n* (in hartem Zustand) [met]
rosiny harzartig [met]
rostrum Podest *n*
rot of walls Mauerfraß *m*
rot resistance Fäulnisbeständigkeit *f* [met]
rot-proof fäulnisbeständig
rotary air preheater Drehluftvorwärmer *m* [pow]
rotary bit Drehbohrmeißel *m* [tib]; Rotarybohrmeißel *m* [tib]
rotary blade Wurfradschaufel *f* (Schneeschleuder)
rotary cement kiln Zementdrehofen *m* [roh]
rotary circle Kreisverkehrsplatz *m* [tra]; Rondell *n*
[tra]
rotary classifier Kreiselsichter *m* (an Mühle) [prc]
rotary crane Drehkran *m*
rotary current Kreisströmung *f* [wba]
rotary drier Drehtrockner *m* [prc];
Trommeltrockner *m* [prc]
rotary drill Drehbohrer *m* [wzg]
rotary drilling Drehbohren *n* [wer]
rotary excavator Schaufelradbagger *m* [roh]
rotary feeder Rundbeschicker *m* [prc]; Zellenradzuteiler *m* [prc]; Beschickungsschleuse *f* [prc]
rotary filter Trommelfilter *n* [prc]
rotary hearth Rundherd *m* (Sinteranlage) [roh]
rotary kiln Drehofen *m* [roh]; Drehrohrofen *m* [prc]
rotary lock Zellenradschleuse *f* [prc]
rotary mixer Trommelmischer *m* [prc]
rotary motion Kreisbewegung *f* [phy]
rotary rake Rundräumer *m* (Klärbecken) [was]
rotary regenerator Rotationswärmetauscher *m*
[pow]
rotary scraper drehbarer Radschrapper *m* [tib]
rotary screen Drehsieb *n* [prc]; Trommelsieb *n*
[prc]; Siebtrommel *f* [prc]
rotary snow-plough Rotorschneeräumer *m*;
Schneeschleuder *f*
rotary sweeper Fegemaschine *f* (Straße); Straßenkehrmaschine *f*
rotary switching Drehschalter *m* [elt]
rotary table feeder Drehtelleraufgeber *m* [prc];
Tellerspeiser *m* [prc]
rotary tower crane Turmdrehkran *m*
rotary-bucket excavator Schaufelradbagger *m*
[roh]
rotary-headed excavator Kugelschaufler *m* [tib]
rotary-type air preheater Drehluftvorwärmer *m*
[pow]
rotary-vane feeder Zellenradschleuse *f* [prc]
rotating boom Schwingausleger *m* (Kran)
rotating bucket elevator Wurfbecherwerk *n* [prc]
rotating container Drehbehälter *m*
rotating laser Rotationslaser *m* (Höhenmessung
Gelände / Bau) [any]
rotating leveller Fräserwalze *f* [tib]

rotating load Umfangslast *f* [sik]
rotating roller Drehrolle *f* [tec]
rotating scraper Rundräumer *m* (Abwasserbehandlung) [was]
rotating seat Drehsitz *m*; Schwenksitz *m* [tra]
rotation capacity Rotationsfähigkeit *f* [tec]
rotation of axis Achsendrehung *f* [des]
rotational shear Drehmomentabscherung *f* [met]
rotational stiffness Drehsteifigkeit *f* [sik]
rotational symmetry Rotationssymmetrie *f* [des]
rotor Läufer *m* (Motor) [elt]; Rotor *m* [pow]
rotor blade Blatt *n* (Windenergieanlage (Praktikerjargon)) [pow]; Rotorblatt *n* (Windenergieanlage)
[pow]
rotor classifier Kreiselsichter *m* [prc]
rotor mast Rotorblock *m* (Windenergieanlage)
[pow]
rotten wood faules Holz *n*; morsches Holz *n* [met]
rottenness Verfall *m* (Holz)
rotting cell Rottezelle *f* (Kompostierung) [rec]
rotting compartment Rottezelle *f* (Kompostierung)
[rec]
rotting container Rottecontainer *m* [rec]
rotting drum Rottetrommel *f* [rec]
rotting of soil cement Faulen der
Zementverfestigung *n* [tib]
rotting process Rotte *f* [rec]
rotunda Rundbau *m*
rotunda roof Pyramidendach *n* [arc]
rough grob (Arbeit); hart (rau); roh (Stein,
Diamant); spröde [met]; unbehandelt; uneben
(rauh); unzugerichtet
rough adjustment Grobeinstellung *f* [any]
rough as cast herstellungsrau (Beton) [met]
rough calculation Überschlagsrechnung *f* [des]
rough ceiling Rohdecke *f*
rough concrete Unterbeton *m* [bon]
rough dimension Rohmaß *n* [des]
rough floor Unterboden *m*
rough formwork raue Schalung *f* [bon]
rough grading Grobplanieren *n* [tib]
rough levelling Grobplanum *n* [tib]
rough plaster Rauputz *m*
rough setting Grobeinstellung *f* [any]
rough shuttering raue Schalung *f* [bon]
rough string Podestbalken *m*
rough wall Natursteinmauer *f*
rough-cast Rauputz *m*
rough-cast abputzen *v* (Hauswand); anwerfen *v*
(Mörtel); kalken *v* (verputzen)
rough-casting Rappputz *m*
rough-grinding wheel Grobschleifscheibe *f* [wzg]
rough-shuttered schalungsrau [bon]
roughen aufrauen *v* [wer]
roughening course Raubelag *m* (Straße) [tib]
roughening machine Aufraugerät *n*

roughening treatment Aufrauen *n* [met]; Aufrauung *f* [met]
roughing filter Vorbehandlungsfilter *m* [was]
roughing tank Grobklärbecken *n* [was]
roughing tooth Schruppzahn *m* [wzg]
roughly shredded vorzerkleinert [met]
roughness measurement Rauigkeitsmessung *f* [any]
roughness measuring device Rauigkeitsmessgerät *n* [any]
roughness sensor Rauigkeitssensor *m* [any]
roughness tester Rauigkeitsprüfer *m* [any]
round arch Halbkreisbogen *m* [arc]; Rundbogen *m* (römische Baukunst) [arc]
round arch window Rundbogenfenster *n*
round bar Rundeisen *n* [met]
round bar, plain - glatter Rundstab *m* (Bewehrung) [met]
round edge abgerundete Kante *f*
round formwork Rundschalung *f* [bon]
round gravel Rollkies *m* [met]
round hole screen Rundlochsieb *n* [prc]
round hole sieve Rundlochsieb *n* [prc]
round iron Rundeisen *n* [met]
round log Rundholz *n* [met]
round member Rundstab *m* [stb]
round peg Dübel *m* (Holzbau)
round reinforcing rod Bewehrungsrundstahl *m* [bon]
round sand Rollsand *m* [met]
round section kreisförmiger Querschnitt *m* [des]
round steel Rundstahl *m* [met]
round steel bar Rundstahl *m* [met]
round tower Rondell *n*; Rundturm *m*
round weld, inside - runde Innennaht *f* (Schweißnaht) [met]
round weld, outside - runde Außennaht *f* (Schweißnaht) [met]
round wood Rundholz *n* [met]
round-arched window Rundbogenfenster *n* (mittelalterlich) [arc]
round-bar steel Rundstahl *m* [met]
round-cornered rundkantig
round-edged rundkantig
round-head rivet Halbrundniet *m* [tec]
round-stilted arch gestelzter Rundbogen *m* (mittelalterliche Kirche) [arc]
roundabout Kreisverkehr *m* [tra]; Verkehrskreisel *m* [tra]
roundabout route Ringlinie *f* [tra]
roundabout traffic Kreisverkehr *m* [tra]
rounded corner abgerundete Ecke *f*
rounded end Rundkammer *m* (Ringofen) [roh]
rounding off Ausrundung *f* [met]
rounds Rundstahl *m* (Sortiment) [met]
route Verbindungsweg *m* [tra]; Trasse *f* [tra]
route trassieren *v* [tra]

route determination Fahrtwegermittlung *f* [tra]
route geometry Streckengeometrie *f* [tra]
route location Streckenführung *f* [tra]
route planning Trassierung *f*
route selection Trassierung *f* [tib]
route tape Trassenband *n* [tib]
routine check Einzelprüfung *f* [any]; Routinekontrolle *f* [any]
routine control Routinekontrolle *f* [any]
routine examination Routineuntersuchung *f* [any]
routine inspection planmäßige Prüfung *f* [any]; Serienprüfung *f* [any]
routine repair work Instandhaltungsarbeiten *pl*
routine service routinemäßige Wartung *f* [wer]
routine servicing regelmäßige Wartung *f* [wer]
routine test Routineuntersuchung *f* [any]
routine test laufende Prüfung *f* [any]
routine testing Reihenuntersuchung *f* [any]
routing Linienführung *f* [tib]; Streckenführung *f* [tra]; Trasse *f* [tib]; Trassenführung *f* [tib]
routing bit Maschinenlöffelbohrer *m* [tib]
routing of cables Leitungsverlauf *m* (Elektroleitungen) [elt]
row Flucht *f* (Häuser-)
row construction Reihenbau *m*
row house Reihenhaus *n* (<A>)
row of anchor Ankerlage *f*
row of buildings Gebäudezeile *f*
row of columns Säulenreihe *f*
row of holes Lochreihe *f* [des]
row of houses Häuserflucht *f*; Häuserfront *f*; Häuserreihe *f*; Häuserzeile *f*
row of rivets Nietreihe *f* [stb]
row of windows Lichtband *n* (in Hallen)
rowlock course Rollschicht *f*
rub scheuern *v*
rubber Gummi *m* [met]
rubber adhesive Kautschukkleber *m* [met]; Kautschukklebstoff *m* [met]
rubber belt Gurtband *n* [met]
rubber cable Gummikabel *n* [elt]
rubber cement Kautschukkitt *m* [met]
rubber coating Gummibeschichtung *f* [met]; Gummierung *f* (Außen-) [met]
rubber flooring Kautschuk-Bodenbelag *m*
rubber gasket Gummidichtung *f* [met]
rubber joint Gummidichtung *f* [met]
rubber lining Gummieren *n* (Innenverkleidung) [met]; Gummierung *f* (Innen-) [met]
rubber loading shovel gummibereifter Schürflader *m* [tib]
rubber seal Gummidichtung *f* [met]
rubber tape Gummiband *n* [met]
rubber varnish Kautschuklack *m* [met]
rubber wiper Gummiwischer *m* [wzg]
rubber-coating Gummieren *n* (Schicht) [met]

rubber-insulated cable Gummikabel *n* [elt]
rubberized asphalt Gummibitumen *m* [met]
rubberizing Gummieren *n* [met]
rubbish Schutt *m* (Abfall) [rec]
rubble Trümmer *pl* (Schutt); Geröll *n* (Schutt) [geo]; Bauschutt *m* [rec]; Geröllschutt *m* [geo]; grober Kies *m* [met]; Schutt *m* (Bauschutt) [rec]; Steinschutt *m* [rec]
rubble beschottern *v* [tib]
rubble aggregate Betonzuschlag *m* (> 15 cm) [bon]
rubble concrete Bruchsteinbeton *m*
rubble drain Sickerdrän *m* [was]; Sickerkanal *m*
rubble filter Kiesfilter *m* [was]
rubble masonry Bruchsteinmauerwerk *n*
rubble masonry, uncoursed - unregelmäßiges Bruchsteinmauerwerk *n*
rubble pile Schutthaufen *m* [rec]; Trümmerhaufen *m* [rec]
rubble slope Deckwerk *n* [tib]
rubble stone masonry Bruchsteinmauerwerk *n*
rubble wall Natursteinmauer *f*
rubble walling, coursed - regelmäßiges Schichtmauerwerk *n*
rugged massiv (Bauweise); robust; uneben (Gelände); zerklüftet (Gelände) [geo]
rugged construction massive Bauweise *f*; robuste Konstruktion *f*
rugged design robuste Ausführung *f* [des]
ruggedness Unebenheit *f* (Gelände)
rugosity Rauigkeit *f* (Oberfläche) [met]
ruin Zerfall *m* (Gebäude)
ruin verfallen *v*
ruined by fire ausgebrannt (Gebäude)
ruinous baufällig
ruins Trümmer *pl* (Gebäude-) [rec]; Gemäuer *n* (Ruine); Ruinenfeld *n*
ruins of castle Schlossruine *f* [arc]
ruled line Netzlinie *f* [des]
run Nase *f* (Farbe) [met]; Raupe *f* (Schweißen) [met]; Stufenlänge *f* (Treppe)
run funktionieren *v*
run a cable verlegen *v* (Kabel) [elt]
run a test Test durchführen *v* [any]
run down entladen *v* (Batterie) [elt]; heruntergekommen *v* (Gebäude etc.) [com]
run dry versiegen *v*
run of the road Straßenverlauf *m* [tra]
run off abfließen *v* (Flüssigkeit) [was]; ablassen *v* [was]
run on solar energy arbeiten mit Sonnenenergie *v* [pow]
run together zusammenfließen *v*
run-down building heruntergekommenes Gebäude *n*
run-off Abfluss *m* [was]
run-off depth Abflusshöhe *f* [was]
run-off tab Nahtauslaufblech *n* (Schweißen) [met]

run-off water Abflusswasser *n* [was]; Ablaufwasser *n* (in Fluss) [was]; Hangwasser *n* [was]
run-out Auslauf *m* (Schweißnaht) [met]
run-out of seam Schweißnahtauslauf *m* [met]
run-out plate Auslaufblech *n* (Schweißen) [met]
run-out time Nachlaufzeit *f* (Motor) [elt]
runaway Ausreißer *m* (Messwert) [any]
rung Sprosse *f* (Leiter-)
runnable befahrbar [tra]
runner Laufrad *n* (Gebläse, Pumpe, ...) [tec]; Führungsschiene *f* (Möbel); Laufrolle *f* [tec]; Spundbohle *f* [tib]
running Laufen *n* (Farbe) [met]
running board Umlaufblech *n*
running bond Läuferverband *m* (Ziegel)
running costs Bewirtschaftungskosten *pl* (z.B. Immobilie) [eco]
running joint Raumfuge *f*
running metres laufende Meter *pl* [des]
running rail Fahrschiene *f* (Bahn) [tra]; Kranbahnschiene *f*; Kranschiene *f*
running sample Allschichtprobe *f* (Bodenprobenahme) [any]
running soil fließender Erdstoff *m* [geo]
running surface Fahroberfläche *f* (Straße) [tib]
running surface in plan Gleisebene *f* (Bahn) [tra]
running time Betriebszeit *f*
running time meter Betriebsstundenzähler *m* [any]
running up to speed Hochlauf *m* (Motor) [elt]
running water fließendes Gewässer *n* [was]; Fließwasser *n* [was]
running waterbodies Fließgewässer *n* [was]
running-up accident Auffahrunfall *m* [tra]
runway Rollfeld *n* [tra]; Bedienungssteg *m*; Abflugbahn *f* [tra]; Landebahn *f* [tra]; Rollbahn *f* [tra]; Startbahn *f* [tra]
rupture Abbruch *m* (Bruch) [met]
rupture load Bruchlast *f* [met]
rupture strength Bruchfestigkeit *f* [met]; Reißfestigkeit *f* [met]; Zeitstandfestigkeit *f* [met]
rupture stress Bruchspannung *f* [met]
rupture test Zerreißversuch *m* [any]
rupture zone Bruchzone *f* [met]
rupturing Bruchbildung *f* [met]
rural area ländlicher Raum *m* [com]
rural community ländliche Siedlung *f* [com]
rural conservation Landschaftspflege *f* [com]
rural conservation work landschaftspflegerische Leistungen *pl* [com]
rural development Dorfentwicklung *f* [com]
rural development planning Dorfentwicklungsplanung *f* [com]
rural development subsidization Dorfentwicklungsförderung *f* [com]
rural dispersal Streusiedlung *f* (Siedlungsform) [com]

rural planning Bebauungsplanung *f*
rural redevelopment Dorfsanierung *f* [com]
rush mat Binsenmatte *f*
rust Rost *m* (Korrosion) [met]
rust rosten *v* [met]; verrosten *v* [met]
rust damage Rostschaden *m* [met]
rust deposit Rostansatz *m* [met]
rust film Rostschicht *f* [met]
rust formation Rostansatz *m* [met]; Rostbildung *f*
  [met]
rust inhibitor Korrosionsschutzmittel *n* [met];
  Rostschutzmittel *n* [met]
rust layer Rostschicht *f* [met]
rust point Roststelle *f* [met]
rust prevention Rostschutz *m* [met]
rust preventive Rostmittel *n* [met]; Rostschutzmittel *n* [met]
rust primer Rostschutzgrundierung *n* [met]
rust protection Korrosionsschutz *m* [met]; Rostschutz *m* [met]
rust protection paint Rostschutzfarbe *f* [met]
rust removal Entrosten *n*
rust removal, manual - Handentrostung *f* [met]
rust remover Entrostungsmittel *n* [met]; Rostentfernungsmittel *n* [met]; Rostentferner *m* [met]
rust resistance Rostbeständigkeit *f* [met]
rust-converting agent Rostumwandler *m* [met]
rust-converting primer Rostumwandler *m* [met]
rust-free rostfrei [met]
rust-preventing rostschützend [met]
rust-preventing agent Rostschutzmittel *n* [met]
rust-preventive coating Rostschutzanstrich *m* [met]
rust-preventive paint Rostschutzfarbe *f* [met]
rust-protective agent Rostschutzmittel *n* [met]
rust-removing agent Entroster *m* [met]
rust-resistant rostbeständig [met]; rostgeschützt
  [met]
rust-resisting rostbeständig [met]; rostfrei [met]
rusted verrostet [met]
rusticated brick aufgerauter Ziegel *m* [met]
rustication Rustika *f* (Renaissance:
  Polstermauerwerk) [arc]
rusting Abrostung *f* (- der Bewehrung) [met];
  Anrostung *f* [met]; Verrostung *f* [met]
rusting of substrate Unterrostung *f* (Anstrich) [met]
rustless korrosionsfrei [met]; nichtrostend [met];
  rostfrei [met]
rustproof rostbeständig [met]; rostgeschützt [met]
rusty rostig [met]; verrostet [met]
rutted ausgefahren (Straße) [tib]

S

S-interlocking tile Hohlpfanne *f* (Ziegel)
S-phrase S-Satz *m* (Sicherheitsratschläge) [che]
sack sacken *v*
sack barrow Sackkarre *f*
sack conveyor Sackförderer *m* [prc]
sack filling Sackabfüllung *f* [prc]
sacral building Sakralbau *m* [arc]
sacred building Sakralbau *m* (Gebäude) [arc]
sacrifice shuttering verlorene Schalung *f* [bon]
sacrificed zerfressen [met]
sacrificial formwork verlorene Schalung *f* [bon]
sacrificial shuttering verlorene Schalung *f* [bon]
sacristy Sakristei *f* [arc]
saddle Abweisblech *n* (am Schornstein)
saddle jib crane Auslegerkran mit Laufkatze *m*
saddle roof Satteldach *n*
saddle shell Sattelschale *f*
saddle stone Dachstein *m*
saddle support Sattellager *n* [stb]
saddle-back roof Satteldach *n*
saddle-backed flange gebogener Flansch *m* [stb]
saddle-backed girder überhöhter Träger *m*
saddle-backed roof Satteldach *n*
safe against overloading überlastsicher [elt]
safe distance Sicherheitsabstand *m* [asi]
safe load zulässige Last *f* [sik]
safe material unbedenklicher Stoff *m* [met]
safe storage of hazardous materials Gefahrstofflager *n* [asi]
safe to operate betriebssicher [asi]
safeguard Schutz *m* [asi]; Schutzeinrichtung *f*
  (Maschinen) [asi]; Schutzvorrichtung *f* [asi];
  Sicherheitsmaßnahme *f* [asi]; Sicherheitsvorrichtung *f* [asi]
safeguard schützen *v*
safeguard inspection Sicherheitskontrolle *f* [asi]
safeguarding Sicherheitsmaßnahme *f*; Sicherung *f*
safeguarding a location Standortsicherung *f*
safeguarding of buildings Gebäudeschutz *m*
safety Sicherheit *f* (Gefahr) [asi]
safety against failure Standsicherheit *f* [sik]
safety against local buckling Beulsicherheit *f* [met]
safety against overturning Kippsicherheit *f*
safety against sliding Gleitsicherheit *f* [asi]
safety alarm Sicherheitsalarm *m* [asi]; Warnruf *m*
safety alarm switch Sicherheitsvorrichtung *f* [asi]
safety allowance Sicherheitszuschlag *m* [des];
  Sicherheitsspanne *f* [des]
safety analysis Sicherheitsanalyse *f* [asi]
safety and accident prevention regulations Sicher-
  heits- und Unfallverhütungsvorschriften *pl* [asi]

safety and health committee Arbeitsschutzaus-
  schuss *m* [asi]
safety apparatus Sicherheitsgerät *n* [asi]
safety appliance Sicherheitsgerät *n* [asi]; Schutzvorrichtung *f* [asi]
safety arch Entlastungsbogen *m*
safety area Sicherheitsbereich *m* [asi]
safety at road-works Baustellensicherung *f*
safety attitude sicherheitsgerechtes Verhalten *n*
  [asi]; Sicherheitseinstellung *f* [asi]
safety awareness Sicherheitsbewusstsein *n* [asi]
safety barrier Sicherheitsschranke *f* [asi]
safety belt Rettungsgürtel *m* [asi]; Schutzgürtel *m*
  [asi]; Sicherheitsgurt *m* [asi]
safety block Sicherheitsrolle *f* (gegen Fall aus
  großer Höhe)
safety bolt Sicherungsbolzen *m*
safety bonnet Schutzplane *f*
safety bonus Sicherheitsprämie *f* [asi]
safety boots Schutzschuhe *pl* [asi];
  Sicherheitsschuhe *pl* [asi]
safety bottle Sicherheitsflasche *f* [asi]
safety brace Sicherheitsstrebe *f*; Sicherungsstrebe *f*
safety brake Sicherheitsbremse *f* [asi]
safety by construction unmittelbare Sicherheitstechnik *f* [asi]
safety cab Sicherheitsführerhaus *n* (Arbeitsschutz)
  [tra]; Schutzkabine *f* [asi]; Sicherheitskabine *f*
  [asi]
safety cabinet Sicherheitsschrank *m* [asi]
safety cage Schutzkorb *m* (Arbeitsschutz: an Leiter);
  Rückenschutz *m*
safety campaign Sicherheitsaktion *f* [asi]
safety can Sicherheitskanne *f* [asi]
safety catch Sicherheitsriegel *m* (an Maschinen)
  [asi]; Fangvorrichtung *f* [asi]; Hakensicherung *f*
  (am Kran); Sicherungsraste *f* [asi]
safety chain Sicherungskette *f*
safety check Sicherheitscheck *m* (Überprüfung)
  [asi]; Sicherheitsnachweis *m* [asi]; Sicherheitskontrolle *f* [asi]; sicherheitstechnische Überwachung *f* [any]
safety circuit Sicherheitsschaltung *f* [elt]
safety clamp Sicherheitsverschluss *m*
safety closure Sicherheitsverschluss *m*
safety clothes Schutzkleidung *f* [asi]
safety clothing Arbeitsschutzkleidung *f* [asi];
  Schutzbekleidung *f* [asi]
safety code Sicherheitsnorm *f* [asi]; Sicherheitsregelung *f* [asi]; Sicherheitsvorschrift *f* [asi]
safety colour Sicherheitsfarbe *f* [asi]
safety committee Sicherheitsausschuss *m* [asi]
safety competition Unfallverhütungswettbewerb *m*
  [asi]
safety concept Sicherheitskonzept *n* [asi]
safety consciousness Sicherheitsbewusstsein *n* [asi]

safety container Sicherheitsbehälter *m* [asi]
safety containment Schutzraum *m*
safety contest Unfallverhütungswettbewerb *m* [asi]
safety control Sicherheitsüberwachung *f* [asi]
safety coordinator Sicherheitskoordinator *m* [asi]
safety cradle Sicherheitslattenkäfig *m* [asi]
safety cupboard Sicherheitsschrank *m* [asi]
safety curtain Sicherheitsvorhang *m* [asi]
safety cut-out Sicherheitsautomat *m* [elt]; Schmelzsicherung *f* [elt]
safety data Sicherheitskennzahlen *pl* [asi]
safety data sheet Sicherheitsdatenblatt *n* [asi];
  Sicherheitsmerkblatt *n* [asi]
safety deficit Sicherheitsdefizit *n*
safety delegate Sicherheitsbeauftragter *m* [asi]
safety department Sicherheitsabteilung *f* [asi]
safety design Sicherheitsbauweise *f*
safety device Sicherheitsgerät *n* [asi]; Schutzeinrichtung *f* [asi]; Schutzvorkehrung *f* [asi]; Schutzvorrichtung *f* [asi]; Sicherheitseinrichtung *f* [asi];
  Sicherheitsvorrichtung *f* [asi]
safety device against fall Absturzsicherung *f* [asi]
safety device, backup - Hilfssicherheitsvorrichtung *f*
safety disc Sicherheitsberstscheibe *f* [asi]
safety distance Sicherheitsabstand *m* [asi]
safety door Sicherheitstor *n* [asi]; Sicherheitstür *f*
safety earth Sicherheitserde *f* (<B>) [elt]
safety edge Schutzkante *f*
safety education Sicherheitstraining *n* [asi];
  Sicherheitserziehung *f* [asi]; Sicherheitsinstruktion
  f [asi]
safety embankment Schutzdamm *m* [was]
safety engineer Sicherheitsingenieur *m* [asi]
safety engineering Sicherheitstechnik *f* [asi];
  Sicherheitstechnik *f* [des]
safety equipment Sicherheitsgerät *n* [asi]; Sicherheitseinrichtung *f* [asi]
safety expert Sicherheitstechniker *m* [asi]; Sicherheitsfachkraft *f* [asi]
safety factor Sicherheitsbeiwert *m* [asi]; Sicherheitsfaktor *m* [asi]
safety feature Sicherheitsmerkmal *n* [asi];
  Sicherheitseinrichtung *f* [asi]; Sicherheitsvorrichtung *f* [asi]
safety fence Sicherheitszaun *m* [asi]
safety film Sicherheitsfilm *m* [asi]
safety filter Sicherheitsfilter *m* [asi]
safety footwear Sicherheitsschuhe *pl* [asi]
safety function Sicherheitsfunktion [asi]
safety funnel Sicherheitstrichter *m*
safety fuse Schmelzsicherung *f* [elt]; Sicherheitszündschnur *f* [asi]; Sicherung *f* [elt]
safety gas Schutzgas *n* [met]
safety glass Verbundglas *n* [met]
safety glass, composite - Verbundsicherheitsglas *n*
  [met]

safety glasses Schutzbrille *f* [asi]; Sicherheitsbrille *f*
  [asi]
safety gloves Schutzhandschuhe *pl* [asi]
safety goggles Schutzbrille *f* [asi]; Sicherheitsbrille
  f [asi]
safety grade Sicherheitsklasse *f* [asi]
safety ground Sicherheitserde *f* (<A>) [elt]
safety guard Schutzeinrichtung *f* [asi]
safety guidelines Sicherheitsrichtlinien *pl* [asi]
safety guiding system Sicherheitsleitsystem *n* [asi]
safety harness Geschirr *n* [asi]; Sicherheitsgeschirr
  n [asi]; Sicherheitsgurt *m* [asi]; Begurtung *f* [asi]
safety hazard Sicherheitsrisiko *n* [asi]; Sicherheitsgefährdung *f* [asi]
safety headway Sicherheitsabstand *m* (nach oben)
  [asi]
safety helmet Schutzhelm *m* [asi]
safety hood Schutzplane *f*
safety hook Sicherheitshaken *m* (am Kran) [asi]
safety hoops Leiterschutzkorb *m* [asi]
safety in operation Betriebssicherheit *f* [asi]
safety information card Sicherheitsdatenblatt *n*
  [asi]
safety information sheet Sicherheitsdatenblatt *n*
  [asi]
safety ink Sicherheitsfarbe *f* [asi]
safety inspection Sicherheitsinspektion *f* [asi]
safety inspector Sicherheitsbeauftragter *m* [asi]
safety installation Sicherungsanlage *f*
safety installations Sicherungstechnik *f*
safety instruction Sicherheitshinweise *pl* [asi];
  Sicherheitshinweis *m* [asi]; Sicherheitsanweisung *f*
  [asi]; Sicherheitsbelehrung *f* [asi]; Sicherheitsinstruktion *f* [asi]; Sicherheitsvorschrift *f* [asi]
safety insulation glass Sicherheitsisolierglas *n* [met]
safety key Sicherheitsschlüssel *m* [asi]
safety ladder Sicherheitsleiter *f*
safety lamp Grubenlampe *f* [asi]; Sicherheitslampe
  f [asi]
safety lanyard Halteseil *n* [asi]
safety latch Sperrbügel *m* [asi];
  Sicherheitsverriegelung *f* [asi]
safety lighting Sicherheitsbeleuchtung *f* [asi]
safety limit Lastgrenze *f*
safety lock Sicherheitsschloss *n*; Sicherheitsverschluss *m* [asi]; Sicherheitsschleuse *f* [asi]
safety locking Sicherheitsverriegelung *f* [asi]
safety margin Sicherheitsabstand *m* [asi]; Sicherheitsaufschlag *m* [des]; Sicherheitszuschlag *m*
  [des]; Sicherheitsspanne *f* [des]; Sicherheitstoleranz *f* [des]
safety measure Sicherheitsmaßnahme *f* [asi];
  Vorsichtsmaßnahme *f* [asi]
safety measure, structural - bauliche Sicherheitsmaßnahme *f*
safety measures Sicherheitsvorkehrungen *pl* [asi]

safety monitoring Sicherheitsüberwachung *f* [asi]
safety motivation Sicherheitsmotivation *f* [asi]
safety net Schutznetz *n* [asi]; Sicherheitsnetz *n* [asi]
safety obligations Sicherheitspflichten *pl* [asi]
safety of hand-operated machines Sicherheit beim Betrieb von Handgeräten *f* [asi]
safety officer offizieller Sicherheitsbeauftragter *m* [asi]
safety official offizieller Sicherheitsbeauftragter *m* [asi]
safety parameter Sicherheitsparameter *m* [asi]
safety part Sicherheitsbauteil *n*; Sicherheitteil *n*
safety phrase Sicherheitshinweis *m* (Gefahrstoffverordnung) [asi]
safety plug Schutzstopfen *m*
safety poster Sicherheitsplakat *n* [asi]
safety precautions Sicherheitsvorkehrungen *pl* [asi]; Schutzmaßnahme *f* [asi]; Sicherheitsmaßnahme *f* [asi]; Sicherungsmaßnahme *f*
safety professional Sicherheitsfachkraft *f* [asi]
safety programme Sicherheitsprogramm *n* [asi]
safety provisions for workers Arbeitsschutz *m* [asi]; Arbeitssicherheit *f* [asi]
safety rail Sicherheitsschiene *f*
safety railing Schutzgeländer *n*
safety reasons Sicherheitsgründe *pl* [asi]
safety recommendation Sicherheitsrichtlinie *f* [asi]
safety record Sicherheitsaufzeichnung *f* [asi]
safety regulation Sicherheitsbestimmung *f* [asi]; sicherheitstechnische Regel *f* (Maschinenschutz) [asi]; Sicherheitsvorschrift *f* [asi]; Unfallverhütungsvorschrift *f* [asi]
safety regulations Schutzvorschriften *pl* [asi]; Unfallverhütungsvorschriften *pl* [asi]; Arbeitsschutzordnung *f* [asi]
safety regulator Sicherheitsregler *m* [asi]
safety report Sicherheitsbericht *m* [asi]
safety representative Sicherheitsbeauftragter *m* [asi]
safety requirement Sicherheitsanforderung *f* [asi]
safety requirements Sicherheitsbestimmungen *pl* [asi]; sicherheitstechnische Anforderungen *pl* [asi]
safety risk Sicherheitsrisiko *n* [asi]; Sicherheitsgefahr *f* [asi]
safety rule Sicherheitsregel *f* [asi]; Sicherheitsvorschrift *f* [asi]
safety service Sicherheitsdienst *m* [asi]
safety shield Schutzverkleidung *f* [asi]
safety shoes Sicherheitsschuhe *pl* [asi]
safety shower Löschbrause *f* [asi]; Notbrause *f* [asi]; Notdusche *f* [asi]
safety shut-down Sicherheitsabschaltung *f* [asi]
safety shut-down system Sicherheitsabschaltsystem *n* [asi]
safety sign Sicherheitshinweisschild *n* [asi]; Sicherheitszeichen *n* [asi]

safety specialist Sicherheitsfachmann *m* [asi]
safety specification Sicherheitsvorschrift *f* [asi]
safety spectacles Brille mit Sicherheitsglas *f* [asi]; Sicherheitsbrille *f* [asi]
safety spot check sicherheitstechnische Stichprobe *f* [any]
safety standard Sicherheitsnorm *f* [asi]
safety strap Sicherungsbügel *m*
safety study Sicherheitsanalyse *f* [asi]
safety switch Sicherheitsschalter *m* [elt]
safety system sicherheitstechnische Anlagen *pl* [asi]; Sicherheitssystem *n* [asi]; Sicherungssystem *n* [asi]
safety technology Sicherheitstechnologie *f* [asi]
safety test Sicherheitstest *m*; Sicherheitsprüfung *f* [asi]
safety training Sicherheitstraining *n* [asi]; Sicherheitsausbildung *f* [asi]
safety training course Unfallverhütungskurs *m* [asi]; Sicherheitsausbildung *f* [asi]
safety tube Sicherheitsrohr *n* [asi]
safety valve Sicherheitsklappe *f*
safety vessel Sicherheitsbehälter *m* [asi]
safety zone Sicherheitsbereich *m* [asi]; Schutzzone *f* [asi]; Sicherheitszone *f* [asi]
safety-cut-off Sicherheitsabschaltung *f* [asi]
safety-handling data sheet Sicherheitsdatenblatt *n* [asi]
safety-handling information Sicherheitsinformation *f* [asi]
safety-mindedness Sicherheitsbewusstsein *n* [asi]
safety-related sicherheitsrelevant [asi]
safety-related part Sicherheitsteil *n*
sag Durchhang *m* (Kabel); Durchbiegung *f*; Wanne *f* (im Gelände) [geo]
sag absacken *v* [geo]; durchhängen *v*; sich durchbiegen *v*
sag bar Pfettenaufhängung *f*
sag rod Pfettenaufhängung *f* (<A>); Zugstrebe *f* (<A>)
sag test Durchbiegeprüfung *f* [any]
sagging Durchhang *m* [sik]; Durchbiegung *f* [met]
sagging of a chain Kettendurchhang *m*
salient Bergfried *m* (Burg) [arc]; Wehrturm *m* (Burg) [arc]
saline water salziges Wasser *n* [was]
salinity Salzgehalt *m* [che]; Salzbelastung *f* [met]
salinization of soil Bodenversalzung *f* [geo]
salt deposit Salzablagerung *f* [che]
salt efflorescence Salzausblühung *f* [met]
salt scale Streusalzschaden *m* (Betondecke) [tib]
salt-water corrosion Salzwasserkorrosion *f* [met]
salt-waterproof seewasserbeständig [met]
salvage Altstoff *m* (verwertbares Altmaterial) [rec]; Hilfeleistung *f*; Wiedergewinnung *f* [rec]
salvage appliance Bergungsgerät *n* [asi]

salvage sheet Sprungrettungsgerät *n* (Sicherheit)
salvage value Schrottwert *m* [rec]
sample Probestück *n* [any]; eine Probe nehmen *f*
[any]; Probe *f* (Probekörper) [any]; Probe *f*
(Stichprobe) [any]; Stichprobe *f* [any]
sample abfragen *v* (Messgerät) [any]; Probe ziehen
v [any]; ziehen *v* (Probe -) [any]
sample basis, on a - stichprobenartig [any]
sample collection Probeentnahme *f* [any];
Probenahme *f* [any]
sample divider Probenteiler *m* [any]
sample inspection Stichprobenuntersuchung *f* [any]
sample material Probegut *n* [any]
sample number, average - durchschnittlicher
Stichprobenumfang *m* [any]
sample of building element Bauteilprobe *f* [any]
sample preparation Probenvorbereitung *f* [any]
sample production Musteranfertigung *f* [any]
sample scoop Stechheber *m* [any]
sample size Probenumfang *m* [any]; Stichprobenumfang *m* [any]; Probengröße *f* [any]
sample size, average - mittlerer Stichprobenumfang
m [any]
sample splitter Probenteiler *m* [any]
sample splitting Probenteilung *f* [any]
sample storage Probenaufbewahrung *f* [any]
sample taken at random Stichprobe *f* [any]
sample taking Probenahme *f* [any]
sample tube Probenahmestutzen *m* [any]
sampler Probenehmer *m* [any]; Probesonde *f* [any]
sampling Abtasten *n* [any]; Bemusterung *f* [any];
Probeentnahme *f* [any]; Probenahme *f* [any];
Stichprobenentnahme *f* [any]
sampling campaign Reihenprobenahme *f* [any]
sampling connection Probeentnahmestutzen *m*
[any]
sampling device Probenahmegerät *n* [any];
Probenahmevorrichtung *f* [any]
sampling equipment Probeentnahmegerät *n* [any]
sampling error Probeentnahmefehler *m* [any];
Probenahmefehler *m* [any]
sampling fraction Stichprobenumfang *m* [any]
sampling frequency Abtastfrequenz *f* [any]
sampling head Probenahmekopf *m* [any]
sampling inspection Stichprobenprüfung *f* [any]
sampling instrument Probenahmegerät *n* [any]
sampling length Messlänge *f* (Oberflächenrauheit)
[any]
sampling line Probenahmestrecke *f* [any]
sampling location Probenahmestelle *f* [any]
sampling opening Probenahmeöffnung *f* [any]
sampling plan Stichprobenplan *m* [any]
sampling point Entnahmestelle *f* (Probenahme)
[any]; Probenahmestelle *f* [any];
Probenentnahmestelle *f* [any]
sampling port Probennahmeanschluss *m* [any]

sampling probe Entnahmesonde *f* [any];
Probenahmesonde *f* [any]; Prüfsonde *f* [any]
sampling procedure Stichprobenverfahren *n* [any]
sampling punch Probenstanze *f* [any]
sampling rate Abtastrate *f* [any]
sampling scheme Stichprobenplan *m* [any]
sampling site Probenahmestelle *f* [any]
sampling spoon Rohrsonde *f*
sampling station Probenahmestation *f* [any]
sampling time Probenahmedauer *f* [any]
sampling tube Probenentnahmerohr *n* [any];
Probenheber *m* [any]
sampling valve Probeentnahmeventil *n* [any]
sampling, automatic - automatische Probenahme *f*
[any]
sampling, discrete - gesonderte Probenahme *f* [any]
sancer dome Flachkuppel *f* [arc]
sand Sand *m* [met]
sand absanden *v* [wer]; besanden *v*; schleifen *v*
(abschleifen) [wer]; schmirgeln *v* [wer]
sand and aggregate pit Sand- und Kiesgrube *f* [roh]
sand backfilling Einsanden *n*; Sandfüllung *f* [tib]
sand bag dam Sandsackdamm *m* [wba]
sand ballast Sandbettung *f* (Bahn) [tib]
sand bed Sandbett *n* [was]; Sandunterbettung *f* [tib]
sand binder Sandbindemittel *n* [met]
sand blanket Sandunterbettung *f* [tib]
sand catch basin Sandfangbecken *n* [was]
sand catcher Sandfang *m* [was]
sand curing Sandabdeckung *f*
(Betonnachbehandlung) [bon]
sand cushion Sandbett *n*; Sandschicht *f*
sand deposit Sandvorkommen *n* [roh]
sand dewatering screw Sandentwässerungsschnecke *f* [roh]; Wasserausscheidungsschnecke *f* [roh]
sand drain, vertical - Sanddrän *n* [was]; Sickerbrunnen *m* [was]; vertikaler Sanddrän *m* [was]
sand dredging Sandnassbaggerei *f* [tib]
sand dressing Sandaufbereitung *f* [roh]
sand drift Sandverwehung *f* [geo]
sand embankment Sanddamm *m* [wba]
sand fill Sandfüllung *f*
sand filling Sandbett *n* [geo]; Sandauffüllung *f*
[tib]; Sandschüttung *f*
sand filling, hydraulic - Sandaufspülung *f* [tib]
sand filter Kiesfilter *n* [was]; Sandfilter *m* [was];
Sandfilterlage *f* [was]
sand filtration Sandfiltration *f* [was]
sand filtration, slow - Langsamfiltration *f* [was]
sand for extinguishing fires Löschsand *m* (Feuer)
sand fraction Sandanteil *m* [met]
sand grain Sandkorn *n* [met]
sand grout Sandschlämme *f* [met]; Sandschlempe *f*
[met]
sand holder Sandtopf *m*
sand layer Sandschicht *f*

sand loess Sandlöss *m* [geo]
sand processing Sandaufbereitung *f* [roh]
sand reclaiming Sandrückgewinnung *f* [rec]
sand reclamation Sandaufbereitung *f* [roh]
sand streak Sandstreifen *m* (im Beton) [met]
sand trap Sandabscheider *m* [was]; Sandfang *m* [was]
sand underlay Sandbett *n* [geo]; Sandschicht *f*
sand washing Sandwäsche *f* [was]
sand-cement grout Sand-Zement-Schlämme *f* [met]
sand-fill einsanden *v*
sand-lime block Kalksandstein *m* [met]
sand-lime brick Kalksandstein *m*
sand-pit Sandgrube *f* [roh]
sand-surfaced sandbeschichtet [met]
sand-surfacing Besandung *f* [wer]
sandalwood Sandelholz *n* [met]
sandblasted sandgestrahlt [met]
sandblaster Sandstrahlgebläse *n*
sandblasting clothing Sandstrahlerkleidung *f* [asi]
sandblasting device Sandstrahlgerät *n* [wer]
sanded besandet [met]; sandbeschichtet [met]
sandfall Versandung *f* (z.B. Hafenbecken) [geo]
sanding Absanden *n* [wer]; Abschleifen *n* [wer]; Abschmirgeln *n* [wer]; Absandung *f* [wer]
sanding-up Versandung *f* [geo]
sandpaper Glassandpapier *n* [met]; Sandpapier *n* [met]; Schmirgelpapier *n* [met]
sandpaper abschleifen *v* (mit Sandpapier) [wer]; abschmirgeln *v* [wer]
sandrock Sandstein *m* [geo]
sandstone Sandstein *m* [met]
sandstone boulder Sandsteinblock *m* [met]
sandstone brick Sandsteinziegel *m*
sandstone building Sandsteinbauwerk *n*; Sandsteingebäude *n*; Sandsteinbau *m* (Gebäude)
sandstone cladding Sandsteinverkleidung *f*
sandstone column Sandsteinsäule *f* (Achitektur)
sandstone facing Sandsteinverblendung *f*
sandstone masonry Sandsteinmauerwerk *n*
sandstone masonry facing Sandsteinverkleidung *f*
sandstone quarry Sandsteinbruch *m* (Steinbruch) [roh]
sandstone stratum Sandsteinschicht *f* [geo]
sandstone wall Sandsteinwand *f*
sandwich mehrschichtig
sandwich Schichtwerkstoff *m* [met]
sandwich schichtenweise anordnen *v*
sandwich ceiling Verbunddecke *f*
sandwich construction Sandwichbauweise *f* [des]; Verbundbauweise *f*
sandwich structure Verbundplattenbauweise *f* [met]
sandwich-type plasterboard Gipskartonplatte *f*
sandy sandhaltig [met]
sandy clay soil Lehmboden *m* [geo]

sandy deposit Sandbank *f* [geo]
sandy gravel Kiessand *m* [met]
sandy ground Sandboden *m* [geo]
sandy loam sandiger Lehm *m* [geo]
sandy marl Sandmergel *m* [geo]
sandy soil Sandboden *m* [geo]
sanitary accommodation Toiletten *pl* [tga]
sanitary appliance Sanitäreinrichtung *f* [tga]
sanitary area Sanitärbereich *m* [tga]
sanitary booth Sanitärkabine *f* [tga]
sanitary building drain Gebäudeabflussleitung *f* [was]; Hausentwässerungsleitung *f* [was]
sanitary cell Sanitärblock *m* [tga]; Sanitärzelle *f* [tga]
sanitary ceramics Sanitärkeramik *f* [tga]
sanitary cubicle Sanitärzelle *f* [tga]
sanitary engineering Sanitärtechnik *f* [tga]
sanitary facilities sanitäre Einrichtung *f* [tga]
sanitary fixture sanitäre Einrichtung *f* [tga]
sanitary inspection Hygieneinspektion *f*
sanitary installation sanitäre Anlage *f* [tga]; Sanitärinstallation *f* [tga]
sanitary installations sanitäre Einrichtung *f* [tga]
sanitary landfill geordnete Deponie *f* (<A>) [rec]
sanitary plumbing Sanitärinstallation *f* (Wasser, Abwasser) [tga]
sanitary porcelain Sanitärporzellan *n* [tga]
sanitary room Sanitärraum *m* [tga]
sanitary sewage häusliche Abwässer *pl* [was]; kommunales Abwasser *n* [was]
sanitary sewer Abwassersammler *m* [was]; Schmutzwasserkanal *m* [was]; Entwässerungsleitung *f* [was]; Entwässerungssammelleitung *f* [was]
sanitary sewer system Abwasseranlage, häusliche - *f* [was]
sanitary technology Sanitärtechnik *f* [tga]
sanitary waste water Abwasser aus Sanitäranlagen *n* [was]
sanitary water Betriebswasser *n* (in Gebäuden) [was]
sanitation sanitäre Anlagen *pl* (Wasser, Abwasser) [tga]; Ertüchtigung *f* (Anlage) [wer]; Müllabfuhr *f* (<A>) [rec]; Sanierung *f* (Anlage) [wer]; sanitäre Einrichtung *f* [tga]; Sanitärtechnik *f* [tga]
sanitation system sanitäre Gebäudeinstallation *f* [tga]; Sanitärinstallation *f* [tga]
sanitize keimfrei machen *v*
saponifying medium Ablaugmittel *n* [met]
sapropel Faulschlamm *m* [was]
sapwood Splintholz *n* [met]
sash Schiebefenster *n*
sash bar Fenstersprosse *f*; Fensterstrebe *f*
sash door Glasfüllungstür *f*; Schiebetür *f*
sash fastener Vorreiber *m* (Fensterdrehriegel)
sash frame Blendrahmen *m* (Fenster); Fensterzarge *f*

sash gate Schiebetor *n*
sash rail Fensterriegel *m*
sash window Schiebefenster *n*
sash, lower - Unterflügel *m* (Fenster)
sash, vertically pivoted - Wendeflügel *m* (Fenster)
satellite community Satellitenstadt *f* [com];
Trabantenstadt *f* [com]
satellite town Trabantenstadt *f*
satisfactory ohne Beanstandung *f*
saturated paint Volltonfarbe *f* [met]
saturated steam Sattdampf *m* [pow]
saturated with water wassergesättigt [met]
saturated with water vapour wasserdampfgesättigt
[met]
saturation Sättigung *f* [met]
saturation of development Ausnutzung *f* (- des
Baugrundstücks) [des]
saturation of the soil Bodensättigung *f* [geo]
saucer dome Flachkuppel *f*; Flachkuppel *f*; Oberlichtkuppel *f*; Schutzkuppel *f* (Baukunst) [arc]
saucisse Senkfaschine *f*
saving in energy Energieersparnis *f* [pow]
saving in material Materialeinsparung *f* [des];
Materialersparnis *f* [des]
saving in weight Gewichtseinsparung *f* [des]
saving of current Stromersparnis *f* [elt]
saving of material Materialeinsparung *f*
saw Säge *f* [wzg]
saw blade Sägeblatt *n* [wzg]
saw set Schränkeisen *n* [wzg]
saw-cutting Sägen *n* [wer]
sawdust concrete Sägemehlbeton *m* [bon]
sawmill Sägemühle *f*
sawn timber Bauschnittholz *n* [met]; Schnittholz *n*
[met]
sawn timber, square-edged - besäumtes Schnittholz *n* [met]
sawn timber, unedged - unbesäumtes Schnittholz *n*
[met]
sawtooth gable Pultdachgiebel *m*
sawtooth roof Sägedach *n*; Sheddach *n*
scabble abschlagen *v*; behauen *v*
scaffold Baugerüst *n*; Gerüst *n*
scaffold bridge Gerüstbrücke *f*
scaffold deck Gerüstbelag *m*
scaffold erection Gerüstbau *m* (Bauwesen)
scaffold jack Gerüstbock *m*
scaffold plank Gerüstdiele *f*
scaffold pole Gernststange *f*; Gerüststange *f*
scaffold tube Gerüstrohr *n*
scaffold tube connector Gerüstrohranschluss *m*
scaffold tube coupling Gerüstrohranschluss *m*
scaffolder Gerüstbauer *m*
scaffolding Baugerüst *n*; Gerüst *n*; Gerüstbau *m*
scaffolding anchor Gerüstanker *m*
scaffolding plank Gerüstplanke *f*

scaffolding pole Gerüststange *f*
scaffolding works Gerüstarbeiten *pl* (DIN 18451)
scale maßstabsgerecht [des]; maßstäblich
scale Maß *n* (Maßstab) [des]; Maßstab *m*
(Zeichnung, Karten) [des]; Sinter *m* [met];
Gradeinteilung *f* [any]; Skale *f* [any]; Teilung *f*
[des]
scale abblättern *v* (abschuppen) [met]; abbröckeln *v*
(abblättern); abschuppen *v*; entschuppen *v* [wer];
skalieren *v*; verzundern *v* [met]
scale deflection Skalenausschlag *m* [any]
scale division Skalenteilstrich *m* [any]; Skaleneinteilung *f* [any]; Skalenteilung *f* [any]
scale down maßstäblich verkleinern *v* [des];
verkleinern *v* (maßstabgetreu) [des]
scale drawing maßstabgerechte Zeichnung *f* [des]
scale enlargement Maßstabvergrößerung *f* [des]
scale graduation Skaleneinteilung *f* [any];
Skalenteilung *f* [any]
scale indication Skalenanzeige *f* [any]
scale interval Skalenintervall *n* [any]
scale length Skalenlänge *f* [any]
scale line Teilstrich *m* [any]
scale lower limit Skalenanfangswert *m* [any]
scale mark Skalenteilstrich *m* [any]
scale marker Skalenanzeiger *m* [any]
scale model maßstabgerechtes Modell *n*; maßstäbliches Modell *n*
scale of charges Kostenordnung *f* [eco]
scale of fees Gebührenordnung *f* [eco]; Honorartafel
f [eco]
scale of the drawing Zeichnungsmaßstab *m* [des]
scale off abblättern *v* [met]; abbröckeln *v* [met];
abschuppen *v* (Beton) [met]; abwittern *v* [met]
scale pan Waagschale *f* [any]
scale paper Millimeterpapier *n* [des]
scale range Messbereich *m* [any]; Skalenbereich *m*
[any]
scale reading Skalenablesung *f* [any]
scale ruler Maßstab *m* (Messen) [any]
scale switch Skalenumschalter *m* [any]
scale unit Maßeinheit *f* [any]
scale up maßstabgerecht vergrößern *v* [des];
vergrößern *v* (maßstabgetreu) [des]
scale value Skalenwert *m* [any]
scale, according to - maßstäblich [des]
scale, not to - nicht maßstäblich [des]; unmaß-
stäblich [des]
scale, on a - of ... im Maßstab
scale, out of - nicht maßstäblich [des]
scale, true to - maßstäblich [des]
scale-down Maßstabverkleinerung *f* [des]
scale-up Maßstabvergrößerung *f* [des]; maßstäbliche Vergrößerung *f* [des]
scale-up factor Vergrößerungsfaktor *m* [des]
scale-up parameter Ähnlichkeitskennwert *m* [des]

scaled drawing maßstabgerechte Zeichnung *f* [des]
scaled enlargement maßstäbliche Vergrößerung *f* [des]
scaled image skaliertes Abbild *n* [des]
scaled mapping Kartierung *f* [geo]
scaled reduction maßstäbliche Verkleinerung *f* [des]
scales Waage *f* [any]; Wiegevorrichtung *f* [any]
scaling Abblättern *n* (Mörtel, Beton, Schuppen, Plättchen) [met]; Abschuppen *n* (Beton) [met]; Abschuppung *f*; Schuppenbildung *f* [met]; Verkrustung *f* [met]
scaling factor Abbildungsmaßstab *m* [des]
scaling off Abblättern *n* [met]
scalper Steinbrecher *m* [wzg]
scalping Schälen *n* (Stahl) [met]; Vorsieben *n* [prc]; Grobsiebung *f* [prc]; Vorabsiebung *f* [roh]
scalping screen Grobsieb *n* [prc]
scan abtasten *v* [any]
scanner Detektor *m* [any]
scanner tube Sichtrohr *n* (Flammenwächter) [any]
scanning Abtasten *n* [any]
scanning beam Abtaststrahl *m* [any]
scanning device Abtasteinrichtung *f* [any]
scanning frequency Abtastrate *f* [any]
scanning head Abtastkopf *m* [any]; Prüfkopf *m* [any]
scanning rate Abtastgeschwindigkeit *f* [any]
scarf joining Schäftung *f* (Holzbau)
scarf joint Schäftung *f* (Holzbau); Überblattung *f* (Holzbau)
scarf joint, edge-halfed - gerade Verblattung *f* (Holzbau)
scarification Aufreißen *n* (Straßendecke) [tib]
scarified material Aufbruchmaterial *n* (Straßendecke) [rec]; Aufbruchmasse *f* (Straßendecke) [rec]
scarifier Aufreißer *m* [tib]; Reißpflug *m* [tib]; Aufreißvorrichtung *f* (bei Wegehobel u.a.) [tib]
scarifier tooth Reißzahn *m*
scarify aufreißen *v*
scarp Steilhang *m* [geo]; Abdachung *f* [geo]; Böschung *f* [geo]
scarp steil abböschen *v* [geo]
scatter band Streubereich *m* [any]; Streubreite *f* [any]
scatter range Streubereich *m* [any]
scattered housing estate Streusiedlung *f*
scattered porosity, uniformly - gleichmäßig verteilte Porosität *f* [met]
scattering Streuung *f* (Messwerte) [any]
scavenge säubern *v*
scavenge line Rückspülleitung *f* [prc]
scavenger resin Adsorberharz *n* (Ionenaustausch) [met]
scavenging service Fäkalienabfuhr *f* (Sickergrube) [was]
scenario method Szenariomethodik *f*

scene of the accident Unfallort *m* [asi]; Unfallstelle *f* [asi]
scenery Kulisse *f*; Landschaft *f*
scenic design bildhafte Darstellung *f* [des]
scenographic illusionistisch [arc]
schedule Ablaufplan *m*
schedule planen *v* (zeitlich)
schedule of masses Massenauszug *m* (Materialaufstellung für Statik) [des]
Schedule of Services and Rates Leistungs- und Preisverzeichnis *n* [eco]
schedule, according to - planmäßig
schedule, on - termingemäß
scheduled building Baudenkmal *n* [arc]
scheduled data Solldaten *pl* [des]
scheduled time geplante Zeit *f*
scheduled, as - planmäßig (pünktlich)
scheduling Ablaufplanung *f*; Zeitplanung *f*
scheduling work Arbeitsplanung *f* [wer]
schematic schematisch [des]
schematic diagram Prinzipschaltbild *n* [des]; Schaltschema *n* [elt]; schematische Darstellung *f* [des]
schematic drawing Prinzipskizze *f* [des]; Schemazeichnung *f* [des]
schematic flow diagram Ablaufschema *n* [des]; Fließschema *n* [des]; Schaltschema *n* [des]
schematic presentation schematische Darstellung *f* [des]
schematic representation schematische Darstellung *f* [des]
schematic sketch Prinzipskizze *f* [des]
scheme Plan *m* (Zeichnung) [des]; Anordnung *f* (Schema)
schistous schieferartig [geo]
school building Schulgebäude *n*
school complex Schulzentrum *n*
school playground Schulhof *m*
schoolhouse Schulhaus *n*
sciagraphy darstellende Geometrie *f* [des]
scissor junction Scherenkreuzung *f* [tra]
scoop Schöpfgefäß *n* [prc]; Baggereimer *m*; Ladelöffel *m* [tib]; Schöpfbecher *m* [prc]; Kippschaufel *f*; Schaufel *f* (Schippe) [wzg]
scoop schaufeln *v* [wer]; schöpfen *v* (Wasser) [wba]
scoop feeder Schaufeldosierer *m* [prc]
scoop waterwheel Schöpfwasserrad *n* [wba]
scope of inspection Prüfumfang *m* [any]
scope of performance Umfang der Leistungen *m*
scope of project Projektumfang *m*
scope of supply and services Liefer- und Leistungsumfang *m* [eco]
scope of the auditing Prüfungsumfang *m* (Qualitätsmanagement) [any]
scope of work Arbeitsumfang *m*; Leistungsumfang *m*
score Riefe *f* [met]; Rille *f* [met]

score einkerben *v* (Kerbe herstellen) [wer]
scored gerissen [met]
scoring Riefenbildung *f* [met]
scotia Skotie *f* (römische Baukunst: Hohlkehle) [arc]
scour abbrennen *v* (Metall) [met]; auswaschen *v* (scheuern) [was]; scheuern *v*; spülen *v*; unterspülen *v* [was]
scour gate Spülverschluss *m* (Sandfang) [was]
scouring Schruppen *n* [wer]; Abschwemmung *f* [was]; Auskolkung *f* [was]; Ausspülung *f* (Ausspülen) [was]; Unterspülung *f* [was]
scouring material Putzmittel *n* [met]
scouring paste Abbeizpaste *f* [met]
scow Ponton *m*
scrap Ausschuss *m* (Schrott) [rec]; Schrott *m* [rec]
scrap verschrotten *v* [rec]
scrap baling press Schrottpresse *f* [rec]
scrap cable Altkabel *n* [rec]
scrap container Altstoffbehälter *m* [rec]
scrap heap Schrotthalde *f* [rec]
scrap iron Alteisen *n* [rec]; Eisenschrott *m* [rec]
scrap metal Altmetall *n* [rec]
scrap press Schrottpresse *f* [rec]
scrap processing Schrottverwertung *f* [rec]
scrap recycling Schrottverwertung *f* [rec]
scrap recycling plant Schrottrecyclinganlage *f* [rec]
scrap reprocessing Aufarbeitung von Abfällen *f* [rec]
scrap saw Schrottsäge *f* [wzg]
scrap stockyard Schrottplatz *m* [rec]
scrap value Schrottwert *m* [rec]
scrape dozer Schürfkübelraupe *f* [tib]; Schürfraupe *f* [tib]
scrape-dozer Schürfraupe *f* [tib]
scraped gekratzt (Putz)
scraped out joint ausgekratzte Fuge *f*
scraped rendering plaster Kratzputz *m*
scraper Kratzeisen *n* [wer]; Schlichteisen *n* [wzg]; Abstreicher *m* (an Transportband) [prc]; Erdhobel *m* [tib]; Erdlader *m* [tib]; Kratzer *m* (Schaber) [wzg]; Molch *m* (Rohrleitungsprüfung) [wba]; Schaber *m* [tib]; Schrapper *m* [tib]; Schürfwagen *m* [roh]
scraper bucket Schrappergefäß *n* [tib]; Schrapperkübel *m* [tib]
scraper bucket, box-type - kastenartiges Schrappergefäß *n* [tib]; Schürfkasten *m* [tib]
scraper chain conveyor Kettenkratzer *m* [prc]
scraper conveyor Kratzbandförderer *m* [prc]; Kratzleistenförderer *m* [prc]
scraper conveyor belt Kratzband *n* [prc]
scraper feeder Kratzförderer *m* (mit Abzugstisch) [prc]
scraper hoist Schrapperhaspel *f* [tib]; Schrapperwinde *f* [tib]
scraper installation Räumereinrichtung *f* [was]

scraper plane Ziehklingenhobel *m* (Holzbearbeitung) [wzg]
scraper reclaimer Abbaukratzer *m* [roh]
scraper rope Schrapperseil *n* [tib]
scraper-dozer Schürfkübelraupe *f*
scraping dredger Schürfkübelbagger *m* [roh]
scraping iron Kratzeisen *n* [tib]
scraping off Abkratzen *n*
scrapping Verschrottung *f* [rec]
scrapyard Schrottplatz *m* [rec]
scratch coat Unterputz *m*
screed Estrich *m*
screed abziehen *v* (Beton); glätten *v* (Beton)
screed board Abziehbohle *f*
screed floor Estrichboden *m*
screed gypsum Estrichgips *m* [met]
screed heating Fußbodenheizung *f*
screed impregnation Estrichimprägnierung *f*
screed insulating board Estrichdämmplatte *f*
screed mortar Estrichmörtel *m*
screed sealing Estrichversiegelung *f*
screed topping Estrichbelag *m*
screed work Estricharbeiten *pl* (DIN 18353)
screeding Belag *m*; Spachtelung *f* [met]
screeding work Estricharbeiten *pl*
screeds on separating layer Estrich auf Trennschicht *m*
screen Drahtgitterschutz *n*; Sieb *n* [prc]
screen abschirmen *v* (schützen) [elt]; absieben *v* [prc]; klassieren *v* (sieben) [prc]; sieben *v* [prc]; siebklassieren *v* [prc]
screen analysis Korngrößenanalyse *f* (Siebanalyse) [any]
screen bar Gitterstab *m* [met]
screen cleaner Rechenreiniger *m* [was]
screen cloth Siebgewebe *n* [met]
screen cut Trennschnitt *m* (Sieb) [prc]
screen deck Siebdeck *n* [prc]
screen deck, modular - Systemsiebboden *m* [prc]
screen door Gazetür *f*
screen fabric Siebgewebe *n* [met]
screen feed Aufgabegut *n* (auf Sieb) [prc]
screen frame Siebrahmen *m* [prc]
screen grate Rostrahmen *m* (Hammerbrecher) [prc]
screen guard Sicherheitsgitter *n* (Arbeitsschutz) [tec]
screen overflow Siebüberlauf *m* [prc]
screen oversize Grobkorn *n* (Sieben) [prc]; Überkorn *n* [prc]; Siebübergang *m* [prc]
screen passing Siebdurchgang *m* [met]
screen plate Siebbelag *m* [prc]; Siebplatte *f* [met]
screen residue Überkorn *n* (beim Sieben) [met]
screen scale Siebfolge *f* [prc]; Siebskala *f* [prc]
screen tray Siebfläche *f* [prc]
screen underflow Siebdurchgang *m* [met]; Siebunterlauf *m* [met]

screen undersize Unterkorn *n* (Sieben) [prc]; Siebdurchgang *m* [prc]
screen wall Blendmauer *f*; Gittermauer *f*; Sichtschutzwand *f*
screen waste Siebschutt *m* [met]
screen wire Maschendraht *m* (Sieb) [met]
screen-size opening Siebweite *f* [prc]
screened abgeschirmt [elt]; gesiebt [met]
screened cable abgeschirmtes Kabel *n* [elt]
screened circuit abgeschirmte Leitung *f* [elt]
screened core abgeschirmte Ader *f* [elt]
screened gravel Siebkies *m* [met]
screened line abgeschirmte Leitung *f* [elt]
screening Abfangen durch Rechen *n* [wba]; Absieben *n* [prc]; Sichten *n* [prc]; Klassierung *f* [prc]; Kornklassierung *f* [prc]; Siebung *f* [prc]
screening analysis Siebanalyse *f* [any]
screening characteristic Körnungskennlinie *f* (Siebfraktionen) [met]
screening effect Abscheidegrad bei Sieben *m* [prc]
screening facilities Siebeinrichtung *f* [prc]
screening fraction Kornfraktion *f* [met]; Kornklasse *f* [met]
screening plate Siebblech *n* [met]; Siebboden *m* [prc]
screening rejects Siebüberlauf *m* [met]
screening shredder Rechengutzerkleinerer *m* [was]
screening surface Siebbelag *m* [met]; Siebfläche *f* [prc]
screening table Plansichter *m* [prc]
screening test Suchtest *m* [any]; selektive Prüfung *f* (für Auswahl) [any]; Sortierprüfung *f* [any]
screening wire Maschendraht *m* [met]
screenings Rechengut *n* [was]; Siebdurchfall *m* [prc]; Siebdurchlauf *m* [prc]
screens, fine - Feinsiebmaterial *n* [met]
screw anchor Schraubanker *m*
screw base Schraubsockel *m* [elt]; Schraubfassung *f* [elt]
screw cap Überwurfmutter *f* [tec]
screw clamp Schraubklemme *f* [elt]
screw conveyor Schneckenförderer *m* [prc]; Schraubenförderer *m* [prc]; Förderschnecke *f* [prc]
screw coupling, welded - Einschweißverschraubung *f* [stb]
screw dowel Schraubdübel *m*
screw elevator vertikale Förderschnecke *f* [prc]
screw feed Schneckenaufgabe *f* [prc]; Schneckenbeschickung *f* [prc]
screw feeder Schneckendosierer *m* [prc]
screw flange Schraubflansch *m* [stb]
screw gauge Schraubenlehre *f* [any]
screw motion schraubenförmige Bewegung *f*
screw pile Schraubenpfahl *m* (Tiefgründung) [tib]
screw terminal Schraubklemme *f* [elt]
screw-cutting die Gewindeschneideisen *n* [wer]

screw-driven lift Aufzug mit Spindelantrieb *m*; Spindelaufzug *m* (mit Spindelantrieb)
screwdriver Schraubendreher *m* [wzg]; Schraubenzieher *m* [wzg]
screwed bolt Gewindebolzen *m* [tec]
screwed connection Rohrverschraubung *f* [prc]
screwed pipe joint Rohrschraubverbindung *f* [prc]; Rohrverschraubung *f* [prc]
scroll ornament Rollwerk *n* (Renaissance: Dekoration) [arc]
scrub board Fußleiste *f*
scrubbed concrete Waschbeton *m* [bon]
scrubbed plaster Waschputz *m*
scrubbing brush Wurzelbürste *f* [wzg]
scuff Abrieb *m* (durch Schleifwirkung) [met]
sculptor's plaster Bildhauergips *m* [met]
scum Abhub *m* [geo]; Abwasserschaum *m* [was]; Schaum *m*; Schwimmschlamm *m* [was]; Schlacke *f* [rec]; Schwimmdecke *f* (Klärbecken) [was]
scum abschlacken *v* [roh]
scum collector Abstreifer *m* (für Schwimmstoffe) [was]
scum separator Schlammabscheider *m* [was]
scumble Lasur *f* (Farbe) [met]
scumble paint Lacklasurfarbe *f* [met]
scuncheon Laibung *f*
sea front construction Ufereinfassung *f* (am Meer) [tib]
sea gauge Tiefenmesser *m* (Seefahrt) [any]
sea lane Fahrwasserkanal *m* [tra]
sea level rise Anstieg des Meeresspiegels *m* [was]
sea level, above - Normalnull *n* [geo]
sea pier Seedamm *m* [wba]
sea sand Seesand *m* [geo]
sea thermal power plant Meereswärmekraftwerk *n* [pow]
sea water desalination plant Meerwasserentsalzungsanlage *f* [was]
sea-going dredger Seebagger *m* [wba]
seal Schutzanstrich *m* [met]
seal verdichten *v* (absiegeln); versiegeln *v*; wasserdicht machen *v*
seal coat Abdichtungsschicht *f* [met]
seal gas Sperrgas *n* [met]
seal mortar Dichtmörtel *m*
seal sheet Dichtungsbahn *f*
seal weld Dichtschweißung *f* [met]
sealant Dichtungsmittel *n* [met]; Versiegelungsmittel *n* [met]; Dichtstoff *m* [met]; Abdichtung *f* (Mittel) [met]; Dichtmasse *f* [met]
sealed versiegelt
sealed porosity geschlossene Porosität *f* [met]
sealed window abgedichtetes Fenster *n*
sealer Einlassgrund *m* [met]; Isolieranstrich *m* [met]; Abdichtungsschicht *f* [met]; Dichtungsmasse *f* [met]

sealing Abdichten *n* (Deponie) [tib]; Versiegeln *n*;
Abdichtung *f* (Mittel); Dichtung *f* (Abdichtung);
Verkittung *f* [wer]; Versiegelung *f*
sealing agent Dichtungsmittel *n* [met]; Abdichtungsmasse *f* [met]
sealing base Abdichtungsrücklage *f* [tib]
sealing cement Kitt *m* (zum Dichten) [met]
sealing coat Dichtungsanstrich *m* [met];
Abdichtungsschicht *f* [met];
Oberflächenabsiegelung *f*
sealing collar Dichtungsmanschette *f* [prc]
sealing component Isoliermasse *f* [met]
sealing compound Dichtungsmaterial *n* [met];
Dichtungsmittel *n* [met]; Dichtstoff *m* [met];
Dichtungsmasse *f* [met]; Vergussmasse *f* [met]
sealing current Haltestrom *m* [elt]
sealing element Dichtungseinlage *f*
sealing fillet Abdichtungsleiste *f*; Abdichtungsleiste *f*
sealing film Abdeckfolie *f* [met]; Dichtfolie *f* [met];
Dichtungsfolie *f* [met]; Schutzfolie *f* [met]
sealing foil Dichtungsfolie *f* [met]
sealing gasket Fugenband *n*
sealing grease Dichtungsfett *n* [met]
sealing groove Vergussspalt *m*; Dichtnut *f* [tec];
Dichtungsrille *f* [tec]
sealing jacket Abdichtungsbinde *f* [met]
sealing layer Abdichtungslage *f* [tib]
sealing ledge Dichtungsleiste *f* [prc]
sealing liner, artificial - Kunststoffdichtungsbahn *f*
sealing material Dichtungsmaterial *n* [met];
Abdichtungsstoff *m* [met]; Dichtstoff *m* [met];
Dichtungsstoff *m* [met]; Dichtungsmasse *f* [met]
sealing mortar Vergussmörtel *m* [met]
sealing of a duct Kanalabdichtung *f*
sealing of a landfill Deponieabdichtung *f* [rec]
sealing of exterior wall joints in building Fugen im
Hochbau *n*
sealing of the soil Bodenversiegelung *f* [tib]
sealing pass Kapplage *f* (Schweißnaht) [met];
Kappnaht *f* (Schweißnaht) [met]
sealing plug Abdichtungspfropfen *m*
sealing pot Abdichttopf *m* (Tiefbohren) [geo]
sealing primer Einlassgrund *m* [met]; Einlassgrundierung *f* [met]
sealing profile Dichtprofil *n*
sealing resin Dichtharz *n* [met]
sealing run Kapplage *f* (Schweißnaht) [met]; Kappnaht *f* (Schweißnaht) [met]
sealing sheet Abdichtungsbahn *f* [met]
sealing strip Dichtungsband *n* [met]; Fugenband *n*
[met]; Dichtungsstreifen *m* [met]
sealing stud Verschlusszapfen *m*
sealing substrate Abdichtungsuntergrund *m*
sealing support Abdichtungsauflage *f* [met]
sealing system Abdichtungssystem *n*; Dichtungssystem *n*

sealing tape Dichtungsband *n* [met]
sealing underlay Abdichtungslage *f* [tib]; Abdichtungsunterlage *f*
sealing work Abdichtungsarbeiten *pl* (DIN 18336);
Dichtungsarbeiten *pl*
sealing, horizontal - Horizontaldichtung *f* (Baugrube) [tib]
sealing, vertical - Vertikaldichtung *f* (Baugrube)
[tib]
seam falzen *v* (Blech)
seam connection Verbördelung *f* [tec]
seam crown Nahtscheitel *m* (Schweißnaht) [met]
seam free from any discontinuities fehlerfreie
Schweißnaht *f* [met]
seam leg Nahtschenkel *m* (Schweißnaht) [met]
seam protection Nahtabsicherung *f* (Kunststoffbahnen)
seam sealant Fugenabdichtungsmittel *n* [met]
seam state Nahtbeschaffenheit *f* (Schweißnaht)
[met]
seam testing Nahtprüfung *f* [any]
seam-welded tube geschweißtes Rohr *n*
(längsgeschweißt, mit Schweißzusatz) [met]
seamed joint Falzverbindung *f* [met]
seamless fugenlos; nahtlos
seamless pipe nahtloses Rohr *n* [met]
seamless steel tube nahtloses Stahlrohr *n* [met]
seamless tube nahtloses Rohr *n* [met]
seaport Seehafen *m* [tra]
seaquake Seebeben *n* [geo]
seashore Ufer *n* (Meer-) [geo]
seaside hotel Strandhotel *n*
season ablagern *v* (Holz) [met]; altern *v* (Metall,
Holz) [met]; aufbereiten *v* (Klärschlamm) [rec];
austrocknen *v* (Holz) [met]; erhärten *v* (Beton)
[met]; trocknen *v* (Holz) [prc]
season crack Alterungsriss *m* [met]
seasonal saisonabhängig
seasonal deposit jahreszeitlich bedingte Ablagerung
f [geo]
seasonal movement jahreszeitlich bedingte
Schwankung *f*
seasoned abgelagert (Holz) [met]
seasoned timber abgelagertes Holz *n* [met]
seasoned wood abgelagertes Holz *n* [met]
seasoning Ablagerung *f* (Holz) [rec]; Alterung *f*
(Metall, Holz)
seasoning process Trockenprozess *m* (für Holz)
[prc]
seat angle Auflagerwinkel *m*; Aufsetzwinkel *m*
seat earth Unterton *m* [geo]
seat of a chair Stuhlsitz *m*
seat of rail-joint Schienenstoßlagerung *f* [tra]
seating Auflager *n*
seating cleat Aufsetzwinkel *m* [stb]
seating of anchorage Nachgeben der Verankerung *n*

seccure sichern *v*
second flat Nebenwohnung *f* (Zweitwohnung); Zweitwohnung *f*
second home Wochenendhaus *n*; Zweitwohnung *f*
second moment of area Flächenmoment 2. Grades *n* [phy]
second moment of area, axial - axiales Flächenmoment 2. Grades *n* [sik]
second moment of area, polar - polares Flächenmoment 2. Grades *n* [phy]
second-hand brick Altziegel *pl* [rec]
second-order moment Moment 2. Ordnung *n* [sik]
second-order theory Theorie 2. Ordnung *f* [phy]
secondary beam Nebenbalken *m*; Querträger *m*; Zwischenträger *m*
secondary building material Sekundärbaustoff *m* [met]
secondary cell Sekundärelement *n* [elt]
secondary centre Nebenzentrum *n* [com]
secondary circuit Sekundärstromkreis *m* [elt]
secondary clarifier Nachklärbecken *n* [was]
secondary coating Sekundärbeschichtung *f* [met]
secondary compartment Feinmahlraum *m* [prc]
secondary crack Nebenriss *m* [met]
secondary crusher Feinbrecher *m* [roh]; Nachbrecher *m* [roh]; Sekundärbrecher *m* [roh]
secondary crushing Feinbrechen *n* [prc]; Nachzerkleinerung *f* [prc]
secondary dam Vordamm *m* [wba]
secondary deflocculation Nachverflüssigung *f* [prc]
secondary development Sekundärerschließung *f*
secondary energy Sekundärenergie *f* [pow]
secondary energy carrier Sekundärenergieträger *m* [pow]
secondary glazing Doppelverglasung *f*
secondary grouting Nacheinpressen *n* [tib]; Nachverpressen *n* [tib]
secondary heading Nachtrieb *m* (Tunnelbau) [tib]
secondary installation, associated - zugehörige Nebeneinrichtung *f*
secondary load Zusatzlast *f*
secondary material Abprodukt *n* (Nebenprodukt) [che]
secondary member Nebenträger *m*
secondary mill Feinmühle *f* [prc]
secondary moment Zusatzmoment *n* [sik]
secondary product Abfallprodukt *n* [rec]
secondary proposal Nebenangebot *n* [eco]
secondary raw material Sekundärrohstoff *m* [met]
secondary road Nebenstraße *f* (nicht so wichtige Straße) [tra]
secondary room Nebenraum *m* (nicht so wichtiger Raum)
secondary sedimentation basin Nachklärbecken *n* [was]
secondary settling Nachklärung *f* [was]

secondary settling tank Nachklärbecken *n* [was]
secondary sewage treatment biologische Nachreinigung *f* [was]
secondary sludge Sekundärschlamm *m* [was]
secondary tensioning Nachspannen *n* (Spannbeton) [bon]
secondary treatment biologische Reinigungsstufe *f* [was]
secondary voltage Sekundärspannung *f* [elt]
secondary work Nebenarbeiten *pl* [wer]
secrecy agreement Geheimhaltungsvereinbarung *f* [jur]
secret cable Unterputzkabel *n* [elt]
secret door Geheimtür *f*
sectio aurea Goldener Schnitt *m* [mat]
section Baulos *n*; Los *n*; Profil *n* [met]; Formstahl *m* [met]; Profilstahl *m* [met]; Trakt *m*; Fläche *f* (Querschnitt)
section cutter Profilschneider *m* [wzg]; Profilschere *f* [wzg]
section drawing Schnittzeichnung *f* [des]
section enlargement Ausschnittsvergrößerung *f* [des]
section iron Profileisen *n* [met]
section modulus Widerstandsmoment *n* [sik]
section modulus, axial - axiales Widerstandsmoment *n* [sik]
section modulus, polar - polares Widerstandsmoment *n* [phy]
section modulus, torsional - Torsionswiderstandsmoment *n* [sik]
section of a building Gebäudetrakt *m*
section of force transition Krafteinleitungsstrecke *f*; Krafteintragungslänge *f*
section of tubes Rohrbündel *n* [pow]
section property Querschnittswert *m* [met]
section shears Profilschere *f* [wer]
section thickness Profildicke *f* [des]
section through the wall Wandquerschnitt *m*
section tube Profilrohr *n* [met]
section under repair Umbaustrecke *f* [tra]
section view Aufriss *m* [des]
sectional aus Einzelteilen bestehend
sectional area Querschnittsfläche *f* [des]; Schnittfläche *f* [des]
sectional area, free - lichter Querschnitt *m* [des]
sectional drawing Schnitt *m* (Zeichnung); Querschnittsdarstellung *f* [des]; Querschnittszeichnung *f* [des]; Schnittzeichnung *f* [des]
sectional drawing, part - Teilschnittzeichnung *f* [des]
sectional girder Profilträger *m*
sectional iron Profileisen *n* [met]
sectional plane Schnittebene *f* (Zeichnung) [des]; Schnittfläche *f* (Zeichnung) [des]
sectional representation Schnittdarstellung *f* [des]

sectional steel Formstahl *m* [met]; Profilstahl *m* [met]
sectional view Schnittbild *n* [des]; Schnittansicht *f* [des]; Schnittdarstellung *f* [des]
sectional weakening Querschnittsschwächung *f* [met]
sections Formstahl *m* [met]
sector-shaped segmentförmig
sectoral structure Branchenstruktur *f* [eco]
securing containment measure Beschränkungsmaßnahme *f* (Bodenschutz) [geo]
securing line Halteleine *f* [asi]
securing of landfill Deponiesicherung *f* [rec]
security Sicherheitsleistung *f* [eco]; Sicherung *f* [asi]
security administrator Sicherheitsbeauftragter *m* [asi]
security breach Sicherheitsverstoß *m*
security clearance Sicherheitsüberprüfung *f* [asi]
security concept Sicherheitskonzept *n*
security device Sicherheitsvorrichtung *f* [asi]
security door Sicherheitstür *f*
security fittings Sicherheitsbeschläge *pl*
security forces Sicherheitskräfte *pl* [asi]
security glass Sicherheitsglas *n* [met]
security glazing angriffhemmende Verglasung *f* [met]; Sicherheitsverglasung *f*
security grille Sicherheitsgitter *n* (Arbeitsschutz) [tec]
security hardware Sicherheitsbeschläge *pl* [tga]
security identification Sicherheitsschlüssel *m*
security infrastructure Sicherheitsinfrastruktur *f*
security label Sicherheitsetikett *n* [asi]
security lamp Sicherheitsleuchte *f* [asi]
security needs Sicherheitsbedürfnisse *pl* [asi]
security order Sicherheitsordnung *f* [asi]
security program Sicherheitsprogramm *n* [asi]
security relevant sicherheitsrelevant *n*
security requirement Sicherheitsanforderung *f* [asi]
security requirements Sicherheitsanforderungen *pl* (gegen Einbruch u.a.) [tga]
security risk Sicherheitsrisiko *n*
security shower Sicherheitsdusche *f* [asi]
security surveillance Wachschutz *m* [wer]
security system Sicherheitsanlage *f* [asi]
security technology Sicherheitstechnik *f* [asi]
security window Sicherheitsfenster *n*
security zone Sicherheitszone *f*
sediment Satz *m* (Bodensatz) [che]; Sinkstoff *m* [met]
sediment chamber Schlammraum *m* [was]
sediment deposition Schwebstoffablagerung *f* [was]
sediment discharge Feststoffaustrag *m* [was]
sediment sampler Sedimentsammler *m* (Hydrologie) [any]
sediment yield Sedimentvolumen *n* [was]; Sedimentfracht *f* (Hydrologie) [was]

sediment-bearing Schwebstoff führend [was]
sedimentary cycle Ablagerungszyklus *m* [geo]
sedimentary deposit Sedimentablagerung *f* [geo]
sedimentary rock Schichtgestein *n* [geo]; Sedimentgestein *n* [geo]
sedimentary soil Sedimentboden *m* [geo]
sedimentation Absetzverfahren *n* (Feststofftrennung) [was]; Einschlämmung *f* [was]; Sedimentation *f* [geo]
sedimentation aid Flockungsmittel *n* [was]
sedimentation analysis Sedimentationsanalyse *f* [any]; Sedimentationsprobe *f* [any]
sedimentation balance Sedimentationswaage *f* [any]
sedimentation basin Absetzbecken *n* [was]; Klärbecken *n* [was]; Sedimentationsbecken *n* [was]
sedimentation basin, primary - Vorklärbecken *n* [was]
sedimentation basin, secondary - Nachklärbecken *n* [was]
sedimentation centrifuge Absetzzentrifuge *f*
sedimentation chamber Klärraum *m* [was]; Absetzkammer *f* [was]
sedimentation curve Sedimentationskurve *f*
sedimentation equipment Sedimentationseinrichtung *f* [was]
sedimentation inhibitor Absetzverhinderungsmittel *n* [met]
sedimentation installation Absetzanlage *f* [was]
sedimentation method Absetzverfahren *n* (Abwasser) [was]
sedimentation plant Absetzanlage *f* [was]; Sedimentationsanlage *f* [was]
sedimentation process Absetzvorgang *m* [was]
sedimentation rate Absetzgeschwindigkeit *f* [was]; Absinkgeschwindigkeit *f* [phy]
sedimentation reservoir Klärbecken *n* [was]
sedimentation sludge Sedimentationsschlamm *m* [was]
sedimentation tank Absetzbecken *n* [was]; Klärbecken *n* [was]; Sedimentationsbehälter *m* [was]; Sedimentationsbecken *n* [was]
sedimentation tester Sedimentationsmessgerät *n* [any]
sedimented seal Deponieabdichtung *f* [rec]
seeds Gispen *pl* [met]
seen from above, as - in Draufsicht [des]
seep einsickern *v* [was]; versickern *v* [was]
seepage Aussickern *n* [was]; Durchsickern *n* [was]; Sickerwasser *n* (Deponie) [geo]; Versickern *n* [was]; Aussickerung *f* [was]; Durchsickerung *f* [was]; Filtration durch Bodenpassage *f* [was]; Sickerung *f* [was]
seepage bed Sickerbett *n* [was]
seepage drain Sickerwassererfassung *f* (Talsperre) [was]

seepage face Aussickerungsfläche *f* [was]; Sicker-fläche *f* [was]
seepage failure hydraulischer Grundbruch *m* [was]
seepage line Sickerlinie *f*
seepage loss Versickerungsverlust *m* [was]; Versickerung *f* [was]
seepage pipe Dränrohr *n* [was]; Sickerleitung *f* [was]
seepage pit Sickerschacht *m* [was]; Sickergrube *f* [was]; Sickerschicht *f* [was]
seepage pressure Bodenwasserdruck *m* [geo]
seepage spring Sickerquelle *f* (Hydrologie) [was]
seepage tank Sickerwassertank *m* [was]
seepage velocity Filtergeschwindigkeit *f* (im Boden) [was]; Sickergeschwindigkeit *f* (Hydrologie) [was]
seepage water Sickerwasser *n* [was]
seepage water collection Sickerwasserableitung *f* [was]
seepage water disposal Sickerwasserentsorgung *f* [was]
seepage water treatment Sickerwasserbehandlung *f* [was]
seepage water, acidic - saures Sickerwasser *n* [was]
seepage, refuse dump - Deponiesickerwasser *n* [rec]
seepage-free dicht [was]
seeping Versickerung *f* [was]
seeping gas Gaseinbruch *m*
seeping water Sickerwasser *n* [was]
seeping well Sickerbrunnen *m* [was]
segment segmentieren *v* [des]
segment fitting Segmentarmatur *f*
segment-shaped sluice Segmentwehr *n* [wba]; Bogenschütz *m* [wba]; Segmentschütz *m* [wba]
segmental abschnittsweise; segmental (in Form eines Sements) [des]; segmentweise
segmental arch Flachbogen *m* [arc]; Segmentbogen *m*; Stichbogen *m* [arc]
segmental bend Segmentrohrbogen *m* [met]
segmental construction Segmentbauweise *f*
segmental dome Stutzkuppel *f* [arc]
segmental elbow Segmentkrümmer *m* [met]
segmental pediment Segmentgiebel *m* (klassische Fassade) [arc]; Segmentgiebel *m* (römische Baukunst) [arc]
segmental pediment, attached - vorgeblendeter Segmentgiebel *m* (Klassizismus) [arc]
segmentation Segmentierung *f* [des]
segregate absondern *v* (abtrennen); sich entmischen *v*; trennen *v* (abscheiden)
segregation Scheiden *n* [prc]; Absonderung *f* (Entfernung); Entmischung *f* [prc]; Segregation *f*; Seigerung *f* [prc]; Trennung *f* (Abscheidung); Trennung *f* (Absetzen) [che]
seismic analysis Erdbebenberechnung *f* [geo]
seismic disturbance seismische Erschütterung *f* [geo]

seismic environment erdbebengefährdete Umgebung *f* [geo]
seismic factor Erdbebenfaktor *m* [geo]
seismic focus Erdbebenherd *m* [geo]
seismic intensity Erdbebenstärke *f* [geo]
seismic investigation seismische Untersuchung *f* [any]
seismic load Erdbebenlast *f* [geo]
seismic region Erdbebenregion *f* [geo]; Erdbebenzone *f* [geo]
seismic response Erdbebenantwort *f* [geo]
seismic shock Erdbebenwelle *f* [geo]
seismic stress Erdbebenbeanspruchung *f* [tib]
seismic wave Erdbebenwelle *f* [geo]
seismic withstand capability Erdbebenfestigkeit *f* [tib]
seismic zone Erdbebenzone *f* [geo]
seismogram Seismogramm *n* [any]
seismograph Erdbebenmesser *m* [any]; Seismograph *m* ([Hauptvariante]) [any]
seismographic centre Erdbebenherd *m* [geo]
seismography Seismographie *f* ([Hauptvariante]) [any]
seismological seismologisch [geo]
seismological station Erdbebenwarte *f* [geo]
seismometer Seismometer *n* [any]
selection of plant location Standortauswahl *f*
selection of route Trassierung *f* [tib]
selective bidding eingeschränkte Ausschreibung *f*
selective corrosion Lokalkorrosion *f* [met]
selective digging Aushub mit Bodentrennung *m* [tib]
selective tendering eingeschränkte Ausschreibung *f* [eco]
selectivity Trennschärfe *f* [prc]
selector Wahlschalter *m* [elt]
selector switch Umschalter *m* (Wahlschalter) [elt]; Wahlschalter *m* [elt]
self-adhesive selbstklebend [met]
self-administration Selbstverwaltung *f*
self-aspirating Eigenbelüftungs- [air]; selbstansaugend (Pumpe) [prc]
self-bearing selbsttragend [sik]
self-braking motor Bremsmotor *m* [elt]
self-closing fire door selbstschließende Brandschutztür *f* (Gebäudesicherheit)
self-compacting concrete selbstverdichtender Beton *m* [bon]
self-compaction Eigenverdichtung *f*
self-consolidation Eigenverdichtung *f*
self-contained frei stehend; netzunabhängig [elt]
self-contained breathing apparatus außenluftunabhängiges Atemschutzgerät *n* [asi]
self-contained open-circuit breathing apparatus außenluftabhängiges Frischluftatemgerät *n* (Atemschutz) [asi]
self-contained open-circuit compressed-air

breathing apparatus druckluftabhängiges Atemschutzgerät *n* [asi]
self-curing Erhärten des Betons ohne Nachbehandlung *n* (durch Feuchthalten) [bon]
self-discharge Selbstentladung *f* (Batterie) [elt]
self-disposal Eigenentsorgung *f* [rec]
self-elevating platform Bohrinsel mit ausfahrbaren
Pfahlbeinen *f* [roh]; selbstaufrichtende Bohrinsel *f*
[roh]
self-equilibrating stress Eigenspannung *f* [met]
self-feeding furnace Schüttfeuerung *f* [pow]
self-finished roofing felt Dachpappe, schwere - *f*
[met]
self-heating selbsterhitzungsfähig [met]
self-induced stressing Selbstvorspannung *f*
self-levelling selbstnivellierend; selbstverlaufend
(z.B. Beschichtungen) [met]
self-levelling Selbstnivellierung *f*
self-loading lorry Lastwagen mit Ladekran *m* [tra]
self-locking door Tür mit Schnappschloss *f*
self-oscillation Eigenschwingung *f* [phy]
self-piercing riveting Stanznieten *n* [wer]
self-planishing selbstnivellierend [met]
self-priming selbstsaugend [was]
self-propelled crane Kran mit Selbstantrieb *m*
self-propelled roller Kraftwalze *f* [tib]
self-rescue respirator Rettungsatemgerät *n* [asi]
self-sealing selbstabdichtend; selbstdichtend
self-sealing grommet Würgenippel *m* [tec]
self-set cement selbsthärtender Zement *m* [met]
self-spanning freitragend [sik]
self-stressed concrete Quellbeton *m* [bon]
self-sufficiency Eigenständigkeit *f*
self-sufficient eigenständig
self-supporting freitragend [sik]; selbsttragend
[sik]
self-supporting partition frei stehende Zwischenwand *f*
self-weight Eigengewicht *n*
semi-arch, blind - halber Blendbogen *m* (Gotik)
[arc]
semi-automatic halbautomatisch
semi-buried cellar Hochkeller *m*
semi-burnt halbgebrannt
semi-confining bed teildurchlässige Schicht *f*
(Hydrologie) [geo]
semi-detached houses Doppelhäuser *pl*
semi-dome Halbkuppel *f* (Baukunst) [arc]
semi-finished halb fertig
semi-finished product Halbzeug *n* [met]
semi-flush mounted im Putz verlegt [elt]
semi-member Halbelement *n* (Bauteil)
semi-metal Halbmetall *n* [met]
semi-parabolic girder Halbparabelträger *m* [stb]
semi-refractory concrete Halbfeuerfestbeton *m*
[bon]

semi-solid combustible waste halbfester brennbarer
Abfall *m* [rec]
semi-transparent halbdurchscheinend
semi-wet process Halbnassverfahren *n*
semibeam Freiträger *m*
semicircular halbkreisförmig
semicircular arch Halbkreisbogen *m*
semicircular arched window Rundbogenfenster *n*
(Klassizismus) [arc]
semicolumn Halbsäule *f* [arc]
semiconductor detector Halbleiterdetektor *m* [any]
semiconductor sensor Halbleitersensor *m* [any]
semicontinuous halbkontinuierlich
semidetached house Doppelhaushälfte *f*
semihydrate Halbhydrat *n* [che]
semihydraulic lime halbhydraulischer Kalk *m* [met]
seminar room Seminarraum *m* [arc]
semiprivate space halbprivater Raum *m* [com]
semiproducts Halbzeug *n* [met]
semipublic space halböffentlicher Raum *m* [com]
semis Halbzeug *n* [met]
semis made of plastic Kunststofferzeugnisse *pl*
[met]
semispace Halbraum *m*
semisteel Halbstahl *m* [met]
senior citizens' home Seniorenheim *n*
senior engineer Oberingenieur *m*
sensation of warmth Wärmegefühl *n*
sense of responsibility Verantwortungsbewusstsein *n*
sensibility of a balance Wiegegenauigkeit *f* [any]
sensible heat Eigenwärme *f* [phy]; fühlbare Wärme
f [phy]
sensitive area, environmentally - umweltempfind-
liches Gebiet *n*
sensitive control feinstufige Regelung *f* [elt]
sensitive to acids säureempfindlich [met]
sensitive to corrosion korrosionsanfällig [met]
sensitive to frost frostempfindlich [met]
sensitive to heat wärmeempfindlich [met]
sensitive to impact stoßempfindlich [met]
sensitive to moisture feuchtigkeitsempfindlich
sensitive to noise lärmempfindlich [aku]
sensitive to water wasserempfindlich *f* [met]
sensitivity limit Empfindlichkeitsgrenze *f* [any]
sensitivity of measurement Messempfindlichkeit *f*
[any]
sensitivity range Empfindlichkeitsbereich *m* [any]
sensitivity threshold Empfindlichkeitsschwelle *f*
[any]
sensitivity to ageing Alterungsempfindlichkeit *f*
[mat]
sensor Fühler *m* [any]; Geber *m* [any]; Messfühler
m [any]; Sensor *m* [any]
sensor body Sensorkörper *m* [any]
sensor head Prüfkopf *m* [any]
sensor monitoring Fühlerkontrolle *f* [any]

sensor signal Sensorsignal *n* [any]
sensor switch Sensorschalter *m* [elt]
sensor-rupture monitoring Fühlerbruchkontrolle *f* [any]
separate frei stehend
separate klassieren *v* (trennen) [prc]; lösen *v* (losmachen); scheiden *v* (trennen); teilen *v* (abtrennen)
separate buildings with free space between them offene Bauweise *f*
separate collection Getrenntsammlung *f* (Abfall) [rec]
separate determination Einzelmessung *f* [any]
separate excitation Fremderregung *f* [elt]
separate ownership Sondereigentum *n* (Immobilie) [eco]
separate part Einzelteil *n* [des]
separate sanitary sewer Schmutzwasserkanal *m* [was]
separate sewage system Trennkanalisation *f* [was]
separate turning roadway Abbiegefahrbahn *f* [tra]
separately driven ventilation Fremdbelüftung *f* [elt]
separately ventilated motor fremdbelüfteter Motor *m* [elt]
separating agent Trennmittel *n* [met]
separating air Sichterluft *f* [air]
separating cut Trennschnitt *m* [wer]
separating foil Trennfolie *f* [met]
separating line Trennlinie *f* [des]
separating plant Sichtanlage *f* [prc]
separating ply Trennlage *f*
separating size Trennkorngröße *f* [met]
separating strip Mittelstreifen *m* (mehrspurige Straßen) [tra]
separating wall Trennwand *f*
separating web Trennsteg *m*
separation Abscheidung *f* (Trennung); Abtrennung *f*; Trennung *f* (Abtrennung); Zerlegung *f* (Trennung) [prc]
separation curve Trennkurve *f* [prc]
separation efficiency Trennleistung *f* [prc]; Trennschärfe *f* [prc]
separation layer Trennschicht *f* [met]
separation of residues Störstoffabtrennung *f* (Materialaufbereitung) [rec]
separation process Trennverfahren *n* [prc]; Trennungsvorgang *m* [prc]
separator Distanzstück *n* [stb]; Sichter *m* [prc]
separator for light density materials Leichtstoffabscheider *m* [was]
separatory drum Scheidetrommel *f* [roh]
septic sewage fauliges Abwasser *n* [was]
septic sludge Faulschlamm *m* [was]
septic tank durchflossenes Faulbecken *n* [was]; Abwasserfaulraum *m* [was]; Faulbehälter *m* [was]; biologische Klärgrube *f* [was]; Faulgrube *f* [was]

sequence chart Ablaufdiagramm *n* [des]
sequence control Folgeregelung *f* [elt]; Folgesteuerung *f* [elt]
sequence of construction Bauablauf *m*
sequence of erection Montageablauf *m* (Baustelle)
sequence of execution Bauablauf *m*
sequence of spaces Raumfolge *f* [com]
sequence of trades Bauablauf *m*
sequence of work Bauprogramm *n*; Arbeitsablauf *m* [wer]
sequence particle sizes Kornfolge *f* [met]
sequence plan Ablaufplan *m*
sequence relay Folgerelais *n* [elt]
sequence switch Stufenschalter *m* [elt]
sequential control Schrittregelung *f* [elt]
sequential program Ablaufprogramm *n* [des]
sequential sampling Reihenstichprobenentnahme *f* [any]
serial connection Reihenschaltung *f* [elt]
serial scanning Serienabtastung *f* [any]
series connection Serienschaltung *f* [elt]
series motor Hauptschlussmotor *m* [elt]; Reihenschlussmotor *m* [elt]
series of experiments Versuchsreihe *f* [any]
series of tests Untersuchungsreihe *f* [any]; Versuchsreihe *f* [any]
series switch Serienschalter *m* [elt]
series, complicated - komplizierte Reihe *f* (Gestaltung) [arc]
series, composed - zusammengesetzte Reihe *f* (Gestaltung) [arc]
series, opposed - Gegenreihe *f* (Gestaltung) [arc]
series, rhythmic - rhythmische Reihe *f* (Gestaltung) [arc]
series, simple - einfache Reihe *f* (Gestaltung) [arc]
series-excited machine Hauptschlussmaschine *f* [elt]
series-wound motor Hauptschlussmotor *m* [elt]
serpentine Serpentine *f* [tra]
serrated zackig
serrated spatula Zahnspachtel *m* [wzg]
serrated surface geriffelte Oberfläche *f* [met]
serration Zahnung *f*
served, be - angeschlossen sein
service instand halten *v*
service area Raststätte *f* [tra]
service bridge Bedienungssteg *m*; Wartungsbrücke *f*
service building Dienstgebäude *n*
service cable Hausanschlusskabel *n* [elt]
service charge Nebenkosten *pl* (- für Mieter) [eco]
service conduit Versorgungsleitung *f* [elt]
service connection Hausanschluss *m* (Wasser, Abwasser, Strom)
service duct Installationskanal *m* [was]; Leitungskanal *m* [tga]; Versorgungskanal *m* [tga]

service duct, accessible - begehbarer Versorgungskanal *m*
service entrance Dienstboteneingang *m*
service entrance box Hausanschlusskasten *m* [elt]
service equipment Hausinstallationen *pl*
service facility Betriebsanlage *f* [wer]; Versorgungseinrichtung *f*
service fuse Hausanschlusssicherung *f* [elt]
service gangway Bedienungslaufsteg *m* [stb]
service girder Rüstträger *m*
service girder, adjustable - verstellbarer Schalungsträger *m* [bon]
service ground Hauptleitungserdung *f* [elt]; Hausanschlusserdung *f* [elt]
service hall Schalterhalle *f* (Flughafen) [tra]
service installation stadttechnische Erschließung *f* (Wasser, Abwasser, Strom)
service life Dauerhaltbarkeit *f*; Lebensdauer *f* (Gerät); Nutzungsdauer *f* (technische -)
service life, cyclical - zyklische Lebensdauer *f* (Batterie) [elt]
service life, useful - nutzbare Lebensdauer *f* (Batterie) [elt]
service lift Küchenaufzug *m*
service line Hausanschlussleitung *f* [elt]; Versorgungsleitung *f* [elt]
service line box Hausanschlusskasten *m* [elt]
service load Nutzlast *f*; Rüstlast *f*
service load, station - Eigenbedarfsleistung *f* [pow]
service main Versorgungsleitung *f* [was]
service network Kundendienstnetz *n* [eco]
service pipe Hausanschluss *m* [was]; Anschlussleitung *f* [was]; Versorgungsleitung *f* [tga]
service pressure Versorgungsdruck *m* [was]
service reservoir Ausgleichsbehälter *m* [was]
service road Anfahrtsweg *m*; Versorgungsstraße *f* [tra]
service space Dienstleistungsfläche *f* [com]
service switch cabinet Hausanschlusskasten *m* [elt]
service system Versorgungsanlage *f* (in Gebäuden)
service test praktische Erprobung *f* [any]
service voltage Betriebsspannung *f* [elt]; Netzspannung *f* [elt]
service water Brauchwasser *n* [was]; Gebrauchswasser *n* [was]; Industriewasser *n* [was]; Leitungswasser *n* [was]; Nutzwasser *n* [was]
service water heating Gebrauchswarmwasserbereitung *f* [pow]
service water supply Brauchwassereinspeisung *f* [was]
service water treatment system Brauchwasseraufbereitungsanlage *f* [was]
service-load stress Gebrauchsspannung *f* [met]
serviced land erschlossenes Land *n* [com]
services Gebäudebetriebsanlagen *pl*; haustechnische Anlagen *pl* [tga]

services connections Versorgungsanschluss *m* [tga]
services engineering Versorgungstechnik *f* [tga]
services from one single source Leistungen aus einer Hand *pl*
servicing Instandhaltung *f*; Instandsetzung *f* (Wartung) [wer]; Wartung *f* [wer]
servicing record Wartungsbericht *m* [wer]
servicing theory Bedienungstheorie *f* [wer]
servient lot dienendes Grundstück *n* [com]
servo-controller Servoregler *m* [elt]; Servosteuerung *f* [elt]
set Abbinden *n* (Beton) [met]; Gerät *n* (Fernseher, Radio) [elt]; Erhärtung *f* [met]
set abbinden *v* (von Zement); anziehen *v* (Mörtel) [met]; binden *v* (Mörtel) [met]; einstellen *v* (justieren); erhärten *v* [met]; regeln *v* (einstellen)
set bolt Kopfbolzen *m* [stb]
set concrete abgebundener Beton *m* [bon]
set controller Abbinderegler *m*
set down absetzen *v* (auf Fundament)
set gap festgesetzter Spalt *m* [des]; gegebener Abstand *m* [des]
set in cast resin Gießharzverbund *m* [met]
set in concrete einbetonieren *v* [bon]
set into concrete einbetonieren *v* [bon]
set of contract drawings Satz Angebotszeichnungen *m* [des]
set of drawings Zeichnungssatz *m* [des]
set of firefighting appliances Löschzug *m* (Feuer)
set of plans Plansatz *m* (Unterlagen)
set of sieves Siebsatz *m* [any]
set of the anchorage Nachgeben der Verankerung *n* (Beton)
set pin method Setzbolzenverfahren *n*
set square Zeichendreieck *n* [des]
set the roof Dachstuhl richten *v*
set up aufrichten *v*
set value Sollwert *m* [elt]
set, permanent - bleibende Dehnung *f* [met]
set-back distance Außermittigkeit *f* [des]
set-back line Baugrenze *f*
set-controlling abbindesteuernd (Beton) [met]
set-off Absatz *m* (Bauelement)
set-point Sollwert *m*; Vorgabewert *m*
set-up diagram Aufstellungsplan *m* [des]
setback skyscraper gestufter Wolkenkratzer *m*
sett Pflasterstein *m* [tib]
sett paving Pflasterdecke *f* [tib]; Pflasterung *f* [tib]
sett paving, coursed - Reihenpflaster *n* [tib]
settable solid absetzbarer Feststoff *m* [was]
setting Abbinden *n* [met]; Erhärten *n* [met]; Fixierung *f*; Abbindung *f* (von Zement) [bon]; Aufstellung *f* (Montage) [wer]; Aushärtung *f* (Kunststoff) [met]
setting a deadline Fristsetzung *f*

setting accelerator Abbindebeschleuniger *m* [met]; Erstarrungsbeschleuniger *m* [met]
setting agent Abbindemittel *n* [met]; Fixiermittel *n* [met]
setting bay Ladebühne *f*
setting behaviour Abbindeverhalten *n* [met]; Erstarrungsverhalten *n* (Beton) [met]
setting control additive Erstarrungsregler *m* [met]
setting in concrete Einbetonieren *n* [bon]
setting material, refractory - Einmauerungsmaterial *n* (feuerfestes Material) [met]; feuerfeste Baumasse *f* [met]
setting modifier Abbinderegulierer *m* [met]
setting period Abbindezeit *f* [met]; Rüstzeit *f* [wer]
setting point Einstellpunkt *m*; Einstellwert *m* [any]; Erstarrungspunkt *m* [met]; Stockpunkt *m* [met]
setting power Abbindekraft *f* [met]; Erstarrungskraft *f* [met]
setting quality Abbindefähigkeit *f* [met]
setting rate Abbindegeschwindigkeit *f* [met]
setting retarder Abbindeverzögerer *m* [met]
setting scale Einstellskala *f* [any]
setting shinkage Abbindeschwindung *f* [met]
setting shrinkage Abbindungsschrumpfung *f* [met]; Erstarrungsschrumpfung *f* [met]
setting speed Abbindegeschwindigkeit *f* [met]
setting stage Abbindephase *f* [met]
setting temperature Abbindetemperatur *f* [met]; Erstarrungstemperatur *f* [met]; Härtetemperatur *f* (Metalle) [met]
setting the scale Skalierung *f* [any]
setting time Abbindedauer *f* [met]; Abbindezeit *f* (Zement) [met]; Abkühlzeit *f*; Bindezeit *f*; Erstarrungszeit *f* [met]
setting up the site Einrichten der Baustelle *n*
setting, hydraulic - hydraulische Verfestigung *f* (Asche) [met]
setting-back track Spitzkehre *f* (Bahn) [tra]
setting-out plan Absteckungsplan *m*
setting-time controlling agent Abbinderegler *m* [met]; Erstarrungsregler *m* (Betonzusatz) [met]
setting-up Ansatz *m* (Versuch) [che]
setting-up time Reaktivierungszeit *f* [met]
settle ablagern *v* [geo]; ansiedeln *v*; klären *v* (absetzen) [was]; sacken *v* (sich absetzen) [geo]; siedeln *v*
settle an account Rechnung bezahlen *v* [eco]
settle out absetzen *v* [prc]; ausfällen *v* [che]
settleable solid Sinkstoff *m* [was]
settled material Sinkgut *n* [met]
settlement Absetzen *n* [met]; Absackung *f* (Gebäude); Absenkung *f* [was]; Besiedelung *f* (Ansiedlung) [com]; Einschlämmung *f* [was]; Niederlassung *f* (Siedlung); Senkung *f*; Setzung *f*; Siedlung *f*; Zahlung *f* [eco]
settlement area Siedlungsgebiet *n* [com]; Siedlungsbereich *m* [com]; Siedlungsraum *m* [com]

settlement concentration Siedlungsverdichtung *f*
settlement crack Setzriss *m*
settlement development Siedlungsentwicklung *f* [com]
settlement joint Bewegungsfuge *f*; Setzfuge *f* (zwischen Bauteilen mit Vertikalbewegung); Setzungsfuge *f*
settlement of additional costs Nebenkostenabrechnung *f* [eco]
settlement plan Besiedlungsplan *m* [com]
settlement planning Siedlungsplanung *f* [com]
settlement project Besiedlungsplan *m* [com]
settlement research Siedlungsforschung *f* [com]
settlement site Siedlungsplatz *m* (historisch)
settlement spreading Zersiedelung *f* [com]
settlement structure Siedlungsstruktur *f*
settlement tank Absetzbecken *n* [was]
settler Absetzbecken *n* [was]; Abscheider *m* [was]; Absetzbehälter *m* [was]; Absetztank *m* [was]; Klärbehälter *m* [was]; Sedimentationsbehälter *m* [was]
settler basin Sedimentationsbecken *n* [was]
settling Absetzen *n* (Niederschlagen); Ausflocken *n* [was]; Ablagerung *f* (Sediment, Bodensatz) [geo]; Bodensetzung *f* [geo]; Klärung *f* (Absetzen) [was]; Sackung *f* [geo]; Senkung *f*
settling basin Absetzbecken *n*; Klärbecken *n* [was]; Sandabscheider *m* [was]
settling basin, underdrained - Sickerbecken *n* (Abwasser) [was]
settling by gravity Schwerkraftabsetzen *n* [prc]
settling chamber Absetzkammer *f* [was]; Beruhigungskammer *f* [was]
settling compartment Absetzraum *m* [was]; Klärraum *m* [was]
settling distance Sedimentationsstrecke *f* [prc]
settling filter Anschwemmfilter *m* [was]
settling lagoon Absetzteich *m* [was]; Auflandungsteich *m* [was]; Schlammteich *m* [was]
settling of foundation Setzen des Fundaments *n*
settling of soil Erdsenkung *f* [geo]
settling pond Absetzbecken *n* [was]; Klärbecken *n* [was]; Absetzteich *m* [was]; Auflandungsteich *m* [was]; Klärteich *m* [was]
settling solid Sinkstoff *m* (Kläranlage) [was]
settling table Setztisch *m* (Partikeltrennung durch Luftstrom unterstützt) [prc]
settling tank Absetzbassin *n* [was]; Absetzbecken *n* [was]; Klärbecken *n* [was]; Klärgefäß *n* [prc]; Absetzbehälter *m* [was]; Absetztank *m* [was]; Schlammkasten *m* [was]
settling velocity Sinkgeschwindigkeit *f* [was]
settling vessel Absetzbehälter *m* [was]
settlings Sinkstoffe *pl* [met]; Sinkgut *n* [met]
severe requirements härteste Bedingungen *pl*
severe traffic offence Verkehrsstraftat *f* [jur]

severity of test Prüfschärfe *f* [any]
severy Gewölbefeld *n* (Gotik) [arc]
sewage Abflusswasser *n* [was]; Abwasser *n* [was]; Schmutzwasser *n* [was]
sewage aeration Abwasserbelüftung *f* [was]
sewage channel Entwässerungskanal *m* [was]
sewage charge Abwassergebühr *f* [was]
sewage chlorination Abwasserchlorung *f* [was]
sewage clarification plant Abwasserkläranlage *f* [was]; Kläranlage *f* (Klärgrube) [was]
sewage composition Abwasserzusammensetzung *f* [was]
sewage concentration Abwasserkonzentration *f* [was]
sewage construction Abwasserbau *m* [wba]
sewage control Abwasserüberwachung *f* [was]
sewage decontamination Abwasserentgiftung *f* [was]
sewage discharge Abwassereinleitung *f* [was]
sewage disposal Abwasserbeseitigung *f* [was]; Abwasserentsorgung *f* [was]
sewage disposal facility Abwasserbeseitigungsanlage *f* [was]
sewage disposal plant Abwasseranlage *f* [was]; Abwasserbeseitigungsanlage *f* [was]
sewage ejector Schmutzwasserpumpe *f* [was]
sewage engineering Abwasserbehandlungstechnik *f* [was]; Abwassertechnik *f* [was]
sewage farm Rieselfeld *n* [was]
sewage filter Abwasserfilter *m*; Klärfilter *m* [was]
sewage filtration Abwasserfiltration *f* [was]
sewage fitting Abwasserformstück *n* [was]
sewage flow Abwasseranfall *m* [was]; Abwasserzufluss *m* [was]; Abwassermenge *f* [was]
sewage gas Faulgas *n* [was]; Klärgas *n* [was]
sewage irrigation Berieselung mit Abwasser *f* [was]
sewage lagoon Abwasserteich *m* [was]
sewage lifting installation Abwasserhebeanlage *f* [was]
sewage lifting pump Abwasserhebeanlage *f* [was]
sewage pipe Abwasserrohr *n* [was]; Kanalisationsrohr *n* [was]; Kanalrohr *n* [was]
sewage pit Sickergrube *f* [was]
sewage plant Klärwerk *n* [was]; Abwasseranlage *f* [was]; Kläranlage *f* (Klärwerk) [was]
sewage plant operation Kläranlagenbetrieb *m* [was]
sewage plume Abwasserfahne *f* (in Fluss) [was]
sewage pollution of a river Afwasserlast *f* (Fluss) [was]
sewage pond Abwasserteich *m* [was]
sewage powder Poudrette *f* [was]
sewage pump Abwasserpumpe *f* [was]
sewage pumping station Abwasserpumpwerk *n* [was]
sewage purification Abwasserklärung *f* [was]; Abwasserreinigung *f* (Kläranlage) [was]

sewage purification close to nature naturnahe Abwasserreinigung *f* [was]
sewage purification, chemical - chemische Abwasserreinigung *f* [was]
sewage sample Abwasserprobe *f* [any]
sewage scheme Abwasserbeseitigungsplan *m* [tga]
sewage sedimentation plant Abwasserabsetzanlage *f* [was]
sewage sludge Abwasserschlamm *m* [was]; Klärschlamm *m* [was]
sewage sludge composting Klärschlammkompostierung *f* [was]
sewage sludge conditioning Klärschlammkonditionierung *f* [was]
sewage sludge dewatering Klärschlammentwässerung *f* [was]
sewage sludge disposal Klärschlammbeseitigung *f* [rec]
sewage sludge drying Klärschlammtrocknung *f* [was]
sewage sludge incineration Klärschlammverbrennung *f* [rec]
sewage sludge processing Klärschlammaufbereitung *f* [was]
sewage sludge stabilization Klärschlammstabilisierung *f* [was]
sewage sludge treatment Klärschlammbehandlung *f* [was]
sewage system Abwassernetz *n* [was]; Kanalisationssystem *n* [was]; Kanalnetz *n* [was]; Kanalsystem *n* [was]; Entwässerungsanlage *f* [was]; Kanalisation *f* [was]
sewage system, household - Haushaltsabwassersystem *n* [was]
sewage system, urban - Stadtentwässerung *f* [was]
sewage treatment Abwasseraufbereitung *f* [was]; Abwasserbehandlung *f* [was]
sewage treatment installations for factories Betriebskläranlage *f* [was]
sewage treatment plant Klärwerk *n* [was]; Abwasserbehandlungsanlage *f* [was]; Kläranlage *f* (Klärwerk) [was]
sewage treatment plant, individual - Kleinkläranlage *f* [was]
sewage treatment plant, municipal - kommunale Kläranlage *f* [was]
sewage treatment plant, premises - Kleinkläranlage *f* [was]
sewage treatment technology Abwasserbehandlungstechnik *f* [was]
sewage treatment works Abwasserreinigungsanlage *f* (Kläranlage) [was]; Kläranlage *f* (Klärwerk) [was]
sewage treatment, anaerobic - anaerobe Abwasserbehandlung *f* [was]

sewage treatment, chemical - chemische Abwasserreinigung *f* [was]
sewage treatment, mechanical - mechanische Abwasserbehandlung *f* [was]
sewage treatment, physical - physikalische Abwasserbehandlung *f* [was]
sewage treatment, secondary - biologische Nachreinigung *f* [was]
sewage water Abflusswasser *n* [was]; Kanalisationsabwasser *n* [was]; Kanalwasser *n* [was]
sewage works Klärwerk *n* [was]
sewage works discharge Kläranlagenablauf *m* [was]
sewage works, municipal - kommunale Kläranlage *f* [was]
sewage, municipal - kommunales Abwasser *n* [was]
sewer Kanalisationsrohr *n* [was]; Abflusskanal *m* [was]; Abwasserkanal *m* [was]; Ausguss *m* (Abfluss) [was]; Kanal *m* (Abwasser) [was]; Siel *m* (Abwasserkanal) [wba]; Abwasserleitung *f* [was]; Dole *f* [wba]
sewer kanalisieren *v* [was]
sewer access shaft Kanaleinstiegsschacht *m* [wba]
sewer bottom Abwasserkanalsohle *f* [was]
sewer capstan Kanalwinde *f* [was]
sewer cleaning Abwasserkanalreinigung *f* [was]
sewer cleaning equipment Kanalreinigungsgerät *n* [was]
sewer connection Kanalisationsanschluss *m* [was]
sewer construction Kanalbau *m* [was]
sewer database Kanaldatenbank *f* [was]
sewer flushing Kanalspülung *f* [was]
sewer gas Faulgas *n* [was]
sewer gas plant Klärgasanlage *f* [was]
sewer infiltration water Fremdwasser *n* [was]
sewer laying equipment Kanalverlegegerät *n* [was]
sewer line Abwasserrohrleitung *f* [was]
sewer manhole Kanalschacht *m* [was]
sewer manway Kanalschacht *m* [was]
sewer monitoring Kanalüberwachung *f* [any]
sewer network Kanalnetz *n* [was]
sewer pipe Abwasserrohr *n* [was]; Kanalrohr *n* [was]
sewer storage space Kanalstauraum *m* [was]
sewer system Kanalisationsnetz *n* [was]
sewer system, separate - Trennkanalisation *f* [was]
sewer television facility Kanalfernsehanlage *f* [was]
sewer trench Abwasserleitungsgraben *m* [was]; Kanalisationsgraben *m* [was]
sewer tunnel Abwasserkanal *m* [was]
sewer winch Kanalwinde *f* [was]
sewer work Abwasserkanalarbeiten *pl* [wba]
sewer, partially filled - teilgefüllter Abwasserkanal *m* [was]
sewerage Abwassernetz *n* [was]; Kanalisationssystem *n* [was]; Abwasserbeseitigung *f* [was];

Abwasserkanalisation *f* [was]; Abwasserleitung *f* [was]
sewerage plant Abwasserkläranlage *f* [was]
sewerage provisions, central - zentrale Abwasserbeseitigung *f* [was]
sewerage reconditioning Kanalsanierung *f* [wba]
sewerage sealing Kanalabdichtung *f* [wba]
sewerage system Abwasserkanalisationsnetz *n* [was]; Abwassersammelsystem *n* [was]; Entwässerungsnetz *n* [was]; Kanalisation *f* [was]
sewerage system, urban - Stadtentwässerung *f* [was]
sewers Kanalisation *f* [was]
shade Eigenschatten *m*; Farbton *m* [met]; Schattierung *f* [phy]
shade abtönen *v* [wer]; schraffieren *v* [des]; tönen *v* (Farbe)
shaded schraffiert [des]
shaded area schraffierter Bereich *m* [des]; schraffierte Fläche *f* [des]
shaded-pole motor Spaltpolmotor *m* [elt]
shading Abschattung *f*; Schraffierung *f* [des]; Schraffur *f* [des]
shading blind Verdunkelungsrollo *n*
shading paint Sonnenschutzfarbe *f* [met]
shaft Abwurfschacht *m* [prc]
shaft casing Schutzschlauch *m*
shaft charging equipment Schachtbeschickungsanlage *f* [prc]
shaft construction Schachtausbau *m* [tib]; Schachtbauweise *f*
shaft cover Schachtabdeckung *f* [wba]
shaft kiln Schachtofen *m* [roh]
shaft lining Schachtauskleidung *f*
shaft of a column Säulenschaft *m*
shaft unit Schachtring *m*
shaft, single - eintürmiger Schacht *m* [roh]
shaft-and-tunnel spillway Ringüberlauf *m* [was]
shaft-sinking Schachtabteufung *f* [roh]
shafting method Schachtbauweise *f* [tib]
shake rütteln *v*
shaker bar grizzly Schüttelstangenrost *m* [prc]
shaker chute Rüttelschurre *f* [bon]
shaker conveyor Förderschwinge *f* [prc]; Schüttelrinne *f* [prc]; Schüttelrutsche *f* [prc]
shaker feeder Schüttelspeiser *m* [prc]
shaker screen Schüttelsieb *n* [prc]; Schwingsieb *n* [prc]
shaker table Schütteltisch *m* [roh]
shaking gear Schüttelmechanismus *m*
shaking screen Schüttelsieb *n* [prc]; Wurfsieb *n* [prc]
shaking sieve Rüttelsieb *n* [prc]; Schwingsieb *n* [prc]
shale Schiefer *m* [geo]
shale ash Schiefermehl *n* [met]

shallow versanden *v*
shallow arch Blendbogen *m*; Flachbogen *m*;
flacher Bogen *m*
shallow arch brick Halbwölbstein *m*
shallow beam schwach gekrümmter Balken *m*
shallow cut digging Flachbaggern *n* [tib]
shallow embankment Flachböschung *f* [geo]
shallow excavation Flachbaggerung *f*
shallow foundation Flachfundament *n*; Flachgründung *f*
shallow laying Flachverlegung *f* (Leitungen im
Boden)
shallow tank Flachbecken *n* [was]
shallow water Flachwasser *n* [was]
shallow-bed method Flachbetttechnik *f* [bon]
shank Schaft *m* (Schrauben-) [tec]
shanty Kotten *m*
shanty town Hüttensiedlung *f*
shape Profil *n* [des]; Zuschnitt *m* (- von Räumen,
Wohnungen) [arc]; Form *f* (Gestalt); Gestalt *f*
(ganzheitlich)
shape of cross-section Profilquerschnitt *m* [des]
shape of force trajectories Kraftlinienverlauf *m*
[sik]
shape of moment diagram Momentenverlauf *m*
[sik]
shape of normal force distribution Normalkraftverlauf *m* [sik]
shape of particle Kornumriss *m* [met]
shapeability Formbarkeit *f* [met]
shaped bevel Formschräge *f*
shaped face Überfallrücken *m* [wba]
shaped gable geschweifter Knickgiebel *m*
(mittelalterliche Gebäude) [arc]
shaped sheet Formblech *n* [met]
shaped steel Formstahl *m* [met]; Profilstahl *m*
[met]
shaping Abgleichungsarbeit *f* (Bodenverfestigung)
[tib]; Ausgestaltung *f* [wer]; Formgebung *f* [wer];
Formung *f* [wer]; Gestaltung *f* (Formung) [des]
shared flat Gemeinschaftswohnung *f*
shared toilet Außentoilette *f* (- für mehrere Parteien
im Haus)
sharp spitz; steil abfallend
sharp curve Kehre *f* [tra]
sharp edge scharfe Kante *f*
sharp paint schnell trocknende Farbe *f* [met]
sharp-crested weir scharfkantiges Überlaufwehr *n*
[wba]; Wehr mit scharfkantiger Krone *n* [wba]
sharp-edged scharfkantig
shatter zerschmettern *v* [prc]
shatter-point Starrpunkt *m* (Bitumen) [met]
shatterproof splitterfest [met]; splittersicher [met]
shatterproof glass Sicherheitsglas *n* [met]
shear action Schubkraft *f* [phy]
shear centre Schubmittelpunkt *m* [sik]

shear connector Gewindebolzen *m* [tec]; Schubdübel *m*; Verbundanker *m* [tec]; Verbunddübel *m*
[tec]
shear connector, flexible - biegeweicher Dübel *m*
shear crack Scherriss *m* [met]
shear deformation Schubverformung *f* [met]
shear failure Scherbruch *n* [met]; Grundbruch *m*
[geo]
shear flow Schubfluss *m* [sik]
shear force Querkraft *f* [phy]; Scherkraft *f* [phy];
Schubkraft *f* [phy]
shear force diagram Querkraftlinie *f* [sik]
shear force distribution Querkraftverlauf *m* [sik]
shear frame Fachwerkscheibe *f* [stb]
shear key Schubdübel *m* (Holzbau); Schubkeil *m*
(Holzbau)
shear lag Querkraftverzerrung *f* [sik]
shear legs Dreifußkran *m*
shear load Scherlast *f* [met]
shear modulus Schubmodul *m* [met]
shear pin Abscherbolzen *m* [tec]; Scherbolzen *m*
[tec]; Scherstift *m* [tec]
shear plane Schubkraftfläche *f* [sik]
shear reinforcement Schubeinlagen *pl* [bon]; Querkraftbewehrung *f* [bon]; Schubbewehrung *f* [bon]
shear reinforcement, area of - Querschnitt der
Schubbewehrung *m* [bon]
shear resistance Scherwiderstand *m* [met];
Schubwiderstand *m* [met]; Schubfestigkeit *f* [met]
shear section Scherfläche *f* (z.B. Niet) [met]
shear stirrup Querkraftbügel *m* [bon]
shear strain Scherbeanspruchung *f* [met];
Scherdehnung *f* [met]; Schubbeanspruchung *f* [met]
shear strength Abscherfestigkeit *f* [met];
Scherfestigkeit *f* [met]; Schubfestigkeit *f* [met]
shear stress Scherspannung *f* [met]; Schubbeanspruchung *f* [met]; Schubspannung *f* [met]
shear stress, peak - Spitzenscherspannung *f* [met]
shear stress, torsional - Torsionsschubspannung *f*
[met]; Torsionsspannung *f* [met]
shear stressing Scherbeanspruchung *f* [phy];
Schubbeanspruchung *f* [met]
shear tension Schubspannung *f* [met]
shear test Scherprüfung *f* [any]
shear test specimen Scherprobe *f* [any]
shear to length ablängen *v* [wer]
shear wall aussteifende Wand *f*; Schubkraft
übertragende Wand *f*; Wandscheibe *f* [stb];
Windscheibe *f*
shear zone Schubbereich *m* (Bewehrung) [bon]
shearing Abscheren *n* [wer]; Schub *m* [sik]
shearing area Scherfläche *f* [met]
shearing force Scherkraft *f* [phy]
shearing resistance Scherfestigkeit *f* [met]
shearing strength Abscherfestigkeit *f* [met];
Scherfestigkeit *f* [met]; Schubfestigkeit *f* [met]

shearing stress Scherkraft *f* [phy]; Scherspannung *f* [phy]; Schubbeanspruchung *f* [phy]; Schubspannung *f* [phy]

shearing test Scherversuch *m* (Materialprüfung) [met]

sheath Hüllrohr *n*; Hülle *f* (Abdeckung); Hülse *f* (Mantel, Verkleidung) [tec]; Schicht *f* (Überzug) [met]

sheathed ummantelt

sheathing Mantel *m*; Verkleidung *f*

sheathing felt Dachpappe *f* [met]

sheathing, lost - verlorene Schalung *f* [bon]

sheave Riemenscheibe *f* (Keilriemen) [tec]; Seilrolle *f* [tec]

shed Schuppen *m*; Speicher *m* (historisch); Halle *f* (Fabrik-); Hütte *f* (Schuppen)

shed dormer durchgehende Gaupe *f*; Schleppgaupe *f*

shed roof Pultdach *n*; Sägezahndach *n*

sheepfoot roller Schaffußwalze *f* [wzg]

sheet Blech *n* (Platte: Feinblech) [met]; Feinblech *n* [met]; Platte *f*; Tafel *f* (Blech)

sheet aluminium Aluminiumblech *n* [met]

sheet asphalt Sandasphalt *m* [tib]

sheet bending Blechbiegen *n* [wer]

sheet blister Folienblister *m* [met]

sheet buckling Blechbeulung *f* [met]

sheet casing Blechummantelung *f* [met]

sheet construction Blechkonstruktion *f*

sheet copper Kupferblech *n* [met]

sheet covering Blechbelag *m* [stb]

sheet drill Blechbohrer *m* [wzg]

sheet edge Blechkante *f*

sheet gasket Scheibendichtung *f* [tec]

sheet glass Fensterglas *n* [met]; Flachglas *n* [met]; Tafelglas *n* [met]; Glastafel *f*

sheet iron Eisenblech *n* [met]; Stahlblech *n* [met]

sheet iron lining Blechauskleidung *f*

sheet iron pipe Blechrohr *n* [met]

sheet iron shell Blechmantel *m* [met]

sheet lead Tafelblei *n* [met]; Walzblei *n* [met]

sheet metal Blech *n* (Metall) [met]; Feinblech *n* [met]; Tafelblech *n* [met]

sheet metal box Blechverpackung *f*

sheet metal casing Blechmantel *m* [met]

sheet metal conduit Blechrohrleitung *f* [met]

sheet metal enclosure Blechummantelung *f* [tec]

sheet metal façade Blechfassade *f*

sheet metal folding machine Blechbiegemaschine *f* [wer]

sheet metal jacket Blechmantel *m* [met]

sheet metal plate Blechplatte *f* [met]

sheet metal profile Blechprofil *n* [met]

sheet metal scrap Blechabfälle *pl* [rec]

sheet metal screw Blechschraube *f* [tec]

sheet metal tube Blechrohr *n* [met]; Blechhülse *f*

sheet of glass Glasscheibe *f* [met]

sheet of ice Eisfläche *f*

sheet of lead Bleiplatte *f* [met]

sheet of water Wasserspiegel *m* [was]; Wasserfläche *f* (in Park usw.) [was]

sheet out auswalzen *v* [wer]

sheet pack Feinblechpaket *n* [met]

sheet pile Feinblechstapel *m* [met]; Spundbohle *f* [tib]; Spundwandbohle *f* [tib]

sheet pile retaining wall Spundwandbauwerk *n* [tib]; Spundwandfangdamm *m* [tib]

sheet pile wall, anchored - verankerte Spundwand *f*

sheet pile, flat-web - Flachspundbohle *f* [tib]

sheet pile, intermediate - Zwischenbohle *f* (Spundwand)

sheet pile, timber - Holzspundbohle *f* (Spundwand)

sheet piling Kofferdamm *m* [tib]; Pfahlwand *f* [tib]; Spundwand *f* [tib]

sheet piling cofferdam Spundwandfangdamm *m* [tib]

sheet piling on shore landseitige Spundwand *f* [tib]

sheet piling steel Spundwandprofilstahl *m* [met]

sheet piling, buckled plate - Buckelblechspundwand *f* [tib]

sheet piling, temporary - Bauspundwand *f*

sheet piling, waterfront - wasserseitige Spundwand *f* (Hafen) [tib]

sheet resistance Schichtwiderstand *m* [met]

sheet resistivity Schichtwiderstand *m* [met]

sheet scrap Blechabfall *n* [rec]; Blechschrott *m* [rec]

sheet shearing machine Blechschere *f* [wzg]

sheet steel Feinblech *n* [met]; Stahlblech *n* [met]; Blattstahl *m* [met]

sheet steel piling Stahlspundwand *f* [tib]

sheet tin Zinnblech *n* [met]

sheet wall Spundwand *f* (Tiefbau)

sheet wall, anchored - verankerte Spundwand *f*

sheet wall, free - unverankerte Spundwand *f* [tib]

sheet zinc Zinkblech *n* [met]

sheet-bending machine Blechbiegemaschine *f* [wer]

sheet-bordering machine Blechbördelmaschine *f* [wer]

sheet-pile driving Spundwandrammung *f* [tib]

sheet-pile foundation Spundwandgründung *f*

sheet-pile wall Spundwand *f*

sheet-pile wall structure Spundwandkonstruktion *f*

sheet-pile wall, braced - ausgesteifte Spundwand *f* [tib]

sheet-steel casing Mantelblech *n* [met]

sheet-steel duct Stahlblechkanal *m* [air]

sheet-steel façade Stahlblechfassade *f*

sheeting Verkleidungsmaterial *n* [met]; Verbau *m*; Blechverkleidung *f*

sheeting driver Spundwandramme *f* [tib]

sheeting pile Spundpfahl *m*; Spundbohle *f*

sheeting support Schalungsstütze f [bon]
shelf Abraum m [geo]
shelf life Haltbarkeit f (Lagerfähigkeit) [met];
    Lagerbeständigkeit f [met]
shelf life test Haltbarkeitsprüfung f [any]
shelf stability Lagerfestigkeit f [met]
shelf time Lagerzeit f (Keramik) [met]
shell Rohbau m
shell arch Schalenbogen m
shell auger Löffelbohrer m [tib]; Schappenbohrer m
    [tib]
shell construction Schalenbauweise f
shell construction brick Schalenbaustein m
shell dam Schalenstaumauer f [wba]
shell face Manteloberfläche f (Walze) [tib]
shell limestone Muschelkalk m [met]
shell of water Hydrathülle f
shell roof Schalendach n
shell structure gewölbtes Flächentragwerk n;
    Schalentragwerk n [bon]; Schalenbauweise f;
    Schalenkonstruktion f (Bauweise)
shell, internal - innere Schale f (Dachkonstruktion)
shell-and-tube cooler Röhrenkühler m [pow]
shell-and-tube heat exchanger Röhrenwärme-
    austauscher m [pow]
shell-casting foundation Betonschalungsbauweise f
    [bon]
shell-pattern decoration Muschelornament n
    (Renaissance) [arc]
shellac Schellack m [met]
shellac adhesive Schellack-Kleber m [met]
shelling Abplatzung f (in der Ausmauerung) [met]
shelter Schuppen m; Schutz m [asi]; Schutzraum m
shelter schützen v (abschirmen)
shelter effect Windschatten eines Hindernisses m
    (Windenergie) [pow]
sheltered area überdachter Raum m
sheltered walkway überdachter Fußgängerweg m
    [tra]
shield Schutz m [asi]; Abschirmung f (Schutz) [elt];
    Umkleidung f (Schutz)
shield abschirmen v (schützen) [elt]; schützen v
    (abschirmen)
shield driving Rohrvortrieb m (Kanalisation) [was];
    Schildvortrieb m [tib]
shield tube Schutzrohr n [elt]
shield tunnelling Schildvortrieb m [tib]; Schildbau-
    weise f [tib]
shield-driven im Schildvortrieb hergestellt [tib]
shielded abgeschirmt [elt]; umhüllt (geschützt)
    [met]
shielded cable abgeschirmtes Kabel n [elt]; gepan-
    zertes Kabel n [elt]
shielded conductor cable abgeschirmtes Kabel n
    [elt]
shielded enclosure abgeschirmtes Gehäuse n [elt]

shielded wire abgeschirmter Draht m [elt]
shielding concrete Strahlenschutzbeton m [bon]
shielding material Strahlenschutzmaterial n [met]
shielding window Schutzfenster n
shielding-gas atmosphere Schutzmantel m
    (Gasschicht) [asi]
shift schalten v (Getriebe) [tec]
shift foreman Schichtführer m [wer]
shift to service sector Tertiärisierung f [eco]
shifting Verwerfung f
shifting of earth Erdbewegung f [tib]
shifting of the bed Flussbettverlagerung f [geo]
shim Beilageblech n [tec]; Futterblech n [tec];
    Unterlegblech n [tec]; Beilegscheibe f; Distanz-
    scheibe f [tec]
shin guard Schienbeinschützer m [asi]
shingle Kiesel m (Kies); Rundkies m [met];
    Schindel f
shingle concrete Einkornbeton m [bon]
shingle façade Schindelfassade f
shingle roof Schindeldach n
shingles Geschiebe n [geo]; sandloser Kies m [met]
ship canal Schifffahrtskanal m [tra]; Fahrrinne f
    [tra]
ship hoist Schiffshebewerk n [tra]
ship lift Schiffshebewerk n [tra]
shipper drum Verschiebetrommel f (Hochlöffel) [tib]
shipper shaft Verschiebewelle f (Hochlöffel) [tib]
shipping channel Fahrrinne f [tra]
shipping waterway Schifffahrtsweg m [wba]
shivel hook drehbarer Haken m
shock chlorination Stoßchlorung f [was]
shock-hazard voltage Berührungsspannung f [elt]
shock-proof stoßfest; stoßsicher [met]
shock-resistant schlagfest [met]; stoßfest;
    stoßsicher [met]
shoe Vorsatzteil n [tec]; Fußplatte f
shoe, fixed - festes Lager n
shoeing hammer Niethammer m (Schuhmacherei)
    [wzg]
shoot Rutsche f [prc]; Schurre f [prc]
shooting plane Abschräghobel m [tib]
shop accident Betriebsunfall m [asi]
shop area Ladenfläche f
shop building Produktionshalle f [wer]
shop coat Werkstattanstrich m [met]
shop connection Werkstattstoß m [stb]
shop design Ladenbau m (Innenausstattung)
shop drawing Ausführungszeichnung f [des];
    Werkstattzeichnung f; Werkszeichnung f [des]
shop lease Ladenmiete f [eco]
shop location Geschäftsstandort m (Laden-);
    Ladenstandort m
shop premise Ladenlokal f (Immobilie)
shop primer Fertigungsbeschichtung f (Grun-
    dierung) [met]

shop rivet Werkstattniet *m* [wer]
shop splice Werkstattstoß *m* [stb]
shop unit Ladeneinheit *f*
shop weld Werkstattnaht *f* (Schweißnaht) [met]
shop welding Fabrikschweißung *f* [wer]; Werkstattschweißung *f* [wer]
shop, little - Budike *f*
shop-assembled vormontiert
shop-driven rivet Werkstattniet *m* [stb]
shop-front Ladenfront *f*
shop-welded werkstattgeschweißt [met]
shop-window Schaufenster *n*
shopping arcade Einkaufspassage *f*; Ladenpassage *f*
shopping area Einkaufsviertel *n*
shopping centre Einkaufscenter *n*; Einkaufszentrum *n*; Ladenzentrum *n*; Shoppingcenter *n*
shopping complex Einkaufskomplex *m*
shopping mall Einkaufszentrum *n*; Shoppingcenter *n*; Ladenstraße *f*
shopping precinct Einkaufsviertel *n* [com]; Geschäftskomplex *m* [com]; Einkaufsgegend *f* [com]
shopping street Einkaufsstraße *f*; Geschäftsstraße *f* [com]; Ladenstraße *f*
shore Ufer *n* (See-) [geo]; Strebebalken *m*; Strebe *f* (Stütze); Stütze *f*
shore absteifen *v*; aussteifen *v*; stützen *v*; verbauen *v*; versteifen *v* (stützen)
shore tower Gerüstturm *m*
shore up abfangen *v* (Lasten); abstützen *v* (gegen Einsturz)
shored beam unterstempelter Träger *m*
shored pit verbaute Baugrube *f* [tib]
shoring Absteifen *n*; Abstützen *n* (z.B. Grabenwand) [tib]; Aussteifen *n*; Stützen *n*; Verbau *m* (Baugrube) [tib]; Abstützung *f* [tib]; Verschalung *f* [tib]
shoring frame Abstützungsrahmen *m*
shoring strut Grabensteife *f* [tib]; Kanalstrebe *f* [wba]
shoring timber Verbaubohle *f*
shoring up Absteifung *f* [stb]
short boom Kurzausleger *m* [tib]
short clay Magerlehm *m* [met]
short jib Kurzausleger *m* [tib]
short list in die engere Wahl nehmen *v*
short pipe Kurzrohr *n* [met]
short to frame Körperschluss *m* [elt]; Masseschluss *m* [elt]
short wall gedrungene Wand *f*
short weight Mindergewicht *n*; Untergewicht *n*
short-circuit kurzschließen *v* [elt]
short-circuit current Kurzschlussstrom *m* [elt]
short-circuit indicator Kurzschlussanzeiger *m* [elt]
short-circuit power Kurzschlussleistung *f* [elt]

short-circuit protection Kurzschlusssicherung *f* [elt]
short-circuit release, magnetic - magnetischer Schnellauslöser *m* [elt]
short-circuit strength Kurzschlussfestigkeit *f* [elt]
short-circuit to earth Masseschluss *m* (<B>) [elt]
short-circuit voltage Kurzschlussspannung *f* [elt]
short-circuited kurzgeschlossen [elt]
short-link chain kurzgliedrige Kette *f* [tec]
short-lived kurzlebig
short-period loading Kurzzeitbelastung *f* [met]
short-range product gleichkörniges Produkt *n* (körniges Material) [met]
short-term availability, with - kurzfristig verfügbar
short-term load kurzfristige Belastung *f* [sik]
short-term measurement Kurzzeitmessung *f* [any]
short-term stress Kurzzeitbeanspruchung *f* [met]
short-term test Kurzzeitprüfung *f* [any]
short-tie beam Nebenbalken *m*; Stichbalken *m*
short-time exposure limit Kurzzeitgrenzwert *m* [asi]
short-time loading Kurzzeitbelastung *f* [met]
short-time measuring Kurzzeitmessung *f* [any]
short-time test Kurzversuch *m* [any]; Kurzprüfung *f* [any]
shortage Fehlbestand *m*; Fehlmenge *f*; Knappheit *f*; Unterversorgung *f*
shortage in weight Mindergewicht *n*; Gewichtsverlust *m*
shortage of space Raumnot *f* (in Gebäuden)
shorten magern *v* (Ton) [met]
shot Fettstoß *m* (beim Abschmieren) [tec]
shot bit Schrotkrone *f* (Bohrkrone) [tib]
shot blaster helmet Sandstrahlerhelm *m* [asi]
shot blasting Strahlen mit Stahlsand *n* [wer]
shot coring machine Schrotkernbohrgerät *n* [tib]; Schrotkernbohrmaschine *f* [tib]
shot drill boring Schrotbohren *n* [tib]
shot firing cable Schießkabel *n* [roh]
shot peening Kugelstrahlen *n* [wer]; Druckstrahlverfestigung *f* [wer]; Kugeldruckstrahlverfestigung *f* [wer]
shot-hole Bohrloch *n*
shot-peened kugelgestrahlt [met]
shotcrete Spritzbeton *m* [bon]
shotcrete binder Spritzbetonbindemittel *n* [met]
shotcrete cement Spritzbetonzement *m* [met]; Spritzzement *m* [met]
shotcrete device Spritzmaschine *f* (für Spritzbeton) [bon]
shotcrete mortar Spritzmörtel *m* [met]
shotcrete trial Spritzversuch *m* (mit Spritzbeton) [bon]
shotcrete, fast setting - schnell erhärtender Spritzbeton *m* [bon]
shotcrete, fresh - junger Spritzbeton *m* [bon]

shotcreting work Spritzbetonarbeiten *pl* (DIN 18314) [bon]
shoulder Bankett *n* (an der Straße) [tib]; Absatz *m* (Bauelement); Ansatz *m*; Randstreifen *m* (an Straße) [tib]; Rücksprung *m* [des]; Versatz *m* (Holzbau); Konsole *f*
shoulder bolt Schraubenbolzen mit Ansatz *m* [tec]
shoulder strap Schultergurt *m* [asi]; Schulterriemen *m* [asi]
shouldered arch abgesetzter Bogen *m*; Konsolbogen *m*
shouldering Randstreifenbefestigung *m* [tra]
shovel Baggerlöffel *m*; Löffel *m* [tib]; Schaufel *f* (Schippe) [wzg]; Schippe *f* [wzg]
shovel schaufeln *v* [wer]; schippen *v* (schaufeln) [wer]
shovel bucket Löffel *m* (eines Baggers)
shovel cable Baggerseil *n* [tib]
shovel dozer Frontlader *m* [tib]; Ladeschaufler *m* [tib]
shovel dredger Schaufelbagger *m* [tib]
shovel excavator Löffelbagger *m*; Schaufelbagger *m* [roh]
shovel excavator, face - Frontschaufelbagger *m*
shovel lever Schaufelarm *m* [tib]
shovel loader Schaufellader *m* [roh]
shovel track Baggerkette *f* [tib]; Baggerraupe *f* [tib]
shovel work Handschachten *n*
shovelful Schaufel voll
show house Musterhaus *n*
shower Dusche *f* [tga]
shower basin Duschwanne *f* [tga]
shower bath Duschbad *n* [tga]; Duschraum *m* [tga]; Dusche *f* [tga]
shower cabinet Duschkabine *f* [tga]
shower cubicle Duschecke *f* [tga]; Duschkabine *f* [tga]; Duschzelle *f* [tga]
shower handset Handbrause *f* [tga]
shower kit Duschgarnitur *f* [tga]
shower pan Duschbecken *n* [tga]
shower receptor Duschbecken *n* [tga]
shower recess Duschnische *f* [tga]
shower room Duschraum *m* [tga]
shower screen Duschabtrennung *f* [tga]
shower tub Duschtasse *f* [tga]
shown offset versetzt gezeichnet [des]
shown, as - wie gezeichnet [des]
shredder Shredder *m* [rec]; Zerkleinerer *m* (vorwiegend Abfälle) [prc]; Zerkleinerungsmaschine *f* [prc]
shredder cylinder Arbeitswalze *f* (Abfallzerkleinerung) [rec]
shredder plant Shredderanlage *f* [rec]
shredder residues Shredderrückstände *pl* [rec]
shrink schrumpfen *v*; schwinden *v* (schrumpfen); zusammenschrumpfen *v*

shrinkage Schwinden *n* (Beton) [met]; Abnahme *f* (Schrumpfung) [met]; Schrumpfung *f* [met]; Schwindung *f* [tec]; Volumenabnahme *f* [met]
shrinkage cavity Lunkerstelle *f* [met]
shrinkage coefficient Schwindmaß *n* [bon]
shrinkage crack Eigenspannungsriss *m* [met]; Schrumpfriss *m* [met]; Schwundriss *m* [met]
shrinkage hole Lunker *m* [met]
shrinkage joint Kontraktionsfuge *f* [bon]; Schwindfuge *f* [bon]
shrinkage limit Schrumpfgrenze *f* [met]; Schwindgrenze *f* [met]
shrinkage reinforcement Schwindarmierung *f* [bon]; Schwindbewehrung *f* [bon]
shrinkage stress Schrumpfspannung *f* [met]
shrinkage, degree of - Schwindmaß *n* [des]
shrinkhole Lunker *m* [met]
shrinking Schwinden *n* [met]
shriveling Schrumpfung *f* [met]
shrouder pipe Schalrohr *n* (Fundament)
shunt überbrücken *v* [elt]
shunt brake Nebenschlussbremse *f* [tra]
shunt yard Rangierbahnhof *m* [tra]
shunting hump Ablaufberg *m* (Rangieren) [tra]
shunting station Rangierbahnhof *m* (<B>) [tra]
shut down stilllegen *v* (zeitweilig)
shut-off cock Absperrhahn *m* [tga]
shut-off device Absperrglied *n*; Absperrorgan *n* [prc]; Absperrarmatur *f* [prc]; Absperrvorrichtung *f* [prc]
shut-off fittings Absperrarmaturen *pl* [tga]
shut-off gate valve Absperrschieber *m* [prc]
shut-off mechanism Verschlussmechanismus *m* [tec]
shut-off nozzle Absperrhahn *m*
shut-off slide Absperrschieber *m* [was]
shut-off unit Abschlussorgan *n*; Absperrvorrichtung *f*
shut-off valve Abschlussventil *n* [tga]; Absperrventil *n* [tga]; Trennventil *n* [prc]; Verschlussventil *n* [prc]
shutter Fensterladen *m*; Laden *m*; Verschluss *m* (Riegel) [tec]
shutter verschalen *v* [bon]
shutter blind Rollladen *m*; Jalousie *f* (Rollladen)
shutter board Schalbrett *n* [bon]; Schaltafel *f* [bon]
shutter boards Schalholz *n* [bon]
shutter dam Klappenwehr *n* [wba]
shutter door Jalousietür *f*
shutter opening Fensterklappe *f*
shutter panel Schaltafel *f* [bon]
shutter rail Rollladenschiene *f*
shutter valve Absperrschieber *m* (Bunker) [prc]
shutter weir Klappenstauwehr *n* [wba]
shuttering Betonschalung *f* [bon]; Einschalung *f* [bon]; Schalung *f* [bon]; Verschalung *f* [bon]

shuttering aid Schalhilfe *f* [bon]
shuttering board Schalbrett *n* [bon]
shuttering board, rough - raues Schalbrett *n* [bon]
shuttering drawing Schalplan *m* [des]; Schalungszeichnung *f* [des]
shuttering nail Schalnagel *m* [bon]
shuttering panel Formplatte *f* (Schalung) [bon]; Schaltafel *f* [bon]
shuttering plan Schalungsplan *m* [bon]
shuttering plate Schalblech *n* [bon]; Schalungsblech *n* [bon]
shuttering sleeve Aussparungsrohr *n* (Fundament) [bon]
shuttering strut Schalungssprieße *f* [bon]
shuttering work Schalungsarbeiten *pl* [bon]
shutteringless schalungsfrei [bon]
shutters Jalousien *pl*; Rollladen *m*
shuttle smoother, vibrating - Vibrationspendelglätter *m* (für Betondecken) [bon]
sick building krankes Gebäude *n* (schadstoffbelastet)
side Wandung *f* (Tunnel) [tib]
side aisle Seitenschiff *n* [arc]
side altar Seitenaltar *m* [arc]
side arch brick Halbwölber *m* (Ziegel)
side bay Seitenschiff *n* (Kirchenbau); Nebenöffnung *f* (Brücke)
side body Seitenwand *f*
side boom Seitenausleger *m*
side canal Seitenkanal *m* [wba]
side chapel Seitenkapelle *f* (Kirche) [arc]
side clearance Seitenspiel *n*; Seitenabstand *m* [des]
side cutting Seiteneinschnitt *m* [tib]
side ditch Seitengraben *m* [tib]
side door Seitentür *f*
side dump truck Seitenkipper *m* [tib]
side effect Nebenwirkung *f*
side elevation Längsriss *m* (Zeichnung) [des]; Seitenaufriss *m* [des]; Seitenriss *m* [des]; Seitenansicht *f* [des]
side entrance Nebeneingang *m*; Seiteneingang *m*
side exit Nebenausgang *m*
side face Seitenfläche *f*
side fill Seitenanböschung *f* [tib]; Seitenanfüllung *f* [tib]
side form Schalungschiene *f* (Betonstraßendecke) [bon]; Straßenbauschalung *f* [bon]
side frame Seitenrahmen *m* [tec]
side girder Seitenträger *m*
side hill line Hanglage *f* (Trasse) [tra]
side member Längsträger *m*
side nave Seitenschiff *n* (in Halle oder Kirche)
side of coffer, stepped - abgetreppte Kasette *f* (Baukunst) [arc]
side of the road Straßenrand *m* [tra]

side panel Seitenverkleidung *f*
side path Seitenweg *m*
side plate Innenflanschlasche *f* [stb]
side point Stoßfuge *f*
side portal Seitenportal *n*
side protection Seitenschutz *m* [asi]
side rail Holm *m*
side ramp Seitenrampe *f*
side reclaimer Seitenkratzer *m*
side road Nebenstraße *f* [tra]
side section Seitenabschnitt *m* [tib]
side shield Seitenschutz *m* (an Sicherheitsbrille) [asi]
side shutter Seitenschalung *f* [bon]
side sladding Seitenverkleidung *f*
side slope Seitenböschung *f* [tib]
side span Nebenöffnung *f* (Brücke); Seitenöffnung *f* (Brücke) [stb]
side street Nebenstraße *f* (Stadt) [tra]
side strip Randstreifen *m* [tra]
side view Seitenriss *m* [des]; Ansicht von der Seite *f* (Zeichnung) [des]; Seitenansicht *f* [des]
side wall Kammerwand *f*; Seitenwand *f*; Wange *f*
side weir Streichwehr *n* [wba]
side window Nebenfenster *n*; Seitenfenster *n*
side wing Nebenflügel *m* (Gebäude)
side wing of building Seitentrakt *m*
side-aisle vault Seitenschiffgewölbe *n* (Kirchenbau) [arc]
side-bottom hung sash window Drehkippflügelfenster *n*
side-dump bucket Seitenentleerungsschaufel *f* (Frontlader) [tib]
side-dump discharge Seitenentleerung *f* [tib]
side-hung casement Seitenflügel *m* (Fenster)
side-hung window Drehflügelfenster *n*
side-street Querstraße *f* [tra]
sidetrack Nebengleis *n* (<A>) [tra]
sidewalk Fußweg *m* (Bürgersteig) [tra]; Gehsteig *m* (<A>) [tra]; Gehweg *m* (<A> Bürgersteig) [tra]
sidewalk bracket Fußwegkonsole *f* (<A>) [stb]
sidewalk railing Fußweggeländer *n* (<A> Brücke) [stb]
sideways stability Standsicherung in Querrichtung *f* [asi]
siding Nebengleis *n* (<B>) [tra]
siding shingle Mauerbehangschindel *f*
sieve Sieb *n* [prc]
sieve absieben *v* [prc]; sieben *v* [prc]; siebklassieren *v* [prc]
sieve analysis Siebanalyse *f* [any]
sieve disc Siebscheibe *f* (in Penetrometer) [any]
sieve netting Siebgewebe *n* [prc]
sieve opening lichte Maschenweite *f* (Sieb) [prc]
sieve plate Siebblech *n* [met]; Siebplatte *f* [met]
sieve residue Siebrückstand *m* [rec]

sieve sheet Siebblech *n* [prc]; Siebblech *n*
  (Lochblech) [prc]
sieve sludge Siebschlamm *m* [was]
sieve test Siebversuch *m* [any]; Siebprobe *f* [any]
sieving Absieben *n*
sieving medium Siebmaterial *n* [prc]
sift-proof staubdicht (grob -)
sifted sand gesiebter Sand *m* [met]
sifting machine Siebmaschine *f* [prc]
siftings Siebdurchgang *m* [prc]
sighting colour Markierungsfarbe *f* [met]
signage Beschilderung *f*; Kennzeichnung *f*
signage lamp Hinweisleuchte *f* [asi]
signal averaging ausmitteln *v* [any]
signal bell Signalglocke *f* [asi]
signal hooter Signalhorn *n* [asi]; Signalhupe *f* [asi]
signal installation Signalanlage *f* [asi]
signal knob Signalknopf *m* [asi]
signal lamp Meldelampe *f* [elt]
signal light Signallampe *f* [elt]
signal of danger Gefahrenzeichen *n* [asi]
signalling equipment Signalanlage *f* [asi]
signalling system Signalanlage *f* [asi]
signalling whistle Signalpfiff *m* [asi]
significant building Baudenkmal *n*
significant nonconformance wesentliche
  Abweichung *f*
signpost Hinweisschild *n*; Schild *n* (Hinweisschild)
signpost beschildern *v*; kennzeichnen *v* (mit
  Kennzeichen versehen)
silence dämpfen *v* (Schall) [aku]
silenced geräuschgedämpft [aku]
silenced hammer Ramme mit Lärmschutz *f*
silencing Dämpfung *f* (Schall) [aku];
  Geräuschdämpfung *f* [aku]
silent geräuscharm [aku]; geräuschlos [aku];
  lärmarm [aku]
silent an alarm Warnmeldung quittieren *v* [asi]
silica Kieselerde *f* [che]
silica cement Silicazement *m* [met]
silica flour Quarzmehl *n* [met]
silica gel Kieselgel *n* [met]
silica glass Hartglas *n* [met]
silica paint Silikatfarbe *f* [met]
silica removal Entkieselung *f* [was]
silica sand Quarzsand *m* [met]
silicate kieselsauer [che]
silicate cement Silicatzement *m* [met]
silicate glass Silicatglas *n* [met]
silicate plaster Silicatputz *m*
silicate render Silicatputz *m*
silicate resin Silikatharz *n* [met]
siliceous kieselhaltig [che]; kieselsäurehaltig [che];
  kieshaltig [met]
siliceous brine Kieselsole *f* [met]
siliceous earth Kieselerde *f* [met]

silicic acid Kieselsäure *f* [che]
silicon solar cell Siliciumsolarzelle *f* [pow]
silicone elastomer Siliconkautschuk *m* [met]
silicone rubber Siliconkautschuk *m* [met]
silicone sealant Silicondichtstoff *m* [met]
silicone solvent Siliconlöser *m* [met]
silk-stocking district vornehmes Viertel *n*
  (Stadtviertel)
sill Fensterbrett *n*; Gesims *n* (Fenster); Drempel *m*;
  Sims *m* (Fenster); Bodenschwelle *f*; Grundschwelle *f* (Holzbau); Schwelle *f*; Türschwelle *f*
sill plate erste Holzlage über dem Fundament *f*
silo Silo *m* [prc]; Speicher *m*; Vorratssilo *m*
silo compartment Silozelle *f* [prc]; Speicherzelle *f*
  [prc]
silo construction Silobau *m* (Vorgang)
silo conveyor system Siloförderanlage *f* [prc]
silo discharge Bunkeraustrag *m* [prc]
silo formwork Siloschalung *f* [bon]
silometer Füllhöhenanzeiger *m* [prc]
silt Schlick *m* [geo]; Schluff *m* [geo]
silt versanden *v*
silt basin Verlandebecken *n* [was]
silt container Schlammsammelbehälter *m* [was]
silt content Schluffgehalt *m* [was]
silt load Schwebstofffracht *f* [was]
silt trap Schlammabscheider *m* [was];
  Schlammfang *m* [was]
silt up verschlammen *v* [was]
silting Auflandung *f* [geo]; Verschlammung *f* [was];
  Verschlickung *f* [was]
silting up Versanden *n* [geo]; Verlandung *f* [geo];
  Verschlammung *f* [geo]
silty schlammig [was]
silty loam schluffiger Lehm *m* [geo]
silver battery Silberbatterie *f* [elt]
silver oxide battery Silberoxidbatterie *f* [elt]
silver oxide cell Silberoxidelement *n* [elt]
silver oxide storage battery Silberoxidakkumulator
  m [elt]
silver-cadmium battery Silber-Cadmium-Batterie *f*
  [elt]
silver-cadmium cell Silber-Cadmium-Zelle *f*
  [elt]
silver-zinc battery Silber-Zink-Batterie *f* [elt]
silver-zinc cell Silber-Zink-Element *n* [elt]
silver-zinc storage cell Silber-Zink-Akkumulator *m*
  [elt]
silver-zinc-accumulator Silber-Zink-Akkumulator
  m [elt]
simple beam Einfeldträger *m* (Träger auf zwei
  Stützen) [stb]
simple bending reine Biegung *f* [met]
simple flexure reine Biegung *f* [met]
simple stress einachsige Spannung *f* [sik]
simple truss einfaches Sprengwerk *n*

simple-trussed girder einfach unterspannter Träger *m* [sik]
simplified calculation vereinfachte Berechnung *f* [des]
simplified planning zone Gebiet mit vereinfachten Planungsanforderungen *n* [com]
simplified view vereinfachte Ansicht *f* [des]
simply supported member Einfeldträger *m* (Träger auf zwei Stützen) [stb]
simulation model Planspiel *n* [com]
simultaneous determination Simultanbestimmung *f* [any]
single degree-of-freedom system System mit einem Freiheitsgrad *m* (Baumechanik)
single door einflügelige Tür *f*
single flue einzügig (Kamin) [air]
single footing foundation Blockfundament *n*
single girder Feldträger *m*
single glazing Einfachverglasung *f*
single measurement Einzelmessung *f* [any]
single pile Einzelpfahl *m* [tib]; Einzelbohle *f* (Spundwand)
single plank wall Ständerwand *f*
single room Einbettzimmer *n*; Einzelzimmer *n*
single sampling Einfachstichprobenentnahme *f* [any]
single shear, in - einschnittig (z.B. Nietung) [tec]
single slab Feldplatte *f*
single span Einfeld-; einfeldrig; freitragend
single U U-Naht *f* (Schweißnaht) [met]
single U notch U-Kerbe *f* (Schweißnaht) [met]
single V V-Naht *f* (Schweißnaht) [met]
single V notch Spitzkerbe *f* (Schweißnaht) [met]
single window Einfachfenster *n*; Einzelfenster *n*
single-bay einschiffig (Kirche, Halle)
single-bucket excavator Eingefäß-Trockenbagger *m* [tib]
single-burned dolomite kalzinierter Dolomit *m* [met]
single-casement window einteiliges Fenster *n*
single-cell battery Monozelle *f* (Batterie) [elt]
single-coated einfach gestrichen (Papier) [met]
single-compartment mill Einkammermühle *f* [prc]
single-conductor cable einadriges Kabel *n* [elt]
single-core einadrig [elt]
single-course einlagig [met]
single-crop farming Monokultur *f* [far]
single-deck screen Einstufensieb *n* [prc]
single-energy gap solar cell Solarzelle mit einer Energielücke *f* [elt]
single-family home Einfamilienhaus *n*
single-family house Einfamilienhaus *n*
single-flight staircase einläufige Treppe *f*
single-handle mixer tap Einhandmischbatterie *f* (für Waschbecken) [tga]
single-layer plaster einlagiger Putz *m*

single-leaf einschalig (Wand)
single-leaf door einflügelige Tür *f*; Einflügeltür *f*
single-lever power Einhebelbedienung des Triebwerks *f* (Flugzeug) [tra]
single-line bucket Einseilbaggergreifer *m* [tib]
single-loaded corridor Einbund *m* [arc]
single-pane safety glass Einscheibensicherheitsglas *m* [met]
single-part drawing Einzelteilzeichnung *f* [des]
single-particle crushing Einzelkornzerkleinerung *f* [prc]
single-pass mixing Ein-Arbeitsgang-Verfestigung *m* (Boden) [tib]
single-phase current Einphasenstrom *m* [elt]; Einphasenwechselstrom *m* [elt]
single-phase motor Einphasenmotor *m* [elt]
single-phase system Einphasensystem *n* [elt]
single-pitch roof Pultdach *n*
single-pitch roof light pultförmiges Oberlicht *n*
single-plane truss ebenes Fachwerk *n*
single-ply laying Einlagigkeit *f* (Abdichtung mit Dichtbahn)
single-pole einpolig [elt]
single-riveted joint einreihige Nietverbindung *f* [tec]
single-roll crusher Einwalzenbrecher *m* [prc]
single-roll mill Einwalzenmühle *f* [prc]
single-row housing development einreihige Bebauung *f*
single-sash window einflügeliges Fenster *n*
single-shear rivet einschnittiger Niet *m* [tec]
single-shell einschalig
single-shift operation Einschichtbetrieb *m* [wer]
single-sided formwork einhäutige Schalung *f* [bon]
single-size material einkörniges Material *n* [met]
single-span beam Einfeldträger *m*; Einzelbalken *m*
single-span bridge Einfeldbrücke *f*
single-span frame Einfachrahmen *m* [stb]
single-span girder Einfeldträger *m* [stb]; Einzelbalken *m*
single-span slab Einfeldplatte *f* [stb]
single-storey eingeschossig; einstöckig
single-storey annex Flachanbau *m* (<B>)
single-storey frame einstöckiger Rahmen *m* [stb]
single-storey heating system Etagenheizung *f*
single-storey housing development eingeschossige Bebauung *f*
single-story annex Flachanbau *m* (<A>)
single-track line einspurige Strecke *f* (Bahn) [tra]
single-use protective clothing Einwegschutzkleidung *f* [asi]
single-wall cofferdam einwandiger Fangdamm *m* [tib]; einwandiger Spundwandfangdamm *m* [tib]
single-walled dome einschalige Kuppel *f*
single-web girder einwandiger Träger *m*; Vollwandträger *m* [stb]

single-wheel roller Einachswalze *f* [tib]; Einradwalze *f* [tib]
single-wire einadrig [elt]
sink Abflussbecken *n* [tga]; Abflussrohr *n* (Gully)
[was]; Abwaschbecken *n* [tga]; Becken *n*
(Abwasch-, Wasch-) [was]; Spülbecken *n* [tga];
Abfluss *m* (Gully) [was]; Ausguss *m* (Becken)
[tga]; Spültisch *m*; Abzugsschleuse *f* [was]; Bodensenke *f* [geo]; Haushaltsspüle *f* [tga]; Senke *f*;
Senkgrube *f* [was]; Spüle *f* [tga]
sink abfallen *v* (Gelände) [geo]; absenken *v*
(Baugrube) [tib]; abteufen *v* (Bergbau) [roh];
ausschachten *v*; niederbringen *v* (Bohrung) [roh];
sacken *v* (sinken); senken *v*; teufen *v* [roh]
sink basin Ausgussbecken *n* [tga]
sink deck Spültischeinsatz *m* [tga]
sink hole Schluckloch *n* [was]; Schluckbrunnen *m*
[was]
sink unit Spüle *f*
sink well Sinkbrunnen *m* [was]
sink-float method Sink-Schwimm-Verfahren *n*
(Feststofftrennung) [prc]
sink-hole lake Auslaugungssee *m* [geo]
sinker Abteufhammer *m* [roh]; Senkkörper *m*
[roh]
sinking Abteufen *n* [roh]; Absenkung *f* [was];
Abteufung *f* [roh]; Vertiefung *f* (Aussparung)
sinking agent Sinkmaterial *n* [was]
sinking bucket Abteufkübel *m* [tib]
sinking of shaft Ausschachtung *f* (Arbeiten)
sinking tube Abteufrohr *n* [tib]
sintered gesintert [met]
sintered ash Sinterasche *f* [met]
sintered dolomite Sinterdolomit *m* [met]
sintered grain Sinterkorn *n* [met]
sintered material Sinterwerkstoff *m* [met]
sintering Sinterung *f* [met]
sintering agent Sinterhilfsmittel *n* [met]
sintering limit Sintergrenze *f* [met]
sintering powder Sintermehl *n* [met]
siphon hebern *v*
siphon pipe Heberrohr *n* [was]; Siphonrohr *n*
([Variante]) [tga]; Heberleitung *f* [was]
siphon pump Heberpumpe *f* [tga]
siphon trap Geruchsverschluss *m* [was]
siphon vessel Hebergefäß *n* [was]
site Baugelände *n*; Grundstück *n* (Baugrundstück);
Baugrund *m*; Platz *m* (Lage, Bauplatz); Standort
m; Baustelle *f*; Bebauungsfläche *f*; Lage *f* (Ort)
site agent Bauleiter *m* (von Auftraggeberseite)
site appointment Ortstermin *m*
site appraisal Standortgutachten *n* (für Immobilien)
[eco]
site approach Baustelleneinfahrt *f*
site area Baugrundstücksfläche *f* [com]; Grundstücksfläche *f* [com]

site assembly Arrondierung *f* (Erwerb zusammenhängender Grundstücke) [eco]; Baustellenmontage
f (Zusammenbau) [wer]
site assessment Standortbewertung *f*
site boundaries Grundstücksgrenzen *pl* [com]
site cleaning Baustellenreinigung *f*
site cleaning, final - Bauendreinigung *f*
site clearance Baustellenräumung *f*; Schaffung der
Baustellenfreiheit *f*
site clearing Freilegung von Baugelände *f*; Räumung *f* (Baustellenvorbereitung)
site concrete Baustellenbeton *m* [bon]; Ortbeton *m*
[bon]
site connection Baustellenstoß *m* [stb]; Montagestoß *m*
site control Objektbetreuung *f*
site costs Grundstückskosten *pl* [eco]
site cover Grundflächenzahl *f*
site coverage Grundflächenzahl *f* [com]
site datum örtlicher Höhenfestpunkt *m* [geo]
site dependence Standortabhängigkeit *f*
site development Erschließung *f* (Vorgang, auf
Grundstück); Geländeerschließung *f*; Grundstücksentwicklung *f* (Erschließung, usw.); Standortentwicklung *f*; Standorterschließung *f*
site development concept Erschließungskonzept *n*
[com]
site development planning Erschließungsplanung *f*
[com]
site diary Baustellentagebuch *n*
site distribution Standortverteilung *f*
site drainage Baustellenentwässerung *f* [was]
site enclosure Baustelleneinfriedung *f*
site engineer Bauleiter *m* (von Auftraggeberseite)
site equipment Baustelleneinrichtung *f* (Maschinen
usw.)
site erection Baustellenmontage *f* [wer]
site exploration Baugrunduntersuchung *f*
site fabrication Standortfertigung *f*
site facilities Baustelleneinrichtung *f*
site factor Lagefaktor *m* (Lage von Gelände,
Gebäude)
site fence Bauzaun *m*
site fencing Baustelleneinfriedung *f*
site for building Bauplatz *m*
site foreman Polier *m*
site guarding Baustellenbewachung *f*; Objektbewachung *f*
site hut Baubude *f*; Bauhütte *f*
site improvement Grundstücksverbesserung *f*
site inspection Ortsbegehung *f*; Ortsbesichtigung *f*
site installation Baustelleneinrichtung *f*
site investigation Baugrunduntersuchung *f*
(Baustelle); Standortuntersuchung *f* (Baustelle);
Standortuntersuchung *f* (Deponie, u.a.) [geo]
site irrigation Grundstücksbewässerung *f* [was]

site joint Baustellenstoß *m* [stb]
site lighting Grundstücksbeleuchtung *f* [elt]
site management Bauleitung *f*
site manager Bauleiter *m*; Baustellenleiter *m*;
Objektleiter *m*
site manager, administrative - kaufmännischer
Baustellenleiter *m*
site measuring Aufmaß *n*
site measuring, according to - nach Aufmaß [des]
site meeting Baustellenbesprechung *f*
site noise Baulärm *m* [aku]
site of installation Aufstellungsort *m* [wer];
Montageplatz *m* [wer]
site of the accident Unfallstelle *f* [asi]
site office Baubüro *n*; Baustellenbüro *n* [wer]
site operation Baustellenarbeit *f*
site painting Baustellenanstrich *n* [wer]
site permit Ausführungsgenehmigung *f*; Standortgenehmigung *f* [jur]
site plan Lageplan *m* [des]; Lageplan *m* (Baustelle)
site plan panel Lageplantableau *n*
site planning Standortplanung *f*
site plant and equipment Baumaschinen und -
geräte *pl*
site power supply Baustromversorgung *f* [elt]
site preparation Baustelleneinrichtung *f*; Grundstücksvorbereitung *f* (für Bauvorhaben)
site preparation costs Beräumungskosten *pl*
(Baustelle) [eco]
site protection Baustellensicherung *f*
site pump Baupumpe *f*
site rail Schnurgerüst *n*
site rehabilitation Flächensanierung *f*
site rivet Baustellenniet *m* [stb]; Montageniet *m*
[tec]
site road Baustellenstraße *f*
site rules Vorschriften am Arbeitsplatz *pl* [asi]
site section Baufeld *n* [com]
site security Objektschutz *m* (Baustelle); Baustellensicherung *f* [wer]
site selection Standortwahl *f*
site services Objektserviceleistungen *pl* [tga]
site set-up Baustelleneinrichtung *f*
site silo Baustellensilo *m*
site soil anstehender Boden *m* [geo]
site suitability Baustellentauglichkeit *f*
site supervision Baustellenüberwachung *f*;
Bauüberwachung *f*; Objektbetreuung *f*; Objektüberwachung *f*
site supervisor Bauleiter *m* (von Auftragnehmerseite)
site supply installations Baustellenversorgungsinstallationen *pl*
site surrounding Grundstücksumgebung *f*
site surveillance Objektüberwachung *f*
site survey Ortsbegehung *f*

site suspected of being contaminated altlastverdächtige Fläche *f* [geo]
site value Grundstückswert *m* [eco]
site weld Baustellenschweiße *f* [wer]; Montageschweiße *f* [wer]; Schweißung vor Ort *f* [wer]
site welding Baustellenschweißung *f* [stb];
Montageschweißung *f* [stb]
site work Baustellenbetrieb *m*
site yard requirement Abstandsfläche *f* (notwendige -) [com]
site, at - an Ort und Stelle
site, on - auf der Baustelle [wer]
site-driven rivet Baustellenniet *m* [stb]
site-foamed insulation ortverschäumte Isoliermasse *f*
site-made mortar Baustellenmörtel *m* [met]
site-occupancy index Grundflächenzahl *f*
site-riveted auf der Baustelle genietet
siting Anordnung von Bauwerken *f* [arc]; Standortwahl *f*
size bemessen *v* (Größe); dimensionieren *v* [des];
klassieren *v* (nach Größe) [prc]; sieben *v* [prc];
sortieren *v* [rec]
size colour Leimfarbe *f* [met]
size deviation Maßabweichung *f* [des]
size fraction Korngrößenanteil *m* [met]; Kornfraktion *f* [met]; Kornklasse *f* [met]
size grading Korngrößenbestimmung *f* [any]; Kornklassierung *f* [any]
size limit Grenzmaß *n* [des]; Größtmaß *n* [des]
size margin Maßtoleranz *f* [des]
size of bore Bohrungsdurchmesser *m* [des]
size of fit Passmaß *n* [des]
size of floor area Größe der Geschossfläche *f*
size reduction equipment Zerkleinerungsgerät *n*
[prc]
size separation Klassierungssiebung *f* [prc]
size specification Größenangabe *f* [des]
size stability Maßbeständigkeit *f* [des]
size tolerance Maßabweichung *f* [des]
size, of too low - unterdimensioniert [des]
size-selective sampler größenselektives Staubprobenahmegerät *n* [any]
sized sortiert [prc]
sizer Klassiermaschine *f* [prc]
sizing Bemessung *f* [des]; Größenbestimmung *f*
[des]; Klassierung *f* (Größentrennung) [prc];
Vermaßung *f* (Zeichnung) [des]
sizing characteristic Körnungskennlinie *f* [met]
sizing machine Klassiermaschine *f* [prc]
sizing material Grundiermasse *f* [met]
skeletal structure Skelettkonstruktion *f*
skeleton Gerippe *n* (Rahmen); Tragwerk *n* [stb];
Rohbau *m*
skeleton construction Skelettbau *m*;
Skelettbauweise *f*
skeleton framing Fachwerk *n* (Tragwerk)

skeleton girder Skelettträger *m*
skeleton parapet Sprossengeländer *n*
skeleton shoe Skelettplatte *f*
skeleton structure Skelettkonstruktion *f*
skeleton timbering gitterartiger Ausbau *m*
sketch skizzieren (umreißen) [des]
sketch Abriss *m* (knappe Darstellung) [des];
  Entwurf *m* (Skizze) [des]; Plan *m* (Entwurf) [des];
  Rohentwurf *m* [des]; Umriss *m* (Skizze) [des];
  Skizze *f* (Abriss) [des]
sketch entwerfen *v* (skizzieren) [des]; vorzeichnen *v*
  [des]; zeichnen *v* (skizzieren) [des]
sketch-pad Skizzenblock *m* [des]
sketch-plan Risszeichnung *f* (Skizze)
sketchy skizzenhaft [des]
skew schiefwinklig; schräg (geneigt); windschief
skew bending schiefe Biegung *f* [sik]
skew block abgeschrägter Stein *m*
skew bridge Brücke mit schrägem Auflager *f*;
  schiefwinklige Brücke *f*
skew frame schiefwinkliger Rahmen *m*
skew ramp Schrägrampe *f*
skewback Widerlager *n*; Kämpfer *m* (Endauflager
  eines Bogens); Keilstein *m*
skewed schräg gestellt [des]
skewness Schiefstellung *f*
skid container rollenloser Behälter *m*
skid frame Kufenrahmen *m* [tec]
skid hazard Rutschgefahr *f*
skid loader shoe Schaufelkufe *f* [tib]
skid resistance Griffigkeit *f* (Straße) [tra]; Rutschfestigkeit *f* [met]
skid risk Rutschgefahr *f*
skid-mark Rutschspur *f* [tra]
skid-mounted auf Kufen [tec]
skid-proof gleitsicher; griffig; rutschfest
skid-proof flooring gleitsicherer Bodenbelag *m*;
  gleitsicherer Fußboden *m*
skid-proof sole gleitsichere Schuhsole *f* [asi]
skid-shoe Gleitkufe *f* (Frontlader) [tib]
skid-shovel Frontlader mit Kufen *m* [tib]
skidding Schleudern *n* [tra]
skidding friction Gleitreibung *f* [phy]
skidding joint Gleitfuge *f*
skidding risk Rutschgefahr *f* [tra]
skilful fachmännisch
skilled personnel Fachkräfte *pl*
skilled worker Facharbeiter *m* [wer]; gelernter
  Arbeiter *m* [wer]; Facharbeiterin *f* [wer]
skim Brennhaut *f* (Oberfläche keramischer Materialien) [met]; Formhaut *f* (Oberfläche keramischer
  Materialien) [met]
skim abgleichen *v* [tib]; ableiten *v* (Oberflächenwasser) [was]; abrahmen *v*; abschäumen *v* [prc];
  abschöpfen *v* (Ölschicht) [prc]; entschäumen *v*
  [prc]

skimmer shovel Flachlöffelbagger *m* [tib];
  Planierbagger *m* [tib]
skimming Abscheiden *n*; Schürfen *n* [tib]
skimming barrier Abschöpfölsperre *f* [was]
skimming coat Glattstrich auf Putz *m*
skimming tank Fettabscheider *m* [was]
skimmings Abhub *m* [geo]
skin coat Feinputz *m*
skin crack Oberflächenriss *m* [met]
skin friction Mantelreibung *f*; Wandreibung *f* [phy]
skin plate kunststoffplattiertes Blech *n* [met];
  Blechhaut *f* [met]
skin surface Mantelfläche *f*
skin, internal - innere Schale *f* (Dachkonstruktion)
skin-irritant hautreizend [asi]
skin-protection plan Hautschutzplan *m* (Arbeitsschutz) [wer]
skinning Abisolieren *v* [elt]
skip Abfallgroßbehälter *m* [rec]; Betonkübel *m*
  [bon] Bodenentleerer *m* (Schachtförderung) [tib];
  Einfüllbehälter für Frischbeton *m* [bon];
  Förderkübel *m* [roh]; Betonbombe *f* [bon]
skip loader Förderkübel *m* [tib]
skip lorry Muldenkipper *m* [tra]; Muldenkippwagen *m* [tra]
skip-type hoist Kippkübelaufzug *m*; Kübelaufzug *m*
skirting Fußleiste *f*; Scheuerleiste *f*; Sockelleiste *f*
skirting block Sockel *m*
skirting-board Fußbodenleiste *f*; Fußleiste *f*; Leiste
  f; Scheuerleiste *f*; Sockelleiste *f*
skirting-board heating Fußleistenheizung *f* [pow]
skiving tool Schälwerkzeug *n* [wzg]
sky component Tageslichtanteil *m* (Beleuchtung in
  Gebäuden)
sky radiation, diffuse - diffuse Himmelsstrahlung *f*
  (Wärmestrahlung) [pow]
skylight Dachfenster *n*; Oberlicht *n* (in Decke);
  Tageslicht *n* (Deckenlicht); Dachluke *f*; Deckenbeleuchtung *f*; Luke *f* (Dachluke)
skylight purlin Oberlichtpfette *f*
skylight radiation diffuse Sonnenstrahlung *f* [phy]
skylight strip Oberlichtband *n*
skylight turret Dachaufsatz *m*
skylight well Lichtschacht *m*
skylight window Dachflächenfenster *n*; Klappfenster *n*
skyline Silhouette *f* (- einer Stadt)
skyscraper Hochhaus *n*; Wolkenkratzer *m*
skyway Gehwege auf zweiter Ebene *m*;
  Fußgängerbrücke *f*
slab Schalbrett *n* [bon]; Schwartenbrett *n* [bon];
  Bohle *f* (Holz) [met]; Fliese *f* [met]; Platte *f*
  (Beton, Stein)
slab and beam construction Plattenbalkendecke *f*
  [bon]

slab block Scheibenhochhaus *n*
slab bridge Plattenbrücke *f*
slab covering Plattenbelag *m*
slab culvert Plattenabzugkanal *m* [wba]; Platten-durchlass *m* [wba]; Deckeldole *f* [wba]
slab floor Plattendecke *f*
slab formwork Plattenschalung *f* [bon]
slab foundation Plattenfundament *n*; Fundament-flachgründung *f*
slab load-bearing test Plattendruckversuch *m* [any]
slab method Plattenbauweise *f*
slab of concrete Betonplatte *f* [bon]
slab paving Plattenbelag *m* (z.B. Gehweg) [tib]
slab tie Plattenanker *m*
slab-column joint Platten-Stützenverbindung *f*
slab-type wall Wandscheibe *f*
slabbing Plattenbelag *m*
slabby limestone Kalkschiefer *m* [geo]
slabstone pavement Plattenbelag *m*
slack Durchhang *m* [des]
slack durchhängen *v*
slack joint Wackelkontakt *m* [elt]
slack lime gelöschter Kalk *m* [met]
slack water Totwasser *n* [was]
slack-rope device Schlaffseilsicherung *f* [asi]
slack-rope switch Schlaffseilschalter *m* [asi]
slackening Lockerung *f* (von Nieten) [stb]
slag base Schlackentragschicht *f* [tib]
slag cement Hüttenzement *m* [met]; Schlacken-zement *m* [met]
slag concrete Leichtbeton *m* [bon]; Schlackenbeton *m* [bon]
slag flour Schlackenmehl *n* [met]
slag lime Hüttenkalk *m* [met]
slag line Schlackenspiegel *m* [roh]
slag pile Schlackenhalde *f* [rec]
slag sand Hüttensand *m* (Zuschlagstoff) [met]
slag sett Schlackenpflasterstein *m* [tib]
slag-heap Schlackenhalde *f* [roh]
slagging Schlackensplittverteilung *f* [tib]; Verschlackung *f* [met]
slakable ablöschbar (Kalk)
slake ablöschen *v* (Kalk); löschen *v* (Kalk) [wer]
slake lime Kalk löschen *v*
slaked gelöscht (Kalk) [met]
slaked lime Calciumhydroxid *n* [che]; Kalkhydrat *n* (gelöschter Kalk) [met]; gelöschter Ätzkalk *m* (Lederbeizung) [met]; gelöschter Kalk *m* [met]; Löschkalk *m* [met]
slaker Kalklöschbehälter *m*
slaking Ablöschen *n* (z.B. Kalk); Nasslöschen *n* (Kalk); Löschung *f* (von Kalk)
slaking behaviour Löschverhalten *n* (Kalk) [met]
slaking bin Löschsilo *m* (Kalk) [prc]
slaking box Löschkasten *m* (Kalk); Löschtrog *m* (Kalk)

slaking of lime Kalklöschen *n*
slaking pan Löschpfanne *f* (Kalk)
slaking pit Löschgrube *f* (Kalk)
slaking process, wet - Nasslöschverfahren *n* (Branntkalk)
slant fracture Schrägbruch *m* [met]
slanted schräg liegend [des]
slanted roof Schrägdach *n*
slanting schräg (geneigt); seitlich abfallend
slanting position Schräglage *f* [des]
slate Schiefer *m* [geo]
slate axe Dachhammer *m* [wzg]
slate façade Schieferfassade *f*
slate quarry Schieferbruch *m* [roh]
slate roof Schieferdach *n*
slate roof cladding Schieferbedachung *f*
slate shingle Schieferschindel *f* [met]
slate slab Schieferplatte *f*
slate tile Schieferziegel *m* [met]
slater Dachdecker *m* (für Schieferdächer)
slater-and-tiler Dachdecker *m*
slatted blind Jalousie *f*
slatted sun screen Jalousette *f*
slaty schieferartig [geo]
slaty sandstone Sandsteinschiefer *m* [geo]
slave system untergeordnetes System *n*
sledger Vorbrecher *m* [roh]
sledging breaker Vorbrecher *m* [roh]
sleeper Schwelle *f* (Eisenbahn) [tra]
sleeper bed Schwellenbett *n* (Bahn) [tra]; Schwellenmulde *f* (Bahn) [tra]
sleeper, upper surface of the - Schwellendecke *f* (Bahn) [tra]
sleeve Buchse *f* (Manschette) [elt]; Hülse *f* (Manschette) [tec]; Manschette *f* (Dichtung) [tec]; Muffe *f* (Hülse); Tülle *f* (Kabel) [elt]
sleeve foundation Köcherfundament *n*
sleeve joint Einsteckstoß *m* [stb]; Rohrstoß mit Einsteckmuffe *m* [tga]; Dichtungsmuffe *f* [tec]; Muffenverbindung *f* [tec]
sleeve pipe Mantelrohr *n* [met]
sleevelet Armschützer *m* [asi]
slenderness ratio Schlankheitsverhältnis *n* [sik]; Schlankheitsgrad *m* [sik]
slew schwenken *v* (Kran, u.a.) [tib]
slewing Verschwenken *n* (Bagger) [tib]
slewing angle Schwenkwinkel *m* (Bagger) [tib]
slewing crane Drehkran *m*; Schwenkkran *m*; Turmdrehkran *m*
slewing drive Schwenkantrieb *m* [tib]
slewing frame Schwenkgerüst *n*
slewing radius Reichweite *f* (Kran, u.a.) [wer]
slewing scraper Drehkratzer *m* [roh]
slide Rutsche *f* [prc]; Schurre *f* [prc]
slide gate Gleitschütz *m*; Schieber *m* (Rinne) [wba]
slide joint Gleitfuge *f*; Gleitfuge *f*

slide-correction excavation Abtrag von Rutschungsmassen *m* [tib]
sliding agent Gleitmittel *n* [met]
sliding contact Schleifkontakt *m* [elt]
sliding door Rolltür *f*; Schiebetür *f*
sliding folding door Faltschiebetür *f*; Harmonikatür *f*
sliding folding partition Ziehharmonikawand *f*
sliding form Gleitschalung *f* [bon]
sliding form paver Gleitschalungsfertiger *m* [bon]
sliding formwork Gleitschalung *f* [bon]
sliding friction Gleitwiderstand *m* [phy]; Gleitreibung *f* [phy]
sliding gate Schiebetor *n*
sliding jack Schlittenwinde *f* [tec]
sliding oil Gleitöl *n* [met]
sliding partition Schiebewand *f*; Versetzwand *f*
sliding plate Gleitblech *n* [tec]; Gleitplatte *f* [tec]
sliding pole Gleitstange *f* [stb]
sliding race Gleitbahn *f*
sliding rail Laufschiene *f*
sliding resistance Gleitsicherheit *f* [asi]
sliding sash Schiebefenster *n*; Schiebeflügel *m* (Fenster)
sliding shuttering Gleitschalung *f* [bon]
sliding support bewegliches Auflager *n*; Gleitlager *n* (Auflager)
sliding surface Gleitfläche *f*
sliding velocity Gleitgeschwindigkeit *f*
sliding wall Schiebewand *f*
sliding weight Einstellgewicht *n* [tec]; Laufgewicht *n*
sliding window Schiebefenster *n*
sliding window, horizontally - horizontales Schiebefenster *n*
sliding window, vertically - vertikales Schiebefenster *n*
slim floor unterzugsfreie Stahlbetondecke *f* [bon]
slime cake Scheideschlamm *m* (Keramik, Mineralstoffe) [met]
slip Schlicker *m* (Keramik) [met]
slip gleiten *v* (ausrutschen); verrutschen *v*
slip form paver Gleitschalungsfertiger *m* [bon]
slip joint Einsteckstoß *m* [stb]; Gleitfuge *f*; Schrumpfverbindung *f* [tec]
slip line Gleitlinie *f*
slip resistance Gleitsicherheit *f* [asi]; Rutschfestigkeit *f* [met]
slip road Auffahrt *f* (Autobahn) [tra]; Auffahrtsstraße *f* [tra]; Einfahrt *f* (Autobahn) [tra]
slip tap Eingusstrichter *m* (für Schlicker) [met]
slip-connected gleitend angeschlossen [stb]; verschieblich verbunden [stb]
slip-form Gleitschalung *f* [bon]
slip-form construction Gleitbauweise *f*
slip-proof gleitfrei

slip-resistant gehsicher (Straße) [met]; gleitfest [met]
slip-resistant flooring rutschfester Bodenbelag *m*
slip-stream Teilstrom *m* [prc]
slipform shuttering Gleitschalung *f* [bon]
slippage Gleiten *n* (Rutschen, Ausrutschen)
slippery film Schmierfilm *m* (Straße) [tra]
slippery floor glatter Fußboden *m*
slipping Abrutschen *n*
slit Schießscharte *f* (befestigtes Gebäude) [arc]
slit width Spaltbreite *f* [des]; Spaltweite *f* [prc]
slop basin Ausguss *m* [tga]
slop hopper Sinkkasten *m* [tga]
slop moulding Handstrichverfahren *n* (Ziegelherstellung) [roh]
slop water Spülwasser *n* [was]
slope Gefälle *n* (Straße); Abhang *m* [geo]; Hang *m* (Berg) [geo]; Böschung *f* (Schräge, Neigung) [geo]; Halde *f*; Neigung *f* (Gelände); Rampe *f* (Auffahrt); Schräge *f*; Steigung *f* (Gewinde) [tec]
slope abböschen *v* [tib]; anschütten *v* [tib]; neigen *v* (schrägstellen)
slope angle Böschungswinkel *m* [tib]
slope deflection theorem Drehwinkelverfahren *n* [sik]
slope erosion Hangerosion *f* [geo]
slope failure Böschungsbruch *m* (Standsicherheit)
slope of cutting Böschung im Einschnitt *f* [tib]; Einschnittböschung *f* [tib]
slope of embankment Dammböschung *f* [geo]
slope of pit Baugrubenwand *f*
slope of roof Dachneigung *f*
slope of the embankment Bahnböschung *f* [tra]
slope of the roof Dachneigung *f*
slope protection Böschungssicherung *f* [tib]
slope roller Böschungswalze *f* [tib]
slope sealing Böschungsdichtung *f* [tib]
slope sett paving Böschungspflaster *n* [tib]
slope stabilization Böschungsbefestigung *f* [tib]; Hangsicherung *f* [tib]
slope toe Böschungsfuß *m*
slope top Böschungskrone *f*
slope trimmer Böschungsplaniermaschine *f* [tib]
slope upwards Steigung *f* [geo]
slope wash Hangabtrag *m* [geo]; Böschungsabschwemmung *f* [geo]; Hangerosion *f* [geo]
sloped turret Faltkegeldach *n*
slopes to be suited to afteruse Böschungsneigungen, die für eine Nachnutzung geeignet sind *f* (Deponie)
sloping abfallend; geneigt (Gebäude); schief (schräg); schräg (Fläche)
sloping Abböschen *n* [tib]
sloping arrow Schrägpfeil *m* (Zeichnung) [des]
sloping block Böschungsstein *m*
sloping concrete Gefällbeton *m* [bon]

sloping direction Gefällerichtung *f* [geo]
sloping ground abfallendes Gelände *n* [geo]
sloping laying Gefälleverlegung *f* (von Rohren)
sloping location Hanglage *f* [geo]
sloping roof Gefälledach *n* (Kirchturm) [arc];
  Schrägdach *n*; Steildach *n*
sloping screed Gefälleestrich *m*
sloping screen Schrägsieb *n* [prc]
sloping side Hangseite *f*
sloppy concrete Flüssigbeton *m* [bon]
slot Spalt *m* (Schlitz); Spalte *f* (Schlitz)
slot weld Langlochnaht *f* (Schweißnaht) [met];
  Lochschweißung *f* [met]; Schlitznaht *f* (Schweißnaht) [met]
slot welding Schlitzschweißung *f* [met]
slotted grate plate Schlitzplatte *f*
slotted hole Langloch *n* [tec]
slotted plate Siebblech *n* [met]
slotted rivet Schlitzniet *m* [tec]
slotted wall Schlitzwand *f*
slotter Schlitzmaschine *f* [wer]; Stoßmaschine *f*
  [wer]
slow blow fuse träge Sicherung *f* [elt]
slow filter Langsamfilter *m* [was]
slow fuse träge Sicherung *f* [elt]
slow sand filter Langsamfilter *m* [was]
slow sand filtration Langsamfiltration *f* [was];
  Langsamsandfiltration *f* [was]
slow-blowing fuse träge Sicherung *f* [elt]
slow-burning insulation feuerhemmende Isolation *f*
slow-hardening langsam erhärtend [met]
slow-setting langsam abbindend [met]
sludge Schlamm [rec]
sludge Schlamm *m* (Faulschlamm, Klärschlamm)
  [rec]; Aufschlämmung *f* [wba]
sludge accumulation Verschlammung *f* [was]
sludge activation Schlammbelebung *f* [was]
sludge activation procedure
  Schlammbelebungsverfahren *f* [was]
sludge activation tank Belebungsbecken *n* [was]
sludge activity Abbauleistung von Belebtschlamm *f*
  [was]
sludge bed Schlammtrockenbeet *n* [prc]
sludge box Schlammkasten *m* [was]
sludge bulking Schlammkonditionierung *f* [was]
sludge cake Filterkuchen *m* [was]; Schlammkuchen
  m [rec]
sludge channel Schlammrinne *f* [was]
sludge clarification plant Schlammkläranlage *f*
  (Zellstoffherstellung ...) [was]
sludge collector Räumer *m* [was]; Schlammausräumer *m* [was]; Schlammkratzer *m* [was]
sludge compartment Schlammraum *m* [was]
sludge concentrator Schlammeindicker *m* [was]
sludge conditioning Schlammkonditionierung *f*
  [was]

sludge decomposition Schlammzersetzung *f* [was]
sludge dehydration Schlammentwässerung *f* [was]
sludge deposit Schlammablagerung *f* [was]
sludge deposition Schlammablagerung *f* [was]
sludge dewatering Feststoffentwässerung *f* [was];
  Schlammeindickung *f* [was]; Schlammentwässerung *f* [was]; Schlammverdickung *f* [was]
sludge dewatering press Schlammtrockenpresse *f*
  [was]
sludge digester Faulbehälter *m* (Klärschlamm)
  [was]
sludge digestion chamber Faulraum *m* [was]
sludge digestion gas Faulgas *n* (Kläranlage) [was]
sludge digestion tank Faulbehälter *m* (Klärschlamm) [was]
sludge digestion tower Faulturm *m* [was]
sludge digestion, anaerobic - anaerobe Schlammfaulung *f* [was]
sludge discharge Schlammaustrag *m* [was]
sludge disposal Schlammbeseitigung *f* [was]
sludge distributor Schlammverteiler *m* (Verteilerscheibe) [was]
sludge drain Schlammablass *m* [was]
sludge draining Schlammeindickung *f* [was];
  Schlammentwässerung *f* [was]
sludge draining valve Schlammablassventil *n* [was]
sludge elutriation Schlammauslaugung *f* [was]
sludge excavator Schlammbagger *m* [wba]
sludge filter Flockenfilter *m* [was]
sludge from primary sedimentation tank Vorklärschlamm *m* [was]
sludge gas Faulgas *n* [was]
sludge incineration Schlammveraschung *f* [prc];
  Schlammverbrennung *f* [rec]
sludge incinerator Schlammverbrennungsofen *m*
  [rec]
sludge lagoon Schlammteich *m* [wba]
sludge outlet Schlammablass *m* [was]
sludge press Filterpresse *f* [was]; Schlammpresse *f*
  [was]
sludge processing Schlammaufbereitung *f* [was]
sludge pump Dickstoffpumpe *f* [prc]; Schlammpumpe *f* [was]
sludge rake Schlammräumer *m* [was]
sludge recovery Schlammrückgewinnung *f* [was]
sludge removal Schlammausräumung *f* [wba];
  Schlammbeseitigung *f* [rec]; Schlammentfernung *f*
  [was]
sludge scraper Schlammausräumer *m* [was];
  Schlammkratzer *m* [was]; Schlammräumer *m* [was]
sludge settling pond Schlammabsetzbecken *n* [was]
sludge settling tank Schlammabsetzbecken *n* [was]
sludge stabilization Schlammstabilisierung *f* [was]
sludge sump Schlammsammelbehälter *m* [was]
sludge tank Schlammbecken *n* [was]; Schlammtank
  m [was]

sludge thickener Schlammeindicker *m* [was]
sludge thickening Schlammeindickung *f* [was]
sludge trap Schlammfang *m* [was]
sludge treatment Schlammaufbereitung *f* [was];
   Schlammbehandlung *f* [was]
sludge treatment, anaerobic - anaerobe Schlammbehandlung *f* (Kläranlage) [was]
sludge utilization Schlammverwertung *f* [rec]
sludge water Trübwasser *n* [was]
sludge, dried - getrockneter Schlamm *m* [was]
sludge, stabilized - stabilisierter Schlamm *m* [was]
sludge, thickened - eingedickter Schlamm *m* [was]
sludgy abschläumbar (Wasserrreinigung) [was];
   schlammhaltig [was]; schlammig [was]
sludgy discard schlammiger Abfall *m* [rec]
sluice Ableitungskanal *m* [wba]; Schütz *m* [wba];
   Schleuse *f* (u.a. Schiff) [wba]
sluice chamber Schleusenkammer *f* [was]
sluice door Schleuse *f* [wba]
sluice gate Wehrschütz *n* [wba]; Ablassschieber *m*
   [wba]; Schütz *m* [wba]; Schleusenklappe *f* [wba]
sluice valve Abzugschieber *m* [was]; Schieberschütz *m* [was]
sluice weir Wehrschütz *n* [wba]
sluiced eingespült [was]
sluicing Einspülverfahren *n* [tib]; Spülspritzverfahren *n* [tib]; Wasserstrahlverfahren *n* [tib]
slum area Elendsviertel *n*
slum clearance Beseitigung verwahrloster Wohnviertel *f* [com]; Sanierung *f* (Wohngebiete) [com]
slump Setzmaß *n* [geo]; Absackung *f* [geo];
   Sackung *f* [tib]; Senkung *f* [geo]; Setzung *f*
slump test Ausbreitversuch *m* (auf Konsistenz)
   [any]; Fließprobe *f* (Konsistenz von frischem
   Beton) [any]; Setzmaßprüfung *f* (Beton) [any]
slump, horizontal - Ausbreitmaß *n* [des]
slump-cone Setzbecher *m* [any]
slumpiness Steifigkeit *f* (- von Frischbeton) [met]
slumping Bergrutsch *m* [geo]; Erdrutsch *m* [geo]
slurry Dekantat *n* (Schlammwasser) [was];
   Schlamm *m* (wässrige Aufschlämmung) [rec];
   Aufschlämmung *f* [was]; Schlämme *f* [met];
   Schlempe *f* [met]; Trübe *f* (Schlammwasser) [was]
slurry pipeline Feststoff-Rohrleitung *f* [was]
slurry pump Schlammpumpe *f* [was]
slurry separator Schlammabscheider *m* [was]
slurry settler Schlammabscheider *m* [was]
slurry tank Absatzbecken *n* (Kläranlage) [was];
   Schlämmbassin *n* (Kläranlage) [was]
slurry trench wall Schlitzwand *f* (Deponie) [tib]
slurry trenching Schlitzwandverfahren *n* [tib]
slurry-forming capacity Schlämmbarkeit *f* [met]
slush Schlamm *m* [geo]
slush pulp Dickstoff *m* [met]
small capital Kapitälchen *n*
small cottage Kate *f*

small flat Kleinwohnung *f*
small furnace installations Kleinfeuerungsanlage *f*
   [pow]
small gravel Feinkies *m* [met]
small housing estate Kleinsiedlungsgebiet *n* [com]
small room Kammer *f*
small units, in - kleinteilig
small-plot farming Kleinfelderwirtschaft *f* [far]
small-scale firing plant Kleinfeuerungsanlage *f*
   [pow]
small-scale test Modellversuch *m* [any]
small-type nickel-cadmium accumulator Nickel-
   Cadmium-Kleinakkumulator *m* [elt]
smear anschlämmen *v* [was]
smell of burning Brandgeruch *m*
smelt schmelzen *v* [met]
smelting Schmelzen *n* [met]
smelting slag Hüttenschlacke *f* [rec]
smoke absorbing device Rauchminderer *m*;
   Rauchverzehrer *m*
smoke and heat exhaust installation Rauch- und
   Wärmeabzugsanlage *f* (Sicherheitstechnik) [tga]
smoke and heat vent Rauch- und Hitzeabzug *m*
smoke baffle Rauchklappe *f* (Sicherheitstechnik)
   [tga]
smoke control Rauchbekämpfung *f* (bei Brand)
smoke detection, air-sampling - Luftproben-
   Rauchmeldung *f*
smoke detector Brandgas-Feuermelder *m* [any];
   Rauchdetektor *m* [any]; Rauchgasmelder *m* [any];
   Rauchmelder *m* [any]
smoke development Rauchentwicklung *f*
smoke emission Rauchentwicklung *f* (bei Brand)
smoke exhaust installation Rauchabzugsanlage *f*
smoke exhaust system Rauchabsauganlage *f*
smoke extract system Rauchabzugssystem *n*
   (Gebäudesicherheit)
smoke extractor Rauchabzug *m* (aktiv)
smoke extractor system Rauchabzugssystem *n*;
   Rauchabzugsanlage *f*
smoke limiter Rauchbegrenzer *m* [any]
smoke mask Rauchschutzmaske *f* [asi]
smoke outlet Rauchabzug *m* (im Gebäude für
   Brandfall); Rauchabzug *m* (passiv)
smoke vent opening Rauchabzugsöffnung *f*
smoke ventilation dome Brandschutzkuppel *f*
smoke-control door Rauchschutztür *f* (Sicherheitstechnik)
smoke-controlled rauchfrei [met]
smokeless zone rauchfreier Bereich *m*
smokestack Kamin *m* [pow]; Rauchgaskamin *m*
   [air]; Esse *f* (Herd)
smooth ausspachteln *v* [wer]; planieren *v*
smooth finish plaster geglätteter Putz *m*
smooth plane Schlichthobel *m* [wzg]
smooth plaster Glattputz *m*

smoothed geglättet
smoothen spachteln *v* [wer]
smoothing beam Glättbohle *f* [wzg]
smoothing belt Glättband *n* [wzg]
smoothing board Abziehlatte *f* [wzg]
smoothing effect Ausgleichswirkung *f*
smoothing equipment Glättvorrichtung *f* [wzg]
smoothing iron Schlichteisen *n* [wzg]
smoothing mortar Spachtelmasse *f* [met]
smoothing plane Putzhobel *m* [wzg]
smoothing plank Glättbohle *f* (Betondecke) [wzg]
smoothing tool Glätter *m* [wzg]
smoothing trowel Glättkelle *f* [wzg]
smoothing varnish Schleiflack *m* [met]
smother belasten *v* (- mit Schadstoffen)
smouldering fire Schwelbrand *m*
snagging Entkrautung *f* (Wasserweg)
snap die Nietdöpper *m* [wzg]; Nietstempel *m* [wzg]
snap head Schließkopf *m* (Nietung) [tec]
snap hinge Schnappscharnier *n* (Möbel)
snow clearing Schneeräumung *f*
snow detector Schneedetektor *m* [any]
snow fence Schneezaun *m*
snow load Schneelast *f*
snow shed Schneeschutzdach *n*; Schneeschutz *m*
snow survey Schneemessung *f* [any]
snug anziehen *v* (Schraube) [wer]
soak aufweichen *v*; auswässern *v*; durchtränken *v*; einweichen *v*; quellen *v* (einweichen); schwemmen *v*; tempern *v* (Keramik); tränken *v* (einweichen); wässern *v* (eintauchen); weichen *v*
soak in einsickern *v* [was]
soak pit Sickergrube *f* (lokale Abwasserklärung) [was]; Sumpfgrube *f* (lokale Abwasserklärung) [was]
soakage pit Sickergrube *f* [was]
soakage system Sickeranlage *f* [was]
soakaway Abflussschicht *f* [was]; Sickeranlage *f* [was]; Sickergrube *f* [was]
soaked weight Nassgewicht *n* (Schlamm u.a.) [met]
soaking Einweichen *n*; Versickern *n* [was]; Wässern *n* [wer]; Durchfeuchtung *f*; Tränkung *f* (Einweichen)
soaring aufstrebend (Bauwerk)
social housing sozialer Wohnungsbau *m*
social segregation soziale Trennung *f* (- in getrennten Stadtvierteln)
social space Sozialraum *m* [com]
socially responsible manner, in a - sozialverantwortlich
socially subsidized flat Sozialwohnung *f* [com]
socket Sockel *m* (Muffe) [tec]; Buchse *f* (Dose) [elt]; Dose *f* (Steckdose) [elt]; Fassung *f* [elt]; Hülse *f* (Laborglasgerät) [met]; Muffe *f* (Fassung) [elt]; Nuss *f* [wzg]; Seilschelle *f* (z.B. an Hängebrücke) [stb]; Steckbuchse *f* [elt]; Steckdose *f* [elt]

socket board Buchsenleiste *f* [elt]
socket coupler Buchsenverbindung *f* [elt]
socket fuse Einschraubsicherung *f* [elt]
socket outlet Steckdose *f* [elt]
socket plug Buchsenstecker *m* [elt]
socket sleeve foundation Hülsenfundament *n*
socket spanner Steckschlüssel *m* [wzg]
socket wrench Aufsteckschlüssel *m* (<A>) [wzg]; Steckschlüssel *m* [wzg]
socket, electric - elektrische Steckdose *f* [elt]
socketed column Pendelstütze *f*
socketed member Pendelstab *m*
socketed stanchion Pendelstütze *f*
sod Rasenstück *n*
soda lime Natronkalk *m* [che]
sodium discharge lamp Natriumdampflampe *f* [elt]
sodium hydroxide solution Natronlauge *f* [che]
sodium sulfur storage battery Natrium-Schwefel-Akkumulator *m* [elt]
soffit Sockel *m*; Laibung *f*; Untersicht *f* [des]
soffit arch Gewölbebogen *m* (Tunnel) [tib]
soffit board Schalbrett *n* [bon]; Traufbrett *n*
soffit scaffolding Bogengerüst *n*
soffit slab Bodenplatte *f*
soft brick Schwachbrandstein *m* [met]
soft copper Weichkupfer *n* [met]
soft cushioning seam Pufferung *f* (polsternde Schweißschicht) [met]
soft extrusion Weichverpressung *f* [wer]
soft glass Fensterglas *n*
soft ground weicher Boden *m* [geo]
soft metal Weichmetall *n* [met]
soft packing Weichdichtung *f* [tec]; Weichstoffdichtung *f* [tec]
soft rock weiches Gestein *n* [geo]; lockerer Fels *m* [geo]; loser Fels *m* [geo]
soft roofing weiche Bedachung *f*
soft solder Weichlot *n* [met]
soft start facility Softstarteinrichtung *f* [elt]
soft starter Sanftanlaufgerät *n* [elt]
soft water weiches Wasser *n* [was]
soft-annealed weichgeglüht [met]
soft-PVC foil PVC-Weichfolie *f* [met]
soft-textured wood Weichholz *n* [met]
softboard Isolierpappe *f* [met]; Weichfaserplatte *f* (aus Holz) [met]
soften dämpfen *v* (Schall) [aku]
softened water enthärtetes Wasser *n* [was]
softener Weichmacher *m* [met]; Weichmacher *m* (Betonzusatz) [met]
softening Enthärtung *f* [was]
softening agent Weichmacher *m* [met]
softening plant Enthärtungsanlage *f* [was]
softening temperature Erweichungstemperatur *f* [met]

soil Erdreich *n* [geo]; Land *n* (Boden) [geo]; Boden *m* (Erdboden) [geo]; Erdboden *m* [geo]; Erdstoff *m* [geo]; Grund *m* (Boden) [geo]
soil verunreinigen *v* (verschmutzen)
soil acidification Bodenversauerung *f* [geo]
soil acidity Bodenacidität *f* [geo]
soil aeration Bodendurchlüftung *f* [geo]
soil aggregate Bodenmischung *f* [geo]
soil air Bodenluft *f* [geo]
soil analysis Bodenanalyse *f* [geo]; Bodenuntersuchung *f* [any]; Erdstoffanalyse *f* [any]
soil atmosphere Bodenluft *f* [geo]
soil auger Erdbohrer *m* [wzg]; Erdbohrer *m* [tib]
soil block Lehmstein *m*
soil boring auger Erdbohrer *m* [tib]
soil capillary Bodenkapillare *f* [geo]
soil cement Bodenbeton *m* [bon]; Erdbeton *m* [bon]
soil changes Bodenveränderungen *pl* [geo]
soil chemistry Bodenchemie *f* [che]
soil class Bodenklasse *f* [geo]
soil cleaning Bodenreinigung *f* [geo]; Bodensanierung *f* [geo]
soil cleaning apparatus Bodenwaschanlage *f* [geo]
soil cleaning plant Bodenwaschanlage *f* [geo]
soil climate Bodenklima *n* [geo]
soil colloid Bodenkolloid *n* [geo]
soil compaction Bodenverdichtung *f*; Erdverdichtung *f* [tib]
soil compaction machine Bodenverdichtungsmaschine *f*
soil compactor Bodenverdichter *m* (Maschine)
soil complex Bodenkomplex *m* [geo]
soil components Bodenbestandteile *pl* [geo]
soil composition Bodenbeschaffenheit *f* [geo]
soil condition Bodenbeschaffenheit *f* [geo]
soil conditioner Bodenverbesserungsmittel *n* [geo]; Bodenhilfsstoff *m* [geo]
soil congelation Durchfrieren des Bodens *n* [geo]
soil conservation Bodenschutz *m* [geo]; Bodenerhaltung *f* [geo]
Soil Conservation Act Bodenschutzgesetz *n* [jur]
Soil Conservation Ordinance Bodenschutzverordnung *f* [jur]
soil consolidation Bodenverdichtung *f* (natürliche -) [geo]; Bodenverfestigung *f* [geo]; Lockergesteinsverfestigung *f* [geo]
soil constituents Bodenbestandteile *pl* [geo]
soil contaminant Bodenschadstoff *m* [geo]
soil contamination Bodenbelastung *f* [geo]; Bodenkontamination *f* [geo]; Bodenvergiftung *f* [geo]; Bodenverschmutzung *f* [geo]; Bodenverunreinigung *f* [geo]
soil core sealing Erdstoffkerndichtung *f* [geo]
soil corrosion Bodenkorrosion *f* [geo]
soil cover Bodendecke *f* [geo]; Bodenkrume *f* [geo]

soil covering Bodenabdeckung *f* [geo]
soil creep Bodenfließen *n* [geo]; Bodenverschiebung *f* [geo]
soil crust Bodenkruste *f* [geo]
soil crusting Bodenverkrustung *f* [geo]
soil cultivation Bodenkultivierung *f* [geo]
soil cutting Bodeneinschnitt *m* [geo]
soil damage Bodenschädigung *f* [geo]
soil decontamination Altlastensanierung *f* [geo]; Bodendekontamination *f* [geo]; Bodenentgiftung *f* [geo]; Bodenentseuchung *f* [geo]; Bodenreinigung *f* [geo]; Bodensanierung *f* [geo]
soil degradation Bodenzerstörung *f* [geo]
soil densification Erdstoffverdichtung *f* [geo]; Erdverdichtung *f* [tib]
soil depletion Bodenerschöpfung *f* [geo]
soil depth Bodenmächtigkeit *f*; Bodentiefe *f* [geo]
soil development Bodenentwicklung *f* [geo]
soil displacement technique Bodenverdrängungsverfahren *n* [geo]
soil distribution Erdmengenverteilung *f* [tib]
soil drainage Bodendränage *f* ([Variante]) [was]; Bodenentwässerung *f* [was]
soil dynamics Bodendynamik *f* [geo]
soil eluviation Bodenauslaugung *f* [geo]
soil engineering Erdbau *m* [tib]; Grundbau *m* [tib]
soil erosion Bodenabtragung *f* [geo]; Bodenerosion *f* [geo]; Flächenerosion *f* [geo]
soil evaluation Bodenbeurteilung *f* [geo]
soil examination Bodenuntersuchung *f* [any]
soil excavation Bodenaushub *m* (Vorgang); Erdaushub *m* [tib]
soil exchange Bodenaustausch *m* [tib]
soil exhaust ventilation Bodenluftabsaugung *f* [geo]
soil exhaust ventilation plant Bodenluftabsaugungsanlage *f* [geo]
soil exhaustion Bodenauslaugung *f* [geo]; Bodenerschöpfung *f* [geo]
soil exploration Bodenuntersuchung *f* [any]
soil failure Grundbruch *m* (Standsicherheit)
soil fertility Bodenfruchtbarkeit *f* [geo]; Bodengare *f* [geo]
soil filter Bodenfilter *m* [geo]
soil filtration Bodenfiltration *f* [geo]
soil flow Bodenfließen *n* [geo]; Bodenkriechen *n* [geo]; Erdfließen *n* [geo]
soil formation Bodenbildung *f* [geo]
soil friction Erdreibung *f* [geo]
soil genesis Bodenbildung *f* [geo]
soil geology Bodengeologie *f* [geo]
soil horizon Bodenhorizont *m* [geo]
soil humidity Bodenfeuchte *f* [geo]; Bodenfeuchtigkeit *f* [geo]
soil impoverishment Bodenverarmung *f* [geo]
soil improvement Bodenverbesserung *f* [geo]; Erdstoffverbesserung *f* [geo]

soil information system Bodeninformationssystem *n* [geo]

soil investigation Baugrunduntersuchung *f* [geo]; Bodenuntersuchung *f* [geo]; Erdstoffuntersuchung *f* [geo]

soil landscape Bodenlandschaft *f* [geo]

soil layer Bodenschicht *f* [geo]; Erdschicht *f* [geo]

soil leaching Bodenauslaugung *f* [geo]; Bodenauswaschung *f* [geo]

soil liner Erdstoffdichtung *f* (Deponie) [rec]

soil loading Bodenbelastung *f* [geo]

soil lysimeter Bodenlysimeter *n* [any]

soil map Baugrundkarte *f* [des]; Bodenkarte *f* [geo]

soil material Erdkörper *m* [geo]

soil maturity Bodengare *f* [geo]

soil mechanics Baugrundmechanik *f* [geo]; Bodenmechanik *f* [geo]; Erdbaumechanik *f* [tib]

soil mixing Bodendurchmischung *f* [geo]

soil mixture Bodengemisch *n* [geo]; Bodenmischung *f* [geo]

soil moisture Bodenwasserhaushalt *m* [geo]; Bodenfeuchte *f* [geo]; Bodenfeuchtigkeit *f* [geo]; Erdfeuchte *f* [geo]

soil moisture content Bodenfeuchtegehalt *m* [geo]

soil moisture deficiency Bodenfeuchtedefizit *n* [geo]

soil moisture deficit Bodenfeuchtedefizit *n* [geo]

soil moisture equivalent Bodenfeuchteäquivalent *n* [geo]

soil moisture probe Bodenfeuchtesonde *f* [any]

soil moisture profile Bodenfeuchteprofil *n* [geo]

soil moisture retention Bodenfeuchterückhalt *m* [geo]

soil moisture, lateral - seitliche Bodenfeuchtigkeit *f* (Erdbau) [geo]

soil moisture, rising - aufsteigende Bodenfeuchtigkeit *f* [geo]

soil mortar Bodenmörtel *m* (Deponie) [geo]

soil movement Bodenbewegung *f* [geo]; Bodenverlagerung *f* [geo]

soil mud silting Bodenverschlämmung *f* [geo]

soil nitrogen Bodenstickstoff *m* [che]

soil parent material Bodenausgangsmaterial *n* [geo]

soil physics Bodenphysik *f*

soil piercing Durchörterung *f* [geo]

soil pile-up Bodenauftrag *m* [geo]

soil plate vibrator Schwingungsplatte *f* (- für Bodenverdichtung) [tib]

soil pollutant Boden verschmutzender Stoff *m* [geo]; Bodenschadstoff *m* [geo]

soil pollution Bodenverschmutzung *f* [geo]; Bodenverunreinigung *f* [geo]

soil porosity Bodenporosität *f* [geo]

soil preparation Bodenvorbereitung *f* [tib]; Lehmaufbereitung *f* (zu Bauzwecken)

soil pressure Bodendruck *m* [geo]; Erddruck *m* [geo]; Bodenpressung *f* [geo]

soil pressure at rest Erdruhedruck *m* (Standsicherheit) [sik]

soil pressure distribution Erddruckverteilung *f* [geo]; Erddruckverteilung *f* (Standsicherheit)

soil pressure, lateral - Erddruck *m* [geo]

soil probe Bodensonde *f* [any]

soil profile Bodenprofil *n* [geo]

soil profile pit Erdaufschluss *m* [geo]

soil property Bodenbeschaffenheit *f* [geo]

soil protection Bodenschutz *m* [geo]; Schutz des Bodens *m* [geo]

soil quality Bodenbeschaffenheit *f* [geo]; Bodengüte *f* [geo]

soil reclamation Bodenrekultivierung *f* [geo]

soil remediation Bodenreinigung *f* [geo]

soil removal technique Bodenentnahmeverfahren *n* [geo]

soil replacement Bodenaustausch *m* [tib]

soil report Bodengutachten *n* [geo]

soil resistance Bodenwiderstand *m* [geo]; Erdwiderstand *m* [geo]

soil respiration Bodenatmung *f* [geo]

soil restoration Bodensanierung *f* [geo]

soil salinization Bodenversalzung *f* [geo]

soil sample Bodenprobe *f* [geo]

soil sampling Bodenprobeentnahme *f* [any]

soil sealing Bodenverdichtung *f*; Bodenversiegelung *f*

soil sediment Bodensatz *m* [geo]

soil shifting Erdbewegungsarbeiten *pl* [tib]

soil solidification Erdstoffstabilisierung *f* [geo]

soil solidification method Bodenverdichtungsverfahren *n* [geo]

soil solidification, chemical - chemische Bodenverfestigung *f* [geo]

soil specimen Bodenprobe *f* [geo]

soil stability Standfestigkeit des Bodens *f* [geo]

soil stabilization Bodenstabilisierung *f*; Bodenverfestigung *f* [geo]; Bodenvermörtelung *f* [tib]

soil stabilization machine Bodenstabilisierungsmaschine *f*

soil stabilizer Bodenstabilisierer *m* (Maschine)

soil strain Bodenschicht *f* (Geologie) [geo]

soil stratification Bodenschichtung *f* (Geologie) [geo]

soil stratum Bodenschicht *f* (Geologie) [geo]

soil strength Bodenfestigkeit *f* [geo]

soil structure Bodengefüge *n* [geo]; Bodenaufbau *m* [geo]; Bodenstruktur *f* [geo]; Erdstoffstruktur *f* [geo]

soil subsidence Bodensenkung *f* [geo]

soil surfacing Verschleißschicht *f* (- aus mechanisch verfestigtem Material) [geo]

soil surveyor Baugrundsachverständiger *m* [geo]; Baugrundsachverständige *f* [geo]

soil temperature Erdtemperatur *f* [geo]
soil testing Bodenuntersuchungen *f* [geo]
soil testing, in situ - Bodenprüfung vor Ort *f* [any]
soil texture Bodenstruktur *f* [geo]; Bodentextur *f* [geo]
soil topographical feature Bodengestalt *f* [geo]
soil topography Bodengestaltung *f* [geo]
soil transport Erdbewegungsarbeiten *pl* [tib]
soil treatment Bodenbehandlung *f* [geo]
soil type Bodentyp *m* [geo]; Bodenart *f* [geo]
soil washing Bodenwäsche *f* [geo]
soil water Bodenwasser *n* [geo]
soil water balance Bodenwasserhaushalt *m* [was]
soil water content Bodenwasserhaushalt *m* [geo]
soil waterproofing Bodenabdichtung *f* [geo]
soil, cohesive - bindiger Boden *m* [geo]
soil-bearing capacity Bodentragfähigkeit *f*
soil-bearing test Bodentragprobe *f* [geo]
soil-bearing value Bodentragwert *m*
soil-covered pipeline erdverlegte Leitung *f* (Versorgungsleitung)
soiling Sauberkeitsschicht *f*; Verschmutzung *f*
solar sonnenbetrieben [pow]
solar absorber Solarkollektor *m* [pow]; Sonnenkollektor *m* [pow]
solar absorber-converter Solarkollektor *m* [pow]; Sonnenkollektor *m* [pow]
solar absorption coefficient Sonnenabsorptionskoeffizient *m* [phy]
solar battery Solargenerator *m*; Solarbatterie *f* [pow]; Sonnenbatterie *f* [pow]; Sonnenzelle *f* [elt]
solar cell Solarbatterie *f* [pow]; Solarzelle *f* [pow]; Sonnenzelle *f* [pow]
solar cell array Solarzellenanordnung *f* [pow]; Solarzellengruppe *f* [pow]
solar cell characteristic Solarzellenkennlinie *f* [pow]
solar cell efficiency Solarzellenwirkungsgrad *m* [pow]
solar cell emitter Sonnenzellenemitter *m* [pow]
solar cell panel Solarelement *n* [pow]
solar cell performance Solarzellenleistungsfähigkeit *f* [elt]
solar cell roof tile Fotovoltaik-Dachziegel *m*
solar cell system Solarzellensystem *n* [pow]
solar cell, conventional - konventionelle Solarzelle *f* [pow]
solar cell, high-efficiency - hochleistungsfähige Solarzelle *f* [pow]
solar cell, ideal - ideale Solarzelle *f* [pow]
solar cell, terrestrial - terrestrische Solarzelle *f* [pow]
solar cell, thin - dünne Solarzelle *f* [pow]
solar collection Solarthermie *f* [pow]
solar collector Solarkollektor *m* [pow]; Sonnenkollektor *m* [pow]

solar collectors Solarkollektor *m* [pow]
solar concentrator Sonnenwärmekonzentrator *m* [pow]; Strahlungsbündler *m* [pow]
solar constant Solarkonstante *f* [pow]
solar control glass Sonnenschutzglas *n* [met]
solar day Sonnentag *m* [pow]
solar dynamics Solardynamik *f* [pow]
solar electric power station Solarkraftwerk *n* [pow]
solar electricity Solarelektrizität *f* [pow]
solar energy Solarenergie *f* [pow]; Sonnenenergie *f* [pow]
solar energy collector Solarkollektor *m* [pow]
solar energy conversion Solarenergiekonversion *f* [elt]; Solarenergieumwandlung *f* [elt]
solar energy conversion, photovoltaic - fotovoltaische Solarenergiekonversion *f* ([Variante]) [elt]
solar energy conversion, terrestrial - terrestrische Solarenergiekonversion *f* [pow]
solar energy engineering Solarenergietechnologie *f* [pow]
solar energy gain, passive - passiver Solargewinn *m* [pow]
solar energy plant Solarkraftwerk *n* [pow]; Solaranlage *f* [pow]; Sonnenenergieanlage *f* [pow]
solar energy power station Solarkraftwerk *n* [pow]
solar energy utilization Sonnenenergienutzung *f* [pow]
solar energy utilization, large-scale - großtechnische Sonnenenergienutzung *f* [pow]
solar engineering Solartechnik *f* [pow]
solar farm Sonnenfarm *f* [pow]
solar filling station Solartankstelle *f* [pow]
solar furnace Sonnenofen *m* [pow]
solar generator Solargenerator *m* [pow]
solar glazing Sonnenschutzverglasung *f*
solar heat Sonnenwärme *f* [pow]
solar heating Solarheizung *f* [pow]; Sonnenbeheizung *f* [pow]; Sonnenheizung *f* [pow]
solar heating system Solarheizungssystem *n* [pow]; Solarwärmeeinrichtung *f* [pow]
solar house sonnengeheiztes Haus *n*
solar hydrogen energy economy solare Wasserstoffenergiewirtschaft *f* [pow]
solar mirror Solarspiegel *m* [pow]; Sonnenspiegel *m* [pow]
solar module Solarmodul *m* [pow]
solar motor Solarmotor *m* [pow]
solar panel Sonnenpaddel *n* (Satellit) [pow]; Solarzellenplatte *f* [pow]; Sonnenkollektorplatte *f* [pow]
solar plant Solaranlage *f* [pow]
solar power Solarenergie *f* [pow]; Sonnenenergie *f* [pow]
solar power farm Sonnenkraftanlage *f* [pow]
solar power generation Solarstromerzeugung *f* [pow]

solar power generator Solargenerator *m* [pow]
solar power plant Solarkraftwerk *n* [pow]; Sonnenkraftwerk *n* [pow]; Solarkraftanlage *f* [pow]
solar power plant, photovoltaic - fotovoltaische
Solarstromanlage *f* ([Variante]) [elt]
solar power station Solarkraftwerk *n* [pow];
Sonnenkraftwerk *n* [pow]
solar power supply Solarstromversorgung *f*
[pow]
solar power system Solarenergiesystem *n* [pow];
Sonnenenergieanlage *f* [pow]
solar protection Sonnenschutz *m*
solar radiation Solarstrahlung *f* [pow]; Sonneneinstrahlung *f* [pow]; Sonnenstrahlung *f* [pow]
solar radiation load Sonnenstrahlungslast *f*
(Wärmebedarfsrechnung) [pow]
solar radiation, direct - direkte Strahlung *f* (Sonneneinstrahlung) [pow]
solar radiation, global - Globalstrahlung *f* (Sonneneinstrahlung) [wet]
solar roof Solardach *n* [pow]
solar screen Sonnenblende *f* (durchsichtig)
solar system Solaranlage *f* [pow]
solar technology Solartechnik *f* [pow]
solar thermal solarthermisch [pow]
solar thermal plant Solarthermieanlage *f* [pow]
solar thermal power plant Sonnenenergie-Wärmekraftwerk *n* [pow]
solar top Sonnendach *n*
solar vacuum-pipe collector solarthermischer
Röhren-Vakuumkollektor *m* [pow]
solar-assisted heat pump system mit Wärmepumpe
gekoppelte Solaranlage *f* [pow]
solar-control glazing Sonnenschutzglas *n* [met]
solar-generated energy Solarenergie *f* [pow];
Sonnenenergie *f* [pow]
solar-generated power Sonnenenergie *f* [pow]
solar-powered betrieben mit Sonnenenergie [pow];
solar betrieben [pow]; solarzellenbetrieben [pow];
solarzellengespeist [pow]
solar-powered housing project Solarsiedlung *f*
solder Lötmittel *n* [met]
solder connection Lötverbindung *f* [met]
soldered bead Lötperle *f* [met]
soldering Löten *n* [wer]; Lötung *f* [wer]
soldering agent Lötmittel *n* [met]
soldering gun Lötpistole *f* [wzg]
soldier beam Brustholz *n*
sole Grundfläche *f* (Sohle); Sohle *f* (Baugrund)
sole agent allein beauftragter Makler *m* (für Immobilie) [eco]
sole bar Tragebalken *m*
sole piece Fußholz *n*
sole plate Bodenplatte *f*; Fußplatte *f*; Schwelle *f*;
Sohlplatte *f*
sole sample Einzelprobe *f* [any]

sole source aquifer Grundwasserreservoir *n*
(Reservoir, das mehr als 50% des Grundwassers
einer Region liefert) [was]
solenoid Magnetspule *f* [elt]; Spule *f* (Magnetspule)
[elt]
solenoid coil Magnetspule *f* [elt]
solenoid switch Magnetschalter *m* [elt]
solenoid-operated magnetbetätigt [elt]
solenoid-operated mechanism Magnetantrieb *m*
[elt]
solid hart (fest); massiv (nicht hohl)
solid Feststoff *m* [met]
solid beam Vollbalken *m*
solid brick Vollziegel *m*
solid brickwork massives Mauerwerk *n*
solid bridge Massivbrücke *f*
solid building Massivbau *m*
solid ceiling Massivdecke *f*
solid colour lichtechte Farbe *f* [met]
solid construction Massivbau *m*; Massivbauweise *f*
solid cylinder Vollzylinder *m* [des]
solid density Feststoffdichte *f* (Dichte des Feststoffs
in der Schüttung) [prc]
solid extinguishing agent Trockenlöschmittel *n*
(Brandschutz) [met]
solid fuel Festbrennstoff *m* [pow]
solid gypsum board Vollgipsplatte *f* [met]
solid line Volllinie *f* (technische Zeichnungen) [des]
solid masonry Vollmauermerk *n*
solid material Feststoff *m* [met]
solid matter Feststoff *m*; Trockensubstanz *f* [met]
solid matter reactor Feststoffreaktor *m* [was]
solid measure Festmaß *n* [des]
solid mineral wastes mineralische Abfälle *pl* [rec]
solid oxide fuel cell oxidkeramische Brennstoffzelle
f [pow]
solid partition Massivzwischenwand *f*
solid profile Vollprofil *n* [met]
solid reinforced concrete deck Stahlbetonplatte *f*
(Brückenbau) [bon]
solid resin Hartharz *n* [met]
solid rock gewachsener Fels *m* [geo]; Kernfels *m*
[geo]
solid section Vollprofil *n* [met]
solid slab Massivplatte *f*
solid soil Hartboden *m* [geo]
solid special waste fester Sonderabfall *m* [rec]
solid sphere Vollkugel *f* [des]
solid steel suspension rod Hängestange aus Vollstahl *f* (Brücke) [stb]
solid structure Massivbau *m*
solid transport Transport von Feststoffen *m* [prc]
solid wall Massivwand *f*
solid waste Festabfall *m* [rec]; fester Abfall *m* [rec];
Feststoffabfall *m* [rec]
solid wood Massivholz *n* [met]; Vollholz *n* [met]

solid, settleable - absetzbarer Stoff *m* [was]
solid-born sound im Baukörper übertragener Schall *m* [aku]
solid-borne sound Körperschall *m* [aku]
solid-plate construction Vollwandkonstruktion *f* [des]
solid-state relay Halbleiterrelais *n* [elt]
solid-state sensor Festkörpersensor *m* [any]
solid-web beam Vollwandträger *m*
solid-web girder, welded - geschweißter Vollwandträger *m* [stb]
solid-webbed vollwandig [des]
solidification Erstarren *n* [met]; Erstarrung *f* [met]; Verfestigung *f* (Verdichtung) [geo]
solidified verfestigt
solidified material Verfestigungsprodukt *n* [met]
solidified product Verfestigungsprodukt *n* [met]
solidifier Verfestigungsmittel *n* [met]
solidify verfestigen *v* (fest werden) [met]; vermörteln *v*
solidifying agent Verfestigungsmittel *n* [met]
solids in suspension Schwebekörper *pl* [met]
solids separator Feststoffabscheider *m* [was]
solids, suspended - abfiltrierbare Stoffe *pl* [was]
solubility in water Wasserlöslichkeit *f* [met]
soluble auflösbar [che]
soluble in acids säurelöslich [che]
soluble in water wasserlöslich [met]
soluble rock lösliches Gestein *n* [geo]
soluble, sparingly - schwer löslich [met]
solum Bodengemenge *n* (aus Ackerkrume und Unterboden) [geo]
solute gelöster Stoff *m* [met]; Lösungsvermittler *m* [che]; gelöste Substanz *f* [met]
solution Lösung *f* (Flüssigkeit) [che]
solution vector Lösungsvektor *m* [mat]
solution-feed dosage Nassdosierung *f* [met]
solutizer Lösungsbeschleuniger *m* [met]
solve auflösen *v* (Stoff) [che]
solvent Lösemittel *n* [met]; Lösungsmittel *n* [met]
solvent adhesive Lösemittelkleber *m* [met]; Lösemittelklebstoff *m* [met]
solvent disposal container Behälter für Lösemittelabfälle *m* [rec]
solvent reclaiming Lösemittelrückgewinnung *f* [rec]
solvent recovery Rückgewinnung von Lösemitteln *f* [rec]
solvent-based lösemittelhaltig [met]
solvent-free lösemittelfrei [met]
solvent-free paint lösemittelfreie Farbe *f* [met]
solvent-resistant lösemittelbeständig [met]
solvent-resisting lösemittelbeständig [met]
solventless lösemittelfrei [met]
sonar device Schallmessgerät *n* [any]
sonic barrier Schallschutzdamm *m* (Straßenbau) [tib]

sonic detector Schalldetektor *m* [any]
sonic pressure sensor Schalldruckmesser *m* [any]
sonication Beschallung *f* [aku]
sonometer Schallmessgerät *n* [any]; Geräuschmesser *m* [any]; Schallmesser *m* [any]
sorption balance Sorptionswaage *f* [any]
sort lesen *v* (klauben) [rec]; scheiden *v* (mechanisch) [prc]; sortieren *v*; verlesen *v* [wer]
sorted waste sortenreiner Abfall *m* [rec]
sorting analysis Sortieranalyse *f* [any]
sorting belt Ausleseband *n* [rec]; Klaubeband *n* (auch bei Rohstoffgewinnung) [rec]; Leseband *n* (auch bei Rohstoffgewinnung) [rec]; Sortierband *n* (Abfallsortierung) [rec]
sorting criterion Sortierkriterium *n* (Abfallsortierung) [rec]
sorting facility Sortieranlage *f* [rec]
sorting machine Sortiermaschine *f*
sorting plant Sortieranlage *f* [rec]
sorting system Sortieranlage *f* [rec]
sorting technology Sortiertechnik *f* [rec]
sorting, hydraulic - hydraulisches Klassieren *n* [prc]
sound Geräusch *n* [aku]; Schall *m* [aku]; Ton *m* (Laut) [aku]; Sonde *f* [any]
sound sondieren *v* [any]
sound abatement Schallabschattung *f* [aku]
sound absorbent schallabsorbierend [aku]
sound absorbent Schalldämmstoff *m* [aku]
sound absorption Schallabsorption *f* [aku]
sound absorption in rooms Raumschalldämpfung *f* [aku]
sound absorption of floor Fußbodenschallisolation *f* [aku]
sound achievement Schallleistung *f* [aku]
sound an alarm Alarm auslösen *v*
sound attenuation Geräuschdämpfung *f* [aku]; Lärmminderung *f* [aku]; Schalldämpfung *f* [aku]; Schallminderung *f* [aku]
sound baffle Schallwand *f* [aku]
sound barrier Schallsperre *f* [aku]
sound conductor Schallleiter *m* [aku]
sound control Schallschutz *m* [aku]
sound damping Geräuschdämpfung *f* [aku]
sound effect Schallwirkung *f* [aku]
sound emission Schallemission *f* [aku]
sound emission analysis Schallemissionsanalyse *f* [any]
sound exposure Schallbelastung *f* [aku]
sound exposure meter Schallbelastungsmesser *m* [any]
sound generation Schallerzeugung *f* [aku]
sound insulation Schallschutz *m* [aku]; Geräuschdämmung *f* [aku]; Lärmdämmung *f* [aku]; Schalldämmung *f* [aku]; Schallisolation *f* [aku]; Schallisolierung *f* [aku]

sound intensity Schallintensität *f* [aku]
sound level Lärmpegel *m* [aku]; Schallpegel *m* [aku]; Lautstärke *f* [aku]
sound level measurement Schallpegelmessung *f* [any]
sound level meter Lautstärkemessgerät *n* [any]; Schallpegelmessgerät *n* [any]; Lautstärkemesser *m* [any]; Schalldruckmesser *m* [any]; Schallpegelmesser *m* [any]
sound level, assessed - Beurteilungspegel *m* [aku]
sound level, continuous - Dauerschalldruckpegel *m* [aku]
sound measurement Lautstärkemessung *f* [any]; Schallmessung *f* [any]
sound of the engine Motorgeräusch *n* [aku]
sound out sondieren *v* [any]
sound perception Schallempfindung *f* [aku]
sound permeability Schalldurchlässigkeit *f* [aku]
sound power Schallenergie *f* [aku]; Schallleistung *f* [aku]
sound power level Schall-Leistungspegel *m* [aku]
sound pressure Schalldruck *m* [phy]
sound pressure level Schalldruckpegel *m* [aku]
sound pressure level, permanent - Dauerschalldruckpegel *m* [aku]
sound pressure metering device Schalldruckmesser *m* [any]
sound production Schallerzeugung *f* [aku]
sound propagation Schallausbreitung *f* [aku]; Schallfortpflanzung *f* [aku]
sound protection measure Schallschutzmaßnahme *f* [aku]
sound protection panel Schallschutzwand *f* [aku]
sound radiation Schallabstrahlung *f* [aku]
sound reduction Schallschutz *m* [aku]
sound reduction glass Schallschutzglas *n* [met]
sound reflection Schallreflexion *f* [aku]
sound rock gesundes Gestein *n* [geo]; fester Fels *m* [geo]
sound screen Schallschutzwand *f* [aku]
sound screening Schallabschirmung *f* [aku]
sound shielding partition Schallabschirmung *f* [aku]
sound signal akustisches Signal *n* [asi]; Schallsignal *n* [asi]
sound source Geräuschquelle *f* [aku]; Lärmquelle *f* [aku]; Schallquelle *f* [aku]
sound spectrum Schallspektrum *n* [aku]
sound transmission Schallübertragung *f* [aku]
sound transmission class Schallschutzklasse *f* [met]
sound transmission connection Schallbrücke *f* [aku]
sound trap Vorrichtung zur Vermeidung des Schallaustritts *f* [aku]
sound volume Lautstärke *f* [aku]
sound volume, reduced - Zimmerlautstärke *f* [aku]

sound-absorbent ceiling Schalldämmdecke *f* [aku]
sound-absorbent cladding schallabsorbierende Maßnahme *f* [aku]
sound-absorbent lining schallabsorbierende Maßnahme *f* [aku]
sound-absorbing schalldämmend [aku]; Schall dämpfend [aku]; schallschluckend [aku]
sound-absorbing brick Akustikziegel *m*
sound-absorbing ceiling Schallschluckdecke *f*; Schallschutzdecke *f*
sound-absorbing construction Akustikbauweise *f*
sound-absorbing door Schallschutztür *f*
sound-absorbing enclosure schallschluckende Verkleidung *f* [aku]; schalldichte Einkapselung *f* [aku]; Schallschutzkapsel *f* [asi]
sound-absorbing hood Schallschutzhaube *f* [asi]
sound-absorbing mat Schallschutzmatte *f* (Arbeitsschutz) [met]
sound-absorbing material schallschluckendes Material *n* [aku]; Schallschluckstoff *m* [aku]
sound-absorbing wall schallschluckende Wand *f*; Schallschutzwand *f* [aku]
sound-absorption treatment Schall absorbierende Maßnahme *f* [aku]
sound-absorptive schallschluckend [aku]
sound-attenuating schalldämmend [aku]
sound-attenuation enclosure schallschluckende Verkleidung *f* [aku]; schalldichte Einkapselung *f* [aku]
sound-boarded ceiling Resonanzboden *m*; Einschubdecke *f*
sound-control glass Isolierglas *n*
sound-control plaster Akustikputz *m*
sound-damping schalldämpfend [aku]
sound-damping Schalldämmung *f* [aku]
sound-deadening Geräuschdämpfung *f* [aku]
sound-deadening board schalldämpfende Platte *f* [aku]
sound-deadening compound Antidröhnmaterial *n* [aku]
sound-deadening material Antidröhnmaterial *n* [aku]
sound-deadening partition Schallschutzwand *f* (Arbeitsschutz) [aku]
sound-insulated schallgedämmt [aku]; schallisoliert [aku]
sound-insulated window Schallschutzfenster *n* [aku]
sound-insulating schalldämmend [aku]
sound-insulating barrier Schallschutzwand *f* (Arbeitsschutz) [aku]
sound-insulating board Schalldämmplatte *f* [met]
sound-insulating ceiling Resonanzboden *m*; Einschubdecke *f*
sound-insulating glass Isolierglas *n*; schalldämmendes Glas *n* [met]

sound-insulating material Schalldämmstoff *m*
[met]; Schallisolierstoff *m* [met]
sound-insulating panel Akustikplatte *f* [met];
Schalldämmplatte *f* [met]
sound-insulating window Schallschutzfenster *n*
[aku]
sound-insulation board Dämmplatte *f* [met]
sound-insulation cabin Lärmschutzkabine *f* [asi]
sound-insulation factor Schalldämmzahl *f* [aku]
sound-insulation in buildings Schallschutz im
Hochbau *m* [aku]
sound-insulation material Schalldämmstoff *m* [aku]
sound-insulation of floor Fußbodenschallisolation *f*
[aku]
sound-insulation sheet Dämmplatte *f* [met]
sound-proofing schalldämpfend [aku]
sound-proofing Schalldämmung *f* [aku]; Schallisolierung *f* [aku]
sound-proofing enclosure schallschluckende
Verkleidung *f* [aku]; schalldichte Einkapselung *f*
[aku]; Schallschutzkapsel *f* [asi]
sound-proofing measure Schallschutzmaßnahme *f*
[aku]
sound-proofing planning Schallschutzplanung *f*
[aku]
sound-proofing window Schallschutzfenster *n*
sound-rated door schallgedämpfte Tür *f*
sound-rating number Lärmbewertungszahl *f* [aku]
sound-reduced schallarm [aku]
sound-reflection method akustische Echolotmethode *f* [any]
sound-resistive glass Isolierglas *n*
sounding Peilung *f* (Wassertiefe) [any]
sounding pole Peilstange *f* [any]
sounding rod Peillatte *f* [any]
soundless geräuschlos [aku]
soundproof geräuscharm (schallgedämpft) [aku];
geräuschundurchlässig [aku]; schalldämmend
[aku]; schalldicht [aku]; schallgeschützt [aku]
soundproof cabin Lärmschutzkabine *f* [asi]
soundproof glass Schalldämmglas *n* [met]
source of danger Gefahrenherd *m* [asi]
source of electricity Elektrizitätsquelle *f* [elt]
source of energy Energieträger *m* [pow]
source of fire Brandherd *m*; Brandursache *f*
source of hazards Gefahrenquelle *f* [asi]
source of vibration Erschütterungsquelle *f*
source rock Muttergestein *n* [geo]
south face Südwand *f*
southbound direction südliche Richtung *f*
space Abstand *m* (Raum); Fläche *f* (Flächenbedarf;
Büro-/Hallenfläche) [des]; Luft *f* (Spielraum) [des]
space anordnen *v* (mit Zwischenraum)
space air conditioning Raumklimatisierung *f*
space arrangement Flächenaufteilung *f* [arc];
Raumaufteilung *f* [arc]

**space between the building and the plot boundary,
free -** Abstandsfläche *f* [com]
space cooling Raumkühlung *f*
space enclosed umbauter Raum *m*
space frame räumliches Rahmentragwerk *n* [stb];
Raumfachwerk *n* [stb]
space frame structure räumliches Fachwerk *n*;
Raumfachwerk *n*
space framework räumliches Fachwerk *n*
space gain Raumgewinn *m*
space heat Raumwärme *f* [pow]
space heater Raumheizgerät *n* [pow]; Raumerhitzer
m [pow]
space heating Gebäudeheizung *f* [pow];
Raumheizung *f* [pow]
space heating installation Raumheizungsanlage *f*
[pow]
space heating system Raumheizung *f* [pow]
space of living Wohnbereich *m*
space planning Flächenaufteilung *f*
space required Flächenbedarf *m*; Raumbedarf *m*
space requirement Flächenbedarf *m*
(Notwendigkeit); Raumbedarf *m*
space truss räumliches Fachwerk *n*; Raumfachwerk
n [stb]
space velocity Volumengeschwindigkeit *f* (Kehrwert
der Verweilzeit in chem. Reaktoren unter Eintrittsbedingungen) [prc]
space within an space Raum im Raum *m* [com]
space, behavioural - Verhaltensraum *m* [arc]
space, free - unbebaute Fläche *f*
space, operative - Handlungsraum *m* [arc]
space, personal - persönlicher Raum *m* [arc]
space, subjective - erlebter Raum *m* [com]
space-enclosing wall Raum umschließende Wand *f*
space-saving Raum sparend [des]
spaced mit Abstand; unterteilt
spacer Distanzstück *n* [stb]; Zwischenstück *n*;
Abstandhalter *m* [tec]; Distanzhalter *m* [tec];
Distanzscheibe *f* [tec]; Unterlegplatte *f* [tec]
spacer bar Verteilereisen *n* (Bewehrung)
spacer block Unterlegklotz *m*
spaces, adjacent - benachbarte Räume *pl* [com]
spaces, interlocking - sich überschneidende Räume
pl [com]
spacing bar Abstandshalter *m* [stb]
spacing bolt Abstandsbolzen *m*; Distanzbolzen *m*
spacing of columns Stützenraster *n*
spacing of piles Pfahlabstand *m*
spacing of reinforcement bars Abstand von
Bewehrungsstäben *m* [bon]
spacing of stirrups Bügelabstand *m* [des]
spacing of trusses Binderabstand *m* [stb]
spacing piece Beilegblech *n* [tec]; Abstandhalter *m*
[tec]
spacing profile Distanzprofil *n*

spacing regulations Abstandsregelung *f*
spaciousness Weiträumigkeit *f*
spackle verfugen *v*; vergipsen *v*; verspachteln *v*
spall Steinsplitter *m* [met]
spall abblättern *v* (Gestein); abplatzen *v* (Material) [met]
spall away abplatzen *v* [met]; sich abspalten *v* [met]
spall drain Sickerdrän *m* [was]
spalling Abplatzen *n* (Material) [met]
spalling hammer Schrothammer *m* [wzg]
span Brückenfeld *n* (Bahn); Feld *n* (Brücke, Träger) [stb]; Feldlänge *f* (Fachwerk); Öffnung *f* (z.B. einer Brücke) [stb]; Spannweite *f* [des]; Stützlänge *f* (Träger); Stützweite *f* [stb]
span überbrücken *v* (überspannen)
span length Spannweite *f* (z.B. Brücke) [des]; Stützweite *f* (z.B. Brücke) [des]
span moment Feldmoment *n* [sik]
span of arch Bogenweite *f*
span pole Abspannmast *m*
span range Stützweitenbereich *m* (Brücken)
span width Spannweite *f* (Brücke)
spandrel Ständer *m*; Zwickel *m*; Fensterbrüstung *f*
spandrel beam Randbalken *m*; Randträger *m*
spandrel panel Brüstungselement *n*
spandrel wall Vorsatzwand *f*
spandrel-braced arch bridge Bogenbrücke mit aufgeständerter Fahrbahn *f* [stb]
spandrel-braced bridge Bogenbrücke mit aufgeständerter Fahrbahn *f*; Bogenfachwerkbrücke *f*
Spanish tile Mönchziegel *m* [arc]
Spanish tile roof Mönch-und-Nonnen-Dach *n* [arc]
spanner Schlüssel *m* (<B> Werkzeug) [wzg]; Schraubenschlüssel *m* (<B>) [wzg]
spar Sparren *m*
spar piece Kehlbalken *m*
spar varnish Außenlack *m* [met]
spare battery Reservebatterie *f* [elt]
spare line Reserveleitung *f* [elt]
sparging Sprühbelüftung *f* [was]
spark arrestor Funkenableiter *m* [asi]
spark current Durchschlagstrom *m* [elt]
spark ignition Funkenzündung *f* [asi]
sparkover Durchschlag *m* (Funken) [elt]
sparse porosity verstreute Poren *pl* [met]
sparsely populated menschenarm
spat Gamasche *f* [asi]
spatial dreidimensional; räumlich
spatial arrangement räumliche Anordnung *f* [des]
spatial development räumliche Entwicklung *f*
spatial development, balanced - ausgewogene Entwicklung des Raumes *f*; ausgewogene Raumentwicklung *f*
spatial distribution räumliche Verteilung *f*
spatial organization Organisation von Raumeinheiten *f* [arc]

spatial pattern räumliches Muster *n* [arc]; Raummuster *n*
spatial relationships Raumgefüge *n* [com]
spatial requirement Raumbedarf *m*
spatial rigidity räumliche Steifigkeit *f* (Fachwerk)
spatial separation räumliche Trennung *f*
spatial sequence Raumfolge *f*
spatial stiffness räumliche Steifigkeit *f* (Fachwerk)
spatial structure räumliche Struktur *f* [arc]
spatial structure, balanced - ausgewogene Raumstruktur *f*
spatula Spachtel *m* (Werkzeug) [wzg]; Spatel *m* [wzg]
special design Sonderausführung *f* [des]
special development area Sonderbaufläche *f*
special development zone Sonderbaufläche *f*
special fitting Spezialbeschlag *m* [tec]
special liquid waste flüssiger Sonderabfall *m* [rec]
special load Sonderlast *f* [sik]
special mortar Spezialmörtel *m* [met]
special seam Sondernaht *f* (Schweißnaht) [met]
special supervision, which requires - besonders überwachungsbedürftig [rec]
special use Sondernutzung *f*
special vehicle Sonderfahrzeug *n* [tra]
special waste Sonderabfall *m* [rec]
special-purpose area Sonderbaufläche *f* [com]
special-purpose association Zweckverband *m*
special-purpose steel Sonderstahl *m* [met]
special-use corridor Vorhaltefläche *f*
special-use corridors Flächenvorhaltung *f*
specialist fachlich
specialist company Fachbetrieb *m* [eco]
specialist design Fachentwurf *m* [des]
specialist market Fachmarktzentrum *n* [eco]
species of stone Gesteinsart *f* [geo]
specific discharge Abflussspende *f* [was]
specific gravity Eigengewicht *n* [phy]; Raumgewicht *n* [phy]; spezifisches Gewicht *n* [phy]; Dichte *f* (spez. Gewicht) [phy]; relative Dichte *f* [phy]
specific gravity, apparent - Rohdichte *f* [met]
specific gravity, real - Reindichte *f* [met]
specific load Flächenlast *f*
specific weight spezifisches Gewicht *n* [phy]
specification Baubeschreibung *f*; Bestimmung *f* (Vorschrift); Bezeichnung *f* (genaue -); Leistungsbeschreibung *f*; Vorschrift *f* (Spezifikation)
specification cement Normalzement *m* [met]
specification group Anforderungsgruppe *f*
specification property Normeigenschaft *f*
specification sheet Datenblatt *n* [des]; Spezifikationsblatt *n* [des]
specifications Lieferbedingungen *pl* [eco]; technische Daten *pl* [des]; technische Vorschriften *pl* [des]; Leistungsverzeichnis *n* [eco]

specified vorgeschrieben
specified dimension Entwurfsmaß *n* [des]
specified size Sollmaß *n* [des]
specified, unless otherwise - falls nicht anders
angegeben (auf Zeichnungen) [des]
specify genau angeben *v*; vorschreiben *v*
specimen Probestück *n* [any]; Versuchsstück *n*
[any]; Probe *f* (Probekörper) [any]; Probekörper *f*
[any]
specimen of building element Bauteilprobe *f* [any]
speculative building Bau auf eigene Rechnung *m*
[eco]
speed Drehzahl *f*; Geschwindigkeit *f* [phy]
speed bump Straßenschwelle *f* [tra]
speed control, closed-loop - Drehzahlregelung *f*
[elt]
speed detector Geschwindigkeitsdetektor *m* [any]
speed hump Straßenschwelle *f* (zur Geschwindigkeitsabsenkung) [tra]
speed measurement Geschwindigkeitsmessung *f*
[any]
speed of response Ansprechgeschwindigkeit *f* [any]
speed restriction, physical - Straßeneinbaute *f* [tra]
speed-controlled drive drehzahlgeregelter Antrieb
m [elt]
speedway kreuzungsfreie Schnellstraße *f* (<A>) [tra]
spend verbrauchen *v* (Ressourcen, Energie) [pow]
spend energy Energie verbrauchen *v* [pow]
spent blasting grit verbrauchter Strahlsand *m*
(Oberflächenbehandlung) [rec]
spherical kugelförmig
spherical bearing Kalottenlager *n* [stb]; Punktkipplager *n* [stb]
spherical dome Hängekuppel *f* [arc]
spherical plane Kugelfläche *f* [des]
spherical reservoir Kugelbehälter *m* [wba]
spider Kreuzverstrebung *f*
spider wheel Drehkreuz *n*
spigot Wasserhahn *m* [tga]
spill verschütten *v*
spill-over level Überlaufpegel *m* [wba]
spillage Verschütten *n*
spillway Entlastungswehr *n* [wba]; Überfallwehr *n*
[wba]; Überfall *m* [wba]; Überlauf *m* (Rinne)
[was]; Überlaufrinne *f* [was]
spillway apron Sturzbett *n* [wba]
spillway apron of a barrage Unterlauf eines Stauwehres *m* [wba]
spillway canal Entlastungskanal *m* [wba]; Überlaufkanal *m* [wba]
spillway channel Hochwasserentlastungskanal *m*
[wba]; Überlaufkanal *m* [wba]
spillway crest Überfallkrone *f* (Talsperre) [was];
Überfallschwelle *f* (Talsperre) [was]
spillway crest level Überfallhöhe *f* (Talsperre)
spillway crest, circular - Ringüberlaufkrone *f* [was]

spillway design flood Bemessungshochwasser *n*
[wba]
spillway gate Überlaufverschluss *m* (bei Hochwasser) [wba]
spillway, open - Freistrahlüberlauf *m* [was]
spindle Spindel *f* [tec]; Spreize *f*
spindle stairs Wendeltreppe *f*
spine road Hauptverkehrsstraße *f* (entspr. Verkehrsader) [tra]
spine wall Mittellängswand *f*
spinning Schleudern *n* (z.B. Schleuderguss) [wer]
spinning wheel Spannrolle *f* (Hängebrückenbau)
spiral auger Schneckenbohrer *m* [wzg]
spiral belt conveyor Wendelgurtförderer *m* [prc]
spiral bit Spiralmeißel *m* [wzg]
spiral chute Wendelrutsche *f* [prc]
spiral classifier Schraubenklassierer *m* [prc];
Spiralklassierer *m* [prc]; Spiralsichter *m* [prc]
spiral conveyor Spiralförderer *m* [prc]; Förderschnecke *f* [prc]; Transportschnecke *f* [prc]
spiral duct Druckspirale *f* (Vorspannung) [bon]
spiral elevator Wendelförderer *m* [prc]
spiral feeder Spiralförderer *m* [prc]
spiral flow Wendelströmung *f* [prc]
spiral outlet Drallauslass *m* [air]
spiral pump Schneckenpumpe *f* [was]
spiral reinforcement Spiralbewehrung *f* [bon]
spiral reinforcing machine Spiralarmierungsmaschine *f* [bon]; Spiralbewehrungsmaschine *f* [bon]
spiral staircase Wendeltreppe *f*
spiral stairs Wendeltreppe *f*
spiral stirrup Spiralbewehrung *f* [bon]
spiral tube Rohrschlange *f* [met]
spiral-flow tank Durchlaufbelebungsbecken *n* [was]
spiral-shaped spiralförmig
spiral-staircase tower Wendeltreppenturm *m*
(Renaissance) [arc]
spire Turmhelm *m* (Gotik) [arc]; Turmspitze *f*
(Kirchturm)
spire-like pinnacle Spitztürmchem *n* (Gotik) [arc]
spirit level Libelle *f* (Wasserwaage) [any]; Wasserwaage *f* [any]
splash goggles Spritzschutzbrille *f* [asi]
splash guard Spritzschutz *m* [asi]
splash lubrication Tauchschmierung *f* [tec]
splash plate Umlenkblech *n* [was]; Spritzteller *m*
[was]
splash shield Spritzschutz *m* [asi]
splash water Spritzwasser *n* [was]
splash-proof electrical apparatus spritzwassergeprüftes elektrisches Gerät *n* [elt]
splashing rainwater Spritzwasser *n*
splatter Schweißspritzer *m* [met]
splay angle Spreizwinkel *m* [des]
splayed joint Fuge mit Schrägkante *f* (V-förmig);
Fuge mit Schrägkanten *f*; V-Fuge *f*

splaying Abkantung *f* (Treppe); Abschrägung *f* (Gewölbe)

splice Armierungsstoß *m* [bon]; Bewehrungsstoß *m* [bon]; Gurtstoß *m* (Spundwand); Laschenstoß *m* [stb]; Stoßen *n* [bon]; Stumpfstoß *m* [stb]; Überdeckungsstoß *m* [bon]; Überlappungsstoß *m*; Laschenverbindung *f* [stb]; Verbindungsstelle *f* [tec]

splice aufständern *v* [wer]; verlaschen *v* [wer]

splice angle Winkellasche *f* [stb]

splice bar Anschlusseisen *n* (Stahlbeton); Steckeisen *n*

splice joint Laschenstoß *m* [stb]; Laschenverbindung *f*

splice member Stoßdeckungsteil *n* [stb]

splice plate Stoßblech *n*; Decklasche *f* [stb]; Stoßlasche *f* [stb]; Verbindungslasche *f* (Spundwand)

splice reinforcement Stoßbewehrung *f* [bon]

splice separation Stoßlösung *f*

splice-plate bolt Laschenbolzen *m* [stb]

splice-plate riveting Laschennietung *f* [stb]

splices are to be staggered Stöße versetzt anordnen *v*

splices in reinforcement Stöße von Bewehrungen *pl* [bon]

splicing Überlaschung *f* [stb]

splicing bolt Gurtstoßschraube *f* (Spundwand)

spline Endverzahnung *f* [stb]

splintering Absplitterung *f*; Aufsplitterung *f*

split reißen *v* (Holz); teilen *v* (spalten)

split hammer rotary granulator Feinhammerbrecher *m* [prc]

split off abspalten *v*

split pediment Sprenggiebel *m* (klassische Fassade) [arc]

split pin Spreizdorn *m* [wzg]

split tile Spaltplatte *f* (Ziegel)

split-bottom dump geteilte Bodenentleerung *f* [tra]

split-level house Haus mit versetzten Geschossebenen *n*; Terrassenhaus *n*

splitter Spaltmaschine *f*

splitting head Spaltkopf *m* [wzg]

splitting strength, tensile - Spaltzugfestigkeit *f* (Beton) [met]

splitting tensile test Spaltzugversuch *m* [any]

spoil Abraum *m*; ausgehobener Boden *m* [geo]; Aushub *m* (Baugruben) [geo]; Baggeraushub *m*

spoil area Aussatzkippe *f* [rec]

spoil by overdevelopment zersiedeln *v*

spoil clay Haldenton *m* [met]

spoiled by overdevelopment zersiedelt

spontaneous discharge Selbstentladung *f* (Batterie) [elt]

spoon Kelle *f* [wzg]

spoon bit Löffelbohrer *m* [wzg]

spoon dredge Löffelbagger *m*

spoon dredger Löffelbagger *m*

spoon-bit gouge Löffelhohlmeißel *m* [tib]

sporadic building wilde Bebauung *f*

sports arena Sportarena *f*

sports hall Sporthalle *f*

spot sample Einzelprobe *f* [any]

spot turn auf der Stelle wenden *v* (Baufahrzeug)

spot-welded punktgeschweißt [wer]

spot-welded joint Punktschweißverbindung *f* [tec]

spotting Anortbringung *f* (Arbeitsgerät) [tib]

spout Auslaufrohr *n*; Stutzen *m* [tec]; Auslaufrinne *f* [was]

sprawl Ausdehnung der bebauten Fläche (Städte)

sprawl Zersiedelung *f*; ausufern *v* (Städte)

spray Dusche *f*

spray besprengen *v* (besprühen); besprühen *v*

spray application Spritzauftrag *m* (Farbe, u.a.) [wer]

spray bar Berieselungsrohr *n* [was]; Strengrohr *n* [was]

spray booth effluents Abwasser aus Spritzkabinen *n* [was]

spray coat Spritzauftrag *m* [met]; Sprühfilm *m* [met]

spray cone Sprühkegel *m* [prc]

spray gun Spritzpistole *f* [wzg]

spray lacquer Spritzlack *m* [met]

spray mask Spritzschutzmaske *f* [asi]

spray nozzle Sprühdüse *f* [prc]

spray paint Spritzlack *m* [met]

spray pipe Spritzrohr *n* [wer]

spray test Sprühtest *m* (EN 468) [any]

spray-bottle Spritzflasche *f*; Sprühflasche *f* [wzg]

spray-gun mix Spritzmasse *f* [met]

spray-on insulation aufspritzbare Isolierschicht *f*

spray-painted gespritzt

sprayed asbestos Spritzasbest *m* [met]

sprayed concrete Spritzbeton *m* [bon]

sprayed insulation aufgespritzte Isolierschicht *f*; Spritzisolierung *f*

sprayed layer Spritzlage *f* [met]

sprayed plaster Spritzputz *m*

sprayed render, light clay - Leichtlehm-Spritzmörtel *m* (Fachwerkbau) [met]

sprayed rendering Spritzputz *m*

sprayer nozzle Spritzdüse *f* [wzg]

spraying Auftragen im Spritzverfahren *n*; Zerstäubung *f* [prc]

spraying gun Sprühpistole *f* [wzg]

spraying paint Spritzlack *m* [met]

spraying pistol Spritzpistole *f* [wzg]; Sprühpistole *f* [wzg]

spraying technique Spritzverfahren *n* [wer]

spread foundation Lastverteilungsfundament *n*; Flächengründung *f* (Fundament)

spread of daub Bewurf *m* (aus Strohlehm)

spread of fracture Bruchausbauchung *f* [met]

spread with cement zementieren *v*
spreader Traverse *f* [stb]
spreader bar Verteilereisen *n*
spreader conveyor Bandabwurfgerät *n* [prc];
  Bandabsetzer *m* [prc]
spreader feeding Aufwurfbeschickung *f* [prc];
  Wurfbeschickung *f* [prc]
spreader-ditcher Einebnungspflug *m* [tib];
  Planierpflug *m* [tib]
spreading Einstauen *n* (großflächige Verteilung)
  [wba]; Aufbringung *f* [geo]
spreading and levelling Einplanieren *n* [tib]
spreading basin Sickerbecken *n* [was]
spreading capacity Ausgiebigkeit *f* (Anstrich)
  [met]; Ergiebigkeit *f* (Anstrich) [met]
spreading fill Einbau von Füllmaterial *m*
spreading fire Flugfeuer *n*
spreading range Streuungsbereich *m* [any]
spreading screw Verteilerschnecke *f* [tib]
spreading site Vortriebstelle *f* (Straßenbau) [tib]
spreading thickness Auftragdicke *f*
spring Brunnen *m* (Quelle) [was]; Feder *f* [tec]
spring federn *v*
spring hinge, double-action - Pendeltür-Federband *n*
spring of an arch Bogenansatz *m*
spring resistance Federkraft *f* [met]
spring steel Federblech *n* [met]; Federstahl *m* [met]
spring tension Federspannung *f* [met]
spring washer Federscheibe *f* [tec]
spring water Quellwasser *n* [was]
spring wire Federdraht *m* [met]
spring-supported shaker conveyor Wuchtförderer
  m [prc]
spring-type roller mill Federkraftwalzenmühle *f*
  [prc]
springer Kämpfer *m*
springer stone Kämpferstein *m*
springer tile Anwölber *m* (Ziegel); Bogenkämpfer
  m (Ziegel)
springiness Federkraft *f* (Elastizität) [phy]
springing hinge Kämpfergelenk *n*
springing point Kämpferpunkt *m* (Kirchenbau) [arc]
sprinkle besprengen *v* (besprühen); besprühen *v*
sprinkle with sand besanden *v* [met]
sprinkler Feuerlöschbrause *f* [asi]
sprinkler and water spray fire-extinguishing
  installation Feuerlöschanlage mit Sprinkler und
  Wassersprühanlage *f* [asi]
sprinkler equipment room Sprinklerzentrale *f*
sprinkler installation Beregnungsanlage *f*
  (Brandbekämpfung)
sprinkler nozzle Sprinklerdüse *f* (Brandschutz)
sprinkler plant Sprinkleranlage *f* (Brandschutz)
sprinkler system Feuerlöschanlage *f*; Sprinkleranlage *f* (Brandschutz); Sprinklerfeuerlöschanlage *f*
  (Brandschutz)

sprinkling filter Tropfkörper *m* [was]
sprinkling system Berieselungsanlage *f*
sprocket Kettenritzel *n* [tec]; Zahnkettenrad *n* [tec];
  Turas *m* [tec]; Zahn *m* (Kettenrad) [tec];
  Zahnkranz *m* [tec]
sprocket chain Gelenkkette *f* [tec]; Zahnkette *f*
  [tec]
sprocket shaft Turaswelle *f* [tec]
sprocket wheel Antriebsrad *n* [tec]; Kettenrad *n*
  [tec]
sprung gebrochen (Holzbalken)
spud hoist Pfahlwinde *f* (Nassbagger) [tib]
spud rope Pfahlseil *n* (Nassbagger) [tib]
spud vibrator for concrete Betoninnenrüttler *m*
  [bon]; Betoninnenvibrator *m* [bon]
spun concrete Schleuderbeton *m* [bon]
spun concrete pipe Schleuderbetonrohr *n* [bon]
spun pipe Schleudergussrohr *n* [met]
spun-glass insulation Glaswolleisolierung *f* [met]
spur track Nebengleis *n* (Bahn) [tra]
spurious tripping ungewolltes Auslösen *n* (Schalter,
  Signal) [elt]
spy-hole Schauloch *n* (Tür-); Spion *m* (Tür-)
square quadratisch; rechteckig
square Platz *m* (in Städten, Markt-)
square bar Vierkantstab *m* [met]; Vierkantstange *f*
  [met]
square bar steel Vierkantstahl *m* [met]
square bars Vierkantmaterial *n* [met]
square brick Ziegelplatte *f* (Dach-)
square edge Steilflanke *f*
square head Vierkantkopf *m*
square head plug Vierkantstopfen *m* [tec]
square masonry Quadermauerwerk *n* [arc]
square member Vierkantstab *m* [stb]
square metres per inhabitant Quadratmeter pro
  Einwohner *m* [com]
square peg Vierkantdübel *m* (Holzbau)
square rod Vierkantstange *f* [met]
square section Vierkantstahl *m* [met]
square steel tube Quadratstahlrohr *n* [met]
square stone block Quaderstein *m*
square tile Ziegelplatte *f* (Dach-)
square trowel Putzkelle *f* [wzg]
square tube Vierkantrohr *n* [met]
square, be - im Winkel sein [des]
square-cornered scharfkantig
square-edged scharfkantig
square-section rod Vierkantstab *m* [met]
squared vollkantig
squared timber Kantholz *n* [met]
squared-off area abgewinkelte Fläche *f*
squareness Rechtwinkligkeit *f* [des]; Winkelhaltigkeit *f* [des]
squares Vierkantstahl *m* [met]
squash strength Quetschfestigkeit *f* [met]

squatter illegaler Siedler *m*
squinch Trompe *f* (Kuppel) [arc]
squinch arch Strebenbogen *m* [stb]
squirrel-cage armature Käfigläufer *m* [elt];
Kurzschlussläufer *m* [elt]
squirrel-cage induction motor Kurzschlussankermotor *m* [elt]
squirrel-cage rotor Kurzschlussläufer *m* [elt]
stability Beständigkeit *f* (Stabilität); Haltbarkeit *f*
(Stabilität); Kippsicherheit *f* [tec]; Standfestigkeit
f [sik]; Standruhe *f*; Standsicherheit *f*; Widerstandsfähigkeit *f*
stability against collapse Standsicherheit *f*
stability against local buckling Beulsicherheit *f*
[met]
stability against sliding Gleitsicherheit *f* [met]
stability against tilting Kippsicherheit *f*
stability analysis Stabilitätsnachweis *m* [des];
Standsicherheitsnachweis *m* [des]
stability calculation Standsicherheitsnachweis *m*
stability check Standsicherheitsnachweis *m*
stability of the ground Standfestigkeit des Bodens *f*
[geo]
stability of volume Raumbeständigkeit *f* [met]
stability problem Stabilitätsproblem *n* [sik]
stability test Haltbarkeitsprüfung *f* [any]
stability under load Standvermögen *n*
stabilization Stabilisierung *f*; Verfestigung *f*
(Stabilisierung) [geo]
stabilization of slope Böschungssicherung *f* [tib]
stabilized sludge, chemically - chemisch stabilisierter Schlamm *m* [was]
stabilizer Stabilisiermittel *n* [met]; Stabilisierer *m*
(Betonzusatz) [met]
stable kippsicher; standsicher
stable channel stabiles Gerinne *n* [was]
stable equilibrium stabiles Gleichgewicht *n* [phy]
stable humus Dauerhumus *m* [geo]
stable rock festes Gestein *n* [geo]
stable to light lichtbeständig [met]
stack Kamin *m* [pow]; Schornstein *m* [air]
stack aufhalden *v*; aufschichten *v* (Lagerware, Bretter etc.); stapeln *v*
stack access ladder Schornsteinsteigleiter *f* [pow]
stack base Kaminfuß *m* [pow]; Schornsteinfuß *m*
[pow]
stack buoyancy Schornsteinauftrieb *m* (Auftrieb der
Rauchgase) [pow]
stack draught Kaminzug *m* (<B> Auftrieb) [pow]
stack effect Kaminwirkung *f* [phy]
stack flue Kaminröhre *f* [pow]; Schornsteinröhre *f*
[pow]
stack loss Kaminverlust *m* [pow]
stack of sieves Siebsatz *m* [any]
stack section Kaminschuss *m* [pow]
stackable stapelbar; stapelfähig

stacked übereinander angeordnet
stacked-heap composting Mietenkompostierung *f*
[rec]
stacker Bandabwurfgerät *n* [prc]; Bandabsetzer *m*
[prc]
stacker belt Auslegerförderband *n* [prc]
stacking aid Stapelhilfe *f*
stacking bay Stapelhalle *f* [wer]
stacking frame Stapelrahmen *m*
staff Stab *m* (Fachwerkhäuser)
staff gauge Pegellatte *f* [any]
staff restroom Personaltoilette *f* [wer]
staff-room equipment Personalraumeinrichtung *f*
stage Abschnitt *m* (Bau-); Bauabschnitt *m*
stage inspection vorgezogene Bauprüfung *f*
stage of building Bauabschnitt *m*
stage of construction Bauabschnitt *m*; Bauphase *f*;
Baustufe *f*
stage of extension Ausbaustufe *f*
stage of planning Planungsstadium *n* [des]
stage-by-stage erection abschnittweise Errichtung *f*
stagewise operation Satzbetrieb *m* [wer]
stagger versetzt anordnen *v*
staggered nicht fluchtend [des]; versetzt; versetzt
angeordnet
staggered arrangement gestaffelte Anordnung *f*
[des]; versetzte Anordnung *f* [des]
staggered joint versetzte Fuge *f*
staggered riveting versetzte Nietung *f* [stb]
staggered top storey Staffelgeschoss *n*
staggered working hours Arbeitszeitstaffelung *f*
[eco]
staging Gerüst *n* (abbaubares -); Gerüstbau *m*;
Stufung *f*
stagnant water stehendes Gewässer *n* [was];
stehendes Wasser *n* [was]
stain Beizmittel *n* (Holz, Leder, Farbe) [met]; Farbstoff *m* [met]; Rost *m* (Korrosion) [met]; Beize *f*
(Holz, Leder, Farbe) [met]; Beizflüssigkeit *f* [met]
stain beizen *v* (Holz, Leder, Farbe) [met]
stained glass Buntglas *n* [met]
stainer Farbpigment *n* [met]; Farbstoff *m* [met];
Farbzusatz *m* [met]
staining Beize *f* (Beizen von Holz) [met]
staining test Farbprüfung *f* [any]
stainless korrosionsbeständig (Stahl) [met]; korrosionsfrei [met]; nichtrostend [met]; rostbeständig
[met]; rostfrei [met]
stainless property Korrosionsbeständigkeit *f* [met]
stainless steel Edelstahl *m* [met]
stainless steel sink Edelstahlspültisch *m*
stainless steel window Edelstahlfenster *n*
stair Stufe *f* (Treppe); Treppenstufe *f*
stair check Treppenwange *f*
stair covering Treppenbelag *m*
stair flight Lauf *m* (Treppen-)

stair horse Treppenwange *f*
stair newel Treppenspindel *f*
stair nosing Treppenschutzleiste *f* (Kantenschutz)
stair tower landing Ausstiegspodest *n*
stair tower slab Treppenturmhalter *m*
stair tower stabilizer Treppenturmhalter *m*
staircase Treppenhaus *n*; Aufgang *m* (Treppe);
Stiege *f*; Treppe *f*
staircase core Treppenhauskern *m*
staircase landing Treppenpodest *n*; Treppenabsatz *m*
staircase tower Treppenturm *m* (z.B. Schloss) [arc]
staircase, exterior - Außentreppe *f*
staircase, interior - Innentreppe *f*
stairs Aufgang *m* (Treppe); Treppe *f*
stairs (to cellar) Kellertreppe *f*
stairway Aufgang *m* (Treppe); Treppenaufgang *m*;
Treppe *f* (<A>)
stairway landing Treppenpodest *n*
stairway stringer Treppenwange *f*
stairwell Stiegenhaus *n*; Treppenhaus *n*; Treppenflur *f*
stairwell construction Treppenbau *m*
stake Pfosten *m* (meist in den Boden gesteckt)
stake mit Pfählen versehen *v*
stall control Stallregelung *f* (Windenergieanlage)
[pow]
stallage Schlempe *f* [met]
stalling speed kritische Drehzahl *f* [elt]
stamped block gestampfter Stein *m*
(Feuerfestauskleidung) [met]
stamper Stampfer *m*
stanchion Ständer *m* (Stütze); Strebe *f* (Säule);
Stütze *f*
stanchion base Stützenfuß *m* [stb]
stanchion head Stützenkopf *m* [stb]
stanchion joint Stützenstoß *m* [stb]
stanchion of frame Rahmenstiel *m*
stanchion shaft Stützenschaft *m* [stb]
stand Bock *m*
stand aufnehmen *v* (z.B. Kräfte)
stand idle stillstehen *v*
stand still, be at a - stillstehen *v*
stand-alone Streulage *f* (Immobilien in in
Alleinlage)
stand-alone location Alleinlage *f* (Gebäude)
stand-alone operation Inselbetrieb *m* (Windenergieanlage) [elt]
stand-alone wind-power plant netzunabhängige
Windkraftanlage *f* [pow]
stand-by generating set Notstromanlage *f* [elt]
stand-by generator Notstromgenerator *m* [elt]
stand-by lane Standspur *f* [tra]
stand-by power plant Notstromversorgungsanlage *f*
[pow]
stand-by power supply Notstromversorgung *f*
[pow]

stand-by power unit Notstromaggregat *n* [pow]
stand-by pump Ersatzpumpe *f* [prc];
Reservepumpe *f* [prc]
stand-by service Bereitschaftsdienst *n* [tec]
stand-by time Bereitschaftszeit *f* (Maschine);
Wartezeit *f*
standard handelsüblich; normgerecht
standard Norm *f* (z.B. EN, DIN)
standard brick Normalstein *m*; Normalziegel *m*
standard building contract terms Verdingungsordnung für Bauleistungen *f* [jur]
standard capacity Normalleistung *f* [pow]
standard cell Normalzelle *f* [elt]
standard conditions Normalbedingungen *pl* [phy];
Standardbedingungen *pl* [phy]
standard construction method Regelbauweise *f*
standard contract Mustervertrag *m* [jur]
standard curve Eichkurve *f* [any]
standard design übliche Bauart *f* [des]
standard detail Regeldetail *n*
standard diameter Standarddurchmesser *m* [des]
standard electrode Normalelektrode *f* [elt]
standard feature, as - serienmäßig
standard form of contract Mustervertrag *m* [jur]
standard foundation Flachgründung *f*
standard glass Normalglas *n* [met]
standard height Normalhöhe *f* [des]
standard I-beam Doppel-T-Träger *m* [met]
standard joint configuration Nahtnorm *f* (Schweißnaht) [des]
standard length Normallänge *f* [des]
standard lettering Normschrift *f* (Zeichnung) [des]
standard lettering, vertical style - senkrechte
Normschrift *f* (technische Zeichnungen) [des]
standard load Normalbelastung *f* [phy]
standard loading Regellast *f*
standard mortar Normmörtel *m* [met]
standard nozzle Normdüse *f* [any]
standard of quality Qualitätsnorm *f*
standard of reference Vergleichsmaßstab *m* [any]
standard of safety Sicherheitsstandard *m* [asi]
standard orifice Normblende *f* (Durchflussmessung) [any]
standard output Normalleistung *f* [pow]
standard pressure Normaldruck *m* [phy]
standard profile Normprofil *n* (Zahnrad) [des]
standard sample Normalprobe *f* [any]; Standardprobe *f* [any]; Vergleichsprobe *f* [any]
standard sand Normsand *m* [met]
standard section Normalprofil *n* [met]; Regelprofil
n (Normalprofil) [met]
standard sheet Normenblatt *n*
standard sieve scale Standardsiebreihe *f* [any]
standard solution Vergleichslösung *f* [any]
standard state Standardzustand *m* [phy]
standard stock Sollbestand *m* (im Lager) [wer]

standard substance Bezugssubstanz f [any]
standard substance for calibration Eichsubstanz f
[any]
standard test Normenprüfung f
standard test method Standardprüfmethode f [any]
standard test specimen Normprüfkörper m [any];
Normprobe f [any]
standard testing screen Standardprüfsieb n [any]
standard type übliche Bauart f [des]
standard type construction Einheitsbauweise f
standard value of site Bodenrichtwert m [eco]
standardizable eichfähig [any]
standardization Eichung f [any]
standardize eichen v [any]; kalibrieren v [any];
normieren v
standardized component standardisiertes Bauelement n [des]
standardizing Eichen n [any]
standards Anforderungen pl
standing traffic ruhender Verkehr m [tra]
standpipe Standrohr n [was]; Steigrohr n [prc];
Steigleitung f [was]
standstill, be at a - stillliegen v
standstone wall Sandsteinmauer f
staple fibre Stapelfaser f [met]
staple plate Riegelblech n [stb]
star delta connection Stern-Dreieck-Schaltung f
[elt]
star delta starter Stern-Dreieck-Anlasser m [elt]
star delta switch Stern-Dreieck-Schalter m [elt]
star feeder Zellenrad n [prc]
star-connected sterngeschaltet [elt]
starling Brückeneisbrecher m; Brückenpfeilerkopf
m; Pfeilerschutz m
start of assembly work Montagebeginn f
start of civil works Baubeginn m
start of construction work Baubeginn m
start of setting Erstarrungsbeginn m [met]
start to rust anrosten v [che]
start-delta starter Stern-Dreieck-Schalter m [elt]
start-delta switch Stern-Dreieck-Schalter m [elt]
start-up Anfahren n (Anlage) [prc]; Inbetriebnahme
f; Inbetriebsetzung f
start-up anlaufen v (Maschine)
start-up and commissioning Anlauf und Inbetriebnahme [wer]
starter Starter m (Leuchtstofflampe) [elt]
starter bar Anschlusseisen n
starter battery Anlasserbatterie f [elt]; Starterbatterie f [elt]
starter bit Anbohrmeißel m [wzg]
starter column Grundpfeiler m
starter house Ausbauhaus n
starter rheostat Anlasswiderstand m [elt]
starter steel Anbohrstahl m [wzg]
starting costs Anlaufkosten pl [eco]

starting crank Andrehkurbel f [tec]
starting current Anfahrstrom m [elt]; Anlaufstrom
m [elt]; Einschaltstrom m [elt]
starting force Anfahrkraft f [phy]
starting load Anlaufbelastung f [tec]
starting material Ausgangsmaterial n [met];
Grundstoff m (Ausgangsmaterial) [met];
Grundwerkstoff m (Ausgangsmaterial) [met]
starting on load Lastanlauf m [elt]
starting period of construction Bauanlaufzeit f
starting power Anfahrkraft f [phy]
starting product Ausgangserzeugnis n [met];
Ausgangsprodukt n
starting resistance Anfahrwiderstand m [elt]
starting resistor Anfahrwiderstand m [elt]
starting step Antrittsstufe f
starting temperature Vorlauftemperatur f [tga]
starting torque Anfahrmoment n [phy]; Anlaufmoment n [phy]
starved cell verhungerte Zelle f (Batterie) [elt]
state Zustand m
state building Prunkbau m
state development plan Landesentwicklungsplan m
state of alert Alarmzustand m [asi]
state of all-around tension Umschlingungsfestigkeit f [sik]
state of deformation Verformungszustand m [met]
state of dilapidation Baufälligkeit f
state of discharge Entladezustand m (Batterie)
[elt]
state of inertia Beharrungszustand m
state of matter Aggregatzustand m [phy]
state of repair baulicher Zustand m
state of stress Spannungszustand m [met]
state of stress, three-dimensional - räumlicher
Spannungszustand m [sik]
state of the art Regeln der Technik pl; Stand der
Technik m
state of the planning Planungsstand m [des]
state of the work Bauzustand m
state road Landesstraße f [tra]
state, stationary - stationärer Zustand m [phy]
state-of-the-art technology Stand der Technik m
statement Mitteilung f (Erklärung); Stellungnahme f
statement of the design calculations Bemessungsblatt n [des]
static stationär; statisch (dauernd, permanent)
static calculation statische Berechnung f [sik]
static current Ruhestrom m [elt]
static deflection statische Durchbiegung f [met]
static force Schnittkraft f [sik]; statische Kraft f
[sik]
static friction Haftreibung f [phy]
static load Ruhebelastung f [sik]; ruhende Belastung f [sik]; ruhende Last f [sik]; ständige Last f
[sik]

static loading statische Belastung *f*
static moment statisches Moment *n* [phy]
static moment of a section statisches Moment einer Fläche *n*
static noise Störgeräusch *n* [aku]
static piping system fest verlegte Rohrleitung *f* [was]
static pressure hydrostatischer Druck *m* [was]; Ruhedruck *m* [phy]; statischer Druck *m* [phy]
static stability Standsicherheit *f*
static strain statische Beanspruchung *f* [met]
static strength statische Festigkeit *f* [met]
static test Belastungsversuch *m* [any]
statical ruhend; statisch (entsprechend der Statik)
statical analysis Statik *f* [sik]
statical indeterminacy statische Unbestimmtheit *f* [sik]
statical integrity proof statischer Nachweis *m* [sik]
statical model statisches Modell *n*
statical moment statisches Moment *n* [sik]
statical moment of a force statisches Moment *n* [sik]
statical moment of an area statisches Moment *n* [sik]
statical stress statische Beanspruchung *f* [sik]
statical stressing statische Beanspruchung *f* [sik]
statical structure Tragkonstruktion *f*
statically defined statisch bestimmt [des]
statically determinate statisch bestimmt [sik]
statically determined statisch bestimmt [sik]
statically indeterminate statisch unbestimmt [sik]
statically indetermined statisch unbestimmt [sik]
statically reinforced concrete bewehrter Beton *m* [bon]
statics Statik *f*; statische Berechnung *f* [sik]
statics for structural engineering Baustatik *f* [sik]
statics ready for approval prüffähige Statik *f* (bei Bauamt oder Versicherung) [sik]
statics ready for checking prüffähige Statik *f* (bei Bauamt oder Versicherung) [sik]
station concourse Bahnhofshalle *f* [tra]
station point Standpunkt *m* (für Perspektive) [des]
station square Bahnhofsvorplatz *m* [tra]
stationary stationär
stationary load Standlast *f* [sik]
stationary position Ruhelage *f* [tec]; Ruhestellung *f* [tec]
statistics on accidents Unfallstatistik *f* [asi]
stator Ständer *m* (Motor) [elt]
statuory obligation gesetzliche Auflage *f* [jur]
status display Stellungsanzeige *f* [any]
status plan Bestandsplan *m* (Gebäude, usw.) [des]
statutory audit gesetzlich vorgeschriebene Prüfung *f* [any]
statutory instructions gesetzliche Regelungen *pl* [jur]

statutory planning approval procedure Planfeststellungsverfahren *n* [com]
stave Daube *f* (am Fass)
stave construction Bohlenbau *m* (Holzbau); Stabbau *m* (Holzbau)
stay Lager *n* (Stütze); Stiel *m* (im Tragwerk)
stay versteifen *v* (stützen); verstreben *v*
stay block Ankerblock *m*; Ankerklotz *m*
stay cable Schrägkabel *n* (Brücke)
stay cables, fan-shaped - büschelförmige Schrägkabel *pl* (Schrägkabelbrücke)
stay cables, harp-shaped - harfenförmige Schrägkabel *pl* (Schrägkabelbrücke)
stay plate Bindeblech *n* [stb]; Knotenblech *n* [stb]
stay pole Abspannmast *m* [stb]
stay rod Ausfachungsstab *m*
stay rope Abspannungsseil *n* [stb]; Spannseil *n* [stb]; Spanndraht *m* [stb]
stay wire Abspannungsseil *n* [stb]; Spannseil *n* [stb]; Spanndraht *m* [stb]
stayed cable bridge Kabelbrücke *f* [elt]
staying Absteifung *f* [stb]; Verankerung *f* [stb]; Verspannung *f*
stays Tragkabel *pl* (an Brücken)
steadfast standsicher
steady kontinuierlich; stationär
steady load Dauerlast *f* [sik]; ruhende Belastung *f* [sik]
steady noise fortdauernder Lärm *m* [aku]
steady operation stationärer Betrieb *m* [wer]
steady position Gleichgewichtslage *f* [sik]; Ruhelage *f*
steady state stationärer Zustand *m*
steady water level gleichmäßiger Wasserstand *m* (Hydrologie) [was]
steady-state condition stationärer Zustand *m*
steady-state error bleibende Regelabweichung *f* [elt]
steady-state noise fortdauernder Lärm *m* [aku]
steam Dampf *m*; Wasserdampf *m* [met]
steam bending Dampfbiegen *n* (von Holz) [wer]
steam boiler Dampfkessel *m* [pow]
steam circuit Dampfkreislauf *m* [pow]
steam consumption Dampfverbrauch *m* [pow]
steam corrosion Wasserdampfkorrosion *f* [met]
steam curing Dampfhärten *n*; Dampfhärtung *f* (Beton) [bon]
steam engine Dampfmaschine *f* [pow]
steam exhaust Dampfauslass *m* [pow]
steam exit Dampfaustritt *m* [pow]
steam flowmeter Dampfmengenmesser *m* [any]
steam generator Dampfkessel *m* [pow]
steam generator, industrial - Industriedampferzeuger *m* [pow]
steam hammer Rammbär *m* (z.B. für Spundwände)
steam heater Dampfheizung *f* [pow]

steam kiln Dampfkammer *f* (Betonbehandlung)
steam mains Dampfnetz *n* [pow]
steam pipe, district heating - Fernheizdampfleitung *f* [pow]
steam power plant Dampfkraftwerk *n* [pow]
steam power station Dampfkraftwerk *n* [pow]
steam-cured dampfgehärtet
steam-curing room Dampfkammer *f*
steam-generating power plant Dampfkraftwerk *n* [pow]
steam-hardened dampfgehärtet [met]
steam-heating Dampfheizung *f* [pow]; Dampfheizungsanlage *f* [pow]
steam-heating system Dampfheizungsanlage *f* [pow]
steam-powered Dampf- [tec]
steam-powered pile-driving plant Dampframme *f* [tib]
steel Stahl *m* [met]
steel angle Winkeleisen *n* [met]; Winkelstahl *m* [met]
steel bar Stabstahl *m* [met]
steel beam Stahlträger *m* [stb]
steel beam structure, compound - Stahlträgerverbundkonstruktion *f* [stb]
steel bending yard Biegeplatz *m* (Armierungen) [bon]
steel bottle Stahlzylinder *m* [met]
steel bridge Stahlbrücke *f* [stb]
steel brush Stahlbürste *f* [wzg]
steel building Stahlbauwerk *n* [stb]
steel building construction Stahlhochbau *m* [stb]
steel cable Stahlkabel *n* [met]; Stahlseil *n* [met]
steel ceiling Stahldecke *f* [stb]
steel cellular unit Abkantprofil *n* (Stahldecke) [met]
steel chimney Stahlkamin *m* [air]
steel column Stahlsäule *f* [stb]
steel concrete armierter Beton *m* [bon]; bewehrter Beton *m* [bon]
steel connecting plate Stahlblechanschlussplatte *f* [stb]
steel construction Stahlbau *m* [stb]; Stahlbauweise *f* [stb]; Stahlkonstruktion *f* [stb]
steel construction work Stahlbauarbeiten *pl* (DIN 18335)
steel construction, concrete-encased - einbetonierte Stahlkonstruktion *f* [bon]
steel construction, light-gauge - Stahlleichtbau *m* [stb]
steel construction, structural - Stahlbau *m*
steel consumption Stahlverbrauch *m* [met]
steel cylinder Stahlzylinder *m* [met]
steel design work Stahlkonstruktionen *pl*
steel dolphin Stahldalbe *f* [wba]
steel door frame Stahlzarge *f*
steel drill Bohrstahl *m* [wzg]
steel drill boring Hartmetallbohrung *f* [tib]
steel erection Stahlmontage *f* [stb]
steel fabric Baustahlgewebe *n* [met]; Stahlgewebe *n* [met]
steel fabric mat Bewehrungsmatte *f* [bon]
steel façade Stahlfassade *f*
steel face sheet Stahlblech *n* [met]
steel facing Auftragschweißung *f* [wer]
steel fibre Stahlfaser *f* [met]
steel fibre concrete Stahlfaserbeton *m* [bon]
steel fibre concrete pipe Stahlfaserbetonrohr *n* [bon]
steel fixer Eisenflechter *m* [bon]
steel fixer's nips Armierungszange *f* [bon]
steel fixing Einbringen von Stahleinlagen *n* [bon]; Stahlarmierung *f* [bon]
steel for general structural purposes allgemeiner Baustahl *m* [met]
steel for prestressed concrete Spannbetonstahl *m* [bon]
steel for use at high temperatures warmfester Baustahl *m* [met]
steel formwork Stahlschalung *f* [bon]
steel frame Stahlskelett *n* [stb]; Stahlrahmen *m* [stb]
steel frame structure Stahlskelettbauweise *f* [stb]
steel frame, rigid - starrer Stahlrahmen *m*
steel framework Stahlskelett *n* [stb]; Stahlrahmen *m* [stb]; Stahlfachwerkkonstruktion *f* [stb]
steel framing Stahlgerippe *n* [stb]
steel girder Stahlträger *m* [stb]
steel grating Stahlgitter *n* [met]; Gitterrost *m*
steel grid Stahlgitterrost *m* [met]
steel hydraulic engineering Stahlwasserbau *m* [wba]
steel in common use Massenstahl *m* [met]
steel insert Stahleinlage *f* [met]
steel lagging Stahlauskleidung *f* (Tunnelbau) [tib]
steel louvre Stahllamelle *f*
steel member Stahlbauteil *n* [stb]
steel mesh Stahlgeflecht *n* [met]
steel nose Vorbauschnabel *m*
steel overpass Stahlstraße *f* [tra]
steel panel Stahlplatte *f* [met]
steel panel radiator Plattenheizkörper *m* [pow]
steel partition Stahlscheidewand *f* [tib]; Stahltrennwand *f*
steel pile cluster Pfahlbündel aus Stahl *n* [tib]
steel piling Stahlspundpfahl *m* [tib]; Stahlrammarbeit *f* [tib]
steel pipe Stahlrohr *n* [met]
steel plate Stahlblech *n* (mittel, grob) [met]
steel pole Stahlmast *m* [stb]
steel pole, tubular - Stahlrohrmast *m* [stb]
steel prestressing cable Stahlvorspannkabel *n* [bon]; Stahlvorspannseil *n* [bon]

steel quality Stahlgüte f [met]
steel reinforcement Bewehrungsstahl m [bon];
    Stahleinlage f [bon]
steel requirement, minimum - Mindestbewehrung f
    [bon]
steel rod Stabstahl m [met]; Stahlstab m
steel rope Drahtseil n [met]; Stahlseil n [met]
steel round Rundstahl m [met]
steel scrap Stahlschrott m [rec]
steel section Profilstahl m [met]
steel section pile Profilstahlpfahl m [tib]
steel sections Profilstahl m [met]
steel sheet Stahlblech n (fein) [met]
steel sheet, perforated - Lochblech n [met]
steel shell Stahlpanzer m
steel shutter Schalblech n [bon]; stählernes Schal-
    blech n [bon]
steel shuttering Stahlschalung f [bon]
steel silo Stahlsilo m
steel skeleton Stahlskelett n [stb]
steel skeleton construction Stahlskelettbau m [stb]
steel skeleton structure Stahlskelettbau m
steel slag Eisenhüttenschlacke f [rec]; Hütten-
    schlacke f [rec]
steel sole plate Stahllagerplatte f; Stahlsohlplatte f
steel stack Blechkamin m [stb]; Stahlschornstein m
    [stb]
steel stairway Stahltreppe f [stb]
steel stanchion Eisenträger m; Stahlstütze f
steel strain Stahlspannung f [met]
steel stringer, longitudinal - Zwischenlängsträger
    m [stb]
steel strip Bandstahl m [met]
steel structure Stahlskelett n [stb]; Stahltragwerk n
    [stb]; Stahlbau m [stb]; Stahlkonstruktion f [stb]
steel structure, hydraulic - Stahlwasserbau m [was]
steel stud Bolzendübel m; Dübelbolzen m
steel superstructure Stahlüberbau m [stb]
steel tendon Stahlzugglied n
steel tensile stress Stahlzugspannung f (Stahlbeton)
    [met]
steel tie rod Stahlanker m
steel timbering Eisenrüstung f (Tunnel) [tib]
steel toe cap Stahlkappe f (Sicherheitsschuh) [asi]
steel truss, tubular - Stahlrohrfachwerk n [stb]
steel tube Stahlrohr n [met]
steel tube, seamless - nahtloses Stahlrohr n [met]
steel weight Stahlgewicht n [met]
steel wheel roller Stahlmantelwalze f [tib]
steel window Stahlfenster n
steel wool Stahlwolle f [met]
steel-backed stahlgestützt [met]; stahlverstärkt
    [met]
steel-concrete bridge Verbundbrücke aus Stahl und
    Beton f [bon]
steel-concrete interface Berührungsfuge f [stb]

steel-faced roller Stahlmantelwalze f [tib]
steel-frame building Stahlskelettbau m [stb]
steel-framed building Stahlskelettgebäude n [stb];
    Stahlskelettbau m [stb]
steel-framed construction Stahlskelettkonstruktion f
steel-framed structure Stahlhochbau m;
    Stahlskelettbau m; Stahlbinderbauweise f
steel-girder construction Stahlbau m
steel-grid floor Stahlgitterrostfahrbahn f [tib]
steel-grit blasting Sandstrahlen mit Stahlsand n
    [wer]; Strahlen n (Oberflächenreinigung) [wer]
steel-plate road Stahlplattenfahrbahn f [tib]
steel-reinforced concrete Stahlbeton m [bon]
steel-sheet pile Stahlbohle f [tib]; Stahlspundbohle f
    [tib]
steel-sheet piling Stahlspundwand f (Deponie, u.a.)
steel-tape armouring Stahlbandarmierung f [bon];
    Stahlbandpanzerung f (Kabel) [elt]
steel-tube shore Stahlrohrstütze f
steel-tubing lattice tower Stahlrohrgitterturm m
    [stb]
steel-wire fabric Baustahlgewebe n [met]
steel-wire insert Stahldrahteinlage f [met]
steel-wire rope Stahldrahtseil n [met]
steelfixer's nips Monierzange f [wzg]
steelmaker Stahlkocher m (Stahlwerker in der
    Hütte) [roh]
steelwork company Stahlbauunternehmen n [stb];
    Stahlbaufirma f [stb]
steelwork fabricating shop Stahlbauwerkstatt f
    [stb]
steelwork fabrication Stahlverarbeitung f [wer]
steep steil
steep conveyor Steilförderer m [prc]
steep incline Steilrampe f (<A> Bahn) [tra]
steep roof Steildach n
steep slope Steilhang m [geo]; Steilböschung f
    [geo]; steile Böschung f
steep turn Steilkurve f [tra]
steep-incline conveyor Steilförderer m [prc]
steeple Turm m (Kirch-)
steerability Lenkbarkeit f [tra]
steerable lenkbar [tra]
steering booster Lenkkraftverstärker m [tra]
steering brake Lenkbremse f [tib]
steering group Lenkungsgruppe f
steering of crawlers Kettensteuerung f (Raupen-
    ketten) [tec]; Raupensteuerung f [tec]
stela Stele f
stellar vault Sterngewölbe n [arc]
stem Wandstiel m [stb]; Rippe f (Balken)
step Stufe f (Schwelle); Treppenstufe f
step bit Stufenbohrmeißel m [wzg]
step motor Schrittmotor m [elt]
step switch Schrittschalter m [elt]
step-back welding Pilgerschrittschweißung f [wer]

step-by-step control Stufenregelung f [elt]
step-like stufenförmig
step-up lease dynamische Miete f (Immobilie) [eco]
stepladder Stufenleiter f
stepless control stufenlose Regelung f [elt]
stepped abgestuft; versetzt
stepped abutment abgetrepptes Widerlager n
stepped aeration stufenweise Belüftung f [was]
stepped foundation getrepptes Fundament n
stepped hillside house Terrassenhaus n
stepped portal Stufenportal n (Gotik) [arc]
stepped roof getrepptes Dach n; Stufendach n;
  Treppendach n
stepped screen Stufensieb n [prc]
stepping Abtreppen n [tib]; Terrassieren n [tib]
stepping motor Schrittmotor m [elt]
stepping of foundation Fundamentabstufung f
stepping-off Verwerfen n (- von Bodenplatten) [tib]
stepwise schrittweise
stereometer Volumenmessgerät n (Volumen)
  [any]
sterile room technology Sterilraumtechnik f
sterilization plant Entkeimungsanlage f [was]
sterilizing filter Entkeimungsfilter m [was]
stick backen v (kleben) [met]; kleben v
stick agent Haftmittel n [met]
sticky residues Anhaftungen pl (an verwertbaren
  Abfällen) [met]
sticky soil Hartboden m [geo]
stiff insert starre Einlage f
stiff-shaft vibrator Innenrüttler mit starrer Welle m
  [bon]
stiffen aussteifen v [stb]; steifen v; versteifen v
  (versteifen) [wer]
stiffened deck ausgesteifte Deckenplatte f
  (Brückenbau)
stiffened masonry ausgesteiftes Mauerwerk n
stiffened plate versteiftes Blech n [met]
stiffener Versteifungselement n [tec]; Versteifungsprofil n [met]; Aussteifungsträger m [stb];
  Aussteifung f [stb]; Rippe f (Versteigung);
  Versteifung f [met]
stiffener angle Aussteifungswinkel m [stb]
stiffener plate Halteblech n
stiffener, vertical - Vertikalsteifer m [stb]
stiffening Aussteifung f [stb]; Aussteifung f [bon];
  Verstärkung f [stb]; Verstärkung f (Versteifung)
  [des]; Versteifung f [stb]; Versteifungseinlage f
  [met]
stiffening additive Ansteifmittel n (Beton) [met]
stiffening against buckling Knickaussteifung f
stiffening behaviour Ansteifverhalten n [sik]
stiffening fin Aussteifungslamelle f [stb]
stiffening girder Versteifungsträger m [stb]
stiffening member Aussteifungsbalken m
stiffening pier Aussteifungspfeiler m

stiffening plate Aussteifblech n [stb]; Schottblech n
  (Schweißkonstruktion) [stb]; Verstärkungsblech n
  [stb]; Versteifungsblech n [stb]
stiffening rib Aussteifungslamelle f [stb]; Versteifungsrippe f [stb]
stiffening system Aussteifungssystem n
stiffening truss aussteifendes Fachwerk n; Aussteifungsträger m [stb]; Versteifungsträger m [stb]
stiffening wall Wand zur Aussteifung f
stiffness Steife f; Steifigkeit f
stiffness coefficient Steifemodul m [met]
stiffness in torsion Verdrehungssteifigkeit f [met]
stiffness method Deformationsmethode f [sik]
stiffness under flexure Biegesteifigkeit f [met]
stile Holm n (an Leiter); Fries m (senkrechter Teil
  eines Rahmens); Stiel m (Fachwerk: senkrechtes
  Zwischenstück)
still water stillstehendes Gewässer n [was]; Totwasser n [was]
stilling basin Beruhigungsbecken n [wba]; Tosbecken n [wba]
stilted bearing Stelzlager n
stir into ... einrühren v [prc]
stirrer Rührgerät n [prc]; Rührwerk n [prc];
  Rührapparat m [prc]; Rührer m [prc]
stirring Rühren n [prc]
stirring device Rührwerk n [prc]
stirring period Rührdauer f [prc]
stirring shaft Rührwelle f [prc]
stirring time Rührdauer f [prc]
stirrup Bügel m (Bewehrung) [bon]
stitch riveting Heftnietung f (<A>) [stb]
stock Bestand m (Vorrat); Lagerbestand m;
  Lagervorrat m
stock exchange Börse f (Gebäude)
stock house set cement abgelagerter Zement m [rec]
stock material Haldenmaterial n
stock up vorrätig haben v [eco]
stock-room Lagerraum m (für Material; an Geschäften) [eco]
stock-taking Bestandsaufnahme f [eco]; Inventur f
  [eco]
stockade Einpfählung f
stockpile stapeln v
stockpile of spoil Haufen Aushub m [tib]
stockpile re-handling Haldenrückverladung f
stockpiling Aufschüttung f [geo]; Einlagerung f
  (Schüttgut)
stoker firing Rostfeuerung f [pow]
stoking Aufschüttung f [geo]
stone aggregate Gesteinszuschlagstoff m [met]
stone anchor Steinhalter m (Verankerung)
stone base Schottertragschicht f [tib]
stone bed Stein m
stone bolt Steinschraube f
stone bracket Kragstein m

stone breaker Steinbrecher *m* [wzg]
stone bridge Steinbrücke *f*
stone building Steingebäude *n*; Steinbau *m*
stone cellar Steinkeller *m*
stone chippings Splitt *m* [met]
stone chisel Steinmeißel *m* [wzg]
stone cladding Natursteinverkleidung *f*
stone consolidant Steinfestiger *m* [met]
stone course Schottertragschicht *f* [tib]
stone crusher Schotterbrecher *m* [roh]; Steinbrecher *m* [roh]
stone crushing plant Brechwerk *n* (- für Baustoffe); Schotterwerk *n* (für Baustoffe)
stone cutter Steinbohrer *m* [wzg]
stone cutting machine Gesteinstrennmaschine *f* [wzg]
stone dam Steindamm *m* [wba]
stone disease Steinfraß *m* [met]
stone drain Sickerdrän *m* [was]; Steindrän *m* [was]; Steinrigole *f* [was]
stone drill Gesteinsbohrer *m* [wzg]
stone drilling hammer Gesteinsbohrhammer *m* [wzg]
stone dust Gesteinsmehl *n* [met]
stone finish Natursteinoberfläche *f* [met]
stone fireplace Natursteinkamin *m*
stone flax Asbest *n* [met]
stone floor Steinboden *m*
stone grinding machine Gesteinsschleifmaschine *f* [wzg]
stone layer, crushed - Schotterlage *f* [geo]
stone meal Gesteinsmehl *n* [met]
stone pavement Pflaster *n*; Steinpflaster *n*
stone paving Steinpflaster *n*
stone pitching Setzpacklage *f* [tib]
stone powder Gesteinsmehl *n* [met]; Steinmehl *n* [met]
stone sand Steinsand *m* [met]
stone saw Steinsäge *f* [wzg]
stone slab Steinplatte *f*
stone sledge Steinspalthammer *m* [wzg]
stone spreader Splittstreuer *m*
stone structure Steinbau *m*
stone tile Steinfliese *f*
stone tool Steinwerkzeug *n* (Archäologie) [wzg]
stone top Natursteinoberfläche *f* [met]
stone veneer Natursteinfurnier *n* [met]
stone wall Steinmauer *f*; Steinwand *f*
stone walling Steinmauerwerk *n*
stone-built building Natursteingebäude *n*
stone-built groyne Steinbuhne *f* [wba]
stone-cutting saw Steinsäge *f* [wzg]
stone-filled trench Sickerdrän *m* [was]
stonemason Steinmetz *m* [wer]
stonemason's lodge Bauhütte *f*
stonework Mauerwerk *n*

stony steinig [met]
stony desert Kieswüste *f* [geo]
stony soil Steinboden *m* [geo]
stop Arretierung *f* (Halterung)
stop beam Hahnenbalken *m* (Dachkonstruktion)
stop button Stopptaste *f* [elt]
stop line Haltelinie *f* (Straße) [tra]
stop log Dammbalken *m* (Staumauer)
stop plate Anschlagplatte *f* [tec]
stop push-button Stopptaste *f* [elt]
stop screw Anschlagschraube *f* [tec]
stop valve Absperrhahn *m* [tga]
stop-log gate Dammbalkenverschluss *m* (Staumauer) [wba]
stop-log weir Dammbalkenwehr *n* (Staumauer) [wba]
stope filling Bergeversatz *m* (Bergbau) [roh]
stopend joint Arbeitsfuge *f*
stopend panel Abschalelement *n*
stopend sleeve Abschalhülse *f*
stopend tie Stirnanker *m*; Stirnlasche *f*
stopend trestle Abschalbock *m*
stopover Haltepunkt *m* [tra]
stoppage Stillstand *m*; Unterbrechung *f*
stopped time Verlustzeit *f* [wer]
stopper Verschlusselement *n* [tec]; Pfropf *m* (Stöpsel); Pfropfen *m* (Stöpsel); Stöpsel *m*; Stopfen *m*
stopper sealing Spachtelisolierung *f*
stopping device Hubunterbrechungseinrichtung *f* [asi]
stopping knife Kittmesser *n* [wzg]; Spachtelmesser *n* [wzg]
stopping point Haltepunkt *m* [tra]
stopping up Abdichten *n*; Zukitten *n*
storage area for wastes Abfalllagerfläche *f* [rec]
storage area, covered - überdachte Lagerfläche *f* [eco]
storage area, open - Freilagerplatz *m* [wer]
storage basin Sammelbecken *n* [was]; Speicherbecken *n* [was]; Staubecken *n* [wba]
storage battery Sammler *m* (Batterie) [elt]; Sammlerbatterie *f* [elt]; Speicherbatterie *f* [elt]
storage battery cell Sekundärzelle *f* [elt]
storage bin Baustellensilo *m*; Vorratssilo *m* [prc]
storage capacity Fassungsvermögen *n* (Behälter); Rückhaltevermögen *n* [wba]; Lagerkapazität *f* (Material)
storage cell Sekundärelement *n* [elt]
storage container Lagerbehälter *m*
storage dam Staudamm *m*
storage durability Lagerbeständigkeit *f* [met]
storage hall Lagerhalle *f*
storage heater Speicherheizgerät *n* [pow]; Heißwasserspeicher *m* [tga]
storage heating Speicherheizung *f* [pow]

storage hopper Silo *m* [prc]; Vorratssilo *m* [prc]
storage lake Stausee *m* [wba]
storage lane Sammelspur *f* [tra]
storage level Stauspiegel *m* [wba]
storage of energy Energiespeicherung *f* [pow]
storage of flood Hochwasserspeicherung *f* [wba]
storage pit Erdbunker *m*
storage power plant Speicherkraftwerk *n* [pow]
storage power station Speicherkraftwerk *n* [pow]
storage reservoir Rückhaltebecken *n* [was]; Talsperre *f* (Speichersee) [wba]
storage silo Speichersilo *m*; Vorratssilo *m*
storage space Lagerfläche *f*
storage time Lagerdauer *f*
storage water elevation, minimum - Absenkungsziel *n* [wba]; Absenkziel *n* [wba]
storage water heater Vorratswasserheizer *m* [pow]
store Lagerhaus *n* (Material); Abstellraum *m*; Vorrat *m*; Vorratsraum *m*
store einlagern *v*; lagern *v* (Material)
store lease Ladenmiete *f* (<A>) [eco]
store shed Lagerschuppen *m*
store-room Vorratsraum *m*
stored energy gespeicherte Energie *f* [pow]; Speicherwärme *f* [pow]
stored heat gespeicherte Wärmemenge *f* [pow]; Speicherwärme *f* [pow]
storehouse Schuppen *m*
storey Deck *n* (Parkdeck) [tra]; Geschoss *n* (Stockwerk); Stockwerk *n*; Stock *m*; Etage *f*
storey height Geschosshöhe *f*
storey height, minimum - Mindestgeschosshöhe *f*
storey indicator Etagenanzeige *f* (Aufzug) [tga]
storm channel Flutrinne *f* [wba]
storm collar Kaminabdichtung *f*
storm door Wintertür *f*
storm drain Regenkanal *m* [was]
storm drainage Regenwasserdränage *f* [was]
storm sewage Mischwasser *n* (Kanalisation) [was]
storm sewer Regenwasserkanal *m* [was]
storm sewer system Regenwassersammelsystem *n* [was]; Oberflächenentwässerung *f* [was]; Regenentwässerung *f* [was]
storm tie-down Sturmsicherung *f*
storm water sewer Regenkanalisation *f* [was]
storm window äußeres Doppelfenster *n*; Schutzfenster *n*; Vorfenster *n*
storm-proof sturmsicher
storm-proofing Sturmsicherung *f*
stormwater Niederschlagswasser *n* [was]; Regenwasser *n* (abfließender Regen) [was]
stormwater balancing and sedimentation tank Regenwasserausgleichs- und -klärbecken *n* [was]
stormwater balancing tank Regenwasserausgleichsbecken *n* [was]
stormwater collection tank Regenbecken *n* [was]

stormwater drain Regenwasserleitung *f* [was]
stormwater drainage Oberflächenwasserablauf *m* [was]
stormwater flow Niederschlagswasserabfluss *m* [was]
stormwater holding sewer Regenrückhaltekanal *m* [was]; Rückhaltekanal *m* [was]
stormwater overflow Regenentlastungsbauwerk *n* [was]; Regenüberlauf *m* [was]
stormwater overflow structure Regenüberlaufbauwerk *n* [was]
stormwater overflow tank Regenüberlaufbecken *n* [was]
stormwater pollution Regenwasserverschmutzung *f* [was]
stormwater retention tank Regenrückhaltebecken *n* [was]
stormwater run-off Regenwasserabfluss *m* [was]
stormwater settling tank Regenklärbecken *n* [was]
stormwater sewer Flutdrän *m* [was]
stormwater tank Fangbecken *n* [wba]; Regenbecken *n* [was]
stormwater tank with overflow for settled combined sewage Durchlaufbecken *n* [was]
stove-enamelled einbrennlackiert [met]
stoving lacquer Einbrennlack *m* [met]
stoving paint Einbrennlack *m* [met]
stowing material Versatzmaterial *n*
straight arch gerader Bogen *m*
straight brace Zugdiagonale *f* (Hängewerk; konstruktiver Aufbau)
straight brick Normalstein *m*; Normalziegel *m*
straight drop spillway Wehr mit lotrechtem Absturz *n* [wba]
straight edge Richtscheit *n* [des]; gerade Kante *f*
straight jaw gerade Backe *f* (Zange) [wzg]
straight line, in a - geradlinig
straight road gerade Straße *f* [tra]
straight seam Längsnaht *f* (Schweißnaht) [met]
straight tube gerades Rohr *n* [met]
straight weld Längsnaht *f* (Schweißnaht) [met]
straight-flight staircase gerade Treppe *f*
straight-line pitch geradliniger Nietabstand *m* [des]
straight-through traffic Geradeausverkehr *m* [tra]
straight-wall excavation Aushub mit lotrechter Böschung *m* [tib]; Baugrube mit lotrechter Böschung *f* [tib]
straighten begradigen *v* (Weg etc.)
straightening Begradigung *f* (eines Weges etc.)
straightening Geraderichten *v* [wer]
straightening force Richtkraft *f*
strain Beanspruchung *f* (mechanische Belastung) [met]
strain dehnen *v* (spannen); filtern *v* [prc]
strain compatibility Dehnungsverträglichkeit *f* [met]

strain distribution Spannungsverteilung f [sik]
strain gauge Dehnungsmessgerät n [any]; Dehnungsmesser m [any]; Dehnungsmessstreifen m
[any]
strain hardening Kaltverfestigung f [met]
strain limit Streckgrenze f [met]
strain of driving Fahrbeanspruchung f [tra]
strain, free - freie Dehnung f [met]
strain, static - statische Beanspruchung f [met]
strain-harden kaltverfestigen v [met]
strain-hardened kaltverfestigt [met]
strain-hardening range Verfestigungsbereich m
[met]
strainability Ausdehnungsfähigkeit f [met]
strainer Filter m (Sieb); Schmutzfänger m; Sieb n
(auch: Teesieb) [prc]; Kieshaube f [was]
strainer rack Feinrechen m [was]
strainer, single - Einfachsieb n [prc]
straining Filtration f [prc]
straining beam Verstrebungsbalken m
straining piece Verstrebungsbalken m
straining work Strebbau m [tib]
strand Ader f (Kabel) [elt]
strand of tensioning steel Spannstahlbündel n
(Bewehrung) [bon]
strap Heftlasche f
strap wrench Gurtrohrzange f [wzg]
strata of the earth Erdschichten pl [geo]
stratification Schichtaufbau m [geo]; Entmischung
f (Strähnenbildung) [was]; Schichtung f (Untergrund) [geo]; Strähnenbildung f [was]; Stratifikation f [geo]
stratified schichtenweise
stratified layering Entmischung f (Schichtenbildung) [prc]
stratified rock Schichtgestein n [geo]
stratified-bed filter Mehrschichtfilter m [was]
stratify schichten v [geo]
stratigraphic column Schichtfolge f [geo]
stratum Erdschicht f [geo]; Lage f [geo]; Schicht f
(Gestein) [geo]
straw fibre Strohfaser f [met]
straw loam Strohlehm m (für Fachwerkhäuser)
[met]
straw mat Strohmatte f
straw thatching Strohdacheindeckung f
straw-reinforced stroharmiert (Gefachfüllung alter
Fachwerkhäuser)
strawboard Strohbauplatte f [met]; Strohplatte f
[met]
stray light Streulicht n [phy]
streak formation Schlierenbildung f [met];
Streifenbildung f (beim Beschichten) [wer]
stream fließendes Gewässer n [was]
stream channel Flusslauf m [geo]
stream cleaning plant Flusskläranlage f [was]

stream gauge Wasserstandsmarke f [was]
stream of water Wasserstrom m [was]
stream-flow Gewässerströmung f [was]
streampass noise Umströmungslärm m [aku]
street Straße f (in der Stadt) [tra]
street alignment Straßenverlauf m [com]
street boundary line Straßenbegrenzungslinie f
[tra]
street boundary, actual - tatsächliche Straßengrenze f
street cleaning Straßenreinigung f [rec]
street cleaning residues Straßenreinigungsabfälle pl
[rec]
street cleansing Straßenreinigung f [rec]
street drainage Straßendrainage f ([Variante]) [was]
street fire alarm Brandmeldersäule f [asi]
street front Straßenfront f
street furniture Stadtstraßennebenanlagen pl [tra];
Straßenausstattung f [tra]
street gully Straßenablauf m [was]
street gutter Straßenabflussrinne f [tib]
street inlet Gully m [was]; Straßeneinlauf m [was]
street lamp Straßenlampe f [tra]
street level Straßenniveau n
street light Straßenlampe f [tra]; Straßenlaterne f
[tra]
street lighting Straßenbeleuchtung f [tra]
street lined with houses Straßenzug m [com]
street network Straßennetz n (städtisch) [tra]
street noise Straßenlärm m [aku]
street of houses Straßenzug m [com]
street outlet Straßenablauf m [was]
street pavement Straßenbefestigung f [tib]
street plan Stadtplan m [des]; Straßenkarte f [des]
street refuge Verkehrsinsel f [tra]
street scene Straßenbild n
street section Straßenabschnitt m [tra]
street sprinkling vehicle Straßensprengfahrzeug n
[rec]
street sweeper Straßenkehrmaschine f [rec]
street sweeping Straßenreinigung f [rec]
street sweepings Straßenräumgut n [rec]; Straßenkehricht m [rec]
street technical facilities Straßenbetriebsdienste pl
[rec]
street village Straßendorf n
street widening Fahrbahnaufweitung f [tra]
street with no through traffic verkehrsberuhigte
Straße f [com]
street, appearance of the - Straßenbild n; Beschaffenheit des Straßenbilds f
street-sprinkler Sprengwagen m [rec]
street-sweeping vehicle Kehrfahrzeug n [rec]
streetcar stop Straßenbahnhaltestelle f (<A>) [tra]
strength Festigkeit f (Material-); Kraft f (Festigkeit)
[phy]

strength at elevated temperatures Hochtemperaturfestigkeit *f* [met]
strength calculation Festigkeitsberechnung *f* [des]
strength class Festigkeitsklasse *f* (Baustoffe) [met]
strength development Festigkeitsentwicklung *f* [met]
strength limit Festigkeitsgrenze *f* [met]
strength of an earth block Steinfestigkeit *f* (Lehmstein) [met]
strength of an earth brick Steinfestigkeit *f* (Lehmstein) [met]
strength of concrete Betonfestigkeit *f* [met]
strength of materials Materialfestigkeit *f* [met]; Werkstofffestigkeit *f* [met]
strength of mortar Mörtelfestigkeit *f* [met]
strength of the ground Bodenfestigkeit *f* [geo]
strength reduction factor Verschwächungswert *m* [met]
strength theory Festigkeitslehre *f* [met]
strength value Festigkeitswert *m* [met]
strength weld Festigkeitsschweiße *f* [met]
strength welded tragend verschweißt [met]
strength, early - Frühfestigkeit *f* [met]
strengthen verfestigen *v* (verstärken); verstärken *v* (Festigkeit) [des]
strengthening Armierung *f* [bon]; Verfestigung *f* [geo]; Verfestigung *f* (Verstärkung); Verstärkung *f* (Festigkeit) [met]; Versteifung *f* (Verstärkung)
strengthening layer Verstärkungslage *f* (faserverstärkte Kunststoffe) [met]
strenuous working posture anstrengende Arbeitshaltung *f* (Arbeitsschutz) [wer]
stress Beanspruchung *f* (mechanische Belastung) [met]; Spannung *f* (Druck-) [phy]
stress belasten *v* (mechanisch)
stress analysis Spannungsnachweis *m* [sik]; Baustatik *f*; Festigkeitsberechnung *f* [des]; Spannungsberechnung *f* [des]; Spannungsermittlung *f* [bon]; Statik *f*
stress application Spannungsbeanspruchung *f* [met]
stress area Spannungsfläche *f* [phy]
stress boundary conditions Spannungsrandbedingungen *pl* (mehrdimensionale Festigkeitsberechnungen) [met]
stress by noise Geräuschbelastung *f* [aku]
stress caused by building noise Baulärm *m* [aku]
stress coat method Reißlackverfahren *n* (Dehnungsanzeige) [met]
stress concentration Kerbspannung *f* [met]
stress concentration effect Kerbwirkung *f* [met]
stress concentration factor Kerbfaktor *m* (mechanische Spannungen im Werkstoff) [met]; Kerbwirkungszahl *f* [met]
stress condition Spannungszustand *m* [met]
stress condition, biaxial - zweiachsiger Spannungszustand *m* [met]

stress condition, multi-axial - mehrachsiger Spannungszustand *m* [met]
stress condition, triaxial - dreiachsiger Spannungszustand *m* [sik]
stress corrosion Spannungskorrosion *f* [met]
stress corrosion cracking Spannungsrisskorrosion *f* [met]
stress crack Spannungsriss *m* [met]
stress curve Spannungsverlauf *m* (mechanische Spannungen) [met]
stress cycle Lastspiel *n*; Lastwechsel *m*
stress cycles endured Lastspielzahl *f* [met]; Lastwechselzahl *f* [met]
stress diagram Kräfteplan *m*
stress distribution Druckverteilung *f* (im Baugrund) [geo]; Spannungsverteilung *f* [met]
stress due to driving rain Schlagregenbeanspruchung *f* [met]
stress due to rolling, residual - Walzspannung *f* [met]
stress duration Beanspruchungsdauer *f* [met]
stress expansion Spannungsdehnung *f* [met]
stress factor Belastungsfaktor *m* [met]
stress field Druckfeld *n* [sik]; Druckspannungsfeld *n* [sik]; Spannungsfeld *n* [sik]
stress level Beanspruchungshöhe *f* [met]
stress limit Grenzbelastung *f* [phy]
stress of the compression reinforcement Spannung in der Druckbewehrung *f* [bon]
stress of the tensile reinforcement Spannung in der Zugbewehrung *f* [bon]
stress pattern Spannungsverlauf *m* (mechanische Spannung) [met]
stress peak Belastungsspitze *f* (mechanische Spannung) [met]; Spannungsspitze *f* (mechanische Spannung) [met]
stress problem Spannungsproblem *n* [sik]
stress range Beanspruchungsbereich *m* [met]
stress redistribution Spannungsumlagerung *f* [met]
stress relaxation Spannungsabbau *m* [met]
stress relief Spannungsentlastung *f* [met]
stress resultant Schnittgröße *f* [sik]; Spannungsresultierende *f* [phy]
stress reversal Wechselbeanspruchung *f* [met]
stress rupture strength Zeitstandfestigkeit *f* [met]
stress sheet Kräfteplan *m* [sik]
stress state Spannungszustand *m* [met]
stress tensor Spannungstensor *m* [phy]
stress test Belastungstest *m* [any]
stress transfer Spannungsableitung *f* [sik]
stress with deformation Beanspruchung mit Verformung *f* [met]
stress without deformation Beanspruchung ohne Verformung *f* [met]
stress, mean - Mittelspannung *f* (mechanische Spannung) [met]

stress, safe - zulässige Beanspruchung *f* [met]
stress, statical - statische Beanspruchung *f* [sik]
stress-corrosion cracking Spannungsrisskorrosion *f* [met]
stress-crack corrosion Spannungsrisskorrosion *f* [met]
stress-crack-resistant spannungsrissunempfindlich [met]
stress-cycle diagram Dauerfestigkeitsschaubild *n* [met]; Wöhler-Schaubild *n* [met]
stress-free spannungsfrei [phy]; spannungslos [phy]
stress-induced corrosion Spannungsrisskorrosion *f* [met]
stress-number curve Wöhler-Kurve *f* [met]
stress-resultant components Schnittkräfte *pl* [sik]
stress-strain limit Proportionalitätsgrenze *f* [met]
stressing Beanspruchung *f* [met]
stressing device Spannvorrichtung *f* [bon]
stressing mould Spannbett *n* [bon]
stressing of concrete Betonbeanspruchung *f* [bon]
stressing tendon Spannglied *n* [bon]
stressing unit Spannglied *n* [bon]
stressless spannungsfrei [met]
stretch Bruchdehnung *f* [met]; Verstreckung *f* [met]
stretch of rails Schienenstrang *m* (Bahn) [tra]
stretcher Läufer *m* (Mauerstein)
stretcher bond Läuferverband *m* (Mauerwerk)
stretcher course Läuferschicht *f* (Mauerwerk)
stretching bond Läuferverband *m*
stretching course Läuferschicht *f*
strict control genaue Kontrolle *f*; strenge Kontrolle *f*
strike abbauen *v* (ein Gerüst -) [wer]; anlaufen *v* (Glas) [met]; ausschalen *v* [bon]; hämmern *v*; schlagen *v*
strike plate Schließblech *n*
striker Hammerbär *m* [wzg]; Schlaghammer *m* (Kerbschlagversuch) [any]
striking fillet Ausschalleiste *f*
striking tool Schlagwerkzeug *n* [wzg]
string Mauerband *n*; Handlauf *m* (Treppe)
string board Treppenwange *f*
string line Seillinie *f* [mat]
string polygon equation Seilgleichung *f* [mat]
string village Reihendorf *n* (Siedlungsform) [com]
stringboard Treppenwange *f*; Wange *f* (Treppe)
stringer Längsbalken *m*; Längsträger *m*; Stützbalken *m*; Tragbalken *m*; Treppenwange *f*; Wange *f* (Treppe)
stringer, closed - Wandwange *f*
stringer, external - Außenwange *f* (Treppe); Freiwange *f*
stringer, open - aufgesattelte Treppe *f*; Freiwange *f* (Treppe)
stringing Verketten *n* (von Solarzellen) [pow]

stringy zäh (faserig) [met]
strip abschleifen *v* (Boden) [wer]; ausschalen *v* [bon]; demontieren *v* (Schalung); entschalen *v* [bon]
strip building Reihenbebauung *f*
strip down abbauen *v* (Schalung)
strip flooring Stäbchenparkett *n*
strip footing Streifenfundament *n*
strip foundation Streifenfundament *n*
strip heater Heizband *n* [elt]
strip iron Bandeisen *n* [met]
strip lighting Leuchtröhrensystem *n* [elt]
strip load Streifenlast *f* [sik]
strip of wallpaper Tapetenbahn *f* [met]
strip profile Bandprofil *n* (Warmwalzen) [met]
strip steel Bandstahl *m* [met]
strip the falsework ausrüsten *v*
strip the formwork ausschalen *v* [bon]
strip window Streifenfenster *n*
strip windows Fensterband *n*
striped pattern Streifenmuster *n* [des]
stripper Ablaugmittel *n* [che]; Beizmittel *n* (für Farbe) [met]; Lackentferner *m* [met]
stripping Ablaugen *n* (- von Farbe) [wer]; Ablösen *n* (Farbe); Abräumen *n*; Abtragen der Vegetationsschicht *n* [geo]; Ausschalen *n* [bon]; Abraumbeseitigung *f*; Ausschalung *f* [bon]; Beräumung *f* (Baustelle); Demontage *f* (Schalung)
stripping agent Entfärbungsmittel *n* (für Leder) [met]
stripping cart Ausschalwagen *m* [bon]
stripping of coats Abbeizen *n* (Anstrich)
stripping of forms Ausschalen *n* [bon]
stripping of formwork Ausschalen des Fundaments *n* [bon]
stripping shovel Abraumbagger *m*
stripping strength Ausschalfestigkeit *f* [bon]
stripping the forms Ausschalen *n* [bon]
stripping time Ausschalfrist *f*
strippings Abraum *m* [rec]
stroke Hub *m* (Kolben)
stroke of a jack Pressenhub *m* (Spannpresse)
strong dampening starke Dämpfung *f*
strongback Kippträger *m*
strongback connector Riegelhalter *m*
strongroom Tresorraum *m*; Tresorraum *m* (Bank)
struck abgebaut (Gerüst)
structural baulich [des]; konstruktiv [des]; statisch (Bau); tragend [sik]
structural adhesive Baukleber *m* [met]; Strukturklebstoff *m* [met]
structural alteration Umbau *m* [des]; Bauveränderung *f*; Umbaumaßnahme *f*
structural analysis Baustatik *f* [sik]; statische Berechnung *f* [sik]; Strukturmechanik *f* [sik]; Strukturuntersuchung *f* [any]

structural analysis plan Lastenplan *m* [des]
structural analyst Baustatiker *m*; Statiker *m*
structural and civil engineering Hoch- und Tiefbau *m*
structural bearing Lager im Bauwesen *n*
structural behaviour Tragverhalten *n* [sik]
structural bracing Bandage *f* [stb]
structural calculation statische Berechnung *f* [sik]
structural ceiling with joists Balkendecke *f*
structural component Bauteil *n* [tec]; tragendes
Teil *n* [sik]; Tragglied *n* [sik]
structural concrete Bauwerksbeton *m* [bon]; Konstruktionsbeton *m* [bon]
structural concrete topping Aufbeton *m* [bon]
structural condition Bauzustand *m*
structural connection Stoß *m* (Verbindungsstelle /
Träger); Verbindung von Bauteilen *f*
structural damage Bauschaden *m*
structural damage to building Gebäudeschaden *m*
structural defect Baumangel *m*; Konstruktionsfehler *m* [des]; Strukturfehler *m* [met]
structural design baulicher Entwurf *m* [des];
konstruktiver Entwurf *m*; Tragwerksentwurf *m*;
Baukonstruktion *f*; Baustatik *f*; bautechnische
Projektierung *f* [des]; konstruktive Ausbildung *f*
[des]
structural design engineer Konstruktionsingenieur *m*
structural design theory Baukonstruktionslehre *f*
[des]
structural designer Statiker *m*
structural detail Konstruktionselement *n* [des]
structural detailing bauliche Durchbildung *f* [des]
structural dimension Baumaß *n* [des]
structural dynamics Baudynamik *f* [des]
structural element Bauteil *n* [des]
structural element, area-covering - Flächentragwerk *n*
structural element, precast - Fertigbetonteil *n*
[bon]
structural engineer Statiker *m*; Statiker *m* [sik]
structural engineering Bautechnik *f*; Tragwerksplanung *f*
structural engineering in steel Stahlhochbau *m*
[stb]
structural equipment bauliche Ausrüstung *f* [tra]
structural expressionism Strukturexpressionismus
m [arc]
structural extensions and fittings raumbildende
Ausbauten *pl*
structural fabric Bausubstanz *f* [met]
structural fibre insulating board Dämmpappe *f*
[met]
structural fire Gebäudebrand *m*
structural fire design brandtechnische Bemessung *f*
(Gebäude) [des]

structural flood mitigation Hochwassersteuerung
durch Bauwerke *f* (Hydrologie) [wba]
structural foam Strukturschaum *m* (Kunststoff)
[met]
structural frame Rahmentragwerk *n*; Gebäuderahmen *m*
structural framework Skelett *n* [stb]
structural gasket joint Abdeckfuge *f*
structural glass Glasbausteine *pl*
structural glazing Ganzglaskonstruktion *f*
structural height Gebäudehöhe *f*
structural hull tragende Schale *f*
structural insulating board Isolierbauplatte *f* [met]
structural iron Baueisen *n* [met]
structural joint Bauwerksfuge *f*
structural layer Konstruktionsschicht *f*
structural lightweight concrete
Konstruktionsleichtbeton *m* [bon]
structural lumber Kantholz *n* [met]
structural material Baustoff *m* [met];
Konstruktionswerkstoff *m* [met]; Strukturwerkstoff
m [met]
structural mechanics Baumechanik *f*
structural member Bauglied *n*; Bauteil *n* [des]
structural module Bauraster *n*
structural part Bauteil *n* [des]; Konstruktionsteil *n*
[des]; Baueinheit *f*
structural plan Strukturplan *m* [des]
structural planning Tragwerksplanung *f* [sik]
structural preservation Bautenschutz *m*; bauliche
Werterhaltung *f*; Substanzerhaltung *f*
structural property bautechnische Eigenschaft *f*
structural repair Bauinstandsetzung *f*
structural safety Sicherheit der Baukonstruktion *f*
structural sealant tragende Verklebung *f* (von
Glasscheiben)
structural sheet Konstruktionsblech *n* [met]
structural sheet iron Konstruktionsblech *m* [met]
structural sound insulation baulicher Schallschutz
m [aku]; Trittschallschutz *m* [aku]; Körperschallisolierung *f* [aku]
structural specification Bauvorschrift *f*
structural stability Standsicherheit *f*
structural state Baubestand *m*
structural steel Baustahl *m* [met]; Formstahl *m*
[met]; Profilstahl *m* [met]
structural steel element Stahlbauteil *n* [met]
structural steel engineering Stahlbau *m* [stb]
structural steel frame Profilstahlrahmen *m* [stb]
structural steel member Stahlbauteil *n* [stb]
structural steel section Stahlbauprofil *n* [met]
structural steel workshop Stahlbauwerkstatt *f* [stb]
structural steel, high-tensile - hochfester Baustahl
m [met]
structural steel, special-purpose - Sonderbaustahl
m [met]

structural steelwork Stahlbau *m* [stb]; Stahlkonstruktion *f*
structural steelwork in tubular design Stahlrohrkonstruktion *f* [stb]
structural strength Gestaltfestigkeit *f* [sik]; innere Festigkeit *f* [met]; Standfestigkeit *f* [sik]
structural system Konstruktionssystem *n* [des]
structural testing Bauprüfung *f*
structural timber Bauholz *n* [met]
structural timber connector Holzdübel *m*
structural tubing Hohlprofil *n*; Kastenquerschnitt *m*
structural welding Stahlbauschweißung *f* [wer]
structural wing Gebäudeflügel *m*
structural wood framing system Holzrahmenkonstruktion *f*
structural work Bauwerksarbeiten *pl*; Rohbauarbeiten *pl*
structurally glazed system Ganzglasfassade *f*
structurally weak region strukturschwache Region *f* [com]
structure Bauwerk *n*; Gebäude *n* (Gefüge); Gefüge *n* (Aufbau) [met]; Aufbau *m* (Struktur) [des]; Bau *m* (Struktur); Baukörper *m*; Bauart *f*; Konstruktion *f* (Aufbau) [des]; Struktur *f* (Konstruktion) [des]; Struktur *f* (Werkstoff) [met]; Zusammensetzung *f* (Aufbau) [des]
structure anlegen *v* (gestalten)
structure analysis Strukturuntersuchung *f* [any]
structure as built Baubestand *m*
structure diagram Strukturbild *n* [des]
structure gauge Lichtraumprofil *n* (Bahn) [tra]
structure of needs Bedürfnisstruktur *f*
structure of rendering Putzaufbau *m*
structure of the building Gebäudesubstanz *f*
structure of the ground Bodenverhältnisse *pl* [geo]; Bodenstruktur *f* [geo]
Structure Plan Rahmenplan für Landnutzung, Entwicklung & Infrastruktur einer gesamten Region *m* (GB)
structure planning process Strukturplanung *f* [com]
structure with overflow Entlastungsbauwerk *n* [wba]
structure, chemical - chemischer Aufbau *m* [che]
structure, open - mit porigem Gefüge
structure-born noise Körperschall *m* [aku]
structure-born sound Körperschall *m* [aku]
structure-born-sound insulated körperschallisoliert [aku]
structure-borne sound Gebäudeschall *m* [aku]; im Baukörper übertragener Schall *m* [aku]; Körperschall *m* [aku]
structure-borne sound damping Körperschalldämpfung *f* [aku]
structure-borne sound insulation Körperschallisolierung *f* [aku]
structure-borne vibration Gebäudevibration *f*

structured ground Strukturboden *m* [geo]
strut Kopfband *n* (Dachkonstruktion); Aussteifungsstab *m* [stb]; Druckstab *m* [stb]; Stempel *m* (Strebe); Stiel *m* (Bauteil); Druckstrebe *f* [stb]; Spreize *f* [stb]; Strebe *f* (Pfeiler, Verstrebung); Verstrebung *f* [stb]
strut abstützen *v*; versteifen *v* (verstreben); verstreben *v*
strut frame Strebenfachwerk *n* [stb]
strut member Verstrebungsprofil *n*
strutted frame Sprengwerk *n*
strutted roof Sprengwerkdach *n*
strutting Absteifung *f*; Stakung *f*; Unterstützung *f*; Versteifung *f* (Verstrebung)
stub bar Anschlussbewehrung *f* [bon]
stucco Putzkalk *m* [met]; Stuck *m*
stucco ceiling Gipsputzdecke *f*; Stuckdecke *f*
stucco work Stuckarbeit *f*
stucco works Stuckarbeiten *pl*
stucco-work ceiling Stuckdekordecke *f*
stuck in the mud; be - im Schlamm stecken bleiben *v*
stuck weld Kaltschweißung *f* [met]
stud Bolzen *m* (Nagel); Ständer *m* (Holzbau: auf Schwelle aufgesetzt); Stift *m* (Nagel); Wandstiel *m*; Stütze *f* (Holzbau)
stud bolt Gewindebolzen *m* [tec]; Stehbolzen *m* [tec]; Stiftbolzen *m* [tec]
stud driver Bolzenschießgerät *n* [wzg]; Bolzensetzer *m* [wzg]
stud gun Bolzenschießgerät *n* [wzg]
stud partition Fachwerktrennwand *f*; Ständerwand *f*
stud riveting hammer Stehbolzenniethammer *m* [wzg]
stud screw Stiftschraube *f* [tec]
stud shear connector Bolzendübel *m*; Kopfbolzendübel *m*
stud union Ständerverbindung *f*
stud wall Fachwerkwand *f*
stud weld Stiftschweißung *f* [met]
stud welding Bolzenschweißen *n* [wer]
studded plate Warzenblech *n* [met]
studded tile Nockenplatte *f* (Belag)
student dormitory Studentenwohnheim *n*
studio apartment Apartment *n* (<A>); Studio *n*
studio flat Apartment *n* (<B>); Studio *n*; Atelierwohnung *f*
stump puller Wurzelzieher *m* (für Baumwurzeln) [tib]
sturdy construction robuste Konstruktion *f* [des]
sturdy design robuste Ausführung *f* [des]
style Baustil *m*; Bauweise *f* (Baustil)
style of architecture Bauweise *f* (Baustil)
style of building, academic - akademische Architektur *f*
stylobate Stylobat *m* (Tempelelement) [arc]
styrene Styrol *n* [che]

styrofoam Styropor *n* [che]
styrol Styrol *n* [che]
sub-base Tragschicht *f* [geo]
sub-basement unteres Kellergeschoss *n*
sub-centre Nebenzentrum *n* (Städtebau)
sub-contractor Nachunternehmer *m* [eco];
Nachunternehmerin *f* [eco]
sub-diagonal Hilfsstab *m* (schräger -) [stb]
sub-distribution board Unterverteilung *f* [elt]
sub-distribution point Unterverteilung *f* [elt]
sub-distribution unit Unterverteilung *f* [elt]
sub-distributor Unterverteiler *m* [elt]
sub-drainage Baugrundentwässerung *f* [tib];
Bodenentwässerung *f* [tib]; Untergrundentwässerung *f* [tib]
sub-pavement tunnel Unterpflastertunnel *m* [tib]
sub-pelvic harness Beinriemen *m* [asi]
sub-project Teilprojekt *n*
sub-vertical Hilfsstab *m* (senkrechter -) [stb]
sub-zero temperature Temperatur unter dem
Gefrierpunkt *f* [wet]
subaqueous foundation Unterwassergründung *f*
subaqueous road tunnel Unterwasserstraßentunnel
m [tib]
subaqueous tunnelling Unterwassertunnelbau *m* [tib]
subassembled vormontiert
subassembly Unterbaugruppe *f* [elt]
subbase Unterbau *m* (Straße) [tib]; Druckverteilungsschicht *f* [tib]; Frostschutzschicht *f* (Straße)
[tib]; Packlage *f* (Straßenbau) [tib]; Sauberkeitsschicht *f* [tib]; untere Tragschicht *f* [tib]
subcarrier Unterträger *m*
subconcrete Unterbeton *m* [bon]
subcontract Unterauftrag *m* [eco]; Untervertrag *m*
[jur]
subcontract Untervertrag abschließen *v* [eco]
subcontract erection Lohnmontage *f*
subcontractor Nachunternehmer *m* [eco]; Subunternehmer *m* [eco]; Unterauftragnehmer *m* [eco];
Unterlieferant *m* [eco]; Subunternehmerin *f* [eco]
subdivided untergliedert
subdivision permit Teilungsgenehmigung *f* (Immobilie) [jur]
subfloor Blendboden *m*; Unterboden *m*
subgrade Erdbauplanum *n* [tib]; Planum *n* [tib];
Straßenbett *n* [tib]; Unterbau *m* (Eisenbahn) [tib];
Untergrund *m* (im Boden) [geo]
subgrade basement soil Baugrund *m* [geo]
subgrade compactor Planumsverdichter *m* [tib]
subgrade drain Planumsdrän *m* [was]
subgrade drainage Planumsentwässerung *f*
subgrade excavation Auskofferung *f* [tib]
subgrade rooter Planumaufreißer *m* [tib]
subgrade work Planumarbeiten *pl* [tib]
subgrade, artificial - aufgeschüttetes Planum *n*
[geo]

subgrading Planumherstellung *f* [tib]
subject of performance Leistungsgegenstand *m*
[eco]
subject of the agreement Gegenstand der Vereinbarung *m* [jur]
subject to alterations Änderungen vorbehalten
subject to amendments Ergänzungen vorbehalten
[des]
subject to identification kennzeichnungspflichtig
subject to permission genehmigungspflichtig [jur]
subject-specific guidance fachliche Anleitung *f*
[wer]
subjected to tension zugbeansprucht [met]
sublease Untermietvertrag *m* [jur]; Untermiete *f*
[eco]; Untervermietung *f* [eco]; Unterverpachtung
f [eco]
sublease untervermieten *v* [eco]
sublessee Untermieter *m* [eco]; Untermieterin *f*
[eco]
sublet untervergeben *v* [eco]; untervermieten *v*
[eco]; weitervermieten *v* [eco]
subletting Untervermietung *f* (Immobilie) [eco]
sublimate Sublimat *n* [che]
submain sewer Nebensammler *m* [was]
submarine earthquake Seebeben *n* [geo]
submerged überströmt (Talsperre) [was]; untergetaucht
submerged aerator Tauchbelüfter *m* [was]
submerged concrete Unterwasserbeton *m* [bon]
submerged overfall unvollkommener Überfall *m*
[wba]
submerged weir Grundwehr *n* [wba]
submersible bridge Tauchbrücke *f*
submersible pump Tauchpumpe *f* [prc]; Unterwasserpumpe *f* [prc]
submission date Einlieferungstermin *m* (Angebot,
Antrag, ...)
submission for tender Angebotsabgabe *f* [eco]
submit unterbreiten *v*; vorlegen *v*
subsample Teilprobe *f* (Chemie) [any]
subsealing Sanierungsdichtung *f*
subsequent changes Nachträge *pl*
subsequent costs Folgekosten *pl* [eco]
subsequent decomposition Nachrotte *f* (Kompost)
[rec]
subsequent flame cutting Nachbrennen *n*
(Schweißbrennen) [wer]
subside abrutschen *v* (Boden) [geo]
subsidence Absetzung *f* [geo]; Bodensenkung *f*
[geo]; Bodensetzung *f* [geo]; Landsenkung *f* [geo];
Sackung *f* (Deponie) [rec]; Senkung *f*; Setzung *f*
subsidence basin Einsturzbecken *n* [geo]; Senkungsbecken *n* [geo]
subsidence damage Senkungsschaden *m*
subsidence earthquake Einsturzbeben *n* [geo]
subsidence of ground Bodensenkung *f* [geo]

subsidence of soil Bodensenkung *f* [geo];
Erdsenkung *f* [geo]
subsidence of the track Gleissenkung *f* [tra]
subsidence trough Setzungsmulde *f* (Deponie) [rec]
subsidiary dam Nebensperrmauer *f* [was]
subsidiary line Hilfslinie *f* [des]
subsidiary projection Hilfsprojektion *f* (darstellende Geometrie) [mat]
subsidiary reinforcement Hilfsarmierung *f* [bon];
Hilfsbewehrung *f* [bon]
subsidized housing entitlement certificate Wohnberechtigungsschein *m* (sozialer Wohnungsbau)
[jur]
subsieve material Unterkorn *n* (Sieben) [prc]
subsoil Erdreich *n* [geo]; Baugrund *m* [geo];
Unterboden *m* [geo]; Untergrund *m* [geo];
Untergrund *m* (unter einer Bodenschicht) [geo]
subsoil cementation Tiefenstabilisierung *f* [tib];
Untergrunddichtung *f* [tib]
subsoil consolidation natürliche Baugrundverdichtung *f* [geo]
subsoil data Baugrundaufschluss *m* [geo]
subsoil drainage Dränung *f* [was]
subsoil expertise Baugrundgutachten *n* [geo]
subsoil exploration Bodenuntersuchung *f* [any]
subsoil investigation Bodenuntersuchung *f* [geo]
subsoil irrigation Untergrundbewässerung *f* [was]
subsoil properties Baugrundeigenschaften *pl* [geo]
subsoil solidification Tiefenstabilisierung *f* [tib];
Untergrunddichtung *f* [tib]
subsoil stabilization Untergrunddichtung *f* [tib]
subsoil water Grundwasser *n* [was]
subsoil water level Grundwasserspiegel *m* [was]
subsoil water packing Grundwasserabdichtung *f*
[geo]
subsoil waterproofing Untergrundabdichtung *f*
subsoiling Untergrundbearbeitung *f*
substance Stoff *m* (Substanz); Masse *f* (Stoff) [che]
substance analysis Stoffanalyse *f* [any]
substance constituting a water hazard wassergefährdender Stoff *m* [was]
substance liable to spontaneous combustion
selbstentzündlicher Stoff *m* [met]
substance, conservative - persistente Substanz *f*
[was]
substance, persistent - persistente Substanz *f* [was]
substance, toxic - toxischer Stoff *m* [met]
substance-related stoffbedingt
substances foreign to the body körperfremde Stoffe
pl (Lebensmittelzusätze) [met]
substandard nicht normengerecht
substantial deviation wesentliche Abweichung *f*
substantive section of the plan, certain - sachlicher
Teilbereich *m* (Stadtplanung)
substituent Ersatzstoff *m* [met]
substitute fuel Ersatzbrennstoff *m* [pow]

substitute material Austauschwerkstoff *m* [met];
Ersatzstoff *m* [met]
substrate Grundmaterial *n* (Trägermaterial) [met];
Trägermaterial *n* [any]; Träger *m* (Substanz) [met];
Untergrund *m* (Abstrich) [met]; Trägerschicht *f*
[geo]
substratum Unterschicht *f* [geo]
substruction Unterbau *m* (Gebäude)
substructure Fundament *n* (Unterbau, Widerlager);
Fundamentkonstruktion *f*; Unterkonstruktion *f*
substructure of the track Gleisunterbau *m* (Bahn)
[tra]
subsurface unter der Oberfläche liegend;
unterirdisch [geo]
subsurface conditions Untergrundverhältnisse *pl*
[geo]
subsurface dam unterirdischer Damm *m* [geo]
subsurface drainage unterirdischer Abfluss *m* [was]
subsurface flow Grundwasserabfluss *m* [was];
unterirdischer Abfluss *m* (Hydrologie) [was]
subsurface investigation Baugrunduntersuchung *f*
[geo]; Bodenuntersuchung *f* [geo]
subsurface irrigation Einstaubewässerung *f* [wba]
subsurface road Tiefstraße *f* [tra]
subsurface run-off Grundwasserabfluss *m* [was]
subsurface sewage disposal system Abwasserversickerungsanlage *f* [was]
subsurface structure Untergrundbauwerk *n*
subsurface water Bodenwasser *n* [was];
Grundwasser *n* [was]
subterranean unterirdisch
subterranean cable Erdkabel *m* [elt]
subterranean curtain Schlitzwand *f* (Tiefbau)
subterranean water Untergrundwasser *n* [was]
subterraneous curtain Schlitzwand *f*
suburb Außenbezirk *m*
suburban area Stadtrandgebiet *n* (Stadtplanung)
suburban centre Stadtteilzentrum *n* [com]
suburban housing scheme Stadtrandsiedlung *f*
suburban railway S-Bahn *f* [tra]; Stadtbahn *f* [tra]
suburbanization Stadtflucht *f* [com]
subway Straßenunterführung *f* (Fußgänger) [tib]; U-Bahn *f* (<A>) [tra]; Unterführung *f* (Fußgänger)
[tib]; Untergrundbahn *f* (<A>) [tra]
subway system U-Bahn-Netz *n* (<A>) [tra]
suck off absaugen *v*
suction capacity Saugleistung *f* (Boden) [geo]
suction casing Saugleitung *f* (Siphon) [was]
suction cutter Saugschneider *m* [tib]
suction dredge Saugbagger *m*
suction dredger Saugbagger *m* [tib]; Schneidkopfbagger *m* [tib]
suction excavator Saugbagger *m* [tib]
suction force Soglast *f* (Windsog)
suction grab Sauggreifer *m*
suction hose Saugschlauch *n* [prc]

suction line Ansaugleitung *f*; Saugleitung *f* [prc]
suction pump Saugpumpe *f* [prc]
suction tube Ansaugrohr *n*; Saugrohr *n* [prc];
Saugrüssel *m* [roh]
suffuse benetzen *v* [geo]
suggested change Änderungsvorschlag *m*
suit passen *v* (genehm sein)
suitability test Eignungsprüfung *f*
suitable for pedestrians fußgängergemäß [com]
suitable for recycling recyclinggerecht [rec]
suite Suite *f*
suite of rooms Zimmerflucht *f*
sulfate resistance Sulfatresistenz *f* [met]
sulfate-bearing sulfathaltig [che]
sulfate-laden sulfathaltig [che]
sulfate-resisting cement sulfatbeständiger Zement
m [met]
sulfur cement Schwefelzement *m* [met]
sulfuric acid corrosion Schwefelsäurekorrosion *f*
[met]
sulfuric acid corrosion, biogenic - biogene
Schwefelsäurekorrosion *f* [met]
sullage häusliche Abwässer *pl* [was]; häusliches
Abwasser *n* [was]; Spülwasser *n* [was]
summation check Summenprüfung *f* [any]
summer cottage Ferienhaus *n*
summer house Gartenhaus *n*
summer low load Sommerschwachlast *f* (Fernwärme) [pow]
summer-house Laube *f*
sump Einlaufschacht *m* [prc]; Pumpensumpf *m*
[prc]; Schlammfang *m* [was]; Sumpf *m* [geo];
Wanne *f* (Auffangwanne für wassergefährdende
Flüssigkeiten) [prc]
sump drainage offene Wasserhaltung *f* (Baugrube)
[tib]
sump hole Sickeranlage *f* [was]
sump pump Schachtpumpe *f* (Bergbau) [was];
Schmutzwasserpumpe *f* [was]
sun parlour Glasveranda *f* (<A>)
sun power Solarenergie *f* [pow]; Sonnenenergie *f*
[pow]
sun tracking Sonnengangnachführung *f* [pow]
sun visor Sonnenblende *f*
sun-baked luftgetrocknet (z.B. Ziegel) [met]
sun-blind Sonnenblende *f*
sun-canopy Sonnendach *n*
sunk well Schachtbrunnen *m* [was]
sunken panel versenkte Täfelung *f* (Klassizismus)
[arc]
sunspace Sonnenkollektorraum *m* [pow]
superchlorination Stoßchlorung *f* [was]; Überschusschlorung *f* [was]
superconductor supraleitender Werkstoff *m* [met]
supercooled water unterkühltes Wasser *n* [was]
supercritikal flow schießender Abfluss *m* [wba]

superelevation Querneigung *f* (- der Fahrbahn);
Überhöhung *f*
superelevation ramp Überhöhungsrampe *f* (Bahn)
[tra]
superficial oberflächlich
superficial compaction Oberflächenverdichtung *f*
[tib]
superficial fissure Oberflächenriss *m* [met]
superficial hardness Oberflächenhärte *f* [met]
superficial measure Flächenmaß *n* [des]
superfine flour Feinstmehl *n* (mineralisches
Produkt) [met]
superheated steam überhitzter Wasserdampf *m*
[pow]
superheavy concrete Schwerstbeton *m* [bon]
superimposed überlagert
superimposed load Auflast *f* [sik]; Verkehrslast *f*
[sik]
supering Kostenschätzung über den Quadratmeter
Nutzfläche *f* [eco]
superintendence Oberaufsicht *f*
superintendent Bauleiter *m*
supernatant liquor Schlammwasser *n* (Kläranlage)
[was]; Überschusswasser *n* [met]
superplasticized concrete Fließbeton *m* [bon]
superplasticizer Fließmittel *n* (Beton, Mörtel) [met]
superpose übereinander anordnen *v*
superposition of load cases Lastfallüberlagerung *f*
[sik]
superposition of moments Momentüberlagerung *f*
[sik]
superposition of stress Spannungsüberlagerung *f*
[sik]
supersaturated übersättigt [met]
supersonic probe Ultraschallsonde *f* [any]
supersonic test Ultraschalltest *m* [any]
superstructure Aufbauten *pl* [tec]; Oberbau *m* (Gebäude); Überbau *m* (Brücke etc.)
superstructure and road bed Oberbau *m* (Eisenbahn) [tib]
supervise beaufsichtigen *v* (überwachen); kontrollieren *v* (überwachen); überwachen *v* (kontrollieren)
supervised analysis Kontrollanalyse *f* [any]
supervision Aufsicht *f* (Überwachung); Beaufsichtigung *f*; Überwachung *f*
supervision of building works Bauaufsicht *f*
supervision of construction work Bauaufsicht *f*
supervision of erection Montageüberwachung *f*
supervision on the operator's part betreibereigene
Überwachung *f* [any]
supervisory and approving authority Aufsichts-
und Genehmigungsbehörde *f* [jur]
supervisory tasks Überwachungsaufgaben *pl*
supervisory test Überwachungstest *m* [any]
supplemental steam Zusatzdampf *m* [pow]

supplementary agent Zusatzmittel *n* [met]
supplementary plans Beipläne *pl* (Baupläne) [des]
supplementary regulations untergesetzliches Regelwerk *n* (z.B. zum Kreislaufwirtschaftsgesetz) [jur]
supplied air breathing apparatus Atemgerät mit externer Luftversorgung *n* (Atemschutz) [asi]
supplier Anbieter *m* [eco]; Auftragnehmer *m* [eco]; Lieferfirma *f* [eco]
supplier of water Wasserversorger *m* (öffentliches System) [was]
supplies Hilfsmittel *pl*
supply Angebot *n* (Warenangebot) [eco]; Netz *n* (Versorgung) [elt]; Beschaffung *f*; Einspeisung *f* [elt]; Lieferung *f*; Zufuhr *f* (Versorgung); Zuleitung *f*
supply einspeisen *v*; liefern *v* [eco]; zuleiten *v*
supply air Zuluft *f* [air]
supply and disposal system Ver- und Entsorgungssystem *n*
supply base Nachschubbasis *f*
supply centre Versorgungszentrum *n* [com]
supply connection Netzanschluss *m* [elt]; Versorgungsanschluss *m* [tga]
supply current Netzstrom *m* [elt]; Speisestrom *m* [elt]
supply current Strom liefern *v* [pow]
supply device Atemluftversorgungseinrichtung *f* (Atemschutz) [asi]
supply duct Zuluftkanal *m* [air]
supply failure Netzausfall *m* [elt]; Stromausfall *m* [elt]
supply frequency Netzfrequenz *f* [elt]
supply grid Versorgungsnetz *n* [elt]
supply guarantee Versorgungssicherheit *f* [pow]
supply leads Stromzuführung *f* (Leitung) [elt]
supply line Versorgungsleitung *f* [elt]; Zuführungsleitung *f* [elt]; Zuleitung *f* [elt]
supply line plan Leitungsplan *m*
supply main Zuführungsleitung *f* [elt]
supply mains Stromversorgungsnetz *n* [elt]; Hauptleitung *f* [was]; Versorgungshauptleitung *f* [elt]
supply monopoly Versorgungsmonopol *n* [pow]
supply network Leitungsnetz *n* [elt]; Versorgungsnetz *n* [elt]
supply network, three-phase - Drehstromnetz *n* [elt]
supply of energy Energiebereitstellung *f* [pow]; Energieversorgung *f* [pow]; Energiezufuhr *f* [pow]
supply of extinguishing agent Löschmittelversorgung *f* (Brandlöschung)
supply of heat Wärmezufuhr *f* [pow]
supply of process heat Prozesswärmelieferung *f* [pow]
supply pipe Anschlussrohr *n* [was]; Versorgungsleitung *f* [tga]; Vorlaufleitung *f* (Fernwärmeversorgung) [pow]

supply pipeline Zubringerleitung *f* (Fernwärmeversorgung) [pow]
supply structure Versorgungsstruktur *f* (Gas, Wasser, Straßen, ...)
supply system Speisenetz *n* [elt]; Versorgungsnetz *n* [elt]; Versorgungssystem *n* [pow]
supply temperature Vorlauftemperatur *f* [pow]
supply terminal Anschlussklemme *f* [elt]; Netzklemme *f* [elt]
supply voltage Netzspannung *f* [elt]; Speisespannung *f* [elt]
supply-pipe pressure Vorlaufdruck *m* (Fernwärmeversorgung) [pow]
supply-pipe temperature Vorlauftemperatur *f* (Fernwärmeversorgung) [pow]
supply-voltage dip Netzeinbruch *m* [elt]
support Auflager *n*; Gestell *n* (Stütze); Lager *n* (Stütze); Einsatz *m* (Stütze); Träger *m* (Stütze); Untersatz *m*; aufnehmen *f* (stützen); Halterung *f*; Haltevorrichtung *f*; Konsole *f*; Lagerung *f* (Stütze); Säule *f* (Stütze); Stütze *f*
support lagern *v* (Auflager); stützen *v*; unterhalten *v* (unterstützen)
support angle Stützwinkel *m*; Tragwinkel *m* [des]
support bracket Stützkonsole *f*; Tragleiste *f*; Tragpratze *f* [tec]
support condition Auflagerbedingung *f* [sik]
support extension Abstützverlängerung *f*
support frame Bock *m* (Stützrahmen) [stb]
support member Stützglied *n*; Trägerelement *n*
support moment Stützmoment *n* (Moment an einer Stütze) [sik]
support motion Fußpunkterregung *f* (Baumechanik)
support point Auflagerpunkt *m*
support reaction Auflagerkraft *m*; Auflagerreaktion *f* (Kraft) [sik]
support rotation Stützenverdrehung *f* [sik]
support settlement Stützensenkung *f* [sik]
support space Nebennutzfläche *f*
support structure tragende Struktur *f* [tec]; Tragkonstruktion *f* [tec]
support, firm - festes Auflager *n*
support, free - freies Auflager *n*
support, simple - festes Auflager *n*
support-free stützenfrei
supported aufliegend; gestützt
supported member anzuschließender Träger *m* (Holzbau)
supported, rigidly - starr gelagert
supported, simply - frei aufliegend [stb]; gelenkig gelagert
supporting tragend
supporting Verstrebung *f*
supporting area Tragfläche *f*
supporting arm Tragarm *m*
supporting bar Stützbalken *m*

supporting base Träger *m* (Stütze)
supporting beam Stützbalken *m*; Träger *m* (Stütze); Unterzug *m*
supporting bearing Traglager *n*
supporting bracket Auflagekonsole *f*; Halteklammer *f*; Stützkonsole *f*; Stützpratze *f* [prc]
supporting column Stützpfeiler *m*
supporting components tragende Teile *pl*
supporting console Gurtkonsole *f* (Spundwand)
supporting fabric Stützgewebe *n* [met]
supporting force Auflagerkraft *f* [sik]; Stützkraft *f* [phy]
supporting frame Stützrahmen *m*
supporting girder Tragwerk *n*
supporting member tragendes Element *n*; Hauptträger *m*; Stiel *m* (Stütze); Stütze *f*
supporting pier Grundpfeiler *m*; Stützpfeiler *m*
supporting pillar Stützpfeiler *m*
supporting point Lagerungspunkt *m*
supporting post Stützpfeiler *m*
supporting profile Aufständerungsprofil *n*
supporting roller Gurttragrolle *f* [tec]; Stützrolle *f* [tec]; Tragrolle *f* [tec]
supporting strength Tragfähigkeit *f*
supporting structure Traggerüst *n*; Tragwerk *n*; Stützkonstruktion *f*; Tragkonstruktion *f*
supporting tower Tragpfeiler *m*
supporting wall Auflagerwand *f*; Stützmauer *f*; tragende Mauer *f*; Widerlagermauer *f*
supportless stützenfrei
suppository Zäpfchen *n* (Pharma) [hum]
suppress dämpfen *v* (Schwingungen)
suppression of pores Porenunterdrückung *f* [met]
supreme water authority oberste Wasserbehörde *f*
surcharge Auflast *f*; Überlast *f* [elt]
surcharge überlasten *v* [elt]; übersättigen *v* (Lösungen) [met]
suretyship Bürgschaft *f* [jur]
surface Spiegel *m* (Wasser-) [was]; Decke *f* (Fahrbahn-) [tib]; Fläche *f* (Oberfläche)
surface befestigen *v* (eine Straße); beschichten *v*; beschottern *v*; hobeln *v* (Holz) [wer]
surface analysis Oberflächenanalyse *f* [any]
surface and underground water Gewässer *pl* [was]
surface artery Stadthauptstraße *f* (- zu ebener Erde) [tra]
surface coat Oberflächenauftrag *m* [met]
surface coating Anstrich *m* (Anstreichen) [met]; Oberflächenbehandlung *f* (Straßenbau) [tib]
surface colour Oberflächenfarbe *f*
surface compactor Oberflächenverdichter *m* [tib]
surface conditioning Oberflächenbehandlung *f* [met]
surface corrosion Oberflächenkorrosion *f* [met]
surface course Straßendecke *f* [tib]; Verschleißschicht *f* (Straße) [tib]

surface course, bituminous - bituminöse Verschleißschicht *f* (Straßenbau) [tib]
surface crack Oberflächenriss *m* [met]
surface digging Flachbaggern *n* [tib]; Flachbaggerung *f* [tib]
surface digging machine Flachbagger *m* [tib]
surface discharge Oberflächenabfluss *m* [was]
surface disintegration Verwitterung *f* [met]
surface drainage Oberflächenabfluss *m* [was]; Ableitung des Oberflächenwassers *f* [was]; Oberflächenentwässerung *f* [was]
surface dressing Oberflächenbehandlung *f* (Straßenbau) [tib]
surface embrittlement Oberflächenversprödung *f* [met]
surface excavation Flachbaggerung *f* [tib]
surface excavator Flachbagger *m*
surface exposed to the wind Windangriffsfläche *f*
surface finish Oberflächenzustand *m* [met]; Oberflächenausführung *f* [met]; Oberflächenbeschaffenheit *f* [met]; Oberflächengüte *f*
surface flame spread Flammenausbreitung *f* (Brand)
surface flaw Oberflächenfehler *m* [met]
surface flooding Oberflächenüberflutung *f* [was]
surface flow oberirdischer Abfluss *m* [was]
surface friction äußere Reibung *f* [phy]
surface grid Belagsgitter *n* [met]
surface hardness Oberflächenhärte *f* [met]
surface installation Aufputzverlegung *f* (Kabel, Dosen, ...) [elt]
surface irregularity Oberflächenfehler *m* [met]
surface irrigation Oberflächenbewässerung *f* [was]
surface layer Belagsschicht *f* (Straße) [tib]; Deckschicht *f* [met]; Oberflächenschicht *f* [met]; Randschicht *f* [met]
surface load Flächenbelastung *f*; Flächenlast *f*
surface marking Oberflächenzeichen *n* [des]
surface measurement Flächenmessung *f* [any]
surface membrane Belagsvlies *n* (Straßenbau) [met]
surface moisture Oberflächenwasser *n* [met]
surface mounting Aufputzinstallation *f* [tga]; Aufputzmontage *f* [tga]; Aufputzverlegung *f* [tga]
surface of terrain Geländeoberfläche *f* [geo]
surface of translation Translationsfläche *f*
surface peeling Abblättern der Oberfläche *n* [met]
surface pore Oberflächenpore *f* (Schweißnahtfehler) [met]
surface pressure Flächendruck *m* [geo]; Oberflächendruck *m* [phy]; Flächenpressung *f* [phy]
surface probe Oberflächenfühler *m* [any]
surface profile Flächenprofil *n* [des]
surface property Oberflächengüte *f* [met]
surface protection Oberflächenschutz *m* [met]

surface protective coating Oberflächenschutzschicht *f* [met]
surface reinforcement Belagsarmierung *f*
(Straßenbau) [met]
surface removal Oberflächenabtragung *f* [geo]
surface retention Oberflächenrückhalt *m*
(Hydrologie) [was]
surface roughness Oberflächenrauheit *f* [met]
surface run-off Oberflächenabfluss *m* [was];
oberirdischer Abfluss *m* [was]
surface scaling Abschälen *n* (- von Mörtel-
/Betonoberflächen) [met]; Oberflächenverzunderung *f* [met]
surface scum Schwimmschlamm *m* [was]
surface sealing Bodenversiegelung *f* [geo]
surface socket oberflächenmontierte Steckdose *f*
[elt]
surface soil Bodenkrume *f* [geo]; Erdkrume *f* [geo]
surface strata Oberflächenschicht *f* [geo]
surface street ebenerdige Straße *f* [tra]
surface strengthening Oberflächenverfestigen *n*
[tib]
surface structure oberirdisches Bauwerk *n*
surface tension Grenzflächenspannung *f* [phy]
surface texture Oberflächenrauigkeit *f* [met]
surface treatment Oberflächenbearbeitung *f*;
Oberflächenbehandlung *f*
surface unit Flächeneinheit *f*
surface vibrator Flächenrüttler *m*; Oberflächenrüttler *m* [tib]
surface water Oberflächengewässer *n* [was];
Oberflächenwasser *n* [was]; oberirdisches
Gewässer *n* [was]
surface water drain Regenwasserabfluss *m* [was];
Regenwasserdrän *m* [was]; Regenwasserleitung *f*
[was]
surface water erosion Oberflächenwassererosion *f*
[was]
surface water proofer Wasserabdichtung *f*
surface water run-off Oberflächenabfluss *m* [was]
surface waterbodies Oberflächengewässer *pl* [was]
surface waterproofer Oberflächenimprägnierung *f*
[met]
surface wear Oberflächenabtrag *m* [met]
surface weathering Verwitterung *f* [met]
surface with concrete betonieren *v* (z.B. Straße)
[bon]
surface with gravel bekiesen *v*
surface, antiskid - rutschfeste Oberfläche *f*
surface-active oberflächenaktiv [met]; oberflächenwirksam [met]
surface-active agent Netzmittel *n* [met]; Tensid *n*
[met]; grenzflächenaktiver Stoff *m* [met]; oberflächenwirksame Substanz *f* [met]
surface-active agent, cationic - kationischer
oberflächenaktiver Stoff *m* [met]

surface-active material oberflächenaktives Material
n [met]
surface-active substance oberflächenaktiver Stoff
m [met]
surface-area determination Oberflächenbestimmung *f* [any]
surface-contact thermometer Kontaktthermometer
n [any]
surface-improved oberflächenvergütet [met]
surface-mounted Aufputz- [elt]
surface-refined oberflächenvergütet [met]
surfacer Ausgleichsmasse *f* [met]; Spachtelmasse *f*
[met]
surfacing Auftragschweißen *n* [wer]; Fahrbahnbelag *m* [tib]; Befestigung *f* (von Straßen) [tib];
Beschichtung *f*; Oberflächenbearbeitung *f* [wer];
Oberflächenbehandlung *f* [wer]
surfacing layer Belagsschicht *f* (Straßenbau) [met]
surfacing material Deckenmaterial *n* (Straße) [met]
surfacing membrane Belagsvlies *n* (Straßenbau)
[met]
surfactant grenzflächenaktiv [met]; oberflächenaktiv [met]
surfactant oberflächenaktives Material *n* [met];
Tensid *n* [met]; grenzflächenaktiver Stoff *m* [met];
oberflächenaktiver Stoff *m* [met]
surge Wellenbildung *f* [met]
surge chamber Ausgleichsbehälter *m* (Wasserversorgung) [was]
surge protection Überspannungsschutz *m* [elt]
surge suppressor Überspannungsschutz *m* [elt]
surge water chamber Schwallschacht *m* [wba]
surplus activated sludge Überschussschlamm *m*
[was]
surplus heat Wärmeüberschuss *m* [pow]
surplus sludge Überschussschlamm *m* (Kläranlage)
[was]
surrogate Ersatzstoff *m* [met]
surround Zarge *f*
surround umgeben *v*
surround plank Randabschlussbohle *f*
surround section Randabschlussprofil *n*
surround sound Raumschall *m* [aku]
surrounding umgebend; umliegend
surrounding area Umland *n*; Umkreis *m*
surrounding atmosphere Umgebungsluft *f* [air]
surrounding countryside Umland *n*
surrounding development Umgebungsbebauung *f*
[com]
surrounding material Deckgebirge *n* (Tunnelbau)
[tib]
surrounding medium umgebendes Medium *n*
surrounding region Umland *n* [com]
surroundings Umgegend *f*
surveillance of waters Gewässerüberwachung *f*
[was]

survey Überblick *m* (Abriss) [des]; Erhebung *f* (statistische -); Übersicht *f* (Darstellung, Zusammenfassung); Vermessung *f* [any]
survey einmessen *v* [any]; vermessen *v* [any]
survey map Vermessungskarte *f* [geo]
survey of costs Kostenübersicht *f* [des]
survey plan Vermessungsplan *m*
survey pole Fluchtstange *f* (Vermessung) [any]
survey sketch Einmessungsskizze *f* (Vermessung)
survey work Vermessungsarbeit *f* [any]
surveying Inspektion *f* [any]; Vermessung *f* [any]
surveying equipment geodätisches Gerät *n* [any]
surveying pole Fluchtstab *m* [any]
surveying work Vermessungsarbeiten *pl* [any]; Vermessungsleistungen *pl* [any]; Einmessarbeit *f* [any]
surveyor Vermesser *m* (Landvermesser)
surveyor's level Nivelliergerät *n* [any]
surveyor's tape Messband *n* [any]
survival suit Rettungsanzug *m* [asi]
susceptibility to accidents Unfallanfälligkeit *f* [asi]; Unfalldisposition *f* [asi]; Unfallneigung *f*
susceptibility to corrosion Korrosionsneigung *f* [met]
susceptibility to frost action Frostempfindlichkeit *f* [geo]
susceptible to corrosion korrosionsanfällig [met]
susceptible to moisture feuchtigkeitsempfindlich [met]
susceptible to trouble störungsanfällig
suspect area Verdachtsfläche *f* (Altlast, ...) [geo]
suspected inherited pollution, with - altlastverdächtig [geo]
suspend anschlämmen *v* [was]; aufschwemmen *v* [was]
suspended frei hängend; hängend
suspended beam frei aufliegender Balken *m*
suspended bridge Schrägseilbrücke *f*
suspended ceiling abgehängte Decke *f*; eingehängte Decke *f*; Hängedecke *f*; Zwischendecke *f*
suspended construction system Hängekonstruktion *f*
suspended deck aufgehängte Fahrbahn *f* (Stahlbrücke) [stb]
suspended floor abgehängte Decke *f* (Geschossdecke)
suspended lamp Hängelampe *f* [elt]
suspended matter Schwebstoff *m* [met]; Sinkstoff *m* [met]; suspendierter Stoff *m* [met]
suspended platform Hängebühne *f* (Arbeitsbühne); Schwebebühne *f*; unten liegende Fahrbahn *f* (Stahlbrücke) [stb]
suspended rail Hängeschiene *f*
suspended rod Abhängestab *m*; Hängestange *f*
suspended scaffold Hängegerüst *n*
suspended scaffolding Hängegerüst *n*

suspended solid Schwebstoff *m* [met]; Sinkstoff *m* [was]
suspended solid, filterable - abfiltrierbarer Stoff *m* [was]
suspended solids Schwebstoffe *pl* [met]
suspended span Einhängeträger *m* [stb]; Koppelträger *m* [stb]
suspended structure Hängekonstruktion *f*
suspender Trägerband *n* [met]; Hänger *m* (Hängestange) [stb]; Hängestange *f* (Brückenbau)
suspender beam Überzug *m*
suspender cable Tragkabel *n* (Brücke)
suspender connection bracket Hängerkonsole *f* (Brücke)
suspender frame Hängekonstruktion *f*
suspender rope Hänger *m* (Hängebrücke); Hängeseil *n* (Brücke)
suspender strap Halteriemen *m* [asi]; Schulterriemen *m* [asi]
suspension Aufhängung *f* [tec]; Aufschwemmung *f* [che]
suspension arm Tragarm *m*
suspension bearing Hängelager *n*
suspension bolt Deckenanker *m* (Tunnel) [tib]
suspension boom Hängegurtung *f*
suspension bridge Hängebrücke *f*
suspension bridge strand Brückenseil *n*
suspension bridge tower Hängebrückenpylon *m*
suspension bridge, self-anchored - in sich versteifte Hängebrücke *f*
suspension cable Tragseil *n*
suspension chain conveyor Tragkettenförderer *m* [prc]
suspension ladder Hängeleiter *f*
suspension of building works Baustopp *m*
suspension point Aufhängepunkt *m*
suspension pole Tragmast *m* (<A>) [stb]
suspension rail Hängeschiene *f*
suspension rod Hänger *m* (Hängestange) [stb]; Hängestange *f* (Brücke) [stb]
suspension rope Hängeseil *n*; Tragseil *n*
suspension structure Hängebauwerk *n*; Abhängekonstruktion *f*
suspension strut Hängestrebe *f*
suspension support Tragmast *m* [stb]
suspension tower Pylon *m* (z.B. Brücken-)
suspicion of residual pollution Altlastenverdacht *m* [geo]
sustain aufnehmen *v* (Last)
sustainability principle Nachhaltigkeitsprinzip *n*
sustainable development nachhaltige Entwicklung *f*
sustained deviation bleibende Regelabweichung *f* [elt]
swag festoon Gehänge *n* (Girlande)
swage stauchen *v*
swage block Lochplatte *f* [met]

swamp Moor *n* [geo]
swamp cooler Mattenkühler *m*
swamp formation Versumpfung *f* (Talsperre) [was]
swampy morastig [geo]; sumpfig [geo]
sway Auslenkung *f* [stb]; Drift *f* (waagerechte Durchbiegung) [met]
sway brace Schwingungsbremse mit Feder *f*; Stoßbremse mit Feder *f*
sway bracing Querverband *m* [stb]; Querverstrebung *f* [stb]
sway rod Windstrebe *f*
sway snubber Schwingungsbremse mit Feder *f* [stb]; Stoßbremse mit Feder *f* [stb]
sweating Ausschwitzen *n* (Anstrich) [met]; Bluten *n* (Anstrich); Schwitzen *n* (Anstrich) [met]; Kondenswasserbildung *f*; Schwitzwasserbildung *f*
sweeping machine Kehrmaschine *f* [rec]
sweeping truck Kehrfahrzeug *n* (<A>) [rec]
sweepings Kehrabfall *m* [rec]
sweeten entsäuern *v* (saure Lösungen) [che]
swellability Quellvermögen *n* [met]
swelling Aufquellen *n* [met]; Wulst *m* (Verdickung); Schwellung *f*
swelling agent Quellhilfsmittel *n* [met]
swelling auxiliary Quellhilfsmittel *n* [met]
swelling behaviour Dilatationsverlauf *m* [met]
swelling capacity Schwellkraft *f* [phy]
swelling clay Blähton *m* [met]; Quellton *m* [met]
swelling expansion Schwellvorgang *m* [met]
swelling granulate Blähgranulat *n* [met]
swelling horizon Quellhorizont *m* [geo]
swelling load Schwelllast *f* [phy]
swelling mortar Quellmörtel *m* [met]
swelling process Quellen *n* [met]
swelling resistance Quellungsbeständigkeit *f* [met]
swept area überstrichene Fläche *f* (Windenergieanlage) [des]
swimming pool Bad *n* (Schwimmbad)
swimming sand Fließsand *m* [geo]
swimming-pool liner Schwimmbeckenfolie *f* [met]
swing angle Schwenkwinkel *m* [tib]
swing arm Schwenkhebel *m*
swing bolt Gelenkschraube *f* [tec]
swing bridge Drehbrücke *f* [tib]; Schwenkbrücke *f* [tib]
swing crane Drehkran *m*; Schwenkkran *m*; Schwenkkran *m*
swing diffuser Pendelbelüfter *m* [was]
swing dipper shovel Hochlöffel *m* (Bagger) [tib]
swing door Pendeltür *f*; Schwenktür *f*; Schwingtür *f*
swing excavator Schwenkbagger *m* [tib]
swing frame Schwingrahmen *m*
swing gear Schwenkwerk *n* (Bagger) [tib]
swing hammer Hammermühlenschläger *m* [prc]
swing hammer crusher Hammerbrecher *m* [roh]
swing lever Schwenkhebel *m* [tec]

swing loader Schwenklader *m* [tib]; Schwenkschaufler *m* [tib]
swing scraping Schwenkschrappen *n* [tib]
swing-bucket conveyor Pendelbecherwerk *n* [prc]
swing-bucket elevator Schaufelbecherwerk *n*
swing-jib crane Schwenkkran *m*
swinging door Drehtür *f*; Pendeltür *f*
swinging platform Schwenkbühne *f*
swinging sieve Schwingsieb *n* [prc]
swinging support bewegliches Auflager *n*
switch schalten *v* (Schalter betätigen)
switch array Folientastfeld *n* [elt]
switch box Schaltkasten *m* [elt]
switch cabinet Schaltschrank *m* [elt]
switch contact Schalterkontakt *m* [elt]; Schaltkontakt *m* [elt]
switch device Schaltvorrichtung *f* [elt]
switch disconnector Lasttrennschalter *m* [elt]
switch fuse Trennsicherung *f* [elt]
switch off abdrehen *v* (abschalten) [elt]
switch-off unit, alarm - Alarmabschalteinheit *f* [asi]
switchboard Schalttafel *f* [elt]
switchboard system Schaltanlage *f* [elt]
switchgear Schaltwerk *n* [elt]; Schaltvorrichtung *f* [elt]
switchgear cabinet Schaltschrank *m* [elt]
switchgear cubicle Schaltschrank *m* [elt]
switchgear installation Schaltanlage *f* [elt]
switchgear plant Schaltanlage *f* [elt]
switching Umschaltung *f* [elt]
switching action Schaltvorgang *m* [elt]
switching contact Schaltkontakt *m* [elt]
switching device Schaltvorrichtung *f* [elt]
switching element Schaltelement *n* [elt]; Schaltorgan *n* [elt]
switching key Kippschalter *m* [elt]
switching operation Schaltvorgang *m* [elt]
switching station Rangierbahnhof *m* (Bahn) [tra]; Schalteinrichtung *f* [elt]
swivel Dreharm *m* [tec]
swivel schwenken *v*
swivel base Schwenksockel *m* [wer]
swivel chute Abwurfschurre *f* [prc]; Austragschurre *f* [prc]
swivel coupling Drehkupplung *f*
swivel head Drehkopf *m* [wer]; Schwenkkopf *m* [wer]
swivel joint Drehgelenk *n* [tec]; Schwenkverschraubung *f* [tec]
swivel pipe Schwenkrohr *n* [tga]
swivelling roof Schwenkdach *n*
sworn appraiser vereidigter Sachverständiger *m* (Bauwesen)
sworn broker vereidigter Makler *m* [eco]
symbol seam Symbolnaht *f* (Schweißnaht) [met]

symbolic representation sinnbildliche Darstellung *f* [des]
symbolism of colour Farbsymbolik *f*
symbolization symbolische Darstellung *f* [des]
symmetric symmetrisch
symmetrical symmetrisch
synagogue Synagoge *f* [arc]
synchronized operation Gleichlauf *m* [elt]; Synchronlauf *m* [elt]
synchronized run Gleichlauf *m* [elt]; Synchronlauf *m* [elt]
synchronous generator Synchrongenerator *m* [elt]
synchronous machine Synchronmaschine *f* [elt]
synclinal formation Muldenbildung *f* [geo]
syncline Mulde *f* [geo]
synopsis tabellarische Übersicht *f* [des]
synthetic Chemiefaser *f* [met]
synthetic adhesive Kunstharzklebstoff *m* [met]
synthetic coat synthetischer Anstrich *m* [met]
synthetic enamel Kunstharzlack *m* [met]
synthetic fibre Kunstfaser *f* [met]; Synthesefaser *f* (<B>) [che]; synthetische Faser *f* [met]
synthetic material Kunststoff *m* [met]
synthetic paint Kunststoffanstrich *m* [met]; Kunstharzfarbe *f* [met]
synthetic putty Synthesekitt *m* [met]
synthetic resin Kunstharz *n* [met]
synthetic resin mortar Kunstharzmörtel *m* [met]
synthetic resin scumble paint Kunstharz-Lacklasurfarbe *f* [met]
synthetic stone Kunststein *m* [met]
synthetic-resin adhesive Kunstharzkleber *m* [met]; Plastikkleber *m* [met]
synthetic-resin coating Kunstharzbeschichtung *f* [met]
synthetic-resin laminate Kunstharzlaminat *n* [met]
synthetic-resin mortar Kunstharzkitt *m* [met]
synthetic-resin paint Kunstharzlack *m* [met]
synthetic-resin primer Kunstharzgrundierung *f* [met]
synthetic-resin varnish Kunstharzlack *m* [met]
system building industrielles Bauen *n*
system collaps Netzzusammenbruch *m* [elt]
system diagram Systemplan *m* [des]
system disturbance Netzstörung *f* (Störung durch Netzeinflüsse) [elt]
system earthing Betriebserde *f* [elt]
system fitter Anlagenmonteur *m*
system formwork Systemschalung *f* [bon]
system losses Netzverluste *pl* [elt]
system of fits Passungssystem *n* [des]
system of units Maßsystem *n* [phy]
system procedures Verfahrensanweisung *f* [des]
system setting Systemeinstellung *f*
system test Systemtest *m* [any]
system, by the - systemseitig

system-linked systemgebunden
system-related systemgebunden
systematic planmäßig (systematisch)
systematic sampling systematische Probenentnahme *f* [any]
systems building Fertigteilbauweise *f*

T

T-bar T-Eisen *n* [met]; T-Stahl *m* [met]
T-joint T-Stoß *m* (Schweißanschluss) [met]; T-Naht *f* (Schweißnaht) [met]; T-Verbindung *f*
T-piece T-Stück *n* [met]
T-section T-Profil *n* [met]
T-steel bar T-Stahl *m* [met]
T-waler T-Riegel *m*
table tabellarische Übersicht *f* [des]
table connector Tischverbinder *m*
table feeder Tischaufgeber *m* [prc]
table frame Tischzarge *f* (Möbel)
table of values Zahlentafel *f* (Tabelle)
table saw Tischkreissäge *f* [wzg]
table scarf Doppelblatt *n* (Holz)
table windrow Tafelmiete *f* (Kompostierung) [rec]; Trapezmiete *f* (Kompostierung) [rec]
table-type roof Giebeldach *n*
tabled joint Verschränkung *f* (Holz)
tabular tabellarisch
tabular form Tabellenform *f* [des]
tacheometry Tachymetrie *f* (Vermessung) [any]
tachometer theodolite Tachymetertheodolit *m* (Vermessung) [any]
tachometer, electrooptical - elektrooptisches Tachymeter *n* (Vermessung) [any]
tachometer, reflectorless - reflektorloses Tachymeter *n* (Vermessung) [any]
tachometry Geschwindigkeitsmessung *f* [any]
tack befestigen *v* (nageln, stiften); nageln *v* [wer]
tack coat Klebstoffschicht *f* [met]
tack rivet Heftniet *m* [tec]
tack riveting Heftnieten *n* [tec]; Heftnietung *f* [tec]
tack weld Heftnaht *f* (Schweißnaht) [met]
tacking rivet Heftniet *m* [tec]
tackle Ausrüstung *f*; Einrichtung *f*
tactile sensor Tastsensor *m* [any]
taenie Taenia *f* (Tempelelement) [arc]
tag line Beruhigungsseil *n* (Bagger) [tib]; Leitseil *n* (Bagger) [tib]
tagger Dünnblech *n* [met]; Feinblech *n* [met]
tagging switch Verriegelungsschalter *m* (Arbeitsschutz) [elt]
tail einbinden *v* (Träger)
tail beam Stichbalken *m*
tail gate Ebbetor *n* [wba]; Untertor *n* [wba]
tail joist ausgeklinkter Träger *m*
tail pipe Endrohr *n* [was]
tail sluice Untertor *n* [wba]
tail-race Ablaufgerinne *n* [was]; Unterwassergraben *m* [wba]
tail-race tunnel Ableitungsstollen *m* [was]

tail-water Unterwasser *n* [wba]; Unterlauf *m* [wba]
tail-water power plant Unterwasserkraftwerk *n* [pow]
tail-water rise Unterwasseranstieg *m* (Talsperre) [wba]
tailings Rechengut *n* [was]
tailor to ... anpassen an ... *v*
tailored to ... maßgeschneidert für ...; zugeschnitten auf ...
take a reading ablesen *v* (Messgerät) [any]
take a sample eine Probe nehmen *f* [any]
take a sample Stichprobe entnehmen *v* [any]; Stichprobe nehmen *v* [any]
take apart abmontieren *v*
take down demontieren *v* [rec]
take off quantities Massen ausziehen *v* [sik]; Massen ermitteln *v* [sik]
take out a contract einen Vertrag abschließen *v* [jur]
take readings ablesen *v* [any]
take stock Bestand aufnehmen *v* [eco]; Inventur machen *v* [eco]
take the burr off abgraten *v*; entgraten *v* [wer]
take-off line Entnahmeleitung *f* [was]
take-off pipe Abzweigrohr *n* [was]
take-off point Entnahmestelle *f* [was]
take-up Spannstation *f* (Fördererband) [tec]; Spannvorrichtung *f* [tec]
take-up gear Spannstation *f* (Förderband) [tec]
take-up of space Flächenaufnahme *f* (Aufnahme von vermieteten Flächen)
take-up pulley Spannrolle *f* (Förderband) [tec]; Spanntrommel *f* (Förderband) [tec]
talus Geröllhalde *f* [geo]
tamped concrete Stampfbeton *m* [bon]
tamped joint Stampffuge *f* (zwischen Abdichtung und u.a. Mauer)
tamper Stampfgerät *n*; Stampfer *m*
tamper roller Stampfwalze *f*
tamper shield Vorabstreifer *m* (Einbau Schwarzbelag) [tib]
tamping beam Stampfbalken *m* [tib]; Stampfbohle *f* [tib]
tamping compaction Stampfverdichtung *f* [tib]
tamping compound Stampfmasse *f* [met]
tamping head Stampfkopf *m*
tamponing Tamponieren *n* (Tiefbohrzement)
tandem roller Duplexwalze *f* [tib]; Tandemwalze *f* (Deponie) [tib]
tangent pole Tragmast *m* [stb]
tangential force Tangentialkraft *f* [sik]
tank Bassin *n* [was]; Becken *n* (Behälter) [was]; Reservoir *n*; Behälter *m* (Tank); Flüssigkeitsbehälter *m* [was]; Heizungstank *m* [pow]; Kessel *m* (Tank); Sammelbehälter *m* (für Flüssigkeiten); Tank *m* [prc]

tank bottom Behältersohle *f* [prc]
tank cleaning system Beckenreinigungssystem *n*
tank construction Behälterbau *m* [prc]
tank dome Behälterkuppel *f* [prc]
tank unit Tankanlage *f* (in Gebäude usw.) [pow]
tanking Dichtungstrog *m* [was]
tannate of lime gerbsaurer Kalk *m* ([obs]) [met]
tap Kran *m* (Wasserhahn) [tga]; Wasseranschluss *m*
[was]; Wasserhahn *m* [was]; Zapfhahn *m* [was]
tap cock Wasserablasshahn *m* [tga]
tap water Gebrauchswasser *n* [was];
Leitungswasser *n* [was]
tape gauge Maßband *n* [any]
tape measure Messband *n* [any]; Maßband *n* [any]
taper Kegel *m*
taper spitz zulaufen *v*; verjüngen *v* (spitz zulaufen)
[des]
taper pipe Erweiterungsstück *n* (Rohr) [tga]
taper tie konischer Anker *m*
tapered kegelförmig; keilförmig; verjüngt [des]
tapered edge angeschrägte Kante *f*
tapered haunch Voutenschräge *f* [arc]
tapered rim Flankenneigung *f* [arc]
tapered tenon Schrägzapfen *m* (Holz-)
tapered washer konische Unterlegscheibe *f* [tec]
tapering kegelige Verjüngung *f* [des]; Verjüngung *f*
[des]
tapering of cross-section Querschnittsverjüngung *f*
[des]
taping Abkleben *n* [wer]
tapped sleeve anchor Hülsenanker mit
Innengewinde *m*
tappet Nocken *m* [tec]; Mitnehmer *m* [tec]; Stößel
m [tec]
tappet head Stößelteller *m* [tec]
tapping probe Entnahmesonde *f* [any]
tar asphalt Teerasphalt *m* [met]
tar coating Teeranstrich *m* [met]
tar concrete Teerbeton *m* [bon]
tar emulsion Teeremulsion *f* [met]
tar felt Teerpappe *f* [met]
tar macadam Teermakadam *m*
tar roofing paper Dachpappe *f* [met]; Teerpappe *f*
[met]
tar surface Teerdecke *f* (Straße) [tib]
tare tarieren *v* [any]
target axis Zielachse *f* (Vermessung) [any]
target date Endtermin *m* (geplanter -) [wer];
Stichtag *m*
target value Zielwert *m*
tarnishing Anlaufen *n* (Metall) [met]; Beschlagen *n*
(Glas-, Metalloberflächen) [met]; Erblinden *n*
(Spiegel, Metall) [met]; Mattierung *f*
tarpaulin Abdeckplane *f*; Bauplane *f*; Persenning *f*
tarred geteert [met]
tarred board Teerpappe *f* [met]

tarred products teerhaltige Produkte *pl* [met]
tarred road Teerstraße *f* [tra]
tarred street Teerstraße *f* [tra]
task description Aufgabenbeschreibung *f*
task force Einsatzgruppe *f* [wer]
task management, independent - eigenverantwortliche Aufgabenbearbeitung *f* [eco]
task management, objective - sachbezogene Aufgabenbearbeitung *f* [eco]
tax on land acquisition Grunderwerbsteuer *f* [jur]
tax treatment steuerliche Nachbehandlung *f* [jur]
tax-privileged housing steuerbegünstigter Wohnungsbau *m*
taxiway Rollbahn *f* (Flughafen) [tra]
taxying strip Wartepiste *f* (Plughafen) [tra]
tear Riss *m* (durch Reißen) [met]; Träne *f* (auf
Anstrich) [met]
tear initiation Anreißen *n* [met]
tear resistance Zerreißfestigkeit *f* [met]
tear strength Zerreißfestigkeit *f* [met]
tear-proof rissfest [met]
tear-resistant zerreißfest [met]
tearing down Demontage *f* (Abriss eines Gebäudes)
[rec]
tearing off Ausreißen *n* (z.B. eines Dübels) [tec]
technical advice Fachberatung *f*
technical application technische Anwendung *f*
technical background technischer Sachverhalt *m*
technical building standard technische
Baubestimmung *f* [des]
technical certificate bauphysikalischer Nachweis *m*
technical consultation Fachberatung *f*
technical design specification technische
Entwurfsspezifikation *f* [des]; technische
Konstruktionsspezifikation *f* [des]
Technical Directive for Residential Waste
Technische Anleitung Siedlungsabfall *f* [jur]
technical documentation technische
Dokumentation *f* [des]
technical drawing technische Zeichnung *f* [des]
technical equipment technische Ausrüstung *f*
technical experiment, large-scale - großtechnischer
Versuch *m* [any]
technical expertise Fachkunde *f*
technical infrastructure technische Infrastruktur *f*
technical level, at - ingenieurmäßig
technical presentation technische Darstellung *f*
[des]
technical representation technische Darstellung *f*
[des]
technical requirement technische Anforderung *f*
technical safety Sicherheitstechnik *f* [asi]
technical specification Auflagenverzeichnis *n*;
Leistungsverzeichnis *n* [eco]; technische Angabe *f*
[des]; technische Spezifikation *f* [des]
technical specifications technische Spezifikation *f*

technical standardization technische Normung *f* [des]

technical standards Regeln der Technik *pl*

technical term Fachausdruck *m*; Fachbegriff *m*

technically pure substance technisch reiner Stoff *m* [met]

technique, photogrammetric - photogramme- trisches Verfahren *n* (Vermessung) [any]

technological technisch; technologisch

technology Technik *f* (allgemein); Technologie *f*

technology, clean - umweltfreundliche Technologie *f*

tectonic basin tektonischer Graben *m* [geo]

tectonic disturbance tektonische Verschiebung *f* [geo]

tectonic movement Gebirgsbewegung *f* [geo]

tectonics Tektonik *f* [geo]

tee beam Plattenbalken *m* (Holzbau)

tees T-Stahl *m* [met]

teetering hub Pendelnabe *f* (Windenergieanlage) [pow]

teflon-coated teflonbeschichtet [met]

telecommunications network Fernmeldenetz *n* [edv]

telegraph pole Telegrafenmast *m*

telemeter Fernmessgerät *n* [any]

telemetering Fernmessung *f* [any]; Fernwirktechnik *f* [any]

telemetering system Fernmessanlage *f* [any]

telephone socket Telefonanschlussdose *f* [edv]; Telefonbuchse *f* [edv]

telescope Teleskop *n*

telescoped ineinander geschachtelt

telescopic teleskopisch; zusammenschiebbar

telescopic boom Teleskopausleger *m* [tec]

telescopic crane Teleskopkran *m*

telescopic door Ausziehtür *f*

telescopic erector arm Teleskopmontagearm *m*

telescopic tower Teleskopdrehsäule *f* (Drehkran)

telltale hole Kontrollbohrung *f* [tib]

tellurite phosphate glass Phosphortelluritglas *n* [met]

temper Härtegrad *m* [met]

temper abbrennen *v* (Stahl) [met]; anlassen *v* (Metall) [met]; ausglühen *v* [met]; glühen *v* (Metalle) [met]; härten *v* (Metall, Glas) [met]; temperieren *v*; tempern *v* (Kunststoff) [met]; vergüten *v* [met]

temper clay to improve workability mauken *n*

temper thoroughly durchhärten *v* [wer]

temperable härtbar (Stahl) [met]

temperature Temperatur *f* [phy]

temperature bulb Wärmefühler *m* [any]

temperature compensation Temperaturkompen- sation *f* [any]

temperature control Temperaturregelung *f*; Temperatursteuerung *f*; Temperaturüberwachung *f*

temperature controller Wärmeregler *m* [pow]

temperature detector Temperaturfühler *m* [any]; Wärmefühler *m* [any]

temperature display Temperaturanzeige *f* [any]

temperature distribution Temperaturverteilung *f* [pow]

temperature drop Temperaturgefälle *n*; Tempera- turerniedrigung *f*

temperature fluctuation Temperaturschwankung *f*

temperature gauge Temperaturmessgerät *n* [any]

temperature increase Temperaturerhöhung *f*

temperature indicator Temperaturanzeiger *m* [any]

temperature load, under - temperaturbeansprucht [met]

temperature measurement Temperaturmessung *f* [any]

temperature measuring point Temperaturmess- stelle *f* [any]

temperature monitoring Temperaturüberwachung *f* [any]

temperature regulation Temperaturregelung *f* [elt]

temperature resistance Temperaturbeständigkeit *f*

temperature sensor Temperaturaufnehmer *m* [any]; Temperaturfühler *m* [any]; Temperaturmessfühler *m* [any]; Temperatursensor *m* [any]

temperature stress Wärmebeanspruchung *f* [met]; Wärmespannung *f* [met]

temperature variation Temperaturschwankung *f*

temperature-controlled temperaturgeregelt [prc]

temperature-dependent temperaturabhängig

temperature-independent temperaturunabhängig

temperature-resistant temperaturbeständig

tempered angelassen [met]; gehärtet [met]

tempered glass Hartglas *n* [met]

tempered glass door Ganzglastür *f*

tempered steel gehärteter Stahl *m* [met]

tempering Abschrecken *n* [met]; Anrühren *n* (Mörtel); Temperaturbehandlung *f* [met]; Ver- gütung *f* [met]

tempering water Löschwasser *n* [met]

template Schablone *f* [des]

template gauge Profillehre *f* [any]

temple Tempel *m* [arc]

templet Pfette *f*

temporary befristet; provisorisch; vorübergehend

temporary bolt Montagebolzen *m*; Heftschraube *f* [stb]

temporary bridge Behelfsbrücke *f*

temporary buildings Behelfsbauten *pl*

temporary construction Übergangskonstruktion *f*

temporary duty zeitweiliger Betrieb *m* [pow]

temporary elongation vorübergehende Längen- änderung *f* [des]

temporary frame Hilfsjoch *n*; Montagejoch *n*

temporary hardness vorübergehende Härte *f* [was]

temporary home Behelfsheim *n*

temporary structure Behelfsbau *m*
temporary threshold shift vertäubender Schall *m*
[aku]
temporary vacancy befristeter Leerstand *m* (Immobilie) [eco]; zeitweiliger Leerstand *m* (Immobilie)
[eco]
tenacity Bruchfestigkeit *f* [met]; Zähigkeit *f*
(Werkstoff) [met]
tenancy Mietverhältnis *n* [eco]
tenancy agreement Mietvertrag *m* [jur]
tenancy case Mietsache *f* [eco]
tenancy claim Mietanspruch *m* [eco]
tenancy law Mietrecht *n* [jur]
tenancy matter Mietsache *f* [eco]
tenant Hausbewohner *m* (Mieter); Mieter *m* [eco];
Hausbewohnerin *f* (Mieterin); Mieterin *f* [eco]
tenant change Mieterwechsel *m* [eco]
tenant improvements Mieterausbau *m* (von Mietern
vorgenommene Verbesserungen)
tenant market Mietermarkt *m* (Immobilien) [eco]
tenant's association Mieterbund *m* [eco]; Mietervereinigung *f* [eco]
tenant's market Mietermarkt *m* (Angebot > Nachfrage) [eco]
tender frostempfindlich [met]
tender Angebot *n* (nach Ausschreibung) [eco]
tender anbieten *v* [eco]; Ausschreibungsangebot
einreichen *v* [eco]
tender documents Ausschreibungsunterlagen *pl*
[eco]
tender for ... sich an Ausschreibung beteiligen *v*
[eco]
tender notice Ausschreibungsbekanntgabe *f* [eco]
tender price Angebotspreis *m* [eco]
tender process Ausschreibungsverfahren *n* [eco]
tendering platform Ausschreibungsplattform *f*
[eco]
tendering, open - öffentliche Ausschreibung *f* [eco]
tendon Spannglied *n* [bon]; Spannkabel *n* [tec];
Vorspannglied *n* [tec]; Spanndraht *m* [bon]
tendon jointing Verzapfung *f* (Holz) [wer]
tendon sleeve coupling Spanngliedmuffenkopplung
f [bon]
tenement Mietwohnung *f*
tenement house Mietskaserne *f*
tenon Zapfen *m* (Zimmerhandwerk)
tenon joint Zapfenverbindung *f*
tensile bending test Querbiegeversuch *m* [any]
tensile force Zugkraft *f* [phy]
tensile impact test Schlagzugversuch *m* [any]
tensile load Zugbeanspruchung *f* [met]; Zuglast *f*
[phy]
tensile reinforcement Zugbewehrung *f* [bon]
tensile reinforcement, area of - Querschnitt der
Zugbewehrung *m* [bon]
tensile shear test Zugscherversuch *m* [any]

tensile specimen Zugprobe *f* [any]
tensile splice Zugstoß *m*
tensile strain Zugbelastung *f* [met]; Zugdehnung *f*
[met]
tensile strength Bruchfestigkeit *f* [met]; Reißfestigkeit *f* [met]; Zerreißfestigkeit *f* [met]; Zugfestigkeit *f* [phy]
tensile strength at low temperature Kältebruchfestigkeit *f* [met]
tensile strength in bending Biegezugfestigkeit *f*
[met]
tensile strength testing Zugfestigkeitsprüfung *f*
[any]
tensile strength, adhesive - Haftzugfestigkeit *f*
[met]
tensile stress Zugbeanspruchung *f* [met]; Zugspannung *f* [phy]
tensile stress, biaxial - biaxiale Zugspannung *f*
[met]
tensile stress, under - zugbelastet [met]
tensile test Zugversuch *m* [any]; Zugprüfung *f* [any]
tensile test piece Zugstab *m* (Materialprüfung)
[any]; Zerreißprobe *f* [any]; Zugprobe *f* [any]
tensile yield strength Zugfestigkeit *f* [met]
tensile-strength test Zerreißprüfung *f* [any]
tensimeter Tensimeter *n* [any]
tensing Verspannung *f* (mechanisch)
tensiometer Tensiometer *n* [any]
tension Spannung *f* [elt]; Spannung *f* (Zug-) [phy]
tension anchor Zuganker *m*
tension anchor bolt Zuganker *m*
tension belt Spanngurt *m*
tension boom Zuggurt *m*
tension brace Zugstrebe *f* (Fachwerkhaus)
tension cable Spannseil *n* [stb]
tension chord Zuggurt *m* (Fachwerkträger) [stb]
tension crack Spannungsriss *m* [met]
tension face Zugfläche *f* [sik]
tension flange Zuggurt *m* (eines Blechträgers) [stb]
tension force Spannkraft *f* [phy]
tension member Zugelement *n* [stb]; Zugglied *n*
[stb]; Zuganker *m* [stb]; Zugstab *m* [stb]
tension of spring Federspannung *f* [met]
tension pile Zugpfahl *m* [tib]
tension rod Zugstab *m*; Zugstange *f* [stb]
tension sleeve Abspannöse *f*
tension spring Spannfeder *f* [tec]; Zugfeder *f* [tec]
tension stiffening Zugversteifung *f*
tension strap Spannbügel *m* [bon]
tension strength Zugfestigkeit *f* [met]
tension test Zerreißversuch *m* [any]
tension test bar Zugstab *m* (Materialprüfung) [any]
tension test, repeated - Dauerzugversuch *m* (Materialprüfung) [any]
tension tie Zugstrebe *f* [stb]
tension wire Spanndraht *m* [bon]

tension zone Zugzone *f* (Zugkräfte)
tension zone of concrete Betonzugzone *f* [bon]
tension zone, precompressed - vorgedrückte Zugzone *f* [bon]
tensional kraftschlüssig
tensional member Zugstab *m* [stb]
tensioned zugbeansprucht [met]
tensioning Beanspruchung auf Zug *f* [met]
tensioning arm Spannarm *m*
tensioning bolt Zuganker *m*
tensioning degree Spannstufe *f* [bon]
tensioning device Spannvorrichtung *f* [tec]
tensioning duct Spannkanal *m*
tensioning element Spannelement *n* [tec]
tensioning force Spannkraft *f* [bon]
tensioning lever Spannhebel *m* [tec]
tensioning method Spannverfahren *n* (Bewehrung) [bon]
tensioning nut Spannmutter *f* [tec]
tensioning pin Spannbolzen *m* [tec]
tensioning steel Spannstahl *m* (Bewehrung) [met]
tensioning steel, ribbed - gerippter Spannstahl *m* (für Stahlbeton) [met]
tensioning table Spanntisch *m* [bon]
tensioning wedge Spannkeil *m* [bon]
tensionless spannungsfrei (ohne mechanische Spannung) [met]
tentative probeweise; provisorisch; versuchsweise [any]
tented roof Zeltdach *n*
tenter Spannrahmen *m* [bon]
teratogen teratogener Stoff *m* [met]
teratogenic substance teratogener Stoff *m* [met]
term Ausdruck *m* (Fachterm, Wort); Bezeichnung *f* (Fachausdruck); Frist *f*; Laufzeit *f*
terminal Abfertigungsgebäude *n* (Flughafen); Anschlussstück *n* [elt]; Terminal *n*; Anschluss *m* (Klemme) [elt]; Pol *m* (der Batterie) [elt]; Anschlussklemme *f* [elt]; Klemme *f* (für Kabel) [elt]
terminal assignment Klemmenbelegung *f* [elt]
terminal block Verteiler *m* [elt]; Klemmleiste *f* [elt]; Reihenklemme *f* [elt]
terminal box Anschlusskasten *m* [elt]; Klemmenkasten *m* [elt]
terminal building Abfertigungsgebäude *n* (Flughafen) [tra]; Empfangsgebäude *n*
terminal bushing Klemmendurchführung *f* [elt]
terminal connection diagram Klemmenanschlussplan *m* [elt]
terminal connector Klemmverbinder *m* [elt]
terminal diagram Klemmenanschlussplan *m* [elt]
terminal examination abschließende Untersuchung *f* [any]
terminal housing Klemmenkasten *m* [elt]
terminal identification Klemmenbezeichnung *f* [elt]

terminal loop Kehrschleife *f* (Bahn) [tra]
terminal plate Klemmenbrett *n* [elt]
terminal pole Endmast *m* (z.B. Lichtmast auf Brücke) [stb]
terminal screw Klemmschraube *f* [elt]
terminal station Endbahnhof *m* (Bahn) [tra]; Kopfbahnhof *m* [tra]; Sackbahnhof *m* [tra]
terminal stopping device Grenzschalter *m* [elt]
terminal strip Klemmenleiste *f* [elt]
terminal support Endmast *m* [stb]
terminal tower Endmast *m*
terminal unit Anschlussstelle *f* [tga]
terminal voltage Klemmspannung *f* [elt]
terminal, negative - Minuspol *m* (Batterie) [elt]
terminating traffic Zielverkehr *m* [tra]
termination Abbruch *m* (Bauarbeiten)
termination fitting Endklemme *f* [elt]
termination of contract Vertragsablauf *m* [jur]; Vertragsauflösung *f* [jur]
termination without notice fristlose Kündigung *f* (Mietvertrag) [jur]
terminus Sackbahnhof *m* [tra]
terminus station Kopfbahnhof *m* [tra]
terminus-type station Kopfbahnhof *m* [tra]
terms of contract, individually agreed - Individualabreden *pl*
ternary alloy Dreistofflegierung *f* [met]
terrace Absatz *m* (Boden); schmaler Damm *m* [wba]; Stufe *f* (im Gelände); Terrasse *f*
terrace abstufen *v*
terrace house Terrassenhaus *n*
terrace housing Terrassenhaus *n*
terrace roof Terrassendach *n*; Terrassenüberdachung *f*
terrace slab Terrassenplatte *f* [met]
terraced terrassenförmig
terrain Gelände *n* (Landschaft) [geo]
terrain category Geländekategorie *f* (für Bauzwecke) [geo]
terrain layout Geländeplan *m* (Planung)
terrain roughness Geländeunebenheit *f* [geo]
terrestrial flow of heat terrestrischer Wärmestrom *m* [pow]
terrestrial heat geotherme Energie *f* [geo]
terrestrial solar cell terrestrische Solarzelle *f* [pow]
terrestrial surface Erdoberfläche *f* [geo]
territorial section of the plan, certain - räumlicher Teilbereich *m* (Stadtplanung)
territory development Geländeerschließung *f*
tertiary treatment dritte Reinigungsstufe *f* [was]
tesselated pavement Mosaikfußboden *m* (historisch)
test Versuch *m* [any]; Prüfung *f* (Kontrolle) [any]; Überprüfung *f* [any]
test prüfen *v* (ausprobieren, kontrollieren) [any]; überprüfen *v* [any]; untersuchen *v* [any]

test anchor Prüfanker *m*
test arrangement Prüfanordnung *f* (Aufbau) [any];
Versuchsanordnung *f* (Aufbau) [any]
test assembly Versuchsanordnung *f* (Aufbau) [any]
test assignment Prüfaufgabe *f* [any]
test at constant load Dauerbelastungsversuch *m*
[any]
test badge Prüfplakette *f* [any]
test bay Versuchsstand *m* [any]
test bench Prüfstand *m* [any]; Versuchsstand *m*
[any]
test centre Versuchszentrum *n* [any]
test certificate Prüfungsprotokoll *n* [any]; Prüfungszeugnis *n* [any]; Prüfzeugnis *n* [any]; Prüfschein *m* [any]; Prüfungsbescheinigung *f* [any]
test certificate, approved - amtliches Prüfzeugnis *n*
[any]
test certification Prüfbescheinigung *f*
test condition Prüfbedingung *f* [any];
Versuchsbedingung *f* [any]
test criteria Prüfkriterien *pl* [any]
test cube Probewürfel *m* [any]
test cycle Prüfzyklus *m* [any]
test data Messdaten *pl* [any]; Prüfdaten *pl* [any];
Versuchsdaten *pl* [any]
test device Prüfgerät *n* [any]
test documents Prüfbelege *pl* [any]; Prüfunterlagen
pl [any]
test drilling Versuchsbohrung *f* [roh]
test duration Prüfdauer *f* [any]; Versuchsdauer *f*
[any]
test engineer Prüfingenieur *m* [any]
test equipment Prüfeinrichtung *f* [any]; Versuchseinrichtung *f* [any]
test equipment, ultrasonic - Ultraschallprüfgerät *n*
[any]
test evaluation Versuchsauswertung *f* [any]
test facility Prüfstand *m* [any]; Versuchsstand *m*
[any]; Prüfanordnung *f* [any]
test findings Prüfergebnis *n* [any]; Versuchsergebnis *n* [any]
test for gas pressure Gasdruckprüfung *f* [any]
test for grading Kornanalyse *f* (in Hinblick auf
Klassierung) [any]
test for leaks auf Dichtheit prüfen *v* [any]
test for safety Sicherheitsprüfung *f* [any]
test for tightness Dichtheitsprobe *f* [any]
test gas Prüfgas *n* [any]
test gauge Prüflehre *f* [any]
test ground Versuchsgelände *n* [any]
test head Messkopf *m* [any]
test impoundment Probestau *m* (Talsperre) [was]
test installation Prüfanlage *f* [any]
test instruction Prüfanweisung *f* [any]
test instrument Prüfgerät *n* [any]; Prüfinstrument *n*
[any]; Versuchsinstrument *n* [any]

test load Prüfbelastung *f* [any]; Prüflast *f* [any];
Versuchslast *f* [any]
test mark Prüfzeichen *n* [any]; Prüfplakette *f* [any]
test material Untersuchungsmaterial *n* [any]
test method Prüfverfahren *n* [any]; Versuchsverfahren *n* [any]; Untersuchungsmethode *f* [any];
Versuchsmethode *f* [any]
test number Prüfnummer *f* [any]
test of sensitivity Empfindlichkeitsprüfung *f* [any]
test parameter Versuchsparameter *m* [any]
test period Prüfabschnitt *m* (zeitlicher -) [any];
Versuchsdauer *f* [any]
test piece Probestück *n* [any]; Prüfstück *n* [any];
Versuchskörper *m* [any]; Probe *f* (Probekörper)
[any]; Probekörper *f* [any]
test plate Prüfschild *n* [any]
test probe Prüfsonde *f* [any]
test procedure Messverfahren *n* [any];
Prüfverfahren *n* [any]; Versuchsablauf *m* [any]
test program Prüfprogramm *n* [any];
Versuchsprogramm *n* [any]
test record Prüfprotokoll *n* [any];
Versuchsprotokoll *n* [any]; Prüfbericht *m* [any]
test report Abnahmebericht *m*; Prüfbericht *m* [any];
Prüfungsbericht *m* [any]; Versuchsbericht *m* [any]
test requirements Prüfbedingungen *pl* [any]
test result Messergebnis *n* [any]; Prüfergebnis *n*
[any]; Prüfungsergebnis *n* [any]; Versuchsergebnis
n [any]
test results, evaluate - Versuchsergebnisse auswerten *v* [any]
test rig Prüfstand *m* [any]; Prüfanlage *f* [any];
Prüfapparatur *f* [any]; Versuchsanlage *f* [any]
test rod Prüfstab *m* [any]
test run Probebetrieb *m*; Probelauf *m* [any]; Versuchslauf *m* [any]
test run, model - Modellversuch *m* [any]
test sample Prüfkörper *m* [any]; Prüfling *m* [any]
test schedule Prüfprogramm *n* [any]
test screen Prüfsieb *n* [any]
test section Prüfstrecke *f* [any]
test sequence Prüffolge *f* [any]
test series Versuchsreihe *f* [any]
test set Prüfeinrichtung *f* [any]
test set-up Versuchsaufbau *m* [any]; Versuchsstand
m [any]
test sheet Prüfblatt *n* [any]
test sieve Prüfsieb *n* [any]
test signal Prüfsignal *n* [any]
test site Versuchsfeld *n* (Gelände) [any]
test socket Prüfstutzen *m* [any]
test specification Prüfungsvorschrift *f* [any]; Prüfvorschrift *f* [any]
test specimen Prüfstück *n* [any]; Probekörper *m*
[any]; Prüfkörper *m* [any]; Versuchskörper *m*
[any]

test specimen, transverse - Querprobe *f* [any]
test standard Prüfnorm *f* [any]
test substance Versuchsmaterial *n* [any]; Prüfsubstanz *f* [any]; Versuchssubstanz *f* [any]
test temperature Versuchstemperatur *f* [any]
test unit Prüfvorrichtung *f* [any]
test value Messwert *m* [any]
testing agency Prüfstelle *f* [any]
testing assembly Vormontage *f* (Probemontage)
   [wer]
testing authority Prüfstelle *f* [any]
testing device Probevorrichtung *f* [any]
testing equipment Prüfvorrichtung *f* [any]
testing facility Prüfeinrichtung *f* [any]
testing instruction Prüfanweisung *f* [any]
testing instrument Prüfgerät *n* [any]; Prüfinstrument *n* [any]
testing machine Prüfautomat *m* [any]
testing material Versuchsmaterial *n* [any]
testing of concrete, ultrasonic - akustische
   Betonprüfung *f* [any]
testing of materials Materialprüfung *f* [any]
testing product Versuchsprodukt *n* [any]
testing rules Prüfungsvorschriften *pl* [any]
testing standard Prüfnorm *f* [any]
testing time Probezeit *f* [any]; Prüfzeit *f* [any]
tests on material Materialprüfung *f* [any]
tetrahedal capital Würfelkapitell *n* (Baukunst)
   [arc]
textile fibre Textilfaser *f* [met]
textile flooring textiler Bodenbelag *m*
textile plaster Textilputz *m*
textile tape Gewebeband *n* [met]
textile wallpaper Textiltapete *f*
texture Gefüge *n* (Struktur) [met]; Faserstruktur *f*
   [met]; Kornanordnung *f* (Gefüge) [met];
   Oberflächenstruktur *f* [met]; Struktur *f* (Werkstoff)
   [met]; Textur *f*
texture of the soil Bodenaufbau *m* [geo]
texture recognition Mustererkennung *f* [any]
texture, open - mit porigem Gefüge
textured griffig (Straßenbelag) [met]
textured board Strukturplatte *f* [met]
textured finish Kunstharzputz *m*
textured plaster Reibeputz *m*
textured surface strukturierte Oberfläche *f*
textured tile Strukturfliese *f* [met]
thatched roof Reetdach *n*; Schilfdach *n*; Strohdach *n*
thatcher Dachdecker *m* (für Strohdächer)
thatching Strohbedachung *f*
thaw Tauwetter *n* [wet]; Frostaufgang *m* [geo]
thaw abtauen *v*; entfrosten *v*
thaw out abtauen *v*
thawing agent Auftaumittel *n* [met]
theatre Theater *n* [arc]

theatre hall Theatersaal *m* [arc]
theodolite Theodolit *m* [any]
theory of plasticity Plastizitätstheorie *f* [sik]
thermal thermisch
thermal absorption Wärmeaufnahme *f* [pow]
thermal agitation thermische Bewegung *f*
thermal analysis thermische Analyse *f* [any];
   Thermoanalyse *f* [any]
thermal and sound insulation Wärme- und
   Schalldämmung *f*
thermal balance Wärmehaushalt *m* [pow]
thermal barrier coating Wärmedämmschicht *f*
   [met]; Wärmeschutzschicht *f* [met]
thermal break thermische Trennung *f*
thermal break frame wärmegedämmter Fensterrahmen *m*
thermal breakdown Wärmedurchschlag *m* [pow]
thermal bridge Kältebrücke *f* [pow]; Wärmebrücke
   f [pow]
thermal calculation wärmetechnische Berechnung *f*
   [des]
thermal capability Wärmeleistung *f* [pow]
thermal capacity Wärmekapazität *f* [phy]
thermal comfort thermisches Wohlbefinden *n*;
   Wärmekomfort *m*; thermische Behaglichkeit *f*
   (Klimatisierung)
thermal comfort zone thermische
   Behaglichkeitszone *f*
thermal conduction Wärmeleitung *f* [pow]
thermal conductivity Wärmeleitvermögen *n* [phy];
   Wärmeleitfähigkeit *f* [met]
thermal conductivity coefficient Wärmeleitzahl *f*
   [phy]
thermal conductivity gas analyzer
   Wärmeleitfähigkeitsmessgerät *n* (für Gasanalyse)
   [any]
thermal convection thermische Konvektion *f* [pow];
   Wärmekonvektion *f* [prc]
thermal crack Warmriss *m* [met]
thermal cycle Wärmekreislauf *m* [pow]
thermal design wärmetechnische Auslegung *f* [pow]
thermal diffusion Wärmediffusion *f* [phy]
thermal discomfort thermisches Unbehagen *n*
   (Klimatisierung) [tga]
thermal effect Wärmewirkung *m* [pow]
thermal efficiency Wärmeausbeute *f* [pow]
thermal embrittlement Wärmeversprödung *f* [met]
thermal emission Wärmeabgabe *f* [pow]
thermal energy Heizleistung *f* [pow]; thermische
   Energie *f* [che]; Wärmeenergie *f* [pow]
thermal energy storage Wärmespeicherung *f* [pow]
thermal energy, ocean - Meereswärme *f* [pow]
thermal expansion thermische Ausdehnung *f* [met];
   Wärmeausdehnung *f* [phy]
thermal expansion coefficient Wärmeausdehnungszahl *f* [met]

thermal fatigue thermische Ermüdung *f* [met]; Wärmeermüdung *f* [met]

thermal fatigue resistance Temperaturwechsel-beständigkeit *f* [met]

thermal flow Wärmefluss *m* [pow]; Wärmestrom *m* [pow]

thermal gain thermischer Gewinn *m* [pow]

thermal image reproducing Wärmebildumsetzung *f* [pow]

thermal impact thermische Belastung *f* [met]

thermal inertia Wärmeträgheit *f* [pow]

thermal insulating board Wärmeisolierplatte *f* [met]

thermal insulation Wärmeschutz *m* [pow]; Wärme-dämmung *f* [pow]; Wärmeisolation *f* [pow]; Wär-meisolierung *f* [pow]

thermal insulation adhesive Wärmedämmkleber *m* [met]

thermal insulation board Wärmedämmplatte *f* [met]

thermal insulation material Wärmedämmstoff *m* [met]

thermal insulation mortar Wärmedämmmörtel *m* [met]

thermal insulation work Wärmedämmungsmaß-nahme *f*

thermal insulation, transparent - transparente Wärmedämmung *f*

thermal load thermische Belastung *f*; Wärmebelas-tung *f* [pow]

thermal load scheme Wärmelastplan *m* [pow]

thermal movement Wärmebewegung *f* [des]

thermal output Heizleistung *f* [pow]; Heizwärme-abgabe *f* (Wärmeversorgung) [pow]; Wärmeleis-tung *f* [pow]

thermal power Wärmeleistung *f* [pow]

thermal power plant Heizkraftwerk *n* [pow]

thermal power station Heizkraftwerk *n* [pow]; Wärmekraftwerk *n* [pow]; Wärmekraftanlage *f* [pow]

thermal process technology Wärmetechnik *f* [pow]

thermal processing Wärmetechnik *f* [pow]

thermal protection Wärmeschutz *m* [pow]; Wär-medämmung *f* [pow]

thermal quantity meter Wärmemengenmessgerät *n* [any]

thermal radiation thermische Strahlung *f* [phy]; Wärmestrahlung *f* [pow]

thermal radiator Radiator *m* [pow]

thermal rating thermische Belastbarkeit *f* [pow]

thermal requirements Wärmebedarf *m* [pow]

thermal resistance Wärmedämmwert *m* [met]; Wärmedurchgangswiderstand *m* [pow]; Wärme-leitwiderstand *m* [phy]; Wärmewiderstand *m* [phy]

thermal resistance, total - Wärmedurchgangs-widerstand *m* [pow]

thermal sensor Temperaturfühler *m* [any]

thermal shield Wärmedämmblech *n* [met]; Wärme-schutzvorrichtung *f* [pow]

thermal shielding Wärmeschutz *m* [pow]

thermal solar plant Solarthermieanlage *f* [pow]

thermal source Wärmequelle *f* [pow]

thermal stability Hitzebeständigkeit *f* [met]

thermal storage Speicherwärme *f* [pow]

thermal storage floor heating Fußbodenspeicher-heizung *f*

thermal storage heating Speicherheizung *f*

thermal storage water heater Heißwasserspeicher *m* [tga]

thermal strain thermische Ausdehnung *f* [met]

thermal stress thermische Beanspruchung *f* [met]; Wärmebeanspruchung *f* [met]; Wärmebelastung *f* [met]; Wärmespannung *f* [met]

thermal switch Wärmeauslöser *m* [elt]

thermal transmittance Wärmedurchgangszahl *f* [pow]

thermal treatment thermische Behandlung *f* [prc]; Wärmebehandlung *f* [met]

thermal treatment of waste thermische Abfall-behandlung *f* [rec]

thermal waste treatment thermische Abfallbehand-lung *f* [rec]

thermal-conduction coefficient Wärmeleitzahl *f* [phy]

thermal-conductivity cell Wärmeleitfähigkeitszelle *f* [any]

thermal-insulating layer Wärmedämmschicht *f*

thermal-insulating material Wärmedämmstoff *m* [met]; Wärmeisolierstoff *m* [met]

thermal-insulating plate Wärmeschutzplatte *f* [pow]

thermal-protection certification Wärmeschutz-nachweis *m* [pow]

thermal-protection standards Wärmeschutzanfor-derungen *pl* [pow]

thermally conductive Wärme übertragend [met]

thermally insulated wärmegedämmt [met]; wärme-isoliert [pow]

thermally prestressed thermisch vorgespannt [met]

thermic motion thermische Bewegung *f*

thermo-compression welding Heizelementschwei-ßen *n* [wer]

thermobalance Thermowaage *f* [any]

thermobattery Thermobatterie *f* [elt]; Wärmebat-terie *f* [pow]

thermocouple Thermoelement *n* [any]; Thermopaar *n* [any]

thermoduric wärmefest [met]

thermoelastic thermoelastisch [met]

thermoelasticity Thermoelastizität *f* [met]

thermoelectric power Thermospannung *f* [elt]

thermoelectric voltage Thermospannung *f* [elt]

thermograph Wärmebild *n* [any]
thermometry Temperaturmessung *f* [any];
Thermometrie *f* [any]
thermopane glazing Isolierverglasung *f*
thermoplastic Thermoplast *m* (Kunststoff) [met]
thermoplastic adhesive Schmelzkleber *m* [met];
Schmelzklebstoff *m* [met]; Thermokleber *m* [met]
thermoplastic sheet Thermoplastfolie *f* [met]
thermosensitive wärmeempfindlich [met]
thermosensor Thermofühler *m* [any]
thermoset resin duroplastischer Kunststoff *m* [met]
thermosetting duroplastisch (Kunststoff) [met]
thermosetting adhesive Schmelzklebstoff *m* [met]
thermosetting plastic duroplastischer Kunststoff *m*
[met]
thermosetting resin duroplastisches Harz *n* [met]
thermostability Hitzebeständigkeit *f* [met];
Wärmebeständigkeit *f* [met]
thermostable wärmebeständig [met]; wärmefest
[met]
thermostat Temperaturbegrenzer *m* [pow];
Temperaturregler *m* [elt]; Thermostat *m* [pow];
Wärmefühler *m* [any]; Wärmeregler *m* [pow]
thermostat valve Thermostatventil *n* [tga]
thermostatic control Thermostatregelung *f* [pow]
thermostatic switch Thermoschalter *m* [elt]
thermostatic valve Thermostatventil *n* [pow]
thermostatting Thermostatisierung *f* [pow]
thermowell Temperaturmessstutzen *m* [any]
thick matter Dickstoff *m* [met]
thick wall Dickwand *f*
thick-bed layer Dickbett *n*
thick-matter pump Dickstoffpumpe *f*
thick-walled dickwandig; starkwandig
thickener Dickungsmittel *n* [met]; Eindickmittel *n*
[met]; Verdickungsmittel *n* [met]; Andicker *m*;
Eindickapparat *m* [prc]; Eindicker *m* [prc]
thickening agent Dickungsmittel *n* [met];
Eindickmittel *n* [met]
thickness Stärke *f* (Dicke) [des]
thickness gauge Dickenmessgerät *n* [any];
Dickenlehre *f* [any]
thickness of application Auftragsstärke *f* (Verputz)
thickness of flange Flanschdicke *f* [des]
thickness of insulation material Dämmstoffdicke *f*
[met]
thickness of layer Schichtdicke *f* [met]
thickness of plaster Putzdicke *f*
thickness of web Stegdicke *f* (z.B. eines Trägers)
[des]
thickness tester, ultrasonic - Ultraschall-Dickenmesser *m* [any]
thin dünnflüssig [met]
thin diaphragm wall Schmalwand *f* (Deponie)
thin plate Feinblech *n* [met]; dünnwandige Scheibe *f*
thin sheet Feinblech *n* [met]

thin skinned dünnwandig [met]
thin wall Schmalwand *f* (Deponie) [rec]
thin-bed adhesive Dünnbettkleber *m* [met]
thin-bed fixing technique Dünnbettverfahren *n*
thin-bed method Dünnbettverfahren *n*
thin-bed mortar Dünnbettmörtel *m* [met]
thin-bed process Dünnbettverfahren *n*
thin-bed tiling Dünnbettverlegung *f* (Ziegel, Fliesen)
thin-bodied dünnflüssig
thin-crested weir Wehr mit scharfkantiger Krone *n*
[wba]
thin-layer masonry mortar Dünnbettmörtel *m*
[met]
thin-layer plaster Dünnputz *m*
thin-walled dünnwandig
thin-webbed dünnstegig [met]
thinner Streckmittel *n* [met]; Verdünner *m* (Farbe)
[met]
thinning agent Streckmittel *n* [met]; Verdünner *m*
[met]
thinning out Auflockerung *f* (Bebauung)
third party field inspection Bauüberwachung *f* (auf
der Baustelle durch Kunden)
third wire Schutzleiter *m* [elt]
thorough inspection eingehende Prüfung *f* [any]
thoroughfare Durchfahrt *f* (Weg) [tra];
Durchfahrtstraße *f* [tra]; Durchgangsstraße *f* [tra]
thread Gewinde *n* [tec]; Gang *m* (Schraube) [tec];
Schraubengang *m* [des]; Verschraubung *f* (Gewinde) [tec]
threaded gerillt
threaded anchor ring Ankerring *m*
threaded anchorage Gewindeanker *m*
threaded cap Gewindekappe *f*
threaded connection Gewindeanschluss *m* [tec];
Gewindeverbindung *f* [tec]
threaded nail Schraubnagel *m*
threaded pipe union Rohrverschraubung *f* [prc]
threaded rod Gewindeschaft *m*; Gewindestab *m*
[tec]; Gewindestange *f* [tec]
threader Gewindeschneider *m* [wzg]; Einfädelvorrichtung *f* (Spundwand)
threading machine Gewindeschneidmaschine *f*
[wer]
threat Gefährdung *f* [asi]; Gefahr *f* (Bedrohung)
threatening the environment umweltgefährdend
three pane window Dreifachfenster *n*
three-bladed rotor Dreiblattrotor *m* (Windenergieanlage) [pow]; Dreiflügler *m* (Windenergieanlage)
[pow]
three-centred arch Korbbogen *m*
three-coat dreilagig
three-coat plaster dreilagiger Putz *m*
three-component alloy Dreistofflegierung *f* [met]
three-conductor cable dreiadriges Kabel *n* [elt];
Dreileiterkabel *n* [elt]

three-core dreipolig [elt]
three-dimensional dreidimensional; plastisch (dreidimensional (3D)) [des]; räumlich
three-floored dreistöckig
three-footed dreifüßig
three-hinged arch Dreigelenkbogen *m* [stb]; Dreigelenkrahmen *m* [stb]
three-hinged frame Dreigelenkrahmen *m* [stb]
three-layered dreischichtig [met]
three-light window Dreifachfenster *n*
three-lobe tracery Dreipass *m* (Gotik) [arc]
three-moment equation Dreimomentengleichung *f* [sik]
three-phase circuit Dreiphasenschaltung *f* [elt]
three-phase current Drehstrom *m* [elt]; Dreiphasenstrom *m* [elt]
three-phase current meter Drehstromzähler *m* [elt]
three-phase current plant Drehstromanlage *f* [elt]
three-phase generator Drehstromgenerator *m* [elt]
three-phase motor Drehstrommotor *m* [elt]; Dreiphasenmotor *m* [elt]
three-phase rotor Dreiphasenrotor *m* [elt]
three-phase supply Drehstromversorgung *f* [elt]
three-phase system Dreiphasensystem *n* [elt]
three-phase transformer Drehstromtransformator *m* [elt]
three-pin plug Dreifachstecker *m* [elt]
three-pin socket Dreistiftsteckbuchse *f* [elt]
three-pipe network Dreirohrnetz *n* (Fernwärmeversorgung) [pow]
three-point support Dreipunktlager *n*
three-point suspension Dreipunkt-Aufhängung *f*
three-room system Dreikammersystem *n* [was]
three-span girder Dreifeldträger *m*
three-speed motor Dreistufenmotor *m* [elt]
three-step control Dreipunktregelung *f* [elt]
three-way tipper Dreiseitenkipper *m* [tra]
three-way valve Dreiwegeventil *n* [prc]
three-wire system Dreileitersystem *n* [elt]
threecore cable dreiadriges Kabel *n* [elt]
threshold Grenze *f* (Schwelle); Schwelle *f* (Grenzwert); Türschwelle *f*
threshold detector Grenzwertsensor *m* [any]
threshold limit value maximale Arbeitsplatzkonzentration *f* [asi]
threshold limit value in the workplace höchstzulässige Arbeitsplatzkonzentration *f* [asi]
threshold markings Schwellenmarkierungen *pl*
threshold of pain Schmerzschwelle *f* (Arbeitsschutz) [hum]
threshold temperature Grenztemperatur *f*
threshold treatment Phosphatierung *f* [was]
threshold value Grenzwert *m*; Schwellenwert *m*
threshold value, noise - Lärmgrenzwert *m* [aku]
throat Einschnürung *f* (Hydrologie) [was]; Eintrittsöffnung *f*; Engstelle *f* (Hydrologie) [was]

throat crack Längsriss *m* (Schweißnaht) [met]
throat depth Kehlnahtdicke *f* [met]; Schweißnahtdicke *f* [met]
throat thickness Nahtdicke *f* (Schweißnaht) [met]
throat thickness, effective - Nahthöhe *f* (Schweißen: Kehlnaht) [met]
throating Wassernase *f*
throttle Drosselorgan *n* [was]
throttle valve Drosselventil *n* [prc]; Absperrklappe *f* [prc]; Rückstauklappe *f*
through connection Durchkontaktierung *f* [elt]
through girder durchgehender Träger *m*
through hole Durchgangsloch *n*
through road Durchgangsstraße *f* [tra]
through road, no - Stichstraße *f* [tra]
through stone Binderstein *m*
through street Durchgangsstraße *f* [tra]
through-hardened durchgehärtet [met]
through-way Durchgangsstraße *f* (<B>) [tra]
throughfall durchfallender Niederschlag *m* [was]
throughpass Durchgang *m*
throughput Ausstoß *m* (Produktionsmenge); Durchfluss *m* (-menge) [prc]; Durchsatz *m*; Mengendurchsatz *m* [prc]; Aufgabeleistung *f* (Sieb) [prc]
throughput capacity Durchsatzleistung *f* (Mühle, Pumpe) [prc]
throughput rate Durchsatzgeschwindigkeit *f* [prc]; Durchsatzmenge *f* [prc]
throw Wurf *m* (Sieb) [prc]; Verwerfung *f* (geologischer Schichten) [geo]
throw on bewerfen (Putz)
throw up aufwerfen *v* (Wall)
thrower belt conveyor Schleuderbandförderer *m* [prc]
thrust Horizontalschub *m* [sik]; Schub *m* [phy]; Druckkraft *f* [phy]; Schubkraft *f* [tra]; Stoßkraft *f* [phy]; Überschiebung *f* [geo]
thrust bolt Druckbolzen *m*
thrust boring Druckbohren *n* (Erdbau)
thrust bracket Widerlager *n*
thrust line Stützlinie *f* [sik]
thrust load Längsdruck *m* [sik]
thrust of arch Bogenschub *m* [sik]
thrust of bearing Lagerdruck *m* [sik]
thrust plate Druckplatte *f* [tec]; Stoßplatte *f*
thrust washer Druckscheibe *f*
thruway Durchfahrtstraße *f* (<A>) [tra]; Hauptverkehrsader *f* (<A>) [tra]
thumb screw Klemmschraube *f* [tec]
ticket hall Schalterhalle *f* (Bahnhof) [tra]
tidal basin Flutbecken *n* [wba]
tidal current Gezeitenstrom *m* [was]
tidal flow Gezeitenstrom *m* [was]
tidal power Gezeitenkraft *f* [was]
tidal power plant Gezeitenkraftwerk *n* [pow]

tidal power station Ebbe-und-Flut-Kraftwerk *n* [pow]; Flutkraftwerk *n* [pow]; Gezeitenkraftwerk *n* [pow]
tidal prism Flutwasservolumen *n* [was]
tidal water Gezeitenwasser *n* [was]
tidal wave Flutwelle *f* [was]
tide gate Flutschleuse *f* [was]
tide span Flutbrücke *f*
tide-lock Kammerschleuse *f* [wba]
tidying up Säubern *n*
tie Zugstrebe *f*
tie binden *v* (Bewehrung); flechten *v*; verankern *v* (befestigen)
tie anchor Gewölbeanker *m*
tie bar Zugband *n*; Bundstab *m*; Zuganker *m*; Ankerstange *f* [tec]; Zugstange *f* [tec]
tie beam Ankerbalken *m* (Fachwerk); Deckenbalken *m* (Holzbau); Querriegel *m* (Zerrbalken); Spannbalken *m*; Verankerungsbalken *m*; Zerrbalken *m*; Zuganker *m*
tie beam, peripheral - Ringanker *m*; Ringbalken *m*
tie bearing Ankerlager *n*
tie bolt Zugbolzen *m* [tec]; Ankerschraube *f*; Fundamentschraube *f*
tie cable Zugband *n*
tie holder Ankerhalter *m*
tie iron Maueranker *m*
tie line Verbindungslinie *f* [des]
tie member Zugband *n*; Zugstab *m*
tie piece Zange *f* (Holzkonstruktion)
tie plank Spannbohle *f* (Dachkonstruktion)
tie plate Bindeblech *n* [stb]; Ankerplatte *f*; Verankerungsplatte *f*; Verbindungsplatte *f*
tie rod Schalungsanker *m* [bon]; Spannstahl *m* [stb]; Zuganker *m* [stb]; Zugstange *f* [stb]
tie rod wrench Spannstabschlüssel *m* [bon]
tie rod, upset end - gestauchter Rundstahlanker *m* (Spundwand)
tie strap Zuglasche *f*
tie wire Spanndraht *m* [bon]
tie yoke Spannerwelle *f* [bon]; Spannkralle *f* [bon]
tie-in dimension Anschlussmaß *n* [des]
tied beam Zugband *n*
tied mortgage Sicherungshypothek *f* [eco]
tied-arch bridge Stabbogenverbundbrücke *f* [stb]
tight dicht (undurchlässig)
tight blading Feinplanieren *n* [tib]
tight sheathing Spundschalung *f* [bon]
tighten up the rules Vorschriften verschärfen *v* [jur]
tightening Verschärfung *f* (von Bestimmungen) [jur]
tightening force, initial - Vorspannkraft *f* [sik]
tightening screw Spannschraube *f* [tec]
tightness Dichtheit *f*; Dichtigkeit *f*; Undurchlässigkeit *f*
tightness control Dichtheitsprüfung *f* [any]
tightness testing Dichteprüfung *f* (Dichtheit) [any]

tile Dachziegel *m*; Ziegel *m* (Dach-); Fliese *f* [met]; Kachel *f*
tile belegen *v* (mit Fliesen); fliesen *v*; kacheln *v*
tile adhesive Fliesenkleber *m* [met]
tile ceiling Ziegeldecke *f*
tile cladding Fliesenbelag *m*; Kachelverkleidung *f*; Ziegelverkleidung *f* (Dach)
tile cramp Ziegelklammer *f*
tile face Fliesenoberseite *f* [met]
tile facing Kachelverblendung *f*
tile factory Ziegelfabrik *f*
tile finish Plattenbelag *m*
tile floor Fliesenfußboden *m*
tile layer Fliesenleger *m*
tile laying works Fliesen- und Plattenarbeiten *pl*
tile roof Ziegeldach *n*
tile saw Fliesensäge *f* [wzg]
tile setting Fliesenarbeiten *pl*
tile wainscot Kachelverkleidung *f*
tile, acoustic - Schalldämmfliese *f*
tile, extruded - Strangdachziegel *m*
tile, full - unbearbeiteter Stein *m* [met]
tiled gefliest
tiled bathroom Kachelbad *n*
tiled floor Fliesenboden *m*; Fliesenfußboden *m*
tiled roof Ziegeldach *n*
tiler Fliesenleger *m* [wer]
tilework Fliesenarbeiten *pl* (DIN 18352); Fliesenbelag *m*; Plattenbelag *m*
tiling Fliesenlegen *n*; Plattenlegen *n*; Fliesenboden *m*
tillable soil Bauerde *f* [geo]
tilt kippen *v* (neigen); neigen *v* (kippen)
tilt and turn window Drehkippflügelfenster *n*
tilt gate Kipptor *n*
tilt mixer Kippmischer *m* [prc]
tilt window Kippfenster *n*
tilt window, revolving - Drehkippfenster *n*
tiltable kippbar
tiltable formwork Kippform *f* [bon]
tilted geneigt; schräg gestellt
tilting Kippen *n*
tilting axis Kippachse *f* (Vermessung) [any]
tilting base Kalottenfuß *m*
tilting bearing Kipplager *n*
tilting bucket Kipplöffel *m* [tib]
tilting door Kipptor *n*
tilting gate Kippverschluss *m* [wba]; Klappschütz *m* [wba]
tilting mast neigbares Hubgerüst *n*
tilting mixer Kippmischer *m* [prc]
tilting safety Kippsicherheit *f*
tilting table Kipptisch *m*
timber Bauholz *n* [met]; Holz *n* (Bauholz) [met]; Balken *m* (Holz-)
timber einschalen *v* (Holzform erstellen); verschalen *v* (Holzform erstellen)

timber batten Holzlatte *f* [met]
timber beam Holzbalken *m*
timber beam, laminated - Leimholzbinder *m*
timber bridge Holzbrücke *f*
timber building Holzgebäude *n*; Holzbau *m*
(Gebäude)
timber ceiling Holzdecke *f*
timber cladding Holzverkleidung *f*
timber column Holzstütze *f*
timber conservation Holzschutz *m* [met]
timber construction Holzbau *m* (Bautechnik);
Holzbauweise *f*; Holzkonstruktion *f*
timber decay Holzfäule *f* [met]; Holzzersetzung *f*
[met]
timber deck Holzfahrbahn *f* [tra]
timber decking Holzfahrbahn *f* (Brücke)
timber decomposition Holzzersetzung *f* [met]
timber dolphin Holzdalbe *f* [wba]
timber engineering Holzbau *m*
timber façade Holzfassade *f*
timber fastener Holzverbindungsmittel *n*
timber flooring Holzfußboden *m*
timber formwork Holzschalung *f* [bon]
timber frame Holzrahmen *m*
timber framework Holzfachwerk *n*
timber framing Holzfachwerk *n*
timber girder Holzträger *m*
timber grapple Holzzange *f* [wzg]
timber house Holzhaus *n*
timber jack Holzbock *m*
timber joint Holzdübel *m* [wer]; Holzverbindung *f*
timber lagging Holzverkleidung *f*
timber lining Holzverkleidung *f*
timber mat Holzrost *m*
timber panel Holzplatte *f* [met]
timber panel shuttering Holztafelverschalung *f*
[bon]
timber paving Holzpflaster *n*; Holzpflasterung *f*
timber pile Holzgründungspfahl *m* [tib]; Holzpfahl
m [tib]
timber piling Spunddiele *f*
timber pillar Holzständer *m*
timber plank Holzbohle *f* [met]
timber planking Bohlenbelag *m*
timber pole Rundholz *n*
timber post structure Holzständerkonstruktion *f*
timber prefabricated construction Holzfertigbau *m*
timber preservation Holzschutz *m* [met]
timber product Holzwerkstoff *m* [met]
timber protection Holzschutz *m* [met]
timber scaffold Gerüst *n* (aus Holz); Gestell *n*
(Gerüst)
timber scaffolding Holzgerüst *n*
timber sheathing Holzverschalung *f* [bon]
timber shuttering Holzschalung *f* [bon]

timber shuttering panel Holzschalungsplatte *f*
[bon]; Holzschalungstafel *f* [bon]
timber skirting Holzsockelleiste *f*
timber structure Holztragwerk *n*; Holzkonstruktion *f*
timber strut coupling Richtbrettanschluss *m*
timber surfacing Holzverkleidung *f*
timber technology Holzbauweise *f*
timber truss Fachwerkbalken *m*
timber wedge Holzkeil *m*
timber window Holzfenster *n*
timber yard Holzlager *n*; Holzlagerplatz *m*
timber-frame construction Balkenkonstruktion *f*;
Holzrahmenkonstruktion *f*
timber-frame house Fachwerkhaus *n*; Holzrahmenkonstruktion *f*
timber-framed building Fachwerkhaus *n*
timber-framed wall Fachwerkwand *f*
timbered eingeschalt
timbered ceiling Balkendecke *f*
timberframed building Fachwerkhaus *n*; Holzrahmenkonstruktion *f*
timberframed construction Holzrahmenkonstruktion *f*
timbering Holzwerk *n*; Holzverkleidung *f*;
Verbohlung *f*; Verschalung *f*; Verzimmerung *f*
[wer]
timberwork Holzarbeiten *pl*; Gebälk *n* (Holz-);
Holzgebälk *n*
time at site Platzzeit *f*
time base Zeitmaßstab *m* [any]
time delay Zeitverzögerung *f*
time disposition Zeitplanung *f* [wer]
time for completion Fertigstellungszeit *f*
time for escape Fluchtzeit *f* (Sicherheitstechnik)
time keeping Zeitnahme *f* [any]
time limit for acceptance of applications Annahmefrist bei Anträgen *f*
time measurement Zeitaufnahme *f* [any]; Zeitmessung *f* [any]
time of action Einwirkungszeit *f* [met]
time of construction Bauzeit *f*
time of measurement Messdauer *f* [any]
time requirement Zeitaufwand *m*; Zeitbedarf *m*
time schedule Bauzeitenplan *m*; Terminplan *m*;
Zeitplan *m*
time scheduling Terminplanung *f*
time sequence chart Zeitablaufdiagramm *n*
time sheet Stundenlohnzettel *m* [eco]
time span Zeitraum *m*
time window Zeitfenster *n*
time, on - fristgerecht; termingemäß
time-based fee Zeithonorar *n* [eco]
time-consuming zeitaufwändig
time-delay fuse träge Sicherung *f* [elt]
time-lag fuse träge Sicherung *f* [elt]

time-of-day pricing verbrauchsabhängiger Tarifsatz *m* [pow]
time-recording system Zeiterfassungssystem *n* [any]
timer-controlled zeitgesteuert [elt]
timetable Zeitplan *m* [des]
timing Zeitmessung *f* [any]
timing element Zeitschaltwerk *n* [elt]
timing instrument Zeitmessgerät *n* [any]
tin roof Blechdach *n*; Wellblechdach *n*
tinned sheet iron Weißblech *n* [met]
tinted glass Buntglas *n* [met]
tip Kopf *m* (- der Zähne von Zahnrädern) [tec]; Schuttplatz *m* [rec]; Bohrspitze *f* [wzg]; Deponie *f* (<B>) [rec]; Spitze *f* (spitzes Ende); Zwinge *f* [tec]
tip verkippen *v* [rec]
tip of cantilever Kragarmrand *m*
tip off herunterkippen *v*
tip penetration Eindringtiefe *f* (Werkstoffprüfung) [any]
tip up aufkanten *v* [wer]
tip wagon, box-type - Kastenkipper *m* [tib]
tip-over bucket Kippkübel *m* (Aufzug: für Betonkübel)
tipper Kippfahrzeug *n* [tra]; Kipplore *f* [tra]
tipper lorry Kipper *m* [tra]
tipping Ablagerung *f* (Schutt) [rec]
tipping bucket conveyor Kippbecherwerk *n* [prc]
tipping condition Standsicherheitsgrenze *f*
tipping gear Kippvorrichtung *f*
tipping lorry Kipper *m* (Lastkraftwagen) [tra]; Lastkraftwagen mit Kippvorrichtung *m* [tra]
tipping motion Kippbewegung *f* [phy]
tipping platform Kippbühne *f*
titanium white Titanweiß *n* [che]
title block Schriftfeld *n* (in einer Zeichnung) [des]; Zeichnungsschriftfeld *f* (in einer Zeichnung) [des]
title field Schriftfeld *n* [des]; Schriftkopf *m* [des]
titrate titrieren *v* [any]
titrimetric maßanalytisch [any]
toad tunnel Krötentunnel *m* (damit Kröten nicht überfahren werden) [tra]
toe Dammfuß *m* [wba]
toe crack Einbrandkerbriss *m* (Riss an der Einbrandkerbe) [met]; Unternahtriss *m* (Riss der Schweißnaht) [met]
toe cut-off wall Fußmauer *f* (Talsperre) [wba]
toe failure Basisbruch *m*
toe of ballast Bettungsfuß *m* (Bahn) [tra]
toe of fillet Stegansatz *m*
toe plate Fußblech *n*; Fußleiste *f*
toe wall Böschungsmauer *f* [wba]
toe-cap Zehenschutzkappe *f* [asi]
toeboard Fußleiste *f*
toggle breaker Kniehebelbrecher *m* [prc]
toggle plate Kniehebelplatte *f* (Backenbrecher) [prc]

toggle switch Kippschalter *m* [elt]
toilet Klosett *n*; Abort *m* [tga]
toilet bowl Klosettbecken *n* [tga]; Toilettenbecken *n* [tga]; Klosettschüssel *f* [tga]
toilet container Toilettencontainer *m*
toilet cubicle Toilettenkabine *f* [tga]; Toilettenzelle *f*
toilet facilities sanitäre Anlagen *pl* [tga]; Toilettenanlage *f* [tga]
toilet flush Toilettenspülung *f* [tga]
toilet not connected to the mains anschlussfreie Toilette *f* [tga]
toilet on the landing Toilette im Treppenhaus *f* [tga]
toilet pan Toilettenbecken *n* [tga]
toilet roll holder Toilettenpapierhalter *m* [tga]
toilet seat Toilettenbrille *f* [tga]
toilet seat lid Klosettdeckel *m* [tga]
toilet waste water Toilettenabwasser *n* [was]
tolerance Spiel *n* (zwischen Bauteilen) [des]; erlaubte Maßabweichung *f* [des]; Fehlergrenze *f* (technisch); zulässige Abweichung *f*; zulässige Maßabweichung *f* [des]
tolerance dose Gefährdungsdosis *f* (Arbeitsschutz) [hum]
tolerance group Toleranzreihe *f* (Passungen) [des]
tolerance in size Maßtoleranz *f* [des]
tolerance indication Toleranzangabe *f* [des]
tolerance of form Formtoleranz *f* [des]
tolerance of orientation Richtungstoleranz *f* [des]
tolerance system Toleranzsystem *n* [des]
tolerance zone position Toleranzlage *f* [des]
tolerances, out of - nicht maßhaltig
toll collection Gebührenerhebung *f* [tra]
toll station Gebührenerhebungsanlage *f* (Autobahnen: Gesamtkomplex) [tra]
toluene Toluol *n* [che]
tone tönen *v* (Farbe)
tongue and groove joint Nut-und-Feder-Verbindung *f* [wer]; Spundverbindung *f*
tongued and grooved gespundet
tongued flange Brillenflansch *m* [stb]
tool Werkzeug *n* [wzg]
tool box Werkzeugkasten *m* [wzg]
tool case Werkzeugkoffer *m* [wzg]
tool holder Werkzeughalter *m* [wzg]
tool life Werkzeugstandzeit *f* [wzg]
tool set Werkzeugsatz *m* [wzg]
toolkit Werkzeugkasten *m* [wzg]; Werkzeugausrüstung *f* [wzg]
toolshed Geräteschuppen *m*
tooth depth Zahnhöhe *f* (Zahnrad) [des]
tooth distance Zahnweite *f* (Zahnrad) [des]
tooth height Zahnhöhe *f* (Zahnrad) [des]
tooth lock washer, internal - Sicherungsscheibe *f* [tec]
tooth outline Zahnform *f* (Zahnrad) [des]

tooth profile Zahnprofil *n* (Zahnrad) [des]; Zahnform *f* [des]
tooth root surface Zahnlückengrund *m* (Zahnrad) [des]
tooth surface Zahnflanke *f* (Zahnrad) [des]
toothed plate Nagelplatte *f*
toothing Verzahnen *n* [wer]; Verzahnung *f* [tec]
top oben liegend
top Spitze *f* (Gebäude)
top beam Giebelbalken *m* (Dachkonstruktion); Ortbalken *m* (Dachkonstruktion); Traverse *f*
top boom Obergurt *m* [stb]
top cap Erdstoffoberschicht *f* [geo]
top chisel Schrotmeißel *m* [wzg]
top chord Obergurt *m* (Fachwerkträger) [stb]
top coat Deckanstrich *m* [met]; Deckschicht *f*
top coating oberster Anstrich *m* [met]; Deckbeschichtung *f* [met]
top concrete Aufbeton *m* [bon]; Kappenbeton *m* [bon]; Oberbeton *m* [bon]
top dressing Dachaufstrich *m* [met]
top flange Oberflansch *m* [stb]; Obergurt *m* (Profilträger) [stb]; Oberplatte *f* (Kastenträger)
top floor Obergeschoss *n*
top gate Obertor *n* (Schleuse) [wba]
top heading Firststollen *m*
top layer Deckschicht *f* [met]; Oberbauschicht *f* (Straßenbau); obere Lage *f* (Bewehrung); Oberschicht *f*; Verschleißdecke *f* (Straße) [tib]; Verschleißschicht *f* (Straße) [tib]
top layer of reinforcement obere Bewehrung *f* [bon]
top lighting Beleuchtung von oben *f* [elt]
top of corrugation Wellenberg *m* (Wellblech) [met]
top of dam Dammkrone *f* [wba]
top of floor Oberkante Boden *f* [arc]
top off abdecken *v*
top out Richtfest feiern *v*
top part Oberteil *n*
top plate Rähm *m*; Kopfplatte *f*; Stockschwelle *f* (Holzbau); Stockschwelle *f* (Holzkonstruktion)
top platform oben liegende Fahrbahn *f* (Stahlbrücke) [stb]
top rail Kopfriegel *m* (Tür); oberer Türriegel *m*; Handleiste *f* (Geländer); Traverse *f*
top reinforcement Abreißbewehrung *f* [bon]
top rent Spitzenmiete *f* (Immobilien) [eco]
top seam Decklage *f* (oberste Schweißschicht) [met]
top slab Fahrbahnplatte *f* [tib]
top sludge Schwimmschlamm *m* [was]
top stratum Deckschicht *f* [geo]
top view Draufsicht *f* [des]
top water level maximaler Betriebswasserstand *m* [was]; Stauhöhe *f* [wba]
top-hinged sash Klappflügel *m* (Fenster)

top-hung casement Klappflügel *m* (Fenster)
top-hung sash Kippflügel *m* (Fenster)
top-hung window Klappfenster *n*
top-side view Draufsicht *f* [des]
topographic topografisch [geo]
topographical sketch Geländeskizze *f* [geo]
topographical survey Vermessung *f* [any]
topping Estrich *m* (Belag); Überzug *m* [met]
topping coat Glattstrich *m*
topping-out ceremony Richtfest *n*; Dachgleiche *f* (Richtfest)
topsoil Humusboden *m* [geo]; Mutterboden *m* [geo]; Oberboden *m* [geo]; Bodenkrume *f* [geo]; Erdkrume *f* [geo]; Erdstoffoberschicht *f* [geo]; Humuserde *f* [geo]; Kulturbodenschicht *f* [geo]; Muttererde *f* [geo]
topsoil stripping Abtragen von Mutterboden *n*; Mutterbodenabtrag *m*
topsoil thickness Mächtigkeit des Oberbodens *f* [geo]
topsoiling Mutterbodenauftragung *f* [tib]
torch-cut abbrennen *v* (durch Brennschneiden) [wer]; abschneiden *v* (durch Brennschneiden) [wer]; brennschneiden *v* (Schweißtechnik) [wer]
torque limiter Sicherheitskupplung *f*
torque moment Lastmoment *n* [phy]
torque sensor Drehmomentaufnehmer *m* [any]
torque test Torsionsprüfung *f* [any]
torquemeter Drehmomentmesser *m* [any]
torsion balance Torsionswaage *f* [any]
torsion failure Torsionsbruch *m* [met]
torsion frame Torsionsrahmen *m* [stb]
torsion loading Torsionsbeanspruchung *f* [met]
torsion meter Drehmomentmesser *m* [any]
torsion reinforcement Drillarmierung *f* [bon]; Drillbewehrung *f* [bon]
torsion test Torsionsprüfung *f* [any]
torsion-bar suspension Torsionsfederung *f*
torsion-free verwindungsfrei [des]
torsion-proof drehsteif; torsionssteif; verdrehungssteif; verwindungsfrei
torsion-resistant drehsteif; torsionssteif; verwindungsfrei; verwindungssteif
torsion-stiff verwindungssteif [des]
torsional buckling Drillknicken *n*; Torsionsknicken *n*
torsional buckling, lateral - Biegedrillknicken *n* [sik]; seitliches Ausweichen *n* (der Druckzone); seitliches Ausweichen *n* (der Druckzone)
torsional load Torsionsbeanspruchung *f* [met]
torsional moment Drehmoment *n* [phy]; Torsionsmoment *n* [phy]
torsional resistance Drillwiderstand *m* [met]
torsional rigidity Torsionssteifigkeit *f* [met]
torsional stiffness Drehsteifigkeit *f* [sik]; Torsionssteifigkeit *f* [met]

torsional stress Drehbeanspruchung *f* [met]; Torsionsbeanspruchung *f* [met]; Torsionsspannung *f* [met]
torsional stressing Torsionsbeanspruchung *f* [met]
torsional vibration Torsionsschwingung *f* [phy]
torsional-flexural buckling Biegedrillknicken *n* [met]
torsionally stiff verwindungssteif [met]
torsionproof verdrehungssteif [met]
torus Wulst *m*
torus moulding Viertelstab *m* (Renaissance: Gesims) [arc]
total Endsumme *f* [eco]; Gesamtsumme *f* [eco]
total zusammenrechnen *v*
total area Gesamtfläche *f*
total catchment management Gesamtregenwasseraufbereitung *f* [was]
total chlorine Gesamtchlor *n* [was]
total dissolved solids Verdampfungsrückstand *m* [was]
total energy Gesamtenergie *f* [pow]
total energy input Gesamtenergieaufnahme *f* [pow]
total floor space Gesamtgeschossfläche *f*
total hardness Gesamthärte *f* (Wasserhärte) [was]
total height Gesamthöhe *f*; Konstruktionshöhe *f* [des]
total inorganic carbon gesamter anorganischer Kohlenstoff *m* [was]
total length Gesamtlänge *f* [des]
total load Gesamtbelastung *f* [sik]; Gesamtfracht *f* (Hydrologie) [was]
total loss control Gesamtschadenskontrolle *f* [asi]
total nitrogen gesamter Stickstoff *m* [was]
total organic carbon gesamter organisch gebundener Kohlenstoff *m* [was]
total phosphorus Gesamtphosphor *m* [was]
total protection Vollschutz *m* [asi]
total refurbishment Totalsanierung *f*
total rentable area Gesamtmietfläche *f* (Immobilie) [eco]
total residue Gesamtrückstand *m* [rec]
total rest Gesamtrückstand *m* [rec]
total run-off Gesamtabfluss *m* [was]
total size Gesamtgröße *f* [des]
total thermal power Gesamtwärmeleistung *f* [pow]
total view Gesamtansicht *f* [des]
total volume of water discharge Abflusssumme *f* [was]
touch guard Berührungsschutz *m* [asi]
touch switch Berührungsschalter *m* [elt]; Kontaktschalter *m* [elt]
touch up Ausbesserung *f*
touch up ausbessern *v* (z.B.Anstrich) [wer]; nachbessern *v* (z.B. Anstrich) [wer]
touch-contact switch Berührungsschalter *m* [elt]
touch-dry berührungstrocken

touch-sensitive light switch Berührungslichtschalter *m* [elt]
touch-up welding Nachbesserungsschweißen *n* [wer]
touching key Berührungstaste *f* [elt]
touching up Auffrischen *n* (Anstrich); Ausbesserung *f* (Anstrich)
touchless control berührungsfreie Steuerung *f* [elt]
tourist area Fremdenverkehrsgebiet *n* [com]
towed gritter Anhängestreuer *m* [rec]
towed roller Anhängewalze *f* [tib]
towed scraper Anhängeschürfkübel *m*
towed-type tractor roller Anhängewalze *f* [tib]
towel dispenser Handtuchspender *m*
towel holder Handtuchhalter *m*
towel-rail Handtuchhalter *m*
tower Mast *m* [elt]; Turm *m*
tower block Turmhochhaus *n*; Wohnhochhaus *n*; Wohnsilo *m*
tower building crane Baudrehkran *m*
tower crane Turmdrehkran *m*; Turmkran *m*
tower crane, climbing - Hochhauskletterkran *m*
tower crane, revolving - Turmdrehkran *m* [tib]
tower derrick crane Bauderrickkran *n*
tower dryer Trockenturm *m* [prc]
tower height Turmhöhe *f* (Windenergieanlage) [des]
tower pier Turmpfeiler *m*
tower pincers Armierungszange *f* [wzg]; Monierzange *f* [wzg]
tower shadow Turmschatten *m* (Windenergieanlage) [pow]
tower shore Turmstrebe *f*
tower slewing crane Turmdrehkran *m*
tower stanchion Turmstütze *f* [stb]
tower vault Turmgewölbe *n* [arc]
tower window Turmfenster *n*
towing hook Zughaken *m*
town Ortschaft *f* (Stadt); Stadt *f*
Town and Country Planning Act Regionalplanungsgesetz *n* (GB) [jur]
town apartment Stadtwohnung *f* (<A>)
town boundary Stadtgrenze *f*
town cartage Stadtrollfuhrdienst *m* [tra]
town centre Stadtzentrum *n*; Innenstadt *f* [com]
town centre conservation Altstadterhaltung *f*
town centre, historical - Altstadt *f* [com]
town design concept Ortsgestaltungskonzeption *f* [com]
town district Stadtviertel *n*
town gate Stadttor *n* [arc]; Stadttor *n* (historisch)
town house Bürgerhaus *n* [arc]; Stadthaus *n*
town limit Stadtrand *m* [com]
town plan Straßenkarte *f* (Stadtplan) [des]
town planner Städtebauer *m*
town planning städtebaulich
town planning Städtebau *m*; Stadtplanung *f* [com]

town planning department Stadtplanungsamt *n*
town residence Ackerbürgerhaus *n* [arc]
town traffic Stadtverkehr *m* [tra]
town with concentric plan Zentralanlage *f* (Siedlungsform) [com]
town with over a million inhabitants Millionenstadt *f*
town, linear - Bandstraße *f* (Siedlungsform) [com]
toxic agent toxischer Stoff *m* [met]; giftige Substanz *f* [met]
toxic substance giftiger Stoff *m* [met]
toxic waste Sonderabfall *m* [rec]; toxischer Abfall *m* [rec]
toxicant giftige Substanz *f* [met]
toxicity equivalent Toxizitätsäquivalent *n* (z.B. Dioxine) [hum]
toxicity test Toxizitätstest *m* (Bodenanalytik) [any]
trace Spur *f* (Bahn) [tra]
trace vorzeichnen *v* [des]
trace analysis Spurenanalyse *f* [any]
trace impurity Spurenverunreinigung *f* [che]
trace of lines, parallel - Parallelenzug *m* [des]
tracer Fühler *m* [any]; Markierungsstoff *m* [any]; Taster *m* (Fühlstift) [any]; Tracer *m* [any]; Markierungssubstanz *f* [any]
tracer head Fühlkopf *m* [any]; Messkopf *m* [any]
tracer pin Fühlerstift *m* [any]; Taststift *m* [any]
traceried parapet Maßwerkfries *m* (Gotik) [arc]
tracery Maßwerk *n* (Gotik: Ornamente in Fenstern u.a.) [arc]
trachelion Hypotrachelion *m* (Säulenhals) [arc]
tracing paper Skizzenpapier *n*
tracing pin Taststift *m* [any]
track Gleis *n* (Fahrspur) [tra]; Weg *m* [tra]; Fahrbahn *f* [tra]; Spur *f* (Radspur) [tra]
track assembly Gleismontage *f* [tra]
track bed Gleislage *f* (Bahn) [tra]
track bed construction Gleisanlage *f* (Bahn) [tra]
track bed course Gleisbett *n* [tra]
track bed structure Gleisoberbau *m* (Bahn) [tra]
track bench Gleisbankett *n* (Bahn) [tra]
track bolt Raupenbolzen *m* [tec]
track chassis Kettenfahrwerk *n* [tib]
track crossing Bahnkreuzung *f* [tra]
track diagram Gleisbild *n* (Bahn) [tra]
track excavator Kettenbagger *m*
track layer Gleisarbeiter *m*
track laying Schienenlegen *n* (Bahn) [tra]; Gleisverlegung *f* (Bahn) [tra]
track layout Streckenbau *m* (Bahn) [tra]
track level Gleislage *f* (Bahn) [tra]
track loader Kettenlader *m*
track maintenance Gleisunterhalt *m* (Bahn) [tra]
track rehabilitation Gleissanierung *f* [tra]
track roller Gleiskettenrolle *f* [tib]
track shoe Laufkettenschuh *m* [tec]

track siding Gleisanschluss *m* (Bahn) [tra]
track subsidence Gleissenkung *f* (Bahn) [tra]
track substructure Gleisunterbau *m* (Bahn) [tra]
track system Gleisanlage *f* [tra]
track work Gleisarbeiten *pl* [tib]; Gleisbau *m* (Bahn) [tra]
track, curved - Gleisbogen *m* (Bahn) [tra]
track, elevated - aufgeständerte Fahrbahn *f* (Bahn) [tra]
track-laying machine Gleislegemaschine *f* [tra]
track-type crane Hochbauraupenkran *m*
track-type tractor Planierraupe *f* [tib]
track-type tractor shovel Kettenhublader *m* [tib]; Kettelladeschaufel *f* [tib]
track-type trenching machine Grabenbagger *m* (-auf Ketten) [tib]
trackage Gleisanlage *f* (Bahn) [tra]
tracked grader Planierraupe *f* [tib]
tracked machine Kettenfahrzeug *n* [tib]
tract Trakt *m*
tract of land Parzelle *f*
traction Griffigkeit *f* [met]
traction braking Fahrantriebsbremsung *f* [tra]
traction cable Zugseil *n* [stb]
traction clutch Fahrkupplung *f* [tra]
traction load Geschiebefracht *f* [geo]
traction relief Zugentlastung *f* [sik]
traction rod Zugstange *f*
tractive effort Zugkraft *f* [tra]; Zugleistung *f* [tra]
tractive force Zugkraft *f* [phy]
tractive power Zugkraft *f* [phy]
tractor backhoe Schleppertieflöffel *m* [tib]
tractor crane Schleppkran *m*; Traktorkran *m*
tractor hoe Schleppertieflöffel *m* [tib]
tractor loader Schürflader *m* [tib]
tractor revolving crane Schlepperdrehkran *m* [tib]
tractor roller Anhängewalze *f* [tib]; Schleppwalze *f* [tib]
tractor scraper Schürfzug *m*
tractor shovel Schürflader *m* [tib]
tractor winch Schlepperseilwinde *f* [tib]
tractor-mounted trench excavator Schleppergrabenbagger *m* [tib]
trade craftsman Bauhandwerker *m*
trade craftsman insurance Bauhandwerkerversicherung *f* [jur]
trade foreman Kolonnenführer *m*
trade practices, customary - gewerbliche Verkehrssitte *f* [eco]
trade wastes gewerbliche Abfälle *pl* [rec]
tradesman Handwerker *m* [wer]
tradesmen's entrance Lieferanteneingang *m*
traditional form of building herkömmliches Bauen *n*
traffic abatement Verkehrsberuhigung *f* [tra]
traffic access Verkehrserschließung *f* [com]

traffic area Verkehrsgebiet *n* [com]
traffic artery Verkehrsader *f* [tra]
traffic circle Kreisverkehr *m* (<A>) [tra]
traffic concentration Verkehrsdichte *f* [tra]
traffic deck surfacing Estrichlage *f*
traffic development Verkehrsausbau *m* [tra]; Verkehrsentwicklung *f* [com]; Verkehrserschließung *f* [com]
traffic development plan
  Verkehrsentwicklungsplan *m* [com]
traffic flow Verkehrsablauf *m* [tra]; Verkehrsfluss *m* [tra]; Verkehrsstrom *m* [tra]
traffic guidance Verkehrsführung *f* [tra]
traffic guidance system Verkehrsleitsystem *n* [tra]
traffic hub Verkehrsknoten *m* (überregional) [tra]
traffic impact Verkehrserschütterung *f* [tra]
traffic island Verkehrsinsel *f* [tib]
traffic junction Verkehrsknoten *m* [tra]; Verkehrsknotenpunkt *m* [tra]
traffic lane Fahrstreifen *m* [tra]; Fahrspur *f* [tra]; Spur *f* (Straße) [tra]
traffic load Verkehrsbelastung *f* [tra]; Verkehrslast *f* [tib]
traffic map Verkehrsplan *m* [tra]
traffic noise Verkehrslärm *m* [aku]
traffic noise control Verkehrslärmschutz *m* [aku]
traffic noise reduction Verkehrslärmminderung *f* [aku]
traffic planning consultation verkehrsplanerische Beratung *f* [tra]
traffic refuge Verkehrsinsel *f* [tra]
traffic restraint Verkehrsberuhigung *f* [tra]
traffic restraint area verkehrsberuhigte Zone *f* [tra]
traffic restriction Verkehrsberuhigung *f* [tra]
traffic route Verkehrsweg *m* [tra]
traffic route construction Verkehrswegebau *m* [tra]
traffic route plan Verkehrswegeplan *m* [tra]
traffic routing during construction Verkehrsführung während der Bauzeit *f* [tra]
traffic segregation Verkehrsentzerrung *f* [com]
traffic space Verkehrsraum *m* [com]; Verkehrsfläche *f* [com]
traffic structures Verkehrsbauten *pl* [tra]
traffic way Fahrbahnkörper *m* [tib]; Verkehrsweg *m* [tra]
traffic, stationary - ruhender Verkehr *m* [tra]
traffic, without - verkehrsfrei [tra]
traffic-bound macadam verkehrsgebundene Schotterdecke *f* [tib]
traffic-bound surfacing Kompressionsbelag *m* (Straße) [tib]
traffic-calmed verkehrsberuhigt [tra]
traffic-calming Verkehrsberuhigung *f* [tra]
traffic-calming measure verkehrsberuhigende Maßnahme *f* [tra]
traffic-free verkehrsfrei [tra]

traffic-free zone Fußgängerzone *f* [com]
traffic-lane Fahrspur *f* [tra]
traffic-rated ausgelegt für Verkehrslasten [sik]
trafficability Befahrbarkeit *f* (einer Straße) [tra]
trafficable befahrbar [tra]
trail Kriechspur *f* [tra]; Spur *f* (Bahn) [tra]; Trasse *f* (Bahn) [tra]
trailer Lastwagenanhänger *m* [tra]; Sattelauflieger *m* [tra]
trailer crane Anhängerkran *m*
trailing suction dredge Schleppsaugbagger *m*
train of pulses Impulsfolge *f* [elt]
training device Übungsgerät *n* [asi]
training gallery Übungsstrecke *f* [asi]
training period, on-the-job - Einarbeitungszeit *f* [wer]
tram stop Straßenbahnhaltestelle *f* [tra]
tram-stop island Haltestelleninsel *f* (Straßenbahn) [tra]
tramp iron Eisenstücke *pl* (Brecker) [met]
transaction approval for real property Grundstücksverkehrgenehmigung *f* [jur]
transducer Messaufnehmer *m* [any]; Prüfkopf *m* [any]
transept Querhaus *n* (mittelalterliche Kirche) [arc]; Querschiff *n*
transept chapel Querhausapside *f* (mittelalterliche Kirche) [arc]
transfer chute Übergangsschurre *f* [prc]
transfer of a street Straßenverlegung *f* [tra]
transfer of risk Gefahrenübergang *m* [jur]; Risikoübergang *m* [jur]
transfer of title Eigentumsübergang *m* [jur]; Eigentumsübertragung *f* [jur]
transfer port Überströmkanal *m* [was]
transfer station Umschlagbahnhof *m* [tra]
transfer varnish Abziehlack *m* [met]
transformation into steppe Versteppung *f* [geo]
transformation product Umwandlungsprodukt *n* [met]
transformer Transformator *m* [elt]; Umwandler *m* [elt]
transformer station Umspannwerk *n* [elt]; Umspannstation *f* [elt]
transformer substation Umspannwerk *n* [elt]
transient load Kurzzeitbelastung *f* [sik]
transient loading vorübergehende Belastung *f* [sik]
transient stress condition veränderliche Druckbeanspruchung *f*
transient value Momentanwert *m* [any]
transistor Transistor *m* [elt]
transistor apparatus Transistorgerät *n* [elt]
transistor circuit Transistorschaltung *f* [elt]
transit coating Reiseanstrich *m* (Schutzanstrich) [met]

transit-mix concrete Transportmischerbeton *m* [bon]
transition connection Übergangsstück *n* (Verbindungsstück)
transition pipe Übergangsrohr *n*
transition rail Übergangsleiste *f*
transition spiral curve Klothoide *f* [sik]
transition time Beruhigungszeit *f* [met]
transitional space Raumübergang *m* [com]
transitions slab Schleppplatte *f*
translation Verschiebung *f* [sik]
translational motion Translationsbewegung *f* [phy]
translucent durchscheinend [phy]; lichtdurchlässig [phy]
translucent paint lichtdurchlässige Farbe *f* [met]
transmission Leitung *f* (Übertragung) [elt]
transmission girder Zwischenträger *m*
transmission line Fernleitung *f* (Strom) [elt]; Hochspannungsleitung *f* [elt]; Überlandleitung *f* [elt]
transmission load Transmissionswärmelast *f* (Wärmebedarfsrechnung) [pow]
transmission main Hauptzuleitung *f* [was]
transmission mast Leitungsmast *m* [elt]
transmission of airborne noise Luftschallübertragung *f* [aku]
transmission of heat Wärmetransport *m* [pow]
transmission of power Kraftübertragung *f* [phy]
transmission route Trasse *f* (Fernleitung) [elt]
transmission tower Leitungsmast *m* [elt]
transmission-line tower Freileitungsmast *m* [elt]
transmit fortpflanzen *v* [phy]
transmittable torque übertragbares Moment *n* [phy]
transmittance of light Lichtdurchlässigkeit *f* [met]
transmitted torque übertragenes Drehmoment *n* [phy]
transmittent to heat wärmedurchlässig [met]
transmitter Geber *m* [any]
transom Querholz *n*; Kämpfer *m* (Querriegel Fenster / Tür); Verbindungsriegel *m* (Querbalken) [stb]
transom light Türoberlicht *n*
transom window Klappfenster über Tür *n*; Sprossenfenster *n*
transparency Durchlässigkeit *f* [phy]; Klarheit *f* (Durchsichtigkeit); Lichtdurchlässigkeit *f* [phy]
transparent durchscheinend [phy]; durchsichtig (Glas/Plan)
transparent coating Lasur *f* [met]
transparent copy Transparentpause *f* [des]
transparent drawing pausfähige Zeichnung *f* [des]
transparent heat insulation glazing transparente Wärmedämmverglasung *f* [met]
transparent varnish Lasurlack *m* [met]
transport fördern *v* (transportieren)
transport and communication zone Verkehrsfläche *f* (in Städten)

transport communications Verkehrswege *pl* [tra]
transport connections Verkehrsanbindung *f* [tra]
transport development plan Verkehrsentwicklungsplan *m* [com]
transport device Fördergerät *n* [prc]
transport engineering Verkehrsbau *m* [tra]
transport equipment Fördereinrichtung *f* [prc]
transport facilities Verkehrsanlagen *pl*
transport infrastructure Verkehrsanlagen *pl*; Verkehrsinfrastruktur *f* [tra]
transport infrastructure plan Wegeplan *m* [com]
transport network plan Verkehrswegeplan *m* [tra]
transport of hazardous goods Gefahrguttransport *m* [tra]
transport plan Verkehrswegeplan *m* [com]
transport rocker shovel Wurfschaufellader *m* [tib]
transport route Verkehrsweg *m* [tra]
transport, pneumatic - pneumatischer Transport *m* [prc]
transportation concept Verkehrskonzept *n* [tra]
transportation fork Umsetzgabel *f*
transportation wheel Umsetzrad *n*
transported sediment mitgeführte Feststoffe *pl* [wba]
transported soil Absatzboden *m* [geo]; umgelagerter Boden *m* [geo]
transshipment station Umschlagbahnhof *m* [tra]
transshipment terminal Umschlagbahnhof *m* [tra]
transversal axis Querachse *f* [stb]
transversal bracing Querverband *m*
transversal current Querströmung *f* [wba]
transversal gradient Querneigung *f* (Straßenbau)
transversal joint Querfuge *f*; Stoßfuge *f*
transversal spacing Querteilung *f* [des]
transverse quer verlaufend; schräg (diagonal)
transverse action Scherkraft *f* [sik]; Schubkraft *f* [sik]
transverse arch Gurtbogen *m* (Gotik) [arc]; Transversalbogen *m* (Kreuzgewölbe) [arc]
transverse axis Querachse *f* [tec]
transverse beam Querbalken *m*; Querträger *m* [stb]
transverse bending Querbiegung *f* [sik]
transverse bracing Querverband *m* (Brücke) [stb]; Windverband *m*
transverse compression stress Querdruckspannung *f* [sik]
transverse contraction Querkontraktion *f* [met]
transverse crack, open - klaffender Querriss *m* [met]
transverse diaphragm Querschott *n* [stb]; Querscheibe *f* [stb]
transverse distribution Querverteilung *f* (von Kräften)
transverse drainage Querentwässerung *f*
transverse fault Querverwerfung *f*

transverse flat bend test Querfaltversuch *m* (Materialprüfung) [any]

transverse force Querkraft *f* [phy]; Transversalkraft *f* [phy]

transverse girder Querträger *m* [stb]

transverse gradient Quergefälle *n* (Fahrbahn) [tib]; Querneigung *f* (Fahrbahn) [tib]

transverse house Zwerchhaus *n* (Dachausbau)

transverse joint Querfuge *f*

transverse launching Querverschub *m* (Brückenbau)

transverse load Querbelastung *f* [phy]

transverse motion Querbewegung *f* [phy]

transverse oscillation Querschwingung *f* [phy]; Transversalschwingung *f* [phy]

transverse plate Querplatte *f* (bei Stützenstößen) [stb]

transverse position Querstellung *f* [com]

transverse prestressing Quervorspannung *f*

transverse profile Querprofil *n*; Straßenquerschnitt *m* [tra]

transverse reinforcement Bügelbewehrung *f* [bon]; Querbewehrung *f* [bon]

transverse reinforcement, area of - Querschnitt der Schubbewehrung *m* [bon]

transverse rib Gurtbogen *m* (Tonnengewölbe)

transverse ridge rib Querrippe *f* (Kreuzrippengewölbe) [arc]

transverse rigidity Quersteifigkeit *f* [sik]

transverse sampling Querprobenahme *f* [any]

transverse section Querschnitt *m* [des]

transverse shear Querkraft *f* (Scherkraft) [sik]

transverse shear force Querschub *m* [phy]

transverse slope Querneigung *f* (Fahrbahn) [tra]

transverse sloping Quergefälle *n*

transverse stiffener Quersteife *f* [stb]

transverse stiffness Quersteife *f* [sik]

transverse strain Scherspannung *f* [met]

transverse stress Querspannung *f* [phy]

transverse tendon Querspannglied *n*

transverse tensile strength Querzugfestigkeit *f*

transverse travel Querbewegung *f*; Querverschiebung *f*

transverse vibration Querschwingung *f* [phy]

transversing girder Querträger *m* [stb]

trap Abscheider *m*; Fänger *m* [was]; Gasverschluss *m* [prc]; Auffangvorrichtung *f* [was]; Klappe *f* [was]

trap abfangen *v* (stauen)

trap door Falltür *f*; Klapptür *f*; Luke *f* (Keller-)

trap gate Klapptor *n* (Schleuse) [wba]

trap outlet Ablaufstutzen *m* [tga]

trapezoid-shaped batten Trapezleiste *f*

trapezoidal girder Trapezträger *m* [stb]

trapezoidal load Trapezlast *f* [sik]

trapezoidal sheet Trapezblech *n* [met]

trapezoidal sheeting Trapezblech *n* [tra]

trapezoidal strip Trapezleiste *f*

trapezoidal truss trapezförmiges Fachwerk *n*

trapped verschüttet *f* (bei Unfällen)

trapped humidity Baufeuchtigkeit *f*

trapped moisture Baufeuchte *f*

trapping of air Lufteinschluss *m* [met]

trash Müll *m* (Abfall) [rec]

trash rack Fangrechen *m* [was]; Schwemmgutrechen *m* (Kläranlage) [was]

trash removal system Rechenanlage *f* [was]

trass cement Trasszement *m* [met]

travel of a jack Pressenhub *m* (Spannpresse)

travel ramp fahrbare Rampe *f* [tra]

travel-reversing switch Endumschalter *m* [elt]

travelling bridge Räumerbrücke *f* (Absetzbecken) [was]

travelling concrete mixer Straßenbetonmischer *m* [bon]

travelling crane Fahrkran *m*; Laufkran *m*

travelling crane, radial - Schwenkkabelkran *m*

travelling form Wanderschalung *f* [bon]

travelling formwork Gleitschalung *f* [bon]; Wanderschalung *f* [bon]

travelling grate Wanderrost *m* [prc]

travelling grizzly feeder Wanderstangenaufgeber *m* [prc]

travelling height Förderhöhe *f* (Aufzug)

travelling platform Schiebebühne *f*

travelling rake bewegter Rechen *m* [was]

travelling time Wegezeit *f* [tra]

travelling tripper Abwurfwagen *m* (Förderband) [tra]

travelling-gantry crane Bockkran mit Rädern *m*

traversability Befahrbarkeit *f* (z.B. von Abdeckungen)

traversable befahrbar; begehbar

traverse Polygonzug *m*; Traverse *f* (Quergang)

traverse cable Quertragseil *n*

traverse point Polygonpunkt *m* (Baustruktur) [sik]

traverse wire Quertragseil *n*

traversing Verfahren *n* (Verschieben); Verschieben *n*

traversing chute Pendelschurre *f* [prc]

travertine shell Travertinarkaden *pl* (römische Baukunst) [arc]

tray Rieselblech *n* [wba]; Trog *m*; Mulde *f*; Wanne *f*

tread Auftritt *m* (Trittfläche); Auftrittfläche *f* (Stufe); Laufffläche *f* (Gleiskette) [tib]; Stufe *f* (Tritt); Stufenbreite *f*; Trittstufe *f*

tread clay Profilton *m* [geo]

tread nosing Stufenantrittskante *f*

tread roller Laufrolle *f* (Gleiskette) [tib]

tread safety Trittsicherheit *f* [asi]

tread width Auftrittbreite *f* (Stufe)

treads and risers Tritt- und Setzstufen *f*

treat behandeln (Werkstück) [wer]

treat aufbereiten *v* (Wasser) [was]; reinigen *v* (Abwasser, Abluft)

treat for sludge separation entschlämmen *v* (Kläranlage) [was]

treat with gunite torkretieren *v*

treat with lime einkalken *v*

treated effluent gereinigtes Abwasser *n* [was]

treated sewage behandeltes Abwasser *n* [was]

treated soil aufbereiteter Boden *m* [geo]

treated waste water aufbereitetes Abwasser *n* [was]

treated water Gebrauchswasser *n* [was]

treated with a water-repellent agent hydrophobiert [met]

treated, non - unbehandelt

treatment Aufbereitung *f* (Materialien) [che]; Aufbereitung *f* (Wasser) [was]; Behandlung *f* (Bearbeitung) [wer]

treatment basin Behandlungsbecken *n* [was]

treatment of leachate Sickerwasserbehandlung *f* (Deponie) [was]

treatment of polluted soils of industrial areas Altlastensanierung *f* [tib]

treatment of seepage from tips Deponiesickerwasserbehandlung *f* [was]

treatment of waste water Abwasserbehandlung *f* [was]

treatment plant Aufbereitungsanlage *f* [was]; Behandlungsanlage *f*

treatment plant for polluted soils Anlage zur Altlastensanierung *f* [geo]

tree protection ordinance Baumschutzverordnung *f* [jur]

tree-lined avenue Allee *f* [com]

treenail Holznagel *m*

trefoil Dreipass *m* (Gotik: Dekoration) [arc]

trefoil arch Kleeblattbogen *m* (Gotik) [arc]

trellis Spalier *n* (Haus)

trellis bridge Gitterbrücke *f*

trellis post Gitterpfosten *m*

trellis work durchbrochenes Mauerwerk *n*; Flechtwerk *n*

tremie Silotrichter *m*

tremie concrete Trichterbeton *m* [bon]

tremie pipe Betonzufuhrrohr *n* [bon]

tremor Erdbewegung *f* (geologisch) [geo]

trench Graben *m* [tib]; Baugrube *f*; Rinne *f* (Graben) [was]; Schanze *f* (Festung) [arc]

trench ausschachten *v*; eingraben *v*

trench backfill Grabenfüllung *f* [tib]

trench cage Einbaukorb *m*

trench compactor Grabenverdichter *m* [tib]

trench course Grabenverlauf *m* [wba]

trench depth Grabentiefe *f* [wba]

trench digger Grabenbagger *m* [tib]; Grabenbagger *m* (Baumaschine) [tib]

trench digging equipment Grabenverbaugerät *n* [tib]

trench excavator Grabenbagger *m* [tib]

trench excavator, tractor-mounted - Schleppergrabenbagger *m* [tib]

trench filler Grabenverfüllgerät *n* [tib]; Grabenfüller *m* [tib]

trench filling worm Verfüllschnecke *f* [tib]

trench hoe Grabenbagger *m* [tib]; Tieflöffel *m* [tib]

trench lining Kanaldielen *pl* [wba]; Verbau *m* (Hilfskonstruktion zum Schutz von Baugruben)

trench lining system, Hamburg - Hamburger Verbau *m*

trench pipeline Grabenleitung *f* [wba]

trench roll Grabenwalze *f* [tib]

trench shoring Grabenverbau *m* [tib]; Grabenaussteifung *f* [tib]

trench stay Kanalstrebe *f* [wba]

trench strut Grabensteife *f* [tib]; Kanalstrebe *f* [wba]

trench support Grabenverbau *m* [tib]

trench timbering Grabenverbau *m* [tib]; Grabenaussteifung *f* [tib]

trench wall shoring Grabenverbau *m* [tib]

trench work Erdarbeiten *pl* [tib]

trench-cutting machine Grabenfräser *m* [tib]; Grabenfräse *f* [tib]

trench-ditching machine Grabenzieher *m* [tib]

trench-forming shovel Tieflöffel *m* [tib]

trench-shoring device Grabenverbaugerät *n* [tib]

trencher Grabenbagger *m* [tib]

trencher bucket Eimerbecher *m* [tib]; Grabbecher *m* [tib]

trenching Grabenaushub *m* [tib]; Grabenherstellung *f* [tib]

trenching arrangement Ausführung für Grabenaushub *f* [tib]

trenching bucket Grabenziehlöffel *m* [tib]

trenching machine Grabenbagger *m* [tib]

trenchless laying Freiverlegung *f* [tib]

trepan chisel Rammmeißel *m* [tib]

trespass widerrechtliches Betreten *n*

trestle Auflagerbock *m* [tib]; Gerüstbock *m*; Stützbock *m*; Bühne *f*

trestle bridge Bockbrücke *f*

trestle of a bridge Brückenbock *m* [tib]

trial Versuch *m* [any]; Probe *f* (Erprobung) [any]

trial and error method empirisches Verfahren *n*

trial pitting Aufgrabung *f* [geo]

trial run Probelauf *m* [any]; Versuchsbetrieb *m* [any]; Versuchslauf *m* [any]

triangle of forces Kräftedreieck *n* [sik]

triangle windrow Dreiecksmiete *f* (Kompostierung) [rec]

triangular arch Giebelbogen *m*

triangular batten Dreiecksleiste *f*

triangular classification chart Dreistoffsystem *n*
triangular cleat Dreikantleiste *f*
triangular diagram Dreiecksdiagramm *n* [des]
triangular fillet Dreiecksleiste *f*
triangular frame Dreiecksrahmen *m*
triangular girder Strebenfachwerkträger *m* [stb]
triangular junction Straßendreieck *n* [tra];
  Gleisdreieck *n* (Bahn) [tra]
triangular load Dreieckslast *f* [sik]
triangular pediment Dreiecksgiebel *m* (römische
  Baukunst) [arc]
triangular truss dreieckförmiges Fachwerk *n*;
  Dreiecksbinder *m*
triangular-profile weir Dreieckswehr *n* [wba]
triangulated bracing Dreiecksverband *m* [stb]
triangulated girder Dreiecksträger *m* [stb]
triangulated lattice Dreieckfachwerk *n*
tribar Dreisäuler *m*
tribune Empore *f* (mittelalterliche Kirche) [arc]
tributary area Einflussbereich *m* (einer Last)
tributary channel Nebenkanal *m* [wba]
trickle body Tropfkörper *m* [was]
trickle down absickern *v* [was]
trickle in einsickern *v* [was]
trickle through durchsickern *v* [was]
trickled water Sickerwasser *n* [was]
triforium Triforium *n* (Gotik) [arc]
trigger Abzugshebel *m*
trigger an alarm Alarm auslösen *v*
trigger switch Auslöseschalter *m* [elt]; Druckschalter *m* [elt]
triggering Auslösung *f* (Betätigung)
trigonal rhomboedrisch
trim abgleichen *v* (Bodenoberfläche) [geo]; abgraten *v*; abkanten *v* [wer]; anpassen *v* [wer]; einpassen *v* (Holzbearbeitung) [wer]; entgraten *v* [wer];
  kappen *v*; schneiden *v* (trimmen); zurichten *v*
  [wer]; zuschneiden *v* [wer]
trimmer Stichbalken *m*
trimmer joist Wechsel *m* (Dachkonstruktion)
trimming machine Ablängmaschine *f* (Bewehrung)
trimming tool Abgratwerkzeug *n* [wzg]
trinity chapel Trinitätskapelle *f* (in gotischen
  Kirchen) [arc]
trip cam Schaltnocken *m* [elt]
trip current Auslösestrom *m* [elt]
trip switch Auslöseschalter *m* [asi]
trip time Auslösezeit *f* (Relais, Schütz) [elt]
triple conductor Drillingsleitung *f* [elt]
triple core cable dreiadriges Kabel *n* [elt]
triple glazing Dreifachverglasung *f*
triple pile Dreifachbohle *f* (Spundwand)
triple vaulted shaft Dienstbündel *n* (Säulenbundel)
  [arc]
triple wall dreischalig
triple-casement window dreiflügeliges Fenster *n*

triple-deck vibrating screen Dreideckersieb *n*
  [prc]
triple-flight staircase dreiläufige Treppe *f*
triple-roll crusher Dreiwalzenbrecher *m* [prc]
triplex cable Dreileiterkabel *n* [elt]
triplex glass Dreifachglas *n* [met]
triplicate dreifache Ausfertigung *f*
tripling Triplieren *n* (Verbinden von drei Lagen)
tripod foundation Dreibein-Fundament *n* (z.B.
  Windenergieanlage)
tripping delay Auslöseverzögerung *f* [elt]
tripping device Sperreinrichtung *f* [asi]
triumphal arch Triumphbogen *m*
trolley Katze *f* (Laufkatze) [tra]; Krankatze *f* [wer];
  Laufkatze *f* (Kran) [wer]
trolley track Laufkatzengleis *n*
trophy building Vorzeigeimmobilie *f* (<A>)
trophy property Vorzeigeimmobilie *f* (<A>)
tropic-proof tropenfest
tropical hardwood Tropenholz *n* [met]
tropical roof Tropendach *n*
tropical timber Tropenholz *n* [met]
tropicalized tropenfest; tropentauglich
trouble-free störungsfrei
trouble-free operation störungsfreier Betrieb *m*
trouble-free, almost - störungsarm
troubled trüb (Wasser) [was]
troublesome störanfällig
trough Kübel *m*; niedriger Bereich *m* (Rinne);
  Tiefpunkt *m*; Trog *m*; Auffangwanne *f* [was];
  Bodenwanne *f*; Mulde *f* (Trog); Senke *f* [geo];
  Wanne *f* (Fundament); Wanne *f* (Trog)
trough belt conveyor Muldengurtförderer *m* [prc];
  Trogbandförderer *m* [prc]
trough bridge Trogbrücke *f* (Brücke mit unten
  liegender Fahrbahn)
trough chain conveyor Trogkettenförderer *m* [prc]
trough chain conveyor chain Trogförderkette *f*
  [prc]
trough conveyor gemuldetes Band *n* (Förderband)
  [prc]; Rinnenförderband *n* [prc];
  Kastenbandförderer *m* [prc]; Trogbandförderer *m*
  [prc]; Trogförderer *m* [prc]
trough conveyor drier Muldentrockner *m* [prc]
trough conveyor, reciprocating - Wurfförderrinne *f*
  [prc]
trough due to differential settlement Sackungsmulde *f* [geo]
trough fault Grabenbruch *m* [geo]; Grabensenke *f*
  [geo]
trough flight conveyor Trogkettenförderer *m* [prc]
trough grate Muldenrost *m* [roh]
trough lift Trogschleuse *f* (Schiffshebewerk) [wba]
trough mixer Trogmischer *m* [prc]
trough of the wave Wellental *n* [was]
trough screw Trogschnecke *f* [prc]

trough sheet Trogblech *n* [prc]; Trogblech *n* [stb]
trough steel roofing Stahltrapezblecheindeckung *f*
trough vault Muldengewölbe *n* [arc]
trough-charging crane Muldenbeschickkran *m*
[wer]
trough-shaped muldenförmig; trogförmig
trough-shaped lamp Wannenleuchte *f* [elt]
trough-trench Muldenrigole *f* [wba]
trough-trench system Mulden-Rigolen-System *n*
[was]
trough-type concrete distributor Betonverteilungswagen *m* [bon]
trough-type mortar mixer Trogmörtelmischer *m*
troughed conveyor belt Muldengurtförderer *m* [prc]
trowel Spatel *m* [wzg]; Kelle *f* (Maurerkelle) [wzg]
trowel abkellen *v*; abziehen *v* (Beton); aufspachteln
v [wer]; putzen *v*
trowel off ausspachteln *v* [wer]
trowel plaster Kellenputz *m*
trowel-applied coating Spachtelbeschichtung *f*
trowelling Glätten *n* (mit der Kelle)
trowelling compound Spachtelmasse *f* [met]
trowelling mortar kellengerechter Mörtel *m* [met]
truck dump hopper Bunker für Kipperentladung *m*
truck lane Fahrspur für Lastwagen *f* (<A>) [tra]
truck scale Brückenwaage *f* (<A>) [any]
truck weigh-bridge Brückenwaage *f* (<A> für
Lkw) [any]
truck-mixed concrete Lieferbeton *m* (<A>) [bon]
true richten *v* (ausrichten); zentrieren *v*
true alignment genaue Fluchtung *f* [des]
true angularity, be in - im Winkel sein [des]
true power Wirkleistung *f* [elt]
true to measure maßgenau [des]
true to scale maßstabsgerecht [des]; maßstabsgetreu [des]
true to size maßgenau [des]; maßhaltig [des]
true up genau ausrichten *v*
true volume Reinvolumen *n* (poröse Schüttgüter:
Volumen ohne Porenraum) [met]
trunk Kabel *n* [elt]; Schaft *m* (- einer Säule)
trunk group Leitungsbündel *n* [elt]
trunk line Fernleitung *f* [elt]
trunk main Hauptleitung *f* [was]
trunk road Fernstraße *f* [tra]; Hauptverkehrsstraße *f*
[tra]; Verkehrsader *f* [tra]
trunk sewer Abwassersammler *m* [was]; Hauptabwasserkanal *m* [was]; Hauptsammelkanal *m* [was];
Hauptsammler *m* [was]; Hauptabwasserleitung *f*
[was]
trunk wood Stammholz *n* [met]
trunnion screw Zapfenschraube *f* [tec]
truss Fachwerk *n* (in der Technik) [tec]; Sprengwerk *n* [stb]; Balken *m*; Binder *m*; Fachträger *m*;
Fachwerkträger *m* [stb]; Träger *m* (im Fachwerk)
truss befestigen *v*

truss analysis Fachwerkberechnung *f* [sik]
truss bar Versteifungsstab *m* [stb]
truss bay Fachwerkfeld *n*
truss beam Fachwerkträger *m*
truss brace Fachwerkstrebe *f* (Diagonalstrebe)
truss bridge Fachwerkbrücke *f* [stb];
Fachwerkträgerbrücke *f* [stb]
truss element Fachwerkelement *n*
truss frame Sprengwerk *n* [stb]; Fachwerkrahmen
m [stb]
truss frame bridge Sprengwerkbrücke *f*
truss framework Sprengwerk *n* [stb]
truss girder Fachwerkträger *m* (meist waagerecht)
[stb]
truss grid Fachwerkrost *m* [stb]
truss joint Fachwerkknoten *m*; Knotenpunkt *m*
truss member Fachwerkelement *n* [stb];
Ausfachungsstab *m* [stb]; Fachwerkstab *m* [stb]
truss panel point Fachwerkknoten *m* [stb]
truss plate Nagelplatte *f*
truss post Hängesäule *f* [stb]
truss roof Fachwerkdach *n*
truss spacing Binderabstand *m* (Fachwerk)
truss structure Fachwerkkonstruktion *f*
truss with parallel chords parallelgurtiges Fachwerk *n*
trussed arch Fachwerkbogen *m* [stb]
trussed beam bewehrter Träger *m*
trussed bridge Fachwerkbrücke *f* [stb]; Sprengwerkbrücke *f* [stb]
trussed frame Fachrahmen *m*; Fachwerkrahmen *m*
[stb]
trussed girder bewehrter Träger *m*; Fachwerkträger
m (nicht bewehrter Träger)
try square Anschlagwinkel *m* [wzg]
tryglyph Tryglyphe *f* (Tempelelement) [arc]
tsunami Flutwelle *f* [was]; Tsunami *f* (hohe Seewellen) [was]
tube Rohr *n* [met]
tube beader Rohrwalze *f* [wer]
tube bend Rohrkrümmer *m* [met]
tube bracket Rohrlasche *f* [tga]
tube burst Rohrbruch *m* [met]
tube clip Rohrschelle *f* [prc]
tube coil Rohrschlange *f* [met]
tube connector Rohrverbinder *m* [prc]
tube conveyor, pneumatic - pneumatische Förderanlage *f* [prc]
tube coupling Rohrkupplung *f* [prc]; Rohrmuffe *f*
[prc]
tube crack Rohrreißer *m* [met]
tube cutter Rohrabschneider *m* [wer]; Rohrabstechmaschine *f* [wer]
tube damage Rohrschaden *m* [met]
tube diameter Rohrdurchmesser *m* [des]
tube failure Rohrschaden *m* [met]

tube fitting Rohrverschraubung *f* [prc]; Verschraubung *f* (für Rohre) [prc]
tube level Röhrenlibelle *f* [any]
tube mill Rohrmühle *f* [prc]
tube mill, vibratory - Rohrschwingmühle *f* [prc]
tube row Rohrreihe *f* [des]
tube saw Rohrsäge *f* [wzg]
tube station U-Bahnstation *f* (London) [tra]
tube support Rohrhalterung *f* [pow]
tube tower Rohrturm *m* (für Windenergieanlage)
tube trench Tunnelkrinne *f* [tib]
tube welding Rohrschweißen *n* [met]
tube well Rohrbrunnen *m* [was]
tube, solid drawn - nahtlos gezogenes Rohr *n* [met]
tubing Verrohrung *f* [prc]
tubing plan Rohrleitungsplan *m* [des]
tubular röhrenartig; röhrenförmig
tubular arch Rohrbogen *m* [stb]
tubular bridge Rohrbrücke *f* (Rohrkonstruktion)
tubular column Rohrstütze *f*
tubular construction Rohrkonstruktion *f* [stb]
tubular cooler Röhrenkühler *m* [pow]
tubular girder Rohrträger *m*
tubular heat exchanger Röhrenwärmeaustauscher *m* [pow]
tubular insulation Rohrisolierung *f* [pow]
tubular mast Rohrmast *m*
tubular member Rohrträger *m* [stb]
tubular pole Rohrmast *m* [stb]
tubular radiator Röhrenradiator *m* [pow]
tubular railing Rohrgeländer *n*
tubular rivet Hohlniet *m* [tec]
tubular scaffolding Rohrgerüst *n*
tubular section Hohlquerschnitt *m* [met]
tubular steel Stahlrohr *n* [met]
tubular steel chair Stahlrohrstuhl *m*
tubular steel pile Stahlrohrpfahl *m* [tib]
tubular steel pole Stahlrohrmast *m*
tubular steel scaffolding Stahlrohrgerüst *n*
tubular steel truss Stahlrohrfachwerk *n*
tubular structure Rohrkonstruktion *f* [stb]
tubular structure, welded - geschweißte Rohrkonstruktion *f* [stb]
tubular strut Rohrstütze *f* [stb]
tubular tower Rohrturm *m* (Windenergieanlage) [pow]
tubular worm conveyor Förderrohr *n* [prc]
tuck horizontale Mörtelfuge *f*
Tudor arch Dreigelenkrahmen *m* (gebogen) [arc]; Tudorbogen *m* [arc]
Tudor-arched window Tudorbogenfenster *n* (Fachwerkhaus)
tumble einstürzen *v* (Wand)
tumble-down building baufälliges Gebäude *n*
tumbling mill Trommelmühle *f* [prc]; Walzmühle *f* [prc]

tumbling mixer Mischtrommel *f* [prc]
tundish Sammeltrichter *m* (Entleerung) [prc]
tune down abschwächen *v* [aku]
tungsten halogen lamp Wolframlampe *f* [elt]
tungsten lamp Wolframlampe *f* [elt]
tunnel Gang *m* (Tunnel); Stollen *m* [tib]; Tunnel *m* [tib]
tunnel advance Tunnelvortrieb *m*
tunnel composting Tunnelkompostierung *f* [rec]
tunnel construction Tunnelbau *m* (Vorgang)
tunnel drier Tunneltrockner *m* [prc]
tunnel driving Stollenvortrieb *m*; Tunnelbau *m*
tunnel driving machine Tunnelvortriebsmaschine *f*
tunnel drying Tunneltrocknung *f* [prc]
tunnel furnace Förderbandtrockner *m* [prc]; Tunnelofen *m* [roh]
tunnel kiln Tunnelofen *m* [roh]
tunnel lining Tunnelauskleidung *f* [tib]
tunnel link Tunnelverbindung *f* [tib]
tunnel loading Schutterung *f* [tib]
tunnel mouth Tunnelportal *n* [tib]; Tunneleingang *m* [tib]; Tunnelmund *m*
tunnel portal Tunnelportal *n* [tib]
tunnel shield Tunnelschild *n* [tib]; Vortriebsschild *n* [tib]
tunnel through untertunneln *v*
tunnel under untertunneln *v*
tunnel vault Tonnengewölbe *n*
tunnel work Tunnelvortrieb *m*
tunnel-boring machine Tunnelbohrmaschine *f*
tunnel-cap tray Tunnelboden *m* (Kolonne) [prc]
tunnel-cleaning vehicle Tunnelreinigungsfahrzeug *n* [rec]
tunnel-type discharge carrier Überfallstollen *m* [wba]; Überlaufstollen *m* [wba]
tunnelling Stollenbauten *pl* [tib]; Tunnelbau *m* [tib]; Tunnelvortrieb *m* [tib]; Tunnelbauweise *f* [tib]; Untertunnelung *f* [tib]
tunnelling machine Stollenvortriebsmaschine *f* [tib]; Streckenvortriebsmaschine *f* [roh]; Tunnelvortriebsmaschine *f* [tib]
turbid water trübes Wasser *n* [was]; Trübwasser *n* [was]
turbidimeter Turbidimeter *n* [any]; Trübungsmesser *m* [any]
turbidimetric analysis Trübungsanalyse *f* [any]; Trübungsmessung *f* [any]
turbidimetric method Trübungsmessmethode *f* [any]
turbidimetry Trübungsmessung *f* [any]; Turbidimetrie *f* [any]
turbidity Trübung *f* (Flüssigkeiten) [was]
turbine foundation Turbinenfundament *n*
turbine hall Maschinenhaus *n* (<B> Turbinenhaus)
turbine house Maschinenhaus *n* (<B> Turbinenhaus)

turbine house operating floor Maschinenhausflur *m* (Turbinenhaus)

turbine house span Maschinenhausspannweite *f* (Turbinenhaus)

turbine room Maschinenhaus *n*; Maschinenhaus *n* (<A> Turbinenhaus)

turbine seating Turbinenfundament *n*

turbomixer Turbomischer *m* [prc]; Zwangsmischer *m*

turf brick stone Rasengitterstein *m* [met]

turfed area Rasenfläche *f* [far]

turn Gang *m* (Schraube) [tec]; Schicht *f* (Arbeit) [eco]; Umdrehung *f* (allgemein) [tec]; Windung *f* (Spule) [elt]

turn drechseln *v* [wer]

turn bridge Drehbrücke *f* [tra]

turn inwards hineindrehen *v* (z.B. Schraube) [wer]

turn on aufdrehen *v* (öffnen, Wasser, etc.)

turn pillar Drehpfeiler *m*

turn-and-tilt fitting Drehkippbeschlag *m* (Fenster)

turn-off delay Abschaltverzögerung *f* [elt]

turn-on delay Anschaltverzögerung *f* [elt]; Einschaltverzögerung *f* [elt]

turn-right lane Rechtsabbiegerspur *f* [tra]

turnable ladder Drehleiter *f* (fahrbar)

turnbuckle Spannschloss *n* [bon]; Spannvorrichtung *f* [tec]

turner Dreher *n* [wer]; Drechsler *m* (Holzbearbeitung) [wer]

turning bridge Drehbrücke *f* [tra]

turning crane Drehkran *m*

turning device Drehvorrichtung *f*

turning handle Drehgriff *m* [tec]

turning place Wendeplatz *m* [tra]

turning radius, short - großer Einschlag *m* (Wenderadius) [tra]

turning range Schwenkbereich *m* (Kran)

turnings Späne *pl* [met]

turnkey schlüsselfertig

turnkey basis, on a - schlüsselfertig

turnkey building schlüsselfertiges Gebäude *n*

turnkey installation schlüsselfertiger Einbau *m*

turnkey job schlüsselfertiges Projekt *n*

turnkey project schlüsselfertiges Projekt *n*

turnkey system schlüsselfertiges System *n*

turnout Rastplatz *m* [tra]; Haltebucht *f* (<A>) [tra]

turnover board Wendeplatte *f*

turnover rent Umsatzmiete *f* (Gewerbeimmobilie) [eco]

turnstile Drehkreuz *n*

turntable Drehkranz *m*

turpentine Terpentin *n* [che]

turpentine resin Terpentinharz *n* [met]

turpentine varnish Terpentinlack *m* [met]

turret Türmchen *n* [arc]; Drehturm *m*

turret roof Turmdach *n*

turret-like pinnacle Fiale *m* (an gotischen Kirchen) [arc]

tuyère bottom Düsenboden *m* [was]

twin conductor Doppelleiter *m* [elt]

twin contact Doppelkontakt *m* [elt]

twin girder Zwillingsträger *m* [stb]

twin outlet Doppelsteckdose *f* [elt]

twin pilaster Doppelpilaster *m* (Klassizismus) [arc]

twin plug Doppelstecker *m* [elt]

twin room Doppelzimmer *n* (mit zwei Einzelbetten)

twin sliding window Doppelschiebefenster *n*

twin socket Doppelsteckdose *f* [elt]; Zweifachsteckdose *f* [elt]

twin towers Zwillingstürme *pl*

twin-bore tunnel Doppelröhrentunnel *m* (Bahn) [tib]; doppelröhriger Tunnel *m* [tib]

twin-webbed zweistegig (Träger)

twine einflechten *v* (Lehmbau)

twinning Verkupplung *f* (z.B. von Trägern) [stb]

twinning of beams Verkupplung von Trägern *f*

twinning of girders Verkupplung von Trägern *f*

twist Verwindung *f* [met]

twist verwinden *v*

twist buckling Drillknicken *n* [met]

twist drill Spiralbohrer *m* [wzg]; Wendelbohrer *m* [wzg]

twisted verwunden [des]

twisting moment Deviationsmoment *n* [sik]; Torsionsmoment *n* [phy]

twisting stiffness Drillsteifigkeit *f* [met]; Torsionssteifigkeit *f* [met]

twisting stress Verdrehspannung *f* [met]

twitcher Eckkelle *f* [wzg]; Kantenkelle *f* [wzg]

two pin plug Doppelstecker *m* [elt]

two-axle carrier Zweiachsgestell *n* (Bagger) [tib]

two-chamber silo Zweikammersilo *m*

two-compartment bin Zweitaschenbunker *m* [prc]; Zweitaschensilo *m* [prc]

two-compartment tank Zweikammerbehälter *m* [prc]

two-component coating Zweikomponentenbeschichtung *f* [met]

two-component pump Zweikomponentenpumpe *f* [prc]

two-core zweiadrig [elt]

two-dimensional representation ebene Darstellung *f* [des]; flächenhafte Darstellung *f* [des]

two-dimensional structure Flächentragwerk *n*; zweidimensionales Bauwerk *n*

two-family house Zweifamilienhaus *n*

two-flight stair zweiläufige Treppe *f*

two-hinged arch Zweigelenkbogen *m* [stb]

two-hinged arch frame Zweigelenkbogenrahmen *m* [stb]

two-hinged frame Zweigelenkrahmen *m* [stb]

two-hinged member Zweigelenkstab *m*

two-household building Zweifamilienhaus *n*
two-lane road zweispurige Straße *f* [tra]
two-laned roadway zweispurige Fahrbahn *f* [tra]
two-layer plaster zweilagiger Putz *m*
two-leaf wall zweischaliges Mauerwerk *n*
two-leaved door Flügeltür *f*
two-level crossing niveaugetrennte Kreuzung *f* (Straßen) [tra]
two-lever control Zweihebelbetätigung *f* [wer]
two-nave hall zweischiffige Halle *f*
two-panel frame Zweifeldrahmen *m* [stb]
two-piece boom geteilter Ausleger *m*
two-pinned member Zweigelenkstab *m* [stb]
two-plane projection Zweitafelprojektion *f* (darstellende Geometrie) [mat]
two-ply zweilagig [met]; zweischichtig [met]
two-point controller Zweipunktregler *n* [elt]
two-point perspective Übereckperspektive *f* [des]
two-pulley drive Zweitrommelantrieb *m* [tec]
two-roller mill Zweiwalzenmühle *f* [prc]
two-room flat Zweizimmerwohnung *f*
two-shaft hammer mill Doppelhammermühle *f* [prc]
two-shell roof Zweilagendach *n*
two-sided formwork doppelhäutige Schalung *f* [bon]
two-storey doppelstöckig (Haus); zweigeschossig; zweistöckig
two-storey frame zweistöckiger Rahmen *m* [stb]
two-towered gate Doppelturmtor *n* (mittelalterlich) [arc]
two-way dump trailer Zweiseitenkippanhänger *m* [tra]
two-way floor system Deckensystem mit kreuzweiser Bewehrung *n* [bon]
two-way intercom Gegensprechanlage *f* [edv]; Wechselsprecheinrichtung *f* [elt]
two-way intercommunication system Wechselsprecheinrichtung *f* [elt]
two-way prestressing zweiaxiale Vorspannung *f* [sik]
two-way slab kreuzweise bewehrte Platte *f*; zweiachsig gespannte Platte *f* [sik]; zweiseitig gespannte Platte *f*
two-way slab floor kreuzweise bewehrte Decke *f* [bon]
two-way switch Wechslerschalter *m* [elt]
two-way wiring Wechselschaltung *f* [elt]
two-webbed zweistegig (Träger)
two-wheel tractor Zweiradschlepper *m* [tra]
two-wheeled barrow Sackkarren *m*
twofold window Doppelfenster *n*
tympanum Tunnelportal *n* [tib]
tyne Aufreißerzahn *m* [tib]; Aufreißerzinken *m* [tib]
type Typ *m*; Ausführung *f*; Bauart *f*; Form *f* (Bauform)

type designation Fabrikatbezeichnung *f* [des]; Typenbezeichnung *f* [des]
type of built use Art der baulichen Nutzung *f*
type of clayey soil Lehmart *f* (Bau) [met]
type of connection Verbindungsart *f* [stb]
type of construction Bauart *f* [des]; Bauform *f* [des]; Bauweise *f* [des]
type of current Stromart *f* [elt]
type of design Bauart *f* [des]
type of earth Lehmart *f* (Bau) [met]
type of façade Fassadentyp *m*
type of insulating material Isolierstoffklasse *f* [met]
type of joint Stoßart *f* [stb]
type of loam Lehmart *f* (Bau) [met]
type of mortar Mörtelgruppe *f* [met]
type of protection Schutzart *f* [elt]
type of soil Bodenart *f* [geo]
type of space Raumart *f* [com]
type permit Typengenehmigung *f* [jur]
typical for the site baustellenüblich
typical width Normalbreite *f* [des]; Regelbreite *f* [des]
tyre buffing machine Raumaschine *f*
tyre mark Reifenabdruck *m* (Straßenbelag) [tib]

U

U-bar U-Stab *m* [met]
U-frame U-Zarge *f*
U-iron U-Eisen *n* [met]
U-shaped rail U-Schiene *f* [met]
U-shaped staircase dreiläufige Treppe *f*; U-Treppe *f*
U-weld U-Naht *f* (Schweißnaht) [met]
ultimate biodegradation vollständiger biologischer Abbau *m* [bio]; vollständiger biologischer Abbau *m* [was]
ultimate capacity Bruchlast *f* (z.B. von Dübeln) [met]
ultimate degradation vollständiger biologischer Abbau *m* [was]
ultimate load Bruchbelastung *f* [met]; Bruchlast *f* [met]; Grenzlast *f* [sik]
ultimate oxygen demand gesamter organischer Sauerstoffbedarf *m* [was]
ultimate strength design Bemessung mit Grenzlasten *f* [sik]; Bruchberechnung *f* [sik]
ultra-fine grains Feinstkorn *n* [met]
ultra-microfine cement Superfeinzement *m* [met]
ultrafiltration Ultrafiltration *f* [was]
ultrafine fibre Feinstfaser *f* [met]
ultrafines Feinstgut *n* (körniges Material) [met]
ultrasonic diagnosis Ultraschalldiagnostik *f* [any]
ultrasonic equipment Ultraschallprüfgerät *n* [any]
ultrasonic examination Ultraschallprüfung *f* [any]
ultrasonic flaw detector Ultraschallprüfgerät *n* [any]
ultrasonic flowmeter Ultraschall-Durchflussmesser *m* [any]
ultrasonic hot welding Ultraschallwarmschweißen *n* [wer]
ultrasonic imaging Ultraschallabbildung *f* [any]
ultrasonic inspection Beschallen *n* [any]
ultrasonic level gauge Ultraschall-Füllstandsmessung *f* [any]
ultrasonic materials testing Ultraschall-Materialprüfung *f* [any]
ultrasonic microscope Ultraschallmikroskop *n* [any]
ultrasonic probe Ultraschallprüfkopf *m* [any]; Ultraschallsonde *f* [any]
ultrasonic test Ultraschallprüfung *f* [any]
ultrasonic testing Ultraschall-Materialprüfung *f* [any]; Ultraschall-Werkstoffprüfung *f* [any]
ultrasonic testing of concrete akustische Betonprüfung *f* [any]
ultrasonic thickness gauge Ultraschall-Dickenmessgerät *n* [any]
umbrella vault Schirmgewölbe *n* [arc]

unaffected by moisture feuchtigkeitsunempfindlich [met]
unallocated area Außenbereich *m*
unalloyed unlegiert [met]
unary system Einstoffsystem *n* [met]
unauthorized ungenehmigt
unauthorized access unbefugter Zugang *m*
unauthorized dumping wilde Deponie *f* [rec]
unaxial state of stress einachsiger Spannungszustand *m* [met]
unbalance Unwucht *f* [des]
unbalanced load unsymmetrische Last *f* [elt]
unblended unvermischt
unblockable unverbaubar
unbonded ohne Verbund [bon]
unbreakable bruchsicher [met]; unzerbrechlich [met]
unbuilt area unbebaute Fläche *f*
unburnt clay Rohton *m* [met]
uncharged ungeladen [elt]
unclosed traverse offener Polygonzug *m*
uncluttered glatt [met]; nicht unterbrochen [met]
uncluttering Entkernung *f* (Städtebau)
uncoated nicht beschichtet [met]; unbeschichtet [met]; ungestrichen [met]
unconfined groundwater freies Grundwasser *n* [was]
unconsolidated unverfestigt
unconsolidated material nicht verfestigtes Material *n*
uncontrolled spillway freier Überfall *m* [wba]
uncoordinated unabgestimmt
uncoursed ungeschichtet (Mauerwerk)
uncover abdecken *v* (entfernen); aufdecken *v* (Bett); freilegen *v*
uncovered timber framework Sichtfachwerk *n*
uncracked rissefrei [met]
uncracked condition Rissefreiheit *f* [met]
under pressure druckbelastet
under public law öffentlich-rechtlich [jur]
under wall Liegendes *n* [geo]
under-river tunnel Flusstunnel *m* [tib]
underbeam Unterzug *m* (unterster Träger) [stb]
underbridge Unterführung *f* [tra]
underburning Schwachbrand *m* (Ziegel) [met]
underburnt brick Schwachbrandziegel *m* [met]
underclay Ton im Liegenden *m*; Unterton *m* [geo]
undercoat Grundanstrich *m* [met]; Unteranstrich *m* [met]; Voranstrich *m* [met]; Grundierung *f* [wer]
undercoat vorstreichen *v* [wer]
undercoat lath Unterputzleiste *f*
undercoat mortar Unterputzmörtel *m* [met]
undercoat of render Unterputz *m*
undercoat plaster Unterputz *m*
undercoat rendering Außengrobputzschicht *f*
undercoating Vorlackieren *n* [wer]

undercompaction Unterverdichtung *f* [geo]
undercure unvollständige Härtung *f* [met]
undercut anchor Hinterschnittdübel *m*
undercut bank Prallufer *n* [wba]
undercuta Einbrandkerbe *f* (Schweißnahtrand) [met]
underdesign unterdimensionieren *v* [des]
underestimation of danger Unterschätzung der
    Gefahr *f* [asi]
underfill nicht aufgefüllte Naht *f* (Schweißnaht)
    [met]; ungenügende Fugenfüllung *f* (Schweißnaht-
    fehler) [met]
underfloor Unterboden *m*
underfloor heating Bodenheizung *f* [pow]; Fußbo-
    denheizung *f* [pow]; Unterflurheizung *f* [pow]
underfloor heating system Bodenheizungssystem *n*
    [pow]
underflow Siebdurchfall *m* [prc]
underfoot conditions, soft - weiche Bodenverhält-
    nisse *pl*
underfooting Untergrund *m* [geo]; Untergrund *m* (-
    verhältnisse) [geo]
underframe Untergestell *n*
underground erdverlegt; unter der Erdoberfläche;
    unterirdisch
underground U-Bahn *f* (<B>) [tra]
underground cable Erdkabel *n* [elt]; Kabel für
    Erdverlegung *n* [elt]; unterirdisches Kabel *n* [elt]
underground cabling Erdverkabelung *f* [elt]
underground car park Tiefgarage *f* [tra]
underground construction Tiefbau *m* [tib]
underground construction work Tiefbau *m* [tib]
underground corrosion Bodenkorrosion *f*
    (Korrosion von Leitungen im Boden) [met]
underground duct Bodenkanal *m*
underground engineering Tiefbau *m*
underground entrance U-Bahneingang *m* [tra]
underground exit U-Bahnausgang *m* [tra]
underground flow Grundwasserströmung *f* [was]
underground fuelling system Unterflurbetankungs-
    system *n* [tra]
underground garage Tiefgarage *f* [tra]
underground hopper Tiefbunker *m*
underground line unterirdische Stromleitung *f* [elt]
underground movement Untergrundbewegung *f*
underground parking garage Tiefgarage *f* [tra]
underground piping unterirdische Rohrverlegung *f*
underground platform U-Bahnsteig *m* [tra]
underground railway Untergrundbahn *f* (<B>) [tra]
underground sealing Untergrundabdichtung *f*
underground sealing of landfill
    Deponiebasisabdichtung *f* [rec]
underground station U-Bahnstation *f* [tra]
underground structure Tiefbauwerk *n*;
    unterirdisches Bauwerk *n*
underground system U-Bahn-Netz *n* (<B>) [tra]
underground tank unterirdischer Behälter *m*

underground tip Untertagedeponie *f* [rec]
underground tramway Unterpflasterstraßenbahn *f*
    [tra]
underground vault Kellergewölbe *n*; unterirdisches
    Gewölbe *n*
underground water Untergrundwasser *n* [was]
underground work Tiefbauarbeit *f*
underground working Untertagebauarbeiten *pl*
    (DIN 18312) [tib]
underground works unterirdische Bauvorhaben *pl*
underlay Bettungsschicht *f* [wba]
underlay foil Unterspannbahn *f* (Folie) [met]
underlayer Bettung *f*
underlayer of ballast Schotterbett *n* (Bahn) [tib]
underlayer of gravel Kiesbettung *f* (Bahn) [tib]
underline bridge Bahnunterführung *f* [tra]
underlying stratum Liegendes *n* [geo]
underpass Straßentunnel *m* [tib]; Straßenunter-
    führung *f* (Fahrzeuge) [tib]; Unterführung *f* (Fuß-
    gänger) [tib]
underpin unterfangen *v*
underpinning Unterfangen *n*; Unterbauung *f*;
    Unterfangung *f*; Untermauerung *f*
underpinning work Unterfangung *f* (Grundbau);
    Unterfütterung *f* (Grundbau)
underpressure Unterdruck *m* [phy]
underprop abfangen *v* (stützen)
underrated unterdimensioniert [des]
underscore unterstreichen *v* [des]
undersea unterseeisch
undersea tunnel Unterwassertunnel *m* [tib]
undersealing Unterpressen *n* (Straße) [tib]
underseepage Sickerung *f* (Talsperre) [was]; Unter-
    strömung *f* (Talsperre) [was]
undershot unterschächtig (Wasserrad) [was]; unter-
    strömt [was]
undershrink Unterschrumpf *m* (Beton)
underside Unterkante *f*; Unterseite *f*
underside view Untersicht *f* [des]
undersize Unterkorn *n* (Siebdurchgang) [prc];
    Siebdurchgang *m* [prc]; Siebdurchlauf *m* [prc]
undersized unterdimensioniert [des]
undersized material Feingut *n* (Sieben) [met];
    Siebunterlauf *m* [met]
undertone Schattierung *f* [des]
undervoltage protection Unterspannungsschutz *m*
    [elt]
undervoltage release Unterspannungsauslösung *f*
    [elt]
underwashing Unterspülung *f* [geo]; Wasserunter-
    läufigkeit *f* [geo]
underwater cable Unterwasserkabel *n* [elt]
underwater coating Unterwasseranstrich *m* [che]
underwater concrete Unterwasserbeton *m* [bon]
underwater concreting Betonierarbeiten unter
    Wasser *pl* [bon]

underwater excavation Nassbaggerung *f* [wba]
underwater paint Unterwasserfarbe *f* [che]
underwater pile hammer Unterwasser-Rammhammer *m* [tib]
underwater solifluction Unterwasserrutschung *f*
[wba]
underwater tunnel Unterwasertunnel *m* [tib]
underwear Unterkleidung *f*
undesired noise Störgeräusch *n* [aku]
undestroyed unzerstört
undeveloped unbebaut; unerschlossen [com]
undeveloped plot unbebautes Grundstück *n*;
unerschlossenes Grundstück *n*
undeveloped property unbebautes Grundstück *n*
[com]
undiluted unverdünnt
undimensioned unbemaßt [des]
undistorted formtreu; unverformt
undisturbed störungsfrei
undisturbed sample ungestörte Probe *f* [any]
undisturbed soil gewachsener Boden *m* [geo]
undressed stone Bruchstein *m*
undulating relief hügeliges Gelände *n* [geo]
undulation Geländesprung *m* [geo]; Welligkeit *f*
unearthed nicht geerdet [elt]; ungeerdet (<B>) [elt]
unencumbered lastenfrei (unbelastet) [eco]
unencumbered property lastfreier Grundbesitz *m*
(Immobilie) [eco]; unbelasteter Grundbesitz *m*
(Immobilie) [eco]; lastfreie Immobilie *f* [eco];
unbelastete Immobilie *f* [eco]
unencumbered realty lastfreie Liegenschaft *f* [eco];
unbelastete Liegenschaft *f* [eco]
unequal angle ungleichschenkliger Winkelstahl *m*
[met]
unerodible erosionsfest
uneven uneben (Fläche)
unevenness Unebenheit *f*
unexploited unerschlossen [com]
unfilled füllstofffrei [met]
unfinished bolt schwarze Schraube *f* [tec]
unfinished building Rohbau *m*
unfinished level Rohkote *f*
unfinished materials Vormaterialien *pl* [met]
unfired unbeheizt [pow]
unfired brick Formling *m* [met]; ungebrannter
Ziegel *m* [met]
unfrozen soil ungefrorener Boden *m* [geo]
unfurnished flat Leerwohnung *f*
ungauged lime plaster Kalkputz *m*
unglazed nicht glasiert (Keramik, u.a.) [met]
ungrounded nicht geerdet (<A>) [elt]; ungeerdet
(<A>) [elt]
unheated unbeheizt; ungeheizt [pow]
uniaxial arrangement Einstraßenanlage *f*
(Siedlungsform: rippenförmig) [com]
uniaxial bending einachsige Biegung *f*

uniaxial stress einachsiger Spannungszustand *m*
[met]
unidirectional einseitig gerichtet
unidirectional traffic Einrichtungsverkehr *m* [tra]
unified assembly konstruktive Einheit *f* [des]
uniform gleich verteilt
uniform attack gleichförmiger Flächenabtrag *m*
(Korrosion) [met]
uniform corrosion Flächenkorrosion *f* [met]
uniform distribution Gleichverteilung *f* [mat]
uniform gradation gleichmäßige Korngrößenverteilung *f*
uniform load gleichmäßige Belastung *f* [met];
Gleichstreckenlast *f*
uniform loading gleichförmige Belastung *f* [sik]
uniformly contaminated site diffuse Bodenkontamination *f* [geo]
uniformly distributed porosity gleichförmig
verteilte Poren *pl* [met]
unimaginativeness Einfallslosigkeit *f* [arc]
uninflammable flammbeständig [met]
uninhabited unbewohnt
unintentional eccentricity ungewollte Ausmitte *f*
unintentional energizing unbeabsichtigtes Einschalten *n* [elt]
unintersected kreuzungsfrei [tra]
union Verbindungsstück *n* [tec]; Verbindungsstutzen *m* [tec]; Muffe *f*; Verbindungsmuffe *f* [tec]
union nut Überwurfmutter *f* [tec]
union piece Verschraubung *f* (für Rohre) [prc]
uniphase einphasig [elt]
unipolar einpolig [elt]
unirrigated unbewässert
unit Gerät *n* (Einheit); Anlage *f* (Einheit)
unit air-conditioner Klimatruhe *f*
unit area Flächeneinheit *f*
unit assembly drawing Teilzusammenstellungszeichnung *f* [des]
unit composed system Baukastenkonstruktion *f*
[des]
unit construction Modulbau *m*; Baukastenkonstruktion *f* [des]; Blockbauweise *f*; Einheitsbauweise *f*
unit construction principle Baukastenprinzip *n*
[des]
unit construction system Baukastensystem *n* [des]
unit furniture Anbaumöbel *pl*
unit load Belastungseinheit *f* [sik]; Einheitslast *f*
[sik]; Last je Flächeneinheit *f* [sik]; Lasteinheit *f*
[sik]
unit of force Krafteinheit *f* [phy]
unit of measure Maßeinheit *f* [phy]
unit of measurement Maßeinheit *f* [any]
unit of weight Gewichtseinheit *f* [phy]
unit output Blockleistung *f* [pow]
unit price Preis pro Leistungseinheit *m* [eco]

unit valuation Kostenschätzung über eine Einheit *f* [eco]

unit width Breiteneinheit *f* [des]

unit-producing yard Feldfabrik *f* (Produktionsstätte für Fertigteile) [wer]

unit-type power station Blockkraftwerk *n* [pow]

Unitary Development Plan gesamtstädtischer Bauleitplan *m* (GB) [jur]

unity of composition gestalterische Einheit *f* [arc]

unity of design gestalterische Einheit *f* [arc]

universal bevel Schmiege *f* [any]

universal column breiter I-Träger *m* [stb]; Breitflanschträger *m* [stb]

university building Universitätsgebäude *n*

university town Universitätsstadt *f* [com]

unlime abkalken *v* (Kalk entfernen)

unlined unverkleidet (Apparat) [met]

unload abladen *v* [tra]; ausladen *v* (entladen); entladen *v* [elt]

unloaded füllstofffrei [met]

unloaded end unbeanspruchter Rand *m* (Holzbau)

unloading bay Anlieferhalle *f* (Abfall) [rec]

unloading crane Abladekran *m*; Entladekran *m*

unloading installation Abladeanlage *f* [wer]

unmachined roh (unbearbeitet) [met]

unmade road Naturstraße *f* [tra]

unmapped unkartiert [des]

unmetalled unbeschottert [tib]; ungeschottert [tib]

unmixed unvermischt

unoccupied unbewohnt

unoccupied building unbewohntes Gebäude *n*

unopressive water nicht drückendes Wasser *n* (Grundwasser) [was]

unpacked unverpackt

unpaved unbefestigt (Straße) [tra]

unpaved road unbefestigte Straße *f* [tra]

unplanned town gewachsene Stadt *f* [com]

unplasticized weichmacherfrei [met]

unplug Stecker herausziehen *v* [elt]

unpolished rau (Oberfläche)

unprepared joint nicht bearbeitete Fuge *f*

unpreparedness Unvorbereitetsein *n* [asi]

unprocessed unbehandelt; unverarbeitet

unproportionate unproportioniert [des]

unpropped beam nicht unterstempelter Träger *m* [stb]

unputtied kittlos

unqualified unqualifiziert

unreactive reaktionsträge [che]

unreinforced unarmiert [bon]; unbewehrt [bon]

unreinforced concrete unbewehrter Beton *m* [bon]

unreproducible nicht reproduzierbar [any]

unrestrained freitragend (z.B. Balken)

unrestrained member frei aufliegendes Stützglied *n*

unretentive undicht

unrusting Entrosten *n* [met]

unsafe baufällig

unsafe behaviour sicherheitswidriges Verhalten *n* [asi]

unsafe practice gefährliche Arbeitsmethode *f* (Arbeitsschutz) [wer]

unsafe working procedure gefährliche Arbeitsmethode *f* (Arbeitsschutz) [wer]

unsanctioned dump wilde Deponie *f* [rec]

unscaffold abrüsten *v* (Gerüst abbauen); Gerüst abnehmen *v*

unscreened ungesiebt [prc]

unset concrete Frischbeton *m* [bon]; unabgebundener Beton *m* [bon]

unshored beam nicht unterstempelter Träger *m* [stb]

unshored excavation unverbauter Graben *m* [tib]; ungesicherte Baugrube *f*

unshored pit nicht verbaute Baugrube *f* [tib]

unsignalized junction ungeregelte Kreuzung *f* [tra]

unskilled unqualifiziert

unslaked lime ungelöschter Kalk *m* [met]

unspecified nicht genau bezeichnet

unspoilt land gewachsener Boden *m* [geo]

unstable ground rolliges Gebirge *n* (Tunnelbau) [tib]; nicht standfester Boden *m* [geo]

unstrained member Blindstab *m* (Spannbeton)

unstructured unstrukturiert

unsuitable ungeeignet

unsupported freitragend

unsupported beam strebenloser Balken *m*

unsupported ground standfestes Gebirge *n* (Tunnelbau) [tib]

unsupported lenght Freilänge *f* (Kragträger) [sik]

unsupported length Knicklänge *f* [met]

unsurfaced road unbefestigte Straße *f*

unsymmetrical unsymmetrisch

unsymmetrical load unsymmetrische Belastung *f* [elt]

untapped unerschlossen [com]

untapped resources unerschlossene Bodenschätze *pl* [roh]

untensioned schlaff bewehrt (Beton) [met]

untensioned steel Schlaffstahl *m* (Bewehrung); schlaffe Bewehrung *f* [bon]

untight undicht

untoleranced dimension Freimaß *n* [des]

untrafficable unbefahrbar [tra]

untreated roh (Rohstoffe); roh (unbehandelt) [met]; unbearbeitet; unbehandelt

untreated refuse Rohabfall *m* [rec]; Rohmüll *m* [rec]

untreated water Rohwasser *n* [was]; ungereinigtes Wasser *n* [was]

unused unbenutzt

unweld abschweißen *v* [wer]

unyielding steif

up and over door Kipptor *n*

up and over gate Schwingtor *n*
up-brace Kopfband *n* (Holzbau)
upgrade Erweiterung *f* [tec]
upgrade ausbauen *v* (erweitern); nachrüsten *v* [wer]
upgraded design verbesserte Ausführung *f* [des]
uphill bergauf
uphill stretch Steigungsstrecke *f* [tra]
upkeep Instandhaltung *f* [wer]; Unterhaltung *f* (Wartung Geräte) [wer]; Wartung *f* [wer]
upkeep of a building Gebäudeinstandhaltung *f*
uplift Anheben von Bodenschichten *n* [geo]; negativer Auflagerdruck *m* [sik]; Anhebung *f*; Aufwölbung *f* [geo]; negative Auflagerkraft *f* [sik]
uplift pressure Auftriebsdruck *m* [geo]
upper allowance oberes Abmaß *n* [des]
upper calorific value oberer Heizwert *m* [pow]
upper course Oberlauf *m*
upper deviation oberes Abmaß *n* [des]
upper flange Oberflansch *m* [stb]; Obergurt *m* [stb]
upper floor Obergeschoss *n*
upper soil Oberboden *m* [geo]
upper storey Obergeschoss *n*
upper stratum Deckschicht *f* [geo]; Oberschicht *f* [geo]
upper structure Oberwagen *m* (Bagger)
upper water authority oberste Wasserbehörde *f* [was]
upright Pfosten *m*; Ständer *m*
upright member Kopfstütze *f*
upright projection Aufriss *m* [des]
upriver flussaufwärts [was]
upsetting temperature Stauchtemperatur *f* (Niet) [met]
upsetting test Stauchversuch *m* (Materialprüfung) [any]
upsilting Verschlammung *f* [geo]
upstand Aufsatzkranz *m*; Randaufkantung *f* (hochgeführtes Bauteil)
upstand beam Überzug *n* (Deckenbalken); oben liegender Träger *m*
upstanding kerb Hochbordstein *m*
upstream flussaufwärts [was]; oberwasserseitig [wba]; vorgeschaltet (Aggregat, Prozess); wasserseitig [was]
upstream apron oberwasserseitige Vorlage *f* [wba]
upstream blanket Oberwasserdecke *f* [wba]
upstream classifier Aufstromklassierer *m* [prc]
upstream cofferdam Vorsperre *f* [wba]
upstream cutwater Eisabweiser *m* (Brücke); Pfeilervorkopf *m* (Brücke)
upstream device vorgeschaltetes Gerät *n*
upstream face Wasserseite *f* [wba]
upstream head Oberwasser *n* (an Schleuse) [wba]
upstream level Oberwasserspiegel *m* [wba]
upstream shoulder Oberstützmauer *f* [wba]

upstream toe Dammbrust *f* [wba]
upstream water Oberwasser *n* [wba]
upstream water gate Obertor *n* (an Schleuse) [wba]
uptake pipe Steigrohr *n* [was]
upthrust Auftrieb *m* [phy]
upturn Aufkantung *f*
upturned hochgebogen
upward deflection Aufwölben *n*
upwelling Grundwasserausbruch *m* [was]
urban innerstädtisch; städtisch
urban agglomeration Verdichtungsraum *m*
urban area Stadtgebiet *n* [com]; städtisches Gebiet *n* [com]; städtischer Bereich *m* [com]; städtischer Raum *m* [com]
urban area, within the - innerstädtisch
urban building Städtebau *m*
urban decay Stadtverfall *m* [com]
urban design städtebaulich
urban design Städtebau *m*
urban design principles städtebauliche Leitbilder *pl*
urban development Städtebau *m*; Stadtentwicklung *f*; Stadterweiterung *f*; städtebauliche Entwicklung *f*
urban development and designurban culture städtebaulich-gestalterisch [com]
urban development area Baugebiet *n* [com]
urban development concept, structural - städtebauliches Strukturkonzept *n* [com]
urban development law Städtebaurecht *n* [jur]
urban development plan, structural - städtebauliche Strukturplanung *f* [com]
urban development policies Städtebaupolitik *f* [com]
urban development project Stadtentwicklungs-projekt *n* [com]
urban development services städtebauliche Leistungen *pl* [com]
urban development work städtebauliche Leistungen *pl* [com]
urban dispersal Ausufern von Städten *n*; Zersiedelung *f*
urban district Stadtviertel *n* [com]; Stadtbezirk *m* [com]; Stadtteil *m* [com]
urban drainage Stadtentwässerung *f* [was]
urban environment städtische Umwelt *f* [com]
urban expressway Stadtautobahn *f* [tra]
urban extension Stadterweiterung *f*
urban fabric Stadtgefüge *n* (Städtebau); Bebauungsstruktur *f* (Städtebau)
urban features Stadtbild *n* (Erscheinungsbild)
urban fringe städtisches Umland *n* [com]
urban growth Stadtwachstum *n*
urban issues städtebauliche Belange *pl* [com]
urban land use planning Bauleitplanung *f*
urban morphology Stadtmorphologie *f*
urban motorway Stadtautobahn *f* [tra]
urban planning städtebaulich [com]

urban planning Stadtbauplanung *f* [com]; Stadtplanung *f* [com]
urban planning contract städtebaulicher Vertrag *m* [com]
urban planning department Stadtplanungsamt *n* [com]
urban planning orders städtebauliche Gebote *pl*
urban preservation Stadterhaltung *f*
urban railway Stadtbahn *f* [tra]
urban redevelopment Stadtsanierung *f* [com]
urban regeneration Stadterneuerung *f*
urban regeneration area Stadterneuerungsgebiet *n* [com]
urban region Stadtregion *f* [com]
urban rehabilitation Stadtsanierung *f* [com]
urban renewal Stadterneuerung *f* [com]; städtebauliche Sanierung *f*; städtische Erneuerung *f* [com]
urban renewal program Stadtsanierungsprogramm *n*
urban renewal scheme Stadterneuerungsprogramm *n*
urban restoration Stadtsanierung *f* [com]
urban road Stadtstraße *f* [tra]
urban road network städtisches Straßennetz *n*
urban run-off Abflusswasser von Straßen *n* (in Ortschaften) [was]; Abfluss aus einem Stadtgebiet *m* [was]
urban sanitation Stadtreinigung *f*
urban settlement städtische Siedlung *f* [com]
urban space Stadtraum *m* [com]
urban sprawl Stadterweiterung *f*; wuchernde Ausbreitung des Stadtgebietes *f*; Zersiedelung *f* (Städtebau)
urban street Stadtstraße *f* [tra]
urban structure Stadtstruktur *f* [com]
urban symbolism Stadtsymbolik *f*
urban traffic innerstädtischer Verkehr *m* [tra]
urban waste water städtisches Abwasser *n* [was]
urban watershed städtisches Einzugsgebiet *n* [was]
urea resin Harnstoffharz *n* [met]
urea resin adhesive Harnstoffkleber *m* [met]
urethane foam Urethanschaumstoff *m* [met]
urinal Urinal *n* [tga]
usable floor area nutzbare Geschossfläche *f*
use Einsatz *m* (Verwendung); Anwendung *f*; Handhabung *f* (Gebrauch); Nutzung *f*; Verwendung *f*
use verarbeiten *v*; verbauen *v* (bauen)
use as fuel energetisch verwerten *v* [rec]
use as raw material stofflich verwerten *v* [rec]
Use Classes Order Verordnung über Nutzungsarten *f* (GB) [jur]
use of a building Gebäudenutzung *f*
use of countryside Landschaftsverbrauch *m* [com]
use of energy Energieeinsatz *m* [pow]; Energienutzung *f* [pow]
use of energy, efficient - effiziente Energienutzung *f* [pow]; Energieeffizienz *f* [pow]

use of material Materialeinsatz *m* [met]
use of resources Ressourceneinsatz *m*; Ressourcennutzung *f*
use of resources, ecological - Ressourcenschonung *f*
use of space Flächenverbrauch *m* [com]
use of the water system Gewässerbenutzung *f* [was]
use of waste heat Abwärmenutzung *f* [pow]
use restriction Nutzungsbeschränkung *f*
used oil Altöl *n* [rec]
used sand Altsand *m* [rec]
used wood Abfallholz *n* [rec]
useful heat Nutzwärme *f* [pow]
useful heat output Nutzwärmeleistung *f* (Kraft-Wärme-Kopplung) [pow]
useful height Nutzhöhe *f*
useful output Nutzleistung *f* [pow]
useful power Nutzleistung *f* [pow]
useful volume Nutzraum *m*
user Anwender *m*; Betreiber *m*
user's manual Anwenderhandbuch *n*
uses of soil, concurrent - konkurrierende Bodennutzung *f* [geo]
utensil Gerät *n* (Werkzeug)
utilitarian building Zweckgebäude *n*
utilities and off-sites Neben- und Betriebsmittelanlagen *pl*
utilities ditch Leitungsstreifen *m* (an Straße)
utility architecture Zweckarchitektur *f*
utility block Energieversorgungstrakt *m* [elt]
utility boiler Großkessel *m* [pow]
utility equipment Installationsgeräte *pl* [tga]
utility line Versorgungsleitung *f* [elt]
utility room Waschküche *f*
utility trench Leitungsgraben *m* [was]
utility tunnel, underground - Rohr- und Kabelkanal *m*
utility water Brauchwasser *n* [was]
utility-type work Räumarbeiten *pl*
utilization Verwendung *f*
utilization concept Nutzungskonzept *n*
utilization of foul water Abwasserverwertung *f* [was]
utilization of landfill gas Deponiegasnutzung *f* [rec]
utilization of rainwater Regenwassernutzung *f* [was]
utilization of sewage Abwasserverwertung *f* [was]
utilization of space Raumausnutzung *f*
utilization of utility ware Parkflächenausnutzung *f* [tra]
utilization of waste water Abwasserverwertung *f* [was]
utilization of waters Gewässernutzung *f* [was]
utilize anwenden *v*
utiliziation of building bauliche Nutzung *f*

V

V-joint Fuge mit Schrägkante *f* (V-Form); V-Fuge *f*
V-notch weir Dreieckswehr *n* [wba]
V-shaped ditch Spitzgraben *m* (Archäologie) [tib]
V-strongback V-Riegel *m*
V-tie holder V-Ankerhalter *m*
V-weld V-Naht *f* (Schweißnaht) [met]
vacancy freies Zimmer *n*; Leerstand *m* (Immobilie) [eco]; Leerstelle *f* (Materialfehler) [met]; offene Stelle *f* [eco]
vacancy costs Leerstandskosten *pl* (Immobilie) [eco]
vacancy of office space Büroflächenleerstand *m*
vacancy rate Leerstandsquote *f* (Immobilien) [eco]; Leerstandsrate *f* (Immobilien) [eco]
vacancy ratio Leerstandsquote *f* (Immobilien) [eco]
vacancy risk Leerstandsrisiko *n* (Immobilie) [eco]
vacant unbebaut (Grundstück); unbewohnt
vacant building leer stehendes Gebäude *n*
vacant house leer stehendes Haus *n*
vacant lot unbebautes Grundstück *n* (<A>); Baulücke *f*
vacant site unbebautes Grundstück *n* [com]
vacation flat Ferienwohnung *f*
vacation hotel Ferienhotel *n*
vacation house Ferienhaus *n*
vacuum Vakuum *n* [phy]; Unterdruck *m* [phy]
vacuum coating Vakuumbeschichten *n* [met]
vacuum concrete Vakuumbeton *m* [bon]
vacuum vibration Vakuum-Vibrationsverdichtung *f* (Beton)
vadose water schwebendes Grundwasser *n* [was]
valence of weld Nahtwertigkeit *f* (Schweißen) [met]
valley Kehle *f*
valley board Kehlblech *n*; Kehlbrett *n*
valley bridge Talbrücke *f*
valley floor Talsohle *f* [geo]
valley gravel Talschotter *m* [geo]
valley gutter Dachkehle *f*; Traufe *f* (Abfluss)
valley rafter Kehlsparren *m*
valley slope Talhang *m* [geo]
valley storage Talspeicherung *f* (Hydrologie) [wba]
valley tile Kehlziegel *m*
valve actuation Ventilbetätigung *f* [prc]
valve actuator Ventilantrieb *m* [prc]; Ventilstellantrieb *m* [prc]
valve body Ventilgehäuse *n* [prc]; Ventilkörper *m* [prc]
valve chest Ventilgehäuse *n* (<B>) [prc]
valve cone Ventilkegel *m* [prc]
valve core Ventileinsatz *m* [prc]
valve housing Ventilgehäuse *n* [prc]

valve insert Ventileinsatz *m* [prc]
valve opening Ventilöffnung *f* [prc]
valve outlet Ventilöffnung *f* [prc]
valve pit Schieberschacht *m* [was]
valve plug Ventilkegel *m* (Kegelhahn) [prc]
valve regulation Ventilsteuerung *f* [prc]
valve seat Ventilsitz *m* [prc]
valve tongue Schieberzunge *f* [prc]
van vault Fächergewölbe *n*
vane Windblatt *n* (Rotorblatt) [pow]; Flügel *m* (Mischer) [prc]
vane feeder Tellerspeiser *m* [prc]
vane probe Flügelradmesssonde *f* [any]
vane-type water meter Flügelradwasserzähler *m* [any]
vanity basin Einbauwaschbecken *n*
vaporization Verdunstung *f* [prc]
vaporizer Verdampfer *m* [prc]
vapour absorption Wasserdampfaufnahme *f* [met]
vapour barrier Dampfbremse *f* [met]; Dampfsperre *f*; Feuchtigkeitssperre *f*
vapour infiltration, chemical - chemische Dampfphaseninfiltration *f* [met]
vapour lock Dampfsperre *f*
vapour seal Wasserdampfsperre *f* [met]
vapour transmission rate, moisture - Wasserdampfdurchlässigkeit *f* (Durchlassgeschwindigkeit) [met]
vapour-barrier layer Dampfsperrschicht *f* (Abdichtung) [met]
vapour-proof dampfdicht [met]; dampfundurchlässig [met]
vapour-proof barrier Dampfsperre *f*
vapour-tight dampfdicht; dampfundurchlässig
variable action veränderliche Einwirkung *f* (Kräfte usw.)
variable-speed operation windgeführter Betrieb *m* (Windenergieanlage) [pow]
variant drawing Variantenzeichnung *f* [des]
variation Abweichung *f* [mat]; Schwankung *f*
variation in length Längenänderung *f* [des]
variation in water level Wasserspiegelschwankung *f* [was]
variation of force Kraftänderung *f* [phy]
variation of temperature Temperaturschwankung *f*
variation permitted, amount of - zulässige Maßabweichung *f* [des]
variety of uses Nutzungsvielfalt *f*
varnish Firnis *m* [met]; Lack *m* [met]
varnish anstreichen *v*
varnish coat Lackanstrich *m* [met]
varnish coating Deckfirnis *m*; Lackierung *f* [met]
varnish colour Lackfarbe *f* [met]
varnish paint Lackfarbe *f* [met]
varnish remover Lackabbeizmittel *n* [met]; Lackentferner *m* [met]

varnish residues Lackreste *pl* [rec]
varnish rest Lackschlamm *m* [rec]
varnish sludge Lackschlamm *m* [rec]
varnish slurry Lackschlamm *m* [rec]
varnish stain Farbbeize *f* [met]; Lackbeize *f* [met]
varnish thinner Lackverdünner *m* [met]
varnish waste Lackabfall *m* [rec]
varnished lackiert [wer]
varnishing Lackierung *f* [met]
varnishing roller Lackierwalze *f* (Drucktechnik) [wzg]
vault Gewölbe *n*
vault wölben *v*
vault block Gewölbestein *m*; Keilstein *m* (Gewölbe); Wölbstein *m*
vaulted ceiling Bogendecke *f*
vaulting Wölbung *f*
vaulting masonry Gewölbemauerwerk *n*
vaulting shaft Dienst *m* (mittelalterliche Kirche) [arc]
vector diagram Zeigerdiagramm *n* [des]
vegetable colour Pflanzenfarbstoff *m* [met]
vegetable colouring matter Pflanzenfarbstoff *m* [met]
vegetable down Kapokfaser *f* [met]
vegetable dye pflanzlicher Farbstoff *m* [met]; Pflanzenfarbe *f* [met]
vegetable fibre Pflanzenfaser *f* [met]; pflanzliche Faser *f* [met]
vegetable glue Pflanzenleim *m* [met]; pflanzlicher Leim *m* [met]
vegetable left-overs Gemüsereste *pl*
vegetable matter pflanzliches Material *n* [met]; pflanzliche Substanz *f* [met]
vegetable resin Naturharz *n* [met]
vegetable soil Humus *m* [geo]; Humusboden *m* [geo]; Humuserde *f* [geo]
vegetable waste pflanzlicher Abfall *m* [rec]
vegetation and open spaces Grün- und Freiflächen *pl* [com]
vegetation layer Rekultivierungsschicht *f*
vegetation loss Absterben der Vegetation *n* [bio]
vehicle climbing lane Kriechspur *f* [tra]
vehicle electronics Fahrzeugelektronik *f* [elt]
vehicle-clearance envelope Lichtraumprofil *n* (Tunnel, Unterführungen) [tra]
vein protection Pulsschutz *m* (Handschuhe) [asi]
veined geädert; gemasert (Holz); marmoriert
veining of wood Holzmaserung *f* [met]
veins Geäder *n* (Maserung) [met]
velocimetry Geschwindigkeitsmessung *f* [any]
velocity measurement Geschwindigkeitsmessung *f* [any]
velocity rod Stabschwimmer *m* [any]
veneer Furnier *n* [met]; Verschleißschicht *f* [met]; Vorsatzschale *f*

veneer brick Verblender *m*
veneer masonry Verblendmauerwerk *n*
veneer plaster Gipsputz *m*
veneered furniert [met]
veneered plywood furniertes Sperrholz *n* [met]
veneering Beplankung *f*
venetian blind Jalousie *f* (Fenster)
venetian blind closer Jalousienschließer *m*
venetian blind opener Jalousienöffner *m*
vent Abzug *m* (Kanal) [air]; Abzugsschacht *m* [air]; Rauchklappe *f*
vent belüften *v* (mit Luftstrom); Luft abführen *v* [air]
vent air Abluft *f* [air]
vent filter Abluftfilter *m* [air]
vent hole Belüftungsöffnung *f*; Entlüftungsöffnung *f* [prc]
vent valve Entlüftungsventil *n* [prc]
ventilated ceiling Klimadecke *f*
ventilated flat roof Kaltdach *n*
ventilated roof belüftetes Dach *n*; Kaltdach *n*
ventilating brick Lochziegel *m*; Lüftungsziegel *m*
ventilating flap Belüftungsklappe *f*
ventilating window Lüftungsfenster *n*
ventilation Abwasserbelüftung *f* [was]; Belüftung *f*; Durchlüftung *f* [air]; Entlüftung *f* [air]; Lüftung *f* (ständig, systematisch) [air]
ventilation and air extraction system Be- und Entlüftungsanlage *f* [tga]
ventilation cavity Lüftungsschlitz *m* [air]
ventilation cross-section Lüftungsquerschnitt *m*
ventilation engineering Lüftungstechnik *f* [tga]; Raumlufttechnik *f* [tga]
ventilation hose Lüftungsschlauch *m* [air]
ventilation pipe Entlüftungsrohr *n*
ventilation plant Belüftungsanlage *f*
ventilation system Belüftungsanlage *f* [tga]; Lüftungsanlage *f* [air]; lufttechnische Anlage *f* [air]
ventilation technology Raumlufttechnik *f* [tga]
ventilator Ventilator *m*
venturi nozzle Venturidüse *f* [any]
venue Tagungsort *m*; Veranstaltungsort *m*
veranda Veranda *f*
verge Bankett *n* (Randstreifen) [tib]; Ortgang *m*; Randstreifen *m* (Straße, Bahn) [tib]; Seitenstreifen *m* [tib]; Giebelkante *f*
verifiable nachprüfbar; überprüfbar
verification Nachprüfung *f* [any]; Prüfung *f* (Überprüfung) [any]
verification of sufficient thermal insulation Wärmeschutznachweis *m*
verify nachprüfen *v* (auf Richtigkeit); prüfen *v* (bestätigen) [any]; sicherstellen *v*
vernier Gradteiler *m* [any]
versicolour farbveränderlich [met]
version of a plan Planfassung *f* [com]

vertex Bogenscheitel *m* [arc]; Scheitel *m*
vertical lotrecht; senkrecht; vertikal
vertical Pfosten *m* [stb]; Ständer *m* [stb];
Vertikalstab *m* (Fachwerk) [stb]
vertical arrangement senkrechte Anordnung *f*
[des]
vertical axis Stehachse *f* (Vermessung) [any]
vertical beds Kopfgebirge *n* [geo]
vertical blind Vertikaljalousie *f*
vertical bracing Vertikalverband *m* [stb]
vertical circle Vertikalkreis *m* (Vermessung) [any]
vertical classifier Vertikalklassierer *m* [prc]
vertical clearance Durchfahrtshöhe *f* [tra]
vertical component vertikale Komponente *f*
vertical construction Vertikalbauweise *f* [des]
vertical coring brick Hochlochziegel *m* [met]
vertical crack Zugriss *m* (Senkung Bauwerk) [met]
vertical design Vertikalausführung *f* [des]
vertical drain Standdrän *m* [was]
vertical elevator Vertikalbecherwerk *n* [prc]
vertical erosion Tiefenerosion *f* [geo]
vertical gate Hubtor *n* (Schleuse) [was]
vertical joint Stoßfuge *f*
vertical leaf gate Fallenwehr *n* [wba]
vertical lift gate Hubwehr *n* [wba]; Hubschütz *m*
[wba]
vertical load vertikale Last *f* [sik]
vertical loading lotrechte Belastung *f* [sik]
vertical mall vielgeschossiges Einkaufszentrum *n*
vertical member Pfosten *m*; Rahmenstiel *m*
(Fachwerk) [stb]; Ständer *m* [stb]; Vertikalstab *m*
(Fachwerk) [stb]; Vertikale *f* (Stab, Stiel)
vertical pile Lotpfahl *m*
vertical pivoting window Wendeflügelfenster *n*
vertical rod Vertikalstab *m* (Fachwerk) [stb]
vertical section Höhenschnitt *m* [des]; Seitenriss *m*
[des]; Vertikalschnitt *m* [des]
vertical shoring Unterfangen *n*; Verbau mit
senkrechter Verschalung *m* [bon]; Unterfangung *f*
vertical shuttering stehende Schalung *f* [bon]
vertical timber Standholz *n* (Schalung)
vertical-shaft kiln Schachtofen *m* [roh]
vertically adjustable höhenverstellbar
vertically perforated brick Hohllochziegel *m*
vessel Gefäß *n* (Behälter); Behälter *m* (Kessel);
Tank *m* [prc]
vestibule Vestibül *n* [arc]; Windfang *m*; Vorkirche
f [arc]
viaduct Viadukt *n*; Talbrücke *f* [tib]; Überführung *f*
(Brücke) [tib]
vibrate vibrieren *v*
vibrated coarse concrete Rüttelgrobbeton *m* [bon];
Vibrationsgrobbeton *m* [bon]
vibrated concrete Rüttelbeton *m* [bon]
vibrating bar grizzly Stangenrost mit Vibrationsvorrichtung *m* (Aufgabevorrichtung) [prc]

vibrating beam Rüttelbohle *f* [tib]; Schwingungsbohle *f* [tib]; Verdichtungsbohle *f* [tib]
vibrating chute Schüttelrutsche *f* [prc]
vibrating compaction Einrüttelverdichtung *f* [bon];
Rüttelverdichtung *f* [bon]; Schwingverdichtung *f*
[bon]
vibrating compactor Rüttelverdichter *m* [bon];
Schwingungsverdichter *m* [bon]; Vibrationsverdichter *m* [bon]
vibrating conveyor Schwingförderer *m* [prc];
Vibrationsförderer *m* [prc]
vibrating cylinder Rüttelflasche *f* [bon]
vibrating discharge feeder Austragschwingrinne *f*
[prc]
vibrating feeder Schwingdosierer *m* [prc]
vibrating feeder chute Schüttelrutsche *f* [prc]
vibrating float Vivrationsglätter *m*
vibrating frame Schwingrahmen *m* (Sieb) [prc]
vibrating knife Vibriermesser *n* [wzg]
vibrating plank Rüttelbohle *f* [tib]; Vibritationsbohle *f* [tib]
vibrating plate Plattenrüttler *m* [tib]; Rüttelplatte *f*
[tib]; Schwingungsplatte *f* [tib]
vibrating rammer Vibrationsstampfer *m*
vibrating screen Schüttelsieb *n* [prc]; Schwingsieb
n [prc]; Vibrationssieb *n* [prc]; Wurfsieb *n* [prc]
vibrating screen, unbalanced-weight - Unwuchtvibrationssieb *n* [prc]
vibrating shaker Schüttelherd *m* [prc]
vibrating sieve Rüttelsieb *n* [prc]; Schüttelsieb *n*
[prc]
vibrating table Rütteltisch *m* [bon]; Rütteltisch *m*
[prc]; Schüttelherd *m* [prc]; Schwingherd *m*
[prc]
vibrating tamper Rüttelstampfer *m* [tib]; Vibrationsstampfer *m* [bon]
vibrating tube feeder Schwingförderrohr *n* [prc]
vibration Schwingung *f* [phy]
vibration absorber Schwingungstilger *m* [sik]
vibration caused by gusts böenerregte Schwingung
f (Bauwerke)
vibration damper Schwingungsdämpfer *m* [tec];
Vibrationsdämpfer *m* [tec]
vibration damping Schwingungsdämpfung *f* [phy]
vibration insulation Schwingungsisolierung *f* (von
Körpern) [aku]
vibration lead probe Schallkopf *m* (Messkopf
Ultraschall) [any]
vibration measurement Schwingungsmessung *f*
[any]
vibration measuring apparatus Schwingungsmesser *m* [any]
vibration meter Schwingungsmessgerät *n* [any]
vibration noise measurement Schwingungsschallmessung *f* [any]
vibration period Schwingungszeit *f* [phy]

vibration propagation Erschütterungsausbreitung *f*; Schwingungsausbreitung *f* [phy]
vibration protection Erschütterungsschutz *m*
vibration resistance Schwingungsfestigkeit *f* [met]
vibration response Schwingungsverhalten *n* [phy]
vibration sander Schwingschleifer *m* [wzg]
vibration slab Plattenrüttler *m* [tib]; Rüttelplatte *f* [tib]
vibration strain Schwingungsbeanspruchung *f* [met]
vibration stress Schwingungsbeanspruchung *f* [met]
vibration suppression Schwingungsisolierung *f* [phy]
vibration test Vibrationsprüfung *f* (ADR/RID) [any]
vibration-cushioned schwingungsgedämpft [phy]
vibration-free schwingungsfrei; vibrationsfrei
vibration-insulated schwingungsisoliert
vibration-proof vibrationsbeständig
vibration-resistant vibrationsfest
vibration-suppressing schwingungsdämpfend [met]
vibrational oszillierend [phy]
vibrational compaction Vibrationsverdichtung *f*
vibrational excitation Schwingungsanregung *f* [phy]
vibrational stress Schwingungsbeanspruchung *f* [met]
vibrationless erschütterungsfrei
vibrator Rüttelapparat *m* [prc]; Rüttler *m* [prc]; Verdichter *m*; Rüttelmaschine *f* [prc]; Rüttelvorrichtung *f* [prc]
vibrator beam Rüttelbohle *f* [bon]
vibratory beam Rüttelbohle *f* [bon]
vibratory chute Schwingförderrinne *f* [prc]
vibratory compaction Schwingungsverdichtung *f* [bon]
vibratory compactor Rüttelverdichter *m* [bon]; Schwingungsverdichter *m* [bon]
vibratory conveyor Vibrationsförderer *m* [prc]; Vibrationsrinne *f* [prc]
vibratory feeder Schwingrinnendosierer *m* [prc]; Vibrationsdosierer *m* [prc]
vibratory stress Schwingungsbeanspruchung *f* [met]
vibratory tamper Vibrationsstampfer *m* (Deponie)
vibratory trough Schwingförderrinne *f* [prc]
vibro-compaction Rüttelverdichtung *f* [bon]
vibrobeam Rüttelbalken *m* [bon]
vibrometer Schwingungsmessgerät *n* [any]
vibrotamper Rüttelstampfer *m* [bon]
Vicat needle Vicat-Nadelgerät *n* [any]
Vicat needle apparatus Vicat-Nadelgerät *n* [any]
Vicat setting time needle apparatus Vicat-Nadelgerät *n* [any]
vice Schraubstock *m* (<B>) [wzg]; Zwinge *f* [wzg]
vicinity Umgebung *f* (Nachbarschaft)
victim of an accident Unfallopfer *n*
Vierendeel girder Vierendeelträger *m* (Profilträger) [stb]

Vierendeel truss Vierendeelträger *m* (Profilträger) [stb]
view Riss *m* (Ansicht); Ansicht *f* (Zeichnung) [des]
view drawing Ansichtzeichnung *f* [des]
view from above Draufsicht *f* [des]
view in direction of arrow Ansicht in Pfeilrichtung *f* [des]
view of the outside Außenansicht *f* (- von Gebäuden) [des]
view on arrow Ansicht in Pfeilrichtung *f* [des]
viewing window Sichtfenster *n* [any]
vigilance Wachsamkeit *f* [asi]
villa Landhaus *n*; Villa *f* [arc]
villa-like villenartig [arc]
village Ortschaft *f* (Dorf)
village development Dorfentwicklung *f* [com]
village environment Dorfumgebung *f* [com]
village structure Dorfstruktur *f* [com]
vinsol resin Kiefernwurzelharz *n* (Luftporenbildner) [met]; Vinsolharz *n* (Luftporenbildner) [met]
vinyl ester resin Vinylesterharz *n* [che]
vinyl foam Vinylschaumstoff *m* [met]
vinyl resin Vinylharz *n* [che]
virgin feed Frischgut *n* (Aufbereitung) [met]
virgin ground gewachsener Boden *m* [geo]
virtual force virtuelle Kraft *f* [sik]
viscoplastic zähelastisch [met]
viscous zäh (Fluid) [met]
viscous slurry Dickstoff *m* [met]
visibility Sichtverhältnisse *pl* [phy]; Sicht *f*; Sichtweite *f* [phy]
visibility distance measuring equipment Sichtweitenmessinstrument *n* [any]
visible masonry Sichtmauerwerk *n*
vision light Klarverglasung *f*
visionproof glass Trübglas *n* [met]; undurchsichtiges Glas *n* [met]
visitors' toilet Besuchertoilette *f*
visor Helmschirm *m* [asi]
visual alarm optische Meldung *f*
visual axis Sichtachse *f* [arc]
visual check optische Kontrolle *f* [any]; Sichtprüfung *f* [any]
visual connection Blickbeziehung *f* [arc]
visual examination Augenscheinprüfung *f*
visual field Gesichtsfeld *n* [asi]
visual inspection Augenscheinprüfung *f* [any]; Inaugenscheinnahme *f* [any]; optische Kontrolle *f* [any]; Sichtkontrolle *f* [any]; Sichtprüfung *f* [any]
visual signal optisches Signal *n* [asi]
visual test Sichtkontrolle *f* [any]
visual testing Sichtprüfung *f* [any]
vitrean cutter Glasschneider *m* [wzg]
vitreous glasartig [met]
vitreous body glasiger Scherben *m* [geo]
vitrifiable colour Schmelzfarbe *f* [met]

vitrification Sinterung *f* [met]
vitrified bond keramische Bindung *f* [che]
vitrified clay fitting Steinzeugformstück *n*
vitrified clay pipe Steinzeugrohr *n*
void Hohlraum *m* (Leerraum); Fehlstelle *f* [met];
    Lücke *f* (Leerraum); Pore *f* (Hohlraum)
void content Hohlraumanteil *m* (poröse Materialien)
    [met]; Porengehalt *m* [met]
void fraction Porenanteil *m*
void ratio Porenanteil *m* [met]
void space Porenvolumen *n* [met]
void volume Porenvolumen *n* [met]
voided superstructure Überbau mit Hohlräumen *m*
voidless hohlraumfrei [met]
volatilization Verdunstung *f* [prc]
volcanic cinder Vulkanschlacke *f* [geo]
volcanic ejecta Vulkangestein *n* [geo]
volcanic rock vulkanisches Gestein *n* [geo]
volcanic soil vulkanischer Boden *m* [geo]
voltage Spannung *f* [elt]
voltage adjustment Spannungsabgleich *m* [elt]
voltage breakdown Spannungseinbruch *m* [elt];
    Spannungszusammenbruch *m* [elt]
voltage change Spannungsänderung *f* [elt]
voltage control Spannungsregelung *f* [elt]
voltage controller Spannungsregler *m* [elt]
voltage converter Spannungsumsetzer *m* [elt]
voltage detector Spannungssucher *m* [any]
voltage difference Spannungsunterschied *m* [elt];
    Spannungsdifferenz *f* [elt]
voltage distribution Spannungsverteilung *f* [elt]
voltage drop Spannungsabfall *m* [elt]
voltage failure Spannungsausfall *m* [elt]
voltage generator Spannungsquelle *f* [elt]
voltage indicator Spannungsprüfer *m* [elt]
voltage loss Spannungsabfall *m* [elt]
voltage peak Spannungsspitze *f* [elt]
voltage response Spannungsverhalten *n* [elt]
voltage rise Spannungsanstieg *m* [elt]
voltage source Spannungsquelle *f* [elt]
voltage stabilizer Spannungskonstanthalter *m* [elt];
    Spannungsregler *m* [elt]
voltage stabilizing device Spannungskonstanthalter
    m [elt]
voltage supply Spannungsversorgung *f* [elt]
voltage surge Spannungssprung *m* [elt]
voltage tester Spannungsprüfer *m* [any]
voltage testing Spannungsprüfung *f* [elt]
voltage to earth Spannung gegen Erde *f* (<B>) [elt]
voltage to ground Spannung gegen Erde *f* (<A>)
    [elt]
voltage unit Spannungseinheit *f* [elt]
voltage variation Spannungsänderung *f* [elt]
voltage-carrying unter Spannung *f* [elt]
voltage-operated circuit breaker
    Fehlerspannungsschutzschalter *m* [elt]

voltageless spannungsfrei [elt]; spannungslos [elt]
voltaic battery galvanische Batterie *f* [elt]
voltaic cell galvanische Zelle *f* [elt]
voltmeter Voltmeter *n* [any]
volume Volumen *n*; Raum *m* (Rauminhalt);
    Rauminhalt *m*
volume batching Raumdosierung *f* [met]; Volu-
    mendosierung *f* [met]; Volumenzugabe *f* (zur
    Mischung) [met]
volume consistency Raumbeständigkeit *f* [met]
volume contraction Volumenkontraktion *f* [met]
volume counting Mengenzählung *f* [any]
volume expansion Volumenausdehnung *f* [met]
volume expansion coefficient Volumenausdeh-
    nungskoeffizient *m* [met]
volume flow Volumendurchfluss *m* [prc]
volume flow control Volumenstromregler *m* [elt]
volume flow rate Volumendurchsatz *m* [prc]
volume force Volumenkraft *f* [phy]
volume of sewage Abwassermenge *f* [was]
volume of transport Transportaufkommen *n* [tra]
volume of water Wassermenge *f* [was]
volume of water discharge Abflussmenge *f* [was]
volume rate of flow Volumenstrom *m* [prc]
volume resistance Durchgangswiderstand *m* [elt]
volume weight Raumgewicht *n* [phy]
volumeter Volumenmessgerät *n* (Volumen) [any];
    Mengenmesser *m* (Durchsatz) [any]; Volumen-
    zähler *m* [any]
volumetric maßanalytisch [any]
volumetric batcher Volumendosierapparat *m* [prc];
    Volumendosierer *m* [prc]
volumetric batching volumetrische Dosierung *f*
volumetric count controller Mengenzähler *m* [any]
volumetric displacement flowmeter Verdrängungs-
    zähler *m* [any]
volumetric flow Volumendurchfluss *m* [prc]; För-
    dermenge *f* (Volumen) [prc]
volumetric flowmeter Volumen-Durchflussmess-
    gerät *n*; Volumenmessgerät *n* (für Durchsatz) [any]
volumetric measure Raummaß *n* [des]
volumetric proportion Volumenanteil *m*
volumetrically stable raumbeständig [phy]
volute Volute *f*
vortex arrester plate Wirbelblech *n* (Strömung)
    [wba]; Wirbelbrecher *m* (Strömung) [wba]
vortex flowmeter Wirbelzähler *m* (Strömungs-
    messer) [any]
vortex pump Freistromradpumpe *f* [was];
    Wirbelradpumpe *f* [prc]
votive church Votivkirche *f* [arc]
vouch for .. bürgen für .. *v* [jur]
voussoir Bogenstein *m* (im Rundbogen) [arc];
    Bogenstein *m* (Renaissance) [arc]
vulcanization Vulkanisation *f* [met]
vulcanize vulkanisieren *v* [met]

W

wading measurement Stangenmessung f (Hydrologie) [any]

wafer board Grobspanplatte f [met]

waffle slab Kassettenplatte f

waffle-type construction Kassettenkonstruktion f [bon]

wage rate Tarif m (Gehalt, Lohn) [eco]

wainscot Holzverkleidung f; Täfelung f

wainscot täfeln v (Wand) [wer]; überkleiden v (täfeln) [wer]

waist belt Leibgurt m [asi]

waiting hall Wartehalle f [tra]

waiver of security Verzicht auf Sicherheitsleistung m [eco]

waiver of warranty Verzicht auf Gewährleistung m [eco]

wake Nachlauf m [was]; Windschatten m (Windenergieanlage) [pow]

waler Riegel m; Gurtung f; Längstraverse f [tib]; Leitbohle f (Graben) [tib]

waler bolt Riegelbolzen m

waler connector Riegelklemme m

waler hinge Riegelgelenk n

waler stop Riegelanschlag m

waling Gurtung f (Spundwand)

walk Galerie f

walk along the battlements Wehrgang m (befestigtes Gebäude) [arc]

walk plank Laufbohle f

walk-in closet begehbarer Einbauschrank m

walked-on finish Gehbelag m [met]

walking crane Einschienenkran m

walking crusher Schreitbrecher m [roh]

walking distance, within - in Fußgängerentfernung

walking drag-line Eimerseil-Schreitbagger m [tib]; Schleppschaufelbagger m [tib]

walking excavator Schreitbagger m

walking line Lauflinie f (Treppe)

walking mechanism Schreitausrüstung f [tib]

walking surface Lauffläche f

walkway Laufsteg m; Laufbühne f

wall Mauer f

wall adhesion Wandhaftung f

wall anchor Maueranker m

wall anchor, plastic - Kunststoffdübel m

wall and floor coverings Wand- und Bodenbeläge pl

wall arch Mauerbogen m [arc]; Wandbogen m [arc]

wall base Sockel m

wall beam wandartiger Träger m; Wandbalken m; Wandriegel m

wall below the window sill Fensterbrüstung f

wall bond Verband m (des Mauerwerks)

wall box Anschlusskasten m [elt]; Wandkasten m [elt]

wall bracket Wandhalterung f; Wandkonsole f

wall breakthrough Mauerdurchbruch m; Wanddurchbruch m

wall bushing Mauerdurchführung f; Wanddurchführung f

wall chase Wandschlitz m (für Leitungen)

wall cladding Fassadenverkleidung f; Mauerverkleidung f; Wandverkleidung f

wall cladding sheet Fassadenplatte f; Wandblechverkleidung f

wall cladding, external - Außenverkleidung f

wall cladding, ventilated external - hinterlüftete Außenverkleidung f

wall clamp Maueranker m; Schalzwinge f [bon]

wall clearance Wandabstand m [des]

wall coat Wandanstrich m

wall conduit Installationskanal m (in Wand); Wandschlitz m

wall connection Wandanschluss m

wall construction Mauerbau m

wall construction material Wandbaustoff m [met]

wall coping Mauerabdeckung f; Mauerkrone f

wall cornice Mauerbrüstung f

wall covering Wandbelag m; Mauerabdeckung f; Wandverkleidung f (innen)

wall crane Konsolkran m

wall cupboard Wandschrank m [tga]

wall dowel Mauerdübel m

wall duct Brüstungskanal m; Mauerdurchführung f; Wanddurchführung f

wall element Wandelement n

wall facing Mauerverblendung f; Wandverkleidung f

wall fan Wandlüfter m

wall feed-through point Mauerdurchführung f; Wanddurchführung f

wall finish Wandverkleidung f [met]

wall footing Mauerfundament n; Wandfundament n

wall formwork Wandschalung f [bon]

wall friction Wandreibung f [phy]

wall heater Wandheizung f [pow]

wall heating Wandheizung f [pow]

wall hook Hakennagel m; Mauerhaken m

wall insulation Wandisolierung f

wall line Wandflucht f [arc]

wall lining Wandbelag m; Wandauskleidung f

wall member Wandstab m [stb]

wall of earth Erdwall m [geo]

wall of excavation Baugrubenwand f (Tiefbau)

wall opening Wanddurchbruch m; Mauerdurchführung f; Wanddurchführung f; Wandöffnung f

wall outlet Wandsteckdose f [elt]

wall paint Wandfarbe f [met]

wall panel Wandelement *n* (Platte); Wandplatte *f*; Wandtafel *f*
wall paper work Tapezierarbeiten *pl* (DIN 18366)
wall partition Wandung *f*
wall penetration Mauerdurchführung *f*; Wanddurchführung *f*
wall penetration seal Wandschott *n* (baulicher Brandschutz)
wall pipe Mauerrohr *n* (Mauerdurchführung)
wall plaster Wandputz *m*
wall plate Schwellholz *n* (Dach)
wall plug Mauerdübel *m*; Wandstecker *m* [elt]; Steckdose *f* [elt]
wall post Wandstiel *m* (Dachkonstruktion)
wall recess Mauernische *f*; Wandnische *f*
wall scaffold hinge Wandgerüstschuh *m*
wall scraper Gipserspachtel *m* [wzg]
wall section thickness Wandprofilstärke *f* [met]
wall shell Wandschale *f*
wall skin Wandung *f*
wall slab Wandfliese *f*; Wandplatte *f* [met]
wall sleeve Mauerrohr *n*; Wanddurchführung *f* (für Rohr)
wall slot Wandschlitz *m*
wall socket Wandanschluss *m* [elt]; Netzsteckdose *f* [elt]; Wandsteckdose *f* [elt]
wall starter bar Wandanschluss *m* (Bewehrungsstab) [bon]
wall stud Wandpfosten *m*
wall surround Wandabschluss *m*
wall thickness Mauerdicke *f*; Mauerstärke *f*; Wanddicke *f*
wall thickness compensator Wanddickenausgleich *m*
wall thickness gauging Wandstärkenmessung *f* [any]
wall thickness undertolerance Wanddickenunterschreitung *f* [des]
wall thickness, minimum - Mindestwanddicke *f* [des]; Mindestwandstärke *f* [des]
wall thickness, nominal - Nennwandstärke *f* [des]
wall thinning Wanddickenminderung *f* [des]; Wanddickenverschwächung *f* [des]
wall tie Wandanker *m*
wall tile Wandfliese *f*; Wandplatte *f*
wall tube Durchführungsrohr *n*
wall unit Schrankwand *f* [tga]
wall up vermauern *v*; zumauern *v*
wall vent Wandlüfter *m*
wall-adhering wandhaftend
wall-building material Wandbaustoff *m* [met]
wall-fastening accessory Wandmontageplatte *f*
wall-heating system Wandheizsystem *n* [pow]
wall-mounted wandmontiert
wall-mounted radiator Wandheizkörper *m* [pow]

wall-mounting Wandanbau *m*; Wandmontage *f* [wer]
wall-mounting bracket Wandhalter *m*
wall-tie insulation clip Mauerverbinderisolationsclip *m* (Gebäudeisolation)
wall-to-wall carpeting Teppichboden *m*
wall-walk Wehrgang *m* (Stadtmauer) [arc]
wallboard Leichtbauplatte *f*; Wandbauplatte *f*
walled eingemauert
walled belt conveyor, inclined - Wellkanten-Steilgurtförderer *m* [prc]
walled-in umbaut
walled-in space umbauter Raum *m* (Haus oder Halle)
walling Mauerwerk *n*; Mauerung *f*
wallpaper Tapete *f* [met]
wallpaper work Tapezierarbeiten *pl*
walls Gemäuer *n*
ward, outer - Zwinger *m* (befestigtes Gebäude) [arc]
warding off danger Gefahrenabwehr *f* [asi]
wardrobe Schrank *m*
warehouse Depot *n* (Lagerhaus); Lagergebäude *n* (Material); Lagerhaus *n* (Material); Lagerhalle *f*
warehouse set überlagert (absackter Zement) [met]
warehouse use Lagernutzung *f* [eco]
warm laying Warmeinbau *m* (Straßenbelag) [tib]
warm rent Warmmiete *f* (Immobilien) [eco]
warm roof Warmdach *n*
warm underfoot fußwarm
warm-water pump Warmwasserpumpe *f* [prc]
warming-up of waters Gewässererwärmung *f* [was]
warn alarmieren *v* [asi]
warning Alarm *m* [asi]; Gefahrenmeldung *f* [asi]; Warnmeldung *f* [asi]; Warnung *f* [asi]
warning beacon Warnleuchte *f* [asi]
warning bell Warnglocke *f* [asi]; Warnklingel *f* [asi]
warning buzzer Signalhupe *f* [asi]
warning clothing Warnkleidung *f* [asi]
warning device Signalgerät *n* [asi]; Warngerät *n* [asi]; Warnanlage *f* [asi]; Warneinrichtung *f* [asi]; Warnvorrichtung *f* [asi]
warning display Alarmanzeige *f* [asi]
warning equipment Alarmanlage *f* [asi]
warning indicator Warngerät *n* [asi]
warning information Warnhinweis *m* [asi]
warning light Warnlicht *n*; Alarmlampe *f* [asi]; Warnlampe *f*
warning line Leitlinie *f* (Straße) [tra]
warning message Warnmeldung *f* [asi]
warning notice Warnschild *n* [asi]; Warnzeichen *n* [asi]
warning panel Warntafel *f* [asi]
warning plan Alarmplan *m* [asi]

warning plate Sicherheitshinweisschild *n* [asi]
warning sign Sicherheitsschild *n* [asi]; Verbots-
    schild *n*; Warnschild *n* [asi]; Warnzeichen *n* [asi]
warning signal Warnsignal *n* [asi]; Warnzeichen *n*
    (auditiv) [asi]
warning suit Warnanzug *m* [asi]
warning suits Warnkleidung *f* [asi]
warning symbol Warnzeichen *n* [asi]
warning system Warnvorrichtung *f* [asi]
warning tape Warnband *n* [asi]
warning, acoustic - akustischer Melder *m* [asi]
warp sich werfen *v*; verwinden *v* (durch Wärme)
warpage Verzerrung *f* (Verzug) [des]; Verziehung *f*
    (Verzug) [des]; Wölbung *f* [des]
warped windschief
warping Verwerfen *n* (Abmessungen) [des]; Ver-
    werfung *f* (Verziehen); Verziehung *f* (Verzug) [des]
warping moment Wölbmoment *n* [sik]
warping torsion Wölbkrafttorsion *f*
warrant garantieren *v*
warranted quality zugesicherte Eigenschaft *f*
Warren girder Strebenfachwerkträger *m* [stb]
Warren truss Strebenfachwerkträger *m* [stb]
wash Erosion *f* [geo]
wash ausspülen *v* (waschen) [was]
wash load Schwebstoffe *pl* (Hydrologie) [was];
    Schwimmstoffe *pl* (Hydrologie) [was]
wash off abspritzen *v*; lavieren *v*
wash primer Grundiermittel *n* [met]; Haftgrund-
    mittel *n* (für Farben) [met]; Haftgrund *m* (für
    Farben) [met]
wash-down bowl Tiefspülbecken *n*
wash-down water closet Tiefspülklosett *n*
wash-out of the embankment Dammausspülung *f*
wash-room Waschraum *m*
washbasin Handwaschbecken *n* [tga]; Wasch-
    becken *n* [tga]
washboard Scheuerleiste *f*; Sockelleiste *f*
washbowl Waschbecken *n*
washed china clay Schlämmkaolin *n* [met]
washed clay Schlämmton *m* (für Keramik) [met]
washed concrete Waschbeton *m* [bon]
washed-concrete façade Waschbetonfassade *f* [bon]
washed-concrete surface Waschbetonoberfläche *f*
    [bon]
washer Futterring *m* (Unterlegscheibe) [stb];
    Abdichtung *f* (Dichtungsring); Beilegscheibe *f*;
    Dichtungsscheibe *f*; Unterlegscheibe *f* [tec]
washing bank Abbruchufer *n* [was]
washing room Waschraum *m*
washing screen Waschsieb *n* [prc]
washing trough Waschrinne *f* [tga]
wastage of energy Energieverschwendung *f* [pow]
waste Müll (Abfall) [rec]
waste Abfall *m* (Müll) [rec]
waste air Abluft *f* [air]

waste air filter Abluftfilter *m* [air]
waste air purification Abluftreinigung *f* [air]
waste air scrubber Abluftwäscher *m* [air]
waste avoidance Abfallvermeidung *f* [rec]
waste body Deponiekörper *m* [rec]
waste bunker Abfallbunker *m* [rec]
waste chute Abfallschacht *m* [rec]
waste classification Abfallklassifizierung *f* [rec]
waste collection at source Holsystem *n* (Abfall-
    sammlung) [rec]
waste compression Abfallverdichtung *f* [rec];
    Abfallverfestigung *f* [rec]
waste container Abfallbehälter *m* [rec]; Abfall-
    container *m* [rec]
waste crusher Abfallzerkleinerer *m* [rec]
waste crushing Abfallzerkleinerung *f* (Baumaterial)
    [rec]
waste deposal Abfalldeponie *f* [rec]
waste disposal Abfallablagerung *f* [rec]; Abfall-
    beseitigung *f* [rec]
waste disposal code Abfallschlüssel *m* [rec]
waste disposal enterprise Abfallentsorger *m* [rec]
waste disposal plan Abfallentsorgungsplan *m* [rec]
waste disposal plant Abfallbeseitigungsanlage *f*
    [rec]
waste disposal site Abfallbeseitigungsanlage *f* [rec]
waste dump Abfallkippe *f* [rec]; Halde *f* (Deponie)
    [rec]; Kippe *f* (Deponie) [rec]
waste emplacement method Abfalleinbauverfahren
    n (Deponie) [rec]
waste engineering Abfalltechnik *f* [rec]
waste fuel Abfallbrennstoff *m* [rec]
waste gas Abgas *n* [air]
waste gas banner Abgasfahne *f* [air]
waste gas composition Abgaszusammensetzung *f*
    [air]
waste gas treatment Abgasreinigung *f* [air]
waste glass Altglas *n* [rec]; Glasabfall *m* [rec]
waste grease Altfett *n* [rec]
waste grinder Abfallzerkleinerer *m* [rec]; Müllwolf
    m [rec]
waste grinding Abfallzerkleinerung *f* [rec]
waste heap Schutthalde *f* [rec]
waste heat Abwärme *f* [pow]
waste incineration Abfallverbrennung *f* [rec]
waste incineration plant Abfallverbrennungsanlage
    f [rec]
waste iron Eisenabfall *m* [rec]
waste lime Abfallkalk *m* [rec]
waste management Abfallentsorgung *f* [rec];
    Abfallwirtschaft *f* [rec]; Abproduktaufarbeitung *f*
    (Rohstoffe) [rec]
waste management concept Abfallwirtschafts-
    konzept *n* [rec]
waste management plan Abfallbeseitigungsplan *m*
    [rec]; Abfallentsorgungsplan *m* [rec]

waste management technology Entsorgungstechnik
f [rec]
waste material Abfallstoff *m* [rec]; Altstoff *m* [rec]
waste metal Metallabfall *m* [rec]
waste of resources Ressourcenverschwendung *f*
waste oil Abfallöl *n* [rec]; Altöl *n* [rec]
waste paper basket Papierkorb *m* (Büro) [rec]
waste pile Abfallberg *m* [rec]; Abraumhalde *f* [rec];
Aussatzhalde *f* [rec]; Schutthalde *f* [rec]
waste press Abfallpresse *f* [rec]
waste producer Abfallproduzent *m* [rec]; Abfallverursacher *m* [rec]
waste product Abfallprodukt *n* [rec]
waste receptacle Abfallbehälter *m* [rec]
waste recovery Abfallaufbereitung *f* [rec]; Abfallverwertung *f* [rec]
waste recycling facility Abfallrecyclinganlage *f*
[rec]
waste reduction Abfallverminderung *f* [rec];
Abfallverringerung *f* [rec]
waste reprocessing plant Abfallaufbereitungsanlage *f* [rec]
waste requiring special supervision besonders
überwachungsbedürftiger Abfall *m* [rec]
waste requiring supervision überwachungsbedürftiger Abfall *m* [rec]
waste similar to household refuse hausmüllähnlicher Abfall *m* [rec]
waste sludge Abfallschlamm *m* [rec]
waste sluice Freilaufschütz *m* [wba]; Leerlaufschütz *m* [wba]
waste solidification Abfallverfestigung *f* [rec]
waste sorting plant Abfallsortieranlage *f* [rec]
waste storage Abfalllagerung *f* [rec]
waste stream Sortiergut *n* (Abfallsortierung) [rec]
waste technology Abfalltechnik *f* [rec]
waste tip Kippe *f* (Deponie) [rec]
waste transport Abfalltransport *m* [rec]
Waste Transportation Ordinance Abfallverbringungsverordnung *f* [jur]
waste treatment Abfallaufbereitung *f* [rec]; Abfall-
behandlung *f* [rec]
waste treatment, biological - biologische Abfall-
behandlung *f* [rec]
waste waste tip Deponie *f* [rec]
waste water Abflusswasser *n* [was]; Abwasser *n*
[was]; Schmutzwasser *n* [was]; Überschusswasser
n [was]
waste water amount Abwassermenge *f* [was]
waste water analysis Abwasseranalyse *f* [any];
Abwasseruntersuchung *f* [any]
waste water channel Abwasserkanal *m* [was]
waste water charge Abwassergebühr *f* [was]
waste water collector Abwassersammler *m* [was]
waste water composition Abwasserzusammensetzung *f* [was]

waste water constituent Abwasserinhaltsstoff *m*
[was]
waste water container Schmutzwasserbehälter *m*
[was]
waste water discharge Abwassereinleitung *f* [was]
waste water disinfection Abwasserdekontamination
f [was]
waste water disposal Abwasserbeseitigung *f* [was];
Abwasserentsorgung *f* [was]
waste water disposal scheme Abwasserbeseitigungsplan *m* [was]
waste water down-pipe Abwasserfallrohr *n* [was]
waste water drainage Abwasserkanalisation *f* [was]
waste water engineering Klärtechnik *f* [was]
waste water filtration Abwasserfiltration *f* [was]
waste water flow Schmutzwasserabfluss *m* [was]
waste water from factories Industrieabwasser *n*
[was]
waste water from trade Gewerbeabwasser *n* [was]
waste water gallery Leerlaufstollen *m* [wba]
waste water introduction Abwassereinleitung *f*
[was]
waste water lagoon Abwasserteich *m* [was]
waste water levy Abwasserabgabe *f* [was];
Abwassergebühr *f* [was]
waste water load Abwasserlast *f* [was]
waste water outfall Abwassereinlauf *m* [was]
waste water pump Abwasserpumpe *f* [was];
Schmutzwasserpumpe *f* [was]
waste water pump station Abwasserhebeanlage *f*
[was]
waste water purification Abwasserreinigung *f*
(Kläranlage) [was]
waste water purification plant Abwasserreinigungsanlage *f* (Kläranlage) [was]
waste water quantity Abwassermenge *f* [was]
waste water statistics Abwasserstatistik *f* [was]
waste water system Abwassersystem *n* [was];
Abwasseranlage *f* [was]
waste water technology Abwassertechnik *f* [was]
waste water treatment Abwasseraufbereitung *f*
[was]; Abwasserbehandlung *f* [was];
Abwasserreinigung *f* (Kläranlage) [was]
waste water treatment plant Abwasserbehandlungsanlage *f* [was]; Kläranlage *f* (industrielle
Anlage) [was]
waste water treatment plant, domestic - Hauskläranlage *f* [was]; Kleinkläranlage *f* [was]
waste water treatment, biological - biologische
Abwasserbehandlung *f* [was]
waste water volume Abflussmenge *f* [was];
Abwassermenge *f* [was]
waste weir Überfallwehr *n* [was]; Überlaufwehr *n*
[was]
waste wood Abfallholz *n* [rec]; Holzabfall *m* [rec]
waste yardage Aussatzmaterial *n* (Erdbau) [tib]

waste, without- verlustlos
waste-fed heating plant Müllheizwerk *n* [pow]
waste-fuelled power plant Müllheizkraftwerk *n*
[pow]; Müllkraftwerk *n* [pow]
waste-fuelled power station Müllheizkraftwerk *n*
[pow]; Müllkraftwerk *n* [pow]
waste-heat recovery Abwärmenutzung *f* [pow]
waste-heat utilization Abwärmenutzung *f* [pow]
waste-to-energy facility Müllheizkraftwerk *n* [pow]
waste-to-energy plant Müllheizkraftwerk *n* [pow];
Müllkraftwerk *n* [pow]
waste-treatment plant Abfallverwertungsanlage *f*
[rec]
waste-type catalogue Abfallartenkatalog *m* [rec]
waster Ofenbruch *m* (Keramikherstellung) [rec]
wastes containing cyanide cyanidhaltige Abfälle
[rec]
wastes similar to household refuse hausmüllähnliche Abfälle *pl* [rec]
wasting Abschlagen *n* (Kanten)
watch-tower Wachturm *m*
water Wasser *n*
water bewässern *v* [was]; wässern *v*
water absorbency Wasseraufnahmefähigkeit *f* [geo]
water absorption Wasseranspruch *m* [was]
water absorption capacity Wasseraufnahmefähigkeit *f* [met]
water absorption coefficient Wasseraufnahmekoeffizient *m* [met]
water accumulator Wasserspeicher *m* [met]
water analysis Wasseranalyse *f* [any]; Wasseruntersuchung *f* [any]
water balance Wasserbilanz *f* [was]
water balance, global - globale Wasserbilanz *f*
(Hydrologie) [was]
water base paint Dispersionsfarbe *f* [met]
water basin Wasserbecken *n* [was]
water bed Gewässerbett *n* [was]
water bodies Gewässer *pl* [was]
water box Zulaufbehälter *m* [was]
water budget Wasserbilanz *f* [was]
water catchment Wassergewinnung *f* [was]
water catchment area Gewässereinzugsgebiet *n*
[was]; Wassergewinnungsgebiet *n* [was]
water chemistry Wasserchemie *f* [che]
water circulation, natural - natürlicher Heizwasserumlauf *m* [pow]
water city Wasserstadt *f* [com]
water clarification Flusssanierung *f* [was]
water cock Wasserhahn *m* [tga]
water collecting area Wassereinzugsgebiet *n* [was]
water colour Wasserfarbe *f* [met]
water conductor Wasserfallrohr *n* [was]
water conduit Wasserrohr *n* [tga]; Wasserkanal *m*
[was]
water connection Wasseranschluss *m* [was]

water conservation Gewässerschutz *m* [was];
Wasserbewirtschaftung *f* (zum Erhalt) [was]
water conservation area Wasserschutzgebiet *n*
[was]
water conservation representative
Gewässerschutzbeauftragter *m* [was]
water construction Wasserbau *m* [wba]
water consumption Wasserverbrauch *m* [was]
water container Wasserbehälter *m* [was]
water contaminant gewässerbelastend [was]
water contaminant Wasserschadstoff *m* [was]
water contamination Gewässerverschmutzung *f*
[was]; Wasserbelastung *f* [was]; Wasserverunreinigung *f* [was]
water control Gewässerreinhaltung *f* [was]
water control chart Wasserwirtschaftsplan *m* [was]
water cooling Wasserkühlung *f* [pow]
water corrosion Wasserkorrosion *f* [met]
water culvert Wasserabfluss *m* [was]
water damage Wasserschaden *m* (nach Löschen von
Brand)
water demand Wasserbedarf *m* [was];
Wassernachfrage *f* [was]
water depth Pegelstand *m* [was]
water depth gauge Pegel *m* [was]
water desalination Wasserentsalzung *f* [was]
water desalination plant Wasserentsalzungsanlage
f [was]
water discharge Wasserförderung *f* [was]
water displacement Wasserverdrängung *f* [was]
water distribution Wasserverteilung *f* [was]
water ditch Wassergraben *m* [wba]
water diversion tunnel Umleitungsstollen *m* [was]
water down verwässern *v* [was]
water drain Wasserabfluss *m* [was]
water drain valve Wasserablassventil *n* [was]
water draw-off Wasserentnahmestelle *f* [was]
water drip Wassernase *f* (Fensterbank außen)
water duct Wasserführung *f*
water emulsion Wasseremulsion *f* [met]
water endangerment Wassergefährdung *f* [was]
water endangerment category Wassergefährdungsklasse *f* [was]
water engineering Wasserbau *m* [wba]; Wasserwirtschaft *f* [was]
water evaporation Wasserverdunstung *f* [was]
water extraction Entwässerung *f* (Entfernung von
Wasser) [was]; Wassergewinnung *f* [was]
water failure safety device Wassermangelsicherung
f [was]
water feed Wasserzulauf *m* [was]; Wasserzufuhr *f*
[was]
water film Adhäsionswasser *n* [phy]
water filter Wasserfilter *m* [was]
water filtration Wasserfiltration *f* [was]
water fittings Wasserarmaturen *pl* [met]

water flow Wasserströmung *f* [was]
water flow rate Wasserdurchsatz *m* [was]
water flow, mean - Abflussmenge bei Mittelwasser *f* [was]
water flowmeter Wasserzähler *m* [any]
water for firefighting Löschwasser *n* (Feuerbekämpfung)
water for industrial use industrielles Brauchwasser *n* [was]
water fraction Wasseranteil *m* [met]
water gauge Wasserpegel *m* (Gewässer) [was]; Wasserstandsanzeiger *m* [any]; Wasseruhr *f* [any]
water gauge indicator Wasserstandsanzeiger *m* [any]
water guttering Regenleiste *f*
water hammer Druckstoß *m* (Rückschlaggeräusch); Wasserschlag *m* (Rückschlaggeräusch) [was]
water hardening Wasserhärtung *f* [met]
water hazard Wassergefährdung *f* [was]
water hazard category Wassergefährdungsklasse *f* [was]
water hazard class Wassergefährdungsklasse *f* [was]
water hazardous substance wassergefährdender Stoff *m* [was]
water hose Wasserschlauch *m* [prc]
water inflow Wasserzufluss *m* [was]
water inlet Wassereinlass *m* [was]; Wassereinlauf *m* [was]; Wasserzufluss *m* [was]; Wasserzulauf *m* [was]
water intake Wasserzulauf *m* [was]; Wasseraufnahme *f* [met]; Wasserentnahme *f* [was]
water irrigation Bewässerung *f* [was]; Wasserberieselung *f* [was]
water jet Löschstrahl *m* (Brandlöschung)
water jump Wassergraben *m* (Springreiten) [wba]
water leakage Wasseraustritt *m* (unerwünschter -) [was]
water level Pegelstand *m* [was]; Wasserpegel *m* [was]; Wasserspiegel *m* [was]; Wasserstandspegel *m* [was]; Nivellierwaage *f* [any]; Wasseroberfläche *f* (Wasserniveau) [was]
water lime hydraulischer Kalk *m* [met]
water loss Wasserverlust *m* [was]
water main Hauptwasserleitung *f* [was]; Wasserhauptleitung *f* [tga]; Wasserleitung *f* [tga]
water main line Wasserhauptleitung *f* [tga]
water mains system Wasserversorgungsnetz *n* [was]
water management wasserwirtschaftlich [was]
water management Gewässerbewirtschaftung *f* (Hydrologie) [was]; Wasserbewirtschaftung *f* [was]; Wasserwirtschaft *f* [was]
water mark Wasserstandsmarke *f* [was]
water meter Wassermengenmesser *m* [any]; Wassermesser *m* [any]; Wasserzähler *m* [any]; Wasseruhr *f* [any]

water mist Wassernebel *m* [was]
water monitoring Gewässerüberwachung *f* [any]; Wasserüberwachung *f* [any]
water of dehydration Dehydrationswasser *n* [che]
water outlet Ausfluss *m* (Auslass) [was]; Wasserabfluss *m* [was]; Wasserablass *m* [was]; Wasserauslass *m* [was]
water paint Dispersionsfarbe *f* [met]; Wasserfarbe *f* [met]
water passage Wasserweg *m* [wba]; Wasserführung *f*
water permeability Wasserdurchlässigkeit *f* [met]
water pier Strompfeiler *m* (Brücke) [wba]
water pigment colour Wasserdeckfarbe *f* [met]
water pigment finish wässrige Deckfarbe *f* [met]
water pipe Wasserleitungsrohr *n* [tga]; Wasserrohr *n* [tga]; Wasserleitung *f* [tga]
water pipe, extinguishing - Löschwasserleitung *f* (Brandlöschung)
water piping right Wasserdurchleitungsrecht *n* [jur]
water plug Wasserhahn *m* [tga]
water pocket Wassersack *m* (Laschung)
water pollutant gewässerbelastend [was]
water pollutant Wasserschadstoff *m* [was]
water pollution Gewässerverschmutzung *f* [was]; Gewässerverunreinigung *f* [was]; Verschmutzung des Wassers *f*; Wasserbelastung *f* [was]; Wasserverschmutzung *f* [was]; Wasserverseuchung *f* [was]; Wasserverunreinigung *f* [was]
water pollution control Wasserreinhaltung *f* [was]
water pollution control deputy Gewässerschutzbeauftragter *m*; Gewässerschutzbeauftragte *f* [was]
water pollution prevention Gewässerschutz *m* [was]
water pool Wasserbecken *n* [was]
water pre-treatment Wasservorbehandlung *f* [was]
water preparation Wasseraufbereitung *f* [was]; Wassergewinnung *f* [was]
water pressure Wasserdruck *m* [was]
water pressure load Wasserdrucklast *f*
water prospecting Wassererschließung *f* [was]
water protection Gewässerschutz *m* [was]
water protection measure Gewässerschutzmaßnahme *f* [was]
water pump Wasserpumpe *f* [was]
water pump pliers Wasserpumpenzange *f* [wzg]
water purification Wasseraufbereitung *f* [was]; Wasserreinigung *f* [was]
water quality Gewässergüte *f* [was]; Wasserbeschaffenheit *f* [was]; Wassergüte *f* [was]; Wasserqualität *f* [was]
water quantity, contracted - vertragliche Wassermenge *f* (Warmwasserversorgung) [pow]
water reclamation Wassererschließung *f* [was]; Wasserrückgewinnung *f* [was]
water redevelopment Gewässersanierung *f* [was]

water reduction Wassereinsparung *f* [was]
water regime Wasserhaushalt *m* [was]
water removal Entwässern *n* [was]
water repellency Wasser abstoßende Eigenschaft *f* [met]; Wasserabstoßung *f* [met]; Wasserabweisung *f* [met]
water repellent Hydrophobiermittel *n* [met]; Wasser abstoßendes Mittel *n* [met]
water requirement Wasseranspruch *m* [was]; Wasserbedarf *m* [was]
water reserve Wasservorrat *m* [was]
water reservoir Wasserbecken *n* [was]; Wasserbehälter *m* [was]; Wasserspeicher *m* [was]; Wassertank *m* [was]
water resistance Feuchtigkeitsbeständigkeit *f* [met]; Nassfestigkeit *f* [met]; Wasserbeständigkeit *f* [met]; Wasserfestigkeit *f* [met]
water resources Wasserhaushalt *m* [was]
Water Resources Act Wasserhaushaltsgesetz *n* [jur]
water resources engineering Wasserwirtschaft *f* [was]
water resources management Bewirtschaftung der Wasservorkommen *f* [was]
water retentivity Wasserrückhaltevermögen *n* (Beton) [met]
water run-off Wasserabfluss *m* [was]
water sample Wasserprobe *f* [any]
water sample, composite - Mischprobe *f* (Wasserprobe) [any]
water sanitation Gewässersanierung *f* [was]
water saving Wassereinsparung *f* [was]
water scarcity Wassermangel *m* [was]
water seal Wasserverschluss *m* [was]
water seal for odour traps Sperrwasser für Geruchsverschlüsse *n* [was]
water seal trap Geruchsverschluss *m* [was]
water service Wasserversorgung *f* [was]
water service pump Wasserwerkspumpe *f* [was]
water shortage Wassermangel *m* [was]; Wasserknappheit *f* [was]
water softening Wasserenthärtung *f* [was]
water softening plant Wasserenthärtungsanlage *f* [was]
water solubility Löslichkeit in Wasser *f* [met]; Wasserlöslichkeit *f* [met]
water soluble, poorly - schwer wasserlöslich [che]
water spot Wasserfleck *m*
water spray Sprühwasser *n* [met]
water stabilizing cylinder Wasserberuhigungszylinder *m*
water stain Wasserfleck *m*
water stop Fugenband *n*; Fugendichtung *f*; Wassersperre *f* [was]
water storage Wasserspeicherung *f* [was]
water storage basin Wasserreservoir *n* [was]; Wasserspeicher *m* [was]

water storage pond Wasserrückhaltebecken *n* [was]
water storage tank Wasserreservoir *n* [was]; Wasserspeicher *m* [was]
water supply Wasserversorgung *f* [was]; Wasserzufuhr *f* [was]
water surface Wasserspiegel *m* [was]; Wasseroberfläche *f* [was]
water surplus Wasserüberschuss *m* [was]
water suspension wässrige Suspension *f* [met]
water system Wasserleitungsnetz *n* [was]
water table Grundwasserspiegel *m* [was]
water table contour Grundwasserhöhenlinie *f* [was]
water table gradient Grundwasserspiegelgefälle *n* [was]
water tank Wasserbehälter *m* [was]; Wassertank *m* [was]
water tank, firefighting - Löschwassertank *m* (Brandlöschung)
water tank, low-level - Tiefbehälter *m* [was]
water tap Wasserhahn *m*
water tower Wasserhochbehälter *m* [wba]; Wasserturm *m* [was]
water treatment Wasseraufbereitung *f* [was]; Wasserbehandlung *f* [was]
water treatment facility Wasseraufbereitungsanlage *f* [was]
water treatment plant Wasseraufbereitungsanlage *f* [was]
water treatment works Wasserwerk *n* [was]
water treatment, chemical - chemische Wasseraufbereitung *f* [was]
water trough Wasserwanne *f*
water tube Wasserrohr *n* [tga]
water turbine Wasserturbine *f* [pow]
water type Gewässertyp *m* [was]
water under pressure Druckwasser *n* [was]
water valve Wasserventil *n* [was]; Wasserschieber *m* [was]
water vapour Wasserdampf *m* [met]
water varnish Wasserlack *m* [met]
water void Wasserpore *f* (Beton) [met]
water volume Wassermenge *f* [was]
water volume measurement Wassermengenmessung *f* [any]
water well Wasserbrunnen *m* [was]
water, active - korrosive Wässer *pl* [was]; Aggressivwasser *n* (korrosive Wässer) [met]
water-based chemical Chemikalie auf Wasserbasis *f* [met]
water-based paint Dispersionsfarbe *f* [met]; Farbe auf Wasserbasis *f* [met]
water-based silica paint Dispersionssilikatfarbe *f* [met]
water-based varnish Dispersionslack *m* [met]; Lack auf Wasserbasis *m* [met]
water-bearing wasserführend [was]

water-bearing complex Grundwasserhorizont *m* [was]

water-bearing horizon Grundwasserleiter *m* [was]

water-bearing soil stratum Wasser führende Bodenschicht *f* [was]

water-bearing stratum wasserführende Schicht *f* [geo]

water-binder ratio Wasser-Bindemittel-Wert *m* [met]

water-carried paint wasserverdünnter Anstrich *m* [met]; Dispersionsfarbe *f* [met]

water-carrying wasserführend [was]

water-cement value Wasser-Zement-Wert *m*

water-cement-ratio Wasser-Zement-Wert *m*

water-closet Wasserklosett *n*; Wasserspülung *f*

water-conditioning plant Wasseraufbereitungsanlage *f* [was]

water-containing wasserhaltig

water-cooled wassergekühlt [prc]

water-dependent wasserabhängig [met]

water-dilutable wasserverdünnbar [met]

water-dissolved material wassergelöster Stoff *m* [met]

water-endangering wassergefährdend

water-failure safety device Wassermangelsicherung *f* [prc]

water-hazardous Wasser gefährdend [was]

water-head protection area Quellenschutzgebiet *n* [was]

water-heater Boiler *m* (Wassererhitzer) [elt]; Heißwasserbereiter *m* [pow]; Warmwassererzeuger *m* [pow]; Wassererwärmer *m* [pow]

water-impermeable wasserundurchlässig [met]

water-insoluble wasserunlöslich

water-jet pump Wasserstrahlpumpe *f* [prc]

water-jetting of piles Einspülen von Pfählen *n* [tib]

water-level gauge Wasserstandsanzeiger *m* [any]; Wasserstandsanzeiger *m* [was]; Wasserstandsmesser *m* [any]

water-level indicator Wasserstandsanzeiger *m* [any]

water-level measurement Wasserstandsmessung *f* [any]

water-level measuring device Wasserstandsmessgerät *n* [any]

water-level monitor Wasserstandswächter *m* [was]

water-line Wasserleitung *f* [tga]

water-reactive wasserreaktiv [met]

water-reducer Fließmittel *n* [met]

water-reducing action Wasser einsparende Wirkung *f* [was]

water-reducing admixture Fließmittel *n* (für Beton) [met]; Betonverflüssiger *m* [met]

water-reducing agent Plastifizierer *m* [met]

water-repellent hydrophob [met]

water-repellent agent Dichtungsmittel *n* (Zusatz) [met]

water-repellent agent for concrete Betondichtungsmittel *n* [met]

water-repellent agent, treated with a - hydrophobiert [met]

water-repellent cement hydrophobierter Zement *m* [met]; Wasser abweisender Zement *m* [met]

water-repellent concrete Sperrbeton *m* [bon]

water-repellent mortar Dichtmörtel *m* [met]; Sperrmörtel *m* [met]

water-repelling agent Abdichtungsmittel *n* (als Beimischung) [met]; Betonverdichter *m* [met]

water-resistant wasserbeständig [met]

water-resisting paint wasserfester Anstrich *m* [met]

water-retaining wall Staumauer *f* [wba]

water-retention basin Wasserrückhaltebecken *n* [was]

water-retention value Wasserhaltevermögen *n* [met]; Wasserhaltewert *m* [met]

water-saturated wassergesättigt [met]

water-saving Wasser sparend [was]

water-sensitive wasserempfindlich [met]

water-service pipe Wasseranschlussleitung *f* [tga]

water-slaked lime gelöschter Kalk *m* [met]

water-soluble wasserlöslich [met]

water-spout Wasserspeier *m* [was]

water-spray fire barrier Regenvorhang *m* [asi]

water-supply line Wasserleitung *f* [tga]; Wasserversorgungsleitung *f* [was]

water-supply network Wasserversorgungsnetz *n* [was]

water-supply system Wasserversorgungsanlage *f* [was]

water-thinned paint wasserverdünnte Farbe *f* [met]

water-type fire extinguisher Nasslöscher *m* (Brandschutz)

water-vapour barrier Wasserdampfsperre *f* [met]

water-vapour diffusion Wasserdampfdiffusion *f*

water-vapour permeability Wasserdampfdurchlässigkeit *f* [met]

water-vapour resistance Wasserdampfundurchlässigkeit *f* [met]

water-vapour transmission Wasserdampfdurchlässigkeit *f* [met]

water-vapour-proof wasserdampfundurchlässig [met]

water-wetted wasserbenetzt

waterbody sludge Gewässerschlamm *m* [was]

waterborne sediment aquatisches Sediment *n* (Hydrogeologie) [was]

watercourse regulation Flussbegradigung *f* [wba]

waterfront path Uferweg *m* [com]

watering unit Bewässerungsanlage *f* [was]

waterlogged wassergesättigt [met]

waterlogged wasserdurchsetzt *m* (Boden) [geo]

waterlogged deposit Feuchtboden *m* [geo]

watermill Wassermühle *f* [pow]

waterpower Wasserkraft *f* [pow]
waterpower engine Wasserkraftmaschine *f* [pow]
waterpower plant Wasserkraftanlage *f* [pow]
waterpower station Wasserkraftwerk *n* [pow];
  Wasserkraftanlage *f* [pow]
waterproof undurchlässig (wasserdicht); wasserbeständig [met]; wasserdicht; wasserfest;
  wasserundurchlässig
waterproof abdichten *v* (wasserdicht machen);
  imprägnieren *v* (wasserfest machen); wasserdicht
  machen *v*
waterproof coat Imprägnieranstrich *m* [met]
waterproof concrete wasserundurchlässiger Beton
  m [bon]
waterproof membrane Dichtungshaut *f* [met]
waterproof paint wasserdichter Anstrich *m* [met]
waterproof plaster Dichtputz *m*
waterproof sealing Imprägnieranstrich *m* [met]
waterproof weld wasserdichte Schweißung *f*
  [met]
waterproofing Abdichten *n* (wasserdicht);
  Abdichtung *f* (Vorgang); Bauwerksabdichtung *f*;
  Dichtigkeit *f*; Grundwasserabdichtung *f* [tib];
  Imprägnierung *f* [met]; Wasserabdichtung *f* [was];
  Wasserdruck haltende Dichtung *f* [met]
waterproofing against ground moisture
  Abdichtung gegen Bodenfeuchtigkeit *n*
waterproofing against non-pressing water
  Abdichtung gegen nichtdrückendes Wasser *f*
waterproofing against outside pressing water
  Abdichtung gegen von außen drückendes Wasser *f*
waterproofing agent Abdichtungsmittel *n* (als
  Beimischung) [met]; Dichtungsmittel *n* (- gegen
  wasser) [met]; Dichtungsmittel *n* (Betonzusatz)
  [met]; Wasserundurchlässigkeitsmittel *n* [met]
waterproofing building paper Isolierpappe *f*
  (wasserdicht) [met]
waterproofing concrete Sperrbeton *m* [bon]
waterproofing course Abdichtungslage *f*;
  Sperrschicht *f*
waterproofing finish Sperrputz *m* (wasserdicht)
waterproofing foil Sperrfolie *f* (Bauabdichtung)
  [met]; Unterspannbahn *f* (Bauabdichtung) [met]
waterproofing layer, horizontal - waageechte
  Sperrschicht *f* (im Fundament)
waterproofing layer, vertical - lotrechte
  Sperrschicht *f* (im Fundament)
waterproofing membrane Dichtungshaut *f*
waterproofing mortar Dichtungsmörtel *m* [met]
waterproofing of building Bauwerksabdichtung *f*
waterproofing of buildings Bauwerksabdichtung *f*
waterproofing paper Isolierpappe *f* (Bauwesen)
  [met]
waterproofing solution Imprägnierungslösung *f*
waterproofing strip Wetterschutzleiste *f* (Fensterbank außen)

waterproofness Wasserdichtheit *f*; Wasserdichtigkeit *f*; Wasserfestigkeit *f*
watersealing Wasserabdichtung *f* [was]
watershed Wassereinzugsgebiet *n* [geo]; Wasserscheide *f* [geo]
watershedding groove Tropfnase *f*; Wassernase *f*
watershoot Traufstein *m*
waterside settlement Wasserstadt *f* [com]
watertight undurchlässig (wasserdicht); wasserdicht; wasserfest; wasserundurchlässig
watertight cable wasserdichtes Kabel *n* [elt]
watertight drainage system flüssigkeitsdichtes
  Entwässerungssystem *n* [was]
watertightness Wasserdichtheit *f*; Wasserdichtigkeit *f*; Wasserundurchlässigkeit *f*
waterway Kanal *m* [wba]; Wasserweg *m* [tra];
  Fahrrinne *f* [tra]; Wasserstraße *f* [tra]
waterway construction Verkehrswasserbau *m*
  [wba]
waterway traffic Wasserstraßenverkehr *m* [tra]
waterwheel Wasserrad *n* [pow]
waterworks Wasserwerk *n* [was]
watery clay Schluff *m* [geo]
wattle Flechtwerk *n* (u.a. mit Lehm beworfen)
wattle and daub Ausfachungsmaterial *n* (Fachwerkhaus) [met]; lehmbeworfenes Flechtwerk *n*
  (Fachwerkhäuser); Flechtwerkswand *f*
wattle-and-daub wall Flechtwerktrennwand *f*
  (historisch)
wattless energielos [elt]
wave attack, oblique - schräger Wellenangriff *m*
  (an Wasserbauwerk)
wave breaker Wellenbrecher *m* [wba]
wave chamber Toskammer *f* (Hafenpier) [tib];
  Wellenkammer *f* (Hafenpier) [tib]
wave height Rippenhöhe *f* [bon]; Wellenhöhe *f*
  [was]
wave length Wellenlänge *f* [phy]
wave propagation Wellenausbreitung *f* [phy]
wave run-up Wellenauflauf *m* [wba]
wave wall Wellenmauer *f*
wave-edged belt conveyor Wellenkantgurtförderer
  m [prc]
wave-trap floor Wellen brechende Böschung *f* [wba]
way leave Wegerecht *n* [jur]
weak concrete Magerbeton *m* [bon]
weak point Schwachpunkt *m*; Schwachstelle *f*
weaken schwächen *v*; verdünnen *v* (schwächen)
weakened cross-section geschwächter Querschnitt
  m [sik]
weakening Verschwächung *f*
wear Abrieb *m* (Abnutzung)
wear plate Verschleißblech *n* [tec]
wear resistance Verschleißwiderstand *m* [met];
  Verschleißfestigkeit *f* [met]
wear ring Verschleißschutzring *m* [stb]

wear shoe Verschleißschutzsohle *f* [stb]
wear sole Verschleißschutzsohle *f* [stb]
wear-resistant abriebbeständig [met]; verschleißfest
wear-resistant steel verschleißfester Stahl *m* [met]
weariness Ermüdung *f* (Metall) [met]
wearing component Verschleißteil *n*
wearing course Decklage *f* (Straße) [tib]; Verschleißdecke *f* (Straße) [tib]; Verschleißschicht *f*
[met]
wearing surface Abnutzungsfläche *f* [met]
wearing surface, bituminous - bituminöse
Verschleißschicht *f* (Fahrbahnbelag) [tib]
weather ablagern *v* (Material) [met]; verwittern *v*
[met]
weather boarding Holzverschalung *f*
weather chill gefühlte Wärme *f* (subjektives
Temperaturempfinden, durch Wind beeinflusst)
weather conditions Witterungsbedingungen *pl*
[wet]; Witterungsverhältnisse *pl* [wet]
weather damage Witterungsschaden *m*
weather facing Wetterschutzhaut *f* [met]
weather factors Witterungseinflüsse *pl* [wet]
weather groove Tropfnase *f* (Baukonstruktion);
Wassernase *f* (Baukonstruktion)
weather impact Witterungseinfluss *m* [wet]
weather moulding Rinnleiste *f* (Baukonstruktion)
weather protection Wetterschutz *m*; Witterungsschutz *m*
weather protection clothing Wetterschutzkleidung *f*
[asi]
weather resistance Wetterbeständigkeit *f* [met];
Witterungsbeständigkeit *f* [met]
weather strip Fensterdichtung *f*
weather, because of the - witterungsbedingt
weather-coating renewal Pflegeanstrich *m* (Wetterschutz)
weather-protected wettergeschützt
weather-protective clothing Wetterschutzkleidung *f*
[asi]
weather-protective coating Wetterschutzanstrich *m*
[met]
weather-resistant wetterbeständig [met]; wetterfest
[met]
weather-resisting wetterfest [met]; witterungsbeständig [met]
weather-strip mit Dichtungsstreifen abdichten *v*
weatherability Wetterbeständigkeit *f* [met]
weatherable wetterbeständig [met]; witterungsbeständig [met]
weatherboard Wetterschenkel *m*
weathered verwittert [met]
weathered rock verwitterter Fels *m* [geo]
weathering Auswittern *n* (z.B. von Lehm) [met];
Regenablauffläche *f* [was]; Verwitterung *f* [met];
Wasserschräge *f* (an Säulen) [arc]

weathering condition Witterungserscheinung *f*
[wet]
weathering influence Witterungseinfluss *m* [met]
weathering product Verwitterungsprodukt *n*
weathering resistance Wetterfestigkeit *f* [met];
Witterungsbeständigkeit *f* [met]
weathering test, accelerated - beschleunigter
Bewitterungsversuch *m* [any]
weathering, resistance to - Witterungsbeständigkeit
f [met]
weatherproof wetterdicht [met]; wetterfest [met];
witterungsbeständig [met]
weatherproof clothing Wetterschutzkleidung *f* [asi]
weatherproofness Wetterfestigkeit *f* [met]; Witterungsbeständigkeit *f* [met]
weaving distance Einfädelungslänge *f* (Straße) [tra]
weaving space Einfädelungsraum *m* (Straße) [tra]
web Steg *m*; Bahn *f* (z.B. Stoff-, Papier-) [met];
Diagonale *f* (Fachwerk)
web bracing Ausfachung *f* [stb]
web depth Stegblechhöhe *f* [stb]
web joint Stegblechstoß *m* [stb]
web joint, double-strap - doppelte Stegverlaschung
f [stb]
web member Ausfachungsstab *m* [stb]; Füllstab *m*
(Fachwerk) [stb]; Gitterstab *m* [stb]; Wandstab *m*
(Fachwerk) [stb]
web of the frame Riegelsteg *m* [stb]
web panel Stegblechfeld *n* (Fachwerk) [stb]
web plane Stegebene *f* (Fachwerk) [stb]
web plate Schottblech *n* [stb]; Stegblech *n* [stb]
web reinforcement Schubbewehrung *f* [bon];
Stegbewehrung *f* [bon]
web splice Stegblechstoß *m* [stb]
web splice plate Verbindungslasche für Stegverbindungen *f* [stb]
web stiffener Stegblechsteifer *m* [stb]
web thickness Stegbreite *f* (z.B. eines Trägers) [stb]
web width Bahnbreite *f* (Papier, Pappe) [met];
Stegbreite *f*
web-to-flange weld Halsschweißnaht *f* [met]
website Website *f* (Web-Ort)
wedding-cake style Zuckerbäckerstil *m* [arc]
wedge Keil *m* (zum Spalten); Unterlegkeil *m* [tec]
wedge klemmen *v*; verkeilen *v*
wedge action Keilwirkung *f*
wedge anchorage Keilverankerung *f* [bon]
wedge anchoring Keilverankerung *f*
wedge connection Keilverbindung *f*
wedge plate Keilscheibe *f*
wedge segment Segmentkeil *m* [stb]
wedge slip Keilschlupf *m*
wedge test Keilprobe *f* [any]
wedge-shaped kegelförmig [des]; keilförmig
wedge-shaped stone Gewölbestein *m*; Keilstein *m*
(Gewölbe); Wölbstein *m*

wedge-wire covering Spaltsiebbelag *m* [prc]
wedging force Verkeilkraft *f*
wedging jack Verkeilpresse *f*
weed barrier, bituminous - bituminöse Sperrschicht *f* (gegen Unkraut)
week-end shut-down Wochenstillstand *m* [pow]
weep drain Sickerdrainage *f* [geo]
weephole Sickerschlitz *m* [was]; Entwässerungsöffnung *f* [was]; Sickeröffnung *f* [was]
weigh verwiegen *v* [any]
weigh feeder Zuteilwaage *f* [prc]
weigh-batcher Dosierwaage *f* [any]
weighed portion Einwaage *f*
weighed quantities, in - gravimetrisch (Dosierung)
[prc]
weighfeeder Dosierwaage *f* [any]
weighing Verwiegung *f* [any]; Wägung *f* [any]
weighing accuracy Wägegenauigkeit *f* [any]
weighing apparatus Wiegeeinrichtung *f* [any]
weighing appliance Wägevorrichtung *f* [any]
weighing certificate Wiegeschein *m*
weighing device Wägevorrichtung *f* [any]
weighing equipment Wägeeinrichtung *f* [any];
Wiegeeinrichtung *f* [any]
weighing error Wägefehler *m* [any]
weighing machine Wägeapparat *m* [any]
weighing method Wägeverfahren *n* [any]; Wägemethode *f* [any]
weighing of incoming material Eingangsverwiegung *f* [any]
weighing plant Wägeanlage *f* [any]
weighing ticket Wiegekarte *f* [any]
weighing-machine Wägeeinrichtung *f* (an Geräten)
[any]
weight Gewicht *n* (Last) [phy]; Gewichtskraft *f*
[phy]; Last *f* (belastendes Gewicht) [phy]
weight arm Lastarm *m* [phy]
weight belt feeder Bandwaage *f* [any]
weight by volume Raumgewicht *n* [phy]; Volumengewicht *n* [phy]
weight card Wiegebescheinigung *f* [any]
weight distribution Gewichtsverteilung *f* [sik]
weight gain Gewichtszunahme *f*
weight indicator Gewichtsanzeige *f* [any]
weight loading Gewichtsbelastung *f* [phy]
weight measurement Gewichtsmessung *f* [any]
weight per current meter Gewicht pro laufenden
Meter *n*
weight per linear meter Gewicht pro laufenden
Meter *n*
weight percentage Gewichtsanteile *pl*;
Gewichtsprozent *n*
weight reduction Massenreduzierung *f* [des]
weight saving Gewichtsersparnis *f*
weight tolerance Gewichtstoleranz *f* [des]
weight unit Gewichtseinheit *f* [phy]

weight, by - gewichtsbezogen
weight-bearing element tragendes Element *n*
weight-out material Auswaage *f*
weighted noise level indicator Geräuschpegelanzeiger *m* [any]
weights and measures Maße und Gewichte *pl*
[any]
weir Stauwehr *n* [wba]; Überfallwehr *n* [wba];
Wehr *n* [wba]; Überfall *m* (Wehr) [wba]; Überlauf
m (Wehr) [wba]; Stauanlage *f* [wba]
weir boom Wehrsperre *f* (Skimmer) [wba]
weir construction Wehrbau *m* (Erstellung) [was]
weir crest Wehrkrone *f* [wba]
weir plant Wehranlage *f* [wba]
weir sill Wehrschwelle *f* [wba]
weir skimmer Wehrabschöpfgerät *n* (Skimmer)
[wba]; Wehrabschöpfer *m* (Skimmer) [wba]
weld Schweißnaht *f* [met]
weld area Nahtfläche *f* (Schweißnaht) [met]
weld back Nahtunterseite *f* (Schweißnaht) [met]
weld bead Schweißraupe *f* [met]
weld bevel Schweißfase *f* [met]
weld build-up Schweißnahtaufbau *m* [met]
weld concavity Nahtunterwölbung *f* (Schweißnaht)
[met]
weld convexity Nahtüberhöhung *f* [met]
weld deposit Schweißgut *n* [met]
weld displacement Wandern von Schweißnähten *n*
[met]
weld failure Nahtbruch *m* (Schweißnaht) [met]
weld fault Schweißnahtfehler *m* [met]
weld filler metal Schweißzusatzwerkstoff *m* [met]
weld flash Schweißgrat *m* [met]
weld form Schweißnahtform *f* [des]
weld fracture Nahtbruch *m* (Schweißnaht) [met]
weld gun Pistole zum Schweißen *f* [wzg]
weld imperfection Schweißnahtfehler *m* [met]
weld inspection Schweißnahtprüfung *f*
(Materialprüfung) [any]
weld junction Übergangszone *f* (zwischen
miteinander verschweißten Blechen) [met]
weld layer Schweißlage *f* [met]
weld nugget diameter Linsendurchmesser *m* (beim
Schweißen) [met]
weld pass Schweißlage *f* [met]; Schweißraupe *f*
(einzelne -) [met]
weld penetration Nahteindringung *f* (beim
Schweißen) [met]
weld profile Schweißnahtprofil *n* [des]
weld reinforcement Nahtüberhöhung *f*
(Schweißnaht) [met]
weld run Schweißlage *f* [met]
weld schedule Schweißplan *m* [des]
weld seam Schweißnaht *f* [met]
weld seam all around umlaufende Naht *f*
(Schweißnaht) [met]

weld sensor Schweißnahtabtaster *m* (mechanischer -) [any]
weld shape Nahtaufbau *m* (Schweißnaht) [met]; Nahtform *f* (Schweißnaht) [met]
weld size Schweißnahtgröße *f* [des]
weld spill, overflowing - überlaufendes Schweißgut *n* [met]
weld test specimen Schweißprobe *f* [any]
weld test, restrained - Rissprobe unter Einspannung *f* (Materialprüfung) [any]
weld testing Schweißnahtprüfung *f* [any]
weld testing installation Schweißnahtprüfanlage *f* [any]
weld throat thickness Nahtdicke *f* (Schweißnaht) [met]
weld through durchschweißen *v* [wer]
weld with full penetration durchschweißen *v* [wer]
weld, partial penetration - unvollständig durchgeschweißte Naht *f* [met]
weld-clad schweißplattiert [met]
weld-cladding Schweißplattierung *f* [met]
weld-on anchor Anschweißanker *m*
weld-seam testing equipment Schweißnahtprüfanlage *f* [any]
weldability test Prüfung auf Schweißbarkeit *f* [any]; Schweißbarkeitsprüfung *f* (Materialprüfung) [any]
weldable bitumen sheet Schweißbahn *f* (Hausabdeckung) [met]
welded assembly Schweißkonstruktion *f* [stb]
welded bitumen sheet Bitumenschweißbahn *f* [met]
welded bitumen sheeting Bitumenschweißbahn *f* [met]
welded connection Schweißverbindung *f* [stb]
welded construction Schweißkonstruktion *f* [stb]
welded design Schweißkonstruktion *f*
welded film geschweißte Folie *f* [met]
welded frame Schweißrahmen *m* [stb]
welded grating Schweißrost *m* [stb]
welded joint geschweißter Anschluss *m* [wer]; geschweißter Stoß *m* (Bahn) [tra]; Schweißstoß *m* [wer]; Schweißnaht *f* [wer]; Schweißverbindung *f* [wer]
welded on angeschweißt [met]
welded section geschweißtes Profil *n* [met]
welded structure Schweißkonstruktion *f*
welded stub connection Einschweißnippel *m* [stb]
welded test specimen Schweißprobe *f* [any]
welded wall geschweißte Wand *f* [stb]
welded, integrally - angeschweißt [met]
welded-in stub Einschweißnippel *m* [stb]; Schweißnippel *m* [stb]
welder's apron Schweißerschürze *f* [asi]
welder's face shield Schweißergesichtsschirm *m* [asi]
welder's glass shield Schweißerspiegel *m* [asi]
welder's glove Schweißerhandschuh *m* [asi]

welder's goggles Schweißbrille *f* [asi]; Schweißerbrille *f* [asi]; Schweißerschutzbrille *f* [asi]
welder's handshield Schweißerhandschirm *m* [asi]; Schweißhandschutz *m* [asi]
welder's leggings Schweißergamaschen *pl* [asi]
welder's protective curtain Schweißschutzvorhang *m* [asi]
welder's safety glasses Schweißerschutzbrille *f* [asi]
welder's screen Schweißerschirm *m* [asi]
welder's shield Schweißerschirm *m* [asi]; Schweißschutzschild *m* [asi]
welder's suit Schweißeranzug *m* [asi]
welding Schweißen *n* [wer]; Verschweißen *n* [wer]; Schweißarbeit *f* [wer]
welding additive Schweißzusatzwerkstoff *m* [met]
welding apparatus Schweißgerät *n* [wer]
welding apron Schweißschürze *f* (Arbeitsschutz) [wer]
welding bead Schweißwulst *m* [met]; Raupe *f* (beim Schweißen) [met]
welding bevel Schweißfase *f* [des]; Schweißfuge *f* [des]
welding cable Schweißkabel *n* [elt]
welding chamfer Schweißfase *f* [met]
welding circuit Schweißstromkreis *m* [elt]
welding collar Anschweißbund *m* [met]
welding converter Schweißumformer *m* [elt]
welding crack Schweißriss *m* [met]
welding current Schweißstrom *m* [elt]
welding deformation Schweißverformung *f* [met]
welding design Schweißkonstruktion *f* [des]
welding distortion Schweißverformung *f* [met]
welding electrode Schweißelektrode *f* [met]
welding end Anschweißende *n* (an Metallrohren) [met]
welding fault Schweißnahtfehler *m* [met]
welding filler Schweißzusatzwerkstoff *m* [met]
welding filter Schweißerschutzfilter *m* [asi]
welding flash Schweißgrat *m* [met]
welding flaw Schweißnahtfehler *m* [met]
welding gas Schweißgas *n* [met]
welding generator Schweißstromgenerator *m* [elt]
welding glove Schweißerhandschuh *m* [asi]
welding goggles Schweißerschutzbrille *f* [asi]
welding groove Schweißfuge *f* [des]
welding handshield Schweißerhandschild *m* [asi]; Schweißerhandschirm *m* [asi]
welding helmet Schweißerschutzhelm *m* [wer]; Schweißhelm *m* [asi]
welding lens Schweißerschutzfilter *m* [asi]
welding manipulator Schweißdrehtisch *m* [wer]
welding operator qualification Maschinenschweißerzulassung *f* [wer]
welding parameters Schweißparameter *pl* [des]

welding power source Schweißstromquelle *f* [elt]
welding process Schweißvorgang *m* [wer]
welding protection Schweißschutzschild *m*
  (Arbeitsschutz) [wer]
welding protection helmet Schweißerschutzschirm
  m [wer]
welding rectifier Schweißgleichrichter *m* [elt]
welding report Schweißprotokoll *n* [wer]
welding rod Schweißdraht *m* [met]; Schweißstab *m*
  [met]
welding schedule Schweißplan *m* [des]
welding screen Schweißerschutzschirm *m* [asi]
welding seam Schweißnaht *f* [wer]
welding sequence plan Schweißfolgeplan *m* [wer]
welding shield Schweißerschutzschild *m* [asi];
  Schweißerschutzschirm *m* [asi]
welding slot Schweißschlitz *m* [met]
welding splatter Schweißspritzer *m* [met]
welding supervisor Schweißaufsicht *f* [wer]
welding template Schweißschablone *f* [wer]
welding torch Schweißbrenner *m* [wer]
welding torsion Schweißspannung *f* [met]
welding transformer Schweißtransformator *m* [elt]
welding voltage Schweißspannung *f* [elt]
welding wire Schweißdraht *m* [met]
welding with pressure Pressschweißen *n* [wer]
welding-procedure data sheet Schweißverfahrensdatenblatt *n* [wer]
welding-procedure specification Schweißverfahrensrichtlinie *f* [wer]
welding-seam gauge Schweißnahtlehre *f* [any]
weldless pipe nahtloses Rohr *n* [met]
well Brunnen *m* [was]; Zisterne *f* [was]
well building Brunnenbau *m*
well casing Schachtring *m*
well chamber Sammelkammer *f* (Brunnen) [was]
well construction Brunnenbau *m*
well construction work Brunnenarbeiten *pl* (DIN
  18302) [wba]
well cuttings Bohrgut *n* [tib]
well development Entsandung eines Brunnens *n*
  [was]
well digger Brunnengräber *m* [wba]
well drill Brunnenbohrgerät *n* [wba]
well for landfill gases Deponiegasbrunnen *m* [rec]
well foundation Brunnengründung *f* (Tiefgründung)
  [tib]
well house Sammelkammer *f* (Brunnen) [was]
well hydrograph Grundwasserganglinie *f*
  (Hydrologie) [was]
well lining Brunnenmantel *m* [was]
well pit Brunnenschacht *m* [was]
well shaft Brunnenschacht *m* [was]
well tubbing Brunnenbau *m* [was]
well water Brunnenwasser *n* [was]
well-burnt hart gebrannt [met]

well-burnt brick Hartbrandziegel *m* [met];
  Vormauerziegel *m* [met]
well-equipped gut ausgerüstet
wellhead Brunnenkopf *m* [was]
west elevation Westansicht *f* [des]
western tower Westturm *m* (Kirchenbau) [arc]
westwork Westwerk *n* (Kirchenbau) [arc]
wet frisch (Farbe); nass
wet befeuchten *v*; benetzen *v*; durchfeuchten *v*
wet analysis Nassanalyse *f* [any]
wet application Nassauftrag *m* [wer]
wet battery Nassbatterie *f* [elt]
wet classification Hydroklassierung *f* [prc]
wet classifier Nassklassierer *m* [prc]
wet classifying Nassklassierung *f* [prc]
wet concrete Frischbeton *m* [bon]
wet dock Schleusendock *n* (Werft)
wet grinding Feuchtmahlen *n* [prc]; Nassmahlen *n*
  [prc]; Nasszerkleinerung *f* [prc]
wet matter Nassgut *n* [met]
wet mix aggregate Mineralbeton *m* [bon]
wet mix shotcrete Nassspritzbeton *m* [bon]
wet oxidation Nassoxidation *f* [was]
wet paint! frisch gestrichen!
wet process Nassverfahren *n*
wet process cement kiln nach dem Nassverfahren
  arbeitender Zementofen *m* [roh]
wet purification Nassreinigung *f* [was]
wet room Nassraum *m*
wet sludge Nassschlamm *m* [was]
wet stamper Nasspochwerk *n* [tib]
wet-type dust collector Nassentstauber *m* [air]
wetting Befeuchtung *f*; Benetzung *f*
wetting agent Netzmittel *n* [met];
  Haftfestigkeitsverbesserer *m* [met]
wharf Pieranlage *f* [tra]
wheel ditcher Schaufelrad-Grabenbagger *m* [tib]
wheel excavator Mobilbagger *m*
wheel frame Ausleger *m* (Grabenbagger) [tib]
wheel loader Radlader *m* [tib]
wheel ripper Radaufreißer *m* [tib]
wheel scraper Radschrapper *m* [tib]
wheel track rutting Spurrinnenbildung *f* (auf
  Straßen) [tra]
wheel tractor Radtraktor *m* [tib]
wheel tractor shovel Rad-Hublader *m* [tib]
wheel-mounted auf Rädern [tib]
wheelbarrow Schubkarre *f* [wer]
wheeled dozer Radplaniergerät *n*
wheeled excavator Radbagger *m*
wheeled front-end loader Radlader *m* [tib]
wheeling Schubkarrenförderung *f* [tib]
whipple truss mehrteiliges Pfostenfachwerk *n* [stb]
whirlpool Wirbelbecken *n* [was]
whirlpool basin Wirbelbecken *n* (Kläranlage) [was]
whispherized geräuschgedämpft [aku]

white body Steingut *n* [met]
white concrete Weißbeton *m* [bon]
white glue Weißleim *m* (Holzleim) [met]
white goods Weißware *f* (Keramik) [met]
white joint mortar Fugenzement *m* [met]
white lime Weißkalk *m* [met]
white-collar housing estate Angestelltensiedlung *f* [com]
whiten kalken *v*
whitening coat Kalkanstrich *m*; Tünchanstrich *m*
whitewash Kalkbrühe *f*; Kalkmilch *f* [met]; Kalktünche *f*; Tünche *f* [met]
whitewash kalken *v* (tünchen); schlämmen *v*; tünchen *v* [wer]; weißen *v* (tünchen) [wer]
whitewash coat Kalkanstrich *m* [met]
whitewash paint Kalkfarbe *f* [met]
whitewashing Kalken *n*; Schlämmen *n*; Anstrich *m* (Anstreichen mit Tünche)
whiting Schlämmkreide *f* [met]
whole-body vibration Ganzkörperschwingungen *pl*
wholesale property Großhandelsobjekt *n* (Immobilie) [eco]; Großhandelsimmobilie *f* [eco]
wickerwork Flechtwerk *n* (Lehmbau)
wicket Türchen *n*; Schlupftür *f* (in / neben Tor)
wide plate Breitflachstahl *m* [met]
wide-bladed saw Blattsäge *f* [wzg]
wide-finishing tool Breitschlichtmeißel *m* [wzg]
wide-flange beam Breitflanschträger *m* [stb]
wide-flange T breitfüßiger T-Stahl *m* [met]
wide-meshed screen grobmaschiges Sieb *n* [prc]; weitmaschiges Sieb *n* [prc]
widen erweitern *v* (z.B. Straße)
width Breite *f* (Ausmaß); Weite *f*
width of flange Flanschbreite *f* [stb]
width of roadway Fahrbahnbreite *f* [tra]
width over plates äußere Breite *f* [des]
wild animal bridge Wildübergangsbrücke *f*
Wilhelminian architecture Architektur der Gründerzeit *f*
willingness to sell Verkaufsbereitschaft *f* [eco]
winch Winde *f*
winch frame Windenschild *n* (Bagger) [tib]
winch hoist Windenaufzug *m*
winch stand Windengestell *n*
wind beam Kehlbalken *m*
wind brace Windstrebe *f*
wind bracing Windverband *m*; Windversteifung *f*
wind bracing bar Windverbandstab *m* [stb]
wind deflation Abbladung *f* [geo]; Abtragung durch Wind *f* [geo]; Auswehung *f* [geo]
wind energy Windenergie *f* [pow]; Windkraft *f* [pow]
wind energy conversion Windenergiekonversion *f* [pow]; Windenergieumwandlung *f* [pow]
wind energy converter Windenergieanlage *f* [pow]; Windenergiekonverter *m* [pow]

wind erosion Winderosion *f* [geo]
wind farm Windpark *m* [pow]; Windkraftanlagengruppe *f* [pow]
wind gauge Anemometer *n* [any]; Windmesser *m* [any]
wind load Winddruck *m*; Windlast *f*
wind loading Windbelastung *f* [wet]
wind motor Windmotor *m* [pow]
wind park Windpark *m* (Windkraftanlagen) [pow]; Windkraftanlagengruppe *f* [pow]
wind power Windenergie *f* [pow]; Windkraft *f* [pow]; Windleistung *f* [pow]
wind protection Windschutz *m*
wind protection wall Windschutzwand *f*
wind rotor Windrotor *m* [pow]
wind shade Windschatten *m* (Strömungsschatten für Windrad) [pow]
wind suction Windsog *m* [wet]
wind turbine Windenergieanlage *f* [pow]; Windturbine *f* [pow]
wind turbine-generator Windkraftgenerator *m* [pow]
wind weathering Windverwitterung *f* [met]
wind-braced boom Windstrebengurtung *f* [stb]
wind-driven windgetrieben [pow]
wind-driven electric generator Windkraftgenerator *m* [pow]
wind-driven generator Windkraftgenerator *m* [pow]
wind-driven plant Windkraftanlage *f* [pow]
wind-driven power station Windkraftwerk *n* [pow]; Windkraftanlage *f* [pow]
wind-electric power station Windkraftwerk *n* [pow]
wind-energy generator Windkraftgenerator *m* [pow]
wind-exposed surface Windangriffsfläche *f*; Windfläche *f*
wind-induced vibration winderzeugte Schwingung *f* [met]
wind-power array Windpark *m* [pow]
wind-power generation Windkraftmaschine *f* [pow]
wind-power machine Windkraftmaschine *f* [pow]
wind-power plant Windkraftwerk *n* [pow]; Windkraftanlage *f* [pow]
wind-power station Windkraftwerk *n* [pow]; Windkraftanlage *f* [pow]
wind-power turbine Windkraftturbine *f* [pow]
wind-powered machine Windkraftmaschine *f* [pow]
winding Wicklung *f* [elt]
winding cornice gewundenes Gesims *n* (Gotik) [arc]
winding engine Förderkran *m*; Fördermaschine *f*
winding line kurvenreiche Strecke *f* [tra]
winding road Serpentine *f* [tra]
winding shaft Förderschacht *m*
windlass Erdwinde *f* [tib]; Hebewinde *f*; Winde *f*

windmill Windmühle *f* [pow]
windmill power plant Windkraftwerk *n* [pow]
window air conditioner Fensterklimaanlage *f*
window bar Fenstergitter *n*; Fenstersprosse *f*;
  Putzleiste *f*
window blind Fensterladen *m*; Jalousie *f*
window board Fensterbrett *n*
window button Fensterknopf *m*
window cable channel Fensterbankkabelkanal *m*
  [elt]
window case Fensterzarge *f*
window casement Fensterflügel *m*
window catch Fenstergriff *m*; Fensterriegel *m*
window cross Fensterkreuz *n*
window fastener Fensterschließer *m*
window fittings Fensterbeschläge *pl*
window frame Fensterprofil *n*; Blendrahmen *m*
  (Fenster); Fensterrahmen *m*
window furniture Fensterbeschläge *pl*
window gasket Fensterdichtung *f*
window glass Fensterglas *n* [met]
window grate Fenstergitter *n*
window grating Fenstergitter *n*
window grille Fenstergitter *n*
window guard Fenstergitter *n*
window handle Fenstergriff *m*; Fensterkurbel *f*
window hardware Fensterbeschläge *pl*
window head Fenstersturz *m*
window jamb Blendrahmenpfosten *m* (Fenster);
  Fensterrahmen *m*; Fensterlaibung *f*
window lift Fenstergriff *m*
window lintel Fenstersturz *m*
window module Fenstermodul *m*
window mullion Fensterpfosten *m*
window opener Fensteröffner *m*
window opening Fensteröffnung *f*
window pane Fensterscheibe *f*
window parapet Fensterbrüstung *f*
window post Fenstersäule *f*
window profile Fensterprofil *n*
window protection screen Fenstergitter *n*
window rebate Fensteranschlag *m*
window recycling Fensterverwertung *f* [rec]
window restoration Fenstersanierung *f*
window sash Schieberahmen *m*
window seal Fensterdichtung *f*
window seat Fensterbank *f*
window shutter Fensterladen *m*
window sill Fensterbrett *n*; Fenstersims *n*; Fensterbank *f*; Fensterbrüstung *f*; Sohlbank *f* (Fenster)
window sill, external - äußeres Fensterblech *n*
window size Fenstergröße *f*
window stage Fensterbühne *f* [arc]
window tracery Maßwerk *n* (Gotik) [arc]
window transom Fensteroberlicht *n*
window unit Fensterelement *n*

window vent Lüftungsflügel *m* (Fenster)
window ventilator Fensterventilator *m*
window waste disposal Fensterentsorgung *f* [rec]
window well Fensterschacht *m*; Fensterschacht *m*
window, horizontal - liegendes Fenster *n*
window, vertical - stehendes Fenster *n*
window-ledge Fensterbank *f*
window-mounted fan Fensterventilator *m*
window-pane Fensterscheibe *f* [met]
windproof abgedichtet gegen Windzug; winddicht
windrow composting Mietenkompostierung *f* [rec]
windstop Dichtungsleiste *f* (Fenster)
windtight winddicht
windward windseitig
wing Flügel *m* (Gebäude); Seitenflügel *m*; Trakt *m*
  (Gebäude)
wing nut Flügelmutter *f* [tec]
wing of a door Türflügel *m*
wing of a gate Torflügel *m*
wing wall Flügelmauer *f*
winter construction Winterbau *m*
winter construction heating Winterbaubeheizung *f*
  [pow]
winter garden Wintergarten *m*
winter maintenance Winterdienst *m* (Straßendienst)
  [tra]
winter window Kastenfenster *n*
winter work stoppage Einstellung der Arbeiten im
  Winter *f*
winterproof winterfest
wipe-resistant wischbeständig [met]
wire Bewehrungsdraht *m* [bon]; Draht *m* (dünnes
  Metall, Leitung) [met]; dünner Bewehrungsstab *m*
  [bon]; Ader *f* (Kabel) [elt]; Leitung *f* (Strom) [elt]
wire verdrahten *v* [elt]; verkabeln *v* [elt]
wire armouring Drahtbewehrung *f* [bon]
wire braiding Drahtbeflechtung *f* [met]
wire break Leitungsbruch *m* [elt]
wire brush Stahlbürste *f* [wzg]
wire cloth Drahtgewebe *n* [met]; Rabitz *n* (Putzträger) [met]
wire coating Kabelmantel *m* [elt]
wire concealed unter Putz verlegen *v* (Leitung) [elt]
wire cradle Stahldrahtkorb *m* (Betonfuge) [bon]
wire cross-section Leitungsquerschnitt *m* [elt]
wire fabric Baustahlgewebe *n* [met];
  Betonstahlmatte *f* [bon]; Bewehrungsmatte *f* [bon]
wire feed, continuous - kontinuierliche Drahtzuführung *f* (bei Schutzgasschweißen) [met]
wire fence Drahtzaun *m*
wire glass Drahtglas *n* [met]
wire lathing Putzdrahtgeflecht *n* [met]
wire mat Betonstahlmatte *f* [bon];
  Bewehrungsmatte *f* [bon]
wire mesh Drahtgeflecht *n* [met]; Metallgewebe *n*
  [met]; Baustahlgewebematte *f* [met]

wire mesh for rendering Ziegeldrahtgewebe *f* (für Mauerwerk)
wire mesh panel Maschendrahtfeld *n*
wire net Drahtnetz *n* [met]
wire netting Drahtgeflecht *n* [met]; Drahtgitter *n* [met]; Maschendraht *m* [met]
wire on the surface auf Putz verlegen *v* (Leitung) [elt]
wire plaster ceiling Drahtputzdecke *f*
wire reinforced glass drahtbewehrtes Glas *n* [met]
wire reinforcing Drahtbewehrung *f* [bon]
wire rod Walzdraht *m* [met]
wire rope Drahtkabel *n* [met]; Drahtseil *n* [met]
wire screen Drahtgewebe *n* [met]
wire termination Kabelanschluss *m* [elt]
wire tie Drahtanker *m*
wire works Drahtgeflecht *n* [met]
wire-drawing agent Drahtziehmittel *n* [met]
wire-mesh demister Drahtgeflechtabscheider *m* [met]
wire-mesh fence Maschendrahtzaun *m*
wire-mesh guard Schutzgitter *n* [asi]
wire-mesh reinforced Bewehrungsmatte *f* [met]
wire-mesh screen Drahtsieb *n* [prc]
wire-netting fence Drahtgeflechtzaun *n*
wire-rope splice Verspleißung *f* [met]
wired verdrahtet [elt]; verkabelt [elt]
wired channel-shaped glass Profilbauglas mit Drahteinlage *n* [met]
wired glass Drahtgeflechtglas *n* [met]; Drahtglas *n* [met]
wired glass fabric Drahtglasgewebe *n* [met]
wired patterned glass Drahtornamentglas *n* [met]
wired rolled glass Drahtglas *n* [met]
wireway Kabelkanal *m* [elt]
wiring Installation *f* (Elektro) [elt]; Schaltung *f* [elt]; Verdrahtung *f* [elt]; Verkabelung *f* [elt]
wiring accessories Installationsmaterial *n* [elt]
wiring and cabling Verdrahtung *f* [elt]
wiring colour Verdrahtungsfarbe *f* [elt]
wiring device Steckverbindung *f* [elt]
wiring diagram Schaltbild *n* [elt]; Schaltschema *n* [elt]; Leitungsplan *m* [elt]; Verdrahtungsplan *m* [des]
wiring documents Schaltunterlagen *pl* (DIN 40719) [elt]
wiring duct Kabelkanal *m* [elt]
wiring harness Kabelbaum *m* [elt]
wiring list Anschlussbelegung *f* (Elektrokabel) [des]
wiring material Verlegungsmaterial *n* [elt]
wiring symbol Schaltzeichen *n* (Elektrotechnik) [des]
with cellar unterkellert
with qualification certificate bauartgeprüft
withdrawing by belt Bandabzug *m* (- aus Bunker, Silo) [prc]

withe Trennmauer *f*; Wandschale *f* (Hohlwand)
withstand aufnehmen *v* (Kräfte)
withstand capacity, short-circuit - Kurzschlussfestigkeit *f* [elt]
wobble coefficient Welligkeitsfaktor *m* (Spannbeton) [met]; Welligkeitskoeffizient *m* [met]
wobbling effect ungewollter Umlenkwinkel *m* (Spannbeton); Welligkeit *f* [met]
wood Holz *n* [met]
wood block flooring Massivholzboden *m*
wood borer Holzbohrer *m* [wzg]
wood brick Holzziegel *m*
wood ceiling Holzdecke *f*
wood cellulose Holzzellstoff *m* [che]
wood chipboard Holzspanplatte *f* [met]
wood chisel Stemmeisen *n* (Holzarbeiten) [wzg]; Holzmeißel *m* [wzg]
wood colour Holzfarbstoff *m* [met]
wood composite Holzverbundwerkstoff *m* [met]
wood construction Holzbau *m*; Holzbauweise *f*
wood dough Pressholz *n* [met]
wood drill Holzbohrer *m* [wzg]
wood dye Holzfarbstoff *m* [met]
wood fastener Holzverbindungsteil *n* (Bolzen, Dübel)
wood fibre concrete Holzfaserbeton *m* [bon]; Holzwollebeton *m* [bon]
wood fibreboard Holzfaserplatte *f* [met]
wood finishing lacquer Holzlack *m* [met]
wood float Glättscheibe *f* (für Putz) [wzg]
wood flooring Parkettboden *m*
wood girder Holzträger *m*
wood glue Holzleim *m* [met]
wood impregnation Holzimprägnierung *f* [met]
wood lacquer Holzlack *m* [met]
wood lagging Holzverschalung *f*
wood mordant Holzbeize *f* [che]
wood mosaic Holzparkett *n*
wood panel shuttering Holztafelverschalung *f* [bon]
wood panelling Holztäfelung *f*
wood peg Holznagel *m*; Holzzapfen *m*
wood pile Holzpfahl *m* (Bohle)
wood plug Holzdübel *m*
wood preservation Holzkonservierung *f* [met]
wood preservative Holzimprägnierungsmittel *n* [met]; Holzkonservierungsmittel *n* [met]; Holzschutzmittel *n* [met]
wood processing Holzbearbeitung *f*; Holzverarbeitung *f* [wer]
wood protection Holzschutz *m* [met]
wood protection agent Holzschutzmittel *n* [met]
wood pulp Holzzellstoff *m* [met]; Holzfaser *f* [met]; Holzmasse *f* [met]
wood putty Holzkitt *m* [che]
wood rot Holzfäule *f* [met]
wood runway Holzsteg *m*

wood saw Holzsäge *f* [wzg]
wood sawings Sägespäne *pl* [rec]
wood screed Abziehbrett *n* (Putz, Estrich) [wzg]
wood shavings Holzwolle *f* [met]
wood shingle Holzschindel *f*
wood shuttering cleaning machine Schalholzreinigungsmaschine *f* [bon]
wood shuttering panel Holzschalungstafel *f* [bon]
wood stain Holzbeize *f* [che]
wood staining Holzbeizen *n* [met]
wood structure Holzkonstruktion *f*
wood trunk Stammholz *n* [met]
wood truss hölzernes Sprengwerk *n*
wood varnish Holzfirnis *m* [met]
wood veneer, genuine - Echtholzfurnier *n* [met]
wood waste Holzabfall *m* [rec]
wood window Holzfenster *n*
wood-boring tool Holzbohrer *m* [wzg]
wood-containing holzhaltig [met]
wood-derived products Holzwerkstoffe *pl* [met]
wood-frame construction Holzrahmenbau *m*;
  Holzrahmenkonstruktion *f*
wood-glue Holzleim *m* [che]
wood-partice board Spanholzplatte *f* [met]
wood-preserving paint Holzschutzfarbe *f* [met]
wood-shell construction Holzschalenkonstruktion *f*
wood-wool Holzwolle *f* [met]
wood-wool insulation Holzwolleisolierung *f* [pow]
wood-wool slab Holzwoll-Leichtbauplatte *f*
woodchip paper Raufaser *f* [met]
wooden beam Holzbalken *m*; Holzträger *m*
wooden beam ceiling Holzbalkendecke *f*
wooden beam floor Holzbalkendecke *f*
wooden bridge Holzbrücke *f*
wooden building Holzgebäude *n*; Holzbau *m*
  (Gebäude)
wooden cabin Holzhütte *f*
wooden ceiling Holzdecke *f*
wooden construction Holzkonstruktion *f*
wooden cottage Holzhaus *n*
wooden deck Holzschalung *f* (Dach)
wooden door Holztür *f*
wooden fence Holzzaun *m*
wooden fibreboard Holzfaserplatte *f* [met]
wooden filler Holzeinlage *f*
wooden floor Bretterboden *m*; Holzboden *m*
  (Fußboden)
wooden foot bridge Holzsteg *m*
wooden form Holzform *f* (Schalung) [bon]
wooden form cleaning device Schalholzreiniger *m*
  [bon]
wooden frame Holzrahmen *m* (Tür); Holztürzarge *m*
wooden framework Holzrahmen *m*
wooden front Holzfront *f* (Möbel)
wooden girder Holzträger *m*

wooden house Holzhaus *n*
wooden hut Holzhütte *f*
wooden liner Holzleiste *f*
wooden panel Holztäfelung *f* [arc]
wooden particle board Holzspanplatte *f* [met]
wooden partition Bretterwand *f*
wooden peg Holzdübel *m*
wooden pile Holzpfahl *m* [met]
wooden planking Holzbelag *m* [tra]
wooden scraper Holzkratzer *m* [bon]
wooden shingle Holzschindel *f*
wooden support Unterlegholz *n*
wooden tamper Holzstampfer *m* (Pflaster) [tib]
wooden truss Holzfachwerk *n* (Brücke)
woodshed Holzschuppen *m*
woodstove Holzofen *m* [pow]
woodworking Holzverarbeitung *f* [wer]
woody holzartig [met]
wophole Schießscharte *f* (befestigtes Gebäude) [arc]
word of mouth, by - mündlich
work Gewerk *n*
work funktionieren *v*
work affecting the environment Eingriff in die
  Natur *m*
work charged by the hour Stundenlohnarbeiten *pl*
  [eco]
work clothing Arbeitskleidung *f*
work concrete betonieren *v* [bon]
work cycle Arbeitstakt *m*
work noise Betriebslärm *m* [aku]
work of deformation Formänderungsarbeit *f* [phy]
work permit Arbeitserlaubnis *f*
work platform Arbeitsbühne *f*
work safety Arbeitssicherheit *f* [asi]
work schedule Arbeitsprogramm *n* [wer]; Arbeitsablaufplan *m* [wer]; Bauablaufplan *m*; Baufristenplan *m*
work site Baustelle *f*
work stage Leistungsphase *f* [eco]
work to be done auszuführende Arbeiten *pl*
work-flow Arbeitsablauf *m*
work-flow chart Arbeitsablaufplan *m*
work-out Auslastung *f* (Geräte, Maschinen) [wer];
  Ausnutzung *f* (Geräte, Maschinen) [wer]
workability Bearbeitbarkeit *f* [wer]; Durchführbarkeit *f*; Verarbeitbarkeit *f* [wer]; Verformbarkeit *f*
  [met]
workability aid Verarbeitungshilfe *f* (Hilfsstoff)
  [met]
workable bearbeitbar [wer]; verarbeitbar [wer];
  verformbar [met]
workable in cold state kalt verarbeitbar (Werkstoff)
  [met]
workable soil abtragbarer Boden *m* [geo]
workable timber Bauholz *n* [met]; Nutzholz *n*
  [met]

worked example Berechnungsbeispiel *n* [des];
  Rechenbeispiel *n* [des]
worker Arbeiter *m* [eco]; Arbeiterin *f* [eco];
  Arbeitskraft *f* [eco]
workers' home Arbeiterheim *n*
workflow layout Arbeitsablaufgestaltung *f* [wer]
working area Baufreiheit *f*
working calculation Arbeitskalkulation *f* [wer]
working condition Arbeitsbedingung *f* [wer]
working current Betriebsstrom *m* [elt]
working cycle Arbeitstakt *m* [wer]
working cylinder Arbeitszylinder *m* [tec]
working deck Arbeitsbühne *f*
working design Ausführungsentwurf *m* [des]
working distance Objektabstand *m* [any]
working draft Arbeitsentwurf *m* [des]
working drawing Ausführungszeichnung *f* [des];
  Fertigungszeichnung *f* [des]; Werkzeichnung *f*
  [des]
working face Abbruchsquerschnitt *m* [roh];
  Abbauwand *f* [roh]; Vortriebstelle *f* [tib]
working fluid Arbeitsmedium *n* [met]
working force Wirkkraft *f* [phy]
working group Arbeitsgruppe *f*
working hours counter Betriebsstundenzähler *m*
  [any]
working life Gebrauchsdauer *f* [met]; Haltbarkeitsdauer *f* [met]; Verwendungsdauer *f* [met]
working light Arbeitsscheinwerfer *m* [elt]
working line Netzlinie *f* [sik]; Systemlinie *f* [sik]
working load zulässige Belastung *f* [sik]; zulässige
  Tragkraft *f* [sik]
working load, permissible - zulässige Nutzlast *f*
  (<A>) [met]
working load, safe - zulässige Nutzlast *f* [sik]
working material Arbeitsstoff *m* [met]
working outreach Reichweite *f* (Kran)
working part Arbeitsorgan *n* [tec]
working plan Bauplan *m* [des];
  Ausführungszeichnung *f* [des]
working platform Arbeitsbühne *f* [wer]; Arbeitsplattform *f* [wer]
working pressure Arbeitsdruck *m*; Betriebsdruck *m*
working principle Betriebsweise *f* [wer]
working radius Ausladung *f* (Kran)
working range Verarbeitungsbereich *m* [met]
working safety Betriebssicherheit *f* [asi]
working space Arbeitsraum *m*; Arbeitsfläche *f*
  [wer]
working speed Arbeitsgeschwindigkeit *f* [wer]
working stress Betriebsbeanspruchung *f*;
  Gebrauchsspannung *f* [met]; zulässige Spannung *f*
  [met]
working stroke Arbeitshub *m* [tec]
working temperature Verarbeitungstemperatur *f*
  [met]

working voltage Betriebsspannung *f* [elt]
working-class district Arbeiterviertel *n* (Städtebau);
  Arbeiterwohnviertel *n* (Städtebau)
workload Arbeitspensum *n* [wer]; Arbeitsanfall *m*
  [wer]; Leistungsumfang *m*; Arbeitsauslastung *f*
  [eco]; Arbeitsbelastung *f* [wer]; Nutzlast *f* [tra]
workmanlike handling fachgerechte Verarbeitung *f*
  [met]
workmanship Ausführungsqualität *f* (handwerkliche
  Leistungen)
workmen's shelter Baubude *f*; Bauhütte *f*
workpiece geometry Werkstückform *f* [des];
  Werkstückgeometrie *f* [des]
workplace Arbeitsplatz *m* (konkreter Platz) [eco]
workplace chemical Arbeitsstoff *m* (Arbeitsschutz)
  [met]
workplace health Arbeitsplatzsicherheit *f* [asi]
workplace measurement Arbeitsplatzmessung *f*
  [any]
workplace regulations Arbeitsstättenrichtlinien *pl*
  [jur]
workplace safety Arbeitsplatzsicherheit *f* [asi]
Workplaces Ordinance Arbeitsstättenverordnung *f*
  [jur]
works Fabrik *f*
works boundary Werksgrenze *f* [wer]
works identity card Betriebsausweis *m*
works inspector Bauaufseher *m*
works regulations Bauvorschrift *f*
works security Betriebsschutz *m* [asi]
workshop Industriehalle *f*; Werkstätte *f* [wer];
  Werkstatt *f* [wer]
workshop assembly Werkstattzusammenbau *m* [wer]
workshop drawing Ausführungszeichnung *f* [des];
  Fertigungszeichnung *f* [des]; Konstruktionszeichnung *f* [des]; Werkstattzeichnung *f* [des]
workshop facilities Werkstatteinrichtung *f* [wer]
worktop Arbeitsfläche *f* (Küchenmöbel)
workwear Arbeitskleidung *f*; Berufskleidung *f*
world cultural heritage Weltkulturerbe *n*
worm Schlange *f* (Technik)
worm auger Schneckenbohrer *m* [wzg]
worm conveyor Schneckenförderer *m* [prc];
  Förderschnecke *f* [prc]; Transportschnecke *f* [prc]
worm drive Schneckenantrieb *m* [tec];
  Schneckentrieb *m* [tec]
worm elevator Senkrechtförderschnecke *f* [prc];
  Vertikalförderschnecke *f* [prc]
worm feed Schneckenbeschickung *f* [prc]
worm gear Schneckengetriebe *n* [tec]
worm gearing Schneckengetriebe *n* [tec]
worm wheel Schneckenrad *n* [tec]
worm's eye view Froschperspektive *f* [des]
worm-eaten wurmstichig (Holz) [met]
worn abgenutzt; abgetragen; verschlissen
  (abgenutzt)

worst-case scenario Katastrophenszenario *n* [asi]
woven asbestos Asbestgewebe *n* [met]
woven deck geflochtener Steg *m*
woven filter Gewebefilter *m* [air]
wrapping Bandage *f*; Umhüllungsbewehrung *f*
 [bon]; Ummantelung *f* (Rohre o.ä)
wrapping, outer - Bandage *f*; Umhüllung *f*
wreck abbrechen *v* (Gebäude); abreißen *v*;
 ausrangieren *v* [rec]; niederreißen *v*
wrecker Abbrucharbeiter *m* [rec]
wrecking Abbruch *m* (eines Gebäudes); Abriss *m*;
 Abtrag *m* (von Gebäuden); Abbrucharbeit *f*
wrecking ball Abrissbirne
wrecking bar Brecheisen *n* [wzg]; Brechstange *f*
 [wzg]
wrecking company Abbruchfirma *f*
wrecking crane Bergungskran *m*
wrecking firm Abbruchunternehmen *n* [rec];
 Abbruchfirma *f* [rec]
wrecking permission Abbruchgenehmigung *f* [jur]
wrecking permit Abbruchgenehmigung *f* [jur];
 Abrissgenehmigung *f*
wrench Schlüssel *m* (<A> Werkzeug) [wzg];
 Schraubenschlüssel *m* (<A>) [wzg]
wrinkles Krähenfüße *pl* (Schweißen) [met]
wrinkling Runzelbildung *f* [met]
written form Schriftform *f*
wrought shuttering glatte Schalung *f* [bon]
wye-delta connection Stern-Dreieck-Schaltung *f*
 [elt]
wye-delta starter Stern-Dreieck-Anlasser *m*
 (Schalter) [elt]

X

X-ray analysis Röntgenanalyse *f* [any]
X-ray diffraction pattern Röntgenbeugungs-
diagramm *n* [any]
X-ray diffractometer Röntgendiffraktometer *n*
[any]
X-ray examination Röntgenuntersuchung *f* [any]
x-ray fluorescence spectrometer Röntgenfluores-
zenzspektrometer *n* [any]
X-ray image Röntgenbild *n* [any]
X-ray inspection Röntgenprüfung *f* [any]; Rönt-
genuntersuchung *f* [any]
X-ray material testing Röntgen-Materialpüfung *f*
[any]
X-ray picture Röntgenbild *n* [any]
X-ray protective concrete Strahlenschutzbeton *m*
[met]
X-ray spectrometer Röntgenspektrometer *n* [any]
X-ray structural analysis Röntgenstrukturanalyse *f*
[any]
X-ray structure analysis Röntgenstrukturanalyse *f*
[any]

Y

Y-branch halbschräger Abzweig *m* [tga]
Y-connected sterngeschaltet [elt]
Y-delta connection Stern-Dreieck-Schaltung *f* [elt]
Y-delta starter Stern-Dreieck-Anlasser *m* (Schalter)
  [elt]
Y-valve Schrägsitzventil *n* [prc]
yankee screwdriver automatischer Drillschraubenzieher *m* [wzg]
yard gate Hoftor *n*
yard gully Hofablauf *m* [was]
yard pavement Hofbefestigung *f* [tib]
yardstick Maßstab *m* (Lineal) [any]; Zollstock *m*
  [any]
yaw Windnachführung *f* (Windenergieanlage) [pow]
yaw control Windnachführung *f* (Windenergieanlage) [pow]
year of building Baujahr *n*
yellowing Vergilbung *f* [met]
yield Ergebnis *n* (Ertrag); Ausbeute *f* (Ertrag, Produktion) [eco]; Ergiebigkeit *f* (Material) [met]
yield hervorbringen *v*
yield factor Abflussspende *f* [was]
yield limit Streckgrenze *f* [met]
yield line Haltelinie *f* [tra]
yield point Fließgrenze *f* [met]
yield stress Streckspannung *f* [met]
yield value Ausgiebigkeit *f* (- von Verbrauchsmaterial) [met]
yield-enhancing ertragsfördernd *adj*
yielding Fließvorgang *m* (Stahl) [met]
yielding bond nachgiebiger Verbund *m*
yielding stress Bruchspannung *f* (Bodenmechanik)
  [met]
yoke Traverse *f*
yoke bay Joch *n* (Romanik) [arc]
yoke bearing Gabellagerung *f*
yoke clamp Jochspanner *m*
yoke plate Jochplatte *f*
Young's modulus Elastizitätsmodul *m* [met]

Z

Z-bar Z-Profil *n* [met]; Z-Stahl *m* [met]
Z-beam Z-Profilträger *m* [met]
Z-section Z-Profil *n* [met]
zebra crossing Fußgängerüberweg *m* [tra]
zeolite Zeolith *m* [met]
zero conductor neutraler Leiter *m* [elt]; Nullleiter *m*
  [elt]
zero drift Nullpunktabweichung *f* [elt]
zero line Nulllinie *f* [des]
zero reference level Bezugsnullpunkt *m* [any]
zero scale mark Skalennullpunkt *m* [any]
zero shift Nullpunktverschiebung *f* [any]
zero wire Nullleiter *m* [elt]
zero-energy house Nullenergiehaus *n*
zero-point balancing Nullabgleich *m* [any]
zero-point calibration Nullpunktkalibrierung *f*
  [any]
zero-point of moments Momentennullpunkt *m*
  (Statik) [phy]
zero-speed control Stillstandsüberwachung *f* [any]
zig-zag riveting Versatznietung *f* [wer]; Zickzacknietung *f* [wer]
zig-zag rule Zollstock *m* [any]
ziggurat Stufenpyramide *f* [arc]
zinc verzinken *v* [met]
zinc accumulator Zinkakkumulator *m* [elt]
zinc alloy Zinklegierung *f* [met]
zinc battery Zinkbatterie *f* [elt]
zinc carbon battery Zink-Kohlen-Batterie *f* [elt]
zinc coating Zinkauflage *f* [met]
zinc dust Zinkstaub *m* (Anstrich) [met]
zinc façade Zinkfassade *f*
zinc plate Zinkblech *n* [met]
zinc roof Zinkdach *n*
zinc-air cell Zink-Luft-Zelle *f* (Batterie) [elt]
zinc-carbon cell Zink-Kohle-Zelle *f* (Batterie) [elt]
zinc-coated sheet verzinktes Blech *n* [met]
zinc-dust coating Zinkstaubbeschichtung *f* [met]
zirconium oxide cell Zirkoniumoxidzelle *f* [elt]
zonal fare Zonenfahrpreis *m* [tra]
zone alarm Gruppenalarm *m* [asi]
zone heating Blockheizung *f* [pow]
zone of aeration belüftete Bodenzone *f* [geo]
zone of compression Druckzone *f* [sik]
zone of penetration Einbrandzone *f* (Schweißnaht)
  [met]
zone of protection Schutzbereich *m* [asi]
zone of saturation gesättigte Bodenzone *f*
  (wassergesättigt) [geo]; Sättigungszone *f* [geo]
zone of tension Zugzone *f* [sik]
zoned dam Zonendamm *m* [wba]

zoning städtebauliches Gebiet *n*; Gebietsplan *m*
  [com]; Bauleitplanung *f*
zoning map Bebauungsplan *m* [com]; Flächennutzungsplan *m*
zoning plan Bauleitplan *m* [com]; Bebauungsplan
  m [com]; Flächennutzungsplan *m* [com]; Bauleitplanung *f* [com]
zoning plan process Bauleitplanverfahren *n* [com]
zoning regulations Bebauungsvorschriften *pl* [jur]

Längenmaße - Linear Measures

	in	ft (=12 in)	yd (= 3 ft)	mile
1 mm =	0,0394	$3,2833 \cdot 10^{-3}$		
1 cm =	0,3937	$3,2808 \cdot 10^{-2}$	$1,0936 \cdot 10^{-2}$	
1 m =	39,37	3,2808	1,0936	$6,2140 \cdot 10^{-4}$
1 km =			1093,61	0,6214

	mm	cm	m	km
1 in =	25,381	2,5400	0,0254	
1 ft =	304,569	30,4801	0,3048	
1 yd =		91,4402	0,9144	$9,14 \cdot 10^{-4}$
1 mile =			1.609,3	1,6093

Flächenmaße - Square Measures

	in^2	ft^2	yd^2	square mile
$1 mm^2 =$	1,5524	$1,0780 \cdot 10^{-5}$		
$1 cm^2 =$	0,1550	$1,0764 \cdot 10^{-3}$	$1,1960 \cdot 10^{-4}$	
$1 m^2 =$	1550,0	10,7639	1,1960	$3,8614 \cdot 10^{-7}$
$1 km^2 =$			$1,1960 \cdot 10^{6}$	0,3861

	mm^2	cm^2	m^2	km^2
$1 in^2 =$	$6,4418 \cdot 10^{2}$	6,4516		
$1 ft^2 =$	$9,2762 \cdot 10^{4}$	$9,2903 \cdot 10^{2}$	0,0929	
$1 yd^2 =$		$8,3613 \cdot 10^{3}$	0,8361	$8,3613 \cdot 10^{7}$
1 sq. mile =			$2,5897 \cdot 10^{6}$	2,5897

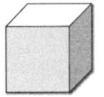

Raummaße - Cubic Measures

	in^3	yd^3
$1 cm^3 =$	0,06102	$3,5314 \cdot 10^{-5}$
$1 m^3 =$	6102,4	3,5314

	cm^3	m^3
$1 in^3 =$	16,3872	$2,8317 \cdot 10^{4}$
$1 yd^3 =$	$1,6387 \cdot 10^{-4}$	0,2832

	Am.	Brit.
1 l (Liter) =		1,76 pints
1 l (Liter) =	0,264 gallons	0,21998 gallons
1 hl =	26,418 gallons	2,75 bushels

Am.	
1 gallon =	3,7879 l

Brit.	
1 pint =	0,5682 l
1 gallon =	4,5459 l
1 bushge =	0,3637 l

Gewichte - Weights

	grain	ounce	pound	long ton (A)	short ton (B)
1 mg =	0,0154				
1 g =	15,4320	0,0353			
1 kg =		35,3000	2,2050		
1 t = 1000 kg =				0,9842	1,1020

	mg	g	kg	t
1 grain =	64,9351	0,0648		
1 ounce =		28,3286	0,0283	
1 pound =			0,4535	
1 long ton (A) =				1,0161
1 short ton (B) =				0,9074

 Arbeit, Energie, Drehmoment - Work, Energy, Torque

	J	kcal	kWh	Btu
1 J = 1 Ws = 1 Nm =	1	$2,3884 \cdot 10^{-4}$	$2,7778 \cdot 10^{-7}$	$9,4782 \cdot 10^{-4}$
1 kcal =	4186,8	1	$1,1630 \cdot 10^{-3}$	3,9683
1 kWh = 3600 kWs =	$3,6000 \cdot 10^{6}$	859,845	1	3412,1
1 Btu =	1055,1	0,25199	$3,9850 \cdot 10^{-4}$	1

 Druck - Pressure

	N / m^2	bar	lb_f / in^2
$1\ N / m^2 = 1\ Pa =$	1	$1,0000 \cdot 10^{-5}$	$1,4504 \cdot 10^{-4}$
1 bar =	$1,0000 \cdot 10^{5}$	1	14,5038
$1\ lb_f / in^2 =$	6894,8	$6,8945 \cdot 10^{-2}$	1

Wärmestromdichte - Heat Flow per Unit Square

	W/cm²	kcal / m² h	cal / cm² s	Btu / in² s	Btu / ft² s	Btu / ft² h
1 W / cm² =	1	8598,5	0,23885	$6,120 \cdot 10^{-3}$	0,8806	$3,170 \cdot 10^{3}$
1 kcal / m² h =	$1,163 \cdot 10^{-4}$	1	$2,778 \cdot 10^{-5}$	$7,117 \cdot 10^{-7}$	$1,024 \cdot 10^{-4}$	0,3687
1 cal / cm² s =	4,1868	$3,600 \cdot 10^{4}$	1	$2,562 \cdot 10^{-2}$	3,687	$1,327 \cdot 10^{4}$
1 Btu / in² s =	163,40	$1,405 \cdot 10^{6}$	39,05	1	144	$5,184 \cdot 10^{5}$
1 Btu / ft² s =	1,1350	$9,765 \cdot 10^{3}$	0,2713	$6,944 \cdot 10^{-3}$	1	3600
1 Btu / ft² h =	$3,154 \cdot 10^{-4}$	2,713	$7,536 \cdot 10^{-5}$	$1,929 \cdot 10^{-6}$	$2,778 \cdot 10^{-4}$	1

Wärmeleitfähigkeit - Thermal Conductivity

	W / m K	kcal / m h K	Btu / ft h degF
1 W / m K =	1	0,8599	$6,93 \cdot 10^{-2}$
1 kcal / m h K =	1,163	1	0,6719
1 Btu / ft h degF =	14,42	0,124	1

Wärmeübergangskoeffizient - Heat Transfer Coefficient

	W / m² K	kcal / m² h K	Btu / ft² h degF
1 W / m² K =	1	0,8599	0,1761
1 kcal / m² h K =	1,163	1	0,2048
1 Btu / ft² h degF =	5,681	4,886	1

Viskosität - Viscosity

	kg / m s	lb_m / ft s	lb_f s / ft²
1 kg / m s = 10 P =	1	0,6721	$2,09 \cdot 10^{-2}$
1 lb_m / ft s =	1,488	1	$3,11 \cdot 10^{-2}$
1 lb_f s / ft² =	47,88	32,174	1